I. N. BRONSTEIN † · K. A. SEMENDJAJEW

Taschenbuch der Mathematik

24. Auflage
herausgegeben von
G. Grosche, V. Ziegler † und D. Ziegler

LEIPZIG

Gemeinschaftsausgabe
Verlag Nauka, Moskau
BSB B. G. Teubner Verlagsgesellschaft, Leipzig
1989

Herausgeber:

Doz. Dr. G. Grosche
Dr. V. Ziegler †
D. Ziegler

Autoren bzw. Bearbeiter der neuen Fassung des Taschenbuches:

Dr. P. Beckmann (2.6.3., 2.6.4.)
Dr. M. Belger (3.4.)
Dr. H. Benker (3.2.1.)
Dipl.-Phys. N. Denkmann (7.2.3.)
Dr. M. Deweß (6.)
Prof. Dr. H. Erfurth (3.2.2.)
Dipl.-Math. H. Gentemann (3.4.)
Dr. P. Göthner (2.2., 2.5.)
Prof. Dr. S. Gottwald (4.1.)
Doz. Dr. G. Grosche 1.2., 1.3., 2.1., 2.3., 2.4.1., 2.6.1., 2.6.2., 7.2.2.)
Doz. Dr. H. Hilbig (3.1.7. – 3.1.13.)
Doz. Dr. R. Hofmann (7.1.)
NPT H. Kästner (2.4.2. – 2.4.4.)
Prof. Dr. W. Purkert (4.4., 5.)
Prof. Dr. J. vom Scheidt (3.1.14., 3.1.15., 3.3.)
Prof. Dr. K. A. Semendjajew (4.4.1.3., 7.2.1.)
Dipl.-Math. Th. Vettermann (2.6.5., 2.6.6.)
Prof. Dr. V. Wünsch (3.1.1.–3.1.6.)
Prof. Dr. E. Zeidler (4.2., 4.3.)

Bronstejn, Il'ja Nikolaevič:
Taschenbuch der Mathematik/I. N. Bronstein;
K. A. Semendjajew. Hrsg. von G. Grosche, V. Ziegler u. D. Ziegler. – 24. Aufl. –
Leipzig: BSB Teubner, 1989. – XII, 840 S.: 390 Abb.
NE: Semendjaev, Konstantin Adol'fovič:;
Grosche, G. [Hrsg.]

ISBN 3–322–00259–4

24. Auflage
VLN 294-375/54/89 · LSV 1007
Lektor: Jürgen Weiß
Printed in the German Democratic Republic
Gesamtherstellung: INTERDRUCK Graphischer Großbetrieb Leipzig,
Betrieb der ausgezeichneten Qualitätsarbeit, III/18/97
Bestell-Nr. 665 911 8
02950

VORWORT

Das 1957 von einem der beiden Herausgeber aus dem Russischen ins Deutsche übersetzte Taschenbuch der Mathematik von I. N. Bronstein und K. A. Semendjajew, das gegenüber dem russischen Original um die Abschnitte ‚Variationsrechnung' und ‚Integralgleichungen' erweitert wurde, ist auch im deutschen Sprachgebiet zu einem Standardwerk geworden. Nahezu zwei Jahrzehnte war es vielen Studenten, Lehrern und Praktikern ein unentbehrlicher Helfer, obwohl es in Inhalt und Form praktisch unverändert geblieben war.

In der gleichen Zeit haben sich einige neue Teilgebiete der Mathematik stürmisch entwickelt. Andere haben, nicht zuletzt durch die Entwicklung der elektronischen Rechentechnik, erheblich an Bedeutung gewonnen oder sich unter dem Einfluß der praktischen Belange nicht unerheblich gewandelt. Auch die Schulmathematik ist in der Zwischenzeit nicht stehengeblieben, so daß sich auch für die elementaren Teile des Taschenbuches neue Gesichtspunkte ergeben haben.

Unter Berücksichtigung aller dieser Faktoren mußten daher bei einer Neubearbeitung folgende Gesichtspunkte Beachtung finden: Neue Teilgebiete waren aufzunehmen, z. B. Funktionalanalysis, ein Abschnitt über Grundlagen der Mathematik unter der Überschrift ‚Mengen, Relationen, Funktionen', wo auch die Grundbegriffe der mathematischen Logik ihre Berücksichtigung fanden, Maßtheorie und Lebesgue-Stieltjes-Integral, Tensorrechnung, mathematische Methoden der Operationsforschung (lineare Optimierung, nichtlineare Optimierung, dynamische Optimierung, Graphentheorie, Spieltheorie usw.), Numerik und Rechentechnik.

Manche Abschnitte mußten erheblich erweitert oder auf eine neue Grundlage gestellt werden, z. B. Wahrscheinlichkeitsrechnung und mathematische Statistik oder Fourier-Analyse und Laplace-Transformationen.

Zahlreiche nicht unwesentliche Ergänzungen wurden erforderlich, z. B. ein Abschnitt über Matrizen im Rahmen der Algebra.

Darüber hinaus mußten die meisten Abschnitte völlig überarbeitet werden, um den heutigen Anforderungen zu genügen.

Da das Taschenbuch der Mathematik für Ingenieure und Studenten an Technischen Hochschulen schon in der alten Fassung von einem wesentlich größeren Leserkreis benutzt wurde – von Mathematikern in der Praxis, Physikern, Fachlehrern für Mathematik und Physik, Studenten dieser Fachrichtungen u. a. –, war es notwendig, die neue Fassung des Taschenbuchs den Belangen dieser Benutzer besser anzupassen.

Daß diese Aufgabe nicht von einem einzelnen in angemessener Zeit gelöst werden konnte, versteht sich von selbst. Sie mußte also einem Verfasserkollektiv übertragen werden. Der sowjetische Verlag, in dem die russischsprachige Originalausgabe erschienen war, und der Verlag, der die deutschsprachige Übertragung herausgegeben hat, sind übereingekommen, die Neufassung als Koedition der beiden Verlage herauszugeben und die Bearbeitung in Übereinstimmung mit den sowjetischen Autoren einem Verfasserkollektiv zu übertragen, das zum großen Teil aus wissenschaftlichen Mitarbeitern der Sektion Mathematik der Karl-Marx-Universität Leipzig besteht.

Herausgeber und Verfasser waren bemüht, trotz der Aufnahme neuen Stoffes stets die Diktion und Darstellungsweise des ursprünglichen Werkes zu wahren. Trotzdem ließ sich eine etwas stärkere Inhomogenität der Gesamtdarstellung als beim Originalbuch nicht ganz vermeiden. Zum Teil war dies auch rein sachlich bedingt, etwa durch den völlig andersgearteten Inhalt der einzelnen Abschnitte oder durch den verschieden hohen Schwierigkeitsgrad der verschiedenen Themenkomplexe.

Zugleich glauben Herausgeber und Autoren, daß das Taschenbuch durch die den verschiedenen Themenkomplexen angepaßte Niveaustaffelung den unterschiedlichen Anforderungen des umfangreichen potentiellen Benutzerkreises gerecht wird.

Da bei dieser Zielstellung der Umfang des Werkes nicht annähernd in den Grenzen des ursprünglichen Taschenbuches gehalten werden konnte, die Handlichkeit aber andererseits möglichst erhalten bleiben sollte, sind Verfasser der ursprünglichen und Herausgeber der neuen Fassung nach reiflicher Überlegung doch zum Entschluß gekommen, einige Kapitel, die ausgesprochen höheren Ansprüchen angepaßt sind, herauszulösen und in einem Ergänzungsband zusammenzufassen. Dazu gehören die Abschnitte über Funktionalanalysis, Maßtheorie, Tensorrechnung u. a. Trotzdem sind beide Teile, von denen der erste der erheblich umfangreichere ist, als ein einheitliches Ganzes aufzufassen. Das drückt sich u. a. auch darin aus, daß die Kapitel im zweiten Teil im Anschluß an den ersten fortlaufend weiternumeriert werden und daß im zweiten Teil ständig auf den ersten verwiesen wird. Verweise im ersten auf den zweiten Band werden allerdings nur dort angebracht, wo explizit auf eine Weiterführung des Stoffes verwiesen werden soll.

Herausgeber und Verfasser sind allen zu Dank verpflichtet, die durch Ratschläge oder helfende Kritik zum Zustandekommen der endgültigen Form der Neufassung des Werkes beigetragen haben. Besonderer Dank gilt dem Gutachterkollektiv der Technischen Hochschule Karl-Marx-Stadt unter Leitung des Sektionsdirektors Professor Dr. Schneider, das uns auf viele Belange der Studenten und Absolventen technischer Fachrichtungen hingewiesen hat.

Leipzig, Dezember 1978

Die Herausgeber

VORWORT ZUR 21. AUFLAGE

Von der überarbeiteten Fassung des Taschenbuchs der Mathematik sind inzwischen zwei Auflagen erschienen. Uns sind viele Zuschriften zugegangen, in denen die Zustimmung zur Überarbeitung zum Ausdruck gebracht wurde. Zahlreiche Hinweise halfen uns, weitere Verbesserungen vorzunehmen.

So wurden die Tabellen der Laplace-Rücktransformationen erweitert und ein Abschnitt mit Laplace-Transformierten nichtrationaler Funktionen aufgenommen. Ein weiterer Abschnitt über die Z-Transformation vervollständigt dieses Kapitel. Auf vielfältigen Wunsch wurde auch ein Abschnitt aufgenommen, der einen allgemeinverständlichen Überblick über die Möglichkeiten nichtprogrammierbarer und programmierbarer Taschenrechner gibt.

Um den Umfang des Buches nicht zu erweitern, wurden verschiedene Tabellen elementarer Funktionen herausgenommen, deren Werte von den heute weit verbreiteten Taschenrechnern geliefert werden können. Dafür wurden noch einige weitere Tabellen spezieller Funktionen aufgenommen.

Durch die Mithilfe der Leser konnten Druckfehler entdeckt und beseitigt werden.

Wir möchten allen danken, die uns durch ihre Hinweise geholfen haben, das Taschenbuch den Bedürfnissen der Nutzer weiter anzupassen.

Leipzig, April 1982

Die Herausgeber

INHALT

Inhalt des Ergänzungsbandes [1]

[1] Ausführliches Inhaltsverzeichnis am Ende des Buches.

1. TABELLEN UND GRAPHISCHE DARSTELLUNGEN

1.1. Tabellen

Interpolation: Ist der Funktionswert nicht unmittelbar aus der Tabelle zu entnehmen, da der Wert der unabhängigen Variablen genauer angegeben ist als es der Tabelleneingang ausweist, so wendet man die Interpolation an. Am einfachsten ist die *lineare Interpolation*, bei der man annimmt, daß der Zuwachs der Funktionswerte dem Zuwachs der unabhängigen Variablen proportional ist. Liegt der gegebene Wert der unabhängigen Variablen x zwischen den in der Tabelle angegebenen Werten x_0 und $x_1 = x_0 + h$, denen die Funktionswerte $y_0 = f(x_0)$ und $y_1 = f(x_1) = y_0 + \Delta$ entsprechen, so setzt man

$$f(x) = f(x_0) + \frac{x - x_0}{h}\Delta.$$

Beispiele: 1. Gesucht ist $\Gamma(1{,}33333)$; in der Tabelle 1.1.2.1. (S. 6) der Gammafunktion findet man: $\Gamma(1{,}33) = 0{,}89338$, $\Gamma(1{,}34) = 0{,}89222$ und $\Delta = -0{,}00116$. Für die Korrektur erhalten wir:

$$\frac{x - x_0}{h}\Delta = \frac{0{,}00333}{0{,}01} \cdot (-0{,}00116) = -0{,}00039,$$

$$\Gamma(1{,}33333) = 0{,}89338 - 0{,}00039 = 0{,}89299.$$

2. Gesucht ist der Funktionswert $J_0(5{,}52)$ der Besselschen Funktion $J_0(x)$ (s. Tab. 1.1.2.2. S. 8). $J_0(5{,}5) = -0{,}0068$, $J_0(5{,}6) = 0{,}0270$, $\Delta = 0{,}0270 - (-0{,}0068) = 0{,}0338$.

$$\frac{x - x_0}{h}\Delta = \frac{0{,}02}{0{,}1} \cdot 0{,}0338 = 0{,}0068;$$

$$J_0(5{,}52) = -0{,}0068 + 0{,}0068 = 0;$$

vgl. Tabellen der Bessel-Funktionen, Nullstellen, S. 11.

Der Fehler bei der linearen Interpolation übersteigt nicht die Größenordnung einer Einheit in der letzten Dezimale, sofern die beiden benachbarten Differenzen Δ_0 und Δ_1 sich nicht mehr als um vier Einheiten in der letzten Dezimale unterscheiden (das ist im Beispiel 1 der Fall). In solchen Fällen erhält man mittels *quadratischer Interpolation* nach Bessel in den meisten Fällen ausreichende Genauigkeit:

$$f(x) = f(x_0) + k\Delta_0 - k_1(\Delta_1 - \Delta_{-1}),$$

dabei ist $k = \frac{x - x_0}{h}$ und $k_1 = \frac{k(1 - k)}{4}$; k_1 kann der nachfolgenden Tabelle (S. 2) entnommen werden.

$x_{-1} = x_0 - h$	y_{-1}	
		Δ_{-1}
x_0	y_0	
		Δ_0
$x_1 = x_0 + h$	y_1	
		Δ_1
$x_2 = x_0 + 2h$	y_2	

x	$\Gamma(x)$	Δ
1,32	0,89464	
		−0,00126
1,33	0,89338	
		−0,00116
1,34	0,89222	
		−0,00107
1,35	0,89115	

Beispiel: 3. Gesucht ist $\Gamma(1{,}33333)$ (vgl. Beispiel 1).

$$k = \frac{x - x_0}{h} = 0{,}333, \qquad k_1 = 0{,}0056 \quad \text{(Tab. S. 2)}$$

also $\Gamma(1{,}33333) = 0{,}89338 + 0{,}333 \cdot (-0{,}00116) - 0{,}056 \cdot (-0{,}00107 + 0{,}00126) = 0{,}89298$. In genaueren Tabellen findet man $\Gamma(1{,}33333) = 0{,}8929795$.

Tabelle für die quadratische Interpolation

k	k_1	k	k	k_1	k	k	k_1	k	k	k_1	k
0,000		1,000	0,066		0,934	0,147		0,853	0,255		0,745
	0,000			0,016			0,032			0,048	
0,002		0,998	0,071		0,929	0,153		0,847	0,263		0,737
	0,001			0,017			0,033			0,049	
0,006		0,994	0,075		0,925	0,159		0,841	0,271		0,729
	0,002			0,018			0,034			0,050	
0,010		0,990	0,080		0,920	0,165		0,835	0,280		0,720
	0,003			0,019			0,035			0,051	
0,014		0,986	0,085		0,915	0,171		0,829	0,290		0,710
	0,004			0,020			0,036			0,052	
0,018		0,982	0,090		0,910	0,177		0,823	0,300		0,700
	0,005			0,021			0,037			0,053	
0,022		0,978	0,095		0,905	0,183		0,817	0,310		0,690
	0,006			0,022			0,038			0,054	
0,026		0,974	0,100		0,900	0,190		0,810	0,321		0,679
	0,007			0,023			0,039			0,055	
0,030		0,970	0,105		0,895	0,196		0,804	0,332		0,668
	0,008			0,024			0,040			0,056	
0,035		0,965	0,110		0,890	0,203		0,797	0,345		0,655
	0,009			0,025			0,041			0,057	
0,039		0,961	0,115		0,885	0,210		0,790	0,358		0,642
	0,010			0,026			0,042			0,058	
0,043		0,957	0,120		0,880	0,217		0,783	0,373		0,627
	0,011			0,027			0,043			0,059	
0,048		0,952	0,125		0,875	0,224		0,776	0,390		0,610
	0,012			0,028			0,044			0,060	
0,052		0,948	0,131		0,869	0,231		0,769	0,410		0,590
	0,013			0,029			0,045			0,061	
0,057		0,943	0,136		0,864	0,239		0,761	0,436		0,564
	0,014			0,030			0,046			0,062	
0,061		0,939	0,142		0,858	0,247		0,753	0,500		0,500
	0,015			0,031			0,047				
0,066		0,934	0,147		0,853	0,255		0,745			

Über quadratische Interpolation s. S. 1.

Allen Werten von k, die zwischen benachbarten Zahlen der Spalte k liegen (dies gilt sowohl für den rechten als auch den linken Wert), entspricht ein und derselbe Wert k_1, der zwischen diesen benachbarten k-Werten steht. Dem „kritischen" (Tabellen-) Wert von k entspricht das höherstehende k_1.

Beispiele:

1. Für $k = 0{,}8$ ist $k_1 = 0{,}040$ (ebenso wie auch für alle übrigen k, die zwischen 0,797 und 0,804 bzw. zwischen 0,196 und 0,203 liegen):
2. Für $k = 0{,}3$ (oder für $k = 0{,}7$) ist $k_1 = 0{,}052$.

1.1.1. Tabellen spezieller Zahlen

1.1.1.1. Einige mathematische und physikalische Konstanten

Bezeichnung	Wert	Bemerkung
e	2,718 282	s. 2.5.2.2.2.
π	3,141 593	s. 2.6.1.
C	0,577 216	Eulersche Konstante, s. 3.1.9.4.
γ	$(66{,}732 \pm 0\ 005) \cdot 10^{-12}\ (\mathrm{N} \cdot \mathrm{m}^2)/\mathrm{kg}^2$	Gravitationskonstante
$\hbar$	$(6{,}626\,196 \pm 0{,}000\,007)\ \mathrm{J} \cdot \mathrm{s}$	Plancksches Wirkungsquantum
g	$9{,}806\,65\ \mathrm{m/s^2}$	Fallbeschleunigung in Meereshöhe und 45° nördlicher Breite
c	$(299\,792\,458 \pm 1)\ \mathrm{m/s}$	Lichtgeschwindigkeit im Vakuum
L	$(6{,}022\,045 \pm 0{,}000\,031) \cdot 10^{23}\ \mathrm{mol}^{-1}$	Loschmidtsche Zahl
e_0	$(1{,}602\,189\,2 \pm 0{,}000\,004\,6) \cdot 10^{-19}\ \mathrm{A} \cdot \mathrm{s}$	Elementarladung
m_e	$(9{,}109\,534 \pm 0{,}000\,047) \cdot 10^{-31}\ \mathrm{kg}$	Ruhemasse des Elektrons
m_p	$(1{,}672\,614 \pm 0{,}000\,007) \cdot 10^{-27}\ \mathrm{kg}$	Ruhemasse des Protons
m_n	$(1{,}674\,92 \pm 0{,}000\,01) \cdot 10^{-27}\ \mathrm{kg}$	Ruhemasse des Neutrons
ε_0	$8{,}854\,188 \cdot 10^{-12}\ (\mathrm{As})/(\mathrm{Vm})$	Influenzkonstante
μ_0	$1{,}256\,637 \cdot 10^{-6}\ (\mathrm{Vs})/(\mathrm{Am})$	Induktionskonstante
k	$(1{,}380\,662 \pm 0{,}000\,043) \cdot 10^{-23}\ \mathrm{J/K}$	Boltzmann-Konstante

Abkürzungen:

A Ampere
J Joule = Wattsekunde
K Kelvin
kg Kilogramm
m Meter
mol Mol
N Newton ($1\ \mathrm{N} = 1\ \mathrm{m} \cdot \mathrm{kg} \cdot \mathrm{s}^{-2}$)
s Sekunde
V Volt

1.1.1.2. Binomialkoeffizienten, Fakultäten und ihre reziproken Werte

Binomialkoeffizienten $\binom{n}{k} = \binom{n}{n-k}$

n \ k	0	1	2	3	4	5	6	7	8	9	10
0	1	0	0	0	0	0	0	0	0	0	0
1	1	1	0	0	0	0	0	0	0	0	0
2	1	2	1	0	0	0	0	0	0	0	0
3	1	3	3	1	0	0	0	0	0	0	0
4	1	4	6	4	1	0	0	0	0	0	0
5	1	5	10	10	5	1	0	0	0	0	0
6	1	6	15	20	15	6	1	0	0	0	0
7	1	7	21	35	35	21	7	1	0	0	0
8	1	8	28	56	70	56	28	8	1	0	0
9	1	9	36	84	126	126	84	36	9	1	0
10	1	10	45	120	210	252	210	120	45	10	1
11	1	11	55	165	330	462	462	330	165	55	11
12	1	12	66	220	495	792	924	792	495	220	66
13	1	13	78	286	715	1 287	1 716	1 716	1 287	715	286
14	1	14	91	364	1 001	2 002	3 003	3 432	3 003	2 002	1 001
15	1	15	105	455	1 365	3 003	5 005	6 435	6 435	5 005	3 003
16	1	16	120	560	1 820	4 368	8 008	11 440	12 870	11 440	8 008
17	1	17	136	680	2 380	6 188	12 376	19 448	24 310	24 310	19 448
18	1	18	153	816	3 060	8 568	18 564	31 824	43 758	48 620	43 758
19	1	19	171	969	3 876	11 628	27 132	50 388	75 582	92 378	92 378
20	1	20	190	1 140	4 845	15 504	38 760	77 520	125 970	167 960	184 756

Fakultäten und ihre reziproken Werte [1])

n	$n!$	$1:n!$	n	$n!$	$1:n!$
1	1	1,000000	11	39916800	$0{,}25052^{-7}$
2	2	0,500000	12	479001600	$0{,}20877^{-8}$
3	6	0,166667	13	6227020800	$0{,}16059^{-9}$
4	24	0,041667	14	87178291200	$0{,}11471^{-10}$
5	120	$0{,}83333^{-2}$	15	1307674368000	$0{,}76472^{-12}$
6	720	$0{,}13889^{-2}$	16	20922789888000	$0{,}47795^{-13}$
7	5040	$0{,}19841^{-3}$	17	355687428096000	$0{,}28115^{-14}$
8	40320	$0{,}24802^{-4}$	18	6402373705728000	$0{,}15619^{-15}$
9	362880	$0{,}27557^{-5}$	19	121645100408832000	$0{,}82206^{-17}$
10	3628800	$0{,}27557^{-6}$	20	2432902008176640000	$0{,}41103^{-18}$

1.1.1.3. Einige Potenzen der Zahlen 2, 3 und 5

n	2^n	3^n	5^n
1	2	3	5
2	4	9	25
3	8	27	125
4	16	81	625
5	32	243	3 125
6	64	729	15 625
7	128	2 187	78 125
8	256	6 561	390 625
9	512	19 683	1 953 125
10	1 024	59 049	9 765 625
11	2 048	177 147	48 828 125
12	4 096	531 441	244 140 625
13	8 192	1 594 323	1 220 703 125
14	16 384	4 782 969	6 103 515 625
15	32 768	14 348 907	30 517 578 125
16	65 536	43 046 721	152 587 890 625
17	131 072	129 140 163	762 939 453 125
18	262 144	387 420 489	3 814 697 265 625
19	524 288	1 162 261 467	19 073 486 328 125
20	1 048 576	3 486 784 401	95 367 431 640 625

[1]) Der im Tabellenwert stehende negative Exponent bedeutet die Multiplikation mit der entsprechenden Zehnerpotenz. So ist $1:8! = 0{,}24802 \cdot 10^{-4} = 0{,}000024802$.

1.1.1.4. Umrechnung von Grad in Radiant

Bogenlängen des Einheitskreises

Winkel	Bogen	Winkel	Bogen	Winkel	Bogen
1″	0,000005	1°	0,017453	31°	0,541052
2	0,000010	2	0,034907	32	0,558505
3	0,000015	3	0,052360	33	0,575959
4	0,000019	4	0,069813	34	0,593412
5	0,000024	5	0,087266	35	0,610865
6	0,000029	6	0,104720	36	0,628319
7	0,000034	7	0,122173	37	0,645772
8	0,000039	8	0,139626	38	0,663225
9	0,000044	9	0,157080	39	0,680678
10	0,000048	10	0,174533	40	0,698132
20	0,000097	11	0,191986	45	0,785398
30	0,000145	12	0,209440	50	0,872665
40	0,000194	13	0,226893	55	0,959931
50	0,000242	14	0,244346	60	1,047198
		15	0,261799	65	1,134464
1′	0,000291	16	0,279253	70	1,221730
2	0,000582	17	0,296706	75	1,308997
3	0,000873	18	0,314159	80	1,396263
4	0,001164	19	0,331613	85	1,483530
5	0,001454	20	0,349066	90	1,570796
6	0,001745	21	0,366519	100	1,745329
7	0,002036	22	0,383972	120	2,094395
8	0,002327	23	0,401426	150	2,617994
9	0,002618	24	0,418879	180	3,141593
10	0,002909	25	0,436332	200	3,490659
20	0,005818	26	0,453786	250	4,363323
30	0,008727	27	0,471239	270	4,712389
40	0,011636	28	0,488692	300	5,235988
50	0,014544	29	0,506145	360	6,283185
		30	0,523599	400	6,981317

Beispiele:

1) 52° 37′ 23″

50°	= 0,872665
2°	= 0,034907
30′	= 0,008727
7′	= 0,002036
20″	= 0,000097
3″	= 0,000015
	0,918447

52° 37′ 23″ = 0,91845 rad

2) 5,645 Radiant

5,235988	= 300°
0,409012	
0,401426	= 23°
0,007586	
0,005818	= 20′
0,001768	
0,001745	= 6′
0,000023	= 5″

5,645 rad = 323° 26′ 5″

Der Radiant ist der ebene Winkel, für den das Verhältnis der Längen des zugehörigen Kreisbogens zu seinem Radius gleich 1 ist (Kurzzeichen: rad).

1.1.2. Tabellen spezieller Funktionen

1.1.2.1. Die Gammafunktion[1])

x	$\Gamma(x)$	x	$\Gamma(x)$	x	$\Gamma(x)$	x	$\Gamma(x)$
1,00	1,00000	1,25	0,90640	1,50	0,88623	1,75	0,91906
01	0,99433	26	0,90440	51	0,88659	76	0,92137
02	0,98884	27	0,90250	52	0,88704	77	0,92376
03	0,98355	28	0,90072	53	0,88757	78	0,92623
04	0,97844	29	0,89904	54	0,88818	79	0,92877
1,05	0,97350	1,30	0,89747	1,55	0,88887	1,80	0,93138
06	0,96874	31	0,89600	56	0,88964	81	0,93408
07	0,96415	32	0,89464	57	0,89049	82	0,93685
08	0,95973	33	0,89338	58	0,89142	83	0,93969
09	0,95546	34	0,89222	59	0,89243	84	0,94261
1,10	0,95135	1,35	0,89115	1,60	0,89352	1,85	0,94561
11	0,94740	36	0,89018	61	0,89468	86	0,94869
12	0,94359	37	0,88931	62	0,89592	87	0,95184
13	0,93993	38	0,88854	63	0,89724	88	0,95507
14	0,93642	39	0,88785	64	0,89864	89	0,95838
1,15	0,93304	1,40	0,88726	1,65	0,90012	1,90	0,96177
16	0,92980	41	0,88676	66	0,90167	91	0,96523
17	0,92670	42	0,88636	67	0,90330	92	0,96877
18	0,92373	43	0,88604	68	0,90500	93	0,97240
19	0,92089	44	0,88581	69	0,90678	94	0,97610
1,20	0,91817	1,45	0,88566	1,70	0,90864	1,95	0,97988
21	0,91558	46	0,88560	71	0,91057	96	0,98374
22	0,91311	47	0,88563	72	0,91258	97	0,98768
23	0,91075	48	0,88575	73	0,91467	98	0,99171
24	0,90852	49	0,88595	74	0,91683	99	0,99581
1,25	0,90640	1,50	0,88623	1,75	0,91906	2,00	1,00000

Für natürliche Zahlen n gilt: $\Gamma(n + 1) = n!$

Die Werte der Gammafunktion für $x < 1$ ($x \neq 0, -1, -2, \ldots$) und $x > 2$ lassen sich mit Hilfe der folgenden Formeln berechnen:

$$\Gamma(x) = \frac{\Gamma(x+1)}{x}, \qquad \Gamma(x) = (x-1)\,\Gamma(x-1).$$

Beispiele: 1. $\Gamma(0{,}7) = \frac{\Gamma(1{,}7)}{0{,}7} = \frac{0{,}90864}{0{,}7} = 1{,}2981$,

2. $\Gamma(3{,}5) = 2{,}5 \cdot \Gamma(2{,}5) = 2{,}5 \cdot 1{,}5 \cdot \Gamma(1{,}5) = 2{,}5 \cdot 1{,}5 \cdot 0{,}88623 \approx 3{,}32336$.

[1]) Definition, Formeln und Kurven s. 2.2.1.1. und 3.1.9.4.

1.1.2.2. Besselsche Funktionen (Zylinderfunktionen) [1]

x	$J_0(x)$	$J_1(x)$	$Y_0(x)$	$Y_1(x)$	$I_0(x)$	$I_1(x)$	$K_0(x)$	$K_1(x)$
0,0	+1,0000	+0,0000	−∞	−∞	+1,000	0,0000	∞	∞
0,1	0,9975	0,0499	−1,5342	−6,4590	1,003	+0,0501	2,4271	9,8538
0,2	0,9900	0,0995	1,0811	3,3238	1,010	0,1005	1,7527	4,7760
0,3	0,9776	0,1483	0,8073	2,2931	1,023	0,1517	1,3725	3,0560
0,4	0,9604	0,1960	0,6060	1,7809	1,040	0,2040	1,1145	2,1844
0,5	+0,9385	+0,2423	−0,4445	−1,4715	1,063	0,2579	0,9244	1,6564
0,6	0,9120	0,2867	0,3085	1,2604	1,092	0,3137	0,7775	1,3028
0,7	0,8812	0,3290	0,1907	1,1032	1,126	0,3719	0,6605	1,0503
0,8	0,8463	0,3688	−0,0868	0,9781	1,167	0,4329	0,5653	0,8618
0,9	0,8075	0,4059	+0,0056	0,8731	1,213	0,4971	0,4867	0,7165
1,0	+0,7652	+0,4401	+0,0883	−0,7812	1,266	0,5652	0,4210	0,6019
1,1	0,7196	0,4709	0,1622	0,6981	1,326	0,6375	0,3656	0,5098
1,2	0,6711	0,4983	0,2281	0,6211	1,394	0,7147	0,3185	0,4346
1,3	0,6201	0,5220	0,2865	0,5485	1,469	0,7973	0,2782	0,3725
1,4	0,5669	0,5419	0,3379	0,4791	1,553	0,8861	0,2437	0,3208
1,5	+0,5118	+0,5579	+0,3824	−0,4123	1,647	0,9817	0,2138	0,2774
1,6	0,4554	0,5699	0,4204	0,3476	1,750	1,085	0,1880	0,2406
1,7	0,3980	0,5778	0,4520	0,2847	1,864	1,196	0,1655	0,2094
1,8	0,3400	0,5815	0,4774	0,2237	1,990	1,317	0,1459	0,1826
1,9	0,2818	0,5812	0,4968	0,1644	2,128	1,448	0,1288	0,1597
2,0	+0,2239	+0,5767	+0,5104	−0,1070	2,280	1,591	0,1139	0,1399
2,1	0,1666	0,5683	0,5183	−0,0517	2,446	1,745	0,1008	0,1227
2,2	0,1104	0,5560	0,5208	+0,0015	2,629	1,914	0,08927	0,1079
2,3	0,0555	0,5399	0,5181	0,0523	2,830	2,098	0,07914	0,09498
2,4	0,0025	0,5202	0,5104	0,1005	3,049	2,298	0,07022	0,08372
2,5	−0,0484	+0,4971	+0,4981	+0,1459	3,290	2,517	0,06235	0,07389
2,6	0,0968	0,4708	0,4813	0,1884	3,553	2,755	0,05540	0,06528
2,7	0,1424	0,4416	0,4605	0,2276	3,842	3,016	0,04926	0,05774
2,8	0,1850	0,4097	0,4359	0,2635	4,157	3,301	0,04382	0,05111
2,9	0,2243	0,3754	0,4079	0,2959	4,503	3,613	0,03901	0,04529
3,0	−0,2601	+0,3391	+0,3769	+0,3247	4,881	3,953	0,03474	0,04016
3,1	0,2921	0,3009	0,3431	0,3496	5,294	4,326	0,03095	0,03563
3,2	0,3202	0,2613	0,3070	0,3707	5,747	4,734	0,02759	0,03164
3,3	0,3443	0,2207	0,2691	0,3879	6,243	5,181	0,02461	0,02812
3,4	0,3643	0,1792	0,2296	0,4010	6,785	5,670	0,02196	0,02500
3,5	−0,3801	+0,1374	+0,1890	+0,4102	7,378	6,206	0,01960	0,02224
3,6	0,3918	0,0955	0,1477	0,4154	8,028	6,793	0,01750	0,01979
3,7	0,3992	0,0538	0,1061	0,4167	8,739	7,436	0,01563	0,01763
3,8	0,4026	+0,0128	0,0645	0,4141	9,517	8,140	0,01397	0,01571
3,9	0,4018	−0,0272	+0,0234	0,4078	10,37	8,913	0,01248	0,01400
4,0	−0,3971	−0,0660	−0,0169	+0,3979	11,30	9,759	0,01116	0,01248
4,1	0,3887	0,1033	0,0561	0,3846	12,32	10,69	0,009980	0,01114
4,2	0,3766	0,1386	0,0938	0,3680	13,44	11,71	0,008927	0,009938
4,3	0,3610	0,1719	0,1296	0,3484	14,67	12,82	0,007988	0,008872
4,4	0,3423	0,2028	0,1633	0,3260	16,01	14,05	0,007149	0,007923
4,5	−0,3205	−0,2311	−0,1947	+0,3010	17,48	15,39	0,006400	0,007078
4,6	0,2961	0,2566	0,2235	0,2737	19,09	16,86	0,005730	0,006325
4,7	0,2693	0,2791	0,2494	0,2445	20,86	18,48	0,005132	0,005654
4,8	0,2404	0,2985	0,2723	0,2136	22,79	20,25	0,004597	0,005055
4,9	0,2097	0,3147	0,2921	0,1812	24,91	22,20	0,004119	0,004521

[1]) Definition, Formeln und Kurven s. 3.3.1.3.4.

x	$J_0(x)$	$J_1(x)$	$Y_0(x)$	$Y_1(x)$	$I_0(x)$	$I_1(x)$	$K_0(x)$	$K_1(x)$
							0,00	0,00
5,0	−0,1776	−0,3276	−0,3085	+0,1479	27,24	24,34	3691	4045
5,1	0,1443	0,3371	0,3216	0,1137	29,79	26,68	3308	3619
5,2	0,1103	0,3432	0,3313	0,0792	32,58	29,25	2966	3239
5,3	0,0758	0,3460	0,3374	0,0445	35,65	32,08	2659	2900
5,4	0,0412	0,3453	0,3402	+0,0101	39,01	35,18	2385	2597
5,5	−0,0068	−0,3414	−0,3395	−0,0238	42,69	38,59	2139	2326
5,6	+0,0270	0,3343	0,3354	0,0568	46,74	42,33	1918	2083
5,7	0,0599	0,3241	0,3282	0,0887	51,17	46,44	1721	1866
5,8	0,0917	0,3110	0,3177	0,1192	56,04	50,95	1544	1673
5,9	0,1220	0,2951	0,3044	0,1481	61,38	55,90	1386	1499
6,0	+0,1506	−0,2767	−0,2882	−0,1750	67,23	61,34	1244	1344
6,1	0,1773	0,2559	0,2694	0,1998	73,66	67,32	1117	1205
6,2	0,2017	0,2329	0,2483	0,2223	80,72	73,89	1003	1081
6,3	0,2238	0,2081	0,2251	0,2422	88,46	81,10	09001	09691
6,4	0,2433	0,1816	0,1999	0,2596	96,96	89,03	08083	08693
6,5	+0,2601	−0,1538	−0,1732	−0,2741	106,3	97,74	07259	07799
6,6	0,2740	0,1250	0,1452	0,2857	116,5	107,3	06520	06998
6,7	0,2851	0,0953	0,1162	0,2945	127,8	117,8	05857	06280
6,8	0,2931	0,0652	0,0864	0,3002	140,1	129,4	05262	05636
6,9	0,2981	0,0349	0,0563	0,3029	153,7	142,1	04728	05059
7,0	+0,3001	−0,0047	−0,0259	−0,3027	168,6	156,0	04248	04542
7,1	0,2991	+0,0252	+0,0042	0,2995	185,0	171,4	03817	04078
7,2	0,2951	0,0543	0,0339	0,2934	202,9	188,3	03431	03662
7,3	0,2882	0,0826	0,0628	0,2846	222,7	206,8	03084	03288
7,4	0,2786	0,1096	0,0907	0,2731	244,3	227,2	02772	02953
7,5	+0,2663	+0,1352	+0,1173	−0,2591	268,2	249,6	02492	02653
7,6	0,2516	0,1592	0,1424	0,2428	294,3	274,2	02240	02383
7,7	0,2346	0,1813	0,1658	0,2243	323,1	301,3	02014	02141
7,8	0,2154	0,2014	0,1872	0,2039	354,7	331,1	01811	01924
7,9	0,1944	0,2192	0,2065	0,1817	389,4	363,9	01629	01729
8,0	+0,1717	+0,2346	+0,[illegible]235	−0,1581	427,6	399,9	01465	01554
8,1	0,1475	0,2476	0,2381	0,1331	469,5	439,5	01317	01396
8,2	0,1222	0,2580	0,2501	0,1072	515,6	483,0	01185	01255
8,3	0,0960	0,2657	0,2595	0,0806	566,3	531,0	01066	01128
8,4	0,0692	0,2708	0,2662	0,0535	621,9	583,7	009588	01014
8,5	+0,0419	+0,2731	+0,2702	−0,0262	683,2	641,6	008626	009120
8,6	+0,0146	0,2728	0,2715	+0,0011	750,5	705,4	007761	008200
8,7	−0,0125	0,2697	0,2700	0,0280	824,4	775,5	006983	007374
8,8	0,0392	0,2641	0,2659	0,0544	905,8	852,7	006283	006631
8,9	0,0653	0,2559	0,2592	0,0799	995,2	937,5	005654	005964
9,0	−0,0903	+0,2453	+0,2499	+0,1043	1094	1031	005088	005364
9,1	0,1142	0,2324	0,2383	0,1275	1202	1134	004579	004825
9,2	0,1367	0,2174	0,2245	0,1491	1321	1247	004121	004340
9,3	0,1577	0,2004	0,2086	0,1691	1451	1371	003710	003904
9,4	0,1768	0,1816	0,1907	0,1871	1595	1508	003339	003512
9,5	−0,1939	+0,1613	+0,1712	+0,2032	1753	1658	003006	003160
9,6	0,2090	0,1395	0,1502	0,2171	1927	1824	002706	002843
9,7	0,2218	0,1166	0,2179	0,2287	2119	2006	002436	002559
9,8	0,2323	0,0928	0,1045	0,2379	2329	2207	002193	002302
9,9	0,2403	0,0684	0,0804	0,2447	2561	2428	001975	002072
10,0	−0,2459	+0,0435	+0,0557	+0,2490	2816	2671	001778	001865

Einige Funktionswerte für Besselsche Funktionen höherer Ordnung p für ganzzahlige Argumente

p	$J_p(1)$	$J_p(2)$	$J_p(3)$	$J_p(4)$	$J_p(5)$
0	+0,7652	+0,2239	−0,2601	−0,3971	−0,1776
0,5	+0,6714	+0,5130	+0,06501	−0,3019	−0,3422
1,0	+0,4401	+0,5767	+0,3391	−0,06604	−0,3276
1,5	+0,2403	+0,4913	+0,4777	+0,1853	−0,1697
2,0	+0,1149	+0,3528	+0,4861	+0,3641	+0,04657
2,5	+0,04950	+0,2239	+0,4127	+0,4409	+0,2404
3,0	+0,01956	+0,1289	+0,3091	+0,4302	+0,3648
3,5	$+0{,}7186^{-2}$	+0,06852	+0,2101	+0,3658	+0 4100
4,0	$+0{,}2477^{-2}$	+0,03400	+0,1320	+0,2811	+0,3912
4,5	$+0{,}807^{-3}$	+0,01589	+0,07760	+0,1993	+0,3337
5,0	$+0{,}2498^{-3}$	$+0{,}7040^{-2}$	+0,04303	+0,1321	+0,2611
5,5	$+0{,}74^{-4}$	$+0{,}2973^{-2}$	+0,02266	+0,08261	+0,1906
6,0	$+0{,}2094^{-4}$	$+0{,}1202^{-2}$	+0,01139	+0,04909	+0,1310
6,5	$+0{,}6^{-5}$	$+0{,}467^{-3}$	$+0{,}5493^{-2}$	+0,02787	+0,08558
7,0	$+0{,}1502^{-5}$	$+0{,}1749^{-3}$	$+0{,}2547^{-2}$	+0,01518	+0,05338
8,0	$+0{,}9422^{-7}$	$+0{,}2218^{-4}$	$+0{,}4934^{-3}$	$+0{,}4029^{-2}$	+0,01841
9,0	$+0{,}5249^{-8}$	$+0{,}2492^{-5}$	$+0{,}8440^{-4}$	$+0{,}9386^{-3}$	$+0{,}5520^{-2}$
10,0	$+0{,}2631^{-9}$	$+0{,}2515^{-6}$	$+0{,}1293^{-4}$	$+0{,}1950^{-3}$	$+0{,}1468^{-2}$

p	$J_p(6)$	$J_p(7)$	$J_p(8)$	$J_p(9)$	$J_p(10)$
0	+0,1506	+0,3001	+0,1717	−0,09033	−0,2459
0,5	−0,09102	+0,1981	+0,2791	+0,1096	−0,1373
1,0	−0,2767	$-0{,}4683^{-2}$	+0,2346	+0,2453	+0,04347
1,5	−0,3279	−0,1991	+0,07593	+0,2545	+0,1980
2,0	−0,2429	−0,3014	−0,1130	+0,1448	+0,2546
2,5	−0,07295	−0,2834	−0,2506	−0,02477	+0,1967
3,0	+0,1148	−0,1676	−0,2911	−0,1809	+0,05838
3,5	+0,2671	$-0{,}3403^{-2}$	−0,2326	−0,2683	−0,09965
4,0	+0,3576	+0,1578	−0,1054	−0,2655	−0,2196
4,5	+0,3846	+0,2800	+0,04712	−0,1839	−0,2664
5,0	+0,3621	+0,3479	+0,1858	−0,05504	−0,2341
5,5	+0,3098	+0,3634	+0,2856	+0,08439	−0,1401
6,0	+0,2458	+0,3392	+0,3376	+0,2043	−0,01446
6,5	+0,1833	+0,2911	+0,3456	+0,2870	+0,1123
7,0	+0,1296	+0,2336	+0,3206	+0,3275	+0,2167
8,0	+0,05653	+0,1280	+0,2235	+0,3051	+0,3179
9,0	+0,02117	+0,05892	+0,1263	+0,2149	+0,2919
10,0	$+0{,}6964^{-2}$	+0,02354	+0,06077	+0,1247	+0,2075

p	$J_p(11)$	$J_p(12)$	$J_p(13)$	$J_p(14)$	$J_p(15)$
0	−0,1712	+0,04769	+0,2069	+0,1711	−0,01422
0,5	−0,2406	−0,1236	+0,09298	+0,2112	+0,1340
1,0	−0,1768	−0,2234	−0,07032	+0,1334	+0,2051
1,5	−0,02293	−0,2047	−0,1937	−0,01407	+0,1654
2,0	+0,1390	−0,08493	−0,2177	−0,1520	+0,04157
2,5	+0,2343	+0,07242	−0,1377	−0,2143	−0,1009
3,0	+0,2273	+0,1951	+0,3320^{-2}	−0,1768	−0,1940
3,5	+0,1294	+0,2348	+0,1407	−0,06245	−0,1991
4,0	−0,01504	+0,1825	+0,2193	+0,07624	−0,1192
4,5	−0,1519	+0,06457	+0,2134	+0,1830	+0,7984^{-2}
5,0	−0,2383	−0,07347	+0,1316	+0,2204	+0,1305
5,5	−0,2538	−0,1864	+0,7055^{-2}	+0,1801	+0,2039
6,0	−0,2016	−0,2437	−0,1180	+0,08117	+0,2061
6,5	−0,1018	−0,2354	−0,2075	−0,04151	+0,1415
7,0	+0,01838	−0,1703	−0,2406	−0,1508	+0,03446
8,0	+0,2250	+0,04510	−0,1410	−0,2320	−0,1740
9,0	+0,3089	+0,2304	+0,06698	−0,1143	−0,2200
10,0	+0,2804	+0,3005	+0,2338	+0,08501	−0,09007

p	$J_p(16)$	$J_p(17)$	$J_p(18)$	$J_p(19)$	$J_p(20)$
0	−0,1749	−0,1699	−0,01336	+0,1466	+0,1670
0,5	−0,05743	−0,1860	−0,1412	+0,02744	+0,1629
1,0	+0,09040	−0,09767	−0,1880	−0,1057	+0,06683
1,5	+0,1874	+0,04231	−0,1320	−0,1795	−0,06466
2,0	+0,1862	+0,1584	−0,7533^{-2}	−0,1578	−0,1603
2,5	+0,09257	+0,1935	+0,1192	−0,05578	−0,1726
3,0	−0,04385	+0,1349	+0,1863	+0,07249	−0,09890
3,5	−0,1585	+0,01461	+0,1651	+0,1649	+0,02152
4,0	−0,2026	−0,1107	+0,06964	+0,1806	+0,1307
4,5	−0,1619	−0,1875	−0,05501	+0,1165	+0,1801
5,0	−0,05747	−0,1870	−0,1554	+0,3572^{-2}	+0,1512
5,5	+0,06743	−0,1139	−0,1926	−0,1097	+0,05953
6,0	+0,1667	+0,7153^{-3}	−0,1560	−0,1788	−0,05509
6,5	+0,2083	+0,1138	−0,06273	−0,1800	−0,1474
7,0	+0,1825	+0,1875	+0,05140	−0,1165	−0,1842
8,0	−0,7021^{-2}	+0,1537	+0,1959	+0,09294	−0,07387
9,0	−0,1895	−0,04286	+0,1228	+0,1947	+0,1251
10,0	−0,2062	−0,1991	−0,07317	+0,09155	+0,1865

Die n-te Nullstelle einiger Besselscher Funktionen

n	$p = 0$	$p = 1$	$p = 2$	$p = 3$	$p = 4$	$p = 5$
1	2,405	3,832	5,135	6,379	7,588	8,771
2	5,520	7,016	8,417	9,760	11,064	12,339
3	8,654	10,173	11,620	13,015	14,373	15,700
4	11,792	13,323	14,796	16,224	17,616	18,980
5	14,931	16,470	17,960	19,410	20,827	22,218
6	18,071	19,616	21,117	22,583	24,018	25,430
7	21,212	22,760	24,270	25,749	27,200	28,627
8	24,353	25,903	27,421	28,909	30,371	31,812
9	27,494	29,047	30,569	32,065	33,537	34,989

1.1.2.3. Legendresche Polynome (Kugelfunktionen) [1])

$x = P_1(x)$	$P_2(x)$	$P_3(x)$	$P_4(x)$	$P_5(x)$	$P_6(x)$	$P_7(x)$
0,00	−0,5000	0,0000	0,3750	0,0000	−0,3125	0,0000
0,05	−0,4962	−0,0747	0,3657	0,0927	−0,2962	−0,1069
0,10	−0,4850	−0,1475	0,3379	0,1788	−0,2488	−0,1995
0,15	−0,4662	−0,2166	0,2928	0,2523	−0,1746	−0,2649
0,20	−0,4400	−0,2800	0,2320	0,3075	−0,0806	−0,2935
0,25	−0,4062	−0,3359	0,1577	0,3397	+0,0243	−0,2799
0,30	−0,3650	−0,3825	+0,0729	0,3454	0,1292	−0,2241
0,35	−0,3162	−0,4178	−0,0187	0,3225	0,2225	−0,1318
0,40	−0,2600	−0,4400	−0,1130	0,2706	0,2926	−0,0146
0,45	−0,1962	−0,4472	−0,2050	0,1917	0,3290	+0,1106
0,50	−0,1250	−0,4375	−0,2891	+0,0898	0,3232	0,2231
0,55	−0,0462	−0,4091	−0,3590	−0,0282	0,2708	0,3007
0,60	+0,0400	−0,3600	−0,4080	−0,1526	0,1721	0,3226
0,65	0,1338	−0,2884	−0,4284	−0,2705	+0,0347	0,2737
0,70	0,2350	−0,1925	−0,4121	−0,3652	−0,1253	+0,1502
0,75	0,3438	−0,0703	−0,3501	−0,4164	−0,2808	−0,0342
0,80	0,4600	+0,0800	−0,2330	−0,3995	−0,3918	−0,2397
0,85	0,5838	0,2603	−0,0506	−0,2857	−0,4030	−0,3913
0,90	0,7150	0,4725	+0,2079	−0,0411	−0,2412	−0,3678
0,95	0,8538	0,7184	0,5541	+0,3727	+0,1875	+0,0112
1,00	1,0000	1,0000	1,0000	1,0000	1,0000	1,0000

$$P_0(x) = 1; \quad P_1(x) = x;$$

$$P_2(x) = \frac{1}{2}(3x^2 - 1);$$

$$P_3(x) = \frac{1}{2}(5x^3 - 3x);$$

$$P_4(x) = \frac{1}{8}(35x^4 - 30x^2 + 3);$$

$$P_5(x) = \frac{1}{8}(63x^5 - 70x^3 + 15x);$$

$$P_6(x) = \frac{1}{16}(231x^6 - 315x^4 + 105x^2 - 5);$$

$$P_7(x) = \frac{1}{16}(429x^7 - 693x^5 + 315x^3 - 35x).$$

[1]) Definition und Kurve s. 3.3.1.3.4.

1.1.2.4. Elliptische Integrale [1])

a) Elliptische Integrale erster Gattung

$F(k, \varphi)$, $k = \sin \alpha$

φ \ α	0°	10°	20°	30°	40°	50°	60°	70°	80°	90°
0°	0,0000	0,0000	0,0000	0,0000	0,0000	0,0000	0,0000	0,0000	0,0000	0,0000
10	0,1745	0,1746	0,1746	0,1748	0,1749	0,1751	0,1752	0,1753	0,1754	0,1754
20	0,3491	0,3493	0,3499	0,3508	0,3520	0,3533	0,3545	0,3555	0,3561	0,3564
30	0,5236	0,5243	0,5263	0,5294	0,5334	0,5379	0,5422	0,5459	0,5484	0,5493
40	0,6981	0,6997	0,7043	0,7116	0,7213	0,7323	0,7436	0,7535	0,7604	0,7629
50	0,8727	0,8756	0,8842	0,8982	0,9173	0,9401	0,9647	0,9876	1,0044	1,0107
60	1,0472	1,0519	1,0660	1,0896	1,1226	1,1643	1,2126	1,2619	1,3014	1,3170
70	1,2217	1,2286	1,2495	1,2853	1,3372	1,4068	1,4944	1,5959	1,6918	1,7354
80	1,3963	1,4056	1,4344	1,4846	1,5597	1,6660	1,8125	2,0119	2,2653	2,4362
90	1,5708	1,5828	1,6200	1,6858	1,7868	1,9356	2,1565	2,5046	3,1534	∞

b) Elliptische Integrale zweiter Gattung

$E(k, \varphi)$, $k = \sin \alpha$

φ \ α	0°	10°	20°	30°	40°	50°	60°	70°	80°	90°
0°	0,0000	0,0000	0,0000	0,0000	0,0000	0,0000	0,0000	0,0000	0,0000	0,0000
10	0,1745	0,1745	0,1744	0,1743	0,1742	0,1740	0,1739	0,1738	0,1737	0,1736
20	0,3491	0,3489	0,3483	0,3473	0,3462	0,3450	0,3438	0,3429	0,3422	0,3420
30	0,5236	0,5229	0,5209	0,5179	0,5141	0,5100	0,5061	0,5029	0,5007	0,5000
40	0,6981	0,3966	0,6921	0,6851	0,6763	0,6667	0,6575	0,6497	0,6446	0,6428
50	0,8727	0,8698	0,8614	0,8483	0,8317	0,8134	0,7954	0,7801	0,7697	0,7660
60	1,0472	1,0426	1,0290	1,0076	0,9801	0,9493	0,9184	0,8914	0,8728	0,8660
70	1,2217	1,2149	1,1949	1,1632	1,1221	1,0750	1,0266	0,9830	0,9514	0,9397
80	1,3963	1,3870	1,3597	1,3161	1,2590	1,1926	1,1225	1,0565	1,0054	0,9848
90	1,5708	1,5589	1,5238	1,4675	1,3931	1,3055	1,2111	1,1184	1,0401	1,0000

[1]) Definition s. 3.1.7.6.1.

c) Vollständige elliptische Integrale

$k = \sin\alpha$

$\alpha°$	K	E	$\alpha°$	K	E	$\alpha°$	K	E
0	1,5708	1,5708	30	1,6858	1,4675	60	2,1565	1,2111
1	1,5709	1,5707	31	1,6941	1,4608	61	2,1842	1,2015
2	1,5713	1,5703	32	1,7028	1,4539	62	2,2132	1,1920
3	1,5719	1,5697	33	1,7119	1,4469	63	2,2435	1,1826
4	1,5727	1,5689	34	1,7214	1,4397	64	2,2754	1,1732
5	1,5738	1,5678	35	1,7312	1,4323	65	2,3088	1,1638
6	1,5751	1,5665	36	1,7415	1,4248	66	2,3439	1,1545
7	1,5767	1,5649	37	1,7522	1,4171	67	2,3809	1,1453
8	1,5785	1,5632	38	1,7633	1,4092	68	2,4198	1,1362
9	1,5805	1,5611	39	1,7748	1,4013	69	2,4610	1,1272
10	1,5828	1,5589	40	1,7868	1,3931	70	2,5046	1,1184
11	1,5854	1,5564	41	1,7992	1,3849	71	2,5507	1,1096
12	1,5882	1,5537	42	1,8122	1,3765	72	2,5998	1,1011
13	1,5913	1,5507	43	1,8256	1,3680	73	2,6521	1,0927
14	1,5946	1,5476	44	1,8396	1,3594	74	2,7081	1,0844
15	1,5981	1,5442	45	1,8541	1,3506	75	2,7681	1,0764
16	1,6020	1,5405	46	1,8691	1,3418	76	2,8327	1,0686
17	1,6061	1,5367	47	1,8848	1,3329	77	2,9026	1,0611
18	1,6105	1,5326	48	1,9011	1,3238	78	2,9786	1,0538
19	1,6151	1,5283	49	1,9180	1,3147	79	3,0617	1,0468
20	1,6200	1,5238	50	1,9356	1,3055	80	3,1534	1,0401
21	1,6252	1,5191	51	1,9539	1,2963	81	3,2553	1,0338
22	1,6307	1,5141	52	1,9729	1,2870	82	3,3699	1,0278
23	1,6365	1,5090	53	1,9927	1,2776	83	3,5004	1,0223
24	1,6426	1,5037	54	2,0133	1,2681	84	3,6519	1,0172
25	1,6490	1,4981	55	2,0347	1,2587	85	3,8317	1,0127
26	1,6557	1,4924	56	2,0571	1,2492	86	4,0528	1,0086
27	1,6627	1,4864	57	2,0804	1,2397	87	4,3387	1,0053
28	1,6701	1,4803	58	2,1047	1,2301	88	4,7427	1,0026
29	1,6777	1,4740	59	2,1300	1,2206	89	5,4349	1,0008
30	1,6858	1,4675	60	2,1565	1,2111	90	∞	1,0000

$$F(k, \varphi) = \int_0^{\varphi} \frac{d\psi}{\sqrt{1 - k^2 \sin^2 \psi}} = \int_0^{\sin\varphi} \frac{dt}{\sqrt{1 - t^2}\,\sqrt{1 - k^2 t^2}},$$

$$E(k, \varphi) = \int_0^{\varphi} \sqrt{1 - k^2 \sin^2 \psi}\, d\psi = \int_0^{\sin\varphi} \sqrt{\frac{1 - k^2 t^2}{1 - t^2}}\, dt,$$

$$\mathrm{K} = F\left(k, \frac{\pi}{2}\right) = \int_0^{\pi/2} \frac{d\psi}{\sqrt{1 - k^2 \sin^2 \psi}} = \int_0^{1} \frac{dt}{\sqrt{1 - t^2}\,\sqrt{1 - k^2 t^2}},$$

$$\mathrm{E} = E\left(k, \frac{\pi}{2}\right) = \int_0^{\pi/2} \sqrt{1 - k^2 \sin^2 \psi}\, d\psi = \int_0^{1} \sqrt{\frac{1 - k^2 t^2}{1 - t^2}}\, dt.$$

1.1.2.5. Integralsinus, Integralkosinus, Integralexponentialfunktion, Integrallogarithmus

Definition; $\mathrm{Si}(x) = \int_0^x \frac{\sin t}{t}\,\mathrm{d}t$; $\mathrm{si}(x) = \mathrm{Si}(x) - \frac{\pi}{2} = -\int_x^\infty \frac{\sin t}{t}\,\mathrm{d}t$;

$\mathrm{Ci}(x) = -\int_x^\infty \frac{\cos t}{t}\,\mathrm{d}t$ (s. 4.4.2.2.); $\mathrm{Ei}(x) = \int_{-\infty}^x \frac{e^t}{t}\,\mathrm{d}t$;

$\mathrm{li}(x) = \int_0^x \frac{\mathrm{d}t}{\ln t}$, (s. 3.1.7.3.); $\mathrm{li}(x) = \mathrm{Ei}(\ln x)$; s. Fußnoten S. 61 u. 63.

x	Si(x)	Ci(x)	Ei(x)	x	Si(x)	Ci(x)	Ei(x)
0,00	0,0000	− ∞	− ∞	0,40	0,3965	−0,3788	0,1048
0,01	0,0100	−4,0280	−4,0179	0,41	0,4062	−0,3561	0,1418
0,02	0,0200	−3,3349	−3,3147	0,42	0,4159	−0,3341	0,1783
0,03	0,0300	−2,9296	−2,8991	0,43	0,4256	−0,3126	0,2143
0,04	0,0400	−2,6421	−2,6013	0,44	0,4353	−0,2918	0,2498
0,05	0,0500	−2,4191	−2,3679	0,45	0,4450	−0,2715	0,2849
0,06	0,0600	−2,2371	−2,1753	0,46	0,4546	−0,2517	0,3195
0,07	0,0700	−2,0833	−2,0108	0,47	0,4643	−0,2325	0,3537
0,08	0,0800	−1,9501	−1,8669	0,48	0,4739	−0,2138	0,3876
0,09	0,0900	−1,8328	−1,7387	0,49	0,4835	−0,1956	0,4211
0,10	0,0999	−1,7279	−1,6228	0,50	0,4931	−0,1778	0,4542
0,11	0,1099	−1,6331	−1,5170	0,51	0,5027	−0,1605	0,4870
0,12	0,1199	−1,5466	−1,4193	0,52	0,5123	−0,1436	0,5195
0,13	0,1299	−1,4672	−1,3287	0,53	0,5218	−0,1271	0,5517
0,14	0,1399	−1,3938	−1,2438	0,54	0,5313	−0,1110	0,5836
0,15	0,1498	−1,3255	−1,1641	0,55	0,5408	−0,0953	0,6153
0,16	0,1598	−1,2618	−1,0887	0,56	0,5503	−0,0800	0,6467
0,17	0,1697	−1,2020	−1,0172	0,57	0,5598	−0,0650	0,6778
0,18	0,1797	−1,1457	−0,9491	0,58	0,5693	−0,0504	0,7087
0,19	0,1896	−1,0925	−0,8841	0,59	0,5787	−0,0362	0,7394
0,20	0,1996	−1,0422	−0,8218	0,60	0,5881	−0,0223	0,7699
0,21	0,2095	−0,9944	−0,7619	0,61	0,5975	−0,0087	0,8002
0,22	0,2194	−0,9490	−0,7042	0,62	0,6069	+0,0046	0,8302
0,23	0,2293	−0,9057	−0,6485	0,63	0,6163	0,0176	0,8601
0,24	0,2392	−0,8643	−0,5947	0,64	0,6256	0,0303	0,8898
0,25	0,2491	−0,8247	−0,5425	0,65	0,6349	0,0427	0,9194
0,26	0,2590	−0,7867	−0,4919	0,66	0,6442	0,0548	0,9488
0,27	0,2689	−0,7503	−0,4427	0,67	0,6535	0,0666	0,9780
0,28	0,2788	−0,7153	−0,3949	0,68	0,6628	0,0782	1,0071
0,29	0,2886	−0,6816	−0,3482	0,69	0,6720	0,0895	1,0361
0,30	0,2985	−0,6492	−0,3027	0,70	0,6812	0,1005	1,0649
0,31	0,3083	−0,6179	−0,2582	0,71	0,6904	0,1113	1,0936
0,32	0,3182	−0,5877	−0,2147	0,72	0,6996	0,1219	1,1222
0,33	0,3280	−0,5585	−0,1721	0,73	0,7087	0,1322	1,1507
0,34	0,3378	−0,5304	−0,1304	0,74	0,7179	0,1423	1,1791
0,35	0,3476	−0,5031	−0,0894	0,75	0,7270	0,1522	1,2073
0,36	0,3574	−0,4767	−0,0493	0,76	0,7360	0,1618	1,2355
0,37	0,3672	−0,4511	−0,0098	0,77	0,7451	0,1712	1,2636
0,38	0,3770	−0,4263	+0,0290	0,78	0,7541	0,1805	1,2916
0,39	0,3867	−0,4022	0,0672	0,79	0,7631	0,1895	1,3195

x	Si(x)	Ci(x)	Ei(x)
0,80	0,7721	0,1983	1,3474
0,81	0,7811	0,2069	1,3752
0,82	0,7900	0,2153	1,4029
0,83	0,7989	0,2235	1,4306
0,84	0,8078	0,2316	1,4582
0,85	0,8166	0,2394	1,4857
0,86	0,8254	0,2471	1,5132
0,87	0,8342	0,2546	1,5407
0,88	0,8430	0,2619	1,5681
0,89	0,8518	0,2691	1,5955
0,90	0,8605	0,2761	1,6228
0,91	0,8692	0,2829	1,6501
0,92	0,8778	0,2896	1,6774
0,93	0,8865	0,2961	1,7047
0,94	0,8951	0,3024	1,7319
0,95	0,9036	0,3086	1,7591
0,96	0,9122	0,3147	1,7864
0,97	0,9207	0,3206	1,8136
0,98	0,9292	0,3263	1,8407
0,99	0,9377	0,3319	1,8679
1,0	0,9461	0,3374	1,8951
1,1	1,0287	0,3849	2,1674
1,2	1,1080	0,4205	2,4421
1,3	1,1840	0,4457	2,7214
1,4	1,2562	0,4620	3,0072
1,5	1,3247	0,4704	3,3013
1,6	1,3892	0,4717	3,6053
1,7	1,4496	0,4670	3,9210
1,8	1,5058	0,4568	4,2499
1,9	1,5578	0,4419	4,5937
2,0	1,6054	0,4230	4,9542
2,1	1,6487	0,4005	5,3332
2,2	1,6876	0,3751	5,7326
2,3	1,7222	0,3472	6,1544
2,4	1,7525	0,3173	6,6007
2,5	1,7785	0,2859	7,0738

x	Si(x)	Ci(x)	Ei(x)
2,6	1,8004	0,2533	7,5761
2,7	1,8182	0,2201	8,1103
2,8	1,8321	0,1865	8,6793
2,9	1,8422	0,1529	9,2860
3,0	1,8487	0,1196	9,9338
3,1	1,8517	0,08699	10,6263
3,2	1,8514	0,05526	11,3673
3,3	1,8481	+0,02468	12,1610
3,4	1,8419	−0,00452	13,0121
3,5	1,8331	−0,03213	13,9254
3,6	1,8219	−0,05797	14,9063
3,7	1,8086	−0,0819	15,9606
3,8	1,7934	−0,1038	17,0948
3,9	1,7765	−0,1235	18,3157
4,0	1,7582	−0,1410	19,6309
4,1	1,7387	−0,1562	21,0485
4,2	1,7184	−0,1690	22,5774
4,3	1,6973	−0,1795	24,2274
4,4	1,6758	−0,1877	26,0090
4,5	1,6541	−0,1935	27,9337
4,6	1,6325	−0,1970	30,0141
4,7	1,6110	−0,1984	32,2639
4,8	1,5900	−0,1976	34,6979
4,9	1,5696	−0,1948	37,3325
5,0	1,5499	−0,1900	40,1853
6	1,4247	−0,0681	85,9898
7	1,4546	+0,0767	191,505
8	1,5742	+0,1224	440,380
9	1,6650	+0,05535	1037,88
10	1,6583	−0,04546	2492,23
11	1,5783	−0,08956	6071,41
12	1,5050	−0,04978	14959,5
13	1,4994	+0,02676	37197,7
14	1,5562	+0,06940	93192,5
15	1,6182	+0,04628	234956

x	Si(x)	Ci(x)
20	1,5482	+0,04442
25	1,5315	−0,00685
30	1,5668	−0,03303
35	1,5969	−0,01148
40	1,5870	+0,01902
45	1,5587	+0,01863
50	1,5516	−0,00563
55	1,5707	−0,01817
60	1,5867	−0,00481
65	1,5792	+0,01285
70	1,5616	+0,01092
80	1,5723	−0,01240
90	1,5757	+0,00999
100	1,5622	−0,00515
110	1,5799	−0,00032

x	Si(x)	Ci(x)
120	1,5640	+0,00478
140	1,5722	+0,00701
160	1,5769	+0,00141
180	1,5741	−0,00443
200	1,5684	−0,00438
300	1,5709	−0,00333
400	1,5721	−0,00212
500	1,5726	−0,00093
600	1,5725	+0,00008
700	1,5720	+0,00078
800	1,5714	+0,00112
10^3	1,5702	+0,00083
10^4	1,5709	−0,00003
10^5	1,5708	+0,00000
∞	$\pi/2$	+0,00000

1.1.2.6. Fresnel-Integrale (s. 4.4.2.2.)

x	$C(x)$	$S(x)$	x	$C(x)$	$S(x)$	x	$C(x)$	$S(x)$
0,0	0	0	8,5	0,6129	0,5755	21,0	0,5738	0,5459
0,1	0,2521	0,0084	9,0	0,5608	0,6172	21,5	0,5423	0,5748
0,2	0,3554	0,0238	9,5	0,4969	0,6286	22,0	0,5012	0,5849
0,3	0,4331	0,0434	10,0	0,4370	0,6084	22,5	0,4607	0,5742
0,4	0,4966	0,0665	10,5	0,3951	0,5632	23,0	0,4307	0,5458
0,5	0,5502	0,0924	11,0	0,3804	0,5048	23,5	0,4181	0,5068
0,6	0,5962	0,1205	11,5	0,3951	0,4478	24,0	0,4256	0,4670
0,7	0,6356	0,1504	12,0	0,4346	0,4058	24,5	0,4511	0,4361
0,8	0,6693	0,1818	12,5	0,4881	0,3882	25,0	0,4879	0,4212
0,9	0,6979	0,2143	13,0	0,5425	0,3983	25,5	0,5269	0,4258
1,0	0,7217	0,2476	13,5	0,5846	0,4325	26,0	0,5586	0,4483
1,5	0,7791	0,4155	14,0	0,6047	0,4818	26,5	0,5755	0,4829
2,0	0,7533	0,5628	14,5	0,5989	0,5337	27,0	0,5738	0,5211
2,5	0,6710	0,6658	15,0	0,5693	0,5758	27,5	0,5541	0,5534
3,0	0,5610	0,7117	15,5	0,5240	0,5982	28,0	0,5217	0,5721
3,5	0,4520	0,7002	16,0	0,4743	0,5961	28,5	0,4846	0,5731
4,0	0,3682	0,6421	16,5	0,4323	0,5709	29,0	0,4518	0,5562
4,5	0,3252	0,5565	17,0	0,4080	0,5293	29,5	0,4314	0,5260
5,0	0,3285	0,4659	17,5	0,4066	0,4818	30,0	0,4279	0,4900
5,5	0,3724	0,3918	18,0	0,4278	0,4400	30,5	0,4420	0,4570
6,0	0,4433	0,3499	18,5	0,4660	0,4139	31,0	0,4700	0,4350
6,5	0,5222	0,3471	19,0	0,5113	0,4093	31,5	0,5048	0,4291
7,0	0,5901	0,3812	19,5	0,5528	0,4269	32,0	0,5379	0,4406
7,5	0,6318	0,4415	20,0	0,5804	0,4616	32,5	0,5613	0,4663
8,0	0,6393	0,5120	20,5	0,5878	0,5049	33,0	0,5694	0,4999

1.1.2.7. Die Funktion $\int_0^x e^{t^2}\,dt$

x	0	1	2	3	4	5	6	7	8	9
0,0	0,0000	0,0100	0,0200	0,0300	0,0400	0,0500	0,0601	0,0701	0,0802	0,0902
0,1	0,1003	0,1104	0,1206	0,1307	0,1409	0,1511	0,1614	0,1717	0,1820	0,1923
0,2	0,2027	0,2131	0,2236	0,2341	0,2447	0,2553	0,2660	0,2767	0,2875	0,2983
0,3	0,3092	0,3202	0,3313	0,3424	0,3536	0,3648	0,3762	0,3876	0,3991	0,4107
0,4	0,4224	0,4342	0,4461	0,4580	0,4701	0,4823	0,4946	0,5070	0,5196	0,5322
0,5	0,5450	0,5579	0,5709	0,5841	0,5974	0,6109	0,6245	0,6382	0,6522	0,6662
0,6	0,6805	0,6949	0,7095	0,7243	0,7393	0,7544	0,7698	0,7853	0,8011	0,8171
0,7	0,8333	0,8497	0,8664	0,8833	0,9005	0,9179	0,9356	0,9536	0,9718	0,9903
0,8	1,0091	1,0282	1,0477	1,0674	1,0875	1,1079	1,1287	1,1498	1,1713	1,1932
0,9	1,2155	1,2382	1,2613	1,2848	1,3088	1,3332	1,3581	1,3835	1,4093	1,4357
1,0	1,463	1,490	1,518	1,547	1,576	1,606	1,636	1,667	1,699	1,731
1,1	1,765	1,799	1,833	1,869	1,905	1,942	1,980	2,019	2,059	2,099
1,2	2,141	2,184	2,228	2,272	2,318	2,365	2,414	2,463	2,514	2,566
1,3	2,620	2,675	2,731	2,789	2,848	2,909	2,972	3,037	3,103	3,171
1,4	3,241	3,313	3,387	3,463	3,542	3,622	3,705	3,791	3,879	3,970
1,5	4,063	4,159	4,259	4,361	4,467	4,575	4,688	4,803	4,923	5,046
1,6	5,174	5,305	5,441	5,581	5,726	5,876	6,030	6,190	6,356	6,527
1,7	6,704	6,887	7,076	7,272	7,475	7,685	7,903	8,128	8,362	8,604
1,8	8,85	9,11	9,38	9,66	9,95	10,25	10,57	10,89	11,23	11,58
1,9	11,94	12,32	12,70	13,11	13,54	13,98	14,43	14,91	15,40	15,92

1.1.2.8. Die Poissonsche Verteilung

$$P(X = r) = \frac{\lambda^r}{r!}\,e^{-\lambda}$$

r	λ = 0,1	0,2	0,3	0,4	0,5	0,6	0,7	0,8
0	0,904837	0,818731	0,740818	0,670320	0,606531	0,548812	0,496585	0,449329
1	0,090484	0,163746	0,222245	0,268128	0,303265	0,329287	0,347610	0,359463
2	0,004524	0,016375	0,033337	0,053626	0,075816	0,098786	0,121663	0,143785
3	0,000151	0,001092	0,003334	0,007150	0,012636	0,019757	0,028388	0,038343
4	0,000004	0,000055	0,000250	0,000715	0,001580	0,002964	0,004968	0,007669
5	–	0,000002	0,000015	0,000057	0,000158	0,000356	0,000696	0,001227
6	–	–	0,000001	0,000004	0,000013	0,000036	0,000081	0,000164
7	–	–	–	–	0,000001	0,000003	0,000008	0,000019
8	–	–	–	–	–	–	0,000001	0,000002

r	λ = 0,9	1,0	1,5	2,0	2,5	3,0	3,5	4,0
0	0,406570	0,367879	0,223130	0,135335	0,082085	0,049787	0,030197	0,018316
1	0,365913	0,367879	0,334695	0,270671	0,205212	0,149361	0,105691	0,073263
2	0,164661	0,183940	0,251021	0,270671	0,256516	0,224042	0,184959	0,146525
3	0,049398	0,061313	0,125510	0,180447	0,213763	0,224042	0,215785	0,195367
4	0,011115	0,015328	0,047067	0,090224	0,133602	0,168031	0,188812	0,195367
5	0,002001	0,003066	0,014120	0,036089	0,066801	0,100819	0,132169	0,156293
6	0,000300	0,000511	0,003530	0,012030	0,027834	0,050409	0,077098	0,104196
7	0,000039	0,000073	0,000756	0,003437	0,009941	0,021604	0,038549	0,059540
8	0,000004	0,000009	0,000142	0,000859	0,003106	0,008102	0,016865	0,029770
9	–	0,000001	0,000024	0,000191	0,000863	0,002701	0,006559	0,013231
10	–	–	0,000004	0,000038	0,000216	0,000810	0,002296	0,005292
11	–	–	–	0,000007	0,000049	0,000221	0,000730	0,001925
12	–	–	–	0,000001	0,000010	0,000055	0,000213	0,000642
13	–	–	–	–	0,000002	0,000013	0,000057	0,000197
14	–	–	–	–	–	0,000003	0,000014	0,000056
15	–	–	–	–	–	0,000001	0,000003	0,000015
16	–	–	–	–	–	–	0,000001	0,000004
17	–	–	–	–	–	–	–	0,000001

r	λ = 4,5	5,0	6,0	7,0	8,0	9,0	10,0
0	0,011109	0,006738	0,002479	0,000912	0,000335	0,000123	0,000045
1	0,049990	0,033690	0,014873	0,006383	0,002684	0,001111	0,000454
2	0,112479	0,083224	0,044618	0,022341	0,010735	0,004998	0,002270
3	0,168718	0,140374	0,089235	0,052129	0,028626	0,014994	0,007567
4	0,189808	0,175467	0,133853	0,091226	0,057252	0,033737	0,018917
5	0,170827	0,175467	0,160623	0,127717	0,091604	0,060727	0,037833
6	0,128120	0,146223	0,160623	0,149003	0,122138	0,091090	0,063055
7	0,082363	0,104445	0,137677	0,149003	0,139587	0,117116	0,090079
8	0,046329	0,065278	0,103258	0,130377	0,139587	0,131756	0,112599
9	0,023165	0,036266	0,068838	0,101405	0,124077	0,131756	0,125110
10	0,010424	0,018133	0,041303	0,070983	0,099262	0,118580	0,125110
11	0,004264	0,008242	0,022529	0,045171	0,072190	0,097020	0,113736
12	0,001599	0,003434	0,011264	0,026350	0,048127	0,072765	0,094780
13	0,000554	0,001321	0,005199	0,014188	0,029616	0,050376	0,072908
14	0,000178	0,000472	0,002228	0,007094	0,016924	0,032384	0,052077
15	0,000053	0,000157	0,000891	0,003311	0,009026	0,019431	0,034718
16	0,000015	0,000049	0,000334	0,001448	0,004513	0,010930	0,021699
17	0,000004	0,000014	0,000118	0,000596	0,002124	0,005786	0,012764
18	0,000001	0,000004	0,000039	0,000232	0,000944	0,002893	0,007091
19	–	0,000001	0,000012	0,000085	0,000397	0,001370	0,003732
20	–	–	0,000004	0,000030	0,000159	0,000617	0,001866
21	–	–	0,000001	0,000010	0,000061	0,000264	0,000889
22	–	–	–	0,000003	0,000022	0,000108	0,000404
23	–	–	–	0,000001	0,000008	0,000042	0,000176
24	–	–	–	–	0,000003	0,000016	0,000073
25	–	–	–	–	0,000001	0,000006	0,000029
26	–	–	–	–	–	0,000002	0,000011
27	–	–	–	–	–	0,000001	0,000004
28	–	–	–	–	–	–	0,000001
29	–	–	–	–	–	–	0,000001

1.1.2.9. Normalverteilung

1.1.2.9.1. Dichtefunktion $\varphi(z) = \frac{1}{\sqrt{2\pi}} e^{-\frac{1}{2}z^2}$ *der normierten und zentrierten Normalverteilung*

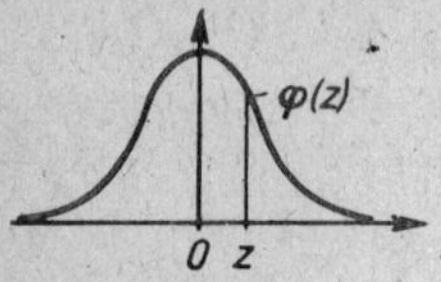

Abb. 1.2

z	0	1	2	3	4	5	6	7	8	9
0,0	3989^{-4}	3989	3989	3988	3986	3984	3982	3980	3977	3973
0,1	3970^{-4}	3965	3961	3956	3951	3945	3939	3932	3925	3918
0,2	3910^{-4}	3902	3894	3885	3876	3867	3857	3847	3836	3825
0,3	3814^{-4}	3802	3790	3778	3765	3752	3739	3725	3712	3697
0,4	3683^{-4}	3668	3653	3637	3621	3605	3589	3572	3555	3538
0,5	3521^{-4}	3503	3485	3467	3448	3429	3410	3391	3372	3352
0,6	3332^{-4}	3312	3292	3271	3251	3230	3209	3187	3166	3144
0,7	3123^{-4}	3101	3079	3056	3034	3011	2989	2966	2943	2920
0,8	2897^{-4}	2874	2850	2827	2803	2780	2756	2732	2709	2685
0,9	2661^{-4}	2637	2613	2589	2565	2541	2516	2492	2468	2444
1,0	2420^{-4}	2396	2371	2347	2323	2299	2275	2251	2227	2203
1,1	2179^{-4}	2155	2131	2107	2083	2059	2036	2012	1989	1965
1,2	1942^{-4}	1919	1895	1872	1849	1826	1804	1781	1758	1736
1,3	1714^{-4}	1691	1669	1647	1626	1604	1582	1561	1539	1518
1,4	1497^{-4}	1476	1456	1435	1415	1394	1374	1354	1334	1315
1,5	1295^{-4}	1276	1257	1238	1219	1200	1182	1163	1145	1127
1,6	1109^{-4}	1092	1074	1057	1040	1023	1006	9893^{-5}	9728	9566
1,7	9405^{-5}	9246	9089	8933	8780	8628	8478	8329	8183	8038
1,8	7895^{-5}	7754	7614	7477	7341	7206	7074	6943	6814	6687
1,9	6562^{-5}	6438	6316	6195	6077	5960	5844	5730	5618	5508
2,0	5399^{-5}	5292	5186	5082	4980	4879	4780	4682	4586	4491
2,1	4398^{-5}	4307	4217	4128	4041	3955	3871	3788	3706	3626
2,2	3547^{-5}	3470	3394	3319	3246	3174	3103	3034	2965	2898
2,3	2833^{-5}	2768	2705	2643	2582	2522	2463	2406	2349	2294
2,4	2239^{-5}	2186	2134	2083	2033	1984	1936	1888	1842	1797
2,5	1753^{-5}	1709	1667	1625	1585	1545	1506	1468	1431	1394
2,6	1358^{-5}	1323	1289	1256	1223	1191	1160	1130	1100	1071
2,7	1042^{-5}	1014	9871^{-6}	9606	9347	9094	8846	8605	8370	8140
2,8	7915^{-6}	7697	7483	7274	7071	6873	6679	6491	6307	6127
2,9	5953^{-6}	5782	5616	5454	5296	5143	4993	4847	4705	4567
3,0	4432^{-6}	4301	4173	4049	3928	3810	3695	3584	3475	3370
3,1	3267^{-6}	3167	3070	2975	2884	2794	2707	2623	2541	2461
3,2	2384^{-6}	2309	2236	2165	2096	2029	1964	1901	1840	1780
3,3	1723^{-6}	1667	1612	1560	1508	1459	1411	1364	1319	1275
3,4	1232^{-6}	1191	1151	1112	1075	1038	1003	9689^{-7}	9358	9037
3,5	8727^{-7}	8426	8135	7853	7581	7317	7061	6814	6575	6343
3,6	6119^{-7}	5902	5693	5490	5294	5105	4921	4744	4573	4408
3,7	4248^{-7}	4093	3944	3800	3661	3526	3396	3271	3149	3032
3,8	2919^{-7}	2810	2705	2604	2506	2411	2320	2232	2147	2065
3,9	1987^{-7}	1910	1837	1766	1698	1633	1569	1508	1449	1393
4,0	1338^{-7}	1286	1235	1186	1140	1094	1051	1009	9687^{-8}	9299
4,1	8926^{-8}	8567	8222	7890	7570	7263	6967	6683	6410	6147
4,2	5894^{-8}	5652	5418	5194	4979	4772	4573	4382	4199	4023
4,3	3854^{-8}	3691	3535	3386	3242	3104	2972	2845	2723	2606
4,4	2494^{-8}	2387	2284	2185	2090	1999	1912	1829	1749	1672
4,5	1598^{-8}	1528	1461	1396	1334	1275	1218	1164	1112	1062
4,6	1014^{-8}	9684^{-9}	9248	8830	8430	8047	7681	7331	6996	6676
4,7	6370^{-9}	6077	5797	5530	5274	5030	4796	4573	4360	4156
4,8	3961^{-9}	3775	3598	3428	3267	3112	2965	2824	2960	2561
4,9	2439^{-9}	2322	2211	2105	2003	1907	1814	1727	1643	1563

Bemerkung: 3989^{-4} bedeutet hier $3989 \cdot 10^{-4}$

1.1.2.9.2. Wahrscheinlichkeitsintegral $\Phi_0(z) = \int_0^z \varphi(x)\,dx = \frac{1}{\sqrt{2\pi}} \int_0^z e^{-\frac{1}{2}x^2}\,dx$ *der normierten und zentrierten Normalverteilung*

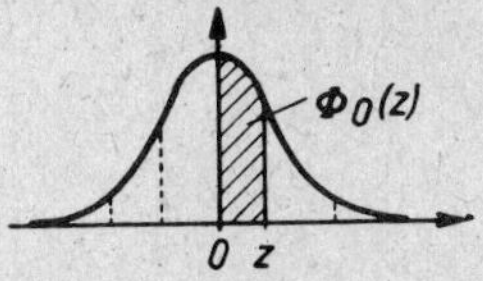

Abb. 1.3

Die Verteilungsfunktion $\Phi(z) = \frac{1}{\sqrt{2\pi}} \int_{-\infty}^{z} e^{-\frac{1}{2}x^2}\,dx$ hängt mit $\Phi_0(z)$ durch die Beziehung $\Phi(z) = \frac{1}{2} + \Phi_0(z)$ zusammen (vgl. 5.1.2.2.2.).

z	0	1	2	3	4	5	6	7	8	9
0,0	0,0 000	040	080	120	160	199	239	279	319	359
0,1	398	438	478	517	557	596	636	675	714	753
0,2	793	832	871	910	948	987	·026	·064	·103	·141
0,3	0,1 179	217	255	293	331	368	406	443	480	517
0,4	554	591	628	664	700	736	772	808	844	879
0,5	915	950	985	·019	·054	·088	·123	·157	·190	·224
0,6	0,2 257	291	324	357	389	422	454	486	517	549
0,7	580	611	642	673	703	734	764	794	823	852
0,8	881	910	939	967	995	·023	·051	·078	·106	·133
0,9	0,3 159	186	212	238	264	289	315	340	365	389
1,0	413	438	461	485	508	531	554	577	599	621
1,1	643	665	686	708	729	749	770	790	810	830
1,2	849	869	888	907	925	944	962	980	997	·015
1,3	0,4 032	049	066	082	099	115	131	147	162	177
1,4	192	207	222	236	251	265	279	292	306	319
1,5	332	345	357	370	382	394	406	418	429	441
1,6	452	463	474	484	495	505	515	525	535	545
1,7	554	564	573	582	591	599	608	616	625	633
1,8	641	649	656	664	671	678	686	693	699	706
1,9	713	719	726	732	738	744	750	756	761	767
2,0	772	778	783	788	793	798	803	808	812	817
2,1	821	826	830	834	838	842	846	850	854	857
2,2	860 *966*	864 *474*	867 *906*	871 *263*	874 *545*	877 *755*	880 *894*	883 *962*	886 *962*	889 *893*
2,3	892 *759*	895 *559*	898 *296*	900 *969*	903 *581*	906 *133*	908 *625*	911 *060*	913 *437*	915 *758*
2,4	918 *025*	920 *237*	922 *397*	924 *506*	926 *564*	928 *572*	930 *531*	932 *443*	934 *309*	936 *128*
2,5	937 *903*	939 *634*	941 *323*	942 *969*	944 *574*	946 *139*	947 *664*	949 *151*	950 *600*	952 *012*
2,6	953 *388*	954 *729*	956 *035*	957 *308*	958 *547*	959 *754*	960 *930*	962 *074*	963 *189*	964 *274*
2,7	965 *330*	966 *358*	967 *359*	968 *333*	969 *280*	970 *202*	971 *099*	971 *972*	972 *821*	973 *646*
2,8	974 *449*	975 *229*	975 *988*	976 *726*	977 *443*	978 *140*	978 *818*	979 *476*	980 *116*	980 *738*
2,9	981 *342*	981 *929*	982 *498*	983 *052*	983 *589*	984 *111*	984 *618*	985 *110*	985 *588*	986 *051*

Bemerkung: 0,4 860 bedeutet hier 0,4 860 966
966

Fortsetzung

z	0	1	2	3	4	5	6	7	8	9
3,0	0,4 986 *501*	986 *938*	987 *361*	987 *772*	988 *171*	988 *558*	988 *933*	989 *297*	989 *650*	989 *992*
3,1	990 *324*	990 *646*	990 *957*	991 *260*	991 *553*	991 *836*	992 *112*	992 *378*	992 *636*	992 *886*
3,2	993 *129*	993 *363*	993 *590*	993 *810*	994 *024*	994 *230*	994 *429*	994 *623*	994 *810*	994 *991*
3,3	995 *166*	995 *335*	995 *499*	995 *658*	995 *811*	995 *959*	996 *103*	996 *242*	996 *376*	996 *505*
3,4	996 *631*	996 *752*	996 *869*	996 *982*	997 *091*	997 *197*	997 *299*	997 *398*	997 *493*	997 *585*
3,5	997 *674*	997 *759*	997 *842*	997 *922*	997 *999*	998 *074*	998 *146*	998 *215*	998 *282*	998 *347*
3,6	998 *409*	998 *469*	998 *527*	998 *583*	998 *637*	998 *689*	998 *739*	998 *787*	998 *834*	998 *879*
3,7	998 *922*	998 *964*	999 *004*	999 *043*	999 *080*	999 *116*	999 *150*	999 *184*	999 *216*	999 *247*
3,8	999 *276*	999 *305*	999 *333*	999 *359*	999 *385*	999 *409*	999 *433*	999 *456*	999 *478*	999 *499*
3,9	999 *519*	999 *539*	999 *557*	999 *575*	999 *593*	999 *609*	999 *625*	999 *641*	999 *655*	999 *670*
4,0	999 *683*	999 *696*	999 *709*	999 *721*	999 *733*	999 *744*	999 *755*	999 *765*	999 *775*	999 *784*
4,1	999 *793*	999 *802*	999 *811*	999 *819*	999 *826*	999 *834*	999 *841*	999 *848*	999 *854*	999 *861*
4,2	999 *867*	999 *872*	999 *878*	999 *883*	999 *888*	999 *893*	999 *898*	999 *902*	999 *907*	999 *911*
4,3	999 *915*	999 *918*	999 *922*	999 *925*	999 *929*	999 *932*	999 *935*	999 *938*	999 *941*	999 *943*
4,4	999 *946*	999 *948*	999 *951*	999 *953*	999 *955*	999 *957*	999 *959*	999 *961*	999 *963*	999 *964*
4,5	999 *966*	999 *968*	999 *969*	999 *971*	999 *972*	999 *973*	999 *974*	999 *976*	999 *977*	999 *978*
5,0	999 *997*									

1.1.2.10. Obere 100α-prozentige Werte χ^2_α der χ^2-Verteilung (s. 5.2.3.)

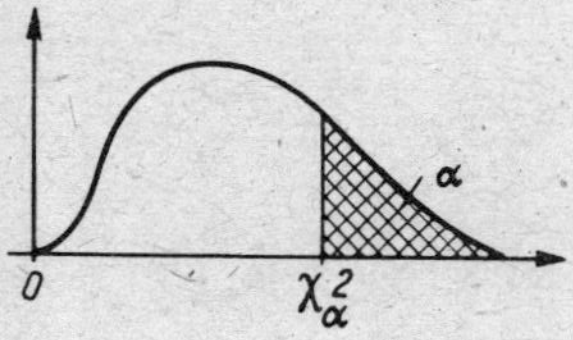

Abb. 1.4

Anzahl der Freiheitsgrade m	Wahrscheinlichkeit $p = \alpha$															
	0,99	0,98	0,95	0,90	0,80	0,70	0,50	0,30	0,20	0,10	0,05	0,02	0,01	0,005	0,002	0,001
1	0,00016	0,0006	0,0039	0,016	0,064	0,148	0,455	1,07	1,64	2,7	3,8	5,4	6,6	7,9	9,5	10,83
2	0,020	0,040	0,103	0,211	0,446	0,713	1,386	2,41	3,22	4,6	6,0	7,8	9,2	10,6	12,4	13,8
3	0,115	0,185	0,352	0,584	1,005	1,424	2,366	3,67	4,64	6,3	7,8	9,8	11,3	12,8	14,8	16,3
4	0,30	0,43	0,71	1,06	1,65	2,19	3,36	4,9	6,0	7,8	9,5	11,7	13,3	14,9	16,9	18,5
5	0,55	0,75	1,14	1,61	2,34	3,00	4,35	6,1	7,3	9,2	11,1	13,4	15,1	16,8	18,9	20,5
6	0,87	1,13	1,63	2,20	3,07	3,83	5,35	7,2	8,6	10,6	12,6	15,0	16,8	18,5	20,7	22,5
7	1,24	1,56	2,17	2,83	3,82	4,67	6,35	8,4	9,8	12,0	14,1	16,6	18,5	20,3	22,6	24,3
8	1,65	2,03	2,73	3,49	4,59	5,53	7,34	9,5	11,0	13,4	15,5	18,2	20,1	22,0	24,3	26,1
9	2,09	2,53	3,32	4,17	5,38	6,39	8,34	10,7	12,2	14,7	16,9	19,7	21,7	23,6	26,1	27,9
10	2,56	3,06	3,94	4,86	6,18	7,27	9,34	11,8	13,4	16,0	18,3	21,2	23,2	25,2	27,7	29,6
11	3,1	3,6	4,6	5,6	7,0	8,1	10,3	12,9	14,6	17,3	19,7	22,6	24,7	26,8	29,4	31,3
12	3,6	4,2	5,2	6,3	7,8	9,0	11,3	14,0	15,8	18,5	21,0	24,1	26,2	28,3	30,9	32,9
13	4,1	4,8	5,9	7,0	8,6	9,9	12,3	15,1	17,0	19,8	22,4	25,5	27,7	29,8	32,5	34,5
14	4,7	5,4	6,6	7,8	9,5	10,8	13,3	16,2	18,2	21,1	23,7	26,9	29,1	31,3	34,0	36,1
15	5,2	6,0	7,3	8,5	10,3	11,7	14,3	17,3	19,3	22,3	25,0	28,3	30,6	32,8	35,6	37,7
16	5,8	6,6	8,0	9,3	11,2	12,6	15,3	18,4	20,5	23,5	26,3	29,6	32,0	34,3	37,1	39,3
17	6,4	7,3	8,7	10,1	12,0	13,5	16,3	19,5	21,6	24,8	27,6	31,0	33,4	35,7	38,6	40,8
18	7,0	7,9	9,4	10,9	12,9	14,4	17,3	20,6	22,8	26,0	28,9	32,3	34,8	37,2	40,1	42,3
19	7,6	8,6	10,1	11,7	13,7	15,4	18,3	21,7	23,9	27,2	30,1	33,7	36,2	38,6	41,6	43,8
20	8,3	9,2	10,9	12,4	14,6	16,3	19,3	22,8	25,0	28,4	31,4	35,0	37,6	40,0	43,0	45,3
21	8,9	9,9	11,6	13,2	15,4	17,2	20,3	23,9	26,2	29,6	32,7	36,3	38,9	41,4	44,5	46,8
22	9,5	10,6	12,3	14,0	16,3	18,1	21,3	24,9	27,3	30,8	33,9	37,7	40,3	42,8	45,9	48,3
23	10,2	11,3	13,1	14,8	17,2	19,0	22,3	26,0	28,4	32,0	35,2	39,0	41,6	44,2	47,3	49,7
24	10,9	12,0	13,8	15,7	18,1	19,9	23,3	27,1	29,6	33,2	36,4	40,3	43,0	45,6	48,7	51,2
25	11,5	12,7	14,6	16,5	18,9	20,9	24,3	28,2	30,7	34,4	37,7	41,6	44,3	46,9	50,1	52,6
26	12,2	13,4	15,4	17,3	19,8	21,8	25,3	29,2	31,8	35,6	38,9	42,9	45,6	48,3	51,6	54,1
27	12,9	14,1	16,2	18,1	20,7	22,7	26,3	30,3	32,9	36,7	40,1	44,1	47,0	49,6	52,9	55,5
28	13,6	14,8	16,9	18,9	21,6	23,6	27,3	31,4	34,0	37,9	41,3	45,4	48,3	51,0	54,4	56,9
29	14,3	15,6	17,7	19,8	22,5	24,6	28,3	32,5	35,1	39,1	42,6	46,7	49,6	52,3	55,7	58,3
30	15,0	16,3	18,5	20,6	23,4	25,5	29,3	33,5	36,3	40,3	43,8	48,0	50,9	53,7	57,1	59,7

1.1.2.11. 100α-prozentige Werte $t_{\alpha, m}$ der Studentschen t-Verteilung

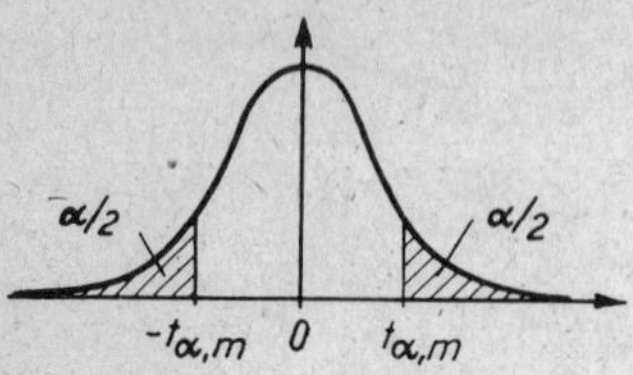

Abb. 1.5

m \ α	0,10	0,05	0,025	0,020	0,010	0,005	0,003	0,002	0,001
1	6,314	12,706	25,452	31,821	63,657	127,3	212,2	318,3	636,6
2	2,920	4,303	6,205	6,965	9,925	14,089	18,216	22,327	31,600
3	2,353	3,182	4,177	4,541	5,841	7,453	8,891	10,214	12,922
4	2,132	2,776	3,495	3,747	4,604	5,597	6,435	7,173	8,610
5	2,015	2,571	3,163	3,365	4,032	4,773	5,376	5,893	6,869
6	1,943	2,447	2,969	3,143	3,707	4,317	4,800	5,208	5,959
7	1,895	2,365	2,841	2,998	3,499	4,029	4,442	4,785	5,408
8	1,860	2,306	2,752	2,896	3,355	3,833	4,199	4,501	5,041
9	1,833	2,262	2,685	2,821	3,250	3,690	4,024	4,297	4,781
10	1,812	2,228	2,634	2,764	3,169	3,581	3,892	4,144	4,587
12	1,782	2,179	2,560	2,681	3,055	3,428	3,706	3,930	4,318
14	1,761	2,145	2,510	2,624	2,977	3,326	3,583	3,787	4,140
16	1,746	2,120	2,473	2,583	2,921	3,252	3,494	3,686	4,015
18	1,734	2,101	2,445	2,552	2,878	3,193	3,428	3,610	3,922
20	1,725	2,086	2,423	2,528	2,845	3,153	3,376	3,552	3,849
22	1,717	2,074	2,405	2,508	2,819	3,119	3,335	3,505	3,792
24	1,711	2,064	2,391	2,492	2,797	3,092	3,302	3,467	3,745
26	1,706	2,056	2,379	2,479	2,779	3,067	3,274	3,435	3,704
28	1,701	2,048	2,369	2,467	2,763	3,047	3,250	3,408	3,674
30	1,697	2,042	2,360	2,457	2,750	3,030	3,230	3,386	3,646
∞	1,645	1,960	2,241	2,326	2,576	2,807	2,968	3,090	3,291

1.1.2.12. Die Fishersche *Z*-Verteilung [1])

r_2 \ r_1	1	2	3	4	5	6	8	12	24	∞
1	4,1535	4,2585	4,2974	4,3175	4,3297	4,3379	4,3482	4,3585	4,3689	4,3794
2	2,2950	2,2976	2,2984	2,2988	2,2991	2,2992	2,2994	2,2997	2,2999	2,3001
3	1,7649	1,7140	1,6915	1,6786	1,6703	1,6645	1,6569	1,6489	1,6404	1,6314
4	1,5270	1,4452	1,4075	1,3856	1,3711	1,3609	1,3473	1,3327	1,3170	1,3000
5	1,3943	1,2929	1,2449	1,2164	1,1974	1,1838	1,1656	1,1457	1,1239	1,0997
6	1,3103	1,1955	1,1401	1,1068	1,0843	1,0680	1,0460	1,0218	0,9948	0,9643
7	1,2526	1,1281	1,0682	1,0300	1,0048	0,9864	0,9614	0,9335	0,9020	0,8658
8	1,2106	1,0787	1,0135	0,9734	0,9459	0,9259	0,8983	0,8673	0,8319	0,7904
9	1,1786	1,041	0,9724	0,9299	0,9006	0,8791	0,8494	0,8157	0,7769	0,7305
10	1,1535	1,011	0,9399	0,8954	0,8646	0,8419	0,8104	0,7744	0,7324	0,6816
11	1,1333	0,9874	0,9136	0,8674	0,8354	0,8116	0,7785	0,7405	0,6958	0,6408
12	1,1166	0,9677	0,8919	0,8443	0,8111	0,7864	0,7520	0,7122	0,6649	0,6061
13	1,1027	0,9511	0,8737	0,8248	0,7907	0,7652	0,7295	0,6882	0,6386	0,5761
14	1,0909	0,9370	0,8581	0,8082	0,7732	0,7471	0,7103	0,6675	0,6159	0,5500
15	1,0807	0,9249	0,8448	0,7939	0,7582	0,7314	0,6937	0,6496	0,5961	0,5269
16	1,0719	0,9144	0,8331	0,7814	0,7450	0,7177	0,6791	0,6339	0,5786	0,5064
17	1,0641	0,9051	0,8229	0,7705	0,7335	0,7057	0,6663	0,6199	0,5630	0,4879
18	1,0572	0,8970	0,8138	0,7607	0,7232	0,6950	0,6549	0,6075	0,5491	0,4712
19	1,0511	0,8897	0,8057	0,7521	0,7140	0,6854	0,6447	0,5964	0,5366	0,4560
20	1,0457	0,8831	0,7985	0,7443	0,7058	0,6768	0,6355	0,5864	0,5253	0,4421
21	1,0408	0,8772	0,7920	0,7372	0,6984	0,6690	0,6272	0,5773	0,5150	0,4294
22	1,0363	0,8719	0,7860	0,7309	0,6916	0,6620	0,6196	0,5691	0,5056	0,4176
23	1,0322	0,8670	0,7806	0,7251	0,6855	0,6555	0,6127	0,5615	0,4969	0,4068
24	1,0285	0,8626	0,7757	0,7197	0,6799	0,6496	0,6064	0,5545	0,4890	0,3967
25	1,0251	0,8585	0,7712	0,7148	0,6747	0,6442	0,6006	0,5481	0,4816	0,3872
26	1,0220	0,8548	0,7670	0,7103	0,6699	0,6392	0,5952	0,5422	0,4748	0,3784
27	1,0191	0,8513	0,7631	0,7062	0,6655	0,6346	0,5902	0,5367	0,4685	0,3701
28	1,0164	0,8481	0,7595	0,7023	0,6614	0,6303	0,5856	0,5316	0,4626	0,3624
29	1,0139	0,8451	0,7562	0,6987	0,6576	0,6263	0,5813	0,5269	0,4570	0,3550
30	1,0116	0,8423	0,7531	0,6954	0,6540	0,6226	0,5773	0,5224	0,4519	0,3481
40	0,9949	0,8223	0,7307	0,6712	0,6283	0,5956	0,5481	0,4901	0,4138	0,2922
60	0,9784	0,8025	0,7086	0,6472	0,6028	0,5687	0,5189	0,4574	0,3746	0,2352
120	0,9622	0,7829	0,6867	0,6234	0,5774	0,5419	0,4897	0,4243	0,3339	0,1612
∞	0,9462	0,7636	0,6651	0,5999	0,5522	0,5152	0,4604	0,3908	0,2913	0,0000

[1]) Die Tafel enthält die Werte von z_0, für die die Wahrscheinlichkeit dafür, daß die Fishersche Zufallsvariable Z mit (r_1, r_2) Freiheitsgraden nicht kleiner als z_0 ist, gleich 0,01 ist.

$$P(Z \geqq z_0) = \int_{z_0}^{\infty} f(z)\,\mathrm{d}z = 0{,}01,$$

hierbei ist $f(z)$ durch die Formel

$$f(z) = \frac{2 r_1^{\frac{r_1}{2}} r_2^{\frac{r_2}{2}}}{B\left(\frac{r_1}{2}, \frac{r_2}{2}\right)} \, \frac{e^{r_1 z}}{(r_1 e^{2z} + r_2)^{\frac{r_1 + r_2}{2}}}$$

bestimmt.

1.1.2.13. Obere fünfprozentige Werte $F_{0,05;\, m_1 m_2}$ und obere einprozentige Werte $F_{0,01;\, m_1 m_2}$ (in Fettdruck) der F-Verteilung (vgl. 5.2.3.)

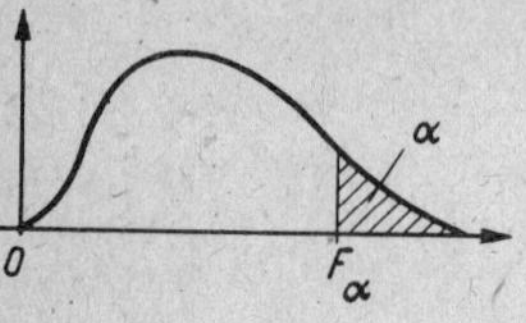

Abb. 1.6

m_2	m_1											
	1	2	3	4	5	6	7	8	9	10	11	12
1	161 **4052**	200 **4999**	216 **5403**	225 **5625**	230 **5764**	234 **5859**	237 **5928**	239 **5981**	241 **6022**	242 **6056**	243 **6083**	244 **6106**
2	18,51 **98,50**	19,00 **99,00**	19,16 **99,17**	19,25 **99,25**	19,30 **99,30**	19,33 **99,33**	19,35 **99,36**	19,37 **99,37**	19,38 **99,39**	19,39 **99,40**	19,40 **99,41**	19,41 **99,42**
3	10,13 **34,12**	9,55 **30,82**	9,28 **29,46**	9,12 **28,71**	9,01 **28,24**	8,94 **27,91**	8,89 **27,67**	8,85 **27,49**	8,81 **27,34**	8,79 **27,23**	8,76 **27,13**	8,74 **27,05**
4	7,71 **21,20**	6,94 **18,00**	6,59 **16,69**	6,39 **15,98**	6,26 **15,52**	6,16 **15,21**	6,09 **14,98**	6,04 **14,80**	6,00 **14,66**	5,96 **14,55**	5,94 **14,45**	5,91 **14,37**
5	6,61 **16,26**	5,79 **13,27**	5,41 **12,06**	5,19 **11,39**	5,05 **10,97**	4,95 **10,67**	4,88 **10,46**	4,82 **10,29**	4,77 **10,16**	4,74 **10,05**	4,70 **9,96**	4,68 **9,89**
6	5,99 **13,74**	5,14 **10,92**	4,76 **9,78**	4,53 **9,15**	4,39 **8,75**	4,28 **8,47**	4,21 **8,26**	4,15 **8,10**	4,10 **7,98**	4,06 **7,87**	4,03 **7,79**	4,00 **7,72**
7	5,59 **12,25**	4,74 **9,55**	4,35 **8,45**	4,12 **7,85**	3,97 **7,46**	3,87 **7,19**	3,79 **7,00**	3,73 **6,84**	3,68 **6,72**	3,64 **6,62**	3,60 **6,54**	3,57 **6,47**
8	5,32 **11,26**	4,46 **8,65**	4,07 **7,59**	3,84 **7,01**	3,69 **6,63**	3,58 **6,37**	3,50 **6,18**	3,44 **6,03**	3,39 **5,91**	3,35 **5,81**	3,31 **5,73**	3,28 **5,67**
9	5,12 **10,56**	4,26 **8,02**	3,86 **6,99**	3,63 **6,42**	3,48 **6,06**	3,37 **5,80**	3,29 **5,61**	3,23 **5,47**	3,18 **5,35**	3,14 **5,26**	3,10 **5,18**	3,07 **5,11**
10	4,96 **10,04**	4,10 **7,56**	3,71 **6,55**	3,48 **5,99**	3,33 **5,64**	3,22 **5,39**	3,14 **5,20**	3,07 **5,06**	3,02 **4,94**	2,98 **4,85**	2,94 **4,77**	2,91 **4,71**
11	4,84 **9,65**	3,98 **7,21**	3,59 **6,22**	3,36 **5,67**	3,20 **5,32**	3,09 **5,07**	3,01 **4,89**	2,95 **4,74**	2,90 **4,63**	2,85 **4,54**	2,82 **4,46**	2,79 **4,40**
12	4,75 **9,33**	3,89 **6,93**	3,49 **5,95**	3,26 **5,41**	3,11 **5,06**	3,00 **4,82**	2,91 **4,64**	2,85 **4,50**	2,80 **4,39**	2,75 **4,30**	2,72 **4,22**	2,69 **4,16**
13	4,67 **9,07**	3,81 **6,70**	3,41 **5,74**	3,18 **5,21**	3,03 **4,86**	2,92 **4,62**	2,83 **4,44**	2,77 **4,30**	2,71 **4,19**	2,67 **4,10**	2,63 **4,02**	2,60 **3,96**
14	4,60 **8,86**	3,74 **6,51**	3,34 **5,56**	3,11 **5,04**	2,96 **4,70**	2,85 **4,46**	2,76 **4,28**	2,70 **4,14**	2,65 **4,03**	2,60 **3,94**	2,57 **3,86**	2,53 **3,80**
15	4,54 **8,68**	3,68 **6,36**	3,29 **5,42**	3,06 **4,89**	2,90 **4,56**	2,79 **4,32**	2,71 **4,14**	2,64 **4,00**	2,59 **3,89**	2,54 **3,80**	2,51 **3,73**	2,48 **3,67**
16	4,49 **8,53**	3,63 **6,23**	3,24 **5,29**	3,01 **4,77**	2,85 **4,44**	2,74 **4,20**	2,66 **4,03**	2,59 **3,89**	2,54 **3,78**	2,49 **3,69**	2,46 **3,62**	2,42 **3,55**
17	4,45 **8,40**	3,59 **6,11**	3,20 **5,18**	2,96 **4,67**	2,81 **4,34**	2,70 **4,10**	2,61 **3,93**	2,55 **3,79**	2,49 **3,68**	2,45 **3,59**	2,41 **3,52**	2,38 **3,46**
18	4,41 **8,29**	3,55 **6,01**	3,16 **5,09**	2,93 **4,58**	2,77 **4,25**	2,66 **4,01**	2,58 **3,84**	2,51 **3,71**	2,46 **3,60**	2,41 **3,51**	2,37 **3,43**	2,34 **3,37**
19	4,38 **8,18**	3,52 **5,93**	3,13 **5,01**	2,90 **4,50**	2,74 **4,17**	2,63 **3,94**	2,54 **3,77**	2,48 **3,63**	2,42 **3,52**	2,38 **3,43**	2,34 **3,36**	2,31 **3,30**
20	4,35 **8,10**	3,49 **5,85**	3,10 **4,94**	2,87 **4,43**	2,71 **4,10**	2,60 **3,87**	2,51 **3,70**	2,45 **3,56**	2,39 **3,46**	2,35 **3,37**	2,31 **3,29**	2,28 **3,23**
21	4,32 **8,02**	3,47 **5,78**	3,07 **4,87**	2,84 **4,37**	2,68 **4,04**	2,57 **3,81**	2,49 **3,64**	2,42 **3,51**	2,37 **3,40**	2,32 **3,31**	2,28 **3,24**	2,25 **3,17**
22	4,30 **7,95**	3,44 **5,72**	3,05 **4,82**	2,82 **4,31**	2,66 **3,99**	2,55 **3,76**	2,46 **3,59**	2,40 **3,45**	2,34 **3,35**	2,30 **3,26**	2,26 **3,18**	2,23 **3,12**
23	4,28 **7,88**	3,42 **5,66**	3,03 **4,76**	2,80 **4,26**	2,64 **3,94**	2,53 **3,71**	2,44 **3,54**	2,37 **3,41**	2,32 **3,30**	2,27 **3,21**	2,24 **3,14**	2,20 **3,07**

m_1: 14	16	20	24	30	40	50	75	100	200	500	∞	m_2
245 **6143**	246 **6169**	248 **6209**	249 **6235**	250 **6261**	251 **6287**	252 **6302**	253 **6323**	253 **6334**	254 **6352**	254 **6361**	254 **6366**	1
19,42 **99,43**	19,43 **99,44**	19,44 **99,45**	19,45 **99,46**	19,46 **99,47**	19,47 **99,47**	19,48 **99,48**	19,48 **99,49**	19,49 **99,49**	19,49 **99,49**	19,50 **99,50**	19,50 **99,50**	2
8,71 **26,92**	8,69 **26,83**	8,66 **26,69**	8,64 **26,60**	8,62 **26,50**	8,59 **26,41**	8,58 **26,35**	8,57 **26,27**	8,55 **26,23**	8,54 **26,18**	8,53 **26,14**	8,53 **26,12**	3
5,87 **14,25**	5,84 **14,15**	5,80 **14,02**	5,77 **13,93**	5,75 **13,84**	5,72 **13,74**	5,70 **13,69**	5,68 **13,61**	5,66 **13,57**	5,65 **13,52**	5,64 **13,48**	5,63 **13,46**	4
4,64 **9,77**	4,60 **9,68**	4,56 **9,55**	4,53 **9,47**	4,50 **9,38**	4,46 **9,29**	4,44 **9,24**	4,42 **9,17**	4,41 **9,13**	4,39 **9,08**	4,37 **9,04**	4,36 **9,02**	5
3,96 **7,60**	3,92 **7,52**	3,87 **7,39**	3,84 **7,31**	3,81 **7,23**	3,77 **7,14**	3,75 **7,09**	3,72 **7,02**	3,71 **6,99**	3,69 **6,93**	3,68 **6,90**	3,67 **6,88**	6
3,53 **6,36**	3,49 **6,27**	3,44 **6,16**	3,41 **6,07**	3,38 **5,99**	3,34 **5,91**	3,32 **5,86**	3,29 **5,78**	3,27 **5,75**	3,25 **5,70**	3,24 **5,67**	3,23 **5,65**	7
3,24 **5,56**	3,20 **5,48**	3,15 **5,36**	3,12 **5,28**	3,08 **5,20**	3,05 **5,12**	3,02 **5,07**	3,00 **5,00**	2,97 **4,96**	2,95 **4,91**	2,94 **4,88**	2,93 **4,86**	8
3,03 **5,00**	2,99 **4,92**	2,93 **4,81**	2,90 **4,73**	2,86 **4,65**	2,83 **4,57**	2,80 **4,52**	2,77 **4,45**	2,76 **4,42**	2,73 **4,36**	2,72 **4,33**	2,71 **4,31**	9
2,86 **4,60**	2,83 **4,52**	2,77 **4,41**	2,74 **4,33**	2,70 **4,25**	2,66 **4,17**	2,64 **4,12**	2,61 **4,05**	2,59 **4,01**	2,56 **3,96**	2,55 **3,93**	2,54 **3,91**	10
2,74 **4,29**	2,70 **4,21**	2,65 **4,10**	2,61 **4,02**	2,57 **3,94**	2,53 **3,86**	2,51 **3,81**	2,47 **3,74**	2,46 **3,71**	2,43 **3,66**	2,42 **3,62**	2,40 **3,60**	11
2,64 **4,05**	2,60 **3,97**	2,54 **3,86**	2,51 **3,78**	2,47 **3,70**	2,43 **3,62**	2,40 **3,57**	2,36 **3,49**	2,35 **3,47**	2,32 **3,41**	2,31 **3,38**	2,30 **3,36**	12
2,55 **3,86**	2,51 **3,78**	2,46 **3,66**	2,42 **3,59**	2,38 **3,51**	2,34 **3,43**	2,31 **3,38**	2,28 **3,30**	2,26 **3,27**	2,23 **3,22**	2,22 **3,19**	2,21 **3,17**	13
2,48 **3,70**	2,44 **3,62**	2,39 **3,51**	2,35 **3,43**	2,31 **3,35**	2,27 **3,27**	2,24 **3,22**	2,21 **3,14**	2,19 **3,11**	2,16 **3,06**	2,14 **3,03**	2,13 **3,00**	14
2,42 **3,56**	2,38 **3,49**	2,33 **3,37**	2,29 **3,29**	2,25 **3,21**	2,20 **3,13**	2,18 **3,08**	2,15 **3,00**	2,12 **2,98**	2,10 **2,92**	2,08 **2,89**	2,07 **2,87**	15
2,37 **3,45**	2,33 **3,37**	2,28 **3,26**	2,24 **3,18**	2,19 **3,10**	2,15 **3,02**	2,12 **2,97**	2,09 **2,86**	2,07 **2,86**	2,04 **2,81**	2,02 **2,78**	2,01 **2,75**	16
2,33 **3,35**	2,29 **3,27**	2,23 **3,16**	2,19 **3,08**	2,15 **3,00**	2,10 **2,92**	2,08 **2,87**	2,04 **2,79**	2,02 **2,76**	1,99 **2,71**	1,97 **2,68**	1,96 **2,65**	17
2,29 **3,27**	2,25 **3,19**	2,19 **3,08**	2,15 **3,00**	2,11 **2,92**	2,06 **2,84**	2,04 **2,78**	2,00 **2,71**	1,98 **2,68**	1,95 **2,62**	1,93 **2,59**	1,92 **2,57**	18
2,26 **3,19**	2,21 **3,12**	2,15 **3,00**	2,11 **2,92**	2,07 **2,84**	2,03 **2,76**	2,00 **2,71**	1,96 **2,63**	1,94 **2,60**	1,91 **2,55**	1,90 **2,51**	1,88 **2,49**	19
2,22 **3,13**	2,18 **3,05**	2,12 **2,94**	2,08 **2,86**	2,04 **2,78**	1,99 **2,69**	1,97 **2,64**	1,92 **2,56**	1,91 **2,54**	1,88 **2,48**	1,86 **2,44**	1,84 **2,42**	20
2,20 **3,07**	2,16 **2,99**	2,10 **2,88**	2,05 **2,80**	2,01 **2,72**	1,96 **2,64**	1,94 **2,58**	1,89 **2,51**	1,88 **2,48**	1,84 **2,42**	1,82 **2,38**	1,81 **2,36**	21
2,17 **3,02**	2,13 **2,94**	2,07 **2,83**	2,03 **2,75**	1,98 **2,67**	1,94 **2,58**	1,91 **2,53**	1,87 **2,46**	1,85 **2,42**	1,81 **2,36**	1,80 **2,33**	1,78 **2,31**	22
2,15 **2,97**	2,11 **2,89**	2,05 **2,78**	2,00 **2,70**	1,96 **2,62**	1,91 **2,54**	1,88 **2,48**	1,84 **2,41**	1,82 **2,37**	1,79 **2,32**	1,77 **2,28**	1,76 **2,26**	23

m_2	m_1 1	2	3	4	5	6	7	8	9	10	11	12
24	4,26 **7,82**	3,40 **5,61**	3,01 **4,72**	2,78 **4,22**	2,62 **3,90**	2,51 **3,67**	2,42 **3,50**	2,36 **3,36**	2,30 **3,26**	2,25 **3,17**	2,22 **3,09**	2,18 **3,03**
25	4,24 **7,77**	3,39 **5,57**	2,99 **4,68**	2,76 **4,18**	2,60 **3,86**	2,49 **3,63**	2,40 **3,46**	2,34 **3,32**	2,28 **3,22**	2,24 **3,13**	2,20 **3,06**	2,16 **2,99**
26	4,23 **7,72**	3,37 **5,53**	2,98 **4,64**	2,74 **4,14**	2,59 **3,82**	2,47 **3,59**	2,39 **3,42**	2,32 **3,29**	2,27 **3,18**	2,22 **3,09**	2,18 **3,02**	2,15 **2,96**
27	4,21 **7,68**	3,35 **5,49**	2,96 **4,60**	2,73 **4,11**	2,57 **3,78**	2,46 **3,56**	2,37 **3,39**	2,31 **3,26**	2,25 **3,15**	2,20 **3,06**	2,16 **2,99**	2,13 **2,93**
28	4,20 **7,64**	3,34 **5,45**	2,95 **4,57**	2,71 **4,07**	2,56 **3,76**	2,45 **3,53**	2,36 **3,36**	2,29 **3,23**	2,24 **3,12**	2,19 **3,03**	2,15 **2,96**	2,12 **2,90**
29	4,18 **7,60**	3,33 **5,42**	2,93 **4,54**	2,70 **4,04**	2,55 **3,73**	2,43 **3,50**	2,35 **3,33**	2,28 **3,20**	2,22 **3,09**	2,18 **3,00**	2,14 **2,93**	2,10 **2,87**
30	4,17 **7,56**	3,32 **5,39**	2,92 **4,51**	2,69 **4,02**	2,53 **3,70**	2,42 **3,47**	2,33 **3,30**	2,27 **3,17**	2,21 **3,07**	2,16 **2,98**	2,13 **2,90**	2,09 **2,84**
32	4,15 **7,50**	3,29 **5,34**	2,90 **4,46**	2,67 **3,97**	2,51 **3,65**	2,40 **3,43**	2,31 **3,25**	2,24 **3,13**	2,19 **3,02**	2,14 **2,93**	2,10 **2,86**	2,07 **2,80**
34	4,13 **7,44**	3,28 **5,29**	2,88 **4,42**	2,65 **3,93**	2,49 **3,61**	2,38 **3,39**	2,29 **3,22**	2,23 **3,09**	2,17 **2,98**	2,12 **2,89**	2,08 **2,82**	2,05 **2,76**
36	4,11 **7,40**	3,26 **5,25**	2,87 **4,38**	2,63 **3,89**	2,48 **3,57**	2,36 **3,35**	2,28 **3,18**	2,21 **3,05**	2,15 **2,95**	2,11 **2,86**	2,07 **2,79**	2,03 **2,72**
38	4,10 **7,35**	3,24 **5,21**	2,85 **4,34**	2,62 **3,86**	2,46 **3,54**	2,35 **3,32**	2,26 **3,15**	2,19 **3,02**	2,14 **2,91**	2,09 **2,82**	2,05 **2,75**	2,02 **2,69**
40	4,08 **7,31**	3,23 **5,18**	2,84 **4,31**	2,61 **3,83**	2,45 **3,51**	2,34 **3,29**	2,25 **3,12**	2,18 **2,99**	2,12 **2,89**	2,08 **2,80**	2,04 **2,73**	2,00 **2,66**
42	4,07 **7,28**	3,22 **5,15**	2,83 **4,29**	2,59 **3,80**	2,44 **3,49**	2,32 **3,27**	2,24 **3,10**	2,17 **2,97**	2,11 **2,86**	2,06 **2,78**	2,03 **2,70**	1,99 **2,64**
44	4,06 **7,25**	3,21 **5,12**	2,82 **4,26**	2,58 **3,78**	2,43 **3,47**	2,31 **3,24**	2,23 **3,08**	2,16 **2,95**	2,10 **2,84**	2,05 **2,75**	2,01 **2,68**	1,98 **2,62**
46	4,05 **7,22**	3,20 **5,10**	2,81 **4,24**	2,57 **3,76**	2,42 **3,44**	2,30 **3,22**	2,22 **3,06**	2,15 **2,93**	2,09 **2,82**	2,04 **2,73**	2,00 **2,66**	1,97 **2,60**
48	4,04 **7,20**	3,19 **5,08**	2,80 **4,22**	2,57 **3,74**	2,41 **3,43**	2,30 **3,20**	2,21 **3,04**	2,14 **2,91**	2,08 **2,80**	2,03 **2,72**	1,99 **2,64**	1,96 **2,58**
50	4,03 **7,17**	3,18 **5,06**	2,79 **4,20**	2,56 **3,72**	2,40 **3,41**	2,29 **3,19**	2,20 **3,02**	2,13 **2,89**	2,07 **2,79**	2,03 **2,70**	1,99 **2,63**	1,95 **2,56**
55	4,02 **7,12**	3,16 **5,01**	2,78 **4,16**	2,54 **3,68**	2,38 **3,37**	2,27 **3,15**	2,18 **2,98**	2,11 **2,85**	2,06 **2,75**	2,01 **2,66**	1,97 **2,59**	1,93 **2,53**
60	4,00 **7,08**	3,15 **4,98**	2,76 **4,13**	2,53 **3,65**	2,37 **3,34**	2,25 **3,12**	2,17 **2,95**	2,10 **2,82**	2,04 **2,72**	1,99 **2,63**	1,95 **2,56**	1,92 **2,50**
65	3,99 **7,04**	3,14 **4,95**	2,75 **4,10**	2,51 **3,62**	2,36 **3,31**	2,24 **3,09**	2,15 **2,93**	2,08 **2,80**	2,03 **2,69**	1,98 **2,61**	1,94 **2,53**	1,90 **2,47**
70	3,98 **7,01**	3,13 **4,92**	2,74 **4,08**	2,50 **3,60**	2,35 **3,29**	2,23 **3,07**	2,14 **2,91**	2,07 **2,78**	2,02 **2,67**	1,97 **2,59**	1,93 **2,51**	1,89 **2,45**
80	3,96 **6,96**	3,11 **4,88**	2,72 **4,04**	2,49 **3,56**	2,33 **3,26**	2,21 **3,04**	2,13 **2,87**	2,06 **2,74**	2,00 **2,64**	1,95 **2,55**	1,91 **2,48**	1,88 **2,42**
100	3,94 **6,90**	3,09 **4,82**	2,70 **3,98**	2,46 **3,51**	2,31 **3,21**	2,19 **2,99**	2,10 **2,82**	2,03 **2,69**	1,97 **2,59**	1,93 **2,50**	1,89 **2,43**	1,85 **2,37**
125	3,92 **6,84**	3,07 **4,78**	2,68 **3,94**	2,44 **3,47**	2,29 **3,17**	2,17 **2,95**	2,08 **2,79**	2,01 **2,66**	1,96 **2,55**	1,91 **2,50**	1,87 **2,40**	1,83 **2,33**
150	3,90 **6,81**	3,06 **4,75**	2,66 **3,92**	2,43 **3,45**	2,27 **3,14**	2,16 **2,92**	2,07 **2,76**	2,00 **2,63**	1,94 **2,53**	1,89 **2,44**	1,85 **2,37**	1,82 **2,31**
200	3,89 **6,76**	3,04 **4,71**	2,65 **3,88**	2,42 **3,41**	2,26 **3,11**	2,14 **2,89**	2,06 **2,73**	1,98 **2,60**	1,93 **2,50**	1,88 **2,41**	1,84 **2,34**	1,80 **2,27**
400	3,86 **6,70**	3,02 **4,66**	2,62 **3,83**	2,39 **3,36**	2,23 **3,06**	2,12 **2,85**	2,03 **2,69**	1,96 **2,55**	1,90 **2,46**	1,85 **2,37**	1,81 **2,29**	1,78 **2,23**
1000	3,85 **6,66**	3,00 **4,63**	2,61 **3,80**	2,38 **3,34**	2,22 **3,04**	2,11 **2,82**	2,02 **2,66**	1,95 **2,53**	1,89 **2,43**	1,84 **2,34**	1,80 **2,27**	1,76 **2,20**
∞	3,84 **6,63**	3,00 **4,61**	2,60 **3,78**	2,37 **3,32**	2,21 **3,02**	2,10 **2,80**	2,01 **2,64**	1,94 **2,51**	1,88 **2,41**	1,83 **2,32**	1,79 **2,25**	1,75 **2,18**

m_1												m_2
14	16	20	24	30	40	50	75	100	200	500	∞	
2,13	2,09	2,03	1,98	1,94	1,89	1,86	1,82	1,80	1,77	1,75	1,73	24
2,93	**2,85**	**2,74**	**2,66**	**2,58**	**2,49**	**2,44**	**2,36**	**2,33**	**2,27**	**2,24**	**2,21**	
2,11	2,07	2,01	1,96	1,92	1,87	1,84	1,80	1,78	1,75	1,73	1,71	25
2,89	**2,81**	**2,70**	**2,62**	**2,54**	**2,45**	**2,40**	**2,32**	**2,29**	**2,23**	**2,19**	**2,17**	
2,10	2,05	1,99	1,95	1,90	1,85	1,82	1,78	1,76	1,73	1,70	1,69	26
2,86	**2,78**	**2,66**	**2,58**	**2,50**	**2,42**	**2,36**	**2,28**	**2,25**	**2,19**	**2,16**	**2,13**	
2,08	2,04	1,97	1,93	1,88	1,84	1,81	1,76	1,74	1,71	1,68	1,67	27
2,82	**2,75**	**2,63**	**2,55**	**2,47**	**2,38**	**2,33**	**2,25**	**2,22**	**2,16**	**2,12**	**2,10**	
2,06	2,02	1,96	1,91	1,87	1,82	1,79	1,75	1,73	1,69	1,67	1,65	28
2,80	**2,71**	**2,60**	**2,52**	**2,44**	**2,35**	**2,30**	**2,22**	**2,19**	**2,13**	**2,09**	**2,06**	
2,05	2,01	1,94	1,90	1,85	1,80	1,77	1,73	1,71	1,67	1,65	1,64	29
2,77	**2,69**	**2,57**	**2,49**	**2,41**	**2,33**	**2,27**	**2,19**	**2,16**	**2,10**	**2,06**	**2,03**	
2,04	1,99	1,93	1,89	1,84	1,79	1,76	1,72	1,70	1,66	1,64	1,62	30
2,74	**2,66**	**2,55**	**2,47**	**2,38**	**2,30**	**2,25**	**2,16**	**2,13**	**2,07**	**2,03**	**2,01**	
2,01	1,97	1,91	1,86	1,82	1,77	1,74	1,69	1,67	1,63	1,61	1,59	32
2,70	**2,62**	**2,50**	**2,42**	**2,34**	**2,25**	**2,20**	**2,12**	**2,08**	**2,02**	**1,98**	**1,96**	
1,99	1,95	1,89	1,84	1,80	1,75	1,71	1,67	1,65	1,61	1,59	1,57	34
2,66	**2,58**	**2,46**	**2,38**	**2,30**	**2,21**	**2,16**	**2,08**	**2,04**	**1,98**	**1,94**	**1,91**	
1,98	1,93	1,87	1,82	1,78	1,73	1,69	1,65	1,62	1,59	1,56	1,55	36
2,62	**2,54**	**2,43**	**2,35**	**2,26**	**2,17**	**2,12**	**2,04**	**2,00**	**1,94**	**1,90**	**1,87**	
1,96	1,92	1,85	1,81	1,76	1,71	1,68	1,63	1,61	1,57	1,54	1,53	38
2,59	**2,51**	**2,40**	**2,32**	**2,23**	**2,14**	**2,09**	**2,00**	**1,97**	**1,90**	**1,86**	**1,84**	
1,95	1,90	1,84	1,79	1,74	1,69	1,66	1,61	1,59	1,55	1,53	1,51	40
2,56	**2,48**	**2,37**	**2,29**	**2,20**	**2,11**	**2,06**	**1,97**	**1,94**	**1,87**	**1,83**	**1,80**	
1,93	1,89	1,83	1,78	1,73	1,68	1,65	1,60	1,57	1,53	1,51	1,49	42
2,54	**2,46**	**2,34**	**2,26**	**2,18**	**2,09**	**2,03**	**1,94**	**1,91**	**1,85**	**1,80**	**1,78**	
1,92	1,88	1,81	1,77	1,72	1,67	1,63	1,58	1,56	1,52	1,49	1,48	44
2,52	**2,44**	**2,32**	**2,24**	**2,15**	**2,06**	**2,01**	**1,92**	**1,89**	**1,82**	**1,78**	**1,75**	
1,91	1,87	1,80	1,76	1,71	1,65	1,62	1,57	1,55	1,51	1,48	1,46	46
2,50	**2,42**	**2,30**	**2,22**	**2,13**	**2,04**	**1,99**	**1,90**	**1,86**	**1,80**	**1,75**	**1,73**	
1,90	1,86	1,79	1,75	1,70	1,64	1,61	1,56	1,54	1,49	1,47	1,45	48
2,48	**2,40**	**2,28**	**2,20**	**2,12**	**2,03**	**1,97**	**1,88**	**1,84**	**1,78**	**1,73**	**1,70**	
1,89	1,85	1,78	1,74	1,69	1,63	1,60	1,55	1,52	1,48	1,46	1,44	50
2,46	**2,38**	**2,26**	**2,18**	**2,10**	**2,00**	**1,95**	**1,86**	**1,82**	**1,76**	**1,71**	**1,68**	
1,88	1,83	1,76	1,72	1,67	1,61	1,58	1,52	1,50	1,46	1,43	1,41	55
2,43	**2,34**	**2,23**	**2,15**	**2,06**	**1,96**	**1,91**	**1,82**	**1,78**	**1,71**	**1,67**	**1,64**	
1,86	1,82	1,75	1,70	1,65	1,59	1,56	1,50	1,48	1,44	1,41	1,39	60
2,39	**2,31**	**2,20**	**2,12**	**2,03**	**1,94**	**1,88**	**1,79**	**1,75**	**1,68**	**1,63**	**1,60**	
1,85	1,80	1,73	1,69	1,63	1,58	1,54	1,49	1,46	1,42	1,39	1,37	65
2,37	**2,29**	**2,18**	**2,09**	**2,00**	**1,90**	**1,85**	**1,76**	**1,72**	**1,65**	**1,60**	**1,56**	
1,84	1,79	1,72	1,67	1,62	1,57	1,53	1,47	1,45	1,40	1,37	1,35	70
2,35	**2,27**	**2,15**	**2,07**	**1,98**	**1,88**	**1,83**	**1,74**	**1,70**	**1,62**	**1,57**	**1,53**	
1,82	1,77	1,70	1,65	1,60	1,54	1,51	1,45	1,43	1,38	1,35	1,32	80
2,31	**2,23**	**2,12**	**2,03**	**1,94**	**1,85**	**1,79**	**1,70**	**1,66**	**1,58**	**1,53**	**1,49**	
1,79	1,75	1,68	1,63	1,57	1,52	1,48	1,42	1,39	1,34	1,31	1,28	100
2,26	**2,19**	**2,06**	**1,98**	**1,89**	**1,79**	**1,73**	**1,64**	**1,60**	**1,52**	**1,47**	**1,43**	
1,77	1,72	1,65	1,60	1,55	1,49	1,45	1,39	1,36	1,31	1,27	1,25	125
2,23	**2,15**	**2,03**	**1,94**	**1,85**	**1,75**	**1,69**	**1,59**	**1,55**	**1,47**	**1,41**	**1,37**	
1,76	1,71	1,64	1,59	1,53	1,48	1,44	1,37	1,34	1,29	1,25	1,22	150
2,20	**2,12**	**2,00**	**1,91**	**1,83**	**1,72**	**1,66**	**1,56**	**1,52**	**1,43**	**1,38**	**1,33**	
1,74	1,69	1,62	1,57	1,52	1,46	1,41	1,35	1,32	1,26	1,22	1,19	200
2,17	**2,09**	**1,97**	**1,88**	**1,79**	**1,69**	**1,63**	**1,53**	**1,48**	**1,39**	**1,33**	**1,28**	
1,72	1,67	1,60	1,54	1,49	1,42	1,38	1,32	1,28	1,22	1,16	1,13	400
2,12	**2,04**	**1,92**	**1,84**	**1,74**	**1,64**	**1,57**	**1,47**	**1,42**	**1,32**	**1,24**	**1,19**	
1,70	1,65	1,58	1,53	1,47	1,41	1,36	1,30	1,26	1,19	1,13	1,08	1000
2,09	**2,02**	**1,89**	**1,81**	**1,71**	**1,61**	**1,54**	**1,44**	**1,38**	**1,28**	**1,19**	**1,11**	
1,69	1,64	1,57	1,52	1,46	1,39	1,35	1,28	1,24	1,17	1,11	1,00	∞
2,08	**2,00**	**1,88**	**1,79**	**1,70**	**1,59**	**1,52**	**1,41**	**1,36**	**1,25**	**1,15**	**1,00**	

1.1.2.14. Kritische Zahlen für den Wilcoxon-Test [1])

$\alpha = 0{,}05$

	4	5	6	7	8	9	10	11	12	13	14	n_2 / n_1
	–	–	–	–	8,0	9,0	10,0	10,0	11,0	12,0	13,0	2
	–	7,5	8,0	9,5	10,0	11,5	12,0	13,5	14,0	15,5	16,0	3
	8,0	9,0	10,0	11,0	12,0	13,0	15,0	16,0	17,0	18,0	19,0	4
	9,0	10,5	12,0	12,5	14,0	15,5	17,0	18,5	19,0	20,5	22,0	5
			13,0	15,0	16,0	17,0	19,0	20,0	22,0	23,0	25,0	6
15	47,5			16,5	18,0	19,5	21,0	22,5	24,0	25,5	27,0	7
14	46,0	48,0			19,0	21,0	23,0	25,0	26,0	28,0	29,0	8
13	43,5	45,0	47,5			22,5	25,0	26,5	28,0	30,5	32,0	9
12	41,0	43,0	45,0	47,0			27,0	29,0	30,0	32,0	34,0	10
11	38,5	40,0	42,5	44,0	46,5			30,5	33,0	34,5	37,0	11
10	36,0	38,0	40,0	42,0	43,0	45,0			35,0	37,0	39,0	12
9	33,5	35,0	37,5	39,0	40,5	42,0	44,5			38,5	41,0	13
8	31,0	33,0	34,0	36,0	38,0	39,0	41,0	42,0			43,0	14
7	28,5	30,0	31,5	33,0	34,5	36,0	37,5	39,0	40,5			
6	26,0	27,0	29,0	30,0	32,0	33,0	34,0	36,0	37,0	38,0	39,0	
5	23,5	24,0	25,5	27,0	28,5	30,0	30,5	32,0	33,5	35,0	35,5	
4	20,0	21,0	23,0	24,0	25,0	26,0	27,0	28,0	29,0	30,0	32,0	
3	17,5	18,0	19,5	20,0	21,5	22,0	23,5	24,0	25,5	26,0	27,5	
2	14,0	15,0	15,0	16,0	17,0	18,0	18,0	19,0	20,0	21,0	22,0	
n_1 / n_2	15	16	17	18	19	20	21	22	23	24	25	

$\alpha = 0{,}01$

	4	5	6	7	8	9	10	11	12	13	14	n_2 / n_1
	–	–	–	–	–	13,5	15,0	16,5	17,0	18,5	20,0	3
	–	–	12,0	14,0	15,0	17,0	18,0	20,0	21,0	22,0	24,0	4
	–	12,5	14,0	15,5	18,0	19,5	21,0	22,5	24,0	25,5	28,0	5
			16,0	18,0	20,0	22,0	24,0	26,0	27,0	29,0	31,0	6
15	61,5			20,5	22,0	24,5	26,0	28,5	30,0	32,5	34,0	7
14	59,0	62,0			25,0	27,0	29,0	31,0	33,0	35,0	38,0	8
13	55,5	58,0	61,5			29,5	32,0	33,5	36,0	38,5	41,0	9
12	53,0	55,0	58,0	61,0			34,0	36,0	39,0	41,0	44,0	10
11	49,5	52,0	54,5	57,0	59,5			39,5	42,0	44,5	47,0	11
10	46,0	49,0	51,0	53,0	56,0	58,0			44,0	47,0	50,0	12
9	42,5	45,0	47,5	50,0	52,5	54,0	56,5			50,5	53,0	13
8	40,0	42,0	44,0	46,0	48,0	50,0	52,0	54,0			56,0	14
7	36,5	38,0	40,5	42,0	44,5	46,0	48,5	50,0	51,5			
6	33,0	35,0	36,0	38,0	40,0	42,0	44,0	45,0	47,0	49,0	51,0	
5	29,5	31,0	32,5	34,0	35,5	37,0	38,5	41,0	42,5	44,0	45,5	
4	25,0	27,0	28,0	30,0	31,0	32,0	34,0	35,0	37,0	38,0	40,0	
3	20,5	22,0	23,5	25,0	25,5	27,0	28,5	29,0	30,5	32,0	32,5	
2	–	–	–	–	19,0	20,0	21,0	22,0	23,0	24,0	25,0	
n_1 / n_2	15	16	7	18	19	20	21	22	23	24	25	

[1]) s. 5.2.3.5.

1.1.2.15. Die Kolmogorow-Smirnowsche λ-Verteilung [1] [2]

λ	$Q(\lambda)$	λ	$Q(\lambda)$	λ	$Q(\lambda)$	λ	$Q(\lambda)$	λ	$Q(\lambda)$	λ	$Q(\lambda)$
0,32	0,0000	0,66	0,2236	1,00	0,7300	1,34	0,9449	1,68	0,9929	2,00	0,9993
0,33	0,0001	0,67	0,2396	1,01	0,7406	1,35	0,9478	1,69	0,9934	2,01	0,9994
0,34	0,0002	0,68	0,2558	1,02	0,7508	1,36	0,9505	1,70	0,9938	2,02	0,9994
0,35	0,0003	0,69	0,2722	1,03	0,7608	1,37	0,9531	1,71	0,9942	2,03	0,9995
0,36	0,0005	0,70	0,2888	1,04	0,7704	1,38	0,9556	1,72	0,9946	2,04	0,9995
0,37	0,0008	0,71	0,3055	1,05	0,7798	1,39	0,9580	1,73	0,9950	2,05	0,9996
0,38	0,0013	0,72	0,3223	1,06	0,7889	1,40	0,9603	1,74	0,9953	2,06	0,9996
0,39	0,0019	0,73	0,3391	1,07	0,7976	1,41	0,9625	1,75	0,9956	2,07	0,9996
0,40	0,0028	0,74	0,3560	1,08	0,8061	1,42	0,9646	1,76	0,9959	2,08	0,9996
0,41	0,0040	0,75	0,3728	1,09	0,8143	1,43	0,9665	1,77	0,9962	2,09	0,9997
0,42	0,0055	0,76	0,3896	1,10	0,8223	1,44	0,9684	1,78	0,9965	2,10	0,9997
0,43	0,0074	0,77	0,4064	1,11	0,8299	1,45	0,9702	1,79	0,9967	2,11	0,9997
0,44	0,0097	0,78	0,4230	1,12	0,8374	1,46	0,9718	1,80	0,9969	2,12	0,9997
0,45	0,0126	0,79	0,4395	1,13	0,8445	1,47	0,9734	1,81	0,9971	2,13	0,9998
0,46	0,0160	0,80	0,4559	1,14	0,8514	1,48	0,9750	1,82	0,9973	2,14	0,9998
0,47	0,0200	0,81	0,4720	1,15	0,8580	1,49	0,9764	1,83	0,9975	2,15	0,9998
0,48	0,0247	0,82	0,4880	1,16	0,8644	1,50	0,9778	1,84	0,9977	2,16	0,9998
0,49	0,0300	0,83	0,5038	1,17	0,8706	1,51	0,9791	1,85	0,9979	2,17	0,9998
0,50	0,0361	0,84	0,5194	1,18	0,8765	1,52	0,9803	1,86	0,9980	2,18	0,9999
0,51	0,0428	0,85	0,5347	1,19	0,8823	1,53	0,9815	1,87	0,9981	2,19	0,9999
0,52	0,0503	0,86	0,5497	1,20	0,8877	1,54	0,9826	1,88	0,9983	2,20	0,9999
0,53	0,0585	0,87	0,5645	1,21	0,8930	1,55	0,9836	1,89	0,9984	2,21	0,9999
0,54	0,0675	0,88	0,5791	1,22	0,8981	1,56	0,9846	1,90	0,9985	2,22	0,9999
0,55	0,0772	0,89	0,5933	1,23	0,9030	1,57	0,9855	1,91	0,9986	2,23	0,9999
0,56	0,0876	0,90	0,6073	1,24	0,9076	1,58	0,9864	1,92	0,9987	2,24	0,9999
0,57	0,0987	0,91	0,6209	1,25	0,9121	1,59	0,9873	1,93	0,9988	2,25	0,9999
0,58	0,1104	0,92	0,6343	1,26	0,9164	1,60	0,9880	1,94	0,9989	2,26	0,9999
0,59	0,1228	0,93	0,6473	1,27	0,9206	1,61	0,9888	1,95	0,9990	2,27	0,9999
0,60	0,1357	0,94	0,6601	1,28	0,9245	1,62	0,9895	1,96	0,9991	2,28	0,9999
0,61	0,1492	0,95	0,6725	1,29	0,9283	1,63	0,9902	1,97	0,9991	2,29	0,9999
0,62	0,1632	0,96	0,6846	1,30	0,9319	1,64	0,9908	1,98	0,9992	2,30	0,9999
0,63	0,1778	0,97	0,6964	1,31	0,9354	1,65	0,9914	1,99	0,9993	2,31	1,0000
0,64	0,1927	0,98	0,7079	1,32	0,9387	1,66	0,9919				
0,65	0,2080	0,99	0,7191	1,33	0,9418	1,67	0,9924				

[1] Die Tafel gibt Werte der Funktion $Q(\lambda)$ an, die durch die Formel

$$Q(\lambda) = \sum_{k=-\infty}^{\infty} (-1)^k \, e^{-2k^2\lambda^2}$$

bestimmt ist.

[2] Die Tabellen zur Wahrscheinlichkeitsrechnung und mathematischen Statistik wurden z. T. [5.4] und [5.23] entnommen.

1.1.3. Integrale und Reihensummen

1.1.3.1. Tabelle der Summenwerte einiger numerischer Reihen

1. $1 + \frac{1}{1!} + \frac{1}{2!} + \frac{1}{3!} + \ldots + \frac{1}{n!} + \ldots = \mathrm{e}$,

2. $1 - \frac{1}{1!} + \frac{1}{2!} - \frac{1}{3!} + \ldots \pm \frac{1}{n!} \mp \ldots = \frac{1}{\mathrm{e}}$,

3. $1 - \frac{1}{2} + \frac{1}{3} - \frac{1}{4} + \ldots \pm \frac{1}{n} \mp \ldots = \ln 2$,

4. $1 + \frac{1}{2} + \frac{1}{4} + \frac{1}{8} + \ldots + \frac{1}{2^n} + \ldots = 2$,

5. $1 - \frac{1}{2} + \frac{1}{4} - \frac{1}{8} + \ldots \pm \frac{1}{2^n} \mp \ldots = \frac{2}{3}$,

6. $1 - \frac{1}{3} + \frac{1}{5} - \frac{1}{7} + \frac{1}{9} - \ldots \pm \frac{1}{2n-1} \mp \ldots = \frac{\pi}{4}$,

7. $\frac{1}{1 \cdot 2} + \frac{1}{2 \cdot 3} + \frac{1}{3 \cdot 4} + \ldots + \frac{1}{n(n+1)} + \ldots = 1$,

8. $\frac{1}{1 \cdot 3} + \frac{1}{3 \cdot 5} + \frac{1}{5 \cdot 7} + \ldots + \frac{1}{(2n-1)(2n+1)} + \ldots = \frac{1}{2}$,

9. $\frac{1}{1 \cdot 3} + \frac{1}{2 \cdot 4} + \frac{1}{3 \cdot 5} + \ldots + \frac{1}{(n-1)(n+1)} + \ldots = \frac{3}{4}$,

10. $\frac{1}{3 \cdot 5} + \frac{1}{7 \cdot 9} + \frac{1}{11 \cdot 13} + \ldots + \frac{1}{(4n-1)(4n+1)} + \ldots = \frac{1}{2} - \frac{\pi}{8}$,

11. $\frac{1}{1 \cdot 2 \cdot 3} + \frac{1}{2 \cdot 3 \cdot 4} + \ldots + \frac{1}{n(n+1)(n+2)} + \ldots = \frac{1}{4}$,

12. $\frac{1}{1 \cdot 2 \ldots l} + \frac{1}{2 \cdot 3 \ldots (l+1)} + \ldots + \frac{1}{n \ldots (n+l-1)} + \ldots = \frac{1}{(l-1)(l-1)!}$,

13. $1 + \frac{1}{2^2} + \frac{1}{3^2} + \frac{1}{4^2} + \ldots + \frac{1}{n^2} + \ldots = \frac{\pi^2}{6}$,

14. $1 - \frac{1}{2^2} + \frac{1}{3^2} - \frac{1}{4^2} + \ldots \pm \frac{1}{n^2} \mp \ldots = \frac{\pi^2}{12}$,

15. $\frac{1}{1^2} + \frac{1}{3^2} + \frac{1}{5^2} + \ldots + \frac{1}{(2n+1)^2} + \ldots = \frac{\pi^2}{8}$,

16. $1 + \frac{1}{2^4} + \frac{1}{3^4} + \ldots + \frac{1}{n^4} + \ldots = \frac{\pi^4}{90}$,

17. $1 - \frac{1}{2^4} + \frac{1}{3^4} - \ldots \pm \frac{1}{n^4} \mp \ldots = \frac{7\pi^4}{720}$,

18. $\frac{1}{1^4} + \frac{1}{3^4} + \frac{1}{5^4} + \ldots + \frac{1}{(2n+1)^4} + \ldots = \frac{\pi^4}{96}$,

Bernoullische Zahlen B_k

19. $1 + \frac{1}{2^{2k}} + \frac{1}{3^{2k}} + \frac{1}{4^{2k}} + \ldots + \frac{1}{n^{2k}} + \ldots = \frac{\pi^{2k} 2^{2k-1}}{(2k)!} B_k$,

20. $1 - \frac{1}{2^{2k}} + \frac{1}{3^{2k}} - \frac{1}{4^{2k}} + \ldots \pm \frac{1}{n^{2k}} \mp \ldots = \frac{\pi^{2k}(2^{2k-1} - 1)}{(2k)!} B_k$,

21. $1 + \frac{1}{3^{2k}} + \frac{1}{5^{2k}} + \frac{1}{7^{2k}} + \ldots + \frac{1}{(2n-1)^{2k}} + \ldots = \frac{\pi^{2k}(2^{2k} - 1)}{2 \cdot (2k)!} B_k$.

Eulersche Zahlen E_k

22. $1 - \frac{1}{3^{2k+1}} + \frac{1}{5^{2k+1}} - \frac{1}{7^{2k+1}} + \ldots \pm \frac{1}{(2n-1)^{2k+1}} \mp \ldots = \frac{\pi^{2k+1}}{2^{2k+2}(2k)!} E_k$.

1.1.3.1.1. Tabelle der ersten Bernoullischen Zahlen

k	B_k	k	B_k	k	B_k	k	B_k
1	$\frac{1}{6}$	4	$\frac{1}{30}$	7	$\frac{7}{6}$	10	$\frac{174611}{330}$
2	$\frac{1}{30}$	5	$\frac{5}{66}$	8	$\frac{3617}{510}$	11	$\frac{854513}{138}$
3	$\frac{1}{42}$	6	$\frac{691}{2730}$	9	$\frac{43867}{798}$		

1.1.3.1.2. Tabelle der ersten Eulerschen Zahlen

k	E_k	k	E_k
1	1	5	50521
2	5	6	2702765
3	61	7	199360981
4	1385		

1.1.3.2. Tabelle der Potenzreihenentwicklungen einiger Funktionen

Funktion	Potenzreihenentwicklung	Konvergenzbereich
	Algebraische Funktionen	
	Binomische Reihe	
$(a \pm x)^m$	Durch Umformen auf die Gestalt $a^m \left(1 \pm \frac{x}{a}\right)^m$ wird man auf die nachfolgenden Reihen geführt:	$\|x\| \leqq a$ für $m > 0$; $\|x\| < a$ für $m < 0$
	Binomische Reihen mit positiven Exponenten	
$(1 \pm x)^m$ $(m > 0)$[1]	$1 \pm mx + \frac{m(m-1)}{2!} x^2 \pm \frac{m(m-1)(m-2)}{3!} x^3 + \dots + (\pm 1)^n \frac{m(m-1)\dots(m-n+1)}{n!} x^n + \dots$	$\|x\| \leqq 1$
$(1 \pm x)^{1/4}$	$1 \pm \frac{1}{4} x - \frac{1 \cdot 3}{4 \cdot 8} x^2 \pm \frac{1 \cdot 3 \cdot 7}{4 \cdot 8 \cdot 12} x^3 - \frac{1 \cdot 3 \cdot 7 \cdot 11}{4 \cdot 8 \cdot 12 \cdot 16} x^4 \pm \dots$	$\|x\| \leqq 1$
$(1 \pm x)^{1/3}$	$1 \pm \frac{1}{3} x - \frac{1 \cdot 2}{3 \cdot 6} x^2 \pm \frac{1 \cdot 2 \cdot 5}{3 \cdot 6 \cdot 9} x^3 - \frac{1 \cdot 2 \cdot 5 \cdot 8}{3 \cdot 6 \cdot 9 \cdot 12} x^4 \pm \dots$	$\|x\| \leqq 1$
$(1 \pm x)^{1/2}$	$1 \pm \frac{1}{2} x - \frac{1 \cdot 1}{2 \cdot 4} x^2 \pm \frac{1 \cdot 1 \cdot 3}{2 \cdot 4 \cdot 6} x^3 - \frac{1 \cdot 1 \cdot 3 \cdot 5}{2 \cdot 4 \cdot 6 \cdot 8} x^4 \pm \dots$	$\|x\| \leqq 1$
$(1 \pm x)^{3/2}$	$1 \pm \frac{3}{2} x + \frac{3 \cdot 1}{2 \cdot 4} x^2 \mp \frac{3 \cdot 1 \cdot 1}{2 \cdot 4 \cdot 6} x^3 + \frac{3 \cdot 1 \cdot 1 \cdot 3}{2 \cdot 4 \cdot 6 \cdot 8} x^4 \mp \dots$	$\|x\| \leqq 1$
$(1 \pm x)^{5/2}$	$1 \pm \frac{5}{2} x + \frac{5 \cdot 3}{2 \cdot 4} x^2 \pm \frac{5 \cdot 3 \cdot 1}{2 \cdot 4 \cdot 6} x^3 - \frac{5 \cdot 3 \cdot 1 \cdot 1}{2 \cdot 4 \cdot 6 \cdot 8} x^4 \mp \dots$	$\|x\| \leqq 1$

[1]) Für ganzes positives m ist die Reihe endlich, sie enthält $m + 1$ Glieder. Die Koeffizienten sind

$$\frac{m(m-1)\dots(m-n+1)}{n!} = \binom{m}{n}.$$

Funktion	Potenzreihenentwicklung	Konvergenzbereich
	Binomische Reihen mit negativen Exponenten	
$(1 \pm x)^{-m}$ $(m > 0)$	$1 \mp mx + \frac{m(m+1)}{2!}x^2 \mp \frac{m(m+1)(m+2)}{3!}x^3 + \dots$ $+ (\pm 1)^n \frac{m(m+1)\dots(m+n-1)}{n!}x^n \pm \dots$	$\lvert x\rvert < 1$
$(1 \pm x)^{-1/4}$	$1 \mp \frac{1}{4}x + \frac{1\cdot 5}{4\cdot 8}x^2 \mp \frac{1\cdot 5\cdot 9}{4\cdot 8\cdot 12}x^3 + \frac{1\cdot 5\cdot 9\cdot 13}{4\cdot 8\cdot 12\cdot 16}x^4 \mp \dots$	$\lvert x\rvert < 1$
$(1 \pm x)^{-1/3}$	$1 \mp \frac{1}{3}x + \frac{1\cdot 4}{3\cdot 6}x^2 \mp \frac{1\cdot 4\cdot 7}{3\cdot 6\cdot 9}x^3 + \frac{1\cdot 4\cdot 7\cdot 10}{3\cdot 6\cdot 9\cdot 12}x^4 \mp \dots$	$\lvert x\rvert < 1$
$(1 \pm x)^{-1/2}$	$1 \mp \frac{1}{2}x + \frac{1\cdot 3}{2\cdot 4}x^2 \mp \frac{1\cdot 3\cdot 5}{2\cdot 4\cdot 6}x^3 + \frac{1\cdot 3\cdot 5\cdot 7}{2\cdot 4\cdot 6\cdot 8}x^4 \mp \dots$	$\lvert x\rvert < 1$
$(1 \pm x)^{-1}$	$1 \mp x + x^2 \mp x^3 + x^4 \mp \dots$	$\lvert x\rvert < 1$
$(1 \pm x)^{-3/2}$	$1 \mp \frac{3}{2}x + \frac{3\cdot 5}{2\cdot 4}x^2 \mp \frac{3\cdot 5\cdot 7}{2\cdot 4\cdot 6}x^3 + \frac{3\cdot 5\cdot 7\cdot 9}{2\cdot 4\cdot 6\cdot 8}x^4 \mp \dots$	$\lvert x\rvert < 1$
$(1 \pm x)^{-2}$	$1 \mp 2x + 3x^2 \mp 4x^3 + 5x^4 \mp \dots$	$\lvert x\rvert < 1$
$(1 \pm x)^{-5/2}$	$1 \mp \frac{5}{2}x + \frac{5\cdot 7}{2\cdot 4}x^2 \mp \frac{5\cdot 7\cdot 9}{2\cdot 4\cdot 6}x^3 + \frac{5\cdot 7\cdot 9\cdot 11}{2\cdot 4\cdot 6\cdot 8}x^4 \mp \dots$	$\lvert x\rvert < 1$
$(1 \pm x)^{-3}$	$1 \mp \frac{1}{1\cdot 2}(2\cdot 3x \mp 3\cdot 4x^2 + 4\cdot 5x^3 \mp 5\cdot 6x^4 + \dots)$	$\lvert x\rvert < 1$
$(1 \pm x)^{-4}$	$1 \mp \frac{1}{1\cdot 2\cdot 3}(2\cdot 3\cdot 4x \mp 3\cdot 4\cdot 5x^2 + 4\cdot 5\cdot 6x^3 \mp 5\cdot 6\cdot 7x^4 + \dots)$	$\lvert x\rvert < 1$
$(1 \pm x)^{-5}$	$1 \mp \frac{1}{1\cdot 2\cdot 3\cdot 4}(2\cdot 3\cdot 4\cdot 5x \mp 3\cdot 4\cdot 5\cdot 6x^2$ $+ 4\cdot 5\cdot 6\cdot 7x^3 \mp 5\cdot 6\cdot 7\cdot 8x^4 + \dots)$	$\lvert x\rvert < 1$
	Trigonometrische Funktionen	
$\sin x$	$x - \frac{x^3}{3!} + \frac{x^5}{5!} - \dots + (-1)^n \frac{x^{2n+1}}{(2n+1)!} \pm \dots$	$\lvert x\rvert < \infty$
$\sin(x + a)$	$\sin a + x\cos a - \frac{x^2 \sin a}{2!} - \frac{x^3\cos a}{3!}$ $+ \frac{x^4\sin a}{4!} + \dots + \frac{x^n \sin\left(a + \frac{n\pi}{2}\right)}{n!} \dots$	$\lvert x\rvert < \infty$
$\cos x$	$1 - \frac{x^2}{2!} + \frac{x^4}{4!} - \frac{x^6}{6!} + \dots + (-1)^n \frac{x^{2n}}{(2n)!} \pm \dots$	$\lvert x\rvert < \infty$
$\cos(x + a)$	$\cos a - x\sin a - \frac{x^2\cos a}{2!} + \frac{x^3 \sin a}{3!}$ $+ \frac{x^4\cos a}{4!} - \dots + \frac{x^n\cos\left(a + \frac{n\pi}{2}\right)}{n!} \pm \dots$	$\lvert x\rvert < \infty$
$\tan x$	$x + \frac{1}{3}x^3 + \frac{2}{15}x^5 + \frac{17}{315}x^7 + \frac{62}{2835}x^9 + \dots$ $+ \frac{2^{2n}(2^{2n}-1)B_n}{(2n)!}x^{2n-1} + \dots$ [1])	$\lvert x\rvert < \frac{\pi}{2}$
$\cot x$	$\frac{1}{x} - \left[\frac{x}{3} + \frac{x^3}{45} + \frac{2x^5}{945} + \frac{x^7}{4725} + \dots + \frac{2^{2n}B_n}{(2n)!}x^{2n-1} + \dots\right]$ [1])	$0 < \lvert x\rvert < \pi$

[1]) B_n sind die Bernoullischen Zahlen (s. 1.1.3.1.1.).

Funktion	Potenzreihenentwicklung	Konvergenzbereich
$\sec x$	$1 + \frac{1}{2}x^2 + \frac{5}{24}x^4 + \frac{61}{720}x^6 + \frac{277}{8064}x^8 + \ldots + \frac{E_n}{(2n)!}x^{2n} + \ldots$ [1]	$\lvert x\rvert < \frac{\pi}{2}$
$\operatorname{cosec} x$	$\frac{1}{x} + \frac{1}{6}x + \frac{7}{360}x^3 + \frac{31}{15120}x^5 + \frac{127}{604800}x^7 + \ldots + \frac{2(2^{n-1}-1)}{(2n)!}B_n x^{2n-1}$ [2]	$0 < \lvert x\rvert < \pi$
	Exponentialfunktionen	
e^x	$1 + \frac{x}{1!} + \frac{x^2}{2!} + \frac{x^3}{3!} + \ldots + \frac{x^n}{n!} + \ldots$	$\lvert x\rvert < \infty$
$a^x = e^{x \ln a}$	$1 + \frac{x\ln a}{1!} + \frac{(x\ln a)^2}{2!} + \frac{(x\ln a)^3}{3!} + \ldots + \frac{(x\ln a)^n}{n!} + \ldots$	$\lvert x\rvert < \infty$
$\frac{x}{e^x - 1}$	$1 - \frac{x}{2} + \frac{B_1x^2}{2!} - \frac{B_2x^4}{4!} + \frac{B_3x^6}{6!} - \ldots + (-1)^{n+1}\frac{B_nx^{2n}}{(2n)!} \pm \ldots$ [2]	$\lvert x\rvert < 2\pi$
	Logarithmische Funktionen	
$\ln x$	$2\left[\frac{x-1}{x+1} + \frac{(x-1)^3}{3(x+1)^3} + \frac{(x-1)^5}{5(x+1)^5} + \ldots + \frac{(x-1)^{2n+1}}{(2n+1)(x+1)^{2n+1}} + \ldots\right]$	$x > 0$
$\ln x$	$(x-1) - \frac{(x-1)^2}{2} + \frac{(x-1)^3}{3} - \frac{(x-1)^4}{4} + \ldots + (-1)^{n+1}\frac{(x-1)^n}{n} \pm \ldots$	$0 < x \leqq 2$
$\ln x$	$\frac{x-1}{x} + \frac{(x-1)^2}{2x^2} + \frac{(x-1)^3}{3x^3} + \ldots + \frac{(x-1)^n}{nx^n} + \ldots$	$x > \frac{1}{2}$
$\ln(1+x)$	$x - \frac{x^2}{2} + \frac{x^3}{3} - \frac{x^4}{4} + \ldots + (-1)^{n+1}\frac{x^n}{n} \pm \ldots$	$-1 < x \leqq 1$
$\ln(1-x)$	$-\left[x + \frac{x^2}{2} + \frac{x^3}{3} + \frac{x^4}{4} + \frac{x^5}{5} + \ldots + \frac{x^n}{n} + \ldots\right]$	$-1 \leqq x < 1$
$\ln\left(\frac{1+x}{1-x}\right) = 2\operatorname{artanh} x$	$2\left[x + \frac{x^3}{3} + \frac{x^5}{5} + \frac{x^7}{7} + \ldots + \frac{x^{2n+1}}{2n+1} + \ldots\right]$	$\lvert x\rvert < 1$
$\ln\left(\frac{x+1}{x-1}\right) = 2\operatorname{arcoth} x$	$2\left[\frac{1}{x} + \frac{1}{3x^3} + \frac{1}{5x^5} + \frac{1}{7x^7} + \ldots + \frac{1}{(2n+1)\,x^{2n+1}} + \ldots\right]$	$\lvert x\rvert > 1$
$\ln\lvert\sin x\rvert$	$\ln\lvert x\rvert - \frac{x^2}{6} - \frac{x^4}{180} - \frac{x^6}{2835} - \ldots - \frac{2^{2n-1}B_nx^{2n}}{n(2n)!} - \ldots$ [2]	$0 < \lvert x\rvert < \pi$
$\ln\cos x$	$-\frac{x^2}{2} - \frac{x^4}{12} - \frac{x^6}{45} - \frac{17x^8}{2520} - \ldots - \frac{2^{2n-1}(2^{2n}-1)\,B_nx^{2n}}{n(2n)!} - \ldots$ [2]	$\lvert x\rvert < \frac{\pi}{2}$
$\ln\lvert\tan x\rvert$	$\ln\lvert x\rvert + \frac{1}{3}x^2 + \frac{7}{90}x^4 + \frac{62}{2835}x^6 + \ldots + \frac{2^{2n}(2^{2n-1}-1)\,B_n}{n(2n)!}x^{2n} + \ldots$ [2]	$0 < \lvert x\rvert < \frac{\pi}{2}$
	Inverse trigonometrische Funktionen	
$\arcsin x$	$x + \frac{x^3}{2\cdot 3} + \frac{1\cdot 3x^5}{2\cdot 4\cdot 5} + \frac{1\cdot 3\cdot 5x^7}{2\cdot 4\cdot 6\cdot 7} + \ldots + \frac{1\cdot 3\cdot 5\ldots(2n-1)\,x^{2n+1}}{2\cdot 4\cdot 6\ldots(2n)\,(2n+1)} + \ldots$	$\lvert x\rvert < 1$
$\arccos x$	$\frac{\pi}{2} - \left[x + \frac{x^3}{2\cdot 3} + \frac{1\cdot 3x^5}{2\cdot 4\cdot 5} + \frac{1\cdot 3\cdot 5x^7}{2\cdot 4\cdot 6\cdot 7} + \ldots + \frac{1\cdot 3\cdot 5\ldots(2n-1)\,x^{2n+1}}{2\cdot 4\cdot 6\ldots(2n)\,(2n+1)} + \ldots\right]$	$\lvert x\rvert < 1$

[1] E_n sind die Eulerschen Zahlen (s. 1.1.3.1.2.).
[2] B_n sind die Bernoullischen Zahlen (s. 1.1.3.1.1.).

Funktion	Potenzreihenentwicklung	Konvergenzbereich
arctan x	$x - \frac{x^3}{3} + \frac{x^5}{5} - \frac{x^7}{7} + \dots + (-1)^n \frac{x^{2n+1}}{2n+1} \pm \dots$	$\lvert x\rvert < 1$
arctan x	$\pm \frac{\pi}{2} - \frac{1}{x} + \frac{1}{3x^3} - \frac{1}{5x^5} + \frac{1}{7x^7} - \dots + (-1)^{n+1} \frac{1}{(2n+1)\,x^{2n+1}} \pm \dots$ [1]	$\lvert x\rvert > 1$
arccot x	$\frac{\pi}{2} - \left[x - \frac{x^3}{3} + \frac{x^5}{5} - \frac{x^7}{7} + \dots + (-1)^n \frac{x^{2n+1}}{2n+1} \pm \dots\right]$	$\lvert x\rvert < 1$
	Hyperbelfunktionen	
sinh x	$x + \frac{x^3}{3!} + \frac{x^5}{5!} + \frac{x^7}{7!} + \dots + \frac{x^{2n+1}}{(2n+1)!} + \dots$	$\lvert x\rvert < \infty$
cosh x	$1 + \frac{x^2}{2!} + \frac{x^4}{4!} + \frac{x^6}{6!} + \dots + \frac{x^{2n}}{(2n)!} + \dots$	$\lvert x\rvert < \infty$
tanh x	$x - \frac{1}{3}x^3 + \frac{2}{15}x^5 - \frac{17}{315}x^7 + \frac{62}{2835}x^9 - \dots + \frac{(-1)^{n+1}\, 2^{2n}(2^{2n}-1)}{(2n)!} B_n x^{2n-1} \pm \dots$ [2]	$\lvert x\rvert < \frac{\pi}{2}$
coth x	$\frac{1}{x} + \frac{x}{3} - \frac{x^3}{45} + \frac{2x^5}{945} - \frac{x^7}{4725} + \dots + \frac{(-1)^{n+1}\, 2^{2n}}{(2n)!} B_n x^{2n-1} \pm \dots$ [2]	$0 < \lvert x\rvert < \pi$
sech x	$1 - \frac{1}{2!}x^2 + \frac{5}{4!}x^4 - \frac{61}{6!}x^6 + \frac{1385}{8!}x^8 - \dots + \frac{(-1)^n}{(2n)!} E_n x^{2n} \pm \dots$ [3]	$\lvert x\rvert < \frac{\pi}{2}$
cosech x	$\frac{1}{x} - \frac{x}{6} + \frac{7x^3}{360} - \frac{31x^5}{15\,120} + \dots + \frac{2(-1)^n(2^{2n-1}-1)}{(2n)!} B_n x^{2n-1} + \dots$ [2]	$0 < \lvert x\rvert < \pi$
	Areafunktionen	
arsinh x	$x - \frac{1}{2\cdot 3}x^3 + \frac{1\cdot 3}{2\cdot 4\cdot 5}x^5 - \frac{1\cdot 3\cdot 5}{2\cdot 4\cdot 6\cdot 7}x^7 + \dots + (-1)^n \cdot \frac{1\cdot 3\cdot 5 \dots (2n-1)}{2\cdot 4\cdot 6 \dots 2n(2n+1)} x^{2n+1} \pm \dots$	$\lvert x\rvert < 1$
arcosh x	$\ln(2x) - \frac{1}{2\cdot 2x^2} - \frac{1\cdot 3}{2\cdot 4\cdot 4x^4} - \frac{1\cdot 3\cdot 5}{2\cdot 4\cdot 6\cdot 6x^6} - \dots$	$x > 1$
artanh x	$x + \frac{x^3}{3} + \frac{x^5}{5} + \frac{x^7}{7} + \dots + \frac{x^{2n+1}}{2n+1} + \dots$	$\lvert x\rvert < 1$
arcoth x	$\frac{1}{x} + \frac{1}{3x^3} + \frac{1}{5x^5} + \frac{1}{7x^7} + \dots + \frac{1}{(2n+1)\,x^{2n+1}} + \dots$	$\lvert x\rvert > 1$

[1] Das erste Glied trägt das Vorzeichen „+" für $x > 1$ und „−" für $x < -1$.
[2] B_n sind die Bernoullischen Zahlen (s. 1.1.3.1.1.).
[3] E_n sind die Eulerschen Zahlen (s. 1.1.3.1.2.).

1.1.3.3. Tabelle der unbestimmten Integrale

Allgemeine Hinweise

1. Die Integrationskonstante ist stets weggelassen; eine Ausnahme bilden lediglich die Fälle, in denen das Integral in verschiedenen Formen mit verschiedenen beliebigen Konstanten darstellbar ist.
2. In allen Formeln, in denen in der Stammfunktion ein Ausdruck in $\ln f(x)$ auftritt, ist stets darunter $\ln |f(x)|$ zu verstehen; das Zeichen des absoluten Betrages ist überall der Einfachheit halber weggelassen.
3. In allen den Fällen, in denen die Stammfunktion durch eine Potenzreihe dargestellt ist, läßt sich die Funktion nicht elementar integrieren.

Integrale rationaler Funktionen

Integrale, die $ax + b$ enthalten

Bezeichnung: $X = ax + b$

1. $\int X^n \,\mathrm{d}x = \frac{1}{a(n+1)} X^{n+1}$ $(n \neq -1;$ für $n = -1$ siehe Nr. 2).

2. $\int \frac{\mathrm{d}x}{X} = \frac{1}{a} \ln X.$

3. $\int x X^n \,\mathrm{d}x = \frac{1}{a^2(n+2)} X^{n+2} - \frac{b}{a^2(n+1)} X^{n+1}$
$(n \neq -1, \neq -2;$ für $n = -1, = -2$ siehe Nr. 5 und 6).

4. $\int x^m X^n \,\mathrm{d}x = \frac{1}{a^{m+1}} \int (X - b)^m X^n \,\mathrm{d}X$
(wird für $m < n$ oder bei ganzzahligem m und gebrochenem n angewandt; in diesen Fällen wird $(X - b)^m$ nach dem binomischen Lehrsatz entwickelt, vgl. 2.2.2.1.)
$(n \neq -1, \neq -2, \ldots, \neq -m)$,

5. $\int \frac{x \,\mathrm{d}x}{X} = \frac{x}{a} - \frac{b}{a^2} \ln X.$

6. $\int \frac{x \,\mathrm{d}x}{X^2} = \frac{b}{a^2 X} + \frac{1}{a^2} \ln X.$

7. $\int \frac{x \,\mathrm{d}x}{X^3} = \frac{1}{a^2} \left(-\frac{1}{X} + \frac{b}{2X^2} \right).$

8. $\int \frac{x \,\mathrm{d}x}{X^n} = \frac{1}{a^2} \left(\frac{-1}{(n-2) X^{n-2}} + \frac{b}{(n-1) X^{n-1}} \right)$ $(n \neq 1, \neq 2).$

9. $\int \frac{x^2 \,\mathrm{d}x}{X} = \frac{1}{a^3} \left(\frac{1}{2} X^2 - 2bX + b^2 \ln X \right).$

10. $\int \frac{x^2 \,\mathrm{d}x}{X^2} = \frac{1}{a^3} \left(X - 2b \ln X - \frac{b^2}{X} \right).$

11. $\int \frac{x^2 \,\mathrm{d}x}{X^3} = \frac{1}{a^3} \left(\ln X + \frac{2b}{X} - \frac{b^2}{2X^2} \right).$

12. $\int \frac{x^2 \,\mathrm{d}x}{X^n} = \frac{1}{a^3} \left[\frac{-1}{(n-3) X^{n-3}} + \frac{2b}{(n-2) X^{n-2}} - \frac{b^2}{(n-1) X^{n-1}} \right]$ $(n \neq 1, \neq 2, \neq 3).$

13. $\int \frac{x^3 \,\mathrm{d}x}{X} = \frac{1}{a^4} \left(\frac{X^3}{3} - \frac{3bX^2}{2} + 3b^2 X - b^3 \ln X \right).$

14. $\int \frac{x^3 \,\mathrm{d}x}{X^2} = \frac{1}{a^4} \left(\frac{X^2}{2} - 3bX + 3b^2 \ln X + \frac{b^3}{X} \right).$

15. $\int \frac{x^3 \,\mathrm{d}x}{X^3} = \frac{1}{a^4} \left(X - 3b \ln X - \frac{3b^2}{X} + \frac{b^3}{2X^2} \right).$

$X = ax + b$

16. $\displaystyle\int \frac{x^3\,dx}{X^4} = \frac{1}{a^4}\left(\ln X + \frac{3b}{X} - \frac{3b^2}{2X^2} + \frac{b^3}{3X^3}\right).$

17. $\displaystyle\int \frac{x^3\,dx}{X^n} = \frac{1}{a^4}\left[\frac{-1}{(n-4)X^{n-4}} + \frac{3b}{(n-3)X^{n-3}} - \frac{3b^2}{(n-2)X^{n-2}} + \frac{b^3}{(n-1)X^{n-1}}\right]$

$(n \neq 1,\ n \neq 2,\ n \neq 3,\ n \neq 4).$

18. $\displaystyle\int \frac{dx}{xX} = -\frac{1}{b}\ln\frac{X}{x}.$

19. $\displaystyle\int \frac{dx}{xX^2} = -\frac{1}{b^2}\left(\ln\frac{X}{x} - \frac{b}{X}\right) = -\frac{1}{b^2}\left(\ln\frac{X}{x} + \frac{ax}{X}\right) + \frac{1}{b^2}.$

20. $\displaystyle\int \frac{dx}{xX^3} = -\frac{1}{b^3}\left(\ln\frac{X}{x} + \frac{2ax}{X} - \frac{a^2x^2}{2X^2}\right).$

21. $\displaystyle\int \frac{dx}{xX^n} = -\frac{1}{b^n}\left[\ln\frac{X}{x} - \sum_{i=1}^{n-1}\binom{n-1}{i}\frac{(-a)^i x^i}{iX^i}\right] \quad (n \geqq 1).$

22. $\displaystyle\int \frac{dx}{x^2X} = -\frac{1}{bx} + \frac{a}{b^2}\ln\frac{X}{x}.$

23. $\displaystyle\int \frac{dx}{x^2X^2} = -a\left[\frac{2}{b^2X} + \frac{1}{abxX} - \frac{2}{b^3}\ln\frac{X}{x}\right].$

24. $\displaystyle\int \frac{dx}{x^2X^3} = -a\left[\frac{1}{2b^2X^2} + \frac{2}{b^3X} + \frac{1}{ab^3x} - \frac{3}{b^4}\ln\frac{X}{x}\right].$

25. $\displaystyle\int \frac{dx}{x^2X^n} = -\frac{1}{b^{n+1}}\left[-\sum_{i=2}^{n}\binom{n}{i}\frac{(-a)^i x^{i-1}}{(i-1)X^{i-1}} + \frac{X}{x} - na\ln\frac{X}{x}\right] \quad (n \geqq 2).$

26. $\displaystyle\int \frac{dx}{x^3X} = -\frac{1}{b^3}\left[a^2\ln\frac{X}{x} - \frac{2aX}{x} + \frac{X^2}{2x^2}\right].$

27. $\displaystyle\int \frac{dx}{x^3X^2} = -\frac{1}{b^4}\left[3a^2\ln\frac{X}{x} + \frac{a^3x}{X} + \frac{X^2}{2x^2} - \frac{3aX}{x}\right].$

28. $\displaystyle\int \frac{dx}{x^3X^3} = -\frac{1}{b^5}\left[6a^2\ln\frac{X}{x} + \frac{4a^3x}{X} - \frac{a^4x^2}{2X^2} + \frac{X^2}{2x^2} - \frac{4aX}{x}\right].$

29. $\displaystyle\int \frac{dx}{x^3X^n} = -\frac{1}{b^{n+2}}\left[-\sum_{i=3}^{n+1}\binom{n+1}{i}\frac{(-a)^i x^{i-2}}{(i-2)X^{i-2}} + \frac{a^2X^2}{2x^2} - \frac{(n+1)aX}{x} + \frac{n(n+1)a^2}{2}\ln\frac{X}{x}\right] \quad (n \geqq 3).$

30. $\displaystyle\int \frac{dx}{x^mX^n} = -\frac{1}{b^{m+n-1}}\sum_{i=0}^{m+n-2}\binom{m+n-2}{i}\frac{X^{m-i-1}(-a)^i}{(m-i-1)x^{m-i-1}}$

(wenn der Nenner des Gliedes unter dem Summenzeichen verschwindet, so ist ein solches Glied durch das folgende zu ersetzen: $\displaystyle\binom{m+n-2}{m-1}(-a)^{m-1}\ln\frac{X}{x}$).

Bezeichnung: $\varDelta = bf - ag$

31. $\displaystyle\int \frac{ax+b}{fx+g}\,dx = \frac{ax}{f} + \frac{\varDelta}{f^2}\ln(fx+g).$

32. $\displaystyle\int \frac{dx}{(ax+b)(fx+g)} = \frac{1}{\varDelta}\ln\frac{fx+g}{ax+b} \quad (\varDelta \neq 0).$

33. $\displaystyle\int \frac{x\,dx}{(ax+b)(fx+g)} = \frac{1}{\varDelta}\left[\frac{b}{a}\ln(ax+b) - \frac{g}{f}\ln(fx+g)\right] \quad (\varDelta \neq 0).$

34. $\displaystyle\int \frac{dx}{(ax+b)^2(fx+g)} = \frac{1}{\varDelta}\left(\frac{1}{ax+b} + \frac{f}{\varDelta}\ln\frac{fx+g}{ax+b}\right) \quad (\varDelta \neq 0).$

35. $$\int \frac{x\,dx}{(a+x)(b+x)^2} = \frac{b}{(a-b)(b+x)} - \frac{a}{(a-b)^2}\ln\frac{a+x}{b+x} \qquad (a \neq b).$$

36. $$\int \frac{x^2\,dx}{(a+x)(b+x)^2} = \frac{b^2}{(b-a)(b+x)} + \frac{a^2}{(b-a)^2}\ln(a+x) + \frac{b^2-2ab}{(b-a)^2}\ln(b+x) \qquad (a \neq b).$$

37. $$\int \frac{dx}{(a-x)^2(b+x)^2} = \frac{-1}{(a-b)^2}\left(\frac{1}{a+x}+\frac{1}{b+x}\right) + \frac{2}{(a-b)^3}\ln\frac{a+x}{b+x} \qquad (a \neq b).$$

38. $$\int \frac{x\,dx}{(a+x)^2(b+x)^2} = \frac{1}{(a-b)^2}\left(\frac{a}{a+x}+\frac{b}{b+x}\right) - \frac{a+b}{(a-b)^3}\ln\frac{a+x}{b+x} \qquad (a \neq b).$$

39. $$\int \frac{x^2\,dx}{(a+x)^2(b+x)^2} = \frac{-1}{(a-b)^2}\left(\frac{a^2}{a+x}+\frac{b^2}{b+x}\right) + \frac{2ab}{(a-b)^3}\ln\frac{a+x}{b+x} \qquad (a \neq b).$$

Integrale, die $ax^2 + bx + c$ enthalten

Bezeichnungen: $X = ax^2 + bx + c$; $\Delta = 4ac - b^2$

40. $$\int \frac{dx}{X} = \frac{2}{\sqrt{\Delta}}\arctan\frac{2ax+b}{\sqrt{\Delta}} \qquad (\text{für } \Delta > 0).$$

$$= -\frac{2}{\sqrt{-\Delta}}\operatorname{artanh}\frac{2ax+b}{\sqrt{-\Delta}} = \frac{1}{\sqrt{-\Delta}}\ln\frac{2ax+b-\sqrt{-\Delta}}{2ax+b+\sqrt{-\Delta}} \qquad (\text{für } \Delta < 0).$$

41. $$\int \frac{dx}{X^2} = \frac{2ax+b}{\Delta X} + \frac{2a}{\Delta}\int\frac{dx}{X} \qquad (\text{siehe Nr. 40}).$$

42. $$\int \frac{dx}{X^3} = \frac{2ax+b}{\Delta}\left(\frac{1}{2X^2}+\frac{3a}{\Delta X}\right) + \frac{6a^2}{\Delta^2}\int\frac{dx}{X} \qquad (\text{siehe Nr. 40}).$$

43. $$\int \frac{dx}{X^n} = \frac{2ax+b}{(n-1)\Delta X^{n-1}} + \frac{(2n-3)\,2a}{(n-1)\Delta}\int\frac{dx}{X^{n-1}}.$$

44. $$\int \frac{x\,dx}{X} = \frac{1}{2a}\ln X - \frac{b}{2a}\int\frac{dx}{X} \qquad (\text{siehe Nr. 40}).$$

45. $$\int \frac{x\,dx}{X^2} = -\frac{bx+2c}{\Delta X} - \frac{b}{\Delta}\int\frac{dx}{X} \qquad (\text{siehe Nr. 40}).$$

46. $$\int \frac{x\,dx}{X^n} = -\frac{bx+2c}{(n-1)\Delta X^{n-1}} - \frac{b(2n-3)}{(n-1)\Delta}\int\frac{dx}{X^{n-1}}.$$

47. $$\int \frac{x^2\,dx}{X} = \frac{x}{a} - \frac{b}{2a^2}\ln X + \frac{b^2-2ac}{2a^2}\int\frac{dx}{X} \qquad (\text{siehe Nr. 40}).$$

48. $$\int \frac{x^2\,dx}{X^2} = \frac{(b^2-2ac)\,x+bc}{a\,\Delta X} + \frac{2c}{\Delta}\int\frac{dx}{X} \qquad (\text{siehe Nr. 40}).$$

49. $$\int \frac{x^2\,dx}{X^n} = \frac{-x}{(2n-3)\,aX^{n-1}} + \frac{c}{(2n-3)\,a}\int\frac{dx}{X^n} - \frac{(n-2)\,b}{(2n-3)\,a}\int\frac{x\,dx}{X^n} \qquad (\text{siehe Nr. 43 u. 46}).$$

50. $$\int \frac{x^m\,dx}{X^n} = -\frac{x^{m-1}}{(2n-m-1)\,aX^{n-1}} + \frac{(m-1)\,c}{(2n-m-1)\,a}\int\frac{x^{m-2}\,dx}{X^n} - \frac{(n-m)\,b}{(2n-m-1)\,a}\int\frac{x^{m-1}\,dx}{X^n}$$
$(m \neq 2n-1$; für $m = 2n-1$ siehe Nr. 51).

51. $$\int \frac{x^{2n-1}\,dx}{X^n} = \frac{1}{a}\int\frac{x^{2n-3}\,dx}{X^{n-1}} - \frac{c}{a}\int\frac{x^{2n-3}\,dx}{X^n} - \frac{b}{a}\int\frac{x^{2n-2}\,dx}{X^n}.$$

52. $$\int \frac{dx}{xX} = \frac{1}{2c}\ln\frac{x^2}{X} - \frac{b}{2^m}\int\frac{dx}{X} \qquad (\text{siehe Nr. 40}).$$

53. $\int \frac{dx}{xX^n} = \frac{1}{2c(n-1)X^{n-1}} - \frac{b}{2c}\int \frac{dx}{X^n} + \frac{1}{c}\int \frac{dx}{xX^{n-1}}$.

$X = ax^2 + bx + c;\ \Delta = 4ac - b^2$

54. $\int \frac{dx}{x^2 X} = \frac{b}{2c^2}\ln\frac{X}{x^2} - \frac{1}{cx} + \left(\frac{b^2}{2c^2} - \frac{a}{c}\right)\int \frac{dx}{X}$ (siehe Nr. 40).

55. $\int \frac{dx}{x^m X^n} = -\frac{1}{(m-1)cx^{m-1}X^{n-1}} - \frac{(2n+m-3)a}{(m-1)c}\int \frac{dx}{x^{m-2}X^n} - \frac{(n+m-2)b}{(m-1)c}\int \frac{dx}{x^{m-1}X^n}$ $(m > 1)$.

56. $\int \frac{dx}{(fx+g)X} = \frac{1}{2(cf^2 - gbf + g^2a)}\left[f\ln\frac{(fx+g)^2}{X}\right] + \frac{2ga - bf}{2(cf^2 - gbf + g^2a)}\int \frac{dx}{X}$ (siehe Nr. 40).

Integrale, die $a^2 \pm x^2$ enthalten

Bezeichnungen:

$$X = a^2 \pm x^2,\ Y = \begin{cases} \arctan\frac{x}{a} & \text{für das Vorzeichen „+“,} \\ \operatorname{artanh}\frac{x}{a} = \frac{1}{2}\ln\frac{a+x}{a-x} & \text{für das Vorzeichen „−“ und } |x| < a, \\ \operatorname{arcoth}\frac{x}{a} = \frac{1}{2}\ln\frac{x+a}{x-a} & \text{für das Vorzeichen „−“ und } |x| > a. \end{cases}$$

Im Falle eines Doppelvorzeichens in einer Formel gehört das obere Vorzeichen zu $X = a^2 + x^2$, das untere zu $X = a^2 - x^2$.

57. $\int \frac{dx}{X} = \frac{1}{a}Y$.

58. $\int \frac{dx}{X^2} = \frac{x}{2a^2X} + \frac{1}{2a^3}Y$.

59. $\int \frac{dx}{X^3} = \frac{x}{4a^2X^2} + \frac{3x}{8a^4X} + \frac{3}{8a^5}Y$.

60. $\int \frac{dx}{X^{n+1}} = \frac{x}{2na^2X^n} + \frac{2n-1}{2na^2}\int \frac{dx}{X^n}$.

61. $\int \frac{x\,dx}{X} = \pm\frac{1}{2}\ln X$.

62. $\int \frac{x\,dx}{X^2} = \mp\frac{1}{2X}$.

63. $\int \frac{x\,dx}{X^3} = \mp\frac{1}{4X^2}$.

64. $\int \frac{x\,dx}{X^{n+1}} = \mp\frac{1}{2nX^n}$ $(n \neq 0)$.

65. $\int \frac{x^2\,dx}{X} = \pm x \mp aY$.

66. $\int \frac{x^2\,dx}{X^2} = \mp\frac{x}{2X} \pm \frac{1}{2a}Y$.

67. $\int \frac{x^2\,dx}{X^3} = \mp\frac{x}{4X^2} \pm \frac{x}{8a^2X} \pm \frac{1}{8a^3}Y$.

68. $\int \frac{x^2\,dx}{X^{n+1}} = \mp\frac{x}{2nX^n} \pm \frac{1}{2n}\int \frac{dx}{X^n}$ $(n \neq 0)$.

69. $\int \frac{x^3\,dx}{X} = \pm \frac{x^2}{2} - \frac{a^2}{2} \ln X.$

70. $\int \frac{x^3\,dx}{X^2} = \frac{a^2}{2X} + \frac{1}{2} \ln X.$

71. $\int \frac{x^3\,dx}{X^3} = -\frac{1}{2X} + \frac{a^2}{4X^2}.$

72. $\int \frac{x^3\,dx}{X^{n+1}} = -\frac{1}{2(n-1)\,X^{n-1}} + \frac{a^2}{2nX^n} \qquad (n > 1).$

73. $\int \frac{dx}{xX} = \frac{1}{2a^2} \ln \frac{x^2}{X}.$

74. $\int \frac{dx}{xX^2} = \frac{1}{2a^2X} + \frac{1}{2a^4} \ln \frac{x^2}{X}.$

75. $\int \frac{dx}{xX^3} = \frac{1}{4a^2X^2} + \frac{1}{2a^4X} + \frac{1}{2a^6} \ln \frac{x^2}{X}.$

76. $\int \frac{dx}{x^2X} = -\frac{1}{a^2x} \mp \frac{1}{a^3} Y.$

77. $\int \frac{dx}{x^2X^2} = -\frac{1}{a^4x} \mp \frac{x}{2a^4X} \mp \frac{3}{2a^5} Y.$

78. $\int \frac{dx}{x^2X^3} = -\frac{1}{a^6x} \mp \frac{x}{4a^4X^2} \mp \frac{7x}{8a^6X} \mp \frac{15}{8a^7} Y.$

79. $\int \frac{dx}{x^3X} = -\frac{1}{2a^2x^2} \mp \frac{1}{2a^4} \ln \frac{x^2}{X}.$

80. $\int \frac{dx}{x^3X^2} = -\frac{1}{2a^4x^2} \mp \frac{1}{2a^4X} \mp \frac{1}{a^6} \ln \frac{x^2}{X}.$

81. $\int \frac{dx}{x^3X^3} = -\frac{1}{2a^6x^2} \mp \frac{1}{a^6X} \mp \frac{1}{4a^4X^2} \mp \frac{3}{2a^8} \ln \frac{x^2}{X}.$

82. $\int \frac{dx}{(b+cx)\,X} = \frac{1}{a^2c^2 \pm b^2} \left[c \ln (b+cx) - \frac{c}{2} \ln X \pm \frac{b}{a} Y \right].$

Integrale, die $a^3 \pm x^3$ enthalten

> Bezeichnungen: $a^3 \pm x^3 = X$; im Falle eines Doppelvorzeichens in einer Formel gehört das obere Vorzeichen zu $X = a^3 + x^3$, das untere zu $X = a^3 - x^3$.

83. $\int \frac{dx}{X} = \pm \frac{1}{6a^2} \ln \frac{(a \pm x)^2}{a^2 \mp ax + x^2} + \frac{1}{a^2\sqrt{3}} \arctan \frac{2x \mp a}{a\sqrt{3}}.$

84. $\int \frac{dx}{X^2} = \frac{x}{3a^3X} + \frac{2}{3a^3} \int \frac{dx}{X}$ (siehe Nr. 83).

85. $\int \frac{x\,dx}{X} = \frac{1}{6a} \ln \frac{a^2 \mp ax + x^2}{(a \pm x)^2} \pm \frac{1}{a\sqrt{3}} \arctan \frac{2x \mp a}{a\sqrt{3}}.$

86. $\int \frac{x\,dx}{X^2} = \frac{x^2}{3a^3X} + \frac{1}{3a^3} \int \frac{x\,dx}{X}$ (siehe Nr. 85).

$X = a^3 \pm x^3$

87. $\int \frac{x^2\,dx}{X} = \pm \frac{1}{3} \ln X.$

88. $\int \frac{x^2\,dx}{X^2} = \mp \frac{1}{3X}.$

89. $\int \frac{x^3\,dx}{X} = \pm x \mp a^3 \int \frac{dx}{X}$ (siehe Nr. 83).

90. $\int \frac{x^3\,dx}{X^2} = \mp \frac{x}{3X} \pm \frac{1}{3} \int \frac{dx}{X}$ (siehe Nr. 83).

91. $\int \frac{dx}{xX} = \frac{1}{3a^3} \ln \frac{x^3}{X}.$

92. $\int \frac{dx}{xX^2} = \frac{1}{3a^3X} + \frac{1}{3a^6} \ln \frac{x^3}{X}.$

93. $\int \frac{dx}{x^2X} = -\frac{1}{a^3x} \mp \frac{1}{a^3} \int \frac{x\,dx}{X}$ (siehe Nr. 85).

94. $\int \frac{dx}{x^2X^2} = -\frac{1}{a^6x} \mp \frac{x^2}{3a^6X} \mp \frac{4}{3a^6} \int \frac{x\,dx}{X}$ (siehe Nr. 85).

95. $\int \frac{dx}{x^3X} = -\frac{1}{2a^3x^2} \mp \frac{1}{a^3} \int \frac{dx}{X}$ (siehe Nr. 83).

96. $\int \frac{dx}{x^3X^2} = -\frac{1}{2a^6x^2} \mp \frac{x}{3a^6X} \mp \frac{5}{3a^6} \int \frac{dx}{X}$ (siehe Nr. 83).

Integrale, die $a^4 + x^4$ enthalten

97. $\int \frac{dx}{a^4+x^4} = \frac{1}{4a^3\sqrt{2}} \ln \frac{x^2+ax\sqrt{2}+a^2}{x^2-ax\sqrt{2}+a^2} + \frac{1}{2a^3\sqrt{2}} \left(\arctan\left(\frac{x\sqrt{2}}{a}+1\right) + \arctan\left(\frac{x\sqrt{2}}{a}-1\right)\right).$

98. $\int \frac{x\,dx}{a^4+x^4} = \frac{1}{2a^2} \arctan \frac{x^2}{a^2}.$

99. $\int \frac{x^2\,dx}{a^4+x^4} = -\frac{1}{4a\sqrt{2}} \ln \frac{x^2+ax\sqrt{2}+a^2}{x^2-ax\sqrt{2}+a^2} + \frac{1}{2a\sqrt{2}} \left(\arctan\left(\frac{x\sqrt{2}}{a}+1\right) + \arctan\left(\frac{x\sqrt{2}}{a}-1\right)\right).$

100. $\int \frac{x^3\,dx}{a^4+x^4} = \frac{1}{4} \ln (a^4+x^4).$

Integrale, die $a^4 - x^4$ enthalten

101. $\int \frac{dx}{a^4-x^4} = \frac{1}{4a^3} \ln \frac{a+x}{a-x} + \frac{1}{2a^3} \arctan \frac{x}{a}.$

102. $\int \frac{x\,dx}{a^4-x^4} = \frac{1}{4a^2} \ln \frac{a^2+x^2}{a^2-x^2}.$

103. $\int \frac{x^2\,dx}{a^4-x^4} = \frac{1}{4a} \ln \frac{a+x}{a-x} - \frac{1}{2a} \arctan \frac{x}{a}.$

104. $\int \frac{x^3\,dx}{a^4-x^4} = -\frac{1}{4} \ln (a^4-x^4).$

Einige Fälle der Partialbruchzerlegung

105. $$\frac{1}{(a+bx)(f+gx)} \equiv \frac{1}{fb-ag}\left(\frac{b}{a+bx}-\frac{g}{f+gx}\right).$$

106. $$\frac{1}{(x+a)(x+b)(x+c)} \equiv \frac{A}{x+a}+\frac{B}{x+b}+\frac{C}{x+c},$$

wo $A = \dfrac{1}{(b-a)(c-a)}$, $B = \dfrac{1}{(a-b)(c-b)}$, $C = \dfrac{1}{(a-c)(b-c)}$.

107. $$\frac{1}{(x+a)(x+b)(x+c)(x+d)} \equiv \frac{A}{x+a}+\frac{B}{x+b}+\frac{C}{x+c}+\frac{D}{x+d},$$

wo $A = \dfrac{1}{(b-a)(c-a)(d-a)}$, $B = \dfrac{1}{(a-b)(c-b)(d-b)}$ usw.

108. $$\frac{1}{(a+bx^2)(f+gx^2)} \equiv \frac{1}{fb-ag}\left(\frac{b}{a+bx^2}-\frac{g}{f+gx^2}\right).$$

Integrale irrationaler Funktionen

Integrale, die $\sqrt{x}$ und $a^2 \pm b^2x$ enthalten

> Bezeichnungen: $X = a^2 \pm b^2x$, $Y = \begin{cases} \arctan \dfrac{b\sqrt{x}}{a} & \text{für das Vorzeichen „+“,} \\ \dfrac{1}{2}\ln\dfrac{a+b\sqrt{x}}{a-b\sqrt{x}} & \text{für das Vorzeichen „−“.} \end{cases}$
>
> Im Falle eines Doppelvorzeichens in einer Formel gehört das obere Vorzeichen zu $X = a^2 + b^2x$, das untere zu $X = a^2 - b^2x$.

109. $$\int \frac{\sqrt{x}\,dx}{X} = \pm\frac{2\sqrt{x}}{b^2} \mp \frac{2a}{b^3}Y.$$

110. $$\int \frac{\sqrt{x^3}\,dx}{X} = \pm\frac{2}{3}\frac{\sqrt{x^3}}{b^2} - \frac{2a^2\sqrt{x}}{b^4} + \frac{2a^3}{b^5}Y.$$

111. $$\int \frac{\sqrt{x}\,dx}{X^2} = \mp\frac{\sqrt{x}}{b^2X} \pm \frac{1}{ab^3}Y.$$

112. $$\int \frac{\sqrt{x^3}\,dx}{X^2} = \pm\frac{2\sqrt{x^3}}{b^2X} + \frac{3a^2\sqrt{x}}{b^4X} - \frac{3a}{b^5}Y.$$

113. $$\int \frac{dx}{X\sqrt{x}} = \frac{2}{ab}Y.$$

114. $$\int \frac{dx}{X\sqrt{x^3}} = -\frac{2}{a^2\sqrt{x}} \mp \frac{2b}{a^3}Y.$$

115. $$\int \frac{dx}{X^2\sqrt{x}} = \frac{\sqrt{x}}{a^2X} + \frac{1}{a^3b}Y.$$

116. $$\int \frac{dx}{X^2\sqrt{x^3}} = -\frac{2}{a^2X\sqrt{x}} \mp \frac{3b^2\sqrt{x}}{a^4X} \mp \frac{3b}{a^5}Y.$$

Andere Integrale, die $\sqrt{x}$ enthalten

117. $$\int \frac{\sqrt{x}\,\mathrm{d}x}{a^4 + x^2} = -\frac{1}{2a\sqrt{2}} \ln \frac{x + a\sqrt{2x} + a^2}{x - a\sqrt{2x} + a^2} + \frac{1}{a\sqrt{2}} \arctan \frac{a\sqrt{2x}}{a^2 - x}.$$

118. $$\int \frac{\mathrm{d}x}{(a^4 + x^2)\sqrt{x}} = \frac{1}{2a^3\sqrt{2}} \ln \frac{x + a\sqrt{2x} + a^2}{x - a\sqrt{2x} + a^2} + \frac{1}{a^3\sqrt{2}} \arctan \frac{a\sqrt{2x}}{a^2 - x}.$$

119. $$\int \frac{\sqrt{x}\,\mathrm{d}x}{a^4 - x^2} = \frac{1}{2a} \ln \frac{a + \sqrt{x}}{a - \sqrt{x}} - \frac{1}{a} \arctan \frac{\sqrt{x}}{a}.$$

120. $$\int \frac{\mathrm{d}x}{(a^4 - x^2)\sqrt{x}} = \frac{1}{2a^3} \ln \frac{a + \sqrt{x}}{a - \sqrt{x}} + \frac{1}{a^3} \arctan \frac{\sqrt{x}}{a}.$$

Integrale, die $\sqrt{ax + b}$ enthalten

Bezeichnung: $X = ax + b$

121. $$\int \sqrt{X}\,\mathrm{d}x = \frac{2}{3a}\sqrt{X^3}.$$

122. $$\int x\sqrt{X}\,\mathrm{d}x = \frac{2(3ax - 2b)\sqrt{X^3}}{15a^2}.$$

123. $$\int x^2\sqrt{X}\,\mathrm{d}x = \frac{2(15a^2x^2 - 12abx + 8b^2)\sqrt{X^3}}{105a^3}$$

124. $$\int \frac{\mathrm{d}x}{\sqrt{X}} = \frac{2\sqrt{X}}{a}.$$

125. $$\int \frac{x\,\mathrm{d}x}{\sqrt{X}} = \frac{2(ax - 2b)}{3a^2}\sqrt{X}.$$

126. $$\int \frac{x^2\,\mathrm{d}x}{\sqrt{X}} = \frac{2(3a^2x^2 - 4abx + 8b^2)\sqrt{X}}{15a^3}.$$

127. $$\int \frac{\mathrm{d}x}{x\sqrt{X}} = \begin{cases} \dfrac{1}{\sqrt{b}} \ln \dfrac{\sqrt{X} - \sqrt{b}}{\sqrt{X} + \sqrt{b}} & \text{für } b > 0, \\[2ex] \dfrac{2}{\sqrt{-b}} \arctan \sqrt{\dfrac{X}{-b}} & \text{für } b < 0. \end{cases}$$

128. $$\int \frac{\sqrt{X}}{x}\,\mathrm{d}x = 2\sqrt{X} + b\int \frac{\mathrm{d}x}{x\sqrt{X}} \qquad \text{(siehe Nr. 127).}$$

129. $$\int \frac{\mathrm{d}x}{x^2\sqrt{X}} = -\frac{\sqrt{X}}{bx} - \frac{a}{2b}\int \frac{\mathrm{d}x}{x\sqrt{\lambda}} \qquad \text{(siehe Nr. 127).}$$

130. $$\int \frac{\sqrt{X}}{x^2}\,\mathrm{d}x = -\frac{\sqrt{X}}{x} + \frac{a}{2}\int \frac{\mathrm{d}x}{x\sqrt{X}} \qquad \text{(siehe Nr. 127).}$$

131. $$\int \frac{\mathrm{d}x}{x^n\sqrt{X}} = -\frac{\sqrt{X}}{(n - 1)\,bx^{n-1}} - \frac{(2n - 3)\,a}{(2n - 2)\,b}\int \frac{\mathrm{d}x}{x^{n-1}\sqrt{X}}.$$

132. $$\int \sqrt{X^3}\,\mathrm{d}x = \frac{2\sqrt{X^5}}{5a}.$$

133. $$\int x\sqrt{X^3}\,dx = \frac{2}{35a^2}\left(5\sqrt{X^7} - 7b\sqrt{X^5}\right).$$

134. $$\int x^2\sqrt{X^3}\,dx = \frac{2}{a^3}\left(\frac{\sqrt{X^9}}{9} - \frac{2b\sqrt{X^7}}{7} + \frac{b^2\sqrt{X^5}}{5}\right).$$

135. $$\int \frac{\sqrt{X^3}}{x}\,dx = \frac{2\sqrt{X^3}}{3} + 2b\sqrt{X} + b^2\int\frac{dx}{x\sqrt{X}}$$ (siehe Nr. 127).

136. $$\int \frac{x\,dx}{\sqrt{X^3}} = \frac{2}{a^2}\left(\sqrt{X} + \frac{b}{\sqrt{X}}\right).$$

137. $$\int \frac{x^2\,dx}{\sqrt{X^3}} = \frac{2}{a^3}\left(\frac{\sqrt{X^3}}{3} - 2b\sqrt{X} - \frac{b^2}{\sqrt{X}}\right).$$

138. $$\int \frac{dx}{x\sqrt{X^3}} = \frac{2}{b\sqrt{X}} + \frac{1}{b}\int\frac{dx}{x\sqrt{X}}$$ (siehe Nr. 127).

139. $$\int \frac{dx}{x^2\sqrt{X^3}} = -\frac{1}{bx\sqrt{X}} - \frac{3a}{b^2\sqrt{X}} - \frac{3a}{2b^2}\int\frac{dx}{x\sqrt{X}}$$ (siehe Nr. 127).

140. $$\int X^{\pm n/2}\,dx = \frac{2X^{(2\pm n)/2}}{a(2\pm n)}.$$

141. $$\int xX^{\pm n/2}\,dx = \frac{2}{a^2}\left(\frac{X^{(4\pm n)/2}}{4\pm n} - \frac{bX^{(2\pm n)/2}}{2\pm n}\right).$$

142. $$\int x^2X^{\pm n/2}\,dx = \frac{2}{a^3}\left(\frac{X^{(6\pm n)/2}}{6\pm n} - \frac{2bX^{(4\pm n)/2}}{4\pm n} + \frac{b^2X^{(2\pm n)/2}}{2\pm n}\right).$$

143. $$\int \frac{X^{n/2}\,dx}{x} = \frac{2X^{n/2}}{n} + b\int\frac{X^{(n-2)/2}}{x}\,dx.$$

144. $$\int \frac{dx}{xX^{n/2}} = \frac{2}{(n-2)\,bX^{(n-2)/2}} + \frac{1}{b}\int\frac{dx}{xX^{(n-2)/2}}.$$

145. $$\int \frac{dx}{x^2X^{n/2}} = -\frac{1}{bxX^{(n-2)/2}} - \frac{na}{2b}\int\frac{dx}{xX^{n/2}}.$$

Integrale, die $\sqrt{ax+b}$ und $\sqrt{fx+g}$ enthalten

Bezeichnungen: $X = ax + b,\ Y = fx + g,\ \Delta = bf - ag$

146. $$\int \frac{dx}{\sqrt{XY}} = \begin{cases} \dfrac{2\,\mathrm{sgn}(a)\,\mathrm{sgn}(X)}{\sqrt{-af}}\arctan\sqrt{-\dfrac{fX}{aY}} & \text{für } af < 0,\ \mathrm{sgn}(X) = \dfrac{X}{|X|}, \\ \dfrac{2\,\mathrm{sgn}(a)\,\mathrm{sgn}(X)}{\sqrt{af}}\,\mathrm{artanh}\sqrt{\dfrac{fX}{aY}} & \text{für } af > 0 \text{ und } |fX| < |aY|. \end{cases}$$

147. $$\int \frac{x\,dx}{\sqrt{XY}} = \frac{\sqrt{XY}}{af} - \frac{ag+bf}{2af}\int\frac{dx}{\sqrt{XY}}$$ (siehe Nr. 146).

148. $$\int \frac{dx}{\sqrt{X}\sqrt{Y^3}} = -\frac{2\sqrt{X}}{\Delta\sqrt{Y}}.$$

$X = ax + b,\ Y = fx + g,\ \Delta = bf - ag$

149. $$\int \frac{dx}{Y\sqrt{X}} = \begin{cases} \dfrac{2}{\sqrt{-\Delta f}} \arctan \dfrac{f\sqrt{X}}{\sqrt{-\Delta f}} & \text{für } \Delta f < 0, \\ \dfrac{1}{\sqrt{\Delta f}} \ln \dfrac{f\sqrt{X} - \sqrt{\Delta f}}{f\sqrt{X} + \sqrt{\Delta f}} & \text{für } \Delta f > 0. \end{cases}$$

150. $$\int \sqrt{XY}\, dx = \frac{\Delta + 2aY}{4af} \sqrt{XY} - \frac{\Delta^2}{8af} \int \frac{dx}{\sqrt{XY}}$$ (siehe Nr. 146).

151. $$\int \sqrt{\frac{Y}{X}}\, dx = \operatorname{sgn}(X) \left(\frac{1}{a} \sqrt{XY} - \frac{\Delta}{2a} \int \frac{dx}{\sqrt{XY}} \right)$$ (siehe Nr. 146).

152. $$\int \frac{\sqrt{X}\, dx}{Y} = \frac{2\sqrt{X}}{f} + \frac{\Delta}{f} \int \frac{dx}{Y\sqrt{X}}$$ (siehe Nr. 149).

153. $$\int \frac{Y^n\, dx}{\sqrt{X}} = \frac{2}{(2n+1)\, a} \left(\sqrt{X} Y^n - n\Delta \int \frac{Y^{n-1}\, dx}{\sqrt{X}} \right).$$

154. $$\int \frac{dx}{\sqrt{X} Y^n} = -\frac{1}{(n-1)\, \Delta} \left\{ \frac{\sqrt{X}}{Y^{n-1}} + \left(n - \frac{3}{2} \right) a \int \frac{dx}{\sqrt{X} Y^{n-1}} \right\}.$$

155. $$\int \sqrt{X} Y^n\, dx = \frac{1}{(2n+3)\, f} \left(2\sqrt{X} Y^{n+1} + \Delta \int \frac{Y^n\, dx}{\sqrt{X}} \right)$$ (siehe Nr. 153).

156. $$\int \frac{\sqrt{X}\, dx}{Y^n} = \frac{1}{(n-1)\, f} \left(-\frac{\sqrt{X}}{Y^{n-1}} + \frac{a}{2} \int \frac{dx}{\sqrt{X} Y^{n-1}} \right).$$

Integrale, die $\sqrt{a^2 - x^2}$ enthalten

Bezeichnung: $X = a^2 - x^2$

157. $$\int \sqrt{X}\, dx = \frac{1}{2} \left(x\sqrt{X} + a^2 \arcsin \frac{x}{a} \right).$$

158. $$\int x\sqrt{X}\, dx = -\frac{1}{3} \sqrt{X^3}.$$

159. $$\int x^2 \sqrt{X}\, dx = -\frac{x}{4} \sqrt{X^3} + \frac{a^2}{8} \left(x\sqrt{X} + a^2 \arcsin \frac{x}{a} \right).$$

160. $$\int x^3 \sqrt{X}\, dx = \frac{\sqrt{X^5}}{5} - a^2 \frac{\sqrt{X^3}}{3}.$$

161. $$\int \frac{\sqrt{X}}{x}\, dx = \sqrt{X} - a \ln \frac{a + \sqrt{X}}{x}.$$

162. $$\int \frac{\sqrt{X}}{x^2}\, dx = -\frac{\sqrt{X}}{x} - \arcsin \frac{x}{a}.$$

163. $$\int \frac{\sqrt{X}}{x^3}\, dx = -\frac{\sqrt{X}}{2x^2} + \frac{1}{2a} \ln \frac{a + \sqrt{X}}{x}.$$

164. $$\int \frac{dx}{\sqrt{X}} = \arcsin \frac{x}{a}.$$

165. $\int \frac{x\,dx}{\sqrt{X}} = -\sqrt{X}.$

166. $\int \frac{x^2\,dx}{\sqrt{X}} = -\frac{x}{2}\sqrt{X} + \frac{a^2}{2}\arcsin\frac{x}{a}.$

167. $\int \frac{x^3\,dx}{\sqrt{X}} = \frac{\sqrt{X^3}}{3} - a^2\sqrt{X}.$

168. $\int \frac{dx}{x\sqrt{X}} = -\frac{1}{a}\ln\frac{a+\sqrt{X}}{x}.$

169. $\int \frac{dx}{x^2\sqrt{X}} = -\frac{\sqrt{X}}{a^2 x}.$

170. $\int \frac{dx}{x^3\sqrt{X}} = -\frac{\sqrt{X}}{2a^2x^2} - \frac{1}{2a^3}\ln\frac{a+\sqrt{X}}{x}.$

171. $\int \sqrt{X^3}\,dx = \frac{1}{4}\left(x\sqrt{X^3} + \frac{3a^2x}{2}\sqrt{X} + \frac{3a^4}{2}\arcsin\frac{x}{a}\right).$

172. $\int x\sqrt{X^3}\,dx = -\frac{1}{5}\sqrt{X^5}.$

173. $\int x^2\sqrt{X^3}\,dx = -\frac{x\sqrt{X^5}}{6} + \frac{a^2x\sqrt{X^3}}{24} + \frac{a^4x\sqrt{X}}{16} + \frac{a^6}{16}\arcsin\frac{x}{a}.$

174. $\int x^3\sqrt{X^3}\,dx = \frac{\sqrt{X^7}}{7} - \frac{a^2\sqrt{X^5}}{5}.$

175. $\int \frac{\sqrt{X^3}}{x}\,dx = \frac{\sqrt{X^3}}{3} + a^2\sqrt{X} - a^3\ln\frac{a+\sqrt{X}}{x}.$

176. $\int \frac{\sqrt{X^3}}{x^2}\,dx = -\frac{\sqrt{X^3}}{x} - \frac{3}{2}x\sqrt{X} - \frac{3}{2}a^2\arcsin\frac{x}{a}.$

177. $\int \frac{\sqrt{X^3}}{x^3}\,dx = -\frac{\sqrt{X^3}}{2x^2} - \frac{3\sqrt{X}}{2} + \frac{3a}{2}\ln\frac{a+\sqrt{X}}{x}.$

178. $\int \frac{dx}{\sqrt{X^3}} = \frac{x}{a^2\sqrt{X}}.$

179. $\int \frac{x\,dx}{\sqrt{X^3}} = \frac{1}{\sqrt{X}}.$

180. $\int \frac{x^2\,dx}{\sqrt{X^3}} = \frac{x}{\sqrt{X}} - \arcsin\frac{x}{a}.$

181. $\int \frac{x^3\,dx}{\sqrt{X^3}} = \sqrt{X} + \frac{a^2}{\sqrt{X}}.$

182. $\int \frac{dx}{x\sqrt{X^3}} = \frac{1}{a^2\sqrt{X}} - \frac{1}{a^3}\ln\frac{a+\sqrt{X}}{x}.$

183. $\int \frac{dx}{x^2\sqrt{X^3}} = \frac{1}{a^4}\left(-\frac{\sqrt{X}}{x} + \frac{x}{\sqrt{X}}\right).$

184. $\int \frac{dx}{x^3\sqrt{X^3}} = -\frac{1}{2a^2x^2\sqrt{X}} + \frac{3}{2a^4\sqrt{X}} - \frac{3}{2a^5}\ln\frac{a+\sqrt{X}}{x}.$

Integrale, die $\sqrt{x^2 + a^2}$ enthalten

Bezeichnung: $X = x^2 + a^2$

185. $\int \sqrt{X}\,dx = \frac{1}{2}\left(x\sqrt{X} + a^2 \operatorname{arsinh}\frac{x}{a}\right) + C = \frac{1}{2}[x\sqrt{X} + a^2 \ln(x + \sqrt{X})] + C_1.$

186. $\int x\sqrt{X}\,dx = \frac{1}{3}\sqrt{X^3}.$

187. $\int x^2\sqrt{X}\,dx = \frac{x}{4}\sqrt{X^3} - \frac{a^2}{8}\left(x\sqrt{X} + a^2 \operatorname{arsinh}\frac{x}{a}\right) + C$

$= \frac{x}{4}\sqrt{X^3} - \frac{a^2}{8}[x\sqrt{X} + a^2 \ln(x + \sqrt{X})] + C_1.$

188. $\int x^3\sqrt{X}\,dx = \frac{\sqrt{X^5}}{5} - \frac{a^2\sqrt{X^3}}{3}.$

189. $\int \frac{\sqrt{X}}{x}\,dx = \sqrt{X} - a\ln\frac{a + \sqrt{X}}{x}.$

190. $\int \frac{\sqrt{X}}{x^2}\,dx = -\frac{\sqrt{X}}{x} + \operatorname{arsinh}\frac{x}{a} + C = -\frac{\sqrt{X}}{x} + \ln(x + \sqrt{X}) + C_1.$

191. $\int \frac{\sqrt{X}}{x^3}\,dx = -\frac{\sqrt{X}}{2x^2} - \frac{1}{2a}\ln\frac{a + \sqrt{X}}{x}.$

192. $\int \frac{dx}{\sqrt{X}} = \operatorname{arsinh}\frac{x}{a} + C = \ln(x + \sqrt{X}) + C_1.$

193. $\int \frac{x\,dx}{\sqrt{X}} = \sqrt{X}.$

194. $\int \frac{x^2\,dx}{\sqrt{X}} = \frac{x}{2}\sqrt{X} - \frac{a^2}{2}\operatorname{arsinh}\frac{x}{a} + C = \frac{x}{2}\sqrt{X} - \frac{a^2}{2}\ln(x + \sqrt{X}) + C_1.$

195. $\int \frac{x^3\,dx}{\sqrt{X}} = \frac{\sqrt{X^3}}{3} - a^2\sqrt{X}.$

196. $\int \frac{dx}{x\sqrt{X}} = -\frac{1}{a}\ln\frac{a + \sqrt{X}}{x}.$

197. $\int \frac{dx}{x^2\sqrt{X}} = -\frac{\sqrt{X}}{a^2 x}.$

198. $\int \frac{dx}{x^3\sqrt{X}} = -\frac{\sqrt{X}}{2a^2x^2} + \frac{1}{2a^3}\ln\frac{a + \sqrt{X}}{x}.$

199. $\int \sqrt{X^3}\,dx = \frac{1}{4}\left(x\sqrt{X^3} + \frac{3a^2x}{2}\sqrt{X} + \frac{3a^4}{2}\operatorname{arsinh}\frac{x}{a}\right) + C$

$= \frac{1}{4}\left(x\sqrt{X^3} + \frac{3a^2x}{2}\sqrt{X} + \frac{3a^4}{2}\ln(x + \sqrt{X})\right) + C_1.$

200. $\int x\sqrt{X^3}\,dx = \frac{1}{5}\sqrt{X^5}.$

201. $$\int x^2 \sqrt{X^3}\,dx = \frac{x\sqrt{X^5}}{6} - \frac{a^2x\sqrt{X^3}}{24} - \frac{a^4x\sqrt{X}}{16} - \frac{a^6}{16}\operatorname{arsinh}\frac{x}{a} + C$$
$$= \frac{x\sqrt{X^5}}{6} - \frac{a^2x\sqrt{X^3}}{24} - \frac{a^4x\sqrt{X}}{16} - \frac{a^6}{16}\ln\left(x + \sqrt{X}\right) + C_1.$$

202. $$\int x^3 \sqrt{X^3}\,dx = \frac{\sqrt{X^7}}{7} - \frac{a^2\sqrt{X^5}}{5}.$$

203. $$\int \frac{\sqrt{X^3}}{x}\,dx = \frac{\sqrt{X^3}}{3} + a^2\sqrt{X} - a^3\ln\frac{a+\sqrt{X}}{x}.$$

204. $$\int \frac{\sqrt{X^3}}{x^2}\,dx = -\frac{\sqrt{X^3}}{x} + \frac{3}{2}x\sqrt{X} + \frac{3}{2}a^2\operatorname{arsinh}\frac{x}{a} + C$$
$$= -\frac{\sqrt{X^3}}{x} + \frac{3}{2}x\sqrt{X} + \frac{3}{2}a^2\ln\left(x+\sqrt{X}\right) + C_1.$$

205. $$\int \frac{\sqrt{X^3}}{x^3}\,dx = -\frac{\sqrt{X^3}}{2x^2} + \frac{3}{2}\sqrt{X} - \frac{3}{2}a\ln\left(\frac{a+\sqrt{X}}{x}\right).$$

206. $$\int \frac{dx}{\sqrt{X^3}} = \frac{x}{a^2\sqrt{X}}.$$

207. $$\int \frac{x\,dx}{\sqrt{X^3}} = -\frac{1}{\sqrt{X}}.$$

208. $$\int \frac{x^2\,dx}{\sqrt{X^3}} = -\frac{x}{\sqrt{X}} + \operatorname{arsinh}\frac{x}{a} + C = -\frac{x}{\sqrt{X}} + \ln\left(x+\sqrt{X}\right) + C_1.$$

209. $$\int \frac{x^3\,dx}{\sqrt{X^3}} = \sqrt{X} + \frac{a^2}{\sqrt{X}},$$

210. $$\int \frac{dx}{x\sqrt{X^3}} = \frac{1}{a^2\sqrt{X}} - \frac{1}{a^3}\ln\frac{a+\sqrt{X}}{x}.$$

211. $$\int \frac{dx}{x^2\sqrt{X^3}} = -\frac{1}{a^4}\left(\frac{\sqrt{X}}{x} + \frac{x}{\sqrt{X}}\right).$$

212. $$\int \frac{dx}{x^3\sqrt{X^3}} = -\frac{1}{2a^2x^2\sqrt{X}} - \frac{3}{2a^4\sqrt{X}} + \frac{3}{2a^5}\ln\frac{a+\sqrt{X}}{x}.$$

Integrale, die $\sqrt{x^2 - a^2}$ enthalten

Bezeichnung: $X = x^2 - a^2$

213. $$\int \sqrt{X}\,dx = \frac{1}{2}\left(x\sqrt{X} - a^2\operatorname{arcosh}\frac{x}{a}\right) + C = \frac{1}{2}\left[x\sqrt{X} - a^2\ln\left(x+\sqrt{X}\right)\right] + C_1.$$

214. $$\int x\sqrt{X}\,dx = \frac{1}{3}\sqrt{X^3}.$$

215. $$\int x^2\sqrt{X}\,dx = \frac{x}{4}\sqrt{X^3} + \frac{a^2}{8}\left(x\sqrt{X} - a^2\operatorname{arcosh}\frac{x}{a}\right) + C$$
$$= \frac{x}{4}\sqrt{X^3} + \frac{a^2}{8}\left[x\sqrt{X} - a^2\ln\left(x+\sqrt{X}\right)\right] + C_1.$$

$X = x^2 - a^2$

216. $\int x^3 \sqrt{X}\, dx = \frac{\sqrt{X^5}}{5} + \frac{a^2 \sqrt{X^3}}{3}.$

217. $\int \frac{\sqrt{X}}{x}\, dx = \sqrt{X} - a \arccos \frac{a}{x}.$

218. $\int \frac{\sqrt{X}}{x^2}\, dx = -\frac{\sqrt{X}}{x} + \operatorname{arcosh} \frac{x}{a} + C = -\frac{\sqrt{X}}{x} + \ln (x + \sqrt{X}) + C_1.$

219. $\int \frac{\sqrt{X}}{x^3}\, dx = -\frac{\sqrt{X}}{2x^2} + \frac{1}{2a} \arccos \frac{a}{x}.$

220. $\int \frac{dx}{\sqrt{X}} = \operatorname{arcosh} \frac{x}{a} + C = \ln (x + \sqrt{X}) + C_1.$

221. $\int \frac{x\, dx}{\sqrt{X}} = \sqrt{X}.$

222. $\int \frac{x^2\, dx}{\sqrt{X}} = \frac{x}{2} \sqrt{X} + \frac{a^2}{2} \operatorname{arcosh} \frac{x}{a} + C = \frac{x}{2} \sqrt{X} + \frac{a^2}{2} \ln (x + \sqrt{X}) + C_1.$

223. $\int \frac{x^3\, dx}{\sqrt{X}} = \frac{\sqrt{X^3}}{3} + a^2 \sqrt{X}.$

224. $\int \frac{dx}{x \sqrt{X}} = \frac{1}{a} \arccos \frac{a}{x}.$

225. $\int \frac{dx}{x^2 \sqrt{X}} = \frac{\sqrt{X}}{a^2 x}.$

226. $\int \frac{dx}{x^3 \sqrt{X}} = \frac{\sqrt{X}}{2a^2 x^2} + \frac{1}{2a^3} \arccos \frac{a}{x}.$

227. $\int \sqrt{X^3}\, dx = \frac{1}{4} \left(x \sqrt{X^3} - \frac{3a^2 x}{2} \sqrt{X} + \frac{3a^4}{2} \operatorname{arcosh} \frac{x}{a} \right) + C$

$= \frac{1}{4} \left(x \sqrt{X^3} - \frac{3a^2 x}{2} \sqrt{X} + \frac{3a^4}{2} \ln (x + \sqrt{X}) \right) + C_1.$

228. $\int x \sqrt{X^3}\, dx = \frac{1}{5} \sqrt{X^5}.$

229. $\int x^2 \sqrt{X^3}\, dx = \frac{x \sqrt{X^5}}{6} + \frac{a^2 x \sqrt{X^3}}{24} - \frac{a^4 x \sqrt{X}}{16} + \frac{a^6}{16} \operatorname{arcosh} \frac{x}{a} + C$

$= \frac{x \sqrt{X^5}}{6} + \frac{a^2 x \sqrt{X^3}}{24} - \frac{a^4 x \sqrt{X}}{16} + \frac{a^6}{16} \ln (x + \sqrt{X}) + C_1.$

230. $\int x^3 \sqrt{X^3}\, dx = \frac{\sqrt{X^7}}{7} + \frac{a^2 \sqrt{X^5}}{5}.$

231. $\int \frac{\sqrt{X^3}}{x}\, dx = \frac{\sqrt{X^3}}{3} - a^2 \sqrt{X} + a^3 \arccos \frac{a}{x}.$

232. $$\int \frac{\sqrt{X^3}}{x^2}\,dx = -\frac{\sqrt{X^3}}{2} + \frac{3}{2}x\sqrt{X} - \frac{3}{2}a^2 \operatorname{arcosh}\frac{x}{a} + C$$
$$= -\frac{\sqrt{X^3}}{2} + \frac{3}{2}x\sqrt{X} - \frac{3}{2}a^2 \ln\left(x + \sqrt{X}\right) + C_1.$$

233. $$\int \frac{\sqrt{X^3}}{x^3}\,dx = -\frac{\sqrt{X^3}}{2x^2} + \frac{3\sqrt{X}}{2} - \frac{3}{2}a \arccos\frac{a}{x}.$$

234. $$\int \frac{dx}{\sqrt{X^3}} = -\frac{x}{a^2\sqrt{X}}.$$

235. $$\int \frac{x\,dx}{\sqrt{X^3}} = -\frac{1}{\sqrt{X}}.$$

236. $$\int \frac{x^2\,dx}{\sqrt{X^3}} = -\frac{x}{\sqrt{X}} + \operatorname{arcosh}\frac{x}{a} + C = -\frac{x}{\sqrt{X}} + \ln\left(x + \sqrt{X}\right) + C_1.$$

237. $$\int \frac{x^3\,dx}{\sqrt{X^3}} = \sqrt{X} - \frac{a^2}{\sqrt{X}}.$$

238. $$\int \frac{dx}{x\sqrt{X^3}} = -\frac{1}{a^2\sqrt{X}} - \frac{\operatorname{sgn}(x)}{a^3}\arccos\frac{a}{x}; \quad \begin{array}{ll}\operatorname{sgn}(x) = 1 & \text{für } x > 0,\\ \operatorname{sgn}(x) = -1 & \text{für } x < 0.\end{array}$$

239. $$\int \frac{dx}{x^2\sqrt{X^3}} = -\frac{1}{a^4}\left(\frac{\sqrt{X}}{x} + \frac{x}{\sqrt{X}}\right).$$

240. $$\int \frac{dx}{x^3\sqrt{X^3}} = \frac{1}{2a^2x^2\sqrt{X}} - \frac{3}{2a^4\sqrt{X}} - \frac{3}{2a^5}\arccos\frac{a}{x}.$$

Integrale, die $\sqrt{ax^2 + bx + c}$ enthalten

Bezeichnungen: $X = ax^2 + bx + c$, $\Delta = 4ac - b^2$, $k = \dfrac{4a}{\Delta}$

241. $$\int \frac{dx}{\sqrt{X}} = \begin{cases} \dfrac{1}{\sqrt{a}}\ln\left(2\sqrt{aX} + 2ax + b\right) + C & \text{für } a > 0,\\[2mm] \dfrac{1}{\sqrt{a}}\operatorname{arsinh}\dfrac{2ax + b}{\sqrt{\Delta}} + C_1 & \text{für } a > 0,\ \Delta > 0,\\[2mm] \dfrac{1}{\sqrt{a}}\ln(2ax + b) & \text{für } a > 0,\ \Delta = 0,\\[2mm] -\dfrac{1}{\sqrt{-a}}\arcsin\dfrac{2ax + b}{\sqrt{-\Delta}} & \text{für } a < 0,\ \Delta < 0. \end{cases}$$

242. $$\int \frac{dx}{X\sqrt{X}} = \frac{2(2ax + b)}{\Delta\sqrt{X}}.$$

243. $$\int \frac{dx}{X^2\sqrt{X}} = \frac{2(2ax + b)}{3\Delta\sqrt{X}}\left(\frac{1}{X} + 2k\right).$$

244. $$\int \frac{dx}{X^{(2n+1)/2}} = \frac{2(2ax + b)}{(2n - 1)\Delta X^{(2n-1)/2}} + \frac{2k(n - 1)}{2n - 1}\int \frac{dx}{X^{(2n-1)/2}}.$$

$$X = ax^2 + bx + c, \quad \Delta = 4ac - b^2, \quad k = \frac{4a}{\Delta}$$

245. $$\int \sqrt{X}\,dx = \frac{(2ax + b)\sqrt{X}}{4a} + \frac{1}{2k}\int \frac{dx}{\sqrt{X}} \quad \text{(siehe Nr. 241).}$$

246. $$\int X\sqrt{X}\,dx = \frac{(2ax + b)\sqrt{X}}{8a}\left(X + \frac{3}{2k}\right) + \frac{3}{8k^2}\int \frac{dx}{\sqrt{X}} \quad \text{(siehe Nr. 241).}$$

247. $$\int X^2\sqrt{X}\,dx = \frac{(2ax + b)\sqrt{X}}{12a}\left(X^2 + \frac{5X}{4k} + \frac{15}{8k^2}\right) + \frac{5}{16k^3}\int \frac{dx}{\sqrt{X}} \quad \text{(siehe Nr. 241).}$$

248. $$\int X^{(2n+1)/2}\,dx = \frac{(2ax + b)\,X^{(2n+1)/2}}{4a(n + 1)} + \frac{2n + 1}{2k(n + 1)}\int X^{(2n-1)/2}\,dx.$$

249. $$\int \frac{x\,dx}{\sqrt{X}} = \frac{\sqrt{X}}{a} - \frac{b}{2a}\int \frac{dx}{\sqrt{X}} \quad \text{(siehe Nr. 241).}$$

250. $$\int \frac{x\,dx}{X\sqrt{X}} = -\frac{2(bx + 2c)}{\Delta\sqrt{X}}.$$

251. $$\int \frac{x\,dx}{X^{(2n+1)/2}} = -\frac{1}{(2n - 1)\,aX^{(2n-1)/2}} - \frac{b}{2a}\int \frac{dx}{X^{(2n+1)/2}} \quad \text{(siehe Nr. 244).}$$

252. $$\int \frac{x^2\,dx}{\sqrt{X}} = \left(\frac{x}{2a} - \frac{3b}{4a^2}\right)\sqrt{X} + \frac{3b^2 - 4ac}{8a^2}\int \frac{dx}{\sqrt{X}} \quad \text{(siehe Nr. 241).}$$

253. $$\int \frac{x^2\,dx}{X\sqrt{X}} = \frac{(2b^2 - 4ac)\,x + 2bc}{a\Delta\sqrt{X}} + \frac{1}{a}\int \frac{dx}{\sqrt{X}} \quad \text{(siehe Nr. 241).}$$

254. $$\int x\sqrt{X}\,dx = \frac{X\sqrt{X}}{3a} - \frac{b(2ax + b)}{8a^2}\sqrt{X} - \frac{b}{4ak}\int \frac{dx}{\sqrt{X}} \quad \text{(siehe Nr. 241).}$$

255. $$\int xX\sqrt{X}\,dx = \frac{X^2\sqrt{X}}{5a} - \frac{b}{2a}\int X\sqrt{X}\,dx \quad \text{(siehe Nr. 246).}$$

256. $$\int xX^{(2n+1)/2}\,dx = \frac{X^{(2n+3)/2}}{(2n + 3)\,a} - \frac{b}{2a}\int X^{(2n+1)/2}\,dx \quad \text{(siehe Nr. 248).}$$

257. $$\int x^2\sqrt{X}\,dx = \left(x - \frac{5b}{6a}\right)\frac{X\sqrt{X}}{4a} + \frac{5b^2 - 4ac}{16a^2}\int \sqrt{X}\,dx \quad \text{(siehe Nr. 245).}$$

258. $$\int \frac{dx}{x\sqrt{X}} = \begin{cases} \dfrac{1}{\sqrt{c}}\ln\dfrac{-2\sqrt{cX} + 2c + bx}{2x} + C & \text{für } c > 0, \\ -\dfrac{1}{\sqrt{c}}\,\mathrm{arsinh}\,\dfrac{bx + 2c}{x\sqrt{\Delta}} + C_1 & \text{für } c > 0,\ \Delta > 0, \\ -\dfrac{1}{\sqrt{c}}\ln\dfrac{bx + 2c}{x} & \text{für } c > 0,\ \Delta = 0, \\ \dfrac{1}{\sqrt{-c}}\arcsin\dfrac{bx + 2c}{x\sqrt{-\Delta}} & \text{für } c < 0,\ \Delta < 0. \end{cases}$$

259. $$\int \frac{dx}{x^2\sqrt{X}} = -\frac{\sqrt{X}}{cx} - \frac{b}{2c}\int \frac{dx}{x\sqrt{X}} \quad \text{(siehe Nr. 258).}$$

260. $\int \frac{\sqrt{X}\,dx}{x} = \sqrt{X} + \frac{b}{2} \int \frac{dx}{\sqrt{X}} + c \int \frac{dx}{x\sqrt{X}}$ (siehe Nr. 241 und 258).

261. $\int \frac{\sqrt{X}\,dx}{x^2} = -\frac{\sqrt{X}}{x} + a \int \frac{dx}{\sqrt{X}} + \frac{b}{2} \int \frac{dx}{x\sqrt{X}}$ (siehe Nr. 241 und 258).

262. $\int \frac{X^{(2n+1)/2}}{x}\,dx = \frac{X^{(2n+1)/2}}{2n+1} + \frac{b}{2} \int X^{(2n-1)/2}\,dx + c \int \frac{X^{(2n-1)/2}}{x}\,dx$ (siehe Nr. 248 und 260).

263. $\int \frac{dx}{x\sqrt{ax^2+bx}} = -\frac{2}{bx}\sqrt{ax^2+bx}\,.$

264. $\int \frac{dx}{\sqrt{2ax-x^2}} = \arcsin\frac{x-a}{a}\,.$

265. $\int \frac{x\,dx}{\sqrt{2ax-x^2}} = -\sqrt{2ax-x^2} + a\arcsin\frac{x-a}{a}\,.$

266. $\int \sqrt{2ax-x^2}\,dx = \frac{x-a}{2}\sqrt{2ax-x^2} + \frac{a^2}{2}\arcsin\frac{x-a}{a}\,.$

267. $\int \frac{dx}{(ax^2+b)\sqrt{fx^2+g}} = \frac{1}{\sqrt{b}\sqrt{ag-bf}}\arctan\frac{x\sqrt{ag-bf}}{\sqrt{b}\sqrt{fx^2+g}}$ $(ag - bf > 0)$

$= \frac{1}{2\sqrt{b}\sqrt{bf-ag}}\ln\frac{\sqrt{b}\sqrt{fx^2+g}+x\sqrt{bf-ag}}{\sqrt{b}\sqrt{fx^2+g}-x\sqrt{bf-ag}}$ $(ag - bf < 0)$.

Integrale, die andere irrationale Ausdrücke enthalten

268. $\int \sqrt[n]{ax+b}\,dx = \frac{n(ax+b)}{(n+1)a}\sqrt[n]{ax+b}\,.$

269. $\int \frac{dx}{\sqrt[n]{ax+b}} = \frac{n(ax+b)}{(n-1)a}\frac{1}{\sqrt[n]{ax+b}}\,.$

270. $\int \frac{dx}{x\sqrt{x^n+a^2}} = -\frac{2}{na}\ln\frac{a+\sqrt{x^n+a^2}}{\sqrt{x^n}}\,.$

271. $\int \frac{dx}{x\sqrt{x^n-a^2}} = \frac{2}{na}\arccos\frac{a}{\sqrt{x^n}}\,.$

272. $\int \frac{\sqrt{x}\,dx}{\sqrt{a^3-x^3}} = \frac{2}{3}\arcsin\sqrt{\left(\frac{x}{a}\right)^3}\,.$

Rekursionsformeln für das Integral eines binomischen Differentials

273. $\int x^m(ax^n+b)^p\,dx$

$$= \frac{1}{m+np+1}\left[x^{m+1}(ax^n+b)^p + npb\int x^m(ax^n+b)^{p-1}\,dx\right]$$

$$= \frac{1}{bn(p+1)}\left[-x^{m+1}(ax^n+b)^{p+1} + (m+n+np+1)\int x^m(ax^n+b)^{p+1}\,dx\right]$$

$$= \frac{1}{(m+1)b}\left[x^{m+1}(ax^n+b)^{p+1} - a(m+n+np+1)\int x^{m+n}(ax^n+b)^p\,dx\right]$$

$$= \frac{1}{a(m+np+1)}\left[x^{m-n+1}(ax^n+b)^{p+1} - (m-n+1)b\int x^{m-n}(ax^n+b)^p\,dx\right].$$

Integrale trigonometrischer Funktionen[1])

Integrale, die die Sinusfunktion enthalten

274. $\int \sin ax \, dx = -\frac{1}{a} \cos ax.$

275. $\int \sin^2 ax \, dx = \frac{1}{2} x - \frac{1}{4a} \sin 2ax.$

276. $\int \sin^3 ax \, dx = -\frac{1}{a} \cos ax + \frac{1}{3a} \cos^3 ax.$

277. $\int \sin^4 ax \, dx = \frac{3}{8} x - \frac{1}{4a} \sin 2ax + \frac{1}{32a} \sin 4ax.$

278. $\int \sin^n ax \, dx = -\frac{\sin^{n-1} ax \cos ax}{na} + \frac{n-1}{n} \int \sin^{n-2} ax \, dx$ (n ganzzahlig, > 0).

279. $\int x \sin ax \, dx = \frac{\sin ax}{a^2} - \frac{x \cos ax}{a}.$

280. $\int x^2 \sin ax \, dx = \frac{2x}{a^2} \sin ax - \left(\frac{x^2}{a} - \frac{2}{a^3}\right) \cos ax.$

281. $\int x^3 \sin ax \, dx = \left(\frac{3x^2}{a^2} - \frac{6}{a^4}\right) \sin ax - \left(\frac{x^3}{a} - \frac{6x}{a^3}\right) \cos ax.$

282. $\int x^n \sin ax \, dx = -\frac{x^n}{a} \cos ax + \frac{n}{a} \int x^{n-1} \cos ax \, dx$ $(n > 0)$.

283. $\int \frac{\sin ax}{x} \, dx = ax - \frac{(ax)^3}{3 \cdot 3!} + \frac{(ax)^5}{5 \cdot 5!} - \frac{(ax)^7}{7 \cdot 7!} + \dots$ [2]).

284. $\int \frac{\sin ax}{x^2} \, dx = -\frac{\sin ax}{x} + a \int \frac{\cos ax \, dx}{x}$ (siehe Nr. 322).

285. $\int \frac{\sin ax}{x^n} \, dx = -\frac{1}{n-1} \frac{\sin ax}{x^{n-1}} + \frac{a}{n-1} \int \frac{\cos ax}{x^{n-1}} \, dx$ (siehe Nr. 324).

286. $\int \frac{dx}{\sin ax} = \int \operatorname{cosec} ax \, dx = \frac{1}{a} \ln \tan \frac{ax}{2} = \frac{1}{a} \ln (\operatorname{cosec} ax - \cot ax).$

287. $\int \frac{dx}{\sin^2 ax} = -\frac{1}{a} \cot ax.$

288. $\int \frac{dx}{\sin^3 ax} = -\frac{\cos ax}{2a \sin^2 ax} + \frac{1}{2a} \ln \tan \frac{ax}{2}.$

289. $\int \frac{dx}{\sin^n ax} = -\frac{1}{a(n-1)} \frac{\cos ax}{\sin^{n-1} ax} + \frac{n-2}{n-1} \int \frac{dx}{\sin^{n-2} ax}$ $(n > 1)$.

290. $$\int \frac{x \, dx}{\sin ax} = \frac{1}{a^2} \left(ax + \frac{(ax)^3}{3 \cdot 3!} + \frac{7(ax)^5}{3 \cdot 5 \cdot 5!} + \frac{31(ax)^7}{3 \cdot 7 \cdot 7!} + \frac{127(ax)^9}{3 \cdot 5 \cdot 9!} + \dots + \frac{2(2^{2n-1} - 1)}{(2n+1)!} B_n (ax)^{2n+1} + \dots\right)$$ [3]).

---

[1]) Integrale der Funktionen, die neben Hyperbelfunktionen und e^{ax} die Funktionen $\sin x$ und $\cos x$ enthalten, s. S. 61 bis 62.

[2]) Das bestimmte Integral $\int_0^x \frac{\sin t}{t} \, dt$ nennt man *Integralsinus* und bezeichnet es mit $\operatorname{Si}(x)$.

$$\operatorname{Si}(x) = x - \frac{x^3}{3 \cdot 3!} + \frac{x^5}{5 \cdot 5!} - \frac{x^7}{7 \cdot 7!} + \dots$$

[3]) B_n sind die Bernoullischen Zahlen (vgl. 1.1.3.1.1.).

291. $$\int \frac{x\,dx}{\sin^2 ax} = -\frac{x}{a}\cot ax + \frac{1}{a^2}\ln\sin ax.$$

292. $$\int \frac{x\,dx}{\sin^n ax} = -\frac{x\cos ax}{(n-1)\,a\sin^{n-1} ax} - \frac{1}{(n-1)(n-2)\,a^2\sin^{n-2} ax} + \frac{n-2}{n-1}\int \frac{x\,dx}{\sin^{n-2} ax} \quad (n > 2).$$

293. $$\int \frac{dx}{1+\sin ax} = -\frac{1}{a}\tan\left(\frac{\pi}{4} - \frac{ax}{2}\right).$$

294. $$\int \frac{dx}{1-\sin ax} = \frac{1}{a}\tan\left(\frac{\pi}{4} + \frac{ax}{2}\right).$$

295. $$\int \frac{x\,dx}{1+\sin ax} = -\frac{x}{a}\tan\left(\frac{\pi}{4} - \frac{ax}{2}\right) + \frac{2}{a^2}\ln\cos\left(\frac{\pi}{4} - \frac{ax}{2}\right).$$

296. $$\int \frac{x\,dx}{1-\sin ax} = \frac{x}{a}\cot\left(\frac{\pi}{4} - \frac{ax}{2}\right) + \frac{2}{a^2}\ln\sin\left(\frac{\pi}{4} - \frac{ax}{2}\right).$$

297. $$\int \frac{\sin ax\,dx}{1\pm\sin ax} = \pm x + \frac{1}{a}\tan\left(\frac{\pi}{4} \mp \frac{ax}{2}\right).$$

298. $$\int \frac{dx}{\sin ax(1\pm\sin ax)} = \frac{1}{a}\tan\left(\frac{\pi}{4} \mp \frac{ax}{2}\right) + \frac{1}{a}\ln\tan\frac{ax}{2}.$$

299. $$\int \frac{dx}{(1+\sin ax)^2} = -\frac{1}{2a}\tan\left(\frac{\pi}{4} - \frac{ax}{2}\right) - \frac{1}{6a}\tan^3\left(\frac{\pi}{4} - \frac{ax}{2}\right).$$

300. $$\int \frac{dx}{(1-\sin ax)^2} = \frac{1}{2a}\cot\left(\frac{\pi}{4} - \frac{ax}{2}\right) + \frac{1}{6a}\cot^3\left(\frac{\pi}{4} - \frac{ax}{2}\right).$$

301. $$\int \frac{\sin ax\,dx}{(1+\sin ax)^2} = -\frac{1}{2a}\tan\left(\frac{\pi}{4} - \frac{ax}{2}\right) + \frac{1}{6a}\tan^3\left(\frac{\pi}{4} - \frac{ax}{2}\right).$$

302. $$\int \frac{\sin ax\,dx}{(1-\sin ax)^2} = -\frac{1}{2a}\cot\left(\frac{\pi}{4} - \frac{ax}{2}\right) + \frac{1}{6a}\cot^3\left(\frac{\pi}{4} - \frac{ax}{2}\right).$$

303. $$\int \frac{dx}{1+\sin^2 ax} = \frac{1}{2\sqrt{2}\,a}\arcsin\left(\frac{(3\sin^2 ax - 1}{\sin^2 ax + 1}\right).$$

304. $$\int \frac{dx}{1-\sin^2 ax} = \int \frac{dx}{\cos^2 ax} = \frac{1}{a}\tan ax.$$

305. $$\int \sin ax\sin bx\,dx = \frac{\sin(a-b)\,x}{2(a-b)} - \frac{\sin(a+b)\,x}{2(a+b)} \quad (|a| \neq |b|;\ \text{für } |a| = |b| \text{ siehe Nr. 275}).$$

306. $$\int \frac{dx}{b+c\sin ax} = \frac{2}{a\sqrt{b^2-c^2}}\arctan\frac{b\tan ax/2 + c}{\sqrt{b^2-c^2}} \quad (\text{für } b^2 > c^2),$$

$$= \frac{1}{a\sqrt{c^2-b^2}}\ln\frac{b\tan ax/2 + c - \sqrt{c^2-b^2}}{b\tan ax/2 + c + \sqrt{c^2-b^2}} \quad (\text{für } b^2 < c^2).$$

307. $$\int \frac{\sin ax\,dx}{b+c\sin ax} = \frac{x}{c} - \frac{b}{c}\int \frac{dx}{b+c\sin ax} \quad (\text{siehe Nr. 306}).$$

308. $$\int \frac{dx}{\sin ax\,(b+c\sin ax)} = \frac{1}{ab}\ln\tan\frac{ax}{2} - \frac{c}{b}\int \frac{dx}{b+c\sin ax} \quad (\text{siehe Nr. 306}).$$

309. $$\int \frac{dx}{(b+c\sin ax)^2} = \frac{c\cos ax}{a(b^2-c^2)(b+c\sin ax)} + \frac{b}{b^2-c^2}\int \frac{dx}{b+c\sin ax} \quad (\text{siehe Nr. 306}).$$

310. $$\int \frac{\sin ax\,dx}{(b+c\sin ax)^2} = \frac{b\cos ax}{a(c^2-b^2)(b+c\sin ax)} + \frac{c}{c^2-b^2}\int \frac{dx}{b+c\sin ax} \quad (\text{siehe Nr. 306}).$$

311. $\int \frac{dx}{b^2 + c^2 \sin^2 ax} = \frac{1}{ab\sqrt{b^2 + c^2}} \arctan \frac{\sqrt{b^2 + c^2} \tan ax}{b} \quad (b > 0).$

312. $\int \frac{dx}{b^2 - c^2 \sin^2 ax} = \frac{1}{ab\sqrt{b^2 - c^2}} \arctan \frac{\sqrt{b^2 - c^2} \tan ax}{b} \quad (b^2 > c^2,\ b > 0),$

$= \frac{1}{2ab\sqrt{c^2 - b^2}} \ln \frac{\sqrt{c^2 - b^2} \tan ax + b}{\sqrt{c^2 - b^2} \tan ax - b} \quad (c^2 > b^2,\ b > 0).$

Integrale, die die Kosinusfunktion enthalten

313. $\int \cos ax \, dx = \frac{1}{a} \sin ax.$

314. $\int \cos^2 ax \, dx = \frac{1}{2} x + \frac{1}{4a} \sin 2ax.$

315. $\int \cos^3 ax \, dx = \frac{1}{a} \sin ax - \frac{1}{3a} \sin^3 ax.$

316. $\int \cos^4 ax \, dx = \frac{3}{8} x + \frac{1}{4a} \sin 2ax + \frac{1}{32a} \sin 4ax.$

317. $\int \cos^n ax \, dx = \frac{\cos^{n-1} ax \sin ax}{na} + \frac{n-1}{n} \int \cos^{n-2} ax \, dx.$

318. $\int x \cos ax \, dx = \frac{\cos ax}{a^2} + \frac{x \sin ax}{a}.$

319. $\int x^2 \cos ax \, dx = \frac{2x}{a^2} \cos ax + \left(\frac{x^2}{a} - \frac{2}{a^3} \right) \sin ax.$

320. $\int x^3 \cos ax \, dx = \left(\frac{3x^2}{a^2} - \frac{6}{a^4} \right) \cos ax + \left(\frac{x^3}{a} - \frac{6x}{a^3} \right) \sin ax.$

321. $\int x^n \cos ax \, dx = \frac{x^n \sin ax}{a} - \frac{n}{a} \int x^{n-1} \sin ax \, dx.$

322. $\int \frac{\cos ax}{x} dx = \ln (ax) - \frac{(ax)^2}{2 \cdot 2!} + \frac{(ax)^4}{4 \cdot 4!} - \frac{(ax)^6}{6 \cdot 6!} + \dots$ [1].

323. $\int \frac{\cos ax}{x^2} dx = -\frac{\cos ax}{x} - a \int \frac{\sin ax \, dx}{x}$ (siehe Nr. 283).

324. $\int \frac{\cos ax}{x^n} dx = -\frac{\cos ax}{(n-1) x^{n-1}} - \frac{a}{n-1} \int \frac{\sin ax \, dx}{x^{n-1}} \quad (n \neq 1)$ (siehe Nr. 285).

325. $\int \frac{dx}{\cos ax} = \int \sec ax \, dx = \frac{1}{a} \ln \tan \left(\frac{ax}{2} + \frac{\pi}{4} \right) = \frac{1}{a} \ln (\sec ax + \tan ax).$

326. $\int \frac{dx}{\cos^2 ax} = \frac{1}{a} \tan ax.$

327. $\int \frac{dx}{\cos^3 ax} = \frac{\sin ax}{2a \cos^2 ax} + \frac{1}{2a} \ln \tan \left(\frac{\pi}{4} + \frac{ax}{2} \right).$

---

[1]) Das bestimmte Integral $-\int_x^{\infty} \frac{\cos x}{x} dx$ nennt man *Integralkosinus* und bezeichnet es mit $\mathrm{Ci}(x)$:

$$\mathrm{Ci}(x) = C + \ln x - \frac{x^2}{2 \cdot 2!} + \frac{x^4}{4 \cdot 4!} - \frac{x^6}{6 \cdot 6!} + \dots,$$

dabei ist C die Eulersche Konstante (vgl. 3.1.9.4.).

328. $$\int \frac{dx}{\cos^n ax} = \frac{1}{a(n-1)} \frac{\sin ax}{\cos^{n-1} ax} + \frac{n-2}{n-1} \int \frac{dx}{\cos^{n-2} ax} \quad (n > 1).$$

329. $$\int \frac{x\,dx}{\cos ax} = \frac{1}{a^2}\left(\frac{(ax)^2}{2} + \frac{(ax)^4}{4 \cdot 2!} + \frac{5(ax)^6}{6 \cdot 4!} + \frac{61(ax)^8}{8 \cdot 6!} + \frac{1385(ax)^{10}}{10 \cdot 8!} + \dots + \frac{E_n(ax)^{2n+2}}{(2n+2)(2n)!} + \dots\right)^{1)}.$$

330. $$\int \frac{x\,dx}{\cos^2 ax} = \frac{x}{a} \tan ax + \frac{1}{a^2} \ln \cos ax.$$

331. $$\int \frac{x\,dx}{\cos^n ax} = \frac{x \sin ax}{(n-1)\,a \cos^{n-1} ax} - \frac{1}{(n-1)(n-2)\,a^2 \cos^{n-2} ax} + \frac{n-2}{n-1} \int \frac{x\,dx}{\cos^{n-2} ax} \quad (n > 2).$$

332. $$\int \frac{dx}{1 + \cos ax} = \frac{1}{a} \tan \frac{ax}{2}.$$

333. $$\int \frac{dx}{1 - \cos ax} = -\frac{1}{a} \cot \frac{ax}{2}.$$

334. $$\int \frac{x\,dx}{1 + \cos ax} = \frac{x}{a} \tan \frac{ax}{2} + \frac{2}{a^2} \ln \cos \frac{ax}{2}.$$

335. $$\int \frac{x\,dx}{1 - \cos ax} = -\frac{x}{a} \cot \frac{ax}{2} + \frac{2}{a^2} \ln \sin \frac{ax}{2}.$$

336. $$\int \frac{\cos ax\,dx}{1 + \cos ax} = x - \frac{1}{a} \tan \frac{ax}{2}.$$

337. $$\int \frac{\cos ax\,dx}{1 - \cos ax} = -x - \frac{1}{a} \cot \frac{ax}{2}.$$

338. $$\int \frac{dx}{\cos ax\,(1 + \cos ax)} = \frac{1}{a} \ln \tan\left(\frac{\pi}{4} + \frac{ax}{2}\right) - \frac{1}{a} \tan \frac{ax}{2}.$$

339. $$\int \frac{dx}{\cos ax\,(1 - \cos ax)} = \frac{1}{a} \ln \tan\left(\frac{\pi}{4} + \frac{ax}{2}\right) - \frac{1}{a} \cot \frac{ax}{2}.$$

340. $$\int \frac{dx}{(1 + \cos ax)^2} = \frac{1}{2a} \tan \frac{ax}{2} + \frac{1}{6a} \tan^3 \frac{ax}{2}.$$

341. $$\int \frac{dx}{(1 - \cos ax)^2} = -\frac{1}{2a} \cot \frac{ax}{2} - \frac{1}{6a} \cot^3 \frac{ax}{2}.$$

342. $$\int \frac{\cos ax\,dx}{(1 + \cos ax)^2} = \frac{1}{2a} \tan \frac{ax}{2} - \frac{1}{6a} \tan^3 \frac{ax}{2}.$$

343. $$\int \frac{\cos ax\,dx}{(1 - \cos ax)^2} = \frac{1}{2a} \cot \frac{ax}{2} - \frac{1}{6a} \cot^3 \frac{ax}{2}.$$

344. $$\int \frac{dx}{1 + \cos^2 ax} = \frac{1}{2\sqrt{2}a} \arcsin\left(\frac{1 - 3\cos^2 ax}{1 + \cos^2 ax}\right).$$

345. $$\int \frac{dx}{1 - \cos^2 ax} = \int \frac{dx}{\sin^2 ax} = -\frac{1}{a} \cot ax.$$

346. $$\int \cos ax \cos bx\,dx = \frac{\sin (a-b)\,x}{2(a-b)} + \frac{\sin (a+b)\,x}{2(a+b)} \quad (|a| \neq |b|;\ \text{für}\ |a| = |b|\ \text{siehe Nr. 314}).$$

347. $$\int \frac{dx}{b + c \cos ax} = \frac{2}{a\sqrt{b^2 - c^2}} \arctan \frac{(b-c)\tan ax/2}{\sqrt{b^2 - c^2}} \quad (\text{für}\ b^2 > c^2),$$

$$= \frac{1}{a\sqrt{c^2 - b^2}} \ln \frac{(c-b)\tan ax/2 + \sqrt{c^2 - b^2}}{(c-b)\tan ax/2 - \sqrt{c^2 - b^2}} \quad (\text{für}\ b^2 < c^2).$$

---

1) E_n sind die Eulerschen Zahlen (vgl. 1.1.3.1.2.).

348. $\displaystyle\int \frac{\cos ax \, dx}{b + c\cos ax} = \frac{x}{c} - \frac{b}{c}\int \frac{dx}{b + c\cos ax}$ (siehe Nr. 347).

349. $\displaystyle\int \frac{dx}{\cos ax(b + c\cos ax)} = \frac{1}{ab}\ln\tan\left(\frac{ax}{2} + \frac{\pi}{4}\right) - \frac{c}{b}\int \frac{dx}{b + c\cos ax}$ (siehe Nr. 347).

350. $\displaystyle\int \frac{dx}{(b + c\cos ax)^2} = \frac{c\sin ax}{a(c^2 - b^2)(b + c\cos ax)} - \frac{b}{c^2 - b^2}\int \frac{dx}{b + c\cos ax}$ (siehe Nr. 347).

351. $\displaystyle\int \frac{\cos ax \, dx}{(b + c\cos ax)^2} = \frac{b\sin ax}{a(b^2 - c^2)(b + c\cos ax)} - \frac{c}{b^2 - c^2}\int \frac{dx}{b + c\cos ax}$ (siehe Nr. 347).

352. $\displaystyle\int \frac{dx}{b^2 + c^2\cos^2 ax} = \frac{1}{ab\sqrt{b^2 + c^2}}\arctan\frac{b\tan ax}{\sqrt{b^2 + c^2}}$ $(b > 0)$.

353. $\displaystyle\int \frac{dx}{b^2 - c^2\cos^2 ax} = \frac{1}{ab\sqrt{b^2 - c^2}}\arctan\frac{b\tan ax}{\sqrt{b^2 - c^2}}$ $(b^2 > c^2,\ b > 0)$,

$\displaystyle= \frac{1}{2ab\sqrt{c^2 - b^2}}\ln\frac{b\tan ax - \sqrt{c^2 - b^2}}{b\tan ax + \sqrt{c^2 - b^2}}$ $(c^2 > b^2,\ b > 0)$.

Integrale, die die Sinus- und Kosinusfunktion enthalten

354. $\displaystyle\int \sin ax\cos ax \, dx = \frac{1}{2a}\sin^2 ax.$

355. $\displaystyle\int \sin^2 ax\cos^2 ax \, dx = \frac{x}{8} - \frac{\sin 4ax}{32a}.$

356. $\displaystyle\int \sin^n ax\cos ax \, dx = \frac{1}{a(n + 1)}\sin^{n+1} ax$ $(n \neq -1)$.

357. $\displaystyle\int \sin ax\cos^n ax \, dx = -\frac{1}{a(n + 1)}\cos^{n+1} ax$ $(n \neq -1)$.

358. $\displaystyle\int \sin^n ax\cos^m ax \, dx = -\frac{\sin^{n-1} ax\cos^{m+1} ax}{a(n + m)} + \frac{n - 1}{n + m}\int \sin^{n-2} ax\cos^m ax \, dx$

(Erniedrigung der Potenz n; m und $n > 0$),

$\displaystyle= \frac{\sin^{n+1} ax\cos^{m-1} ax}{a(n + m)} + \frac{m - 1}{n + m}\int \sin^n ax\cos^{m-2} ax \, dx$

(Erniedrigung der Potenz m; m und $n > 0$).

359. $\displaystyle\int \frac{dx}{\sin ax\cos ax} = \frac{1}{a}\ln\tan ax.$

360. $\displaystyle\int \frac{dx}{\sin^2 ax\cos ax} = \frac{1}{a}\left[\ln\tan\left(\frac{\pi}{4} + \frac{ax}{2}\right) - \frac{1}{\sin ax}\right].$

361. $\displaystyle\int \frac{dx}{\sin ax\cos^2 ax} = \frac{1}{a}\left(\ln\tan\frac{ax}{2} + \frac{1}{\cos ax}\right).$

362. $\displaystyle\int \frac{dx}{\sin^3 ax\cos ax} = \frac{1}{a}\left(\ln\tan ax - \frac{1}{2\sin^2 ax}\right).$

363. $\displaystyle\int \frac{dx}{\sin ax\cos^3 ax} = \frac{1}{a}\left(\ln\tan ax + \frac{1}{2\cos^2 ax}\right).$

364. $\displaystyle\int \frac{dx}{\sin^2 ax\cos^2 ax} = -\frac{2}{a}\cot 2ax.$

365. $\int \frac{dx}{\sin^2 ax \cos^3 ax} = \frac{1}{a}\left[\frac{\sin ax}{2\cos^2 ax} - \frac{1}{\sin ax} + \frac{3}{2}\ln\tan\left(\frac{\pi}{4} + \frac{ax}{2}\right)\right].$

366. $\int \frac{dx}{\sin^3 ax \cos^2 ax} = \frac{1}{a}\left(\frac{1}{\cos ax} - \frac{\cos ax}{2\sin^2 ax} + \frac{3}{2}\ln\tan\frac{ax}{2}\right).$

367. $\int \frac{dx}{\sin ax \cos^n ax} = \frac{1}{a(n-1)\cos^{n-1} ax} + \int \frac{dx}{\sin ax \cos^{n-2} ax} \quad (n \neq 1)$ (siehe Nr. 361 und 363).

368. $\int \frac{dx}{\sin^n ax \cos ax} = -\frac{1}{a(n-1)\sin^{n-1} ax} + \int \frac{dx}{\sin^{n-2} ax \cos ax} \quad (n \neq 1)$ (siehe Nr. 360 und 362).

369. $\int \frac{dx}{\sin^n ax \cos^m ax} = -\frac{1}{a(n-1)}\frac{1}{\sin^{n-1} ax \cos^{m-1} ax} + \frac{n+m-2}{n-1}\int \frac{dx}{\sin^{n-2} ax \cos^m ax}$

(Erniedrigung der Potenz n; $m > 0$, $n > 1$),

$= \frac{1}{a(m-1)}\frac{1}{\sin^{n-1} ax \cos^{m-1} ax} + \frac{n+m-2}{m-1}\int \frac{dx}{\sin^n ax \cos^{m-2} ax}$

(Erniedrigung der Potenz m; $n > 0$, $m > 1$).

370. $\int \frac{\sin ax\, dx}{\cos^2 ax} = \frac{1}{a\cos ax} = \frac{1}{a}\sec ax.$

371. $\int \frac{\sin ax\, dx}{\cos^3 ax} = \frac{1}{2a\cos^2 ax} + C = \frac{1}{2a}\tan^2 ax + C_1.$

372. $\int \frac{\sin ax\, dx}{\cos^n ax} = \frac{1}{a(n-1)\cos^{n-1} ax}.$

373. $\int \frac{\sin^2 ax\, dx}{\cos ax} = -\frac{1}{a}\sin ax + \frac{1}{a}\ln\tan\left(\frac{\pi}{4} + \frac{ax}{2}\right).$

374. $\int \frac{\sin^2 ax\, dx}{\cos^3 ax} = \frac{1}{a}\left[\frac{\sin ax}{2\cos^2 ax} - \frac{1}{2}\ln\tan\left(\frac{\pi}{4} + \frac{ax}{2}\right)\right].$

375. $\int \frac{\sin^2 ax\, dx}{\cos^n ax} = \frac{\sin ax}{a(n-1)\cos^{n-1} ax} - \frac{1}{n-1}\int \frac{dx}{\cos^{n-2} ax} \quad (n \neq 1)$ (siehe Nr. 325, 326, 328).

376. $\int \frac{\sin^3 ax\, dx}{\cos ax} = -\frac{1}{a}\left(\frac{\sin^2 ax}{2} + \ln\cos ax\right).$

377. $\int \frac{\sin^3 ax\, dx}{\cos^2 ax} = \frac{1}{a}\left(\cos ax + \frac{1}{\cos ax}\right).$

378. $\int \frac{\sin^3 ax\, dx}{\cos^n ax} = \frac{1}{a}\left[\frac{1}{(n-1)\cos^{n-1} ax} - \frac{1}{(n-3)\cos^{n-3} ax}\right] \quad (n \neq 1,\ n \neq 3).$

379. $\int \frac{\sin^n ax}{\cos ax}\, dx = -\frac{\sin^{n-1} ax}{a(n-1)} + \int \frac{\sin^{n-2} ax\, dx}{\cos ax} \quad (n \neq 1).$

380. $\int \frac{\sin^n ax}{\cos^m ax}\, dx = \frac{\sin^{n+1} ax}{a(m-1)\cos^{m-1} ax} - \frac{n-m+2}{m-1}\int \frac{\sin^n ax}{\cos^{m-2} ax}\, dx \quad (m \neq 1),$

$= -\frac{\sin^{n-1} ax}{a(n-m)\cos^{m-1} ax} + \frac{n-1}{n-m}\int \frac{\sin^{n-2} ax\, dx}{\cos^m ax} \quad (m \neq n),$

$= \frac{\sin^{n-1} ax}{a(m-1)\cos^{m-1} ax} - \frac{n-1}{m-1}\int \frac{\sin^{n-2} ax\, dx}{\cos^{m-2} ax} \quad (m \neq 1).$

381. $\int \frac{\cos ax\, dx}{\sin^2 ax} = -\frac{1}{a\sin ax} = -\frac{1}{a}\operatorname{cosec} ax.$

382. $\int \frac{\cos ax\, dx}{\sin^3 ax} = -\frac{1}{2a\sin^2 ax} + C = -\frac{\cot^2 ax}{2a} + C_1.$

383. $$\int \frac{\cos ax\,dx}{\sin^n ax} = -\frac{1}{a(n-1)\sin^{n-1} ax}.$$

384. $$\int \frac{\cos^2 ax\,dx}{\sin ax} = \frac{1}{a}\left(\cos ax + \ln\tan\frac{ax}{2}\right).$$

385. $$\int \frac{\cos^2 ax\,dx}{\sin^3 ax} = -\frac{1}{2a}\left(\frac{\cos ax}{\sin^2 ax} + \ln\tan\frac{ax}{2}\right).$$

386. $$\int \frac{\cos^2 ax\,dx}{\sin^n ax} = -\frac{1}{(n-1)}\left(\frac{\cos ax}{a\sin^{n-1} ax} + \int\frac{dx}{\sin^{n-2} ax}\right) \quad (n \neq 1) \qquad \text{(siehe Nr. 289).}$$

387. $$\int \frac{\cos^3 ax\,dx}{\sin ax} = \frac{1}{a}\left(\frac{\cos^2 ax}{2} + \ln\sin ax\right).$$

388. $$\int \frac{\cos^3 ax\,dx}{\sin^2 ax} = -\frac{1}{a}\left(\sin ax + \frac{1}{\sin ax}\right).$$

389. $$\int \frac{\cos^3 ax\,dx}{\sin^n ax} = \frac{1}{a}\left[\frac{1}{(n-3)\sin^{n-3} ax} - \frac{1}{(n-1)\sin^{n-1} ax}\right] \quad (n \neq 1,\ n \neq 3).$$

390. $$\int \frac{\cos^n ax}{\sin ax}\,dx = \frac{\cos^{n-1} ax}{a(n-1)} + \int\frac{\cos^{n-2} ax\,dx}{\sin ax} \quad (n \neq 1).$$

391. $$\int \frac{\cos^n ax\,dx}{\sin^m ax} = -\frac{\cos^{n+1} ax}{a(m-1)\sin^{m-1} ax} - \frac{n-m+2}{m-1}\int\frac{\cos^n ax\,dx}{\sin^{m-2} ax} \quad (m \neq 1),$$
$$= \frac{\cos^{n-1} ax}{a(n-m)\sin^{m-1} ax} + \frac{n-1}{n-m}\int\frac{\cos^{n-2} ax\,dx}{\sin^m ax} \quad (m \neq n),$$
$$= -\frac{\cos^{n-1} ax}{a(m-1)\sin^{m-1} ax} - \frac{n-1}{m-1}\int\frac{\cos^{n-2} ax\,dx}{\sin^{m-2} ax} \quad (m \neq 1).$$

392. $$\int \frac{dx}{\sin ax(1 \pm \cos ax)} = \pm\frac{1}{2a(1 \pm \cos ax)} + \frac{1}{2a}\ln\tan\frac{ax}{2}.$$

393. $$\int \frac{dx}{\cos ax(1 \pm \sin ax)} = \mp\frac{1}{2a(1 \pm \sin ax)} + \frac{1}{2a}\ln\tan\left(\frac{\pi}{4} + \frac{ax}{2}\right).$$

394. $$\int \frac{\sin ax\,dx}{\cos ax(1 \pm \cos ax)} = \frac{1}{a}\ln\frac{1 \pm \cos ax}{\cos ax}.$$

395. $$\int \frac{\cos ax\,dx}{\sin ax(1 \pm \sin ax)} = -\frac{1}{a}\ln\frac{1 \pm \sin ax}{\sin ax}.$$

396. $$\int \frac{\sin ax\,dx}{\cos ax(1 \pm \sin ax)} = \frac{1}{2a(1 \pm \sin ax)} \pm \frac{1}{2a}\ln\tan\left(\frac{\pi}{4} + \frac{ax}{2}\right).$$

397. $$\int \frac{\cos ax\,dx}{\sin ax(1 \pm \cos ax)} = -\frac{1}{2a(1 \pm \cos ax)} \pm \frac{1}{2a}\ln\tan\frac{ax}{2}.$$

398. $$\int \frac{\sin ax\,dx}{\sin ax \pm \cos ax} = \frac{x}{2} \mp \frac{1}{2a}\ln(\sin ax \pm \cos ax).$$

399. $$\int \frac{\cos ax\,dx}{\sin ax \pm \cos ax} = \pm\frac{x}{2} + \frac{1}{2a}\ln(\sin ax \pm \cos ax).$$

400. $$\int \frac{dx}{\sin ax \pm \cos ax} = \frac{1}{a\sqrt{2}}\ln\tan\left(\frac{ax}{2} \pm \frac{\pi}{8}\right).$$

401. $$\int \frac{dx}{1 + \cos ax \pm \sin ax} = \pm\frac{1}{a}\ln\left(1 \pm \tan\frac{ax}{2}\right).$$

402. $$\int \frac{dx}{b\sin ax + c\cos ax} = \frac{1}{a\sqrt{b^2 + c^2}}\ln\tan\frac{ax + \Theta}{2}, \quad \text{mit } \sin\Theta = \frac{c}{\sqrt{b^2 + c^2}} \quad \text{und } \tan\Theta = \frac{c}{b}.$$

403. $$\int \frac{\sin ax \, dx}{b + c \cos ax} = -\frac{1}{ac} \ln (b + c \cos ax) .$$

404. $$\int \frac{\cos ax \, dx}{b + c \sin ax} = \frac{1}{ac} \ln (b + c \sin ax) .$$

405. $$\int \frac{dx}{b + c \cos ax + f \sin ax} = \int \frac{d\left(x + \frac{\Theta}{a}\right)}{b + \sqrt{c^2 + f^2} \sin (ax + \Theta)} ,$$

mit $\sin \Theta = \frac{c}{\sqrt{c^2 + f^2}}$ und $\tan \Theta = \frac{c}{f}$ (siehe Nr. 306).

406. $$\int \frac{dx}{b^2 \cos^2 ax + c^2 \sin^2 ax} = \frac{1}{abc} \arctan \left(\frac{c}{b} \tan ax\right) .$$

407. $$\int \frac{dx}{b^2 \cos^2 ax - c^2 \sin^2 ax} = \frac{1}{2abc} \ln \frac{c \tan ax + b}{c \tan ax - b} .$$

408. $$\int \sin ax \cos bx \, dx = -\frac{\cos (a + b) x}{2(a + b)} - \frac{\cos (a - b) x}{2(a - b)}$$ $(a^2 \neq b^2,$ für $a = b$ siehe Nr. 354).

Integrale, die die Tangensfunktion enthalten

409. $$\int \tan ax \, dx = -\frac{1}{a} \ln \cos ax .$$

410. $$\int \tan^2 ax \, dx = \frac{\tan ax}{a} - x .$$

411. $$\int \tan^3 ax \, dx = \frac{1}{2a} \tan^2 ax + \frac{1}{a} \ln \cos ax .$$

412. $$\int \tan^n ax \, dx = \frac{1}{a(n - 1)} \tan^{n-1} ax - \int \tan^{n-2} ax \, dx .$$

413. $$\int x \tan ax \, dx = \frac{ax^3}{3} + \frac{a^3x^5}{15} + \frac{2a^5x^7}{105} + \frac{17a^7x^9}{2835} + \ldots + \frac{2^{2n}(2^{2n} - 1) B_n a^{2n-1} x^{2n+1}}{(2n + 1)!} + \ldots$$ [1]).

414. $$\int \frac{\tan ax \, dx}{x} = ax + \frac{(ax)^3}{9} + \frac{2(ax)^5}{75} + \frac{17(ax)^7}{2205} + \ldots + \frac{2^{2n}(2^{2n} - 1) B_n (ax)^{2n-1}}{(2n - 1)(2n)!} + \ldots$$ [1]).

415. $$\int \frac{\tan^n ax}{\cos^2 ax} dx = \frac{1}{a(n + 1)} \tan^{n+1} ax \qquad (n \neq -1).$$

416. $$\int \frac{dx}{\tan ax \pm 1} = \pm \frac{x}{2} + \frac{1}{2a} \ln (\sin ax \pm \cos ax) .$$

417. $$\int \frac{\tan ax \, dx}{\tan ax \pm 1} = \frac{x}{2} \mp \frac{1}{2a} \ln (\sin ax \pm \cos ax) .$$

Integrale, die die Kotangensfunktion enthalten

418. $$\int \cot ax \, dx = \frac{1}{a} \ln \sin ax .$$

419. $$\int \cot^2 ax \, dx = -\frac{\cot ax}{a} - x .$$

420. $$\int \cot^3 ax \, dx = -\frac{1}{2a} \cot^2 ax - \frac{1}{a} \ln \sin ax .$$

421. $$\int \cot^n ax \, dx = -\frac{1}{a(n - 1)} \cot^{n-1} ax - \int \cot^{n-2} ax \, dx \qquad (n \neq 1).$$

422. $$\int x \cot ax \, dx = \frac{x}{a} - \frac{ax^3}{9} - \frac{a^3x^5}{225} - \ldots - \frac{2^{2n} B_n a^{2n-1} x^{2n+1}}{(2n + 1)!} - \ldots$$ [1]).

[1]) B_n sind die Bernoullischen Zahlen (vgl. 1.1.3.1.1.).

423. $\int \frac{\cot ax \, dx}{x} = -\frac{1}{ax} - \frac{ax}{3} - \frac{(ax)^3}{135} - \frac{2(ax)^5}{4725} - \dots - \frac{2^{2n}B_n(ax)^{2n-1}}{(2n-1)(2n)!} - \dots$ [1].

424. $\int \frac{\cot^n ax}{\sin^2 ax} dx = -\frac{1}{a(n+1)} \cot^{n+1} ax \quad (n \neq -1).$

425. $\int \frac{dx}{1 \pm \cot ax} = \int \frac{\tan ax \, dx}{\tan ax \pm 1}$ (siehe Nr. 417).

Integrale anderer transzendenter Funktionen

Integrale der Hyperbelfunktionen

426. $\int \sinh ax \, dx = \frac{1}{a} \cosh ax.$

427. $\int \cosh ax \, dx = \frac{1}{a} \sinh ax.$

428. $\int \sinh^2 ax \, dx = \frac{1}{2a} \sinh ax \cosh ax - \frac{1}{2} x.$

429. $\int \cosh^2 ax \, dx = \frac{1}{2a} \sinh ax \cosh ax + \frac{1}{2} x.$

430. $\int \sinh^n ax \, dx = \frac{1}{an} \sinh^{n-1} ax \cosh ax - \frac{n-1}{n} \int \sinh^{n-2} ax \, dx \quad (\text{für } n > 0),$

$= \frac{1}{a(n+1)} \sinh^{n+1} ax \cosh ax - \frac{n+2}{n+1} \int \sinh^{n+2} ax \, dx \quad (\text{für } n < 0) \; (n \neq -1).$

431. $\int \cosh^n ax \, dx = \frac{1}{an} \sinh ax \cosh^{n-1} ax + \frac{n-1}{n} \int \cosh^{n-2} ax \, dx \quad (\text{für } n > 0),$

$= -\frac{1}{a(n+1)} \sinh ax \cosh^{n+1} ax + \frac{n+2}{n+1} \int \cosh^{n+2} ax \, dx \quad (\text{für } n < 0) \; (n \neq -1).$

432. $\int \frac{dx}{\sinh ax} = \frac{1}{a} \ln \tanh \frac{ax}{2}.$

433. $\int \frac{dx}{\cosh ax} = \frac{2}{a} \arctan e^{ax}.$

434. $\int x \sinh ax \, dx = \frac{1}{a} x \cosh ax - \frac{1}{a^2} \sinh ax.$

435. $\int x \cosh ax \, dx = \frac{1}{a} x \sinh ax - \frac{1}{a^2} \cosh ax.$

436. $\int \tanh ax \, dx = \frac{1}{a} \ln \cosh ax.$

437. $\int \coth ax \, dx = \frac{1}{a} \ln \sinh ax.$

438. $\int \tanh^2 ax \, dx = x - \frac{\tanh ax}{a}.$

439. $\int \coth^2 ax \, dx = x - \frac{\coth ax}{a}.$

---

[1] B_n sind die Bernoullischen Zahlen (vgl. 1.1.3.1.1.).

440. $\int \sinh ax \sinh bx \, dx = \frac{1}{a^2 - b^2} (a \sinh bx \cosh ax - b \cosh bx \sinh ax)$.

441. $\int \cosh ax \cosh bx \, dx = \frac{1}{a^2 - b^2} (a \sinh ax \cosh bx - b \sinh bx \cosh ax)$.

442. $\int \cosh ax \sinh bx \, dx = \frac{1}{a^2 - b^2} (a \sinh bx \sinh ax - b \cosh bx \cosh ax)$.

(440–442: $a^2 \neq b^2$.)

443. $\int \sinh ax \sin ax \, dx = \frac{1}{2a} (\cosh ax \sin ax - \sinh ax \cos ax)$.

444. $\int \cosh ax \cos ax \, dx = \frac{1}{2a} (\sinh ax \cos ax + \cosh ax \sin ax)$.

445. $\int \sinh ax \cos ax \, dx = \frac{1}{2a} (\cosh ax \cos ax + \sinh ax \sin ax)$.

446. $\int \cosh ax \sin ax \, dx = \frac{1}{2a} (\sinh ax \sin ax - \cosh ax \cos ax)$.

Integrale von Exponentialfunktionen

447. $\int e^{ax} \, dx = \frac{1}{a} e^{ax}$.

448. $\int x \, e^{ax} \, dx = \frac{e^{ax}}{a^2} (ax - 1)$.

449. $\int x^2 e^{ax} \, dx = e^{ax} \left(\frac{x^2}{a} - \frac{2x}{a^2} + \frac{2}{a^3} \right)$.

450. $\int x^n e^{ax} \, dx = \frac{1}{a} x^n e^{ax} - \frac{n}{a} \int x^{n-1} e^{ax} \, dx$.

451. $\int \frac{e^{ax}}{x} \, dx = \ln x + \frac{ax}{1 \cdot 1!} + \frac{(ax)^2}{2 \cdot 2!} + \frac{(ax)^3}{3 \cdot 3!} + \ldots$[1].

452. $\int \frac{e^{ax}}{x^n} \, dx = \frac{1}{n-1} \left(-\frac{e^{ax}}{x^{n-1}} + a \int \frac{e^{ax}}{x^{n-1}} \, dx \right) \quad (n \neq 1)$.

453. $\int \frac{dx}{1 + e^{ax}} = \frac{1}{a} \ln \frac{e^{ax}}{1 + e^{ax}}$.

454. $\int \frac{dx}{b + c \, e^{ax}} = \frac{x}{b} - \frac{1}{ab} \ln (b + c \, e^{ax})$.

---

[1]) Das bestimmte Integral $\int_{-\infty}^{x} \frac{e^t}{t} \, dt$ nennt man *Integralexponentialfunktion* und bezeichnet es mit $\mathrm{Ei}(x)$. Für $x > 0$ divergiert dieses Integral im Punkt $t = 0$; in diesem Falle versteht man unter $\mathrm{Ei}(x)$ den Hauptwert des uneigentlichen Integrals (vgl. 3.1.7.7.).

$$\int_{-\infty}^{x} \frac{e^t}{t} \, dt = C + \ln x + \frac{x}{1 \cdot 1!} + \frac{x^2}{2 \cdot 2!} + \frac{x^3}{3 \cdot 3!} + \ldots + \frac{x^n}{n \cdot n!} + \ldots$$

(C ist die Eulersche Konstante, vgl. 3.1.9.4.).

455. $$\int \frac{e^{ax}\,dx}{b + c\,e^{ax}} = \frac{1}{ac}\ln(b + c\,e^{ax}).$$

456. $$\int \frac{dx}{b\,e^{ax} + c\,e^{-ax}} = \frac{1}{a\sqrt{bc}}\arctan\left(e^{ax}\sqrt{\frac{b}{c}}\right) \quad (bc > 0).$$

$$= \frac{1}{2a\sqrt{-bc}}\ln\frac{c + e^{ax}\sqrt{-bc}}{c - e^{ax}\sqrt{-bc}} \quad (bc < 0).$$

457. $$\int \frac{x\,e^{ax}\,dx}{(1 + ax)^2} = \frac{e^{ax}}{a^2(1 + ax)}.$$

458. $$\int e^{ax}\ln x\,dx = \frac{e^{ax}\ln x}{a} - \frac{1}{a}\int \frac{e^{ax}}{x}\,dx \quad \text{(siehe Nr. 451).}$$

459. $$\int e^{ax}\sin bx\,dx = \frac{e^{ax}}{a^2 + b^2}(a\sin bx - b\cos bx).$$

460. $$\int e^{ax}\cos bx\,dx = \frac{e^{ax}}{a^2 + b^2}(a\cos bx + b\sin bx).$$

461. $$\int e^{ax}\sin^n x\,dx = \frac{e^{ax}\sin^{n-1} x}{a^2 + n^2}(a\sin x - n\cos x)$$

$$+ \frac{n(n-1)}{a^2 + n^2}\int e^{ax}\sin^{n-2} x\,dx \quad \text{(siehe Nr. 447 und 459).}$$

462. $$\int e^{ax}\cos^n x\,dx = \frac{e^{ax}\cos^{n-1} x}{a^2 + n^2}(a\cos x + n\sin x)$$

$$+ \frac{n(n-1)}{a^2 + n^2}\int e^{ax}\cos^{n-2} x\,dx \quad \text{(siehe Nr. 447 und 460).}$$

463. $$\int x\,e^{ax}\sin bx\,dx = \frac{x\,e^{ax}}{a^2 + b^2}(a\sin bx - b\cos bx)$$

$$- \frac{e^{ax}}{(a^2 + b^2)^2}[(a^2 - b^2)\sin bx - 2ab\cos bx].$$

464. $$\int x\,e^{ax}\cos bx\,dx = \frac{x\,e^{ax}}{a^2 + b^2}(a\cos bx + b\sin bx)$$

$$- \frac{e^{ax}}{(a^2 + b^2)^2}[(a^2 - b^2)\cos bx + 2ab\sin bx].$$

Integrale logarithmischer Funktionen

465. $$\int \ln x\,dx = x\ln x - x.$$

466. $$\int (\ln x)^2\,dx = x(\ln x)^2 - 2x\ln x + 2x.$$

467. $$\int (\ln x)^3\,dx = x(\ln x)^3 - 3x(\ln x)^2 + 6x\ln x - 6x.$$

468. $$\int (\ln x)^n\,dx = x(\ln x)^n - n\int (\ln x)^{n-1}\,dx \quad (n \neq -1).$$

469. $\displaystyle\int \frac{dx}{\ln x} = \ln \ln x + \ln x + \frac{(\ln x)^2}{2 \cdot 2!} + \frac{(\ln x)^3}{3 \cdot 3!} + \ldots$[1].

470. $\displaystyle\int \frac{dx}{(\ln x)^n} = -\frac{x}{(n-1)(\ln x)^{n-1}} + \frac{1}{n-1} \int \frac{dx}{(\ln x)^{n-1}} \quad (n \neq 1)$ (siehe Nr. 469).

471. $\displaystyle\int x^m \ln x \, dx = x^{m+1} \left[\frac{\ln x}{m+1} - \frac{1}{(m+1)^2}\right] \quad (m \neq -1)$ (für $m = -1$ siehe Nr. 473).

472. $\displaystyle\int x^m (\ln x)^n \, dx = \frac{x^{m+1}(\ln x)^n}{m+1} - \frac{n}{m+1} \int x^m (\ln x)^{n-1} \, dx \quad (m \neq -1,\ n = -1)$

(siehe Nr. 471; für $m = -1$ siehe Nr. 473; für $n = -1$ siehe Nr. 470).

473. $\displaystyle\int \frac{(\ln x)^n}{x} \, dx = \frac{(\ln x)^{n+1}}{n+1}.$

474. $\displaystyle\int \frac{\ln x}{x^m} \, dx = -\frac{\ln x}{(m-1)\,x^{m-1}} - \frac{1}{(m-1)^2\,x^{m-1}} \quad (m \neq 1).$

475. $\displaystyle\int \frac{(\ln x)^n}{x^m} \, dx = -\frac{(\ln x)^n}{(m-1)x^{m-1}} + \frac{n}{m-1} \int \frac{(\ln x)^{n-1}}{x^m} \, dx \quad (m \neq 1)$ (siehe Nr. 474).

476. $\displaystyle\int \frac{x^m \, dx}{\ln x} = \int \frac{e^{-y}}{y} \, dy$ mit $y = -(m+1) \ln x$ (siehe Nr. 451).

477. $\displaystyle\int \frac{x^m \, dx}{(\ln x)^n} = -\frac{x^{m+1}}{(n-1)(\ln x)^{n-1}} + \frac{m+1}{n-1} \int \frac{x^m \, dx}{(\ln x)^{n-1}} \quad (n \neq 1).$

478. $\displaystyle\int \frac{dx}{x \ln x} = \ln \ln x.$

479. $\displaystyle\int \frac{dx}{x^n \ln x} = \ln \ln x - (n-1) \ln x + \frac{(n-1)^2 (\ln x)^2}{2 \cdot 2!} - \frac{(n-1)^3 (\ln x)^3}{3 \cdot 3!} + \ldots$

480. $\displaystyle\int \frac{dx}{x (\ln x)^n} = \frac{-1}{(n-1)(\ln x)^{n-1}} \quad (n \neq 1).$

481. $\displaystyle\int \frac{dx}{x^p (\ln x)^n} = \frac{-1}{x^{p-1}(n-1)(\ln x)^{n-1}} - \frac{p-1}{n-1} \int \frac{dx}{x^p (\ln x)^{n-1}} \quad (n \neq 1).$

482. $\displaystyle\int \ln \sin x \, dx = x \ln x - x - \frac{x^3}{18} - \frac{x^5}{900} - \ldots - \frac{2^{2n-1} B_n x^{2n+1}}{n(2n+1)!} - \ldots$[2].

483. $\displaystyle\int \ln \cos x \, dx = -\frac{x^3}{6} - \frac{x^5}{60} - \frac{x^7}{315} - \ldots - \frac{2^{2n-1}(2^{2n}-1) B_n}{n(2n+1)!} x^{2n+1} - \ldots$[2].

484. $\displaystyle\int \ln \tan x \, dx = x \ln x - x + \frac{x^3}{9} + \frac{7x^5}{450} + \ldots + \frac{2^{2n}(2^{2n-1}-1) B_n}{n(2n+1)!} x^{2n+1} + \ldots$[2].

485. $\displaystyle\int \sin \ln x \, dx = \frac{x}{2} (\sin \ln x - \cos \ln x).$

486. $\displaystyle\int \cos \ln x \, dx = \frac{x}{2} (\sin \ln x + \cos \ln x).$

487. $\displaystyle\int e^{ax} \ln x \, dx = \frac{1}{a} e^{ax} \ln x - \frac{1}{a} \int \frac{e^{ax}}{x} \, dx$ (siehe Nr. 451).

---

[1]) Das bestimmte Integral $\displaystyle\int_0^x \frac{dt}{\ln t}$ nennt man *Integrallogarithmus* und bezeichnet es mit $\mathrm{li}(x)$. Für $x > 1$ divergiert dieses Integral im Punkt $t = 1$. In diesem Falle versteht man unter $\mathrm{li}(x)$ den Hauptwert des uneigentlichen Integrals (vgl. 3.1.7.7.). Der Integrallogarithmus hängt mit der Integralexponentialfunktion zusammen (vgl. S. 61): $\mathrm{li}(x) = \mathrm{Ei}(\ln x)$.

[2]) B_n sind die Bernoullischen Zahlen (vgl. 1.1.3.1.1.).

Integrale der inversen trigonometrischen Funktionen

488. $\int \arcsin \frac{x}{a}\,dx = x \arcsin \frac{x}{a} + \sqrt{a^2 - x^2}$.

489. $\int x \arcsin \frac{x}{a}\,dx = \left(\frac{x^2}{2} - \frac{a^2}{4}\right) \arcsin \frac{x}{a} + \frac{x}{4}\sqrt{a^2 - x^2}$.

490. $\int x^2 \arcsin \frac{x}{a}\,dx = \frac{x^3}{3} \arcsin \frac{x}{a} + \frac{1}{9}(x^2 + 2a^2)\sqrt{a^2 - x^2}$.

491. $\int \frac{\arcsin \frac{x}{a}\,dx}{x} = \frac{x}{a} + \frac{1}{2 \cdot 3 \cdot 3}\frac{x^3}{a^3} + \frac{1 \cdot 3}{2 \cdot 4 \cdot 5 \cdot 5}\frac{x^5}{a^5} + \frac{1 \cdot 3 \cdot 5}{2 \cdot 4 \cdot 6 \cdot 7 \cdot 7}\frac{x^7}{a^7} + \dots$

492. $\int \frac{\arcsin \frac{x}{a}\,dx}{x^2} = -\frac{1}{x} \arcsin \frac{x}{a} - \frac{1}{a} \ln \frac{a + \sqrt{a^2 - x^2}}{x}$.

493. $\int \arccos \frac{x}{a}\,dx = x \arccos \frac{x}{a} - \sqrt{a^2 - x^2}$.

494. $\int x \arccos \frac{x}{a}\,dx = \left(\frac{x^2}{2} - \frac{a^2}{4}\right) \arccos \frac{x}{a} - \frac{x}{4}\sqrt{a^2 - x^2}$.

495. $\int x^2 \arccos \frac{x}{a}\,dx = \frac{x^3}{3} \arccos \frac{x}{a} - \frac{1}{9}(x^2 + 2a^2)\sqrt{a^2 - x^2}$.

496. $\int \frac{\arccos \frac{x}{a}\,dx}{x} = \frac{\pi}{2} \ln x - \frac{x}{a} - \frac{1}{2 \cdot 3 \cdot 3}\frac{x^3}{a^3} - \frac{1 \cdot 3}{2 \cdot 4 \cdot 5 \cdot 5}\frac{x^5}{a^5} - \frac{1 \cdot 3 \cdot 5}{2 \cdot 4 \cdot 6 \cdot 7 \cdot 7}\frac{x^7}{a^7} - \dots$

497. $\int \frac{\arccos \frac{x}{a}\,dx}{x^2} = -\frac{1}{x} \arccos \frac{x}{a} + \frac{1}{a} \ln \frac{a + \sqrt{a^2 - x^2}}{x}$.

498. $\int \arctan \frac{x}{a}\,dx = x \arctan \frac{x}{a} - \frac{a}{2} \ln (a^2 + x^2)$.

499. $\int x \arctan \frac{x}{a}\,dx = \frac{1}{2}(x^2 + a^2) \arctan \frac{x}{a} - \frac{ax}{2}$.

500. $\int x^2 \arctan \frac{x}{a}\,dx = \frac{x^3}{3} \arctan \frac{x}{a} - \frac{ax^2}{6} + \frac{a^3}{6} \ln (a^2 + x^2)$.

501. $\int x^n \arctan \frac{x}{a}\,dx = \frac{x^{n+1}}{n+1} \arctan \frac{x}{a} - \frac{a}{n+1}\int \frac{x^{n+1}\,dx}{a^2 + x^2} \quad (n \neq -1)$.

502. $\int \frac{\arctan \frac{x}{a}\,dx}{x} = \frac{x}{a} - \frac{x^3}{3^2 a^3} + \frac{x^5}{5^2 a^5} - \frac{x^7}{7^2 a^7} + \dots \quad (|x| < |a|)$.

503. $\int \frac{\arctan \frac{x}{a}\,dx}{x^2} = -\frac{1}{x} \arctan \frac{x}{a} - \frac{1}{2a} \ln \frac{a^2 + x^2}{x^2}$.

504. $$\int \frac{\arctan \frac{x}{a}\, dx}{x^n} = -\frac{1}{(n-1)\, x^{n-1}} \arctan \frac{x}{a} + \frac{a}{n-1} \int \frac{dx}{x^{n-1}(a^2 + x^2)} \quad (n \neq 1).$$

505. $$\int \operatorname{arccot} \frac{x}{a}\, dx = x \operatorname{arccot} \frac{x}{a} + \frac{a}{2} \ln (a^2 + x^2).$$

506. $$\int x \operatorname{arccot} \frac{x}{a}\, dx = \frac{1}{2} (x^2 + a^2) \operatorname{arccot} \frac{x}{a} + \frac{ax}{2}.$$

507. $$\int x^2 \operatorname{arccot} \frac{x}{a}\, dx = \frac{x^3}{3} \operatorname{arccot} \frac{x}{a} + \frac{ax^2}{6} - \frac{a^3}{6} \ln (a^2 + x^2).$$

508. $$\int x^n \operatorname{arccot} \frac{x}{a}\, dx = \frac{x^{n+1}}{n+1} \operatorname{arccot} \frac{x}{a} + \frac{a}{n+1} \int \frac{x^{n+1}\, dx}{a^2 + x^2} \quad (n \neq -1).$$

509. $$\int \frac{\operatorname{arccot} \frac{x}{a}\, dx}{x} = \frac{\pi}{2} \ln x - \frac{x}{a} + \frac{x^3}{3^2 a^3} - \frac{x^5}{5^2 a^5} + \frac{x^7}{7^2 a^7} - \ldots$$

510. $$\int \frac{\operatorname{arccot} \frac{x}{a}\, dx}{x^2} = -\frac{1}{x} \operatorname{arccot} \frac{x}{a} + \frac{1}{2a} \ln \frac{a^2 + x^2}{x^2}.$$

511. $$\int \frac{\operatorname{arccot} \frac{x}{a}\, dx}{x^n} = -\frac{1}{(n-1)\, x^{n-1}} \operatorname{arccot} \frac{x}{a} - \frac{a}{n-1} \int \frac{dx}{x^{n-1}(a^2 + x^2)} \quad (n \neq 1).$$

Integrale der inversen Hyperbelfunktionen

512. $$\int \operatorname{arsinh} \frac{x}{a}\, dx = x \operatorname{arsinh} \frac{x}{a} - \sqrt{x^2 + a^2}.$$

513. $$\int \operatorname{arcosh} \frac{x}{a}\, dx = x \operatorname{arcosh} \frac{x}{a} - \sqrt{x^2 - a^2}.$$

514. $$\int \operatorname{artanh} \frac{x}{a}\, dx = x \operatorname{artanh} \frac{x}{a} + \frac{a}{2} \ln (a^2 - x^2).$$

515. $$\int \operatorname{arcoth} \frac{x}{a}\, dx = x \operatorname{arcoth} \frac{x}{a} + \frac{a}{2} \ln (x^2 - a^2).$$

1.1.3.4. Tabelle einiger bestimmter Integrale

Integrale von Exponentialfunktionen
(kombiniert mit algebraischen, trigonometrischen und logarithmischen Funktionen)

1. $$\int_0^\infty x^n e^{-ax}\, dx = \frac{\Gamma(n+1)}{a^{n+1}} \text{[1]} \quad \text{für} \quad a > 0,\ n > -1.$$

Insbesondere ist dieses Integral für ein ganzzahliges $n > 0$ gleich $\frac{n!}{a^{n+1}}$.

[1] Gammafunktion $\Gamma(n)$ s. 2.2.1.1. und Tabelle 1.1.2.1.

2. $$\int_0^\infty x^n e^{-ax^2}\,dx = \frac{\Gamma\left(\frac{n+1}{2}\right)}{2a^{\left(\frac{n+1}{2}\right)}}\ {}^{1)} \quad \text{für} \quad a > 0,\ n > -1.$$

Insbesondere ist dieses Integral bei ganzzahligem geradem n ($n = 2k$) gleich $\frac{1 \cdot 3 \ldots (2k-1)\sqrt{\pi}}{2^{k+1}a^{k+1/2}}$ und bei ungeradem ganzzahligem n ($n = 2k + 1$) gleich $\frac{k!}{2a^{k+1}}$.

3. $$\int_0^\infty e^{-a^2x^2}\,dx = \frac{\sqrt{\pi}}{2a} \quad \text{für} \quad a > 0.$$

4. $$\int_0^\infty x^2 e^{-a^2x^2}\,dx = \frac{\sqrt{\pi}}{4a^3} \quad \text{für} \quad a > 0.$$

5. $$\int_0^\infty e^{-a^2x^2}\cos bx\,dx = \frac{\sqrt{\pi}}{2a}\,e^{-b^2/4a^2} \quad \text{für} \quad a > 0.$$

6. $$\int_0^\infty \frac{x\,dx}{e^x - 1} = \frac{\pi^2}{6}.$$

7. $$\int_0^\infty \frac{x\,dx}{e^x + 1} = \frac{\pi^2}{12}.$$

8. $$\int_0^\infty \frac{e^{-ax}\sin x}{x}\,dx = \operatorname{arccot} a = \arctan\frac{1}{a} \quad \text{für} \quad a > 0.$$

9a. $$\int_0^\infty e^{-x}\ln x\,dx = -C \approx -0{,}5772\ {}^{2)}.$$

9b. $$\int_0^\infty e^{-x^2}\ln x\,dx = \frac{1}{4}\Gamma'\left(\frac{1}{2}\right) = -\frac{\sqrt{\pi}}{4}(C + 2\ln 2)\ {}^{2)}.$$

9c. $$\int_0^\infty e^{-x^2}\ln^2 x\,dx = \frac{\sqrt{\pi}}{8}\left[(C + 2\ln 2)^2 + \frac{\pi^2}{2}\right]^{2)}.$$

[1] Gammafunktion $\Gamma(n)$ s. 2. 2. 1. 1. und Tabelle 1. 1. 2. 1.
[2] C ist die Eulersche Konstante (vgl. 3.1.9.4.).

Integrale trigonometrischer Funktionen
(kombiniert mit algebraischen Funktionen)

10. $$\int_0^{\pi/2} \sin^{2\alpha+1} x \cos^{2\beta+1} x \, dx = \frac{\Gamma(\alpha+1)\,\Gamma(\beta+1)}{2\Gamma(\alpha+\beta+2)} = \frac{1}{2} B(\alpha+1, \beta+1)\ ^{1)}$$
$$= \frac{\alpha!\,\beta!}{2(\alpha+\beta+1)!} \quad \text{(bei ganzzahligen positiven } \alpha \text{ und } \beta).$$

Diese Formel gilt für beliebige α und β; man verwendet sie zur Bestimmung von

$$\int_0^{\pi/2} \sqrt{\sin x}\, dx, \quad \int_0^{\pi/2} \sqrt[3]{\sin x}\, dx, \quad \int_0^{\pi/2} \frac{dx}{\sqrt[3]{\cos x}} \quad \text{usw.}$$

11a. $$\int_0^{\infty} \frac{\sin ax}{x}\, dx = \begin{cases} \dfrac{\pi}{2} & \text{für } a > 0, \\ -\dfrac{\pi}{2} & \text{für } a < 0. \end{cases}$$

11b. $$\int_0^{\infty} \frac{\sin^p x}{p}\, dx = 2^{p-2} \frac{[\Gamma(p/2)]^2}{\Gamma(p)},$$

wenn p eine rationale Zahl mit ungeradem Zähler und Nenner ist.

11c. $$\int_0^{\infty} \frac{\sin bx}{x^s}\, dx = \frac{\pi b^{s-1}}{2\Gamma(s) \sin s\pi/2}, \quad 0 < s < 2.$$

12a. $$\int_0^{\alpha} \frac{\cos ax\, dx}{x} = \infty \quad (\alpha - \text{beliebig}).$$

12b. $$\int_0^{\infty} \frac{\cos bx}{x^s}\, dx = \frac{\pi b^{s-1}}{2\Gamma(s) \cos s\pi/2}, \quad 0 < s < 1.$$

13. $$\int_0^{\infty} \frac{\tan ax\, dx}{x} = \begin{cases} \dfrac{\pi}{2} & \text{für } a > 0, \\ -\dfrac{\pi}{2} & \text{für } a < 0. \end{cases}$$

14. $$\int_0^{\infty} \frac{\cos ax - \cos bx}{x}\, dx = \ln \frac{b}{a}.$$

15. $$\int_0^{\infty} \frac{\sin x \cos ax}{x}\, dx = \begin{cases} \dfrac{\pi}{2} & \text{für } |a| < 1, \\ \dfrac{\pi}{4} & \text{für } |a| = 1, \\ 0 & \text{für } |a| > 1. \end{cases}$$

---

[1]) $B(x, y) = \dfrac{\Gamma(x) \cdot \Gamma(y)}{\Gamma(x+y)}$ ist die Betafunktion oder das Eulersche Integral erster Gattung, $\Gamma(x)$ die Gammafunktion oder das Eulersche Integral zweiter Gattung (vgl. 2.2.1.1.).

16. $\int_0^{\infty} \frac{\sin x}{\sqrt{x}}\,\mathrm{d}x = \int_0^{\infty} \frac{\cos x}{\sqrt{x}}\,\mathrm{d}x = \sqrt{\frac{\pi}{2}}.$

17. $\int_0^{\infty} \frac{x \sin bx}{a^2 + x^2}\,\mathrm{d}x = \pm \frac{\pi}{2} e^{-|ab|}$ (das Vorzeichen stimmt mit dem Vorzeichen von b überein).

18. $\int_0^{\infty} \frac{\cos ax}{1 + x^2}\,\mathrm{d}x = \frac{\pi}{2} e^{-|a|}.$

19. $\int_0^{\infty} \frac{\sin^2 ax}{x^2}\,\mathrm{d}x = \frac{\pi}{2} |a|.$

20. $\int_{-\infty}^{+\infty} \sin(x^2)\,\mathrm{d}x = \int_{-\infty}^{+\infty} \cos(x^2)\,\mathrm{d}x = \sqrt{\frac{\pi}{2}}.$

21. $\int_0^{\pi/2} \frac{\sin x\,\mathrm{d}x}{\sqrt{1 - k^2 \sin^2 x}} = \frac{1}{2k} \ln \frac{1+k}{1-k}$ für $|k| < 1.$

22. $\int_0^{\pi/2} \frac{\cos x\,\mathrm{d}x}{\sqrt{1 - k^2 \sin^2 x}} = \frac{1}{k} \arcsin k$ für $|k| < 1.$

23. $\int_0^{\pi/2} \frac{\sin^2 x\,\mathrm{d}x}{\sqrt{1 - k^2 \sin^2 x}} = \frac{1}{k^2} (\mathrm{K} - \mathrm{E})$[1] für $|k| < 1.$

24. $\int_0^{\pi/2} \frac{\cos^2 x\,\mathrm{d}x}{\sqrt{1 - k^2 \sin^2 x}} = \frac{1}{k^2} [\mathrm{E} - (1 - k^2)\,\mathrm{K}]$[1] für $|k| < 1.$

25. $\int_0^{\pi} \frac{\cos ax\,\mathrm{d}x}{1 - 2b \cos x + b^2} = \frac{\pi b^a}{1 - b^2}$ bei ganzzahligem $a \geqq 0,\ |b| < 1.$

Integrale logarithmischer Funktionen
(kombiniert mit algebraischen und trigonometrischen Funktionen)

26. $\int_0^1 \ln \ln x\,\mathrm{d}x = -C = -0{,}5772$[2] (wird zurückgeführt auf Nr. 9).

27. $\int_0^1 \frac{\ln x}{x - 1}\,\mathrm{d}x = \frac{\pi^2}{6}$ (wird zurückgeführt auf Nr. 6).

---

[1]) E und K sind vollständige elliptische Integrale: $\mathrm{E} = E\left(k, \frac{\pi}{2}\right)$, $\mathrm{K} = F\left(k, \frac{\pi}{2}\right)$ (s. 3.1.7.6.2. und Tabelle 1.1.2.4.c)).

[2]) C ist die Eulersche Konstante (vgl. 3.1.9.4.).

28. $\int_0^1 \frac{\ln x}{x+1}\,dx = -\frac{\pi^2}{12}$ (wird zurückgeführt auf Nr. 7).

29. $\int_0^1 \frac{\ln x}{x^2-1}\,dx = \frac{\pi^2}{8}$.

30a. $\int_0^1 \frac{\ln(1+x)}{x^2+1}\,dx = \frac{\pi}{8}\ln 2$.

30b. $\int_0^1 \frac{(1-x^\alpha)(1-x^\beta)}{(1-x)\ln x}\,dx = \ln\frac{\Gamma(\alpha+1)\,\Gamma(\beta+1)}{\Gamma(\alpha+\beta+1)}$, $\alpha > -1,\ \beta > -1,\ \alpha+\beta > -1$.

30c. $\int_0^1 \frac{x^{a-1}-x^{-a}}{(1+x)\ln x}\,dx = \ln\tan\frac{a\pi}{2}$ $(0 < a < 1)$.

31. $\int_0^1 \ln\left(\frac{1}{x}\right)^a dx = \Gamma(a+1)$[1] $(-1 < a < \infty)$.

32. $\int_0^{\pi/2} \ln\sin x\,dx = \int_0^{\pi/2} \ln\cos x\,dx = -\frac{\pi}{2}\ln 2$.

33. $\int_0^{\pi} x\ln\sin x\,dx = -\frac{\pi^2\ln 2}{2}$.

34a. $\int_0^{\pi/2} \sin x\ln\sin x\,dx = \ln 2 - 1$.

34b. $\int_0^{\infty} \frac{\sin x}{x}\ln x\,dx = -\frac{\pi}{2}C$.[2]

34c. $\int_0^{\infty} \frac{\sin x}{x}\ln^2 x\,dx = \frac{\pi}{2}C^2 + \frac{\pi^3}{24}$.[2]

35. $\int_0^{\pi} \ln(a \pm b\cos x)\,dx = \pi\ln\frac{a+\sqrt{a^2-b^2}}{2}$ für $a \geqq b$.

[1] $\Gamma(x)$ ist die Gammafunktion (vgl. 2.2.1.1. und Tabelle 1.1.2.1.).
[2] C ist die Eulersche Konstante (vgl. 3.1.9.4.).

36. $\int_0^{\pi} \ln (a^2 - 2ab \cos x + b^2) \, dx = \begin{cases} 2\pi \ln a & (a \geqq b > 0), \\ 2\pi \ln b & (b \geqq a > 0). \end{cases}$

37. $\int_0^{\pi/2} \ln \tan x \, dx = 0.$

38. $\int_0^{\pi/4} \ln (1 + \tan x) \, dx = \frac{\pi}{8} \ln 2.$

Integrale algebraischer Funktionen

39. $\int_0^1 x^\alpha (1 - x)^\beta \, dx = 2 \int_0^1 x^{2\alpha+1} (1 - x^2)^\beta \, dx = \frac{\Gamma(\alpha + 1) \, \Gamma(\beta + 1)}{\Gamma(\alpha + \beta + 2)} = B(\alpha + 1, \beta + 1)$ [1]

(wird zurückgeführt auf Nr. 10).

40. $\int_0^\infty \frac{dx}{(1 + x) \, x^a} = \frac{\pi}{\sin a\pi}$ für $a < 1$.

41. $\int_0^\infty \frac{dx}{(1 - x) \, x^a} = -\pi \cot a\pi$ für $a < 1$.

42. $\int_0^\infty \frac{x^{a-1}}{1 + x^b} \, dx = \frac{\pi}{b \sin \frac{a\pi}{b}}$ für $0 < a < b$.

43. $\int_0^1 \frac{dx}{\sqrt{1 - x^a}} = \frac{\sqrt{\pi} \, \Gamma\left(\frac{1}{a}\right)}{a \Gamma\left(\frac{2 + a}{2a}\right)}$ [2].

44. $\int_0^1 \frac{dx}{1 + 2x \cos a + x^2} = \frac{a}{2 \sin a} \quad \left(0 < a < \frac{\pi}{2}\right).$

45. $\int_0^\infty \frac{dx}{1 + 2x \cos a + x^2} = \frac{a}{\sin a} \quad \left(0 < a < \frac{\pi}{2}\right).$

---

[1] $B(x, y) = \frac{\Gamma(x) \cdot \Gamma(y)}{\Gamma(x + y)}$ ist die Betafunktion oder das Eulersche Integral erster Gattung, $\Gamma(y)$ ist die Gammafunktion oder das Eulersche Integral zweiter Gattung (vgl. 2.2.1.1.).

[2] $\Gamma(x)$ ist die Gammafunktion (vgl. 2.2.1.1. und Tabelle 1.1.2.1.).

1.2. Bilder elementarer Funktionen

Eine reelle Funktion einer reellen Variablen x ist eine eindeutige Abbildung f aus der Menge der reellen Zahlen in die Menge der reellen Zahlen: $y=f(x)$ (vgl. 4.7.). Die Menge der Punkte mit den Koordinaten $(x, f(x))$ in einem rechtwinkligen Koordinatensystem heißt *Bild der Funktion.* Die Bilder solcher Funktionen sind i. allg. Kurven, die wegen der Eindeutigkeit der Abbildung f von jeder Parallelen zur y-Achse in höchstens einem Punkt geschnitten werden (vgl. auch 2.5.).

1.2.1. Algebraische Funktionen

1.2.1.1. Ganze rationale Funktionen

Konstante Funktionen: Die Funktion $y = 0$ bildet jede reelle Zahl x auf die reelle Zahl 0 ab. Sie besitzt keinen (endlichen) Grad. Ihr Bild ist die x-Achse. Die Funktionen $y = a$ und $a \neq 0$ haben den Grad null und keine Nullstelle. Das Bild einer solchen Funktion ist eine Parallele zur x-Achse, die die y-Achse im Punkt $(0, a)$ schneidet.

Lineare Funktionen: $y = ax + b$ und $a \neq 0$. Das Bild einer solchen Funktion ist eine Gerade durch die Punkte $A(-b/a, 0)$ und $B(0, b)$ (Abb. 1.7a). Für $b = 0$ fallen die Punkte A und B zusammen, die Gerade geht durch den Koordinatenursprung (Abb. 1.7b). Die Funktionen haben den Grad eins und genau eine Nullstelle: $x_0 = -b/a$. Ist $a > 0$, so ist die Funktion monoton steigend, ist $a < 0$, so ist sie monoton fallend. Ist $b = 0$ und $a > 0$, so sagt man auch: y ist zu x *direkt proportional* und nennt a *Proportionalitätsfaktor*.

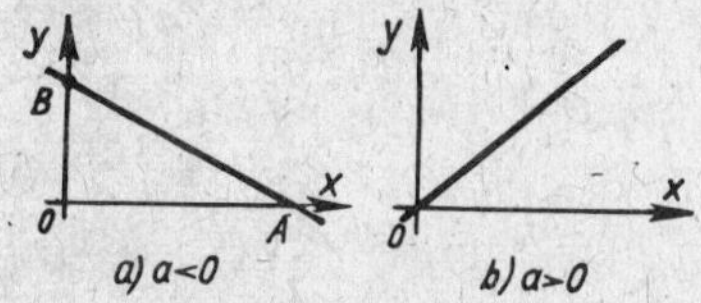

Abb. 1.7

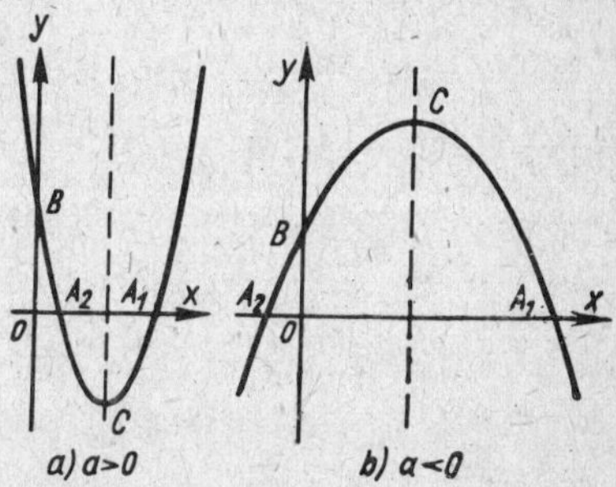

Abb. 1.8

Quadratische Funktionen: $y = ax^2 + bx + c$ und $a \neq 0$. Das Bild einer solchen Funktion ist eine Parabel (vgl. 2.6.6.1.) mit einer zur y-Achse parallelen Parabelachse und dem Scheitel $C(-b/(2a), (4ac - b^2)/(4a))$ (Abb. 1.8). Die Funktionen haben den Grad zwei und höchstens zwei Nullstellen. Das Bild schneidet die y-Achse im Punkt $B(0, c)$ und im Falle $\Delta = 4ac - b^2 < 0$ die x-Achse in den Punkten $A_1\left(\left(-b + \sqrt{-\Delta}\right)/(2a), 0\right)$ und $A_2\left(\left(-b - \sqrt{-\Delta}\right)/(2a), 0\right)$. Für $\Delta = 0$ berührt die Kurve die x-Achse im Punkt $((-b)/(2a), 0)$ (zweifacher Schnittpunkt), für $\Delta > 0$ existieren keine Schnittpunkte mit der x-Achse. Ist $a > 0$, so hat die Funktion an der Stelle $x_{ex} = -b/(2a)$ (Abszisse des Scheitels) ein Minimum, für $a < 0$ ein Maximum (vgl. 3.1.5.5.).

Funktionen dritten Grades: $y = ax^3 + bx^2 + cx + d$ und $a \neq 0$. Die Bilder dieser Funktionen können sehr unterschiedliche Gestalt haben. Sie besitzen mindestens einen und höchstens drei Schnittpunkte mit der x-Achse und haben genau einen Wendepunkt. Die Funktionen besitzen entweder keine oder zwei Extrema (in diesem Fall je ein Maximum und ein Minimum). Genauere Aussagen ergeben sich aus den Werten von a, der Diskriminante Δ der Ableitung, $\Delta = 3ac - b^2$, und der Diskriminante D der Funktion, $D = b^2c^2 - 4ac^3 - 4bd - 27a^2d^2 + 18abcd$. Dabei gilt (Abb. 1.9):

$a > 0$: wenn $x \to -\infty$, so $y \to -\infty$, und wenn $x \to \infty$, so $y \to \infty$.

$a < 0$: wenn $x \to -\infty$, so $y \to \infty$, und wenn $x \to \infty$, so $y \to -\infty$.

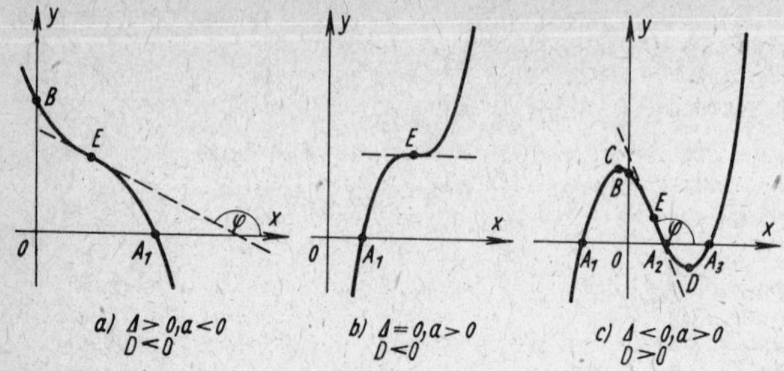

Abb. 1.9

$\Delta > 0$: Funktion besitzt keine Extrema.

$\Delta = 0$: Der stets vorhandene Wendepunkt E ist Sattelpunkt (Tangente im Wendepunkt verläuft parallel zur x-Achse).

$\Delta < 0$: Funktion besitzt ein Maximum an der Stelle $x_{max} = \left(-b - \sqrt{-\Delta}\right)/(3a)$ und ein Minimum an der Stelle $x_{min} = \left(-b + \sqrt{-\Delta}\right)/(3a)$.

$D > 0$: Es gibt drei Schnittpunkte der Kurve mit der x-Achse.

$D = 0$: Es gibt zwei oder einen Schnittpunkt der Kurve mit der x-Achse, wobei in genau einem Schnittpunkt Berührung vorliegt. Der Berührungspunkt zählt dabei im ersten Fall als zweifacher und im zweiten Fall als dreifacher Schnittpunkt.

$D < 0$: Es gibt einen (einfachen) Schnittpunkt mit der x-Achse.

Der Wendepunkt E hat die Koordinaten $(-b/(3a), (2b^3 - 9abc)/(27a^2) + d)$ und ist Symmetriezentrum der Kurve. Die Tangente in E hat die Steigung $\tan \varphi = \Delta/(3a)$. Ist $\Delta = 0$, so heißen die Bilder dieser Funktionen *kubische Parabeln* (Abb. 1.9b).

Ganze rationale Funktionen n-ten Grades: $y = a_n x^n + a_{n-1} x^{n-1} + \ldots + a_1 x + a_0$ und $a_n \neq 0$, $n \geqq 0$ ganzzahlig. Die Bilder dieser Funktionen sind zusammenhängende Kurven ohne singuläre

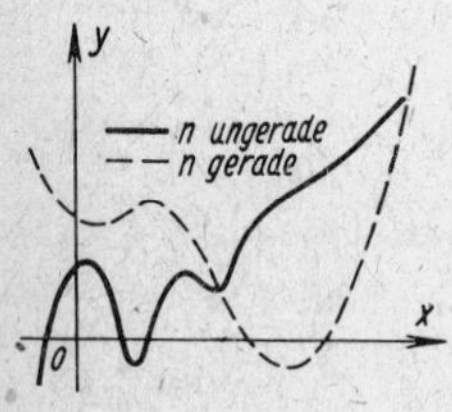

Abb. 1.10

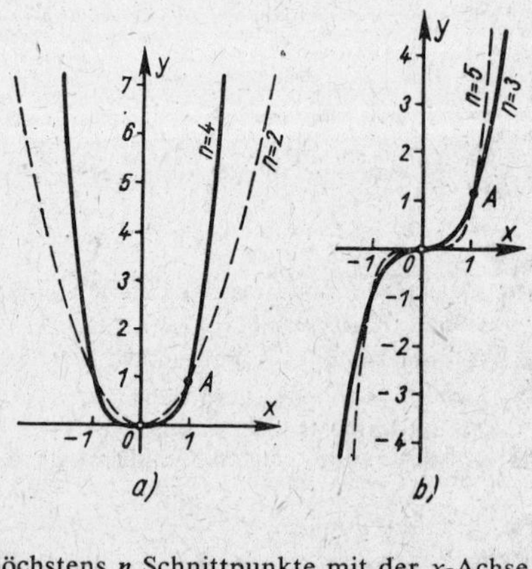

Abb. 1.11

Punkte und ohne Asymptoten und haben höchstens n Schnittpunkte mit der x-Achse und höchstens $n - 2$ Wendepunkte. Die Funktionen besitzen höchstens $n - 1$ Extrema, wobei im Falle mehrerer Extrema Maxima und Minima sich abwechseln (Abb. 1.10). Für $n \geqq 1$ sind die Bilder Kurven n-ter Ordnung (vgl. 1.3.).

n ungerade: Es existiert mindestens ein Schnittpunkt mit der x-Achse und für $n \geqq 3$ mindestens ein Wendepunkt. Die Anzahl der Extrema ist für $n \geqq 3$ stets gerade und die Anzahl der Wendepunkte ungerade. Ist $a_n > 0$, so folgt aus $x \to -\infty$ auch $y \to -\infty$ und aus $x \to \infty$ auch $y \to \infty$. Ist $a_n < 0$, so folgt aus $x \to -\infty$ dagegen $y \to \infty$ und aus $x \to \infty$ entsprechend $y \to -\infty$.

n gerade: Für $n \geqq 2$ existiert mindestens ein Extremum der Funktion. Die Anzahl der Extrema ist für $n \geqq 2$ stets ungerade und die Anzahl der Wendepunkte gerade. Ist $a_n > 0$, so folgt aus $x \to -\infty$ oder $x \to \infty$ stets $y \to \infty$. Ist $a_n < 0$, so folgt aus der gleichen Voraussetzung dagegen $y \to -\infty$.

Spezielle ganze rationale Funktionen n-ten Grades: $y = x^n$, $n \geqq 2$ ganzzahlig. Die Bilder dieser Funktionen gehen sämtlich durch den Punkt (1, 1) und berühren die x-Achse im Punkte (0, 0). Sie werden zuweilen als *Parabeln n-ter Ordnung* bezeichnet. Der Punkt (0, 0) zählt als n-facher Schnittpunkt der Kurve mit der x-Achse (vgl. n-fache Nullstelle 2.4.2.). Ist n gerade, so haben die Funktionen an der Stelle $x_{ex} = 0$ ein Minimum, und die Bilder sind axialsymmetrisch zur y-Achse (Abb. 1.11 a). Ist n ungerade, so ist der Punkt (0, 0) Sattelpunkt, und die Kurve ist zentralsymmetrisch zum Koordinatenursprung (Abb. 1.11 b). Die Bilder der Funktionen $y = ax^n$ ergeben sich hieraus im Falle $a > 0$ durch Streckung der Ordinaten mit dem Faktor a und im Falle $a < 0$ durch Streckung mit dem Faktor $|a|$ und anschließender Spiegelung an der x-Achse.

1.2.1.2. Gebrochene rationale Funktionen

Spezielle gebrochene lineare Funktionen: $y = a/x$ und $a \neq 0$. Das Bild einer solchen Funktion ist eine gleichseitige Hyperbel (vgl. 2.6.6.1.) mit der Hauptachse $\sqrt{2|a|}$ (Abstand der Scheitel vom Mittelpunkt), dem Mittelpunkt 0 und den Koordinatenachsen als Asymptoten. Die Funktionen

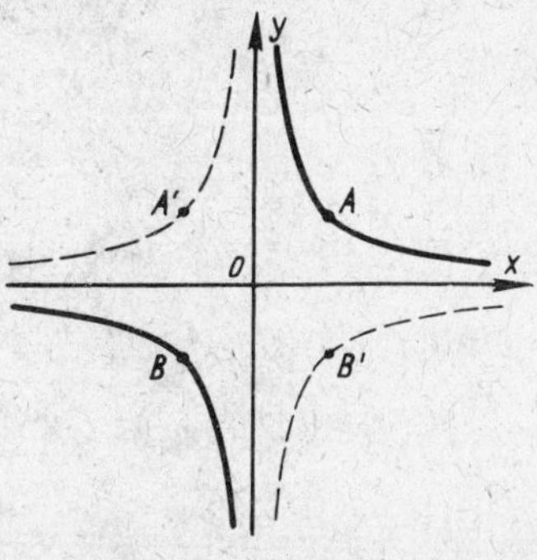

Abb. 1.12

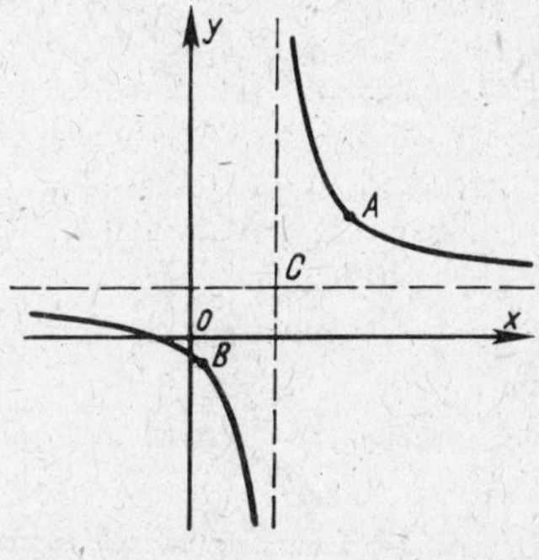

Abb. 1.13

besitzen einen Pol erster Ordnung an der Stelle $x_p = 0$. Extrema fehlen. Für $a > 0$ sind die Funktionen in den offenen Intervallen $(-\infty, 0)$ und $(0, \infty)$ monoton fallend, ihre Bilder verlaufen im Innern des dritten und ersten Quadranten, die Scheitel der Hyperbeln sind die Punkte $A(\sqrt{a}, \sqrt{a})$ und $B(-\sqrt{a}, -\sqrt{a})$. Man sagt dann auch: y ist zu x umgekehrt proportional (Abb. 1.12). Für $a < 0$ sind die Funktionen in den gleichen Intervallen monoton steigend, ihre Bilder verlaufen im Innern des zweiten und vierten Quadranten, die Scheitel der Hyperbeln sind die Punkte $A'(-\sqrt{|a|}, \sqrt{|a|})$ und $B'(\sqrt{|a|}, -\sqrt{|a|})$ (Abb. 1.12 gestrichelt).

Gebrochene lineare Funktionen: $y = \dfrac{a_1x + b_1}{a_2x + b_2}$ und $D = \begin{vmatrix} a_1 & b_1 \\ a_2 & b_2 \end{vmatrix} \neq 0$ und $a_2 \neq 0$. Die Bilder sind ebenfalls gleichseitige Hyperbeln mit den Hauptachsen $\sqrt{2|D|}/|a_2|$, den Mittelpunkten $C(-b_2/a_2, a_1/a_2)$ und zu den Koordinatenachsen parallelen Asymptoten durch C. Die Funktionen haben einen Pol erster Ordnung an der Stelle $x_p = -b_2/a_2$. Extrema fehlen. Ist $D < 0$, so sind die Funktionen in den offenen Intervallen $(-\infty, -b_2/a_2)$ und $(-b_2/a_2, \infty)$ monoton fallend, die Scheitel der Hyperbeln sind die Punkte

$$A\left(-b_2/a_2 + 1/|a_2| \sqrt{|D|},\ a_1/a_2 + 1/|a_2| \sqrt{|D|}\right)$$

und

$$B\left(-b_2/a_2 - 1/|a_2| \sqrt{|D|},\ a_1/a_2 - 1/|a_2| \sqrt{|D|}\right) \quad \text{(Abb. 1.13).}$$

Ist $D > 0$, so sind die Funktionen in den angegebenen Intervallen monoton steigend, und die Scheitel der Hyperbel sind die Punkte

$$A'\left(-b_2/a_2 - 1/|a_2| \sqrt{|D|},\ a_1/a_2 + 1/|a_2| \sqrt{|D|}\right)$$

und

$$B'\left(-b_2/a_2 + 1/|a_2| \sqrt{|D|},\ a_1/a_2 - 1/|a_2| \sqrt{|D|}\right).$$

Einige nichtlineare gebrochene Funktionen:

$y = a + \dfrac{b}{x} + \dfrac{c}{x^2}$ *und* $b \neq 0,\ c \neq 0$. Die Bilder dieser Funktionen (Abb. 1.14) zerfallen ebenfalls wie die Bilder der linearen gebrochenen Funktionen in zwei Zweige, da die Funktionen an der Stelle $x = 0$ einen Pol zweiter Ordnung haben. Die y-Achse und die Gerade mit der Gleichung $y - a = 0$ sind Asymptoten an diese Kurven. Genau einer der beiden Zweige schneidet die Asym-

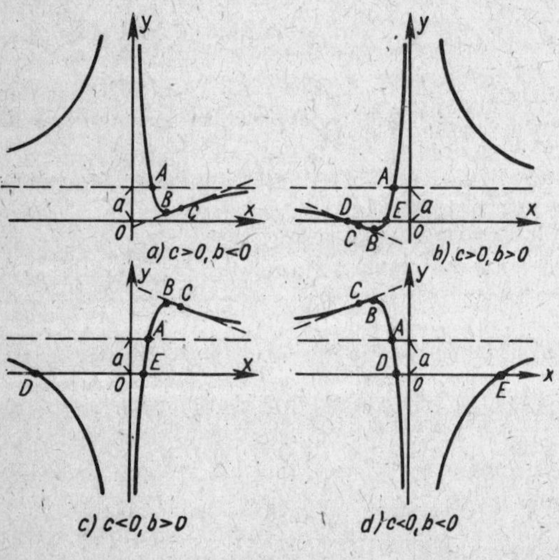

Abb. 1.14

ptote $y - a = 0$ im Punkte $A(-c/b, a)$, während der andere Zweig für $b < 0$ monoton steigend und für $b > 0$ monoton fallend ist. Die Funktionen haben ein Extremum an der Stelle $x = -2c/b$ mit dem zugehörigen Funktionswert $y = a - b^2/(4c)$ (Punkt B in Abb. 1.14). Der Wendepunkt C hat die Koordinaten $(-3c/b,\ a - 2b^2/(9c))$. Für $\Delta = 4ac - b^2 < 0$ besitzt die Kurve zwei Schnittpunkte mit der x-Achse:

$$D\left(-b/(2a) - \sqrt{-\Delta}/|2a|, 0\right) \quad \text{und} \quad E\left(-b/(2a) + \sqrt{-\Delta}/|2a|, 0\right).$$

Für $\Delta = 0$ liegt eine Berührung mit der x-Achse im Punkte $(-b/(2a), 0)$ vor. Ist $\Delta > 0$, so existiert kein Schnittpunkt mit der x-Achse.

$y = \dfrac{1}{ax^2 + bx + c}$ *und* $a \neq 0$. Die Bilder dieser Funktionen besitzen sämtlich die Gerade mit der Gleichung $2ax + b = 0$ als Symmetrieachse und die x-Achse als Asymptote (Abb. 1.15). Die Gestalt der Kurven wird wesentlich durch den Wert der Diskriminante $\Delta = 4ac - b^2$ bestimmt. Da die Bilder der Funktionen $y = \dfrac{1}{-ax^2 - bx - c}$ zu den Bildern der obengenannten Funktionen jeweils für die gleichen Werte für a, b, c nur an der x-Achse gespiegelt sind, genügt es, die Diskussion auf die Fälle $a > 0$ zu beschränken. Die Funktionen haben keine Nullstellen.

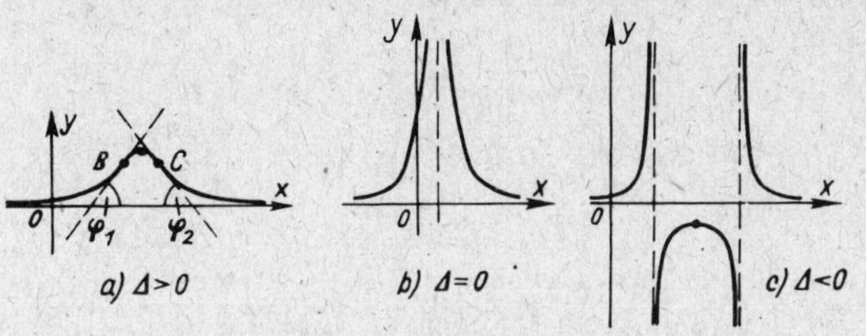

Abb. 1.15

a) $\Delta > 0$. Die Funktionen sind für jeden Wert von x positiv und stetig. Sie haben an der Stelle $x_{max} = -b/(2a)$ ein Maximum mit dem Funktionswert $4a/\Delta$. Sie sind im Intervall $(-\infty, x_{max}]$ monoton steigend und im Intervall $[x_{max}, \infty)$ monoton fallend. Die Bilder haben die Wendepunkte $B\left(x_{max} - \sqrt{\Delta}/(2a\sqrt{3}),\ 3a/\Delta\right)$ und $C\left(x_{max} + \sqrt{\Delta}/(2a\sqrt{3}),\ 3a/\Delta\right)$ mit den Tangentensteigungen $a^2(3/\Delta)^{3/2}$ bzw. $-a^2(3/\Delta)^{3/2}$ (Abb. 1.15a).

b) $\Delta = 0$. Die Funktionen haben an der Stelle $x_p = -b/(2a)$ einen Pol zweiter Ordnung und sind für jeden anderen Wert von x positiv und stetig. Sie sind im Intervall $(-\infty, x_p)$ monoton steigend und im Intervall (x_p, ∞) monoton fallend (Abb. 1.15b).

c) $\Delta < 0$. Die Funktionen haben an der Stelle $x_{max} = -b/(2a)$ ein Maximum mit dem Funktionswert $4a/\Delta$ und an den Stellen $x_{p1} = x_{max} + \sqrt{-\Delta}/(2a)$ und $x_{p2} = x_{max} - \sqrt{-\Delta}/(2a)$ je einen Pol erster Ordnung. Sie sind in den Intervallen $(-\infty, x_{p2})$ positiv und monoton steigend, $(x_{p2}, x_{max}]$ negativ und monoton steigend, $[x_{max}, x_{p1})$ negativ und monoton fallend, (x_{p1}, ∞) positiv und monoton fallend und für jeden Wert von x mit Ausnahme $x = x_{p1}$ oder $x = x_{p2}$ stetig (Abb. 1.15c).

$y = \dfrac{x}{ax^2 + bx + c}$ *und* $ac \neq 0$. Aus dem gleichen Grund wie bei dem vorigen Beispiel kann sich die Diskussion auf die Fälle $a > 0$ beschränken. Die Bilder dieser Funktionen schneiden die x-Achse im Koordinatenursprung 0 und besitzen die x-Achse als Asymptote (Abb. 1.16). Mit $\Delta = 4ac - b^2$ gilt dann:

a) $\Delta > 0$. Die Funktionen sind für jeden Wert von x stetig und besitzen an den Stellen $x_{min} = -\sqrt{c/a}$ und $x_{max} = \sqrt{c/a}$ ein Minimum und ein Maximum mit den Funktionswerten $\left(-b - 2\sqrt{ac}\right)/\Delta$ bzw. $\left(-b + 2\sqrt{ac}\right)/\Delta$. Sie sind in den Intervallen $(-\infty, x_{min}]$ monoton fallend, $[x_{min}, x_{max}]$ monoton steigend, $[x_{max}, \infty)$ monoton fallend. Es existieren drei Wendepunkte der Bilder der Funktionen (Abb. 1.16a).

b) $\Delta = 0$. Wegen $ac \neq 0$ und $a > 0$ folgt daraus $b \neq 0$, $c > 0$, und es gilt: $ax^2 + bx + c = a(x + b/(2a))^2$ für jeden Wert von x. Die Funktionen besitzen an der Stelle $x_p = -b/(2a)$ einen Pol zweiter Ordnung und sind für jeden anderen Wert von x stetig. Die zugehörigen Bilder haben einen Wendepunkt. 1.) $b > 0$. Die Funktionen haben an der Stelle $x_{max} = b/(2a)$ ein Maximum mit dem Funktionswert $1/(2b)$. Sie sind im Intervall $(-\infty, x_p)$ monoton fallend, im Intervall $(x_p, x_{max}]$ monoton steigend und im Intervall $[x_{max}, \infty)$ monoton fallend (Abb. 1.16b₁). 2.) $b < 0$. Die Funktionen haben an der Stelle $x_{min} = b/(2a)$ ein Minimum mit dem Funktionswert $1/(2b)$. Sie sind im Intervall $(-\infty, x_{min}]$ monoton fallend, im Intervall $[x_{min}, x_p)$ monoton steigend und im Intervall (x_p, ∞) monoton fallend (Abb. 1.16b₂).

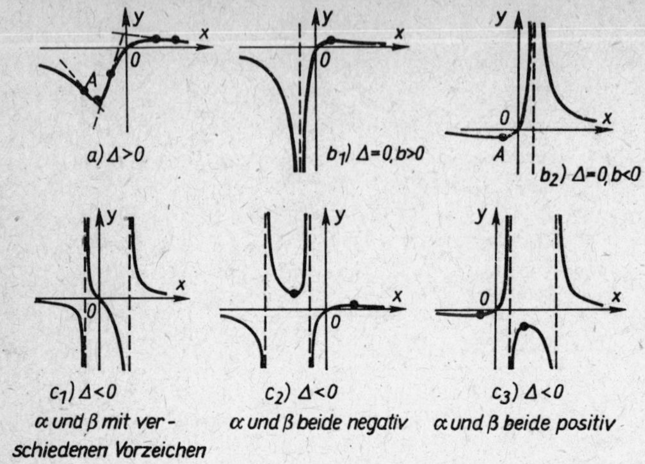

Abb. 1.16

c) $\Delta < 0$. Das Polynom im Nenner hat zwei verschiedene reelle Nullstellen $\alpha = (-b - \sqrt{-\Delta})/(2a)$ und $\beta = (-b + \sqrt{-\Delta})/(2a)$, von denen wegen $\alpha\beta = c/a \neq 0$ keine gleich null ist. Die Funktionen besitzen an den Stellen $x_{p1} = \alpha$ und $x_{p2} = \beta$ je einen Pol erster Ordnung. 1.) $\alpha < 0$ und $\beta > 0$. Die Funktionen sind in den Intervallen $(-\infty, \alpha)$, (α, β), (β, ∞) monoton fallend und haben keine Extremwerte (Abb. 1.16c₁). 2.) $\alpha < 0$ und $\beta < 0$. Die Funktionen besitzen an der Stelle $x_{min} = -\sqrt{c/a}$ ein Minimum und an der Stelle $x_{max} = \sqrt{c/a}$ ein Maximum. Sie sind in den Intervallen $(-\infty, \alpha)$, $(\alpha, x_{min}]$, $[x_{max}, \infty)$ monoton fallend und in den Intervallen $[x_{min}, \beta)$ und $(\beta, x_{max}]$ monoton steigend (Abb. 1.16c₂). 3.) $\alpha > 0$ und $\beta > 0$. Die Funktionen besitzen an der Stelle $x_{min} = -\sqrt{c/a}$ ein Minimum und an der Stelle $x_{max} = \sqrt{c/a}$ ein Maximum und sind in den Intervallen $(-\infty, x_{min}]$, $[x_{max}, \beta)$ und (β, ∞) monoton fallend und in den Intervallen $[x_{min}, \alpha)$ und $(\alpha, x_{max}]$ monoton steigend (Abb. 1.16c₃)

$y = ax^{-n}$ *und* $a \neq 0$, n positive ganze Zahl. Diese Funktionen besitzen keine Extrema, sie haben an der Stelle $x_p = 0$ einen Pol der Ordnung n, ihre Bilder sind für geradzahlige n symmetrisch zur y-Achse und für ungeradzahlige n zentralsymmetrisch zum Koordinatenursprung. Die Koordinatenachsen sind Asymptoten der Kurven. Für $a > 0$ und n geradzahlig sind die Funktionen im Intervall $(0, \infty)$ monoton fallend und im Intervall $(-\infty, 0)$ monoton steigend, für $a > 0$ und n ungerade sind die Funktionen in diesen beiden Intervallen monoton fallend. Für $a < 0$ erhält man die Bilder der Funktionen durch Spiegelung der Bilder von $y = |a|\, x^{-n}$ an der x-Achse. Ist $a = 1$, so gehen die Bilder durch den Punkt $A(1, 1)$. Abb. 1.17 zeigt die Bilder der Funktionen $y = x^{-2}$ und $y = x^{-3}$.

1.2.1.3. Irrationale algebraische Funktionen

$y = \sqrt{ax + b}$ *und* $a \neq 0$. Ist $a > 0$, so sind im Definitionsbereich $-b/a \leqq x < \infty$ die Funktionen überall nicht negativ und monoton steigend. Ist $a < 0$, so sind im Definitionsbereich $-\infty < x \leqq -b/a$ die Funktionen überall nicht negativ und monoton fallend. Die Nullstelle liegt in beiden Fällen bei $-b/a$, die Bilder der Funktionen sind der oberhalb der x-Achse liegende Teil einer Parabel (Abb. 1.18) mit dem Scheitel $(-b/a, 0)$, und dem Parameter $p = a/2$, deren Achse mit der x-Achse zusammenfällt (vgl. Parabel in 2.6.6.1.).

$y = \sqrt{ax^2 + bx + c}$ *und* $a \neq 0$. 1.) $a < 0$ und $\Delta = 4ac - b^2 > 0$. In diesem Fall definiert der Ausdruck keine reelle Funktion. 2.) $a < 0$ und $\Delta < 0$. Definitionsbereich ist das Intervall $[\alpha, \beta]$ mit $\alpha = (-b + \sqrt{-\Delta})/(2a)$ und $\beta = (-b - \sqrt{-\Delta})/(2a)$. Die Funktionen besitzen ein Maximum

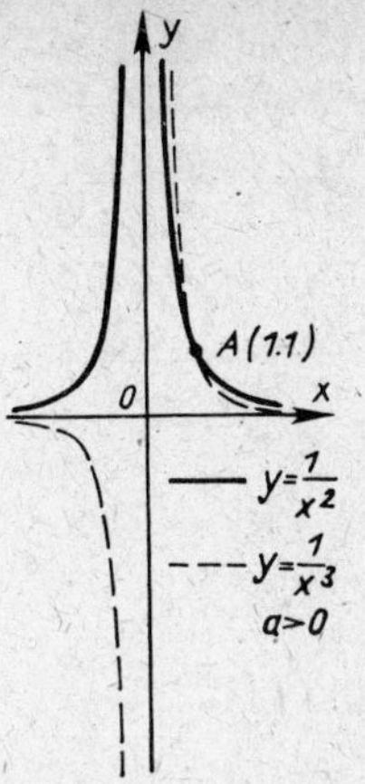

Abb. 1.17

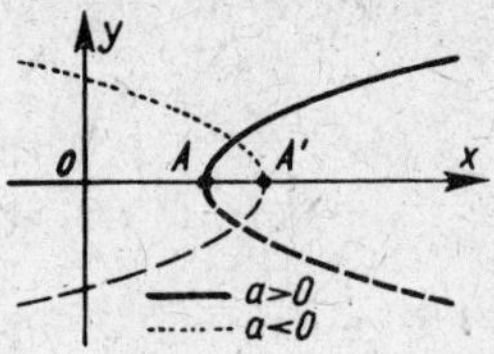

Abb. 1.18

an der Stelle $-b/(2a)$ mit dem Funktionswert $\sqrt{\Delta/(4a)}$ und zwei Nullstellen in den Endpunkten des Definitionsbereiches, die zugleich absolute Minima sind. Die Bilder sind Teil einer Ellipse (vgl. 2.6.6.1.) mit dem Mittelpunkt $(-b/(2a), 0)$ und den Scheiteln $(\alpha, 0)$ und $(\beta, 0)$ (Abb. 1.19a). 3.) $a > 0$ und $\Delta > 0$. Die Funktionen sind für jeden Wert von x definiert, besitzen keine Nullstelle, aber ein Minimum bei $x_{\min} = -b/(2a)$ mit dem Funktionswert $\sqrt{\Delta/(4a)}$. Die Bilder bestehen aus einem Ast der Hyperbel (vgl. 2.6.6.1.) mit dem Mittelpunkt $(-b/(2a), 0)$ und der x-Achse als Nebenachse (Abb. 1.19b). 4.) $a > 0$ und $\Delta < 0$. Der Definitionsbereich dieser Funktionen zerfällt in die Intervalle $(-\infty, \alpha]$ und $[\beta, \infty)$ mit $\alpha = \left(-b - \sqrt{-\Delta}\right)/(2a)$ und $\beta = \left(-b + \sqrt{-\Delta}\right)/(2a)$. Die Funktionen besitzen zwei Nullstellen in den Randpunkten des Definitionsbereiches, die zugleich absolute Minima sind. Die Bilder bestehen aus zwei Halbästen einer Hyperbel mit dem Mittelpunkt $(-b/(2a), 0)$ und der x-Achse als Hauptachse (Abb. 1.19c).

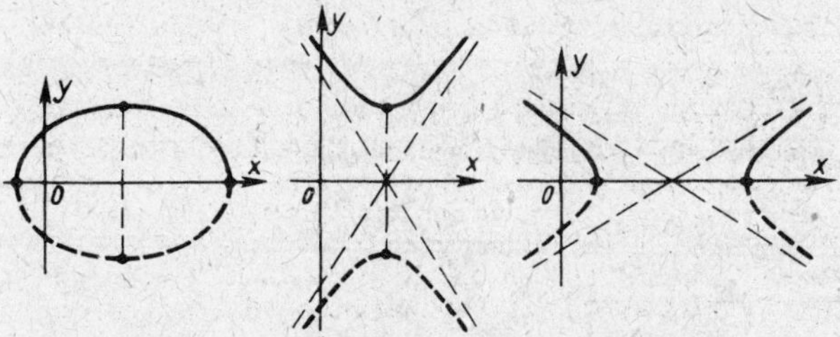

a) $a<0, \Delta<0$ b) $a>0, \Delta>0$ c) $a>0, \Delta<0$

Abb. 1.19

$y = x^k$, $k = m/n$ und m, n relativ prime ganze Zahlen, $n \neq 1$ und $n \neq -1$. 1.) $k > 0$. Die Funktionen haben eine Nullstelle bei $x_0 = 0$, und die Bilder gehen durch den Punkt $(1, 1)$. Ist n gerade, so ist das Intervall $[0, \infty)$ Definitionsbereich, und die Funktionen besitzen im Randpunkt ein absolutes Minimum. Ist n ungerade, so sind sie für jeden Wert von x definiert. Ist n ungerade und m gerade, so ist die y-Achse Symmetrieachse des Bildes, sind n und m ungerade, so ist das Bild zentralsymmetrisch zum Koordinatenursprung. Ist $n > m$, so ist die y-Achse im Punkt 0 Tangente an das Bild, ist $m > n$, so ist die x-Achse Tangente in 0 (Abb. 1.20). 2.) $k < 0$. Die Funktionen besitzen bei $x_p = 0$ einen singulären Punkt (Verzweigungspunkt mit unbeschränkt wachsendem Betrag der Funktionswerte). Sie sind für gerade n im Intervall $(0, \infty)$ und für ungerade n für jeden Wert von x

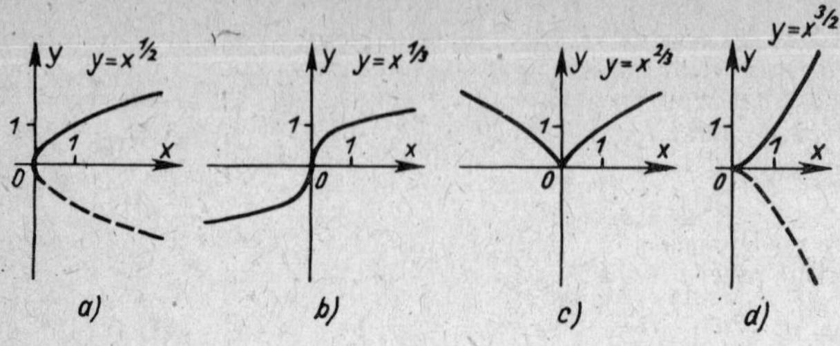

Abb. 1.20

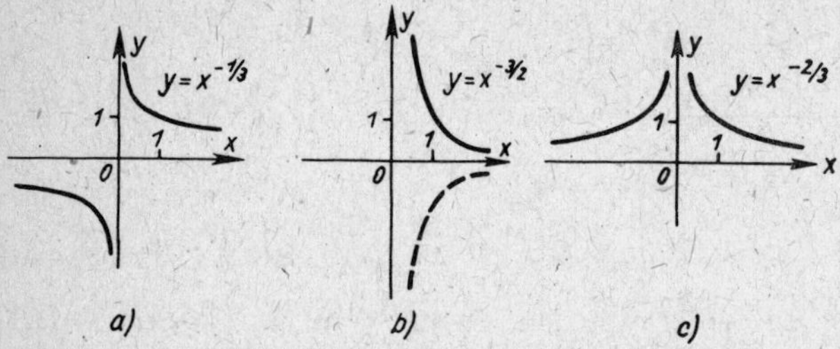

Abb. 1.21

definiert. Extrema sind nicht vorhanden. Die Bilder dieser Funktionen gehen durch den Punkt (1, 1) und haben die Koordinatenachsen als Asymptoten. Sie besitzen die gleichen Symmetrieeigenschaften wie die Kurven im Falle 1.) (Abb. 1.21).

1.2.2. Transzendente Funktionen

1.2.2.1. Trigonometrische Funktionen und ihre Umkehrungen [1])

Die Sinusfunktionen $y = A \sin(\omega x + \varphi_0)$ *und* $A > 0, \omega > 0$

1.) Für $A = \omega = 1$ und $\varphi_0 = 0$ liegt die (gewöhnliche) Sinusfunktion $y = \sin x$ vor. Sie ist eine periodische Funktion mit der Periode 2π (vgl. 2.5.2.1.). Ihr Bild ist die Sinuskurve (Abb. 1.22a),

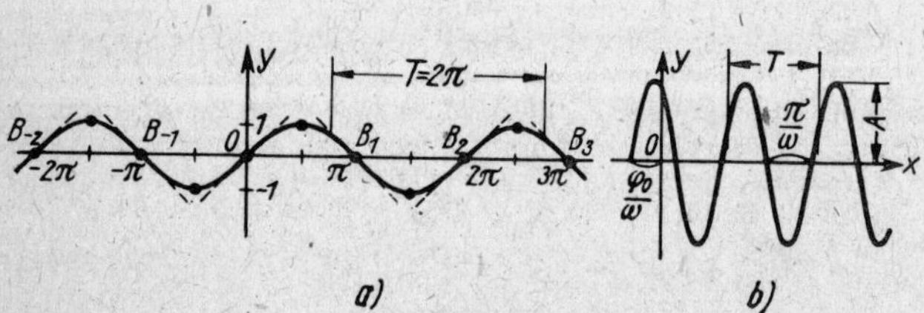

Abb. 1.22

die die x-Achse in den Punkten B_n mit den Koordinaten $(n\pi, 0)$ schneidet (n beliebige ganze Zahl), die zugleich Wendepunkte der Kurve sind. Die Tangenten in diesen Punkten bilden mit der positiven Richtung der x-Achse Winkel von $\pi/2$ bzw. $-\pi/2$. Die Maxima der Funktion liegen an den Stellen $x_{\max n} = \pi/2 + 2n\pi$, die Minima an den Stellen $x_{\min n} = -\pi/2 + 2n\pi$. Für jeden Funktionswert y gilt: $-1 \leqq y \leqq 1$.

2.) Ein Bild der allgemeinen Sinusfunktionen mit der Amplitude A, der Kreisfrequenz ω und dem Phasenwinkel φ_0 ist in Abb. 1.22b dargestellt (ungedämpfte harmonische Schwingung, gedämpfte

[1]) Formeln vgl. 2.5.2.1.

harmonische Schwingung vgl. 1.2.2.2.). Es entsteht aus der Sinuskurve durch eine affine Transformation: Streckung mit dem Faktor A in Richtung der y-Achse, Streckung mit dem Faktor $1/\omega$ in Richtung der x-Achse und anschließende Parallelverschiebung in Richtung der x-Achse um $-\varphi_0/\omega$. Die Funktionen haben die Periode $T = 2\pi/\omega$, die Nullstellen $(n\pi - \varphi_0)/\omega$, die Maxima liegen bei $(\pi/2 - \varphi_0 + 2n\pi)/\omega$, die Minima bei $(-\pi/2 - \varphi_0 + 2n\pi)/\omega$. Für jeden Funktionswert y gilt: $-A \leqq y \leqq A$.

3.) *Die Kosinusfunktion* $y = \cos x$ ist wegen $\cos x = \sin(x + \pi/2)$ (für jeden Wert von x) ein Spezialfall der allgemeinen Sinusfunktionen: $A = \omega = 1$, $\varphi_0 = \pi/2$. Ihr Bild ist deshalb die um

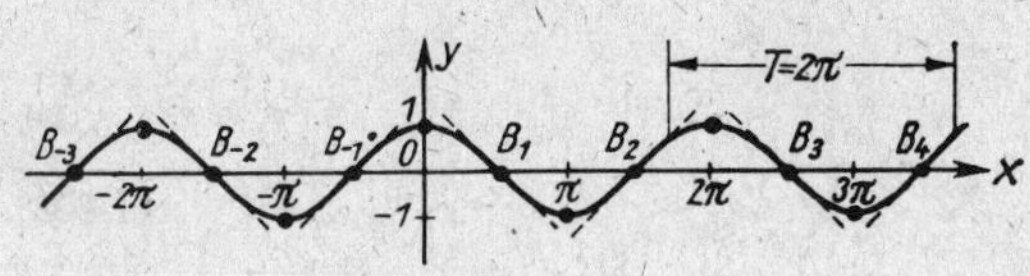

Abb. 1.23

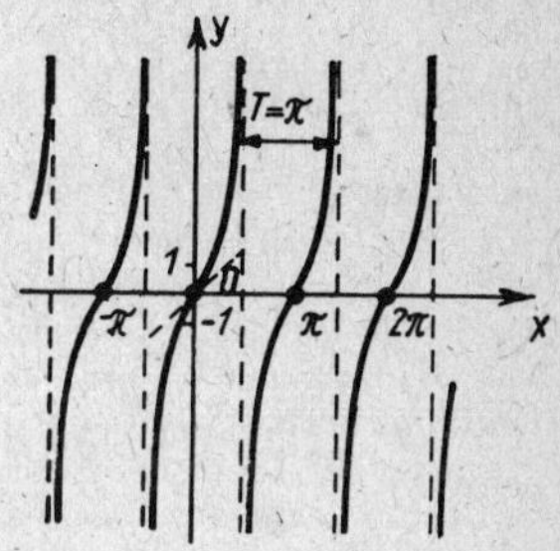

Abb. 1.24

$-\pi/2$ in Richtung der x-Achse verschobene Sinuskurve (Abb. 1.23). Nullstellen liegen bei $\pi/2 + n\pi$, Maxima bei $2n\pi$, Minima bei $(2n + 1)\pi$, die Periode ist 2π.

Die Tangensfunktion $y = \tan x$

Der Definitionsbereich dieser Funktion zerfällt in unendlich viele offene Intervalle

$$(-\pi/2 + n\pi, \pi/2 + n\pi),$$

wobei n mit jeder beliebigen ganzen Zahl belegt werden kann. In jedem dieser Intervalle ist die Funktion monoton steigend und besitzt jeweils eine Nullstelle $x_{0n} = n\pi$. Sie ist periodisch mit der Periode π. An den Stellen $\pi/2 + n\pi$ hat die Funktion Pole erster Ordnung. Die Schnittpunkte ihres Bildes mit der x-Achse sind zugleich Wendepunkte, die Tangenten in diesen Punkten bilden mit der positiven Richtung der x-Achse einen Winkel von $\pi/4$ (Abb. 1.24).

Die Kotangensfunktion $y = \cot x$

Der Definitionsbereich dieser Funktion zerfällt in unendlich viele offene Intervalle $(n\pi, (n + 1)\pi)$, wobei n mit jeder beliebigen ganzen Zahl belegt werden kann. In jedem dieser Intervalle ist die Funktion monoton fallend und besitzt jeweils eine Nullstelle $x_{0n} = \pi/2 + n\pi$. Die Funktion ist periodisch mit der Periode π. An den Stellen $n\pi$ hat sie Pole erster Ordnung. Die Schnittpunkte ihres Bildes mit der x-Achse sind zugleich Wendepunkte. Der Winkel der Tangenten in diesen Punkten mit der positiven Richtung der x-Achse haben die Größe $-\pi/4$ (Abb. 1.25). Im Definitionsbereich gilt die Gleichung $\cot x = -\tan(\pi/2 + x)$.

Die Sekansfunktion $y = \sec x$

Sie ist in den offenen Intervallen $(-\pi/2 + n\pi, \pi/2 + n\pi)$ definiert durch $\sec x = 1/\cos x$ und hat deshalb an den Stellen $x_{pn} = \pi/2 + n\pi$ Pole erster Ordnung und die Periode 2π (Abb. 1.26). Im Definitionsbereich gilt für jeden Wert von x: $|\sec x| \geqq 1$, Minima liegen vor an den Stellen $2n\pi$, Maxima an den Stellen $(2n + 1)\pi$.

Die Kosekansfunktion $y = \operatorname{cosec} x$

Sie ist in den offenen Intervallen $(n\pi, (n + 1)\pi)$ definiert durch $\operatorname{cosec} x = 1/\sin x$ und hat deshalb an den Stellen $x_{pn} = n\pi$ Pole erster Ordnung und die Periode 2π (Abb. 1.27). Wegen der im Definitionsbereich geltenden Gleichung $\operatorname{cosec} x = \sec(x - \pi/2)$ ist ihr Bild gleich dem um $\pi/2$ in Richtung der x-Achse verschobenen Bild der Sekansfunktion. Die Funktion hat Minima an den Stellen $\pi(4n + 1)/2$ und Maxima an den Stellen $\pi(4n + 3)/2$.

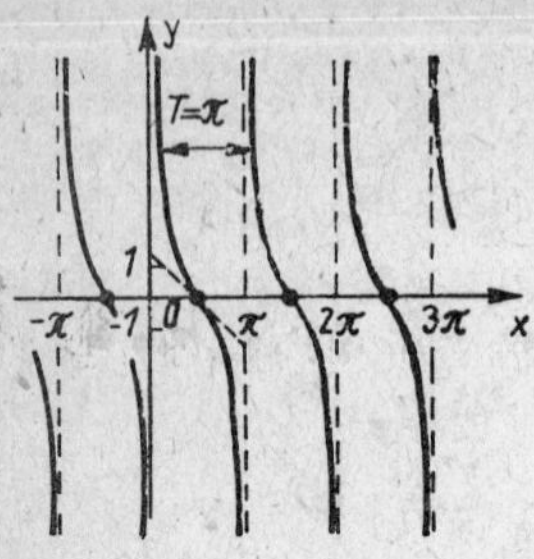

Abb. 1.25

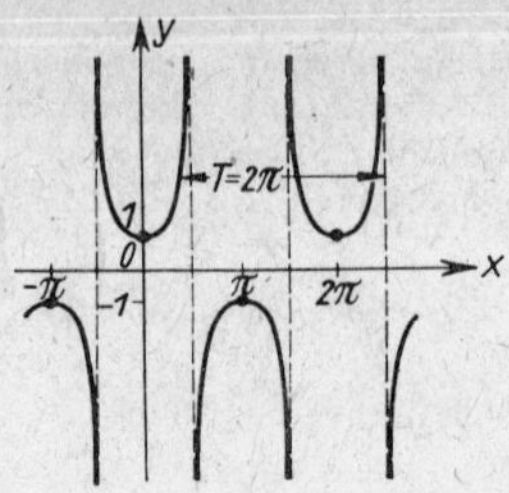

Abb. 1.26

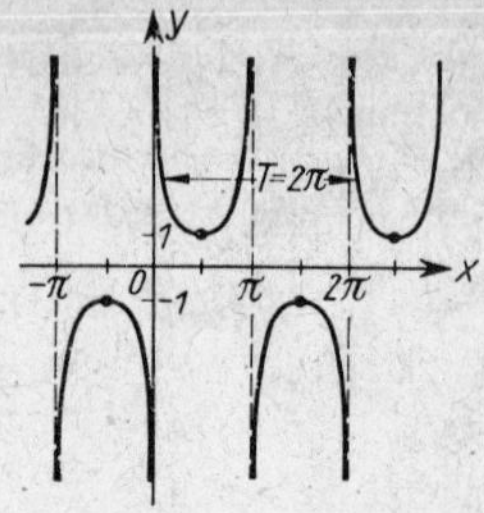

Abb. 1.27

Die Arkussinusfunktion $y = \arcsin x$

Sie ist die Umkehrfunktion von $y = \sin x$ im Monotonieintervall $-\pi/2 \leqq x \leqq \pi/2$ (Abb. 1.28). Demnach ist ihr Definitionsbereich $-1 \leqq x \leqq 1$ und ihr Wertevorrat $-\pi/2 \leqq y \leqq \pi/2$. Die Funktion ist monoton steigend und hat bei $x_0 = 0$ eine Nullstelle. Ihr Bild ist Teil der an der Geraden $x - y = 0$ (Winkelhalbierende des ersten und dritten Quadranten) gespiegelten Sinuskurve und besitzt im Koordinatenursprung einen Wendepunkt, dessen Wendetangente den Winkel $\varphi = \pi/4$ mit der x-Achse bildet (vgl. auch Bemerkung am Ende von 1.2.2.1.).

Die Arkuskosinusfunktion $y = \arccos x$

Sie ist die Umkehrfunktion von $y = \cos x$ im Monotonieintervall $0 \leqq x \leqq \pi$. Demnach ist ihr Definitionsbereich $-1 \leqq x \leqq 1$ und ihr Wertevorrat $0 \leqq y \leqq \pi$ (Abb. 1.29). Die Funktion ist monoton fallend. Ihr Bild ist Teil der an der Geraden $x - y = 0$ gespiegelten Kosinuskurve und besitzt im Punkte $(0, \pi/2)$ einen Wendepunkt, dessen Wendetangente den Winkel $\varphi = 3\pi/4$ mit der x-Achse bildet (vgl. auch Bemerkung am Ende von 1.2.2.1.).

Die Arkustangensfunktion $y = \arctan x$

Sie ist die Umkehrfunktion von $y = \tan x$ im Monotonieintervall $-\pi/2 < x < \pi/2$. Demnach ist ihr Definitionsbereich $-\infty < x < \infty$ und ihr Wertevorrat $-\pi/2 < y < \pi/2$ (Abb. 1.30). Die Funktion ist monoton steigend und hat bei $x_0 = 0$ eine Nullstelle. Ihr Bild entsteht durch Spiegelung des entsprechenden Zweiges des Bildes der Funktion $y = \tan x$ an der Geraden $x - y = 0$, hat im Koordinatenursprung einen Wendepunkt (Winkel der Wendetangente mit der x-Achse $\varphi = \pi/4$), und die Geraden $y + \pi/2 = 0$ und $y - \pi/2 = 0$ sind Asymptoten (vgl. auch Bemerkung am Ende von 1.2.2.1.).

Die Arkuskotangensfunktion $y = \operatorname{arccot} x$

Sie ist die Umkehrfunktion von $y = \cot x$ im Monotonieintervall $0 < x < \pi$. Demnach ist ihr Definitionsbereich $-\infty < x < \infty$ und ihr Wertevorrat $0 < y < \pi$ (Abb. 1.31). Die Funktion ist monoton fallend und hat keine Nullstelle. Ihr Bild entsteht durch Spiegelung des entsprechenden Zweiges des Bildes der Funktion $y = \cot x$ an der Geraden $x - y = 0$, hat den Wendepunkt $(0, \pi/2)$ (Winkel der Wendetangente mit der x-Achse $\varphi = 3\pi/4$) und die Geraden $y = 0$ und $y - \pi = 0$ als Asymptoten (vgl. nachfolgende Bemerkung).

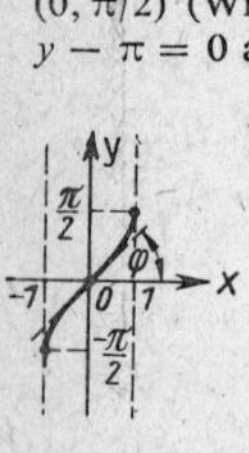

Abb. 1.28

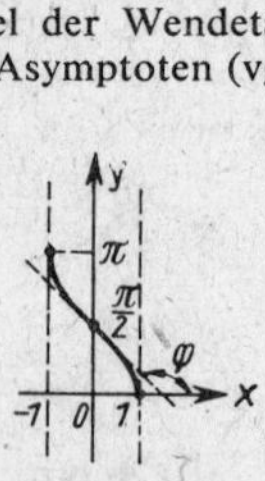

Abb. 1.29

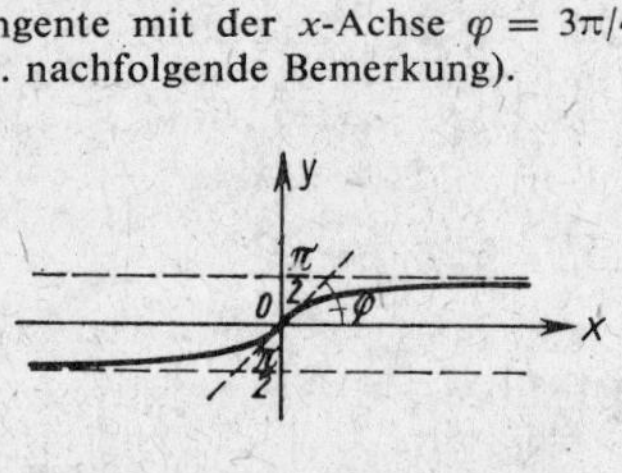

Abb. 1.30

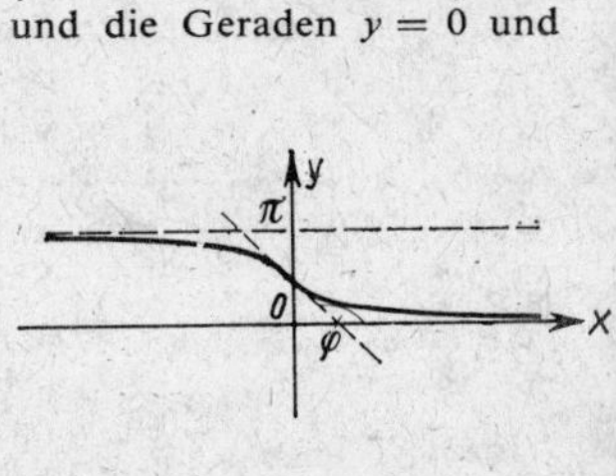

Abb. 1.31

Bemerkung: Ist x eine reelle Zahl aus dem Intervall $-1 \leqq x \leqq 1$, so bezeichnet man die Menge aller reellen Zahlen y, für die $x = \sin y$ gilt, mit $\operatorname{Arcsin} x$, also: $\operatorname{Arcsin} x = \{y \mid x = \sin y\}$. In jeder dieser Mengen $\operatorname{Arcsin} x$ gibt es dann genau eine reelle Zahl y_0, für die $y_0 = \arcsin x$ gilt und die als Hauptwert von $\operatorname{Arcsin} x$ bezeichnet wird. Daraus folgt: $y \in \operatorname{Arcsin} x$ genau dann, wenn es eine ganze Zahl n gibt, für die $y = \arcsin x + 2n\pi$ gilt. Entsprechend erhält man (G = Menge der ganzen Zahlen):

$y \in \operatorname{Arccos} x$ genau dann, wenn $\exists n\, (n \in \mathrm{G} \wedge y = \arccos x + 2n\pi)$,

und für $x \in (-\infty, \infty)$:

$y \in \operatorname{Arctan} x$ genau dann, wenn $\exists n\, (n \in \mathrm{G} \wedge y = \arctan x + n\pi)$,

$y \in \operatorname{Arccot} x$ genau dann, wenn $\exists n\, (n \in \mathrm{G} \wedge y = \operatorname{arccot} x + n\pi)$.

1.2.2.2. Exponentialfunktionen und Logarithmusfunktionen [1]

Die Exponentialfunktionen $y = e^{bx} = \exp(bx)$ *und* $b \neq 0$

Die Funktionen (Abb. 1.32) sind für jeden Wert von x definiert, sie besitzen keine Nullstelle und keine Extrema. Ihre Werte sind stets positiv. Mit $a = e^b$ gilt für alle Werte von x: $e^{bx} = a^x$ und $a > 0$ und $a \neq 1$. Für $b > 0$ (d. h. $a > 1$) sind die Funktionen monoton steigend, für $b < 0$ (d. h. $0 < a < 1$) sind sie monoton fallend. Wichtige Spezialfälle: $y = e^x = \exp x$ (natürliche Exponentialfunktion) und $y = e^{-x} = \exp(-x)$. Die Bilder dieser Funktionen gehen durch den Punkt (0, 1) und haben die x-Achse als Asymptote.

Die Logarithmusfunktionen $y = \log_a x$ *und* $a > 0$ *und* $a \neq 1$

Sie sind die Umkehrfunktionen der Exponentialfunktionen. Ihr Definitionsbereich ist $0 < x < \infty$, ihr Wertevorrat $-\infty < y < \infty$. Mit $b = \ln a$ gilt im Definitionsbereich: $\log_a x = (1/b) \ln x$ und $b \neq 0$. Für $a > 1$ (d. h. $b > 0$) sind die Funktionen monoton steigend, für $0 < a < 1$ (d. h. $b < 0$) sind sie monoton fallend (Abb. 1.33). Wichtiger Spezialfall: $a = e$ (d. h. $b = 1$), $y = \ln x$. Die

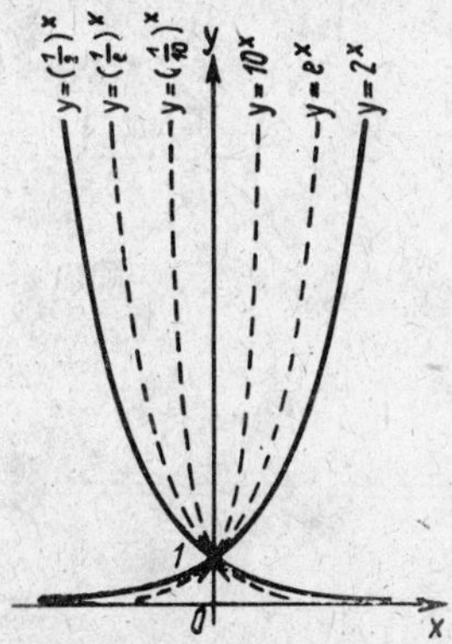

Abb. 1.32

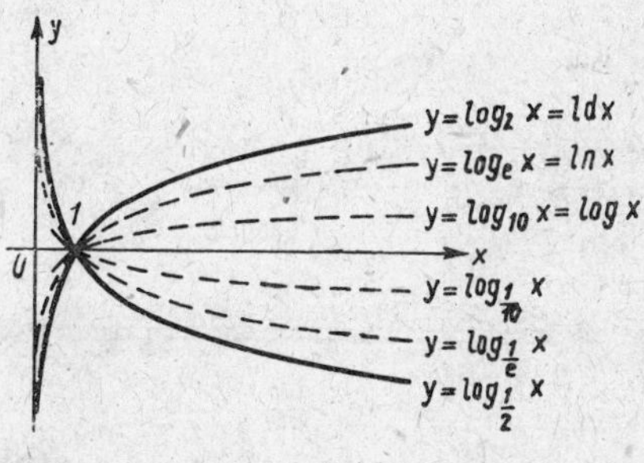

Abb. 1.33

Bilder dieser Funktionen gehen durch den Punkt (1, 0) und haben die y-Achse zur Asymptote. Für jeden von null verschiedenen Wert von b sind $y = e^{bx}$ und $y = (1/b) \ln x$ gegenseitig Umkehrfunktionen, deren Bilder durch Spiegelung an der Geraden $x - y = 0$ aufeinander abgebildet werden.

Die Funktionen $y = b\, e^{-(ax)^2} = b \exp(-(ax)^2)$ *und* $a \neq 0$, $b > 0$

Die Funktionen (Abb. 1.34) sind für jeden Wert von x definiert, ihr Wertevorrat ist $0 < y \leqq b$. Sie sind im Intervall $-\infty < x \leqq 0$ monoton steigend und im Intervall $0 \leqq x < \infty$ monoton fallend

[1]) Formeln vgl. 2.5.2.2.

und haben bei $x = 0$ ein Maximum mit dem Funktionswert $y_{max} = b$. Die Bilder sind symmetrisch zur y-Achse und haben zwei Wendepunkte $B\left(1/(a\sqrt{2}),\ b/\sqrt{e}\right)$ und $C\left(-1/(a\sqrt{2}),\ b/\sqrt{e}\right)$. Die Wendetangenten haben die Steigungen $\tan\varphi_1 = -ab\sqrt{2/e}$ und $\tan\varphi_2 = ab\sqrt{2/e}$. Wichtiger Spezialfall: $b = 1/\sqrt{2\pi}$, $a = 1/\sqrt{2}$ (*Gaußsche Glockenkurve*, Wahrscheinlichkeitsdichte der Normalverteilung, vgl. 1.1.2.9.1.).

Die Funktionen $y = a\,e^{bx} + c\,e^{dx}$ *und* $abcd \neq 0$

Die Funktionen (Abb. 1.35) sind für jeden Wert von x definiert. Man betrachtet sie als Summe der Funktionen $y_1 = a\,e^{bx}$ und $y_2 = c\,e^{dx}$ (für die Spezialfälle $b = 1$, $d = -1$ und $a = c = 1/2$ bzw. $a = -c = 1/2$ vgl. 1.2.2.3.). Es lassen sich vier Typen unterscheiden, wobei es zu jedem Typ

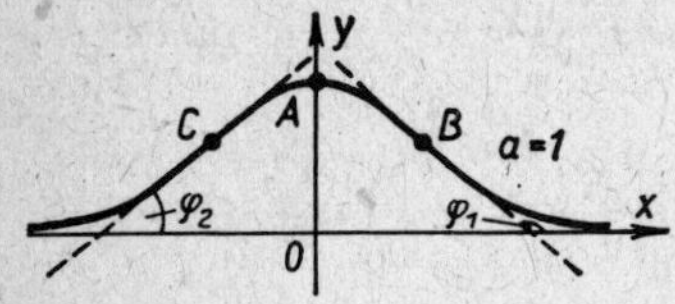

Abb. 1.34

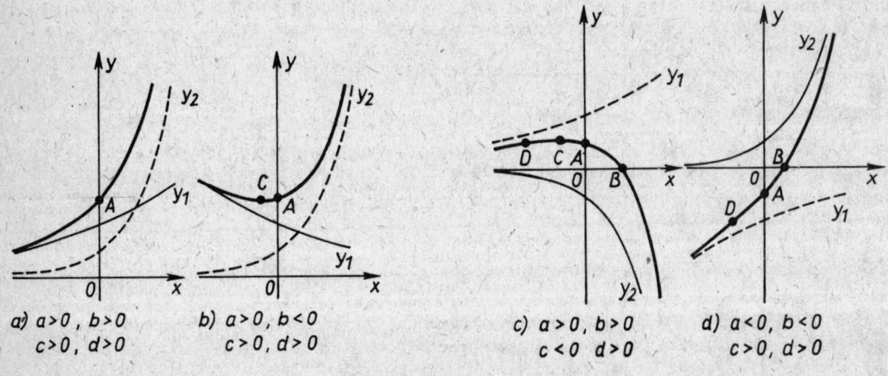

Abb. 1.35

vier Fälle gibt. Von jedem Typ wird ein Fall betrachtet, die Bilder der Funktionen der anderen Fälle gewinnt man daraus durch Spiegelung an der x-Achse, der y-Achse oder an beiden Achsen.

a) $ac > 0$ und $bd > 0$. In Abb. 1.35a ist der Fall $a > 0$, $c > 0$ und $b > 0$, $d > 0$ dargestellt. Die Funktionen sind monoton steigend, Extremwerte und Nullstellen fehlen. Die Bilder besitzen keinen Wendepunkt, die x-Achse ist Asymptote.

b) $ac > 0$ und $bd < 0$. In Abb. 1.35b ist der Fall $a > 0$, $c > 0$ und $b < 0$, $d > 0$ dargestellt. Die Funktionen besitzen ein Minimum an der Stelle x_{ex}, keine Nullstelle und sind im Intervall $(-\infty, x_{ex}]$ monoton fallend und in $[x_{ex}, \infty)$ monoton steigend. Die Bilder besitzen keinen Wendepunkt und keine Asymptoten.

c) $ac < 0$ und $bd > 0$. In Abb. 1.35c ist der Fall $a > 0$, $c < 0$ und $b > 0$, $d > 0$ dargestellt. Die Funktionen besitzen ein Maximum an der Stelle x_{ex}, eine Nullstelle bei x_0 und sind im Intervall $(-\infty, x_{ex}]$ monoton steigend und in $[x_{ex}, \infty)$ monoton fallend. Ihre Bilder haben einen Wendepunkt, die x-Achse ist Asymptote.

d) $ac < 0$ und $bd < 0$. In Abb. 1.35d ist der Fall $a < 0$, $c > 0$ und $b < 0$, $d > 0$ dargestellt. Die Funktionen besitzen kein Extremum, eine Nullstelle bei x_0 und sind monoton steigend. Ihre Bilder haben einen Wendepunkt und keine Asymptote.

Extremwerte (Typen b und c): $x_{ex} = 1/(d - b) \cdot \ln(-ab/(cd))$, $d \neq b$,
Nullstellen (Typen c und d): $x_0 = 1/(d - b) \cdot \ln(-a/c)$, $d \neq b$,
Schnittpunkt mit der y-Achse: $A(0, a + c)$,
Abszisse des Wendepunktes D (Typen c und d): $x_w = 1/(d - b) \cdot \ln(-ab^2/(cd^2))$, $d \neq b$.

Die Funktionen $y = a\,e^{bx+cx^2} = a \exp(bx + cx^2)$ *und* $ac \neq 0$

Die Bilder dieser Funktionen sind symmetrisch zur Geraden mit der Gleichung $x + b/(2c) = 0$. Die Funktionen besitzen keine Nullstellen, jedoch ein Extremum an der Stelle $x_{ex} = -b/(2c)$ mit

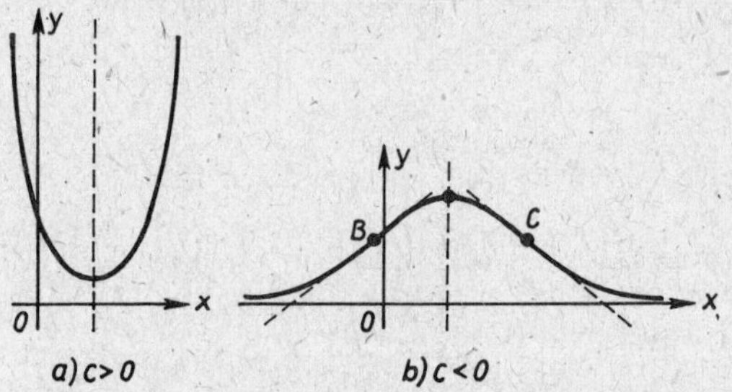

Abb. 1.36

dem zugehörigen Funktionswert $y_{ex} = a \cdot \exp(-b^2/(4c))$. Es sind zwei Typen der Funktionsbilder zu unterscheiden, die für den Fall $a > 0$ in Abb. 1.36 dargestellt sind (für $a < 0$ sind die Kurven an der x-Achse zu spiegeln).

a) $c > 0$ und $a > 0$. Das Extremum ist ein Minimum, die Funktionen sind im Intervall $(-\infty, x_{ex}]$ monoton fallend und in $[x_{ex}, \infty)$ monoton steigend. Es gibt keine Wendepunkte und Asymptoten (Abb. 1.36a).

b) $c < 0$ und $a > 0$. Das Extremum ist ein Maximum, die Funktionen sind im Intervall $(-\infty, x_{ex}]$ monoton steigend und in $[x_{ex}, \infty)$ monoton fallend. Die x-Achse ist Asymptote (Abb. 1.36b). Die Wendepunkte haben die Koordinaten

$$B\left(\left(-b + \sqrt{-2c}\right)/(2c),\ a\,e^{-(b^2+2c)/(4c)}\right) \text{ und } C\left(\left(-b - \sqrt{-2c}\right)/(2c),\ a\,e^{-(b^2+2c)/(4c)}\right).$$

Die Funktionen $y = ax^b e^{cx} = ax^b \exp(cx)$ *und* $abc \neq 0$

Läßt man als Belegung von b jede von null verschiedene reelle Zahl zu, so sind die Funktionen für $b > 0$ im Intervall $0 \leqq x < \infty$ und für $b < 0$ in $0 < x < \infty$ definiert. Es genügt wieder die Fälle $a > 0$ zu betrachten (für $a < 0$ ergeben sich die Bilder durch Spiegelung an der x-Achse).

a) $c > 0$, $b > 1$ (Abb. 1.37a). Die Bilder berühren die x-Achse im Punkte 0. Die Funktionen sind monoton steigend.

b) $c > 0$, $b = 1$ (Abb. 1.37b). Die Bilder gehen durch den Punkt 0, Tangente in 0 ist die Gerade $x - y = 0$. Die Funktionen sind monoton steigend.

c) $c > 0$, $0 < b < 1$ (Abb. 1.37c). Die Bilder berühren die y-Achse im Punkte 0 und haben im Punkte C mit der Abszisse $\left(\sqrt{b} - b\right)/c$ einen Wendepunkt. Die Funktionen sind monoton steigend und haben kein Extremum.

d) $c > 0, b < 0$ (Abb. 1.37d). Die y-Achse ist Asymptote. Die Funktionen besitzen ein Minimum an der Stelle $-b/c$ und sind im Intervall $(0, -b/c]$ monoton fallend und in $[-b/c, \infty)$ monoton steigend.

e) $c < 0$, $b > 1$ (Abb. 1.37e). Die Bilder berühren die x-Achse im Punkte 0 und haben zwei Wendepunkte C und D mit den Abszissen $x_C = (b + \sqrt{b})/(-c)$ und $x_D = (b - \sqrt{b})/(-c)$. Die x-Achse ist Asymptote. Die Funktionen haben ein Maximum bei $-b/c$. Sie sind in $[0, -b/c]$ monoton steigend und in $[-b/c, \infty)$ monoton fallend.

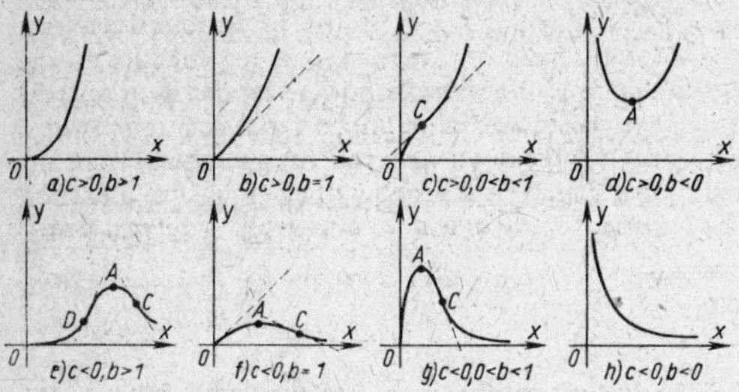

Abb. 1.37

f) $c < 0$, $b = 1$ (Abb. 1.37f). Die Bilder gehen durch den Punkt 0, Tangente in 0 ist die Gerade $x - y = 0$. Es existiert nur ein Wendepunkt C, sonstiges Verhalten wie unter e).

g) $c < 0$, $0 < b < 1$ (Abb. 1.37g). Die Bilder berühren die y-Achse in 0. Sonstiges Verhalten wie unter f).

h) $c < 0$, $b < 0$ (Abb. 1.37h). Die Koordinatenachsen sind Asymptoten. Die Funktionen sind in $(0, \infty)$ monoton fallend.

Die Funktionen $y = A\,e^{-ax} \sin(\omega x + \varphi)$ *und* $A > 0$, $a > 0$, $\omega > 0$

Die Bilder dieser Funktionen (Abb. 1.38) dienen für $x \geqq 0$ zur Darstellung gedämpfter harmonischer Schwingungen, falls man x als Zeit und y als Auslenkung (Elongation) interpretiert (für $a = 0$ ungedämpfte harmonische Schwingungen vgl. 1.2.2.1.). Die Kurven verlaufen in einem Gebiet, das von den Bildern der Funktionen $y_1 = A\,e^{-ax}$ und $y_2 = -A\,e^{-ax}$ begrenzt wird (in Abb.

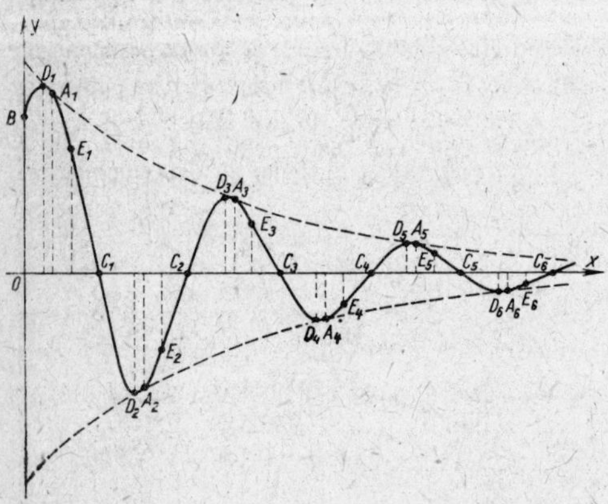

Abb. 1.38

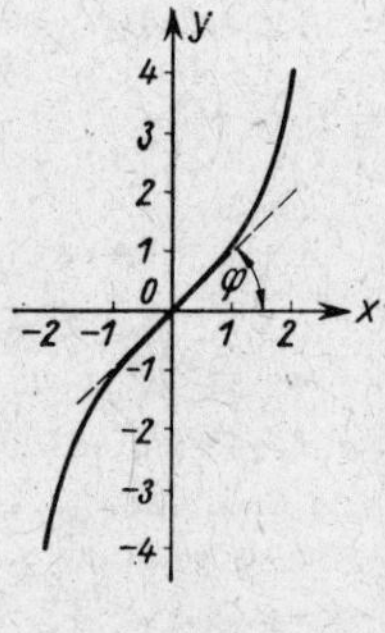

Abb. 1.39

1.38 gestrichelt), die die x-Achse zur Asymptote haben. Koordinaten der Berührungspunkte: A_k: $x_k = ((k + 1/2)\,\pi - \varphi)/\omega$, $y_k = (-1)^k A\, e^{-ax_k}$. Schnittpunkte mit den Koordinatenachsen: $B(0, A \sin\varphi)$, $C_k((k\pi - \varphi)/\omega, 0)$, Extremwerte (Abszissen der Punkte D_k): $(k\pi - \varphi + \arctan(\omega/a))/\omega$, Abszissen der Wendepunkte E_k: $(k\pi - \varphi + 2 \arctan(\omega/a))/\omega$, logarithmisches Dämpfungsdekrement: $\delta = \ln|y_k/y_{k+1}| = a\pi/\omega$.

1.2.2.3. Hyperbelfunktionen[1])

Hyperbolische Sinusfunktion (Sinus hyperbolicus): $y = \sinh x = (e^x - e^{-x})/2$

Die Funktion ist monoton steigend. Ihr Bild (Abb. 1.39) ist zentralsymmetrisch zum Koordinatenursprung, der zugleich Wendepunkt ist. Der Neigungswinkel φ der Tangente in 0 beträgt $\pi/4$.

Hyperbolische Kosinusfunktion (Cosinus hyperbolicus): $y = \cosh x = (e^x + e^{-x})/2$

Die Funktion ist im Intervall $(-\infty, 0]$ monoton fallend und in $[0, \infty)$ monoton steigend, sie hat bei $x_0 = 0$ ein Minimum mit dem Funktionswert 1. Ihr Bild (Abb. 1.40) ist symmetrisch zur y-Achse und ist eine Kettenlinie (vgl. 1.3.4.). Es wird in der Umgebung von $A(0, 1)$ sehr gut durch das Bild der Funktion $y = 1 + x^2/2$ approximiert (Parabel, in Abb. 1.40 gestrichelt, Berührung dritter Ordnung).

Hyperbolische Tangensfunktion (Tangens hyperbolicus): $y = \tanh x = (e^x - e^{-x})/(e^x + e^{-x})$

Die Funktion ist monoton steigend, alle Funktionswerte liegen zwischen -1 und 1. Das Bild (Abb. 1.41) ist zentralsymmetrisch zum Koordinatenursprung, der zugleich Wendepunkt ist. Der

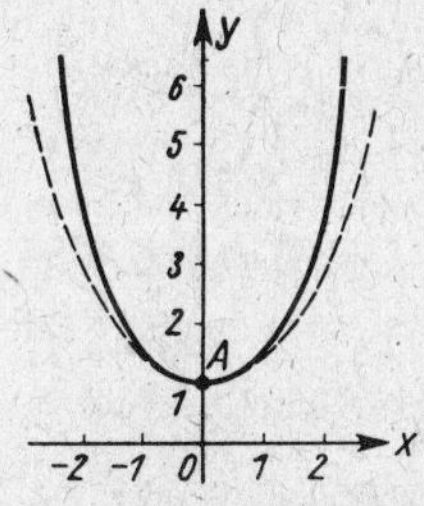

Abb. 1.40

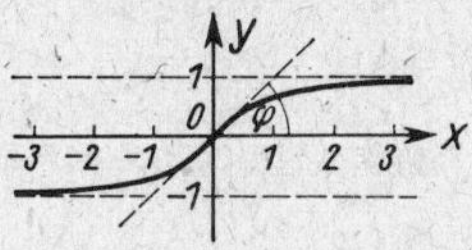

Abb. 1.41

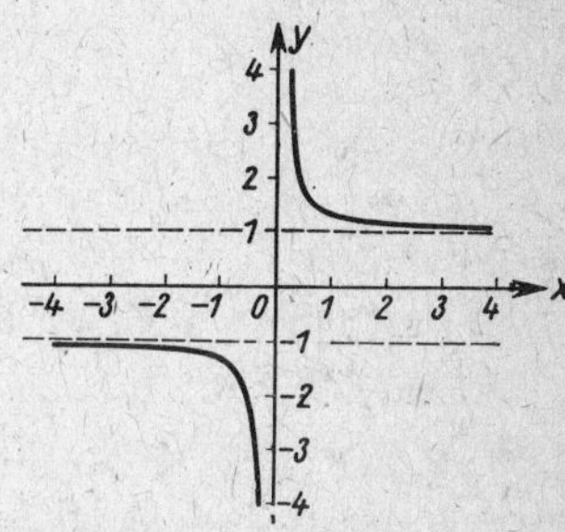

Abb. 1.42

Neigungswinkel φ der Tangente in 0 beträgt $\pi/4$. Die Geraden mit den Gleichungen $y - 1 = 0$ und $y + 1 = 0$ sind Asymptoten.

Hyperbolische Kotangensfunktion (Cotangens hyperbolicus): $y = \coth x = (e^x + e^{-x})/(e^x - e^{-x})$

Die Funktion ist in den Intervallen $(-\infty, 0)$ und $(0, \infty)$ monoton fallend, besitzt an der Stelle $x_p = 0$ einen Pol erster Ordnung und keine Nullstelle. Das Bild der Funktion (Abb. 1.42) ist zentralsymmetrisch zum Punkt 0. Die Geraden mit den Gleichungen $y - 1 = 0$, $y + 1 = 0$ und $x = 0$ sind Asymptoten.

Areasinusfunktion: $y = \operatorname{arsinh} x = \ln\left(x + \sqrt{x^2 + 1}\right)$

Sie ist Umkehrfunktion von $y = \sinh x$ im Monotonieintervall $(-\infty, \infty)$ und daher monoton steigend. Ihr Bild (Abb. 1.43) erhält man durch Spiegelung des Bildes von $y = \sinh x$ an der Geraden $x - y = 0$. Der Punkt 0 ist Symmetriezentrum der Kurve und zugleich Wendepunkt.

Areakosinusfunktion: $y = \operatorname{arcosh} x = \ln\left(x + \sqrt{x^2 - 1}\right)$

Sie ist Umkehrfunktion von $y = \cosh x$ im Monotonieintervall $[0, \infty)$. Demnach ist ihr Definitionsbereich $1 \leqq x < \infty$ und ihr Wertevorrat $0 \leqq y < \infty$. Sie ist im Definitionsbereich monoton

[1]) Formeln vgl. 2.5.2.3.

steigend. Ihr Bild (Abb. 1.44) berührt im Punkte $A(1, 0)$ die Parallele zur y-Achse und ist Teil des an der Geraden $x - y = 0$ gespiegelten Bildes von $y = \cosh x$.

Areatangensfunktion: $y = \operatorname{artanh} x = 1/2 \cdot \ln((1 + x)/(1 - x))$

Sie ist Umkehrfunktion von $y = \tanh x$ im Monotonieintervall $(-\infty, \infty)$. Ihr Definitionsbereich ist $-1 < x < 1$, ihr Wertevorrat $-\infty < y < \infty$, sie ist monoton steigend. Ihr Bild (Abb. 1.45) ist zentralsymmetrisch zu 0, wobei 0 zugleich Wendepunkt ist. Die Tangente in 0 hat den Neigungswinkel $\pi/4$, die Geraden $x + 1 = 0$ und $x - 1 = 0$ sind Asymptoten. Das Bild entsteht durch Spiegelung des Bildes von $y = \tanh x$ an der Geraden $x - y = 0$.

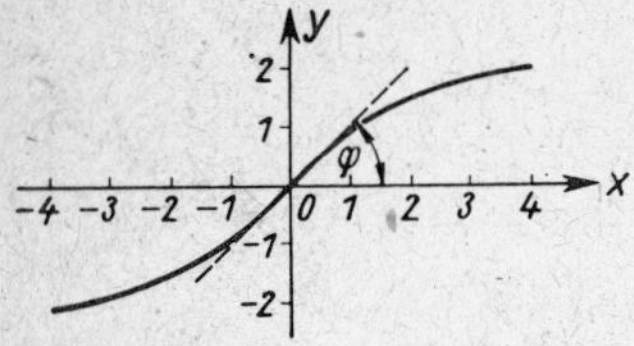

Abb. 1.43

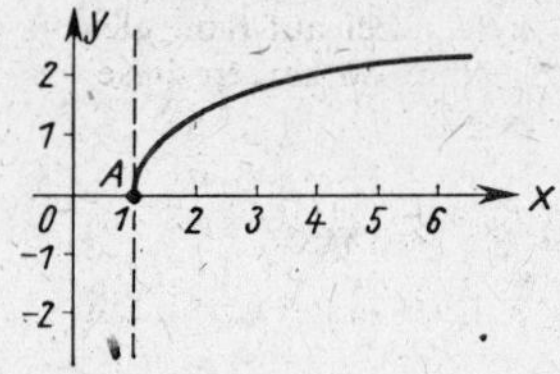

Abb. 1.44

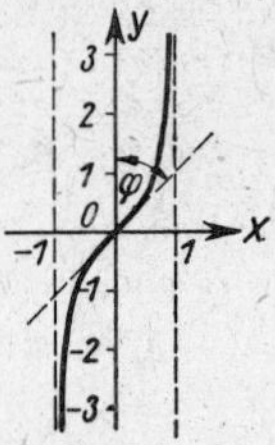

Abb. 1.45

Areakotangensfunktion: $y = \operatorname{arcoth} x = 1/2 \cdot \ln((x + 1)/(x - 1))$

Sie ist Umkehrfunktion von $y = \coth x$ in den beiden Monotonieintervallen $(-\infty, 0)$ und $(0, \infty)$. Demnach zerfällt ihr Definitionsbereich in die Intervalle $(-\infty, -1)$ und $(1, \infty)$, in denen sie monoton fallend ist. Ihr Bild (Abb. 1.46) ist zentralsymmetrisch zu 0, entsteht durch Spiegelung des Bildes von $y = \coth x$ an der Geraden $x - y = 0$ und hat die Asymptoten $y = 0$, $x + 1 = 0$, $x - 1 = 0$.

1.3. Gleichungen und Parameterdarstellungen elementarer Kurven

Ist $F(x, y) = 0$ eine erfüllbare Gleichung, die keine Identität ist (vgl. 2.4.1.3.), und ist

$$\mathbf{M} = \{(a, b) \mid F(a, b) = 0\}$$

die Menge aller geordneten Paare reeller Zahlen a und b, für die $F(a, b) = 0$ wahr ist, so heißt die Menge $\mathbf{K} = \{P(a, b) \mid (a, b) \in \mathbf{M}\}$ aller Punkte P einer Ebene, die in einem Koordinatensystem $\mathbf{S}$ die Koordinaten a und b besitzen, die *durch die Gleichung* $F(x, y) = 0$ *in* $\mathbf{S}$ *definierte ebene Kurve*. $F(x, y) = 0$ heißt *Gleichung der Kurve* $\mathbf{K}$ *im Koordinatensystem* $\mathbf{S}$. Ist $F(x, y)$ speziell der Ausdruck

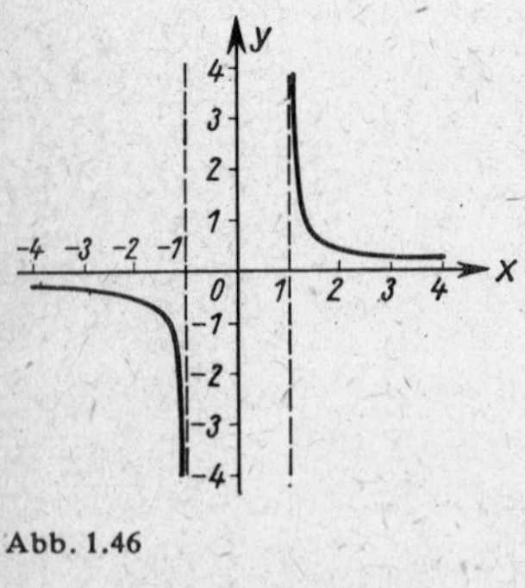

Abb. 1.46

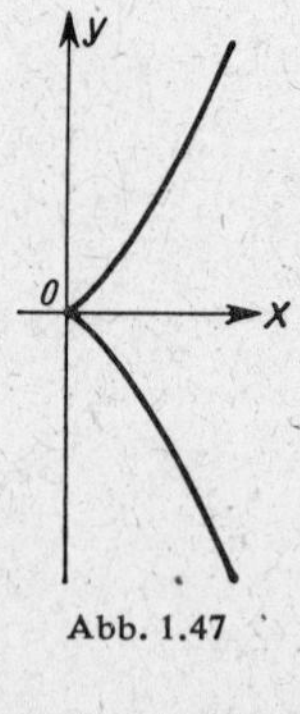

Abb. 1.47

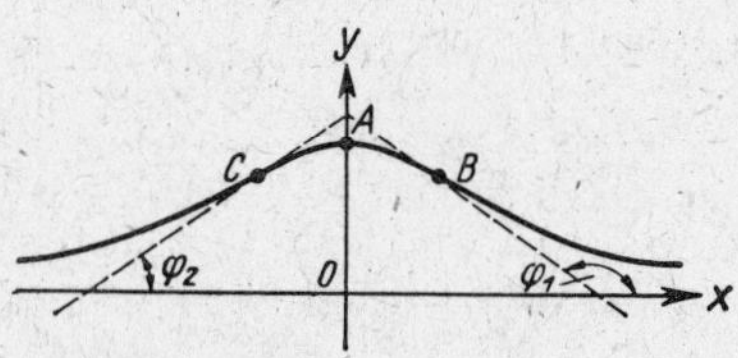

Abb. 1.48

$y = f(x)$ und ist **S** ein kartesisches Koordinatensystem, so ist die Kurve **K** das Bild der Funktion $y = f(x)$ (vgl. 1.2.). Die Gleichung einer gegebenen Kurve hängt also nicht nur von der Kurve, sondern auch entscheidend vom Koordinatensystem ab.

Eine Kurve **K** heißt *algebraische Kurve der Ordnung n*, wenn es ein kartesisches Koordinatensystem **S** und ein Polynom $F(x, y)$ in den Variablen x, y vom Gesamtgrad n gibt, so daß $F(x, y) = 0$ Gleichung der Kurve **K** im Koordinatensystem **S** ist.

Ist **S** ein Polarkoordinatensystem (vgl. 2.6.5.), so beschränkt man sich auf Gleichungen der Gestalt $\varrho = f(\varphi)$. Man bezeichnet dann $\varrho = f(\varphi)$ als Gleichung der Kurve **K** in Polarkoordinaten. Diese Beschränkung hat zur Folge, daß gewisse Kurven nur durch mehrere derartige Gleichungen in Polarkoordinaten beschrieben werden können (vgl. Konchoide in 1.3.1.2.).

Sind $x = x(t)$ und $y = y(t)$ zwei auf dem gleichen Intervall **I** definierte Funktionen und **S** ein kartesisches Koordinatensystem, so heißen diese beiden Funktionen eine *Parameterdarstellung der Kurve* $\mathbf{K} = \{P(x(t), y(t)) \mid t \in \mathbf{I}\}$.

1.3.1. Algebraische Kurven

Algebraische Kurven erster und zweiter Ordnung vgl. 2.6.6.1.

1.3.1.1. Kurven dritter Ordnung

Semikubische Parabel (Abb. 1.47). Gleichung der Kurve: $a^2x^3 - y^2 = 0$. Parameterdarstellung: $x = t^2$, $y = at^3$, $-\infty < t < \infty$. Krümmung k in einem Kurvenpunkt mit der Abszisse x: $k = 6a/\left(\sqrt{x}\,(4 + 9a^2x)^{3/2}\right)$. Länge l des Kurvenbogens vom Koordinatenursprung bis zu einem Punkt P mit der Abszisse x: $l = ((4 + 9a^2x)^{3/2}) - 8)/(27a^2)$.

Versiera der Agnesi (Abb. 1.48). Gleichung: $(x^2 + a^2)\,y - a^3 = 0$ und $a > 0$. Asymptote: $y = 0$. Krümmungsradius im Scheitelpunkt $A(0, a)$: $r_A = a/2$. Wendepunkte: $B\left(a/\sqrt{3}, 3a/4\right)$, $C\left(-a/\sqrt{3}, 3a/4\right)$. Steigung der Tangenten in den Wendepunkten: $\tan\varphi_1 = -3\sqrt{3}/8$, $\tan\varphi_2 = 3\sqrt{3}/8$. Flächeninhalt zwischen Kurve und Asymptote: $s = \pi a^2$.

Kartesisches Blatt (Abb. 1.49). Gleichung: $x^3 + y^3 - 3axy = 0$ und $a > 0$. Parameterdarstellung: $x = 3at/(1 + t^3)$, $y = 3at^2/(1 + t^3)$, $-\infty < t < -1$ und $-1 < t < \infty$. Bezeichnet $P(t)$ den zum Parameterwert t gehörigen Kurvenpunkt und $\varphi(t)$ den Winkel zwischen PO und der positiven Richtung der x-Achse, so gilt: $\tan\varphi(t) = t$. Der Koordinatenursprung O ist Doppelpunkt der Kurve. Für $-1 < t < \infty$ verläuft die Kurve aus dem zweiten Quadranten kommend über O $(t = 0)$ und A nach O $(t \to \infty)$, für $-\infty < t < -1$ verläuft die Kurve im vierten Quadranten von O beginnend. Die Koordinatenachsen sind Tangenten an die Kurve in O. Krümmungsradius in O für beide Kurvenzweige: $r_0 = 3a/2$. Asymptote: $x + y + a = 0$. Scheitelpunkt: $A(3a/2, 3a/2)$. Flächeninhalt der Schleife: $s_1 = 3a^2/2$, Flächeninhalt zwischen Kurve und Asymptote: $s_2 = 3a^2/2$.

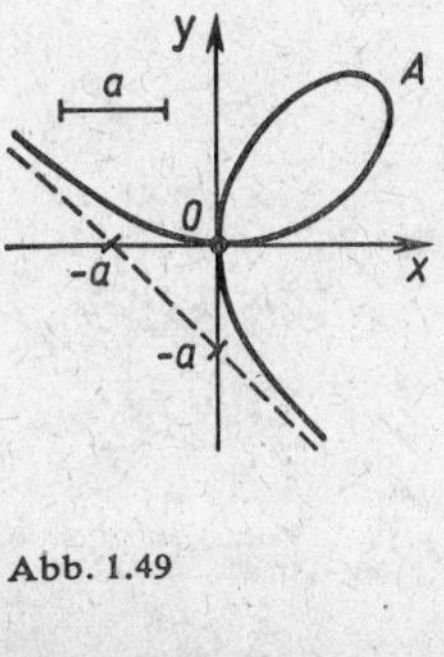

Abb. 1.49

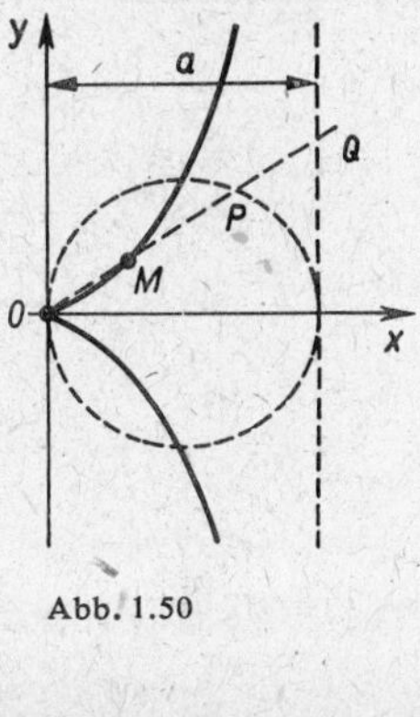

Abb. 1.50

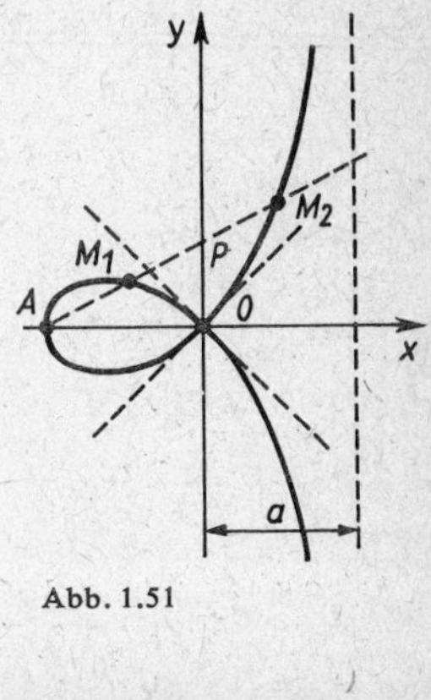

Abb. 1.51

Zissoide (Abb. 1.50). Gleichung: $x^3 + (x - a) y^2 = 0$ und $a > 0$. Parameterdarstellung: $x = at^2/(1 + t^2)$, $y = at^3/(1 + t^2)$, $-\infty < t < \infty$, $t = \tan \varphi(t)$, wenn $\varphi(t)$ den Winkel zwischen MO und der positiven Richtung der x-Achse bezeichnet ($M(t)$ Kurvenpunkt zum Parameterwert t). Gleichung in Polarkoordinaten: $\varrho = a \cdot \sin^2 \varphi/\cos \varphi$. Geometrische Definition: Ein Punkt M liegt genau dann auf der Kurve, wenn M auf einem Strahl durch O liegt und $\overline{MO} = \overline{PQ}$ gilt, wobei P der zweite Schnittpunkt des Strahles mit dem Kreis um $(a/2, 0)$ mit Radius $a/2$ und Q der Schnittpunkt des Strahles mit der Geraden $x - a = 0$ ist (Abb. 1.50). O ist Rückkehrpunkt der Kurve, Asymptote: $x - a = 0$, Flächeninhalt zwischen Kurve und Asymptote: $s = 3\pi a^2/4$.

Strophoide (Abb. 1.51). Gleichung: $(x + a) x^2 + (x - a) y^2 = 0$ und $a > 0$. Parameterdarstellung: $x = a(t^2 - 1)/(t^2 + 1)$, $y = at(t^2 - 1)/(t^2 + 1)$, $-\infty < t < \infty$, $t = \tan \varphi(t)$, wenn $\varphi(t)$ den Winkel zwischen MO und der positiven Richtung der x-Achse bezeichnet ($M = M(t)$ Kurvenpunkt zum Parameterwert t). Gleichung in Polarkoordinaten: $\varrho = -a \cdot \cos(2\varphi)/\cos \varphi$. Geometrische Definition: Ein Punkt M liegt genau dann auf der Kurve, wenn M auf einem Strahl durch $A(-a, 0)$ liegt und $\overline{PM} = \overline{PO}$ gilt, wobei P Schnittpunkt des Strahles mit der y-Achse und O Koordinatenursprung ist (in Abb. 1.51 $\overline{PM_1} = \overline{PO} = \overline{PM_2}$). Der Koordinatenursprung ist Doppelpunkt der Kurve, die Geraden $x + y = 0$ und $x - y = 0$ sind Tangenten in O an die Kurve. Asymptote: $x - a = 0$, Scheitelpunkt: $A(-a, 0)$. Flächeninhalt der Schleife: $s_1 = 2a^2 - \pi a^2/2$, Flächeninhalt zwischen Kurve und Asymptote: $s_2 = 2a^2 + \pi a^2/2$.

1.3.1.2. Kurven vierter Ordnung

Konchoide des Nikomedes (Abb. 1.52). Gleichung der Kurve: $(x - a)^2 (x^2 + y^2) - l^2x^2 = 0$ und $a > 0, l > 0$. Parameterdarstellung: $x = a + l \cdot \cos t$, $y = a \cdot \tan t + l \cdot \sin t$, $-\pi/2 < t < \pi/2$ rechter Zweig, $\pi/2 < t < 3\pi/2$ linker Zweig. Gleichungen in Polarkoordinaten: $\varrho = a/\cos \varphi + l$

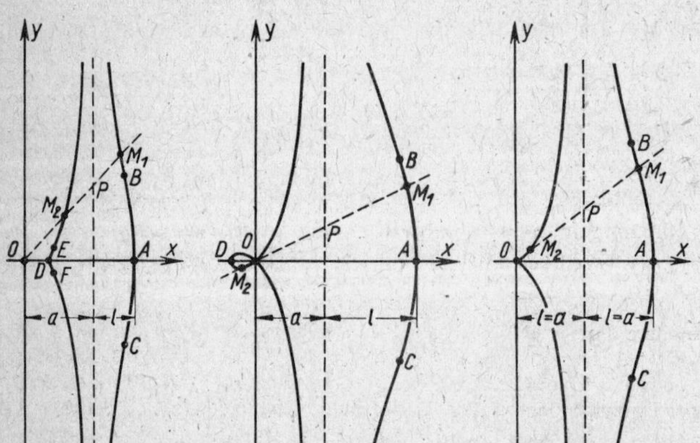

Abb. 1.52

rechter Zweig, $\varrho = a/\cos \varphi - l$ linker Zweig. Geometrische Definition: Konchoide[1]) der Geraden $x - a = 0$ bezüglich des Punktes O. Asymptote (für beide Zweige): $x - a = 0$. Scheitelpunkte: $A(a + l, 0)$ rechter Zweig, $D(a - l, 0)$ linker Zweig. Wendepunkte des rechten Zweiges sind B und

[1]) Eine Konchoide einer Kurve **K** bezüglich eines Punktes Z besteht aus genau den Punkten M der Ebene, für die gilt: Ist P ein beliebiger Punkt der Kurve **K** und l eine positive Zahl, so liegen Z, P, M auf einer Geraden, und es ist $\overline{ZM} = \overline{ZP} + l$ oder auch $\overline{ZM} = \overline{ZP} - l$. Hat **K** die Gleichung $\varrho = f(\varphi)$ in Polarkoordinaten, so lauten die Gleichungen der Konchoide zu **K** bezüglich O: $\varrho = f(\varphi) + l$ und $\varrho = f(\varphi) - l$.

C, ihre Abszisse ist die größte Nullstelle des Polynoms $x^3 - 3a^2x + 2a(a^2 - l^2)$. Für den linken Zweig sind drei Fälle zu unterscheiden: a) $l < a$. Der Punkt O ist ein isolierter Punkt der Kurve, falls sie durch ihre Gleichung in kartesischen Koordinaten definiert ist (O ist in diesem Fall in der Parameterdarstellung nicht mit enthalten). Der linke Zweig besitzt zwei Wendepunkte E und F, deren Abszisse die zweitgrößte Nullstelle des obengenannten Polynomes ist. b) $l > a$. Der Punkt O ist Doppelpunkt der Kurve, die beiden Tangenten in O haben die Steigungen $\sqrt{(l^2 - a^2)/a}$ bzw. $-\sqrt{(l^2 - a^2)/a}$, der Krümmungsradius in O ist $r_0 = l\sqrt{l^2 - a^2}/2$. c) $l = a$. Der Punkt O fällt mit dem Scheitel D zusammen und ist Rückkehrpunkt.

Pascalsche Schnecke (Abb. 1.53). Gleichung der Kurve: $(x^2 + y^2 - ax)^2 - l^2(x^2 + y^2) = 0$ und $a > 0$, $l > 0$. Parameterdarstellung (für $a < l$ wird der Punkt O nicht mit erfaßt):

$$x = a \cdot \cos^2 t + l \cdot \cos t, \quad y = a \cdot \cos t \sin t + l \cdot \sin t, \quad 0 \leqq t < 2\pi.$$

Gleichung in Polarkoordinaten (für $a < l$ ohne Punkt O): $\varrho = a \cdot \cos \varphi + l$. Geometrische Definition (ohne O als isolierten Punkt): Konchoide des Kreises um $(a/2, 0)$ mit Radius $a/2$ bezüglich O (vgl. Fußnote S. 88). Ist $l < 2a$, so gibt es zwei Punkte $I(-l^2/(4a),\ l\sqrt{4a^2 - l^2}/(4a))$ und

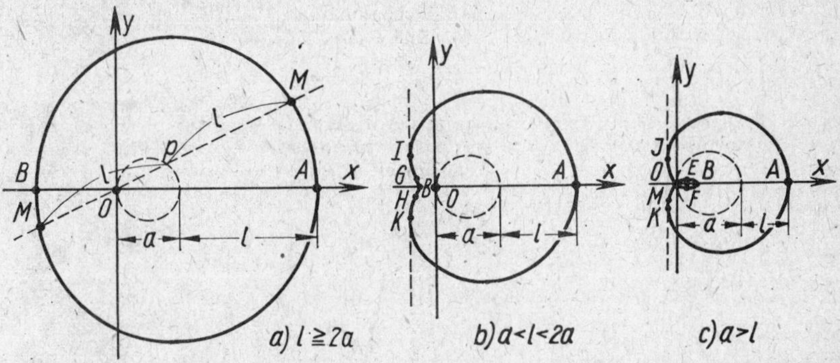

Abb. 1.53

$K(-l^2/(4a), -l\sqrt{4a^2 - l^2}/(4a))$, die eine gemeinsame Tangente besitzen. Für $a < l$ ist O ein isolierter Punkt der Kurve, für $a > l$ ein Doppelpunkt mit den beiden Tangentensteigungen $\sqrt{a^2 - l^2}/l$ und $-\sqrt{a^2 - l^2}/l$ und dem Krümmungsradius $\sqrt{a^2 - l^2}/2$, für $a = l$ ist O Rückkehrpunkt (vgl. Kardioide).

Kardioide (Abb. 1.54). Gleichung der Kurve: $(x^2 + y^2)(x^2 + y^2 - 2ax) - a^2y^2 = 0$ und $a > 0$. Parameterdarstellung: $x = a \cdot \cos t(1 + \cos t)$, $y = a \cdot \sin t(1 + \cos t)$, $0 \leqq t < 2\pi$. Gleichung in Polarkoordinaten: $\varrho = a(1 + \cos \varphi)$. Geometrische Definition: Spezialfall der Pascalschen Schnecke (s. o.) oder Spezialfall der Epizykloide (vgl. 1.3.2.). Scheitel: $A(2a, 0)$, Rückkehrpunkt: O, Koordinaten der Punkte C und D: $x_C = x_D = 3a/4$, $y_C = -y_D = \sqrt{3} \cdot x_C$, $\varphi_C = -\varphi_D = \arccos(1/2)$, $\varrho_C = \varrho_D = 3a/2$. Flächeninhalt: $s = 3\pi a^2/2$ (sechsfacher Flächeninhalt des Kreises mit Durchmesser a). Länge der Kurve: $8a$.

Cassinische Kurve (Abb. 1.55). Gleichung der Kurve:

$$(x^2 + y^2)^2 - 2c^2(x^2 - y^2) - (a^4 - c^4) = 0 \quad \text{und} \quad c > 0, a > 0.$$

Geometrische Definition: Ein Punkt M der Ebene liegt genau dann auf der Kurve, wenn das Produkt seiner Abstände von den Punkten F_1 und F_2 konstant ist: $\overline{MF_1} \cdot \overline{MF_2} = a^2$. Dabei haben F_1 und F_2 die Koordinaten: $F_1(c, 0)$, $F_2(-c, 0)$. a) $a > c$. Scheitelpunkte: $A\left(\sqrt{a^2 + c^2}, 0\right)$, $C\left(-\sqrt{a^2 + c^2}, 0\right)$, $B\left(0, \sqrt{a^2 - c^2}\right)$, $D\left(0, -\sqrt{a^2 - c^2}\right)$. Ist $a = c\sqrt{2}$, so ist die Krümmung in B und D gleich null (Berührung dritter Ordnung mit der Tangente in B bzw. D). Gilt $c\sqrt{2} > a > c$, so treten vier Wendepunkte P, L, M, N auf. Ihre Koordinaten sind mit

$$m = \sqrt{(a^4 - c^4)/3}, \quad n = (a^4 - c^4)/(3c^2):$$

$$x_P = -x_L = x_M = -x_N = \sqrt{(m - n)/2}, \quad y_P = y_L = -y_M = -y_N = \sqrt{(m + n)/2}.$$

Die Punkte E und G bzw. K und I besitzen für $c\sqrt{2} > a$ jeweils gemeinsame Tangenten. Ihre Koordinaten sind:

$$x_E = -x_G = -x_K = x_I = \sqrt{4c^4 - a^4}/(2c), \quad y_E = y_G = -y_K = -y_I = a^2/(2c).$$

b) $a = c$. Lemniskate (s. u.). c) $a < c$. Kurve zerfällt in zwei getrennte geschlossene Zweige. Scheitelpunkte: $A(\sqrt{a^2 + c^2}, 0)$, $C(-\sqrt{a^2 + c^2}, 0)$, $P(\sqrt{c^2 - a^2}, 0)$, $Q(-\sqrt{c^2 - a^2}, 0)$. Koordinaten der Punkte E, G, K, I wie unter a).

Lemniskate (Abb. 1.56). Gleichung der Kurve: $(x^2 + y^2)^2 - 2a^2(x^2 - y^2) = 0$ und $a > 0$. Gleichung in Polarkoordinaten: $\varrho = a\sqrt{2\cos(2\varphi)}$. Geometrische Definition: Spezialfall der Cassinischen Kurve (s. o.). Kurve besitzt einen Doppelpunkt in O, der zugleich Wendepunkt ist.

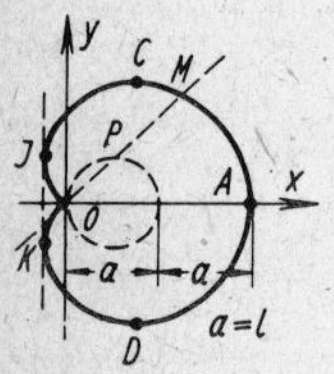

Abb. 1.54

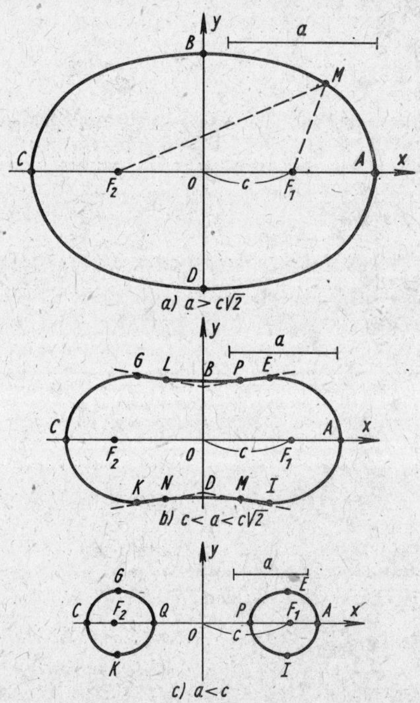

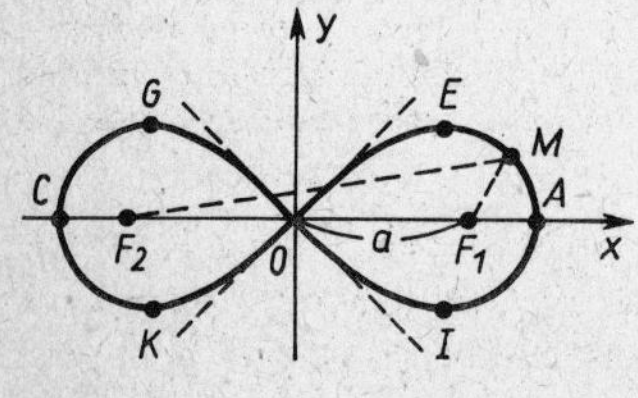

Abb. 1.56

Abb. 1.55

Gleichungen der beiden Tangenten in O: $x + y = 0$ und $x - y = 0$. Koordinaten der Punkte E, G, K, I: $x_E = -x_G = -x_K = x_I = a\sqrt{3}/2$, $y_E = y_G = -y_K = -y_I = a/2$; $\varphi_E = -\varphi_I = \pi/6$, $\varphi_G = -\varphi_K = 5\pi/6$, $\varrho_E = \varrho_G = \varrho_K = \varrho_I = a$. Krümmungsradius in einem Punkt mit den Polarkoordinaten (φ, ϱ): $2a^2/(3\varrho)$. Fläche jeder Schleife: $s = a^2$.

1.3.2. Zykloiden

Zykloiden (*Rollkurven*) sind Kurven, die dadurch entstehen, daß ein Kreis **K** auf einer Leitkurve **L** abrollt ohne zu gleiten. Bezeichnet M einen Punkt auf der Peripherie des Kreises **K**, so beschreibt M bei dieser Bewegung eine Zykloide. Ist C der Mittelpunkt von **K** und M' ein Punkt auf der Verbindungsstrecke CM, so beschreibt M' eine *verkürzte Zykloide*. Liegt M'' außerhalb des Kreises auf der Verlängerung von CM, so beschreibt M'' einer *verlängerte Zykloide*. Verkürzte und verlängerte Zykloiden werden auch als *Trochoiden* bezeichnet.

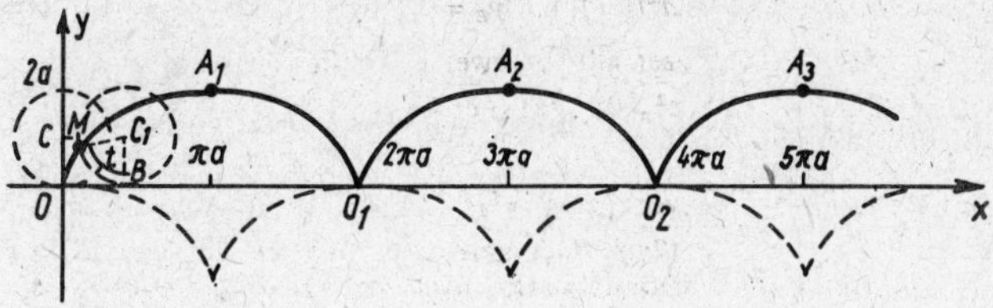

Abb. 1.57

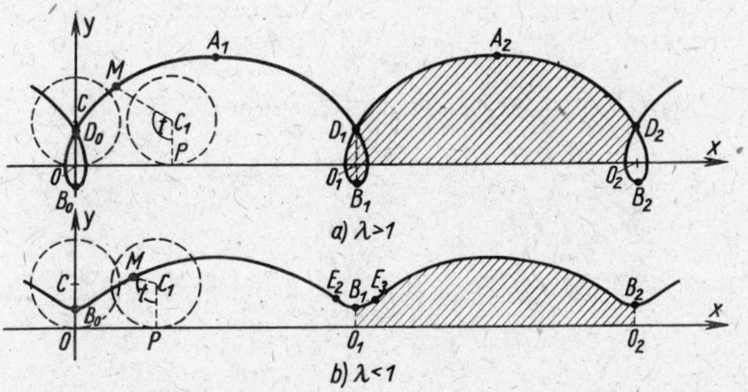

Abb. 1.58

Gewöhnliche Zykloiden (Abb. 1.57). Die Leitkurve **L** ist eine Gerade. Gleichung in kartesischen Koordinaten: $a \cdot \cos\left(\left(x + \sqrt{y(2a - y)}\right)/a\right) = a - y$ und $a > 0$. Parameterdarstellung:

$$x = a(t - \sin t), \quad y = a(1 - \cos t), \quad -\infty < t < \infty,$$

a ist der Radius des rollenden Kreises **K**, $t = \sphericalangle\, MC_1B$ heißt Wälzwinkel. Spitzen: $O_k(2k\pi a, 0)$, Scheitelpunkte: $A_k((2k - 1)\pi a, 2a)$. Länge des Bogens OA_1O_1: $8a$. Flächeninhalt zwischen Bogen OA_1O_1 und x-Achse: $3\pi a^2$. Krümmungsradius: $r(t) = 4a \cdot \sin(t/2)$. Krümmungsradius in den Scheitelpunkten: $4a$. Die Evolute (vgl. 4.3.1.5.) einer Zykloide ist eine kongruente Zykloide (in Abb. 1.57 gestrichelt gezeichnet).

Verlängerte und verkürzte Zykloiden (Abb. 1.58). Parameterdarstellung: $x = a(t - \lambda \sin t)$, $y = a(1 - \lambda \cos t)$, a Radius des rollenden Kreises **K**, $t = \sphericalangle\, MC_1P$ (Wälzwinkel), $\lambda \cdot a = \overline{C_1M}$ ($\lambda > 1$ verlängerte Zykloide, $\lambda < 1$ verkürzte Zykloide). Scheitelpunkte: $A_k((2k - 1)\pi a, (1 + \lambda)\, a)$ mit dem Krümmungsradius $a(1 + \lambda)^2/\lambda$ und $B_k(2k\pi a, (1 - \lambda)\, a)$ mit dem Krümmungsradius $a(1 - \lambda)^2/\lambda$. Länge eines Bogens B_kB_{k+1}: $a \int_0^{2\pi} \sqrt{1 + \lambda^2 - 2\lambda \cos t}\, dt$, die in Abb. 1.58 schraffierte Fläche hat die Größe $\pi a^2(2 + \lambda^2)$. Krümmungsradius:

$$r(t) = a(1 + \lambda^2 - 2\lambda \cos t)^{3/2}/(\lambda(\cos t - \lambda)).$$

Verlängerte Zykloide: Doppelpunkte $D_k\left(2k\pi a, a\left(1 - \sqrt{\lambda^2 - t_0^2}\right)\right)$, wobei t_0 die kleinste positive Nullstelle der Gleichung $t - \lambda \sin t = 0$ ist. Verkürzte Zykloiden besitzen die Wendepunkte:

$$E_{2k}\left(a\left(-\arccos \lambda + 2k\pi - \lambda \sqrt{1 - \lambda^2}\right), \ a(1 - \lambda^2)\right)$$

und

$$E_{2k+1}\left(a\left(\arccos \lambda + 2k\pi - \lambda \sqrt{1 - \lambda^2}\right), \ a(1 - \lambda^2)\right).$$

Epizykloiden (Abb. 1.59). Die Leitkurve ist ein Kreis mit Radius b, **K** rollt auf der Außenseite ab. Parameterdarstellung:

$$x = (a + b) \cos \varphi - a \cdot \cos ((a + b) \varphi/a),$$

$$y = (a + b) \sin \varphi - a \cdot \sin ((a + b) \varphi/a), \quad -\infty < \varphi < \infty, \quad \varphi = \sphericalangle COA_1$$

in Abb. 1.59. Für die Gestalt der Kurven ist das Verhältnis $m = b/a$ wesentlich.

a) m ist eine positive ganze Zahl. Die Kurven bestehen aus m zueinander kongruenten Bögen, die den Leitkreis einschließen (Abb. 1.59a). Da die Kurven in sich zurücklaufen, kann man sich auf das Parameterintervall $0 \leqq \varphi < 2\pi$ beschränken. Für $m = 1$ ergibt sich die Kardioide (vgl. 1.3.1.2.). Die Spitzen A_k für $1 \leqq k \leqq m$ ergeben sich für die Parameterwerte $\varphi_{Ak} = 2(k - 1) \pi/m$, die Scheitel B_k für $\varphi_{Bk} = 2(k - 1/2) \pi/m$.

b) $m = p/q$, p und q positive ganze Zahlen, relativ prim zueinander. Die Kurven bestehen aus p zueinander kongruenten Bögen, die sich schneiden (Abb. 1.59b). Die Kurven sind geschlossen. Parameterintervall: $0 \leqq \varphi < 2q\pi$.

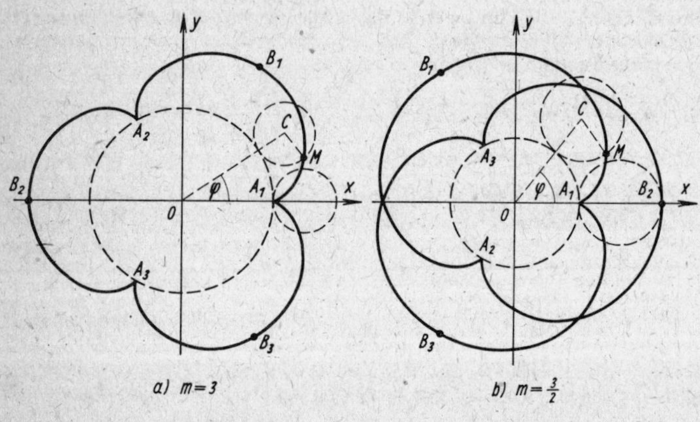

Abb. 1.59

c) Ist m irrational, so bestehen die Kurven aus unendlich vielen zueinander kongruenten Bögen und die Kurven sind nicht geschlossen. Länge eines Bogens von Spitze zu Spitze: $8(a + b)/m$. Fläche zwischen einem Bogen und Leitkreis: $\pi a^2(2a + 3b)/b$. Krümmungsradius:

$$r(\varphi) = 4a(a + b) \sin (b\varphi/(2a))/(2a + b),$$

in den Scheiteln B_k: $4a(a + b)/(2a + b)$.

Hypozykloiden (Abb. 1.60). Die Leitkurve ist ein Kreis mit Radius b, **K** rollt auf der Innenseite ab. Parameterdarstellung:

$$x = (b - a) \cos \varphi + a \cdot \cos ((b - a) \varphi/a),$$

$$y = (b - a) \sin \varphi - a \cdot \sin ((b - a) \varphi/a), \quad b > a, \quad -\infty < \varphi < \infty.$$

Wegen $b > a$ gilt stets $m = b/a > 1$. Für $m = 2$ artet die Hypozykloide zu einem Durchmesser des Leitkreises aus. Über die Anzahl der zueinander kongruenten Kurvenbögen und Parameterintervalle vgl. Epizykloiden. Das gleiche gilt für die Parameterwerte der Spitzen und Scheitelpunkte. Länge eines Bogens von Spitze zu Spitze: $8(b - a)/m$, Fläche zwischen einem Bogen und Leitkreis: $\pi a^2(3b - 2a)/b$. Krümmungsradius: $r(\varphi) = 4a(b - a)\sin(b\varphi/(2a))/(b - 2a)$, in den Scheiteln B_k: $4a(b - a)/(b - 2a)$. Für $m = 3$ (Abb. 1.60a) erhält man für die Länge der Kurve $16a$ und für die

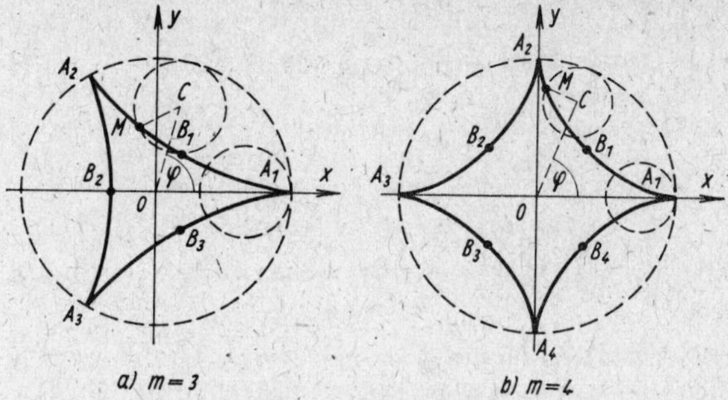

Abb. 1.60

von der Kurve eingeschlossene Fläche $2\pi a^2$. Ist $m = 4$, so erhält man als Sonderfall die *Astroide* (Abb. 1.60b) mit der Parameterdarstellung: $x = b \cdot \cos^3 \varphi$, $y = b \cdot \sin^3 \varphi$, $0 \leqq \varphi < 2\pi$ und der Gleichung (in kartesischen Koordinaten): $x^{2/3} + y^{2/3} = b^{2/3}$ bzw. $(x^2 + y^2 - b^2)^3 + 27x^2y^2b^2 = 0$ (algebraische Kurve sechster Ordnung). Die Länge der Kurve beträgt $6b = 24a$, die eingeschlossene Fläche $3\pi b^2/8 = 6\pi a^2$. Die Kurve hat die Eigenschaft, daß die Schnittpunkte einer jeden Tangente mit den Koordinatenachsen den Abstand b haben.

Verlängerte und verkürzte Epi- bzw. Hypozykloiden (Abb. 1.61 und 1.62). Parameterdarstellungen:

Epizykloiden: $x = (a + b)\cos\varphi - \lambda a \cdot \cos((a + b)\varphi/a)$,

$y = (a + b)\sin\varphi - \lambda a \cdot \sin((a + b)\varphi/a)$,

$a > 0, \quad b > 0, \quad \lambda a = \overline{CM}, \quad -\infty < \varphi < \infty.$

Hypozykloiden: $x = (b - a)\cos\varphi + \lambda a \cdot \cos((b - a)\varphi/a)$,

$y = (b - a)\cos\varphi - \lambda a \cdot \sin((b - a)\varphi/a)$,

$b > a > 0, \quad \lambda a = \overline{CM}, \quad -\infty < \varphi < \infty.$

Sonderfälle: a) Hypozykloide $b = 2a$: $x = a(1 + \lambda)\cos\varphi$, $y = a(1 - \lambda)\sin\varphi$, $\lambda \neq 1$, $0 \leqq \varphi < 2\pi$. Kurve ist *Ellipse* mit den Halbachsen $a(1 + \lambda)$ und $|a(1 - \lambda)|$ (vgl. 2.6.6.1.). b) Epizykloide $b = a$:

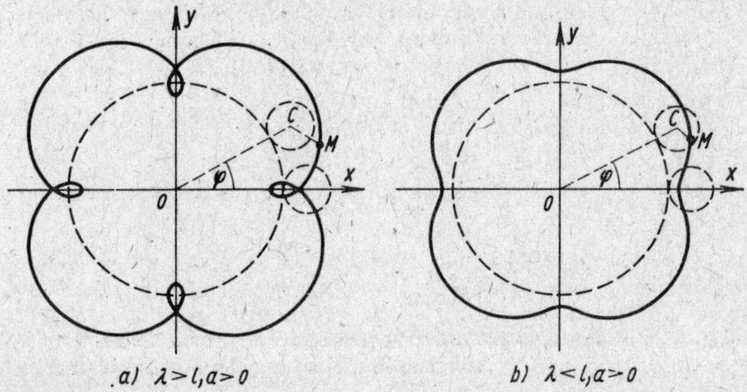

Abb. 1.61

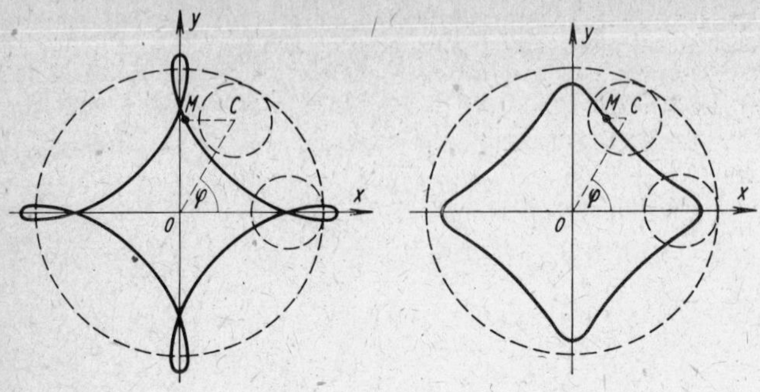

a) $\lambda > l, a < 0$ b) $\lambda < l, a < 0$

Abb. 1.62

$x = a(2\cos\varphi - \lambda\cdot\cos(2\varphi))$, $y = a(2\sin\varphi - \lambda\cdot\sin(2\varphi))$, $0 \leqq \varphi < 2\pi$. *Pascalsche Schnecke* (vgl. 1.3.1.2., man beachte aber die andere Lage der Kurve im Koordinatensystem).

1.3.3. Spiralen

Archimedische Spiralen (Abb. 1.63). Die Kurven sind die Bahn eines Punktes, der mit konstanter Geschwindigkeit v längs eines sich mit konstanter Winkelgeschwindigkeit ω um seinen Anfangspunkt O drehenden Stabes gleitet. Gleichung in Polarkoordinaten: $\varrho = a|\varphi|$, $a = v/\omega > 0$, $-\infty < \varphi < \infty$. Die Kurven bestehen aus zwei Zweigen, die zueinander symmetrisch zur x-Achse liegen. Erster Zweig: $0 \leqq \varphi < \infty$, zweiter Zweig: $-\infty < \varphi \leqq 0$ (in Abb. 1.63 gestrichelt). Beide Zweige bilden in O eine Spitze. Jeder Strahl OK schneidet jeden der beiden Zweige der Kurven in je einer Folge von Punkten $A_1, A_2, \ldots$, von denen je zwei den Abstand $A_iA_{i+1} = 2\pi a$ haben. Länge des Bogens: OM: $s = a\left(\varphi\sqrt{\varphi^2+1} + \operatorname{arsinh}\varphi\right)/2$; es gilt ferner: $\lim 2s/(a\varphi^2) = 1$, woraus sich für große φ die Länge s näherungsweise berechnen läßt. Fläche des Sektors M_1OM_2: $a^2(\varphi_2^3 - \varphi_1^3)/6$. Krümmungsradius: $r(\varphi) = a(\varphi^3 + 1)^{3/2}/(\varphi^2 + 2)$.

Hyperbolische Spiralen (Abb. 1.64). Parameterdarstellung: $x = (a\cdot\cos t)/t$, $y = (a\cdot\sin t)/t$, $-\infty < t < 0$ und $0 < t < \infty$. Die Kurven bestehen aus zwei Zweigen, die zueinander symmetrisch zur y-Achse liegen. Erster Zweig: $-\infty < t < 0$ (in Abb. 1.64 gestrichelt), zweiter Zweig: $0 < t < \infty$.

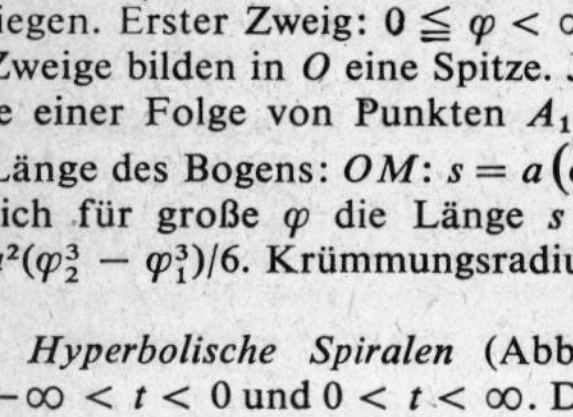

Abb. 1.63

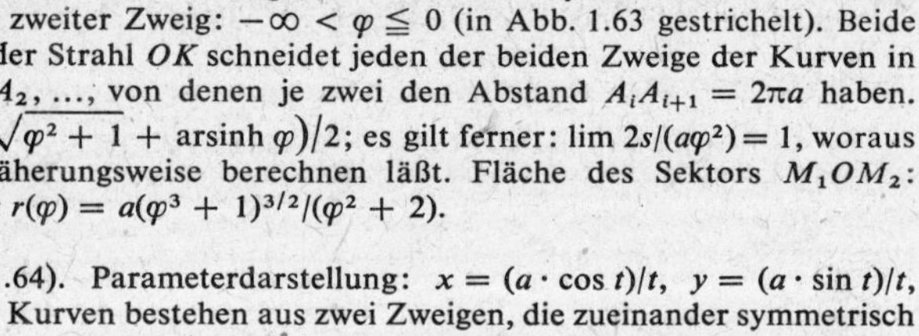

Abb. 1.64

Gleichung in Polarkoordinaten: Erster Zweig: $\varrho = a/|\varphi - \pi|$, $-\infty < \varphi < \pi$, zweiter Zweig: $\varrho = a/\varphi$, $0 < \varphi < \infty$. Für beide Zweige ist die Gerade $y - a = 0$ Asymptote ($\varphi \to \pi$ bzw. $\varphi \to 0$) und der Punkt O asymptotischer Punkt ($\varphi \to -\infty$ bzw. $\varphi \to \infty$). Fläche des schraffierten Sektors M_1OM_2: $F = a^2(1/\varphi_2 - 1/\varphi_1)/2$. Es gilt $\lim F = a^2/(2\varphi_2)$. Krümmungsradius (zweiter Zweig): $r(\varphi) = a/\varphi\left(\sqrt{1 + \varphi^2}/\varphi\right)^3$.

Logarithmische Spiralen (Abb. 1.65). Gleichung in Polarkoordinaten: $\varrho = a\,e^{k\varphi}$, $a > 0$, $-\infty < \varphi < \infty$. Die Kurven schneiden jeden von O ausgehenden Strahl jeweils unter dem gleichen Winkel α. Dabei gilt: $k = \cot \alpha$. Für $\alpha = \pi/2$, d. h. $k = 0$, entartet die Kurve zu einem Kreis. Der Pol O ist asymptotischer Punkt der Kurven. Länge des Bogens M_1M_2: $(\varrho_2 - \varrho_1)\sqrt{1 + k^2}/k$, Grenzwert des Bogens OM: $\varrho\sqrt{1 + k^2}/k$. Krümmungsradius: $r(\varrho) = \sqrt{1 + k^2} \cdot \varrho$.

Evolvente eines Kreises (Abb. 1.66, vgl. auch 4.3.1.5.). Ist A ein fester Punkt auf dem Kreis um O mit Radius a und M ein beliebiger Punkt der Evolvente, so ist die Länge des Bogens AB gleich der Länge der Tangente MB von M an den Kreis. Parameterdarstellung: $x = a \cdot \cos t + at \cdot \sin t$, $y = a \cdot \sin t - at \cdot \cos t$, $-\infty < t < \infty$, $|t| = \sphericalangle BOA$. Die Kurve besteht aus zwei zueinander

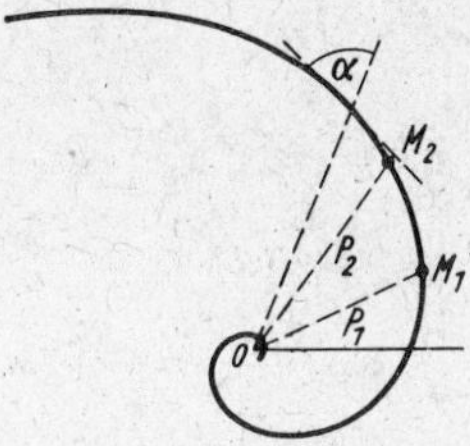

Abb. 1.65

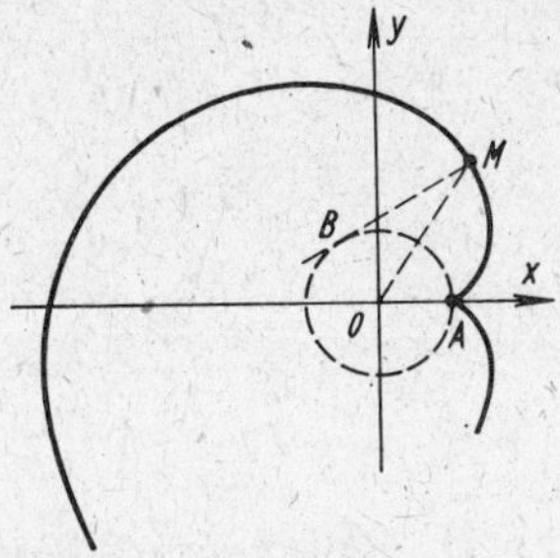

Abb. 1.66

symmetrisch zur x-Achse liegenden Zweigen (für $-\infty < t \leqq 0$ und $0 \leqq t < \infty$), die in der Spitze $A(a, 0)$ zusammenhängen. Länge des Bogens AM: $a\varphi^2/2$, Krümmungsradius: $r(\varphi) = a|\varphi|$, alle Krümmungsmittelpunkte liegen auf dem Kreis um O mit Radius a.

Klothoiden oder *Spinnlinien* (Abb. 1.67). Diese Kurven besitzen einen Punkt O mit der Eigenschaft, daß der Kehrwert des Krümmungsradius $1/r$ (Betrag der Krümmung) in jedem Punkt M der Kurve proportional der Länge des Kurvenbogens $s = OM$ ist, also $1/r = s/a^2$ (Proportionalitätsfaktor $1/a^2$). Parameterdarstellung:

$$x = a\sqrt{\pi}\int_0^t \cos(\pi u^2/2)\,du,$$

$$y = a\sqrt{\pi}\int_0^t \sin(\pi u^2/2)\,du, \qquad -\infty < t < \infty,$$

$$t = s/(a\sqrt{\pi}), \qquad s = OM, \qquad a > 0.$$

Der Punkt O ist Symmetriezentrum der Kurve; sie besitzt die beiden asymptotischen Punkte

$$A\left(a\sqrt{\pi}/2,\ a\sqrt{\pi}/2\right) \text{ und } B\left(-a\sqrt{\pi}/2,\ -a\sqrt{\pi}/2\right).$$

1.3.4. Kettenlinie und Traktrix

Kettenlinie (Abb. 1.68). Ein biegsamer und schwerer, aber nicht dehnbarer Faden, der in zwei Punkten aufgehängt ist, nimmt die Gestalt einer Kettenlinie an. Gleichung in kartesischen Koordinaten: $y = a \cdot \cosh(x/a)$ und $a > 0$. Die Kurve ist ähnlich zum Bild der Funktion $\bar{y} = \cosh \bar{x}$ (vgl. 1.2.2.3.). (Ähnlichkeitstransformation: $x = a\bar{x}$, $y = a\bar{y}$). Die Näherungsparabel im Scheitel $A(0, a)$ hat die Gleichung $y = a + x^2/(2a)$ (in der Abb. gestrichelt). Länge des Bogens AM: $s(x) = a \cdot \sinh(x/a)$. Größe der Fläche $OAMP$: $F(x) = a \cdot s(x) = a^2 \sinh(x/a)$, wobei $M(x)$ ein beliebiger Punkt auf der Kurve mit der Abszisse x ist. Krümmungsradius: $r = y^2/a = a \cdot \cosh^2(x/a)$.

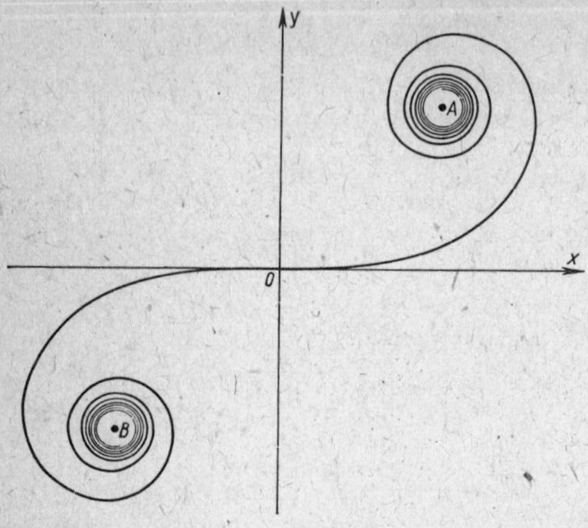

Abb. 1.67

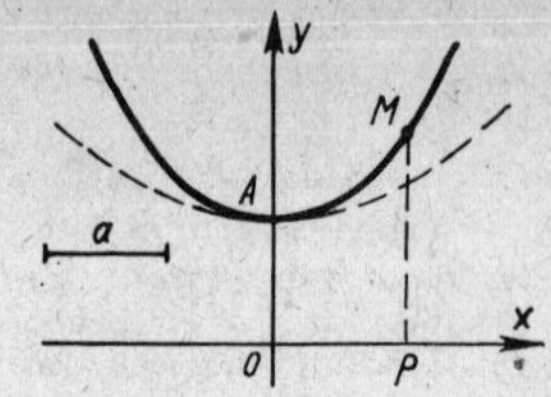

Abb. 1.68

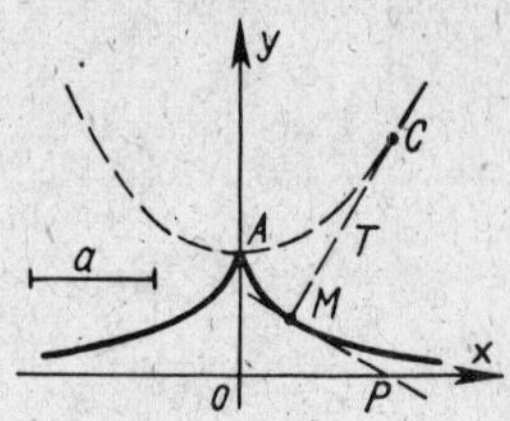

Abb. 1.69

Traktrix (Abb. 1.69). Bezeichnet M einen beliebigen Punkt der Kurve, P den Schnittpunkt der Tangente in M mit der x-Achse, so ist für jeden Punkt M der Kurve $PM = a$, d. h., befindet sich in M ein Massepunkt, der an einem nicht dehnbaren Faden der Länge a befestigt ist, und bewegt sich das andere Ende des Fadens längs der x-Achse, so durchläuft M die Traktrix (*Schleppkurve*). Gleichung des rechten Zweiges in kartesischen Koordinaten:

$$x = a \cdot \ln\left(\left(a + \sqrt{a^2 - y^2}\right)/y\right) - \sqrt{a^2 - y^2} = a \cdot \operatorname{arcosh}(a/y) - \sqrt{a^2 - y^2},$$

$a > 0, 0 < y \leqq a$. Für den linken Zweig erhält man die Gleichung, indem man in der angegebenen Gleichung $-x$ für x einsetzt. Beide Gleichungen lassen sich durch Quadrieren der beiden Seiten in eine Gleichung zusammenfassen. Die Traktrix besitzt in $A(0, a)$ eine Spitze; die x-Achse ist Asymptote, die y-Achse Symmetrieachse. Länge des Bogens AM: $s(y) = a \cdot \ln(a/y)$; es gilt: $\lim\limits_{y \to 0} |s(y) - x(y)| = a(1 - \ln 2) \approx 0{,}306\,9 \cdot a$. Krümmungsradius: $r(y) = a\sqrt{a^2 - y^2}/y$, die zugehörige Krümmungsmittelpunktskurve (Evolute, vgl. 4.3.1.5.) ist die Kettenlinie (in der Abb. gestrichelt) mit der Gleichung $y = a \cdot \cosh(x/a)$.

2. ELEMENTARMATHEMATIK

2.1. Elementare Näherungsrechnung

2.1.1. Allgemeine Betrachtungen

2.1.1.1. Zahlendarstellung in Positionssystemen

Zur Darstellung von Zahlen verwendet man Zahlzeichen oder genauer gesagt Zahlzeichenreihen oder Zahlwörter, die durch Aneinanderreihung von endlich vielen Grundzeichen einer endlichen Grundzeichenmenge gebildet sind.

Darstellung natürlicher Zahlen

Bei der Darstellung von Zahlen unterscheidet man zwei Systeme: das *Additionssystem*, wie es beispielsweise bei der römischen Zahlendarstellung verwendet wird, und das wesentlich leistungsfähigere von den Indern stammende *Stellen-* oder *Positionssystem*. Beim Positionssystem wählt man eine natürliche Zahl p größer als eins als Grundzahl oder Basiszahl (für p gleich eins existiert kein Positionssystem). Man benötigt dann p Grundzeichen, *Ziffern* genannt, um aus ihnen die Zahlwörter für natürliche Zahlen zu bilden. Bezeichnen wir die Ziffern mit $a_0, a_1, \ldots, a_{p-1}$, so ordnet man jedem aus genau einer Ziffer gebildeten Zahlwort umkehrbar eindeutig eine der ersten p natürlichen Zahlen von null beginnend zu. Es gilt dann, daß jede von null verschiedene natürliche Zahl a genau eine *p-adische Darstellung*

$$a = b_s p^s + b_{s-1} p^{s-1} + \ldots + b_0 p^0$$

besitzt, wobei s eine eindeutig bestimmte natürliche Zahl bedeutet, $b_0, \ldots, b_s$ Ziffern sind und b_s nicht Zahlwort für die Zahl null ist. Die Zeichenreihe $b_s b_{s-1} \ldots b_0$ ist dann Zahlwort für die Zahl a. Die Zahl null wird durch das ihr zugeordnete aus einer Ziffer bestehende Zahlwort dargestellt. Auch im Positionssystem wird die dargestellte Zahl additiv gebildet, jedoch hat jede Ziffer b_j einen *Ziffernwert* (= Zahl, deren Zahlwort b_j ist) und einen *Stellenwert* p^j, wenn b_j von rechts gerechnet an der j-ten Stelle steht. Der additive Anteil dieser Ziffer zum Zahlwort beträgt dann $b_j p^j$.

Beispiele:

Dezimalsystem: $p = 10$, Ziffern: 0, 1, 2, 3, 4, 5, 6, 7, 8, 9.

$$3 \cdot 10^5 + 2 \cdot 10^4 + 0 \cdot 10^3 + 0 \cdot 10^2 + 9 \cdot 10^1 + 1 \cdot 10^0 = 320091.$$

Dualsystem (*Binärsystem* oder *dyadisches System*): $p = 2$, Ziffern: 0, L.

$$\mathrm{L} \cdot 2^6 + 0 \cdot 2^5 + \mathrm{L} \cdot 2^4 + 0 \cdot 2^3 + 0 \cdot 2^2 + \mathrm{L} \cdot 2^1 + \mathrm{L} \cdot 2^0 = \mathrm{L0L00LL}.$$

Das im Dualsystem geschriebene Zahlwort L0L00LL bezeichnet also diejenige Zahl, deren Zahlwort im Dezimalsystem 83 ist:

$$64 + 16 + 2 + 1 = 83.$$

Um auch rationale Zahlen im Positionssystem darstellen zu können, erweitert man die Stellenwerte auf Potenzen von p mit negativen Exponenten. Zur Markierung des Stellenwertes p^0 benötigt man ein zusätzliches Zeichen (Trennzeichen), für das üblicherweise das Komma gewählt wird. Dieses Zeichen steht im Zahlwort unmittelbar rechts von der Ziffer mit dem Stellenwert p^0. Demnach bezeichnet das Zahlwort $b_s b_{s-1} \ldots b_0, b_{-1} b_{-2} \ldots b_{-r}$ die durch folgende p-adische Darstellung gegebene Zahl

$$b_s p^s + b_{s-1} p^{s-1} + \ldots + p_0 p^0 + b_{-1} p^{-1} + \ldots + b_{-r} p^{-r}.$$

Die Ziffer b_{-r} kann auch den Ziffernwert null besitzen.

Beispiele:

Dezimalsystem: $23{,}040 = 2 \cdot 10^1 + 3 \cdot 10^0 + 0 \cdot 10^{-1} + 4 \cdot 10^{-2} + 0 \cdot 10^{-3}$.

Dualsystem: $\mathrm{L0{,}0LL} = \mathrm{L} \cdot 2^1 + 0 \cdot 2^0 + 0 \cdot 2^{-1} + \mathrm{L} \cdot 2^{-2} + \mathrm{L} \cdot 2^{-3}$.

Das Zahlwort der Zahl L0,0LL im Dezimalsystem lautet 2,375:

$$2 + 0{,}25 + 0{,}125 = 2{,}375.$$

Jede durch ein (endlich langes) Zahlwort in einem Positionssystem darstellbare Zahl ist rational. Umgekehrt läßt sich aber in jedem Positionssystem stets nur eine (von der Wahl von p abhängige) echte Teilmenge der rationalen Zahlen darstellen. Beispielsweise ist die rationale Zahl 1/3 nicht im Dezimalsystem darstellbar. 1/25 ist im Dezimalsystem als 0,4, aber nicht im Dualsystem darstellbar. Es gilt: Ist a/b eine rationale Zahl (a, b teilerfremde natürliche Zahlen), so ist a/b im Positionssystem mit der Basis p genau dann darstellbar, wenn jeder Primfaktor der Primzerlegung von b auch Primfaktor von p ist.

Im Dezimalsystem sind also nur solche rationale Zahlen a/b (a, b teilerfremd) darstellbar, bei denen b höchstens die Primfaktoren *2* und *5* enthält.

2.1.1.2. Abbruchfehler und Rundungsregeln

Wie in 2.1.1.1. bemerkt, läßt sich nicht jede rationale und erst recht nicht jede reelle Zahl in einem Positionssystem als Zahlwort darstellen, es sei denn, man ließe unendlich lange Zahlwörter zu. Diese sind aber nicht aufschreibbar, so daß man nach endlich vielen Stellen nach dem Komma, diese Stellen heißen im Dezimalsystem *Dezimalstellen*, abbrechen muß. Die durch das so entstehende Zahlwort dargestellte Zahl heißt *Näherungswert* für die darzustellende Zahl.

Beispiele für Näherungswerte durch Abbruch:

1,570 ist ein Näherungswert für $\pi/2$ ($\approx 1{,}570796\ldots$);
1,414 ist ein Näherungswert für $\sqrt{2}$ ($\approx 1{,}414213\ldots$);
0,6666 ist ein Näherungswert für 2/3 ($\approx 0{,}6666666\ldots$).

Das durch Abbruch entstehende Zahlwort eines Näherungswertes ist ein Anfangsstück des Zahlwortes der darzustellenden Zahl, d. h., das Zahlwort der darzustellenden Zahl beginnt mit der gleichen Ziffernfolge. Man nennt deshalb die Ziffern dieser Ziffernfolge *geltende Ziffern.* Bezeichnet z die darzustellende Zahl, a_r den Näherungswert, der bei Abbruch nach der r-ten Dezimalstelle entsteht (a_r besitzt r geltende Dezimalziffern), so ist der

Abbruchfehler: $z - a_r < 10^{-r}$.

Eine weitere Methode zur Erzeugung von Näherungswerten ist das Abbrechen mit Runden. Dabei gelten folgende Regeln:

Rundungsregeln

1) Folgt auf die letzte beizubehaltende Ziffer eine 0, 1, 2, 3 oder 4, so wird sie unverändert in das Zahlwort des Näherungswertes übernommen (*Abrunden*).

2) Folgt auf die letzte beizubehaltende Ziffer eine 9, 8, 7, 6 oder eine 5, gefolgt von weiteren Ziffern, die nicht alle die Null sind, so wird die letzte beizubehaltende Ziffer um eins in ihrem Ziffernwert erhöht. Ist die letzte beizubehaltende Ziffer eine 9, so wird sie durch 0 ersetzt und der Ziffernwert der vorhergehenden um eins erhöht. Ist diese Ziffer ebenfalls eine 9, so fährt man auf diese Weise fort, bis man auf eine von 9 verschiedene Ziffer trifft (*Aufrunden*).

3) Folgt auf die letzte beizubehaltende Ziffer lediglich eine 5 oder eine 5, auf die nur Nullen folgen, so wird abgerundet, falls die letzte beizubehaltende Ziffer einen geraden Ziffernwert besitzt, sonst wird aufgerundet.

Beispiele für Näherungswerte durch Abbruch mit Runden:

1,571 ist ein Näherungswert für $\pi/2$;
1,414 ist ein Näherungswert für $\sqrt{2}$;
0,6667 ist ein Näherungswert für 2/3;
10,000 ist ein Näherungswert für 9,9995;
9,998 ist ein Näherungswert für 9,9985.

Während bei Abbruch ohne Runden der Näherungswert a_r von z stets nicht größer als z ist, kann bei Abbruch mit Runden der Näherungswert größer oder kleiner als z sein. Ist a_r ein durch Abbruch mit Runden gewonnener Näherungswert von z mit r Dezimalstellen, so gilt für den

$$\textit{Rundungsfehler}: \; |a_r - z| \leqq 0{,}5 \cdot 10^{-r}.$$

Bei durch Runden entstandenen Näherungswerten brauchen nicht alle Ziffern geltende Ziffern zu sein (vgl. 10,000 und 9,9995). Die Ziffern eines Näherungswertes a einer Zahl z heißen *zuverlässige Ziffern*, wenn $|a - z|$ höchstens gleich der Hälfte des Stellenwertes der letzten Ziffer von a ist. Ein durch Abbruch und Runden gewonnener Näherungswert besteht nur aus zuverlässigen Ziffern.

Soll ein bereits vorhandener Näherungswert durch Runden weiter verkürzt werden und ist der Ziffernwert der letzten Ziffer von a eine 5, so ist für das weitere Runden wichtig, ob diese 5 durch Aufrunden entstanden oder eine geltende Ziffer ist. Deshalb wird zuweilen in Tafelwerken eine durch Aufrunden entstandene letzte Ziffer 5 durch Über- oder Unterstreichen und eine durch Abrunden entstandene letzte Ziffer 5 durch einen darübergesetzten Punkt markiert. Demnach ist z. B. zu runden:

$$2{,}23\bar{5} \approx 2{,}23; \qquad 2{,}23\dot{5} \approx 2{,}24; \qquad 2{,}22\dot{5} \approx 2{,}23 \quad \text{aber} \quad 2{,}225 \approx 2{,}22$$

nach Rundungsregel 3.

Beim Runden von Zahlwörtern ganzer Zahlen entstehen im allgemeinen Näherungswerte, die nicht nur aus zuverlässigen Ziffern bestehen, da derartige Zahlwörter wegen der Beibehaltung der Stellenwerte nicht abgebrochen werden können. Man hilft sich dann durch Abspalten einer Zehnerpotenz als Faktor.

Beispiel: 139 296 kann gerundet werden zu 139 000. Da $|139\,000 - 139\,296| = 296$ größer ist als die Hälfte des Stellenwertes der letzten Ziffer (0,5), besteht 139 000 nicht nur aus zuverlässigen Ziffern. Man spaltet daher eine geeignete Zehnerpotenz ab, z. B.: $139\,296 = 139{,}296 \cdot 10^3$ und rundet auf $139 \cdot 10^3$. 139 ist Näherungswert mit nur zuverlässigen Ziffern zu 139,296 wegen $|139 - 139{,}296| = 0{,}296 \leqq 0{,}5$. Dagegen ist 130 000 Näherungswert mit nur zuverlässigen Ziffern zu 130 000,1.

2.1.2. Elementare Fehlerrechnung

2.1.2.1. Absolute und relative Fehler

Näherungswerte für Zahlen treten nicht nur durch Abbruch und Runden auf. Auch jeder Meßwert einer Größe ist im allgemeinen ein Näherungswert für die Maßzahl dieser Größe (vgl. 7.1.1.). Bezeichnet a einen Näherungswert für z, so heißt $a - z$ der *wahre Fehler* von a und $\dfrac{a - z}{z}$ der *wahre relative Fehler* von a. Da man aber meistens z nicht kennt, ist sowohl der wahre als auch der wahre relative Fehler unbekannt. Dagegen ist man aber häufig in der Lage, eine Betragsschranke für den wahren Fehler anzugeben, d. h. eine positive Zahl Δa, für die gilt:

$$|a - z| \leqq \Delta a \quad \text{oder} \quad a - \Delta a \leqq z \leqq a + \Delta a.$$

Δa heißt *Fehlerschranke* oder *maximaler absoluter Fehler* oder auch kurz *absoluter Fehler* von a und $\dfrac{\Delta a}{|a|}$ *maximaler relativer Fehler* oder kurz *relativer Fehler* von a. Der relative Fehler von a wird meistens in Prozent angegeben.[1])

Beispiele:

1. Ist a_r ein durch Abbruch (vgl. 2.1.1.2.) gewonnener Näherungswert von z, wobei a_r r geltende Dezimalstellen enthalte, so kann als absoluter Fehler $\Delta a_r = 10^{-r}$ gewählt werden. Ist a_r dagegen durch Abbruch mit Runden gewonnen, so ist $\Delta a_r = 0{,}5 \cdot 10^{-r}$ eine Fehlerschranke.

2. 3,14 ist Näherungswert von π. Da auch 3,14159 ein Näherungswert von π mit fünf geltenden Ziffern nach dem Komma ist, kann 0,0016 als absoluter Fehler gewählt werden. Der relative Fehler von 3,14 ist dann $\dfrac{0{,}0016}{3{,}14} = 0{,}000\,51$ oder $0{,}051\,\%$.

---

[1]) Ein in Prozent angegebener relativer Fehler wird zuweilen *prozentualer Fehler* genannt.

2.1.2.2. Näherung für die Fehlerschranke einer Funktion

Ist $f(x_1, \ldots, x_k)$ eine Funktion der Variablen $x_1, \ldots, x_k$, so benötigt man oft Kenntnisse über die Fehlerschranke Δf:

$$|f(a_1, \ldots, a_k) - f(x_1, \ldots, x_k)| \leqq \Delta f,$$

wenn für die Werte der Variablen Fehlerschranken Δa_i bekannt sind. Besitzt $f(x_1, \ldots, x_k)$ stetige partielle Ableitungen nach den Variablen x_i, so läßt sich für Δf leicht eine Näherung mittels des totalen Differentials von f (vgl. 3.1.6.2.) angeben. Es gilt:

$$\Delta f \approx \sum_{i=1}^{k} \Delta a_i \cdot |f_{x_i}(a_1, \ldots, a_k)|.$$

Beispiele:

$$f(x_1, x_2) = x_1 + x_2: \Delta(a_1 + a_2) \approx \Delta a_1 + \Delta a_2, \qquad (f_{x_1} = 1, f_{x_2} = 1);$$

$$f(x_1, x_2) = x_1 - x_2: \Delta(a_1 - a_2) \approx \Delta a_1 + \Delta a_2, \qquad (f_{x_1} = 1, f_{x_2} = -1);$$

$$f(x) = c \cdot x, \text{ (}c\text{ eine Konstante)}: \Delta(c \cdot a) \approx \Delta a \cdot |c|, \qquad (f_x = c);$$

$$f(x_1, x_2) = x_1 \cdot x_2: \Delta(a_1 \cdot a_2) \approx \Delta a_1 \cdot |a_2| + \Delta a_2 \cdot |a_1|, \qquad (f_{x_1} = x_2, f_{x_2} = x_1),$$

$$\frac{\Delta(a_1 \cdot a_2)}{|a_1 \cdot a_2|} \approx \frac{\Delta a_1}{|a_1|} + \frac{\Delta a_2}{|a_2|};$$

$$f(x_1, x_2) = \frac{x_1}{x_2}: \Delta\left(\frac{a_1}{a_2}\right) \approx \Delta a_1 \cdot \frac{1}{|a_2|} + \Delta a_2 \cdot \frac{|a_1|}{a_2^2}, \qquad \left(f_{x_1} = \frac{1}{x_2}, f_{x_2} = -\frac{x_1}{x_2^2}\right),$$

$$\frac{\Delta(a_1/a_2)}{|a_1/a_2|} \approx \frac{\Delta a_1}{|a_1|} + \frac{\Delta a_2}{|a_2|};$$

$$f(x) = x^n: \Delta(a^n) \approx \Delta a \cdot |na^{n-1}|, \quad (f_x = nx^{n-1}),$$

$$\frac{\Delta(a^n)}{|a^n|} \approx |n| \cdot \frac{\Delta a}{|a|};$$

$$f(x) = \sin x: \Delta(\sin a) \approx \Delta a \cdot |\cos a|, \quad (f_x = \cos x).$$

Ist eine Funktion $f(x)$ durch eine Tabelle gegeben, so findet man Δf mittels linearer Interpolation aus der Tafel, falls Δa kleiner als die Schrittweite von x an der Stelle a in der Tafel ist. Im anderen Fall läßt sich meistens Δf direkt aus der Tafel ablesen.

Beispiel: Für $a = 1{,}30$ und $\Delta a = 0{,}01$ findet man für $\Gamma(a)$ aus der Tafel 1.1.2.1.: $\Gamma(1{,}30) = 0{,}89747$. Wegen $\Gamma(1{,}29) = 0{,}89904$ und $\Gamma(1{,}31) = 0{,}89600$ kann $\Delta(\Gamma(1{,}30)) = 0{,}002$ gesetzt werden und $\Gamma(1{,}30)$ mit 0,897 genähert werden.

2.1.2.3. Näherungsformeln

In vielen Fällen lassen sich komplizierte Funktionen durch einfachere annähern. Man verwendet dazu häufig die ersten Glieder einer Taylorentwicklung (vgl. 3.1.14.6.). In nachstehender Tabelle sind einige Näherungsformeln und die entsprechenden relativen Fehler mit den zugehörigen Intervallen angegeben.

Formel	Der relative Fehler übersteigt nicht [1]) 0,1 % im x-Intervall von	bis	1 % im x-Intervall von	bis	10 % im x-Intervall von	bis
$\sin x \approx x$	−0,077	0,077	−0,245	0,245	−0,786	0,786
$\sin x \approx x - \frac{x^3}{6}$	−0,580	0,580	−1,005	1,005	−1,632	1,632
$\cos x \approx 1$	−0,045	0,045	−0,141	0,141	−0,451	0,451
$\cos x \approx 1 - \frac{x^2}{2}$	−0,386	0,386	−0,662	0,662	−1,036	1,036
$\tan x \approx x$	−0,054	0,054	−0,172	0,172	−0,517	0,517
$\tan x \approx x + \frac{x^3}{3}$	−0,293	0,293	−0,519	0,519	−0,895	0,895
$\sqrt{a^2 + x} \approx a + \frac{x}{2a}$ [2])	$-0{,}085a^2$	$0{,}093a^2$	$-0{,}247a^2$	$0{,}328a^2$	$-0{,}607a^2$	$1{,}545a^2$
$\frac{1}{\sqrt{a^2 + x}} \approx \frac{1}{a} - \frac{x}{2a^3}$	$-0{,}051a^2$	$0{,}052a^2$	$-0{,}157a^2$	$0{,}166a^2$	$-0{,}448a^2$	$0{,}530a^2$
$\frac{1}{a + x} \approx \frac{1}{a} - \frac{x}{a^2}$	$-0{,}031a$	$0{,}031a$	$-0{,}099a$	$0{,}099a$	$-0{,}301a$	$0{,}301a$
$e^x \approx 1 + x$	−0,045	0,045	−0,134	0,148	−0,375	0,502
$\ln(1 + x) \approx x$	−0,002	0,002	−0,020	0,020	−0,176	0,230

Der relative Fehler für die Näherungsformel $\sqrt{a^2 + b^2} \approx 0{,}960a + 0{,}398b$ mit $a > b$ beträgt 4%.

2.1.3. Elementare graphische Näherungsverfahren

Bestimmung von Nullstellen einer Funktion $f(x)$

Zur Bestimmung eines Näherungswertes für eine Nullstelle einer Funktion $f(x)$ kann das Bild dieser Funktion verwendet werden (vgl. 1.2.). Manchmal ist es auch zweckmäßig, die Funktion in zwei Summanden zu zerlegen, wie folgendes Beispiel zeigt.

Beispiel: Gesucht sei ein Näherungswert für eine Nullstelle der Funktion $f(x) = \sin x - x + 3$. Da $\sin x - x + 3 = 0$ genau dann erfüllt ist, wenn $\sin x = x - 3$ gilt, sind die Abszissen der Schnittpunkte der Bilder der Funktionen $g(x) = \sin x$ und $h(x) = x - 3$ genau die Nullstellen von $f(x)$. Das Bild der Funktion $\sin x$ läßt sich leicht zeichnen. Das Bild der Funktion $h(x) = x - 3$ ist eine Gerade und daher leicht konstruierbar (vgl. 1.2.1.1.).

Die gewonnenen Näherungswerte können dann mittels der Regula falsi (vgl. 7.1.2.3.) und des Newtonschen Verfahrens (vgl. 7.1.2.3.) verbessert werden.

Graphische Differentiation

Liegt das Bild einer Funktion $f(x)$ gezeichnet vor, so lassen sich Punkte eines Bildes der Funktion $f'(x)$ nach folgendem Verfahren gewinnen:

1) Man wähle auf der x-Achse eine Folge von Punkten $x_1, x_2, \ldots, x_n$.

2) Man wähle auf der negativen x-Achse einen Punkt P, den Pol der Konstruktion. Die Länge b der Strecke OP heißt Poldistanz.

---

[1]) vgl. Fußnote S. 99.

[2]) Die Formel läßt sich auch in der Form $\sqrt{a^2 + x} \approx \frac{1}{2}\left(a + \frac{a^2 + x}{a}\right)$ schreiben. In dieser Form wird sie gewöhnlich in der Praxis verwendet. Da a ein Näherungswert der Wurzel ist (erste Näherung), folgt aus dieser Formel die Regel: Um einen genaueren Wert für die Wurzel zu erhalten, ist das arithmetische Mittel aus der ersten Näherung und dem Quotienten zu bilden, der sich bei der Division des Radikanden durch die erste Näherung ergibt; hierbei darf man annehmen, daß die Anzahl der zuverlässigen Ziffern des gewonnenen Ergebnisses doppelt so groß ist wie bei der ersten Näherung.

3) Man konstruiert in den Punkten der Kurve von $f(x)$ mit den Abszissen x_i die Kurvennormale. Dazu eignet sich ein rechteckiger Taschenspiegel (Metallspiegel am günstigsten), den man senkrecht auf die Zeichenebene aufsetzt. Geht die Kurve ohne Knick in ihr Spiegelbild über, so zeigt die aufgesetzte Spiegelkante in Normalenrichtung.

4) Man fällt auf jede der errichteten Kurvennormalen von P aus die Lote, die die y-Achse in Punkten Q_i schneiden mögen. Diese Lote verlaufen parallel zu den Tangenten in $(x_i, f(x_i))$.

5) Jeder Schnittpunkt einer Parallelen zur x-Achse durch Q_i mit der Geraden $x = x_i$ ist bei geeignet gewähltem Maßstab ein Punkt des Bildes von $f'(x)$ (Abb. 2.1).

Der Maßstab von $f'(x)$ hängt von den verwendeten Maßstäben m_x von x, m_y von y und von b ab. Bezeichnen ξ und η die Längen der Strecken zwischen den Punkten mit den Koordinaten $(0, 0)$

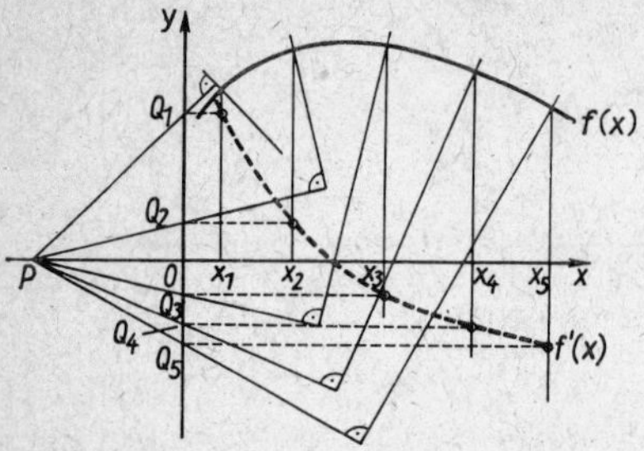

Abb. 2.1

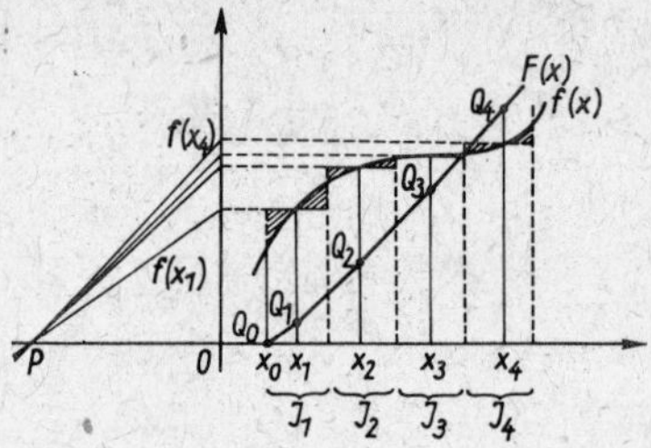

Abb. 2.2

und $(x, 0)$ bzw. $(0, 0)$ und $(0, y)$, so setzt man: $x = m_x \cdot \xi$ und $y = m_y \cdot \eta$. Es gilt dann für die Steigungen der gezeichneten Parallelen zu den Tangenten, falls man mit η' die Längen der Ordinaten der gewonnenen Kurvenpunkte bezeichnet:

$$\frac{\eta'}{b} = \frac{d\eta}{d\xi} = \frac{m_x}{m_y} \cdot \frac{dy}{dx},$$

also:

$$y' = \frac{m_y}{m_x \cdot b} \cdot \eta',$$

d. h.

$$m_{y'} = \frac{m_y}{m_x \cdot b}.$$

Graphische Integration

Liegt das Bild einer Funktion $f(x)$ gezeichnet vor, so läßt sich das Bild der Funktion $F(x) = \int_{x_0}^{x} f(t)\,dt$ durch einen Polygonzug annähern.

1) Man teilt das Intervall $I = [x_0, x]$ durch Zwischenpunkte in Teilintervalle I_k. Dabei achte man darauf, daß relative Extrema nicht im Innern der Teilintervalle liegen.

2) Man ersetzt in jedem Teilintervall das von der x-Achse und der Kurve von $f(x)$ eingeschlossene Flächenstück durch ein (annähernd) flächengleiches Rechteck, indem man in jedem Teilintervall eine Parallele zur x-Achse zieht, so daß das abgeschnittene Flächenstück nach Augenmaß gleich dem hinzugefügten ist (in Abb. 2.2 schraffiert). Die Abszisse des (wegen 1) eindeutig bestimmten Schnittpunktes der Parallelen mit dem Bild von $f(x)$ im Teilintervall I_k sei x_k; der Schnittpunkt der Parallelen mit der y-Achse hat dann die Koordinaten $(0, f(x_k))$.

3) Man wählt auf der negativen x-Achse einen Punkt P, den Pol der Konstruktion. Mit b, der Poldistanz, werde die Länge der Strecke OP bezeichnet.

4) Man ziehe durch den Punkt $Q_0 = (x_0, 0)$ eine Parallele zur Geraden durch P und $(0, f(x_1))$, die die Gerade mit der Gleichung $x = x_1$ in Q_1 schneiden möge; durch Q_1 eine Parallele zur Geraden

durch P und $(0, f(x_2))$, die die Gerade $x = x_2$ in Q_2 schneiden möge usw. Der Polygonzug $Q_0, Q_1, \ldots$ ist bei geeignetem Maßstab eine Näherung für das Bild von $F(x)$.

Es sei wieder (wie bei der graphischen Differentiation) $x = m_x \cdot \xi$, $y = m_y \cdot \eta$ und H_k die Länge der Strecken zwischen $(x_k, 0)$ und Q_k. Dann gilt für $Y = F(x)$: $Y = m_Y \cdot H$. Würde man nach der Methode der graphischen Differentiation mit dem gleichen Pol P zur Funktion $F(x)$ in den Punkten mit den Abszissen x_k $(k > 0)$ Punkte der Ableitungskurve konstruieren, so erhielte man die Punkte $(x_k, f(x_k))$. Daher gilt für die Maßstäbe:

$$m_y = m_Y/(m_x \cdot b),$$

d. h., es gilt:

$$m_Y = m_x \cdot m_y \cdot b.$$

2.2. Kombinatorik

2.2.1. Kombinatorische Grundfunktionen

2.2.1.1. Fakultät und Gammafunktion

Definition: Die für alle natürlichen Zahlen n definierte Funktion $f(n) = n!$, für die gilt: $f(0) = 1$ und für alle n: $f(n+1) = (n+1) \cdot f(n)$, heißt *n-Fakultät*.

Folgerung: Für jede positive natürliche Zahl n gilt: $n! = 1 \cdot 2 \cdot \ldots \cdot n$.

Beispiele: $1! = 1$, $2! = 1 \cdot 2 = 2$, $6! = 1 \cdot 2 \cdot 3 \cdot 4 \cdot 5 \cdot 6 = 720$.

Tabelle von Funktionswerten von $n!$ und $1/n!$ vgl. 1.1.1.2.

Zur näherungsweisen Berechnung von $n!$ für sehr große Zahlen n benutzt man die *Stirlingsche Formel*:

$$n! \approx \left(\frac{n}{e}\right)^n \cdot \sqrt{2\pi n} \quad \text{bzw.} \quad \ln(n!) \approx \left(n + \frac{1}{2}\right) \ln n - n + \frac{1}{2} \ln(2\pi).$$

Eulersche Definition der Gammafunktion $\Gamma(x)$:

Für alle reellen Zahlen $x > 0$: $\Gamma(x) \stackrel{\text{def}}{=} \int\limits_0^\infty e^{-t} t^{x-1} \, dt$ (vgl. 3.1.9.4.).

Gaußsche Definition der Gammafunktion $\Gamma(x)$:

Für alle nicht in der Menge $\{0, -1, -2, -3, \ldots\}$ enthaltenen reellen Zahlen x:

$$\Gamma(x) \stackrel{\text{def}}{=} \lim_{n \to \infty} \frac{n! \, n^{x-1}}{x(x+1)(x+2)\ldots(x+n-1)}.$$

Für $x > 0$ ergeben natürlich beide Definitionen die gleiche Funktion.

Wichtige Gleichungen für die Gammafunktion (s. auch 3.1.9.4.):

$$\Gamma(1) = 1, \qquad \Gamma(x+1) = x \cdot \Gamma(x), \qquad \Gamma(x)\,\Gamma(1-x) = \frac{\pi}{\sin(\pi x)},$$

$$\Gamma\left(\frac{1}{2} + x\right) \Gamma\left(\frac{1}{2} - x\right) = \frac{\pi}{\cos(\pi x)}, \qquad \Gamma(x)\,\Gamma(-x) = \frac{-\pi}{x \sin(\pi x)}.$$

Spezielle Funktionswerte: $\Gamma\left(-\frac{1}{2}\right) = -2\sqrt{\pi}$, $\quad \Gamma\left(\frac{1}{2}\right) = \sqrt{\pi}$.

Tabelle von Funktionswerten vgl. 1.1.2.1. Bild der Funktion Abb. 2.3.

Polstellen von $\Gamma(x)$: $x_p = 0, -1, -2, -3, \ldots$.

Wegen der ersten beiden Gleichungen folgt für alle natürlichen Zahlen n: $\Gamma(n+1) = n!$.

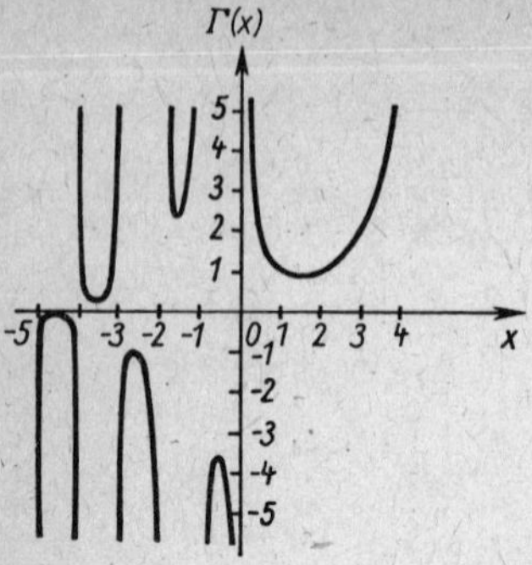

Abb. 2.3

Deshalb kann die Gammafunktion als Verallgemeinerung der Fakultät angesehen werden. Zur näherungsweisen Berechnung der Funktionswerte von $\Gamma(x)$ für große positive Zahlen x kann die oben angegebene *Stirlingsche Formel* benutzt werden.

2.2.1.2. Binomialkoeffizient

Definition 1: Die für alle natürlichen Zahlen n und k definierte Funktion $\binom{n}{k}$ (lies: n über k)

$$\binom{n}{k} \overset{\text{def}}{=} \begin{cases} \dfrac{n!}{k!\,(n-k)!} & \text{für} \quad 0 \leqq k \leqq n \\ 0 & \text{für} \quad 0 \leqq n < k \end{cases} \tag{2.1}$$

heißt *Binomialkoeffizient.*

Die Werte des Binomialkoeffizienten können sukzessiv aus dem *Pascalschen Dreieck* ermittelt werden (vgl. 1.1.1.2.):

n	Werte des Binomialkoeffizienten
0	1
1	1 1
2	1 2 1
3	1 3 3 1
4	1 4 6 4 1
5	1 5 10 10 5 1
6	1 6 15 20 15 6 1
7	1 7 21 35 35 21 7 1
...	....

Jeder Wert ist gleich der Summe der beiden rechts und links über ihm stehenden Werte. Wegen $\binom{n}{0} = \binom{n}{n} = 1$ sind die Randwerte bekannt. In jeder Zeile stehen von links nach rechts die Werte von $\binom{n}{0}, \binom{n}{1}, \binom{n}{2}, \ldots, \binom{n}{n}$, die übrigen Werte sind nach Definition null.

Eine Erweiterung des Definitionsbereiches des Binomialkoeffizienten erfolgt durch

Definition 2: Die für alle reellen Zahlen a und alle natürlichen Zahlen k definierte Funktion $\binom{a}{k}$:

$$\binom{a}{k} \overset{\text{def}}{=} \begin{cases} \dfrac{a(a-1)(a-2)\ldots(a-k+1)}{k!} & \text{für} \quad k > 0 \\ 1 & \text{für} \quad k = 0 \end{cases} \tag{2.2}$$

heißt *Binomialkoeffizient.*

Für natürliche Zahlen a ergeben beide Definitionen die gleiche Funktion.

Beispiele:

$$\binom{5}{3} = \frac{5!}{3!\,(5-3)!} = 10, \quad \binom{-2}{3} = \frac{-2(-2-1)(-2-2)}{3!} = -4,$$

$$\binom{2}{5} = 0, \quad \binom{\sqrt{2}}{4} = \frac{\sqrt{2}(\sqrt{2}-1)(\sqrt{2}-2)(\sqrt{2}-3)}{4!} = \frac{13-9\sqrt{2}}{12}.$$

Eigenschaften des Binomialkoeffizienten:

Für alle natürlichen Zahlen n gilt der *Symmetriesatz*:

$$\binom{n}{k} = \binom{n}{n-k}. \tag{2.3}$$

Für alle reellen Zahlen a gelten der *Additionssatz*:

$$\binom{a}{k} + \binom{a}{k+1} = \binom{a+1}{k+1},$$

und die folgenden *Additionstheoreme*:

$$\binom{a}{0} + \binom{a+1}{1} + \binom{a+2}{2} + \dots + \binom{a+k}{k} = \binom{a+k+1}{k},$$

$$\binom{a}{0}\binom{b}{k} + \binom{a}{1}\binom{b}{k-1} + \dots + \binom{a}{k}\binom{b}{0} = \binom{a+b}{k}. \tag{2.4}$$

Ist $a = b = k = n$ eine natürliche Zahl, so folgt aus (2.4) und (2.3):

$$\binom{n}{0}^2 + \binom{n}{1}^2 + \dots + \binom{n}{n}^2 = \binom{2n}{n}, \quad \text{vgl. auch 2.2.2.1.}$$

2.2.1.3. Polynomialkoeffizient

Definition: Die für alle natürlichen Zahlen n und alle r-Tupel natürlicher Zahlen $[k_1, k_2, \dots, k_r]$, für die $\sum_{i=1}^{r} k_i = n$ gilt, erklärte Funktion:

$$\binom{n}{k_1, k_2, \dots, k_r} \overset{\text{def}}{=} \frac{n!}{k_1!\,k_2! \dots k_r!}, \quad \sum_{i=1}^{r} k_i = n, \tag{2.5}$$

heißt *Polynomialkoeffizient*.

Anmerkung: Der nach Definition 1 in 2.2.1.2. erklärte Binomialkoeffizient $\binom{n}{k}$ ist demnach ein spezieller Polynomialkoeffizient $\binom{n}{k_1, k_2}$ mit $k_1 = k$ und $k_2 = n - k$.

Beispiele:

$$\binom{6}{2, 1, 3} = \frac{6!}{2!\,1!\,3!} = 60, \quad \binom{12}{2, 3, 3, 4} = \frac{12!}{2!\,3!\,3!\,4!} = 277200.$$

2.2.2. Binomischer und polynomischer Satz

2.2.2.1. Binomischer Satz

Satz: Für alle von null verschiedenen[1]) reellen Zahlen *a*, *b* und alle natürlichen Zahlen *n* gilt:

$$(a+b)^n = \sum_{k=0}^{n} \binom{n}{k} a^{n-k} b^k = \binom{n}{0} a^n b^0 + \binom{n}{1} a^{n-1} b^1 + \ldots + \binom{n}{n} a^0 b^n. \tag{2.6}$$

Anmerkung: Die bei diesem Satz benötigten Werte des Binomialkoeffizienten bilden jeweils eine Zeile im Pascalschen Dreieck, vgl. 2.2.1.2.

Setzt man für b den Term $-b$ ein, so folgt aus (2.6):

$$(a-b)^n = \sum_{k=0}^{n} (-1)^k \binom{n}{k} a^{n-k} b^k.$$

Beispiel:

$$(a-b)^4 = a^4 - 4a^3b + 6a^2b^2 - 4ab^3 + b^4.$$

Folgerung: Aus (2.6) ergibt sich:

$$\sum_{k=0}^{n} \binom{n}{k} = 2^n \quad \text{für} \quad a = b = 1, \tag{2.7}$$

$$\sum_{k=0}^{n} (-1)^k \binom{n}{k} = 0 \quad \text{für} \quad a = 1,\ b = -1. \tag{2.8}$$

Durch Subtraktion bzw. Addition von (2.7) und (2.8) folgt:

$$2\left\{\binom{n}{1} + \binom{n}{3} + \ldots + \binom{n}{m}\right\} = 2^n \quad \text{bzw.} \quad 2\left\{\binom{n}{0} + \binom{n}{2} + \ldots + \binom{n}{m}\right\} = 2^n;$$

dabei ist m im ersten Fall die größte ungerade und im zweiten Fall die größte gerade ganze Zahl, die kleiner oder gleich n ist.

2.2.2.2. Polynomischer Satz

Satz: Für jedes r-Tupel von null verschiedener[1]) reeller Zahlen $a_1, a_2, \ldots, a_r$ und jede natürliche Zahl n gilt:

$$(a_1 + a_2 + \ldots + a_r)^n = \sum_{k_1+k_2+\ldots+k_r=n} \binom{n}{k_1, k_2, \ldots, k_r} a_1^{k_1} a_2^{k_2} \ldots a_r^{k_r}. \tag{2.9}$$

Dabei ist die Summe über alle r-Tupel natürlicher Zahlen $(k_1, \ldots, k_r)$ zu erstrecken, für die $\sum_{i=1}^{r} k_i = n$ ist.

Beispiel:

$$\begin{aligned}(a+b+c)^3 &= \binom{3}{3,0,0} a^3 + \binom{3}{2,1,0} a^2b + \binom{3}{2,0,1} a^2c \\ &\quad + \binom{3}{1,2,0} ab^2 + \binom{3}{1,1,1} abc + \binom{3}{1,0,2} ac^2 \\ &\quad + \binom{3}{0,3,0} b^3 + \binom{3}{0,2,1} b^2c + \binom{3}{0,1,2} bc^2 \\ &\quad + \binom{3}{0,0,3} c^3 \\ &= a^3 + 3a^2b + 3a^2c + 3ab^2 + 6abc + 3ac^2 + b^3 + 3b^2c + 3bc^2 + c^3.\end{aligned}$$

Aus (2.9) folgt für $a_1 = a_2 = \ldots = a_r = 1$:

$$\sum_{k_1+\ldots+k_r=n} \binom{n}{k_1, \ldots, k_r} = r^n.$$

[1]) Definiert man $0^0 \overset{\text{def}}{=} 1$, so braucht man diese Einschränkung nicht zu machen (vgl. 2.4.1.3.).

2.2.3. Aufgabenstellungen der Kombinatorik

Bei vielen mathematischen Untersuchungen treten kombinatorische Probleme auf, deren Eigenart an Beispielen deutlich gemacht werden soll.

1. Beispiel: Wie viele Möglichkeiten gibt es, zehn voneinander verschiedene Bücher auf einem Regal anzuordnen? (vgl. 2.2.4.1.).

2. Beispiel: Wie groß ist die Anzahl der eineindeutigen Abbildungen einer n-elementigen Menge auf sich? (vgl. 2.2.4.1.)

3. Beispiel: Wieviel verschiedene sechsstellige Zahlen kann man aus den Ziffern 1; 1; 1; 5; 5; 9 bilden? (vgl. 2.2.4.5.)

4. Beispiel: An einem Turnier beteiligen sich 8 Mannschaften. Wieviel verschiedene Tips bezüglich der drei Erstplazierten (in der Reihenfolge des Wettkampfergebnisses) muß man mindestens angeben, um eine richtige Voraussage gemacht zu haben? (vgl. 2.2.5.1.)

5. Beispiel: Wieviel verschiedene Wörter mit 3 Buchstaben kann man aus den 26 Buchstaben des Alphabetes bilden, wobei unberücksichtigt bleibt, ob das durch Zusammenstellung der Buchstaben gewonnene Wort „sinnvoll" ist oder nicht? (vgl. 2.2.5.2.)

6. Beispiel: Wieviel Möglichkeiten gibt es, aus einer Menge von k (verschiedenen) Elementen r Elemente auszuwählen? (vgl. 2.2.6.1.)

7. Beispiel: Wie groß ist die Anzahl der voneinander verschiedenen Würfe mit zwei voneinander nicht zu unterscheidenden Würfeln? (vgl. 2.2.6.2.)

Die angeführten Beispiele machen deutlich, daß bei Problemen der Kombinatorik im allgemeinen nach der Anzahl der verschiedenen Zusammenstellungen von gewissen Objekten gefragt ist, wobei, je nach der Art zusätzlicher Forderungen, zu unterscheiden ist, welche Zusammenstellungen als gleich und welche als verschieden anzusehen sind.

2.2.4. Permutationen

2.2.4.1. Permutationen ohne Wiederholung

Jede Aneinanderreihung von k voneinander verschiedenen Dingen unter Beachtung der Reihenfolge heißt eine Permutation ohne Wiederholung dieser Dinge. Numeriert man die Plätze dieser Dinge in einer solchen Aneinanderreihung von links nach rechts mit $1, 2, \ldots, k$, so folgt:

Definition: Jede eineindeutige Abbildung P^k *von* der geordneten Menge $\{1, 2, \ldots, k\}$ *auf* eine k-elementige Menge $\mathbf{M}$ heißt eine *Permutation ohne Wiederholung* der Elemente von $\mathbf{M}$:

$$\forall i \in \{1, \ldots, k\}: P^k(i) = s_i \quad \text{und} \quad s_i \in \mathbf{M} \quad \text{und} \quad s_i \neq s_j \quad \text{für} \quad i \neq j.$$

Anmerkung: Spricht man nur von Permutationen, so sind stets Permutationen ohne Wiederholung gemeint. Eine Permutation der k-elementigen Menge $\mathbf{M}$ ist daher durch ein geordnetes k-Tupel bestimmt, das jedes Element von $\mathbf{M}$ genau einmal enthält.

Satz: Für die Anzahl $A(P^k)$ aller Permutationen P^k von k Elementen gilt:

$$A(P^k) = k!. \tag{2.10}$$

Beispiele: Für die in 2.2.3. angegebenen Beispiele 1 und 2 folgt aus diesem Satz: Es gibt $10! = 3\,628\,800$ verschiedene Möglichkeiten, 10 Bücher auf einem Regal anzuordnen, und $n!$ eineindeutige Abbildungen einer n-elementigen Menge auf sich.

2.2.4.2. Gruppe der Permutationen von k Elementen

Wählt man in der Definition in 2.2.4.1. $\mathbf{M} = \{1, 2, \ldots, k\}$, so läßt sich jede Permutation P^k dieser Elemente als zweizeilige Matrix schreiben:

$$P^k = \begin{pmatrix} 1 & 2 & 3 & \ldots & k \\ s_1 & s_2 & s_3 & \ldots & s_k \end{pmatrix} \quad \begin{array}{l} \text{mit} \quad \{s_1, \ldots, s_k\} = \{1, 2, \ldots, k\} \\ \text{und} \quad P^k(i) = s_i \quad \text{für alle} \quad i \in \{1, \ldots, k\}. \end{array} \tag{2.11}$$

Dadurch wird es auch möglich, das *Produkt* $P_1^k \cdot P_2^k$ von zwei Permutationen von k Elementen als Nacheinanderausführung beider Abbildungen zu definieren:

$$(P_1^k \cdot P_2^k)(i) \overset{\text{def}}{=} P_2^k(P_1^k(i)).$$

Dazu schreibt man beide Permutationen als Matrizen und vertauscht die Spalten des zweiten Faktors so, daß die erste Zeile des zweiten Faktors mit der zweiten Zeile des ersten Faktors übereinstimmt. Die Matrix des Produktes besteht dann aus der ersten Zeile des ersten Faktors und der zweiten Zeile des zweiten Faktors:

$$\begin{pmatrix} 1 & 2 & 3 & \dots & k \\ s_1 & s_2 & s_3 & \dots & s_k \end{pmatrix} \cdot \begin{pmatrix} s_1 & s_2 & s_3 & \dots & s_k \\ t_1 & t_2 & t_3 & \dots & t_k \end{pmatrix} = \begin{pmatrix} 1 & 2 & 3 & \dots & k \\ t_1 & t_2 & t_3 & \dots & t_k \end{pmatrix}$$

Beispiel 1:

$$P_1^4 = \begin{pmatrix} 1 & 2 & 3 & 4 \\ 2 & 1 & 4 & 3 \end{pmatrix}, \quad P_2^4 = \begin{pmatrix} 1 & 2 & 3 & 4 \\ 3 & 1 & 4 & 2 \end{pmatrix};$$

$$P_1^4 \cdot P_2^4 = \begin{pmatrix} 1 & 2 & 3 & 4 \\ 2 & 1 & 4 & 3 \end{pmatrix} \cdot \begin{pmatrix} 2 & 1 & 4 & 3 \\ 1 & 3 & 2 & 4 \end{pmatrix} = \begin{pmatrix} 1 & 2 & 3 & 4 \\ 1 & 3 & 2 & 4 \end{pmatrix}.$$

Es gilt:

1. Zu je zwei Permutationen der Elemente von $\{1, 2, \dots, k\}$ P_1^k und P_2^k ist das Produkt $P_1^k \cdot P_2^k$ eine eindeutig bestimmte Permutation P^k.

2. Das Produkt ist eine assoziative (aber nicht kommutative) binäre Operation:

$$(P_1^k \cdot P_2^k) \cdot P_3^k = P_1^k \cdot (P_2^k \cdot P_3^k).$$

3. Für die Permutation $P_e^k = \begin{pmatrix} 1 & 2 & \dots & k \\ 1 & 2 & \dots & k \end{pmatrix}$ (*identische Permutation*) gilt für alle P^k:

$$P_e^k \cdot P^k = P^k \cdot P_e^k = P^k.$$

4. Zu jeder Permutation $P^k = \begin{pmatrix} 1 & 2 & \dots & k \\ s_1 & s_2 & \dots & s_k \end{pmatrix}$ existiert die *inverse Permutation* $(P^k)^{-1} = \begin{pmatrix} s_1 & s_2 & \dots & s_k \\ 1 & 2 & \dots & k \end{pmatrix}$, für die gilt: $(P^k)^{-1} \cdot P^k = P^k \cdot (P^k)^{-1} = P_e^k$.

Satz: Wegen 1. bis 4. und (2.10) bilden alle Permutationen P^k der Elemente von $\{1, 2, \dots, k\}$ eine Gruppe der Ordnung $k!$. Diese Gruppe heißt *symmetrische Gruppe* $\mathbf{S}_k$.

Beispiel 2: Die Elemente der symmetrischen Gruppe $\mathbf{S}_3$ sind:

$$P_e^3 = \begin{pmatrix} 1 & 2 & 3 \\ 1 & 2 & 3 \end{pmatrix}, \quad P_1^3 = \begin{pmatrix} 1 & 2 & 3 \\ 2 & 1 & 3 \end{pmatrix}, \quad P_2^3 = \begin{pmatrix} 1 & 2 & 3 \\ 1 & 3 & 2 \end{pmatrix},$$

$$P_3^3 = \begin{pmatrix} 1 & 2 & 3 \\ 3 & 2 & 1 \end{pmatrix}, \quad P_4^3 = \begin{pmatrix} 1 & 2 & 3 \\ 2 & 3 & 1 \end{pmatrix}, \quad P_5^3 = \begin{pmatrix} 1 & 2 & 3 \\ 3 & 1 & 2 \end{pmatrix}.$$

Definition: Treten in der Matrix einer Permutation der Elemente von $\{1, \dots, k\}$ zwei Spalten $\begin{pmatrix} \dots & s_i & \dots & s_j & \dots \\ \dots & t_i & \dots & t_j & \dots \end{pmatrix}$ auf, für die entweder $s_i < s_j$ und $t_i > t_j$ oder aber $s_i > s_j$ und $t_i < t_j$ gelten, so heißt ein solches Spaltenpaar eine *Inversion* von P^k.

Eine Permutation heißt *gerade* oder *ungerade*, je nachdem, ob die Anzahl der in ihr auftretenden Inversionen gerade oder ungerade ist.

Beispiel 3: $Z(P_i^k)$ bezeichnet die Anzahl der Inversionen. Dann gilt für die Permutationen von Beispiel 2:

$$Z(P_e^3) = 0, \quad Z(P_1^3) = Z(P_2^3) = 1, \quad Z(P_3^3) = 3, \quad Z(P_4^3) = Z(P_5^3) = 2.$$

Die durch $\chi(P^k) = 1$, falls P^k eine gerade Permutation, und $\chi(P^k) = -1$, falls P^k eine ungerade Permutation ist, definierte Abbildung von $\mathbf{S}_k$ in die Menge $\{1, -1\}$ heißt *Charakter der Permutationen* von $\mathbf{S}_k$. Diese Abbildung ist wegen

$$\chi(P_1^k \cdot P_2^k) = \chi(P_1^k) \cdot \chi(P_2^k)$$

homomorph.

Die Menge aller geraden Permutationen von $\{1, \ldots, k\}$ bildet eine Untergruppe von $\mathbf{S}_k$ von der Ordnung $k!/2$. Diese Untergruppe heißt *alternierende Gruppe* $\mathbf{A}_k$.

2.2.4.3. Permutationen mit einem Fixpunkt

Definition: Ist P^k eine Permutation der Menge $\mathbf{M} = \{1, \ldots, k\}$, so heißt jedes Element $i \in \mathbf{M}$, für das gilt: $P^k(i) = i$, *Fixpunkt der Permutation* P^k.

Beispiel: Für die in Beispiel 2 in 2.2.4.2. genannten Permutationen gilt: P_1^3 hat den Fixpunkt 3, P_2^3 den Fixpunkt 1, P_3^3 den Fixpunkt 2. P_e^3 hat die Fixpunkte 1, 2 und 3, P_4^3 und P_5^3 haben keine Fixpunkte.

Satz: Die Anzahl $F(P^k)$ aller Permutationen von $\{1, \ldots, k\}$, die *wenigstens einen Fixpunkt* besitzen, ist:

$$F(P^k) = \sum_{i=1}^{k} (-1)^{i+1} \binom{k}{i} (k-i)!. \tag{2.12}$$

Die Anzahl $G(P^k)$ aller Permutationen von $\{1, \ldots, k\}$, die *genau einen Fixpunkt* besitzen, ist:

$$G(P^k) = \sum_{i=1}^{k} (-1)^{i+1} \binom{k}{i} i(k-i)!. \tag{2.13}$$

Beispiel: 5 Personen nehmen an einem Tisch Platz, ohne die aufgestellten Tischkarten zu beachten. Insgesamt gibt es $5! = 120$ Sitzanordnungen. In $F(P^5) = \binom{5}{1} 4! - \binom{5}{2} 3! + \binom{5}{3} 2! - \binom{5}{4} 1! + \binom{5}{5} 0! = 76$ Fällen hat mindestens eine Person und in

$$G(P^5) = \binom{5}{1} \cdot 1 \cdot 4! - \binom{5}{2} \cdot 2 \cdot 3! + \binom{5}{3} \cdot 3 \cdot 2! - \binom{5}{4} \cdot 4 \cdot 1! + \binom{5}{5} \cdot 5 \cdot 0! = 45$$

Fällen genau eine Person den für sie bestimmten Platz eingenommen.

2.2.4.4. Permutationen mit vorgeschriebener Zyklenanzahl

Läßt sich die Matrix einer Permutation P^k durch Vertauschen der Spalten auf die Form

$$\begin{pmatrix} s_1 & s_2 & s_3 & \ldots & s_{r-1} & s_r & s_{r+1} & \ldots & s_k \\ s_2 & s_3 & s_4 & \ldots & s_r & s_1 & t_{r+1} & \ldots & t_k \end{pmatrix}$$

bringen, so ist durch

$$s_i \to s_{i+1} \quad \text{für} \quad i = 1, 2, \ldots, r-1 \quad \text{und} \quad s_r \to s_1$$

eine eineindeutige Abbildung der Menge $\{s_1, s_2, \ldots, s_r\}$ auf sich gegeben, die *Zyklus der Länge r*, bezeichnet mit $z_r = (s_1, s_2, \ldots, s_r)$, genannt wird. Demnach ist jedem Fixpunkt ein Zyklus der Länge 1 zugeordnet.

Satz: Jede Permutation P^k läßt sich (bis auf die Reihenfolge der Faktoren) eindeutig als Produkt *elementfremder* Zyklen darstellen.

Beispiele:

1. $\begin{pmatrix} 1 & 2 & 3 & 4 & 5 \\ 4 & 2 & 5 & 3 & 1 \end{pmatrix} = \begin{pmatrix} 1 & 4 & 3 & 5 & 2 \\ 4 & 3 & 5 & 1 & 2 \end{pmatrix} = (1, 4, 3, 5) \cdot (2).$

2. $\begin{pmatrix} 1 & 2 & 3 & 4 & 5 & 6 \\ 2 & 3 & 1 & 5 & 4 & 6 \end{pmatrix} = (1, 2, 3) \cdot (4, 5) \cdot (6).$

Satz: Für die Anzahl $A(k, s)$ der Permutationen P^k, die eine Darstellung als Produkt von genau s Zyklen besitzen, gilt die Rekursionsformel:

$$A(k, k) = 1, \quad A(k, 1) = (k-1)! \quad \text{für} \quad k \geqq 1 \quad \text{und}$$
$$A(k, s) = A(k-1, s-1) + (k-1) \cdot A(k-1, s) \quad \text{für} \quad k > s \geqq 2. \tag{2.14}$$

Beispiel: Es gibt $A(3, 3) = 1$ Permutationen der S_3 (vgl. Beispiel 2 in 2.2.4.2.) mit 3 Zyklen: P_e^3; $A(3, 1) = 2$ Permutationen mit einem Zyklus: P_4^3 und P_5^3; $A(3, 2) = A(2, 1) + 2 \cdot A(2, 2) = 1 + 2 \cdot 1 = 3$ Permutationen mit zwei Zyklen: P_1^3, P_2^3 und P_3^3.

2.2.4.5. Permutationen mit Wiederholung

Läßt man die in der Anmerkung in 2.2.4.1. gemachte Einschränkung fallen und betrachtet geordnete k-Tupel einer Menge **M**, die nicht nur aus verschiedenen Elementen von **M** bestehen, so erhält man Permutationen mit Wiederholung.

Definition: Es sei $\mathbf{M} = \{s_1, \ldots, s_p\}$ eine p-elementige nicht leere Menge, und $i_1, i_2, \ldots, i_p$ seien positive ganze Zahlen mit $\sum_{j=1}^{p} i_j = k$. Jedes geordnete k-Tupel $\tilde{P}^k_{i_1, i_2, \ldots, i_p}$, welches das Element s_j genau i_j-mal $(1 \leqq j \leqq p)$ enthält, heißt eine *Permutation* von **M** *mit Wiederholung*.

Anmerkung: Für $i_1 = i_2 = \ldots = i_p = 1$ erhält man die Permutationen ohne Wiederholung einer p-elementigen Menge.

Satz: Die Anzahl $A(\tilde{P}^k_{i_1, \ldots, i_p})$ der voneinander verschiedenen Permutationen mit Wiederholung von **M** ist:

$$A(\tilde{P}^k_{i_1, \ldots, i_p}) = \frac{k!}{i_1! \, i_2! \cdot \ldots \cdot i_p!}, \qquad \sum_{j=1}^{p} i_j = k. \tag{2.15}$$

Beispiel: Es gibt $A(\tilde{P}^6_{3,2,1}) = \frac{6!}{3!\,2!\,1!} = 60$ verschiedene sechsstellige Zahlen, die die Ziffer 1 genau dreimal, die Ziffer 5 genau zweimal und die Ziffer 9 genau einmal enthalten (vgl. Beispiel 3 in 2.2.3.).

2.2.5. Variationen

2.2.5.1. Variationen ohne Wiederholung

Definition: Jedes geordnete r-Tupel von voneinander verschiedenen Elementen einer k-elementigen Menge **M** ist eine *Variation ohne Wiederholung* V_r^k von k Elementen der Ordnung r (auch Klasse oder Umfang r).

Anmerkung: Jede Variation ohne Wiederholung V_r^k ist eine eineindeutige Abbildung *von* der geordneten Menge $\{1, 2, \ldots, r\}$ *in* die Menge **M**. Aus der Definition folgt sofort: $r \leqq k$. Für $r = k$ erhält man die Permutationen von **M**.

Satz: Die Anzahl $A(V_r^k)$ voneinander verschiedener Variationen ohne Wiederholung ist:

$$A(V_r^k) = \frac{k!}{(k-r)!} = k \cdot (k-1) \cdot \ldots \cdot (k-r+1). \tag{2.16}$$

Beispiele:

1. Es gibt $A(V_2^4)$ verschiedene eineindeutige Abbildungen von der Menge $\{1, 2\}$ in die Menge $\{a_1, a_2, a_3, a_4\}$, also 12 Stück.

2. Es gibt $A(V_3^8) = 336$ verschiedene Tips für die Reihenfolge der drei Erstplazierten bei 8 Mannschaften (Beispiel 4 in 2.2.3.).

2.2.5.2. Variationen mit Wiederholung

Definition: Jedes geordnete r-Tupel von Elementen einer k-elementigen Menge M heißt *Variation mit Wiederholung* $\tilde{V}_r^k$ von k Elementen der Ordnung r (auch Klasse oder Umfang r).

Anmerkung: Jede Variation mit Wiederholung $\tilde{V}_r^k$ ist eine eindeutige Abbildung *von* der geordneten Menge $\{1, 2, ..., r\}$ *in* M. Es ist also auch $r > k$ möglich.

Satz: Die Anzahl $A(\tilde{V}_r^k)$ voneinander verschiedener Variationen mit Wiederholung ist:

$$A(\tilde{V}_r^k) = k^r. \tag{2.17}$$

Beispiel: Die Anzahl voneinander verschiedener Wörter mit drei Buchstaben eines Alphabets mit 26 Buchstaben beträgt: $A(\tilde{V}_3^{26}) = 26^3 = 17576$ (Beispiel 5 in 2.2.3.).

2.2.6. Kombinationen

2.2.6.1. Kombinationen ohne Wiederholung

Definition: Jede r-elementige Teilmenge einer k-elementigen Menge heißt *Kombination ohne Wiederholung* C_r^k von k Elementen der Ordnung r (auch Klasse oder Umfang r).

Anmerkung: Faßt man alle Variationen V_r^k von k Elementen der Ordnung r ohne Wiederholung zu einer Äquivalenzklasse zusammen, die aus den gleichen Elementen (ohne Berücksichtigung der Anordnung) bestehen, so entspricht jeder solchen Klasse genau eine Kombination C_r^k umkehrbar eindeutig.

Beispiele:

1. Durch $\{s_1, s_2\}$, $\{s_1, s_3\}$, $\{s_1, s_4\}$, $\{s_2, s_3\}$, $\{s_2, s_4\}$, $\{s_3, s_4\}$ sind alle Kombinationen von 4 Elementen der Ordnung 2 gegeben.

2. Es gibt genau eine Kombination von k Elementen der Ordnung null, das ist die leere Menge.

Satz: Die Anzahl $A(C_r^k)$ aller voneinander verschiedenen Kombinationen ohne Wiederholung C_r^k ist:

$$A(C_r^k) = \binom{k}{r} = \frac{k!}{r!\,(k-r)!}. \tag{2.18}$$

Beispiel: Beim Zahlenlotto sind aus neunzig Zahlen fünf Zahlen auszuwählen. Es gibt $A(C_5^{90}) = 43\,949\,268$ solche Möglichkeiten.

2.2.6.2. Kombinationen mit Wiederholung

Definition: Faßt man alle Variationen $\tilde{V}_r^k$ von k Elementen zur Ordnung r mit Wiederholung zu einer Äquivalenzklasse zusammen, die aus den gleichen Elementen in der jeweils gleichen Anzahl (ohne Berücksichtigung der Anordnung) bestehen, so heißt jede solche Klasse eine *Kombination* $\tilde{C}_r^k$ von k Elementen der Ordnung r (auch Klasse oder Umfang r) *mit Wiederholung*.

Anmerkung: Zwei Variationen V_r^k und $V_r'^k$ bzw. $\tilde{V}_r^k$ und $\tilde{V}_r'^k$ gehören also genau dann zur gleichen Kombination C_r^k bzw. $\tilde{C}_r^k$, wenn es eine Permutation P^r der Menge $\{1, 2, ..., r\}$ gibt, so daß für alle $i \in \{1, 2, ..., r\}$ gilt:

$$V_r^k(i) = V_r'^k(P^r(i)) \quad \text{bzw.} \quad \tilde{V}_r^k(i) = \tilde{V}_r'^k(P^r(i)).$$

Vgl. Anmerkungen in 2.2.5.1., in 2.2.5.2. und 2.2.6.1.

Satz: Die Anzahl $A(\tilde{C}_r^k)$ aller voneinander verschiedenen Kombinationen mit Wiederholung von k Elementen der Ordnung r ist:

$$A(\tilde{C}_r^k) = \binom{k + r - 1}{r} = \frac{(k + r - 1)!}{r!\,(k - 1)!}. \tag{2.19}$$

Beispiel: Mit zwei nicht voneinander zu unterscheidenden Würfeln kann man $A(\tilde{C}_2^6) = \binom{7}{2} = 21$ verschiedene Würfe erzielen (Beispiel 7 in 2.2.3.).

2.3. Endliche Folgen, Summen, Produkte, Mittelwerte

2.3.1. Bezeichnung von Summen und Produkten

Ist $a_1, a_2, \ldots, a_n$ eine (endliche) Folge reeller Zahlen (vgl. 2.3.2.), so läßt sich eine endliche Folge von Summen und Produkten bilden:

$$\begin{array}{ll} a_1 + a_2, & a_1 \cdot a_2, \\ (a_1 + a_2) + a_3 = a_1 + a_2 + a_3, & (a_1 \cdot a_2) \cdot a_3 = a_1 \cdot a_2 \cdot a_3, \\ \ldots & \ldots \\ (a_1 + \ldots + a_{n-1}) + a_n = a_1 + \ldots + a_n, & (a_1 \cdot \ldots \cdot a_{n-1}) \cdot a_n = a_1 \cdot \ldots \cdot a_n. \end{array}$$

Für diese mehrfachen endlichen Summen und Produkte (vgl. 2.4.1.1.) führt man Abkürzungen ein:

$$\sum_{i=1}^{n} a_i \overset{\text{def}}{=} a_1 + a_2 + \ldots + a_n, \qquad \prod_{i=1}^{n} a_i \overset{\text{def}}{=} a_1 \cdot a_2 \cdot \ldots \cdot a_n. \tag{2.20}$$

Es ist zweckmäßig, die Definition noch zu erweitern:

$$\sum_{i=1}^{1} a_i \overset{\text{def}}{=} a_1, \qquad \prod_{i=1}^{1} a_i \overset{\text{def}}{=} a_1.$$

Die in den Ausdrücken (2.20) vorkommende (gebundene) Variable i (die Werte, mit denen i der Reihe nach belegt wird, sind vorgeschrieben: $i = 1, i = 2, \ldots, i = n$) heißt *Summationsindex* bzw. *Multiplikationsindex*, die die Werte von i begrenzenden ganzen Zahlen 1 und n die *Summationsgrenzen* bzw. *Multiplikationsgrenzen*. Der Wert der Summe (des Produktes) ist von der Bezeichnung des Summationsindexes (Multiplikationsindexes) unabhängig:

$$\sum_{i=1}^{n} a_i = \sum_{j=1}^{n} a_j = \sum_{k=1}^{n} a_k.$$

Manchmal ist es notwendig, für den Summationsindex i eine lineare Transformation: $i = k + r$, r beliebig gewählte ganze Zahl, k neuer Summationsindex, vorzunehmen. Dann erfolgt die Umformung nach folgender Regel:
Umformung der Summationsgrenzen:

$$i = 1, \quad k + r = 1, \quad \text{neue untere Grenze:} \quad k = 1 - r;$$

$$i = n, \quad k + r = n, \quad \text{neue obere Grenze:} \quad k = n - r;$$

Einsetzen von $k + r$ für i in den Ausdruck a_i: a_{k+r}; also:

$$\sum_{i=1}^{n} a_i = \sum_{k=1-r}^{n-r} a_{k+r}.$$

2.3.2. Endliche Folgen

Definition: Eine *endliche* (reelle) *Zahlenfolge* ist eine eindeutige Abbildung von der Menge $A_n = \{1, 2, \ldots, n\}$, $n \geqq 1$, in die Menge der reellen Zahlen. Das Bild der natürlichen Zahl $i \in A_n$ wird dabei mit a_i bezeichnet und heißt *Glied* der Folge. Die Folge wird mit $[a_i]_1^n$ bezeichnet.

Eine Folge kann durch direkte Angabe ihrer Glieder oder auch durch einen arithmetischen Ausdruck gegeben sein.

Beispiele:

1. Folge durch direkte Angabe der Glieder gegeben:

$$[a_i]_1^5 = 4, \ -1, \ 3/5, \ 4, \ 4.$$

2. Folge durch arithmetischen Ausdruck gegeben:

$$[3i - i^2]_1^6 \quad \text{bedeutet die Folge} \quad 2, 2, 0, -4, -10, -18.$$

Ist eine Folge $[a_i]_1^n = a_1, a_2, \ldots, a_n$ $(n > 1)$ gegeben, so läßt sich aus ihr eine weitere Folge bilden:

$$[d_i]_1^{n-1} = [a_{i+1} - a_i]_1^{n-1} = a_2 - a_1, a_3 - a_2, \ldots, a_n - a_{n-1}; \tag{2.21}$$

diese heißt 1. *Differenzenfolge* von $[a_i]_1^n$. Ist $n - 1 > 1$, so läßt sich von der 1. Differenzenfolge wieder eine 1. Differenzenfolge bilden, die man als 2. Differenzenfolge der Ausgangsfolge bezeichnet. Fährt man so fort, so bricht das Verfahren mit der $(n - 1)$-ten Differenzenfolge ab, da diese nur noch aus einem Glied besteht.

Ist $[d_i]_1^{n-1}$ 1. Differenzenfolge von $[a_i]_1^n$, so gilt:

$$d_1 = a_2 - a_1, \ d_1 + d_2 = a_3 - a_1, \ldots, \ \sum_{i=1}^{n-1} d_i = a_n - a_1. \tag{2.22}$$

Gilt also speziell $a_1 = 0$, so ist a_n gleich der Summe der $n - 1$ Glieder der 1. Differenzenfolge.

Eine endliche Folge $[a_i]_1^n$ heißt *konstant*, wenn es eine reelle Zahl a gibt, so daß für alle $i \in \{1, \ldots, n\}$ gilt: $a_i = a$. Demnach ist jede endliche Folge der Länge $n = 1$ konstant.

Arithmetische Folgen

Definition: Eine nicht konstante endliche Folge heißt *arithmetische Folge* (1. Ordnung), wenn ihre 1. Differenzenfolge konstant ist. Sie heißt arithmetische Folge m-ter Ordnung, wenn ihre m-te Differenzenfolge konstant, aber ihre $(m - 1)$-te Differenzenfolge nicht konstant ist.

Ist $[a_i]_1^n$ eine arithmetische Folge 1. Ordnung und ist d die (konstante) Differenz zweier aufeinanderfolgender Glieder, so gilt für alle $i \in \{1, \ldots, n\}$:

$$a_i = a_1 + (i - 1) d,$$

und für die Summe der Glieder dieser Folge (diese Summe wird auch als endliche *arithmetische Reihe* bezeichnet):

$$a_1 + a_2 + \ldots + a_n = \sum_{i=1}^{n} a_i = n(a_1 + a_n)/2 = na_1 + n(n - 1) d/2.$$

Satz: Ist $[a_i]_1^n$ eine arithmetische Folge der Ordnung m, so gibt es ein Polynom in i vom Grad m: $P_m(i) = c_m i^m + \ldots + c_1 i + c_0$, so daß für alle $i \in \{1, \ldots, n\}$ gilt: $a_i = P_m(i)$.

Für $m = 1$ lautet dieses Polynom für die Folge $[a_i]_1^n$ mit der konstanten Differenz d:

$$a_i = di + (a_1 - d).$$

Beispiel: Die Folge der ersten n Quadratzahlen $[i^2]_1^n = 1, 2^2, \ldots, n^2$ ist eine arithmetische Folge 2. Ordnung, denn i^2 ist ein Polynom in i vom Grad 2. Die Differenzenfolgen sind:

1. Differenzenfolge: $[d_i]_1^{n-1}$ mit $d_i = (i + 1)^2 - i^2 = 2i + 1$,

2. Differenzenfolge: $[d'_i]_1^{n-2}$ mit $d'_i = 2(i + 1) + 1 - (2i + 1) = 2$.

Betrachtet man $[i^2]_1^n$ als 1. Differenzenfolge einer Folge $[a_i]_1^{n+1}$, so ist $[a_i]_1^{n+1}$ eine arithmetische Folge 3. Ordnung. Es gibt daher ein Polynom 3. Grades in i, so daß für alle i gilt:

$$a_i = c_3 i^3 + c_2 i^2 + c_1 i + c_0.$$

Wählt man $a_1 = 0$, so lauten die ersten vier Glieder der Folge $[a_i]_1^{n+1}$: 0, 1, 5, 14. Aus dem Gleichungssystem: $i^3 c_3 + i^2 c_2 + i c_1 + c_0 = a_i$ für $i = 1, 2, 3, 4$ oder aus einer der Interpolationsformeln (vgl. 7.1.2.6.1.) folgt für die unbekannten Koeffizienten c_3, c_2, c_1, c_0: $c_3 = 1/3, c_2 = -1/2, c_1 = 1/6, c_0 = 0$, und weiter:

$$a_i = 1/3 \cdot i^3 - 1/2 \cdot i^2 + 1/6 \cdot i$$

und

$$a_{n+1} = \sum_{i=1}^{n} i^2 = \tfrac{1}{3} n^3 + \tfrac{1}{2} n^2 + \tfrac{1}{6} n = \tfrac{1}{6} (2n + 1)(n + 1) n.$$

Geometrische Folgen

Definition: Eine jede Folge $[a_i]_1^n$, bei der der Quotient zweier aufeinanderfolgender Glieder konstant ist: $a_{i+1}/a_i = q$ für alle $i \in \{1, \ldots, n-1\}$, heißt *geometrische Folge*.

Für die Glieder einer geometrischen Folge gilt:

$$a_i = a_1 \cdot q^{i-1} \quad \text{für} \quad i \in \{1, \ldots, n\},$$

und für die Summe aller Glieder einer endlichen geometrischen Folge (auch endliche *geometrische Reihe* genannt):

$$\sum_{i=1}^{n} a_i = \sum_{i=1}^{n} a_1 q^{i-1} = a_1(1 + q + \ldots + q^{n-1}) = a_1 \frac{q^n - 1}{q - 1}.$$

2.3.3. Einige Summen von Gliedern endlicher Folgen

(1) $$1 + 2 + 3 + \ldots + n = \frac{n(n+1)}{2};$$

(2) $$p + (p+1) + (p+2) + \ldots + (p+n) = \frac{(n+1)(2p+n)}{2};$$

(3) $$1 + 3 + 5 + \ldots + (2n-1) = n^2;$$

(4) $$2 + 4 + 6 + \ldots + 2n = n(n+1);$$

(5) $$1^2 + 2^2 + 3^2 + \ldots + n^2 = \frac{n(n+1)(2n+1)}{6};$$

(6) $$1^3 + 2^3 + 3^3 + \ldots + n^3 = \frac{n^2(n+1)^2}{4};$$

(7) $$1^2 + 3^2 + 5^2 + \ldots + (2n-1)^2 = \frac{n(4n^2-1)}{3};$$

(8) $$1^3 + 3^3 + 5^3 + \ldots + (2n-1)^3 = n^2(2n^2-1);$$

(9) $$1^4 + 2^4 + 3^4 + \ldots + n^4 = \frac{n(n+1)(2n+1)(3n^2+3n-1)}{30}.$$

2.3.4. Mittelwerte

Über Mittelwerte vgl. auch 3.1.1.3.

Sind n (nicht notwendig verschiedene) reelle Zahlen $a_1, a_2, \ldots, a_n$ gegeben, so heißt

$$m_A = \frac{1}{n}(a_1 + a_2 + \ldots + a_n)$$

das *arithmetische Mittel* von $a_1, \ldots, a_n$ und

$$m_Q = \sqrt{\frac{1}{n}(a_1^2 + a_2^2 + \ldots + a_n^2)}$$

das *quadratische Mittel* von $a_1, \ldots, a_n$.

Sind a und b zwei nicht negative reelle Zahlen, so heißt

$$m_G = \sqrt{a \cdot b}$$

das *geometrische Mittel* von a und b oder auch die *mittlere Proportionale* von a und b.

Aus $m_G^2 = a \cdot b$ folgt: $a : m_G = m_G : b$.

Für das arithmetische Mittel $m_A(a, b)$ und das geometrische Mittel $m_G(a, b)$ zweier nicht negativer reeller Zahlen a und b gilt:

(1) $m_G(a, b) \leqq m_A(a, b)$;

(2) $a, m_A(a, b), b$ ist arithmetische Folge erster Ordnung,

$a, m_G(a, b), b$ ist geometrische Folge.

Sind a und b Längen von Strecken, so lassen sich Strecken der Längen $m_A(a, b)$ und $m_G(a, b)$ mit Zirkel und Lineal konstruieren (Abb. 2.4 und 2.5).

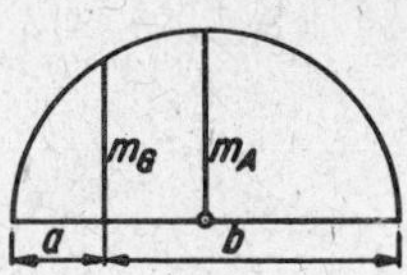

Abb. 2.4

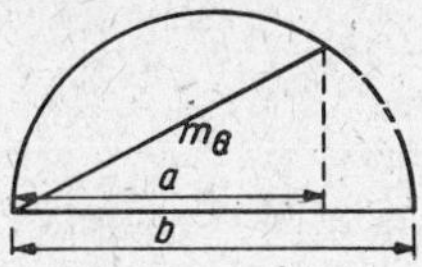

Abb. 2.5

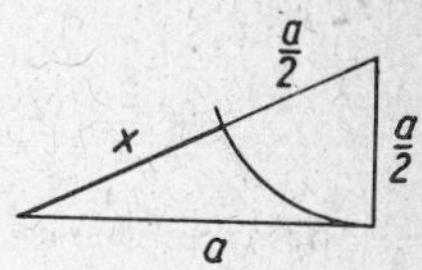

Abb. 2.6

Goldener Schnitt

Ist a eine positive reelle Zahl, so heißt jede Zerlegung dieser Zahl in zwei positive Summanden x und $a - x$ ein *Goldener Schnitt* von a, wenn x geometrisches Mittel von a und $a - x$ ist.

Aus $x = \sqrt{a(a - x)}$ folgt: $x = \frac{1}{2}\left(\sqrt{5} - 1\right) a \approx 0{,}618a$.

Deutet man a als Länge einer Strecke, so zeigt Abb. 2.6 die Konstruktion einer Strecke x, deren Länge Summand des Goldenen Schnittes von a ist.

Aus $x^2 = a(a - x) = a^2 - ax$ folgt: $a^2 = x^2 + ax = x(x + a)$, demnach ist a auch geometrisches Mittel von x und $x + a$. Teilt also x die Zahl a im Goldenen Schnitt, so teilt auch a die Zahl $x + a$ im Goldenen Schnitt.

2.4. Algebra

2.4.1. Arithmetische Ausdrücke oder Terme

Die Abschnitte 2.4.1.1. und 2.4.1.2. sind eine Einführung in die Syntax (den formalen Aufbau) und Semantik (die Bedeutung) arithmetischer Ausdrücke und für das Verständnis der Abschnitte 2.4.1.3., 2.4.1.4. und 2.4.1.5. nicht unbedingt erforderlich.

2.4.1.1. Definition arithmetischer Ausdrücke

Arithmetische Ausdrücke oder Terme sind Zeichenreihen, die durch Verkettung (Hintereinanderschreiben) gewisser Grundzeichen gebildet werden. Die Menge der Ausdrücke läßt sich entweder mittels einer induktiven Definition oder mittels gewisser metasprachlicher Elemente, z. B. der *Backusnotation* oder generativer Grammatiken, erzeugen. Bei der Backusnotation werden die Zeichen ⟨ ⟩ ::= | verwendet, wobei diese nicht in dem zum Aufbau der Ausdrücke verwendeten Alphabet vorkommen dürfen. Dabei gilt folgende Konvention: Eine in Backusklammern ⟨ ⟩ eingeschlossene Zeichenreihe ist selbst keine Zeichenreihe der zu erklärenden Menge, sondern ein Name (Bezeichnung) für eine solche Zeichenreihe (metalinguistische Variable); das Zeichen ::= bedeutet, daß die durch den links von diesem Zeichen stehenden Namen bezeichnete Zeichenreihe gleich einer der rechts durch | getrennten Zeichenreihen ist.

Definition der Zeichenreihen „natürliche Zahl“ und „Dezimalzahl“ mittels Backusnotation: Das Alphabet bestehe aus den elf Zeichen:

0 | 1 | 2 | 3 | 4 | 5 | 6 | 7 | 8 | 9 | ,

⟨P-Ziffer⟩ ::= 1 | 2 | 3 | 4 | 5 | 6 | 7 | 8 | 9
⟨Ziffer⟩ ::= 0 | ⟨P-Ziffer⟩
⟨Ziffernfolge⟩ ::= ⟨Ziffer⟩ | ⟨Ziffernfolge⟩ ⟨Ziffer⟩
⟨natürliche Zahl⟩ ::= ⟨Ziffer⟩ | ⟨P-Ziffer⟩ ⟨Ziffernfolge⟩
⟨Dezimalzahl⟩ ::= ⟨natürliche Zahl⟩ | ⟨natürliche Zahl⟩, ⟨Ziffernfolge⟩

Ziffernfolge ist also jede aus einer Ziffer bestehende Zeichenreihe oder auch jede Zeichenreihe, die aus einer Ziffernfolge (also z. B. einer Ziffer) und einer weiteren dahinter geschriebenen Ziffer besteht. Beispiele für Ziffernfolgen: 0 00 003 0039 usw. Die als natürliche Zahlen bezeichneten Zeichenreihen unterscheiden sich von den Ziffernfolgen dadurch, daß sie, falls sie aus mehr als einem Zeichen bestehen, keine führenden Nullen enthalten. So ist 0039 zwar Ziffernfolge, aber keine als natürliche Zahl bezeichnete Zeichenreihe. Die Zeichenreihe einer Dezimalzahl ist die einer natürlichen Zahl oder eine Zeichenreihe bestehend aus einer Zeichenreihe einer natürlichen Zahl gefolgt von einem Komma und einer Ziffernfolge. Demnach ist 39,0 Zeichenreihe einer Dezimalzahl aber keiner natürlichen Zahl, während 39 sowohl Zeichenreihe einer natürlichen Zahl als auch einer Dezimalzahl ist.

In der Elementarmathematik ergeben sich Schwierigkeiten bei der Definition arithmetischer Ausdrücke dadurch, daß die verwendeten Ausdrucksmittel historisch und nicht nach einem einheitlichen Prinzip konstruktiv entstanden sind. Zur Umgehung dieser Schwierigkeit werden die Ausdrücke zunächst in linearer Schreibweise (Verkettung der Grundzeichen bzw. Wörter durch Hintereinanderschreiben) definiert und danach die übliche Schreibweise (waagerechter Bruchstrich, hochgestellter Exponent) als Abkürzung bzw. Namen für linear geschriebene Ausdrücke eingeführt. Bezeichnen die Bezeichnungen (Namen) A und B dieselbe Zeichenreihe, so schreiben wir $A \equiv B$. Jedes verwendete Grundzeichen ist stets sein eigener Name, d. h., es bezeichnet sich selbst. Außerdem begnügen wir uns mit einstelligen Funktionenvariablen.

Zum induktiven Aufbau arithmetischer Ausdrücke oder Terme werden folgende Grundzeichen verwendet: Menge der *Zahlenvariablen*: $\{a_1, a_2, a_3, \ldots\}$; Menge der *Zahlenkonstanten*: Zeichenreihen für Dezimalzahlen; Menge der einstelligen *Funktionenvariablen*: $\{f_1, f_2, f_3, \ldots\}$; Menge der *Funktionenkonstanten*: {sin, cos, tan, cot, exp, ln, abs, ...}, Menge der *zweistelligen Funktoren*: $\{+, -, \cdot, :, \uparrow\}$, Menge der *einstelligen Funktoren*: $\{-\}$, Menge der *technischen Zeichen*: {(,)}. Es können auch noch Sonderzeichen, wie π, e usw. als Zahlenkonstanten für bestimmte reelle Zahlen aufgenommen werden. Die Bezeichnungen der Funktionenkonstanten gelten als untrennbare Grundzeichen. Die Liste kann nach Bedarf erweitert werden. Desgleichen gelten $a_1, a_2, \ldots, f_1, f_2, \ldots$ jeweils als ein Zeichen, der Index dient lediglich als Unterscheidungsmerkmal. Damit wird erreicht, daß potentiell unendlich viele Zahlen- bzw. Funktionenvariablen zur Verfügung stehen. Die Mengenbildungsklammern { } und das Komma als Trennzeichen sind als metasprachliche Elemente zu betrachten.

Definition:

1) Jeder *arithmetische Ausdruck oder Term der Stufe null* ist eine Zahlenvariable oder Zahlenkonstante.

2) Eine Zeichenreihe A heißt *arithmetischer Ausdruck oder Term der Stufe* $n + 1$ genau dann, wenn einer der folgenden Fälle eintritt:

a) A ist arithmetischer Ausdruck der Stufe n.

b) $A \equiv (-A_1)$ und A_1 ist arithmetischer Ausdruck der Stufe n.

c) $A \equiv (A_1 Z A_2)$ und A_1, A_2 sind arithmetische Ausdrücke der Stufe n, und Z ist ein zweistelliger Funktor.

d) $A \equiv Z(A_1)$ und A_1 ist arithmetischer Ausdruck der Stufe n, und Z ist eine Funktionenvariable oder Funktionenkonstante.

3) Eine Zeichenreihe A ist *arithmetischer Ausdruck oder Term* genau dann, wenn es eine natürliche Zahl n gibt, so daß A arithmetischer Ausdruck der Stufe n ist.

Beispiele für arithmetische Ausdrücke: $A_1 \equiv (-a_1)$,

$$A_2 \equiv (((a_2 \uparrow a_1) : a_3) + a_2),$$

$$A_3 \equiv ((a_1 + (-a_2)) : (((-a_2) \cdot a_3) + f_1((a_4 : a_5)))).$$

Definition: Jede Teilzeichenreihe eines arithmetischen Ausdruckes A (d. h. zusammenhängendes Teilstück), die selbst arithmetischer Ausdruck ist, heißt Teilausdruck von A. Insbesondere ist jeder Ausdruck Teilausdruck von sich selbst.

Für arithmetische Ausdrücke gilt folgendes: Eine Zeichenreihe A ist nur dann arithmetischer Ausdruck, wenn in A die Anzahl der vorkommenden Zeichen „(" gleich der Anzahl der vorkommenden Zeichen „)" und auch gleich der Summe aus der Anzahl der in A vorkommenden Funktoren und der Anzahl der Funktionenvariablen und Funktionenkonstanten ist. Für jeden arithmetischen Ausdruck A gilt genau eine der folgenden vier Aussagen:

1) A besteht nur aus einem Zeichen, dann ist A Zahlenvariable oder Zahlenkonstante.

2) A beginnt mit der Zeichenreihe $(-$, dann heißt A eine *Negation* und der einstellige Funktor $-$ Hauptverknüpfungszeichen von A.

3) A beginnt mit einer Funktionenvariablen oder Funktionenkonstanten, dann heißt A *funktionaler Ausdruck*.

4) A beginnt mit (und nicht mit (–, dann gibt es genau eine Zerlegung $A \equiv (A_1 Z A_2)$, und A_1 und A_2 sind arithmetische Ausdrücke und Z ein zweistelliger Funktor. Dieser zweistellige Funktor Z heißt Hauptverknüpfungszeichen. A heißt *Summe*, *Differenz*, *Produkt*, *Quotient*, *Potenz*, je nachdem $Z \equiv +$, $Z \equiv -$, $Z \equiv \cdot$, $Z \equiv :$, $Z \equiv \uparrow$ ist.

So ist in den angegebenen Beispielen für arithmetische Ausdrücke A_1 Negation, A_2 Summe und A_3 Quotient. Es ist vorteilhaft, die oben genannte Regel für die Anzahl der Klammern auf A_1 bzw. A_2 anzuwenden, um das Hauptverknüpfungszeichen aufzusuchen.

Als Folgerung hierzu ergibt sich: Jeder arithmetische Ausdruck läßt sich eindeutig schrittweise in arithmetische Ausdrücke der Stufe null zerlegen (vgl. Abb. 2.7).

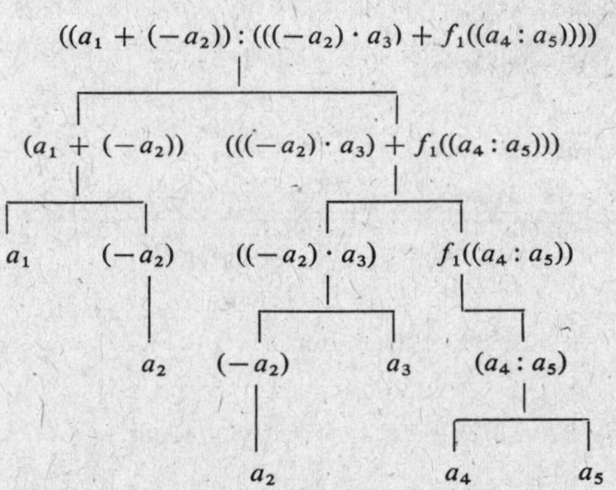

Abb. 2.7

Wir sagen: „eine Zahlenvariable a_i bzw. Funktionenvariable f_i kommt im arithmetischen Ausdruck A vor" genau dann, wenn die Zeichenreihe a_i bzw. f_i Teilzeichenreihe von A ist.

Zur Erhöhung der Übersichtlichkeit werden Abkürzungen und nichtlineare Schreibweisen eingeführt.

Zunächst dürfen die Zahlenvariablen und Funktionenvariablen auch durch andere Zeichen ersetzt werden. Dabei ist gegebenenfalls festzulegen, welcher Zeichenvorrat für Zahlenvariablen und welcher für Funktionenvariablen vorgesehen ist.

Ist $A \equiv (Z)$ und A arithmetischer Ausdruck, so heißt das die Zeichenreihe Z einschließende Klammernpaar *Außenklammern des Ausdrucks A*.

Es wird festgelegt: Jede Funktionenvariable trennt schwächer als jeder Funktor; der Funktor $\uparrow$ trennt schwächer als $+$, $-$, $\cdot$, $:$; die Funktoren $\cdot$, $:$ trennen schwächer als $+$, $-$.

Regel 1: Die Außenklammern eines arithmetischen Ausdrucks können weggelassen werden.

Regel 2: Ist der arithmetische Ausdruck A_1 Teilausdruck des arithmetischen Ausdrucks A, so dürfen die Außenklammern von A_1 weggelassen werden, falls unmittelbar nach der Schlußklammer von A_1 kein Zeichen folgt, das schwächer als das Hauptverknüpfungszeichen von A_1, und unmittelbar vor der Anfangsklammer von A_1 kein Zeichen steht, das schwächer als oder gleich stark trennt wie das Hauptverknüpfungszeichen von A_1.

Die Regel 2 ist stets nach Regel 1 anzuwenden.

Beispiele:

1. $(-a) \equiv -a$;
2. $(((a \uparrow b) : c) + b) \equiv a \uparrow b : c + b$;
3. $((a + (-b)) : (((-b) \cdot c) + f((d : e)))) \equiv (a + (-b)) : ((-b) \cdot c + f(d : e))$

Achtung: Die im letzten Beispiel auf der rechten Seite stehende erste Klammer und letzte Klammer bilden kein Außenklammerpaar eines Ausdrucks, da die ganze Zeichenreihe kein Ausdruck sondern eine Abkürzung eines Ausdrucks ist.

Die angegebenen Klammerabkürzungsregeln führen bei *kanonisch* (*linkskanonisch*) *geklammerten* arithmetischen Ausdrücken [1]), die entweder nur die Funktoren $+$, $-$ oder $\cdot$, $:$ enthalten, auf klammerfreie Abkürzungen.

Beispiele:

1. $(((((-a) + b) - c) + d) + e) \equiv -a + b - c + d + e$;
2. $((((a \cdot b) : c) : d) \cdot e) \equiv a \cdot b : c : d \cdot e$;

dagegen:

3. $(((a + (-b)) + c) + (d + e)) \equiv a + (-b) + c + (d + e)$;
4. $((a \cdot b) : (c \cdot d)) \equiv a \cdot b : (c \cdot d)$.

Regel 3: Der zweistellige Funktor $\cdot$ darf in einem arithmetischen Ausdruck oder seiner Abkürzung weggelassen werden, falls 1. nicht zugleich unmittelbar vor dem Funktor ein auch als Funktionenvariable oder Funktionenkonstante verwendetes Zeichen und unmittelbar hinter ihm eine öffnende Klammer steht, und 2. $\cdot$ nicht zwischen zwei Zahlenkonstanten steht.

Regel 4: Der zweistellige Funktor $:$ darf in einem arithmetischen Ausdruck oder seiner Abkürzung durch das Zeichen / ersetzt werden.

Regel 5: Ist der arithmetische Ausdruck $A \equiv (A_1 : A_2)$ Teilzeichenreihe eines Ausdrucks oder einer Abkürzung eines Ausdrucks, so darf dafür $A \equiv \left(\frac{A_1}{A_2}\right)$ geschrieben werden und, falls unmittelbar vor der öffnenden Klammer von A keine Funktionenvariable oder Funktionenkonstante steht, auch $A \equiv \frac{A_1}{A_2}$. Auf A_1 und A_2 darf Regel 1 und Regel 2 angewendet werden.

[1]) In solchen Ausdrücken stehen alle öffnenden Klammern am Anfang des Ausdruckes.

Beispiele:

1. $((((a \cdot b):c):d)\cdot e) \equiv \frac{ab/c}{d}e$,

2. $((a+(-b)):(((-b)\cdot c)+f((d:e)))) \equiv \frac{a+(-b)}{(-b)\,c+f(d/e)}$, aber:

3. $f((a:b)) \equiv f\left(\frac{a}{b}\right)$.

Regel 6: Ist der arithmetische Ausdruck $A \equiv (A_1 \uparrow A_2)$ Teilzeichenreihe eines Ausdrucks oder einer Abkürzung eines Ausdrucks, so darf dafür $A \equiv (A_1^{A_2})$ geschrieben werden, und die Außenklammern des Ausdrucks A_2 können weggelassen werden. Falls unmittelbar vor der öffnenden Klammer von A keine Funktionenvariable bzw. Funktionenkonstante oder hinter der schließenden Klammer nicht der Funktor $\uparrow$ steht, darf $A \equiv A_1^{A_2}$ geschrieben werden.

Beispiele:

1. $((a \uparrow b) \uparrow c) \equiv a \uparrow b \uparrow c$ nach Regel 1 und 2,
2. $((a \uparrow b) \uparrow c) \equiv (a^b)^c$ nach Regel 6,
3. $(a \uparrow (b \uparrow c)) \equiv a \uparrow (b \uparrow c)$ nach Regel 1 und 2,
4. $(a \uparrow (b \uparrow c)) \equiv a^{b^c}$ nach Regel 6.

Regel 7: Ist $F(A)$ Teilzeichenreihe eines arithmetischen Ausdrucks oder einer seiner Abkürzungen und F eine Funktionenkonstante und A eine Zahlenvariable oder Zahlenkonstante, so darf FA dafür geschrieben werden.[1])

Beispiele:

1. $\sin(x) \equiv \sin x$, 2. $\exp(x) \equiv \exp x$.

Regel 8: Für die Funktionenkonstante abs wird folgende Abkürzung eingeführt: $\text{abs}\,(A) \equiv |A|$, und vorhandene Außenklammern von A dürfen weggelassen werden.

Abkürzungen für mehrfach kanonisch geklammerte Summen und Produkte (vgl. 2.3.1.). Es seien $A_1, A_2, A_3, \ldots$ arithmetische Ausdrücke, dann sei:

$$\sum_{i=1}^{1} A_i \equiv A_1, \quad \sum_{i=1}^{n+1} A_i \equiv \left(\sum_{i=1}^{n} A_i + A_{n+1}\right)$$

und

$$\prod_{j=1}^{1} A_i \equiv A_1, \quad \prod_{i=1}^{n+1} A_i \equiv \left(\prod_{i=1}^{n} A_i \cdot A_{n+1}\right).$$

Beispiele:

1. $\sum_{i=1}^{4} a_i \equiv (((a_1 + a_2) + a_3) + a_4) \equiv a_1 + a_2 + a_3 + a_4$;

2. $\prod_{i=1}^{3} a_i \equiv ((a_1 \cdot a_2) \cdot a_3) \equiv a_1 a_2 a_3$.

Simultane Einsetzung: Sind $a_1, \ldots, a_n$ Zahlenvariable und $A_1, \ldots, A_n, A$ arithmetische Ausdrücke, so sei $A^* \equiv A[{}^{a_1}/_{A_1}, \ldots, {}^{a_n}/_{A_n}]$ diejenige Zeichenreihe, die aus A entsteht, wenn man gleichzeitig an allen Stellen in A, in denen die Variable a_i $(i = 1, \ldots, n)$ vorkommt, a_i streicht und dafür A_i einträgt. A^* entsteht dann aus A durch die angegebene simultane Einsetzung und ist wieder arithmetischer Ausdruck.

Beispiel: $(a + b)\,[{}^{a}/_{(a+b)}, {}^{b}/_{a}] \equiv ((a + b) + a)$.

---

[1]) Darüber hinaus ist noch die Abkürzung $F^n(A)$ für $(F(A))^n$ üblich. Dabei kann F sowohl Funktionenkonstante als auch Funktionenvariable sein.

Ersetzung: Es seien A_1, A_2 Ausdrücke und A' Teilausdruck von A_1. Entsteht die Zeichenreihe A^* dadurch, daß an beliebigen Stellen (evtl. auch keiner Stelle) in A_1 der dort vorkommende Teilausdruck A' gestrichen wird und dafür A_2 eingetragen wird, so sagt man A^* entsteht aus A_1 durch Ersetzung von A' durch A_2. Wir schreiben dafür: $Ers(A_1, A', A_2, A^*)$.

Anmerkung: A^* ist also i. allg. nicht eindeutig bestimmt.

Beispiel: $A_1 \equiv ((a + b) - ((a + b) \cdot (c \cdot d))), A' \equiv (a + b), A_2 \equiv x, A_1^* \equiv (x - ((a + b) \cdot (c \cdot d)))$, $A_2^* \equiv (x - (x \cdot (c \cdot d)))$, dafür gilt: $Ers(A_1, A', A_2, A_1)$, $Ers(A_1, A', A_2, A_1^*)$ und $Ers(A_1, A', A_2, A_2^*)$.

2.4.1.2. Interpretation arithmetischer Ausdrücke

Eine vollständig durchgeführte Interpretation arithmetischer Ausdrücke würde den Rahmen dieses Taschenbuches sprengen. Wir beschränken uns daher auf einige Bemerkungen zur Interpretation über dem Körper der reellen Zahlen **R**. Die Elemente von **R** sind gegeben, etwa als Menge aller Dedekindschen Schnitte im Körper der rationalen Zahlen (3.1.1.2.) und können als unendliche Dezimalbrüche dargestellt werden.[1]) Ferner sei F die Menge aller reellen Funktionen einer reellen Variablen (vgl. 3.1.4.1.). Grundlegend für die Interpretation ist der Begriff der Belegung.

Definition: Eine Belegung φ ist eine eindeutige Abbildung der Menge der Zahlenvariablen in die Menge **R** und der Menge der Funktionenvariablen in die Menge F:

$$a_i \to \varphi(a_i) \in \mathbf{R}; \qquad f_j \to \varphi(f_j) \in \mathrm{F}.$$

Die Interpretation der arithmetischen Ausdrücke erfolgt durch eine eindeutige Abbildung „*Wert*“, die in Abhängigkeit von einer Belegung φ gewisse arithmetische Ausdrücke in die Menge **R** der reellen Zahlen abbildet. Das Bild eines solchen Ausdrucks A (also die ihm zugeordnete Zahl) heißt Wert von A bei der Belegung φ, bezeichnet mit $Wert(A, \varphi) \in \mathbf{R}$. Die Abbildung „*Wert*“ ist eine eindeutige Abbildung *aus* der Menge der Ausdrücke, d. h., es wird bei einer beliebig vorgegebenen Belegung durchaus nicht jedem Ausdruck eine reelle Zahl zugeordnet. Beispielsweise hat der Ausdruck $A \equiv f_j(a_i)$ bei der Belegung φ nur dann einen Wert, wenn $\varphi(a_i)$ im Definitionsbereich der Funktion $\varphi(f_j)$ liegt. Die Abbildung „*Wert*“ wird induktiv über die Stufe des Ausdrucks A definiert, indem zunächst für nullstufige Ausdrücke A der Wert festgelegt wird: Ist A eine Zahlenkonstante, so gilt für jede Belegung φ: $Wert(A, \varphi)$ ist diejenige reelle Zahl α, deren Darstellung als unendlicher Dezimalbruch mit der Zeichenreihe A äquivalent ist. Wir können deshalb die Zahlenkonstante als Bezeichnung für reelle Zahlen verwenden, da ihr Wert eine eindeutig bestimmte reelle Zahl ist und zwar unabhängig von der gewählten Belegung. Ist A eine Zahlenvariable, so gilt für jede Belegung φ: $Wert(A, \varphi) = \varphi(A) \in \mathbf{R}$, wobei $=$ die Gleichheit der reellen Zahlen in **R** bedeutet. Um die Werte für die Ausdrücke höherer Stufe festzulegen, werden den ein- und zweistelligen Funktoren die bekannten ein- und zweistelligen Operationen im Körper der reellen Zahlen zugeordnet und den Funktionenkonstanten die üblichen elementaren Funktionen. Man nennt die Menge derjenigen Belegungen φ, für die A einen Wert hat, also $Wert(A, \varphi) \in \mathbf{R}$, den *Gültigkeitsbereich* oder *Definitionsbereich von A*. Der Gültigkeitsbereich eines Ausdrucks kann auch leer sein, z. B. gibt es bei der Interpretation über **R** keine Belegung, für die der Ausdruck $A \equiv \ln(-x^2)$ einen Wert hat. Offenbar hängt der Wert eines Ausdrucks A bei einer Belegung φ nur ab von den Werten der in A vorkommenden Variablen, und das sind stets nur endlich viele. Enthält insbesondere A nur Zahlenvariable $a_{i_1}, a_{i_2}, \ldots, a_{i_n}$, so ist $Wert(A, \varphi)$ bereits durch das n-Tupel $(\varphi(a_{i_1}), \ldots, \varphi(a_{i_n}))$ eindeutig bestimmt. Jedes derartige n-Tupel kann als Punkt in einem n-dimensionalen euklidischen Raum gedeutet werden, so daß dann der Definitionsbereich eines Ausdrucks A auch als Punktmenge in einem solchen Raum gedeutet werden kann. Davon wird Gebrauch gemacht, wenn arithmetische Ausdrücke zur Definition von Funktionen verwendet werden. Häufig werden nicht alle Belegungen zugelassen, sondern nur solche, die gewisse Bedingungen erfüllen.

Beispiele:

„n ganzzahlig“ bedeutet: für jede Belegung φ, für die $\varphi(n)$ eine ganze Zahl ist;
„$A > 0$“ bedeutet: für jede Belegung φ, für die $Wert(A, \varphi)$ eine positive Zahl ist;
„$a \in \{1, 2, 3\}$, $b \neq 0$“ bedeutet: für jede Belegung φ, für die $\varphi(a)$ eine der Zahlen 1, 2 oder 3 und $\varphi(b)$ nicht null ist. Zum Begriff der Interpretation vgl. auch 4.1.1.

[1]) z. B. Fichtenholz, Differential- und Integralrechnung, Bd. 1.

2.4.1.3. Gleichungen zwischen arithmetischen Ausdrücken

Sind A_1 und A_2 arithmetische Ausdrücke, so heißt die Zeichenreihe $A_1 = A_2$ eine Gleichung. Eine Gleichung $A_1 = A_2$ heißt *allgemeingültig* oder auch *Identität* genau dann, wenn für jede Belegung φ gilt:

$$\mathit{Wert}\,(A_1, \varphi) \in \mathbf{R}, \quad \mathit{Wert}\,(A_2, \varphi) \in \mathbf{R} \quad \text{und} \quad \mathit{Wert}\,(A_1, \varphi) = \mathit{Wert}\,(A_2, \varphi).$$

Anmerkung: Das Zeichen = tritt in dieser Definition in zwei unterschiedlichen Bedeutungen auf, und zwar einmal als syntaktisches Zeichen zwischen den Ausdrücken A_1 und A_2 und zum andern als Bezeichnung der Gleichheit in **R** (vgl. 4.1.4.7.).

Eine Gleichung $A_1 = A_2$ heißt *erfüllbar* genau dann, wenn es mindestens eine Belegung φ gibt, so daß gilt:

$$\mathit{Wert}\,(A_1, \varphi) \in \mathbf{R}, \quad \mathit{Wert}\,(A_2, \varphi) \in \mathbf{R} \quad \text{und} \quad \mathit{Wert}\,(A_1, \varphi) = \mathit{Wert}\,(A_2, \varphi).$$

Man sagt dann auch, die Gleichung $A_1 = A_2$ ist für eine solche Belegung *gültig* oder ist *wahr* und nennt die Menge dieser Belegungen den *Gültigkeitsbereich der Gleichung*. Offenbar ist jede allgemeingültige Gleichung auch erfüllbar.

Eine Gleichung $A_1 = A_2$ heißt ein *Widerspruch* oder auch eine *Kontradiktion*, wenn sie nicht erfüllbar ist.

Beispiele für allgemeingültige Gleichungen:

1. $a + b + c = a + (b + c)$, 2. $a(b + c) = ab + ac$,

3. $a + b = b + a$, 4. $(a + b)^2 = a^2 + 2ab + b^2$,

5. $(a - b)^2 = a^2 - 2ab + b^2$, 6. $(a + b)(a - b) = a^2 - b^2$.

Beispiele für erfüllbare Gleichungen, die nicht allgemeingültig sind: 1. $2 + x = 4$, 2. $2 + x = 7 + y$, 3. $a/a = 1$ (diese Gleichung ist deshalb nicht allgemeingültig, weil für Belegungen φ mit $\varphi(a) = 0$ gilt: $\mathit{Wert}\,(a/a, \varphi) \notin \mathbf{R}$.

Beispiel für eine Kontradiktion: $a^2 + b^2 = -1$.

Für Gleichungen gelten folgende Sätze:

1. **Reflexivitätssatz:** Ist Φ_A der Definitionsbereich von A (vgl. 2.4.1.2.), so ist $A = A$ in Φ_A gültig.

2. **Symmetriesatz:** Ist Φ der Gültigkeitsbereich der Gleichung $A_1 = A_2$, so gilt dort auch die Gleichung $A_2 = A_1$.

3. **Transitivitätssatz:** Gilt in Φ_1 die Gleichung $A_1 = A_2$ und in Φ_2 die Gleichung $A_2 = A_3$, so gilt in $\Phi_1 \cap \Phi_2$ die Gleichung $A_1 = A_3$.

Anmerkung: Ist Φ eine Menge von Belegungen und $M\Phi$ die Menge aller Ausdrücke, die für jede Belegung aus Φ einen Wert besitzen, so wird wegen 1., 2. und 3. in $M\Phi$ eine Äquivalenzrelation definiert: $A_1 \in M\Phi$ und $A_2 \in M\Phi$ sind genau dann äquivalent, wenn $A_1 = A_2$ gültig in Φ ist (Werteverlaufsgleichheit der Ausdrücke auf Φ).

4. **Verträglichkeitssatz:** Ist in Φ $A_1 = A_2$ und $A_3 = A_4$ gültig, so gilt in Φ auch: $-A_1 = -A_2$, $A_1 + A_3 = A_2 + A_4$, $A_1 - A_3 = A_2 - A_4$, $A_1 \cdot A_3 = A_2 \cdot A_4$, und, falls $A_3 \neq 0$, auch $A_1/A_3 = A_2/A_4$, und, falls $A_1^{A_3} \in M\,\Phi$ (vgl. obenstehende Anmerkung), auch $A_1^{A_3} = A_2^{A_4}$.

5. **Einsetzungsregel:** Ist die Gleichung $A_1 = A_2$ allgemeingültig[1]), sind $a_1, \ldots, a_n$ Zahlenvariablen, die in A_1 oder A_2 vorkommen, und $B_1, \ldots, B_n$ arithmetische Ausdrücke, so gilt im Durchschnitt der Definitionsbereiche von $B_1, \ldots, B_n$ die Gleichung (vgl. 2.4.1.1.):

$$A_1[{}^{a_1}/_{B_1}, \ldots, {}^{a_n}/_{B_n}] = A_2[{}^{a_1}/_{B_1}, \ldots, {}^{a_n}/_{B_n}].$$

[1]) Ist $A_1 = A_2$ nicht allgemeingültig, aber gültig im Durchschnitt der Definitionsbereiche von A_1 und A_2, so muß man noch voraussetzen, daß die Werte der durch Einsetzung entstehenden Ausdrücke bei jeder Belegung aus dem angegebenen Durchschnitt der Definitionsbereiche der B_i existieren.

6. **Ersetzbarkeitstheorem:** Liegt der Gültigkeitsbereich Φ der Gleichung $A_2 = A'$ im Definitionsbereich des Ausdruckes A_1, ist ferner A' Teilausdruck von A_1 und für A^* die Relation $Ers(A_1, A', A_2, A^*)$ erfüllt (vgl. 2.4.1.1.), so gilt in Φ: $A_1 = A^*$.

Gilt für jede Belegung $\varphi \in \Phi$: die Gleichung $A_1 = A_2$ ist genau dann gültig, wenn die Gleichung $A_3 = A_4$ gültig ist, so heißen beide Gleichungen *äquivalent in* Φ, umfaßt Φ alle Belegungen, so heißen sie *äquivalent*.

Die angegebenen Sätze erlauben die Umformung von Gleichungen in äquivalente Gleichungen (äquivalente Termumformung vgl. 2.4.2.1.).

Einige spezielle Gleichungen: Gleichungen zwischen ganzrationalen Ausdrücken (vgl. auch 2.2.2.). Für natürliche Zahlen $n \geqq 2$ und für $x - y \neq 0$ gilt:

$$(x^n - y^n):(x - y) = x^{n-1} + x^{n-2}y + \ldots + xy^{n-2} + y^{n-1} = \sum_{i=0}^{n-1} x^{n-1-i}y^i.$$

Für natürliche Zahlen $n \geqq 1$ und für $x + y \neq 0$ gilt:

$$(x^{2n+1} + y^{2n+1}):(x + y) = x^{2n} - x^{2n-1}y + \ldots + xy^{2n-1} + y^{2n} = \sum_{i=0}^{2n} (-1)^i x^{2n-i}y^i,$$

$$(x^{2n} - y^{2n}):(x + y) = x^{2n-1} - x^{2n-2}y + \ldots + xy^{2n-2} - y^{2n-1} = \sum_{i=0}^{2n-1} (-1)^i x^{2n-1-i}y^i.$$

Gleichungen zwischen Potenzen mit ganzzahligen Exponenten. Potenzen mit ganzzahligen Exponenten $n \geqq 1$ werden induktiv definiert: $x^1 \overset{\text{def}}{=} x$, und für $n \geqq 2$: $x^n \overset{\text{def}}{=} x^{n-1} \cdot x$.

Diese Definition läßt sich für $x \neq 0$ auf alle ganzzahligen Exponenten ausdehnen[1]) $x^0 \overset{\text{def}}{=} 1$, und für $n \geqq 1$: $x^{-n} \overset{\text{def}}{=} 1/x^n$.

Dann gelten für ganze Zahlen m und n und für $x \neq 0, y \neq 0$ folgende Gleichungen: $x^m \cdot x^n = x^{m+n}$, $x^m/x^n = x^{m-n}$, $(xy)^n = x^n y^n$, $(x/y)^n = x^n/y^n$, $(x^m)^n = x^{m \cdot n}$.

Gleichungen zwischen irrationalen Ausdrücken: Für ganze positive Zahlen n ist der Wert des Ausdruckes $x^{1/(2n-1)}$ als diejenige reelle Zahl definiert, deren $(2n - 1)$-te Potenz gleich dem Wert von x ist, und für nicht negative x ist der Wert des Ausdruckes $x^{1/(2n)}$ diejenige nicht negative reelle Zahl, deren $2n$-te Potenz gleich dem Wert von x ist. Für $x^{1/m}$ (m positive ganze Zahl) schreibt man auch $\sqrt[m]{x}$ (m-te Wurzel aus x) und speziell im Falle $m = 2$ einfach $\sqrt{x}$. Es gelten also folgende Gleichungen:

Für positive ganze Zahlen n:

$$(x^{1/(2n-1)})^{2n-1} = x \quad \text{bzw.} \quad \left(\sqrt[2n-1]{x}\right)^{2n-1} = x,$$

und falls $x \geqq 0$ auch:

$$(x^{1/(2n)})^{2n} = x \quad \text{bzw.} \quad \left(\sqrt[2n]{x}\right)^{2n} = x.$$

Dagegen gilt für positive ganze Zahlen n und alle x stets:

$$(x^{2n-1})^{1/(2n-1)} = x \quad \text{bzw.} \quad \sqrt[2n-1]{x^{2n-1}} = x,$$

$$(x^{2n})^{1/(2n)} = |x| \quad \text{bzw.} \quad \sqrt[2n]{x^{2n}} = |x|.$$

Ferner gilt für $y \neq 0$: $\sqrt[2n-1]{x/y} = \sqrt[2n-1]{x}/\sqrt[2n-1]{y}$,

und für $x \geqq 0$ und $y > 0$: $\sqrt[2n]{x/y} = \sqrt[2n]{x}/\sqrt[2n]{y}$.

[1]) Bei gewissen Betrachtungen ist es zweckmäßig, auch für $x = 0$ zu fordern: $x^0 \overset{\text{def}}{=} 1$ (vgl. 2.2.2.).

Beispiele:

$y \neq 0,\ xy \geqq 0$: $\sqrt{x/(2y)} = \sqrt{2xy/(4y^2)} = \sqrt{2xy}/(2\,|y|)$[1];

$y \neq 0,\ z \neq 0$: $\sqrt[3]{x/(4yz^2)} = \sqrt[3]{2xy^2z/(8y^3z^3)} = \sqrt[3]{2xy^2z}/(2yz)$;

$y \geqq 0,\ x^2 - y \neq 0$: $1/(x + \sqrt{y}) = (x - \sqrt{y})/((x + \sqrt{y})\,(x - \sqrt{y}))$

$= (x - \sqrt{y})/(x^2 - y)$;

$x^3 + y \neq 0$: $1/(x + \sqrt[3]{y}) = (x^2 - x\sqrt[3]{y} + \sqrt[3]{y^2})/((x + \sqrt[3]{y})\,(x^2 - x\sqrt[3]{y} + \sqrt[3]{y^2}))$

$= (x^2 - x\sqrt[3]{y} + \sqrt[3]{y^2})/(x^3 + y)$.

Für $x > 0$ folgt für positive ganze Zahlen m und n mittels der Definitionen: $x^{m/n} \overset{\text{def}}{=} \sqrt[n]{x^m}$ und $x^{-m/n} \overset{\text{def}}{=} 1/\sqrt[n]{x^m}$, daß auch jedem Ausdruck x^p für $x > 0$ und jede rationale Zahl p ein Wert zugeordnet werden kann. Die für Potenzen mit ganzzahligen Exponenten angegebenen Gleichungen gelten dann auch für $x > 0, y > 0$ und rationale Zahlen als Exponenten. Insbesondere gilt dann auch die Kürzungsregel:

$x > 0$, m, n, r ganzzahlig und $nr \neq 0$: $x^{mr/(nr)} = x^{m/n}$.

2.4.1.4. Polynome einer Variablen

Jede Zeichenreihe $a_n x^n + a_{n-1} x^{n-1} + \ldots + a_0 \equiv \sum_{i=0}^{n} a_{n-i} x^{n-i}$ heißt *Polynom in x mit den allgemeinen Koeffizienten* $a_0, \ldots, a_n$. Schränkt man die Belegungen der Koeffizienten so ein, daß $a_n \neq 0$ gilt, so heißt diese Zeichenreihe *Polynom n-ten Grades* (mit allg. Koeffizienten). Sind alle Koeffizienten eines Polynomes null, so heißt das Polynom *Nullpolynom* und besitzt keinen Grad (mitunter ordnet man diesem Polynom den Grad $-\infty$ zu). Sind $P(x)$ und $Q(x)$ zwei Polynome vom Grad n bzw. m, so gibt es Polynome $R_1(x)$, $R_2(x)$, $R_3(x)$, so daß für jede Belegung von x gilt: $R_1(x) = P(x) + Q(x)$, $R_2(x) = P(x) - Q(x)$, $R_3(x) = P(x) \cdot Q(x)$ und $R_1(x)$, $R_2(x)$ haben einen Grad r mit $r \leqq \max(m, n)$, $R_3(x)$ hat den Grad $s = m + n$.

Division mit Rest. Sind $P(x)$ und $Q(x)$ Polynome in x und hat $Q(x)$ den Grad $n > 0$, so gibt es stets zwei eindeutig bestimmte Polynome $T(x)$ und $R(x)$, so daß für jede Belegung von x die Gleichung $P(x) = Q(x) \cdot T(x) + R(x)$ gilt und $R(x)$ das Nullpolynom ist oder aber einen kleineren Grad als n hat.

Beispiel:

$$3x^4 - 10x^3 + 22x^2 - 24x + 10 = (x^2 - 2x + 3)\,(3x^2 - 4x + 5) + (-2x - 5)$$

$$\begin{array}{rl}
3x^4 - 6x^3 + 9x^2 & \\
\hline
-\ 4x^3 + 13x^2 - 24x & \qquad Q(x) \equiv x^2 - 2x + 3 \\
-\ 4x^3 + 8x^2 - 12x & \qquad T(x) \equiv 3x^2 - 4x + 5 \\
\hline
5x^2 - 12x + 10 & \qquad R(x) \equiv -2x - 5 \\
5x^2 - 10x + 15 & \\
\hline
-\ 2x - 5 &
\end{array}$$

Anwendung: Abspaltung des ganzrationalen Anteils einer gebrochenen rationalen Funktion einer Variablen: $\dfrac{P(x)}{Q(x)} = T(x) + \dfrac{R(x)}{Q(x)}$, $\dfrac{R(x)}{Q(x)}$ echt gebrochene rationale Funktion, $T(x)$ ganze rationale Funktion.

---

[1]) Aus Gründen der Platzersparnis verwendet man Gleichungsketten. Dabei sind jeweils zwei durch = getrennte Ausdrücke als eine Gleichung anzusehen. Wegen des Transitivitätssatzes gilt dann auch die Gleichung zwischen dem ersten und letzten Ausdruck.

Euklidischer Algorithmus (Bestimmung des größten gemeinsamen Teilers): Es seien der Grad von $P(x)$ und der Grad von $R_0(x)$ größer als null. Man bildet dann eine Kette von Divisionen mit Rest:

$$P(x) = R_0(x) \cdot T_1(x) + R_1(x)$$
$$R_0(x) = R_1(x) \cdot T_2(x) + R_2(x)$$
$$R_1(x) = R_2(x) \cdot T_3(x) + R_3(x) \quad \text{usw.}$$

Wegen $\mathrm{Grad}(R_0(x)) > \mathrm{Grad}(R_1(x)) > \mathrm{Grad}(R_2(x)) > \ldots$ gibt es einen Index $n \geqq 1$, so daß $R_n(x)$ das Nullpolynom ist, während für alle m mit $0 \leqq m < n$ $R_m(x)$ nicht das Nullpolynom ist. $R_{n-1}(x)$ ist dann der größte gemeinsame Teiler von $P(x)$ und $R_0(x)$.

2.4.1.5. Ungleichungen zwischen arithmetischen Ausdrücken

Sind A_1 und A_2 arithmetische Ausdrücke, so heißen die Zeichenreihen

$A_1 \leqq A_2$ (A_1 kleiner oder gleich A_2),

$A_1 < A_2$ (A_1 kleiner A_2),

$A_1 \geqq A_2$ (A_1 größer oder gleich A_2),

$A_1 > A_2$ (A_1 größer A_2)

Ungleichungen zwischen arithmetischen Ausdrücken. Die Ungleichung $A_1 \leqq A_2$ heißt bei der Belegung φ *erfüllt*, *gültig* oder auch *wahr* genau dann, wenn $\mathit{Wert}(A_1, \varphi) \in \mathbf{R}$, $\mathit{Wert}(A_2, \varphi) \in \mathbf{R}$ und $\mathit{Wert}(A_1, \varphi) \leqq \mathit{Wert}(A_2, \varphi)$ in $\mathbf{R}$ gilt[1]).

Anmerkung: Das Zeichen $\leqq$ tritt in dieser Definition in zwei unterschiedlichen Bedeutungen auf: als syntaktisches Zeichen zwischen den Ausdrücken A_1 und A_2 und als Bezeichnung für die in $\mathbf{R}$ bestehende Ordnungsrelation (vgl. 3.1.1.1. und 4.1.4.3.). Entsprechende Definitionen gelten auch für die drei anderen Typen von Ungleichungen.

Eine Ungleichung heißt *allgemeingültig*, wenn sie für jede Belegung wahr ist, und sie heißt *erfüllbar*, wenn es eine Belegung gibt, für die sie wahr ist.

Beispiele für allgemeingültige Ungleichungen:

$$a^2 \geqq 0;$$

$$|a + b| \leqq |a| + |b| \quad (\textit{Dreiecksungleichung});$$

$$|a_1 + a_2 + \ldots + a_n| \leqq |a_1| + |a_2| + \ldots + |a_n|;$$

$$|a| + |b| \geqq |a - b| \geqq |a| - |b|;{}^{2})$$

$$|(a_1 + a_2 + \ldots + a_n)/n| \leqq \sqrt{(a_1^2 + a_2^2 + \ldots + a_n^2)/n},$$

(der Betrag des arithmetischen Mittels von n reellen Zahlen ist stets kleiner oder gleich der Quadratwurzel aus dem arithmetischen Mittel der Quadrate dieser Zahlen (vgl. 2.3.4.). Gleichheit tritt nur ein, wenn alle n Variablen den gleichen Wert haben);

$$a_1b_1 + a_2b_2 + \ldots + a_nb_n \leqq \sqrt{a_1^2 + a_2^2 + \ldots + a_n^2}\,\sqrt{b_1^2 + b_2^2 + \ldots + b_n^2},$$

(das Skalarprodukt zweier Vektoren ist stets kleiner oder gleich dem Produkt der Beträge beider Vektoren (vgl. 4.2.1.3.));

$$(a_1b_1 + a_2b_2 + \ldots + a_nb_n)^2 \leqq (a_1^2 + a_2^2 + \ldots + a_n^2) \cdot (b_1^2 + b_2^2 + \ldots + b_n^2)$$

(*Ungleichung von Bunjakowski-Schwarz*)[3]).

---

[1]) Aus dieser Definition folgt sofort: Gilt für eine Belegung $A_1 = A_2$, so gilt auch für diese Belegung $A_1 \leqq A_2$.

[2]) Aus Gründen der Platzersparnis verwendet man Ungleichungsketten. Dabei bilden jeweils zwei durch ein Ungleichheitszeichen getrennte Ausdrücke eine Ungleichung.

[3]) Diese Ungleichung ist eine stärkere Aussage als die darüberstehende. Aus ihr folgt, daß der Betrag des Skalarproduktes zweier Vektoren stets kleiner oder gleich dem Produkt der Beträge dieser Vektoren ist. Sie läßt sich inhaltlich auf die Theorie der konvergenten unendlichen Reihen und der bestimmten Integrale übertragen: $\left(\sum\limits_{i=1}^{\infty} a_ib_i\right)^2 \leqq \sum\limits_{i=1}^{\infty} a_i^2 \cdot \sum\limits_{i=1}^{\infty} b_i^2$ und $\left(\int\limits_a^b f(x) \cdot g(x)\,dx\right)^2 \leqq \int\limits_a^b (f(x))^2\,dx \cdot \int\limits_a^b (g(x))^2\,dx$.

Zu jeder erfüllbaren Ungleichung gibt es eine nicht leere Menge Φ von Belegungen, für die diese Ungleichung gültig ist. Diese Menge Φ heißt *Gültigkeitsbereich der Ungleichung* (vgl. auch Gültigkeitsbereich eines Ausdruckes in 2.4.1.2.).

Beispiele für erfüllbare Ungleichungen: Für $a_i \geqq 0$ ($i = 1, \ldots, n$):

$$(a_1 + a_2 + \ldots + a_n)/n \geqq \sqrt[n]{a_1 a_2 \ldots a_n},$$

(das arithmetische Mittel von n nicht negativen Zahlen ist stets größer oder gleich dem geometrischen Mittel dieser Zahlen (vgl. 2.3.4.). Gleichheit gilt nur, wenn die Werte der n Variablen einander gleich sind);

für $0 < a_1 \leqq a_2 \leqq \ldots \leqq a_n$ und $0 < b_1 \leqq b_2 \leqq \ldots \leqq b_n$:

$$(a_1 + a_2 + \ldots + a_n)/n \cdot (b_1 + b_2 + \ldots + b_n)/n \leqq (a_1 b_1 + a_2 b_2 + \ldots + a_n b_n)/n,$$

und für $0 < a_1 \leqq a_2 \leqq \ldots \leqq a_n$ und $b_1 \geqq b_2 \geqq \ldots \geqq b_n > 0$:

$$(a_1 + a_2 + \ldots + a_n)/n \cdot (b_1 + b_2 + \ldots + b_n)/n \geqq (a_1 b_1 + a_2 b_2 + \ldots + a_n b_n)/n,$$

(*Tschebyschewsche Ungleichungen*);

für $0 < a_1 \leqq a_2 \leqq \ldots \leqq a_n$ und $0 < b_1 \leqq b_2 \leqq \ldots \leqq b_n$, $k \geqq 1$ ganzzahlig:

$$\sqrt[k]{(a_1^k + a_2^k + \ldots + a_n^k)/n} \cdot \sqrt{(b_1^k + b_2^k + \ldots + b_n^k)/n}$$
$$\leqq \sqrt[k]{((a_1 b_1)^k + (a_2 b_2)^k + \ldots + (a_n b_n)^k)/n},$$

und für $0 < a_1 \leqq a_2 \leqq \ldots \leqq a_n$ und $b_1 \geqq b_2 \geqq \ldots \geqq b_n > 0$:

$$\sqrt[k]{(a_1^k + a_2^k + \ldots + a_n^k)/n} \cdot \sqrt[k]{(b_1^k + b_2^k + \ldots + b_n^k)/n}$$
$$\geqq \sqrt[k]{((a_1 b_1)^k + (a_2 b_2)^k + \ldots + (a_n b_n)^k)/n},$$

(*verallgemeinerte Tschebyschewsche Ungleichungen*).

Zwei Ungleichungen heißen *äquivalent in* Φ, wenn für jede Belegung $\varphi \in \Phi$ die eine genau dann wahr ist, wenn die andere wahr ist, sie heißen *äquivalent*, wenn Φ alle Belegungen umfaßt.

Die Ungleichungen $a \geqq b$ und $b \leqq a$ sind äquivalent, desgleichen die Ungleichungen $a > b$ und $b < a$. Es genügt daher, die folgenden Sätze nur für zwei Typen von Ungleichungen zu formulieren:

1. **Reflexivitätssatz:** Ist Φ_A der Definitionsbereich von A (vgl. 2.4.1.2.), so ist $A \leqq A$ in Φ_A gültig.

2. **Antisymmetriesatz:** Gelten in Φ die Ungleichungen $A_1 \leqq A_2$ und $A_2 \leqq A_1$, so gilt in Φ die Gleichung $A_1 = A_2$.

3. **Transitivitätssatz:** Gelten in Φ: $A_1 \leqq A_2$ und $A_2 \leqq A_3$, so gilt auch in Φ: $A_1 \leqq A_3$, gelten in Φ: $A_1 \leqq A_2$ und $A_2 < A_3$ oder $A_1 < A_2$ und $A_2 \leqq A_3$, so gilt auch in Φ: $A_1 < A_3$.

4. $A_1 < A_2$ gilt in Φ genau dann, wenn dort $A_1 \leqq A_2$ und nicht $A_1 = A_2$ gilt.

Anmerkung: Ist Φ eine Menge von Belegungen und $M\Phi$ die Menge aller Ausdrücke, die für jede Belegung aus Φ einen Wert besitzen, so wird wegen 1., 2., 3. in $M\Phi$ durch $\leqq$ eine (reflexive) Quasiordnung definiert, deren zugehörige Äquivalenzrelation die in der Anmerkung von 2.4.1.3. genannte Gleichheitsrelation ist (vgl. 4.1.4.1.). Wegen 4. ist $<$ dann die zugehörige irreflexive Quasiordnung.

5. **Verträglichkeitssatz:**

Wenn in Φ gilt:	so gilt auch in Φ:
$A_1 \leqq A_2$ und $A_3 \leqq A_4$,	$A_1 + A_3 \leqq A_2 + A_4$;
$A_1 \leqq A_2$ und $A_3 < A_4$,	$A_1 + A_3 < A_2 + A_4$;
$A_1 \leqq A_2$ und $A_3 > 0$,	$A_1 \cdot A_3 \leqq A_2 \cdot A_3$;
$A_1 \leqq A_2$ und $A_3 < 0$,	$A_1 \cdot A_3 \geqq A_2 \cdot A_3$;
$0 < A_1 \leqq A_2$ oder $A_1 \leqq A_2 < 0$,	$1/A_1 \geqq 1/A_2$.

6. **Einsetzungsregel:** Ist die Ungleichung $A_1 \leqq A_2$ allgemeingültig[1]), sind $a_1, \ldots, a_n$ Zahlenvariablen, die in A_1 oder A_2 vorkommen, und $B_1, \ldots, B_n$ arithmetische Ausdrücke, so gilt im Durchschnitt der Definitionsbereiche von $B_1, \ldots, B_n$ die Ungleichung (vgl. 2.4.1.1.):

$$A_1[^{a_1}/_{B_1}, \ldots, {}^{a_n}/_{B_n}] \leqq A_2[^{a_1}/_{B_1}, \ldots, {}^{a_n}/_{B_n}].$$

Eine entsprechende Regel gilt auch für $A_1 < A_2$.

Auflösen von Ungleichungen: Das Auflösen einer Ungleichung nach einer (vorgegebenen) Variablen geschieht durch äquivalente Umformung der Ungleichung in eine oder mehrere Ungleichungen, so daß nach der Umformung lediglich diese Variable (dann Unbekannte genannt) auf genau einer der Seiten jeder der erhaltenen Ungleichungen vorkommt. Damit ist es dann möglich, bei gegebener Belegung der übrigen Variablen alle Werte der Unbekannten anzugeben, für die die gegebene Ungleichung gültig ist. Folgende Beispiele mögen das erläutern:

1. $5x + 3 \leqq 8x + 1$. Wegen Fußnote [1]) und des Verträglichkeitssatzes folgt: $5x - 8x \leqq 1 - 3$, also $-3x \leqq -2$, und nach dem Verträglichkeitssatz: $x \geqq 2/3$.

2. $ax + b \geqq 0$. Für $a = 0$ und $b \geqq 0$ kann x beliebig gewählt werden. Für $a = 0$ und $b < 0$ ist die Ungleichung nicht erfüllbar. Für $a > 0$ erhält man $x \geqq -b/a$, und für $a < 0$ erhält man $x \leqq -b/a$.

3. $x^2 \leqq a$. Für $a < 0$ ist die Ungleichung nicht erfüllbar, für $a = 0$ folgt $x = 0$, und für $a > 0$ erhält man über $|x| \leqq \sqrt{a}$ und mittels der Definition von $|x|$ die Ungleichungen $-\sqrt{a} \leqq x \leqq \sqrt{a}$ (beide Ungleichungen müssen simultan erfüllt sein.)

4. $x^2 \geqq a$. Für $a \leqq 0$ kann x beliebig gewählt werden, für $a > 0$ folgt dann $|x| \geqq \sqrt{a}$, also $x \geqq \sqrt{a}$ oder $x \leqq -\sqrt{a}$.

5. $-2x^2 + 14x - 20 \geqq 0$. Man erhält mittels quadratischer Ergänzung (vgl. 2.4.2.3.): $x^2 - 7x + 10 \leqq 0$, $(x - 7/2)^2 \leqq 49/4 - 10$, $|x - 7/2| \leqq 3/2$, $-3/2 \leqq x - 7/2 \leqq 3/2$, $2 \leqq x \leqq 5$.

6. $x^2 + 6x + 15 \geqq 0$. Mittels quadratischer Ergänzung folgt $(x + 3)^2 \geqq -6$, und diese Ungleichung ist nach der Einsetzungsregel und der Einsetzung $[^x/_{(x+3)}]$ wegen Beispiel 4 allgemeingültig.

7. $-2x^2 + 14x - 20 \leqq 0$. Man erhält $|x - 7/2| \geqq 3/2$, also $x - 7/2 \geqq 3/2$ oder $x - 7/2 \leqq -3/2$, d. h. $x \geqq 5$ oder $x \leqq 2$.

8. $ax^2 + 2bx + c \geqq 0$. Für $a > 0$ folgt $(x + b/a)^2 \geqq b^2/a^2 - c$, für $a < 0$ entsprechend $(x + b/a) \leqq b^2/a^2 - c$, danach wie in Beispiel 3. oder 4. weiter umformen.

2.4.2. Algebraische Gleichungen

2.4.2.1. Gleichungen

Begriff der Gleichung. Es bezeichne G eine Menge von Zahlen, den sogenannten *Grundbereich*, und $a, b, c, \ldots, x, y, z$ *Variable*. Dies sind Zeichen, an deren Stelle Elemente des Grundbereiches oder einer Teilmenge davon, des sogenannten *Variablengrundbereiches* oder *Variabilitätsbereiches*, treten können. Alle Zahlen und alle Variablen sind *Terme* oder auch arithmetische Ausdrücke (vgl. 2.4.1.). Summe, Differenz, Produkt und Quotient zweier Terme sind wieder Terme, ausgenommen ist die Division durch null. Auch das Potenzieren und Radizieren von Termen liefert wieder Terme, wenn der Potenz- bzw. der Wurzelexponent positiv ganz und der Radikand nicht negativ ist. Damit sind *algebraische Terme* definiert, solche sind z. B. 8, $-\frac{3}{5}$, $\frac{2x-1}{a}$ $(a \neq 0)$, $\sqrt[3]{a^2 - 1}$ $(|a| \geqq 1)$. Die Termdefinition läßt sich auf nichtalgebraische Terme erweitern, zu denen z. B. α^β (β reell), e^x, $\log_a y$, $\sin x$, $\arccos z$ zählen.

---

[1]) Ist $A_1 \leqq A_2$ nicht allgemeingültig, so gelten entsprechende Einschränkungen wie bei der Einsetzungsregel in 2.4.1.3.

Unter dem *Definitionsbereich* eines Terms mit n Variablen $x_1, x_2, \ldots, x_n$ und entsprechend zugehörigen Variabilitätsbereichen $X_1, X_2, \ldots, X_n$ versteht man die Menge aller geordneten n-Tupel $(\xi_1, \xi_2, \ldots, \xi_n)$ mit $\xi_i \in X_i$ $(i = 1, 2, \ldots, n)$, für die der Term in eine Zahl aus G übergeht, wenn man die Variablen x_i durch ξ_i ersetzt. Ist G die Menge aller reellen Zahlen, so hat z. B. der Term $\frac{2x + 1}{5}$ als Definitionsbereich den gesamten Variabilitätsbereich von x, während der Definitionsbereich des Terms $\frac{5}{2x + 1}$ alle Zahlen des Variabilitätsbereiches von x mit Ausnahme von $-1/2$ enthält.

Zwei Terme $T_1(x_1, x_2, \ldots, x_n)$, $T_2(x_1, x_2, \ldots, x_n)$ mit den Variablen $x_1, x_2, \ldots, x_n$ heißen *äquivalent* in bezug auf die Variabilitätsbereiche $X_1, X_2, \ldots, X_n$, wenn

$$T_1(\xi_1, \xi_2, \ldots, \xi_n) = T_2(\xi_1, \xi_2, \ldots, \xi_n)$$

für alle n-Tupel $(\xi_1, \xi_2, \ldots, \xi_n)$ mit $\xi_i \in X_i$ $(i = 1, 2, \ldots, n)$ gilt (vgl. Anmerkung in 2.4.1.3.). So sind z. B. die Terme $\frac{3}{2}x + \frac{5}{2}x$ und $4x$ äquivalent in bezug auf die Menge der reellen Zahlen, während $a + b + 1$ und $a + \frac{b^2 - 1}{b - 1}$ nicht äquivalent sind in bezug auf die Menge der reellen Zahlen, da der Term $a + \frac{b^2 - 1}{b - 1}$ für $b = 1$ nicht definiert ist.

Von einer *äquivalenten Termumformung* spricht man, wenn der durch die Umformung aus T_1 hervorgegangene Term T_2 äquivalent zu T_1 ist. Natürlich hängt dies noch von den vorgegebenen Variabilitätsbereichen ab; so ist z. B. $\sqrt{a^2} = a$ für den Variabilitätsbereich aller nichtnegativen reellen Zahlen eine äquivalente Umformung, während dieselbe Umformung bezüglich der Menge der reellen Zahlen nicht äquivalent ist.

Verbindet man zwei Terme T_1, T_2 durch ein Gleichheitszeichen, $T_1 = T_2$, so erhält man eine *Gleichung* (vgl. 2.4.1.3.); T_1 und T_2 heißen die *Seiten* der Gleichung. Enthalten die Terme T_1 und T_2 keine Variablen, so liegt eine Gleichheitsaussage vor, die entweder wahr oder falsch ist. Sind T_1, T_2 Terme mit Variablen, so stellt $T_1 = T_2$ eine Aussageform dar, die erst nach Belegen der Variablen durch Zahlen in eine wahre oder in eine falsche Aussage übergeht. Unter dem *Definitionsbereich* einer Gleichung mit n Variablen $x_1, x_2, \ldots, x_n$ versteht man den Durchschnitt der Definitionsbereiche aller auftretenden Terme.

Lösung. Lösungsmenge. Ist $T_1(x_1, x_2, \ldots, x_n) = T_2(x_1, x_2, \ldots, x_n)$ eine Gleichung mit n Variablen $x_1, x_2, \ldots, x_n$ und sind $X_1, X_2, \ldots, X_n$ die entsprechenden Variabilitätsbereiche, so heißt jedes geordnete Zahlen-n-Tupel $(\xi_1, \xi_2, \ldots, \xi_n)$ mit $\xi_i \in X_i$ $(i = 1, 2, \ldots, n)$, dessen Elemente ξ_i, in der gegebenen Reihenfolge für die Variablen x_i eingesetzt, die Gleichung in eine wahre Aussage überführen, eine *Lösung* oder eine *Wurzel* dieser Gleichung. Die Menge aller Lösungen einer Gleichung ist deren *Lösungsmenge*. Beispielsweise ist (3, 2) eine Lösung der Gleichung $3x_1 - 2x_2 = 5$ $(x_1, x_2$ reell), die Lösungsmenge ist $\left\{\left(\frac{5 + 2t}{3}, t\right); t \text{ beliebig reell}\right\}$. Eine Gleichung lösen heißt, alle ihre Lösungen, d. h. ihre Lösungsmenge, zu ermitteln.

Eine Gleichung heißt *erfüllbar* (*lösbar*) bzw. *nicht erfüllbar* (*nicht lösbar*) je nachdem, ob sie Lösungen besitzt oder nicht. Sind alle geordneten Zahlen-n-Tupel $(\xi_1, \xi_2, \ldots, \xi_n)$ mit $\xi_i \in X_i$ $(i = 1, 2, \ldots, n)$ Lösungen der Gleichung, so heißt diese *allgemeingültig* über den X_i. So ist z. B. $x^2 = 2$ (x rational) nicht erfüllbar, wogegen $x^2 = 2$ (x reell) erfüllbar ist. Die Gleichung $\sqrt{a^2} = a$ ist allgemeingültig in bezug auf die nichtnegativen reellen Zahlen als Variabilitätsbereich.

Gleichungen mit Parametern. Bei einer Gleichung mit n Variablen ist es möglich, m der Variablen $(0 < m < n)$ als sogenannte *Gleichungsvariablen*, die anderen als *Parameter* aufzufassen. Man fragt dann nach den Lösungen der Gleichung in Abhängigkeit von den Parametern; eine Lösung ist ein geordnetes m-Tupel von Termen, in denen im allgemeinen noch die Parameter auftreten.

Beispiel: Sollen in der Gleichung $5x - 2y = z + 1$ alle Variablen Gleichungsvariable sein, so spricht man genauer von einer Gleichung in x, y und z; es ist z. B. (1, 0, 4) eine Lösung dieser Gleichung. Ist hingegen z als Parameter aufzufassen, so liegt eine Gleichung in x und y vor, die z. B. von $(z + 3, 2z + 7)$ gelöst wird.

Äquivalente Gleichungen. Zwei Gleichungen mit n Variablen $x_1, x_2, \ldots, x_n$, die in beiden Gleichungen an dieselben Variabilitätsbereiche gebunden sind, heißen *äquivalent* über diesen Variabilitätsbereichen, wenn ihre Lösungsmengen gleich sind. Beispielsweise sind die Gleichungen $x^2 = 4$ und $a^3 = 8$ über der Menge der natürlichen Zahlen als Variabilitätsbereich äquivalent, hingegen nicht äquivalent über der Menge der ganzen Zahlen, da dann die Lösungsmengen $\{-2, 2\}$ und $\{2\}$ sind.

Zwei bezüglich gleicher Variabilitätsbereiche allgemeingültige Gleichungen sind stets äquivalent; dasselbe gilt für zwei nicht erfüllbare Gleichungen. Die Äquivalenz von Gleichungen ist eine Äquivalenzrelation; insbesondere gilt also: Sind zwei Gleichungen einer dritten äquivalent, so sind sie auch untereinander äquivalent (vgl. 2.4.1.3.).

2.4.2.2. Äquivalente Umformungen

Eine *äquivalente Umformung* überführt eine Gleichung in eine zu dieser bezüglich gleicher Variabilitätsbereiche äquivalente Gleichung. Eine Umformung, die die Gleichung G_1 in die Gleichung G_2 überführt, ist also äquivalent genau dann, wenn für die Lösungsmengen L_1 und L_2 der Gleichungen G_1 und G_2 gilt: $L_1 = L_2$. Ist hingegen $L_1 \neq L_2$, so heißt die Umformung eine *nichtäquivalente Umformung.*

Beispiele (Die Variabilitätsbereiche seien im folgenden sämtlich gleich der Menge der reellen Zahlen):

1. Die Umformung der Gleichung G_1: $3x - 4 = 8 + 5x$ in G_2: $2x = -12$ ist eine äquivalente Umformung, denn es ist $L_1 = L_2 = \{-6\}$.

2. Überführt man die Gleichung $\dfrac{12 + 4x}{x + 3} = \dfrac{2x - 1}{5 - x}$ in $(12 + 4x)(5 - x) = (2x - 1)(x + 3)$, so hat man eine nichtäquivalente Umformung durchgeführt, denn es ist $L_1 = \left\{\frac{7}{2}\right\} \subset \left\{\frac{7}{2}, -3\right\} = L_2$. In diesem Falle ist also $L_1 \subset L_2$, und man kann die Lösungen der zweiten Gleichung, die nicht Lösung der ursprünglichen sind, durch die *Probe* aussondern. Wird als Variabilitätsbereich z. B. die Menge der positiven reellen Zahlen gewählt, so ist die obige Umformung eine äquivalente Umformung, denn in diesem Falle ist $L_1 = L_2 = \left\{\frac{7}{2}\right\}$.

3. Ein weiteres Beispiel für eine nichtäquivalente Umformung dieses Typs ist der Übergang von $\sqrt{x + 7} = 2x - 1$ zu $x + 7 = (2x - 1)^2$, denn es ist $L_1 = \{2\} \subset \left\{2, -\frac{3}{4}\right\} = L_2$.

4. Bei nichtäquivalenten Umformungen können allerdings auch Lösungen verlorengehen, d. h., es ist $L_1 \supset L_2$. Geht man beispielsweise von der Gleichung G_1: $x^3 - 4x^2 = 5x$ über zur Gleichung G_2: $x^2 - 4x - 5 = 0$, so hat man wegen $L_1 = \{-1, 0, 5\} \supset \{-1, 5\} = L_2$ eine nichtäquivalente Umformung vorgenommen.

Sätze über äquivalente Umformungen von Gleichungen (vgl. 2.4.1.3.)

1. Die Gleichung $T_1 = T_2$ ist äquivalent zur Gleichung $T_1' = T_2'$, wenn sowohl T_1 äquivalent zu T_1' als auch T_2 äquivalent zu T_2' ist.

2. Die Gleichung $T_1 = T_2$ ist äquivalent zur Gleichung $T_2 = T_1$.

3. Die Gleichung $T_1 = T_2$ ist äquivalent zu den Gleichungen $T_1 + T_3 = T_2 + T_3$ und $T_1 - T_3 = T_2 - T_3$, sofern T_3 ein im ganzen Definitionsbereich der Gleichung $T_1 = T_2$ erklärter Term ist.

4. Die Gleichung $T_1 = T_2$ ist äquivalent zu den Gleichungen $T_1 T_3 = T_2 T_3$ und $T_1 : T_3 = T_2 : T_3$, falls T_3 ein im ganzen Definitionsbereich der Gleichung $T_1 = T_2$ erklärter und dort von null verschiedener Term ist.

Um eine Gleichung zu lösen, d. h. um ihre Lösungsmenge zu bestimmen, bildet man im allgemeinen mittels äquivalenter Umformungen eine Kette von Gleichungen, deren erstes Glied die gegebene Gleichung und deren letztes eine Gleichung so einfacher Struktur ist, daß ihre Lösungen unmittelbar abgelesen werden können. Nach Konstruktion sind zunächst je zwei benachbarte Gleichungen der Kette zueinander äquivalent; wegen der Transitivität der Äquivalenz sind dann alle Gleichungen der Kette zueinander äquivalent, insbesondere also die Ausgangsgleichung zur letzten Gleichung. Folglich hat man mit der Lösungsmenge der letzten Gleichung auch die der gegebenen Gleichung gefunden.

Beispiel:

(1) $$\frac{5}{x} + \frac{2}{2-x} = \frac{3}{x+2} \quad (x \text{ reell})$$

(2) $$5(x+2)(2-x) + 2x(x+2) = 3x(2-x)$$

(3) $$-5x^2 + 20 + 2x^2 + 4x = 6x - 3x^2$$

(4) $$20 = 2x$$

(5) $$x = 10$$

Die vorgenommenen Umformungen sind für alle $x \neq -2; 0; 2$ äquivalente Umformungen. Folglich ist die gesuchte Lösungsmenge $L_1 = L_5 = \{10\}$, wie man aus der Gleichung (5) sofort abliest.

2.4.2.3. Algebraische Gleichungen

Begriff. Normalform. Jede Gleichung $P(x_1, \ldots, x_n) = 0$, wobei $P(x_1, \ldots, x_n)$ ein (vom Nullpolynom verschiedenes) Polynom in $x_1, \ldots, x_n$ ist, heißt *algebraische Gleichung in* $x_1, \ldots, x_n$. Die Koeffizienten des Polynoms können dabei sowohl Konstanten als auch Parameter (d. h. von $x_1, \ldots, x_n$ unterschiedene Variablen) oder Funktionen solcher Parameter sein.

Demnach sind z. B. $3x^2 - x + 5 = 0$, $\pi x - 1 = 0$ algebraische Gleichungen in x, und $x^2 + 2y^2 - xy - 3 = 0$ ist eine algebraische Gleichung in x und y. Die Gleichung $y^3 - y \cdot \sin x - 2\sin^2 x - 7 = 0$ ist dagegen nicht algebraisch in x und y. Wird x aber als Parameter ausgezeichnet, so ist sie algebraisch in y.

Nichtalgebraische Gleichungen sind z. B. $\sqrt{4x-7} + 5 = 1 - 2x^3$; $\frac{x-5}{x^2-8x+15} = \frac{1}{x-3}$; $\sin x - e^x + 5 = 0$. Unter den nichtalgebraischen Gleichungen werden diejenigen Gleichungen, in denen die Gleichungsvariablen als Argumente in transzendenten Funktionen (s. 2.5.2.) auftreten, als *transzendente Gleichungen* bezeichnet (s. 2.4.3.).

Nichtalgebraische Gleichungen lassen sich mitunter (nicht immer notwendig äquivalent) in algebraische Gleichungen umformen.

Beispiele: $\frac{4}{x} = \frac{2x-1}{5-x}$ ist äquivalent zur algebraischen Gleichung $2x^2 + 3x - 20 = 0$. $\frac{x-5}{x^2-8x+15} = \frac{1}{x-3}$ ist zu keiner algebraischen Gleichung äquivalent, sie ist für alle x mit $x \neq 3$ und $x \neq 5$ erfüllt. $7 - x = \sqrt{x-1}$ läßt sich in die algebraische Gleichung $x^2 - 15x + 50 = 0$ umformen. Diese Umformung ist aber nicht äquivalent. Die algebraische Gleichung hat die Lösungsmenge $\{5, 10\}$, während die Ausgangsgleichung nur durch $x = 5$ erfüllbar ist.

Jede *algebraische Gleichung in x* besitzt die Gestalt

$$A_0x^n + A_1x^{n-1} + \ldots + A_{n-1}x + A_n = 0; \qquad A_0 \neq 0, \qquad n \geqq 1.$$

Die A_i heißen *Koeffizienten* der Gleichung, n ihr *Grad.*

Sind alle Koeffizienten A_i voneinander unabhängige Parameter, so heißt sie *allgemeine algebraische Gleichung in x vom Grade n.*

Dividiert man noch die algebraische Gleichung durch $A_0 \neq 0$, so erhält man mit den Bezeichnungen $A_i/A_0 = a_i$ $(i = 1, 2, \ldots, n)$ die *Normalform* der algebraischen Gleichung n-ten Grades in x:

$$x^n + a_1 x^{n-1} + a_2 x^{n-2} + \ldots + a_{n-1}x + a_n = 0.$$

Nur bis einschließlich zum Grade $n = 4$ gibt es für die allgemeine algebraische Gleichung geschlossene Lösungsformeln, die es gestatten, die Lösungen durch eine endliche Anzahl algebraischer Rechenoperationen aus den Koeffizienten der Gleichung zu gewinnen. Der Lösungsterm ist dann ein sogenanntes *Radikal*, d. h. ein Ausdruck, der durch Ineinanderschachtelung von Wurzeln entsteht; dabei sind die Wurzelexponenten positive ganze Zahlen $p \geqq 2$, und die Radikanden sind rationale Funktionen der Koeffizienten oder enthalten selbst wieder derartige Wurzelausdrücke.

Lösungsalgorithmen für algebraische Gleichungen mit einer Gleichungsvariablen

Lineare Gleichungen. Jede lineare Gleichung ist eine algebraische Gleichung ersten Grades, d. h., die Gleichungsvariable tritt nur in der ersten Potenz auf. Ferner gibt es Gleichungen, die zu einer linearen äquivalent sind. Beispielsweise ist $(x - 1)(x + 3) = (x + 8)(x - 2)$ über der Menge $\mathbf{R}$ der reellen Zahlen äquivalent zur linearen Gleichung $4x - 13 = 0$, die *Bruchgleichung* $\frac{5}{x-3} - \frac{2}{x-5} = \frac{3}{x-1}$ über $P\setminus\{1, 3, 5\}$ äquivalent zur linearen Gleichung $x - 13 = 0$, die *Wurzelgleichung* $\sqrt[3]{x+2} = 1$ über der Menge aller reellen Zahlen $x \geqq -2$ äquivalent zu $x + 1 = 0$.

Jede lineare Gleichung mit einer Gleichungsvariablen x und dem Variabilitätsbereich $\mathbf{R}$ hat demnach die Form $ax + b = 0$, $a \neq 0$; ax heißt das *lineare Glied*, b das *Absolutglied.*

Diese Gleichung hat genau eine Lösung $x = -b/a$; falls $a = 0$, so liegt keine algebraische Gleichung vor, und die Lösungsmenge ist $L = \emptyset$ oder $L = \mathbf{R}$ je nachdem, ob $b \neq 0$ oder $b = 0$ ist.

Bei Änderung des Variabilitätsbereiches können sich die Lösbarkeitsverhältnisse natürlich ändern. So ist z. B. die Gleichung $2x + 5 = 0$ in bezug auf die Menge der natürlichen Zahlen unlösbar.

Quadratische Gleichungen. Jede algebraische Gleichung zweiten Grades nennt man auch quadratische Gleichung.

Jede quadratische Gleichung in x mit dem Variabilitätsbereich $\mathbf{R}$ (bzw. $\mathbf{K}$: Menge der komplexen Zahlen) hat die Form $ax^2 + bx + c = 0$; $a \neq 0$, die durch Division mit a übergeht in die *Normalform* $x^2 + px + q = 0$, wobei $p = b/a$, $q = c/a$ reelle Parameter sind; ax^2 wird quadratisches, bx lineares und c absolutes Glied genannt.

Das *Lösungsverhalten* der quadratischen Gleichung ist abhängig vom Vorzeichen der *Diskriminante* $D = (p/2)^2 - q$:

Ist $D > 0$, so hat $x^2 + px + q = 0$ zwei verschiedene reelle Lösungen¹);

ist $D = 0$, so hat $x^2 + px + q = 0$ eine reelle Doppellösung;

ist $D < 0$, so hat $x^2 + px + q = 0$ keine reelle Lösung.

Wählt man als Variabilitätsbereich die Menge der komplexen Zahlen, so besitzt die quadratische Gleichung stets zwei Lösungen, diese sind reell im Falle $D \geqq 0$ und konjugiert komplex im Falle $D < 0$.

Wegen $b^2 - 4ac = 4a^2D$ kann man auch den Ausdruck $\Delta = b^2 - 4ac$ als Diskriminante benutzen, deren Vorzeichen das Lösungsverhalten der quadratischen Gleichung $ax^2 + bx + c = 0$ regelt.

Auflösung der quadratischen Gleichung

1. Methode: Anwendung der Lösungsformel

$$ax^2 + bx + c = 0 \quad \text{hat die Lösungen} \quad x_{1,2} = \frac{-b \pm \sqrt{b^2 - 4ac}}{2a} = \frac{-b + \sqrt{\Delta}}{2a};$$

$$x^2 + px + q = 0 \quad \text{hat die Lösungen} \quad x_{1,2} = -p/2 \pm \sqrt{(p/2)^2 - q} = -p/2 \pm \sqrt{D}.$$

---

¹) Bei algebraischen Gleichungen versteht man unter der Anzahl der Lösungen nicht die Mächtigkeit der Lösungsmenge, sondern die Summe der Vielfachheiten aller Lösungen (s. 2.4.2.4.).

Diese Formeln gelten uneingeschränkt, falls die Menge der komplexen Zahlen als Variabilitätsbereich zugelassen ist. Ist der Variabilitätsbereich die Menge der reellen Zahlen, so ist noch $D \geqq 0$ (bzw. $\Delta \geqq 0$) vorauszusetzen.

2. Methode: Zerlegen in Linearfaktoren

Falls es gelingt, den quadratischen Ausdruck in Linearfaktoren zu zerlegen:

$$ax^2 + bx + c = a(x - \alpha)(x - \beta) \quad \text{bzw.} \quad x^2 + px + q = (x - \alpha)(x - \beta),$$

so hat die Gleichung $ax^2 + bx + c = 0$ (bzw. $x^2 + px + q = 0$) die Lösungsmenge $L = \{\alpha, \beta\}$.

Kubische Gleichungen. Die Gleichung dritten Grades bzw. kubische Gleichung hat die Form

$$ax^3 + bx^2 + cx + d = 0, \quad a \neq 0, \quad a, b, c, d \text{ reell.}$$

Dabei heißen ax^3 das kubische, bx^2 das quadratische, cx das lineare und d das absolute Glied. Durch Division mit a geht die allgemeine Form über in die *Normalform* $x^3 + rx^2 + sx + t = 0$ mit $r = b/a$, $s = c/a$, $t = d/a$.

Durch die Substitution $y = x + r/3$ $(x = y - r/3)$ gelangt man zur sogenannten *reduzierten Gleichung*

$$y^3 + py + q = 0 \quad \text{mit} \quad p = \frac{3s - r^2}{3} \quad \text{und} \quad q = \frac{2r^3}{27} - \frac{rs}{3} + t.$$

Das *Lösungsverhalten* der kubischen Gleichung ist abhängig vom Vorzeichen der *Diskriminante* $D = (p/3)^3 + (q/2)^2$:

	x reell	x komplex
$D > 0$	eine reelle Lösung	eine reelle, zwei konjugiert komplexe Lösungen
$D < 0$	drei reelle Lösungen	drei reelle Lösungen
$D = 0$	eine reelle Lösung und eine reelle Doppellösung oder eine reelle dreifache Lösung (letzteres, falls $p = q = 0$)	eine reelle Lösung und eine reelle Doppellösung oder eine reelle dreifache Lösung (letzteres, falls $p = q = 0$)

Auflösung der kubischen Gleichung

1. Methode: Zerlegung in Linearfaktoren. Falls es gelingt, eine Zerlegung $ax^3 + bx^2 + cx + d = a(x - \alpha)(x - \beta)(x - \gamma)$ zu finden, so hat die Gleichung $ax^3 + bx^2 + cx + d = 0$ die Lösungsmenge $\{\alpha, \beta, \gamma\}$. Es genügt bereits, wenn man eine Zerlegung der Form

$$ax^3 + bx^2 + cx + d = a(x - \alpha)(x^2 + \varrho x + \sigma)$$

finden kann (Abspalten eines Linearfaktors); dann ist eine Lösung $x_1 = \alpha$, und die beiden anderen findet man durch Lösen der quadratischen Gleichung $x^2 + \varrho x + \sigma = 0$. Das Abspalten eines Linearfaktors ist offenbar immer dann möglich, wenn man eine Lösung der Gleichung kennt oder erraten kann (s. 2.4.2.4.).

2. Methode: Benutzung der Cardanischen Lösungsformel. Die Cardanische Formel für die kubische Gleichung $x^3 + rx^2 + sx + t = 0$ bezieht sich auf deren reduzierte Form $y^3 + py + q = 0$. Es ist

$$y_1 = u + v$$

$$y_2 = -\frac{u + v}{2} + \frac{u - v}{2} \mathrm{i}\sqrt{3} = \varepsilon_1 u + \varepsilon_2 v$$

$$y_3 = -\frac{u + v}{2} - \frac{u - v}{2} \mathrm{i}\sqrt{3} = \varepsilon_2 u + \varepsilon_1 v$$

mit $u = \sqrt[3]{-q/2 + \sqrt{D}}, \quad v = -p/3u, \quad D = (p/3)^3 + (q/2)^2$

$$\varepsilon_{1,2} = -1/2 \pm \mathrm{i}\sqrt{3}/2.$$

Mittels $x_k = y_k - r/3$ $(k = 1, 2, 3)$ erhält man aus den y_k die Lösungen x_k der gegebenen kubischen Gleichung.

Im Falle $D < 0$ besitzt die kubische Gleichung drei reelle Lösungen. Verwendet man jedoch die obengenannten Formeln, so macht sich ein „Durchgang durch das Komplexe" erforderlich, den man folgendermaßen vermeiden kann (siehe auch 3. Methode): Mit den Bezeichnungen $\varrho = \sqrt{-p^3/27}$, $\cos\varphi = -q/2\varrho$ erhält man die Lösungen der reduzierten Form $y^3 + py + q = 0$ zu

$$y_1 = 2\sqrt[3]{\varrho}\cos(\varphi/3)$$

$$y_2 = 2\sqrt[3]{\varrho}\cos(\varphi/3 + 2\pi/3)$$

$$y_3 = 2\sqrt[3]{\varrho}\cos(\varphi/3 + 4\pi/3),$$

von denen man wiederum mittels $x_k = y_k - r/3$ zu den Lösungen der gegebenen kubischen Gleichung $x^3 + rx^2 + sx + t = 0$ übergehen kann.

Beispiel: Die kubische Gleichung $x^3 - 6x^2 + 21x - 52 = 0$ überführt man mittels $x = y + 2$ in die reduzierte Form $y^3 + 9y - 26 = 0$. Hier ist $p = 9$, $q = -26$, $D = 27 + 169 = 196$, und die Anwendung der Cardanischen Formel liefert $y_1 = 2$, $y_2 = -1 + 2\mathrm{i}\sqrt{3}$, $y_3 = -1 - 2\mathrm{i}\sqrt{3}$, also $x_1 = 4$, $x_2 = 1 + 2\mathrm{i}\sqrt{3}$, $x_3 = 1 - 2\mathrm{i}\sqrt{3}$.

3. Methode: *Verwendung von Hilfsgrößen, die sich mit Tabellen berechnen lassen.* In der reduzierten Gleichung $y^3 + py + q = 0$ setzt man $R = (\operatorname{sgn} q)\sqrt{|p|/3}$. Sodann bestimmt man je nach dem Vorzeichen von p und demjenigen von $D = (p/3)^3 + (q/2)^2$ aus der folgenden Tabelle die Hilfsgröße φ und mit deren Hilfe die Wurzeln y_1, y_2, y_3 der reduzierten Gleichung.

	$p < 0$		$p > 0$
	$D \leqq 0$	$D > 0$	
	$\cos\varphi = \frac{q}{2R^3}$	$\cosh\varphi = \frac{q}{2R^3}$	$\sinh\varphi = \frac{q}{2R^3}$
y_1	$-2R\cos\frac{\varphi}{3}$	$-2R\cosh\frac{\varphi}{3}$	$-2R\sinh\frac{\varphi}{3}$
y_2	$-2R\cos\left(\frac{\varphi}{3} + \frac{2\pi}{3}\right)$	$R\cosh\frac{\varphi}{3} + \mathrm{i}\sqrt{3}\,R\sinh\frac{\varphi}{3}$	$R\sinh\frac{\varphi}{3} + \mathrm{i}\sqrt{3}\,R\cosh\frac{\varphi}{3}$
y_3	$-2R\cos\left(\frac{\varphi}{3} + \frac{4\pi}{3}\right)$	$R\cosh\frac{\varphi}{3} - \mathrm{i}\sqrt{3}\,R\sinh\frac{\varphi}{3}$	$R\sinh\frac{\varphi}{3} - \mathrm{i}\sqrt{3}\,R\cosh\frac{\varphi}{3}$

Beispiel: $y^3 - 9y + 4 = 0$

$$p = -9; \quad q = 4; \quad D = (p/3)^3 + (q/2)^2 < 0; \quad R = \sqrt{3} = 1{,}7321;$$

$$\cos\varphi = \frac{2}{3\sqrt{3}} = 0{,}3849; \quad \varphi = 67^\circ\,22'.$$

$$y_1 = -2\sqrt{3}\cos\ 22^\circ\,27' = -3{,}4641\cdot 0{,}9242 = -3{,}201,$$

$$y_2 = -2\sqrt{3}\cos 142^\circ\,27' = (-3{,}4641)\cdot(-0{,}7929) = 2{,}747,$$

$$y_3 = -2\sqrt{3}\cos 262^\circ\,27' = (-3{,}4641)\cdot(-0{,}1314) = 0{,}455.$$

4. Methode: Näherungslösungen (siehe 7.1.2.3.).

Gleichung vierten Grades. Die Gleichung vierten Grades

$$ax^4 + bx^3 + cx^2 + dx + e = 0; \quad a, b, c, d, e \text{ reell}; \quad a \neq 0$$

läßt sich mittels Substitution $y = x + \frac{b}{4a}$ überführen in die *reduzierte Gleichung*

$$y^4 + py^2 + qy + r = 0,$$

wobei p, q und r rationale Funktionen der Koeffizienten a, b, c, d, e sind.

Das Lösungsverhalten dieser Gleichung ist abhängig vom Lösungsverhalten ihrer *kubischen Resolvente*

$$z^3 + 2pz^2 + (p^2 - 4r)\,z - q^2 = 0.$$

Ist **K** (Menge der komplexen Zahlen) der Variabilitätsbereich, so gilt:

kubische Resolvente	Gleichung vierten Grades
sämtliche Wurzeln reell und positiv¹)	vier reelle Wurzeln
sämtliche Wurzeln reell, eine positiv, zwei negativ¹)	zwei Paare von konjugiert komplexen Wurzeln
eine Wurzel reell, zwei konjugiert komplex	zwei reelle, zwei konjugiert komplexe Wurzeln

Auflösung der Gleichung vierten Grades

1. Methode: Zerlegen in Linearfaktoren. Falls eine Zerlegung

$$ax^4 + bx^3 + cx^2 + dx + e = a(x - \alpha)(x - \beta)(x - \gamma)(x - \delta)$$

gelingt, so hat die Gleichung vierten Grades $ax^4 + bx^3 + cx^2 + dx + e = 0$ die Lösungsmenge $\{\alpha, \beta, \gamma, \delta\}$. Es würde bereits genügen, eine Zerlegung in zwei quadratische Faktoren zu finden; dann läuft das Lösen der Gleichung vierten Grades auf das Lösen von zwei quadratischen Gleichungen hinaus.

2. Methode: Sind z_1, z_2, z_3 die Wurzeln der kubischen Resolvente, so sind

$$y_1 = \tfrac{1}{2}(\ \sqrt{z_1} + \sqrt{z_2} - \sqrt{z_3}),$$
$$y_2 = \tfrac{1}{2}(\ \sqrt{z_1} - \sqrt{z_2} + \sqrt{z_3}),$$
$$y_3 = \tfrac{1}{2}(-\sqrt{z_1} + \sqrt{z_2} + \sqrt{z_3}),$$
$$y_4 = \tfrac{1}{2}(-\sqrt{z_1} - \sqrt{z_2} - \sqrt{z_3})$$

Die Werte der Radikale sind zusätzlich zur angegebenen Vorzeichenverteilung so zu wählen, daß $\sqrt{z_1} \cdot \sqrt{z_2} \cdot \sqrt{z_3} = q$ gilt.

die Lösungen der reduzierten Gleichung $y^4 + py^2 + qy + r = 0$, von denen man mittels $x = y - \frac{b}{4a}$ zu den Lösungen der gegebenen Gleichung vierten Grades übergeht.

Beispiel: Die Gleichung vierten Grades $x^4 - 25x^2 + 60x - 36 = 0$ hat bereits die reduzierte Form; die kubische Resolvente $z^3 - 50z^2 + 769z - 3600 = 0$ hat die Lösungen $z_1 = 3^2$, $z_2 = 4^2$, $z_3 = 5^2$. Daraus ergeben sich die Wurzeln der vorgelegten Gleichung zu $x_1 = y_1 = 1$, $x_2 = y_2 = 2$, $x_3 = y_3 = 3$, $x_4 = y_4 = -6$.

3. Methode: Näherungslösungen (siehe 7.1.2.3.).

Ist in $ax^4 + bx^3 + cx^2 + dx + e = 0$ speziell $b = d = 0$, so liegt mit $ax^4 + cx^2 + e = 0$ eine sogenannte *biquadratische Gleichung* vor, die man zunächst mittels Variablensubstitution $x^2 = t$ in die quadratische Gleichung $at^2 + ct + e = 0$ überführt. Aus den Lösungen t_1, t_2 dieser Gleichung ergeben sich dann mittels $x^2 = t$ die Wurzeln der vorgelegten Gleichung vierten Grades.

¹) Nach dem Satz von Vieta muß das Produkt $z_1z_2z_3 = q^2$ der Wurzeln z_1, z_2, z_3 stets positiv sein.

Besteht zwischen den Koeffizienten der Gleichung

$$x^4 + rx^3 + sx^2 + tx + u = 0$$

die Beziehung $r^3 + 8t = 4rs$, so kann die Gleichung vierten Grades durch quadratische Gleichungen gelöst werden:

$$x^4 + rx^3 + sx^2 + tx + u = \left(x^2 + \frac{rx}{2}\right)^2 + \left(s - \frac{r^2}{4}\right)\left(x^2 + \frac{rx}{2}\right) + u = 0.$$

Mit der Substitution $x^2 + \frac{rx}{2} = v$ geht die gegebene Gleichung vierten Grades über in

$$v^2 + \left(s - \frac{r^2}{4}\right) v + u = 0,$$

aus deren Lösungen v_1, v_2 man diejenigen der gegebenen Gleichung vierten Grades gewinnt.

Gleichungen höheren Grades. Gleichungen fünften und höheren Grades lassen sich im allgemeinen nicht mehr durch Radikale lösen, da die allgemeine Gleichung fünften und höheren Grades grundsätzlich nicht durch Radikale lösbar ist. Man behandelt sie meist mittels Näherungsmethoden (siehe 7.1.2.3.). Kann man eine Lösung x_1 erraten, so läßt sich durch Abspalten des Linearfaktors $(x - x_1)$ der Grad der Gleichung um eins erniedrigen.

Spezielle Typen von Gleichungen höheren Grades: Die m Lösungen $x_1, x_2, \ldots, x_m$ der *binomischen Gleichung* $x^m = a$ ($m > 1$ ganz, a reell) erhält man mit Hilfe des Moivreschen Satzes zu

$$x_{k+1} = \sqrt[m]{a}\left(\cos\frac{2k\pi}{m} + \mathrm{i}\sin\frac{2k\pi}{m}\right); \quad k = 0, 1, \ldots, m-1.$$

Die Gleichung $x^{2m} + ax^m + b = 0$ überführt man durch die Substitution $x^m = y$ in die quadratische Gleichung $y^2 + ay + b = 0$. Hat diese die Lösungen y_1, y_2, so erhält man aus den binomischen Gleichungen $x^m = y_1$ bzw. $x^m = y_2$ die Wurzeln der vorgelegten Gleichung.

2.4.2.4. Allgemeine Sätze

Ist x_1 eine Wurzel der algebraischen Gleichung n-ten Grades

$$x^n + a_1x^{n-1} + a_2x^{n-2} + \ldots + a_{n-1}x + a_n = 0,$$

so ist das auf der linken Seite der Gleichung stehende Polynom $P_n(x)$ ohne Rest durch $(x - x_1)$ teilbar, und der Quotient ist ein Polynom $P_{n-1}(x)$ vom Grade $(n - 1)$: $P_n(x) = (x - x_1)\,P_{n-1}(x)$.

Für beliebiges x_1 ist der Rest der Division von $P_n(x)$ durch $(x - x_1)$ gleich $P_n(x_1)$:

$$P_n(x) = (x - x_1)\,P_{n-1}(x) + P_n(x_1).$$

Ist $P_n(x)$ ohne Rest durch $(x - x_1)^k$, nicht aber durch $(x - x_1)^{k+1}$ teilbar, so nennt man x_1 eine k-fache Wurzel der Gleichung $P_n(x) = 0$; k heißt die *Vielfachheit der Wurzel* x_1. In diesem Falle ist x_1 gemeinsame Wurzel des Polynoms $P_n(x)$ und seiner Ableitungen bis zur $(k - 1)$-ten Ordnung einschließlich.

Fundamentalsatz der Algebra. Jede algebraische Gleichung n-ten Grades

$$x^n + a_1x^{n-1} + \ldots + a_{n-1}x + a_n = 0$$

mit reellen oder komplexen Koeffizienten a_i ($i = 1, 2, \ldots, n$) besitzt im Bereich der komplexen Zahlen genau n Wurzeln, wobei die k-fachen Wurzeln k-mal zu zählen sind. Bezeichnen $x_1, x_2, \ldots, x_r$ die Wurzeln mit den Vielfachheiten entsprechend $\alpha_1, \alpha_2, \ldots, \alpha_r$, so ist $\sum_{i=1}^{r} \alpha_i = n$, und die Gleichung besitzt die *Produktdarstellung*

$$P_n(x) = x^n + a_1x^{n-1} + \ldots + a_{n-1}x + a_n = (x - x_1)^{\alpha_1}(x - x_2)^{\alpha_2} \ldots (x - x_r)^{\alpha_r} = 0.$$

Die Auflösung einer Gleichung $P_n(x) = 0$ läßt sich stets dahingehend vereinfachen, daß man zu einer Gleichung übergeht, die dieselben Wurzeln wie $P_n(x) = 0$ hat, aber jeweils mit der Vielfachheit 1. Da die mehrfachen Wurzeln von $P_n(x)$ auch Wurzeln der Ableitung $P'_n(x)$ sind, bestimmt man zunächst den größten gemeinsamen Teiler $T(x)$ von $P_n(x)$ und $P'_n(x)$. Dann hat die Gleichung $Q(x) = 0$, wobei $Q(x) = P_n(x)/T(x)$ ist, die gleichen Wurzeln wie $P_n(x) = 0$, aber jede mit der Vielfachheit 1.

Gleichung mit reellen Koeffizienten. Hat die algebraische Gleichung

$$x^n + a_1x^{n-1} + \dots + a_{n-1}x + a_n = 0$$

mit reellen Koeffizienten a_i die komplexe Wurzel $x_1 = \alpha + i\beta$, so ist auch die dazu konjugiert komplexe Zahl $\overline{x_1} = \alpha - i\beta$ eine Wurzel der Gleichung, und zwar von der gleichen Vielfachheit wie x_1. Die Anzahl aller komplexen Wurzeln einer Gleichung mit reellen Koeffizienten ist daher stets gerade. Eine Gleichung ungeraden Grades mit reellen Koeffizienten hat demzufolge mindestens eine reelle Wurzel.

In der Produktdarstellung einer Gleichung $P_n(x) = 0$ mit reellen Koeffizienten tritt folglich mit dem Faktor $(x - x_1)^{\alpha_1}$, wo x_1 eine komplexe Wurzel ist, auch der Faktor $(x - \overline{x_1})^{\alpha_1}$ auf. Faßt man jedes derartige Paar von Faktoren zusammen, so kann man eine Produktdarstellung der Gleichung $P_n(x) = 0$ in *reelle* Faktoren angeben:

$$P_n(x) = (x - x_1)^{\alpha_1} (x - x_2)^{\alpha_2} \dots (x - x_k)^{\alpha_k} (x^2 + p_1x + q_1)^{\beta_1} \dots (x^2 + p_lx + q_l)^{\beta_l} = 0,$$

wobei $x_1, x_2, \dots, x_k$ die k reellen Lösungen der Gleichung sind, und die l Paare konjugiert komplexer Lösungen sind die Wurzeln der quadratischen Faktoren $x^2 + p_ix + q_i$ $(i = 1, 2, \dots, l)$. Daraus folgt für die Diskriminanten $(p_i/2)^2 - q_i < 0$, und es ist ferner $n = \sum_{i=1}^{k} \alpha_i + 2 \sum_{j=1}^{l} \beta_j$.

Da jeder der quadratischen Faktoren $x^2 + p_ix + q_i$ stets positiv ist, gilt für eine Gleichung $P_n(x) = a_0x^n + a_1x^{n-1} + \dots + a_{n-1}x + a_n = 0$: Hat $P_n(x) = 0$ keine reellen Wurzeln, so hat $P_n(x)$ für alle x stets das Vorzeichen von a_0. Daraus folgt: Ist in einer Gleichung $P_n(x) = 0$ geraden Grades $a_n/a_0 < 0$, so hat die Gleichung mindestens zwei reelle Wurzeln verschiedenen Vorzeichens.

Vietascher Wurzelsatz. Sind $x_1, x_2, \dots, x_n$ die n Wurzeln der Gleichung

$$x^n + a_1x^{n-1} + \dots + a_{n-1}x + a_n = 0$$

(k-fache Wurzeln sind k mal aufgeführt), so gilt der folgende Zusammenhang zwischen den Wurzeln x_i und den Koeffizienten a_i $(i = 1, 2, \dots, n)$ der Gleichung:

$$x_1 + x_2 + \dots + x_n = \sum_{i=1}^{n} x_i = -a_1,$$

$$x_1x_2 + x_1x_3 + \dots + x_{n-1}x_n = \sum_{\substack{i,j=1\\(i<j)}}^{n} x_ix_j = a_2,$$

$$x_1x_2x_3 + x_1x_2x_4 + \dots + x_{n-2}x_{n-1}x_n = \sum_{\substack{i,j,k=1\\(i<j<k)}}^{n} x_ix_jx_k = -a_3,$$

....

$$x_1x_2 \dots x_n = (-1)^n a_n.$$

Die Summe der Wurzeln einer Gleichung n-ten Grades in Normalform ist also gleich dem negativen Koeffizienten von x^{n-1}, und das Produkt ihrer Wurzeln ist gleich dem mit $(-1)^n$ multiplizierten Absolutglied. Hat die Gleichung ein ganzzahliges Absolutglied und eine ganzzahlige Lösung, so ist diese folglich als Teiler im Absolutglied enthalten.

Für die quadratische und die kubische Gleichung lautet der Vietasche Wurzelsatz:

$x^2 + px + q = 0$	$x^3 + rx^2 + sx + t = 0$
$x_1 + x_2 = -p$	$x_1 + x_2 + x_3 = -r$
	$x_1x_2 + x_1x_3 + x_2x_3 = s$
$x_1x_2 = q$	$x_1x_2x_3 = -t$

Sturmscher Satz. Mit Hilfe des Sturmschen Satzes ist es möglich, die Anzahl der reellen Wurzeln einer Gleichung festzustellen. Von der gegebenen Gleichung $P(x) = 0$ geht man zunächst über zur Gleichung $Q(x) = 0$, die dieselben Wurzeln wie $P(x)$ hat, aber jede mit der Vielfachheit 1. Man erhält $Q(x)$ aus $Q(x) = P(x)/T(x)$, wobei $T(x)$ der größte gemeinsame Teiler von $P(x)$ und der Ableitung $P'(x)$ ist. Nun bildet man eine Folge von Funktionen $Q(x), Q'(x), Q_1(x), \ldots, Q_m(x)$ – genannt *Sturmsche Kette* – auf folgende Weise (Euklidischer Algorithmus):

$$\begin{aligned}
Q(x) &= R_1(x)\,Q'(x) - Q_1(x)\\
Q'(x) &= R_2(x)\,Q_1(x) - Q_2(x)\\
Q_1(x) &= R_3(x)\,Q_2(x) - Q_3(x)\\
&\ldots\ldots\ldots\ldots\ldots\ldots\ldots\ldots\\
Q_{m-2}(x) &= R_m(x)\,Q_{m-1}(x) - Q_m(x)\\
Q_{m-1}(x) &= R_{m+1}(x)\,Q_m(x)
\end{aligned}$$

(Division mit Rest; die Q_i sind die mit dem entgegengesetzten Vorzeichen genommenen Reste; s. 2.4.1.3.). Da in der Folge $Q(x), Q'(x), Q_1(x), \ldots, Q_m(x)$ die Grade der Polynome monoton fallen, bricht das Verfahren nach endlich vielen Schritten ab. Durch die fortgesetzte Division mit Rest wird bekanntlich der größte gemeinsame Teiler der Ausgangspolynome $Q(x)$ und $Q'(x)$ ermittelt. Da $Q(x)$ aber nach Voraussetzung nur einfache Wurzeln besitzt, muß der größte gemeinsame Teiler $Q_m(x)$ von $Q(x)$ und $Q'(x)$ eine Konstante sein.

Setzt man in den Polynomen der Sturmschen Kette $x = \xi$ (ξ reell), so erhält man eine Folge von reellen Zahlen: $Q(\xi), Q'(\xi), Q_1(\xi), \ldots, Q_m(\xi)$. Haben in dieser Folge zwei benachbarte Zahlen verschiedene Vorzeichen, so spricht man von einem Vorzeichenwechsel. $W(\xi)$ bezeichne die Anzahl der Vorzeichenwechsel in der Sturmschen Kette für den Wert $x = \xi$, wobei etwa auftretende Nullen fortzulassen sind. Dann besagt der Sturmsche Satz: *Sind a und b* ($a < b$) *keine Wurzeln von* $Q(x)$, *so ist* $W(a) - W(b)$ *gleich der Anzahl der reellen Wurzeln von* $Q(x)$ *im abgeschlossenen Intervall* $[a, b]$. Um die Anzahl aller reellen Wurzeln einer Gleichung zu ermitteln, braucht man mithin nur noch ein Intervall zu finden, welches alle Wurzeln enthält, und darauf den Sturmschen Satz anzuwenden. Dazu dient die

Newtonsche Regel: Es sei $P(x) = a_0x^n + a_1x^{n-1} + \ldots + a_{n-1}x + a_n = 0$; $a_0 > 0$, eine Gleichung n-ten Grades. Jede Zahl g mit der Eigenschaft $P(x) > 0, P'(x) > 0, \ldots, P^{(n-1)}(x) > 0$ für alle $x > g$ ist eine obere Schranke für die reellen Wurzeln der Gleichung $P(x) = 0$. Jede Zahl h ist eine untere Schranke für die reellen Wurzeln dieser Gleichung, wenn $(-h)$ eine obere Schranke für die reellen Wurzeln der Gleichung $P(-x) = 0$ ist.

Beispiel: Man bestimme die Anzahl der reellen Wurzeln der Gleichung $x^4 - 5x^2 + 8x - 8 = 0$. Es ist $P(x) = x^4 - 5x^2 + 8x - 8$, $P'(x) = 4x^3 - 10x + 8$, $P''(x) = 12x^2 - 10$, $P'''(x) = 24x$. Wegen $P'''(x) > 0$ für alle $x > g$ muß sicher $g \geqq 0$ sein. Da $P''(0) < 0$, $P''(1) > 0$, folgt weiter $g \geqq 1$. Schließlich ist auch $P'(1) > 0$, aber $P(1) < 0$. Da $P(2) > 0$, ist $g = 2$ eine obere Schranke aller reellen Wurzeln dieser Gleichung. Wendet man dieses Verfahren an auf

$$P(-x) = x^4 - 5x^2 - 8x - 8,$$

so erhält man 3 als obere Schranke, also ist $h = -3$ untere Schranke aller reellen Wurzeln der gegebenen Gleichung. Folglich liegen alle reellen Wurzeln der Gleichung im Intervall $[-3; 2]$, ihre Anzahl bestimmt man mit Hilfe des Sturmschen Satzes. Zunächst hat $P(x)$ keine mehrfachen

Wurzeln. Die Polynome der Sturmschen Kette sind: $P(x) = Q(x) = x^4 - 5x^2 + 8x - 8$, $P'(x) = Q'(x) = 4x^3 - 10x + 8$, $Q_1(x) = 5x^2 - 12x + 16$, $Q_2(x) = -3x + 284$, $Q_3(x) = -1$ (da es im folgenden nur auf die Vorzeichen dieser Polynome ankommt, kann man zur Vereinfachung der Berechnung der Polynome der Sturmschen Kette gegebenenfalls Dividenden bzw. Divisoren mit positiven Faktoren multiplizieren). Die Sturmsche Kette für $x = -3$ liefert die Zahlenfolge $4, -70, 97, 293, -1$; für $x = 2$ die Zahlenfolge $4, 20, 12, 278, -1$. Also ist $W(-3) = 3$, $W(2) = 1$, und die Gleichung besitzt $W(-3) - W(2) = 2$ reelle Wurzeln. Bestimmt man noch z. B. $W(0) = 2$, so stellt man fest, daß eine Wurzel im Intervall $[-3; 0]$, die andere in $[0; 2]$ liegt.

Descartessche Zeichenregel. Die Anzahl der (in ihren Vielfachheiten gezählten) positiven Wurzeln einer Gleichung $P(x) = a_0x^n + a_1x^{n-1} + \ldots + a_{n-1}x + a_n = 0$ ist gleich der Anzahl der Vorzeichenwechsel in der Folge $a_0, a_1, \ldots, a_n$ der Koeffizienten von $P(x)$, oder um eine gerade Zahl kleiner. Hat die Gleichung nur reelle Wurzeln, so ist die Anzahl ihrer positiven Wurzeln gleich der Anzahl der Zeichenwechsel in der Folge der Koeffizienten.

Beispiel: Die Koeffizienten der Gleichung $x^4 + 2x^3 - x^2 + 5x - 1 = 0$ haben nacheinander die Vorzeichen $+ + - + -$, d. h., das Vorzeichen wechselt dreimal. Nach der Descartesschen Regel hat also diese Gleichung entweder drei oder eine positive Wurzel. Da beim Ersetzen von x durch $-x$ die Wurzeln der Gleichung ihre Vorzeichen wechseln, während sie bei der Substitution von x durch $x + h$ um h kleiner werden, läßt sich nach der Descartesschen Regel auch die Anzahl der negativen Wurzeln sowie die Anzahl der Wurzeln, die größer sind als h, abschätzen. In unserem Beispiel erhalten wir nach Substitution von x durch $-x$ die Gleichung $x^4 - 2x^3 - x^2 - 5x - 1 = 0$, d. h., die Gleichung hat eine negative Wurzel. Ersetzt man x durch $x + 1$, so ergibt sich $x^4 + 6x^3 + 11x^2 + 13x + 6 = 0$, d. h., alle positiven Wurzeln unserer Gleichung (deren es eine oder drei gibt) sind kleiner als 1.

Speziell gilt: Jede Gleichung geraden Grades, deren erster und letzter Koeffizient verschiedene Vorzeichen besitzen, hat mindestens eine positive und mindestens eine negative Wurzel. Jede Gleichung ungeraden Grades hat mindestens eine reelle Wurzel des Vorzeichens von $-a_n/a_0$, die Anzahl ihre reellen Wurzeln mit dem anderen Vorzeichen ist gerade oder null.

Die Descartessche Zeichenregel gestattet auch eine Abschätzung der Anzahl der reellen Wurzeln der Gleichung $P(x) = 0$ im Intervall $[a, b]$. Dazu hat man die Zeichenregel in der obigen Fassung auf die Gleichung $P(y) = 0$ anzuwenden, wobei $x = \dfrac{a + by}{1 + y}$ ist.

2.4.2.5. Systeme algebraischer Gleichungen

Sind m Gleichungen mit n Variablen gegeben und diejenigen Zahlen-n-Tupel zu ermitteln, die simultan jede der m Gleichungen erfüllen, so liegt ein *Gleichungssystem* vor. Sind alle m Gleichungen linear, so spricht man von einem linearen Gleichungssystem; solche Systeme lassen sich mit Methoden der linearen Algebra behandeln (s. 2.4.4.3.). Für einige häufig auftretende Typen nichtlinearer Gleichungssysteme wird anhand je eines Beispiels eine Lösungsmethode angegeben.

Beispiele: 1. Eine Gleichung 1. Grades und eine Gleichung 2. Grades mit je zwei Variablen:

$$\begin{aligned} x^2 + y^2 + 3x - 2y &= 4, \\ x + 2y &= 5. \end{aligned}$$

Die lineare Gleichung wird nach einer der beiden Variablen aufgelöst ($x = 5 - 2y$) und der erhaltene Term in die quadratische Gleichung eingesetzt. Man erhält sodann eine quadratische Gleichung in einer Variablen $\left(y^2 - \frac{28}{5}y + \frac{36}{5} = 0\right)$, die wie üblich gelöst wird $\left(y_1 = 2, y_2 = \frac{18}{5}\right)$. Daraus folgt dann die Lösungsmenge für das gegebene Gleichungssystem $\left(L = \left\{(1, 2); \left(-\frac{11}{5}, \frac{18}{5}\right)\right\}\right)$.

2. Zwei Gleichungen zweiten Grades mit zwei Variablen vom folgenden Typ:

$$\begin{aligned} x^2 + y^2 &= 5, \\ xy &= 2. \end{aligned}$$

Mit $y = 2/x$ folgt aus der ersten Gleichung die biquadratische Gleichung $x^4 - 5x^2 + 4 = 0$, die mittels $x^2 = t$ in eine quadratische Gleichung in t übergeht. Aus den Lösungen $t_1 = 1$, $t_2 = 4$ entnimmt man die Wurzeln der biquadratischen Gleichung, woraus man mit $y = 2/x$ die Lösungsmenge des gegebenen Gleichungssystems findet: $L = \{(1, 2); (-1, -2); (2, 1); (-2, -1)\}$.

3. Zwei Gleichungen zweiten Grades mit zwei Variablen vom folgenden Typ:

$$x^2 + y^2 + 3x - 2y = 17,$$

$$x^2 + y^2 + x - y = 12.$$

Subtraktion der Gleichungen ergibt $2x - y = 5$; geht man vom gegebenen Gleichungssystem über zu einem dazu äquivalenten, welches eine der gegebenen Gleichungen und die ermittelte lineare Gleichung enthält, so liegt der im Beispiel 1 diskutierte Fall vor. Für das vorgelegte Gleichungssystem erhält man die Lösungsmenge $\{(3, 1); (6/5, -13/5)\}$.

4. Drei Gleichungen zweiten Grades mit 3 Variablen treten z. B. auf, wenn die Gleichung eines Kreises durch drei vorgegebene Punkte gefunden werden soll:

$$(26 - c)^2 + (4 - d)^2 = r^2,$$

$$(9 - c)^2 + (21 - d)^2 = r^2,$$

$$(17 - c)^2 + (17 - d)^2 = r^2.$$

Subtrahiert man zwei dieser Gleichungen voneinander, erhält man eine lineare Gleichung in zwei Variablen. Im Beispiel liefert die Subtraktion der zweiten von der ersten Gleichung $-c + d + 5 = 0$, die Subtraktion der dritten von der ersten Gleichung $-9c + 13d + 57 = 0$. Dieses lineare Gleichungssystem hat die Lösung $c = 2$, $d = -3$. Durch Einsetzen dieser Werte in eine der vorgelegten Gleichungen erhält man schließlich $r = 25$.

2.4.3. Einige Sonderfälle transzendenter Gleichungen

Begriff. Beispiele. Eine Gleichung, deren Gleichungsvariablen als Argument in transzendenten Funktionen auftreten, heißt *transzendente* Gleichung (s. 2.4.2.3.). Dazu gehören z. B. Exponentialgleichungen, logarithmische Gleichungen und goniometrische Gleichungen. Im allgemeinen lassen sich transzendente Gleichungen nur mit Hilfe von Näherungsmethoden behandeln. In einigen Spezialfällen kann man jedoch transzendente Gleichungen auf algebraische Gleichungen zurückführen.

Exponentialgleichungen (die sich auf algebraische zurückführen lassen).

1. Die Variable kommt nur im Exponenten von Termen vor, die nicht zueinander addiert bzw. voneinander subtrahiert werden. Dann führt das Logarithmieren der gesamten Gleichung (bez. beliebiger Basis) zum Ziel.

Beispiel: $3^x = 4^{x-2} \cdot 2^x$; $x \log 3 = (x - 2) \log 4 + x \log 2$, also

$$x = \frac{2 \log 4}{\log 4 - \log 3 + \log 2}.$$

2. Die Variable x kommt nur im Exponenten von Termen vor, deren Basen rationale Potenzen ein und derselben Zahl k sind. Dann läßt sich unter Umständen durch die Substitution $y = k^x$ eine in y algebraische Gleichung gewinnen.

Beispiel: $2^{x-1} = 8^{x-2} - 4^{x-2}$. Die Basen der x enthaltenden Terme sind sämtlich rationale Potenzen von 2; durch die Substitution $y = 2^x$ geht die Gleichung über in $y/2 = y^3/64 - y^2/16$ bzw. $y^3 - 4y^2 - 32y = 0$ mit den Lösungen $y_1 = 8$, $y_2 = -4$, $y_3 = 0$. Daraus erhält man $x_1 = 3$; weitere reelle Wurzeln existieren nicht.

Transzendente Gleichungen, die die Variable nur im Argument von Hyperbelfunktionen enthalten, lassen sich auf Gleichungen vom hier betrachteten Typ zurückführen, wenn man die Ausdrücke in den Hyperbelfunktionen durch Exponentialausdrücke ersetzt.

Beispiel: $3\cosh x = \sinh x + 9$; $\frac{3(e^x + e^{-x})}{2} = \frac{e^x - e^{-x}}{2} + 9$; $e^x + 2e^{-x} - 9 = 0$. Durch die Substitution $y = e^x$ erhält man die in y algebraische Gleichung $y^2 - 9y + 2 = 0$ mit den Lösungen $y_{1,2} = \frac{9 \pm \sqrt{73}}{2}$, woraus $x_1 = \ln y_1 \approx 2{,}1716$ und $x_2 = \ln y_2 \approx -1{,}4784$ folgt.

Logarithmische Gleichungen (die sich auf algebraische zurückführen lassen).

1. Die Variable x kommt nur im Argument des Logarithmus vor, und die Gleichung enthält nur Logarithmen desselben Ausdrucks $A(x)$. Dann führt die Substitution $y = \log_b A(x)$ auf eine in y algebraische Gleichung. Aus den Lösungen dieser Gleichung erhält man die Lösungen der ursprünglichen Gleichung mit Hilfe der Logarithmentafel.

Beispiel: $4 - \lg\left(\frac{5}{2}x\right) = 3 \cdot \sqrt{\lg\left(\frac{5}{2}x\right)}$. Man substituiert $y = \sqrt{\lg\left(\frac{5}{2}x\right)}$ und erhält $4 - y^2 = 3y$ mit der Lösungsmenge $\{1, -4\}$. Aus $1 = \sqrt{\lg\left(\frac{5}{2}x\right)}$ folgt $\frac{5}{2}x = 10$, also $x = 4$; die Lösung $y_2 = -4$ ist nicht verwertbar.

2. Die Variable x kommt nur im Argument von Logarithmen zur selben Basis a vor, und alle x enthaltenden Terme der Gleichung sind eine Summe von Ausdrücken der Gestalt $m_i \log_a P_i(x)$ (m_i rationale Zahlen; P_i Polynome in x). Dann läßt sich die Gleichung durch Anwendung der Logarithmengesetze auf die Form $\log_a Q(x) = A$ mit einem Polynom $Q(x)$ bringen; die Lösungen erhält man dann aus der algebraischen Gleichung $Q(x) - a^A = 0$.

Beispiel:

$$2\log_5(3x-1) - \log_5(12x+1) = 0,$$

$$\log_5 \frac{(3x-1)^2}{12x+1} = 0 = \log_5 1,$$

$$\frac{(3x-1)^2}{12x+1} = 1; \quad x_1 = 0; \quad x_2 = 2.$$

Die Probe zeigt, daß $L = \{2\}$ die Lösungsmenge der gegebenen Gleichung ist.

3. Die Variable x kommt nur im Argument des Logarithmus vor, und die Gleichung enthält nur Logarithmen desselben Arguments, aber verschiedener Basen. Dann kann man unter Umständen durch Umrechnen auf ein und dieselbe Basis und Anwendung der Logarithmengesetze zum Ziel gelangen.

Beispiel:

$$\log_2 x + \log_3 x + \log_4 x = 3 + \log_3 4,$$

$$\log_4 x \left(\frac{\log_2 x}{\log_4 x} + \frac{\log_3 x}{\log_4 x} + 1\right) = 3 + \log_3 4,$$

$$\log_4 x\,(\log_2 4 + \log_3 4 + 1) = 3 + \log_3 4,$$

$$\log_4 x = 1,$$

$$x = 4.$$

Goniometrische Gleichungen (die sich auf algebraische zurückführen lassen).

Die Variable x oder $nx + a$ (n ganzzahlig) kommt nur im Argument goniometrischer Funktionen vor. Dann läßt sich unter Verwendung goniometrischer Formeln stets eine Gleichung gewinnen, die nur noch eine einzige goniometrische Funktion des Arguments x enthält. Diese setzt man gleich y und löst die in y algebraische Gleichung. Aus deren Lösungen gewinnt man (im allgemeinen mit Hilfe von Tabellen) die Lösungen für x. Hierbei ist wegen der Periodizität der goniometrischen

Funktionen die Mehrdeutigkeit der Lösung zu beachten. Bei der Überführung der gegebenen Gleichung in eine solche, die nur noch eine goniometrische Funktion in x enthält, sind unter Umständen nichtäquivalente Umformungen notwendig (z. B. Quadrieren beim Auftreten von Wurzeln). Deshalb ist stets die Probe in der ursprünglichen Gleichung vorzunehmen, um gegebenenfalls aufgetretene „fremde" Lösungen auszuscheiden.

Beispiel: $\sin x = \cos^2 x - \frac{1}{4}$; $\sin x = 1 - \sin^2 x - \frac{1}{4}$; nach der Substitution $y = \sin x$ erhält man $y^2 + y - \frac{3}{4} = 0$ mit den Lösungen $y_1 = \frac{1}{2}$, $y_2 = -\frac{3}{2}$. Die Lösung y_2 liefert keine reellen Lösungen der gegebenen Gleichung ($|\sin x| \leqq 1$); y_1 liefert $x = \frac{\pi}{6} \pm 2k\pi$ und $x = \frac{5\pi}{6} \pm 2k\pi$ $(k = 0, 1, 2, 3, \ldots)$.

2.4.4. Lineare Algebra

2.4.4.1. Vektorräume

2.4.4.1.1. Begriff des Vektorraumes

Definition. Eine nichtleere Menge V, für deren Elemente eine Addition (+) und eine Multiplikation (·) mit reellen Zahlen erklärt ist, heißt reeller *Vektorraum* $\mathbf{V} = [V, +, \cdot]$ oder *linearer Raum*[1]) und die Elemente von V heißen Vektoren, wenn folgende Axiome erfüllt sind:

Gesetze der Addition

1. *Ausführbarkeit und Eindeutigkeit*: Zu je zwei Elementen $\mathbf{a}, \mathbf{b} \in V$ gibt es genau ein Element $\mathbf{a} + \mathbf{b} \in V$, die *Summe* von $\mathbf{a}$ und $\mathbf{b}$.
2. *Assoziativität*: Für alle $\mathbf{a}, \mathbf{b}, \mathbf{c} \in V$ gilt: $\mathbf{a} + (\mathbf{b} + \mathbf{c}) = (\mathbf{a} + \mathbf{b}) + \mathbf{c}$.
3. *Kommutativität*: Für alle $\mathbf{a}, \mathbf{b} \in V$ gilt: $\mathbf{a} + \mathbf{b} = \mathbf{b} + \mathbf{a}$.
4. *Umkehrbarkeit*: Für alle $\mathbf{a}, \mathbf{b} \in V$ gibt es ein $\mathbf{x} \in V$, so daß $\mathbf{a} + \mathbf{x} = \mathbf{b}$ ist.

Gesetze der Multiplikation mit (reellen) Zahlen

5. *Ausführbarkeit und Eindeutigkeit*: Zu jedem Element $\mathbf{a} \in V$ und jeder reellen Zahl α gibt es genau ein Element $\alpha\mathbf{a} \in V$, das *α-fache* von $\mathbf{a}$.
6. *Assoziativität*: Für alle $\mathbf{a} \in V$ und alle reellen Zahlen α, β gilt: $(\alpha\beta)\,\mathbf{a} = \alpha(\beta\mathbf{a})$.
7. Für alle $\mathbf{a} \in V$ gilt: $1\mathbf{a} = \mathbf{a}$.

Distributivgesetze

8. Für alle $\mathbf{a}, \mathbf{b} \in V$ und alle reellen Zahlen α, β gilt:

$$\alpha(\mathbf{a} + \mathbf{b}) = \alpha\mathbf{a} + \alpha\mathbf{b} \quad \text{und} \quad (\alpha + \beta)\,\mathbf{a} = \alpha\mathbf{a} + \beta\mathbf{a}.$$

Bemerkung: Bei der Definition der Multiplikation kann man statt des Körpers der reellen Zahlen auch andere Körper K zugrundelegen. Man spricht dann von einem *Vektorraum über dem Körper K*; insbesondere von einem „*reellen Vektorraum*" bzw. einem „*komplexen Vektorraum*", wenn K der Körper der reellen Zahlen bzw. der Körper der komplexen Zahlen ist.

Beispiele: 1. Der Vektorraum der geordneten Paare (x, y) reeller Zahlen x, y mit den Verknüpfungen $(x, y) + (x', y') \stackrel{\text{def}}{=} (x + x', y + y')$ und $\alpha(x, y) \stackrel{\text{def}}{=} (\alpha x, \alpha y)$.

2. Der Vektorraum der geordneten n-Tupel $(x_1, x_2, \ldots, x_n)$ reeller Zahlen $x_1, x_2, \ldots, x_n$ mit den Verknüpfungen

$$(x_1, x_2, \ldots, x_n) + (y_1, y_2, \ldots, y_n) \stackrel{\text{def}}{=} (x_1 + y_1, x_2 + y_2, \ldots, x_n + y_n),$$

$$\alpha(x_1, x_2, \ldots, x_n) \stackrel{\text{def}}{=} (\alpha x_1, \alpha x_2, \ldots, \alpha x_n).$$

---

[1]) Häufig werden als Vektorräume auch nur die linearen Räume bezeichnet, die eine endliche Basis (vgl. 2.4.4.1.4.) besitzen.

3. Der Vektorraum der Polynome $\sum_{i=0}^{n} a_i x^i$ mit den Verknüpfungen

$$\sum_{i=0}^{n} a_i x^i + \sum_{i=0}^{m} b_i x^i \overset{\text{def}}{=} \sum_{i=0}^{m} (a_i + b_i)\, x^i + \sum_{i=m+1}^{n} a_i x^i \quad (n \geqq m),$$

$$\alpha \sum_{i=0}^{n} a_i x^i \overset{\text{def}}{=} \sum_{i=0}^{n} (\alpha a_i)\, x^i .$$

4. Der Vektorraum der in einem abgeschlossenen Intervall stetigen Funktionen mit den Verknüpfungen $[f + g](x) \overset{\text{def}}{=} f(x) + g(x)$ und $[\alpha f](x) \overset{\text{def}}{=} \alpha \cdot f(x)$.

5. Der Vektorraum der Verschiebungen in einer Ebene, wobei Addition und Multiplikation mit reellen Zahlen in bekannter Weise (s. 4.2.1.) definiert sind.

Rechenregeln in Vektorräumen. Aus den Axiomen 1 bis 8 folgt, daß man mit den Elementen eines Vektorraumes im wesentlichen so rechnen kann wie mit Zahlen; es gelten bezüglich der Addition und der Multiplikation mit reellen Zahlen – grob gesprochen – die „üblichen" Rechenregeln, insbesondere:

1. Es gibt genau ein bezüglich der Addition neutrales Element $\mathbf{o}$ mit der Eigenschaft $\mathbf{a} + \mathbf{o} = \mathbf{a}$ für alle $\mathbf{a} \in V$; $\mathbf{o}$ heißt der *Nullvektor.*

2. Zu jedem Vektor $\mathbf{a} \in V$ gibt es genau ein bezüglich der Addition inverses Element $(-\mathbf{a}) \in V$ mit der Eigenschaft $\mathbf{a} + (-\mathbf{a}) = \mathbf{o}$; $(-\mathbf{a})$ heißt der *zu* **a** *entgegengesetzte Vektor.*

3. Jede Gleichung $\mathbf{a} + \mathbf{x} = \mathbf{b}$ mit $\mathbf{a}, \mathbf{b} \in V$ ist eindeutig lösbar; die eindeutig bestimmte Lösung $x \in V$ heißt die *Differenz* der Vektoren **b** und **a**, man schreibt $\mathbf{x} = \mathbf{b} - \mathbf{a}$. Insbesondere ist $\mathbf{o} - \mathbf{a} = -\mathbf{a}$.

4. Assoziativ- und Kommutativgesetz der Addition sowie die Distributivgesetze lassen sich mittels vollständiger Induktion auf beliebig endlich viele Summanden verallgemeinern.

5. Für Vektoren $\mathbf{a}, \mathbf{b} \in V$ und reelle Zahlen α, β gilt:

a) $\mathbf{a} + (-\mathbf{b}) = \mathbf{a} - \mathbf{b}$	e) $0\mathbf{a} = \mathbf{o}$
b) $-(-\mathbf{a}) = \mathbf{a}$	f) $\alpha\mathbf{o} = \mathbf{o}$
c) $-(\mathbf{a} + \mathbf{b}) = -\mathbf{a} - \mathbf{b}$	g) $(-\alpha)\,\mathbf{a} = \alpha(-\mathbf{a})$; speziell $(-1)\,\mathbf{a} = -\mathbf{a}$
d) $-(\mathbf{a} - \mathbf{b}) = -\mathbf{a} + \mathbf{b}$	h) $\alpha(\mathbf{a} - \mathbf{b}) = \alpha\mathbf{a} - \alpha\mathbf{b}$
	$(\alpha - \beta)\,\mathbf{a} = \alpha\mathbf{a} - \beta\mathbf{a}$

2.4.4.1.2. *Untervektorräume*

Definition. Es sei $\mathbf{V} = [V, +, \cdot]$ ein Vektorraum und U eine nichtleere Teilmenge von V. Ist U bezüglich der obigen Verknüpfungen $+, \cdot$ selbst ein Vektorraum, so heißt $\mathbf{U} = [U, +, \cdot]$ *Untervektorraum* von **V**. Will man prüfen, ob **U** ein Untervektorraum von **V** ist, so ist es nicht nötig, die Gültigkeit aller Axiome nachzuweisen, denn es gilt das *Kriterium*: $\mathbf{U} = [U, +, \cdot]$ mit $\emptyset \neq U \subseteq V$ ist Untervektorraum von $\mathbf{V} = [V, +, \cdot]$ genau dann, wenn für alle $\mathbf{a}, \mathbf{b} \in U$ und alle reellen Zahlen α gilt: $\mathbf{a} + \mathbf{b} \in U$ und $\alpha\mathbf{a} \in U$ (Abgeschlossenheit von U bezüglich der Operationen $+$ und $\cdot$).

Beispiele: 1. Jeder Vektorraum besitzt zwei triviale Untervektorräume, und zwar sich selbst sowie jenen, der den Nullvektor als einziges Element enthält.

2. Im Vektorraum der geordneten n-Tupel reeller Zahlen bildet die Teilmenge, welche alle n-Tupel $(x_1, x_2, \ldots, x_n)$ mit der Eigenschaft $c_1 x_1 + c_2 x_2 + \ldots + c_n x_n = 0$ (c_i feste reelle Zahlen) enthält, bezüglich der für n-Tupel definierten Verknüpfungen einen Untervektorraum.

3. Im Vektorraum der Polynome bildet die Teilmenge aller Polynome vom Grad kleiner als n mit den für Polynome definierten Verknüpfungen einen Untervektorraum.

4. Ist S eine nichtleere Menge von Vektoren eines Vektorraumes, so heißt jeder Ausdruck der Gestalt $\lambda_1 \mathbf{a}_1 + \lambda_2 \mathbf{a}_2 + \ldots + \lambda_r \mathbf{a}_r$ mit rellen Zahlen $\lambda_1, \lambda_2, \ldots, \lambda_r$ und $\mathbf{a}_1, \mathbf{a}_2, \ldots, \mathbf{a}_r \in S$ eine *Linearkombination* von S.

Die Menge aller Linearkombinationen von S bildet bezüglich der im Vektorraum definierten Operationen einen Untervektorraum.

5. Sind $\mathbf{U}_1 = [U_1, +, \cdot]$ und $\mathbf{U}_2 = [U_2, +, \cdot]$ zwei Untervektorräume desselben Vektorraumes $\mathbf{V}$, so ist auch ihr Durchschnitt $\mathbf{U}_1 \frown \mathbf{U}_2 \overset{\text{def}}{=} [U_1 \frown U_2, +, \cdot]$ ein Untervektorraum von $\mathbf{V}$. Statt zweier Untervektorräume kann man auch ein beliebiges nichtleeres System $\{\mathbf{U}_\sigma\}_{\sigma \in \Sigma}$ von Untervektorräumen von $\mathbf{V}$ betrachten; ihr Durchschnitt $\bigcap_{\sigma \in \Sigma} \mathbf{U}_\sigma$ enthält alle Vektoren von $\mathbf{V}$, die gleichzeitig Elemente aller $\mathbf{U}_\sigma$ sind, und ist wieder ein Untervektorraum von $\mathbf{V}$.

6. Ist S eine beliebige Menge von Vektoren eines Vektorraumes $\mathbf{V}$, so kann man den Durchschnitt aller Untervektorräume von $\mathbf{V}$ betrachten, welche S enthalten. Dieser Durchschnitt ist nach 5. wieder ein Untervektorraum von $\mathbf{V}$, und zwar offenbar der kleinste Untervektorraum von $\mathbf{V}$, welcher die Menge S enthält. Man nennt ihn die *lineare Hülle* von S oder das *Erzeugnis* von S und schreibt $\mathscr{L}(S)$ oder Erz S:

$$\mathscr{L}(S) = \bigcap_{\sigma \in \Sigma} \{\mathbf{U}_\sigma : \mathbf{U}_\sigma \text{ Untervektorraum von } \mathbf{V} \text{ und } S \subseteqq U_\sigma\}.$$

Ist $S = \emptyset$, so ist $\mathscr{L}(S)$ derjenige Untervektorraum von $\mathbf{V}$, welcher nur den Nullvektor enthält; denn in den Durchschnitt $\bigcap \mathbf{U}_\sigma$ geht jeder Untervektorraum von $\mathbf{V}$ ein, da die leere Menge Teilmenge jeder Menge ist.

Ist $S \neq \emptyset$, so enthält $\mathscr{L}(S)$ als Untervektorraum mit S auch jede Linearkombination von S. Da die Menge aller Linearkombinationen von S jedoch selbst einen S enthaltenden Untervektorraum von $\mathbf{V}$ bildet, $\mathscr{L}(S)$ aber der kleinste Untervektorraum mit dieser Eigenschaft ist, besteht $\mathscr{L}(S)$ somit aus genau allen Linearkombinationen von S:

$$\mathscr{L}(S) = \left\{ \sum_{i=1}^{r} \lambda_i \mathbf{a}_i;\ \lambda_i \text{ reell};\ \mathbf{a}_i \in S;\ r > 1 \text{ natürliche Zahl} \right\}.$$

Aus $S_1 \subseteqq S_2$ folgt $\mathscr{L}(S_1) \subseteqq \mathscr{L}(S_2)$. Ist $\mathbf{U}$ ein Untervektorraum von $\mathbf{V}$, so ist $\mathscr{L}(U) = \mathbf{U}$, und umgekehrt.

Läßt sich ein Untervektorraum $\mathbf{U}$ von $\mathbf{V}$ als lineare Hülle einer Menge S von Vektoren aus $\mathbf{V}$ darstellen, so heißt S ein *Erzeugendensystem* von $\mathbf{U}$.

7. Während mit zwei Untervektorräumen $\mathbf{U}_1$ und $\mathbf{U}_2$ von $\mathbf{V}$ ihr Durchschnitt stets wieder ein Untervektorraum ist, trifft dies für die Vereinigung i. allg. nicht zu. Man bezeichnet den kleinsten Untervektorraum von $\mathbf{V}$, der die Menge $U_1 \smile U_2$ enthält, d. h. $\mathscr{L}(U_1 \smile U_2)$, als *Summe* $\mathbf{U}_1 + \mathbf{U}_2$ (oder *Kompositum*) von $\mathbf{U}_1$ und $\mathbf{U}_2$. Die Bezeichnung „Summe" wird dadurch gerechtfertigt, daß $\mathbf{U}_1 + \mathbf{U}_2$ aus genau allen Vektoren $\mathbf{x}$ der Gestalt $\mathbf{x} = \mathbf{x}_1 + \mathbf{x}_2$ mit $\mathbf{x}_1 \in U_1$, $\mathbf{x}_2 \in U_2$ besteht:

$$\mathbf{U}_1 + \mathbf{U}_2 \overset{\text{def}}{=} \mathscr{L}(U_1 \smile U_2) = [U_1 + U_2, +, \cdot]$$

mit $$U_1 + U_2 = \{\mathbf{x} : \mathbf{x} = \mathbf{x}_1 + \mathbf{x}_2;\ \mathbf{x}_1 \in U_1;\ \mathbf{x}_2 \in U_2\}.$$

2.4.4.1.3. Lineare Abhängigkeit. Es sei $\mathbf{V} = [V, +, \cdot]$ ein Vektorraum und S eine beliebige Menge von Vektoren aus $\mathbf{V}$.

Definition: Ein Vektor $\mathbf{x} \in V$ heißt *linear abhängig von S* genau dann, wenn er Linearkombination von S ist, d. h., wenn $\mathbf{x} \in \mathscr{L}(S)$. Falls $\mathbf{x} \notin \mathscr{L}(S)$, so heißt $\mathbf{x}$ *linear unabhängig von S*.

Beispiele: 1. Der Vektor $\mathbf{x} = (3, -7, 0)$ des Vektorraumes der geordneten Tripel reeller Zahlen ist linear abhängig von der Menge $S = \{(1, -1, 0); (0, 1, 1); (3, 0, 5); (2, -1, 3)\}$, denn es ist z. B. $\mathbf{x} = 2(1, -1, 0) - 3(3, 0, 5) + 5(2, -1, 3)$, d. h., $\mathbf{x} \in \mathscr{L}(S)$.

2. Der Vektor $\mathbf{x} = (3, -7, 0)$ ist nicht linear abhängig von der Menge $S = \{(0, 1, 1); (0, -2, 5)\}$, denn jede Linearkombination von S liefert offenbar einen Vektor, dessen erste Koordinate Null ist, d. h., $\mathbf{x}$ ist linear unabhängig von S.

3. Der Nullvektor ist linear abhängig von jeder Menge S, denn es ist $\mathbf{o} \in \mathscr{L}(S)$ für jedes S.

Definition: Eine Menge S von Vektoren aus $\mathbf{V}$ heißt *linear abhängig* genau dann, wenn es (mindestens) einen Vektor $\mathbf{x} \in S$ gibt, der linear abhängig von $S \setminus \{\mathbf{x}\}$ ist. Ist hingegen jeder Vektor $\mathbf{x} \in S$ linear unabhängig von $S \setminus \{\mathbf{x}\}$, so heißt *S linear unabhängig*.

Daraus folgt insbesondere, daß die leere Menge $S = \emptyset$ linear unabhängig ist. Die Menge $S = \{\mathbf{o}\}$, die nur den Nullvektor $\mathbf{o}$ enthält, ist linear abhängig, denn es ist $\mathbf{o} \in \mathscr{L}(S \setminus \{\mathbf{o}\}) = \mathscr{L}(\emptyset) = \{\mathbf{o}\}$.

Aus der Definition folgt sofort: Jede Obermenge einer linear abhängigen Menge ist selbst linear abhängig; mit anderen Worten: Enthält S eine linear abhängige Teilmenge S', so ist S selbst linear abhängig.

Ist nämlich S' linear abhängig, dann gilt $\mathbf{x} \in \mathscr{L}(S' \setminus \{\mathbf{x}\})$ für mindestens ein $\mathbf{x} \in S'$ und wegen $\mathscr{L}(S' \setminus \{\mathbf{x}\}) \subseteq \mathscr{L}(S \setminus \{\mathbf{x}\})$ auch $\mathbf{x} \in \mathscr{L}(S \setminus \{\mathbf{x}\})$ für jede Obermenge S von S'.

Weiter gilt: Jede Teilmenge S' einer linear unabhängigen Menge S ist selbst linear unabhängig. Ist $S' = \emptyset$, so ist S' linear unabhängig, und im Falle $S' \neq \emptyset$ folgt die Behauptung aus dem vorhergehenden Satz.

Insbesondere ist also jede endliche Teilmenge S' einer linear unabhängigen Menge S selbst linear unabhängig. Es folgt auch umgekehrt aus der linearen Unabhängigkeit aller endlichen Teilmengen S' von S die lineare Unabhängigkeit von S. Deshalb genügt es, ein leicht handhabbares Kriterium für die lineare Unabhängigkeit bzw. Abhängigkeit endlicher Mengen zu besitzen.

Kriterium: Die nichtleere Menge $S = \{\mathbf{a}_1, \ldots, \mathbf{a}_k\}$ von k paarweise verschiedenen Vektoren eines Vektorraumes $\mathbf{V}$ ist linear abhängig genau dann, wenn es reelle Zahlen $\lambda_1, \ldots, \lambda_k$ gibt, die nicht sämtlich Null sind, so daß gilt:

$$\lambda_1 \mathbf{a}_1 + \ldots + \lambda_k \mathbf{a}_k = \mathbf{o}.$$

Kann diese Gleichung hingegen *nur* für $\lambda_1 = \ldots = \lambda_k = 0$ befriedigt werden, so ist S linear unabhängig.

Beispiele: 1. Im Vektorraum der geordneten Paare reeller Zahlen ist $\{(3, 0); (-1, 2); (7, 1)\}$ eine linear abhängige Menge, denn es gilt z. B. $5 \cdot (3, 0) + (-1, 2) - 2 \cdot (7, 1) = (0, 0)$.

2. Im Vektorraum der Polynome ist die Menge $S = \{x^{3n}; n \text{ natürliche Zahl}\}$ linear unabhängig, denn jede endliche Teilmenge $\{x^{3\nu_1}, x^{3\nu_2}, \ldots, x^{3\nu_k}\}$ von Elementen aus S ist linear unabhängig, da aus dem Ansatz $\lambda_1 x^{3\nu_1} + \lambda_2 x^{3\nu_2} + \ldots + \lambda_k x^{3\nu_k} = 0$ (für alle x) folgt, daß alle Koeffizienten λ_i $(i = 1, 2, \ldots, k)$ verschwinden müssen.

3. Im Vektorraum der Polynome ist $\{x^3 + 2x^2; 2x^3 + 2x^2 - 6x + 4; -x^2 + 3x; x^2 - 1\}$ eine linear abhängige Menge von Vektoren, denn für alle x gilt z. B.

$$2(x^3 + 2x^2) - (2x^3 + 2x^2 - 6x + 4) - 2(-x^2 + 3x) - 4(x^2 - 1) = 0.$$

4. Im Vektorraum der komplexen Zahlen ist $\{1; \mathrm{i}\}$ eine linear unabhängige Menge, denn die Gleichung $\lambda_1 \cdot 1 + \lambda_2 \cdot \mathrm{i} = 0$ ist nur für $\lambda_1 = \lambda_2 = 0$ erfüllt.

Weitere Sätze über lineare Abhängigkeit

1. Ist S linear unabhängig, aber $S \cup \{\mathbf{x}\}$ linear abhängig, so ist $\mathbf{x}$ Linearkombination von Vektoren aus S.

2. Ist S linear unabhängig, $\mathbf{x}$ linear unabhängig von S, so ist $S \cup \{\mathbf{x}\}$ ebenfalls linear unabhängig.

3. Ist S linear unabhängig, $\mathbf{a}_1, \ldots, \mathbf{a}_k \in S$, so folgt aus

$$\lambda_1 \mathbf{a}_1 + \ldots + \lambda_k \mathbf{a}_k = \mu_1 \mathbf{a}_1 + \ldots + \mu_k \mathbf{a}_k$$

stets $\lambda_1 = \mu_1, \ldots, \lambda_k = \mu_k$, d. h., auf linear unabhängiges S kann man das „Prinzip des Koeffizientenvergleiches" anwenden. Ist S linear abhängig, so gilt diese Aussage nicht; z. B. für $\mathbf{a}_1 = (3, 0)$; $\mathbf{a}_2 = (-1, 2)$; $\mathbf{a}_3 = (7, 1)$ ist $7\mathbf{a}_1 - 3\mathbf{a}_2 - \mathbf{a}_3 = 2\mathbf{a}_1 - 4\mathbf{a}_2 + \mathbf{a}_3$.

2.4.4.1.4. Basis. Dimension. Ist B ein Erzeugendensystem des Vektorraumes $\mathbf{V}$, so läßt sich jeder Vektor $\mathbf{x} \in V$ als Linearkombination von Vektoren aus B darstellen. Ist B überdies linear unabhängig, so ist die Darstellung von $\mathbf{x}$ als Linearkombination von Vektoren aus B auch eindeutig. Ein derartiges, linear unabhängiges Erzeugendensystem B heißt eine Basis von $\mathbf{V}$.

Definition: Ist $\mathbf{V} = [V, +, \cdot]$ ein Vektorraum, so heißt jede Teilmenge $\emptyset \neq B \subseteq V$ mit den Eigenschaften (1): $\mathscr{L}(B) = V$, und (2): B linear unabhängig, eine *Basis* von $\mathbf{V}$.

Beispiele: 1. Im Vektorraum $\mathbf{V}^n$ aller geordneten n-Tupel reeller Zahlen ist

$$B = \{\mathbf{e}_1 = (1, 0, 0, \ldots, 0); \mathbf{e}_2 = (0, 1, 0, \ldots, 0); \ldots, \mathbf{e}_n = (0, 0, 0, \ldots, 1)\}$$

eine Basis; sie heißt die *kanonische Basis* von $\mathbf{V}^n$.

2. Im Vektorraum aller Polynome ist $B = \{1, x, x^2, \ldots\}$ eine Basis, denn B ist linear unabhängig und jedes Polynom $p(x)$ läßt sich als Linearkombination von Elementen aus B schreiben: $p(x) = \sum_{i=0}^{n} a_i x^i$.

3. Im Vektorraum aller Lösungen der Gleichung $3x + 4y - z = 0$ ist z. B. $B = \{(1, 0, 3); (0, 1, 4)\}$ eine Basis, denn B ist linear unabhängig, und alle Lösungen der Gleichung haben die Gestalt $\mathbf{x} = (x, y, z) = \lambda_1(1, 0, 3) + \lambda_2(0, 1, 4)$ (s. 2.4.4.3.).

4. Der Vektorraum, der nur aus dem Nullvektor $\mathbf{o}$ besteht, hat $B = \emptyset$ als (einzige) Basis wegen $\mathscr{L}(\emptyset) = \{\mathbf{o}\}$ und $\emptyset$ linear unabhängig.

Über die Existenz von Basen und deren Eigenschaften können folgende Aussagen gemacht werden:

1. Jeder Vektorraum besitzt (mindestens) eine Basis. Jedes Erzeugendensystem eines Vektorraumes enthält eine Basis.
Daraus folgt insbesondere: Ist $\mathbf{V}$ ein endlich erzeugbarer Vektorraum, d. h., gilt $\mathbf{V} = \mathscr{L}(S)$ mit endlichem S, so besitzt $\mathbf{V}$ auch eine endliche Basis.

2. Jede Basis B des Vektorraumes $\mathbf{V}$ ist ein minimales Erzeugendensystem von $\mathbf{V}$, d. h., es gilt: (a) $\mathscr{L}(B) = \mathbf{V}$; (b) für alle B' mit $B' \subset B$ gilt $\mathscr{L}(B') \neq \mathbf{V}$. Umgekehrt ist jede Teilmenge $B \subseteqq V$, die (a) und (b) erfüllt, eine Basis von $\mathbf{V}$.

3. Jede Basis B des Vektorraumes $\mathbf{V}$ ist eine maximale linear unabhängige Teilmenge von $\mathbf{V}$, d. h., es gilt: (a) B ist linear unabhängig; (b) für alle B' mit $B' \supset B$ gilt: B' linear abhängig. Umgekehrt ist jede Teilmenge $B \subseteqq V$, die (a) und (b) erfüllt, eine Basis von $\mathbf{V}$.

4. Austauschsatz von *Steinitz*: Es sei B eine Basis des Vektorraumes $\mathbf{V}$ und S eine linear unabhängige Teilmenge von m Vektoren aus V. Dann läßt sich in B stets eine Teilmenge B^* von ebenfalls m Vektoren so finden, daß die Menge $(B \setminus B^*) \cup S$, die man erhält, indem man die m Vektoren von B^* durch die Vektoren von S austauscht, wieder eine Basis von $\mathbf{V}$ ist.
Mit anderen Worten heißt das, daß man eine geeignete Teilmenge von m Vektoren einer Basis durch eine vorgegebene linear unabhängige Teilmenge von m Vektoren austauschen kann, ohne daß dadurch die Basiseigenschaft verlorengeht. Mithin kann man stets Basen konstruieren, die vorgegebene Vektoren enthalten.
Mit Hilfe der Sätze 2 und 3 ist es möglich, Basen eines endlich erzeugbaren Vektorraumes $\mathbf{V}$ konstruktiv zu gewinnen. Entweder man „verkürzt" ein Erzeugendensystem von $\mathbf{V}$ sukzessive durch Weglassen von Vektoren, die Linearkombination der übrigen Vektoren sind, so lange, bis das „verkürzte" Erzeugendensystem linear unabhängig ist; oder man fügt zu einer linear unabhängigen Menge T^m einen Vektor $\mathbf{x}_{m+1}$ hinzu, der nicht Linearkombination von T^m ist, sodann zu $T^{m+1} = T^m \cup \{\mathbf{x}_{m+1}\}$ einen Vektor $\mathbf{x}_{m+2}$, der nicht Linearkombination von T^{m+1} ist, usw., so lange, bis die „erweiterte" linear unabhängige Menge T^n $(n \geqq m)$ auch Erzeugendensystem von $\mathbf{V}$ ist. Die Voraussetzung „$\mathbf{V}$ endlich erzeugbar" sichert, daß beide Verfahren nach endlich vielen Schritten abbrechen.
Aus dem Austauschsatz folgt insbesondere, daß alle Basen eines endlich erzeugbaren Vektorraumes aus gleichvielen Vektoren bestehen; die allen Basen gemeinsame Anzahl der Basisvektoren nennt man die *Dimension* des Vektorraumes. Der Vektorraum, der nur den Nullvektor enthält, hat die Dimension Null. Ist der Vektorraum nicht endlich erzeugbar, so heißt er unendlichdimensional.

Beispiele: 1. Der Vektorraum $\mathbf{V}^n$ der geordneten n-Tupel reeller Zahlen hat die Dimension n, $\operatorname{Dim} \mathbf{V}^n = n$, denn die kanonische Basis und damit jede Basis von $\mathbf{V}^n$ enthält n Vektoren.

2. Der Vektorraum der Verschiebungen in der Ebene ist zweidimensional, denn je zwei nicht parallele Vektoren bilden eine Basis dieses Vektorraumes.

3. Der Vektorraum der Polynome ist unendlich-dimensional.

Sätze: 1. Hat ein Vektorraum $\mathbf{V}$ die Dimension $n \geqq 1$, so ist jede Basis von $\mathbf{V}$ eine linear unabhängige Menge von n Vektoren. Aber auch umgekehrt ist jede linear unabhängige Menge von n Vektoren aus $\mathbf{V}$ eine Basis von $\mathbf{V}$. Dies liefert ein für praktische Untersuchungen bequemes Basiskriterium, falls die Dimension des Vektorraumes bekannt ist.

2. Ist Dim $\mathbf{V} = n \geqq 1$, so gibt es in $\mathbf{V}$ mindestens eine linear unabhängige Menge von n Vektoren, während alle Mengen von $(n + 1)$ Vektoren linear abhängig sind, und umgekehrt.

3. (Dimensionssätze): $\mathbf{V}$ sei ein Vektorraum, $\mathbf{U}$, $\mathbf{U}_1$ und $\mathbf{U}_2$ seien Untervektorräume von $\mathbf{V}$. Dann gilt:

(a) Dim $\mathbf{U} \leqq$ Dim $\mathbf{V}$; und Dim $\mathbf{U}$ = Dim $\mathbf{V}$ genau dann, wenn $\mathbf{U} = \mathbf{V}$.

(b) Aus $\mathbf{U}_1 \subseteqq \mathbf{U}_2$ und Dim $\mathbf{U}_1$ = Dim $\mathbf{U}_2$ folgt $\mathbf{U}_1 = \mathbf{U}_2$.

(c) Dim $(\mathbf{U}_1 \cap \mathbf{U}_2)$ + Dim $(\mathbf{U}_1 + \mathbf{U}_2)$ = Dim $\mathbf{U}_1$ + Dim $\mathbf{U}_2$.

Koordinaten. $\mathbf{V}$ sei ein n-dimensionaler Vektorraum und $B = \{\mathbf{a}_1, \mathbf{a}_2, \ldots, \mathbf{a}_n\}$ eine Basis von $\mathbf{V}$. Wegen der ersten Basiseigenschaft $\mathscr{L}(B) = \mathbf{V}$ läßt sich jeder Vektor $\mathbf{x} \in V$ als Linearkombination von B darstellen: $\mathbf{x} = x_1\mathbf{a}_1 + x_2\mathbf{a}_2 + \ldots + x_n\mathbf{a}_n$, und wegen der linearen Unabhängigkeit von B ist diese Darstellung von $\mathbf{x}$ auch eindeutig. Setzt man in B noch die Reihenfolge der Basisvektoren fest, so ist es möglich, jedem Vektor $\mathbf{x}$ umkehrbar eindeutig ein geordnetes n-Tupel $(x_1, x_2, \ldots, x_n)$ reeller Zahlen – seine Koordinaten – zuzuordnen.

Definition: $\mathbf{V}$ sei ein n-dimensionaler Vektorraum $(n \geqq 1)$ und $B = \{\mathbf{a}_1, \mathbf{a}_2, \ldots, \mathbf{a}_n\}$ eine Basis von $\mathbf{V}$, deren Basisvektoren $\mathbf{a}_i$ in fester Reihenfolge stehen. Ist $\mathbf{x} \in V$, so heißen die eindeutig bestimmten Koeffizienten in der Darstellung $\mathbf{x} = \sum_{i=1}^{n} x_i \mathbf{a}_i$ von $\mathbf{x}$ als Linearkombination von B die *Koordinaten von* $\mathbf{x}$ *bezüglich* B, und man schreibt $\mathbf{x} = (x_1, x_2, \ldots, x_n)_B$.

Man kann statt mit den Vektoren von $\mathbf{V}$ mit den ihnen bezüglich B zugeordneten n-Tupeln rechnen, denn es gilt: Das der Summe $\mathbf{x} + \mathbf{y}$ zweier Vektoren $\mathbf{x}$, $\mathbf{y}$ bezüglich B zugeordnete Koordinaten-n-Tupel ergibt sich als Summe der den Vektoren $\mathbf{x}$ und $\mathbf{y}$ bezüglich B zugeordneten Koordinaten-n-Tupel. Das Koordinaten-n-Tupel von $\alpha\mathbf{x}$ bezüglich B ist gleich dem α-fachen des Koordinaten-n-Tupels von $\mathbf{x}$ bezüglich B.

Demzufolge ist die umkehrbar eindeutige Zuordnung zwischen dem n-dimensionalen Vektorraum $\mathbf{V}$ und dem Vektorraum der geordneten n-Tupel reeller Zahlen sogar ein Isomorphismus, und es gilt: Jeder n-dimensionale Vektorraum ist isomorph zum Vektorraum der geordneten n-Tupel reeller Zahlen.

Koordinatentransformation. Beim Übergang von einer Basis $B = \{\mathbf{a}_1, \mathbf{a}_2, \ldots, \mathbf{a}_n\}$ des Vektorraumes $\mathbf{V}$ zu einer anderen Basis $B^* = \{\mathbf{a}_1^*, \mathbf{a}_2^*, \ldots, \mathbf{a}_n^*\}$ ändern sich natürlich die Koordinaten des Vektors $\mathbf{x} \in V$. Es sei $\mathbf{x} = (x_1, x_2, \ldots, x_n)_B = (x_1^*, x_2^*, \ldots, x_n^*)_{B^*}$. Hängen die Basisvektoren $\mathbf{a}_i^*$ von B^* mit den Basisvektoren $\mathbf{a}_i$ von B über die Gleichungen $\mathbf{a}_i^* = \sum_{k=1}^{n} a_{ik}\, \mathbf{a}_k$ $(i = 1, 2, \ldots, n)$ zusammen, so gilt für die Koordinaten x_i und x_i^* desselben Vektors $\mathbf{x}$: $x_k = \sum_{i=1}^{n} a_{ik} x_i^*$ $(k = 1, 2, \ldots, n)$. In Matrizenschreibweise:

$$\text{Ist} \begin{pmatrix} \mathbf{a}_1^* \\ \mathbf{a}_2^* \\ \vdots \\ \mathbf{a}_n^* \end{pmatrix} = \mathbf{A} \begin{pmatrix} \mathbf{a}_1 \\ \mathbf{a}_2 \\ \vdots \\ \mathbf{a}_n \end{pmatrix}, \quad \text{so ist} \begin{pmatrix} x_1^* \\ x_2^* \\ \vdots \\ x_n^* \end{pmatrix} = (\mathbf{A}^{-1})^{\mathrm{T}} \begin{pmatrix} x_1 \\ x_2 \\ \vdots \\ x_n \end{pmatrix},$$

wobei $\mathbf{A}$ die aus den a_{ik} gebildete Matrix ist. Man sagt, die Koordinaten von $\mathbf{x}$ transformieren sich *kontragredient* zu den Basisvektoren.

Beispiel: $\mathbf{V}^3$ sei der Vektorraum der geordneten Tripel reeller Zahlen, $B = \{\mathbf{e}_1, \mathbf{e}_2, \mathbf{e}_3\}$ die kanonische Basis von $\mathbf{V}^3$ und $B^* = \{\mathbf{a}_1 = (1, 1, 1); \mathbf{a}_2 = (1, 1, 0); \mathbf{a}_3 = (1, 0, 0)\}$ eine weitere Basis des $\mathbf{V}^3$. Dann hat der Vektor $\mathbf{x} = (3, -1, 2)_B$ bezüglich B^* die Koordinaten $\mathbf{x} = (2, -3, 4)_{B^*}$, denn es ist $\mathbf{a}_1 = \mathbf{e}_1 + \mathbf{e}_2 + \mathbf{e}_3$, $\mathbf{a}_2 = \mathbf{e}_1 + \mathbf{e}_2$, $\mathbf{a}_3 = \mathbf{e}_1$, also $x_1 = x_1^* + x_2^* + x_3^*$, $x_2 = x_1^* + x_2^*$, $x_3 = x_1^*$, woraus $x_1^* = x_3 = 2$, $x_2^* = x_2 - x_3 = -3$, $x_3^* = x_1 - x_2 = 4$ folgt.

2.4.4.1.5. Euklidische Vektorräume. Um in einem Vektorraum Begriffe wie „Länge eines Vektors" und „Winkel zwischen zwei Vektoren" einführen zu können, muß der Vektorraum mit einer zusätzlichen Struktur, einer Metrik, versehen werden. Das geschieht mit Hilfe des Skalarproduktes.

Definition: $\mathbf{V} = [V, +, \cdot]$ sei ein Vektorraum. Eine Funktion φ: $V \times V \to \mathbf{R}$, die je zwei Vektoren $\mathbf{x}$ und $\mathbf{y}$ aus V eine reelle Zahl zuordnet, heißt ein *Skalarprodukt* auf $\mathbf{V}$, wenn sie folgende Eigenschaften hat:

(1) *Distributivität*: $\varphi(\mathbf{x}_1 + \mathbf{x}_2, \mathbf{y}) = \varphi(\mathbf{x}_1, \mathbf{y}) + \varphi(\mathbf{x}_2, \mathbf{y})$.

(2) *Kommutativität*: $\varphi(\mathbf{x}, \mathbf{y}) = \varphi(\mathbf{y}, \mathbf{x})$.

(3) *Homogenität*: $\varphi(\alpha\mathbf{x}, \mathbf{y}) = \alpha\varphi(\mathbf{x}, \mathbf{y})$ (α reell).

(4) *Positive Definitheit*: $\varphi(\mathbf{x}, \mathbf{x}) > 0$ für alle $\mathbf{x} \neq \mathbf{o}$.

Ein Vektorraum $\mathbf{V} = [V, +, \cdot, \varphi]$, der mit einem solchen Skalarprodukt φ versehen ist, heißt *euklidischer Vektorraum*. Statt $\varphi(\mathbf{x}, \mathbf{y})$ schreibt man häufig $(\mathbf{x}, \mathbf{y})$ oder $\mathbf{x} \cdot \mathbf{y}$ oder einfach $\mathbf{xy}$.

Beispiele: 1. Im Vektorraum $\mathbf{V}^2$ der geordneten Paare (x, y) ist z. B.

$$((x_1, y_1), (x_2, y_2)) \overset{\text{def}}{=} 9x_1x_2 - 6x_1y_2 - 6y_1x_2 + 5y_1y_2$$

ein Skalarprodukt. Die Bedingungen (1) bis (3) prüft man durch Nachrechnen, und (4) gilt wegen

$$((x_1, y_1), (x_1, y_1)) = 9x_1^2 - 12x_1y_1 + 5y_1^2 = (3x_1 - 2y_1)^2 + y_1^2 > 0$$

für alle $(x_1, y_1) \neq (0, 0)$.

2. Im Vektorraum $\mathbf{V}^n$ der geordneten n-Tupel reeller Zahlen ist

$$((x_1, x_1, \ldots, x_n), (y_1, y_2, \ldots, y_n)) \overset{\text{def}}{=} x_1y_1 + x_2y_2 + \ldots + x_ny_n$$

ein Skalarprodukt.

3. Im Vektorraum aller in $[-\pi, +\pi]$ stetigen Funktionen wird durch $(f, g) \overset{\text{def}}{=} \frac{1}{\pi} \int_{-\pi}^{\pi} f(t)\, g(t)\, dt$ ein Skalarprodukt definiert.

Betrag eines Vektors. $\mathbf{V}$ sei ein euklidischer Vektorraum. Unter dem *Betrag* (der *Norm*, der *Länge*) $||\mathbf{x}||$ eines Vektors $\mathbf{x} \in V$ versteht man die nichtnegative reelle Zahl $||\mathbf{x}|| \overset{\text{def}}{=} \sqrt{(\mathbf{x}, \mathbf{x})}$. Ein Vektor mit dem Betrag 1 heißt *Einheitsvektor* oder *normierter Vektor*; für jeden Vektor $\mathbf{a} \neq \mathbf{o}$ ist $\frac{\mathbf{a}}{||\mathbf{a}||}$ ein Einheitsvektor.

Aus den Eigenschaften des Skalarproduktes ergeben sich folgende Eigenschaften des Betrages: Für alle $\mathbf{x}, \mathbf{y} \in V$ und alle reellen Zahlen α gilt

(1) $||\mathbf{x}|| \geqq 0$, und $||\mathbf{x}|| = 0$ genau dann, wenn $\mathbf{x} = \mathbf{o}$.

(2) $||\alpha\mathbf{x}|| = |\alpha|\, ||\mathbf{x}||$.

(3) $||\mathbf{x} + \mathbf{y}|| \leqq ||\mathbf{x}|| + ||\mathbf{y}||$ (*Dreiecksungleichung*).

Ersetzt man hierin $\mathbf{x}$ durch $\mathbf{x} - \mathbf{y}$ und $\mathbf{y}$ durch $\mathbf{y} - \mathbf{x}$, so erhält man weiter $\big|\,||\mathbf{x}|| - ||\mathbf{y}||\,\big| \leqq ||\mathbf{x} - \mathbf{y}||$. Das Gleichheitszeichen gilt genau dann, wenn $\mathbf{y} = \mathbf{o}$ oder $\mathbf{x} = \alpha\mathbf{y}$ (für die erste Ungleichung ist noch $\alpha \geqq 0$ vorauszusetzen).

Des weiteren gilt die *Cauchy-Schwarz*sche (oder *Bunjakowski*sche) Ungleichung $|(\mathbf{x}, \mathbf{y})| \leqq ||\mathbf{x}||\, ||\mathbf{y}||$. Das Gleichheitszeichen gilt genau dann, wenn $\{\mathbf{x}, \mathbf{y}\}$ linear abhängig ist.

Auf Grund dieser Ungleichung ist es möglich, die *Größe des Winkels* zwischen den Vektoren $\mathbf{x} \neq \mathbf{o}$ und $\mathbf{y} \neq \mathbf{o}$ zu definieren als diejenige reelle Zahl φ, für die gilt:

$$\cos\varphi = \frac{(\mathbf{x}, \mathbf{y})}{||\mathbf{x}||\, ||\mathbf{y}||} \quad \text{und} \quad 0 \leqq \varphi \leqq \pi.$$

Orthogonalität. Zwei Vektoren $\mathbf{x}, \mathbf{y}$ eines euklidischen Vektorraumes $\mathbf{V}$ heißen *orthogonal* genau dann, wenn $(\mathbf{x}, \mathbf{y}) = 0$. Insbesondere ist demnach der Nullvektor $\mathbf{o}$ orthogonal zu jedem Vektor aus $\mathbf{V}$. Das m-Tupel $(\mathbf{x}_1, \mathbf{x}_2, \ldots, \mathbf{x}_m)$ von Vektoren $\mathbf{x}_i$ eines euklidischen Vektorraumes heißt ein *Orthogonalsystem* genau dann, wenn es den Nullvektor nicht enthält und die Vektoren $\mathbf{x}_i$ paarweise orthogonal sind, d. h., wenn $\mathbf{x}_i \neq \mathbf{o}$ und $(\mathbf{x}_i, \mathbf{x}_j) = 0$ für alle i und j $(i \neq j)$; es heißt ein *Orthonormalsystem*, wenn die $\mathbf{x}_i$ darüber hinaus sämtlich Einheitsvektoren sind, d. h., wenn gilt

$(\mathbf{x}_i, \mathbf{x}_j) = \delta_{ij} = \begin{cases} 0 \text{ für } i \neq j, \\ 1 \text{ für } i = j. \end{cases}$ Ein Orthonormalsystem, das gleichzeitig Basis des Vektorraumes ist, heißt *Orthonormalbasis.*

Es gelten folgende **Sätze**:

1. Jedes Orthogonalsystem ist linear unabhängig.

2. Sind die Koordinaten zweier Vektoren **x**, **y** eines euklidischen Vektorraumes gegeben bezüglich einer Orthonormalbasis B:

$$\mathbf{x} = (x_1, x_2, \ldots, x_n)_B, \qquad \mathbf{y} = (y_1, y_2, \ldots, y_n)_B,$$

so ist ihr Skalarprodukt

$$(\mathbf{x}, \mathbf{y}) = x_1 y_1 + x_2 y_2 + \ldots + x_n y_n.$$

3. Jeder euklidische Vektorraum endlicher Dimension besitzt eine Orthonormalbasis.

Eine solche Orthonormalbasis läßt sich mittels des *Schmidtschen Orthonormalisierungsverfahrens* aus jeder Basis eines endlich-dimensionalen euklidischen Vektorraumes **V** durch „schrittweise Orthogonalisierung" gewinnen. Ist $\{\mathbf{a}_1, \mathbf{a}_2, \ldots, \mathbf{a}_n\}$ eine Basis von **V**, so gewinnt man hieraus zunächst das Orthogonalsystem

$$\{\mathbf{b}_1, \mathbf{b}_2, \ldots, \mathbf{b}_n\} \quad \text{mit} \quad \mathbf{b}_1 = \mathbf{a}_1 \quad \text{und} \quad \mathbf{b}_k = \mathbf{a}_k - \sum_{i=1}^{k-1} \frac{(\mathbf{a}_k, \mathbf{b}_i)}{(\mathbf{b}_i, \mathbf{b}_i)} \mathbf{b}_i \qquad (k = 2, 3, \ldots, n).$$

Dann ist $\left\{\dfrac{\mathbf{b}_1}{||\mathbf{b}_1||}, \dfrac{\mathbf{b}_2}{||\mathbf{b}_2||}, \ldots, \dfrac{\mathbf{b}_n}{||\mathbf{b}_n||}\right\}$ eine Orthonormalbasis von **V**.

Beispiel: $\{(-1, 2, 3, 0); (0, 1, 2, 1); (2, -1, -1, 1)\}$ ist Basis eines Untervektorraumes **U** des Vektorraumes der geordneten 4-Tupel reeller Zahlen. Das Skalarprodukt ist definiert durch $((x_1, x_2, x_3, x_4), (y_1, y_2, y_3, y_4)) = x_1 y_1 + x_2 y_2 + x_3 y_3 + x_4 y_4$. Dann erhält man mittels des Schmidtschen Orthonormalisierungsverfahrens eine Orthonormalbasis von **U**:

$$\mathbf{b}_1 = (-1, 2, 3, 0),$$

$$\mathbf{b}_2 = (0, 1, 2, 1) - \frac{4}{7}(-1, 2, 3, 0) = \frac{1}{7}(4, -1, 2, 7),$$

$$\mathbf{b}_3 = (2, -1, -1, 1) - \frac{1}{5}(4, -1, 2, 7) + \frac{1}{2}(-1, 2, 3, 0) = \frac{1}{10}(7, 2, 1, -4).$$

Geht man schließlich von den $\mathbf{b}_i$ noch zu den entsprechenden Einheitsvektoren über, so erhält man mit

$$\left\{\frac{1}{\sqrt{14}}(-1, 2, 3, 0); \frac{1}{\sqrt{70}}(4, -1, 2, 7); \frac{1}{\sqrt{70}}(7, 2, 1, -4)\right\}$$

eine gewünschte Orthonormalbasis von **U**.

Orthogonale Untervektorräume. Zwei Untervektorräume $\mathbf{U}_1$, $\mathbf{U}_2$ eines euklidischen Vektorraumes **V** heißen *zueinander orthogonal* (in Zeichen $\mathbf{U}_1 \perp \mathbf{U}_2$) genau dann, wenn für alle $\mathbf{x} \in U_1$ und alle $\mathbf{y} \in U_2$ gilt: $(\mathbf{x}, \mathbf{y}) = 0$. Ist **U** ein Untervektorraum von **V**, so heißt die Menge

$$U^{\perp} \overset{\text{def}}{=} \{\mathbf{x} \mid \mathbf{x} \in V \quad \text{und} \quad (\mathbf{x}, \mathbf{u}) = 0 \quad \text{für alle} \quad \mathbf{u} \in U\}$$

das *orthogonale Komplement von* **U** *in* **V**. Das orthogonale Komplement $U^{\perp}$ ist mit den in **V** definierten Operationen wieder ein Untervektorraum $\mathbf{U}^{\perp} = [U^{\perp}, +, \cdot]$, und es gilt $U \cap U^{\perp} = \{\mathbf{o}\}$. Ist **V** überdies endlich-dimensional, so gilt weiter $(\mathbf{U}^{\perp})^{\perp} = \mathbf{U}$ und $\mathbf{U} + \mathbf{U}^{\perp} = \mathbf{V}$, woraus $\text{Dim}\,\mathbf{U}^{\perp} = \text{Dim}\,\mathbf{V} - \text{Dim}\,\mathbf{U}$ folgt. Wegen $\mathbf{U} + \mathbf{U}^{\perp} = \mathbf{V}$ läßt sich jeder Vektor $\mathbf{x} \in V$ zerlegen in $\mathbf{x} = \mathbf{u} + \mathbf{v}$ mit $\mathbf{u} \in U$ und $\mathbf{v} \in U^{\perp}$, und wegen $U \cap U^{\perp} = \{\mathbf{o}\}$ ist diese Zerlegung eindeutig. Der Vektor **u** heißt dann die *orthogonale Projektion von* **x** *in* **U**, **v** das *Lot von* **x** *auf* **U**. Es gilt dann für alle $\mathbf{a} \in U$: $||\mathbf{v}|| = ||\mathbf{x} - \mathbf{u}|| \leqq ||\mathbf{x} - \mathbf{a}||$, d. h., das Lot hat die aus der Anschauung bekannte Eigenschaft des „kürzesten Abstandes".

2.4.4.2. Matrizen und Determinanten

2.4.4.2.1. Begriff der Matrix. Sind $m \cdot n$ Ausdrücke in einem rechteckigen Schema von *m Zeilen* und *n Spalten* angeordnet,

$$\begin{pmatrix} a_{11} & a_{12} & \dots & a_{1n} \\ a_{21} & a_{22} & \dots & a_{2n} \\ \cdot & \cdot & \dots & \cdot \\ a_{m1} & a_{m2} & \dots & a_{mn} \end{pmatrix},$$

so spricht man von einer *Matrix* vom Typ (m, n), vom Format (m, n) oder kurz (m, n)-Matrix; die $m \cdot n$ Ausdrücke a_{ik} heißen *Elemente* der Matrix. Die Stellung eines Elementes innerhalb des Schemas wird durch einen Doppelindex gekennzeichnet, wobei der erste Index die Zeilennummer, der zweite die Spaltennummer angibt, in der das Element steht (dabei verläuft die Numerierung der Zeilen von oben nach unten, die der Spalten von links nach rechts). Die Elemente der Matrix sind in der Regel Zahlen, zuweilen aber auch andere mathematische Objekte, z. B. Vektoren, Polynome, Differentiale oder selbst wieder Matrizen.

Eine Matrix vom Typ (n, n) heißt *n-reihige quadratische Matrix* oder *quadratische Matrix der Ordnung n.* Eine quadratische Matrix (a_{ik}) der Ordnung n heißt

obere Dreiecksmatrix, wenn $a_{ik} = 0$ für alle $i > k$,

untere Dreiecksmatrix, wenn $a_{ik} = 0$ für alle $i < k$,

Diagonalmatrix, wenn $a_{ik} = 0$ für alle $i \neq k$,

Einheitsmatrix, wenn $a_{ik} = \delta_{ik} = \begin{cases} 0 & \text{für } i \neq k, \\ 1 & \text{für } i = k. \end{cases}$

Die Elemente a_{ii}, die im Schema in der Diagonale von links oben nach rechts unten stehen, heißen *Hauptdiagonalelemente*, die Elemente $a_{i,\,n-i+1}$ $(i = 1, \dots, n)$ in der Diagonale von rechts oben nach links unten heißen *Nebendiagonalelemente.* Auch bei nichtquadratischen (m, n)-Matrizen nennt man die Elemente a_{ii} $(i = 1, \dots, \min(m, n))$ Hauptdiagonalelemente.

Eine Matrix vom Typ $(1, n)$, die mithin aus nur einer Zeile besteht, heißt *Zeilenmatrix*; analog spricht man von einer *Spaltenmatrix*, wenn sie den Typ $(m, 1)$ hat. Die (m, n)-Matrix, deren Elemente sämtlich Null sind, heißt (m, n)-*Nullmatrix*. Jedes Teilschema

$$\begin{pmatrix} a_{i_1k_1} & a_{i_1k_2} & \dots & a_{i_1k_s} \\ a_{i_2k_1} & a_{i_2k_2} & \dots & a_{i_2k_s} \\ \cdot & \cdot & \dots & \cdot \\ a_{i_rk_1} & a_{i_rk_2} & \dots & a_{i_rk_s} \end{pmatrix}$$

mit $1 \leqq i_1 < i_2 < \dots < i_r \leqq m$; $1 \leqq k_1 < k_2 < \dots < k_s \leqq n$, welches aus der (m, n)-Matrix (a_{ik}) durch Streichen irgendwelcher Zeilen und irgendwelcher Spalten hervorgeht, heißt eine *Untermatrix* von (a_{ik}). Definitionsgemäß soll die Matrix (a_{ik}) selbst noch zu ihren Untermatrizen gezählt werden.

2.4.4.2.2. Determinante einer quadratischen Matrix. Jeder n-reihigen quadratischen Matrix $\mathbf{A} = (a_{ik})$ mit reellen bzw. komplexen Elementen läßt sich auf eindeutige Weise eine reelle bzw. komplexe Zahl zuordnen, die man als Determinante von $\mathbf{A}$ bezeichnet. Es ist

$$D = \det \mathbf{A} = \det \begin{pmatrix} a_{11} & a_{12} & \dots & a_{1n} \\ a_{21} & a_{22} & \dots & a_{2n} \\ \cdot & \cdot & \dots & \cdot \\ a_{n1} & a_{n2} & \dots & a_{nn} \end{pmatrix} = \begin{vmatrix} a_{11} & a_{12} & \dots & a_{1n} \\ a_{21} & a_{22} & \dots & a_{2n} \\ \cdot & \cdot & \dots & \cdot \\ a_{n1} & a_{n2} & \dots & a_{nn} \end{vmatrix}$$

$$\stackrel{\text{def}}{=} \sum_{\pi} (-1)^{j(\pi)}\, a_{1i_1}\, a_{2i_2} \cdots a_{ni_n},$$

wobei die Summe über alle möglichen Permutationen π der Zahlen $1, 2, \dots, n$ zu erstrecken ist. Man bildet also zunächst aus den Elementen von $\mathbf{A}$ alle möglichen Produkte $a_{1i_1} a_{2i_2} \dots a_{ni_n}$ zu je

n Faktoren in der Weise, daß jedes der Produkte aus jeder Zeile und aus jeder Spalte genau ein Element als Faktor enthält. Der Wert des Ausdruckes $(-1)^{j(\pi)}$ ergibt sich aus der Anzahl $j(\pi)$ der *Inversionen* der Permutation $\pi = \begin{pmatrix} 1 & 2 & \dots & n \\ i_1 & i_2 & \dots & i_n \end{pmatrix}$ (s. 2.2.4. Permutationen). Schließlich werden alle diese $n!$ Summanden addiert, die Summe ist det **A**.

Ist $D = |a_{ik}|$ eine n-reihige Determinante, so bezeichnet man als *Unterdeterminante* des Elementes a_{ik} diejenige $(n - 1)$-reihige Determinante, die aus D durch Streichen der i-ten Zeile und der k-ten Spalte hervorgeht. Unter der *Adjunkte* (dem *algebraischen Komplement*) A_{ik} des Elementes a_{ik} versteht man die mit dem Faktor $(-1)^{i+k}$ versehene Unterdeterminante von a_{ik}:

$$A_{ik} = (-1)^{i+k} \begin{vmatrix} a_{11} & a_{12} & \dots & a_{1,k-1} & a_{1,k+1} & \dots & a_{1n} \\ a_{21} & a_{22} & \dots & a_{2,k-1} & a_{2,k+1} & \dots & a_{2n} \\ \cdot & \cdot & \dots & & \cdot & \dots & \cdot \\ a_{i-1,1} & a_{i-1,2} & & & \cdot & \dots & a_{i-1,n} \\ a_{i+1,1} & a_{i+1,2} & & & \cdot & \dots & a_{i+1,n} \\ \cdot & \cdot & \dots & & \cdot & \dots & \cdot \\ a_{n1} & a_{n2} & & a_{n,k-1} & a_{n,k+1} & \dots & a_{nn} \end{vmatrix}$$

Beispiele:

1. $$\begin{vmatrix} a_{11} & a_{12} \\ a_{21} & a_{22} \end{vmatrix} = a_{11}a_{22} - a_{12}a_{21}$$

2. $$\begin{vmatrix} a_{11} & a_{12} & a_{13} \\ a_{21} & a_{22} & a_{23} \\ a_{31} & a_{32} & a_{33} \end{vmatrix} = a_{11}a_{22}a_{33} + a_{12}a_{23}a_{31} + a_{13}a_{21}a_{32} - a_{13}a_{22}a_{31} - a_{11}a_{23}a_{32} - a_{12}a_{21}a_{33}$$

Eigenschaften von Determinanten. Deutet man die Zeilen einer n-reihigen Determinante D als Vektoren (n-Tupel) $\mathbf{z}_1, \mathbf{z}_2, \dots, \mathbf{z}_n$, dann lassen sich die Eigenschaften der Determinante $D(\mathbf{z}_1, \mathbf{z}_2, \dots, \mathbf{z}_n)$ mit den *Zeilenvektoren* $\mathbf{z}_i$ bequem formulieren:

1. Zeilenvertauschen beeinflußt höchstens das Vorzeichen von D:

$$D(\mathbf{z}_1, \dots, \mathbf{z}_i, \dots, \mathbf{z}_k, \dots, \mathbf{z}_n) = -D(\mathbf{z}_1, \dots, \mathbf{z}_k, \dots, \mathbf{z}_i, \dots, \mathbf{z}_n);$$

allgemein

$$D(\mathbf{z}_1, \mathbf{z}_2, \dots, \mathbf{z}_n) = (-1)^{j(\pi)} D(\mathbf{z}_{\pi(1)}, \mathbf{z}_{\pi(2)}, \dots, \mathbf{z}_{\pi(n)}),$$

wobei π eine Permutation der Zahlen $1, 2, \dots, n$ und $j(\pi)$ die Anzahl ihrer Inversionen ist.

2. Herausziehen eines allen Elementen einer Zeile gemeinsamen Faktors:

$$D(\mathbf{z}_1, \mathbf{z}_2, \dots, \alpha\mathbf{z}_k, \dots, \mathbf{z}_n) = \alpha D(\mathbf{z}_1, \mathbf{z}_2, \dots, \mathbf{z}_k, \dots, \mathbf{z}_n).$$

3. Addition zweier n-reihiger Determinanten, die sich nur in einer ihrer Zeilen unterscheiden:

$$D(\mathbf{z}_1, \mathbf{z}_2, \dots, \mathbf{z}_k, \dots, \mathbf{z}_n) + D(\mathbf{z}_1, \mathbf{z}_2, \dots, \mathbf{z}_k', \dots, \mathbf{z}_n) = D(\mathbf{z}_1, \mathbf{z}_2, \dots, \mathbf{z}_k + \mathbf{z}_k', \dots, \mathbf{z}_n)$$

4. Addition eines Vielfachen der k-ten Zeile zur i-ten Zeile verändert den Wert von D nicht ($i \neq k$):

$$D(\mathbf{z}_1, \mathbf{z}_2, \dots, \mathbf{z}_i, \dots, \mathbf{z}_k, \dots, \mathbf{z}) = D(\mathbf{z}_1, \mathbf{z}_2, \dots, \mathbf{z}_i + \alpha\mathbf{z}_k, \dots, \mathbf{z}_k, \dots, \mathbf{z}_n)$$

5. $D(\mathbf{z}_1, \mathbf{z}_2, \dots, \mathbf{z}_n) = 0$ genau dann, wenn die Vektoren $\mathbf{z}_1, \mathbf{z}_2, \dots, \mathbf{z}_n$ linear abhängig sind. Insbesondere ist mithin $D = 0$, wenn eine Zeile von D aus lauter Nullen besteht oder wenn zwei Zeilen von D gleich oder einander proportional sind.

6. Eine Determinante ändert ihren Wert nicht, wenn man in ihr die Spalten mit den Zeilen vertauscht und umgekehrt, d. h., wenn man sie *transponiert*. Deshalb gelten alle vorstehenden, für Zeilen formulierten Eigenschaften auch für Spalten.

Laplacescher Entwicklungssatz. Ist $D = |a_{ik}|$ eine n-reihige Determinante, so gilt:

$$D = \sum_{i=1}^{n} a_{ik} A_{ik} = \sum_{i=1}^{n} a_{ki} A_{ki},$$

d. h., die Summe der Produkte aller Elemente einer Zeile (bzw. einer Spalte) mit ihren Adjunkten ist gleich dem Wert der Determinante. Hingegen ist die Summe der Produkte aller Elemente einer Zeile (bzw. einer Spalte) mit den Adjunkten der entsprechenden Elemente einer anderen Zeile (bzw. einer anderen Spalte) gleich null:

$$\sum_{i=1}^{n} a_{ki} A_{li} = \sum_{i=1}^{n} a_{ik} A_{il} = 0, \quad \text{falls} \quad k \neq l.$$

Zusammengefaßt gilt also:

$$\sum_{i=1}^{n} a_{ki} A_{li} = \sum_{i=1}^{n} a_{ik} A_{il} = \begin{cases} D, & \text{falls} \quad k = l, \\ 0, & \text{falls} \quad k \neq l. \end{cases}$$

Berechnung von Determinanten. Zwei- und dreireihige Determinanten kann man ohne Mühe mit Hilfe der Definition berechnen. Wendet man diese auf eine zweireihige Determinante an,

$$\begin{vmatrix} a_{11} & a_{12} \\ a_{21} & a_{22} \end{vmatrix} = a_{11}a_{22} - a_{21}a_{12},$$

so erhält man die Merkregel: ,,Produkt der Hauptdiagonalelemente minus Produkt der Nebendiagonalelemente". Auch für den Wert einer dreireihigen Determinante kann man eine solche Merkregel, die sog. *Sarrussche Regel*, angegeben: Man schreibe die ersten beiden Spalten der Determinante rechts von der Determinante noch einmal hin und bilde dann die Summe der Produkte der Hauptdiagonalelemente und der Elemente parallel zur Hauptdiagonalen, wovon die Summe der Produkte der Nebendiagonalen und der Elemente parallel zur Nebendiagonalen zu subtrahieren ist:

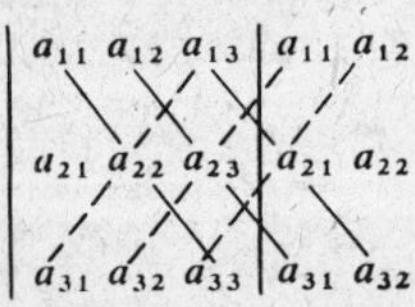

$$= a_{11} a_{22} a_{33} + a_{12} a_{23} a_{31} + a_{13} a_{21} a_{32} - a_{13} a_{22} a_{31} - a_{11} a_{23} a_{32} - a_{12} a_{21} a_{33}$$

Höherreihige Determinanten könnte man prinzipiell ebenfalls nach der Definition berechnen, dies ist jedoch sehr aufwendig und umständlich. Man geht vielmehr so vor, daß man eine n-reihige Determinante auf $(n - 1)$-reihige Determinanten zurückführt, diese auf $(n - 2)$-reihige Determinanten usw., bis man schließlich auf 3- bzw. 2-reihige Determinanten stößt. Dieses Prinpzip der ,,schrittweisen Erniedrigung der Reihenzahl" liegt beispielsweise dem o. g. Laplaceschen Entwicklungssatz zugrunde. Mittels dieses Entwicklungssatzes wird die n-reihige Determinante D als Summe von $(n - 1)$-reihigen Determinanten geschrieben (man sagt, sie wird ,,nach den Elementen der i-ten Zeile bzw. der i-ten Spalte entwickelt"); auf jede dieser $(n - 1)$-reihigen Determinanten kann der Entwicklungssatz erneut angewandt werden.

Sind alle Elemente a_{ik} der i-ten Zeile von D null bis auf eines, so enthält die nach Anwendung des Entwicklungssatzes entstehende Summe nur einen von null verschiedenen Summanden. Die Rechnung vereinfacht sich also wesentlich, wenn man vor dem Entwickeln der Determinante nach den Elementen der i-ten Zeile in dieser möglichst viele Nullen erzeugt. Dies ist durch die Anwendung der Determinanteneigenschaften (besonders 4.) möglich.

Beispiel:

$$D = \begin{vmatrix} 2 & 9 & 9 & 4 \\ 2 & -3 & 12 & 8 \\ 4 & 8 & 3 & -5 \\ 1 & 2 & 6 & 4 \end{vmatrix} = \underset{\text{(Eigenschaft 4)}}{\begin{vmatrix} 2 & 5 & 9 & 4 \\ 2 & -7 & 12 & 8 \\ 4 & 0 & 3 & -5 \\ 1 & 0 & 6 & 4 \end{vmatrix}} = 3 \underset{\text{(Eigenschaft 2)}}{\begin{vmatrix} 2 & 5 & 3 & 4 \\ 2 & -7 & 4 & 8 \\ 4 & 0 & 1 & -5 \\ 1 & 0 & 2 & 4 \end{vmatrix}}$$

$$= 3 \underset{\text{(Entwicklungssatz)}}{\left\{ -5 \begin{vmatrix} 2 & 4 & 8 \\ 4 & 1 & -5 \\ 1 & 2 & 4 \end{vmatrix} - 7 \begin{vmatrix} 2 & 3 & 4 \\ 4 & 1 & -5 \\ 1 & 2 & 4 \end{vmatrix} + 0 \right\}} = 0 - 21 \underset{\text{(Eigenschaft 5)}}{\begin{vmatrix} 2 & 3 & 4 \\ 4 & 1 & -5 \\ 1 & 2 & 4 \end{vmatrix}}$$

$$= -21 \underset{\text{(Eigenschaft 4)}}{\begin{vmatrix} 1 & 1 & 0 \\ 4 & 1 & -5 \\ 1 & 2 & 4 \end{vmatrix}} = -21 \underset{\text{(Entwicklungssatz)}}{\left\{ \begin{vmatrix} 1 & -5 \\ 2 & 4 \end{vmatrix} - \begin{vmatrix} 4 & -5 \\ 1 & 4 \end{vmatrix} \right\}}$$

$$= -21\{(4 + 10) - (16 + 5)\} = +147.$$

Noch bequemer gestaltet sich die Berechnung einer Determinante, wenn man sie unter Verwendung ihrer Eigenschaften so umformt, daß alle Elemente, die links unterhalb der Diagonale $a_{11}, a_{22}, \ldots, a_{nn}$ stehen, null werden. Wie man auf Grund des Entwicklungssatzes leicht einsieht, ergibt sich dann der Wert der Determinante einfach als Produkt der Glieder in der Hauptdiagonale: $D = a_{11} \cdot a_{22} \ldots a_{nn}$. Dieses Verfahren empfiehlt sich insbesondere, wenn man Determinanten von der Ordnung 5 an aufwärts zu berechnen hat.

2.4.4.2.3. Rang einer Matrix. Die Matrix $\mathbf{A} \neq \mathbf{0}$ hat den *Rang* $\mathrm{Rg}(\mathbf{A}) = \varrho$ genau dann, wenn $\mathbf{A}$ mindestens eine reguläre ϱ-reihige Untermatrix besitzt und alle höherreihigen Untermatrizen von $\mathbf{A}$ singulär sind. Dabei heißt eine quadratische Matrix *regulär* bzw. *singulär* je nachdem, ob ihre Determinante von null verschieden bzw. gleich null ist.

Definiert man noch zusätzlich $\mathrm{Rg}(\mathbf{0}) = 0$, so ist jeder Matrix genau eine nichtnegative ganze Zahl als ihr Rang zugeordnet.

Beispiel: Es ist

$$\mathrm{Rg} \begin{pmatrix} 1 & -2 & -3 & 0 \\ 2 & 3 & 8 & 7 \\ -1 & 1 & 1 & -1 \end{pmatrix} = 2,$$

denn die zweireihige Untermatrix $\begin{pmatrix} 1 & -2 \\ 2 & 3 \end{pmatrix}$ ist regulär, und alle dreireihigen Untermatrizen der gegebenen Matrix sind singulär.

Sätze: Deutet man die Zeilen (bzw. die Spalten) der Matrix $\mathbf{A}$ als Vektoren $\mathbf{z}_1, \mathbf{z}_2, \ldots, \mathbf{z}_m$ (bzw. $\mathbf{s}_1, \mathbf{s}_2, \ldots, \mathbf{s}_n$), so lassen sich die Sätze über den Rang $\mathrm{Rg}(\mathbf{A})$ der Matrix $\mathbf{A}$ mit den Zeilenvektoren $\mathbf{z}_i$ bequem formulieren:

1. Wenn $\mathrm{Rg}(\mathbf{A}) = \varrho$, so gibt es mindestens eine linear unabhängige Menge von ϱ Zeilenvektoren von $\mathbf{A}$, während alle Mengen von σ Zeilenvektoren ($\varrho < \sigma$) von $\mathbf{A}$ linear abhängig sind. Grob gesprochen, ist der Rang der Matrix $\mathbf{A}$ gleich der Maximalzahl der linear unabhängigen Zeilenvektoren von $\mathbf{A}$.

Daraus folgt:

2. $\mathrm{Dim}\, \mathscr{L}(\mathbf{z}_1, \mathbf{z}_2, \ldots, \mathbf{z}_m) = \mathrm{Rg}(\mathbf{A})$.

3. Der Rang einer Matrix $\mathbf{A}$ bleibt ungeändert

a) beim Vertauschen zweier Zeilen von $\mathbf{A}$,
b) bei Multiplikation einer Zeile von $\mathbf{A}$ mit einer Zahl $c \neq 0$,
c) bei Addition eines beliebigen Vielfachen einer Zeile von $\mathbf{A}$ zu einer anderen Zeile von $\mathbf{A}$,
d) beim Transponieren von $\mathbf{A}$ (Die Zeilenvektoren der zu $\mathbf{A}$ *transponierten Matrix* $\mathbf{A}^T$ sind die Spaltenvektoren von $\mathbf{A}$.).

Wegen $\mathrm{Rg}(\mathbf{A}) = \mathrm{Rg}(\mathbf{A}^T)$ gelten die oben für Zeilen ausgesprochenen Sätze auch für Spalten.

Berechnen des Ranges. Die Ermittlung des Ranges Rg (**A**) der Matrix $\mathbf{A} = (a_{ik}) \neq \mathbf{0}$ läuft darauf hinaus, die Matrix durch Anwendung des Satzes 3 zu überführen in eine ranggleiche Matrix $\mathbf{A}'$ folgender Gestalt:

$$\mathbf{A}' = \begin{pmatrix} a'_{11} & a'_{12} & \cdots & a'_{1\varrho} & a'_{1,\varrho+1} & \cdots & a'_{1n} \\ 0 & a'_{22} & \cdots & a'_{2\varrho} & a'_{2,\varrho+1} & \cdots & a'_{2n} \\ \cdot & \cdot & \cdots & \cdot & \cdot & \cdots & \cdot \\ 0 & 0 & & a'_{\varrho\varrho} & a'_{\varrho,\varrho+1} & & a'_{\varrho n} \\ 0 & 0 & & 0 & 0 & & 0 \\ \cdot & \cdot & & \cdot & \cdot & & \cdot \\ 0 & 0 & & 0 & 0 & & 0 \end{pmatrix} \begin{matrix} \left.\vphantom{\begin{matrix}a\\a\\a\\a\end{matrix}}\right\} \varrho \text{ Zeilen} \\ \left.\vphantom{\begin{matrix}a\\a\\a\end{matrix}}\right\} (m-\varrho) \text{ Zeilen} \end{matrix}$$

$$\underbrace{\qquad\qquad}_{\varrho \text{ Spalten}} \quad \underbrace{\qquad\qquad}_{(n-\varrho) \text{ Spalten}}$$

in der a) alle unterhalb der Hauptdiagonalen stehenden Elemente null sind, b) entweder alle Elemente der letzten $(m - \varrho)$ Zeilen verschwinden oder $m = \varrho$ ist, und c) die Hauptdiagonalelemente $a'_{11}, a'_{22}, \ldots, a'_{\varrho\varrho}$ sämtlich von null verschieden sind.

Wendet man die Definition des Ranges auf die Matrix $\mathbf{A}'$ an, so erhält man unmittelbar Rg ($\mathbf{A}'$) $= \varrho$ (Anzahl der von null verschiedenen Hauptdiagonalelemente) und damit Rg (**A**) = Rg ($\mathbf{A}'$) = ϱ.

Beim Überführen von $\mathbf{A} \neq \mathbf{0}$ in eine ranggleiche Matrix $\mathbf{A}'$ der gewünschten Gestalt – der sogenannten *Trapezgestalt* – geht man wie folgt vor:

(1) Da nicht alle Elemente von **A** null sind, läßt sich – gegebenenfalls durch Zeilen- und Spaltenvertauschungen – erreichen, daß das erste Hauptdiagonalelement $a'_{11} \neq 0$ ist.

(2) Durch Addition der mit geeigneten Faktoren multiplizierten ersten Zeile zu den anderen Zeilen läßt sich stets erreichen, daß alle unterhalb a'_{11} stehenden Elemente verschwinden.

(3) Nun ist entweder die gewünschte Gestalt bereits hergestellt, oder es gibt in den Zeilen 2 bis m noch mindestens ein von null verschiedenes Element, das – gegebenenfalls durch Zeilen- und Spaltenvertauschungen – an die zweite Stelle der Hauptdiagonalen gebracht werden kann. Dann führt man wieder Schritt (2), angewandt auf die zweite Zeile, aus und erreicht, daß alle unterhalb vom zweiten Hauptdiagonalelement stehenden Elemente verschwinden, usw., bis man die gewünschte Gestalt nach endlich vielen Schritten erreicht. Man nennt dieses Verfahren den *Gaußschen Algorithmus*.

Beispiel:

$$\text{Rg}\begin{pmatrix} 1 & -2 & -3 & 0 \\ 2 & 3 & 8 & 7 \\ -1 & 1 & 1 & -1 \end{pmatrix} = \text{Rg}\begin{pmatrix} 1 & -2 & -3 & 0 \\ 0 & 7 & 14 & 7 \\ 0 & -1 & -2 & -1 \end{pmatrix} = \text{Rg}\begin{pmatrix} 1 & -2 & -3 & 0 \\ 0 & 1 & 2 & 1 \\ 0 & -1 & -2 & -1 \end{pmatrix}$$

$$= \text{Rg}\begin{pmatrix} 1 & -2 & -3 & 0 \\ 0 & 1 & 2 & 1 \\ 0 & 0 & 0 & 0 \end{pmatrix} = 2.$$

Beim Übergang von der zweiten zur dritten Matrix wurde der Satz 3b als Rechenvorteil genutzt (Multiplikation der 2. Zeile mit 1/7); mit Hilfe dieser Regel läßt sich auch das Rechnen mit Brüchen bei der Bestimmung des Ranges einer Matrix vermeiden. Bei Matrizen mit betragsgroßen Elementen kann man Satz 3c benutzen, um zunächst eine ranggleiche Matrix mit betragskleineren Elementen herzustellen.

2.4.4.2.4. Elementare Matrizenalgebra

Gleichheit von Matrizen. Zwei Matrizen $\mathbf{A} = (a_{ik})$ vom Typ (r, s) und $\mathbf{B} = (b_{ik})$ vom Typ (ϱ, σ) heißen *gleich* genau dann, wenn sie vom selben Typ sind und in allen an gleichen Stellen stehenden Elementen übereinstimmen, d. h., wenn $r = \varrho$ und $s = \sigma$ und $a_{ik} = b_{ik}$ für alle i und alle k. Man schreibt dann $\mathbf{A} = \mathbf{B}$.

Summe typengleicher Matrizen. Die *Summe* $\mathbf{A} + \mathbf{B}$ zweier typengleicher Matrizen $\mathbf{A} = (a_{ik})$ und $\mathbf{B} = (b_{ik})$ ist die Matrix $\mathbf{C} = (c_{ik})$ desselben Typs mit $c_{ik} \stackrel{\text{def}}{=} a_{ik} + b_{ik}$ für alle i und alle k. Die Addition typengleicher Matrizen geschieht somit elementweise.

Multiplikation einer Matrix mit einer reellen Zahl. Das *Produkt* einer Matrix $\mathbf{A} = (a_{ik})$ mit einer reellen Zahl λ ist die Matrix $\lambda\mathbf{A} \stackrel{\text{def}}{=} (\lambda a_{ik})$; d. h., die Multiplikation einer Matrix mit einer Zahl geschieht elementweise.

Eigenschaften der Addition und der Multiplikation mit Zahlen:

1. Die Addition typengleicher Matrizen ist *assoziativ, kommutativ* und *umkehrbar*. Die Gleichung $\mathbf{A} + \mathbf{X} = \mathbf{B}$ mit den typengleichen Matrizen $\mathbf{A} = (a_{ik})$ und $\mathbf{B} = (b_{ik})$ hat als eindeutige Lösung $\mathbf{X} = \mathbf{B} - \mathbf{A} \stackrel{\text{def}}{=} (b_{ik} - a_{ik})$, die sogenannte *Differenz* von $\mathbf{B}$ und $\mathbf{A}$.

2. Es gibt unter den Matrizen gleichen Typs genau ein bezüglich der Addition neutrales Element, die sogenannte *Nullmatrix* $\mathbf{0}$, deren Elemente sämtlich null sind.

3. Es gibt zu jeder Matrix $\mathbf{A} = (a_{ik})$ eine bezüglich der Addition inverse Matrix, die sogenannte *zu* $\mathbf{A}$ *entgegengesetzte Matrix* $-\mathbf{A} \stackrel{\text{def}}{=} (-a_{ik})$. In Übereinstimmung mit der Definition der Differenz wird gesetzt $\mathbf{0} - \mathbf{A} \stackrel{\text{def}}{=} -\mathbf{A}$. Weiter gelten: $\mathbf{B} + (-\mathbf{A}) = \mathbf{B} - \mathbf{A}$ und $-(-\mathbf{A}) = \mathbf{A}$.

4. Die Multiplikation einer Matrix $\mathbf{A}$ mit reellen Zahlen λ, μ gehorcht den Regeln: $(\lambda\mu)\,\mathbf{A} = \lambda(\mu\mathbf{A})$, $1 \cdot \mathbf{A} = \mathbf{A}$. Weiter ist $0 \cdot \mathbf{A} = \mathbf{0}$, $\lambda \cdot \mathbf{0} = \mathbf{0}$ und $(-1) \cdot \mathbf{A} = -\mathbf{A}$.

5. Addition und Multiplikation mit Zahlen hängen über Distributivgesetze zusammen; für Matrizen $\mathbf{A}$ und $\mathbf{B}$ gleichen Typs und beliebige reelle Zahlen λ, μ gelten:

$$(\lambda + \mu)\,\mathbf{A} = \lambda\mathbf{A} + \mu\mathbf{A},$$
$$\lambda(\mathbf{A} + \mathbf{B}) = \lambda\mathbf{A} + \lambda\mathbf{B}.$$

Zusammengefaßt sagen die Eigenschaften 1 bis 5 aus, daß die Menge aller typengleichen Matrizen bezüglich der Addition und der Multiplikation mit reellen Zahlen einen Vektorraum bildet (siehe 2.4.4.1.).

Multiplikation verketteter Matrizen. Zwei Matrizen $\mathbf{A} = (a_{ik})$ vom Typ (m, n) und $\mathbf{B} = (b_{ik})$ vom Typ (r, s) heißen in dieser Reihenfolge *verkettet*, wenn $n = r$ ist, d. h., wenn die Spaltenzahl der ersten Matrix gleich der Zeilenzahl der zweiten Matrix ist.

Das *Produkt* $\mathbf{A}\,\mathbf{B}$ zweier in dieser Reihenfolge verketteter Matrizen ist die Matrix $\mathbf{C} = (c_{ik})$ vom Typ (m, s) mit $c_{ik} \stackrel{\text{def}}{=} \sum_{j=1}^{n} a_{ij} b_{jk}$, d. h., das in der i-ten Zeile und k-ten Spalte der *Produktmatrix* stehende Element ergibt sich als Skalarprodukt des i-ten Zeilenvektors von $\mathbf{A}$ mit dem k-ten Spaltenvektor von $\mathbf{B}$.

Beispiel:

$$\mathbf{AB} = \begin{pmatrix} 1 & -2 & 2 \\ 5 & -3 & 2 \end{pmatrix} \begin{pmatrix} 1 & 4 & 2 \\ -6 & 5 & -9 \\ -3 & 6 & -5 \end{pmatrix} = \begin{pmatrix} 7 & 6 & 10 \\ 17 & 17 & 27 \end{pmatrix}$$

Eigenschaften der Matrizenmultiplikation:

1. Die Multiplikation verketteter Matrizen ist *assoziativ*.

2. Hingegen ist die Multiplikation *nicht kommutativ*. So ist im obigen Beispiel $\mathbf{B}\,\mathbf{A}$ nicht bildbar, da die Matrizen in dieser Reihenfolge nicht verkettet sind. Auch wenn beide Produkte $\mathbf{A}\,\mathbf{B}$ und $\mathbf{B}\,\mathbf{A}$ existieren, sind sie i. allg. voneinander verschieden.

3. Es gibt *Nullteiler*, d. h., Matrizen $\mathbf{A} \neq \mathbf{0}$, $\mathbf{B} \neq \mathbf{0}$, deren Produkt die Nullmatrix ist, z. B.

$$\begin{pmatrix} 5 & 2 & -2 & 3 \\ 9 & 2 & -3 & 4 \end{pmatrix} \begin{pmatrix} 2 & 2 & 2 \\ -1 & 3 & -5 \\ 16 & 8 & 24 \\ 8 & 0 & 16 \end{pmatrix} = \begin{pmatrix} 0 & 0 & 0 \\ 0 & 0 & 0 \end{pmatrix}.$$

Folglich darf aus $\mathbf{A}\,\mathbf{B} = \mathbf{0}$, $\mathbf{A} \neq \mathbf{0}$ nicht auf $\mathbf{B} = \mathbf{0}$ geschlossen werden, und analog kann man aus $\mathbf{A}\,\mathbf{B} = \mathbf{A}\,\mathbf{C}$, $\mathbf{A} \neq \mathbf{0}$ i. allg. *nicht* $\mathbf{B} = \mathbf{C}$ folgern.

4. Es gibt eine bezüglich der Multiplikation neutrale Matrix, die sogenannte n-reihige quadratische *Einheitsmatrix* $\mathbf{E}_n$. Für Matrizen $\mathbf{A}$ vom Typ (m, n) gilt dann: $\mathbf{A}\,\mathbf{E}_n = \mathbf{E}_m\,\mathbf{A} = \mathbf{A}$.

5. Addition und Multiplikation von Matrizen hängen über *Distributivgesetze* zusammen: Sind $\mathbf{A}$ und $\mathbf{B}$ typengleich und verkettet mit $\mathbf{C}$, so gilt $(\mathbf{A} + \mathbf{B})\,\mathbf{C} = \mathbf{A}\,\mathbf{C} + \mathbf{B}\,\mathbf{C}$; ist $\mathbf{C}$ verkettet mit den typengleichen Matrizen $\mathbf{A}$ und $\mathbf{B}$, so gilt $\mathbf{C}(\mathbf{A} + \mathbf{B}) = \mathbf{C}\,\mathbf{A} + \mathbf{C}\,\mathbf{B}$.

In der Menge der quadratischen n-reihigen Matrizen sind sowohl Addition als auch Multiplikation unbeschränkt ausführbar, da je zwei (n, n)-Matrizen sowohl typengleich als auch verkettet sind. Diese Menge bildet bezüglich Addition und Multiplikation einen *Ring*, einen sogenannten vollen *Matrizenring*.

6. Für n-reihige quadratische Matrizen $\mathbf{A}$, $\mathbf{B}$ gilt weiter: $\det(\mathbf{A}\,\mathbf{B}) = \det \mathbf{A} \cdot \det \mathbf{B}$.

7. Sind $\mathbf{A}$ und $\mathbf{B}$ verkettete Matrizen, so gilt für die transponierten Matrizen (vgl. 2.4.4.2.3.) $(\mathbf{A}\,\mathbf{B})^{\mathrm{T}} = \mathbf{B}^{\mathrm{T}}\,\mathbf{A}^{\mathrm{T}}$.

Invertierung. Fragt man nach der Existenz eines zur n-reihigen quadratischen Matrix $\mathbf{A}$ bezüglich der Multiplikation inversen Elementes $\mathbf{A}^{-1}$ mit der Eigenschaft $\mathbf{A}\,\mathbf{A}^{-1} = \mathbf{E}_n$, so ist wegen Eigenschaft 6 die Regularität von $\mathbf{A}$ eine notwendige Bedingung, denn im Falle der Singularität von $\mathbf{A}$ wäre $\det(\mathbf{A}\,\mathbf{A}^{-1}) = \det \mathbf{A} \det \mathbf{A}^{-1} = 0 \neq 1 = \det \mathbf{E}_n$. Die Regularität von $\mathbf{A}$ ist aber auch hinreichend für die Existenz von $\mathbf{A}^{-1}$.

Satz: Ist $\mathbf{A}$ eine n-reihige Matrix, so ist ihre Regularität notwendig und hinreichend für die Existenz einer Matrix $\mathbf{A}^{-1}$ mit der Eigenschaft $\mathbf{A}\,\mathbf{A}^{-1} = \mathbf{E}_n$. Unter diesen Bedingungen ist die *Inverse* $\mathbf{A}^{-1}$ von $\mathbf{A}$ eindeutig bestimmt, und es gilt auch $\mathbf{A}^{-1}\,\mathbf{A} = \mathbf{E}_n$.

Weiterhin gilt für (n, n)-Matrizen $\mathbf{A}$ und $\mathbf{B}$:

$$(\mathbf{A}\,\mathbf{B})^{-1} = \mathbf{B}^{-1}\,\mathbf{A}^{-1} \quad \text{und} \quad (\mathbf{A}^{-1})^{-1} = \mathbf{A}.$$

Berechnung der Inversen von $\mathbf{A}$

1. Methode: Der unbestimmte Ansatz $\mathbf{A}\,\mathbf{X} = \mathbf{E}_n$ führt auf n lineare Gleichungssysteme mit je n Variablen (s. 2.4.4.3.3.). Die Lösung jedes der n Gleichungssysteme liefert eine Spalte der gesuchten Matrix $\mathbf{X} = \mathbf{A}^{-1}$.

2. Methode: Es ist

$$\mathbf{A}^{-1} = \frac{1}{\det \mathbf{A}} \begin{pmatrix} A_{11} & A_{12} & \dots & A_{1n} \\ A_{21} & A_{22} & \dots & A_{2n} \\ \cdot & \cdot & \dots & \cdot \\ A_{n1} & A_{n2} & \dots & A_{nn} \end{pmatrix}^{\mathrm{T}},$$

wobei A_{ik} die zum Element a_{ik} von $\mathbf{A}$ gehörende Adjunkte ist (s. 2.4.4.2.2.). Daß diese Matrix die Gleichung $\mathbf{A}\,\mathbf{X} = \mathbf{E}_n$ löst, erkennt man sofort durch Bildung von $\mathbf{A}\,\mathbf{A}^{-1}$ unter Benutzung des Laplaceschen Entwicklungssatzes (s. 2.4.4.2.2.).

Beispiel:

$$\begin{pmatrix} 3 & 2 & 1 \\ 1 & 0 & 2 \\ 4 & 1 & 3 \end{pmatrix}^{-1} = \frac{1}{5} \begin{pmatrix} -2 & -5 & 4 \\ 5 & 5 & -5 \\ 1 & 5 & -2 \end{pmatrix}$$

Lösen von Matrizengleichungen. Jede Matrizengleichung mit der Variablen $\mathbf{X}$, die sich unter Verwendung der für Matrizen gültigen Rechenregeln auf die Gestalt $\mathbf{A}\,\mathbf{X} = \mathbf{B}$ bzw. $\mathbf{X}\,\mathbf{A} = \mathbf{B}$ bringen läßt, kann mit Hilfe des unbestimmten Ansatzes weiter behandelt werden. Die Auswertung des unbestimmten Ansatzes führt auf lineare Gleichungssysteme für die Spalten bzw. für die Zeilen der gesuchten Matrix $\mathbf{X}$ (s. 2.4.4.3.). Für die Gleichung $\mathbf{A}\,\mathbf{X} = \mathbf{B}$ sind folgende Lösungsfälle möglich:

1. die Gleichung hat keine Lösung. Dies tritt sicher ein, wenn Typ $\mathbf{A} = (m, n)$, Typ $\mathbf{B} = (r, s)$ und $m \neq r$;

2. die Gleichung hat unendlich viele Lösungen. Dies tritt sicher ein, wenn Typ $\mathbf{A} = (m, n)$, Typ $\mathbf{B} = (m, s)$ und $\mathrm{Rg}(\mathbf{A}) = \mathrm{Rg}(\mathbf{AB}) < n$;

3. die Gleichung ist eindeutig lösbar. Dies tritt sicher ein, wenn $\mathbf{A}$ und $\mathbf{B}$ n-reihige quadratische Matrizen sind und $\mathbf{A}$ regulär ist, denn dann hat die Gleichung $\mathbf{A}\,\mathbf{X} = \mathbf{B}$ die eindeutige Lösung $\mathbf{X} = \mathbf{A}^{-1}\,\mathbf{B}$.

2.4.4.2.5. Spezielle Klassen von Matrizen

Definitionen: Eine quadratische Matrix **A** heißt

symmetrische Matrix, wenn gilt $\mathbf{A}^T = \mathbf{A}$,

schiefsymmetrische Matrix, wenn gilt $\mathbf{A}^T = -\mathbf{A}$,

orthogonale Matrix, wenn **A** regulär und $\mathbf{A}^T = \mathbf{A}^{-1}$.

Eine quadratische Matrix **A** mit komplexen Elementen heißt

hermitesche Matrix, wenn gilt $\mathbf{A}^T = \overline{\mathbf{A}}$,

schiefhermitesche Matrix, wenn gilt $\mathbf{A}^T = -\overline{\mathbf{A}}$,

unitäre Matrix, wenn **A** regulär und $\mathbf{A}^T = \overline{\mathbf{A}}^{-1}$.

Dabei ist $\overline{\mathbf{A}}$ die zu **A** konjugiert komplexe Matrix; $\overline{\mathbf{A}}$ entsteht aus **A**, indem in **A** jedes Element durch die zu ihm konjugiert komplexe Zahl ersetzt wird.

Beispielsweise ist $\begin{pmatrix} 2 & -1 & 3 \\ -1 & 0 & 5 \\ 3 & 5 & -4 \end{pmatrix}$ eine symmetrische, $\begin{pmatrix} 0 & -1 & 3 \\ 1 & 0 & -5 \\ -3 & 5 & 0 \end{pmatrix}$ eine schiefsymmetrische, $\begin{pmatrix} \cos\varphi & \sin\varphi \\ -\sin\varphi & \cos\varphi \end{pmatrix}$ eine orthogonale Matrix.

Sätze:

1. Für jede Matrix **A** sind $\mathbf{A}\,\mathbf{A}^T$ und $\mathbf{A}^T\,\mathbf{A}$ symmetrische Matrizen.

2. Jede quadratische Matrix **A** läßt sich in eine Summe aus einer symmetrischen und einer schiefsymmetrischen Matrix zerlegen:

$$\mathbf{A} = \tfrac{1}{2}(\mathbf{A} + \mathbf{A}^T) + \tfrac{1}{2}(\mathbf{A} - \mathbf{A}^T).$$

3. Mit **A** und **B** sind auch **A B** und $\mathbf{A}^{-1}$ orthogonale (n, n)-Matrizen.

4. Die Matrix **A** ist orthogonal genau dann, wenn die Zeilenvektoren (bzw. die Spaltenvektoren) von **A** ein Orthonormalsystem bilden.

5. Für orthogonale Matrizen ist $\det \mathbf{A} = \pm 1$.

6. Jede zweireihige orthogonale Matrix hat die Gestalt

$$\begin{pmatrix} \cos\varphi & \sin\varphi \\ -\varepsilon\sin\varphi & \varepsilon\cos\varphi \end{pmatrix}$$

für $\varepsilon = \pm 1$ und einen gewissen Winkel $\varphi \in [0, 2\pi)$.

2.4.4.3. Lineare Gleichungssysteme

2.4.4.3.1. Begriff eines linearen Gleichungssystems. Lösung. Lösungsmenge. Ein System von m linearen Gleichungen (s. 2.4.2.3.) mit n Variablen $x_1, x_2, \dots, x_n$:

$$\begin{aligned} a_{11}x_1 + a_{12}x_2 + \dots + a_{1n}x_n &= b_1 \\ a_{21}x_1 + a_{22}x_2 + \dots + a_{2n}x_n &= b_2 \\ \dots\dots\dots\dots\dots\dots\dots\dots \\ a_{m1}x_1 + a_{m2}x_2 + \dots + a_{mn}x_n &= b_m \end{aligned}$$

heißt lineares Gleichungssystem oder genauer *lineares* (m, n)*-Gleichungssystem*; die a_{ik} sind die *Koeffizienten*, die b_i die *Absolutglieder* des Systems. Sind alle $b_i = 0$, so liegt ein *homogenes* lineares Gleichungssystem vor, andernfalls spricht man von einem *inhomogenen* linearen Gleichungssystem. Jedes geordnete n-Tupel $(x_1, x_2, \dots, x_n)$ von Zahlen heißt eine *Lösung* des linearen (m, n)-Gleichungssystems, wenn seine Elemente, in der gegebenen Reihenfolge für die Variablen eingesetzt, jede der m Gleichungen erfüllen und den vorgegebenen Variabilitätsbereichen angehören. (Wenn nicht ausdrücklich anders vorausgesetzt, sind die Variabilitätsbereiche aller Variablen gleich der Menge der reellen Zahlen.) Die Menge aller Lösungen des Systems nennt man seine *Lösungsmenge*. Zwei lineare Gleichungssysteme heißen *äquivalent* genau dann, wenn sie die gleiche Lösungsmenge haben.

2.4.4.3.2. Lösungsverhalten eines linearen Gleichungssystems. Homogene lineare Gleichungssysteme sind stets lösbar, denn das Tupel (0, 0, ..., 0) befriedigt alle Gleichungen des Systems. Man nennt (0, 0, ..., 0) die *triviale Lösung*. Die Frage nach dem Lösungsverhalten eines linearen homogenen Gleichungssystems ist dann gleichbedeutend mit der Frage, ob es außer der trivialen Lösung noch weitere, nichttriviale Lösungen gibt oder nicht. Zum Beispiel hat das homogene lineare (2, 3)-Gleichungssystem

$$\begin{aligned} 2x_1 + x_2 - x_3 &= 0 \\ x_2 + x_3 &= 0 \end{aligned}$$

die Lösungsmenge $L = \{\lambda(1, -1, 1); \lambda \text{ beliebig reell}\}$; anders geschrieben, es ist $x_1 = \lambda$, $x_2 = -\lambda$, $x_3 = \lambda$ für jede reelle Zahl λ eine Lösung des Systems.

Hingegen hat das homogene lineare (2, 2)-Gleichungssystem

$$\begin{aligned} 2x_1 + x_2 &= 0 \\ x_1 - x_2 &= 0 \end{aligned}$$

nur die triviale Lösung; $L = \{(0, 0)\}$.

Unter den inhomogenen linearen Gleichungssystemen gibt es auch unlösbare Systeme, wie z. B.

$$\begin{aligned} x_1 + 2x_2 &= 1 \\ x_1 + 2x_2 &= 2. \end{aligned}$$

Das lineare Gleichungssystem

$$\begin{aligned} 5x_1 + x_2 &= 2 \\ x_1 - 2x_2 &= 7 \end{aligned}$$

hat die *eindeutige Lösung* $x_1 = 1$, $x_2 = -3$ bzw. $L = \{(1, -3)\}$; dagegen ist das Gleichungssystem

$$\begin{aligned} 2x_1 + x_2 - x_3 &= -5 \\ x_2 + x_3 &= 1 \end{aligned}$$

nicht eindeutig lösbar; es ist $x_1 = -2 + \lambda$, $x_2 = -\lambda$, $x_3 = 1 + \lambda$ für jede reelle Zahl λ eine Lösung des Systems:

$$L = \{(-2, 0, 1) + \lambda(1, -1, 1); \lambda \text{ beliebig reell}\}.$$

Die Theorie linearer Gleichungssysteme kann mit Hilfe von Matrizen sehr übersichtlich und einfach dargestellt werden. Mit den Matrizen

$$\mathbf{A} = \begin{pmatrix} a_{11} & a_{12} & \dots & a_{1n} \\ a_{21} & a_{22} & \dots & a_{2n} \\ \dots & \dots & \dots & \dots \\ a_{m1} & a_{m2} & \dots & a_{mn} \end{pmatrix}, \quad \mathbf{x} = \begin{pmatrix} x_1 \\ x_2 \\ \vdots \\ x_n \end{pmatrix}, \quad \mathbf{b} = \begin{pmatrix} b_1 \\ b_2 \\ \vdots \\ b_m \end{pmatrix}$$

läßt sich das lineare Gleichungssystem

$$\begin{aligned} a_{11}x_1 + a_{12}x_2 + \dots + a_{1n}x_n &= b_1 \\ a_{21}x_1 + a_{22}x_2 + \dots + a_{2n}x_n &= b_2 \\ \dots\dots\dots\dots\dots\dots\dots\dots \\ a_{m1}x_1 + a_{m2}x_2 + \dots + a_{mn}x_n &= b_m \end{aligned}$$

in der Form

$$\mathbf{A}\,\mathbf{x} = \mathbf{b}$$

schreiben.

Das Lösungsverhalten dieses Systems hängt nun allein ab vom Rang Rg(A) der *Koeffizientenmatrix* A des Systems und vom Rang Rg(A, b) der sogenannten *erweiterten Koeffizientenmatrix*[1] (A, b).

	A x = b *m* Gleichungen *n* Variable	Spezialfall **b = o**: **A x = o** (homogenes System)
1. Rg(A, b) $\neq$ Rg(A)	System unlösbar	Dieser Fall kann für **b = o** nicht eintreten; d. h., homogene Systeme sind stets lösbar
2. Rg(A, b) = Rg(A) = ϱ	System lösbar	
a) $\varrho = n$	Lösung eindeutig	System nur trivial lösbar
b) $\varrho < n$	Lösung nicht eindeutig	System besitzt nichttriviale Lösungen

Über die *Struktur der Lösungsmenge* gibt folgender **Satz** Aufschluß:

1. Die Lösungsmenge L eines homogenen linearen (m, n)-Gleichungssystems $\mathbf{A\,x} = \mathbf{o}$ ist ein Untervektorraum des Vektorraumes der geordneten n-Tupel reeller Zahlen, d. h., jede Linearkombination von Lösungen des Systems ist wieder eine Lösung des Systems. Ist $\mathrm{Rg}(\mathbf{A}) = \varrho$, so ist $\dim L = n - \varrho$, d. h., im Falle $\varrho < n$ können $(n - \varrho)$ Variable frei gewählt und alle Lösungen des Systems durch Linearkombination aus $(n - \varrho)$ linear unabhängigen Lösungen gewonnen werden.

2. Die Lösungsmenge L des linearen (m, n)-Gleichungssystems $\mathbf{A\,x} = \mathbf{b}$ besteht aus allen n-Tupeln der Gestalt $\mathbf{x}_0 + \mathbf{x}^*$, wobei $\mathbf{x}_0$ eine spezielle Lösung dieses Systems ist und $\mathbf{x}^*$ alle Lösungen des dazugehörigen homogenen Systems $\mathbf{A\,x} = \mathbf{o}$ durchläuft. Es ist also:

$$L = \{\mathbf{x}_0 + \mathbf{x}^*; \quad \mathbf{x}_0 \text{ fest}, \mathbf{A\,x}_0 = \mathbf{b} \text{ und } \mathbf{x}^* \in L_{\text{homogen}}\}.$$

(Zur Illustration dieses Satzes betrachte man das erste und letzte der obigen Beispiele.)

2.4.4.3.3. Lösen eines linearen Gleichungssystems

Gaußscher Algorithmus. Das Bestimmen der Lösungsmenge eines linearen Gleichungssystems beruht darauf, daß man vom gegebenen System durch äquivalente Umformungen übergeht zu einem dazu äquivalenten System, welches „einfacher" lösbar ist als das vorgegebene System. Äquivalente Umformungen eines linearen Gleichungssystems sind:

(1) Vertauschen zweier Gleichungen des Systems miteinander;

(2) Multiplikation einer Gleichung des Systems mit einer reellen Zahl $c \neq 0$;

(3) Addition eines beliebigen Vielfachen einer Gleichung des Systems zu einer anderen Gleichung des Systems.

Diese äquivalenten Umformungen eines linearen Gleichungssystems $\mathbf{A\,x} = \mathbf{b}$ bewirken in der Koeffizientenmatrix A und in der erweiterten Koeffizientenmatrix (A, b) lediglich ranginvariante Umformungen, nämlich Zeilenvertauschungen, Multiplikation von Zeilen mit von null verschiedenen Faktoren und Addition von Vielfachen einer Zeile zu einer anderen Zeile. Auch umgekehrt gilt: Überführt man die Matrizen A und (A, b) in ranggleiche Matrizen A′ und (A′, b′) von Trapezgestalt, indem man die zulässigen ranginvarianten Umformungen nur auf Zeilen anwendet, so sind $\mathbf{A\,x} = \mathbf{b}$ und $\mathbf{A}'\,\mathbf{x} = \mathbf{b}'$ äquivalente Systeme. Im Falle der Lösbarkeit des gegebenen Systems $\mathbf{A\,x} = \mathbf{b}$ (es sei $\mathrm{Rg}(\mathbf{A}) = \mathrm{Rg}(\mathbf{A}, \mathbf{b}) = \varrho$) kann das dazu äquivalente System $\mathbf{A}'\,\mathbf{x} = \mathbf{b}'$ wegen der Trapezgestalt von A′ und (A′, b′) geschrieben werden in der Form:

$$\begin{aligned} a'_{11}x_1 + a'_{12}x_2 + \dots + a'_{1\varrho}x_\varrho &= b'_1 - a'_{1,\varrho+1}x_{\varrho+1} - \dots - a'_{1n}x_n \\ a'_{22}x_2 + \dots + a'_{2\varrho}x_\varrho &= b'_2 - a'_{2,\varrho+1}x_{\varrho+1} - \dots - a'_{2n}x_n \\ \dots \quad . \quad . \quad . \quad & \quad \dots \quad . \\ a'_{\varrho\varrho}x_\varrho &= b'_\varrho - a'_{\varrho,\varrho+1}x_{\varrho+1} - \dots - a'_{\varrho n}x_n \end{aligned}$$

[1]) Die Matrix (A, b) entsteht durch rechtsseitiges Anfügen der Matrix b an die Matrix A.

Dieses System nennt man gelegentlich das *gestaffelte System.* Wegen $\text{Rg}(\mathbf{A}) = \text{Rg}(\mathbf{A}, \mathbf{b}) = \varrho$ ist die Lösungsmenge eine $(n - \varrho)$-dimensionale Mannigfaltigkeit; man kann mithin $(n - \varrho)$ Variable $x_{\varrho+1}, \ldots, x_n$ beliebig wählen: $x_{\varrho+1} = \lambda_1, x_{\varrho+2} = \lambda_2, \ldots, x_n = \lambda_{n-\varrho}$; die übrigen Variablen $x_1, x_2, \ldots, x_\varrho$ ergeben sich sodann sukzessiv aus dem gestaffelten System als Funktionen der Parameter λ_i: $x_k = f_k(\lambda_1, \lambda_2, \ldots, \lambda_{n-\varrho}), k = 1, 2, \ldots, \varrho$.

Dieses Lösungsverfahren nennt man den *Gaußschen Algorithmus.* Sollten zur Gewinnung der Trapezgestalt der Matrizen **A** bzw. (**A, b**) noch Spaltenvertauschungen erforderlich sein, so läuft dies auf eine Umnumerierung der Variablen im Gleichungssystem $\mathbf{A}\,\mathbf{x} = \mathbf{b}$ hinaus.

Beispiele:

1.
$$\begin{aligned} x_1 - 4x_2 + 2x_3 \quad &= -1 \\ 2x_1 - 3x_2 - x_3 - 5x_4 &= -7 \\ 3x_1 - 7x_2 + x_3 - 5x_4 &= -8 \end{aligned}$$

Es ist

$$\text{Rg}\begin{pmatrix} 1 & -4 & 2 & 0 & -1 \\ 2 & -3 & -1 & -5 & -7 \\ 3 & -7 & 1 & -5 & -8 \end{pmatrix} = \text{Rg}\begin{pmatrix} 1 & -4 & 2 & 0 & -1 \\ 0 & 5 & -5 & -5 & -5 \\ 0 & 5 & -5 & -5 & -5 \end{pmatrix} = \text{Rg}\begin{pmatrix} 1 & -4 & 2 & 0 & -1 \\ 0 & 1 & -1 & -1 & -1 \\ 0 & 0 & 0 & 0 & 0 \end{pmatrix}$$

Daraus entnimmt man:

a) $\text{Rg}(\mathbf{A}) = \text{Rg}(\mathbf{A}, \mathbf{b}) = 2$, d. h., das Gleichungssystem ist lösbar;

b) die Lösung ist nicht eindeutig; es können $4 - 2 = 2$ Variable frei gewählt werden;

c) das gestaffelte System hat die Gestalt

$$\begin{aligned} x_1 - 4x_2 &= -1 - 2x_3 \\ x_2 &= -1 + x_3 + x_4 \end{aligned}$$

Setzt man $x_3 = \lambda_1$, $x_4 = \lambda_2$ (λ_1, λ_2 beliebig reell), so erhält man $x_2 = -1 + \lambda_1 + \lambda_2$ und $x_1 = -5 + 2\lambda_1 + 4\lambda_2$, also die Lösungsmenge

$$L = \{(-5, -1, 0, 0) + \lambda_1(2, 1, 1, 0) + \lambda_2(4, 1, 0, 1);\ \lambda_i \text{ beliebig reell}\}$$

Das dazu gehörende homogene lineare Gleichungssystem $\mathbf{A}\,\mathbf{x} = \mathbf{o}$ hat dann offensichtlich die Lösungsmenge

$$L_{\text{homogen}} = \{\lambda_1(2, 1, 1, 0) + \lambda_2(4, 1, 0, 1);\ \lambda_i \text{ beliebig reell}\}.$$

2.
$$\begin{aligned} 2x_1 + 3x_2 - x_3 &= 2 \\ 7x_1 + 4x_2 + 2x_3 &= 8 \\ 3x_1 - 2x_2 + 4x_3 &= 5 \end{aligned}$$

Es ist

$$\text{Rg}\begin{pmatrix} -1 & 2 & 3 & 2 \\ 2 & 7 & 4 & 8 \\ 4 & 3 & -2 & 5 \end{pmatrix} = \text{Rg}\begin{pmatrix} -1 & 2 & 3 & 2 \\ 0 & 11 & 10 & 12 \\ 0 & 0 & 0 & 1 \end{pmatrix}$$

(Spaltentausch)

Daraus entnimmt man: $\text{Rg}(\mathbf{A}) = 2$; $\text{Rg}(\mathbf{A}, \mathbf{b}) = 3$, folglich ist das Gleichungssystem nicht lösbar; $L = \emptyset$.

3.
$$\begin{aligned} x_1 - x_2 + x_3 &= 12 \\ 2x_1 + 3x_2 - x_3 &= 13 \\ 3x_2 + 4x_3 &= 5 \\ -3x_1 + x_2 + 4x_3 &= -20 \end{aligned}$$

Es ist

$$\mathrm{Rg}\begin{pmatrix}1 & -1 & 1 & 12\\ 2 & 3 & -1 & 13\\ 0 & 3 & 4 & 5\\ -3 & 1 & 4 & -20\end{pmatrix} = \mathrm{Rg}\begin{pmatrix}1 & -1 & 1 & 12\\ 0 & 5 & -3 & -11\\ 0 & 3 & 4 & 5\\ 0 & -2 & 7 & 16\end{pmatrix} = \mathrm{Rg}\begin{pmatrix}1 & -1 & 1 & 12\\ 0 & -2 & 7 & 16\\ 0 & 0 & 29 & 58\\ 0 & 0 & 29 & 58\end{pmatrix}$$

$$= \mathrm{Rg}\begin{pmatrix}1 & -1 & 1 & 12\\ 0 & -2 & 7 & 16\\ 0 & 0 & 1 & 2\\ 0 & 0 & 0 & 0\end{pmatrix}$$

Daraus entnimmt man:

a) $\mathrm{Rg}\,(\mathbf{A}) = \mathrm{Rg}\,(\mathbf{A}, \mathbf{b}) = 3$, d. h., das Gleichungssystem ist lösbar;

b) die Lösung ist eindeutig;

c) das gestaffelte System lautet:

$$\begin{aligned} x_1 - x_2 + x_3 &= 12\\ -2x_2 + 7x_3 &= 16\\ x_3 &= 2 \end{aligned}$$

woraus man $L = \{(9, -1, 2)\}$ ermittelt.
Das hierzu gehörende homogene Gleichungssystem $\mathbf{A}\,\mathbf{x} = \mathbf{o}$ hat nur die triviale Lösung.

Cramersche Regel. Hat man den Spezialfall eines linearen (n, n)-Gleichungssystems $\mathbf{A}\,\mathbf{x} = \mathbf{b}$ mit $\mathrm{Rg}\,(\mathbf{A}) = \mathrm{Rg}\,(\mathbf{A}, \mathbf{b}) = n$, so kann man die eindeutig bestimmte Lösung $\mathbf{x}$ wegen der Regularität von $\mathbf{A}$ auch in der Form $\mathbf{x} = \mathbf{A}^{-1}\,\mathbf{b}$ darstellen. Ausgeschrieben lautet das:

$$\begin{pmatrix}x_1\\ x_2\\ \vdots\\ x_n\end{pmatrix} = \frac{1}{\det \mathbf{A}}\begin{pmatrix}A_{11} & A_{21} & \dots & A_{n1}\\ A_{12} & A_{22} & \dots & A_{n2}\\ \vdots & \vdots & & \vdots\\ A_{1n} & A_{2n} & \dots & A_{nn}\end{pmatrix}\begin{pmatrix}b_1\\ b_2\\ \vdots\\ b_n\end{pmatrix},$$

wobei A_{ik} die Adjunkte des Elementes a_{ik} der Matrix $\mathbf{A}$ ist.
Die i-te Koordinate x_i ergibt sich mithin nach der Formel

$$x_i = \frac{1}{\det \mathbf{A}}(A_{1i}b_1 + A_{2i}b_2 + \dots + A_{ni}b_n) = \frac{1}{\det \mathbf{A}}\begin{vmatrix}a_{11} & \dots & b_1 & \dots & a_{1n}\\ a_{21} & \dots & b_2 & \dots & a_{2n}\\ \dots & \dots & \dots & \dots & \dots\\ a_{n1} & \dots & b_n & \dots & a_{nn}\end{vmatrix} = \frac{D_i}{D},$$

wobei die im Zähler stehende Determinante D_i dadurch aus $D = \det \mathbf{A}$ hervorgeht, daß man deren i-te Spalte durch die Spalte der Absolutglieder ersetzt. Mithin erhält man für das lineare (n, n)-Gleichungssystem $\mathbf{A}\,\mathbf{x} = \mathbf{b}$ mit $D = \det \mathbf{A} \neq 0$ die eindeutig bestimmte Lösung $(x_1, x_2, \dots, x_n)$ mit $x_i = D_i/D$ $(i = 1, 2, \dots, n)$.

Beispiel:

$$\begin{aligned} 2x_1 + x_2 + 3x_3 &= 9,\\ x_1 - 2x_2 + x_3 &= -2,\\ 3x_1 + 2x_2 + 2x_3 &= 7; \end{aligned} \qquad D = \begin{vmatrix}2 & 1 & 3\\ 1 & -2 & 1\\ 3 & 2 & 2\end{vmatrix} = 13,$$

$$D_1 = \begin{vmatrix}9 & 1 & 3\\ -2 & -2 & 1\\ 7 & 2 & 2\end{vmatrix} = -13, \qquad D_2 = \begin{vmatrix}2 & 9 & 3\\ 1 & -2 & 1\\ 3 & 7 & 2\end{vmatrix} = 26,$$

$$D_3 = \begin{vmatrix}2 & 1 & 9\\ 1 & -2 & -2\\ 3 & 2 & 7\end{vmatrix} = 39, \qquad x_1 = \frac{D_1}{D} = -\frac{13}{13} = -1,$$

$$x_2 = \frac{D_2}{D} = \frac{26}{13} = 2, \qquad x_3 = \frac{D_3}{D} = \frac{39}{13} = 3.$$

2.4.4.4. Lineare Abbildungen

2.4.4.4.1. Grundbegriffe

Begriff einer linearen Abbildung. Es seien $\mathbf{V} = [V, +, \cdot]$ und $\mathbf{V}' = [V', +, \cdot]$ zwei Vektorräume. Jede eindeutige Abbildung φ von V in V' heißt *lineare Abbildung* von $\mathbf{V}$ in $\mathbf{V}'$ genau dann, wenn gilt:

(1) $\varphi(\mathbf{x} + \mathbf{y}) = \varphi\mathbf{x} + \varphi\mathbf{y}$ für alle $\mathbf{x}, \mathbf{y} \in V$;

(2) $\varphi(\lambda\mathbf{x}) = \lambda\varphi\mathbf{x}$ für alle $\mathbf{x} \in V$ und alle reellen λ.

(Dabei können durchaus die Operationen in $\mathbf{V}'$ anders definiert sein als diejenigen von $\mathbf{V}$, obwohl sie aus Gründen der Einfachheit beide mit demselben Symbol „+" bzw. „·" bezeichnet wurden.)

Ist $\mathbf{V} = \mathbf{V}'$, so bezeichnet man φ: $\mathbf{V} \to \mathbf{V}'$ auch als einen *linearen Operator* von $\mathbf{V}$ oder eine *lineare Transformation* von $\mathbf{V}$.

Ist $\mathbf{x}' = \varphi\,\mathbf{x}$, so nennt man $\mathbf{x}'$ *das Bild von* $\mathbf{x}$ *bezüglich* φ, $\mathbf{x}$ *ein Urbild* bzw. *ein Original von* $\mathbf{x}'$ *bezüglich* φ, und die Menge $\{\mathbf{x} \in V : \varphi\,\mathbf{x} = \mathbf{x}'\}$ heißt *das vollständige Urbild* bzw. *das vollständige Original* von $\mathbf{x}'$ *bezüglich* φ. Ist M eine Teilmenge von V, so versteht man unter φM die Menge der Bilder aller Elemente von M. Ist M' eine Teilmenge von V', so heißt $M \overset{\text{def}}{=} \{\mathbf{x} \in V : \varphi\,\mathbf{x} \in M'\}$ das vollständige Urbild von M' bezüglich φ.

Beispiele:

1. Die Abbildung φ_1: $\mathbf{V}^3 \to \mathbf{V}^2$ mit $\varphi_1(x_1, x_2, x_3) = (x_1, x_2)$ ist linear.

2. Die Abbildung φ_2 des $\mathbf{V}^n$ in den Vektorraum der Polynome höchstens $(n - 1)$-ten Grades mit $\varphi_2(x_1, x_2, \ldots, x_n) = x_1 + x_2t + x_3t^2 + \ldots + x_nt^{n-1}$ ist linear.

3. Die Abbildung φ_3 des Vektorraumes $\mathbf{D}$ der beliebig oft differenzierbaren Funktionen in sich mit $\varphi_3 f = f'$ für alle Funktionen $f \in D$ ist linear; φ_3 ist ein linearer Operator von $\mathbf{D}$.

4. Die Abbildung φ_4: $\mathbf{V} \to \mathbf{V}'$ mit $\varphi_4\,\mathbf{x} = \mathbf{o}'$ für alle $\mathbf{x} \in V$ ($\mathbf{o}'$ der Nullvektor von $\mathbf{V}'$) ist linear; man nennt sie die *Nullabbildung*.

5. Die Abbildung φ_5: $\mathbf{V}^3 \to \mathbf{V}^2$ mit $\varphi_5(x_1, x_2, x_3) = (x_1, 1)$ ist nicht linear, denn es ist

$$\begin{aligned}\varphi_5(x_1, x_2, x_3) + \varphi_5(y_1, y_2, y_3) &= (x_1, 1) + (y_1, 1) = (x_1 + y_1, 2) \neq (x_1 + y_1, 1)\\ &= \varphi_5[(x_1, x_2, x_3) + (y_1, y_2, y_3)].\end{aligned}$$

Eigenschaften linearer Abbildungen. Für jede lineare Abbildung φ: $\mathbf{V} \to \mathbf{V}'$ gilt:

1. Das Bild des Nullvektors $\mathbf{o}$ von $\mathbf{V}$ ist stets der Nullvektor $\mathbf{o}'$ von $\mathbf{V}'$: $\varphi\,\mathbf{o} = \mathbf{o}'$.

2. Eine Linearkombination zwischen Elementen aus V wird stets abgebildet auf dieselbe Linearkombination zwischen den entsprechenden Bildelementen in V'. Daraus folgt für jede Teilmenge $M \subseteq V$: Das Bild der linearen Hülle $\mathscr{L}(M)$ ist gleich der linearen Hülle der Bildmenge φM von M: $\varphi\mathscr{L}(M) = \mathscr{L}(\varphi M)$.

Ist insbesondere B eine Basis von $\mathbf{V}$, so gilt mithin $\varphi V = \varphi\mathscr{L}(B) = \mathscr{L}(\varphi B)$. Daraus folgt, daß eine lineare Abbildung φ: $\mathbf{V} \to \mathbf{V}'$ bereits durch die Bildmenge φB einer Basis B von $\mathbf{V}$ eindeutig bestimmt ist.

3. Ist S eine linear abhängige Menge von Vektoren aus $\mathbf{V}$, so ist φS eine linear abhängige Menge von $\mathbf{V}'$. Hingegen können linear unabhängige Mengen durch φ in linear abhängige Mengen überführt werden. Deshalb ist das Bild einer Basis B von $\mathbf{V}$ im allgemeinen nur ein Erzeugendensystem von $\varphi\mathbf{V}$.

4. Ist $\mathbf{U} = [U, +, \cdot]$ ein Untervektorraum von $\mathbf{V}$, so ist $\varphi\mathbf{U} \overset{\text{def}}{=} [\varphi U, +, \cdot]$ ein Untervektorraum von $\mathbf{V}'$. Insbesondere ist demnach der „Wertebereich" $\varphi\mathbf{V}$ der Abbildung φ ein Vektorraum, und wegen $\varphi V \subseteq V'$ ein Untervektorraum von $\mathbf{V}'$. Ist $\mathbf{V}$ endlich-dimensional, so nennt man die Dimension $\operatorname{Dim} \varphi\mathbf{V}$ des Bildraumes $\varphi\mathbf{V}$ den *Rang* der linearen Abbildung φ: $\operatorname{Rang} \varphi \overset{\text{def}}{=} \operatorname{Dim} \varphi\mathbf{V}$.

5. Ist $\mathbf{U}' = [U', +, \cdot]$ ein Untervektorraum von $\varphi\mathbf{V}$ und U das vollständige Urbild von U' bezüglich φ, so ist $\mathbf{U} = [U, +, \cdot]$ ein Untervektorraum von $\mathbf{V}$.

Grobgesprochen besagen die Eigenschaften 3, 4 und 5, daß eine lineare Abbildung die Eigenschaft der linearen Abhängigkeit respektiert und die Unterraumeigenschaft sowohl respektiert als auch reflektiert.

Insbesondere bildet wegen Eigenschaft 5 die Menge K_φ aller derjenigen Vektoren von **V**, deren Bild bezüglich φ der Nullvektor von **V**′ ist, mit den Operationen + und · einen Untervektorraum von **V**, den sogenannten *Kern* $\mathbf{K}_\varphi$ der linearen Abbildung φ:

$$\text{Kern}\,\varphi = \mathbf{K}_\varphi \overset{\text{def}}{=} [K_\varphi, +, \cdot] \quad \text{mit} \quad K_\varphi \overset{\text{def}}{=} \{\mathbf{x} \in V: \varphi\mathbf{x} = \mathbf{o}'\}.$$

Ist $\mathbf{K}_\varphi$ endlich-dimensional, so nennt man seine Dimension den *Defekt* der linearen Abbildung φ: $\text{Defekt}\,\varphi \overset{\text{def}}{=} \text{Dim}\,\mathbf{K}_\varphi$. Ist φ: $\mathbf{V} \to \mathbf{V}'$ und **V** ein endlich-dimensionaler Vektorraum, so gilt: $\text{Rang}\,\varphi + \text{Defekt}\,\varphi = \text{Dim}\,\mathbf{V}$.

Beispiele: Bezüglich der oben angeführten Beispiele linearer Abbildungen gilt:

$K\varphi_1 = \{(0, 0, x_3);\ x_3 \text{ beliebig reell}\}$; Defekt $\varphi_1 = 1$; Rang $\varphi_1 = 2$.

$K\varphi_2 = \{(0, 0, \ldots, 0)\}$; Defekt $\varphi_2 = 0$; Rang $\varphi_2 = n$.

$K\varphi_3 = \{f \text{ mit } f = \text{const}\}$; Defekt $\varphi_3 = 1$; Rang φ_3 nicht definiert.

$K\varphi_4 = V$; Defekt $\varphi_4 = \text{Dim}\,\mathbf{V}$; Rang $\varphi_4 = 0$ (falls **V** endlich-dimensional).

Der Kern einer linearen Abbildung bewirkt eine Klasseneinteilung von V in Klassen bildgleicher Elemente; zwei Elemente aus V gehören zur selben Klasse, d. h., sie haben dasselbe Bild bezüglich φ genau dann, wenn ihre Differenz im Kern φ liegt.

Umkehrbar eindeutige lineare Abbildungen. Eine lineare Abbildung φ: $\mathbf{V} \to \mathbf{V}'$ heißt *umkehrbar eindeutig* genau dann, wenn aus $\varphi\mathbf{x} = \varphi\mathbf{y}$ stets $\mathbf{x} = \mathbf{y}$ folgt. Ein umkehrbar eindeutiger linearer Operator von **V** heißt auch *regulärer Operator* von **V**; die nicht regulären Operatoren von **V** nennt man *singuläre Operatoren* von **V**.

Danach ist von den oben genannten Beispielen linearer Abbildungen nur φ_2 umkehrbar eindeutig; φ_1 z. B. ist nicht umkehrbar eindeutig, denn es ist $\varphi_1(1, 1, 1) = \varphi_1(1, 1, 5)$, obwohl $(1, 1, 1) \neq (1, 1, 5)$.

Satz: Für jede lineare Abbildung φ: $\mathbf{V} \to \mathbf{V}'$ sind folgende Aussagen paarweise äquivalent:

(1) φ ist umkehrbar eindeutig;

(2) für jede linear unabhängige Menge S von **V** ist φS eine linear unabhängige Menge von **V**′;

(3) $K_\varphi = \{\mathbf{o}\}$.

Aus (2) folgt insbesondere, daß das Bild einer Basis von **V** bezüglich einer umkehrbar eindeutigen Abbildung φ wieder eine Basis von $\varphi\mathbf{V}$ ist. Für einen endlich-dimensionalen Vektorraum **V** und eine umkehrbar eindeutige Abbildung φ gilt: $\text{Dim}\,\varphi\mathbf{V} = \text{Dim}\,\mathbf{V}$.

2.4.4.4.2. Darstellung linearer Abbildungen durch Matrizen. Es seien **V** und **V**′ zwei endlich-dimensionale Vektorräume; $\text{Dim}\,\mathbf{V} = n$, $\text{Dim}\,\mathbf{V}' = m$, $B = \{\mathbf{a}_1, \mathbf{a}_2, \ldots, \mathbf{a}_n\}$ eine Basis von **V**, $B' = \{\mathbf{b}_1, \mathbf{b}_2, \ldots, \mathbf{b}_m\}$ eine solche von **V**′.

Jede lineare Abbildung φ: $\mathbf{V} \to \mathbf{V}'$ ist bereits eindeutig bestimmt durch die Bilder $\varphi\mathbf{a}_1, \varphi\mathbf{a}_2, \ldots, \varphi\mathbf{a}_n$ der Vektoren von B, denn es ist jeder Vektor $\mathbf{x} \in V$ Linearkombination der Vektoren von B und sein Bild $\varphi\mathbf{x}$ demzufolge die entsprechende Linearkombination aus den Vektoren von φB. Beschreibt man die Bilder $\varphi\mathbf{a}_1, \varphi\mathbf{a}_2, \ldots, \varphi\mathbf{a}_n$ der Vektoren von B durch Koordinaten bezüglich der Basis B' von **V**′, so ist die lineare Abbildung φ mithin eindeutig bestimmt durch die $n \cdot m$ Koordinaten der Vektoren $\varphi\mathbf{a}_i$ $(i = 1, 2, \ldots, n)$ bezüglich B', die man in einer (m, n)-Matrix **A** so anordnen kann, daß die k-te Spalte von **A** die Koordinaten des Vektors $\varphi\mathbf{a}_k$ bezüglich B' enthält.

Umgekehrt kann man jeder (m, n)-Matrix **A** bezüglich eines festen Basenpaares (B, B') eindeutig eine lineare Abbildung φ: $\mathbf{V} \to \mathbf{V}'$ zuordnen, wenn man die Spalten von **A** als Koordinaten der Bilder der Vektoren von B bezüglich B' auffaßt.

Es gilt also:

Zwischen der Menge der linearen Abbildungen φ: $\mathbf{V} \to \mathbf{V}'$ mit $\text{Dim}\,\mathbf{V} = n$, $\text{Dim}\,\mathbf{V}' = m$, und der Menge der (m, n)-Matrizen besteht bezüglich fester Basen B von **V** und B' von **V**′ eine umkehrbar eindeutige Zuordnung. Ist $B = \{\mathbf{a}_1, \mathbf{a}_2, \ldots, \mathbf{a}_n\}$ und $\varphi\mathbf{a}_k = (a_{1k}, a_{2k}, \ldots, a_{mk})_{B'}$, so wird φ beschrieben durch die Matrix

$$\mathbf{A} = \begin{pmatrix} a_{11} & a_{12} & \ldots & a_{1n} \\ a_{21} & a_{22} & \ldots & a_{2n} \\ \cdot & \cdot & \ldots & \cdot \\ a_{m1} & a_{m2} & & a_{mn} \end{pmatrix}.$$

Da $\mathbf{A}$ noch von dem gewählten Basenpaar (B, B') abhängt, schreibt man genauer $\mathbf{A}_{(B, B')}$.

Beispiel: Die lineare Abbildung φ: $\mathbf{V}^4 \to \mathbf{V}^3$ sei gegeben durch die Bilder der Vektoren einer Basis B von $\mathbf{V}^4$:

$$\varphi(1, -2, 0, 3) = (-9, 7, \quad 1); \qquad \varphi(0, \quad 0, 1, -1) = (3, -3, -3);$$

$$\varphi(1, \quad 0, 3, 0) = (\quad 4, 0, -2); \qquad \varphi(1, -1, 1, \quad 0) = (0, \quad 1, -1).$$

(Die Koordinaten beziehen sich auf die kanonische Basis des $\mathbf{V}^4$ bzw. auf die des $\mathbf{V}^3$). Dann erhält man die φ bezüglich des kanonischen Basenpaares (vgl. 2.4.4.1.4.) beschreibende Matrix $\mathbf{A}$, indem man die φ-Bilder der Vektoren $\mathbf{e}_1, \mathbf{e}_2, \mathbf{e}_3, \mathbf{e}_4$ der kanonischen Basis von $\mathbf{V}^4$ ermittelt und durch ihre Koordinaten bezüglich der kanonischen Basis des $\mathbf{V}^3$ beschreibt. Dazu drückt man die $\mathbf{e}_i$ als Linearkombinationen der Vektoren der gegebenen Basis B aus und bekommt die $\varphi\mathbf{e}_i$ als entsprechende Linearkombinationen der gegebenen Vektoren von φB. Man erhält schließlich:

$$\mathbf{A} = \begin{pmatrix} 1 & 2 & 1 & -2 \\ 3 & 1 & -1 & 2 \\ 4 & 3 & -2 & 1 \end{pmatrix}.$$

Geht man vom Basenpaar (B, B') über zu einem neuen Basenpaar $(\bar{B}, \bar{B}')$, so geht die φ beschreibende Matrix $\mathbf{A}_{(B, B')}$ über in

$$\mathbf{A}_{(\bar{B}, \bar{B}')} = \mathbf{T}^{-1} \mathbf{A}_{(B, B')} \mathbf{S},$$

wobei $\mathbf{S}$ (bzw. $\mathbf{T}$) spaltenweise aus den Koordinaten der Vektoren von $\bar{B}$ bezüglich B (bzw. $\bar{B}'$ bezüglich B') besteht.

Matrizen gleichen Typs, die auseinander hervorgehen durch rechts- und linksseitige Multiplikation mit regulären Matrizen, heißen *äquivalent*. Die Äquivalenz von Matrizen ist eine Äquivalenzrelation, die in der Menge der typengleichen Matrizen eine Klasseneinteilung in Klassen äquivalenter Matrizen hervorruft.

Zwei dieselbe lineare Abbildung bezüglich verschiedener Basenpaare beschreibende Matrizen sind demzufolge äquivalent. Da – falls $\mathbf{V} \neq \mathbf{V}'$ – auch umgekehrt äquivalente Matrizen bezüglich geeigneter Basenpaare zur selben linearen Abbildung gehören, kann man sagen: Der linearen Abbildung φ: $\mathbf{V} \to \mathbf{V}'$ entspricht eindeutig eine Klasse äquivalenter Matrizen. Durch die Wahl eines festen Basenpaares (B, B') wird aus der zu φ gehörigen Äquivalenzklasse diejenige Matrix ausgesondert, die φ bezüglich (B, B') beschreibt.

Ist speziell $\mathbf{V} = \mathbf{V}'$, φ also ein linearer Operator von $\mathbf{V}$, so gilt für zwei den linearen Operator φ bezüglich verschiedener Basen $B, \bar{B}$ beschreibender Matrizen $\mathbf{A}_B$ und $\mathbf{A}_{\bar{B}}$ wegen $B = B'$ und $\bar{B} = \bar{B}'$:

$$\mathbf{A}_{\bar{B}} = \mathbf{S}^{-1} \mathbf{A}_B \mathbf{S}.$$

Quadratische Matrizen $\mathbf{A}_1$ und $\mathbf{A}_2$, für die $\mathbf{A}_2 = \mathbf{S}^{-1}\mathbf{A}_1\mathbf{S}$ mit einer regulären Matrix $\mathbf{S}$ gilt, heißen *ähnlich*. Auch die Ähnlichkeit von Matrizen ist eine Äquivalenzrelation.

Analog zu obigem Satz kann man aussagen: Dem linearen Operator φ von $\mathbf{V}$ entspricht eindeutig eine Klasse ähnlicher Matrizen.

Gewisse Eigenschaften, die allen Matrizen derselben Äquivalenz- bzw. derselben Ähnlichkeitsklasse zukommen, hängen eng mit Eigenschaften der durch sie beschriebenen linearen Abbildungen zusammen. Darüber gibt Auskunft der

Satz:

1. Ist φ: $\mathbf{V} \to \mathbf{V}'$ eine lineare Abbildung und $\mathbf{A}_{(B,\,B')}$ die φ bezüglich des Basenpaares (B, B') beschreibende Matrix, so gilt für das Bild $\varphi\mathbf{x}$ eines Elementes $\mathbf{x} \in V$:

$$(\varphi\mathbf{x})_{B'} = \mathbf{A}_{(B,\,B')}\,\mathbf{x}_B,$$

wobei $\mathbf{x}_B$ der Vektor aus den Koordinaten von $\mathbf{x}$ bezüglich B, $(\varphi\mathbf{x})_{B'}$ der Vektor aus den Koordinaten von $\varphi\mathbf{x}$ bezüglich B' ist.

Mit dieser Formel lassen sich neben den Bildern auch die vollständigen Urbilder bestimmen, dies läuft auf das Lösen eines linearen Gleichungssystems hinaus (s. 2.4.4.3.).

2. Alle Matrizen der zu einer linearen Abbildung φ: $\mathbf{V} \to \mathbf{V}'$ $(\mathbf{V} \neq \mathbf{V}')$ gehörenden Äquivalenzklasse haben denselben Rang, und es ist $\mathrm{Rg}\,(\mathbf{A}) = \mathrm{Rang}\,\varphi$ für alle $\mathbf{A}$ der zu φ gehörenden Äquivalenzklasse.

3. Alle Matrizen der zu einem linearen Operator φ von $\mathbf{V}$ gehörenden Ähnlichkeitsklasse haben denselben Rang, dieselbe Determinante, dieselbe *Spur* (d. i. die Summe der Hauptdiagonalelemente), dasselbe charakteristische Polynom und dieselben Eigenwerte (s. 2.4.4.5.). Insbesondere ist ein linearer Operator regulär genau dann, wenn die Matrizen der ihm zugeordneten Ähnlichkeitsklasse regulär sind.

2.4.4.4.3. Verknüpfungen linearer Abbildungen. Sind $\varphi: \mathbf{V} \to \mathbf{V}'$, $\varphi': \mathbf{V} \to \mathbf{V}'$ und $\psi: \mathbf{V}' \to \mathbf{V}''$ lineare Abbildungen, so definiert man

die *Summe* $\varphi + \varphi': \mathbf{V} \to \mathbf{V}'$ durch $(\varphi + \varphi')\,\mathbf{x} \overset{\text{def}}{=} \varphi\mathbf{x} + \varphi'\mathbf{x}$ für alle $\mathbf{x} \in V$;

das *α-fache* $\alpha\varphi: \mathbf{V} \to \mathbf{V}'$ (α reell) durch $(\alpha\varphi)\,\mathbf{x} \overset{\text{def}}{=} \alpha(\varphi\mathbf{x})$ für alle $\mathbf{x} \in V$;

das *Produkt* $\psi\varphi: \mathbf{V} \to \mathbf{V}''$ durch $(\psi\varphi)\,\mathbf{x} \overset{\text{def}}{=} \psi(\varphi\mathbf{x})$ für alle $\mathbf{x} \in V$

(*Hintereinanderausführung* der linearen Abbildungen).

Mit φ, φ' und ψ sind auch $\varphi + \varphi'$, $\alpha\varphi$ (α reell) und $\psi\varphi$ wieder lineare Abbildungen.

Sind $\mathbf{V}$, $\mathbf{V}'$, $\mathbf{V}''$ endlich-dimensionale Vektorräume mit den Basen B, B', B'', und sind den linearen Abbildungen φ, φ' und ψ in dieser Reihenfolge die Matrizen $\mathbf{A}_{(B,\,B')}$, $\mathbf{A}'_{(B,\,B')}$ und $\mathbf{C}_{(B,B'')}$ zugeordnet, so gehört

zur linearen Abbildung $\varphi + \varphi'$ bezüglich (B, B') die Matrix $\mathbf{A} + \mathbf{A}'$,
zur linearen Abbildung $\alpha\varphi$ bezüglich (B, B') die Matrix $\alpha\mathbf{A}$,
zur linearen Abbildung $\psi\varphi$ bezüglich (B, B'') die Matrix $\mathbf{CA}$.

Da den Operationen mit linearen Abbildungen die analogen Operationen mit den diesen zugeordneten Matrizen entsprechen, hat die Menge der linearen Abbildungen von $\mathbf{V}$ in $\mathbf{V}'$ dieselbe Struktur wie die Menge der diesen Abbildungen zugeordneten Matrizen. Daraus folgt:

1. Die Menge der linearen Abbildungen von $\mathbf{V}$ in $\mathbf{V}'$ bildet mit der Addition und der Multiplikation mit reellen Zahlen einen Vektorraum.

2. Die Menge der linearen Operatoren von $\mathbf{V}$ bildet mit der Addition und der Multiplikation einen Ring.

2.4.4.4.4. Inverser Operator. Für reguläre Operatoren $\varphi: \mathbf{V} \to \mathbf{V}$ kann man noch die Frage nach einem *zu φ inversen Operator* φ^{-1} mit der Eigenschaft $\varphi\varphi^{-1} = \varphi^{-1}\varphi = \varepsilon$ stellen; dabei ist ε derjenige Operator von $\mathbf{V}$ mit $\varepsilon\mathbf{x} = \mathbf{x}$ für alle $\mathbf{x} \in V$ (der sogenannte *identische Operator*). Im Falle $\varphi\mathbf{V} = \mathbf{V}$ gibt es einen solchen zu φ inversen Operator φ^{-1}, man definiert ihn durch: $\varphi^{-1}\mathbf{x} = \mathbf{y}$ genau dann, wenn $\varphi\mathbf{y} = \mathbf{x}$. Wegen der Regularität von φ ist φ^{-1} dadurch eindeutig bestimmt, und es läßt sich auch zeigen, daß φ^{-1} wieder ein linearer Operator von $\mathbf{V}$ ist. Die Voraussetzung $\varphi\mathbf{V} = \mathbf{V}$ ist notwendig, damit man jedes Element von $\mathbf{V}$ als φ-Bild eines gewissen Elementes von $\mathbf{V}$ auffassen kann. Im Falle eines endlich-dimensionalen Vektorraumes $\mathbf{V}$ ist diese Voraussetzung jedoch stets erfüllt.

Satz: Sind φ, ψ reguläre Operatoren von **V** mit $\varphi\mathbf{V} = \psi\mathbf{V} = \mathbf{V}$, so gilt:

1. $(\varphi^{-1})^{-1} = \varphi$, d. h., φ und φ^{-1} sind *zueinander invers*.

2. $(\psi\varphi)^{-1} = \varphi^{-1}\psi^{-1}$.

3. Gehört zu φ bezüglich der Basis B die Matrix **A**, so ist φ^{-1} bezüglich dieser Basis die Matrix $\mathbf{A}^{-1}$ zugeordnet.

4. Die Menge der regulären Operatoren von **V** bildet bezüglich der Multiplikation eine Gruppe.

2.4.4.5. Eigenwerte und Eigenvektoren

2.4.4.5.1. Eigenwerte und Eigenvektoren von Matrizen. **A** sei eine (n, n)-Matrix. Jeder Vektor $\mathbf{x} \in \mathbf{V}^n$, $\mathbf{x} \neq \mathbf{o}$, für den $\mathbf{Ax} = \lambda\mathbf{x}$ mit einer geeigneten Zahl λ gilt, heißt *Eigenvektor* von **A**, und λ heißt der zu diesem Eigenvektor gehörende *Eigenwert* von **A**.

Die Gleichung $\mathbf{Ax} = \lambda\mathbf{x}$ ist äquivalent zu $(\mathbf{A} - \lambda\mathbf{E})\,\mathbf{x} = \mathbf{o}$. Dies ist ein homogenes lineares Gleichungssystem, dessen nichttriviale Lösungen die gesuchten Eigenvektoren sind. Das Gleichungssystem $(\mathbf{A} - \lambda\mathbf{E})\,\mathbf{x} = \mathbf{o}$ hat nichttriviale Lösungen genau dann, wenn der Rang $\mathrm{Rg}\,(\mathbf{A} - \lambda\mathbf{E}) < n$ ist, d. h., wenn $\det(\mathbf{A} - \lambda\mathbf{E}) = 0$ ist. Das Polynom $\det(\mathbf{A} - \lambda\mathbf{E})$ heißt das *charakteristische Polynom* von **A**, die Gleichung $\det(\mathbf{A} - \lambda\mathbf{E}) = 0$ die *charakteristische Gleichung* von **A**; ihre Lösungen sind die Eigenwerte von **A**. Ist λ_i ein Eigenwert von **A**, so sind die nichttrivialen Lösungen des homogenen linearen Gleichungssystems $(\mathbf{A} - \lambda_i\mathbf{E})\,\mathbf{x} = \mathbf{o}$ die zum Eigenwert λ_i gehörenden Eigenvektoren von **A**. Die Lösungsmenge dieses Gleichungssystems nennt man auch den zu λ_i gehörenden *Eigenraum* von **A**, jeder Vektor $\mathbf{x} \neq \mathbf{o}$ des Eigenraumes ist ein Eigenvektor von **A**. (Selbstverständlich sind im Eigenraum die linearen Operationen „+" und „·" definiert.)

Beispiele:

1. Die Eigenwerte der Matrix $\mathbf{A} = \begin{pmatrix} 3 & -2 \\ -4 & 1 \end{pmatrix}$ berechnet man aus

$$\det(\mathbf{A} - \lambda\mathbf{E}) = \begin{vmatrix} 3-\lambda & -2 \\ -4 & 1-\lambda \end{vmatrix} = \lambda^2 - 4\lambda - 5 = 0$$

zu $\lambda_1 = 5$ und $\lambda_2 = -1$. Der zu $\lambda_1 = 5$ gehörende Eigenraum L_1 ist die Lösungsmenge des Gleichungssystems

$$(\mathbf{A} - \lambda_1\mathbf{E})\,\mathbf{x} = \mathbf{o} = \begin{pmatrix} -2 & -2 \\ -4 & -4 \end{pmatrix}\mathbf{x}, \quad \text{also} \quad L_1 = \{\mu(-1, 1);\ \mu \text{ reell}\}.$$

Analog erhält man den zu $\lambda_2 = -1$ gehörenden Eigenraum

$$L_2 = \{\mu(1, 2);\ \mu \text{ reell}\}.$$

2. Die Matrix $\mathbf{A} = \begin{pmatrix} 3 & 1 \\ -2 & 1 \end{pmatrix}$ hat die charakteristische Gleichung $\lambda^2 - 4\lambda + 5 = 0$ und mithin die Eigenwerte $\lambda_1 = 2 + \mathrm{i}$, $\lambda_2 = 2 - \mathrm{i}$. Zu λ_1 gehören die Eigenvektoren $\mathbf{x}_1 = \mu(1, \mathrm{i} - 1)$, zu λ_2 die Eigenvektoren $\mathbf{x}_2 = \mu(-1, \mathrm{i} + 1)$, μ beliebig reell $\neq 0$.

3. Die Matrix $\mathbf{A} = \begin{pmatrix} 3 & -1 \\ 1 & 1 \end{pmatrix}$ hat die Eigenwerte $\lambda_1 = \lambda_2 = 2$; man erhält daraus die Eigenräume $L_1 = L_2 = \{\mu(1, 1);\ \mu \text{ beliebig reell}\}$.

2.4.4.5.2. Sätze über Eigenwerte und Eigenvektoren

1. Ähnliche Matrizen haben dasselbe charakteristische Polynom und mithin dieselben Eigenwerte.

2. Sind $\lambda_1, \lambda_2, \ldots, \lambda_n$ die Eigenwerte der Matrix **A**, so gilt

$$\det \mathbf{A} = \prod_{i=1}^{n} \lambda_i \quad \text{und} \quad \mathrm{Spur}\,\mathbf{A} = \sum_{i=1}^{n} \lambda_i.$$

Dies kann man als notwendiges Kriterium für die Richtigkeit der Berechnung der Eigenwerte benutzen. Weiter folgt aus $\det \mathbf{A} = \prod \lambda_i$, daß **A** regulär ist genau dann, wenn null nicht Eigenwert von **A** ist.

3. Sind $\lambda_1, \lambda_2, \ldots, \lambda_r$ paarweise verschiedene Eigenwerte einer Matrix **A** und $\mathbf{x}_1, \mathbf{x}_2, \ldots, \mathbf{x}_r$ entsprechend zugehörige Eigenvektoren (zu λ_i gehöre der Eigenvektor $\mathbf{x}_i$), so ist $\{\mathbf{x}_1, \mathbf{x}_2, \ldots, \mathbf{x}_r\}$ eine linear unabhängige Menge von Vektoren.

4. Hat die Matrix **A** den Eigenwert λ, so hat die Matrix $\mathbf{B} = \sum_{i=0}^{n} c_i \mathbf{A}^i$ den Eigenwert $\sum_{i=0}^{n} c_i \lambda^i$. (Dabei ist $\mathbf{A}^1 = \mathbf{A}$ und $\mathbf{A}^0 = \mathbf{E}$ zu setzen.) Daraus folgt insbesondere: Hat **A** den Eigenwert λ, so hat $\mathbf{A}^m$ den Eigenwert λ^m (m natürliche Zahl). Für eine reguläre Matrix **A** gilt diese Aussage auch für negative ganze m, wenn man setzt $\mathbf{A}^m = \mathbf{A}^{-n} \overset{\text{def}}{=} (\mathbf{A}^{-1})^n$ (n natürliche Zahl).

5. Jede Matrix **A** befriedigt ihre eigene charakteristische Gleichung; d. h., ist $\sum_{i=0}^{n} c_i \lambda^i$ das charakteristische Polynom von **A**, so gilt

$$\sum_{i=0}^{n} c_i \mathbf{A}^i = \mathbf{0} \quad (\textit{Satz von Cayley-Hamilton}).$$

Speziellere Aussagen lassen sich über bestimmte Klassen von Matrizen treffen:

1. Sämtliche Eigenwerte einer symmetrischen Matrix sind reell.

2. Die zu verschiedenen Eigenwerten einer symmetrischen Matrix gehörenden Eigenräume sind zueinander orthogonal.

3. Sämtliche Eigenwerte einer orthogonalen Matrix haben den Betrag 1.

4. Mit λ ist auch λ^{-1} Eigenwert einer orthogonalen Matrix.

2.4.4.5.3. *Anwendungen der Eigenwerttheorie*

1. *Normalformenproblem für lineare Operatoren.* Es sei φ: $\mathbf{V} \to \mathbf{V}'$ ($\mathbf{V} \neq \mathbf{V}'$) eine lineare Abbildung endlich-dimensionaler Vektorräume und **A** die φ bezüglich des Basenpaares (B, B') beschreibende Matrix (s. 2.4.4.4.2.). Die Frage ist, ob man durch geeignete Wahl des Basenpaares eine φ beschreibende Matrix von besonders einfacher Gestalt, etwa von Diagonalgestalt, finden kann. Da der linearen Abbildung φ eindeutig eine Klasse äquivalenter Matrizen zugeordnet ist, kann man diese Frage auch so interpretieren, ob es in jeder Äquivalenzklasse eine Matrix von Diagonalgestalt gibt. Dies ist in der Tat der Fall; ist Rang $\varphi = r$, so kann man stets ein Basenpaar so konstruieren, daß die φ zugeordnete Matrix die Gestalt hat:

$$\begin{pmatrix} 1 & 0 & 0 & . & . & . & 0 \\ 0 & 1 & 0 & . & . & . & 0 \\ . & . & . & . & . & . & . \\ 0 & 0 & 0 & . & 1 & . & 0 \\ 0 & 0 & 0 & . & . & . & 0 \\ . & . & . & . & . & . & . \\ 0 & 0 & 0 & . & . & . & 0 \end{pmatrix}$$

Genau r Hauptdiagonalelemente sind 1, alle anderen Elemente sind 0.

Wird dieselbe Frage für lineare Operatoren φ von **V** gestellt, so ist die Beantwortung ungleich schwieriger, da man nicht zwei Basen (in **V** und in **V'**) „variieren" kann, sondern nur noch eine Basis (in **V**). Es gilt der

Satz: Dem linearen Operator φ: $\mathbf{V} \to \mathbf{V}$ entspricht bezüglich der Basis $\{\mathbf{a}_1, \mathbf{a}_2, \ldots, \mathbf{a}_n\}$ eine Diagonalmatrix genau dann, wenn die Basisvektoren die Eigenschaft $\varphi\mathbf{a}_i = \lambda_i \mathbf{a}_i$ mit geeigneten reellen λ_i haben. Diese Zahlen λ_i sind dann gerade die Hauptdiagonalelemente der Diagonalmatrix.

Jeder Vektor $\mathbf{x} \neq \mathbf{o}$, für den $\varphi\mathbf{x} = \lambda\mathbf{x}$ mit einem geeigneten Skalar λ gilt, heißt *Eigenvektor* des linearen Operators φ, und λ heißt der zu diesem Eigenvektor gehörende *Eigenwert* von φ.

Mithin gehört zum linearen Operator φ bezüglich der Basis B eine Diagonalmatrix genau dann, wenn die Basisvektoren Eigenvektoren von φ sind, und die ganze Problemstellung ist zurückgeführt auf die Frage der Existenz einer Basis aus Eigenvektoren von φ. Damit man tatsächlich eine Basis aus Eigenvektoren, d. h., n linear unabhängige Eigenvektoren erhält, ist notwendig und hinreichend, daß alle Eigenwerte von φ reell sind und für jeden Eigenwert λ mit der Vielfachheit ϱ gilt:

$$\operatorname{Rg}(\varphi - \lambda\varepsilon) = \operatorname{Rg}(\mathbf{A} - \lambda\mathbf{E}) = n - \varrho,$$

wobei $\mathbf{A}$ irgendeine φ beschreibende Matrix ist. Die letzte Bedingung bedeutet, daß der zu einem ϱ-fachen Eigenwert gehörende Eigenraum die Dimension ϱ haben muß, damit man aus ϱ zusammenfallenden Eigenwerten auch ϱ linear unabhängige Eigenvektoren erhält.

Das gestellte Problem ist nicht stets lösbar, weil die Eigenwerte eines linearen Operators nicht notwendig alle reell sein müssen und weil es sein kann, daß sich aus zusammenfallenden Eigenwerten nicht die erforderliche Anzahl linear unabhängiger Eigenvektoren ermitteln läßt. Hingegen läßt sich ein symmetrischer Operator eines euklidischen Vektorraumes stets bezüglich einer passenden Orthonormalbasis durch eine Diagonalmatrix beschreiben, denn man kann stets eine aus Eigenvektoren des symmetrischen Operators bestehende Orthonormalbasis ermitteln. (Ein linearer Operator φ eines euklidischen Vektorraumes $\mathbf{V}$ heißt symmetrisch genau dann, wenn für alle $\mathbf{x}, \mathbf{y} \in V$ gilt: $(\varphi\mathbf{x}, \mathbf{y}) = (\mathbf{x}, \varphi\mathbf{y})$.)

Numerisch geschieht die Bestimmung der Eigenwerte und Eigenvektoren eines linearen Operators φ durch die Ermittlung der Eigenwerte und Eigenvektoren irgendeiner φ zugeordneten Matrix.

2. *Transformation einer Matrix auf Diagonalgestalt.* Das Problem besteht darin, zu gegebener (n, n)-Matrix $\mathbf{A}$ eine Matrix $\mathbf{C}$ so zu finden, daß die Matrix $\mathbf{A}' = \mathbf{C}^{-1}\mathbf{A}\mathbf{C}$ von Diagonalgestalt ist. Diese Aufgabenstellung hängt eng mit dem Normalformenproblem für lineare Operatoren zusammen. Entspricht dem linearen Operator φ von $\mathbf{V}$ bezüglich der Basis B die Matrix $\mathbf{A}_B$, so wird eine Basis B' gesucht, bezüglich der die φ beschreibende Matrix $\mathbf{A}_{B'}$ Diagonalgestalt hat. Da $\mathbf{A}_B$ und $\mathbf{A}_{B'}$ zueinander ähnlich sind, bedeutet dies, eine Matrix $\mathbf{C}$ so zu finden, daß $\mathbf{A}_{B'} = \mathbf{C}^{-1}\mathbf{A}_B\mathbf{C}$ Diagonalgestalt hat. Soll das Problem lösbar sein, muß B' aus Eigenvektoren von φ bestehen, d. h., die gesuchte Matrix $\mathbf{C}$ besteht spaltenweise aus den Koordinaten der die Basis B' bildenden Eigenvektoren.

Das Problem ist stets lösbar, wenn $\mathbf{A}$ symmetrisch ist, da dann die Eigenwerte sämtlich reell sind und die Dimension des zum Eigenwert λ gehörenden Eigenraumes mit der Vielfachheit von λ übereinstimmt. Wegen der Orthogonalität der zu verschiedenen Eigenwerten gehörenden Eigenräume kann für symmetrische Matrizen $\mathbf{A}$ sogar stets eine orthogonale Matrix $\mathbf{C}$ gefunden werden, so daß $\mathbf{C}^{-1}\mathbf{A}\mathbf{C} = \mathbf{C}^{\mathrm{T}}\mathbf{A}\mathbf{C}$ von Diagonalgestalt ist.

Beispiel: Um die Matrix

$$\mathbf{A} = \begin{pmatrix} 2 & -1 & 2 \\ -1 & 2 & -2 \\ 2 & -2 & 5 \end{pmatrix}$$

auf Diagonalgestalt zu transformieren, ermittelt man zunächst ihre Eigenwerte $\lambda_1 = 7, \lambda_2 = \lambda_3 = 1$; daraus ergeben sich die Eigenräume $L_1 = \{\mu(1, -1, 2);\ \mu \text{ reell}\}$ und

$$L_2 = \{\mu_1(1, 1, 0) + \mu_2(-2, 0, 1);\quad \mu_1, \mu_2 \text{ reell}\}.$$

Orthonormierung liefert ein Orthonormalsystem von Eigenvektoren von $\mathbf{A}$:

$$\left\{\frac{\sqrt{6}}{6}(1, -1, 2);\ \frac{\sqrt{2}}{2}(1, 1, 0);\ \frac{\sqrt{3}}{3}(-1, 1, 1)\right\}.$$

Also wird $\mathbf{A}$ mittels

$$\mathbf{C} = \frac{\sqrt{6}}{6}\begin{pmatrix} 1 & \sqrt{3} & -\sqrt{2} \\ -1 & \sqrt{3} & \sqrt{2} \\ 2 & 0 & \sqrt{2} \end{pmatrix} \text{ transformiert auf } \mathbf{A}' = \mathbf{C}^{\mathrm{T}}\mathbf{A}\mathbf{C} = \begin{pmatrix} 7 & 0 & 0 \\ 0 & 1 & 0 \\ 0 & 0 & 1 \end{pmatrix}.$$

3. *Hauptachsentransformation quadratischer Formen.* Unter einer *quadratischen Form* in den Variablen $x_1, x_2, \ldots, x_n$ versteht man einen Ausdruck der Gestalt $\mathbf{x}^{\mathrm{T}}\mathbf{A}\mathbf{x}$ mit $\mathbf{x} = (x_1, x_2, \ldots, x_n)^{\mathrm{T}}$ und symmetrischer Matrix $\mathbf{A} = (a_{ik})$; a_{ik} reell. $\mathbf{A}$ heißt die *Formenmatrix*.

Beispielsweise ist $\Phi = x_1^2 + 4x_2^2 - 6x_1x_2$ eine quadratische Form, denn es ist

$$\Phi = (x_1, x_2)\begin{pmatrix} 1 & -3 \\ -3 & 4 \end{pmatrix}\begin{pmatrix} x_1 \\ x_2 \end{pmatrix} = \mathbf{x}^T\mathbf{A}\mathbf{x}.$$

Die Aufgabenstellung ist, eine orthogonale Matrix **C** so zu finden, daß nach Einführung neuer Variabler $y_1, y_2, \ldots, y_n$ mittels der Gleichung $\mathbf{x} = \mathbf{C}\mathbf{y}$ die gegebene quadratische Form eine Gestalt annimmt, in der nur noch rein quadratische Summanden auftreten:

$$\mathbf{x}^T\mathbf{A}\mathbf{x} \xrightarrow[\mathbf{x}=\mathbf{C}\mathbf{y}]{} \lambda_1 y_1^2 + \lambda_2 y_2^2 + \ldots + \lambda_n y_n^2.$$

Diese Gestalt nennt man die *metrische Normalform* der quadratischen Form. Nach der Variablentransformation $\mathbf{x} = \mathbf{C}\mathbf{y}$ geht $\mathbf{x}^T\mathbf{A}\mathbf{x}$ über in die Form $\mathbf{y}^T(\mathbf{C}^T\mathbf{A}\mathbf{C})\mathbf{y}$, die nur rein quadratische Glieder enthalten soll. Also ist das Problem gleichbedeutend mit der Aufgabenstellung, eine orthogonale Matrix **C** so zu finden, daß $\mathbf{C}^T\mathbf{A}\mathbf{C}$ von Diagonalgestalt ist. Dies ist bei symmetrischem **A** stets möglich; wählt man als Spalten der gesuchten Matrix **C** ein Orthonormalsystem von Eigenvektoren der Formenmatrix **A**, so wird die gegebene quadratische Form mittels $\mathbf{x} = \mathbf{C}\mathbf{y}$ überführt in die Gestalt $\lambda_1 y_1^2 + \lambda_2 y_2^2 + \ldots + \lambda_n y_n^2$, wobei die Koeffizienten λ_i die Eigenwerte der Formenmatrix sind, von denen jeder so oft auftritt wie seine Vielfachheit angibt. Die in den Spalten von **C** stehenden Eigenvektoren von **A** nennt man die *Hauptachsen* der quadratischen Form, und den Prozeß der Überführung der quadratischen Form in ihre metrische Normalform bezeichnet man als *Hauptachsentransformation.* Die metrische Normalform ist eindeutig bestimmt bis auf die Numerierung der Variablen y_i.

Beispiel: Um die quadratische Form $6x_1^2 + 5x_2^2 + 7x_3^2 - 4x_1x_2 + 4x_1x_3$ in ihre metrische Normalform zu überführen, berechnet man Eigenwerte und dazugehörige Eigenräume der Formenmatrix $\begin{pmatrix} 6 & -2 & 2 \\ -2 & 5 & 0 \\ 2 & 0 & 7 \end{pmatrix}$. Man erhält $\lambda_1 = 3, \lambda_2 = 6, \lambda_3 = 9$; $L_1 = \{\mu(2, 2, -1)\}$; $L_2 = \{\mu(-1, 2, 2)\}$; $L_3 = \{\mu(2, -1, 2)\}$. Da die Eigenwerte paarweise verschieden sind, sind die Eigenräume paarweise orthogonal, und man hat nur noch zu normieren, um eine orthogonale Matrix zu erhalten. Mit $\mathbf{x} = \frac{1}{3}\begin{pmatrix} 2 & -1 & 2 \\ 2 & 2 & -1 \\ -1 & 2 & 2 \end{pmatrix}\mathbf{y}$ geht die gegebene quadratische Form über in ihre metrische Normalform $3y_1^2 + 6y_2^2 + 9y_3^2$.

Eine weitere Anwendung gestattet der **Satz**: Sind die Eigenwerte der symmetrischen Matrix **A** nur positiv (nur negativ, sämtlich nicht negativ, sämtlich nicht positiv), dann ist die quadratische Form $\mathbf{x}^T\mathbf{A}\mathbf{x}$ für alle $\mathbf{x} \neq \mathbf{o}$ stets positiv (stets negativ, stets nicht negativ, stets nicht positiv).[1])

Beispiel: Für beliebige reelle Zahlen x_1, x_2, x_3 mit $(x_1, x_2, x_3) \neq (0, 0, 0)$ gilt die Ungleichung

$$3x_1^2 + 10x_2^2 - 3x_3^2 + 4x_2x_3 > 4x_2^2 - 2x_1^2 - 10x_3^2 + 4x_1x_2,$$

denn es ist

$$5x_1^2 + 6x_2^2 + 7x_3^2 - 4x_1x_2 + 4x_2x_3 > 0$$

für alle $(x_1, x_2, x_3) \neq (0, 0, 0)$, da die zu dieser quadratischen Form gehörende Formenmatrix nur positive Eigenwerte hat, nämlich $\lambda_1 = 3$, $\lambda_2 = 6$ und $\lambda_3 = 9$.

2.5. Elementare Funktionen

Unter elementaren reellwertigen Funktionen einer reellen Veränderlichen versteht man i. allg. solche, die durch einen analytischen Ausdruck darstellbar sind. Dazu gehören u. a. die rationalen Funktionen, die trigonometrischen Funktionen und deren Umkehrfunktionen, die Exponential- und Logarithmusfunktionen, die Hyperbelfunktionen und deren Umkehrfunktionen sowie solche,

[1]) Man nennt die quadratische Form im ersten und zweiten Fall *definit* (positiv definit bzw. negativ definit) und in den beiden restlichen Fällen positiv bzw. negativ *semidefinit*.

die sich als Summe, Differenz, Produkt oder Quotient der genannten Funktionen darstellen lassen. Zu den nichtelementaren Funktionen rechnet man z. B. die Funktion f, die durch

$$f(x) = \begin{cases} 0, & \text{falls } x \text{ rational ist} \\ 1, & \text{falls } x \text{ irrational ist} \end{cases}$$

(*Dirichletsche Funktion*) beschrieben wird, desgl. die Funktion $y = [x]$, d. h., y ist gleich der größten ganzen Zahl, die x nicht übersteigt, die Funktion $y = \lim\limits_{n\to\infty} \frac{1}{1 + x^{2n}}$, die Funktion $y = \int\limits_0^x \frac{\sin x}{x}\, dx$ und die Funktion $y = \Gamma(x) = \int\limits_0^\infty e^{-t} t^{x-1}\, dt$ (*Gammafunktion*).

2.5.1. Algebraische Funktionen

Jede algebraische Funktion läßt sich durch einen nicht notwendig nach der abhängigen Variablen y auflösbaren analytischen Ausdruck der Form $\sum\limits_{i=0}^{n} p_i(x)\, y^i = 0$ darstellen, wobei die $p_i(x)$ Polynome in x sind. Diese Bedingung ist notwendig, jedoch im Reellen nicht hinreichend; die Funktion f mit $y = f(x) = |x|$ ist nicht algebraisch, obwohl sie sich durch $y^2 - x^2 = 0$ beschreiben läßt. Weitere Forderungen an algebraische Funktionen lassen sich erst zufriedenstellend klären, wenn man die Beschränkung auf reelle Veränderliche aufhebt (vgl. 3.4.5.).

2.5.1.1. Ganze rationale Funktionen

2.5.1.1.1. Definition der ganzen rationalen Funktion

Definition: Die Funktion f ist eine *ganze rationale Funktion* mit reellen Koeffizienten genau dann, wenn für jedes x aus dem Definitionsbereich[1]) von f gilt:

$$y = f(x) = \sum_{i=0}^{n} a_i x^i; \quad a_0, a_1, \dots, a_n \text{ reell}; \ a_n \neq 0; \ n \in \mathbf{N}. \tag{2.23}$$

Die rechte Seite von (2.23) nennt man *Polynom* in der Variablen x, die $n + 1$ Zahlen a_i heißen *Koeffizienten des Polynoms.* Eine ganze rationale Funktion läßt sich also durch einen analytischen Ausdruck darstellen, der aus der unabhängigen Variablen und aus reellen Zahlen mit Hilfe endlich vieler Additionen und Multiplikationen zusammengesetzt ist. Die Zahl n (größter Exponent aller in (2.23) auftretenden Potenzen mit nichtverschwindendem Koeffizienten) heißt *Grad der ganzen rationalen Funktion* (bzw. *Grad des Polynoms*).

Die Funktion f kann auf genau eine Art durch einen Ausdruck (2.23) dargestellt werden; d. h., zwei ganze rationale Funktionen f und g mit

$$f(x) = \sum_{i=0}^{n} a_i x^i \quad \text{und} \quad g(x) = \sum_{i=0}^{m} b_i x^i$$

stimmen in diesem Fall genau dann überein, wenn $m = n$ und $a_i = b_i$ für $i = 0, 1, 2, \dots, n$ gilt. Man nennt (2.23) *Normalform* bzw. *Polynomdarstellung* der ganzen rationalen Funktion.

Beispiele ganzer rationaler Funktionen:

1) $f_1(x) = c,\ c \neq 0,$ konstante Funktion; der Grad von f_1 ist 0;
2) $f_2(x) = x,$ identische Funktion; der Grad von f_2 ist 1;
3) $f_3(x) = (7x + 1)(3x - 5),$ der Grad von f_3 ist 2;
4) $f_4(x) = \sqrt{13}\, x^2 - 2 \cdot \sqrt[3]{7}\, x^3 + \cos\frac{\pi}{5} \cdot x,$ der Grad von f_4 ist 3.

Bilder spezieller ganzer rationaler Funktionen vgl. 1.2.1.1.

[1]) Ist für eine Funktion f der Definitionsbereich explizit nicht angegeben, so soll darunter stets die Menge aller reellen Zahlen x_0 verstanden werden, für die der analytische Ausdruck $y = f(x)$ eine reelle Zahl $f(x_0)$ liefert.

2.5.1.1.2. Zerlegung ganzer rationaler Funktionen in Linearfaktoren. Eine ganze rationale Funktion vom Grade $n \geqq 1$ sei in der Normalform (2.23) gegeben. Das Polynom $\sum_{i=0}^{n} a_i x^i$ vom Grade n heißt *reduzibel* genau dann, wenn es sich als Produkt von Polynomen niedrigeren von null verschiedenen Grades darstellen läßt, anderenfalls *irreduzibel.*

Polynome 0-ten Grades (Konstante) sind weder reduzibel noch irreduzibel, Polynome ersten Grades sind stets irreduzibel. Bei Polynomen höheren als ersten Grades ist die Irreduzibilität abhängig von der Wahl des Koeffizientenbereiches, der im allgemeinen Falle nicht notwendig mit der Menge der reellen Zahlen, wie in (2.23) angegeben, übereinstimmen muß.

Beispiel: Das Polynom $x^4 - 7$ ist irreduzibel, wenn man für die Koeffizienten der zu betrachtenden Polynome rationale Zahlen zuläßt. Wählt man als Koeffizientenbereich reelle Zahlen, so existiert die Produktdarstellung $x^4 - 7 = \left(x^2 + \sqrt{7}\right)\left(x^2 - \sqrt{7}\right)$. Läßt man komplexe Koeffizienten zu, so zerfällt das Polynom mit

$$x^4 - 7 = \left(x - \mathrm{i}\sqrt{\sqrt{7}}\right)\left(x + \mathrm{i}\sqrt{\sqrt{7}}\right)\left(x + \sqrt{\sqrt{7}}\right)\left(x - \sqrt{\sqrt{7}}\right)$$

vollständig in Linearfaktoren.

Satz (*Fundamentalsatz der Algebra*): Die Normalform jeder ganzen rationalen Funktion n-ten Grades mit der Menge der komplexen Zahlen als Koeffizientenbereich zerfällt in ein Produkt von n Linearfaktoren:

$$\sum_{i=0}^{n} a_i x^i = c(x - \alpha_1)(x - \alpha_2)\ldots(x - \alpha_n) \quad \alpha_i \text{ komplexe Zahlen}^{1)}.$$

Sind die Koeffizienten auf reelle Zahlen beschränkt, so zerfällt die Normalform jeder ganzen rationalen Funktion n-ten Grades in ein Produkt von Linearfaktoren und quadratischen Polynomen:

$$\sum_{i=1}^{n} a_i x^i = c(x - r_1)(x - r_2)\cdot\ldots\cdot(x - r_k)(x^2 + p_1 x + q_1)\cdot\ldots\cdot(x^2 + p_l x + q_l) \tag{2.24}$$

$$\text{mit} \quad 2l + k = n; \quad c; r_1, \ldots, r_k; p_1, \ldots, p_l; q_1, \ldots, q_l \quad \text{reell.}$$

2.5.1.1.3. Nullstellen ganzer rationaler Funktionen

Definition: Eine reelle Zahl x_N heißt *Nullstelle* einer ganzen rationalen Funktion f, wenn $f\left(x_\mathrm{N}\right) = \sum_{i=0}^{n} a_i x_\mathrm{N}^i = 0$ gilt.

Ist x_{N_1} Nullstelle der ganzen rationalen Funktion f vom Grade n, so existiert eine ganze rationale Funktion f_1 vom Grade $(n - 1)$, so daß für jedes x des Definitionsbereiches D von f gilt: $f(x) = \left(x - x_{\mathrm{N}_1}\right)\cdot f_1(x)$. Sind darüber hinaus $x_{\mathrm{N}_2}, x_{\mathrm{N}_3}, \ldots, x_{\mathrm{N}_l}$ Nullstellen von f, so existiert eine ganze rationale Funktion f_l vom Grade $n - l$ (mit $l \leqq n$), so daß für alle $x \in D$ gilt: $f(x) = \left(x - x_{\mathrm{N}_1}\right)\cdot\ldots\cdot\left(x - x_{\mathrm{N}_l}\right)\cdot f_l(x)$.

Definition: Die reelle Zahl x_N ist *k-fache Nullstelle* (bzw. *Nullstelle k-ter Ordnung*, auch *Nullstelle der Vielfachheit k*) der ganzen rationalen Funktion f genau dann, wenn eine ganze rationale Funktion f_k existiert, so daß $f(x) = \left(x - x_\mathrm{N}\right)^k f_k(x)$ mit $f_k\left(x_\mathrm{N}\right) \neq 0$ gilt.

Berücksichtigt man die Vielfachheit der Nullstellen, so läßt sich die ganze rationale Funktion f vom Grade n durch

$$f(x) = \left(x - x_{\mathrm{N}_1}\right)^{k_1}\left(x - x_{\mathrm{N}_2}\right)^{k_2}\cdot\ldots\cdot\left(x - x_{\mathrm{N}_l}\right)^{k_l} g(x) \quad \text{mit} \quad \sum_{i=1}^{l} k_i = r \tag{2.25}$$

darstellen; dabei ist x_{N_i} eine Nullstelle der Vielfachheit k_i mit $i = 1, 2, \ldots, l$ und $g(x)$ eine ganze rationale Funktion vom Grade $n - r$.

---

1) Sind die a_i in der Normalform sämtlich reell, so gehört zu jedem Linearfaktor $(x - \alpha_i)$ mit nichtreellem α_i ein Linearfaktor $(x - \bar{\alpha}_i)$, so daß $\bar{\alpha}_i$ konjugiert komplex zu α_i ist.

Aus (2.25) folgt: Eine ganze rationale Funktion n-ten Grades hat nicht mehr als n verschiedene Nullstellen; besitzt sie genau n Nullstellen, so läßt sie sich als Produkt von n Linearfaktoren darstellen. Die Zahl der Nullstellen (in ihrer Vielfachheit gezählt) einer ganzen rationalen Funktion f ist gerade oder ungerade, je nachdem, ob der Grad von f gerade oder ungerade ist; ist f von ungeradem Grad, so besitzt f mindestens eine Nullstelle.

Beispiele:

1) $f(x) = x^4 + x^3 - 5x^2 + x - 6$ besitzt die Nullstellen $x_{N_1} = 2$ und $x_{N_2} = -3$ und keine weiteren. Damit existiert für diese Funktion die Produktdarstellung $f(x) = (x - 2)(x + 3)(x^2 + 1)$.

2) $f(x) = x^8 - x^7 - 11x^6 + 11x^5 + 30x^4 - 58x^3 - 12x^2 + 88x - 48$ besitzt die doppelte Nullstelle $x_{N_1} = 1$, die einfache Nullstelle $x_{N_2} = 3$ und die dreifache Nullstelle $x_{N_3} = -2$. Damit ergibt sich die Zerlegung $f(x) = (x - 1)^2 (x - 3)(x + 2)^3 (x^2 - 2x + 2)$.

Nullstellen und Bild der Funktion: Jeder Nullstelle einer Funktion f entspricht eindeutig ein Schnittpunkt oder Berührungspunkt (falls die Ordnung der Nullstelle gerade ist) des Bildes der Funktion mit der Abszissenachse. In einer einfachen Nullstelle hat das Bild (die Funktionskurve) einen von null verschiedenen Anstieg, in mehrfachen Nullstellen ist der Anstieg null, d. h., die Tangente an das Bild der Funktion in den mehrfachen Nullstellen zugeordneten Punkten fällt mit der Abszissenachse zusammen.

Berechnung von Nullstellen: Die Berechnung von Nullstellen ganzer rationaler Funktionen läuft auf die Lösung von algebraischen Gleichungen $\sum_{i=1}^{n} a_i x^i = 0$ hinaus (vgl. 2.4.2.3.).

2.5.1.1.4. Verhalten ganzer rationaler Funktionen im Unendlichen. Das Verhalten einer ganzen rationalen Funktion f vom Grade n im Unendlichen hängt ab

1) vom Vorzeichen des Koeffizienten a_n von x^n;

2) von der Eigenschaft von n, gerade oder ungerade zu sein.

n	gerade		ungerade	
a_n	$a_n > 0$	$a_n < 0$	$a_n > 0$	$a_n < 0$
$\lim_{x \to \infty} f(x)$	$+\infty$	$-\infty$	$+\infty$	$-\infty$
$\lim_{x \to -\infty} f(x)$	$+\infty$	$-\infty$	$-\infty$	$+\infty$

Da ganze rationale Funktionen im gesamten Definitionsbereich stetig sind, ergibt sich: Jede ganze rationale Funktion geraden Grades ist entweder nach oben oder nach unten beschränkt, eine ganze rationale Funktion ungeraden Grades ist nicht beschränkt.

2.5.1.1.5. Spezielle ganze rationale Funktionen

Lineare Funktionen sind ganze rationale Funktionen ersten Grades mit $f(x) = a_1 x + a_0$ und $a_1 \neq 0$. Sie wachsen monoton für $a_1 > 0$ und fallen monoton für $a_1 < 0$. Bilder linearer Funktionen sind Geraden, die die Koordinatenachsen in $A\left(-\frac{a_0}{a_1}, 0\right)$ bzw. $B(0; a_0)$ schneiden (vgl. 1.2.1.1.).

Quadratische Funktionen sind ganze rationale Funktionen zweiten Grades mit $f(x) = a_2 x^2 + a_1 x + a_0$ und $a_2 \neq 0$. Durch Umformung erhält man

$$f(x) = a_2 \left(x^2 + \frac{a_1}{a_2} x + \frac{a_0}{a_2}\right) = a_2 \left(\left(x + \frac{a_1}{2a_2}\right)^2 + \left(\frac{a_0}{a_2} - \frac{a_1^2}{4a_2^2}\right)\right).$$

Das Bild einer quadratischen Funktion ist eine Parabel mit dem Scheitelpunkt $S\left(-\frac{a_1}{2a_2}; a_0 - \frac{a_1^2}{4a_2}\right)$, die in Richtung der positiven bzw. negativen Ordinatenachse geöffnet ist, je nachdem, ob $a_2 > 0$ oder $a_2 < 0$ ist (vgl. 1.2.1.1.).

Potenzfunktionen mit positivem Exponenten sind ganze rationale Funktionen mit $f(x) = x^n$ ($n \in \mathbf{N}$). Die Bilder liegen symmetrisch zur Ordinate, falls n gerade ist, und zentralsymmetrisch zum Koordinatenursprung, falls n ungerade ist; sie heißen Parabeln n-ter Ordnung (vgl. 1.2.1.1.).

2.5.1.2. Gebrochene rationale Funktionen

2.5.1.2.1. Definition der gebrochenrationalen Funktion

Definition: Eine Funktion f ist eine *rationale Funktion* genau dann, wenn sie sich als Quotient zweier ganzer rationaler Funktionen $g(x)$ und $h(x)$, also in der Form

$$y = f(x) = \frac{g(x)}{h(x)} = \frac{\sum_{i=0}^{n} a_i x^i}{\sum_{j=0}^{m} b_j x^j} \quad \text{mit} \quad b_m \neq 0; \quad n, m \in \mathbf{N} \tag{2.26}$$

darstellen läßt. Für $m = 0$ ist f eine ganze rationale Funktion. Ist $m > 0$, so heißt f *gebrochenrationale Funktion.*

Bemerkung: Man bezeichnet (2.26) als *Normalform der gebrochenrationalen Funktion f*, falls $g(x)$ und $h(x)$ keine gemeinsamen Nullstellen besitzen. Haben zwei ganze rationale Funktionen $g(x)$ und $h(x)$ die gemeinsamen Nullstellen $x_{N_1}, \ldots, x_{N_k}$ und nur diese, dann gilt:

$$f(x) = \frac{g(x)}{h(x)} = \frac{(x - x_{N_1}) \cdot \ldots \cdot (x - x_{N_k})\,\bar{g}(x)}{(x - x_{N_1}) \ldots (x - x_{N_k})\,\bar{h}(x)},$$

wobei die beiden ganzen rationalen Funktionen $\bar{g}(x)$ und $\bar{h}(x)$ keine gemeinsame Nullstelle mehr besitzen. Ihr Quotient $\frac{\bar{g}(x)}{\bar{h}(x)} = \bar{f}(x)$ ist folglich Normalform einer rationalen Funktion $\bar{f}$. Durch $f(x) = \frac{g(x)}{h(x)}$ wird eine Funktion f beschrieben, deren Wertepaare mit denen der Funktion $\bar{f}$ übereinstimmen bis auf diejenigen mit den Argumentwerten x_{N_i} ($i = 1, 2, \ldots, k$), für die f nicht definiert ist. Die durch Erweiterung des Definitionsbereiches von f entstehende Funktion $\bar{\bar{f}}$ mit

$$\bar{\bar{f}}(x) = \begin{cases} f(x) & \text{für} \quad x \neq x_{N_i} \\ \lim\limits_{x \to x_{N_i}} f(x) & \text{für} \quad x = x_{N_i} \end{cases} \qquad (i = 1, 2, \ldots, k)$$

stimmt mit $\bar{f}$ überein.

Beispiele gebrochenrationaler Funktionen

1) $f_1(x) = \dfrac{x^2 - 2x + 3}{x - \sqrt{5}}$ (Normalform);

2) $f_2(x) = \dfrac{2}{1 - x}$ (Normalform);

3) $f_3(x) = \dfrac{2x - 6}{3x^2 - 6x - 9} = \dfrac{2(x - 3)}{3(x - 3)(x + 1)}$.

Eine gebrochenrationale Funktion f mit $f(x) = \frac{g(x)}{h(x)}$ heißt *echt gebrochen* (Beispiel 2 und 3), wenn der Grad von $h(x)$ größer ist als der von $g(x)$; andernfalls heißt f eine *unecht gebrochene rationale* Funktion (Beispiel 1).

Letztere lassen sich in eine Summe aus einer ganzen rationalen Funktion und einer echt gebrochenen rationalen Funktion zerlegen, indem man partiell dividiert (vgl. 2.4.1.4.).

Beispiel: $f(x) = \dfrac{3x^2 - 4x + 3}{x - 1} = 3x - 1 + \dfrac{2}{x - 1}$.

2.5.1.2.2. Nullstellen und Pole gebrochenrationaler Funktionen. Die reelle Zahl x_N ist Nullstelle der rationalen Funktion f mit $f(x) = \frac{g(x)}{h(x)}$ genau dann, wenn $g(x_N) = 0$ und $h(x_N) \neq 0$ gilt. Damit ist die Bestimmung der Nullstellen rationaler Funktionen auf die ganzer rationaler Funktionen zurückgeführt.

Definition: Die reelle Zahl x_p heißt *Pol* (bzw. Polstelle) der gebrochenrationalen Funktion f mit $f(x) = \frac{g(x)}{h(x)}$ genau dann, wenn $h(x_p) = 0$ und $g(x_p) \neq 0$ gilt. Ist x_p dabei r-fache Nullstelle von $h(x)$, so heißt x_p ein *Pol r-ter Ordnung*.

Beispiel: Die echt gebrochene rationale Funktion $f(x) = \frac{x^2 - 1}{x^3 + x^2 - 8x - 12}$ besitzt die beiden einfachen Nullstellen $x_{N_1} = 1$ und $x_{N_2} = -1$ und die Polstellen $x_{p_1} = 3$ (Pol erster Ordnung) und $x_{p_2} = -2$ (Pol zweiter Ordnung).

In der Umgebung einer Polstelle wächst der Betrag der Funktionswerte über alle Grenzen, d. h., es gilt $\lim\limits_{x \to x_p} |f(x)| = +\infty$; die Gerade $x = x_p$ ist Asymptote des Bildes der Funktion.

Welches Verhalten eine gebrochenrationale Funktion f in der Umgebung einer Polstelle x_p aufweist, kann man dem Vorzeichen der Funktionswerte $f(x_p + \varepsilon)$ und $f(x_p - \varepsilon)$ entnehmen, wobei ε eine hinreichend kleine positive Zahl ist.

Beispiel: Es ist $x_p = 4$ Polstelle der Funktion $f(x) = \frac{x - 1}{x^2 - 4x}$;

$$f(x_p + \varepsilon) = \frac{4 + \varepsilon - 1}{(4 + \varepsilon)^2 - 4(4 + \varepsilon)} = \frac{3 + \varepsilon}{4\varepsilon + \varepsilon^2} > 0;$$

$$f(x_p - \varepsilon) = \frac{4 - \varepsilon - 1}{(4 - \varepsilon)^2 - 4(4 - \varepsilon)} = \frac{3 - \varepsilon}{-4\varepsilon + \varepsilon^2} < 0.$$

2.5.1.2.3. Verhalten gebrochenrationaler Funktionen im Unendlichen. Ist eine gebrochenrationale Funktion f durch ihre Normalform

$$f(x) = \frac{\sum\limits_{i=0}^{n} a_i x^i}{\sum\limits_{j=0}^{m} b_j x^j} \quad \text{mit} \quad a_n \neq 0 \quad \text{und} \quad b_m \neq 0$$

gegeben, so gilt für alle $x \neq 0$

$$f(x) = \frac{x^n \left(\sum\limits_{i=0}^{n} \frac{a_i}{x^{n-i}} \right)}{x^m \left(\sum\limits_{j=0}^{m} \frac{b_j}{x^{m-j}} \right)} = \frac{x^n u(x)}{x^m v(x)} \quad \text{mit} \quad \lim_{x \to \pm\infty} u(x) = a_n \quad \text{und} \quad \lim_{x \to \pm\infty} v(x) = b_m.$$

Damit ergibt sich:

a) Für $m = n$ gilt

$$\frac{x^n u(x)}{x^m v(x)} = \frac{u(x)}{v(x)}, \quad \text{also} \quad \lim_{x \to \pm\infty} f(x) = \lim_{x \to \pm\infty} \frac{u(x)}{v(x)} = \frac{a_n}{b_m},$$

d. h., die Gerade $y = \frac{a_n}{b_m}$ ist Asymptote des Bildes der Funktion.

b) Für $n < m$ folgt

$$\frac{x^n u(x)}{x^m v(x)} = \frac{u(x)}{x^{m-n} v(x)} \quad \text{mit} \quad m - n > 0,$$

also $\lim\limits_{x\to\pm\infty} f(x) = \lim\limits_{x\to\pm\infty} \frac{1}{x^{m-n}} \frac{u(x)}{v(x)} = 0$, d. h., die Abszissenachse ist Asymptote des Bildes der Funktion.

c) Für $n > m$ folgt

$$\frac{x^n u(x)}{x^m v(x)} = \frac{x^{n-m} u(x)}{v(x)} \quad \text{mit} \quad n - m > 0.$$

Das Verhalten im Unendlichen ist abhängig vom Vorzeichen von $\frac{a_n}{b_m}$ und davon, ob $n - m$ gerade oder ungerade ist. Für alle drei Fälle erhält man mit $\frac{a_n}{b_m} = c$.

	$m = n$	$n < m$	$n > m$			
			$n - m$ gerade		$n - m$ ungerade	
			$c > 0$	$c < 0$	$c > 0$	$c < 0$
$\lim\limits_{x\to+\infty} f(x)$	c	0	$+\infty$	$-\infty$	$+\infty$	$-\infty$
$\lim\limits_{x\to-\infty} f(x)$	c	0	$+\infty$	$-\infty$	$-\infty$	$+\infty$

2.5.1.2.4. Spezielle gebrochenrationale Funktionen. Einfache gebrochenrationale Funktionen sind Potenzfunktionen mit negativem ganzzahligem Exponenten, die durch den analytischen Ausdruck $f(x) = x^n$ (mit $n = -1, -2, -3, \ldots$) beschrieben werden.

Ist n ungerade, so gilt $(-x)^n = -x^n$; d. h., diese Potenzfunktionen sind ungerade Funktionen, ihre Bilder sind Kurven vom hyperbolischen Typ und verlaufen zentralsymmetrisch zum Ursprung, beide Koordinatenachsen sind Asymptoten. An der Stelle $x = 0$ sind die Funktionen nicht definiert. Potenzfunktionen mit geraden (negativen) Exponenten sind gerade Funktionen, es gilt $(-x)^n = x^n$. Ihre Bilder liegen symmetrisch zur Ordinatenachse, die Abszissenachse und die positive Ordinatenachse sind Asymptoten. An der Stelle $x = 0$ sind die Funktionen nicht definiert.

Ist in (2.26) $m = n = 1$, so erhält man die lineare gebrochenrationale Funktion f mit

$$f(x) = \frac{a_1 x + a_0}{b_1 x + b_0} = \frac{a_1}{b_1} - \frac{a_1 b_0 - a_0 b_1}{b_1^2 (x + b_0/b_1)},$$

wobei $b_1 \neq 0$ und $a_1 b_0 - a_0 b_1 \neq 0$ gilt. Die Funktion f besitzt eine Nullstelle $x_N = -\frac{a_0}{a_1}$ (falls $a_1 \neq 0$) und eine Polstelle $x_p = -\frac{b_0}{b_1}$. Für $x \to \pm\infty$ streben die Funktionswerte gegen $\frac{a_1}{b_1}$. Das Bild der Funktion f ist eine gleichseitige Hyperbel, deren Äste symmetrisch zum Punkt $M\left(-\frac{b_0}{b_1}; \frac{a_1}{b_1}\right)$ liegen. (Bilder gebrochenrationaler Funktionen vgl. 1.2.1.2.)

2.5.1.2.5. Zerlegung gebrochenrationaler Funktionen in eine Summe von Partialbrüchen. Um rationale Funktionen integrieren zu können, macht es sich i. allg. erforderlich, sie in eine Summe von Partialbrüchen zu zerlegen.

Satz: Es sei

$$f(x) = \frac{g(x)}{h(x)} = \frac{\sum\limits_{i=0}^{n} a_i x^i}{\sum\limits_{j=0}^{m} b_j x^j}.$$

Normalform einer rationalen Funktion (d. h. $g(x)$ und $h(x)$ besitzen keine gemeinsamen Nullstellen) mit $n \leqq m$ und $b_m = 1$; dann läßt sich $f(x)$ auf eindeutige Weise zerlegen in

$$\begin{aligned} f(x) = {} & \frac{A_{11}}{(x - x_{N_1})} + \frac{A_{12}}{(x - x_{N_1})^2} + \dots + \frac{A_{1k_1}}{(x - x_{N_1})^{k_1}} \\ & + \frac{A_{21}}{(x - x_{N_2})} + \frac{A_{22}}{(x - x_{N_2})^2} + \dots + \frac{A_{2k_2}}{(x - x_{N_2})^{k_2}} \\ & + \dots\dots\dots\dots\dots\dots\dots\dots \\ & + \frac{A_{l1}}{(x - x_{N_l})} + \frac{A_{l2}}{(x - x_{N_l})^2} + \dots + \frac{A_{lk_l}}{(x - x_{N_l})^{k_l}} \\ & + \frac{B_{11} + C_{11}x}{(x^2 + p_1x + q_1)} + \frac{B_{12} + C_{12}x}{(x^2 + p_1x + q_1)^2} + \dots + \frac{B_{1s_1} + C_{1s_1}x}{(x^2 + p_1x + q_1)^{s_1}} \\ & + \frac{B_{21} + C_{21}x}{(x^2 + p_2x + q_2)} + \frac{B_{22}C_{22}x}{(x^2 + p_2x + q_2)^2} + \dots + \frac{B_{2s_2} + C_{2s_2}x}{(x^2 + p_2x + q_2)^{s_2}} \\ & + \dots\dots\dots\dots\dots\dots\dots\dots \\ & + \frac{B_{r1} + C_{r1}x}{(x^2 + p_rx + q_r)} + \frac{B_{r2} + C_{r2}x}{(x^2 + p_rx + q_r)^2} + \dots + \frac{B_{rs_r} + C_{rs_r}x}{(x^2 + p_rx + q_r)^{s_r}}\,; \end{aligned} \tag{2.27}$$

dabei sind k, l, r, s natürliche, $A_{ik}, B_{ik}, C_{ik}, q_i, p_i$ reelle Zahlen, x_{N_i} die Nullstellen von $h(x)$; außerdem gilt

$$\frac{p_i^2}{4} - q_i < 0 \quad \text{für} \quad i = 1, 2, \dots, r.$$

Die Summanden in (2.27) heißen *Partialbrüche*.

Sonderfälle:

1) Besitzt die Gleichung $h(x) = 0$ nur einfache reelle Lösungen, etwa $x_{N_1}, x_{N_2}, \dots, x_{N_l}$, dann geht (2.27) über in

$$f(x) = \frac{g(x)}{h(x)} = \frac{A_1}{x - x_{N_1}} + \frac{A_2}{x - x_{N_2}} + \dots + \frac{A_l}{x - x_{N_l}}.$$

2) Besitzt die Gleichung $h(x) = 0$ reelle, jedoch nicht notwendig einfache Lösungen, es trete x_{N_l} etwa k_l mal auf, dann vereinfacht sich (2.27) zu

$$f(x) = \frac{g(x)}{h(x)} = \sum_{i=1}^{k_1} \frac{A_{1i}}{(x - x_{N_1})^i} + \sum_{i=1}^{k_2} \frac{A_{2i}}{(x - x_{N_2})^i} + \dots + \sum_{i=1}^{k_l} \frac{A_{li}}{(x - x_{N_l})^i}.$$

3) Besitzt die Gleichung $h(x) = 0$ auch nichtreelle, jedoch nur einfache Lösungen, dann ergibt sich aus (2.27)

$$f(x) = \frac{g(x)}{h(x)} = \sum_{i=1}^{l} \frac{A_i}{x - x_{N_i}} + \sum_{j=1}^{r} \frac{B_j + C_jx}{x^2 + p_jx + q_j}.$$

Rechnerische Herstellung der Partialbruchzerlegung

Zunächst bringe man eine gegebene rationale Funktion auf die Normalform (vgl. (2.26)), spalte im Falle einer unecht gebrochenen rationalen Funktion den ganzrationalen Anteil ab und bringe den Koeffizienten der höchsten Potenz des Nennerpolynoms der verbliebenen echt gebrochenen rationalen Funktion $\frac{g(x)}{h(x)}$ auf den Wert 1. Die Zerlegung in Partialbrüche erfordert weiter, daß die Lösungsmenge der Gleichung $h(x) = 0$, d. h. die Produktdarstellung von $h(x)$ (vgl. (2.24)), bekannt ist. Für die Berechnung der Partialbrüche stehen u. a. folgende Methoden zur Verfügung, die an Beispielen erläutert werden sollen.

Methode des Koeffizientenvergleiches:

1. *Beispiel*:

$$f(x) = \frac{g(x)}{h(x)} = \frac{2x}{2x^2 - 4x + 2} = \frac{x}{x^2 - 2x + 1} = \frac{x}{(x-1)^2}.$$

Ansatz:

$$f(x) = \frac{x}{x^2 - 2x + 1} = \frac{A_1}{x-1} + \frac{A_2}{(x-1)^2}.$$

Multiplikation mit $(x-1)^2$ führt zu $x = A_1(x-1) + A_2 = A_1 x + (A_2 - A_1)$. Durch Vergleich der Koeffizienten von x ergibt sich $A_1 = 1$ und $A_2 - A_1 = 0$, also $A_1 = 1$ und $A_2 = 1$ und damit die Zerlegung

$$f(x) = \frac{1}{x-1} + \frac{1}{(x-1)^2}.$$

2. *Beispiel*:

$$f(x) = \frac{g(x)}{h(x)} = \frac{2x^4 + 2x^2 - 5x + 1}{x^5 + 2x^4 + 3x^3 + 2x^2 + x} = \frac{2x^4 + 2x^2 - 5x + 1}{x(x^2 + x + 1)^2}.$$

Ansatz:

$$f(x) = \frac{A_1}{x} + \frac{B_1 + C_1 x}{x^2 + x + 1} + \frac{B_2 + C_2 x}{(x^2 + x + 1)^2}.$$

Multiplikation mit $x(x^2 + x + 1)^2$ führt zu

$$2x^4 + 2x^2 - 5x + 1$$
$$= A_1(x^2 + x + 1)^2 + (B_1 + C_1 x)(x^2 + x + 1)\,x + (B_2 + C_2 x)\,x.$$

Ordnen nach Potenzen von x und Vergleich der Koeffizienten liefert

$$A_1 + C_1 = 2; \quad 2A_1 + B_1 + C_1 = 0; \quad 3A_1 + B_1 + C_1 + C_2 = 2;$$
$$2A_1 + B_1 + B_2 = -5 \quad \text{und} \quad A_1 = 1.$$

Hieraus folgt $A_1 = C_1 = C_2 = 1$; $B_1 = -3$ und $B_2 = -4$. Damit ergibt sich die Zerlegung

$$f(x) = \frac{1}{x} + \frac{-3 + x}{x^2 + x + 1} + \frac{-4 + x}{(x^2 + x + 1)^2}.$$

Methode des Einsetzens spezieller Werte

Beispiel:

$$f(x) = \frac{g(x)}{h(x)} = \frac{x^2 + x - 1}{x^3 - x^2 - 2x} = \frac{x^2 + x - 1}{x(x+1)(x-2)}.$$

Ansatz:

$$f(x) = \frac{A_1}{x} + \frac{A_2}{x+1} + \frac{A_3}{(x-2)}.$$

Setzt man für x nacheinander die Werte 1, -2 und 3, so ergibt sich das Gleichungssystem

$$-\frac{1}{2} = A_1 + \frac{1}{2}A_2 - A_3; \quad -\frac{1}{8} = -\frac{1}{2}A_1 - A_2 - \frac{1}{4}A_3;$$
$$\frac{11}{12} = \frac{1}{3}A_1 + \frac{1}{4}A_2 + A_3 \quad .$$

mit der Lösung

$$A_1 = \frac{1}{2}; \quad A_2 = -\frac{1}{3}; \quad A_3 = \frac{5}{6}.$$

Damit ergibt sich die Zerlegung

$$f(x) = \frac{\frac{1}{2}}{x} + \frac{-\frac{1}{3}}{x+1} + \frac{\frac{5}{6}}{x-2}.$$

Grenzwertmethode

Beispiel:

$$f(x) = \frac{3x^4 - 9x^3 + 4x^2 - 34x + 1}{x^5 - 15x^3 + 10x^2 + 60x - 72} = \frac{3x^4 - 9x^3 + 4x^2 - 34x + 1}{(x-2)^3 (x+3)^2}.$$

Ansatz:

$$f(x) = \frac{A_{11}}{x-2} + \frac{A_{12}}{(x-2)^2} + \frac{A_{13}}{(x-2)^3} + \frac{A_{21}}{x+3} + \frac{A_{22}}{(x+3)^2}. \tag{2.28}$$

Multipliziert man die Gleichung (2.28) mit $(x-2)^3$, so ergibt sich

$$\frac{3x^4 - 9x^3 + 4x^2 - 34x + 1}{(x+3)^2} = A_{13} + (x-2)\left(A_{12} + (x-2)\,A_{11} + (x-2)^2\left(\frac{A_{21}}{x+3} + \frac{A_{22}}{(x+3)^2}\right)\right).$$

Läßt man auf beiden Seiten x gegen 2 streben, so ergibt sich unmittelbar $A_{13} = -3$. Multipliziert man (2.28) mit $(x+3)^2$ und läßt anschließend x gegen -3 streben, so erhält man $A_{22} = -5$. Eine einfache Umformung von (2.28) ergibt

$$f(x) + \frac{3}{(x-2)^3} + \frac{5}{(x+3)^2} = \frac{3x^2 - 7x + 2}{(x-2)^2 (x+3)} = \frac{A_{11}}{x-2} + \frac{A_{12}}{(x-2)^2} + \frac{A_{21}}{x+3}. \tag{2.29}$$

Ein analoges Vorgehen (d. h. man multipliziert die Gleichung (2.29) mit $(x-2)^2$ bzw. $(x+3)$ und läßt x gegen 2 bzw. gegen -3 streben) liefert $A_{12} = 0$ und $A_{21} = 2$. Durch Umformung von (2.29) in

$$\frac{3x^2 - 7x + 2}{(x-2)^2 (x+3)} - \frac{2}{x+3} = \frac{A_{11}}{x-2}$$

erhält man schließlich $A_{11} = 1$. Damit ergibt sich die Zerlegung

$$f(x) = \frac{1}{x-2} + \frac{-3}{(x-2)^3} + \frac{2}{x+3} + \frac{-5}{(x+3)^2}.$$

Anmerkung: Liegt der Sonderfall 1) vor, d. h., besitzt $f(x)$ die Zerlegung

$$\frac{g(x)}{h(x)} = \frac{A_1}{x - x_{N_1}} + \frac{A_2}{x - x_{N_2}} + \ldots + \frac{A_l}{x - x_{N_l}},$$

so ist nach der eben beschriebenen Methode

$$A_i = \lim_{x \to x_{N_i}} \left(x - x_{N_i}\right) \frac{g(x)}{h(x)} \quad (i = 1, 2, \ldots, l).$$

Andererseits gilt

$$\lim_{x \to x_{N_i}} \frac{h(x)}{x - x_{N_i}} = \lim_{x \to x_{N_i}} \frac{h(x) - h\left(x_{N_i}\right)}{x - x_{N_i}} = h'\left(x_{N_i}\right) \neq 0,$$

so daß die Partialbruchzerlegung mit

$$f(x) = \frac{g(x)}{h(x)} = \sum_{i=1}^{l} \frac{g(x_{N_i})}{h'(x_{N_i})} \cdot \frac{1}{x - x_{N_i}}$$

geschlossen angegeben werden kann.

2.5.1.3. Nichtrationale algebraische Funktionen

Einfache nichtrationale (auch irrationale) algebraische Funktionen sind die auch als Wurzelfunktionen bezeichneten inversen Funktionen der Potenzfunktionen mit positivem ganzzahligem Exponenten. Ist dieser gerade, so besitzen die entsprechenden Potenzfunktionen zwei Monotonieintervalle, es existieren deshalb zwei Umkehrfunktionen; ist er ungerade, so ist $f(x) = \sqrt[n]{x}$ für $-\infty < x < \infty$; aus methodischen Gründen wird mitunter der Ausdruck $\sqrt[n]{x}$ einheitlich nur für positive Radikanten erklärt, so daß sich die Umkehrfunktion dann nicht in einem geschlossenen analytischen Ausdruck darstellen läßt.

	$n = 2m + 1;\ m \in N$	$n = 2m;\ m \in N$	
Potenzfunktion g	$g(x) = x^n$	$g(x) = x^n$	
Wurzelfunktion f	$f(x) = \begin{cases} -\sqrt[n]{-x} & \text{für } -\infty < x < 0 \\ \sqrt[n]{x} & \text{für } 0 \leqq x < +\infty \end{cases}$	$f(x) = \sqrt[n]{x}$ $0 \leqq x < +\infty$	$f(x) = -\sqrt[n]{x}$ $0 \leqq x < +\infty$
Wertebereich von f	$-\infty < y < +\infty$	$0 \leqq y < +\infty$	$-\infty < y \leqq 0$
Wendepunkte Monotonieverhalten	$P_0(0; 0)$ monoton wachsend	– monoton wachsend	– monoton fallend

(Bilder spezieller nichtrationaler Funktionen vgl. 1.2.1.3.)

2.5.2. Transzendente Funktionen

Nichtalgebraische Funktionen heißen *transzendent* (vgl. 2.5.1.). Zu den wichtigsten transzendenten Funktionen gehören die trigonometrischen Funktionen, die Exponentialfunktionen, die hyperbolischen Funktionen sowie deren Umkehrfunktionen.

2.5.2.1. Trigonometrische Funktionen und deren Umkehrfunktionen

2.5.2.1.1. Definition der trigonometrischen Funktionen

Definition: Der Mittelpunkt eines Kreises mit dem Radius der Länge r liege im Ursprung O eines kartesischen Koordinatensystems, der Schnittpunkt des Kreises mit der positiven Abszissenachse sei S (Abb. 2.8). Ein sich auf der Kreisperipherie bewegender Punkt P mit den Koordinaten ξ und η

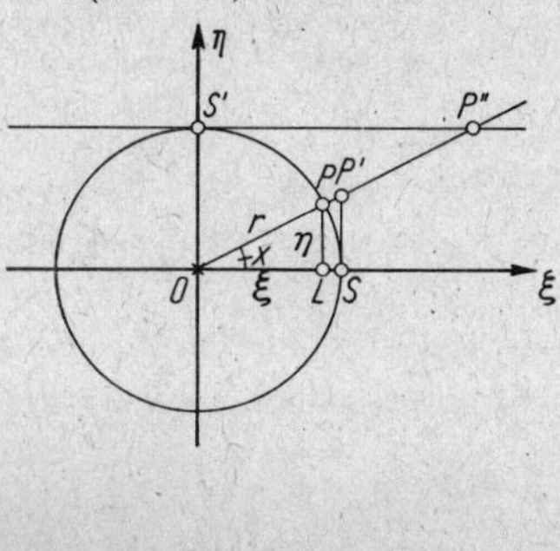

Abb. 2.8

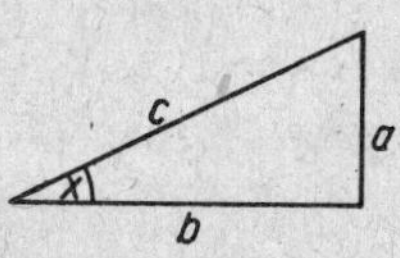

Abb. 2.9

legt einen Winkel SOP fest, dessen Größe (im Bogenmaß bzw. Gradmaß – vgl. 2.6.3.) mit x bezeichnet werde. Dabei ist x positiv, wenn P den Kreis, bei S beginnend, in mathematisch positivem Drehsinn durchläuft. Die *trigonometrischen Funktionen* (*Winkelfunktionen, Kreisfunktionen*) werden durch folgende Gleichungen definiert:

Sinus: $f(x) = \sin x = \dfrac{\eta}{r}$; *Kosinus*: $f(x) = \cos x = \dfrac{\xi}{r}$;

Tangens: $f(x) = \tan x = \dfrac{\eta}{\xi}$; *Kotangens*: $f(x) = \cot x = \dfrac{\xi}{\eta}$;

Sekans: $f(x) = \sec x = \dfrac{r}{\xi}$; *Kosekans*: $f(x) = \operatorname{cosec} x = \dfrac{r}{\eta}$.

Der Definitionsbereich der trigonometrischen Funktionen umfaßt alle reelle Zahlen x mit Ausnahme derjenigen, für die der Nenner des jeweiligen Quotienten null wird.

Anmerkungen:

1) Der Kosinus (lat. complementi sinus) ist der Sinus des Komplementwinkels und auch umgekehrt; entsprechend stehen auch Tangens und Kotangens bzw. Sekans und Kosekans in der Relation Funktion–Kofunktion zueinander, d. h., es gilt

$$\cos x = \sin\left(\frac{\pi}{2} - x\right); \quad \cot x = \tan\left(\frac{\pi}{2} - x\right); \quad \operatorname{cosec} x = \sec\left(\frac{\pi}{2} - x\right);$$

$$\sin x = \cos\left(\frac{\pi}{2} - x\right); \quad \tan x = \cot\left(\frac{\pi}{2} - x\right); \quad \sec x = \operatorname{cosec}\left(\frac{\pi}{2} - x\right).$$

2) Wegen der einfachen Beziehungen $\sec x = \dfrac{1}{\cos x}$ und $\operatorname{cosec} x = \dfrac{1}{\sin x}$ werden die Funktionen Sekans und Kosekans relativ selten (z. B. noch in der Astronomie) benötigt. Auf ihre ausführliche Darstellung soll deshalb verzichtet werden.

3) Wählt man in der Definition der Winkelfunktionen speziell $r = 1$, so lassen sich die Funktionswerte der trigonometrischen Funktionen durch die Maßzahlen der Längen folgender Strecken darstellen (vgl. Abb. 2.8):

$\sin x$ durch $\overline{PL}$; $\cos x$ durch $\overline{OL}$; $\tan x$ durch $\overline{P'S}$; (Tangente) $\cot x$ durch $\overline{S'P''}$. (Kotangente)

$\left(\text{für } 0 \leqq x \leqq \dfrac{\pi}{2}\right)$

Folgerungen:

1) *Periodizität der Winkelfunktionen*: Da der sich auf dem Kreis bewegende Punkt für zwei Winkel, deren Größen sich um ein ganzzahliges Vielfaches von 2π voneinander unterscheiden, die gleiche Lage einnimmt, so wiederholen sich die Funktionswerte aller trigonometrischen Funktionen periodisch, d. h., es gilt $\sin x = \sin(x + 2k\pi)$, $\cos x = \cos(x + 2k\pi)$ und für Tangens und Kotangens sogar $\tan x = \tan(x + k\pi)$ und $\cot x = \cot(x + k\pi)$. Dabei sei $k = 0, \pm 1, \pm 2, \ldots$.

2) *Beziehungen im rechtwinkligen Dreieck*: Für Argumentwerte x zwischen 0 und $\dfrac{\pi}{2}$ ergeben sich, bezogen auf ein rechtwinkliges Dreieck, für die Winkelfunktionen die Beziehungen

$$\sin x = \frac{a}{c}, \quad \cos x = \frac{b}{c}, \quad \tan x = \frac{a}{b}, \quad \cot x = \frac{b}{a}, \quad \sec x = \frac{c}{b}, \quad \operatorname{cosec} x = \frac{c}{a}.$$

Dabei bedeutet (Abb. 2.9): a Maßzahl der Länge der Gegenkathete, b Maßzahl der Länge der Ankathete, c Maßzahl der Länge der Hypotenuse (mit Gegenkathete wird die dem Winkel der Größe x gegenüberliegende Kathete bezeichnet).

2.5.2.1.2. *Eigenschaften trigonometrischer Funktionen*

	$f(x) = \sin x$	$f(x) = \cos x$	$f(x) = \tan x$	$f(x) = \cot x$
größtmöglicher Definitionsbereich	$-\infty < x < +\infty$	$-\infty < x < +\infty$	$-\infty < x < +\infty$ $x \neq \frac{\pi}{2} + k\pi$	$-\infty < x < +\infty$ $x \neq k\pi$
Wertebereich	$-1 \leqq f(x) \leqq +1$	$-1 \leqq f(x) \leqq +1$	$-\infty < f(x) < +\infty$	$-\infty < f(x) < +\infty$
Nullstellen	$x_N = k\pi$	$x_N = \frac{\pi}{2} + k\pi$	$x_N = k\pi$	$x_N = \frac{\pi}{2} + k\pi$
Polstellen	–	–	$x_p = \frac{\pi}{2} + k\pi$	$x_p = k\pi$
Periodenlänge	2π	2π	π	π
Extrema	$x_E = \frac{\pi}{2} + k\pi$	$x_E = k\pi$	–	–
Wendepunkt	$x_W = k\pi$	$x_W = \frac{\pi}{2} + k\pi$	$x_W = k\pi$	$x_W = \frac{\pi}{2} + k\pi$
Die Funktion ist	ungerade	gerade	ungerade	ungerade

$k = 0, \pm 1, \pm 2, \ldots$

Die Bilder der trigonometrischen Funktionen findet man unter 1.2.2.1.

Hilfsmittel für die Ermittlung von Werten, die nicht unmittelbar einer Tafel entnommen werden können:

1) Funktionswerte trigonometrischer Funktionen zu Argumenten, deren Werte zwischen $\frac{\pi}{2}$ und 2π liegen, werden auf solche, deren Werte zwischen 0 und $\frac{\pi}{2}$ liegen, zurückgeführt durch die folgenden Reduktionsformeln:

$$\sin\left(\frac{\pi}{2} + x\right) = \cos x; \quad \sin(\pi + x) = -\sin x; \quad \sin\left(\frac{3}{2}\pi + x\right) = -\cos x;$$

$$\cos\left(\frac{\pi}{2} + x\right) = -\sin x; \quad \cos(\pi + x) = -\cos x; \quad \cos\left(\frac{3}{2}\pi + x\right) = \sin x;$$

$$\tan\left(\frac{\pi}{2} + x\right) = -\cot x; \quad \tan(\pi + x) = \tan x; \quad \tan\left(\frac{3}{2}\pi + x\right) = -\cot x;$$

$$\cot\left(\frac{\pi}{2} + x\right) = -\tan x; \quad \cot(\pi + x) = \cot x; \quad \cot\left(\frac{3}{2}\pi + x\right) = -\tan x.$$

2) Der Funktionswert einer Winkelfunktion f kann bei negativem Argument mit Hilfe der Beziehungen $f(-x) = f(x)$ für Kosinus und $f(-x) = -f(x)$ für Sinus, Tangens und Kotangens durch die entsprechende Winkelfunktion mit positivem Argument ausgedrückt werden.

3) Benötigt man Funktionswerte der Winkelfunktionen für Argumentwerte $x \geqq 2\pi$, so nutzt man die Periodizität der Winkelfunktionen aus (vgl. 2.5.2.1.1., Folgerung 1).

4) Man beachte, daß die Funktionswerte einer Winkelfunktion und ihrer Kofunktion i. allg. in einer Tabelle mit „doppeltem Eingang" zusammengestellt werden.

5) Für den Umgang mit Winkelfunktionen ist die Kenntnis spezieller Funktionswerte und der Vorzeichen der Funktionswerte in den vier Quadranten nützlich:

Bogenmaß	0	$\frac{\pi}{6}$	$\frac{\pi}{4}$	$\frac{\pi}{3}$	$\frac{\pi}{2}$
Gradmaß	0°	30°	45°	60°	90°
$\sin x$	0	$\frac{1}{2}$	$\frac{1}{2}\sqrt{2}$	$\frac{1}{2}\sqrt{3}$	1
$\cos x$	1	$\frac{1}{2}\sqrt{3}$	$\frac{1}{2}\sqrt{2}$	$\frac{1}{2}$	0
$\tan x$	0	$\frac{1}{3}\sqrt{3}$	1	$\sqrt{3}$	–
$\cot x$	–	$\sqrt{3}$	1	$\frac{1}{3}\sqrt{3}$	0

Quadrant	Argument	$\sin x$	$\cos x$	$\tan x$	$\cot x$
I	$0 < x < \frac{\pi}{2}$	+	+	+	+
II	$\frac{\pi}{2} < x < \pi$	+	–	–	–
III	$\pi < x < \frac{3}{2}\pi$	–	–	+	+
IV	$\frac{3}{2}\pi < x < 2\pi$	–	+	–	–

2.5.2.1.3. *Beziehungen zwischen den trigonometrischen Funktionen*

Zusammenhang zwischen den trigonometrischen Funktionen mit gleichem Argumentwert

$$\sin^2 x + \cos^2 x = 1; \quad \tan x = \frac{\sin x}{\cos x}; \quad \tan x \cdot \cot x = 1;$$

$$\sec^2 x - \tan^2 x = 1; \quad \cot x = \frac{\cos x}{\sin x}; \quad \sin x \cdot \operatorname{cosec} x = 1;$$

$$\operatorname{cosec}^2 x - \cot^2 x = 1; \quad \cos x \cdot \sec x = 1.$$

	$\sin^2 x$	$\cos^2 x$	$\tan^2 x$	$\cot^2 x$	$\sec^2 x$	$\operatorname{cosec}^2 x$
$\sin^2 x$	–	$1 - \cos^2 x$	$\frac{\tan^2 x}{1 + \tan^2 x}$	$\frac{1}{1 + \cot^2 x}$	$\frac{\sec^2 x - 1}{\sec^2 x}$	$\frac{1}{\operatorname{cosec}^2 x}$
$\cos^2 x$	$1 - \sin^2 x$	–	$\frac{1}{1 + \tan^2 x}$	$\frac{\cot^2 x}{1 + \cot^2 x}$	$\frac{1}{\sec^2 x}$	$\frac{\operatorname{cosec}^2 x - 1}{\operatorname{cosec}^2 x}$
$\tan^2 x$	$\frac{\sin^2 x}{1 - \sin^2 x}$	$\frac{1 - \cos^2 x}{\cos^2 x}$	–	$\frac{1}{\cot^2 x}$	$\sec^2 x - 1$	$\frac{1}{\operatorname{cosec}^2 x - 1}$
$\cot^2 x$	$\frac{1 - \sin^2 x}{\sin^2 x}$	$\frac{\cos^2 x}{1 - \cos^2 x}$	$\frac{1}{\tan^2 x}$	–	$\frac{1}{\sec^2 x - 1}$	$\operatorname{cosec}^2 x - 1$

Additionstheoreme trigonometrischer Funktionen für Summe und Differenz von Argumentwerten

$$\sin(x \pm y) = \sin x \cos y \pm \cos x \sin y; \qquad \cos(x \pm y) = \cos x \cos y \mp \sin x \sin y;$$

$$\tan(x \pm y) = \frac{\tan x \pm \tan y}{1 \mp \tan x \tan y}; \qquad \cot(x \pm y) = \frac{\cot x \cot y \mp 1}{\cot y \pm \cot x};$$

$$\sin(x + y + z) = \sin x \cos y \cos z + \cos x \sin y \cos z + \cos x \cos y \sin z - \sin x \sin y \sin z;$$

$$\cos(x + y + z) = \cos x \cos y \cos z - \sin x \sin y \cos z - \sin x \cos y \sin z - \cos x \sin y \sin z.$$

Additionstheoreme für Vielfache des Argumentwertes

$$\sin 2x = 2 \sin x \cos x = \frac{2 \tan x}{1 + \tan^2 x}; \qquad \cos 2x = \cos^2 x - \sin^2 x = \frac{1 - \tan^2 x}{1 + \tan^2 x};$$

$$\sin 3x = 3 \sin x - 4 \sin^3 x; \qquad \cos 3x = 4 \cos^3 x - 3 \cos x;$$

$$\sin 4x = 8 \cos^3 x \sin x - 4 \cos x \sin x; \qquad \cos 4x = 8 \cos^4 x - 8 \cos^2 x + 1;$$

$$\tan 2x = \frac{2 \tan x}{1 - \tan^2 x} = \frac{2}{\cot x - \tan x}; \qquad \cot 2x = \frac{\cot^2 x - 1}{2 \cot x} = \frac{\cot x - \tan x}{2};$$

$$\tan 3x = \frac{3 \tan x - \tan^3 x}{1 - 3 \tan^2 x}; \qquad \cot 3x = \frac{\cot^3 x - 3 \cot x}{3 \cot^2 x - 1};$$

$$\tan 4x = \frac{4 \tan x - 4 \tan^3 x}{1 - 6 \tan^2 x + \tan^4 x}; \qquad \cot 4x = \frac{\cot^4 x - 6 \cot^2 x + 1}{4 \cot^3 x - 4 \cot x}.$$

Für größere Werte n ermittelt man $\sin nx$ und $\cos nx$ unter Benutzung der Formel von Moivre (vgl. 3.4.2.5.1.); man erhält aus $\cos nx + \mathrm{i} \cdot \sin nx = (\cos x + \mathrm{i} \sin x)^n = \sum_{\lambda=0}^{n} \mathrm{i}^\lambda \binom{n}{\lambda} \cos^{n-\lambda} x \sin^\lambda x$ durch Vergleich der Real- und Imaginärteile[1])

$$\cos nx = \cos^n x - \binom{n}{2} \cos^{n-2} x \sin^2 x + \binom{n}{4} \cos^{n-4} x \sin^4 x - \binom{n}{6} \cos^{n-6} x \sin^6 x + \dots,$$

$$\sin nx = n \cos^{n-1} x \sin x - \binom{n}{3} \cos^{n-3} x \sin^3 x + \binom{n}{5} \cos^{n-5} x \sin^5 x - \dots.$$

Für die *halben Argumente* gelten folgende Beziehungen (das Vorzeichen ist entsprechend der Größe des Argumentes $\frac{x}{2}$ zu wählen):

$$\sin \frac{x}{2} = \pm \sqrt{\frac{1 - \cos x}{2}}; \qquad \tan \frac{x}{2} = \pm \sqrt{\frac{1 - \cos x}{1 + \cos x}} = \frac{\sin x}{1 + \cos x} = \frac{1 - \cos x}{\sin x};$$

$$\cos \frac{x}{2} = \pm \sqrt{\frac{1 + \cos x}{2}}; \qquad \cot \frac{x}{2} = \pm \sqrt{\frac{1 + \cos x}{1 - \cos x}} = \frac{\sin x}{1 - \cos x} = \frac{1 + \cos x}{\sin x}.$$

---

[1]) $\binom{n}{\lambda}$ bezeichnet Binomialkoeffizienten; vgl. 2.2.1.2., Tabelle 1.1.1.2.

Summe und Differenz trigonometrischer Funktionen (*Additionstheoreme*)

$$\sin x + \sin y = 2 \sin \frac{x+y}{2} \cos \frac{x-y}{2}; \qquad \cos x + \cos y = 2 \cos \frac{x+y}{2} \cos \frac{x-y}{2};$$

$$\sin x - \sin y = 2 \cos \frac{x+y}{2} \sin \frac{x-y}{2}; \qquad \cos x - \cos y = -2 \sin \frac{x+y}{2} \sin \frac{x-y}{2};$$

$$\cos x \pm \sin x = \sqrt{2} \sin \left(\frac{\pi}{4} \pm x\right) = \sqrt{2} \cos \left(\frac{\pi}{4} \mp x\right);$$

$$\tan x \pm \tan y = \frac{\sin (x \pm y)}{\cos x \cos y}; \qquad \cot x \pm \cot y = \pm \frac{\sin (x \pm y)}{\sin x \sin y};$$

$$\tan x + \cot y = \frac{\cos (x - y)}{\cos x \sin y}; \qquad \cot x - \tan y = \frac{\cos (x + y)}{\sin x \cos y}.$$

Produkte trigonometrischer Funktionen

$$\sin (x + y) \sin (x - y) = \cos^2 y - \cos^2 x; \quad \cos (x + y) \cos (x - y) = \cos^2 y - \sin^2 x;$$

$$\sin x \sin y = \tfrac{1}{2} (\cos (x - y) - \cos (x + y));$$

$$\cos x \cos y = \tfrac{1}{2} (\cos (x - y) + \cos (x + y));$$

$$\sin x \cos y = \tfrac{1}{2} (\sin (x - y) + \sin (x + y));$$

$$\cos x \sin y = \tfrac{1}{2} (\sin (x + y) - \sin (x - y));$$

$$\sin x \sin y \sin z = \tfrac{1}{4} (\sin (x + y - z) + \sin (y + z - x) + \sin (z + x - y) - \sin (x + y + z));$$

$$\sin x \cos y \cos z = \tfrac{1}{4} (\sin (x + y - z) - \sin (y + z - x) + \sin (z + x - y) + \sin (x + y + z));$$

$$\sin x \sin y \cos z = \tfrac{1}{4} (-\cos (x + y - z) + \cos (y + z - x) + \cos (z + x - y) - \cos (x + y + z));$$

$$\cos x \cos y \cos z = \tfrac{1}{4} (\cos (x + y - z) + \cos (y + z - x) + \cos (z + x - y) + \cos (x + y + z)).$$

$$\tan x \tan y = \frac{\tan x + \tan y}{\cot x + \cot y} = - \frac{\tan x - \tan y}{\cot x - \cot y};$$

$$\cot x \cot y = \frac{\cot x + \cot y}{\tan x + \tan y} = - \frac{\cot x - \cot y}{\tan x - \tan y};$$

$$\tan x \cot y = \frac{\tan x + \cot y}{\cot x + \tan y} = - \frac{\tan x - \cot y}{\cot x - \tan y}.$$

Potenzen trigonometrischer Funktionen

$\sin^2 x = \frac{1}{2}(1 - \cos 2x);$ $\cos^2 x = \frac{1}{2}(1 + \cos 2x);$

$\sin^3 x = \frac{1}{4}(3 \sin x - \sin 3x);$ $\cos^3 x = \frac{1}{4}(3 \cos x + \cos 3x);$

$\sin^4 x = \frac{1}{8}(\cos 4x - 4 \cos 2x + 3);$ $\cos^4 x = \frac{1}{8}(\cos 4x + 4 \cos 2x + 3).$

Die Berechnung von $\sin^n x$ und $\cos^n x$ für größere natürliche Exponenten n erfolgt unter Benutzung der Formeln für $\sin nx$ und $\cos nx$ (siehe S. 181).

2.5.2.1.4. Die allgemeine Sinusfunktion $f(x) = a \sin(bx + c)$. Viele Vorgänge in Natur und Technik tragen den Charakter von Schwingungen, deren mathematische Beschreibung durch eine Funktion der Form $f(x) = a \sin(bx + c)$ (a, b, c reell und $b \neq 0$) möglich ist. Vergleicht man das Bild der Funktion $f(x) = a \sin(bx + c) = a \sin b\left(x + \frac{c}{b}\right)$ mit dem der Funktion $y = \sin x$, so bewirken

der Faktor a eine Stauchung ($|a| < 1$) bzw. Streckung ($|a| > 1$) in Richtung der Ordinatenachse; ist $a < 0$, so wird zusätzlich an der Abszissenachse gespiegelt;

der Faktor b eine Veränderung der kleinsten (primitiven) Periode von 2π auf $\frac{2\pi}{|b|}$;

der Summand c eine Verschiebung des Bildes in Richtung der Abszissenachse um $\left|\frac{c}{b}\right|$ Einheiten (vgl. 1.2.2.1. und Abb. 1.22).

Beispiel: Das Bild der Funktion f mit $f(x) = -2 \sin\left(2x + \frac{\pi}{4}\right)$ ist gegenüber dem der Funktion g mit $g(x) = \sin x$ an der Abszisse gespiegelt, in Richtung der Ordinate gestreckt und um $\frac{\pi}{8}$ in Richtung der negativen Abszissenachse verschoben. Die kleinste Periode der Funktion f beträgt π.

Physikalische Deutung der Funktion $f(x) = a \sin(bx + c)$

Wählt man als unabhängige Variable die Zeit t und ersetzt, wie in der Physik üblich, a durch A, b durch ω und c durch φ, so erhält man $f(t) = A \sin(\omega t + \varphi)$. Dabei ist φ die Phasenverschiebung, auch Anfangsphase, $T = \frac{2\pi}{\omega}$ die Schwingungsdauer, $f = \frac{1}{T} = \frac{\omega}{2\pi}$ die Frequenz ($\omega = \frac{2\pi}{T} = 2\pi f$ gibt als Kreisfrequenz die Anzahl der Schwingungen in 2π Sekunden an) und A die Amplitude der Schwingung. Ist A zeitabhängig, etwa $A = A(t) = e^{-Rt}$ mit $R > 0$, so nimmt die Amplitude ständig ab (gedämpfte Schwingung; vgl. 1.2.2.2.). Überlagern sich Schwingungen, so addieren sich ihre Wirkungen; haben die einzelnen Schwingungen gleiche Frequenz, so gilt dies wegen

$$\sum_{i=1}^{n} A_i \sin(\omega t + \varphi_i) = A \sin(\omega t + \varphi)$$

auch für ihre Summe. Für $n = 2$ gelten die Beziehungen

$$A = \sqrt{A_1^2 + A_2^2 + 2A_1A_2 \cos(\varphi_2 - \varphi_1)}$$

und

$$\tan \varphi = \frac{A_1 \sin \varphi_1 + A_2 \sin \varphi_2}{A_1 \cos \varphi_1 + A_2 \cos \varphi_2}.$$

Die Funktion $f(t) = A \sin(\omega t + \varphi)$ läßt sich auch in der Form $f(t) = a \sin \omega t + b \cdot \cos \omega t$ mit $A = \sqrt{a^2 + b^2}$ und $\tan \varphi = \frac{b}{a}$ darstellen.

2.5.2.1.5. Definition der inversen trigonometrischen Funktionen. Die inversen Funktionen der trigonometrischen Funktionen werden auch als *Arkusfunktionen* (bzw. *zyklometrische Funktionen*) bezeichnet.

Definition: Es sei k eine ganze Zahl. Die zu jedem Intervall

$$\left.\begin{array}{l} \left[\dfrac{2k-1}{2}\pi;\quad \dfrac{2k+1}{2}\pi\right] \\ [k\pi;\quad (k+1)\pi] \\ \left(\dfrac{2k-1}{2}\pi;\quad \dfrac{2k+1}{2}\pi\right) \\ (k\pi;\quad (k+1)\pi) \end{array}\right\} \text{gehörende Umkehrfunktion von} \left\{\begin{array}{l} y = \sin x \\ y = \cos x \\ y = \tan x \\ y = \cot x \end{array}\right\} \text{heißt} \left\{\begin{array}{l} \text{Arkussinus}^{1)} \\ \text{Arkuskosinus} \\ \text{Arkustangens} \\ \text{Arkuskotangens} \end{array}\right\}$$

$$\text{und wird mit} \left\{\begin{array}{l} y = \arcsin x \\ y = \arccos x \\ y = \arctan x \\ y = \operatorname{arccot} x \end{array}\right\} \text{bezeichnet.}$$

Im allgemeinen verwendet man diejenigen inversen Funktionen der Winkelfunktionen, die sich ergeben, wenn in den oben genannten Intervallen $k = 0$ gesetzt wird. Wird $k \neq 0$ verwendet, so bedarf es eines besonderen Hinweises.

Beispiele:

$$\arcsin 0 = 0; \qquad \arccos\frac{1}{2} = \frac{\pi}{3};$$

$$\arctan 1 = \frac{\pi}{4}; \qquad \operatorname{arccot}\sqrt{3} = \frac{\pi}{6}.$$

2.5.2.1.6. *Eigenschaften der inversen trigonometrischen Funktionen*

	$y = \arcsin x$	$y = \arccos x$	$y = \arctan x$	$y = \operatorname{arccot} x$
Definitionsbereich	$-1 \leqq x \leqq +1$	$-1 \leqq x \leqq +1$	$-\infty < x < +\infty$	$-\infty < x < +\infty$
Wertevorrat	$-\frac{\pi}{2} \leqq y \leqq +\frac{\pi}{2}$	$0 \leqq y \leqq \pi$	$-\frac{\pi}{2} < y < +\frac{\pi}{2}$	$0 < y < \pi$
Monotonieverhalten	wachsend	fallend	wachsend	fallend
Wendepunkte	$x_w = 0$	$x_w = 0$	$x_w = 0$	$x_w = 0$
$\lim\limits_{x\to-\infty} f(x)$ bzw. $\lim\limits_{x\to\infty} f(x)$	–	–	$-\frac{\pi}{2}$ bzw. $\frac{\pi}{2}$	π bzw. 0

Bilder der inversen trigonometrischen Funktionen vgl. 1.2.2.1.

[1]) Arcus-Bogen; $y = \arcsin x$ bedeutet: y ist die Größe des Winkels im Bogenmaß, dessen Sinus den Wert x besitzt (lat. arcus cuius sinus est x).

2.5.2.1.7. Beziehungen zwischen den inversen trigonometrischen Funktionen

$$\arcsin x = -\arcsin(-x) = \frac{\pi}{2} - \arccos x = \arctan\frac{x}{\sqrt{1-x^2}};$$

$$\arccos x = \pi - \arccos(-x) = \frac{\pi}{2} - \arcsin x = \operatorname{arccot}\frac{x}{\sqrt{1-x^2}};$$

$$\arctan x = -\arctan(-x) = \frac{\pi}{2} - \operatorname{arccot} x = \arcsin\frac{x}{\sqrt{1+x^2}};$$

$$\operatorname{arccot} x = \pi - \operatorname{arccot}(-x) = \frac{\pi}{2} - \arctan x = \arccos\frac{x}{\sqrt{1+x^2}}.$$

Summen und Differenzen der inversen trigonometrischen Funktionen

$\arcsin x + \arcsin y$

$= \arcsin\left(x\sqrt{1-y^2} + y\sqrt{1-x^2}\right)$ mit $xy \leqq 0$ oder $x^2 + y^2 \leqq 1$

$= \pi - \arcsin\left(x\sqrt{1-y^2} + y\sqrt{1-x^2}\right)$ mit $x > 0; y > 0; x^2 + y^2 > 1$

$= -\pi - \arcsin\left(x\sqrt{1-y^2} + y\sqrt{1-x^2}\right)$ mit $x < 0; y < 0; x^2 + y^2 > 1;$

$\arcsin x - \arcsin y$

$= \arcsin\left(x\sqrt{1-y^2} - y\sqrt{1-x^2}\right)$ mit $xy \geqq 0$ oder $x^2 + y^2 \leqq 1$

$= \pi - \arcsin\left(x\sqrt{1-y^2} - y\sqrt{1-x^2}\right)$ mit $x > 0; y < 0; x^2 + y^2 > 1$

$= -\pi - \arcsin\left(x\sqrt{1-y^2} - y\sqrt{1-x^2}\right)$ mit $x < 0; y > 0; x^2 + y^2 > 1.$

$\arccos x + \arccos y$

$= \arccos\left(xy - \sqrt{1-x^2}\sqrt{1-y^2}\right)$ mit $x + y \geqq 0$

$= 2\pi - \arccos\left(xy - \sqrt{1-x^2}\sqrt{1-y^2}\right)$ mit $x + y < 0;$

$\arccos x - \arccos y$

$= -\arccos\left(xy + \sqrt{1-x^2}\sqrt{1-y^2}\right)$ mit $x \geqq y$

$= \arccos\left(xy + \sqrt{1-x^2}\sqrt{1-y^2}\right)$ mit $x < y;$

$\arctan x + \arctan y = \arctan\dfrac{x+y}{1-xy}$ mit $xy < 1$

$= \pi + \arctan\dfrac{x+y}{1-xy}$ mit $x > 0; xy > 1$

$= -\pi + \arctan\dfrac{x+y}{1-xy}$ mit $x < 0; xy > 1;$

$\arctan x - \arctan y = \arctan\dfrac{x-y}{1+xy}$ mit $xy > -1$

$= \pi + \arctan\dfrac{x-y}{1+xy}$ mit $x > 0; xy < -1$

$= -\pi + \arctan\dfrac{x-y}{1+xy}$ mit $x < 0; xy < -1.$

2.5.2.2. Exponentialfunktion und Logarithmusfunktion

2.5.2.2.1. Definition der Exponential- und Logarithmusfunktion

Definition: Die Funktion f heißt *Exponentialfunktion* genau dann, wenn für jedes x des Definitionsbereiches von f gilt:

$$y = f(x) = a^x \quad \text{mit} \quad a > 0, \text{ reell}; \quad a \neq 1.$$

Der Definitionsbereich der Funktion $f(x) = a^x$ ist die Menge der reellen Zahlen; der Wertevorrat umfaßt wegen $a^x > 0$ für alle x die Menge der positiven reellen Zahlen. Für $a > 1$ ist die Funktion streng monoton wachsend, für $0 < a < 1$ streng monoton fallend.

Wegen $a^{x_1} \cdot a^{x_2} = a^{x_1 + x_2}$ gilt für jede Exponentialfunktion f das Additionstheorem

$$f(x_1) \cdot f(x_2) = f(x_1 + x_2).$$

Definition: Die zur Exponentialfunktion $f(x) = a^x$ existierende inverse Funktion $\bar{f}$ heißt *Logarithmusfunktion* und wird mit $\bar{f}(x) = \log_a x$ bezeichnet.

Die Existenz der Logarithmusfunktion ist durch die strenge Monotonie der Exponentialfunktion im gesamten Definitionsbereich gesichert. Die Logarithmusfunktion ist nur für positive Argumentwerte erklärt.

2.5.2.2.2. Spezielle Exponential- und Logarithmusfunktionen. Multipliziert man die Funktionswerte von $f(x) = a^x$ mit der positiven reellen Zahl k, d. h., geht man zur Funktion g mit $g(x) = ka^x$ über, so bedeutet das wegen $ka^x = a^{x + \log_a k}$ eine Verschiebung des Bildes der Funktion f um $-\log_a k$ Einheiten in Richtung der positiven Abszissenachse.

Wählt man in $f(x) = a^x$ für a speziell die Zahl $e = \lim\limits_{n \to \infty} \left(1 + \frac{1}{n}\right)^n$, wobei für die transzendente Zahl $e \approx 2{,}718281828459$ gilt, so erhält man die in den Naturwissenschaften bedeutungsvolle Exponentialfunktion $f(x) = e^x$, deren Funktionswerte sich mit beliebiger Genauigkeit durch

$$e^x = 1 + \frac{x}{1!} + \frac{x^2}{2!} + \frac{x^3}{3!} + \dots$$

berechnen lassen (vgl. 3.1.14.6.).

Anwendungen der Funktion $f(x) = e^x$:

Organisches Wachstum: $g(t) = g_0 \cdot e^{ct}$ (g_0 Anfangsgröße, c Wachstumskonstante).

Zerfallsprozesse: $m(t) = m_0 e^{-\lambda t}$ (m_0 Anfangsgröße, λ Zerfallkonstante).

Gedämpfte Schwingungen: $f(t) = e^{-Rt} \sin(\omega t + \varphi)$ (vgl. 2.5.2.1.4.).

Fehleruntersuchungen: $f(x) = e^{-x^2}$ (Gaußsche Fehlerfunktion).

Die inverse Funktion von $f(x) = e^x$ wird mit $\bar{f}(x) = \ln x$ bezeichnet.

Das Bild der Funktion $g(x) = \log_a (kx)$ mit $k > 0$ geht wegen $\log_a (kx) = \log_a k + \log_a x$ aus dem Bild der Funktion $h(x) = \log_a x$ hervor, indem man letzteres um $\log_a k$ Einheiten in Richtung der positiven Ordinatenachse verschiebt.

2.5.2.2.3. Eigenschaften der Exponential- und Logarithmusfunktionen

	$y = a^x;\ a > 1$	$y = a^x;\ 0 < a < 1$	$y = \log_a x;\ a > 1$	$y = \log_a x;$ $0 < a < 1$
Definitionsbereich	$-\infty < x < +\infty$	$-\infty < x < +\infty$	$0 < x < +\infty$	$0 < x < +\infty$
Wertebereich	$0 < y < +\infty$	$0 < y < +\infty$	$-\infty < y < +\infty$	$-\infty < y < +\infty$
Monotonieverhalten	wachsend	fallend	wachsend	fallend
Nullstellen	–	–	$x_N = 1$	$x_N = 1$
Schnittpunkte mit der Ordinate	$y_S = 1$	$y_S = 1$	–	–
$\lim\limits_{x \to +\infty} f(x)$	$+\infty$	0	$+\infty$	$-\infty$
$\lim\limits_{x \to -\infty} f(x)$	0	$+\infty$	–	–

Bilder der Exponential- und Logarithmusfunktion vgl. 1.2.2.2.

2.5.2.3. Hyperbolische Funktionen und deren Umkehrfunktionen

2.5.2.3.1. Definition der hyperbolischen Funktionen. Die hyperbolischen Funktionen werden durch folgende Funktionsgleichungen definiert:

Hyperbelsinus
(Sinus hyperbolicus)

$$y = \sinh x = \frac{1}{2}(e^x - e^{-x})$$

Hyperbelcosinus
(Cosinus hyperbolicus)

$$y = \cosh x = \frac{1}{2}(e^x + e^{-x})$$

Hyperbeltangens
(Tangens hyperbolicus)

$$y = \tanh x = \frac{e^x - e^{-x}}{e^x + e^{-x}}$$

Hyperbelcotangens
(Cotangens hyperbolicus)

$$y = \coth x = \frac{e^x + e^{-x}}{e^x - e^{-x}}$$

Hyperbelsekans
(Sekans hyperbolicus)

$$y = \operatorname{sech} x = \frac{2}{e^x + e^{-x}}$$

Hyperbelcosekans
(Cosekans hyperbolicus)

$$y = \operatorname{cosech} x = \frac{2}{e^x - e^{-x}}$$

2.5.2.3.2. Eigenschaften der hyperbolischen Funktionen

	$y = \sinh x$	$y = \cosh x$	$y = \tanh x$	$y = \coth x$
Definitionsbereich	$-\infty < x < +\infty$	$-\infty < x < +\infty$	$-\infty < x < +\infty$	$-\infty < x < +\infty$ $x \neq 0$
Wertebereich	$-\infty < y < +\infty$	$1 \leqq y < +\infty$	$-1 < y < +1$	$-\infty < y < -1$ $+1 < y < +\infty$
Nullstellen	$x_N = 0$	keine	$x_N = 0$	keine
Asymptoten	keine	keine	$y = 1$ $y = -1$	$x = 0$ $y = \pm 1$
$\lim\limits_{x \to \pm\infty} f(x)$	$\pm\infty$	$+\infty$	± 1	± 1
Monotonieverhalten	$(-\infty, +\infty)$ wachsend	$(-\infty, 0)$ fallend $(0, +\infty)$ wachsend	$(-\infty, +\infty)$ wachsend	$(-\infty, 0)$ fallend $(0, +\infty)$ fallend
Extremwerte	keine	$x_E = 0$ Minimum	keine	keine
Wendepunkte	$x_W = 0$	keine	$x_W = 0$	keine
die Funktion ist	ungerade	gerade	ungerade	ungerade

Bilder der hyperbolischen Funktionen vgl. 1.2.2.3.

2.5.2.3.3. Beziehungen zwischen den hyperbolischen Funktionen. Der durch die folgenden Gleichungen dargestellte Zusammenhang zwischen den hyperbolischen Funktionen ist dem der trigonometrischen Funktionen weitgehend analog, dadurch wird die Bezeichnung der hyperbolischen Funktionen gerechtfertigt.

Bemerkung: Gleichungen, in denen Hyperbelfunktionen f der Form $f(x)$ bzw. $f(ax)$ auftreten, können aus entsprechenden Gleichungen mit trigonometrischen Funktionen hergeleitet werden, wenn man formal $\sin x$ durch $\mathrm{i} \sinh x$ und $\cos x$ durch $\cosh x$ ersetzt, wobei $\mathrm{i}^2 = -1$ gilt (vgl. auch 3.4.1.).

Beispiele: $\cos^2 x + \sin^2 x = 1$ geht über in $\cosh^2 x + \mathrm{i}^2 \sinh^2 x = \cosh^2 x - \sinh^2 x = 1$; $\sin 2x = 2 \sin x \cos x$ geht über in $\mathrm{i} \sinh 2x = 2\mathrm{i} \sinh x \cosh x$ bzw. $\sinh 2x = 2 \sinh x \cosh x$.

Zusammenhang zwischen hyperbolischen Funktionen

$$\tanh x = \frac{\sinh x}{\cosh x}; \quad \coth x = \frac{\cosh x}{\sinh x}; \quad \operatorname{sech} x = \frac{\tanh x}{\sinh x};$$

$$\operatorname{cosech} x = \frac{\coth x}{\cosh x}; \quad \cosh^2 x - \sinh^2 x = 1; \quad \operatorname{sech}^2 x + \tanh^2 x = 1;$$

$$\coth^2 x - \operatorname{cosech}^2 x = 1; \quad \tanh x \cdot \coth x = 1.$$

	$\sinh^2 x$	$\cosh^2 x$	$\tanh^2 x$	$\coth^2 x$	$\operatorname{sech}^2 x$	$\operatorname{cosech}^2 x$
$\sinh^2 x$	–	$\cosh^2 x - 1$	$\frac{\tanh^2 x}{1 - \tanh^2 x}$	$\frac{1}{\coth^2 x - 1}$	$\frac{1 - \operatorname{sech}^2 x}{\operatorname{sech}^2 x}$	$\frac{1}{\operatorname{cosech}^2 x}$
$\cosh^2 x$	$\sinh^2 x + 1$	–	$\frac{1}{1 - \tanh^2 x}$	$\frac{\coth^2 x}{\coth^2 x - 1}$	$\frac{1}{\operatorname{sech}^2 x}$	$\frac{1 + \operatorname{cosech}^2 x}{\operatorname{cosech}^2 x}$
$\tanh^2 x$	$\frac{\sinh^2 x}{\sinh^2 x + 1}$	$\frac{\cosh^2 x - 1}{\cosh^2 x}$	–	$\frac{1}{\coth^2 x}$	$1 - \operatorname{sech}^2 x$	$\frac{1}{1 + \operatorname{cosech}^2 x}$
$\coth^2 x$	$\frac{\sinh^2 x + 1}{\sinh^2 x}$	$\frac{\cosh^2 x}{\cosh^2 x - 1}$	$\frac{1}{\tanh^2 x}$	–	$\frac{1}{1 - \operatorname{sech}^2 x}$	$\operatorname{cosech}^2 x + 1$

Additionstheoreme hyperbolischer Funktionen für Summe und Differenz von Argumentwerten

$$\sinh (x \pm y) = \sinh x \cosh y \pm \cosh x \sinh y;$$

$$\cosh (x \pm y) = \cosh x \cosh y \pm \sinh x \sinh y;$$

$$\tanh (x \pm y) = \frac{\tanh x \pm \tanh y}{1 \pm \tanh x \tanh y}; \quad \coth (x \pm y) = \frac{1 \pm \coth x \coth y}{\coth x \pm \coth y}.$$

Additionstheoreme der Hyperbelfunktionen für den doppelten und halben Argumentwert

$$\sinh 2x = 2 \sinh x \cosh x; \quad \cosh 2x = \sinh^2 x + \cosh^2 x;$$

$$\tanh 2x = \frac{2 \tanh x}{1 + \tanh^2 x}; \quad \coth 2x = \frac{1 + \coth^2 x}{2 \coth x};$$

$$\sinh \frac{x}{2} = \sqrt{\frac{1}{2}(\cosh x - 1)} \quad \text{für} \quad x \geqq 0;$$

$$\sinh \frac{x}{2} = -\sqrt{\frac{1}{2}(\cosh x - 1)} \quad \text{für} \quad x < 0;$$

$$\cosh \frac{x}{2} = \sqrt{\frac{1}{2}(\cosh x + 1)};$$

$$\tanh \frac{x}{2} = \frac{\cosh x - 1}{\sinh x} = \frac{\sinh x}{\cosh x + 1};$$

$$\coth \frac{x}{2} = \frac{\sinh x}{\cosh x - 1} = \frac{\cosh x + 1}{\sinh x}.$$

Summe und Differenz hyperbolischer Funktionen

$$\sinh x \pm \sinh y = 2 \sinh \frac{1}{2}(x \pm y) \cosh \frac{1}{2}(x \mp y);$$

$$\cosh x + \cosh y = 2 \cosh \frac{1}{2}(x + y) \cosh \frac{1}{2}(x - y);$$

$$\cosh x - \cosh y = 2 \sinh \frac{1}{2}(x + y) \sinh \frac{1}{2}(x - y);$$

$$\tanh x \pm \tanh y = \frac{\sinh (x \pm y)}{\cosh x \cosh y}.$$

Formel von Moivre

$$(\cosh x \pm \sinh x)^n = \cosh nx \pm \sinh nx.$$

2.5.2.3.4. Definition der inversen hyperbolischen Funktionen. Die zu den hyperbolischen Funktionen inversen Funktionen werden auch als *Areafunktionen* bezeichnet. Sie werden durch folgende Gleichungen definiert:

Areasinus
(Area Sinus hyperbolicus)
$y = \operatorname{arsinh} x$ für $x = \sinh y$;

Areacosinus [1])
(Area Cosinus hyperbolicus)
$y = \operatorname{arcosh} x$ für $x = \cosh y$;

Areatangens
(Area Tangens hyperbolicus)
$y = \operatorname{artanh} x$ für $x = \tanh y$;

Areakotangens
(Area Cotangens hyperbolicus)
$y = \operatorname{arcoth} x$ für $x = \coth y$.

Explizite Darstellung der inversen hyperbolischen Funktionen durch logarithmische Funktionen. Löst man die in 2.5.2.3.1. angegebenen Funktionsgleichungen nach x auf und vertauscht anschließend formal die Variablen, so ergibt sich:

$$y = \operatorname{arsinh} x = \ln\left(x + \sqrt{x^2 + 1}\right);$$

$$y = \operatorname{arcosh} x = \ln\left(x - \sqrt{x^2 - 1}\right)$$ (für die Umkehrung von $y = \cosh x$ im Intervall $-\infty < x \leqq 0$);

$$y = \operatorname{arcosh} x = \ln\left(x + \sqrt{x^2 - 1}\right)$$ (für die Umkehrung von $y = \cosh x$ im Intervall $0 \leqq x < +\infty$);

$$y = \operatorname{artanh} x = \ln \sqrt{\frac{1+x}{1-x}} = \frac{1}{2} \ln \frac{1+x}{1-x}$$ (für $|x| < 1$);

$$y = \operatorname{arcoth} x = \ln \sqrt{\frac{x+1}{x-1}} = \frac{1}{2} \ln \frac{x+1}{x-1}$$ (für $|x| > 1$).

Die Bilder der Areafunktionen ergeben sich aus den Bildern der entsprechenden hyperbolischen Funktionen durch Spiegelung an der Geraden $y = x$ (vgl. 1.2.2.3.).

---

[1]) Man beachte, daß $y = \cosh x$ nicht im gesamten Definitionsbereich monoton verläuft. Man erhält folglich für jedes der beiden Monotonieintervalle eine inverse Funktion.

2.5.2.3.5. *Eigenschaften der inversen hyperbolischen Funktionen*

	$y = \operatorname{arsinh} x$	$y = \operatorname{arcosh} x$	$y = \operatorname{artanh} x$	$y = \operatorname{arcoth} x$
Definitionsbereich	$-\infty < x < +\infty$	$1 \leqq x < +\infty$	$-1 < x < +1$	$-\infty < x < -1$ $+1 < x < +\infty$
Wertebereich	$-\infty < x < +\infty$	$0 \leqq y < +\infty$ bzw. $-\infty < y \leqq 0$	$-\infty < y < +\infty$	$-\infty < y < +\infty$ $y \neq 0$
Nullstellen	$x_N = 0$	$x_N = 1$	$x_N = 0$	keine
Asymptoten	keine	keine	$x = +1$ $x = -1$	$y = 0$ $x = \pm 1$
Verhalten im Unendlichen	$\lim\limits_{x \to \pm\infty} \operatorname{arsinh} x = \pm\infty$	$\lim\limits_{x \to +\infty} \operatorname{arcosh} x = +\infty$ bzw. $\lim\limits_{x \to +\infty} \operatorname{arcosh} x = -\infty$	–	$\lim\limits_{x \to \pm\infty} \operatorname{arcoth} x = 0$
Wendepunkte	$x_W = 0$	keine	$x_W = 0$	keine
die Funktion ist	ungerade	weder gerade noch ungerade	ungerade	ungerade

2.5.2.3.6. *Beziehungen zwischen den inversen hyperbolischen Funktionen*

	$\operatorname{arsinh} x$	$\operatorname{arcosh} x$	$\operatorname{artanh} x$	$\operatorname{arcoth} x$
$\operatorname{arsinh} x$	–	$\pm \operatorname{arcosh} \sqrt{x^2 + 1}$	$\operatorname{artanh} \dfrac{x}{\sqrt{x^2 + 1}}$	$\operatorname{arcoth} \dfrac{\sqrt{x^2 + 1}}{x}$
$\operatorname{arcosh} x$	$\pm \operatorname{arsinh} \sqrt{x^2 - 1}$	–	$\pm \operatorname{artanh} \dfrac{\sqrt{x^2 - 1}}{x}$	$\pm \operatorname{arcoth} \dfrac{x}{\sqrt{x^2 - 1}}$
$\operatorname{artanh} x$	$\operatorname{arsinh} \dfrac{x}{\sqrt{1 - x^2}}$	$\pm \operatorname{arcosh} \dfrac{1}{\sqrt{1 - x^2}}$	–	$\operatorname{arcoth} \dfrac{1}{x}$
$\operatorname{arcoth} x$	$\operatorname{arsinh} \dfrac{1}{\sqrt{x^2 - 1}}$	$\pm \operatorname{arcosh} \dfrac{x}{\sqrt{x^2 - 1}}$	$\operatorname{artanh} \dfrac{1}{x}$	–

Tritt in der Übersicht vor Funktionen ein doppeltes Vorzeichen auf, so gilt bei $\operatorname{arsinh} x$, $\operatorname{artanh} x$ und $\operatorname{arcoth} x$ „+“ für $x > 0$ und „−“ für $x < 0$; da der Definitionsbereich bei $\operatorname{arcosh} x$ $1 \leqq x < \infty$ ist, bedeutet das negative Vorzeichen die Umkehrfunktion von $\cosh x$ im Intervall $-\infty < x \leqq 0$.

$$\operatorname{arsinh} x \pm \operatorname{arsinh} y = \operatorname{arsinh}\left(x\sqrt{1 + y^2} \pm y\sqrt{1 + x^2}\right);$$

$$\operatorname{arcosh} x \pm \operatorname{arcosh} y = \operatorname{arsinh}\left(xy \pm \sqrt{(x^2 - 1)(y^2 - 1)}\right);$$

$$\operatorname{artanh} x \pm \operatorname{artanh} y = \operatorname{artanh} \frac{x \pm y}{1 \pm xy};$$

$$\operatorname{arcoth} x \pm \operatorname{arcoth} y = \operatorname{arcoth} \frac{1 \pm xy}{x \pm y}.$$

2.6. Geometrie

2.6.1. Planimetrie

Dreiecke. Die Summe zweier Seiten eines Dreiecks (Abb. 2.10) ist stets größer als die dritte Seite: $b + c > a$. Die Summe der Winkel im Dreieck ist $\alpha + \beta + \gamma = 180°$. Ein Dreieck ist vollständig bestimmt, wenn folgende Bestimmungsstücke gegeben sind: 1. Drei Seiten, 2. zwei Seiten und der eingeschlossene Winkel, 3. eine Seite und die beiden anliegenden Winkel. Sind zwei Seiten und der einer Seite gegenüberliegende Winkel gegeben, so lassen sich mit Hilfe dieser Bestimmungsstücke entweder zwei, ein oder kein Dreieck konstruieren (vgl. Abb. 2.11, Näheres hierzu s. 2.6.3.1.2.).

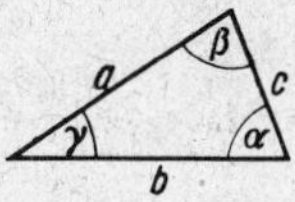

Abb. 2.10

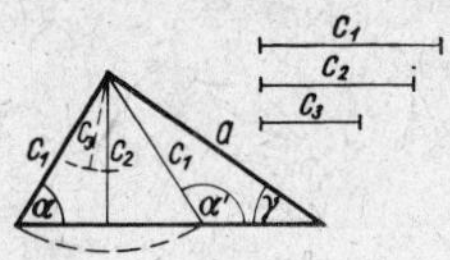

Abb. 2.11

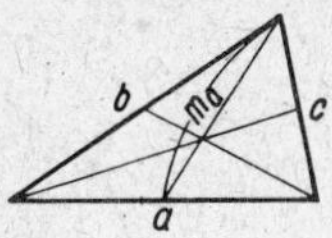

Abb. 2.12

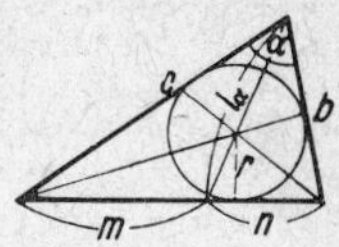

Abb. 2.13

Unter einer *Seitenhalbierenden* versteht man eine Gerade, die den Scheitel eines Dreieckswinkels mit dem Mittelpunkt der gegenüberliegenden Dreiecksseite verbindet. Die Seitenhalbierenden eines Dreiecks schneiden sich in einem Punkt, dem Schwerpunkt des Dreiecks (Abb. 2.12) und werden von diesem im Verhältnis 2 : 1 geteilt (vom Scheitel aus gerechnet). Die Länge der zur Seite a gehörenden Seitenhalbierenden ist $m_a = \frac{\sqrt{2(b^2 + c^2) - a^2}}{2}$ (s. auch 2.6.3.1.2.).

Unter einer *Winkelhalbierenden* versteht man eine Gerade, die einen inneren Winkel des Dreiecks in zwei gleiche Teile teilt. Die Winkelhalbierenden eines Dreiecks schneiden sich in einem Punkt, dem Mittelpunkt des einbeschriebenen Kreises (Abb. 2.13); wegen der Formel für den Radius dieses Kreises s. 2.6.3.1.2. Die Länge der Winkelhalbierenden des Winkels α (s. auch 2.6.3.1.2.) ist

$$l_a = \frac{\sqrt{bc[(b + c)^2 - a^2]}}{b + c}.$$

Der Mittelpunkt des dem Dreieck umbeschriebenen Kreises liegt auf dem gemeinsamen Schnittpunkt der drei *Mittelsenkrechten* des Dreiecks (Abb. 2.14). Formel für den Radius R s. 2.6.3.1.2.

Unter der *Höhe* eines Dreiecks versteht man das Lot, das vom Scheitelpunkt eines Dreieckswinkels auf die gegenüberliegende Seite gefällt wird. Die Höhen schneiden sich in einem Punkt, den man als das *Orthozentrum* bezeichnet. Die Länge der Höhe s. 2.6.3.1.2.

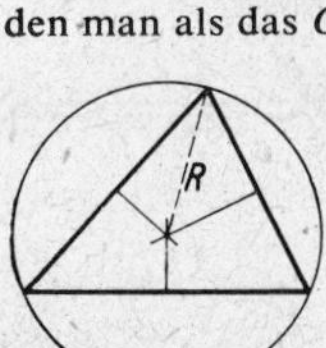

Abb. 2.14

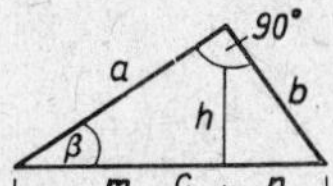

Abb. 2.15

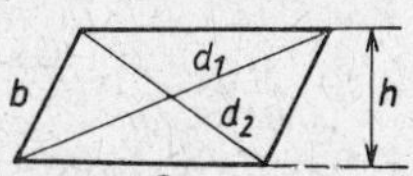

Abb. 2.16

Höhe, Seitenhalbierende und Winkelhalbierende, die zu ein und derselben Seite gehören, sind miteinander identisch, wenn die beiden anderen Dreiecksseiten einander gleich sind (*gleichschenkliges Dreieck*). Die Identität je zweier dieser Geraden ist für die Gleichschenkligkeit des Dreiecks hinreichend.

Beim gleichseitigen Dreieck ($a = b = c$) sind Mittelpunkt des einbeschriebenen Kreises, Mittelpunkt des umbeschriebenen Kreises und Schwerpunkt miteinander identisch.

Mittellinie heißt die Strecke, die die Mittelpunkte zweier Dreiecksseiten miteinander verbindet; sie ist der dritten Seite parallel und halb so lang wie diese.

Der *Flächeninhalt* des Dreiecks ist

$$S = bh_b/2 = (ab \sin \gamma)/2 = r(a + b + c)/2 = abc/(4R) = \sqrt{s(s-a)(s-b)(s-c)}\,^{1)}$$

mit $s = (a + b + c)/2.$

Das **rechtwinklige Dreieck** (Abb. 2.15). c ist die Hypotenuse, a und b sind die Katheten. Es gilt $a^2 + b^2 = c^2$ (Satz des Pythagoras), $h^2 = mn$, $a^2 = mc$, $b^2 = nc$. Der Flächeninhalt ist $S = ab/2 = (a^2 \tan \beta)/2 = (c^2 \sin 2\beta)/4$.

Wegen der trigonometrischen Formeln für das Dreieck s. 2.6.3.1.1.

Dreiecke (und auch Vielecke mit gleicher Anzahl von Seiten) heißen einander *ähnlich*, wenn ihre entsprechenden Winkel einander gleich und die entsprechenden Seiten einander proportional sind. Sollen zwei Dreiecke einander ähnlich sein, so ist eine der folgenden Bedingungen hinreichend: 1. Die drei Seiten des einen Dreiecks sind den Seiten des anderen Dreiecks proportional; 2. zwei Winkel des einen Dreiecks sind zwei Winkeln des anderen Dreiecks gleich; 3. zwei Seiten des einen Dreiecks sind zwei Seiten des anderen Dreiecks proportional, und die beiden jeweils von diesen Seiten eingeschlossenen Winkel sind einander gleich.

Die Flächeninhalte ähnlicher Figuren sind dem Quadrat entsprechender Strecken (Seiten, Höhen, Diagonalen usw.) proportional.

Das Parallelogramm (Abb. 2.16). Seine Haupteigenschaften sind: 1. Die einander gegenüberliegenden Seiten sind gleich; 2. je zwei einander gegenüberliegende Seiten sind parallel; 3. die Diagonalen halbieren einander; 4. einander gegenüberliegende Winkel sind gleich. Ist eine dieser vier Bedingungen erfüllt oder sind zwei gegenüberliegende Seiten eines Vierecks parallel und gleich lang, so ergeben sich daraus die übrigen Eigenschaften als Folgerung.

Die Diagonalen und Seiten sind durch die Formel $d_1^2 + d_2^2 = 2(a^2 + b^2)$ verknüpft. Der *Flächeninhalt* ist $S = ah$.

Rechteck und Quadrat. Ein Parallelogramm ist ein *Rechteck* (Abb. 2.17), wenn: 1. alle Winkel rechte sind oder 2. die Diagonalen einander gleich sind (eine dieser Eigenschaften zieht die andere nach sich). Der *Flächeninhalt* ist $S = ab$.

Ein Rechteck ist ein *Quadrat* (Abb. 2.18), wenn $a = b$ ist. Es gelten die Formeln $d = a\sqrt{2} \approx 1{,}414a$; $a = \sqrt{2}\,d/2 \approx 0{,}707d$. Der *Flächeninhalt* ist $S = a^2 = d^2/2$.

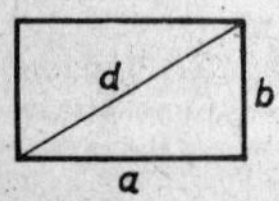

Abb. 2.17

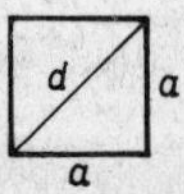

Abb. 2.18

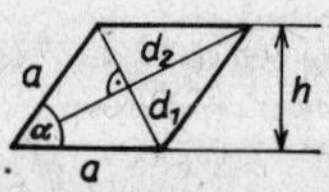

Abb. 2.19

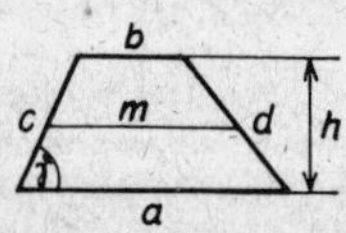

Abb. 2.20

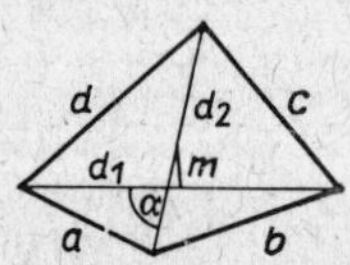

Abb. 2.21

Der Rhombus. Ein Parallelogramm ist ein Rhombus (Abb. 2.19), wenn 1. alle Seiten gleich sind, 2. die Diagonalen aufeinander senkrecht stehen, 3. die Diagonalen die Winkel des Parallelogramms halbieren (eine dieser Eigenschaften zieht die beiden anderen nach sich). $d_1 = 2a \sin(\alpha/2)$; $d_2 = 2a \cos(\alpha/2)$; $d_1^2 + d_2^2 = 4a^2$.

Flächeninhalt $S = ah = a^2 \sin \alpha = d_1 d_2/2$.

Das Trapez ist ein Viereck, bei dem zwei Seiten einander parallel sind (Abb. 2.20). a und b sind die beiden *Grundlinien*, h ist die *Höhe* und m die *Mittellinie* (die die Mittelpunkte der beiden nichtparallelen Seiten miteinander verbindet): $m = (a + b)/2$. *Flächeninhalt*: $S = (a + b)h/2 = mh$. Ist $d = c$, so spricht man von einem gleichschenkligen Trapez. In diesem Falle ist

$$S = (a - c \cos \gamma)\, c \sin \gamma = (b + c \cos \gamma)\, c \sin \gamma.$$

[1]) Heronische Flächenformel (s. auch S. 204, (2.54)); h_b bezeichnet die zur Seite b gehörende Höhe.

Das allgemeine Viereck (Abb. 2.21). Die Summe der Winkel eines konvexen Vierecks beträgt 360°. $a^2 + b^2 + c^2 + d^2 = d_1^2 + d_2^2 + 4m^2$; m ist hierbei die Strecke, die die Mittelpunkte der Diagonalen verbindet. *Flächeninhalt*: $S = (d_1 d_2 \sin\alpha)/2$.

Einem Viereck läßt sich ein Kreis dann und nur dann einbeschreiben, wenn $a + c = b + d$ ist (*Tangentenviereck*, Abb. 2.22a). Einem Viereck läßt sich ein Kreis dann und nur dann umbeschreiben, wenn $\alpha + \gamma = \beta + \delta = 180°$ ist (*Sehnenviereck*, Abb. 2.22b). Für das Sehnenviereck gilt

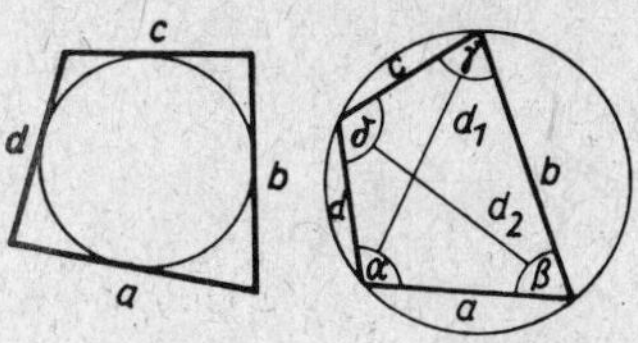

a) b)

Abb. 2.22

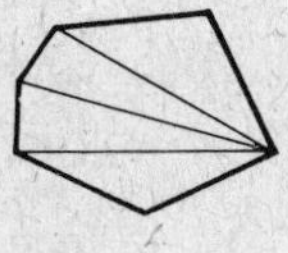

Abb. 2.23

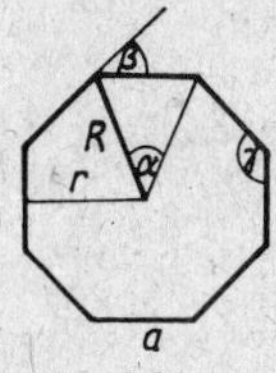

Abb. 2.24

$ac + bd = d_1 d_2$. Der *Flächeninhalt* des Sehnenvierecks ist $S = \sqrt{(p-a)(p-b)(p-c)(p-d)}$ mit $p = (a + b + c + d)/2$.

Das Vieleck (Abb. 2.23). Ist n die Anzahl der Seiten, so ist die Summe der Innenwinkel gleich $180°(n - 2)$. Die Summe der Außenwinkel beträgt 360°. Den *Flächeninhalt* ermittelt man durch Zerlegen in Dreiecke.

Man spricht von einem *regelmäßigen Vieleck* (Abb. 2.24), wenn seine Seiten und Winkel sämtlich gleich sind. Für das regelmäßige n-Eck gelten folgende Formeln: Der Zentriwinkel ist $\alpha = 360° : n$, der Außenwinkel ist $\beta = 360° : n$, der Innenwinkel ist $\gamma = 180° - \beta$. Ist R der Radius des Umkreises und r der Radius des Inkreises, so ist die Seite $a = 2\sqrt{R^2 - r^2} = 2R \sin(\alpha/2) = 2r \tan(\alpha/2)$. Der *Flächeninhalt ist* $S = nar/2 = nr^2 \tan(\alpha/2) = (nR^2 \sin\alpha)/2 = (na^2 \cot(\alpha/2))/4$. Angaben über einzelne regelmäßige Vielecke finden wir in der nachfolgenden Tabelle.

Elemente der regelmäßigen Vielecke

Bezeichnungen: n – Anzahl der Seiten, S – Flächeninhalt, a – Seite, R – Radius des Umkreises, r – Radius des Inkreises

n	$\frac{S}{a^2}$	$\frac{S}{R^2}$	$\frac{S}{r^2}$	$\frac{R}{a}$	$\frac{R}{r}$	$\frac{a}{R}$	$\frac{a}{r}$	$\frac{r}{R}$	$\frac{r}{a}$
3	0,4330	1,2990	5,1962	0,5774	2,0000	1,7321	3,4641	0,5000	0,2887
4	1,0000	2,0000	4,0000	0,7071	1,4142	1,4142	2,0000	0,7071	0,5000
5	1,7205	2,3776	3,6327	0,8507	1,2361	1,1756	1,4531	0,8090	0,6882
6	2,5981	2,5981	3,4641	1,0000	1,1547	1,0000	1,1547	0,8660	0,8660
7	3,6339	2,7364	3,3710	1,1524	1,1099	0,8678	0,9631	0,9010	1,0383
8	4,8284	2,8284	3,3137	1,3066	1,0824	0,7654	0,8284	0,9239	1,2071
9	6,1818	2,8925	3,2757	1,4619	1,0642	0,6840	0,7279	0,9397	1,3737
10	7,6942	2,9389	3,2492	1,6180	1,0515	0,6180	0,6498	0,9511	1,5388
12	11,196	3,0000	3,2154	1,9319	1,0353	0,5176	0,5339	0,9659	1,8660
15	17,642	3,0505	3,1883	2,4049	1,0223	0,4158	0,4251	0,9781	2,3523
16	20,109	3,0615	3,1826	2,5629	1,0196	0,3902	0,3978	0,9808	2,5137
20	31,569	3,0902	3,1677	3,1962	1,0125	0,3129	0,3168	0,9877	3,1569
24	45,575	3,1058	3,1597	3,8306	1,0086	0,2611	0,2633	0,9914	3,7979
32	81,225	3,1214	3,1517	5,1012	1,0048	0,1060	0,1970	0,9952	5,0766
48	183,08	3,1326	3,1461	7,6449	1,0021	0,1308	0,1311	0,9979	7,6285
64	325,69	3,1366	3,1441	10,190	1,0012	0,0981	0,0983	0,9988	10,178

Der Kreis. Radius r, Durchmesser d. Die *wichtigsten Winkel für den Kreis* sind (Abb. 2.25): der Peripheriewinkel $\alpha = 1/2 \sphericalangle BOC$, der Sehnentangentenwinkel $\beta = 1/2 \sphericalangle AOC$, der Sehnenwinkel (Abb. 2.26) $\gamma = 1/2 (\sphericalangle BOC + \sphericalangle DOE)$, der Sekantenwinkel (Abb. 2.27) $\alpha = 1/2 (\sphericalangle DOE - \sphericalangle BOC)$, der Sekantentangentenwinkel $\beta = 1/2 (\sphericalangle TOE - \sphericalangle BOT)$ und der Tangentenwinkel (Abb. 2.28) $\alpha = \pi - \sphericalangle BOC$.

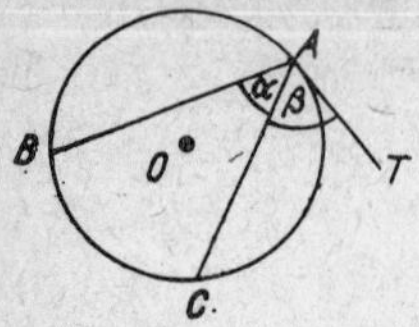

Abb. 2.25

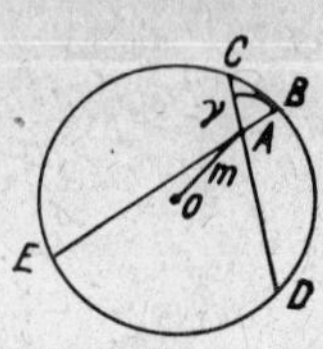

Abb. 2.26

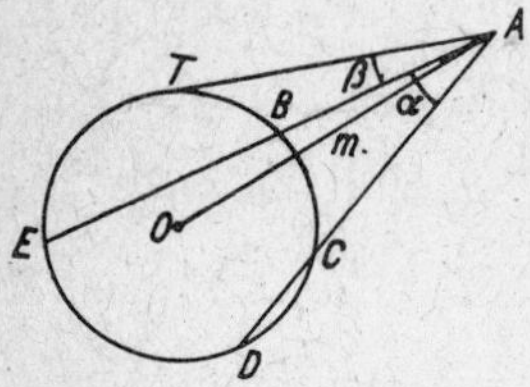

Abb. 2.27

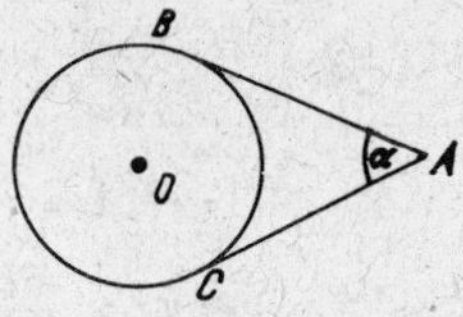

Abb. 2.28

Schneidende Sehnen (Abb. 2.26): $AC \cdot AD = AB \cdot AE = r^2 - m^2$.

Sekanten (Abb. 2.27): $AB \cdot AE = AC \cdot AD = AT^2 = m^2 - r^2$.

Umfang C und *Flächeninhalt S* des Kreises (r – Radius, d – Durchmesser)

$$\pi = C/d \approx 3{,}141\,592\,653\,589\,793\ldots$$

$$C = 2\pi r \approx 6{,}283r, \quad C = \pi d \approx 3{,}142d, \quad C = 2\sqrt{\pi S} \approx 3{,}545\sqrt{S},$$

$$S = \pi r^2 \approx 3{,}142r^2, \quad S = \pi d^2/4 \approx 0{,}785d^2, \quad S = Cd/4 = 0{,}25Cd,$$

$$r = C/(2\pi) \approx 0{,}159C, \quad d = 2\sqrt{S/\pi} \approx 1{,}128\sqrt{S}.$$

Segment (Kreisabschnitt) und *Sektor* (Kreisausschnitt) (Abb. 2.29). r – Radius, l – Länge des Bogens, a – Sehne, α – Zentriwinkel (in Grad), h – Höhe des Kreisabschnittes.

$$a = 2\sqrt{2hr - h^2} = 2r\sin(\alpha/2);$$

$$h = r - \sqrt{r^2 - a^2/4} = r(1 - \cos(\alpha/2)) = (a/2)\cdot\tan(\alpha/4);$$

$$l = 2\pi r\alpha/360 \approx 0{,}01745r\alpha.$$

Angenähert:

1. $l \approx (8b - a)/3$

oder

2. $l \approx \sqrt{a^2 + 16h^2/3}$

Flächeninhalt des Sektors: $S = \pi r^2\alpha/360 \approx 0{,}00873r^2\alpha$.

Flächeninhalt des Kreisabschnittes:

$$S_1 = r^2(\pi\alpha/180 - \sin\alpha)/2 = [lr - a(r - h)]/2.$$

Angenähert: $S_1 \approx h(6a + 8b)/15$.

Der Kreisring (Abb. 2.30). $D = 2R$ – äußerer Durchmesser, $d = 2r$ – innerer Durchmesser, $\varrho = (R + r)/2$ – mittlerer Durchmesser, $\delta = R - r$ – Breite des Ringes.

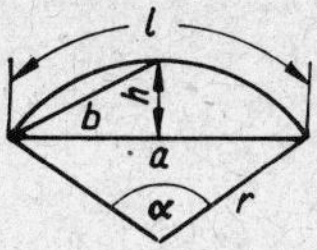

Abb. 2.29

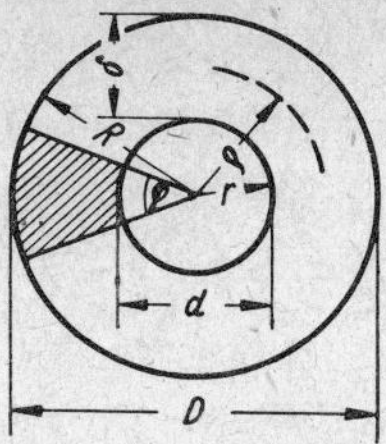

Abb. 2.30

Flächeninhalt des Ringes: $S = \pi(R^2 - r^2) = \pi(D^2 - d^2)/4 = 2\pi\varrho\delta$. Der Flächeninhalt eines Teiles des Kreisringes (in der Abb. 2.30 schraffiert) mit dem Zentriwinkel φ (in Grad) ist

$$S = \frac{\varphi\pi}{360}(R^2 - r^2) = \frac{\varphi\pi}{1440}(D^2 - d^2) = \frac{\varphi\pi}{180}\varrho\delta.$$

2.6.2. Stereometrie

2.6.2.1. Geraden und Ebenen im Raum

Zwei Geraden, die in einer Ebene liegen, haben entweder einen oder keinen Punkt gemeinsam. Im zweiten Falle sind sie *parallel.* Läßt sich durch zwei Geraden keine Ebene legen, so nennt man sie *windschiefe* oder *kreuzende* Geraden.

Der Winkel zwischen windschiefen Geraden wird definiert als Winkel zwischen zwei Geraden, die zu den windschiefen Geraden parallel sind und durch einen Punkt gehen (Abb. 2.31). Den Abstand zweier windschiefer Geraden definiert man durch die Länge der Strecke, die zwischen den beiden Geraden auf einer zu beiden senkrecht stehenden Geraden liegt.

Zwei Ebenen schneiden sich entweder in einer Geraden, oder sie haben keinen Punkt gemeinsam. Im zweiten Falle sind sie *parallel.* Sind zwei Ebenen senkrecht zu ein und derselben Geraden oder liegen auf beiden je zwei einander schneidende Geraden, die jeweils den Geraden auf der anderen der beiden Ebenen parallel sind, so sind diese Ebenen parallel.

Gerade und Ebene. Eine Gerade kann in einer gegebenen Ebene entweder ganz liegen, mit dieser einen oder gar keinen gemeinsamen Punkt haben. Im letzten Falle ist die Gerade der Ebene *parallel.* Den Winkel zwischen einer Geraden und einer Ebene mißt man zwischen der Geraden und ihrer

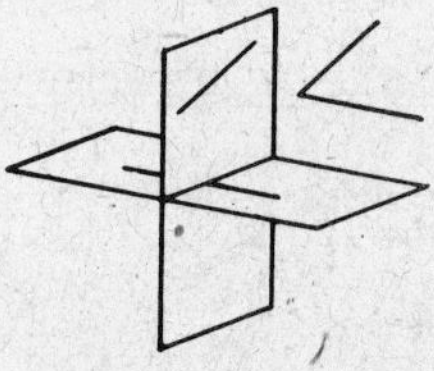
Abb. 2.31

Abb. 2.32

Projektion auf die Ebene (Abb. 2.32). Ist eine Gerade senkrecht zu zwei in einer Ebene liegenden, einander schneidenden Geraden, so steht sie auf jeder beliebigen Geraden der Ebene senkrecht (*senkrecht zur Ebene*).

2.6.2.2. Kanten, Ecken, Raumwinkel

Eine Kante ist eine Figur, die durch zwei von einer Geraden ausgehende Halbebenen gebildet wird. Als Maß für die Kante dient der Winkel *ABC* (Abb. 2.33), d. h. der Winkel, der von zwei innerhalb der beiden Ebenen auf einen Punkt der Schnittgeraden gefällten Loten gebildet wird.

Eine Ecke $OABCDE$ (Abb. 2.34) wird von mehreren Ebenen (*Seitenflächen*) gebildet, die durch einen Punkt gehen und sich nacheinander in den Geraden OA, OB, ... (*Kanten*) schneiden. Zwei nebeneinanderliegende Kanten der Ecke schließen eine *Seite*, zwei nebeneinanderliegende Ebenen einen *Winkel* der Ecke ein. Zwei Ecken nennt man gleich (kongruent), wenn sie sich zur Deckung bringen lassen. Hierzu müssen ihre Elemente (Seiten und Winkel) gleich sein. Sind die Elemente zweier Ecken jeweils einander gleich, jedoch in umgekehrter Reihenfolge angeordnet, so lassen sich die Ecken nicht zur Deckung bringen. Man nennt sie in diesem Falle symmetrisch; denn sie lassen sich in die auf Abb. 2.35 angegebene Lage bringen.

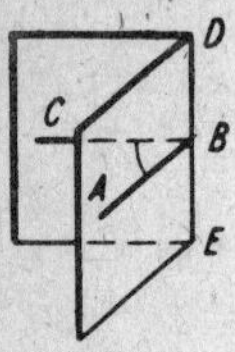

Abb. 2.33

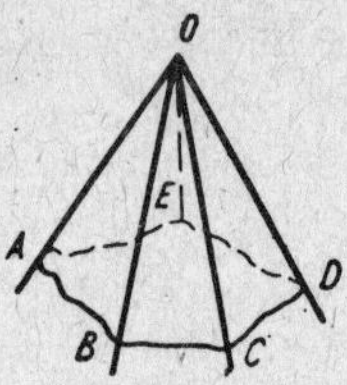

Abb. 2.34

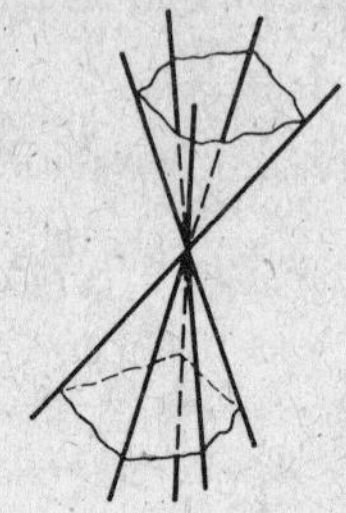
Abb. 2.35

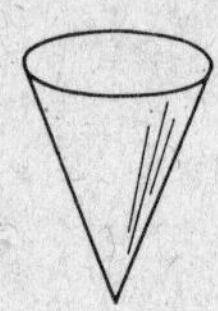
Abb. 2.36

Eine konvexe Ecke liegt ganz auf einer Seite jeder ihrer Kanten. Die Summe der Seiten $\sphericalangle AOB + \sphericalangle BOC + \ldots + \sphericalangle EOA$ (Abb. 2.34) einer beliebigen konvexen Ecke ist stets kleiner als 360° bzw. 2π.

Dreiseitige Ecken sind kongruent, wenn sie

1. in zwei Seiten und dem eingeschlossenen Winkel,
2. in zwei Winkeln und der eingeschlossenen Seite,
3. in drei in der gleichen Reihenfolge angeordneten Seiten und
4. in drei in der gleichen Reihenfolge angeordneten Winkeln gleich sind.

Der Raumwinkel ist ein Teil des Raumes, der von den von einem Punkt aus nach allen Punkten einer geschlossenen Kurve gehenden Strahlen begrenzt wird (Abb. 2.36). Er stellt den *Sehwinkel* dar, unter dem die gegebene Kurve vom Scheitel aus gesehen wird. Als Maß des Raumwinkels dient die Fläche, die von diesem Raumwinkel aus der Einheitskugel um den Scheitel als Mittelpunkt herausgeschnitten wird. So ist für einen Kegel mit dem Öffnungswinkel von 120° der Raumwinkel gleich π (vgl. Formeln in 2.6.2.4.).

2.6.2.3. Polyeder

Bezeichnungen: V – Volumen, S – Gesamtoberfläche, M – Mantelfläche, h – Höhe, F – Grundfläche. Ein *Polyeder* ist ein Körper, der von Ebenen begrenzt wird.

Prisma (Abb. 2.37). Die Grundflächen sind kongruente Vielecke; die Seitenflächen sind Parallelogramme. Man spricht von einem *geraden* Prisma, wenn seine Kanten senkrecht auf der Grund-

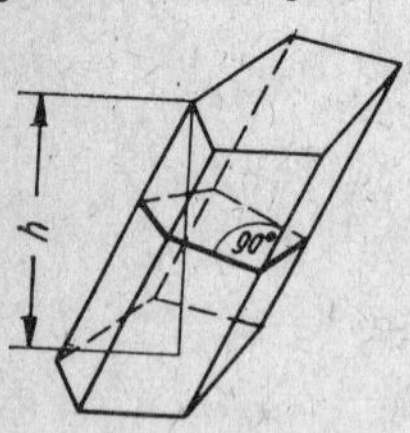

Abb. 2.37

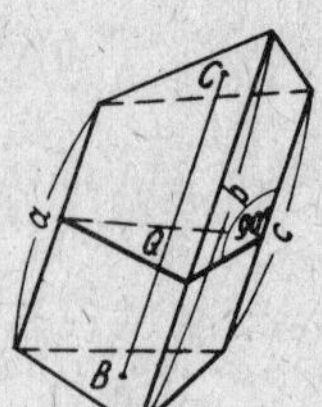

Abb. 2.38

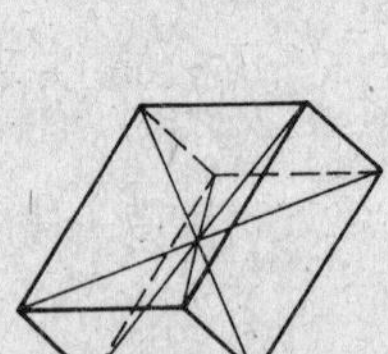
Abb. 2.39

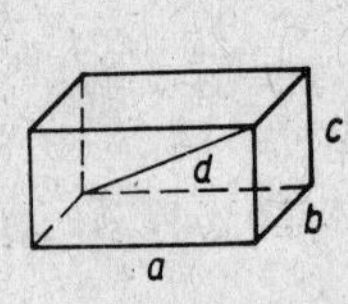

Abb. 2.40

fläche stehen, und von einem *regulären* Prisma, wenn es gerade und seine Grundfläche ein regelmäßiges Vieleck ist.

Es gilt $M = pl$, wobei l die Kante und p der Umfang eines zu den Kanten senkrechten ebenen Schnittes ist; $S = M + 2F$; $V = F \cdot h$.

Für ein dreiseitiges Prisma mit nicht zur Grundfläche paralleler Deckfläche gilt

$$V = (a + b + c)\,Q/3$$

(Abb. 2.38), wobei a, b und c die Längen der parallelen Kanten sind, während Q der Flächeninhalt des senkrechten Querschnittes ist. Für ein n-seitiges Prisma, dessen Deckfläche nicht parallel zur Grundfläche ist, gilt $V = lQ$, wobei l die Länge der Geraden BC ist, die die Schwerpunkte der Grundflächen verbindet; Q ist der Flächeninhalt des zu l senkrechten ebenen Schnittes.

Ein **Parallelepiped** (Abb. 2.39) ist ein Prisma, dessen Grundflächen Parallelogramme sind. Bei einem Parallelepiped schneiden sich alle vier Raumdiagonalen in einem Punkt und halbieren einander. Ein Parallelepiped bezeichnet man als *Quader*, wenn es gerade ist und seine Grundflächen Rechtecke sind. Im Quader (Abb. 2.40) sind alle Raumdiagonalen gleich. Sind a, b und c die Kantenlängen eines Quaders und d seine Diagonale, so gilt:

$$d^2 = a^2 + b^2 + c^2, \quad V = abc \quad \text{und} \quad S = 2(ab + bc + ca).$$

Der **Würfel** ist ein Quader mit gleichen Kanten: $a = b = c$, $d^2 = 3a^2$, $V = a^3$, $S = 6a^2$.

Die **Pyramide** (Abb. 2.41). Die Grundfläche ist ein Vieleck, die Seitenflächen sind Dreiecke mit gemeinsamem Scheitel. Man spricht von einer n-seitigen Pyramide, wenn ihre Grundfläche ein n-Eck ist. $V = Fh/3$.

Für einen Pyramidenstumpf gilt

$$\frac{SA_1}{A_1A} = \frac{SB_1}{B_1B} = \frac{SC_1}{C_1C} = \dots = \frac{SO_1}{O_1O};$$

$$\frac{\text{Fläche } ABCDEF}{\text{Fläche } A_1B_1C_1D_1E_1F_1} = \left(\frac{SO}{SO_1}\right)^2.$$

SO ist hierbei die *Höhe* der Pyramide, d. h. das Lot von der Spitze auf die Grundfläche. Man spricht von einer *regulären* Pyramide (Abb. 2.42), wenn ihre Grundfläche ein regelmäßiges Vieleck ist und

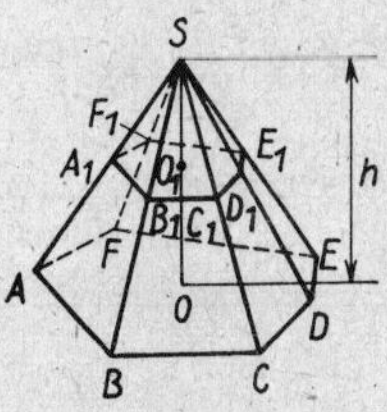

Abb. 2.41

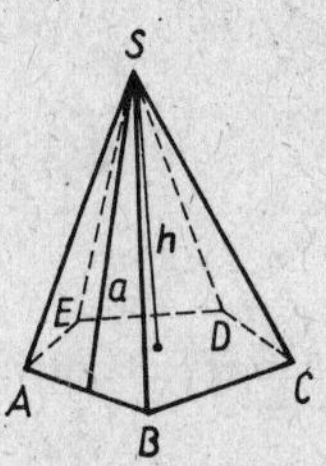

Abb. 2.42

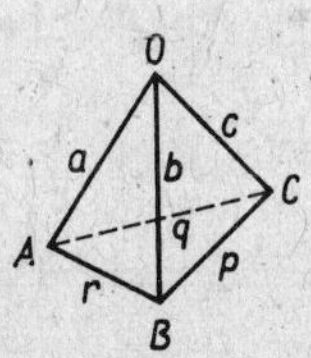

Abb. 2.43

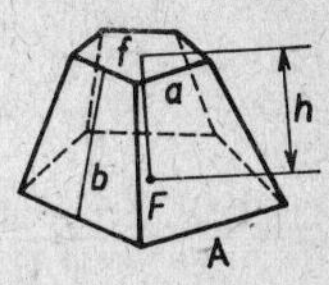

Abb. 2.44

der Fußpunkt der Höhe in den Mittelpunkt der Grundfläche fällt. Für eine reguläre Pyramide gilt $M = pa/2$ (p ist hierbei der Umfang der Grundfläche und a die Höhe einer Seitenfläche).

Ein **Tetraeder** ist eine dreieckige Pyramide (Abb. 2.43). Ist $OA = a$, $OB = b$, $OC = c$, $BC = p$, $CA = q$ und $AB = r$, so gilt

$$V^2 = \frac{1}{288} \begin{vmatrix} 0 & r^2 & q^2 & a^2 & 1 \\ r^2 & 0 & p^2 & b^2 & 1 \\ q^2 & p^2 & 0 & c^2 & 1 \\ a^2 & b^2 & c^2 & 0 & 1 \\ 1 & 1 & 1 & 1 & 0 \end{vmatrix}.$$

Pyramidenstumpf (Schnittebene parallel zur Grundfläche, Abb. 2.44). Ist F Grundfläche, f Deckfläche, h die Höhe (Abstand zwischen Grund- und Deckfläche) sowie a und A zwei entsprechende Seiten der Grund- bzw. Deckfläche, so gilt $V = h\left[F + f + \sqrt{Ff}\right]/3 = hF[1 + a/A + (a/A)^2]/3$. Für einen regulären Pyramidenstumpf ist $M = (P + p)\,b/2$, wobei P und p die Umfänge der Grund- bzw. Deckfläche und b die Höhe der Seitenflächen ist.

Obelisk. Die Grund- und Deckfläche sind Rechtecke in parallelen Ebenen. Die einander gegenüberliegenden Kanten haben gleiche Neigung gegen die Grundfläche, schneiden sich aber nicht in einem Punkt (Abb. 2.45). Sind a, b und a_1, b_1 die Seiten der Grundflächen und ist h die Höhe, so ist

$$V = h[(2a + a_1)\,b + (2a_1 + a)\,b_1]/6 = h[ab + (a + a_1)(b + b_1) + a_1 b_1]/6.$$

Keil. Die Grundfläche ist ein Rechteck; die Seitenflächen sind gleichschenklige Dreiecke und gleichschenklige Trapeze (Abb. 2.46); $V = (2a + a_1)\,bh/6$.

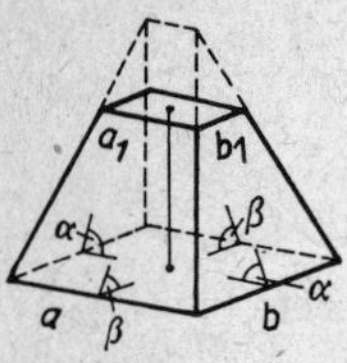

Abb. 2.45

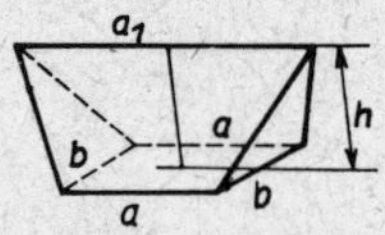

Abb. 2.46

Reguläre Polyeder haben kongruente reguläre Vielecke als Begrenzungsflächen und kongruente reguläre Ecken. Es gibt insgesamt fünf reguläre Polyeder (Abb. 2.47), über die die nachstehende Tabelle Näheres angibt.

Elemente der regulären Polyeder (a – Kantenlänge)

Bezeichnung	Anzahl und Form der Begrenzungsflächen	Anzahl der Kanten	Ecken	Gesamtfläche	Volumen
Tetraeder	4 Dreiecke	6	4	$1{,}7321 \cdot a^2$	$0{,}1179 \cdot a^3$
Würfel	6 Quadrate	12	8	$6 \cdot a^2$	a^3
Oktaeder	8 Dreiecke	12	6	$3{,}4641 \cdot a^2$	$0{,}4714 \cdot a^3$
Dodekaeder	12 Fünfecke	30	20	$20{,}6457 \cdot a^2$	$7{,}6631 \cdot a^3$
Ikosaeder	20 Dreiecke	30	12	$8{,}6603 \cdot a^2$	$2{,}1817 \cdot a^3$

Der Eulersche Polyedersatz. Ist e die Anzahl der Ecken, f die Anzahl der Flächen und k die Anzahl der Kanten, so ist für ein konvexes Polyeder $e - k + f = 2$. *Beispiele* siehe in der Tabelle der regulären Polyeder.

2.6.2.4. Durch gekrümmte Flächen begrenzte Körper

Bezeichnungen: V – Volumen, S – Gesamtoberfläche, M – Mantelfläche, h – Höhe, f – Grundfläche.

Eine **Zylinderfläche** (Abb. 2.48) entsteht durch Parallelverschiebung einer Geraden (der *Erzeugenden*) längs einer Kurve (*Leitkurve*).

Abb. 2.47

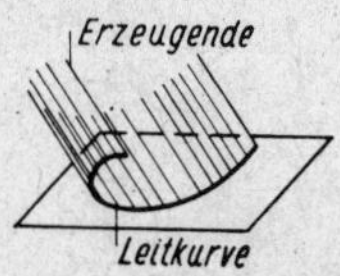

Abb. 2.48

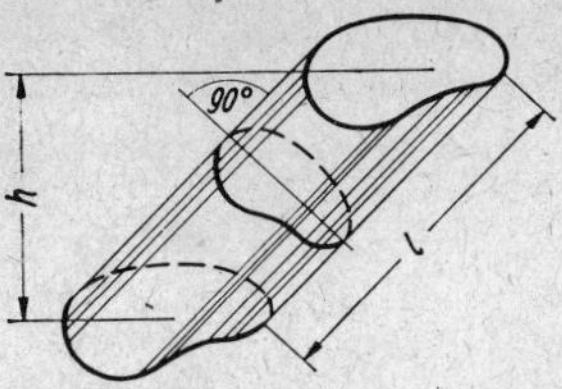

Abb. 2.49

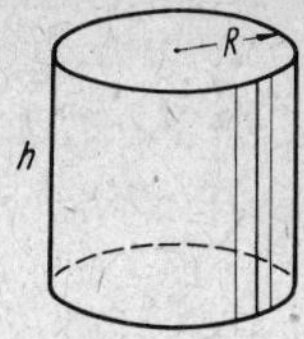

Abb. 2.50

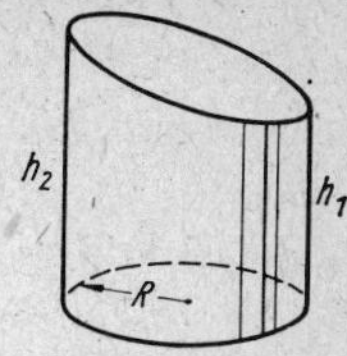

Abb. 2.51

Ein **Zylinder** (Abb. 2.49), ist ein Körper, der von einer Zylinderfläche mit geschlossener Leitkurve und zwei parallelen Ebenen, den Grundflächen des Zylinders, begrenzt wird. Für einen beliebigen Zylinder (p – Umfang der Grundfläche, s – Umfang des zur Erzeugenden senkrechten Schnittes, Q – dessen Flächeninhalt, l – Länge der Erzeugenden) ist $M = ph + sl$; $V = Fh = Ql$.

Ein **gerader Kreiszylinder** hat zur Grundfläche einen Kreis; seine Erzeugenden stehen auf der Grundfläche senkrecht (Abb. 2.50); R – Radius der Grundfläche.

$$M = 2\pi Rh; \qquad S = 2\pi R(R + h); \qquad V = \pi R^2 h.$$

Ein **schräg abgeschnittener Kreiszylinder** (Abb. 2.51):

$$M = \pi R(h_1 + h_2), \qquad S = \pi R\left[h_1 + h_2 + R + \sqrt{R^2 + \left(\frac{h_2 - h_1}{2}\right)^2}\right];$$

$$V = \pi R^2 \frac{h_1 + h_2}{2}.$$

Zylinderabschnitt, Zylinderhuf (Bezeichn. s. Abb. 2.52, $\alpha = \varphi/2$ in rad):

$$V = h[a(3R^2 - a^2) + 3R^2(b - R)\alpha]/(3b) = hR^3[\sin\alpha - (\sin^3\alpha)/3 - \alpha\cos\alpha]/b.$$

$$M = 2Rh[(b - R)\alpha + a]/b$$

(die Formeln bleiben auch für den Fall $b > R$, $\varphi > \pi$ gültig).

Hohlzylinder (Abb. 2.53). R bzw. r sind der äußere bzw. innere Radius; $\delta = R - r$, $\varrho = (R + r)/2$ (mittlerer Radius):

$$V = \pi h(R^2 - r^2) = \pi h\delta(2R - \delta) = \pi h\delta(2r + \delta) = 2\pi h\delta\varrho.$$

Kegelflächen (Abb. 2.54). Eine Kegelfläche entsteht durch Bewegung einer Geraden (*Erzeugenden*), die durch einen festen Punkt (*Scheitel*) geht und längs einer Kurve (*Leitkurve*) gleitet.

Ein **Kegel** (Abb. 2.55) wird von einer Kegelfläche mit geschlossener Leitkurve und von einem Ebenenstück (Grundfläche) begrenzt. Für einen beliebigen Kegel gilt $V = hF/3$.

Ein **gerader Kreiskegel** (Abb. 2.56) hat zur Grundfläche einen Kreis; seine Höhe geht durch den Kreismittelpunkt (l – Länge der Erzeugenden, R – Radius der Grundfläche):

$$M = \pi Rl = \pi R\sqrt{R^2 + h^2}; \qquad S = \pi R(R + l); \qquad V = \pi R^2 h/3.$$

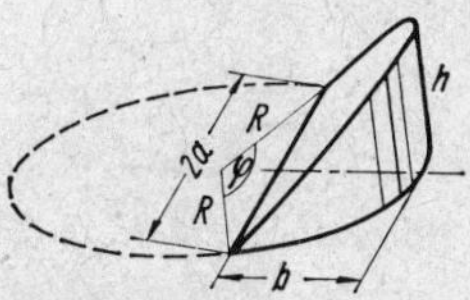

Abb. 2.52

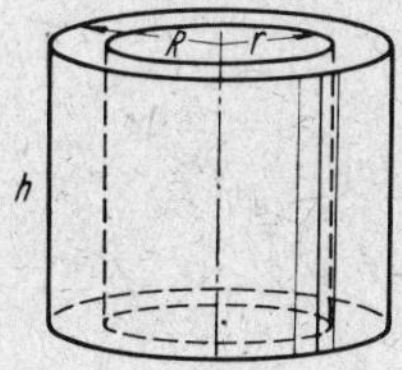

Abb. 2.53

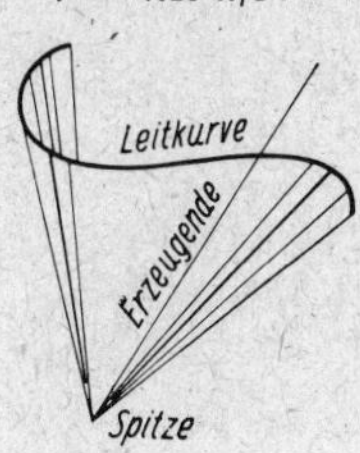

Abb. 2.54

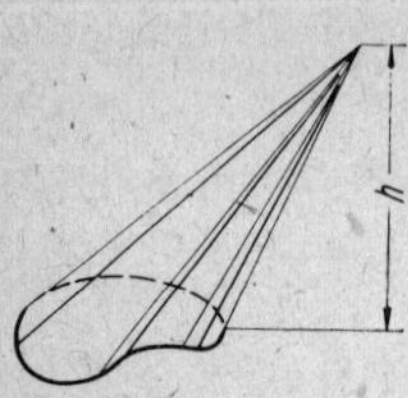

Abb. 2.55

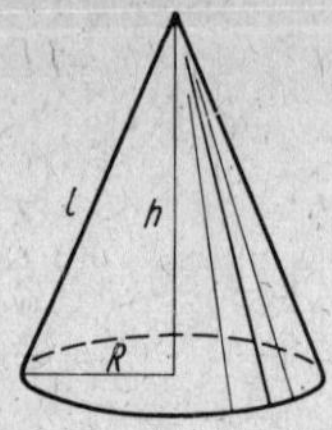

Abb. 2.56

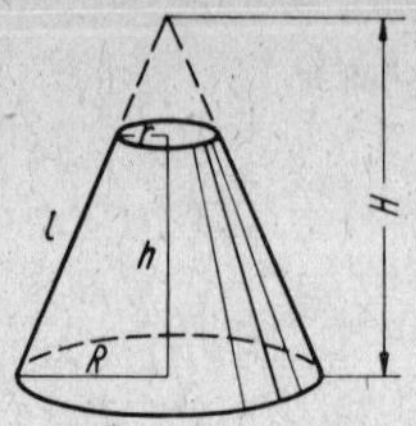

Abb. 2.57

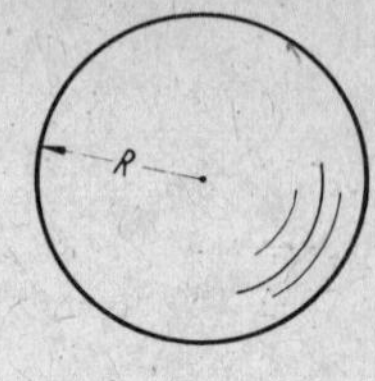

Abb. 2.58

Für einen *geraden Kegelstumpf* (Abb. 2.57) gelten die Formeln:

$$l = \sqrt{h^2 + (R - r)^2}; \qquad M = \pi l(R + r); \qquad V = \pi h(R^2 + r^2 + Rr)/3;$$

$$H = h + hr/(R - r).$$

Kegelschnitte – s. 2.6.6.1.

Die **Kugel** (Abb. 2.58) (*Bezeichnungen*: R – Kugelradius, $D = 2R$ – Kugeldurchmesser). Jeder ebene Kugelschnitt ist ein Kreis. Unter einem *Großkreis* mit dem Radius R versteht man einen ebenen Kugelschnitt, dessen Schnittebene durch den Kugelmittelpunkt geht. Durch je zwei Kugelpunkte (die nicht diametral liegen) läßt sich stets nur ein Großkreis legen. Der kürzere Bogen des Großkreises zwischen zwei solchen Punkten ist die kürzeste Verbindungslinie zwischen diesen Punkten auf der Kugel. Über die Geometrie auf der Kugel s. 2.6.4.1.

Formeln für Oberfläche und Inhalt:

$$S = 4\pi R^2 \approx 12{,}57R^2, \qquad S = \pi D^2 \approx 3{,}142D^2, \qquad S = \sqrt[3]{36\pi V^2} \approx 4{,}836\sqrt[3]{V^2};$$

$$V = 4\pi R^3/3 \approx 4{,}189R^3, \qquad V = \pi D^3/6 \approx 0{,}5236D^3,$$

$$V = \sqrt{S^3/\pi} \approx 0{,}09403\sqrt{S^3};$$

$$R = \sqrt{S/\pi}/2 \approx 0{,}2821\sqrt{S}; \qquad R = \sqrt[3]{3V/(4\pi)} \approx 0{,}6204\sqrt[3]{V}.$$

Kugelausschnitt (Abb. 2.59):

$$S = \pi R(2h + a); \qquad V = 2\pi R^2 h/3.$$

Kugelabschnitt (Abb. 2.60):

$$a^2 = h(2R - h); \qquad M = 2\pi Rh = \pi(a^2 + h^2); \qquad S = \pi(2Rh + a^2) = \pi(h^2 + 2a^2);$$

$$V = \pi h(3a^2 + h^2)/6 = \pi h^2(3R - h)/3.$$

Kugelschicht (Abb. 2.61):

$$R^2 = a^2 + (a^2 - b^2 - h^2)^2/(2h)^2; \qquad M = 2\pi Rh;$$

$$S = \pi(2Rh + a^2 + b^2); \qquad V = \pi h(3a^2 + 3b^2 + h^2)/6.$$

Ist V_1 das Volumen des Kegelstumpfes, der einer Kugelschicht einbeschrieben ist (Abb. 2.62) und l seine Erzeugende, so ist

$$V - V_1 = \pi hl^2/6.$$

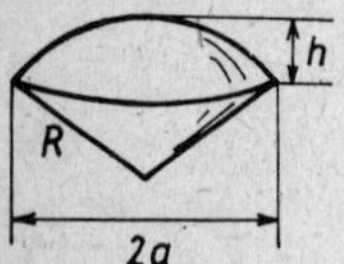

Abb. 2.59

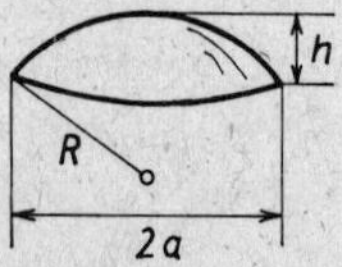

Abb. 2.60

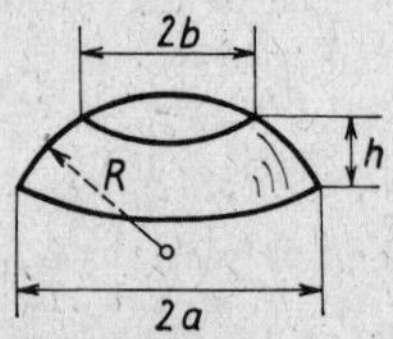

Abb. 2.61

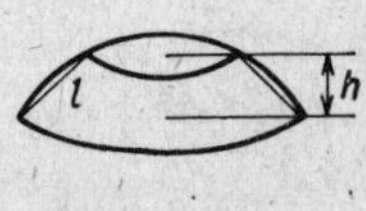

Abb. 2.62

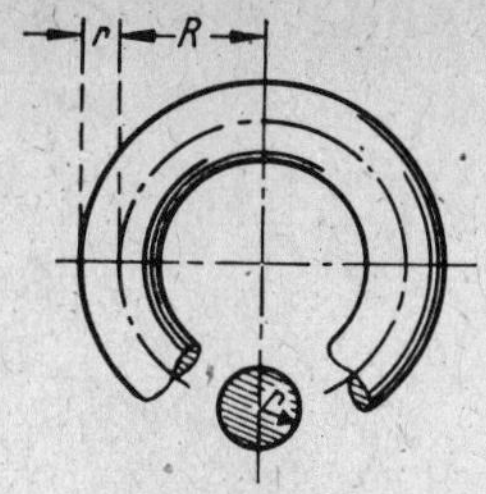

Abb. 2.63

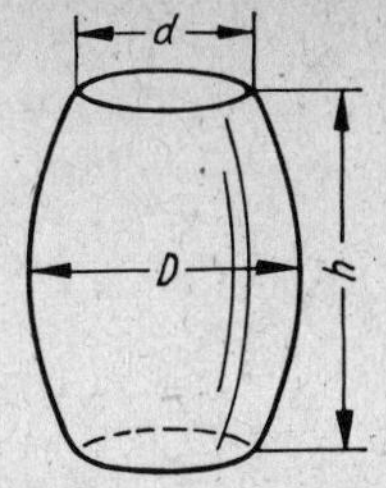

Abb. 2.64

Ein **Torus** (Abb. 2.63) ist eine Fläche, die durch Drehung eines Kreises um eine in der Kreisebene außerhalb des Kreises liegende Achse entsteht.

$$S = 4\pi^2 Rr \approx 39{,}48Rr, \qquad S = \pi^2 Dd \approx 9{,}870Dd,$$

$$V = 2\pi^2 Rr^2 \approx 19{,}74Rr^2, \qquad V = \pi^2 Dd^2/4 \approx 2{,}467Dd^2.$$

Tonnenkörper (Abb. 2.64). Für den Kreistonnenkörper (die Erzeugende ist ein Kreisbogen) gilt angenähert

$$V \approx 0{,}262h(2D^2 + d^2) \quad \text{oder} \quad V \approx 0{,}0873h(2D + d)^2.$$

Für einen parabolischen Tonnenkörper gilt

$$V = \pi h(2D^2 + Dd + 3d^2/4)/15 \approx 0{,}05236h(8D^2 + 4Dd + 3d^2).$$

2.6.3. Ebene Trigonometrie

Winkelmessung in Bogenmaß

Neben dem in der Praxis üblichen *Gradmaß*, wobei der Vollwinkel in 360°, der rechte Winkel entsprechend in 90°, jeder Grad in 60 Minuten (1° = 60′) und jede Minute in 60 Sekunden (1′ = 60″) unterteilt wird, benutzt man vor allem für theoretische Zwecke, insbesondere für die trigonometrischen Funktionen (s. 2.5.2.1.), das dimensionslose *Bogenmaß*. Die Größe des Zentriwinkels α in einem beliebigen Kreise wird hierbei durch das Verhältnis des zugehörigen Kreisbogens l zum Radius R des Kreises angegeben: $\alpha = l/R$. Bei einem Kreis mit dem Radius 1 (Einheitskreis) ist das Bogenmaß also die Länge des Kreisbogens, den die Schenkel des Winkels ausschneiden.

Dem Vollwinkel entspricht somit das Bogenmaß 2π, dem rechten Winkel $\pi/2$. Ist $\bar{\alpha}$ die Maßzahl eines Winkels in Grad, und ist α die Maßzahl desselben Winkels in Bogenmaß, so erfolgt die Umrechnung dann nach den Formeln:

$$\alpha = \frac{\pi}{180}\bar{\alpha}, \qquad \bar{\alpha} = \frac{180}{\pi}\alpha. \tag{2.30}$$

Umrechnungstabelle von Grad- in Bogenmaß s. 1.1.1.4.

2.6.3.1. Dreiecksberechnung

2.6.3.1.1. Dreiecksberechnung am rechtwinkligen Dreieck. a, b – Katheten, c – Hypotenuse; α bzw. β – die den Seiten a bzw. b gegenüberliegenden Winkel.

Grundbeziehungen:

$$\alpha + \beta = 90°.$$

$$\sin\alpha = \cos\beta = \frac{a}{c}, \qquad \cos\alpha = \sin\beta = \frac{b}{c}; \tag{2.31}$$

$$\tan\alpha = \cot\beta = \frac{a}{b}, \qquad \cot\alpha = \tan\beta = \frac{b}{a}. \tag{2.32}$$

2.6.3.1.2. Dreiecksberechnung am schiefwinkligen Dreieck. a, b, c – Seiten; α, β, γ – die ihnen gegenüberliegenden Winkel; $s = \frac{1}{2}(a + b + c)$ – halber Umfang; r – Umkreisradius.

Grundbeziehungen:

$$\alpha + \beta + \gamma = 180°.$$

Sinussatz:
$$\frac{a}{\sin\alpha} = \frac{b}{\sin\beta} = \frac{c}{\sin\gamma} = 2r. \tag{2.33}$$

Kosinussatz:
$$c^2 = a^2 + b^2 - 2ab\cos\gamma. \tag{2.34}$$

Zusätzliche Beziehungen:

Tangenssatz:
$$\frac{a-b}{a+b} = \frac{\tan((\alpha-\beta)/2)}{\tan((\alpha+\beta)/2)} = \frac{\tan((\alpha-\beta)/2)}{\cot(\gamma/2)}. \tag{2.35}$$

Halbwinkelsatz:
$$\tan\frac{\gamma}{2} = \sqrt{\frac{(s-a)(s-b)}{s(s-c)}}; \tag{2.36}$$

$$\sin\frac{\gamma}{2} = \sqrt{\frac{(s-a)(s-b)}{ab}}; \tag{2.37}$$

$$\cos\frac{\gamma}{2} = \sqrt{\frac{s(s-c)}{ab}}. \tag{2.38}$$

Mollweidesche Formeln:
$$\frac{a+b}{c} = \frac{\cos((\alpha-\beta)/2)}{\sin(\gamma/2)} = \frac{\cos((\alpha-\beta)/2)}{\cos((\alpha+\beta)/2)}; \tag{2.39}$$

$$\frac{a-b}{c} = \frac{\sin((\alpha-\beta)/2)}{\cos(\gamma/2)} = \frac{\sin((\alpha-\beta)/2)}{\sin((\alpha+\beta)/2)}. \tag{2.40}$$

Kosinusformel (Projektionssatz):
$$c = a\cos\beta + b\cos\alpha. \tag{2.41}$$

Tangensformel:
$$\tan\gamma = \frac{c\sin\alpha}{b - c\cos\alpha} = \frac{c\sin\beta}{a - c\cos\beta}. \tag{2.42}$$

(Durch entsprechendes zyklisches Vertauschen der Seiten a, b, c bzw. der Winkel α, β, γ erhält man aus (2.34) bis (2.42) weitere Beziehungen.)

Hauptfälle der Dreiecksberechnung:

I. *Gegeben sind eine Seite und zwei Winkel,* z. B. c, α, β:

Der dritte Winkel ist ebenfalls bekannt, da die Winkelsumme im Dreieck 180° beträgt:

$$\gamma = 180° - \alpha - \beta.$$

Die übrigen Seiten folgen nach (2.33):

$$a = c\,\frac{\sin\alpha}{\sin\gamma}, \qquad b = c\,\frac{\sin\beta}{\sin\gamma}.$$

II. *Gegeben sind zwei Seiten und der eingeschlossene Winkel,* z. B. a, b, γ:

1) Lösung mit (2.34): $c = \sqrt{a^2 + b^2 - 2ab\cos\gamma}$, $\cos\alpha = \dfrac{b^2 + c^2 - a^2}{2bc}$ (eindeutige Lösung α), $\beta = 180° - \alpha - \gamma$.

2) Lösung mit (2.35): $\tan\dfrac{\alpha-\beta}{2} = \dfrac{a-b}{a+b}\cot\dfrac{\gamma}{2}$, $\dfrac{\alpha+\beta}{2} = 90° - \dfrac{\gamma}{2}$, aus $\dfrac{\alpha-\beta}{2}$ und $\dfrac{\alpha+\beta}{2}$ berechnet man α und β, $c = a\,\dfrac{\sin\gamma}{\sin\alpha}$.

III. *Gegeben sind zwei Seiten und ein Winkel, der einer dieser Seiten gegenüberliegt,* z. B. a, b, α: $\sin\beta = \frac{b}{a}\sin\alpha$; Lösung nur, wenn $b\sin\alpha \leqq a$ (Dreiecksungleichung).

Fallunterscheidung:

(1) $a > b$, *Winkel liegt der größeren Seite gegenüber:* Es gilt $\alpha > \beta$, und folglich (Winkelsumme) ist $\beta < 90°$ und somit eindeutig bestimmt.

(2) $a = b$: $\alpha = \beta$, gleichschenkliges Dreieck, eindeutig bestimmt.

(3) $a < b$, *Winkel liegt der kleineren Seite gegenüber:*

(3a) $b\sin\alpha < a$: zwei Lösungen β_1 und β_2 mit $\beta_1 + \beta_2 = 180°$.

(3b) $b\sin\alpha = a$: genau eine Lösung $\beta = 90°$.

(3c) $b\sin\alpha > a$: keine Lösung.

Weiter: $\gamma = 180° - \alpha - \beta$, $c = a\frac{\sin\gamma}{\sin\alpha}$.

IV. *Gegeben sind die drei Seiten:*

Nach (2.36): $\tan\frac{\alpha}{2} = \sqrt{\frac{(s-b)(s-c)}{s(s-a)}}$ usw.

Nach (2.34): $\cos\alpha = \frac{b^2 + c^2 - a^2}{2bc}$ usw.

Weitere Bestimmungsgrößen eines Dreiecks (s. auch 2.6.1.):

Umkreisradius r (s. auch Sinussatz (2.33)):

$$r = \frac{s}{4\cos(\alpha/2)\cos(\beta/2)\cos(\gamma/2)} \tag{2.43}$$

Inkreisradius ϱ:

$$\varrho = \sqrt{\frac{(s-a)(s-b)(s-c)}{s}} \tag{2.44}$$

$$= s\tan\frac{\alpha}{2}\tan\frac{\beta}{2}\tan\frac{\gamma}{2} \tag{2.45}$$

$$= 4r\sin\frac{\alpha}{2}\sin\frac{\beta}{2}\sin\frac{\gamma}{2} \tag{2.46}$$

$$= (s-c)\tan\frac{\gamma}{2}. \tag{2.47}$$

Höhe h_c auf c:

$$h_c = a\sin\beta = b\sin\alpha. \tag{2.48}$$

Seitenhalbierende s_c zu c:

$$s_c = \frac{1}{2}\sqrt{a^2 + b^2 + 2ab\cos\gamma}. \tag{2.49}$$

Winkelhalbierende w_γ zu γ:

$$w_\gamma = \frac{2ac\cos(\beta/2)}{a+c} = \frac{2bc\cos(\alpha/2)}{b+c} \tag{2.50}$$

Fläche A: $$A = \frac{1}{2} ab \sin \gamma \tag{2.51}$$

$$= 2r^2 \sin \alpha \sin \beta \sin \gamma \tag{2.52}$$

$$= c^2 \frac{\sin \alpha \sin \beta}{2 \sin \gamma} = c^2 \frac{\sin \alpha \sin \beta}{2 \sin (\alpha + \beta)}. \tag{2.53}$$

Heronische Flächenformel:

$$A = \varrho s = \sqrt{s(s-a)(s-b)(s-c)}. \tag{2.54}$$

2.6.3.2. Anwendung in der elementaren Geodäsie

Hansensche Aufgabe

(Bestimmung einer unzugänglichen Entfernung)

In den Punkten A bzw. B können die Winkel α und β bzw. γ und δ zu den Punkten P und Q gemessen werden (s. Abb. 2.65a u. 2.65b). Bekannt soll entweder der Abstand $a = \overline{AB}$ oder der Abstand $p = \overline{PQ}$ sein, während der andere gesucht wird.[1])

Für die orientierten Strecken $\overline{AX}$, $\overline{XB}$, $\overline{PX}$ und $\overline{QY}$ findet man

$$\overline{AX} = \overline{PX} \cdot \cot \alpha, \qquad \overline{XB} = \overline{PX} \cdot \cot \gamma, \qquad \overline{AX} + \overline{XB} = a \tag{2.55}$$

(in Abb. 2.65a gilt $\overline{PX} > 0$, in Abb. 2.65b gilt $\overline{PX} < 0$), also

$$\overline{PX} = a \cdot t_1 \quad \text{mit} \quad t_1 = \frac{1}{\cot \alpha + \cot \gamma}. \tag{2.56}$$

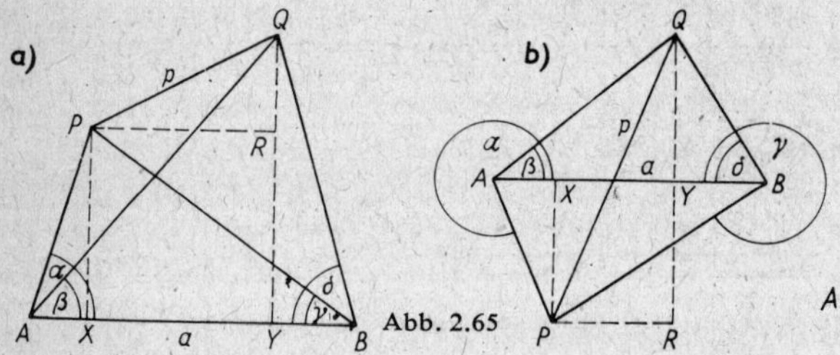

Abb. 2.65

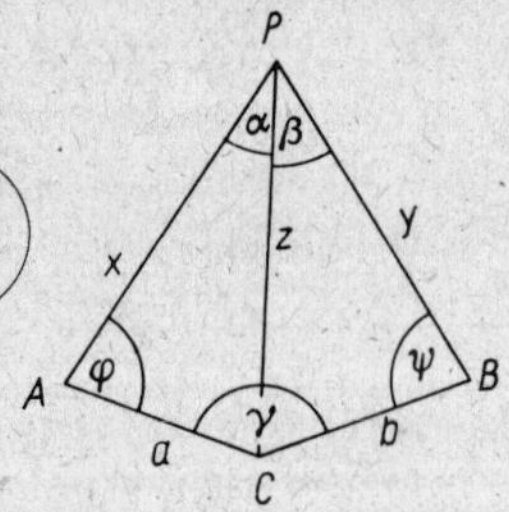

Abb. 2.66

Entsprechend gilt

$$\overline{AY} = \overline{QY} \cdot \cot \beta, \qquad \overline{YB} = \overline{QY} \cdot \cot \delta, \qquad \overline{AY} + \overline{YB} = a,$$

also

$$\overline{QY} = a \cdot t_2 \quad \text{mit} \quad t_2 = \frac{1}{\cot \beta + \cot \delta}, \tag{2.57}$$

$$\overline{XY} = \overline{AY} - \overline{AX} = \overline{QY} \cdot \cot \beta - \overline{PX} \cdot \cot \alpha = a(t_2 \cot \beta - t_1 \cot \alpha)$$

und damit

$$x = \frac{\overline{XY}}{a} = t_2 \cot \beta - t_1 \cot \alpha. \tag{2.58}$$

Ferner findet man

$$\overline{QR} = \overline{QY} - \overline{PX} = a(t_2 - t_1),$$

$$y = \frac{\overline{QR}}{a} = t_2 - t_1. \tag{2.59}$$

[1]) Diese einfache Lösung wurde den Herausgebern von Herrn S. Tunn mitgeteilt.

Nach dem Satz des Pythagoras folgt aus (2.58) und (2.59)

$$\frac{p}{a} = \sqrt{x^2 + y^2}.$$

Liegen die Punkte P und Q bezüglich A, B in verschiedenen Meßebenen, d. h., die Ebene durch P, A, B bzw. die Ebene durch Q, A, B schließe mit einer durch A, B gehenden horizontalen Ebene die Höhenwinkel φ_1 bzw. φ_2 ein, so findet man unter Verwendung von (2.56) und (2.57):

$$x = t_2 \cot\beta - t_1 \cot\alpha, \qquad y = t_2 \cos\varphi_2 - t_1 \cos\varphi_1,$$

$$z = t_1 \sin\varphi_2 - t_1 \sin\varphi_1,$$

und

$$\frac{p}{a} = \sqrt{x^2 + y^2 + z^2}.$$

Rückwärtseinschneiden

Die Lage dreier Punkte A, B, C zueinander sei durch die Strecken $\overline{AC} = a$ und $\overline{BC} = b$ sowie den Winkel $\sphericalangle\, ACB = \gamma$ bekannt. Im Punkt P werden die Winkel $\sphericalangle\, CPA = \alpha$ und $\sphericalangle\, CPB = \beta$ gemessen. Liegt P nicht auf dem Umkreis des Dreiecks ABC, so lassen sich die Strecken x, y, z (s. Abb. 2.66) eindeutig berechnen.[1])
Man erhält:

$$\varphi + \psi = 360° - (\alpha + \beta + \gamma) = \tau, \qquad \psi = \tau - \varphi. \tag{2.60}$$

Aus dem Sinussatz (2.33) folgt

$$\sin\varphi = \frac{z}{a}\sin\alpha, \qquad \sin\psi = \frac{z}{a}\sin\beta$$

und weiter

$$\frac{\sin\psi}{\sin\varphi} = \frac{\sin(\tau - \varphi)}{\sin\varphi} = \frac{a\sin\beta}{b\sin\alpha}, \qquad \frac{\sin\tau\cos\varphi - \sin\varphi\cos\tau}{\sin\varphi} = \frac{a\sin\beta}{b\sin\alpha},$$

$$\sin\tau\cot\varphi - \cos\tau = \frac{a\sin\beta}{b\sin\alpha}. \tag{2.61}$$

Aus (2.61) läßt sich $\cot\varphi$ und damit φ und nach (2.60) auch ψ bestimmen. Nach dem Sinussatz folgt dann:

$$x = \frac{a\sin(\alpha + \varphi)}{\sin\alpha}, \qquad y = \frac{b\sin(\beta + \psi)}{\sin\beta}, \qquad z = \frac{a\sin\varphi}{\sin\alpha}.$$

2.6.4. Sphärische Trigonometrie

2.6.4.1. Die Geometrie auf der Kugel

Großkreise

Schneidet man eine Kugel mit einer durch deren Mittelpunkt gehenden Ebene, so erhält man auf der Kugel einen *Großkreis*, dessen Radius dem Kugelradius gleich ist. Liegen die Kugelpunkte A und B nicht diametral, läßt sich durch sie genau ein Großkreis legen; sein kleinerer Bogen ist *die* kürzeste Verbindung zwischen diesen Punkten (*geodätische Linie*). Die Großkreise spielen daher auf der Kugel die gleiche Rolle wie die Geraden in der Ebene.

Durch zwei verschiedene Punkte A und B auf der Kugel wird ein Ebenenbüschel bestimmt. Jede Ebene des Büschels schneidet die Kugel in einem Kreis. Liegen A und B nicht diametral, so bestimmt die Ebene des Büschels durch den Kugelmittelpunkt den größten Kreis des Büschels, den entsprechenden Großkreis. Die übrigen Kreise heißen *Kleinkreise*; die Ebene senkrecht zur betreffenden Großkreisebene schneidet in einem kleinsten Kreis.

[1]) Vgl. Fußnote zu Seite 204.

Bogen- und Winkelmessung auf der Kugel

Die Entfernungsmessung auf der Kugel erfolgt entlang der Großkreisbögen. Die Länge des Großkreisbogens zwischen den Punkten A und B ist

$$\widehat{AB} = Ra, \tag{2.62}$$

wobei R den Kugelradius und a den Zentriwinkel des Bogens (in Bogenmaß gemessen) bezeichnet.

Alle weiteren Betrachtungen werden auf die Einheitskugel (mit dem Radius $R = 1$) beschränkt. Jeden Großkreisbogen kann man so durch den zugehörigen Zentriwinkel in Bogenmaß charakterisieren.

Die Schnittwinkel zweier Großkreisbögen mißt man als die Winkel zwischen den Tangenten an die Großkreise im Schnittpunkt oder auch als die Schnittwinkel der Großkreisebenen.

Kugelzweieck

Schneiden sich zwei Großkreise, so zerlegen sie die Kugeloberfläche in vier *Kugelzweiecke*. *Flächeninhalt* des Kugelzweiecks mit dem Winkel α:

$$A = 2R^2\alpha. \tag{2.63}$$

2.6.4.2. Das Kugeldreieck (Sphärisches Dreieck)

Drei sich schneidende Großkreisbögen beranden ein *Kugeldreieck*. Drei Punkte A, B und C, von denen keine zwei diametral liegen, bestimmen drei Großkreise, die sich in A, B, C und deren Gegenpunkten A', B', C' schneiden und die Kugeloberfläche in acht Kugeldreiecke zerlegen (Abb. 2.67). Die *Seiten* (Großkreisbögen) und Winkel seien dabei jeweils kleiner als π, solche Kugeldreiecke heißen *Eulersche Dreiecke*. Es werden nur Eulersche Dreiecke betrachtet, denn das

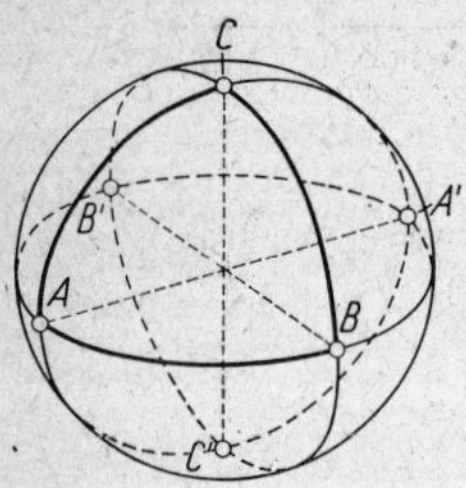

Abb. 2.67

nichteulersche Dreieck ABC mit dem Winkel $\gamma = \sphericalangle AB > \pi$ unterscheidet sich nur um das Eulersche Dreieck BAC mit dem Winkel $\sphericalangle BA = 2\pi - \gamma$ von der Halbkugel, die vom Großkreis durch A und B bestimmt wird.

Für ein Eulersches Dreieck (mit den Seiten a, b, c und deren gegenüberliegenden Winkeln α, β, γ) gilt:

(1) Die *Dreiecksungleichung*:

Die Summe zweier Seiten ist größer als die dritte; die Differenz zweier Seiten ist kleiner als die dritte.

$$a + b > c, \qquad |a - b| < c, \quad \text{usw.} \tag{2.64}$$

(2) *Die Summe zweier Winkel ist kleiner als der um π vermehrte dritte.*

$$\alpha + \beta < \gamma + \pi \quad \text{usw.} \tag{2.65}$$

(3) *Der größeren Seite liegt der größere Winkel gegenüber*:

$\alpha < \beta$ genau dann, wenn $a < b$; $\alpha = \beta$ genau dann, wenn $a = b$; usw.

(4) *Die Winkelsumme liegt zwischen* π *und* 3π, *die Seitensumme zwischen* 0 *und* 2π:

$$\pi < \alpha + \beta + \gamma < 3\pi, \qquad 0 < a + b + c < 2\pi. \tag{2.66}$$

Die Summe der Winkel ist also stets größer als 180°. Die Differenz

$$\alpha + \beta + \gamma - \pi = \varepsilon \tag{2.67}$$

bezeichnet man als *sphärischen Exzeß*. Dieser bestimmt den *Flächeninhalt* des Kugeldreiecks mit dem Radius R:

$$A = R^2 \varepsilon. \tag{2.68}$$

2.6.4.3. Berechnung des Kugeldreiecks

2.6.4.3.1. Berechnung des allgemeinen Kugeldreiecks

Hauptbeziehungen:

Sinussatz:
$$\frac{\sin a}{\sin \alpha} = \frac{\sin b}{\sin \beta} = \frac{\sin c}{\sin \gamma}. \tag{2.69}$$

Seitenkosinussatz: $\cos c = \cos a \cos b + \sin a \sin b \cos \gamma$. (2.70)

Winkelkosinussatz: $\cos \gamma = -\cos \alpha \cos \beta + \sin \alpha \sin \beta \cos c$. (2.71)

Halbwinkelsatz:
$$\tan \frac{\gamma}{2} = \sqrt{\frac{\sin (s-a) \sin (s-b)}{\sin s \sin (s-c)}}; \tag{2.72}$$

$$\sin \frac{\gamma}{2} = \sqrt{\frac{\sin (s-a) \sin (s-b)}{\sin a \sin b}}; \quad \cos \frac{\gamma}{2} = \sqrt{\frac{\sin s \sin (s-c)}{\sin a \sin b}}$$

mit $2s = a + b + c$.

Halbseitensatz:
$$\tan \frac{c}{2} = \sqrt{\frac{-\cos \sigma \cos (\sigma - \gamma)}{\cos (\sigma - \alpha) \cos (\sigma - \beta)}}; \tag{2.73}$$

$$\sin \frac{c}{2} = \sqrt{-\frac{\cos \sigma \cos (\sigma - \gamma)}{\sin \alpha \sin \beta}}; \quad \cos \frac{c}{2} = \sqrt{\frac{\cos (\sigma - \alpha) \cos (\sigma - \beta)}{\sin \alpha \sin \beta}}.$$

mit $2\sigma = \alpha + \beta + \gamma$.

Nepersche Analogien:

$$\tan \frac{c}{2} \cos \frac{\alpha - \beta}{2} = \tan \frac{a+b}{2} \cos \frac{\alpha + \beta}{2}; \tag{2.74}$$

$$\tan \frac{c}{2} \sin \frac{\alpha - \beta}{2} = \tan \frac{a-b}{2} \sin \frac{\alpha + \beta}{2}; \tag{2.75}$$

$$\cot \frac{\gamma}{2} \cos \frac{a - b}{2} = \tan \frac{\alpha + \beta}{2} \cos \frac{a + b}{2}; \tag{2.76}$$

$$\cot \frac{\gamma}{2} \sin \frac{a - b}{2} = \tan \frac{\alpha - \beta}{2} \sin \frac{a + b}{2}. \tag{2.77}$$

Delambresche (*Gaußsche* bzw. *Mollweidesche*) *Formeln*:

$$\sin \frac{\gamma}{2} \sin \frac{a+b}{2} = \sin \frac{c}{2} \cos \frac{\alpha - \beta}{2}; \tag{2.78}$$

$$\sin \frac{\gamma}{2} \cos \frac{a+b}{2} = \cos \frac{c}{2} \cos \frac{\alpha + \beta}{2}; \tag{2.79}$$

$$\cos \frac{\gamma}{2} \sin \frac{a-b}{2} = \sin \frac{c}{2} \sin \frac{\alpha - \beta}{2}; \tag{2.80}$$

$$\cos \frac{\gamma}{2} \cos \frac{a-b}{2} = \cos \frac{c}{2} \sin \frac{\alpha + \beta}{2}. \tag{2.81}$$

(Durch entsprechendes zyklisches Vertauschen der Seiten a, b, c bzw. der Winkel α, β, γ erhält man aus (2.70) bis (2.81) weitere Beziehungen.)

Hauptfälle der Dreiecksberechnung:

I a) *Gegeben sind die drei Seiten*:

Nach (2.72): $\tan\frac{\alpha}{2} = \frac{\sin(s-b)\sin(s-c)}{\sin s \sin(s-a)}$ usw.

Nach (2.70): $\cos\alpha = \frac{\cos a - \cos b\cos c}{\sin b\sin c}$ usw.

I b) *Gegeben sind die drei Winkel*:

Ein Kugeldreieck wird im Gegensatz zum ebenen auch durch drei Winkel i. allg. eindeutig bestimmt. Dazu müssen (2.65) und (2.66) erfüllt sein.
Die Berechnung erfolgt analog I a) nach (2.73) bzw. (2.71).

II a) *Gegeben sind zwei Seiten und der eingeschlossene Winkel*, z. B. a, b, γ:

1) Lösung mit (2.70):

$$\cos c = \cos a\cos b + \sin a\sin b\cos\gamma,$$

$$\cos\alpha = \frac{\cos a - \cos b\cos c}{\sin b\sin c}, \qquad \cos\beta = \frac{\cos b - \cos a\cos c}{\sin a\sin c}$$

liefern c, α und β eindeutig.

2) Lösung mit (2.76) und (2.77): Man bestimmt $\frac{\alpha+\beta}{2}$ und $\frac{\alpha-\beta}{2}$ eindeutig und somit α und β. (2.69) liefert weiter $\sin c = \sin\gamma\frac{\sin a}{\sin\alpha}$; c muß so gewählt werden, daß c größer oder kleiner als b ist, je nachdem, ob γ größer oder kleiner als β ist.

II b) *Gegeben sind eine Seite und die anliegenden Winkel*, z. B. c, α, β:

1) Lösung mit (2.71);
2) Lösung mit (2.74) und (2.75)
(analog II a)).

III a) *Gegeben sind zwei Seiten und ein Winkel, der einer dieser Seiten gegenüberliegt*, z. B. a, b, α:

$\sin\beta = \frac{\sin b}{\sin a}\sin\alpha$; Lösung nur, wenn $\sin b\sin\alpha \leqq \sin a$.

Fallunterscheidung:

(1) $\sin a > \sin b$: Folglich $\sin\alpha > \sin\beta$; da $\alpha > \beta$ genau dann, wenn $a > b$, und umgekehrt, ist β eindeutig bestimmt.
(2) $\sin a = \sin b$: Folglich $\sin\alpha = \sin\beta$; β ist wie im Fall (1) eindeutig bestimmt.
(3) $\sin a < \sin b$: Folglich $\sin\alpha < \sin\beta$.
(3 a) $\sin b\sin\alpha < \sin a$: zwei Lösungen β_1 und β_2 mit $\beta_1 + \beta_2 = \pi = 180°$.
(3 b) $\sin b\sin\alpha = \sin a$: genau eine Lösung $\beta = \frac{\pi}{2} = 90°$.
(3 c) $\sin b\sin\alpha > \sin a$: keine Lösung.

Weiter erhält man zu dem gefundenen β noch c und γ, indem man (2.74) oder (2.75) bzw. (2.76) oder (2.77) nach $\tan\frac{c}{2}$ bzw. $\cot\frac{\gamma}{2}$ auflöst.

III b) *Gegeben sind zwei Winkel und eine Seite, die einem dieser Winkel gegenüberliegt*, z. B. a, α, β:

Lösung analog III a): $\sin b = \frac{\sin\beta}{\sin\alpha}\sin a$; weiter mit Neperschen Analogien ((2.74) bis (2.77)).

Weitere Bestimmungsgrößen eines Kugeldreiecks:

Umkreisradius r:

$$\cot r = \sqrt{-\frac{\cos(\sigma - \alpha)\cos(\sigma - \beta)\cos(\sigma - \gamma)}{\cos\sigma}} \tag{2.82}$$

$$= \cot\frac{a}{2}\cos(\sigma - \alpha) \tag{2.83}$$

mit $2\sigma = \alpha + \beta + \gamma$.

Inkreisradius ϱ:

$$\tan\varrho = \sqrt{\frac{\sin(s-a)\sin(s-b)\sin(s-c)}{\sin s}} \tag{2.84}$$

$$= \tan\frac{\alpha}{2}\sin(s-a) \tag{2.85}$$

mit $2s = a + b + c$.

Sphärischer Exzeß ε (l'Huiliersche Formel):

$$\tan\frac{\varepsilon}{4} = \sqrt{\tan\frac{s}{2}\tan\frac{s-a}{2}\tan\frac{s-b}{2}\tan\frac{s-c}{2}}\,. \tag{2.86}$$

Zusammenhang zwischen sphärischer und ebener Trigonometrie:

Es gilt der *Satz von Legendre*:

Ein Kugeldreieck mit kleinen Seiten und deshalb kleinem sphärischem Exzeß hat einen nahezu gleichen Flächeninhalt wie ein ebenes Dreieck mit den gleichen Seiten. Jeder Winkel des ebenen Dreiecks ist um ein Drittel des sphärischen Exzesses kleiner als der entsprechende Winkel des Kugeldreiecks.

Sinussatz, Seitenkosinussatz und Halbwinkelsatz der sphärischen Trigonometrie gehen für kleine Seiten (oder auch für großen Kugelradius R) in die entsprechenden Sätze der ebenen Trigonometrie über.

2.6.4.3.2. Berechnung des rechtwinkligen Kugeldreiecks. a, b – Katheten, c – Hypotenuse; α bzw. β – die den Seiten a bzw. b gegenüberliegenden Winkel.

Hauptbeziehungen:

$$\sin a = \cos(90° - a) = \sin\alpha\sin c; \tag{2.87}$$

$$\sin b = \cos(90° - b) = \sin\beta\sin c; \tag{2.88}$$

$$\cos c = \sin(90° - a)\sin(90° - b) = \cos a\cos b; \tag{2.89}$$

$$\cos\alpha = \sin(90° - a)\sin\beta = \cos a\sin\beta; \tag{2.90}$$

$$\cos\beta = \sin(90° - b)\sin\alpha = \cos b\sin\alpha; \tag{2.91}$$

$$\sin a = \cos(90° - a) = \cot(90° - b)\cot\beta = \tan b\cot\beta; \tag{2.92}$$

$$\sin b = \cos(90° - b) = \cot(90° - a)\cot\alpha = \tan a\cot\alpha; \tag{2.93}$$

$$\cos c = \cot\alpha\cot\beta; \tag{2.94}$$

$$\cos\alpha = \cot(90° - b)\cot c = \tan b\cot c; \tag{2.95}$$

$$\cos\beta = \cot(90° - a)\cot c = \tan a\cot c. \tag{2.96}$$

Diese Hauptbeziehungen faßt man zur *Neperschen Regel* zusammen:

Der Kosinus eines Stückes ist gleich dem Produkt der Sinus der nichtanliegenden Stücke und gleich dem Produkt der Kotangens der anliegenden Stücke, wobei man den rechten Winkel nicht mit zählt und die Katheten durch ihre Komplemente ersetzt oder auch für die Katheten die Kofunktionen wählt (s. Abb. 2.68).

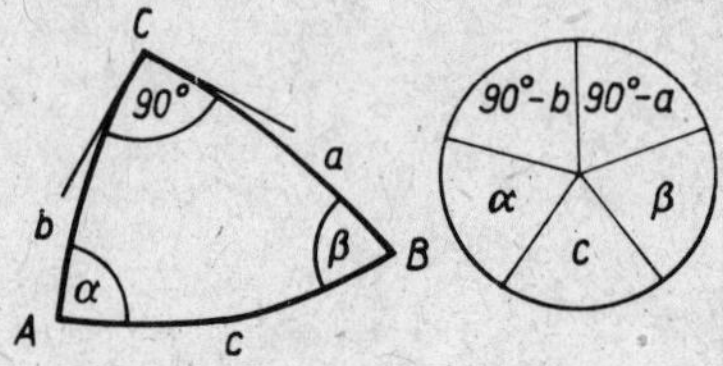

Abb. 2.68

Insbesondere ergeben sich (2.87) und (2.88) aus (2.69), (2.89) aus (2.70) sowie (2.90) und (2.91) aus (2.71).

2.6.5. Koordinatensysteme

Als *Koordinatensystem* Σ *eines n-dimensionalen affinen Raumes* $\mathbf{A}_n$ (s. Abschnitt 2.6.6.) wird eine Menge bezeichnet, die aus einem Punkt O des affinen Raumes (Ursprung des Koordinatensystems) und n linear unabhängigen Vektoren $\mathbf{x}_1, \ldots, \mathbf{x}_n$ des zum affinen Raum gehörigen Vektorraumes $\mathbf{V}_n$ besteht ($\mathbf{x}_1, \ldots, \mathbf{x}_n$ bilden in $\mathbf{V}_n$ eine Basis): $\Sigma = \{O, \mathbf{x}_1, \ldots, \mathbf{x}_n\}$. Jeder Punkt P des affinen Raumes $\mathbf{A}_n$ läßt sich, ausgehend vom Punkt O, in eineindeutiger Weise als Linearkombination der n Vektoren darstellen:

$$P = O + (\lambda_1\mathbf{x}_1 + \ldots + \lambda_n\mathbf{x}_n).$$

Die Zahlen $\lambda_1, \ldots, \lambda_n$, meist als Spaltenmatrix (vgl. 2.4.4.2.1.) geschrieben, heißen Koordinaten des Punktes P bezüglich des Koordinatensystems Σ. Ist $\mathbf{x}_1, \ldots, \mathbf{x}_n$ eine orthonormale Basis, so heißt Σ *kartesisches Koordinatensystem*. Sind

$$\Sigma_1 = \{O, \mathbf{x}_1, \ldots, \mathbf{x}_n\} \quad \text{und} \quad \Sigma_2 = \{Q, \mathbf{y}_1, \ldots, \mathbf{y}_n\}$$

zwei Koordinatensysteme des affinen Raumes $\mathbf{A}_n$, und P ein Punkt dieses Raumes mit den Koordinaten bezüglich Σ_1 und Σ_2, d. h.

$$P_{\Sigma_1} = \begin{pmatrix}\lambda_1\\ \vdots \\ \lambda_n\end{pmatrix}_{\Sigma_1}, \quad P_{\Sigma_2} = \begin{pmatrix}\mu_1\\ \vdots \\ \mu_n\end{pmatrix}_{\Sigma_2},$$

so gelten folgende Umrechnungsformeln:

$$P_{\Sigma_1} = AP_{\Sigma_2} + Q_{\Sigma_1}, \quad P_{\Sigma_2} = BP_{\Sigma_1} + Q_{\Sigma_2}.$$

Die Matrix A enthält als Spalten die Darstellung der Vektoren $\mathbf{y}_1, \ldots, \mathbf{y}_n$ in der Basis $\mathbf{x}_1, \ldots, \mathbf{x}_n$. Die Matrix B enthält als Spalten die Darstellung der Vektoren $\mathbf{x}_1, \ldots, \mathbf{x}_n$ in der Basis $\mathbf{y}_1, \ldots, \mathbf{y}_n$ (s. 2.4.4.1.4. und 2.4.4.1.5.).

Bei *homogenen Koordinaten* (auch *Verhältniskoordinaten* genannt), zu denen z. B. die baryzentrischen Koordinaten gehören, hat die einzelne Koordinate keine unmittelbare Bedeutung für die Lage des Punktes. Die Lage des Punktes bestimmt sich aus dem Verhältnis der Koordinaten zueinander. In homogenen Koordinatensystemen besitzen auch unendlich ferne Punkte endliche Koordinaten.

Das baryzentrische Koordinatensystem Σ im n-dimensionalen affinen Raum $\mathbf{A}_n$ besteht aus $n + 1$ Punkten $P_1, P_2, \ldots, P_{n+1}$. Die $n + 1$ Punkte dürfen nicht alle gemeinsam in einer Hyperebene von $\mathbf{A}_n$ liegen. Die baryzentrischen Koordinaten eines Punktes P sind diejenigen (positiven oder negativen) Gewichte m_i, mit denen die Punkte P_i $(i = 1, \ldots, n + 1)$ versehen werden müssen, damit ihr Schwerpunkt der Punkt P ist. Werden die baryzentrischen Koordinaten eines Punktes mit derselben Zahl ($\neq 0$) multipliziert, so bleibt der durch sie bestimmte Punkt der gleiche.

Gegeben sei ein baryzentrisches Koordinatensystem Σ, bestehend aus den Punkten $P_1, \ldots, P_{n+1}$, und ein Koordinatensystem Σ_1 des affinen Raumes $\mathbf{A}_n$; $\Sigma_1 = \{O, \mathbf{x}_1, \ldots, \mathbf{x}_n\}$. Die Koordinaten der Punkte P_i in Σ_1 seien $x_{i1}, \ldots, x_{in}$ $(i = 1, \ldots, n+1)$. Die Umrechnung der Koordinaten eines Punktes P erfolgt nach folgenden Gleichungen:

$$P = \begin{pmatrix} x_1 \\ \vdots \\ x_n \end{pmatrix}_{\Sigma_1} = \begin{pmatrix} m_1 \\ \vdots \\ m_{n+1} \end{pmatrix}_{\Sigma}, \qquad x_k = \frac{\sum m_i x_{ik}}{\sum m_i} \quad (k = 1, \ldots, n). \tag{2.97}$$

Summiert wird über i von 1 bis $n + 1$. Sind die m_i unbekannt und die x_k bekannt, so stellt (2.97) ein homogenes Gleichungssystem mit n Gleichungen und $n + 1$ Unbekannten dar. Ein m_i ist frei wählbar.

Als Koordinatensystem Σ der Ebene bzw. des Raumes bezeichnet man allgemein ein Bezugssystem, bestehend aus Punkten, Geraden, Strahlen, Vektoren, Kurven oder anderen Elementen der Ebene bzw. des Raumes. Jeder Punkt P der Ebene oder des Raumes ist in seiner Lage zu diesem Bezugssystem eindeutig durch Zahlen gekennzeichnet. Die Zahlen, als *geordnetes n-Tupel* aufgeschrieben, heißen die Koordinaten des Punktes P bezüglich des Koordinatensystems Σ. Jede Koordinate beschreibt ein ganz bestimmtes Lageverhältnis des Punktes P zu Elementen des Koordinatensystems Σ.

Beispiele: Abstand des Punktes P von einem Strahl des Koordinatensystems oder Parameterwert einer in Parameterform gegebenen Kurvenschar des Koordinatensystems, so daß die durch diesen Parameterwert festgelegte Kurve der Kurvenschar durch den Punkt P geht.

2.6.5.1. Koordinatensysteme der Ebene

2.6.5.1.1. Geradlinige Koordinatensysteme der Ebene. Ein geradliniges Koordinatensystem der Ebene besteht aus einem fest in der Ebene vorgegebenen Punkt O (*Koordinatenursprung*) und zwei sich in diesem Punkt schneidenden Geraden g_1 und g_2, den *Koordinatenachsen*: $\Sigma = \{O, g_1, g_2\}$. Jede der beiden Geraden erhält, vom Punkt O ausgehend, eine positive und negative Orientierung und Maßeinteilung (s. Abb. 2.69). Ohne Beschränkung der Allgemeinheit kann auf beiden Achsen die gleiche Maßeinteilung angenommen werden (andernfalls liefert die Multiplikation der Maßeinteilung auf der einen Achse mit einer Konstanten die Maßeinteilung auf der anderen Achse).

Die kontravarianten Koordinaten (auch *Parallelkoordinaten*) eines Punktes P sind die Abschnitte der zu den Achsen parallelen Projektionen des Punktes P auf die Koordinatenachsen (s. Abb. 2.69).

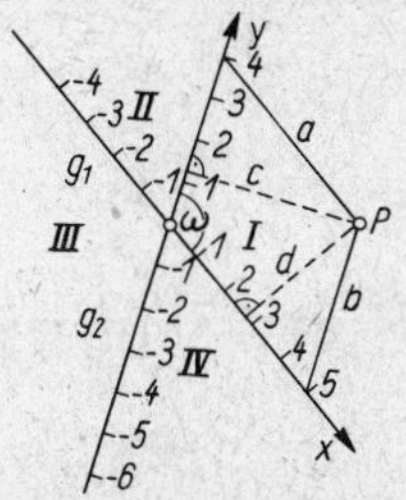

Abb. 2.69. Geradliniges Koordinatensystem der Ebene mit Ursprung 0, Koordinatenachsen g_1 und g_2 (x-Achse und y-Achse) und Koordinatenwinkel ω. Der eingezeichnete Punkt P hat die kontravarianten Koordinaten a und b und die kovarianten Koordinaten c und d. In römischen Zahlen die vier Quadranten.

Die Vorzeichen der Koordinaten hängen davon ab, ob der Projektionsstrahl auf dem positiven (positives Vorzeichen der Koordinate) oder negativen (negatives Vorzeichen der Koordinate) Teil der Koordinatenachse endet. Diese Koordinaten stimmen mit den Koordinaten des affinen 2-dimensionalen Raumes überein, wenn alle Basisvektoren des Koordinatensystems die Länge 1 haben.

Die kovarianten Koordinaten eines Punktes P sind die Abschnitte der senkrechten Projektionen des Punktes P auf die Koordinatenachsen[1]). Die kovarianten Koordinaten sind in der analytischen Geometrie ungebräuchlich. Weiteres über sie in 4.2.1.3. und 8.3. (Ergänzungsbd.). Im folgenden werden nur noch kontravariante Koordinaten betrachtet.

[1]) Diese Koordinaten sind nicht identisch mit den in 4.2.1.3. eingeführten kovarianten Koordinaten, transformieren sich aber gleichartig.

Der von den positiven Teilen beider Achsen eingeschlossene Winkel ω heißt *Koordinatenwinkel*. Für $\omega = 90°$ heißt das Koordinatensystem rechtwinklig (auch *kartesisches Koordinatensystem*), sonst heißt das Koordinatensystem schiefwinklig[1]). Im kartesischen Koordinatensystem stimmen kovariante und kontravariante Koordinaten überein. Gewöhnlich wird bei geradlinigen Koordinatensystemen der Ebene die erste Achse als x-Achse oder *Abszissenachse* und die zweite Achse als y-Achse oder *Ordinatenachse* bezeichnet. Die Ebene wird durch die Achsen in vier Teile, die vier *Quadranten* zerlegt (s. Abb. 2.69).

2.6.5.1.2. Krummlinige Koordinatensysteme der Ebene. Die krummlinigen Koordinatensysteme der Ebene sind Verallgemeinerungen der geradlinigen. Krummlinige Koordinatensysteme der Ebene sind zwei einparametrige Kurvenscharen (Scharen von Koordinatenlinien). Durch jeden Punkt P

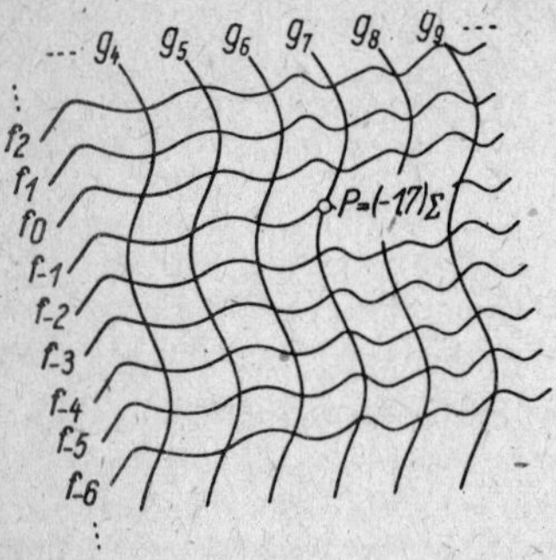

Abb. 2.70

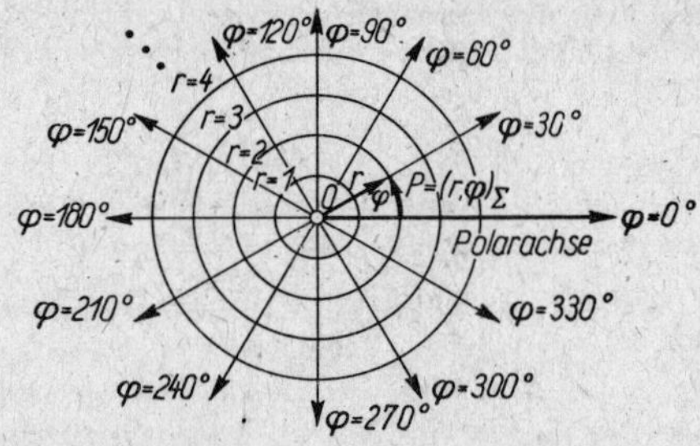

Abb. 2.71

der Ebene geht dabei jeweils nur eine Kurve jeder Schar hindurch. Zwei Kurven aus verschiedenen Scharen haben nur einen gemeinsamen Punkt. Die beiden Parameterwerte der aus den zwei Kurvenscharen stammenden Kurven, die durch den gleichen Punkt P hindurchgehen, sind die krummlinigen Koordinaten dieses Punktes. Abb. 2.70 zeigt ein solches Koordinatensystem mit den Kurvenscharen f_s und g_t. s und t bezeichnen dabei die Parameter.

Ein häufig verwendetes krummliniges Koordinatensystem ist das *Polarkoordinatensystem*. Es besteht aus einem fest vorgegebenen Punkt O der Ebene (*Pol*), konzentrischen Kreisen mit dem Mittelpunkt O und Strahlen mit dem Anfangspunkt im Punkt O, von denen ein Strahl als *Polarachse* ausgezeichnet wird (Abb. 2.71). Die Parameter der beiden Kurvenscharen (die Polarkoordinaten) sind der Radius r (*Radiusvektor* oder *Polabstand*) für die Schar der konzentrischen Kreise und der Winkel φ zwischen Polarachse und Strahl (*Polarwinkel*) für die Schar der Strahlen. Der Winkel wird im mathematisch positiven Sinn gemessen. Ein Punkt P hat in Polarkoordinaten die Darstellung $P = (r, \varphi)$. Der Pol O ist durch $r = 0$ gekennzeichnet, ihm wird kein Polarwinkel zugeordnet.

2.6.5.1.3. Transformation der Koordinaten der Ebene

Verschiebung des Koordinatensystems:

Wird ein geradliniges Koordinatensystem $\Sigma = \{O, g_1, g_2\}$ um den Vektor $\overrightarrow{OQ}$ verschoben in ein Koordinatensystem $\Sigma' = \{Q, g'_1, g'_2\}$ mit dem Ursprung $Q = (a, b)_\Sigma$ und Koordinatenachsen g'_1 und g'_2, die zu den Achsen g_1 und g_2 parallel sind, so gelten die Umrechnungsformeln $x' = x - a$, $y' = y - b$.

Dabei ist $P = \begin{pmatrix} x \\ y \end{pmatrix}_\Sigma = \begin{pmatrix} x' \\ y' \end{pmatrix}_{\Sigma'}$ (s. Abb. 2.72).

[1]) Dieses Koordinatensystem stimmt mit dem am Anfang des Abschnittes 2.6.5. definierten kartesischen Koordinatensystem für den Fall $n = 2$ (3) überein. In der Literatur wird häufig auch für allgemein schiefwinklige Parallelkoordinaten der Begriff kartesische Koordinaten verwendet. Dort erscheint dann für $\omega = 90°$ ($w_1 = w_2 = w_3 = 0$) der Begriff rechtwinklige kartesische Koordinaten (s. 2.6.5.2.1.). Im folgenden sollen unter kartesischen Koordinaten stets Koordinaten eines rechtwinkligen Koordinatensystems verstanden werden, deren Achsen die gleiche Maßeinteilung besitzen.

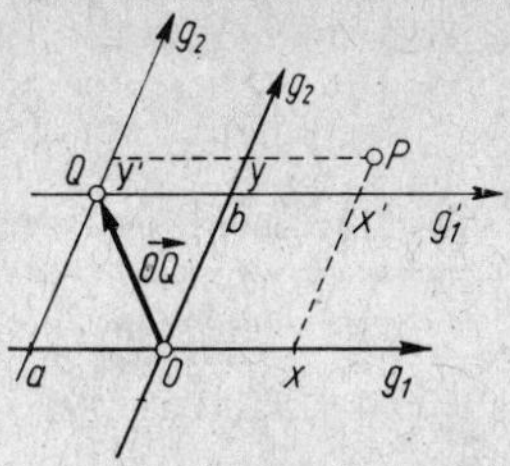

Abb. 2.72

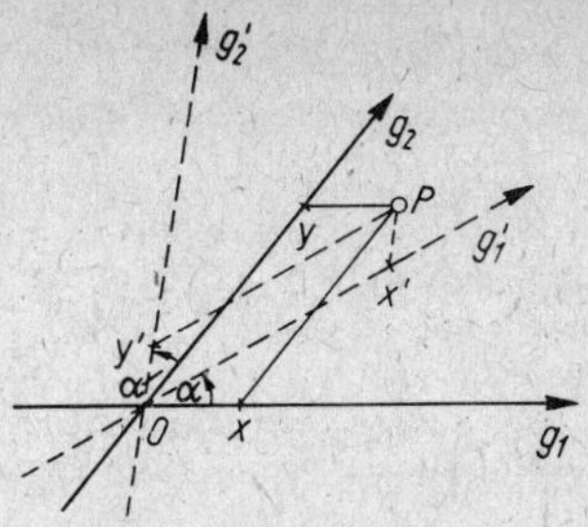

Abb. 2.73

Drehung des Koordinatensystems:

Ein Koordinatensystem Σ mit dem Koordinatenwinkel ω geht durch Drehung um den Winkel α um den Koordinatenursprung in das Koordinatensystem Σ' mit dem gleichen Koordinatenwinkel mittels folgender Umrechnungsformeln über (Abb. 2.73):

$$x' = \frac{\sin(\omega + \alpha)}{\sin\omega}\, x + \frac{\sin\alpha}{\sin\omega}\, y,$$

$$y' = -\frac{\sin\alpha}{\sin\omega}\, x + \frac{\sin(\omega - \alpha)}{\sin\omega}\, y.$$

Ist $\omega = 90°$ (Drehung kartesischer Koordinaten um den Winkel α), so ergibt sich:

$$x' = x\cos\alpha + y\sin\alpha,$$

$$y' = -x\sin\alpha + y\cos\alpha.$$

Es sei Σ ein Parallelkoordinatensystem mit dem Koordinatenwinkel ω, Σ_1 ein Parallelkoordinatensystem mit dem Koordinatenwinkel ω_1 und Σ_2 ein Polarkoordinatensystem. Die Polarachse von Σ_2 falle mit der x-Achse von Σ zusammen. Der Ursprung aller drei Koordinatensysteme falle zusammen (haben Koordinatensysteme verschiedene Ursprünge, so werden sie in Koordinatensysteme mit gleichem Ursprung transformiert – wie oben gezeigt).

Ein Punkt P habe in den drei Koordinatensystemen folgende Koordinaten:

$$P = \begin{pmatrix} x \\ y \end{pmatrix}_{\Sigma} = \begin{pmatrix} x_1 \\ y_1 \end{pmatrix}_{\Sigma_1} = (r, \varphi)_{\Sigma_2}.$$

Der Punkt braucht nur bezüglich eines Koordinatensystems gegeben zu sein; die anderen Koordinatendarstellungen lassen sich dann nach folgenden Formeln berechnen:

$$x = \frac{\sin(\omega - \alpha)}{\sin\omega}\, x_1 + \frac{\sin(\omega - \beta)}{\sin\omega}\, y_1,$$

$$y = \frac{\sin\alpha}{\sin\omega}\, x_1 + \frac{\sin\beta}{\sin\omega}\, y_1,$$

$$x_1 = \frac{\sin\beta}{\sin(\beta - \alpha)}\, x - \frac{\sin(\omega - \beta)}{\sin(\beta - \alpha)}\, y,$$

$$y_1 = -\frac{\sin\alpha}{\sin(\beta - \alpha)}\, x + \frac{\sin(\omega - \beta)}{\sin(\beta - \alpha)}\, y,$$

$$x = \frac{r\sin(\omega - \varphi)}{\sin\omega},$$

$$y = \frac{r\sin\varphi}{\sin\omega},$$

$$r = \sqrt{x^2 + y^2 + 2xy\cos\omega},$$

$$\varphi = \arctan\frac{y\sin\omega}{y\cos\omega + x}.$$

α ist der Winkel zwischen den positiven Teilen der x-Achsen von Σ und Σ_1. β ist der Winkel zwischen den positiven Teilen der x-Achse von Σ und der y-Achse von Σ_1 ($\omega' = \beta - \alpha$; α, β im mathematisch positiven Sinn gemessen).

2.6.5.2. Koordinatensysteme des Raumes

2.6.5.2.1. Geradlinige Koordinatensysteme des Raumes. Ein geradliniges Koordinatensystem Σ des Raumes besteht aus einem fest im Raum vorgegebenen Punkt O (*Koordinatenursprung*) und drei nicht in einer Ebene liegenden sich im Punkt O schneidenden Geraden g_1, g_2, g_3, den *Koordinatenachsen* (x-, y- und z-Achse oder *Abszissen-, Ordinaten-* und *Applikatenachse*); $\Sigma = \{O, g_1, g_2, g_3\}$. Die von je zwei Koordinatenachsen aufgespannten 3 Ebenen heißen Koordinatenebenen (x, y-,

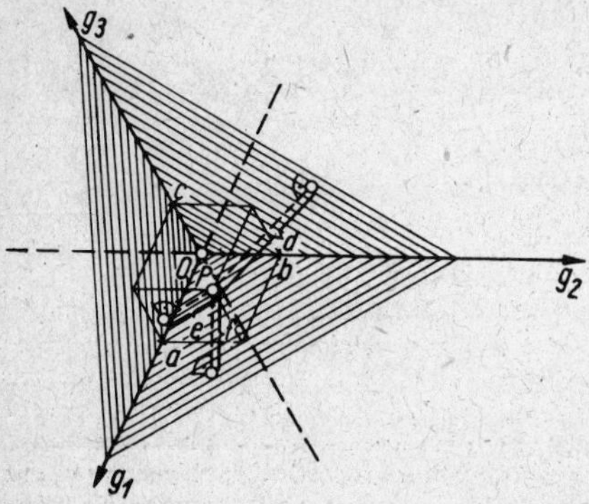

Abb. 2.74

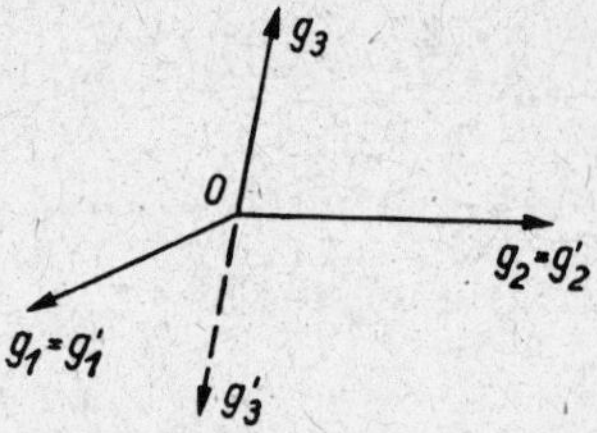

Abb. 2.75.
Rechtssystem $\Sigma = \{0, g_1, g_2, g_3\}$,
Linkssystem $\Sigma = \{0, g_1', g_2', g_3'\}$

x, z- und y, z-Ebene). Jede der drei Achsen erhält von Punkt O ausgehend eine positive und negative Orientierung und Maßeinteilung (s. Abb. 2.74). Ohne Beschränkung der Allgemeinheit kann auf allen drei Achsen die gleiche Maßeinteilung angenommen werden (andernfalls liefert die Multiplikation der Maßteinteilung einer Achse mit einer Konstanten die Maßeinteilung auf einer anderen Achse). Die Kosinus der Winkel zwischen den positiven Teilen der x-, y- und z-Achse seien $\cos \sphericalangle(y, z) = w_1$, $\cos \sphericalangle(z, x) = w_2$ und $\cos \sphericalangle(x, y) = w_3$ (*Koordinatenwinkel*). Für $w_1 = w_2 = w_3 = 0$ heißt das Koordinatensystem *rechtwinklig* (auch *kartesisches Koordinatensystem*), sonst heißt das Koordinatensystem schiefwinklig[1]). Je nach der gegenseitigen Lage der positiven Teile der Achsen sind ein Rechts- oder ein Linkssystem möglich (s. Abb. 2.75). Die *kovarianten Koordinaten* eines Punktes P sind die Abstände des Punktes von den drei Koordinatenebenen. Die *kontravarianten Koordinaten* (Parallelkoordinaten) eines Punktes P sind die Längen der Projektionsstrahlen, wenn P nacheinander auf die drei Koordinatenebenen parallel zu der nicht in der Koordinatenebene liegenden Koordinatenachse projeziert wird (s. Abb. 2.74). Im kartesischen Koordinatensystem fallen kovariante und kontravariante Koordinaten zusammen. Eine Koordinate eines Punktes ist positiv, wenn der Punkt auf der gleichen Seite der Koordinatenebene liegt, zu der die entsprechende Koordinatenachse nicht gehört, wie der positive Teil dieser Koordinatenachse. Sonst ist diese Koordinate negativ.

Der Raum wird durch die drei Koordinatenebenen in 8 *Oktanten* zerlegt. Entsprechend den Vorzeichen der einzelnen Koordinaten ergeben sich die Oktanten I bis VIII:

Oktant:	I	II	III	IV	V	VI	VII	VIII
x	+	−	−	+	+	−	−	+
y	+	+	−	−	+	+	−	−
z	+	+	+	+	−	−	−	−

[1]) siehe Fußnote in Abschn. 2.6.5.1.1.

Die Koordinatenmatrix eines Punktes P mit der Ordinate a, der Abszisse b und der Applikate c ist:

$$P = P_\Sigma = \begin{pmatrix} a \\ b \\ c \end{pmatrix}_\Sigma .$$

2.6.5.2.2. Krummlinige Koordinatensysteme des Raumes. Die krummlinigen Koordinatensysteme des Raumes sind Verallgemeinerungen der geradlinigen. Krummlinige Koordinatensysteme des Raumes bestehen aus drei einparametrigen Scharen von Flächen. Durch jeden Punkt P des Raumes geht nur eine Fläche jeder Schar hindurch. Die Parameterwerte dieser drei Flächen sind die krummlinigen Koordinaten dieses Punktes P. Häufig verwendete krummlinige Koordinatensysteme des Raumes sind das *Kugel-* oder *Polarkoordinatensystem* und das *Zylinderkoordinatensystem.* Beide gehen aus dem Polarkoordinatensystem der Ebene hervor.

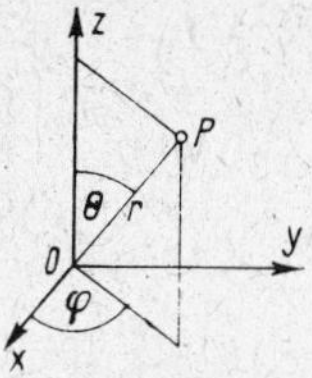

Abb. 2.76

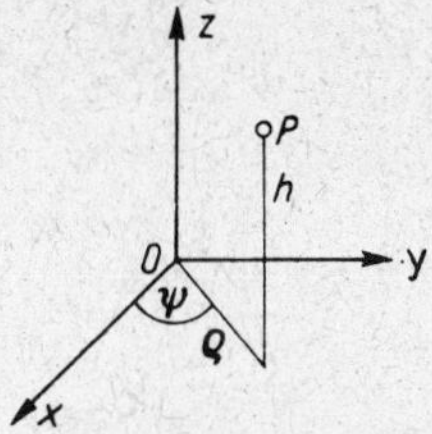

Abb. 2.77

Das *Kugel-* oder *Polarkoordinatensystem* besteht aus einem fest vorgegebenen Punkt O (Pol) des Raumes, aus einer orientierten Geraden g, die durch den Punkt O geht, aus Halbebenen, die von dieser Geraden ausgehen (eine von ihnen wird als *Bezugshalbebene* ausgezeichnet), aus Kegeln, deren Spitzen im Punkt O liegen und deren Achse die Gerade g ist, und aus Kugeln mit dem Mittelpunkt im Punkt O. Der Parameter der Schar der Kugeln ist der Radius r der Kugel, der Parameter der Halbebenenschar ist der im mathematisch positiven Sinn gemessene Winkel φ, den die Halbebene mit der Bezugshalbebene bildet (geographische Länge), und der Parameter der Schar der Kegel ist ihr Öffnungswinkel Θ. Θ wird zwischen dem positiven Teil der Geraden g und dem Kegelmantel gemessen (geographische Breite) (s. Abb. 2.76). Ein Punkt P hat in Polarkoordinaten die Darstellung: $P = (r, \varphi, \Theta)$.[1])

Das *Zylinderkoordinatensystem* besteht aus einem fest vorgegebenen Punkt O (Koordinatenursprung), aus einer durch diesen Punkt gehenden orientierten und mit Maßstab versehenen Geraden g, aus Ebenen, die senkrecht zur Geraden g sind, aus Halbebenen, die von der Geraden g ausgehen (eine von ihnen ist als Bezugsebene ausgezeichnet), und aus Zylindern, deren Achse die Gerade g ist. Der Parameter der Schar der senkrecht zu g stehenden Ebenen ist der Abstand der Ebene vom Punkt O. h ist positiv (negativ), wenn die Ebene den positiven (negativen) Teil der Geraden g schneidet. Der Parameter der Schar der Halbebenen ist der im mathematisch positiven Sinn gemessene Winkel ψ, den die Halbebene mit der Bezugshalbebene bildet. Der Parameter der Zylinderschar ist der Radius ϱ des Zylinders. Ein Punkt P hat in Zylinderkoordinaten die Darstellung $P = (\psi, \varrho, h)$ (s. Abb. 2.77).[1])

2.6.5.2.3. Transformation der Koordinaten des Raumes

Verschiebung des Koordinatensystems:

Ein Koordinatensystem $\Sigma = \{O, g_1, g_2, g_3\}$ wird um den Vektor $\overrightarrow{OQ}$ verschoben in ein Koordinatensystem $\Sigma' = \{Q, g_1', g_2', g_3'\}$ mit dem Ursprung $Q = (a, b, c)_\Sigma$ und den Koordinatenachsen g_1', g_2' und g_3', die zu den Achsen g_1, g_2 und g_3 parallel sind, durch die Umrechnungsformeln:

$$x' = x - a, \quad y' = y - b, \quad z' = z - c.$$

Dabei sind x, y, z bzw. x', y', z' die Koordinaten von P in Σ bzw. Σ' (s. Abb. 2.78).

[1]) In Abb. 2.76 bzw. 2.77 sind die Polar- bzw. Zylinderkoordinaten der Anschaulichkeit halber in ein kartesisches Koordinatensystem eingebettet.

Drehung des Koordinatensystems:

Ein kartesisches Koordinatensystem $\Sigma = \{O, g_1, g_2, g_3\}$ geht durch Drehung (im mathematisch positiven Sinn) um die durch den Ursprung gehende Achse g mit den Richtungskosinus

$$\cos(\sphericalangle g_1, g) = \alpha,$$
$$\cos(\sphericalangle g_2, g) = \beta,$$
$$\cos(\sphericalangle g_3, g) = \gamma$$

und um den Winkel ϑ in das kartesische Koordinatensystem $\Sigma' = \{O, g_1', g_2', g_3'\}$ durch folgende Umrechnungsformeln über:

$$x' = x(\cos\vartheta + \alpha^2(1 - \cos\vartheta)) + y(\gamma \sin\vartheta + \alpha\beta(1 - \cos\vartheta)) + z(-\beta \sin\vartheta + \alpha\gamma(1 - \cos\vartheta)),$$
$$y' = x(-\gamma \sin\vartheta + \beta\alpha(1 - \cos\vartheta)) + y(\cos\vartheta + \beta^2(1 - \cos\vartheta)) + z(\alpha \sin\vartheta + \beta\gamma(1 - \cos\vartheta)),$$
$$z' = x(\beta \sin\vartheta + \gamma\alpha(1 - \cos\vartheta)) + y(-\alpha \sin\vartheta + \gamma\beta(1 - \cos\vartheta)) + z(\cos\vartheta + \gamma^2(1 - \cos\vartheta)).$$

Dabei sind x, y, z bzw. x', y', z' die Koordinaten von P in Σ bzw. Σ' (s. Abb. 2.79).

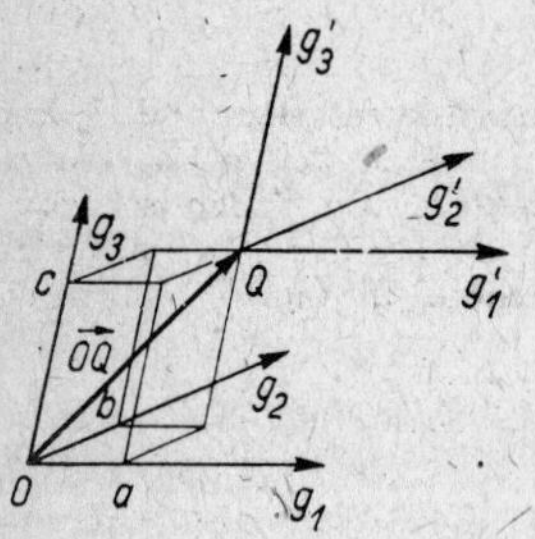

Abb. 2.78

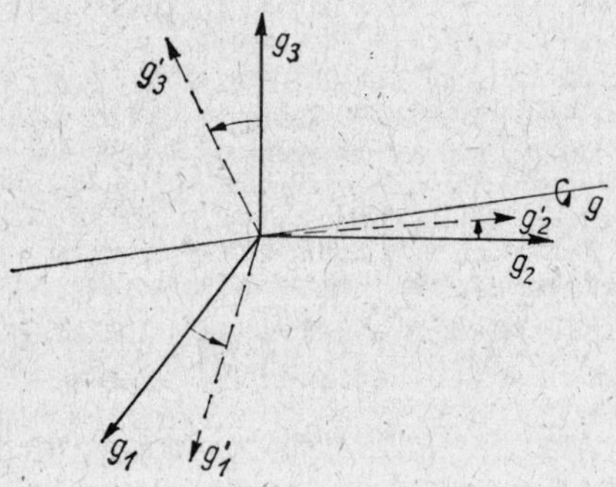

Abb. 2.79

Sind die Richtungskosinus zwischen den Achsen von Σ und Σ' bekannt (s. nachstehendes Schema), so gilt:

$$x' = l_1 x + m_1 y + n_1 z,$$
$$y' = l_2 x + m_2 y + n_2 z,$$
$$z' = l_3 x + m_3 y + n_3 z.$$

bezüglich der alten Achsen	Richtungskosinus der neuen Achsen		
	x'	y'	z'
x	l_1	l_2	l_3
y	m_1	m_2	m_3
z	n_1	n_2	n_3

In Matrizenschreibweise:

$$\mathbf{x}' = \mathbf{A}\mathbf{x}, \quad \mathbf{x}' = \begin{pmatrix} x' \\ y' \\ z' \end{pmatrix}, \quad \mathbf{x} = \begin{pmatrix} x \\ y \\ z \end{pmatrix}.$$

Die Transformationsmatrix $\mathbf{A} = \begin{pmatrix} l_1 & m_1 & n_1 \\ l_2 & m_2 & n_2 \\ l_3 & m_3 & n_3 \end{pmatrix}$ ist eine orthogonale Matrix (s. Abschnitt 2.4.4.2.5.).

Sind zwei Koordinatensysteme Σ und Σ' mit dem gleichen Koordinatenursprung gegeben, und sind die Kosinus der Winkel zwischen den positiven Teilen der Achsen von Σ (Achsen x, y, z) und Σ' (Achsen x', y', z') und die Kosinus der Koordinatenwinkel von Σ (w_1, w_2, w_3 – s. Abschnitt 2.6.5.2.1.) bekannt, so kann man aus der Darstellung eines Punktes P in Σ die Darstellung des gleichen Punktes in Σ' nach folgenden Formeln berechnen:

Sind x, y, z bzw. x', y', z' die Koordinaten von P in Σ bzw. Σ', so gilt:

$$x = \frac{(1 - w_1^2) X - (w_3 - w_1 w_2) Y - (w_2 - w_3 w_1) Z}{\delta^2},$$

$$y = \frac{(1 - w_2^2) Y - (w_1 - w_2 w_3) Z - (w_3 - w_1 w_2) X}{\delta^2},$$

$$z = \frac{(1 - w_3^2) Z - (w_2 - w_3 w_1) X - (w_1 - w_2 w_3) Y}{\delta^2}.$$

Dabei sind $\delta^2 = 1 + 2 w_1 w_2 w_3 - w_1^2 - w_2^2 - w_3^2$,

$$X = x' \cos \sphericalangle (x', x) + y' \cos \sphericalangle (y', x) + z' \cos \sphericalangle (z', x),$$

$$Y = x' \cos \sphericalangle (x', y) + y' \cos \sphericalangle (y', y) + z' \cos \sphericalangle (z', y),$$

$$Z = x' \cos \sphericalangle (x', z) + y' \cos \sphericalangle (y', z) + z' \cos \sphericalangle (z', z).$$

Es seien Σ ein kartesisches Koordinatensystem, Σ_1 ein Zylinderkoordinatensystem und Σ_2 ein Polarkoordinatensystem. Der Koordinatenursprung von Σ, der von Σ_1 und der Pol von Σ_2 mögen zusammenfallen. Die Grundgerade g von Σ_1 und Σ_2 möge mit der z-Achse von Σ identisch sein. Die von g ausgehenden Bezugshalbebenen von Σ_1 und von Σ_2 mögen die positive x-Achse von Σ enthalten. Die Darstellungen eines Punktes P bezüglich der drei Systeme Σ, Σ_1 und Σ_2 sind dann durch die folgenden Formeln miteinander verknüpft:

Sind x, y, z die Koordinaten von P in Σ und ist $P = (\psi, \varrho, h)_{\Sigma_1} = (r, \varphi, \Theta)_{\Sigma_2}$, so gilt:

$$x = \varrho \cos \psi = r \sin \Theta \cos \varphi,$$

$$y = \varrho \sin \psi = r \sin \Theta \sin \varphi,$$

$$z = h = r \cos \Theta,$$

$$\varrho = \sqrt{x^2 + y^2},$$

$$r = \sqrt{x^2 + y^2 + z^2},$$

$$\psi = \arctan \frac{y}{x} = \varphi,$$

$$\Theta = \arctan \frac{\sqrt{x^2 + y^2}}{z} = \arccos \frac{z}{\sqrt{x^2 + y^2 + z^2}}.$$

2.6.6. Analytische Geometrie

Ein *n-dimensionaler affiner Raum* $\mathbf{A}_n$ ist eine Menge A von Punkten und eine Menge von Vektoren mit folgenden Eigenschaften: Die Menge der Vektoren bildet einen n-dimensionalen linearen Vektorraum $\mathbf{V}_n$. Es ist eine Funktion $\dotplus$ von $A \times \mathbf{V}_n$ in $\mathbf{A}_n$ folgendermaßen definiert: Für alle Punkte P_1, P_2 aus $\mathbf{A}_n$ existiert genau ein Vektor $\mathbf{x}$ aus $\mathbf{V}_n$ mit $P_1 \dotplus \mathbf{x} = P_2$. $\mathbf{x}$ heißt Vektor (Verschiebungsvektor) von P_1 nach P_2 ($\mathbf{x} = \overrightarrow{P_1 P_2}$). Für alle Punkte $P \in \mathbf{A}_n$ und alle Vektoren $\mathbf{x}_1, \mathbf{x}_2 \in \mathbf{V}_n$ gilt:

$$P \dotplus (\mathbf{x}_1 + \mathbf{x}_2) = (P \dotplus \mathbf{x}_1) \dotplus \mathbf{x}_2.$$

Führt man ein Koordinatensystem Σ (vgl. 2.6.5.) ein, so folgt:

$$\mathbf{x}_\Sigma = P_{2_\Sigma} - P_{1_\Sigma}.$$

Ein k-dimensionaler *linearer Teilraum* des affinen Raumes $\mathbf{A}_n$ ist eine Teilmenge der Punkte von $\mathbf{A}_n$, deren Verbindungsvektoren einen k-dimensionalen Vektorunterraum des $\mathbf{V}_n$ aufspannen. Jeder $(n-1)$-dimensionale lineare Teilraum wird als *Hyperebene* bezeichnet.

In der analytischen Geometrie verwendet man häufig für die Koordinaten neben der Matrizenrechnung auch die Vektorrechnung. Man schreibt dann die Spaltenmatrizen der Koordinaten als Zeilenvektoren mit den Rechenoperationen der Vektoralgebra (vgl. 4.2.1.). Benutzt man aber die Matrizenrechnung, so sind die Koordinaten in Form von Spaltenmatrizen zu schreiben.

2.6.6.1. Analytische Geometrie der Ebene [1]

Zwei Punkte. Der *Abstand* d zweier in Parallel- oder Polarkoordinaten gegebener Punkte $P_1 = (x_1, y_1)_{\Sigma_1} = (r_1, \varphi_1)_{\Sigma_2}$ und $P_2 = (x_2, y_2)_{\Sigma_1} = (r_2, \varphi_2)_{\Sigma_2}$ wird durch folgende Formel berechnet:

$$d = \sqrt{r_1^2 + r_2^2 - 2r_1r_2\cos(\varphi_2 - \varphi_1)}$$
$$= \sqrt{(x_2 - x_1)^2 + (y_2 - y_1)^2 - 2(x_2 - x_1)(y_2 - y_1)\cos\omega}\,.$$

Sind die Punkte in kartesischen Koordinaten gegeben ($\omega = 90°$ in Σ_1), so gilt

$$d = \sqrt{(x_2 - x_1)^2 + (y_2 - y_1)^2}\,.$$

Im folgenden sollen, wenn nicht ausdrücklich andere Koordinaten genannt werden, stets kartesische Koordinaten benutzt werden.

Die Koordinaten des *Mittelpunktes* der Strecke $\overline{P_1P_2}$ sind

$$x = \frac{x_1 + x_2}{2} \quad \text{und} \quad y = \frac{y_1 + y_2}{2}.$$

Die Koordinaten des Punktes P, der die Strecke $\overline{P_1P_2}$ im Verhältnis $\frac{m}{n} = \frac{|\overrightarrow{P_1P}|}{|\overrightarrow{PP_2}|} = |\lambda|$ teilt, sind

$$x = \frac{nx_1 + mx_2}{n + m} = \frac{x_1 + \lambda x_2}{1 + \lambda}, \qquad y = \frac{ny_1 + my_2}{n + m} = \frac{y_1 + \lambda y_2}{1 + \lambda}.$$

Ist $\lambda < 0$, so liegt P außerhalb der Verbindungsstrecke $\overline{P_1P_2}$. Den Koordinaten der Verbindungsvektoren $\overrightarrow{P_1P}$ bzw. $\overrightarrow{PP_2}$ gibt man die entgegengesetzten Vorzeichen der Koordinaten von $\overrightarrow{P_1P_2}$, falls die Orientierung dieser Vektoren nicht mit der Orientierung des Vektors $\overrightarrow{P_1P_2}$ übereinstimmt.

n Punkte. Die Koordinaten des *Schwerpunktes* von n Punkten $P_i = (x_i, y_i)$, in denen sich die Massen m_i $(i = 1, 2, \ldots, n)$ befinden, sind:

$$x = \frac{\sum m_i x_i}{\sum m_i} \quad \text{und} \quad y = \frac{\sum m_i y_i}{\sum m_i}.$$

Summiert wird über i von 1 bis n.

Der *Flächeninhalt* S eines Vielecks mit den Eckpunkten $P_1, \ldots, P_n$ ist

$$S = \tfrac{1}{2}\left[(x_1 - x_2)(y_1 + y_2) + (x_2 - x_3)(y_2 + y_3) + \ldots + (x_{n-1} - x_n)(y_{n-1} + y_n) + (x_n - x_1)(y_n + y_1)\right].$$

[1] Die Darstellung in Vektorschreibweise wird nur in Abschnitt 2.6.6.2. angegeben. Sie stimmt mit der Darstellung in Vektorschreibweise für die Ebene überein, wenn die letzte Komponente der Vektoren weggelassen wird.

S ist positiv, wenn die Eckpunkte bei der Durchnumerierung im mathematisch positiven Sinn durchlaufen werden. Für ein Dreieck mit den Eckpunkten P_1, P_2, P_3 ergibt sich der Flächeninhalt zu:

$$S = \frac{1}{2}\begin{vmatrix} x_1 & y_1 & 1 \\ x_2 & y_2 & 1 \\ x_3 & y_3 & 1 \end{vmatrix}.$$

Ist $S = 0$, so liegen die drei Punkte auf einer Geraden (notwendige und hinreichende Bedingung).

Die Gerade: Jede Gerade ist in der Ebene in Parallelkoordinaten in der Form $ax + by + c = 0$ und in Polarkoordinaten[1]) in der Form $r = \dfrac{p}{\cos(\varphi - \alpha)}$ darstellbar. p ist der Abstand der Geraden vom Pol, α ist der Winkel zwischen der Polachse und der Normalen der Geraden.

Ist $a = 0$ ($b = 0$), so ist die Gerade zur x-Achse (y-Achse) parallel. Ist $c = 0$, so geht die Gerade durch den Koordinatenursprung. Ist $b \neq 0$, läßt sich die Gleichung $ax + by + c = 0$ in der Form $y = mx + n$ schreiben. Die Gerade schneidet die y-Achse im Punkt $P = (0, n)$.

Im kartesischen Koordinatensystem ist m der Richtungskoeffizient der Geraden: $m = \tan\alpha$ (α ist der Winkel zwischen der x-Achse und der Geraden).

Eine Gerade kann durch einen Punkt $P_1 = (x_1, y_1)$ und den Richtungskoeffizienten m oder durch zwei Punkte $P_1 = (x_1, y_1)$ und $P_2 = (x_2, y_2)$ gegeben werden:

$$y - y_1 = m(x - x_1) \qquad \textit{(Punkt-Richtungs-Gleichung)}$$

$$\frac{y - y_1}{y_2 - y_1} = \frac{x - x_1}{x_2 - x_1} \qquad \textit{(Zweipunktegleichung)}.$$

Es gilt $m = \dfrac{y_2 - y_1}{x_2 - x_1}$.

Die *Achsenabschnittsform* der Geradengleichung lautet $\dfrac{x}{a} + \dfrac{y}{b} = 1$. Die Gerade schneidet die x-Achse im Punkt $P = (a, 0)$ und die y-Achse im Punkt $Q = (0, b)$.

Die *Hessesche Normalform* der Geradengleichung ist

$$x\cos\alpha + y\sin\alpha - p = 0.$$

p ist der Abstand der Geraden vom Koordinatenursprung, und α ist der Winkel zwischen der Normalen der Geraden und der x-Achse.

Die Hessesche Normalform läßt sich aus der Gleichung $ax + by + c = 0$ durch Multiplikation mit dem normierenden Faktor $\pm\dfrac{1}{\sqrt{a^2 + b^2}}$ gewinnen. Die Kosinus der Winkel zwischen der Geraden und den beiden Koordinatenachsen heißen *Richtungskosinus*. Ist $\sphericalangle$ (x-Achse, Gerade) $= \alpha$ und $\sphericalangle$(y-Achse, Gerade) $= \beta$, so gilt mit $\cos\alpha = \pm a/\sqrt{a^2 + b^2}$, $\cos\beta = \pm b/\sqrt{a^2 + b^2}$:

$$\cos\beta = \cos(90^\circ - \alpha) = \sin\alpha, \qquad \cos^2\alpha + \cos^2\beta = 1.$$

Der Abstand d eines Punktes $P_1 = (x_1, y_1)$ von einer Geraden mit der Gleichung

$$x\cos\alpha + y\sin\alpha - p = 0 \quad \text{ist} \quad d = x_1\cos\alpha + y_1\sin\alpha - p$$

(Einsetzen der Koordinaten des Punktes in die Hessesche Normalform). d ist positiv, wenn P_1 und der Koordinatenursprung auf verschiedenen Seiten der Geraden liegen. Im entgegengesetzten Fall ist d negativ.

Zwei Geraden: Die Koordinaten (x_0, y_0) des Schnittpunktes zweier Geraden, die durch die Gleichungen

$$a_1x + b_1y + c_1 = 0 \quad \text{und} \quad a_2x + b_2y + c_2 = 0$$

[1]) In diesem Fall darf die Gerade nicht durch den Pol gehen.

gegeben sind, berechnen sich zu

$$x_0 = \frac{\begin{vmatrix} b_1 & c_1 \\ b_2 & c_2 \end{vmatrix}}{\begin{vmatrix} a_1 & b_1 \\ a_2 & b_2 \end{vmatrix}} \quad \text{und} \quad y_0 = \frac{\begin{vmatrix} c_1 & a_1 \\ c_2 & a_2 \end{vmatrix}}{\begin{vmatrix} a_1 & b_1 \\ a_2 & b_2 \end{vmatrix}}.$$

Ist $\begin{vmatrix} a_1 & b_1 \\ a_2 & b_2 \end{vmatrix} = 0$, so sind die Geraden parallel $\left(m_1 = m_2 \text{ oder } \frac{a_1}{a_2} = \frac{b_1}{b_2}\right)$. Der Schnittwinkel φ (im mathematisch positiven Sinn gemessen) dieser beiden Geraden ergibt sich zu:

$$\tan \varphi = \frac{a_1 b_2 - a_2 b_1}{a_1 a_2 + b_1 b_2} = \frac{m_2 - m_1}{1 + m_1 m_2};$$

$$\sin \varphi = \frac{a_1 b_2 - a_2 b_1}{\sqrt{a_1^2 + b_1^2} \cdot \sqrt{a_2^2 + b_2^2}} = \frac{m_2 - m_1}{\sqrt{1 + m_1^2} \cdot \sqrt{1 + m_2^2}};$$

$$\cos \varphi = \frac{a_1 a_2 + b_1 b_2}{\sqrt{a_1^2 + b_1^2} \cdot \sqrt{a_2^2 + b_2^2}} = \frac{1 + m_1 m_2}{\sqrt{1 + m_1^2} \cdot \sqrt{1 + m_2^2}}$$

(m_1 und m_2 sind die Richtungskoeffizienten der beiden Geraden). Für $m_1 = -\frac{1}{m_2}$ stehen die Geraden senkrecht aufeinander ($\varphi = 90°$). Die Gerade $a_3 x + b_3 y + c_3 = 0$ geht durch den Schnittpunkt der beiden anderen, wenn

$$\begin{vmatrix} a_1 & b_1 & c_1 \\ a_2 & b_2 & c_2 \\ a_3 & b_3 & c_3 \end{vmatrix} = 0$$

ist.

Kurven zweiter Ordnung

Als Kurven zweiter Ordnung der Ebene werden Punktmengen bezeichnet, deren Koordinaten einer Gleichung folgender Form genügen:

$$a_{11}x^2 + 2a_{12}xy + a_{22}y^2 + 2a_{01}x + 2a_{02}y + a_{00} = 0. \qquad (2.98)$$

In Matrizenschreibweise:

$$\mathbf{x}^{\mathrm{T}}\mathbf{A}\mathbf{x} + 2\mathbf{a}^{\mathrm{T}}\mathbf{x} + a_{00} = 0, \qquad \mathbf{A} = \begin{pmatrix} a_{11} & a_{12} \\ a_{12} & a_{22} \end{pmatrix}, \qquad \mathbf{a} = \begin{pmatrix} a_{01} \\ a_{02} \end{pmatrix}, \qquad \mathbf{x} = \begin{pmatrix} x \\ y \end{pmatrix}.$$

Ist das Koordinatensystem Σ kartesisch, lassen sich die Kurven wie folgt klassifizieren. Rg **A** bzw. det **A** bezeichnen Rang bzw. die Determinante der Matrix (vgl. 2.4.4.2.3.), Sp **A** $= a_{11} + a_{22}$ die Spur von **A**, und es sei:

$$\tilde{\mathbf{A}} = \begin{pmatrix} a_{11} & a_{12} & a_{01} \\ a_{12} & a_{22} & a_{02} \\ a_{01} & a_{02} & a_{00} \end{pmatrix} = \begin{pmatrix} \mathbf{A} & \mathbf{a} \\ \mathbf{a}^{\mathrm{T}} & a_{00} \end{pmatrix}.$$

1. Fall: Rg $\tilde{\mathbf{A}}$ = 3, nicht ausgeartete Kurven zweiter Ordnung

Rg A	det A	det A · Sp A	Name der Kurve
2 mit Mittelpunkt	> 0 elliptisch	> 0 < 0	nullteilige Kurve (keine reellen Punkte) Ellipse (Abb. 2.81)
	< 0 hyper-bolisch	> 0 = 0 < 0	stumpfe Hyperbel gleichseitige Hyperbel spitze Hyperbel (Abb. 2.85)
1	= 0		Parabel (Abb. 2.93)

2. Fall: Rg $\tilde{A} < 3$, ausgeartete (zerfallende) Kurven zweiter Ordnung

Rg $\tilde{A}$	Rg A	det A	Gebilde
2 Geradenpaare	2 mit Mittelpunkt	> 0	konj.-komplex (Schnittpunkt reell)
		< 0	reell mit Schnittpunkt
	1	= 0	parallel, reell oder konj.-komplex
1	1	= 0	reelle Doppelgerade

Durchführung der Transformation der Gleichung (2.98) auf Normalform (Hauptachsentransformation) s. 2.6.6.2.

Die Kurven zweiter Ordnung der Ebene werden oft auch *Kegelschnitte* genannt, weil sie als Schnitt einer Ebene mit einem geraden Kreiskegel dargestellt werden können.

Geht die Schnittebene nicht durch die Kegelspitze hindurch, so ist der Kegelschnitt eine Hyperbel, Parabel oder Ellipse, je nachdem, ob die Schnittebene zwei, einer oder keiner Erzeugenden des Kegels parallel ist. Geht die Schnittebene durch die Spitze des Kegels hindurch, so entstehen zerfallende Kegelschnitte. Parallele Geraden ergeben sich, falls der Kegel in einen Zylinder ausartet (die Kegelspitze rückt ins Unendliche).

Die Leitlinieneigenschaft. Die Menge aller Punkte M, für die das Verhältnis der Abstände zu einem gegebenen Punkt (*Brennpunkt*) F und zu einer gegebenen Geraden (*Leitlinie*) konstant gleich e ist, ist eine Kurve zweiter Ordnung mit der numerischen Exzentrizität e. Für $e < 1$ hat man eine Ellipse, für $e = 1$ eine Parabel und für $e > 1$ eine Hyperbel.

Bestimmung der Kurve durch fünf Punkte. Durch fünf gegebene Punkte geht eine und nur eine Kurve zweiter Ordnung hindurch. Falls wenigstens drei dieser Punkte in einer Geraden liegen, erhält man einen zerfallenden Kegelschnitt.

Polargleichung. In Polarkoordinaten haben die Kurven zweiter Ordnung die Gleichung

$$r = \frac{p}{1 + e\cos\varphi}$$

(p – Parameter, e – Exzentrizität der gegebenen Kurve; der Pol liegt im Brennpunkt, die Polarachse ist vom Brennpunkt nach dem nächstgelegenen Scheitelpunkt hin gerichtet). Bei der Hyperbel wird durch diese Gleichung nur der eine Ast definiert.

Die folgenden Betrachtungen beziehen sich auf Kurven zweiter Ordnung in Normalform.

Die Ellipse

Definition: *Die Ellipse ist die Menge (der geometrische Ort) aller Punkte* $M = (x, y)$, ***für die die*** *Summe der Abstände von zwei gegebenen festen Punkten* $F_1 = (+c, 0)$ *und* $F_2 = (-c, 0)$ (***Brennpunkte***) *konstant ist* ($= 2a$). (s. Abb. 2.80)

Die Abstände $\overline{F_1M}$, $\overline{F_2M}$ ergeben sich aus den Formeln

$$r_1 = \overline{F_1M} = a - ex, \qquad r_2 = \overline{F_2M} = a + ex.$$

Die Elemente der Ellipse sind: die große Achse $\overline{AB} = 2a$, die kleine Achse $\overline{CD} = 2b$, die Scheitel A, B, C und D, die Brennpunkte $F_1 = (+c, 0)$ und $F_2 = (-c, 0)$ mit $c = \sqrt{a^2 - b^2}$, die numerische

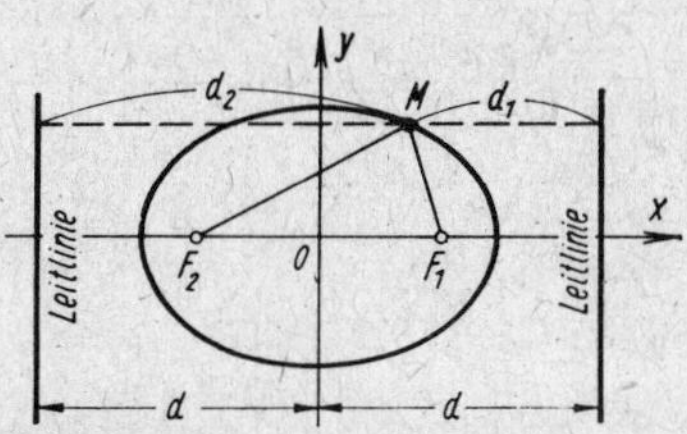

Abb. 2.80

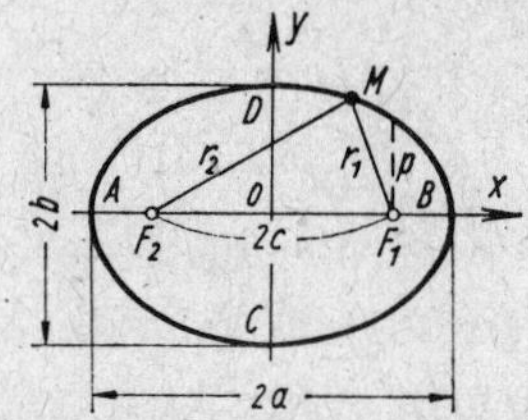

Abb. 2.81

Exzentrizität $e = \frac{c}{a}$ $(e < 1)$ und der Halbparameter $p = \frac{b^2}{a}$ (halbe Länge der durch einen Brennpunkt parallel zur kleinen Achse gezogenen Sehne) (s. Abb. 2.81).

Die Normalform der Gleichung der Ellipse (Koordinatenachsen fallen mit den Achsen der Ellipse zusammen) hat die Form

$$\frac{x^2}{a^2} + \frac{y^2}{b^2} = 1.$$

Die Parameterform lautet:

$$x = a \cos t,$$

$$y = b \sin t.$$

In Polarkoordinaten gilt:

$$r = \frac{p}{1 + e \cos \varphi}, \quad e < 1.$$

Die *Leitlinien* sind Geraden, die der kleinen Achse parallel sind und von dieser den Abstand $d = \frac{a}{e}$ haben (s. Abb. 2.80). Für jeden Punkt $M = (x, y)$ der Ellipse gilt: $\frac{r_1}{d_1} = \frac{r_2}{d_2} = e$.

Durchmesser sind Sehnen, die durch den Ellipsenmittelpunkt hindurchgehen und von diesem halbiert werden (Abb. 2.82). Der geometrische Ort der Mittelpunkte aller Sehnen, die einem Ellipsendurchmesser parallel sind, ist wieder ein Durchmesser und wird als der zum gegebenen Durchmesser *konjugierte* Durchmesser bezeichnet. Sind m und m' die Richtungskoeffizienten zweier konjugierter Durchmesser, so gilt $mm' = -\frac{b^2}{a^2}$. Sind ferner $2a_1$ und $2b_1$ die Längen zweier konjugierter Durchmesser und α sowie β die spitzen Winkel zwischen den Durchmessern und der großen Achse ($m = -\tan \alpha$, $m' = \tan \beta$), so ist

$$a_1 b_1 \sin(\alpha + \beta) = ab$$

und

$$a_1^2 + b_1^2 = a^2 + b^2$$

(*Satz des Apollonius*).

Die Tangente im Punkt $M = (x_0, y_0)$ hat die Gleichung

$$\frac{xx_0}{a^2} + \frac{yy_0}{b^2} = 1.$$

Die Normale bzw. die Tangente an die Ellipse in einem Punkt halbieren jeweils den inneren Winkel und dessen Nebenwinkel zwischen den Brennstrahlen dieses Punktes (Abb. 2.83). Die Gerade $kx + ly + o = 0$ ist dann Tangente an die Ellipse, wenn $k^2a^2 + l^2b^2 - o^2 = 0$ ist.

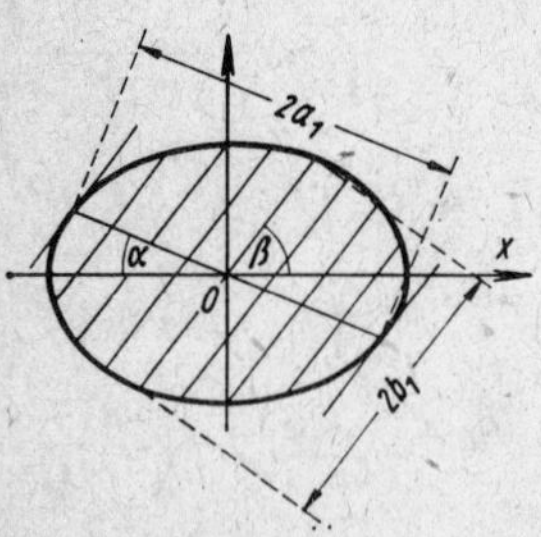

Abb. 2.82

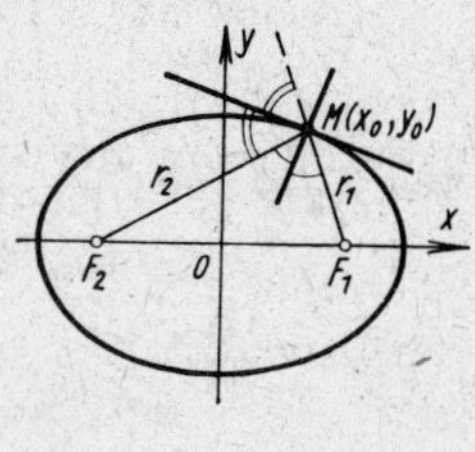

Abb. 2.83

Der Krümmungsradius R im Punkt $M = (x_0, y_0)$ (vgl. Abb. 2.83) ist

$$R = a^2b^2\left(\frac{x_0^2}{a^4} + \frac{y_0^2}{b^4}\right)^{3/2} = \frac{(r_1r_2)^{3/2}}{ab} = \frac{p}{\sin^3 u},$$

wobei u der Winkel zwischen der Tangente und dem Radiusvektor des Berührungspunktes ist. Für die Scheitel A und B (Abb. 2.81) ist $R = \frac{b^2}{a} = p$; für die Scheitel C und D ist $R = \frac{a^2}{b}$.

Der Flächeninhalt ist $S = \pi ab$. Der Flächeninhalt des Sektors BOM ist $S_{BOM} = \frac{ab}{2} \arccos \frac{x}{a}$ (Abb. 2.84), der Flächeninhalt des Abschnittes MBN ist $S_{MBN} = ab \arccos \frac{x}{a} - xy$.

Der Ellipsenumfang ist

$$L = 4aE(e) = 2\pi a\left[1 - \left(\frac{1}{2}\right)^2 e^2 - \left(\frac{1\cdot 3}{2\cdot 4}\right)^2 \frac{e^4}{3} - \left(\frac{1\cdot 3\cdot 5}{2\cdot 4\cdot 6}\right)^2 \frac{e^6}{5} - \dots\right],$$

wobei $E(e) = E\left(e, \frac{\pi}{2}\right)$ das vollständige elliptische Integral zweiter Gattung ist[1]). Setzen wir $\frac{a-b}{a+b} = \lambda$, so ist

$$L = \pi(a+b)\left[1 + \frac{\lambda^2}{4} + \frac{\lambda^4}{64} + \frac{\lambda^6}{256} + \frac{25\lambda^8}{16384} + \dots\right].$$

Näherungsformeln:

$$L \approx \pi[1{,}5(a+b) - \sqrt{ab}];$$

$$L \approx \pi(a+b)\frac{64 - 3\lambda^4}{64 - 16\lambda^2}.$$

Der Kreis ist ein Spezialfall der Ellipse ($a = b$), so daß sinngemäß die Eigenschaften der Ellipse übertragen werden können. Die beiden Brennpunkte fallen im Mittelpunkt des Kreises zusammen ($c = 0$).

Ein Kreis mit dem Mittelpunkt im Punkt $C = (x_0, y_0)$ und dem Radius R hat die Gleichung

$$(x - x_0)^2 + (y - y_0)^2 = R^2$$

und die Parameterdarstellung

$$x = x_0 + R\cos t,$$
$$y = y_0 + R\sin t.$$

Die Gleichung (2.98) beschreibt einen Kreis genau dann, wenn $b = 0$ und $a = c$ ist. Die Normalform ergibt sich dann zu $x^2 + y^2 = R^2$.

Die Gleichung des Kreises in Polarkoordinaten lautet

$$r^2 - 2rr_0\cos(\varphi - \varphi_0) + r_0^2 = R^2.$$

Dabei sind (r_0, φ_0) die Polarkoordinaten des Mittelpunktes des Kreises. Liegt der Mittelpunkt auf der Polarachse und geht der Kreis durch den Pol hindurch, so erhält die Gleichung die Gestalt $r = 2R\cos\varphi$.

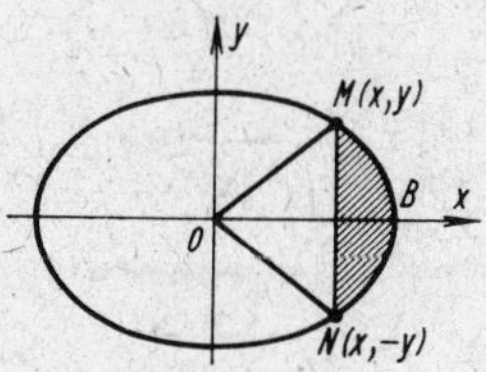

Abb. 2.84

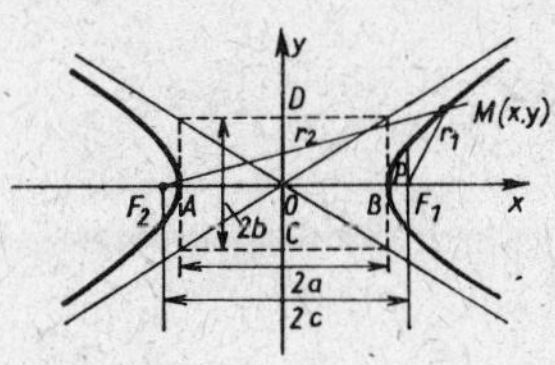

Abb. 2.85

[1]) vgl. Tabelle S. 13.

Die Hyperbel

Definition: *Die Hyperbel ist die Menge aller Punkte $M = (x, y)$, für die die Differenz der Abstände von zwei gegebenen festen Punkten $F_1 = (+c, 0)$ und $F_2 = (-c, 0)$ (Brennpunkte) konstant ist* $(= 2a)$.

Die Punkte, für die $r_1 - r_2 = 2a$ ist ($r_1 = \overline{MF_1}$, $r_2 = \overline{MF_2}$), gehören einem Zweig der Hyperbel an (in Abb. 2.85 dem linken); die Punkte mit $r_2 - r_1 = 2a$ dem anderen (rechten) Zweig. Die Abstände ergeben sich aus den Formeln: $r_1 = \pm(ex - a)$ und $r_2 = \pm(ex + a)$. Das obere Vorzeichen gilt für den rechten, das untere für den linken Zweig.

Die *Elemente der Hyperbel* sind: die *reelle Achse* $\overline{AB} = 2a$; die *Scheitel* A, B; der *Mittelpunkt* O; die *Brennpunkte* F_1 und F_2, die auf der reellen Achse auf beiden Seiten des Mittelpunktes im Abstand $c(> a)$ liegen; die *imaginäre Achse* $\overline{CD}\left(= 2b = 2\sqrt{c^2 - a^2}\right)$; der *Halbparameter* p (halbe Länge der Sehne, die durch einen Brennpunkt senkrecht zur reellen Achse gelegt wird), $p = \dfrac{b^2}{a}$ und $e = \dfrac{c}{a} > 1$ – die *numerische Exzentrizität* (Abb. 2.85).

Die Normalform der Hyperbel (Koordinatenachsen fallen mit den Achsen der Hyperbel zusammen) hat die Form

$$\frac{x^2}{a^2} - \frac{y^2}{b^2} = 1.$$

Die Parameterform lautet:

$$x = a \cosh t,$$
$$y = b \sinh t.$$

In Polarkoordinaten gilt:

$$r = \frac{p}{1 + e \cos\varphi} \qquad e > 1.$$

Die Leitlinien sind Geraden, die auf der reellen Achse senkrecht stehen und diese in der Entfernung $d = \dfrac{a}{e}$ vom Mittelpunkt schneiden (Abb. 2.86). Für einen beliebigen Punkt $M = (x, y)$ der Hyperbel gilt $\dfrac{r_1}{d_1} = \dfrac{r_2}{d_2} = e$ (*Leitlinieneigenschaft der Hyperbel*).

Die Tangente im Punkt $M = (x_0, y_0)$ hat die Gleichung $\dfrac{xx_0}{a^2} - \dfrac{yy_0}{b^2} = 1$. Tangente bzw. Normale der Hyperbel in einem Punkt halbieren den inneren Winkel bzw. dessen Nebenwinkel zwischen den

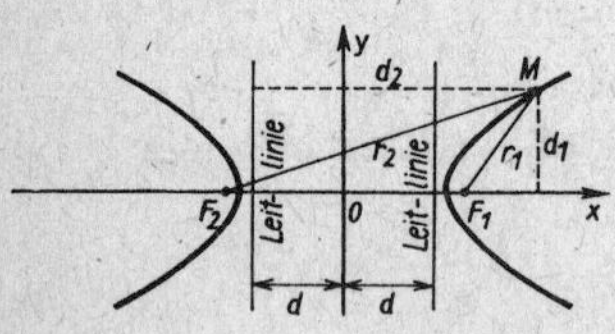

Abb. 2.86

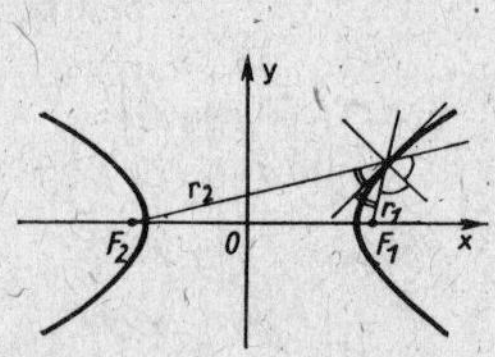

Abb. 2.87

Brennstrahlen des betreffenden Hyperbelpunktes (Abb. 2.87). Die Gerade $kx + ly + o = 0$ berührt die Hyperbel, wenn $k^2a^2 - l^2b^2 = o^2$ ist.

Die Asymptoten der Hyperbel (Abb. 2.88) sind Geraden, denen sich die Hyperbelzweige im Unendlichen unbegrenzt nähern. Der Richtungskoeffizient der Asymptoten ist $m = \pm\tan\alpha = \dfrac{\pm b}{a}$. Die Gleichung beider Asymptoten ist $y = \dfrac{\pm b}{a} x$.

Das Tangentenstück $\overline{TT_1}$ zwischen den Asymptoten wird durch den Berührungspunkt halbiert: $\overline{TM} = \overline{MT_1}$. Der Flächeninhalt des Dreiecks TOT_1 zwischen der Tangente und den beiden Asymptoten ist gleich ab (für einen beliebigen Hyperbelpunkt M). Legt man durch den Punkt M zwei den Asymptoten parallele Geraden MF und MG, so ist der Flächeninhalt des Parallelogramms

$$S_{OFMG} = \frac{ab}{2}.$$

Konjugierte Hyperbeln (Abb. 2.89) $\frac{x^2}{a^2} - \frac{y^2}{b^2} = 1$ und $\frac{y^2}{b^2} - \frac{x^2}{a^2} = 1$ (die zweite ist in der Abb. 2.89 gestrichelt dargestellt) haben gemeinsame Asymptoten. Die reelle Achse der einen ist die imaginäre Achse der anderen und umgekehrt.

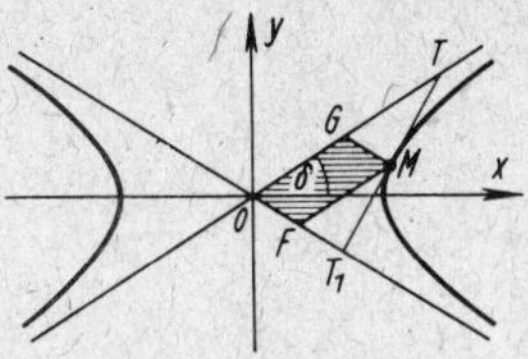

Abb. 2.88

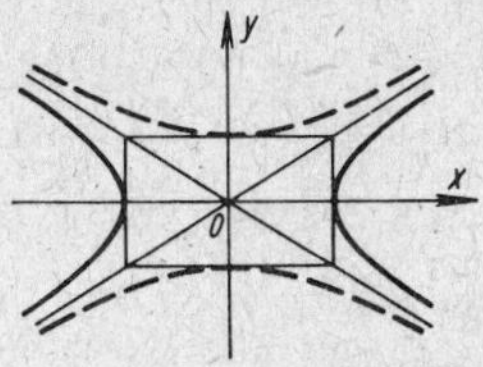

Abb. 2.89

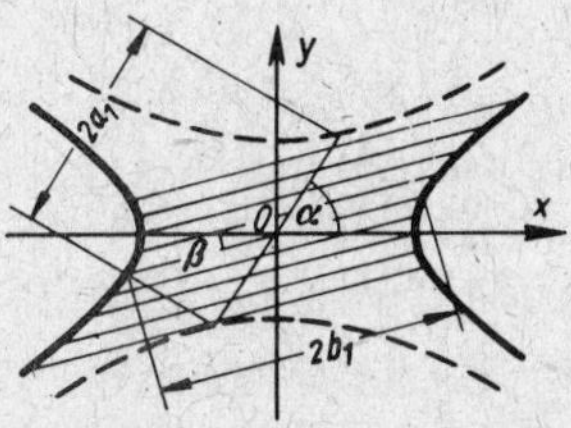

Abb. 2.90

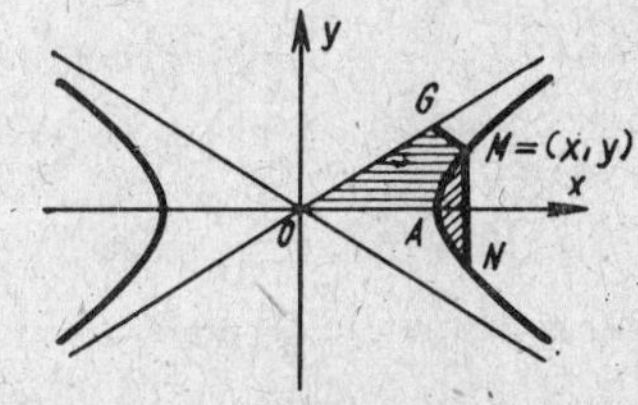

Abb. 2.91

Die Durchmesser sind Sehnen der gegebenen und ihrer konjugierten Hyperbel, die durch den gemeinsamen Mittelpunkt der Hyperbeln hindurchgehen; sie werden durch den Mittelpunkt halbiert. Zwei Durchmesser mit den Richtungskoeffizienten m und m' nennt man *konjugiert*, wenn $\frac{b^2}{a^2} = mm'$ gilt. Jeder der beiden Durchmesser teilt die Sehnen der gegebenen bzw. ihrer konjugierten Hyperbel, die dem anderen Durchmesser parallel sind, in zwei gleiche Teile[1]) (Abb. 2.90). Sind $2a_1$ bzw. $2b_1$ die Längen zweier konjugierter Durchmesser und α bzw. β die spitzen Winkel, die diese Durchmesser mit der reellen Achse bilden ($\alpha > \beta$), so gilt $a_1^2 - b_1^2 = a^2 - b^2$; $ab = a_1 b_1 \sin(\alpha - \beta)$.

Der Krümmungsradius R im Punkt $M = (x_0, y_0)$ ist

$$R = a^2 b^2 \left(\frac{x_0^2}{a^4} + \frac{y_0^2}{b^4}\right)^{3/2} = \frac{(r_1 r_2)^{3/2}}{ab} = \frac{p}{\sin^3 u},$$

wobei u der Winkel zwischen der Tangente und dem Brennstrahl des Berührungspunktes ist. In den Scheiteln A und B (Abb. 2.85) ist $R = p = \frac{b^2}{a}$.

---

[1]) Von zwei konjugierten Durchmessern schneidet nur der eine $\left(\text{für den } |m| < \frac{b}{a} \text{ ist}\right)$ die Hyperbel. Der andere schneidet die konjugierte Hyperbel, durch die seine Länge festgelegt wird.

Der Flächeninhalt des Hyperbelsegments ist (Abb. 2.91)

$$S_{AMN} = xy - ab \ln \left(\frac{x}{a} + \frac{y}{b} \right) = xy - ab \operatorname{arcosh} \frac{x}{a}.$$

Der Flächeninhalt $S_{OAMG} = \dfrac{ab}{4} + \dfrac{ab}{2} \ln \dfrac{2\,|\overrightarrow{OG}|}{c}$ ($\overline{MG}$ ist der Asymptote parallel).

Die gleichseitige Hyperbel hat gleiche Achsen: $a = b$. Ihre Gleichung lautet $x^2 - y^2 = a^2$. Die Asymptoten der gleichseitigen Hyperbel stehen senkrecht aufeinander. Wählt man als Asymptoten die Koordinatenachsen (Abb. 2.92), so lautet die Gleichung der gleichseitigen Hyperbel $xy = \dfrac{a^2}{2}$.

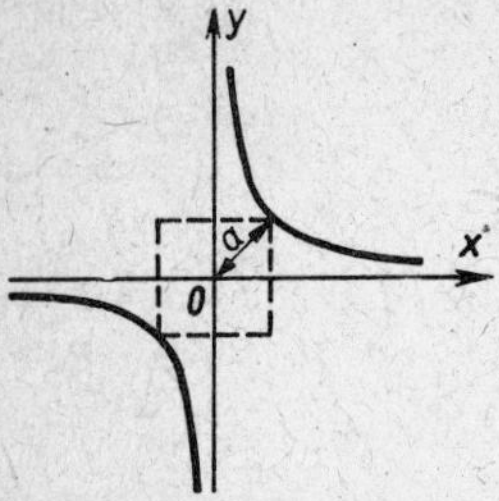

Abb. 2.92

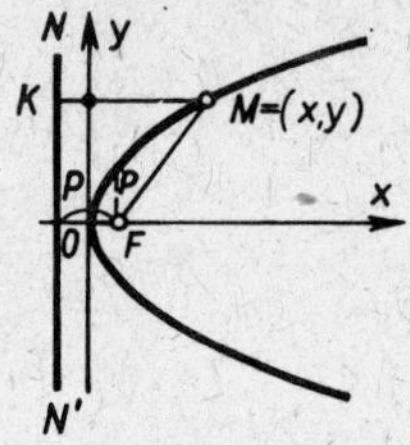

Abb. 2.93

Die Parabel

Definition: *Die Parabel ist die Menge der Punkte* $M = (x, y)$, *die von einem festen Punkt* (*Brennpunkt*) $F = \left(0, \dfrac{p}{2}\right)$ *und einer festen Geraden* (*Leitlinie*) *gleich weit entfernt sind* (Abb. 2.93):

$$|\overline{MF}| = |\overline{MK}| = x + \frac{p}{2}.$$

Die Elemente der Parabel sind: die x-Achse als Parabelachse, der Scheitel O, der Brennpunkt $F = \left(0, \dfrac{p}{2}\right)$, die Leitlinie $\left(\text{eine Gerade, die auf der } x\text{-Achse senkrecht steht. Gleichung: } x = -\dfrac{p}{2}\right)$ und der Halbparameter p (Entfernung des Brennpunktes von der Leitlinie oder die halbe Länge der Sehne, die im Brennpunkt senkrecht auf der x-Achse steht). Die numerische Exzentrizität e der Parabel ist gleich eins.

Gleichung der Parabel

in Normalform: $y^2 = 2px$ (Abb. 2.93);

in Polarkoordinaten: $r = \dfrac{p}{1 + \cos\varphi}$;

mit Achse parallel zur y-Achse: $y = ax^2 + bx + c$ (Abb. 2.94).

Der Halbparameter der durch diese Gleichung gegebenen Parabel ist

$$p = \frac{1}{2\,|a|}.$$

Für $a > 0$ liegt der Scheitel der Parabel unten, für $a < 0$ liegt er oben; die Koordinaten des Scheitels sind $x_0 = -\dfrac{b}{2a}$; $y_0 = \dfrac{4ac - b^2}{4a}$.

Unter einem *Durchmesser* der Parabel versteht man eine Gerade, die der Parabelachse parallel ist. Ein Durchmesser teilt die Sehnen, die der Tangente im Endpunkt des Durchmessers parallel sind, in zwei gleiche Teile (Abb. 2.95). Ist der Richtungskoeffizient dieser Sehnen gleich m, so lautet die Gleichung des Durchmessers $y = \dfrac{p}{m}$.

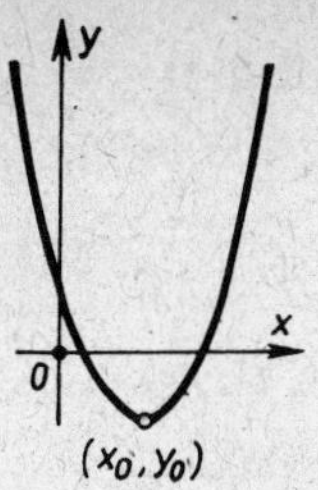

Abb. 2.94

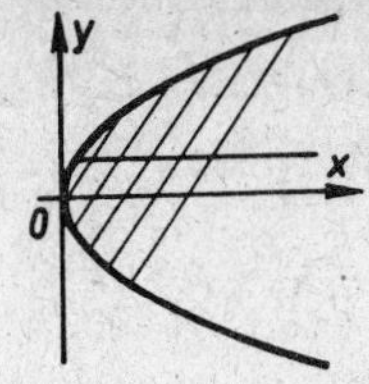

Abb. 2.95

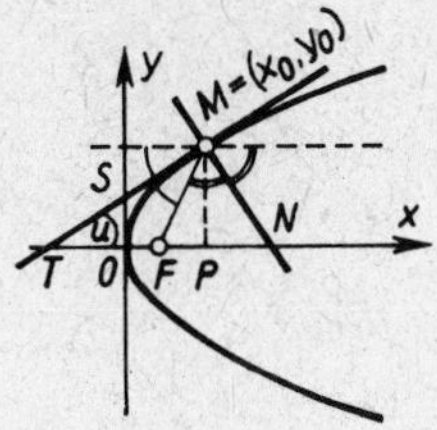

Abb. 2.96

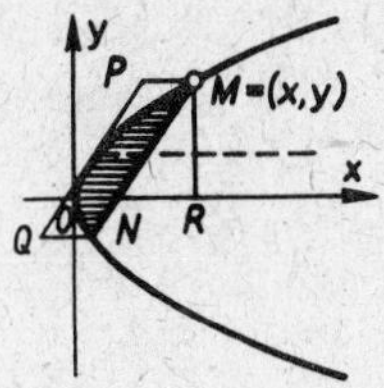

Abb. 2.97

Die Tangente an die Parabel (Abb. 2.96) im Punkt $M = (x_0, y_0)$ hat die Gleichung $yy_0 = p(x + x_0)$. Tangente und Normale der Parabel sind Winkelhalbierende für die Winkel zwischen dem Brennstrahl und dem Durchmesser durch denselben Parabelpunkt. Die Strecke der Parabeltangente zwischen dem Berührungspunkt und dem Schnittpunkt mit der Parabelachse (x-Achse) wird durch die Tangente im Parabelscheitel (y-Achse) halbiert: $\overline{TS} = \overline{SM}$; $\overline{TF} = \overline{FM}$; $\overline{TO} = \overline{OP} = x_0$. Eine Gerade $y = mx + b$ ist Tangente an die Parabel, falls $p = 2bm$ ist.

Der Krümmungsradius der Parabel im Punkt $M = (x_1, y_1)$ ist

$$R = \frac{(p + 2x_1)^{3/2}}{\sqrt{p}} = \frac{p}{\sin^3 u} = \frac{N^3}{p^2},$$

wobei N die Länge der Normalen $\overrightarrow{MN}$ ist (Abb. 2.96). Im Scheitel O ist der Krümmungsradius $R = p$.

Der Flächeninhalt des Parabelsegments MON ist gleich zwei Dritteln der Fläche des Parallelogramms $PQNM$ (Abb. 2.97). Der Flächeninhalt $S_{OMR} = \frac{2}{3} xy$.

Die Länge des Parabelbogens vom Scheitel O bis zum Punkt $M = (x, y)$ ist

$$L_{OM} = \frac{p}{2}\left[\sqrt{\frac{2x}{p}\left(1 + \frac{2x}{p}\right)} + \ln\left(\sqrt{\frac{2x}{p}} + \sqrt{1 + \frac{2x}{p}}\right)\right]$$

$$= -\sqrt{x\left(x + \frac{p}{2}\right)} + \frac{p}{2} \operatorname{arsinh} \sqrt{\frac{2x}{p}}.$$

Für kleine Werte von $\frac{x}{y}$ gilt angenähert

$$L_{OM} \approx y\left[1 + \frac{2}{3}\left(\frac{x}{y}\right)^2 - \frac{2}{5}\left(\frac{x}{y}\right)^4\right].$$

2.6.6.2. Analytische Geometrie des Raumes

Zwei Punkte. Der Abstand zweier in Parallelkoordinaten gegebener Punkte

$$P_1 = (x_1, y_1, z_1), \qquad P_2 = (x_2, y_2, z_2)$$

ist

$$d = \sqrt{\begin{aligned}&(x_2 - x_1)^2 + (y_2 - y_1)^2 + (z_2 - z_1)^2 + 2(y_2 - y_1)(z_2 - z_1)\,w_1 \\ &+ 2(z_2 - z_1)(x_2 - x_1)\,w_2 + 2(x_2 - x_1)(y_2 - y_1)\,w_3\,.\end{aligned}}$$

w_1, w_2, w_3 sind die Kosinus der Koordinatenwinkel (s. Abschnitt 2.6.5.2.1.). Sind die Punkte in kartesischen Koordinaten gegeben, vereinfacht sich die Berechnung von d:

$$d = \sqrt{(x_2 - x_1)^2 + (y_2 - y_1)^2 + (z_2 - z_1)^2}\,.$$

Die Koordinaten des Mittelpunktes der Strecke $\overline{P_1P_2}$ sind

$$x = \frac{x_1 + x_2}{2}, \qquad y = \frac{y_1 + y_2}{2}, \qquad z = \frac{z_1 + z_2}{2}\,.$$

Die Koordinaten des Punktes P, der die Strecke $\overline{P_1P_2}$ im Verhältnis $\frac{m}{n} = \frac{|\overline{P_1P}|}{|\overline{PP_2}|} = |\lambda|$ teilt, sind

$$x = \frac{nx_1 + mx_2}{n + m} = \frac{x_1 + \lambda x_2}{1 + \lambda},$$

$$y = \frac{ny_1 + my_2}{n + m} = \frac{y_1 + \lambda y_2}{1 + \lambda}$$

und

$$z = \frac{nz_1 + mz_2}{n + m} = \frac{z_1 + \lambda z_2}{1 + \lambda}.$$

Ist $\lambda < 0$, so liegt P außerhalb der Verbindungsstrecke $\overline{P_1P_2}$. Den Koordinaten der Vektoren $\overrightarrow{P_1P}$ bzw. $\overrightarrow{PP_2}$ gibt man das entgegengesetzte Vorzeichen der Koordinaten von $\overrightarrow{P_1P_2}$, wenn die Orientierung dieser Vektoren nicht mit der Orientierung des Vektors $\overrightarrow{P_1P_2}$ übereinstimmt.

n Punkte: Die Koordinaten des Schwerpunktes P von n Punkten $P_i = (x_i, y_i, z_i)$ $(i = 1, \ldots, n)$, in denen sich die Massen m_i befinden, sind $P = (x, y, z)$ mit

$$x = \frac{\sum m_i x_i}{\sum m_i}, \qquad y = \frac{\sum m_i y_i}{\sum m_i}, \qquad z = \frac{\sum m_i z_i}{\sum m_i}$$

(summiert wird über i von 1 bis n).

Das Volumen eines Tetraeders mit den Eckpunkten P_1, P_2, P_3 und P_4 ist

$$V = \frac{1}{6}\begin{vmatrix} x_1 & y_1 & z_1 & 1 \\ x_2 & y_2 & z_2 & 1 \\ x_3 & y_3 & z_3 & 1 \\ x_4 & y_4 & z_4 & 1 \end{vmatrix} = \frac{1}{6}\begin{vmatrix} x_1 - x_2 & y_1 - y_2 & z_1 - z_2 \\ x_1 - x_3 & y_1 - y_3 & z_1 - z_3 \\ x_1 - x_4 & y_1 - y_4 & z_1 - z_4 \end{vmatrix}.$$

V ist positiv, wenn das Vektortripel $\overrightarrow{P_1P_2}$, $\overrightarrow{P_1P_3}$ und $\overrightarrow{P_1P_4}$ die gleiche Orientierung wie das Koordinatensystem hat. Ist $V = 0$, liegen die 4 Punkte in einer Ebene (notwendige und hinreichende Bedingung).

Im folgenden sollen nur kartesische Koordinatensysteme betrachtet werden.

Die Gerade. Jede Gerade im Raum ist als lineares Gleichungssystem der Koordinaten in folgender Form darstellbar (Schnitt zweier Ebenen):

$$\begin{aligned} a_1x + b_1y + c_1z + d_1 &= 0 \\ a_2x + b_2y + c_2z + d_2 &= 0. \end{aligned} \tag{2.99}$$

In Vektorschreibweise:

$$\mathbf{n}_1\mathbf{x} + d_1 = 0$$

$$\mathbf{n}_2\mathbf{x} + d_2 = 0,$$

$$\mathbf{x} = (x, y, z), \qquad \mathbf{n}_i = (a_i, b_i, c_i) \quad (i = 1, 2).$$

Eine Gerade kann durch einen Punkt $P_1 = (x_1, y_1, z_1)$ und einen Vektor (Richtungsvektor) $\mathbf{x}_1 = (a, b, c)$ gegeben werden. Die Gleichung der Geraden lautet dann in Koordinatenschreibweise:

$$\frac{x - x_1}{a} = \frac{y - y_1}{b} = \frac{z - z_1}{c}, \tag{2.100}$$

in Vektorschreibweise: $(\mathbf{x} - P_1) \times \mathbf{x}_1 = 0$

oder $\mathbf{x} = P_1 + \lambda\mathbf{x}_1,$

$\mathbf{x} = (x, y, z),$

und in Parameterdarstellung: $x = x_1 + \lambda a,$

$y = y_1 + \lambda b,$

$z = z_1 + \lambda c.$

Dabei besteht zwischen (2.99) und (2.100) folgender Zusammenhang:

$$a = \begin{vmatrix} b_1 & c_1 \\ b_2 & c_2 \end{vmatrix}, \qquad b = \begin{vmatrix} c_1 & a_1 \\ c_2 & a_2 \end{vmatrix}, \qquad c = \begin{vmatrix} a_1 & b_1 \\ a_2 & b_2 \end{vmatrix}.$$

Eine Gerade ist durch zwei Punkte $P_1 = (x_1, y_1, z_1)$ und $P_2 = (x_2, y_2, z_2)$ eindeutig bestimmt. Die Geradengleichung lautet:

in Koordinatenschreibweise: $$\frac{x - x_1}{x_2 - x_1} = \frac{y - y_1}{y_2 - y_1} = \frac{z - z_1}{z_2 - z_1} \tag{2.101}$$

in Vektorschreibweise: $(\mathbf{x} - P_1) \times (P_2 - P_1) = 0$

oder $\mathbf{x} = P_1 + \lambda(P_2 - P_1).$

$(P_2 - P_1)$ ist ein Richtungsvektor $\mathbf{x}_1$ der Geraden $\mathbf{x}_1 = (a, b, c) = (x_2 - x_1, y_2 - y_1, z_2 - z_1)$.

Der Abstand d eines Punktes $P_3 = (x_3, y_3, z_3)$ von einer Geraden, die in der Form (2.100) gegeben ist, ist

$$d = \sqrt{\frac{[(x_3 - x_1)\,b - (y_3 - y_1)\,a]^2 + [(y_3 - y_1)\,c - (z_3 - z_1)\,b]^2 + [(z_3 - z_1)\,a - (x_3 - x_1)\,c]^2}{a^2 + b^2 + c^2}}.$$

Der kleinste Abstand d zweier Geraden mit den Gleichungen

$$\frac{x - x_1}{a} = \frac{y - y_1}{b} = \frac{z - z_1}{c},$$

$$\frac{x - x_2}{a'} = \frac{y - y_2}{b'} = \frac{z - z_2}{c'}$$

ist

$$d = \frac{\pm \begin{vmatrix} x_1 - x_2 & y_1 - y_2 & z_1 - z_2 \\ a & b & c \\ a' & b' & c' \end{vmatrix}}{\sqrt{\begin{vmatrix} a & b \\ a' & b' \end{vmatrix}^2 + \begin{vmatrix} b & c \\ b' & c' \end{vmatrix}^2 + \begin{vmatrix} c & a \\ c' & a' \end{vmatrix}^2}}. \tag{2.102}$$

Zwei Geraden schneiden sich genau dann, wenn die im Zähler von Formel (2.102) stehende Determinante gleich null ist ($d = 0$). Die Koordinaten des Schnittpunktes ergeben sich, wenn man die Gleichungen beider Geraden zu einem Gleichungssystem zusammenfaßt und nach x, y und z auflöst. Sind $\mathbf{x}_1$ und $\mathbf{x}_2$ Richtungsvektoren von zwei sich schneidenden Geraden, so ist der Schnittwinkel φ beider Geraden gegeben durch:

$$\cos \varphi = \frac{|\mathbf{x}_1 \mathbf{x}_2|}{|\mathbf{x}_1| \, |\mathbf{x}_2|}.$$

Die Ebene. Jede Ebene im Raum läßt sich als lineare Gleichung der Koordinaten in der Form

$$ax + by + cz + d = 0 \tag{2.103}$$

aufschreiben. In Vektorschreibweise: $\mathbf{nx} + d = 0$, $\mathbf{n} = (a, b, c)$, $\mathbf{x} = (x, y, z)$. Der Vektor $\mathbf{n}$ steht auf der Ebene senkrecht. Ist $|\mathbf{n}| = \sqrt{a^2 + b^2 + c^2} = 1$, so heißt $\mathbf{n}$ *Normalenvektor* der Ebene. Die Ebenengleichung kann dann auch geschrieben werden als

$$x \cos \alpha + y \cos \beta + z \cos \gamma - p = 0$$

(*Hessesche Normalform*).

Die Gleichung (2.103) kann durch Multiplikation mit dem normierenden Faktor $\dfrac{\pm 1}{\sqrt{a^2 + b^2 + c^2}}$ auf die Hessesche Normalform gebracht werden.

$$\cos \alpha = \frac{a}{\sqrt{a^2 + b^2 + c^2}}, \qquad \cos \beta = \frac{b}{\sqrt{a^2 + b^2 + c^2}}$$

und

$$\cos \gamma = \frac{c}{\sqrt{a^2 + b^2 + c^2}}$$

sind die Richtungskosinus der Normalen. p ist der Abstand der Ebene vom Koordinatenursprung. Ist in der Gleichung (2.103) $d = 0$, so geht die Ebene durch den Koordinatenursprung. Für $a = 0$ ($b = 0$, $c = 0$) ist die Ebene parallel zur x-Achse (y-Achse, z-Achse), für $a = b = 0$ ($a = c = 0$, $b = c = 0$) ist die Ebene der x,y-Ebene (x,z-Ebene, y,z-Ebene) parallel.

Die Achsenabschnittsform der Ebenengleichung lautet

$$\frac{x}{a} + \frac{y}{b} + \frac{z}{c} = 1.$$

Diese Ebene schneidet die drei Koordinatenachsen in den Punkten $P_1 = (a, 0, 0)$, $P_2 = (0, b, 0)$ und $P_3 = (0, 0, c)$.

Eine Ebene ist eindeutig bestimmt durch:

(I) drei nicht auf einer Geraden liegende Punkte $P_i = (x_i, y_i, z_i)$, $i = 1, 2, 3$, oder

(II) eine Gerade $\mathbf{x} = P_1 + \lambda \mathbf{x}_1$, $\mathbf{x}_1 = (a_1, b_1, c_1)$ und einen nicht auf ihr liegenden Punkt P_2 oder

(III) einen Punkt P_1 und durch zwei linear unabhängige Vektoren $\mathbf{x}_i = (a_i, b_i, c_i)$, $i = 1, 2$, oder

(IV) einen Punkt und einen zum Normalenvektor der Ebene kollinearen Vektor $\mathbf{x}_3 = (a_3, b_3, c_3)$.

Die Ebenengleichung ergibt sich dann folgendermaßen:

$$\text{Fall (I):}\quad \begin{vmatrix} x-x_1 & y-y_1 & z-z_1 \\ x_2-x_1 & y_2-y_1 & z_2-z_1 \\ x_3-x_1 & y_3-y_1 & z_3-z_1 \end{vmatrix} = 0;$$

in Vektorschreibweise: $[(\mathbf{x} - P_1)(P_2 - P_1)(P_3 - P_1)] = 0$ (gemischtes Vektorprodukt); $\mathbf{x} = (x, y, z)$.

$$\text{Fall (II):}\quad \begin{vmatrix} x-x_1 & y-y_1 & z-z_1 \\ x_2-x_1 & y_2-y_1 & z_2-z_1 \\ a_1 & b_1 & c_1 \end{vmatrix} = 0;$$

in Vektorschreibweise: $[(\mathbf{x} - P_1)(P_2 - P_1)\,\mathbf{x}_1] = 0$.

$$\text{Fall (III):}\quad \begin{vmatrix} x-x_1 & y-y_1 & z-z_1 \\ a_1 & b_1 & c_1 \\ a_2 & b_2 & c_2 \end{vmatrix} = 0;$$

in Vektorschreibweise: $[(\mathbf{x} - P_1)\,\mathbf{x}_1\mathbf{x}_2] = 0$.

$$\text{Fall (IV):}\quad a_3(x - x_1) + b_3(y - y_1) + c_3(z - z_1) = 0;$$

in Vektorschreibweise: $(\mathbf{x} - P_1)\,\mathbf{x}_3 = 0$.

Der *Schnittpunkt* oder die *Schnittlinie* mehrerer Ebenen ergibt sich als Lösungsmenge des Gleichungssystems, welches aus den Gleichungen aller Ebenen besteht. Ist das Gleichungssystem nicht lösbar, so haben die Ebenen keinen gemeinsamen Punkt.

Der *Schnittwinkel* φ zweier Ebenen ist gleich dem Winkel zwischen den Normalenvektoren $\mathbf{n}_1$, $\mathbf{n}_2$ der Ebenen

$$\cos\varphi = \mathbf{n}_1\mathbf{n}_2 .$$

Der *Schnittwinkel* ψ zwischen einer Ebene und einer Geraden:

$$\psi = 90^\circ - \chi$$

(χ ist der Winkel zwischen dem Normalenvektor $\mathbf{n}_1$ der Ebene und dem Richtungsvektor $\mathbf{x}_1$ der Geraden)

$$\cos\chi = \sin\psi = \frac{\mathbf{n}_1 \cdot \mathbf{x}_1}{|\mathbf{x}_1|} .$$

Flächen zweiter Ordnung

Als Flächen zweiter Ordnung werden Punktmengen bezeichnet, deren geradlinigen Koordinaten einer Gleichung folgender Form genügen:

$$a_{11}x^2 + a_{22}y^2 + a_{33}z^2 + 2a_{12}xy + 2a_{13}xz + 2a_{23}yz + 2a_{01}x + 2a_{02}y + 2a_{03}z + a_{00} = 0 \tag{2.104}$$

In Matrizenschreibweise:

$$\mathbf{x}^\mathrm{T}\mathbf{A}\mathbf{x} + 2\mathbf{a}^\mathrm{T}\mathbf{x} + a_{00} = 0, \qquad \mathbf{A} = \begin{pmatrix} a_{11} & a_{12} & a_{13} \\ a_{12} & a_{22} & a_{23} \\ a_{13} & a_{23} & a_{33} \end{pmatrix}, \qquad \mathbf{a} = \begin{pmatrix} a_{01} \\ a_{02} \\ a_{03} \end{pmatrix}, \qquad \mathbf{x} = \begin{pmatrix} x \\ y \\ z \end{pmatrix}.$$

Die Flächen lassen sich wie folgt klassifizieren. Wie in 2.6.6.1. führen wir die Matrix $\tilde{\mathbf{A}}$ ein:

$$\tilde{\mathbf{A}} = \begin{pmatrix} \mathbf{A} & \mathbf{a} \\ \mathbf{a}^\mathrm{T} & a_{00} \end{pmatrix}.$$

Rg $\tilde{A}$	Rg A = 3	Rg A = 2	Rg A = 1
4 nicht ausgeartete Flächen	Ellipsoide Hyperboloide	Paraboloide	
3 abwickelbare Flächen	Kegel	elliptische, hyperbolische Zylinder	parabolische Zylinder
2 Ebenenpaare		mit Schnittgerade	parallel
1 Doppelebene			Doppelebene

Transformation auf Normalform (Hauptachsentransformation)

Die Transformation verläuft bei Flächen und Kurven in gleicher Weise, die in Klammern stehenden Angaben beziehen sich auf Kurven, das Koordinatensystem Σ sei kartesisch.

1) Flächen (Kurven) mit Mittelpunkt[1]): Rg **A** = 3 (Rg **A** = 2).

$\mathbf{x}_M$ sei Lösung des Gleichungssystems $\mathbf{Ax} = -\mathbf{a}$. $\mathbf{x}_M$ ist Koordinatenvektor des Mittelpunktes. Durch die Parallelverschiebung $\mathbf{x} = \mathbf{x}' + \mathbf{x}_M$ erhält man das Koordinatensystem Σ', in Σ' lautet die Gleichung der Fläche (Kurve):

$$\mathbf{x}'^{\mathrm{T}}\mathbf{A}\mathbf{x}' + a'_{00} = 0 \quad \text{mit} \quad a'_{00} = \frac{\det \tilde{\mathbf{A}}}{\det \mathbf{A}}. \tag{2.105}$$

Durch eine Drehung $\mathbf{x}' = \mathbf{C}\mathbf{x}''$ erhält man Σ''. Dabei ist **C** eine orthogonale Matrix mit det **C** = 1, in deren Spalten orthonormierte Eigenvektoren der Matrix **A** stehen (s. 2.4.4.5.3.). Die Gleichung der Fläche (Kurve) in Σ'' hat die Gestalt:

$$\lambda_1 x''^2 + \lambda_2 y''^2 + \lambda_3 z''^2 + a'_{00} = 0 \quad (\lambda_1 x''^2 + \lambda_2 y''^2 + a'_{00} = 0), \tag{2.106}$$

wobei $\lambda_1, \lambda_2, \lambda_3$ (λ_1, λ_2) die Eigenwerte der Matrix **A** sind und a'_{00} den gleichen Wert wie in Gleichung (2.105) hat. Zwei Eigenwerte mit gleichem Vorzeichen wählen wir als λ_1 und λ_2. Sind beide negativ, multipliziert man die Gleichung mit -1, dann gilt folgende Tabelle:

λ_1	λ_2	λ_3	a'_{00}	Name der Fläche
>0	>0	>0	>0	nullteilige Fläche, kein reeller Punkt auf der Fläche
>0	>0	>0	<0	Ellipsoid (Abb. 2.101)
>0	>0	>0	=0	nullteiliger Kegel, nur Kegelspitze reell
>0	>0	<0	>0	zweischaliges Hyperboloid (Abb. 2.105)
>0	>0	<0	<0	einschaliges Hyperboloid (Abb. 2.104)
>0	>0	<0	=0	elliptischer Doppelkegel (Kegelachse: z-Achse)

2) Rg **A** = 2. Genau ein Eigenwert von **A** ist gleich null: $\lambda_3 = 0$. Durch die in 1) genannte Transformation $\mathbf{x} = \mathbf{C}\mathbf{x}'$ erhält man in Σ':

$$\lambda_1 x'^2 + \lambda_2 y'^2 + 2a'_{01}x' + 2a'_{02}y' + 2a'_{03}z' + a_{00} = 0, \qquad a' = \mathbf{C}^{\mathrm{T}}\mathbf{a}. \tag{2.107}$$

Durch eine geeignete Parallelverschiebung ergibt sich Σ'', in dem im Fall Rg $\tilde{\mathbf{A}} = 3$, d. h. $a'_{03} \neq 0$, die Gleichung lautet:

$$\lambda_1 x''^2 + \lambda_2 y''^2 + 2a'_{03}z'' = 0,$$

und im Fall Rg $\tilde{\mathbf{A}} = 2$, d. h. $a'_{03} = 0$, folgt:

$$\lambda_1 x''^2 + \lambda_2 y''^2 + a''_{00} = 0.$$

λ_1	λ_2	a'_{03}	a''_{00}	Name der Fläche
>0	>0	≠0	=0	elliptisches Paraboloid (Abb. 2.108)
>0	<0	≠0	=0	hyperbolisches Paraboloid (Sattelfläche) (Abb. 2.109)
>0	>0	=0	>0	nullteiliger Zylinder (kein reeller Punkt)
>0	>0	=0	<0	elliptischer Zylinder (Abb. 2.98)
>0	<0	=0	≠0	hyperbolischer Zylinder (Abb. 2.99)
>0	>0	=0	=0	Ebenenpaar, konj.-komplex, reelle Schnittgerade
>0	<0	=0	=0	Ebenenpaar, reell mit Schnittgerade

[1]) Es gibt genau einen Punkt, zu dem die Fläche (Kurve) zentralsymmetrisch liegt.

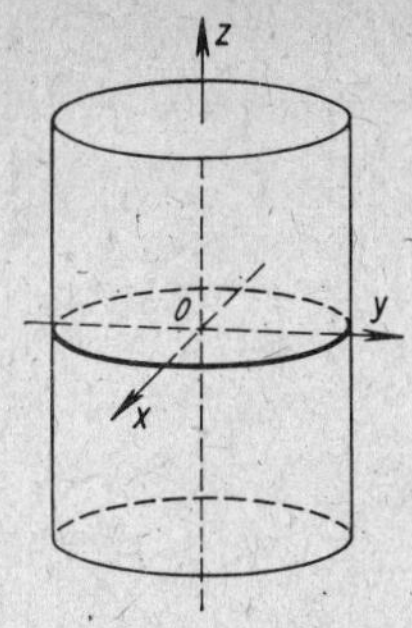

Abb. 2.98

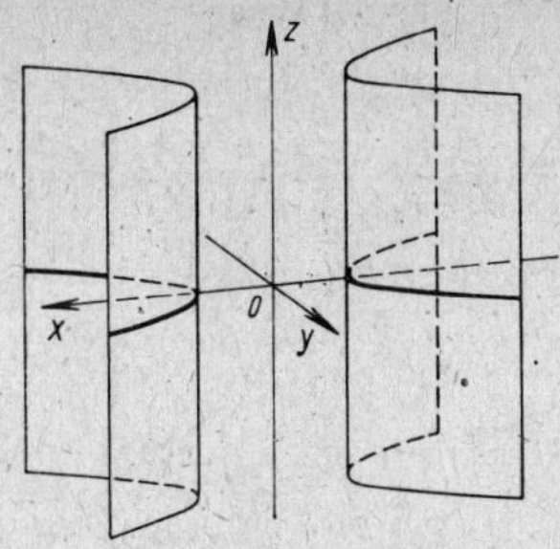

Abb. 2.99

3) $\operatorname{Rg} \mathbf{A} = 1$. Transformationen wie unter 2). Genau zwei Eigenwerte von **A** sind null: $\lambda_1 = \lambda_3 = 0$. In Σ'' lauten die Gleichungen:

$\operatorname{Rg} \tilde{\mathbf{A}} = 3$: $\lambda_2 y''^2 + 2a'_{01}x'' = 0$, parabolischer Zylinder (Abb. 2.100),
$\operatorname{Rg} \tilde{\mathbf{A}} = 2$: $\lambda_2 y''^2 + a''_{00} = 0$, zwei reelle ($\lambda_2 a''_{00} < 0$) bzw. komplexe parallele Ebenen ($\lambda_2 a''_{00} > 0$),
$\operatorname{Rg} \tilde{\mathbf{A}} = 1$: $y''^2 = 0$, reelle Doppelebene.

Einige Eigenschaften der Flächen 2. Ordnung (in Normalform gegeben):

Flächen 2. Ordnung mit Mittelpunkt:

Das Ellipsoid (Abb. 2.101):

$$\frac{x^2}{a^2} + \frac{y^2}{b^2} + \frac{z^2}{c^2} = 1;$$

a, b und c sind dabei die Halbachsen.

Ist $a = b > c$, so liegt ein *zusammengedrücktes Rotationsellipsoid* vor, das sich durch Rotation der Ellipse $\frac{x^2}{a^2} + \frac{z^2}{c^2} = 1$, die in der x,z-Ebene liegt, um die kleine Achse ergibt (Abb. 2.102). Für $a = b < c$ entsteht ein *langgestrecktes Ellipsoid durch Rotation* der in der x,z-Ebene liegenden Ellipse $\frac{x^2}{a^2} + \frac{z^2}{c^2} = 1$ um die große Achse (Abb. 2.103). Für $a = b = c$ ergibt sich die Kugel:

$$x^2 + y^2 + z^2 = a^2.$$

Eine beliebige Ebene schneidet das Ellipsoid in einer Ellipse (im Spezialfall in einem Kreis). Der Rauminhalt des Ellipsoids ist gleich $\frac{4}{3}\pi abc$, im Spezialfall der Kugel $\frac{4}{3}\pi a^3$.

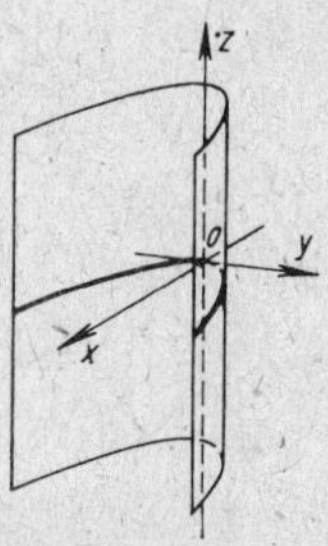

Abb. 2.100

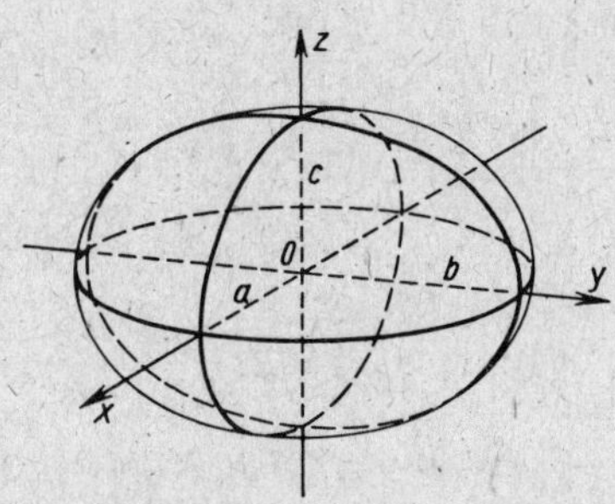

Abb. 2.101

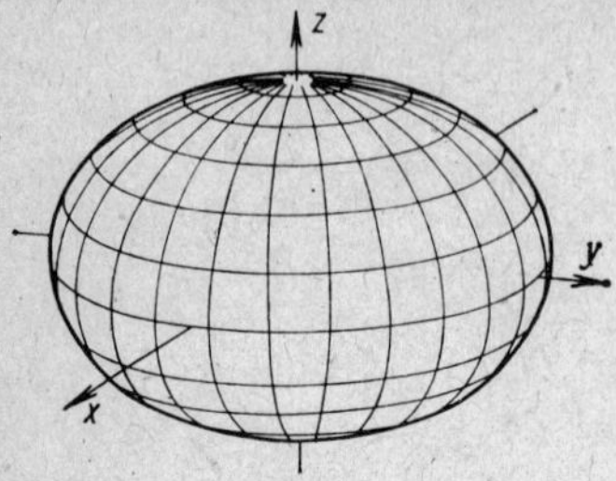

Abb. 2.102

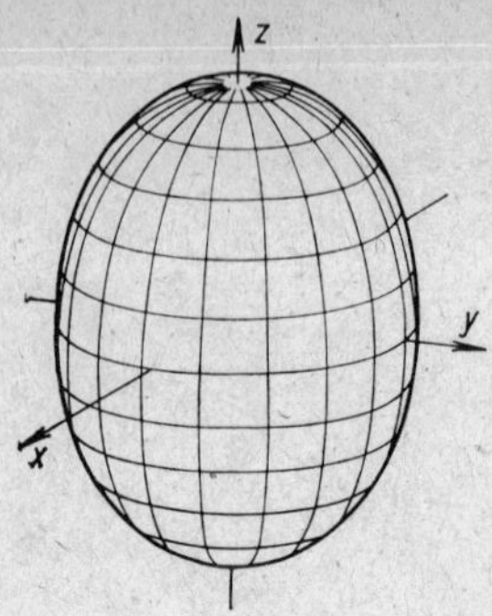

Abb. 2.103

Das einschalige Hyperboloid (Abb. 2.104):

$$\frac{x^2}{a^2} + \frac{y^2}{b^2} - \frac{z^2}{c^2} = 1,$$

a und b sind die reellen Halbachsen, c ist die imaginäre Halbachse. (Über die geradlinigen Erzeugenden s. am Ende des Abschnittes.)

Das zweischalige Hyperboloid (Abb. 2.105):

$$\frac{x^2}{a^2} + \frac{y^2}{b^2} - \frac{z^2}{c^2} = -1;$$

c ist die reelle Halbachse, a und b sind die imaginären Halbachsen.

Für beide Hyperboloide sind die der z-Achse parallelen Schnitte Hyperbeln (für das einschalige Hyperboloid können es auch zwei einander schneidende Geraden sein); die der x,y-Ebene parallelen Schnitte sind Ellipsen.

Ist $a = b$, so kann das Hyperboloid durch Rotation der Hyperbel mit den Halbachsen a und c um die Achse $2c$ gewonnen werden, die im Falle des einschaligen Hyperboloids imaginär, im Falle des zweischaligen Hyperboloids reell ist.

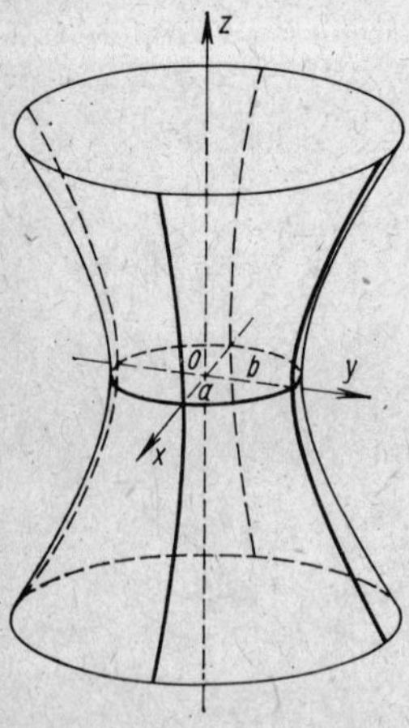

Abb. 2.104

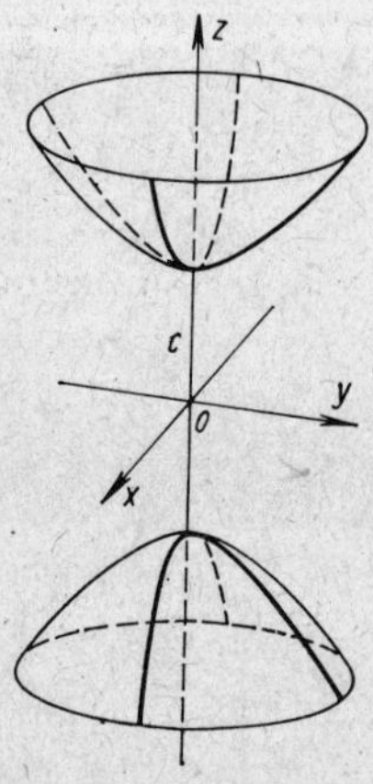

Abb. 2.105

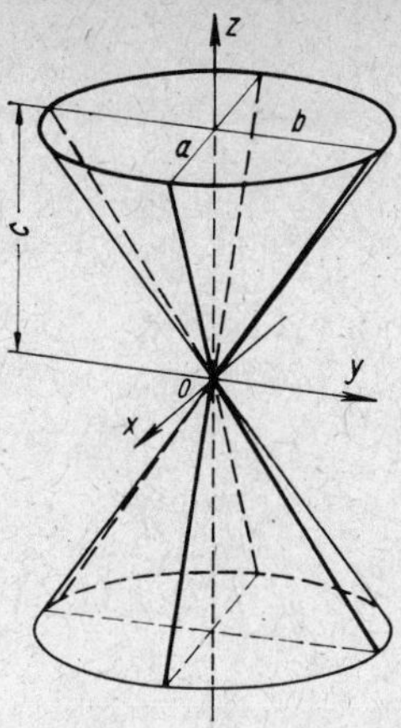

Abb. 2.106

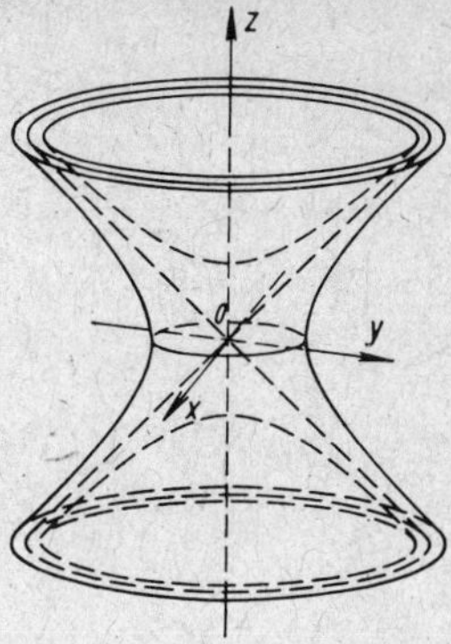

Abb. 2.107

Der Kegel (Abb. 2.106) $\frac{x^2}{a^2} + \frac{y^2}{b^2} - \frac{z^2}{c^2} = 0$ hat seine Spitze im Koordinatenursprung; als seine Leitkurve kann die Ellipse mit den Halbachsen a und b gewählt werden, deren Ebene senkrecht zur z-Achse in der Entfernung c vom Koordinatenursprung liegt. Er ist der Asymptotenkegel der beiden Hyperboloide $\frac{x^2}{a^2} + \frac{y^2}{b^2} - \frac{z^2}{c^2} = \pm 1$, d. h., jede seiner Erzeugenden nähert sich im Unendlichen beiden Hyperboloiden unbegrenzt (Abb. 2.107). Ist $a = b$, so handelt es sich um einen geraden Kreiskegel.

Flächen 2. Ordnung ohne Mittelpunkt:

Das elliptische Paraboloid (Abb. 2.108): $z = \frac{x^2}{a^2} + \frac{y^2}{b^2}$. Die der z-Achse parallelen Schnitte sind Parabeln, die der x,y-Ebene parallelen Schnitte – Ellipsen. Für $a = b$ ergibt sich ein *Rotationsparaboloid*, das durch die Drehung der Parabel $z = \frac{x^2}{a^2}$ um ihre in der x,z-Ebene liegende Achse entsteht.

Der Rauminhalt eines Teiles des Paraboloids, der von einer zur Achse senkrechten Ebene in der Höhe h abgeschnitten wird, ist gleich $\frac{1}{2}\pi a'b'h$, d. h. gleich der Hälfte des Rauminhalts eines elliptischen Zylinders mit der gleichen Deckfläche und Höhe, wobei a' und b' die Halbachsen dieser Deckfläche bezeichnen.

Das hyperbolische Paraboloid (Abb. 2.109): $z = \frac{x^2}{a^2} - \frac{y^2}{b^2}$. Die der y,z-Ebene parallelen Schnitte sind kongruente Parabeln, die der x,z-Ebene parallelen Schnitte – ebenfalls kongruente Parabeln und die der x,y-Ebene parallelen Schnitte – Hyperbeln (sowie ein Paar einander schneidender Geraden).

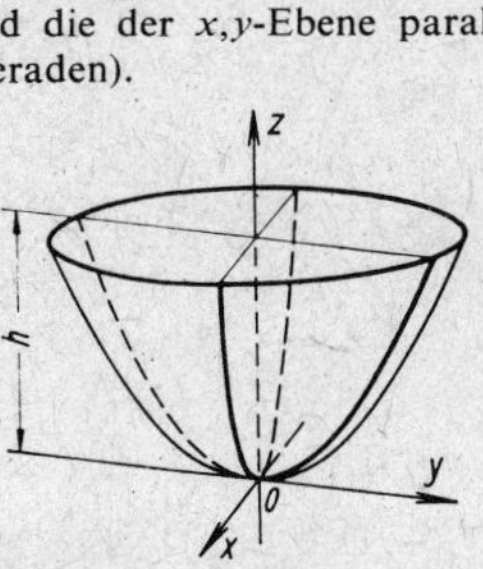

Abb. 2.108

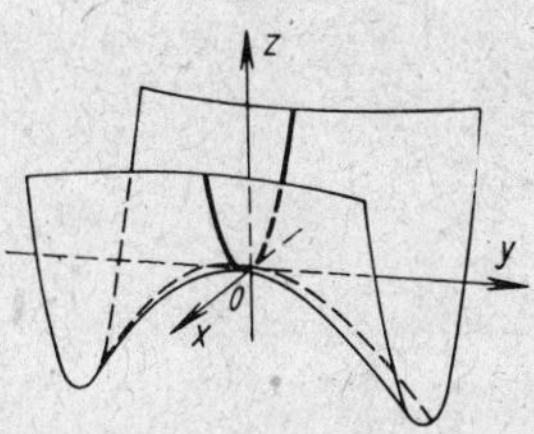

Abb. 2.109

Allgemeine Eigenschaften:

Als *geradlinige Erzeugende* einer Fläche bezeichnet man eine Gerade, die ganz in der Fläche liegt; z. B. die geradlinigen Erzeugenden einer Kegel- oder Zylinderfläche.

Das einschalige Hyperboloid (Abb. 2.110) $\frac{x^2}{a^2} + \frac{y^2}{b^2} - \frac{z^2}{c^2} = 1$ hat zwei Scharen geradliniger Erzeugender:

$$\text{I.}\ \frac{x}{a} + \frac{z}{c} = u\left(1 + \frac{y}{b}\right), \qquad u\left(\frac{x}{a} - \frac{z}{c}\right) = 1 - \frac{y}{b};$$

$$\text{II.}\ \frac{x}{a} + \frac{z}{c} = v\left(1 - \frac{y}{b}\right), \qquad v\left(\frac{x}{a} - \frac{z}{c}\right) = 1 + \frac{y}{b};$$

u und v sind beliebige Zahlen.

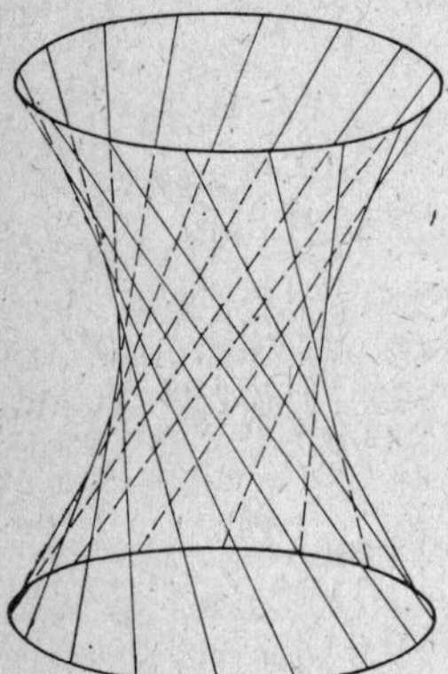

Abb. 2.110

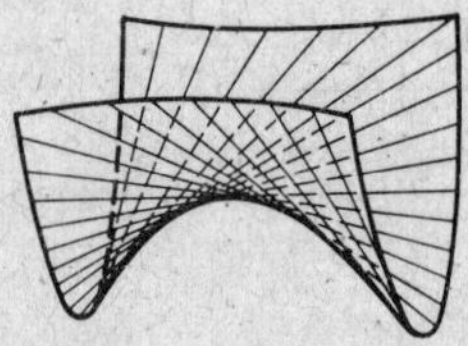

Abb. 2.111

Das hyperbolische Paraboloid (Abb. 2.111) $z = \frac{x^2}{a^2} - \frac{y^2}{b^2}$ hat ebenfalls zwei Scharen von Erzeugenden:

$$\text{I.}\ \frac{x}{a} + \frac{y}{b} = u, \qquad u\left(\frac{x}{a} - \frac{y}{b}\right) = z;$$

$$\text{II.}\ \frac{x}{a} - \frac{y}{b} = v, \qquad v\left(\frac{x}{a} + \frac{y}{b}\right) = z;$$

auch hier sind u und v beliebige Zahlen. Durch jeden Flächenpunkt gehen in beiden Fällen zwei Geraden hindurch: je eine Erzeugende jeder Schar (in Abb. 2.110 und 2.111 ist jeweils nur eine Geradenschar angegeben).

3. ANALYSIS

3.1. Differential- und Integralrechnung von Funktionen einer und mehrerer Variabler

3.1.1. Reelle Zahlen

3.1.1.1. Axiomensystem der reellen Zahlen

Die Menge R aller reellen Zahlen kann durch die folgenden Axiome charakterisiert werden[1]):

Axiome der Addition

1. Zu zwei beliebigen reellen Zahlen a, b gibt es eine reelle Zahl $a + b$, die *Summe* von a und b genannt wird; die Zahlen a und b heißen *Summanden* von $a + b$.

2. $\forall a, b \in \mathrm{R} : a + b = b + a$ [2]) (*Kommutativgesetz der Addition*).

3. $\forall a, b, c \in \mathrm{R} : a + (b + c) = (a + b) + c$ (*Assoziativgesetz der Addition*).

4. Es gibt eine reelle Zahl 0, so daß für alle $a \in \mathrm{R}$ gilt: $a + 0 = a$. Die Zahl $0 \in \mathrm{R}$ wird *Null* genannt.

5. Zu jeder Zahl $a \in \mathrm{R}$ gibt es ein $b \in \mathrm{R}$, so daß $a + b = 0$.

Die Menge R ist also bezüglich der Addition eine kommutative Gruppe.

Folgerung: Zu zwei reellen Zahlen a, b gibt es genau eine reelle Zahl x, für die $a + x = b$ gilt. Die Zahl x heißt *Differenz* von b und a und wird mit $b - a$ bezeichnet. Man sagt: a wird von b *subtrahiert*. Für $0 - a$ schreibt man $-a$. Die Zahl b in 5. ist also eindeutig bestimmt.

Aus den Axiomen 1.–5. erhält man ferner:

Folgerung:

a) $\forall a \in \mathrm{R}$: $\quad a = -(-a); \; -0 = 0.$

b) $\forall a, b, c, d \in \mathrm{R}$: $b - a = d - c \Leftrightarrow b + c = a + d;$

$$(b + d) - (a + c) = (b - a) + (d - c);$$

$$(b + c) - (a + d) = (b - a) - (d - c).$$

Axiome der Multiplikation

1. Zu zwei beliebigen reellen Zahlen a, b gibt es eine reelle Zahl $a \cdot b$, die *Produkt* von a und b genannt wird; die Zahlen a und b heißen *Faktoren* von $a \cdot b$.

2. $\forall a, b \in \mathrm{R} : a \cdot b = b \cdot a$ (*Kommutativgesetz der Multiplikation*).

3. $\forall a, b, c \in \mathrm{R} : a \cdot (b \cdot c) = (a \cdot b) \cdot c$ (*Assoziativgesetz der Multiplikation*).

4. Es gibt eine reelle Zahl 1, so daß für alle $a \in \mathrm{R}$ gilt: $1 \cdot a = a$. Die Zahl $1 \in \mathrm{R}$ wird *Eins* genannt.

5. Zu jeder reellen Zahl $a \neq 0$ gibt es eine reelle Zahl b, so daß $a \cdot b = 1$.

6. $\forall a, b, c \in \mathrm{R} : a \cdot (b + c) = a \cdot b + a \cdot c$ (*Distributivgesetz*).

Die Menge der von null verschiedenen reellen Zahlen ist also bezüglich der Multiplikation eine kommutative Gruppe.

---

[1]) Auf die Konstruktion der reellen Zahlen durch Erweiterung der Zahlenbereiche der natürlichen, ganzen und rationalen Zahlen kann hier nicht eingegangen werden.

[2]) Die Identität reeller Zahlen wird mittels des Gleichheitszeichens ausgedrückt. Sind a, b verschiedene reelle Zahlen, so schreibt man $a \neq b$.

Folgerungen aus den Axiomen der Addition und Multiplikation:

1. Aus $a \cdot b = 0$ folgt $a = 0$ oder $b = 0$.

2. Zu zwei reellen Zahlen a, b mit $a \neq 0$ gibt es genau eine reelle Zahl x, für die $a \cdot x = b$ gilt.

Die Zahl x heißt *Quotient* aus b und a und wird mit $\frac{b}{a}$ bezeichnet. Man sagt: b wird durch a *dividiert*. b heißt *Zähler*, a heißt *Nenner*.

3. $\forall a \in \mathsf{R} \setminus \{0\}: \frac{1}{1/a} = a$.

4. $\forall a, b, c, d \in \mathsf{R} \setminus \{0\}: \frac{b}{a} = \frac{d}{c} \Leftrightarrow b \cdot c = a \cdot d$;

$$\frac{b}{a} \cdot \frac{d}{c} = \frac{b \cdot d}{a \cdot c}, \quad \frac{b/a}{d/c} = \frac{b \cdot c}{a \cdot d}.$$

5. $\forall a, b \in \mathsf{R}, \forall c \in \mathsf{R} \setminus \{0\}: \frac{a}{c} + \frac{b}{c} = \frac{a+b}{c}$.

6. $\forall a \in \mathsf{R}: \ -a = (-1) \cdot a$.

7. $\forall a, b \in \mathsf{R}: \ -(a \cdot b) = (-a) \cdot b$.

8. $(-1) \cdot (-1) = 1$.

Die Menge R der reellen Zahlen hat wegen der angeführten Eigenschaften die algebraische Struktur eines Körpers.

Axiome der Anordnung

1. Zu zwei reellen Zahlen a, b besteht genau eine der drei Beziehungen: $a < b$, $a = b$, $a > b$.

2. $\forall a, b, c \in \mathsf{R}: a < b, b < c \Rightarrow a < c$ (*Transitivität*).

3. $\forall a, b, c \in \mathsf{R}: a < b \Rightarrow a + c < b + c$ (*Monotonie der Addition*).

4. $\forall a, b, c \in \mathsf{R}: a < b, c > 0 \Rightarrow a \cdot c < b \cdot c$ (*Monotonie der Multiplikation*).

Gilt $a < b$, so sagt man, daß a kleiner als b bzw. b größer als a sei. Die reellen Zahlen können also der Größe nach geordnet werden. Für $a < b$ schreibt man auch: $b > a$. Gilt $a < b$ oder $a = b$, so schreibt man $a \leqq b$. Reelle Zahlen a mit $a > 0$ heißen *positiv*; reelle Zahlen a mit $a < 0$ heißen negativ.

Folgerung: Für reelle Zahlen a, b, c, d gilt:

1. $a < b \Rightarrow -b < -a$.

2. $a < b, \quad c < d \Rightarrow a + c < b + d$.

3. $a < b, \quad c < d, \quad b > 0, \quad c > 0 \Rightarrow a \cdot c < b \cdot d$.

4. $1 > 0$.

5. $a > 0 \Rightarrow \frac{1}{a} > 0$.

Axiom des Dedekindschen Schnittes

Die Menge R der reellen Zahlen sei in zwei Klassen K_1, K_2 eingeteilt, so daß gilt:

a) K_1 und K_2 sind nichtleer.

b) Jede reelle Zahl gehört genau einer Klasse an.

c) $a \in K_1, b < a \Rightarrow b \in K_1$.

Dann existiert genau eine reelle Zahl s, so daß alle Zahlen $a' \in \mathsf{R}$ mit $a' < s$ zu K_1 und alle Zahlen $a'' \in \mathsf{R}$ mit $a'' > s$ zu K_2 gehören. Die Zahl s wird *Schnittzahl* genannt.

Durch die angeführten Axiome werden die reellen Zahlen charakterisiert[1]).

Geometrische Darstellung der reellen Zahlen

Legt man auf einer Geraden g durch Vorgabe eines Punktes O und eines Einheitsvektors ein Koordinatensystem fest, dann wird jeder Punkt P der Geraden g durch seine Koordinate x charakterisiert. Auf diese Weise wird jedem Punkt P der Geraden g genau eine reelle Zahl x und jeder reellen Zahl x genau ein Punkt P der Geraden g zugeordnet. Die Gerade g heißt *Zahlengerade.* [2]) Punkte auf g und die entsprechenden reellen Zahlen können also gleichbedeutend gebraucht werden. Man sagt: Der Punkt a liegt links von b bzw. b liegt rechts von a, falls $a < b$. Die negativen Zahlen liegen also links vom Nullpunkt O, die positiven Zahlen liegen rechts vom Punkt O.

3.1.1.2. Natürliche, ganze, rationale Zahlen

Durch folgende Eigenschaften wird eine Teilmenge $\mathsf{N} \subset \mathsf{R}$ definiert:

1. $0 \in \mathsf{N}$.
2. $n \in \mathsf{N} \Rightarrow n + 1 \in \mathsf{N}$.
3. Ist $n \in \mathsf{N}$, so ist genau dann $n - 1 \in \mathsf{N}$, wenn $n \neq 0$ ist.
4. M sei eine Teilmenge von N mit folgender Eigenschaft: a) $0 \in M$, b) $n \in M \Rightarrow n + 1 \in M$; dann ist $M = \mathsf{N}$.

Die Elemente von N heißen *natürliche Zahlen.* Auf die natürlichen Zahlen wird man beim Prozeß des Abzählens geführt. Als Kardinalzahlen werden sie zur Angabe der Anzahl der Elemente einer endlichen Menge (s. z. B. 3.1.2.) und als Ordinalzahlen zum Durchnumerieren der Elemente einer endlichen oder abzählbar unendlichen Menge (s. 3.1.2.) benutzt. Die vier Axiome besagen, daß man die natürlichen Zahlen von 0 anfangend durch fortgesetzte Addition von 1 gewinnt. Durch das 4. Axiom wird ausgedrückt, daß man auf diese Weise alle natürlichen Zahlen erhält. Das 4. Axiom heißt *Induktionsaxiom*, weil man mit seiner Hilfe Induktionsbeweise führen kann.

Beweisprinzip der vollständigen Induktion

$A(n)$ sei eine von $n \in \mathsf{N}$ abhängige Aussage. Zeigt man:

a) $A(0)$ ist richtig (Induktionsanfang);

b) unter der Voraussetzung, daß für eine beliebige natürliche Zahl n die Aussage $A(n)$ richtig ist, ist auch $A(n + 1)$ richtig (Induktionsschritt);

dann ist $A(n)$ für alle natürlichen Zahlen n richtig.[3])

Beispiel 1: Die Richtigkeit der Aussage

$$A(n): \sum_{k=0}^{n} k = \frac{1}{2} n(n + 1)$$

ist für alle $n \in \mathsf{N}$ zu zeigen. Offenbar ist $A(0)$ richtig. Es sei $A(n)$ für eine beliebige Zahl $n \in \mathsf{N}$ richtig, dann gilt:

$$\sum_{k=1}^{n+1} k = \frac{1}{2} n(n + 1) + (n + 1) = \frac{1}{2} (n + 1)(n + 2).$$

Also ist auch $A(n + 1)$ richtig. Nach dem Induktionsaxiom ist dann $A(n)$ für alle $n \in \mathsf{N}$ richtig.

Aus dem Axiom des Dedekindschen Schnittes folgt:

Satz: Zu jeder reellen Zahl a gibt es eine natürliche Zahl n mit $a < n$.[4])

---

[1]) Dies ist nicht die einzige Charakterisierungsmöglichkeit.

[2]) Das Axiom des Dedekindschen Schnittes beinhaltet gerade den Sachverhalt, daß die Zahlengerade keine „Löcher" besitzt.

[3]) Der Induktionsanfang kann auch bei $n_0 \in \mathsf{N}$ ($n_0 > 0$) erfolgen. In diesem Fall ist $A(n)$ für alle $n \in \mathsf{N}$ mit $n \geqq n_0$ richtig.

[4]) Diese Aussage wird Archimedessches Axiom genannt, falls das Axiom des Dedekindschen Schnittes nicht vorausgesetzt wird.

Summe und Produkt natürlicher Zahlen sind wieder natürliche Zahlen. Jedoch gilt für $n < m$: $n - m \notin \mathsf{N}$. Die folgende Definition führt zu einer Erweiterung des Bereichs der natürlichen Zahlen, in der auch die Subtraktion unbeschränkt ausführbar ist.

Definition: Eine reelle Zahl g heißt *ganz*, wenn es natürliche Zahlen n, m mit $g = n - m$ gibt.

Summe, Differenz und Produkt ganzer Zahlen sind stets ganze Zahlen. Die Menge der ganzen Zahlen bildet einen kommutativen Ring. Der Quotient ganzer Zahlen ist nicht immer eine ganze Zahl.

Definition: Eine reelle Zahl a heißt *rational*, falls es ganze Zahlen g_1, g_2 ($g_2 \neq 0$) mit $a = g_1/g_2$ gibt. Andernfalls heißt *a irrational*.

Die Zahlen g_1, g_2 sind durch a nicht eindeutig bestimmt. Der Quotient (Bruch) kann mit einer ganzen Zahl p ($p \neq 0$) „erweitert" werden: $\frac{g_1}{g_2} = \frac{g_1 \cdot p}{g_2 \cdot p}$. Die Menge der rationalen Zahlen wird mit P bezeichnet. P ist der „kleinste" in R enthaltene Körper.

Jede reelle Zahl kann durch einen Dezimalbruch[1]) dargestellt werden. Dabei sind den rationalen Zahlen die periodischen Dezimalbrüche zugeordnet. Die Dezimalbruchentwicklung der reellen Zahl $\sqrt{2}$, d. h. jener eindeutig bestimmten reellen Zahl, deren Quadrat gleich 2 ist, ist z. B. nicht periodisch. $\sqrt{2}$ ist also irrational. Mit Hilfe der Cantorschen Abzählverfahren zeigt man, daß die Menge der rationalen Zahlen abzählbar unendlich und die Menge der irrationalen Zahlen überabzählbar ist (vgl. 3.1.2.). Die Mengen P und R \ P sind in R dicht, d. h., es gibt in jedem Intervall $\{x \mid a < x < b\}$ sowohl rationale als auch irrationale Zahlen.

3.1.1.3. Absoluter Betrag, elementare Ungleichungen

Definition: Für $a \in \mathsf{R}$ sei

$$|a| = \begin{cases} a & \text{für} \quad a \geqq 0. \\ -a & \text{für} \quad a < 0. \end{cases}$$

Die Zahl $|a|$ heißt *absoluter Betrag von a*.

Für $a, b \in \mathsf{R}$ gilt:

1. $|a| \geqq 0, \qquad |-a| = |a|, \qquad a \leqq |a|;$
2. $|a| = 0 \Leftrightarrow a = 0;$
3. $|a \cdot b| = |a| \cdot |b|, \qquad \left|\frac{a}{b}\right| = \frac{|a|}{|b|} \quad (b \neq 0);$
4. $|a + b| \leqq |a| + |b|$ (*Dreiecksungleichung*);
5. $||a| - |b|| \leqq |a - b|$.

Für reelle Zahlen a_i, b_i ($i = 1, \ldots, n$) gelten die *verallgemeinerte Dreiecksungleichung* und die *Schwarzsche Ungleichung*:

$$\left|\sum_{i=1}^{n} a_i\right| \leqq \sum_{i=1}^{n} |a_i|,$$

$$\left(\sum_{i=1}^{n} a_i b_i\right)^2 \leqq \left(\sum_{i=1}^{n} a_i^2\right)\left(\sum_{i=1}^{n} b_i^2\right).$$

[1]) Auf die Definition eines Dezimalbruches kann hier nicht eingegangen werden.

Durch vollständige Induktion beweist man die folgenden elementaren Ungleichungen:

1. Für $a \in \mathsf{R}$, $a > -1$, $n \in \mathsf{N}$ gilt:
$$(1 + a)^n \geqq 1 + na \quad \textit{(Bernoullische Ungleichung)}.$$
2. Für $a \in \mathsf{R}$, $0 \leqq a \leqq 1$, $n \in \mathsf{N}$ gilt:
$$(1 + a)^n \leqq 1 + (2^n - 1)\, a.$$
3. Für $n \in \mathsf{N}$, $n \geqq 6$ gilt: $\left(\frac{n}{3}\right)^n < n! < \left(\frac{n}{2}\right)^n$.

Ist $a = (a_1, \ldots, a_n)$ ein n-Tupel reeller Zahlen, dann nennt man

$$A_n(a) = \frac{1}{n}(a_1 + a_2 + \ldots + a_n) \quad \text{das } \textit{arithmetische Mittel},$$

$$G_n(a) = \sqrt[n]{a_1 \cdot a_2 \cdot \ldots \cdot a_n} \quad \text{das } \textit{geometrische Mittel},$$

$$H_n(a) = \frac{n}{1/a_1 + 1/a_2 + \ldots + 1/a_n} \quad \text{das } \textit{harmonische Mittel}$$

von $a_1, \ldots, a_n$. Für $a_i > 0$ $(i = 1, \ldots, n)$ und $n \in \mathsf{N}$ gilt die Ungleichung

$$H_n(a) \leqq G_n(a) \leqq A_n(a).$$

3.1.2. Punktmengen des R^n

Definition: Für $n \in \mathsf{N}$ sei $N_n = \{x \mid x \in \mathsf{N}, x \leqq n\}$. Eine Menge M heißt *endlich*, wenn $M = \emptyset$ ist oder wenn es eine natürliche Zahl n gibt, so daß M eineindeutig auf N_n abgebildet werden kann. Andernfalls heißt M *unendlich*. M heißt *abzählbar unendlich*, wenn es eine eineindeutige Abbildung (vgl. 4.1.4.5. und 4.1.4.2.) von M auf N gibt. Eine endliche oder abzählbar unendliche Menge M heißt *höchstens abzählbar*. Andernfalls heißt M *überabzählbar*.

Satz: a) Jede Teilmenge einer endlichen Menge ist endlich. b) M ist genau dann unendlich, wenn sich M eineindeutig auf eine echte Teilmenge $M' \subset M$ abbilden läßt.

Beispiele: 1. Die Mengen N und P sind abzählbar unendlich. 2. Die Mengen R und $\mathsf{R} \setminus \mathsf{P}$ sind überabzählbar.

Definition: Eine Teilmenge des R^n (s. 8.1.1.) heißt Punktmenge des R^n.

Die Elemente von Punktmengen des R^n sind also die geordneten n-Tupel reeller Zahlen. Die Punktmengen des R^1 werden auch *Zahlenmengen* genannt.

Beispiele: 3. Die Menge $M = \{(x_1, x_2) \mid x_1^2 + x_2^2 < 1\}$ ist eine Punktmenge des R^2 (Inneres des Einheitskreises)[1]).

4. $M = \{(x_1, x_2, x_3) \mid |x_i| \leqq \frac{1}{2},\ i = 1, 2, 3\}$ ist eine Punktmenge des R^3 (Würfel mit der Kantenlänge 1).

5. $M = \{x \mid 0 \leqq x \leqq 1\}$ ist eine Zahlenmenge.

Definition: Eine Zahlenmenge M heißt *nach oben beschränkt*, falls ein $C \in \mathsf{R}$ existiert, so daß für alle $x \in M$ gilt: $x \leqq C$. Die Zahl C heißt *obere Schranke* von M. M heißt *nach unten beschränkt*, falls ein $C' \in \mathsf{R}$ existiert, so daß für alle $x \in M$ gilt: $C' \leqq x$. Die Zahl C' heißt *untere Schranke* von M. M heißt *beschränkt*, wenn M sowohl nach oben als auch nach unten beschränkt ist.

G heißt *obere Grenze* (*Supremum*) einer Zahlenmenge M, falls gilt:

1. $\forall x \in M$: $x \leqq G$ (d. h., G ist eine obere Schranke von M);
2. Zu jeder reellen Zahl $\varepsilon > 0$ gibt es ein $x' \in M$ mit $G - \varepsilon < x'$.

---

[1]) Bei geometrischer Veranschaulichung wird im folgenden stets ein kartesisches Koordinatensystem zugrunde gelegt.

g heißt *untere Grenze* (*Infimum*) von M, falls gilt:

1. $\forall x \in M$: $g \leqq x$ (d. h., g ist eine untere Schranke von M);
2. Zu jeder reellen Zahl $\varepsilon > 0$ gibt es ein $x' \in M$ mit $x' < g + \varepsilon$.

Das Supremum bzw. Infimum von M wird wie folgt bezeichnet:

$$G = \sup M = \sup_{x \in M} x, \qquad g = \inf M = \inf_{x \in M} x.$$

$\sup M$ ($\inf M$) ist also die kleinste obere (größte untere) Schranke von M.

Gilt $\sup M \in M$ ($\inf M \in M$), so heißt $\sup M$ ($\inf M$) das *Maximum* (*Minimum*) von M.

Bezeichnung: $\sup M = \max M = \max\limits_{x \in M} x$ ($\inf M = \min M = \min\limits_{x \in M} x$). Aus dem Axiom des Dedekindschen Schnittes folgt:

Satz: Jede nach oben (unten) beschränkte nichtleere Zahlenmenge besitzt genau eine obere (untere) Grenze.[1]

Beispiele: 6. Die Menge $M = \{x \mid x \in \mathsf{P}, 0 \leqq x < 1\}$ ist beschränkt. Jede Zahl $C \geqq 1$ ist obere Schranke von M. Ferner ist $\sup M = 1$, $\inf M = \min M = 0$. M besitzt kein Maximum.

7. Die Menge N ist nach unten, aber nicht nach oben beschränkt.

8. Für $M = \left\{x \mid x = 1 + \dfrac{n+1}{n}, n \in \mathsf{N} \setminus \{0\}\right\}$ gilt: $\inf M = 2$, $\sup M = \max M = 3$. M besitzt kein Minimum.

Definition: Es seien $a, b \in \mathsf{R}$ mit $a < b$. Man nennt

$(a, b) = \{x | x \in \mathsf{R}, a < x < b\}$ *offenes Intervall*,

$[a, b] = \{x | x \in \mathsf{R}, a \leqq x \leqq b\}$ *abgeschlossenes Intervall*,

$[a, b) = \{x | x \in \mathsf{R}, a \leqq x < b\}$ *rechtsseitig halboffenes Intervall*,

$(a, b] = \{x | x \in \mathsf{R}, a < x \leqq b\}$ *linksseitig halboffenes Intervall*

mit den *Endpunkten a* und *b*. Die Zahl $b - a$ heißt *Intervallänge*. Für die folgenden *unbeschränkten* Intervalle setzt man zur Abkürzung:

$$(a, +\infty) \stackrel{\text{def}}{=} \{x | x \in \mathsf{R}, a < x\}, \quad [a, +\infty) \stackrel{\text{def}}{=} \{x | x \in \mathsf{R}, a \leqq x\},$$

$$(-\infty, a) \stackrel{\text{def}}{=} \{x | x \in \mathsf{R}, x < a\}, \quad (-\infty, a] \stackrel{\text{def}}{=} \{x | x \in \mathsf{R}, x \leqq a\}.$$

Definition: Sind $P(x_1, \ldots, x_n)$, $Q(y_1, \ldots, y_n)$ zwei Punkte des R^n, dann heißt die Zahl

$$d(P, Q) = \sqrt{\sum_{i=1}^{n} (x_i - y_i)^2}$$

Entfernung oder *Abstand* zwischen P und Q.

Für $n = 1$ erhält man insbesondere: $d(P, Q) = |x_1 - y_1|$.

Definition: ε sei eine reelle, positive Zahl. P_0 sei ein Punkt des R^n. Die Punktmenge

$$U_\varepsilon(P_0) = \{P | \, d(P, P_0) < \varepsilon\}$$

heißt *ε-Umgebung* von P_0. Eine Menge $U(P_0) \subseteq R^n$ heißt *Umgebung* von P_0, falls $U(P_0)$ eine ε-Umgebung von P_0 enthält.

Die ε-Umgebung von P_0 besteht also aus allen Punkten, die sich im Inneren einer n-dimensionalen Kugel mit dem Mittelpunkt P_0 und dem Radius ε befinden. Mit anderen Worten: Die ε-Umgebung von P_0 ist die Menge der Punkte des R^n, deren Abstand von P_0 kleiner als ε ist. Für $n = 1$ fällt die ε-Umgebung eines Punktes $P(x)$ mit dem Intervall $U_\varepsilon(x) = (x - \varepsilon, x + \varepsilon)$ zusammen.

Definition: Eine Punktmenge $M \subseteq R^n$ heißt *beschränkt*, wenn es ein $\varepsilon > 0$ gibt, so daß für alle $P \in M$ gilt: $d(P, O) < \varepsilon$.[2]

---

[1]) Das Axiom des Dedekindschen Schnittes und dieser Satz sind äquivalent.

[2]) Es sei O der Punkt, dessen Koordinaten alle gleich null sind.

Definition: Ein Punkt $Q \in R^n$ heißt *Häufungspunkt* einer Punktmenge $M \subseteq R^n$, wenn in jeder ε-Umgebung des Punktes Q von Q verschiedene Punkte von M liegen. Ein Punkt von M, der nicht Häufungspunkt von M ist, heißt *isoliert*.

Ist Q Häufungspunkt von M, so liegen in jeder ε-Umgebung von Q sogar unendlich viele Punkte von M. Ein Häufungspunkt von M braucht nicht Element von M zu sein.

Beispiele: 9. Eine endliche Menge besitzt keine Häufungspunkte.

10. Die Menge $M = \left\{x \mid x = 1 + \dfrac{n+1}{n},\ n \in \mathsf{N}\setminus\{0\}\right\}$ hat den Häufungspunkt $2 \notin M$.

11. Jede rationale Zahl ist Häufungspunkt der Menge der irrationalen Zahlen.

12. Jede reelle Zahl ist Häufungspunkt der Menge der rationalen Zahlen.

13. Jeder Punkt des R^n ist Häufungspunkt von P^n.

Satz *von Bolzano-Weierstraß*: Jede unendliche beschränkte Punktmenge des R^n besitzt mindestens einen Häufungspunkt.

Definition: Ist M eine Punktmenge des R^n, dann heißt die Menge der Punkte des R^n, die nicht Element von M sind, das *Komplement* von M.

M' sei die Menge aller Häufungspunkte von M. Die Menge M' heißt *Ableitung von M*. $\overline{M} \overset{\text{def}}{=} M \cup M'$ heißt *abgeschlossene Hülle von M*.

Satz: Es gilt: $(M')' \subseteq M'$, $\overline{M}' \subseteq \overline{M}$.

Definition: Eine Punktmenge $M \subseteq R^n$ heißt *abgeschlossen*, wenn jeder Häufungspunkt von M Element von M ist, d. h., wenn $M' \subseteq M$ gilt. $M \subseteq R^n$ heißt *offen*, wenn es für jeden Punkt $P \in M$ eine ε-Umgebung $U_\varepsilon(P)$ gibt, so daß $U_\varepsilon(P) \subseteq M$ ist.

Satz: a) Eine Punktmenge $M \subseteq R^n$ ist genau dann abgeschlossen, wenn ihr Komplement offen ist

b) Der Durchschnitt beliebig vieler abgeschlossener Mengen ist abgeschlossen

c) Die Vereinigung endlich vieler abgeschlossener Mengen ist abgeschlossen.

d) Der Durchschnitt endlich vieler offener Mengen ist offen.

e) Die Vereinigung beliebig vieler offener Mengen ist offen.

Beispiele: 14. Jede endliche Punktmenge ist abgeschlossen.

15. Die Ableitung und die abgeschlossene Hülle einer Punktmenge sind abgeschlossen.

16. Die Menge P ist in R weder offen noch abgeschlossen.

17. Der R^n ist offen und abgeschlossen.

18. Die Menge $M = \left\{\dfrac{1}{n} \,\middle|\, n \in \mathsf{N}\setminus\{0\}\right\} \subset \mathsf{R}$ ist in R weder offen noch abgeschlossen.

19. Jede ε-Umgebung eines Punktes $P \in R^n$ ist offen.

20. Das Intervall $[a, b] \subset \mathsf{R}$ ist abgeschlossen.

Definition: Ein Punkt P einer Punktemenge $M \subseteq R^n$ heißt *innerer* Punkt von M, wenn es eine ε-Umgebung $U_\varepsilon(P)$ mit $U_\varepsilon(P) \subseteq M$ gibt. $P \in R^n$ heißt *äußerer* Punkt von M, falls P innerer Punkt des Komplementes von M ist. P heißt *Randpunkt* von M, falls es in jeder ε-Umgebung von P sowohl Punkte von M als auch Punkte des Komplementes von M gibt. Die Menge aller Randpunkte von M heißt *Rand* von M.

Beispiele: 21. $M = (0, 1) \subset \mathsf{R}$ besteht nur aus inneren Punkten.

22. Jede irrationale Zahl ist Randpunkt der Menge P.

23. $M_1 = \{(x_1, x_2) \mid x_1^2 + x_2^2 > 1\}$ ist die Menge aller äußeren Punkte von

$$M_2 = \{(x_1, x_2) \mid x_1^2 + x_2^2 < 1\}.$$

Der Einheitskreis ist Rand von M_1 und von M_2.

Definition: Eine abgeschlossene Punktmenge $M \subseteq R^n$ heißt *zusammenhängend*, wenn sie sich nicht als Vereinigung zweier nichtleerer, durchschnittsfremder, abgeschlossener Punktmengen des R^n darstellen läßt. Eine beliebige Punktmenge $M \subseteq R^n$ heißt zusammenhängend, wenn es zu je zwei Punkten aus M eine abgeschlossene zusammenhängende Teilmenge von M gibt, in der diese Punkte liegen; d. h., ist $M \subseteq R^n$ offen und zusammenhängend, dann können zwei beliebige Punkte $P, Q \in M$ durch eine ganz in M verlaufende Kurve verbunden werden (s. auch 4.3.).

Beispiel: 24. Der Kreisring $M = \{(x_1, x_2) \mid 0 < a < x_1^2 + x_2^2 < b\} \subset R^2$ ist zusammenhängend.

Definition: Eine offene zusammenhängende Punktmenge heißt *Gebiet*. Ein Gebiet G heißt *einfach zusammenhängend*, wenn der Rand von G zusammenhängend ist. Andernfalls heißt G *mehrfach zusammenhängend*. Die Vereinigung eines Gebietes G mit dem Rand von G wird *Bereich* genannt.

Ist ein Gebiet G einfach zusammenhängend, dann kann jede in G verlaufende doppelpunktfreie, geschlossene Kurve (s. 4.3.) innerhalb von G stetig zu einem Punkt deformiert[1]) werden.

Beispiele: 25. Die Menge $M = \{(x_1, x_2) \mid x_1^2 + x_2^2 < 1\}$ ist einfach zusammenhängend.

26. Der Kreisring (s. Beispiel 24) ist zweifach zusammenhängend.

27. Die Menge $M = \{(x_1, x_2) \mid (x_1 - 1)^2 + x_2^2 < \frac{1}{2}\} \wedge (x_1 + 1)^2 + x_2^2 < \frac{1}{2}$ ist nicht zusammenhängend (Abb. 3.1, 3.2).

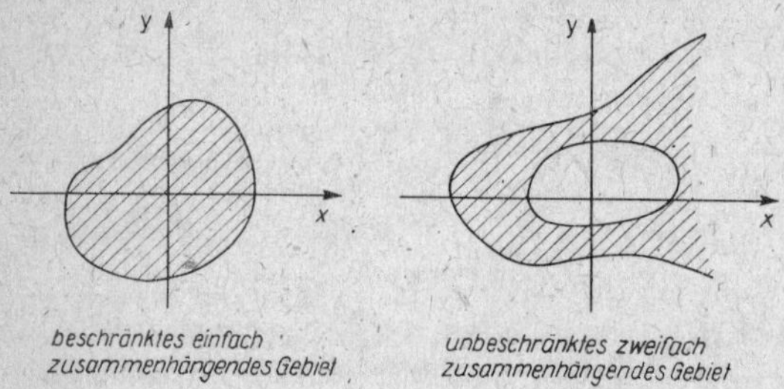

Abb. 3.1

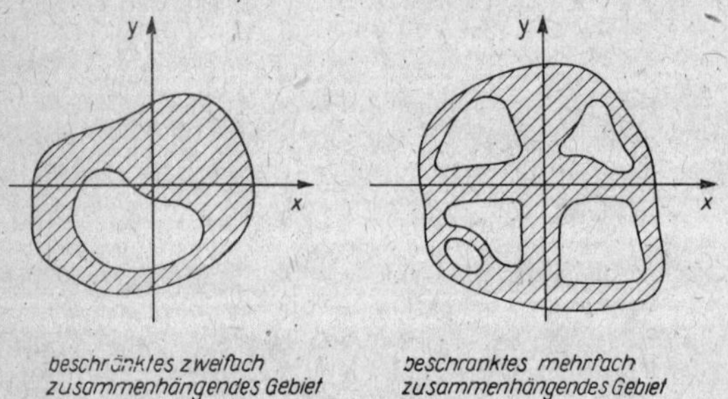

Abb. 3.2

Definition: Eine Menge $M \subseteqq R^n$ heißt *konvex*, wenn mit je zwei Punkten $P, Q \in M$ auch alle Punkte der Verbindungsstrecke zwischen P und Q zu M gehören.

Beispiel: 28. Das Rechteck $M = \{(x_1, x_2) \mid |x_1| \leqq a, |x_2| \leqq b\} \subset R^2$ ist konvex.

Überdeckungssatz *von Heine-Borel*: $M \subseteqq R^n$ sei eine abgeschlossene, beschränkte Punktmenge. Ordnet man jedem Punkt $P \in M$ eine Umgebung zu, dann lassen sich endlich viele Punkte $P_1, \ldots, P_r \in M$ auswählen, so daß jeder Punkt $P \in M$ in mindestens einer der zu den Punkten $P_1, \ldots, P_r$ gehörigen Umgebung liegt.[2])

---

[1]) Eine exakte mathematische Formulierung für diesen Sachverhalt geben wir hier nicht.

[2]) Mengen mit dieser Eigenschaft nennt man *kompakt*. Eine Punktmenge des R^n ist genau dann kompakt, wenn sie abgeschlossen und beschränkt ist.

3.1.3. Folgen

3.1.3.1. Reelle Zahlenfolgen

3.1.3.1.1. Beschränktheit, Konvergenz, Beispiele

Definition: Eine eindeutige Abbildung φ der Menge N der natürlichen Zahlen in die Menge R der reellen Zahlen heißt (*reelle*) *Zahlenfolge* oder kurz *Folge*. Setzt man für $n \in \mathsf{N}$: $\varphi(n) = a_n$, so nennt man die a_n die *Glieder* der Folge und schreibt: $\varphi = \{a_n\}$. Eine Folge $\{a_n\}$ heißt *beschränkt*, wenn es eine Zahl $K \in \mathsf{R}$ gibt, so daß für alle $n \in \mathsf{N}$ gilt: $|a_n| \leqq K$.[1])

Eine Zahl a heißt *Grenzwert* oder *Limes* der Folge $\{a_n\}$, wenn es zu jeder Zahl $\varepsilon > 0$ eine natürliche Zahl n_0 [2]) gibt, so daß für alle $n \geqq n_0$ gilt: $|a_n - a| < \varepsilon$. Besitzt eine Folge $\{a_n\}$ den Grenzwert a [3]), dann sagt man: Die Folge $\{a_n\}$ *konvergiert gegen den Grenzwert a*. Man schreibt in diesem Fall: $\lim\limits_{n\to\infty} a_n = a$. Eine gegen null konvergierende Folge wird *Nullfolge* genannt. Eine Folge $\{a_n\}$ heißt *divergent*, wenn sie keinen Grenzwert besitzt.

Konvergiert also eine Folge gegen a, dann liegen außerhalb jeder ε-Umgebung von a nur endlich viele Glieder der Folge.

Beispiele: 1. Die Folge $\left\{\frac{1}{n}\right\}$ ist eine Nullfolge. Gibt man sich nämlich $\varepsilon > 0$ beliebig vor und wählt man $n_0 > \frac{1}{\varepsilon}$, was nach dem Axiom von Archimedes stets möglich ist, dann gilt für alle $n \geqq n_0$:

$$\left|\frac{1}{n} - 0\right| = \frac{1}{n} \leqq \frac{1}{n_0} < \varepsilon.$$

2. Die Folge $\{n\}$ ist nicht beschränkt und divergent.

3. Die Folge $\{(-1)^n\}$ ist beschränkt und divergent.

4. Die Folge $\left\{\frac{n+1}{n}\right\}$ ist beschränkt, und es gilt: $\lim\limits_{n\to\infty} \frac{n+1}{n} = 1$.

5. Die Folgen $\left\{\frac{(-1)^n}{n}\right\}$ und $\{q^n\}$ mit $|q| < 1$ sind Nullfolgen.

6. Die durch $a_1 = 2$, $a_n = \frac{1}{2}\left(a_{n-1} + \frac{2}{a_{n-1}}\right)$ $(n \geqq 2)$ definierte Folge $\{a_n\}$ ist beschränkt und hat $\sqrt{2}$ als Grenzwert.

7. Für $a > 0$ gilt: $\lim\limits_{n\to\infty} \sqrt[n]{a} = 1$.

Definition: $\{a_n\}$ heißt *monoton wachsend*, wenn für alle $n \in \mathsf{N}$ gilt: $a_{n+1} \geqq a_n$. $\{a_n\}$ heißt *streng*[4]) *monoton wachsend*, wenn für alle $n \in \mathsf{N}$ gilt: $a_{n+1} > a_n$. $\{a_n\}$ heißt *monoton fallend*, wenn für alle $n \in \mathsf{N}$ gilt: $a_{n+1} \leqq a_n$. $\{a_n\}$ heißt *streng monoton fallend*, wenn für alle $n \in \mathsf{N}$ gilt: $a_{n+1} < a_n$. Eine monoton wachsende oder monoton fallende Folge wird kurz *monotone* Folge genannt.

3.1.3.1.2. Sätze über Zahlenfolgen. Für Zahlenfolgen gelten die folgenden **Sätze**:

1. Jede konvergente Zahlenfolge ist beschränkt.

2. Eine monotone Folge konvergiert genau dann, wenn sie beschränkt ist. Konvergiert eine monoton wachsende (fallende) Folge, dann fällt ihr Grenzwert mit dem Supremum (Infimum) ihres Wertevorrates zusammen.

3. *Cauchysches Konvergenzkriterium*: Die Folge $\{a_n\}$ konvergiert genau dann, wenn zu jedem $\varepsilon > 0$ ein $n_0 \in \mathsf{N}$ existiert, so daß für alle n, m mit $n \geqq n_0$, $m \geqq n_0$ gilt: $|a_n - a_m| < \varepsilon$.

---

[1]) $\{a_n\}$ ist also genau dann beschränkt, wenn ihr Wertevorrat $\{a_n \mid n \in \mathsf{N}\}$ beschränkt ist. Erforderlichenfalls muß $n \in \mathsf{N}\setminus\{0\}$ angenommen werden.

[2]) Die Zahl n_0 hängt im allgemeinen von der Wahl von ε ab. Diese Abhängigkeit wird auch durch die Schreibweise $n_0(\varepsilon)$ zum Ausdruck gebracht.

[3]) Eine Folge kann höchstens einen Grenzwert haben.

[4]) Statt „streng" benutzt man auch den Ausdruck „eigentlich".

4. $\{a_n\}$, $\{b_n\}$ seien zwei Folgen mit $\lim_{n\to\infty} a_n = a$, $\lim_{n\to\infty} b_n = b$. Für $\alpha, \beta \in \mathbf{R}$ gilt: $\lim_{n\to\infty} (\alpha a_n + \beta b_n) = \alpha a + \beta b$, $\lim_{n\to\infty} a_n \cdot b_n = a \cdot b$. Ist darüber hinaus $b \neq 0$, dann sind von einer bestimmten Stelle ab alle $b_n \neq 0$, und es gilt: $\lim_{n\to\infty} \frac{a_n}{b_n} = \frac{a}{b}$.

5. Konvergiert $\{a_n\}$ gegen a, so konvergiert $\{|a_n|\}$ gegen $|a|$.

6. Es sei $\lim_{n\to\infty} a_n = a > 0$. Dann sind von einer bestimmten Stelle ab alle $a_n > 0$, und es gilt für $k \in \mathbf{N}$: $\lim_{n\to\infty} \sqrt[k]{a_n} = \sqrt[k]{a}$.

7. Aus $\lim_{n\to\infty} a_n = a$ folgt $\lim_{n\to\infty} \frac{1}{n}(a_1 + \ldots + a_n) = a$.

8. Ist $\{a_n\}$ eine beschränkte Folge und $\{b_n\}$ eine Nullfolge, so ist auch $\{a_n \cdot b_n\}$ eine Nullfolge.

9. Gilt für die Glieder der Folge $\{a_n\}$: $A \leqq a_n \leqq B$ und ist $\lim_{n\to\infty} a_n = a$, dann gilt auch: $A \leqq a \leqq B$.

10. Die Glieder der Folge $\{a_n\}$ seien alle voneinander verschieden. Es gilt $\lim_{n\to\infty} a_n = a$ genau dann, wenn der Wertevorrat $\{a_n \mid n \in \mathbf{N}\}$ beschränkt ist und a als einzigen Häufungspunkt besitzt.

Definition: $\{a_n\}$ sei eine gegebene Folge. $\{n_k\}$ sei eine streng monoton wachsende Folge mit $n_k \in \mathbf{N}$ für alle $k \in \mathbf{N}$. Die Folge $\{a_{n_k}\}$ wird *Teilfolge* von $\{a_n\}$ genannt. Eine Zahl $x \in \mathbf{R}$ gehört zur *Limesmenge* $L\{a_n\}$ genau dann, wenn es eine Teilfolge von $\{a_n\}$ gibt, die gegen x konvergiert. Ist $L\{a_n\}$ beschränkt, dann heißt die Zahl $\sup L\{a_n\}$ *oberer Limes* (*limes superior*) von $\{a_n\}$ und die Zahl $\inf L\{a_n\}$ *unterer Limes* (*limes inferior*) von $\{a_n\}$. Man schreibt:

$$\sup L\{a_n\} = \limsup_{n\to\infty} a_n = \overline{\lim_{n\to\infty}}\, a_n,$$

$$\inf L\{a_n\} = \liminf_{n\to\infty} a_n = \underline{\lim_{n\to\infty}}\, a_n.$$

Es gelten die folgenden **Sätze:**

1. Konvergiert die Folge $\{a_n\}$ gegen den Grenzwert a, dann konvergiert auch jede Teilfolge von $\{a_n\}$ gegen a.

2. Ist die Folge $\{a_n\}$ beschränkt, so ist ihre Limesmenge beschränkt und nicht leer. Dann existieren also auch $\overline{\lim_{n\to\infty}}\, a_n$ und $\underline{\lim_{n\to\infty}}\, a_n$.

3. Die Limesmenge einer Folge ist stets abgeschlossen.

4. Ist a Häufungspunkt von $\{a_n \mid n \in \mathbf{N}\}$, dann gehört a zur Limesmenge von $\{a_n\}$, d. h., es gibt eine Teilfolge von $\{a_n\}$, die gegen a konvergiert.

5. Die Folge $\{a_n\}$ konvergiert genau dann gegen den Grenzwert a, wenn sie beschränkt ist und ihre Limesmenge nur den Punkt a enthält.

6. Eine beschränkte Folge $\{a_n\}$ konvergiert genau dann gegen a, wenn gilt: $\underline{\lim_{n\to\infty}}\, a_n = \overline{\lim_{n\to\infty}}\, a_n = a$.

Beispiele: 1. Die Folge $\left\{\left(1 + \frac{1}{n}\right)^n\right\}$ ist streng monoton wachsend, beschränkt und infolgedessen konvergent. Ihr Grenzwert wird mit e bezeichnet. Die Zahl e = 2,71828... spielt als Basis der natürlichen Logarithmen eine wichtige Rolle.

2. Die Folge $\left\{\frac{1}{n^2}\right\}$ ist streng monoton fallend und beschränkt, also auch konvergent. Ihr Grenzwert ist $\inf\left\{\frac{1}{n^2} \,\middle|\, n \in \mathbf{N}\right\} = 0$.

3. Es ist für $a_1, \ldots, a_r; b_1, \ldots, b_s \in \mathsf{R}$, $a_r \neq 0$, $b_s \neq 0$, $r, s \in \mathsf{N}$:

$$\lim_{n\to\infty} \frac{\sum\limits_{i=0}^{r} a_i n^i}{\sum\limits_{k=0}^{s} b_k n^k} = \begin{cases} 0 & \text{für } r < s, \\ a_r/b_s & \text{für } r = s, \\ +\infty & \text{für } r > s \text{ und } a_r/b_s > 0, \\ -\infty & \text{für } r > s \text{ und } a_r/b_s < 0. \end{cases}$$

4. Die Folge $\{a_n\}$ mit $a_n = (-1)^n + \frac{1}{n}$ ist beschränkt und divergent. Ihre Limesmenge ist $\{-1, +1\}$. Die Teilfolge $\left\{1 + \frac{1}{2k}\right\}$ konvergiert gegen $+1$, die Teilfolge $\left\{-1 + \frac{1}{2k+1}\right\}$ konvergiert gegen -1. Es gilt: $\overline{\lim\limits_{n\to\infty}}\, a_n = +1$, $\underline{\lim\limits_{n\to\infty}}\, a_n = -1$. $\left\{\frac{1}{2^n}\right\}$ ist eine Nullfolge. Folglich ist auch $\left\{\frac{(-1)^n + \frac{1}{n}}{2^n}\right\}$ eine Nullfolge.

3.1.3.1.3. *Bestimmte Divergenz*

Definition: Die Folge $\{a_k\}$ heißt *bestimmt divergent nach* $+\infty$, falls es zu jeder Zahl $K \in \mathsf{R}$ ein $n_0 \in \mathsf{N}$ gibt, so daß für alle $n \geqq n_0$ gilt: $a_n \geqq K$.
$\{a_n\}$ heißt *bestimmt divergent nach* $-\infty$, falls es zu jeder Zahl $K' \in \mathsf{R}$ ein $n_0 \in \mathsf{N}$ gibt, so daß für alle $n \geqq n_0$ gilt: $a_n \leqq K'$.

Bezeichnung: $\lim\limits_{n\to\infty} a_n = +\infty$ bzw. $\lim\limits_{n\to\infty} a_n = -\infty$.

Beispiele: 5. Die Folge $\{n\}$ ist bestimmt divergent nach $+\infty$. Gibt man sich nämlich $K \in \mathsf{R}$ beliebig vor und wählt man $n_0 > |K|$, dann gilt für alle $n \geqq n_0$: $n \geqq n_0 > |K| \geqq K$.

6. Die Folge $\{(-1)^n n\}$ ist weder konvergent noch bestimmt divergent.

Satz: Ist die Folge $\{a_n\}$ monoton wachsend (fallend) und nicht beschränkt, dann gilt: $\lim\limits_{n\to\infty} a_n = +\infty$ ($\lim\limits_{n\to\infty} a_n = -\infty$).

Beispiel: 7. Die Folge $\{2^n\}$ ist monoton wachsend und nicht beschränkt; folglich gilt: $\lim\limits_{n\to\infty} 2^n = +\infty$.

3.1.3.2. Punktfolgen

Definition: Eine eindeutige Abbildung φ von N in den R^n heißt (*reelle*) *Punktfolge des* R^n. Setzt man für $k \in \mathsf{N}$: $\varphi(k) = P_k(x_1^k, \ldots, x_n^k) \in R^n$, so nennt man die Punkte P_k [1]) die *Glieder* der Folge φ und schreibt: $\varphi = \{P_k\}$. Eine Punktfolge $\{P_k\}$ heißt *beschränkt*, wenn ihr Wertevorrat $\{P_k \mid k \in \mathsf{N}\} \subset R^n$ beschränkt ist. Ein Punkt $P_0(x_1^0, \ldots, x_n^0)$ heißt *Limes* der Folge $\{P_k\}$, wenn gilt: $\lim\limits_{k\to\infty} d(P_k, P_0) = 0$, d. h., wenn die Abstände der Punkte P_k von P_0 eine Nullfolge bilden. Besitzt eine Folge $\{P_k\}$ einen Limes, dann sagt man: $\{P_k\}$ *konvergiert gegen den Limes* P_0. Man schreibt in diesem Fall: $\lim\limits_{k\to\infty} P_k = P_0$ [2]). Eine Folge, die nicht konvergiert, heißt *divergent*.
Konvergiert also eine Punktfolge gegen P_0, dann liegen außerhalb jeder ε-Umgebung von P_0 nur endlich viele Glieder der Folge.

Satz: Eine Punktfolge $\{P_k(x_1^k, \ldots, x_n^k)\}$ konvergiert genau dann gegen $P_0(x_1^0, \ldots, x_n^0)$, wenn die Folgen der entsprechenden Koordinaten konvergieren, d. h., wenn für $s = 1, 2, \ldots, n$ gilt: $\lim\limits_{k\to\infty} x_s^k = x_s^0$.

---

[1]) Die Koordinaten der Punkte werden der Einfachheit halber weggelassen.
[2]) Eine Punktfolge des R^n kann höchstens einen Limes haben.

Beispiele: 1. Die Punktfolge $\{P_k\}$ des R^2 mit $(x_1^k, x_2^k) = \left(\frac{k+1}{k}, \frac{1}{k}\right)$ ist beschränkt und konvergiert gegen den Punkt $P_0(1, 0)$, denn es ist $\lim\limits_{k\to\infty} \frac{k+1}{k} = 1$, $\lim\limits_{k\to\infty} \frac{1}{k} = 0$.

2. Die Punktfolge $\{P_k\}$ des R^2 mit $(x_1^k, x_2^k) = \left(\frac{1}{k^2}, k^3 - 1\right)$ ist wegen $\lim\limits_{k\to\infty} k^3 - 1 = +\infty$ nicht beschränkt und divergent.

Da die Konvergenz von Punktfolgen des R^n auf die Konvergenz der Zahlenfolgen zurückgeführt werden kann, ist ein großer Teil der Sätze über Zahlenfolgen (s. 3.1.3.1.2.) auf Punktfolgen übertragbar. Insbesondere gelten die folgenden Sätze:

1. Jede konvergente Punktfolge ist beschränkt.

2. *Cauchysches Konvergenzkriterium*: Eine Punktfolge $\{P_k\}$ ist genau dann konvergent, wenn zu jedem $\varepsilon > 0$ ein $n_0 \in \mathbb{N}$ existiert, so daß für alle k, l mit $k, l \geqq n_0$ gilt: $d(P_k, P_l) < \varepsilon$.[1])

Definition: Eine Punktfolge $\{P_k\}$ heißt *bestimmt divergent*, in Zeichen $\lim\limits_{k\to\infty} P_k = \infty$, falls gilt: $\lim\limits_{k\to\infty} d(P_k, 0) = +\infty$.

Die Folge aus Beispiel 2 ist bestimmt divergent.

3.1.4. Reelle Funktionen

3.1.4.1. Funktionen einer reellen Variablen

3.1.4.1.1. Definition, graphische Darstellung, Beschränktheit

Definition: A und B seien zwei Teilmengen von $\mathbb{R}$. Eine eindeutige Abbildung f von A auf B heißt *reelle Funktion einer reellen Variablen*[2]) (s. auch 4.1.4.5.). A heißt *Definitionsbereich* (*Vorbereich*) von f, in Zeichen $D(f)$; B heißt *Wertevorrat* (*Nachbereich*) von f, in Zeichen $W(f)$. Das dem Urbild $x \in D(f)$ durch f zugeordnete (Bild-) Element $y \in W(f)$ wird mit $f(x)$ bezeichnet. $f(x)$ heißt *Funktionswert an der Stelle x*.

Eine Funktion f ist schon dann vollständig bekannt, wenn man ihren Definitionsbereich und für jedes Urbild $x \in D(f)$ den Funktionswert $f(x)$ kennt, der durch eine bestimmte Vorschrift dem Urbild $x \in D(f)$ zugeordnet wird, denn nach Definition dieser Begriffe ist $f = \{(x, f(x)) \mid x \in D(f)\}$[3]). Diese Zuordnungsvorschrift $x \to f(x)$ ist in den meisten Fällen durch einen analytischen Rechenausdruck gegeben.

Graphische Darstellung einer Funktion: x, y seien die Koordinaten eines Punktes P der Ebene bezüglich eines kartesischen Koordinatensystems. Die Punktmenge $\{P(x, f(x)) \mid x \in D(f)\} \subset R^2$ heißt (*graphisches*) *Bild der Funktion f*. In diesem Zusammenhang wird die Koordinate x *Abszisse* oder *unabhängige Variable*, die Koordinate $y = f(x)$ *Ordinate* oder *abhängige Variable* und die Gleichung $y = f(x)$ *Funktionsgleichung* genannt.

Ein Hilfsmittel bei der Ermittlung des Bildes einer Funktion oder wesentlicher Eigenschaften ist die Aufstellung einer *Wertetabelle*, in der für gewisse Abszissenwerte die zugehörigen Ordinaten angegeben werden. Graphische Darstellungen für die wichtigsten elementaren Funktionen finden sich in 1.2. und 2.5. Zur Diskussion des Bildes einer Funktion s. 3.1.5.6.

Eine Funktion f braucht nicht *explizit* durch ihre Funktionsgleichung $y = f(x)$ gegeben zu sein, sondern kann auch *implizit* durch eine Gleichung $F(x, y) = 0$ definiert sein (vgl. 3.1.6.4.).

Beispiel: 1. Die Funktion f mit $y = f(x) = |x|$ und $D(f) = \mathbb{R}$ hat den Wertevorrat

$$W(f) = \{x \mid x \in \mathbb{R}, x \geqq 0\}$$

(Abb. 3.3).

---

[1]) Dies ist gerade die Vollständigkeitseigenschaft des Raumes R^n (vgl. 8.1.).

[2]) Solange von reellen Funktionen einer reellen Variablen die Rede ist, werden wir diese kurz Funktionen nennen.

[3]) Man unterscheide in der Sprech- und Bezeichnungsschreibweise zwischen f und $f(x)$. Mit f wird die Funktion bezeichnet, während man mit $f(x)$ das Bildelement von $x \in D(f)$ bezeichnet. Wenn in einigen folgenden Beispielen der Einfachheit halber dennoch der Ausdruck „Funktion $f(x)$" benutzt wird, so ist darunter stets die durch $x \to f(x)$ für $x \in D(f)$ definierte Funktion f gemeint.

Wertetabelle:

x	…	-5	-4	-3	-2	-1	0	1	2	3	4	5	…
$y = f(x)$	…	5	4	3	2	1	0	1	2	3	4	5	…

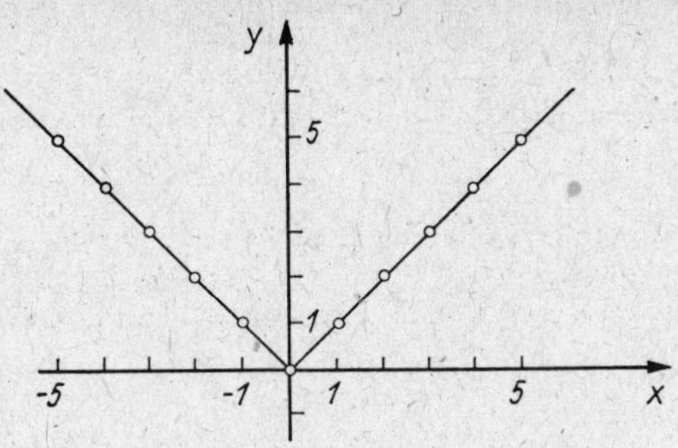

Abb. 3.3

2. Jede reelle Zahlenfolge $\{a_n\}$ ist eine Funktion f mit $D(f) = \mathbf{N}$ und $W(f) = \{a_n = f(n) \mid n \in \mathbf{N}\}$.

3. Die durch

$$f(x) = \lim_{n \to \infty} \frac{nx+2}{nx+1} = \begin{cases} 1 & \text{für} \quad x \neq 0 \\ 2 & \text{für} \quad x = 0 \end{cases}$$

und $D(f) = \mathbf{R}$ definierte Funktion f hat den Wertevorrat $W(f) = \{1, 2\}$.

4. Durch die Gleichung $y \cdot x - \sin x = 0$ wird eine Funktion f mit $D(f) = \mathbf{R} \setminus \{0\}$ und der Funktionsgleichung $f(x) = \dfrac{\sin x}{x}$ (implizit) definiert.

Definition: Die Summe, das Produkt und der Quotient zweier Funktionen f und g werden wie folgt definiert:

$$(f \pm g)(x) = f(x) \pm g(x), \qquad D(f \pm g) = D(f) \cap D(g),$$
$$(f \cdot g)(x) = f(x) \cdot g(x), \qquad D(f \cdot g) = D(f) \cap D(g),$$
$$\frac{f}{g}(x) = \frac{f(x)}{g(x)}, \qquad D\left(\frac{f}{g}\right) = D(f) \cap [D(g) \setminus \{x \mid g(x) = 0\}].$$

Ist f eineindeutig, dann ist auch die zu f inverse Abbildung f^{-1} eineindeutig, also wieder eine Funktion (s. 4.1.4.5.).

Definition: Die zu einer eineindeutigen Abbildung f mit $D(f) \subseteq \mathbf{R}$, $W(f) \subseteq \mathbf{R}$ gehörige inverse Abbildung f^{-1} heißt *Umkehrfunktion* oder *inverse Funktion* von f.

Offenbar ist $D(f^{-1}) = W(f)$, $W(f^{-1}) = D(f)$, $f[f^{-1}(x)] = x$ für $x \in D(f^{-1})$, $f^{-1}[f(x)] = x$ für $x \in D(f)$ und $y = f(x) \Leftrightarrow x = f^{-1}(y)$.

Um aus der Funktionsgleichung $y = f(x)$ die Funktionsgleichung der Umkehrfunktion f^{-1} zu erhalten, hat man also die Gleichung $y = f(x)$ nach x aufzulösen und – falls die unabhängige Variable wieder mit x bezeichnet werden soll – die Variablen x und y zu vertauschen. Das Bild der Umkehrfunktion f^{-1} ist dann das an der Geraden $y = x$ gespiegelte Bild von f.

Beispiele: 5. Die durch $f(x) = x^2$, $D(f) = W(f) = \{x \mid x \geqq 0\}$ definierte Funktion f hat f^{-1} mit $f^{-1}(x) = \sqrt{x}$, $D(f^{-1}) = D(f)$ als Umkehrfunktion. In $\mathbf{R}$ ist f nicht umkehrbar.

6. Die Umkehrfunktion der Exponentialfunktion $f(x) = e^x$, $D(f) = \mathbf{R}$ ist die Logarithmusfunktion $f^{-1}(x) = \ln x$, $D(f^{-1}) = \{x \mid x > 0\}$.

7. Die Sinusfunktion $f(x) = \sin x$ hat in $D(f) = \left[-\dfrac{\pi}{2}, \dfrac{\pi}{2}\right]$ die Funktion $f^{-1}(x) = \arcsin x$, $D(f^{-1}) = [-1, +1]$ als Umkehrfunktion. In $\mathbf{R}$ ist die Sinusfunktion nicht umkehrbar.

Definition: Sind f und g zwei Funktionen einer reellen Variablen, dann heißt die Funktion F mit der Funktionsgleichung $y = F(x) = g[f(x)]$ und dem Definitionsbereich

$$D(F) = \{x \in D(f) \mid f(x) \in D(g)\}$$

die aus f und g *zusammengesetzte Funktion* und wird mit $F = g \circ f$ bezeichnet.

Beispiel: 8. Ist $f(x) = ax + b\,(a, b \in \mathsf{R})$, $D(f) = \mathsf{R}$ und $g(x) = \sqrt{x}$, $D(g) = \{x \mid x \geqq 0\}$, dann ist $g \circ f(x) = g[f(x)] = \sqrt{ax + b}$ die Funktionsgleichung für die aus f und g zusammengesetzte Funktion $g \circ f$. Ihr Definitionsbereich ist $D(g \circ f) = \{x \mid ax + b \geqq 0\}$.

Definition: Eine Funktion f heißt *auf $E \subseteqq D(f)$ beschränkt*, wenn gilt: $\exists M \in \mathsf{R}\ \forall x \in E: |f(x)| \leqq M$. f heißt auf *E beschränkt nach oben* bzw. *nach unten*, falls gilt:

$$\exists M' \in \mathsf{R}\ \forall x \in E:\ f(x) \leqq M'$$

bzw.

$$\exists M'' \in \mathsf{R}\ \forall x \in E:\ f(x) \geqq M''.$$

Definition: Eine Funktion f sei auf $E \subseteqq D(f)$ beschränkt nach oben (unten). Die obere (untere) Grenze von $M = \{f(x) \mid x \in E\}$ heißt *Supremum* (*Infimum*) *von f auf E* und wird mit $\sup\limits_{x \in E} f(x)$ $(\inf\limits_{x \in E} f(x))$ bezeichnet.[1])

Gehört das Supremum (Infimum) von f auf E zur Menge M, so heißt es *Maximum* (*Minimum*) *von f auf E*; in Zeichen $\max\limits_{x \in E} f(x)$ $(\min\limits_{x \in E} f(x))$. Man sagt in diesem Fall: Das Supremum (Infimum) von f auf E wird von der Funktion f angenommen.

Beispiele: 9. Die Funktionen $f_1(x) = \sin x$, $f_2(x) = \cos x$, $D(f_i) = \mathsf{R}$ $(i = 1, 2)$ sind auf R beschränkt, denn es gilt für alle $x \in \mathsf{R}$: $|\sin x| \leqq 1$, $|\cos x| \leqq 1$.

Es gilt: $\sup\limits_{x \in \mathsf{R}} \sin x = \sup\limits_{x \in \mathsf{R}} \cos x = \max\limits_{x \in \mathsf{R}} \sin x = \max\limits_{x \in \mathsf{R}} \cos x = 1$.

10. Die Funktion $f(x) = x^2$, $D(f) = \mathsf{R}$ ist auf R nach unten, aber nicht nach oben beschränkt. f ist aber auf jeder beschränkten Teilmenge $E \subseteqq \mathsf{R}$ beschränkt.

Definition: Eine Funktion f mit $f(x) = \sum\limits_{i=0}^{n} a_i x^i$ und $n \in \mathsf{N}$, $a_i \in \mathsf{R}$, $a_n \neq 0$, $D(f) = \mathsf{R}$ heißt *ganze rationale Funktion* oder *Polynom n-ten Grades*. Ein Polynom 0-ten Grades heißt *Konstante*. Eine Funktion heißt *rational*, wenn sie Quotient zweier Polynome ist. Eine rationale Funktion heißt *echtgebrochen*, wenn der Grad des Zählerpolynoms kleiner als der Grad des Nennerpolynoms ist.

Das Bild einer Konstanten ist eine Parallele zur x-Achse. Das Bild eines Polynoms 1. Grades stellt eine Gerade dar. Das Bild eines Polynoms 2. Grades ist eine Parabel.

Beispiel: 11. Die Funktion $f(x) = \dfrac{x^2 + x - 1}{x^3 - 1}$, $D(f) = \mathsf{R} \setminus \{1\}$ ist eine echtgebrochene rationale Funktion.

3.1.4.1.2. Grenzwerte von Funktionen einer Variablen

Definition: Eine Funktion f sei in einer Umgebung von x_0 mit eventueller Ausnahme von x_0 definiert. f hat an der Stelle x_0 den Grenzwert A, in Zeichen $\lim\limits_{x \to x_0} f(x) = A$, wenn es zu jeder Zahl $\varepsilon > 0$ eine Zahl $\delta > 0$ [2]) gibt, so daß für alle x mit $0 < |x - x_0| < \delta$ gilt [3]):

$$|f(x) - A| < \varepsilon.$$

Mit anderen Worten: f hat in x_0 den Grenzwert A, wenn es zu jeder ε-Umgebung von A eine δ-Umgebung von x_0 gibt, so daß alle Punkte dieser δ-Umgebung mit eventueller Ausnahme von x_0 durch f in die ε-Umgebung von A abgebildet werden.

---

[1]) Supremum und Infimum einer beschränkten Funktion existieren stets, brauchen aber nicht Elemente von M zu sein.

[2]) Die Zahl δ hängt im allgemeinen von ε ab, ist aber nicht eindeutig bestimmt. Mit δ hat auch jede Zahl $\delta' \in (0, \delta)$ die geforderte Eigenschaft. Die Abhängigkeit von ε wird auch durch die Schreibweise $\delta(\varepsilon)$ zum Ausdruck gebracht.

[3]) Eine Funktion kann an der Stelle x_0 höchstens einen Grenzwert haben. Der Wert f in x_0 spielt keine Rolle.

Satz: Eine Funktion f sei in einer Umgebung von x_0 mit eventueller Ausnahme von x_0 definiert. f hat an der Stelle x_0 genau dann den Grenzwert A, wenn für alle Zahlenfolgen $\{x_n\}$ mit $x_n \in D(f)$, $x_n \neq x_0$ und $\lim\limits_{n\to\infty} x_n = x_0$ gilt: $\lim\limits_{n\to\infty} f(x_n) = A$.

Beispiele: 1. Die Funktion $f(x) = x$, $D(f) = \mathbb{R}$ besitzt in $x_0 \in \mathbb{R}$ den Grenzwert x_0, denn für jede Folge $\{x_n\}$ mit $\lim\limits_{n\to\infty} x_n = x_0$ gilt auch: $\lim\limits_{n\to\infty} f(x_n) = \lim\limits_{n\to\infty} x_n = x_0$.

2. Die Funktion

$$f(x) = \begin{cases} 1 & \text{für } x \geqq 0 \\ 0 & \text{für } x < 0 \end{cases}$$

hat in 0 keinen Grenzwert. Wählt man z. B. $x_n = \frac{1}{n}$, $\bar{x}_n = -\frac{1}{n}$, dann gilt $\lim\limits_{n\to\infty} x_n = \lim\limits_{n\to\infty} \bar{x}_n = 0$ und $\lim\limits_{n\to\infty} f(x_n) = 1$, $\lim\limits_{n\to\infty} f(\bar{x}_n) = 0$. Da die Grenzwerte der den speziellen Folgen $\{x_n\}$ und $\{\bar{x}_n\}$ entsprechenden Folgen der Funktionswerte nicht gleich sind, hat f in 0 keinen Grenzwert.

3. Die Funktion $f(x) = \frac{1}{x}$, $D(f) = \mathbb{R}$ hat in 0 keinen Grenzwert. Anderenfalls müßte die Folge $\left\{f\left(\frac{1}{n}\right)\right\}$ $(n \in \mathbb{N}\setminus\{0\})$ konvergieren.

Cauchysches Kriterium für die Existenz eines Grenzwertes: Eine Funktion f sei in einer Umgebung von x_0 mit eventueller Ausnahme von x_0 definiert. f hat in x_0 genau dann einen Grenzwert, wenn zu jeder Zahl $\varepsilon > 0$ eine Zahl $\delta > 0$ existiert, so daß für alle x_1, x_2 mit $0 < |x_1 - x_0| < \delta$, $0 < |x_2 - x_0| < \delta$ gilt: $|f(x_1) - f(x_2)| < \varepsilon$.

Mitunter kommt es auf das Verhalten einer Funktion in einer rechts- bzw. linksseitigen Umgebung eines Punktes x_0 an, so daß sich die folgende Definition als zweckmäßig erweist:

Definition: Eine Funktion f sei in einer rechtsseitigen (linksseitigen) Umgebung von x_0 mit eventueller Ausnahme von x_0 definiert. f hat an der Stelle x_0 den *rechtsseitigen* (*linksseitigen*) *Grenzwert* A, in Zeichen $f(x_0 + 0) = \lim\limits_{x\to x_0+0} f(x) = A$ $\left(f(x_0 - 0) = \lim\limits_{x\to x_0-0} f(x) = A\right)$, wenn es zu jeder Zahl $\varepsilon > 0$ eine Zahl $\delta > 0$ gibt, so daß für alle x mit $0 < x - x_0 < \delta$ $(-\delta < x - x_0 < 0)$ gilt: $|f(x) - A| < \varepsilon$.

Beispiel: 4. Für die Funktion f aus Beispiel 2 gilt: $f(+0) = \lim\limits_{x\to+0} f(x) = 1$, $f(-0) = \lim\limits_{x\to-0} f(x) = 0$.

Satz: Eine Funktion f besitzt an der Stelle x_0 genau dann einen Grenzwert, wenn der rechtsseitige und der linksseitige Grenzwert von f an der Stelle x_0 existieren und übereinstimmen.

Der Begriff der bestimmten Divergenz einer Zahlenfolge kann wie folgt auf Funktionen übertragen werden:

Definition: Eine Funktion f sei in einer Umgebung von x_0 mit eventueller Ausnahme von x_0 definiert. f hat in x_0 den *uneigentlichen Grenzwert* $+\infty$ bzw. $-\infty$, in Zeichen $\lim\limits_{x\to x_0} f(x) = +\infty$ bzw. $\lim\limits_{x\to x_0} f(x) = -\infty$, wenn es zu jeder Zahl C eine Zahl $\delta > 0$ gibt, so daß für alle x mit $0 < |x - x_0| < \delta$ gilt:

$$f(x) > C \quad \text{bzw.} \quad f(x) < C.$$

Beispiel: 5. Es ist $\lim\limits_{x\to 0} \frac{1}{x^2} = +\infty$. Setzt man nämlich für eine beliebig vorgegebene Zahl $C \neq 0$: $\delta = 1/\sqrt{|C|}$, dann gilt für alle x mit $0 < |x| < \delta$: $\frac{1}{x^2} > \frac{1}{\delta^2} = |C| \geqq C$. Für $C = 0$ kann $\delta > 0$ beliebig gewählt werden.

Die Grenzwertdefinitionen können schließlich auf den Fall ausgedehnt werden, daß x unbeschränkt wächst bzw. fällt, vorausgesetzt, der Definitionsbereich der Funktion f ist unbeschränkt. Man erhält auf diese Weise Aufschluß darüber, wie sich eine Funktion „im Unendlichen" verhält.

Definition: Der Definitionsbereich einer Funktion f sei unbeschränkt nach oben bzw. nach unten. f besitzt *für* $x \to +\infty$ bzw. $x \to -\infty$ *den Grenzwert* A, in Zeichen $\lim\limits_{x\to\infty} f(x) = A$ bzw. $\lim\limits_{x\to-\infty} f(x) = A$, wenn es zu jedem $\varepsilon > 0$ ein x_1 gibt, so daß für alle $x \geqq x_1$ bzw. $x \leqq x_1$ gilt: $|f(x) - A| < \varepsilon$.

Tabelle 3.1

	Bezeichnung	Definition
Grenzwert einer Funktion f an der Stelle $x = x_0$	$\lim_{x \to x_0} f(x) = A$	Zu jedem $\varepsilon > 0$ existiert ein $\delta(\varepsilon) > 0$, so daß für alle x mit $0 < \|x - x_0\| < \delta$ gilt: $\|f(x) - A\| < \varepsilon$.
Uneigentlicher Grenzwert einer Funktion f an der Stelle $x = x_0$	$\lim_{x \to x_0} f(x) = +\infty$	Zu beliebigem C existiert ein $\delta(C) > 0$, so daß für alle x mit $0 < \|x - x_0\| < \delta$ gilt: $f(x) > C$.
	$\lim_{x \to x_0} f(x) = -\infty$	Zu beliebigem D existiert ein $\delta(D) > 0$, so daß für alle x mit $0 < \|x - x_0\| < \delta$ gilt: $f(x) < D$.
Grenzwert einer Funktion f für $x \to +\infty$ bzw. $x \to -\infty$	$\lim_{x \to +\infty} f(x) = A$	Zu jedem $\varepsilon > 0$ existiert ein $x_1(\varepsilon)$, so daß für alle x mit $x \geqq x_1$ gilt: $\|f(x) - A\| < \varepsilon$.
	$\lim_{x \to -\infty} f(x) = A$	Zu jedem $\varepsilon > 0$ existiert ein $x_2(\varepsilon)$, so daß für alle x mit $x \leqq x_2$ gilt: $\|f(x) - A\| < \varepsilon$.
Uneigentlicher Grenzwert einer Funktion f für $x \to +\infty$ bzw. $x \to -\infty$	$\lim_{x \to +\infty} f(x) = +\infty$	Zu beliebigem C existiert ein $x_1(C)$, so daß für alle x mit $x \geqq x_1$ gilt: $f(x) > C$.
	$\lim_{x \to -\infty} f(x) = +\infty$	Zu beliebigem C existiert ein $x_2(C)$, so daß für alle x mit $x \leqq x_2$ gilt: $f(x) > C$.
	$\lim_{x \to +\infty} f(x) = -\infty$	Zu beliebigem D existiert ein $x_1(D)$, so daß für alle x mit $x \geqq x_1$ gilt: $f(x) < D$.
	$\lim_{x \to -\infty} f(x) = -\infty$	Zu beliebigem D existiert ein $x_2(D)$, so daß für alle x mit $x \leqq x_2$ gilt: $f(x) < D$.
Einseitige Grenzwerte	$\lim_{x \to x_0+0} f(x) = A$	Zu jedem $\varepsilon > 0$ existiert ein $\delta(\varepsilon) > 0$, so daß für alle x mit $0 < x - x_0 < \delta$ gilt: $\|f(x) - A\| < \varepsilon$.
	$\lim_{x \to x_0-0} f(x) = A$	Zu jedem $\varepsilon > 0$ existiert ein $\delta(\varepsilon) > 0$, so daß für alle x mit $0 < x_0 - x < \delta$ gilt: $\|f(x) - A\| < \varepsilon$.
Einseitige uneigentliche Grenzwerte	$\lim_{x \to x_0+0} f(x) = +\infty$	Zu beliebigem C existiert ein $\delta(C) > 0$, so daß für alle x mit $0 < x - x_0 < \delta$ gilt: $f(x) > C$.
	$\lim_{x \to x_0-0} f(x) = +\infty$	Zu beliebigem C existiert ein $\delta(C) > 0$, so daß für alle x mit $0 < x_0 - x < \delta$ gilt: $f(x) > C$.
	$\lim_{x \to x_0+0} f(x) = -\infty$	Zu beliebigem D existiert ein $\delta(D) > 0$, so daß für alle x mit $0 < x - x_0 < \delta$ gilt: $f(x) < D$.
	$\lim_{x \to x_0-0} f(x) = -\infty$	Zu beliebigem D existiert ein $\delta(D) > 0$, so daß für alle x mit $0 < x_0 - x < \delta$ gilt: $f(x) < D$.

Beispiel: 6. Es ist $\lim\limits_{x\to\infty} \frac{1}{x} = 0$. Setzt man $x_1 = \frac{1}{\varepsilon}$ ($\varepsilon > 0$ beliebig), so gilt für alle $x \geqq x_1$: $\left|\frac{1}{x} - 0\right| = \frac{1}{x} \leqq \frac{1}{x_1} = \varepsilon$.

Schließlich kann man noch die *uneigentlichen Grenzwerte* $\pm\infty$ *einer Funktion* f *für* $x \to \pm\infty$ definieren. Eine Übersicht über die möglichen Grenzwertdefinitionen gibt Tabelle 3.1.

Aus den Grenzwertsätzen für Zahlenfolgen erhält man:

Satz: Gilt für einen der fünf Fälle $x \to x_1$, $x \to x_0 \pm 0$, $x \to \pm\infty$:

$\lim f_1(x) = A_1$, $\lim f_2(x) = A_2$, dann gilt auch:

a) $\lim (c_1 f_1(x) + c_2 f_2(x)) = c_1 A_1 + c_2 A_2 \quad (c_1, c_2 \in \mathbf{R})$,

b) $\lim f_1(x) f_2(x) = A_1 \cdot A_2$,

c) $\lim f_1(x)/f_2(x) = A_1/A_2$, falls $A_2 \neq 0$.

Beispiel: 7. Es ist $\lim\limits_{x\to 0} x \sin x = \lim\limits_{x\to 0} x \lim\limits_{x\to 0} \sin x = 0$.

3.1.4.1.3. Berechnung von Grenzwerten. Man bestimmt Grenzwerte von Funktionen durch Anwendung der in 3.1.4.1.2. gegebenen Definitionen und Sätze. Einige Spezialfälle sollen im folgenden betrachtet werden:

I. Bestimmung des Grenzwertes nach geeigneter Umformung der Funktionsgleichung

Beispiele: 1. $\lim\limits_{x\to 1} \frac{x^n - 1}{x - 1} = \lim\limits_{x\to 1} (x^{n-1} + x^{n-2} + \ldots + x + 1) = n \quad (n \in \mathbf{N})$.

2. $\lim\limits_{x\to 0} \frac{\sqrt{1+x} - 1}{x} = \lim\limits_{x\to 0} \frac{1}{\sqrt{1+x} + 1} = \frac{1}{2}$.

II. Regel von de l' Hospital

Entstehen durch Einsetzen von x_0 bzw. für $x \to \pm\infty$ in $F(x)$ „unbestimmte Ausdrücke" der Gestalt „$\frac{0}{0}$", „$\frac{\infty}{\infty}$", dann können zur Berechnung von $\lim\limits_{x\to x_0} F(x)$ bzw. $\lim\limits_{x\to\pm\infty} F(x)$ oft die folgenden Regeln erfolgreich angewandt werden:

IIa. Die Funktionen f und g seien in einer Umgebung $U(x_0)$ von x_0 mit eventueller Ausnahme von x_0 differenzierbar (s. 3.1.5.1.1.). Ferner sei $f(x_0) = g(x_0) = 0$ und $g'(x) \neq 0$ für $x \in U(x_0) \setminus \{x_0\}$. Dann folgt aus $\lim\limits_{x\to x_0} \frac{f'(x)}{g'(x)} = A$ auch $\lim\limits_{x\to x_0} \frac{f(x)}{g(x)} = A$.
Die entsprechende Aussage gilt auch für den Fall: $\lim\limits_{x\to x_0} f(x) = \lim\limits_{x\to x_0} g(x) = \infty$ sowie für $x \to x_0 \pm 0$.

IIb. Die Funktionen f und g seien für $x > a$ ($a > 0$) differenzierbar, und es sei $\lim\limits_{x\to\infty} f(x) = \lim\limits_{x\to\infty} g(x) = 0$ sowie $\lim\limits_{x\to\infty} g'(x) \neq 0$. Dann folgt aus $\lim\limits_{x\to\infty} \frac{f'(x)}{g'(x)} = A$ auch $\lim\limits_{x\to\infty} \frac{f(x)}{g(x)} = A$.

Beispiele: 3. Es sei $f(x) = \sin x$, $g(x) = x$, $x_0 = 0$. Aus $\lim\limits_{x\to 0} \frac{\cos x}{1} = 1$ folgt nach IIa.: $\lim\limits_{x\to 0} \frac{\sin x}{x} = 1$.

4. $\lim\limits_{x\to 0} \frac{\cos x - 1}{x^2} = \lim\limits_{x\to 0} \frac{-\sin x}{2x} = \lim\limits_{x\to 0} \frac{-\cos x}{2} = -\frac{1}{2}$.

5. $\lim\limits_{x\to 0} \frac{\ln(1+x)}{x} = \lim\limits_{x\to 0} \frac{1}{1+x} = 1$.

6. $\lim\limits_{x\to+0} x\ln x = \lim\limits_{x\to+0} \frac{\ln x}{1/x} = \lim\limits_{x\to+0} \frac{1/x}{-1/x^2} = \lim\limits_{x\to+0}(-x) = 0.$

7. $\lim\limits_{x\to\infty} x\left(\arctan x - \frac{\pi}{2}\right) = \lim\limits_{x\to\infty} \frac{\arctan x - \frac{\pi}{2}}{1/x}$

$= \lim\limits_{x\to\infty} \frac{1/(1+x^2)}{-1/x^2} = \lim\limits_{x\to\infty} \frac{-1}{1+1/x^2} = \frac{-1}{1+\lim\limits_{x\to\infty} 1/x^2} = -1.$

8. $\lim\limits_{x\to\frac{\pi}{2}} (\pi - 2x)\tan x = \lim\limits_{x\to\frac{\pi}{2}} \frac{\pi - 2x}{\cot x} = \lim\limits_{x\to\frac{\pi}{2}} (-2)(-\sin^2 x) = 2.$

III. Ist f in x_0 stetig, dann gilt (vgl. 3.1.4.1.4.): $\lim\limits_{x\to x_0} f(x) = f(x_0)$.

Beispiele: 9. $\lim\limits_{x\to 0}(1+x)^{\frac{1}{x}} = \lim\limits_{x\to 0} e^{\frac{1}{x}\ln(1+x)} = e^{\lim\limits_{x\to 0}\frac{1}{x}\ln(1+x)} = e$ (s. Beisp. 5).

10. $\lim\limits_{x\to+0} x^x = \lim\limits_{x\to+0} e^{x\ln x} = e^0 = 1$ (s. Beisp. 6).

IV. Benutzung der Taylorentwicklung einer Funktion f (s. 3.1.5.1.3.)

Beispiel: 11. $\lim\limits_{x\to 0} \frac{x - \sin x}{x^3} = \lim\limits_{x\to 0} \frac{\left(\frac{x^3}{6} - \frac{x^5}{120} + \dots\right)}{x^3} = \frac{1}{6}.$

3.1.4.1.4. *Stetige Funktionen einer Variablen*

Definition: Eine Funktion f heißt an der Stelle $x_0 \in D(f)$ *stetig*, wenn es zu jeder beliebig vorgegebenen Zahl $\varepsilon > 0$ eine Zahl $\delta > 0$ gibt, so daß für alle x mit $|x - x_0| < \delta$ und $x \in D(f)$ gilt: $|f(x) - f(x_0)| < \varepsilon$.

Beispiele: 1. Die Funktion $f(x) = c$ ($c \in \mathbb{R}$), $D(f) = \mathbb{R}$ ist in $x_0 \in \mathbb{R}$ stetig. Gibt man sich $\varepsilon > 0$ beliebig vor, dann gilt für ein beliebiges positives δ und für alle x mit $|x - x_0| < \delta$:

$$|f(x) - f(x_0)| = |c - c| = 0 < \varepsilon.$$

2. Die Funktion $f(x) = x$, $D(f) = \mathbb{R}$ ist in $x_0 \in \mathbb{R}$ stetig. Setzt man $\delta = \varepsilon$, wobei $\varepsilon > 0$ beliebig vorgegeben ist, dann gilt für alle x mit $|x - x_0| < \delta$:

$$|f(x) - f(x_0)| = |x - x_0| < \delta = \varepsilon.$$

Zwischen der Stetigkeit einer Funktion f in x_0 und der Existenz des Grenzwertes von f in x_0 besteht der folgende Zusammenhang:

Satz: Eine Funktion f, die in einer Umgebung von x_0 definiert sei, ist in x_0 genau dann stetig, wenn f in x_0 den Grenzwert $f(x_0)$ hat, d. h., wenn gilt: $\lim\limits_{x\to x_0} f(x) = f(x_0)$.[1]

Damit erhält man ferner:

Satz: Eine Funktion f ist in $x_0 \in D(f)$ genau dann stetig, wenn für alle Zahlenfolgen $\{x_n\}$ mit $x_n \in D(f)$ und $\lim\limits_{n\to\infty} x_n = x_0$ gilt: $\lim\limits_{n\to\infty} f(x_n) = f(x_0)$.

Beispiele: 3. Die Funktion $f(x) = \begin{cases} 1 & \text{für } x \geqq 0 \\ 0 & \text{für } x < 0 \end{cases}$

ist an der Stelle 0 unstetig (vgl. Beispiel 2 in 3.1.4.1.2.).

[1]) Gilt $\lim\limits_{x\to x_0} \inf f(x) = f(x_0)$ ($\lim\limits_{x\to x_0} \sup f(x) = f(x_0)$), so heißt $f(x)$ in x_0 halbstetig nach unten (oben).

4. Die Funktion $f(x) = \frac{1}{x}$ ist in $x_0 = 0$ unstetig.

5. Die Funktion

$$f(x) = \begin{cases} x \sin \frac{1}{x} & \text{für} \quad x \neq 0 \\ 0 & \text{für} \quad x = 0 \end{cases}$$

ist in $x_0 = 0$ stetig.

Definition: Eine Funktion f heißt *auf* $E \subseteq D(f)$ *stetig*, wenn f für jedes $x_0 \in E$ stetig ist. Ist f in x_0 nicht stetig (*unstetig*), dann heißt x_0 *Unstetigkeitsstelle von* f.

Grob gesprochen bedeutet die Stetigkeit einer Funktion f, daß „kleine" Änderungen der Abszissenwerte auch nur „kleine" Änderungen der zugehörigen Ordinatenwerte zur Folge haben. Ist das Bild einer Funktion f auf $E \subseteq D(f)$ ein zusammenhängendes Kurvenstück, dann ist f auf E stetig. Die elementaren Funktionen sind stetige Funktionen.

Satz: a) Die Summe, die Differenz und das Produkt stetiger Funktionen sind wieder stetige Funktionen.

b) Ist f in x_0 stetig und ungleich null, so ist $1/f$ in x_0 stetig.

Folgerung: Ein Polynom n-ten Grades ist für alle $x_0 \in \mathsf{R}$ stetig. Eine rationale Funktion ist in allen Punkten, in denen der Nenner ungleich null ist, stetig.

Beispiel: 6. Die Funktion $f(x) = \frac{x^4 - 2x^2 + 3}{x^3 - 1}$ ist in $\mathsf{R} \setminus \{1\}$ stetig.

Satz: Ist eine Funktion f in x_0 stetig und positiv (negativ), dann gibt es eine Umgebung $U(x_0)$ von x_0, so daß für alle $x \in U(x_0) \cap D(f)$ gilt: $f(x) > 0$ ($f(x) < 0$).

Satz: Jede durch eine Potenzreihe dargestellte Funktion ist in den Punkten, die im Innern des Konvergenzintervalls liegen, stetig.

Beispiel: 7. Die Exponentialfunktion und die trigonometrischen Funktionen[1]) sind stetige Funktionen, da sie durch Potenzreihen darstellbar sind.

Satz: Ist die Funktion f in x_0 und die Funktion g in $f(x_0)$ stetig, dann ist die zusammengesetzte Funktion $g \circ f$ in x_0 stetig.

Beispiel: 8. Aus der Stetigkeit der Funktionen $f(x) = \sin x$ und $g(x) = e^x$ in R folgt die Stetigkeit der zusammengesetzten Funktion $g \circ f(x) = g[f(x)] = e^{\sin x}$ in R.

Analog zum einseitigen Grenzwert definiert man:

Definition: Eine Funktion f heißt im Punkt $x_0 \in D(f)$ *rechtsseitig* (*linksseitig*) *stetig*, wenn es zu jedem $\varepsilon > 0$ ein $\delta > 0$ gibt, so daß für alle x mit $0 < x - x_0 < \delta$ ($-\delta < x - x_0 < 0$) und $x \in D(f)$ gilt: $|f(x) - f(x_0)| < \varepsilon$.

Satz: Eine Funktion f ist in x_0 genau dann stetig, wenn sie rechts- und linksseitig stetig ist.

Beispiel: 9. Die Funktion

$$f(x) = \begin{cases} 1 & \text{für} \quad x \geqq 0 \\ 0 & \text{für} \quad x < 0 \end{cases}$$

ist in $x_0 = 0$ rechtsseitig, aber nicht linksseitig stetig.

[1]) Bei der Tangens- und Kotangensfunktion müssen die Unendlichkeitsstellen ausgeschlossen werden.

3.1.4.1.5. *Unstetigkeiten, Größenordnung von Funktionen*

1. Hebbare Unstetigkeit

Definition: Die Funktion f sei in einer Umgebung von x_0 definiert und in x_0 unstetig. f hat in x_0 eine *hebbare Unstetigkeit*, wenn $\lim\limits_{x \to x_0} f(x) = A$ existiert. Die Funktion

$$f^*(x) = \begin{cases} f(x) & \text{für} \quad x \in D(f) \setminus \{x_0\} \\ A & \text{für} \quad x = x_0 \end{cases}$$

ist dann in x_0 stetig.

Beispiel: 1. Die Funktion

$$f(x) = \begin{cases} 1 & \text{für} \quad x \neq 0 \\ 2 & \text{für} \quad x = 0 \end{cases}$$

hat in $x_0 = 0$ eine hebbare Unstetigkeit. Die Funktion $f^*(x) = 1$, $D(f^*) = \mathbb{R}$ ist in $x_0 = 0$ stetig.[1]

2. Sprungstellen

Definition: Für eine Funktion f sei $A = \lim\limits_{x \to x_0 - 0} f(x) \neq \lim\limits_{x \to x_0 + 0} f(x) = B$. Dann sagt man, f habe an der *Sprungstelle* x_0 einen *Sprung* der Größe $|B - A|$.

Beispiel: 2. Die Funktion

$$f(x) = \begin{cases} 1 & \text{für} \quad x \geqq 0 \\ 0 & \text{für} \quad x < 0 \end{cases}$$

hat an der Stelle 0 einen Sprung der Größe 1.

3. Unendlichkeitsstellen

Definition: Gilt für eine Funktion $\lim\limits_{x \to x_0} |f(x)| = \infty$, so nennt man die Stelle x_0 *Unendlichkeitsstelle von f*.

Beispiel: 3. Die Funktion $f(x) = \dfrac{1}{x}$ hat $x_0 = 0$ als Unendlichkeitsstelle.

Hebbare Unstetigkeitsstellen und Sprungstellen werden auch *Unstetigkeitsstellen erster Art* genannt. *Unstetigkeitsstellen zweiter Art* sind Unendlichkeitsstellen und jene Punkte, in denen der rechtsseitige oder der linksseitige Grenzwert nicht existiert.

Das Bild einer Funktion mit einer Unstetigkeitsstelle erster Art und einer Unstetigkeitsstelle zweiter Art ist in Abb. 3.4 dargestellt.

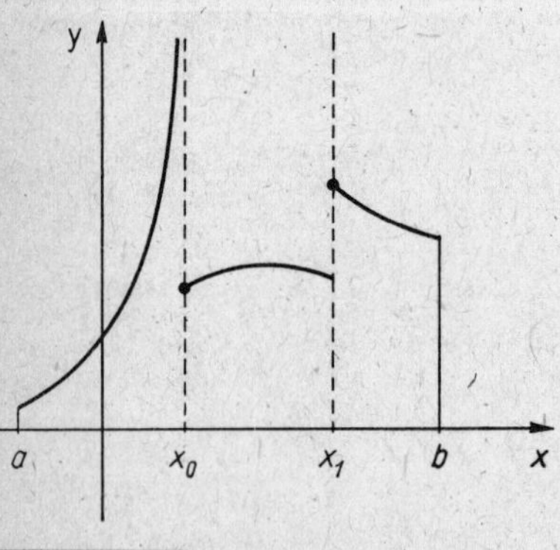

Abb. 3.4

[1]) Das Bild von f hat in diesem Fall in x_0 eine „Lücke".

Beispiel: 4. Eine rationale Funktion hat höchstens endlich viele Unendlichkeitsstellen als Unstetigkeitsstellen.

Definition: Eine Funktion f heißt auf $I = [a, b] \subset \mathbf{R}$ *stückweise stetig*, wenn f für alle $x \in I$ mit Ausnahme von endlich vielen Unstetigkeitsstellen erster Art stetig ist.

4. Größenordnung von Funktionen

Die folgenden Definitionen ermöglichen den Vergleich zweier Funktionen bezüglich ihrer Größenordnung:

Definition: Gilt für eine in einer Umgebung von x_0 definierte Funktion f $\lim\limits_{x \to x_0} \left| \dfrac{f(x)}{(x - x_0)^s} \right| = c$ mit $c > 0$ und $s \in \mathbf{R} \setminus \{0\}$, dann heißt x_0 im Falle $s > 0$ eine *Nullstelle von f der Ordnung s* und im Falle $s < 0$ eine *Unendlichkeitsstelle von f der Ordnung $-s$.*

Ist $\lim\limits_{x \to \infty} |x^s f(x)| = c$ mit $c > 0$, $s \in \mathbf{R} \setminus \{0\}$, dann sagt man, daß $f(x)$ für $x \to \infty$ *von der Ordnung s verschwindet*, falls $s > 0$ ist, bzw. daß $|f(x)|$ für $x \to \infty$ *von der Ordnung $-s$ unendlich* wird, falls $s < 0$ ist.[1])

Nicht für jede Funktion mit $\lim\limits_{x \to \infty} |f(x)| = \infty$ läßt sich eine Ordnung des „Unendlichwerdens" angeben. Zum Beispiel wächst die Exponentialfunktion für $x \to \infty$ stärker als jede Potenz x^s.

Beispiele: 5. Die Sinusfunktion hat 0 als Nullstelle der Ordnung 1, denn es gilt: $\lim\limits_{x \to 0} \left| \dfrac{\sin x}{x} \right| = 1.$

6. Die Funktion $f(x) = x^n$ wird für $x \to \infty$ von der Ordnung n unendlich, denn es gilt:

$$\lim_{x \to \infty} |x^{-n} \cdot x^n| = 1.$$

Für den Größenordnungsvergleich zweier Funktionen f und g kann man die *Landau-Symbole o* und $\mathcal{O}$ benutzen.

Definition: Gilt für zwei Funktionen f und g

$$\lim_{x \to x_0} \frac{f(x)}{g(x)} = 0 \quad \text{bzw.} \quad \lim_{x \to \pm\infty} \frac{f(x)}{g(x)} = 0,$$

dann schreibt man: $f(x) = o(g(x))$.

Man sagt: $f(x)$ ist *klein o* von $g(x)$ *für* $x \to x_0$ bzw. $x \to \pm\infty$. Das bedeutet im Fall $\lim f(x) = 0$ für $x \to x_0$ bzw. $x \to \pm\infty$, daß $f(x)$ für $x \to x_0$ bzw. $x \to \pm\infty$ von höherer Ordnung als $g(x)$ verschwindet. Im Fall $\lim |f(x)| = \infty$ bedeutet es, daß $|g(x)|$ für $x \to x_0$ bzw. $x \to \pm\infty$ von höherer Ordnung als $|f(x)|$ unendlich wird.

Beispiel: 8. Es ist $\sin x = o\left(\sqrt{x}\right)$ für $x \to 0$.

Definition: Gibt es ein $M \in \mathbf{R}$, so daß für zwei Funktionen f und g gilt:

$$\left| \frac{f(x)}{g(x)} \right| < M \quad \text{für} \quad x \to x_0 \quad \text{bzw.} \quad x \to \pm\infty,$$

dann schreibt man: $f(x) = \mathcal{O}(g(x))$.

In diesem Fall sagt man: $f(x)$ ist *groß $\mathcal{O}$ von $g(x)$ für* $x \to x_0$ bzw. $x \to \pm\infty$. Das bedeutet im Fall $\lim f(x) = 0$, daß $f(x)$ für $x \to x_0$ bzw. $x \to \pm\infty$ mindestens von derselben Ordnung wie $g(x)$ verschwindet. Im Fall $\lim |f(x)| = \infty$ bedeutet es, daß $|f(x)|$ für $x \to x_0$ bzw. $x \to \pm\infty$ höchstens von derselben Ordnung wie $|g(x)|$ wächst.

Beispiel: 9. Wegen $\lim\limits_{x \to 0} \dfrac{\sin x}{x} = 1$ ist $\sin x = \mathcal{O}(x)$ für $x \to 0$.

---

[1]) Für $x \to -\infty$ ist die Definition analog.

3.1.4.1.6. *Sätze über stetige Funktionen im abgeschlossenen Intervall*

Satz: Jede im abgeschlossenen Intervall $I = [a, b]$ stetige Funktion[1]) ist auf I beschränkt.

Beispiel: 1. Die Funktion $f(x) = \frac{e^x \sin x}{\ln x}$, $D(f) = [a, b]$ $(a > 1)$ ist auf $D(f)$ stetig und folglich auch beschränkt.

Satz *von Weierstraß*: Für jede in $I = [a, b]$ stetige Funktion f existieren $g = \min\limits_{x \in I} f(x)$, $G = \max\limits_{x \in I} f(x)$.

Beispiel: 2. Die Funktion f aus Beispiel 1 nimmt auf $[a, b]$ ihre obere und untere Grenze an.

Satz von Bolzano über die Existenz einer Nullstelle: Ist f auf $[a, b]$ stetig und gilt $f(a) > 0$, $f(b) < 0$, dann gibt es eine Zahl $x_0 \in (a, b)$ mit $f(x_0) = 0$. (Die analoge Aussage gilt für den Fall: $f(a) < 0, f(b) > 0$.)

Beispiel: 3. Die Funktion $f(x) = \frac{x}{10} - \ln x$ ist auf $[1, e]$ stetig. Aus $f(1) > 0$, $f(e) < 0$ folgt die Existenz einer Nullstelle $x_0 \in (1, e)$.

Zwischenwertsatz: f sei auf $[a, b]$ stetig. Ferner sei $g = \min\limits_{x \in I} f(x) < \max\limits_{x \in I} f(x) = G$ und $\alpha \in (g, G)$. Dann existiert eine Zahl $x_0 \in (a, b)$ mit $f(x_0) = \alpha$.

Es ist also: $W(f) = [g, G]$.

Definition: Eine Funktion f heißt in $[a, b] \subseteqq D(f)$ *monoton fallend* (*wachsend*), wenn für alle $x_1, x_2 \in [a, b]$ mit $a \leqq x_1 < x_2 \leqq b$ gilt: $f(x_1) \geqq f(x_2)$ $(f(x_1) \leqq f(x_2))$. f heißt in $[a, b]$ *streng monoton fallend* (*wachsend*), falls für alle $x_1, x_2 \in [a, b]$ mit $a \leqq x_1 < x_2 \leqq b$ gilt:

$$f(x_1) > f(x_2) \quad (f(x_1) < f(x_2)).$$

Ist f monoton fallend oder monoton wachsend, so heißt f *monoton*.

Beispiel: 4. Die Exponentialfunktion $f(x) = e^x$ ist in jedem abgeschlossenen Intervall $[a, b]$ streng monoton wachsend, denn für $x_1 < x_2$ gilt $e^{x_2 - x_1} > 1$, also $e^{x_1} < e^{x_2}$.

Für monotone Funktionen gelten die folgenden Sätze:

1. Eine in $[a, b]$ monoton wachsende (fallende) Funktion f ist in $[a, b]$ genau dann stetig, wenn sie jeden Wert aus $[f(a), f(b)]$ $([f(b), f(a)])$ annimmt.[2])

2. Ist f in $[a, b]$ monoton, dann kann f in $[a, b]$ nur abzählbar viele Sprungstellen als Unstetigkeitsstellen haben.

3. f sei in $[a, b]$ stetig und streng monoton wachsend (fallend). Dann ist die Umkehrfunktion f^{-1} in $[f(a), f(b)]$ $([f(b), f(a)])$ definiert, stetig und streng monoton wachsend (fallend).[3])

Beispiel: 5. Die Exponentialfunktion $f(x) = e^x$, $D(f) = \mathbf{R}$ ist in $\mathbf{R}$ stetig und streng monoton wachsend. Ihre Umkehrfunktion $f^{-1}(x) = \ln x$, $D(f^{-1}) = \{x \mid x > 0\}$ ist in $D(f^{-1})$ ebenfalls stetig und streng monoton wachsend.

Definition: Eine Funktion f heißt auf $M \subseteqq D(f)$ *gleichmäßig stetig*, wenn es zu jedem $\varepsilon > 0$ ein $\delta > 0$[4]) gibt, so daß für alle $x_1, x_2 \in M$ mit $0 < |x_1 - x_2| < \delta$ gilt:

$$|f(x_1) - f(x_2)| < \varepsilon.$$

Beispiel: 6. Die Funktion $f(x) = \frac{1}{x}$ ist in $x_0 \in (0, 1)$ stetig, aber im Intervall $(0, 1)$ nicht gleichmäßig stetig.

Falls f auf M gleichmäßig stetig ist, so ist f auf M auch stetig. Ist M ein abgeschlossenes Intervall, dann gilt der folgende Satz:

Satz: Jede auf $[a, b]$ stetige Funktion ist auf $[a, b]$ gleichmäßig stetig.

---

[1]) In den Endpunkten a und b soll f einseitig stetig sein.

[2]) Ist f streng monoton wachsend (fallend) und stetig, so nimmt sie jeden Wert aus $[f(a), f(b)]$ $([f(b), f(a)])$ genau einmal an.

[3]) Für die Existenz der Umkehrfunktion ist schon die strenge Monotonie hinreichend. Ist f nicht streng monoton, so kann f dennoch umkehrbar sein; f^{-1} ist jedoch in diesem Fall nicht stetig.

[4]) Die Zahl δ muß von der Wahl von x_1, x_2 unabhängig sein.

3.1.4.1.7. *Spezielle Funktionstypen*

1. Periodische Funktionen

Definition: Eine Funktion f heißt *periodisch* mit der *Periode T*, wenn gilt:

a) $x \in D(f) \Leftrightarrow x + T \in D(f)$, b) $\forall x \in D(f): f(x+T) = f(x)$.

Beispiel: 1. Die Funktionen $\sin x$, $\cos x$ sind periodisch mit der Periode 2π.

2. Funktionen von beschränkter Variation

Definition: Es sei Z eine Zerlegung des Intervalls $[a, b]$ mit den Teilpunkten $a = x_0 < x_1 < \ldots$ $\ldots < x_{n-1} < x_n = b$. Ist f eine Funktion mit $[a, b] \subseteqq D(f)$, so heißt die Zahl

$$V(f, Z) = \sum_{k=1}^{n} |f(x_k) - f(x_{k-1})|$$

die *Variation* (*Schwankung*) von f bezüglich Z. Existiert die obere Grenze $V(f, [a, b]) \overset{\text{def}}{=} \sup\limits_{Z} V(f, Z)$ der Menge aller Variationen bezüglich aller Zerlegungen von $[a, b]$, dann wird diese *totale Variation von f über* $[a, b]$ genannt. f heißt in diesem Fall von *beschränkter Variation.*[1])

Satz: 1. Jede in $[a, b]$ monotone Funktion ist von beschränkter Variation.

2. Jede in $[a, b]$ differenzierbare Funktion, deren Ableitung in $[a, b]$ beschränkt ist, ist von beschränkter Variation.

3. Eine in $[a, b]$ definierte Funktion ist genau dann von beschränkter Variation, wenn sie als Differenz zweier monoton wachsender Funktionen darstellbar ist.

4. Jede Funktion von beschränkter Variation ist im Riemannschen Sinne integrierbar (s. 3.1.7.1.).

Beispiele: 2. Ist f in $[a, b]$ monoton wachsend, dann gilt: $V(f, [a, b]) = f(b) - f(a)$.

3. Die Funktion

$$f(x) = \begin{cases} x \cos \dfrac{\pi}{2x} & \text{für} \quad x > 0 \\ 0 & \text{für} \quad x = 0 \end{cases}$$

ist in $[0, 1]$ nicht von beschränkter Variation.

Für die spezielle Zerlegung Z: $0 < \dfrac{1}{2n} < \dfrac{1}{2n-1} < \ldots < \dfrac{1}{3} < \dfrac{1}{2} < 1$ erhält man $V(f, Z) = \sum\limits_{k=1}^{n} \dfrac{1}{k}$, woraus wegen der Divergenz der Reihe $\sum\limits_{k=1}^{\infty} \dfrac{1}{k}$ die Behauptung folgt.

3. Absolut stetige Funktionen

Definition: Eine Funktion f heißt in $[a, b] \subseteqq D(f)$ *absolut stetig*, wenn es zu jedem $\varepsilon > 0$ ein $\delta > 0$ gibt, so daß für alle endlichen Systeme in $[a, b]$ enthaltener Intervalle $I_k = (x_{k-1}, x_k)$ mit $I_k \cap I_l = \emptyset$ für $k \neq l$ und $\sum\limits_{k=1}^{n} (x_k - x_{k-1}) < \delta$ gilt:

$$\left| \sum_{k=1}^{n} \{f(x_k) - f(x_{k-1})\} \right| < \varepsilon.$$

Satz: Jede in $[a, b]$ absolut stetige Funktion ist in $[a, b]$ gleichmäßig stetig und von beschränkter Variation.

---

[1]) Funktionen von beschränkter Variation brauchen nicht stetig zu sein. Es gibt auch stetige Funktionen die nicht von beschränkter Variation sind (vgl. Beispiel 3.).

4. Halbstetige Funktionen

Definition: Eine Funktion f, die in einer Umgebung von x_0 definiert sei, heißt in x_0 *halbstetig nach unten* (*oben*), falls für alle Folgen $\{x_n\}$ mit $\lim_{n\to\infty} x_n = x_0$ gilt:

$$\varliminf_{n\to\infty} f(x_n) = f(x_0) \quad \left(\varlimsup_{n\to\infty} f(x_n) = f(x_0)\right).$$

f heißt in x_0 *halbstetig*, falls f in x_0 halbstetig nach oben oder nach unten ist.

Beispiel: 4. Die Dirichletsche Funktion

$$f(x) = \begin{cases} 1 & \text{für} \quad x \in M \overset{\text{def}}{=} \mathsf{P} \cap [0, 1] \\ 0 & \text{für} \quad x \in [0, 1] \setminus M \end{cases}$$

ist in $x_0 \in M$ halbstetig nach oben und in $x_0 \in [0, 1] \setminus M$ halbstetig nach unten. f ist in jedem Punkt unstetig.

5. Funktionen, die einer Lipschitzbedingung genügen

Definition: Gibt es für eine Funktion f mit $[a, b] \subseteqq D(f)$ eine Konstante L, so daß für alle $x_1, x_2 \in [a, b]$ gilt:

$$|f(x_1) - f(x_2)| \leqq L|x_1 - x_2|,$$

dann sagt man, daß f in $[a, b]$ eine *Lipschitzbedingung* mit der *Lipschitzkonstanten* L erfülle.

Satz: 1. Jede Funktion, die in $[a, b]$ eine Lipschitzbedingung erfüllt, ist in $[a, b]$ gleichmäßig stetig und von beschränkter Variation.

2. Jede in $[a, b]$ differenzierbare Funktion, deren Ableitung in $[a, b]$ beschränkt ist, erfüllt eine Lipschitzbedingung.

Beispiel: 5. Die Funktion $f(x) = \sqrt{x}$ erfüllt in $[0, 1]$ keine Lipschitzbedingung, denn die Menge $\left\{\frac{1}{\sqrt{x}} \,\middle|\, x \in (0, 1]\right\}$ ist nicht beschränkt. (Setze: $x_2 = 0$).

3.1.4.2. Funktionen mehrerer reeller Variabler

3.1.4.2.1. Definition, graphische Darstellung, Beschränktheit. Die Definition einer Funktion einer reellen Variablen (s. 3.1.4.1.1.) soll nun auf Funktionen von n reellen Variablen verallgemeinert werden. Die Definitionsbereiche dieser Funktionen sind Teilmengen des R^n. Die Elemente des R^n sind n-Tupel $(x_1, \ldots, x_n)$ reeller Zahlen. Anstelle des n-Tupels $(x_1, \ldots, x_n)$ schreibt man auch kurz (x_i). Der dem n-Tupel $(x_1, \ldots, x_n)$ bezüglich eines kartesischen Koordinatensystems entsprechende Punkt wird mit $P(x_1, \ldots, x_n)$ oder $P(x_i)$ bezeichnet.

Definition: Es sei $A \subseteqq R^n$ und $B \subseteqq \mathsf{R}$. Eine eindeutige Abbildung f von A auf B heißt (*reelle*) *Funktion von n Variablen* (s. auch 4.1.4.5.). A heißt *Definitionsbereich* (*Vorbereich*) *von* f, in Zeichen $D(f)$; B heißt *Wertevorrat* (*Nachbereich*) *von* f, in Zeichen $W(f)$. Das dem Urbild $(x_1, \ldots, x_n) = (x_i) = P(x_i) \in D(f)$ durch f zugeordnete (Bild-) Element $y \in W(f)$ wird mit $f(x_1, \ldots, x_n)$, mit $f(x_i)$ oder mit $f(P)$ bezeichnet. $f(x_1, \ldots, x_n)$ heißt *Funktionswert an der Stelle* $(x_1, \ldots, x_n)$.

Ist eine Funktion f von n Variablen gegeben, so wird also jedem Urbildpunkt $(x_1, \ldots, x_n) \in D(f) \subseteqq R^n$ genau ein Bildpunkt $y = f(x_1, \ldots, x_n) \in \mathsf{R}$ zugeordnet. Die Gleichung $y = f(x_1, \ldots, x_n)$ wird wie in 3.1.4.1. *Funktionsgleichung* von f genannt. Eine Funktion f braucht nicht *explizit* durch ihre Funktionsgleichung $y = f(x_1, \ldots, x_n)$ gegeben zu sein, sondern kann auch *implizit* durch eine Gleichung $F(x_1, \ldots, x_n; y) = 0$ definiert sein (s. auch 3.1.6.4.).

Beispiel: 1. Durch die Zuordnungsvorschrift $(x_1, x_2) \to f(x_1, x_2) = x_1^2 + x_2^2$, $(x_1, x_2) \in R^2$ wird eine Funktion f mit $D(f) = R^2$ und $W(f) = \{y \mid y \in \mathsf{R}, y \geqq 0\}$ definiert. Die Funktionsgleichung von f ist $y = x_1^2 + x_2^2$.

Graphische Darstellung von Funktionen zweier Variabler: Wie bei Funktionen einer Variablen ist auch bei Funktionen mit zwei Variablen x_1, x_2 eine geometrische Veranschaulichung möglich. x_1, x_2, y seien die kartesischen Koordinaten eines Punktes des R^3. Die Punktmenge $\{(x_1, x_2, f(x_1, x_2)) \mid (x_1, x_2) \in D(f)\} \in R^3$ heißt *(graphisches) Bild* der Funktion f. Zur Ermittlung des Bildes von f wird also der Funktionswert $f(x_1, x_2)$ senkrecht über dem Punkt $(x_1, x_2) \in D(f)$ in Richtung der y-Achse abgetragen. Die Endpunkte dieser Strecken bilden für die meisten in der Praxis auftretenden Funktionen eine Fläche des R^3, die gerade das Bild von f darstellt. Ein Hilfsmittel bei der Ermittlung des Bildes oder wesentlicher Eigenschaften einer Funktion ist die Aufstellung einer *Wertetabelle*, in der für gewisse Punkte des Definitionsbereiches die zugehörigen Funktionswerte angegeben werden. Bei Funktionen von mehr als zwei Variablen ist eine analoge geometrische Interpretation im allgemeinen nicht mehr möglich.

Niveaulinien, Niveauflächen: Ist $c \in W(f)$, dann wird die Punktmenge

$$\{(x_1, \ldots, x_n) \mid f(x_1, \ldots, x_n) = c\} \subset R^n$$

eine *Niveaufläche* von f genannt. Auf den Niveauflächen hat also f den gleichen Funktionswert. Im Fall $n = 2$ heißt diese Punktmenge *Niveaulinie* oder *Höhenlinie*. Die Niveaulinien sind die in die x_1,x_2-Ebene projizierten Schnittkurven des Bildes von f mit den zur x_1,x_2-Ebene parallelen Ebenen.

Beispiele: 2. Die Niveaulinien der Funktion $z = f(x, y) = x^2 + y^2$, $D(f) = R^2$ sind Kreise mit dem Mittelpunkt (0, 0). Schneidet man das Bild von f mit einer die z-Achse enthaltenden Ebene, so bekommt man als Schnittkurve eine Parabel. Das Bild von f stellt folglich ein (elliptisches) Paraboloid dar (Abb. 3.5).

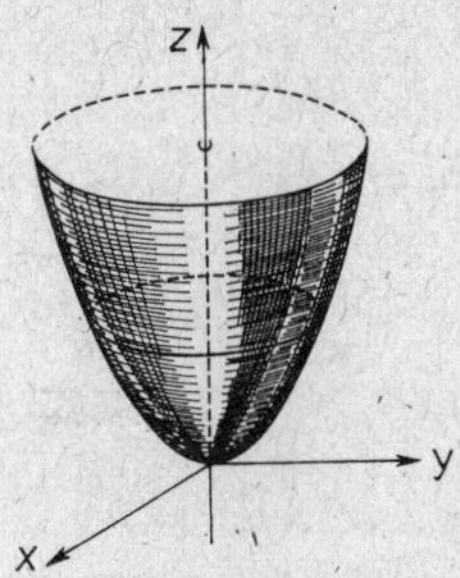

Abb. 3.5

3. Die Niveaulinien von $f(x_1, x_2) = x_1 \cdot x_2$, $D(f) = R^2$ sind Hyperbeln. Das Bild von f ist ein hyperbolisches Paraboloid.

4. Das Bild von $f(x_1, x_2) = x_1 + x_2$, $D(f) = R^2$ ist eine den Punkt (0, 0) enthaltende Ebene. Die Niveaulinien von f sind Geraden.

Definition: Eine Funktion f mit $D(f) \subseteq R^n$ heißt auf $E \subseteq D(f)$ *beschränkt nach oben (unten)*, wenn die Menge $\{f(x_1, \ldots, x_n) \mid (x_1, \ldots, x_n) \in E\}$ in $\mathbf{R}$ beschränkt nach oben (unten) ist. f heißt auf E beschränkt, wenn f auf E beschränkt nach oben und nach unten ist.

Definition: Eine Funktion f sei auf $E \subseteq D(f) \subseteq R^n$ beschränkt nach oben (unten). Die obere (untere) Grenze von $M = \{f(x_i) \mid (x_i) \in E\}$ heißt *Supremum (Infimum) von f auf E* und wird mit $\sup_{(x_i) \in E} f(x_i)$ ($\inf_{(x_i) \in E} f(x_i)$) bezeichnet.

Gehört das Supremum (Infimum) von f auf E zur Menge M, so heißt es *Maximum (Minimum) von f auf E*; in Zeichen: $\max_{(x_i) \in E} f(x_i)$ ($\min_{(x_i) \in E} f(x_i)$).

Beispiel: 5. Die Funktion f aus Beispiel 2 ist auf $D(f)$ nach unten, aber nicht nach oben beschränkt.
6. Die Funktion f aus Beispiel 4 ist auf $E = \{(x_1, x_2) \mid x_1^2 + x_2^2 \leqq 1\}$ beschränkt.

Definition: f mit $D(f) \subseteqq R^n$ heißt *homogen vom Grad k*, wenn für jede reelle Zahl $\lambda \geqq 0$ gilt:

$$f(\lambda x_1, \ldots, \lambda x_n) = \lambda^k f(x_1, \ldots, x_n).$$

Satz von Euler: Ist f homogen vom Grad k und stetig differenzierbar (s. 3.1.6.1.), dann gilt:

$$\sum_{i=1}^{n} x_i \frac{\partial f}{\partial x_i}(x_1, \ldots, x_n) = kf(x_1, \ldots, x_n).$$

Beispiel: 7. Eine quadratische Form

$$f(x_1, \ldots, x_n) = \sum_{i,j=1}^{n} a_{ij}x_i x_j, \quad D(f) = R^2$$

ist homogen vom Grad 2.

8. Die Funktion

$$f(x_1, \ldots, x_n) = \sum_{i=1}^{n} \frac{1}{\sqrt{x_i}}, \quad D(f) = \{(x_1, \ldots, x_n) \mid x_i > 0, i = 1, \ldots, n\}$$

ist homogen vom Grad $-\frac{1}{2}$.

3.1.4.2.2. Grenzwerte von Funktionen mehrerer Variabler. Die Grenzwertdefinitionen in 3.1.4.1.2. werden nun wie folgt verallgemeinert:

Definition: Eine Funktion f sei in einer Umgebung von $P_0(x_i^0) \in D(f) \subseteqq R^n$ mit eventueller Ausnahme von P_0 definiert. f hat in P_0 den *Grenzwert A*, in Zeichen $\lim_{P \to P_0} f(P) = A$, falls es zu jedem $\varepsilon > 0$ ein $\delta > 0$ gibt, so daß für alle $P(x_i)$ mit $d(P, P_0) < \delta$ gilt[1]: $|f(P) - A| < \varepsilon$.

Auch für Funktionen mehrerer Variabler gilt der Satz:

Satz: Eine Funktion f sei in einer Umgebung von P_0 mit eventueller Ausnahme von P_0 selbst definiert. f hat in P_0 genau dann den Grenzwert A, wenn für alle Punktfolgen $\{P_i\}$ mit $P_i \in D(f)$, $P_i \neq P_0$ und $\lim_{i \to \infty} P_i = P_0$ gilt: $\lim_{i \to \infty} f(P_i) = A$.

Definition: Der Definitionsbereich einer Funktion f sei in R^n unbeschränkt. f besitzt für $P \to \infty$ *den Grenzwert A*, in Zeichen $\lim_{P \to \infty} f(P) = A$, wenn es zu jedem $\varepsilon > 0$ eine Zahl x_1 gibt, so daß für alle $P \in D(f)$ mit $d(P, 0) > x_1$ gilt: $|f(P) - A| < \varepsilon$.

Die Grenzwertsätze in 3.1.4.1.2. können leicht auf Funktionen mehrerer Variabler übertragen werden.

Beispiele: 1. Für $P_0(x_1^0, x_2^0) \in R^2$ gilt:

$$\lim_{(x_i) \to (x_i^0)} (x_1^2 + x_2^2) = (x_1^0)^2 + (x_2^0)^2$$

2. Die Funktion

$$f(x_1, x_2) = \begin{cases} \dfrac{x_1^5}{(x_2 - x_1^2)^2 + x_1^6} & \text{für} \quad (x_1, x_2) \neq (0, 0) \\ 0 & \text{für} \quad (x_1, x_2) = (0, 0) \end{cases}$$

besitzt in (0, 0) keinen Grenzwert. Betrachtet man nämlich insbesondere die Folge $\left\{\frac{1}{k}, \frac{1}{k^2}\right\}$, dann gilt $\lim_{k \to \infty} \left\{\frac{1}{k}, \frac{1}{k^2}\right\} = (0, 0)$ und $\lim_{k \to \infty} f\left(\frac{1}{k}, \frac{1}{k^2}\right) = +\infty$.

---

[1]) f kann in P_0 höchstens einen Grenzwert haben.

3.1.4.2.3. Stetige Funktionen mehrerer Variabler

Definition: Eine Funktion f heißt in $P_0 \in D(f) \subseteqq R^n$ *stetig*, wenn es zu jedem $\varepsilon > 0$ ein $\delta > 0$ gibt, so daß für alle $P \in D(f)$ mit $d(P, P_0) < \delta$ gilt:

$$|f(P) - f(P_0)| < \varepsilon.$$

Ist also f in P_0 stetig, dann gibt es zu jeder ε-Umgebung von $f(P_0)$ eine δ-Umgebung $U_\delta(P_0)$ von P_0, so daß für alle $P \in U_\delta(P_0)$ der Funktionswert $f(P)$ in der ε-Umgebung von $f(P_0)$ liegt.

Beispiel: 1. Die Funktion $f(x_1, \ldots, x_n) = \sum_{k=1}^{n} x_k$, $D(f) = R^n$ ist in $P_0(x_1^0, \ldots, x_n^0) \in D(f)$ stetig. Gibt man sich nämlich $\varepsilon > 0$ beliebig vor und wählt man $\delta = \frac{\varepsilon}{\sqrt{n}}$, dann gilt für alle $P(x_1, \ldots, x_n)$ mit $d(P, P_0) \leqq \delta$ unter Beachtung der Schwarzschen Ungleichung:

$$|f(P) - f(P_0)| = \left|\sum_{k=1}^{n} (x_k - x_k^0)\right| \leqq \sum_{k=1}^{n} |x_k - x_k^0|$$

$$\leqq \sqrt{n \sum_{k=1}^{n} |x_k - x_k^0|^2} \leqq \sqrt{n}\,\delta = \varepsilon.$$

Satz: Eine Funktion f, die in einer Umgebung von P_0 definiert sei, ist in P_0 genau dann stetig, wenn f in P_0 den Grenzwert $f(P_0)$ hat, d. h. wenn gilt: $\lim_{P \to P_0} f(P) = f(P_0)$.

Satz: Eine Funktion f, die in einer Umgebung von P_0 definiert sei, ist in $P_0 \in D(f)$ genau dann stetig, wenn für alle Punktfolgen $\{P_i\}$ mit $P_i \in D(f)$ und $\lim_{i \to \infty} P_i = P_0$ gilt: $\lim_{i \to \infty} f(P_i) = f(P_0)$.

Die Stetigkeit einer Funktion bedeutet also, daß die beiden mathematischen Operationen „lim" und „f" vertauschbar sind. Bildet man zuerst die Funktionswerte $f(P_i)$ und anschließend den Grenzwert $\lim_{j \to \infty} f(P_i)$, so erhält man den Funktionswert des Grenzwertes $\lim_{i \to \infty} P_i = P_0$.

Beispiel: 2. Die Funktion

$$f(x_1, x_2) = \begin{cases} \dfrac{x_1 x_2}{x_1^2 + x_2^2} & \text{für} \quad (x_1, x_2) \neq (0, 0) \\ 0 & \text{für} \quad (x_1, x_2) = (0, 0) \end{cases}$$

ist in (0, 0) unstetig, denn für die Folge $\left\{\frac{1}{k}, \frac{1}{k}\right\}$ gilt $\lim_{k \to \infty} \left\{\frac{1}{k}, \frac{1}{k}\right\} = (0, 0)$ und $\lim_{k \to \infty} f\left(\frac{1}{k}, \frac{1}{k}\right) = \frac{1}{2} \neq f(0, 0)$.

Die Definitionen und Sätze über stetige Funktionen einer Variablen (s. 3.1.4.1.4.) können auf Funktionen mehrerer Variablen übertragen werden[1]):

Definition: Eine Funktion f heißt *auf* $E \subseteqq D(f) \subseteqq R^n$ *stetig*, wenn f in allen Punkten von E stetig ist.

Eine Funktion f heißt *auf* $E \subseteqq D(f)$ *gleichmäßig stetig*, wenn es zu jedem $\varepsilon > 0$ ein $\delta > 0$ gibt, so daß für alle $P_1, P_2 \in E$ mit $d(P_1, P_2) < \delta$ gilt:

$$|f(P_1) - f(P_2)| < \varepsilon.$$

Definition: Gegeben seien n Funktionen $\varphi_1, \ldots, \varphi_n$ mit $D(\varphi_i) = A \subseteqq R^k$ $(i = 1, \ldots, n)$ und eine Funktion f mit $\{\varphi_1(t_1, \ldots, t_k), \ldots, \varphi_n(t_1, \ldots, t_k)\} \subseteqq D(f) \subseteqq R^n$ für alle $(t_1, \ldots, t_k) \in A$. Die Abbildung F, die jedem k-Tupel $(t_1, \ldots, t_k) \in A$ das Bild $F(t_1, \ldots, t_k) \overset{\text{def}}{=} f[\varphi_1(t_1, \ldots, t_k), \ldots, \varphi_n(t_1, \ldots, t_k)]$ zuordnet, nennt man die aus f und $\varphi_1, \ldots, \varphi_n$ *zusammengesetzte Funktion*.

Ist A ein Intervall des R^1 und sind die Funktionen $\varphi_1, \ldots, \varphi_n$ in A stetig, dann stellt die Punktmenge $\{\varphi_1(t), \ldots, \varphi_n(t) \mid t \in A\}$ eine in $D(f)$ verlaufende Kurve dar. Die zusammengesetzte Funktion F ist dann die Einschränkung von f auf die Punkte dieser Kurve.

[1]) Einseitige Grenzwerte und einseitige Stetigkeit werden für Funktionen mehrerer Variablen nicht erklärt.

Beispiel: 3. Es seien $\varphi_1(t) = \cos t$, $\varphi_2(t) = \sin t$, $D(\varphi_1) = D(\varphi_2) = [0, 2\pi)$ und $f(x_1, x_2) = x_1^2 + x_2^2$, $D(f) = R^2$. Dann ist $F(t) = f(\cos t, \sin t) = \cos^2 t + \sin^2 t = 1$, $D(F) = [0, 2\pi)$ die aus f und φ_1, φ_2 zusammengesetzte Funktion.

Satz: 1. Die Summe, die Differenz und das Produkt stetiger Funktionen sind stetige Funktionen. Der Quotient stetiger Funktionen ist stetig, falls der Nenner im betrachteten Punkt ungleich null ist.

2. Ist f in $P_0 \in D(f) \subseteq R^n$ stetig und gilt $f(P_0) > 0$ $(f(P_0) < 0)$, dann gibt es eine Umgebung $U(P_0)$ von P_0, so daß für alle $P \in U(P_0)$ gilt:

$$f(P) > 0 \quad (f(P) < 0).$$

3. Ist f auf einer abgeschlossenen, beschränkten Menge $E \subseteq D(f)$ stetig, dann ist f auf E beschränkt.

4. Jede auf einer abgeschlossenen, beschränkten Menge $E \subseteq D(f)$ stetige Funktion f ist auf E gleichmäßig stetig.

5. Jede auf einer abgeschlossenen, beschränkten Menge $E \subseteq D(f)$ stetige Funktion f besitzt auf E ein Maximum und ein Minimum.

6. Zwischenwertsatz: Ist f in einem Gebiet $E \subseteq D(f)$ stetig und gilt für $P_1, P_2 \in E$: $f(P_1) = a$, $f(P_2) = b$, wobei $a < b$ sei, dann existiert für jedes $y \in (a, b)$ ein Punkt $P \in E$ mit $f(P) = y$.

7. Ist f auf $D(f) \subseteq R^n$ stetig und sind die Funktionen $\varphi_1, \ldots, \varphi_n$ auf $D(\varphi_i) \subseteq R^k$ $(i = 1, \ldots, n)$ stetig, dann ist auch die aus f und $\varphi_1, \ldots, \varphi_n$ zusammengesetzte Funktion F auf $D(F)$ stetig.

3.1.5. Differentiation von Funktionen einer reellen Variablen

3.1.5.1. Definition und geometrische Interpretation der ersten Ableitung, Beispiele

Definition: Ist f eine Funktion einer reellen Variablen und $x_0 \in (a, b) \subseteq D(f)$, so heißt die Funktion φ mit

$$\varphi(x) = \frac{f(x) - f(x_0)}{x - x_0}$$

und $D(\varphi) = (a, b) \setminus \{x_0\}$ *Differenzenquotient* von f in x_0[1]).

Geometrische Interpretation: Auf dem Bild der Funktion f seien bezüglich eines x,y-Koordinatensystems ein fester Punkt $P_0(x_0, y_0)$ und ein variabler Punkt $P(x, y)$ vorgegeben. Die Sekante durch diese Punkte bilde mit der positiven x-Achse den Winkel β. Dann ist

$$\tan\beta = \frac{\Delta y}{\Delta x} = \frac{y - y_0}{x - x_0} = \frac{f(x) - f(x_0)}{x - x_0}.$$

Der Differenzenquotient von f in x_0 ist also gleich dem Anstieg der Sekante durch P und P_0 (Abb. 3.6).

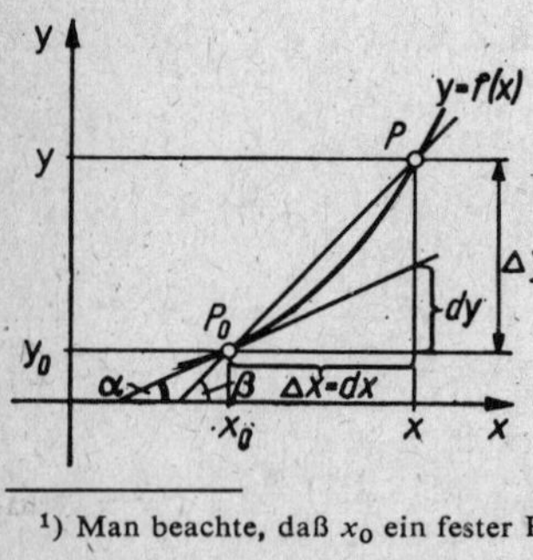

Abb. 3.6

[1]) Man beachte, daß x_0 ein fester Punkt ist.

Definition: Eine Funktion f heißt in $x_0 \in (a, b) \subseteq D(f)$ *differenzierbar*, wenn der Grenzwert $\lim\limits_{x \to x_0} \varphi(x)$ des Differenzenquotienten von f in x_0 existiert. Dieser Grenzwert heißt *Differentialquotient* oder *Ableitung von f in* x_0.

Bezeichnung:

$$\frac{\mathrm{d}f}{\mathrm{d}x}(x_0) = f'(x_0) = \lim_{x \to x_0} \varphi(x) = \lim_{x \to x_0} \frac{f(x) - f(x_0)}{x - x_0}.$$

Geometrische Interpretation: Strebt auf dem Bild von f der variable Punkt $P(x, y)$ gegen den Punkt $P_0(x_0, y_0)$ (s. Abb. 3.6), dann ändert sich im allgemeinen auch der Anstieg der entsprechenden Sekante. Existiert der Differentialquotient von f in x_0, so nennt man die Gerade durch $P_0(x_0, y_0)$ mit dem Anstieg $\tan \alpha = f'(x_0)$ *Tangente* an das Bild von f durch den Punkt $P_0(x_0, y_0)$. Die Gleichung der Tangente ist also: $y - f(x_0) = f'(x_0)(x - x_0)$.

Definition: Eine Funktion f heißt in $x_0 \in D(f)$ *rechtsseitig (linksseitig) differenzierbar*, wenn der rechtsseitige (linksseitige) Grenzwert $\lim\limits_{x \to x_0 + 0} \varphi(x) \left(\lim\limits_{x \to x_0 - 0} \varphi(x) \right)$ des Differenzenquotienten existiert. Dieser Grenzwert heißt *rechtsseitige (linksseitige) Ableitung von f in* x_0 und wird mit $f'_r(x_0)$ $(f'_l(x_0))$ bezeichnet.

Existiert $f'(x_0)$, so ist f in x_0 rechts- und linksseitig differenzierbar, und es gilt: $f'_r(x_0) = f'_l(x_0) = f'(x_0)$. Existieren die einseitigen Ableitungen $f'_r(x_0)$, $f'_l(x_0)$ und gilt $f'_r(x_0) = f'_l(x_0)$, dann ist auch $f'(x_0) = f'_r(x_0) = f'_l(x_0)$.

Definition: Eine Funktion f heißt in $E \subseteq D(f)$ *differenzierbar*, wenn f in allen Punkten $x_0 \in E$[1]) differenzierbar ist. f heißt *differenzierbar*, falls f in $D(f)$ differenzierbar ist. Ist f differenzierbar, so heißt die durch $x \to f'(x)$ für $x \in D(f) = D(f')$ definierte Funktion f' *Ableitung von f*.

Beispiele: 1. Die Funktion $f(x) = x$, $D(f) = \mathbf{R}$ ist in $x_0 \in \mathbf{R}$ differenzierbar, und es gilt:

$$f'(x_0) = \lim_{x \to x_0} \frac{f(x) - f(x_0)}{x - x_0} = \lim_{x \to x_0} \frac{x - x_0}{x - x_0} = 1.$$

2. Für die Funktion $f(x) = c$ $(c \in \mathbf{R})$, $D(f) = \mathbf{R}$ gilt: $f'(x_0) = 0$.

3. Die Exponentialfunktion $f(x) = \mathrm{e}^x$, $D(f) = \mathbf{R}$ ist differenzierbar, und es gilt für alle $x \in \mathbf{R}$: $f(x) = f'(x)$.

4. Für $x \in \mathbf{R}$ gilt: $\sin' x = \cos x$, $\cos' x = -\sin x$.

5. Jede Potenzreihe ist in allen im Innern des Konvergenzintervalls liegenden Punkten differenzierbar.

6. $f(x) = \sqrt[3]{x}$ ist in $x_0 = 0$ nicht differenzierbar, denn der Grenzwert

$$\lim_{x \to 0} \frac{f(x) - f(0)}{x - 0} = \lim_{x \to 0} \frac{\sqrt[3]{x}}{x}$$

existiert nicht.

7. Die Funktion

$$f(x) = \begin{cases} x \sin \dfrac{1}{x} & \text{für } x \neq 0 \\ 0 & \text{für } x = 0 \end{cases}$$

ist in $x_0 = 0$ nicht differenzierbar, weil $\lim\limits_{x \to 0} \sin \dfrac{1}{x}$ nicht existiert.

8. $f(x) = |x|$ ist in $x_0 = 0$ rechts- und linksseitig differenzierbar, und es gilt: $f'_r(0) = +1$, $f'_l(0) = -1$. f ist also in $x_0 = 0$ nicht differenzierbar.

---

[1]) Eine in $E = [a, b]$ differenzierbare Funktion f soll in den Randpunkten a und b einseitig differenzierbar sein.

Die Bilder der Funktionen aus den Beispielen 6 bis 8 sind in der Abbildung 3.7 dargestellt.

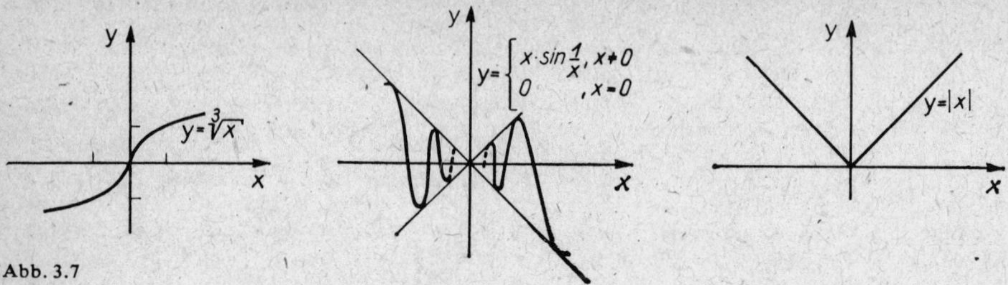

Abb. 3.7

Tabelle 3.2

Funktion	Ableitung	Funktion	Ableitung
C (Konstante)	0	$\operatorname{cosec} x$	$-\frac{\cos x}{\sin^2 x} = -\cot x \operatorname{cosec} x$
x	1	$\arcsin x$	$\frac{1}{\sqrt{1-x^2}}$
x^n	nx^{n-1}	$\arccos x$	$-\frac{1}{\sqrt{1-x^2}}$
$\frac{1}{x}$	$-\frac{1}{x^2}$	$\arctan x$	$\frac{1}{1+x^2}$
$\frac{1}{x^n}$	$-\frac{n}{x^{n+1}}$	$\operatorname{arccot} x$	$-\frac{1}{1+x^2}$
$\sqrt{x}$	$\frac{1}{2\sqrt{x}}$	$\operatorname{arcsec} x$	$\frac{1}{x\sqrt{x^2-1}}$
$\sqrt[n]{x}$	$\frac{1}{n\sqrt[n]{x^{n-1}}}$	$\operatorname{arccosec} x$	$-\frac{1}{x\sqrt{x^2-1}}$
e^x	e^x	$\sinh x$	$\cosh x$
a^x	$a^x \ln a$	$\cosh x$	$\sinh x$
$\ln x$	$\frac{1}{x}$	$\tanh x$	$\frac{1}{\cosh^2 x}$
$\log_a x$	$\frac{1}{x}\log_a e = \frac{1}{x \ln a}$	$\coth x$	$-\frac{1}{\sinh^2 x}$
$\lg x$	$\frac{1}{x}\lg e = \frac{1}{x \ln 10}$	$\operatorname{arsinh} x$	$\frac{1}{\sqrt{1+x^2}}$
$\sin x$	$\cos x$	$\operatorname{arcosh} x$	$\frac{1}{\sqrt{x^2-1}}$
$\cos x$	$-\sin x$	$\operatorname{artanh} x$	$\frac{1}{1-x^2}$
$\tan x$	$\frac{1}{\cos^2 x} = \sec^2 x$	$\operatorname{arcoth} x$	$-\frac{1}{x^2-1}$
$\cot x$	$-\frac{1}{\sin^2 x} = -\operatorname{cosec}^2 x$		
$\sec x$	$\frac{\sin x}{\cos^2 x} = \tan x \sec x$		

9. Logarithmische Ableitung: Es sei f eine differenzierbare Funktion mit $f(x) > 0$ für alle $x \in D(f)$. Die Ableitung der Funktion $\ln f$, also $(\ln f)' = \frac{f'}{f}$, heißt *logarithmische Ableitung* von f.

10. Zur Berechnung der Ableitung von $f(x) = x^x$, $D(f) = \{x \mid x > 0\}$ bestimmt man zunächst die logarithmische Ableitung $(\ln f)'(x) = \frac{d(x \ln x)}{dx} = \ln x + 1$. Hieraus bekommt man $f'(x) = x^x(\ln x + 1)$.

Die Ableitungen der wichtigsten elementaren Funktionen sind in der Tabelle 3.2 angegeben.

3.1.5.2. Höhere Ableitungen

Definition: Die Ableitung f' einer Funktion f sei in $x_0 \in D(f')$ differenzierbar. $(f')'(x_0)$ heißt *zweite Ableitung* von f in x_0.

Bezeichnung:

$$f''(x_0) = f^{(2)}(x_0) = \frac{d^2 f}{dx^2}(x_0).$$

Auf diese Weise fortfahrend definiert man durch vollständige Induktion die *n-te Ableitung* oder *Ableitung n-ter Ordnung* von f in x_0:

$$f^{(n)}(x_0) = \frac{d^n f}{dx^n}(x_0).$$

Existiert $f^{(n)}(x_0)$, so heißt f in x_0 *n-mal differenzierbar*. Es gilt:

$$(f^{(n)})^{(m)}(x_0) = f^{(n+m)}(x_0).$$

f heißt *in* $E \subseteq D(f)$ *n-mal stetig differenzierbar*, wenn f in jedem Punkt $x \in E$ *n-mal* differenzierbar ist und $f^{(n)}$ in E stetig ist.

Beispiel: 1. Die n-te Ableitung eines Polynoms n-ten Grades ist eine Konstante.

Weitere Beispiele für höhere Ableitungen elementarer Funktionen finden sich in Tabelle 3.3.

Tabelle 3.3

Funktion	n-te Ableitung
x^m	$m(m-1)(m-2)\dots(m-n+1)\,x^{m-n}$ (bei ganzzahligem m und $n > m$ ist die n-te Ableitung gleich 0)
$\ln x$	$(-1)^{n-1}(n-1)!\,\frac{1}{x^n}$
$\log_a x$	$(-1)^{n-1}\frac{(n-1)!}{\ln a}\,\frac{1}{x^n}$
e^{kx}	$k^n e^{kx}$
a^x	$(\ln a)^n a^x$
a^{kx}	$(k \ln a)^n a^{kx}$
$\sin x$	$\sin\left(x + \frac{n\pi}{2}\right)$
$\cos x$	$\cos\left(x + \frac{n\pi}{2}\right)$
$\sin kx$	$k^n \sin\left(kx + \frac{n\pi}{2}\right)$
$\cos kx$	$k^n \cos\left(kx + \frac{n\pi}{2}\right)$
$\sinh x$	$\sinh x$ bei geradem n, $\cosh x$ bei ungeradem n
$\cosh x$	$\cosh x$ bei geradem n, $\sinh x$ bei ungeradem n

3.1.5.3. Sätze über differenzierbare Funktionen

Für differenzierbare Funktionen gelten folgende Sätze:

1. Jede in x_0 differenzierbare Funktion ist in x_0 stetig.

2. Die Funktionen f_1, f_2 seien in x_0 differenzierbar. Dann ist auch $c_1 f_1 + c_2 f_2$ mit $c_1, c_2 \in \mathrm{R}$ in x_0 differenzierbar, und es gilt:

$$(c_1 f_1 + c_2 f_2)'(x_0) = c_1 f_1'(x_0) + c_2 f_2'(x_0).$$

Darüber hinaus ist auch das Produkt $f_1 \cdot f_2$ in x_0 differenzierbar, und es gilt die *Produktregel:*

$$(f_1 f_2)'(x_0) = f_1'(x_0) f_2(x_0) + f_1(x_0) f_2'(x_0).$$

Im Fall $f_1(x_0) \neq 0$ ist der Quotient f_2/f_1 in x_0 differenzierbar, und es gilt die *Quotientenregel:*

$$\left(\frac{f_1}{f_2}\right)(x_0) = \frac{f_1'(x_0) f_2(x_0) - f_1(x_0) f_2'(x_0)}{(f_2(x_0))^2}.$$

Beispiel: 1. Die Funktion $f(x) = e^x \cdot \sin x$ ist in $x_0 \in D(f) = \mathrm{R}$ differenzierbar, und es gilt:

$$f'(x_0) = e^{x_0}(\sin x_0 + \cos x_0).$$

Beispiel: 2. Die Funktion

$$f(x) = \tan x = \frac{\sin x}{\cos x}$$

ist in

$$x_0 \in D(f) = \mathrm{R} \setminus \left\{ \frac{(2k+1)\pi}{2} \,\middle|\, k = 0, \pm 1, \pm 2, \dots \right\}$$

differenzierbar, und es gilt:

$$f'(x_0) = \frac{\cos^2 x_0 + \sin^2 x_0}{\cos^2 x_0} = 1 + \tan^2 x_0 = \frac{1}{\cos^2 x_0}.$$

3. Die Funktionen f und φ seien in x_0 bzw. t_0 differenzierbar, und es gelte: $x_0 = \varphi(t_0)$. Dann ist die zusammengesetzte Funktion $f \circ \varphi$ in t_0 differenzierbar und besitzt die Ableitung

$$(f \circ \varphi)'(t_0) = f'[\varphi(t_0)] \cdot \varphi'(t_0). \qquad (\textit{Kettenregel})$$

Beispiel: 3. Die Funktion $f(x) = e^{\sin x}$ ist in $x_0 \in D(f) = \mathrm{R}$ differenzierbar. Ihre Ableitung ist:

$$f'(x_0) = e^{\sin x_0} \cdot \cos x_0.$$

Beispiel: 4. Die allgemeine Exponentialfunktion $f(x) = a^x$ $(a > 0)$, $D(f) = \mathrm{R}$ ist in $x_0 \in \mathrm{R}$ differenzierbar, und es gilt wegen $a^x = e^{x \ln a}$:

$$f'(x_0) = \ln a\, e^{x_0 \ln a} = a^{x_0} \cdot \ln a.$$

4. Die Funktion f sei in (a, b) differenzierbar und streng monoton. Für $x_0 \in (a, b)$ sei $f'(x_0) \neq 0$. Dann ist die Umkehrfunktion f^{-1} in $y_0 = f(x_0)$ differenzierbar, und ihre Ableitung ist

$$(f^{-1})'(y_0) = \frac{1}{f'(x_0)}.$$

Beispiel: 5. Die Exponentialfunktion $f(x) = e^x$ erfüllt die Voraussetzungen des Satzes 4. Folglich ist $f^{-1}(y) = \ln y$ in $y_0 = e^{x_0}$ differenzierbar. Ihre Ableitung ist

$$(f^{-1})'(y_0) = \ln' y_0 = \frac{1}{e^{x_0}} = \frac{1}{y_0}.$$

Beispiel: 6. Es gilt für $x \in \mathrm{R}$: $\arctan' x = \dfrac{1}{1 + x^2}$.

5. Sind die Funktionen f_1, f_2 in x_0 n-mal differenzierbar, dann ist auch $f_1 \cdot f_2$ in x_0 n-mal differenzierbar, und es gilt die *Leibnizsche Produktregel*:

$$(f_1 \cdot f_2)^{(n)}(x_0) = \sum_{k=0}^{n} \binom{n}{k} f_1^{(k)}(x_0) \cdot f_2^{(n-k)}(x_0),$$

wobei

$$f_i^{(0)}(x_0) = f_i(x_0) \quad (i = 1, 2)$$

ist.

Für Funktionen, die in einem Intervall differenzierbar sind, gelten die folgenden Sätze:

Satz von Rolle: Eine Funktion f sei in $[a, b]$ stetig und in (a, b) differenzierbar. Gilt $f(a) = f(b)$, dann existiert ein $x_0 \in (a, b)$ mit $f'(x_0) = 0$.

Unter der Voraussetzung dieses Satzes besitzt also das Bild von f in x_0 eine zur x-Achse parallele Tangente. Aus dem Satz von Rolle folgt insbesondere, daß zwischen zwei Nullstellen eines Polynoms mindestens eine Nullstelle der Ableitung dieses Polynoms liegt.

Mittelwertsatz der Differentialrechnung: Ist f in $[a, b]$ stetig und in (a, b) differenzierbar, dann gibt es ein $x_0 \in (a, b)$ mit

$$f'(x_0) = \frac{f(b) - f(a)}{b - a}.$$

Für $k = b - a$ und $\vartheta \overset{\text{def}}{=} \frac{x_0 - a}{k}$ erhält man:

$$f(a + k) = f(a) + f'(a + \vartheta k) \cdot k \quad \text{mit} \quad \vartheta \in (0, 1)\ ^{1)}.$$

Geometrische Interpretation: Sind für f die Voraussetzungen des Mittelwertsatzes erfüllt, dann gibt es mindestens eine zur Sekante durch die Punkte $(a, f(a))$, $(b, f(b))$ parallele Tangente an das Bild von f. Der Mittelwertsatz stellt also eine Verallgemeinerung des Satzes von Rolle dar.

Folgerung: Für eine in (a, b) differenzierbare Funktion f sei $f'(x) = 0$ für $x \in (a, b)$. Dann gilt für $x \in (a, b)$: $f(x) = c = \text{const}$.

Verallgemeinerter Mittelwertsatz: f und g seien in $[a, b]$ stetig und in (a, b) differenzierbar. Ferner sei $g'(x) \neq 0$ für alle $x \in (a, b)$. Dann gibt es ein $x_0 \in (a, b)$ mit

$$\frac{f'(x_0)}{g'(x_0)} = \frac{f(b) - f(a)}{g(b) - g(a)}\ ^{2)}.$$

Satz von Taylor: Eine Funktion f sei in $(x_0 - \alpha, x_0 + \alpha)$ $(\alpha > 0)$ $(n + 1)$-mal differenzierbar. Dann gilt für $x \in (x_0 - \alpha, x_0 + \alpha)$ die *Taylorentwicklung*:

$$f(x) = \sum_{\nu=0}^{n} \frac{f^{(\nu)}(x_0)}{\nu!}(x - x_0)^{\nu} + R_n(x)$$

mit

$$R_n(x) \overset{\text{def}}{=} \frac{f^{(n+1)}(x_0 + \vartheta(x - x_0))}{(n + 1)!}(x - x_0)^{n+1}, \quad \vartheta \in (0, 1).$$

$R_n(x)$ heißt (*Lagrangesches*) *Restglied* der Taylorentwicklung von f.

Für den Spezialfall $x_0 = 0$ erhält man die *Mac Laurinsche Formel*:

$$f(x) = \sum_{\nu=0}^{n} \frac{f^{(\nu)}(0)}{\nu!} x^{\nu} + \frac{f^{(n+1)}(\vartheta x)}{(n + 1)!} x^{n+1}.$$

---

1) Dies ist die einzige Information über die unbekannte Zahl ϑ.
2) Für $g(x) = x$ erhält man den gewöhnlichen Mittelwertsatz.

Im Fall $n = 0$ reduziert sich der Satz von Taylor auf den Mittelwertsatz. Ist f in $(x_0 - \alpha, x_0 + \alpha)$ beliebig oft differenzierbar und gilt für alle $x \in (x_0 - \alpha, x_0 + \alpha)$: $\lim\limits_{n\to\infty} R_n(x) = 0$, dann kann f durch die *Taylorsche Reihe*

$$f(x) = \sum_{\nu=0}^{\infty} \frac{f^{(\nu)}(x_0)}{\nu!} (x - x_0)^\nu$$

dargestellt werden. Für $x_0 = 0$ wird diese Reihe auch *Mac Laurinsche Reihe* genannt. Gilt also $\lim\limits_{n\to\infty} R_n(x) = 0$ für $x \in (x_0 - \alpha, x_0 + \alpha)$, dann kann man $f(x)$ in $(x_0 - \alpha, x_0 + \alpha)$ durch Polynome n-ter Ordnung $\sum\limits_{\nu=0}^{n} \frac{f^{(\nu)}(x_0)}{\nu!} (x - x_0)^\nu$ approximieren (s. auch 3.1.14.6.).

Beispiel: 7. Die Exponentialfunktion $f(x) = e^x$, $D(f) = \mathbf{R}$ ist in $\mathbf{R}$ beliebig oft differenzierbar. Aus $f^{(n)} = f$ für $n \in \mathbf{N}$ erhält man die folgende Mac Laurinsche Formel:

$$e^x = \sum_{\nu=0}^{n} \frac{x^\nu}{\nu!} + \frac{e^{\vartheta x}}{(n+1)!} x^{n+1}.$$

Für jedes $x \in \mathbf{R}$ gilt $\lim\limits_{n\to\infty} \frac{e^{\vartheta x}}{(n+1)!} x^{n+1} = 0$ und folglich

$$e^x = \sum_{\nu=0}^{\infty} \frac{x^\nu}{\nu!}.$$

Insbesondere erhält man hieraus:

$$e = \sum_{\nu=0}^{\infty} \frac{1}{\nu!}.$$

3.1.5.4. Monotonie und Konvexität von Funktionen

Satz: Eine Funktion f sei in (a, b) differenzierbar. f ist in (a, b) genau dann monoton wachsend (fallend), wenn für alle $x \in (a, b)$ gilt: $f'(x) \geqq 0$ $(f'(x) \leqq 0)$. f ist in (a, b) genau dann streng monoton wachsend (fallend), wenn gilt:

a) $\forall x \in (a, b): f'(x) \geqq 0$ $(f'(x) \leqq 0)$;

b) es gibt kein Teilintervall $(\alpha, \beta) \subseteqq (a, b)$ mit $f'(x) = 0$ für alle $x \in (\alpha, \beta)$.

Der Anstieg der Tangente an das Bild einer differenzierbaren, monoton wachsenden (fallenden) Funktion ist also nichtnegativ (nichtpositiv).

Folgerung: Gilt für eine differenzierbare Funktion f a) $f(x_0) \geqq 0$, b) $\forall x \geqq x_0: f'(x) \geqq 0$, dann gilt für $x \geqq x_0: f(x) \geqq 0$.

Beispiel: 1. Für $f(x) = e^x$, $D(f) = \mathbf{R}$ gilt: $\forall x \in \mathbf{R}: f'(x) = f(x) > 0$. Die Funktion f ist also in $\mathbf{R}$ streng monoton wachsend.

2. Die Funktion $f(x) = x - \sin x$ ist in $I = (0, 2\pi)$ streng monoton wachsend, denn für $x \in I$ gilt: $f'(x) = 1 - \cos x > 0$. Wegen $f(0) = 0$ ist dann auch $f(x) = x - \sin x > 0$ für $x \in I$ und damit für alle $x > 0$.

3. Die Funktion $f(x) = e^{-x} + x - 1$ ist in $[0, +\infty)$ streng monoton wachsend, denn für $x > 0$ gilt $f'(x) = -e^{-x} + 1 > 0$. Daraus folgt wegen $f(0) = 0$: $f(x) > 0$, d. h. $e^{-x} > 1 - x$ für $x > 0$.

Definition: Eine in (a, b) differenzierbare Funktion f heißt in (a, b) *konvex von unten* bzw. *streng konvex von unten*, wenn für alle $x_1, x_2 \in (a, b)$ mit $x_1 \neq x_2$ gilt:

$$f(x_2) \geqq f(x_1) + f'(x_1)(x_2 - x_1)$$

bzw.

$$f(x_2) > f(x_1) + f'(x_1)(x_2 - x_1).$$

f heißt in (a, b) *konvex von oben* bzw. *streng konvex von oben*,[1]) wenn für alle $x_1, x_2 \in (a, b)$ mit $x_1 \neq x_2$ gilt:

$$f(x_2) \leqq f(x_1) + f'(x_1)(x_2 - x_1)$$

bzw.

$$f(x_2) < f(x_1) + f'(x_1)(x_2 - x_1).$$

Geometrische Interpretation der Konvexität einer Funktion: Aus den in der Definition der Konvexität auftretenden Ungleichungen entnimmt man, daß das Bild einer Funktion f, die konvex von unten ist, niemals unterhalb einer seiner Tangenten liegt. Ist f streng konvex von unten, dann liegt das Bild von f mit Ausnahme des Berührungspunktes stets oberhalb jeder Tangente. Die entsprechenden Aussagen gelten für die Konvexität von oben.

Beispiel: 4. Die Funktion $f(x) = x^2$ ist in $D(f) = \mathbb{R}$ streng konvex von unten. Für alle $x_1, x_2 \in \mathbb{R}$ mit $x_1 \neq x_2$ gilt nämlich:

$$x_2^2 > x_1^2 + 2x_1(x_2 - x_1) = 2x_1x_2 - x_1^2 \Leftrightarrow (x_1 - x_2)^2 > 0.$$

Kriterien für die Konvexität einer Funktion liefert der folgende Satz:

Satz: 1. Eine in (a, b) differenzierbare Funktion f ist genau dann konvex von unten (oben), wenn f' in (a, b) monoton wachsend (fallend) ist. f ist in (a, b) genau dann streng konvex von unten (oben), wenn f' in (a, b) streng monoton wachsend (fallend) ist.

2. Eine in (a, b) zweimal differenzierbare Funktion ist in (a, b) genau dann konvex von unten (oben), wenn für alle $x \in (a, b)$ gilt: $f''(x) \geqq 0$ $(f''(x) \leqq 0)$.

Beispiel: 5. Die Exponentialfunktion $f(x) = e^x$ ist in $\mathbb{R}$ streng konvex von unten, denn es gilt für alle $x \in \mathbb{R}$: $f''(x) = e^x > 0$, d. h. f' ist in $\mathbb{R}$ streng monoton wachsend.

6. Die Funktion $f(x) = \cos x$ ist in $\left(-\frac{\pi}{2}, +\frac{\pi}{2}\right)$ streng konvex von oben, denn für alle $x \in \left(-\frac{\pi}{2}, \frac{\pi}{2}\right)$ gilt: $f''(x) = -\cos x < 0$.

3.1.5.5. Relative Extrema und Wendepunkte

Definition: Eine Funktion f sei in (a, b) definiert, und es sei $x_0 \in (a, b)$. $f(x_0)$ heißt *relatives Minimum* (*relatives Maximum*) von f in (a, b) genau dann, wenn es eine Umgebung $U(x_0)$ von x_0 mit $U(x_0) \subseteqq (a, b)$ gibt, so daß für alle $x \in U(x_0) \setminus \{x_0\}$ gilt:

$$f(x) > f(x_0) \quad (f(x) < f(x_0)).$$

Ein relatives Minimum oder relatives Maximum von f heißt *relativer Extremwert* (*relatives Extremum, lokaler Extremwert*) *von f in (a, b)*.

Relative Extremwerte einer Funktion f in (a, b) sind also Extremwerte bezüglich einer gewissen Umgebung. Sie unterscheiden sich im allgemeinen von $g = \min\limits_{x \in (a,b)} f(x)$ bzw. $G = \max\limits_{x \in (a,b)} f(x)$. Ist aber f in (a, b) konvex von unten (oben) und besitzt f in (a, b) ein relatives Minimum (relatives Maximum), dann fällt dieses mit g (G) zusammen. Ferner gilt: Das Minimum (Maximum) einer in $[a, b]$ differenzierbaren Funktion f ist entweder ein relatives Minimum (relatives Maximum) oder es wird in den Randpunkten a bzw. b angenommen. Kennt man also alle relativen Minima (relativen Maxima) von f in $[a, b]$ und die Funktionswerte in a und b, so kann man daraus leicht $\min\limits_{x \in [a,b]} f(x)$ $(\max\limits_{x \in [a,b]} f(x))$ bestimmen.[2])

Beispiel: 1. $f(0) = 0$ ist ein relatives Minimum von $f(x) = x^2$ in $[-1, +1]$, das mit dem Minimum von f auf $[-1, +1]$ zusammenfällt.

---

[1]) Vielfach wird in der Literatur „konvex von unten" einfach als „konvex" und „konvex von oben" als „konkav" bezeichnet, so auch in einigen Abschnitten dieses Buches.

[2]) Die Existenz des Minimums und Maximums von f in $[a, b]$ folgt schon aus der Stetigkeit von f in $[a, b]$ (s. 3.1.4.1.6.).

Notwendige Bedingung für die Existenz eines relativen Extremwertes:

Ist $f(x_0)$ relativer Extremwert einer differenzierbaren Funktion f, dann gilt: $f'(x_0) = 0$. Ist also $f(x_0)$ relativer Extremwert von f, dann verläuft die Tangente an das Bild von f durch den Punkt $(x_0, f(x^0))$ parallel zur x-Achse.

Beispiel: 2. Da $f(0) = 0$ relatives Minimum von $f(x) = x^2$ ist, gilt: $f'(0) = 0$.

Hinreichende Bedingung für die Existenz eines relativen Extremwertes:

1. Ist f in einer Umgebung von x_0 zweimal stetig differenzierbar und gilt $f'(x_0) = 0$ sowie $f''(x_0) > 0$ ($f''(x_0) < 0$), dann hat f in x_0 ein relatives Minimum (relatives Maximum).

2. f sei in einer Umgebung von x_0 k-mal stetig differenzierbar. Ferner sei $f^{(\nu)}(x_0) = 0$ für $\nu = 1, 2, \ldots, k-1$ und $f^{(k)}(x_0) \neq 0$. Ist k gerade, dann hat f in x_0 im Fall $f^{(k)}(x_0) > 0$ ein relatives Minimum und im Fall $f^{(k)}(x_0) < 0$ ein relatives Maximum.

Beispiele: 3. Die Funktion $f(x) = x^4$, $D(f) = \mathbf{R}$ hat in $x_0 = 0$ ein relatives Minimum, das mit dem (absoluten) Minimum von f in $\mathbf{R}$ übereinstimmt, denn f ist in $\mathbf{R}$ viermal stetig differenzierbar, und es gilt: $f'(0) = f''(0) = f'''(0) = 0$, $f^{(4)}(0) = 4! > 0$.

4. Für $f(x) = x^3$ ist in $x_0 = 0$ die notwendige Bedingung $f'(0) = 0$ erfüllt. $f(0) = 0$ ist aber kein relatives Extremum.

5. Die Funktion $f(x) = x^3 + x^2 - x - 1$ mit $D(f) = \mathbf{R}$ hat in $x_0 = \frac{1}{3}$ ein relatives Minimum und in $x_2 = -1$ ein relatives Maximum. Wegen $\lim\limits_{x \to -\infty} f(x) = -\infty$, $\lim\limits_{x \to +\infty} f(x) = +\infty$ existieren aber weder das Minimum noch das Maximum von f in $\mathbf{R}$.

6. Unter allen Rechtecken mit gleichem Umfang ist jenes mit dem größten Flächeninhalt zu bestimmen. Sind a, b die Seitenlängen eines Rechtecks, so ist $F = a \cdot b$ sein Flächeninhalt. Nach Voraussetzung ist $U = 2(a + b) = \text{const} > 0$, also $b = \frac{U}{2} - a$ und $F(a) = a\left(\frac{U}{2} - a\right)$. Die Lösung der Aufgabe reduziert sich also auf die Bestimmung des Maximums der Funktion F mit $D(F) = \left[0, \frac{U}{2}\right]$. Die Gleichung $F'(a) = -2a + \frac{U}{2} = 0$ hat $a_0 = \frac{U}{4}$ als einzige Lösung. Wegen $F''\left(\frac{U}{4}\right) = -2 < 0$ hat F in $a_0 = \frac{U}{4}$ ein relatives Maximum, das wegen $F(0) = F\left(\frac{U}{2}\right) = 0$ mit dem Maximum von F übereinstimmt. Das gesuchte Rechteck ist also das Quadrat mit der Seitenlänge $a = \frac{U}{4}$.

7. Gegeben seien n Meßwerte $a_1, \ldots, a_n$. Eine Zahl x (Mittelwert) soll so bestimmt werden, daß die Summe über die Quadrate der Abweichungen der Meßwerte a_k von x minimal ausfällt. Es ist also das Minimum der Funktion

$$f(x) = \sum_{k=1}^{n} (a_k - x)^2, \quad D(f) = \mathbf{R}$$

zu ermitteln. Die Gleichung $f'(x) = -2 \sum\limits_{k=1}^{n} (a_k - x) = 0$ hat als einzige Lösung: $x_0 = \frac{1}{n} \sum\limits_{k=1}^{n} a_k$. Aus $f''(x_0) = 2n > 0$ folgt, daß f in x_0 ein relatives Minimum besitzt, das mit dem Minimum von f in $\mathbf{R}$ übereinstimmt. Der gesuchte Mittelwert ist also gleich dem arithmetischen Mittel der Meßwerte.

Sind in den notwendigen bzw. hinreichenden Bedingungen die Differenzierbarkeitsvoraussetzungen für f nicht erfüllt, so kann f dennoch relative Extrema besitzen. Die Funktion $f(x) = |x|$ ist z. B. in $x_0 = 0$ nicht differenzierbar, hat dort aber ein relatives Minimum. In solchen Fällen muß man versuchen, die Extremwerte direkt mittels ihrer Definition zu ermitteln. Dabei sind die Monotoniebetrachtungen in der Nähe des zu untersuchenden Punktes ein wichtiges Hilfsmittel. Die Funktion $f(x) = |x|$ ist z. B. für $x < 0$ streng monoton fallend und für $x > 0$ streng monoton wachsend. Folglich ist $f(0) = 0$ ihr Minimum.

Definition: Die Funktion f sei in einer Umgebung von x_0 differenzierbar. f hat in x_0 genau dann einen *Wendepunkt*, wenn die Funktion f' in x_0 ein relatives Extremum hat.

Geometrische Interpretation: Hat f in x_0 einen Wendepunkt, dann wird das Kurvenbild von f im Punkt $(x_0, f(x_0))$ von der Tangente durch diesen Punkt „durchsetzt", d. h., für $x < x_0$ verläuft die Tangente unterhalb des Bildes von f und für $x > x_0$ oberhalb des Bildes von f oder umgekehrt.

Notwendige Bedingung für die Existenz eines Wendepunktes:

Hat eine in einer Umgebung von x_0 zweimal differenzierbare Funktion f in x_0 einen Wendepunkt, dann gilt: $f''(x_0) = 0$.

Hinreichende Bedingung für die Existenz eines Wendepunktes:

Ist f in einer Umgebung von x_0 k-mal stetig differenzierbar, wobei k ungerade und $k \geqq 3$ sei, und gilt ferner $f^{(\nu)}(x_0) = 0$ für $\nu = 2, 3, \ldots, k-1$ sowie $f^{(k)}(x_0) \neq 0$, dann hat f in x_0 einen Wendepunkt.

Beispiele: 8. Die Funktion $f(x) = x^3$, $D(f) = \mathrm{R}$ hat in $x_0 = 0$ einen Wendepunkt, denn es gilt:

$$f''(0) = 0, f'''(0) = 6 \neq 0.$$

9. $f(x) = \sin x$ hat in $x_0 = 0$ einen Wendepunkt. Es ist nämlich: $f''(0) = -\sin 0 = 0$, $f'''(0) = -\cos 0 = -1 \neq 0$.

3.1.5.6. Elementare Kurvendiskussion

Mit Hilfe der Differentialrechnung kann man sich in vielen Fällen einen Überblick über den Verlauf der Bildkurve einer gegebenen Funktion verschaffen, ohne ausführliche Wertetabellen anzufertigen, durch die qualitativ wichtige Eigenschaften der Funktion, wie etwa Unstetigkeitsstellen, relative Extrema oder Nullstellen, meist nur ungenügend widergespiegelt werden. Eine solche *Kurvendiskussion* sollte die folgenden Aufgaben enthalten, die mittels der in 3.1.4.1., 3.1.5.4. und 3.1.5.5. dargelegten Methoden gelöst werden können:

1. Bestimmung der Nullstellen von f (Lösungen von $f(x) = 0$).
2. Bestimmung der Stetigkeits- und Differenzierbarkeitsintervalle.
3. Klassifikation der Unstetigkeitsstellen von f und Untersuchung des Verhaltens von f „im Unendlichen".
4. Bestimmung der relativen Extrema und Wendepunkte.
5. Bestimmung der Monotonie- und Konvexitätsintervalle.
6. Berechnung geeigneter Funktionswerte.
7. Anfertigung einer Skizze über den Kurvenverlauf.

Beispiel: Es soll die Bildkurve der Funktion

$$f(x) = \begin{cases} \dfrac{5}{3} & \text{für} \quad x > 2 \\[2ex] \dfrac{x^2+1}{x^2-1} & \text{für} \quad x \leqq 2 \end{cases}$$

diskutiert werden.

1. f besitzt keine Nullstellen.

2. f ist in $\mathrm{R} \setminus \{1, -1\}$ stetig. An der Stelle $x_1 = 2$ ist f wegen $f'_l(2) = -\dfrac{8}{9} \neq f'_r(2) = 0$ nicht differenzierbar. f ist in $\mathrm{R} \setminus \{2, 1, -1\}$ differenzierbar (s. 3.1.5.3.).

3. Für $x \leqq 2$ ist $f(x) = \dfrac{2}{(x-1)(x+1)} + 1$. Die Punkte $x_2 = 1$, $x_3 = -1$ sind also Unendlichkeitsstellen erster Ordnung. Ferner ist:

$$\lim_{x \to 1+0} f(x) = \lim_{x \to -1-0} f(x) = +\infty, \quad \lim_{x \to -1+0} f(x) = \lim_{x \to 1-0} f(x) = -\infty,$$

$$\lim_{x \to \infty} f(x) = \frac{5}{3}, \quad \lim_{x \to -\infty} f(x) = 1.$$

4. Die einzige Lösung von $f'(x) = \frac{-4x}{(x^2-1)^2} = 0$ ist $x_0 = 0$. Es ist für $x < 2$, $x \neq \pm 1$:

$$f''(x) = \frac{4(3x^2+1)}{(x^2-1)^3}.$$

Aus $f''(0) = -4 < 0$ folgt, daß f in 0 ein relatives Maximum hat. Maximum und Minimum von f existieren nicht. Da die Gleichung $f''(x) = 0$ keine reelle Lösung besitzt, hat f keine Wendepunkte.

5. Für $x \in (-\infty, -1)$ und $x \in (-1, 0)$ ist $f'(x) > 0$. f ist also in diesen Intervallen streng monoton wachsend. Für $x \in (0, 1)$ und $x \in (1, 2)$ ist $f'(x) < 0$, woraus folgt, daß f in diesen Intervallen streng monoton fallend ist.

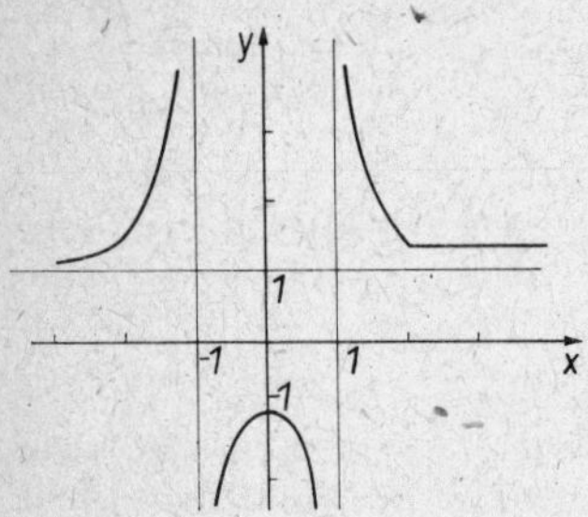

Abb. 3.8

Für $x \in (-1, +1)$ ist $f''(x) < 0$; also ist f in $(-1, +1)$ streng konvex von oben. Für $x \in (-\infty, -1)$ und $x \in (1, 2)$ ist $f''(x) > 0$. f ist also in diesen Intervallen streng konvex von unten (Abb. 3.8).

3.1.6. Differentiation von Funktionen mehrerer Variabler

3.1.6.1. Partielle Ableitungen; geometrische Interpretation

Definition: Eine Funktion f sei in einer Umgebung eines Punktes $P_0(x_1^0, \ldots, x_n^0) \in R^n$ definiert. f heißt in P_0 *partiell nach x_k differenzierbar*, wenn der Grenzwert des Differenzenquotienten

$$\lim_{x_k \to x_k^0} \frac{f(x_1^0, \ldots, x_{k-1}^0, x_k, x_{k+1}^0, \ldots, x_n^0) - f(x_1^0, \ldots, x_n^0)}{x_k - x_k^0}$$

existiert. Dieser Grenzwert heißt *partielle Ableitung von f nach x_k im Punkt P_0* und wird mit $\frac{\partial f}{\partial x_k}(x_1^0, \ldots, x_n^0)$ oder mit $f_{x_k}(x_1^0, \ldots, x_n^0)$ bezeichnet.

f heißt *in $E \subseteqq D(f)$ differenzierbar*, wenn f in jedem Punkt von E nach allen Variablen $x_1, \ldots, x_n$ partiell differenzierbar ist. f heißt in $P_0 \in D(f)$ *stetig differenzierbar*, falls f in einer Umgebung von P_0 differenzierbar ist und alle partiellen Ableitungen $\frac{\partial f}{\partial x_k}$ $(k = 1, \ldots, n)$ in P_0 stetig sind. Eine in $E \subseteqq D(f)$ differenzierbare Funktion f heißt *in E stetig differenzierbar*, wenn alle Funktionen $\frac{\partial f}{\partial x_k}$ in E stetig sind.

Die partielle Ableitung einer Funktion f nach x_k im Punkt $P_0(x_1^0, \ldots, x_n^0)$ ist also gleich der gewöhnlichen Ableitung jener Funktion der reellen Variablen x_k, die man aus f erhält, wenn man alle Variablen x_i mit $i \neq k$ gleich x_i^0 setzt.

Beispiel: 1. Die Funktion $f(x_1, x_2) = e^{x_1} \sin x_2$ mit $D(f) = R^2$ ist in R^2 differenzierbar, und es gilt für $(x_1^0, x_2^0) \in R^2$:

$$f_{x_1}(x_1^0, x_2^0) = e^{x_1^0} \sin x_2^0, \quad f_{x_2}(x_1^0, x_2^0) = e^{x_1^0} \cos x_2^0;$$

f ist in R^2 auch stetig differenzierbar.

Für $n > 1$ folgt aus der Differenzierbarkeit von f in P_0 im allgemeinen nicht die Stetigkeit von f in P_0. Die Funktion f aus Beispiel 2 in 3.1.4.2.3. ist in (0, 0) unstetig, obwohl f in (0, 0) differenzierbar ist. Es gilt: $f_{x_1}(0, 0) = f_{x_2}(0, 0) = 0$.

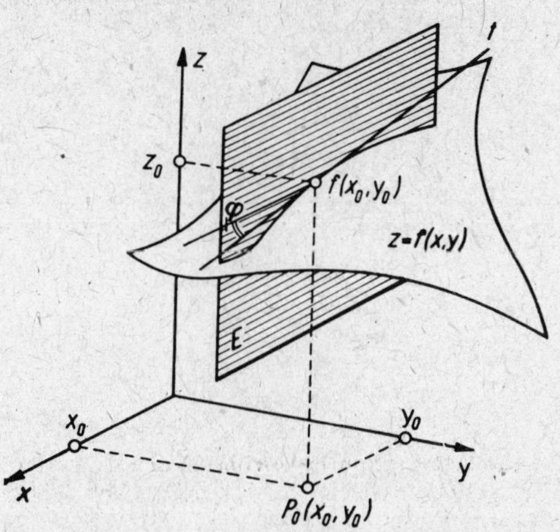

Abb. 3.9

Geometrische Interpretation der partiellen Ableitung: f sei eine Funktion von zwei Variablen, die mit x und y bezeichnet werden. x, y, z seien die kartesischen Koordinaten eines Punktes des R^3. f sei in $P_0(x_0, y_0)$ differenzierbar. Zur geometrischen Interpretation von $f_x(x_0, y_0)$ und $f_y(x_0, y_0)$ betrachtet man die zur x,z-Ebene parallele Ebene E durch $P_0(x_0, y_0)$, d. h. die Ebene $y = y_0$. Auf Grund der Definition von $f_x(x_0, y_0)$ ist diese Zahl gleich dem Anstieg $\tan \varphi$ der Tangente t an die Schnittkurve von E mit dem Bild von f, wobei φ der Winkel zwischen der Tangente t und der Schnittgeraden von E mit der x,y-Ebene sei (Abb. 3.9). Entsprechend stellt $f_y(x_0, y_0)$ den Anstieg der Tangente an die Schnittkurve der Ebene $x = x_0$ mit dem Bild von f dar.

Höhere Ableitungen:

Definition: Die Funktion f sei in der offenen Menge $E \subseteq D(f) \subseteq R^n$ partiell nach x_k differenzierbar. Dann ist f_{x_k} eine Funktion mit dem Definitionsbereich $D\left(f_{x_k}\right) = E$. f heißt in $P_0 \in E$ *zweimal nach x_k, x_l differenzierbar*, falls die Funktion f_{x_k} in P_0 partiell nach x_l differenzierbar ist.

Bezeichnung:

$$\frac{\partial^2 f}{\partial x_l \, \partial x_k}(P_0) \quad \text{oder} \quad f_{x_k x_l}(P_0).$$

Durch vollständige Induktion definiert man die *partielle Ableitung r-ter Ordnung*:

$$\frac{\partial}{\partial x_{i_r}}\left(\frac{\partial^{r-1} f}{\partial x_{i_{r-1}} \cdots \partial x_{i_1}}\right)(P_0) \overset{\text{def}}{=} \frac{\partial^r f}{\partial x_{i_r} \cdots \partial x_{i_1}}(P_0) = f_{x_{i_1} \cdots x_{i_r}}(P_0).$$

Beispiel: 2. Für die Funktion f aus Beispiel 1 gilt:

$$f_{x_1x_1}(x_1^0, x_2^0) = e^{x_1^0} \sin x_2^0,$$

$$f_{x_1x_2}(x_1^0, x_2^0) = f_{x_2x_1}(x_1^0, x_2^0) = e^{x_1^0} \cos x_2^0, \quad f_{x_2x_2}(x_1^0, x_2^0) = -e^{x_1^0} \sin x_2^0.$$

Unter gewissen Voraussetzungen kann die Reihenfolge bei der Bildung der partiellen Ableitungen einer Funktion vertauscht werden:

Satz von Schwarz: f sei in einer Umgebung $U(P_0)$ von $P_0 \in R^n$ stetig. Existieren die partiellen Ableitungen $f_{x_k}, f_{x_l}, f_{x_kx_l}$ in $U(P_0)$ und sind diese in P_0 stetig, dann existiert auch die partielle Ableitung $f_{x_lx_k}$ in P_0, und es gilt:

$$f_{x_lx_k}(P_0) = f_{x_kx_l}(P_0).$$

3.1.6.2. Totale Ableitung, totales Differential; Richtungsableitung und Gradient

Definition: Der Definitionsbereich $D(f)$ einer Funktion f enthalte eine Umgebung des Punktes $P_0(x_1^0, \ldots, x_n^0) \in D(f)$. f heißt in P_0 *total (vollständig) differenzierbar*, wenn für alle $P(x_1, \ldots, x_n) \in D(f)$ die Zerlegung

$$f(P) - f(P_0) = \sum_{k=1}^{n} f_{x_k}(P_0)(x_k - x_k^0) + d(P_0, P)\, R(P)$$

mit $\lim\limits_{P \to P_0} R(P) = 0$ gilt. Der lineare Anteil

$$df(P) \overset{\text{def}}{=} \sum_{k=1}^{n} f_{x_k}(P_0)(x_k - x_k^0)$$

des *Funktionszuwachses* $f(P) - f(P_0)$ heißt *totales (vollständiges) Differential*. Das Bild der Funktion $\tilde{f}$ mit

$$\tilde{f}(P) = f(P_0) + \sum_{k=1}^{n} f_{x_k}(P_0)(x_k - x_k^0)$$

heißt *Tangentialebene* an das Bild von f in P_0.

Ist f in P_0 total differenzierbar, so ist f in P_0 stetig und differenzierbar. Nicht jede in P_0 stetige und differenzierbare Funktion ist in P_0 auch total differenzierbar. Ist aber f in P_0 stetig differenzierbar, dann ist f in P_0 total differenzierbar.

Beispiel: 1. Die Funktion

$$f(x_1, x_2) = \begin{cases} \dfrac{x_1^2 \cdot x_2}{x_1^2 + x_2^2} & \text{für} \quad (x_1, x_2) \neq (0,0) \\ 0 & \text{für} \quad (x_1, x_2) = (0,0) \end{cases}$$

ist in R^2 stetig. Für $(x_1, x_2) \neq (0, 0)$ ist

$$f_{x_1}(x_1, x_2) = \frac{2x_1x_2^3}{(x_1^2 + x_2^2)^2}, \quad f_{x_2}(x_1, x_2) = \frac{x_1^2(x_1^2 - x_2^2)}{(x_1^2 + x_2^2)^2},$$

und für $(x_1, x_2) = (0, 0)$ gilt

$$f_{x_1}(0,0) = \lim_{x_1 \to 0} \frac{f(x_1, 0) - f(0,0)}{x_1} = 0, \quad f_{x_2}(0,0) = 0.$$

f ist also in R^2 differenzierbar. Aus

$$\lim_{n \to \infty} f_{x_1}\left(\frac{1}{n}, \frac{1}{n}\right) = \frac{1}{2} \neq f_{x_1}(0,0)$$

folgt die Unstetigkeit von f_{x_1} in (0, 0). f ist in $P_0(0, 0)$ nicht total differenzierbar, denn andernfalls müßte insbesondere für $P(x_1, x_2)$ mit $x_1 = x_2 > 0$ eine Zerlegung

$$f(x_1, x_2) - f(0, 0) = \frac{1}{2} x_1 = \sqrt{2}\, x_1 R(P)$$

mit $\lim\limits_{P \to P_0} R(P) = 0$ gelten, was aber wegen $R(P) = \dfrac{1}{2\sqrt{2}}$ nicht sein kann.

Geometrische Interpretation für das totale Differential einer Funktion zweier Variablen: x, y, z seien die kartesischen Koordinaten eines Punktes des R^3. Weiter sei $P_0(x_0, y_0)$ ein Punkt des Definitionsbereiches einer Funktion $z = f(x, y)$. Setzt man $dx = x - x_0$, $dy = y - y_0$ und $dz = z - z_0$, wobei $z_0 = f(x_0, y_0)$ und $P(x, y) \in D(f)$ seien, dann erhält man im Falle der totalen Differenzierbarkeit von f in P_0 die Zerlegungsformel:

$$f(P) - f(P_0) = df(P) + d(P, P_0)\, R(P) \text{ mit } \lim_{P \to P_0} R(P) = 0.$$

Wird senkrecht über $P(x_0 + dx, y_0 + dy)$ bzw. $P_0(x_0, y_0)$ der Funktionswert $f(P)$ bzw. $f(P_0)$ angetragen, so gelangt man zu den entsprechenden Punkten auf der Bildfläche von f. Trägt man jedoch über P nur den Näherungswert $f(P_0) + df(P)$ ab, so gelangt man gerade zu dem über P liegenden Punkt der Tangentialebene durch P_0. Das totale Differential $df(P)$ drückt also den

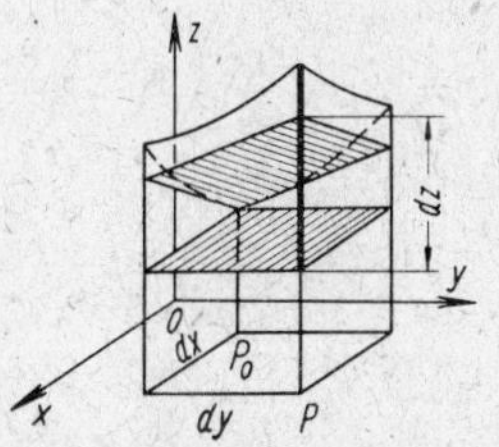

Abb. 3.10

Funktionszuwachs aus, wenn die Bildfläche von f durch die Tangentialebene in P_0 ersetzt wird (Abb. 3.10, s. 7.1.2.6.1.). Diese Approximation ist um so genauer, je kleiner $d(P_0, P)$ ist.[1])

Richtungsableitung:

Definition: f sei in einer Umgebung von $P_0(x_1^0, \ldots, x_n^0) \in R^n$ definiert. **m** sei ein Vektor des R^n der Länge 1 ($|\mathbf{m}| = 1$); die Koordinaten von **m** bezüglich eines kartesischen Koordinatensystems sind dann $m_i = \cos \alpha_i$ $(i = 1, \ldots, n)$, wobei α_i die Winkel zwischen **m** und den positiven Koordinatenachsen bezeichnen. Der Grenzwert

$$\lim_{k \to +0} \frac{1}{k} [f(x_1^0 + km_1, \ldots, x_n^0 + km_n) - f(x_1^0, \ldots, x_n^0)]$$

heißt – falls er existiert – *Richtungsableitung von f in P_0 in Richtung* **m** und wird mit $\dfrac{\partial f}{\partial m}(P_0)$ bezeichnet.

Die Richtungsableitung einer Funktion f in P_0 in Richtung **m** ist also gleich der rechtsseitigen gewöhnlichen Ableitung jener Funktion einer Variablen, die man aus f durch Einschränkung des Definitionsbereiches auf die Gerade erhält, welche durch P_0 geht und **m** als Richtungsvektor hat.

Beispiel: 2. Es seien $f(x_1, x_2) = x_1^2 + x_2^2$, $D(f) = R^2$, $P_0 = (0, 0)$ und $\mathbf{m} = \left\{\dfrac{1}{\sqrt{2}}, \dfrac{1}{\sqrt{2}}\right\}$. Dann ist

$$\frac{\partial f}{\partial m}(P_0) = \lim_{k \to 0} \frac{1}{k} \left[f\left(\frac{k}{\sqrt{2}}, \frac{k}{\sqrt{2}}\right) - f(0, 0) \right] = \lim_{k \to 0} k = 0.$$

[1]) Wegen dieser Eigenschaft wird das totale Differential bei der Fehlerrechnung (s. 2.1.2.2.) benutzt.

Satz: Ist f in einer Umgebung von P_0 definiert und in P_0 stetig differenzierbar, dann existiert die Richtungsableitung von f in P_0 bezüglich eines beliebigen Einheitsvektors **m**, und es gilt:

$$\frac{\partial f}{\partial m}(P_0) = \sum_{k=1}^{n} f_{x_k}(P_0)\cos\alpha_k .$$

Definition: Ist f in P_0 differenzierbar, dann heißt der Vektor

$$\left(f_{x_1}(P_0), f_{x_2}(P_0), \dots, f_{x_n}(P_0)\right)$$

Gradient von f in P_0 und wird mit $\mathbf{grad}\, f(P_0)$ bezeichnet.

Folgerung: Ist f in einer Umgebung von P_0 definiert und in P_0 stetig differenzierbar, dann gilt:

$$\frac{\partial f}{\partial m}(P_0) = \mathbf{grad}\, f(P_0)\cdot \mathbf{m}.$$

Ist **m** insbesondere ein Tangenteneinheitsvektor zur Niveaufläche $f(x_1, \dots, x_n) = \text{const}$, so folgt:

$$\frac{\partial f}{\partial m}(P_0) = 0 = \mathbf{grad}\, f(P_0)\cdot \mathbf{m}.$$

Ferner gilt stets:

$$\frac{\partial f}{\partial m}(P_0) = |\mathbf{grad}\, f(P_0)| \cos(\mathbf{grad}\, f(P_0), \mathbf{m}).$$

Damit erhält man:

Folgerung: 1. Der Gradient von f steht senkrecht auf der Niveaufläche von f.

2. Die Richtung des Gradienten ist die Richtung des stärksten Anstieges von f (d. h. die Richtung mit der größten Richtungsableitung).

Beispiel: 3. Es sei $f(x_1, x_2, x_3) = \dfrac{1}{r}$ mit $r = \sqrt{x_1^2 + x_2^2 + x_3^2}$, $D(f) = R^3 \setminus (0, 0, 0)$ (Newtonsches Potential eines rotationssymmetrischen Kraftfeldes). Es ist $\mathbf{grad}\, f(P) = -\dfrac{1}{r^3}(x_1, x_2, x_3)$. Die Niveauflächen sind Kugeln mit dem Mittelpunkt (0, 0, 0). Die Richtungsableitung von f in $P(x_1, x_2, x_3)$ in Richtung **m** ist $\dfrac{\partial f}{\partial m}(P) = -\dfrac{1}{r^3}\left(\sum_{i=1}^{3} x_i \cos\alpha_i\right)$.

4. Für die Funktion f aus Beispiel 2 in 3.1.4.2.3. existiert im Punkt $P_0(0, 0)$ jede beliebige Richtungsableitung, obwohl f in P_0 unstetig ist.

3.1.6.3. Sätze über differenzierbare Funktionen mehrerer Variabler

Verallgemeinerte Kettenregel: Die Funktion f mit $D(f) \subseteq R^n$ sei in $P_0(x_1^0, \dots, x_n^0)$ total differenzierbar. $\varphi_1, \dots, \varphi_n$ seien n in $(a, b) \subset \mathsf{R}$ definierte und in $t_0 \in (a, b)$ differenzierbare Funktionen einer Variablen mit $x_i^0 = \varphi_i(t_0)$ $(i = 1, 2, \dots, n)$. Dann ist die aus f und $\varphi_1, \dots, \varphi_n$ zusammengesetzte Funktion (s. 3.1.4.2.3.) in t_0 differenzierbar, und ihre Ableitung ist

$$\left.\frac{\mathrm{d}f[\varphi_1(t), \dots, \varphi_n(t)]}{\mathrm{d}t}\right|_{t=t_0} = \sum_{i=1}^{n} f_{x_i}(x_1^0, \dots, x_n^0)\,\varphi_i'(t_0).$$

Beispiel: 1. Die Funktion $f(x_1, x_2)$ sei in R^2 stetig differenzierbar. Ferner seien $x_1 = \varphi_1(t) = r\cos t$, $x_2 = \varphi_2(t) = r\sin t$ mit $r = \text{const}$. Die zusammengesetzte Funktion $F(t) = f(r\cos t, r\sin t)$ hat die Ableitung:

$$F'(t) = r[-f_{x_1}(r\cos t, r\sin t)\sin t + f_{x_2}(r\cos t, r\sin t)\cos t].$$

Implizite Differentiation: Ist die Funktion $F(x, y)$ in einem Gebiet $E \subseteq R^2$ stetig differenzierbar und existiert eine in (a, b) definierte Funktion $y = f(x)$, so daß für alle $x \in (a, b)$ die Gleichung $F(x, f(x)) = 0$ erfüllt ist (s. 3.1.6.4.)[1]), dann ist f in (a, b) differenzierbar, und es gilt:

$$\forall x \in (a, b): F_x(x, f(x)) + F_y(x, f(x)) f'(x) = 0.$$

Ist darüber hinaus $F_y(x, f(x)) \neq 0$, so folgt:

$$f'(x) = -\frac{F_x[x, f(x)]}{F_y[x, f(x)]}.$$

Beispiel: 2. Durch die Gleichung

$$F(x, y) = x^3 + e^y = 0, \quad x < 0, \quad y \in \mathbf{R},$$

wird die Funktion $y = f(x) = 3 \ln(-x)$ implizit definiert. Zur Bestimmung von $f'(x)$ braucht die Gleichung $F(x, y) = 0$ nicht nach y aufgelöst zu werden, sondern man differenziert $F(x, f(x)) = 0$ implizit nach x und erhält

$$3x^2 + e^y \cdot f'(x) = 0 \quad \text{und hieraus:} \quad f'(x) = \frac{3}{x}.$$

3. Es sei $F(x, y) = x - \sin y$, $y \in \left(-\frac{\pi}{2}, +\frac{\pi}{2}\right)$, $-1 < x < +1$. Die Auflösung der Gleichung $F(x, y) = 0$ nach y ergibt $y = f(x) = \arcsin x$. Man erhält durch implizite Differentiation: $1 - \cos y f'(x) = 0$, also

$$f'(x) = \frac{1}{\cos y} = \frac{1}{\sqrt{1 - x^2}}.$$

Satz von Taylor für Funktionen zweier Variabler:

Die Funktion f mit $D(f) \subseteq R^2$ sei in

$$E = \{(x, y) \in R^2 \mid (x - x_0)^2 + (y - y_0)^2 < \delta, \delta > 0\}$$

$(r + 1)$-mal stetig differenzierbar. Dann gilt für alle $(x, y) \in E$:

$$f(x, y) = \sum_{k=0}^{r} \frac{1}{k!} \left(\left\{ (x - x_0) \frac{\partial}{\partial x} + (y - y_0) \frac{\partial}{\partial y} \right\}^k f \right) (x_0, y_0) + R_r(x, y).$$

Dabei ist

$$R_r(x, y) = \frac{1}{(r+1)!} \left(\left\{ (x - x_0) \frac{\partial}{\partial x} + (y - y_0) \frac{\partial}{\partial y} \right\}^{r+1} f \right) (x_0 + \vartheta(x - x_0), y_0 + \vartheta(y - y_0)),$$

$\vartheta \in (0, 1)$ und

$$\left\{ (x - x_0) \frac{\partial}{\partial x} + (y - y_0) \frac{\partial}{\partial y} \right\}^k f \overset{\text{def}}{=} \sum_{i=1}^{k} \binom{k}{i} (x - x_0)^i (y - y_0)^{k-i} \frac{\partial^k f}{\partial x^i \partial y^{k-i}}.$$

$R_r(x, y)$ heißt (*Lagrangsches*) *Restglied* der *Taylorentwicklung* von f.

Gilt für $(x, y) \in E$: $\lim_{r \to \infty} R_r(x, y) = 0$, so kann man die Taylorentwicklung von f benutzen, um in einer Umgebung von (x_0, y_0) die Funktion f durch ein Polynom r-ten Grades zu approximieren. Der Satz kann leicht auf Funktionen von mehr als zwei Variablen verallgemeinert werden. Für $r = 0$ reduziert sich der Taylorsche Satz auf den Mittelwertsatz der Differentialrechnung für Funktionen mehrerer Variablen.

Folgerung: Ist f in einem Gebiet $E \subseteq D(f) \subseteq R^2$ stetig differenzierbar und gilt für alle $(x, y) \in E$: $f_x(x, y) = f_y(x, y) = 0$, dann ist f eine Konstante.

---

[1]) Man sagt in diesem Fall, daß f *implizit* durch $F(x, y)$ gegeben ist (s. 3.1.6.4.).

Beispiel: 4. Entwickelt man die Funktion $f(x, y) = \sin x \cdot \sin y$ an der Stelle $(x_0, y_0) = (0, 0)$ bis zum Restglied $R_3(x, y)$, so erhält man:

$$\sin x \sin y = x \cdot y + R_3(x, y)$$

mit

$$R_3(x, y) = -\tfrac{1}{6}[(x^3 + 3xy^2) \cos \vartheta x \sin \vartheta y + (3x^2y + y^3) \sin \vartheta x \cos \vartheta y], \quad 0 < \vartheta < 1.$$

Aus $|\cos \vartheta x| \leqq 1$, $|\sin \vartheta x| \leqq 1$ folgt unter Beachtung der Dreiecksungleichung:

$$|R_3(x, y)| \leqq \tfrac{1}{6} (|x| + |y|)^3.$$

Für „kleine" Werte von $(|x| + |y|)$ verhält sich also die Funktion $f(x, y)$ wie die Funktion $\tilde{f}(x, y) = x \cdot y$. Das Bild von $\tilde{f}$ ist ein hyperbolisches Paraboloid.

3.1.6.4. Differenzierbare Abbildungen aus dem R^n in den R^m; Funktionaldeterminanten; implizite Funktionen; Auflösungssätze

In einem Gebiet $G \subseteqq R^n$ seien m Funktionen $f_1, \ldots, f_m$ definiert. Schreibt man zur Abkürzung: $\mathbf{f}(\mathbf{x}) = (f_1(x_1, \ldots, x_n), \ldots, f_m(x_1, \ldots, x_n))$, so wird durch $P \to \mathbf{f}(P)$ für $P \in G$ eine Funktion $\mathbf{f}$ mit $D(\mathbf{f}) = G$ und $W(\mathbf{f}) \subseteqq R^m$ definiert. $\mathbf{f}$ heißt stetig bzw. differenzierbar in G, wenn die Funktionen f_i $(i = 1, \ldots, n)$ in allen Punkten aus G stetig bzw. differenzierbar sind.

Definition: Die Funktion $\mathbf{f}$ sei in einem Gebiet $G \subseteqq R^n$ definiert und in $P_0(x_1^0, \ldots, x_n^0) \in G$ differenzierbar. Die (n, m)-Matrix

$$\left(\frac{\partial f_i}{\partial x_k}\right)(P_0) \overset{\text{def}}{=} \begin{pmatrix} \dfrac{\partial f_1}{\partial x_1} & \cdots & \dfrac{\partial f_m}{\partial x_1} \\ \vdots & & \vdots \\ \dfrac{\partial f_1}{\partial x_n} & \cdots & \dfrac{\partial f_m}{\partial x_n} \end{pmatrix}(P_0)$$

heißt *Funktionalmatrix* von $\mathbf{f}$ im Punkt P_0. Im Fall $m = n$ heißt ihre Determinante

$$\frac{\partial(f_1, \ldots, f_n)}{\partial(x_1, \ldots, x_n)} \overset{\text{def}}{=} \det \left(\frac{\partial f_i}{\partial x_k}\right)$$

Funktionaldeterminante oder *Jacobische Determinante* von $\mathbf{f}$ in P_0.

Beispiel: 1. Die Funktionaldeterminante von

$$f_1(x_1, x_2) = x_1^2 - x_2^2, \quad f_2(x_1, x_2) = 2x_1x_2$$

ist

$$\frac{\partial(f_1, f_2)}{\partial(x_1, x_2)}(x_1^0, x_2^0) = 4[(x_1^0)^2 + (x_2^0)^2].$$

Satz: 1. Wird ein Gebiet $G \subseteqq R^n$ durch eine auf G stetig differenzierbare Funktion $\mathbf{f}$ auf $G' \subseteqq R^n$ abgebildet und ist für alle $P \in G$: $\dfrac{\partial(f_1, \ldots, f_n)}{\partial(x_1, \ldots, x_n)}(P) \neq 0$, dann ist auch G' ein Gebiet.

2. $\mathbf{f}$ sei eine auf einem Gebiet $G \subseteqq R^n$ stetig differenzierbare Funktion. In $P_0 \in G$ sei

$$\frac{\partial(f_1, \ldots, f_n)}{\partial(x_1, \ldots, x_n)}(P_0) \neq 0.$$

Dann gibt es eine Umgebung $U(P_0)$ von P_0, die durch $\mathbf{f}$ eineindeutig auf eine Umgebung V von $\mathbf{f}(P_0)$ abgebildet wird. Auf V ist die inverse Funktion $\mathbf{f}^{-1}$ stetig differenzierbar.[1]

Dieser Satz besagt also, daß das Gleichungssystem

$$y_i = f_i(x_1, \ldots, x_n) \quad (i = 1, \ldots, n)$$

[1] Durch diesen Satz wird nur die lokale Umkehrbarkeit zum Ausdruck gebracht. $\mathbf{f}$ braucht nicht auf G eineindeutig zu sein.

in einer gewissen Umgebung eines Punktes, in dem die Funktionaldeterminante ungleich null ist, nach den $x_1, \ldots, x_n$ auflösbar ist, d. h., es gibt stetig differenzierbare Funktionen $g_1, \ldots, g_n$ mit

$$x_i = g_i(y_1, \ldots, y_n) \quad (i = 1, \ldots, n).$$

Beispiel: 2. Durch das Gleichungssystem

$$y_1 = f_1(r, \varphi) = r \cos \varphi, \; y_2 = f_2(r, \varphi) = r \sin \varphi$$

wird eine Abbildung von $G = \{(r, \varphi) \mid r > 0, \varphi \in [0, 2\pi)\} \subset R^2$ auf $R^2 \setminus \{0, 0\}$ definiert. Die Funktionen f_1, f_2 sind in G stetig differenzierbar, und es gilt:

$$\frac{\partial(f_1, f_2)}{\partial(r, \varphi)} = \begin{vmatrix} \cos \varphi & \sin \varphi \\ -r \sin \varphi & r \cos \varphi \end{vmatrix} = r.$$

Wegen $r > 0$ ist das obige Gleichungssystem in einer gewissen Umgebung eines beliebigen Punktes aus G nach r, φ auflösbar. Man erhält:

$$r = g_1(y_1, y_2) = \sqrt{y_1^2 + y_2^2},$$

$$\varphi = g_2(y_1, y_2) = \begin{cases} \arctan \dfrac{y_2}{y_1} & \text{für} \quad y_1 \neq 0, \\ \dfrac{\pi}{2} & \text{für} \quad y_1 = 0, \quad y_2 > 0, \\ -\dfrac{\pi}{2} & \text{für} \quad y_1 = 0, \quad y_2 < 0. \end{cases}$$

Man überlegt sich leicht, daß diese Auflösungsformeln für alle Punkte aus G gelten. Die durch $y_i = f_i(r, \varphi)$ $(i = 1, 2)$ vermittelte Abbildung von G auf $R^2 \setminus \{0, 0\}$ ist folglich eineindeutig. Jeder Punkt $P(y_1, y_2) \in R^2 \setminus \{0, 0\}$ kann also durch die Zahlen r und φ charakterisiert werden. r, φ heißen *Polarkoordinaten* von P.

Multiplikationssatz für Funktionaldeterminanten:

Die Funktionen $f_1, \ldots, f_n$ mit den Funktionsgleichungen $y_i = f_i(x_1, \ldots, x_n)$ $(i = 1, \ldots, n)$ und die Funktionen $g_1, \ldots, g_n$ mit den Funktionsgleichungen $x_i = g_i(z_1, \ldots, z_n)$ seien differenzierbar. Dann sind die durch die Funktionsgleichungen

$$F_i(z_1, \ldots, z_n) = f_i[g_1(z_1, \ldots, z_n), \ldots, g_n(z_1, \ldots, z_n)] \quad (i = 1, \ldots, n)$$

definierten Funktionen $F_1, \ldots, F_n$ differenzierbar, und es gilt für die entsprechenden Funktionaldeterminanten:

$$\frac{\partial(F_1, \ldots, F_n)}{\partial(z_1, \ldots, z_n)} = \frac{\partial(f_1, \ldots, f_n)}{\partial(x_1, \ldots, x_n)} \cdot \frac{\partial(g_1, \ldots, g_n)}{\partial(z_1, \ldots, z_n)}.$$

Definition: Die Funktionen $f_1, \ldots, f_m$ heißen in $G \subseteqq D(f) \subseteqq R^n$ abhängig, wenn es eine Funktion F mit $D(F) \subseteqq R^m$ gibt, die in keinem Teilgebiet von $D(F)$ gleich null ist und für die die *Abhängigkeitsrelation*

$$\forall (x_1, \ldots, x_n) \in G: F[f_1(x_1, \ldots, x_n), \ldots, f_m(x_1, \ldots, x_n)] = 0$$

gilt.

Der folgende Satz liefert ein Kriterium dafür, wann ein gegebenes System stetig differenzierbarer Funktionen abhängig ist:

Satz: Die Funktionen $f_1, \ldots, f_m$ seien in einem beschränkten Gebiet G stetig differenzierbar. Dann gelten die folgenden Aussagen:

1. Im Falle $m > n$ sind $f_1, \ldots, f_m$ stets abhängig.

2. Für $m = n$ sind $f_1, \ldots, f_n$ in G genau dann abhängig, wenn die Funktionaldeterminante $\dfrac{\partial(f_1, \ldots, f_n)}{\partial(x_1, \ldots, x_n)}$ in G verschwindet.

3. Für $m < n$ sind $f_1, \ldots, f_m$ in G abhängig, falls der Rang der Funktionalmatrix $\left(\frac{\partial f_i}{\partial x_k}\right)$ in G konstant und kleiner als m ist.

Beispiel: 3. Die Funktionen

$$f_1(x_1, x_2) = e^{x_1+x_2}, \; f_2(x_1, x_2) = e^{x_1-x}$$

sind wegen

$$\frac{\partial(f_1, f_2)}{\partial(x_1, x_2)}(x_1, x_2) = -2e^{2x_1} \neq 0$$

in jedem beschränkten Gebiet des R^2 unabhängig.

4. Die Funktionen

$$f_1(x_1, x_2) = \sin(x_1 - x_2), \quad f_2(x_1, x_2) = \cos(x_1 - x_2)$$

sind in R^2 wegen

$$\sin^2(x_1 - x_2) + \cos^2(x_1 - x_2) - 1 = 0$$

abhängig. Für alle $(x_1, x_2) \in R^2$ gilt:

$$\frac{\partial(f_1, f_2)}{\partial(x_1, x_2)}(x_1, x_2) = 0.$$

Implizit definierte Funktionen einer reellen Variablen:

In einem Gebiet G der x,y-Ebene sei eine Funktion F definiert. Es soll untersucht werden, wann die durch $F(x, y) = 0$ definierte Niveaulinie von F die Bildkurve einer Funktion f mit der Funktionsgleichung $y = f(x)$ ist. In diesem Fall gilt für alle $x \in D(f)$: $F(x, f(x)) = 0$. Man sagt, die Funktion f sei *implizit* durch die Gleichung $F(x, y) = 0$ gegeben. In diesem Fall sagt man auch: Die Gleichung $F(x, y) = 0$ ist eindeutig *nach y auflösbar*. Möglicherweise ist $F(x, y) = 0$ nicht global, d. h. für alle $(x, y) \in M = \{(x, y) \mid F(x, y) = 0\}$, sondern nur lokal, d. h. in einer gewissen Umgebung eines Punktes aus M auflösbar.

Beispiel: 5. Die durch $F(x, y) = x^2 + y^2 - 1 = 0$ definierte Niveaulinie der x,y-Ebene ist der Einheitskreis, der nicht die Bildkurve einer Funktion $y = f(x)$ sein kann. $F(x, y) = 0$ ist also nicht global auflösbar. Der obere Halbkreis ist aber die Bildkurve der Funktion $y = f_1(x) = \sqrt{1 - x^2}$. Die Gleichung $F(x, y) = 0$ ist also für $y \geqq 0$ nach y auflösbar. $F(x, y) = 0$ ist auch für $y \leqq 0$ nach y auflösbar. Die auf diese Weise implizit definierte Funktion ist dann $y = f_2(x) = -\sqrt{1 - x^2}$. Das Bild von f_2 ist der untere Halbkreis.

Satz: Die Funktion F und ihre partielle Ableitung F_y seien in einem Gebiet $G \subseteqq R^2$ stetig. Für $(x_0, y_0) \in G$ sei $F(x_0, y_0) = 0$. Ferner sei $F_y(x_0, y_0) \neq 0$. Dann gibt es genau eine Funktion f mit der Gleichung $y = f(x)$, die in einer Umgebung $U(x_0)$ von x_0 definiert ist und für die gilt:

$$f(x_0) = y_0, \qquad \forall x \in U(x_0): \; F(x, f(x)) = 0.$$

Ist F in G k-mal stetig differenzierbar, dann ist auch f k-mal stetig differenzierbar (s. auch 3.1.6.3.). (Die entsprechende Aussage gilt für die Auflösung von $F(x, y) = 0$ nach x.)

Folgerung: Ist $\mathbf{grad}\, F(P_0) \neq 0$, so geht durch P_0 genau eine Niveaulinie von F.

Beispiel: 6. Die Gleichung $F(x, y) = x\,e^y - y\,e^x + x = 0$ ist in einer Umgebung von $(0, 0)$ nach y auflösbar, denn F ist in R^2 stetig differenzierbar, und es gilt $F_y(0, 0) = -1 \neq 0$. Die (explizite) Lösung $y = f(x)$ dieser Gleichung kann jedoch nicht angegeben werden. Dennoch kann man nach 3.1.6.3. die Ableitung von f in $x_0 = 0$ bestimmen. Es ist $f'(0) = -\dfrac{F_x(0, 0)}{F_y(0, 0)} = 2.$

Allgemeiner Auflösungssatz

In einem Gebiet $G \subseteq R^{n+m}$ seien m Funktionen $F_1, \dots, F_m$ von $n + m$ Variablen $x_1, \dots, x_n$; $y_1, \dots, y_m$ mit den folgenden Funktionsgleichungen gegeben:

$$z_i = F_i(x_1, \dots, x_n; y_1, \dots, y_m) \quad (i = 1, \dots, m).$$

Über die Auflösbarkeit des Gleichungssystems

$$F_i(x_1, \dots, x_n; y_1, \dots, y_m) = 0 \quad (i = 1, \dots, m)$$

nach $y_1, \dots, y_m$ gibt der folgende Satz Auskunft:

Satz: Die Funktionen F_i seien in einer Umgebung U von $P_0(x_1^0, \dots, x_n^0; y_1^0, \dots, y_m^0) \in G$ stetig und nach $y_1, \dots, y_m$ stetig differenzierbar. Ferner sei

$$F_i(P_0) = 0 \quad (i = 1, \dots, m) \quad \text{und} \quad \frac{\partial(F_1, \dots, F_m)}{\partial(y_1, \dots, y_m)}(P_0) \neq 0.$$

Dann gibt es genau ein in einer Umgebung V von $Q_0(x_1^0, \dots, x_n^0) \in R^n$ definiertes System stetiger Funktionen $f_1, \dots, f_m$ mit dem Gleichungssystem

$$y_i = f_i(x_1, \dots, x_n) \quad (i = 1, \dots, m),$$

für die gilt:

$$y_i^0 = f_i(x_1^0, \dots, x_n^0) \quad (i = 1, \dots, m)$$

$$\forall (x_1, \dots, x_n) \in V: \quad F_i[x_1, \dots, x_n; f_1(x_1, \dots, x_n), \dots, f_m(x_1, \dots, x_n)] = 0.$$

Sind die F_i k-mal stetig differenzierbar, so sind auch die f_i k-mal stetig differenzierbar.

Sind die Gleichungen $F_i(x_1, \dots, x_n; y_1, \dots, y_m) = 0$ nach $y_1, \dots, y_m$ auflösbar, dann sagt man, daß durch dieses Gleichungssystem die Funktion $\mathbf{f} = (f_1, \dots, f_m)$ mit $D(\mathbf{f}) = U \subseteq R^n$ und $W(\mathbf{f}) \subseteq R^m$ *implizit* definiert werde.

Falls die Voraussetzungen des obigen Satzes erfüllt und die F_i darüber hinaus stetig differenzierbar sind, kann man mit Hilfe der verallgemeinerten Kettenregel die Ableitungen $\frac{\partial f_i}{\partial x_r}$ $(i = 1, \dots, m;\ r = 1, \dots, n)$ bestimmen. Man erhält für ein beliebiges $r \in \{1, \dots, n\}$:

$$0 = \frac{\partial F_i}{\partial x_r} + \sum_{k=1}^{m} \frac{\partial F_i}{\partial y_k} \frac{\partial f_k}{\partial x_r} \quad (i = 1, \dots, m).$$

Die Koeffizientendeterminante dieses linearen Gleichungssystems für die m Unbekannten $\frac{\partial f_k}{\partial x_r}$ $(k = 1, \dots, m)$ ist die Funktionaldeterminante $\frac{\partial(F_1, \dots, F_m)}{\partial(y_1, \dots, y_m)}$, die nach Voraussetzung in einer Umgebung von P_0 ungleich null ist. In dieser Umgebung ist folglich das lineare Gleichungssystem eindeutig nach den $\frac{\partial f_k}{\partial x_r}$ $(k = 1, \dots, m)$ auflösbar.

3.1.6.5. Variablensubstitutionen in Differentialausdrücken

I. Ist f eine Funktion einer Variablen mit der Gleichung $y = f(x)$, so macht es sich bei einer Variablentransformation $x = \varphi(t)$ oft erforderlich, die Ableitungen $\frac{d^n f}{dx^n}$ $(n = 1, 2, 3, \dots)$ durch die Ableitungen der Funktionen $f \circ \varphi$ und φ nach t auszudrücken. Für die ersten drei Ableitungen erhält man nach der Kettenregel die folgenden Formeln, in denen für f und $f \circ \varphi$ kurz y geschrieben wird[1]):

$$\frac{dy}{dx} = \frac{1}{\varphi'(t)} \frac{dy}{dt}, \quad \frac{d^2y}{dx^2} = \frac{1}{[\varphi'(t)]^3} \left\{\varphi'(t) \frac{d^2y}{dt^2} - \varphi''(t) \frac{dy}{dt}\right\},$$

$$\frac{d^3y}{dx^3} = \frac{1}{[\varphi'(t)]^5} \left\{[\varphi'(t)]^2 \frac{d^3y}{dt^3} - 3\varphi'(t)\,\varphi''(t) \frac{d^2y}{dt^2} + [3(\varphi''(t))^2 - \varphi'(t)\,\varphi'''(t)] \frac{dy}{dt}\right\}.$$

Wird die abhängige Variable y mittels $y = \varphi(u)$ durch u ersetzt, so erhält man:

$$\frac{dy}{dx} = \varphi'(u) \frac{du}{dx}, \quad \frac{d^2y}{dx^2} = \varphi'(u) \frac{d^2u}{dx^2} + \varphi''(u) \left(\frac{du}{dx}\right)^2,$$

$$\frac{d^3y}{dx^3} = \varphi'(u) \frac{d^3u}{dx^3} + 3\varphi''(u) \frac{du}{dx} \cdot \frac{d^2u}{dx^2} + \varphi'''(u) \left(\frac{du}{dx}\right)^3, \ldots$$

Ersetzt man x und y mittels $x = \varphi(t, u)$, $y = \psi(t, u)$ durch t und u, so gelten die Formeln:

$$\frac{dy}{dx} = \frac{\dfrac{\partial\psi}{\partial t} + \dfrac{\partial\psi}{\partial u} \cdot \dfrac{du}{dt}}{\dfrac{\partial\varphi}{\partial t} + \dfrac{\partial\varphi}{\partial u} \cdot \dfrac{du}{dt}},$$

$$\frac{d^2y}{dx^2} = \frac{d}{dx}\left(\frac{dy}{dx}\right) = \frac{d}{dx}\left[\frac{\dfrac{\partial\psi}{\partial t} + \dfrac{\partial\psi}{\partial u} \cdot \dfrac{du}{dt}}{\dfrac{\partial\varphi}{\partial t} + \dfrac{\partial\varphi}{\partial u} \cdot \dfrac{du}{dt}}\right]$$

$$= \frac{1}{\dfrac{\partial\varphi}{\partial t} + \dfrac{\partial\varphi}{\partial u} \cdot \dfrac{du}{dt}} \frac{d}{dt}\left[\frac{\dfrac{\partial\psi}{\partial t} + \dfrac{\partial\psi}{\partial u} \cdot \dfrac{du}{dt}}{\dfrac{\partial\varphi}{\partial t} + \dfrac{\partial\varphi}{\partial u} \cdot \dfrac{du}{dt}}\right].$$

Beispiel: 1. Die kartesischen Koordinaten x, y sind mit den Polarkoordinaten ϱ, φ durch die Formeln

$$x = \varrho \cos\varphi, \qquad y = \varrho \sin\varphi$$

verknüpft. Man erhält für diesen Spezialfall:

$$\frac{dy}{dx} = \frac{\varrho' \sin\varphi + \varrho \cos\varphi}{\varrho' \cos\varphi - \varrho \sin\varphi}, \quad \frac{d^2y}{dx^2} = \frac{\varrho^2 + 2\varrho'^2 - \varrho\varrho''}{(\varrho' \cos\varphi - \varrho \sin\varphi)^3}$$

mit

$$\varrho' \overset{\text{def}}{=} \frac{d\varrho}{d\varphi}, \quad \varrho'' \overset{\text{def}}{=} \frac{d^2\varrho}{d\varphi^2}.$$

II. Ist eine Funktion f zweier Variabler durch die Gleichung $\omega = f(x, y)$ gegeben, dann hängen bei einer Variablensubstitution

$$x = \varphi(u, v), \; y = \psi(u, v)$$

die partiellen Ableitungen $\dfrac{\partial\omega}{\partial x}$, $\dfrac{\partial\omega}{\partial y}$ mit den partiellen Ableitungen $\dfrac{\partial\omega}{\partial u}$, $\dfrac{\partial\omega}{\partial v}$ wie folgt miteinander zusammen:

$$\frac{\partial\omega}{\partial u} = \frac{\partial\omega}{\partial x} \frac{\partial\varphi}{\partial u} + \frac{\partial\omega}{\partial y} \frac{\partial\psi}{\partial u}, \quad \frac{\partial\omega}{\partial v} = \frac{\partial\omega}{\partial x} \frac{\partial\varphi}{\partial v} + \frac{\partial\omega}{\partial y} \frac{\partial\psi}{\partial v},$$

---

[1]) In den folgenden Formeln sollen alle Funktionen als hinreichend oft differenzierbar vorausgesetzt werden.

woraus

$$\frac{\partial \omega}{\partial x} = A\frac{\partial \omega}{\partial u} + B\frac{\partial \omega}{\partial v}, \quad \frac{\partial \omega}{\partial y} = C\frac{\partial \omega}{\partial u} + D\frac{\partial \omega}{\partial v}$$

folgt; hierbei sind A, B, C und D Funktionen von u und v. Die zweiten partiellen Ableitungen berechnet man nach den gleichen Formeln, doch wendet man sie nicht auf ω, sondern auf deren partielle Ableitungen $\frac{\partial \omega}{\partial x}$ und $\frac{\partial \omega}{\partial y}$ an, z. B. ist

$$\frac{\partial^2 \omega}{\partial x^2} = \frac{\partial}{\partial x}\left(\frac{\partial \omega}{\partial x}\right) = \frac{\partial}{\partial x}\left(A\frac{\partial \omega}{\partial u} + B\frac{\partial \omega}{\partial v}\right)$$

$$= A\left(A\frac{\partial^2 \omega}{\partial u^2} + B\frac{\partial^2 \omega}{\partial u\,\partial v} + \frac{\partial A}{\partial u}\frac{\partial \omega}{\partial u} + \frac{\partial B}{\partial u}\frac{\partial \omega}{\partial v}\right)$$

$$+ B\left(A\frac{\partial^2 \omega}{\partial u\,\partial v} + B\frac{\partial^2 \omega}{\partial v^2} + \frac{\partial A}{\partial v}\frac{\partial \omega}{\partial u} + \frac{\partial B}{\partial v}\frac{\partial \omega}{\partial v}\right).$$

In der gleichen Weise berechnet man die höheren Ableitungen.

Beispiel: 2. Man drücke den Laplaceschen Operator (s. 3.3.2.3.4.)

$$\Delta\omega = \frac{\partial^2 \omega}{\partial x^2} + \frac{\partial^2 \omega}{\partial y^2}$$

in Polarkoordinaten $x = \varrho \cos\varphi$, $y = \varrho \sin\varphi$ aus.

Es gilt:

$$\frac{\partial \omega}{\partial \varrho} = \frac{\partial \omega}{\partial x}\cos\varphi + \frac{\partial \omega}{\partial y}\sin\varphi, \quad \frac{\partial \omega}{\partial \varphi} = -\frac{\partial \omega}{\partial x}\varrho\sin\varphi + \frac{\partial \omega}{\partial y}\varrho\cos\varphi,$$

woraus

$$\frac{\partial \omega}{\partial x} = \cos\varphi\frac{\partial \omega}{\partial \varrho} - \frac{\sin\varphi}{\varrho}\frac{\partial \omega}{\partial \varphi}, \quad \frac{\partial \omega}{\partial y} = \sin\varphi\frac{\partial \omega}{\partial \varrho} + \frac{\cos\varphi}{\varrho}\frac{\partial \omega}{\partial \varphi};$$

$$\frac{\partial^2 \omega}{\partial x^2} = \cos\varphi\frac{\partial}{\partial \varrho}\left(\cos\varphi\frac{\partial \omega}{\partial \varrho} - \frac{\sin\varphi}{\varrho}\frac{\partial \omega}{\partial \varphi}\right)$$

$$- \frac{\sin\varphi}{\varrho}\frac{\partial}{\partial \varphi}\left(\cos\varphi\frac{\partial \omega}{\partial \varrho} - \frac{\sin\varphi}{\varrho}\frac{\partial \omega}{\partial \varphi}\right)$$

folgt. Analog berechnet man $\frac{\partial^2 \omega}{\partial y^2}$ und erhält

$$\Delta\omega = \frac{\partial^2 \omega}{\partial \varrho^2} + \frac{1}{\varrho^2}\frac{\partial^2 \omega}{\partial \varphi^2} + \frac{1}{\varrho}\frac{\partial \omega}{\partial \varrho}.$$

Für Funktionen mit mehr als zwei Veränderlichen lassen sich die Substitutionsformeln ähnlich gewinnen.

3.1.6.6. Relative Extrema für Funktionen mehrerer Variabler

Definition: Eine Funktion f sei in einem Gebiet $G \subseteqq R^n$ definiert, und es sei $P_0 \in G$. $f(P_0)$ heißt *relatives Minimum* bzw. *relatives Maximum* von f in G genau dann, wenn es eine Umgebung $U(P_0) \subseteqq G$ von P_0 gibt, so daß für alle $P \in U(P_0) \setminus \{P_0\}$ gilt:

$$f(P) > f(P_0) \quad \text{bzw.} \quad f(P) < f(P_0).$$

Ein relatives Minimum oder relatives Maximum von f heißt *relativer* (*lokaler*) *Extremwert* von f in G.

Ein relativer Extremwert von f in P_0 ist ein Extremwert von f in einer gewissen Umgebung von P_0, der im allgemeinen nicht mit dem Minimum bzw. Maximum von f auf G zusammenfällt.

Beispiel: 1. Die Funktion $f(x_1, x_2) = x_1^2 + x_2^2$ hat in (0, 0) das relative Minimum $f(0, 0) = 0$, das mit dem Minimum von f in R^2 zusammenfällt.

Notwendige Bedingung für die Existenz eines relativen Extremwertes:

Ist $f(P_0)$ ein relativer Extremwert einer in einer Umgebung $U(P_0)$ von P_0 differenzierbaren Funktion f, dann gilt: $f_{x_i}(P_0) = 0$ $(i = 1, \ldots, n)$.

Beispiele: 2. Für $f(x_1, x_2) = x_1^2 + x_2^2$ gilt: $f_{x_1}(0, 0) = f_{x_2}(0, 0) = 0$ (s. Beispiel 1).

3. Die Funktion $f(x_1, x_2) = x_1 \cdot x_2$, $D(f) = R^2$ hat in (0, 0) kein relatives Extremum, obwohl die Gleichungen $f_{x_1}(0, 0) = f_{x_2}(0, 0) = 0$ erfüllt wird.

Hinreichende Bedingung für die Existenz eines relativen Extremwertes:

Die Funktion f sei in $G \subsetneqq D(f) \subseteq R^n$ zweimal stetig differenzierbar, und es gelte für $P_0 \in G$; $f_{x_i}(P_0) = 0$ $(i = 1, \ldots, n)$. Ist darüber hinaus die quadratische Form

$$Q(z_1, \ldots, z_n) \overset{\text{def}}{=} \sum_{i,j=1}^{n} f_{x_i x_j}(P_0)\, z_i z_j$$

positiv (negativ) definit[1]), dann hat f in P_0 ein relatives Minimum (relatives Maximum).

Ist die quadratische Form $Q(z_1, \ldots, z_n)$ indefinit, so hat f in P_0 kein relatives Extremum. Falls $Q(z_1, \ldots, z_n)$ weder definit noch indefinit ist, sind zusätzliche Untersuchungen nötig, um zu entscheiden, ob $f(P_0)$ ein relatives Extremum ist.

Spezialfall $n = 2$:

Die quadratische Form $Q(z_1, z_2)$ ist genau dann positiv oder negativ definit, wenn die Determinante

$$D(P_0) = \begin{vmatrix} f_{x_1 x_1} & f_{x_1 x_2} \\ f_{x_1 x_2} & f_{x_2 x_2} \end{vmatrix} (P_0)$$

positiv ist. $Q(z_1, z_2)$ ist positiv (negativ) definit, wenn darüber hinaus gilt: $f_{x_1 x_1}(P_0) > 0$ $(f_{x_1 x_1}(P_0) < 0)$. Für $D(P_0) < 0$ ist $Q(z_1, z_2)$ indefinit. Im Falle $D(P_0) = 0$ sind zusätzliche Untersuchungen erforderlich.

Beispiel: 4. Zur Ermittlung der relativen Extremwerte von

$$f(x_1, x_2) = \tfrac{1}{2} x_1^2 - 4x_1 x_2 + 9x_2^2 + 3x_1 - 14x_2 + \tfrac{1}{2}$$

bestimmt man zunächst die Lösungen von

$$f_{x_1}(x_1, x_2) = x_1 - 4x_2 + 3 = 0,$$

$$f_{x_2}(x_1, x_2) = -4x_1 + 18x_2 - 14 = 0.$$

Die einzige Lösung dieses linearen Gleichungssystems ist $(x_1^0, x_2^0) = (1, 1)$. Aus $f_{x_1 x_1}(1, 1) = 1$, $f_{x_2 x_2}(1, 1) = 18$, $f_{x_1 x_2}(1, 1) = -4$ folgt $D(1, 1) = 2 > 0$. In (1, 1) hat also f ein relatives Extremum. Wegen $f_{x_1 x_1}(1, 1) = 1 > 0$ hat f in (1, 1) das relative Minimum $f(1, 1) = -5$.

Extremwertaufgaben mit Nebenbedingungen:

Bei zahlreichen Extremwertaufgaben (Bestimmung der Extremwerte einer Funktion) der Naturwissenschaften, der Technik und der Ökonomie erfüllt die Menge aller zum Vergleich zugelassenen Punkte noch gewisse *Nebenbedingungen*, die oft in Form zusätzlicher Gleichungen gegeben sind.

---

[1]) Eine quadratische Form $Q(z_1, \ldots, z_n) = \sum_{i,j=1}^{n} a_{ij} z_i z_j$ heißt *positiv (negativ) definit*, falls für alle $(z_1, \ldots, z_n) \in R^n \setminus \{0, \ldots, 0\}$ gilt: $Q(z_1, \ldots, z_n) > 0$ (< 0). Nimmt $Q(z_1, \ldots, z_n)$ sowohl positive als auch negative Werte an, so heißt $Q(z_1, \ldots, z_n)$ *indefinit* (s. auch 2.4.4.5.3.). $Q(z_1, \ldots, z_n)$ ist genau dann positiv (negativ) definit, wenn alle Eigenwerte der Matrix (a_{ij}) positiv (negativ) sind (s. 2.4.4.5.).

Beispiel: 5. Man bestimme die Extremwerte von $f(x_1, x_2) = x_1 + x_2$ unter der Nebenbedingung $x_1 \cdot x_2 = 4$.

Die *allgemeine Extremwertaufgabe mit Nebenbedingungen* kann wie folgt formuliert werden: Gesucht sind alle relativen und absoluten Extremwerte einer in einem Gebiet $G \subseteq R^n$ definierten Funktion $f(x_1, \ldots, x_n)$, wobei die Punkte $P(x_1, \ldots, x_n) \in G$ den *Nebenbedingungen*

$$\varphi_i(x_1, \ldots, x_n) = 0 \quad (i = 1, \ldots, m)$$

genügen sollen. Dabei seien $\varphi_1, \ldots, \varphi_m$ reelle in G definierte Funktionen.

Notwendiges Kriterium für die Existenz eines relativen Extremums:

Die Funktionen $f, \varphi_1, \ldots, \varphi_m$ seien in G stetig differenzierbar, und der Rang der Funktionalmatrix $\left(\frac{\partial \varphi_i}{\partial x_k}\right)$ sei gleich m. Ferner sei

$$L \overset{\text{def}}{=} f + \sum_{k=1}^{m} \lambda_k \varphi_k \text{ [1]},$$

wobei $\lambda_1, \ldots, \lambda_m$ beliebige reelle Zahlen bezeichnen. Hat f in $P_0(x_1^0, \ldots, x_n^0) \in G$ unter den Nebenbedingungen

$$\varphi_i(x_1, \ldots, x_n) = 0 \quad (i = 1, \ldots, m)$$

einen relativen Extremwert, dann gelten die Gleichungen:

$$\text{a) } L_{x_i}(P_0) = f_{x_i}(P_0) + \sum_{k=1}^{m} \lambda_k \frac{\partial \varphi_k}{\partial x_i}(P_0) = 0 \quad (i = 1, \ldots, n);$$

$$\text{b) } L_{\lambda_k}(P_0) = \varphi_k(P_0) = 0 \qquad (k = 1, \ldots, m).$$

Man erhält also als notwendige Bedingungen ein System von $n + m$ Gleichungen für die $n + m$ Unbekannten $x_1^0, \ldots, x_n^0; \lambda_1, \ldots, \lambda_m$.

Beispiel: 6. Unter allen Rechtecken gleichen Umfangs U ist jenes mit maximalem Flächeninhalt zu bestimmen. Sind x, y die Seitenlängen, dann ist $F(x, y) = x \cdot y$ der Flächeninhalt des Rechtecks. Die Nebenbedingung ist $\varphi(x, y) = x + y - \frac{U}{2} = 0$. Aus

$$L_x(x, y) = F_x(x, y) + \lambda\varphi_x(x, y) = y + \lambda = 0,$$

$$L_y(x, y) = F_y(x, y) + \lambda\varphi_y(x, y) = x + \lambda = 0,$$

$$L_\lambda(x, y) = \varphi(x, y) = x + y - \frac{U}{2} = 0$$

erhält man als einzige Lösung: $x_0 = y_0 = -\lambda_0 = \frac{U}{4}$. Man überlegt sicht leicht, daß F in (x_0, y_0) ein relatives Maximum hat, das mit dem (absoluten) Maximum von F übereinstimmt (vgl. 3.1.5.5. Beispiel 6).

Zwei weitere Beispiele für Extremwertaufgaben:

1. Methode der kleinsten Quadrate

In der x,y-Ebene seien $N + 1$ Punkte (x_i, m_i) $(i = 0, 1, \ldots, N)$ mit $x_i \neq x_j$ für $i \neq j$ gegeben. Gesucht ist eine von x und n Parametern $a_0, a_1, \ldots, a_{n-1}$ $(n < N)$ abhängige Funktion

[1] Die Funktion L heißt *Lagrangefunktion* mit den *Multiplikatoren* $\lambda_1, \ldots, \lambda_m$.

$y = f(x, a_0, \ldots, a_{n-1})$, deren Bild sich möglichst gut den angegebenen Punkten anpaßt (s. Abb. 3.11). Nach der Methode der kleinsten Quadrate wählt man die Parameter so, daß

$$Q(a_0, \ldots, a_{n-1}) \overset{\text{def}}{=} \sum_{i=0}^{N} [f(x_i, a_0, \ldots, a_{n-1}) - m_i]^2$$

minimal wird. Wendet man auf Q die Theorie der relativen Extrema an, so erhält man bei entsprechenden Differenzierbarkeitsvoraussetzungen an f die notwendigen Bedingungen $\frac{\partial Q}{\partial a_j} = 0$ $(j = 0, 1, \ldots, n-1)$ zur Bestimmung der Parameter $a_0, a_1, \ldots, a_{n-1}$. Diese Gleichungen heißen *Normalgleichungen.*

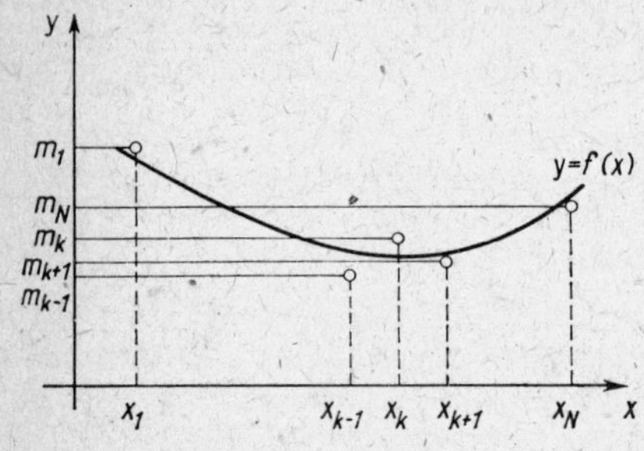

Abb. 3.11

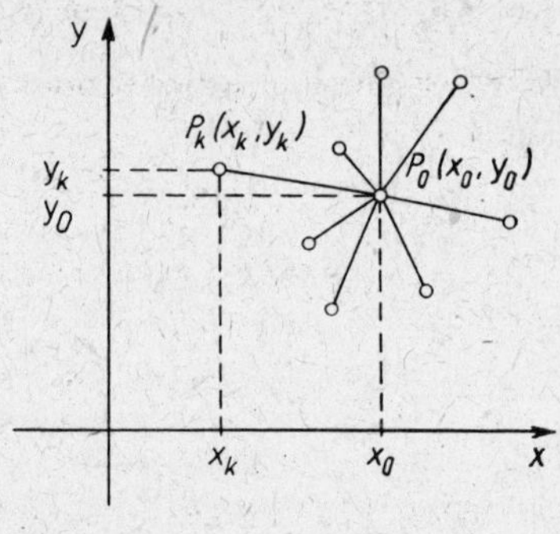

Abb. 3.12

Wählt man speziell f als Polynom in x: $f(x, a_0, \ldots, a_{n-1}) = \sum_{k=0}^{n-1} a_k x^k$, dann erhält man mit

$$\frac{\partial Q}{\partial a_j} = 2 \sum_{i=0}^{N} \left(\sum_{k=0}^{n-1} a_k x_i^k - m_i \right) x_i^j$$

als Normalgleichungssystem folgende n linearen Gleichungen (vgl. 2.4.4.3.):

$$[x^{n-1}]\, a_{n-1} + [x^{n-2}]\, a_{n-2} + \ldots + (N+1)\, a_0 = [m],$$

$$[x^n]\, a_{n-1} + [x^{n-1}]\, a_{n-2} + \ldots + [x]\, a_0 = [mx],$$

$$\cdots\cdots\cdots\cdots\cdots\cdots\cdots\cdots\cdots\cdots$$

$$[x^{2n-2}]\, a_{n-1} + [x^{2n-3}]\, a_{n-2} + \ldots + [x^{n-1}]\, a_0 = [mx^{n-1}],$$

wobei zur Abkürzung die Gaußschen Symbole verwendet wurden:

$$[x^k] \overset{\text{def}}{=} \sum_{j=0}^{N} x_j^k, \quad k = 1, \ldots, 2n-2, \quad \text{und} \quad [mx^k] \overset{\text{def}}{=} \sum_{j=0}^{N} m_j x_j^k, \qquad k = 0, \ldots, n-1.$$

2. Optimale Standortbestimmung

Bei N vorgegebenen Standorten, in der Abbildung 3.12 dargestellt durch Punkte $P_i(x_i, y_i)$, $i = 1, 2, \ldots, N$, ist ein solcher Standort (ein solcher Punkt $P_0(x_0, y_0)$) zu bestimmen, für den die Summe der Entfernungen zu allen Standorten minimal wird. Für P_0 muß also gelten:

$$Z(x_0, y_0) = \sum_{k=1}^{N} [(x_k - x_0)^2 + (y_k - y_0)^2]^{\frac{1}{2}} \rightarrow \text{Min!}$$

Die notwendigen Bedingungen liefern das System zweier nichtlinearer Gleichungen $Z_{x_0} = 0$ und $Z_{y_0} = 0$ mit

$$Z_{x_0} = \sum_{k=1}^{N} \frac{x_0 - x_k}{((x_k - x_0)^2 + (y_k - y_0)^2)^{1/2}},$$

$$Z_{y_0} = \sum_{k=1}^{N} \frac{y_0 - y_k}{((x_k - x_0)^2 + (y_k - y_0)^2)^{1/2}},$$

das im allgemeinen nicht explizit lösbar ist. Man kann aber ein Näherungsverfahren angeben. Wählt man etwa als nullte Näherung

$$x_0^0 = \frac{1}{N} \sum_{k=1}^{N} x_k, \quad y_0^0 = \frac{1}{N} \sum_{k=1}^{N} y_k,$$

dann kann durch die Iterationsformel

$$x_0^{k+1} = \frac{\sum\limits_{i=1}^{N} \dfrac{x_i}{((x_0^k - x_i)^2 + (y_0^k - y_i)^2)^{1/2}}}{\sum\limits_{i=1}^{N} \dfrac{1}{((x_0^k - x_i)^2 + (y_0^k - y_i)^2)^{1/2}}},$$

$$y_0^{k+1} = \frac{\sum\limits_{i=1}^{N} \dfrac{y_i}{((x_0^k - x_i)^2 + (y_0^k - y_i)^2)^{1/2}}}{\sum\limits_{i=1}^{N} \dfrac{1}{((x_0^k - x_i)^2 + (y_0^k - y_i)^2)^{1/2}}}, \quad k = 0, 1, \ldots,$$

der Standort (x_0, y_0) im Sinne der Aufgabenstellung verbessert werden[1]).

3.1.7. Integralrechnung für Funktionen einer Variablen

3.1.7.1. Bestimmte Integrale

Definition: Die Funktion $f(x)$ sei auf dem abgeschlossenen Intervall $[a, b]$, $a < b$, definiert und beschränkt. Durch Einfügen von Teilpunkten x_i $(i = 0, 1, \ldots, n)$ mit $a = x_0 < x_1 < x_2 < \ldots$ $\ldots < x_{n-1} < x_n = b$ entstehen *Zerlegungen Z* des Intervalls $[a, b]$. Mit $\Delta(Z)$ sei die Länge des größten Teilintervalls der Zerlegung Z bezeichnet, d. h. $\Delta(Z) = \max\limits_{1 \leq i \leq n} (x_i - x_{i-1})$. In jedem Teilintervall werde eine beliebige Zahl ξ_i gewählt $(x_{i-1} \leqq \xi_i \leqq x_i)$ (Abb. 3.13). Die Zahl

$$\sigma(Z) = \sum_{i=1}^{n} f(\xi_i)(x_i - x_{i-1})$$

wird die zur Zerlegung Z und zur Wahl der ξ_i gehörende Zwischensumme genannt.

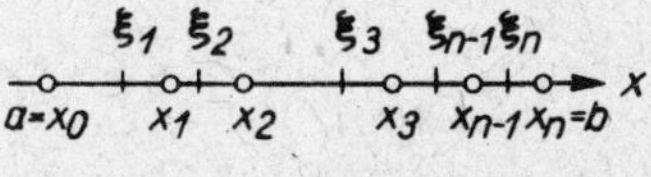

Abb. 3.13

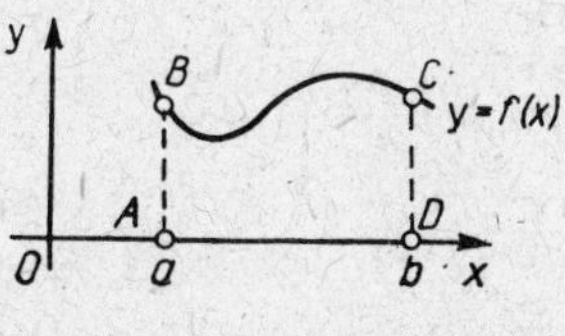

Abb. 3.14

Definition: Die Funktion $f(x)$ heißt im *Riemannschen Sinne* über das Intervall $[a, b]$ *integrierbar*, wenn es eine Zahl I mit folgender Eigenschaft gibt: Zu jedem $\varepsilon > 0$ existiert eine Zahl $\delta(\varepsilon) > 0$, so daß für jede Zerlegung Z des Intervalls $[a, b]$, für die $\Delta(Z) < \delta$ ist, stets $|\sigma(Z) - I| < \varepsilon$ gilt, unab-

[1]) Die Konvergenz dieses Näherungsverfahrens wurde bisher nicht gezeigt.

hängig davon, welche ξ_i in den Teilintervallen gewählt sein mögen. Die Zahl I wird *bestimmtes Integral* der Funktion $f(x)$ über das Intervall $[a, b]$ genannt, und man schreibt in Analogie zur Bildung der Zwischensummen: $I = \int_a^b f(x)\,dx$; x heißt Integrationsvariable, a bzw. b nennt man untere bzw. obere Grenze des Integrals.

Gleichbedeutend mit dieser Definition ist folgende Bedingung: $f(x)$ ist über $[a, b]$ integrierbar, wenn für jede Folge Z_n von Zerlegungen, für die $\lim_{n\to\infty} \Delta(Z_n) = 0$ gilt, die Folge $\sigma(Z_n)$ der zugehörigen Zwischensummen unabhängig von der Wahl der Zwischenpunkte ξ_i stets konvergiert. (Sie konvergiert dann stets gegen denselben Grenzwert, und dieser ist das Integral.)

Wenn die Integrierbarkeit von $f(x)$ schon bekannt ist, genügt es, für eine Zerlegungsfolge Z_n mit $\lim_{n\to\infty} \Delta(Z_n) = 0$ den Grenzwert der Folge $\sigma(Z_n)$ festzustellen.

Darbouxsche Ober- und Untersummen: Für eine Zerlegung Z von $[a, b]$ seien G_i bzw. g_i die obere bzw. untere Grenze von $f(x)$ im Teilintervall $[x_{i-1}, x_i]$. Die Zahlen $S(Z) = \sum_{i=1}^{n} G_i(x_i - x_{i-1})$, bzw. $s(Z) = \sum_{i=1}^{n} g_i(x_i - x_{i-1})$ heißen Ober- bzw. Untersumme zur Zerlegung Z.

Riemannsches Integrabilitätskriterium: Eine in $[a, b]$ definierte und beschränkte Funktion $f(x)$ ist genau dann über $[a, b]$ integrierbar, wenn es zu jedem $\varepsilon > 0$ eine Zahl $\delta(\varepsilon) > 0$ gibt, so daß für jede Zerlegung Z mit $\Delta(Z) < \delta$ stets $S(Z) - s(Z) < \varepsilon$ gilt.

Klassen von Funktionen, für die das Riemannsche Integral stets existiert:

a) jede Funktion, die auf $[a, b]$ stetig ist,
b) jede beschränkte Funktion, die auf $[a, b]$ eine endliche Zahl von Unstetigkeiten besitzt,
c) jede auf $[a, b]$ beschränkte und monotone Funktion.

Geometrische Interpretation des bestimmten Integrals: Ist $f(x) \geqq 0$ im Intervall $[a, b]$, so stellt $\int_a^b f(x)\,dx$ den Flächeninhalt eines Gebietes dar, das von $f(x)$, der x-Achse und den Geraden $x = a$ und $x = b$ begrenzt wird (Abb. 3.14). Gilt $f(x) \leqq 0$ in $[a, b]$, so ist der entsprechende Flächeninhalt gleich $-\int_a^b f(x)\,dx$.

3.1.7.2. Eigenschaften des bestimmten Integrals

1. **Definition:** $\int_a^a f(x)\,dx = 0$.

2. Vertauschung der Integrationsgrenzen: Existiert $\int_a^b f(x)\,dx$ für $a < b$, so wird definiert:

$$\int_b^a f(x)\,dx = -\int_a^b f(x)\,dx.$$

3. Existieren die Integrale $\int_a^c f(x)\,dx$ und $\int_c^b f(x)\,dx$, so existiert auch $\int_a^b f(x)\,dx$, und es gilt für jede Lage der Punkte a, b, c:

$$\int_a^b f(x)\,dx = \int_a^c f(x)\,dx + \int_c^b f(x)\,dx.$$

4. Existiert $\int_a^b f(x)\,dx$, so gilt für jede Konstante k:

$$\int_a^b kf(x)\,dx = k\int_a^b f(x)\,dx.$$

5. Existieren die Integrale $\int_a^b f(x)\,dx$ und $\int_a^b g(x)\,dx$, so existiert auch $\int_a^b [f(x)+g(x)]\,dx$, und es gilt

$$\int_a^b [f(x)+g(x)]\,dx = \int_a^b f(x)\,dx + \int_a^b g(x)\,dx.$$

6. Gilt auf $[a, b]$ stets $f(x) \leqq g(x)$ und existieren $\int_a^b f(x)\,dx$ und $\int_a^b g(x)\,dx$, so gilt

$$\int_a^b f(x)\,dx \leqq \int_a^b g(x)\,dx.$$

Ist insbesondere $m \leqq f(x) \leqq M$, so folgt: $m(b-a) \leqq \int_a^b f(x)\,dx \leqq M(b-a) \quad (a < b)$.

7. Wenn $\int_a^b |f(x)|\,dx$ existiert, so auch $\int_a^b f(x)\,dx$, und es gilt

$$\left|\int_a^b f(x)\,dx\right| \leqq \int_a^b |f(x)|\,dx \quad (a < b).$$

8. *Erster Mittelwertsatz der Integralrechnung*: Ist $f(x)$ in $[a, b]$ mit $a < b$ integrierbar und gilt $m \leqq f(x) \leqq M$, so existiert eine Zahl μ mit $m \leqq \mu \leqq M$, so daß

$$\int_a^b f(x)\,dx = \mu(b-a)$$

gilt. Wenn insbesondere $f(x)$ auf $[a, b]$ stetig ist, so gibt es ein ξ mit $a \leqq \xi \leqq b$, so daß

$$\int_a^b f(x)\,dx = f(\xi)\,(b-a)$$

gilt.

Geometrische Deutung: Zwischen a und b existiert ein ξ, so daß die Fläche $ABCD$ gleich dem Flächeninhalt des Rechteckes $AB'C'D$ ist (Abb. 3.15).

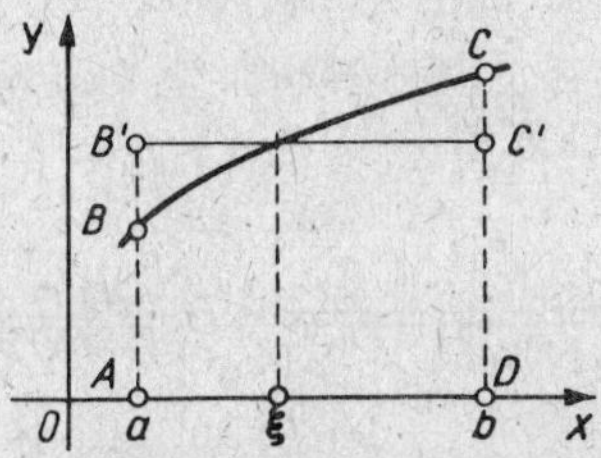

Abb. 3.15

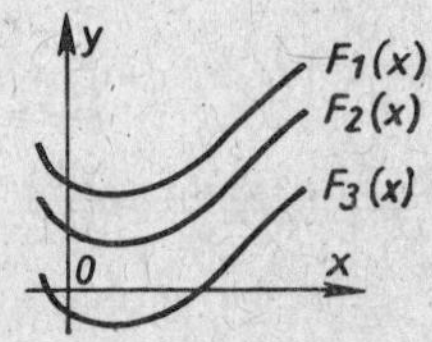

Abb. 3.16

9. *Verallgemeinerter erster Mittelwertsatz der Integralrechnung*: Sind $f(x)$ und $g(x)$ über $[a, b]$ integrierbar, gilt $m \leqq f(x) \leqq M$ und entweder stets $g(x) \geqq 0$ oder stets $g(x) \leqq 0$, dann gibt es eine Zahl μ mit $m \leqq \mu \leqq M$, so daß gilt

$$\int_a^b f(x)\,g(x)\,dx = \mu \int_a^b g(x)\,dx.$$

Wenn insbesondere $f(x)$ stetig ist, dann gibt es eine Zahl ξ mit $a \leqq \xi \leqq b$, so daß gilt

$$\int_a^b f(x)\,g(x)\,dx = f(\xi) \int_a^b g(x)\,dx.$$

10. *Zweiter Mittelwertsatz der Integralrechnung*: Ist $f(x)$ monoton und beschränkt, $g(x)$ integrierbar, so gibt es in $[a, b]$ mindestens eine Zahl ξ, so daß gilt

$$\int_a^b f(x)\,g(x)\,dx = f(a)\int_a^\xi g(x)\,dx + f(b)\int_\xi^b g(x)\,dx.$$

11. Wenn die Funktion $f(t)$ im Intervall $[a, b]$ stetig ist, dann ist die Funktion

$$F(x) = \int_a^x f(t)\,dt$$

im Intervall $[a, b]$ stetig und differenzierbar mit der Ableitung

$$F'(x) = f(x).$$

12. Integration durch Reihenentwicklung: Sind die Funktionen $f_n(x)$ $(n = 1, 2, 3, \ldots)$ über $[a, b]$ integrierbar und konvergiert die unendliche Reihe $\sum\limits_{n=1}^{\infty} f_n(x)$ in $[a, b]$ gleichmäßig, so ist auch die Summe $f(x)$ der Reihe über $[a, b]$ integrierbar, und es gilt

$$\int_a^b f(x)\,dx = \sum_{n=1}^{\infty}\left(\int_a^b f_n(x)\,dx\right).$$

Über die Berechnung bestimmter Integrale und weitere Eigenschaften s. 3.1.7.3. und 3.1.7.4.

3.1.7.3. Das unbestimmte Integral

Die Stammfunktion: Eine in einem Intervall differenzierbare Funktion $F(x)$ heißt eine Stammfunktion der Funktion $f(x)$ in diesem Intervall, falls für jedes x aus dem Intervall gilt $F'(x) = f(x)$.

Beispiele:

$$f(x) = \cos x, \qquad F(x) = \sin x, \qquad x \in (-\infty, \infty);$$

$$f(x) = \frac{1}{\sqrt{1 - x^2}}, \qquad F(x) = \arcsin x, \qquad x \in (-1, 1);$$

$$f(x) = \frac{1}{x}, \qquad F(x) = \begin{cases} \ln x, & x \in (0, \infty), \\ \ln(-x), & x \in (-\infty, 0). \end{cases}$$

Sind $F_1(x)$ und $F_2(x)$ zwei Stammfunktionen von $f(x)$ im gleichen Intervall, so unterscheiden sie sich höchstens um eine Konstante: $F_2(x) = F_1(x) + C$, d. h., die Bilder aller Stammfunktionen gehen aus einem von ihnen durch Verschiebung in y-Richtung um eine beliebige Konstante hervor (Abb. 3.16).

Beispiel: Die Funktionen $F_1(x) = -\arccos x$ und $F_2(x) = \arcsin x$ haben für $x \in (-1, 1)$ die gleiche Ableitung $\dfrac{1}{\sqrt{1 - x^2}}$, deshalb gilt

$$\arcsin x = -\arccos x + C,$$

weil $\arcsin 0 = 0$, $\arccos 0 = \dfrac{\pi}{2}$ ist, folgt $C = \dfrac{\pi}{2}$, und daher ist

$$\arcsin x + \arccos x = \frac{\pi}{2}.$$

Als *unbestimmtes Integral* der Funktion $f(x)$ in einem Intervall, dargestellt durch das Zeichen $\int f(x)\,dx$, bezeichnet man die Menge aller Stammfunktionen der Funktion $f(x)$ in diesem Intervall. Wenn $F(x)$ irgendeine Stammfunktion von $f(x)$ ist, so gilt

$$\int f(x)\,dx = F(x) + C.$$

Demnach lassen sich obige Beispiele auch so schreiben:

$$\int \cos x \, dx = \sin x + C \quad \text{(in jedem Intervall)},$$

$$\int \frac{dx}{\sqrt{1-x^2}} = \arcsin x + C \quad (x \in (-1, 1)),$$

$$\int \frac{dx}{x} = \ln |x| + C \quad \text{(in jedem Intervall mit } x \neq 0).$$

Auf solche *Grundintegrale* versucht man ein gegebenes Integral durch Anwendung von Integrationsregeln zurückzuführen. Häufig ist es jedoch nicht möglich, das unbestimmte Integral einer Funktion *geschlossen* darzustellen, d. h. durch elementare Funktionen auszudrücken. Dies tritt schon bei den einfachen Funktionen e^{-x^2}, $\frac{\sin x}{x}$, $\frac{\cos x}{x}$, $\frac{1}{\ln x}$ ein.

Um eine solche Funktion zu integrieren, kann man eine Reihenentwicklung des Integranden vornehmen und die Eigenschaft 12 in 3.1.7.2. der Integrale benutzen.

Beispiel:

$$e^{-x^2} = 1 - x^2 + \frac{x^4}{2!} - \frac{x^6}{3!} + \dots .$$

Diese Potenzreihe konvergiert in jedem beschränkten Intervall gleichmäßig, daher kann gliedweise integriert werden:

$$\int_0^x e^{-t^2} \, dt = x - \frac{x^3}{3} + \frac{x^5}{5 \cdot 2!} - \frac{x^7}{7 \cdot 3!} + \dots .$$

Für nicht zu große x hat man damit eine gut konvergierende Potenzreihendarstellung des Integrals gefunden.

Mit verschiedenen Methoden kann ein Integral auch näherungsweise berechnet werden (s. dazu 7.1.2.7.).

Die nicht in geschlossener Form darstellbaren, aber für die Praxis wichtigen Integrale sind tabelliert, so z. B.

$$\int_0^x \frac{dx}{\ln x} = \mathrm{li}(x) \quad \text{(Integrallogarithmus) (s. 1.1.2.5.)},$$

$$\int_0^\varphi \frac{d\varphi}{\sqrt{1 - k^2 \sin^2 \varphi}} = F(k, \varphi) \quad \text{(elliptisches Integral erster Gattung (s. 1.1.2.4.))}.$$

Tabelle der Grundintegrale und einiger häufig vorkommender Integrale

Die Integrationskonstante ist jeweils weggelassen; über Gültigkeitsintervalle sind nur dann Angaben gemacht, wenn es sich nicht um das Intervall $(-\infty, \infty)$ handelt.

Potenzen

$$\int x^k \, dx = \frac{x^{k+1}}{k+1} \quad (k \neq -1 \text{ ganz, falls } k < 0\text{: } x \neq 0)$$

$$\int x^\alpha \, dx = \frac{x^{\alpha+1}}{\alpha+1} \quad (\alpha \neq -1 \text{ reell, } x > 0)$$

$$\int \frac{dx}{x} = \ln |x| \quad (x \neq 0)$$

Exponentialfunktion

$$\int e^x \, dx = e^x$$

$$\int a^x \, dx = \frac{a^x}{\ln a} \quad (a \neq 1)$$

Trigonometrische Funktionen

$$\int \sin x \, dx = -\cos x$$

$$\int \cos x \, dx = \sin x$$

$$\int \tan x \, dx = -\ln |\cos x|, \; x \neq (2k+1)\frac{\pi}{2}$$

$$\int \cot x \, dx = \ln |\sin x|, \; x \neq k\pi$$

$$\int \frac{dx}{\cos^2 x} = \tan x, \; x \neq (2k+1)\frac{\pi}{2}$$

$$\int \frac{dx}{\sin^2 x} = -\cot x, \; x \neq k\pi$$

Hyperbelfunktionen

$$\int \sinh x \, dx = \cosh x$$

$$\int \cosh x \, dx = \sinh x$$

$$\int \tanh x \, dx = \ln \cosh x$$

$$\int \coth x \, dx = \ln |\sinh x|, \; x \neq 0$$

$$\int \frac{dx}{\cosh^2 x} = \tanh x$$

$$\int \frac{dx}{\sinh^2 x} = -\coth x, \; x \neq 0$$

Rationale Funktionen

$$\int \frac{dx}{a^2 + x^2} = \frac{1}{a} \arctan \frac{x}{a}, \; a \neq 0$$

$$\int \frac{dx}{a^2 - x^2} = \begin{cases} \frac{1}{a} \operatorname{artanh} \frac{x}{a}, & |x| < a \\ \frac{1}{2a} \ln \frac{a+x}{a-x} \end{cases}$$

$$\int \frac{dx}{x^2 - a^2} = \begin{cases} -\frac{1}{a} \operatorname{arcoth} \frac{x}{a} \\ \frac{1}{2a} \ln \frac{x-a}{x+a}, & |x| > a, \; a \neq 0 \end{cases}$$

Irrationale Funktionen

$$\int \frac{dx}{\sqrt{a^2 - x^2}} = \arcsin \frac{x}{a}, \quad |x| < a$$

$$\int \frac{dx}{\sqrt{a^2 + x^2}} = \begin{cases} \operatorname{arsinh} \frac{x}{a} \\ \ln\left(x + \sqrt{a^2 + x^2}\right) \end{cases}$$

$$\int \frac{dx}{\sqrt{x^2 - a^2}} = \begin{cases} \operatorname{arcosh} \frac{x}{a} \\ \ln\left(x + \sqrt{x^2 - a^2}\right), \\ \qquad |x| > a \end{cases}$$

Zusammenhang mit dem bestimmten Integral (*Hauptsatz der Differential- und Integralrechnung*):

Ist eine Stammfunktion $F(x)$ von $f(x)$ im Intervall $[a, b]$ bekannt, so kann man das bestimmte Integral $\int_a^b f(x) \, dx$ berechnen:

$$\int_a^b f(x) \, dx = F(b) - F(a),$$

wobei für die rechte Seite das Symbol $[F(x)]_a^b$ gebräuchlich ist.

Beispiele:

$$\int_a^b \cos x \, dx = [\sin x]_a^b = \sin b - \sin a,$$

$$\int_a^b \frac{dx}{x} = [\ln x]_a^b = \ln b - \ln a = \ln \frac{b}{a}, \quad \text{falls } a > 0, b > 0.$$

Deutung der Stammfunktion als Flächeninhalt

Ist $S(x)$ der Flächeninhalt des krummlinigen Trapezes, das von der nichtnegativen Funktion $f(x)$, den Parallelen zur y-Achse durch a und x und der x-Achse begrenzt wird (Abb. 3.17), so gilt:

$$S(x) = F(x) - F(a),$$

wenn $F(x)$ eine beliebige Stammfunktion von $f(x)$ im Intervall $[a, b]$ ist.

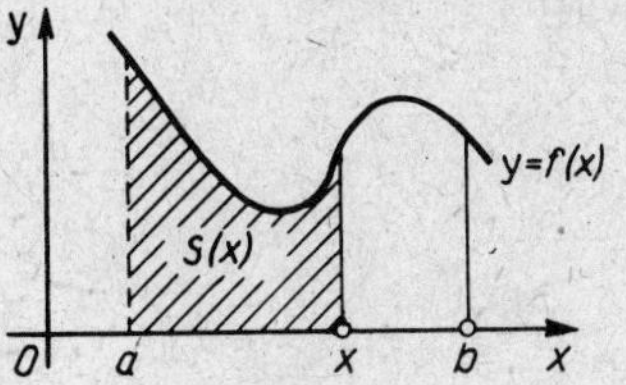

Abb. 3.17

3.1.7.4. Eigenschaften unbestimmter Integrale

1. *Additivität* des unbestimmten Integrals:

$$\int (f(x) + g(x))\,\mathrm{d}x = \int f(x)\,\mathrm{d}x + \int g(x)\,\mathrm{d}x.$$

2. Ein *konstanter Faktor k* kann vor das Integral gezogen werden:

$$\int kf(x)\,\mathrm{d}x = k \int f(x)\,\mathrm{d}x.$$

3. Ist $F(u)$ die Stammfunktion von $f(u)$ in einem Intervall **I**, so gilt für beliebige Konstanten a, b $(a \neq 0)$

$$\int f(ax + b)\,\mathrm{d}x = \frac{1}{a} F(ax + b) + C,$$

wenn x in einem Intervall liegt mit $u = ax + b$ in **I**.

Beispiel:

$$\int \frac{\mathrm{d}x}{2x + 3} = \frac{1}{2} \ln |2x + 3| + C, \quad x \neq -\frac{3}{2}.$$

4. Ist $f(x)$ in $[a, b]$ differenzierbar und $f(x) \neq 0$, so gilt

$$\int \frac{f'(x)}{f(x)}\,\mathrm{d}x = \ln |f(x)| + C.$$

Beispiel:

$$\int \frac{\sin x \cos x}{1 + \sin^2 x}\,\mathrm{d}x = \frac{1}{2} \ln (1 + \sin^2 x) + C.$$

5. *Partielle Integration*: Haben $u(x)$ und $v(x)$ in einem Intervall **I** eine stetige Ableitung, so gilt

$$\int u(x)\, v'(x)\,\mathrm{d}x = u(x)\, v(x) - \int u'(x)\, v(x)\,\mathrm{d}x.$$

Beispiele:

a) $$\int x \sin x\,\mathrm{d}x = x(-\cos x) - \int 1 \cdot (-\cos x)\,\mathrm{d}x = -x \cos x + \sin x + C$$

b) $$\int \ln x\,\mathrm{d}x = \int \ln x \cdot 1\,\mathrm{d}x = x \ln x - \int \frac{1}{x} \cdot x\,\mathrm{d}x = x \ln x - x + C$$

(gültig in jedem Intervall mit $x > 0$).

Partielle Integration bei bestimmten Integralen:

$$\int_a^b u(x)\, v'(x)\, dx = [u(x)\, v(x)]_a^b - \int_a^b u'(x)\, v(x)\, dx.$$

6. *Integration durch Substitution*:

Wenn die Funktion $f(z)$ in $[\alpha, \beta]$ stetig ist, die Funktion $z = g(x)$ in $[a, b]$ eine stetige Ableitung besitzt und $\alpha \leqq g(x) \leqq \beta$ gilt, so ist

$$\int f(g(x))\, g'(x)\, dx = \int f(z)\, dz,$$

wobei nach der Integration auf der rechten Seite $z = g(x)$ zu setzen ist.

Beispiel:

$$\int \sin^3 x \cos x\, dx = \int z^3\, dz = \tfrac{1}{4} z^4 + C = \tfrac{1}{4} \sin^4 x + C.$$

Häufiger benutzt man diese Formel von rechts nach links: Um $\int f(z)\, dz$ zu bestimmen, führt man die Funktion $z = g(x)$ ein und berechnet $\int f(g(x))\, g'(x)\, dx$; ist diese Integration ausgeführt, muß man mit Hilfe der Umkehrfunktion $x = g^{-1}(z)$ anstelle x wieder z einsetzen, d. h. man muß zur ursprünglichen Variablen zurückkehren (die Umkehrfunktion $x = g^{-1}(z)$ existiert, wenn in $[a, b]$ $g'(x) \neq 0$ ist).

Beispiele: a) $\int \frac{dz}{\sqrt{1 + z^2}^3}$; setzt man $z = \tan x$, $x \in \left(-\frac{\pi}{2}, \frac{\pi}{2}\right)$, so ist $g'(x) = 1 + \tan^2 x \neq 0$ und $x = \arctan z$.

$$\int \frac{dz}{\sqrt{1 + z^2}^3} = \int \frac{1}{\sqrt{1 + \tan^2 x}^3} (1 + \tan^2 x)\, dx = \int \frac{dx}{\sqrt{1 + \tan^2 x}} = \int \cos x\, dx$$

$$= \sin x + C = \frac{\tan x}{\sqrt{1 + \tan^2 x}} + C = \frac{z}{\sqrt{1 + z^2}} + C.$$

b) $\int \sqrt{a^2 - z^2}\, dz$; setzt man $z = a \cos x$, $x \in (0, \pi)$, so ist $g'(x) = -a \sin x \neq 0$ und $x = \arccos \frac{z}{a}$.

$$\int \sqrt{a^2 - z^2}\, dz = \int \sqrt{a^2 - a^2 \cos^2 x}(-a \sin x)\, dx = -a^2 \int \sin^2 x\, dx.$$

Wegen $\sin^2 x = \frac{1}{2}(1 - \cos 2x)$ folgt $\int \sin^2 x\, dx = \frac{1}{2}(x - \frac{1}{2} \sin 2x) + C = \frac{1}{2}(x - \sin x \cos x) + C$, so daß wegen $\sin x = \sqrt{1 - \cos^2 x} = \frac{1}{a} \sqrt{a^2 - z^2}$ nach Einführung der Umkehrfunktion

$$\int \sqrt{a^2 - z^2}\, dz = -\frac{a^2}{2} \arccos \frac{z}{a} + \frac{z}{2} \sqrt{a^2 - z^2} + C$$

wird.

Substitutionsregel für bestimmte Integrale:

$$\int_a^b f(g(x))\, g'(x)\, dx = \int_{g(a)}^{g(b)} f(z)\, dz$$

$$\int_\alpha^\beta f(z)\, dz = \int_{g^{-1}(\alpha)}^{g^{-1}(\beta)} f(g(x))\, g'(x)\, dx,$$

dabei bedeutet wieder $x = g^{-1}(z)$ die Umkehrfunktion von $z = g(x)$. Im Gegensatz zur Substitutionsregel für unbestimmte Integrale, bei denen man zur ursprünglichen Variablen zurückgehen muß, sind hier die Integrationsgrenzen zu transformieren.

Beispiel: $\int_{-a}^{a} \sqrt{a^2 - z^2}\,dz$; die Substitution $z = a \cos x$ ($\pi \geqq x \geqq 0$ für $-a \leqq z \leqq a$) liefert

$$\int_{-a}^{a} \sqrt{a^2 - z^2}\,dz = -a^2 \int_{\pi}^{0} \sin^2 x\,dx = -\tfrac{1}{2} a^2 \int_{\pi}^{0} (1 - \cos 2x)\,dx$$
$$= -\tfrac{1}{2} a^2 [x - \tfrac{1}{2} \sin 2x]_{\pi}^{0} = \tfrac{1}{2} a^2\pi.$$

Man kann auch zunächst das unbestimmte Integral berechnen (s. obiges Beispiel):

$$\int_{-a}^{a} \sqrt{a^2 - z^2}\,dz = \left[-\frac{a^2}{2} \arccos \frac{z}{a} + \frac{z}{2} \sqrt{a^2 - z^2}\right]_{-a}^{a} = \frac{1}{2} a^2\pi.$$

3.1.7.5. Integration rationaler Funktionen

Eine *rationale Funktion* $r(x)$ ist der Quotient zweier Polynome $p(x)$ und $q(x)$:

$$r(x) = \frac{p(x)}{q(x)} = \frac{a_n x^n + a_{n-1} x^{n-1} + \ldots + a_0}{b_m x^m + b_{m-1} x^{m-1} + \ldots + b_0}.$$

Rationale Funktionen lassen sich stets geschlossen integrieren. Ihre Integrale sind eine Linearkombination folgender Funktionen: rationaler Funktionen, des Logarithmus linearer Funktionen, des Logarithmus quadratischer Funktionen, des Arkustangens linearer Funktionen.

Ist der Grad von $p(x)$ größer oder gleich dem Grad von $q(x)$, so wird zunächst $p(x)$ durch $q(x)$ dividiert (s. 2.4.1.4., Division mit Rest). Man erhält dann eine Summe aus einem Polynom und einer rationalen Funktion:

$r(x) = P(x) + \dfrac{p_1(x)}{q(x)}$, wobei Grad $p_1(x) <$ Grad $q(x)$ ist.

Beispiel: $\dfrac{x^3}{x^2 + 1} = x - \dfrac{x}{x^2 + 1}$. Das Polynom $P(x)$ kann sofort integriert werden: wenn $P(x) = C_p x^p + \ldots + C_0$, so ist $\int P(x)\,dx = \dfrac{C_p}{p + 1} x^{p+1} + \ldots + C_0 x + C$.

Wenn die Division ausgeführt ist, wird von der rationalen Funktion $\dfrac{p_1(x)}{q(x)}$ eine *Partialbruchzerlegung* hergestellt, d. h., sie wird in eine Summe von Brüchen zerlegt, die sich dann leicht integrieren lassen. Diese Partialbruchzerlegung hängt eng mit der Zerlegung des Nenners $q(x)$ in Faktoren zusammen. Indem man die Koeffizienten des Zählers und des Nenners der rationalen Funktion durch b_m dividiert, kann man erreichen, daß der Koeffizient der höchsten Potenz in $q(x)$ gleich 1 ist. Nach dem Fundamentalsatz der Algebra (2.4.2.4.) gilt

$$q(x) = (x - a_1)^{k_1} \ldots (x - a_r)^{k_r} (x^2 + p_1 x + q_1)^{l_1} \ldots (x^2 + p_s x + q_s)^{l_s},$$

dabei sind a_ν ($\nu = 1, \ldots, r$) die *reellen Nullstellen* des Polynoms $q(x)$ mit den Vielfachheiten k_ν, während die quadratischen Polynome keine reellen Nullstellen besitzen, d. h. es gilt: $p_\mu^2 - 4q_\mu < 0$. Die Herstellung dieser Produktdarstellung ist das eigentliche Problem bei der Integration einer konkreten rationalen Funktion. Zu jedem der Faktoren von $q(x)$ gehört nun eine Anzahl von Partialbrüchen, und zwar gehören zu jedem Faktor der Form $(x - a)^k$ die Brüche

$$\frac{A_1}{x - a} + \frac{A_2}{(x - a)^2} + \ldots + \frac{A_k}{(x - a)^k}$$

und zu jedem Faktor der Form $(x^2 + px + q)^l$ die Brüche

$$\frac{B_1 x + C_1}{x^2 + px + q} + \frac{B_2 x + C_2}{(x^2 + px + q)^2} + \ldots + \frac{B_l x + C_l}{(x^2 + px + q)^l},$$

die Konstanten A, B, C sind zunächst unbekannt (vgl. 2.5.1.2.5.).

Beispiel: $r(x) = \dfrac{x + 2}{x^6 + x^4 - x^2 - 1}$. Die Zerlegung des Nenners lautet: $q(x) = x^6 + x^4 - x^2 - 1 = (x - 1)(x + 1)(x^2 + 1)^2$. Es ist also $a_1 = 1$, $a_2 = -1$, $k_1 = k_2 = 1$, $p = 0$, $q = 1$, $l = 2$.
Der Ansatz für die Partialbruchzerlegung muß daher sein:

$$r(x) = \frac{A}{x - 1} + \frac{B}{x + 1} + \frac{Cx + D}{x^2 + 1} + \frac{Ex + F}{(x^2 + 1)^2}.$$

Die Bestimmung der Koeffizienten A, B, C, D, E, F erfolgt dadurch, daß man die Gleichung zwischen der rationalen Funktion $r(x)$ und der Summe der Partialbrüche mit dem Nenner von $q(x)$ multipliziert, wodurch alle Nenner wegfallen, und dann zwischen den entstehenden Polynomen einen *Koeffizientenvergleich* durchführt. Im obigen Beispiel ergibt sich nach Multiplikation mit dem Nenner $(x - 1)(x + 1)(x^2 + 1)^2$:

$$\begin{aligned} x + 2 = {} & A(x + 1)(x^2 + 1)^2 + B(x - 1)(x^2 + 1)^2 \\ & + (Cx + D)(x - 1)(x + 1)(x^2 + 1) + (Ex + F)(x - 1)(x + 1). \end{aligned}$$

Der Vergleich der Koeffizienten bei den Potenzen x^5 bis x^0 der beiden Polynome liefert das Gleichungssystem

$$\begin{aligned} x^5&: 0 = A + B + C, \\ x^4&: 0 = A - B + D, \\ x^3&: 0 = 2A + 2B + E, \\ x^2&: 0 = 2A - 2B + F, \\ x^1&: 1 = A + B - C - E, \\ x^0&: 2 = A - B - D - F, \end{aligned}$$

woraus $A = \frac{3}{8}$, $B = -\frac{1}{8}$, $C = -\frac{1}{4}$, $D = -\frac{1}{2}$, $E = -\frac{1}{2}$, $F = -1$ folgt. Es gilt also die Zerlegung

$$\frac{x + 2}{x^6 + x^4 - x^2 - 1} = \frac{3/8}{x - 1} + \frac{-1/8}{x + 1} + \frac{(-1/4)x - 1/2}{x^2 + 1} + \frac{(-1/2)x - 1}{(x^2 + 1)^2}.$$

Integration der Partialbrüche:

Nachdem die Partialbruchzerlegung hergestellt ist, genügt es, die Integration der auftretenden Brüche durchzuführen. Die zu einer reellen Nullstelle a gehörenden Brüche werden nach den Formeln

$$\int \frac{A\,\mathrm{d}x}{x - a} = A \ln |x - a| + C,$$

$$\int \frac{A\,\mathrm{d}x}{(x - a)^\nu} = -\frac{A}{\nu - 1}\,\frac{1}{(x - a)^{\nu - 1}} + C \quad (\nu \neq 1)$$

integriert.

Die Partialbrüche $\dfrac{Bx + C}{(x^2 + px + q)^\nu}$ mit $p^2 - 4q < 0$: Durch Umformung des Zählers ergibt sich für $\nu > 1$:

$$\begin{aligned} \int \frac{Bx + C}{(x^2 + px + q)^\nu}\,\mathrm{d}x &= \frac{B}{2} \int \frac{2x + p}{(x^2 + px + q)^\nu}\,\mathrm{d}x + \left(C - \frac{pB}{2}\right) \int \frac{\mathrm{d}x}{(x^2 + px + q)^\nu} \\ &= -\frac{B}{2(\nu - 1)}\,\frac{1}{(x^2 + px + q)^{\nu - 1}} + \left(C - \frac{pB}{2}\right) \int \frac{\mathrm{d}x}{(x^2 + px + q)^\nu}. \end{aligned}$$

Ebenso ergibt sich für $\nu = 1$

$$\int \frac{Bx + C}{x^2 + px + q}\,\mathrm{d}x = \frac{B}{2} \ln (x^2 + px + q) + \left(C - \frac{pB}{2}\right) \int \frac{\mathrm{d}x}{x^2 + px + q}.$$

Es verbleiben zur Integration noch die Integrale

$$I_\nu = \int \frac{dx}{(x^2 + px + q)^\nu}\,.$$

Sie werden durch die *Rekursionsformel*

$$I_\nu = \frac{1}{(\nu - 1)(4q - p^2)} \frac{2x + p}{(x^2 + px + q)^{\nu-1}} + \frac{2(2\nu - 3)}{(\nu - 1)(4q - p^2)} I_{\nu-1}$$

berechnet, die es gestattet, das Integral I_ν nach $\nu - 1$ Schritten auf das Integral

$$I_1 = \int \frac{dx}{x^2 + px + q}$$

zurückzuführen, dessen Auswertung

$$I_1 = \frac{2}{\sqrt{4q - p^2}} \arctan \frac{2x + p}{\sqrt{4q - p^2}} + C$$

ergibt. Die Integration des im obigen Beispiel auftretenden Partialbruchs $\frac{(-1/2)\,x - 1}{(x^2 + 1)^2}$ liefert demnach:

$$\int \frac{(-1/2)\,x - 1}{(x^2 + 1)^2}\,dx = \frac{1}{4} \frac{1}{x^2 + 1} - \int \frac{dx}{(x^2 + 1)^2}\,,$$

und nach der Rekursionsformel ist

$$I_2 = \int \frac{dx}{(x^2 + 1)^2} = \frac{1}{4} \frac{2x}{x^2 + 1} + \frac{1}{2} I_1$$

mit

$$I_1 = \int \frac{dx}{x^2 + 1} = \arctan x + C.$$

Zusammengefaßt ergibt sich

$$\int \frac{(-1/2)\,x - 1}{(x^2 + 1)^2}\,dx = \frac{1}{4} \frac{1}{x^2 + 1} - \frac{1}{2} \frac{x}{x^2 + 1} - \frac{1}{2} \arctan x - C.$$

Weitere *Beispiele*:

a) $\int \frac{x^4}{(x^2 - 1)^2}\,dx$; da der Grad des Zählerpolynoms gleich dem Grad des Nennerpolynoms ist, muß zunächst dividiert werden, bevor der Ansatz für die Partialbruchzerlegung gemacht werden kann. Es ist

$$\frac{x^4}{(x^2 - 1)^2} = 1 + \frac{2x^2 - 1}{(x^2 - 1)^2}\,.$$

Der Ansatz lautet jetzt:

$$\frac{2x^2 - 1}{(x^2 - 1)^2} = \frac{A}{(x - 1)} + \frac{B}{(x - 1)^2} + \frac{C}{x + 1} + \frac{D}{(x + 1)^2}\,.$$

Multiplikation mit dem Hauptnenner ergibt:

$$2x^2 - 1 = A(x + 1)^2 (x - 1) + B(x + 1)^2 + C(x - 1)^2 (x + 1) + D(x - 1)^2\,.$$

Einige der Konstanten (hier B und D) kann man oft schneller als durch Koeffizientenvergleich durch *Einsetzen der Nullstellen des Nenners* bekommen. Setzt man $x = 1$, liefert die Gleichung $2 - 1 = 4B$, also $B = \frac{1}{4}$, setzt man $x = -1$, erhält man $2 - 1 = 4D$, also $D = \frac{1}{4}$. Durch Koeffizientenvergleich bei x^3 und x^0 folgen noch die Gleichungen $0 = A + C$ und $-1 = -A + B + C + D$, also ist $A = \frac{3}{4}$, $C = -\frac{3}{4}$. Daher hat man schließlich

$$\int \frac{x^4}{(x^2 - 1)^2}\,dx = x + \frac{3}{4} \ln|x - 1| - \frac{1}{4} \cdot \frac{1}{x - 1} - \frac{3}{4} \ln|x + 1| - \frac{1}{4} \cdot \frac{1}{x + 1} + C.$$

b) $\int \frac{dx}{x^4+1}$; der Nenner besitzt keine reellen Nullstellen, die Zerlegung in quadratische Faktoren ergibt

$$x^4+1 = \left(x^2-\sqrt{2}x+1\right)\left(x^2+\sqrt{2}x+1\right);$$

es ist also $l_1 = l_2 = 1$, und der Ansatz der Partialbruchzerlegung lautet:

$$\frac{1}{x^4+1} = \frac{B_1x+C_1}{x^2+\sqrt{2}x+1} + \frac{B_2x+C_2}{x^2-\sqrt{2}x+1}.$$

Durch Koeffizientenvergleich findet man

$$B_1 = \frac{1}{2\sqrt{2}},\quad C_1 = \frac{1}{2},\quad B_2 = -\frac{1}{2\sqrt{2}},\quad C_2 = \frac{1}{2},$$

und daher folgt

$$\int \frac{dx}{x^4+1} = \frac{1}{2\sqrt{2}}\int \frac{x+\sqrt{2}}{x^2+\sqrt{2}x+1}\,dx - \frac{1}{2\sqrt{2}}\int \frac{x-\sqrt{2}}{x^2-\sqrt{2}x+1}\,dx.$$

Die entsprechenden Formeln für die Integration der Partialbrüche $\frac{Bx+C}{x^2+px+q}\,dx$ ergeben:

$$\frac{1}{2\sqrt{2}}\int \frac{x+\sqrt{2}}{x^2+\sqrt{2}x+1}\,dx$$
$$= \frac{1}{2\sqrt{2}}\left[\frac{1}{2}\ln\left(x^2+\sqrt{2}x+1\right) + \left(\sqrt{2}-\frac{\sqrt{2}}{2}\right)\frac{2}{\sqrt{2}}\arctan\frac{2x+\sqrt{2}}{\sqrt{2}}\right]$$
$$= \frac{1}{4\sqrt{2}}\ln\left(x^2+\sqrt{2}x+1\right) + \frac{1}{2\sqrt{2}}\arctan\left(\sqrt{2}x+1\right),$$

$$-\frac{1}{2\sqrt{2}}\int \frac{x-\sqrt{2}}{x^2-\sqrt{2}x+1}\,dx$$
$$= -\frac{1}{2\sqrt{2}}\left[\frac{1}{2}\ln\left(x^2-\sqrt{2}x+1\right) + \left(-\sqrt{2}+\frac{\sqrt{2}}{2}\right)\frac{2}{\sqrt{2}}\arctan\frac{2x-\sqrt{2}}{\sqrt{2}}\right]$$
$$= -\frac{1}{4\sqrt{2}}\ln\left(x^2-\sqrt{2}x+1\right) + \frac{1}{2\sqrt{2}}\arctan\left(\sqrt{2}x-1\right),$$

insgesamt also

$$\int \frac{dx}{x^4+1} = \frac{1}{4\sqrt{2}}\ln\frac{x^2+\sqrt{2}x+1}{x^2-\sqrt{2}x+1} + \frac{1}{2\sqrt{2}}\arctan\left(\sqrt{2}x+1\right)$$
$$+ \frac{1}{2\sqrt{2}}\arctan\left(\sqrt{2}x-1\right) + C.$$

Tabellen der Integrale rationaler Funktionen siehe 1.1.3.3.

3.1.7.6. Integration anderer Funktionenklassen

Im folgenden bedeutet $R(u, v, w, \ldots)$ eine rationale Funktion der Argumente $u, v, w, \ldots$. Durch geeignete Substitutionen können die nachstehenden Integrale auf Integrale von rationalen Funktionen zurückgeführt werden.

3.1.7.6.1. Integration entwickelter algebraischer Funktionen. $\int R\left(x, \sqrt[n]{ax+b}\right) \mathrm{d}x$: Durch die Substitution $t = \sqrt[n]{ax+b}$, also

$$x = \frac{1}{a}(t^n - b), \quad \mathrm{d}x = \frac{n}{a} t^{n-1}\,\mathrm{d}t$$

entsteht

$$\int R\left(x, \sqrt[n]{ax+b}\right) \mathrm{d}x = \int R\left(\frac{t^n - b}{a}, t\right) \frac{n}{a} t^{n-1}\,\mathrm{d}t,$$

d. h. das Integral einer rationalen Funktion.

Beispiel: $\int \frac{\sqrt{x+1}+2}{(x+1)^2 - \sqrt{x+1}}\,\mathrm{d}x = 2\int \frac{t+2}{t^3-1}\,\mathrm{d}t \quad \text{mit} \quad t = \sqrt{x+1}.$

$\int R\left(x, \sqrt[n]{\frac{ax+b}{cx+d}}\right) \mathrm{d}x$, $(ad - bc \neq 0)$: Die Substitution $t = \sqrt[n]{\frac{ax+b}{cx+d}}$, also $x = \frac{dt^n - b}{a - ct^n}$, $\mathrm{d}x = n(ad - bc)\frac{t^{n-1}}{(a - ct^n)^2}\,\mathrm{d}t$ führt auf das Integral einer rationalen Funktion.

$\int R\left(x, \sqrt[n]{\frac{ax+b}{cx+d}}, \sqrt[m]{\frac{ax+b}{cx+d}}, \ldots\right) \mathrm{d}x$: Die Substitution $t = \sqrt[\nu]{\frac{ax+b}{cx+d}}$, wobei ν das kleinste gemeinsame Vielfache der Zahlen $n, m, \ldots$ ist, ergibt das Integral einer rationalen Funktion.

$\int x^m (a + bx^n)^p\,\mathrm{d}x$ (a, b beliebige Konstante, m, n, p rationale Zahlen): Diese sog. *binomischen Integrale* lassen sich genau dann geschlossen integrieren, wenn eine der Zahlen p, $\frac{m+1}{n}$, $\frac{m+1}{n} + p$ ganz ist.

p ganz: Die Substitution $t = \sqrt[\nu]{x}$, ν kleinstes gemeinsames Vielfaches der Nenner von m und n, führt auf das Integral einer rationalen Funktion.

$\frac{m+1}{n}$ ganz: Durch die Substitution $t = \sqrt[\nu]{a + bx^n}$, ν Nenner des Bruches p, entsteht das Integral einer rationalen Funktion.

$\frac{m+1}{n} + p$ ganz: Mittels $t = \sqrt[\nu]{\frac{a + bx^n}{x^n}}$ entsteht das Integral einer rationalen Funktion.

Beispiel: $\int \frac{\sqrt[3]{1 + \sqrt[4]{x}}}{\sqrt{x}}\,\mathrm{d}x = \int x^{-\frac{1}{2}}\left(1 + x^{\frac{1}{4}}\right)^{\frac{1}{3}} \mathrm{d}x$, also $m = -\frac{1}{2}$, $n = \frac{1}{4}$, $p = \frac{1}{3}$, $\frac{m+1}{n} = 2$ ganz. Substitution: $t = \sqrt[3]{1 + \sqrt[4]{x}}$, $x = (t^3 - 1)^4$, $\mathrm{d}x = 12t^2(t^3 - 1)^3\,\mathrm{d}t$,

$$\int \frac{\sqrt[3]{1 + \sqrt[4]{x}}}{\sqrt{x}}\,\mathrm{d}x = 12\int (t^6 - t^3)\,\mathrm{d}t = \frac{3}{7} t^4(4t^3 - 7) + C.$$

$\int R\left(x, \sqrt{ax^2 + 2bx + c}\right) \mathrm{d}x$, $(a \neq 0)$: Diese Integrale lassen sich auf Integrale über rationale Funktionen von trigonometrischen oder Hyperbelfunktionen zurückführen (sie werden in 3.1.7.6.2. behandelt). Nach der Umformung $ax^2 + 2bx + c = \frac{1}{a}(ax + b)^2 + \frac{ac - b^2}{a}$ sind drei Fälle zu unterscheiden:

1. $ac - b^2 > 0$; dann ist nur $a > 0$ von Interesse, weil für $a < 0$ stets $ax^2 + 2bx + c < 0$ ist. Mit der Substitution $t = \dfrac{ax+b}{\sqrt{ac-b^2}}$ wird $ax^2 + 2bx + c = \dfrac{ac-b^2}{a}(t^2+1)$, und man erhält zunächst

$$\int R\left(x, \sqrt{ax^2+2bx+c}\right)\mathrm{d}x = \frac{\sqrt{ac-b^2}}{a}\int R\left(\frac{\sqrt{ac-b^2}}{a}t - \frac{b}{a}, \sqrt{\frac{ac-b^2}{a}}\sqrt{t^2+1}\right)\mathrm{d}t$$

$$= \int R_1\left(t, \sqrt{t^2+1}\right)\mathrm{d}t.$$

Eine weitere Substitution, nämlich $t = \sinh u$, ergibt das Integral über eine rationale Funktion aus den Funktionen $\sinh u$ und $\cosh u$:

$$\int R_1\left(t, \sqrt{t^2+1}\right)\mathrm{d}t = \int R_1(\sinh u, \cosh u)\cosh u\,\mathrm{d}u.$$

2. $ac - b^2 = 0$; dann läßt sich die Wurzel im Integranden ziehen, und man hat das Integral einer rationalen Funktion.

3. $ac - b^2 < 0$; durch die Substitution $t = \dfrac{ax+b}{\sqrt{b^2-ac}}$ erhält man wegen

$$\sqrt{ax^2+2bx+c} = \sqrt{\frac{b^2-ac}{a}}\sqrt{t^2-1} \quad \text{für} \quad a > 0$$

und

$$\sqrt{ax^2+2bx+c} = \sqrt{\frac{b^2-ac}{-a}}\sqrt{1-t^2} \quad \text{für} \quad a < 0$$

Integrale der Form $\int R_1\left(t, \sqrt{t^2-1}\right)\mathrm{d}t$, falls $a > 0$, bzw. $\int R_1\left(t, \sqrt{1-t^2}\right)\mathrm{d}t$, falls $a < 0$. Im ersten Fall substituiert man nun $t = \cosh u$, im zweiten Fall $t = \cos u$ und erhält $\int R_1(\cosh u, \sinh u)\sinh u\,\mathrm{d}u$ bzw. $\int R_1(\cos u, \sin u)\sin u\,\mathrm{d}u$.

Beispiel: $\displaystyle\int \frac{\mathrm{d}x}{\sqrt{x^2-2x}}$, $ac - b^2 = -1 < 0$, Fall 3. Substitution $t = x - 1$, also $x = t + 1$, $\mathrm{d}x = \mathrm{d}t$:

$$\int \frac{\mathrm{d}x}{\sqrt{x^2-2x}} = \int \frac{\mathrm{d}t}{\sqrt{t^2-1}} = \int \frac{\sinh u}{\sinh u}\mathrm{d}u = u + C, \quad t = \cosh u$$

$$= \operatorname{arccosh} t + C = \ln\left(t + \sqrt{t^2-1}\right) + C$$

$$= \ln\left(x - 1 + \sqrt{x^2-2x}\right) + C.$$

Durch eine der drei *Eulerschen Substitutionen* lassen sich die Integrale auch sofort auf Integrale rationaler Funktionen zurückführen:

wenn $a > 0$ substituiert man $\sqrt{ax^2+2bx+c} = t - \sqrt{a}\,x$,

wenn $c > 0$ substituiert man $\sqrt{ax^2+2bx+c} = xt + \sqrt{c}$,

wenn $ax^2 + 2bx + c$ die beiden verschiedenen reellen Nullstellen α und β besitzt, substituiert man $\sqrt{ax^2+2bx+c} = t(x-\alpha)$.

Integrale der speziellen Gestalt $\displaystyle\int \frac{p_n(x)}{\sqrt{ax^2+2bx+c}}\mathrm{d}x$, wo $p_n(x)$ ein Polynom n-ten Grades ist, lassen sich durch einen Ansatz auf das einfachere Integral $\displaystyle\int \frac{\mathrm{d}x}{\sqrt{ax^2+2bx+c}}$ zurückführen. Man setzt

$$\int \frac{p_n(x)}{\sqrt{ax^2+2bx+c}}\mathrm{d}x = p_{n-1}(x)\sqrt{ax^2+2bx+c} + A\int \frac{\mathrm{d}x}{\sqrt{ax^2+2bx+c}}$$

mit einem Polynom $p_{n-1}(x)$ vom Grad $n-1$, dessen Koeffizienten noch unbestimmt sind. Die Koeffizienten erhält man durch einen *Koeffizientenvergleich*, nachdem man den Ansatz differenziert und mit $\sqrt{ax^2+2x+c}$ multipliziert hat.

Beispiel: $I = \int \frac{3x^3-8x^2+4x}{\sqrt{x^2-2x}}\,dx$; der Ansatz lautet

$$I = (ax^2+bx+c)\sqrt{x^2-2x} + A\int \frac{dx}{\sqrt{x^2-2x}},$$

durch Differentiation entsteht

$$\frac{3x^3-8x^2+4x}{\sqrt{x^2-2x}} = (2ax+b)\sqrt{x^2-2x} + (ax^2+bx+c)\frac{2x-2}{2\sqrt{x^2-2x}} + \frac{A}{\sqrt{x^2-2x}},$$

woraus nach Multiplikation mit $\sqrt{x^2-2x}$ und Koeffizientenvergleich bei den entsprechenden Potenzen von x folgt: $a=1$, $b=-\frac{3}{2}$, $c=-\frac{1}{2}$, $A=-\frac{1}{2}$. Also gilt

$$\int \frac{3x^3-8x^2+4x}{\sqrt{x^2-2x}}\,dx = \left(x^2-\frac{3}{2}x-\frac{1}{2}\right)\sqrt{x^2-2x} - \frac{1}{2}\int\frac{dx}{\sqrt{x^2-2x}},$$

und das verbleibende Integral ergibt nach Fall 3:

$$\int \frac{dx}{\sqrt{x^2-2x}} = \ln\left(x-1+\sqrt{x^2-2x}\right) + C.$$

Elliptische Integrale:

Integrale der Form

$$\int R\left(x, \sqrt{ax^3+bx^2+cx+e}\right)dx$$

bzw.

$$\int R\left(x, \sqrt{ax^4+bx^3+cx^2+ex+f}\right)dx$$

lassen sich nur in ganz speziellen Fällen durch elementare Funktionen ausdrücken. Man bezeichnet sie als elliptische Integrale. Durch eine Reihe von Substitutionen läßt sich jedes dieser Integrale auf die *elliptischen Integrale erster, zweiter bzw. dritter Gattung* (bis auf einen Summanden, der geschlossen integriert werden kann) zurückführen:

$$\int \frac{dt}{\sqrt{(1-t^2)(1-k^2t^2)}}, \quad \int \frac{(1-k^2t^2)\,dt}{\sqrt{(1-t^2)(1-k^2t^2)}}, \quad \int \frac{dt}{(1+ht^2)\sqrt{(1-t^2)(1-k^2t^2)}}$$

$(0<k<1)$. Substituiert man noch $t=\sin\varphi$ $\left(0<\varphi<\frac{\pi}{2}\right)$, so erhält man

$$\int \frac{d\varphi}{\sqrt{1-k^2\sin^2\varphi}}, \quad \int \sqrt{1-k^2\sin^2\varphi}\,d\varphi, \quad \int \frac{d\varphi}{(1+h\sin^2\varphi)\sqrt{1-k^2\sin^2\varphi}}.$$

Sie heißen elliptische Integrale erster, zweiter bzw. dritter Gattung in der *Legendreschen Normalform*. Die entsprechenden bestimmten Integrale werden nach Legendre mit $F(k,\varphi)$, $E(k,\varphi)$, $\Pi(h,k,\varphi)$ bezeichnet:

$$\int_0^\varphi \frac{d\varphi}{\sqrt{1-k^2\sin^2\varphi}} = F(k,\varphi), \quad \int_0^\varphi \sqrt{1-k^2\sin^2\varphi}\,d\varphi = E(k,\varphi),$$

$$\int_0^\varphi \frac{d\varphi}{(1+h\sin^2\varphi)\sqrt{1-k^2\sin^2\varphi}} = \Pi(h,k,\varphi).$$

Diese Funktionen enthalten außer der Variablen φ noch die Parameter k bzw. h und k und sind tabelliert (s. 1.1.2.4.).

3.1.7.6.2. Integration transzendenter Funktionen. $\int R(\sin x, \cos x)\,dx$: Durch die Substitution $t = \tan\frac{x}{2}$ $(-\pi < x < \pi)$, also $x = 2\arctan t$, $dx = \frac{2}{1+t^2}\,dt$ erhält man wegen

$$\cos x = 2\cos^2\frac{x}{2} - 1 = \frac{2}{1+t^2} - 1 = \frac{1-t^2}{1+t^2},$$

$$\sin x = 2\sin\frac{x}{2}\cos\frac{x}{2} = 2\tan\frac{x}{2}\cos^2\frac{x}{2} = \frac{2t}{1+t^2}:$$

$$\int R(\sin x, \cos x)\,dx = \int R\left(\frac{2t}{1+t^2}, \frac{1-t^2}{1+t^2}\right)\frac{2}{1+t^2}\,dt,$$

d. h. insgesamt das Integral einer rationalen Funktion.

Beispiel:

$$\int\frac{1+\sin x}{1-\cos x}\,dx = \int\frac{1+\dfrac{2t}{1+t^2}}{1-\dfrac{1-t^2}{1+t^2}}\,\frac{2}{1+t^2}\,dt = \int\frac{(1+t)^2}{t^2(1+t^2)}\,dt$$

$$= \int\left(\frac{2}{t} + \frac{1}{t^2} - \frac{2t}{1+t^2}\right)dt = 2\ln(t) - \frac{1}{t} - \ln(1+t^2) + C$$

$$= \ln\frac{t^2}{1+t^2} - \frac{1}{t} + C = \ln\sin^2\frac{x}{2} - \cot\frac{x}{2} + C.$$

In speziellen Fällen kommt man durch einfachere Substitution zum Ziel: Ist die Funktion $R(u, v)$ ungerade in u, d. h. gilt $R(-u, v) = -R(u, v)$, so führt die Substitution $t = \cos x$ auf das Integral einer rationalen Funktion; falls $R(u, v)$ ungerade in v ist, d. h. $R(+u, -v) = -R(u, v)$, liefert die Substitution $t = \sin x$ das Integral einer rationalen Funktion; gilt schließlich $R(-u, -v) = R(u, v)$, so erhält man durch $t = \tan x$ das Integral einer rationalen Funktion.

Beispiele:

1. $\int\frac{\sin x}{\cos^3 x}\,dx$, hier ist $R(u, v) = \frac{u}{v^3}$ und $R(-u, v) = -R(u, v)$. Mit der Substitution $t = \cos x$, $dt = -\sin x\,dx$ erhält man

$$\int\frac{\sin x}{\cos^3 x}\,dx = -\int\frac{dt}{t^3} = \frac{1}{2t^2} + C = \frac{1}{2\cos^2 x} + C.$$

2. $\int\frac{dx}{a^2\cos^2 x + b^2\sin^2 x}$; hier ist $R(-u, -v) = R(u, v)$, die Substitution $t = \tan x$ liefert wegen $\cos^2 x = \frac{1}{1+t^2}$, $\sin^2 x = \tan^2 x\cos^2 x = \frac{t^2}{1+t^2}$, $dt = (1+t^2)\,dx$:

$$\int\frac{dx}{a^2\cos^2 x + b^2\sin^2 x} = \int\frac{1}{a^2/(1+t^2) + b^2t^2/(1+t^2)}\,\frac{dt}{1+t^2}$$

$$= \int\frac{dt}{a^2+b^2t^2} = \frac{1}{ab}\arctan\left(\frac{b}{a}t\right) + C$$

$$= \frac{1}{ab}\arctan\left(\frac{b}{a}\tan x\right) + C.$$

3. $\int \sin^n x\,dx$; ist $n = 2m + 1$, so wird mit $t = \cos x$

$$\int \sin^n x\,dx = \int (1 - \cos^2 x)^m \sin x\,dx = -\int (1 - t^2)^m\,dt$$
$$= -\cos x + \binom{m}{1}\frac{\cos^3 x}{3} - + \ldots + (-1)^{m-1}\binom{m}{m}\frac{\cos^{2m+1} x}{2m+1} + C.$$

Speziell ist

$$\int \sin^3 x\,dx = -\cos x + \frac{\cos^3 x}{3} + C.$$

Falls $n = 2m$, so erhält man wegen der *Moivreschen Formel*

$$\sin^{2m} x = \frac{(-1)^m}{2^{2m-1}}\left[\cos 2mx - \binom{2m}{1}\cos 2(m-1)x \ldots\right.$$
$$\left. + (-1)^{m-1}\binom{2m}{m-1}\cos 2x + (-1)^m\frac{1}{2}\binom{2m}{m}\right]:$$

$$\int \sin^{2m} x\,dx = \frac{(-1)^m}{2^{2m}}\left[\frac{1}{m}\sin 2mx - \frac{1}{m-1}\binom{2m}{1}\sin 2(m-1)x + \ldots\right.$$
$$\left. + (-1)^{m-1}\binom{2m}{m-1}\sin 2x + (-1)^m\binom{2m}{m}x\right] + C.$$

4. $\int \cos^n x\,dx$; für $n = 2m + 1$ wird mit $t = \sin x$

$$\int \cos^{2m+1} x\,dx = \int (1 - \sin^2 x)^m \cos x\,dx = \int (1 - t^2)^m\,dt$$
$$= \sin x - \binom{m}{1}\frac{\sin^3 x}{3} + \ldots + (-1)^m\binom{m}{m}\frac{\sin^{2m+1} x}{2m+1} + C.$$

Falls $n = 2m$, ergibt sich wegen der *Moivreschen Formel*

$$\cos^{2m} x = \frac{1}{2^{2m-1}}\left[\cos (2m)x + \binom{2m}{1}\cos 2(m-1)x + \ldots\right.$$
$$\left. + \binom{2m}{m-1}\cos 2x + \frac{1}{2}\binom{2m}{m}\right]:$$

$$\int \cos^{2m} x\,dx = \frac{1}{2^{2m}}\left[\frac{1}{m}\sin 2mx + \frac{1}{m-1}\binom{2m}{1}\sin 2(m-1)x + \ldots\right.$$
$$\left. + \binom{2m}{m-1}\sin 2x + \binom{2m}{m}x\right] + C;$$

speziell ist also $\displaystyle\int \cos^4 x\,dx = \frac{1}{16}\left(\frac{1}{2}\sin 4x + 4\sin 2x + 6x\right) + C.$

5. $\int \sin^n x \cos^m x\,dx$; falls n (oder m) ungerade, so führt die Substitution $t = \cos x$ (oder $t = \sin x$) auf das Integral einer rationalen Funktion:

$$\int \sin^2 x \cos^3 x\,dx = \int \sin^2 x(1 - \sin^2 x)\cos x\,dx = \int t^2(1 - t^2)\,dt, \quad t = \sin x.$$

Sind beide Exponenten gerade (oder beide ungerade), so führt $t = \tan x$ auf das Integral einer rationalen Funktion. Wenn speziell n und m positiv und gerade sind, so kann man die Umformungen $\sin x \cos x = \dfrac{\sin 2x}{2}$, $\sin^2 x = \dfrac{1 - \cos 2x}{2}$, $\cos^2 x = \dfrac{1 + \cos 2x}{2}$ benutzen:

$$\int \sin^2 x \cos^4 x\,dx = \int (\sin x \cos x)^2 \cos^2 x\,dx = \frac{1}{8}\int \sin^2 2x(1 + \cos 2x)\,dx$$
$$= \frac{1}{8}\int \sin^2 2x \cos 2x\,dx + \frac{1}{16}\int (1 - \cos 4x)\,dx$$
$$= \frac{1}{48}\sin^3 2x + \frac{1}{16}x - \frac{1}{64}\sin 4x + C.$$

6. $\int \tan^n x \, dx = \int \tan^{n-2} x \left(\frac{1}{\cos^2 x} - 1\right) dx = \frac{\tan^{n-1} x}{n-1} - \int \tan^{n-2} x \, dx + C.$

7. $\int \cot^n x \, dx = \frac{-1}{n-1} \cot^{n-1} x - \int \cot^{n-2} x \, dx + C.$

$\int R(e^{mx}, e^{nx}, \ldots, e^{px}) \, dx$ ($m, n, \ldots, p$ rationale Zahlen).

Durch die Substitution $t = e^x$ entstehen Integrale der Form $\int \frac{1}{t} R(t^m, t^n, \ldots, t^p) \, dx$. Ist ν das kleinste gemeinsame Vielfache der Nenner der Brüche $m, n, \ldots, p$, so erhält man durch die Substitution $x = \sqrt[\nu]{t}$ das Integral einer rationalen Funktion.

$\int R(\sinh x, \cosh x) \, dx$.

Diese Integrale können dadurch ausgewertet werden, daß man die Hyperbelfunktion durch die Exponentialfunktion ersetzt. Die Fälle $\int \sinh^n x \, dx$, $\int \cosh^n x \, dx$, $\int \sinh^n x \cosh^m x \, dx$ werden analog zu den entsprechenden Integralen trigonometrischer Funktionen behandelt.

Beispiel:

$$\int \frac{dx}{\cosh x} = 2 \int \frac{dx}{e^x + e^{-x}} = 2 \int \frac{1}{t} \frac{dt}{t + \frac{1}{t}} = 2 \int \frac{dt}{1 + t^2} = 2 \arctan e^x + C.$$

Integrale der Form

$$\int P(x) \, e^{ax} \, dx, \quad \int P(x) \sin(\alpha x + \beta) \, dx, \quad \int P(x) \cos(\alpha x + \beta) \, dx,$$

$$\int P(x) \, e^{ax} \sin(\alpha x + \beta) \, dx, \quad \int P(x) \, e^{ax} \cos(\alpha x + \beta) \, dx,$$

wobei $P(x)$ ein Polynom in x bedeutet, lassen sich durch ein- oder mehrmalige partielle Integration behandeln.

Beispiele:

1. Durch einmalige partielle Integration

$$\int P(x) \, e^{ax} \, dx = \frac{1}{a} P(x) \, e^{ax} - \frac{1}{a} \int P'(x) \, e^{ax} \, dx \quad (a \neq 0)$$

erhält man das Integral einer Funktion mit einem um eine Einheit niedrigeren Grad des Polynoms, so daß durch mehrfache Anwendung schließlich noch $\int e^{ax} \, dx$ auszuwerten bleibt.

2. Bei dem Integral $\int e^{ax} \sin(\alpha x + \beta) \, dx$ ergibt einmalige partielle Integration zunächst:

$$\int e^{ax} \sin(\alpha x + \beta) \, dx = -\frac{1}{\alpha} e^{ax} \cos(\alpha x + \beta) + \frac{a}{\alpha} \int e^{ax} \cos(\alpha x + \beta) \, dx,$$

nochmalige partielle Integration des zweiten Summanden liefert dann

$$\int e^{ax} \sin(\alpha x + \beta) \, dx = -\frac{1}{\alpha} e^{ax} \cos(\alpha x + \beta) + \frac{a}{\alpha^2} e^{ax} \sin(\alpha x + \beta) - \frac{a^2}{\alpha^2} \int e^{ax} \sin(\alpha x + \beta) \, dx,$$

so daß die Zusammenfassung des links und rechts auftretenden Integrals ergibt:

$$\int e^{ax} \sin(\alpha x + \beta) \, dx = \frac{a \sin(\alpha x + \beta) - \alpha \cos(\alpha x + \beta)}{a^2 + \alpha^2} e^{ax} + C.$$

Integrale der Form

$$\int \ln x R'(x)\,\mathrm{d}x, \quad \int \arctan x R'(x)\,\mathrm{d}x, \quad \int \arcsin x R'(x)\,\mathrm{d}x,$$

wobei $R'(x)$ die Ableitung einer rationalen Funktion $R(x)$ bedeutet, lassen sich durch partielle Integration auf bereits behandelte Fälle zurückführen:

$$\int \ln x R'(x)\,\mathrm{d}x = \ln x R(x) - \int \frac{1}{x} R(x)\,\mathrm{d}x,$$

$$\int \arctan x R'(x)\,\mathrm{d}x = \arctan x R(x) - \int \frac{1}{1+x^2} R(x)\,\mathrm{d}x,$$

$$\int \arcsin x R'(x)\,\mathrm{d}x = \arcsin x R(x) - \int \frac{1}{\sqrt{1-x^2}} R(x)\,\mathrm{d}x.$$

Beispiel:

$$\int \ln x \frac{\mathrm{d}x}{(2x+5)^3} = -\frac{1}{4}\frac{1}{(2x+5)^2}\ln x + \frac{1}{4}\int \frac{\mathrm{d}x}{x(2x+5)^2}$$

$$= -\frac{1}{4}\frac{1}{(2x+5)^2}\ln x + \frac{1}{4}\left\{\frac{1}{25}\int\frac{\mathrm{d}x}{x} - \frac{2}{25}\int\frac{\mathrm{d}x}{2x+5} - \frac{2}{5}\int\frac{\mathrm{d}x}{(2x+5)^2}\right\}$$

$$= -\frac{1}{4}\frac{1}{(2x+5)^2}\ln|x| + \frac{1}{100}\ln|x| - \frac{1}{100}\ln|2x+5| + \frac{1}{20}\frac{1}{2x+5} + C.$$

Eine Tabelle der Integrale transzendenter Funktionen findet man in 1.1.3.3.

3.1.7.7. Uneigentliche Integrale

Bei der Definition des bestimmten Integrals wurde vorausgesetzt, daß die Funktion $f(x)$ *beschränkt* und das Integrationsintervall *endlich* ist. Die *uneigentlichen Integrale* sind die Verallgemeinerung des bestimmten Integrals auf den Fall *unbeschränkter* Funktionen und *unbeschränkter* Integrationsintervalle.

Integrale mit unbeschränkten Integranden

Die Funktion $f(x)$ sei beschränkt und integrierbar für jedes Intervall $a \leqq x \leqq b - \varepsilon$ mit $0 < \varepsilon < b - a$. Wenn der Grenzwert

$$I = \lim_{\varepsilon \to +0} \int_a^{b-\varepsilon} f(x)\,\mathrm{d}x$$

existiert, so heißt dieser *konvergentes uneigentliches Integral* von $f(x)$ über $[a, b]$, und man schreibt für I auch $\int_a^b f(x)\,\mathrm{d}x$, es ist also

$$\int_a^b f(x)\,\mathrm{d}x = \lim_{\varepsilon \to +0} \int_a^{b-\varepsilon} f(x)\,\mathrm{d}x.$$

Existiert dieser Grenzwert nicht, so nennt man $\int_a^b f(x)\,\mathrm{d}x$ *divergentes uneigentliches Integral.*

Wenn $f(x)$ sogar für $a \leqq x \leqq b$ beschränkt und integrierbar ist, so stimmt das konvergente uneigentliche Integral mit dem bestimmten Integral im früheren Sinne überein.

Beispiele:

1. $f(x) = \dfrac{1}{\sqrt{1-x^2}}$ ist für $0 \leqq x \leqq 1 - \varepsilon$ mit $0 < \varepsilon < 1$ beschränkt und stetig, also integrierbar.

Der Grenzwert

$$I = \lim_{\varepsilon \to +0} \int_0^{1-\varepsilon} \frac{dx}{\sqrt{1-x^2}} = \lim_{\varepsilon \to +0} [\arcsin(1-\varepsilon) - \arcsin 0] = \arcsin 1 = \frac{\pi}{2}$$

existiert, also gilt

$$\int_0^1 \frac{dx}{\sqrt{1-x^2}} = \frac{\pi}{2}.$$

2. $f(x) = \dfrac{1}{1-x}$ ist ebenfalls für $0 \leqq x \leqq 1 - \varepsilon$ mit $0 < \varepsilon < 1$ beschränkt und stetig, aber

$$\lim_{\varepsilon \to +0} \int_0^{1-\varepsilon} \frac{dx}{1-x} = -\lim_{\varepsilon \to +0} [\ln(1-x)]_0^{1-\varepsilon} = -\lim_{\varepsilon \to +0} \ln \varepsilon$$

existiert nicht, also ist $\int_0^1 \frac{dx}{1-x}$ divergent.

Analog wird das uneigentliche Integral für Funktionen definiert, die für jedes Intervall $a + \varepsilon \leqq x \leqq b$ mit $0 < \varepsilon < b - a$ beschränkt und integrierbar sind:

$$\int_a^b f(x)\,dx = \lim_{\varepsilon \to +0} \int_{a+\varepsilon}^b f(x)\,dx.$$

Beispiel: $f(x) = \dfrac{1}{x^\alpha}$; es sei zunächst $0 < \alpha < 1$:

$$\int_0^1 \frac{dx}{x^\alpha} = \lim_{\varepsilon \to +0} \int_\varepsilon^1 \frac{dx}{x^\alpha} = \lim_{\varepsilon \to +0} \frac{1}{1-\alpha}(1 - \varepsilon^{1-\alpha}) = \frac{1}{1-\alpha},$$

das Integral ist also konvergent.

Für $\alpha \geqq 1$ ist $\int_0^1 \frac{dx}{x^\alpha}$ divergent, da

$$\lim_{\varepsilon \to +0} \int_\varepsilon^1 \frac{dx}{x^\alpha} = \lim_{\varepsilon \to +0} \frac{1}{1-\alpha}\left(1 - \frac{1}{\varepsilon^{\alpha-1}}\right) = \infty \quad \text{falls } \alpha > 1$$

und

$$\lim_{\varepsilon \to +0} \int_\varepsilon^1 \frac{dx}{x} = \lim_{\varepsilon \to +0} \ln \frac{1}{\varepsilon} = \infty \qquad \text{falls } \alpha = 1.$$

Wenn $f(x)$ in der Umgebung beider Enden des Intervalls $[a, b]$ unbeschränkt ist, so sei c ein beliebiger, aber fester Punkt mit $a < c < b$. Sind die beiden Integrale $\int_a^c f(x)\,dx$ und $\int_c^b f(x)\,dx$ konvergent, so definiert man

$$\int_a^b f(x)\,dx = \int_a^c f(x)\,dx + \int_c^b f(x)\,dx.$$

Beispiel: $f(x) = \dfrac{1}{\sqrt{1-x^2}}$, $a = -1$, $b = 1$:

$$\int_{-1}^{1} \frac{dx}{\sqrt{1-x^2}} = \int_{-1}^{0} \frac{dx}{\sqrt{1-x^2}} + \int_{0}^{1} \frac{dx}{\sqrt{1-x^2}} = \frac{\pi}{2} + \frac{\pi}{2} = \pi.$$

Wenn schließlich $f(x)$ in der Umgebung eines inneren Punktes c des Intervalls $[a, b]$ unbeschränkt ist und die Integrale $\int_a^c f(x)\,dx$ und $\int_c^b f(x)\,dx$ konvergent sind, so definiert man

$$\int_a^b f(x)\,dx = \int_a^c f(x)\,dx + \int_c^b f(x)\,dx,$$

oder ausführlicher:

$$\int_a^b f(x)\,dx = \lim_{\varepsilon_1 \to +0} \int_a^{c-\varepsilon_1} f(x)\,dx + \lim_{\varepsilon_2 \to +0} \int_{c+\varepsilon_2}^{b} f(x)\,dx.$$

Die beiden Grenzwerte sind also einzeln zu berechnen. Bildet man dagegen

$$\lim_{\varepsilon \to +0} \left[\int_a^{c-\varepsilon} f(x)\,dx + \int_{c+\varepsilon}^{b} f(x)\,dx \right],$$

so nennt man den Grenzwert, falls er existiert, den *Cauchyschen Hauptwert* des Integrals. Er wird auch mit V. p. $\int_a^b f(x)\,dx$ bezeichnet. Der Cauchysche Hauptwert kann existieren, obwohl das uneigentliche Integral divergiert.

Beispiel: V. p. $\displaystyle\int_a^b \frac{dx}{x-c} = \lim_{\varepsilon \to +0} \left[\int_a^{c-\varepsilon} \frac{dx}{x-c} + \int_{c+\varepsilon}^{b} \frac{dx}{x-c} \right] = \ln \frac{b-c}{c-a}$, dagegen existiert das uneigentliche Integral $\displaystyle\int_a^b \frac{dx}{x-c}$ $(a < c < b)$ nicht.

Integrale über unbeschränkte Intervalle

Die Funktion $f(x)$ sei für $x \geqq a$ definiert und über jedes Intervall $a \leqq x \leqq b$ integrierbar. Wenn der Grenzwert

$$I = \lim_{b \to \infty} \int_a^b f(x)\,dx$$

existiert, so heißt er *konvergentes uneigentliches Integral* von $f(x)$ über das Intervall $[a, \infty)$, und man schreibt für I auch $\int_a^\infty f(x)\,dx$; es ist also

$$\int_a^\infty f(x)\,dx = \lim_{b \to \infty} \int_a^b f(x)\,dx.$$

Existiert der Grenzwert nicht, so heißt $\int_a^\infty f(x)\,dx$ *divergent*.

Beispiele:

1. $\displaystyle\int_0^\infty e^{-\alpha x}\,dx = \lim_{b \to \infty} \int_0^b e^{-\alpha x}\,dx = \frac{1}{\alpha} \lim_{b \to \infty} (1 - e^{-\alpha x}) = \frac{1}{\alpha}$, falls $\alpha > 0$, das Integral ist also konvergent.

2. $\int\limits_1^\infty \frac{dx}{x^\alpha} = \lim\limits_{b\to\infty} \int\limits_1^b \frac{dx}{x^\alpha} = \lim\limits_{b\to\infty} \frac{1}{1-\alpha}\left(\frac{1}{b^{-1+\alpha}} - 1\right) = \frac{1}{\alpha - 1}$, falls $\alpha > 1$, dagegen ist das Integral für $0 < \alpha \leqq 1$ divergent, weil

$$\int\limits_1^\infty \frac{dx}{x} = \lim_{b\to\infty} \int\limits_1^b \frac{dx}{x} = \lim_{b\to\infty} \ln b = \infty,$$

$$\int\limits_1^\infty \frac{dx}{x^\alpha} = \lim_{b\to\infty} \int\limits_1^b \frac{dx}{x^\alpha} = \lim_{b\to\infty} \frac{1}{1-\alpha}(b^{1-\alpha} - 1) = \infty \quad \text{für} \quad \alpha < 1$$

gilt. Analog wird definiert:

$$\int\limits_{-\infty}^a f(x)\,dx = \lim_{b\to-\infty} \int\limits_b^a f(x)\,dx.$$

Sind die beiden Integrale $\int\limits_{-\infty}^a f(x)\,dx$ und $\int\limits_a^\infty f(x)\,dx$ konvergent, so definiert man

$$\int\limits_{-\infty}^\infty f(x)\,dx = \int\limits_{-\infty}^a f(x)\,dx + \int\limits_a^\infty f(x)\,dx.$$

Beispiel:

$$\int\limits_{-\infty}^\infty \frac{dx}{1+x^2} = \int\limits_{-\infty}^0 f(x)\,dx + \int\limits_0^\infty f(x)\,dx = \lim_{b\to-\infty} \int\limits_b^0 \frac{dx}{1+x^2} + \lim_{b\to\infty} \int\limits_0^b \frac{1}{1+x^2}\,dx$$

$$= \lim_{b\to-\infty} (-\arctan b) + \lim_{b\to\infty} \arctan b = \frac{\pi}{2} + \frac{\pi}{2} = \pi.$$

Hauptwert: Der Grenzwert $\lim\limits_{b\to\infty} \int\limits_{-b}^b f(x)\,dx$ heißt, falls er existiert, *Hauptwert des Integrals* und wird mit V. p. $\int\limits_{-\infty}^\infty f(x)\,dx$ bezeichnet. Existiert das uneigentliche Integral, so existiert auch sein Hauptwert, und beide Werte sind gleich. Die Umkehrung gilt im allgemeinen nicht.

Beispiel: Da für den Integranden $f(-x) = -f(x)$ gilt, ist $\int\limits_{-b}^b \frac{x}{1+x^2}\,dx = 0$ und daher

$$\int\limits_{-b}^b \frac{1+x}{1+x^2}\,dx = \int\limits_{-b}^b \frac{dx}{1+x^2} + \int\limits_{-b}^b \frac{x\,dx}{1+x^2} = \int\limits_{-b}^b \frac{dx}{1+x^2}.$$

Also ist

$$\text{V. p.} \int\limits_{-\infty}^\infty \frac{1+x}{1+x^2}\,dx = \lim_{b\to\infty} \int\limits_{-b}^b \frac{1+x}{1+x^2}\,dx = \lim_{b\to\infty} \int\limits_{-b}^b \frac{dx}{1+x^2} = \pi.$$

Das uneigentliche Integral $\int\limits_{-\infty}^\infty \frac{1+x}{1+x^2}\,dx$ dagegen ist divergent.

Wenn schließlich die Funktion $f(x)$ im Intervall $[a, \infty)$ endlich viele Stellen besitzt, in deren Umgebung sie unbeschränkt ist, so zerlegt man das Intervall $[a, \infty)$ in geeignete Teilintervalle. Existieren die uneigentlichen Integrale über diese Teilintervalle, so definiert man das Integral über $[a, \infty)$ als Summe der Integrale über diese Teilintervalle.

Beispiel: $\int\limits_0^\infty \frac{\ln x}{1 + x^2}\, dx$. Der Integrand ist in der Umgebung von $x = 0$ unbeschränkt. Nach der Definition ist $\int\limits_0^\infty \frac{\ln x}{1 + x^2}\, dx = \int\limits_0^1 \frac{\ln x}{1 + x^2}\, dx + \int\limits_1^\infty \frac{\ln x}{1 + x^2}\, dx$; der erste Summand ist ein konvergentes Integral, weil für $0 < \alpha < 1$ gilt: $\lim\limits_{x \to +0} x^\alpha \frac{\ln x}{1 + x^2} = 0$, der zweite Summand ist konvergent, weil für $1 < \alpha < 2$ gilt:

$$\lim_{x \to \infty} x^\alpha \frac{\ln x}{1 + x^2} = \lim_{x \to \infty} \frac{x^2}{1 + x^2} \frac{\ln x}{x^{2-\alpha}} = 0$$

(siehe nachstehende Konvergenzkriterien).

Konvergenzkriterien:

Sie werden für die Integrale der Form $\int\limits_a^\infty f(x)\, dx$ formuliert, für die anderen Typen gelten analoge Sätze.

1. Sind $f(x)$ und $g(x)$ nichtnegativ und gilt für $x \geqq x_0 \geqq a$ die Ungleichung $f(x) \leqq g(x)$, so folgt aus der Konvergenz $\int\limits_a^\infty g(x)\, dx$ die Konvergenz von $\int\limits_a^\infty f(x)\, dx$ und aus der Divergenz von $\int\limits_a^\infty f(x)\, dx$ die Divergenz von $\int\limits_a^\infty g(x)\, dx$.

2. Sind $f(x)$ und $g(x)$ nichtnegativ und existiert $\lim\limits_{x \to \infty} \frac{f(x)}{g(x)} = K (0 \leqq K \leqq \infty)$, so folgt für $K < \infty$ aus der Konvergenz von $\int\limits_a^\infty g(x)\, dx$ die Konvergenz von $\int\limits_a^\infty f(x)\, dx$ und für $K > 0$ aus der Divergenz von $\int\limits_a^\infty g(x)\, dx$ die Divergenz von $\int\limits_a^\infty f(x)\, dx$, d. h. für $0 < K < \infty$ zeigen beide Integrale das gleiche Konvergenzverhalten.

Im Falle des Integrals $\int\limits_a^b f(x)\, dx$ einer in der Umgebung von $x = b$ unbeschränkten Funktion ist der Grenzwert $\lim\limits_{x \to b-0} \frac{f(x)}{g(x)}$ zu betrachten. Als *Vergleichsfunktion* kann man im Fall $\int\limits_a^\infty f(x)\, dx$ insbesondere die Funktionen $g(x) = \frac{1}{x^\alpha}$ und im Fall des Integrals $\int\limits_a^b f(x)\, dx$ einer bei $x = b$ unbeschränkten Funktion $g(x) = \frac{1}{(b - x)^\alpha}$ nehmen.

Beispiele:

a) $\int\limits_1^\infty \frac{dx}{x\sqrt{1 + x^2}}$; mit $g(x) = \frac{1}{x^2}$ ist $\lim\limits_{x \to \infty} \frac{f(x)}{g(x)} = \lim\limits_{x \to \infty} \frac{x^2}{x\sqrt{1 + x^2}} = 1$, das Integral ist also konvergent, da $\int\limits_1^\infty \frac{dx}{x^2}$ konvergiert.

b) $\int\limits_0^1 \frac{dx}{\sqrt{(1-x^2)(1-k^2x^2)}}$ $(k^2 < 1)$; mit $g(x) = \frac{1}{\sqrt{1-x}}$ wird $\lim\limits_{x\to 1-0} \frac{f(x)}{g(x)} = \frac{1}{\sqrt{2(1-k^2)}}$,
das Integral ist also konvergent, da $\int\limits_0^1 \frac{dx}{\sqrt{1-x}}$ konvergiert.

Absolute Konvergenz eines uneigentlichen Integrals

Das Integral $\int\limits_a^\infty f(x)\,dx$ heißt *absolut konvergent*, falls das Integral $\int\limits_a^\infty |f(x)|\,dx$ konvergiert (analoge Definitionen gelten für die anderen Formen uneigentlicher Integrale). Wenn $\int\limits_a^\infty f(x)\,dx$ absolut konvergent ist, so ist $\int\limits_a^\infty f(x)\,dx$ auch konvergent.

Beispiel: $\int\limits_1^\infty \frac{\sin x}{x^2}\,dx$ ist absolut konvergent, da mit $g(x) = \frac{1}{x^{3/2}}$ gilt: $\lim\limits_{x\to\infty} \frac{|f(x)|}{g(x)} = \lim\limits_{x\to\infty} \frac{|\sin x|}{\sqrt{x}} = 0.$

Zusammenhang zwischen den uneigentlichen Integralen und den unendlichen Reihen.

Das Integral $\int\limits_a^\infty f(x)\,dx$ ist genau dann konvergent, wenn für jede Zahlenfolge $\{x_n\}$ $(x_0 = a, x_n \geqq a)$ mit $\lim\limits_{n\to\infty} x_n = \infty$ die Reihe $\sum\limits_{n=0}^\infty \int\limits_{x_n}^{x_{n+1}} f(x)\,dx$ stets dieselbe Summe hat. Diese Summe ist dann der Wert des uneigentlichen Integrals.

Die zahlreichen Konvergenzkriterien für unendliche Reihen können also zur Konvergenzuntersuchung bei uneigentlichen Integralen benutzt werden, umgekehrt führt das *Integralkriterium* (3.1.14.2.) das Konvergenzverhalten von Reihen auf das uneigentlicher Integrale zurück.

Geometrische Deutung der uneigentlichen Integrale

Wenn $f(x)$ im Intervall $a \leqq x \leqq b$ stetig, $f(x) \geqq 0$, $\lim\limits_{x\to b-0} f(x) = \infty$ und das uneigentliche Integral $\int\limits_a^b f(x)\,dx$ konvergent ist, so stellt es den Flächeninhalt des in Abb. 3.18 schraffierten unbeschränkten Gebietes dar.

Ist $f(x)$ stetig für $x \geqq 0$, $f(x) \geqq 0$ und konvergiert das uneigentliche Integral $\int\limits_a^\infty f(x)\,dx$, so bedeutet dieser Wert den Flächeninhalt des in Abb. 3.19 schraffierten unbeschränkten Gebietes.

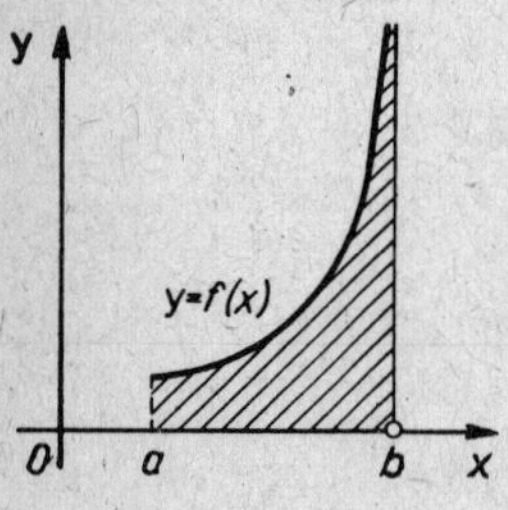

Abb. 3.18

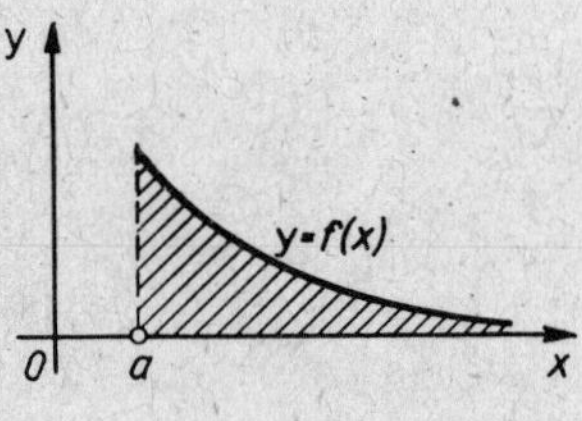

Abb. 3.19

Das Rechnen mit uneigentlichen Integralen

Die Eigenschaften bestimmter Integrale sind nicht ohne weiteres auch für uneigentliche Integrale gültig. Sie übertragen sich auf die Integrale $\int\limits_a^\infty f(x)\,dx$ (und analog auf die anderen Typen) in folgender Weise:

1. Existieren $\int\limits_a^\infty f(x)\,\mathrm{d}x$ und $\int\limits_a^\infty g(x)\,\mathrm{d}x$, so existieren auch $\int\limits_a^\infty kf(x)\,\mathrm{d}x$ für jede Konstante k und $\int\limits_a^\infty (f(x)+g(x))\,\mathrm{d}x$, und es gilt:

$$\int\limits_a^\infty kf(x)\,\mathrm{d}x = k\int\limits_a^\infty f(x)\,\mathrm{d}x,$$

$$\int\limits_a^\infty (f(x)+g(x))\,\mathrm{d}x = \int\limits_a^\infty f(x)\,\mathrm{d}x + \int\limits_a^\infty g(x)\,\mathrm{d}x.$$

2. Ist $F(x)$ eine Stammfunktion von $f(x)$ im Intervall $[a, \infty)$ und existiert $\lim\limits_{x\to\infty} F(x)$, so gilt

$$\int\limits_a^\infty f(x)\,\mathrm{d}x = [F(x)]_a^\infty,$$

wenn $[F(x)]_a^\infty = \lim\limits_{x\to\infty} F(x) - F(a)$ bedeutet. Für den Fall des uneigentlichen Integrals über eine unbeschränkte Funktion $f(x)$ gilt

$$\int\limits_a^b f(x)\,\mathrm{d}x = [F(x)]_a^b,$$

wenn die Stammfunktion $F(x)$ an den Stellen stetig ist, in deren Umgebung $f(x)$ unbeschränkt ist.

Beispiele:

a) Eine Stammfunktion von $f(x) = \dfrac{1}{1+x^4}$ ist

$$F(x) = \frac{1}{4\sqrt{2}}\ln\frac{x^2+\sqrt{2}x+1}{x^2-\sqrt{2}x+1} + \frac{1}{2\sqrt{2}}\arctan\left(\sqrt{2}x+1\right) + \frac{1}{2\sqrt{2}}\arctan\left(\sqrt{2}x-1\right)$$

(s. 3.1.7.5.), und es ist

$$\lim_{x\to\infty} F(x) = \frac{\pi}{2\sqrt{2}}, \qquad F(0) = 0;$$

also gilt

$$\int\limits_0^\infty \frac{\mathrm{d}x}{1+x^4} = \frac{\pi}{2\sqrt{2}}.$$

b) Eine Stammfunktion von $f(x) = x^{-1/3}$ ist $F(x) = \dfrac{3}{2}x^{2/3}$; sie ist für $x = 0$ stetig, also gilt

$$\int\limits_0^1 \frac{\mathrm{d}x}{\sqrt[3]{x}} = \left[\frac{3}{2}x^{\frac{2}{3}}\right]_0^1 = \frac{3}{2}.$$

c) Eine Stammfunktion von $f(x) = \dfrac{2x}{x^2-1}$ ist $F(x) = \ln|x^2-1|$; sie ist bei $x = \pm 1$ unstetig. Die Anwendung der Formel auf das Integral $\int\limits_{-2}^{2} \dfrac{2x}{x^2-1}\,\mathrm{d}x$ würde zu dem falschen Ergebnis 0 führen, denn das Integral ist divergent.

3. *Partielle Integration*: Haben die Funktionen $u(x)$ und $v(x)$ im Intervall $[a, \infty)$ stetige Ableitungen, existiert $\lim\limits_{x\to\infty} u(x)\,v(x)$ und ist $\int\limits_a^\infty u'(x)\,v(x)\,\mathrm{d}x$ konvergent, so ist auch $\int\limits_a^\infty u(x)\,v'(x)\,\mathrm{d}x$ konvergent, und es gilt

$$\int\limits_a^\infty u(x)\,v'(x)\,\mathrm{d}x = [u(x)\,v(x)]_a^\infty - \int\limits_a^\infty u'(x)\,v(x)\,\mathrm{d}x.$$

Beispiele:

a) $u(x) = x^n$, $v(x) = -e^{-x}$.

Es gilt $\lim\limits_{x \to \infty} x^n e^{-x} = 0$, und $\int\limits_0^\infty x^{n-1} e^{-x} \, dx$ ist konvergent; daher folgt

$$\int\limits_0^\infty x^n e^{-x} \, dx = n \int\limits_0^\infty x^{n-1} e^{-x} \, dx.$$

Durch wiederholte partielle Integration findet man

$$\int\limits_0^\infty x^n e^{-x} \, dx = n!.$$

b) $u(x) = \dfrac{1}{x}$, $v(x) = -\cos x$. Dann gilt

$$\int\limits_a^\infty \frac{\sin x}{x} \, dx = \left[-\frac{\cos x}{x}\right]_a^\infty - \int\limits_a^\infty \frac{\cos x}{x^2} \, dx \quad (a > 0),$$

da beide Summanden auf der rechten Seite einen Sinn haben. Insbesondere folgt daraus die Existenz von $\int\limits_0^\infty \dfrac{\sin x}{x} \, dx$, da der Integrand für $x = 0$ beschränkt bleibt.

4. *Substitutionsregel*: Wenn $f(z)$ für $z \geqq \alpha$ stetig ist, $z = g(x)$ in $[a, b)$ eine stetige Ableitung mit $g'(x) \neq 0$ besitzt und $g(a) = \alpha$, $\lim\limits_{x \to b} g(x) = \infty$ gilt, so ist

$$\int\limits_\alpha^\infty f(z) \, dz = \int\limits_a^b f(g(x)) \, g'(x) \, dx;$$

dabei kann das rechtsstehende Integral eigentlich oder uneigentlich sein, und aus der Konvergenz des einen folgt die Konvergenz des anderen Integrals.

Beispiele:

a) $\int\limits_0^\infty \dfrac{\ln z}{1 + z^2} \, dz$ wurde bereits als konvergent nachgewiesen; im zweiten Summanden der Zerlegung

$$\int\limits_0^\infty \frac{\ln z}{1 + z^2} \, dz = \int\limits_0^1 \frac{\ln z}{1 + z^2} \, dz + \int\limits_1^\infty \frac{\ln z}{1 + z^2} \, dz$$

wird $z = \dfrac{1}{x}$ substituiert:

$$\int\limits_1^\infty \frac{\ln z}{1 + z^2} \, dz = \int\limits_1^0 \frac{\ln x}{1 + x^2} \, dx = -\int\limits_0^1 \frac{\ln x}{1 + x^2} \, dx,$$

daher folgt

$$\int\limits_0^\infty \frac{\ln z}{1 + z^2} \, dz = \int\limits_0^1 \frac{\ln z}{1 + z^2} \, dz - \int\limits_0^1 \frac{\ln x}{1 + x^2} \, dx = 0.$$

b) $I = \int\limits_0^{\pi/2} \ln \sin z \, dz$ ist konvergent, da $\lim\limits_{x \to 0} \dfrac{\ln \sin x}{1/x^\alpha} = 0$ für $0 < \alpha < 1$ gilt. Substituiert man $z = 2x$, so folgt zunächst

$$I = 2 \int\limits_0^{\pi/4} \ln \sin 2x \, dx = 2 \int\limits_0^{\pi/4} \ln 2 \sin x \cos x \, dx$$

$$= \frac{\pi}{2} \ln 2 + 2 \int\limits_0^{\pi/4} \ln \sin x \, dx + 2 \int\limits_0^{\pi/4} \ln \cos x \, dx.$$

Durch die Substitution $x = \dfrac{\pi}{2} - u$ ergibt sich

$$2 \int\limits_0^{\pi/4} \ln \cos x \, dx = 2 \int\limits_{\pi/4}^{\pi/2} \ln \sin u \, du,$$

so daß

$$I = \frac{\pi}{2} \ln 2 + 2 \int\limits_0^{\pi/4} \ln \sin x \, dx + 2 \int\limits_{\pi/4}^{\pi/2} \ln \sin x \, dx = \frac{\pi}{2} \ln 2 + 2I,$$

also $I = -\dfrac{\pi}{2} \ln 2$ folgt.

3.1.7.8. Geometrische und physikalische Anwendung bestimmter Integrale

Länge einer Kurve

Ist eine *ebene Kurve* **k** durch eine Parameterdarstellung $x = \varphi(t)$, $y = \psi(t)$ $(t_0 \leqq t \leqq t_1)$ mit stetig differenzierbaren Funktionen $\varphi(t)$, $\psi(t)$ gegeben, so besitzt sie eine Länge l, die sich nach der Formel

$$l = \int\limits_{t_0}^{t_1} \sqrt{\varphi'^2(t) + \psi'^2(t)} \, dt$$

berechnet.

Wenn **k** explizit durch die stetig differenzierbare Funktion $y = f(x)$ $(x_0 \leqq x \leqq x_1)$ gegeben ist, so hat sie die Länge

$$l = \int\limits_{x_0}^{x_1} \sqrt{1 + [f'(x)]^2} \, dx;$$

ist **k** in Polarkoordinaten $r = g(\varphi)$ $(\varphi_0 \leqq \varphi \leqq \varphi_1)$ gegeben, so wird

$$l = \int\limits_{\varphi_0}^{\varphi_1} \sqrt{r^2 + r'^2} \, d\varphi.$$

Für eine *Raumkurve* **k**, deren Parameterdarstellung $x = \varphi(t)$, $y = \psi(t)$, $z = \chi(t)$ $(t_0 \leqq t \leqq t_1)$ mit stetig differenzierbaren Funktionen $\varphi(t)$, $\psi(t)$ $\chi(t)$ lautet, berechnet sich die Länge zu:

$$l = \int\limits_{t_0}^{t_1} \sqrt{\varphi'^2(t) + \psi'^2(t) + \chi'^2(t)} \, dt.$$

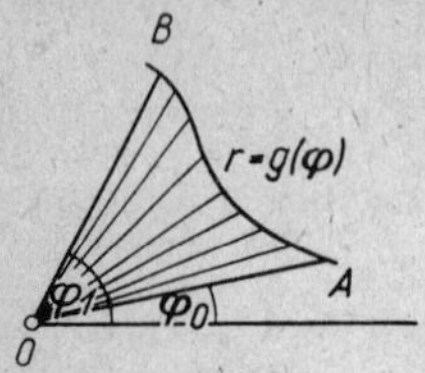

Abb. 3.20

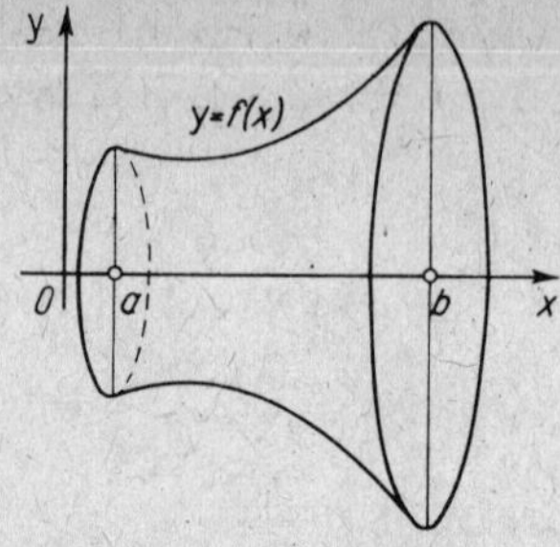

Abb. 3.21

Flächeninhalt

Ist $f(x)$ eine für $a \leqq x \leqq b$ nichtnegative, stetige Funktion, so ist der Flächeninhalt F des krummlinigen Trapezes $ABCD$ (Abb. 3.14, S. 289):

$$F = \int_a^b f(x)\,dx.$$

Der Flächeninhalt F eines Sektors OAB, der von der in Polarkoordinaten $r = g(\varphi)$ $(\varphi_0 \leqq \varphi \leqq \varphi_1)$ gegebenen Kurve AB und den Radien OA und OB begrenzt wird (Abb. 3.20), berechnet sich durch das Integral

$$F = \tfrac{1}{2}\int_{\varphi_0}^{\varphi_1} r^2\,d\varphi = \tfrac{1}{2}\int_{\varphi_0}^{\varphi_1} [g(\varphi)]^2\,d\varphi.$$

Zur Berechnung von Flächeninhalten siehe auch unter Kurvenintegral (3.1.8.6.) bzw. Flächenintegral (3.1.10.4.).

Volumen eines Rotationskörpers

Das Bild der für $a \leqq x \leqq b$ nichtnegativen stetigen Funktion $f(x)$ rotiere um die x-Achse; das Volumen V des dabei entstehenden Körpers (Abb. 3.21) ergibt sich zu

$$V = \pi \int_a^b [f(x)]^2\,dx.$$

Das Volumen V eines Körpers, der zwischen den Ebenen $x = a$ und $x = b$ liegt und der von Ebenen $x = c$ mit $a \leqq c \leqq b$ in Gebieten mit dem Flächeninhalt $f(x)$ geschnitten wird (Abb. 3.22), ist

$$V = \int_a^b f(x)\,dx.$$

Zur Berechnung von Volumina siehe auch 3.1.10.4. und 3.1.11.4.

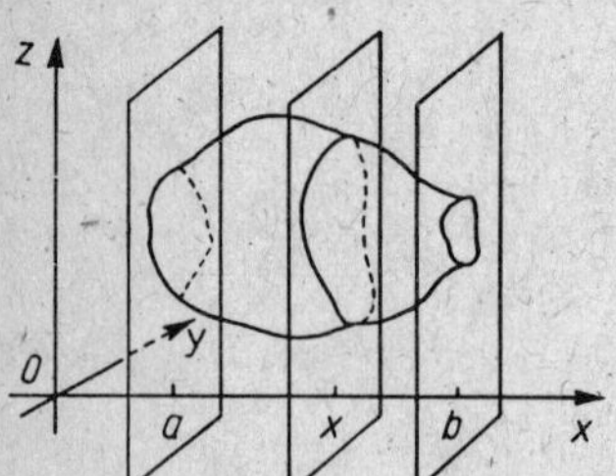

Abb. 3.22

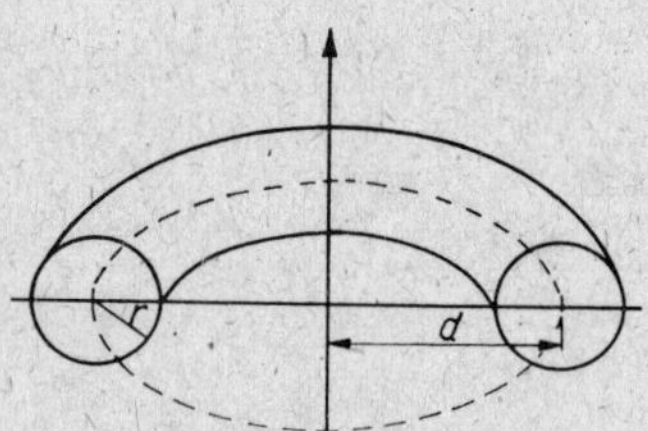

Abb. 3.23

Flächeninhalt der Mantelfläche eines Rotationskörpers

Der Flächeninhalt S der Mantelfläche eines Rotationskörpers, der durch Rotation der Kurve einer für $a \leqq x \leqq b$ nichtnegativen, stetig differenzierbaren Funktion $f(x)$ um die x-Achse entsteht, berechnet sich durch das Integral

$$S = 2\pi \int_a^b f(x) \sqrt{1 + [f'(x)]^2}\, dx.$$

Ist die rotierende Kurve durch die Parameterdarstellung $x = \varphi(t)$, $y = \psi(t)$ $(t_0 \leqq t \leqq t_1)$ gegeben, so ist

$$S = 2\pi \int_a^b \psi(t) \sqrt{\varphi'^2(t) + \psi'^2(t)}\, dt.$$

Schwerpunkt

Die Koordinaten (ξ, η) des Schwerpunktes einer mit Masse der linearen Dichte $\varrho(x)$ belegten Kurve, die durch $y = f(x)$ $(a \leqq x \leqq b)$ gegeben ist, berechnen sich zu

$$\xi = \frac{1}{M} \int_a^b \varrho(x)\, x \sqrt{1 + [f'(x)]^2}\, dx, \qquad \eta = \frac{1}{M} \int_a^b \varrho(x) f(x) \sqrt{1 + [f'(x)]^2}\, dx$$

mit der Gesamtmasse $M = \int_a^b \varrho(x)\, dx$.

Bei konstanter Dichte $\varrho(x)$ kann die zweite Gleichung in die Gestalt

$$2\pi l \eta = 2\pi \int_a^b f(x) \sqrt{1 + [f'(x)]^2}\, dx$$

(l Länge der Kurve) gebracht werden, die als *erste Guldinsche Regel* bezeichnet wird: Der Flächeninhalt S der Rotationsfläche, die durch Drehung einer Kurve um eine die Kurve nicht schneidende Achse entsteht, ist gleich dem Produkt aus der Länge der Kurve und dem Umfang des Kreises, den der Schwerpunkt der Kurve bei der Drehung beschreibt: $S = 2\pi\eta l$.

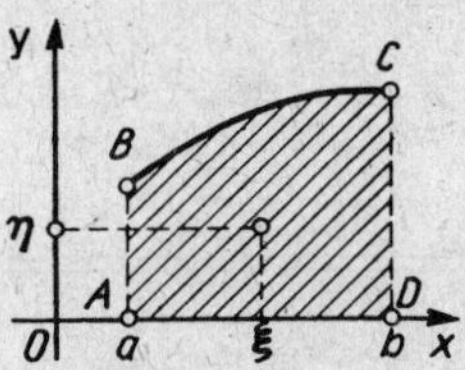

Abb. 3.24

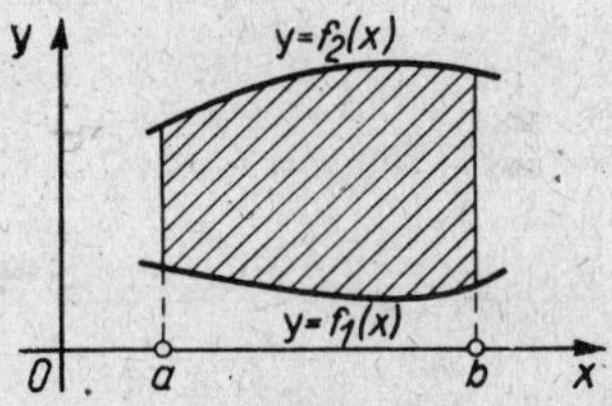

Abb. 3.25

Beispiel: Bei der Drehung eines Kreises mit dem Radius r um eine ihn nicht schneidende Achse entsteht ein *Torus* (Abb. 3.23). Wenn der Kreis homogen mit Masse belegt ist, liegt sein Schwerpunkt im Mittelpunkt. Ist d der Abstand des Mittelpunktes von der Achse, so beschreibt der Schwerpunkt einen Kreis mit dem Umfang $2\pi d$, daher ergibt sich nach der ersten Guldinschen Regel die Oberfläche S des Torus: $S = 2\pi d \cdot 2\pi r = 4\pi^2 dr$.

Die Koordinaten (ξ, η) des Schwerpunktes eines mit Masse der konstanten Flächendichte $\varrho = 1$ belegten krummlinigen Trapezes $ABCD$ (Abb. 3.24) mit dem Flächeninhalt F berechnen sich durch

$$\xi = \frac{1}{F} \int_a^b x f(x)\, dx, \qquad \eta = \frac{1}{2F} \int_a^b [f(x)]^2\, dx.$$

Aus der zweiten Gleichung folgt die *zweite Guldinsche Regel*: Das Volumen V eines Körpers, der durch Drehung eines ebenen Gebietes um eine dieses Gebiet nicht schneidende Achse entsteht, ist gleich dem Produkt aus dem Flächeninhalt F dieses Gebietes mit dem Umfang des Kreises, den der Schwerpunkt dieses Gebietes bei der Drehung beschreibt: $V = F \cdot 2\pi\eta$.

Beispiel: Volumen des Torus (Abb. 3.23): Die Fläche des rotierenden Kreises ist πr^2, also errechnet sich das Volumen des Torus zu $V = \pi r^2 \cdot 2\pi d = 2\pi^2 r^2 d$.

Zur Berechnung von Schwerpunkten ebener und räumlicher Bereiche siehe auch 3.1.10.4. und 3.1.11.4.

Trägheitsmoment

Das Trägheitsmoment I_y einer Kurve (bezüglich der y-Achse), die durch $y = f(x)$ $(a \leqq x \leqq b)$ beschrieben wird und die lineare Dichte $\varrho(x)$ trägt, wird durch das Integral

$$I_y = \int_a^b \varrho(x)\, x^2 \sqrt{1 + [f'(x)]^2}\, dx$$

berechnet.

Das Trägheitsmoment I_y bezüglich der y-Achse des krummlinig begrenzten Trapezes (Abb. 3.25) mit der konstanten Flächendichte ϱ ist

$$I_y = \varrho \int_a^b x^2 (f_2(x) - f_1(x))\, dx.$$

Zur Berechnung von Trägheitsmomenten siehe auch 3.1.10.4. und 3.1.11.4.

3.1.8. Kurvenintegrale

Das Kurvenintegral ist eine Verallgemeinerung des in 3.1.7.1. definierten bestimmten Integrals, bei diesem wurde eine Funktion über ein Intervall $[a, b]$ der reellen Achse integriert, beim Kurvenintegral wird eine Funktion über eine Kurve integriert.

Ein ebenes Kurvenstück, das durch eine Parameterdarstellung

$$x = \varphi(t), \quad y = \psi(t), \quad (t_1 \leqq t \leqq t_2)$$

gegeben ist, heißt *glatt*, wenn verschiedene t-Werte verschiedene Punkte der Kurve ergeben, die Ableitungen der Funktionen $\varphi(t)$ und $\psi(t)$ stetig sind und stets $\varphi'^2(t) + \psi'^2(t) > 0$ gilt. Der Punkt mit dem Parameterwert t_1 heißt *Anfangspunkt*, der Punkt mit dem Parameterwert t_2 heißt *Endpunkt* der Kurve. Eine Kurve heißt *stückweise glatt*, wenn sie sich in eine endliche Anzahl glatter Kurvenstücke zerlegen läßt.

Eine analoge Definition gilt für Raumkurven mit der Parameterdarstellung $x = \varphi(t)$, $y = \psi(t)$, $z = \chi(t)$ $(t_1 \leqq t \leqq t_2)$.

3.1.8.1. Kurvenintegrale erster Art

Es sei **k** ein stückweise glattes Kurvenstück mit Anfangspunkt A und Endpunkt B und $u = f(x, y)$ eine Funktion, die in einem das Kurvenstück **k** enthaltenden Gebiet definiert und deren Wertevorrat auf **k** beschränkt ist. Auf **k** werden beliebige Punkte $A_0 = A, A_1, \ldots, A_{n-1}, A_n = B$ gewählt, wodurch eine *Zerlegung* Z von **k** in Teilstücke entsteht (Abb. 3.26). Die Länge des Kurvenstückes zwischen A_{i-1} und A_i $(i = 1, \ldots, n)$ sei Δs_i. Weiter sei P_i mit den Koordinaten ξ_i, η_i ein beliebiger Punkt auf jedem Teilstück.

Die Summe

$$S(Z) = \sum_{i=1}^{n} f(\xi_i, \eta_i)\, \Delta s_i$$

heißt die zur Zerlegung Z gehörende Zwischensumme. Für eine Zerlegung Z wird mit $\Delta(Z)$ die größte der Zahlen Δs_i, also $\Delta(Z) = \max\limits_{1 \leqq i \leqq n} \Delta s_i$ bezeichnet.

Wie bei der Definition des bestimmten Integrals heißt nun eine Zahl I *Kurvenintegral* (*erster Art*), wenn sie folgende Eigenschaft besitzt:

Zu jedem $\varepsilon > 0$ existiert eine Zahl $\delta(\varepsilon) > 0$, so daß für jede Zerlegung Z mit $\Delta(Z) < \delta$ und unabhängig von der Wahl der Punkte P_i gilt: $|S(Z) - I| < \varepsilon$.

Man schreibt für die Zahl I in Analogie zur Bildung der Summen $S(Z)$

$$I = \int_{(k)} f(x, y)\,ds \quad \text{oder} \quad I = \int_{(AB)} f(x, y)\,ds.$$

Analog wird das Kurvenintegral $\int_{(k)} f(x, y, z)\,ds$ erster Art über eine Raumkurve definiert.

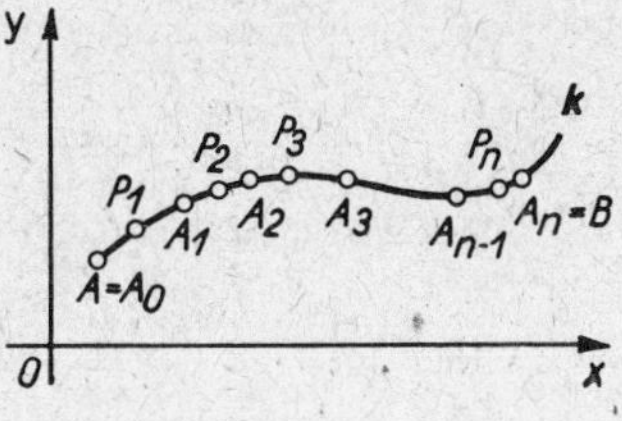

Abb. 3.26

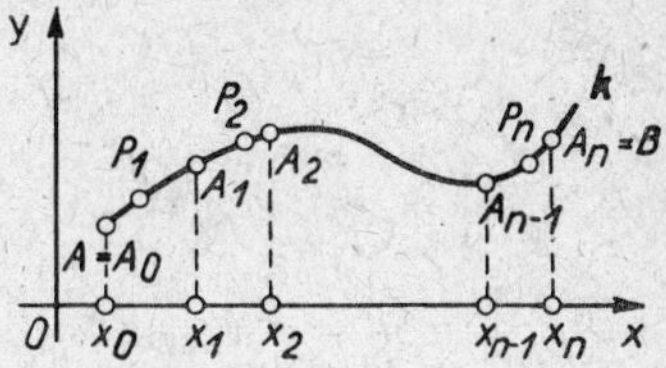

Abb. 3.27

Das Kurvenintegral erster Art hängt nicht vom Durchlaufsinn der Kurve **k** ab, d. h., wird **k** entgegengesetzt durchlaufen, so daß B der Anfangspunkt und A der Endpunkt ist, so gilt:

$$\int_{(BA)} f(x, y)\,ds = \int_{(AB)} f(x, y)\,ds.$$

3.1.8.2. Existenz und Berechnung des Kurvenintegrals erster Art

Wenn das Kurvenstück **k** durch eine Parameterdarstellung $x = x(s)$, $y = y(s)$ mit $0 \leqq s \leqq l$ dargestellt ist, wobei s die Bogenlänge der Kurve **k** bedeutet, so wird das Kurvenintegral durch die Beziehung

$$\int_{(k)} f(x, y)\,ds = \int_0^l f(x(s), y(s))\,ds$$

auf ein *bestimmtes Integral* zurückgeführt, und zwar folgt aus der Existenz des einen die Existenz des anderen Integrals, z. B. existiert das Integral für stetige Funktionen $f(x, y)$. Durch Einführung neuer Integrationsveränderlicher ergeben sich aus dieser Formel andere Darstellungen:

a) Ist **k** ein stückweise glattes Kurvenstück und $x = \varphi(t)$, $y = \psi(t)$ eine Parameterdarstellung $t_1 \leqq t \leqq t_2$), dann gilt

$$\int_{(k)} f(x, y)\,ds = \int_{t_1}^{t_2} f(\varphi(t), \psi(t)) \sqrt{\varphi'^2(t) + \psi'^2(t)}\,dt.$$

Formal hat man also bei der Berechnung des Kurvenintegrals die Parameterdarstellung in die Funktion einzusetzen und wie bei der Substitutionsregel für bestimmte Integrale die Variable s durch die Variable t zu ersetzen, was wegen

$$\frac{ds}{dt} = \sqrt{\varphi'^2(t) + \psi'^2(t)}$$

gerade diese Umrechnungsformel ergibt.

Analog gilt für eine Raumkurve

$$\int_{(k)} f(x, y, z)\,ds = \int_{t_1}^{t_2} f(\varphi(t), \psi(t), \chi(t)) \sqrt{\varphi'^2(t) + \psi'^2(t) + \chi'^2(t)}\,dt.$$

b) Ist die ebene Kurve in der Darstellung $y = y(x)$ $(a \leqq x \leqq b)$ gegeben, so gilt

$$\int_{(\mathbf{k})} f(x, y)\,\mathrm{d}s = \int_a^b f(x, y(x))\sqrt{1 + y'^2(x)}\,\mathrm{d}x.$$

Beispiel: **k** sei ein Halbkreis mit dem Radius r um den Ursprung; eine Parameterdarstellung lautet: $x = r\cos t$, $y = r\sin t$ $(0 \leqq t \leqq \pi)$. Dann ist $\sqrt{\varphi'^2(t) + \psi'^2(t)} = r$ und

$$\int_{(\mathbf{k})} y\,\mathrm{d}s = \int_0^{\pi} r\sin t \cdot r\,\mathrm{d}t = 2r^2.$$

3.1.8.3. Kurvenintegrale zweiter Art

Es sei **k** ein glattes Kurvenstück mit Anfangspunkt A und Endpunkt B, $u = f(x, y)$ eine in einem **k** enthaltenden Bereich definierte und auf **k** beschränkte Funktion. Auf **k** werden beliebige Punkte $A_0 = A, A_1, \ldots, A_{n-1}, A_n = B$ gewählt, und es entsteht eine Zerlegung Z von **k** in Teilstücke (Abb. 3.27). P_i sei ein beliebiger Punkt zwischen A_{i-1} und A_i $(i = 1, \ldots, n)$. Die Koordinaten von A_i seien x_i, y_i, die von P_i seien ξ_i, η_i. Die Summe

$$S(Z) = \sum_{i=1}^{n} f(\xi_i, \eta_i)\,\Delta x_i, \qquad \Delta x_i = x_i - x_{i-1}$$

heißt zur *Zerlegung Z* gehörende Zwischensumme. (Im Gegensatz zu der Zwischensumme beim Kurvenintegral erster Art wird hier $f(P_i)$ nicht mit der Länge Δs_i des Teilstückes, sondern mit seiner *Projektion* Δx_i auf die x-Achse multipliziert.) Mit $\Delta(Z)$ wird der größte der Abstände von A_{i-1} zu A_i $(1 \leqq i \leqq n)$ bezeichnet.

Die Zahl I heißt *Kurvenintegral zweiter Art*, wenn zu jedem $\varepsilon > 0$ eine Zahl $\delta(\varepsilon) > 0$ existiert, so daß für jede Zerlegung Z mit $\Delta(Z) < \delta$ und jede Wahl der Zwischenpunkte P_i gilt $|S(Z) - I| < \varepsilon$.

In Analogie zur Bildung der Summen $S(Z)$ schreibt man

$$I = \int_{(\mathbf{k})} f(x, y)\,\mathrm{d}x \quad \text{oder} \quad I = \int_{(AB)} f(x, y)\,\mathrm{d}x.$$

Das Kurvenintegral über eine stückweise glatte Kurve wird als Summe der Integrale über die glatten Kurvenstücke, aus denen sich die Kurve zusammensetzt, definiert. Fallen Anfangs- und Endpunkt zusammen, so erhält man ein Kurvenintegral über eine geschlossene Kurve, das dann auch mit $\oint_{(\mathbf{k})} f(x, y)\,\mathrm{d}x$ bezeichnet wird.

Analog lassen sich bei einer ebenen Kurve die Zahl

$$\int_{(\mathbf{k})} f(x, y)\,\mathrm{d}y$$

und bei einer Raumkurve die Zahlen

$$\int_{(\mathbf{k})} f(x, y, z)\,\mathrm{d}x, \qquad \int_{(\mathbf{k})} f(x, y, z)\,\mathrm{d}y, \qquad \int_{(\mathbf{k})} f(x, y, z)\,\mathrm{d}z$$

definieren.

Sind auf einer ebenen Kurve zwei Funktionen $P(x, y)$ und $Q(x, y)$ definiert, so versteht man unter $\int_{(\mathbf{k})} P(x, y)\,\mathrm{d}x + Q(x, y)\,\mathrm{d}y$ die Summe der beiden Integrale $\int_{(\mathbf{k})} P(x, y)\,\mathrm{d}x$ und $\int_{(\mathbf{k})} Q(x, y)\,\mathrm{d}y$, d. h.

$$\int_{(\mathbf{k})} P(x, y)\,\mathrm{d}x + Q(x, y)\,\mathrm{d}y = \int_{(\mathbf{k})} P(x, y)\,\mathrm{d}x + \int_{(\mathbf{k})} Q(x, y)\,\mathrm{d}y.$$

Analog ist für eine Raumkurve das Integral

$$\int_{(\mathbf{k})} P(x, y, z)\,\mathrm{d}x + Q(x, y, z)\,\mathrm{d}y + R(x, y, z)\,\mathrm{d}z$$

über die Funktionen $P(x, y, z)$, $Q(x, y, z)$, $R(x, y, z)$ von drei Variablen zu verstehen.

3.1.8.4. Eigenschaften und Berechnung des Kurvenintegrals zweiter Art

Das gewöhnliche bestimmte Integral entsteht als Spezialfall aus dem Kurvenintegral, wenn man als Kurve **k** ein Intervall der x-Achse wählt. Beide Integrale haben analoge Eigenschaften:

$$\int_{(\mathbf{k})} cf(x, y)\,\mathrm{d}x = c \int_{(\mathbf{k})} f(x, y)\,\mathrm{d}x \quad (c = \text{const}),$$

$$\int_{(\mathbf{k})} (f(x, y) + g(x, y))\,\mathrm{d}x = \int_{(\mathbf{k})} f(x, y)\,\mathrm{d}x + \int_{(\mathbf{k})} g(x, y)\,\mathrm{d}x.$$

Entsteht die Kurve **k** durch Zusammenfügen der beiden Kurven $\mathbf{k}_1$ und $\mathbf{k}_2$, so gilt

$$\int_{(\mathbf{k})} f(x, y)\,\mathrm{d}x = \int_{(\mathbf{k}_1)} f(x, y)\,\mathrm{d}x + \int_{(\mathbf{k}_2)} f(x, y)\,\mathrm{d}x.$$

Ändert man die Durchlaufrichtung von **k**, indem man den Punkt B als Anfangspunkt und den Punkt A als Endpunkt nimmt, so gilt

$$\int_{(BA)} f(x, y)\,\mathrm{d}x = -\int_{(AB)} f(x, y)\,\mathrm{d}x.$$

Analoge Formeln gelten für das Kurvenintegral über eine Raumkurve.

Das Kurvenintegral hängt vom Anfangs- und Endpunkt ab und im allgemeinen auch vom Weg **k**, der beide Punkte verbindet. Es ist genau dann vom Weg unabhängig, wenn es über jede geschlossene Kurve verschwindet (s. auch 3.1.8.5.).

Berechnung: Ist **k** ein glattes Kurvenstück mit der Parameterdarstellung $x = \varphi(t)$, $y = \psi(t)$ $(t_1 \leqq t \leqq t_2)$ und ist $f(x, y)$ auf **k** stetig, so existieren die Kurvenintegrale $\int_{(\mathbf{k})} f(x, y)\,\mathrm{d}x$ und $\int_{(\mathbf{k})} f(x, y)\,\mathrm{d}y$, und es gilt folgende Umrechnung auf bestimmte Integrale:

$$\int_{(\mathbf{k})} f(x, y)\,\mathrm{d}x = \int_{t_1}^{t_2} f(\varphi(t), \psi(t))\,\varphi'(t)\,\mathrm{d}t,$$

$$\int_{(\mathbf{k})} f(x, y)\,\mathrm{d}y = \int_{t_1}^{t_2} f(\varphi(t), \psi(t))\,\psi'(t)\,\mathrm{d}t.$$

Analog gilt für eine glatte Raumkurve mit der Parameterdarstellung $x = \varphi(t)$, $y = \psi(t)$, $z = \chi(t)$ $(t_1 \leqq t \leqq t_2)$

$$\int_{(\mathbf{k})} f(x, y, z)\,\mathrm{d}x = \int_{t_1}^{t_2} f(\varphi(t), \psi(t), \chi(t))\,\varphi'(t)\,\mathrm{d}t,$$

$$\int_{(\mathbf{k})} f(x, y, z)\,\mathrm{d}y = \int_{t_1}^{t_2} f(\varphi(t), \psi(t), \chi(t))\,\psi'(t)\,\mathrm{d}t,$$

$$\int_{(\mathbf{k})} f(x, y, z)\,\mathrm{d}z = \int_{t_1}^{t_2} f(\varphi(t), \psi(t), \chi(t))\,\chi'(t)\,\mathrm{d}t.$$

Formal hat man also wie bei der Substitutionsregel für bestimmte Integrale die Parameterdarstellung von **k** in die Funktion einzusetzen und die Integrationsvariable x bzw. y bzw. z durch die Variable t zu ersetzen, was wegen $\mathrm{d}x/\mathrm{d}t = \varphi'(t)$, $\mathrm{d}y/\mathrm{d}t = \psi'(t)$, $\mathrm{d}z/\mathrm{d}t = \chi'(t)$ gerade diese Umrechnungsformel ergibt.

Wenn die Kurve **k** in der Form $y = y(x)$ $(a \leqq x \leqq b)$ dargestellt ist, genügt neben der Stetigkeit von $f(x, y)$ die Stetigkeit von $y(x)$, und es gilt:

$$\int_{(\mathbf{k})} f(x, y)\,\mathrm{d}x = \int_a^b f(x, y(x))\,\mathrm{d}x.$$

Beispiele:

a) $I = \int\limits_{(k)} xy\,dx + (y - x)\,dy$; **k** sei das Stück der Parabel $y = x^2$ mit Anfangspunkt (0, 0) und Endpunkt (1, 1). Eine Parameterdarstellung von **k** ist $x = t$, $y = t^2$ $(0 \leqq t \leqq 1)$, also ist

$$I = \int\limits_0^1 [t^3 + (t^2 - t)\,2t]\,dt = \int\limits_0^1 (3t^3 - 2t^2)\,dt = \frac{1}{12}.$$

b) $I = \int\limits_{(k)} xy\,dx + yz\,dy + zx\,dz$; **k** sei ein Gang der Schraubenlinie $x = a\cos t$, $y = a\sin t$, $z = bt$ $(0 \leqq t \leqq 2\pi)$:

$$I = \int\limits_0^{2\pi} (-a^3\sin^2 t\cos t + a^2bt\sin t\cos t + ab^2t\cos t)\,dt = -\frac{\pi}{2}a^2b.$$

Zusammenhang der Kurvenintegrale erster und zweiter Art

Ist **k** eine glatte Kurve der Ebene bzw. eine glatte Raumkurve, deren dem Durchlauf von **k** entsprechende Tangente mit den Koordinatenachsen die Winkel α, β bzw. α, β, γ besitzt, so gilt

$$\int\limits_{(k)} P(x, y)\,dx + Q(x, y)\,dy = \int\limits_{(k)} (P\cos\alpha + Q\cos\beta)\,ds$$

bzw.

$$\int\limits_{(k)} P(x, y, z)\,dx + Q(x, y, z)\,dy + R(x, y, z)\,dz = \int\limits_{(k)} (P\cos\alpha + Q\cos\beta + R\cos\gamma)\,ds.$$

Führt man im Fall einer ebenen Kurve den Winkel (x, n) zwischen Normale und x-Achse ein, so gilt wegen $(x, n) = \alpha + \frac{\pi}{2}$:

$$\int\limits_{(k)} P\,dx + Q\,dy = \int\limits_{(k)} [P\sin(x, n) - Q\cos(x, n)]\,ds.$$

Beispiel: **k** sei eine Kurve, die nicht durch den Ursprung geht, und $P = \frac{y}{r^2}$, $Q = -\frac{x}{r^2}$ $(r^2 = x^2 + y^2)$. Dann gilt also:

$$\int\limits_{(k)} \frac{y}{r^2}\,dx - \frac{x}{r^2}\,dy = \int\limits_{(k)} \left[\frac{y}{r^2}\sin(x, n) + \frac{x}{r^2}\cos(x, n)\right] ds.$$

Dieses Kurvenintegral erster Art kann noch weiter umgeformt werden. Ist (x, r) der Winkel, den der Radiusvektor mit der x-Achse einschließt (Abb. 3.28), so gilt

$$\frac{x}{r} = \cos(x, r), \qquad \frac{y}{r} = \sin(x, r),$$

und bezeichnet (r, n) den Winkel des Radiusvektors mit der Normalen von **k**, so hat man $(r, n) = (x, n) - (x, r)$, daher ist

$$\int\limits_{(k)} \left[\frac{y}{r^2}\sin(x, n) + \frac{x}{r^2}\cos(x, n)\right] ds = \int\limits_{(k)} \frac{\cos(r, n)}{r}\,ds.$$

Dieses sogenannte *Gaußsche Integral* stellt geometrisch den Winkel dar, unter dem man vom Ursprung aus die Kurve **k** sieht. Wenn **k** eine geschlossene Kurve ist, dann ist sein Wert 2π, falls **k** den Ursprung umschließt, und 0, falls **k** den Ursprung nicht enthält.

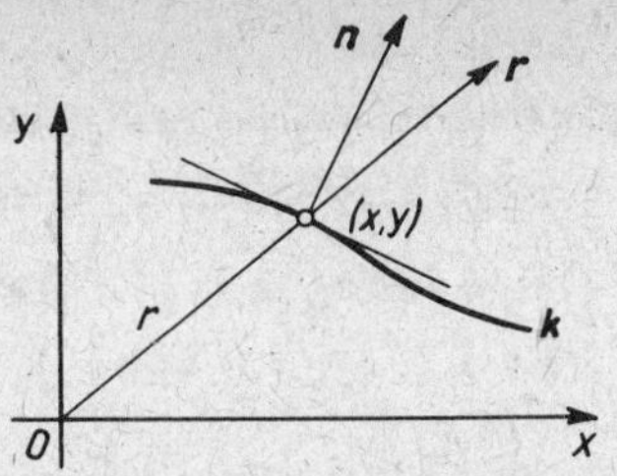

Abb. 3.28

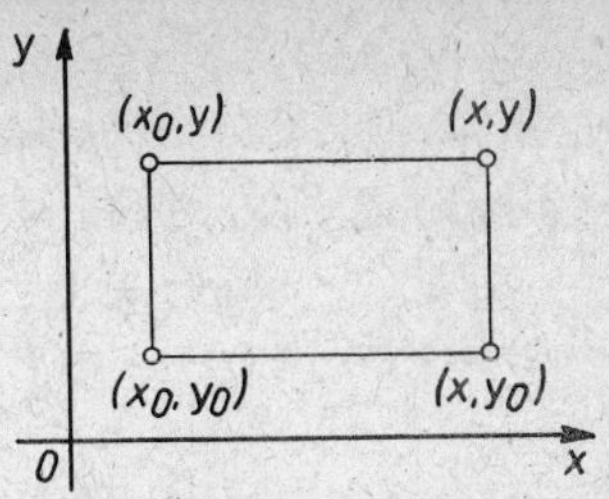

Abb. 3.29

3.1.8.5. Wegunabhängigkeit von Kurvenintegralen

Das Kurvenintegral hängt bei festem Anfangs- und Endpunkt A und B im allgemeinen noch vom Weg **k** ab, der beide Punkte verbindet. Die Bedingungen für seine Wegunabhängigkeit lauten:

Zweidimensionaler Fall: Sind die Funktionen $P(x, y)$ und $Q(x, y)$ mit ihren partiellen Ableitungen $\partial P/\partial y$ und $\partial Q/\partial x$ in einem *einfach zusammenhängenden Gebiet* **G** stetig, so ist das Kurvenintegral $\int_{(\mathbf{k})} P\,\mathrm{d}x + Q\,\mathrm{d}y$ von der Wahl der die beiden Punkte A und B verbindenden, ganz in **G** liegenden Kurve **k** unabhängig, wenn es in **G** eine (eindeutige) Funktion $U(x, y)$ gibt, für die

$$\frac{\partial U}{\partial x} = P, \qquad \frac{\partial U}{\partial y} = Q$$

gilt, d. h., wenn $P\,\mathrm{d}x + Q\,\mathrm{d}y$ das *totale Differential* der Funktion U ist. Das Kurvenintegral kann dann mittels der Beziehung

$$\int_{(\mathbf{k})} P\,\mathrm{d}x + Q\,\mathrm{d}y = U(B) - U(A)$$

berechnet werden.

Notwendig und hinreichend für die Existenz der Funktion $U(x, y)$ ist die Gültigkeit der Integrabilitätsbedingung

$$\frac{\partial P}{\partial y} = \frac{\partial Q}{\partial x}$$

für alle Punkte des einfach zusammenhängenden Gebietes **G**.

Berechnung der Funktion $U(x, y)$: Ist (x_0, y_0) ein fester, (x, y) ein variabler Punkt des einfach zusammenhängenden Gebietes **G** und ist die Integrabilitätsbedingung erfüllt, so ist das Kurvenintegral $\int_{(\mathbf{k})} P\,\mathrm{d}x + Q\,\mathrm{d}y$, genommen über eine beliebige, die beiden Punkte verbindende Kurve **k**, die gesuchte Funktion $U(x, y)$. Falls die zu den Koordinatenachsen parallel laufenden Wege (Abb. 3.29) zwischen (x_0, y_0) und (x, y) zu **G** gehören, ergibt sich

$$U(x, y) = \int_{x_0}^{x} P(\xi, y_0)\,\mathrm{d}\xi + \int_{y_0}^{y} Q(x, \eta)\,\mathrm{d}\eta + C$$

bzw.

$$U(x, y) = \int_{y_0}^{y} Q(x_0, \eta)\,\mathrm{d}\eta + \int_{x_0}^{x} P(\xi, y)\,\mathrm{d}\xi + C.$$

Beispiele:

1. $P(x, y) = -\dfrac{y}{x^2 + y^2}$, $Q(x, y) = \dfrac{x}{x^2 + y^2}$. **G** sei ein einfach zusammenhängendes Gebiet, das den Ursprung des Koordinatensystems nicht enthält. Dann sind in **G** die Funktionen $P, Q, \partial P/\partial y$, $\partial Q/\partial x$ stetig, und es gilt

$$\frac{\partial P}{\partial y} = \frac{\partial Q}{\partial x} = \frac{y^2 - x^2}{(x^2 + y^2)^2}.$$

Das Kurvenintegral $\int_{(k)} P\,dx + Q\,dy$ ist also in **G** wegunabhängig, und es ist mit $(x_0, y_0) = (0, 1)$

$$U(x, y) = \int_1^y \frac{0\,d\eta}{0^2 + \eta^2} + \int_0^x \frac{-y\,d\xi}{\xi^2 + y^2} + C = -\arctan\frac{x}{y} + C.$$

In einem Gebiet, das den Ursprung enthält, ist das Kurvenintegral nicht wegunabhängig. Andernfalls müßte es über den Kreis mit dem Radius 1 um den Ursprung verschwinden, es ist aber

$$\int_{(k)} P\,dx + Q\,dy = \int_0^{2\pi} (\sin^2 t + \cos^2 t)\,dt = 2\pi \neq 0.$$

2. Die Funktion $U(x, y)$ läßt sich auch auf folgende Weise finden: Es sei $P(x, y) = x + y$, $Q(x, y) = x - y$, dann ist $\partial P/\partial y = \partial Q/\partial x$ stets erfüllt. Die gesuchte Funktion $U(x, y)$ soll $\partial U/\partial x = P = x + y$ erfüllen. Durch Integration nach x wird $U = \frac{1}{2}x^2 + xy + \varphi(y)$ mit einer Integrationskonstanten $\varphi(y)$, die von y abhängt. Aus der Bedingung $\partial U/\partial y = Q$ folgt jetzt $x + \varphi'(y) = x - y$, woraus sich $\varphi'(y) = -y$, also $\varphi(y) = -\frac{1}{2}y^2 + C$ ergibt. Daher ist

$$U(x, y) = \tfrac{1}{2}x^2 + xy - \tfrac{1}{2}y^2 + C.$$

Dreidimensionaler Fall: Es sei **G** ein *flächenartig einfach zusammenhängendes* Raumgebiet, d. h., es enthält mit jeder geschlossenen Kurve auch eine Fläche, deren Rand diese Kurve ist (in diesem Sinn ist das Gebiet zwischen zwei konzentrischen Kugeln flächenartig einfach zusammenhängend, der Torus (Abb. 3.23) aber nicht). Die Funktionen $P(x, y, z)$, $Q(x, y, z)$, $R(x, y, z)$ seien mit ihren partiellen Ableitungen $\partial P/\partial y$, $\partial P/\partial z$, $\partial Q/\partial z$, $\partial Q/\partial x$, $\partial R/\partial x$, $\partial R/\partial y$ in **G** stetig. Sind dann A und B zwei Punkte von **G**, so hängt das Kurvenintegral

$$\int_{(k)} P\,dx + Q\,dy + R\,dz$$

dann und nur dann nicht von der speziellen Wahl der die beiden Punkte verbindenden Kurve **k** ab, wenn es eine Funktion $U(x, y, z)$ gibt, für die

$$P = \frac{\partial U}{\partial x}, \qquad Q = \frac{\partial U}{\partial y}, \qquad R = \frac{\partial U}{\partial z}$$

gilt, d. h., wenn der Integrand des Kurvenintegrals das *totale Differential* einer Funktion $U(x, y, z)$ ist.

Notwendig und hinreichend für die Existenz der Funktion $U(x, y, z)$ ist die Gültigkeit der *Integrabilitätsbedingungen*

$$\frac{\partial Q}{\partial z} = \frac{\partial R}{\partial y}, \qquad \frac{\partial R}{\partial x} = \frac{\partial P}{\partial z}, \qquad \frac{\partial P}{\partial y} = \frac{\partial Q}{\partial x},$$

vorausgesetzt, daß die Funktionen P, Q, R zusammen mit den hier auftretenden partiellen Ableitungen in dem flächenartig einfach zusammenhängenden Gebiet **G** stetig sind.

Die Funktion $U(x, y, z)$ kann wieder durch das Kurvenintegral über eine beliebige, in **G** laufende, die beiden Punkte (x_0, y_0, z_0) und (x, y, z) verbindende Kurve **k** berechnet werden. Nimmt man achsenparallele Strecken (Abb. 3.30), so ergibt sich

$$U(x, y, z) = \int_{x_0}^{x} P(\xi, y_0, z_0)\,d\xi + \int_{y_0}^{y} Q(x, \eta, z_0)\,d\eta + \int_{z_0}^{z} R(x, y, \zeta)\,d\zeta + C$$

bzw. fünf weitere analoge Formeln, die man erhält, wenn man die fünf anderen Integrationswege wählt, deren Teilstrecken den Koordinatenachsen parallel sind.

Beispiel:

$$P = x^2 - yz, \qquad Q = y^2 - xz,$$
$$R = z^2 - xy.$$

Die Integrabilitätsbedingungen sind im ganzen Raum erfüllt; für $(x_0, y_0, z_0) = (0, 0, 0)$ ergibt sich

$$U(x, y, z) = \int_0^x \xi^2 \, d\xi + \int_0^y \eta^2 \, d\eta + \int_0^z (\zeta^2 - xy) \, d\zeta + C = \tfrac{1}{3} x^3 + \tfrac{1}{3} y^3 + \tfrac{1}{3} z^3 - xyz + C.$$

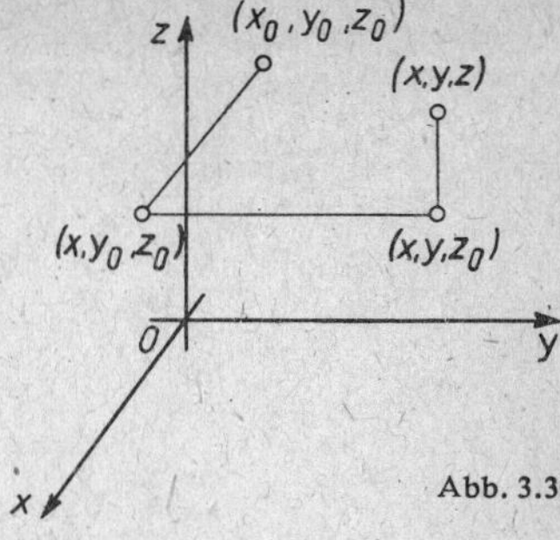

Abb. 3.30

3.1.8.6. Geometrische und physikalische Anwendungen des Kurvenintegrals

1. *Flächeninhalt* F des von einer geschlossenen Kurve $\mathbf{k}$ begrenzten Gebiets:

$$F = \tfrac{1}{2} \int_{(\mathbf{k})} x \, dy - y \, dx.$$

Dabei ergibt sich F positiv oder negativ, je nachdem, ob beim Durchlaufen von $\mathbf{k}$ das Gebiet zur Linken oder zur Rechten liegt.

Beispiel: Flächeninhalt des von der Ellipse $\frac{x^2}{a^2} + \frac{y^2}{b^2} = 1$ begrenzten Gebiets: Die Parameterdarstellung der Ellipse ist: $x = a \cos t$, $y = b \sin t$ $(0 \leqq t \leqq 2\pi)$,

$$F = \tfrac{1}{2} \int_0^{2\pi} ab \, (\cos^2 t + \sin^2 t) \, dt = ab\pi.$$

2. *Masse und Schwerpunkt* einer Kurve $\mathbf{k}$: Ist eine glatte Kurve $\mathbf{k}$ mit Masse der Dichte $\varrho(x, y, z)$ belegt, so erhält man als Gesamtmasse der Kurve

$$M = \int_{(\mathbf{k})} \varrho(x, y, z) \, ds$$

und als Koordinaten des Schwerpunktes

$$\xi = \frac{1}{M} \int_{(\mathbf{k})} x\varrho \, ds, \qquad \eta = \frac{1}{M} \int_{(\mathbf{k})} y\varrho \, ds, \qquad \zeta = \frac{1}{M} \int_{(\mathbf{k})} z\varrho \, ds.$$

Beispiel: Die Masse und die Schwerpunkt-Koordinaten der homogen mit Masse der Dichte 1 belegten Zykloide $x = r(t - \sin t)$, $y = r(1 - \cos t)$ $(0 \leqq t \leqq 2\pi)$:

$$M = \int_{(\mathbf{k})} 1 \, ds = \int_0^{2\pi} \sqrt{\varphi'^2 + \psi'^2} \, dt = r \int_0^{2\pi} \sqrt{2} \sqrt{1 - \cos t} \, dt = 8r,$$

$$\xi = \frac{1}{8r} \int_{(\mathbf{k})} x \, ds = \frac{1}{8r} r^2 \int_0^{2\pi} (t - \sin t) \sqrt{2} \sqrt{1 - \cos t} \, dt = \pi r,$$

$$\eta = \frac{1}{8r} \int_{(\mathbf{k})} y \, ds = \frac{1}{8r} r^2 \int_0^{2\pi} (1 - \cos t) \sqrt{2} \sqrt{1 - \cos t} \, dt = \frac{4}{3} r.$$

3. *Arbeit einer Kraft* längs einer Kurve **k**: Ist $P\mathbf{n}_1 + Q\mathbf{n}_2 + R\mathbf{n}_3$ eine Kraft, die sich längs einer Kurve **k** nach Größe und Richtung ändert ($[\mathbf{n}_1, \mathbf{n}_2, \mathbf{n}_3]$ ist eine orthonormierte Basis), so wird bei der Bewegung eines Massenpunktes der Masse 1 unter dem Einfluß dieser Kraft die Arbeit

$$A = \int_{(\mathbf{k})} P\,\mathrm{d}x + Q\,\mathrm{d}y + R\,\mathrm{d}z$$

geleistet. Die Arbeit hängt genau dann nicht von dem zwei Punkte verbindenden Weg **k** ab, wenn der Integrand das totale Differential einer Funktion $U(x, y, z)$ ist (des sog. *Potentials des Kraftfeldes*). In diesem Fall berechnet sich die Arbeit als Differenz der Potentiale in diesen beiden Punkten.

Beispiel: Sind die Koeffizienten der Komponenten der Kraft $P = x/r^3$, $Q = y/r^3$, $R = z/r^3$ mit $r = \sqrt{x^2 + y^2 + z^2}$, so existiert ein Potential, nämlich $U(x, y, z) = -\dfrac{1}{r}$, und die Kraft leistet längs einer Kurve **k**, die die Punkte (x_0, y_0, z_0) und (x_1, y_1, z_1) verbindet, die Arbeit

$$A = U(x_1, y_1, z_1) - U(x_0, y_0, z_0).$$

3.1.9. Parameterintegrale

3.1.9.1. Definition des Parameterintegrals

Ist die Funktion $f(x, y)$ für $a \leqq x \leqq b$, $c \leqq y \leqq d$ definiert und für festes y bezüglich x integrierbar, so wird durch

$$F(y) = \int_a^b f(x, y)\,\mathrm{d}x$$

eine Funktion von y definiert; y wird als Parameter bezeichnet.

Beispiel: Es gilt

$$\arcsin y = \int_0^1 \frac{y\,\mathrm{d}x}{\sqrt{1 - x^2y^2}},$$

wie man durch die Substitution $z = xy$ erkennt.

3.1.9.2. Eigenschaften von Parameterintegralen

Wenn $f(x, y)$ für $a \leqq x \leqq b$, $c \leqq y \leqq d$ stetig ist, so ist auch $F(y)$ in $c \leqq y \leqq d$ stetig. Insbesondere darf man $F(y)$ *integrieren*,

$$\int_c^d F(y)\,\mathrm{d}y = \int_c^d \left(\int_a^b f(x, y)\,\mathrm{d}x\right)\mathrm{d}y \qquad \text{(Doppelintegral)},$$

und die *Reihenfolge der Integration* kann vertauscht werden:

$$\int_c^d \left(\int_a^b f(x, y)\,\mathrm{d}x\right)\mathrm{d}y = \int_a^b \left(\int_c^d f(x, y)\,\mathrm{d}y\right)\mathrm{d}x.$$

Die Klammern können weggelassen werden, wenn man vereinbart, das äußere Integralzeichen dem äußeren Differential zuzuordnen. Falls auch die partielle Ableitung $\partial f/\partial y$ stetig ist, so darf man die Funktion $F(y)$ nach y *differenzieren*, und es gilt

$$F'(y) = \int_a^b \frac{\partial f}{\partial y}(x, y)\,\mathrm{d}x.$$

Beispiele:

1. $f(x, y) = x^y$, $\partial f/\partial y = x^y \ln x$ für $0 \leqq x \leqq 1$, $y > 0$ stetig. Wegen

$$F(y) = \int_0^1 x^y \, dx = \left[\frac{x^{y+1}}{y+1}\right]_0^1 = \frac{1}{y+1}$$

folgt

$$F'(y) = \frac{d}{dy} \int_0^1 x^y \ln x \, dx = -\frac{1}{(y+1)^2}.$$

Durch fortgesetztes Differenzieren folgt

$$\int_0^1 x^y (\ln x)^n \, dx = \frac{(-1)^n n!}{(1+y)^{n+1}}.$$

2. $f(x, y) = x^y$ für $0 \leqq x \leqq 1$, $a \leqq y \leqq b$ $(a > 0)$ stetig, daher kann die Integrationsreihenfolge vertauscht werden:

$$\int_a^b \int_0^1 x^y \, dx \, dy = \int_0^1 \int_a^b x^y \, dy \, dx.$$

Wegen

$$\int_a^b \int_0^1 x^y \, dx \, dy = \int_a^b \frac{dy}{y+1} = \ln \frac{b+1}{a+1}$$

und

$$\int_a^b x^y \, dy = \frac{x^b - x^a}{\ln x}$$

folgt

$$\int_0^1 \frac{x^b - x^a}{\ln x} \, dx = \ln \frac{b+1}{a+1}.$$

Veränderliche Integrationsgrenzen

Sind $\varphi(y)$ und $\psi(y)$ zwei Funktionen, die für $c \leqq y \leqq d$ definiert, stetig und differenzierbar sind, und besitzt $f(x, y)$ in einem die Punkte (x, y) mit $\varphi(y) < x < \psi(y)$, $c \leqq y \leqq d$ enthaltenden Gebiet (Abb. 3.31) eine stetige partielle Ableitung nach y, so ist das Parameterintegral

$$F(y) = \int_{\varphi(y)}^{\psi(y)} f(x, y) \, dx$$

für $c \leqq y \leqq d$ *differenzierbar* mit der Ableitung

$$F'(y) = \int_{\varphi(y)}^{\psi(y)} \frac{\partial f}{\partial y}(x, y) \, dx + f(\psi(y), y)\, \psi'(y) - f(\varphi(y), y)\, \varphi'(y).$$

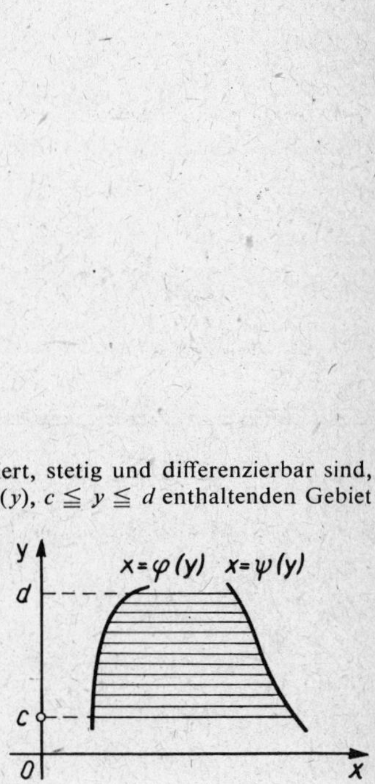

Abb. 3.31

Beispiel:

$$F(y) = \int_0^y \frac{(y-x)^n}{n!} f(x)\,dx, \qquad f(x) \text{ stetig},$$

$$F'(y) = \int_0^y \frac{(y-x)^{n-1}}{(n-1)!} f(x)\,dx.$$

Durch fortgesetztes Differenzieren findet man

$$F^{(n+1)}(y) = f(y).$$

3.1.9.3. Uneigentliche Parameterintegrale

Hängt ein uneigentliches Integral noch von einem Parameter ab, so spricht man von einem uneigentlichen Parameterintegral, z. B.

$$F(y) = \int_{-1}^{1} \frac{dx}{(1-x^2)(1-y^2x^2)} \quad (y^2 < 1),$$

$$F(y) = \int_0^\infty x^{y-1}\,e^{-x}\,dx \quad (y > 0).$$

Hierbei ist das erste ein Integral über eine bei $x = \pm 1$ unbeschränkte Funktion, das zweite ein Integral über ein unbeschränktes Intervall. Beide Integraltypen haben analoge Eigenschaften; es genügt, sie für einen Fall aufzuschreiben.

Gleichmäßige Konvergenz

Es sei das Integral $\int_a^\infty f(x, y)\,dx$ für jedes y aus einem Intervall $\mathbf{I}$ konvergent; es heißt in $\mathbf{I}$ gleichmäßig konvergent, falls zu jedem $\varepsilon > 0$ eine von $y \in \mathbf{I}$ unabhängige Stelle $X(\varepsilon)$ existiert, so daß für $b > X(\varepsilon)$

$$\left| \int_b^\infty f(x, y)\,dx \right| < \varepsilon$$

gilt.

Beispiel: $\int_0^\infty y\,e^{-yx}\,dx$ ist für $y \geqq 0$ konvergent, stellt hier also eine Funktion $F(y)$ dar; denn es ist $F(0) = 0$, und die Konvergenz für $y > 0$ folgt wegen

$$\int_0^b y\,e^{-xy}\,dx = \int_0^{by} e^{-z}\,dz = 1 - e^{-by}.$$

Das Integral ist in jedem Intervall $0 < c \leqq y \leqq d$ gleichmäßig konvergent, da für $b > X(\varepsilon) = \dfrac{\ln \frac{1}{\varepsilon}}{c}$ gilt:

$$\int_b^\infty y\,e^{-xy}\,dx = \int_{by}^\infty e^{-z}\,dz = e^{-by} \leqq e^{-bc} < \varepsilon.$$

Hinreichende Kriterien für die gleichmäßige Konvergenz:

1. Gibt es eine Funktion $\varphi(x)$, so daß für $x \geqq x_0 > a$ und alle $y \in \mathbf{I}$ gilt:

$$|f(x, y)| \leqq \varphi(x),$$

und ist das Integral $\int_a^\infty \varphi(x)\,dx$ konvergent, so ist $\int_a^\infty f(x, y)\,dx$ in $\mathbf{I}$ gleichmäßig konvergent.

Beispiel: $\int\limits_0^\infty e^{-xy}\sin x\,dx$: für $x \geqq 0$, $y \geqq y_0 > 0$ gilt $|e^{-xy}\sin x| \leqq e^{-xy_0} = \varphi(x)$, und es ist $\int\limits_0^\infty e^{-xy_0}\,dx$ konvergent, also konvergiert $\int\limits_0^\infty e^{-xy}\sin x\,dx$ für $y \geqq y_0 > 0$ gleichmäßig.

2. Das Integral $\int\limits_a^\infty f(x)\cdot g(x, y)\,dx$ konvergiert gleichmäßig in **I**, wenn $\int\limits_a^\infty f(x)\,dx$ konvergiert und die Funktion $g(x, y)$ in **I** gleichmäßig beschränkt und bezüglich x monoton ist.

Beispiel: $\int\limits_0^\infty \frac{\sin x}{x} e^{-xy}\,dx$. $\int\limits_0^\infty \frac{\sin x}{x}\,dx$ ist konvergent (s. 3.1.7.7.), $g(x, y) = e^{-xy}$ für $y \geqq 0$ gleichmäßig beschränkt ($e^{-xy} \leqq 1$) und bezüglich x monoton.

Wenn $f(x, y)$ für $x \geqq a$, $y \in \mathbf{I}$ stetig und $\int\limits_a^\infty f(x, y)\,dx$ gleichmäßig konvergent ist, dann ist $F(y) = \int\limits_a^\infty f(x, y)\,dx$ in **I** stetig, d. h., es gilt für $y_0 \in \mathbf{I}$, $\lim\limits_{y\to y_0} \int\limits_a^\infty f(x, y)\,dx = \int\limits_a^\infty f(x, y_0)\,dx$. Insbesondere darf man $F(y)$ *integrieren*, und es gilt für $c, d \in \mathbf{I}$:

$$\int\limits_c^d \int\limits_a^\infty f(x, y)\,dx\,dy = \int\limits_a^\infty \int\limits_c^d f(x, y)\,dy\,dx.$$

Beispiel: $\int\limits_0^\infty e^{-yx}\,dx$ ist für $y \geqq c > 0$ gleichmäßig konvergent, und es ist $F(y) = \int\limits_0^\infty e^{-yx}\,dx = \frac{1}{y}$, daher folgt

$$\int\limits_c^d \int\limits_0^\infty e^{-yx}\,dx\,dy = \int\limits_c^d \frac{1}{y}\,dy = \ln\frac{d}{c}.$$

Andererseits ist es nach Vertauschen der Integrationsreihenfolge gleich

$$\int\limits_0^\infty \int\limits_c^d e^{-yx}\,dy\,dx = \int\limits_0^\infty \frac{e^{-cx} - e^{-dx}}{x}\,dx,$$

also gilt

$$\int\limits_0^\infty \frac{e^{-cx} - e^{-dx}\,dx}{x} = \ln\frac{d}{c}.$$

Bei *nichtgleichmäßiger* Konvergenz ist ein Vertauschen nicht möglich, wie folgendes Beispiel zeigt: Es sei $a > 0$, $b > 0$ und

$$F(y) = \int\limits_1^\infty (a\,e^{-axy} - b\,e^{-bxy})\,dx = \frac{e^{-ay} - e^{-by}}{y},$$

daher ist

$$\int\limits_0^1 F(y)\,dy = \int\limits_0^1 \frac{e^{-ay} - e^{-by}}{y}\,dy.$$

Da

$$\int\limits_0^1 (a\,e^{-axy} - b\,e^{-bxy})\,dy = -\frac{e^{-ax} - e^{-bx}}{x}$$

ist, folgt

$$\int_0^1 \int_1^\infty (a\,e^{-axy} - b\,e^{-bxy})\,dx\,dy - \int_1^\infty \int_0^1 (a\,e^{-axy} - b\,e^{-bxy})\,dy\,dx$$

$$= \int_0^1 \frac{e^{-ay} - e^{-by}}{y}\,dy + \int_1^\infty \frac{e^{-ax} - e^{-bx}}{x}\,dx = \int_0^\infty \frac{e^{-ax} - e^{-bx}}{x}\,dx = \ln\frac{b}{a} \neq 0.$$

Wenn außerdem noch $f_y(x, y)$ für $x \geqq a$, $y \in \mathbf{I}$, existiert und stetig ist und das Integral $\int_a^\infty f_y(x, y)\,dx$ in **I** gleichmäßig konvergiert, dann ist $F(y)$ in *I differenzierbar* mit der Ableitung

$$F'(y) = \int_a^\infty f_y(x, y)\,dx.$$

Beispiel: $F(y) = \int_0^\infty e^{-xy}\frac{\sin x}{x}\,dx$, $y \geqq 0$. $\int_0^\infty e^{-xy}\frac{\sin x}{x}\,dx$ ist für $y \geqq 0$, $\int_0^\infty e^{-xy}\sin x\,dx$ ist für $\geqq y_0 > 0$ gleichmäßig konvergent, daher gilt für $y > 0$:

$$F'(y) = -\int_0^\infty e^{-xy}\sin x\,dx.$$

Dieses Integral läßt sich ausrechnen:

$$-\int_0^\infty e^{-xy}\sin x\,dx = \left[\frac{\cos x + y\sin x}{1 + y^2}\,e^{-xy}\right]_0^\infty = -\frac{1}{1 + y^2},$$

so daß also $F'(y) = -\dfrac{1}{1 + y^2}$ ist. Daher gilt

$$F(y) = c - \arctan y.$$

Wegen $\lim\limits_{y\to\infty} F(y) = 0$ muß $c = \pi/2$ sein, und es ist

$$\int_0^\infty e^{-xy}\frac{\sin x}{x}\,dx = \frac{\pi}{2} - \arctan y,$$

insbesondere für $y = 0$: $\displaystyle\int_0^\infty \frac{\sin x}{x}\,dx = \frac{\pi}{2}.$

3.1.9.4. Beispiele von Parameterintegralen

1. *Die Betafunktion* (Eulersches Integral erster Gattung)

$$B(x, y) = \int_0^1 t^{x-1}(1 - t)^{y-1}\,dt.$$

Dieses Integral ist eine Funktion der Parameter x und y; es ist konvergent für $x > 0$, $y > 0$ und divergent, falls $x \leqq 0$ oder $y \leqq 0$ gilt.

Eigenschaften:

1. $B(x, y) = B(y, x)$;

2. $B(x, y) = \dfrac{y - 1}{x + y - 1}\,B(x, y - 1)$;

3. $B(x, n) = \dfrac{(n-1)!}{x(x+1)(x+2)\dots(x+n-1)}$ für $n = 1, 2, \dots;$

4. $B(x, y) = \displaystyle\int_0^\infty \frac{t^{x-1}}{(1+t)^{x+y}}\, dt;$

5. $B(x, 1-x) = \dfrac{\pi}{\sin x\pi} \quad (0 < x < 1).$

2. *Die Gammafunktion* (Eulersches Integral zweiter Gattung) (vgl. 1.1.2.1., 2.2.1.1.)

$$\Gamma(x) = \int_0^\infty e^{-t} t^{x-1}\, dt.$$

Dieses uneigentliche Parameterintegral ist für $x > 0$ konvergent, für $x \leqq 0$ divergent. Durch die Substitutionen $u = e^{-t}$ bzw. $u = \ln t$ findet man

$$\Gamma(x) = \int_0^1 \left[\ln \frac{1}{u}\right]^{x-1} du,$$

$$\Gamma(x) = \int_{-\infty}^\infty e^{xu}\, e^{-e^u}\, du.$$

Eigenschaften:

1. Die Γ-Funktion ist für $x > 0$ stetig und besitzt stetige Ableitungen beliebiger Ordnung:

$$\Gamma^{(n)}(x) = \int_0^\infty e^{-t} t^{x-1} (\ln t)^n\, dt.$$

2. Gaußsche Produktdarstellung:

$$\Gamma(x) = \lim_{n\to\infty} n^x \frac{(n-1)!}{x(x+1)(x+2)\dots(x+n-1)} \quad (x > 0).$$

3. Funktionalgleichung:

$$\Gamma(x+1) = x\Gamma(x)$$

4. $\Gamma(n+1) = n!$ für natürliche Zahlen n, d. h., die Gammafunktion ist die Verallgemeinerung der nur für natürliche Zahlen definierten Fakultät.

5. Zusammenhang mit der Betafunktion:

$$B(x, y) = \frac{\Gamma(x)\,\Gamma(y)}{\Gamma(x+y)}.$$

6. Ergänzungssatz:

$$\Gamma(x)\,\Gamma(1-x) = \frac{\pi}{\sin x\pi} \quad (0 < x < 1).$$

7. Legendrescher Verdoppelungssatz:

$$\Gamma(x)\,\Gamma\left(x + \frac{1}{2}\right) = \frac{\sqrt{\pi}}{2^{2x-1}}\,\Gamma(2x).$$

Multiplikationssatz:

$$\Gamma(x)\,\Gamma\left(x + \frac{1}{n}\right) \cdot \ldots \cdot \Gamma\left(x + \frac{n-1}{n}\right) = \frac{(2\pi)^{(n-1)/2}}{n^{nx-1/2}}\,\Gamma(nx).$$

8. Raabesche Formel:

$$\int_{x}^{x+1} \ln \Gamma(u)\,du = x(\ln x - 1) + \ln\sqrt{2\pi}\,.$$

9. Gaußsche Formel:

$$\frac{\Gamma'(x)}{\Gamma(x)} + C = \int_0^1 \frac{1 - t^{x-1}}{1 - t}\,dt.$$

(C ist die Eulersche Konstante, $C = \lim\limits_{n\to\infty}\left(\sum\limits_{\nu=1}^{n} \frac{1}{\nu} - \ln n\right)$, $C = 0{,}577215664901532\ldots$)

10. Cauchysche Formel:

$$\frac{\Gamma'(x)}{\Gamma(x)} = \int_0^\infty \left[e^{-t} - \frac{1}{(1+t)^x}\right]\frac{dt}{t}\,.$$

Einige mit der Gammafunktion zusammenhängende Integrale sind in der Tabelle 1.1.3.4. enthalten.

3.1.10. Integrale über ebene Bereiche

3.1.10.1. Definition des Flächenintegrals und elementare Eigenschaften

Definition: Es sei **B** ein beschränkter Bereich der x,y-Ebene mit stückweise glattem Rand, auf dem die Funktion $f(x, y)$ definiert und beschränkt ist. Durch ein Netz stückweise glatter Kurven (Abb. 3.32) entsteht eine *Zerlegung* Z des Bereiches **B** in endlich viele Teilbereiche $\mathbf{B}_i$ ($i = 1, 2, \ldots, n$) mit dem Flächeninhalt ΔB_i; $\Delta(Z)$ bedeute den größten Durchmesser der Teilbereiche $\mathbf{B}_i$, die in der Zerlegung Z auftreten. In jedem der Teilbereiche wird ein beliebiger Punkt $P_i = (\xi_i, \eta_i)$ gewählt. Die zu jeder Zerlegung Z gehörende Zahl $S(Z) = \sum\limits_{i=1}^{n} f(\xi_i, \eta_i)\,\Delta\mathbf{B}_i$ wird Zwischensumme der Zerlegung Z genannt.

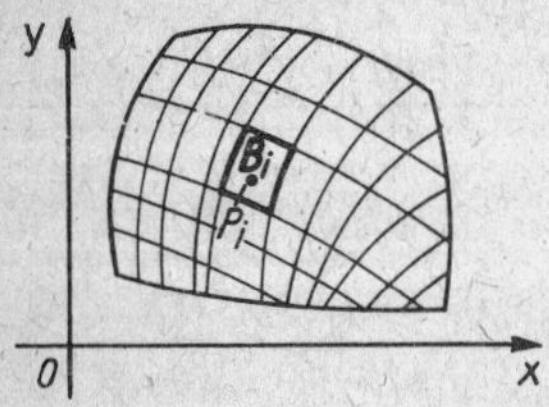

Abb. 3.32

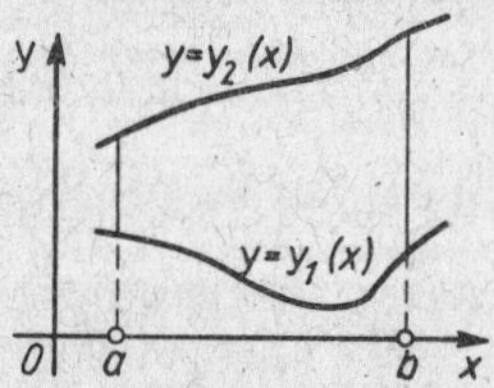

Abb. 3.33

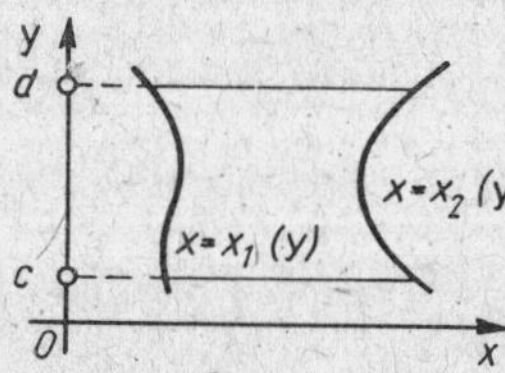

Abb. 3.34

Die Funktion $f(x, y)$ heißt *im Riemannschen Sinn über B integrierbar*, wenn es eine Zahl I mit folgender Eigenschaft gibt: Zu jedem $\varepsilon > 0$ existiert eine Zahl $\delta(\varepsilon) > 0$, so daß für jede Zerlegung Z des Bereiches **B**, für die $\Delta(Z) < \delta$ ist, stets $|S(Z) - I| < \varepsilon$ gilt, unabhängig davon, welche Punkte P_i in den Teilbereichen gewählt sein mögen. Die Zahl I heißt *Riemannsches Flächenintegral* von $f(x, y)$ über **B**, und man schreibt

$$I = \iint_{(\mathbf{B})} f(x, y)\,d\mathbf{B} \quad \text{oder auch} \quad I = \iint_{(\mathbf{B})} f(x, y)\,dx\,dy.$$

Gleichbedeutend mit dieser Definition ist folgende Bedingung: $f(x, y)$ ist über **B** integrierbar, wenn für jede Folge Z_n von Zerlegungen mit $\lim\limits_{n\to\infty} \Delta(Z_n) = 0$ die Folge der zugehörigen Zwischensummen $S(Z_n)$ stets konvergiert unabhängig von der Wahl der Zwischenpunkte (sie konvergieren dann auch stets gegen denselben Wert, und dieser ist das Integral).

Integrierbare Funktionen:

a) jede in **B** stetige Funktion ist auch über **B** integrierbar;

b) jede Funktion, die in **B** stetig ist mit Ausnahme von Punkten, die auf einer endlichen Anzahl von glatten Kurven liegen, ist über **B** integrierbar; man kann die Werte der Funktion auf solchen Kurven beliebig abändern (wenn die abgeänderte Funktion nur beschränkt ist), ohne daß sich der Wert des Integrals ändert.

Eigenschaften des Flächenintegrals:

Sind die Funktionen über die Bereiche integrierbar, so gelten folgende Eigenschaften:

1. *Additivität bezüglich des Integranden*:

$$\iint_{(\mathbf{B})} [f(x, y) + g(x, y)]\, dx\, dy = \iint_{(\mathbf{B})} f(x, y)\, dx\, dy + \iint_{(\mathbf{B})} g(x, y)\, dx\, dy.$$

2. *Additivität bezüglich des Bereiches*: Sind $\mathbf{B}_1$, $\mathbf{B}_2$ zwei Bereiche ohne gemeinsame innere Punkte, so gilt

$$\iint_{(\mathbf{B}_1 \cup \mathbf{B}_2)} f(x, y)\, dx\, dy = \iint_{(\mathbf{B}_1)} f(x, y)\, dx\, dy + \iint_{(\mathbf{B}_2)} f(x, y)\, dx\, dy.$$

3. Ein *konstanter Faktor* kann vor das Integral gezogen werden:

$$\iint_{(\mathbf{B})} kf(x, y)\, dx\, dy = k \iint_{(\mathbf{B})} f(x, y)\, dx\, dy.$$

4. Gilt für jeden Punkt $(x, y) \in \mathbf{B}$: $f(x, y) \leqq g(x, y)$, so ist

$$\iint_{(\mathbf{B})} f(x, y)\, dx\, dy \leqq \iint_{(\mathbf{B})} g(x, y)\, dx\, dy.$$

5. Ist $|f(x, y)|$ über **B** integrierbar, so auch $f(x, y)$, und es gilt

$$\left| \iint_{(\mathbf{B})} f(x, y)\, dx\, dy \right| \leqq \iint_{(\mathbf{B})} |f(x, y)|\, dx\, dy.$$

6. Ist m die untere, M die obere Grenze von $f(x, y)$ in **B** und ist $\Delta\mathbf{B}$ der Flächeninalt von **B**, so gilt

$$m\, \Delta\mathbf{B} \leqq \iint_{(\mathbf{B})} f(x, y)\, dx\, dy \leqq M\, \Delta\mathbf{B}.$$

7. *Mittelwertsatz*: Wenn $f(x, y)$ auf **B** stetig ist, so existiert auf **B** mindestens eine Stelle (ξ, η), so daß gilt

$$\iint_{(\mathbf{B})} f(x, y)\, dx\, dy = f(\xi, \eta)\, \Delta\mathbf{B}.$$

8. Ist $\mathbf{B}_n$ eine Folge von Bereichen mit den Flächeninhalten $\Delta\mathbf{B}_n$ und den Durchmessern ϱ_n, die alle den Punkt P enthalten, und gilt $\lim\limits_{n\to\infty} \varrho_n = 0$, so ist für eine stetige Funktion $f(x, y)$

$$\lim_{n\to\infty} \frac{1}{\Delta\mathbf{B}_n} \iint_{(\mathbf{B}_n)} f(x, y)\, dx\, dy = f(P)$$

(*Gebietsdifferentiation*).

3.1.10.2. Berechnung eines Flächenintegrals

a) Wenn **B** ein Bereich ist, dessen Punkte (x, y) durch die Ungleichungen $a \leqq x \leqq b$, $y_1(x) \leqq y \leqq y_2(x)$ (Abb. 3.33) beschrieben werden, so gilt

$$\iint_{(\mathbf{B})} f(x, y)\, dx\, dy = \int_a^b \left(\int_{y_1(x)}^{y_2(x)} f(x, y)\, dy \right) dx,$$

d. h., das Flächenintegral kann durch Hintereinanderausführen zweier einfacher Integrationen berechnet werden. Man kann die Klammern weglassen, wenn man vereinbart, daß dem zweiten Integralzeichen die erste Integrationsvariable zugeordnet wird.

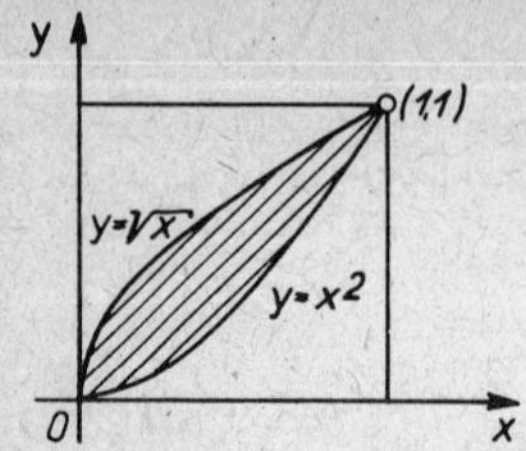

Abb. 3.35

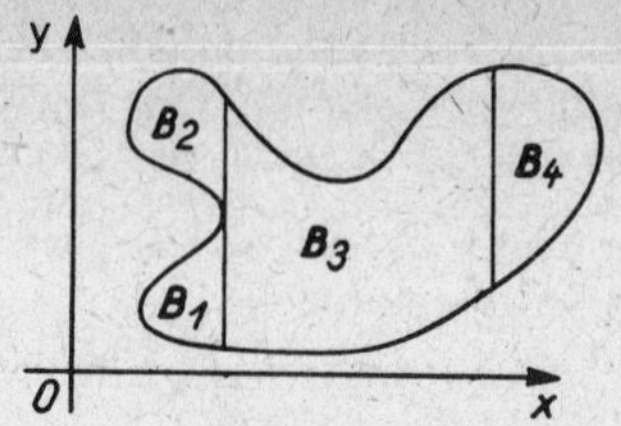

Abb. 3.36

b) Analog gilt für Bereiche **B**, deren Punkte (x, y) durch die Ungleichungen $x_1(y) \leqq x \leqq x_2(y)$, $c \leqq y \leqq d$ (Abb. 3.34) beschrieben werden:

$$\iint\limits_{(\mathbf{B})} f(x, y)\,\mathrm{d}x\,\mathrm{d}y = \int\limits_c^d \left(\int\limits_{x_1(y)}^{x_2(y)} f(x, y)\,\mathrm{d}x \right) \mathrm{d}y.$$

Beispiel: Es sei **B** der Bereich zwischen den Kurven $y = \sqrt{x}$ und $y = x^2$ (Abb. 3.35); ist dann $a = 0$, $b = 1$, so ist $y_1(x) = x^2$, $y_2(x) = \sqrt{x}$ und daher

$$\iint\limits_{(\mathbf{B})} f(x, y)\,\mathrm{d}x\,\mathrm{d}y = \int\limits_0^1 \int\limits_{x^2}^{\sqrt{x}} f(x, y)\,\mathrm{d}y\,\mathrm{d}x;$$

ist speziell $f(x, y) = xy$, dann wird

$$\iint\limits_{(\mathbf{B})} f(x, y)\,\mathrm{d}x\,\mathrm{d}y = \int\limits_0^1 \int\limits_{x^2}^{\sqrt{x}} xy\,\mathrm{d}y\,\mathrm{d}x = \int\limits_0^1 \frac{1}{2}\,[xy^2]_{x^2}^{\sqrt{x}}\,\mathrm{d}x$$

$$= \int\limits_0^1 \frac{1}{2}\,x(x - x^4)\,\mathrm{d}x = \frac{1}{12}.$$

Der Bereich **B** kann auch mit $c = 0$, $d = 1$, $x_1(y) = y^2$, $x_2(y) = \sqrt{y}$ in der Form b) beschrieben werden. Dann ist

$$\iint\limits_{(\mathbf{B})} f(x, y)\,\mathrm{d}x\,\mathrm{d}y = \int\limits_0^1 \int\limits_{y^2}^{\sqrt{y}} f(x, y)\,\mathrm{d}x\,\mathrm{d}y.$$

c) Läßt sich der Bereich **B** in eine endliche Anzahl von Bereichen der in a) und b) genannten Art zerlegen (Abb. 3.36), so wird zur Berechnung des Integrals über **B** die Eigenschaft 2 in 3.1.10.1. benutzt.

3.1.10.3. Variablentransformation in Flächenintegralen

Durch die Funktionen $x = \varphi(\xi, \eta)$, $y = \psi(\xi, \eta)$ werde der Bereich Γ der ξ,η-Ebene mit stückweise glatter Randkurve eineindeutig auf den Bereich **B** der x,y-Ebene abgebildet, die Funktionen $\varphi(\xi, \eta)$, $\psi(\xi, \eta)$ und ihre partiellen Ableitungen erster Ordnung seien stetig in Γ, und es sei im Inneren von Γ die *Funktionaldeterminante*

$$\frac{\partial(\varphi, \psi)}{\partial(\xi, \eta)} = \begin{vmatrix} \varphi_\xi & \psi_\xi \\ \varphi_\eta & \psi_\eta \end{vmatrix} \neq 0.$$

Wenn dann $f(x, y)$ in **B** stetig ist, so gilt

$$\iint\limits_{(\mathbf{B})} f(x, y)\,\mathrm{d}x\,\mathrm{d}y = \iint\limits_{(\Gamma)} f(\varphi(\xi, \eta), \psi(\xi, \eta)) \left| \frac{\partial(\varphi, \psi)}{\partial(\xi, \eta)} \right| \mathrm{d}\xi\,\mathrm{d}\eta.$$

Der Ausdruck $\left|\frac{\partial(\varphi, \psi)}{\partial(\xi, \eta)}\right| \mathrm{d}\xi\, \mathrm{d}\eta$ heißt *Flächenelement in den krummlinigen Koordinaten* ξ, η. Diese Transformationsformel bleibt auch dann gültig, wenn die Voraussetzungen längs stückweise glatter Kurven verletzt sind, falls dort die Funktion $f(x, y)$ und die Funktionaldeterminante beschränkt bleiben.

Spezielle krummlinige Koordinaten

1. *Polarkoordinaten*: Es sei **B** das eineindeutige Bild des Bereichs Γ der r,φ-Ebene mit den Abbildungsfunktionen $x = r\cos\varphi$, $y = r\sin\varphi$. Dann ist $\frac{\partial(x, y)}{\partial(r, \varphi)} = r$, und es gilt

$$\iint\limits_{(\mathbf{B})} f(x, y)\, \mathrm{d}x\, \mathrm{d}y = \iint\limits_{(\Gamma)} f(r\cos\varphi, r\sin\varphi)\, r\, \mathrm{d}r\, \mathrm{d}\varphi .$$

Beispiel: $f(x, y) = xy$, **B** sei der Viertelkreis $x^2 + y^2 \leqq R^2$, $x \geqq 0$, $y \geqq 0$. Durch $x = r\cos\varphi$ $y = r\sin\varphi$ ist **B** das eineindeutige Bild von Γ mit $0 \leqq r \leqq R$, $0 \leqq \varphi \leqq \frac{\pi}{2}$:

$$\iint\limits_{(\mathbf{B})} xy\, \mathrm{d}x\, \mathrm{d}y = \iint\limits_{(\Gamma)} r^2 \sin\varphi \cos\varphi r\, \mathrm{d}r\, \mathrm{d}\varphi = \int\limits_0^R \int\limits_0^{\pi/2} r^3 \sin\varphi \cos\varphi\, \mathrm{d}\varphi\, \mathrm{d}r$$

$$= \int\limits_0^R r^3 \left[\frac{-\cos 2\varphi}{4}\right]_0^{\pi/2} \mathrm{d}r = \frac{1}{2} \int\limits_0^R r^3\, \mathrm{d}r = \frac{1}{8} R^4 .$$

2. *Verallgemeinerte Polarkoordinaten*: Wenn der Integrationsbereich **B** das Innere der Ellipse $\frac{x^2}{a^2} + \frac{y^2}{b^2} = 1$ ist, dann sind verallgemeinerte Polarkoordinaten $x = ar\cos\varphi$, $y = br\sin\varphi$ günstig; es gilt dann

$$\frac{\partial(x, y)}{\partial(r, \varphi)} = abr$$

und

$$\iint\limits_{(\mathbf{B})} f(x, y)\, \mathrm{d}\mathbf{B} = \int\limits_0^1 \int\limits_0^{2\pi} f(ar\cos\varphi, br\sin\varphi)\, abr\, \mathrm{d}\varphi\, \mathrm{d}r .$$

3. Wird der Bereich **B** von einer Astroide mit der Parameterdarstellung $x = a\cos^3 t$, $y = a\sin^3 t$ $(0 \leqq t \leqq 2\pi)$ begrenzt (Abb. 3.37), so führt man die krummlinigen Koordinaten $x = \xi\cos^3\eta$, $y = \xi\sin^3\eta$ ein. Für festes η ergeben sich Geraden durch den Ursprung, $\xi = \mathrm{const}$ liefert eine Schar Astroiden.

Abb. 3.37

3.1.10.4. Geometrische und physikalische Anwendung des Flächenintegrals

Die Bedeutung des Flächenintegrals als Volumen

Wenn $f(x, y) \geqq 0$ in **B**, so stellt das Flächenintegral $\iint\limits_{(\mathbf{B})} f(x, y)\, dx\, dy$ das Volumen eines Zylinders über dem Bereich **B** der x,y-Ebene mit der Deckfläche $z = f(x, y)$ dar (Abb. 3.38). Ist speziell $f(x, y) = 1$, so erhält man das Volumen eines Zylinders mit der Ebene $z = 1$ als Deckfläche bzw. den Flächeninhalt $\Delta\mathbf{B}$ von **B**:

$$\Delta\mathbf{B} = \iint\limits_{(\mathbf{B})} dx\, dy.$$

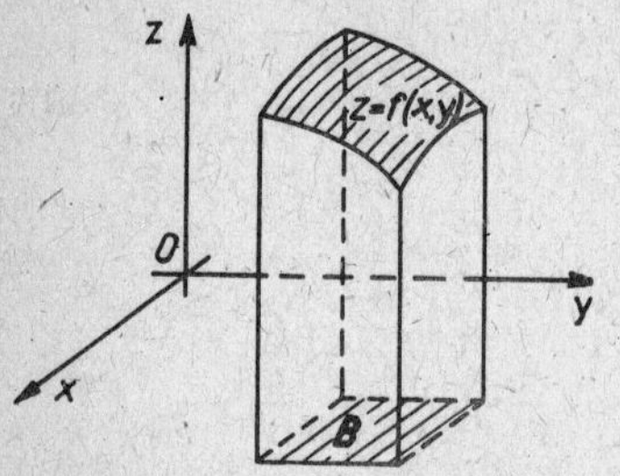

Abb. 3.38

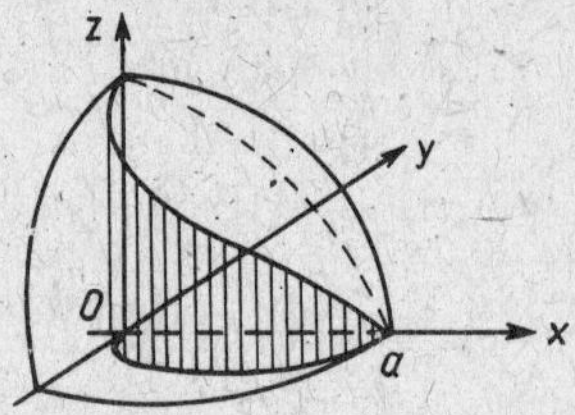

Abb. 3.39

Beispiele

a) Volumen des Zylinders über der Kreisfläche $x^2 + y^2 \leqq ax$ mit der Deckfläche $x^2 + y^2 + z^2 = a^2$ (Abb. 3.39). Aus Symmetriegründen gilt

$$V = 2 \iint\limits_{(\mathbf{B})} \sqrt{a^2 - x^2 - y^2}\, dx\, dy,$$

wobei **B** die Halbkreisscheibe $x^2 + y^2 \leqq ax, y \geqq 0$ ist (in Abb. 3.39 ist die andere Halbkreisscheibe mit $y \leqq 0$ dargestellt).

In Polarkoordinaten $x = r \cos\varphi$, $y = r \sin\varphi$ wird **B** durch die Ungleichungen $0 \leqq r \leqq a \cos\varphi$, $0 \leqq \varphi \leqq \frac{\pi}{2}$ beschrieben, deshalb ist

$$V = 2 \int\limits_0^{\pi/2} \int\limits_0^{a\cos\varphi} \sqrt{a^2 - r^2}\, r\, dr\, d\varphi.$$

Nach der Substitution $t = \sqrt{a^2 - r^2}$ im inneren Integral ist

$$V = -2 \int\limits_0^{\pi/2} \int\limits_a^{a \sin\varphi} t^2\, dt\, d\varphi = -\tfrac{2}{3} a^3 \int\limits_0^{\pi/2} (\sin^3\varphi - 1)\, d\varphi,$$

und mit der Umformung $\sin^3\varphi = \frac{3}{4} \sin\varphi - \frac{1}{4} \sin 3\varphi$ ergibt sich schließlich

$$V = \frac{2}{3} a^3 \left(\frac{\pi}{2} - \frac{2}{3}\right).$$

b) Flächeninhalt des von der Astroide $x = a\cos^3 t$, $y = a\sin^3 t$ $(0 \leqq t \leqq 2\pi)$ begrenzten Bereichs (Abb. 3.37). Es ist $\Delta\mathbf{B} = \iint_{(\mathbf{B})} \mathrm{d}x\,\mathrm{d}y$. Durch Einführung der krummlinigen Koordinaten $x = \xi\cos^3\eta$, $y = \xi\sin^3\eta$ in das Integral wird

$$\begin{aligned}\Delta\mathbf{B} &= \int_0^a \int_0^{2\pi} 3\xi \sin^2\eta \cos^2\eta \,\mathrm{d}\eta\,\mathrm{d}\xi \\ &= 3\int_0^a \xi\,\mathrm{d}\xi \int_0^{2\pi} \frac{1}{4}\sin^2 2\eta\,\mathrm{d}\eta \\ &= \frac{3}{2}a^2\,\frac{1}{4}\,\frac{1}{2}\int_0^{2\pi}(1-\cos 4\eta)\,\mathrm{d}\eta \\ &= \frac{3\pi}{8}a^2.\end{aligned}$$

Schwerpunkt und Masse

Die Koordinaten ξ und η des Schwerpunktes einer mit der Dichte $\varrho(x, y)$ über dem Bereich $\mathbf{B}$ verteilten Massenbelegung sind

$$\xi = \frac{1}{M}\iint_{(\mathbf{B})} \varrho(x, y)\,x\,\mathrm{d}\mathbf{B}, \qquad \eta = \frac{1}{M}\iint_{(\mathbf{B})} \varrho(x, y)\,y\,\mathrm{d}\mathbf{B},$$

wobei M die Masse

$$M = \iint_{(\mathbf{B})} \varrho(x, y)\,\mathrm{d}\mathbf{B}$$

bedeutet.

Trägheitsmoment

Das Trägheitsmoment I_x des mit Masse der Dichte $\varrho(x, y)$ belegten ebenen Bereichs $\mathbf{B}$ bezüglich der x-Achse ist

$$I_x = \iint_{(\mathbf{B})} \varrho(x, y)\,y^2\,\mathrm{d}\mathbf{B},$$

das Trägheitsmoment I_y bezüglich der y-Achse ist

$$I_y = \iint_{(\mathbf{B})} \varrho(x, y)\,x^2\,\mathrm{d}\mathbf{B},$$

und das polare Trägheitsmoment bezüglich des Ursprungs ist

$$I_0 = \iint_{(\mathbf{B})} \varrho(x, y)\,(x^2 + y^2)\,\mathrm{d}\mathbf{B}.$$

3.1.11. Integrale über räumliche Bereiche

3.1.11.1. Definition des Raumintegrals und elementare Eigenschaften

Definition: Die Funktion $f(x, y, z)$ sei auf einem beschränkten räumlichen Bereich $\mathbf{K}$ definiert und beschränkt, der von stückweise glatten Flächen begrenzt wird.

Durch ein Netz von stückweise glatten Flächen entsteht eine *Zerlegung* Z von $\mathbf{K}$ in eine endliche Anzahl von Teilbereichen $\mathbf{K}_i$ $(i = 1, 2, \ldots, n)$ mit dem Volumen $\Delta\mathbf{K}_i$.

$\Delta(Z)$ sei der größte Durchmesser der Teilbereiche $\mathbf{K}_i$, $P_i = (\xi_i, \eta_i, \zeta_i)$ ein beliebiger Punkt in jedem Teilbereich. Die Zahl $S(Z) = \sum_{i=1}^{n} f(\xi_i, \eta_i, \zeta_i)\, \Delta\mathbf{K}_i$ wird die zur Zerlegung Z gehörende Zwischensumme genannt.

Die Funktion $f(x, y, z)$ heißt über den Bereich $\mathbf{K}$ *integrierbar*, wenn es eine Zahl I mit folgender Eigenschaft gibt: Zu jedem $\varepsilon > 0$ existiert eine Zahl $\delta(\varepsilon) > 0$, so daß für jede Zerlegung Z mit $\Delta(Z) < \delta$ unabhängig von der Wahl der Punkte P_i gilt: $|S(Z) - I| < \varepsilon$. Die Zahl I heißt *Raumintegral* der Funktion $f(x, y, z)$ über den Bereich $\mathbf{K}$ und wird mit

$$I = \iiint\limits_{(\mathbf{K})} f(x, y, z)\, \mathrm{d}\mathbf{K}$$

oder auch

$$I = \iiint\limits_{(\mathbf{K})} f(x, y, z)\, \mathrm{d}x\, \mathrm{d}y\, \mathrm{d}z$$

bezeichnet.

Gleichbedeutend mit dieser Definition ist folgende Bedingung: $f(x, y, z)$ ist über $\mathbf{K}$ integrierbar, wenn für jede Folge Z_n von Zerlegungen des Bereichs $\mathbf{K}$, für die $\lim\limits_{n \to \infty} \Delta(Z_n) = 0$ gilt, die Folge $S(Z_n)$ der Zwischensummen unabhängig von der Wahl der Punkte P_i stets konvergiert (sie konvergieren dann auch stets gegen denselben Wert, und dieser ist der Wert des Integrals).

Integrierbare Funktionen:

a) jede in $\mathbf{K}$ stetige Funktion ist über $\mathbf{K}$ integrierbar;

b) jede Funktion, die in $\mathbf{K}$ stetig ist, mit Ausnahme von Punkten, die auf einer endlichen Anzahl von glatten Flächen liegen, ist integrierbar über $\mathbf{K}$. Wird die Funktion in den Punkten solcher Flächen beliebig abgeändert (allerdings so, daß die abgeänderte Funktion beschränkt ist), so ändert sich der Wert des Integrals nicht.

Eigenschaften des Raumintegrals

Das Raumintegral hat entsprechende Eigenschaften wie die in 3.1.10.1. für Flächenintegrale angeführten.

3.1.11.2. Berechnung der Raumintegrale

1. Es sei $\mathbf{K}$ ein *Zylinder* über einem Bereich $\mathbf{B}$ der x,y-Ebene mit der Grundfläche $z = \varphi(x, y)$ und der Deckfläche $z = \psi(x, y)$ (Abb. 3.40); dann gilt

$$\iiint\limits_{(\mathbf{K})} f(x, y, z)\, \mathrm{d}x\, \mathrm{d}y\, \mathrm{d}z = \iint\limits_{(\mathbf{B})} \left(\int\limits_{\varphi(x,y)}^{\psi(x,y)} f(x, y, z)\, \mathrm{d}z \right) \mathrm{d}x\, \mathrm{d}y.$$

Nach Ausführung der Integration nach z ist damit das Raumintegral auf ein Flächenintegral über $\mathbf{B}$ zurückgeführt.

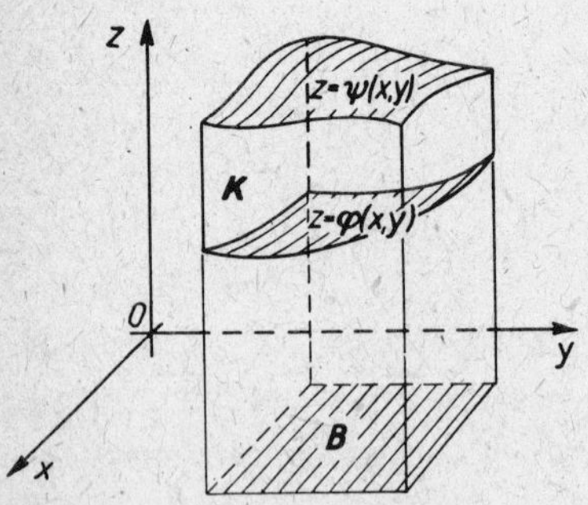

Abb. 3.40

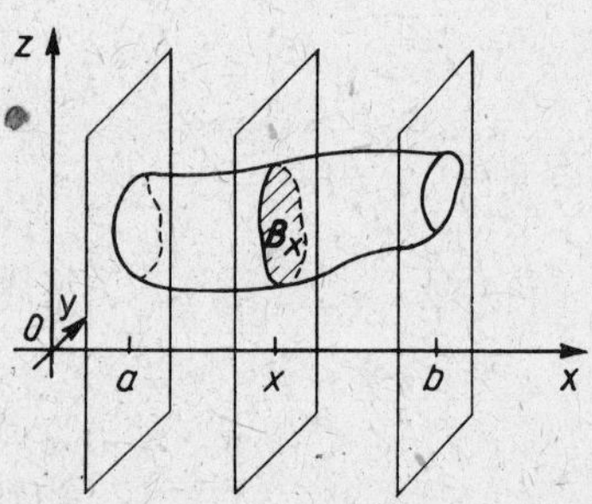

Abb. 3.41

Wenn der Bereich **B** der x,y-Ebene durch die Ungleichungen $a \leqq x \leqq b$, $y_1(x) \leqq y \leqq y_2(x)$ bestimmt wird, dann gilt:

$$\iiint\limits_{(\mathbf{K})} f(x, y, z)\,\mathrm{d}x\,\mathrm{d}y\,\mathrm{d}z = \int\limits_a^b \int\limits_{y_1(x)}^{y_2(x)} \int\limits_{\varphi(x,y)}^{\psi(x,y)} f(x, y, z)\,\mathrm{d}z\,\mathrm{d}y\,\mathrm{d}x.$$

Beispiel: **K** sei der Körper, der von dem Ellipsoid $\frac{x^2}{a^2} + \frac{y^2}{b^2} + \frac{z^2}{c^2} = 1$ begrenzt wird; dann besteht **B** aus allen Punkten (x, y) mit $\frac{x^2}{a^2} + \frac{y^2}{b^2} \leqq 1$, also ist zunächst

$$\iiint\limits_{(\mathbf{K})} f(x, y, z)\,\mathrm{d}x\,\mathrm{d}y\,\mathrm{d}z = \iint\limits_{(\mathbf{B})} \int\limits_{-c\sqrt{1-\frac{x^2}{a^2}-\frac{y^2}{b^2}}}^{c\sqrt{1-\frac{x^2}{a^2}-\frac{y^2}{b^2}}} f(x, y, z)\,\mathrm{d}z\,\mathrm{d}x\,\mathrm{d}y,$$

und weil **B** durch die Ungleichungen $-a \leqq x \leqq a$, $-\frac{b}{a}\sqrt{a^2 - x^2} \leqq y \leqq \frac{b}{a}\sqrt{a^2 - x^2}$ beschrieben wird, ist

$$\iiint\limits_{(\mathbf{K})} f(x, y, z)\,\mathrm{d}x\,\mathrm{d}y\,\mathrm{d}z = \int\limits_{-a}^{a} \int\limits_{-\frac{b}{a}\sqrt{a^2-x^2}}^{\frac{b}{a}\sqrt{a^2-x^2}} \int\limits_{-c\sqrt{1-\frac{x^2}{a^2}-\frac{y^2}{b^2}}}^{c\sqrt{1-\frac{x^2}{a^2}-\frac{y^2}{b^2}}} f(x, y, z)\,\mathrm{d}z\,\mathrm{d}y\,\mathrm{d}x.$$

2. Es liege **K** zwischen den beiden Ebenen $x = a$ und $x = b$, und jede Ebene $x = c$ mit $a \leqq c \leqq b$ schneide **K** in einem Bereich $\mathbf{B}_x$ (Abb. 3.41), dann ist

$$\iiint\limits_{(\mathbf{K})} f(x, y, z)\,\mathrm{d}x\,\mathrm{d}y\,\mathrm{d}z = \int\limits_a^b \left(\iint\limits_{(\mathbf{B}_x)} f(x, y, z)\,\mathrm{d}y\,\mathrm{d}z \right) \mathrm{d}x.$$

Beispiel: **K** sei der Körper, der von der Kegelfläche $R^2x^2 = h^2(y^2 + z^2)$ und der Ebene $x = h$ (Abb. 3.42) begrenzt wird; dieser Kegel liegt zwischen den Ebenen $x = 0$ und $x = h$, und $\mathbf{B}_x$ sind die Punkte der Kreisfläche $y^2 + z^2 \leqq \left(\frac{Rx}{h}\right)^2$.

Es ist also

$$\iiint\limits_{(\mathbf{K})} f(x, y, z)\,\mathrm{d}x\,\mathrm{d}y\,\mathrm{d}z = \int\limits_0^h \left(\iint\limits_{(\mathbf{B}_x)} f(x, y, z)\,\mathrm{d}y\,\mathrm{d}z \right) \mathrm{d}x.$$

Wenn etwa $f(x, y, z) = \frac{x}{\sqrt{x^2 + y^2 + z^2}^3}$ ist, so läßt sich das Integral über die Kreisfläche $\mathbf{B}_x$ durch Einführen von Polarkoordinaten $y = r\cos\varphi$, $z = r\sin\varphi$ berechnen:

$$I(x) = \iint\limits_{(\mathbf{B}_x)} \frac{x}{\sqrt{x^2 + y^2 + z^2}^3}\,\mathrm{d}y\,\mathrm{d}z = \int\limits_0^{2\pi} \int\limits_0^{(Rx)/h} \frac{x}{\sqrt{x^2 + r^2}^3}\, r\,\mathrm{d}r\,\mathrm{d}\varphi.$$

Durch die Substitution $u = \sqrt{r^2 + x^2}$ folgt

$$I(x) = 2\pi x \int\limits_{x}^{x\sqrt{1+(R/h)^2}} \frac{\mathrm{d}u}{u^2} = \frac{2\pi}{l}(l - h), \qquad l = \sqrt{R^2 + h^2}\,.$$

Für das Raumintegral erhält man deshalb

$$\int\limits_0^h I(x)\,\mathrm{d}x = \frac{2\pi}{l}\,h(l - h).$$

3.1.11.3. Variablentransformation in Raumintegralen

Wird durch die Funktionen $x = \varphi(\xi, \eta, \zeta)$, $y = \psi(\xi, \eta, \zeta)$, $z = \chi(\xi, \eta, \zeta)$ ein von stückweise glatten Flächen begrenzter Bereich Γ des ξ, η, ζ-Raumes auf einen Bereich $\mathbf{K}$ des x,y,z-Raumes ein-

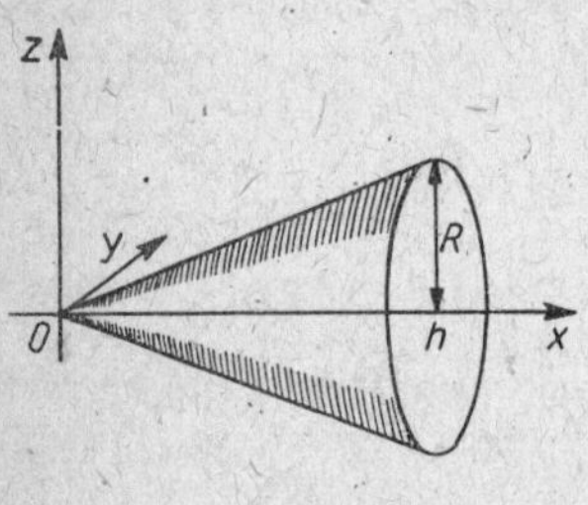

Abb. 3.42

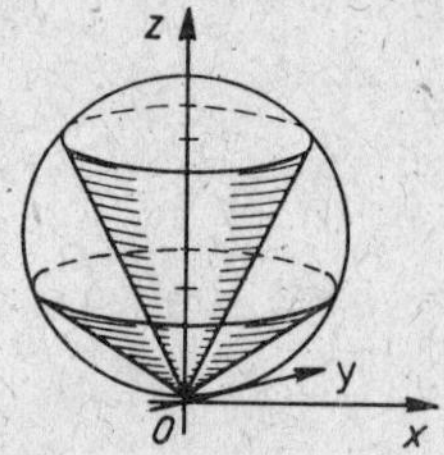

Abb. 3.43

eindeutig abgebildet, sind diese Funktionen mit ihren partiellen Ableitungen erster Ordnung stetig in Γ und ist in Γ

$$\frac{\partial(\varphi, \psi, \chi)}{\partial(\xi, \eta, \zeta)} = \begin{vmatrix} \varphi_\xi & \psi_\xi & \chi_\xi \\ \varphi_\eta & \psi_\eta & \chi_\eta \\ \varphi_\zeta & \psi_\zeta & \chi_\zeta \end{vmatrix} \neq 0,$$

so gilt für jede stetige Funktion $f(x, y, z)$:

$$\iiint\limits_{(\mathbf{K})} f(x, y, z)\,\mathrm{d}x\,\mathrm{d}y\,\mathrm{d}z = \iiint\limits_{(\Gamma)} f(\varphi(\xi, \eta, \zeta), \psi(\xi, \eta, \zeta), \chi(\xi, \eta, \zeta)) \left|\frac{\partial(\varphi, \psi, \chi)}{\partial(\xi, \eta, \zeta)}\right| \mathrm{d}\xi\,\mathrm{d}\eta\,\mathrm{d}\zeta.$$

Der Ausdruck $\left|\frac{\partial(\varphi, \psi, \chi)}{\partial(\xi, \eta, \zeta)}\right| \mathrm{d}\xi\,\mathrm{d}\eta\,\mathrm{d}\zeta$ heißt *Raumelement in den krummlinigen Koordinaten* ξ, η, ζ.

Diese Transformationsformel bleibt auch dann noch gültig, wenn auf stückweise glatten Flächen die Voraussetzungen verletzt sind, falls dort die Funktion $f(x, y, z)$ und die Funktionaldeterminante beschränkt bleiben.

Spezielle krummlinige Koordinaten

1. *Kugelkoordinaten*: Ist $\mathbf{K}$ das eineindeutige Bild von Γ mit $x = r \sin\vartheta \cos\varphi$, $y = r \sin\vartheta \sin\varphi$, $z = r\cos\vartheta$, so ist wegen

$$\frac{\partial(x, y, z)}{\partial(r, \varphi, \vartheta)} = r^2 \sin\vartheta$$

$$\iiint\limits_{(\mathbf{K})} f(x, y, z)\,\mathrm{d}x\,\mathrm{d}y\,\mathrm{d}z = \iiint\limits_{(\Gamma)} f(r \sin\vartheta \cos\varphi, r \sin\vartheta \sin\varphi, r\cos\vartheta)\, r^2 \sin\vartheta\,\mathrm{d}r\,\mathrm{d}\varphi\,\mathrm{d}\vartheta.$$

Das Raumelement in Kugelkoordinaten ist also $r^2 \sin\vartheta\,\mathrm{d}r\,\mathrm{d}\varphi\,\mathrm{d}\vartheta$.

Beispiel: Es sei **K** das räumliche Gebiet, das von der Kugel $x^2 + y^2 + z^2 = 2az$ und den beiden Kegelflächen $x^2 + y^2 = z^2 \tan^2 \alpha$, $x^2 + y^2 = z^2 \tan^2 \beta$ $(\alpha < \beta)$ begrenzt wird (Abb. 3.43). In Kugelkoordinaten r, φ, ϑ wird **K** durch $0 \leqq r \leqq 2a \cos \vartheta$, $0 \leqq \varphi \leqq 2\pi$, $\alpha \leqq \vartheta \leqq \beta$ beschrieben. Daher ist

$$\iiint_{(\mathbf{K})} f(x, y, z) \, dx \, dy \, dz$$
$$= \int_{\alpha}^{\beta} \int_{0}^{2a\cos\vartheta} \int_{0}^{2\pi} f(r \sin \vartheta \cos \varphi, r \sin \vartheta \sin \varphi, r \cos \vartheta) \, r^2 \sin \vartheta \, d\vartheta \, dr \, d\varphi .$$

2. *Verallgemeinerte Polarkoordinaten*:

$$x = ar \sin \vartheta \cos \varphi, \qquad y = br \sin \vartheta \sin \varphi, \qquad z = cr \cos \vartheta .$$

Dann ist

$$\frac{\partial(x, y, z)}{\partial(r, \varphi, \vartheta)} = abcr^2 \sin \vartheta .$$

3. *Zylinderkoordinaten*:

$$x = r \cos \varphi, \qquad y = r \sin \varphi, \qquad z = z,$$

$$\frac{\partial(x, y, z)}{\partial(r, \varphi, z)} = r .$$

3.1.11.4. Geometrische und physikalische Anwendungen des Raumintegrals

1. Das *Volumen* eines räumlichen Bereichs: Für den speziellen Integranden $f(x, y, z) = 1$ stellt das Raumintegral über **K** das Volumen $\Delta\mathbf{K}$ von **K** dar:

$$\iiint_{(\mathbf{K})} 1 \, dx \, dy \, dz = \Delta\mathbf{K} .$$

Beispiel: Ist **K** der im Beispiel von 3.1.11.3. genannte Körper, so ergibt sich sein Volumen zu:

$$\iiint_{(\mathbf{K})} 1 \, dx \, dy \, dz = \int_{\alpha}^{\beta} \int_{0}^{2a\cos\varphi} \int_{0}^{2\pi} r^2 \sin \varphi \, d\vartheta \, dr \, d\varphi$$
$$= \int_{\alpha}^{\beta} \int_{0}^{2a\cos\varphi} 2\pi r^2 \sin \varphi \, dr \, d\varphi$$
$$= \frac{2\pi}{3} \int_{\alpha}^{\beta} 8a^3 \cos^3 \varphi \sin \varphi \, d\varphi$$
$$= \frac{16\pi}{3} a^3 \left[-\frac{\cos^4 \varphi}{4} \right]_{\alpha}^{\beta}$$
$$= \frac{4\pi}{3} a^3 (\cos^4 \alpha - \cos^4 \beta) .$$

2. *Masse* eines Körpers **K**: Ist der räumliche Bereich **K** mit Masse der Dichte $\varrho(x, y, z)$ belegt, so ist in **K** die Gesamtmasse

$$M = \iiint_{(\mathbf{K})} \varrho(x, y, z) \, dx \, dy \, dz$$

enthalten.

3. *Schwerpunkt*: Sind ξ, η, ζ die Koordinaten des Schwerpunktes des mit Masse der Dichte $\varrho(x, y, z)$ belegten räumlichen Bereichs **K**, so gelten die Beziehungen

$$\xi = \frac{1}{M} \iiint\limits_{(\mathbf{K})} x\varrho(x, y, z)\,\mathrm{d}x\,\mathrm{d}y\,\mathrm{d}z,$$

$$\eta = \frac{1}{M} \iiint\limits_{(\mathbf{K})} y\varrho(x, y, z)\,\mathrm{d}x\,\mathrm{d}y\,\mathrm{d}z,$$

$$\zeta = \frac{1}{M} \iiint\limits_{(\mathbf{K})} z\varrho(x, y, z)\,\mathrm{d}x\,\mathrm{d}y\,\mathrm{d}z.$$

4. *Trägheitsmoment*: Die Trägheitsmomente eines mit Masse der Dichte $\varrho(x, y, z)$ belegten Raumbereichs **K** bezüglich der x-, y- bzw. z-Achse sind

$$I_x = \iiint\limits_{(\mathbf{K})} (y^2 + z^2)\,\varrho\,\mathrm{d}\mathbf{K},$$

$$I_y = \iiint\limits_{(\mathbf{K})} (z^2 + x^2)\,\varrho\,\mathrm{d}\mathbf{K},$$

$$I_z = \iiint\limits_{(\mathbf{K})} (x^2 + y^2)\,\varrho\,\mathrm{d}\mathbf{K}.$$

Beispiel: Trägheitsmoment des von dem Kreiszylinder $x^2 + y^2 = a^2$, $0 \leqq z \leqq h$, begrenzten Körpers **K** bezüglich der z-Achse, der homogen mit Masse der Dichte 1 belegt ist. Werden Zylinderkoordinaten eingeführt, so wird

$$I_z = \iiint\limits_{(\mathbf{K})} (x^2 + y^2)\,\mathrm{d}\mathbf{K} = \int_0^h \int_0^{2\pi} \int_0^a r^2 r\,\mathrm{d}r\,\mathrm{d}\varphi\,\mathrm{d}z$$

$$= \int_0^h \int_0^{2\pi} \frac{1}{4} a^4\,\mathrm{d}\varphi\,\mathrm{d}z = \int_0^h \frac{2\pi}{4} a^4\,\mathrm{d}z = \frac{a^4 h\pi}{2} = \frac{a^2}{2} V,$$

wobei $V = \pi a^2 h$ das Volumen von **K** ist.

5. *Massenanziehung*: Die Massenanziehungskraft **F**, die ein mit Masse der Dichte $\varrho(x, y, z)$ erfüllter Raumbereich **K** nach dem Newtonschen Gesetz auf einen Massenpunkt $P = (\xi, \eta, \zeta)$ der Masse 1 ausübt, hat die Komponenten

$$\mathbf{F}_x = \gamma \iiint\limits_{(\mathbf{K})} \frac{x - \xi}{r^3}\,\varrho\,\mathrm{d}x\,\mathrm{d}y\,\mathrm{d}z,$$

$$\mathbf{F}_y = \gamma \iiint\limits_{(\mathbf{K})} \frac{y - \eta}{r^3}\,\varrho\,\mathrm{d}x\,\mathrm{d}y\,\mathrm{d}z,$$

$$\mathbf{F}_z = \gamma \iiint\limits_{(\mathbf{K})} \frac{z - \zeta}{r^3}\,\varrho\,\mathrm{d}x\,\mathrm{d}y\,\mathrm{d}z$$

mit $r = \sqrt{(x - \xi)^2 + (y - \eta)^2 + (z - \zeta)^2}$, $\gamma = \text{const.}$

3.1.12. Oberflächenintegrale

Ein *Flächenstück* **S**, das durch die Parameterdarstellung

$$x = \varphi(u, v), \qquad y = \psi(u, v), \qquad z = \chi(u, v)$$

gegeben ist, wobei (u, v) einen Bereich Γ der u,v-Ebene durchläuft, heißt *glatt*, wenn verschiedene Wertepaare (u, v) verschiedene Punkte von **S** ergeben, die partiellen Ableitungen der Funktionen $\varphi(u, v)$, $\psi(u, v)$, $\chi(u, v)$ stetig sind und stets $A^2 + B^2 + C^2 > 0$ gilt; dabei ist

$$A = \begin{vmatrix} \psi_u & \psi_v \\ \chi_u & \chi_v \end{vmatrix}, \qquad B = \begin{vmatrix} \chi_u & \chi_v \\ \varphi_u & \varphi_v \end{vmatrix}, \qquad C = \begin{vmatrix} \varphi_u & \varphi_v \\ \psi_u & \psi_v \end{vmatrix}.$$

Besteht die Fläche **S** aus einer endlichen Anzahl glatter Flächenstücke, so heißt **S** *stückweise glatt*.

Zweiseitige Flächen: Die glatte Fläche **S** heißt *zweiseitig*, wenn man beim Durchlaufen *jeder* geschlossenen Kurve auf **S**, ausgehend von jedem beliebigen Punkt P_0 auf **S**, mit der in P_0 gewählten Normalenrichtung in die Ausgangslage zurückkommt. Die beiden Seiten einer zweiseitigen Fläche können also durch die jeweils von ihnen wegzeigende Normale charakterisiert werden.

Eine *einseitige Fläche* ist z.B. das *Möbiussche Band* (Abb. 3.44).

3.1.12.1. Flächeninhalt einer glatten Fläche

Die Fläche **S** sei in der Parameterdarstellung $x = \varphi(u, v)$, $y = \psi(u, v)$, $z = \chi(u, v)$ gegeben, wobei u und v einen Bereich der u,v-Ebene durchlaufen. Dann ist ihr Flächeninhalt $\Delta\mathbf{S}$ gegeben durch das Flächenintegral

$$\Delta\mathbf{S} = \iint_{(\Gamma)} \sqrt{EG - F^2}\, \mathrm{d}u\, \mathrm{d}v$$

mit $E = \varphi_u^2 + \psi_u^2 + \chi_u^2$, $F = \varphi_u\varphi_v + \psi_u\psi_v + \chi_u\chi_v$, $G = \varphi_v^2 + \psi_v^2 + \chi_v^2$; $\mathrm{d}\mathbf{S} = \sqrt{EG - F^2}\, \mathrm{d}u\, \mathrm{d}v$ heißt *Oberflächenelement* (s. auch 4.3.3.3.).

Falls **S** explizit durch die Gleichung $z = \varphi(x, y)$ gegeben ist, wobei (x, y) den Bereich **B** durchläuft, wird

$$\Delta\mathbf{S} = \iint_{(\mathbf{B})} \sqrt{1 + \varphi_x^2 + \varphi_y^2}\, \mathrm{d}x\, \mathrm{d}y.$$

Beispiele:

(a) Flächeninhalt des über dem Kreis $x^2 + y^2 = ax$ liegenden Teils der Kugel $x^2 + y^2 + z^2 = a^2$ (Abb. 3.39): Die Parameterdarstellung der Kugelfläche lautet:

$$x = a \sin\vartheta \cos\varphi, \qquad y = a \sin\vartheta \sin\varphi, \qquad z = a \cos\vartheta,$$

es ist also $u = \vartheta$, $v = \varphi$, und man findet: $E = a^2$, $G = a^2 \sin^2\vartheta$, $F = 0$, also

$$\sqrt{EG - F^2} = a^2 \sin\vartheta.$$

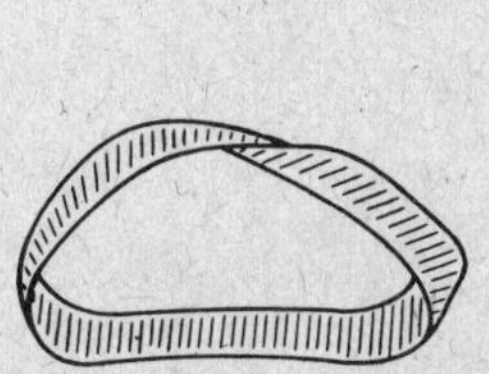

Abb. 3.44

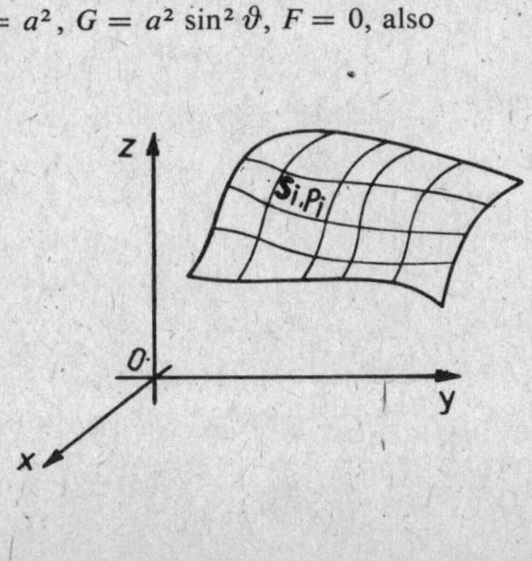

Abb. 3.45

Der Rand von **S** ergibt sich durch Einsetzen der Parameterdarstellung in die Kreisgleichung: $\sin\vartheta = \cos\varphi$. Das im ersten Oktanten liegende Viertel des gesuchten Flächeninhalts wird daher durch $0 \leqq \varphi \leqq \frac{\pi}{2}$, $\varphi + \vartheta = \frac{\pi}{2}$, $0 \leqq \vartheta \leqq \frac{\pi}{2}$, charakterisiert. Also ist

$$\Delta \mathbf{S} = 4 \int_0^{\pi/2} \int_0^{\pi/2-\varphi} a^2 \sin\vartheta \, d\vartheta \, d\varphi = 4a^2 \int_0^{\pi/2} (1 - \sin\varphi) \, d\varphi$$

$$= 4a^2 \left(\frac{\pi}{2} - 1\right).$$

b) Das über der Kreisfläche $x^2 + y^2 \leqq R^2$ liegende Stück der Fläche $z = xy$ hat den Flächeninhalt

$$\Delta \mathbf{S} = \iint\limits_{x^2+y^2 \leqq R^2} \sqrt{1 + x^2 + y^2} \, dx \, dy.$$

Transformiert man dieses Flächenintegral mittels Polarkoordinaten $x = r\cos\varphi$, $y = r\sin\varphi$, so wird

$$\Delta \mathbf{S} = \int_0^{2\pi} \int_0^R r\sqrt{1 + r^2} \, dr \, d\varphi = 2\pi \int_1^{\sqrt{1+R^2}} u^2 \, du = \frac{2\pi}{3}\left(\sqrt{1 + R^2}^3 - 1\right).$$

3.1.12.2. Oberflächenintegrale erster und zweiter Art

Definition *des Oberflächenintegrals erster Art*: Auf der zweiseitigen glatten Fläche **S** sei eine Funktion $f(x, y, z)$ definiert und beschränkt. Z bezeichne eine *Zerlegung* von **S** in endlich viele Teilflächen $\mathbf{S}_i$ $(i = 1, 2, \ldots, n)$ mit dem Flächeninhalt $\Delta \mathbf{S}_i$, $\Delta(Z)$ sei der größte Durchmesser der Teilflächen $\mathbf{S}_i$, $P_i = (\xi_i, \eta_i, \zeta_i)$ ein beliebiger Punkt auf jeder Teilfläche (Abb. 3.45). Die Zahl $S(Z) = \sum_{i=1}^{n} f(\xi_i, \eta_i, \zeta_i) \Delta \mathbf{S}_i$ heißt *Zwischensumme der Zerlegung Z.*

Wenn es eine Zahl I mit folgender Eigenschaft gibt: zu jedem $\varepsilon > 0$ existiert ein $\delta(\varepsilon) > 0$, so daß für jede Zerlegung Z mit $\Delta(Z) < \delta$ unabhängig von der Wahl der P_i $|S(Z) - I| < \varepsilon$ gilt, so heißt I *Oberflächenintegral erster Art* von $f(x, y, z)$ über die Fläche **S**; man schreibt

$$I = \iint\limits_{(\mathbf{S})} f(x, y, z) \, d\mathbf{S}.$$

Für den speziellen Integranden $f(x, y, z) = 1$ liefert I den Flächeninhalt $\Delta \mathbf{S}$ der Fläche **S**.

Berechnung (Zurückführung auf ein Flächenintegral): Lautet die Parameterdarstellung der Fläche $x = \varphi(u, v)$, $y = \psi(u, v)$, $z = \chi(u, v)$, wobei u und v den Bereich Γ der u,v-Ebene durchlaufen, so gilt

$$\iint\limits_{(\mathbf{S})} f(x, y, z) \, d\mathbf{S} = \iint\limits_{(\Gamma)} f(\varphi(u, v), \psi(u, v), \chi(u, v)) \sqrt{EG - F^2} \, du \, dv.$$

Ist die Fläche explizit durch die Gleichung $z = \varphi(x, y)$ gegeben, wobei (x, y) den Bereich **B** durchläuft, so ist

$$\iint\limits_{(\mathbf{S})} f(x, y, z) \, d\mathbf{S} = \iint\limits_{(\mathbf{B})} f(x, y, \varphi(x, y)) \sqrt{1 + \varphi_x^2 + \varphi_y^2} \, d\mathbf{B}.$$

Analoge Umrechnungen gelten, falls **S** durch Gleichungen der Form $x = \psi(y, z)$ bzw. $y = \chi(x, z)$ dargestellt wird.

Beispiele:

a) Die Fläche **S** sei die Kugel mit der Parameterdarstellung $x = r\sin\vartheta\cos\varphi$, $y = r\sin\vartheta\sin\varphi$, $z = r\cos\vartheta$, dann ist Γ das Rechteck $0 \leqq \vartheta \leqq \pi$, $0 \leqq \varphi \leqq 2\pi$ und $\sqrt{EG - F^2} = r^2\sin\vartheta$:

$$\iint\limits_{(\mathbf{S})} f(x, y, z) \, d\mathbf{S} = \iint\limits_{(\Gamma)} f(r\sin\vartheta\cos\varphi, r\sin\vartheta\sin\varphi, r\cos\vartheta) \, r^2 \sin\vartheta \, d\vartheta \, d\varphi$$

$$= r^2 \int_0^{2\pi} \int_0^{\pi} f(r\sin\vartheta\cos\varphi, r\sin\vartheta\sin\varphi, r\cos\vartheta) \sin\vartheta \, d\vartheta \, d\varphi.$$

b) Die Fläche **S** sei die Zylinderfläche $x^2 + y^2 = a^2$, $0 \leqq z \leqq h$; eine Parameterdarstellung ist $x = a\cos\varphi$, $y = a\sin\varphi$, $z = z$, und man findet $\sqrt{EG - F^2} = a^2$. Γ ist das Rechteck $0 \leqq \varphi \leqq 2\pi$, $0 \leqq z \leqq h$:

$$\iint_{(\mathbf{S})} f(x, y, z)\,\mathrm{d}\mathbf{S} = \iint_{(\Gamma)} f(a\cos\varphi, a\sin\varphi, z)\, a^2\,\mathrm{d}\varphi\,\mathrm{d}z$$

$$= a^2 \int_0^h \int_0^{2\pi} f(a\cos\varphi, a\sin\varphi, z)\,\mathrm{d}\varphi\,\mathrm{d}z.$$

Oberflächenintegrale zweiter Art

Orientierung einer zweiseitigen, nichtgeschlossenen Fläche: Eine bestimmte Seite von **S** wird festgelegt. Jede geschlossene Kurve auf **S** erhält einen *Durchlaufsinn* derart, daß dieser mit der Normalen der gewählten Seite eine *Rechtsschraube* bildet.

Definition *des Oberflächenintegrals zweiter Art*: Auf einer Fläche **S**, die eindeutig über der x,y-Ebene liegt und explizit durch $z = \varphi(x, y)$ gegeben ist, sei eine Funktion $f(x, y, z)$ definiert und beschränkt. Z bezeichne eine Zerlegung von **S** in endlich viele Teilflächen $\mathbf{S}_i$ $(i = 1, 2, \dots, n)$, $\Delta(Z)$

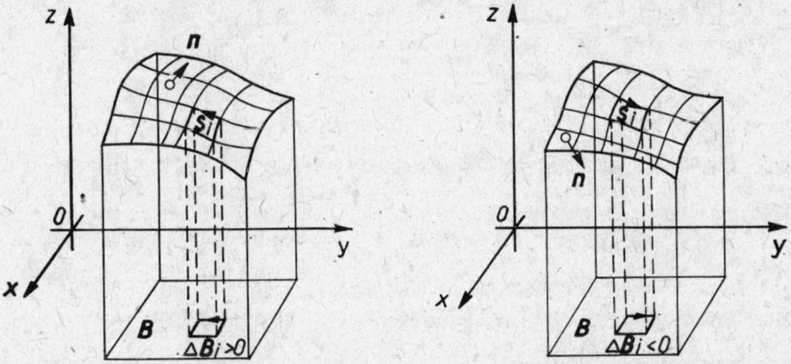

Abb. 3.46

den größten Durchmesser der Teilflächen, $P_i = (\xi_i, \eta_i, \zeta_i)$ einen beliebigen Punkt auf jeder der Teilflächen. Wird eine Seite der Fläche *ausgewählt und orientiert*, so bestimmt der durch die gewählte Seite festgelegte Durchlauf des Randes jeder Teilfläche $\mathbf{S}_i$ in der x,y-Ebene den Durchlauf des Randes der Projektion $\mathbf{B}_i$ von $\mathbf{S}_i$. Der Flächeninhalt $\Delta\mathbf{B}_i$ dieser Projektion wird positiv genommen, wenn der Rand von $\mathbf{B}_i$ mathematisch positiv durchlaufen wird, anderenfalls negativ (Abb. 3.46).

Die Zahl $S(Z) = \sum_{i=1}^{n} f(\xi_i, \eta_i, \zeta_i)\,\Delta\mathbf{B}_i$ heißt Zwischensumme der Zerlegung Z. Im Gegensatz zur Bildung der Zwischensummen beim Oberflächenintegral erster Art wird hier $f(P_i)$ nicht mit dem Flächeninhalt $\Delta\mathbf{S}_i$ der Teilfläche $\mathbf{S}_i$, sondern mit dem vorzeichenbehafteten Flächeninhalt $\Delta\mathbf{B}_i$ der *Projektion* $\mathbf{B}_i$ von $\mathbf{S}_i$ auf die x,y-Ebene multipliziert.

Wenn es eine Zahl I mit der Eigenschaft gibt: Zu jedem $\varepsilon > 0$ existiert ein $\delta(\varepsilon) > 0$, so daß für jede Zerlegung Z mit $\Delta(Z) < \delta$ unabhängig von der Wahl der Punkte P_i stets $|\mathbf{S}(Z) - I| < \varepsilon$ gilt, so heißt I *Oberflächenintegral zweiter Art* von $f(x, y, z)$ über die *ausgewählte Seite* von **S**, und man schreibt

$$I = \iint_{(\mathbf{S})} f(x, y, z)\,\mathrm{d}x\,\mathrm{d}y.$$

Besitzt **S** keine eineindeutige Projektion auf die x,y-Ebene, läßt es sich aber in eine endliche Anzahl von Teilflächen mit einer eineindeutigen Projektion zerlegen, so wird das Oberflächenintegral über **S** als Summe der Integrale über die Teilflächen definiert.

Wenn **S** eine eineindeutige Projektion auf die y,z- bzw. auf die z,x-Ebene besitzt, lassen sich analog zwei weitere Oberflächenintegrale zweiter Art definieren:

$$\iint_{(\mathbf{S})} f(x, y, z)\,\mathrm{d}y\,\mathrm{d}z, \qquad \iint_{(\mathbf{S})} f(x, y, z)\,\mathrm{d}z\,\mathrm{d}x,$$

indem in den Zwischensummen die Flächeninhalte der Projektionen von $\mathbf{S}_i$ auf die y,z- bzw. z,x-Ebene stehen.

Schließlich kann man für drei auf **S** definierte Funktionen $P(x, y, z)$, $Q(x, y, z)$, $R(x, y, z)$ diese Integrale addieren und definieren:

$$\iint\limits_{(\mathbf{S})} P\,dy\,dz + Q\,dz\,dx + R\,dx\,dy = \iint\limits_{(\mathbf{S})} P\,dy\,dz + \iint\limits_{(\mathbf{S})} Q\,dz\,dx + \iint\limits_{(\mathbf{S})} R\,dx\,dy.$$

Berechnung des Oberflächenintegrals zweiter Art (Zurückführung auf ein Flächenintegral):

1. Die Fläche **S** besitze die explizite Darstellung $z = \varphi(x, y)$, wobei (x, y) in dem Bereich **B** variiert. Dann berechnet sich das Oberflächenintegral über diejenige Seite von **S**, für die der Winkel zwischen der Normalen und der z-Achse *spitz* ist, durch

$$\iint\limits_{(\mathbf{S})} f(x, y, z)\,dx\,dy = \iint\limits_{(\mathbf{B})} f(x, y, \varphi(x, y))\,dx\,dy.$$

Wählt man die andere Seite, so gilt

$$\iint\limits_{(\mathbf{S})} f(x, y, z)\,dx\,dy = -\iint\limits_{(\mathbf{B})} f(x, y, \varphi(x, y))\,dx\,dy.$$

Analoge Formeln ergeben sich für die anderen Integrale:

$$\iint\limits_{(\mathbf{S})} f(x, y, z)\,dy\,dz = \iint\limits_{(\mathbf{B})} f(\psi(y, z), y, z)\,dy\,dz,$$

wenn **S** durch $x = \psi(y, z)$ dargestellt ist und das Oberflächenintegral über diejenige Seite genommen wird, deren Normale mit der x-Achse einen *spitzen Winkel* bildet. Ebenso gilt

$$\iint\limits_{(\mathbf{S})} f(x, y, z)\,dz\,dx = \iint\limits_{(\mathbf{B})} f(x, \chi(z, x), z)\,dz\,dx,$$

wenn **S** durch die Gleichung $y = \chi(z, x)$ gegeben ist und das Oberflächenintegral über diejenige Seite genommen wird, deren Normale mit der y-Achse einen spitzen Winkel bildet.

2. Wenn die Fläche **S** durch eine Parameterdarstellung $x = \varphi(u, v)$, $y = \psi(u, v)$, $z = \chi(u, v)$ gegeben ist, so gilt

$$\iint\limits_{(\mathbf{S})} f(x, y, z)\,dx\,dy = \pm\iint\limits_{(\Gamma)} f(\varphi(u, v), \psi(u, v), \chi(u, v))\,C\,du\,dv,$$

$$\iint\limits_{(\mathbf{S})} f(x, y, z)\,dy\,dz = \pm\iint\limits_{(\Gamma)} f(\varphi(u, v), \psi(u, v), \chi(u, v))\,A\,du\,dv,$$

$$\iint\limits_{(\mathbf{S})} f(x, y, z)\,dz\,dx = \pm\iint\limits_{(\Gamma)} f(\varphi(u, v), \psi(u, v), \chi(u, v))\,B\,du\,dv;$$

das positive Vorzeichen gilt, wenn die Orientierung des Bereichs Γ der u,v-Ebene der *Orientierung* der ausgewählten Seite entspricht (wegen A, B, C s. S. 343).

Für die Summe aus diesen drei Integralen erhält man dann:

$$\iint\limits_{(\mathbf{S})} P\,dy\,dz + Q\,dz\,dx + R\,dx\,dy = \pm\iint\limits_{(\Gamma)} (PA + QB + RC)\,du\,dv.$$

Zusammenhang zwischen Oberflächenintegral erster und zweiter Art:

Sind α, β, γ die Winkel der Normalen der ausgewählten Seite mit der x-, y- bzw. z-Achse, so gilt

$$\iint\limits_{(\mathbf{S})} P\,dy\,dz + Q\,dz\,dx + R\,dx\,dy = \iint\limits_{(\mathbf{S})} (P\cos\alpha + Q\cos\beta + R\cos\gamma)\,d\mathbf{S},$$

d. h., das linksstehende Oberflächenintegral zweiter Art wird in das rechtsstehende Oberflächenintegral erster Art umgewandelt.

Das Oberflächenintegral

$$\iint\limits_{(S)} P\,dy\,dz + Q\,dz\,dx + R\,dx\,dy$$

hat für *verschiedene nichtgeschlossene Flächen* $\mathbf{S}_1$ und $\mathbf{S}_2$ mit der gleichen Randkurve **C** im allgemeinen verschiedene Werte (Abb. 3.47, S. 349), bzw. es verschwindet im allgemeinen nicht über eine geschlossene Fläche (analog zur Wegabhängigkeit eines Kurvenintegrals). Sind die Funktionen P, Q, R, P_x, Q_y, R_z in einem einfach zusammenhängenden räumlichen Bereich **K** (d. h. in einem Bereich, der mit jeder geschlossenen Fläche auch den von dieser Fläche begrenzten Bereich enthält) stetig, so *verschwindet* das Oberflächenintegral über jede geschlossene Fläche **S** in **K** genau dann, wenn

$$\frac{\partial P}{\partial x} + \frac{\partial Q}{\partial y} + \frac{\partial R}{\partial z} = 0$$

gilt.

Beispiel: Es sei (x, y, z) ein Punkt der Fläche **S**, (ξ, η, ζ) ein Punkt außerhalb von **S**,

$$r = \sqrt{(x-\xi)^2 + (y-\eta)^2 + (z-\zeta)^2}.$$

Die Funktionen $P = \frac{x-\xi}{r^3}$, $Q = \frac{y-\eta}{r^3}$, $R = \frac{z-\zeta}{r^3}$ und ihre Ableitungen $\frac{\partial P}{\partial x}, \frac{\partial Q}{\partial y}, \frac{\partial R}{\partial z}$ sind für $(x, y, z) \neq (\xi, \eta, \zeta)$ stetig, und es gilt $\frac{\partial P}{\partial x} + \frac{\partial Q}{\partial y} + \frac{\partial R}{\partial z} = 0$, also verschwindet für diese Funktionen das Integral $\iint\limits_{(S)} P\,dy\,dz + Q\,dz\,dx + R\,dx\,dy$ über jede geschlossene Fläche, die den Punkt (ξ, η, ζ) nicht enthält.

Umrechnung auf ein Oberflächenintegral erster Art:

$$\iint\limits_{(S)} \frac{x-\xi}{r^3}\,dy\,dz + \frac{y-\eta}{r^3}\,dz\,dx + \frac{z-\zeta}{r^3}\,dx\,dy = \iint\limits_{(S)} \left(\frac{x-\xi}{r^3}\cos\alpha + \frac{y-\eta}{r^3}\cos\beta + \frac{z-\zeta}{r^3}\cos\gamma\right) d\mathbf{S}.$$

Bezeichnet (r, n) den Winkel zwischen dem Ortsvektor zum Flächenpunkt (x, y, z) und der Normalen von **S** in (x, y, z), so gilt

$$\frac{x-\xi}{r}\cos\alpha + \frac{y-\eta}{r}\cos\beta + \frac{z-\zeta}{r}\cos\gamma = \cos(x, r)\cos\alpha + \cos(y, r)\cos\beta + \cos(z, r)\cos\gamma = \cos(r, n),$$

so daß man für das Oberflächenintegral erhält:

$$\iint\limits_{(S)} \frac{\cos(r, n)}{r^2}\,d\mathbf{S}.$$

Geometrisch stellt dieses Integral den *Raumwinkel* dar, unter dem man eine Fläche **S** vom Punkt (ξ, η, ζ) aus sieht. Wenn **S** geschlossen ist, beträgt sein Wert 4π, wenn der Punkt (ξ, η, ζ) innerhalb **S** liegt, und 0, wenn (ξ, η, ζ) außerhalb liegt.

3.1.12.3. Geometrische und physikalische Anwendung des Oberflächenintegrals

Volumen eines Körpers: Das Volumen V eines Körpers **K**, der von stückweise glatten Flächen begrenzt wird, läßt sich auf verschiedene Weise als Oberflächenintegral zweiter Art berechnen:

$$V = \iint\limits_{(S)} z\,dx\,dy \quad \text{oder} \quad V = \iint\limits_{(S)} x\,dy\,dz \quad \text{oder} \quad V = \iint\limits_{(S)} y\,dz\,dx$$

oder

$$V = \frac{1}{3}\iint\limits_{(S)} x\,dy\,dz + y\,dz\,dx + z\,dx\,dy,$$

wobei die Integrale über die äußere Seite **S** des Körpers zu nehmen sind.

Beispiel: **K** sei vom Ellipsoid $\frac{x^2}{a^2} + \frac{y^2}{b^2} + \frac{z^2}{c^2} = 1$ begrenzt. Eine Parameterdarstellung dieser Fläche ist

$$x = a \sin \vartheta \cos \varphi, \qquad y = b \sin \vartheta \sin \varphi, \qquad z = c \cos \vartheta$$

mit

$$0 \leqq \vartheta \leqq \pi, \qquad 0 \leqq \varphi \leqq 2\pi \quad \text{(Bereich } \Gamma \text{ der } \varphi,\vartheta\text{-Ebene).}$$

Daher folgt wegen $C = \begin{vmatrix} \varphi_u & \varphi_v \\ \psi_u & \psi_v \end{vmatrix} = ab \sin \vartheta \cos \vartheta$

$$V = \iint_{(S)} z \, dx \, dy = \iint_{(\Gamma)} \chi(u, v) \, C \, du \, dv$$

$$= \int_0^{2\pi} \int_0^{\pi} c \cos \vartheta ab \sin \vartheta \cos \vartheta \, d\vartheta \, d\varphi$$

$$= abc \, 2\pi \int_0^{\pi} \cos^2 \vartheta \sin \vartheta \, d\vartheta$$

$$= 2abc\pi \int_{-1}^{1} u^2 \, du = \frac{4\pi}{3} abc.$$

Schwerpunkt und Massenanziehung: Wenn die Fläche **S** mit Masse der Flächendichte $\varrho(x, y, z)$ belegt ist, so ist in **S** die Gesamtmasse

$$M = \iint_{(S)} \varrho(x, y, z) \, dS$$

enthalten; die Koordinaten ξ, η, ζ des Schwerpunktes sind

$$\xi = \frac{1}{M} \iint_{(S)} x\varrho(x, y, z) \, dS,$$

$$\eta = \frac{1}{M} \iint_{(S)} y\varrho(x, y, z) \, dS,$$

$$\zeta = \frac{1}{M} \iint_{(S)} z\varrho(x, y, z) \, dS;$$

die Komponenten der Anziehungskraft F dieser Massenbelegung auf einen Massenpunkt $P = (x_0, y_0, z_0)$ der Masse 1 sind

$$F_x = \gamma \iint_{(S)} \frac{x - x_0}{r^3} \, dS,$$

$$F_y = \gamma \iint_{(S)} \frac{y - y_0}{r^3} \, dS,$$

$$F_z = \gamma \iint_{(S)} \frac{z - z_0}{r^3} \, dS, \quad \gamma = \text{const.}$$

Beispiel: Das Kegelflächenstück (Abb. 3.42) $R^2x^2 = h^2(y^2 + z^2)$, $0 \leqq x \leqq h$, sei mit Masse der Dichte 1 belegt. Aus Symmetriegründen ist $\eta = \zeta = 0$. Da die Darstellung von **S**

$$x = \psi(y, z) = \frac{h}{R} \sqrt{y^2 + z^2}$$

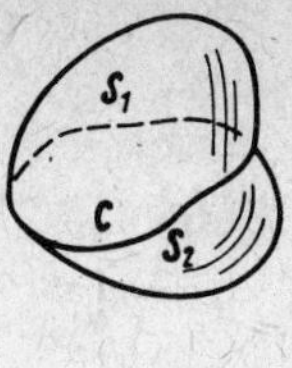

Abb. 3.47

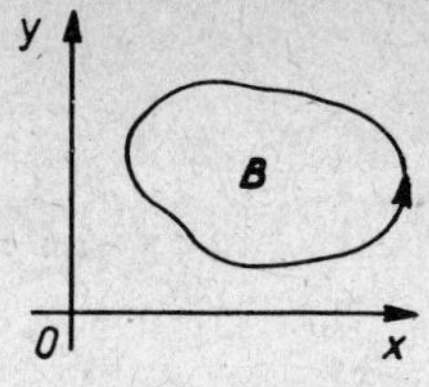

Abb. 3.48

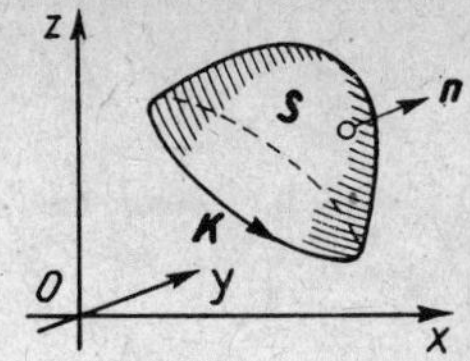

Abb. 3.49

lautet, wobei y und z das Innere des Kreises $y^2 + z^2 = R^2$ durchlaufen, gilt

$$\iint\limits_{(S)} x \, dS = \iint\limits_{y^2+z^2 \leqq R^2} x \sqrt{1 + y^2 + z^2} \, dy \, dz$$

$$= \frac{h}{R} \iint\limits_{y^2+z^2 \leqq R^2} \sqrt{y^2 + z^2} \sqrt{1 + \frac{h^2}{R^2}} \, dy \, dz.$$

Nach Einführung von Polarkoordinaten $y = r \cos \varphi$, $z = r \sin \varphi$ in der y,z-Ebene ergibt dieses Flächenintegral

$$\frac{h}{R} \iint\limits_{y^2+z^2 \leqq R^2} \sqrt{y^2 + z^2} \sqrt{1 + \frac{h^2}{R^2}} \, dy \, dz = \frac{h}{R} \sqrt{1 + \frac{h^2}{R^2}} \int\limits_0^{2\pi} \int\limits_0^R r^2 \, dr \, d\varphi$$

$$= \frac{2\pi}{3} hR \sqrt{h^2 + R^2},$$

und weil $M = \pi R \sqrt{h^2 + R^2}$ ist, folgt $\xi = \dfrac{2}{3} h$.

3.1.13. Integralsätze und Ergänzungen

Zur vektoriellen Schreibweise der folgenden Sätze siehe 4.2.2.10.

3.1.13.1. Der Gaußsche Integralsatz

Der räumliche Bereich **K** sei von stückweise glatten Flächen begrenzt; $P(x, y, z)$, $Q(x, y, z)$, $R(x, y, z)$ seien Funktionen, die mit den Ableitungen $\partial P/\partial x$, $\partial Q/\partial y$, $\partial R/\partial z$ in **K** stetig sind; dann gilt

$$\iiint\limits_{(K)} \left(\frac{\partial P}{\partial x} + \frac{\partial Q}{\partial y} + \frac{\partial R}{\partial z} \right) d\mathbf{K} = \iint\limits_{(S)} P \, dy \, dz + Q \, dz \, dx + R \, dx \, dy,$$

wobei das rechtsstehende Oberflächenintegral zweiter Art über die *äußere Seite* des Bereichs **K** zu nehmen ist.

Als *Gaußschen Integralsatz der Ebene* bezeichnet man die Gleichung

$$\iint\limits_{(B)} \left(\frac{\partial Q}{\partial x} - \frac{\partial P}{\partial y} \right) d\mathbf{B} = \int\limits_{(k)} P \, dx + Q \, dy,$$

die ein Flächenintegral über den Bereich **B** in ein Kurvenintegral über den Rand **k** von **B** umformt. **k** ist im *mathematisch positiven* Sinn zu durchlaufen (Abb. 3.48). Sie ist gültig, falls der Rand **k** von **B** stückweise glatt ist und die Funktionen $P(x, y)$, $Q(x, y)$, $\dfrac{\partial P}{\partial y}$, $\dfrac{\partial Q}{\partial x}$ in **B** stetig sind.

Beispiel: Mit $P = x^3$, $Q = y^3$, $R = z^3$ lautet der Gaußsche Integralsatz:

$$\iint\limits_{(\mathbf{S})} x^3\,dy\,dz + y^3\,dz\,dx + z^3\,dx\,dy = 3\iiint\limits_{(\mathbf{K})} (x^2 + y^2 + z^2)\,d\mathbf{K}.$$

Wenn speziell **S** die Kugel $x^2 + y^2 + z^2 = R^2$ ist, ergibt das Raumintegral nach Einführung von Kugelkoordinaten

$$3\int\limits_0^R \int\limits_0^{2\pi} \int\limits_0^{\pi} r^2 r^2 \sin\varphi\,d\varphi\,d\vartheta\,dr = \frac{12\pi}{5} R^5.$$

3.1.13.2. Die Greenschen Formeln

Der Raumbereich **K** sei von der stückweise glatten Fläche **S** begrenzt, $P(x, y, z)$, $Q(x, y, z)$ seien mit ihren zweiten partiellen Ableitungen in **K** stetig. Dann gilt die *erste Greensche Formel*:

$$\iiint\limits_{(\mathbf{K})} P\,\Delta Q\,d\mathbf{K} = \iint\limits_{(\mathbf{S})} P\frac{\partial Q}{\partial n}\,d\mathbf{S} - \iiint\limits_{(\mathbf{K})} \left(\frac{\partial P}{\partial x}\frac{\partial Q}{\partial x} + \frac{\partial P}{\partial y}\frac{\partial Q}{\partial y} + \frac{\partial P}{\partial z}\frac{\partial Q}{\partial z}\right) d\mathbf{K},$$

wobei $\Delta Q = \dfrac{\partial^2 Q}{\partial x^2} + \dfrac{\partial^2 Q}{\partial y^2} + \dfrac{\partial^2 Q}{\partial z^2}$ und $\dfrac{\partial P}{\partial n}$ bzw. $\dfrac{\partial Q}{\partial n}$ die Richtungsableitungen der Funktionen P bzw. Q in Richtung der äußeren Normalen von **S** bedeuten.

Mit denselben Voraussetzungen gilt die *zweite Greensche Formel*:

$$\iiint\limits_{(\mathbf{K})} (P\,\Delta Q - Q\,\Delta P)\,d\mathbf{K} = \iint\limits_{(\mathbf{S})} \left(P\frac{\partial Q}{\partial n} - Q\frac{\partial P}{\partial n}\right) d\mathbf{S}.$$

Für den *ebenen Fall* lauten diese Formeln

$$\iint\limits_{(\mathbf{B})} P\,\Delta Q\,d\mathbf{B} = \int\limits_{(\mathbf{k})} P\frac{\partial Q}{\partial n}\,ds - \iint\limits_{(\mathbf{B})} \left(\frac{\partial P}{\partial x}\frac{\partial Q}{\partial x} + \frac{\partial P}{\partial y}\frac{\partial Q}{\partial y}\right) d\mathbf{B}$$

bzw.

$$\iint\limits_{(\mathbf{B})} (P\,\Delta Q - Q\,\Delta P)\,d\mathbf{B} = \int\limits_{(\mathbf{k})} \left(P\frac{\partial Q}{\partial n} - Q\frac{\partial P}{\partial n}\right) ds,$$

wenn **B** ein Bereich der x,y-Ebene, **k** sein im *mathematisch positiven* Sinn durchlaufener Rand $\dfrac{\partial P}{\partial n}$, $\dfrac{\partial Q}{\partial n}$ die Ableitung in Richtung der äußeren Normalen und $\Delta P = \dfrac{\partial^2 P}{\partial x^2} + \dfrac{\partial^2 P}{\partial y^2}$ bedeuten.

3.1.13.3. Der Stokessche Integralsatz

Die stückweise glatte, zweiseitige, nichtgeschlossene Fläche **S** mit Rand **k** liege im Inneren eines Raumgebietes **K**, die Funktionen $P(x, y, z)$, $Q(x, y, z)$, $R(x, y, z)$ seien mit ihren partiellen Ableitungen erster Ordnung in **K** stetig; dann gilt

$$\iint\limits_{(\mathbf{S})} \left(\frac{\partial Q}{\partial x} - \frac{\partial P}{\partial y}\right) dx\,dy + \left(\frac{\partial R}{\partial y} - \frac{\partial Q}{\partial z}\right) dy\,dz + \left(\frac{\partial P}{\partial z} - \frac{\partial R}{\partial x}\right) dz\,dx$$

$$= \int\limits_{(\mathbf{k})} (P\,dx + Q\,dy + R\,dz),$$

wobei der Integrationsweg **k** des rechtsstehenden Kurvenintegrals so durchlaufen werden muß, daß dieser Umlaufsinn mit der Normalen der in dem Oberflächenintegral gewählten Seite von **S** eine *Rechtsschraube* bildet (Abb. 3.49).

3.1.13.4. Uneigentliche Kurven-, Flächen-, Oberflächen- und Raumintegrale

Bei den mehrdimensionalen Integralen lassen sich ebenso wie beim eindimensionalen bestimmten Integral uneigentliche Integrale definieren. Diese Definitionen sind für Kurven-, Flächen-, Oberflächen- und Raumintegrale analog, und es genügt, sie etwa für die Flächenintegrale anzuführen.

Flächenintegrale über unbeschränkte Funktionen

Die Funktion $f(x, y)$ sei in der Umgebung eines Punktes P_0 des beschränkten Bereichs $\mathbf{B}$ nicht beschränkt und über jeden Teilbereich von $\mathbf{B}$, der P_0 nicht enthält, integrierbar. Ist dann für jede Folge von Umgebungen $\mathbf{U}_n$ des Punktes P_0, deren Durchmesser ϱ_n gegen 0 konvergieren, stets

$$\lim_{n\to\infty} \iint_{(\mathbf{B}\setminus\mathbf{U}_n)} f(x, y)\,\mathrm{d}x\,\mathrm{d}y = I,$$

wobei $\mathbf{B} \setminus \mathbf{U}_n$ den Bereich bezeichnet, der durch Herausnahme von $\mathbf{U}_n$ aus $\mathbf{B}$ entsteht, so heißt I *konvergentes uneigentliches Flächenintegral* der Funktion $f(x, y)$ über $\mathbf{B}$, und man schreibt

$$I = \iint_{(\mathbf{B})} f(x, y)\,\mathrm{d}x\,\mathrm{d}y.$$

Falls der Grenzwert nicht für jede Folge $\mathbf{U}_n$ existiert, heißt $\iint_{(\mathbf{B})} f(x, y)\,\mathrm{d}x\,\mathrm{d}y$ *divergent.*

Wenn in $\mathbf{B}$ stets $f(x, y) \geqq 0$ gilt, kann man sich bei den Umgebungen $\mathbf{U}_n$ auf Kreise beschränken. Diese Definition läßt sich auf den Fall, daß $f(x, y)$ in der Umgebung *mehrerer Punkte* bzw. in der Umgebung *glatter Kurven* unbeschränkt ist, ausdehnen.

Beispiel: $\mathbf{B}$ sei der vom Kreis $x^2 + y^2 = 1$ begrenzte Bereich, und $f(x, y) = \dfrac{1}{\sqrt{x^2 + y^2}^{\alpha}}$; $f(x, y)$ ist für $\alpha > 0$ in der Umgebung des Ursprungs unbeschränkt. Da $f(x, y) \geqq 0$ gilt, kann man sich auf Kreise beschränken: $\mathbf{U}_n$ seien Kreise mit den Radien ϱ_n und $\lim \varrho_n = 0$. Führt man im Bereich $\mathbf{B} \setminus \mathbf{U}_n$ Polarkoordinaten ein, so gilt

$$\begin{aligned}\lim_{n\to\infty} \iint_{\mathbf{B}\setminus\mathbf{U}_n} \frac{\mathrm{d}x\,\mathrm{d}y}{\sqrt{x^2 + y^2}^{\alpha}} &= \lim_{n\to\infty} \int_{\varrho_n}^{1}\int_{0}^{2\pi} \frac{r\,\mathrm{d}\varphi\,\mathrm{d}r}{r^{\alpha}} \\ &= \lim_{n\to\infty} 2\pi \frac{1}{2-\alpha} [r^{2-\alpha}]_{\varrho_n}^{1} = \frac{2\pi}{2-\alpha}\end{aligned}$$

für $0 \leqq \alpha < 2$, während für $\alpha \geqq 2$ der Grenzwert nicht existiert; also ist

$$\iint_{(\mathbf{B})} \frac{\mathrm{d}x\,\mathrm{d}y}{\sqrt{x^2 + y^2}^{\alpha}} = \frac{2\pi}{2-\alpha} \quad \text{für} \quad 0 \leqq \alpha < 2.$$

Analog beweist man für das Raumintegral

$$\iiint_{(\mathbf{K})} \frac{\mathrm{d}x\,\mathrm{d}y\,\mathrm{d}z}{\sqrt{x^2 + y^2 + z^2}^{\alpha}}$$

über eine Kugel $\mathbf{K}$ um den Ursprung die Konvergenz, falls $0 \leqq \alpha < 3$, und die Divergenz, falls $\alpha \geqq 3$ gilt.

Konvergenzkriterium: Bleibt in einer Umgebung von P_0 die Funktion $\dfrac{f(x, y)}{g(x, y)}$ beschränkt und ist $\iint_{(\mathbf{B})} g(x, y)\,\mathrm{d}x\,\mathrm{d}y$ konvergent, so ist auch $\iint_{(\mathbf{B})} f(x, y)\,\mathrm{d}x\,\mathrm{d}y$ konvergent. Als *Vergleichsfunktion* kann man die Funktion

$$g(x, y) = \frac{1}{\sqrt{(x - x_0)^2 + (y - y_0)^2}^{\alpha}}$$

benutzen, wenn $P_0 = (x_0, y_0)$ ist.

Beispiel: Der Bereich **B** wird vom Kreis $x^2 + y^2 = 1$ begrenzt, $f(x, y) = \ln \sqrt{x^2 + y^2}$, $f(x, y)$ ist in der Umgebung von $P_0 = (0, 0)$ unbeschränkt, aber es gilt

$$\lim_{(x,y)\to(0,0)} \sqrt{x^2 + y^2} \ln \sqrt{x^2 + y^2} = 0.$$

Es bleibt also mit $g(x) = \dfrac{1}{\sqrt{x^2 + y^2}}$ die Funktion $\dfrac{f(x, y)}{g(x, y)}$ beschränkt. Weil hier $\alpha = 1$ ist, folgt die Konvergenz von

$$\iint_{(\mathbf{B})} \ln \sqrt{x^2 + y^2}\, \mathrm{d}x\, \mathrm{d}y.$$

Flächenintegrale über unbeschränkte Bereiche

B sei ein unbeschränkter Bereich, der von stückweise glatten Kurven begrenzt ist, $f(x, y)$ eine in **B** definierte Funktion, die über jeden beschränkten Teilbereich von **B** integrierbar ist. Wenn dann für jede beliebige Folge $\mathbf{B}_n$ von beschränkten Teilbereichen mit der Eigenschaft, daß jeder beschränkte Teilbereich von **B** in allen $\mathbf{B}_n$ für $n > n_0$ enthalten ist, stets

$$\lim_{n\to\infty} \iint_{(\mathbf{B}_n)} f(x, y)\, \mathrm{d}x\, \mathrm{d}y = I$$

gilt, so heißt *I konvergentes uneigentliches Flächenintegral* von $f(x, y)$ über **B**, und man schreibt

$$I = \iint_{(\mathbf{B})} f(x, y)\, \mathrm{d}x\, \mathrm{d}y.$$

Wenn der Grenzwert nicht für jede Folge $\mathbf{B}_n$ existiert, heißt $\iint_{(\mathbf{B})} f(x, y)\, \mathrm{d}x\, \mathrm{d}y$ *divergent*.

Falls $f(x, y) \geqq 0$ in **B** gilt, kann man sich bei den Gliedern der Folge $\mathbf{B}_n$ auf Kreise um den Ursprung beschränken, für deren Radien ϱ_n $\lim_{n\to\infty} \varrho_n = \infty$ gilt.

Beispiele:

a) **B** sei der Bereich $x \geqq 0$, $y \geqq 0$, $f(x,y) = \mathrm{e}^{-(x^2+y^2)}$. Da $f(x, y) \geqq 0$ in **B** gilt, kann man für $\mathbf{B}_n$ eine Folge von Viertelkreisen mit den Radien ϱ_n nehmen. Dann wird durch Umrechnung auf Polarkoordinaten

$$\begin{aligned}\iint_{(\mathbf{B}_n)} \mathrm{e}^{-(x^2+y^2)}\, \mathrm{d}x\, \mathrm{d}y &= \int_0^{\varrho_n} \int_0^{\pi/2} \mathrm{e}^{-r^2}\, r\, \mathrm{d}\varphi\, \mathrm{d}r \\ &= \frac{\pi}{2}\, \frac{1}{2}\left(1 - \mathrm{e}^{-\varrho_n^2}\right),\end{aligned}$$

und deshalb ist

$$\lim_{n\to\infty} \iint_{(\mathbf{B}_n)} \mathrm{e}^{-(x^2+y^2)}\, \mathrm{d}x\, \mathrm{d}y = \lim_{n\to\infty} \frac{\pi}{2}\, \frac{1}{2}\left(1 - \mathrm{e}^{-\varrho_n^2}\right) = \frac{\pi}{4},$$

also

$$I = \iint_{(\mathbf{B})} \mathrm{e}^{-(x^2+y^2)}\, \mathrm{d}x\, \mathrm{d}y = \frac{\pi}{4}.$$

b) **B** sei der Bereich $x \geqq 0$, $y \geqq 0$, $f(x, y) = \sin(x^2 + y^2)$. Ist $\mathbf{B}_n$ eine Folge von Viertelkreisen mit den Radien ϱ_n, $\lim \varrho_n = \infty$, dann gilt

$$\begin{aligned}\iint_{(\mathbf{B}_n)} \sin(x^2 + y^2)\, \mathrm{d}x\, \mathrm{d}y &= \int_0^{\varrho_n} \int_0^{\pi/2} \sin(r^2)\, r\, \mathrm{d}\varphi\, \mathrm{d}r \\ &= \frac{\pi}{4}(1 - \cos \varrho_n^2),\end{aligned}$$

und dieser Grenzwert existiert nicht: $\iint_{(\mathbf{B})} \sin(x^2 + y^2)\, \mathrm{d}x\, \mathrm{d}y$ ist divergent.

Schließlich kann das uneigentliche Flächenintegral für den Fall definiert werden, daß sowohl der Integrationsbereich als auch $f(x, y)$ in der Umgebung von Punkten unbeschränkt ist.

Variablentransformation in uneigentlichen Integralen

Die Transformationsformel für Flächen- (3.1.10.3.) bzw. Raumintegrale (3.1.11.3.) bleibt auch für uneigentliche Integrale gültig, falls *eines* der beiden Integrale in dieser Formel konvergent ist.

Beispiel: In dem Integral

$$I = \iint\limits_{(B)} \frac{dx\,dy}{\sqrt{1 - x^2/a^2 - y^2/b^2}}$$

über den von der Ellipse $x^2/a^2 + y^2/b^2 = 1$ begrenzten Bereich ist der Integrand in der Umgebung der Ellipse unbeschränkt. Durch Einführung der verallgemeinerten Polarkoordinaten $x = ar\cos\varphi$, $y = br\sin\varphi$ entsteht

$$I = \int\limits_0^{2\pi}\int\limits_0^{1} \frac{abr}{\sqrt{1-r^2}}\,dr\,d\varphi = ab\int\limits_0^{2\pi} \left[-\sqrt{1-r^2}\right]_0^1 d\varphi = 2\pi ab,$$

also ist

$$\iint\limits_{(B)} \frac{dx\,dy}{\sqrt{1 - x^2/a^2 - y^2/b^2}} = 2\pi ab.$$

3.1.13.5. Mehrdimensionale Parameterintegrale

Es sei **B** ein beschränkter Bereich der x,y-Ebene, **I** ein Intervall der ξ-Achse und die Funktion $f(x, y, \xi)$ für jedes $\xi \in \mathbf{I}$ über **B** integrierbar. Dann wird für $\xi \in \mathbf{I}$ durch

$$F(\xi) = \iint\limits_{(B)} f(x, y, \xi)\,dx\,dy$$

eine Funktion $F(\xi)$ definiert. Dieses von dem Parameter ξ abhängige Integral besitzt die Eigenschaften:

1. Wenn $f(x, y, \xi)$ *stetig* ist, dann ist auch $F(\xi)$ in **I** *stetig*.

2. Wenn $f(x, y, \xi)$ außerdem noch eine stetige partielle Ableitung nach ξ besitzt, dann ist $F(\xi)$ in **I** *differenzierbar*, und es gilt

$$F'(\xi) = \iint\limits_{(B)} \frac{\partial f(x, y, \xi)}{\partial \xi}\,dx\,dy.$$

Analoge Eigenschaften haben von einem Parameter abhängige Kurven-, Oberflächen- und Raumintegrale.

Beispiel:

$$F(\xi, \eta, \zeta) = \iiint\limits_{(K)} \frac{\varrho(x, y, z)}{r}\,d\mathbf{K}, \qquad r = \sqrt{(x-\xi)^2 + (y-\eta)^2 + (z-\zeta)^2}.$$

Die Funktion $\varrho(x, y, z)$ sei in **K** stetig. Liegt der Punkt (ξ, η, ζ) nicht in **K**, so ist $\frac{\partial}{\partial\xi}\frac{1}{r} = \frac{x-\xi}{r^3}$ in **K** stetig, also ist $F(\xi, \eta, \zeta)$ als Funktion von ξ differenzierbar mit der Ableitung

$$\frac{\partial F(\xi, \eta, \zeta)}{\partial \xi} = \iiint\limits_{(K)} \varrho(x, y, z)\frac{x-\xi}{r^3}\,d\mathbf{K}.$$

Da dieser Integrand ebenfalls eine stetige partielle Ableitung besitzt, darf man erneut unter dem Integralzeichen differenzieren, und man erhält

$$\frac{\partial^2 F(\xi, \eta, \zeta)}{\partial \xi^2} = \iiint\limits_{(K)} \varrho(x, y, z)\left[-\frac{1}{r^3} + \frac{3(x-\xi)^2}{r^5}\right]d\mathbf{K}.$$

Analog werden die partiellen Ableitungen nach η und ζ berechnet. Durch Addition ergibt sich

$$\frac{\partial^2 F}{\partial \xi^2} + \frac{\partial^2 F}{\partial \eta^2} + \frac{\partial^2 F}{\partial \zeta^2} = 0,$$

wenn der Punkt (ξ, η, ζ) nicht zu $\mathbf{K}$ gehört.

Handelt es sich bei den Parameterintegralen um *uneigentliche* Integrale, so ist wie im eindimensionalen Fall (s. 3.1.9.3.) die Stetigkeit des Integranden nicht mehr hinreichend, um die Stetigkeit der dargestellten Funktion zu sichern. Zur Untersuchung von uneigentlichen Kurven-, Flächen-, Oberflächen- und Raumintegralen wird der Begriff der gleichmäßigen Konvergenz dieser Integrale benötigt.

Gleichmäßige Konvergenz eines uneigentlichen Flächenintegrals

Es seien $P = (x, y)$, $M = (\xi, \eta)$ Punkte eines beschränkten Bereichs $\mathbf{B}$ und $f(P, M)$ eine in $\mathbf{B}$ definierte Funktion, die in der Umgebung von $P = M$ nicht beschränkt ist. Das Integral

$$\iint_{(\mathbf{B})} f(P, M)\, \mathrm{d}\mathbf{B}_P = \iint_{(\mathbf{B})} f(x, y, \xi, \eta)\, \mathrm{d}x\, \mathrm{d}y$$

ist dann ein uneigentliches Parameterintegral. Es heißt in einem Punkt $M_0 \in \mathbf{B}$ *gleichmäßig konvergent*, wenn zu jedem $\varepsilon > 0$ ein $\delta(\varepsilon) > 0$ existiert, so daß für *alle* Punkte M, deren Abstand von M_0 höchstens δ ist, und für *alle* Umgebungen $\mathbf{U}$ von M_0, deren Durchmesser höchstens δ ist,

$$\left| \iint_{(\mathbf{U})} f(P, M)\, \mathrm{d}\mathbf{B}_P \right| < \varepsilon$$

gilt.

Wenn das Integral $\iint_{(\mathbf{B})} f(P, M)\, \mathrm{d}\mathbf{B}_P$ in M_0 gleichmäßig konvergiert, dann ist die Funktion

$$F(M) = \iint_{(\mathbf{B})} f(P, M)\, \mathrm{d}\mathbf{B}_P$$

im Punkt M_0 stetig.

Beispiel: Es sei $\mathbf{K}$ ein beschränkter Bereich des x,y,z-Raumes, $\varrho(x, y, z)$ eine auf $\mathbf{K}$ beschränkte Funktion: $|\varrho(x, y, z)| \leqq C$. Sind $P = (x, y, z)$ und $M = (\xi, \eta, \zeta)$ Punkte von $\mathbf{K}$, so ist

$$\iiint_{(\mathbf{K})} \frac{\varrho(P)}{r_{MP}}\, \mathrm{d}\mathbf{K}_P \quad \text{mit} \quad r_{MP} = \sqrt{(x - \xi)^2 + (y - \eta)^2 + (z - \zeta)^2}$$

ein uneigentliches Raumintegral, das von dem Punkt M abhängt. Es konvergiert für jeden Punkt $M_0 \in \mathbf{K}$ gleichmäßig, so daß die Funktion $F(M) = \iiint_{(\mathbf{K})} \frac{\varrho(P)}{r_{MP}}\, \mathrm{d}\mathbf{K}_P$ in $\mathbf{K}$ stetig ist; für eine beliebige

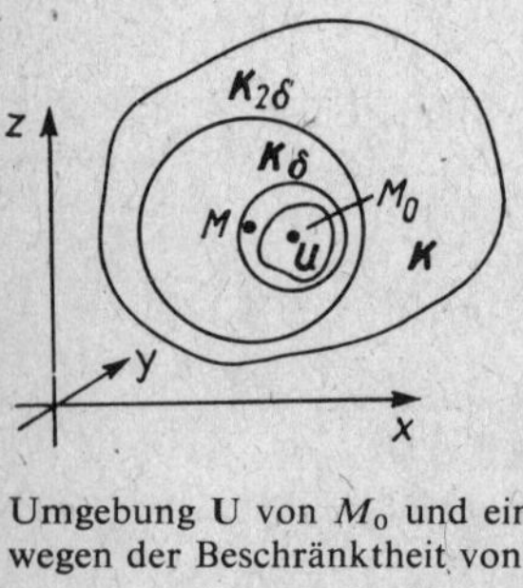

Abb. 3.50

Umgebung $\mathbf{U}$ von M_0 und eine Kugel $\mathbf{K}_\delta$ um M_0 mit dem Radius δ, die $\mathbf{U}$ enthält, gilt zunächst wegen der Beschränktheit von $\varrho(x, y, z)$ (Abb. 3.50)

$$\left| \iiint_{(\mathbf{U})} \frac{\varrho(P)}{r_{MP}}\, \mathrm{d}\mathbf{K}_P \right| \leqq C \iiint_{(\mathbf{K}_\delta)} \frac{\mathrm{d}\mathbf{K}_P}{r_{MP}}.$$

Wenn nun $M \in \mathbf{K}_\delta$ ist, dann enthält die Kugel $\mathbf{K}_{2\delta}$ um M mit dem Radius 2δ die Kugel $\mathbf{K}_\delta$ um M_0, so daß

$$\iiint\limits_{(\mathbf{K}_\delta)} \frac{\mathrm{d}\mathbf{K}_P}{r_{MP}} \leqq \iiint\limits_{(\mathbf{K}_{2\delta})} \frac{\mathrm{d}\mathbf{K}_P}{r_{MP}}$$

folgt. Werden um M Kugelkoordinaten eingeführt, dann ist

$$\iiint\limits_{(\mathbf{K}_{2\delta})} \frac{\mathrm{d}\mathbf{K}_P}{r_{MP}} = \int\limits_0^{2\pi} \int\limits_0^{\pi} \int\limits_0^{2\delta} \frac{r^2 \sin \varphi}{r} \,\mathrm{d}r\,\mathrm{d}\vartheta\,\mathrm{d}\varphi = 8\pi\delta^2,$$

also gilt

$$\left| \iiint\limits_{(\mathrm{U})} \frac{\varrho(P)}{r_{MP}} \,\mathrm{d}\mathbf{K}_P \right| \leqq 8\pi\delta^2 C < \varepsilon$$

für alle $M \in \mathbf{K}_\delta$ mit $\delta \leqq \delta(\varepsilon) = \sqrt{\dfrac{\varepsilon}{8\pi C}}$ und jede Umgebung U von M_0, deren Durchmesser kleiner als $\delta(\varepsilon)$ ist. Das beweist die gleichmäßige Konvergenz dieses Integrals.

3.1.14. Unendliche Reihen. Funktionenfolgen

3.1.14.1. Grundbegriffe

Ist $\{a_n\}$ eine gegebene Zahlenfolge (vgl. 3.1.3.1.), so heißt die Folge $\{S_n\}$ der Partialsummen

$$S_1 = a_1,\ S_2 = a_1 + a_2,\ \dots,\ S_n = \sum_{s=1}^{n} a_s = a_1 + a_2 + \dots + a_n,\ \dots$$

unendliche Reihe, in Zeichen

$$a_1 + a_2 + \dots \quad \text{oder} \quad \sum_{s=1}^{\infty} a_s.$$

a_s bezeichnet man als das *allgemeine Glied* der Reihe. Hat die Folge der Partialsummen einen Grenzwert S, d. h., $\lim\limits_{n \to \infty} S_n = S$, so sagt man, die unendliche Reihe

$$\sum_{s=1}^{\infty} a_s \equiv a_1 + a_2 + a_3 + \dots^{1)} \tag{3.1}$$

ist *konvergent* und hat die Summe S, in Zeichen $\sum\limits_{s=1}^{\infty} a_s = S$. Besitzt die Folge der Partialsummen keinen Grenzwert, so heißt die unendliche Reihe (3.1) *divergent*. In diesem Fall kann die Folge der Partialsummen bestimmt oder unbestimmt divergieren. Bei bestimmter Divergenz der Partialsummen $S_n \to +\infty$ $(-\infty)$ spricht man von der Divergenz der Reihe gegen $+\infty$ $(-\infty)$, und bei unbestimmter Divergenz spricht man von Oszillation der Reihe zwischen den Häufungsgrenzen der Partialsummen. Damit ist die Konvergenz einer Reihe auf die Konvergenz einer Folge zurückgeführt.

Beispiele: 1. Die Reihe $\sum\limits_{s=0}^{\infty} aq^s = a + aq + aq^2 + \dots$ ist für $|q| < 1$ konvergent und hat die Summe $\dfrac{a}{1-q}$, $\sum\limits_{s=0}^{\infty} aq^s = \dfrac{a}{1-q}$. Um dies zu zeigen, betrachtet man die Folge der Partialsummen $S_n = \sum\limits_{s=0}^{n} aq^s = a\dfrac{1-q^{n+1}}{1-q}$ und berechnet den Grenzwert der Folge S_n: $\lim\limits_{n \to \infty} S_n = \dfrac{a}{1-q}$.

[1]) Es ist oft zweckmäßig, die Numerierung mit 0 oder einer anderen natürlichen Zahl zu beginnen.

2. Die Reihe $\sum_{s=1}^{\infty} 1 = 1 + 1 + 1 + \ldots$ ist bestimmt divergent, weil die Folge der Partialsummen $S_n = n$ unbeschränkt monoton wachsend ist.

3. Die Reihe $\sum_{s=1}^{\infty} (-1)^s = -1 + 1 - 1 \pm \ldots$ ist divergent, weil die Folge der Partialsummen zwischen -1 und 0 oszilliert.

Ein notwendiges und hinreichendes Kriterium für die Konvergenz einer Reihe ist das folgende *Cauchy-Kriterium*:

Eine unendliche Reihe der Form (3.1) ist dann und nur dann konvergent, wenn zu jeder reellen Zahl $\varepsilon > 0$ eine natürliche Zahl $n_0(\varepsilon)$ existiert, so daß für alle $n > n_0(\varepsilon)$ und jede natürliche Zahl $k > 0$

$$\left|\sum_{s=n}^{n+k} a_s\right| = |a_n + a_{n+1} + \ldots + a_{n+k}| < \varepsilon$$

gilt. Daraus ergibt sich sofort ein *notwendiges Kriterium für die Konvergenz einer Reihe*: Die Folge der Glieder einer konvergenten Reihe (3.1) muß gegen null streben, $\lim\limits_{s\to\infty} a_s = 0$.

Diese Bedingung ist aber nicht hinreichend, denn z. B. für die Reihe $\sum_{s=1}^{\infty} \ln\left(1 + \frac{1}{s}\right)$ gilt $\lim\limits_{s\to\infty} \ln\left(1 + \frac{1}{s}\right) = 0$, aber die Reihe ist nicht konvergent. Dazu betrachtet man die Partialsummen der Reihe $S_n = \sum_{s=1}^{n} \ln\left(1 + \frac{1}{s}\right) = \sum_{s=1}^{n} (\ln(1 + s) - \ln(s)) = \ln(1 + n)$, die unbeschränkt wachsen.

Beispiel: Die Reihe $\sum_{s=1}^{\infty} \frac{s^2 + 1}{s^2 + 2s + 1}$ ist nicht konvergent, denn $\lim\limits_{s\to\infty} a_s = \lim\limits_{s\to\infty} \frac{s^2 + 1}{s^2 + 2s + 1} = 1 \neq 0$.

Entfernt man in (3.1) die ersten m Glieder, so ergibt sich die Reihe

$$a_{m+1} + a_{m+2} + \ldots \equiv \sum_{s=m+1}^{\infty} a_s,$$

der sogenannte *Rest der Reihe* (3.1) nach dem m-ten Glied.

Hauptsätze über die Konvergenz von Reihen:

1. Wenn man endlich viele Glieder einer Reihe entfernt oder endlich viele Glieder hinzufügt, so hat das auf das Konvergenzverhalten der Reihe keinen Einfluß.

2. Werden die Glieder der konvergenten Reihe (3.1) mit einem Faktor c multipliziert, so wird die Konvergenz der Reihe nicht gestört, nur die Summe der Reihe multipliziert sich mit c.

3. Zwei konvergente Reihen $\sum_{s=1}^{\infty} a_s$ und $\sum_{s=1}^{\infty} a'_s$ mit den Summen S und S' lassen sich gliedweise addieren oder subtrahieren. Die Reihe $\sum_{s=1}^{\infty} (a_s \pm a'_s)$ ist ebenfalls konvergent und besitzt die Summe $S \pm S'$.

4. Die aus einer konvergenten Reihe $\sum_{s=1}^{\infty} a_s$ gebildete Reihe $\sum_{s=1}^{\infty} b_s$ mit $b_s = a_{n_{s-1}} + a_{n_{s-1}+1} + \ldots + a_{n_s-1}$, wobei $n_0 = 1$ und $n_1, n_2, \ldots$ $(n_k < n_{k+1})$ eine monoton wachsende Folge natürlicher Zahlen ist, konvergiert und hat dieselbe Summe wie die Reihe $\sum_{s=1}^{\infty} a_s$. Die Reihe $\sum_{s=1}^{\infty} b_s$ hat die Form

$$\sum_{s=1}^{\infty} b_s = \left(a_1 + a_2 + \ldots + a_{n_1-1}\right) + \left(a_{n_1} + a_{n_1+1} + \ldots + a_{n_2-1}\right) + \ldots,$$

d. h. man kann in der angegebenen Weise Klammern setzen, ohne daß sich an der Konvergenz und Summe etwas ändert. Im allgemeinen können Klammern in einer Reihe der Form $\sum_{s=1}^{\infty} b_s$ nicht weggelassen werden. Erhält man jedoch durch Weglassen der Klammern in der Reihe $\sum_{s=1}^{\infty} b_s$ wieder eine konvergente Reihe $\sum_{s=1}^{\infty} a_s$, so sind die Summen der Reihen gleich.

3.1.14.2. Kriterien für Konvergenz bzw. Divergenz bei Reihen mit nichtnegativen Gliedern

I. Eine Reihe mit *nichtnegativen Gliedern* konvergiert dann und nur dann, wenn die Folge der Partialsummen nach oben beschränkt ist.

Beispiele: 1. Die *harmonische Reihe* $\sum_{s=1}^{\infty} \frac{1}{s}$ ist divergent. Dazu betrachtet man die Teilfolge $t_n = S_{2^n}$ der Partialsummenfolge und berechnet

$$t_n - t_{n-1} = S_{2^n} - S_{2^{n-1}} = \frac{1}{2^{n-1}+1} + \frac{1}{2^{n-1}+2} + \ldots + \frac{1}{2^n} > \frac{2^{n-1}}{2^n} = \frac{1}{2}.$$

Wegen $t_n = t_1 + \sum_{s=2}^{n} (t_s - t_{s-1}) > t_1 + \frac{n-1}{2} = \frac{n+2}{2}$ ist die Teilfolge t_n unbeschränkt und damit auch S_n.

2. Die Reihe $\sum_{s=1}^{\infty} \frac{1}{s^\alpha}$ ist für $\alpha \leqq 1$ divergent und für $\alpha > 1$ konvergent. Die Behauptung für $\alpha < 1$ folgt aus der im Beispiel 1 gezeigten Behauptung für $\alpha = 1$ wegen $S_n = \sum_{s=1}^{n} \frac{1}{s^\alpha} > \sum_{s=1}^{n} \frac{1}{s}$. Die Behauptung für $\alpha > 1$ beweist man ähnlich wie in dem Beispiel 1: Man untersucht die Teilfolge $t_n = S_{2^n-1} = \sum_{s=1}^{2^n-1} \frac{1}{s^\alpha}$ und berechnet $t_n - t_{n-1} < q^{n-1}$ mit $q = \frac{1}{2^{\alpha-1}} < 1$. Es ist

$$t_n = t_1 + \sum_{s=2}^{n} (t_s - t_{s-1}) < \frac{1-q^n}{1-q}$$

und damit $t_n < \frac{1}{1-q}$. Zu einer beliebigen natürlichen Zahl k existiert ein n_0, so daß $2^{n_0} - 1 > k$, dann ist $S_k < S_{2^{n_0}-1} = t_{n_0} < \frac{1}{1-q}$. Also ist S_k beschränkt, und die Reihe konvergiert für $\alpha > 1$.

II. *Majorantenkriterium* (*Vergleichskriterium*)

Gegeben seien zwei Reihen mit nichtnegativen Gliedern $\sum_{s=1}^{\infty} a_s$ und $\sum_{s=1}^{\infty} b_s$. Gibt es eine natürliche Zahl N, so daß die Ungleichung $a_s \leqq b_s$ für alle $s \geqq N$ erfüllt ist, so folgt aus der Konvergenz der Reihe $\sum_{s=1}^{\infty} b_s$ die Konvergenz der Reihe $\sum_{s=1}^{\infty} a_s$ und aus der Divergenz der Reihe $\sum_{s=1}^{\infty} a_s$ die Divergenz der Reihe $\sum_{s=1}^{\infty} b_s$.

Beispiele: 1. Die Reihe $\sum_{s=1}^{\infty} a_s$ mit

$$a_s = \frac{d_k s^k + d_{k-1} s^{k-1} + \ldots + d_0}{c_r s^r + c_{r-1} s^{r-1} + \ldots + c_0}$$

ist für $r > k + 1$ konvergent und für $r \leqq k + 1$ divergent. Man zeigt etwa für die Reihe $\sum_{s=1}^{\infty} \frac{2s^{3/2} + 4}{s^3 + 1}$:

$$\frac{2s^{3/2} + 4}{s^3 + 1} \leqq \frac{3}{s^{3/2}}$$

gilt für solche s, für die $4s^{-3/2} \leqq 1$, also für $s \geqq N = [\sqrt[3]{16}]$. Da die Reihe $\sum_{s=1}^{\infty} \frac{1}{s^{3/2}}$ konvergent ist, konvergiert auch die gegebene Reihe. Die Reihe $\sum_{s=1}^{\infty} \frac{2s^{3/2} + 4}{s^{5/2} + 1}$ ist wegen

$$\frac{2s^{3/2} + 4}{s^{5/2} + 1} \geqq \frac{1}{s}$$

divergent.

2. Die Reihe $\sum\limits_{s=1}^{\infty} \frac{1}{(\ln s)^p}$ ist für $p > 0$ divergent. Dies folgt aus der Beziehung $\frac{1}{(\ln s)^p} \geqq \frac{1}{s}$ für hinreichend große s.

3. Die Reihe $\sum\limits_{s=1}^{\infty} \frac{s!}{s^s}$ ist wegen $\frac{s!}{s^s} \leqq \frac{2}{s^2}$ für $s \geqq N = 2$ konvergent.

III. *d'Alembertsches Kriterium* (*Quotientenkriterium*)

(A) Gibt es eine natürliche Zahl N, so daß die Folge der aus den Gliedern der Reihe $\sum\limits_{s=1}^{\infty} a_s$, $a_s > 0$, gebildeten Zahlen $\frac{a_{s+1}}{a_s}$ für alle $s \geqq N$ die Ungleichung $\frac{a_{s+1}}{a_s} \leqq q < 1$ (q feste Zahl, $0 < q < 1$, unabhängig von s) erfüllt, so ist die Reihe $\sum\limits_{s=1}^{\infty} a_s$ konvergent; gilt für alle $s \geqq N$

$$\frac{a_{s+1}}{a_s} \geqq 1,$$

so ist die Reihe $\sum\limits_{s=1}^{\infty} a_s$ divergent.

(B) Hat die aus der Reihe $\sum\limits_{s=1}^{\infty} a_s$, $a_s > 0$, gebildete Folge $\frac{a_{s+1}}{a_s}$ einen Grenzwert g, $\lim\limits_{s\to\infty} \frac{a_{s+1}}{a_s} = g$, so ist die Reihe $\sum\limits_{s=1}^{\infty} a_s$ für $g < 1$ konvergent und für $g > 1$ divergent (ist $g = \infty$, so ist die Reihe ebenfalls divergent).

Für $g = 1$ ist keine Entscheidung möglich! Die Reihe $\sum\limits_{s=1}^{\infty} \frac{1}{s}$ liefert $\lim\limits_{s\to\infty} \frac{s}{s+1} = 1$ und ist divergent, andererseits gilt für die Reihe $\sum\limits_{s=1}^{\infty} \frac{1}{s^2}$ ebenfalls $\lim\limits_{s\to\infty} \frac{s^2}{(s+1)^2} = 1$, aber diese Reihe ist konvergent.

Bemerkung: Ist

$$\frac{a_{s+1}}{a_s} = \frac{s^k + c_1 s^{k-1} + \ldots + c_k}{s^k + d_1 s^{k-1} + \ldots + d_k} \quad (k \text{ natürliche Zahl}),$$

so konvergiert die Reihe $\sum\limits_{s=1}^{\infty} a_s$ für $d_1 - c_1 > 1$. Ist dagegen $d_1 - c_1 \leqq 1$, so ist die Reihe divergent (*Gaußsches Kriterium*).

Beispiele: 1. Die Reihe $\sum\limits_{s=1}^{\infty} \frac{s}{2^s}$ ist konvergent, denn $\lim\limits_{s\to\infty} \frac{s+1}{2s} = \frac{1}{2} < 1$.

2. Für die Reihe $\sum\limits_{s=1}^{\infty} s! \left(\frac{x}{s}\right)^s$ $(x > 0)$ ist $\frac{a_{s+1}}{a_s} = \frac{s^s x}{(s+1)^s}$ und $\lim\limits_{s\to\infty} \frac{x}{\left(1+\frac{1}{s}\right)^s} = \frac{x}{\mathrm{e}}$. Für $x < \mathrm{e}$ konvergiert die Reihe, für $x > \mathrm{e}$ divergiert sie, für $x = \mathrm{e}$ kann mit der Form (B) des d'Alembertschen Kriteriums nichts geschlossen werden. Jedoch mit der Form (A) sieht man, daß $\frac{a_{s+1}}{a_s} = \frac{\mathrm{e}}{\left(1+\frac{1}{s}\right)^s}$ $(x = \mathrm{e})$ $\left(\text{wegen} \left(1+\frac{1}{s}\right)^s < \mathrm{e}\right)$ stets größer als 1 ist, also divergiert die Reihe für $x = \mathrm{e}$.

3. Die Reihe $\sum\limits_{s=1}^{\infty} \frac{1}{s}$ ist divergent, denn $\frac{a_{s+1}}{a_s} = \frac{s}{s+1}$ und $d_1 - c_1 = 1$. Dagegen ist die Reihe $\sum\limits_{s=1}^{\infty} \frac{1 \cdot 3 \ldots (2s-1)}{2 \cdot 4 \ldots (2s)} \frac{1}{s}$ konvergent, denn

$$\frac{a_{s+1}}{a_s} = \frac{s^2 + \frac{1}{2}s}{s^2 + 2s + 1}$$

und $d_1 - c_1 = 2 - \frac{1}{2} = \frac{3}{2} > 1$.

IV. *Wurzelkriterium*

(A) Gibt es eine natürliche Zahl N, so daß die aus den Gliedern der Reihe $\sum_{s=1}^{\infty} a_s$, $a_s > 0$, gebildete Zahlenfolge $\{\sqrt[s]{a_s}\}$ für alle $s \geqq N$ die Ungleichung $\sqrt[s]{a_s} \leqq q < 1$ (q feste Zahl, $0 < q < 1$, unabhängig von s) erfüllt, so ist die Reihe $\sum_{s=1}^{\infty} a_s$ konvergent; gilt für alle $s \geqq N$

$$\sqrt[s]{a_s} \geqq 1,$$

so ist die Reihe $\sum_{s=1}^{\infty} a_s$ divergent.

(B) Hat die aus der Reihe $\sum_{s=1}^{\infty} a_s$, $a_s > 0$, gebildete Folge $\{\sqrt[s]{a_s}\}$ einen Grenzwert g, $\lim_{s\to\infty} \sqrt[s]{a_s} = g$, so ist die Reihe $\sum_{s=1}^{\infty} a_s$ für $g < 1$ konvergent und für $g > 1$ divergent (ebenso für $g = \infty$).

Für $g = 1$ ist keine Entscheidung möglich! Für die beiden Reihen $\sum_{s=1}^{\infty} \frac{1}{s}$ und $\sum_{s=1}^{\infty} \frac{1}{s^2}$ ist $\lim_{s\to\infty} \sqrt[s]{a_s} = 1$, aber diese Reihen zeigen unterschiedliches Konvergenzverhalten.

Beispiele: 1. Die Reihe $\sum_{s=2}^{\infty} \frac{1}{(\ln s)^s}$ ist wegen $\lim_{s\to\infty} \sqrt[s]{a_s} = \lim_{s\to\infty} \frac{1}{\ln s} = 0$ konvergent.

2. Die Reihe $\sum_{s=1}^{\infty} \left(\frac{x}{s}\right)^s$ ist wegen $\sqrt[s]{a_s} = \frac{x}{s}$ und $\lim_{s\to\infty} \sqrt[s]{a_s} = 0$ für alle $x \geqq 0$ konvergent.

3. Die Reihe $\sum_{s=1}^{\infty} \left(\frac{s+1}{s}\right)^{s^2} x^s$ ist wegen $\lim_{s\to\infty} \sqrt[s]{a_s} = \mathrm{e}x$ (vgl. 3.1.3.1.2) für $0 \leqq x < \frac{1}{\mathrm{e}}$ konvergent und für $x > \frac{1}{\mathrm{e}}$ divergent.

V. *Integralkriterium* (Maclaurin, Cauchy)

Eine gegebene Reihe habe die Form $\sum_{s=1}^{\infty} a_s \equiv \sum_{s=1}^{\infty} f(s)$, wobei $f(s)$ der Wert einer für $x \geqq 1$ definierten Funktion $f(x)$ an der Stelle $x = s$ ist. Ist $f(x)$ monoton fallend und gilt im Definitionsbereich $f(x) \geqq 0$, so ist die Reihe $\sum_{s=1}^{\infty} a_s$ dann und nur dann konvergent, wenn das uneigentliche Integral (vgl. 3.1.7.7.) $\int_c^{\infty} f(x)\,\mathrm{d}x$ konvergiert, wobei c so gewählt ist, daß $f(x)$ für $c < x < \infty$ frei von Unstetigkeitsstellen ist.

Beispiele: 1. Die Reihe $\sum_{s=1}^{\infty} \frac{1}{s}$ ist divergent, denn $f(x) = \frac{1}{x}$ ist für $x \geqq 1$ positiv und monoton fallend; ferner ist $\int_1^{\infty} \frac{\mathrm{d}x}{x} = \lim_{D\to\infty} \int_1^{D} \frac{\mathrm{d}x}{x} = \lim_{D\to\infty} \ln(D) = \infty.$

2. $\sum_{s=3}^{\infty} \frac{1}{s \ln s (\ln(\ln s))^{1+\sigma}}$ $(\sigma > 0)$ ist konvergent, denn $f(x) = \frac{1}{x \ln x (\ln(\ln x))^{1+\sigma}}$ ist für $x \geqq 3$ positiv und monoton fallend; ferner ist $\int_3^{\infty} f(x)\,\mathrm{d}x = \lim_{D\to\infty} \left(\frac{-1}{\sigma(\ln(\ln D))^{\sigma}} + \frac{1}{\sigma(\ln(\ln 3))^{\sigma}}\right) = \frac{1}{\sigma(\ln(\ln 3))^{\sigma}}$, also konvergent.

3.1.14.3. Reihen mit beliebigen Gliedern. Absolute Konvergenz

Alternierende Reihen. Eine Reihe heißt *alternierend*, wenn die Glieder abwechselnd positiv und negativ sind.

Man kann eine alternierende Reihe in der Form

$$\sum_{s=1}^{\infty} (-1)^{s-1} c_s \equiv c_1 - c_2 + c_3 - c_4 + \ldots + (-1)^{n-1} c_n + \ldots \tag{3.2}$$

mit $c_s > 0$ für jede natürliche Zahl s schreiben. (Ist das erste Glied der vorgelegten Reihe negativ, so untersucht man $-\sum_{s=1}^{\infty}(-1)^{s-1}c_s$.) Für alternierende Reihen gilt der folgende Satz.

Satz von Leibniz: Gilt für die Glieder der Reihe (3.2)

1. $c_s \geqq c_{s+1}$ $(s = 1, 2, \ldots)$ und 2. $\lim\limits_{s\to\infty} c_s = 0$, so ist die Reihe (3.2) konvergent.

Bei diesen alternierenden Reihen kann man den Rest leicht abschätzen. Konvergiert eine alternierende Reihe $\sum_{s=1}^{\infty}(-1)^{s-1}c_s$ und hat sie die Summe S, so hat der Rest $R_n = S - \sum_{s=1}^{n}(-1)^{s-1}c_s$ das Vorzeichen $(-1)^n$, und es ist $|R_n| \leqq c_{n+1}$.

Beispiel: Die Reihe $\sum_{s=1}^{\infty}(-1)^{s-1}\frac{1}{s}$ ist wegen $c_s = \frac{1}{s} \geqq \frac{1}{s+1} = c_{s+1}$ und $\lim\limits_{s\to\infty}\frac{1}{s} = 0$ konvergent. Die Summe dieser Reihe ist ln 2 (vgl. 3.1.14.5.). Es gilt $\left|\ln 2 - \sum_{s=1}^{n}(-1)^{s-1}\frac{1}{s}\right| \leqq \frac{1}{n+1}$.

Weitere Konvergenzkriterien

Abelsches Kriterium: Wenn die Reihe $\sum_{s=1}^{\infty} b_s$ konvergiert und die Folge $\{a_s\}$, $s = 1, 2, \ldots$, monoton und beschränkt ist, so ist die Reihe $\sum_{s=1}^{\infty} a_s b_s$ konvergent.

Dirichletsches Kriterium: Wenn die Partialsummen der Reihe $\sum_{s=1}^{\infty} b_s$ beschränkt sind, $|S_n| < M$, und die Folge $\{a_s\}$, $s = 1, 2, \ldots$, eine monotone Nullfolge ist, $\lim\limits_{s\to\infty} a_s = 0$, so ist die Reihe $\sum_{s=1}^{\infty} a_s b_s$ konvergent.

Beispiele: 1. Bilden die $a_s > 0$ eine monotone Nullfolge und ist $b_s = (-1)^{s-1}$, so ist $\sum_{s=1}^{\infty}(-1)^{s-1}a_s$ konvergent. Das Kriterium von Leibniz ist ein Spezialfall des Dirichletschen Kriteriums.

2. Die Reihen $\sum_{s=1}^{\infty} a_s \sin sx$ und $\sum_{s=1}^{\infty} a_s \cos sx$ konvergieren für alle $x \neq 2k\pi$, $k = 0, \pm 1, \pm 2, \ldots$, wenn die Folge $\{a_s\}$ eine monotone Nullfolge bildet. Aus

$$\sum_{s=1}^{n} e^{isx} = \frac{e^{ix} - e^{i(n+1)x}}{1 - e^{ix}}$$

folgt

$$\sum_{s=1}^{n} \cos sx = \frac{\sin\left(n+\frac{1}{2}\right)x - \sin\frac{1}{2}x}{2\sin\left(\frac{1}{2}x\right)}$$

und

$$\sum_{s=1}^{n} \sin sx = \frac{\cos\frac{1}{2}x - \cos\left(n+\frac{1}{2}\right)x}{2\sin\frac{1}{2}x},$$

wie aus der Summenformel der endlichen geometrischen Reihe und der Eulerschen Formel folgt. Damit ist

$$\left|\sum_{s=1}^{n} \cos sx\right| \leqq \frac{1}{\left|\sin\frac{x}{2}\right|} \quad \text{und} \quad \left|\sum_{s=1}^{n} \sin sx\right| \leqq \frac{1}{\left|\sin\frac{x}{2}\right|},$$

und die beiden gegebenen Reihen sind nach dem Dirichletschen Kriterium für $x \neq 2k\pi$, $k = 0, \pm 1, \pm 2, \ldots$, konvergent.

Absolute und bedingte Konvergenz. Eine Reihe $\sum_{s=1}^{\infty} a_s$ heißt *absolut konvergent*, wenn die aus den Beträgen der Glieder dieser Reihe gebildete Reihe $\sum_{s=1}^{\infty} |a_s|$ konvergent ist. Eine Reihe $\sum_{s=1}^{\infty} a_s$ heißt *bedingt konvergent*, wenn die Reihe $\sum_{s=1}^{\infty} a_s$ konvergent, aber nicht absolut konvergent ist, d. h. wenn $\sum_{s=1}^{\infty} |a_s|$ divergent ist.

Ist die Reihe $\sum_{s=1}^{\infty} a_s$ *absolut konvergent, so ist sie auch im gewöhnlichen Sinne konvergent*, d. h. aus der Konvergenz der Reihe $\sum_{s=1}^{\infty} |a_s|$ folgt die Konvergenz von $\sum_{s=1}^{\infty} a_s$.

Um also die Konvergenz einer Reihe $\sum_{s=1}^{\infty} a_s$ mit nicht nur positiven Gliedern zu untersuchen, bildet man $\sum_{s=1}^{\infty} |a_s|$ und untersucht diese Reihe mit Hilfe der Kriterien in 3.1.14.1. Ist $\sum_{s=1}^{\infty} |a_s|$ konvergent, so auch $\sum_{s=1}^{\infty} a_s$.

Beispiele: 1. $\sum_{s=1}^{\infty} (-1)^{s-1} \frac{1}{s}$ ist bedingt konvergent, denn diese Reihe ist konvergent (vgl. Satz von Leibniz), aber nicht absolut konvergent, denn die Reihe $\sum_{s=1}^{\infty} \left|(-1)^{s-1} \frac{1}{s}\right| \equiv \sum_{s=1}^{\infty} \frac{1}{s}$, die harmonische Reihe, ist nicht konvergent.

2. Die Reihe $\sum_{s=1}^{\infty} \frac{\sin(s\beta)}{s^\alpha}$ ist für $\alpha > 1$ absolut konvergent, denn die Reihe

$$\sum_{s=1}^{\infty} \left|\frac{\sin(s\beta)}{s^\alpha}\right| \quad \text{ist wegen} \quad \left|\frac{\sin(s\beta)}{s^\alpha}\right| \leqq \frac{1}{s^\alpha} \quad \text{für } s = 1, 2, \ldots$$

nach dem Majorantenkriterium konvergent. Also ist $\sum_{s=1}^{\infty} \frac{\sin(s\beta)}{s^\alpha}$ absolut konvergent für $\alpha > 1$ und jede reelle Zahl β.

Eigenschaften absolut konvergenter Reihen

I. In einer absolut konvergenten Reihe kann die Reihenfolge der Glieder beliebig abgeändert werden, ohne daß sich an der Konvergenz und der Summe etwas ändert.

Konvergente Reihen, deren Summe unabhängig von der Reihenfolge der Glieder ist, heißen auch *unbedingt konvergent*. Eine unendliche Reihe ist genau dann unbedingt konvergent, wenn sie absolut konvergent ist.

Ist die Reihe bedingt konvergent und σ eine beliebig vorgegebene Zahl, so kann man die Glieder der Reihe so umordnen, daß die umgeordnete Reihe konvergiert und die Summe σ hat (*Satz von Riemann*).

II. Unter einem Produkt zweier unendlicher Reihen $\sum_{s=1}^{\infty} a_s$, $\sum_{s=1}^{\infty} b_s$ versteht man eine Reihe, die aus allen möglichen Produkten $a_n b_k$, $n, k = 1, 2, \ldots$, gebildet wird. Es ist möglich, diese Produkte $a_n b_k$ auf mehrere Arten zu einer unendlichen Reihe zu ordnen. Der folgende Satz von Cauchy liefert Bedingungen dafür, wann alle diese Reihen konvergieren und dieselbe Summe haben.

Satz von Cauchy: Sind die Reihen $\sum_{s=0}^{\infty} a_s$ und $\sum_{s=0}^{\infty} b_s$ beide absolut konvergent mit der Summe A bzw. B, so konvergiert auch jedes ihrer Produkte absolut, wobei diese alle dieselbe Summe $A \cdot B$ haben. Es gilt dann:

$$\left(\sum_{s=0}^{\infty} a_s\right)\left(\sum_{s=0}^{\infty} b_s\right) = \sum_{s=0}^{\infty} \left(\sum_{r=0}^{s} a_r b_{s-r}\right) \quad \text{(Cauchysche Produktformel).}$$

Die Cauchysche Produktformel gilt bereits, wenn eine der beiden Reihen $\sum_{s=0}^{\infty} a_s$ oder $\sum_{s=0}^{\infty} b_s$ absolut konvergiert, die andere Reihe braucht dann nur konvergent zu sein. Die Produktreihe muß dann aber nicht absolut konvergieren.

Beispiel: Die Reihe $\sum\limits_{s=0}^{\infty} \frac{x^s}{s!}$ konvergiert für alle x absolut $\left(\text{vgl. Quotientenkriterium für die Reihe } \sum\limits_{s=0}^{\infty} \left|\frac{x^s}{s!}\right|\right)$. Man berechnet mit Hilfe der Cauchyschen Produktformel

$$\left(\sum_{s=0}^{\infty} \frac{x^s}{s!}\right)\left(\sum_{s=0}^{\infty} \frac{y^s}{s!}\right) = \sum_{s=0}^{\infty}\left(\sum_{r=0}^{s} \frac{x^r}{r!}\frac{y^{s-r}}{(s-r)!}\right) = \sum_{s=0}^{\infty} \frac{1}{s!}\sum_{r=0}^{s}\binom{s}{r} x^r y^{s-r} = \sum_{s=0}^{\infty} \frac{1}{s!}(x+y)^s.$$

Die Reihe $\sum\limits_{s=0}^{\infty} \frac{x^s}{s!}$ stellt die Funktion e^x dar (vgl. 3.1.14.6. Beispiel 2), so daß der berechnete Ausdruck gerade das Additionstheorem für die e-Funktion darstellt: $e^x e^y = e^{x+y}$.

3.1.14.4. Funktionenfolgen. Funktionenreihen

Funktionenfolgen. Jede Abbildung (vgl. 4.1.4.4.) von der Menge der natürlichen Zahlen $\mathbf{N}$ in die Menge aller auf einem Intervall $\mathbf{D}$ definierten reellen Funktionen einer Variablen x (vgl. 3.1.4.1.1.) heißt *Funktionenfolge*. Die zu einer Folge, in Zeichen $\{f_n(x)\}$, $n \in \mathbf{N}$, oder auch

$$f_1(x), f_2(x), f_3(x), \ldots, \tag{3.3}$$

gehörenden Funktionen $f_n(x)$ heißen Glieder der vorliegenden Folge. Jeder Wert $x \in \mathbf{D}$, für den die Folge (3.3) einen (endlichen) Grenzwert besitzt, gehört zum *Konvergenzbereich* der Folge (3.3). Folglich definiert die Folge (3.3) eine Funktion der Variablen x auf dem Konvergenzbereich:

$$f(x) \overset{\text{def}}{=} \lim_{n\to\infty} f_n(x),$$

die *Grenzfunktion* der Folge (3.3) genannt wird. Für die weitere Betrachtung setzen wir ohne Beschränkung der Allgemeinheit voraus, daß der Konvergenzbereich gleich dem Definitionsbereich $\mathbf{D}$ ist. Um Aussagen über die Grenzfunktion zu machen, benötigt man den Begriff der *gleichmäßigen Konvergenz*:

Die Funktionenfolge (3.3) konvergiert gleichmäßig gegen die Grenzfunktion $f(x)$ in $\mathbf{D}$, wenn zu jedem $\varepsilon > 0$ eine natürliche Zahl $N(\varepsilon)$ existiert, die nicht von x abhängt, so daß für alle $n > N(\varepsilon)$ und alle $x \in \mathbf{D}$

$$|f_n(x) - f(x)| < \varepsilon$$

gilt. Gibt es ein $\varepsilon > 0$ so, daß es zu jeder Zahl N mindestens ein $n > N$ und ein $x_0 \in \mathbf{D}$ gibt mit $|f_n(x_0) - f(x_0)| > \varepsilon$, so sagt man, daß die Folge ungleichmäßig konvergiert.

Beispiele: 1. Die Funktionenfolge

$$\{f_n(x)\} = \left\{\frac{x}{1+n^2x^2}\right\}$$

konvergiert für jedes $x \in \mathbf{D} = [0, 1]$ gegen die Funktion $f(x) \equiv 0$. Diese Konvergenz ist in $\mathbf{D}$ auch gleichmäßig, denn zu jeder reellen Zahl $\varepsilon > 0$ läßt sich eine natürliche Zahl $N(\varepsilon)$ finden, z. B. $\left[\frac{1}{2\varepsilon}\right] + 1$; dabei bedeutet $\left[\frac{1}{2\varepsilon}\right]$ die größte ganze Zahl, die kleiner oder gleich $\frac{1}{2\varepsilon}$ ist. Dann gilt für alle $n \geqq N$ und alle $x \in \mathbf{D}$:

$$0 \leqq f_n(x) = \frac{1}{2n}\,\frac{2nx}{1+n^2x^2} \leqq \frac{1}{2n} < \frac{1}{2N} < \varepsilon.$$

2. Die Funktionenfolge

$$\{f_n(x)\} = \left\{\frac{nx}{1+n^2x^2}\right\}$$

konvergiert für jedes $x \in \mathbf{D} = [0, 1]$ gegen die Funktion $f(x) \equiv 0$. Diese Konvergenz ist in $\mathbf{D}$ nicht gleichmäßig. Für jedes feste $x > 0$ genügt es, $n > \left[\frac{1}{x\varepsilon}\right] + 1$ zu wählen, damit $f_n(x) < \frac{1}{nx} < \varepsilon$

gilt. Hieraus folgt die gewöhnliche Konvergenz in **D**. Wählt man etwa $\varepsilon < \frac{1}{2}$, so ist, wie man auch N wählt, nicht für alle $n > N$ und für alle $x \in \mathbf{D}$ die Ungleichung $f_n(x) < \varepsilon < \frac{1}{2}$ erfüllt, denn für $n = N + 1$ und $x = \frac{1}{N+1}$ gilt $f_{N+1}\left(\frac{1}{N+1}\right) = \frac{1}{2}$, also nicht die geforderte Ungleichung.

Cauchy-Kriterium für gleichmäßige Konvergenz einer Funktionenfolge: Die Folge (3.3) konvergiert genau dann in **D** gleichmäßig gegen eine Grenzfunktion, wenn zu jedem $\varepsilon > 0$ eine nicht von x abhängige Zahl $N(\varepsilon)$ derart existiert, daß für $n > N$ und jedes $m \geqq 1$

$$|f_{n+m}(x) - f_n(x)| < \varepsilon$$

für alle $x \in \mathbf{D}$ gleichzeitig gilt.

Funktionenreihen. Eine unendliche Reihe (vgl. 3.1.14.1.), die aus einer Funktionenfolge gebildet ist,

$$\sum_{s=1}^{\infty} f_s(x) \equiv f_1(x) + f_2(x) + \ldots + f_n(x) + \ldots,$$

wird *Funktionenreihe* genannt. Die Begriffe Konvergenzbereich, Grenzfunktion und gleichmäßige Konvergenz übertragen sich von der Funktionenfolge der Partialsummen $S_n(x) = \sum_{s=1}^{n} f_s(x)$. Die Differenz zwischen der Summe $S(x)$ einer konvergenten Funktionenreihe und einer ihrer Partialsummen $S_n(x)$ nennt man einen *Rest*, und man bezeichnet ihn mit

$$R_n(x) = S(x) - S_n(x) = \sum_{s=n+1}^{\infty} f_s(x) \equiv f_{n+1}(x) + f_{n+2}(x) + \ldots.$$

Das Kriterium von Weierstraß für die gleichmäßige Konvergenz von Reihen: Die Reihe $\sum_{s=1}^{\infty} f_s(x)$ konvergiert in einem Intervall **D** gleichmäßig, wenn eine konvergente Reihe $\sum_{s=1}^{\infty} a_s$ mit positiven Gliedern existiert, so daß für alle $s \geqq N$ und alle $x \in \mathbf{D}$

$$|f_s(x)| \leqq a_s$$

erfüllt ist.

Die Reihe $\sum_{s=1}^{\infty} a_s$ wird als *Majorante* der Funktionenreihe $\sum_{s=1}^{\infty} f_s(x)$ bezeichnet.

Beispiele: 1. Die Funktionenreihen $\sum_{s=1}^{\infty} a_s \sin sx$ und $\sum_{s=1}^{\infty} a_s \cos sx$ konvergieren in jedem endlichen Gebiet gleichmäßig, wenn $\sum_{s=1}^{\infty} a_s$ absolut konvergiert. Wegen

$$|a_s \sin sx| \leqq |a_s| \quad \text{und} \quad |a_s \cos sx| \leqq |a_s|$$

kann $\sum_{s=1}^{\infty} |a_s|$ als Majorante gewählt werden.

2. Die Funktionenreihe

$$\sum_{s=1}^{\infty} \left(1 - \cos\frac{x}{s}\right)$$

ist in jedem Intervall (a, b) (a, b beliebige reelle Zahlen mit $a < b$) gleichmäßig konvergent. Nach dem Taylorschen Satz (vgl. 3.1.5.3.) ist

$$\cos\frac{x}{s} = 1 - \frac{1}{2!}x^2 \frac{\cos(\vartheta x/s)}{s^2} \quad \text{also} \quad \left|1 - \cos\frac{x}{s}\right| \leqq \frac{1}{2}\left(\frac{c}{s}\right)^2$$

mit $0 < \vartheta < 1$ und $c = \max(|a|, |b|)$. Die Reihe $\sum_{s=1}^{\infty} \frac{c^2}{2s^2}$ ist konvergent und für die gegebene Funktionenreihe Majorante.

Abelsches Kriterium für gleichmäßige Konvergenz: Die Reihe

$$\sum_{s=1}^{\infty} a_s(x)\, b_s(x) \equiv a_1(x)\, b_1(x) + \ldots + a_n(x)\, b_n(x) + \ldots$$

konvergiert für alle $x \in \mathbf{D}$ gleichmäßig, wenn die Reihe $\sum\limits_{s=1}^{\infty} b_s(x)$ in $\mathbf{D}$ gleichmäßig konvergiert und für jedes $x \in \mathbf{D}$ die Folge $\{a_s(x)\}$ monoton und beschränkt ist.

Dirichletsches Kriterium für gleichmäßige Konvergenz: Die Reihe

$$\sum_{s=1}^{\infty} a_s(x)\, b_s(x) \equiv a_1(x)\, b_1(x) + \ldots + a_n(x)\, b_n(x) + \ldots$$

konvergiert für alle $x \in \mathbf{D}$ gleichmäßig, wenn die Partialsummen $s_n^b(x) = \sum\limits_{s=1}^{n} b_s(x)$ für alle x und n beschränkt sind: $|s_n^b(x)| \leqq M$, und wenn die $\{a_s(x)\}$ eine monotone, gleichmäßig gegen null konvergierende Folge bilden.

Beispiel: Die Reihe $\sum\limits_{s=1}^{\infty} \dfrac{(1+s)^s}{s^s}\, x^s$ konvergiert im Intervall $\left[0, \dfrac{1}{2}\right]$ gleichmäßig, weil die Reihe $\sum\limits_{s=1}^{\infty} x^s$ in $\left[0, \dfrac{1}{2}\right]$ gleichmäßig konvergiert $\Bigg($vgl. Kriterium von Weierstraß, eine Majorantenreihe ist z. B. $\sum\limits_{s=1}^{\infty} \left(\dfrac{1}{2}\right)^s\Bigg)$ und $\{a_s(x)\} = \left\{\dfrac{(s+1)^s}{s^s}\right\} = \left\{\left(1 + \dfrac{1}{s}\right)^s\right\}$ monoton wachsend und beschränkt ist (eine Schranke ist z. B. e).

Eigenschaften gleichmäßig konvergenter Reihen

I. Die Funktionen $f_s(x)$, $s = 1, 2, \ldots$, seien im Intervall $\mathbf{I} = [a, b]$ definiert und in einem gewissen Punkt $x = x_0$ dieses Intervalls stetig. Wenn die Reihe $\sum\limits_{s=1}^{\infty} f_s(x)$ in $\mathbf{I}$ gleichmäßig konvergiert, so ist auch die *Summe* $f(x)$ der Reihe im Punkte $x = x_0$ *stetig*. Es gilt dann

$$\lim_{x \to x_0} \sum_{s=1}^{\infty} f_s(x) = \sum_{s=1}^{\infty} \lim_{x \to x_0} f_s(x).$$

II. Die Funktionen $f_s(x)$, $s = 1, 2, \ldots$, seien im Intervall $\mathbf{I} = [a, b]$ definiert und stetig. Weiterhin konvergiere die Reihe $\sum\limits_{s=1}^{\infty} f_s(x)$ in $\mathbf{I}$ gleichmäßig und habe die Summe $f(x)$. Unter diesen Bedingungen kann man die unendliche Summe und die Integration vertauschen, (d. h. man kann die Reihe *gliedweise integrieren*):

$$\int_a^b f(x)\, \mathrm{d}x = \int_a^b \sum_{s=1}^{\infty} f_s(x)\, \mathrm{d}x = \sum_{s=1}^{\infty} \int_a^b f_s(x)\, \mathrm{d}x.$$

Bemerkungen: a) Es reicht bereits aus, wenn die Funktionen $f_s(x)$, $s = 1, 2, \ldots$, in $[a, b]$ integrierbar sind, statt stetig zu sein.

b) Die gleichmäßige Konvergenz der Reihe $\sum\limits_{s=1}^{\infty} f_s(x)$ ist nicht notwendig für die Vertauschbarkeit der Integration mit der unendlichen Summe.

III. Die Funktionen $f_s(x)$, $s = 1, 2, \ldots$, seien im Intervall $\mathbf{I} = [a, b]$ definiert und besitzen stetige Ableitungen $f'_s(x)$ in $\mathbf{I}$. Wenn in diesem Intervall nicht nur die Reihe $\sum\limits_{s=1}^{\infty} f_s(x)$ konvergiert, sondern auch die gliedweise differenzierte Reihe $\sum\limits_{s=1}^{\infty} f'_s(x)$ gleichmäßig in $\mathbf{I}$ konvergiert, so besitzt die *Summe* $f(x)$ der Reihe $\sum\limits_{s=1}^{\infty} f_s(x)$ in $\mathbf{I}$ eine *stetige Ableitung*, und es gilt:

$$\frac{\mathrm{d}}{\mathrm{d}x} f(x) = \frac{\mathrm{d}}{\mathrm{d}x} \sum_{s=1}^{\infty} f_s(x) = \sum_{s=1}^{\infty} \frac{\mathrm{d}}{\mathrm{d}x} f_s(x).$$

Bemerkung: Ist die Reihe $\sum_{s=1}^{\infty} f_s(x)$ in wenigstens einem Punkt von **I** konvergent und $\sum_{s=1}^{\infty} f'_s(x)$ in **I** gleichmäßig konvergent, so ist die Reihe $\sum_{s=1}^{\infty} f_s(x)$ in **I** sogar gleichmäßig konvergent.

Diese drei Sätze können ohne weiteres für Funktionenfolgen aufgeschrieben werden. Der zu I. äquivalente Satz würde lauten:

Die Funktionen $f_n(x)$, $n = 1, 2, \ldots$, seien im Intervall $\mathbf{I} = [a, b]$ definiert und in einem gewissen Punkt $x = x_0$ dieses Intervalls stetig. Wenn die Funktionenfolge

$$f_1(x), f_2(x), \ldots, f_n(x), \ldots$$

in **I** gleichmäßig konvergiert, so ist auch die Grenzfunktion $f(x)$ der Folge im Punkte $x = x_0$ stetig. Es gilt dann

$$\lim_{n\to\infty} \lim_{x\to x_0} f_n(x) = \lim_{x\to x_0} \lim_{n\to\infty} f_n(x) = \lim_{x\to x_0} f(x).$$

Beispiele: 1. Die Folge $f_n(x) = \dfrac{x}{1 + n^2x^2}$ ist in [0, 1] gleichmäßig konvergent (vgl. Beispiel bei gleichmäßiger Konvergenz). Die Grenzfunktion $f(x) = 0$ ist natürlich stetig. Weiterhin gilt nach Eigenschaft II

$$\lim_{n\to\infty} \int_0^1 \frac{x}{1 + n^2x^2}\,\mathrm{d}x = \lim_{n\to\infty} \frac{\ln(1 + n^2)}{2n^2} = \int_0^1 0\,\mathrm{d}x = 0.$$

2. In der Reihe $\sum_{s=1}^{\infty} \dfrac{\sin sx}{s^3}$ ist $f_s(x) = \dfrac{\sin sx}{s^3}$ stetig differenzierbar in jedem beliebigen Intervall $[a, b]$. Die Reihe $\sum_{s=1}^{\infty} \dfrac{\sin sx}{s^3}$ ist wegen $\left|\dfrac{\sin sx}{s^3}\right| \leqq \dfrac{1}{s^3}$ gleichmäßig in $[a, b]$ konvergent, ebenso die aus den Ableitungen von $f_s(x)$ bestehende Reihe $\sum_{s=1}^{\infty} \dfrac{\cos sx}{s^2}$ wegen $\left|\dfrac{\cos sx}{s^2}\right| \leqq \dfrac{1}{s^2}$. Die Summe $f(x)$ der Reihe $\sum_{s=1}^{\infty} \dfrac{\sin sx}{s^3}$ ist also stetig differenzierbar in $[a, b]$, und es gilt

$$f'(x) = \sum_{s=1}^{\infty} \frac{\cos sx}{s^2}.$$

F sei eine Menge von Funktionen, die in einem Intervall $\mathbf{I} = [a, b]$ definiert sind. **F** *heißt gleichmäßig beschränkt*, falls eine Zahl M existiert, so daß

$$|f(x)| \leqq M \quad \text{mit} \quad x \in \mathbf{I}$$

für alle Funktionen $f \in \mathbf{F}$ gilt (M darf nicht von dem speziellen $f \in \mathbf{F}$ abhängen). **F** *heißt gleichgradig stetig*, falls zu jedem $\varepsilon > 0$ ein $\delta > 0$ existiert, so daß für alle $x_1, x_2 \in \mathbf{I}$ mit $|x_1 - x_2| < \delta$ und alle $f \in \mathbf{F}$ gilt:

$$|f(x_1) - f(x_2)| < \varepsilon$$

(δ ist nicht von f und ebenso nicht von $x_1, x_2 \in \mathbf{I}$ abhängig, sondern nur von ε: $\delta = \delta(\varepsilon)$). Mit diesen beiden Begriffen läßt sich der wichtige *Satz von Arzela-Ascoli* formulieren:

F sei eine unendliche Menge von Funktionen, die auf $\mathbf{I} = [a, b]$ definiert sind. **F** sei gleichmäßig beschränkt und gleichgradig stetig. Unter diesen Voraussetzungen kann man aus **F** eine gleichmäßig konvergente Folge auswählen.

3.1.14.5. Potenzreihen

Definition. *Potenzreihen* sind spezielle Funktionenreihen mit $f_s(y) = a_s(y - y_0)^s$, $s = 0, 1, 2, \ldots$ (a_s reelle Zahlen):

$$\sum_{s=0}^{\infty} a_s(y - y_0)^s \equiv a_0 + a_1(y - y_0) + a_2(y - y_0)^2 + \ldots$$

Die reelle Zahl y_0 heißt *Mittelpunkt* der Potenzreihe. Mittels der Variablentransformation $x = y - y_0$ ist diese Potenzreihe der Potenzreihe mit dem Mittelpunkt null

$$\sum_{s=0}^{\infty} a_s x^s \equiv a_0 + a_1 x + a_2 x^2 + \ldots$$

äquivalent, die im weiteren untersucht werden soll.

Es gibt Potenzreihen, die

a) für alle x konvergieren (beständig konvergente Potenzreihen), vgl. $\sum\limits_{s=0}^{\infty} \frac{x^s}{s!}$, denn $\lim\limits_{s\to\infty} \frac{|x|^{s+1}\, s!}{(s+1)!\,|x|^s} = \lim\limits_{s\to\infty} \frac{|x|}{s+1} = 0$ (d'Alembertsches Kriterium);

b) nur für $x = 0$ konvergieren (nirgends konvergente Potenzreihen), vgl. $\sum\limits_{s=0}^{\infty} s!\, x^s$, denn $\lim\limits_{s\to\infty} \frac{(s+1)!\,|x|^{s+1}}{s!\,|x|^s} = \lim\limits_{s\to\infty} (|x|\,(s+1)) = \infty$ für $x \neq 0$ (d'Alembertsches Kriterium);

c) für gewisse $x \neq 0$ konvergieren, für andere x divergieren (weder beständig noch nirgends konvergente Potenzreihen), vgl. $\sum\limits_{s=0}^{\infty} x^s$, denn $\lim\limits_{s\to\infty} \frac{|x|^{s+1}}{|x|^s} = \lim\limits_{s\to\infty} |x| = |x|$. Also ist diese Reihe für $|x| < 1$ konvergent und für $|x| > 1$ divergent.

Für Potenzreihen lassen sich die folgenden wichtigen Eigenschaften beweisen:

I. Konvergiert die Potenzreihe $\sum\limits_{s=0}^{\infty} a_s x^s$ für x_1, so auch für alle x mit $|x| < |x_1|$, und divergiert die Potenzreihe für x_2, so auch für alle x mit $|x| > |x_2|$.

II. Ist die Potenzreihe $\sum\limits_{s=0}^{\infty} a_s x^s$ nicht für alle x divergent und nicht für alle x konvergent, so gibt es genau eine positive Zahl r, so daß die Potenzreihe für $|x| < r$ konvergiert und für $|x| > r$ divergiert. Für $x = r$ und $x = -r$ kann keine allgemeine Aussage gemacht werden. r heißt *Konvergenzradius* der Potenzreihe.

Zur *Berechnung des Konvergenzradius* dient der *Satz von Cauchy-Hadamard*: Der Konvergenzradius r der Reihe $\sum\limits_{s=0}^{\infty} a_s x^s$ ist das Reziproke des oberen Limes (s. 3.1.3.1.2.) der Folge $\left\{\sqrt[s]{|a_s|}\right\}$:

$$r = \frac{1}{\overline{\lim\limits_{s\to\infty}} \sqrt[s]{|a_s|}}$$

(dabei ist $r = \infty$ für $\overline{\lim\limits_{s\to\infty}} \sqrt[s]{|a_s|} = 0$ und $r = 0$ für $\overline{\lim\limits_{s\to\infty}} \sqrt[s]{|a_s|} = \infty$). Der obere Limes r einer Zahlenfolge b_n ist die obere Häufungsgrenze der Folge, d. h. zu jedem beliebigen $\varepsilon > 0$ gibt es nur endlich viele Indizes n, so daß $b_n > r + \varepsilon$, aber für unendlich viele n gilt $b_n > r - \varepsilon$. Gibt es zu jeder reellen Zahl C unendlich viele Indizes n, so daß $b_n > C$ gilt, so sagt man, der obere Limes sei ∞; gibt es dagegen nur endlich viele Indizes n, so daß $b_n > C$, so sagt man, der obere Limes sei $-\infty$. Der obere Limes existiert stets. Existiert $\lim\limits_{s\to\infty} \sqrt[s]{|a_s|}$, so ist $\overline{\lim\limits_{s\to\infty}} \sqrt[s]{|a_s|} = \lim\limits_{s\to\infty} \sqrt[s]{|a_s|}$.

Der Konvergenzradius r der Potenzreihe $\sum\limits_{s=0}^{\infty} a_s x^s$ kann auch mit Hilfe des d'Alembertschen Kriteriums berechnet werden: Existiert der Grenzwert $\lim\limits_{s\to\infty} \left|\frac{a_{s+1}}{a_s}\right| = q$, so ist $r = \frac{1}{q}$ (es ist $r = \infty$ für $q = 0$ und $r = 0$ für $q = \infty$).

Beispiele: 1. Die Reihe $\sum\limits_{s=0}^{\infty} s x^s$ hat den Konvergenzradius $r = 1$, denn

$$r = \frac{1}{\overline{\lim\limits_{s\to\infty}} \sqrt[s]{s}} = \frac{1}{\lim\limits_{s\to\infty} \sqrt[s]{s}} = 1.$$

2. Die Reihe $\sum_{s=0}^{\infty} \frac{x^s}{s!}$ hat den Konvergenzradius $r = \infty$, denn

$$r = \frac{1}{\lim\limits_{s\to\infty} \frac{s!}{(s+1)!}} = \frac{1}{\lim\limits_{s\to\infty} \frac{1}{s+1}} = \infty .$$

3. Die Reihe $\sum_{s=0}^{\infty} sx^s$ divergiert in den Randpunkten $x = 1$ und $x = -1$ des Konvergenzintervalls. Die Reihe $\sum_{s=1}^{\infty} \frac{x^s}{s}$ hat den Konvergenzradius $r = 1$ wegen $\lim\limits_{s\to\infty} \sqrt[s]{\frac{1}{s}} = 1$, konvergiert in dem Randpunkt $x = -1$ (Leibniz-Kriterium) und divergiert in dem Randpunkt $x = 1$ (harmonische Reihe) des Konvergenzintervalls. Die Reihe $\sum_{s=1}^{\infty} \frac{x^s}{s^2}$ hat wegen $\lim\limits_{s\to\infty} \sqrt[s]{\frac{1}{s^2}} = 1$ oder $\lim\limits_{s\to\infty} \frac{s^2}{(s+1)^2} = 1$ den Konvergenzradius $r = 1$ und konvergiert in den Randpunkten $x = \pm 1$ des Konvergenzintervalls absolut $\left(\text{zur Reihe } \sum_{s=1}^{\infty} \frac{1}{s^2} \text{ vgl. 3.1.14.2.}\right)$.

III. In jedem inneren Punkt des Konvergenzintervalls *konvergiert* die Potenzreihe *absolut*. In jedem abgeschlossenen Intervall, das ganz im Konvergenzintervall liegt, *konvergiert* die Potenzreihe *gleichmäßig*. Konvergiert die Potenzreihe für $x = r$ (nicht notwendig absolut), so konvergiert die Potenzreihe in $[0, r]$ gleichmäßig. Divergiert die Potenzreihe in $x = r$, so kann die Potenzreihe im Intervall $(0, r)$ nicht gleichmäßig konvergieren.

IV. Die Potenzreihen $\sum_{s=0}^{\infty} a_s x^s$ und $\sum_{s=0}^{\infty} \binom{s+k}{k} a_{s+k} x^s$, $k = 0, 1, 2, \ldots$, haben denselben Konvergenzradius, speziell die beiden Potenzreihen $\sum_{s=0}^{\infty} a_s x^s$ und $\sum_{s=0}^{\infty} s a_s x^{s-1}$ $(k = 1)$. In den Randpunkten des Konvergenzintervalls kann jedoch verschiedenes Verhalten vorliegen.

V. *Identitätssatz für Potenzreihen.* Wenn die beiden Reihen $\sum_{s=0}^{\infty} a_s x^s$ und $\sum_{s=0}^{\infty} b_s x^s$ beide in ein und demselben Intervall $|x| < r$ konvergieren und für alle Punkte desselben oder auch nur für eine unendliche Teilmenge dieser Punkte, die den Nullpunkt als Häufungspunkt besitzt, dieselbe Summe haben, so sind die beiden Reihen identisch, d. h. es gilt $a_s = b_s$ für $s = 0, 1, 2, \ldots$ Dieser Satz bildet die Grundlage für die *Methode des Koeffizientenvergleichs.*

Beispiele: 1. Es sind $(1 + x)^a = \sum_{s=0}^{\infty} \binom{a}{s} x^s$ und $(1 + x)^b = \sum_{s=0}^{\infty} \binom{b}{s} x^s$ beide für $|x| < 1$ absolut konvergent (vgl. 3.1.14.6. Beispiel 2), also ist

$$(1 + x)^{a+b} = (1 + x)^a (1 + x)^b = \sum_{s=0}^{\infty} \left[\sum_{t=0}^{s} \binom{a}{t} \binom{b}{s-t}\right] x^s$$

und

$$(1 + x)^{a+b} = \sum_{s=0}^{\infty} \binom{a+b}{s} x^s .$$

Damit ergibt sich ein Additionstheorem der Binomialkoeffizienten:

$$\binom{a+b}{s} = \sum_{t=0}^{s} \binom{a}{t} \binom{b}{s-t} = \binom{a}{0}\binom{b}{s} + \binom{a}{1}\binom{b}{s-1} + \ldots + \binom{a}{s}\binom{b}{0}$$

für beliebige reelle Zahlen a, b und jede natürliche Zahl s.

2. Es sei $f(x) = \sum_{s=0}^{\infty} a_s x^s$, und die Reihe habe den Konvergenzradius r. Aus der Bedingung $f(x) = f(-x)$ (oder $f(-x) = -f(x)$) folgt durch Koeffizientenvergleich $a_{2n+1} = 0$ (oder $a_{2n} = 0$), d. h. eine gerade (ungerade) Funktion, die eine Darstellung als Potenzreihe hat, besitzt in der Reihendarstellung nur gerade (ungerade) Potenzen.

VI. Ist $\sum_{s=0}^{\infty} a_s(x - x_0)^s$ eine Potenzreihe mit dem Konvergenzradius $r \neq 0$, so läßt sich die durch diese Reihe gegebene Funktion $f(x)$ auch um jeden anderen Punkt x_1 im Innern des Konvergenzintervalls als Mittelpunkt in eine Potenzreihe entwickeln. Es ist

$$f(x) = \sum_{s=0}^{\infty} b_s(x - x_1)^s \quad \text{mit} \quad b_s = \sum_{t=0}^{\infty} \binom{s+t}{s} a_{s+t}(x_1 - x_0)^t .$$

Dabei sind alle Reihen, die die b_s darstellen, konvergent (vgl. Eigenschaft IV.), und für den Konvergenzradius r_1 der neuen Reihe gilt $r_1 \geqq r - |x_1 - x_0|$.

VII. a) Die *Summe* $f(x)$ der Potenzreihe $\sum_{s=0}^{\infty} a_s x^s$ ist für alle Werte von x aus dem Konvergenzintervall $(-r, r)$ eine *stetige Funktion.* Konvergiert die Potenzreihe für $x = r$, so ist ihre Summe $f(x)$ auch für diesen Wert von x (von links) stetig. Es ist

$$\lim_{x \to r-0} f(x) = \sum_{s=0}^{\infty} a_s r^s \quad (\textit{Abelscher Grenzwertsatz}).$$

b) Die Potenzreihe $\sum_{s=0}^{\infty} a_s x^s$ kann im Intervall $[0, x_1]$ mit $|x_1| < r$ stets *gliedweise integriert* werden:

$$\int_0^{x_1} f(t)\,\mathrm{d}t = \sum_{s=0}^{\infty} a_s \int_0^{x_1} t^s\,\mathrm{d}t = \sum_{s=0}^{\infty} a_s \frac{x_1^{s+1}}{s+1} .$$

x_1 kann dabei auch mit einem der Endpunkte des Konvergenzintervalls zusammenfallen, wenn die Potenzreihe in diesem Punkt konvergiert.

c) Die Potenzreihe $\sum_{s=0}^{\infty} a_s x^s$ kann innerhalb ihres Konvergenzintervalls *gliedweise differenziert* werden:

$$f'(x) = \sum_{s=0}^{\infty} a_s \frac{\mathrm{d}}{\mathrm{d}x} x^s = \sum_{s=1}^{\infty} s a_s x^{s-1} .$$

Diese Behauptung gilt auch in den Endpunkten des Konvergenzintervalls, wenn die Reihe $\sum_{s=1}^{\infty} s a_s x^{s-1}$ dort konvergiert. Es zeigt sich, daß eine *Potenzreihe* im Innern des Konvergenzintervalls *beliebig oft differenzierbar* ist (vgl. Eigenschaft IV.):

$$f^{(k)}(x) = \sum_{s=k}^{\infty} \frac{s!}{(s-k)!} a_s x^{s-k} = k! \sum_{s=0}^{\infty} \binom{s+k}{k} a_{s+k} x^s .$$

Beispiele: 1. Es gilt $\ln(1 + x) = \sum_{s=1}^{\infty} (-1)^{s-1} \frac{1}{s} x^s$ (vgl. 3.1.14.6. Beispiel 3) mit $r = 1$. Die Reihe ist für $x = 1$ noch konvergent (vgl. Leibniz-Kriterium). Also gilt

$$\ln 2 = \sum_{s=1}^{\infty} \frac{(-1)^{s-1}}{s} .$$

2. Es gilt

$$\arcsin x = x + \sum_{s=1}^{\infty} \frac{1 \cdot 3 \dots (2s-1)}{2 \cdot 4 \dots (2s)} \frac{x^{2s+1}}{2s+1}$$

(vgl. 3.1.14.6. Beispiel 3.) mit $r = 1$. Die Reihe ist für $x = 1$ (aber auch für $x = -1$) konvergent, denn

$$\frac{a_{s+1}}{a_s} = \frac{(2s+1)^2}{(2s+2)(2s+3)} = \frac{s^2 + s + 1/4}{s^2 + 5s/2 + 3/2}$$

und $b_1 - a_1 = \frac{5}{2} - 1 = \frac{3}{2} > 1$ (vgl. Bemerkung zum d'Alembertschen Kriterium). Nach dem Abelschen Grenzwertsatz gilt also:

$$\frac{\pi}{2} = \arcsin 1 = 1 + \sum_{s=1}^{\infty} \frac{1 \cdot 3 \dots (2s-1)}{2 \cdot 4 \dots (2s)} \frac{1}{2s+1}$$

$$= 1 + \frac{1}{2}\frac{1}{3} + \frac{1 \cdot 3}{2 \cdot 4}\frac{1}{5} + \frac{1 \cdot 3 \cdot 5}{2 \cdot 4 \cdot 6}\frac{1}{7} + \dots$$

3. Die Summe der konvergenten Reihe $\sum_{s=0}^{\infty} \frac{(-1)^s}{3s+1}$ (vgl. Leibniz-Kriterium) kann folgendermaßen berechnet werden:

$$\sum_{s=0}^{\infty} \frac{(-1)^s}{3s+1} = \lim_{x \to 1-0} \sum_{s=0}^{\infty} \frac{(-1)^s}{3s+1} x^{3s+1} \quad \text{(nach dem Abelschen Stetigkeitssatz)}$$

$$= \lim_{x \to 1-0} \int_0^x \sum_{s=0}^{\infty} (-1)^s t^{3s} \, \mathrm{d}t \quad \text{(gliedweise Integration der Reihe)}$$

$$= \lim_{x \to 1-0} \int_0^x \frac{1}{1+t^3} \, \mathrm{d}t$$

$$= \lim_{x \to 1-0} \left[\frac{1}{6} \ln \frac{(x+1)^2}{x^2 - x + 1} + \frac{1}{\sqrt{3}} \arctan \frac{2x-1}{\sqrt{3}} + \frac{\pi}{6\sqrt{3}}\right]$$

$$= \frac{1}{3} \ln 2 + \frac{\pi}{3\sqrt{3}}.$$

4. Man kann zeigen, daß die Reihe der Besselschen Funktion

$$J_0(x) = \sum_{s=0}^{\infty} (-1)^s \frac{x^{2s}}{(s!)^2 \, 2^{2s}}$$

der Differentialgleichung $xu'' + u' + xu = 0$ genügt. Diese Reihe ist für alle x konvergent, und man erhält mit $u(x) = J_0(x)$

$$xu = \sum_{s=1}^{\infty} (-1)^{s+1} \frac{(2s)^2}{(s!)^2 \, 2^{2s}} x^{2s-1},$$

$$u' = \sum_{s=1}^{\infty} (-1)^s \frac{2s}{(s!)^2 \, 2^{2s}} x^{2s-1},$$

$$xu'' = \sum_{s=1}^{\infty} (-1)^s \frac{2s(2s-1)}{(s!)^2 \, 2^{2s}} x^{2s-1}.$$

Addiert man diese Reihen, so ergibt sich als Koeffizient bei x^{2s-1}, $s = 1, 2, \dots$,

$$\frac{(-1)^s}{(s!)^2 \, 2^{2s}} (2s(2s-1) + 2s - (2s)^2) = 0,$$

womit die Behauptung bewiesen ist.

Weitere Beispiele zu diesen Sätzen werden in 3.1.14.6. angegeben.

VIII. *Das Rechnen mit Potenzreihen.* a) Aus $f(x) = \sum_{s=0}^{\infty} a_s x^s$ und $g(x) = \sum_{s=0}^{\infty} b_s x^s$ kann man bilden:

$$f(x) \pm g(x) = \sum_{s=0}^{\infty} (a_s \pm b_s)\, x^s,$$

$$f(x) \cdot g(x) = \sum_{s=0}^{\infty} \left(\sum_{t=0}^{s} a_t\, b_{s-t} \right) x^s,$$

wenn x dem Innern des Konvergenzintervalls beider Reihen angehört (vgl. Eigenschaft III.).

b) Es sei $g(x)$ Summe einer Potenzreihe für $|x| < r$, $g(x) = \sum_{s=0}^{\infty} b_s x^s$, ebenso $f(u)$ für $|u| < r'$, $f(u) = \sum_{s=0}^{\infty} a_s u^s$. Dann ist $F(x) = f(g(x))$ wieder Summe einer Potenzreihe $F(x) = \sum_{s=0}^{\infty} c_s x^s$ mindestens für alle diejenigen x, für die $\sum_{s=0}^{\infty} |b_s x^s|$ konvergent ist und eine Summe hat, die kleiner als r' ist. Die Koeffizienten c_s berechnen sich aus den unter der Bedingung $|b_0| < r'$ absolut konvergenten Reihen $c_n = \sum_{s=0}^{\infty} a_s b_{sn}$ mit $(g(x))^k = \sum_{s=0}^{\infty} b_{ks} x^s$. Mit anderen Worten: Um die Potenzreihe von $F(x)$ zu erhalten, kann man $u = \sum_{s=0}^{\infty} b_s x^s$ in die Potenzreihe $\sum_{s=0}^{\infty} a_s u^s$ einsetzen und die gleichen Potenzen von x zusammenfassen.

c) Ist die Funktion $f(x)$ in einer Umgebung des Nullpunktes Summe einer Potenzreihe $\sum_{s=0}^{\infty} a_s x^s$, und ist $f(0) = a_0 \neq 0$, so ist auch die Funktion $\frac{1}{f(x)}$ für eine gewisse Umgebung des Nullpunktes Summe einer Potenzreihe $\sum_{s=0}^{\infty} c_s x^s$. Da für kleine $|x|$ die beiden Reihen $\sum_{s=0}^{\infty} a_s x^s$ und $\sum_{s=0}^{\infty} c_s x^s$ konvergieren, gilt

$$1 = \frac{1}{f(x)} f(x) = \sum_{s=0}^{\infty} \left(\sum_{t=0}^{s} a_t c_{s-t} \right) x^s,$$

und nach dem Identitätssatz für Potenzreihen ist

$$1 = a_0 c_0 \quad \text{und} \quad 0 = \sum_{t=0}^{s} a_t c_{s-t} \quad \text{für} \quad s \geqq 1.$$

Die c_s lassen sich hieraus ermitteln. Ebenso läßt sich der Quotient $\frac{g}{f}$ zweier als Summe von Potenzreihen darstellbarer Funktionen $f(x) = \sum_{s=0}^{\infty} a_s x^s$ und $g(x) = \sum_{s=0}^{\infty} b_s x^s$ wieder als Summe einer Potenzreihe $\sum_{s=0}^{\infty} c_s x^s$ in einer gewissen Umgebung von Null darstellen, wenn $a_0 = f(0) \neq 0$ ist. Die c_s berechnen sich aus

$$\frac{\sum_{s=0}^{\infty} b_s x^s}{\sum_{s=0}^{\infty} a_s x^s} = \sum_{s=0}^{\infty} c_s x^s \quad \text{oder} \quad \sum_{s=0}^{\infty} b_s x^s = \left(\sum_{s=0}^{\infty} a_s x^s \right) \left(\sum_{s=0}^{\infty} c_s x^s \right),$$

also aus dem System $b_s = \sum_{t=0}^{s} a_t c_{s-t}$ für $s = 0, 1, 2, \ldots$. Beispiele werden in 3.1.14.6. angegeben.

3.1.14.6. Analytische Funktionen. Taylorsche Reihe. Entwicklung elementarer Funktionen in Potenzreihen

Definition: Eine Funktion $f(x)$ heißt im Punkte x_0 *analytisch*, wenn $f(x)$ für alle x mit $|x - x_0| < r$, $r > 0$, Summe einer Potenzreihe ist:

$$f(x) = \sum_{s=0}^{\infty} a_s (x - x_0)^s.$$

Jede in einem Punkt x_0 analytische Funktion ist auch in einer Umgebung von x_0 noch analytisch (vgl. 3.1.14.4. Eigenschaft VI.). Summe, Differenz und Produkt analytischer Funktionen sind wieder analytische Funktionen. Ist $f(x)$ eine in x_0 analytische Funktion und $f(x_0) \neq 0$, so ist auch $\frac{1}{f(x)}$ eine in x_0 analytische Funktion. $f(g(x))$ ist in x_0 analytisch, wenn sowohl $g(x)$ in x_0 analytisch ist als auch $f(u)$ in $u_0 = g(x_0)$ analytisch (vgl. 3.1.14.5. Eigenschaft VIII.) ist. Ist $f(x)$ in x_0 analytisch, so ist die Funktion $f(x)$ in einer Umgebung von x_0 beliebig oft differenzierbar, und es gilt:

$$f^{(k)}(x) = k! \sum_{s=0}^{\infty} \binom{s+k}{k} a_{k+s}(x - x_0)^s.$$

Dann ist

$$f^{(k)}(x_0) = k!\, a_k$$

und

$$f(x) = \sum_{s=0}^{\infty} \frac{f^{(s)}(x_0)}{s!} (x - x_0)^s \quad (\textit{Taylorsche Reihe}). \tag{3.4}$$

Ist eine Funktion $f(x)$ in einer Umgebung von $x = x_0$ beliebig oft differenzierbar und strebt das Restglied in dem Taylorschen Satz (vgl. 3.1.5.3.) für $n \to \infty$ gegen null, so hat die Potenzreihe (3.4) einen von null verschiedenen Konvergenzradius, und die Funktion $f(x)$ ist in x_0 analytisch.

Diese Betrachtungen lassen sich auf Potenzreihen mehrerer Variablen übertragen. Eine Funktion $f(x, y)$, die sich als Summe einer Potenzreihe von zwei Variablen mit einem Konvergenzbereich, der nicht nur aus dem Punkt (x_0, y_0) besteht, schreiben läßt,

$$f(x, y) = \sum_{s,t=0}^{\infty} a_{st}(x - x_0)^s (y - y_0)^t,$$

heißt analytisch in (x_0, y_0). Ein Punkt gehört zum Konvergenzbereich, wenn die Potenzreihe für diesen Punkt konvergent ist. Für Potenzreihen mehrerer Variablen gelten ähnliche Sätze, wie sie für eine Variable in 3.1.14.5. aufgeschrieben sind. Eine in (x_0, y_0) analytische Funktion ist beliebig oft nach allen Variablen differenzierbar, und es gilt

$$a_{st} = \frac{1}{s!\,t!} \frac{\partial^{s+t} f}{\partial x^s \partial y^t} (x_0, y_0).$$

Damit hat die Entwicklung einer Funktion $f(x, y)$, wenn überhaupt möglich, notwendig die Form

$$f(x, y) = \sum_{s,t=0}^{\infty} \frac{1}{s!\,t!} \frac{\partial^{s+t} f}{\partial x^s \partial y^t} (x_0, y_0) (x - x_0)^s (y - y_0)^t \quad (\textit{Taylorsche Reihe}).$$

Beispiele: 1. Die Funktion $f(x) = \frac{1}{1 - x}$ ist in jedem Punkt x_0 mit $|x_0| < 1$ analytisch, denn $1 - x = (1 - x_0) - (x - x_0)$ ist die Potenzreihe im Punkt $x = x_0$ für die Funktion $1 - x$, und wegen $1 - x_0 \neq 0$ ist auch $f(x)$ in x_0 analytisch. Die Potenzreihenentwicklung für $f(x) = \frac{1}{1 - x}$ im Punkte x_0 erhält man aus der Rechnung:

$$f(x) = \frac{1}{1 - x} = \frac{1}{1 - x_0} \frac{1}{1 - (x - x_0)/(1 - x_0)} = \sum_{s=0}^{\infty} \frac{(x - x_0)^s}{(1 - x_0)^{s+1}}$$

(vgl. geometrische Reihe $\sum_{s=0}^{\infty} q^s = \frac{1}{1 - q}$ für $|q| < 1$, 3.1.14.1., Beispiel 1). Die Reihe konvergiert für $|x - x_0| < |1 - x_0| = r$.

2. Die Reihe $E(x) = \sum_{s=0}^{\infty} \frac{x^s}{s!}$ hat den Konvergenzradius $R = \infty$. Aus der gliedweisen Differentiation folgt $E'(x) = \sum_{s=1}^{\infty} \frac{x^{s-1}}{(s-1)!} = \sum_{s=0}^{\infty} \frac{x^s}{s!} = E(x)$. Die Funktion $E(x)$ erfüllt die Differentialgleichung $y'(x) = y(x)$. Hieraus ergibt sich dann $E(x) = C\,e^x$ und $C = 1$ wegen $E(0) = 1$. Es ist also

$$e^x = \sum_{s=0}^{\infty} \frac{x^s}{s!} \equiv 1 + x + \frac{x^2}{2!} + \frac{x^3}{3!} + \dots$$

eine in allen Punkten analytische Funktion.

Die Reihe $f(x) = \sum_{s=0}^{\infty} \binom{a}{s} x^s$ hat den Konvergenzradius $r = 1$. Durch gliedweise Differentiation erhält man für $f(x)$ die Differentialgleichung $(1 + x) f' = af$ und als Lösung $f(x) = (1 + x)^a$, wenn man $f(0) = 1$ berücksichtigt. Damit ist

$$(1 + x)^a = \sum_{s=0}^{\infty} \binom{a}{s} x^s \equiv 1 + ax + \frac{a(a-1)}{1 \cdot 2} x^2 + \frac{a(a-1)(a-2)}{1 \cdot 2 \cdot 3} x^3 + \dots$$

für $|x| < 1$.

3. Es ist die Funktion $f(x) = \arcsin x$ für $x = 0$ in eine Potenzreihe (Taylorsche Reihe) zu entwickeln. Bildet man $f'(x) = \frac{1}{(1 - x^2)^{1/2}}$, so kann diese Funktion für $|x| < 1$ in eine Reihe entwickelt werden:

$$f'(x) = (1 - x^2)^{-1/2} = \sum_{s=0}^{\infty} (-1)^s \binom{-1/2}{s} x^{2s}$$

(vgl. obiges Beispiel). Für $|x| < 1$ kann die Reihe gliedweise integriert werden:

$$\int_0^x f'(t)\,dt = \arcsin x = \sum_{s=0}^{\infty} (-1)^s \binom{-1/2}{s} \frac{x^{2s+1}}{2s+1}, \qquad |x| < 1.$$

Damit ist nun

$$\arcsin x = x + \frac{1}{2}\,\frac{x^3}{3} + \frac{1 \cdot 3}{2 \cdot 4}\,\frac{x^5}{5} + \frac{1 \cdot 3 \cdot 5}{2 \cdot 4 \cdot 6}\,\frac{x^7}{7} + \dots \quad \text{für } |x| \leqq 1.$$

Die Gültigkeit für $x = \pm 1$ folgt aus dem Abelschen Grenzwertsatz und aus dem Beispiel 3 zu Eigenschaft VII. in 3.1.14.5. Ebenso berechnet man z. B. folgende Reihen:

$$\arctan x = \sum_{s=1}^{\infty} (-1)^{s-1} \frac{x^{2s-1}}{2s-1} \equiv x - \frac{x^3}{3} + \frac{x^5}{5} - \frac{x^7}{7} \pm \dots$$

für $|x| \leqq 1$ und

$$\ln(1 + x) = \sum_{s=1}^{\infty} (-1)^{s-1} \frac{x^s}{s} \equiv x - \frac{x^2}{2} + \frac{x^3}{3} - \frac{x^4}{4} \pm \dots$$

für $-1 < x \leqq 1$.

4. Für die Funktion $f(x) = \sin x$ berechnet man leicht

$$\frac{1}{k!} f^{(k)}(0) = \begin{cases} 0 & \text{für } k = 2s,\ s = 0, 1, \dots \\ (-1)^s \dfrac{1}{(2s+1)!} & \text{für } k = 2s + 1,\ s = 0, 1, \dots \end{cases}$$

und damit

$$\sin x = \sum_{s=0}^{\infty} (-1)^s \frac{x^{2s+1}}{(2s+1)!} \equiv x - \frac{x^3}{3!} + \frac{x^5}{5!} - \frac{x^7}{7!} \pm \dots,$$

denn für das Restglied im Taylorschen Satz

$$R_n = \frac{x^{n+1}}{(n+1)!}\begin{cases}(-1)^{(n+1)/2}\sin(\vartheta x) & n \text{ ungerade}\\ (-1)^{n/2}\cos(\vartheta x) & n \text{ gerade}\end{cases}$$

gilt $|R_n| \leqq \frac{|x|^{n+1}}{(n+1)!}$, und $\lim\limits_{n\to\infty} R_n = 0$ für $x \in [a, b]$. $\sin x$ wird für alle x durch diese Reihe dargestellt. Ebenso zeigt man:

$$\cos x = \sum_{s=0}^{\infty}(-1)^s \frac{x^{2s}}{(2s)!} \equiv 1 - \frac{x^2}{2!} + \frac{x^4}{4!} - \frac{x^6}{6!} \pm \dots$$

für $|x| < \infty$.

5. Mit Hilfe gliedweiser Integration von Reihen ergeben sich Potenzreihenentwicklungen gewisser Integrale, die sich nicht in geschlossener Form durch elementare Funktionen ausdrücken lassen. Es ergibt sich aus der für ein beliebiges endliches Intervall gleichmäßig konvergenten Reihe

$$e^{-x^2} = \sum_{s=0}^{\infty}(-1)^s \frac{x^{2s}}{s!} \equiv 1 - x^2 + \frac{x^4}{2!} - \frac{x^6}{3!} \pm \dots$$

das Integral

$$\int_0^x e^{-t^2}\,dt = \sum_{s=0}^{\infty}(-1)^s \frac{x^{2s+1}}{(2s+1)\,s!} \equiv x - \frac{x^3}{3} + \frac{x^5}{5\cdot 2!} - \frac{x^7}{7\cdot 3!} \pm \dots$$

für $|x| < \infty$. Aus

$$\frac{\sin x}{x} = \sum_{s=0}^{\infty}(-1)^s \frac{x^{2s}}{(2s+1)!} \equiv 1 - \frac{x^2}{3!} + \frac{x^4}{5!} - \frac{x^6}{7!} \pm \dots$$

folgt ebenso

$$\int_0^x \frac{\sin t}{t}\,dt = \sum_{s=0}^{\infty}(-1)^s \frac{x^{2s+1}}{(2s+1)!\,(2s+1)} \equiv x - \frac{x^3}{3!\cdot 3} + \frac{x^5}{5!\cdot 5} \mp \dots$$

für $|x| < \infty$.

6. Mit $g(x) = \sin x$ und $f(x) = \cos x$, $f(0) = 1$ ist auch $F(x) = \tan x$ eine in $x = 0$ analytische Funktion. Es ist die Reihenentwicklung dieser Funktion zu berechnen. Da $\tan x$ eine ungerade Funktion ist, enthält die Entwicklung nur ungerade Potenzen von x (vgl. 3.1.14.5. Eigenschaft V.)

$$\tan x = \frac{\sin x}{\cos x} = \sum_{s=0}^{\infty} \frac{T_s}{(2s+1)!}\, x^{2s+1}.$$

Aus $\tan x \cos x = \sin x$ und den Reihen für $\cos x$ und $\sin x$ ergibt sich

$$\left(\sum_{s=0}^{\infty} \frac{T_s}{(2s+1)!}\, x^{2s+1}\right)\left(\sum_{s=0}^{\infty}(-1)^s \frac{x^{2s}}{(2s)!}\right) = \sum_{s=0}^{\infty}\left(\sum_{t=0}^{s}(-1)^{s-t}\frac{T_t}{(2t+1)!\,(2s-2t)!}\right)x^{2s+1}$$
$$= \sum_{s=0}^{\infty}(-1)^s \frac{x^{2s+1}}{(2s+1)!}.$$

Aus dem Identitätssatz für Potenzreihen folgen dann die Bestimmungsgleichungen für die unbestimmten Koeffizienten T_s:

$$\sum_{t=0}^{s}(-1)^{s-t}\frac{T_t}{(2t+1)!\,(2s-2t)!} = (-1)^s \frac{1}{(2s+1)!}$$

für $s = 0, 1, 2, \dots$ Daraus berechnet man leicht:

$$T_0 = 1;\ T_1 = 2;\ T_2 = 16;\ T_3 = 272;\ T_4 = 7936;\ \dots$$

und

$$\tan x = x + \frac{1}{3}x^3 + \frac{2}{15}x^5 + \frac{17}{315}x^7 + \frac{62}{2835}x^9 + \dots$$

7. Es ist $\frac{x}{e^x - 1}$ in eine Potenzreihe in $x = 0$ zu entwickeln. Dies ist möglich, da die Funktion $\frac{1}{x} e^x - \frac{1}{x}$ analytisch in $x = 0$ ist und $\left.\frac{1}{x} e^x - \frac{1}{x}\right|_{x=0} = 1 \neq 0$ gilt. Man macht den Ansatz

$$\frac{x}{e^x - 1} = \sum_{s=0}^{\infty} \frac{\beta_s}{s!} x^s$$

und berechnet β_s aus

$$x = \left(\sum_{s=1}^{\infty} \frac{x^s}{s!}\right)\left(\sum_{s=0}^{\infty} \frac{\beta_s}{s!} x^s\right) = \left(\sum_{s=0}^{\infty} \frac{x^s}{s!}\right)\left(\sum_{s=0}^{\infty} \frac{\beta_s}{s!} x^s\right) - \sum_{s=0}^{\infty} \frac{\beta_s}{s!} x^s$$

$$= \sum_{s=0}^{\infty} \left(\sum_{t=0}^{s} \frac{\beta_t}{(s-t)!\, t!}\right) x^s - \sum_{s=0}^{\infty} \frac{\beta_s}{s!} x^s$$

durch Koeffizientenvergleich:

Koeffizient bei x: $\beta_0 = 1$,

Koeffizient bei x^s: $\sum_{t=0}^{s} \frac{\beta_t}{(s-t)!\, t!} - \frac{\beta_s}{s!} = 0$ oder $\sum_{t=0}^{s-1} \frac{\beta_t}{(s-t)!\, t!} = 0$ für $s \geqq 2$.

Man kann allgemein zeigen, daß die β_s rational sind und $\beta_{2s+1} = 0$ für $s = 1, 2, \ldots$ Die Zahlen β_{2s} heißen *Bernoullische Zahlen*. Es ist $\beta_1 = -\frac{1}{2}$ und:

$$\begin{aligned}
\beta_2 &= \frac{1}{6} & \beta_{12} &= -\frac{691}{2730} \\
\beta_4 &= -\frac{1}{30} & \beta_{14} &= \frac{7}{6} \\
\beta_6 &= \frac{1}{42} & \beta_{16} &= -\frac{3617}{510} \\
\beta_8 &= -\frac{1}{30} & \beta_{18} &= \frac{43867}{798} \\
\beta_{10} &= \frac{5}{66} & \beta_{20} &= -\frac{174611}{330} \quad \ldots
\end{aligned}$$

Oft verwendet man auch $B_s = (-1)^{s-1} \beta_{2s}$.

Damit berechnet man nun aus

$$\frac{x}{e^x - 1} + \frac{x}{2} = \frac{x}{2} \frac{e^{x/2} + e^{-x/2}}{e^{x/2} - e^{-x/2}} = \frac{x}{2} \coth \frac{x}{2},$$

wenn man für x dann $2x$ setzt,

$$x \coth x = 1 + \sum_{s=1}^{\infty} (-1)^{s-1} \frac{2^{2s} B_s}{(2s)!} x^{2s}$$

$$\equiv 1 + \frac{1}{3} x^2 - \frac{1}{45} x^4 + \frac{2}{945} x^6 \mp \ldots \quad \text{für } |x| < \pi.$$

Die Bernoullischen Zahlen spielen auch in den folgenden Entwicklungen eine Rolle:

$$x \cot x = 1 - \sum_{s=1}^{\infty} \frac{2^{2s} B_s}{(2s)!} x^{2s} \quad \text{für } |x| < \pi,$$

$$\tan x = \sum_{s=1}^{\infty} \frac{2^{2s}(2^{2s} - 1)}{(2s)!} B_s x^{2s-1} \quad \text{für } |x| < \frac{\pi}{2},$$

$$\ln \frac{\sin x}{x} = -\sum_{s=1}^{\infty} \frac{2^{2s} B_s}{(2s)!} \frac{x^{2s}}{2s} \quad \text{für } |x| < \pi.$$

8. $f(x)$ sei eine analytische Funktion in $x = 0$:

$$f(x) = a + bx + cx^2 + dx^3 + ex^4 + fx^5 + \dots,$$

dann sind auch $f^2(x)$ und für $a \neq 0$ auch $\sqrt{f(x)}$, $\dfrac{1}{f(x)}$, $\dfrac{1}{\sqrt{f(x)}}$ und $f^{-2}(x)$ analytisch. Die ersten Glieder der Entwicklungen für diese analytischen Funktionen in $x = 0$ sind:

$$f^2(x) = a^2 + 2abx + (b^2 + 2ac)\,x^2 + 2(ad + bc)\,x^3 + (c^2 + 2ae + 2bd)\,x^4 + 2(af + be + cd)\,x^5 + \dots;$$

$$\frac{1}{f(x)} = \frac{1}{a}\left[1 - \frac{b}{a}x + \left(\frac{b^2}{a^2} - \frac{c}{a}\right)x^2 + \left(\frac{2bc}{a^2} - \frac{d}{a} - \frac{b^3}{a^3}\right)x^3 + \left(\frac{2bd}{a^2} + \frac{c^2}{a^2} - \frac{e}{a} - 3\frac{b^2c}{a^3} + \frac{b^4}{a^4}\right)x^4 + \dots\right];$$

$$\frac{1}{f^2(x)} = \frac{1}{a^2}\left[1 - 2\frac{b}{a}x + \left(3\frac{b^2}{a^2} - 2\frac{c}{a}\right)x^2 + \left(6\frac{bc}{a^2} - 2\frac{d}{a} - 4\frac{b^3}{a^3}\right)x^3 + \left(6\frac{bd}{a^2} + 3\frac{c^2}{a^2} - 2\frac{e}{a} - 12\frac{b^2c}{a^3} + 5\frac{b^4}{a^4}\right)x^4 + \dots\right];$$

$$\sqrt{f(x)} = \sqrt{a}\left[1 + \frac{1}{2}\frac{b}{a}x + \left(\frac{1}{2}\frac{c}{a} - \frac{1}{8}\frac{b^2}{a^2}\right)x^2 + \left(\frac{1}{2}\frac{d}{a} - \frac{1}{4}\frac{bc}{a^2} + \frac{1}{16}\frac{b^3}{a^3}\right)x^3 + \left(\frac{1}{2}\frac{e}{a} - \frac{1}{4}\frac{bd}{a^2} - \frac{1}{8}\frac{c^2}{a^2} + \frac{3}{16}\frac{b^2c}{a^3} - \frac{5}{128}\frac{b^4}{a^4}\right)x^4 + \dots\right];$$

$$\frac{1}{\sqrt{f(x)}} = \frac{1}{\sqrt{a}}\left[1 - \frac{1}{2}\frac{b}{a}x + \left(\frac{3}{8}\frac{b^2}{a^2} - \frac{1}{2}\frac{c}{a}\right)x^2 + \left(\frac{3}{4}\frac{bc}{a^2} - \frac{1}{2}\frac{d}{a} - \frac{5}{16}\frac{b^3}{a^3}\right)x^3 + \left(\frac{3}{4}\frac{bd}{a^2} + \frac{3}{8}\frac{c^2}{a^2} - \frac{1}{2}\frac{e}{a} - \frac{15}{16}\frac{b^2c}{a^3} + \frac{35}{128}\frac{b^4}{a^4}\right)x^4 + \dots\right].$$

9. Die inverse Funktion $x = g(y)$ zu einer analytischen Funktion $y = f(x) = ax + bx^2 + cx^3 + dx^4 + ex^5 + fx^6 + \dots$ $(a \neq 0)$ ist wieder analytisch in $y = 0$ und besitzt die Reihenentwicklung (vgl. $f(g(y)) \equiv y$)

$$g(y) = Ay + By^2 + Cy^3 + Dy^4 + Ey^5 + Fy^6 + \dots$$

mit

$$A = \frac{1}{a}, \quad B = -\frac{b}{a^3}, \quad C = \frac{1}{a^5}(2b^2 - ac), \quad D = \frac{1}{a^7}(5abc - a^2d - 5b^3),$$

$$E = \frac{1}{a^9}(6a^2bd + 3a^2c^2 + 14b^4 - a^3e - 21ab^2c),$$

$$F = \frac{1}{a^{11}}(7a^3be + 7a^3cd + 84ab^3c - a^4f - 28a^2b^2d - 28a^2bc^2 - 42b^5).$$

3.1.15. Unendliche Produkte

Definition: Ist $\{u_s\}$, $s \in \mathbf{N}$, eine Folge (Zahlenfolge oder Funktionenfolge), so heißt die Folge $\{P_n\}$, $n \in \mathbf{N}$, der *Teilprodukte* oder *Abschnitte* $P_1 = u_1$, $P_2 = u_1u_2$, ..., $P_n = \prod_{s=1}^{n} u_s = u_1u_2 \dots u_n$ *unendliches Produkt*, in Zeichen

$$u_1u_2u_3 \dots \quad \text{oder} \quad \prod_{s=1}^{\infty} u_s.$$

Gibt es nun z. B. eine reelle Zahl q mit $0 < q < 1$, so daß für jede natürliche Zahl s die Ungleichung $0 < u_s \leqq q$ erfüllt ist, so folgt $\lim_{n\to\infty} P_n = 0$, d. h. der Grenzwert dieses unendlichen Produktes ist null, obgleich keiner der Faktoren u_s null ist. Da man aber nur solche unendlichen Produkte zulassen möchte, die nur dann null sind, wenn wenigstens ein Faktor null ist (vgl. Nullteilerfreiheit 3.1.1.1.), definiert man die Konvergenz für unendliche Produkte abweichend von der Konvergenz unendlicher Reihen.

Definition: Ein unendliches Produkt $\prod_{s=1}^{\infty} u_s$ heißt *konvergent* genau dann, wenn es eine natürliche Zahl m gibt, so daß für alle $n > m$ stets $u_n \neq 0$ gilt und die Folge der Teilprodukte $P_n^m = \prod_{s=m+1}^{n} u_s$, $n > m$, gegen eine *von null verschiedene Zahl* U^m konvergiert: $\lim_{n\to\infty} P_n^m = U^m$. Die von m offensichtlich unabhängige reelle Zahl $U = u_1 u_2 \ldots u_m U^m$ heißt *Wert des unendlichen Produktes*. Ist dagegen der Grenzwert $\lim_{n\to\infty} P_n^m$ gleich 0 oder ∞ oder $-\infty$, so sagt man, das unendliche Produkt *divergiert* gegen 0 bzw. ∞ bzw. $-\infty$. Existiert dieser Grenzwert nicht, so heißt das unendliche Produkt *unbestimmt divergent*.

Aus dieser Definition folgt: Ein konvergentes unendliches Produkt hat dann und nur dann den Wert 0, wenn einer der Faktoren gleich null ist.

Beispiele: 1. Das unendliche Produkt $\prod_{s=2}^{\infty} \left(1 - \frac{1}{s^2}\right)$ konvergiert und hat den Wert $\frac{1}{2}$, denn $u_s \neq 0$ für alle s und

$$P_n^1 = \left(1 - \frac{1}{2^2}\right)\left(1 - \frac{1}{3^2}\right)\ldots\left(1 - \frac{1}{n^2}\right) = \frac{1}{2}\,\frac{n+1}{n},$$

woraus $\lim_{n\to\infty} P_n^1 = \frac{1}{2}$ folgt.

2. Das Produkt $\prod_{s=2}^{\infty} \left(1 - \frac{1}{s}\right)$ divergiert gegen null, denn $u_n \neq 0$ für alle n und

$$P_n^1 = \left(1 - \frac{1}{2}\right)\left(1 - \frac{1}{3}\right)\ldots\left(1 - \frac{1}{n}\right) = \frac{1 \cdot 2 \cdot 3 \ldots (n-1)}{n!} = \frac{1}{n},$$

woraus $\lim_{n\to\infty} P_n^1 = 0$ folgt.

3. Das Produkt $\prod_{s=1}^{\infty} \left(1 + \frac{1}{s}\right)$ divergiert gegen unendlich, denn $u_n \neq 0$ für alle n und

$$P_n = \left(1 + \frac{1}{1}\right)\left(1 + \frac{1}{2}\right)\ldots\left(1 + \frac{1}{n}\right) = \frac{2 \cdot 3 \cdot 4 \ldots (n+1)}{n!} = n + 1,$$

woraus $\lim_{n\to\infty} P_n = \infty$ folgt.

Grundlegende Sätze für unendliche Produkte

I. Konvergiert das unendliche Produkt $\prod_{s=1}^{\infty} u_s$, so konvergiert auch jedes Restprodukt $\pi_m = \prod_{s=m+1}^{\infty} u_s \equiv u_{m+1}u_{m+2}\ldots$. Gibt es zu einem unendlichen Produkt $\prod_{s=1}^{\infty} u_s$ ein konvergentes Restprodukt π_m, so konvergiert auch das unendliche Produkt $\prod_{s=1}^{\infty} u_s$.

Dies bedeutet, daß das Hinzufügen bzw. Fortlassen endlich vieler Faktoren die Konvergenz eines unendlichen Produktes nicht beeinflußt.

II. Ist das unendliche Produkt $\prod_{s=1}^{\infty} u_s$ konvergent, so ist

$$\lim_{m\to\infty} \pi_m = 1$$

und

$$\lim_{n\to\infty} u_n = 1 .$$

Also sind von einer gewissen Stelle an alle u_n, etwa für $n > m$, eines konvergenten Produktes größer als null. Auf Grund von I und II kann man also, soweit lediglich das Konvergenzverhalten betrachtet wird, ohne Beschränkung der Allgemeinheit voraussetzen, daß alle u_n positiv sind.

III. Für die Konvergenz des unendlichen Produktes $\prod_{s=1}^{\infty} u_s$ mit nur positiven Faktoren u_s ist notwendig und hinreichend, daß die Reihe

$$\sum_{s=1}^{\infty} \ln u_s$$

konvergiert. Ist diese Bedingung erfüllt und L die Summe dieser Reihe, so gilt $U = e^L$ mit $U = \prod_{s=1}^{\infty} u_s$.

Es ist oft zweckmäßiger, $u_n = 1 + a_n$ zu setzen und damit das unendliche Produkt in der Form

$$\prod_{s=1}^{\infty} (1 + a_s)$$

zu schreiben. Dann ist nach II. die Bedingung $\lim_{n\to\infty} a_n = 0$ für die Konvergenz des Produktes notwendig.

IV. Gilt für alle $n \geqq m$ die Beziehung $a_n > 0$ (oder $a_n < 0$), dann ist das Produkt $\prod_{s=1}^{\infty} (1 + a_s)$ genau dann konvergent, wenn die Reihe

$$\sum_{s=1}^{\infty} a_s$$

konvergent ist.

V. Ist im allgemeinen Fall (es gibt sowohl positive als auch negative a_n) nicht nur die Reihe $\sum_{s=1}^{\infty} a_s$ konvergent, sondern auch die Reihe $\sum_{s=1}^{\infty} a_s^2$, so konvergiert auch das unendliche Produkt $\prod_{s=1}^{\infty} (1 + a_s)$.

VI. Ein unendliches Produkt $\prod_{s=1}^{\infty} (1 + a_s)$ divergiert genau dann gegen null, wenn für einen hinreichend großen Index m (vgl. II.) gilt: $\lim_{n\to\infty} \sum_{s=m}^{n} \ln (1 + a_s) = -\infty$. Das ist insbesondere dann der Fall, wenn es einen anderen Index m gibt, so daß für alle $s \geqq m$ gilt: $a_s < 0$ und die Reihe $\sum_{s=1}^{\infty} a_s$ divergiert, oder aber, wenn die Reihe $\sum_{s=1}^{\infty} a_s$ konvergiert und die Reihe $\sum_{s=1}^{\infty} a_s^2$ divergiert.

VII. Für Produkte mit nicht notwendig positiven a_s gilt: Das unendliche Produkt $\prod_{s=1}^{\infty} (1 + a_s)$ ist dann und nur dann konvergent, wenn zu einer beliebigen reellen Zahl $\varepsilon > 0$ eine natürliche Zahl $n_0(\varepsilon)$ existiert, so daß für alle $n \geqq n_0(\varepsilon)$ und $k \geqq 1$ stets

$$\left| \prod_{s=n+1}^{n+k} (1 + a_s) - 1 \right| < \varepsilon$$

ausfällt.

Das unendliche Produkt $\prod_{s=1}^{\infty} (1 + a_s)$ heißt *absolut konvergent*, wenn das Produkt $\prod_{s=1}^{\infty} (1 + |a_s|)$ konvergiert.

VIII. Das Produkt $\prod_{s=1}^{\infty} (1 + a_s)$ ist sicher dann konvergent, wenn $\prod_{s=1}^{\infty} (1 + |a_s|)$ konvergent ist, d. h., aus der absoluten Konvergenz folgt die gewöhnliche Konvergenz eines unendlichen Produktes.

IX. Das Produkt $\prod_{s=1}^{\infty}(1 + a_s)$ ist dann und nur dann absolut konvergent, wenn $\sum_{s=1}^{\infty} a_s$ absolut konvergiert (vgl. 3.1.14.3.).

X. Bei einem absolut konvergenten Produkt kann die Reihenfolge der Faktoren beliebig abgeändert werden, ohne daß sich an der Konvergenz und dem Wert etwas ändert.

Beispiele: 1. Das Produkt $\prod_{s=1}^{\infty}(1 + x^{2^{s-1}})$ ist für $|x| < 1$ absolut konvergent und hat den Wert $\frac{1}{1-x}$. Die absolute Konvergenz des gegebenen Produktes folgt aus der absoluten Konvergenz der Reihe $\sum_{s=1}^{\infty} x^{2^{s-1}}$ für $|x| < 1$ (vgl. Eigenschaft IX.). Der Wert des Produktes berechnet sich folgendermaßen: Es ist

$$(1 - x) P_n = (1 - x)(1 + x)(1 + x^2)(1 + x^4)\dots\left(1 + x^{2^{n-1}}\right) = 1 - x^{2^n}$$

und damit $P_n = \frac{1 - x^{2^n}}{1 - x}$. Folglich ist $\lim\limits_{n\to\infty} P_n = \frac{1}{1-x}$ für $|x| < 1$.

2. Das unendliche Produkt

$$\Gamma(x) = \frac{1}{x}\prod_{s=1}^{\infty}\frac{\left(1 + \frac{1}{s}\right)^x}{1 + \frac{x}{s}}$$

ist absolut konvergent für alle $x \neq -k$, $k = 0, 1, 2, \dots$ Dazu betrachtet man

$$u_s = \frac{\left(1 + \frac{1}{s}\right)^x}{1 + \frac{x}{s}} = 1 + \frac{x(x-1)}{2s^2} + o\left(\frac{1}{s^2}\right),$$

und nach Eigenschaft IX. folgt die absolute Konvergenz des Produktes. Es ist weiterhin

$$P_n = \frac{1}{x}\,\frac{\left(1 + \frac{1}{1}\right)^x}{1 + \frac{x}{1}}\,\frac{\left(1 + \frac{1}{2}\right)^x}{1 + \frac{x}{2}}\,\frac{\left(1 + \frac{1}{3}\right)^x}{1 + \frac{x}{3}}\cdots\frac{\left(1 + \frac{1}{n}\right)^x}{1 + \frac{x}{n}}$$

$$= \left(\frac{n+1}{n}\right)^x \frac{n!\,n^x}{x(x+1)(x+2)\dots(x+n)}.$$

Daraus folgt für die *Gammafunktion*:

$$\Gamma(x) = \lim_{n\to\infty}\left(\frac{n!\,n^x}{x(x+1)(x+2)\dots(x+n)}\right),$$

und dann

$$\frac{\Gamma(x+1)}{\Gamma(x)} = \lim_{n\to\infty}\left(\frac{nx}{x+1+n}\right) = x, \quad \text{also} \quad \Gamma(x+1) = x\Gamma(x).$$

3.2. Variationsrechnung und optimale Prozesse

3.2.1. Variationsrechnung

3.2.1.1. Aufgabenstellung, Beispiele und Grundbegriffe

Im Unterschied zur Extremwertbestimmung bei reellen Funktionen befaßt sich die *Variationsrechnung* mit der Ermittlung von Minima und Maxima von Funktionalen, die auf einer Klasse von Funktionen definiert sind. Solche *Funktionale* können dabei in gewisser Weise als Verallgemeinerung des Funktionsbegriffes aufgefaßt werden, da sie eine Klasse von Funktionen in den R^1 abbilden, d. h., sie ordnen jeder Funktion dieser Klasse eine reelle Zahl zu.

Analog zur Extremwertbestimmung bei Funktionen werden in der Variationsrechnung relative Extrema bestimmt, d. h., Funktionen, die einem Funktional in bezug auf „benachbarte" Funktionen einen größten oder kleinsten Wert erteilen. Die notwendige Bedingung dafür, daß die differenzierbare Funktion $f(x)$ in x_0 einen Extremwert annimmt, lautet bekanntlich $f'(x_0) = 0$. In der Variationsrechnung wird bewiesen, daß eine Funktion, die einem Funktional ein Extremum erteilt, unter gewissen Voraussetzungen einer Differentialgleichung genügen muß.

In der neueren Literatur bezeichnet man auch allgemeiner als Variationsrechnung jenen Teil der Funktionalanalysis, der sich mit der Optimierung von Funktionalen $I(y)$ beschäftigt, die auf einer Teilmenge $D(I)$ eines abstrakten Raumes E definiert sind, wobei $D(I)$ sowohl eine offene als auch eine abgeschlossene Menge sein kann.

Beispiel 1: Einen wesentlichen Anstoß zur Entwicklung der Variationsrechnung gab die folgende im Jahre 1696 von Johann Bernoulli gestellte Aufgabe, die auch als Problem der *Brachistochrone* bezeichnet wird:

Zwischen zwei in verschiedener Höhe gelegenen Punkten P_0 und P_1 ist eine Verbindungskurve derart zu bestimmen, daß die Fallzeit eines Teilchens minimal wird, das sich unter dem Einfluß der Schwerkraft reibungsfrei längs dieser Kurve von P_0 nach P_1 bewegt. Verwendet wird ein kartesisches Koordinatensystem, in dem P_0 im Nullpunkt liegt und die y-Achse in Richtung des tiefer gelegenen Punktes P_1 zeigt. Für den Fall, daß das Teilchen im Punkt P_0 in Ruhe war, folgt aus dem Energiesatz

$$mgy = mv^2/2$$

für die Geschwindigkeit

$$\frac{ds}{dt} = v = \sqrt{2gy}$$

und damit für die Durchlaufzeit t (mit $ds = \sqrt{1 + y'^2}\, dx$)

$$t = \int_{P_0}^{P_1} \frac{ds}{v} = \frac{1}{\sqrt{2g}} \int_0^{x_1} \frac{\sqrt{1 + y'^2}}{\sqrt{y}}\, dx.$$

Es ist folglich eine Funktion $y(x)$ gesucht, die die beiden Punkte $P_0(0, 0)$ und $P_1(x_1, y_1)$ verbindet, d. h. $y(0) = 0$ und $y(x_1) = y_1$, und die das obige Integral minimiert.

Beispiel 2: Es ist die kürzeste Verbindungskurve zwischen zwei Punkten $P_0(x_0, y_0)$ und $P_1(x_1, y_1)$ in der x,y-Ebene gesucht, d. h.

$$I = \int_{P_0}^{P_1} ds = \int_{x_0}^{x_1} \sqrt{1 + y'^2}\, dx \overset{!}{=} \text{Minimum},$$

wobei die Funktion $y(x)$ den Bedingungen $y(x_0) = y_0$ und $y(x_1) = y_1$ genügen muß.

In beiden Beispielen sind Funktionen $y(x)$ gesucht, die ein Funktional in Integralform der Gestalt

$$I(y) = \int_{x_0}^{x_1} f(x, y, y')\,\mathrm{d}x$$

minimieren und die Randbedingungen

$$y(x_0) = y_0, \qquad y(x_1) = y_1$$

erfüllen. Dies ist eine Grundaufgabe der Variationsrechnung.

Grundbegriffe: Wenn es belanglos ist, ob ein Funktional ein Minimum oder Maximum annimmt, so wird auch von einem Extremum oder Optimum gesprochen.

Im weiteren werden differenzierbare Funktionen $y(x)$ betrachtet, d. h. Elemente der Banachräume C_m mit der Norm $\|x\|_m$ (s. Kapitel 8.1.1.3.). $D(I)$ ist damit eine Teilmenge dieser Räume C_m. Als ε-Umgebung $U_\varepsilon(y^1)$ ($\varepsilon > 0$, beliebig) einer Funktion $y^1 \in C_m$ bezeichnet man hier die Menge

$$U_\varepsilon(y^1) = \{y \mid y \in C_m, \|y - y^1\|_m < \varepsilon\}.$$

Existiert für eine Funktion $y^0 \in D(I)$ eine Umgebung $U_\varepsilon(y^0)$ mit der Eigenschaft

$$I(y^0) \leqq I(y) \quad \text{bzw.} \quad I(y^0) \geqq I(y) \quad \forall y \in U_\varepsilon(y^0) \cap D(I),$$

dann heißt $I(y^0)$ relatives Minimum bzw. Maximum.

Die Elemente aus $U_\varepsilon(y^0) \cap D(I)$ werden auch als *Vergleichsfunktionen* bezeichnet.

Wird der Raum C_0 (auch mit C bezeichnet) zugrunde gelegt, so spricht man von starken relativen Extrema und im Falle des Raumes C_1 von schwachen relativen Extrema. Analog wie bei Funktionen bezeichnet man $I(y^0)$ als *absolutes Minimum* oder *Maximum*, wenn gilt:

$$I(y^0) \leqq I(y) \quad \text{bzw.} \quad I(y^0) \geqq I(y) \quad \forall y \in D(I).$$

Aus den Normdefinitionen in den Räumen C_0 und C_1 ist ersichtlich, daß ein starkes Extremum auch zugleich schwaches Extremum ist, aber nicht umgekehrt.

Formuliert man die Aufgabe der Variationsrechnung mit den Mitteln der Funktionalanalysis, so sind folglich in der klassischen Variationsrechnung relative Extrema eines Funktionals $I(y)$ zu bestimmen, das auf der in einem abstrakten Raum E enthaltenen offenen Menge $D(I)$ definiert ist, d. h.

$$I(y) \underset{y \in D(I) \subset E}{\overset{!}{=}} \text{Extremum}.$$

Für eine Lösung dieser Aufgabe $y^0 \in D(I)$ muß deshalb notwendigerweise folgendes gelten:

Zu beliebigen $h \in E$ existiert eine reelle Zahl $\varepsilon_0 > 0$ so, daß

$$I(y^0 + \varepsilon h) \geqq I(y^0) \quad (\text{für } y^0\text{-Minimum})$$

bzw.

$$I(y^0 + \varepsilon h) \leqq I(y^0) \quad (\text{für } y^0\text{-Maximum})$$

$\forall \varepsilon$ mit $|\varepsilon| < \varepsilon_0$ erfüllt ist.

Mit der Bezeichnung $F(\varepsilon) = I(y^0 + \varepsilon h)$ folgt hierfür aus der Differentialrechnung

$$F'(0) = 0 \quad \forall h \in E$$

und

$$F''(0) \geqq 0 \quad (y^0\text{-Minimum}) \quad \text{bzw.} \quad F''(0) \leqq 0 \quad (y^0 \text{ Maximum}).$$

Die Größen $F'(0)$ und $F''(0)$ bezeichnet man auch als *erste* bzw. *zweite Variation des Funktionals* $I(y)$ und schreibt hierfür $\delta I(y^0, h)$ bzw. $\delta^2 I(y^0, h)$.

Unter Verwendung der Bedingungen $\delta I(y^0, h) = 0$ und $\delta^2 I(y^0, h) \geqq 0$ bzw. $\delta^2 I(y^0, h) \leqq 0$ lassen sich notwendige Optimalitätsbedingungen für das Funktional $I(y)$ angeben. Dies geschieht in den nächsten Abschnitten.

3.2.1.2. Die Euler-Lagrangesche Theorie

Die Lagrangesche Aufgabenstellung

Als *Aufgabe von Lagrange* bezeichnet man in der Variationsrechnung die in 3.2.1.1. angegebene Aufgabe

$$I(y) = \int_{x_0}^{x_1} f(x, y, y')\,\mathrm{d}x \stackrel{!}{=} \text{Extremum.} \tag{3.5}$$

Vorerst wird angenommen, daß die gesuchten Funktionen $y(x)$ die Randbedingungen

$$y(x_0) = y_0, \qquad y(x_1) = y_1$$

erfüllen. Wenn nichts anderes angegeben ist, wird vorausgesetzt, daß die gesuchten Funktionen $y(x)$ stetige Ableitungen $y'(x)$ besitzen.

Notwendige Bedingungen für ein Extremum

Die Euler-Lagrangesche Differentialgleichung. Wenn die Funktion $y^0(x)$ ein schwaches relatives Extremum für das Funktional $I(y)$ liefert, muß sie Lösung der Euler-Lagrangeschen Differentialgleichung

$$f_y - \frac{\mathrm{d}}{\mathrm{d}x} f_{y'} = 0$$

oder ausgeschrieben

$$f_y - f_{y'x} - f_{y'y}\, y' - f_{y'y'}\, y'' = 0 \tag{3.6}$$

sein (f als zweimal stetig differenzierbar vorausgesetzt). Da ein starkes relatives Extremum auch zugleich schwaches relatives Extremum ist, stellt das Erfülltsein der Euler-Lagrangeschen Differentialgleichung auch eine notwendige Bedingung für starke relative Extrema dar.

Die Euler-Lagrangesche Differentialgleichung ist eine Differentialgleichung zweiter Ordnung. Lösungen dieser Gleichung bezeichnet man als *Extremalen.* Die hierin auftretenden zwei Integrationskonstanten werden durch die beiden Randbedingungen $y(x_0) = y_0$ und $y(x_1) = y_1$ bestimmt, so daß insgesamt ein Randwertproblem zu lösen ist.

Im folgenden wird die Herleitung der Euler-Lagrangeschen Differentialgleichung kurz skizziert, um das hierbei verwendete Prinzip der Variation zu veranschaulichen:

$y^0(x)$ sei Lösung der Aufgabe (3.5), d. h., man setzt die Existenz eines Extremums voraus. Für die Vergleichskurven

$$y_\varepsilon(x) = y^0(x) + \varepsilon h(x), \qquad h(x_0) = h(x_1) = 0$$

(ε-Parameter) folgt

$$I(y_\varepsilon) = F(\varepsilon) = \int_{x_0}^{x_1} f(x, y^0(x) + \varepsilon h(x), y^{0\prime}(x) + \varepsilon h'(x))\,\mathrm{d}x.$$

Das Funktional ist somit nur noch eine Funktion $F(\varepsilon)$ des Parameters ε. Infolge der Voraussetzung, daß $y^0(x)$ eine Lösung ist, muß

$$\delta I \equiv F'(0) = 0 \tag{3.7}$$

gelten:

$$F'(\varepsilon) = \int_{x_0}^{x_1} \frac{\mathrm{d}f}{\mathrm{d}\varepsilon}\,\mathrm{d}x = \int_{x_0}^{x_1} (f_y h(x) + f_{y'} h'(x))\,\mathrm{d}x$$

$$= \int_{x_0}^{x_1} \left(f_y h(x) - \frac{\mathrm{d}}{\mathrm{d}x}(f_{y'})\, h(x)\right) \mathrm{d}x + (h(x)\, f_{y'})_{x_0}^{x_1}$$

$$= \int_{x_0}^{x_1} h(x) \left(f_y - \frac{\mathrm{d}}{\mathrm{d}x}(f_{y'})\right) \mathrm{d}x.$$

Aus $F'(0) = 0$ folgt damit unter Verwendung des Fundamentallemmas der Variationsrechnung[1]) die Euler-Lagrangesche Differentialgleichung.

Aus der Beweisskizze ist ersichtlich, daß die Existenz einer Lösung y^0 des gegebenen Variationsproblems vorausgesetzt wurde. Während in der Theorie der Extremalaufgaben für stetige Funktionen (definiert auf einem abgeschlossenen Gebiet) der Satz von Weierstraß die Lösbarkeit der Aufgabe sichert, besteht in der Variationsrechnung die Schwierigkeit, daß Probleme, die sich sinnvoll formulieren lassen, unter Umständen keine Lösung besitzen (s. Beispiel 6). Folglich bedarf die Existenz der Lösung einer gegebenen Aufgabe in der Variationsrechnung noch eines besonderen Beweises.

Bisher wurde gefordert, daß die Funktionen $y(x)$ stetig differenzierbar sein müssen. Diese Forderung kann abgeschwächt werden. So hat z. B. das Variationsproblem mit dem Integranden $f(x, y, y')$ schon dann einen Sinn, wenn lediglich stückweise Stetigkeit der ersten Ableitung von $y(x)$ gefordert wird. Es bleibt nun die Frage, ob diese Funktion von selbst Ableitungen höherer Ordnung besitzt und der Euler-Lagrangeschen Differentialgleichung genügt.

Satz von Du Bois-Reymond: Das Verschwinden der ersten Variation für eine Funktion $y(x)$ (stetig mit stückweise stetigen Ableitungen erster Ordnung) zieht von selbst die Existenz und Stetigkeit der Ableitung zweiter Ordnung und das Bestehen der Euler-Lagrangeschen Differentialgleichung nach sich, falls $f(x, y, y')$ nach allen Argumenten zweimal stetig differenzierbar ist und für $y(x)\, f_{y'y'} \neq 0$ (Legendresche Bedingung) gilt.

Beispiel 3: $I(y) = \int\limits_0^1 (y^2 + y'^2 + 2y\,e^x)\,dx \overset{!}{=}$ Extremum mit $y(0) = 0$, $y(1) = e$. Die Euler-Lagrangesche Differentialgleichung lautet

$$2(y + e^x) - \frac{d}{dx}(2y') = 0 \quad \text{oder} \quad y'' - y = e^x.$$

Die Extremalen haben somit die Gestalt

$$y(x) = c_1\,e^{-x} + c_2\,e^x + x\,e^x/2.$$

Durch Einsetzen der Randbedingungen folgt

$$y(x) = \frac{e^2}{2(e^2 - 1)}(e^x - e^{-x}) + x\,e^x/2.$$

Sonderfälle der Aufgabe (3.5):

(a) Ist $f \equiv f(x, y')$, d. h. $f_y = 0$, so lautet die Euler-Lagrangesche Gleichung

$$\frac{d}{dx}(f_{y'}) = 0, \quad \text{so daß} \quad f_{y'} = \text{const}$$

ein erstes Integral dieser Gleichung ist.

Beispiel 4: $I(y) = \int\limits_{-1}^1 (x^2 + y'^2)\,dx \overset{!}{=}$ Extremum, $y(-1) = -1$, $y(1) = 1$. Aus $f_{y'} = \text{const}$ folgt $y' = c_1$ und damit $y(x) = c_1 x + c_2$. Das Einsetzen der Randbedingungen liefert $y(x) = x$.

(b) Ist $f \equiv f(y, y')$, so gilt $f_x = 0$ und damit

$$\frac{d}{dx}f = f_x + f_y y' + f_{y'}y'' = f_y y' + f_{y'}y''.$$

Durch Anwendung der Euler-Lagrangeschen Gleichung folgt

$$\frac{d}{dx}f = y'\frac{d}{dx}(f_{y'}) + y''f_{y'} = \frac{d}{dx}(y'f_{y'})$$

[1]) Das Fundamentallemma sagt folgendes aus: Wenn das Integral $\int\limits_{x_0}^{x_1} h(x)\,g(x)\,dx$ gleich null ist für beliebige stetige Funktionen $h(x)$ mit stetiger Ableitung und $h(x_0) = h(x_1) = 0$ ($g(x)$ ist eine feste in $[x_0, x_1]$ stetige Funktion), dann gilt $g(x) = 0$ in $[x_0, x_1]$.

und somit

$$\frac{d}{dx}(f - y'f_{y'}) = 0.$$

Folglich ist $f - y'f_{y'} = \text{const}$ ein erstes Integral.

Beispiel 5: Problem der Brachistochrone (s. Beispiel 1).

$$I(y) = \int_0^{x_1} \frac{\sqrt{1 + y'^2}}{\sqrt{y}}\, dx \overset{!}{=} \text{Extremum}, \qquad y(0) = 0, \qquad y(x_1) = y_1.$$

Aus $f - y'f_{y'} = \text{const} = c_1$ folgt $\dfrac{\sqrt{1 + y'^2}}{\sqrt{y}} - y' \dfrac{y'}{\sqrt{(1 + y'^2)\, y}} = c_1$ und damit

$$y(1 + y'^2) = 1/c_1^2 = 2K_1.$$

Mittels der Substitution $y'(x) = \cot v(x)/2$ folgt $y = 2K_1 \sin^2 v/2 = K_1(1 - \cos v)$, $y' = 2K_1 v' \cdot \cos v/2 \cdot \sin v/2 = \cot v/2$, d. h. $dx/2K_1 = dv \sin^2 v/2$, so daß man die folgende Parameterdarstellung für die Extremale bekommt:

$$x = K_1(v - \sin v) + K_2, \qquad y = K_1(1 - \cos v).$$

Dies ist die Parameterdarstellung einer Zykloide. Die Konstanten werden aus den Randbedingungen bestimmt.

(c) Ist $f \equiv f(x, y) + a(x)\, y'$, so reduziert sich die Euler-Lagrangesche Differentialgleichung auf die Form

$$f_y = a'(x) \quad \text{(trivialer Fall)}.$$

(d) Ist $f \equiv f(y')$, so folgt

$$f_{y'} = \text{const} \quad \text{und damit} \quad y'(x) = \text{const} = c_1,$$

d. h., die Extremalen sind Geraden der Form $y(x) = c_1 x + c_2$.

Es ist immer zu beachten, daß die Extremalen nicht unbedingt ein lokales Minimum oder Maximum des Funktionals realisieren, da die Euler-Lagrangesche Differentialgleichung nur eine notwendige Optimalitätsbedingung darstellt.

Weitere notwendige Optimalitätsbedingungen gestatten es in gewissen Fällen, solche Extremalen auszusondern, die dem Funktional kein Optimum erteilen.

Die Legendresche Bedingung. Unter Verwendung der zweiten Variation $\delta^2 I = F''(0)$ erhält man die notwendige *Optimalitätsbedingung von Legendre*:

Damit $y(x)$ ein schwaches relatives Minimum (Maximum) für das Funktional $I(y)$ liefert, ist notwendig, daß für $x \in [x_0, x_1]$

$$f_{y'y'}(x, y(x), y'(x)) \geqq 0 \quad (f_{y'y'}(x, y(x), y'(x)) \leqq 0) \tag{3.8}$$

gilt.

Beispiel 6: $I(y) = \int_0^1 \left(y'^2 - 13\sqrt{1 + y'^2}\right) dx \overset{!}{=} \text{Minimum}$, $y(0) = 0$, $y(1) = 1$. Da der Integrand nur von y' abhängt, sind die Extremalen Geraden. Unter Berücksichtigung der Randbedingungen ergibt sich

$$y(x) = x.$$

Die Legendresche Bedingung hat hier die Form

$$f_{y'y'} = 2 - 13(1 + y'^2)^{-3/2} \geqq 0.$$

Wenn hier die Extremale $y(x) = x$ eingesetzt wird, ist diese Ungleichung nicht erfüllt, so daß kein schwaches relatives Minimum vorliegt.

Die Jacobische Bedingung. Unter Verwendung der zweiten Variation erhält man auch die *notwendige Bedingung von Jacobi*:

Die Legendresche Bedingung sei für $y(x)$ streng erfüllt, d. h. $f_{y'y'}(x, y, y') > 0$. Falls dann das Funktional $I(y)$ in $y(x)$ ein schwaches Minimum hat, ist notwendig, daß für den zu x_0 *konjugierten Punkt* x_k gilt $x_k \geqq x_1$.

Dabei ist der konjugierte Punkt x_k folgendermaßen definiert: $u(x)$ sei Lösung der Jacobischen Differentialgleichung

$$\frac{\mathrm{d}}{\mathrm{d}x}(f_{y'y'}u') - u\left(f_{yy} - \frac{\mathrm{d}}{\mathrm{d}x}f_{yy'}\right) = 0, \qquad u(x_0) = 0. \tag{3.9}$$

Hat $u(x)$ rechts von x_0 noch weitere Nullstellen, so sei x_k die kleinste von ihnen. Hat $u(x)$ rechts von x_0 keine Nullstelle, so sei $x_k = \infty$.

Beispiel 7: $I(y) = \int_0^{x_1} (y'^2 + 2yy' - 16y^2)\,\mathrm{d}x \overset{!}{=} \text{Minimum}$, $y(0) = y_0$, $y(x_1) = y_1$. Die Euler-Lagrangesche Differentialgleichung

$$y'' + 16y = 0$$

hat die Lösung $y(x) = c_1 \sin 4x + c_2 \cos 4x$.

Die Legendresche Bedingung ist in der strengen Form erfüllt:

$$f_{y'y'}(x, y(x), y'(x)) = 2 > 0.$$

Die Jacobische Differentialgleichung (3.9) hat die Gestalt

$$u'' + 16u = 0, \qquad u(0) = 0,$$

so daß für ihre Lösung $u(x) = c_1 \sin 4x$ folgt und deshalb für den konjugierten Punkt gilt:

$$x_k = \pi/4,$$

d. h., die Jacobische Bedingung ist im Falle $x_1 \leqq \pi/4$ erfüllt.

Die Bedingung von Weierstraß. Neben notwendigen Bedingungen für schwache relative Extrema existieren auch notwendige Bedingungen für ein starkes relatives Extremum[1]):

Notwendig für ein starkes relatives Minimum des Funktionals $I(y)$ ist, daß für die *Weierstraßsche E-Funktion* (Exzeßfunktion)

$$E(x, y, y', k) = f(x, y, k) - f(x, y, y') - (k - y')\,f_{y'}(x, y, y') \tag{3.10}$$

die Ungleichung

$$E(x, y, y', k) \geqq 0 \tag{3.11}$$

in allen Punkten der Extremalen $y(x)$ für eine beliebige Zahl k erfüllt ist (*Bedingung von Weierstraß*).

Beispiel 8: $I(y) = \int_0^1 y'^3\,\mathrm{d}x \overset{!}{=} \text{Minimum}$, $y(0) = 0$, $y(1) = 1$. Die Lösung der Euler-Lagrangeschen Differentialgleichung liefert die Extremale

$$y(x) = x.$$

Die Legendresche Bedingung ist erfüllt:

$$f_{y'y'} = 6y' = 6 > 0.$$

Die Lösung der Jacobischen Differentialgleichung

$$6u'' = 0, \qquad u(0) = 0$$

---

[1]) Wie bereits erwähnt, stellen notwendige Optimalitätsbedingungen für schwache Extrema auch zugleich notwendige Bedingungen für starke Extrema dar, aber nicht umgekehrt.

hat die Form $u(x) = cx$, so daß für den konjugierten Punkt $x_k = \infty$ folgt, d. h., auch diese notwendige Bedingung wird von der Extremalen erfüllt.

Für die Weierstraßsche E-Funktion erhält man

$$E(x, y, y', k) = k^3 - 1 - 3(k - 1) = k(k^2 - 3) + 2.$$

Es ist leicht einzusehen, daß diese Funktion nicht für beliebige Werte von k größer oder gleich null ist, so daß das Funktional in $y(x) = x$ höchstens ein schwaches relatives Minimum besitzen kann.

Die Weierstraß-Erdmannschen Eckenbedingungen. Es kann vorkommen, daß das betrachtete Funktional $I(y)$ bezüglich der Klasse der stetig differenzierbaren Funktionen kein Optimum besitzt.

Beispiel 9: $I(y) = \int_0^2 y^2(1 - y')^2\,dx \stackrel{!}{=}$ Minimum, $y(0) = 0$, $y(2) = 1$. Da der Integrand nicht von x abhängt, ist

$$y^2(1 - y')^2 + 2y'y^2(1 - y') = \text{const} = c_1$$

ein erstes Integral der Euler-Lagrangeschen Gleichung. Hieraus folgt

$$y'^2 = 1 - c_1/y^2 \quad \text{und damit} \quad \frac{y\,dy}{\sqrt{y^2 - c_1}} = dx.$$

Die Extremalen haben deshalb die Form

$$y^2 - (x + c_2)^2 = c_1.$$

Das Einsetzen der Randbedingungen liefert

$$(x - 3/4)^2 - y^2 = 9/16.$$

Die Endpunkte liegen jedoch auf verschiedenen Ästen dieser Hyperbel, so daß es keine stetig differenzierbare Extremale gibt, die beide Punkte verbindet. Da der Integrand ein quadratischer Ausdruck ist, kann der Wert des Funktionals nicht kleiner als null sein. Offensichtlich wird diese untere Schranke für die Funktion

$$y(x) = \begin{cases} 0 & \text{für} \quad 0 \leqq x \leqq 1 \\ x - 1 & \text{für} \quad 1 \leqq x \leqq 2 \end{cases}$$

angenommen, die im Intervall $[0, 2]$ zwar stetig ist, aber im Punkt $x = 1$ nicht differenzierbar ist. Die Funktion $y(x)$ gehört zur Klasse der stückweise stetig differenzierbaren Funktionen. Man bezeichnet einen Punkt $(x, y(x))$ der stückweise stetig differenzierbaren Funktion $y(x)$ als Ecke, wenn in x die linksseitige Ableitung $p_1 = y'_-(x)$ und die rechtsseitige Ableitung $p_2 = y'_+(x)$ von y existieren und voneinander verschieden sind.

Auskunft darüber, ob Extremalen mit Ecken existieren, geben die folgenden zwei *Weierstraß-Erdmannschen Eckenbedingungen*:

Wenn (x, y) Ecke einer Extremalen ist, dann müssen die beiden Gleichungen

$$f_{y'}(x, y, p_1) = f_{y'}(x, y, p_2) \tag{3.12}$$

und

$$(f - y'f_{y'})_{y'=p_1} = (f - y'f_{y'})_{y'=p_2} \tag{3.13}$$

mindestens eine Lösung besitzen, für die $p_1 \neq p_2$ gilt.

Beispiel 10: Für die Aufgabe aus Beispiel 9 lauten die Eckenbedingungen

$$-2y^2(1 - p_1) = -2y^2(1 - p_2),$$

$$y^2(1 - p_1)^2 + 2y^2p_1(1 - p_1) = y^2(1 - p_2)^2 + 2y^2p_2(1 - p_2),$$

d. h., Ecken können nur für $y = 0$ auftreten.

Natürliche Randbedingungen, Transversalitätsbedingungen

Neben der Vorgabe der Randbedingungen $y(x_0)$ und $y(x_1)$ können Fälle auftreten, wo

- nur eine (z. B. $y(x_0)$) bzw. keine Randbedingungen vorliegen,
- eine Randbedingung dadurch gegeben ist, daß im Punkt x_1 (variabel) gilt $y(x_1) = g(x_1)$, d. h., der Punkt $(x_1, y(x_1))$ soll auf einer vorgegebenen Kurve $g(x)$ liegen.

Das Verschwinden der ersten Variation des Funktionals $I(y)$ liefert hier neben der Euler-Lagrangeschen Differentialgleichung noch die folgenden Bedingungen für die fehlenden Randwerte:

(a) Ist nur im Randpunkt x_0 der Funktionswert $y(x_0)$ vorgegeben, so bestimmt sich die Randbedingung im Punkt x_1 aus

$$f_{y'}(x_1, y(x_1), y'(x_1)) = 0. \qquad (3.14)$$

Eine analoge Beziehung erhält man, wenn im Punkt x_0 kein Funktionswert vorgegeben ist. Die Beziehung (3.14) heißt *natürliche Randbedingung.*

(b) Im Punkt x_0 sei die Randbedingung in der Form $y(x_0) = y_0$ vorgegeben, während in x_1 (variabel) gefordert wird, daß der Punkt $(x_1, y(x_1))$ auf der vorgegebenen Kurve $g(x)$ liegt. Hier ergibt sich die *Transversalitätsbedingung*

$$f(x_1, y(x_1), y'(x_1)) + (g'(x_1) - y'(x_1)) f_{y'}(x_1, y(x_1), y'(x_1)) = 0, \qquad (3.15)$$

mit deren Hilfe der Funktionswert $y(x_1)$ bestimmt wird. Eine analoge Beziehung erhält man, wenn der Punkt $(x_0, y(x_0))$ auf einer vorgegebenen Kurve liegen soll.

Beispiel 11: $I(y) = \int_0^1 (y'^2/2 + yy' + y' + y)\,dx \stackrel{!}{=}$ Extremum, $y(0) = 1/2$. Die Euler-Lagrangesche Gleichung lautet $y'' = 1$, so daß man als Extremalen die Funktionen

$$y(x) = x^2/2 + c_1 x + c_2$$

erhält. Aus $y(0) = 1/2$ folgt $c_2 = 1/2$. Die Konstante c_1 ergibt sich aus (3.14):

$$f_{y'}(1, y(1), y'(1)) = y'(1) + y(1) + 1 = 1 + c_1 + 1/2 + c_1 + 1/2 + 1 = 2c_1 + 3 = 0,$$

d. h. $c_1 = -3/2$. Damit hat die Extremale die Form

$$y(x) = \frac{x^2}{2} - \frac{3}{2}x + \frac{1}{2}.$$

Beispiel 12: Es ist der kürzeste Abstand des Punktes (x_0, y_0) von der Kurve $y = g(x)$ zu bestimmen. Dieses Problem führt auf die Aufgabe

$$I(y) = \int_{x_0}^{x_1} \sqrt{1 + y'^2}\,dx \stackrel{!}{=} \text{Minimum}, \qquad y(x_0) = y_0, \qquad y(x_1) = g(x_1),$$

wobei x_1 noch unbekannt ist. Die Extremalen dieses Funktionals sind Geraden der Form

$$y(x) = a(x - x_0) + y_0,$$

da der Integrand nur von y' abhängt. Der Punkt x_1 wird aus der Transversalitätsbedingung

$$\sqrt{1 + y'^2(x_1)} + (g'(x_1) - y'(x_1))\, y'(x_1)/\sqrt{1 + y'^2(x_1)} = 0$$

errechnet, die die bekannte Orthogonalitätsbeziehung

$$y'(x_1)\, g'(x_1) = -1$$

liefert.

Das Hamiltonsche Prinzip

Die Variationsrechnung spielt eine grundlegende Rolle beim Aufstellen von Gleichungen der Mechanik und der theoretischen Physik. Viele dieser Gleichungen können auf einheitlichem Wege aus einem bestimmten *Variationsprinzip* mit Hilfe des Energiebegriffes erhalten werden. So besagt z. B. das *Hamiltonsche Prinzip* aus der Mechanik der Punktsysteme folgendes:

Der Übergang von einem Zustand in einen anderen in dem vorgegebenen Zeitintervall $[t_0, t_1]$ geschieht für ein System derart, daß die erste Variation δI des Funktionals

$$I = \int_{t_0}^{t_1} (T - V)\, \mathrm{d}t = \int_{t_0}^{t_1} L\, \mathrm{d}t$$

null ist. Die wirkliche Bewegung des Systems erfolgt somit nach den Funktionen, die unter allen zulässigen Bewegungen das obige Integral stationär machen, d. h., die Bewegungsgleichung des Systems ist gleich der Euler-Lagrangeschen Gleichung für das Funktional I. Dabei bedeuten T die kinetische und V die potentielle Energie des Systems und $L = T - V$ die *Lagrangesche Funktion*. Hier ist also das Interesse in erster Linie auf das Verschwinden der ersten Variation des Funktionals I und nicht auf die Frage eines Extremums gerichtet. Aufgaben dieser Art bezeichnet man jedoch auch als Variationsprobleme.

Beispiel 13: Ein Teilchen (Punktmasse) bewege sich unter dem Einfluß der Schwerkraft (freier Fall). Damit erhält man für die kinetische und potentielle Energie

$$T = my'^2/2 \quad \text{bzw.} \quad V = -mgy$$

(m – Masse, $y(t)$ – Höhe des Teilchens zur Zeit t). Das Integral über die Lagrangesche Funktion lautet folglich

$$I(y) = \int_{t_0}^{t_1} (T - V)\, \mathrm{d}t = m \int_{t_0}^{t_1} (y'^2/2 + gy)\, \mathrm{d}t.$$

Nach dem Hamiltonschen Prinzip ist die Bewegungsgleichung des Systems gleich der Euler-Lagrangeschen Gleichung für das Funktional $I(y)$:

$$mg - m\frac{\mathrm{d}}{\mathrm{d}t}(y') = 0, \quad \text{d. h.} \quad y'' = g$$

und somit

$$y(t) = c_1 + c_2 t + gt^2/2.$$

Dies ist die bekannte Bewegungsgleichung für den freien Fall.

Dieses aus der Mechanik bekannte Hamiltonsche Prinzip läßt sich auch auf andere physikalische Prozesse übertragen, so daß die Variationsprinzipien eine allgemeine Methode zur Aufstellung von Gleichungen in der mathematischen Physik darstellen.

Weitere Aufgaben

Neben Aufgaben für Funktionale der Gestalt

$$I(y) = \int_{x_0}^{x_1} f(x, y, y')\, \mathrm{d}x$$

treten noch weitere Problemstellungen auf. Als notwendige Optimalitätsbedingungen werden nur die Euler-Lagrangeschen Gleichungen angegeben. Die Übertragung anderer notwendiger Bedingungen geschieht analog.

Probleme mit höheren Ableitungen. Für die Aufgabe

$$I(y) = \int_{x_0}^{x_1} f(x, y, y', y'', \ldots, y^{(n)})\, \mathrm{d}x \overset{!}{=} \text{Extremum}$$

mit den Randbedingungen

$$y(x_0) = y_0,\ y'(x_0) = y'_0, \ldots, y^{(n-1)}(x_0) = y_0^{(n-1)},$$
$$y(x_1) = y_1,\ y'(x_1) = y'_1, \ldots, y^{(n-1)}(x_1) = y_1^{(n-1)}$$

lautet die *Euler-Lagrangesche Gleichung*

$$f_y - \frac{\mathrm{d}}{\mathrm{d}x} f_{y'} + \frac{\mathrm{d}^2}{\mathrm{d}x^2} f_{y''} - + \ldots + (-1)^n \frac{\mathrm{d}^n}{\mathrm{d}x^n} f_{y^{(n)}} = 0.$$

Beispiel 14: $I(y) = \int\limits_0^1 (y'' - y)^2 \,\mathrm{d}x \overset{!}{=}$ Extremum. Die Euler-Lagrangesche Gleichung lautet

$$f_y - \frac{\mathrm{d}}{\mathrm{d}x} f_{y'} + \frac{\mathrm{d}^2}{\mathrm{d}x^2} f_{y''} = 2y - 4y'' + 2y^{(4)} = 0,$$

d. h.

$$y^{(4)} - 2y'' + y = 0.$$

Als Lösung folgt

$$y(x) = \mathrm{e}^x(c_1 + c_2 x) + \mathrm{e}^{-x}(c_3 + c_4 x).$$

Das Einsetzen der Randbedingungen liefert die gesuchte Extremale.

Probleme für mehrere Funktionen. Für die Aufgabe

$$I(y_1, \ldots, y_n) = \int\limits_{x_0}^{x_1} f(x, y_1, \ldots, y_n, y_1', \ldots, y_n') \,\mathrm{d}x \overset{!}{=} \text{Extremum}$$

mit den Randbedingungen

$$y_i(x_0) = y_{i0}, \quad y_i(x_1) = y_{i1} \quad (i = 1, \ldots, n)$$

lauten die *Euler-Lagrangeschen Gleichungen*

$$f_{y_i} - \frac{\mathrm{d}}{\mathrm{d}x} f_{y_i'} = 0 \quad (i = 1, \ldots, n).$$

Probleme in Parameterdarstellung. Die Forderung, daß die gesuchte Kurve die explizite Gestalt $y = y(x)$ habe, kann die Aufgabe wesentlich einschränken. Eine allgemeinere Behandlung wird durch die Parameterdarstellung

$$x = x(t), \quad y = y(t)$$

erreicht. Das Funktional

$$I = \int\limits_{x_0}^{x_1} f(x, y, y') \,\mathrm{d}x$$

geht dabei in die Form

$$I = \int\limits_{t_0}^{t_1} f(x(t), y(t), \dot{y}(t)/\dot{x}(t)) \,\dot{x}(t) \,\mathrm{d}t$$

über, wobei der Integrand die unabhängige Variable t nicht explizit enthält und eine homogene Funktion ersten Grades in $\dot{x}$ und $\dot{y}$ ist.

Im allgemeinen betrachtet man das allgemeinere Funktional

$$I = \int\limits_{t_0}^{t_1} f(x, y, \dot{x}, \dot{y}) \,\mathrm{d}t,$$

wobei der Integrand eine positiv homogene Funktion ersten Grades in $\dot{x}$ und $\dot{y}$ ist, d. h.

$$f(x, y, k\dot{x}, k\dot{y}) = k f(x, y, \dot{x}, \dot{y}) \quad \text{für} \quad k > 0.$$

Unter dieser Voraussetzung ist der Wert des Funktionals nur von der Kurve

$$x = x(t), \quad y = y(t)$$

und nicht von der speziell gewählten Parameterdarstellung abhängig. Die *Euler-Lagrangeschen Gleichungen* lauten

$$f_x - \frac{\mathrm{d}}{\mathrm{d}t} f_{\dot{x}} = 0, \quad f_y - \frac{\mathrm{d}}{\mathrm{d}t} f_{\dot{y}} = 0.$$

Sie sind jedoch nicht voneinander unabhängig, da auf Grund des Eulerschen Satzes für homogene Funktionen

$$\dot{x}\left(f_x - \frac{\mathrm{d}}{\mathrm{d}t} f_{\dot{x}}\right) + \dot{y}\left(f_y - \frac{\mathrm{d}}{\mathrm{d}t} f_{\dot{y}}\right) = 0$$

folgt, so daß man nur eine der Gleichungen zu lösen braucht. Es ist weiterhin zu bemerken, daß die Lösung dieser Gleichung zwar die Extremale, aber nicht deren Parameterdarstellung liefert.

Beispiel 15: $I = \int_0^1 y^2\dot{y}^2/\dot{x}\,\mathrm{d}t \stackrel{!}{=}$ Extremum; $x(0) = y(0) = 0$, $x(1) = y(1) = 1$. Die Euler-Lagrangeschen Gleichungen lauten

$$\frac{\mathrm{d}}{\mathrm{d}t}(y^2\dot{y}^2/\dot{x}^2) = 0, \quad 2y\dot{y}^2/\dot{x} - \frac{\mathrm{d}}{\mathrm{d}t}(2y^2\dot{y}/\dot{x}) = 0.$$

Da hier nur eine Gleichung zu lösen ist, um die Extremale zu bestimmen, verwendet man hierzu die einfachere erste Gleichung $\frac{\mathrm{d}}{\mathrm{d}t}(y^2\dot{y}^2/\dot{x}^2) = 0$, d. h. $y^2\dot{y}^2/\dot{x}^2 = y^2y'^2 = (yy')^2 = \text{const}$, und damit $y^2/2 = c_1x + c_2$. Unter Verwendung der Randbedingungen folgt für die Extremale $y^2 = x$.

Probleme mit Nebenbedingungen in Gleichungsform. Für die Aufgabe

$$I = \int_{x_0}^{x_1} f(x, y_1, \ldots, y_n, y_1', \ldots, y_n')\,\mathrm{d}x \stackrel{!}{=} \text{Extremum}$$

mit den Randbedingungen $y_i(x_0) = y_{i0}$, $y_i(x_1) = y_{i1}$ und den Nebenbedingungen

(a) $g_j(x, y_1, \ldots, y_n) = 0 \quad (j = 1, \ldots, m < n)$

oder (*isoperimetrisches Problem*)

(b) $\int_{x_0}^{x_1} g_j(x, y_1, \ldots, y_n, y_1', \ldots, y_n')\,\mathrm{d}x = 0 \quad (j = 1, \ldots, m < n)$

oder

(c) $g_j(x, y_1, \ldots, y_n, y_1', \ldots, y_n') = 0 \quad (j = 1, \ldots, m < n)$

erhält man die *Euler-Lagrangeschen Gleichungen*

$$L_{y_j} - \frac{\mathrm{d}}{\mathrm{d}x} L_{y_j'} = 0 \quad (j = 1, \ldots, n),$$

wobei die sogenannte *Lagrangesche Funktion L* für die einzelnen Nebenbedingungen die folgende Form hat:

(a) $L(x, y, y', \lambda) = f(x, y, y') + \sum_{j=1}^{m} \lambda_j(x)\, g_j(x, y); \quad (y = (y_1, \ldots, y_n))$

(b) $L(x, y, y', \lambda) = f(x, y, y') + \sum_{j=1}^{m} \lambda_j g_j(x, y, y');$

(c) $L(x, y, y', \lambda) = f(x, y, y') + \sum_{j=1}^{m} \lambda_j(x)\, g_j(x, y, y')$.[1]

[1]) Treten Nebenbedingungen der Form (a), (b), (c) bei einer Aufgabe auf, so ist die Lagrangefunktion analog zu denen aus (a), (b), (c) zu bilden.

Die Extremalen $y_j(x)$ und die Konstanten λ_j bzw. die Funktionen $\lambda_j(x)$ (*Lagrangesche Multiplikatoren*) sind dabei so zu bestimmen, daß die Nebenbedingungen und die Eulerschen Gleichungen erfüllt werden.

Die obigen Formeln lassen bereits erkennen, daß es sich hier um eine Verallgemeinerung der bekannten Lagrangeschen Multiplikatorenmethode handelt.

Hinreichende Bedingungen für ein Extremum

Während z. B. für reelle Funktionen einer Veränderlichen die Bedingung $f''(x_0) > 0$ $(f''(x_0) < 0)$ ein hinreichendes Kriterium dafür liefert, daß x_0 der Funktion $f(x)$ ein Minimum (Maximum) erteilt, reichen die analogen Bedingungen für die zweite Variation $\delta^2 I$ (d. h. $\delta^2 I > 0$ bzw. < 0) nicht aus, um bei Variationsproblemen hinreichende Optimalitätsbedingungen zu erhalten. Hierfür sind zusätzliche Überlegungen notwendig, die auf der Betrachtung von Extremalenfeldern beruhen. Diese auch unter dem Namen „Feldtheorie" bekannte Methode wurde von Weierstraß begründet und u. a. von Hilbert, Caratheodory, De Donder und Weyl weiterentwickelt (s. [3.20]) und nimmt in der Variationsrechnung einen breiten Raum ein. Im folgenden wird nur für das Lagrangesche Problem

$$I(y) = \int_{x_0}^{x_1} f(x, y, y')\,\mathrm{d}x \overset{!}{=} \text{Extremum},$$

$$y(x_0) = y_0, \qquad y(x_1) = y_1$$

eine hinreichende Bedingung für schwache und starke Extrema angegeben.

Dazu werden die folgenden Begriffe benötigt: Man sagt, daß die Extremale $y = y(x)$ in ein Extremalenfeld eingebettet werden kann, wenn eine Schar von Extremalen $y = y(x, c)$ (c – Parameter) existiert, die

- ein gewisses Gebiet $\mathbf{D}$ der x,y-Ebene so überdeckt, daß durch jeden Punkt von $\mathbf{D}$ genau eine Extremale der Schar geht,
- für ein gewisses $c = c_0$ die Extremale $y(x)$ enthält, wobei $y = y(x)$ nicht auf dem Rand von $\mathbf{D}$ liegt.

Das Extremalenfeld wird zentral genannt, wenn alle Kurven des Feldes von einem Punkt $(x_0, y_0) \notin \mathbf{D}$ (Zentrum der Extremalenschar) ausgehen. Der Anstieg der durch den Punkt (x, y) gehenden Extremalen wird *Gefälle* des Feldes in (x, y) genannt und mit $p(x, y)$ bezeichnet. $p(x, y)$ als Funktion von (x, y) heißt *Gefällefunktion.*

Eine hinreichende Bedingung für die Einbettung einer Extremalen in ein Extremalenfeld (mit Zentrum (x_0, y_0)) liefert die Jacobische Bedingung $x_k > x_1$.

Unter Verwendung der Weierstraßschen E-Funktion (Exzeßfunktion), die durch

$$E(x, y, p, y') = f(x, y, y') - f(x, y, p) - (y' - p) f_{y'}(x, y, p)$$

definiert ist ($p = p(x, y)$ – Gefällefunktion), ergeben sich die folgenden hinreichenden Optimalitätsbedingungen:

a) Die Funktion $y(x)$ erteilt dem Funktional $I(y)$ ein schwaches relatives Extremum, wenn

a1) $y(x)$ Extremale ist, d. h. der Euler-Lagrangeschen Differentialgleichung genügt, und die Randbedingungen $y(x_0) = y_0$, $y(x_1) = y_1$ erfüllt,

a2) $y(x)$ in ein Extremalenfeld eingebettet werden kann,

a3) die Funktion $E(x, y, p, y')$ das Vorzeichen in allen Punkten (x, y), die hinreichend nahe an der Extremalen $y(x)$ liegen, und für alle in der Nähe von $p(x, y(x))$ liegenden Werte von y' nicht ändert. Bei $E \geqq 0$ erteilt y dem Funktional ein Minimum und bei $E \leqq 0$ ein Maximum.

b) Die Funktion $y(x)$ erteilt dem Funktional $I(y)$ ein starkes relatives Extremum, wenn

b1), a1) und a2) erfüllt sind,

b2) die Funktion $E(x, y, p, y')$ für alle in hinreichender Nähe von $y(x)$ liegenden Punkte (x, y) und für beliebige Werte y' ihr Vorzeichen nicht ändert ($E \geqq 0$ – Minimum, $E \leqq 0$ – Maximum).

Beispiel 16: $I(y) = \int_0^1 y'^3\,dx \overset{!}{=}$ Extremum; $y(0) = 0$, $y(1) = 1$. Für diese in Beispiel 8 gelöste Aufgabe erfüllt die Extremale $y = x$ die Legendresche und Jacobische Bedingung und kann in das Extremalenfeld $y = cx$ eingebettet werden. Die E-Funktion hat hier die Gestalt

$$E(x, y, p, y') = y'^3 - p^3 - 3p^2(y' - p) = (y' - p)^2\,(y' + 2p).$$

Hieraus ist ersichtlich, daß der erste Faktor immer positiv ist und der zweite für Werte von y', die in der Nähe von 1 liegen, ebenfalls positives Vorzeichen besitzt, d. h., $y = x$ realisiert ein schwaches relatives Minimum des Funktionals. Für $y' < -2$ wechselt die E-Funktion das Vorzeichen, so daß die Bedingung für ein starkes Extremum nicht erfüllt ist.

Beispiel 17: $I(y) = \int_0^1 (x + 2y + y'^2/2)\,dx \overset{!}{=}$ Extremum; $y(0) = 0$, $y(1) = 0$. Für diese Aufgabe haben die Extremalen die Form

$$y = x^2 + c_1x + c_2.$$

Das Einsetzen der Randbedingungen liefert $y = x^2 - x$. Die Legendresche und Jacobische Bedingung sind wieder erfüllt. Die Extremale $y = x^2 - x$ kann in das Feld $y = x^2 + cx$ eingebettet werden.

Aus $E(x, y, p, y') = (y' - p)^2/2$ ist ersichtlich, daß $E \geqq 0$ für alle y' gilt, so daß die Extremale $y = x^2 - x$ ein starkes relatives Minimum realisiert.

Probleme für Funktionen mehrerer Variabler

Beispiel:

$$I(u) = \iint_{\mathbf{G}} f(x, y, u, u_x, u_y)\,dx\,dy \overset{!}{=} \text{Extremum}, \tag{3.16}$$

$$u(x, y) = u_0(x, y) \quad \text{für} \quad (x, y) \in \mathbf{DG}. \tag{3.17}$$

Bei dieser Aufgabenstellung ist folglich eine Funktion $u(x, y)$ gesucht, die auf dem Bereich **G** der x,y-Ebene definiert ist und auf dem Rand **DG** von **G** die vorgegebenen Werte $u_0(x, y)$ annimmt. Außerdem ist noch gefordert, daß $u(x, y)$ stetige partielle Ableitungen $u_x(x, y)$ und $u_y(x, y)$ besitzt.

Die meisten der für Funktionen einer Veränderlichen angegebenen Optimalitätsbedingungen lassen sich unmittelbar auf diese Problemstellung verallgemeinern.

So erhält man die folgende *Euler-Lagrangesche Gleichung* als notwendige Bedingung für ein schwaches relatives Extremum des Funktionals (3.16)

$$f_u - \frac{d}{dx} f_{u_x} - \frac{d}{dy} f_{u_y} = 0. \tag{3.18}$$

Dies ist eine partielle Differentialgleichung zweiter Ordnung. Da die Funktionswerte von u auf der Randkurve **DG** vorgegeben sind, ist ein Randwertproblem zu lösen.

Ebenso wie bei Funktionen einer Veränderlichen kann die Forderung, daß die Funktion u stetige Ableitungen u_x und u_y besitzt, abgeschwächt werden. Die Verhältnisse sind hier jedoch etwas komplizierter als bei Funktionen mit einer Veränderlichen. Es gilt jetzt nicht mehr der Satz, daß das Verschwinden der ersten Variation von selbst das Bestehen der Eulerschen Differentialgleichung und die Existenz und Stetigkeit der Ableitungen zweiter Ordnung nach sich zieht. Es existiert jedoch ein Analogon zum Satz von Du Bois-Reymond.

Satz von Haar: Das Verschwinden der ersten Variation von $I(y)$ aus (3.16) bei stetigem u und stückweise stetigen Ableitungen u_x und u_y ist gleichbedeutend mit der Gleichung

$$\iint_B f_u\,dx\,dy = \int_R \left(f_{u_x}\,dy - f_{u_y}\,dx\right),$$

wobei B ein beliebiger einfach zusammenhängender Teilbereich (von stückweise glatten Kurven begrenzt) von **G** ist und R (positiv durchlaufen) den Rand von B darstellt.

Die im Satz von Haar angegebene Integralrelation tritt somit hier an die Stelle der Euler-Lagrangeschen Differentialgleichung.

Beispiel 18: Für das Funktional $I(u) = \iint\limits_{G} (u_x^2 + u_y^2)\,dx\,dy$ hat die Euler-Lagrangesche Gleichung die Gestalt

$$u_{xx} + u_{yy} = 0 \quad \text{(Laplacesche Differentialgleichung).}$$

Probleme von Mayer und Bolza

Neben der Aufgabe von Lagrange treten in der Praxis auch Aufgaben der Form

$$I(y) = F(y_0(x_1)) \stackrel{!}{=} \text{Extremum} \tag{3.19}$$

oder

$$I(y) = F_1(y_0(x_1)) + \int\limits_{x_0}^{x_1} F_2(x, y_0, \dots, y_n, y_0', \dots, y_n')\,dx \stackrel{!}{=} \text{Extremum} \tag{3.20}$$

mit

$$\begin{aligned} &f_i(x, y_0, \dots, y_n, y_0', \dots, y_n') = 0 \quad (i = 0, 1, \dots, m < n),\\ &y_i(x_0) = y_{i0} \quad (i = 0, 1, \dots, n),\\ &y_i(x_1) = y_{i1} \quad (i = 1, \dots, n) \end{aligned} \tag{3.21}$$

auf, die man als Probleme von Mayer ((3.19), (3.21)) bzw. von Bolza ((3.20), (3.21)) bezeichnet. Da die Aufgabe von Mayer ein Sonderfall der Aufgabe von Bolza ist ($F_2 \equiv 0$), wird nur die letztere behandelt. Das Funktional $F_1(y_0(x_1))$ aus (3.20) kann mittels

$$y_{n+1}(x) = F_1(y_0(x)),$$

d. h.

$$y_{n+1}'(x) = F_{1y_0}(y_0(x))\,y_0'(x), \qquad y_{n+1}(x_0) = F_1(y_{00})$$

auf die Form

$$\int\limits_{x_0}^{x_1} F_{1y_0}(y_0(x))\,y_0'(x)\,dx + F_1(y_{00})$$

gebracht werden. Da $F_1(y_{00})$ eine bekannte Konstante ist, die keinen Einfluß auf die Bestimmung des Optimums hat, ist die Aufgabe von Bolza dem folgenden Problem von Lagrange äquivalent, so daß hierfür keine besonderen Untersuchungen geführt werden brauchen:

$$I(y) = \int\limits_{x_0}^{x_1} (F_{1y_0}(y_0)\,y_0' + F_2(x, y_0, \dots, y_n, y_0', \dots, y_n'))\,dx \stackrel{!}{=} \text{Extremum},$$

$$f_i(x, y_0, \dots, y_n, y_0', \dots, y_n') = 0 \quad (i = 0, 1, \dots, m),$$

$$y_i(x_0) = y_{i0} \quad (i = 0, 1, \dots, n),$$

$$y_i(x_1) = y_{i1} \quad (i = 1, \dots, n).$$

3.2.1.3. Die Hamilton-Jacobische Theorie

Zwischen den Euler-Lagrangeschen Differentialgleichungen und den partiellen Differentialgleichungen erster Ordnung besteht ein wichtiger Zusammenhang, der von Hamilton bei seinen Untersuchungen zur geometrischen Optik entdeckt wurde. Jacobi hat Hamiltons Ergebnisse zu einer systematischen Integrationstheorie der sogenannten kanonischen Differentialgleichungen ausgebaut.

Für das Funktional $I(y) = \int\limits_{x_0}^{x_1} f(x, y, y')\,dx$; $y(x_0) = y_0$, $y(x_1) = y_1$ wird im folgenden die Problematik kurz angedeutet:

J sei der Minimalwert des Funktionals $I(y)$, d. h.

$$J = \text{Minimum}\, I(y) = \int\limits_{x_0}^{x_1} f(x, y^0, y^{0\prime})\,dx.$$

Die gesuchte Funktion $y^0(x)$ verbinde die Punkte $P_0(x_0, y_0)$ und $P_1(x_1, y_1)$, d. h.

$$y^0(x_0) = y_0, \qquad y^0(x_1) = y_1.$$

Es wird folglich der Extremwert des Funktionals als existent vorausgesetzt. J bezeichnet man auch als *Hamiltonsche charakteristische Funktion.* Nimmt man an, daß die Funktion $y^0(x)$ schon bestimmt ist, so hängt der Wert von J nur noch von den Grenzen des Integrals ab, d. h.

$$J = J(x_0, y_0; x_1, y_1).$$

Denkt man sich den Punkt P_0 als fest und den Punkt P_1 variabel (d. h. $P_1 = P_1(x, y)$), so folgt

$$J = J(x, y),$$

d. h., J ist eine reine Ortsfunktion. Es läßt sich nun zeigen, daß $J(x, y)$ den folgenden *Hamiltonschen Formeln* genügt:

$$J_x = f(x, y, p(x, y)) - p(x, y) f_{y'}(x, y, p(x, y)), \tag{3.22a}$$

$$J_y = f_{y'}(x, y, p(x, y)). \tag{3.22b}$$

Dabei ist $p(x, y) = y^{0\prime}$ die *Gefällefunktion.*

Diese Formeln spielen in der Variationsrechnung eine fundamentale Rolle. Aus ihnen kann eine Reihe von Optimalitätsbedingungen abgeleitet werden, so z. B. die Euler-Lagrangesche Differentialgleichung unter der Bedingung, daß J zweimal stetig nach x und y differenzierbar ist. Durch Elimination von $p(x, y)$ aus den Hamiltonschen Formeln erhält man die *Hamilton-Jacobische Differentialgleichung*

$$J_x + H(x, y, J_y) = 0 \tag{3.23}$$

mit

$$H(x, y, J_y) = (pf_{y'}(x, y, p) - f(x, y, p))_{p = y'(x, y, J_y)} \qquad (H - \text{Hamiltonfunktion}).$$

$p = y'(x, y, J_y)$ wird dabei durch Auflösung der Gleichung (3.22b) gewonnen (Voraussetzung $f_{y'y'}\big|_{y'=p} \neq 0$). Die Hamilton-Jacobische Gleichung ist eine partielle Differentialgleichung erster Ordnung zur Bestimmung des Extremums $J(x, y)$ des Funktionals I. Die allgemeine Lösung von (3.23) kann neben Konstanten auch willkürlich wählbare Funktionen enthalten.

$$J = J(x, y, a)$$

sei eine einparametrige Schar von Lösungen, in der der Parameter a wesentlich, d. h. nicht nur additiv, auftritt. Dann besagt der *Hauptsatz der Hamilton-Jacobischen Theorie* folgendes:

Die durch $\dfrac{\partial J(x, y, a)}{\partial a} = b$ (b – beliebige Konstante) definierte Funktion ist die allgemeine Lösung der Euler-Lagrangeschen Gleichung für das Funktional $I(y)$ in impliziter Form. In vielen Fällen ist die Auflösung der Hamilton-Jacobischen Gleichung einfacher als die der Euler-Lagrangeschen Gleichung. Über den obigen Hauptsatz läßt sich dann unmittelbar eine Lösung der Euler-Lagrangeschen Gleichung angeben.

Beispiel 19: $I(y) = \int\limits_{x_0}^{x_1} \sqrt{(x^2 + y^2)(1 + y'^2)}\, dx \overset{!}{=} \text{Extremum}$, $y(x_0) = y_0$, $y(x_1) = y_1$. Die Anwendung der Hamilton-Jacobischen Theorie ergibt:

$$J_y = p\sqrt{x^2 + y^2}/\sqrt{1 + p^2},$$

$$J_x = \sqrt{(x^2 + y^2)(1 + p^2)} - p^2\sqrt{x^2 + y^2}/\sqrt{1 + p^2}$$

$$= \sqrt{x^2 + y^2}/\sqrt{1 + p^2},$$

d. h., es folgt für die Hamilton-Jacobische Gleichung

$$J_x^2 + J_y^2 = x^2 + y^2.$$

Durch den Ansatz $J(x, y) = (c_1 x^2 + 2c_2 xy + c_3 y^2)/2$ findet man eine Lösung in der Form

$$J(x, y) = (\sin a \cdot x^2 - 2\cos a \cdot xy - \sin a \cdot y^2)/2,$$

so daß aus $\dfrac{\partial J}{\partial a} = \dfrac{b}{2}$

$$\cos a \cdot x^2 + 2\sin a \cdot xy - \cos a \cdot y^2 = b$$

als allgemeine Lösung der Euler-Lagrangeschen Gleichung folgt.

Gleiche Betrachtungsweisen findet man in der *Theorie optimaler Prozesse*. Das *Maximumprinzip* von Pontrjagin ist eine Verallgemeinerung des *Euler-Lagrangeschen Prinzips*, während die Methode der *dynamischen Optimierung* das Analogon der *Hamilton-Jacobischen Theorie* darstellt (vgl. 9.3.).

3.2.1.4. Das inverse Problem der Variationsrechnung

Eine notwendige Bedingung dafür, daß die Funktion $y(x)$ dem Funktional $I(y)$ ein Extremum erteilt, liefert die Euler-Lagrangesche Differentialgleichung. Als *inverses Problem der Variationsrechnung* bezeichnet man die Aufgabe, zu einer vorgegebenen gewöhnlichen oder partiellen Differentialgleichung ein Funktional $I(y)$ zu konstruieren, dessen Euler-Lagrangesche Gleichung gerade diese Differentialgleichung ist. Diese Methode spielt eine wesentliche Rolle bei der numerischen Lösung von Randwertaufgaben bei Differentialgleichungen.

Im allgemeinen ist es jedoch ziemlich kompliziert, zu einer vorgegebenen Differentialgleichung das Funktional $I(y)$ zu konstruieren.

Sonderfall: Es werden (gewöhnliche oder partielle) Differentialgleichungen der Form

$$Au = f$$

betrachtet. A sei dabei ein linearer Differentialoperator und f eine bekannte Funktion. Weiterhin sei der Operator A symmetrisch, d. h.

$$(Au, v) = (u, Av),$$

und positiv, d. h.

$$(Au, u) \geqq 0 \quad \text{(gleich 0 nur für } u \equiv 0).$$

Der Ausdruck (u, v) bezeichnet dabei das Skalarprodukt der Funktionen u und v in einem gewissen Funktionenraum. Betreffs der Wahl dieses Funktionenraumes für Lösungen der Differentialgleichung $Au = f$ sei auf 8.1.5.3. verwiesen. Wenn der Operator A die obigen Eigenschaften besitzt, gilt der folgende

Satz: Falls die Gleichung $Au = f$ eine Lösung hat, dann erteilt diese dem Funktional

$$I(u) = (Au, u) - 2(u, f)$$

ein Minimum. Wenn umgekehrt ein Element existiert, welches das Minimum dieses Funktionals realisiert, dann ist dieses Element Lösung der Gleichung $Au = f$ (s. auch 8.1.5.3.).

Die Aussagen dieses Satzes können nun dazu verwendet werden, sowohl für gewisse gewöhnliche als auch partielle Differentialgleichungen Funktionale zu konstruieren, deren Euler-Lagrangesche Gleichung gerade diese Gleichungen sind. Die Hauptarbeit besteht hierbei im Nachweis, daß der Differentialoperator A symmetrisch und positiv ist.

Beispiel 20: Gegeben sei die gewöhnliche Differentialgleichung

$$Au \equiv -\frac{d}{dx}\left(p(x)\frac{du}{dx}\right) + q(x)\,u = f(x)$$

mit den Randbedingungen $u(a) = u(b) = 0$. Unter den Voraussetzungen, daß die Funktionen $p(x)$, $p'(x)$, $q(x)$ und $f(x)$ stetig sind und $p(x) \geqq p_0 > 0$, $q(x) \geqq 0$ für $x \in [a, b]$ gilt, ist der Operator A positiv und symmetrisch:

$$(Au, v) = -\int_a^b v(x)\frac{d}{dx}\left(p(x)\frac{du}{dx}\right)dx + \int_a^b q(x)\,u(x)\,v(x)\,dx$$

$$= \int_a^b (p(x)\,u'(x)\,v'(x) + q(x)\,u(x)\,v(x))\,dx = (u, Av)$$

(für $v(a) = v(b) = 0$), d. h., A ist symmetrisch.

Setzt man in diesem Ausdruck $v = u$, so ergibt sich

$$(Au, u) \geqq p_0 \int_a^b (u')^2 \, dx \geqq \frac{p_0}{(b-a)^2} \int_a^b u^2 \, dx \geqq 0,$$

d. h., A ist positiv.

Damit ist die obige Gleichung $Au = f$ Euler-Lagrangesche Gleichung für das Funktional

$$I(u) = \int_a^b \left(\left(-\frac{d}{dx} \left(p \frac{du}{dx} \right) + qu \right) u - 2fu \right) dx.$$

Beispiel 21: Gegeben sei die Poissonsche Differentialgleichung

$$Au \equiv -\Delta u \equiv -u_{xx} - u_{yy} = f(x, y)$$

mit den Randbedingungen

$$u(x, y) = 0 \quad \text{für alle } (x, y) \in \mathbf{DG}.$$

DG ist dabei der Rand des Gebietes **G**, über dem die Lösung gesucht wird.

Es gilt

(a) $$(Au, v) - (Av, u) = \iint_{\mathbf{G}} \left(\frac{\partial}{\partial x} (uv_x - vu_x) + \frac{\partial}{\partial y} (uv_y - vu_y) \right) dx \, dy$$

$$= \int_{\mathbf{DG}} (-(uv_y - vu_y) \, dx + (uv_x - vu_x) \, dy) = 0,$$

wenn

$$v(x, y) = 0 \quad \text{ist für } (x, y) \in \mathbf{DG},$$

und

(b) $$(Au, u) = -\iint_{\mathbf{G}} u(u_{xx} + u_{yy}) \, dx \, dy$$

$$= -\int_{\mathbf{DG}} (-uu_y \, dx + uu_x \, dy) + \iint_{\mathbf{G}} (u_x^2 + u_y^2) \, dx \, dy$$

$$= \iint_{\mathbf{G}} (u_x^2 + u_y^2) \, dx \, dy \geqq 0.$$

Aus $(Au, u) = 0$ folgt hieraus $u_x = u_y = 0$, d. h. $u(x, y) \equiv 0$.

Der Operator A ist damit symmetrisch und positiv, so daß sich für das Funktional $I(u)$ der Ausdruck

$$I(u) = \iint_{\mathbf{G}} (u_x^2 + u_y^2 - 2fu) \, dx \, dy$$

ergibt.

3.2.1.5. Numerische Verfahren

In vielen praktischen Fällen läßt sich die Euler-Lagrangesche Differentialgleichung nicht exakt lösen, so daß Näherungsverfahren erforderlich sind. Man kann die numerischen Methoden (vor allem Differenzenverfahren) zur Lösung von Differentialgleichungen heranziehen, um die Euler-Lagrangesche Gleichung zu lösen. Da es sich hierbei aber vor allem um Randwertprobleme handelt, treten häufig Schwierigkeiten auf, so daß zur numerischen Lösung von Variationsproblemen oft *direkte Verfahren* verwendet werden. Bei diesen Verfahren wird die Lösung von Differentialgleichungen vermieden. Man versucht hier, *Minimalfolgen* zu konstruieren:

Wenn das Funktional $I(y)$ auf seinem Definitionsbereich $D(I)$ nach unten beschränkt ist, d. h.

$$\inf_{y \in D(I)} I(y) = K > -\infty,$$

dann nennt man jede Folge $\{y^n\}$ aus $D(I)$, für die

$$\lim_{n\to\infty} I(y^n) = K$$

gilt, Minimalfolge. Die Folge $\{y^n\}$ selbst braucht dabei nicht zu konvergieren. Außerdem müssen nicht immer Minimalelemente $y^0 \in D(I)$ (d. h. $I(y^0) = K$) vorhanden sein. Häufig kann man unmittelbar von den konstruierten Folgen $\{y^n\}$ nur aussagen, daß

$$I(y^{n+1}) \leqq I(y^n) \quad (n = 1, 2, \ldots)$$

gilt (*Relaxationsverfahren*).

Während man mit der Euler-Lagrangeschen Differentialgleichung lokale Extrema bestimmt, suchen die direkten Verfahren i. allg. absolute Extrema. Somit sind gesonderte Überlegungen erforderlich, um die Frage zu klären, inwieweit die mit direkten Verfahren gefundenen Lösungen die Euler-Lagrangesche Gleichung erfüllen.

Das Eulersche Verfahren

Diese auch als Differenzenverfahren bezeichnete Methode wird anhand der Aufgabe

$$I(y) = \int_a^b f(x, y, y')\,dx \overset{!}{=} \text{Extremum},$$

$$y(a) = y_a, \qquad y(b) = y_b$$

behandelt. Wenn das Intervall $[a, b]$ in n gleichlange Teilintervalle mit den Gitterpunkten

$$x_i = a + i\,\frac{b-a}{n} \quad (i = 0, \ldots, n)$$

zerlegt wird, so kann man das Funktional $I(y)$ näherungsweise mittels der Rechteckregel durch den Ausdruck

$$I_n(y) = f(y_1, \ldots, y_{n-1}) = h \sum_{i=0}^{n-1} f(a + ih, y_i, (y_{i+1} - y_i)/h)$$

annähern ($h = (b - a)/n$, $y_i \approx y(a + ih)$), so daß ein Optimierungsproblem für eine Funktion der $n - 1$ Veränderlichen $y_1, \ldots, y_{n-1}$ entstanden ist.

Beispiel 22: $I(y) = \int_0^1 (y'^2 + y^2 + 2xy)\,dx \overset{!}{=} \text{Extremum}$, $y(0) = y(1) = 0$. Das Intervall $[0, 1]$ wird in fünf Teilintervalle unterteilt:

$$y_0 = y(0) = 0, \quad y_1 \approx y(0{,}2), \quad y_2 \approx y(0{,}4), \quad y_3 \approx y(0{,}6),$$

$$y_4 \approx y(0{,}8), \quad y_5 = y(1) = 0, \quad y'(0) \approx y'_0 = (y_1 - 0)/0{,}2,$$

$$y'(0{,}2) \approx y'_1 = (y_2 - y_1)/0{,}2, \quad y'(0{,}4) \approx y'_2 = (y_3 - y_2)/0{,}2,$$

$$y'(0{,}6) \approx y'_3 = (y_4 - y_3)/0{,}2, \quad y'(0{,}8) \approx y'_4 = (0 - y_4)/0{,}2.$$

Man erhält damit die Näherungsaufgabe

$$I_5(y) = f(y_1, y_2, y_3, y_4) = 0{,}2 \sum_{i=0}^{4} \left(\left(\frac{y_{i+1} - y_i}{0{,}2} \right)^2 + y_i^2 + 0{,}4 i y_i \right) \overset{!}{=} \underset{y_1, y_2, y_3, y_4}{\text{Extremum}},$$

die mit den Methoden der Differentialrechnung gelöst wird:

$$f_{y_1} = \frac{2y_1}{0{,}04} - \frac{2(y_2 - y_1)}{0{,}04} + 2y_1 + 0{,}4 = 0,$$

$$f_{y_2} = \frac{2(y_2 - y_1)}{0{,}04} - \frac{2(y_3 - y_2)}{0{,}04} + 2y_2 + 0{,}8 = 0,$$

$$f_{y_3} = \frac{2(y_3 - y_2)}{0{,}04} - \frac{2(y_4 - y_3)}{0{,}04} + 2y_3 + 1{,}2 = 0,$$

$$f_{y_4} = \frac{2(y_4 - y_3)}{0{,}04} + \frac{2y_4}{0{,}04} + 2y_4 + 1{,}6 = 0$$

In der folgenden Tabelle werden die hieraus gewonnenen Näherungen y_i mit den exakten Werten $y(0{,}2i)$ (in der vierten Stelle gerundet) verglichen:

i	y_i	$y(0{,}2i)$
1	−0,0286	−0,0287
2	−0,0503	−0,0505
3	−0,0580	−0,0583
4	−0,0442	−0,0444

Das Ritzsche Verfahren

Mittels dieses Verfahrens wird das Variationsproblem ebenfalls wie beim Eulerschen Verfahren auf eine Optimierungsaufgabe für Funktionen zurückgeführt.

Der *Grundgedanke* ist der folgende (s. auch 8.1.5.3.): Es sei $u_1, u_2, u_3, \ldots$ ein *vollständiges System* von Funktionen in dem Definitionsbereich $D(I)$ des Funktionals $I(y)$, d. h., jede Funktion y aus $D(I)$ läßt sich durch eine Linearkombination

$$y_n(x) = \sum_{i=1}^{n} a_i u_i$$

der Funktionen u_i beliebig genau approximieren, wobei die Zahl n von der geforderten Genauigkeit abhängt.

Setzt man nun diese Linearkombination in das Funktional $I(y)$ ein, so ist das Funktional nur noch eine Funktion der Parameter a_i:

$$I\left(\sum_{i=1}^{n} a_i u_i\right) = f(a_1, \ldots, a_n).$$

Als notwendige Bedingung dafür, daß diese Funktion bezüglich der Parameter $a_1, a_2, \ldots, a_n$ ein Extremum annimmt, ergibt sich:

$$f_{a_1} = 0, f_{a_2} = 0, \ldots, f_{a_n} = 0.$$

Dies ist ein i. allg. nichtlineares Gleichungssystem zur Bestimmung der Parameter a_i.

Die Funktionen u_i bezeichnet man auch als *Koordinatenfunktionen*. Sie werden meistens so gewählt, daß zusätzlich

$$y_n = \sum_{i=1}^{n} a_i u_i$$

die Randbedingungen des Problems erfüllt.

Beispiel 23: Lösung der Aufgabe aus Beispiel 22 mit dem Ritzschen Verfahren: Die Koordinatenfunktionen seien

$$u_1(x) = x^2 - x, u_2(x) = x^3 - x^2, \ldots, u_n(x) = x^{n+1} - x^n.$$

n sei gleich 2, d. h.

$$y_2(x) = a_1(x^2 - x) + a_2(x^3 - x^2) \quad \text{mit} \quad y_2(0) = y_2(1) = 0.$$

Damit folgt

$$I(y_2(x)) = \int_0^1 ((a_1(2x - 1) + a_2(3x^2 - 2x))^2 + (a_1(x^2 - x) + a_2(x^3 - x^2))^2$$
$$+ 2x(a_1(x^2 - x) + a_2(x^3 - x^2)))\,dx = f(a_1, a_2).$$

Aus $f_{a_1} = 0$ und $f_{a_2} = 0$ ergibt sich

$$\frac{11}{15} a_1 + \frac{11}{30} a_2 = \frac{1}{6}, \qquad \frac{11}{30} a_1 + \frac{2}{7} a_2 = \frac{1}{10}$$

und damit $a_1 = 69/473$, $a_2 = 77/473$, $y_2(x) = (77x^3 - 8x^2 - 69x)/473$. Einen Vergleich mit der exakten Lösung $y(x) = \frac{e}{e^2 - 1}(e^x - e^{-x}) - x$ liefert die folgende Tabelle:

i	$y_2(0{,}2i)$	$y(0{,}2i)$
1	−0,0285	−0,0287
2	−0,0506	−0,0505
3	−0,0585	−0,0583
4	−0,0442	−0,0444

Beispiel 24: Wie aus Beispiel 21 folgt, ist die Laplacesche Gleichung

$$v_{xx} + v_{yy} = 0$$

die Euler-Lagrangesche Gleichung für das Funktional

$$I(v) = \iint_G (v_x^2 + v_y^2)\,dx\,dy.$$

G sei speziell das Gebiet, das durch die Geraden $x = 0$, $y = 0$, $x + y = 1$ begrenzt wird. Auf dem Rand DG dieses Dreiecks gelte $v(x, y) = x^2 + y^2$. Die Koordinatenfunktionen seien

$$u_0(x, y) = x^2 + y^2, \quad u_1(x, y) = xy(1 - x - y), \quad u_2(x, y) = x^2y(1 - x - y), \ldots$$

n sei gleich 3, d. h.

$$v_3(x, y) = x^2 + y^2 + a_1xy(1 - x - y) + a_2x^2y(1 - x - y) + a_3x^3y(1 - x - y).$$

Die Funktion $u_0(x, y)$ wurde mit hinzugenommen, damit $v_3(x, y)$ die Randbedingungen erfüllt. Damit folgt

$$I(v_3) = f(a_1, a_2, a_3).$$

Aus $f_{a_1} = 0$, $f_{a_2} = 0$, $f_{a_3} = 0$ erhält man $a_1 = 3{,}0401$, $a_2 = a_3 \doteq -0{,}0562$ und damit

$$v_3(x, y) = x^2 + y^2 + xy(1 - x - y)(3{,}0401 - 0{,}0562(x + x^2)).$$

Wie aus dem letzten Beispiel ersichtlich ist, kann das Ritzsche Verfahren über das „inverse Problem der Variationsrechnung" auch erfolgreich zur numerischen Lösung von Differentialgleichungen angewendet werden.

Gradientenverfahren

Ebenso wie bei Problemen der nichtlinearen Optimierung kann man zur numerischen Lösung von Aufgaben der Variationsrechnung sogenannte Gradientenverfahren verwenden.

Beispiel: Es sei das Funktional $I(y) = \int_0^1 f(x, y, y')\,dx$ auf dem linearen Unterraum

$$\tilde{W} = \{y(x) \mid y \in W,\ y(0) = 0\}$$

des Raumes W der absolut stetigen Funktionen $y(x)$ mit $y'(x) \in L^2$ (Sobolew-Raum), auf dem die Norm mittels des Skalarproduktes

$$(y_1, y_2) \overset{\text{def}}{=} y_1(0)\,y_2(0) + \int_0^1 y_1'(x)\,y_2'(x)\,dx$$

definiert ist (d. h., W ist ein Hilbertraum), zu minimieren. Wenn nun der Grenzwert

$$\lim_{t \to 0} \frac{I(y + th) - I(y)}{t}$$

für das auf einem Hilbertraum H definierte Funktional $I(y)$ $\forall h \in H$ existiert und gleich $(I'(y), h)$ $(I'(y) \in H)$ ist, so wird $I'(y)$ in Verallgemeinerung aus dem R^n als Gradient des Funktionals $I(y)$

bezeichnet. Für das obige Funktional ergibt sich nun analog zur Berechnung der ersten Variation in 3.2.1.2.:

$$\lim_{t\to 0}\frac{I(y+th)-I(y)}{t}=\int_0^1 (f_y h + f_{y'}\,, h')\,\mathrm{d}x$$

$$=\int_0^1\left(\int_x^1 f_y\,\mathrm{d}t + f_{y'}\right)h'\,\mathrm{d}x=(I'(y),h)\quad \forall h\in\tilde{W}.$$

Für $I'(y)\in\tilde{W}$ erhält man hieraus

$$I'(y)=\int_0^x\left(\int_t^1 f_y(s,y(s),y'(s))\,\mathrm{d}s+f_{y'}(t,y(t),y'(t))\right)\mathrm{d}t.$$

Wenn $y(x)$ Extremale ist, d. h. die Eulersche Gleichung $f_y-\dfrac{\mathrm{d}}{\mathrm{d}x}f_{y'}=0$ erfüllt, so gilt für den Gradienten $I'(y)=0$, wie man leicht nachrechnet.

Mit Hilfe dieses Gradienten läßt sich nun ein Verfahren zur näherungsweisen Lösung der obigen Aufgabe angeben: Von einer bekannten Anfangsnäherung $y^1(x)$ ausgehend werden weitere Näherungen nach der Formel

$$y^{n+1}=y^n-\beta_n I'(y^n)$$

konstruiert. Dieses aus der nichtlinearen Optimierung bekannte Gradientenverfahren kann somit auch hier angewendet werden (vgl. 9.2.). Die Schrittweite β_n kann man z. B. aus

$$I(y^n-\beta_n I'(y^n))=\underset{\beta\geqq 0}{\text{Minimum}}\; I(y^n-\beta I'(y^n))$$

bestimmen, da $I(y^n-\beta I'(y^n))$ nur noch eine Funktion des Parameters β ist. Somit gilt für die Folge (y^n):

$$I(y^1)\geqq I(y^2)\geqq \dots \geqq I(y^n)\geqq \dots$$

Beispiel 25: Lösung der Aufgabe aus Beispiel 22 und 23, allerdings ohne die Randbedingung $y(1)=0$:

$$I(y)=\int_0^1 (y'^2+y^2+2xy)\,\mathrm{d}x\overset{!}{=}\text{Minimum},$$

$$y(0)=0.$$

Für den Gradienten folgt

$$I'(y)=2y(x)+2\int_0^x\int_t^1 y(s)\,\mathrm{d}s+x-\tfrac{1}{3}x^3$$

und damit für das Gradientenverfahren

$$y^{n+1}(x)=y^n(x)-\beta_n\left(2y^n(x)+2\int_0^x\int_t^1 y^n(s)\,\mathrm{d}s+x-\tfrac{1}{3}x^3\right)$$

So ergibt z. B. die Anfangsnäherung $y^1(x)=0$:

$$I'(y^1)=x-\tfrac{1}{3}x^3,\quad I(y^1)=0$$

und damit

$$y^2(x)=y^1(x)-\beta I'(y^1)=-\beta(x-\tfrac{1}{3}x^3),$$

$$I(y^2)=\int_0^1(\beta^2((1-x^2)^2+(x-\tfrac{1}{3}x^3)^2)-\beta(x^2-\tfrac{1}{3}x^4))\,\mathrm{d}x$$

$$=\frac{4}{15}\left(\frac{59}{21}\beta^2-\beta\right)=\underset{\beta\geqq 0}{\text{Minimum}},$$

d. h. $\beta_1 = \frac{21}{118}$, $y^2(x) = -\frac{21}{118}\left(x - \frac{1}{3}x^3\right)$, $I(y^2) = -\frac{7}{295}$. Die weiteren Schritte verlaufen analog.

Das Verfahren wird abgebrochen, falls $I'(y^n) = 0$ gilt oder sonst z. B., wenn die absolute oder relative Abweichung zweier aufeinanderfolgender Funktionalwerte hinreichend klein ist (d. h. $I(y^n) - I(y^{n+1}) < \varepsilon$ bzw. $\frac{I(y^n) - I(y^{n+1})}{I(y^n)} < \varepsilon$ falls $I(y^n) \neq 0$).

3.2.1.6. Funktionalanalytische Methoden

Viele der in den vorangehenden Kapiteln erhaltenen Aussagen lassen sich mit Mitteln der Funktionalanalysis ableiten. So betrachtet man z. B. in einem Banachraum B die Aufgabe:

Es sind relative Extrema eines Funktionals $I(y)$ zu bestimmen, das auf der Menge $D(I) \subset B$ definiert ist, d. h., es sind Elemente y^0 gesucht, für die eine Umgebung $U_\varepsilon(y^0)$ existiert mit

$$I(y^0) \leqq I(y) \quad \text{bzw.} \quad I(y^0) \geqq I(y) \quad \forall y \in D(I) \cap U_\varepsilon(y^0).$$

Unter Verwendung des Gateauxschen Differentials $I'(y; h)$ und der Frechetschen Ableitung $I'(y)$, die durch

$$\lim_{t \to 0} \frac{I(y + th) - I(y)}{t} = I'(y; h) \quad \text{bzw.} \quad I(y + h) - I(y) = I'(y)\, h + o(\|h\|)$$

definiert sind, können die folgenden notwendigen Optimalitätsbedingungen bewiesen werden ($D(I) \subset B$ sei offen):

a) Wenn $y^0 \in D(I)$ dem Funktional $I(y)$ auf $D(I)$ ein relatives Extremum erteilt und $I(y)$ Gateaux-differenzierbar ist, dann gilt

$$I'(y^0; h) = 0 \quad \forall h \in B. \tag{3.24a}$$

Falls der Gradient $I'(y)$ (s. 3.2.1.5.) existiert, so folgt aus (3.24a) die bekannte Bedingung

$$I'(y^0) = 0.$$

b) Es sei $g(y)$ eine Frechet-differenzierbare Abbildung von B in den Banachraum B_1, und $g'(y^0)$ bilde B auf B_1 ab. Das Funktional $I(y)$ sei ebenfalls Frechet-differenzierbar, und y^0 erteile I unter der Nebenbedingung $g(y) = 0$ ein relatives Extremum, d. h.

$$I(y^0) = \underset{g(y)=0}{\text{Extremum}}\, I(y).$$

Dann existiert ein lineares Funktional $l \in B_1'$ so, daß für die Lagrangefunktion

$$L(y, l) = I(y) + lg(y)$$

gilt

$$L'(y^0, l) = 0, \quad \text{d. h.} \quad I'(y^0) + lg'(y^0) = 0.$$

Die Bedingungen a) und b) sind das Analogon zu $\mathbf{grad}\, f(x^0) = 0$ bzw. zur Lagrangeschen Multiplikatorenmethode bei Extremwertaufgaben für reelle (differenzierbare) Funktionen. Mit diesen Bedingungen a) und b) lassen sich nun die Euler-Lagrangeschen Differentialgleichungen für „konkrete“ Variationsprobleme ableiten (das Gateauxsche Differential wurde dort als erste Variation bezeichnet).

Eine hinreichende Optimalitätsbedingung liefert der folgende

Satz: Das Element y^0 genüge der Bedingung (3.24a), und das Funktional $I(y)$ besitze ein stetiges Gateauxsches Differential zweiter Ordnung (mit $I''(y; h_1, h_2)$ bezeichnet). Wenn für beliebiges $h \in B$ und $y \in D(I)$ (mit $h \neq 0$) gilt

$$I''(y; h, h) > 0 \quad (\text{bzw. } < 0), \tag{3.24b}$$

dann erteilt y^0 dem Funktional I ein absolutes Minimum (Maximum). Gilt (3.24b) nur in einer gewissen Umgebung von y^0, dann liefert y^0 ein relatives Minimum (bzw. Maximum).

Eine weitere Möglichkeit der funktionalanalytischen Behandlung von Variationsproblemen besteht in der Optimierung von Funktionalen, die über Mengen von abstrakten Funktionen definiert sind.

Beispiel: $I(x) = \int_0^1 F(t, x(t), \dot{x}(t))\,dt \stackrel{!}{=}$ Extremum; $x(0) = x_0$, $x(1) = x_1$. In diesem Beispiel bedeuten

$x(t)$ eine abstrakte Funktion, d. h. eine Abbildung des R^1 in den Banachraum B,

$\dot{x}(t)$ die Ableitung von x (analoge Definition wie für reelle Funktionen),

$F(t, x, \dot{x})$ ein auf $R^1 \times B \times B$ definiertes Funktional.

Ausführlicher wird diese Problematik z. B. in [3.19] behandelt. Es hat sich auch als vorteilhaft erwiesen, funktionalanalytische Methoden für eine numerische Lösung von Variationsproblemen heranzuziehen. So ist z. B. das in 3.2.1.5. angegebene Gradientenverfahren eine Realisierung eines allgemeinen Verfahrens im Hilbertraum.

Eine ausführlichere Behandlung dieser funktionalanalytischen Methoden zur Lösung von Optimierungsaufgaben findet man in [3.19].

3.2.2. Optimale Prozesse

3.2.2.1. Grundbegriffe

Beispiel: Betrachtet werde der geradlinige Bewegungsablauf eines Körpers. Der Zustand des bewegten Objektes läßt sich dann beschreiben durch die von der Zeit t abhängende Ortsfunktion $x_1(t)$ und Geschwindigkeit $x_2(t)$. Die Bewegung kann beeinflußt werden durch die Wahl der Beschleunigung $u(t)$. Dabei unterliegt die Bewegung dem Gesetz

$$\dot{x}_1 = x_2,$$

$$\dot{x}_2 = u.$$

Wesentlich ist, daß sich der Zustand eines Objektes entsprechend einem Gesetz (System gewöhnlicher Differentialgleichungen) unter einer Einwirkung (Steuerung) ändert.

Zustand, Steuerung, Prozeß: Der Zustand eines Objektes wurde durch die n Funktionen $x_1(t), \dots, x_n(t)$ beschrieben, man spricht auch von *Zustands-* oder *Phasenkoordinaten des Objektes*. Der Vektor $\mathbf{x}(t)$ mit den Koordinaten $x_1(t), \dots, x_n(t)$ heißt *Zustands- oder Phasenvektor*, der n-dimensionale Raum der Punkte $\mathbf{x}$ *Zustands-* oder *Phasenraum*. Der Zustand sei beeinflußbar durch die Steuergrößen $u_1(t), \dots, u_r(t)$, die man auch zum *Steuervektor* $\mathbf{u}(t)$ zusammenfaßt. Der r-dimensionale Raum der Punkte $\mathbf{u}$ heißt *Steuerraum*.

Ist $\mathbf{x}^0 = \mathbf{x}(t_0)$ ein Anfangszustand, dann soll der Zustand $\mathbf{x}(t)$ durch $\mathbf{x}^0$ und $\mathbf{u}(t)$ ($t \geqq t_0$) eindeutig bestimmt sein. Die entsprechende Kurve des Zustandsraumes nennt man auch *Trajektorie*, sie geht vom Punkte $\mathbf{x}^0$ aus.

Das Paar von Funktionen $(\mathbf{u}(t), \mathbf{x}(t))$ nennt man einen (*stetigen*) *Prozeß*.

Stetiges dynamisches System: Das Gesetz der Zustandsänderung sei durch ein System gewöhnlicher Differentialgleichungen

$$\dot{x}_1 = f_1(x_1, \dots, x_n, u_1, \dots, u_r, t)$$
$$\vdots$$
$$\dot{x}_n = f_n(x_1, \dots, x_n, u_1, \dots, u_r, t)$$

oder vektoriell

$$\dot{\mathbf{x}} = \mathbf{f}(\mathbf{x}, \mathbf{u}, t), \qquad t \in [t_0, t_1]$$

gegeben. Es werde im folgenden vorausgesetzt, daß die Funktionen $f_i(\mathbf{x}, \mathbf{u}, t)$ und $\dfrac{\partial f_i}{\partial x_j}$ nach allen Argumenten stetig differenzierbar sind. Man spricht dann auch von einem *stetigen dynamischen*

System. Im Fall $f_i = \sum_{j=1}^{n} a_{ij}(t)\, x_j + \sum_{k=1}^{r} b_{ik}(t)\, u_k$, d. h. $\mathbf{f} = \mathbf{Ax} + \mathbf{Bu}$, wobei $\mathbf{A}$ eine $n \times n$-Matrix mit den Elementen a_{ij} und $\mathbf{B}$ eine $n \times r$-Matrix mit den Elementen b_{ik} ist, heißt das System linear.

Äquivalente Systeme: Zwei dynamische Systeme

$$\dot{\mathbf{x}} = \mathbf{f}(\mathbf{x}, \mathbf{u}, t),$$

$$\dot{\mathbf{z}} = \mathbf{g}(\mathbf{z}, \mathbf{u}, t)$$

heißen äquivalent, wenn eine nichtsinguläre $n \times n$-Matrix $\mathbf{P}$ mit konstanten Elementen existiert, so daß

$$\mathbf{z}(t) = \mathbf{Px}(t)$$

gilt. Es ist dann $\dot{\mathbf{z}} = \mathbf{P} \cdot \dot{\mathbf{x}} = \mathbf{P} \cdot \mathbf{f}(\mathbf{P}^{-1}\mathbf{z}, \mathbf{u}, t)$.

Zulässige Steuerungen: Im allgemeinen ist der Steuervektor nicht frei wählbar, sondern auf Grund technischer Forderungen gewissen Bedingungen unterworfen. Es sei U eine Teilmenge des Steuerraumes, z. B. bestimmt durch $|u_i| \leqq a_i$, oder $||\mathbf{u}|| \leqq \mathbf{a}$ oder $h(\mathbf{u}) \leqq 0$, und es werde gefordert, daß $\mathbf{u}(t)$ nur Werte aus U annehmen darf, dann heißt U *Steuerbereich* (häufig ist U abgeschlossen bzw. sogar abgeschlossen, beschränkt und konvex).

Sehr oft muß man an $\mathbf{u}(t)$ weitere Forderungen stellen. Sollen z. B. die Steuereinrichtungen trägheitslos arbeiten, bedeutet das, daß man stückweise stetige Steuerungen zulassen muß.

Eine Steuerung heißt *zulässig* auf dem Intervall $[t_0, t_1]$, wenn gilt

1. $\mathbf{u}(t)$ nimmt nur Werte aus U an,
2. $\mathbf{u}(t)$ ist stückweise stetig

Erreichbarkeitsmenge: Ein Zustand $\mathbf{x}^1$ heißt erreichbar vom Zustand $\mathbf{x}^0 = \mathbf{x}(t_0)$, wenn eine zulässige Steuerung und ein $t_1 \geqq t_0$ existieren, so daß für die zugehörige Trajektorie gilt $\mathbf{x}(t_1) = \mathbf{x}^1$.

Die Menge aller von $\mathbf{x}^0$ erreichbaren Zustände nennt man die zum Anfangszustand $\mathbf{x}^0 = \mathbf{x}(t_0)$ und Steuerbereich U gehörende Erreichbarkeitsmenge.

Gibt man dabei auch t_1 vor, dann spricht man von der zu $\mathbf{x}^0$, U und t_1 gehörenden Erreichbarkeitsmenge. Ist U konvex, dann ist für ein lineares System auch die zu festem t_1 gehörende Erreichbarkeitsmenge konvex (die Erreichbarkeitsmenge im allgemeinen Sinne muß dabei nicht konvex sein).

Steuerbarkeit: Im folgenden entspreche dem Steuerbereich der gesamte Steuerraum. Wenn der Zustand $\mathbf{x}^1 = 0$ vom Zustand $\mathbf{x}^0 = \mathbf{x}(t_0)$ erreichbar ist, sagt man $\mathbf{x}^0$ ist zur Zeit t_0 *steuerbar*. Wenn jeder Zustand $\mathbf{x}^0$ zur Zeit t_0 steuerbar ist, nennt man das System zur Zeit t_0 *steuerbar*, wenn jeder Zustand $\mathbf{x}^0$ zu jeder Zeit t_0 steuerbar ist, nennt man das System *vollständig steuerbar* (d. h. jeder Punkt des Zustandsraumes kann mit beliebiger Anfangszeit in den Koordinatenursprung überführt werden).

Ein System ist dann und nur dann steuerbar, wenn das äquivalente System steuerbar ist. Dieser Satz ist jedoch zur praktischen Überprüfung wenig geeignet.

Für ein lineares System, bei dem die Elemente der Matrizen $\mathbf{A}$ und $\mathbf{B}$ konstant sind (autonomes lineares System), gilt: Es sei $\mathbf{G}$ die $n \times n \cdot r$-Matrix

$$\mathbf{G} = (\mathbf{B}, \mathbf{AB}, \mathbf{A}^2\mathbf{B}, \ldots, \mathbf{A}^{n-1}\mathbf{B}).$$

Das lineare autonome System

$$\dot{\mathbf{x}} = \mathbf{Ax} + \mathbf{Bu}$$

ist dann und nur dann vollständig steuerbar, wenn gilt

$$\text{Rang}\, \mathbf{G} = n.$$

3.2.2.2. Stetige optimale Prozesse

Wenn man verschiedene zulässige Steuerungen wählt, so erhält man bei gleichem Anfangszustand eines gegebenen dynamischen Systems im allgemeinen auch verschiedene Zustandsfunktionen und damit verschiedene Prozesse $(\mathbf{u}(t), \mathbf{x}(t))$. Es ist deshalb sinnvoll, nach einem solchen Prozeß zu fragen, der ein bestimmtes Optimalitätskriterium erfüllt. Man spricht dann von einem *optimalen Prozeß* und nennt die entsprechende Steuerung *optimale Steuerung*, den zugehörigen Zustand optimal und die entsprechende Kurve auch *optimale Trajektorie*.

Grundaufgabe: Gegeben sei das dynamische System

$$\dot{\mathbf{x}} = \mathbf{f}(\mathbf{x}, \mathbf{u}, t)$$

mit der Anfangsbedingung $\mathbf{x}(t_0) = \mathbf{x}^0$ und dem Steuerbereich U. Gesucht ist eine solche zulässige Steuerung und zugehörige Trajektorie, daß bei fester Endzeit t_1 gilt:

$$J = \sum_{i=1}^{n} c_i x_i(t_1) = \mathbf{c}\mathbf{x}(t_1)$$

ist minimal. Dabei sind die c_i gegebene Konstanten.

Es handelt sich offensichtlich um die Minimierung einer Linearkombination der Koordinaten des Endzustandes.

Es sei darauf hingewiesen, daß man zur Lösung dieser Aufgabe auch die sog. dynamische Optimierung (Optimalitätsprinzip von *Bellmann*, vgl. 9.3.4.2.) einsetzen kann. Hier wird das Maximumprinzip von *Pontrjagin* angegeben.

Dazu wird eine *adjungierte Vektorfunktion* $\mathbf{p}(t)$ mit den Koordinaten $p_1(t), \ldots, p_n(t)$ durch das System

$$\dot{p}_i = -\sum_{j=1}^{n} p_j \frac{\partial f_j}{\partial x_i}, \qquad p_i(t_1) = -c_i, \qquad i = 1, \ldots, n,$$

eingeführt. Faßt man die c_i zu einem Vektor $\mathbf{c}$ zusammen, dann ergibt sich unter Benutzung der Matrix

$$\begin{pmatrix} \frac{\partial f_1}{\partial x_1} & \frac{\partial f_2}{\partial x_1} & \cdots & \frac{\partial f_n}{\partial x_1} \\ \vdots & \vdots & & \vdots \\ \frac{\partial f_1}{\partial x_n} & \frac{\partial f_2}{\partial x_n} & \cdots & \frac{\partial f_n}{\partial x_n} \end{pmatrix} = \frac{\partial \mathbf{f}}{\partial \mathbf{x}}$$

die vektorielle Darstellung

$$\dot{\mathbf{p}} = -\frac{\partial \mathbf{f}}{\partial \mathbf{x}} \mathbf{p}, \qquad \mathbf{p}(t_1) = -\mathbf{c}.$$

Unter der *Hamiltonfunktion* versteht man den Ausdruck

$$H = \sum_{i=1}^{n} p_i f_i = \mathbf{p}\mathbf{f}.$$

Damit können dynamisches System und adjungiertes System auch in Form der *kanonischen Gleichungen*

$$\dot{\mathbf{x}} = \frac{\partial H}{\partial \mathbf{p}}, \qquad \mathbf{x}(t_0) = \mathbf{x}^0,$$

$$\dot{\mathbf{p}} = -\frac{\partial H}{\partial \mathbf{x}}, \qquad \mathbf{p}(t_1) = -\mathbf{c}$$

dargestellt werden, wobei $\frac{\partial H}{\partial \mathbf{p}}$ bzw. $\frac{\partial H}{\partial \mathbf{x}}$ die Gradienten von H bezüglich $\mathbf{p}$ bzw. $\mathbf{x}$ sind.

Das *Maximumprinzip* lautet nun: Dafür, daß der Prozeß $(\mathbf{u}(t), \mathbf{x}(t))$ die gegebene Grundaufgabe löst (im Sinne der Aufgabenstellung optimaler Prozeß ist), ist notwendig die Existenz einer nicht identisch verschwindenden adjungierten Funktion $\mathbf{p}(t)$ als Lösung des adjungierten Systems mit der entsprechenden Endbedingung, so daß für fast alle $t \in [t_0, t_1]$ die Maximumbedingung

$$\max_{\mathbf{u} \in \mathrm{U}} H(\mathbf{p}(t), \mathbf{x}(t), \mathbf{u}, t) = H(\mathbf{p}(t), \mathbf{x}(t), \mathbf{u}(t), t)$$

gilt.

Ist J zu maximieren, wird die Maximumbedingung bezüglich H durch die entsprechende Minimumbedingung ersetzt bzw. lediglich $\mathbf{p}(t_1) = +\mathbf{c}$ gesetzt.

Probleme mit anderem Optimierungsziel: Ist eine nach allen Argumenten zweimal differenzierbare Funktion

$$J = F[\mathbf{x}(t_1)]$$

zu minimieren, dann sind im Maximumprinzip die Endbedingungen für das adjungierte System lediglich zu ersetzen durch

$$p_i(t_1) = -\left.\frac{\partial F}{\partial x_i}\right|_{t=t_1}$$

Ist

$$J = \int_{t_0}^{t_1} f_0(\mathbf{x}, \mathbf{u}, t)\,dt$$

zu minimieren, wobei f_0 die gleichen Voraussetzungen wie die f_i erfüllen soll, so besitzt die Hamiltonfunktion die Gestalt

$$H^* = -f_0 + \sum_{=1}^{n} p_i f_i.$$

Das adjungierte System lautet dann

$$\dot{p}_i = \frac{\partial f_0}{\partial x_i} - \sum_{j=1}^{n} p_j \frac{\partial f_j}{\partial x_i}, \quad p_i(t_1) = 0, \quad i = 1, \dots, n.$$

Das Maximumprinzip gilt in der entsprechenden Form.

Beispiel:

$$\dot{x}_1 = x_2,$$

$$\dot{x}_2 = u, \quad x_i(0) = x_i^0, \quad |u| \leqq 1, \quad t_1 = 1.$$

Gesucht ist eine solche optimale Steuerung, für die

$$\int_0^1 (u + x_1)\,dt$$

minimal wird. Es gilt

$$H^* = -(u + x_1) + x_2 p_1 + u p_2 = x_2 p_1 - (1 - p_2)\,u - x_1$$

und

$$\dot{p}_1 = 1, \quad p_1(1) = 0,$$

$$\dot{p}_2 = -p_1, \quad p_2(1) = 0,$$

d. h.

$$p_1(t) = t - 1, \quad p_2(t) = -\tfrac{1}{2}(t - 1)^2.$$

Die Maximierung von H^* liefert $u = -\operatorname{sgn}(1 - p_2) = -1$.

Bedingungen für den Endpunkt, Transversalitätsbedingung: Häufig sind hinsichtlich des Endpunktes $\mathbf{x}(t_1)$ gewisse Bedingungen gegeben. In Ergänzung zur Grundaufgabe soll die optimale Trajektorie die Bedingungen

$$F_\alpha[\mathbf{x}(t_1)] = 0, \quad \alpha = 1, \dots, m,$$

erfüllen, wobei vorausgesetzt wird, daß die F_α zweimal differenzierbar nach allen x_i sind und die *Jacobische Matrix* $\left(\frac{\partial F_k}{\partial x_i}\right)$ den Maximalrang m besitzt. Dann bestimmen die Bedingungen $F_\alpha = 0$ eine glatte Mannigfaltigkeit im Zustandsraum. Es ist also eine solche optimale Steuerung gesucht, die den Punkt $\mathbf{x}^0 = \mathbf{x}(t_0)$ in einen beliebigen Punkt dieser Mannigfaltigkeit überführt. Man sagt dann, der Vektor $\mathbf{p}(t)$ erfüllt im rechten Endpunkt die *Transversalitätsbedingungen*, wenn $\mathbf{p}(t_1) - p_0\mathbf{c}$ senkrecht auf der Endmannigfaltigkeit steht, d. h. wenn

$$p_i(t_1) = p_0 c_i - \sum_{\alpha=1}^{m} \lambda_\alpha \cdot \left.\frac{\partial F_\alpha}{\partial x_i}\right|_{t=t_1}, \quad i = 1, \ldots, n,$$

mit beliebigen Parametern λ_α gilt ($p_0 \leqq 0$ konstant).

Im Maximumprinzip sind die Endbedingungen für $\mathbf{p}(t_1)$ durch diese Transversalitätsbedingungen zu ersetzen.

Ist das Optimierungsziel in Integralform

$$\int_{t_0}^{t_1} f_0(\mathbf{x}, \mathbf{u}, t)\, \mathrm{d}t$$

gegeben, dann besitzt die Hamiltonfunktion die Gestalt

$$H^* = p_0 f_0 + \sum_{i=1}^{n} p_i f_i,$$

und das adjungierte System lautet

$$\dot{p}_i = -p_0 \frac{\partial f_0}{\partial x_i} - \sum_{j=1}^{n} p_j \frac{\partial f_j}{\partial x_i},$$

$$p_i(t_1) = -\sum_{\alpha=1}^{n} \lambda_\alpha \left.\frac{\partial F_\alpha}{\partial x_i}\right|_{t=t_1}, \quad i = 1, \ldots, n,$$

mit $p_0 \leqq 0$ konstant. Lediglich im Fall, daß keine Bedingungen für den Endpunkt vorgegeben sind, kann man von vornherein $p_0 = -1$ setzen.

Eine Zusammenstellung der in das jeweilige Maximumprinzip eingebauten wichtigsten Beziehungen erfolgt in Tabelle 3.4.

Ist $\mathbf{I}$ eine Teilmenge von $\{1, 2, \ldots, n\}$ und lauten die Endbedingungen

$$x_i(t_1) = x_i^1 \quad \text{für } i \in \mathbf{I}$$

(einige Endkoordinaten sind vorgegeben), dann nimmt die Transversalitätsbedingung die spezielle Gestalt an

$$p_i(t_1) = \begin{cases} \text{nicht gegeben} & \text{für } i \in \mathbf{I} \\ p_0 c_i & \text{für } i \notin \mathbf{I}. \end{cases}$$

Beispiel: $\begin{array}{l} \dot{x}_1 = x_2 \\ \dot{x}_2 = u \end{array}, \quad x_1(0) = x_2(0) = 0, \quad x_1(1) = x_2(1) = 1.$

Gesucht ist solch eine optimale Steuerung, für die

$$J = \tfrac{1}{2} \int_0^1 u^2 \,\mathrm{d}t$$

minimal wird.

Es gelten

$$H^* = p_0 \tfrac{1}{2} u^2 + p_1 x_2 + p_2 u$$

und

$$\begin{array}{l} \dot{p}_1 = 0 \\ \dot{p}_2 = -p_1 \end{array}, \quad p_1(1) = -\lambda_1, \qquad p_2(1) = -\lambda_2,$$

d. h.

$$p_1(t) = -\lambda_1 \quad \text{und} \quad p_2(t) = \lambda_1 t - \lambda_1 - \lambda_2.$$

Damit liefert die Maximierung der Hamiltonfunktion für die optimale Steuerung (offensichtlich gilt $p_0 < 0$, und man kann $p_0 = -1$ setzen)

$$u(t) = \lambda_1 t - \lambda_1 - \lambda_2.$$

Tabelle 3.4.

	$\sum_{i=1}^{n} c_i x_i(t_1) \overset{!}{=} \min$		$F[\mathbf{x}(t_1)] \overset{!}{=} \min$		$\int_{t_0}^{t_1} f_0(\mathbf{x}, \mathbf{u}, t) \overset{!}{=} \min$	
	$\mathbf{x}(t_1)$ frei	$F_\alpha[\mathbf{x}(t_1)] = 0$	$\mathbf{x}(t_1)$ frei	$F_\alpha[\mathbf{x}(t_1)] = 0$	$\mathbf{x}(t_1)$ frei	$F_\alpha[\mathbf{x}(t_1)] = 0$
Hamilton-funktion	$H = \sum_{i=1}^{n} p_i f_i$				$H^* = p_0 f_0 + \sum_{i=1}^{n} p_i f_i$	
Adjungiertes System	$\dot{p}_i = -\sum_{j=1}^{n} \frac{\partial f_j}{\partial x_i} p_j$				$\dot{p}_i = -\frac{\partial f_0}{\partial x_i} p_0 - \sum_{j=1}^{n} \frac{\partial f_j}{\partial x_i} p_j$	
Endbedingungen	$p_i(t_1) = -c_i$	$p_i(t_1) = p_0 c_i - \sum_{\alpha=1}^{m} \lambda_\alpha \frac{\partial F_\alpha}{\partial x_i}\Big\|_{t=t_1}$ $p_0 \leqq 0$	$p_i(t_1) = -\frac{\partial F}{\partial x_i}\Big\|_{t=t_1}$	$p_i(t_1) = p_0 \frac{\partial F}{\partial x_i}\Big\|_{t=t_1} - \sum_{\alpha=1}^{m} \lambda_\alpha \frac{\partial F_\alpha}{\partial x_i}\Big\|_{t=t_1}$ $p_0 \leqq 0$	$p_i(t_1) = 0$ $p_0 = -1$	$p_i(t_1) = -\sum_{\alpha=1}^{m} \lambda_\alpha \frac{\partial F_\alpha}{\partial x_i}\Big\|_{t=t_1}$ $p_0 \leqq 0$
Zusatzbedingung bei freier Endzeit t_1	$\max H(\mathbf{x}, \mathbf{u}, p, t) = \int_{t_1}^{t} \sum_{i=1}^{n} \frac{\partial f_i}{\partial t} p_i \, dt$				$\max H^*(\mathbf{x}, \mathbf{u}, \mathbf{p}, t) = \int_{t_1}^{t} \sum_{i=0}^{n} \frac{\partial f_i}{\partial t} p_i \, dt$	

Die noch unbekannten Parameter λ_1 und λ_2 sind so zu bestimmen, daß das System in den Endpunkt

$$x_1(1) = x_2(1) = 1$$

überführt wird: Die Integration der Zustandsgleichung liefert

$$x_1(t) = \tfrac{1}{6}\lambda_1 t^3 - \tfrac{1}{2}(\lambda_1 + \lambda_2)\, t^2, \qquad x_2(t) = \tfrac{1}{2}\lambda_1 t^2 - (\lambda_1 + \lambda_2)\, t.$$

Aus $x_1(1) = x_2(1) = 1$ folgen die beiden linearen Gleichungen

$$\tfrac{1}{6}\lambda_1 - \tfrac{1}{2}(\lambda_1 + \lambda_2) = 1, \qquad \tfrac{1}{2}\lambda_1 - (\lambda_1 + \lambda_2) = 1$$

zur Bestimmung der Parameter λ_1 und λ_2, so daß man für die optimale Steuerung

$$u(t) = -6t + 4$$

erhält.

(Wenn der Steuerung $\mathbf{u}$ Beschränkungen auferlegt werden (z. B. $|\mathbf{u}(t)| \leqq 1$), erschwert sich die Bestimmung einer optimalen Steuerung wesentlich, wie man leicht nachprüfen kann.)

Analog erhält man eine Transversalitätsbedingung für den Anfangspunkt, falls $\mathbf{x}(t_0)$ nicht gegeben ist, sondern lediglich gefordert wird, daß $\mathbf{x}(t_0)$ ein Punkt der durch

$$G_\beta[\mathbf{x}(t_0)] = 0, \quad \beta = 1, \ldots, l,$$

bestimmten glatten Mannigfaltigkeit ist. Die adjungierte Vektorfunktion muß dann die Bedingungen

$$p_i(t_0) = -\sum_{\beta=1}^{l} \mu_\beta \cdot \left.\frac{\partial G_\beta}{\partial x_i}\right|_{t=t_0}, \quad i = 1, \ldots, n,$$

erfüllen.

Probleme mit freier Endzeit: Bei vielen Problemen ist die Endzeit t_1 nicht gegeben, man spricht dann auch von einem Problem mit freier Endzeit. Je nach der vorliegenden Aufgabe (Grundaufgabe, andere Form des Optimierungszieles, Bedingungen für den Endpunkt) ist dann das Maximumprinzip zu ergänzen durch die zusätzliche Bedingung

$$\max_{\mathbf{u}\in\mathbf{U}} H(\mathbf{x}(t), \mathbf{u}, \mathbf{p}(t), t) = \int_{t_1}^{t} \sum_{i=1}^{n} \frac{\partial f_i}{\partial t}\, p_i \,\mathrm{d}t$$

bzw. falls das Optimierungsziel in Integralform vorliegt

$$\max_{\mathbf{u}\in\mathbf{U}} H^*(\mathbf{x}(t), \mathbf{u}, \mathbf{p}(t), t) = \int_{t_1}^{t} \sum_{i=0}^{n} \frac{\partial f_i}{\partial t}\, p_i \,\mathrm{d}t.$$

Liegt ein autonomes System vor, d. h. hängen die Funktionen $f_i(\mathbf{x}(t), \mathbf{u}(t))$ nicht explizit von t ab, ergeben sich aus

$$\frac{\partial f_i}{\partial t} = 0$$

sofort

$$\max_{\mathbf{u}\in\mathbf{U}} H(\mathbf{x}(t), \mathbf{u}, \mathbf{p}(t)) = 0$$

bzw.

$$\max_{\mathbf{u}\in\mathbf{U}} H^*(\mathbf{x}(t), \mathbf{u}, \mathbf{p}(t)) = 0.$$

Ist $t_1 - t_0$ zu minimieren, so spricht man von einem sogenannten zeitoptimalen (schnelligkeitsoptimalen) Problem. In diesem Fall kann man das Optimierungsziel auch in der Form

$$\int_{t_0}^{t_1} f_0 \,\mathrm{d}t \quad \text{mit} \quad f_0 \equiv 1$$

darstellen. Es wird dann

$$H^* = p_0 + \sum_{i=1}^{n} p_i f_i = p_0 + H.$$

Die Zusatzbedingung hat dann die Form

$$\max_{\mathbf{u}\in\mathbf{U}} H(\mathbf{x}(t), \mathbf{u}, \mathbf{p}(t), t) = \int_{t_1}^{t} \sum_{i=1}^{n} \frac{\partial f_i}{\partial t} p_i \,\mathrm{d}t - p_0 .$$

Beispiel:

$$\dot{x}_1 = x_2, \quad \dot{x}_2 = u, \qquad 0 \leqq u \leqq 1.$$

Gesucht ist eine zulässige Steuerung, so daß der Punkt $x_1(0) = 1$, $x_2(0) = -1$ in kürzester Zeit t_1 in den Punkt $x_1(t_1) = x_2(t_1) = 0$ überführt wird. Es gilt

$$H = p_1 x_2 + p_2 u$$

und

$$\dot{p}_1 = 0,$$

$$\dot{p}_2 = -p_1 .$$

Maximierung von H liefert

$$u = \begin{cases} 1 & \text{falls } p_2 > 0, \\ 0 & \text{falls } p_2 < 0. \end{cases}$$

Durch Integration des adjungierten Systems folgt

$$p_1 = k_1,$$

$$p_2 = -k_1 t + k_2$$

mit zunächst nicht bekannten Integrationskonstanten k_1, k_2. Offensichtlich erfährt p_2 höchstens einen Vorzeichenwechsel, d. h. es kann höchstens eine Umschaltung von der Steuerung $u = 1$ auf $u = 0$ bzw. von $u = 0$ auf $u = 1$ geben. Für $u = +1$ ergibt sich durch Integration des Zustandssystems die Trajektorienschar

$$x_1 = \tfrac{1}{2} t^2 + s_2 t + s_1,$$

$$x_2 = t + s_2$$

(s_1, s_2 Integrationskonstanten). Elimination von t liefert die Parabelschar

$$x_1 = \tfrac{1}{2} x_2^2 + s_1 - \tfrac{1}{2} s_2^2 .$$

Entsprechend folgt für $u = 0$ die Geradenschar

$$x_1 = r_2 t + r_1,$$

$$x_2 = r_2$$

(r_1, r_2 Integrationskonstanten). Wie man sofort sieht, kann keine Gerade dieser Schar durch den zu erreichenden Endpunkt gehen, da dann $r_1 = r_2 = 0$ gelten müßte. Bezüglich der Parabelschar ergibt sich aus $x_1 = x_2 = 0$ sofort $s_1 - \frac{1}{2} s_2^2 = 0$, d. h., die Parabel $x_1 = \frac{1}{2} x_2^2$ läuft durch den Endpunkt. Da x_2 monoton mit t wächst, erfolgt der Einlauf im Endpunkt aber auf dem Parabelzweig

$$x_1 = \tfrac{1}{2} x_2^2, \qquad x_2 \leqq 0.$$

Da diese Parabel den Anfangspunkt nicht enthält, ist aber zunächst mit $u = 0$ zu steuern, bis man diese Einlaufparabel erreicht, dann erfolgt die Umschaltung auf $u = 1$. Die Umschaltzeit t_2 und die Gesamtzeit t_1 lassen sich leicht berechnen.

Ausgehend vom Anfangspunkt ergibt sich für $u = 0$ die Trajektorie

$$x_1 = -t + 1,$$
$$x_2 = -1.$$

Für t_2 gilt

$$x_1 = \tfrac{1}{2} x_2^2$$

oder

$$1 - t_2 = \tfrac{1}{2}$$

oder

$$t_2 = \tfrac{1}{2}.$$

Der erreichte Zustand ist

$$x_1 = \tfrac{1}{2}, \qquad x_2 = -1.$$

Die weitere Steuerung mit $u = 1$ liefert die Trajektorie

$$x_1 = \frac{1}{2} t^2 - \frac{3}{2} t + \frac{9}{8},$$
$$x_2 = t - \frac{3}{2}.$$

Aus $x_1(t_1) = x_2(t_1) = 0$ folgt $t_1 = \dfrac{3}{2}$. Für die adjungierte Funktion p_2 muß somit gelten

$$p_2(t) \begin{cases} <0 & \text{für } t < \tfrac{1}{2}, \\ =0 & \text{für } t = \tfrac{1}{2}, \\ >0 & \text{für } t > \tfrac{1}{2}, \end{cases}$$

d. h.

$$k_1 = 2k_2, \qquad k_1 < 0.$$

Die zusätzliche Bedingung des Maximumprinzips ist ebenfalls erfüllt.

Systeme mit verteilten Parametern: Im Unterschied zu Steuerungsproblemen, die durch gewöhnliche Differentialgleichungen beschrieben werden (*Systeme mit konzentrierten Parametern*), bezeichnet man durch partielle Differentialgleichungen beschriebene Probleme auch als *Systeme mit verteilten Parametern.*

Für diese Aufgaben lassen sich ähnliche Maximumprinzipien angeben wie für Systeme mit konzentrierten Parametern. So hat das *Maximumprinzip* z. B. für die Aufgabe

$$J(\mathbf{u}) = \sum_{i=1}^{n} c_i Q_i(a, b) \overset{!}{=} \underset{\mathbf{u} \in \mathbf{U}}{\text{Minimum}}$$

mit

$$Q_{i\mathbf{xy}} = f_i(\mathbf{x}, \mathbf{y}, \mathbf{Q}, \mathbf{Q_x}, \mathbf{Q_y}, \mathbf{u}) \quad (i = 1, 2, \ldots, n),$$
$$Q_i(\mathbf{x}, 0) = h_i(\mathbf{x}), \qquad Q_i(0, \mathbf{y}) = g_i(\mathbf{y}), \qquad h_i(0) = g_i(0),$$
$\mathbf{u} = (u_1, \ldots, u_r)$ – stückweise stetiger Steuervektor,
$\mathbf{Q} = (Q_1, \ldots, Q_n)$ – Zustandsvektor

die folgende Form:

Dafür, daß der Prozeß $(\mathbf{u}(\mathbf{x}, \mathbf{y}), \mathbf{Q}(\mathbf{x}, \mathbf{y}))$ die gegebene Aufgabe löst, ist notwendig die Existenz adjungierter Funktionen $N_i(\mathbf{x}, \mathbf{y})$ als Lösung des *adjungierten Systems*

$$N_{i\mathbf{xy}} = H_{Q_i} - \frac{\mathrm{d}}{\mathrm{d}x} H_{Q_{i\mathbf{x}}} - \frac{\mathrm{d}}{\mathrm{d}y} H_{Q_{i\mathbf{y}}},$$
$$\left.\begin{aligned} N_{i\mathbf{x}} &= -H_{Q_{i\mathbf{y}}}\Big|_{\mathbf{y}=b} \\ N_{i\mathbf{y}} &= -H_{Q_{i\mathbf{x}}}\Big|_{\mathbf{x}=a} \end{aligned}\right\} \quad (i = 1, 2, \ldots, n),$$
$$N_i(a, b) = -c_i,$$

so daß für fast alle $(\mathbf{x}, \mathbf{y}) \in [0, a] \times [0, b]$ die Maximumbedingung

$$\underset{\mathbf{u}\in \mathbf{U}}{\text{Maximum}}\; H\big(\mathbf{x}, \mathbf{y}, N(\mathbf{x}, \mathbf{y}), \mathbf{Q}(\mathbf{x}, \mathbf{y}), \mathbf{Q_x}(\mathbf{x}, \mathbf{y}), \mathbf{Q_y}(\mathbf{x}, \mathbf{y}), \mathbf{u}\big)$$
$$= H\big(\mathbf{x}, \mathbf{y}, N(\mathbf{x}, \mathbf{y}), \mathbf{Q}(\mathbf{x}, \mathbf{y}), \mathbf{Q_x}(\mathbf{x}, \mathbf{y}), \mathbf{Q_y}(\mathbf{x}, \mathbf{y}), \mathbf{u}(\mathbf{x}, \mathbf{y})\big)$$

mit

$$H = \sum_{i=1}^{n} N_i(\mathbf{x}, \mathbf{y}) f_i\big(\mathbf{x}, \mathbf{y}, \mathbf{Q}, \mathbf{Q_x}, \mathbf{Q_y}, \mathbf{u}\big)$$

gilt.

Beispiel:

$$J(u) = \int_0^1\int_0^1 (x-1)\, Q \,\mathrm{d}x\, \mathrm{d}y \overset{!}{=} \underset{|u|\leq 1}{\text{Minimum}}$$

mit

$$Q_{xy} = -2Q_x - Q_y - 2Q + u,$$
$$Q(x, 0) = Q(0, y) = 0.$$

Durch Einführen der Funktion $Q_0(x, y) = \int_0^x\int_0^y (x-1)\, Q\, \mathrm{d}x\, \mathrm{d}y$ erhält man die Grundaufgabe

$$Q_0(1, 1) \overset{!}{=} \underset{|u|\leq 1}{\text{Minimum}}$$

mit

$$Q_{0xy} = (x-1)\, Q, \qquad Q_0(x, 0) = Q_0(0, y) = 0,$$
$$Q_{xy} = -2Q_x - Q_y - 2Q + u, \qquad Q(x, 0) = Q(0, y) = 0.$$

Die Maximierung der Hamiltonfunktion

$$H = N_0(x-1)\, Q + N(-2Q_x - Q_y - 2Q + u)$$

ergibt für die optimale Steuerung

$$u(x, y) = \operatorname{sgn} N(x, y).$$

Die Lösung des adjungierten Systems

$$\begin{aligned} &N_{0xy} = 0 && N_{xy} = -2N + 2N_x + N_y + N_0(x-1)\\ &N_{0x} = 0|_{y=1} && N_x = N|_{y=1}\\ &N_{0y} = 0|_{x=1} && N_y = 2N|_{x=1}\\ &N_0(1, 1) = -1, && N(1, 1) = 0 \end{aligned}$$

hat die Gestalt $N_0(x, y) = -1$, $N(x, y) = \frac{1}{2}(e^{x-1} - x)(1 - e^{2(y-1)})$, so daß die optimale Steuerung gleich der Funktion

$$u(x, y) = \operatorname{sgn} \tfrac{1}{2}(e^{x-1} - x)(1 - e^{2(y-1)}) = \operatorname{sgn}(e^{x-1} - x)$$

ist.

Für Systeme, die durch partielle Differentialgleichungen anderen Typs beschrieben werden, existieren analoge Maximumprinzipien.

Zusammenhang zwischen der Theorie optimaler Prozesse und der Variationsrechnung: Die Theorie optimaler Prozesse wurde entwickelt, um Aufgaben mit abgeschlossenem Definitionsbereich behandeln zu können. Mittels dieser Theorie können jedoch auch Variationsprobleme gelöst werden.

Beispiel: Gegeben sei die Lagrangesche Aufgabe (vgl. 3.2.1.2.)

$$I(x) = \int_{t_0}^{t_1} f(x, \dot{x}, t)\, \mathrm{d}t \overset{!}{=} \text{Extremum},$$

$$x(t_0) = x^0, \qquad x(t_1) = x^1.$$

Mittels der Substitution $\dot{x}(t) = u(t)$ erhält man das folgende Problem der optimalen Steuerung:

$$J(u) = \int_{t_0}^{t_1} f(x, u, t)\,\mathrm{d}t \overset{!}{=} \underset{u}{\text{Extremum}},$$

$$\dot{x} = u, \qquad x(t_0) = x^0, \qquad x(t_1) = x^1.$$

Hamiltonfunktion und adjungiertes System haben die Gestalt

$$H^* = pu - f(x, u, t)$$

bzw.

$$\dot{p} = f_x(x, u, t).$$

Da die Steuerung $u(t)$ Werte aus einem offenen Gebiet annimmt, kann das Maximum bzw. Minimum der Hamiltonfunktion mit der Differentialrechnung bestimmt werden:

$$H_u^* \equiv p - f_u(x, u, t) = 0.$$

Aus dieser Beziehung folgt

$$\dot{p} = \frac{\mathrm{d}}{\mathrm{d}t} f_u.$$

Unter Berücksichtigung von $\dot{x} = u$ und $\dot{p} = f_x$ erhält man die Eulersche Gleichung

$$f_x - \frac{\mathrm{d}}{\mathrm{d}t} f_{\dot{x}} = 0, \qquad x(t_0) = x^0, \qquad x(t_1) = x^1.$$

Andere Aufgabenstellungen der Variationsrechnung lassen sich analog behandeln. Die Theorie optimaler Prozesse stellt somit eine Verallgemeinerung der klassischen Variationsrechnung dar.

3.2.2.3. Diskrete Systeme

Ist der Definitionsbereich der Zustandsfunktion $x(t)$ eine Menge endlich vieler Werte $t_1, t_2, \ldots, t_N$ und erfolgt die Zustandsänderung unter dem Gesetz

$$\mathbf{x}(t_k) = \mathbf{f}(\mathbf{x}(t_{k-1}), \mathbf{u}(t_k), t_k), \quad k = 1, \ldots, N,$$

dann spricht man auch von einem diskreten System. Dabei ist $\mathbf{u}(t_k)$ der r-dimensionale Steuervektor an der Stelle t_k mit dem Steuerbereich $\mathbf{U}_k$. Mit $\mathbf{u}^k = \mathbf{u}(t_k)$, $\mathbf{x}^k = \mathbf{x}(\mathbf{t}_k)$ kann man das System auch in der Form

$$\mathbf{x}^k = \mathbf{f}(\mathbf{x}^{k-1}, \mathbf{u}^k, t_k) = \mathbf{f}^k(\mathbf{x}^{k-1}, \mathbf{u}^k)$$

darstellen.

Setzt man $t_k = k$, dann läßt sich das System durch einen N-stufigen Prozeß veranschaulichen (Bild 3.51). Dabei sind $\mathbf{x}^k$ der Ausgangs-, $\mathbf{x}^{k-1}$ der Eingangszustand der Stufe k und $\mathbf{u}^k$ die auf diese

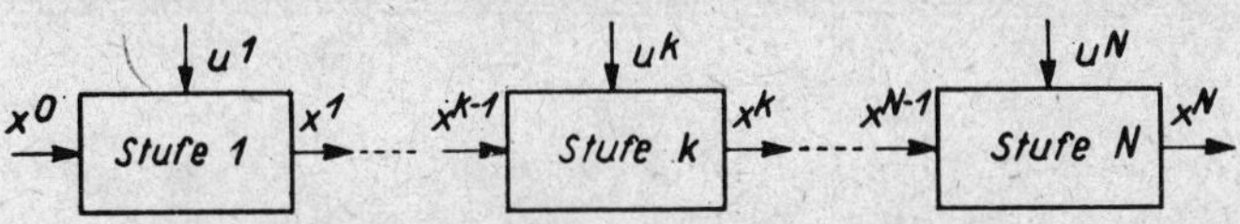

Abb. 3.51

Stufe wirkende Steuerung. Der Ausgangszustand ergibt sich in Abhängigkeit vom Eingangszustand und der entsprechenden Steuerung. Von besonderer Bedeutung ist folgende *Optimierungsaufgabe*:

Gegeben ist das System

$$\mathbf{x}^k = \mathbf{f}^k(\mathbf{x}^{k-1}, \mathbf{u}^k), \quad k = 1, \ldots, N,$$

$\mathbf{f}^k$ mindestens einmal differenzierbar nach allen Variablen,

$\mathbf{u}^k \in \mathbf{U}^k$ (abgeschlossen),

$\mathbf{x}^0$.

Gesucht sind solche zulässigen Steuerungen $\mathbf{u}^k$, so daß

$$\sum_{i=1}^{n} c_i x_i^N$$

minimal ist (x_i^N sind die Koordinaten des Ausgangszustandes $\mathbf{x}^N$). Ist $F[\mathbf{x}^N]$ zu minimieren, führt man für jede Stufe eine weitere Zustandsgröße x_{n+1}^k durch

$$x_{n+1}^k = F(\mathbf{x}^k) = F[\mathbf{f}^k(\mathbf{x}^{k-1}, \mathbf{u}^k)]$$

ein. Das Optimierungsziel lautet dann: x_{n+1}^N ist zu minimieren.

In Analogie zu stetigen Systemen lassen sich ebenfalls wichtige weitere Aufgabenstellungen formulieren. Die formulierte Aufgabe läßt sich auch mit dem Bellmanschen Optimalitätsprinzip behandeln. Es soll hier ein *Maximumprinzip* angegeben werden.

Hamiltonfunktion der Stufe k ($k = 1, \ldots, N$):

$$H^k = \sum_{i=1}^{n} p_i^k f_i^k(\mathbf{x}^{k-1}, \mathbf{u}^k).$$

Adjungierter Vektor $\mathbf{p}^k$ und *adjungiertes System* der Stufe k:

$$p_i^{k-1} = \frac{\partial H^k}{\partial x_i^{k-1}} = \sum_{j=1}^{n} p_j^k \frac{\partial f_j^k}{\partial x_i^{k-1}}$$

$$p_i^N = -c_i, \quad i = 1, \ldots, n.$$

Maximumprinzip: Ist $\mathbf{u}^k$ optimal im Sinne der gestellten Aufgabe, dann ist notwendig die Existenz von N adjungierten, nichtidentisch verschwindenden Vektoren $\mathbf{p}^k$ als Lösung des adjungierten Systems, so daß gilt

$$\frac{\partial H^k(\mathbf{p}^k, \mathbf{x}^{k-1}, \mathbf{u}^k)}{\partial u_i^k} = 0, \text{ falls } \mathbf{u}^k \text{ im Innern von } \mathbf{U}^k,$$

$$H^k(\mathbf{p}^k, \mathbf{x}^{k-1}, \mathbf{u}^k) \text{ maximal, falls } \mathbf{u}^k \text{ auf dem Rand von } \mathbf{U}^k \text{ liegt.}$$

Im Gegensatz zum sogenannten starken Maximumprinzip für stetige Prozesse nennt man diese Form auch schwaches Maximumprinzip.

3.2.2.4. Numerische Verfahren

Das Maximumprinzip (notwendige Optimalitätsbedingung) liefert ein vollständiges System zur Bestimmung der unbekannten Größen. Es gibt jedoch i. allg. keinen Algorithmus zur Berechnung dieser Größen an.

Wie bei den numerischen Methoden der Variationsrechnung unterscheidet man sogenannte *indirekte und direkte numerische Verfahren.*

Das Maximumprinzip von Pontrjagin liefert ein sogenanntes *Zweipunktrandwertproblem* zur Bestimmung der Zustandsfunktion und der adjungierten Funktion, wobei zusätzlich eine Maximierungsaufgabe zu lösen ist.

Beispiel: Gegeben sei die Aufgabe $J(u) = \frac{1}{2} \int_0^1 x^2(t) \, dt \overset{!}{\underset{|u| \leq 1}{=}} \text{Minimum}$ mit $\dot{x} = x + u$, $x(0) = 0$.

Die Maximierung der Hamiltonfunktion

$$H^* = p(x + u) - \tfrac{1}{2} x^2$$

ergibt für die optimale Steuerung

$$u(t) = \operatorname{sgn} p(t),$$

so daß man das Zweipunktrandwertproblem

$$\dot{x} = x + \operatorname{sgn} p, \qquad x(0) = 0,$$

$$\dot{p} = -p + x, \qquad p(1) = 0$$

zur Bestimmung der noch unbekannten Größen $x(t)$ und $p(t)$ bekommt. Numerische Methoden zur näherungsweisen Lösung dieser Zweipunktrandwertaufgabe und zur eventuell erforderlichen näherungsweisen Maximierung der Hamiltonfunktion bezeichnet man als indirekte Verfahren. Diese Verfahren bestimmen folglich Größen, die die notwendigen Optimalitätsbedingungen (Maximumprinzip) erfüllen.[1])

Ebenso wie in der Variationsrechnung werden zur näherungsweisen Lösung von Problemen der optimalen Steuerung häufig sogenannte direkte Verfahren angewandt. Diese erzeugen i. allg. monoton fallende Folgen von Funktionalwerten bzw. *Minimalfolgen* (Definition s. 3.2.1.5.).

Eine wesentliche Rolle spielen bei diesen direkten Methoden die sogenannten *Gradientenverfahren.* Der in 3.2.1.5. definierte *Gradient* $J'(\mathbf{u})$ hat für das bei der optimalen Steuerung betrachtete Funktional

$$J(\mathbf{u}) = \int_{t_0}^{t_1} f_0(\mathbf{x}, \mathbf{u}, t)\, dt$$

mit

$$\dot{\mathbf{x}} = \mathbf{f}(\mathbf{x}, \mathbf{u}, t), \qquad \mathbf{x}(t_0) = \mathbf{x}^0$$

die Gestalt

$$J'(\mathbf{u}) = -H^*_{\mathbf{u}}$$

mit

$$\dot{p} = -H^*_{\mathbf{x}}, \qquad p(t_1) = 0$$

und

$$H^* = pf - f_0.$$

Damit läßt sich nun eine Reihe aus der nichtlinearen Optimierung bekannter Gradientenverfahren zur näherungsweisen Lösung von Problemen der optimalen Steuerung anwenden. Drei dieser Verfahren seien im folgenden kurz dargestellt:

(a) *Gradientenverfahren für Aufgaben ohne Beschränkungen*: Hier sind der Steuerung $\mathbf{u}$ keinerlei Beschränkungen auferlegt. Von einer Anfangssteuerung $\mathbf{u}^1(t)$ ausgehend, werden weitere Steuerungen nach der Vorschrift

$$\mathbf{u}^{i+1} = \mathbf{u}^i - \beta_i J'(\mathbf{u}^i) \quad (i = 1, 2, \ldots)$$

berechnet.

(b) *Gradientenverfahren für Aufgaben mit Beschränkungen*:

(b1) *Bedingtes Gradientenverfahren*: Anfangsnäherung sei $\mathbf{u}^1(t)$. Weitere Steuerungen werden nach der Vorschrift

$$\mathbf{u}^{i+1} = (1 - \beta_i)\, \mathbf{u}^i + \beta_i \mathbf{v}^i$$

berechnet. $\mathbf{v}^i$ ergibt sich dabei als Lösung der linearen „Hilfsaufgabe“

$$\int_{t_0}^{t_1} J'(\mathbf{u}^i)\, \mathbf{v}\, dt \stackrel{!}{=} \underset{\mathbf{v} \in \mathbf{U}}{\text{Minimum}}.$$

(b2) *Projiziertes Gradientenverfahren*: Anfangsnäherung sei $\mathbf{u}^1(t)$. Weitere Steuerungen werden nach der Vorschrift

$$\mathbf{u}^{i+1} = P_{\mathbf{U}}\, (\mathbf{u}^i - \beta_i J'(\mathbf{u}^i))$$

berechnet. $P_{\mathbf{U}}$ bedeutet dabei den Projektionsoperator auf die Menge $\mathbf{U}$, d. h., es ist die „Hilfsaufgabe“

$$\|\mathbf{w} - P_{\mathbf{U}}(\mathbf{w})\| = \underset{\mathbf{u} \in \mathbf{U}}{\text{Minimum}}\, \|\mathbf{w} - \mathbf{u}\|$$

mit

$$\|\mathbf{w} - \mathbf{u}\| = \underset{t \in [t_0, t_1]}{\text{Maximum}}\, |\mathbf{w}(t) - \mathbf{u}(t)|$$

zu lösen.

---

[1]) Für eine ausführliche Abhandlung dieser Methoden sei auf Literatur verwiesen (z. B. Моисеев, Н. Н.: Численные методы в теории оптимальных систем. Москва: Наука 1971).

Schwierigkeiten bereitet bei allen drei Verfahren die Wahl der *Schrittweite* β_i. Sie ist so zu bestimmen, daß für die zugehörigen Funktionalwerte die Ungleichung

$$J(\mathbf{u}^{i+1}) \leqq J(\mathbf{u}^i) \quad (i = 1, 2, \ldots)$$

gilt.[1])

Bei den Verfahren (b1) und (b2) kommt je Schritt noch die Lösung einer Hilfsaufgabe hinzu.

Beispiel: Gegeben sei die Aufgabe

$$J(\mathbf{u}) = \frac{1}{2}\int_0^1 \mathbf{x}^2(t)\,\mathrm{d}t \overset{!}{=} \text{Minimum}$$

mit

$$\dot{\mathbf{x}} = \mathbf{x} + \mathbf{u}, \qquad \mathbf{x}(0) = 0.$$

Für den Gradienten ergibt sich

$$J'(\mathbf{u}) = -\mathbf{p}(t) \quad \text{mit} \quad \dot{\mathbf{p}} = -\mathbf{p} + \mathbf{x}, \quad \mathbf{p}(1) = 0.$$

Wenn keine Beschränkung für die Steuerung $\mathbf{u}$ gegeben ist, folgt somit für das Verfahren (a)

$$\mathbf{u}^{i+1} = \mathbf{u}^i + \beta_i \mathbf{p}^i$$

$$\dot{\mathbf{p}}^i = -\mathbf{p}^i + \mathbf{x}^i, \quad \mathbf{p}^i(1) = 0,$$

$$\dot{\mathbf{x}}^i = \mathbf{x}^i + \mathbf{u}^i, \qquad \mathbf{x}^i(0) = 0.$$

Bei der häufig vorkommenden Beschränkung $|\mathbf{u}(t)| \leqq 1$ erhält man für die Verfahren (b1) und (b2)

$$\mathbf{u}^{i+1} = (1 - \beta_i)\,\mathbf{u}^i + \beta_i \operatorname{sgn} \mathbf{p}^i$$

bzw.

$$\mathbf{u}^{i+1} = \begin{cases} \mathbf{u}^i + \beta_i \mathbf{p}^i & \text{falls } |\mathbf{u}^i + \beta_i \mathbf{p}^i| \leqq 1 \\ \operatorname{sgn}(\mathbf{u}^i + \beta_i \mathbf{p}^i) & \text{falls } |\mathbf{u}^i + \beta_i \mathbf{p}^i| > 1 \end{cases}$$

wobei sich $\mathbf{p}^i(t)$ und $\mathbf{x}^i(t)$ wie beim Verfahren (a) berechnen.

3.3. Differentialgleichungen

Eine Differentialgleichung ist eine Gleichung zwischen gesuchten Funktionen einer oder mehrerer Veränderlicher, diesen unabhängigen Veränderlichen und den Ableitungen der gesuchten Funktionen nach den unabhängigen Veränderlichen. Hängen die gesuchten Funktionen nur von einer unabhängigen Veränderlichen ab, so spricht man von einer *gewöhnlichen Differentialgleichung*; hängen die gesuchten Funktionen von mehr als einer unabhängigen Veränderlichen ab, heißt die Differentialgleichung *partielle Differentialgleichung*.

Beispiele für gewöhnliche Differentialgleichungen:

$$a\frac{\mathrm{d}^2 y}{\mathrm{d}x^2} + b\frac{\mathrm{d}y}{\mathrm{d}x} + cy = d, \qquad y(x) \text{ gesucht;} \tag{3.25}$$

$$\left(\frac{\mathrm{d}y}{\mathrm{d}x}\right)^2 - xy^4\frac{\mathrm{d}y}{\mathrm{d}x} + \sin y = 0, \qquad y(x) \text{ gesucht.} \tag{3.26}$$

Beispiel für partielle Differentialgleichungen:

$$\frac{\partial^2 z}{\partial x\,\partial y} = xyz\frac{\partial z}{\partial x}\frac{\partial z}{\partial y}, \qquad z(x, y) \text{ gesucht.} \tag{3.27}$$

Im allgemeinen werden die gesuchten Funktionen durch die Differentialgleichung nicht eindeutig bestimmt (wenn überhaupt eine solche existiert), so daß man noch zusätzliche Bedingungen an die

[1]) Betreffs Wahl der Schrittweite und Konvergenzfragen sei auf Literatur verwiesen (z. B. Левитин/Поляк: Методы минимизации при наличии ограничений. Журн. вы. мат. и мат. физ. 6/5, 1966).

gesuchten Funktionen stellt. Zum Beispiel vollzieht sich die Bewegung eines mathematischen Pendels so, daß die Differentialgleichung $\varphi''(t) = -a \sin \varphi(t)$ für den von der Ruhelage aus gemessenen Winkel $\varphi(t)$ erfüllt ist. Je nach der Angabe der Daten zur Zeit $t = 0$: $\varphi(0) = \varphi_0$ und $\varphi'(0) = \varphi_1$ wird sich der Ablauf des Bewegungsprozesses gestalten.

3.3.1. Gewöhnliche Differentialgleichungen

3.3.1.1. Erklärungen. Existenz- und Eindeutigkeitssätze für gewöhnliche Differentialgleichungen und Systeme

Eine gewöhnliche Differentialgleichung für die gesuchte Funktion $y(x)$

$$F[x, y(x), y'(x), \dots, y^{(r)}(x)] = 0 \tag{3.28}$$

hat die *Ordnung r*, falls die in der Gleichung vorkommende höchste Ableitung von der Ordnung r ist. Zum Beispiel ist die Differentialgleichung (3.25) von der Ordnung 2 und (3.26) von der Ordnung 1. Ist die gewöhnliche Differentialgleichung in $y, y', \dots, y^{(r)}$ linear, so nennt man die Differentialgleichung eine *lineare Differentialgleichung* [(3.25) ist eine lineare Differentialgleichung, (3.26) nicht]. Unter einer *expliziten Differentialgleichung* r-ter Ordnung versteht man eine Differentialgleichung, die nach der Ableitung der höchsten Ordnung aufgelöst ist:

$$y^{(r)}(x) = f(x, y(x), y'(x), \dots, y^{(r-1)}(x)).$$

Die Differentialgleichung (3.28) nennt man eine *implizite Differentialgleichung*. Unter der *Integration* der Differentialgleichung (3.28) versteht man die Suche einer Funktion $y(x)$, die in einem Intervall $a \leqq x \leqq b$ (oder auch in einem unendlichen Intervall) die Differentialgleichung erfüllt. Die Funktion $y(x)$ nennt man dann *Lösung* der Differentialgleichung. Die *allgemeine Lösung* einer gewöhnlichen Differentialgleichung der Ordnung r hat die Gestalt

$$y = y(x; C_1, \dots, C_r),$$

wobei $C_1, \dots, C_r$ *beliebige Konstanten* sind. Bei jeder Wahl der Konstanten ergeben sich spezielle Lösungen der Differentialgleichung.

Das *Cauchy-Problem* (*Anfangswertproblem*) fordert die Suche einer speziellen Lösung, die den Anfangsbedingungen

$$y(x_0) = y_0, \quad y'(x_0) = y_0^{(1)}, \quad \dots, \quad y^{(r-1)}(x_0) = y_0^{(r-1)}$$

genügt. Hat man die allgemeine Lösung, so ergibt sich die Lösung des Cauchy-Problems, indem man die Konstanten C_i aus den Gleichungen

$$\begin{aligned} y(x_0; C_1, \dots, C_r) &= y_0, \\ \frac{d}{dx}[y(x; C_1, \dots, C_r)]_{x=x_0} &= y_0^{(1)}, \\ &\vdots \\ \frac{d^{r-1}}{dx^{r-1}}[y(x; C_1, \dots, C_r)]_{x=x_0} &= y_0^{(r-1)} \end{aligned}$$

ermittelt.

Das *Randwertproblem* fordert die Suche einer speziellen Lösung, die r Randbedingungen in den Randpunkten $x = a$ bzw. $x = b$ des Intervalls $a \leqq x \leqq b$ erfüllt.

Eine Differentialgleichung kann auch *singuläre Lösungen* besitzen, d. h. Lösungen, die sich nicht aus der allgemeinen Lösung durch Einsetzen spezieller Werte für die Konstanten C_i ergeben (vgl. 3.3.1.2.2.).

Das graphische Bild einer speziellen Lösung bezeichnet man als *Integralkurve*. Die allgemeine Lösung einer Differentialgleichung r-ter Ordnung liefert eine r-parametrige Schar von Integralkurven. Umgekehrt liefert i. allg. jede r-parametrige Schar von Kurven $y = y(x; C_1, \dots, C_r)$ eine

Differentialgleichung r-ter Ordnung durch Elimination der r Konstanten aus den $(r + 1)$ Gleichungen

$$y^{(i)}(x) = y^{(i)}(x; C_1, \ldots, C_r), \quad i = 0, 1, \ldots, r.$$

Die so gewonnene Differentialgleichung beschreibt diese Kurvenschar.

Beispiel: Die Schar aller Kreise der Ebene $(x - C_1)^2 + (y - C_2)^2 = C_3^2$ enthält drei Parameter. Dreimalige Differentiation ergibt: $(x - C_1) + (y - C_2)\,y' = 0$; $1 + (y - C_2)\,y'' + (y')^2 = 0$; $(y - C_2)\,y''' + 3y'y'' = 0$. Es muß nur C_2 aus den beiden letzten Gleichungen eliminiert werden, und man erhält: $y'''(1 + (y')^2) - 3y'(y'')^2 = 0$.

Ein *System von gewöhnlichen Differentialgleichungen* für die gesuchten Funktionen $y_1(x), \ldots, y_n(x)$ hat die Gestalt

$$F_i[x, y_1, y_2, \ldots, y_1', y_2', \ldots, y_1^{(r)}, y_2^{(r)}, \ldots], \quad i = 1, 2, \ldots, n.$$

Als *Ordnung* r_i der i-ten Gleichung bezeichnet man die Ordnung der höchsten dort vorkommenden Ableitung einer gesuchten Funktion. Die allgemeine Lösung $y_i = y_i(x)$, $i = 1, \ldots, n$, enthält dann $r = \sum\limits_{i=1}^{n} r_i$ willkürliche Konstanten. Die natürliche Zahl r heißt *Ordnung des Systems* gewöhnlicher Differentialgleichungen.

Jede explizite Differentialgleichung n-ter Ordnung

$$y^{(n)}(x) = f(x, y'(x), \ldots, y^{(n-1)}(x))$$

läßt sich durch Einführung der neuen gesuchten Funktionen $y_1 = y$, $y_2 = y'$, $y_3 = y''$, ..., $y_n = y^{(n-1)}$ in ein System von n Differentialgleichungen

$$y_1' = y_2;\; y_2' = y_3, \ldots, y_{n-1}' = y_n;\quad y_n' = f(x, y_1, \ldots, y_n)$$

umformen. Für Systeme der Form

$$y_i' = f_i(x, y_1, \ldots, y_n), \quad i = 1, 2, \ldots, n, \tag{3.29}$$

gilt der folgende *Existenz- und Eindeutigkeitssatz* für das Cauchyproblem:

Satz *von Cauchy* (Picard, Lindelöf): Für das System (3.29) seien folgende Voraussetzungen erfüllt: 1. Die Funktionen $f_i(x, y_1, \ldots, y_n)$ seien in

$$\mathbf{G} = \{(x, y_1, \ldots, y_n) \mid |x - x^0| \leqq a, |y_i - y_i^0| \leqq b, i = 1, 2, \ldots, n\}$$

stetig und beschränkt; 2. in **G** möge eine *Lipschitz-Bedingung* mit einer einheitlichen Lipschitz-Konstanten erfüllt sein, d. h., die Ungleichungen

$$|f_i(x, \bar{y}_1, \ldots, \bar{y}_n) - f_i(x, y_1, \ldots, y_n)| \leqq M\left(\sum_{k=1}^{n} |\bar{y}_k - y_k|\right), \quad i = 1, \ldots, n,$$

seien für alle $(x, \bar{y}_1, \ldots, \bar{y}_n)$ und $(x, y_1, \ldots, y_n)$ aus **G** erfüllt. M ist dabei eine Lipschitz-Konstante, die nicht von den Punkten aus **G** abhängt. Unter diesen Voraussetzungen existiert genau ein Lösungssystem von (3.29) für $|x - x^0| \leqq \alpha$ mit den Anfangsbedingungen $y_i(x^0) = y_i^0$. $\alpha = \operatorname{Min}\left(a, \frac{b}{A}\right)$ mit $|f_i| \leqq A$ in **G**.

Bemerkung: Die Lipschitz-Bedingung mit einer einheitlichen Lipschitz-Konstanten ist stets erfüllt, wenn die f_i stetige partielle Ableitungen nach den y_k besitzen und diese in **G** beschränkt sind, etwa $\left|\frac{\partial f_i}{\partial y_k}(x, y_1, \ldots, y_n)\right| \leqq K$ für $i, k = 1, \ldots, n$.

Dementsprechend besitzt das Cauchy-Problem für die explizite Differentialgleichung n-ter Ordnung unter den gemachten Voraussetzungen eine eindeutige Lösung.

Läßt man in dem obigen Satz die Voraussetzung der Lipschitz-Bedingung weg, so erhält man als Resultat nur die Existenz eines Lösungssystems mit $y_i(x^0) = y_i^0$, $i = 1, \ldots, n$, nicht aber die Eindeutigkeit (Satz von *Peano*).

Beispiele für Differentialgleichungen, die die Voraussetzungen des Existenz- und Eindeutigkeitssatzes nicht erfüllen, werden in 3.3.1.2.2. betrachtet.

Erfüllen die Funktionen $f_i(x, y_1, \ldots, y_n)$, $i = 1, \ldots, n$, in einer Umgebung von $(x^0, y_1^0, \ldots, y_n^0)$ die Voraussetzungen des Satzes von Cauchy, so auch in einer gewissen Umgebung jeder anderen Stelle $(\xi, \eta_1, \ldots, \eta_n)$, die hinreichend nahe bei der Stelle $(x^0, y_1^0, \ldots, y_n^0)$ liegt. Zu jeder solchen Stelle gehört daher, wenn die Veränderliche x auf eine hinreichend enge Umgebung von ξ eingeschränkt wird, stets genau ein Lösungssystem $y_1(x), \ldots, y_n(x)$ von (3.29), das für $x = \xi$ die Werte $\eta_1, \ldots, \eta_n$ annimmt. Diese zugleich von den Anfangswerten $\xi, \eta_1, \ldots, \eta_n$ abhängenden Funktionen sind, als Funktionen dieser Anfangswerte aufgefaßt, in einer gewissen Umgebung der Stelle $(x^0, y_1^0, \ldots, y_n^0)$ stetig.

Hängen die Funktionen f_i außer von den Veränderlichen noch von Parametern $p_1, \ldots, p_m$ ab und sind sie stetig bezüglich aller Argumente, so sind die dem Cauchy-Problem genügenden Funktionen $y_1, \ldots, y_n$ stetige Funktionen der Parameter $p_1, \ldots, p_m$.

Die allgemeine Lösung von (3.29) enthält n willkürliche Konstanten: $y_i = y_i(x, C_1, \ldots, C_n)$ mit $i = 1, \ldots, n$. Eine Funktion $u(x, y_1, \ldots, y_n)$ heißt erstes Integral des Systems (3.29), wenn u längs der Lösungskurven des Systems konstant ist (die Konstante hängt von der eingesetzten speziellen Lösung ab). n erste Integrale erhält man durch Auflösung von $y_i = y_i(x, C_1, \ldots, C_n)$ nach den C_k. Ein erstes Integral $u(x, y_1, \ldots, y_n)$ genügt der partiellen Differentialgleichung erster Ordnung

$$\frac{\partial u}{\partial x} + f_1(x, y_1, \ldots, y_n)\frac{\partial u}{\partial y_1} + \ldots + f_n(x, y_1, \ldots, y_n)\frac{\partial u}{\partial y_n} = 0,$$

und umgekehrt, jede Lösung $u(x, y_1, \ldots, y_n)$ dieser Differentialgleichung liefert ein erstes Integral des Systems (3.29). n erste Integrale des Systems (3.29), für die die zugehörigen Funktionen $u_k(x, y_1, \ldots, y_n)$, $k = 1, \ldots, n$, linear unabhängig sind, bilden das *allgemeine Integral* des Systems (3.29).

3.3.1.2. Differentialgleichungen erster Ordnung

3.3.1.2.1. Explizite Differentialgleichungen erster Ordnung. Spezielle Typen von Differentialgleichungen. Eine *explizite Differentialgleichung* erster Ordnung hat die Gestalt $y' = f(x, y)$. Geht durch einen Punkt $P(x, y)$ die Kurve einer Lösung $y = y(x)$ der expliziten Differentialgleichung hindurch, so läßt sich die Richtung α der Tangente an die Kurve in $P(x, y)$ durch $\tan \alpha = y'(x) = f(x, y)$ unmittelbar aus der Differentialgleichung bestimmen. Die Differentialgleichung definiert also in jedem Punkt des betrachteten Gebietes die Richtung der Tangente an eine Lösungskurve. Die Gesamtheit dieser Richtungen bildet *das Richtungsfeld* (vgl. Abb. 3.52). Den Punkt zusammen

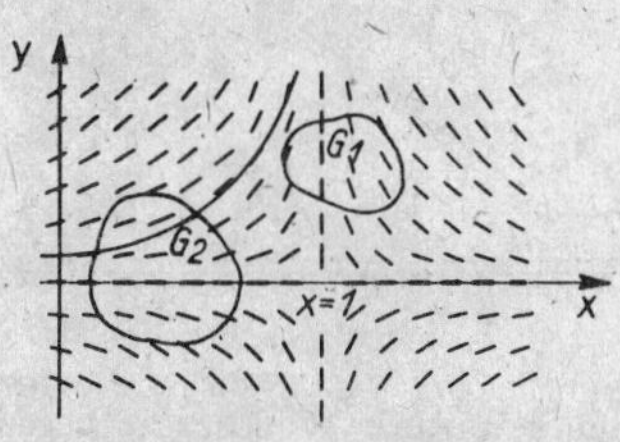

Abb. 3.52. Richtungsfeld der Differentialgleichung $\frac{dy}{dx} = \frac{y}{1-x}$

mit der in ihm gegebenen Richtung nennt man ein *Linienelement* des Richtungsfeldes. Den Punkt $P(x, y)$ bezeichnet man als *Träger* des Linienelementes. Die Integration einer expliziten Differentialgleichung erster Ordnung wird somit, geometrisch gesehen, auf die Verbindung der Elemente des Richtungsfeldes zu Integralkurven zurückgeführt, deren Tangenten in jedem Punkt eine Richtung besitzen, die mit der des Richtungsfeldes in dem betreffenden Punkt übereinstimmt.

Oft hat man es mit einem Richtungsfeld zu tun, in dem vertikale Richtungen auftreten, die einem Pol der Funktion $f(x, y)$ entsprechen. In diesem Falle betrachtet man y als unabhängige Veränderliche und die dazugehörige Gleichung

$$\frac{dx}{dy} = \frac{1}{f(x, y)}.$$

Die Integralkurven dieser Differentialgleichung und von $\frac{dy}{dx} = f(x, y)$ sind äquivalent. In einem Gebiet, in dem die Bedingungen des Cauchyschen Existenz- und Eindeutigkeitssatzes für die explizite Gleichung erfüllt sind, geht durch jeden Punkt eine eindeutig bestimmte Integralkurve (vgl. Abb. 3.52: in $\mathbf{G}_1$ sind die Bedingungen des Cauchyschen Existenzsatzes für die Differentialgleichung $\frac{dx}{dy} = \frac{1-x}{y}$ erfüllt, nicht aber für die Differentialgleichung $\frac{dy}{dx} = \frac{y}{1-x}$, in $\mathbf{G}_2$ ist es umgekehrt).

Die Gesamtheit aller Integralkurven hängt von einem Parameter ab. Die Gleichung der zugehörigen einparametrigen Kurvenschar, das *allgemeine Integral* der Differentialgleichung erster Ordnung, enthält *eine willkürliche Konstante*. Um aus dem allgemeinen Integral $I(x, y, C) = 0$ ein partikuläres Integral $y = y(x)$ (oder $x = x(y)$) zu gewinnen, das der Bedingung $y_0 = y(x_0)$ (oder $x_0 = x(y_0)$) genügt, bestimmt man C aus der Gleichung $I(x_0, y_0, C) = 0$.

Spezielle Typen von gewöhnlichen Differentialgleichungen erster Ordnung: *Differentialgleichung mit getrennten Variablen*

$$y' = \frac{f(x)}{g(y)}.$$

Das allgemeine Integral dieser Differentialgleichung ist

$$\int g(y)\,dy = \int f(x)\,dx + C.$$

Beispiele: 1. $y' = \frac{1}{x}\,\frac{-4y^2 + 6y - 7}{4y - 3}$

Durch Auswertung der Integrale in $\int \frac{4y-3}{-4y^2 + 6y - 7}\,dy = \int \frac{1}{x}\,dx + \bar{C}$ ergibt sich als allgemeines Integral $x^2(-4y^2 + 6y - 7) = C$.

2. $y' = \frac{2}{y} - 2$

Aus $\int \frac{y\,dy}{-2y+2} = \int dx + \bar{C}$ ergibt sich als allgemeines Integral $y + \ln|-y + 1| = -x + C$.

Homogene Differentialgleichung:

$$y' = \frac{P(x, y)}{Q(x, y)}.$$

Dabei sind P und Q homogene Funktionen desselben Grades r, d. h. es gilt $P(kx, ky) = k^r P(x, y)$ und $Q(kx, ky) = k^r Q(x, y)$. Diese Differentialgleichung wird durch die Transformation $\bar{y} = \frac{y}{x}$ in eine Differentialgleichung mit getrennten Variablen übergeführt.

Beispiel: $y' = \frac{3y - 7x}{4y - 3x}$. $P = 3y - 7x$ und $Q = 4y - 3x$ sind homogene Funktionen vom Grad 1. Die Transformation $\bar{y} = \frac{y}{x}$ führt auf die Differentialgleichung $\frac{d\bar{y}}{dx} = \frac{1}{x}\,\frac{-4\bar{y}^2 + 6\bar{y} - 7}{4\bar{y} - 3}$. Diese besitzt das allgemeine Integral $x^2(-4\bar{y}^2 + 6\bar{y} - 7) = C$ (vgl. Beispiel zur Differentialgleichung mit getrennten Variablen). Damit ergibt sich als allgemeines Integral der vorgegebenen Differentialgleichung: $-4y^2 + 6yx - 7x^2 = C$.

Differentialgleichung $y' = f\left(\frac{ax + by + c}{Ax + By + D}\right)$ (a, b, c, A, B, D Konstanten): Ist $aB - bA \neq 0$, so führt man diese Differentialgleichung mittels der Transformation $\bar{x} = x - x_0$ und $\bar{y} = y - y_0$, wobei x_0 und y_0 die eindeutige Lösung von $ax + by + c = 0$ und $Ax + By + D = 0$ ist, in eine homogene Differentialgleichung über. Ist $aB - bA = 0$, so setzt man $\bar{y} = ax + by$, $\bar{x} = x$, und die Differentialgleichung führt auf eine Differentialgleichung mit getrennten Variablen.

Beispiele: 1. $y' = \dfrac{-7x + 3y - 2}{-3x + 4y - 5}$: $aB - bA = -19 \neq 0$ und $\bar{y} = y - \dfrac{29}{19}$, $\bar{x} = x - \dfrac{7}{19}$ führt auf $\bar{y}' = \dfrac{3\bar{y} - 7\bar{x}}{4\bar{y} - 3\bar{x}}$. Das allgemeine Integral dieser Differentialgleichung $-4\bar{y}^2 + 6\bar{y}\bar{x} - 7\bar{x}^2 = \bar{C}$ wurde als Beispiel einer homogenen Differentialgleichung berechnet. Also bildet $-4y^2 + 10y + 6xy - 7x^2 - 4x = C$ das allgemeine Integral der gegebenen Differentialgleichung.

2. $y' = \dfrac{-x + y - 2}{x - y}$: $aB - bA = 0$ und $\bar{y} = -x + y$ führt auf $\dfrac{d\bar{y}}{dx} = \dfrac{2}{\bar{y}} - 2$ mit dem allgemeinen Integral $\bar{y} + \ln|1 - \bar{y}| = -2x + C$ (vgl. Beispiel bei Differentialgleichungen mit getrennten Variablen). Die allgemeine Lösung der gegebenen Differentialgleichung ist $y + \ln|x - y + 1| = -x + C$.

Exakte Differentialgleichung:

$$P(x, y)\,dx + Q(x, y)\,dy = 0 \quad \text{mit} \quad \frac{\partial P}{\partial y}(x, y) = \frac{\partial Q}{\partial x}(x, y). \tag{3.30}$$

Die angegebene Bedingung $\dfrac{\partial P}{\partial y} = \dfrac{\partial Q}{\partial x}$ ist in einem einfach zusammenhängenden Gebiet der x,y-Ebene (vgl. 3.1.8.5.) notwendig und hinreichend dafür, daß eine Funktion $F(x, y)$ existiert mit

$$dF(x, y) = P(x, y)\,dx + Q(x, y)\,dy$$

oder

$$\frac{\partial F}{\partial x}(x, y) = P(x, y) \quad \text{und} \quad \frac{\partial F}{\partial y}(x, y) = Q(x, y).$$

In diesem Fall ist $F(x, y) = C$ das allgemeine Integral der exakten Differentialgleichung. $F(x, y)$ läßt sich durch die Formel (vgl. 3.1.8.5.)

$$F(x, y) = \int_{x_0}^{x} P(t, y)\,dt + \int_{y_0}^{y} Q(x_0, t)\,dt$$

gewinnen (x_0 und y_0 sind beliebig).

Beispiel: $(x - y)\,dx + (y^{-2} - x)\,dy = 0$: Es gilt $\dfrac{\partial P}{\partial y} = -1$ und $\dfrac{\partial Q}{\partial x} = -1$ in jedem beliebigen einfach zusammenhängenden Gebiet, das keine Punkte der x-Achse enthält. Man berechnet

$$\int_{x_0}^{x} (t - y)\,dt + \int_{y_0}^{y} (t^{-2} - x_0)\,dt = \frac{x^2}{2} - yx - \frac{1}{y} + \left(-\frac{x_0^2}{2} + \frac{1}{y_0} + x_0 y_0\right) = F(x, y).$$

Das allgemeine Integral ergibt sich als $x^2y - 2y^2x - 2 - Cy = 0$.

Ist die linke Seite der Differentialgleichung (3.30) kein vollständiges Differential $\left(\text{d. h. } \dfrac{\partial P}{\partial y} \neq \dfrac{\partial Q}{\partial x}\right)$, so kann man eine Funktion $M(x, y)$ suchen, so daß die Differentialgleichung $MP\,dx + MQ\,dy = 0$ eine exakte Differentialgleichung wird. Der integrierende Faktor $M(x, y)$ genügt der partiellen Differentialgleichung

$$M\left(\frac{\partial P}{\partial y} - \frac{\partial Q}{\partial x}\right) = Q\frac{\partial M}{\partial x} - P\frac{\partial M}{\partial y}.$$

Jede beliebige partikuläre Lösung dieser Gleichung ist ein integrierender Faktor. Oft erhält man einen solchen integrierenden Faktor, wenn man M nur als Funktion von x $\left(\text{oder } y \text{ oder } xy \text{ oder } \dfrac{y}{x}\right)$ ansetzt und so die partielle Differentialgleichung für M vereinfacht.

Ist

a) $\frac{1}{Q}\left(\frac{\partial P}{\partial y}-\frac{\partial Q}{\partial x}\right)=f(x),$ so existiert $M(x, y)=M(x)$;

b) $\frac{1}{P}\left(\frac{\partial P}{\partial y}-\frac{\partial Q}{\partial x}\right)=f(y),$ so existiert $M(x, y)=M(y)$;

c) $\frac{1}{Qy-Px}\left(\frac{\partial P}{\partial y}-\frac{\partial Q}{\partial x}\right)=f(xy),$ so existiert $M(x, y)=M(xy)$;

d) $\frac{x^2}{Qy+Px}\left(\frac{\partial P}{\partial y}-\frac{\partial Q}{\partial x}\right)=f\left(\frac{y}{x}\right),$ so existiert $M(x, y)=M\left(\frac{y}{x}\right)$.

Beispiel: $(xy^2-y^3)\,dx+(1-xy^2)\,dy=0$: Es ist $\frac{\partial P}{\partial y}-\frac{\partial Q}{\partial x}=2xy-2y^2 \neq 0$ und $\frac{1}{P}\left(\frac{\partial P}{\partial y}-\frac{\partial Q}{\partial x}\right)$ $=\frac{2}{y}$. Der Ansatz $M=M(y)$ ergibt $M\cdot\frac{1}{P}\left(\frac{\partial P}{\partial y}-\frac{\partial Q}{\partial x}\right)=-\frac{dM}{dy}$ und $\frac{2M}{y}=-\frac{dM}{dy}$. Eine partikuläre Lösung ist $M=y^{-2}$. Die mit M multiplizierte Differentialgleichung $(x-y)\,dx$ $+(y^{-2}-x)\,dy=0$ ist exakt. Das allgemeine Integral wird durch $x^2y-2y^2x-2-Cy=0$ gegeben.

Lineare Differentialgleichung:

$$y'+f(x)\,y=g(x). \tag{3.31}$$

Diese in Bezug auf y und y' *inhomogene* Differentialgleichung besitzt den integrierenden Faktor $M(x)=e^{\int f(x)dx}$, und die allgemeine Lösung erhält man durch die Formel

$$y(x)=\frac{1}{M(x)}\left(\int g(x)\,M(x)\,dx+C\right).$$

Setzt man in dieser Formel für die unbestimmten Integrale das Integral zwischen x_0 und x, so ist $y(x_0)=C$. Dieser inhomogenen Differentialgleichung (3.31) ordnet man die *homogene* Differentialgleichung $y'+f(x)\,y=0$ zu (homogen in Bezug auf y und y', nicht zu verwechseln mit der vorher betrachteten homogenen Differentialgleichung in x und y).

Neben der obigen Methode gelangt man auch auf die folgende Art zur allgemeinen Lösung der linearen Differentialgleichung: Es ist $y=y_h+y_i^0$ mit der allgemeinen Lösung y_h der homogenen Gleichung und einer speziellen Lösung y_i^0 der inhomogenen Gleichung. Durch die Methode der *Variation der Konstanten* kommt man zu einer speziellen Lösung der inhomogenen Gleichung: Die allgemeine Lösung der homogenen Gleichung ist $y_h=C_1\,e^{-\int f(x)dx}$ (vgl. Differentialgleichung mit getrennten Variablen). Man bestimmt $C_1=C_1(x)$ jetzt so, daß $C_1(x)\,e^{-\int f(x)dx}$ die Differentialgleichung (3.31) erfüllt und bekommt mit dem so bestimmten $C_1(x)$ eine spezielle Lösung der inhomogenen Gleichung $y_i^0=C_1(x)\,e^{-\int f(x)dx}$.

Beispiele: 1. $y'+\frac{x-2}{x(x-1)}\,y=-\frac{1}{x^2(x-1)}$:

a) $M(x)=\frac{x^2}{x-1}$ und die allgemeine Lösung ist

$$y=\frac{x-1}{x^2}\left(-\int\frac{dx}{(x-1)^2}+C\right)=\frac{x-1}{x^2}\left(\frac{1}{x-1}+C\right).$$

b) Gesucht ist die spezielle Lösung, die durch den Punkt $x_0=2$, $y_0=\frac{1}{4}$ geht. Es ist

$$M(x)=\exp\left(\int_2^x\frac{\tilde{x}-2}{\tilde{x}(\tilde{x}-1)}\,d\tilde{x}\right)=\frac{x^2}{4(x-1)}$$

und die spezielle Lösung

$$y(x)=\frac{4(x-1)}{x^2}\left(-\frac{1}{4}\int_2^x\frac{d\tilde{x}}{(\tilde{x}-1)^2}+\frac{1}{4}\right)=\frac{1}{x^2}.$$

2. $RI(t) + L\frac{\mathrm{d}I}{\mathrm{d}t}(t) = E$ ist die Differentialgleichung für die zeitabhängige Stromstärke $I(t)$ in einem Stromkreis, der aus einer Stromquelle mit der Spannung $E = E_0$ bei Gleichspannung oder $E = E_0 \sin \omega t$ bei Wechselspannung, dem Ohmschen Widerstand R und der Induktivität L besteht. Setzt man $R/L = a$ und $E_0/L = b$ (a, b Konstanten), so ist

$$I(t) = C\,\mathrm{e}^{-at} + \frac{b}{a} \quad \text{für} \quad E = E_0$$

und

$$I(t) = \mathrm{e}^{-at}\left(C + b\int \sin \omega t\,\mathrm{e}^{at}\,\mathrm{d}t\right) = C\,\mathrm{e}^{-at} + b\,\frac{\sin(\omega t - \alpha)}{\sqrt{a^2 + \omega^2}}$$

$\left(\alpha = \arctan \frac{\omega}{a}\right)$ für $E = E_0 \sin \omega t$ die allgemeine Lösung. $C\,\mathrm{e}^{-at}$ ist die allgemeine Lösung der zugehörigen homogenen Differentialgleichung und stellt den abklingenden Einschwingungsvorgang dar. Der zweite Teil der Lösung ist die spezielle Lösung der vorgegebenen inhomogenen Differentialgleichung und gibt den stationären Zustand der Stromstärke an. Für den Fall $E = E_0 \sin \omega t$ ist die Stromstärke gegen die Spannung um den Phasenwinkel α verschoben.

Bernoullische Differentialgleichung:

$$y' = f(x)\,y + g(x)\,y^n \quad n \neq 1.$$

Für $n = 1$ ist diese Differentialgleichung als lineare Differentialgleichung lösbar. Durch $\bar{y} = y^{1-n}$ für $n \neq 1$ läßt sich die Bernoullische Differentialgleichung in die lineare Differentialgleichung

$$\bar{y}' = (1 - n)\,f(x)\,\bar{y} + (1 - n)\,g(x)$$

überführen.

Beispiel: $x^2(x - 1)\,y' - y^2 - x(x - 2)\,y = 0, \quad n = 2.$

Die Transformation $\bar{y} = y^{-1}$ liefert die Differentialgleichung $\bar{y}' = -\frac{x(x-2)}{x(x-1)}\,\bar{y} - \frac{1}{x^2(x-1)}$. Diese hat die allgemeine Lösung $\bar{y} = \frac{x-1}{x^2}\left(\frac{1}{x-1} + C\right)$ (vgl. Beispiel bei linearen Differentialgleichungen), und damit hat die Ausgangsgleichung die allgemeine Lösung $y = \frac{x^2}{1 + C(x-1)}$.

Riccatische Differentialgleichung:

$$y' = f(x)\,y^2 + g(x)\,y + h(x).$$

Im allgemeinen ist diese Differentialgleichung nicht durch Quadraturen lösbar (d. h. ihre Lösung läßt sich nicht durch endlich viele hintereinander ausgeführte Integrationen finden). Kennt man jedoch eine spezielle Lösung y_1 der Riccatischen Differentialgleichung, so läßt sich diese durch die Transformation $y = y_1 + \frac{1}{\bar{y}}$ auf die lineare Differentialgleichung $\bar{y}' = -(2f(x)\,y_1 + g(x))\,\bar{y} - f(x)$ zurückführen. Ist y_2 eine weitere spezielle Lösung der Riccatischen Differentialgleichung, so ist $\bar{y}_1 = \frac{1}{y_2 - y_1}$ eine spezielle Lösung der linearen Gleichung für $\bar{y}(x)$. Sind sogar drei Lösungen y_1, y_2 und y_3 bekannt, so ist das allgemeine Integral der Riccatischen Differentialgleichung durch $\frac{y - y_2}{y - y_1} : \frac{y_3 - y_2}{y_3 - y_1} = C$ gegeben.

Mit der Transformation $y = -\frac{\bar{y}'}{f(x)\,\bar{y}}$ kann man die Riccatische Differentialgleichung auf eine lineare Differentialgleichung zweiter Ordnung zurückführen (vgl. 3.3.1.3.4.):

$$\bar{y}''f(x) - (f'(x) + f(x)\,g(x))\,\bar{y}' + (f(x))^2\,h(x)\,\bar{y} = 0$$

und durch die Transformation $y = \frac{\bar{y}}{f(x)} + b(x)$ (b ist Lösung der Gleichung $f' + (2bf + g)\,f = 0$) auf die Normalform

$$\bar{y}'(x) = \bar{y}^2 + P(x) \quad \text{mit} \quad P(x) = f(-b' + b^2 f + gb + h).$$

Die *spezielle Riccatische Gleichung*

$$y' + ay^2 = bx^m$$

ist für $m = 0$ lösbar (Differentialgleichung mit getrennten Variablen), ebenso für $m = \frac{4k}{1-2k}$ ($k = \pm 1, \pm 2, \ldots$), wenn man die folgenden Transformationen so oft wie notwendig ausführt (bis man zu $\bar{m} = 0$ kommt):

$$k > 0: \quad y = \frac{1}{x^2\bar{y}} + \frac{1}{ax}, \quad x = \bar{x}^{1/(m+3)}.$$

Es ergibt sich $\frac{d\bar{y}}{d\bar{x}} + \bar{a}\bar{y}^2 = \bar{b}\bar{x}^{\bar{m}}$ mit $\bar{a} = \frac{b}{m+3}$, $\bar{b} = \frac{a}{m+3}$ und $\bar{m} = -\frac{m+4}{m+3} = \frac{4(k-1)}{1-2(k-1)}$.

$$k < 0: y = \frac{b}{\bar{x}(b\bar{x}\bar{y} + m + 1)}, \quad x = \bar{x}^{-1/(m+1)}.$$

Es ergibt sich $\frac{d\bar{y}}{d\bar{x}} + \bar{a}\bar{y}^2 = \bar{b}\bar{x}^{\bar{m}}$ mit $\bar{a} = -\frac{b}{m+1}$, $\bar{b} = -\frac{a}{m+1}$ und $\bar{m} = -\frac{3m+4}{m+1} = \frac{4(k+1)}{1-2(k+1)}$.

Beispiele: 1. $y' = y^2 - (2x+1)y + (x^2 + x + 1)$: $y_1(x) = x$ ist eine spezielle Lösung. Die Transformation $y = x + \frac{1}{\bar{y}}$ ergibt die Differentialgleichung $\bar{y}' = \bar{y} - 1$ mit der allgemeinen Lösung $\bar{y} = C\,e^x + 1$. Die Riccatische Differentialgleichung hat die allgemeine Lösung $y = x + \frac{1}{C\,e^x + 1}$. Die Transformation $y = \bar{y} + b$ mit $b = x + \frac{1}{2}$ erzeugt die Normalform $\bar{y}' = \bar{y}^2 - \frac{1}{4}$, und die Transformation $y = -\frac{\bar{y}'}{\bar{y}}$ führt auf die Differentialgleichung zweiter Ordnung

$$\bar{y}'' + (2x+1)\bar{y}' + (x^2 + x + 1)\bar{y} = 0.$$

2. $y' - 3y^2 = x^{-8/5}$, $m = -\frac{8}{5}$, $k = -2$, $a = -3$, $b = 1$.

Die Transformation $y = \frac{1}{\bar{x}(\bar{x}\bar{y} - 3/5)}$, $x = \bar{x}^{5/3}$ führt auf $\bar{y}' + \frac{5}{3}\bar{y}^2 = -5\bar{x}^{-4/3}$ mit $\bar{m} = -\frac{4}{3}$, $\bar{k} = -1$, $\bar{a} = \frac{5}{3}$, $\bar{b} = -5$ und $\bar{y} = \frac{1}{\bar{\bar{x}}(-5\bar{\bar{x}}\bar{\bar{y}} - 1/3)}$, $\bar{x} = \bar{\bar{x}}^3$ führt auf $\bar{\bar{y}}' - 15\bar{\bar{y}}^2 = 5$. $\bar{\bar{y}}' - 15\bar{\bar{y}}^2 = 5$ ist eine Differentialgleichung mit getrennten Variablen, die ohne weiteres lösbar ist.

3.3.1.2.2. *Implizite Differentialgleichung erster Ordnung.*

$F(x, y, y') = 0$ läßt sich nach y' auflösen

Falls in einem vorgegebenen Punkt (x_0, y_0) die Gleichung $F(x_0, y_0, p) = 0$ mit $p = y'$ n reelle Wurzeln $p_1, \ldots, p_n$ besitzt, die Funktion $F(x, y, p)$ mit ihren ersten Ableitungen nach allen Variablen für $x = x_0$, $y = y_0$, $p = p_i$ stetig ist und $\partial F/\partial p \neq 0$ gilt, zerfällt die Differentialgleichung $F(x, y, p) = 0$ in $y' = f_i(x, y)$ mit $f_i(x_0, y_0) = p_i$. Durch den Punkt (x_0, y_0) gehen genau n Integralkurven.

Beispiel: $y'^2 = |4y|$ mit dem vorgegebenen Punkt (0, 1).
$F(x, y, p) = p^2 - |4y|$. F, $\frac{\partial F}{\partial x}$, $\frac{\partial F}{\partial y}$, $\frac{\partial F}{\partial p}$ sind stetig für $x = 0$, $y = 1$, $p_1 = 2$ bzw. $p_2 = -2$ und $\frac{\partial F}{\partial p}(0, 1, 2) = 4 \neq 0$, $\frac{\partial F}{\partial p}(0, 1, -2) = -4 \neq 0$. Also zerfällt $p^2 - |4y| = 0$ in $y' = 2\sqrt{y}$ und $y' = -2\sqrt{y}$. Durch den Punkt (0, 1) gehen die beiden Integralkurven $y = (x+1)^2$ und $y = (x-1)^2$.

$F(x, y, y') = 0$ läßt sich nach y auflösen

Es sei ein Zahlentripel (x_0, y_0, p_0) bekannt, für das $F(x_0, y_0, p_0) = 0$ ist, und $F(x, y, p) = 0$ kann in der Umgebung von (x_0, y_0, p_0) nach y aufgelöst werden: $y = G(x, p)$, d. h. $y_0 = G(x_0, p_0)$ und $F(x, G(x, p), p) = 0$. Zieht man nur solche Lösungen $y = u(x)$ in Betracht, die in einer Umgebung von x_0 eine stetige und von null verschiedene Ableitung besitzen, und setzt man noch voraus, daß $G(x, p)$ in der Umgebung von (x_0, p_0) stetige partielle Ableitungen nach x und p besitzt und $G_p(x_0, p_0) = \partial G/\partial p\ (x_0, p_0) \neq 0$ ist, so erhält man mit

$$\frac{\mathrm{d}p}{\mathrm{d}x} = \frac{p - G_x(x, p)}{G_p(x, p)}$$

eine Differentialgleichung, die nach der Ableitung aufgelöst ist. Die Lösung ergibt sich in der Form $p = p(x)$ oder $x = x(p)$ und in $y = G(x, p)$ eingesetzt in der Form $y = y(x)$ oder in der Form $y = y(p)$ und $x = x(p)$ als Parameterdarstellung.

Beispiel: $e^{y'} + 2xy' - y = 0$. (x_0, p_0) sei beliebig gewählt, dann gilt $y_0 = e^{p_0} + 2x_0p_0$, also etwa $(x_0, y_0, p_0) = (0, e, 1)$. $y = G(x, p)$ mit $G(x, p) = e^p + 2xp$ und $G_p(0, 1) = e \neq 0$. Es ist damit $\frac{\mathrm{d}p}{\mathrm{d}x} = -\frac{p}{e^p + 2x}$ oder $(e^p + 2x)\,\mathrm{d}p + p\,\mathrm{d}x = 0$. Die Lösung dieser Differentialgleichung (integrierender Faktor $M = p$) mit $p(0) = 1$ ist $x = \frac{1 - p}{p^2} e^p$ und die Lösung der Ausgangsgleichung in Parameterform $y = (2 - p)\frac{1}{p} e^p$; $x = (1 - p)\frac{1}{p^2} e^p$. Diese Gleichungen sind in der Umgebung von $p = 1$ die Parameterdarstellung der Integralkurve von $e^{y'} + 2xy' - y = 0$ mit $x_0 = 0$, $y_0 = e$ (und dem Anstieg $y'(0) = 1$).

$F(x, y, y') = 0$ läßt sich nach x auflösen

Es sei (x_0, y_0, p_0) bekannt mit $F(x_0, y_0, p_0) = 0$. In der Umgebung von (x_0, y_0, p_0) kann die vorgelegte Gleichung nach x aufgelöst werden: $x = H(y, p)$. Beschränkt man sich auf Lösungen $y = u(x)$ wie oben, so ist $p = u'(x)$ in der Umgebung von (x_0, p_0) nach x auflösbar: $x = x(p)$. Differentiation von $x = H(y, p)$ nach p ergibt

$$\frac{\mathrm{d}y}{\mathrm{d}p} = -\frac{pH_p}{pH_y - 1} \qquad \left(\frac{\mathrm{d}x}{\mathrm{d}p} = \frac{1}{p}\frac{\mathrm{d}y}{\mathrm{d}p}\right)$$

mit der Lösung $y = y(p)$ oder $p = p(y)$. Die Lösung des Ausgangsproblems ergibt sich als $x = x(p)$ und $y = y(p)$ (p Parameter) oder $x = x(y)$.

Beispiel: $x = yy' + (y')^2$. Dabei ist $F(x, y, p) = x - yp - p^2$ und $H(y, p) = yp + p^2$. (x_0, y_0) kann beliebig vorgegeben werden bis auf die Bedingung $\frac{1}{4}(y_0)^2 + x_0 \geqq 0$, dann existiert mindestens ein p_0 dazu. Man betrachte etwa $x_0 = 0$, $y_0 = 0$, $p_0 = 0$. Dann ist die zu lösende Differentialgleichung $\frac{\mathrm{d}y}{\mathrm{d}p} = -y\frac{p}{p^2 - 1} - \frac{2p^2}{p^2 - 1}$ eine lineare Differentialgleichung mit der Lösung $y(p) = -p + \frac{\arcsin p}{\sqrt{1 - p^2}}$ mit $y(0) = 0$. Die Integralkurve der Differentialgleichung $x = yy' + (y')^2$ durch den Punkt $x_0 = 0$, $y_0 = 0$ (mit dem Anstieg $y'(0) = 0$) hat die Parameterform

$$y = -p + \frac{\arcsin p}{\sqrt{1 - p^2}}, \qquad x = p\frac{\arcsin p}{\sqrt{1 - p^2}}$$

in der Umgebung von $p = 0$.

Die *Lagrangesche Differentialgleichung*

$$a(y')\,x + b(y')\,y + c(y') = 0$$

läßt sich stets nach den oben angegebenen Methoden durch Quadraturen lösen. Für $a(p) + b(p)\,p \equiv 0$ erhält man die *Clairautsche Differentialgleichung*, die sich auf die Form

$$y = y'x + f(y')$$

bringen läßt. Ihre allgemeine Lösung lautet $y = Cx + f(C)$.

Linienelemente: Ein Linienelement (x_0, y_0, p_0) von $F(x, y, p) = 0$, d. h. $F(x_0, y_0, p_0) = 0$, heißt *regulär*, falls genau eine stetige Funktion $p = f(x, y)$ in der Umgebung von (x_0, y_0) mit $p_0 = f(x_0, y_0)$ und $F(x, y, f(x, y)) \equiv 0$ existiert, und die Differentialgleichung $y' = f(x, y)$ in der Umgebung von x_0 genau eine Integralkurve, die durch (x_0, y_0) hindurchgeht, mit $y'(x_0) = p_0$ besitzt. Anderenfalls heißt das Linienelement *singulär*. Die Gesamtheit der Punkte (x, y), die Träger von singulären Linienelementen sind, wird als *Diskriminantenort* bezeichnet. Eine Integralkurve, die nur aus singulären Linienelementen besteht, heißt *singuläres Integral*. Ist die Funktion $F(x, y, p)$ in der Umgebung eines Linienelementes (x_0, y_0, p_0) stetig und besitzt sie stetige partielle Ableitungen F_x, F_y und F_p, so ist das Linienelement sicher dann regulär, wenn $F_p(x_0, y_0, p_0) \neq 0$ ist. Es kann nur dann singulär sein, wenn $F_p(x_0, y_0, p_0) = 0$ ist.

Ein singuläres Integral läßt sich im allgemeinen für keinen Wert der beliebigen Konstanten aus dem allgemeinen Integral gewinnen. Um das singuläre Integral einer Differentialgleichung $F(x, y, p) = 0$ mit $p = y'$ zu erhalten, nimmt man zur Differentialgleichung die Gleichung $F_p(x, y, p) = 0$ hinzu und eliminiert p. Ist die gewonnene Beziehung ein Integral der gegebenen Differentialgleichung, so ist sie ein singuläres Integral. Falls die Gleichung der Schar der Integralkurven, d. h. das allgemeine Integral der gegebenen Differentialgleichung, bekannt ist, lassen sich zur Bestimmung der Einhüllenden dieser Kurvenschar, die singuläre Lösungen liefern, Methoden der Differentialgeometrie anwenden (vgl. 4.3.1.6.).

Beispiel: $p^2((x - y)^2 - 1) - 2p + ((x - y)^2 - 1) = 0$.

Das allgemeine Integral findet man durch Auflösung nach y und Anwendung der in diesem Abschnitt beschriebenen Methode: $y = x - \sqrt{\dfrac{(1 + p)^2}{1 + p^2}}$ und dann

$$x = \frac{p}{\sqrt{1 + p^2}} + C; \quad y = \frac{-1}{\sqrt{1 + p^2}} + C,$$

also: $(x - C)^2 + (y - C)^2 = 1$.

Die zusätzliche Gleichung zur Bestimmung von singulären Lösungen ist $p((x - y)^2 - 1) - 1 = 0$. Elimination von p liefert die Gleichung $(x - y)^2((x - y)^2 - 2) = 0$, also $y = x$, $y = x + \sqrt{2}$ und $y = x - \sqrt{2}$. $y = x$ ist keine Lösung der vorgelegten Differentialgleichung, liefert also keine singuläre Lösung, im Gegensatz zu $y = x + \sqrt{2}$ und $y = x - \sqrt{2}$. Diese singulären Lösungen erhält man auch aus der allgemeinen Lösung als Einhüllende, indem man C aus

$$(x - C)^2 + (y - C)^2 - 1 = 0 \quad \text{und} \quad \frac{\partial}{\partial C}((x - C)^2 + (y - C)^2 - 1) = 0$$

eliminiert (vgl. Abb. 3.53).

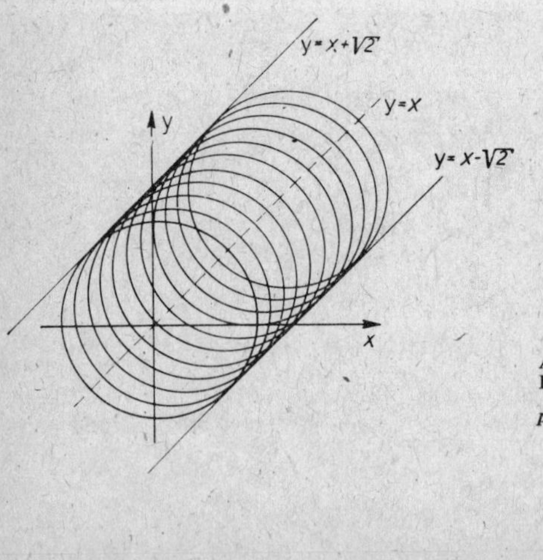

Abb. 3.53. Einhüllende der allgemeinen Lösung der Differentialgleichung
$p^2((x - y)^2 - 1) - 2p + ((x - y)^2 - 1) = 0$

Singuläre Punkte einer Differentialgleichung. Die Differentialgleichung

$$y' = \frac{P(x, y)}{Q(x, y)} = f(x, y) \tag{3.32}$$

(P und Q teilerfremde Polynome in x und y) hat nur in den Punkten (x_0, y_0) eine unbeschränkte Ableitung $\frac{\partial f}{\partial y}$, in denen $Q(x_0, y_0) = 0$ ist. In diesen Punkten ist aber sowohl die rechte Seite der Gleichung $\frac{dx}{dy} = \frac{Q(x, y)}{P(x, y)}$ (wenn $P(x_0, y_0) \neq 0$) als auch deren Ableitung nach x stetig. Nach dem Existenz- und Eindeutigkeitssatz verläuft durch einen derartigen Punkt ebenfalls genau eine Integralkurve $x = g(y)$. Ist $P(x_0, y_0) = Q(x_0, y_0) = 0$ (das kann nur in isolierten Punkten der Fall sein), so heißt (x_0, y_0) *singulärer Punkt* der Differentialgleichung (3.32). Singuläre Lösungen existieren für diese Differentialgleichung nicht.

Die Differentialgleichung

$$\frac{dy}{dx} = \frac{ax + by}{cx + gy} \quad (ag - bc \neq 0) \tag{3.33}$$

(a, b, c, g sind Konstanten) hat den isolierten singulären Punkt (0, 0). Durch jeden anderen Punkt, der hinreichend nahe bei (0, 0) liegt, geht genau eine Integralkurve. Man betrachtet die Wurzeln z_1 und z_2 der charakteristischen Gleichung

$$\begin{vmatrix} c - z & a \\ g & b - z \end{vmatrix} = z^2 - (b + c) z + (bc - ag) = 0$$

und bringt die Differentialgleichung (3.33) für $z_1 \neq z_2$ mittels der Transformation $\bar{x} = Ax + By$, $\bar{y} = Cx + Dy$, wobei sich die Konstanten A, B, C, D aus den Systemen

$$\begin{aligned} (c - z_2) A + \quad aB &= 0 \\ gA + (b - z_2) B &= 0 \end{aligned} \quad \text{und} \quad \begin{aligned} (c - z_1) C + \quad aD &= 0 \\ gC + (b - z_1) D &= 0 \end{aligned}$$

berechnen lassen, auf die Differentialgleichung

$$\frac{d\bar{y}}{d\bar{x}} = \frac{z_1 \bar{y}}{z_2 \bar{x}} \tag{3.34}$$

und für $z_0 = z_1 = z_2$ mittels der Transformation $\bar{x} = ax + \frac{b - c}{2} y$, $\bar{y} = y$ auf die Differentialgleichung

$$\frac{d\bar{y}}{d\bar{x}} = \frac{\bar{x} + z_0 \bar{y}}{z_0 \bar{x}}. \tag{3.35}$$

Die Lösung der Gleichung (3.34) berechnet man leicht als $\bar{y} = \bar{C} |\bar{x}|^{z_1/z_2}$ und die Lösung von (3.35) als $\bar{y} = \frac{1}{z_0} \bar{x} \ln |\bar{x}| + \bar{C}\bar{x}$. Diese affinen Transformationen ändern nichts am Charakter des singulären Punktes.

1. Fall: z_1 und z_2 sind reell und von gleichem Vorzeichen. Der singuläre Punkt heißt Knotenpunkt. Ohne Beschränkung der Allgemeinheit kann $z_1 \geqq z_2 > 0$ gesetzt werden. Aus

$$\left.\frac{d\bar{y}}{d\bar{x}}\right|_{\bar{x}=0} = \pm \frac{z_1}{z_2} \bar{C} |\bar{x}|^{z_1/z_2 - 1} \bigg|_{\bar{x}=0} = 0$$

folgt, daß alle Kurven den Ursprung berühren, d. h. eine gemeinsame Tangente im Ursprung besitzen. Ist $z_1 = z_2$, so geht vom Ursprung aus in jeder Richtung genau eine Integralkurve. Neben diesen Scharen von Kurven gibt es eine weitere durch den Ursprung verlaufende Integralkurve: $\bar{x} = 0$.

Beispiele: 1. $\dfrac{dy}{dx} = \dfrac{-6x + 4y}{-x + y}$. Die Wurzeln der charakteristischen Gleichung $z^2 - 3z + 2 = 0$ sind $z_1 = 2$ und $z_2 = 1$. Die Transformation $\bar{x} = -3x + y$, $\bar{y} = -2x + y$ führt auf die Differentialgleichung $\dfrac{d\bar{y}}{d\bar{x}} = \dfrac{2\bar{y}}{\bar{x}}$. Die allgemeine Lösung ist $\bar{y} = \bar{C}\bar{x}^2$ (vgl. Abb. 3.54).

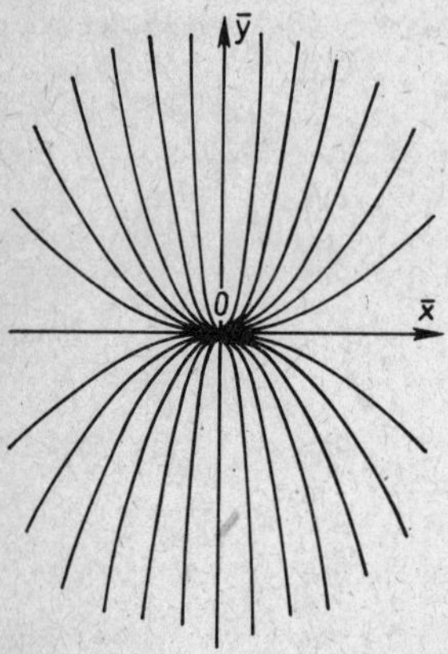

Abb. 3.54. Knotenpunkt der Differentialgleichung $\dfrac{d\bar{y}}{d\bar{x}} = \dfrac{2\bar{y}}{\bar{x}}$

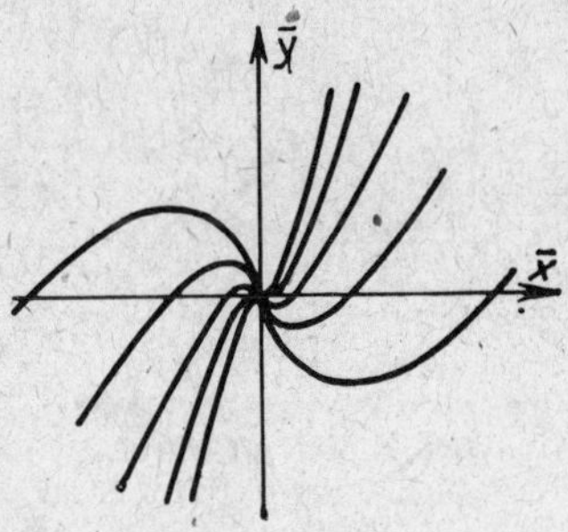

Abb. 3.55. Knotenpunkt der Differentialgleichung $\dfrac{d\bar{y}}{d\bar{x}} = \dfrac{\bar{x} + \bar{y}}{\bar{x}}$

2. $\dfrac{dy}{dx} = \dfrac{2x - y}{3x - 2y}$. Die Wurzeln der charakteristischen Gleichung $z^2 - 2z + 1 = 0$ sind $z_1 = z_2 = 1$. Die Transformation $\bar{x} = 2x - 2y$, $\bar{y} = y$ führt auf die Differentialgleichung $\dfrac{d\bar{y}}{d\bar{x}} = \dfrac{\bar{x} + \bar{y}}{\bar{x}}$. Die allgemeine Lösung ist $\bar{y} = \bar{x} \ln |\bar{x}| + \bar{C}\bar{x}$ (vgl. Abb. 3.55).

3. $\dfrac{dy}{dx} = \dfrac{y}{x}$. Diese Differentialgleichung hat bereits eine Normalform. Die Wurzeln der charakteristischen Gleichung sind $z_1 = z_2 = 1$. Die allgemeine Lösung ist $y = Cx$ (vgl. Abb. 3.56).

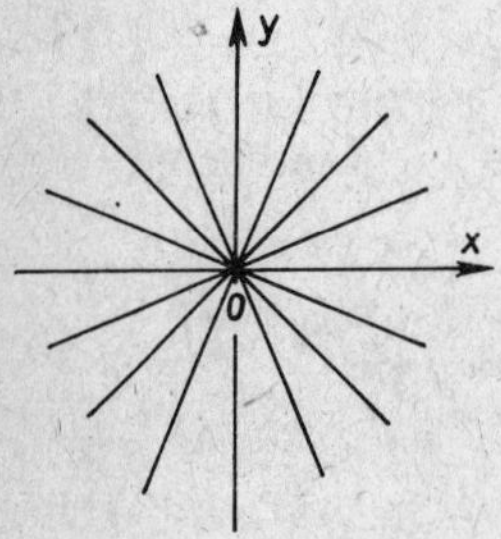

Abb. 3.56. Knotenpunkt der Differentialgleichung $\dfrac{dy}{dx} = \dfrac{y}{x}$

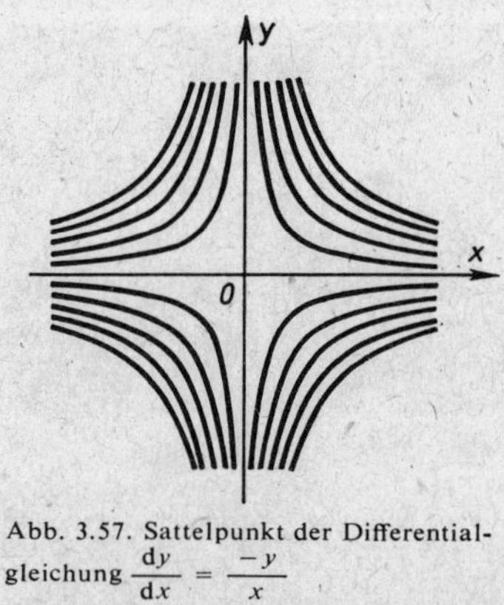

Abb. 3.57. Sattelpunkt der Differentialgleichung $\dfrac{dy}{dx} = \dfrac{-y}{x}$

2. Fall: *z_1 und z_2 sind reell und von verschiedenem Vorzeichen. Der singuläre Punkt heißt Sattelpunkt.*

Mit $\frac{z_1}{z_2} = -k < 0$ ergibt sich als allgemeine Lösung $\bar{y} = \bar{C}\,|\bar{x}|^{-k}$. Außer den Integralkurven $\bar{x} = 0$ und $\bar{y} = 0$ gehen keine weiteren Lösungen durch den Ursprung.

Beispiel: $\frac{\mathrm{d}y}{\mathrm{d}x} = -\frac{y}{x}$. Die charakteristischen Wurzeln der charakteristischen Gleichung $z^2 - 1 = 0$ sind $z_1 = 1$ und $z_2 = -1$. Die allgemeine Lösung ist $xy = C$ (vgl. Abb. 3.57).

3. Fall: *z_1 und z_2 sind konjugiert komplex* (*nicht aber rein imaginär*). *Der singuläre Punkt heißt Strudelpunkt* (Brennpunkt).

Bei der Bestimmung der Koeffizienten der Transformation kann man A und B so bestimmen, daß sie gerade die konjugiert komplexen Zahlen zu C und D sind. Da $\bar{x}, \bar{y}$ im allgemeinen für reelle x, y komplexwertig werden, führt man neue Variable $\bar{\bar{x}}, \bar{\bar{y}}$ mittels $\bar{x} = \bar{\bar{x}} + \mathrm{i}\bar{\bar{y}}$ und $\bar{y} = \bar{\bar{x}} - \mathrm{i}\bar{\bar{y}}$ ein. Der Charakter des singulären Punktes ändert sich wiederum durch solch eine Transformation nicht. Die allgemeine Lösung von (3.33) in den Koordinaten $\bar{\bar{x}}, \bar{\bar{y}}$ hat die Form:

$$(\bar{\bar{x}}^2 + \bar{\bar{y}}^2)^{1/2} = \bar{C}\,\mathrm{e}^{(-p/q)\arctan(\bar{\bar{y}}/\bar{\bar{x}})}$$

mit $z_1 = p + \mathrm{i}q$ und $z_2 = p - \mathrm{i}q$, oder in Polarkoordinaten $\bar{\bar{x}} = r\cos\varphi$, $\bar{\bar{y}} = r\sin\varphi$:

$$r = \bar{C}\,\mathrm{e}^{(-p/q)\varphi}.$$

Dies ist eine Schar von logarithmischen Spiralen in der $\bar{\bar{x}}\,\bar{\bar{y}}$-Ebene mit einem asymptotischen Punkt im Ursprung. Alle Kurven münden im Ursprung, haben aber dort keine bestimmte Grenztangente und umlaufen den Punkt (0, 0) unendlich oft.

Beispiel: $\frac{\mathrm{d}y}{\mathrm{d}x} = \frac{5x - 2y}{4x - 2y}$. Die charakteristische Gleichung hat die Wurzeln $z_1 = 1 + \mathrm{i}$, $z_2 = 1 - \mathrm{i}$, und die Transformation $\bar{x} = \frac{1}{2}(3 - \mathrm{i})\,x - y$, $\bar{y} = \frac{1}{2}(3 + \mathrm{i})\,x - y$ führt auf die Gleichung $\frac{\mathrm{d}\bar{y}}{\mathrm{d}\bar{x}} = \frac{(1 + \mathrm{i})\,\bar{y}}{(1 - \mathrm{i})\,\bar{x}}$. Schließlich führt die Transformation $\bar{x} = \bar{\bar{x}} + \mathrm{i}\bar{\bar{y}}$, $\bar{y} = \bar{\bar{x}} - \mathrm{i}\bar{\bar{y}}$ auf die Differentialgleichung $\frac{\mathrm{d}\bar{\bar{y}}}{\mathrm{d}\bar{\bar{x}}} = \frac{\bar{\bar{y}} - \bar{\bar{x}}}{\bar{\bar{y}} + \bar{\bar{x}}}$, deren Lösung die Form $(\bar{\bar{x}}^2 + \bar{\bar{y}}^2)^{1/2} = \bar{C}\,\mathrm{e}^{-\arctan(\bar{\bar{y}}/\bar{\bar{x}})}$ hat (vgl. Abb. 3.58).

4. Fall: *z_1 und z_2 sind rein imaginäre konjugierte Wurzeln. Der singuläre Punkt heißt Wirbelpunkt.* Werden $\bar{\bar{x}}, \bar{\bar{y}}$ wie im 3. Fall eingeführt, so ergeben sich die Integralkurven $\bar{\bar{x}}^2 + \bar{\bar{y}}^2 = \bar{C}$, d. h. eine Schar geschlossener Kurven, die den singulären Punkt umschließen (in den $\bar{\bar{x}},\bar{\bar{y}}$-Koordinaten sind es Kreise).

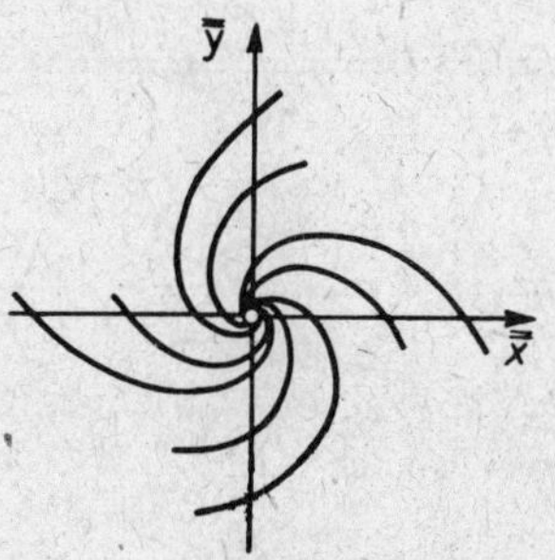

Abb. 3.58. Strudelpunkt der Differentialgleichung $\frac{\mathrm{d}\bar{\bar{y}}}{\mathrm{d}\bar{\bar{x}}} = \frac{\bar{\bar{y}} - \bar{\bar{x}}}{\bar{\bar{y}} + \bar{\bar{x}}}$

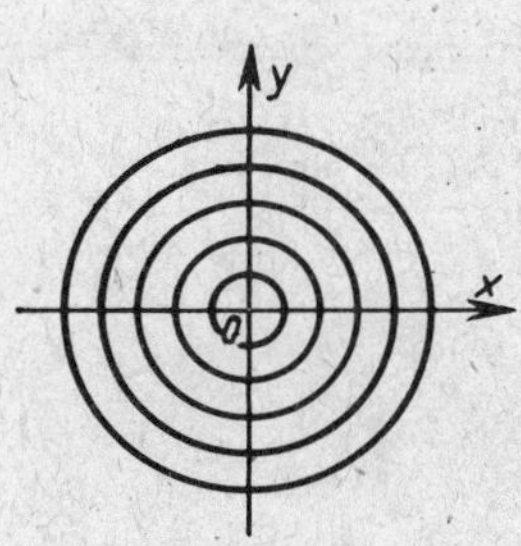

Abb. 3.59. Wirbelpunkt der Differentialgleichung $\frac{\mathrm{d}y}{\mathrm{d}x} = -\frac{x}{y}$

Beispiel: $\frac{dy}{dx} = -\frac{x}{y}$. Die Wurzeln der charakteristischen Gleichung $z^2 + 1 = 0$ sind $z_1 = i$ und $z_2 = -i$. Das allgemeine Integral hat die Form $x^2 + y^2 = C$ (vgl. Abb. 3.59).

In der Differentialgleichung $\frac{dy}{dx} = \frac{P(x, y)}{Q(x, y)}$ habe $P(x, y)$ und $Q(x, y)$ stetige partielle Ableitungen, und es sei

$$P(x, y) = a(x - x_0) + b(y - y_0) + P_1(x, y),$$

$$Q(x, y) = c(x - x_0) + g(y - y_0) + Q_1(x, y)$$

mit

$$\lim_{\substack{x \to x_0 \\ y \to y_0}} \frac{P_1(x, y)}{((x - x_0)^2 + (y - y_0)^2)^{1/2}} = 0, \qquad \lim_{\substack{x \to x_0 \\ y \to y_0}} \frac{Q_1(x, y)}{((x - x_0)^2 + (y - y_0)^2)^{1/2}} = 0.$$

Es zeigt sich, daß mit einer Ausnahme die Art des singulären Punktes (x_0, y_0) der gegebenen Differentialgleichung die gleiche ist, wie die des singulären Punktes der ersten Näherungsgleichung

$$\frac{dy}{dx} = \frac{a(x - x_0) + b(y - y_0)}{c(x - x_0) + g(y - y_0)}.$$

Bemerkungen: 1. Ist der singuläre Punkt der Näherungsgleichung ein Wirbelpunkt, so ist der singuläre Punkt der Ausgangsgleichung entweder ein Wirbelpunkt oder ein Strudelpunkt.

2. Ist $ag - bc = 0$, so muß man, um die Art des singulären Punktes zu ermitteln, Glieder höherer Ordnung betrachten.

3.3.1.2.3. Allgemeine Näherungsmethoden zur Lösung von Differentialgleichungen erster Ordnung. In diesem Abschnitt werden einige Methoden nur kurz erwähnt, später im Abschnitt 7.1.2.9. wird auf derartige Verfahren näher eingegangen.

Methode der sukzessiven Approximation (Picard). Unter den Voraussetzungen des Existenz- und Eindeutigkeitssatzes ist das Cauchy-Problem $y' = f(x, y)$ mit $y(x_0) = a$ der Integralgleichung

$$y(x) = a + \int_{x_0}^{x} f(t, y(t))\, dt$$

äquivalent. Die durch die Formel

$$y_n(x) = a + \int_{x_0}^{x} f(t, y_{n-1}(t))\, dt; \qquad y_0(t) = a$$

sukzessive zu berechnenden y_n konvergieren in dem durch den Existenzsatz gegebenen Intervall gleichmäßig gegen die gesuchte Lösung $y(x)$.

Beispiel: $y' = x^2 + y^2$; $y(0) = 1$. Man berechnet leicht:

$$y_0 = 1$$

$$y_1 = 1 + \int_0^x (t^2 + 1)\, dt = 1 + x + \frac{x^3}{3}$$

$$y_2 = 1 + \int_0^x \left(t^2 + \left(1 + t + \frac{1}{3} t^3\right)^2\right) dt = 1 + x + x^2 + 2\frac{x^3}{3} + \frac{x^4}{6} + 2\frac{x^5}{15} + \frac{x^7}{63}$$

......

Integration durch Reihenentwicklung. Unter der Voraussetzung, daß die rechte Seite $f(x, y)$ der Differentialgleichung analytisch in x und y ist, d. h., daß sie sich in eine Potenzreihe nach x und y entwickeln läßt, existiert die Lösung des Cauchy-Problems $y' = f(x, y)$ mit $y(x_0) = y_0$ in der Form

$$y(x) = \sum_{v=0}^{\infty} a_v (x - x_0)^v \quad \text{mit} \quad a_v = \frac{1}{v!} y^{(v)}(x_0).$$

Einmal kann man die a_v aus der Differentialgleichung durch sukzessive Differentiation berechnen und in die Reihe einsetzen, zum anderen setzt man häufig die Reihe mit unbestimmten Koeffizienten an und berechnet dann die a_v aus einem rekursiven System, das sich ergibt, wenn man die Reihe in die Differentialgleichung einsetzt und Koeffizientenvergleich durchführt. Diese Methode ist auch auf Differentialgleichungen höherer Ordnung und auf Systeme anwendbar.

Beispiel: $y' = x^2 + y^2$; $y(0) = 1$. $f(x, y) = x^2 + y^2$ ist analytisch in x und y. Berechnung der $y^{(v)}(0)$:

$$y(0) = \qquad\qquad 1$$

$$y^{(1)}(0) = (x^2 + y^2)|_{x=0} = 1$$

$$y^{(2)}(0) = (2x + 2yy^{(1)})|_{x=0} = 2$$

$$y^{(3)}(0) = (2 + 2(y^{(1)})^2 + 2yy^{(2)})|_{x=0} = 8$$

$$y^{(4)}(0) = (6y^{(1)}y^{(2)} + 2yy^{(3)})|_{x=0} = 28.$$

Damit ergibt sich:

$$y(x) = 1 + x + \frac{2}{2!}x^2 + \frac{8}{3!}x^3 + \frac{28}{4!}x^4 + \ldots$$

Graphische Integration. Diese Methode beruht auf dem Begriff des Richtungsfeldes (vgl. 3.3.1.2.1.). Die Integralkurve wird vom gegebenen Anfangspunkt aus als Polygonzug dargestellt. Dieser be-

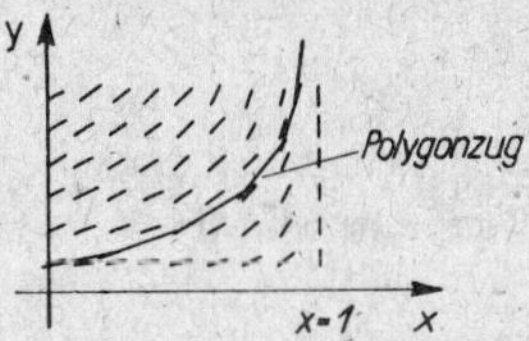

Abb. 3.60. Polygonzug als Näherungslösung

steht aus kurzen Teilstrecken, deren Richtung mit der Richtung des Richtungsfeldes im Anfangspunkt der Teilstrecken übereinstimmt, der gleichzeitig Endpunkt der vorhergehenden Teilstrecke ist (s. Abb. 3.60).

3.3.1.3. Lineare Differentialgleichungen und lineare Systeme

3.3.1.3.1. Allgemeine Theorie für lineare Differentialgleichungen. Unter einer *linearen Differentialgleichung r-ter Ordnung* versteht man eine in bezug auf die gesuchte Funktion und deren Ableitungen lineare explizite Differentialgleichung:

$$y^{(r)}(x) + f_{r-1}(x)y^{(r-1)}(x) + \ldots + f_1(x)y' + f_0(x)y(x) = f(x). \qquad (3.36)$$

Diese Differentialgleichungen sind bei Schwingungsproblemen von großer Bedeutung. $f(x)$ bezeichnet man in den Anwendungen häufig als *Störfunktion.* Ist $f(x) \equiv 0$, so heißt die lineare Differentialgleichung *homogen, inhomogen* im entgegengesetzten Fall. Die Koeffizienten $f_v(x)$ sollen in dem jeweils betrachteten Intervall (a, b) stetig sein.

Homogene Differentialgleichung

Sind $y_v(x)$ $(v = 1, 2, \ldots, k)$ in (a, b) Lösungen der homogenen Gleichung, so ist auch die Linearkombination

$$y(x) = \sum_{v=1}^{k} c_v y_v(x) \quad (c_v \text{ beliebige Konstanten})$$

Lösung der homogenen Gleichung.

Die Funktionen $y_v(x)$ $(v = 1, 2, \ldots, k)$ heißen *linear abhängig*, wenn es k Zahlen c_v gibt, so daß

$$\sum_{v=1}^{k} c_v y_v(x) = 0 \quad \text{mit} \quad \sum_{v=1}^{k} |c_v| > 0$$

gilt, im entgegengesetzten Fall heißen die Funktionen *linear unabhängig*. r Lösungen der homogenen Gleichung sind in (a, b) linear abhängig, wenn die *Wronski-Determinante*

$$W(x) = \begin{vmatrix} y_1 & y_2 & \ldots & y_r \\ y_1^{(1)} & y_2^{(1)} & \ldots & y_r^{(1)} \\ \vdots & & & \\ y_1^{(r-1)} & y_2^{(r-1)} & \ldots & y_r^{(r-1)} \end{vmatrix}$$

in einem Punkt $x_0 \in (a, b)$ null wird. Aus $W(x_0) = 0$ folgt dann mit der *Formel von Liouville*

$$W(x) = W(x_0) \exp\left(-\int_{x_0}^{x} f_{r-1}(t)\,\mathrm{d}t\right)$$

$W(x) = 0$ in (a,b). r Lösungen der homogenen Gleichung sind in (a, b) linear unabhängig, wenn die Wronski-Determinante in einem Punkt $x_0 \in (a, b)$ ungleich null ist. Daraus folgt dann, daß diese Determinante stets ungleich null ist.

Jede homogene Differentialgleichung r-ter Ordnung besitzt stets ein *Fundamentalsystem von Lösungen*, d. h., sie besitzt r linear unabhängige Lösungen. Bilden die Lösungen $y_1, \ldots, y_r$ ein Fundamentalsystem, so ist

$$y(x) = c_1 y_1(x) + c_2 y_2(x) + \ldots + c_r y_r(x)$$

die *allgemeine Lösung* der linearen homogenen Differentialgleichung.

3. Ist eine spezielle Lösung $u(x)$ der homogenen Differentialgleichung r-ter Ordnung mit $u(x) \neq 0$ in (a, b) bekannt, so läßt sich deren Ordnung unter Beibehaltung der Linearität durch die Transformation $y = u \int^{x} \bar{y}(t)\,\mathrm{d}t$ erniedrigen. Ist $\bar{y}_1(x), \ldots, \bar{y}_{r-1}(x)$ ein Fundamentalsystem der transformierten Gleichung, so bilden die Funktionen

$$y_1(x) = u(x), \quad y_2(x) = u(x) \int^{x} \bar{y}_1(t)\,\mathrm{d}t, \ldots, \quad y_r(x) = u(x) \int^{x} \bar{y}_{r-1}(t)\,\mathrm{d}t$$

ein Fundamentalsystem der ursprünglichen Gleichung.

Beispiel: $x^2(1-x)y'' + 2x(2-x)y' + 2(1+x)y = 0$. Die Normalform für die Anwendung der obigen Sätze lautet:

$$y'' + \frac{2(2-x)}{x(1-x)}\,y' + \frac{2(1+x)}{x^2(1-x)}\,y = 0.$$

Um die Stetigkeit der Koeffizienten zu gewährleisten, wählt man eines der Intervalle $(-\infty, 0)$, $(0, 1)$, $(1, \infty)$ als das Intervall (a, b) aus. Eine spezielle Lösung ist $u(x) = x^{-2}$. Nach 3. reduziert sich die homogene Differentialgleichung mittels der Transformation $y = x^{-2} \int^{x} \bar{y}(t)\,\mathrm{d}t$ auf

$$\bar{y}' + \frac{2}{1-x}\,\bar{y} = 0,$$

für die $\bar{y}(x) = (x-1)^2$ eine Lösung ist. Damit bildet

$$y_1(x) = x^{-2} \quad \text{und} \quad y_2(x) = x^{-2} \int^{x} (t-1)^2\,\mathrm{d}t = \frac{(x-1)^3}{3x^2}$$

ein Fundamentalsystem der Ausgangsgleichung. Die lineare Unabhängigkeit folgt auch aus $W(-1) = 4 \neq 0$, $W(\tfrac{1}{2}) = 4 \neq 0$ bzw. $W(2) = 2^{-4} \neq 0$ mit

$$W(x) = \begin{vmatrix} \dfrac{1}{x^2} & \dfrac{(x-1)^3}{3x^2} \\ -\dfrac{2}{x^3} & \dfrac{(x-1)^2(x+2)}{3x^3} \end{vmatrix} = \frac{(x-1)^2}{x^4}.$$

je nachdem, in welchem Intervall die Betrachtungen durchgeführt werden. Die allgemeine Lösung hat die Form:

$$y(x) = c_1 \frac{1}{x^2} + c_2 \frac{(x-1)^3}{3x^2}.$$

Inhomogene Differentialgleichung

Die *allgemeine Lösung* der inhomogenen Differentialgleichung y_{ai} wird durch die Summe der allgemeinen Lösung der homogenen Differentialgleichung y_{ah} und einer speziellen Lösung der inhomogenen Differentialgleichung y_{si} geliefert

$$y_{ai} = y_{ah} + y_{si}.$$

Zur Berechnung von y_{si} verwendet man eine der folgenden Methoden:

Methode der Variation der Konstanten: Man betrachtet die gesuchte Lösung in der Gestalt der allgemeinen Lösung der homogenen Differentialgleichung $y = c_1 y_1 + \dots + c_r y_r$ mit von x abhängigen c_ν. Die Ableitungen der $c_\nu(x)$ berechnen sich aus dem folgenden Gleichungssystem:

$$\begin{aligned}
c_1' y_1 &+ c_2' y_2 &+ \dots + c_r' y_r &= 0 \\
c_1' y_1' &+ c_2' y_2' &+ \dots + c_r' y_r' &= 0 \\
&\vdots \\
c_1' y_1^{(r-2)} &+ c_2' y_2^{(r-2)} &+ \dots + c_r' y_r^{(r-2)} &= 0 \\
c_1' y_1^{(r-1)} &+ c_2' y_2^{(r-1)} &+ \dots + c_r' y_r^{(r-1)} &= f(x)
\end{aligned}$$

Schließlich ergeben sich die $c_\nu(x)$ durch Quadraturen. Diese Rechnungen in einer Formel ausgedrückt liefern

$$y_{si}(x) = y_1(x) \int\limits_{x_0}^{x} \frac{W_1(t)}{W(t)}\,dt + \dots + y_r(x) \int\limits_{x_0}^{x} \frac{W_r(t)}{W(t)}\,dt.$$

Dabei sind $W_\nu(x)$ die Determinanten, die aus der Wronski-Determinante $W(x)$ der Funktionen $y_1(x), \dots, y_r(x)$ hervorgehen, wenn man deren ν-te Spalte streicht und dafür $0, 0, \dots, 0, f(x)$ einsetzt. Die so erhaltene spezielle Lösung $y_{si}(x)$ von (3.36) ist diejenige, für die

$$y(x_0) = y'(x_0) = \dots = y^{(r-1)}(x_0) = 0$$

ist.

Methode von Cauchy: In der allgemeinen Lösung der homogenen Differentialgleichung bestimmt man die Koeffizienten c_ν so, daß die Beziehungen $y(a) = 0$, $y'(a) = 0, \dots, y^{(r-2)}(a) = 0$, $y^{(r-1)}(a) = f(a)$ gelten; dabei ist a ein beliebiger Parameter. Ist $y(x, a)$ die so gewonnene Lösung, so ist $y(x) = \int\limits_{x_0}^{x} y(x, a)\,da$ eine spezielle Lösung von (3.36), für die $y(x_0) = y'(x_0) = \dots = y^{(n-1)}(x_0) = 0$ ist.

Beispiel: $x^2(1-x)\,y'' + 2x(2-x)\,y' + 2(1+x)\,y = x^2$. Die Normalform dazu ist

$$y'' + \frac{2(2-x)}{x(1-x)}\,y' + \frac{2(1+x)}{x^2(1-x)}\,y = \frac{1}{1-x}.$$

Wegen der Stetigkeit der Koeffizienten beschränkt man sich auf eines der Intervalle $(-\infty, 0)$, $(0, 1)$, $(1, \infty)$. Nach dem oben Berechneten ist die allgemeine Lösung der homogenen Differentialgleichung $y_{ah} = c_1 \dfrac{1}{x^2} + c_2 \dfrac{(x-1)^3}{3x^2}$ und $W(x) = \dfrac{(x-1)^2}{x^4}$, weiterhin ist $W_1(x) = \dfrac{(x-1)^2}{3x^2}$ und $W_2(x) = -\dfrac{1}{x^2(x-1)}$.

Damit ergibt sich

$$y_{si} = \frac{1}{x^2}\int_0^x \frac{t^2}{3}\,dt - \frac{(x-1)^3}{3x^2}\int_0^x \frac{t^2}{(t-1)^3}\,dt$$

$$= \frac{x}{9} + \frac{(x-1)(3x-2)}{6x} - \frac{(x-1)^3}{3x^2}\ln|x-1|$$

und

$$y_{ai} = \frac{11}{18}x - \frac{5}{6} + \frac{1}{3x} - \frac{(x-1)^3}{3x^2}\ln|x-1| + c_1\frac{1}{x^2} + c_2\frac{(x-1)^3}{3x^2}.$$

3.3.1.3.2. Lineare Differentialgleichungen mit konstanten Koeffizienten. Betrachtet wird eine lineare Differentialgleichung r-ter Ordnung mit konstanten Koeffizienten ($a_r \neq 0$)

$$a_r y^{(r)}(x) + a_{r-1}y^{(r-1)}(x) + \ldots + a_1 y'(x) + a_0 y(x) = f(x).$$

Die homogene Differentialgleichung

Der homogenen Differentialgleichung $a_r y^{(r)} + \ldots + a_0 y = 0$ wird das *charakteristische Polynom*

$$P(z) = a_r z^r + a_{r-1}z^{r-1} + \ldots + a_1 z + a_0$$

zugeordnet[1]). Dieses Polynom hat bekanntlich eine Produktdarstellung der Gestalt (vgl. Fundamentalsatz der Algebra, 2.4.2.4.)

$$P(z) = (z - n_1)^{k_1} \ldots (z - n_v)^{k_v} (z - (p_1 + iq_1))^{l_1} \ldots (z - (p_w + iq_w))^{l_w}$$
$$(z - (p_1 - iq_1))^{l_1} \ldots (z - (p_w - iq_w))^{l_w}$$

mit $\sum_{s=1}^{v} k_s + 2\sum_{s=1}^{w} l_s = r$. Dabei sind n_s die verschiedenen reellen Nullstellen der Vielfachheit k_s und $p_s + iq_s$, $p_s - iq_s$ die verschiedenen Paare konjugiert komplexer Nullstellen der Vielfachheit l_s (die Koeffizienten des charakteristischen Polynoms sind reell). Den einzelnen Produkten von $P(z)$ ordnet man folgende Funktionen zu: $(z - n_s)^{k_s}$ die Funktion

$$y_s(x) = \left(b_s^1 + b_s^2 x + \ldots + b_s^{k_s} x^{k_s - 1}\right) e^{n_s x}$$

und $(z - (p_s + iq_s))^{l_s} (z - (p_s - iq_s))^{l_s}$ die Funktion

$$u_s(x) = \left(c_s^1 + c_s^2 x + \ldots + c_s^{l_s} x^{l_s - 1}\right) e^{p_s x} \cos q_s x$$
$$+ \left(d_s^1 + d_s^2 x + \ldots + d_s^{l_s} x^{l_s - 1}\right) e^{p_s x} \sin q_s x.$$

Die b_l^k, c_l^k und d_l^k sind genau r beliebige Konstanten. Die allgemeine Lösung der homogenen Differentialgleichung kann als

$$y_{ah} = y_1(x) + y_2(x) + \ldots + y_{k_v}(x) + u_1(x) + \ldots + u_{l_w}(x)$$

geschrieben werden.

Beispiel: $y^{(5)} - 2y^{(4)} + 8y^{(2)} - 12y' + 8y = 0$. Es ist

$$P(z) = z^5 - 2z^4 + 8z^2 - 12z + 8 = (z + 2)(z - (1 + i))^2 (z - (1 - i))^2$$

und $(z + 2)$ wird $y_1(x) = b_1 e^{-2x}$, $(z - (1 + i))^2 (z - (1 - i))^2$ wird $u_1(x) = (c_1^1 + c_1^2 x) e^x \cos x + (d_1^1 + d_1^2 x) e^x \sin x$ zugeordnet. Die allgemeine Lösung ist

$$y(x) = b_1 e^{-2x} + e^x[(c_1^1 + c_1^2 x)\cos x + (d_1^1 + d_1^2 x)\sin x].$$

---

[1]) Man erhält dieses Polynom, wenn man den Ansatz $y = e^{zx}$ in die Differentialgleichung einsetzt.

Die inhomogene Gleichung

Die allgemeine Lösung der inhomogenen Gleichung erhält man nach der allgemeinen Theorie durch $y_{ai} = y_{ah} + y_{si}$, eine spezielle Lösung der inhomogenen Gleichung durch Variation der Konstanten bzw. durch die Methode von Cauchy. Eine weitere Art ist die Operatormethode (vgl. 3.3.1.6.).

Am einfachsten findet man eine spezielle Lösung einer inhomogenen Differentialgleichung mit konstanten Koeffizienten, wenn die *Störfunktion* (rechte Seite) eine *spezielle Form* hat. Dazu einige *Beispiele*: $p_k(x)$ sei ein Polynom vom Grade k.

$f(x) = p_k(x)\,e^{mx}$. Ansatz: $y_{si} = R_k(x)\,e^{mx}$, falls $P(m) \neq 0$, $y_{si} = x^q R_k(x)\,e^{mx}$, falls m eine q-fache Nullstelle des charakteristischen Polynoms ist.

$f(x) = p_k(x)\,e^{mx} \sin wx$ (bzw. $\cos wx$). Ansatz: $y_{si} = e^{mx}(R_k(x) \cos wx + S_k(x) \sin wx)$, falls $P(\bar{m}) \neq 0$ mit $\bar{m} = m + iw$, $y_{si} = x^q\,e^{mx}(R_k(x) \cos wx + S_k(x) \sin wx)$, falls $\bar{m}$ eine q-fache Nullstelle des charakteristischen Polynoms ist.

$f(x) = p_k(x)\,e^{mx} \sinh wx$ (bzw. $\cosh wx$). Ansatz: $y_{si} = e^{mx}(R_k(x) \cosh wx + S_k(x) \sinh wx)$, falls $P(\bar{m}) \neq 0$ mit $\bar{m} = m \pm w$, falls $m + w$ oder $m - w$ eine q-fache Nullstelle des charakteristischen Polynoms ist, s. Ansatz $f(x) = P_k(x)\,e^{mx}$.

$R_k(x)$, $S_k(x)$ sind Polynome vom Grade k mit unbestimmten Koeffizienten. Die Koeffizienten bestimmen sich dann durch Koeffizientenvergleich, wenn man den Ansatz in die inhomogene Differentialgleichung einträgt. Ist die Störfunktion $f(x)$ eine Linearkombination der obigen Funktionen, so baut sich der gesamte Lösungsansatz aus den entsprechenden einzelnen Lösungsansätzen auf.

In dem Spezialfall $f(x) = a\,e^{mx}$ mit $P(m) \neq 0$ ist $y_{si} = \dfrac{a\,e^{mx}}{P(m)}$ eine spezielle Lösung; ist dagegen m eine q-fache Nullstelle von $P(z)$, so ist $y_{si} = \dfrac{ax^q\,e^{mx}}{P^{(q)}(m)}$ eine spezielle Lösung.

Beispiele: 1. $y^{(3)} - 3y'' + y' - 3y = 6e^{3x}$. Es ist $P(z) = z^3 - 3z^2 + z - 3 = (z-3)(z+i)(z-i)$. $z = 3$ ist eine einfache Nullstelle von $P(z)$, und $P'(3) = 10$. Man hat damit $y_{si} = \dfrac{6}{10}x\,e^{3x}$ und $y_{ai} = \dfrac{6}{10}x\,e^{3x} + c_1\,e^{3x} + c_2 \sin x + c_3 \cos x$.

2. $y'' + 4y' + 4y = x^2 + e^x - \sin x + \cosh 3x$. Es ist $P(z) = z^2 + 4z + 4 = (z-2)^2$. Der Ansatz

$$y_{si} = (a_1x^2 + a_2x + a_3) + a_4\,e^x + (a_5 \cos x + a_6 \sin x) + (a_7 \cosh 3x + a_8 \sinh 3x)$$

ergibt, in die Differentialgleichung eingesetzt,

$$\begin{aligned}&(4a_1x^2 + (8a_1 + 4a_2)\,x + (2a_1 + 4a_2 + 4a_3)) + 9a_4\,e^x + (3a_5 + 4a_6) \cos x\\ &+ (-4a_5 + 3a_6) \sin x + (13a_7 + 12a_8) \cosh 3x + (12a_7 + 13a_8) \sinh 3x\\ &= x^2 + e^x - \sin x + \cosh 3x,\end{aligned}$$

und der Koeffizientenvergleich liefert

$$\begin{aligned}&4a_1 = 1;\quad 8a_1 + 4a_2 = 0;\quad 2a_1 + 4a_2 + 4a_3 = 0;\quad 9a_4 = 1;\quad 3a_5 + 4a_6 = 0;\\ &-4a_5 + 3a_6 = -1;\quad 13a_7 + 12a_8 = 1;\quad 12a_7 + 13a_8 = 0.\end{aligned}$$

Die spezielle Lösung lautet:

$$y_{si} = \frac{1}{4}x^2 - \frac{1}{2}x + \frac{3}{8} + \frac{1}{9}e^x + \frac{4}{25}\cos x - \frac{3}{25}\sin x + \frac{13}{25}\cosh 3x - \frac{12}{25}\sinh 3x$$

und die allgemeine Lösung

$$y_{ai} = y_{si} + c_1\,e^{2x} + c_2x\,e^{2x}.$$

Die *Eulersche Differentialgleichung*

$$\sum_{v=0}^{r} a_v (cx + d)^v y^{(v)}(x) = f(x)$$

kann mittels der Substitution $cx + d = e^{\bar{x}}$ auf eine lineare Differentialgleichung mit konstanten Koeffizienten zurückgeführt werden.

Beispiel: $(x + 1)^3 y''' - (x + 1) y' - 3y = 6(x + 1)^3$. Diese Differentialgleichung geht bei der Substitution $x + 1 = e^{\bar{x}}$ in die oben behandelte Differentialgleichung

$$\frac{d^3 y}{d\bar{x}^3} - 3 \frac{d^2 y}{d\bar{x}^2} + \frac{dy}{d\bar{x}} - 3y = 6e^{3\bar{x}}$$

über. Folglich ist

$$y(\bar{x}) = \frac{6}{10} \bar{x} e^{3\bar{x}} + c_1 e^{3\bar{x}} + c_2 \sin \bar{x} + c_3 \cos \bar{x}$$

und

$$y(x) = \frac{6}{10} (x + 1)^3 \cdot \ln |x + 1| + c_1 (x + 1)^3 + c_2 \sin (\ln |x + 1|) + c_3 \cos (\ln |x + 1|)$$

die allgemeine Lösung.

3.3.1.3.3. Lineare Systeme von Differentialgleichungen. Betrachtet werden *Systeme in der Normalform*

$$y_1'(x) = f_{11}(x) y_1(x) + f_{12}(x) y_2(x) + \ldots + f_{1r}(x) y_r(x) + f_1(x)$$

$$y_2'(x) = f_{21}(x) y_1(x) + f_{22}(x) y_2(x) + \ldots + f_{2r}(x) y_r(x) + f_2(x)$$

$$\vdots$$

$$y_r'(x) = f_{r1}(x) y_1(x) + f_{r2}(x) y_2(x) + \ldots + f_{rr}(x) y_r(x) + f_r(x),$$

später insbesondere solche Systeme, für die die Koeffizienten f_{ij} konstant sind. Eine *Lösung* ist ein r-tupel von Funktionen $\mathbf{y}(x) = (y_1(x), \ldots, y_r(x))^T$, das dem System genügt. $\mathbf{y}(x)$ wird kurz als ein *Lösungsvektor* bezeichnet. Sind alle $f_i(x) = 0$ für $i = 1, \ldots, r$, so heißt das System *homogen*, im entgegengesetzten Fall *inhomogen*. Auf derartige lineare Systeme lassen sich ganz ähnliche Lösungsprinzipien wie bei einer linearen Differentialgleichung r-ter Ordnung anwenden.

Homogene Systeme

p Lösungsvektoren $\mathbf{y}_i(x) = (y_{i1}(x), \ldots, y_{ir}(x))^T$, $i = 1, 2, \ldots, p$, heißen in einem Intervall (a, b) *linear abhängig*, wenn p Zahlen c_i existieren, so daß $\sum_{i=1}^{p} c_i \mathbf{y}_i = \mathbf{o}$, $\sum_{i=1}^{p} |c_i| > 0$ ist (die $\mathbf{y}_i$ werden wie Vektoren behandelt). Gibt es solche Zahlen nicht, so heißen die p Lösungsvektoren *linear unabhängig*. r Lösungsvektoren des homogenen Systems $\mathbf{y}_i(x) = (y_{i1}(x), \ldots, y_{ir}(x))^T$, $i = 1, 2, \ldots, r$, sind genau dann linear unabhängig, wenn es einen Punkt $x_0 \in (a, b)$ gibt, so daß $\det (y_{ij}) (x_0) \neq 0$. Dann gilt auch $\det (y_{ij}) (x) \neq 0$ für alle $x \in (a, b)$. Diese Tatsache folgt sofort aus der verallgemeinerten *Formel von Liouville*

$$\det (y_{ij}) (x) = \det (y_{ij}) (x_0) \, e^{\int_{x_0}^{x} \sum_{v=1}^{r} f_{vv}(t) \, dt}.$$

1. Sind die $\mathbf{y}_i(x)$, $i = 1, 2, \ldots, p$, p Lösungsvektoren des homogenen Systems, so ist auch die Linearkombination $\mathbf{y}(x) = \sum_{i=1}^{p} c_i \mathbf{y}_i(x)$ ein Lösungsvektor (c_i sind beliebige Konstanten).

2. Für $p > r$ sind je p Lösungsvektoren der homogenen Differentialgleichung in (a, b) linear abhängig.

3. Jedes homogene lineare System besitzt stets ein *Fundamentalsystem* von Lösungsvektoren, d. h. r linear unabhängige Lösungsvektoren. Bilden $\mathbf{y}_1(x), \ldots, \mathbf{y}_r(x)$ ein Fundamentalsystem, so ist $\mathbf{y}(x) = \sum_{i=1}^{r} c_i \mathbf{y}_i(x)$ der allgemeine Lösungsvektor des Systems.

4. Ist $\mathbf{u}(x) = (u_1(x), \ldots, u_r(x))^\mathsf{T}$ eine Lösungsvektor des homogenen Systems und $u_1(x) \neq 0$ in (a, b), so kann man das gegebene System auf ein Differentialgleichungssystem mit weniger gesuchten Funktionen reduzieren:

Man löse das System

$$z'_q(x) = \sum_{v=2}^{r} \left(f_{qv}(x) - \frac{u_q(x)}{u_1(x)} f_{1v}(x) \right) z_v(x), \quad q = 2, 3, \ldots, r,$$

von $(r-1)$ homogenen linearen Differentialgleichungen. Ist nun $\bar{\mathbf{z}}_p = (z_{p2}, \ldots, z_{pr})^\mathsf{T}, p = 2, 3, \ldots, r$, ein Fundamentalsystem dieses *reduzierten Systems* und $\mathbf{z}_p = (0, z_{p2}, \ldots, z_{pr})^\mathsf{T}$, ferner

$$v_p(x) = \int^x \frac{1}{u_1(t)} \sum_{s=2}^{r} f_{1s}(t)\, z_{ps}(t)\, \mathrm{d}t, \quad p = 2, 3, \ldots, r,$$

so bilden die Vektoren

$$\mathbf{y}_p(x) = v_p(x)\, \mathbf{u}(x) + \mathbf{z}_p(x), \quad p = 2, 3, \ldots, r,$$

zusammen mit $\mathbf{u}(x)$ ein Fundamentalsystem für das homogene Ausgangssystem.

Beispiel:

$$y'_1 = -\frac{1}{x(x^2+1)} y_1 + \frac{1}{x^2(x^2+1)} y_2,$$

$$y'_2 = -\frac{x^2}{x^2+1} y_1 + \frac{2x^2+1}{x(x^2+1)} y_2.$$

Macht man den Ansatz $y_1(x) = \sum_{v=0}^{\infty} a_v x^v$ und $y_2(x) = \sum_{v=0}^{\infty} b_v x^v$ mit $y_1(0) = a_0 = 1$, $y_2(0) = b_0 = 0$ und setzt dies in das mit dem Hauptnenner der rechten Seiten multiplizierte System ein, so erhält man nach Koeffizientenvergleich $a_v = 0$ für $v = 1, 2, \ldots$ und $b_v = 0$ für $v = 0, 2, 3, \ldots$, außerdem $b_1 = 1$. Also ist $\mathbf{u}(x) = (1, x)^\mathsf{T}$ ein spezieller Lösungsvektor mit $u_1(x) = 1 \neq 0$. Das System reduziert sich auf $z'_2(x) = \dfrac{2x}{x^2+1} z_2$, und man erhält $\bar{\mathbf{z}}_2 = (x^2+1)$ oder $\mathbf{z}_2 = (0, x^2+1)^\mathsf{T}$. Mit $v_2(x) = \int^x f_{12}(t)\, z_{22}(t)\, \mathrm{d}t = -\dfrac{1}{x}$ ergibt sich $\mathbf{y}_2(x) = -\dfrac{1}{x}(1, x)^\mathsf{T} + (0, x^2+1)^\mathsf{T} = \left(-\dfrac{1}{x}, x^2\right)^\mathsf{T}$.

Ein Fundamentalsystem lautet:

$$\mathbf{y}_1(x) = \mathbf{u}(x) = (1, x)^\mathsf{T}$$

$$\mathbf{y}_2(x) = \left(-\frac{1}{x}, x^2\right)^\mathsf{T}.$$

5. Bei *homogenen Systemen mit konstanten Koeffizienten* (d. h. $f_{ij} = a_{ij} = \text{const}$) gelangt man verhältnismäßig leicht zu einem Fundamentalsystem. Zunächst bestimmt man die Wurzeln des charakteristischen Polynoms

$$P(z) = \det(a_{ij} - z\delta_{ij}) = \begin{vmatrix} a_{11} - z & a_{12} & a_{13} & \ldots & a_{1r} \\ a_{21} & a_{22} - z & a_{23} & \ldots & a_{2r} \\ \vdots & & & & \\ a_{r1} & a_{r2} & a_{r3} & \ldots & a_{rr} - z \end{vmatrix} = 0.$$

Ist a_l eine einfache Wurzel von $P(z) = 0$, so setzt man $\mathbf{y}_l(x) = e^{a_l x}(A_1, A_2, \ldots, A_r)^\mathsf{T}$ ($A_i = \text{const}$) in das System ein und bestimmt die A_i. Dieser spezielle Lösungsvektor wird eine beliebige Konstante enthalten.

Ist a_l eine p-fache reelle Wurzel von $P(z) = 0$, so setzt man $\mathbf{y}_l(x) = e^{a_l x}(A_1(x), A_2(x), \ldots, A_r(x))^T$ ($A_i(x)$ Polynome vom Grade $(p - 1)$ mit unbestimmten Koeffizienten) in das homogene System ein. Es lassen sich alle Koeffizienten durch p Koeffizienten, die beliebig sein können, ausdrücken. Man erhält so einen Lösungsanteil mit p beliebigen Konstanten.

Ist a_l eine einfache komplexe Wurzel von $P(z) = 0$, so ist auch der konjugiert komplexe Wert $\bar{a}_l$ Nullstelle. Mit einem der beiden Werte verfährt man wie bei einer einfachen reellen Wurzel, nur sind hier die A_i komplex. Dann ergeben $\mathrm{Re}(\mathbf{y}_l)$ und $\mathrm{Im}(\mathbf{y}_l)$ reelle Lösungsvektoren zu diesem Paar konjugiert komplexer Nullstellen.

Ist a_l eine p-fache komplexe Nullstelle von $P(z) = 0$, so verfährt man wie bei einer reellen p-fachen Wurzel und nimmt dann als Lösungsanteile von a_l und $\bar{a}_l$ $\mathrm{Re}(\mathbf{y}_l)$ und $\mathrm{Im}(\mathbf{y}_l)$. In $\mathrm{Re}(\mathbf{y}_l)$ und $\mathrm{Im}(\mathbf{y}_l)$ werden die enthaltenen Konstanten verschieden angesetzt, wie auch im Fall einer einfachen komplexen Wurzel.

Beispiel: $y_1' = y_1 - y_2$, $y_2' = 4y_1 - 3y_2$. Das charakteristische Polynom hat die Form

$$P(z) = \begin{vmatrix} 1-z & -1 \\ 4 & -3-z \end{vmatrix} = (z+1)^2.$$

$a_1 = -1$ ist zweifache Wurzel. Deshalb macht man den Ansatz $\mathbf{y}_1(x) = e^{-x}(A_1 x + A_2, B_1 x + B_2)^T$ und setzt diesen in die Differentialgleichung ein. Man erhält (wenn man vorher mit e^x durchmultipliziert)

$$-A_1 x + (A_1 - A_2) = (A_1 - B_1)\,x + (A_2 - B_2),$$
$$-B_1 x + (B_1 - B_2) = (4A_1 - 3B_1)\,x + (4A_2 - 3B_2)$$

und weiter durch Koeffizientenvergleich $A_1 = \frac{1}{2} B_1$ und $A_2 = \frac{1}{2} B_2 + \frac{1}{4} B_1$. Setzt man $B_1 = c_1$ und $B_2 = c_2$, so ist

$$\mathbf{y}_1(x) = c_1 e^{-x}\left(\frac{x}{2} + \frac{1}{4}, x\right)^T + c_2 e^{-x}\left(\frac{1}{2}, 1\right)^T$$

schon der allgemeine Lösungsvektor. Zwei linear unabhängige Lösungsvektoren des vorgelegten Systems sind also

$$\mathbf{y}(x) = \left(e^{-x}\left(\frac{x}{2} + \frac{1}{4}\right), e^{-x}x\right)^T \quad \text{und} \quad \bar{\mathbf{y}}(x) = \left(\frac{1}{2} e^{-x}, e^{-x}\right)^T.$$

Die *allgemeine Form* eines Systems linearer homogener Differentialgleichungen erster Ordnung mit konstanten Koeffizienten ist

$$\sum_{k=1}^{r} a_{ik} y_k'(x) + \sum_{k=1}^{r} b_{ik} y_k(x) = 0, \quad i = 1, 2, \ldots, r.$$

Falls die Determinante von (a_{ik}) nicht verschwindet, läßt sich dieses System auf die behandelte Normalform bringen. Jedoch läßt sich die Losung auch unmittelbar aus dem gegebenen System nach der gleichen Methode gewinnen. Der Fall $\det(a_{ik}) = 0$ bedarf zusätzlicher Betrachtungen.[1])

Inhomogene Systeme:

Der *allgemeine Lösungsvektor* des inhomogenen Systems $\mathbf{y}_{ai}$ ergibt sich als Summe aus einem speziellen Lösungsvektor des inhomogenen Systems $\mathbf{y}_{si}$ und dem allgemeinen Lösungsvektor des zugehörigen homogenen Systems $\mathbf{y}_{ah}$: $\mathbf{y}_{ai}(x) = \mathbf{y}_{si}(x) + \mathbf{y}_{ah}(x)$. Um einen speziellen Lösungsvektor des inhomogenen Systems zu finden, kann man etwa die *Variation der Konstanten* anwenden: Man setzt den allgemeinen Lösungsvektors des homogenen Systems $\mathbf{y}(x) = \sum_{i=1}^{r} c_i \mathbf{y}_i(x)$ in das inhomogene System ein und ersetzt dabei die willkürlichen Konstanten c_i durch die unbekannten Funktionen $c_i(x)$. Hierbei treten dann in den Ausdrücken für die Ableitungen y_k' neue Glieder auf, die Ableitungen der neuen unbekannten Funktionen $c_i(x)$ enthalten. Beim Einsetzen in das vorgegebene System werden auf den linken Seiten nur diese zusätzlichen Glieder übrigbleiben, während die

[1]) vgl. hierzu [3.36].

anderen sich gegenseitig annullieren, denn die $\mathbf{y}_i(x) = (y_{i1}, \ldots, y_{ir})^T$ bilden nach Voraussetzung Lösungsvektoren des homogenen Systems. Somit erhält man für die $c_i'(x)$ ein inhomogenes System linearer algebraischer Gleichungen. Dieses wird gelöst, und man findet dann nach r Integrationen die Funktionen $c_1(x), \ldots, c_r(x)$. Durch Einsetzen dieser Funktionen anstelle der Konstanten in die Lösung des homogenen Systems erhält man schließlich den gesuchten speziellen Lösungsvektor. Zusammengefaßt bedeutet dies:

$$\mathbf{y}(x) = \sum_{i=1}^{r} \mathbf{y}_i(x) \int_{x_0}^{x} \frac{D_i(\bar{x})}{\det(y_{jk})(\bar{x})} \, d\bar{x}$$

ist ein spezieller Lösungsvektor des inhomogenen Systems mit $\mathbf{y}(x_0) = \mathbf{o}$. Dabei bezeichnen $\mathbf{y}_i(x) = (y_{i1}(x), \ldots, y_{ir}(x))^T$, $i = 1, 2, \ldots, r$, r linear unabhängige Lösungsvektoren des homogenen Systems und $D_v(x)$ die Determinante, die man aus $\det(y_{jk})(x)$ erhält, indem man die v-te Zeile durch $f_1(x), \ldots, f_r(x)$ (die von y_i freien Glieder im inhomogenen System) ersetzt.

Beispiele: 1. $y_1' = y_1 - y_2 + x$

$y_2' = 4y_1 - 3y_2 + 2.$

Setzt man $\mathbf{y}(x) = c_1(x)\,e^{-x}\left(\frac{x}{2} + \frac{1}{4}, x\right)^T + c_2(x)\,e^{-x}\left(\frac{1}{2}, 1\right)^T$ (allgemeiner Lösungsvektor des homogenen Systems, in dem für die c_i die unbekannten Funktionen $c_i(x)$ eingesetzt sind) in das System ein, so ergibt sich

$$\left(\frac{x}{2} + \frac{1}{4}\right) c_1'(x) + \frac{1}{2} c_2'(x) = x\,e^x$$

$$x c_1'(x) + c_2'(x) = 2e^x$$

und damit $c_1'(x) = 4e^x(x-1)$, $c_2'(x) = 4e^x\left(-x^2 + x + \frac{1}{2}\right)$. Nach Ausführung der Integrationen erhält man:

$$\mathbf{y}_{si}(x) = (4x - 8)\left(\frac{x}{2} + \frac{1}{4}, x\right)^T + (-4x^2 + 12x - 10)\left(\frac{1}{2}, 1\right)^T = (3x - 7, 4x - 10)^T$$

$$\mathbf{y}_{ai}(x) = (3x - 7, 4x - 10)^T + c_1\,e^{-x}\left(\frac{x}{2} + \frac{1}{4}, x\right)^T + c_2\,e^{-x}\left(\frac{1}{2}, 1\right)^T.$$

2. $$y_1' = -\frac{1}{x(x^2+1)} y_1 + \frac{1}{x^2(x^2+1)} y_2 + \frac{1}{x},$$

$$y_2' = -\frac{x^2}{x^2+1} y_1 + \frac{2x^2+1}{x(x^2+1)} y_2 + 1.$$

Diese Aufgabe soll mit der angegebenen Formel berechnet werden. Bekannt ist die allgemein Lösung des zugehörigen homogenen Systems $\mathbf{y}_{ah}(x) = c_1(1, x)^T + c_2\left(-\frac{1}{x}, x^2\right)^T$ und amit

$$\det(y_{ik}) = \begin{vmatrix} 1 & x \\ -\frac{1}{x} & x^2 \end{vmatrix} = x^2 + 1, \quad D_1 = \begin{vmatrix} \frac{1}{x} & 1 \\ -\frac{1}{x} & x^2 \end{vmatrix} = \frac{x^2+1}{x}, \quad D_2 = \begin{vmatrix} 1 & x \\ \frac{1}{x} & 1 \end{vmatrix} = 0.$$

$\mathbf{y}_{si}$ ergibt sich aus der angegebenen Formel

$$\mathbf{y}_{si}(x) = \mathbf{y}_1(x) \int^{x} \frac{1}{\bar{x}} \, d\bar{x} = \ln|x|\,(1, x)^T$$

und damit die allgemeine Lösung

$$\mathbf{y}_{ai}(x) = (\ln|x|, x \ln|x|)^T + c_1(1, x)^T + c_2\left(-\frac{1}{x}, x^2\right)^T.$$

Für den Fall, daß die *rechten Seiten spezielle Funktionen* der Form $p_k(x)\,e^{mx}$ ($p_k(x)$ Polynom von Grade k) sind, läßt sich mit Erfolg die Methode der unbestimmten Koeffizienten anwenden, die bei einer linearen Differentialgleichung r-ter Ordnung mit konstanten Koeffizienten beschrieben wurde.

Bemerkung: Die oben angegebenen Methoden lassen sich auf Systeme linearer Differentialgleichungen höherer Ordnung übertragen. Für das System

$$y_i''(x) = \sum_{k=1}^{r} a_{ik} y_k'(x) + \sum_{k=1}^{r} b_{ik} y_k(x), \quad i = 1, 2, \ldots, r,$$

lassen sich insbesondere auch partikuläre Lösungen der Form $\mathrm{y}(x) = e^{ax}(A_1, A_2, \ldots, A_r)^T$ bestimmen, wobei a als Wurzel aus der charakteristischen Gleichung $P(z) = \det(a_{ik}z + b_{ik} - \delta_{ik}z^2) = 0$ und die A_i aus den entsprechenden linearen homogenen algebraischen Gleichungen zu ermitteln sind.

3.3.1.3.4. Lineare Differentialgleichungen zweiter Ordnung. Betrachtet wird die allgemeine lineare Differentialgleichung zweiter Ordnung

$$a(x)\,y''(x) + b(x)\,y'(x) + c(x)\,y(x) = f(x).$$

Voraussetzungen: Es gibt ein Intervall I, in dem $a(x)$, $b(x)$, $c(x)$ stetig sind und $a(x) \neq 0$ ist.

Unter diesen Voraussetzungen läßt sich die Differentialgleichung durch $a(x)$ dividieren, und man kann auf

$$y''(x) + p(x)\,y'(x) + q(x)\,y(x) = F(x)$$

die allgemeinen Sätze aus 3.3.1.3.1. anwenden:

$y(x) = c_1 y_1(x) + c_2 y_2(x)$ ist die *allgemeine Lösung der* zugehörigen *homogenen Gleichung* ($F(x) = 0$), wenn $y_1(x)$ und $y_2(x)$ zwei linear unabhängige spezielle Lösungen der homogenen Gleichung sind.

Ist eine spezielle Lösung der homogenen Gleichung $y_1(x) \neq 0$ in I bekannt, so läßt sich die Differentialgleichung durch die Transformation $y = y_1 \int^x \bar{y}(t)\,dt$ auf die Differentialgleichung erster Ordnung $\bar{y}'(x) + \left(2\dfrac{y_1'(x)}{y_1(x)} + p(x)\right)\bar{y}(x) = 0$ reduzieren. Dann bilden $y_1(x)$ und

$$y_2(x) = A y_1(x) \int^x \frac{\exp\left(-\int^t p(s)\,ds\right)}{y_1(t)^2}\,dt$$

(A beliebige Konstante) zwei linear unabhängige Lösungen der homogenen Gleichung $y'' + p(x)\,y' + q(x)\,y = 0$.

Die *allgemeine Lösung der inhomogenen Gleichung* setzt sich aus der allgemeinen Lösung der homogenen Gleichung $y_{ah} = c_1 y_1(x) + c_2 y_2(x)$ und einer speziellen Lösung der inhomogenen Gleichung y_{si} zusammen. y_{si} kann mit der Methode der *Variation der Konstanten* berechnet werden, die sich in der Formel

$$y_{si}(x) = \frac{y_2(x)}{A} \int^x F(t)\,y_1(t)\,e^{\int^t p\,ds}\,dt - \frac{y_1(x)}{A} \int^x F(t)\,y_2(t)\,e^{\int^t p\,ds}\,dt$$

widerspiegelt.

Beispiele wurden in 3.3.1.3.1. gerechnet.

Voraussetzungen: Es gibt einen Punkt x_0, in dem $a(x)$, $b(x)$, $c(x)$, $f(x)$ analytische Funktionen sind, d. h. sie lassen sich in konvergente Reihen nach Potenzen von $(x - x_0)$ entwickeln. Weiterhin sei $a(x_0) \neq 0$.

Diese Voraussetzungen sind etwa erfüllt, wenn a, b, c, f Polynome sind und $a(x_0) \neq 0$. Solche Punkte werden als *reguläre Punkte* der Differentialgleichung bezeichnet. Die Lösungen dieser Gleichungen können dann ebenfalls nach Potenzen von $(x - x_0)$ in Reihen entwickelt werden, die in dem gleichen Gebiet konvergieren wie die Reihen der Koeffizienten. Diese Lösungen lassen sich mit der Methode der unbestimmten Koeffizienten ermitteln: Für die gesuchte Lösung wird eine Reihe $y(x) = \sum_{v=0}^{\infty} a_v(x - x_0)^v$ angesetzt und in die Differentialgleichung eingesetzt. Durch Koeffizientenvergleich erhält man Gleichungen für die a_v $(v = 0, 1, \ldots)$.

Beispiel: $y'' + xy = 0$. Es sind alle Voraussetzungen für $x_0 = 0$ erfüllt. $y(x) = \sum_{v=0}^{\infty} a_v x^v$ in die Differentialgleichung eingesetzt, ergibt

$$\sum_{v=2}^{\infty} v(v-1)\, a_v x^{v-2} + \sum_{v=0}^{\infty} a_v x^{v+1} = 2a_2 + \sum_{v=1}^{\infty} ((v+1)(v+2)\, a_{v+2} + a_{v-1})\, x^v = 0$$

und damit $a_2 = 0$ und $(v+1)(v+2)\, a_{v+2} + a_{v-1} = 0$ für $v = 1, 2, \ldots$. Mit diesen Rekursionsformeln berechnen sich die Koeffizienten als a_0, a_1, $a_2 = 0$, $a_3 = -\frac{1}{2 \cdot 3} a_0$, $a_4 = -\frac{1}{3 \cdot 4} a_1$, $a_5 = 0, \ldots$, und die Lösung als

$$y(x) = a_0 \left(1 - \frac{x^3}{2 \cdot 3} + \frac{x^6}{2 \cdot 3 \cdot 5 \cdot 6} \mp \ldots\right) + a_1 \left(x - \frac{x^4}{3 \cdot 4} + \frac{x^7}{3 \cdot 4 \cdot 6 \cdot 7} \mp \ldots\right).$$

Voraussetzungen: $f(x) \equiv 0$. *Die Differentialgleichung lasse sich in der Form* $(x - x_0)^2 y'' + (x - x_0)\, p(x)\, y' + q(x)\, y = 0$ *schreiben, wobei* $p(x)$ *und* $q(x)$ *in* $x = x_0$ *analytisch sind.*

Ein solcher Punkt x_0 wird als *schwach singulärer Punkt* bezeichnet. Es kann gezeigt werden, daß mindestens eine Lösung der Form

$$y(x) = \sum_{v=0}^{\infty} a_v(x - x_0)^{v+r}$$

existiert, die für $|x - x_0| < R$ konvergiert (wenn die Reihen für $p(x)$ und $q(x)$ für $|x - x_0| < R$ konvergieren). Setzt man die Reihe für $y(x)$ und $p(x) = \sum_{v=0}^{\infty} p_v(x - x_0)^v$, $q(x) = \sum_{v=0}^{\infty} q_v(x - x_0)^v$ in die vorgelegte Differentialgleichung ein, so ist für die a_v zu erfüllen:

$$\sum_{v=0}^{\infty} a_v(r+v)(r+v-1)(x - x_0)^{r+v} + \sum_{v=0}^{\infty} p_v(x - x_0)^v \cdot \sum_{v=0}^{\infty} a_v(r+v)(x - x_0)^{r+v} + \sum_{v=0}^{\infty} q_v(x - x_0)^v \cdot \sum_{v=0}^{\infty} a_v(x - x_0)^{r+v} = 0.$$

Der Koeffizient bei $(x - x_0)^r$ liefert unter der Voraussetzung $a_0 \neq 0$

$$r^2 + (p_0 - 1)\, r + q_0 = 0. \tag{3.37}$$

Diese Gleichung wird als *definierende Gleichung* für r bezeichnet. Der Koeffizient bei $(x - x_0)^{r+v}$ liefert

$$a_v((r+v)(r+v-1) + p_0(r+v) + q_0) + \sum_{s=1}^{v} (p_s(r+v-s) + q_s)\, a_{v-s} = 0. \tag{3.38}$$

Aus (3.37) berechnet man zwei Werte r_1 und r_2. Diese führen mit (3.38) zu zwei Lösungen der Differentialgleichung:

$$y_1(x) = \sum_{v=0}^{\infty} a_v(x - x_0)^{v+r_1} \quad \text{und} \quad y_2(x) = \sum_{v=0}^{\infty} \bar{a}_v(x - x_0)^{v+r_2}.$$

Fall 1: $r_1 - r_2$ ist keine ganze Zahl. Dann sind $y_1(x)$ und $y_2(x)$ linear unabhängig, und die allgemeine Lösung der Differentialgleichung hat die Form

$$y(x) = \sum_{v=0}^{\infty} a_v(x - x_0)^{v+r_1} + \sum_{v=0}^{\infty} \bar{a}_v(x - x_0)^{v+r_2}.$$

Fall 2: $r_1 = r_2$. Dann ist $y_1(x) = cy_2(x)$, und es kann gezeigt werden, daß die allgemeine Lösung in der Gestalt $\bar{y}_1(x) + \bar{y}_2(x)$ schreiben läßt mit $\bar{y}_1(x) = y_1(x)$ und

$$\bar{y}_2(x) = y_1(x) \ln (x - x_0) + (x - x_0)^{r_1} \sum_{v=0}^{\infty} \left(\frac{\partial a_v}{\partial r} \right)_{r=r_1} (x - x_0)^v .$$

Fall 3: $r_2 = r_1 - n$. n ist eine natürliche Zahl. In diesem Fall ist die allgemeine Lösung $y(x) = \bar{y}_1(x) + \bar{y}_2(x)$ mit $\bar{y}_1(x) = y_1(x)$ und

$$\bar{y}_2(x) = g_n y_1(x) \ln (x - x_0) + (x - x_0)^{r_2} \sum_{v=0}^{\infty} b_v (x - x_0)^v ,$$

wobei g_n der Koeffizient bei x^n in dem Ausdruck

$$\frac{x^{n+1}}{(y_1(x + x_0))^2} \, e^{-\int_0^x s^{-1} p(s) \, ds}$$

ist. Die b_v sind mittels der Differentialgleichung zu bestimmen.

Bemerkung: In einigen Problemen sind *Lösungen* der Differentialgleichung $y'' + p(x)\, y' + q(x)\, y = 0$ *für große x* zu suchen, d. h. Lösungen in Form von unendlichen Reihen mit der Variablen $1/x$. Dabei seien $p(x)$ und $q(x)$ in $x = \infty$ analytisch, d. h. sie lassen sich in konvergente Reihen nach der Variablen $1/x$ entwickeln. Die Variablentransformation $x = 1/z$ führt die gegebene Differentialgleichung in die Differentialgleichung

$$\frac{d^2 y}{dz^2} + \left(\frac{2}{z} - \frac{1}{z^2} p \left(\frac{1}{z} \right) \right) \frac{dy}{dz} + \frac{1}{z^4} q \left(\frac{1}{z} \right) y = 0$$

über. $x = \infty$ heißt *regulärer Punkt* der Differentialgleichung, wenn $z = 0$ in der transformierten Differentialgleichung ein regulärer Punkt ist. Dazu ist notwendig und hinreichend:

$$p(x) = \frac{2}{x} + \mathcal{O}(x^{-2}) \quad \text{und} \quad q(x) = \mathcal{O}(x^{-4}) \quad \text{für } x \to \infty .$$

Die Lösungen haben die Gestalt $y(x) = \sum_{v=0}^{\infty} a_v x^{-v}$.

$x = \infty$ heißt ein *schwach singulärer Punkt*, falls $z = 0$ in der transformierten Differentialgleichung ein schwach singulärer Punkt ist. Dazu ist notwendig und hinreichend:

$$p(x) = \frac{p_0}{x} + \mathcal{O}(x^{-2}) \quad \text{und} \quad q(x) = \frac{q_0}{x^2} + \mathcal{O}(x^{-3}) \quad \text{für } x \to \infty .$$

Die entsprechende *definierende Gleichung* ist $r^2 + (1 - p_0)\, r + q_0 = 0$ und die Lösungen haben etwa für den Fall, daß $r_1 - r_2$ keine ganze Zahl ist, die Gestalt

$$y_1(x) = \sum_{v=0}^{\infty} a_v x^{-r_1 - v} \quad \text{und} \quad y_2(x) = \sum_{v=0}^{\infty} a_v x^{-r_2 - v} .$$

Die Besselsche Differentialgleichung

$$x^2 y'' + x y' + (x^2 - n^2)\, y = 0 .$$

Der Punkt $x = 0$ ist schwach singulär, und die definierende Gleichung ist $r^2 - n^2 = 0$. Daraus folgt $r_1 = n$ und $r_2 = -n$. Setzt man $y(x) = \sum_{v=0}^{\infty} a_v x^{n+v}$ in die Differentialgleichung ein, so ergibt sich nach Koeffizientenvergleich $(2n + 1)\, a_1 = 0$ und $v(2n + v)\, a_v + a_{v-2} = 0$ für $v = 2, 3, \ldots$, und mit diesen Rekursionsformeln schließlich

$$a_{2k-1} = 0 \quad \text{und} \quad a_{2k} = (-1)^k \frac{1}{2^{2k}} \frac{a_0}{k!\,(n + 1)(n + 2) \ldots (n + k)} \quad \text{für } k = 1, 2, \ldots$$

mit beliebigem a_0. Die für $a_0 = \dfrac{1}{2^n \Gamma(n+1)}$ [1]) gewonnene Lösung definiert die *Besselsche Funktion* (*Zylinderfunktion*) *erster Gattung n-ter Ordnung* (Tabelle s. 1.1.2.2.)

$$J_n(x) = \sum_{v=0}^{\infty} \frac{(-1)^v}{v!\,\Gamma(n+v+1)} \left(\frac{x}{2}\right)^{n+2v}.$$

Die Kurvenbilder von $J_0(x)$, $J_1(x)$, $J_2(x)$ und $J_3(x)$ sind in Abb. 3.61 dargestellt. Die allgemeine Lösung der Besselschen Differentialgleichung hat die Form $y(x) = c_1 J_n(x) + c_2 J_{-n}(x)$, wenn n

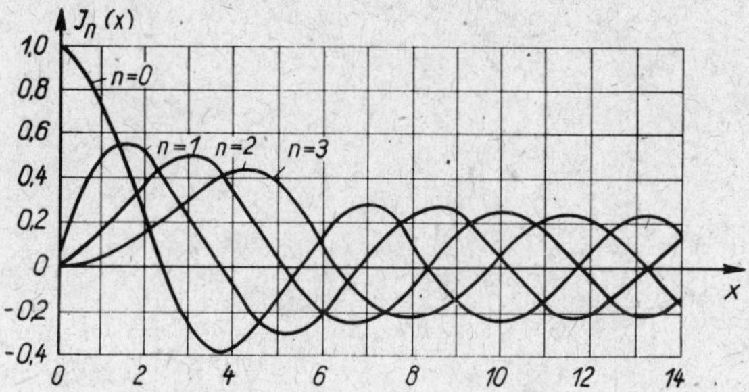

Abb. 3.61. Besselfunktionen $J_0(x)$, $J_1(x)$, $J_2(x)$, $J_3(x)$

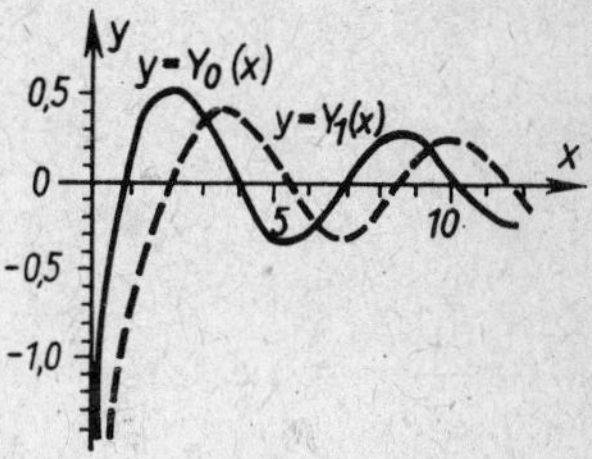

Abb. 3.62. Webersche Funktionen $Y_0(x)$, $Y_1(x)$

keine ganze Zahl ist und $y(x) = c_1 J_n(x) + c_2 Y_n(x)$, wenn n eine ganze Zahl ist. Dabei ist $J_{-n}(x)$ die Funktion, die aus $J_n(x)$ entsteht, wenn man $-n$ für n setzt. Bei ganzzahligen n ist $J_{-n}(x) = (-1)^n J_n(x)$. Die Funktion

$$\begin{aligned} Y_n(x) &= \lim_{p\to n} \frac{\cos(p\pi)\, J_p(x) - J_{-p}(x)}{\sin(p\pi)} \\ &= \frac{2}{\pi}\left(C + \ln\left(\frac{x}{2}\right)\right) J_n(x) - \frac{1}{\pi} \sum_{r=0}^{n-1} \frac{(n-r-1)!}{r!} \left(\frac{2}{x}\right)^{n-2r} \\ &\quad - \frac{1}{\pi} \sum_{r=0}^{\infty} \frac{(-1)^r}{r!\,(n+r)!} \left(\frac{x}{2}\right)^{n+2r} (\Phi(r+n) + \Phi(r)) \end{aligned}$$

mit der Eulerschen Konstanten $C = 0{,}5772\ldots$ und der Funktion $\Phi(r) = \sum_{s=1}^{r} \frac{1}{s}$, $\Phi(0) = 0$, wird als *Besselsche Funktion zweiter Gattung n-ter Ordnung* (oder *Webersche Funktion*) bezeichnet. Die Kurvenbilder der Funktionen $Y_0(x)$ und $Y_1(x)$ sind in Abb. 3.62 dargestellt (Tabelle s. 1.1.2.2.).

Oft ist es günstig, im Falle eines ganzzahligen n die beiden Funktionen

$$H_n^{(1)} = J_n(x) + \mathrm{i}\, Y_n(x)$$

und

$$H_n^{(2)} = J_n(x) - \mathrm{i}\, Y_n(x)$$

als linear unabhängige Lösungen zu betrachten und damit die allgemeine Lösung $y(x) = c_1 H_n^{(1)}(x) + c_2 H_n^{(2)}(x)$ zu bilden. $H_n^{(1)}$ und $H_n^{(2)}$ werden als *Besselsche Funktionen dritter Gattung n-ter Ordnung* (oder *Hankelsche Funktionen*) bezeichnet.

Definiert man die *modifizierten Besselschen Funktionen erster Gattung n-ter Ordnung* durch

$$I_n(x) = \mathrm{i}^{-n} J_n(\mathrm{i}x) = \sum_{v=0}^{\infty} \frac{1}{v!\,\Gamma(n+v+1)} \left(\frac{x}{2}\right)^{2v+n}$$

---

[1]) Zur Gammafunktion vgl. 2.2.1.1.

(n beliebig) und die *modifizierte Besselsche Funktion zweiter Gattung n-ter Ordnung* (oder *Macdonaldsche Funktion*) durch

$$K_n(x) = (-1)^{n+1} I_n(x)\left(\ln\left(\frac{x}{2}\right) + C\right) + \frac{1}{2}\sum_{r=0}^{n-1}(-1)^r \frac{(n-r-1)!}{r!}\left(\frac{x}{2}\right)^{-n+2r}$$
$$+ \frac{(-1)^n}{2}\sum_{r=0}^{\infty}\frac{1}{r!\,(n+r)!}(\Phi(r) + \Phi(n+r))\left(\frac{x}{2}\right)^{n+2r}$$

(n ganzzahlig), so ist

$$y(x) = c_1 I_n(x) + c_2 I_{-n}(x) \quad \text{für } n \text{ nicht ganzzahlig}$$

und

$$y(x) = c_1 I_n(x) + c_2 K_n(x) \quad \text{für } n \text{ ganzzahlig}$$

die allgemeine Lösung der Differentialgleichung

$$x^2 y'' + xy' - (x^2 + n^2)\, y = 0.$$

Abb. 3.63 und Abb. 3.64 zeigen die Kurvenbilder von I_0, I_1 und K_0, K_1 (Tabelle s. 1.1.2.2.).

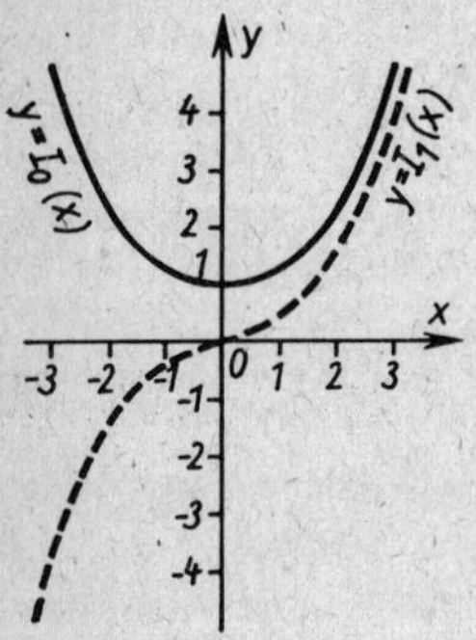

Abb. 3.63. Modifizierte Besselsche Funktionen $I_0(x)$, $I_1(x)$

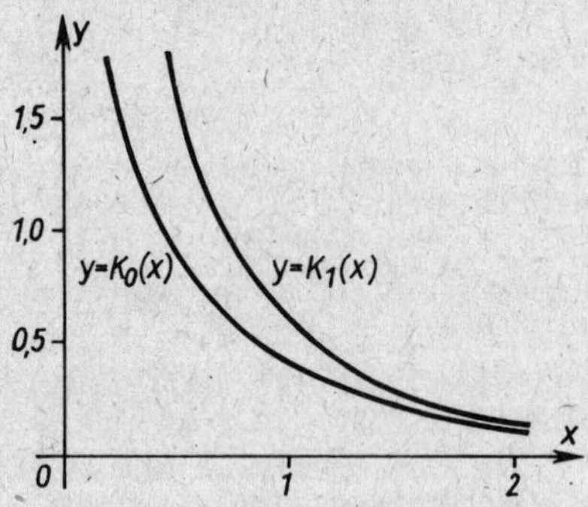

Abb. 3.64. Macdonaldsche Funktionen $K_0(x)$, $K_1(x)$

Die wichtigsten Formeln für die Besselschen Funktionen erster Gattung n-ter Ordnung:

$$\frac{2n}{x} J_n(x) = J_{n-1}(x) + J_{n+1}(x), \tag{3.39}$$

$$\frac{\mathrm{d}}{\mathrm{d}x}(x^n J_n(x)) = x^n J_{n-1}(x), \tag{3.40}$$

$$\frac{\mathrm{d}}{\mathrm{d}x}(x^{-n} J_n(x)) = -x^{-n} J_{n+1}(x); \tag{3.41}$$

Spezialfall: $J_0'(x) = -J_1(x)$,

$$J_n(x) = \frac{2(x/2)^n}{\Gamma(\frac{1}{2})\,\Gamma(n+\frac{1}{2})}\int_0^1 (1-t^2)^{n-1/2}\cos(xt)\,\mathrm{d}t,$$

Spezialfall: $J_0(x) = \dfrac{2}{\pi}\displaystyle\int_0^1 \frac{\cos(xt)}{(1-t^2)^{1/2}}\,\mathrm{d}t.$

Für ganzzahliges n gilt:

$$x^{-n}J_n(x) = (-1)^n \left(\frac{1}{x}\frac{\mathrm{d}}{\mathrm{d}x}\right)^n J_0(x), \quad n \geq 0,$$

$$J_{2n}(x) = \frac{1}{\pi}\int_0^\pi \cos(x\sin t)\cos(2nt)\,\mathrm{d}t,$$

$$J_{2n+1}(x) = \frac{1}{\pi}\int_0^\pi \sin(x\sin t)\sin((2n+1)\,t)\,\mathrm{d}t,$$

$$J_n(x) = (-1)^n J_{-n}(x).$$

Die Besselfunktionen für $n = 0, 1, 2, \ldots$ kann man durch Entwicklung gewisser Funktionen in Laurentreihen,

$$\mathrm{e}^{x/2(s-1/s)} = J_0(x) + \sum_{n=1}^{\infty}(s^n + (-s)^{-n})\,J_n(x),$$

oder in Fourierreihen,

$$\cos(x\sin s) = J_0(x) + 2\sum_{n=1}^{\infty} J_{2n}(x)\cos(2ns),$$

$$\sin(x\sin s) = 2\sum_{n=1}^{\infty} J_{2n-1}(x)\sin((2n-1)\,s),$$

erhalten.

Die *sphärischen Besselfunktionen* $J_{\pm(n+1/2)}$ lassen sich durch elementare Funktionen ausdrücken:

$$J_m(x) = \left(\frac{2}{\pi x}\right)^{1/2}(f_m(x)\sin x - g_m(x)\cos x),$$

$$(m = n + \tfrac{1}{2},\ n = 0, 1, 2, \ldots)$$

$$J_{-m}(x) = (-1)^n\left(\frac{2}{\pi x}\right)^{1/2}(g_m(x)\sin x + f_m(x)\cos x)$$

mit

m	$f_m(x)$	$g_m(x)$
$\frac{1}{2}$	1	0
$\frac{3}{2}$	$\frac{1}{x}$	1
$\frac{5}{2}$	$\frac{3}{x^2} - 1$	$\frac{3}{x}$
$\frac{7}{2}$	$\frac{15}{x^3} - \frac{6}{x}$	$\frac{15}{x^2} - 1$
$\frac{9}{2}$	$\frac{105}{x^4} - \frac{45}{x^2} + 1$	$\frac{105}{x^3} - \frac{10}{x}$
$\frac{11}{2}$	$\frac{945}{x^5} - \frac{420}{x^3} + \frac{15}{x}$	$\frac{945}{x^4} - \frac{105}{x^2} + 1$

Weitere Ausdrücke lassen sich aus den Rekursionsformeln gewinnen.

Für $Y_n(x)$, $H_n^{(1)}(x)$ und $H_n^{(2)}(x)$ gelten ebenso wie für $J_n(x)$ die Funktionalgleichungen (3.39), (3.40) und (3.41).

Die wichtigsten Formeln für die modifizierten Besselschen Funktionen erster Gattung n-ter Ordnung:

$$2\frac{d}{dx} I_n(x) = I_{n-1}(x) + I_{n+1}(x),$$

$$\frac{2n}{x} I_n(x) = I_{n-1}(x) - I_{n+1}(x),$$

$$-2\frac{d}{dx} K_n(x) = K_{n-1}(x) + K_{n+1}(x),$$

$$-\frac{2n}{x} K_n(x) = K_{n-1}(x) - K_{n+1}(x),$$

Spezialfall: $I_0'(x) = I_1(x), \qquad K_0'(x) = -K_1(x).$

Diesen Beziehungen genügt auch $K_n(x)$.

Für große Werte von x gelten die folgenden *asymptotischen Formeln*:

$$J_n(x) = \left(\frac{2}{\pi x}\right)^{1/2} \left[\cos\left(x - \frac{\pi n}{2} - \frac{\pi}{4}\right) + O\left(\frac{1}{x}\right)\right],$$

$$I_n(x) = \frac{e^x}{(2\pi x)^{1/2}} \left[1 + O\left(\frac{1}{x}\right)\right],$$

$$Y_n(x) = \left(\frac{2}{\pi x}\right)^{1/2} \left[\sin\left(x - \frac{n\pi}{2} - \frac{\pi}{4}\right) + O\left(\frac{1}{x}\right)\right],$$

$$K_n(x) = \left(\frac{\pi}{2x}\right)^{1/2} e^{-x} \left[1 + O\left(\frac{1}{x}\right)\right].$$

Hierbei ist $O(1/x)$ eine infinitesimale Größe derselben Ordnung wie $1/x$, d. h. $xO(1/x)$ bleibt beschränkt für $x \to \infty$.

Man bezeichnet eine Funktion, die Lösung der Besselschen Differentialgleichung ist, als *Zylinderfunktion* $Z_n(x)$ der Ordnung n. Für alle diese Funktionen gilt:

$$Z_{n+1}(x) = \frac{2n}{x} Z_n(x) - Z_{n-1}(x) = \frac{n}{x} Z_n(x) - \frac{d}{dx} Z_n(x)$$

$$= -x^n \frac{d}{dx}\left(x^{-n} Z_n(x)\right).$$ [1]

Die Hypergeometrische Differentialgleichung

$$x(1-x)\,y'' + (c - (1+a+b)\,x)\,y' - aby = 0.$$

a, b, c sind Konstanten. Schwach singuläre Punkte sind:

$x = 0$ mit $r_1 = 0$ und $r_2 = 1 - c$,

$x = \infty$ mit $r_1 = a$ und $r_2 = b$,

$x = 1$ mit $r_1 = 0$ und $r_2 = c - a - b$.

[1]) Weitere Angaben über Besselsche Funktionen findet man in Kratzer/Franz, Transzendente Funktionen, Leipzig 1960, in Watson, Bessel functions, Cambridge 1922, und in Weirich, Zylinderfunktionen und ihre Anwendung, Leipzig 1937.

Die *allgemeinen Lösungen* haben in der Umgebung der schwach singulären Stellen folgende Gestalt:

$x = 0$: $y(x) = c_1 F(a, b; c; x) + c_2 x^{1-c} F(a - c + 1, b - c + 1; 2 - c; x)$,

wenn $1 - c$ weder null noch eine negative ganze Zahl ist.

$$y(x) = c_1 F(a, b; c; x) + c_2 \left[F(a, b; c; x) \ln x + \sum_{r=1}^{\infty} \bar{a}_r x^r \right],$$

wenn $c = 1$ (die $\bar{a}_r$ werden durch ein Rekursionssystem bestimmt);

$$x = 1: \quad y(x) = c_1 F(a, b; a + b - c + 1; 1 - x) + c_2 (1 - x)^{c-a-b} F(c - b, c - a; c - a - b + 1; 1 - x);$$

$$x = \infty: \quad y(x) = c_1 x^{-a} F\left(a, a - c + 1; a - b + 1; \frac{1}{x}\right) + c_2 x^{-b} F\left(b, b - c + 1; b - c + 1; \frac{1}{x}\right)$$

mit $F(a, b; c; x) = \sum_{r=0}^{\infty} \frac{(a)_r (b)_r}{r! (c)_r} x^r$ ($(a)_r$ ist durch $(a)_0 = 1$ und $(a)_r = a(a + 1)(a + 2) \dots (a + r - 1)$ definiert). Diese Reihe konvergiert, falls c weder null noch eine negative ganze Zahl ist, für $|x| < 1$, divergiert für $|x| > 1$, und für $|x| = 1$ ist die Reihe absolut konvergent für $c > a + b$. Für $x = 1$ ist die Reihe für $c \leqq a + b$ divergent, für $x = -1$ für $a + b - 1 < c \leqq a + b$ bedingt konvergent und für $c \leqq -1 + a + b$ divergent.

Einige wichtige Beziehungen für die hypergeometrische Funktion $F(a, b; c; x)$ $(|x| < 1)$:

$$F(a, b; c; x) = F(b, a; c; x);$$

$$F(a, b; c; x) = \frac{\Gamma(c)}{\Gamma(a) \Gamma(c - a)} \int_0^1 t^{a-1} (1 - t)^{c-a-1} (1 - xt)^{-b} \, dt \quad (c > a > 0);$$

$$\frac{d}{dx} F(a, b; c; x) = \frac{ab}{c} F(a + 1, b + 1; c + 1; x);$$

$$(c - a - 1) F(a, b; c; x) + cF(a + 1, b; c; x) - (c - 1) F(a, b; c - 1; x) = 0;$$

$$c[c - 1 + (1 + a + b - 2c) x] F(a, b; c; x) - c(c - 1)(1 - x) F(a, b; c - 1; x) + (a - c)(b - c) x F(a, b; c + 1; x) = 0;$$

$$F(a, b; c; x) = (1 - x)^{c-a-b} F(c - a, c - b; c; x);$$

$$F(a, b; c; 1) = \frac{\Gamma(c) \Gamma(c - a - b)}{\Gamma(c - a) \Gamma(c - b)} \quad (c - a - b > 0).$$

In einigen Fällen wird die hypergeometrische Reihe zu einer elementaren Funktion:

$$F(a, n; a; x) = (1 - x)^{-n};$$

$$F(1, 1; 2; x) = -\frac{\ln(1 - x)}{x};$$

$$F\left(\frac{1}{2}, \frac{1}{2}; \frac{3}{2}; x^2\right) = \frac{\arcsin x}{x}.$$ [1]

Die konfluent hypergeometrische Differentialgleichung oder Kummersche Differentialgleichung

$$xy'' + (c - x) y' - ay = 0.$$

Der schwach singuläre Punkt ist $x = 0$ mit $r_1 = 0$ und $r_2 = 1 - c$. Dann hat die allgemeine Lösung in der Umgebung von $x = 0$ für $c \neq 0, \pm 1, \pm 2, \pm 3, \dots$ die Gestalt:

$$y(x) = c_1 F(a; c; x) + c_2 x^{1-c} F(a - c + 1; 2 - c; x).$$

[1]) Weitere Beziehungen findet man in Kratzer/Franz, Transzendente Funktionen, Leipzig 1960.

$F(a; c; x)$ stellt die *Kummersche Funktion* oder *konfluent hypergeometrische Funktion* dar:

$$F(a; c; x) \sum_{r=0}^{\infty} \frac{(a)_r}{(c)_r r!} x^r \text{ (Def. von } (a)_r \text{ s. S. 445).}$$

Diese Reihe konvergiert für alle x. Einige wichtige Beziehungen für die Kummersche Funktion sind:

$$F(a; c; x) = \frac{\Gamma(c)}{\Gamma(a)\,\Gamma(c-a)} \int_0^1 t^{a-1}(1-t)^{c-a-1}\, e^{xt}\, dt \quad \text{für } c > a > 0;$$

$$\frac{d^v}{dx^v} F(a; c; x) = \frac{(a)_v}{(c)_v} F(a+v; c+v; x);$$

$$aF(a+1; c+1; x) = cF(a; c; x) + (a-c)\,F(a; c+1; x);$$

$$F(a; c; x) = e^x F(c-a; c; -x);$$

$$F(c; c; x) = e^x.$$

$F(a, b; c; x)$ und $F(a; c; x)$ sind Spezialfälle der *verallgemeinerten hypergeometrischen Funktion*

$${}_vF_w(a_1, a_2, \ldots, a_v; c_1, \ldots, c_w; x) = \sum_{s=0}^{\infty} \frac{(a_1)_s \ldots (a_v)_s}{s!\,(c_1)_s \ldots (c_w)_s} x^s$$

für $c_1, c_2, \ldots, c_w \neq 0, -1, -2, \ldots$ Man müßte also schreiben:

$$F(a, b; c; x) = {}_2F_1(a, b; c; x) \quad \text{und} \quad F(a; c; x) = {}_1F_1(a; c; x).$$

Es existieren auch Verallgemeinerungen der hypergeometrischen Funktionen für mehrere Variable, z. B. von Appell für zwei Variable:

$$F(a, b, \bar{b}; c; x, y) = \sum_{r,s=0}^{\infty} \frac{(a)_{r+s}\,(b)_r\,(\bar{b})_s}{r!\,s!\,(c)_{r+s}} x^r y^s.$$

Die Legendresche Differentialgleichung

$$(1-x^2)\,y'' - 2xy' + n(n+1)\,y = 0 \quad \text{für } n \geqq 0 \text{ und ganz.}$$

Schwach singuläre Punkte sind $x = -1$ mit $r_1 = r_2 = 0$ und $x = 1$ mit $r_1 = r_2 = 0$. Aus der Legendreschen Differentialgleichung wird bei der Transformation $x = 1 - 2\bar{x}$ die hypergeometrische Differentialgleichung

$$\bar{x}(1-\bar{x}) \frac{d^2y}{d\bar{x}^2} + (1-2\bar{x}) \frac{dy}{d\bar{x}} + n(n+1)\,y = 0$$

mit $a = n+1$, $b = -n$ und $c = 1$. Eine spezielle Lösung ist also das Polynom

$$P_n(x) = F\left(n+1, -n; 1; \frac{1-x}{2}\right);$$

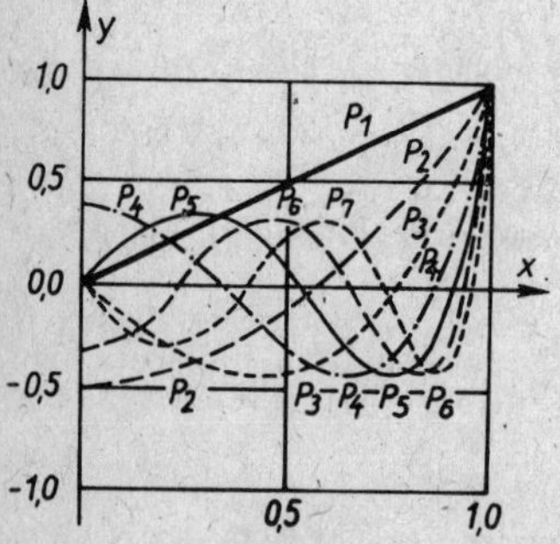

Abb. 3.65. Legendresche Polynome $P_0(x)$ bis $P_7(x)$

denn es ist $(-n)_m = 0$ für $m > n$. Das Polynom $P_n(x)$ bezeichnet man als *Legendresches Polynom.* Das Polynom $P_n(x)$ ist die einzige linear unabhängige Lösung der Legendreschen Differentialgleichung, die in $x = 1$ und $x = -1$ beschränkt ist. Die Kurvenbilder von

$$P_0(x) = 1,$$
$$P_1(x) = x,$$
$$P_2(x) = \frac{1}{2}(3x^2 - 1),$$
$$P_3(x) = \frac{1}{2}(5x^3 - 3x),$$
$$P_4(x) = \frac{1}{8}(35x^4 - 30x^2 + 3),$$
$$P_5(x) = \frac{1}{8}(63x^5 - 70x^3 + 15x),$$
$$P_6(x) = \frac{1}{16}(231x^6 - 315x^4 + 105x^2 - 5),$$
$$P_7(x) = \frac{1}{16}(429x^7 - 693x^5 + 315x^3 - 35x),$$

zeigt die Abbildung 3.65 (Tabelle s. 1.1.2.3.).

Die wichtigsten Beziehungen für die Legendreschen Polynome sind:

$P_n(x) = \frac{1}{2^n n!} \frac{d^n}{dx^n}((x^2 - 1)^n)$ ist ein Polynom n-ten Grades mit dem Koeffizienten $\frac{(2n)!}{2^n(n!)^2}$ bei der höchsten Potenz. $P_n(x)$ hat genau n reelle einfache Nullstellen im Intervall $-1 < x < 1$.

$$P_n(x) = \frac{1}{\pi}\int_0^{\pi} (x \pm (x^2 - 1)^{1/2} \cos t)^n \, dt$$

$$= \frac{1}{\pi}\int_0^{\pi} \frac{dt}{(x \pm (x^2 - 1)^{1/2} \cos t)^{n+1}} \quad \text{(Vorzeichen beliebig!)},$$

$$(n + 1) P_{n+1}(x) = (2n + 1) x P_n(x) - n P_{n-1}(x),$$

$$\frac{d}{dx}(P_{n+1}(x) - P_{n-1}(x)) = (2n + 1) P_n(x),$$

$$(x^2 - 1)\frac{d}{dx} P_n(x) = n(x P_n(x) - P_{n-1}(x)),$$

$$\int_{-1}^{1} P_m(x) P_n(x) \, dx = \frac{2}{2m + 1}\delta_{nm} \quad \left(\delta_{nm} = \begin{cases} 1 \text{ für } n = m \\ 0 \text{ für } n \neq m \end{cases}\right).$$

Die Legendreschen Polynome lassen sich gewinnen, indem man die Funktion $(1 - 2xz + z^2)^{-1/2}$ in eine Reihe nach Potenzen von z entwickelt:

$$(1 - 2xz + z^2)^{-1/2} = P_0(x) + P_1(x) z + P_2(x) z^2 + \dots$$

($|z| < 1$). Ist $f(x)$ eine zweimal stetig differenzierbare Funktion für $-1 < x < 1$, so konvergiert die Entwicklung

$$f(x) = \sum_{r=0}^{\infty} c_r \left(\frac{2r + 1}{2}\right)^{1/2} P_r(x)$$

mit $c_r = \left(\frac{2r + 1}{2}\right)^{1/2} \int_{-1}^{1} f(x) P_r(x) \, dx$ absolut und gleichmäßig in $(-1, 1)$.

Die den Legendreschen Polynomen $P_n(x)$ zugeordneten Funktionen

$$P_n^m(x) = (1 - x^2)^{m/2} \frac{d^m}{dx^m} P_n(x), \quad n = 0, 1, 2, \ldots; \quad m = 0, 1, \ldots, n,$$

werden *zugeordnete Legendresche Funktionen* genannt. Diese $P_n^m(x)$ genügen der Differentialgleichung

$$(1 - x^2) y'' - 2xy' + \left(n(n + 1) - \frac{m^2}{1 - x^2}\right) y = 0.$$

Es gilt:

$$\int_{-1}^{1} P_n^m(x) P_{\bar{n}}^m(x) \, dx = \frac{(n + m)!}{(n - m)!} \frac{2}{2n + 1} \delta_{n\bar{n}} \quad \text{für } n, \bar{n} \geqq m \geqq 0,$$

$$\int_0^1 (P_n^m(x))^2 \, dx = \frac{(n + m)!}{(n - m)!} \frac{1}{2n + 1} \quad \text{für } n = 0, 1, \ldots, m = 1, 2, \ldots, n,$$

$$\int_0^1 \frac{(P_n^m(x))^2}{1 - x^2} \, dx = \frac{1}{2m} \frac{(n + m)!}{(n - m)!} \quad \text{für } n = 0, 1, \ldots, m = 1, 2, \ldots, n.$$

Das System der zu jedem $m \geqq 0$ zugeordneten Legendreschen Funktionen $P_n^m(x)$, $n = m, m + 1, \ldots$ ist in $L_2(-1, 1)$ vollständig (vgl. 8.1.).

Beispiele Legendrescher Funktionen: $P_n^0(x) = P_n(x)$, $P_n^m(x) = 0$ für $m > n$;

$$P_1^1(x) = (1 - x^2)^{1/2} = \sin \Theta,$$

$$P_2^1(x) = 3x(1 - x^2)^{1/2} = \frac{3}{2} \sin 2\Theta,$$

$$P_2^2(x) = 3(1 - x^2) = \frac{3}{2} (1 - \cos 2\Theta),$$

$$P_3^1(x) = \frac{3}{2} (5x^2 - 1)(1 - x^2)^{1/2} = \frac{3}{8} (\sin \Theta + 5 \sin 3\Theta),$$

$$P_3^2(x) = 15x(1 - x^2) = \frac{15}{4} (\cos \Theta - \cos 3\Theta),$$

$$P_3^3(x) = 15(1 - x^2)(1 - x^2)^{1/2} = \frac{15}{4} (3 \sin \Theta - \sin 3\Theta)$$

mit $x = \cos \Theta$. Es ist allgemein

$$P_n^n(x) = 1 \cdot 3 \cdot 5 \cdot \ldots \cdot (2n - 1)(1 - x^2)^{n/2} = 1 \cdot 3 \cdot \ldots \cdot (2n - 1) \sin^n \Theta$$

für $n = 0, 1, 2, \ldots$

3.3.1.4. Allgemeine nichtlineare Differentialgleichungen

$$f(x, y, y', \ldots, y^{(r)}) = 0$$

Die Frage nach der Existenz und Eindeutigkeit einer Lösung des Cauchy-Problems wurde mit der Reduktion auf ein System von Differentialgleichungen und dem Existenz- und Eindeutigkeitssatz dazu in 3.3.1.1. beantwortet.

Spezialfälle: Die Gleichung $y^{(r)}(x) = f(x)$.

Die allgemeine Lösung findet man durch sukzessive Integration in der Gestalt

$$y(x) = c_1 + c_2(x - x_0) + \dots + c_r(x - x_0)^{r-1} + \int_{x_0}^{x} \int_{x_0}^{x_1} \dots \int_{x_0}^{x_{r-1}} f(t)\,dt\,dx_{r-1} \dots dx_2\,dx_1$$

unter Zuhilfenahme der Formel von Cauchy

$$\int_{x_0}^{x} \int_{x_0}^{x_1} \dots \int_{x_0}^{x_{r-1}} f(t)\,dt\,dx_{r-1} \dots dx_1 = \frac{1}{(r-1)!} \int_{x_0}^{x} f(t)\,(x - t)^{r-1}\,dt.$$

x_0 ist dabei keine zusätzlich auftretende Konstante, sondern mit x_0 ändern sich auch die c_k: $c_k = \frac{1}{(k-1)!}\, y^{(k-1)}(x_0)$.

Beispiel: $y''' = \ln x$ mit $y(1) = y_0$, $y'(1) = y_0'$, $y''(1) = y_0''$. Die Lösung ergibt sich aus:

$$y(x) = y_0 + \frac{(x-1)}{1!}\, y_0' + \frac{(x-1)^2}{2!}\, y_0'' + \frac{1}{2} \int_{1}^{x} (x - t)^2 \ln t\,dt$$

$$= y_0 + \frac{(x-1)}{1!}\, y_0' + \frac{(x-1)^2}{2!}\, y_0'' + \frac{1}{6} x^3 \ln x - \frac{11}{36} x^3 + \frac{1}{2} x^2 - \frac{1}{4} x + \frac{1}{18}$$

und die allgemeine Lösung als

$$y_a(x) = \frac{1}{6} x^3 \ln x - \frac{11}{36} x^3 + c_1 + c_2 x + c_3 x^2.$$

Eine Differentialgleichung $f(x, y^{(k)}, y^{(k+1)}, \dots, y^{(r)}) = 0$ hänge nicht von y und den Ableitungen bis zur $(k-1)$-ten Ordnung ab. Durch die Transformation $y^{(k)} = \bar{y}$ führt man die Differentialgleichung auf eine Gleichung $(r-k)$-ter Ordnung über.

Beispiel: $y'' - xy''' + (y''')^3 = 0$. Die Transformation $y'' = \bar{y}$ führt auf die Clairautsche Differentialgleichung $\bar{y} - x\bar{y}' + (\bar{y}')^3 = 0$. Ihre allgemeine Lösung lautet: $\bar{y} = c_1 x - c_1^3$. Hieraus folgt $y(x) = c_1 \frac{x^3}{6} - c_1^3 \frac{x^2}{2} + c_2 x + c_3$. Die singuläre Lösung der Clairautschen Differentialgleichung $\bar{y} = \frac{2\sqrt{3}}{9} x^{3/2}$ liefert eine singuläre Lösung der ursprünglichen Gleichung

$$y(x) = \frac{8\sqrt{3}}{315} x^{7/2} + c_1 x + c_2.$$

Eine Differentialgleichung $f(y, y', \dots, y^{(r)}) = 0$ hänge nicht explizit von x ab. Durch die Substitution $\bar{y} = y'$, $\bar{x} = y$ gelangt man zu einer Differentialgleichung $(r-1)$-ter Ordnung, denn $\frac{d^k y}{dx^k}$ hängt nur von $\bar{y}, \frac{d\bar{y}}{d\bar{x}}, \dots, \frac{d^{k-1}\bar{y}}{d\bar{x}^{k-1}}$ ab:

$$\frac{dy}{dx} = \bar{y}, \quad \frac{d^2y}{dx^2} = \bar{y}\,\frac{d\bar{y}}{d\bar{x}}, \quad \frac{d^3y}{dx^3} = \bar{y}^2\,\frac{d^2\bar{y}}{d\bar{x}^2} + \bar{y}\left(\frac{d\bar{y}}{d\bar{x}}\right)^2, \dots$$

Beispiel: $y^2(y-1)\,y'' - (y')^3 - y(y-2)\,(y')^2 = 0$. Die transformierte Gleichung hat die Form: $\bar{x}^2(\bar{x}-1)\,\bar{y}\,\frac{d\bar{y}}{d\bar{x}} - \bar{y}^3 - \bar{x}(\bar{x}-2)\,\bar{y}^2 = 0$. Nach Division durch $\bar{y}$ ($\bar{y} = 0$, d. h. $y = c$ ist eine Lösung) erhält man eine Bernoullische Differentialgleichung, die in 3.3.1.2.1. gelöst wurde:

$\bar{y} = \dfrac{\bar{x}^2}{1 + c_1(\bar{x} - 1)}$. Damit ist $y' = \dfrac{y^2}{1 + c_1(y - 1)}$ und das allgemeine Integral der vorgelegten Differentialgleichung

$$c_1 \ln y - (1 - c_1)\frac{1}{y} = x + c_2.$$

Eine *Differentialgleichung* $f(x, y, y', \ldots, y^{(r)}) = 0$, *in der f eine homogene Funktion in* $y, y', \ldots, y^{(r)}$ ist, erfährt eine Erniedrigung der Ordnung durch die Substitution $\bar{y} = \dfrac{y'}{y}$.

Beispiel: $x^2yy'' = (y - xy')^2$. Durch die Substitution $\bar{y} = \dfrac{y'}{y}$ ergibt sich die lineare Differentialgleichung $x^2\bar{y}' + 2x\bar{y} - 1 = 0$, deren Lösung $\bar{y} = \dfrac{c_1}{x^2} + \dfrac{1}{x}$ ist. Die allgemeine Lösung der vorgelegten Differentialgleichung ergibt sich aus:

$$(\ln y)' = \bar{y} \quad \text{oder} \quad y = e^{\int \bar{y}(x)\,dx} \quad \text{mit} \quad y(x) = c_2 x\, e^{-c_1/x}.$$

Bei *Differentialgleichungen* $F(x, y, y', \ldots, y^{(r)}) = 0$, *in der die linke Seite eine vollständige Ableitung ist*, kann die Ordnung leicht erniedrigt werden.

Beispiele: 1. $y'' - xy' - y = 0$. Mit $\dfrac{d}{dx}(y' - xy) = y'' - xy' - y = 0$ erhält man $y' - xy = c_1$ und daraus dann

$$y(x) = e^{x^2/2}\left(c_1 \int^x e^{-t^2/2} dt + c_2\right).$$

2. $yy'' = 2(y')^2$. Multiplikation der Gleichung mit $(yy')^{-1}$ ergibt $(\ln y')' = (\ln y^2)'$ und dann $\ln y' = \ln y^2 + \ln c_1$ oder $y' = c_1 y^2$. Die allgemeine Lösung der vorgelegten Differentialgleichung ist damit durch $y = -(c_1 x + c_2)^{-1}$ gegeben.

3.3.1.5. Stabilität

Es sei

$$\frac{dx_i}{dt} = f_i(t, x_1, \ldots, x_n) \quad (i = 1, 2, \ldots, n)$$

ein System gewöhnlicher Differentialgleichungen. Die f_i, $i = 1, \ldots, n$, besitzen stetige partielle Ableitungen erster Ordnung. Mit $x_i = x_i(t; t^0, x_1^0, \ldots, x_n^0)$, $i = 1, \ldots, n$, werde die Lösung des gegebenen Systems mit den Anfangswerten x_i^0 für $t = t^0$: $x_i^0 = x_i(t^0; t^0, x_1^0, \ldots, x_n^0)$ bezeichnet. Jede spezielle Lösung des Systems kann als Bewegung eines Teilchens interpretiert werden.

Definition: Eine Bewegung $x_i = x_i(t; t^0, x_1^0, \ldots, x_n^0)$ heißt *stabil im Sinne von Ljapunow*, wenn für jedes $\varepsilon > 0$ ein $\delta > 0$ gefunden werden kann mit der Eigenschaft, daß für $|x_i^0 - \tilde{x}_i^0| < \delta$, $i = 1, \ldots, n$, im Intervall $t^0 \leqq t < \infty$

$$|x_i(t; t^0, x_1^0, \ldots, x_n^0) - x_i(t; t^0, \tilde{x}_1^0, \ldots, \tilde{x}_n^0)| < \varepsilon \quad (i = 1, \ldots, n)$$

gilt. Jede Bewegung, die nicht stabil ist, heißt *instabil*.

$x_i = x_i(t; t^0, x_1^0, \ldots, x_n^0)$ heißt die ungestörte und $x_i = x_i(t; t^0, \tilde{x}_1^0, \ldots, \tilde{x}_n^0)$ die gestörte Bewegung. Geometrisch bedeutet Stabilität nun, daß zu jedem Zeitpunkt $t \geqq t^0$ der Bahnpunkt der gestörten Bewegung in einer hinreichend kleinen Umgebung des entsprechenden Punktes der ungestörten Bewegung liegt.

Durch $x_i = \bar{x}_i + x_i(t)$ mit $x_i(t) = x_i(t; t^0, x_1^0, \ldots, x_n^0)$, $i = 1, \ldots, n$, führt man neue Koordinaten $\bar{x}_1, \ldots, \bar{x}_n$ ein. Die ungestörte Bewegung wird in den neuen Koordinaten durch $\bar{x}_i(t) \equiv 0$ ausgedrückt. Diese Transformation sei durchgeführt, und es soll dann die Stabilität der trivialen Lösung $\bar{x}_i(t) \equiv 0$, $i = 1, \ldots, n$, im Sinne von Ljapunow untersucht werden, d. h. es ist zu untersuchen, ob die gestörte Bewegung in der ε-Umgebung des Nullpunktes für $t^0 \leqq t < \infty$ verläuft. Das transformierte System wird wieder ohne Überstreichung geschrieben, und es gilt jetzt für die rechten Seiten des Systems: $f_i(t, 0, \ldots, 0) = 0$. Das System $\frac{dx_i}{dt} = f_i$, $i = 1, \ldots, n$, kann in der Form

$$\frac{dx_i}{dt} = \sum_{j=1}^{n} a_{ij}x_j + \varphi_i(t, x_1, \ldots, x_n) \quad (i = 1, \ldots, n)$$

dargestellt werden, wobei $a_{ij} = \frac{\partial f_i}{\partial x_j}(t, 0, \ldots, 0) = \text{const}$, $i, j = 1, \ldots, n$, nicht von t abhängen soll. Das System

$$\frac{dx_i}{dt} = \sum_{j=1}^{n} a_{ij}x_j \quad (i = 1, \ldots, n)$$

heißt das zu $\frac{dx_i}{dt} = \sum_{j=1}^{n} a_{ij}x_j + \varphi_i$ lineare System. Eine hinreichende Bedingung für die Stabilität der trivialen Lösung liefert der folgende Satz:

Satz: Sind die Voraussetzungen

1. alle Wurzeln der charakteristischen Gleichung des linearisierten Systems $\frac{dx_i}{dt} = \sum_{j=1}^{n} a_{ij}x_j$ haben einen negativen Realteil, d. h. die Wurzeln der Gleichung $\det(a_{ij} - z\delta_{ij}) = 0$ haben einen negativen Realteil,

2. alle Funktionen $\varphi_i(t, x_1, \ldots, x_n)$ erfüllen die Bedingung

$$|\varphi_i(t, x_1, \ldots, x_n)| \leqq M\left\{\sum_{i=1}^{n} x_i^2\right\}^{1/2+\alpha},$$

wobei M eine passende Konstante und $\alpha > 0$ ist, erfüllt, so ist die triviale Lösung des Systems $\frac{dx_i}{dt} = f_i$, $i = 1, \ldots, n$, stabil. Außerdem gilt: Hat nur eine charakteristische Wurzel der charakteristischen Gleichung $\det(a_{ij} - z\delta_{ij}) = 0$ einen positiven Realteil und genügen die φ_i der Bedingung 2., so ist die triviale Lösung des Systems $\frac{dx_i}{dt} = f_i$ instabil.

Es ist wichtig, entscheiden zu können, ob die charakteristische Gleichung Wurzeln mit negetiven Realteilen besitzt. Dazu dient das *Kriterium von Routh-Hurwitz*:

Alle Wurzeln der Gleichung

$$f(z) = a_n z^n + a_{n-1} z^{n-1} + \ldots + a_1 z + a_0 \quad (a_0 > 0,\ a_i \text{ reell})$$

haben dann und nur dann negative Realteile, wenn alle Determinanten

$$D_1 = a_1;\ D_2 = \begin{vmatrix} a_1 & a_0 \\ a_3 & a_2 \end{vmatrix};\ D_3 = \begin{vmatrix} a_1 & a_0 & 0 \\ a_3 & a_2 & a_1 \\ a_5 & a_4 & a_3 \end{vmatrix};\ \ldots;\ D_n = \begin{vmatrix} a_1 & a_0 & 0 & 0 & \ldots & 0 \\ a_3 & a_2 & a_1 & 0 & \ldots & 0 \\ \ldots & \ldots & \ldots & \ldots & \ldots & \ldots \\ a_{2n-1} & a_{2n-2} & a_{2n-3} & a_{2n-4} & \ldots & a_n \end{vmatrix}$$

(mit $a_m = 0$ für $m > n$) positiv sind.

3.3.1.6. Operatormethode zur Lösung gewöhnlicher Differentialgleichungen

Diese Methode besteht darin, mittels einer Integraltransformation von einer Differentialgleichung zu einer transformierten Gleichung überzugehen. Dabei wird sich zeigen, daß sich die transformierte Gleichung leichter lösen läßt. Jedoch ist die Schwierigkeit, eine Differentialgleichung zu lösen, nicht „wegtransformiert", sondern sie steckt in der Transformation (im allgemeinen in der Rücktransformation).

Man benutzt oft als Integraltransformation die *Laplace-Transformation*:

$$L\{f(t)\}(s) \stackrel{\text{def}}{=} \int_0^\infty e^{-st} f(t)\, dt.$$

Die Bedingungen dafür, daß die Transformierte einer Funktion existiert, und Eigenschaften der Laplace-Transformation sowie eine Tabelle der Laplacetransformierten findet man im Abschnitt 4.4.3.

Anwendung auf lineare Differentialgleichungen mit konstanten Koeffizienten:

Zu lösen ist das Cauchy-Problem $P_r\left(\frac{d}{dt}\right) y = f(t)$ mit

$$P_r\left(\frac{d}{dt}\right) y \stackrel{\text{def}}{=} \left(a_r \frac{d^r}{dt^r} + a_{r-1} \frac{d^{r-1}}{dt^{r-1}} + \dots + a_1 \frac{d}{dt} + a_0\right) y(t),$$

$$y(0) = y_0,\ y'(0) = y_0^{(1)},\ \dots,\ y^{(r-1)}(0) = y_0^{(r-1)}$$

und konstanten a_i. Dazu transformiert man die Differentialgleichung unter Verwendung der Bezeichnung $L\{y(t)\}(s) = Y(s)$ und $L\{f(t)\}(s) = F(s)$ auf die Hilfsgleichung

$$\begin{aligned} P_r(s)\, Y(s) = {} & a_r(s^{r-1} y_0 + s^{r-2} y_0^{(1)} + \dots + s y_0^{(r-2)} + y_0^{(r-1)}) \\ & + a_{r-1}(s^{r-2} y_0 + s^{r-3} y_0^{(1)} + \dots + s y_0^{(r-3)} + y_0^{(r-2)}) \\ & \vdots \\ & + a_1 y_0 + F(s) \end{aligned}$$

oder

$$P_r(s)\, Y(s) = M(s) + F(s).$$

$P_r(s) = a_r s^r + a_{r-1} s^{r-1} + \dots + a_0$, und $M(s)$ wird durch die rechte Seite der obigen Hilfsgleichung definiert. Die Lösung der Hilfsgleichung ist

$$Y(s) = \frac{M(s)}{P_r(s)} + \frac{F(s)}{P_r(s)}.$$

Die Rücktransformation, nur für den zweiten Summanden durchgeführt, ergibt die Lösung der Differentialgleichung mit den Anfangswerten Null. Zur Rücktransformation vergleiche man Abschnitt 4.4.3. zur Laplace-Transformation.

Beispiel: $y^{(3)} - 3y'' + y' - 3y = 6e^{3t}$; $y(0) = 1$, $y'(0) = 0$, $y''(0) = 1$. In diesem Fall ist $F(s) = L\{6e^{3t}\}(s) = \frac{6}{s-3}$, und die Lösung der Hilfsgleichung hat die Form

$$Y(s) = \frac{s^2 - 3s + 2}{s^3 - 3s^2 + s - 3} + \frac{6}{(s-3)(s^3 - 3s^2 + s - 3)}.$$

Zur Rücktransformation wird $Y(s)$ in Partialbrüche zerlegt:

$$Y(s) = \frac{1}{25}\left(\frac{29s - 3}{s^2 + 1} + \frac{15}{(s-3)^2} - \frac{4}{(s-3)}\right).$$

Mit Hilfe der Tabelle zur Laplace-Transformation (vgl. 4.4.3.3.) ergibt sich dann:

$$y(t) = \frac{3}{5} t\, e^{3t} - \frac{4}{25} e^{3t} + \frac{29}{25} \cos t - \frac{3}{25} \sin t.$$

Anwendung auf lineare Systeme mit konstanten Koeffizienten:

Vorgelegt sei das Cauchy-Problem

$$\sum_{k=1}^{r} a_{ik} y_k'(t) + \sum_{k=1}^{r} b_{ik} y(t) = f_i(t), \quad i = 1, 2, \dots, r,$$

$$y_i(0) = y_{i0}, \qquad\qquad i = 1, 2, \dots, r,$$

mit der Bedingung $\det(b_{ik}) \neq 0$. Auf dieses System wird die Laplace-Transformation angewendet, so daß man für die transformierten Funktionen $Y_i(s) = L\{y_i(t)\}(s)$

$$\sum_{k=1}^{r} (sa_{ik} + b_{ik}) Y_k(s) = F_i(s) + \sum_{k=1}^{r} a_{ik} y_{k0}$$

mit $F_i(s) = L\{f_i(t)\}(s)$ erhält. Aus dieser Hilfsgleichung kann man die $Y_k(s)$ berechnen. Schließlich muß man die Rücktransformation durchführen und erhält so die Lösung des Cauchy-Problems.

Beispiel: Es ist die allgemeine Lösung des Systems

$$y_1' = y_1 - y_2 + t, \qquad y_2' = 4y_1 - 3y_2 + 2$$

zu bestimmen. Man setzt $y_1(0) = \bar{c}_1$ und $y_2(0) = \bar{c}_2$, löst das Hilfssystem

$$(s - 1) Y_1(s) + \qquad Y_2(s) = \frac{1}{s^2} + \bar{c}_1$$

$$-4Y_1(s) + (s + 3) Y_2(s) = \frac{2}{s} + \bar{c}_2$$

nach $Y_1(s)$ und $Y_2(s)$ auf und erhält

$$Y_1(s) = \frac{\bar{c}_1 s^3 + (3\bar{c}_1 - \bar{c}_2) s^2 - s + 3}{s^2(s + 1)^2},$$

$$Y_2(s) = \frac{\bar{c}_2 s^3 + (2 - \bar{c}_2 + 4\bar{c}_1) s^2 - 2s + 4}{s^2(s + 1)^2}.$$

Nach Rücktransformation erhält man die allgemeine Lösung:

$$y_1(t) = 3t - 7 + e^{-t}((4 + 2\bar{c}_1 - \bar{c}_2) t + 7 + \bar{c}_1) = 3t - 7 + e^{-t}(c_1 t + c_2),$$

$$y_2(t) = 4t - 10 + e^{-t}((8 - 2\bar{c}_2 + 4\bar{c}_1) t + 10 + \bar{c}_2) = 4t - 10 + e^{-t}(2c_1 t + 2c_2 - c_1).$$

3.3.1.7. Rand- und Eigenwertaufgaben

In vielen Fällen ist es notwendig, nicht das Cauchy-Problem für Differentialgleichungen zu lösen, sondern es ist eine Lösung der betrachteten Differentialgleichung zu suchen, die an den Endpunkten eines gegebenen Intervalls im Variabilitätsbereich der unabhängigen Variablen gewissen Bedingungen genügt. Einfachste Beispiele dafür sind:

a) $y''(x) + y(x) = 0$ mit den Randbedingungen $y(0) = y(\pi) = 0$. Es gibt genau eine linear unabhängige Lösung dieses Problems: $y(x) = \sin x$.

b) $y''(x) + ay(x) = 0$ mit den Randbedingungen: $y(0) = y(\pi) = 0$. Es gibt nur für gewisse a eine Lösung (für $a < 0$ existiert keine Lösung).

c) $y''(x) + y(x) = 0$ mit den Randbedingungen: $y(0) = y(2\pi)$ und $y'(0) = y'(2\pi)$. Es gibt zwei linear unabhängige Lösungen: $y_1(x) = \sin x$ und $y_2(x) = \cos x$.

3.3.1.7.1. Randwertaufgaben. Funktion von Green

Problem: Man bestimme die Lösungen $y(x)$ der folgenden *Randwertaufgabe* im Intervall $a \leqq x \leqq b$: $L[y] = g(x)$, $L[y] \overset{\text{def}}{=} f_0(x)\, y''(x) + f_1(x)\, y'(x) + f_2(x)\, y(x)$ ($f_0 \neq 0$; f_0, f_1, f_2, g stetig in $a \leqq x \leqq b$) mit den Randbedingungen: $U_1[y] = h_1$; $U_2[y] = h_2$;

$$U_1[y] \overset{\text{def}}{=} a_1^1 y(a) + a_1^2 y'(a) + b_1^1 y(b) + b_1^2 y'(b),$$

$$U_2[y] \overset{\text{def}}{=} a_2^1 y(a) + a_2^2 y'(a) + b_2^1 y(b) + b_2^2 y'(b).$$

Dabei sei der Rang der Matrix

$$\begin{pmatrix} a_1^1 & a_1^2 & b_1^1 & b_1^2 \\ a_2^1 & a_2^2 & b_2^1 & b_2^2 \end{pmatrix}$$

gleich zwei, und es seien

$$A = \begin{pmatrix} a_1^1 & a_1^2 \\ a_2^1 & a_2^2 \end{pmatrix}, \qquad B = \begin{pmatrix} b_1^1 & b_1^2 \\ b_2^1 & b_2^2 \end{pmatrix};$$

a_i^j, b_i^j und h_i sind reelle Zahlen.

Sind $g(x) = 0$ und $h_1 = h_2 = 0$, so spricht man von einer *homogenen Randwertaufgabe*, die der gegebenen *inhomogenen Randwertaufgabe* entspricht. Die homogene Randwertaufgabe hat stets die triviale Lösung $y(x) \equiv 0$. Sind $y_1(x)$ und $y_2(x)$ Lösungen der homogenen Randwertaufgabe, so auch $c_1 y_1(x) + c_2 y_2(x)$.

Definition der Greenschen Funktion $G(x, \bar{x})$ zur gestellten Randwertaufgabe (vgl. Abb. 3.66); $G(x, \bar{x})$ sei eine in $\mathbf{Q} = \{a \leqq x \leqq b, a \leqq \bar{x} \leqq b\}$ definierte Funktion, mit den folgenden Eigenschaften:

a) In jedem der beiden Dreiecke $\mathbf{D}_1$: $a \leqq \bar{x} \leqq x \leqq b$ und $\mathbf{D}_2$: $a \leqq x \leqq \bar{x} \leqq b$ sei $G(x, \bar{x})$ zweimal stetig nach x differenzierbar und erfülle die homogene Differentialgleichung $f_0 y'' + f_1 y' + f_2 y = 0$.

b) $G(x, \bar{x})$ sei in $\mathbf{Q}$ stetig.

c) Für $a < \bar{x} < b$ gelte: $\dfrac{\partial G}{\partial x}(\bar{x} + 0, \bar{x}) - \dfrac{\partial G}{\partial x}(\bar{x} - 0, \bar{x}) = \dfrac{1}{f_0(\bar{x})}$.

d) Für $a < \bar{x} < b$ erfülle $G(x, \bar{x})$ als Funktion von x die homogenen Randbedingungen $U_1[G] = 0$ und $U_2[G] = 0$.

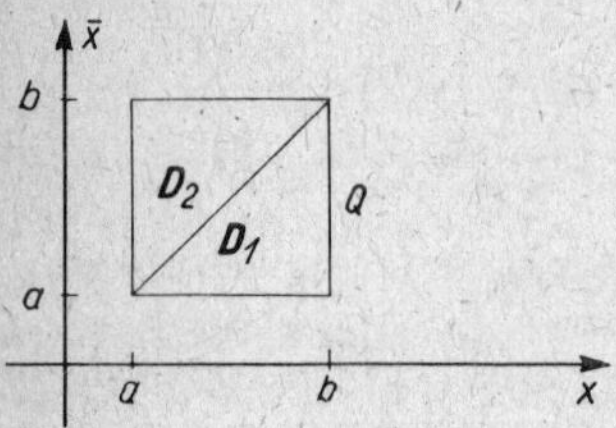

Abb. 3.66. Definitionsgebiet der Greenschen Funktion

Bestimmung der Greenschen Funktion:

Sind $y_1(x)$ und $y_2(x)$ zwei linear unabhängige Lösungen der homogenen Differentialgleichung $L[y] = 0$, so macht man den Ansatz

$$G(x, \bar{x}) = \begin{cases} A_1(\bar{x})\, y_1(x) + A_2(\bar{x})\, y_2(x) & \text{in } \mathbf{D}_2 \\ B_1(\bar{x})\, y_1(x) + B_2(\bar{x})\, y_2(x) & \text{in } \mathbf{D}_1 \end{cases}$$

und bestimmt $A_1(\bar{x})$, $A_2(\bar{x})$, $B_1(\bar{x})$ und $B_2(\bar{x})$ durch die Forderungen a) bis d). Besitzt die homogene Randwertaufgabe nur die triviale Lösung, so existiert die Greensche Funktion und ist eindeutig bestimmt.

Die Lösung der inhomogenen Randwertaufgabe $L[z_1] = g(x)$ mit $U_1[z_1] = U_2[z_1] = 0$ erhält man mit Hilfe der Greenschen Funktion durch

$$z_1(x) = -\int_a^b G(x, \bar{x})\, g(\bar{x})\, d\bar{x},$$

die Lösung von $L[z_2] = 0$ mit $U_1[z_2] = h_1$, $U_2[z_2] = h_2$ mittels des Ansatzes $z_2(x) = c_1 y_1(x) + c_2 y_2(x)$ und der Bestimmung von c_1 und c_2 durch die Randbedingungen. Damit ergibt sich:

Besitzt die homogene Randwertaufgabe nur die triviale Lösung, so ist die inhomogene Randwertaufgabe eindeutig lösbar.

Beispiel: Man löse die folgende Randwertaufgabe:

$$y'' + k^2 y = x \quad \text{mit} \quad y(0) = 1, \quad y(1) = 2 \quad (0 < k < \pi).$$

Dazu berechnet man als erstes die Greensche Funktion $G(x, \bar{x})$ der gestellten Randwertaufgabe: Die homogene Randwertaufgabe $y'' + k^2 y = 0$, $y(0) = y(1) = 0$ besitzt nur die triviale Lösung, und $y_1(x) = \sin kx$, $y_2(x) = \cos kx$ sind zwei linear unabhängige Lösungen der homogenen Differentialgleichung $y'' + k^2 y = 0$. Für die zu bestimmende Greensche Funktion setzt man:

$$G(x, \bar{x}) = \begin{cases} A_1(\bar{x}) \sin kx + A_2(\bar{x}) \cos kx & \text{für } 0 \leqq x \leqq \bar{x} \leqq 1 \text{ in } \mathbf{D}_2 \\ B_1(\bar{x}) \sin kx + B_2(\bar{x}) \cos kx & \text{für } 0 \leqq \bar{x} \leqq x \leqq 1 \text{ in } \mathbf{D}_1. \end{cases}$$

Die Forderung a) an die Greensche Funktion ist mit dem Ansatz bereits erfüllt. Die Forderungen b) und c) liefern

$$(A_1(\bar{x}) - B_1(\bar{x})) = \frac{1}{k} \cos k\bar{x}, \qquad (A_2(\bar{x}) - B_2(\bar{x})) = -\frac{1}{k} \sin k\bar{x}.$$

Mittels d) erhält man

$$B_2(\bar{x}) = -\frac{1}{k} \sin k\bar{x} \quad \text{und} \quad A_2(\bar{x}) = 0,$$

$$B_1(\bar{x}) = \frac{\sin k\bar{x} \cos k}{k \sin k} \quad \text{und} \quad A_1(\bar{x}) = \frac{\sin k\bar{x} \cos k}{k \sin k} - \frac{1}{k} \cos k\bar{x}$$

und schließlich die Greensche Funktion

$$G(x, \bar{x}) = \begin{cases} \left(\dfrac{\sin k\bar{x} \cos k}{k \sin k} - \dfrac{1}{k} \cos k\bar{x}\right) \sin kx, & 0 \leqq x \leqq \bar{x} \leqq 1, \\[2ex] \left(\dfrac{\sin kx \cos k}{k \sin k} - \dfrac{1}{k} \cos kx\right) \sin k\bar{x}, & 0 \leqq \bar{x} \leqq x \leqq 1, \end{cases}$$

$$= \begin{cases} \dfrac{\sin kx \sin k(1 - \bar{x})}{k \sin k}, & 0 \leqq x \leqq \bar{x} \leqq 1, \\[2ex] \dfrac{\sin k\bar{x} \sin k(1 - x)}{k \sin k}, & 0 \leqq \bar{x} \leqq x \leqq 1. \end{cases}$$

Das Problem mit homogenen Randbedingungen $y'' + k^2 y = x$, $y(0) = 0$, $y(1) = 0$ wird durch

$$z_1(x) = -\int_0^1 G(x, \bar{x})\, \bar{x}\, d\bar{x}$$

$$= \frac{x}{k^2} - \frac{\sin kx}{k^2 \sin k}$$

gelöst. Die Lösung des Problems $y'' + k^2 y = 0$, $y(0) = 1$, $y(1) = 2$ wird durch den Ansatz $z_2(x) = c_1 \sin kx + c_2 \cos kx$ gelöst, wenn man c_1 und c_2 aus $z_2(0) = 1$ und $z_2(1) = 2$ berechnet. Es ergibt sich

$$z_2(x) = \frac{2 - \cos k}{\sin k} \sin kx + \cos kx.$$

Damit erhält man als Lösung der gestellten Randwertaufgabe

$$y(x) = z_1(x) + z_2(x) = \frac{x}{k^2} + \left[\frac{2 - \cos k}{\sin k} - \frac{1}{k^2 \sin k}\right] \sin kx + \cos kx.$$

Im folgenden gelte: f_0 ist zweimal stetig differenzierbar, f_1 einmal stetig differenzierbar und f_2 stetig im betrachteten Intervall.

$L^*[y] \overset{\text{def}}{=} (f_0 y)'' - (f_1 y)' + f_2 y$ wird als der zu $L[y]$ gehörige *adjungierte Differentialausdruck* bezeichnet. Die Bedeutung dieses so definierten Differentialoperators liegt in der folgenden *Greenschen Formel* für beliebige zweimal stetig differenzierbare Funktionen $y(x)$ und $z(x)$:

$$\int_a^b \{zL[y] - yL^*[z]\} \,\mathrm{d}x = [f_0 zy' - y(zf_0)' + f_1 zy]_a^b.$$

Ist $L[y] = L^*[y]$, so heißt L *selbstadjungiert*. Dies ist genau dann der Fall, wenn die Beziehung $f_0' = f_1$ besteht. Die Greensche Formel reduziert sich in diesem Fall auf:

$$\int_a^b \{zL[y] - yL[z]\} \,\mathrm{d}x = [f_0(zy' - yz')]_a^b.$$

Eine *Randwertaufgabe* heißt *selbstadjungiert*, wenn

a) $L \equiv L^*$,

b) für jedes Wertesystem $\{y(a), y'(a), y(b), y'(b); z(a), z'(a), z(b), z'(b)\}$, für das $U_i[y] = 0$ und $U_i[z] = 0$, $i = 1, 2$, ist, auch $[f_0(zy' - yz')]_a^b = 0$ gilt.

Die Bedingungen $L \equiv L^*$ und $f_0(a) \det B - f_0(b) \det A = 0$ sind notwendig und hinreichend, damit die vorgegebene Randwertaufgabe selbstadjungiert ist. Die zweite Bedingung ist erfüllt, wenn die Randbedingungen folgende spezielle Gestalt haben (*Sturmsche Randbedingungen*):

$$U_1[y] = a_1^1 y(a) + a_1^2 y'(a),$$

$$U_2[y] = b_2^1 y(b) + b_2^2 y'(b).$$

Die Greensche Funktion einer selbstadjungierten Randwertaufgabe ist symmetrisch, d. h. $G(x, \bar{x}) = G(\bar{x}, x)$.

Beispiel: Die Randwertaufgabe $y'' + k^2 y = x$, $y(0) = 1$, $y(1) = 2$ ist selbstadjungiert. Einmal gilt $L[y] = y'' + k^2 y = L^*[y]$, zum anderen ist $\det A = \det \begin{pmatrix} 1 & 0 \\ 0 & 0 \end{pmatrix} = 0$, $\det B = \det \begin{pmatrix} 0 & 0 \\ 1 & 0 \end{pmatrix} = 0$, also $\det B - \det A = 0$. Die Greensche Funktion, die in einem Beispiel berechnet wurde, ist symmetrisch:

$$G(x, \bar{x}) = \begin{cases} \dfrac{\sin kx \sin k(1 - \bar{x})}{k \sin k}, & 0 \leqq x \leqq \bar{x} \leqq 1, \\[2ex] \dfrac{\sin k\bar{x} \sin k(1 - x)}{k \sin k}, & 0 \leqq \bar{x} \leqq x \leqq 1. \end{cases}$$

Beispiele Greenscher Funktionen linearer Randwertaufgaben: siehe Tabelle 3.5.

3.3.1.7.2. Eigenwertaufgaben. Die Randwertaufgabe $L[y] = 0$ mit $U_i[y] = 0$, $i = 1, 2$, sei selbstadjungiert.

Problem: Man bestimme nichttriviale Lösungen (d. h. Lösungen mit $y(x) \not\equiv 0$) der folgenden homogenen *Eigenwertaufgabe*:

$$L[y] + \lambda y = (f_0 y')' + f_2 y + \lambda y = 0 \quad (\lambda \text{ komplexe Zahl})$$

mit

$$U_i[y] = 0, \quad i = 1, 2.$$

Jede solche Lösung $y(x)$ heißt *Eigenfunktion zum Eigenwert* λ.

Ist $\lambda = 0$ kein Eigenwert, d. h. gibt es keine Lösung außer $y(x) \equiv 0$ zu $\lambda = 0$, so existiert die Greensche Funktion $G(x, \bar{x})$, und das gestellte Problem kann man als Integralgleichung mit symmetrischem Kern formulieren:

$$y(x) = -\lambda \int_a^b G(x, \bar{x})\, y(\bar{x}) \,\mathrm{d}\bar{x}.$$

Tabelle 3.5: Beispiele Greenscher Funktionen linearer Randwertaufgaben

$L[y]$	(a, b)	Randbedingungen	$G(x, \bar{x})$ $(a \leqq x \leqq \bar{x} \leqq b)$ $G(\bar{x}, x)$ $(a \leqq \bar{x} \leqq x \leqq b)$
$\frac{d^2y}{dx^2}$	$(0, 1)$	$y(0) = 0$[1] $y(1) = 0$	$-(1 - \bar{x})\, x$
		$y(0) = 0$[1] $y'(1) = 0$	$-x$
		$y(0) + y(1) = 0$[1] $y'(0) + y'(1) = 0$	$-\frac{1}{2}(x - \bar{x}) - \frac{1}{4}$
	$(-1, 1)$	$y(-1) = 0$[1] $y(1) = 0$	$-\frac{1}{2}(x - \bar{x} - x\bar{x} + 1)$
		$y(-1) - y(1) = 0$[1] $y'(-1) - y'(1) = 0$	$-\frac{1}{4}(x - \bar{x})^2 - \frac{1}{2}(x - \bar{x}) - \frac{1}{6}$[3]
	$(0, 1)$	$y'(0) + y(1) = 0$ $y'(1) = 0$	$G(x, \bar{x})$[2] $= \begin{cases} 1 + \bar{x} - x \\ 1 \end{cases}$
$\frac{d^2y}{dx^2} - y$	$(-\infty, \infty)$	y endlich in $(-\infty, \infty)$	$-\frac{1}{2}\, e^{x-\bar{x}}$
$\frac{d^2y}{dx^2} + k^2y$	$(0, 1)$	$y(0) = 0$ $y(1) = 0$	$-\frac{\sin kx \sin k(1 - \bar{x})}{k \sin k}$
	$(-1, 1)$	$y(-1) - y(1) = 0$ $y'(-1) - y'(1) = 0$	$\frac{\cos k(x - \bar{x} + 1)}{2k \sin k}$
$\frac{d^2y}{dx^2} - k^2y$	$(0, 1)$	$y(0) = 0$ $y(1) = 0$	$-\frac{\sinh kx \sinh k(1 - \bar{x})}{k \sinh k}$
$\frac{d}{dx}\left(x \frac{dy}{dx}\right) - \frac{n^2}{x} y$ $(n = 0, 1, 2, \ldots)$	$(0, 1)$	$y(0) =$ endlich $y(1) = 0$	$\ln \bar{x}$ für $n = 0$ $-\frac{1}{2n}\left(\left(\frac{x}{\bar{x}}\right)^n - (x\bar{x})^n\right)$ für $n = 1, 2, \ldots$
$\frac{d}{dx}\left((1 - x^2)\frac{dy}{dx}\right) - \frac{n^2}{1 - x^2} y$ $(n = 0, 1, 2, \ldots)$	$(-1, 1)$	$y(-1) =$ endlich $y(1) =$ endlich	$\frac{1}{2}\ln(1 - x)(1 + \bar{x}) - \ln 2 + \frac{1}{2}$[3] für $n = 0$ $-\frac{1}{2n}\left(\frac{1 + x}{1 - x}\,\frac{1 - \bar{x}}{1 + \bar{x}}\right)^{n/2}$ für $n = 1, 2, \ldots$

[1]) Dies sind Beispiele definiter Randwertaufgaben (zur Definition s. folgende Seite).

[2]) Diese Randwertaufgabe ist im Gegensatz zu den anderen nicht selbstadjungiert; außer hier gilt in allen anderen Beispielen $G(x, \bar{x}) = G(\bar{x}, x)$.

[3]) G ist die verallgemeinerte Greensche Funktion.

Damit ergeben sich folgende *Haupteigenschaften der Eigenwerte und Eigenfunktionen*:

1. Die Eigenwerte sind reell, und zu jedem Eigenwert existieren höchstens zwei linear unabhängige Eigenfunktionen.

2. Für zwei Eigenfunktionen $y_1(x)$ und $y_2(x)$ zu verschiedenen Eigenwerten gilt

$$\int_a^b y_1(x)\, y_2(x)\, dx = 0 \quad \text{(Orthogonalität).}$$

3. Es gibt abzählbar viele Eigenwerte, die sich im Endlichen nicht häufen können.

Zu $\lambda_1, \lambda_2, \lambda_3, \ldots$ gehören die Eigenfunktionen $y_1(x), y_2(x), \ldots$ Dabei sei λ_i so oft aufgeschrieben, wie es linear unabhängige Eigenfunktionen zu λ_i gibt. Mit Hilfe des Orthogonalisierungsverfahrens (vgl. 2.4.4.1.5. und 8.1.1.4.) kann erreicht werden, daß gilt:

$$\int_a^b y_i(x)\, y_j(x)\, dx = \delta_{ij}.$$

4. Jede zweimal stetig differenzierbare Funktion $z(x)$ mit $U_i[z] = 0$, $i = 1, 2$, läßt sich in eine gleichmäßig und absolut konvergente Reihe nach den Eigenfunktionen der Eigenwertaufgabe entwickeln:

$$z(x) = \sum_{v=1}^{\infty} c_v y_v(x) \quad \text{mit} \quad c_v = \int_a^b z(x)\, y_v(x)\, dx.$$

Die Lösungsverhältnisse der *inhomogenen Eigenwertaufgabe*

$$\text{mit} \quad \begin{aligned} &L[y] + \lambda y = f \\ &U_i[y] = 0 \quad (i = 1, 2) \end{aligned} \tag{3.42}$$

beschreibt der folgende *Alternativsatz*:

a) Ist λ kein Eigenwert der homogenen Eigenwertaufgabe, so ist (3.42) eindeutig lösbar.

b) Ist λ Eigenwert, so ist (3.42) nur lösbar, wenn für die zu λ gehörenden Eigenfunktionen $y(x)$ $\int_a^b f(x)\, y(x)\, dx = 0$ gilt. Das Problem (3.42) ist dann nicht eindeutig lösbar, denn mit $u(x)$ ist auch $u(x) + cy(x)$ Lösung, wenn $y(x)$ eine Eigenfunktion zu λ ist.

Eine Funktion $z(x)$ heißt „*zulässig*", wenn $z(x)$ zweimal stetig differenzierbar ist und $U_i[z] = 0$, $i = 1, 2$, erfüllt. Die *Randwertaufgabe* wird als *definit* bezeichnet, wenn für jede zulässige Funktion $z(x)$

$$\int_a^b z(x)\, L[z(x)]\, dx \leqq 0$$

gilt. Zum Beispiel ist die Randwertaufgabe $L[y] = (f_0 y')' + f_2 y$, $y(a) = y(b) = 0$ mit $f_0 > 0$ und $f_2 < 0$ definit wegen

$$\int_a^b zL[z]\, dx = -\int_a^b f_0(z')^2\, dx + \int_a^b f_2 z^2\, dx \leqq 0.$$

Alle Eigenwerte einer definiten Eigenwertaufgabe sind positiv (wenn $\lambda = 0$ kein Eigenwert ist). Zu den Eigenwerten $\lambda_1, \lambda_2, \ldots, \lambda_k$ gehören die Eigenfunktionen $y_1, y_2, \ldots, y_l$ (zu einem Eigenwert können zwei Eigenfunktionen auftreten). Für den Eigenwert λ_{k+1} einer definiten Eigenwertaufgabe gilt die Abschätzung

$$\lambda_{k+1} \leqq -\frac{\int_a^b zL[z]\, dx}{\int_a^b z^2\, dx}$$

für alle zulässigen Funktionen z mit den Bedingungen $\int_a^b y_i z\, dx = 0$ für $i = 1, 2, \ldots, l$.

Für die Eigenwerte und Eigenfunktionen des *Sturm-Liouvilleschen Problems*

$$L[y] = -(f_0 y')' - f_1 y = \lambda g y, \quad x \in (a, b),$$

bei differenzierbaren Funktionen f_0, f_1, g in (a, b) und positiven f_0 und g mit

$$\begin{aligned} U_1[y] &= a^1 y(a) + a^2 y'(a) = 0, \\ U_2[y] &= b^1 y(b) + b^2 y'(b) = 0 \end{aligned} \tag{3.43}$$

oder

$$\begin{aligned} U_1[y] &= y(a) - y(b) = 0, \\ U_2[y] &= y'(a) - y'(b) = 0 \end{aligned} \tag{3.44}$$

(Bedingungen der Periodizität) gelten folgende Eigenschaften, wenn $\lambda = 0$ kein Eigenwert ist (außer denen, die oben für allgemeinere Aufgaben angeführt wurden):

1. Bei den Randbedingungen (3.43) gehört zu jedem Eigenwert nur eine Eigenfunktion. Bei den Randbedingungen (3.44) kann es zwei linear unabhängige Eigenfunktionen zu einem Eigenwert geben (vgl. Beispiel c) am Anfang von 3.3.1.7.).

2. Unter den Bedingungen $g > 0$, $f_0 > 0$, $f_1 \leqq 0$, $a^1 a^2 \leqq 0$, $b^1 b^2 \geqq 0$, $(a^1)^2 + (a^2)^2 > 0$ sind alle Eigenwerte positiv, ausgenommen der Fall $f_1(x) \equiv 0$, $a^1 = b^1 = 0$, in dem $\lambda = 0$ Eigenwert mit der Eigenfunktion $y(x) = \text{const}$ ist.

3. Setzt man für f_0 und f_1 Funktionen $\bar{f}_0, \bar{f}_1$ mit $\bar{f}_0 \geqq f_0, \bar{f}_1 \geqq f_1$ ($\bar{f}_0 \leqq f_0, \bar{f}_1 \leqq f_1$), so wachsen (fallen) die entsprechenden Eigenwerte: $\bar{\lambda}_k \geqq \lambda_k$ ($\bar{\lambda}_k \leqq \lambda_k$). $\bar{g} \leqq g$ bewirkt $\bar{\lambda}_k \geqq \lambda_k$ und $\bar{g} \geqq g$ bewirkt $\bar{\lambda}_k \leqq \lambda_k$.

4. Eine Erweiterung des Intervalls (a, b) führt zu einer Abnahme der Eigenwerte, die zu den Randbedingungen $y(a) = y(b) = 0$ oder zu den Randbedingungen $y'(a) = y'(b) = 0$ gehören.

5. Jeder Eigenwert, der zu den Randbedingungen $a^1 y(a) + a^2 y'(a) = a^1 y(b) + a^2 y'(b) = 0$ mit $\dfrac{a^1}{a^2} \geqq 0$ gehört, ist eine nichtfallende Funktion von $\dfrac{a^1}{a^2}$.

3.3.2. Partielle Differentialgleichungen

3.3.2.1. Grundbegriffe und spezielle Lösungsverfahren

Es ist eine Relation

$$F(x_1, \ldots, x_n, u, u_{x_1}, \ldots, u_{x_n}, u_{x_1 x_1}, u_{x_1 x_2}, \ldots, u_{x_n x_n}, \ldots) = 0$$

vorgegeben. Dabei ist F eine Funktion der angegebenen Argumente $x_j, u, u_{x_j}, u_{x_j x_k}, \ldots, j, k = 1, 2, \ldots, n$. Gesucht ist eine dieser Relation genügende Funktion $u(x_1, \ldots, x_n)$, so daß F identisch in $x_1, \ldots, x_n$ verschwindet, wenn man für u die Funktion $u(x_1, \ldots, x_n)$ und für $u_{x_j} = \dfrac{\partial}{\partial x_j} u(x_1, \ldots, x_n)$, $u_{x_j x_k} = \dfrac{\partial^2}{\partial x_j \partial x_k} u(x_1, \ldots, x_n), \ldots$ einsetzt. Eine solche Funktion $u(x_1, \ldots, x_n)$ heißt *Lösung* oder auch *Integral der partiellen Differentialgleichung*. Es wird nicht das Ziel sein, irgendeine spezielle Lösung zu finden, sondern durch gewisse zusätzliche Bedingungen besondere Lösungen zu gewinnen. Dabei gelingt es oft auch, sich einen Überblick über die Gesamtheit der Lösungen zu verschaffen.

Der Grad der höchsten in der Differentialgleichung vorkommenden Ableitung wird als *Ordnung der Differentialgleichung* bezeichnet. Ist F in $u, u_{x_j}, u_{x_j x_k}, \ldots$ linear, so heißt die Differentialgleichung eine *lineare partielle Differentialgleichung*. Eine lineare partielle Differentialgleichung kann allgemein dargestellt werden als:

$$\begin{aligned} F\left(x_j, u, \frac{\partial u}{\partial x_j}, \ldots, \frac{\partial^r u}{\partial x_1^{i_1} \ldots \partial x_n^{i_n}}\right) &= L[u] \\ &= \sum_{s=0}^{r} \sum_{\sum_{m=1}^{n} i_m = s} A_{i_1 \ldots i_n}(x_j) \frac{\partial^s u}{\partial x_1^{i_1} \ldots \partial x_n^{i_n}} = f(x_j). \end{aligned}$$

In den Argumenten steht x_j jeweils für $x_1, \ldots, x_n$, $\frac{\partial u}{\partial x_j}$ für $\frac{\partial u}{\partial x_1}, \ldots, \frac{\partial u}{\partial x_n}$ usw. Ist $F = L[u] = f$ eine lineare Differentialgleichung, so heißt die Differentialgleichung $L[u] = f(x_j)$ eine lineare *inhomogene* und $L[u] = 0$ eine lineare *homogene Differentialgleichung*. Mit u_1 und u_2 ist auch $c_1u_1 + c_2u_2$ (c_1, c_2 beliebige Konstanten) Lösung der linearen homogenen Differentialgleichung. Jede Lösung u der linearen inhomogenen Differentialgleichung läßt sich (wenn sie existiert) als Summe einer speziellen Lösung u_{si} dieser Gleichung und der allgemeinen Lösung (d. h. einer Lösung die i. allg. von r willkürlichen Funktionen abhängt) u_{ah} der entsprechenden linearen homogenen Gleichung darstellen.

Wenn F in den höchsten, etwa r-ten Ableitungen linear ist, d. h. die Koeffizienten bei den höchsten Ableitungen dürfen nur von $u, u_{x_j}, u_{x_jx_k}, \ldots$ bis zu den $(r-1)$-ten Ableitungen abhängen, so heißt die Differentialgleichung *quasilinear*:

$$F\left(x_j, u, \frac{\partial u}{\partial x_j}, \ldots, \frac{\partial^r u}{\partial x_1^{j_1} \ldots \partial x_n^{j_n}}\right)$$

$$= \sum_{\substack{i_1, \ldots, i_n \\ \sum_{m=1}^{n} i_m = r}} B_{i_1 \ldots i_n}\left(x_j, u, \ldots, \frac{\partial^{r-1} u}{\partial x_1^{j_1} \ldots \partial x_n^{j_n}}\right) \frac{\partial^r u}{\partial x_1^{i_1} \ldots \partial x_n^{i_n}} + B\left(x_j, \ldots, \frac{\partial^{r-1} u}{\partial x_1^{j_1} \ldots \partial x_n^{j_n}}\right) = 0.$$

Bei partiellen Differentialgleichungen werden die *willkürlichen Elemente in der allgemeinen Lösung*, d. h. der Lösung, aus der man alle speziellen Lösungen (eventuell mit Ausnahme gewisser „singulärer Lösungen") durch Spezialisierung der willkürlichen Elemente erhält, nicht Konstante sein wie im Fall gewöhnlicher Differentialgleichungen, sondern willkürliche Funktionen. Die Anzahl der willkürlichen Funktionen wird im allgemeinen gleich der Ordnung der Differentialgleichung sein. Bei Differentialgleichungen mit n unabhängigen Variablen werden die willkürlichen Funktionen im allgemeinen Funktionen von $(n-1)$ Variablen sein.

Beispiele: 1. $u_{x_1x_2} = f(x_1, x_2)$ ist eine lineare Differentialgleichung zweiter Ordnung mit einer gegebenen Funktion $f(x_1, x_2)$. Die allgemeine Lösung lautet mit den beliebigen Funktionen $w(t)$ und $v(t)$:

$$u(x_1, x_2) = \int_{\overset{\circ}{x}_1}^{x_1} \int_{\overset{\circ}{x}_2}^{x_2} f(t, s)\,\mathrm{d}t\,\mathrm{d}s + w(x_1) + v(x_2).$$

2. $au_{x_1} + bu_{x_2} = 0$ (a, b Konstanten). Die allgemeine Lösung ist $u = w(bx_1 - ax_2)$ mit der willkürlichen Funktion $w(t)$.

3. $u_{x_1x_2} = x_1x_2uu_{x_1}u_{x_2}$ ist eine quasilineare partielle Differentialgleichung zweiter Ordnung in zwei unabhängigen Variablen.

4. $u_{xx}u_{yy} + u_z = f(x, y, z)$ ist eine weder lineare noch quasilineare partielle Differentialgleichung zweiter Ordnung in drei unabhängigen Variablen.

Umgekehrt kann zu einer *Funktionenmenge* in der Gestalt $u = f(x_1, x_2, w(g(x_1, x_2)))$, wobei f und g gegebene Funktionen von x_1, x_2, w bzw. x_1, x_2 sind und $w(t)$ eine beliebige Funktion darstellt, eine partielle Differentialgleichung erster Ordnung gefunden werden, so daß diese Funktionenmenge die *allgemeine Lösung* ist. Dazu differenziert man die Funktionenmenge nach x_1 und x_2 und eliminiert w'. In der entstandenen Differentialgleichung setzt man für w eine aus $u = f(x_1, x_2, w)$ durch Auflösung nach w erhaltene Funktion von x_1, x_2 und u ein.

Beispiel: Die Gesamtheit der Rotationsflächen, die aus ebenen Kurven durch Rotation um die u-Achse entstehen, wird durch $u = w(x_1^2 + x_2^2)$ gegeben. Aus $u_{x_1} = 2x_1w'(x_1^2 + x_2^2)$ und $u_{x_2} = 2x_2w'(x_1^2 + x_2^2)$ erhält man die zugehörige partielle Differentialgleichung erster Ordnung $x_2u_{x_1} - x_1u_{x_2} = 0$.

Ein *System von partiellen Differentialgleichungen* für die Funktionen $u^{(1)}, u^{(2)}, \ldots, u^{(k)}(x_1, \ldots, x_n)$ hat die Gestalt

$$F_i\left(x_j, u^{(1)}, \ldots, u^{(k)}, u^{(1)}_{x_j}, \ldots, u^{(k)}_{x_j}, u^{(1)}_{x_jx_l}, \ldots\right) = 0$$

mit $i = 1, 2, \ldots, h$. Hat man ebensoviele Differentialgleichungen wie unbekannte Funktionen, d. h. $k = h$, so heißt das System ein *bestimmtes System*, ist $h < k$, so heißt das System *unterbestimmt*, und bei $h > k$ schließlich *überbestimmt*.

Eine Differentialgleichung zweiter Ordnung

$$F(x_1, x_2, u, u_{x_1}, u_{x_2}, u_{x_1x_2}, u_{x_1x_1}, u_{x_2x_2}) = 0$$

ist dem System

$$\begin{aligned} F(x_1, x_2, u, p, q, p_{x_2}, p_{x_1}, q_{x_2}) &= 0, \\ -p + u_{x_1} &= 0, \\ -q + u_{x_2} &= 0 \end{aligned}$$

von drei Differentialgleichungen erster Ordnung für drei gesuchte Funktionen u, p und $q(x_1, x_2)$ äquivalent. Es ist jedoch keineswegs so, daß z. B. ein System von zwei Differentialgleichungen erster Ordnung einer Differentialgleichung zweiter Ordnung äquivalent ist.

Ein System von h Differentialgleichungen mit h unbekannten Funktionen $u^{(1)}, \ldots, u^{(h)}(t, x_1, \ldots, x_n)$

$$\frac{\partial^{k_i} u^{(j)}}{\partial t^{k_i}} = F_i\left(t, x_j, u^{(1)}, \ldots, u^{(h)}, \ldots, \frac{\partial^s u^{(l)}}{\partial t^{s_0} \partial x_{x_1}^{s_1} \ldots \partial x_{x_n}^{s_n}}, \ldots\right), \tag{3.45}$$

$i = 1, 2, \ldots, h$, heißt *normal* bezüglich der unabhängigen Veränderlichen t, wenn die rechten Seiten F_i keine Ableitungen von höherer Ordnung als k_i und keine Ableitungen nach t von höherer Ordnung als $k_i - 1$ von den Funktionen $u^{(l)}$ enthalten.

Cauchy-Problem für normale Gleichungssysteme: Es ist eine Lösung $u^{(1)}, \ldots, u^{(h)}$ des Systems (3.45) zu bestimmen, die für $t = t^0$ den Anfangsbedingungen

$$\left.\frac{\partial^{l_i} u^{(i_1)}}{\partial t^{l_i}}\right|_{t=t^0} = u_{il_i}(x_1, \ldots, x_n), \qquad \begin{aligned} l_i &= 0, 1, \ldots, k_i - 1, \\ i &= 1, 2, \ldots, h, \end{aligned}$$

genügt. Zur Lösung dieses Anfangswertproblems gibt der *Satz von Cauchy und Sophie Kowalewskaja* Aufschluß:

Sind alle Funktionen $u_{il_i}(x_j)$ in einer gewissen Umgebung von (x_j^0) und alle Funktionen F_i aus (3.45) in einer gewissen Umgebung des Punktes $\left(t^0, x_j^0, \ldots u^{(l)}(t^0, x_j^0) \ldots, \frac{\partial^s u^{(l)}}{\partial t^{s_0} \partial x_1^{s_1} \ldots \partial x_n^{s_n}}(t^0, x_j^0), \ldots\right)$ in eine Potenzreihe entwickelbar, so hat das Cauchy-Problem eine Lösung, die in einer gewissen Umgebung des Punktes (t^0, x_j^0) in eine Potenzreihe entwickelbar ist. Diese Lösung ist in der Klasse der in eine Potenzreihe entwickelbaren Funktionen eindeutig.

Durch diesen Satz hat man aber nur Lösungen im Kleinen, d. h. in der Umgebung etwa des Punktes (t^0, x_j^0).

Beispiele: 1. Das System $u_x = v_y$; $v_x = -u_y$ ist normal bezüglich x.

2. Die Differentialgleichung $u_{tt} = a^2(u_{x_1x_1} + u_{x_2x_2})$ ist bezüglich t normal.

Spezielle Integrationsmethoden

1. *Separation der Variablen*:

In vielen Fällen kann man Lösungen der Form

$$u = u(x_1, \ldots, x_n) = u_1(x_1)\, u_2(x_2, \ldots, x_n) \quad \text{bzw.} \quad u = u_1(x_1) + u_2(x_2, \ldots, x_n)$$

suchen, wenn sich die Differentialgleichung nach Einsetzen dieses Lösungsansatzes in der Form

$$F_1\left(x_1, u_1, \frac{du_1}{dx_1}, \frac{d^2u_1}{dx_1^2}, \ldots\right) = F_2\left(x_2, \ldots, x_n, u_2, \frac{\partial u_2}{\partial x_2}, \frac{\partial u_2}{\partial x_3}, \ldots\right)$$

schreiben läßt. Dann müssen u_1 und u_2 den Differentialgleichungen

$$F_1\left(x_1, u_1, \frac{du_1}{dx_1}, \frac{d^2u_1}{dx_1^2}, \ldots\right) = c,$$

$$F_2\left(x_2, \ldots, x_n, u_2, \frac{\partial u_2}{\partial x_2}, \frac{\partial u_2}{\partial x_3}, \ldots\right) = c$$

genügen. c ist eine beliebige Konstante, die durch Nebenbedingungen bestimmt werden kann. Damit erhält man für $u_1(x_1)$ eine gewöhnliche Differentialgleichung. Für $u_2(x_2, \ldots, x_n)$ kann dieser Prozess eventuell nochmals wiederholt werden.

Beispiele: 1. $u_{x_1}^2 + u_{x_2}^2 = 1$. Ansatz: $u(x_1, x_2) = u_1(x_1) + u_2(x_2)$. Damit ergibt sich:

$$\left(\frac{du_1}{dx_1}\right)^2 = c; \qquad 1 - \left(\frac{du_2}{dx_2}\right)^2 = c.$$

Durch Lösung dieser beiden gewöhnlichen Differentialgleichungen erhält man für die partielle Differentialgleichung die zweiparametrige Lösungsschar

$$u(x_1, x_2) = ax_1 + (1 - a^2)^{1/2}\, x_2 + b \quad (a^2 = c).$$

2. $u_{x_1x_1} - u_{x_2} = 0$. Ansatz: $u(x_1, x_2) = u_1(x_2)\, u_2(x_2)$. Damit ergibt sich

$$\frac{1}{u_1}\frac{d^2u_1}{dx_1^2} = c; \qquad \frac{1}{u_2}\frac{du_2}{dx_2} = c$$

und mit diesen Lösungen

$$u(x_1, x_2) = \begin{cases} \left(c_1 e^{ax_1} + c_2 e^{-ax_1}\right) e^{a^2 x_2} & \text{für } a^2 = c > 0 \\ c_1 + c_2 x_1 & \text{für } a^2 = c = 0 \\ (c_1 \sin ax_1 + c_2 \cos ax_1)\, e^{-a^2 x_2} & \text{für } a^2 = -c > 0. \end{cases}$$

2. *Erzeugung von Lösungen durch Superposition*:

Dieses Verfahren läßt sich bei linearen Differentialgleichungen anwenden. Es besteht darin, aus einer gegebenen Schar von Lösungen neue Lösungen durch Summations- bzw. Integrationsprozesse zu gewinnen. Ist $u(x_1, \ldots, x_n; k)$ eine von k abhängige Lösungsschar, dann ist unter gewissen Voraussetzungen

$$v(x_1, \ldots, x_n) = \sum_{K=0}^{(N)\infty} u(x_1, \ldots, x_n; k),$$

wenn k ein diskreter Parameter ist, oder

$$v(x_1, \ldots, x_n) = \int_{(a)-\infty}^{(b)\infty} u(x_1, \ldots, x_n; k)\, dk,$$

wenn k ein stetiger Parameter ist, Lösung der vorgegebenen Differentialgleichung.

Beispiel: $u_{x_1x_1} - u_{x_2} = 0$. Im vorigen Beispiel wurde gezeigt, daß

$$u(x_1, x_2; a) = e^{-a^2x_2} \cos ax_1$$

eine von einem stetigen Parameter abhängige Lösung ist. Dann ist auch

$$v(x_1, x_2) = \int_{-\infty}^{+\infty} e^{-a^2x_2} \cos ax_1\, da = \left(\frac{\pi}{x_2}\right)^{1/2} e^{-x_1^2/(4x_2)}$$

eine Lösung.

3. *Die Legendresche Transformation*:

Diese Transformation unterscheidet sich wesentlich von der Koordinatentransformation. Hier wird mit Hilfe des folgenden Formelsystems einem Flächenelement $(x_1, \ldots, x_n, u, u_{x_1}, \ldots, u_{x_n})$ ein anderes Flächenelement $(\bar{x}_1, \ldots, \bar{x}_n, \bar{u}, \bar{u}_{\bar{x}_1}, \ldots, \bar{u}_{\bar{x}_n})$ zugeordnet:

$$u(x_1, \ldots, x_n) + \bar{u}(\bar{x}_1, \ldots, \bar{x}_n) = \sum_{i=1}^{n} x_i \bar{x}_i,$$

$$\bar{x}_1 = u_{x_1}, \quad \ldots, \quad \bar{x}_n = u_{x_n},$$

$$x_1 = \bar{u}_{\bar{x}_1}, \quad \ldots, \quad x_n = \bar{u}_{\bar{x}_n}.$$

Für die zweiten Ableitungen gilt dann für $U \neq 0$:

$$u_{x_i x_k} = \frac{\bar{U}_{ik}}{\bar{U}}; \qquad \bar{u}_{\bar{x}_i \bar{x}_k} = \frac{U_{ik}}{U}$$

mit $U = \det(u_{x_l x_p})$, $\bar{U} = \det(\bar{u}_{\bar{x}_l \bar{x}_p})$, und U_{ik} bzw. $\bar{U}_{ik}$ ist die zum Element $u_{x_i x_k}$ bzw. $\bar{u}_{\bar{x}_i \bar{x}_k}$ der Matrix $(u_{x_l x_p})$ bzw. $(\bar{u}_{\bar{x}_l \bar{x}_p})$ gehörige Adjunkte. Es ist $U\bar{U} = 1$. Die Legendresche Transformation ist ein Spezialfall der Berührungstransformationen (vgl. 3.3.2.2.3.).

Aus einer Differentialgleichung von höchstens zweiter Ordnung, etwa in zwei unabhängigen Variablen x, y,

$$F(x, y, u, u_x, u_y, u_{xx}, u_{yy}, u_{xy}) = 0$$

für $u(x, y)$ wird durch Anwendung der Legendreschen Transformation ebenfalls eine Differentialgleichung von höchstens zweiter Ordnung für $\bar{u}(\bar{x}, \bar{y})$

$$G(\bar{x}, \bar{y}, \bar{u}, \bar{u}_{\bar{x}}, \bar{u}_{\bar{y}}, \bar{u}_{\bar{x}\bar{x}}, \bar{u}_{\bar{y}\bar{y}}, \bar{u}_{\bar{x}\bar{y}})$$
$$= F(\bar{u}_{\bar{x}}, \bar{u}_{\bar{y}}, \bar{u}_{\bar{x}}\bar{x} + \bar{u}_{\bar{y}}\bar{y} - \bar{u}, \bar{x}, \bar{y}, \bar{u}_{\bar{y}\bar{y}}\bar{U}^{-1}, \bar{u}_{\bar{x}\bar{x}}\bar{U}^{-1}, -\bar{u}_{\bar{x}\bar{y}}\bar{U}^{-1}) = 0.$$

Dabei ist $\bar{U} = \bar{u}_{\bar{x}\bar{x}}\bar{u}_{\bar{y}\bar{y}} - \bar{u}^2_{\bar{x}\bar{y}}$. Mittels dieser Transformation ist es nur möglich, Lösungen von $F = 0$ zu erhalten, für die $U = u_{xx}u_{yy} - u^2_{xy} \neq 0$ ist.

Beispiel: $xu_x + yu_y - u = f(u_x, u_y)$ (*Clairautsche Differentialgleichung*). Die transformierte Gleichung ist keine Differentialgleichung mehr: $\bar{u} = f(\bar{x}, \bar{y})$. Die Clairautsche Differentialgleichung hat die einzige nicht abwickelbare Lösungsfläche, d.h., eine Fläche, für die $u_{xx}u_{yy} - u^2_{xy} \neq 0$ ist, in der Form $\bar{u} = f(\bar{x}, \bar{y})$ oder in Punktkoordinaten: $x = f_{\bar{x}}(\bar{x}, \bar{y})$, $y = f_{\bar{y}}(\bar{x}, \bar{y})$, $u = \bar{x}f_{\bar{x}}(\bar{x}, \bar{y}) + \bar{y}f_{\bar{y}}(\bar{x}, \bar{y}) - f(\bar{x}, \bar{y})$.

3.3.2.2. Partielle Differentialgleichungen erster Ordnung

Mit dem Satz von Cauchy und Sophie Kowalewskaja ist die Voraussetzung über die Entwickelbarkeit in eine Potenzreihe verbunden, die sich in vielen Fällen als unsachgemäß herausstellt. Im weiteren wird nur vorausgesetzt, daß die auftretenden partiellen Ableitungen existieren und stetig sein sollen. Das wichtigste Ergebnis des Folgenden ist die *Äquivalenz einer partiellen Differentialgleichung erster Ordnung mit einem System gewöhnlicher Differentialgleichungen.*

Jede Lösung $u = u(x_1, x_2)$ einer partiellen Differentialgleichung erster Ordnung in zwei unabhängigen Variablen

$$F(x_1, x_2, u, p_1, p_2) = 0 \quad \left(p_1 = \frac{\partial u}{\partial x_1}, p_2 = \frac{\partial u}{\partial x_2}, F^2_{p_1} + F^2_{p_2} \neq 0\right)$$

kann als Fläche in dem dreidimensionalen (x_1, x_2, u)-Raum dargestellt werden. Dabei hat die Tangentialebene in einem festen Punkt (x_1, x_2, u) der Fläche die Gestalt:

$$U - u = p_1(X_1 - x_1) + p_2(X_2 - x_2).$$

p_1 und p_2 sind Lösungen der Gleichung $F(x_1, x_2, u, p_1, p_2) = 0$, wenn x_1, x_2 und u als fest betrachtet werden. Die Einhüllende der Familie der Tangentialebenen in einem Punkt (x_1, x_2, u) bezeichnet man als den *Mongeschen Kegel* im Punkt (x_1, x_2, u). Die Tangentialebene einer Lösungsfläche in einem Punkt (x_1, x_2, u) muß den in diesem Punkt gebildeten Mongeschen Kegel längs einer Erzeugenden berühren. Die Richtungen, die durch die Erzeugenden des Mongeschen Kegels bestimmt werden, bezeichnet man als charakteristische Richtungen. Eine Kurve im (x_1, x_2, u)-Raum, die in jedem Punkt eine charakteristische Richtung hat, heißt *Fokalkurve*, die den Bedingungen

$$\begin{aligned} \frac{dx_1}{ds} &= F_{p_1}, \\ \frac{dx_2}{ds} &= F_{p_2}, \\ \frac{du}{ds} &= p_1 F_{p_1} + p_2 F_{p_2} \end{aligned} \tag{3.46}$$

genügen muß. Die letzte Bedingung heißt die *Streifenrelation*, die zum Ausdruck bringt, daß durch $x_1(s)$, $x_2(s)$, $u(s)$, $p_1(s)$, $p_2(s)$ nicht nur eine Raumkurve, sondern zugleich eine in jedem ihrer Punkte berührende Ebene definiert ist. Ein System der Funktionen x_1, x_2, u, p_1, p_2, das den gewöhnlichen Differentialgleichungen (3.46) und $F = 0$ genügt, heißt *Fokalstreifen*. Jede Lösungsfläche $u(x_1, x_2)$ enthält charakteristische Richtungen, da ja die Fläche den Mongeschen Kegel berühren muß, und diese erzeugen auf der Lösungsfläche Fokalkurven als Bahnkurven.

Die quasilineare partielle Differentialgleichung erster Ordnung

$$a_1(x_1, x_2, u)\, p_1 + a_2(x_1, x_2, u)\, p_2 = a(x_1, x_2, u).$$

Der Mongesche Kegel artet hier zu einer Achse aus, der *Mongeschen Achse*, so daß zu jedem Punkt nur eine charakteristische Richtung existiert. Jede von einer einparametrigen Schar von Fokalkurven erzeugte Fläche $u = u(x_1, x_2)$ ist eine Lösungsfläche der partiellen Differentialgleichung und umgekehrt, jede Lösungsfläche wird so erzeugt. Jede Fokalkurve, die einen Punkt mit einer Lösungsfläche gemeinsam hat, liegt ganz in der Lösungsfläche.

Die allgemeine partielle Differentialgleichung erster Ordnung

$$F(x_1, x_2, u, p_1, p_2) = 0.$$

Es werde angenommen, daß der Mongesche Kegel nicht entartet ist. Damit eine Fokalkurve ganz in einer Lösungsfläche eingebettet ist, muß für $p_1(s)$ und $p_2(s)$ außer (3.46) noch

$$\begin{aligned} \frac{dp_1}{ds} &= -\left(p_1 F_u + F_{x_1}\right), \\ \frac{dp_2}{ds} &= -\left(p_2 F_u + F_{x_2}\right) \end{aligned} \tag{3.47}$$

erfüllt sein. Das System aus den fünf gewöhnlichen Differentialgleichungen (3.46) und (3.47) wird als *charakteristisches Differentialgleichungssystem* bezeichnet. F ist ein Integral dieses Systems, d. h., es ist $F = \text{const}$ längs einer Lösungskurve. Jede Lösung des charakteristischen Differentialgleichungssystems mit $F = 0$ ($F = 0$ braucht nur für das Anfangselement gefordert werden) heißt *charakteristischer Streifen* und die zugehörige Raumkurve $x_1(s)$, $x_2(s)$, $u(s)$ *charakteristische Kurve*. Es gilt: Auf jeder Lösungsfläche gibt es eine einparametrige Schar charakteristischer Kurven und dazugehöriger charakteristischer Streifen. Hat ein charakteristischer Streifen ein Element, d. h. Werte x_1, x_2, u, p_1, p_2 mit der Lösungsfläche gemeinsam, dann gehört er ganz zur Lösungsfläche.

3.3.2.2.1. Das Anfangswertproblem. Die bisher in 3.3.2.2. angeführten Resultate übertragen sich leicht auf den Fall von n unabhängigen Variablen.

Die quasilineare partielle Differentialgleichung erster Ordnung mit n unabhängigen Variablen

$$\sum_{i=1}^{n} a_i(x_1, \ldots, x_n, u)\, p_i = a(x_1, \ldots, x_n, u) \quad \left(\sum_{i=1}^{n} a_i^2 \neq 0,\ p_i = \frac{\partial u}{\partial x_i}\right).$$

Es sei eine $(n-1)$-dimensionale Anfangsmannigfaltigkeit $\mathbf{C}$ im $(x_1, \ldots, x_n, u)$-Raum gegeben:

$$\begin{aligned} x_i &= x_i^0(t_1, \ldots, t_{n-1}), \\ u &= u^0(t_1, \ldots, t_{n-1}), \\ (i &= 1, 2, \ldots, n) \end{aligned} \quad \text{mit Rang} \quad \mathrm{Rg}\begin{pmatrix} \dfrac{\partial x_1^0}{\partial t_1} & \cdots & \dfrac{\partial x_1^0}{\partial t_{n-1}} \\ \vdots & & \\ \dfrac{\partial x_n^0}{\partial t_1} & \cdots & \dfrac{\partial x_n^0}{\partial t_{n-1}} \end{pmatrix} = n-1 \tag{3.48}$$

und doppelpunktfreier Projektion auf den $(x_1, \ldots, x_n)$-Raum (d. h. verschiedenen Wertetupeln $(t_1, \ldots, t_{n-1})$ entsprechen verschiedene Wertetupel $(x_1, \ldots, x_n)$). Es wird eine Lösung $u = u(x_1, \ldots, x_n)$ der Differentialgleichung $\sum_{i=1}^{n} a_i p_i = a$ gesucht, die die Anfangsmannigfaltigkeit $\mathbf{C}$ enthält, d. h., es soll für die Lösung identisch in den t_k gelten:

$$u^0 = u(x_1^0, \ldots, x_n^0).$$

Dazu löst man das System gewöhnlicher Differentialgleichungen (3.46)

$$\frac{\mathrm{d}x_i}{\mathrm{d}s} = a_i(x_1, \ldots, x_n, u), \quad \frac{\mathrm{d}u}{\mathrm{d}s} = a(x_1, \ldots, x_n, u) \quad (i = 1, 2, \ldots, n)$$

mit den Anfangswerten $x_i|_{s=0} = x_i^0$, $u|_{s=0} = u^0$. Die Lösung wird von s und $t_1, \ldots, t_{n-1}$ abhängen:

$$x_i = x_i(s, t_1, \ldots, t_{n-1}), \quad u = u(s, t_1, \ldots, t_{n-1}) \quad (i = 1, 2, \ldots, n).$$

Ist

$$D = \frac{\partial(x_1, \ldots, x_n)}{\partial(s, t_1, \ldots, t_{n-1})} = \begin{vmatrix} a_1 & \cdots & a_n \\ \dfrac{\partial x_1}{\partial t_1} & \cdots & \dfrac{\partial x_n}{\partial t_1} \\ \vdots & & \\ \dfrac{\partial x_1}{\partial t_{n-1}} & \cdots & \dfrac{\partial x_n}{\partial t_{n-1}} \end{vmatrix}$$

ungleich null auf $\mathbf{C}$, d. h. für $s = 0$, so erhält man in einer Umgebung von $\mathbf{C}$ aus $x_i = x_i(s, t_1, \ldots, t_{n-1})$, $i = 1, 2, \ldots, n$, durch Auflösung (vgl. 3.1.6.4.):

$$s = s(x_1, \ldots, x_n), \quad t_k = t_k(x_1, \ldots, x_n) \quad (k = 1, \ldots, n-1).$$

Einsetzen dieser Funktionen in $u = u(s, t_1, \ldots, t_{n-1})$ liefert die gesuchte Lösungsfläche $u = u(x_1, \ldots, x_n)$. Unter der Voraussetzung $D|_{s=0} \neq 0$ ist das Anfangswertproblem also eindeutig lösbar.

Der Fall $D|_{s=0} = 0$: Eine *Mannigfaltigkeit* $\mathbf{C}$ (3.48) heißt *charakteristische Mannigfaltigkeit* der Differentialgleichung $\sum_{i=1}^{n} a_i p_i = a$, wenn $n-1$ Funktionen $\lambda_k(t_1, \ldots, t_{n-1})$, $k = 1, 2, \ldots, n-1$, existieren, so daß in $\mathbf{C}$ die Relationen

$$\left.\begin{aligned} a_i(x_1^0, \ldots, x_n^0, u^0) &= \sum_{k=1}^{n-1} \lambda_k \frac{\partial x_i^0}{\partial t_k} \\ a(x_1^0, \ldots, x_n^0, u^0) &= \sum_{k=1}^{n-1} \lambda_k \frac{\partial u^0}{\partial t_k} \end{aligned}\right\} \quad (i = 1, 2, \ldots, n)$$

gelten. Jede charakteristische Mannigfaltigkeit wird durch eine $(n-2)$-parametrige Schar von Fokalkurven erzeugt, und umgekehrt erzeugt jede solche Kurvenschar eine charakteristische Mannigfaltigkeit. Hat eine Fokalkurve einen Punkt mit einer charakteristischen Mannigfaltigkeit gemeinsam, so liegt sie ganz in ihr. *Ist* $D|_{s=0} = 0$, *so ist notwendig und hinreichend für die Lösbarkeit des Anfangswertproblems, daß* $\mathbf{C}$ *eine charakteristische Mannigfaltigkeit ist.* In diesem Falle gibt es unendlich viele Lösungsflächen, und $\mathbf{C}$ bezeichnet man als *Verzweigungsmannigfaltigkeit* von

Lösungsflächen. Um dies einzusehen, konstruiert man eine nichtcharakteristische Anfangsmannigfaltigkeit C′, die C schneidet, und bildet bezüglich C′ die eindeutig bestimmte Lösungsfläche. C liegt dann in der so gebildeten Lösungsfläche.

Beispiel: $up_1 + p_2 = 1$. Das dazugehörige gewöhnliche Differentialgleichungssystem

$$\frac{dx_1}{ds} = u, \quad \frac{dx_2}{ds} = 1, \quad \frac{du}{ds} = 1$$

hat die Lösung

$$x_1(s) = \tfrac{1}{2}s^2 + u_0 s + x_{10}, \qquad x_2(s) = s + x_{20}, \qquad u = s + u_0$$

a) Gesucht ist die Lösungsfläche durch C: $x_1^0 = t^2$, $x_2^0 = t$, $u^0 = t$.

$$x_1(s, t) = \tfrac{1}{2}s^2 + ts + t^2, \qquad x_2(s, t) = s + t, \qquad u(s, t) = s + t$$

ist die Lösung des gewöhnlichen Differentialgleichungssystem mit den Anfangswerten auf C. Da $D|_{s=0} = -t \neq 0$ ist, ergibt sich als eindeutige Lösungsfläche $u = x_2$.

b) Für C: $x_1^0 = \frac{1}{2}t^2$, $x_2^0 = t$, $u^0 = t$ ist $D|_{s=0} = 0$, aber C ist charakteristisch mit $\lambda_1(t) = 1$. Betrachtet man C′: $x_1^0 = f(t)$, $x_2^0 = t$, $u^0 = 0$ ($f'(t) \neq 0$, $f(0) = 0$), so schneiden sich C und C′ in (0, 0, 0). Die Lösungsfläche zu C′,

$$x_1 = \tfrac{1}{2}u^2 + f(x_2 - u),$$

enthält C. Je nachdem, wie man die Funktion f wählt, ergeben sich unendlich viele Lösungsflächen, die C enthalten.

c) Für C: $x_1^0 = \frac{1}{2}t^2$, $x_2^0 = \frac{1}{2}t^2$, $u^0 = 1$ ist $D|_{s=0} = 0$, aber C ist nicht charakteristisch, denn die dazu notwendigen Beziehungen $1 = \lambda t$, $1 = \lambda t$, $1 = \lambda 0$ sind für kein λ zu erfüllen. Es gibt keine Lösungsfläche zu C. Würde eine Lösungsfläche existieren, so müßten auf C die beiden Relationen

$$up_1 + p_2 - 1\big|_C = p_1 + p_2 - 1 = 0,$$

$$\left.\frac{\partial u^0}{\partial t} - p_1\frac{\partial x_1^0}{\partial t} - p_2\frac{\partial x_2^0}{\partial t}\right|_C = -p_1 t - p_2 t = 0$$

für gewisse p_1, p_2 erfüllt sein. Derartige p_1, p_2 existieren aber nicht.

Die allgemeine partielle Differentialgleichung erster Ordnung mit n unabhängigen Variablen $x_1, \ldots, x_n$

$$F(x_1, \ldots, x_n, u, p_1, \ldots, p_n) = 0 \quad \left(p_i = \frac{\partial u}{\partial x_i}\right).$$

Es sei der dazugehörige Mongesche Kegel nicht entartet.

Eine $(n-1)$-dimensionale Anfangsmannigfaltigkeit C (3.48) im $(x_1, \ldots, x_n, u)$-Raum werde durch Vorgabe von n Funktionen

$$p_i = p_i^0(t_1, \ldots, t_{n-1}) \quad (i = 1, 2, \ldots, n)$$

zu einer *Streifenmannigfaltigkeit* C_1 ergänzt, wobei die Streifenbedingungen

$$\frac{\partial u^0}{\partial t_k} = \sum_{i=1}^{n} p_i^0 \frac{\partial x_i^0}{\partial t_k} \quad (k = 1, \ldots, n-1)$$

identisch in $t_1, \ldots, t_{n-1}$ erfüllt seien. Weiterhin gelte zwischen den Streifengrößen x_i^0, u^0, p_i^0 die Relation

$$F(x_1^0, \ldots, x_n^0, u^0, p_1^0, \ldots, p_n^0) = 0$$

identisch in den $t_1, \ldots, t_{n-1}$. Es wird nun eine Lösung $u = u(x_1, \ldots, x_n)$ gesucht, die die angegebene Streifenmannigfaltigkeit enthält, d. h., es soll für diese Lösung gelten:

$$u^0 = u(x_1^0, \ldots, x_n^0),$$

$$p_i^0 = \frac{\partial u}{\partial x_i}(x_1^0, \ldots, x_n^0) \quad (i = 1, 2, \ldots, n).$$

Man betrachtet das *charakteristische System* für diese partielle Differentialgleichung

$$\frac{dx_i}{ds} = F_{p_i},$$
$$\frac{du}{ds} = \sum_{j=1}^{n} p_j F_{p_j} \quad (i = 1, 2, \dots, n),$$
$$\frac{dp_i}{ds} = -\left(F_{x_i} + F_u p_i\right).$$

Auf jeder Lösungsfläche der partiellen Differentialgleichung $F = 0$ existiert eine einparametrige Schar charakteristischer Kurven und zugehöriger charakteristischer Streifen. Wenn ein charakteristischer Streifen ein Element, d. h. Werte $\bar{x}_1, \dots, \bar{x}_n, \bar{u}, \bar{p}_1, \dots, \bar{p}_n$ mit der Lösungsfläche $u = u(x_1, \dots, x_n)$, gemeinsam hat $\left(\bar{u} = u(\bar{x}_1, \dots, \bar{x}_n), \frac{\partial u}{\partial x_i}(\bar{x}_1, \dots, \bar{x}_n) = \bar{p}_i\right)$, dann gehört der Streifen gänzlich der betreffenden Integralfläche an.

Man bestimmt nun die Lösung des charakteristischen Systems mit den Anfangswerten

$$\begin{aligned} x_i|_{s=0} &= x_i^0(t_1, \dots, t_{n-1}), \\ u\,|_{s=0} &= u^0(t_1, \dots, t_{n-1}), \quad (i = 1, 2, \dots, n) \\ p_i|_{s=0} &= p_i^0(t_1, \dots, t_{n-1}) \end{aligned}$$

und erhält

$$\begin{aligned} x_i &= x_i(s, t_1, \dots, t_{n-1}), \\ u &= u(s, t_1, \dots, t_{n-1}), \quad (i = 1, 2, \dots, n) \\ p_i &= p_i(s, t_1, \dots, t_{n-1}). \end{aligned}$$

Es gilt

$$F(x_1(s, t_1, \dots, t_{n-1}), \dots, u(s, t_1, \dots, t_{n-1}), p_1(s, t_1, \dots, t_{n-1}), \dots) = 0,$$

da diese Relation für $s = 0$ erfüllt ist (vgl. Auswahl der Streifengrößen). Eine wichtige Größe ist

$$D = \frac{\partial(x_1, \dots, x_n)}{\partial(s, t_1, \dots, t_{n-1})} = \begin{vmatrix} F_{p_1} & \dots & F_{p_n} \\ \frac{\partial x_1}{\partial t_1} & \dots & \frac{\partial x_n}{\partial t_1} \\ \vdots & & \vdots \\ \frac{\partial x_1}{\partial t_{n-1}} & \dots & \frac{\partial x_n}{\partial t_{n-1}} \end{vmatrix}$$

Ist $D \neq 0$ längs $\mathbf{C}_1$, d. h. für $s = 0$, und dann auch in einer Umgebung von $\mathbf{C}_1$, so erhält man nach den Auflösungssätzen

$$s = s(x_1, \dots, x_n) \quad \text{und} \quad t_k = t_k(x_1, \dots, x_n) \quad (k = 1, 2, \dots, n-1).$$

Das Einsetzen dieser Funktionen in $u = u(s, t_1, \dots, t_{n-1})$ und $p_i = p_i(s, t_1, \dots, t_{n-1})$ liefert $u = u(x_1, \dots, x_n)$ als eindeutige Lösung des Anfangswertproblems mit $\frac{\partial u}{\partial x_i} = p_i(x_1, \dots, x_n)$.

Der Fall $D|_{s=0} = 0$: In diesem Zusammenhang ist der Begriff der *charakteristischen Streifenmannigfaltigkeit* wichtig: $\mathbf{C}_1$ heißt charakteristische Streifenmannigfaltigkeit, wenn es $(n-1)$ Funktionen λ_k gibt, so daß

$$F_{p_i} = \sum_{k=1}^{n-1} \lambda_k \frac{\partial x_i^0}{\partial t_k},$$
$$\sum_{i=1}^{n} p_i F_{p_i} = \sum_{k=1}^{n-1} \lambda_k \frac{\partial u^0}{\partial t_k},$$
$$-\left(F_{x_i} + p_i F_u\right) = \sum_{k=1}^{n-1} \lambda_k \frac{\partial p_i^0}{\partial t_k}$$

auf $\mathbf{C}_1$ erfüllt ist. Jede charakteristische Streifenmannigfaltigkeit wird durch eine $(n-2)$-parametrige Schar ganz in ihr liegender charakteristischer Streifen erzeugt, und jeder charakteristische Streifen, welcher ein Anfangselement mit einer charakteristischen Streifenmannigfaltigkeit gemeinsam hat, liegt ganz in ihr.

Ist $D|_{s=0} = 0$, so ist für die Lösbarkeit des Anfangswertproblems notwendig und hinreichend, daß $\mathbf{C}_1$ eine charakteristische Streifenmannigfaltigkeit ist. In diesem Fall gibt es unendlich viele Lösungen, die sich so ergeben, daß man eine Quermannigfaltigkeit $\mathbf{C}_1'$ konstruiert, die mit $\mathbf{C}_1$ einen $(n-2)$-dimensionalen Durchschnitt hat und für die $D \neq 0$ ist. Löst man nun für $\mathbf{C}_1'$ das Anfangswertproblem mit Hilfe des Falles $D \neq 0$, so ist $\mathbf{C}_1$ in der Lösung enthalten (vgl. Abb. 3.67).

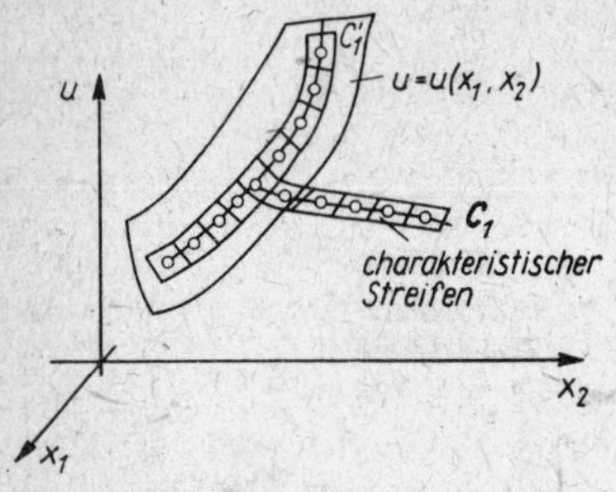

Abb. 3.67. Streifenmannigfaltigkeit $\mathbf{C}_1'$ und charakteristische Streifenmannigfaltigkeit $\mathbf{C}_1$

Beispiel: $F(x_1, x_2, u, p_1, p_2) = p_1 p_2 - u$. Das charakteristische System dazu lautet

$$\frac{dx_1}{ds} = p_2, \quad \frac{dx_2}{ds} = p_1, \quad \frac{du}{ds} = 2p_1p_2 = 2u, \quad \frac{dp_1}{ds} = p_1, \quad \frac{dp_2}{ds} = p_2;$$

und die charakteristischen Streifen dazu sind

$$x_1 = p_{20}(e^s - 1) + x_{10}, \quad x_2 = p_{10}(e^s - 1) + x_{20}, \quad u = u_0 e^{2s},$$

$$p_1 = p_{10} e^s, \quad p_2 = p_{20} e^s.$$

Es ist eine Lösung durch $\mathbf{C}_1$, $x_1^0 = 1$, $x_2^0 = t$, $u^0 = t^2$, $p_1^0 = \frac{t}{2}$, $p_2^0 = 2t$, gesucht. $\mathbf{C}_1$ erfüllt die Relationen

a) $\operatorname{Rg} \dfrac{\partial(x_1, x_2)}{\partial(t)} = \operatorname{Rg}(0, 1) = 1,$

b) $F\big|_{\mathbf{C}_1} = p_1p_2 - u\big|_{\mathbf{C}_1} = t^2 - t^2 = 0,$

c) $\dfrac{\partial u^0}{\partial t} - p_1^0 \dfrac{\partial x_1^0}{\partial t} - p_2^0 \dfrac{\partial x_2^0}{\partial t} = 2t - 2t = 0.$

Die Lösung des charakteristischen Systems mit Anfangswerten von $\mathbf{C}_1$ ist

$$x_1(s, t) = 2t(e^s - 1) + 1, \quad x_2(s, t) = \frac{t}{2}(e^s - 1) + t, \quad u(s, t) = t^2 e^{2s},$$

$$p_1(s, t) = \frac{t}{2} e^s, \qquad p_2(s, t) = 2t e^s.$$

Da $D|_{s=0} = \begin{vmatrix} 2t & 0 \\ \frac{t}{2} & 1 \end{vmatrix} = 2t \neq 0$, kann man $x_1 = 2t(e^s - 1) + 1$, $x_2 = \frac{t}{2}(e^s - 1) + t$ nach s und t auflösen:

$$t = \frac{1}{4}(4x_2 - x_1 + 1), \qquad e^s = \frac{4x_2 + x_1 - 1}{4x_2 - x_1 + 1}.$$

In $u = t^2 e^{2s}$ eingesetzt, liefert dies die Lösung

$$u(x_1, x_2) = \frac{1}{16}(4x_2 + x_1 - 1)^2,$$

in $p_1 = \frac{t}{2} e^s$ und $p_2 = 2t\,e^s$ eingesetzt, liefert dies

$$p_1(x_1, x_2) = \frac{1}{8}(4x_2 + x_1 - 1) \quad \text{und} \quad p_2(x_1, x_2) = \frac{1}{2}(4x_2 + x_1 - 1).$$

Es gilt $\frac{\partial u}{\partial x_1} = p_1$ und $\frac{\partial u}{\partial x_2} = p_2$.

3.3.2.2.2. Vollständige Integrale. Eine von n Parametern a_i, $i = 1, 2, \dots, n$, abhängige Lösung

$$u = f(x_1, \dots, x_n; a_1, \dots, a_n)$$

einer partiellen Differentialgleichung erster Ordnung

$$F(x_1, \dots, x_n, u, p_1, \dots, p_n) = 0$$

mit der Bedingung $\det\left(f_{a_i x_j}\right) \neq 0$[1]) im betrachteten Gebiet des $(x_1, \dots, x_n)$-Raumes heißt *vollständiges Integral.* Sehr oft kann man mit der Separation der Variablen vollständige Integrale erhalten (vgl. 3.3.2.1.). Besitzt eine von einem Parameter a abhängige Schar $u = f(x_1, \dots, x_n; a)$ von Lösungsflächen der Differentialgleichung eine Enveloppe, so ist diese wieder eine Lösung. Die Enveloppe wird berechnet, indem man a aus $f_a(x_1, \dots, x_n; a) = 0$ als Funktion von $x_1, \dots, x_n$ berechnet und in $u = f(x_1, \dots, x_n; a)$ einsetzt.

Aus dem vollständigen Integral kann man durch Enveloppenbildung die allgemeine Lösung erhalten:

Man setzt $a_i = w_i(t_1, \dots, t_{n-1})$, $i = 1, 2, \dots, n$, wobei w_i n beliebige Funktionen der $(n-1)$ Variablen t_k sind, und berechnet aus den $(n-1)$ Gleichungen

$$0 = \sum_{i=1}^{n} f_{a_i}(x_1, \dots, x_n; w_1, \dots, w_{n-1}) \frac{\partial w_i}{\partial t_k} \quad (k = 1, \dots, n-1)$$

die t_k als Funktionen von $x_1, \dots, x_n$. Werden diese Funktionen $t_k(x_1, \dots, x_n)$, $k = 1, \dots, n-1$, in

$$u = f(x_1, \dots, x_n; w_1(t_1, \dots, t_{n-1}), \dots, w_{n-1}(t_1, \dots, t_{n-1}))$$

eingesetzt, so erhält man die von n willkürlichen Funktionen abhängige allgemeine Lösung.

Das vollständige Integral führt zur Lösung des charakteristischen Differentialgleichungssystems:

Es sei $u = f(x_1, \dots, x_n; a_1, \dots, a_n)$ ein vollständiges Integral der partiellen Differentialgleichung $F = 0$. Aus

$$f_{a_i} = sb_i,$$

wobei $a_1, \dots, a_n, b_1, \dots, b_n$ $2n$ beliebige Parameter sind, berechnet man

$$x_i = x_i(s, a_1, \dots, a_n, b_1, \dots, b_n), \quad i = 1, \dots, n.$$

Diese Funktionen ergeben, in die rechten Seiten der Beziehungen

$$u = f(x_1, \dots, x_n; a_1, \dots, a_n), \quad p_i = \frac{\partial f}{\partial x_i}(x_1, \dots, x_n; a_1, \dots, a_n)$$

eingesetzt, $u(s, a_1, \dots, a_n, b_1, \dots, b_n)$ und $p_i(s, a_1, \dots, a_n, b_1, \dots, b_n)$. Die Kurven $x_i = x_i(s)$, $u = u(s)$, $p_i = p_i(s)$ sind charakteristische Streifen.

---

[1]) Die Aussagen gelten auch ähnlich, wenn man nur fordert:

$$\operatorname{Rg}\begin{pmatrix} f_{a_1} & f_{a_1 x_1} & \cdots & f_{a_1 x_n} \\ \vdots & \vdots & & \vdots \\ f_{a_n} & f_{a_n x_1} & \cdots & f_{a_n x_n} \end{pmatrix} = n.$$

Eine *singuläre Lösung* ist eine Lösung der Differentialgleichung, die sich durch Elimination von $p_1, \ldots, p_n$ aus den $(n+1)$ Gleichungen

$$F(x_1, \ldots, x_n, u, p_1, \ldots, p_n) = 0,$$
$$F_{p_i}(x_1, \ldots, x_n, u, p_1, \ldots, p_n) = 0 \quad (i = 1, 2, \ldots, n)$$

ergibt. *Eine singuläre Lösung kann auch aus einem vollständigen Integral durch Enveloppenbildung erhalten werden.* Man eliminiert die n Parameter $a_1, \ldots, a_n$ aus den $(n+1)$ Gleichungen

$$f(x_1, \ldots, x_n; a_1, \ldots, a_n) = u,$$
$$f_{a_i}(x_1, \ldots, x_n; a_1, \ldots, a_n) = 0 \qquad (i = 1, 2, \ldots, n),$$

und erhält so singuläre Lösungen.

Tabelle 3.6: Beispiele vollständiger Integrale partieller Differentialgleichungen

Differentialgleichung	vollständiges Integral
$F(p_1, p_2) = 0$	$u = a_1x_1 + a_1'x_2 + a_2$ mit $F(a_1, a_1') = 0$
Beispiel: $p_1^2 + p_2^2 = 1$	$u = a_1x_1 + (1 - a_1^2)^{1/2}\, x_2 + a_2$
$p_1 = f(x_1, p_2)$	$u = \int^{x_1} f(t, a_1)\, dt + a_1x_2 + a_2$
$p_2 = f(x_2, p_1)$	$u = \int^{x_2} f(t, a_1)\, dt + a_1x_1 + a_2$
Beispiel: $p_1 = x_1^2 p_2 + x_1 e^{p_2}$	$u = \frac{1}{3} x_1^3 a_1 + \frac{1}{2} x_1^2 e^{a_1} + a_1x_2 + a_2$
$p_1 = f(u, p_2)$	$x_1 + a_1x_2 = \int^{u} \frac{dt}{g(t, a_1)} + a_2$ mit: $g(u, s)$ ist Lösung von $p = f(u, sp)$
Beispiel: $u^2(p_1^2 + p_2^2 + 1) = 1$	$(x_1 - a_2)^2 + a_1^2x_2^2 + 2a_1x_2(x_1 - a_2) = (1 + a_1^2)(1 - u^2)$ mit: $g(u, s) = \frac{1}{u}\left(\frac{1 - u^2}{1 + s^2}\right)^{1/2}$
$F_1(x_1, p_1) = F_2(x_2, p_2)\ (= a_1)$ oder $p_1 = f_1(x_1, a_1)$ $p_2 = f_2(x_2, a_1)$	$u = \int^{x_1} f_1(t, a_1)\, dt + \int^{x_2} f_2(t, a_1)\, dt + a_2$
Beispiel: $A(x_1)\, p_1^2 + B(x_2)\, p_2^2 = a(x_1) + b(x_2)$	$u = \int^{x_1} \left(\frac{a(t) + a_1}{A(t)}\right)^{1/2} dt + \int^{x_2} \left(\frac{b(t) - a_1}{B(t)}\right)^{1/2} dt + a_2$
$u = p_1x_1 + p_2x_2 + f(p_1, p_2)$	$u = a_1x_1 + a_2x_2 + f(a_1, a_2)$

3.3.2.2.3. Berührungstransformationen. Kanonische Gleichungen und kanonische Transformationen. In diesem Abschnitt werden wiederum partielle Differentialgleichungen erster Ordnung

$$F(x_1, \ldots, x_n, u, p_1, \ldots, p_n) = 0 \tag{3.49}$$

betrachtet, wobei $p_i = \dfrac{\partial u}{\partial x_i}$, $i = 1, 2, \ldots, n$, gesetzt wird. Neben den üblichen Punkttransformationen $\bar{x}_i = \bar{x}_i(x_1, \ldots, x_n)$, $i = 1, 2, \ldots, n$, mit $\dfrac{\partial(\bar{x}_1, \ldots, \bar{x}_n)}{\partial(x_1, \ldots, x_n)} \neq 0$ kann man *Berührungstransformationen* betrachten, von denen die Legendresche Transformation (vgl. 3.3.2.1.) ein Spezialfall ist. Eine Transformation

$$\left.\begin{aligned} \bar{x}_i &= \bar{x}_i(x_1, \ldots, x_n, u, p_1, \ldots, p_n) \\ \bar{p}_i &= \bar{p}_i(x_1, \ldots, x_n, u, p_1, \ldots, p_n) \\ \bar{u} &= \bar{u}(x_1, \ldots, x_n, u, p_1, \ldots, p_n) \end{aligned}\right\} \quad i = 1, 2, \ldots, n$$

mit $\dfrac{\partial(\bar{x}_1, \ldots, \bar{x}_n, \bar{u}, \bar{p}_1, \ldots, \bar{p}_n)}{\partial(x_1, \ldots, x_n, u, p_1, \ldots, p_n)} \neq 0$ heißt eine Berührungstransformation, wenn es eine Funktion $g \neq 0$ gibt, so daß die Relation

$$d\bar{u} - \sum_{k=1}^{n} \bar{p}_k \, d\bar{x}_k = g(x_1, \ldots, x_n, u, p_1, \ldots, p_n)\left(du - \sum_{k=1}^{n} p_k \, dx_k\right)$$

erfüllt ist. Bei diesen Transformationen geht das vollständige Differential $du = \sum_{k=1}^{n} p_k \, dx_k$ in das vollständige Differential $d\bar{u} = \sum_{k=1}^{n} \bar{p}_k \, d\bar{x}_k$ mit $\bar{p}_k = \dfrac{\partial \bar{u}}{\partial \bar{x}_k}$, $k = 1, 2, \ldots, n$, über. Eine notwendige und hinreichende Bedingung dafür, daß die Funktionen $\bar{x}_i(x_1, \ldots, x_n, u, p_1, \ldots, p_n)$, $\bar{p}_i(x_1, \ldots, x_n, u, p_1, \ldots, p_n)$, $\bar{u}(x_1, \ldots, x_n, u, p_1, \ldots, p_n)$, $i = 1, 2, \ldots, n$, eine Berührungstransformation definieren, für welche die Identität

$$d\bar{u} - \sum_{k=1}^{n} \bar{p}_k \, d\bar{x}_k = g\left(du - \sum_{k=1}^{n} p_k \, dx_k\right)$$

besteht, wird durch die Gleichungen

$$[\bar{u}, \bar{x}_i] = 0, \quad [\bar{x}_i, \bar{x}_j] = 0, \quad [\bar{p}_i, \bar{p}_j] = 0, \quad [\bar{p}_i, \bar{u}] = g\bar{p}_i, \quad [\bar{p}_i, \bar{x}_j] = \delta_{ij} g$$

ausgedrückt. Dabei ist für zwei Funktionen $f, h(x_1, \ldots, x_n, u, p_1, \ldots, p_n)$ die eckige Klammer als

$$[f, h] = \sum_{i=1}^{n} \left\{ f_{p_i}\left(h_{x_i} + p_i h_u\right) - h_{p_i}\left(f_{x_i} + p_i f_u\right) \right\}$$

definiert.

Diese Berührungstransformation führt die partielle Differentialgleichung (3.49) in eine neue partielle Differentialgleichung

$$\bar{F}(\bar{x}_1, \ldots, \bar{x}_n, \bar{u}, \bar{p}_1, \ldots, \bar{p}_n) = F(x_1, \ldots, x_n, u, p_1, \ldots, p_n) = 0$$

$\left(\bar{p}_i = \dfrac{\partial \bar{u}}{\partial \bar{x}_i}, \ i = 1, 2, \ldots, n\right)$ mit der Lösung $\bar{u} = \bar{u}(\bar{x}_1, \ldots, \bar{x}_n)$ über. Es ist möglich, daß die neue Differentialgleichung $\bar{F} = 0$ keine Ableitungen mehr enthält, also keine Differentialgleichung im eigentlichen Sinne mehr ist.

Beispiel: Die Legendresche Transformation $\bar{x}_i = p_i$, $x_i = \bar{p}_i$, $\bar{u} = \sum_{k=1}^{n} x_k p_k - u$ ist eine Berührungstransformation. Dazu vergleiche man

$$d\bar{u} - \sum_{k=1}^{n} \bar{p}_k \, d\bar{x}_k = (-1)\left(du - \sum_{k=1}^{n} p_k \, dx_k\right).$$

In der Differentialgleichung (3.49) kann man $u = x_{n+1}$ als unabhängige Variable einführen und eine Schar von Lösungen $u = f(x_1, \ldots, x_n; c)$ implizit in der Form $v(x_1, \ldots, x_n, x_{n+1}) = c$ angeben.

An Stelle der $p_i = u_{x_i}$ ist in (3.49) $-v_{x_i}/v_{x_{n+1}}$ zu setzen. So erhält man eine Differentialgleichung, die von v nicht explizit abhängt. Weiterhin sei die so erhaltene Differentialgleichung bezüglich einer Variablen, die mit t bezeichnet werden soll, normal (vgl. 3.3.2.1.). Damit kann man sich auf die Untersuchung der *Differentialgleichung*

$$p + H(x_1, \ldots, x_n, t, p_1, \ldots, p_n) = 0$$

$(p = u_t, p_i = u_{x_i})$ von *Hamilton-Jakobi* für eine Funktion u von $(n + 1)$ Variablen $x_1, \ldots, x_n, t$ beschränken (v ist wieder mit u bezeichnet worden). Das System der zu dieser Hamilton-Jacobi-Gleichung gehörenden *charakteristischen Differentialgleichungen* hat die Form

$$\frac{dx_i}{dt} = H_{p_i}, \qquad \frac{dp_i}{dt} = -H_{x_i} \quad (i = 1, 2, \ldots, n), \tag{3.50}$$

$$\frac{du}{dt} = \sum_{l=1}^{n} p_l H_{p_l} - H; \quad \frac{dp}{dt} = -H_t. \tag{3.51}$$

Die Gleichungen (3.50) allein bilden ein bestimmtes System von $2n$ Differentialgleichungen. Sind aus ihnen $x_i(t)$ und $p_i(t)$ bestimmt, so ergeben sich $u(t)$ und $p(t)$ aus den Gleichungen (3.51) durch einfache Integration. Ein zu einer Funktion $H(x_1, \ldots, x_n, t, p_1, \ldots, p_n)$ von $(2n + 1)$ Variablen gehöriges gewöhnliches Differentialgleichungssystem (3.50) heißt ein *kanonisches Differentialgleichungssystem* oder ein *Normalsystem von Differentialgleichungen*. Auf Systeme dieser Art führen viele Aufgaben der theoretischen Physik. Oft berechnet sich die Lösung des Normalsystems (3.50) einfacher mit Hilfe der dazugehörigen Hamilton-Jacobi-Gleichung. Dazu dient der folgende

Satz *von Jacobi:*

Kennt man zu einer partiellen Differentialgleichung

$$p + H(x_1, \ldots, x_n, t, p_1, \ldots, p_n) = 0$$

ein vollständiges Integral $u = f(x_1, \ldots, x_n, t; a_1, \ldots, a_n) + a$ mit $\det\left(f_{x_i a_j}\right) \neq 0$, so gewinnt man aus den Gleichungen

$$f_{a_i} = b_i; \quad f_{x_i} = p_i \quad (i = 1, 2, \ldots, n)$$

bei beliebigen $2n$ Parametern a_i und b_i die $2n$-parametrige Schar von Lösungen des kanonischen Differentialgleichungssystems (3.50).

Beispiel: Zweikörperproblem. Die Bewegung zweier materieller Punkte, die einander nach dem Newtonschen Gravitationsgesetz anziehen, erfolgt konstant in einer Ebene. Wählt man den Ort eines der beiden Punkte als Anfangspunkt, so lassen sich die Bewegungsgleichungen in folgender Weise schreiben:

$$\frac{d^2x}{dt^2} = \frac{\partial U}{\partial x}, \quad \frac{d^2y}{dt^2} = \frac{\partial U}{\partial y} \quad \text{mit} \quad U = \frac{k^2}{(x^2 + y^2)^{1/2}}.$$

Durch Einführung der Hamiltonschen Funktion

$$H(x, y, p, q) = \frac{1}{2}(p^2 + q^2) - U(x, y)$$

geht dieses System schließlich in das System kanonischer Differentialgleichungen

$$\frac{dx}{dt} = H_p, \quad \frac{dy}{dt} = H_q, \quad \frac{dp}{dt} = -H_x, \quad \frac{dq}{dt} = -H_y$$

für die Größen $x, y, p = \frac{dx}{dt}, q = \frac{dy}{dt}$ über. Die Integration dieser Gleichungen ist mit dem Problem der Suche eines vollständigen Integrals der partiellen Differentialgleichung

$$u_t + \frac{1}{2}(u_x^2 + u_y^2) - \frac{k^2}{(x^2 + y^2)^{1/2}} = 0$$

äquivalent. In Polarkoordinaten r, φ läßt sich die partielle Differentialgleichung als

$$u_t + \frac{1}{2}\left(u_r^2 + \frac{1}{r^2}u_\varphi^2\right) = \frac{k^2}{r}$$

schreiben, und

$$u = -a_1 t - a_2\varphi - \int_{r_0}^{r}\left(2a_1 + \frac{2k^2}{s} - \frac{a_2^2}{s^2}\right)^{1/2} \mathrm{d}s + a$$

bildet ein vollständiges Integral. Dieses erhält man durch Separation der Variablen, $u(r, \varphi, t) = u_1(t) + u_2(r, \varphi)$, und Verwendung der Tatsache, daß für eine Differentialgleichung der Form $u_r = f(r, u_\varphi)$ der Ausdruck $u = \int^r f(t, a_1)\,\mathrm{d}t + a_1\varphi + a_2$ ein vollständiges Integral ist. Aus $u_{a_1} = -t_0$ und $u_{a_2} = -\varphi_0$ ergibt sich die allgemeine Lösung

$$t - t_0 = -\int_{r_0}^{r}\frac{\mathrm{d}s}{\left(2a_1 + \frac{2k^2}{s} - \frac{a_2^2}{s^2}\right)^{1/2}}, \quad \varphi - \varphi_0 = a_2\int_{r_0}^{r}\frac{\mathrm{d}s}{s^2\left(2a_1 + \frac{2k^2}{s} - \frac{a_2^2}{s^2}\right)^{1/2}},$$

wobei die zweite Gleichung die Bahnkurve liefert. Wird diese Gleichung integriert und die Abkürzungen $P = \frac{a_2^2}{k^2}$, $\varepsilon^2 = \left(1 + \frac{2a_1a_2^2}{k^4}\right)^{1/2}$ benutzt, ergibt sich

$$r = \frac{P}{1 - \varepsilon^2 \sin(\varphi - \varphi_0)},$$

also für $\varepsilon < 1$ eine Ellipse, für $\varepsilon = 1$ eine Parabel und für $\varepsilon > 1$ eine Hyperbel.

Kanonische Transformationen. Eine Transformation

$$\begin{aligned}\bar{x}_i &= \bar{x}_i(x_1, \ldots, x_n, p_1, \ldots, p_n)\\ \bar{p}_i &= \bar{p}_i(x_1, \ldots, x_n, p_1, \ldots, p_n)\end{aligned} \qquad i = 1, 2, \ldots, n \tag{3.52}$$

heißt eine *kanonische Transformation*, wenn die kanonischen Gleichungen (3.50) in kanonische Gleichungen

$$\frac{\mathrm{d}\bar{x}_i}{\mathrm{d}t} = \frac{\partial\bar{H}}{\partial\bar{p}_i}, \quad \frac{\mathrm{d}\bar{p}_i}{\mathrm{d}t} = -\frac{\partial\bar{H}}{\partial\bar{x}_i} \quad (i = 1, 2, \ldots, n)$$

übergehen. Dies soll für alle zweimal stetig differenzierbare Funktionen $H(x_1, \ldots, x_n, p_1, \ldots, p_n)$ gelten.

Die Transformation (3.52) ist kanonisch, wenn eine Funktion $G(x_1, \ldots, x_n, p_1, \ldots, p_n)$ existiert, so daß

$$\sum_{k=1}^{n}(p_k\,\mathrm{d}x_k - \bar{p}_k\,\mathrm{d}\bar{x}_k) = \mathrm{d}G \quad \text{oder} \quad \sum_{k=1}^{n}(x_k\,\mathrm{d}p_k - \bar{x}_k\,\mathrm{d}\bar{p}_k) = \mathrm{d}G$$

gilt ($\bar{p}_k$, $\bar{x}_k$ muß dabei durch (3.52) in Abhängigkeit von x_i, p_i ausgedrückt werden). Die Funktion $\bar{H}(\bar{x}_1, \ldots, \bar{x}_n, \bar{p}_1, \ldots, \bar{p}_n)$ erhält man aus H, indem die x_i, p_i als Funktionen von $\bar{x}_i$, $\bar{p}_i$ gemäß (3.52) eingesetzt werden. Dies ist möglich, da für eine kanonische Transformation stets

$$\frac{\partial(\bar{x}_1, \ldots, \bar{x}_n, \bar{p}_1, \ldots, \bar{p}_n)}{\partial(x_1, \ldots, x_n, p_1, \ldots, p_n)} = 1$$

ist.

Beispiel: $n = 1$: $\bar{x} = \sqrt{x}\cos 2p$, $\bar{p} = \sqrt{x}\sin 2p$ bildet eine kanonische Transformation, denn mit der Funktion $G = \frac{x}{4}(-\sin 4p + 4p)$ gilt:

$$p\,\mathrm{d}x - \bar{p}\,\mathrm{d}\bar{x} = \left(-\frac{1}{2}\sin 2p\cos 2p + p\right)\mathrm{d}x + 2x\sin^2 2p\,\mathrm{d}p = \mathrm{d}G.$$

Zum Beispiel gehen die kanonischen Gleichungen

$$\frac{\mathrm{d}x}{\mathrm{d}t} = \left(2\sqrt{x} - 4x \sin 2p\right) \cos 2p, \quad \frac{\mathrm{d}p}{\mathrm{d}t} = \sin^2 2p - \frac{1}{2\sqrt{x}} \sin 2p - 1$$

mit $H = x(1 - \sin^2 2p) + \sqrt{x} \sin 2p$ in die kanonischen Gleichungen

$$\frac{\mathrm{d}\bar{x}}{\mathrm{d}t} = 1, \quad \frac{\mathrm{d}\bar{p}}{\mathrm{d}t} = -2\bar{x}$$

mit $\bar{H} = \bar{x}^2 + \bar{p}$ über.

Bedingungen für kanonische Transformationen, ausgedrückt durch Lagrangesche Klammern: Eine Transformation (3.52) ist dann und nur dann kanonisch, wenn die Relationen

$$[x_j, x_k] = 0, \quad [x_j, p_k] = \delta_{jk}, \quad [p_j, p_k] = 0$$

$(j, k = 1, 2, \ldots, n)$ identisch erfüllt sind. Dabei sind die *Lagrangeschen Klammern* $[.,.]$ durch

$$[x_j, x_k] = \sum_{i=1}^{n} \left(\frac{\partial \bar{x}_i}{\partial x_j} \frac{\partial \bar{p}_i}{\partial x_k} - \frac{\partial \bar{x}_i}{\partial x_k} \frac{\partial \bar{p}_i}{\partial x_j}\right),$$

$$[x_j, p_k] = \sum_{i=1}^{n} \left(\frac{\partial \bar{x}_i}{\partial x_j} \frac{\partial \bar{p}_i}{\partial p_k} - \frac{\partial \bar{x}_i}{\partial p_k} \frac{\partial \bar{p}_i}{\partial x_j}\right),$$

$$[p_j, p_k] = \sum_{i=1}^{n} \left(\frac{\partial \bar{x}_i}{\partial p_j} \frac{\partial \bar{p}_i}{\partial p_k} - \frac{\partial \bar{x}_i}{\partial p_k} \frac{\partial \bar{p}_i}{\partial p_j}\right)$$

definiert.

Bedingungen für kanonische Transformationen, ausgedrückt durch Poissonsche Klammern: Eine Transformation (3.52) ist dann und nur dann kanonisch, wenn die Relationen

$$(x_j, x_k) = 0, \quad (p_j, p_k) = 0, \quad (x_j, p_k) = \delta_{jk}$$

$(j, k = 1, 2, \ldots, n)$ erfüllt sind. Zwischen je zwei Funktionen $F, G(x_1, \ldots, x_n, p_1, \ldots, p_n)$ und den transformierten Funktionen $\bar{F}, \bar{G}(\bar{x}_1, \ldots, \bar{x}_n, \bar{p}_1, \ldots, \bar{p}_n)$ besteht die Beziehung $(F, G) = (\bar{F}, \bar{G})$. Dabei sind die *Poissonschen Klammern* $(.,.)$ auf folgende Weise definiert:

$$(f, g) = \sum_{k=1}^{n} \left(\frac{\partial f}{\partial x_k} \frac{\partial g}{\partial p_k} - \frac{\partial g}{\partial x_k} \frac{\partial f}{\partial p_k}\right)$$

für beliebige einmal stetige differenzierbare Funktionen f und $g(x_1, \ldots, x_n, p_1, \ldots, p_n)$. Die Poissonsche Klammer hat die folgenden *Eigenschaften*:

$$(f, g) = -(g, f), \quad (f, f) = 0, \quad (f, \text{const}) = 0,$$

$$(f_1 + f_2, g) = (f_1, g) + (f_2, g), \quad (f_1 f_2, g) = f_2(f_1, g) + f_1(f_2, g),$$

$$(f, (g, h)) + (g, (h, f)) + (h, (f, g)) = 0 \quad (\textit{Jacobische Identität}).$$

Die Gesamtheit der kanonischen Transformationen in $2n$ Veränderlichen bildet eine Gruppe.

3.3.2.3. Partielle Differentialgleichungen zweiter Ordnung

3.3.2.3.1. Klassifikation. Charakteristiken. Korrekt gestellte Probleme. Betrachtet wird eine in den zweiten Ableitungen *lineare partielle Differentialgleichung zweiter Ordnung*

$$\sum_{i,j=1}^{n} a_{ij}(x_1, \ldots, x_n) \frac{\partial^2 u}{\partial x_i \partial x_j} + F\left(x_1, \ldots, x_n, u, \frac{\partial u}{\partial x_1}, \ldots, \frac{\partial u}{\partial x_n}\right) = 0 \tag{3.53}$$

mit stetigen Koeffizienten a_{ij}. Führt man eine nichtsinguläre Variablentransformation

$$\bar{x}_i = \bar{x}_i(x_1, \ldots, x_n), \quad \frac{\partial(\bar{x}_1, \ldots, \bar{x}_n)}{\partial(x_1, \ldots, x_n)} \neq 0 \quad (i = 1, 2, \ldots, n)$$

durch, so transformieren sich die Koeffizienten a_{ij} in einem betrachteten Punkt $(x_1^0, \ldots, x_n^0)$ wie die Koeffizienten einer quadratischen Form $\sum_{i,j=1}^{n} a_{ij} p_i p_j$ im Falle einer nichtsingulären linearen Transformation $p_i = \sum_{j=1}^{n} A_{ji} q_j$ mit $A_{ji} = \frac{\partial \bar{x}_j}{\partial x_i}(x_1^0, \ldots, x_n^0)$:

$$\bar{a}_{ij}(\bar{x}_1^0, \ldots, \bar{x}_n^0) = \sum_{l,k=1}^{n} a_{lk}(x_1^0, \ldots, x_n^0) A_{il} A_{jk}.$$

Der *Differentialgleichung* (3.53) *wird* die *quadratische Form* $\sum_{i,j=1}^{n} a_{ij}(x_1^0, \ldots, x_n^0) p_i p_j$ im Punkte $(x_1^0, \ldots, x_n^0)$ zugeordnet. Die lineare Algebra zeigt nun, daß diese Form mittels einer linearen Transformation $p_i = \sum_{j=1}^{n} b_{ji} q_j$ auf die *kanonische Gestalt*

$$\sum_{l=1}^{r} q_l^2 - \sum_{l=r+1}^{m} q_l^2, \quad m \leqq n,$$

gebracht werden kann. Dabei hängen r und m nicht von der linearen Transformation ab. Daraus ergeben sich folgende Typen von Differentialgleichungen im Punkt $(x_1^0, \ldots, x_n^0)$:

elliptischer Typ: $m = n$, $r = 0$ oder $r = n$;

hyperbolischer Typ: $m = n$, $1 \leqq r \leqq n - 1$,

normal hyperbolischer Typ: $m = n$, $r = 1$ oder $r = n - 1$;

parabolischer Typ: $m < n$,

normal parabolischer Typ: $m = n - 1$, $r = 0$ oder $r = m$.

Diese Einteilung hängt von der Wahl des Punktes $(x_1^0, \ldots, x_n^0)$ ab. Zum Beispiel ist die *Tricomische Gleichung* $yu_{xx} + u_{yy} = 0$ von einem *gemischten Typ*: für $y < 0$ hyperbolisch, für $y > 0$ elliptisch und für $y = 0$ parabolisch. Sind etwa die Koeffizienten $a_{ij} = \text{const}$ und führt die lineare Transformation $p_i = \sum_{j=1}^{n} b_{ji} q_j$ die zur Gleichung gehörige quadratische Form in die kanonische Gestalt über, so führt die Transformation $\bar{x}_i = \sum_{j=1}^{n} b_{ij} x_j$ die Differentialgleichung in die kanonische Gestalt

$$\sum_{i=1}^{r} \frac{\partial^2 \bar{u}}{\partial \bar{x}_i^2} - \sum_{i=r+1}^{m} \frac{\partial^2 \bar{u}}{\partial \bar{x}_i^2} + F\left(\bar{x}_1, \ldots, \bar{x}_n, \bar{u}, \frac{\partial \bar{u}}{\partial \bar{x}_1}, \ldots, \frac{\partial \bar{u}}{\partial \bar{x}_n}\right) = 0$$

über.

Beispiele: 1. Die *Schwingungsgleichung*

$$g \frac{\partial^2 u}{\partial t^2} = \operatorname{div}(p \cdot \mathbf{grad}\, u) - qu + F(t, x_1, \ldots, x_n)$$

für $u(t, x_1, \ldots, x_n)$ ist wegen $\operatorname{div}(p \cdot \mathbf{grad}\, u) = \sum_{i=1}^{n} \frac{\partial}{\partial x_i}\left(p \frac{\partial u}{\partial x_i}\right)$ eine hyperbolische Differentialgleichung. g, p und q werden durch die Eigenschaften des schwingenden Mediums bestimmt, und $F(t, x_1, \ldots, x_n)$ drückt die Intensität der äußeren Störung aus. Spezialfälle sind:

$$\frac{\partial^2 u}{\partial t^2} = a^2 \frac{\partial^2 u}{\partial x^2} + f(t, x) \quad \textit{eindimensionale Wellengleichung},$$

sie beschreibt kleine Transversalschwingungen einer Saite;

$$\frac{\partial^2 u}{\partial t^2} = a^2 \left(\frac{\partial^2 u}{\partial x^2} + \frac{\partial^2 u}{\partial y^2}\right) + f(t, x, y) \quad \textit{zweidimensionale Wellengleichung},$$

sie beschreibt Schwingungen einer Membran mit konstanter Dichte;

$$\frac{\partial^2 u}{\partial t^2} = a^2 \left(\frac{\partial^2 u}{\partial x^2} + \frac{\partial^2 u}{\partial y^2} + \frac{\partial^2 u}{\partial z^2}\right) + f(t, x, y, z) \quad \textit{dreidimensionale Wellengleichung},$$

sie beschreibt die Schallausbreitung im homogenen Medium sowie die Ausbreitung der elektromagnetischen Wellen in einem homogenen nichtleitenden Medium. Ebenso genügen dieser Gleichung: Gasdichte, Gasdruck, Geschwindigkeitspotential, Feldstärkekomponenten elektrischer und magnetischer Felder und deren Potentiale. Zur Abkürzung schreibt man häufig:

$$\Box_a u \stackrel{\text{def}}{=} \frac{\partial^2 u}{\partial t^2} - a^2 \Delta u \quad \text{mit} \quad \Delta u \stackrel{\text{def}}{=} \frac{\partial^2 u}{\partial x_1^2} + \ldots + \frac{\partial^2 u}{\partial x_n^2}$$

und bezeichnet $\Box_a$ als den *Operator der Wellenausbreitung* oder *d'Alembertschen Operator* und Δ als den *Laplace-Operator*.

2. Die Differentialgleichung der Wärmeausbreitung und der Diffusion in einem Medium $g\frac{\partial u}{\partial t} = \operatorname{div}(p \cdot \mathbf{grad}\, u) - qu + F(t, x_1, \ldots, x_n)$ (*Diffusionsgleichung*) ist eine parabolische Gleichung. Sind g, p konstante Größen und $q = 0$, so erhält man die *spezielle Wärmeleitungsgleichung*

$$\frac{\partial u}{\partial t} = a^2 \Delta u + f.$$

3. Für stationäre Abläufe, d. h. $F(t, x_1, \ldots, x_n) = F(x_1, \ldots, x_n)$ und $u(t, x_1, \ldots, x_n) = u(x_1, \ldots, x_n)$, erhält man aus der Schwingungsgleichung

$$-\operatorname{div}(p \cdot \mathbf{grad}\, u) + qu = F(x_1, \ldots, x_n)$$

eine elliptische Differentialgleichung. Spezialfälle sind

die *Poisson-Gleichung* $\Delta u = -f(x_1, \ldots, x_n)$

und

die *Laplace-Gleichung* $\Delta u = 0$.

Sucht man Lösungen $u(t, x_1, \ldots, x_n) = \bar{u}(x_1, \ldots, x_n)\, e^{iwt}$ der Wellengleichung mit $f = \bar{f}(x_1, \ldots, x_n)\, e^{iwt}$, so gewinnt man für $\bar{u}$ die *Helmholtz-Gleichung*

$$\Delta\bar{u} + k^2\bar{u} = -\frac{1}{a^2}\bar{f}(x_1, \ldots, x_n) \qquad \left(k^2 = \frac{w^2}{a^2}\right),$$

eine elliptische Differentialgleichung.

Charakteristiken (charakteristische Flächen). Eine Funktion $w(x_1, \ldots, x_n)$ ($n \geqq 2$) habe stetige partielle Ableitungen erster Ordnung, die Eigenschaft, daß auf der Fläche $w = 0$ die Beziehung $\mathbf{grad}\, w = \left[\frac{\partial w}{\partial x_1}, \ldots, \frac{\partial w}{\partial x_n}\right] \neq 0$ gültig ist, und erfülle die Differentialgleichung erster Ordnung

$$\sum_{i,j=1}^{n} a_{ij}(x_1, \ldots, x_n) \frac{\partial w}{\partial x_i} \frac{\partial w}{\partial x_j} = 0. \tag{3.54}$$

Eine derartige Fläche $w(x_1, \ldots, x_n) = 0$ heißt *charakteristische Fläche* zur Differentialgleichung (3.53); (3.54) heißt *charakteristische Gleichung* zu (3.53). Für $n = 2$ werden die charakteristischen Flächen zu charakteristischen Linien.

Jede Fläche der Schar $w(x_1, \ldots, x_n) = c$, $a < c < b$, sei charakteristische Fläche zur Differentialgleichung (3.53). Wegen $\mathbf{grad}\, w \neq 0$ füllt diese Schar ein Gebiet $\mathbf{G}$ aus, d. h., durch jeden Punkt von $\mathbf{G}$ geht genau eine charakteristische Fläche. Ist w zweimal stetig differenzierbar, so kann man eine Koordinatentransformation mit $\bar{x}_1 = w(x_1, \ldots, x_n)$ durchführen, die wegen (3.54) auf $\bar{a}_{11} = 0$ in $\mathbf{G}$ führt.

Beispiele: 1. Zur *Wellengleichung* $u_{tt} = a^2 \sum_{i=1}^{n} u_{x_i x_i}$ gehört die charakteristische Gleichung $(w_t)^2 = a^2 \sum_{i=1}^{n} (w_{x_i})^2$. Die Ebenen $at + \sum_{i=1}^{n} x_i b_i = c$, wobei $a, b_1, \ldots, b_n, c$ beliebige Zahlen mit $\sum_{i=1}^{n} b_i^2 = 1$ sind, bilden charakteristische Flächen, weiterhin die Fläche

$$a^2(t - t^0)^2 - \sum_{i=1}^{n} (x_i - x_i^0)^2 = 0,$$

die als *charakteristischer Kegel* bezeichnet wird und ihre Spitze im Punkt $(t^0, x_1^0, \ldots, x_n^0)$ hat. Mit $\Gamma^+(t^0, x_1^0, \ldots, x_n^0)$ wird der Teil des charakteristischen Kegels bezeichnet, für den $a(t - t^0) > \left(\sum_{i=1}^{n} (x_i - x_i^0)^2\right)^{1/2}$, und mit $\Gamma^-(t^0, x_1^0, \ldots, x_n^0)$ der Teil mit $a(t - t^0) < \left(\sum_{i=1}^{n} (x_i - x_i^0)^2\right)^{1/2}$ (vgl. Abb. 3.68).

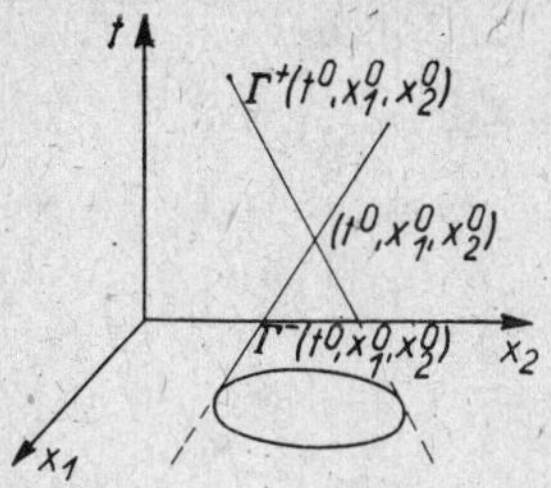

Abb. 3.68. Charakteristischer Kegel

2. Die *Wärmeleitungsgleichung* $u_t = a^2 \sum_{i=1}^{n} u_{x_i x_i}$ hat die charakteristische Gleichung $\sum_{i=1}^{n} (w_{x_i})^2 = 0$ und damit $w = t - c = 0$ als charakteristische Flächen.

3. Die *Laplace-Gleichung* $\sum_{i=1}^{n} u_{x_i x_i} = 0$ hat die Gleichung $\sum_{i=1}^{n} (w_{x_i})^2 = 0$ als charakteristische Gleichung. Da wegen dieser Gleichung mit $w = 0$ auch $\mathbf{grad}\, w = 0$ ist, besitzt die Laplace-Gleichung keine (reellen) Charakteristiken.

Kanonische Formen der Gleichungen mit zwei unabhängigen Variablen: Es sei bemerkt, daß derartige kanonische Formen im allgemeinen für mehr als zwei unabhängige Variable nicht existieren. Man betrachtet die Differentialgleichung

$$a(x, y)\frac{\partial^2 u}{\partial x^2} + 2b(x, y)\frac{\partial^2 u}{\partial x\,\partial y} + c(x, y)\frac{\partial^2 u}{\partial y^2} + F\left(x, y, u, \frac{\partial u}{\partial x}, \frac{\partial u}{\partial y}\right) = 0 \qquad (3.55)$$

mit zweimal stetig differenzierbaren Koeffizienten a, b, c, die nicht alle gleichzeitig null werden. Es sei $a \neq 0$ in einem betrachteten Gebiet der x,y-Ebene (sonst etwa $c \neq 0$; wenn $a = c = 0$, führt die Transformation $\bar{x} = x + y$, $\bar{y} = x - y$ auf eine Differentialgleichung mit $a \neq 0$). Sollen nach einer Variablentransformation $\bar{x} = \bar{x}(x, y)$, $\bar{y} = \bar{y}(x, y)$ die Koeffizienten $\bar{a}(\bar{x}, \bar{y})$ und $\bar{c}(\bar{x}, \bar{y})$ verschwinden, so muß für $\bar{x}(x, y)$ und $\bar{y}(x, y)$

$$\frac{\partial \bar{x}}{\partial x} + l_1(x, y)\frac{\partial \bar{x}}{\partial y} = 0, \quad \frac{\partial \bar{y}}{\partial x} + l_2(x, y)\frac{\partial \bar{y}}{\partial y} = 0 \qquad (3.56)$$

mit $l_{1/2} = \frac{1}{a}(b \pm (b^2 - ac)^{1/2}) = \frac{1}{a}(b \pm \sqrt{d})$ gelten. Man unterscheidet nach der Klassifikation der Differentialgleichung drei Typen:

1. $d > 0$: *Hyperbolische Differentialgleichung*: Eine Schar von Kurven $w(x, y) = c$ mit $w_y \neq 0$ stellt genau dann Charakteristiken der Gleichung (3.55) dar, wenn der Ausdruck $w(x, y) = c$ allgemeines Integral einer der beiden gewöhnlichen Differentialgleichungen $\frac{dy}{dx} = l_1(x, y)$, $\frac{dy}{dx} = l_2(x, y)$ ist. Dann bestimmen die beiden allgemeinen Integrale $h_1(x, y) = c_1$ und $h_2(x, y) = c_2$ dieser Differentialgleichungen mit $h_{1y} \neq 0$, $h_{2y} \neq 0$ zwei Scharen von Charakteristiken der Gleichung (3.55). Die beiden Scharen von Charakteristiken, als Koordinatenlinien benutzt, liefern:

$$\begin{aligned}\bar{x} &= h_1(x, y),\\ \bar{y} &= h_2(x, y),\end{aligned} \quad \frac{\partial^2 \bar{u}}{\partial \bar{x}\,\partial \bar{y}} + F\left(\bar{x}, \bar{y}, \bar{u}, \frac{\partial \bar{u}}{\partial \bar{x}}; \frac{\partial \bar{u}}{\partial \bar{y}}\right) = 0,$$

da $\bar{b}(\bar{x}, \bar{y}) \neq 0$ ist. Die Variablentransformation $\bar{\bar{x}} = \bar{x} + \bar{y}$, $\bar{\bar{y}} = \bar{x} - \bar{y}$ erzeugt eine äquivalente kanonische Form:

$$\frac{\partial^2 \bar{\bar{u}}}{\partial \bar{\bar{x}}^2} - \frac{\partial^2 \bar{\bar{u}}}{\partial \bar{\bar{y}}^2} + \bar{\bar{F}}\left(\bar{\bar{x}}, \bar{\bar{y}}, \bar{\bar{u}}, \frac{\partial \bar{\bar{u}}}{\partial \bar{\bar{x}}}, \frac{\partial \bar{\bar{u}}}{\partial \bar{\bar{y}}}\right) = 0.$$

Beispiel: Tricomische Gleichung $yu_{xx} + u_{yy} = 0$. $a = y$, $b = 0$, $c = 1$, damit $d = -y > 0$ in **G**: $x^2 + (y + 4)^2 \leqq 9$. Es ergibt sich $l_1(x, y) = -(-y)^{-1/2}$ und $l_2(x, y) = (-y)^{-1/2}$, und das allgemeine Integral von $\frac{dy}{dx} = -(-y)^{-1/2}$ ist $c_1 = \frac{3}{2}x - (-y)^{3/2}$ und das von $\frac{dy}{dx} = (-y)^{-1/2}$ ist $c_2 = \frac{3}{2}x + (-y)^{3/2}$. Die Transformation $\bar{x} = \frac{3}{2}x + (-y)^{3/2}$, $\bar{y} = \frac{3}{2}x - (-y)^{3/2}$ führt die Tricomische Gleichung im Gebiet **G** auf die Normalform

$$\bar{u}_{\bar{x}\bar{y}} - \frac{1}{6(\bar{x} - \bar{y})}\left(\bar{u}_{\bar{x}} - \bar{u}_{\bar{y}}\right) = 0.$$

2. $d \equiv 0$: *Parabolische Differentialgleichung*: In diesem Fall sind die beiden Differentialgleichungen (3.56) wegen $l_1 = l_2 = \frac{b}{a}$ gleich. Die einzige Schar von Charakteristiken kann aus $\frac{dy}{dx} = \frac{b}{a}$ durch ein allgemeines Integral $h(x, y) = c$ mit $h_y \neq 0$ bestimmt werden. Durch die Koordinatentransformation $\bar{x} = h(x, y)$, $\bar{y} = x$ wird die Differentialgleichung (3.55) in die Normalform

$$\frac{\partial^2 \bar{u}}{\partial \bar{y}^2} + F\left(\bar{x}, \bar{y}, \bar{u}, \frac{\partial \bar{u}}{\partial \bar{x}}, \frac{\partial \bar{u}}{\partial \bar{y}}\right) = 0$$

überführt.

Beispiel: $y^2u_{xx} + 2xyu_{xy} + x^2u_{yy} + xu_x + u = 0$. $a = y^2$, $b = xy$, $c = x^2$ und $d = 0$, damit ist $l_1 = \frac{x}{y}$, und $y^2 - x^2 = c$ ist das allgemeine Integral der Differentialgleichung $\frac{dy}{dx} = \frac{x}{y}$. Mit der Transformation $\bar{x} = y^2 - x^2$, $\bar{y} = x$ ergibt sich die Normalform dieser Differentialgleichung

$$\bar{u}_{\bar{y}\bar{y}} - 2\bar{u}_{\bar{x}} + \frac{1}{\bar{x} + \bar{y}^2}\left(\bar{y}\bar{u}_{\bar{y}} + \bar{u}\right) = 0.$$

3. $d < 0$: *Elliptische Differentialgleichung*: $l_1(x, y)$ und $l_2(x, y)$ sind konjugiert komplex. Die Transformation

$$\bar{x} = \frac{h_1(x, y) + h_2(x, y)}{2}, \qquad \bar{y} = \frac{h_1(x, y) - h_2(x, y)}{2\mathrm{i}},$$

wobei $h_1(x, y) = c_1$ und $h_2(x, y) = c_2$ die allgemeinen Lösungen der gewöhnlichen Differentialgleichungen $\frac{dy}{dx} = l_1(x, y)$ und $\frac{dy}{dx} = l_2(x, y)$ sind, führt die Differentialgleichung (3.55) auf die Normalform

$$\frac{\partial^2 \bar{u}}{\partial \bar{x}^2} + \frac{\partial^2 \bar{u}}{\partial \bar{y}^2} + F\left(\bar{x}, \bar{y}, \bar{u}, \frac{\partial \bar{u}}{\partial \bar{x}}, \frac{\partial \bar{u}}{\partial \bar{y}}\right) = 0.$$

In diesem Falle existieren keine reellen Charakteristiken.

Beispiel: Tricomische Gleichung $yu_{xx} + u_{yy} = 0$ im Gebiet **G**: $x^2 + (y - 4)^2 \leqq 9$. Aus $\frac{dy}{dx} = \mathrm{i}(y)^{-1/2}$ bzw. $\frac{dy}{dx} = -\mathrm{i}(y)^{-1/2}$ folgt $h_1(x, y) = y^{3/2} - \mathrm{i}\frac{3}{2}x$ bzw. $h_2(x, y) = y^{3/2} + \mathrm{i}\frac{3}{2}x$. Die Transformation $\bar{x} = y^{3/2}$, $\bar{y} = -\frac{3}{2}x$ liefert die Normalform der Tricomischen Gleichung in **G**

$$\bar{u}_{\bar{y}\bar{y}} + \bar{u}_{\bar{x}\bar{x}} + \frac{1}{3\bar{x}}\bar{u}_{\bar{x}} = 0.$$

Korrekte Problemstellungen bei den einzelnen Typen von Differentialgleichungen zweiter Ordnung. Die untersuchte Differentialgleichung sei stets in dem betrachteten Gebiet **G** vom gleichen Typ.

Hyperbolische Differentialgleichungen: Das Gebiet **G** liege im $(t, x_1, \ldots, x_n)$-Raum $\mathbf{R}^{n+1}$. Diese Differentialgleichungen beschreiben physikalisch gesehen Schwingungsvorgänge. Für hyperbolische Differentialgleichungen ist das *Cauchy-Problem* sinnvoll: Gesucht wird eine zweimal stetig differenzierbare Funktion $u(t, x_1, \ldots, x_n)$ als Lösung der Differentialgleichung

$$\frac{\partial^2 u}{\partial t^2} = \sum_{i,j=1}^{n} a_{ij} \frac{\partial^2 u}{\partial x_j \partial x_i} + \sum_{i=1}^{n} a_{i0} \frac{\partial^2 u}{\partial x_i \partial t} + F\left(t, x_1, \ldots, x_n, u, \frac{\partial u}{\partial t}, \ldots, \frac{\partial u}{\partial x_n}\right) \tag{3.57}$$

(mit gewissen Forderungen an die Koeffizienten, so daß diese Differentialgleichung in **G** hyperbolisch ist) für $t > 0$ mit den Anfangsbedingungen

$$u(0, x_1, \ldots, x_n) = u_0(x_1, \ldots, x_n), \quad \frac{\partial u}{\partial t}(0, x_1, \ldots, x_n) = u_1(x_1, \ldots, x_n).$$

u_0 und u_1 sind vorgegebene Funktionen. Das Cauchy-Problem kann auch allgemeiner formuliert werden:

Gegeben seien eine Fläche **S** mit der Gleichung $t = w(x_1, \ldots, x_n)$ und auf dieser die Funktionen u_0 und u_1. Dabei sei

$$1 \neq \sum_{i,j=1}^{n} a_{ij} \frac{\partial w}{\partial x_i} \frac{\partial w}{\partial x_j} - \sum_{i=1}^{n} a_{i0} \frac{\partial w}{\partial x_i},$$

d. h., **S** soll nicht Charakteristik sein. Gesucht ist eine Lösung der Differentialgleichung (3.57) im Gebiet $t > w(x_1, \ldots, x_n)$, die auf **S** die Bedingungen

$$u|_{\mathbf{S}} = u_0 \quad \text{und} \quad \left.\frac{\partial u}{\partial n}\right|_{\mathbf{S}} = u_1, \quad \left(\frac{\partial}{\partial n} - \text{Normalenableitung bez. } \mathbf{S}\right)$$

erfüllt.

Unter diesen Bedingungen sind alle Ableitungen der gesuchten Funktion nach $t, x_1, \ldots, x_n$ auf der Fläche **S** aus der Differentialgleichung und den Anfangswerten berechenbar.

Elliptische Differentialgleichungen: **G** sei ein beschränktes Gebiet im $(x_1, \ldots, x_n)$-Raum $\mathbf{R}^n$. Elliptische Differentialgleichungen beschreiben statische Zustände. Deshalb werden Lösungen der Differentialgleichungen gesucht, die auf dem Rand $\partial\mathbf{G}$ von **G** Bedingungen der Art

$$\left.\left(fu + g\frac{\partial u}{\partial n}\right)\right|_{\partial\mathbf{G}} = h$$

genügen. f, g, h sind vorgegebene Funktionen auf $\partial\mathbf{G}$ mit $f \geqq 0$, $g \geqq 0$, $f + g > 0$. Eine solche Aufgabe heißt *Randwertproblem*. Man unterscheidet

Randbedingungen erster Art: $u|_{\partial\mathbf{G}} = h$,

Randbedingungen zweiter Art: $\left.\frac{\partial u}{\partial n}\right|_{\partial\mathbf{G}} = h$ und

Randbedingungen dritter Art: $\left.\left(\frac{\partial u}{\partial n} + fu\right)\right|_{\partial\mathbf{G}} = h$.

Die zugehörigen Randwertaufgaben werden als *Randwertaufgaben erster, zweiter und dritter Art* bezeichnet. Für die Laplace-Gleichung $\Delta u = F(x_1, \ldots, x_n)$ wird die Randwertaufgabe erster Art auch *Dirichletsches Problem* genannt und die Randwertaufgabe zweiter Art *Neumannsches Problem*.

Parabolische Differentialgleichungen: Parabolische Gleichungen beschreiben Diffusionsvorgänge. Für diese Differentialgleichungen, wie zum Beispiel für

$$\frac{\partial u}{\partial t} = \sum_{i,j=1}^{n} a_{ij} \frac{\partial^2 u}{\partial x_i \partial x_j},$$

werden Anfangswertprobleme mit der Anfangsbedingung

$$u(0, x_1, \ldots, x_n) = u_0(x_1, \ldots, x_n)$$

gestellt. u_0 ist eine gegebene Funktion auf der Hyperebene $t = 0$ im $(t, x_1, \ldots, x_n)$-Raum $\mathbf{R}^{n+1}$.

Es ist sinnvoll, für die hyperbolische Gleichung (3.57) auch *gemischte Aufgaben* zu betrachten: **G** sei ein beschränktes Gebiet im $(x_1, \ldots, x_n)$-Raum und $\mathbf{Z}_T$ der Zylinder über dem Gebiet **G**:

$$\mathbf{Z}_T: (t, x_1, \ldots, x_n) \quad \text{mit} \quad 0 \leqq t \leqq T, \quad (x_1, \ldots, x_n) \in \mathbf{G}.$$

Es ist eine Funktion $u(t, x_1, \ldots, x_n)$ in $\mathbf{Z}_T$ gesucht, die den Anfangsbedingungen

$$\left.\begin{aligned} u(0, x_1, \ldots, x_n) &= u_0(x_1, \ldots, x_n) \\ \frac{\partial u}{\partial t}(0, x_1, \ldots, x_n) &= u_1(x_1, \ldots, x_n) \end{aligned}\right\} \text{auf } \overline{\mathbf{G}} \text{ (Abschluß von } \mathbf{G})$$

und der Randbedingung

$$\left.\left(fu + g\frac{\partial u}{\partial n}\right)\right|_{\mathbf{S}_T} = h(t, x_1, \ldots, x_n)$$

($\mathbf{S}_T$ ist die Seitenfläche des Zylinders $\mathbf{Z}_T$) genügt. Dabei muß folgende Verträglichkeitsbedingung auf ∂G erfüllt sein:

$$\left.\left(fu_0 + g\frac{\partial u_0}{\partial n}\right)\right|_{\partial \mathbf{G}} = h|_{t=0}.$$

Eine ähnliche gemischte Aufgabe kann für parabolische Gleichungen gestellt werden.

Diese einzelnen Aufgaben ergeben sich aus den von der Physik der gestellten Forderungen:

1. Die Lösung des Problems soll existieren.
2. Die Lösung soll eindeutig bestimmt sein.
3. Die Lösung soll stetig von den Daten des Problems abhängen. Ein Problem, das diese Forderungen erfüllt, heißt *korrekt gestelltes Problem*.

3.3.2.3.2. Allgemeine Methoden bei der Konstruktion von Lösungen. Die *Fouriersche Methode* zur Lösung der gemischten Aufgabe für hyperbolische bzw. parabolische Differentialgleichungen sowie zur Lösung einiger Randwertaufgaben für elliptische Differentialgleichungen ist eine Anwendung der Separation der Variablen und des Superpositionsprinzips (vgl. 3.3.2.1.). Man sucht sogenannte formale Lösungen, d. h. Lösungen in Form von unendlichen Reihen, in denen jedes Glied Lösung der Differentialgleichung ist und die die Randwerte bzw. Anfangswerte erfüllt. Um die Konvergenz der Reihen soll sich nicht weiter gekümmert werden, aber durch entsprechende Voraussetzungen über die Differenzierbarkeit der Koeffizienten der Gleichung sowie der Anfangs- und Randbedingungen kann man die Konvergenz der Reihen erzwingen.

Homogene hyberbolische Differentialgleichung: Gesucht ist eine Lösung $u(t, x_1, \ldots, x_n)$ des Problems:

$$r\frac{\partial^2 u}{\partial t^2} = -Lu \quad \text{mit dem elliptischen Operator}$$

$$Lu = -\sum_{i=1}^{n} \frac{\partial}{\partial x_i}\left(p\frac{\partial u}{\partial x_i}\right) + qu, \quad (x_1, \ldots, x_n) \in \mathbf{G}, \tag{3.58}$$

den Anfangsbedingungen: $u|_{t=0} = u_0(x_1, \ldots, x_n)$,

$$\left.\frac{\partial u}{\partial t}\right|_{t=0} = u_1(x_1, \ldots, x_n),$$

den Randbedingungen: $\left(hu + g\frac{\partial u}{\partial n}\right)_{\partial \mathbf{G}} = 0$ für $t > 0$ $(r(x_1, \ldots, x_n) > 0)$.

Dabei ist **G** ein beschränktes Gebiet des $(x_1, \ldots, x_n)$-Raumes und $\partial\mathbf{G}$ der Rand von **G**. Es wird weiter vorausgesetzt, daß die Eigenwerte λ_k des Operators L positiv sind, $0 < \lambda_1 \leqq \lambda_2 \leqq \ldots$, die zugehörigen Eigenfunktionen $f_k(x_1, \ldots, x_n)$,

$$Lf_k = \lambda_k r f_k \quad \text{mit} \quad hf_k + g\frac{\partial f_k}{\partial n}\bigg|_{\partial\mathbf{G}} = 0\,,$$

reell sind und im Raum $L_2(\mathbf{G})$ mit dem Skalarprodukt

$$(\bar{f}, \bar{\bar{f}}) = \int_{\mathbf{G}} \bar{f}\bar{\bar{f}} r \, \mathrm{d}x_1 \ldots \mathrm{d}x_n$$

ein vollständiges Orthonormalsystem bilden (vgl. 3.3.2.3.4. und 8.1.).

Die *formale Lösung des gestellten Problems* ist dann

$$u(t, x_1, \ldots, x_n) = \sum_{k=1}^{\infty} \left(a_k \cos\sqrt{\lambda_k} t + b_k \sin\sqrt{\lambda_k} t\right) f_k(x_1, \ldots, x_n),$$

wobei die a_k, b_k so gewählt werden, daß

$$u_0(x_1, \ldots, x_n) = \sum_{k=1}^{\infty} a_k f_k(x_1, \ldots, x_n), \qquad u_1(x_1, \ldots, x_n) = \sum_{k=1}^{\infty} \sqrt{\lambda_k} b_k f_k(x_1, \ldots, x_n)$$

ist, also

$$a_k = \int_{\mathbf{G}} u_0 \cdot f_k \cdot r \, \mathrm{d}x_1 \ldots \mathrm{d}x_n \tag{3.59}$$

und

$$b_k = \frac{1}{\sqrt{\lambda_k}} \int_{\mathbf{G}} u_1 \cdot f_k \cdot r \, \mathrm{d}x_1 \ldots \mathrm{d}x_n. \tag{3.60}$$

Die formale Lösung kann auch in der Gestalt

$$u(t, x_1, \ldots, x_n) = \sum_{k=1}^{\infty} d_k \sin\left(\sqrt{\lambda_k} t + e_k\right) f_k(x_1, \ldots, x_n)$$

mit $d_k = (a_k^2 + b_k^2)^{1/2}$, $\sin e_k = \dfrac{a_k}{d_k}$, $\cos e_k = \dfrac{b_k}{d_k}$ geschrieben werden. Jedes Glied stellt dann eine harmonische Schwingung mit der Amplitude $d_k f_k$ und der Frequenz $\sqrt{\lambda_k}$ dar.

Inhomogene hyperbolische Differentialgleichung: An Stelle der Gleichung (3.58) steht die inhomogene Differentialgleichung

$$r\frac{\partial^2 u}{\partial t^2} = -Lu + F(t, x_1, \ldots, x_n).$$

Sonst gelten dieselben Bedingungen und Voraussetzungen wie im Fall der homogenen hyperbolischen Differentialgleichung. Die *formale Lösung hat die Form*

$$u(t, x_1, \ldots, x_n) = \sum_{k=1}^{\infty} \left(a_k \cos\sqrt{\lambda_k} t + b_k \sin\sqrt{\lambda_k} t + \frac{1}{\sqrt{\lambda_k}} \int_0^t c_k(s) \sin\sqrt{\lambda_k}(t - s) \, \mathrm{d}s\right) f_k$$

mit

$$c_k(t) = \int_{\mathbf{G}} F(t, x_1, \ldots, x_n) f_k(x_1, \ldots, x_n) \, \mathrm{d}x_1 \ldots \mathrm{d}x_n. \tag{3.61}$$

Es sei bemerkt, daß die ersten beiden Summanden in der Klammer allein die Lösung der homogenen Gleichung mit den Anfangswerten u_0 und u_1 liefern, der dritte Summand allein liefert die Lösung der inhomogenen Gleichung mit $u_0 = u_1 = 0$.

In dem Spezialfall

$$F(t, x_1, \ldots, x_n) = Cr(x_1, \ldots, x_n) f_l(x_1, \ldots, x_n) \sin\sqrt{\lambda_l} t$$

und $u_0 = u_1 = 0$ hat die Lösung dieses Problems die Form

$$u(t, x_1, \ldots, x_n) = \frac{C}{2\sqrt{\lambda_l}} \left(\frac{\sin \sqrt{\lambda_l} t}{\sqrt{\lambda_l}} - t \cos \sqrt{\lambda_l}\, t \right) f_l(x_1, \ldots, x_n).$$

Es liegt der Resonanzfall vor, da die Amplitude der Schwingungen unbeschränkt wächst.

Parabolische Differentialgleichung: Es wird folgendes Problem gestellt:

$$r \frac{\partial u}{\partial t} = -Lu + F(t, x_1, \ldots, x_n), \quad (x_1, \ldots, x_n) \in \mathbf{G},$$

mit $u|_{t=0} = u_0(x_1, \ldots, x_n)$

$$\left(hu + g \frac{\partial u}{\partial n} \right) \Big|_{\partial \mathbf{G}} = 0 \quad \text{für } t > 0.$$

Für L gelten dieselben Voraussetzungen wie im Fall der homogenen hyperbolischen Differentialgleichung. Die *formale Lösung hat die Form*

$$u(t, x_1, \ldots, x_n) = \sum_{k=1}^{\infty} \left\{ a_k e^{-\lambda_k t} + \int_0^t c_k(s)\, e^{-\lambda_k(t-s)}\, ds \right\} f_k(x_1, \ldots, x_n).$$

Dabei werden a_k und c_k durch (3.59) bzw. (3.61) gegeben.

Elliptische Differentialgleichung: Es ist eine Lösung $u(t, x_1, \ldots, x_n)$ der elliptischen Gleichung

$$r \frac{\partial^2 u}{\partial t^2} = Lu + F(t, x_1, \ldots, x_n)$$

im Gebiet $\mathbf{Z}_l = \{(x_1, \ldots, x_n) \in \mathbf{G}, 0 < t < l\}$ mit den Randbedingungen

$$\left. \begin{array}{l} u|_{t=0} = u_0(x_1, \ldots, x_n) \\ u|_{t=1} = u_1(x_1, \ldots, x_n) \end{array} \right\} (x_1, \ldots, x_n) \in \mathbf{G},$$

$$\left(hu + g \frac{\partial u}{\partial n} \right) \Big|_{\partial \mathbf{G}} = 0, \quad 0 < t < l,$$

gesucht.

Die *formale Lösung dieses Randwertproblems* kann durch

$$u(t, x_1, \ldots, x_n) = \sum_{k=1}^{\infty} \left(a_k \frac{\sinh \sqrt{\lambda_k}(l-t)}{\sinh \sqrt{\lambda_k} l} + b_k \frac{\sinh \sqrt{\lambda_k} t}{\sinh \sqrt{\lambda_k} l} - \int_0^l G_k(t, s)\, c_k(s)\, ds \right) f_k$$

dargestellt werden. Die a_k und c_k berechnen sich durch (3.59) und (3.61), die b_k durch

$$b_k = \int_{\mathbf{G}} u_1 \cdot f_k \cdot r\, dx_1 \ldots dx_n.$$

$G_k(t, T)$ ist die Greensche Funktion zu dem Randwertproblem

$$-v''(t) + \lambda_k v(t) = 0 \quad \text{mit} \quad v(0) = v(l) = 0$$

(vgl. Tabelle 3.5 in 3.3.1.7.1.).

Beispiele: 1. *Schwingungen einer eingespannten Saite der Länge l.* Problem: Lösung der hyperbolischen Differentialgleichung

$$u_{tt} = a^2 u_{xx}$$

mit den Anfangsbedingungen $u|_{t=0} = u_0(x)$, $u_t|_{t=0} = u_1(x)$ und den Randbedingungen $u|_{x=0} = u|_{x=l} = 0$ gesucht.

G ist in diesem Beispiel das Intervall $0 < x < l$, $Lv = -a^2 \dfrac{d^2v}{dx^2}$, und das dazugehörige Eigenwertproblem $Lv = \lambda v$ mit $v(0) = v(l) = 0$ hat die positiven Eigenwerte $\lambda_k = \left(\dfrac{\pi k a}{l}\right)^2$ mit den Eigenfunktionen $f_k(x) = \sqrt{\dfrac{2}{l}} \sin \dfrac{\pi k x}{l}$ für $k = 1, 2, \ldots$ Die formale Lösung wird durch die Reihe

$$u(t, x) = \sqrt{\frac{2}{l}} \sum_{k=1}^{\infty} \left\{a_k \cos \frac{\pi k a}{l} t + b_k \sin \frac{\pi k a}{l} t\right\} \sin \frac{\pi k x}{l}$$

mit

$$a_k = \sqrt{\frac{2}{l}} \int_0^l u_0(x) \sin \frac{\pi k x}{l} \, dx \quad \text{und} \quad b_k = \frac{\sqrt{2l}}{\pi k a} \int_0^l u_1(x) \sin \frac{\pi k x}{l} \, dx$$

gegeben oder durch

$$u(t, x) = \sqrt{\frac{2}{l}} \sum_{k=1}^{\infty} d_k \sin \frac{\pi k x}{l} \sin \left(\frac{\pi k a}{l} t + e_k\right)$$

mit $d_k = (a_k^2 + b_k^2)^{1/2}$ und $\sin e_k = a_k/d_k$, $\cos e_k = b_k/d_k$.

Sind u_0 und u_1 zweimal stetig differenzierbar, so konvergiert die Reihe für $u(t, x)$ gleichmäßig. Sind u_0 und u_1 viermal stetig differenzierbar, so bringt man durch gliedweise Differentiation den Nachweis, daß $u(t, x)$ eine Lösung des gestellten Problems ist.

Jede harmonische Schwingung bildet eine stehende Welle mit der Eigenfrequenz $\dfrac{\pi k a}{l}$ und der Amplitude $d_k \sqrt{\dfrac{2}{l}} \sin \dfrac{\pi k x}{l}$. Die Nullstellen der Amplitude $x_{0n} = \dfrac{n}{k} l$, $n = 0, 1, 2, \ldots, k$, heißen Knotenpunkte und die Punkte $x_{mn} = \dfrac{2n+1}{2k} l$, $n = 0, 1, \ldots, k-1$, sind Punkte maximaler Amplitude. Die harmonische Schwingung zu $\lambda_1 = \left(\dfrac{\pi a}{l}\right)^2$ heißt Grundton, die übrigen harmonischen Schwingungen mit $\lambda_2, \lambda_3, \ldots$ die Obertöne. Die summarische Wirkung der einzelnen Töne gibt die Klangfarbe der Saite.

2. *Wärmeleitung in einem endlichen Stab.* Problem: Lösung der parabolischen Gleichung

$$u_t = a^2 u_{xx}$$

mit der Anfangsbedingung $u|_{t=0} = u_0(x)$ und den Randbedingungen $u|_{x=0} = u|_{x=l} = 0$ gesucht.

G, L, λ_k, f_k sind dieselben wie in Beispiel 1, $c_k = 0$ wegen $F(t, x) = 0$. Die formale Lösung hat die Gestalt

$$u(t, x) = \sqrt{\frac{2}{l}} \sum_{k=1}^{\infty} a_k \, e^{-(\pi^2 k^2 a^2 t)/l^2} \sin \frac{\pi k x}{l}$$

mit

$$a_k = \sqrt{\frac{2}{l}} \int_0^l u_0(x) \sin \frac{\pi k x}{l} \, dx.$$

3. *Longitudinale Schwingungen eines Stabes mit einem freien und einem eingespannten Ende, auf das im Anfangszeitpunkt eine konstante Kraft p wirkt.* Problem: Lösung der hyperbolischen Gleichung

$$u_{tt} = a^2 u_{xx}$$

mit den Anfangsbedingungen $u|_{t=0} = u_0(x)$, $u_t|_{t=0} = u_1(x)$ und den Randbedingungen $u_x|_{x=0} = 0$ (freies Ende), $u_x|_{x=l} = np$ gesucht.

Durch Transformation der gesuchten Funktion $\bar{u} = u - \frac{npx^2}{2l}$ geht das gestellte Problem in ein Problem mit homogenen Randbedingungen über:

$$\bar{u}_{tt} = a^2\bar{u}_{xx} + \frac{a^2np}{l}$$

mit den Anfangsbedingungen $\bar{u}|_{t=0} = u_0(x) - \frac{npx^2}{2l}$, $\bar{u}_t|_{t=0} = u_1(x)$

und den Randbedingungen $\bar{u}_x|_{x=0} = 0$, $\bar{u}_x|_{x=l} = 0$.

G ist das Intervall $0 < x < l$. Das Eigenwertproblem

$$-a^2 \frac{d^2v}{dx^2} = \lambda v \quad \text{mit} \quad \left.\frac{dv}{dx}\right|_{x=0} = 0 \quad \text{und} \quad \left.\frac{dv}{dx}\right|_{x=l} = 0$$

hat die positiven Eigenwerte $\lambda_k = \left(\frac{ka\pi}{l}\right)^2$ und die dazugehörigen Eigenfunktionen $f_k(x) = \sqrt{\frac{2}{l}} \cos \frac{\pi kx}{l}$. Die formale Lösung ist durch die Reihe

$$u(t, x) = \frac{npx^2}{2l} + \sqrt{\frac{2}{l}} \sum_{k=1}^{\infty} \left(\bar{a}_k \cos \frac{\pi ka}{l} t + b_k \sin \frac{\pi ka}{l} t\right) \cos \frac{\pi kx}{l}$$

gegeben. Dabei ist

$$\bar{a}_k = \sqrt{\frac{2}{l}} \int_0^l \left[u_0(x) - \frac{npx^2}{2l}\right] \cos \frac{\pi kx}{l}\, dx \quad \text{und} \quad b_k = \frac{\sqrt{2l}}{\pi ka} \int_0^l u_1(x) \cos \frac{\pi kx}{l}\, dx.$$

Bei der Berechnung der Glieder der Reihe ergibt sich $c_k(t) = 0$.

4. *Schwingungen einer eingespannten Membran.* Problem: Lösung der hyperbolischen Gleichung

$$u_{tt} = a^2(u_{xx} + u_{yy})$$

gesucht mit den Anfangsbedingungen $u\big|_{t=0} = u_0(x, y)$, $u_t\big|_{t=0} = u_1(x, y)$ und der Randbedingung $u|_{\partial G} = 0$ für das Rechteck $\mathbf{G_R} = \{0 < x < p, 0 < y < q\}$ bzw. für den Kreis $\mathbf{G_K} = \{x^2 + y^2 < p^2\}$.

Die Eigenwertaufgabe für das Rechteck,

$$-a^2(v_{xx} + v_{yy}) = \lambda v \quad \text{mit} \quad v|_{\partial \mathbf{G_R}} = 0,$$

löst man durch den Ansatz $v(x, y) = v_1(x)\, v_2(x)$ und erhält als Eigenwerte $\lambda_{kl} = \pi^2 a^2 \left(\frac{k^2}{p^2} + \frac{l^2}{q^2}\right)$ und als orthonormierte Eigenfunktionen $f_{kl}(x, y) = \frac{2}{\sqrt{pq}} \sin \frac{\pi kx}{p} \sin \frac{\pi lv}{q}$, $k, l = 1, 2, \ldots$ Danach hat die formale Lösung des gestellten Problems für $\mathbf{G_R}$ die Gestalt

$$u(t, x, y) = \frac{2}{\sqrt{pq}} \sum_{k,l=1}^{\infty} \left\{a_{kl} \cos \left(\pi a \sqrt{\frac{k^2}{p^2} + \frac{l^2}{q^2}}\, t\right) + b_{kl} \sin \left(\pi a \sqrt{\frac{k^2}{p^2} + \frac{l^2}{q^2}}\, t\right)\right\} \sin \frac{\pi kx}{p} \sin \frac{\pi ly}{q}$$

mit

$$a_{kl} = \frac{2}{\sqrt{pq}} \int_0^p \int_0^q u_0(x, y) \sin \frac{\pi kx}{p} \sin \frac{\pi ly}{q}\, dx\, dy$$

und

$$b_{kl} = \frac{2\sqrt{pq}}{\pi a \sqrt{k^2q^2 + l^2p^2}} \int_0^p \int_0^q u_1(x, y) \sin \frac{\pi kx}{p} \sin \frac{\pi ly}{q}\, dx\, dy.$$

Das Problem für den Kreis $\mathbf{G_K}$: Das zu untersuchende Eigenwertproblem $-a^2(v_{xx} + v_{yy}) = \lambda v$ mit $v|_{\partial \mathbf{G_K}} = 0$ hat die Eigenwerte $\lambda_{kl} = \mu_{kl}^2 \dfrac{a^2}{p^2}$ und die dazugehörigen Eigenfunktionen

$$f_{kl}(x, y) = \frac{1}{p\sqrt{\pi}\,|J_k'(\mu_{kl})|} J_k\left(\mu_{kl}\frac{r}{p}\right) e^{ik\varphi} \quad \text{mit} \quad x = r\cos\varphi, \quad y = r\sin\varphi,$$

$k = 0, 1, \ldots, l = 1, 2, \ldots,$ wobei μ_{kl} die positiven Wurzeln der Gleichung $J_k(t) = 0$ sind ($J_k(t)$ ist die Besselsche Funktion erster Gattung k-ter Ordnung, vgl. 3.3.1.3.4.). Die formale Lösung des gestellten Problems wird durch die Reihe

$$u(t, x, y) = \frac{1}{\pi p^2} \sum_{k=0}^{\infty} \sum_{l=1}^{\infty} \left(a_{kl}\cos\left(\frac{\mu_{kl}a}{p}t\right) + b_{kl}\sin\left(\frac{\mu_{kl}a}{p}t\right)\right) \frac{J_k\left(\mu_{kl}\dfrac{r}{p}\right)}{(J_k'(\mu_{kl}))^2} e^{ik\varphi}$$

beschrieben, wobei

$$a_{kl} = \int_0^p \int_0^{2\pi} u_0(x, y)\, J_k\left(\mu_{kl}\frac{r}{p}\right) e^{ik\varphi}\, r\, dr\, d\varphi,$$

$$b_{kl} = \frac{p}{a\mu_{kl}} \int_0^p \int_0^{2\pi} u_1(x, y)\, J_k\left(\mu_{kl}\frac{r}{p}\right) e^{ik\varphi}\, r\, dr\, d\varphi$$

gesetzt wird (vgl. 3.3.2.3.4.).

5. *Gemischte Aufgabe für die zweidimensionale Wärmeleitungsgleichung*. Problem: Lösung der parabolischen Differentialgleichung

$$u_t = a^2(u_{xx} + u_{yy})$$

mit $u|_{t=0} = u_0(x, y)$ und $u|_{\partial \mathbf{G}} = 0$ bezüglich $\mathbf{G} = \{0 < x < p, 0 < y < q\}$ gesucht.

Die Eigenfunktionen und Eigenwerte zu $Lv = -a^2(v_{xx} + v_{yy})$ sind mit $f_{kl} = \dfrac{2}{\sqrt{pq}} \sin\dfrac{\pi kx}{p} \sin\dfrac{\pi ly}{q}$ und $\lambda_{kl} = \pi^2 a^2 \left(\dfrac{k^2}{p^2} + \dfrac{l^2}{q^2}\right)$ in Beispiel 4 angegeben. Die formale Lösung wird durch die Reihe

$$u(t, x, y) = \frac{2}{\sqrt{pq}} \sum_{k,l=1}^{\infty} a_{kl}\, e^{-\pi^2 a^2 (k^2/p^2 + l^2/q^2)\, t} \sin\frac{\pi kx}{p} \sin\frac{\pi ly}{q}$$

mit

$$a_{kl} = \frac{2}{\sqrt{pq}} \int_0^p \int_0^q u_0(x, y) \sin\frac{\pi kx}{p} \sin\frac{\pi ly}{q}\, dx\, dy$$

gegeben.

6. *Dirichletsches Problem für ein Rechteck* $\mathbf{G_R} = \{0 < x < p, 0 < y < q\}$. Problem: Lösung der elliptischen Differentialgleichung

$$u_{xx} + u_{yy} = 0$$

mit $u(0, y) = u_0(y)$, $u(p, y) = u_1(y)$ und $u(x, 0) = v_0(x)$, $u(x, q) = v_1(x)$ gesucht.

Zunächst wird das Problem mit den Randwerten $u(0, y) = u(p, y) = 0$ und $u(x, 0) = v_0(x)$, $u(x, q) = v_1(x)$ gelöst. Das Eigenwertproblem $Lv = -\dfrac{d^2v}{dx^2} = \lambda v$ mit $v(0) = v(p) = 0$ wird durch $f_k(y) = \sqrt{\dfrac{2}{p}} \sin\dfrac{\pi kx}{p}$ und $\lambda_k = \dfrac{k^2\pi^2}{p^2}$ gelöst.

Damit ergibt sich als formale Lösung die Reihe

$$u(x, y) = \sqrt{\frac{2}{p}} \sum_{k=1}^{\infty} \frac{\sin \frac{\pi k x}{p}}{\sinh \frac{\pi k q}{p}} \left\{ a_k \sinh \frac{\pi k (q - y)}{p} + b_k \sinh \frac{\pi k y}{p} \right\}$$

mit

$$a_k = \sqrt{\frac{2}{p}} \int_0^p v_0(x) \sin \frac{\pi k x}{p} \, dx \quad \text{und} \quad b_k = \sqrt{\frac{2}{p}} \int_0^p v_1(x) \sin \frac{\pi k x}{p} \, dx .$$

Analog löst man das Problem mit den Randwerten $u(0, y) = u_0(y)$, $u(p, y) = u_1(y)$, $u(x, 0) = u(x, q) = 0$. Die Summe dieser beiden Lösungen liefert die formale Lösung des gestellten Problems.

Die Operatormethode. Ebenso wie bei einer gewöhnlichen Differentialgleichung läßt sich bei der Lösung partieller Differentialgleichungen mit Erfolg die Operatormethode anwenden, die auf einem Übergang von der gesuchten Funktion zu deren „Transformierten" beruht (vgl. 3.3.1.6.). Oft verwendet man die *Laplace-Transformation*

$$\bar{f}(s) = L\{f(t)\}(s) \stackrel{\text{def}}{=} \int_0^{\infty} e^{-st} f(t) \, dt .$$

Hierbei faßt man die gesuchte Funktion als Funktion einer der unabhängigen Variablen auf und betrachtet die anderen Variablen als Parameter. Zur Bestimmung der Transformierten der gesuchten Funktion erhält man somit eine Differentialgleichung (Hilfsgleichung), die eine unabhängige Variable weniger enthält als die ursprüngliche Gleichung. Besaß insbesondere die ursprüngliche Gleichung zwei unabhängige Variablen, so erhält man als Hilfsgleichung eine gewöhnliche Differentialgleichung. Gelingt es, aus der gewonnenen Hilfsgleichung die Transformierte der gesuchten Funktion zu finden, so ergibt sich die gesuchte Funktion selbst entweder aus der Tabelle der Transformierten oder nach der Umkehrformel (vgl. 4.4.3.).

Beispiele: 1. Eindimensionale Wärmeleitungsgleichung bei konstanter Temperatur an den Enden des Körpers:

$$a^2 u_{xx} - u_t = 0 \quad \text{für } x_0 < x < x_1,\ t > 0,$$

mit der Anfangsbedingung $u|_{t=0} = u_0$ (u_0 – Konstante)

und den Randbedingungen $u|_{x=x_0} = A$, $u|_{x=x_1} = B$ (A, B – Konstanten).

Die Hilfsgleichung für die Funktion

$$\bar{u}(s, x) = \int_0^{\infty} e^{-st} u(t, x) \, dt$$

hat die Form

$$\frac{d^2 \bar{u}}{dx^2} - \frac{1}{a^2} (s\bar{u} - u_0) = 0 .$$

Die Koeffizienten $c_1(s)$ und $c_2(s)$ in der allgemeinen Lösung der Hilfsgleichung für $u_0 = 0$, $\bar{u}(s, x) = c_1(s) \, e^{x\sqrt{s}/a} + c_2(s) \, e^{-x\sqrt{s}/a}$, werden durch die transformierten Randbedingungen $\bar{u}(s, x_0) = \frac{A}{s}$ und $\bar{u}(s, x_1) = \frac{B}{s}$ berechnet. Ist $x_0 = 0$ und $A = u_0 = 0$, so erhält man

$$\bar{u}(s, x) = B \frac{\sinh \frac{x\sqrt{s}}{a}}{s \sinh \frac{x_1 \sqrt{s}}{a}}$$

und dann nach der Rücktransformation

$$u(t, x) = B\left\{\frac{x}{x_1} + \frac{2}{\pi}\sum_{k=1}^{\infty}\frac{(-1)^k}{k}\,e^{-(k\pi a/x_1)^2 t}\sin\frac{\pi k x}{x_1}\right\}.$$

2. Ein Stab von der Länge l befinde sich im Ruhezustand, und sein Ende $x = 0$ sei eingespannt. Im Augenblick $t = 0$ greift an das freie Ende des Stabes die Kraft F (pro Flächeneinheit) an. Problem: Lösung der hyperbolischen Differentialgleichung

$$u_{tt} - a^2 u_{xx} = 0 \quad \text{für } 0 < x < l, \quad t > 0,$$

mit den Anfangsbedingungen $u|_{t=0} = 0$, $u_t|_{t=0} = 0$ und den Randbedingungen $u|_{x=0} = 0$, $u_x|_{x=l} = \frac{F}{E}$ (E – Elastizitätsmodul) gesucht.

Die Hilfsgleichung lautet $\frac{d^2\bar{u}}{dx^2} = \frac{s^2}{a^2}\bar{u}$ mit den Bedingungen $\bar{u}|_{x=0} = 0$ und $\left.\frac{d\bar{u}}{dx}\right|_{x=l} = \frac{F}{sE}$. Als Lösung des transformierten Problems erhält man

$$\bar{u}(s, x) = \frac{Fa}{s^2 E}\,\frac{\sinh\frac{xs}{a}}{\cosh\frac{sl}{a}}$$

und durch Rücktransformation dann die Lösung des gestellten Problems

$$u(t, x) = \frac{Fx}{E} - \frac{8Fl}{\pi^2 E}\sum_{n=0}^{\infty}\frac{(-1)^n}{(2n+1)}\sin\frac{(2n+1)\pi x}{2l}\cos\frac{(2n+1)\pi a t}{2l}.$$

3.3.2.3.3. *Hyperbolische Differentialgleichungen*

Der Fall zweier unabhängiger Variabler. Die kanonische Form von in den 2. Ableitungen linearen hyperbolischen Differentialgleichungen in zwei unabhängigen Variablen kann als

$$u_{xy} = f(x, y, u, u_x, u_y) \tag{3.62}$$

mit den Charakteristiken $x = \text{const}$ und $y = \text{const}$ geschrieben werden. Es gelten die folgenden *Existenz- und Eindeutigkeitssätze* für die entsprechenden korrekt gestellten Probleme, wenn vorausgesetzt wird, daß f stetig in allen Variablen ist und der Lipschitz-Bedingung

$$|f(x, y, u, p, q) - f(x, y, \bar{u}, \bar{p}, \bar{q})| \leqq M\{|u - \bar{u}| + |p - \bar{p}| + |q - \bar{q}|\}$$

genügt[1]):

a) *Anfangswertproblem*: Es existiert eine eindeutige Lösung des folgenden Problems: Gesucht ist eine Lösung der Differentialgleichung (3.62) mit den Anfangsbedingungen

$$u(x, \varphi(x)) = u_0(x) \quad \text{und} \quad \frac{\partial u}{\partial n}(x, \varphi(x)) = u_1(x).$$

Dabei ist $y = \varphi(x)$ eine vorgegebene Kurve **C** mit $\varphi'(x) \neq 0$, $\frac{\partial}{\partial n}$ bezeichnet die Normalenableitung bezüglich **C**, und u_0, u_1 sind beliebig vorgegebene stetige Funktionen auf der Kurve **C**, so daß u_0' existiert und stetig ist.

Die Lösung $u(x_0, y_0)$ hängt nur von den Anfangswerten auf dem Stück $\mathbf{C}_0$ der Kurve **C** ab, das von den Charakteristiken P_0B_0 und P_0A_0 aus **C** ausgeschnitten wird. Eine Änderung der Anfangsdaten außerhalb $\mathbf{C}_0$ hat keine Wirkung auf die Lösung im Punkte P_0. $\mathbf{C}_0$ heißt das *Abhängigkeitsgebiet* der Lösung im Punkte P_0 (vgl. Abb. 3.69).

---

[1]) Die Lipschitz-Bedingung ist erfüllt, wenn f stetige partielle Ableitungen nach u, p und q besitzt.

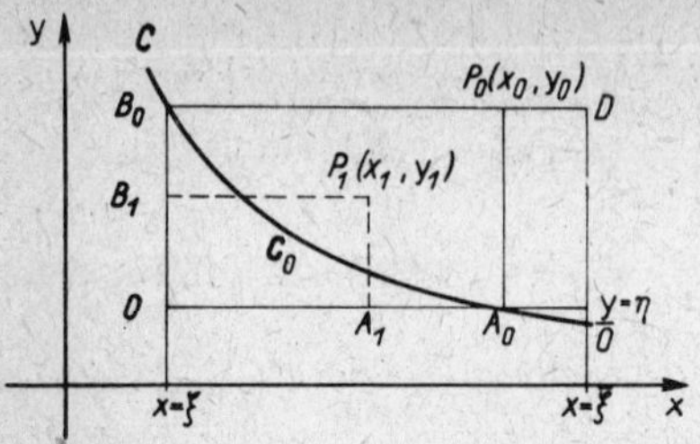

Abb. 3.69. Existenzgebiete von Lösungen korrekt gestellter Probleme bei hyperbolischen Differentialgleichungen in zwei unabhängigen Veränderlichen

b) *Charakteristisches Anfangswertproblem*: $h(x)$ sei eine stetig differenzierbare Funktion auf der Charakteristik $y = \eta$ und $g(y)$ auf $x = \xi$ mit der Verträglichkeitsbedingung $h(\xi) = g(\eta)$. Dann existiert eine eindeutige Lösung der Differentialgleichung (3.62), wobei gefordert wird, daß die Lösung auf den Charakteristiken $x = \xi$ bzw. $y = \eta$ vorgegebene Werte annimmt:

$$u(x, \eta) = h(x) \quad \text{und} \quad u(\xi, y) = g(y).$$

Das *Abhängigkeitsgebiet* der Lösung im Punkte P_1 ist in $\overline{B_1O} \cup \overline{A_1O}$ enthalten, d. h. eine Änderung der Anfangswerte h, g außerhalb $\overline{B_1O} \cup \overline{A_1O}$ hat keinen Einfluß auf die Lösung im Punkte P_1 (vgl. Abb. 3.69).

c) *Gemischtes Problem*: $u_0(x)$ sei eine stetig differenzierbare Funktion auf $\mathbf{C}$: $y = \varphi(x)$ und $g(y)$ auf der Charakteristik $x = \xi$ mit der Verträglichkeitsbedingung $u_0(\xi) = g(\varphi(\xi))$. Dann existiert eine eindeutige Lösung der Differentialgleichung (3.62) in einem Gebiet der Art $\overline{\widehat{B_0O}DB_0}$ (vgl. Abb. 3.69), die auf $\mathbf{C}$ bzw. $x = \xi$ vorgegebene Werte annimmt:

$$u(x, \varphi(x)) = u_0(x) \quad \text{und} \quad u(\xi, y) = g(y).$$

Eine explizite Lösungsformel für das Anfangswertproblem bzw. das charakteristische Anfangswertproblem der Differentialgleichung

$$Lu = h(x, y) \quad \text{mit} \quad Lu = \frac{\partial^2 u}{\partial x \, \partial y} + a(x, y)\frac{\partial u}{\partial x} + b(x, y)\frac{\partial u}{\partial y} + c(x, y)u$$

erhält man durch die *Riemannsche Integrationsmethode*. Es wird vorausgesetzt, daß a, b stetig differenzierbare und c, h stetige Funktionen sind. Der zu L *adjungierte Differentialausdruck* wird durch

$$Mv = \frac{\partial^2 v}{\partial x \, \partial y} - \frac{\partial}{\partial x}(av) - \frac{\partial}{\partial y}(bv) + cv$$

definiert. Ist $a = b = 0$, so gilt $Lu = Mu$, und L heißt *selbstadjungiert*. Die Funktion $G(x, y; x_0, y_0)$ soll außer von dem Argument x, y noch von den Parametern x_0, y_0 abhängen und folgende Bedingungen erfüllen:

1. G soll als Funktion von x, y der adjungierten Differentialgleichung $MG = 0$ genügen.

2. $$G(x, y_0; x_0, y_0) = \exp\left(\int_{x_0}^{x} b(t, y_0)\, dt\right),$$

$$G(x_0, y; x_0, y_0) = \exp\left(\int_{y_0}^{y} a(x_0, t)\, dt\right).$$

Durch 2. werden die Werte der Funktion G auf den Charakteristiken $x = x_0$ bzw. $y = y_0$ vorgegeben. G berechnet sich dann eindeutig aus dem charakteristischen Anfangswertproblem für $Mv = 0$. Eine solche Funktion G heißt die zum Differentialoperator L gehörige *Riemannsche Funktion*. Zwischen der Riemannschen Funktion $G(x, y; x_0, y_0)$ bez. L und der Riemannschen Funktion $H(x, y; x_0, y_0)$ bez. M gilt das sogenannte *Reziprozitätsgesetz*:

$$H(x, y; x_0, y_0) = G(x_0, y_0; x, y),$$

d. h. die Riemannsche Funktion eines Differentialoperators L geht in die des adjungierten Differentialoperators M über, wenn man Parameter und Argumente vertauscht. Ist L selbstadjungiert, so ist die Riemannsche Funktion symmetrisch bez. (x, y) und (x_0, y_0). Mit der Riemannschen Funktion erhält man die *Darstellungsformel der Lösung des Anfangswertproblems* für $Lu = h(x, y)$ im Punkte $P_0(x_0, y_0)$ (vgl. Abb. 3.69 und a)):

$$2u(P_0) = u(A_0)\, G(A_0; P_0) + u(B_0)\, G(B_0; P_0)$$

$$- \overset{A_0}{\underset{B_0}{{}^{C}\!\int}} ((u_x G - uG_x + 2buG) y_n + (u_y G - uG_y + 2auG) x_n) \mathrm{d}s + 2 \iint\limits_{\triangledown} hG \,\mathrm{d}x\, \mathrm{d}y,$$

wenn $\mathbf{C}$ die Darstellung $x = x(s)$, $y = y(s)$ mit s als Bogenlänge und $x', y' \neq 0$ hat, x_n, y_n die Komponenten der nach außen weisenden Normalen auf $\mathbf{C}$ sind und $\iint\limits_{\triangledown}$ Integration über das Gebiet $\overset{\frown}{B_0 A_0}\overline{P_0 B_0}$ bedeutet. Die rechte Seite der Darstellungsformel ist durch die Anfangsdaten $u(x(s), y(s)) = u_0(s)$ und $\frac{\partial u}{\partial n}(x(s), y(s)) = u_1(s)$ berechenbar, denn mit der Kenntnis von u und $\frac{\partial u}{\partial n}$ längs $\mathbf{C}$ ist auch u_x und u_y längs $\mathbf{C}$ bekannt.

Die *Darstellungsformel für das charakteristische Anfangswertproblem* ist (vgl. Abb. 3.69 und b))

$$u(P_1) = u(0)\, G(0; P_1) + \int_{y_1}^{\eta} G(u_y + au)_{x=\xi}\, \mathrm{d}y - \int_{\xi}^{x_1} G(u_x + bu)_{y=\eta}\, \mathrm{d}x + \iint\limits_{\square} Gh \,\mathrm{d}x\, \mathrm{d}y.$$

Die rechte Seite ist durch die Anfangsdaten auf $x = \xi$ bzw. $y = \eta$ gegeben, wenn man die Ableitungen von u nach x und y auf $\mathbf{G}$ durch partielle Integration überführt. $\iint\limits_{\square}$ bezeichnet Integration über das Rechteck $P_1 B_1 O A_1$.

Beispiele: 1. Berechnung der Riemannschen Funktion für $u_{xy} - \frac{1}{4}u = 0$. $Lu = u_{xy} - \frac{1}{4}u$ ist selbstadjungiert, also ist $\mathbf{G}$ symmetrisch. Beachtet man die zweite Bedingung für die Riemannsche Funktion, so rechtfertigt sich der Ansatz

$$G = g(R) \quad \text{mit} \quad R = (x - x_0)(y - y_0) \quad \text{und} \quad g(0) = 1.$$

$R = 0$ stellt die beiden Charakteristiken durch den Punkt $P_0(x_0, y_0)$ dar. $g(R)$ erweist sich als Lösung der Differentialgleichung $R \frac{\mathrm{d}^2 g}{\mathrm{d}R^2} + \frac{\mathrm{d}g}{\mathrm{d}R} - \frac{1}{4} g = 0$ mit $g(0) = 1$ oder durch die Substitution $R = r^2$ als Lösung der modifizierten Besselschen Differentialgleichung $r^2 \frac{\mathrm{d}^2 g}{\mathrm{d}r^2} + r \frac{\mathrm{d}g}{\mathrm{d}r} - r^2 g = 0$. Daher ist $g = I_0(\sqrt{R})$ und $G(x, y; x_0, y_0) = I_0\left(\sqrt{(x - x_0)(y - y_0)}\right)$ die gesuchte Riemannsche Funktion ($I_0(t)$ ist die modifizierte Besselsche Funktion erster Gattung 0-ter Ordnung, vgl. 3.3.1.3.4.).

2. Die Differentialgleichung für das Fließen des elektrischen Stromes durch Leitungsdrähte (Telegrafengleichung) hat die Form

$$au_{tt} + 2bu_t + cu = u_{xx},$$

wobei $a > 0$, b und c Konstanten sind. Durch die Substitution der unbekannten Funktion $u = \bar{u}e^{-bt/a}$ erhält man für $\bar{u}$ die Differentialgleichung $\bar{u}_{tt} = m^2 \bar{u}_{xx} + n^2 \bar{u}$ $\left(m^2 = \frac{1}{a},\ n^2 = \frac{b^2 - ac}{a^2}\right)$ und durch Transformation der unabhängigen Variablen $\bar{x} = \frac{n}{m}(mt + x)$, $\bar{y} = \frac{n}{m}(mt - x)$ die Form $\bar{u}_{\bar{x}\bar{y}} - \frac{1}{4}\bar{u} = 0$. Damit ergibt sich aus der Riemannschen Darstellungsformel die Lösung der ursprünglichen Gleichung, die den Anfangsdaten $u|_{t=0} = u_0(x)$, $u_t|_{t=0} = u_1(x)$ genügt. So erhält man, wenn man in die Darstellungsformel die Riemannsche Funktion $G = I_0\left(\sqrt{(\bar{x} - \bar{x}_0)(\bar{y} - \bar{y}_0)}\right)$ aus Beispiel 1 einsetzt und zu den ursprünglichen Variablen zurückkehrt:

$$\bar{u}(x, t) = \frac{1}{2}(u_0(x - mt) + u_0(x + mt)) + \frac{1}{2}\int\limits_{x-mt}^{x+mt}\left(u_1(s)\frac{1}{m}I_0\left(\frac{n}{m}\sqrt{m^2t^2 - (s - x)^2}\right) - u_0(s)\frac{ntI_1\left(\frac{n}{m}\sqrt{m^2t^2 - (s - x)^2}\right)}{\sqrt{m^2t^2 - (s - x)^2}}\right)ds.$$

Spezialfall: $a = \frac{1}{p^2}$, $b = c = 0$. Damit ist $m = p$, $n = 0$, und wegen $I_0(0) = 1$, $I_1(0) = 0$ ergibt sich als Lösungsformel für die Differentialgleichung $u_{tt} - p^2u_{xx} = 0$ mit den Anfangsbedingungen $u|_{t=0} = u_0(x)$, $u_t|_{t=0} = u_1(x)$

$$u(x, t) = \frac{1}{2}\{u_0(x - pt) + u_0(x + pt)\} + \frac{1}{2p}\int\limits_{x-pt}^{x+pt} u_1(s)\,ds.$$

Die *Differentialgleichung der schwingenden Saite oder auch eindimensionale Wellengleichung*

$$\frac{\partial^2 u}{\partial t^2} - a^2\frac{\partial^2 u}{\partial x^2} = 0 \tag{3.63}$$

hat die Charakteristiken $x \pm at = \text{const}$ (vgl. Abb. 3.70) und kann durch die Transformation $\bar{t} = x - at$, $\bar{x} = x + at$ auf die kanonische Form $\bar{u}_{\bar{t}\bar{x}} = 0$ gebracht werden. Die Differentialgleichung (3.63) hat die *allgemeine Lösung*

$$u(t, x) = f_1(x + at) + f_2(x - at),$$

wobei f_1 und f_2 beliebige zweimal stetig differenzierbare Funktionen sind. Die Funktion $f_2(x - at)$ beschreibt eine Störung, die vom Punkt x_0 zum Zeitpunkt $t = 0$ ausgeht und zum Zeitpunkt t in den Punkt $x = x_0 + at$ einläuft (vgl. Abb. 3.71). Daher beschreibt diese Funktion eine Welle, die sich nach rechts mit der Geschwindigkeit a ausbreitet. Analog beschreibt $f_1(x + at)$ eine sich nach links mit der Geschwindigkeit a ausbreitende Welle. Die allgemeine Lösung von (3.63) ist eine Superposition dieser beiden Wellen.

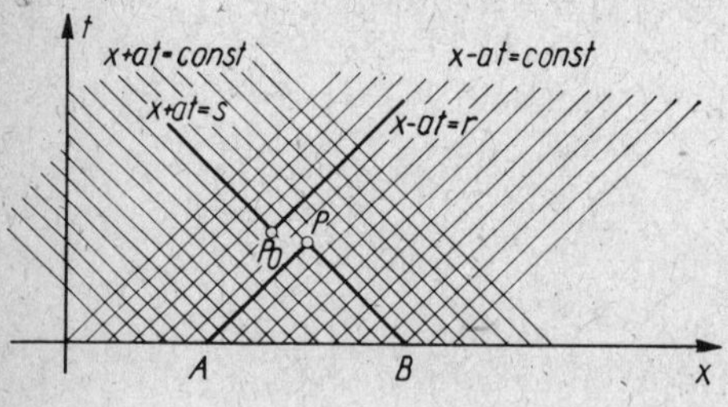

Abb. 3.70. Charakteristiken der hyperbolischen Differentialgleichung $\frac{\partial^2 u}{\partial t^2} = a^2\frac{\partial^2 u}{\partial x^2}$

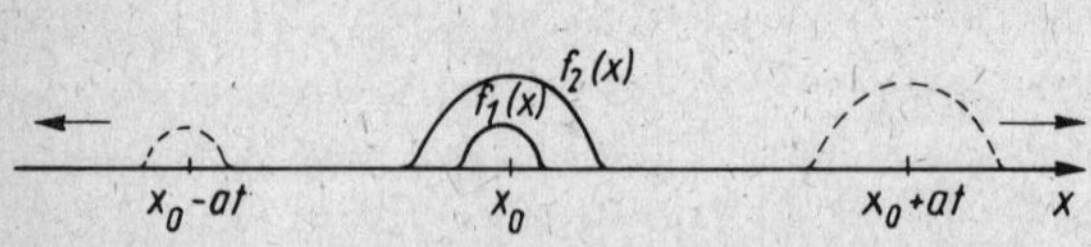

Abb. 3.71. Ausbreitung von Wellen bei der eindimensionalen Wellengleichung

Das Anfangswertproblem bezüglich der Kurve **C**: $t = 0$ mit den Anfangsbedingungen $u(0, x) = u_0(x), \frac{\partial u}{\partial t}(0, x) = u_1(x)$ hat die Lösung

$$u(t, x) = \frac{1}{2}(u_0(x - at) + u_0(x + at)) + \frac{1}{2a}\int_{x-at}^{x+at} u_1(s)\,ds$$

(*d'Alembertsche Lösung*, vgl. obiges Beispiel 2). Diese Lösung zeigt, daß das *Abhängigkeitsgebiet* $[A, B]$ der Lösung u im Punkte P von den beiden Charakteristiken durch P aus der x-Achse ausgeschnitten wird (vgl. Abb. 3.70).

Problem der eingespannten Saite: Es ist eine Lösung der Differentialgleichung (3.63) mit den Anfangsbedingungen $u(0, x) = u_0(x)$, $u_t(0, x) = u_1(x)$, $0 \leqq x \leqq l$, und den Randbedingungen $u(t, 0) = u(t, l) = 0$ gesucht. Dabei sei u_0 zweimal und u_1 einmal stetig differenzierbar. Notwendigerweise müssen die Verträglichkeitsbedingungen $u_0(0) = u_0(l) = 0$ und $u_1(0) = u_1(l) = 0$ erfüllt sein. Setzt man die Anfangswerte u_0 und u_1 durch $u_0(-x) = -u_0(x)$ und $u_1(-x) = -u_1(x)$ in das Intervall $[-l, l]$ fort und dann periodisch auf die ganze x-Achse, so ist mit der zusätzlichen Bedingung $u_0''(0) = u_0''(l) = 0$ u_0 auf der x-Achse zweimal und u_1 einmal differenzierbar, und die Lösung dieses Problems wird durch die d'Alembertsche Lösung gegeben. Untersucht man dieses Problem von den Schwingungen her, so erweist sich die Fouriersche Methode als sehr vorteilhaft (vgl. 3.3.2.3.2. Beispiel 1).

Charakteristisches Problem: Auf $x - at = r$ sei $h(t)$ vorgegeben und auf $x + at = s$ die Funktion $g(t)$ (vgl. Abb. 3.70). Beide seien zweimal stetig differenzierbar. Es ist eine Lösung von (3.63) gesucht mit

$$u(t, r + at) = h(t) \quad \text{und} \quad u(t, s - at) = g(t).$$

Dabei besagt die Verträglichkeitsbedingung: $h\left(\frac{s-r}{2a}\right) = g\left(\frac{s-r}{2a}\right)$. Man bestimmt nun die beliebigen Funktionen f_1 und f_2 in der allgemeinen Lösung von (3.63) so, daß dieses Problem gelöst wird. Es ergibt sich als Lösung

$$u(t, x) = h\left(\frac{x + at - r}{2a}\right) + g\left(\frac{s - x + at}{2a}\right) - h\left(\frac{s - r}{2a}\right).$$

Das *Anfangswertproblem für die inhomogene eindimensionale Wellengleichung* $u_{tt} - a^2 u_{xx} = f(t, x)$ wird durch

$$u(t, x) = \frac{1}{2}(u_0(x - at) + u_0(x + at)) + \frac{1}{2a}\int_{x-at}^{x+at} u_1(s)\,ds + \frac{1}{2a}\iint_{\mathbf{K}} f(s, r)\,ds\,dr$$

gegeben, wobei **K** durch $0 \leqq s \leqq t$, $|r - x| \leqq a|t - s|$ definiert wird (vgl. Prinzip von Duhamel).

Der Fall von mehr als zwei unabhängigen Variablen. Die Lösung des Anfangswertproblems für die *zweidimensionale Wellengleichung*

$$\frac{\partial^2 u}{\partial t^2} = a^2\left(\frac{\partial^2 u}{\partial x_1^2} + \frac{\partial^2 u}{\partial x_2^2}\right) \text{ mit } u(0, x_1, x_2) = u_0(x_1, x_2), \quad \frac{\partial u}{\partial t}(0, x_1, x_2) = u_1(x_1, x_2)$$

wird durch die *Poissonsche Formel*

$$u(t, x_1, x_2) = \frac{1}{2\pi a}\left(\iint_{\mathbf{K}_{at}^{(x_1, x_2)}} \frac{u_1(\bar{x}_1, \bar{x}_2)}{\sqrt{a^2t^2 - \bar{r}^2}}\,d\bar{x}_1\,d\bar{x}_2 + \frac{\partial}{\partial t}\left(\iint_{\mathbf{K}_{at}^{(x_1, x_2)}} \frac{u_0(\bar{x}_1, \bar{x}_2)}{\sqrt{a^2t^2 - \bar{r}^2}}\,d\bar{x}_1\,d\bar{x}_2\right)\right) \tag{3.64}$$

($\bar{r}^2 = (\bar{x}_1 - x_1)^2 + (\bar{x}_2 - x_2)^2$) gelöst. Dabei wird vorausgesetzt, daß u_0 dreimal und u_1 zweimal stetig differenzierbar ist. $\mathbf{K}_{at}^{(x_1, x_2)}$ bezeichnet in der $(\bar{x}_1, \bar{x}_2)$-Ebene den Kreis mit dem Mittelpunkt (x_1, x_2) und dem Radius at.

$M_t^{(x_1, x_2, x_3)}[f]$ bezeichne den sphärischen Mittelwert der Funktion $f(x_1, x_2, x_3)$ über die Kugeloberfläche $\mathbf{S}_t^{(x_1, x_2, x_3)}$ der Kugel mit dem Radius t und dem Mittelpunkt (x_1, x_2, x_3):

$$M_t^{(x_1, x_2, x_3)}[f] = \frac{1}{4\pi} \int_0^{2\pi} \int_{-\frac{\pi}{2}}^{\pi/2} f(x_1 + t\cos\varphi\cos\vartheta, x_2 + t\sin\varphi\cos\vartheta, x_3 + t\sin\vartheta)\cos\vartheta \, d\vartheta \, d\varphi .$$

Die Lösung des Anfangswertproblems für die *dreidimensionale Wellengleichung*

$$\frac{\partial^2 u}{\partial t^2} = a^2 \left(\frac{\partial^2 u}{\partial x_1^2} + \frac{\partial^2 u}{\partial x_2^2} + \frac{\partial^2 u}{\partial x_3^2} \right)$$

mit

$$u(0, x_1, x_2, x_3) = u_0(x_1, x_2, x_3), \frac{\partial u}{\partial t}(0, x_1, x_2, x_3) = u_1(x_1, x_2, x_3)$$

(u_0 dreimal und u_1 zweimal stetig differenzierbar) wird durch die *Kirchhoffsche Formel* gegeben:

$$u(t, x_1, x_2, x_3) = tM_{at}^{(x_1, x_2, x_3)}[u_1] + \frac{\partial}{\partial t}\left(tM_{at}^{(x_1, x_2, x_3)}[u_0]\right). \tag{3.65}$$

Deutung von (3.64) *und* (3.65): Die Anfangsstörungen u_0 und u_1 seien nur in einem kleinen Gebiet **G** um den Nullpunkt von null verschieden. Die Lösung (3.64) zeigt, daß außerhalb der Einhüllenden **E** der $\mathbf{S}_{at}^{(x_1, x_2)}$ mit $(x_1, x_2) \in \mathbf{G}$ Ruhe herrscht, hingegen die Lösung innerhalb des Gebietes, das von **E** eingeschlossen wird, im allgemeinen ungleich null ist (vgl. Abb. 3.72). Die Lösung hat nur eine äußere Wellenfront. Es bleibt ein Nacheffekt erhalten.

Die Formel (3.65) zeigt, daß die Lösung nur in dem von $\mathbf{E}_1$ und $\mathbf{E}_2$ eingeschlossenen Gebiet im allgemeinen ungleich null ist. In dem von $\mathbf{E}_2$ eingeschlossenen Gebiet und außerhalb von $\mathbf{E}_1$ herrscht Ruhe. Die Lösung hat in diesem Fall eine scharfe äußere und innere Wellenfront (vgl. Abb. 3.73).

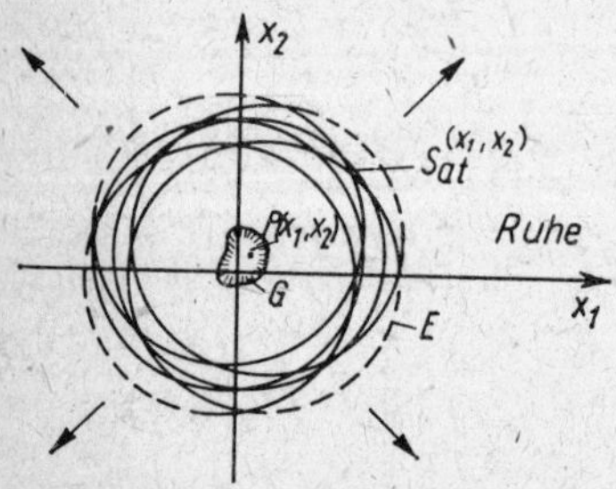

Abb. 3.72. Wellenausbreitung bei der zweidimensionalen Wellengleichung

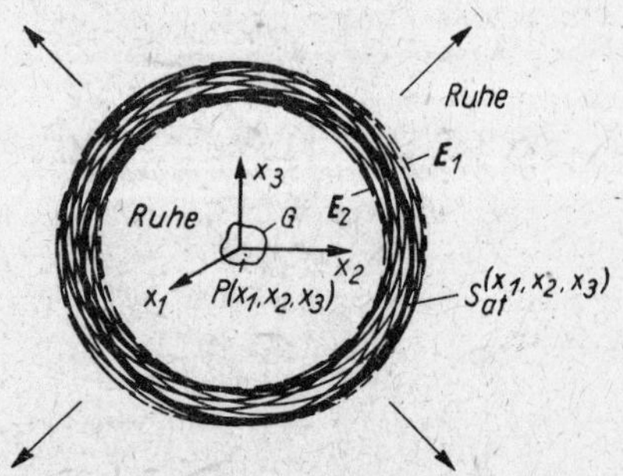

Abb. 3.73. Wellenausbreitung bei der dreidimensionalen Wellengleichung

Die *inhomogene Wellengleichung* $u_{tt} - a^2 \Delta u = f(t, x_1, \ldots, x_n)$: Wie bei inhomogenen gewöhnlichen Differentialgleichungen setzt sich auch hier die allgemeine Lösung der inhomogenen Wellengleichung aus einer speziellen Lösung der inhomogenen Gleichung und der allgemeinen Lösung der homogenen Wellengleichung zusammen. Um eine spezielle Lösung der inhomogenen Gleichung zu erhalten, bedient man sich des *Prinzips von Duhamel*: Man löst das Anfangswertproblem

$$\bar{u}_{tt} - a^2 \Delta\bar{u} = 0 \text{ mit } \bar{u}(0, x_1, \ldots, x_n; s) = 0 \text{ und } \bar{u}_t(0, x_1, \ldots, x_n; s) = f(s, x_1, \ldots, x_n)$$

für die homogene Wellengleichung mit einem Parameter s. Dann ist die Funktion

$$u(t, x_1, \ldots, x_n) = \int_0^t \bar{u}(t - s, x_1, \ldots, x_n; s)\, ds$$

eine spezielle Lösung der inhomogenen Wellengleichung mit homogenen Anfangsbedingungen. Damit ergibt sich die allgemeine Lösung der dreidimensionalen Wellengleichung als

$$u(t, x_1, x_2, x_3) = tM_{at}^{(x_1, x_2, x_3)}[u_1] + \frac{\partial}{\partial t}\left(tM_{at}^{(x_1, x_2, x_3)}[u_0]\right) + \frac{1}{4\pi a^2} \iiint\limits_{K_{at}^{(x_1, x_2, x_3)}} \frac{f\left(t - \frac{\bar{r}}{a}, \bar{x}_1, \bar{x}_2, \bar{x}_3\right)}{\bar{r}}\, d\bar{x}_1\, d\bar{x}_2\, d\bar{x}_3$$

mit $\bar{r}^2 = \sum_{i=1}^{3} (\bar{x}_i - x_i)^2$, und bei der zweidimensionalen Wellengleichung muß man zur Lösung der homogenen Gleichung die spezielle Lösung der inhomogenen Gleichung

$$\frac{1}{2\pi a} \iiint\limits_{K} \frac{f(\bar{t}, \bar{x}_1, \bar{x}_2)}{(a^2(\bar{t} - t)^2 - (\bar{x}_1 - x_1)^2 - (\bar{x}_2 - x_2)^2)^{1/2}}\, d\bar{t}\, d\bar{x}_1\, d\bar{x}_2$$

addieren, wobei $\mathbf{K}$ ein Gebiet des $(\bar{x}_1, \bar{x}_2, \bar{t})$-Raumes ist, das durch die Ungleichungen $0 \leqq \bar{t} \leqq t$, $(\bar{x}_1 - x_1)^2 + (\bar{x}_2 - x_2)^2 \leqq a^2(\bar{t} - t)^2$ definiert wird.

$\displaystyle\iiint\limits_{K_{at}^{(x_1, x_2, x_3)}} \frac{f\left(t - \frac{\bar{r}}{a}, \bar{x}_1, \bar{x}_2, \bar{x}_3\right)}{\bar{r}}\, d\bar{x}_1\, d\bar{x}_2\, d\bar{x}_3$ heißt *retardierendes Potential*, weil die Funktion f nicht zum Zeitpunkt t genommen wird, sondern zu einem früheren Zeitpunkt.

Für die Behandlung des gemischten Problems bei der Wellengleichung sei auf 3.3.2.3.2. hingewiesen. Derartige Probleme können oft mit der Fourierschen Methode bearbeitet werden.

Spezielle Lösungen der eindimensionalen Wellengleichung $u_{tt} - a^2 u_{xx} = 0$:

$$u(t, x) = C \cos(wt + c_1) \cos(kx + c_2),$$

$$u(t, x) = c_1 \cos(wt \mp kx) + c_2 \sin(wt \mp kx) \quad (w = ka)$$

$$= C \cos(wt \mp kx + c).$$

Spezielle Lösungen der zwei- und dreidimensionalen Wellengleichung $u_{tt} - a^2\, \Delta u = 0$:

$$u(t, x_1, \ldots, x_n) = \bar{u}(x_1, \ldots, x_n)\, e^{\pm iwt} \quad (w = ka)$$

ist eine Lösung der Wellengleichung, wenn $\bar{u}$ Lösung der Helmholtz-Gleichung $\Delta\bar{u} + k^2\bar{u} = 0$ mit einer beliebigen Konstanten k ist (vgl. spezielle Lösung der Helmholtz-Gleichung, 3.3.2.3.4.). Daraus ergeben sich folgende spezielle Lösungen:

$$u(t, x_1, x_2, x_3) = A \cos(wt \mp (k_1x_1 + k_2x_2 + k_3x_3) + c) \quad (k_1^2 + k_2^2 + k_3^2 = k^2;\ w = ka);$$

$$u(t, r, \varphi, z) = Z_m\left(r\sqrt{k^2 - K^2}\right) \cos(wt \mp Kz \mp m\varphi + c) \quad (m = 0, 1, \ldots;\ w = ka);$$

$$u(t, r, \vartheta, \varphi) = \frac{1}{\sqrt{r}} J_{j+1/2}(kr)\, Y_j(\vartheta, \varphi) \cos(wt + c) \quad (j = 0, 1, \ldots;\ w = ka);$$

$$u(t, r, \vartheta, \varphi) = \frac{A}{r} \cos(wt \mp kr + c) \quad (w = ka);$$

$$u(t, r, \vartheta, \varphi) = A\left[\frac{1}{kr^2} \cos(wt \mp kr) \mp \frac{1}{r} \sin(wt \mp kr)\right] \cos\vartheta \quad (w = ka);$$

$$u(t, r, \varphi) = Z_m(kr)\, [A \cos m\varphi + B \sin m\varphi]\, [A' \cos wt + B' \sin wt] \quad (m = 0, 1, \ldots;\ w = ka).$$

(r, φ, z) bezeichnen Zylinderkoordinaten $x_1 = r\cos\varphi$, $x_2 = r\sin\varphi$, $x_3 = z$ und (r, ϑ, φ) Polarkoordinaten $x_1 = r\cos\varphi\sin\vartheta$, $x_2 = r\sin\varphi\sin\vartheta$, $x_3 = r\cos\vartheta$ im $\mathbf{R}^3$ und (r, φ) Polarkoordinaten $x_1 = r\cos\varphi$, $x_2 = r\sin\varphi$ im $\mathbf{R}^2$. $Z_m(x)$, die Zylinderfunktionen, sind Lösungen der Besselschen Differentialgleichung und $J_{j+1/2}$ sind die sphärischen Besselfunktionen (vgl. 3.3.1.3.4.).

3.3.2.3.4. Elliptische Differentialgleichungen. Es wird das *Eigenwertproblem zum Sturm-Liouvilleschen Operator L*

$$Lu = -\sum_{i=1}^{n} \frac{\partial}{\partial x_i}\left(p\frac{\partial u}{\partial x_i}\right) + qu = \lambda u \quad (x_1, \ldots, x_n) \in \mathbf{G} \tag{3.66}$$

mit den Randbedingungen

$$\left.\left(fu + g\frac{\partial u}{\partial n}\right)\right|_{\partial\mathbf{G}} = 0 \tag{3.67}$$

untersucht (z. B. $p \equiv 1$, $q \equiv 0$: $Lu = -\Delta u$). Dabei ist $\mathbf{G}$ ein beschränktes Gebiet mit stückweise glattem Rand $\partial\mathbf{G}$, und $\frac{\partial}{\partial n}$ bezeichnet die Normalenableitung von $\partial\mathbf{G}$. Für $(x_1, \ldots, x_n) \in \overline{\mathbf{G}} = \mathbf{G} \cup \partial\mathbf{G}$ gelte: $p(x_1, \ldots, x_n) > 0$, $q(x_1, \ldots, x_n) \geqq 0$ und p stetig differenzierbar, q stetig. Für $(x_1, \ldots, x_n) \in \partial\mathbf{G}$ gelte: $f(x_1, \ldots, x_n) \geqq 0$, $g(x_1, \ldots, x_n) \geqq 0$, $f + g > 0$ und f, g stetig. Gesucht werden nichttriviale Lösungen u (d. h. Lösungen, die nicht gleich der Nullösung sind), die in $\mathbf{G}$ zweimal stetig differenzierbar und auf $\overline{\mathbf{G}}$ einmal stetig differenzierbar sind.

Für L gelten die *erste Greensche Formel*

$$\iint\limits_{\mathbf{G}} vLu \, dx_1 \ldots dx_n = \iint\limits_{\mathbf{G}} p \sum_{i=1}^{n} \frac{\partial v}{\partial x_i}\frac{\partial u}{\partial x_i} dx_1 \ldots dx_n - \int\limits_{\partial\mathbf{G}} pv\frac{\partial u}{\partial n} dS + \iint\limits_{\mathbf{G}} quv \, dx_1 \ldots dx_n$$

und die *zweite Greensche Formel*

$$\iint\limits_{\mathbf{G}} (vLu - uLv) \, dx_1 \ldots dx_n = \int\limits_{\partial\mathbf{G}} p\left(u\frac{\partial v}{\partial n} - v\frac{\partial u}{\partial n}\right) dS.$$

Es seien dabei u, v zweimal stetig differenzierbar auf $\mathbf{G}$ und einmal stetig differenzierbar auf $\overline{\mathbf{G}}$. dS steht für das Oberflächenelement des Randes $\partial\mathbf{G}$.

Der Operator L ist hermitesch (selbstadjungiert), d. h. die Beziehung

$$\iint\limits_{\mathbf{G}} uLv \, dx_1 \ldots dx_n = \iint\limits_{\mathbf{G}} vLu \, dx_1 \ldots dx_n$$

gilt für alle $u, v \in \mathbf{D}$. Eine die Randbedingung (3.67) erfüllende Funktion u ist in der Funktionsmenge $\mathbf{D}$ enthalten, wenn sie in $\mathbf{G}$ zweimal stetig differenzierbar, in $\overline{\mathbf{G}}$ einmal stetig differenzierbar ist und $\iint\limits_{\mathbf{G}} (Lu)^2 \, dx_1 \ldots dx_n < \infty$.

L ist ein positiver Operator, d. h. $(Lu, u) = \iint\limits_{\mathbf{G}} uLu \, dx_1 \ldots dx_n \geqq 0$ für alle $u \in \mathbf{D}$. Diese Eigenschaft folgt aus der Ungleichung

$$\iint\limits_{\mathbf{G}} uLu \, dx_1 \ldots dx_n \geqq p_0 \iint\limits_{\mathbf{G}} \sum_{i=1}^{n} \left(\frac{\partial u}{\partial x_i}\right)^2 dx_1 \ldots dx_n$$

mit $p_0 = \min\limits_{(x_1, \ldots, x_n) \in \overline{\mathbf{G}}} p(x_1, \ldots, x_n)$ und $u \in \mathbf{D}$.

Eine nichttriviale Lösung der Eigenwertaufgabe (3.66)–(3.67) heißt *Eigenfunktion* und der dazugehörige Wert λ *Eigenwert*. Eigenschaften der Eigenfunktionen und Eigenwerte des gestellten Eigenwertproblems sind:

(a) Die Eigenwerte des Operators L sind nicht negativ.

(b) Die Eigenfunktionen des Operators L, die zu verschiedenen Eigenwerten gehören, sind zueinander orthogonal, d. h. aus $Lu = \lambda u$ und $L\bar{u} = \bar{\lambda}\bar{u}$ mit $\lambda \neq \bar{\lambda}$ folgt $\iint\limits_{G} u\bar{u}\,dx_1 \dots dx_n = 0$.

(c) $\lambda = 0$ ist genau dann ein Eigenwert von L, wenn $q = 0$ und $f = 0$. Hierbei ist $\lambda = 0$ ein einfacher Eigenwert (d. h. es gibt nur eine Eigenfunktion zu diesem Eigenwert) und $u_0 = \text{const}$ die zugehörige Eigenfunktion.

Die Randbedingung (3.67) werde jetzt für die folgenden Eigenschaften durch

$$u\big|_{\partial G} = 0 \quad \text{oder} \quad \left(\frac{\partial u}{\partial n} + fu\right)\bigg|_{\partial G} = 0 \quad (f \geqq 0) \tag{3.68}$$

ersetzt.

(d) Die Menge der Eigenwerte des Operators L ist abzählbar und hat keine endlichen Häufungspunkte. Zu jedem Eigenwert kann es nur endlich viele Eigenfunktionen geben.

Man kann also die Eigenwerte nach wachsendem Betrag ordnen:

$$0 \leqq \lambda_1 \leqq \lambda_2 \leqq \dots \quad \text{mit} \quad \lambda_k \to \infty \quad \text{für } k \to \infty,$$

und dabei ist λ_l so oft aufgeschrieben, wie es linear unabhängige Eigenfunktionen zu diesem Eigenwert gibt. Die Eigenfunktionen werden mit $u_1, u_2, \dots$ bezeichnet. Es gilt $Lu_k = \lambda_k u_k$, $k = 1, 2, \dots$ und $u_k \in \mathbf{D}$. Die Eigenfunktionen können orthonormiert vorausgesetzt werden (vgl. Schmidtsches Orthogenalisierungsverfahren, 8.1.1.4.), d. h.

$$\iint\limits_{G} u_k u_l\,dx_1\,dx_2 \dots dx_n = \delta_{kl}.$$

(e) Jede Funktion u aus $\mathbf{D}$ kann in eine gleichmäßig und absolut konvergente Reihe nach den Eigenfunktionen des Operators L entwickelt werden:

$$u(x_1, \dots, x_n) = \sum_{k=1}^{\infty} c_k u_k(x_1, \dots, x_n) \quad \text{mit} \quad c_k = \iint\limits_{G} uu_k\,dx_1 \dots dx_n. \tag{3.69}$$

(f) Das System der Eigenfunktionen des Operators L ist im $L_2(G)$ dicht (vgl. Funktionalanalysis, 8.1.1.2.).

(g) Ist $u \in \mathbf{D}$, so kann die Reihe (3.69) einmal gliedweise nach x_i differenziert werden. Die hierbei erhaltenen Reihen konvergieren im $L_2(G)$ gegen $\frac{\partial u}{\partial x_i}$, d. h.

$$\lim_{n\to\infty} \iint\limits_{G} \left(\sum_{k=1}^{n} c_k \frac{\partial u_k}{\partial x_i} - \frac{\partial u}{\partial x_i}\right)^2 dx_1 \dots dx_n = 0 \quad \text{(vgl. 8.1.1.2.)}.$$

(h) Setzt man für p und q Funktionen $\bar{p}$ und $\bar{q}$ mit $\bar{p} \geqq p$, $\bar{q} \leqq q$, so führt dies zu einem Wachstum der Eigenwerte, d. h. $\bar{\lambda}_k \geqq \lambda_k$. Eine analoge Aussage gilt für $\bar{p} \leqq p$ und $\bar{q} \geqq q$.

(i) Eine Erweiterung des Gebietes G zieht eine Verkleinerung der Eigenwerte nach sich (bei den Randbedingungen $\frac{\partial u}{\partial n}\Big|_{\partial G} = 0$ oder $u\big|_{\partial G} = 0$).

(j) Jeder Eigenwert λ_k, der mit den Randbedingungen der Art $\left(fu + g\frac{\partial u}{\partial n}\right)\Big|_{\partial G} = 0$ mit $\frac{f}{g} \geqq 0$ verbunden ist, ist eine nichtfallende Funktion von $\frac{f}{g}$.

Bemerkung: Alle Resultate bleiben richtig, wenn die Eigenwertaufgabe die Form

$$Lu = \lambda \varrho u, \quad \left(fu + g\frac{\partial u}{\partial n}\right)\bigg|_{\partial G} = 0, \quad \varrho > 0 \text{ und stetig auf } \bar{G},$$

hat. Statt des Volumenelementes $dx_1 \dots dx_n$ betrachtet man in diesem Falle das Volumenelement $\varrho(x_1, \dots, x_n)\,dx_1 \dots dx_n$.

Zur *Berechnung von Eigenwerten* und Eigenfunktionen verwendet man oft die Fouriersche Methode, die darauf beruht, die Variablen zu trennen (vgl. 3.3.2.1. und 3.3.2.3.2.).

Beispiel: Es sei die Eigenwertaufgabe

$$-\Delta u = \lambda u, \qquad u|_{\partial \mathbf{G}} = 0$$

für das Gebiet $\mathbf{G} = \{x^2 + y^2 < R^2\}$ im (x,y)-Raum vorgelegt.

In Polarkoordinaten $x = r\cos\varphi$, $y = r\sin\varphi$, $0 \leqq r < R$, $0 \leqq \varphi < 2\pi$, hat die Differentialgleichung die Form

$$-\frac{1}{r}\frac{\partial}{\partial r}\left(r\frac{\partial \bar{u}}{\partial r}\right) - \frac{1}{r^2}\frac{\partial^2 \bar{u}}{\partial^2 \varphi} = \lambda \bar{u}$$

mit $\bar{u}(R,\varphi) = 0$ und den Zusatzbedingungen an $\bar{u}(r,\varphi)$: $\bar{u}(r,\varphi)|_{r=0}$ beschränkt und $\bar{u}(r,\varphi) = \bar{u}(r,\varphi + 2\pi)$. Durch den Ansatz $\bar{u}(r,\varphi) = v(\varphi)\, w(r)$ erhält man:

$$-v'' = \mu v \quad \text{mit} \quad v(\varphi) = v(\varphi + 2\pi)$$

und

$$r(rw')' + (r^2\lambda - \mu)\, w = 0 \quad \text{mit} \quad w(0) \neq \infty, \quad w(R) = 0.$$

Aus dem ersten Eigenwertproblem für v ist leicht zu berechnen:

$$\mu_k = k^2 \quad \text{mit den Eigenfunktionen} \quad v_k = \begin{cases} \dfrac{1}{\sqrt{\pi}} \sin k\varphi, \\ \dfrac{1}{\sqrt{\pi}} \cos k\varphi. \end{cases}$$

Die Transformation $r\sqrt{\lambda} = \bar{r}$ führt die Differentialgleichung für w auf die Differentialgleichung der Besselfunktionen

$$\bar{r}\frac{\mathrm{d}}{\mathrm{d}\bar{r}}\left(\bar{r}\frac{\mathrm{d}\bar{w}}{\mathrm{d}\bar{r}}\right) + (\bar{r}^2 - k^2)\bar{w} = 0,$$

und mit der Bedingung $\bar{w}(0) \neq \infty$ erhält man die Lösung $w(r) = J_k\left(\sqrt{\lambda}r\right)$ ($J_k(t)$ – Besselsche Funktion erster Gattung k-ter Ordnung, vgl. 3.3.1.3.4.). Es muß $J_k\left(\sqrt{\lambda}R\right) = 0$, d. h. $\sqrt{\lambda}R = \mu_{kj}$ gelten. Hierbei sind die μ_{kj}, $j = 1, 2, \ldots$, die positiven Nullstellen der Besselschen Funktion $J_k(t)$. Es ergeben sich als Eigenwerte und normierte Eigenfunktionen für $\mu = k^2$:

$$\lambda_{kj} = \frac{1}{R^2}\mu_{kj}^2, \quad w_{kj}(r) = \frac{\sqrt{2}}{R|J_k'(\mu_{kj})|} J_k\left(\mu_{kj}\frac{r}{R}\right).$$

Die Eigenwerte und Eigenfunktionen des gestellten Eigenwertproblems sind also:

$$\lambda_{kj} = \frac{1}{R^2}\mu_{kj}^2, \quad u_{kj}(r,\varphi) = \sqrt{\frac{2}{\pi}}\frac{1}{R|J_k'(\mu_{kj})|} J_k\left(\mu_{kj}\frac{r}{R}\right)\begin{cases}\sin k\varphi \\ \cos k\varphi\end{cases}.$$

Harmonische Funktionen:

Eine Funktion $u(x_1, \ldots, x_n)$, die in einem Gebiet $\mathbf{G}$ des R^n zweimal stetig differenzierbar ist und der Laplace-Gleichung $\Delta u = 0$ genügt, heißt *harmonische Funktion* in $\mathbf{G}$.

Spezielle harmonische Funktionen. In euklidischen Koordinaten $x_1, \ldots, x_n$:

$$n = 3: \quad \Delta u = \frac{\partial^2 u}{\partial x_1^2} + \frac{\partial^2 u}{\partial x_2^2} + \frac{\partial^2 u}{\partial x_3^2} = 0,$$

$$u(x_1, x_2, x_3) = \mathrm{e}^{k_1x_1 + k_2x_2 + k_3x_3}$$

(k_i beliebige komplexe Zahlen mit $k_1^2 + k_2^2 + k_3^2 = 0$),

$$u(x_1, x_2, x_3) = (a_1 + b_1x_1)(a_2 + b_2x_2)(a_3 + b_3x_3)$$

(a_i, b_i beliebige Zahlen, $i = 1, 2, 3$),

$n = 2$: $\Delta u = \frac{\partial^2 u}{\partial x_1^2} + \frac{\partial^2 u}{\partial x_2^2} = 0,$

$$u(x_1, x_2) = e^{\pm k(x_1 + i x_2)},$$

$$u(x_1, x_2) = (a_2 + b_2 x_2)(a_1 + b_1 x_1) \quad (k, a_1, a_2, b_1, b_2 \text{ beliebige Zahlen}).$$

In Zylinderkoordinaten:

$n = 3$: $x_1 = r\cos\varphi,\quad x_2 = r\sin\varphi,\quad x_3 = z,$

$$\Delta u = \frac{1}{r}\frac{\partial}{\partial r}\left(r\frac{\partial u}{\partial r}\right) + \frac{1}{r^2}\frac{\partial^2 u}{\partial \varphi^2} + \frac{\partial^2 u}{\partial z^2} = 0.$$

Trennung der Variablen führt auf die drei Gleichungen (Ansatz $u = u_1(\varphi)\, u_2(r)\, u_3(z)$):

$$\frac{d^2}{d\varphi^2} u_1(\varphi) + m^2 u_1(\varphi) = 0, \tag{3.70}$$

$$\frac{d^2}{dr^2} u_2(r) + \frac{1}{r}\frac{d}{dr} u_2(r) + \left(K^2 - \frac{m^2}{r^2}\right) u_2(r) = 0,$$

$$\frac{d^2}{dz^2} u_3(z) - K^2 u_3(z) = 0, \tag{3.71}$$

wobei die Forderung $u_1(\varphi) = u_1(\varphi + 2\pi)$ durch $m = 0, \pm 1, \pm 2, \ldots$ berücksichtigt wurde. K ist eine beliebige Konstante.

$$u(\varphi, r, z) = e^{\pm Kz} Z_m(Kr)(a\cos m\varphi + b\sin m\varphi),$$

$$u(\varphi, r, z) = e^{\pm Kz} Z_0(Kr)(a + b\varphi),$$

$$u(\varphi, r, z) = (A + Bz)\left(\alpha r^m + \frac{\beta}{r^m}\right)(a\cos m\varphi + b\sin m\varphi),$$

$$u(\varphi, r, z) = (A + Bz)(\alpha + \beta\ln r)(a + b\varphi)$$

($a, b, A, B, \alpha, \beta$ sind beliebige Parameter).

$Z_m(x)$ – die Zylinderfunktionen – sind Lösungen der Besselschen Differentialgleichung. Fordert man, daß die harmonische Funktion u für $r = 0$ beschränkt sein soll, so setzt man an die Stelle von $Z_m(x)$ die Besselfunktion $J_m(x)$ (vgl. 3.3.1.3.4.).

In Polarkoordinaten:

$n = 3$: $x_1 = r\cos\varphi\sin\theta,\quad x_2 = r\sin\varphi\sin\theta,\quad x_3 = r\cos\theta,$

$$\Delta u = \frac{1}{r^2}\frac{\partial}{\partial r}\left(r^2\frac{\partial u}{\partial r}\right) + \frac{1}{r^2\sin\theta}\frac{\partial}{\partial\theta}\left(\sin\theta\frac{\partial u}{\partial\theta}\right) + \frac{1}{r^2\sin^2\theta}\frac{\partial^2 u}{\partial\varphi^2} = 0.$$

Trennung der Variablen führt auf die Gleichungen (Ansatz $u = u_1(\varphi)\, u_2(\cos\theta)\, u_3(r)$):

$$\frac{d^2}{d\varphi^2} u_1(\varphi) + m^2 u_1(\varphi) = 0, \tag{3.72}$$

$$(1 - s^2)\frac{d^2}{ds^2} u_2(s) - 2s\frac{d}{ds} u_2(s) + \left[j(j+1) - \frac{m^2}{1 - s^2}\right] u_2(s) = 0, \tag{3.73}$$

$$\frac{d^2}{dr^2} u_3(r) + \frac{2}{r}\frac{d}{dr} u_3(r) - \frac{j(j+1)}{r^2} u_3(r) = 0$$

($s = \cos\theta$; $m = 0, \pm 1, \pm 2, \ldots, \pm j$, $j = 0, 1, 2, \ldots$), wobei die Regularität von u für $\theta = 0$ und $\theta = \pi$ gefordert werden muß. Dann gilt:

$$u(r, \theta, \varphi) = \left(Ar^j + \frac{B}{r^{j+1}}\right) P_j^m(\cos\theta)\,(a\cos m\varphi + b\sin m\varphi)$$

mit den Legendreschen Funktionen $P_j^m(s)$ (vgl. 3.3.1.3.4.);

$$u(r, \theta, \varphi) = \left(Ar^j + \frac{B}{r^{j+1}}\right) Y_j(\theta, \varphi) \quad (j = 1, 2, \ldots)$$

mit den Kugelfunktionen

$$Y_j(\theta, \varphi) = \sum_{m=0}^{j} P_j^m(\cos\theta)\,(a_m\cos m\varphi + b_m\sin m\varphi).$$

$n = 2$: $\quad x_1 = r\cos\varphi, \quad x_2 = r\sin\varphi,$

$$\Delta u = \frac{1}{r}\frac{\partial}{\partial r}\left(r\frac{\partial u}{\partial r}\right) + \frac{1}{r^2}\frac{\partial^2 u}{\partial\varphi^2} = 0,$$

$$u(r, \varphi) = \left(Ar^m + \frac{B}{r^m}\right)(a\cos m\varphi + b\sin m\varphi),$$

$$u(r, \varphi) = A + B\ln r$$

(A, B, a, b beliebige Parameter; $m = 0, 1, 2, \ldots$).

Spezielle Lösungen der Helmholtz-Gleichung $\Delta u + k^2u = 0$: *In euklidischen Koordinaten* x_1, x_2, x_3:

$$u(x_1, x_2, x_3) = e^{i(k_1x_1+k_2x_2+k_3x_3)} \qquad (k_1^2 + k_2^2 + k_3^2 = k^2),$$

$$u(x_1, x_2, x_3) = (a + bx_1)\,e^{i(k_2x_2+k_3x_3)} \qquad (k_2^2 + k_3^2 = k^2),$$

$$u(x_1, x_2, x_3) = (a + bx_1)(A + Bx_2)\,e^{ikx_3}.$$

In Zylinderkoordinaten $x_1 = r\cos\varphi$, $x_2 = r\sin\varphi$, $x_3 = z$: Trennung der Variablen (Ansatz $u(r, \varphi, z) = u_1(\varphi)\,u_2(r)\,u_3(z)$) führt auf die Differentialgleichung (3.70) für $u_1(\varphi)$, (3.71) für $u_2(z)$ und

$$\frac{d^2}{dr^2}u_2(r) + \frac{1}{r}\frac{d}{dr}u_2(r) + \left((K^2 + k^2) - \frac{m^2}{r^2}\right)u_2(r) = 0$$

für $u_2(r)$ mit $m = 0, \pm 1, \pm 2, \ldots$ und einer beliebigen Konstanten K.

$$u(r, \varphi, z) = e^{\pm kz} Z_m\left(r\sqrt{k^2 + K^2}\right)(a\cos m\varphi + b\sin m\varphi) \quad (m = 0, 1, 2, \ldots),$$

$$u(r, \varphi, z) = e^{\pm i\lambda z} Z_m\left(r\sqrt{k^2 - \lambda^2}\right)(a\cos m\varphi + b\sin m\varphi) \quad (K = \lambda i),$$

$$u(r, \varphi, z) = (A + Bz)\,Z_0(kr)\,(a + b\varphi).$$

In Polarkoordinaten: $x_1 = r\cos\varphi\sin\theta$, $x_2 = r\sin\varphi\sin\theta$, $x_3 = r\cos\theta$; Trennung der Variablen (Ansatz $u(r, \varphi, \theta) = u_1(\varphi)\,u_2(\cos\theta)\,u_3(r)$) führt auf die Differentialgleichung (3.72) für $u_1(\varphi)$ (3.73) für $u_2(s)$ mit $s = \cos\theta$ und

$$\frac{d^2}{dr^2}u_3(r) + \frac{2}{r}\frac{d}{dr}u_3(r) + \left(k^2 - \frac{j(j+1)}{r^2}\right)u_3(r) = 0$$

für $u_3(r)$.

$$u(r, \varphi, \theta) = \frac{1}{\sqrt{r}} J_{j+1/2}(kr)\,Y_j(\theta, \varphi),$$

$$u(r, \varphi, \theta) = \frac{1}{r}\,e^{\pm ikr}.$$

$Y_j(\theta, \varphi)$ sind Kugelfunktionen und $J_{j+1/2}$ die sphärischen Besselschen Funktionen (vgl. 3.3.1.3.4.).

Kugelfunktionen: Unter einer *Kugelfunktion* Y_l der Ordnung $l = 0, 1, \ldots$ versteht man jedes *homogene harmonische Polynom* vom Grade l, das auf der Einheitssphäre $\mathbf{S}_1 \subset \mathbf{R}^n$ gegeben ist.

Im $\mathbf{R}^2$ sind die trigonometrischen Funktionen

$$Y_l(\varphi) = a_l \cos l\varphi + b_l \sin l\varphi, \quad l = 0, 1, 2, \ldots,$$

die Kugelfunktionen, und die homogenen harmonischen Polynome haben die Form

$$u_l(x_1, x_2) = r^l[a_l \cos l\varphi + b_l \sin l\varphi] = a_l \operatorname{Re}(z^l) + b_l \operatorname{Im}(z^l)$$

mit $z = x_1 + \mathrm{i}x_2$.

Die Kugelfunktionen $Y_l(\theta, \varphi)$ genügen der Differentialgleichung

$$\frac{1}{\sin\theta}\frac{\partial}{\partial\theta}\left(\sin\theta\frac{\partial Y_l}{\partial\theta}\right) + \frac{1}{\sin^2\theta}\frac{\partial^2 Y_l}{\partial\varphi^2} + l(l+1)\,Y_l = 0.$$

Eine Funktion Y_l ist genau dann eine Kugelfunktion l-ter Ordnung, wenn sie beliebig oft differenzierbar ist und dieser Differentialgleichung genügt. Die Funktionen P und Φ in dem Ansatz $Y_l(\theta, \varphi) = P(\cos\theta)\,\Phi(\varphi)$ genügen den Differentialgleichungen

$$\frac{\mathrm{d}^2\Phi}{\mathrm{d}\varphi^2} + m^2\Phi = 0, \qquad m = 0, 1, 2, \ldots, \tag{3.74}$$

und

$$(1 - s^2)\frac{\mathrm{d}^2P}{\mathrm{d}s^2} - 2s\frac{\mathrm{d}P}{\mathrm{d}s} + \left(l(l+1) - \frac{m^2}{1 - s^2}\right)P = 0, \quad s = \cos\theta, \tag{3.75}$$

wobei die Bedingung $\Phi(\varphi) = \Phi(\varphi + 2\pi)$ bereits mit $m = 0, 1, 2, \ldots$ berücksichtigt ist. Für $m = 0$ ist die Differentialgleichung (3.75) die Differentialgleichung der Legendreschen Polynome, für $m > 0$ die Differentialgleichung der zugeordneten Legendreschen Funktionen (vgl. 3.3.1.3.4.). Die Funktionen

$$Y_l^m(\theta, \varphi) = \begin{cases} P_l^m(\cos\theta)\cos m\varphi & \text{für } m = 0, 1, 2, \ldots, l, \\ P_l^{|m|}(\cos\theta)\sin|m|\,\varphi & \text{für } m = -1, -2, \ldots, -l \end{cases}$$

($l = 0, 1, 2, \ldots$) sind die Kugelfunktionen im $\mathbf{R}^3$.

Die Kugelfunktionen l-ter Ordnung, $m = 0, \pm 1, \ldots, \pm l$, sind linear unabhängig, und jede Linearkombination

$$Y_l(\theta, \varphi) = \sum_{m=-l} a_l^m Y_l^m(\theta, \varphi)$$

ist wieder eine Kugelfunktion. Die Kugelfunktionen Y_l^m bilden im Raum $\mathbf{L}_2(\mathbf{S}_1)$ ein orthogonales und vollständiges Funktionensystem. Es gilt

$$\int\limits_{\mathbf{S}_1} Y_l^{m\,2}\,\mathrm{d}\mathbf{S} = \int\limits_0^{\pi}\int\limits_0^{2\pi} (Y_l^m(\theta, \varphi))^2 \sin\theta\,\mathrm{d}\theta\,\mathrm{d}\varphi = 2\pi\frac{1 + \delta_{0m}}{2l + 1}\,\frac{(l + |m|)!}{(l - |m|)!}.$$

Außer den angegebenen Kugelfunktionen $Y_l(\theta, \varphi)$ gibt es keine weiteren Kugelfunktionen l-ter Ordnung.

Jede Funktion $f \in \mathbf{L}_2(\mathbf{S}_1)$ kann in eine Reihe nach den Kugelfunktionen entwickelt werden:

$$f(\theta, \varphi) = \sum_{l=0}^{\infty}\sum_{m=-l}^{l} a_l^m Y_l^m(\theta, \varphi) = \sum_{l=0}^{\infty} Y_l(\theta, \varphi),$$

wobei sich die $Y_l(\theta, \varphi)$ mit Hilfe der Formel von Laplace berechnen:

$$Y_l(\theta, \varphi) = \frac{2l + 1}{4\pi}\int\limits_0^{\pi}\int\limits_0^{2\pi} f(\bar\theta, \bar\varphi)\,P_l(\cos\bar\alpha)\sin\bar\theta\,\mathrm{d}\bar\theta\,\mathrm{d}\bar\varphi.$$

$\bar{\alpha}$ bezeichnet den Winkel zwischen dem Strahl von 0 nach (θ, φ) und dem Strahl von 0 nach $(\bar{\theta}, \bar{\varphi})$. Außerdem gilt die wichtige Integralformel

$$\int_0^{\pi}\int_0^{2\pi} Y_l(\bar{\theta}, \bar{\varphi}) P_k(\cos\bar{\alpha}) \sin\bar{\theta}\, d\bar{\theta}\, d\bar{\varphi} = \frac{4}{2l+1} Y_l(\theta, \varphi)\, \delta_{lk}.$$

Eigenschaften der harmonischen Funktionen:

(a) Für eine harmonische Funktion $u(x_1, \ldots, x_n)$ gilt:

$$n \geqq 3: \quad u(x) = \frac{1}{(n-2)\,\sigma_n} \int_{\partial G} \left[\frac{1}{|x-y|^{n-2}} \frac{\partial u(y)}{\partial n} - u(y) \frac{\partial}{\partial n_y} \frac{1}{|x-y|^{n-2}}\right] dS_y,$$

$$n = 2: \quad u(x) = \frac{1}{2\pi} \int_{\partial G} \left[\ln \frac{1}{|x-y|} \frac{\partial u(y)}{\partial n} - u(y) \frac{\partial}{\partial n_y} \ln \frac{1}{|x-y|}\right] dS_y.$$

Dabei steht x für $(x_1, \ldots, x_n)$, $|x-y|$ bezeichnet den euklidischen Abstand zwischen x und y, $|x-y| = ((x_1-y_1)^2 + \ldots + (x_n-y_n)^2)^{1/2}$, und $\sigma_n = \dfrac{2\pi^{n/2}}{\Gamma\left(\frac{n}{2}\right)}$ ist die Oberfläche der n-dimensionalen Einheitskugel. Jede *harmonische Funktion ist analytisch*, d. h. sie läßt sich in jedem Punkt von **G** in eine konvergente Potenzreihe entwickeln.

(b) 1. Ist eine Funktion $u(x)$ in einer Kugel $\mathbf{K}_R^x$ mit dem Mittelpunkt $x = (x_1, \ldots, x_n)$ und dem Radius R harmonisch und in $\overline{\mathbf{K}_R^x}$ stetig, so ist ihr Wert im Mittelpunkt der Kugel gleich dem über die Kugeloberfläche $\mathbf{S}_R^x$ genommenen *Mittelwert*

$$u(x) = \frac{1}{\sigma_n R^{n-1}} \int_{\mathbf{S}_R^x} u(x-y)\, dS_y.$$

2. Für eine in **G** stetige Funktion $u(x)$ sei folgende Bedingung erfüllt: Zu jedem Punkt $x \in \mathbf{G}$ existiere eine Zahl $r_0(x) > 0$ derart, daß für alle $r < r_0$ die Beziehung

$$u(x) = \frac{1}{\sigma_n r^{n-1}} \int_{\mathbf{S}_r^x} u(x-y)\, dS_y$$

gilt. Dann ist die Funktion $u(x)$ harmonisch in **G**.

(c) Ist $u(x) \not\equiv \text{const}$ eine in **G** harmonische und in $\overline{\mathbf{G}}$ stetige Funktion, so kann sie im Gebiet **G** weder ihren maximalen, noch ihren minimalen Wert annehmen, d. h., es gilt

$$\min_{x \in \partial G} u(x) < u(y) < \max_{x \in \partial G} u(x), \quad y \in \mathbf{G}.$$

Folgerungen: (c_1) Ist $u|_{\partial G} = 0$, so gilt $u(x) \equiv 0$ in **G**.

(c_2) Ist die Funktion u im Gebiet $\mathbf{R}^n \setminus \overline{\mathbf{G}}$ harmonisch, in $\overline{\mathbf{R}^n \setminus \overline{\mathbf{G}}}$ stetig und gilt $\lim_{|x|\to\infty} u(x) = 0$, so folgt

$$|u(y)| \leqq \max_{x \in \partial G} |u(x)|, \quad y \in R^n \setminus \overline{\mathbf{G}}.$$

Ist insbesondere $u|_{\partial G} = 0$, so ist $u \equiv 0$ in $\mathbf{R}^n \setminus \overline{\mathbf{G}}$.

(c_3) Konvergiert die Folge der im Gebiet **G** harmonischen und in $\overline{\mathbf{G}}$ stetigen Funktionen $u_1, u_2, \ldots$ gleichmäßig auf dem Rand ∂**G** von **G**, so konvergiert die Folge gleichmäßig auf $\overline{\mathbf{G}}$.

(d) Ist die Funktion $u(x)$ in $\mathbf{G} \setminus \{0\}$ harmonisch und genügt sie den Beziehungen

$$n \geqq 3: \quad \lim_{|x| \to 0} \frac{u(x)}{|x|^{n-2}} = 0, \qquad n = 2: \lim_{|x| \to 0} \frac{u(x)}{\ln |x|} = 0,$$

so kann sie harmonisch in den Punkt $x = 0$ fortgesetzt werden.

(e) Konvergiert eine Folge von im Gebiet $\mathbf{G}$ harmonischen Funktionen $u_1, u_2, \ldots$ schwach gegen eine stetige Funktion u in $\mathbf{G}$, d. h. $\lim\limits_{k \to \infty} \iint\limits_{\mathbf{G}} u_k v \, dx_1 \ldots dx_n = \iint\limits_{\mathbf{G}} uv \, dx_1 \ldots dx_n$ für alle unendlich oft differenzierbaren Funktionen v mit kompaktem Träger in $\mathbf{G}$, so ist u eine harmonische Funktion in $\mathbf{G}$.

(f) Ist u eine in $\mathbf{R}^n$ harmonische Funktion und genügt der Ungleichung

$$|u(x)| \leqq c(1 + |x|)^m, \quad x \in \mathbf{R}^n, \; m \geqq 0,$$

so ist u ein (harmonisches) Polynom, dessen Grad nicht größer als m ist.

(g) Mittels der *Kelvin-Transformation* (Spiegelung an der Kugel $\mathbf{K}_R^0$) im $\mathbf{R}^n$: $\bar{x}_i = \frac{R^2}{|x|^2} x_i$ bzw. $x_i = \frac{R^2}{|\bar{x}|^2} \bar{x}_i$, $i = 1, 2, \ldots, n$, kann man die Kelvin-Transformierte einer Funktion $u(x)$ erklären:

$$n = 3: \quad \bar{u}(\bar{x}) = \frac{R}{|\bar{x}|} u\left(\frac{R^2}{|\bar{x}|^2} \bar{x}\right), \qquad n = 2: \bar{u}(\bar{x}) = u\left(\frac{R^2}{|\bar{x}|^2} \bar{x}\right).$$

Ist $u(x)$ eine harmonische Funktion für $|x| > R$, so ist $\bar{u}(\bar{x})$ in $\mathbf{K}_R^0 \setminus \{0\}$ harmonisch.

(h) Für $n = 3$ und eine in $\mathbf{K}_R^0$ harmonische und in $\overline{\mathbf{K}_R^0}$ stetige Funktion $u(x) \geqq 0$ gilt die *Harnacksche Ungleichung*:

$$\frac{R(R - |x|)}{(R + |x|)^2} u(0) \leqq u(x) \leqq \frac{R(R + |x|)}{(R - |x|)^2} u(0) \quad \text{für } |x| < R.$$

Randwertaufgaben für die Laplace- und die Poisson-Gleichung im $\mathbf{R}^3$:

Dirichletsches Problem für die Laplace-Gleichung $\Delta u = 0$: Gesucht ist eine harmonische Funktion u in $\mathbf{G}$, die in $\overline{\mathbf{G}}$ noch stetig ist und auf dem Rand $\partial\mathbf{G}$ von $\mathbf{G}$ vorgegebene stetige Werte u_0 annimmt.

Neumannsches Problem für die Laplace-Gleichung $\Delta u = 0$: Gesucht ist eine harmonische Funktion in $\mathbf{G}$, die in $\overline{\mathbf{G}}$ noch stetig ist und auf dem Rand $\partial\mathbf{G}$ von $\mathbf{G}$ eine vorgegebene stetige normale Ableitung u_1 besitzt. $\mathbf{G}$ sei stets ein beschränktes, genügend glattes Gebiet.

Analoge Problemstellungen ergeben sich für die Poisson-Gleichung $\Delta u = -f$. Ist f stetig differenzierbar auf $\mathbf{G}$ und stetig auf $\overline{\mathbf{G}}$, so werden die Randwertaufgaben für die Poisson-Gleichung durch

$$u(x) = v(x) + V(x) \quad \text{mit} \quad V(x) = \frac{1}{4\pi} \iiint\limits_{\mathbf{G}} \frac{f(y)}{|x - y|} \, dy_1 \, dy_2 \, dy_3$$

auf die entsprechende Randwertaufgabe der Laplace-Gleichung $\Delta v = 0$ zurückgeführt. Es gilt $\Delta V = -f$.

Das Dirichletsche Problem für $\Delta u = 0$ und für $\Delta u = -f$ ist eindeutig lösbar. Das Neumannsche Problem für $\Delta u = 0$ und $\Delta u = -f$ ist bis auf eine additive Konstante eindeutig lösbar, wenn die Bedingung $\int\limits_{\partial\mathbf{G}} u_1 \, dS + \iint\limits_{\mathbf{G}} f \, dx = 0$ erfüllt ist.

Greensche Funktion des Dirichletschen Problems: Eine Funktion $G(x, \bar{x})$ heißt *Greensche Funktion* des Operators Δu bezüglich des Gebietes $\mathbf{G}$, falls folgende Eigenschaften erfüllt sind:

1. $G(x, \bar{x})$ hat für alle $\bar{x} \in \mathbf{G}$ die Form

$$G(x, \bar{x}) = \frac{1}{4\pi|x - \bar{x}|} + g(x, \bar{x}).$$

Die Funktion $g(x, \bar{x})$ ist harmonisch in $\mathbf{G}$ und in $\overline{\mathbf{G}}$ stetig bezüglich x.

2. Es gilt für alle $\bar{x} \in \mathbf{G}$: $G(x, \bar{x})\big|_{x \in \partial\mathbf{G}} = 0$.

Eigenschaften der Greenschen Funktion:

(a) $G(x, \bar{x})$ ist harmonisch in $\mathbf{G} \setminus \{\bar{x}\}$ und in $\overline{\mathbf{G}} \setminus \{\bar{x}\}$ stetig bezüglich x.

(b) Es ist $0 < G(x, \bar{x}) < \dfrac{1}{4\pi|x - \bar{x}|}$ für $x, \bar{x} \in \mathbf{G}$, $\bar{x} \neq x$.

(c) Ist $\partial\mathbf{G}$ eine hinreichend glatte Fläche (d. h. die Parameterdarstellung von $\partial\mathbf{G}$ sei genügend oft differenzierbar), so existiert die Greensche Funktion $G(x, \bar{x})$ und ist eindeutig bestimmt. Weiterhin gilt: $G(x, \bar{x}) = G(\bar{x}, x)$.

Zur *Konstruktion Greenscher Funktionen* verwendet man bei Gebieten mit hinreichend weitreichenden Symmetrieeigenschaften oft das Spiegelungsprinzip.

Beispiele: 1. Gesucht ist die Greensche Funktion für die Kugel $\mathbf{K}_R^0$. $\bar{\bar{x}}$ sei der zu $\bar{x}$ an der Kugel gespiegelte Punkt: $\bar{\bar{x}} = \dfrac{R^2}{|\bar{x}|^2}\,\bar{x}$. Ansatz für die Greensche Funktion:

$$G(x, \bar{x}) = \frac{1}{4\pi|x - \bar{x}|} - \frac{A}{4\pi|x - \bar{\bar{x}}|}.$$

Die so gewählte Funktion G ist bezüglich x harmonisch. A wählt man nun so, daß $G(x, \bar{x})\big|_{x\in\partial\mathbf{G}} = 0$. Aus der Ähnlichkeit der Dreiecke $(0, x, \bar{\bar{x}})$ und $(0, x, \bar{x})$ (vgl. Abb. 3.74) folgt: $\dfrac{R}{|\bar{x}|} = \dfrac{|x - \bar{\bar{x}}|}{|x - \bar{x}|}$. Wählt man $A = \dfrac{R}{|\bar{x}|}$ so ist die Bedingung $G\big|_{x\in\partial\mathbf{G}} = 0$ erfüllt. Die gesuchte Greensche Funktion hat die Form

$$G(x, x) = \frac{1}{4\pi|x - \bar{x}|} - \frac{R|\bar{x}|}{4\pi||\bar{x}|^2\, x - R^2\bar{x}|}.$$

2. Gesucht ist die Greensche Funktion für den Halbraum $x_3 > 0$: Der zu $\bar{x} = (\bar{x}_1, \bar{x}_2, \bar{x}_3)$ symmetrische Punkt ist $\bar{\bar{x}} = (\bar{x}_1, \bar{x}_2, -\bar{x}_3)$. Der Ansatz lautet: $G(x, \bar{x}) = \dfrac{1}{4\pi|x - \bar{x}|} - \dfrac{A}{4\pi|x - \bar{\bar{x}}|}$. Die Bedingung $G(x, \bar{x})\big|_{x\in\partial\mathbf{G}} = 0$ ist für $A = 1$ erfüllt. Damit ist

$$G(x, \bar{x}) = \frac{1}{4\pi|x - \bar{x}|} - \frac{1}{4\pi|x - \bar{\bar{x}}|}$$

die gesuchte Greensche Funktion.

Ist die Lösung $u(x)$ des Dirichletschen Problems für $\Delta u = -f$ auf dem Rand $\partial\mathbf{G}$ des Gebietes noch genügend differenzierbar, so wird sie durch die Formel

$$u(x) = -\int\limits_{\partial\mathbf{G}} \frac{\partial G(x, \bar{x})}{\partial n_{\bar{x}}}\, u_0(\bar{x})\, \mathrm{d}\mathbf{S}_{\bar{x}} + \iint\limits_{\mathbf{G}} G(x, \bar{x}) f(\bar{x})\, \mathrm{d}\bar{x}, \quad x \in \mathbf{G},$$

dargestellt. *Die Poissonsche Formel*

$$u(x) = \frac{1}{4\pi R} \int\limits_{|\bar{x}|=R} \frac{R^2 - |x|^2}{|x - \bar{x}|^3}\, u_0(\bar{x})\, \mathrm{d}\mathbf{S}_{\bar{x}}$$

für $|x| < R$ liefert die Lösung des Dirichletschen Problems für die Kugel $\mathbf{K}_R^0$: $\Delta u = 0$, $u\big|_{\mathbf{S}_R^0} = u_0$ mit einer stetigen Funktion u_0 auf $\mathbf{S}_R^0$.

Weiterhin ist das Randwertproblem

$$-\Delta u = \lambda u + f(x), \qquad u\big|_{\partial\mathbf{G}} = 0,$$

mit stetig differenzierbaren f in $\mathbf{G}$ und stetigen f in $\overline{\mathbf{G}}$ der Integralgleichung

$$u(x) = \lambda \iint\limits_{\mathbf{G}} G(x, \bar{x})\, u(\bar{x})\, \mathrm{d}\bar{x} + \iint\limits_{\mathbf{G}} G(x, \bar{x}) f(\bar{x})\, \mathrm{d}\bar{x}$$

äquivalent. Es gelten die zum Anfang dieses Abschnittes aufgeführten Eigenschaften der Eigenfunktionen und Eigenwerte. Hinzuzufügen ist, daß zum kleinsten Eigenwert der Aufgabe $\Delta u + \lambda u = 0$, $u\big|_{\partial\mathbf{G}} = 0$ nur eine Eigenfunktion $u_1(x)$ gehört, für die $u_1(x) > 0$, $x \in \mathbf{G}$, gilt.

Randwertaufgaben für die Laplace-Gleichung im $\mathbf{R}^2$:

Der Realteil oder Imaginärteil einer im Komplexen analytischen Funktion erfüllt die Laplace-Gleichung im $\mathbf{R}^2$.

Es werden dieselben Randwertaufgaben wie im $\mathbf{R}^3$ betrachtet. Dabei ist das *Dirichletsche Problem* für eine beliebige stetige Funktion u_0 auf $\partial\mathbf{G}$ eindeutig lösbar. Das *Neumannsche Problem* ist nur bis auf eine additive Konstante eindeutig lösbar, wobei $\int\limits_{\partial\mathbf{G}} u_1 \, \mathrm{d}S = 0$ eine notwendige Lösbarkeitsbedingung ist.

Die *Greensche Funktion* des Dirichletschen Problems $\Delta u = 0$, $u|_{\partial\mathbf{G}} = u_0$ für das Gebiet $\mathbf{G}$ ist eine Funktion $G(z, \bar{\bar{z}})$ mit folgenden Eigenschaften (man schreibt $u(x_1, x_2) \equiv u(z)$ mit $z = x_1 + \mathrm{i}x_2$):

1. $G(z, \bar{\bar{z}}) = \dfrac{1}{2\pi} \ln \dfrac{1}{|z - \bar{\bar{z}}|} + g(z, \bar{\bar{z}})$, wobei $g(z, \bar{\bar{z}})$ harmonisch in $\mathbf{G}$ und in $\overline{\mathbf{G}}$ stetig bezüglich z ist.

2. $G(z, \bar{\bar{z}})\big|_{z\in\partial\mathbf{G}} = 0$.

Für die Greensche Funktion gilt:

$$0 \leqq G(z, \bar{\bar{z}}) \leqq \frac{1}{2\pi} \ln \frac{D}{|z - \bar{\bar{z}}|}, \quad z \in \overline{\mathbf{G}}, \bar{\bar{z}} \in \mathbf{G}.$$

D ist der Durchmesser des Gebietes $\mathbf{G}$. Außerdem gelten alle anderen Eigenschaften, die für die Greensche Funktion im $\mathbf{R}^3$ angegeben sind.

Die Funktion

$$G(z, \bar{\bar{z}}) = -\frac{1}{2\pi} \ln |w(z, \bar{\bar{z}})| = -\frac{1}{2} \operatorname{Re} (\ln (w(z, \bar{\bar{z}})))$$

ist die Greensche Funktion des Dirichletschen Problems für das einfach zusammenhängende Gebiet $\mathbf{G}$, wobei

$$w(z, \bar{\bar{z}}) = \frac{w(z) - w(\bar{\bar{z}})}{1 - \overline{w}(\bar{\bar{z}})\, w(z)}$$

($\overline{w}$ bezeichnet die konjugiert komplexe Funktion zu w) ist, mit einer Funktion $w = w(z)$, die $\mathbf{G}$ auf den Einheitskreis abbildet. Das Dirichletsche Problem für den Kreis $|z| < R$ wird durch die *Poissonsche Formel*

$$u(z) = \frac{1}{2\pi R} \int\limits_{|\bar{\bar{z}}| = R} \frac{R^2 - |z|^2}{|z - \bar{\bar{z}}|^2} u_0(\bar{\bar{z}}) \, \mathrm{d}S_{\bar{\bar{z}}} = \operatorname{Re}\left\{\frac{1}{2\pi\mathrm{i}} \int\limits_{|\bar{\bar{z}}| = R} \frac{\bar{\bar{z}} + z}{\bar{\bar{z}} - z} u_0(\bar{\bar{z}}) \frac{\mathrm{d}\bar{\bar{z}}}{\bar{\bar{z}}}\right\}$$

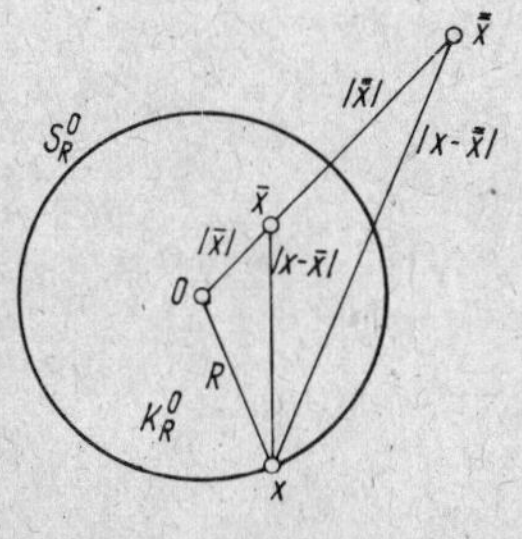

Abb. 3.74. Konstruktion der Greenschen Funktion der Differentialgleichung $\dfrac{\partial^2 u}{\partial x_1^2} + \dfrac{\partial^2 u}{\partial x_2^2} + \dfrac{\partial^2 u}{\partial x_3^2} = 0$ für die Kugel K_R^0

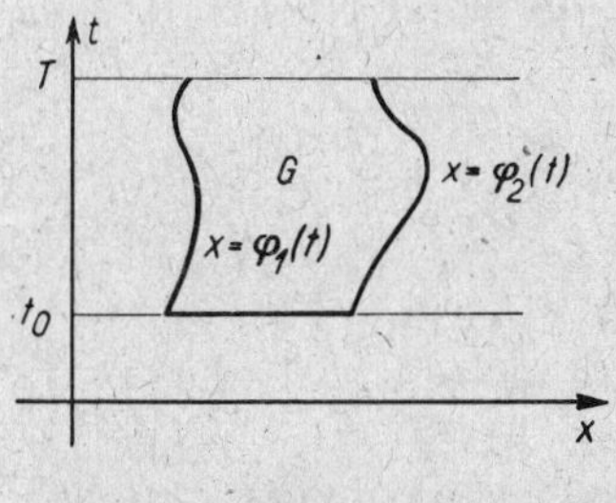

Abb. 3.75. Gebiet für die korrekt gestellte erste Randwertaufgabe der Wärmeleitungsgleichung $\dfrac{1}{a^2} \dfrac{\partial u}{\partial t} = \dfrac{\partial^2 u}{\partial x^2}$

gelöst und für das einfach zusammenhängende Gebiet **G** mit der Randfunktion u_0 durch

$$u(z) = \operatorname{Re}\left\{\frac{1}{2\pi i}\int_{\partial G} u_0(\bar{\bar{z}})\frac{w(\bar{\bar{z}}) + w(z)}{w(\bar{\bar{z}}) - w(z)}\,\frac{w'(\bar{\bar{z}})}{w(\bar{\bar{z}})}\,d\bar{\bar{z}}\right\}, \qquad z \in \mathbf{G}.$$

3.3.2.3.5. Parabolische Differentialgleichungen. Die Wärmeleitungsgleichung

$$\frac{1}{a^2}\frac{\partial u}{\partial t} = \frac{\partial^2 u}{\partial x_1^2} + \ldots + \frac{\partial^2 u}{\partial x_n^2} \tag{3.76}$$

ist ein einfaches Beispiel einer parabolischen Differentialgleichung. Die wichtigsten Eigenschaften zeigen sich bereits im Falle $n = 1$ und gelten auch für ein beliebiges n.

Die sogenannte *erste Randwertaufgabe* (*gemischtes Problem*) ist eine typische Aufgabe für parabolische Differentialgleichungen:

Gesucht ist eine im Gebiet $\mathbf{G} = \{(t, x) \mid t_0 < t < T, \varphi_1(t) < x < \varphi_2(t)\}$ und auf $\partial\mathbf{G}$ stetige Funktion $u(t, x)$, die in **G** der Differentialgleichung

$$\frac{1}{a^2}\frac{\partial u}{\partial t} = \frac{\partial^2 u}{\partial x^2} \tag{3.77}$$

genügt und auf $\Gamma = \partial\mathbf{G} \setminus \{(T, x) \mid \varphi_1(T) < x < \varphi_2(T)\}$ (in Abb. 3.75 stark gezeichneter Teil von $\partial\mathbf{G}$) die Werte einer vorgegebenen stetigen Funktion f annimmt.

Es ist wichtig zu bemerken, daß eine Lösung für $t > 0$ gesucht wird, wenn für $t = 0$ Werte der gesuchten Funktion vorgegeben sind. Im allgemeinen besitzt das Problem für $t < 0$ keine Lösung. Die Gleichung (3.77) ändert sich wesentlich, wenn man t durch $-t$ ersetzt. Diese Bemerkungen werden aus dem physikalischen Hintergrund dieser Differentialgleichung leicht erklärlich, denn diese parabolische Differentialgleichung (3.77) beschreibt irreversible Vorgänge. Das Problem ist für $t < 0$ nicht korrekt gestellt, wenn sich die Randbedingungen auf $t = 0$ beziehen.

Es gilt der folgende **Satz über die Maximum-Minimum-Eigenschaft:** Jede Lösung $u(t, x)$ der Wärmeleitungsgleichung (3.77), die auf $\mathbf{G} \cup \partial\mathbf{G}$ definiert und stetig ist, nimmt ihren größten und kleinsten Funktionswert auf dem Randstück Γ an, d. h. entweder auf der unteren Grundlinie oder auf den beiden seitlichen Begrenzungslinien von **G**.

Daraus ergeben sich die Folgerungen:

1. Die Lösung der ersten Randwertaufgabe der Wärmleitungsgleichung ist in **G** eindeutig bestimmt.

2. Die Lösung der ersten Randwertaufgabe der Wärmeleitungsgleichung hängt stetig von den auf Γ vorgegebenen Anfangsdaten ab.

Ist **G** ein Rechteck, so wird über die Konstruktion der Lösung mit Hilfe der Fourierschen Methode in 3.3.2.3.2. einiges gesagt.

Neben der gestellten Randwertaufgabe untersucht man häufig das *Anfangswertproblem* (*Cauchysches Problem*):

Gesucht ist eine für $t \geqq 0$ stetige und beschränkte Funktion $u(t, x)$, die für $t > 0$ der Gleichung (3.77) genügt und für $t = 0$ der Anfangsbedingung $u\big|_{t=0} = u_0(x)$, wobei $u_0(x)$ für alle x erklärt, stetig und beschränkt sein soll.

Die Lösung dieses Problems ist eindeutig bestimmt und hängt stetig von der Funktion $u_0(x)$ ab. Das *Poissonsche Integral*

$$u(t, x) = \frac{1}{2a\sqrt{\pi}}\int_{-\infty}^{+\infty}\frac{u_0(\bar{x})}{\sqrt{t}}\,e^{-(x-\bar{x})^2/(4ta^2)}\,d\bar{x}$$

liefert die Lösung des Anfangswertproblems.

Die erste Randwertaufgabe für die Wärmeleitungsgleichung (3.76) ist ebenfalls eindeutig lösbar. Dabei ist die Randwertaufgabe etwa so zu formulieren: Gesucht ist eine in einem abgeschlossenen Gebiet **G** stetige Funktion $u(t, x_1, \ldots, x_n)$, die im Innern des Gebietes **G** der Differentialgleichung

(3.76) genügt und auf $t = 0$ und den Seitenflächen mit einer gegebenen Funktion f übereinstimmt (das Gebiet **G** wird begrenzt durch die Ebenen $t = 0$ und $t = T$ und an den Seiten durch eine oder mehrere Stücke von Flächen mit stetig variierender Tangentialebene, deren Normalenvektor nirgends der t-Achse parallel ist).

Analoge Resultate erhält man, wenn man $\frac{\partial u}{\partial n} + \sigma u = f$ auf dem Rand statt $u = f$ fordert.

Diese Ergebnisse können auch auf eine allgemeinere parabolische Differentialgleichung

$$\frac{\partial u}{\partial t} = \sum_{i,j=1}^{n} a_{ij}(t, x_1, \ldots, x_n) \frac{\partial^2 u}{\partial x_i \partial x_j} + \sum_{i=1}^{n} b_i(t, x_1, \ldots, x_n) \frac{\partial u}{\partial x_i}$$

$$+ c(t, x_1, \ldots, x_n)\, u + d(t, x_1, \ldots, x_n)$$

übertragen werden, wenn in jedem Punkt $(t, x_1, \ldots, x_n)$ des betrachteten Gebietes die quadratische Form

$$\sum_{i,j=1}^{n} a_{ij}(t, x_1, \ldots, x_n)\, p_i p_j$$

positiv definit ist und die Koeffizienten a_{ij}, b_i, c und d genügend oft differenzierbar sind.

Spezielle Lösungen der eindimensionalen Wärmeleitungsgleichung sind:

$$u(t, x) = e^{\pm ikx - k^2a^2t},$$

$$u(t, x) = A + Bx \quad (k, A, B \text{ beliebige Konstanten}),$$

$$u(t, x) = \frac{1}{\sqrt{t}}\, e^{-x^2/(4a^2t)} \qquad (t > 0).$$

Die Funktion

$$u(t, x_1, \ldots, x_n) = u_k(x_1, \ldots, x_n)\, e^{-k^2a^2t}$$

ist eine spezielle Lösung der n-dimensionalen Wärmeleitungsgleichung, wenn $u_k(x_1, \ldots, x_n)$ eine Lösung der Helmholtz-Gleichung $\Delta u + k^2 u = 0$ ist (vgl. 3.3.2.3.4.). Weitere spezielle Lösungen der Differentialgleichung (3.76) sind:

$$n = 3: \quad u(t, x_1, x_2, x_3) = \frac{1}{\sqrt{t^3}}\, e^{-r^2/(4a^2t)} \quad \text{mit} \quad r^2 = x_1^2 + x_2^2 + x_3^2,$$

$$n = 2: \quad u(t, x_1, x_2) = \frac{1}{t}\, e^{-r^2/(4a^2t)} \quad \text{mit} \quad r^2 = x_1^2 + x_2^2.$$

3.4. Komplexe Zahlen. Funktionen einer komplexen Veränderlichen

3.4.1. Allgemeine Bemerkungen

Die komplexen Zahlen stellen eine Erweiterung des Begriffs der reellen Zahlen dar. Viele Regeln der Arithmetik der reellen Zahlen lassen sich auch auf das Rechnen mit komplexen Zahlen übertragen. Zum Beispiel bleiben der binomische Lehrsatz oder die Theorie der Determinanten auch im Bereich der komplexen Zahlen gültig. Darüber hinaus lassen sich aber auch weite Teile der reellen Analysis ins Komplexe übertragen. So entstand die komplexe Analysis mit ihrem Kernstück, der *Theorie der analytischen Funktionen einer komplexen Veränderlichen.*

Ihre Entstehung verdanken die komplexen Zahlen historisch vornehmlich den Bemühungen, die Probleme der Auflösung algebraischer Gleichungen in einer abgerundeten Form darstellen zu können.

3.4.2. Komplexe Zahlen. Die Riemannsche Zahlenkugel. Gebiete

3.4.2.1. Definition der komplexen Zahlen. Der Körper der komplexen Zahlen

Definition: Unter einer **komplexen Zahl** a versteht man ein (geordnetes) Paar (α, β) von reellen Zahlen mit folgenden Eigenschaften:

(1) Zwei komplexe Zahlen $a_1 = (\alpha_1, \beta_1)$ und $a_2 = (\alpha_2, \beta_2)$ sind genau dann gleich, wenn $\alpha_1 = \alpha_2$ und $\beta_1 = \beta_2$ gilt.

(2) Die Summe zweier komplexer Zahlen $a_1 = (\alpha_1, \beta_1)$ und $a_2 = (\alpha_2, \beta_2)$ ist definiert durch

$$a_1 + a_2 = (\alpha_1, \beta_1) + (\alpha_2, \beta_2) = (\alpha_1 + \alpha_2, \beta_1 + \beta_2).$$

(3) Das Produkt zweier komplexer Zahlen $a_1 = (\alpha_1, \beta_1)$ und $a_2 = (\alpha_2, \beta_2)$ ist definiert durch

$$a_1 \cdot a_2 = (\alpha_1, \beta_1) \cdot (\alpha_2, \beta_2) = (\alpha_1\alpha_2 - \beta_1\beta_2, \alpha_1\beta_2 + \alpha_2\beta_1).$$

(4) Der Quotient zweier komplexer Zahlen $a_1 = (\alpha_1, \beta_1)$ und $a_2 = (\alpha_2, \beta_2)$ ist erklärt durch

$$\frac{a_1}{a_2} = \frac{(\alpha_1, \beta_1)}{(\alpha_2, \beta_2)} = \frac{(\alpha_1\alpha_2 + \beta_1\beta_2, \alpha_2\beta_1 - \alpha_1\beta_2)}{\alpha_2^2 + \beta_2^2}$$

$$= \left(\frac{\alpha_1\alpha_2 + \beta_1\beta_2}{\alpha_2^2 + \beta_2^2}, \frac{\alpha_2\beta_1 - \alpha_1\beta_2}{\alpha_2^2 + \beta_2^2}\right)$$

für $\alpha_2^2 + \beta_2^2 \neq 0$.

Die *reellen Zahlen* sind in der Menge der komplexen Zahlen enthalten, und zwar sind es alle Paare der Form $(\alpha, 0)$; man identifiziert $(\alpha, 0) = \alpha$.

Die Paare der Form $(0, \beta)$ bezeichnet man als *(rein) imaginäre Zahlen.*

Insbesondere nennt man das Paar $\mathrm{i} = (0, 1)$ die *imaginäre Einheit*. Für diese gilt obigen Regeln zufolge die Beziehung

$$\mathrm{i}^2 = -1.$$

Die rein imaginäre Zahl $(0, \beta)$ kann auch in der Gestalt $\mathrm{i}\beta$ geschrieben werden: $\mathrm{i}\beta = (0, \beta)$ (wegen $(0, 1)(\beta, 0) = (0 \cdot \beta - 1 \cdot 0, 0 \cdot 0 + 1 \cdot \beta) = (0, \beta)$).

Jede komplexe Zahl a läßt sich in Gestalt einer Summe aus einer reellen Zahl $\alpha = (\alpha, 0) =$ Realteil von $a = \mathrm{Re}(a)$ und einer rein imaginären Zahl $\mathrm{i}\beta = (0, \beta) =$ Imaginärteil von $a = \mathrm{Im}(a)$ schreiben:

$$a = (\alpha, 0) + (0, \beta) = \alpha + \mathrm{i}\beta = (\alpha, \beta). \tag{3.78}$$

Die Gleichheit zweier komplexer Zahlen a_1 und a_2 läßt sich auch wie folgt formulieren: Zwei komplexe Zahlen sind genau dann gleich, wenn ihre Realteile und Imaginärteile gleich sind: $\mathrm{Re}(a_1) = \mathrm{Re}(a_2)$ und $\mathrm{Im}(a_1) = \mathrm{Im}(a_2)$ mit $\mathrm{Re}(a_i) = \alpha_i$ und $\mathrm{Im}(a_i) = \beta_i$ $(i = 1,2)$.

Die unter (2), (3) und (4) formulierten Regeln für das Rechnen mit komplexen Zahlen gehen nunmehr über in:

(2*) $a_1 + a_2 = (\alpha_1 + \mathrm{i}\beta_1) + (\alpha_2 + \mathrm{i}\beta_2) = (\alpha_1 + \alpha_2) + \mathrm{i}(\beta_1 + \beta_2).$

(3*) $a_1 \cdot a_2 = (\alpha_1 + \mathrm{i}\beta_1) \cdot (\alpha_2 + \mathrm{i}\beta_2) = (\alpha_1\alpha_2 - \beta_1\beta_2) + \mathrm{i}(\alpha_1\beta_2 + \alpha_2\beta_1).$

(4*) $$\frac{a_1}{a_2} = \frac{\alpha_1 + \mathrm{i}\beta_1}{\alpha_2 + \mathrm{i}\beta_2} = \frac{(\alpha_1\alpha_2 + \beta_1\beta_2) + \mathrm{i}(\alpha_2\beta_1 - \alpha_1\beta_2)}{\alpha_2^2 + \beta_2^2}$$

$$= \frac{\alpha_1\alpha_2 + \beta_1\beta_2}{\alpha_2^2 + \beta_2^2} + \mathrm{i}\,\frac{\alpha_2\beta_1 - \alpha_1\beta_2}{\alpha_2^2 + \beta_2^2}.$$

Beispiel:

$$\frac{(-1 + 5\mathrm{i})^2 (3 - 4\mathrm{i})}{1 + 3\mathrm{i}} + \frac{10 + 7\mathrm{i}}{5\mathrm{i}}$$

$$= \frac{(1 - 10\mathrm{i} - 25)(3 - 4\mathrm{i})(1 - 3\mathrm{i})}{(1 + 3\mathrm{i})(1 - 3\mathrm{i})} + \frac{(10 + 7\mathrm{i})\,\mathrm{i}}{5\mathrm{i} \cdot \mathrm{i}}$$

$$= \frac{-2(12 + 5\mathrm{i})(3 - 13\mathrm{i} - 12)}{10} + \frac{-7 + 10\mathrm{i}}{-5}$$

$$= \frac{43 + 201\mathrm{i}}{5} + \frac{7 - 10\mathrm{i}}{5} = 10 + 38{,}2\mathrm{i}.$$

Das Rechnen mit komplexen Zahlen ist damit auf das Rechnen mit reellen Zahlen zurückgeführt. Dabei sind die Addition und die Multiplikation kommutativ und assoziativ. Für sie gilt ferner das Distributivgesetz $a_1(a_2 + a_3) = a_1a_2 + a_1a_3$. Die komplexen Zahlen bilden einen kommutativen Körper mit dem Nullelement $(0, 0) = 0$ und dem Einselement $(1, 0) = 1$.

3.4.2.2. Konjugiert komplexe Zahlen. Absolutbetrag einer komplexen Zahl

Als die zu $a = \alpha + i\beta$ konjugiert komplexe Zahl bezeichnet man die komplexe Zahl $\bar{a}$, die sich von a nur durch das Vorzeichen des Imaginärteils unterscheidet: $\bar{a} = \alpha - i\beta$. Dabei gelten die folgenden Beziehungen:

$$\bar{\bar{a}} = a; \quad a = \bar{a} \text{ genau dann, wenn } a \text{ reell ist;}$$

$$\overline{a \pm b} = \bar{a} \pm \bar{b}; \quad \overline{a \cdot b} = \bar{a} \cdot \bar{b}; \quad \overline{\left(\frac{a}{b}\right)} = \frac{\bar{a}}{\bar{b}};$$

$$a \cdot \bar{a} = \alpha^2 + \beta^2; \quad \mathrm{Re}\,(a) = \alpha = \frac{1}{2}(a + \bar{a}); \quad \mathrm{Im}\,(a) = \beta = \frac{1}{2i}(a - \bar{a}).$$

Der *absolute Betrag* oder der *Modul* $|a|$ einer komplexen Zahl a ist eine nichtnegative reelle Zahl und wird definiert durch

$$|a| = \sqrt{a \cdot \bar{a}} = \sqrt{\alpha^2 + \beta^2}. \tag{3.79}$$

Für die Beträge komplexer Zahlen lassen sich verschiedene Gleichungen bzw. Ungleichungen aus dem Reellen übertragen. So gelten u. a. für beliebige komplexe Zahlen a, b, a_k, b_k die Beziehungen

$$|a \cdot b| = |a| \cdot |b|; \quad |a + b| \leqq |a| + |b| \quad \text{(Dreiecksungleichung);}$$

$$\left| \sum_{k=1}^{n} a_k b_k \right|^2 \leqq \sum_{k=1}^{n} |a_k|^2 \cdot \sum_{k=1}^{n} |b_k|^2 \quad \text{(Ungleichung von Cauchy-Schwarz-Bunjakowski).}$$

3.4.2.3. Geometrische Deutung der komplexen Zahlen und ihrer Addition

Der komplexen Zahl $a = \alpha + i\beta$ ordnen wir als Bild denjenigen Punkt A einer Ebene zu, der bezüglich eines dort geltenden rechtwinkligen kartesischen Koordinatensystems die Abszisse $x = \alpha$ und die Ordinate $y = \beta$ hat, also $A(\alpha, \beta)$, und sprechen dann oftmals von a selbst als von dem Punkt A. Bezeichnet $\overrightarrow{OA} = (\alpha, \beta)$ den Ortsvektor von A, so ist auch dieser, wie A selbst, geeignet, das geometrische Bild von a zu sein (Abb. 3.76). Die Menge der Punkte der Ebene bzw. die der ihnen entsprechenden Ortsvektoren ist damit umkehrbar eindeutig der Menge der komplexen Zahlen zugeordnet. Man nennt diese Ebene deshalb die **komplexe (Gaußsche) Zahlenebene** oder auch *komplexe x,y-Ebene*. Die Punkte der x-Achse, der *reellen Achse*, entsprechen den reellen, die

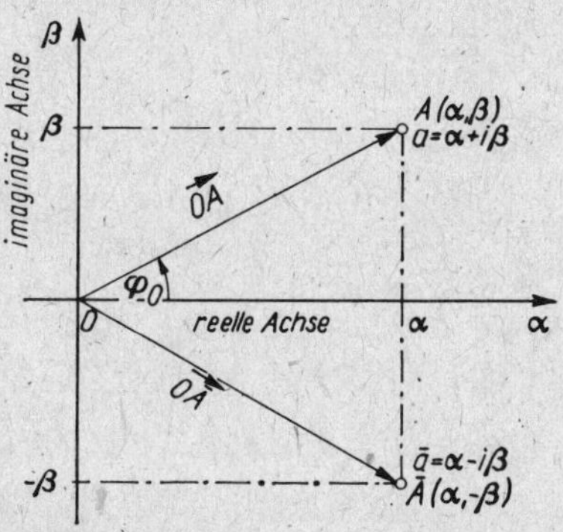

Abb. 3.76

Punkte der y-Achse, der *imaginären Achse*, den rein imaginären unter den komplexen Zahlen. Die zu a konjugiert komplexe Zahl $\bar{a}$ findet man geometrisch durch Spiegelung von a an der reellen Achse (Abb. 3.76).

Da die Länge $\overrightarrow{OA}$ des Ortsvektors der komplexen Zahl $a = \alpha + i\beta$ gleich dem absoluten Betrag $|a| = \sqrt{\alpha^2 + \beta^2}$ dieser Zahl ist, heißt dieser Betrag auch *Länge der komplexen Zahl*; $|a - b|$ heißt dann *Abstand* zwischen a und b.

Geometrische Addition: Man findet nun sofort eine geometrische Veranschaulichung und Methode der Addition (Subtraktion) zweier komplexer Zahlen $a = \alpha + i\beta$, $b = \gamma + i\delta$ durch die geometrische Addition (Subtraktion) der ihnen zugeordneten Ortsvektoren $\overrightarrow{OA} = (\alpha, \beta)$, $\overrightarrow{OB} = (\gamma, \delta)$, denn der Summe (Differenz) $a \pm b = (\alpha \pm \gamma) + i(\beta \pm \delta)$ von a und b ist der Ortsvektor $\overrightarrow{OA} \pm \overrightarrow{OB} = (\alpha \pm \gamma, \beta \pm \delta)$ zugeordnet (s. Abb. 3.77 und 4.2.1.2.).

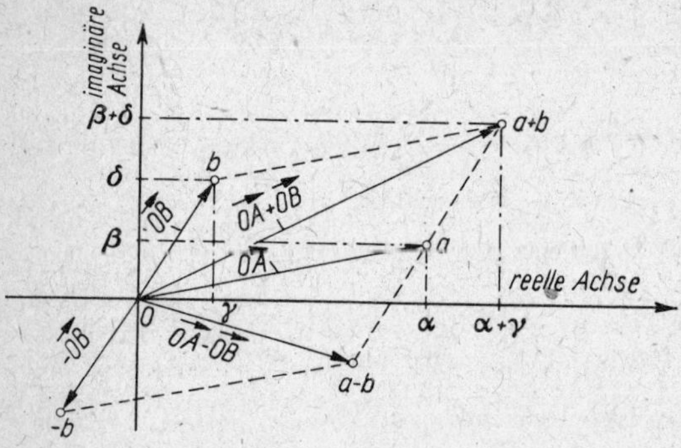

Abb. 3.77

3.4.2.4. Trigonometrische und exponentielle Form komplexer Zahlen und ihrer Multiplikation (Division)

Als Argument der komplexen Zahl $a = \alpha + i\beta$ bezeichnet man die Menge arg (a) der Winkel φ (im Bogenmaß), die der Ortsvektor $\overrightarrow{OA} = (\alpha, \beta)$ mit der positiven Richtung der reellen Achse einschließt (Abb. 3.76). Um aus arg (a) den *Hauptwert* $\varphi_0 = (\mathrm{H}) \arg (a)$ herausgreifen zu können, setzt man häufig $\varphi = \varphi_0 + 2k\pi$ mit $-\pi < \varphi_0 \leqq +\pi$. Zum Beispiel ist $(\mathrm{H}) \arg (1 + i) = \varphi_0 = \frac{\pi}{4}$. Es gilt $\alpha = |a| \cos \varphi_0$, $\beta = |a| \sin \varphi_0$ (Abb. 3.76). Dies liefert die *trigonometrische Form* von a:

$$a = |a|[\cos(\varphi_0 + 2k\pi) + i \sin(\varphi_0 + 2k\pi)], \quad (k = 0, \pm 1, \pm 2, \ldots),$$

wobei

$$\varphi_0 = \arctan \frac{\beta}{\alpha} \; (+\pi \,(\text{bzw.} -\pi), \text{ falls } \alpha < 0 \text{ und } \beta \geqq 0 \text{ (bzw. } \beta < 0)),$$

(arctan: Hauptwert),

$(|a|, \varphi_0)$ sind die *Polarkoordinaten* von $A(\alpha, \beta)$.

Die trigonometrischen Funktionen und die Exponentialfunktion sind durch die *Eulersche Formel* $\cos \varphi + i \cdot \sin \varphi = e^{i\varphi}$ verbunden (vgl. 3.4.4.2.). Also gilt: $a = |a| (\cos \varphi + i \sin \varphi) = |a| e^{i\varphi}$

Für jede komplexe Zahl bieten sich somit drei Darstellungsmöglichkeiten.

Beispiel: $1 + i\sqrt{3} = 2\left(\cos \frac{\pi}{3} + i \sin \frac{\pi}{3}\right) = 2e^{i\pi/3}$ (algebraische, trigonometrische, exponentielle Schreibweise) oder $1 + i\sqrt{3} = 2\left[\cos\left(\frac{\pi}{3} + 2k\pi\right) + i \sin\left(\frac{\pi}{3} + 2k\pi\right)\right] = 2e^{(\pi/3 + 2k\pi)i}$ (wenn man sich nicht auf den Hauptwert $\varphi_0 = \frac{\pi}{3}$ von arg (a) allein beschränkt). Die Beträge der komplexen

Zahlen $e^{i\varphi}$ sind stets 1. Sie liegen also auf dem Einheitskreis der komplexen Zahlenebene und heißen deshalb *unimodulare Zahlen.* Die Zahl $0 = 0 + i0$ hat unbestimmtes Argument, läßt also alle Darstellungen $0 = |0| (\cos\varphi + i \sin\varphi)$, ($\varphi$ bel.) zu.

Rechenoperationen in trigonometrischer bzw. exponentieller Schreibweise: Ist

$$b = |b| (\cos\psi + i \sin\psi),$$

so gilt

$$a \cdot b = |a|\,|b|\,[\cos(\varphi + \psi) + i \sin(\varphi + \psi)] = |a|\,|b|\,e^{i(\varphi+\psi)}, \tag{3.80a}$$

$$\frac{a}{b} = \frac{|a|}{|b|} [\cos(\varphi - \psi) + i \sin(\varphi - \psi)] = \frac{|a|}{|b|} e^{i(\varphi-\psi)}, \tag{3.80b}$$

d. h. geometrisch gesprochen: der Ortsvektor des Produktes $a \cdot b$ geht aus dem Ortsvektor von a durch Drehung um den Winkel ψ im Gegenuhrzeigersinn und anschließende Streckung (Kontraktion) um den Faktor $|b|$ hervor. Analog führt man auch die Division geometrisch aus (Abb. 3.78).

3.4.2.5. Potenzen, Wurzeln

3.4.2.5.1. Natürlicher Exponent n. Das Erheben einer komplexen Zahl a in ihre n-te Potenz geschieht nach der *Formel von Moivre*:

$$a^n = [|a| (\cos\varphi + i \sin\varphi)]^n = |a|^n (\cos n\varphi + i \sin n\varphi) = |a|^n e^{in\varphi},$$

die man aus der Multiplikationsformel (3.80) ableiten kann. Insbesondere ist: $i^0 = 1, i^1 = i, i^2 = -1, i^3 = -i, i^4 = 1, i^{4n+k} = i^k$ (k natürliche Zahl). Ferner gelten der *binomische Lehrsatz* (vgl. 2.2.2.) sowie die Formel für die *endliche geometrische Reihe* (vgl. 2.3.3.) in unveränderter Form.

3.4.2.5.2. Negativer ganzzahliger Exponent n. Wir setzen $a^n = \dfrac{1}{a^{-n}}$. Dann gilt für a^n, wie aus Formel (3.81) sofort folgt, ebenfalls die Moivresche Formel wie unter 1.

3.4.2.5.3. Gebrochen rationaler Exponent n. Der Exponent hat die Form $n = 1/m$, m natürliche Zahl. Das Erheben von a in die Potenz $a^{1/m}$ wird auch als das Ausziehen der m-ten Wurzel aus a bezeichnet:

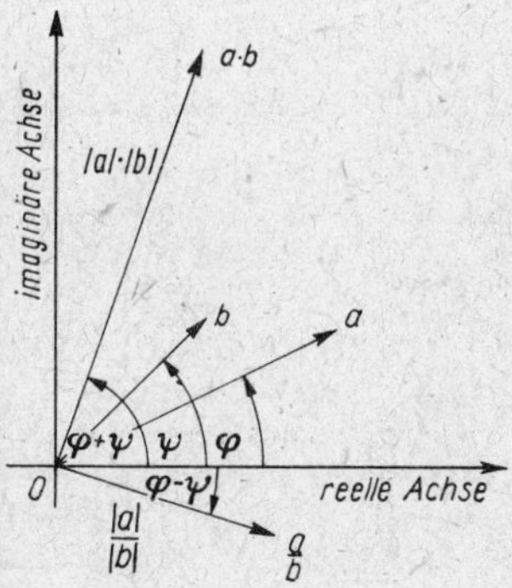

Abb. 3.78

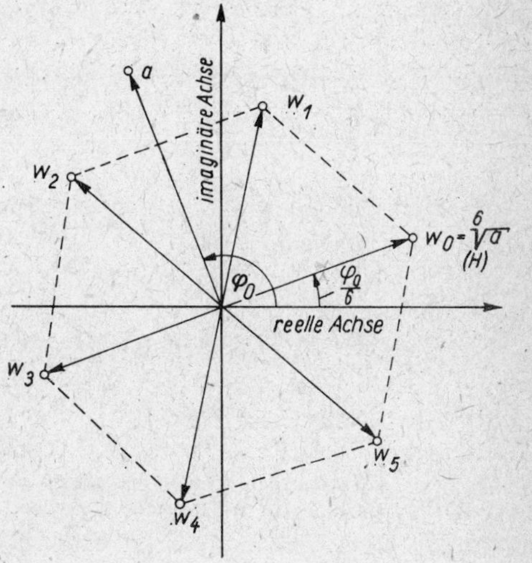

Abb. 3.79

Jede komplexe Zahl w mit $w^m = a$ heißt *m-te Wurzel* aus a: $w = \sqrt[m]{a} = a^{1/m}$.

Die Berechnung von $a^{1/m}$ geschieht ebenfalls nach der Moivreschen Formel, jetzt für $n = 1/m$. Während jedoch alle bisher erklärten Rechenoperationen zu eindeutigen Ergebnissen führten, liefert $\sqrt[m]{a}$ folgende m verschiedenen Lösungen (Wurzeln): Es sei

$$w_k = \sqrt[m]{|a|}\left[\cos\frac{\varphi_0 + 2k\pi}{m} + \mathrm{i}\sin\frac{\varphi_0 + 2k\pi}{m}\right], \qquad \varphi_0 = (\mathrm{H})\arg(a);$$

dann ergibt sich $\sqrt[m]{a}$ als die m-elementige Menge

$$\sqrt[m]{a} = a^{1/m} = \{w_k \mid k = 0, 1, \ldots, m-1\} = \{w_0, w_1, \ldots, w_{m-1}\}.$$

Für eine beliebige ganze Zahl g gilt $w_{k+gm} = w_k$, so daß außer den bereits angegebenen Wurzeln w_k keine weiteren auftreten können. Die spezielle Lösung w_0 von $w^m = a$ nennt man den *Hauptwert* von $\sqrt[m]{a}$, Bezeichnung

$$w_0 = \underset{(\mathrm{H})}{\sqrt[m]{a}} = \sqrt[m]{|a|}\left(\cos\frac{\varphi_0}{m} + \mathrm{i}\sin\frac{\varphi_0}{m}\right).$$

Da die w_k alle den gleichen Betrag $\sqrt[m]{|a|}$ haben, liegen sie entsprechend ihren Argumenten $\dfrac{\varphi_0 + 2k\pi}{m}$ $(k = 0, 1, \ldots, m-1)$ auf den Ecken eines regelmäßigen m-Ecks, dessen Mittelpunkt im Ursprung des Koordinatensystems liegt. Abb. 3.79 zeigt die 6 Werte von $\sqrt[6]{a} = \{w_k \mid k = 0, \ldots, 5\}$.

Beispiele: Für die Lösungsmenge $\{w_k\}$ der Gleichung $w^3 = 8\mathrm{i}$ hat man $\sqrt[3]{|8\mathrm{i}|} = \sqrt[3]{8} = 2$, $\arg(8\mathrm{i}) = \dfrac{\pi}{2} + 2k\pi$, also

$$\sqrt[3]{8\mathrm{i}} = \left\{2\left[\cos\frac{\pi/2 + 2k\pi}{3} + \mathrm{i}\sin\frac{\pi/2 + 2k\pi}{3}\right]\middle|\, k = 0, 1, 2\right\} = \left\{\sqrt{3} + \mathrm{i}, -\sqrt{3} + \mathrm{i}, -2\mathrm{i}\right\}.$$

Diese drei Wurzeln liegen auf den Ecken eines gleichseitigen Dreiecks in der Entfernung 2 vom Ursprung. Der Hauptwert von $\sqrt[3]{8\mathrm{i}}$ lautet $\underset{(\mathrm{H})}{\sqrt[3]{8\mathrm{i}}} = \sqrt{3} + \mathrm{i}$. Die Gleichung $w^2 = -1$ hat die Lösung $\sqrt{-1} = \{\mathrm{i}, -\mathrm{i}\}$, $\underset{(\mathrm{H})}{\sqrt{-1}} = +\mathrm{i}$.

3.4.2.5.4. Beliebig reeller Exponent $n = \varepsilon$. Man postuliert

$$w_k = |a|^\varepsilon\,[\cos\varepsilon(\varphi_0 + 2k\pi) + \mathrm{i}\sin\varepsilon(\varphi_0 + 2k\pi)]$$

und versteht unter der *Potenz* a^ε von $a = |a|(\cos\varphi_0 + \mathrm{i}\sin\varphi_0) \neq 0$, $(\varphi_0 = (\mathrm{H})\arg(a))$ die Gesamtheit der komplexen Zahlen

$$a^\varepsilon = \{w_k \mid k = 0, \pm 1, \pm 2, \ldots\} = \{\ldots w_{-2}, w_{-1}, w_0, w_1, \ldots\}. \tag{3.81}$$

Dabei heißt w_0 *Hauptwert* der Potenz a^ε. Für $a = 0$ und $\varepsilon > 0$ setzt man $a^\varepsilon = 0$. Ist ε rational, so läßt sich die Definition (3.81) auf 3.4.2.5.1., 3.4.2.5.2. oder 3.4.2.5.3. zurückführen. Ist ε irrational, so ist a^ε unendlich vieldeutig.

Für das Rechnen mit Potenzen beachte man die Ausführungen in 3.4.4.2.3.

3.4.2.6. Riemannsche Zahlenkugel. Gebiete. Jordankurven

(1) Der *unendlich ferne Punkt. Die geschlossene Zahlenebene*: Häufig erschließt man das Verhalten von Funktionen in im Endlichen gelegenen Punkten aus ihrem Verhalten in der Umgebung des unendlich fernen Punktes (3.4.7.6.). Man definiert deshalb: Die um den *unendlich fernen Punkt* ∞[1]) erweiterte komplexe Zahlenebene heißt *geschlossene Zahlenebene*. Zahlen (Punkte) $a \neq \infty$ heißen *endlich*, die Zahlenebene ohne den Punkt ∞ heißt *endliche Zahlenebene*. Den anschauungswidrigen Abschluß der komplexen Zahlenebene durch einen einzigen Punkt motiviert man mit Hilfe der

[1]) Der unendlich ferne Punkt bedeutet die Klasse aller komplexen Zahlenfolgen $\{a_n\}$ mit $\lim_{n\to\infty} a_n = \infty$ (siehe 3.4.7.1.).

(2) *Riemannschen Zahlenkugel*: Die ξ, η-Ebene eines 3-achsigen kartesischen ξ, η, ζ-Koordinatensystems, die als komplexe Zahlenebene gedeutet werde, tangiere mit ihrem Ursprung eine Kugel. Der Berührungspunkt mit der Ebene heißt *Südpol S*, der dazu diametral gelegene Punkt *N Nordpol*. Ist die komplexe Zahl $a = \alpha + i\beta$ in der ξ, η-Ebene durch $P(\alpha, \beta)$ gegeben, so betrachte man den Kugeldurchstoßpunkt $P'(\xi, \eta, \zeta)$ der Verbindungsstrecke $\overline{PN}$ als neue geometrische Darstellung von a (Abb. 3.80). Jeder komplexen Zahl entspricht so genau ein Punkt der Kugel,

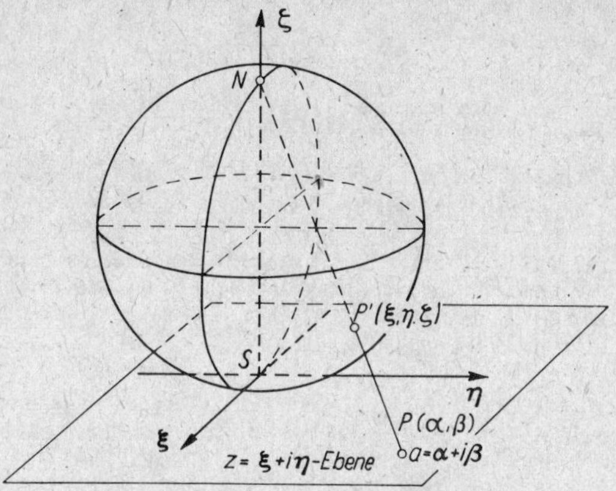

Abb. 3.80

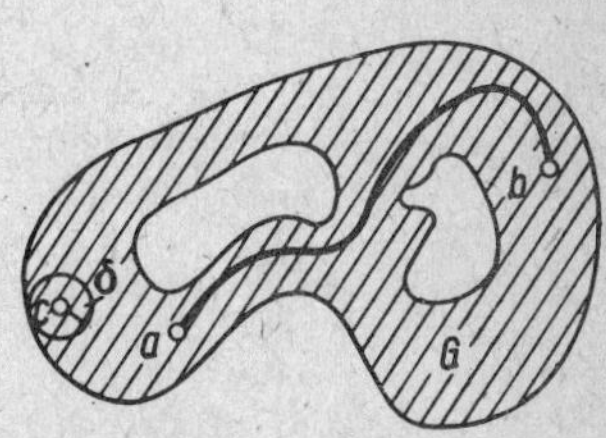

Abb. 3.81

die deshalb (*Riemannsche*) *Zahlenkugel* heißt. Strebt die Folge der Punkte $\{P_n\}$ einer Zahlenfolge $\{a_n\}$ gegen unendlich $\left(\lim\limits_{n\to\infty} a_n = \infty\right)$, so strebt die Folge $\{P'_n\}$ der Bilder der P_n auf der Zahlenkugel gegen den Nordpol N. Es entspricht also der Punkt N dem unendlich Fernen der Zahlenebene. Wir sprechen deshalb auch vom unendlich fernen Punkt der Zahlenebene, welcher aber stets den Punkt N der Zahlenkugel zu bedeuten hat.

(3) *Stereographische Projektion*: Diese Art der Abbildung der Zahlenebene auf die Zahlenkugel heißt *stereographische Projektion*. Sie ist winkeltreu (also eine *konforme Abbildung*) und wird durch die folgenden Formeln vermittelt, falls der Durchmesser der Kugel als Einheitsstrecke gewählt wird:

$$\xi = \frac{\alpha}{1 + \alpha^2 + \beta^2}, \qquad \eta = \frac{\beta}{1 + \alpha^2 + \beta^2}, \qquad \zeta = \frac{\alpha^2 + \beta^2}{1 + \alpha^2 + \beta^2}.$$

(4) Als *stetige Kurve* be chnet man die durch $z = x + iy$ in der komplexen x,y-Ebene entstehende Punktmenge, wenn $x = x(t)$ und $y = y(t)$ in $-\infty \leqq t_1 \leqq t \leqq t_2 \leqq +\infty$ die stetige Parameterdarstellung einer Kurve der x,y-Ebene ist. Zum Beispiel lautet die sogenannte komplexe Parameterdarstellung einer Ellipse mit den Halbachsen h und k in Mittelpunktslage $z = z(t) = h \cos t + ik \sin t$ $(0 \leqq t < 2\pi)$, die eines Kreises mit dem Mittelpunkt $a = \alpha + i\beta$ und dem Radius r

$$z = (\alpha + r \cos t) + i(\beta + r \sin t) = a + r\,e^{it} \quad (0 \leqq t < 2\pi).$$

(5) *Jordankurve* heißt eine stetige Kurve ohne mehrfache Punkte, d. h. verschiedenen Parameterwerten t werden durch $z = z(t)$ verschiedene Kurvenpunkte z zugeordnet. Fallen Anfangs- und Endpunkt der Kurve zusammen, heißt sie *geschlossen*. Ellipse und Kreis sind Beispiele geschlossener Jordankurven.

(6) (*Offene*) *δ-Umgebung* $(\delta > 0)$ eines Punktes a nennt man die Punktmenge aller z mit $|z - a| < \delta$. Alle z außerhalb dieses Kreises bilden eine Umgebung von ∞.

(7) *Gebiet* **G** der geschlossenen Zahlenebene heißt eine Punktmenge dieser Ebene, falls zu zwei beliebigen $a, b \in$ **G** immer auch eine ganze stetige Verbindungskurve und mit jedem $c \in$ **G** auch

eine ganze δ-Umgebung von c in **G** enthalten ist (Abb. 3.81). Als *Rand* des Gebietes **G** gilt die Menge nicht zu **G** gehöriger Punkte, in deren beliebig klein gewählten δ-Umgebungen immer noch Punkte von **G** liegen. Einziges Beispiel eines Gebietes ohne Rand ist die geschlossene Zahlenebene.

Einfach zusammenhängend heißt ein Gebiet **G** der endlichen Zahlenebene, wenn das *Innere*[1]) einer beliebigen in **G** gelegenen geschlossenen Jordankurve **C** ganz zu **G** gehört, andernfalls *mehrfach zusammenhängend*. Das Innere einer Jordankurve ist einfach, ein Kreisringgebiet ist zweifach, das Gebiet in Abb. 3.81 dreifach zusammenhängend. *Abgeschlossenes Gebiet* heißt die aus einem Gebiet **G** und seinem Rand bestehende Punktmenge, Bezeichnung: $\bar{\mathbf{G}}$.

3.4.3. Komplexe Funktionen einer komplexen Veränderlichen

(1) *Komplexe Variable* einer Menge **D** komplexer Zahlen nennt man eine fiktiv angenommene komplexe Zahl $z = x + iy$, für die man sich jede Zahl von **D** eingesetzt denken darf; x, y sind reelle Variable.

(2) *Funktion*: Wird jedem Wert der Variablen $z = x + iy$ einer Menge **D** der geschlossenen Zahlenebene durch eine Vorschrift f je ein wohlbestimmter Wert der Variablen $w = u + iv$ einer Menge **W** der geschlossenen Zahlenebene zugeordnet, in Zeichen $w = f(z)$, so heißt f eine komplexe Funktion von z. Man nennt w die *abhängige* und z *unabhängige Variable* von f, **D** den *Definitions-* und **W** den *Wertebereich* von f.

(3) *Zusammenhang mit reellen Funktionen*: Wegen $w = u + iv = f(z) = f(x + iy)$ wird jedem Zahlenpaar (x, y) mit $x + iy \in \mathbf{D}$ durch f ein Paar (u, v) mit $u + iv \in \mathbf{W}$ zugeordnet, d. h. u, v sind reelle Funktionen der beiden unabhängigen reellen Veränderlichen x, y: $u = u(x, y)$, $v = v(x, y)$, so daß man für $w = f(z)$ auch $w = u(x, y) + iv(x, y) = \operatorname{Re} f(z) + i \operatorname{Im} f(z)$ schreiben kann. Umgekehrt läßt sich $f(z)$ durch den Realteil $u(x, y)$ und den Imaginärteil $v(x, y)$ definieren (Beispiel s. Tabelle 3.7).

(4) *Komplexwertige Funktionen als Abbildungen*: Man denke sich die geschlossene Zahlenebene in zwei Exemplaren nebeneinanderliegend gegeben: eine komplexe x,y-Ebene zur geometrischen Veranschaulichung der Werte $z = x + iy$ (*z-Ebene*) und eine komplexe u,v-Ebene für die abhängige Variable $w = u + iv$ (*w-Ebene*) von $w = f(z)$. Durch f wird jedem *Urbildpunkt* $z \in \mathbf{D}$ genau ein *Bildpunkt* $w \in \mathbf{W}$ zugeordnet, was einer *Abbildung* des *Urbildgebietes* **D** auf das *Bildgebiet* $\mathbf{W} = \{w \mid w = f(z), z \in \mathbf{D}\}$ entspricht (vgl. 4.1.4.5.). Zum Beispiel vermittelt

$$w = f(z) = \frac{1}{\bar{z}} \left(= \frac{z}{\bar{z} \cdot z} = \frac{1}{|z|} \frac{z}{|z|} \right)$$

die sogenannte *Inversion am Einheitskreis* (s. 3.4.11.2.). Umgekehrt kann man sich die Aufgabe stellen, zu einem vorgegebenen Urbildbereich **D** und vorgegebenem Bildbereich **W** eine *Abbildungsfunktion* $w = f(z)$ zu finden, die **D** auf **W** abbildet (s. 3.4.11.1.).

(5) *Betrag einer Funktion, ihr Relief* (*Landschaft*): Der *absolute Betrag*

$$|w| = |f(z)| = \sqrt{[u(x, y)]^2 + [v(x, y)]^2} = \Phi(x, y)$$

einer Funktion $w = f(z) = u(x, y) + iv(x, y)$ wird unter anderem dazu benutzt, gewisse Eigenschaften von f (Nullstellen-, Polstellenverhalten) zu veranschaulichen. Die Fläche $|w| = \Phi(x, y)$, wobei $|w|$ die im Punkt $z = x + iy$ errichtete *Applikate* bedeute, nennt man das *Relief* (*die Landschaft*) von f (Abb. 3.82)[2]). Dieses liegt wegen $|f(z)| \geqq 0$ stets über dem Definitionsbereich **D** von f, ausgenommen in den Nullstellen.

(6) *Nullstellen* z_0 von f nennt man die Werte der unabhängigen Variablen z, für welche $|f(z_0)| = 0$ und also $f(z_0) = 0$ gilt.

(7) *Beschränkt* heißt die Funktion $w = f(z)$ im Gebiet $\mathbf{G} \subseteqq \mathbf{D}$, wenn ihre Relief über **G** ganz unter dem der Funktion $w = \varphi(z) = K$ mit ausreichend groß gewählter Konstante K liegt. Ist dieser

---

[1]) **C** zerlegt die geschlossene z-Ebene in zwei Gebiete **I**, **A**. Ist $\infty \in \mathbf{A}$, heißt **A** Außen-, **I** Innengebiet von **C**.

[2]) Die Reliefs vieler wichtiger Funktionen sind in Jahnke-Emde, Tafeln höherer Funktionen, 5. Aufl., Leipzig 1960, angegeben.

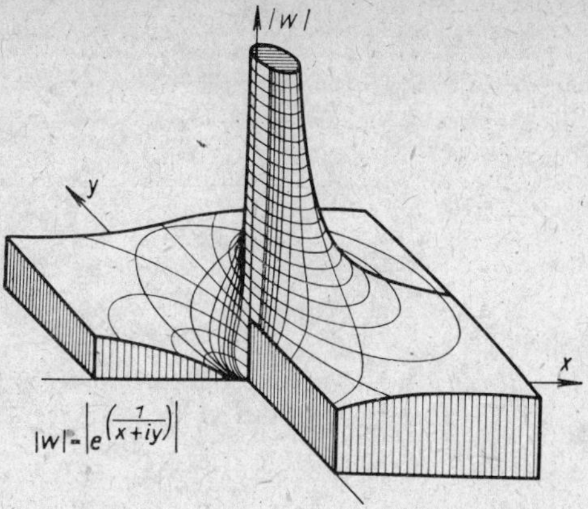

Abb. 3.82

Sachverhalt bei beliebiger Annäherung an eine Stelle $z_p \in \mathbf{G}$ nicht erfüllt, so heißt $f(z)$ in z_p *singulär* (s. 3.4.7.5.). Zum Beispiel hat $w = f(z) = \dfrac{1}{z - a}$ in $z = a$ einen *Pol* (s. auch $w = e^{1/z}$ in Abb. 3.82).

(8) *Grenzwert*, *Stetigkeit* einer Funktion einer komplexen Veränderlichen werden formal gleichlautend zu den betreffenden Begriffen bei Funktionen einer reellen Veränderlichen formuliert (vgl. 3.1.4.1.4.).

Zerlegt man nun $f(z)$ in Real- und Imaginärteil $f(z) = f(x + iy) = u(x, y) + iv(x, y)$, so ist $\lim\limits_{z \to z_0} f(z) = a$, wobei $z_0 = x_0 + iy_0$ und $a = \alpha + i\beta$ sei, gleichbedeutend mit den beiden reellen Grenzwertbildungen $\lim\limits_{(x, y) \to (x_0, y_0)} u(x, y) = \alpha$ und $\lim\limits_{(x, y) \to (x_0, y_0)} v(x, y) = \beta$ und läßt sich daher also auch durch die Grenzwerte von $\operatorname{Re} f(z)$ und $\operatorname{Im} f(z)$ definieren. Zum Beispiel ist

$$\lim_{z \to 0} \frac{z^2}{|z|} = \lim_{(x,y) \to (0,0)} \frac{(x + iy)^2}{\sqrt{x^2 + y^2}} = \lim_{(x,y) \to (0,0)} \frac{x^2 - y^2}{\sqrt{x^2 + y^2}} + i \lim_{(x,y) \to (0,0)} 2 \frac{x \cdot y}{\sqrt{x^2 + y^2}}$$
$$= 0 + i0.$$

Daher ist $f(z)$ in z_0 dann und nur dann stetig, falls $u(x, y)$ und $v(x, y)$ in (x_0, y_0) stetig im Sinne dieses Begriffes für Funktionen von zwei reellen Veränderlichen sind. Eine Funktion $f(z)$ heißt stetig in einem Gebiet, wenn sie in jedem Punkt des Gebietes stetig ist. Es gelten die Sätze über die Stetigkeit der Summe, des Produktes, des Quotienten und der mittelbaren Funktion stetiger Funktionen wie im Reellen (s. 3.1.4.2.3.). Ein Polynom in z ist demnach in der ganzen z-Ebene stetig, eine in z rationale Funktion in ihrem Definitionsbereich.

3.4.4. Die wichtigsten elementaren Funktionen

3.4.4.1. Elementare algebraische Funktionen

3.4.4.1.1. Ganze rationale Funktionen (Polynome n-ten Grades) sind definiert durch $w = q_m(z) = \sum\limits_{\nu=0}^{m} a_\nu z^\nu$ (a_ν: komplexe Koeffizienten). $q_m(z)$ läßt sich (bis auf die Reihenfolge der Faktoren) eindeutig als Produkt

$$q_m(z) = a_m(z - z_1)^{\nu_1} (z - z_2)^{\nu_2} \dots (z - z_k)^{\nu_k}$$

von $\sum\limits_{\varrho=1}^{k} \nu_\varrho = m$ Linearfaktoren schreiben, hat also genau die Nullstellen $z_1, \dots, z_k$ mit den Vielfachheiten $\nu_1, \dots, \nu_k$ (Fundamentalsatz der Algebra).

3.4.4.1.2. Gebrochen rationale Funktionen sind erklärt als Quotienten $w = \frac{p_n(z)}{q_m(z)}$ zweier Polynome. Sie sind für alle z mit $q_m(z) \neq 0$ definiert. Die Division mit Rest bei einer *unecht gebrochen rationalen Funktion* ($m \leqq n$) vollzieht man wie im Reellen. Bei *echt gebrochen rationalen Funktionen* ($m > n$) lautet die *Partialbruchzerlegung*

$$\frac{p_n(z)}{q_m(z)} = \sum_{\varrho=1}^{k} \sum_{\tau=1}^{\nu_\varrho} \frac{a_{\varrho\tau}}{(z - z_\varrho)^\tau} \quad \text{mit} \quad \sum_{\varrho=1}^{k} \nu_\varrho = m$$

und für die jeweiligen Summanden noch zu bestimmenden Koeffizienten $a_{\varrho\tau}$; z_ϱ ist die ν_ϱ-fache Nullstelle von $q_m(z)$. Eine wichtige rationale Funktion ist die *gebrochen lineare Funktion* $w = \frac{az + b}{cz + d}$ (siehe konforme Abbildungen, 3.4.11.).

3.4.4.1.3. Irrationale Funktionen: In diesen tritt die unabhängige Variable z. B. auch unter dem Wurzelzeichen auf:

$$w = \sqrt{z^2 - a^2}, \qquad w = \sqrt{(z^2 - \mathrm{i})\sqrt{z}}.$$

3.4.4.2. Elementare transzendente Funktionen

3.4.4.2.1. Die natürliche Exponentialfunktion $w = \mathrm{e}^z = 1 + \frac{z}{1!} + \frac{z^2}{2!} + \frac{z^3}{3!} + \ldots$ ist in der ganzen z-Ebene definiert. Unter Benutzung der Definitionen 3.4.4.2.4. für $\sin z$ und $\cos z$ gilt für $\mathrm{e}^{\mathrm{i}z}$ die Eulersche Formel

$$\mathrm{e}^{\mathrm{i}z} = \cos z + \mathrm{i} \sin z. \tag{3.82}$$

Aus ihr folgt für e^z die Darstellung

$$\mathrm{e}^z = \mathrm{e}^{x+\mathrm{i}y} = \mathrm{e}^x(\cos y + \mathrm{i} \sin y).$$

Diese wiederum impliziert für beliebige z_1 und z_2 die Formel

$$\mathrm{e}^{z_1+z_2} = \mathrm{e}^{z_1} \cdot \mathrm{e}^{z_2}$$

und $\mathrm{Re}\,(\mathrm{e}^z) = \mathrm{e}^x \cos y$, $\mathrm{Im}\,(\mathrm{e}^z) = \mathrm{e}^x \sin y$, $|\mathrm{e}^z| = \mathrm{e}^x$ und $\arg(\mathrm{e}^z) = y = \varphi_0 + 2k\pi$.

Die einzigen Perioden von e^z sind also die Zahlen $2k\pi\mathrm{i}$, $k = \pm 1, \pm 2, \pm 3, \ldots$ Der Wertebereich $\mathbf{W}$ von e^z umfaßt die gesamte Gaußsche Zahlenebene ohne den Ursprung 0 ($|z| < \infty$). Zu jedem $w \in \mathbf{W}$ gibt es genau eine komplexe Zahl z aus dem sogenannten Einblättrigkeitsbereich von e^z (s. 3.4.10.1.) $\mathbf{E} = \{z \mid -\pi < \mathrm{Im}\,(z) \leqq \pi\}$ mit $\mathrm{e}^z = w$. Durch die Abbildungsfunktion $w = \mathrm{e}^z$ wird das Innere von $\mathbf{E}$ eineindeutig auf die längs der negativen reellen Achse aufgeschnittenen komplexen Zahlenebene abgebildet. Bereits auf $\mathbf{E}$ nimmt e^z den Wertebereich genau einmal vollständig an.

3.4.4.2.2. Der natürliche Logarithmus. Kehrt man die Funktion $w = \mathrm{e}^z$ in ihrem Einblättrigkeitsbereich $\mathbf{E}$ um, so erhält man als Umkehrfunktion den sogenannten Hauptzweig

$$\ln z = \ln |z| + \varphi_0 \mathrm{i}, \qquad -\pi < \varphi_0 \leqq \pi,$$

des natürlichen Logarithmus. Dieser Funktionszweig ist in der längs der negativen reellen Achse aufgeschnittenen komplexen Zahlenebene definiert (s. 3.4.10.3.). Alle weiteren Zweige ergeben sich dadurch, daß man e^z in solchen Streifen umkehrt, die sich aus $\mathbf{E}$ durch Parallelverschiebung um die Periode $2k\pi\mathrm{i}$ ($k = \pm 1, \pm 2, \ldots$) ergeben.

Bezeichnet man die Umkehrabbildung der natürlichen Exponentialfunktion in der gesamten komplexen Zahlenebene mit $\mathrm{Ln}\, z$ und schreibt man $z = |z|\, \mathrm{e}^{\mathrm{i}\arg(z)}$, so ist

$$\mathrm{Ln}\, z = \ln |z| + \mathrm{i} \arg(z) \quad \text{für} \quad z \neq 0.$$

$\mathrm{Ln}\, z$ besteht also aus der Menge der Funktionszweige

$$\mathrm{Ln}\, z = \ln |z| + \varphi_0 \mathrm{i} + 2k\pi\mathrm{i} \quad \text{mit} \quad k = 0, \pm 1, \pm 2, \ldots$$

Beispiele:

$$\ln(-1) = \ln|-1| + \pi i = \pi i,$$

$$\operatorname{Ln} 1 = \ln|1| + i\, 2k\pi = i\, 2k\pi,$$

$$\ln(-i) = \ln|-i| - \frac{\pi}{2} i = -\frac{\pi}{2} i.$$

Für den natürlichen Logarithmus gelten hier die gleichen Gesetze wie im Reellen, wenn in den entsprechenden Formeln nur die richtigen Zweige eingesetzt werden.

3.4.4.2.3. Die allgemeine Potenz umfaßt im einzelnen die Funktionszweige

$$w = a^z = e^{z \ln a},$$

wobei $\ln a \in \operatorname{Ln} a$ ist. Sie läßt sich also durch $e^{z \cdot \operatorname{Ln} a}$ bezeichnen. Ihr Hauptzweig ergibt sich, wenn man den Hauptzweig von $\operatorname{Ln} a$ einsetzt. Bezüglich der Rechenregeln für a^z (Potenzgesetze) gilt sinngemäß das zum Schluß von 3.4.4.2.2. für $\ln z$ Gesagte.

3.4.4.2.4. Trigonometrische Funktionen und Hyperbelfunktionen. Man definiert:

$$\sin z = z - \frac{z^3}{3!} + \frac{z^5}{5!} - \ldots = \frac{1}{2i}(e^{zi} - e^{-zi}),$$

$$\cos z = 1 - \frac{z^2}{2!} + \frac{z^4}{4!} - \ldots = \frac{1}{2}(e^{zi} + e^{-zi}),$$

$$\sinh z = z + \frac{z^3}{3!} + \frac{z^5}{5!} + \ldots = \frac{1}{2}(e^z - e^{-z}),$$

$$\cosh z = 1 + \frac{z^2}{2!} + \frac{z^4}{4!} + \ldots = \frac{1}{2}(e^z + e^{-z}).$$

$\sin z$, $\cos z$ haben 2π, $\sinh z$, $\cosh z$ haben $2\pi i$ als Periode. Es gilt für rein imaginäres Argument:

$$\sin iy = i \sinh y, \quad \cos iy = \cosh y, \quad \sinh iy = i \sin y, \quad \cosh iy = \cos y.$$

Die Formeln, die für die trigonometrischen und Hyperbelfunktionen einer reellen Variablen gelten (vgl. 2.5.2.1./3.), bleiben auch im Komplexen richtig. Insbesondere erfolgt die Berechnung von $\sin z, \cos z, \sinh z, \cosh z$ für $z = x + iy$ nach den *Additionstheoremen* für $\sin(h + k), \cos(h + k), \ldots$ Zum Beispiel gilt

$$\cos(x + iy) = \cos x \cos iy - \sin x \sin iy = \cos x \cosh y - i \sin x \sinh y.$$

Daher ist

$$\operatorname{Re}(\cos z) = \cos \operatorname{Re}(z) \cosh \operatorname{Im}(z),$$

$$\operatorname{Im}(\cos z) = -\sin \operatorname{Re}(z) \sinh \operatorname{Im}(z).$$

Die Funktionen $\tan z$, $\cot z$, $\tanh z$, $\coth z$ sind durch

$$\tan z = \frac{\sin z}{\cos z}, \quad \cot z = \frac{\cos z}{\sin z}, \quad \tanh z = \frac{\sinh z}{\cosh z}, \quad \coth z = \frac{\cosh z}{\sinh z}$$

definiert.

Man überlegt sich, daß durch die Abbildung $w = \sin z$ der offene Streifen $E = \left\{ z \,\middle|\, -\frac{\pi}{2} < \operatorname{Re}(z) < \frac{\pi}{2} \right\}$ der z-Ebene eineindeutig auf die von $-\infty$ bis -1 und von 1 bis ∞ aufgeschnittene komplexe w-Ebene abgebildet wird.

Kehrt man $w = \sin z$ in E um, so erhält man als Umkehrfunktion den auf dieser aufgeschnittenen komplexen Zahlenebene definierten Hauptzweig von $\arcsin z$.

Tabelle 3.7:
Daten einiger elementarer Funktionen $f(z) = u(x, y) + iv(x, y)$, $z = x + iy$, $k = 0, \pm 1, \pm 2, \dots$

Fkt. $f(z)$	$\mathrm{Re}(f(z)) = u(x, y)$	$\mathrm{Im}(f(z)) = v(x, y)$	Absolutbetrag $\lvert f(z)\rvert$	Argument[1]) (H) $\arg(f(z))$
z	x	y	$\sqrt{x^2 + y^2}$	$\arctan \frac{y}{x}$
z^2	$x^2 - y^2$	$2xy$	$x^2 + y^2$	$\arctan \frac{2xy}{x^2 - y^2}$
$\frac{1}{z - a}$, $a = \alpha + i\beta$	$\frac{x - \alpha}{(x - \alpha)^2 + (y - \beta)^2}$	$\frac{-(y - \beta)}{(x-\alpha)^2 + (y-\beta)^2}$	$\frac{1}{\sqrt{(x - \alpha)^2 + (y - \beta)^2}}$	$\arctan \frac{y - \beta}{\alpha - x}$
$\frac{1}{z^2}$	$\frac{x^2 - y^2}{(x^2 + y^2)^2}$	$\frac{-2xy}{(x^2 + y^2)^2}$	$\frac{1}{x^2 + y^2}$	$\arctan \frac{2xy}{y^2 - x^2}$
$\sqrt{z} = \pm\sqrt{z}$ (H)	$\pm\left(\frac{x + \sqrt{x^2 + y^2}}{2}\right)^{1/2}$	$\pm\left(\frac{-x + \sqrt{x^2 + y^2}}{2}\right)^{1/2}$	$\sqrt[4]{x^2 + y^2}$	$\arctan\left(\sqrt{\varrho^2 + 1} - \varrho\right)$, $\varrho = \frac{x}{\lvert y\rvert}$
$\mathrm{Ln}\, z$	$\frac{1}{2} \ln (x^2 + y^2)$	$\arctan \frac{y}{x} + 2k\pi$	$\sqrt{u^2 + v^2}$	$\arctan \frac{v}{u}$
e^z	$e^x \cos y$	$e^x \sin y$	e^x	$y + 2g\pi$, g ganze Zah[l], $-\pi < y - 2g\pi \leqq +$[π]
$\sin z$	$\sin x \cosh y$	$\cos x \sinh y$	$\sqrt{\sin^2 x + \sinh^2 y}$	$\arctan [\cot x \tanh y]$
$\cos z$	$\cos x \cosh y$	$-\sin x \sinh y$	$\sqrt{\cos^2 x + \sinh^2 y}$	$\arctan [-\tan x \tanh$ [y]]
$\sinh z$	$\sinh x \cos y$	$\cosh x \sin y$	$\sqrt{\sinh^2 x + \sin^2 y}$	$\arctan [\tan y \coth x]$
$\cosh z$	$\cosh x \cos y$	$\sinh x \sin y$	$\sqrt{\sinh^2 x + \cos^2 y}$	$\arctan [\tan y \tanh x]$
$\tan z$	$\frac{\sin 2x}{\cos 2x + \cosh 2y}$	$\frac{\sinh 2y}{\cos 2x + \cosh 2y}$	$\frac{(-\cos^2 2x + \cosh^2 2y)^{1/2}}{\lvert\cos 2x + \cosh 2y\rvert}$	$\arctan \frac{\sinh 2y}{\sin 2x}$

[1]) Zu den Hauptwerten $\arctan \frac{v}{u}$ ist im Falle $u < 0$ stets $+\pi$ (bzw. $-\pi$) für $v \geqq 0$ (bzw. $v < 0$) zu addieren.

[2]) B_n: Bernoullische Zahlen.

(Fortsetzung)

Potenzreihenentwicklung von $f(z)$ in $z = 0$ bzw. $z = 1$	Nullstellen z_0 m: Vielfachheit	Singularitäten z_s m: Vielfachheit
z	$z_0 = 0,\ m = 1$	Pol in $z_s = \infty,\ m = 1$
z^2	$z_0 = 0,\ m = 2$	Pol in $z_s = \infty,\ m = 2$
$\sum_{n=0}^{\infty} -a^{-(n+1)} z^n,\ \lvert z\rvert < \lvert a\rvert \neq 0$	$z_0 = \infty,\ m = 1$	Pol in $z_s = a,\ m = 1$
$\sum_{n=0}^{\infty} (-1)^n (n+1)(z-1)^n,\ \lvert z-1\rvert < 1$	$z_0 = \infty,\ m = 2$	Pol in $z_s = 0,\ m = 2$
$\pm \sum_{n=0}^{\infty} \binom{1/2}{n} (z-1)^n,\ \lvert z-1\rvert < 1$	$z_0 = 0,\ m = 1$ Verzweigungspunkt	Verzweigungspunkt $z_s = 0,\ m = 1$ Verzweigungspunkt $z_s = \infty,\ m = 1$
$\sum_{n=1}^{\infty} \frac{(-1)^{n-1}}{n} (z-1)^n,\ \lvert z-1\rvert < 1$ Entwicklung von Ln z für $k = 0$	$z_0 = 1,\ m = 1$ für $k = 0$	$z_s = 0,\ \infty$ Verzweigungspunkte der Ordnung $m = \infty$; wesentlich singulär
$\sum_{n=0}^{\infty} \frac{1}{n!} z^n,\ \lvert z\rvert < \infty$	$e^z \neq 0,\ \lvert z\rvert < \infty$	$z_s = \infty$ wesentlich singulär (für alle folgenden fünf Zeilen)
$\sum_{n=0}^{\infty} \frac{(-1)^n}{(2n+1)!} z^{2n+1},\ \lvert z\rvert < \infty$	$z_0 = k\pi,\ m = 1$	
$\sum_{n=0}^{\infty} \frac{(-1)^n}{(2n)!} z^{2n},\ \lvert z\rvert < \infty$	$z_0 = \left(\frac{1}{2} + k\right)\pi,\ m = 1$	
$\sum_{n=0}^{\infty} \frac{1}{(2n+1)!} z^{2n+1},\ \lvert z\rvert < \infty$	$z_0 = k\pi i,\ m = 1$	
$\sum_{n=0}^{\infty} \frac{1}{(2n)!} z^{2n},\ \lvert z\rvert < \infty$	$z_0 = \left(\frac{1}{2} + k\right)\pi i,\ m = 1$	
$\sum_{n=1}^{\infty} \frac{(2^{2n}-1)\,2^{2n}}{(2n)!} B_n z^{2n-1}$ $= z + \frac{1}{3}z^3 + \frac{2}{15}z^5 + \frac{17}{315}z^7 + \ldots,\ \lvert z\rvert < \frac{\pi}{2}$ [2])	$z_0 = k\pi,\ m = 1$	$z_s = \infty$ wesentliche Singularität $z_s = \left(\frac{1}{2} + k\right)\pi$ Pole, $m = 1$

Analoge Überlegungen führen zu den Umkehrungen der übrigen trigonometrischen Funktionen und Hyperbelfunktionen. Diese Umkehrabbildungen lassen sich mittels Ln z durch folgende Formeln ausdrücken:

$$\arcsin z = -\mathrm{i}\,\mathrm{Ln}\left(\mathrm{i}z + \sqrt{1 - z^2}\right), \quad \operatorname{arsinh} z = \mathrm{Ln}\left(z + \sqrt{z^2 + 1}\right),$$

$$\arccos z = -\mathrm{i}\,\mathrm{Ln}\left(z + \sqrt{z^2 - 1}\right), \quad \operatorname{arcosh} z = \mathrm{Ln}\left(z + \sqrt{z^2 - 1}\right),$$

$$\arctan z = \frac{1}{2\mathrm{i}}\,\mathrm{Ln}\,\frac{1 + \mathrm{i}z}{1 - \mathrm{i}z}, \quad \operatorname{artanh} z = \frac{1}{2}\,\mathrm{Ln}\,\frac{1 + z}{1 - z},$$

$$\operatorname{arccot} z = -\frac{1}{2\mathrm{i}}\,\mathrm{Ln}\,\frac{\mathrm{i}z + 1}{\mathrm{i}z - 1}, \quad \operatorname{arcoth} z = \frac{1}{2}\,\mathrm{Ln}\,\frac{z + 1}{z - 1}.$$

Ihre Hauptzweige bzw. Zweige werden durch die gleichen Formeln ausgedrückt, wenn man anstelle von Ln seinen Hauptzweig bzw. andere Zweige setzt. Man schreibt dann z. B.

$$\arcsin z = -\mathrm{i}\ln\left(\mathrm{i}z + \sqrt{1 - z^2}\right), \qquad \operatorname{artanh} z = \frac{1}{2}\ln\frac{1 + z}{1 - z} \quad \text{usw.}$$

Die Tabelle 3.7 umfaßt einige wichtige elementare Funktionen und gibt ihre wichtigsten Daten wieder.

3.4.5. Analytische Funktionen

3.4.5.1. Ableitung

Die in einer Umgebung der Stelle z_0 definierte Funktion $w = f(z)$ heißt an der Stelle z_0 *(komplex) differenzierbar*, falls der Grenzwert

$$\lim_{\Delta z \to 0} \frac{f(z_0 + \Delta z) - f(z_0)}{\Delta z} \qquad (\Delta z \text{ bel. komplex})$$

existiert. Er heißt *Ableitung* oder *Differentialquotient* von $w = f(z)$ an der Stelle z_0; in Zeichen: $f'(z_0) = \frac{\mathrm{d}f}{\mathrm{d}z}(z_0)$. Ist die Funktion $f(z)$ in jedem Punkt z eines Gebietes **G** differenzierbar, so heißt sie *in* **G** *differenzierbar* mit der komplexen Funktion $w = f'(z) = \frac{\mathrm{d}f}{\mathrm{d}z}(z)$ als Ableitung. (Wegen der geometrischen Bedeutung des Betrages und Argumentes der Ableitung s. 3.4.11.1.).

Für in **G** differenzierbare Funktionen $f(z)$ und $g(z)$ sind auch die Funktionen $f(z) + g(z)$, $f(z) \cdot g(z)$ und $\frac{f(z)}{g(z)}$ $(g(z) \neq 0)$ in **G** differenzierbar. Es gelten die gleichen Differentiationsregeln wie im Reellen (3.1.5.). Auch die Ableitungsregel für mittelbare Funktionen (Kettenregel) gilt unverändert.

Beispiel: Es sei $w = (3z + 4)^3$, $w = \tilde{w}^3$, $\tilde{w} = 3z + 4$; dann gilt

$$\frac{\mathrm{d}w}{\mathrm{d}z} = \frac{\mathrm{d}w}{\mathrm{d}\tilde{w}} \cdot \frac{\mathrm{d}\tilde{w}}{\mathrm{d}z} = 3\tilde{w}^2 \cdot 3 = 9(3z + 4)^2 \quad \text{für alle } z \text{ der } z\text{-Ebene.}$$

3.4.5.2. Cauchy-Riemannsche Differentialgleichungen

Eine im Gebiet **G** definierte Funktion $f(z) = u(x, y) + \mathrm{i}v(x, y)$ ist in $z \in \mathbf{G}$ genau dann differenzierbar, wenn $u(x, y)$, $v(x, y)$ in z stetige partielle Ableitungen nach x bzw. y besitzen und den *Cauchy-Riemannschen Differentialgleichungen* (*Bedingungen*)

$$\frac{\partial u}{\partial x} = \frac{\partial v}{\partial y}, \qquad \frac{\partial u}{\partial y} = -\frac{\partial v}{\partial x}$$

genügen. Die Ableitung von $w = f(z)$ nach z berechnet man dann nach

$$\frac{\mathrm{d}w}{\mathrm{d}z} = \frac{\partial u}{\partial x} + \mathrm{i}\frac{\partial v}{\partial x} = \frac{\partial v}{\partial y} - \mathrm{i}\frac{\partial u}{\partial y} = \frac{\partial u}{\partial x} - \mathrm{i}\frac{\partial u}{\partial y} = \frac{\partial v}{\partial y} + \mathrm{i}\frac{\partial v}{\partial x}.$$

Beispiel: Die Funktion $w = f(z) = |z|^2$ ist nur für $z = 0$, aber sonst nirgends differenzierbar. Es ist nämlich $u = x^2 + y^2$, $v = 0$, $u_x = 2x$, $u_y = 2y$, $v_x = 0$, $v_y = 0$. Im Punkt (0, 0) sind die partiellen Ableitungen stetig und nur dort die Cauchy-Riemann-Bedingungen erfüllt. Es gilt $f'(0) = u_x(0, 0) + iv_x(0, 0) = 0$.

3.4.5.3. Analytische Funktionen

Analytisch oder *holomorph* oder auch *regulär* heißt eine eindeutige Funktion $f(z)$ im Punkt $z = z_0$ (bzw. $z = \infty$), wenn sie in einer Umgebung von z_0 differenzierbar ist (bzw. wenn $F(z) = f\left(\frac{1}{z}\right)$ in $z = 0$ differenzierbar ist; man definiert dann $f'(\infty) = -(z^2F'(z))|_{z=0}$).

Die Funktion $f(z)$ ist genau dann in $z = z_0$ (bzw. $z = \infty$) analytisch, wenn sie durch eine in einem Kreis um z_0 (bzw. ∞) konvergente Potenzreihe (bzw. Reihe nach negativen Potenzen von z) $f(z) = \sum_{n=0}^{\infty} a_n(z - z_0)^n \left(\text{bzw. } f(z) = \sum_{n=0}^{\infty} b_n z^{-n}\right)$ dargestellt werden kann.

Im ganzen Gebiet **G** analytisch heißt $f(z)$, wenn sie diese Eigenschaft in jedem $z \in \mathbf{G}$ besitzt.

Demnach ist die Funktion $f(z) = |z|^2$ (Beispiel aus 3.4.5.2.) nirgends analytisch, (wohl aber für $z = 0$ differenzierbar), während man z. B. für $w = f(z) = z^2$ oder $w = f(z) = e^x e^{iy}$ leicht Analytizität in der ganzen z-Ebene nachweist.

Punkte, in denen $f(z)$ analytisch ist, heißen *regulär*. Falls $f(z)$ in **G** mit Ausnahme einiger Punkte regulär ist, nennt man diese Punkte *singulär*. Ein Punkt $z \in \mathbf{G}$ heißt *isoliert singulär*, wenn sich um z ein Kreis so legen läßt, daß dieser keine weiteren singulären Punkte enthält. Die elementaren Funktionen (sowohl die algebraischen als auch die transzendenten) sind in der z-Ebene analytisch – mit Ausnahme einiger isoliert singulärer Punkte.

Analytische Funktionen haben folgende Eigenschaften:

(1) Sie haben in allen regulären Punkten Ableitungen beliebig hoher Ordnung;

(2) sie nehmen in einem abgeschlossenen Gebiet **G** betragsmäßig das Maximum auf dem Rand von **G** an (**Maximumprinzip**);

(3) sie sind konstant, wenn sie in der ganzen z-Ebene beschränkt und analytisch sind (**Satz von Liouville**);

(4) sie sind im Gebiet **G** identisch, falls sie dies auf einem Teilgebiet von **G** sind (**Eindeutigkeitssatz analytischer Funktionen**);

(5) sie besitzen in ihrem Regularitätsgebiet als Real- bzw. Imaginärteil harmonische Funktionen $u(x, y)$, $v(x, y)$, wie man nach Differentiation der Cauchy-Riemannschen Differentialgleichungen sieht. Kennt man eine harmonische Funktion $u(x, y)$, so kann man (bis auf eine additive Konstante) die zu ihr *konjugierte harmonische Funktion* $v(x, y)$ mit Hilfe der Cauchy-Riemannschen Differentialgleichung ermitteln: $v(x, y) = \int \frac{\partial u}{\partial x} \, dy + \varphi(x)$ mit $\varphi'(x) = -\left(\frac{\partial u}{\partial y} + \frac{\partial}{\partial x} \int \frac{\partial u}{\partial x} \, dy\right)$. Analog läßt sich $u(x, y)$ aufgrund von $v(x, y)$ bestimmen.

3.4.6. Komplexe Kurvenintegrale

3.4.6.1. Integral einer komplexen Funktion

Das Integral der komplexen Funktion $w = f(z)$ entlang der Kurve **C** der komplexen z-Ebene als Integrationsweg mit a als Anfangs-, b als Endpunkt der Integration ist die komplexe Zahl

$$\mathrm{C}\int_a^b f(z) \, dz = \lim_{\max|z_\nu - z_{\nu-1}| \to 0} \sum_{\nu=1}^{n} f(c_\nu)(z_\nu - z_{\nu-1}) \tag{3.83}$$

unter der Voraussetzung, daß dieser Grenzwert existiert und weder von der Wahl der $n + 1$ Zerlegungspunkte $a = z_0, z_1, \ldots, z_{n-1}, z_n = b$ der Kurve **C**, noch von der Wahl der Zwischenpunkte $c_\nu \in \widehat{z_{\nu-1}z_\nu} \subset \mathbf{C}$ abhängt (Abb. 3.83).

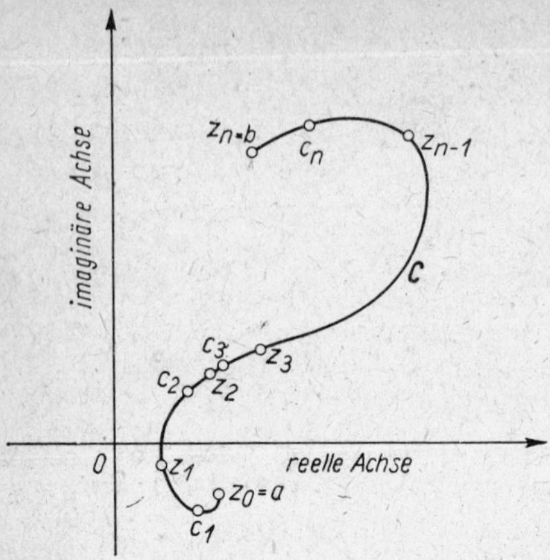

Abb. 3.83

Notwendig für die Existenz des komplexen Kurvenintegrals ist die Beschränktheit, hinreichend die Stetigkeit von $f(z)$ auf der glatten Kurve **C**.

Zerlegt man in der Definition (3.83) des Integrals $f(z)$ und z in Real- und Imaginärteil, so wird der Aufbau des Integrals aus zwei reellen Kurvenintegralen sichtbar:

$$\overset{\mathbf{C}}{\int_a^b} f(z)\,\mathrm{d}z = \overset{\mathbf{C}}{\int_a^b} [u(x, y) + \mathrm{i}v(x, y)]\,\mathrm{d}(x + \mathrm{i}y)$$

$$= \overset{\mathbf{C}}{\int_a^b} u(x, y)\,\mathrm{d}x - v(x, y)\,\mathrm{d}y + \mathrm{i}\overset{\mathbf{C}}{\int_a^b} v(x, y)\,\mathrm{d}x + u(x, y)\,\mathrm{d}y.$$

Damit gehen die Eigenschaften reeller Kurvenintegrale auf komplexe Kurvenintegrale über, wie z. B. (vgl. 3.1.8.)

(1) $\overset{\mathbf{C}}{\int_a^b} f(z)\,\mathrm{d}z = -\overset{\mathbf{C}}{\int_b^a} f(z)\,\mathrm{d}z$, wobei **C** im rechten Integral von b nach a durchlaufen wird.

(2) $\overset{\mathbf{C}}{\int_a^b} f(z)\,\mathrm{d}z = \overset{\mathbf{C}}{\int_a^c} f(z)\,\mathrm{d}z + \overset{\mathbf{C}}{\int_c^b} f(z)\,\mathrm{d}z$, wobei $c \in \mathbf{C}$ Zwischenpunkt für a und b ist.

(3) Ist $\infty \in \mathbf{C}$, so kann $\overset{\mathbf{C}}{\int_a^b} f(z)\,\mathrm{d}z$ gegebenenfalls als uneigentliches Integral definiert werden. Ferner gilt:

(4) $\left|\overset{\mathbf{C}}{\int_a^b} f(z)\,\mathrm{d}z\right| \leqq Ms$, wenn $|f(z)| < M = \text{const}$ auf **C** ist und die Länge von **C** bedeutet.

Was die tatsächliche Berechnung des Integrals $\overset{\mathbf{C}}{\int_a^b} f(z)\,\mathrm{d}z$ betrifft, so erfolgt sie durch

$$\overset{\mathbf{C}}{\int_a^b} f(z)\,\mathrm{d}z = \int_\alpha^\beta f(z(t))\,z'(t)\,\mathrm{d}t = \int_\alpha^\beta \mathrm{Re}\,[f(z(t))\,z'(t)]\,\mathrm{d}t + \mathrm{i}\int_\alpha^\beta \mathrm{Im}\,[f(z(t))\,z'(t)]\,\mathrm{d}t,$$

wenn **C** durch die einmal stetig differenzierbare Parameterdarstellung $z = z(t)$ $(\alpha \leqq t \leqq \beta)$ mit $z(\alpha) = a$, $z(\beta) = b$ gegeben ist.

3.4.6.2. Wegunabhängigkeit

Das Kurvenintegral einer in einem einfach zusammenhängenden Gebiet **G** stetigen Funktion $f(z)$ zwischen den Punkten a und b längs einer innerhalb des Gebietes **G** der z-Ebene glatten Kurve **C** ist dann und nur dann wegunabhängig, d. h. unabhängig vom speziellen Verlauf der Kurve **C** zwischen a und b, wenn $f(z)$ in **G** analytisch ist.

In diesem Falle schreibt man

$$\overset{\mathbf{C}}{\int_a^b} f(z)\,\mathrm{d}z = \int_a^b f(z)\,\mathrm{d}z.$$

Diese Aussage bildet den Inhalt zweier bekannter Sätze:

Der Integralsatz von Cauchy. Ist $f(z)$ in einem einfach zusammenhängenden Gebiet **G** analytisch, so ist das Kurvenintegral $\overset{\mathbf{C}}{\int_a^b} f(z)\,\mathrm{d}z$ nur von der Wahl der Punkte a und b, nicht aber vom Verlauf der innerhalb von **G** glatten Kurve **C** abhängig.

Bezeichnet man mit $\oint f(z)\,\mathrm{d}z$ das Integral über eine geschlossene Kurve, das man auch *Umlaufintegral* nennt, so kann man dem Cauchyschen Integralsatz auch folgende Fassung geben:

Ist $f(z)$ in **G** analytisch, so gilt für jede in **G** verlaufende geschlossene Kurve **C** die Beziehung $\overset{\mathbf{C}}{\oint} f(z)\,\mathrm{d}z = 0$.

Der Satz von Morera. Ist $f(z)$ in dem Gebiet **G** eindeutig und stetig und ist für jede dort liegende glatte Kurve **C** das Integral $\overset{\mathbf{C}}{\int_a^b} f(z)\,\mathrm{d}z$ wegunabhängig, so ist $f(z)$ in **G** analytisch.

3.4.6.3. Unbestimmte Integrale

Für das innerhalb des Gebietes **G** wegunabhängige Integral gilt bei beliebig aber fest gewähltem Anfangspunkt $a \in \mathbf{G}$ und variablem Endpunkt $z \in \mathbf{G}$ des Integrationsweges

$$\int_a^z f(\zeta)\,\mathrm{d}\zeta = F(z) \quad \text{mit} \quad F'(z) = f(z).$$

$F(z)$ heißt *Stammfunktion* der analytischen Funktion $f(z)$ in **G**. $F(z)$ hängt von a ab. Zwei beliebige Stammfunktionen unterscheiden sich durch eine Konstante. Die Gesamtheit aller Stammfunktionen bezeichnet man durch $\int f(z)\,\mathrm{d}z = F(z) + c$ (c: bel. Konstante) und nennt sie das *unbestimmte Integral* von $f(z)$. Die unbestimmte Integration der komplexen elementaren Funktionen erfolgt nach den gleichen Regeln wie die der entsprechenden reellen Funktionen.

3.4.6.4. Hauptsatz der Integralrechnung

Das Integral einer in **G** analytischen Funktion $f(z)$ ist gleich der Differenz zwischen den Werten der Stammfunktion von $f(z)$ im Endpunkt b bzw. Anfangspunkt a der Integration:

$$\int_a^b f(z)\,\mathrm{d}z = F(b) - F(a).$$

3.4.6.5. Die Integrationsformeln von Cauchy

Ist eine Funktion $f(z)$ in einem einfach zusammenhängenden Gebiet analytisch, so lassen sich ihre Werte in einem beliebigen Punkt z dieses Gebietes und ebenso die Werte ihrer Ableitungen beliebig hoher Ordnung durch die Werte der Funktion auf einem geschlossenen Wege **C** ausdrücken, der diesen Punkt einschließt, und zwar mit Hilfe der Cauchyschen Integralformeln

$$\left.\begin{aligned} f(z) &= \frac{1}{2\pi i}\overset{\mathbf{C}}{\oint}\frac{f(\zeta)}{\zeta - z}\,\mathrm{d}\zeta, & f'(z) &= \frac{1}{2\pi i}\overset{\mathbf{C}}{\oint}\frac{f(\zeta)}{(\zeta - z)^2}\,\mathrm{d}\zeta, \\ f''(z) &= \frac{2}{2\pi i}\overset{\mathbf{C}}{\oint}\frac{f(\zeta)}{(\zeta - z)^3}\,\mathrm{d}\zeta, \quad \ldots, & f^{(n)}(z) &= \frac{n!}{2\pi i}\overset{\mathbf{C}}{\oint}\frac{f(\zeta)}{(\zeta - z)^{n+1}}\,\mathrm{d}\zeta; \end{aligned}\right\} \tag{3.84}$$

hierbei ist ζ die Integrationsvariable. Die Integrale werden über den Weg **C** im entgegengesetzten Sinne des Uhrzeigers genommen.

Ist eine Funktion $f(z)$ im gesamten Teil der Ebene, der sich außerhalb des geschlossenen Weges **C** befindet, analytisch, so werden die Werte $f(z)$ und ihre Ableitungen in einem Punkt z dieses Gebietes durch dieselben Formeln (3.84) ausgedrückt, doch sind jetzt die Integrale im Sinne des Uhrzeigers zu nehmen: $\overset{\mathbf{C}}{\oint}$

Die Cauchyschen Integralformeln gestatten es, die Werte einiger bestimmter Integrale zu ermitteln.

Beispiel: Wir setzen $f(z) = e^z$ (diese Funktion ist in der ganzen Ebene analytisch) und nehmen als Integrationsweg **C** den Kreis $\zeta = z + r\,e^{i\varphi}$ mit dem Mittelpunkt in z und dem Radius r; dann erhalten wir nach der letzten der Formeln (3.84)

$$e^z = \frac{n!}{2\pi i} \overset{\mathbf{C}}{\oint} \frac{e^\zeta}{(\zeta - z)^{n+1}}\, d\zeta = \frac{n!}{2\pi i} \int\limits_{\varphi=0}^{\varphi=2\pi} \frac{e^{z + r\,e^{i\varphi}}}{r^{n+1}\, e^{i\varphi(n+1)}}\, ir\, e^{i\varphi}\, d\varphi$$

$$= \frac{n!}{2\pi r^n} \int\limits_0^{2\pi} e^{z + r\cdot\cos\varphi + ir\cdot\sin\varphi - in\varphi}\, d\varphi,$$

also

$$\frac{2\pi r^n}{n!} = \int\limits_0^{2\pi} e^{r\cos\varphi + i(r\sin\varphi - n\varphi)}\, d\varphi$$

$$= \int\limits_0^{2\pi} e^{r\cos\varphi} \cos(r\sin\varphi - n\varphi)\, d\varphi + i \int\limits_0^{2\pi} e^{r\cdot\cos\varphi} \sin(r\cdot\sin\varphi - n\varphi)\, d\varphi.$$

Da der Imaginärteil null ist, erhalten wir für das Integral den Wert

$$\int\limits_0^{2\pi} e^{r\cdot\cos\varphi} \cos(r\cdot\sin\varphi - n\varphi)\, d\varphi = \frac{2\pi r^n}{n!}.$$

3.4.7. Reihenentwicklung analytischer Funktionen

3.4.7.1. Folgen und Reihen

Folgen $\{a_n\}$ und *Reihen* $\sum\limits_{n=1}^{\infty} a_n$ komplexer Zahlen (Glieder) $a_n = \alpha_n + i\beta_n$ $(i = 1, 2, 3, \ldots)$ werden formal ebenso wie die entsprechenden Begriffe für reelle Zahlen erklärt (3.1.3./3.1.14.). Aus dem Reellen überträgt man auch ihre Konvergenzeigenschaften.

Die Folge $a_1 = \alpha_1 + i\beta_1$, $a_2 = \alpha_2 + i\beta_2, \ldots, a_n = \alpha_n + i\beta_n, \ldots$ heißt genau dann *konvergent*, wenn jede der beiden Folgen reeller Zahlen

$$\alpha_1, \alpha_2, \ldots, \alpha_n, \ldots$$

$$\beta_1, \beta_2, \ldots, \beta_n, \ldots$$

konvergiert. Es ist dann

$$\lim_{n\to\infty} a_n = \lim_{n\to\infty} (\alpha_n + i\beta_n) = \lim_{n\to\infty} \alpha_n + i \lim_{n\to\infty} \beta_n = \alpha + i\beta = a.$$

Beispiel:

$$\lim_{n\to\infty} \underset{(H)}{\sqrt[n]{a}} = \lim_{n\to\infty} \left[\sqrt[n]{|a|}\left(\cos\frac{\varphi_0}{n} + i\sin\frac{\varphi_0}{n}\right)\right]$$

$$= \lim_{n\to\infty} \sqrt[n]{|a|} \cos\frac{\varphi_0}{n} + i \lim_{n\to\infty} \sqrt[n]{|a|} \sin\frac{\varphi_0}{n} = 1 + i\cdot 0 = 1,$$

falls $a \neq 0$ und φ_0 der Hauptwert von arg (a) ist (s. Abb. 3.84). $\lim\limits_{n=\infty} a_n = a$ ist daher gleichbedeutend damit, daß zu einer beliebig vorgegebenen ε-Umgebung von a (3.4.2.6.6.) ein $N(\varepsilon)$ derart existiert, daß alle Folgenglieder a_n mit $n \geqq N(\varepsilon)$ in diese Umgebung fallen.

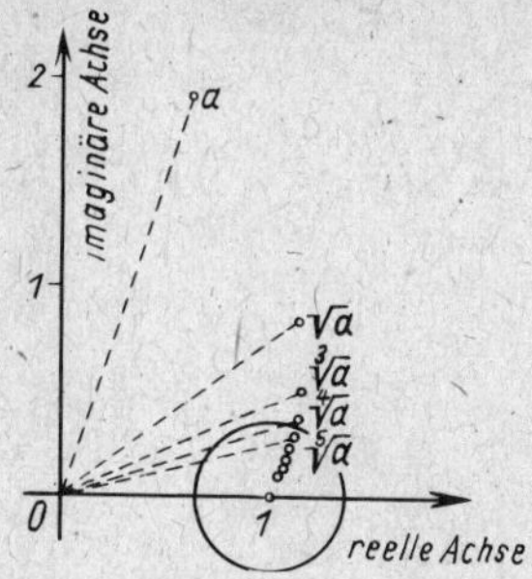

Abb. 3.84

Folgen $\{a_n\}$, die nicht konvergent sind, heißen *divergent*. Verläßt insbesondere eine komplexe Zahlenfolge (als Punktfolge der z-Ebene) jeden noch so groß vorgegebenen Kreis dieser Ebene, so sagt man, daß sie *gegen Unendlich strebe* und beschreibt dies durch $\lim\limits_{n\to\infty} a_n = \infty$ (bestimmte Divergenz). Man deutet diesen Vorgang auf der Riemannschen Zahlenkugel gemäß 3.4.2.6.2.

Die Reihe $a_1 + a_2 + \dots + a_n + \dots = (\alpha_1 + \mathrm{i}\beta_1) + (\alpha_2 + \mathrm{i}\beta_2) + \dots + (\alpha_n + \mathrm{i}\beta_n) + \dots$ heißt konvergent, wenn jede der beiden Reihen reeller Zahlen

$$\alpha_1 + \alpha_2 + \dots + \alpha_n + \dots \quad \text{und} \quad \beta_1 + \beta_2 + \dots + \beta_n + \dots$$

konvergiert. Es ist dann

$$\sum_{n=1}^{\infty} a_n = \sum_{n=1}^{\infty} (\alpha_n + \mathrm{i}\beta_n) = \sum_{n=1}^{\infty} \alpha_n + \mathrm{i} \sum_{n=1}^{\infty} \beta_n = \alpha + \mathrm{i}\beta = S.$$

$\sum\limits_{n=1}^{\infty} a_n = S$ ist daher (im Konvergenzfall) gleichbedeutend damit, daß die *Folge der Partialsummen* dieser Reihe $\{S_n\} = \left\{\sum\limits_{\nu=1}^{n} a_\nu\right\}$ konvergiert. Es ist dann

$$\lim_{n\to\infty} S_n = \sum_{\nu=1}^{\infty} a_\nu = S.$$

Geometrisch gesprochen, nähert sich das Ende des durch die Punkte S_n in der z-Ebene dargestellten Polygonzuges mit wachsendem n unbeschränkt dem Grenzwert $S = \sigma + \mathrm{i}\tau$.

Beispiele:

(a) $$\mathrm{i} + \frac{\mathrm{i}^2}{2} + \frac{\mathrm{i}^3}{4} + \frac{\mathrm{i}^4}{8} + \dots = \sum_{n=1}^{\infty} \frac{\mathrm{i}^n}{2^{n-1}} = \sum_{n=1}^{\infty} \frac{\mathrm{i}^{2n}}{2^{2n-1}} + \sum_{n=1}^{\infty} \frac{\mathrm{i}^{2n-1}}{2^{2n-2}}$$

$$= \sum_{n=1}^{\infty} \frac{(-1)^n}{2^{2n-1}} + \mathrm{i} \sum_{n=1}^{\infty} \frac{(-1)^{n-1}}{2^{2n-2}} = -\frac{2}{5} + \frac{4}{5}\mathrm{i} \quad \text{(s. Abb. 3.85).}$$

(b) Die Reihe $1 + a^1 + a^2 + \dots = \sum\limits_{n=0}^{\infty} a^n = \dfrac{1}{1-a}$ heißt ebenso wie im Reellen *geometrische Reihe*; sie konvergiert für alle a mit $|a| < 1$. Die Reihensumme im Beispiel (a) läßt sich mit Hilfe dieser Reihe für $a = \left(\dfrac{\mathrm{i}}{2}\right)$ sehr schnell berechnen.

Die Begriffe *Divergenz, absolute, bedingte und unbedingte Konvergenz* von Reihen mit komplexen Gliedern definiert man wie im Reellen (3.1.14.) und überträgt auch sinngemäß die Konvergenzkriterien.

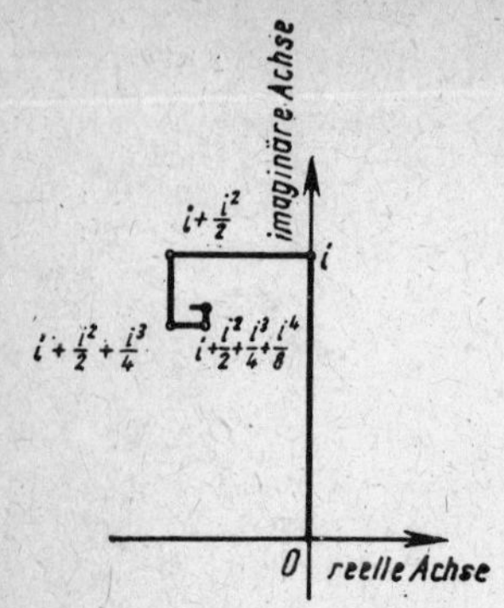

Abb. 3.85

3.4.7.2. Funktionenreihen. Potenzreihen

Eine Folge komplexer Funktionen $f_1(z), f_2(z), \ldots, f_n(z), \ldots$ erzeugt für jeden Punkt $z \in \mathbf{D}_1 \cap \mathbf{D}_2 \cap \ldots \cap \mathbf{D}_n \cap \ldots = \mathbf{D}$ aus dem Durchschnitt der Definitionsbereiche $\mathbf{D}_n$ der $f_n(z)$ eine Reihe komplexer Glieder – eine *Funktionenreihe*

$$f_1(z) + f_2(z) + \ldots = \sum_{n=1}^{\infty} f_n(z), \tag{3.85}$$

deren Konvergenz nunmehr von $z \in \mathbf{D}$ abhängt. Alle $z \in \mathbf{D}$, für die (3.85) konvergiert, bilden das *Konvergenzgebiet* der Reihe. In diesem gibt es zu jedem z einen Grenzwert $F(z)$ – die sogenannte *Grenzfunktion* $\sum\limits_{n=1}^{\infty} f_n(z) = F(z)$.

Potenzreihen sind Funktionenreihen der Gestalt

$$\sum_{n=0}^{\infty} c_n(z-a)^n \quad \text{bzw. für} \quad a = 0 \quad \sum_{n=0}^{\infty} c_n z^n$$

(die c_i und a sind komplexe Konstanten, a heißt der *Entwicklungspunkt* der Reihe). Konvergiert eine Potenzreihe in einem Punkt $z \neq a$, so konvergiert sie entweder in der ganzen komplexen z-Ebene absolut, oder es gibt eine Zahl $r > 0$, so daß die Reihe für alle z mit $|z-a| < r$ absolut konvergiert und für $|z-a| > r$ divergiert. Auf dem Kreis $|z-a| = r$ selbst – man nennt ihn den *Konvergenzkreis* der Potenzreihe, r ihren *Konvergenzradius* – kann diese konvergieren oder divergieren, besitzt dort jedoch zumindest einen singulären Punkt.

Sind die c_n ($n = 0, 1, 2, \ldots$) die Koeffizienten einer Potenzreihe, dann ergibt sich ihr Konvergenzradius zu

$$r = \frac{1}{l} \quad \text{mit} \quad l = \overline{\lim_{n\to\infty}} \sup \sqrt[n]{|c_n|} \;^{1)}.$$

Ist $r = 0$, so heißt die Reihe nirgends konvergent, im Falle $r = \infty$ heißt sie *beständig konvergent.* Eine Potenzreihe konvergiert genau dann beständig, wenn $\lim\limits_{n\to\infty} \sqrt[n]{|c_n|} = 0$ gilt. Beispielsweise ist $r = 0$ für $\sum\limits_{n=0}^{\infty} n!\, z^n$, für $\sum\limits_{n=0}^{\infty} \frac{z^n}{n!} = e^z$ dagegen gilt $r = \infty$. Für $\sum\limits_{n=0}^{\infty} z^n$ und $\sum\limits_{n=1}^{\infty} \frac{z^k}{n}$ $(k \geqq 1)$ ist $r = 1$.

Im Innern ihres Konvergenzkreises stellt eine Potenzreihe eine analytische Funktion dar. Ihre Differentiation bzw. Integration nach z geschieht durch *gliedweise Differentiation* bzw. *Integration* der sie darstellenden Potenzreihe. Die differenzierte bzw. integrierte Potenzreihe hat denselben Konvergenzkreis wie die ursprüngliche. Diese Eigenschaft läßt sich u. a. zur Ermittlung von Potenzreihenentwicklungen analytischer Funktionen ausnutzen.

---

[1]) $\overline{\lim\limits_{n\to\infty}} \sup \sqrt{|c_n|}$ bezeichnet unter allen Häufungsstellen der beschränkten und reellen Zahlenfolge nicht negativer Zahlen $\{\sqrt{|c_n|}\}$ den größten Häufungswert.

Beispiel: Entwicklung des Hauptzweiges der Funktion $f(z) = \arctan z$ in der Umgebung von $a = 0$. Man entwickelt durch Anwendung der geometrischen Reihe (3.4.7.1., Beispiel (b))

$$f'(z) = \frac{1}{1+z^2} = \frac{1}{1-(-z^2)} = 1 - z^2 + z^4 - + \dots$$

und erhält durch gliedweise Integration

$$f(z) = \arctan z = z - \frac{z^3}{3} + \frac{z^5}{5} - + \dots$$

Identitätssatz für Potenzreihen: Zwei Potenzreihen $\sum\limits_{n=0}^{\infty} c_n(z-a)^n$ und $\sum\limits_{n=0}^{\infty} c'_n(z-a)^n$ mit nichtverschwindendem Konvergenzradius sind identisch (d. h. $c_n = c'_n$), wenn sie in unendlich vielen verschiedenen Punkten z_k mit $\lim\limits_{k\to\infty} z_k = a$ beide konvergieren und jeweils denselben Wert haben.

Summe, Differenz und Produkt konvergenter Potenzreihen lassen sich gleichfalls in die Form von Potenzreihen bringen, die für jedes z im Innern eines gemeinsamen Konvergenzkreises der Ausgangsreihen konvergieren. Ist $r > 0$ für $\sum\limits_{n=0}^{\infty} c_n (z-a)^n$ und $c_0 \neq 0$, so gibt es eine Potenzreihe mit nichtverschwindendem Konvergenzradius, so daß in einem geeigneten Kreis um a gilt:

$$\frac{1}{\sum\limits_{n=0}^{\infty} c_n(z-a)^n} = \sum_{n=0}^{\infty} a_n(z-a)^n .$$

Umbildung von Potenzreihen: Ist eine analytische Funktion in Form einer im Kreis K ($|z| < r$ mit $r > 0$) konvergenten Potenzreihe gegeben, $f(z) = \sum\limits_{n=0}^{\infty} c_n z^n$, so läßt sie sich für jeden Punkt a mit $|a| < r$ nach Potenzen von $a - z$ umbilden. Man erhält $f_1(z) = \sum\limits_{n=0}^{\infty} b_n(z-a)^n$. Der Konvergenzradius r_1 dieser Potenzreihe ist zumindest gleich dem Abstand von a vom Kreis K ($r_1 \geqq r - |a|$). Gilt das Gleichheitszeichen, dann ist der Berührungspunkt P beider Kreise (Abb. 3.86) ein singulärer

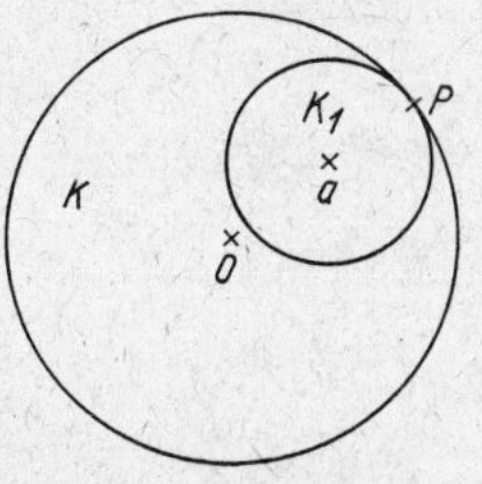

Abb. 3.86

Punkt für $f_1(z)$. Bei $r_1 > r - |a|$ ragt das Konvergenzgebiet von $f_1(z)$ über das von $f(z)$ hinaus, und man sagt, $f_1(z)$ ist eine *analytische Fortsetzung* von $f(z)$ (s. 3.4.9.1.).

3.4.7.3. Taylorreihe

Ist $f(z)$ eine im Kreis K vom Radius $r > 0$ um den Punkt a ($a \neq \infty$) analytische Funktion, dann gibt es stets eine Potenzreihe $\sum\limits_{n=0}^{\infty} c_n(z-a)^n$, die in einem Kreis $K_1(|z-a| \leqq r_1 < r)$ konvergiert und dort die Funktion $f(z)$ darstellt. Die Koeffizienten sind komplexe, durch die Formel $c_n = \dfrac{f^{(n)}(a)}{n!}$ definierte Zahlen. Somit gilt in K_1 die Reihenentwicklung

$$f(z) = f(a) + \frac{f'(a)}{1!}(z-a) + \frac{f''(a)}{2!}(z-a)^2 + \dots + \frac{f^{(n)}(a)}{n!}(z-a)^n + \dots$$

Beispiel: Die Eintwicklung von $\ln(1 + z)$ in der Umgebung von $a = 0$ liefert

$$\ln(1 + z) = z - \frac{z^2}{2} + \frac{z^3}{3} - \frac{z^4}{4} + - \dots$$

(konvergent für $|z| < 1$).

Weitere Reihenentwicklungen s. 3.4.4.2.4.

Läßt sich eine Funktion in eine Potenzreihe nach Potenzen von $z - a$ entwickeln, so muß dies aufgrund des Eindeutigkeitssatzes für Potenzreihen die Taylorreihe der Funktion in a sein.

3.4.7.4. Laurentreihe

Ist $f(z)$ in einem Kreisringgebiet $0 < r_1 \leqq |z - a| \leqq r_2$ (Gebiet zwischen zwei konzentrischen Kreisen um einen Punkt $a \neq \infty$) analytisch, so gestattet sie innerhalb von $r_1 < |z - a| < r_2$ die eindeutige Potenzreihenentwicklung

$$f(z) = \sum_{k=0}^{\infty} a_k(z - a)^k + \sum_{k=1}^{\infty} b_k(z - a)^{-k}, \tag{3.86}$$

in der die Koeffizienten wie folgt berechnet werden:

$$a_k = \frac{1}{2\pi i} \oint_{\mathbf{C}} \frac{f(\zeta)\,d\zeta}{(\zeta - a)^{k+1}}, \qquad b_k = \frac{1}{2\pi i} \oint_{\mathbf{L}} (\zeta - a)^{k-1} f(\zeta)\,d\zeta.$$

C und **L** sind innerhalb des Kreisringgebietes beliebig gewählte geschlossene Integrationswege, auf denen a entgegen dem Uhrzeigersinn (d. h. im mathematisch positiven Sinn) umlaufen wird.

In (3.86) ist die erste Reihe eine gewöhnliche Potenzreihe, man nennt sie den *regulären Teil*, und die zweite Reihe den *Hauptteil der Laurentreihe*. Zusammengefaßt kann man (3.86) auch so schreiben:

$$f(z) = \sum_{k=-\infty}^{+\infty} c_k(z - a)^k \quad \text{mit} \quad c_k = \frac{1}{2\pi i} \oint_{\mathbf{C}} \frac{f(\zeta)\,d\zeta}{(\zeta - a)^{k+1}}, \tag{3.87}$$

wobei **C** eine beliebige geschlossene mathematisch positiv orientierte Kurve im Kreisringgebiet ist.

3.4.7.5. Klassifikation singulärer Punkte

Wegen der Begriffe regulär, singulär, isoliert singulär s. 3.4.5.3. Ist $f(z)$ in der Umgebung eines Punktes a (nicht notwendig in a selbst) analytisch, so wird der Charakter von a durch die Laurententwicklung für diese Funktion in der Umgebung von a auf folgende Weise bestimmt:

(1) Enthält die Laurentreihe keine negativen Potenzen von $z - a$ ($c_n = 0$ für $n < 0$), dann wird die Laurentreihe zur Taylorreihe, und $f(z)$ ist auch in a analytisch, wenn $f(a) = c_0$ oder a eine *hebbar singuläre* Stelle ist $\left(\lim_{z \to a} f(z) = c_0\right)$. Im letzten Fall setzt man $f(a) = c_0$ und erreicht so, daß die Funktion in $z = a$ analytisch wird (die Singularität wird behoben)[1]).

(2) Enthält die Laurententwicklung (3.87) nur endlich viele Potenzen von $z - a$ mit negativen Exponenten ($c_m \neq 0$, während alle $c_n = 0$ für $n < m < 0$ sind), so ist a ein Pol *der Vielfachheit m* von $f(z)$ (vgl. 3.4.3.(7)), und man schreibt $f(a) = \infty$.

(3) Enthält (3.87) unendlich viele Potenzen von $z - a$ mit negativen Exponenten, so heißt a eine *wesentlich singuläre Stelle* von $f(z)$.

Beispiele: $f(z) = e^{1/z}$ hat in $z = 0$ eine wesentliche Singularität, denn ihre Laurententwicklung lautet:

$$e^{1/z} = 1 + \frac{1}{z} + \frac{1}{2!\,z^2} + \frac{1}{3!\,z^3} + \dots = \sum_{n=0}^{\infty} \frac{1}{n!\,z^n}.$$

$f(z) = \dfrac{1}{(z - a)^3}$ hat in $z = a$ einen Pol der Vielfachheit 3 und

$$f(z) = \frac{e^z}{z} = \frac{1}{z} + 1 + \frac{z}{2!} + \frac{z^2}{3!} + \dots = \sum_{n=0}^{\infty} \frac{z^{n-1}}{n!}$$

in $z = 0$ einen einfachen Pol.

---

[1]) Dies geschieht völlig analog zu dem bei hebbaren Unstetigkeiten von Funktionen üblichen Vorgehen.

Allgemein kann man sagen, daß die rationalen Funktionen die einzigen Funktionen sind, die in der abgeschlossenen komplexen Zahlenebene nur Pole als Singularitäten haben.

Definition: In den Fällen (2) und (3) nennt man den Koeffizienten c_{-1} bei $(z - a)^{-1}$ in der Laurententwicklung das *Residuum von $f(z)$ im Punkt a* (s. 3.4.8.1.).

Eine wesentliche Eigenschaft analytischer Funktionen nennt der (sogenannte kleine)

Satz von Picard: Ist $f(z)$ eine in der Umgebung des Punktes $z = a$ eindeutige analytische Funktion und besitzt sie in a eine wesentliche Singularität, dann nimmt $f(z)$ in jeder Umgebung von a jeden beliebigen endlichen Wert mit höchstens einer Ausnahme an.

3.4.7.6. Das Verhalten analytischer Funktionen im Unendlichen

Zur Definition einer in $z = \infty$ analytischen Funktion s. 3.4.5.3. Allgemeiner wird die Untersuchung des Verhaltens einer Funktion $f(z)$ in der Umgebung von $z = \infty$ mit Hilfe der Transformation $z = \frac{1}{\zeta}$ auf dasjenige der Funktion $F(\zeta) = f\left(\frac{1}{\zeta}\right)$ in Umgebung des Punktes $\zeta = 0$ der komplexen ζ-Ebene zurückgeführt. Auf diese Weise lassen sich die Aussagen von 3.4.7.4./5. auf den Fall $z = \infty$ übertragen:

Die Laurentreihe von $f(z)$ in der Umgebung von $z = \infty$ lautet formal wie für die Umgebung von $z = 0$

$$f(z) = \sum_{k=-\infty}^{+\infty} c_k z^k, \tag{3.88}$$

jedoch ist hierbei die Stelle $z = \infty$ (1) wesentlich singulär, (2) regulär oder hebbar singulär bzw. (3) Polstelle der Ordnung m, je nachdem, ob in (3.88) unter den Potenzen von z mit positivem Exponenten (1) unendlich viele, (2) gar keine bzw. (3) endlich viele mit dem größten Exponenten m auftreten. Zum Beispiel besitzt ein Polynom m-ten Grades in $z = \infty$ einen Pol m-ter Ordnung.

3.4.8. Residuen und ihre Anwendung

3.4.8.1. Residuen

Hat eine analytische Funktion $f(z)$ in $z = a$ eine isolierte Singularität (s. 3.4.5.3.), so nennt man den Koeffizienten c_{-1} der Potenz $(z - a)^{-1}$ in der Laurentreihe von $f(z)$ in $z = a$ das *Residuum der analytischen Funktion $f(z)$*. Es ergibt sich für $a \neq \infty$ zu

$$\operatorname{Res}[f(z); a] = \frac{1}{2\pi i} \oint^{\mathbf{C}} f(\zeta)\, d\zeta = c_{-1} \tag{3.89}$$

und für $a = \infty$ zu

$$\operatorname{Res}[f(z); \infty] = \frac{1}{2\pi i} \oint^{-\mathbf{C}} f(\zeta)\, d\zeta = -c_{-1},$$

wobei **C** eine beliebige geschlossene glatte Jordankurve um a bedeutet, die im mathematisch positiven Sinn als Integrationsweg durchlaufen wird, während $-\mathbf{C}$ zu **C** entgegengesetzt orientiert ist. Besitzt $f(z)$ in $z = a \neq \infty$ einen m-fachen Pol, so lautet die Laurententwicklung

$$f(z) = \frac{c_{-m}}{(z-a)^m} + \frac{c_{-m+1}}{(z-a)^{m-1}} + \dots + \frac{c_{-1}}{z-a} + \sum_{k=0}^{\infty} c_k (z-a)^k,$$

und das Residuum läßt sich wie folgt berechnen:

$$c_{-1} = \operatorname{Res}[f(z); a] = \frac{1}{(m-1)!} \lim_{z \to a} \frac{d^{m-1}}{dz^{m-1}} [(z-a)^m f(z)]. \tag{3.90}$$

Beispiel: $f(z) = \dfrac{e^{iz}}{z^2 + a^2}$ besitzt in den Punkten $z = \pm ia$ je einen einfachen Pol. Gemäß (3.90) ist dann

$$\text{Res}\,[f(z);\,+ia] = \lim_{z \to ia}\left[(z - ia)\frac{e^{iz}}{z^2 + a^2}\right] = \lim_{z \to ia}\frac{e^{iz}}{z + ia} = \frac{e^{-a}}{2ia},$$

$$\text{Res}\,[f(z);\,-ia] = \lim_{z \to -ia}\left[(z + ia)\frac{e^{iz}}{z^2 + a^2}\right] = -\frac{e^{a}}{2ia}.$$

Im Falle einer hebbaren Singularität ist für $z \neq \infty$ das Residuum stets null. Dies trifft für den unendlich fernen Punkt nicht mehr zu, denn z. B. $f(z) = \dfrac{1}{z}$ besitzt in $z = \infty$ eine hebbare Singularitä t während $\text{Res}\left[\dfrac{1}{z};\,\infty\right] = -1$ ist.

3.4.8.2. Residuensatz

Ist $f(z)$ eine im Gebiet **G** außer in endlich vielen Punkten $a_1, a_2, \ldots, a_k$ analytische Funktion und **C** eine geschlossene, stückweise glatte Kurve, die die Singularitäten a_i umschließt und ganz in **G** liegt, dann gilt:

$$\frac{1}{2\pi i}\oint^{C} f(\zeta)\,d\zeta = \sum_{i=1}^{k} \text{Res}\,[f(z);\,a_i].$$

Für eine in der geschlossenen Zahlenebene bis auf endlich viele singulären Punkte analytische Funktion ist die Summe der Residuen für sämtliche singulären Punkte (einschließlich des Punktes $z = \infty$) stets null (s. 3.4.8.1.).

Es sei $f(z)$ im ganzen Gebiet **G** einschließlich des Randes **C** (einer stückweise glatten geschlossenen Kurve) eindeutig und mit Ausnahme von höchstens endlich vielen Polen innerhalb von **C** analytisch. Gilt ferner $f(z) \neq 0$ für $z \in \mathbf{C}$ und bezeichnen a_i die Nullstellen mit den Vielfachheiten α_i $(i = 1, 2, \ldots, k)$ und die b_j die Pole mit den Vielfachheiten β_j $(j = 1, 2, \ldots, m)$ von $f(z)$ innerhalb von **C**, so gilt für die beliebige innerhalb und auf **C** analytische Funktion $g(z)$:

$$\frac{1}{2\pi i}\oint^{C} g(\zeta)\frac{f'(\zeta)}{f(\zeta)}\,d\zeta = \sum_{i=1}^{k}\alpha_i g(a_i) - \sum_{i=1}^{m}\beta_i g(b_i).$$

Für $g(z) = 1$ gilt insbesondere:

$$\frac{1}{2\pi i}\oint^{C} \frac{f'(\zeta)}{f(\zeta)}\,d\zeta = \sum_{i=1}^{k}\alpha_i - \sum_{i=1}^{m}\beta_i = N - P \quad \text{(logarithmisches Residuum);}$$

dabei ist $N = \sum_{i=1}^{k}\alpha_i$ die Anzahl der Nullstellen und $P = \sum_{i=1}^{m}\beta_i$ die Anzahl der Pole von $f(z)$ innerhalb von **C**.

3.4.8.3. Anwendung auf die Berechnung bestimmter Integrale

Besonders nützlich erweist sich der Residuensatz für die Berechnung verschiedener uneigentlicher Integrale von Funktionen einer reellen Veränderlichen.

Ist $f(z)$ in der oberen Halbebene $\text{Im}\,(z) \geqq 0$ mit Ausnahme endlich vieler singulärer Punkte $a_1, a_2, a_3, \ldots, a_k$, die oberhalb der reellen Achse liegen (Abb. 3.87), analytisch und ist $z = \infty$ eine mindestens zweifache Nullstelle von $f(z)$, dann gilt:

$$\int_{-\infty}^{+\infty} f(x)\,dx = 2\pi i \sum_{\nu=1}^{k} \text{Res}\,[f(z);\,a_\nu]. \tag{3.91}$$

(Der Rand **C** des Gebietes **G**, d. h. des Gebietes $\text{Im}\,(z) \geqq 0$, ist die rellee Achse.)

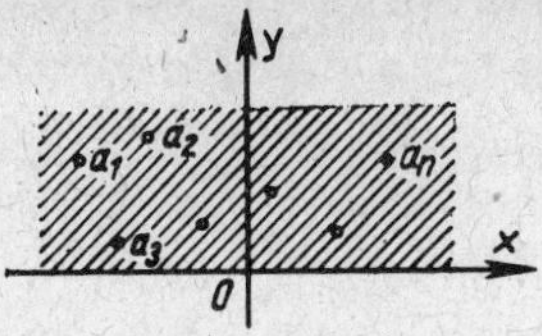

Abb. 3.87

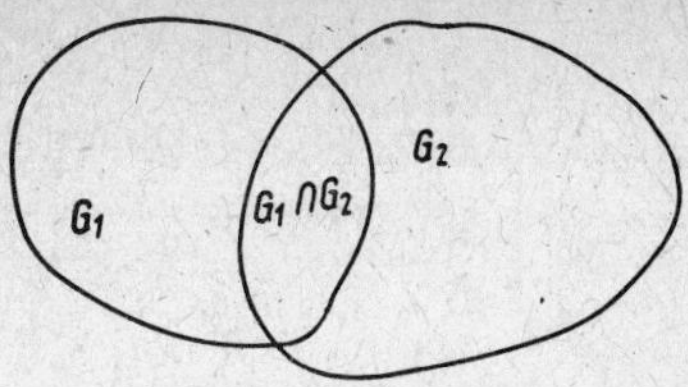

Abb. 3.88

Beispiel: Man berechne das Integral $\int\limits_{-\infty}^{+\infty} \frac{dx}{1+x^2}$. Die Funktion $f(z) = \frac{1}{1+z^2}$ ist außer in $z = i$ für $\text{Im}(z) > 0$ analytisch und besitzt in $z = \infty$ eine doppelte Nullstelle, falls man $\left(\frac{1}{1+z^2}\right)_{z=\infty} = 0$ setzt ($z = \infty$ ist eine hebbar singuläre Stelle, s. 3.4.7.5.). Nach Formel (3.90) gilt

$$\text{Res}\left[\frac{1}{1+z^2}; i\right] = \lim_{z\to i} \frac{(z-i)}{1+z^2} = \lim_{z\to i} \frac{1}{z+i} = \frac{1}{2i},$$

und gemäß Formel (3.91) ist dann

$$\int\limits_{-\infty}^{+\infty} \frac{dx}{1+x^2} = 2\pi i \frac{1}{2i} = \pi.$$

3.4.9. Analytische Fortsetzung

3.4.9.1. Prinzip der analytischen Fortsetzung

Es seien $f_i(z)$ in $\mathbf{G}_i$ $(i = 1, 2)$ analytische Funktionen, und in $\mathbf{G}_1 \cap \mathbf{G}_2 \neq \emptyset$ (Abb. 3.88) sei $f_1(z) = f_2(z)$. Man sagt dann, $f_1(z)$ setzt sich in das Gebiet $\mathbf{G}_2$ durch $f_2(z)$ analytisch fort, und umgekehrt, $f_2(z)$ setzt sich in $\mathbf{G}_1$ durch $f_1(z)$ analytisch fort.

Nach dem Eindeutigkeitssatz über analytische Funktionen (3.4.5.3.) bestimmen sich damit $f_1(z)$ und $f_2(z)$ gegenseitig eindeutig. Es liegt also nahe, beide Funktionen als Elemente ein und derselben Funktion $F(z)$ aufzufassen, die in $\mathbf{G}_1 \cup \mathbf{G}_2$ analytisch ist.

Beispiel: Die Potenzreihe $\sum\limits_{n=0}^{\infty} z^n$ definiert für $|z| < 1$ die analytische Funktion $f(z) = \frac{1}{1-z}$. Während die Potenzreihe nur innerhalb des Einheitskreises konvergiert, ist $\frac{1}{1-z}$ in der abgeschlossenen z-Ebene definiert und mit Ausnahme der einfachen Polstelle in $z = 1$ analytisch. Somit ist $\frac{1}{1-z}$ analytische Fortsetzung von $\sum\limits_{n=\infty}^{\infty} z^n$ über den Einheitskreis hinaus in die in $z = 1$ punktierte komplexe Zahlenebene.

Eine analytische Fortsetzung läßt sich, wenn überhaupt, stets durch Umbildung von Potenzreihen durchführen (s. 3.4.7.2.).

Die fortzusetzende analytische Funktion f wird dabei an geeigneter Stelle z_0 in eine Potenzreihe entwickelt. Durch deren fortgesetzte Umbildung gelangt man zu einer Kette von Konvergenzkreisen (*Kreiskettenverfahren*). Die Vereinigung dieser Kreise liefert ein Gebiet $\mathbf{G}$, in dem die verschiedenen Reihenentwicklungen dadurch eine analytische Funktion F definieren, daß die zur Entwicklungsstelle $z \in \mathbf{G}$ gehörigen Entwicklungen der Stelle z als Funktionswert $F(z)$ ihre Grenzwerte in z zuordnen. Dies geht nur, falls diese Grenzwerte alle übereinstimmen. Eine Potenzreihe, die auf diese Weise in ihrem Konvergenzkreis eine analytische Funktion F darstellt (vgl. obiges Beispiel), nennt man *Funktionselement* von F. F ist durch jedes einzelne ihrer Funktionselemente eindeutig bestimmt.

Das Kreiskettenverfahren läßt sich gegebenenfalls längs geeigneter Kurven durchführen, indem man dafür Sorge trägt, daß, ausgehend vom Anfangspunkt der Kurve, die Mittelpunkte der Konvergenzkreise auf der Kurve liegen.

Monodromiesatz: Die Funktion f_0 sei im Gebiet $\mathbf{G}_0$ analytisch und längs jeder stetigen Kurve im Gebiet $\mathbf{G} \supseteqq \mathbf{G}_0$ fortsetzbar. Ist **G** einfach zusammenhängend, so existiert die analytische Fortsetzung F von f_0 in **G**.

Gelangt man beim Kreiskettenverfahren längs einer geschlossenen stetigen Kurve, ausgehend von einem Funktionselement $f_0(z)$ von $F_1(z)$ in den Konvergenzkreis von $f_0(z)$ zurück, stellt jedoch von der dort nun erhaltenen Entwicklung $f_n(z)$ andere Funktionswerte als von $f_0(z)$ fest, so ist $f_n(z)$ Funktionselement einer anderen analytischen Funktion $F_2(z)$. F_1 und F_2 sind dann als Zweige einer auf einer geeigneten Riemannschen Fläche (s. 3.4.10.) definierten analytischen Funktion $F(z)$ anzusehen.

3.4.9.2. Das Schwarzsche Spiegelungsprinzip

(1) *Stetigkeitsprinzip*: Es besagt, daß zwei Funktionen $f_1(z)$ und $f_2(z)$, die in den längs eines offenen glatten Bogens Γ aneinander grenzenden Gebieten $\mathbf{G}_1$ bzw. $\mathbf{G}_2$ analytisch und auf Γ beide noch stetig sind und dort gleiche Werte annehmen ($f_1(z) = f_2(z)$ für $z \in \Gamma$), analytische Fortsetzungen voneinander sind.

(2) *Spiegelungsprinzip*: Ist $w = f(z)$ im Gebiet **G** analytisch und enthält der Rand von **G** ein gerades oder kreisförmiges Randbogenstück Γ, ist ferner $f(z)$ auf Γ noch stetig und liegen die Bildpunkte $w = f(z)$ mit $z \in \Gamma$ ebenfalls auf einem geradlinigen und kreisförmigen Kurvenstück Γ^* der Bildebene, dann läßt sich $f(z)$ über Γ hinaus wie folgt analytisch fortsetzen:
Spiegelt man **G** an Γ und ordnet man dem Spiegelbild z^* von z den durch Spiegelung von $w = f(z)$ an Γ^* hervorgegangenen Wert w^* zu, so ist die so definierte Funktion $w^* = f^*(z^*)$ in dem gespiegelten Gebiet **G** analytisch und damit analytische Fortsetzung von $f(z)$.

Folgerung: Besitzt eine in einem Gebiet **G** analytische Funktion $f(z)$ an einem glatten Kurvenbogen die Randwerte null, so ist sie identisch null. Somit können zwei in **G** verschiedene Funktionen auf keinem glatten Kurvenbogen übereinstimmende Werte haben.

3.4.10. Umkehrfunktion. Riemannsche Flächen

Bei der Umkehrung solcher Funktionen wie e^z, $\sin z$, die ihren Wertebereich **W** bei einmaligem Durchlauf von z durch den Definitionsbereich **D** mehrfach annehmen (vgl. 3.4.4.2.1./4.), stößt man auf mehrdeutige funktionale Zusammenhänge wie $w = \operatorname{Ln} z$, $w = \arcsin z$ in 3.4.4.2.2./4.

Durch die Einschränkung dieser Zusammenhänge auf einzelne Funktionszweige konnten dort eineindeutige Zuordnungen zwischen **D** und **W** erreicht werden. Allgemein begegnet man den Schwierigkeiten, die aus der Mehrdeutigkeit resultieren dadurch, daß man **D** und nötigenfalls auch **W** zu Riemannschen Flächen erweitert, die dann eine umkehrbar eindeutige und daher völlig übersichtliche Korrespondenz zwischen den Punkten von **D** und **W** gestatten.

3.4.10.1. Einblättrige Funktionen. Umkehrfunktionen

Als *Einblättrigkeitsgebiet* **E** bezeichnet man ein Regularitätsgebiet einer Funktion $f(z)$, in dem $f(z_1) \neq f(z_2)$ für $z_1 \neq z_2$ gilt. Man nennt dann $f(z)$ eine in **E** *einblättrige Funktion.* Für sie gilt dort $f'(z) \neq 0$, und daher läßt sie sich in ihrem Einblättrigkeitsgebiet eindeutig umkehren ($w = e^z$ in **E**, 3.4.4.2.1.). Die Umkehrfunktion $z = f^{-1}(w)$ zu $w = f(z)$ ist dann im Bildgebiet **B** von **E** der w-Ebene eine eindeutige analytische Funktion, und es gilt

$$[f^{-1}(w)]' = \frac{1}{f'(z)} \qquad (w \in \mathbf{B},\ z = f^{-1}(w)).$$

Die Ableitung $w' = nz^{n-1}$ der Funktion $w = z^n$ verschwindet in $z = 0$ und ist ungleich null für $z \neq 0$. z^n ist also in der Umgebung von $z = 0$ nicht eindeutig umkehrbar, leistet dort also keine konforme Abbildung (vgl. 3.4.11.) in die w-Ebene. Überstreicht nämlich der Radiusvektor $\mathbf{z} = |z|\, e^{i\varphi}$, ($\varphi = \arg(z)$) einen der Winkelbereiche $\mathbf{E}_k$: $\dfrac{2\pi k}{n} - \dfrac{\pi}{n} < \varphi < \dfrac{2\pi k}{n} + \dfrac{\pi}{n}$ $(k = 0, 1, \dots, n-1)$ der

z-Ebene, so überstreicht der entsprechende Radiusvektor $\mathbf{w}=|z|^n e^{in\varphi}$ unterdessen die gesamte w-Ebene einmal mit Ausnahme der negativen reellen Achse (vgl. Abb. 3.89 a, 3.89 b). Die Winkel $\varphi = \sphericalangle(z0x)$ $(z = x + iy)$ werden auf das n-fache vergrößert. Einem vollen Umlauf des Radiusvektors in der z-Ebene entsprechen n volle Umläufe in der w-Ebene.

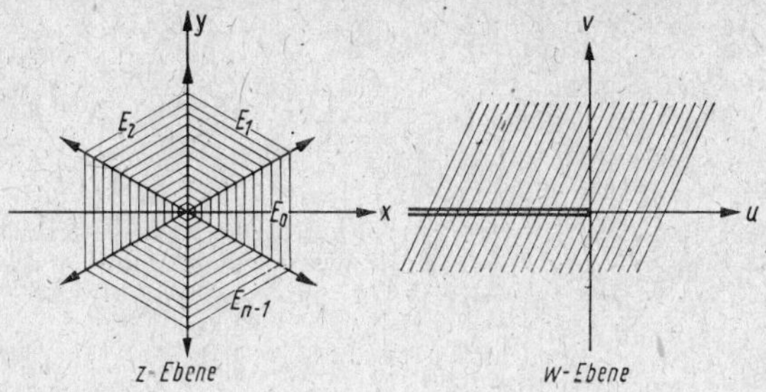

Abb. 3.89 a, b

Jeder der Bereiche $\mathbf{E}_k$ $(k = 0, 1, \ldots, n-1)$ ist für $w = z^n$ Einblättrigkeitsbereich und wird durch $w = z^n$ auf die längs der negativen reellen Achse *aufgeschlitzte w-Ebene* eineindeutig abgebildet. Diese wird somit n-fach von Funktionswerten $w = z^n$ überdeckt, durch jedes Bild $\mathbf{B}_k$ von $\mathbf{E}_k$ genau einmal. Stellen wir uns $\mathbf{B}_k$ $(k = 0, 1, \ldots, n-1)$ also gedanklich als in n Exemplaren, den sogenannten „*Blättern*", übereinandergelegt vor, so kann man die Funktion $w = z^n$ nun in jedem Blatt $\mathbf{B}_k$ eindeutig umkehren und erhält

$$z = f_k^{-1}(w) = z_k(w) = \sqrt[n]{|w|}\, e^{i/n(\psi_0+2k\pi)} \qquad (k = 0, 1, \ldots, n-1;\ \psi_0 = (\mathrm{H}) \arg(w))$$

als *Zweige* von $z = \sqrt[n]{w}$. Der Hauptwert $\underset{(\mathrm{H})}{\sqrt[n]{w}}$ von $\sqrt[n]{w}$ tritt hierbei als *Hauptzweig* $z_0(w)$ auf. Definitions- bzw. Wertebereich von $z = z_k(w)$ sind $\mathbf{B}_k$ bzw. $\mathbf{E}_k$.

3.4.10.2. Die Riemannsche Fläche der Funktion $z = \sqrt[n]{w}$

Wie schließen sich nun die n Zweige $z_k(w)$ zu einer Funktion zusammen, wie hängen sie zusammen?

Soll die unabhängige Variable w von $\sqrt[n]{w}$ in der w-Ebene auf einer geschlossenen Kurve im mathematisch positiven Sinn $w = 0$ umlaufen, beginnend mit $\arg(w) = -\pi$, so muß ψ_0 wegen $-\pi < (\mathrm{H}) \arg(w) = \psi_0 \leqq +\pi$ und $\arg(w) = \psi_0 + 2k\pi$ bei jedem Umlauf von $-\pi$ bis $+\pi$ laufen, während der Indikator k bei jedem Durchgang durch die negative reelle Achse um 1 wächst. In $z_k(w) = \sqrt[n]{|w|}\, e^{i/n(\psi_0+2k\pi)}$ bedeutet ein solcher Übertritt von w über die negative reelle Achse demgemäß einen Übergang von dem Zweig $z_k(w)$ zu $z_{k+1}(w)$. An dieser Achse hängen also die n Zweige gemäß dem Zyklus $(\widehat{z_0 z_1}\widehat{z_1 z_2} \ldots \widehat{z_{n-1} z_n} = z_0)$ zusammen.

Man deute nun, um die Mehrdeutigkeit von $\sqrt[n]{w}$ in der w-Ebene zu entflechten, die Zweige $z_k(w)$ wie unter 3.4.10.1. wieder in den n übereinanderliegenden Blättern $\mathbf{B}_k$ – das sind die als n-fach übereinander vorhanden gedachten, längs der negativen reellen Achse aufgeschnittenen w-Ebenen. Um die einzelnen Blätter $\mathbf{B}_k$ als Definitionsbereiche der zugehörigen Zweige $z_k(w)$ zu einem einzigen zusammenhängenden Definitionsbereich der Funktion $\sqrt[n]{w}$ zusammenzuschließen, werden sie nun gemäß dem zyklischen Zusammenhang der $z_k(w)$ längs der jeweils übereinanderliegenden Schnitte miteinander verheftet: das zur oberen Halbebene $(\operatorname{Im}(w) \geqq 0)$ des Blattes $\mathbf{E}_k$ gehörige mit (+) bezeichnete *Schnittufer* wird mit dem zur unteren Halbebene $(\operatorname{Im}(w) \leqq 0)$ gehörigen (−)-Ufer des darüberliegenden Blattes $\mathbf{B}_{k+1}$ identifiziert und verheftet. Das (+)-Ufer von $\mathbf{B}_{n-1}$ wird zuletzt mit dem (−)-Ufer von $\mathbf{B}_0$ identifiziert und verheftet. Die so entstandene n-blättrige Fläche heißt *Riemannsche Fläche* der Funktion $z = \sqrt[n]{w}$ (Abb. 3.90).

Jedes Blatt $\mathbf{B}_k$ korrespondiert in umkehrbar eindeutiger Weise mit dem entsprechenden Einblättrigkeitsbereich $\mathbf{E}_k$, und der Wertevorrat von $\sqrt[n]{w}$ insgesamt liegt jetzt in völlig eindeutiger Weise auf der zugehörigen Riemannschen Fläche ausgebreitet.

Die Punkte $w = 0$ und $w = \infty$ heißen *Verzweigungspunkte* $(n - 1)$*-ter Ordnung* von $\sqrt[n]{w}$, weil man bei n-maligem gleichsinnigem Umlauf um diese Punkte den Zyklus der Zweige $z_k(w)$ von $\sqrt[n]{w}$ genau einmal durchläuft (Abb. 3.90).

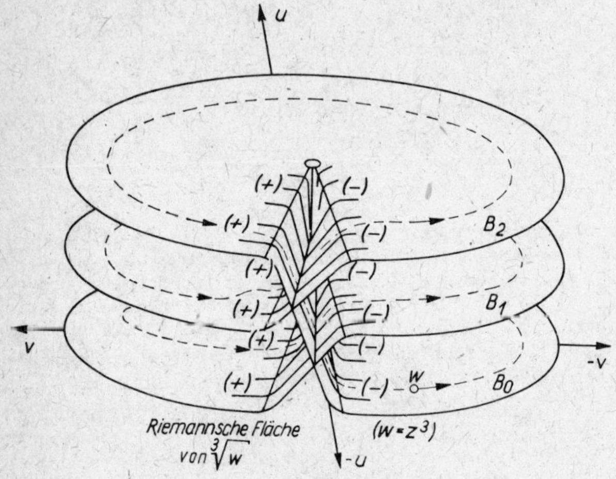

Abb. 3.90

3.4.10.3. Die Riemannsche Fläche von $z = \operatorname{Ln} w$

Analog wie für $w = z^n \left(z = \sqrt[n]{w}\right)$ verläuft die Diskussion der Funktion $w = e^z$ ($z = \operatorname{Ln} w$): Sie besitzt als Einblättrigkeitsbereiche die unendlich vielen Streifen $2k\pi + \alpha < \operatorname{Im}(z) < 2(k + 1)\pi + \alpha$ (α: beliebige reelle Konstante, $k = 0, \pm 1, \pm 2, \ldots$), die parallel zur reellen Achse liegen und die Breite 2π haben (z. B. die für $\alpha = 0$ entstehenden Streifen). Sie kann dort also jeweils eindeutig umgekehrt werden, wodurch die unendlich vielen Funktionszweige $z = z_k = \ln |w| + i(\psi_0 + 2k\pi)$, ($\psi_0 = (\mathrm{H}) \arg(w)$, $k = 0, \pm 1, \pm 2, \ldots$) von $z = \operatorname{Ln} w$ hervorgebracht werden, die für $\alpha = -\pi$ jeweils die längs der negativen reellen Achse aufgeschlitzte w-Ebene zum Definitionsbereich benutzen. Die Riemannsche Fläche zu $\operatorname{Ln} w$ hat deshalb den gleichen Aufbau wie die von $\sqrt[n]{w}$, nur daß sie unendlich viele Blätter besitzt, man also bei beliebig vielen Umläufen um die Stelle $w = 0$ bzw. ($w = \infty$) nie wieder in ein früheres Blatt zurückkehren kann. $w = 0$ bzw. $w = \infty$ sind deshalb Verzweigungspunkte der Ordnung unendlich, sogenannte *logarithmische Verzweigungspunkte*.

3.4.10.4. Pole, Nullstellen und Verzweigungspunkte

Für $w = f(z)$ existiere die Umkehrfunktion $z = f^{-1}(w)$ in einer Umgebung von $w = f(a) \neq \infty$. Dann ist $z = a \neq \infty$ Verzweigungspunkt der Ordnung m für $f(z)$, wenn $[f^{-1}(w)]'$ in $f(a)$ eine Nullstelle bzw. Polstelle der Ordnung m bzw. $m + 2$ besitzt.

Beispiel: Für die Shukowski-Funktion $w = \frac{1}{2}\left(z + \frac{1}{z}\right)$ ermittelt man nach der obigen Methode in der w-Ebene die Verzweigungspunkte $w_{1/2} = \pm 1$ der Ordnung 1; $w = \sqrt[n]{z}$ hat in $z = 0$ eine Verzweigungsstelle $(n - 1)$-ter Ordnung.

3.4.11. Konforme Abbildungen

3.4.11.1. Begriff der konformen Abbildung

Die durch $w = f(z) = u(x, y) + iv(x, y)$ vermittelte Abbildung zwischen dem Definitionsbereich **D** und dem Wertebereich **W** von $f(z)$ (s. 3.4.3.5.) heißt in $z \in \mathbf{D}$ *konform*, falls sie dort analytisch und $f'(z) \neq 0$ ist, d. h. Schnittwinkel von Kurven durch z sind in Größe und im Drehsinn gegenüber der Abbildung $w = f(z)$ invariant (s. Abb. 3.91). Ein unendlich kleines Dreieck in einer Umgebung von z wird in ein ähnliches Dreieck der w-Ebene abgebildet, d. h. jede Seite wird im Verhältnis $f'(z) : 1$ gedehnt (oder gestaucht) und um den Winkel $\arg(f'(z))$ gedreht (s. Abb. 3.92).

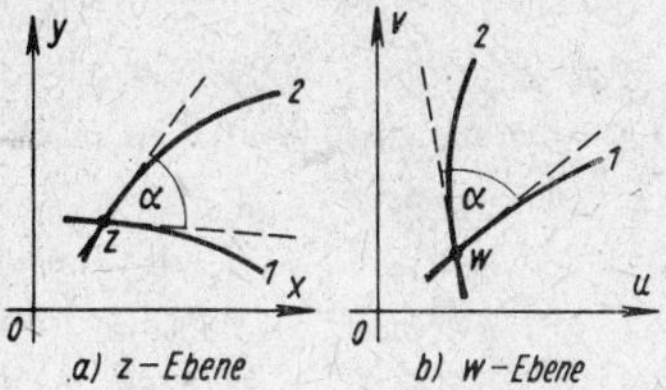

Abb. 3.91

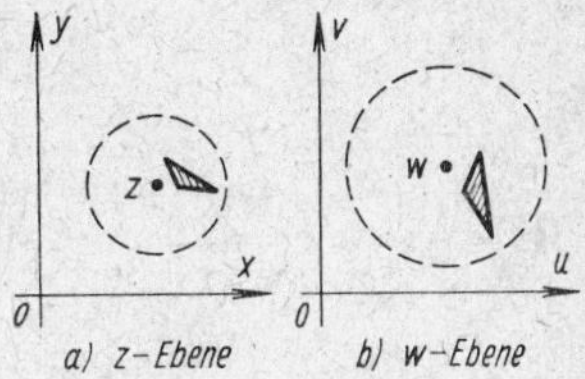

Abb. 3.92

Insbesondere bildet jede konforme Abbildung die orthogonalen Koordinatenlinien $x =$ const und $y =$ const der z-Ebene auf zwei zueinander orthogonale Kurvenscharen der w-Ebene ab. Umgekehrt entsprechen ebenso den Koordinatenlinien $u =$ const und $v =$ const der w-Ebene orthogonale Kurvenscharen der z-Ebene. Somit kann man mit Hilfe der analytischen Funktionen eine Vielzahl von orthogonalen Systemen krummliniger Koordinaten gewinnen. Abb. 3.93 zeigt die konforme Abbildung $w = z^2$, wobei die Linien $x =$ const und $y =$ const in zwei Scharen orthogonaler konfokaler Parabeln überführt werden. In $z = 0$ ist die Konformität gestört. Durch diese Abbildung wird der 1. Quadrant der z-Ebene in die obere w-Halbebene überführt (die Ränder sind in der Abbildung durch Schraffur gekennzeichnet).

Die oben beschriebenen Abbildungen nennt man auch *konforme Abbildungen 1. Art*, während solche Abbildungen, die die Größe, nicht aber den Sinn eines Winkels zwischen zwei Kurven invariant lassen (Abbildungen mit Umlegen der Winkel), als *konforme Abbildungen 2. Art* bezeichnet werden (z. B. $w = \bar{z}$). Die Abbildung $w = f(z)$ heißt konform im Punkt $z = \infty$, wenn die Funktion $w = f\left(\frac{1}{z}\right) = F(z)$ in der Umgebung von $z = 0$ konform ist.

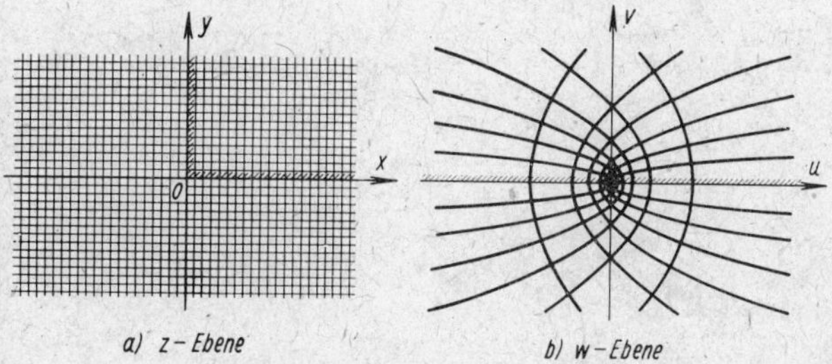

Abb. 3.93 a, b

Die Aufgabe, eine Abbildung zu konstruieren, welche ein einfach zusammenhängendes Gebiet $\mathbf{G}_1$ auf ein ebensolches Gebiet $\mathbf{G}_2$ konform abbildet, löst der

Riemannsche Abbildungssatz: Jedes einfach zusammenhängende Gebiet **G**, das mehr als einen Randpunkt hat, läßt sich durch eine analytische Funktion eineindeutig und konform auf das Innere des Einheitskreises so abbilden, daß einem beliebigen Punkt $z \in \mathbf{G}$ bzw. einer gegebenen Richtung in z der Nullpunkt bzw. die Richtung der positiven reellen Achse entsprechen.

Beispielsweise bildet $w = \frac{z - i}{z + i}$ die obere Halbebene $\operatorname{Im}(z) > 0$ eineindeutig auf den Einheitskreis $|w| < 1$ ab, wobei $z = i$ in $w = 0$ und die durch das Punktepaar (i, ∞) bestimmte Richtung der z-Ebene in die durch $(0, 1)$ bestimmte Richtung der w-Ebene übergeht. Die eineindeutige konforme Abbildung der oberen Halbebene $\operatorname{Im}(z) \geqq 0$ auf ein n-Eck ($n \geqq 3$) leistet das sogenannte *Schwarz-Christoffelsche Integral*

$$w = C_1 \int_0^z (t - a_1)^{\alpha_1 - 1} (t - a_2)^{\alpha_2 - 1} \dots (t - a_n)^{\alpha_n - 1} \, dt + C_2;$$

die Innenwinkel $\alpha_i \pi$ ($\alpha_i < 2$ reell) des n-Ecks ($i = 1, 2, \dots, n$), müssen der Nebenbedingung $\sum_{i=1}^{n} \alpha_i = n - 2$ genügen, und die a_i sind Punkte der reellen Achse, die den Eckpunkten des n-Ecks entsprechen. $C_1 \neq 0$, C_2 sind komplexe Zahlen, durch deren Wahl man alle zu einem gegebenen Polygon ähnliche Polygone mit n Ecken erhalten kann. Wird einer der Eckpunkte, z. B. a_n, auf $w = \infty$ abgebildet, dann lautet die Abbildung:

$$w = C_1' \int_0^z (t - a_1')^{\alpha_1 - 1} \dots (t - a_{n-1}')^{\alpha_{n-1} - 1} \, dt + C_2'.$$

Die Abbildungsfunktionen vieler Gebiete auf den Einheitskreis bzw. die obere Halbebene sind bekannt. Sucht man also eine Abbildung von $\mathbf{G}_1$ auf $\mathbf{G}_2$, dann verschafft man sich die analytischen Funktionen $f_1(z)$ und $f_2(z)$, die $\mathbf{G}_1$ bzw. $\mathbf{G}_2$ eineindeutig auf den Einheitskreis abbilden. Die zu $f_2(z)$ inverse Funktion $f_2^{-1}(z)$ bildet dann den Einheitskreis eineindeutig auf $\mathbf{G}_2$ ab, so daß die aus $f_1(z)$ und $f_2^{-1}(z)$ zusammengesetzte Funktion die gewünschte Abbildung von $\mathbf{G}_1$ auf $\mathbf{G}_2$ liefert.

Die konformen Abbildungen finden Anwendung in der Elektrotechnik, der Hydro- und Aerodynamik und anderen Anwendungsgebieten der Mathematik.

3.4.11.2. Einige einfache konforme Abbildungen

In den Abbildungen werden die Kurven der Netze der z-Ebene angegeben (isometrische Netze), die in ein kartesisches orthogonales Netz der w-Ebene übergehen. Durch Schraffur sind die Ränder jener Gebiete der z-Ebene gekennzeichnet, die auf die obere w-Halbebene abgebildet werden, und die schwarzen Gebiete gehen durch die entsprechende Abbildung in das Quadrat der w-Ebene mit den Eckpunkten $(0, 0)$, $(0, 1)$, $(1, 0)$, $(1, 1)$ über.

a) *Die lineare Funktion* $w = az + b$ ($a = |a| \, e^{i\varphi} \neq 0$) ist in der geschlossenen z-Ebene konform und eindeutig (Abb. 3.94a). Sie läßt sich in drei Teilabbildungen zerlegen: $t = e^{i\varphi} z$ – *Drehung* der komplexen Zahlenebene um den Winkel φ, $s = rt$ – *ähnliche Dehnung* mit dem Faktor r, $w = s + b$ – *Parallelverschiebung* um den Vektor b. Das Ergebnis ist eine Transformation der Figuren der

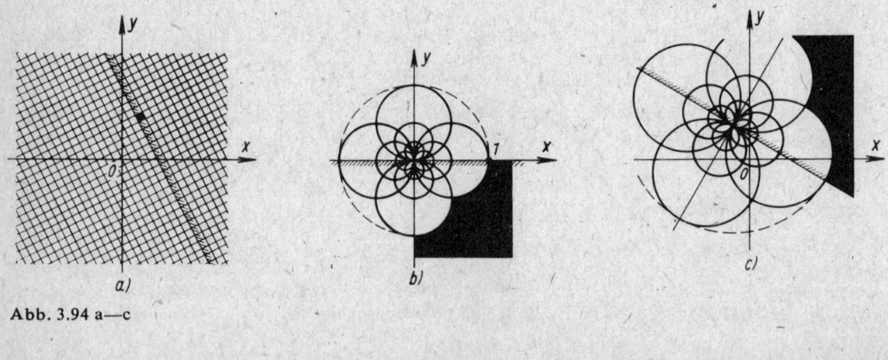

Abb. 3.94 a—c

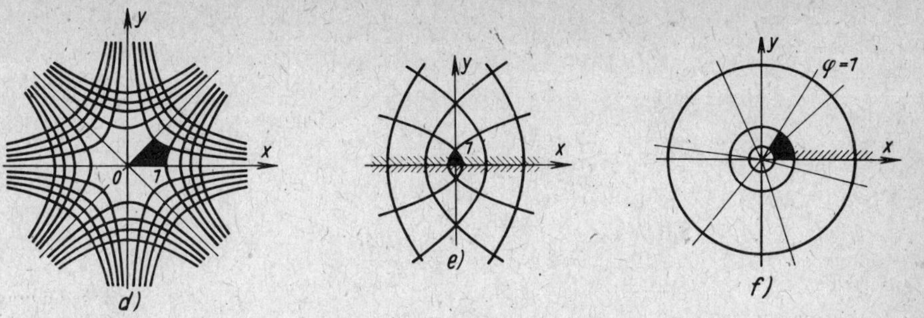

Abb. 3.94 d—f

z-Ebene in ähnliche gedrehte und verschobene Figuren. Die Punkte $z_1 = \dfrac{b}{1-a}$ und $z_2 = \infty$ sind Fixpunkte dieser Abbildung (sie werden auf sich selbst abgebildet).

b) *Die Inversion* $w = \dfrac{1}{z}$ (oder Stürzung) vermittelt eine eineindeutige Abbildung in der ganzen z-Ebene, wobei $z = 0$ (oder $w = 0$) der Punkt $w = \infty$ (oder $z = \infty$) entspricht (Abb. 3.94b). Allgemein geht der Punkt $z = |z|\,e^{i\varphi}$ über in den Punkt $w = \dfrac{1}{|z|}\,e^{-i\varphi}$, d. h. eine *Inversion am Einheitskreis* (*Transformation durch reziproke Radien*) und eine Spiegelung an der reellen Achse. Das Innere des Einheitskreises $|z| = 1$ wird in das Äußere des Kreises $|w| = 1$ überführt, und umgekehrt das Äußere von $|z| = 1$ in das Innere von $|w| = 1$. Der Kreis $|z| = 1$ selbst geht auf $|w| = 1$ über, und die Fixpunkte dieser Abbildung sind $z = 1$ und $z = -1$. In $z = 0$ ist die Konformität gestört. Dieser Abbildung kommt eine besondere Bedeutung zu, weil sie die Beherrschung des Verhaltens von Funktionen im Unendlichen ermöglicht (s. 3.4.7.6.).

c) *Die gebrochen lineare Funktion* $w = \dfrac{az+b}{cz+d}$ $(ad - bc \neq 0,\ c \neq 0)$ bildet die geschlossene z-Ebene eineindeutig und konform auf die w-Ebene ab (Abb. 3.94c). Es gilt auch die Umkehrung, daß jede analytische Funktion, die die geschlossene z-Ebene eineindeutig und konform auf sich selbst abbildet, gebrochen linear ist. Diese Transformation läßt sich in drei Teilabbildungen zerlegen: $t = cz + d$ – lineare Funktion, $s = \dfrac{1}{t}$ – Inversion und $w = \dfrac{a}{c} + \dfrac{bc - ad}{c}\cdot s$ – lineare Funktion. Die gebrochen lineare Funktion führt ebenfalls Kreise in Kreise über (wobei Geraden als Grenzfälle von Kreisen aufgefaßt werden). Die *Fixpunkte* dieser Abbildung gewinnt man aus der Gleichung $z = \dfrac{az+b}{cz+d}$.

d) *Die quadratische Funktion* $w = z^2$ bildet die einfache z-Ebene auf die zweifach überdeckte w-Ebene ab. Das isomerische Netz der z-Ebene besteht aus den beiden Hyperbelscharen $u = x^2 - y^2$ und $v = 2xy$ (Abb. 3.94d). Die Konformität ist in $z = 0$ gestört. Die Fixpunkte sind 0 und 1.

e) Die beiden Zweige von $w = \sqrt{z}$ bilden die gesamte z-Ebene einmal auf die obere und einmal auf die untere w-Halbebene ab. Das isometrische Netz der z-Ebene besteht aus zwei Scharen konfokaler Parabeln mit dem Brennpunkt im Koordinatenursprung und mit der positiven bzw. negativen reellen Halbachse als Achsen (Abb. 3.94e). Die Konformität ist in $z = 0$ gestört. Die Fixpunkte sind $z = 0$ und $z = 1$.

f) *Der Logarithmus,* $w = \operatorname{Ln} z$ $(u = \ln|z|$ und $v = \varphi_0 + 2k\pi)$, ist unendlich vieldeutig. Für den Hauptzweig des Logarithmus geht die gesamte z-Ebene in den Streifen $-\pi < v \leqq \pi$ der w-Ebene über. Das isometrische Netz besteht aus den Kreisen $\ln|z| = \text{const}$ und den Strahlen $\varphi = \text{const}$ (Abb. 3.94f), d. h., es bildet ein polares Netz.

4. SPEZIELLE KAPITEL

4.1. Mengen, Relationen, Funktionen

4.1.1. Grundbegriffe der mathematischen Logik

4.1.1.1. Aussagenlogische Ausdrücke

Unter einer Aussage versteht man ein sinnvolles sprachliches Gebilde, das die Eigenschaft hat, entweder wahr oder falsch zu sein (*Prinzip vom ausgeschlossenen Dritten*). Man nennt „wahr" bzw. „falsch" den *Wahrheitswert* der Aussage und bezeichnet die Wahrheitswerte üblicherweise mit W (wahr) bzw. F (falsch).

Beispiele: „5 ist eine Primzahl", „3 ist Teiler von 7", „$3 + 5 = 9$".

Während die erste Aussage in den Beispielen den Wahrheitswert W hat, haben die beiden übrigen den Wahrheitswert F. Dagegen ist die Gleichung „$2 + x = 4$" keine Aussage, da erst nach Wahl der Belegung der Variablen x (vgl. 2.4.1.2. und 2.4.1.3.) die Gleichung einen Wahrheitswert erhält und damit zu einer Aussage wird. Derartige sprachliche Gebilde heißen *Aussageformen* (vgl. 4.1.1.3.).

Sind A_1, A_2 Aussagen, so lassen sich durch sprachliche Verbindungen daraus neue Aussagen gewinnen: „*nicht* A_1", „A_1 *und* A_2", „A_1 *oder* A_2", „*wenn* A_1, *so* A_2", „A_1 *genau dann, wenn* A_2", deren Wahrheitswert nur von den Wahrheitswerten der in ihnen vorkommenden Teilaussagen abhängt (*Extensionalitätsprinzip der Aussagenlogik*). Dabei wird der Wahrheitswert der Verbindungen durch die *klassischen zweiwertigen Wahrheitsfunktionen*

> $non(A_1)$ („nicht A_1"), $et(A_1, A_2)$ („A_1 und A_2"), $vel(A_1, A_2)$ („A_1 oder A_2" im Sinne von „oder auch"), $seq(A_1, A_2)$ („wenn A_1, so A_2"), $äq(A_1, A_2)$ („A_1 genau dann, wenn A_2")

bestimmt, die durch folgende Wahrheitswerttabellen definiert sind:

A_1	*non*
W	F
F	W

A_1	A_2	*et*	*vel*	*seq*	*äq*
W	W	W	W	W	W
W	F	F	W	F	F
F	W	F	W	W	F
F	F	F	F	W	W

Beispiel: Hat A_1 den Wahrheitswert F und A_2 den Wahrheitswert W, so haben die angegebenen Aussagenverbindungen (in der verwendeten Reihenfolge) die Wahrheitswerte: W, F, W, W, F.

Aus den genannten Wahrheitsfunktionen lassen sich durch Zusammensetzen (z. B. $et(non(vel(A_1, A_2)), seq(A_2, A_3)))$ weitere Wahrheitsfunktionen bilden. Zur Darstellung und Untersuchung dieser Funktionen dienen die *aussagenlogischen Ausdrücke*, die sich in ähnlicher Weise wie die arithmetischen Ausdrücke (vgl. 2.4.1.1.) definieren lassen.

Grundzeichen: *Konstanten*: W, F; *Aussagenvariablen*: $p_1, p_2, p_3, \ldots$; *einstellige Funktoren*: $\sim$ [1]; *zweistellige Funktoren*: $\wedge, \vee, \rightarrow, \leftrightarrow$; technische Zeichen: (,).

1. Jede Zeichenreihe, die nur aus einer Aussagenvariablen oder einer Konstanten besteht, ist Ausdruck.

2. Sind H_1, H_2 Ausdrücke, so sind auch die Zeichenreihen $\sim H_1$, $(H_1 \wedge H_2)$, $(H_1 \vee H_2)$, $(H_1 \rightarrow H_2)$, $(H_1 \leftrightarrow H_2)$ Ausdrücke.

3. Eine Zeichenreihe ist nur dann Ausdruck, wenn das auf Grund von 1. oder 2. der Fall ist.

Beispiele: $H_1 \equiv ((p_1 \rightarrow p_2) \wedge \sim p_3)$, $H_2 \equiv ((p_1 \wedge \sim p_3) \vee \sim (p_1 \wedge p_2))$.

Anmerkung: Mitunter werden die Funktoren auch als *Junktoren* bezeichnet.

---

[1]) Für $\sim$ wird auch $\neg$ verwendet.

Jeder Ausdruck, der mit dem Zeichen $\sim$ beginnt, heißt *Negation*; gilt $H \equiv (H_1 \circ H_2)$, wobei H_1, H_2 Ausdrücke sind und $\circ$ für einen der zweistelligen Funktoren $\wedge, \vee, \rightarrow, \leftrightarrow$ steht, so heißt H (in der angegebenen Reihenfolge) *Konjunktion*, *Alternative*, *Implikation*, *Äquivalenz*. Manche Autoren verwenden an Stelle von Alternative das Wort *Disjunktion*.

Wie bei arithmetischen Ausdrücken führt man auch hier Abkürzungen ein, indem man festlegt: Jeder Funktor trennt stärker als jeder in der Folge

$$\leftrightarrow, \rightarrow, \vee, \wedge, \sim$$

weiter rechts stehende Funktor. Dann wendet man sinngemäß die Regel 1 und Regel 2 aus 2.4.1.1. an. Außerdem darf für $\sim H$ auch $\bar{H}$ und für $H_1 \wedge H_2$ auch $H_1 H_2$ geschrieben werden.

Beispiele:

$$((p_1 \rightarrow p_2) \wedge \sim p_3) \equiv (p_1 \rightarrow p_2)\bar{p}_3,$$

$$((p_1 \wedge \sim p_3) \vee \sim (p_1 \wedge p_2)) \equiv p_1\bar{p}_3 \vee \overline{p_1 p_2}.$$

Anmerkung: Mitunter werden zweistellige Funktoren auf beiden Seiten noch mit der gleichen Anzahl von Punkten versehen (.∨., :→:, .:∧:.), und es wird festgesetzt, daß jeder Funktor mit n Punkten stärker trennt als jeder Funktor mit weniger als n Punkten. Bei gleicher Punktzahl gilt die obige Regelung.

Beispiel: $(p_1 \vee (p_2 \vee p_3)) \equiv p_1 .\vee. p_2 \vee p_3$.

Anstelle der Aussagenvariablen $p_1, p_2, p_3, \ldots$ können auch andere Zeichen, z. B. $a, b, c, \ldots$, verwendet werden.

Abkürzungen für *mehrfach kanonisch geklammerte* (vgl. 2.4.1.1.) *Konjunktionen* und *Alternativen*: Es seien $H_1, H_2, H_3, \ldots$ aussagenlogische Ausdrücke, dann ist:

$$\bigwedge_{i=1}^{1} H_i \stackrel{\text{def}}{=} H_1, \qquad \bigwedge_{i=1}^{n+1} H_i \stackrel{\text{def}}{=} \left(\bigwedge_{i=1}^{n} H_i \wedge H_{n+1}\right);$$

$$\bigvee_{i=1}^{1} H_i \stackrel{\text{def}}{=} H_1, \qquad \bigvee_{i=1}^{n+1} H_i \stackrel{\text{def}}{=} \left(\bigvee_{i=1}^{n} H_i \vee H_{n+1}\right).$$

Beispiele:

$$\bigwedge_{i=1}^{4} H_i \equiv (((H_1 \wedge H_2) \wedge H_3) \wedge H_4) \equiv H_1 H_2 H_3 H_4,$$

$$\bigvee_{i=1}^{4} H_i \equiv (((H_1 \vee H_2) \vee H_3) \vee H_4) \equiv H_1 \vee H_2 \vee H_3 \vee H_4.$$

Ist $(p_1, p_2, \ldots, p_n)$ ein geordnetes n-Tupel von Aussagenvariablen, so heißt jeder Ausdruck $\bigwedge_{i=1}^{k} H_i$ $\left(\text{bzw. } \bigvee_{i=1}^{k} H_i\right)$ *Fundamentalkonjunktion* (bzw. *Fundamentalalternative*) *der Variablen* $p_1, \ldots, p_n$ genau dann, wenn es zu jedem Index $i \in \{1, \ldots, k\}$ genau einen Index $j \in \{1, \ldots, n\}$ gibt, so daß entweder $H_i \equiv p_j$ oder $H_i \equiv \overline{p_j}$ gilt (d. h. H_i ist entweder eine der Variablen p_j oder deren Negation $\overline{p_j}$, und jede der Variablen kommt höchstens einmal vor). Eine Fundamentalkonjunktion (Fundamentalalternative) heißt *geordnet*, wenn überdies gilt: wenn $i_1 < i_2$ $(i_1, i_2 \in \{1, \ldots, k\})$, so gilt auch $j_1 < j_2$.

Beispiel: Zu dem geordneten Paar (p_1, p_2) von Aussagenvariablen gibt es acht (geordnete) Fundamentalkonjunktionen: $\overline{p_1}, \overline{p_2}, p_1, p_2, \overline{p_1}\,\overline{p_2}, \overline{p_1} p_2, p_1 \overline{p_2}, p_1 p_2$.

Kommt in einer *geordneten* Fundamentalkonjunktion (Fundamentalalternative) der Variablen $p_1, \ldots, p_n$ jede der Variablen des geordneten n-Tupels vor, so heißt sie *Elementarkonjunktion* (*Elementaralternative*) *dieser Variablen*. Jedem solchen Ausdruck läßt sich umkehrbar eindeutig eine natürliche Zahl m als *Index* zuordnen. m ist das Dezimaläquivalent derjenigen n-stelligen Dualzahl, die man erhält, wenn in dem Ausdruck für jede negierte Variable 0 und für jede unnegierte Variable L gesetzt und die übrigen Zeichen gelöscht werden.

Beispiel: Elementarkonjunktionen von (a, b, c):

	$\bar{a}\bar{b}\bar{c}$,	$\bar{a}\bar{b}c$,	$\bar{a}b\bar{c}$,	$\bar{a}bc$,	$a\bar{b}\bar{c}$,	$a\bar{b}c$,	$ab\bar{c}$,	abc
Dualzahl	000	00L	0L0	0LL	L00	L0L	LL0	LLL
Index	0	1	2	3	4	5	6	7.

Jeder Ausdruck $\bigvee_{i=1}^{k} H_i$ $\left(\text{bzw. } \bigwedge_{i=1}^{k} H_i\right)$, bei dem die H_i verschiedene Fundamentalkonjunktionen (Fundamentalalternativen) der Variablen $p_1, \ldots, p_n$ sind, heißt *alternative* (*konjunktive*) *Normalform.* Sind die H_i verschiedene Elementarkonjunktionen (Elementaralternativen) der Variablen $p_1, \ldots, p_n$ und nach wachsendem Index geordnet, so heißen diese Ausdrücke *kanonische alternative* (*konjunktive*) *Normalformen* bzw. auch *Boolesche Normalformen.*

4.1.1.2. Äquivalenz aussagenlogischer Ausdrücke

Jede eindeutige Abbildung φ der Menge der Aussagenvariablen in die Menge der Wahrheitswerte $\{W, F\}$ heißt *Belegung der Aussagenvariablen.* Ist eine Belegung φ vorgegeben, so läßt sich jedem aussagenlogischen Ausdruck ein *Wert* zuordnen:

Für jede Belegung φ gilt:

$$Wert(W, \varphi) = W, \quad Wert(F, \varphi) = F, \quad Wert(p_i, \varphi) = \varphi(p_i) \in \{W, F\},$$
$$Wert(\sim H_1, \varphi) = non(Wert(H_1, \varphi)),$$
$$Wert((H_1 \wedge H_2), \varphi) = et(Wert(H_1, \varphi), Wert(H_2, \varphi)),$$
$$Wert((H_1 \vee H_2), \varphi) = vel(Wert(H_1, \varphi), Wert(H_2, \varphi)),$$
$$Wert((H_1 \rightarrow H_2), \varphi) = seq(Wert(H_1, \varphi), Wert(H_2, \varphi)),$$
$$Wert((H_1 \leftrightarrow H_2), \varphi) = äq(Wert(H_1, \varphi), Wert(H_2, \varphi)).$$

Zwei Ausdrücke H_1 und H_2 heißen *äquivalent* (werteverlaufsgleich), in Zeichen $H_1 = H_2$, genau dann, wenn für jede Belegung φ gilt:

$$Wert(H_1, \varphi) = Wert(H_2, \varphi).$$

Wichtige Äquivalenzen sind:

$$\bar{\bar{H}}_1 = H_1, \quad H_1 \vee H_1 = H_1, \quad H_1 \wedge H_1 = H_1, \quad H_1 \vee H_2 = H_2 \vee H_1,$$
$$H_1 \wedge H_2 = H_2 \wedge H_1, \quad H_1 \vee H_2 \vee H_3 = H_1 \vee (H_2 \vee H_3),$$
$$H_1 \wedge H_2 \wedge H_3 = H_1 \wedge (H_2 \wedge H_3), \quad (H_1 \vee H_2) H_3 = H_1H_3 \vee H_2H_3,$$
$$(H_1 \wedge H_2) \vee H_3 = (H_1 \vee H_3)(H_2 \vee H_3), \quad H_1 \rightarrow H_2 = \overline{H_1} \vee H_2,$$
$$H_1 \leftrightarrow H_2 = (\overline{H_1} \vee H_2)(H_1 \vee \overline{H_2}), \quad H_1\overline{H_1} = F, \quad H_1 \vee \overline{H_1} = W, \quad W \vee H_1 = W,$$
$$F \vee H_1 = H_1, \quad WH_1 = H_1, \quad FH_1 = F$$

und die beiden *de Morganschen Regeln*:

$$\overline{H_1 \vee H_2} = \overline{H_1} \wedge \overline{H_2}, \quad \overline{H_1 \wedge H_2} = \overline{H_1} \vee \overline{H_2}.$$

Es gilt der **Satz:**

Jeder aussagenlogische Ausdruck $H(p_1, \ldots, p_n)$, in dem höchstens die Variablen $p_1, \ldots, p_n$ vorkommen, ist entweder äquivalent F (bzw. W), oder es gibt genau eine äquivalente kanonische alternative (bzw. konjunktive) Normalform.

Jeder aussagenlogische Ausdruck $H(p_1, \ldots, p_n)$, in dem genau die Variablen $p_1, \ldots, p_n$ vorkommen, definiert durch

$$(\varphi(p_1), \ldots, \varphi(p_n)) \rightarrow Wert(H, \varphi)$$

eine eindeutige Abbildung von der Menge der geordneten n-Tupel von Wahrheitswerten in die Menge der Wahrheitswerte. Jede solche Abbildung heißt eine *n-stellige Wahrheitsfunktion* oder auch *n-stellige Boolesche Funktion.* Äquivalente Ausdrücke definieren die gleiche Boolesche Funktion. Umgekehrt gibt es zu jeder n-stelligen Booleschen Funktion einen aussagenlogischen Ausdruck, der diese Funktion beschreibt. Ist $(a_1, \ldots, a_n)$ ein n-Tupel von Wahrheitswerten, und bildet man den Ausdruck $H_1 H_2 \ldots H_n$ mit $H_i \equiv p_i$ genau dann, wenn $a_i = W$, und $H_i \equiv \overline{p_i}$ genau dann, wenn $a_i = F$ für $i = 1, \ldots, n$, so hat die entstehende Elementarkonjunktion genau für die Belegungen φ den Wert W, für die $\varphi(p_i) = a_i$ $(i = 1, \ldots, n)$ gilt. Werden daher zu vorgegebenen n-Tupeln von Wahrheitswerten in dieser Weise Elementarkonjunktionen der Variablen $p_1, \ldots, p_n$ gebildet, diese nach wachsendem Index geordnet und mit ihnen die Alternative gebildet, so beschreibt die entstehende kanonische alternative Normalform eine n-stellige Boolesche Funktion, die genau für die angegebenen n-Tupel den Wert W und sonst den Wert F hat.

Beispiel: Die Funktion soll für $(F, F, W, W,)$, (F, W, F, W), (F, W, W, F), (W, F, F, W), (W, F, W, F), (W, W, F, F) den Wert W und sonst F besitzen. Zugehörige kanonische alternative Normalform:

$$H \equiv \bar{p}_1\bar{p}_2p_3p_4 \vee \bar{p}_1p_2\bar{p}_3p_4 \vee \bar{p}_1 p_2p_3\bar{p}_4 \vee p_1\bar{p}_2\bar{p}_3p_4 \vee p_1\bar{p}_2p_3\bar{p}_4 \vee p_1p_2\bar{p}_3\bar{p}_4.$$

4.1.1.3. Prädikative Ausdrücke

Die in der Mathematik bzw. in den einzelnen mathematischen Theorien verwendeten Aussagen sind Aussagen über Eigenschaften der betrachteten mathematischen Objekte oder über Beziehungen, die zwischen diesen Objekten bestehen. Die betrachteten Objekte faßt man zu einer Menge zusammen und nennt diese Menge *Individuenbereich I*, die Elemente von I heißen *Individuen.*

Beispiel: I sei die Menge aller reellen Zahlen und aller reellen Funktionen.

Zeichen (bzw. Zeichenreihen), die Individuen bezeichnen, heißen *Individuenkonstanten.*

Beispiel: Zahlenkonstanten 3; π; $-\sqrt{2}$, Funktionenkonstanten ln; sin; tan.

Eigenschaften und Beziehungen zwischen den Individuen werden *Prädikate* oder *Attribute* genannt.

Beispiel: „3 ist eine Primzahl", „7 ist Teiler von 343". „ist eine Primzahl" ist ein *einstelliges* Prädikat (Eigenschaft), „ist Teiler von" ist ein *zweistelliges* Prädikat (Beziehung zwischen je zwei natürlichen Zahlen).

Wegen der in der Mathematik verwendeten extensionalen Begriffsbildung sind *n-stellige Prädikate* als *n-stellige Relationen* (vgl. 4.1.4.1.) über dem Individuenbereich I definiert. Besonders wichtig sind in der Mathematik zweistellige Prädikate (vgl. binäre Relationen in 4.1.4.1.). Wir beschränken uns daher auf die Betrachtung zweistelliger Prädikate; die einstelligen Prädikate beziehen wir dadurch ein, daß wir auch die binäre Relation $\in$ (Element von) zwischen Individuen und den Teilmengen von I zulassen (vgl. 4.1.2.1.). Gewisse dieser Prädikate werden durch *Prädikatenkonstanten* bezeichnet.

Beispiel: $\leqq$ „kleiner oder gleich", | „ist Teiler von".

Neben den Konstanten werden noch Variablen betrachtet. *Individuenvariablen* sind Zeichen, die stellvertretend für gewisse Individuen stehen, die also bei einer Belegung (vgl. 2.4.1.2.) auf gewisse Individuen abgebildet werden. Die Menge der zulässigen Individuen, mit denen eine Variable belegt werden darf, heißt *Variabilitätsbereich* der Variablen.

Bezeichnet P eine zweistellige Prädikatenkonstante und x_1, x_2 Individuenkonstanten oder Individuenvariablen, so heißt $x_1 P x_2$ (nullstufiger) *prädikativer Ausdruck* oder *prädikative Aussageform*[1]).

Beispiele: $x_1 > 3$ „x_1 ist größer als 3", $7 \mid 5$ „7 ist Teiler von 5", $x = y$ „x ist gleich y".

---

[1]) Für x_1 und x_2 können bei passend gewähltem Individuenbereich auch arithmetische Ausdrücke stehen, vgl. 2.4.1.3. und 2.4.1.4.

Ist φ eine Belegung der Individuenvariablen, so hat ein nullstufiger prädikativer Ausdruck $x_1 P x_2$ genau dann den Wahrheitswert W bei dieser Belegung, wenn die durch P bezeichnete binäre Relation zwischen den Individuen $\varphi(x_1)$ und $\varphi(x_2)$ besteht (vgl. 4.1.4.1.), und sonst den Wahrheitswert F. Demnach können prädikative Ausdrücke wie Aussagenvariablen mittels der aussagenlogischen Funktoren zu höherstufigen prädikativen Ausdrücken verknüpft werden (vgl. 4.1.1.1.).

Beispiele: $\sim 5 \mid 7 \wedge x > y$ „5 ist nicht Teiler von 7 und x ist größer als y“;
aber: $\sim(5 \mid 7 \wedge x > y)$ „es ist nicht: 5 Teiler von 7 und x größer als y“ ist nach 4.1.1.2. äquivalent mit $\sim 5 \mid 7 \vee \sim x > y$ „5 ist nicht Teiler von 7 oder x ist nicht größer als y“.

Diese Möglichkeiten zur Bildung neuer Aussagenformen aus gegebenen reichen aber noch nicht aus, um z. B. den Satz „die Gleichung $x + 3 = 8$ besitzt eine ganzzahlige Lösung“ zu bilden. Man betrachtet daher noch *Quantifikatoren*, und zwar beschränkt man sich meist auf die Quantifikatoren[1)] $\forall$ („für jedes ...“) und $\exists$ („es gibt ein ...“), die auch *Generalisator* bzw. *Partikularisator* genannt werden. Diese Quantifikatoren beziehen sich jeweils auf die unmittelbar hinter ihnen stehende Individuenvariable. Eine in einem prädikativen Ausdruck H vorkommende Individuenvariable x heißt *in H vollfrei*, wenn in H weder der Bestandteil $\forall x$ noch $\exists x$ vorkommt. Ist H ein prädikativer Ausdruck, der die Individuenvariable x vollfrei enthält, so dürfen durch *Quantifizierung* von x als neue Ausdrücke gebildet werden $\forall x H$, $\exists x H$. H heißt dann der *Wirkungsbereich* von $\forall x$ bzw. $\exists x$, und x heißt dann *in H gebunden*.

Beispiele: $\mathbf{G}$ bezeichne die Menge der ganzen Zahlen. $\exists x(x \in \mathbf{G} \wedge x + 3 = 8)$ „es gibt ein x, für das gilt: x ist eine ganze Zahl und $x + 3 = 8$“ ($x + 3 = 8$ hat eine ganzzahlige Lösung), $\forall x(x \mid 4 \rightarrow x \mid 8)$ „für jedes x gilt: wenn x Teiler von 4 ist, so ist x Teiler von 8“ (jeder Teiler von 4 ist Teiler von 8).

Eine Aussageform $H(x)$ mit genau einer vollfreien (und sonst keiner nicht gebundenen) Variablen x kann auf zwei Arten durch Quantifizierung zu einer Aussage werden: $\forall x H(x)$ ist genau dann wahr bezüglich eines Variabilitätsbereiches von x, wenn $H(x)$ für jede zulässige Belegung zu einer wahren Aussage wird; $\exists x H(x)$ ist genau dann wahr bezüglich eines Variabilitätsbereiches von x, wenn es eine zulässige Belegung gibt, für die $H(x)$ wahr ist. Durch Quantifizierung entstehende Aussagen $\forall x H(x)$, $\exists x H(x)$ heißen *logisch wahr*, falls sie bezüglich jedes nicht leeren Variabilitätsbereiches von x wahr sind. Eine Individuenvariable x kann in einem Ausdruck H sowohl gebunden als auch nicht gebunden vorkommen, z. B.: $H \equiv \forall x(x \in \mathbf{G} \rightarrow 2 \mid 2x) \wedge x > 5$. Der Wirkungsbereich von $\forall x$ ist die unmittelbar anschließende Implikation, dort ist also x gebunden, während in dem zweiten Konjunktionsglied $x > 5$ die Variable x *in H frei* vorkommt. Kommt x an allen Stellen in H frei vor, so kommt x in H vollfrei vor.

Da Variablen nur stellvertretend für die Elemente ihres Variabilitätsbereiches stehen, können sie nach folgenden Regeln in Aussageformen umbenannt werden:

Gebundene Umbenennung: Eine in H gebunden vorkommende Variable kann unmittelbar hinter dem sie bindenden Quantifikator und an allen Stellen des zugehörigen Wirkungsbereiches in eine in H nicht vorkommende Variable umbenannt werden.

Freie Umbenennung: Eine in H frei vorkommende Variable kann an allen Stellen, an denen sie in H frei vorkommt, in eine in H nicht vorkommende Variable umbenannt werden.

Durch gebundene Umbenennung kann man erreichen, daß jede in einer Aussageform frei vorkommende Variable in der nach Umbenennung entstehenden Aussageform vollfrei vorkommt.

Beschränkte Quantifizierungen: Oft ist es für die Anwendungen vorteilhaft, sich bei Quantifizierungen nur auf die Elemente einer vorgegebenen nichtleeren Menge M zu beziehen, d. h. zu formulieren „für alle $x \in M$ ...“ bzw. „es gibt ein $x \in M$ ...“. Symbolisch schreibt man dies als „$\forall x \in M$ ...“ bzw. „$\exists x \in M$ ...“. Die eben genannte inhaltliche Interpretation dieser beschränkten Quantifizie-

---

1) Für $\forall$ wird auch $\bigwedge$ und für $\exists$ auch $\bigvee$ verwendet.

rungen erhält man auch, wenn man sie als Abkürzungen von Formeln auffaßt, die nur die bisherigen Ausdrucksmittel enthalten, und zwar wird

$$\forall x \in M(H(x)) \quad \text{für} \quad \forall x(x \in M \rightarrow H(x)),$$

$$\exists x \in M(H(x)) \quad \text{für} \quad \exists x(x \in M \wedge H(x)),$$

als Abkürzung benutzt.

4.1.2. Grundbegriffe der Mengenlehre

4.1.2.1. Mengen, Elemente

Die beiden grundlegenden Begriffe der Mengenlehre sind der Begriff der *Menge* und derjenige der *Element-Beziehung*. Unter einer Menge versteht man eine Zusammenfassung gewisser Dinge zu einem neuen einheitlichen Ganzen; die dabei zusammengefaßten Dinge heißen die *Elemente* der betreffenden Menge. Ist ein Ding a Element einer Menge M, so schreibt man kurz

$$a \in M \quad (\text{gelesen: } a \text{ ist Element von } M);$$

ist a nicht Element von M, so schreibt man dafür „$a \notin M$".

Das *Extensionalitätsprinzip* für Mengen besagt, daß zwei Mengen A, B genau dann gleich sind, wenn sie dieselben Elemente enthalten:

$$A = B \leftrightarrow \forall x(x \in A \leftrightarrow x \in B).$$

Bei den Anwendungen mengentheoretischer Überlegungen betrachtet man meist eine bestimmte Art von Dingen (z. B. reelle Zahlen, Punkte eines Raumes, Funktionen) als gegeben und bildet von ihnen ausgehend Mengen. Derartige Dinge, die dann selbst nicht als Mengen aufgefaßt werden, nennt man *Urelemente*.

Eine Menge läßt sich dadurch beschreiben, daß man eine Eigenschaft angibt, die sämtlichen Elementen dieser Menge, jedoch keinen anderen Dingen zukommt. Ist $H(x)$ eine Eigenschaft von wohldefinierten Dingen, so bezeichnet man die Menge aller Dinge a mit der Eigenschaft $H(a)$ durch $\{x \mid H(x)\}$. Also gilt stets

$$a \in \{x \mid H(x)\} \leftrightarrow H(a)$$

(falls die Variable „a" nicht in dem Ausdruck „$H(x)$" vorkommt). Da Mengen und Urelemente als Elemente von Mengen auftreten können, bezeichnet man beide Arten von Dingen als Elemente schlechthin.

4.1.2.2. Teilmengen

Sind A, B Mengen und gilt

$$\forall x(x \in A \rightarrow x \in B),$$

so heißt A eine *Teilmenge* von B. Man schreibt dafür $A \subseteq B$. Gilt außer $A \subseteq B$ auch $A \neq B$, so schreibt man $A \subset B$ und nennt A eine *echte Teilmenge* von B. Die solcherart zwischen Mengen erklärten Beziehungen $\subseteq$, $\subset$ werden *Inklusion* bzw. *echte Inklusion* genannt.

Für Mengen A, B, C gelten:

$$A \subset B \rightarrow A \subseteq B, \qquad A \subset B \leftrightarrow A \subseteq B \wedge A \neq B,$$

$$A \subseteq A, \qquad A \subseteq B \wedge B \subseteq C \rightarrow A \subseteq C,$$

$$A \not\subset A, \qquad A \subset B \wedge B \subset C \rightarrow A \subset C.$$

Ein wichtiger Zusammenhang zwischen Inklusion und Gleichheit von Mengen folgt aus dem Extensionalitätsprinzip (4.1.2.1.): Für Mengen A, B gilt

$$A = B \leftrightarrow A \subseteq B \wedge B \subseteq A.$$

Aus dieser Formel entnimmt man ein oft benutztes *Beweisprinzip*: Um die Gleichheit zweier Mengen A, B zu beweisen, hat man die beiden Inklusionen $A \subseteq B$ und $B \subseteq A$ zu beweisen.

4.1.2.3. Spezielle Mengenbildungsprinzipien

Aus der in 4.1.2.1. genannten Art der Bildung von Mengen $\{x \mid H(x)\}$ ergeben sich einige wichtige Spezialfälle.

(1) Wählt man als Eigenschaft $H(x)$ in 4.1.2.1. speziell irgendeine Eigenschaft, die auf kein Ding zutrifft, etwa $x \neq x$, so gilt für kein Ding a, daß $a \in \{x \mid H(x)\}$, also $\forall a(a \notin \{x \mid H(x)\})$. Da es wegen des Extensionalitätsprinzips nur eine Menge ohne Elemente geben kann, nennt man diese spezielle Menge die *leere Menge*; man bezeichnet sie mit $\emptyset$:

$$\emptyset \stackrel{\text{def}}{=} \{x \mid x \neq x\}.$$

(2) Ist M eine Menge und $H(x)$ eine für die Elemente von M erklärte Eigenschaft, so kann man immer die Menge $\{x \mid x \in M \wedge H(x)\}$ bilden:

$$\{x \in M \mid H(x)\} \stackrel{\text{def}}{=} \{x \mid x \in M \wedge H(x)\}.$$

Stets ist

$$\{x \in M \mid H(x)\} \subseteqq M.$$

(3) Zu jeder Menge M kann man die Menge aller Teilmengen von M, die sogenannte *Potenzmenge* $\mathbf{P}M$ von M, bilden:

$$\mathbf{P}M \stackrel{\text{def}}{=} \{x \mid x \subseteqq M\}.$$

Es ist stets $\emptyset \in \mathbf{P}M$ und $M \in \mathbf{P}M$.

(4) Sind $a_1, \ldots, a_n$ paarweise verschiedene Elemente, so kann man die Menge

$$\{a_1, \ldots, a_n\} \stackrel{\text{def}}{=} \{x \mid x = a_1 \vee \ldots \vee x = a_n\}$$

bilden, deren Elemente gerade $a_1, \ldots, a_n$ sind. Eine solche Menge heißt eine n-er Menge bzw. eine Menge mit n Elementen.

(5) Ist f eine Funktion (s. 4.1.4.5.), deren Definitionsbereich eine Menge ist, so ist auch ihr Wertebereich eine Menge.

(6) Ist M ein Mengensystem (s. 4.1.3.5.), so ist die Vereinigung $\bigcup M$ (s. 4.1.3.5.) eine Menge.

4.1.3. Operationen mit Mengen und Mengensystemen

4.1.3.1. Vereinigung und Durchschnitt von Mengen

Zu vorgegebenen Mengen A, B bilden wir die *Vereinigung* (*Vereinigungsmenge*) $A \cup B$ und den *Durchschnitt* (die *Durchschnittsmenge*) $A \cap B$ von A, B durch die Festsetzungen

$$A \cup B \stackrel{\text{def}}{=} \{x \mid x \in A \vee x \in B\},$$

$$A \cap B \stackrel{\text{def}}{=} \{x \mid x \in A \wedge x \in B\}.$$

Für Mengen A, B, C ergeben sich dafür folgende Eigenschaften:

$$A \cap B \subseteqq A \subseteqq A \cup B,$$

$$A \cup \emptyset = A, \qquad A \cap \emptyset = \emptyset,$$

$$A \cup B = B \cup A, \qquad A \cup A = A, \qquad A \cup (B \cup C) = (A \cup B) \cup C,$$

$$A \cap B = B \cap A, \qquad A \cap A = A, \qquad A \cap (B \cap C) = (A \cap B) \cap C,$$

$$A \cup (B \cap C) = (A \cup B) \cap (A \cup C),$$

$$A \cap (B \cup C) = (A \cap B) \cup (A \cap C),$$

$$A \cup (B \cap A) = A, \qquad A \cap (B \cup A) = A;$$

für den Zusammenhang mit der Inklusion erhält man noch:

$$A \subseteq B \leftrightarrow A \cap B = A \leftrightarrow A \cup B = B,$$

$$A \subseteq B \rightarrow A \cup C \subseteq B \cup C \wedge A \cap C \subseteq B \cap C,$$

$$\forall X(A \subseteq X \wedge B \subseteq X \rightarrow A \cup B \subseteq X), \qquad \forall X(X \subseteq A \wedge X \subseteq B \rightarrow X \subseteq A \cap B).$$

Mengen A, B, für die $A \cap B = \emptyset$ gilt, heißen *durchschnittsfremd* oder *disjunkt*.

4.1.3.2. Differenz, symmetrische Differenz und Komplement von Mengen

Für Mengen A, B, E, für die noch $A \subseteq E$ gilt, werden die *Differenz* $A \setminus B$ von A, B, die *symmetrische Differenz* $A \triangle B$ von A, B und das *Komplement* $\mathbf{C}_E A$ von A bezüglich E erklärt durch:

$$A \setminus B \overset{\text{def}}{=} \{x \mid x \in A \wedge x \notin B\}, \qquad A \triangle B \overset{\text{def}}{=} (A \setminus B) \cup (B \setminus A), \qquad \mathbf{C}_E A \overset{\text{def}}{=} E \setminus A.$$

Sind A, B, C Mengen, so gelten:

$$A \setminus B \subseteq A, \qquad A \setminus A = \emptyset,$$

$$A \setminus (B \cup C) = (A \setminus B) \cap (A \setminus C), \qquad (A \cup B) \setminus C = (A \setminus C) \cup (B \setminus C),$$

$$A \setminus (B \cap C) = (A \setminus B) \cup (A \setminus C), \qquad (A \cap B) \setminus C = (A \setminus C) \cap (B \setminus C),$$

$$A \setminus (B \setminus C) = (A \setminus B) \cup (A \cap C), \qquad (A \setminus B) \setminus C = A \setminus (B \cup C),$$

$$A \subseteq B \leftrightarrow A \setminus B = \emptyset, \qquad A \cap B = \emptyset \leftrightarrow A \setminus B = A,$$

$$A \setminus (A \setminus B) = A \cap B;$$

für die symmetrische Differenz gilt u. a.:

$$A \triangle B = B \triangle A, \qquad A \triangle (B \triangle C) = (A \triangle B) \triangle C,$$

$$A \triangle B = (A \cup B) \setminus (A \cap B),$$

$$A \cap (B \triangle C) = (A \cap B) \triangle (A \cap C);$$

ist E eine weitere Menge und $A \subseteq E$, $B \subseteq E$, so gelten auch:

$$A \cup \mathbf{C}_E A = E, \qquad A \cap \mathbf{C}_E A = \emptyset,$$

$$\mathbf{C}_E \emptyset = E, \qquad \mathbf{C}_E E = \emptyset, \qquad \mathbf{C}_E \mathbf{C}_E A = A,$$

$$\left.\begin{aligned} \mathbf{C}_E(A \cup B) &= \mathbf{C}_E A \cap \mathbf{C}_E B, \\ \mathbf{C}_E(A \cap B) &= \mathbf{C}_E A \cup \mathbf{C}_E B, \end{aligned}\right\} \text{ Formeln von de Morgan}$$

$$A \subseteq B \leftrightarrow \mathbf{C}_E B \subseteq \mathbf{C}_E A.$$

4.1.3.3. Euler-Vennsche Diagramme

Die in 4.1.2.2., 4.1.3.1., 4.1.3.2. behandelten Beziehungen und Verknüpfungen von Mengen lassen sich leicht veranschaulichen. Dazu repräsentiere man die zu betrachtenden Mengen durch Gebiete in der (Zeichen-)Ebene. Die Abb. 4.1 symbolisiert die Beziehung $B \subseteq A$; in Abb. 4.2 bzw. Abb. 4.3 sind die schraffierten Gebiete $A \cup B$ bzw. $A \cap B$; entsprechend sind in Abb. 4.4 bzw.

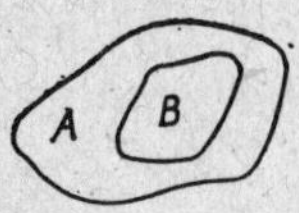

Abb. 4.1

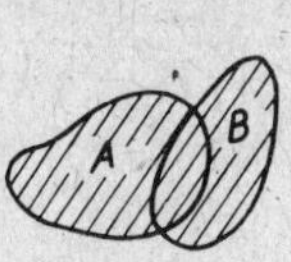

Abb. 4.2

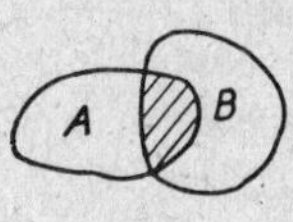

Abb. 4.3

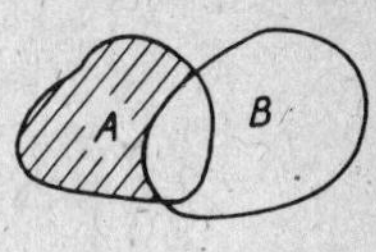

Abb. 4.4

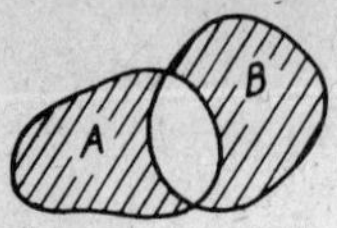

Abb. 4.5

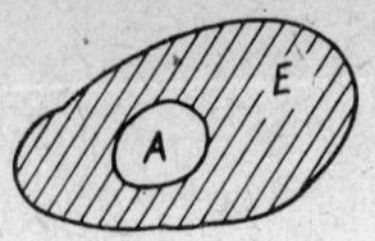

Abb. 4.6

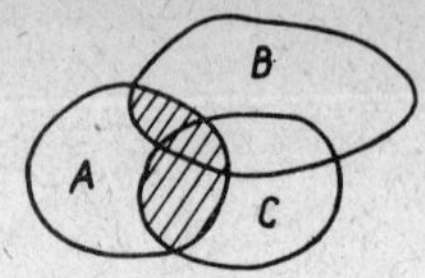

Abb. 4.7

Abb. 4.5 bzw. Abb. 4.6 schraffiert die Differenz $A \setminus B$, die symmetrische Differenz $A \triangle B$ bzw. das Komplement $\complement_E A$. Das in Abb. 4.7 schraffierte Gebiet ist $A \cap (B \cup C)$, aus ihr kann man mühelos die Gleichung $A \cap (B \cup C) = (A \cap B) \cup (A \cap C)$ ablesen.

4.1.3.4. Kartesisches Produkt von Mengen

Unter dem *geordneten Paar* (a, b) zweier Elemente a, b versteht man die Menge

$$(a, b) \overset{\text{def}}{=} \{\{a\}, \{a, b\}\}.$$

Es gilt für beliebige Elemente a, b, c, d

$$(a, b) = (c, d) \leftrightarrow a = c \wedge b = d,$$

d. h., beim geordneten Paar wird die Reihenfolge der Elemente a, b ausgezeichnet; denn ist $a \neq b$, so $(a, b) \neq (b, a)$. Im Gegensatz dazu gilt für die Zweiermenge $\{a, b\}$ z. B. $\{a, b\} = \{b, a\}$.

Statt wie beim geordneten Paar nur 2 Elemente unter Beachtung einer Reihenfolge zusammen zufassen, kann man auch n Elemente $a_1, \ldots, a_n$ unter Beachtung der Reihenfolge zu einem *n-Tupel* $(a_1, \ldots, a_n)$ zusammenfassen. Dieser Begriff wird rekursiv erklärt durch:

$$(a_1, \ldots, a_n) \overset{\text{def}}{=} \begin{cases} a_1, & \text{falls } n = 1, \\ (a_1, a_2), & \text{falls } n = 2, \\ ((a_1, \ldots, a_{n-1}), a_n), & \text{falls } n > 2. \end{cases}$$

Es gilt wiederum

$$(a_1, \ldots, a_n) = (b_1, \ldots, b_n) \leftrightarrow a_1 = b_1 \wedge \ldots \wedge a_n = b_n.$$

Die geordneten Paare dienen zur Definition des *kartesischen Produktes* (*Kreuzprodukts*) $A \times B$ zweier Mengen A, B, das durch

$$A \times B \overset{\text{def}}{=} \{(a, b) \mid a \in A \wedge b \in B\}$$

erklärt wird und wieder eine Menge ist. Für Mengen A, B, C, D gelten folgende Beziehungen:

$$(A \cup B) \times C = (A \times C) \cup (B \times C), \qquad A \times (B \cup C) = (A \times B) \cup (A \times C),$$

$$(A \cap B) \times C = (A \times C) \cap (B \times C), \qquad A \times (B \cap C) = (A \times B) \cap (A \times C),$$

$$(A \setminus B) \times C = (A \times C) \setminus (B \times C), \qquad A \times (B \setminus C) = (A \times B) \setminus (A \times C),$$

$$(A \times B) \cup (C \times D) \subseteq (A \cup C) \times (B \cup D),$$

$$(A \times B) \cap (C \times D) = (A \cap C) \times (B \cap D).$$

Weiterhin gelten:

$$A \times B = \emptyset \leftrightarrow A = \emptyset \vee B = \emptyset,$$

$$A \subseteq C \wedge B \subseteq D \rightarrow A \times B \subseteq C \times D;$$

jedoch ist die Bildung des kartesischen Produktes von Mengen weder kommutativ noch assoziativ. Die Bildung des kartesischen Produktes läßt sich verallgemeinern auf den Fall der Bildung eines entsprechenden Produktes von n Mengen $A_1, \ldots, A_n$, das man durch

$$\mathop{\times}_{i=1}^{n} A_i \overset{\text{def}}{=} \{(a_1, \ldots, a_n) \mid a_1 \in A_1 \wedge \ldots \wedge a_n \in A_n\}$$

erklärt.

Für Mengen $A_1, \ldots, A_n$, ist $\bigtimes_{i=1}^{n} A_i$ stets wieder eine Menge; es ergeben sich analoge Eigenschaften wie für das obige kartesische Produkt zweier Mengen. Sind alle Mengen A_i gleich: $A_1 = \ldots = A_n = A$, so schreibt man auch A^n statt $\bigtimes_{i=1}^{n} A$.

4.1.3.5. Vereinigung und Durchschnitt von Mengensystemen

Unter einem *Mengensystem* versteht man eine Menge, deren sämtliche Elemente selbst Mengen sind, unter deren Elementen also keine Urelemente vorkommen. Ist M ein derartiges Mengensystem, so ist die *Vereinigung* von M die Menge

$$\bigcup M \overset{\text{def}}{=} \{x \mid \exists Y(Y \in M \wedge x \in Y)\}$$

aller der Elemente, die in einer der Mengen aus M enthalten sind; ist das Mengensystem M eine nichtleere Menge ($M \neq \emptyset$), so ist der *Durchschnitt* von M die Menge

$$\bigcap M \overset{\text{def}}{=} \{x \mid \forall Y(Y \in M \rightarrow x \in Y)\}$$

aller der Elemente, die in sämtlichen Mengen von M enthalten sind. Ein Mengensystem M heißt *disjunkt*, falls je zwei verschiedene Elemente von M disjunkte Mengen sind.

Mitunter bedient man sich einer etwas anderen Bezeichnungsweise – ist nämlich K irgendeine Menge und für jedes $k \in K$ auch A_k eine Menge, so ist $\{A_k \mid k \in K\}$ ein Mengensystem, und man schreibt auch

$$\bigcup_{k \in K} A_k \quad \text{für} \quad \bigcup \{A_k \mid k \in K\},$$

$$\bigcap_{k \in K} A_k \quad \text{für} \quad \bigcap \{A_k \mid k \in K\}$$

(wobei $\bigcap_{k \in K} A_k$ nur erklärt ist, falls $K \neq \emptyset$ gilt). Als Zusammenhang zwischen Vereinigung (Durchschnitt) von Mengensystemen und der Vereinigung (dem Durchschnitt) von Mengen ergibt sich für Mengen A, B:

$$A \cup B = \bigcup \{A, B\}, \qquad A \cap B = \bigcap \{A, B\}.$$

Für Mengensysteme M, N – die zusätzlich bei der Betrachtung des Durchschnittes als nichtleer vorausgesetzt seien – gelten:

$$M \subseteq N \rightarrow \bigcup M \subseteq \bigcup N \wedge \bigcap N \subseteq \bigcap M,$$

$$\bigcup (M \cup N) = \bigcup M \cup \bigcup N, \qquad \bigcap (M \cup N) = \bigcap M \cap \bigcap N,$$

$$\bigcup (M \cap N) = \bigcup M \cap \bigcup N, \qquad \bigcap (M \cap N) \supseteq \bigcap M \cup \bigcap N.$$

Weitere Gesetze lassen sich leichter in der zweiten obengenannten Bezeichnungsweise formulieren. Dazu seien S, K, J Mengen und für jedes $k \in K$ und $j \in J$ auch A_k, B_j Mengen, dann gelten u. a.:

$$S \cap \bigcup_{k \in K} A_k = \bigcup_{k \in K} (S \cap A_k), \qquad S \cup \bigcap_{k \in K} A_k = \bigcap_{k \in K} (S \cup A_k),$$

$$\bigcup_{k \in K} A_k \cap \bigcup_{j \in J} B_j = \bigcup_{(k,j) \in K \times J} (A_k \cap B_j), \qquad \bigcap_{k \in K} A_k \cup \bigcap_{j \in J} B_j = \bigcap_{(k,j) \in K \times J} (A_k \cup B_j);$$

diese Gleichungen bleiben bestehen, wenn man überall die Zeichen „$\cap$“ bzw. „$\cup$“ durch „$\times$“ ersetzt; weiterhin gelten

$$S \setminus \bigcup_{k \in K} A_k = \bigcap_{k \in K} (S \setminus A_k), \qquad S \setminus \bigcap_{k \in K} A_k = \bigcup_{k \in K} (S \setminus A_k),$$

$$\bigcup_{k \in K} A_k \setminus S = \bigcup_{k \in K} (A_k \setminus S), \qquad \bigcap_{k \in K} A_k \setminus S = \bigcap_{k \in K} (A_k \setminus S);$$

gilt insbesondere $A_k \subseteq E$ für alle $k \in K$ und eine Menge E, so erhält man die (verallgemeinerten) Formeln von de Morgan:

$$\mathbf{C}_E\Big(\bigcup_{k\in K} A_k\Big) = \bigcap_{k\in K} (\mathbf{C}_E A_k), \qquad \mathbf{C}_E\Big(\bigcap_{k\in K} A_k\Big) = \bigcup_{k\in K} (\mathbf{C}_E A_k).$$

4.1.4. Relationen, Funktionen, Operationen

4.1.4.1. Relationen

Anschaulich versteht man unter einer *n-stelligen* (*n-ären*) *Relation R in einer Menge M* eine Beziehung, die zwischen je n Elementen $x_1, \ldots, x_n \in M$ entweder besteht oder nicht besteht. Die formale Fassung diesen Begriffs geschieht in folgender Weise:

Eine n-stellige (n-äre) Relation R in einer Menge M ist eine Teilmenge von M^n.

Ist $R \subseteq M^n$ und $(a_1, \ldots, a_n) \in M^n$, so sagt man im Falle, daß $(a_1, \ldots, a_n) \in R$ gilt, daß die Relation R auf die Elemente $a_1, \ldots, a_n$ zutreffe bzw. zwischen ihnen bestehe, und schreibt $Ra_1 \ldots a_n$, im Falle $(a_1, \ldots, a_n) \notin R$ dagegen sagt man, daß die Relation R auf die Elemente $a_1, \ldots, a_n$ nicht zutreffe bzw. zwischen ihnen nicht bestehe.

Im Falle 2-stelliger (binärer) Relationen R ist statt Ra_1a_2 auch die Schreibweise a_1Ra_2 üblich.

In jeder Menge M gibt es zwei triviale Relationen: die *universale* bzw. *Allrelation* $\bigvee$, die zwischen je n Elementen von M besteht, und die *Nullrelation* $\bigwedge$, die nie auf n Elemente von M zutrifft; offenbar ist $\bigvee = M^n$ und $\bigwedge = \emptyset$. Ist R n-stellige Relation in M und $N \subseteq M$, so ist die *Einschränkung* $R \mid N$ von R auf N die n-stellige Relation $R \mid N = R \cap N^n$ in N.

Für Relationen kann man alle die Beziehungen und Verknüpfungen betrachten, die man auch für Mengen kennt. Sind etwa R, S n-äre Relationen in M, so nennt man R im Falle $R \subseteq S$ eine *Teilrelation* von S; die Relation $R \cup S$ heißt die *Summe* der Relationen R, S und die Relation $R \cap S$ das (*absolute*) *Produkt* von R, S; die *Negation* der Relation R die ist Relation $\bar{R} = M^n \setminus R = \mathbf{C}_{M^n} R$, die genau dann auf Elemente $a_1, \ldots, a_n \in M$ zutrifft, wenn die Relation R auf diese Elemente nicht zutrifft.

Die wichtigsten Relationen sind die binären Relationen. Für sie gibt es eine Anzahl weiterer Begriffe.

Das *Relationenprodukt* zweier binärer Relationen R, S in einer Menge M ist definiert durch

$$R \cdot S \overset{\text{def}}{=} \{(x, y) \mid \exists z (z \in M \wedge (x, z) \in R \wedge (z, y) \in S)\};$$

die *inverse* (*konverse*, *reziproke*, *duale*) *Relation* von R ist die Relation

$$R^{-1} \overset{\text{def}}{=} \{(x, y) \mid (y, x) \in R\}.$$

Zwischen diesen Begriffen bestehen für binäre Relationen R, S, T in einer Menge M folgende Beziehungen:

$$(R \cdot S) \cdot T = R \cdot (S \cdot T), \qquad (R \cdot S)^{-1} = S^{-1} \cdot R^{-1},$$

$$(R \cup S) \cdot T = (R \cdot T) \cup (S \cdot T), \qquad (R \cup S)^{-1} = R^{-1} \cup S^{-1},$$

$$(R \cap S) \cdot T = (R \cdot T) \cap (S \cdot T), \qquad (R \cap S)^{-1} = R^{-1} \cap S^{-1}.$$

Ist R eine binäre Relation in M, so ist der *Vorbereich* von R die Menge

$$\text{Vb}\, R \overset{\text{def}}{=} \{x \mid \exists y ((y, x) \in R)\}$$

und der *Nachbereich* von R die Menge

$$\text{Nb}\, R \overset{\text{def}}{=} \{y \mid \exists x ((x, y) \in R)\}.$$

Wichtige Eigenschaften einer binären Relation R in einer Menge M:

Eigenschaft	charakterisierende Bedingung[1])
Reflexivität	$(\forall)\ aRa$
Irreflexivität	$(\forall) \sim aRa$
Transitivität	$(\forall)\ aRb \wedge bRc \to aRc$
Drittengleichheit	$(\forall)\ aRc \wedge bRc \to aRb$
Symmetrie	$(\forall)\ aRb \to bRa$
Antisymmetrie	$(\forall)\ aRb \wedge bRa \to a = b$
Asymmetrie	$(\forall)\ aRb \to \sim bRa$
Linearität	$(\forall)\ aRb \vee bRa$
Konnexität	$(\forall)\ aRb \vee (a = b) \vee bRa$
Trichotomie	$(\forall)\ (aRb \vee (a = b) \vee bRa) \wedge \sim ((aRb \wedge a = b) \vee (aRb \wedge bRa) \vee (a = b \wedge bRa))$

4.1.4.2. Äquivalenzrelationen

Eine binäre Relation R in einer Menge M ist eine *Äquivalenzrelation*, falls R reflexiv, symmetrisch und transitiv ist bzw. gleichwertig damit: falls R reflexiv und drittengleich ist.

Ist R eine Äquivalenzrelation in M und $a, b \in M$, so schreibt man statt aRb auch

$$a \sim_R b; \quad \text{gelesen: } a \text{ äquivalent } b \text{ bezüglich } R.$$

Die Elemente von M kann man bezüglich R in Klassen zueinander bezüglich R kongruenter Elemente einteilen; man nennt für jedes Element $a \in M$

$$[a]_R \overset{\text{def}}{=} \{b \mid b \in M \wedge a \sim_R b\}$$

die *Restklasse von a bezüglich R*; die Menge

$$M/R \overset{\text{def}}{=} \{[a]_R \mid a \in M\}$$

aller Restklassen von Elementen von M bezüglich R heißt Faktormenge oder auch *Quotient* von M bezüglich R.

Für derartige Restklassen gelten

$$[a]_R \neq \emptyset, \qquad [a]_R = [b]_R \leftrightarrow a \sim_R b, \qquad a \not\sim_R b \to [a]_R \cap [b]_R = \emptyset,$$

d. h., M/R ist ein disjunktes Mengensystem, das die leere Menge nicht enthält.

Allgemein nennt man ein Mengensystem $\mathbf{M} \subseteq \mathbf{P}M$ eine *Zerlegung* der Menge M, falls $\emptyset \notin \mathbf{M}$, $\mathbf{M}$ disjunkt ist und $\bigcup \mathbf{M} = M$ gilt. Da stets $a \in [a]_R$ gilt, ist also auch $\bigcup M/R = M$ und daher insgesamt M/R eine Zerlegung von M.

Ist umgekehrt $\mathbf{M}$ eine Zerlegung von M und definiert man in M eine binäre Relation S, indem man für $a, b \in M$ setzt

$$aSb \leftrightarrow \exists X(X \in \mathbf{M} \wedge a, b \in X),$$

so ist S eine Äquivalenzrelation in M, für die $M/S = \mathbf{M}$ ist, d. h. für die die Elemente von $\mathbf{M}$ die Restklassen von M bezüglich S sind.

4.1.4.3. Anordnungsrelationen

Es sei wieder R eine binäre Relation in einer Menge M. R ist eine *reflexive* (bzw. *irreflexive*) *Quasiordnung* (*Vorordnung*, *Präordnung*, *Quasihalbordnung*) in M, falls R reflexiv (bzw. irreflexiv) und transitiv ist. Eine Quasiordnung R in M heißt (*rechts-*) *gerichtet*, falls es zu je zwei Elementen

[1]) $(\forall)$ bedeutet dabei die auf M beschränkte Quantifizierung (s. 4.1.1.3.) aller nachfolgenden vollfreien Variablen mittels $\forall$, z. B. Symmetrie: $\forall a, b \in M(aRb \to bRa)$.

$a, b \in M$ ein $c \in M$ gibt, für das $aRc \wedge bRc$ gilt; R heißt *linksgerichtet* (*konvers gerichtet*), falls es zu je zwei Elementen $a, b \in M$ ein $c \in M$ gibt, für das $cRa \wedge cRb$ gilt.

Jede reflexive Quasiordnung R in M induziert in M eine Äquivalenzrelation S, die für $a, b \in M$ durch

$$aSb \leftrightarrow aRb \wedge bRa$$

definiert wird.

Eine reflexive (bzw. irreflexive) Quasiordnung R in M heißt eine *reflexive* (bzw. *irreflexive*) *Halbordnung* in M, falls R auch antisymmetrisch (bzw. asymmetrisch) ist.

Im Quotienten M/S bez. dieser Äquivalenzrelation S wird eine binäre Relation R^* erklärt durch die Festlegung

$$[a]_s\, R^*[b]_s \leftrightarrow aRb$$

für alle $a, b \in M$. Diese Relation R^* ist eine reflexive Halbordnung in M/S.

Für reflexive (irreflexive) Halbordnungen R in M verwendet man für $a, b \in M$ statt der Schreibweise aRb häufig die Bezeichnungsweise $a \leqq b$ $(a < b)$ bzw. genauer – etwa wenn zugleich mehrere Halbordnungen betrachtet werden – die Bezeichnungsweise $a \leqq_R b$ $(a <_R b)$, und nennt b größer (echt größer) als a bzw. a kleiner (echt kleiner) als b. Ist R reflexive Halbordnung in M und definiert man durch

$$a < b \leftrightarrow a \leqq_R b \wedge a \neq b \tag{4.1}$$

für alle $a, b \in M$ eine Relation $<$, so ist $<$ eine irreflexive Halbordnung in M; ist andererseits R irreflexive Halbordnung in M und wird durch

$$a \leqq b \leftrightarrow a <_R b \vee a = b \tag{4.2}$$

für alle $a, b \in M$ eine Relation $\leqq$ in M erklärt, so ist $\leqq$ eine reflexive Halbordnung in M.

In analoger Weise kommt man von einer reflexiven Ordnung bzw. Wohlordnung (s. u.) zu einer irreflexiven Ordnung bzw. Wohlordnung und umgekehrt.

Ist von einer Halbordnung R nicht festgelegt, ob sie reflexiv ist oder irreflexiv, so wird mit $<_R$ (falls R reflexiv) die in (4.1) erklärte irreflexive Relation bezeichnet bzw. mit $\leqq_R$ (falls R irreflexiv) die in (4.2) erklärte reflexive Relation.

Eine Halbordnung R in einer endlichen (vgl. 4.1.5.1) Menge M kann man sich veranschaulichen mittels des *Hasse-Diagramms* von R; dieses erhält man, indem man sich die Elemente von M als Punkte aufzeichnet und zwei verschiedene Punkte a, b genau dann miteinander verbindet, wenn $a \leqq_R b$ ist und zugleich gilt $\sim\exists x(x \notin \{a, b\} \wedge a \leqq_R x \leqq_R b)$. Um jedoch die Fälle $a \leqq_R b$ und $b \leqq_R a$ voneinander unterscheiden zu können, zeichnet man im Falle $a \leqq_R b$ einen Pfeil von a nach b bzw. zeichnet man (je nach Vereinbarung) b oberhalb oder rechts von a.

Beispiel: Es sei $M = \{a_1, \ldots, a_5\}$ und $R = \{(a_1, a_1), \ldots, (a_5, a_5), (a_1, a_2), (a_1, a_3), (a_1, a_4), (a_2, a_5), (a_3, a_5)\}$. Dann ist R eine reflexive Halbordnung in M. Das Hasse-Diagramm von R

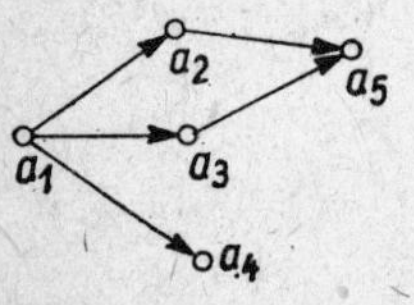

Abb. 4.8

ist in Abb. 4.8 dargestellt (die größeren Elemente sind rechts gezeichnet). Die im Hasse-Diagramm einer Halbordnung R von M miteinander verbundenen Elemente von M heißen unmittelbare Nachbarn voneinander.

Allgemein nennt man in einer durch eine Halbordnungsrelation R halbgeordneten Menge M ein Element $b \in M$ einen *unmittelbaren Nachfolger* eines Elements $a \in M$, falls

$$a \leqq_R b \wedge \sim\exists x(x \notin \{a, b\} \wedge a \leqq_R x \leqq_R b)$$

gilt; ist b unmittelbarer Nachfolger von a, so wird a auch *unmittelbarer Vorgänger* von b genannt.

Zwei Elemente $a, b \in M$ heißen (bez. R) *vergleichbar*, falls $a \leqq_R b \vee b \leqq_R a$; sonst unvergleichbar.

Die binäre Relation R in M heißt *reflexive* (bzw. *irreflexive*) *Ordnung* (*lineare Ordnung*, *Totalordnung*) in M, falls R eine reflexive (bzw. irreflexive) Halbordnung ist und zudem linear (bzw. konnex). Bezüglich einer Ordnung R von M sind also je zwei verschiedene Elemente von M vergleichbar.

Die binäre Relation R in M heißt *reflexive* (bzw. *irreflexive*) *Wohlordnung* in M, falls R eine reflexive (bzw. irreflexive) Ordnung ist und jede nichtleere Teilmenge $N \subseteqq M$ ein bez. R minimales Element (s. 4.1.4.4.) besitzt.

In einer wohlgeordneten Menge hat jedes Element einen unmittelbaren Nachfolger; diejenigen Elemente, die keinen unmittelbaren Vorgänger haben, heißen *Limeselemente*.

Beispiele: 1) Jede Äquivalenzrelation ist eine reflexive Quasiordnung.

2) Die durch die Inklusion in einem Mengensystem M induzierte Relation $R_{\subseteqq}$, d. h. die Relation

$$R_{\subseteqq} = \{(x, y) \mid x, y \in M \wedge x \subseteqq y\},$$

ist eine reflexive Halbordnung in M. (Man drückt diesen Sachverhalt meist dadurch kurz aus, daß man sagt: Die Inklusion ist eine reflexive Halbordnung in jedem Mengensystem.)

3) Die echte Inklusion ist eine irreflexive Halbordnung in jedem Mengensystem.

4) Die gewöhnliche $\leqq$-Beziehung ist eine Ordnung in der Menge der ganzen Zahlen und eine Wohlordnung in der Menge der natürlichen Zahlen.

4.1.4.4. Weitere ordnungstheoretische Begriffe

Es sei in diesem Abschnitt immer R eine Halbordnung in M und $N \subseteqq M$. Ein Element $a \in N$ heißt *minimales Element* von N bez. R, falls $\forall x(x \in N \rightarrow x \nless_R a)$, $x \nless_R a$ steht für $\sim x <_R a$; $a \in N$ heißt *Minimum* ($\min\limits_R N$) von N bez. R, falls $\forall x(x \in N \rightarrow a \leqq_R x)$; $a \in N$ heißt *maximales Element* von N bez. R, falls $\forall x(x \in N \rightarrow a \nless_R x)$; $a \in N$ heißt *Maximum* ($\max\limits_R N$) von N bez. R, falls $\forall x(x \in N \rightarrow x \leqq_R a)$.

Jede Teilmenge $N \subseteqq M$ hat bez. R höchstens ein Minimum und höchstens ein Maximum, kann jedoch sowohl mehrere minimale als auch mehrere maximale Elemente besitzen. Jedes Minimum (Maximum) von N bez. R ist ein minimales (maximales) Element von N bez. R.

Eine Element $a \in M$ heißt *untere Schranke* von N bez. R, falls $\forall x(x \in N \rightarrow a \leqq_R x)$; $a \in M$ heißt *obere Schranke* von N bez. R, falls $\forall x(x \in N \rightarrow x \leqq_R a)$. Das Maximum der Menge der unteren Schranken von N heißt – falls es existiert – *Infimum* (*untere Grenze*) von N bez. R; das Minimum der Menge der oberen Schranken von N heißt – falls es existiert – *Supremum* (*obere Grenze*) von N bez. R. Bezeichnungen: $\inf\limits_R N$ bzw. $\sup\limits_R N$.

Eine nichtleere Teilmenge N von M heißt eine *Kette* (bez. R), falls die Einschränkung $R \mid N$ eine Ordnung in N ist; eine Kette heißt *wohlgeordnete Kette*, falls $R \mid N$ sogar eine Wohlordnung ist.

Die Halbordnung R in M heißt (*rechts-*) *induktiv*, falls jede Kette von M (bez. R) ein Supremum besitzt; R heißt *linksinduktiv*, falls jede Kette von M (bez. R) ein Infimum besitzt.

Schwaches Zornsches Maximalprinzip: *Ist R eine induktive Halbordnung in M, so besitzt M bez. R ein maximales Element.*

Starkes Zornsches Maximalprinzip: *Ist R eine Halbordnung in M, bez. deren jede wohlgeordnete Kette von M eine obere Schranke besitzt, so hat M bez. R ein maximales Element.*

Diese beiden Maximalprinzipien sind untereinander äquivalent; ebenfalls zu ihnen äquivalent sind folgende

Maximalkettenprinzipien (Hausdorff-Birkhoff):

(1) *In jeder halbgeordneten Menge gibt es eine bez. $\subseteqq$ maximale Kette.*

(2) *In jeder halbgeordneten Menge gibt es zu jeder Kette K eine K umfassende, bez. $\subseteqq$ maximale Kette.*

4.1.4.5. Korrespondenzen und Funktionen

Eine *Korrespondenz* k zwischen einer Menge M_1 und einer Menge M_2 ist eine binäre Relation in der Menge $M_1 \cup M_2$, für die Vb $k \subseteq M_1$ und Nb $k \subseteq M_2$ gilt. Ist k Korrespondenz zwischen M_1, M_2 und $(x, y) \in k$, so nennt man y ein *Bild* von x bei k und x ein *Urbild* von y bei k.

Statt Korrespondenz sagt man auch *mehrdeutige Abbildung*. Statt der Begriffe Vorbereich, Nachbereich gebraucht man gleichwertig für Korrespondenzen k die Begriffe *Definitionsbereich* ($\mathbf{D}(k)$) bzw. *Wertebereich, -vorrat* ($\mathbf{W}(k)$).

Ist k Korrespondenz zwischen M_1, M_2 und ist

$$\forall x\, \forall y_1\, \forall y_2((x, y_1) \in k \wedge (x, y_2) \in k \rightarrow y_1 = y_2)$$

erfüllt, so heißt k *eindeutig*; gilt

$$\forall y\, \forall x_1\, \forall x_2((x_1, y) \in k \wedge (x_2, y) \in k \rightarrow x_1 = x_2),$$

so heißt k *voreindeutig*; k heißt *eineindeutig*, falls k eindeutig und voreindeutig ist. Eine eindeutige Korrespondenz zwischen M_1, M_2 heißt auch eine *Funktion* (*Abbildung*) *aus* M_1 *in* M_2.

Ist $A \subseteq M_1$, so heißt die Menge

$$k\langle A\rangle \overset{\text{def}}{=} \{y \mid \exists x(x \in A \wedge (x, y) \in k)\}$$

das *volle Bild* von A bez. k; es ist $k\langle A\rangle = \emptyset$, falls $A \cap \mathbf{D}(k) = \emptyset$; ist k eindeutig und $A = \{a\}$ eine Einermenge mit $a \in \mathbf{D}(k)$, so ist $k\langle A\rangle$ eine Einermenge, deren einziges Element mit $k(a)$ bezeichnet wird und das Bild von a bei k oder auch der *Funktionswert* von k an der Stelle a heißt.

Ist für eine Funktion f aus M_1 in M_2 noch $\mathbf{D}(f) = M_1$, so nennt man f eine Funktion *von* M_1 *in* M_2; in Zeichen: $f\colon M_1 \rightarrow M_2$. Ist andererseits $\mathbf{W}(f) = M_2$, so heißt f Funktion *aus* M_1 *auf* M_2; ist sowohl $\mathbf{D}(f) = M_1$ als auch $\mathbf{W}(f) = M_2$, so heißt f Funktion *von* M_1 *auf* M_2.

Für $f\colon M_1 \rightarrow M_2$ sind auch gebräuchlich: $f\colon M_1 \rightarrow M_2$ heißt *Injektion*, falls f eineindeutig; $f\colon M_1 \rightarrow M_2$ heißt *Surjektion*, falls $\mathbf{W}(f) = M_2$; $f\colon M_1 \rightarrow M_2$ heißt *Bijektion*, falls $f\colon M_1 \rightarrow M_2$ Injektion und Surjektion ist.

Analog wie für Relationen bildet man für Korrespondenzen f die *inverse Korrespondenz* f^{-1}:

$$f^{-1} \overset{\text{def}}{=} \{(x, y) \mid (y, x) \in f\}$$

und die *Verkettung* von Korrespondenzen f, g:

$$f \circ g \overset{\text{def}}{=} \{(x, y) \mid \exists z((x, z) \in g \wedge (z, y) \in f)\}.$$

Ist f eineindeutig, so auch f^{-1}; sind f, g Funktionen, so auch $f \circ g$; sind f, g eineindeutig, so auch $f \circ g$.

Für Funktionen f, g, h, Mengen A und Elemente $a \in \mathbf{D}(f \circ g)$ heißt $f^{-1}\langle A\rangle$ das *volle Urbild* von A bez. f, und es gilt

$$\mathbf{D}(f \circ g) \subseteq \mathbf{D}(g), \qquad f \circ g(a) = f(g(a)),$$

$$(f \circ g)^{-1} = g^{-1} \circ f^{-1}, \qquad f \circ (g \circ h) = (f \circ g) \circ h.$$

Mit der für jede Menge M existierenden Funktion

$$\mathrm{id}_M \overset{\text{def}}{=} \{(x, x) \mid x \in M\},$$

der *Identität über* M, erhält man die folgenden Aussagen:

Eine Funktion $f\colon A \rightarrow B$ ist genau dann Bijektion, wenn es eine Funktion $g\colon B \rightarrow A$ gibt, für die $g \circ f = \mathrm{id}_A$ und $f \circ g = \mathrm{id}_B$ gelten.

Eine Funktion $f\colon A \rightarrow B$ ist genau dann Injektion, wenn eine Funktion $g\colon B \rightarrow A$ existiert, für die $g \circ f = \mathrm{id}_A$ ist.

Eine Funktion $f\colon A \rightarrow B$ ist genau dann Surjektion, wenn eine Funktion $g\colon B \rightarrow A$ existiert, für die $f \circ g = \mathrm{id}_B$ ist.

Ist f eine Funktion aus M_1 in M_2 und M eine Menge, so ist die *Einschränkung* $f \restriction M$ von f auf M die Funktion

$$f \restriction M \overset{\text{def}}{=} f \cap (M \times \mathbf{W}(f)).$$

Man nennt f eine *Funktion von n Variablen*, falls der Definitionsbereich von f Teilmenge eines Produktes von n Mengen ist.

Mittels des Funktionsbegriffes erklärt man auch eine Potenzierung von Mengen; für Mengen M, N ist die *Mengenpotenz* von N, M die Menge

$$M^N \overset{\text{def}}{=} \{f \mid f\colon N \to M\}.$$

4.1.4.6. Folgen und Mengenfamilien

Mittels des Funktionsbegriffs ist eine exakte Fassung des Begriffs der Folge möglich: Eine *endliche Folge*, deren Glieder zu einer Menge M gehören, ist eine Funktion von einem *Abschnitt* $N_n = \{k \mid k \in \mathbf{N} \wedge k < n\}$ der Menge $\mathbf{N}$ der natürlichen Zahlen in die Menge M; eine (*unendliche*) *Folge*, deren Glieder zu einer Menge M gehören, ist eine Funktion von der Menge $\mathbf{N}$ in die Menge M. In beiden Fällen sind die *Folgenglieder* die Funktionswerte.

Eine weitere Verallgemeinerung ist der Begriff der Mengenfamilie: Eine *Mengenfamilie* über einer Indexmenge J ist eine Funktion, deren Definitionsbereich die Menge J ist und deren Funktionswerte Mengen sind. Ist μ eine solche Mengenfamilie über J und für jedes $j \in J$: $\mu(j) = A_j$, so wird die Mengenfamilie μ auch mit $(A_j)_{j \in J}$ bezeichnet.

Eine *Auswahlfunktion* von einem Mengensystem $(A_j)_{j \in J}$ ist eine Funktion φ, für die $\mathbf{D}(\varphi) = J$ ist und

$$\forall j (j \in J \to \varphi(j) \in A_j)$$

gilt. Die Menge aller Auswahlfunktionen von einem Mengensystem $(A_j)_{j \in J}$ ergibt das *allgemeine Produkt* von $(A_j)_{j \in J}$:

$$\mathop{\times}_{j \in J} A_j \overset{\text{def}}{=} \{f \mid f \text{ Auswahlfunktionen von } (A_j)_{j \in J}\}.$$

Es ist sofort klar, daß $\mathop{\times}_{j \in J} A_j = \emptyset$ ist, wenn $\exists j (j \in J \wedge A_j = \emptyset)$ gilt. Die Umkehrung dieser Aussage ist der Inhalt des

Auswahlprinzips: *Zu jeder Familie von nichtleeren Mengen gibt es eine Auswahlfunktion von dieser Mengenfamilie.*

Dieses Auswahlprinzip ist mit den Zornschen Maximalprinzipien äquivalent.

4.1.4.7. Operationen und Algebren

Eine *n-stellige* (*n-äre*) *Operation* σ in einer Menge M ist (für $n > 0$) eine Funktion von M^n in M; ist lediglich $\mathbf{D}(\sigma) \subseteq M^n$, so spricht man auch von einer *n-ären partiellen Operation* in M. Unter einer *nullären* Operation in M versteht man die Auszeichnung eines Elements von M.

Beispiele: (1) Die Addition reeller Zahlen ist eine 2-stellige Operation in der Menge $\mathbf{R}$ der reellen Zahlen. (2) Die Division reeller Zahlen ist eine 2-stellige partielle Operation in $\mathbf{R}$. (3) Die Auszeichnung des Einselementes einer Gruppe ist eine nulläre Operation in dieser Gruppe.

Der Begriff „Operation“ ist die Präzisierung des Begriffes der Verknüpfung mathematischer Objekte. Mit seiner Hilfe läßt sich auch der Begriff des mathematischen Modells exakt fassen, falls man unter einem mathematischen Modell die Angabe einer Menge von Zuständen (Situationen, Verhaltensweisen usw.) und einer Reihe von Verknüpfungen solcher Zustände versteht.

Eine *universelle Algebra* $\mathbf{A}$ liegt vor, falls eine Menge A – der Träger der universellen Algebra $\mathbf{A}$ – und eine Folge von Operationen in A gegeben sind; man spricht von einer *partiellen Algebra*, falls man zuläßt, daß in dieser Folge partielle Operationen auftreten. Die Folge der Stellenzahlen der (partiellen) Operationen in A heißt der *Typ* von $\mathbf{A}$.

4.1.5. Mächtigkeit von Mengen

4.1.5.1. Gleichmächtigkeit

Zwei Mengen M, N werden *gleichmächtig* genannt (in Zeichen: $M \sim N$), falls es eine Bijektion f: $M \to N$ gibt.

Für Mengen M, Q, P gelten

(1) $M \sim M$, (Reflexivität)

(2) $M \sim Q \to Q \sim M$, (Symmetrie)

(3) $M \sim Q \wedge Q \sim P \to M \sim P$. (Transivität)

Eine Menge M heißt *endlich*, falls es eine natürliche Zahl n gibt, so daß $M \sim N_{n+1}$ für den Abschnitt $N_{n+1} = \{k \in \mathbf{N} \mid k < n + 1\}$ gilt ($\mathbf{N}$ Menge der natürlichen Zahlen); wenn $M \sim N_{n+1}$, so sagt man auch, daß M n Elemente habe. Eine Menge, die nicht endlich ist, heißt unendlich.

Jede Teilmenge einer endlichen Menge ist endlich, ebenso jede zu einer endlichen Menge gleichmächtige Menge und jede Potenzmenge einer endlichen Menge.

Jede n-er Menge $M = \{a_1, \ldots, a_n\}$ ist endlich; speziell ist also jede Einermenge und jede Zweiermenge endlich.

Jede Menge, die eine unendliche Teilmenge besitzt, ist selbst unendlich, ebenso jede zu einer unendlichen Menge gleichmächtige Menge und jede Potenzmenge einer unendlichen Menge.

Die Menge $\mathbf{N}$ der natürlichen Zahlen ist unendlich; also sind auch die Mengen der ganzen, rationalen, reellen, komplexen Zahlen unendlich.

Jede unendliche Menge besitzt eine echte Teilmenge, mit der sie gleichmächtig ist; ist umgekehrt eine Menge mit einer ihrer echten Teilmengen gleichmächtig, so ist sie unendlich.

Keine Menge ist mit ihrer Potenzmenge gleichmächtig.

4.1.5.2. Abzählbare und überabzählbare Mengen

Eine Menge M heißt *abzählbar*, falls M endlich ist oder $M \sim \mathbf{N}$ ($\mathbf{N}$ Menge der natürlichen Zahlen) gilt; M heißt *abzählbar unendlich*, falls $M \sim \mathbf{N}$ ist; M heißt *überabzählbar*, falls M nicht abzählbar ist.

Jede überabzählbare Menge ist unendlich; jede unendliche Menge enthält eine abzählbar unendliche Teilmenge.

Jede Teilmenge einer abzählbaren Menge ist abzählbar.

Die Vereinigung und der Durchschnitt eines abzählbaren Mengensystems von abzählbaren Mengen sind abzählbare Mengen.

Nach Definition ist die Menge der natürlichen Zahlen abzählbar unendlich. Die Menge $\mathbf{G}$ der ganzen Zahlen ist abzählbar unendlich, denn eine Bijektion φ: $\mathbf{G} \to \mathbf{N}$ kann man wie folgt herstellen:

$$\begin{array}{llllllll} \mathbf{G}: & 0, & 1, & -1, & 2, & -2, & 3, & -3, \ldots \\ & \downarrow & \downarrow & \downarrow & \downarrow & \downarrow & \downarrow & \downarrow \\ \mathbf{N}: & 0, & 1, & 2, & 3, & 4, & 5, & 6, \ldots \end{array}$$

(man hat also übereinanderstehende Zahlen einander zuzuordnen). Ebenfalls abzählbar unendlich ist die Menge $\mathbf{P}$ der rationalen Zahlen, denn $\mathbf{P}$ ist unendlich und Vereinigung abzählbar vieler abzählbarer Mengen:

$$\mathbf{P} = \bigcup_{n \in \mathbf{N}} \left\{ \frac{k}{n} \,\middle|\, k \in \mathbf{G} \right\}.$$

Die Menge $\mathbf{R}$ der reellen Zahlen ist überabzählbar; denn $\mathbf{R}$ ist unendlich, wäre $\mathbf{R}$ jedoch abzählbar unendlich, so gäbe es eine Bijektion φ: $\mathbf{N} \to \mathbf{R}$. Die reellen Zahlen $\varphi(n)$ seien als nichtabbrechende Dezimalbrüche dargestellt:

$$\varphi(n) = z_n, d_1^n d_2^n d_3^n \ldots$$

mit $z_n \in \mathbf{G}$ und stets $d_k^n \in \{0, 1, \ldots, 9\}$. Wir bilden die reelle Zahl

$$\varrho = 0{,}\xi_1\xi_2\xi_3\ldots$$

durch die Festlegung

$$\xi_k = \begin{cases} 1, & \text{falls} \quad d_k^k \neq 1 \\ 2 & \text{sonst.} \end{cases}$$

Dafür gilt $\varphi(n) \neq \varrho$ für alle $n \in \mathbf{N}$ im Widerspruch dazu, daß $\mathbf{W}(\varphi) = \mathbf{R}$ sein sollte (denn für jedes $n \in \mathbf{N}$ unterscheiden sich $\varphi(n)$ und ϱ wenigstens in der n-ten Dezimalstelle).

4.2. Vektorrechnung

4.2.1. Vektoralgebra

4.2.1.1. Grundbegriffe

Vektor und Skalar. Größen, deren Werte durch reelle Zahlen ausgedrückt werden können, heißen *Skalare* (z. B. Masse, Ladung, Temperatur, Arbeit usw.). Die Größen dagegen, die durch eine Zahlenangabe und zusätzlich eine Richtung im Raum charakterisiert sind, nennt man *Vektoren* (z. B. Geschwindigkeit, Beschleunigung, Kraft, elektrische und magnetische Feldstärke usw.).

Vektor. Ein Vektor im anschaulichen Sinne ist eine gerichtete Strecke im Raum (in Zeichen $\overrightarrow{P_1P_2}$, oder $\mathbf{a}, \mathbf{b}, \mathbf{c}, \ldots$; P_1 Anfangspunkt, P_2 Endpunkt; Abb. 4.9). Die Länge der Strecke heißt *Betrag* des Vektors $\mathbf{a}$ und wird mit $|\mathbf{a}|$ bezeichnet. *Einheitsvektoren* sind Vektoren der Länge eins. Der *Nullvektor* $\mathbf{o}$ ist ein Vektor, bei dem Anfangspunkt und Endpunkt zusammenfallen; sein Betrag ist gleich 0, seine Richtung ist unbestimmt. Zwei Vektoren werden als gleich angesehen, wenn sie gleiche Länge und gleiche Richtung haben (Abb. 4.9). Die Menge aller derjenigen Vektoren, die aus einem vorgegebenen Vektor $\mathbf{a}$ durch Parallelverschiebung hervorgehen (alle zu $\mathbf{a}$ gleichen Vektoren), bezeichnet man als den zu $\mathbf{a}$ gehörigen *freien Vektor*[1]). Dagegen bezeichnet man die Menge aller

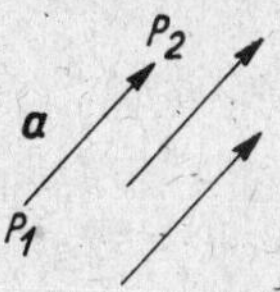

Abb. 4.9

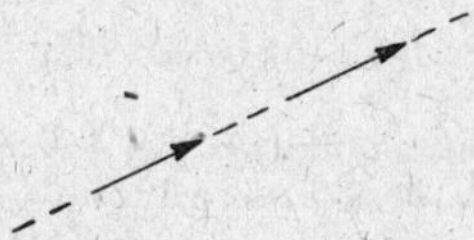

Abb. 4.10

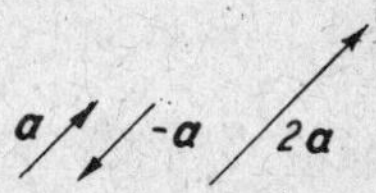

Abb. 4.11

Vektoren, die aus $\mathbf{a}$ durch Parallelverschiebung entstehen und in der durch $\mathbf{a}$ gehenden Geraden liegen, als den zu $\mathbf{a}$ gehörigen *linienflüchtigen Vektor* (Abb. 4.10). Darf ein Vektor etwa aus physikalischen Gründen nicht verschoben werden (fester Angriffspunkt), dann spricht man von einem *gebundenen Vektor*.

4.2.1.2. Multiplikation mit einem Skalar und Addition

Multiplikation eines Vektors mit einem Skalar. Ist a eine reelle Zahl und $\mathbf{a}$ ein Vektor, dann soll $a\mathbf{a}$ wiederum ein Vektor sein mit der Länge $|a|\,|\mathbf{a}|$ und der gleichen Richtung wie $\mathbf{a}$ im Fall $a > 0$ bzw. mit der zu $\mathbf{a}$ entgegengesetzten Richtung im Fall $a < 0$. Speziell hat also $-\mathbf{a}$ die gleiche Länge wie $\mathbf{a}$, aber die entgegengesetzte Richtung (Abb. 4.11). Für $a = 0$ wird $0\mathbf{a} = \mathbf{o}$ festgesetzt.

Addition. Die *Summe* $\mathbf{a} + \mathbf{b}$ von zwei Vektoren $\mathbf{a}, \mathbf{b}$ wird folgendermaßen erklärt: Man setze, wie in Abb. 4.12 erläutert, nach geeigneter Parallelverschiebung $\mathbf{a}$ und $\mathbf{b}$ aneinander; der Summenvektor

---

[1]) In der mathematischen Literatur wird häufig eine derartige Menge schlechthin Vektor genannt. Alle dazugehörigen gerichteten Strecken heißen dann Repräsentanten des Vektors.

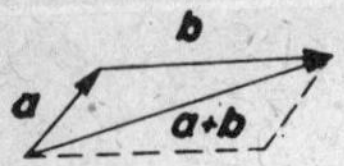

Abb. 4.12

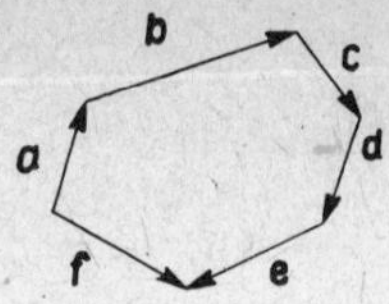

Abb. 4.13

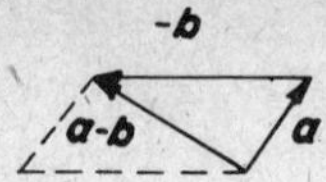

Abb. 4.14

$\mathbf{a} + \mathbf{b}$ ist dann derjenige Vektor, der den gleichen Anfangspunkt wie $\mathbf{a}$ und den gleichen Endpunkt wie $\mathbf{b}$ besitzt (Kräfteparallelogramm). Allgemein definiert man die Summe $\mathbf{a} + \mathbf{b} + \dots + \mathbf{e}$ mehrerer Vektoren $\mathbf{a}, \mathbf{b}, \dots, \mathbf{e}$ durch denjenigen Vektor $\mathbf{f}$, der den aus $\mathbf{a}, \mathbf{b}, \dots, \mathbf{e}$ gebildeten Polygonzug schließt (Abb. 4.13).

Die *Differenz* $\mathbf{a} - \mathbf{b}$ wird erklärt durch die Summe von $\mathbf{a}$ und $-\mathbf{b}$ (Abb. 4.14). Es gelten folgende Rechenregeln:

$$\mathbf{a} + \mathbf{b} = \mathbf{b} + \mathbf{a}, \quad \mathbf{a} + (\mathbf{b} + \mathbf{c}) = (\mathbf{a} + \mathbf{b}) + \mathbf{c},$$

$$a(b\mathbf{a}) = (ab)\,\mathbf{a}, \quad (a + b)\,\mathbf{a} = a\mathbf{a} + b\mathbf{a}, \quad a(\mathbf{a} + \mathbf{b}) = a\mathbf{a} + a\mathbf{b},$$

$$|a\mathbf{a}| = |a|\,|\mathbf{a}|, \quad ||\mathbf{a}| - |\mathbf{b}|| \leqq |\mathbf{a} \pm \mathbf{b}| \leqq |\mathbf{a}| + |\mathbf{b}|.$$

Linearkombination von Vektoren. Unter einer Linearkombination der Vektoren $\mathbf{a}, \mathbf{b}, \dots, \mathbf{d}$ mit den reellen Koeffizienten $a, b, \dots, d$ versteht man einen Vektor der Form

$$\mathbf{e} = a\mathbf{a} + b\mathbf{b} + \dots + d\mathbf{d}.$$

Zwei Vektoren $\mathbf{a}, \mathbf{b}$ heißen *kollinear*, wenn es reelle Zahlen a, b gibt mit $a\mathbf{a} + b\mathbf{b} = \mathbf{o}$, wobei a, b nicht beide gleichzeitig null sind (geometrische Bedeutung: für $\mathbf{a}, \mathbf{b} \neq \mathbf{o}$ sind die durch $\mathbf{a}$ und $\mathbf{b}$ gehenden Geraden parallel). Drei Vektoren $\mathbf{a}, \mathbf{b}, \mathbf{c}$, heißen *komplanar*, wenn es reelle Zahlen a, b, c gibt mit $a\mathbf{a} + b\mathbf{b} + c\mathbf{c} = \mathbf{o}$ und a, b, c nicht gleichzeitig null sind (geometrische Bedeutung: für $\mathbf{a}, \mathbf{b}, \mathbf{c} \neq \mathbf{o}$ sind $\mathbf{a}, \mathbf{b}, \mathbf{c}$ einer Ebene parallel). Sind $\mathbf{a}, \mathbf{b}$ nicht kollinear bzw. $\mathbf{a}, \mathbf{b}, \mathbf{c}$ nicht komplanar, dann nennt man sie *linear unabhängig*. Zwei Vektoren $\mathbf{a}, \mathbf{b}$ sind *orthogonal* zueinander (in Zeichen $\mathbf{a} \perp \mathbf{b}$), wenn sie aufeinander senkrecht stehen. Derartige Vektoren sind im Falle $\mathbf{a}, \mathbf{b} \neq \mathbf{o}$ linear unabhängig. Ebenso sind drei Vektoren $\mathbf{a}, \mathbf{b}, \mathbf{c}$, die paarweise orthogonal und $\neq \mathbf{o}$ sind, linear unabhängig.

Koordinaten eines Vektors. Sind drei linear unabhängige Vektoren $\mathbf{e}_1, \mathbf{e}_2, \mathbf{e}_3$ vorgegeben, dann läßt sich jeder Vektor $\mathbf{a}$ eindeutig in der Form

$$\mathbf{a} = a^1\mathbf{e}_1 + a^2\mathbf{e}_2 + a^3\mathbf{e}_3$$

darstellen (Abb. 4.15). Die a^i heißen die *affinen* oder die *kontravarianten Koordinaten* von $\mathbf{a}$ bezüglich $\mathbf{e}_1, \mathbf{e}_2, \mathbf{e}_3$[1]. Gleiche Vektoren, also parallelverschobene Vektoren, besitzen die gleichen affinen Koordinaten. Wir schreiben $\mathbf{a} \triangleq (a^1, a^2, a^3)$, $\mathbf{b} \triangleq (b^1, b^2, b^3)$, dann gilt

$$a\mathbf{a} \triangleq (aa^1, aa^2, aa^3),$$

$$\mathbf{a} + \mathbf{b} \triangleq (a^1 + b^1, a^2 + b^2, a^3 + b^3).$$

Die Vektoren $\mathbf{e}_1, \mathbf{e}_2, \mathbf{e}_3$ in Abb. 4.15 bilden ein *rechtshändiges System*, wenn sie die gleiche Orientierung wie Daumen, Zeigefinger und Mittelfinger der rechten Hand besitzen, sonst spricht man von einem *linkshändigen System*.

Wählt man speziell für $\mathbf{e}_1, \mathbf{e}_2, \mathbf{e}_3$ ein rechtshändiges System aus drei paarweise aufeinander senkrecht stehenden Einheitsvektoren $\mathbf{i}, \mathbf{j}, \mathbf{k}$ wie in Abb. 4.17, dann gilt

$$\mathbf{a} = a_x\mathbf{i} + a_y\mathbf{j} + a_z\mathbf{k}.$$

Die a_x, a_y, a_z heißen *rechtwinklige kartesische Koordinaten* von $\mathbf{a}$.

Sind zwei in einer Ebene liegende linear unabhängige Vektoren $\mathbf{e}_1, \mathbf{e}_2$ gegeben, dann kann man jeden in dieser Ebene liegenden Vektor $\mathbf{a}$ eindeutig in der Form $\mathbf{a} = a^1\mathbf{e}_1 + a^2\mathbf{e}_2$ darstellen (Abb. 4.16).

---

[1]) Die hochgestellten Indizes dürfen hier nicht mit Exponenten verwechselt werden.

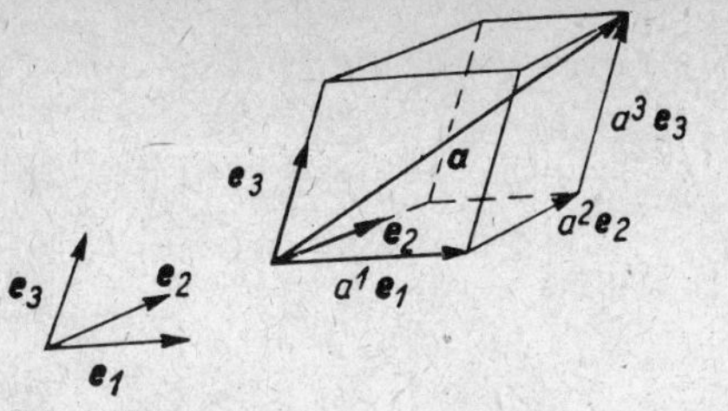

Abb. 4.15

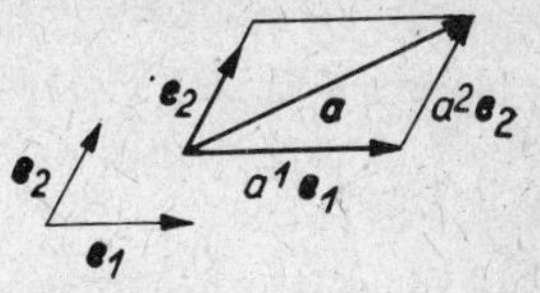

Abb. 4.16

Punktkoordinaten. Wir klären jetzt den Zusammenhang zwischen den Koordinaten eines Vektors und den Koordinaten eines Punktes. Trägt man wie in Abb. 4.17 in einem festen Punkt O (Koordinatenursprung) drei paarweise aufeinander senkrecht stehende Einheitsvektoren **i**, **j**, **k** an, dann entsteht ein rechtwinkliges kartesisches Koordinatensystem. Jedem Punkt P kann man eineindeutig den Vektor $\overrightarrow{OP}$ zuordnen, den wir den zu P gehörigen *Radiusvektor* nennen. Als kartesische Koordinaten von P bezeichnen wir nun die kartesischen Koordinaten von $\overrightarrow{OP}$ bezogen auf **i**, **j**, **k**. Die so erklärten Koordinaten stimmen mit dem in 2.6.5. eingeführten kartesischen Koordinaten überein.

Wählt man anstelle von **i**, **j**, **k** drei beliebige linear unabhängige Vektoren $\mathbf{e}_1$, $\mathbf{e}_2$, $\mathbf{e}_3$, dann entsteht ein schiefwinkliges Koordinatensystem. Die affinen Koordinaten von $\overrightarrow{OP}$ sind dann die Koordinaten von P.

4.2.1.3. Multiplikation von Vektoren

Skalarprodukt. Unter dem skalaren Produkt **ab** oder (**a**, **b**) der Vektoren **a** und **b** versteht man die Zahl $\mathbf{ab} \overset{\text{def}}{=} |\mathbf{a}|\,|\mathbf{b}| \cos\varphi$, wobei φ $(0 \leqq \varphi \leqq \pi)$ der von **a** und **b** eingeschlossene Winkel ist (Abb. 4.18).

Vektorprodukt. Unter dem Vektorprodukt $\mathbf{a} \times \mathbf{b}$ der Vektoren **a** und **b** versteht man einen Vektor der Länge $|\mathbf{a}|\,|\mathbf{b}| \sin\varphi$ (Flächeninhalt des von **a**, **b** aufgespannten Parallelogramms), der auf **a** und **b** senkrecht steht, und zwar so, daß **a**, **b**, $\mathbf{a} \times \mathbf{b}$ ein rechtshändiges System bilden (Abb. 4.19).

Eigenschaften der Produkte. Es gelten folgende Rechenregeln:

$\mathbf{ab} = \mathbf{ba}$ (Kommutativität), aber $\mathbf{a} \times \mathbf{b} = -(\mathbf{b} \times \mathbf{a})$;

$(a\mathbf{a})\,\mathbf{b} = a(\mathbf{ab})$ und $(a\mathbf{a}) \times \mathbf{b} = a(\mathbf{a} \times \mathbf{b})$ (Assoziativität bei Multiplikation mit einer reellen Zahl);

$\mathbf{a}(\mathbf{b} + \mathbf{c}) = \mathbf{ab} + \mathbf{ac}$ und $\mathbf{a} \times (\mathbf{b} + \mathbf{c}) = \mathbf{a} \times \mathbf{b} + \mathbf{a} \times \mathbf{c}$ (Distributivität);

$\mathbf{ab} = 0$, falls **a** auf **b** senkrecht steht,

$\mathbf{a} \times \mathbf{b} = \mathbf{o}$, falls **a** zu **b** parallel bzw. antiparallel ist;

$\mathbf{aa} \overset{\text{def}}{=} \mathbf{a}^2 = |\mathbf{a}|^2$, $\mathbf{a} \times \mathbf{a} = \mathbf{o}$.

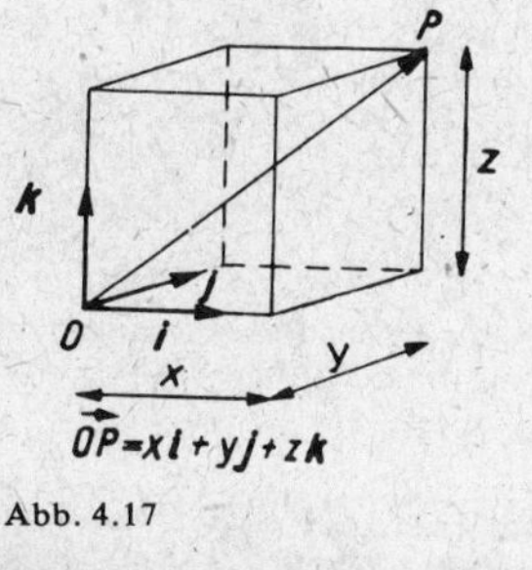

Abb. 4.17

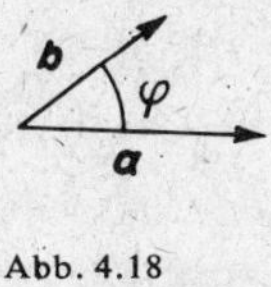

Abb. 4.18

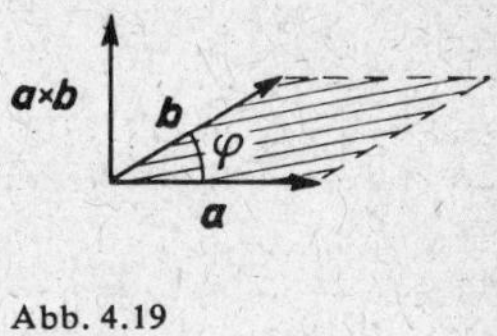

Abb. 4.19

Im allgemeinen gilt nicht $\mathbf{a}(\mathbf{bc}) = (\mathbf{ab})\,\mathbf{c}$ bzw. $\mathbf{a} \times (\mathbf{b} \times \mathbf{c}) = (\mathbf{a} \times \mathbf{b}) \times \mathbf{c}$.

Die Linearkombinationen von Vektoren lassen sich in der gleichen Weise wie Polynome multiplizieren, beim Vektorprodukt hat man jedoch auf die Reihenfolge der Faktoren zu achten.

Beispiel:

$$(3\mathbf{a} - 2\mathbf{b})(2\mathbf{a} + \mathbf{b}) = 6\mathbf{a}^2 - 4\mathbf{ba} + 3\mathbf{ab} - 2\mathbf{b}^2 = 6\mathbf{a}^2 - \mathbf{ab} - 2\mathbf{b}^2,$$

aber

$$(3\mathbf{a} - 2\mathbf{b}) \times (2\mathbf{a} + \mathbf{b}) = 6(\mathbf{a} \times \mathbf{a}) - 4(\mathbf{b} \times \mathbf{a}) + 3(\mathbf{a} \times \mathbf{b}) - 2(\mathbf{b} \times \mathbf{b})$$
$$= 4(\mathbf{a} \times \mathbf{b}) + 3(\mathbf{a} \times \mathbf{b}) = 7(\mathbf{a} \times \mathbf{b}).$$

Mehrfache Produkte von Vektoren. Das *doppelte Vektorprodukt* $\mathbf{a} \times (\mathbf{b} \times \mathbf{c})$ ist ein Vektor, der den Vektoren $\mathbf{b}$ und $\mathbf{c}$ komplanar ist, genauer gilt

$$\mathbf{a} \times (\mathbf{b} \times \mathbf{c}) = \mathbf{b}(\mathbf{ac}) - \mathbf{c}(\mathbf{ab}) \quad (\textit{Entwicklungssatz}).$$

Das *Spatprodukt* $(\mathbf{a} \times \mathbf{b})\,\mathbf{c}$ ist eine Zahl, deren Betrag gleich dem Volumen des von $\mathbf{a}, \mathbf{b}, \mathbf{c}$ aufgespannten Parallelepipeds ist. Das Spatprodukt ist positiv, wenn $\mathbf{a}, \mathbf{b}, \mathbf{c}$ ein rechtshändiges System bilden, sonst ist es negativ. Man schreibt für $(\mathbf{a} \times \mathbf{b})\,\mathbf{c}$ auch $(\mathbf{abc})$. Bei der Vertauschung von zwei Faktoren ändert $(\mathbf{abc})$ das Vorzeichen: $(\mathbf{abc}) = -(\mathbf{acb}) = -(\mathbf{bac}) = -(\mathbf{cba})$; eine zyklische Vertauschung ändert das Vorzeichen nicht: $(\mathbf{abc}) = (\mathbf{bca}) = (\mathbf{cab})$. Drei Vektoren $\mathbf{a}, \mathbf{b}, \mathbf{c}$ sind genau dann linear unabhängig, wenn $(\mathbf{abc}) \neq 0$. Ferner gelten die Formeln

$$(\mathbf{a} \times \mathbf{b})(\mathbf{c} \times \mathbf{d}) = (\mathbf{ac})(\mathbf{bd}) - (\mathbf{bc})(\mathbf{ad}) \quad \text{(Lagrangesche Identität)},$$

$$(\mathbf{abc})(\mathbf{efg}) = \begin{vmatrix} \mathbf{ae} & \mathbf{af} & \mathbf{ag} \\ \mathbf{be} & \mathbf{bf} & \mathbf{bg} \\ \mathbf{ce} & \mathbf{cf} & \mathbf{cg} \end{vmatrix}$$

Ausdrücke für die Produkte in kartesischen Koordinaten. Sind die Vektoren $\mathbf{a}, \mathbf{b}, \mathbf{c}$ in rechtwinkligen kartesischen Koordinaten gegeben durch

$$\mathbf{a} = a_x\mathbf{i} + a_y\mathbf{j} + a_z\mathbf{k}, \quad \mathbf{b} = b_x\mathbf{i} + b_y\mathbf{j} + b_z\mathbf{k}, \quad \mathbf{c} = c_x\mathbf{i} + c_y\mathbf{j} + c_z\mathbf{k},$$

dann werden die Produkte folgendermaßen berechnet;

Skalarprodukt:

$$\mathbf{ab} = a_xb_x + a_yb_y + a_zb_z. \tag{4.3}$$

Vektorprodukt:

$$\mathbf{a} \times \mathbf{b} = (a_yb_z - a_zb_y)\,\mathbf{i} + (a_zb_x - a_xb_z)\,\mathbf{j} + (a_xb_y - a_yb_x)\,\mathbf{k}$$
$$= \begin{vmatrix} \mathbf{i} & \mathbf{j} & \mathbf{k} \\ a_x & a_y & a_z \\ b_x & b_y & b_z \end{vmatrix}.$$

Spatprodukt:

$$(\mathbf{abc}) = \begin{vmatrix} a_x & a_y & a_z \\ b_x & b_y & b_z \\ c_x & c_y & c_z \end{vmatrix}.$$

Ausdrücke für die Produkte in affinen Koordinaten. Sind die affinen Koordinaten zweier Vektoren $\mathbf{a}, \mathbf{b}$ bezüglich der linear unabhängigen Vektoren $\mathbf{e}_1, \mathbf{e}_2, \mathbf{e}_3$ bekannt, also

$$\mathbf{a} = a^1\mathbf{e}_1 + a^2\mathbf{e}_2 + a^3\mathbf{e}_3, \qquad \mathbf{b} = b^1\mathbf{e}_1 + b^2\mathbf{e}_2 + b^3\mathbf{e}_3,$$

dann erhält man für das Skalarprodukt

$$\mathbf{ab} = a^1b^1\mathbf{e}_1\mathbf{e}_1 + a^2b^2\mathbf{e}_2\mathbf{e}_2 + a^3b^3\mathbf{e}_3\mathbf{e}_3$$
$$+ (a^1b^2 + a^2b^1)\,\mathbf{e}_1\mathbf{e}_2 + (a^2b^3 + a^3b^2)\,\mathbf{e}_2\mathbf{e}_3 + (a^3b^1 + a^1b^3)\,\mathbf{e}_3\mathbf{e}_1$$

und für das Vektorprodukt

$$\mathbf{a} \times \mathbf{b} = (a^2b^3 - a^3b^2)\,\mathbf{e}_2 \times \mathbf{e}_3 + (a^3b^1 - a^1b^3)\,\mathbf{e}_3 \times \mathbf{e}_1 + (a^1b^2 - a^2b^1)\,\mathbf{e}_1 \times \mathbf{e}_2.$$

Man beachte dabei $\mathbf{e}_1 \times \mathbf{e}_1 = \mathbf{e}_2 \times \mathbf{e}_2 = \mathbf{e}_3 \times \mathbf{e}_3 = \mathbf{o}$. Um diese Formeln zu vereinfachen, führt man die sogenannten metrischen Koeffizienten

$$g_{ij} = \mathbf{e}_i\mathbf{e}_j, \qquad i, j = 1, 2, 3, \qquad g_{ij} = g_{ji},$$

ein und erklärt durch

$$\mathbf{e}^1 = V^{-1}(\mathbf{e}_2 \times \mathbf{e}_3), \quad \mathbf{e}^2 = V^{-1}(\mathbf{e}_3 \times \mathbf{e}_1), \quad \mathbf{e}^3 = V^{-1}(\mathbf{e}_1 \times \mathbf{e}_2)$$

mit $V = (\mathbf{e}_1\mathbf{e}_2\mathbf{e}_3)$ die zu $\mathbf{e}_1, \mathbf{e}_2, \mathbf{e}_3$ *reziproken Grundvektoren* $\mathbf{e}^1, \mathbf{e}^2, \mathbf{e}^3$. Zerlegt man $\mathbf{a}, \mathbf{b}$ nach den reziproken Grundvektoren

$$\mathbf{a} = a_1\mathbf{e}^1 + a_2\mathbf{e}^2 + a_3\mathbf{e}^3, \qquad \mathbf{b} = b_1\mathbf{e}^1 + b_2\mathbf{e}^2 + b_3\mathbf{e}^3,$$

dann heißen die a_i, b_i *kovariante Koordinaten* der Vektoren $\mathbf{a}, \mathbf{b}$ im Gegensatz zu den *kontravarianten Koordinaten* a^i, b^i. Beide Koordinaten kann man wie folgt berechnen: kontravariante Koordinaten von $\mathbf{a}$

$$\mathbf{a} = a^1\mathbf{e}_1 + a^2\mathbf{e}_2 + a^3\mathbf{e}_3, \qquad a^1 = \mathbf{a}\mathbf{e}^1, \qquad a^2 = \mathbf{a}\mathbf{e}^2, \qquad a^3 = \mathbf{a}\mathbf{e}^3;$$

kovariante Koordinaten von $\mathbf{a}$

$$\mathbf{a} = a_1\mathbf{e}^1 + a_2\mathbf{e}^2 + a_3\mathbf{e}^3, \qquad a_1 = \mathbf{a}\mathbf{e}_1, \qquad a_2 = \mathbf{a}\mathbf{e}_2, \qquad a_3 = \mathbf{a}\mathbf{e}_3.$$

Für die Produkte erhält man damit:

Skalarprodukt

$$\mathbf{ab} = a_1b^1 + a_2b^2 + a_3b^3 = a^1b_1 + a^2b_2 + a^3b_3 = \sum_{i,j=1}^{3} g_{ij}a^ib^j \tag{4.4}$$

Vektorprodukt

$$\mathbf{a} \times \mathbf{b} = (\mathbf{e}_1\mathbf{e}_2\mathbf{e}_3)\,[(a^2b^3 - a^3b^2)\,\mathbf{e}^1 + (a^3b^1 - a^1b^3)\,\mathbf{e}^2 + (a^1b^2 - a^2b^1)\,\mathbf{e}^3]$$

$$= (\mathbf{e}_1\mathbf{e}_2\mathbf{e}_3)\begin{vmatrix} \mathbf{e}^1 & \mathbf{e}^2 & \mathbf{e}^3 \\ a^1 & a^2 & a^3 \\ b^1 & b^2 & b^3 \end{vmatrix}.$$

Spatprodukt

$$(\mathbf{abc}) = (\mathbf{e}_1\mathbf{e}_2\mathbf{e}_3)\begin{vmatrix} a^1 & a^2 & a^3 \\ b^1 & b^2 & b^3 \\ c^1 & c^2 & c^3 \end{vmatrix}.$$

Wählt man speziell kartesische Koordinaten, also $\mathbf{e}_1 = \mathbf{i}$, $\mathbf{e}_2 = \mathbf{j}$, $\mathbf{e}_3 = \mathbf{k}$, dann gilt auch $\mathbf{e}^1 = \mathbf{i}$, $\mathbf{e}^2 = \mathbf{j}$, $\mathbf{e}^3 = \mathbf{k}$, d. h. das reziproke Grundsystem und das Ausgangssystem stimmen überein. Folglich sind auch die kovarianten Koordinaten mit den kontravarianten identisch, also $a^1 = a_1$, $a^2 = a_2$, $a^3 = a_3$, und die metrischen Koeffizienten haben die einfache Gestalt $g_{ij} = \delta_{ij}$. Dabei ist δ_{ij} das sogenannte *Kroneckersymbol*

$$\delta_{ij} = \begin{cases} 1 & \text{für} \quad i = j, \quad i, j = 1, 2, 3 \\ 0 & \text{für} \quad i \neq j. \end{cases} \tag{4.5}$$

Die Formeln (4.4) gehen dann in (4.3) über. Für drei paarweise aufeinander senkrecht stehende Einheitsvektoren $\mathbf{e}_1, \mathbf{e}_2, \mathbf{e}_3$ (rechtshändiges System) gelten folgende Multiplikationstabellen (z. B. $\mathbf{e}_1\mathbf{e}_2 = 0$, $\mathbf{e}_1 \times \mathbf{e}_2 = \mathbf{e}_3$)

	$\mathbf{e}_1$	$\mathbf{e}_2$	$\mathbf{e}_3$
$\mathbf{e}_1$	1	0	0
$\mathbf{e}_2$	0	1	0
$\mathbf{e}_3$	0	0	1

Skalares Produkt

$\times$	$\mathbf{e}_1$	$\mathbf{e}_2$	$\mathbf{e}_3$
$\mathbf{e}_1$	$\mathbf{0}$	$\mathbf{e}_3$	$-\mathbf{e}_2$
$\mathbf{e}_2$	$-\mathbf{e}_3$	$\mathbf{0}$	$\mathbf{e}_1$
$\mathbf{e}_3$	$\mathbf{e}_2$	$-\mathbf{e}_1$	$\mathbf{0}$

Vektorprodukt

4.2.1.4. Geometrische Anwendungen der Vektoralgebra

Die Vektoralgebra gestattet es, Formeln der analytischen Geometrie einfach darzustellen. Es sei O der Koordinatenursprung und $\mathbf{r} = \overrightarrow{OP}$ der zum Punkt P gehörige Radiusvektor (vgl. Abb. 4.17). In kartesischen Koordinaten gilt

$$\mathbf{r} = x\mathbf{i} + y\mathbf{j} + z\mathbf{k}.$$

Die folgenden Formeln enthalten die vektorielle Formulierung und die Darstellung in kartesischen Koordinaten.

Gleichung der Geraden durch den Punkt $P(x_0, y_0, z_0)$ parallel zu $\mathbf{a}$ (Abb. 4.20):

$$\mathbf{r} = \mathbf{r}_0 + t\mathbf{a}, \qquad -\infty < t < \infty,$$

$$x = x_0 + ta_x, \quad y = y_0 + ta_y, \quad z = z_0 + ta_z.$$

Gleichung der Geraden durch die zwei Punkte $P_0(x_0, y_0, z_0)$ und $P_1(x_1, y_1, z_1)$ (Abb. 4.20):

$$\mathbf{r} = \mathbf{r}_0 + t(\mathbf{r}_1 - \mathbf{r}_0), \qquad -\infty < t < \infty,$$

$$x = x_0 + t(x_1 - x_0), \quad y = y_0 + t(y_1 - y_0), \quad z = z_0 + t(z_1 - z_0).$$

Gleichung der Ebene durch den Punkt $P_0(x_0, y_0, z_0)$ senkrecht zu $\mathbf{n}$ (Abb. 4.21):

$$(\mathbf{r} - \mathbf{r}_0)\,\mathbf{n} = 0, \tag{4.6}$$

$$(x - x_0)\,n_x + (y - y_0)\,n_y + (z - z_0)\,n_z = 0.$$

Gleichung der Ebene durch die drei Punkte $P_0(x_0, y_0, z_0)$, $P_1(x_1, y_1, z_1)$ und $P_2(x_2, y_2, z_2)$:

$$\mathbf{r} = \mathbf{r}_0 + t_1(\mathbf{r}_1 - \mathbf{r}_0) + t_2(\mathbf{r}_2 - \mathbf{r}_0), \qquad -\infty < t_1, t_2 < \infty,$$

$$x = x_0 + t_1(x_1 - x_0) + t_2(x_2 - x_0), \quad y = y_0 + t_1(y_1 - y_0) + t_2(y_2 - y_0),$$

$$z = z_0 + t_1(z_1 - z_0) + t_2(z_2 - z_0).$$

Will man (4.6) benutzen, dann hat man dort $\mathbf{n} = (\mathbf{r}_1 - \mathbf{r}_0) \times (\mathbf{r}_2 - \mathbf{r}_0)$ zu wählen.

Abstand der Punkte $P_0(x_0, y_0, z_0)$ und $P_1(x_1, y_1, z_1)$:

$$|\mathbf{r}_1 - \mathbf{r}_0| = \sqrt{(x_1 - x_0)^2 + (y_1 - y_0)^2 + (z_1 - z_0)^2}.$$

Betrachtet man nur die Punkte P etwa der x,y-Ebene, dann hat der Radiusvektor die Gestalt $\mathbf{r} = x\mathbf{i} + y\mathbf{j}$, und es ergeben sich folgende Gleichungen der ebenen Geometrie:

Gleichung der Geraden durch den Punkt $P_0(x_0, y_0)$ senkrecht zu $\mathbf{n} = n_x\mathbf{i} + n_y\mathbf{j}$ (Abb. 4.22):

$$(\mathbf{r} - \mathbf{r}_0)\,\mathbf{n} = 0,$$

$$(x - x_0)\,n_x + (y - y_0)\,n_y = 0.$$

Abstand der Punkte $P_0(x_0, y_0)$ und $P_1(x_1, y_1)$:

$$|\mathbf{r}_1 - \mathbf{r}_0| = \sqrt{(x_1 - x_0)^2 + (y_1 - y_0)^2}.$$

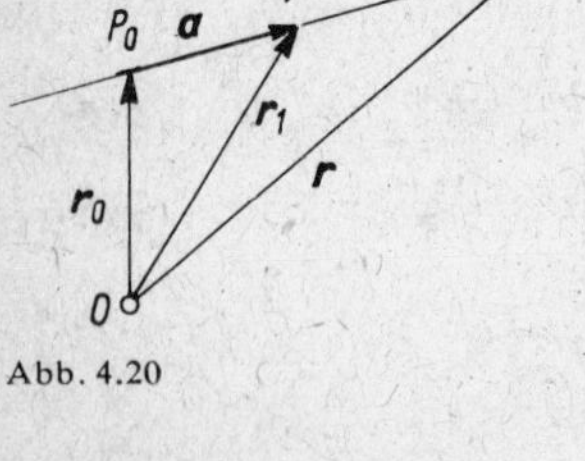

Abb. 4.20

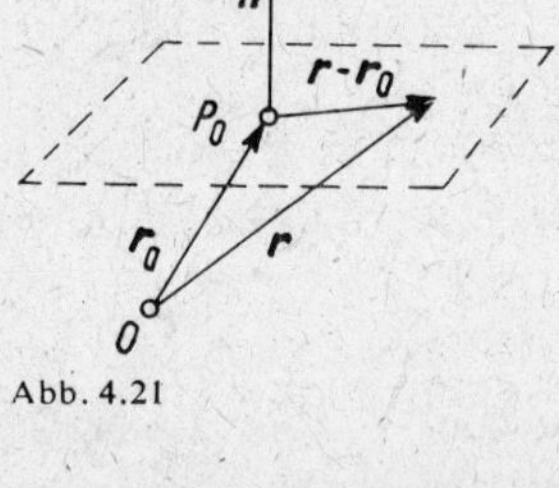

Abb. 4.21

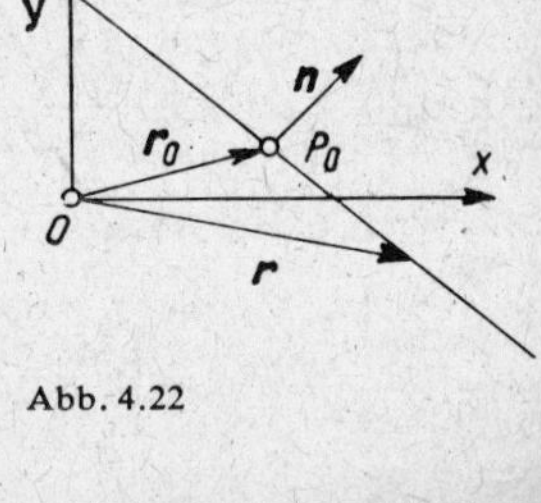

Abb. 4.22

Bezeichnung	Vektorielle Formel	Koordinatenformel (in rechtwinkligen kartesischen Koordinaten)
Länge des Vektors **a**	$\|\mathbf{a}\| = \sqrt{\mathbf{a}^2}$	$\|\mathbf{a}\| = \sqrt{a_x^2 + a_y^2 + a_z^2}$
Flächeninhalt des von den Vektoren **a** und **b** aufgespannten Parallelogramms	$S = \|\mathbf{a} \times \mathbf{b}\|$	$S = \sqrt{\begin{vmatrix} a_y & a_z \\ b_y & b_z \end{vmatrix}^2 + \begin{vmatrix} a_z & a_x \\ b_z & b_x \end{vmatrix}^2 + \begin{vmatrix} a_x & a_y \\ b_x & b_y \end{vmatrix}^2}$
Volumen des von den Vektoren **a**, **b**, **c** aufgespannten Parallelepipeds (mit Vorzeichen)	$V = (\mathbf{abc})$	$V = \begin{vmatrix} a_x & a_y & a_z \\ b_x & b_y & b_z \\ c_x & c_y & c_z \end{vmatrix}$
Winkel zwischen den Vektoren **a** und **b**	$\cos\varphi = \frac{\mathbf{ab}}{\|\mathbf{a}\|\,\|\mathbf{b}\|}$	$\cos\varphi = \frac{a_x b_x + a_y b_y + a_z b_z}{\sqrt{a_x^2 + a_y^2 + a_z^2}\sqrt{b_x^2 + b_y^2 + b_z^2}}$

4.2.2. Vektoranalysis

Die Vektoranalysis untersucht Vektorfunktionen mit den Mitteln der Differential- und Integralrechnung. Sie besitzt zahlreiche Anwendungen in der Differentialgeometrie und in der Physik.

4.2.2.1. Vektorfunktionen einer skalaren Variablen

Einführung. Wird jedem Wert einer skalaren Variablen t ein Vektor $\mathbf{r}(t)$ zugeordnet, dann heißt $\mathbf{r}(t)$ *Vektorfunktion* der skalaren Variablen t. Trägt man $\mathbf{r}(t)$ in einem festen Punkt O an (Radiusvektor), dann liegen die Endpunkte von $\mathbf{r}(t)$ auf einer Raumkurve, die man den *Hodographen* der Vektorfunktion nennt (Abb. 4.23).

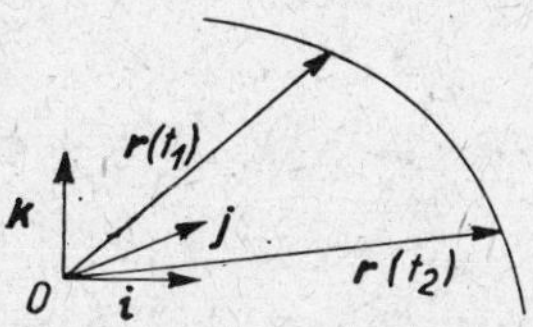

Abb. 4.23

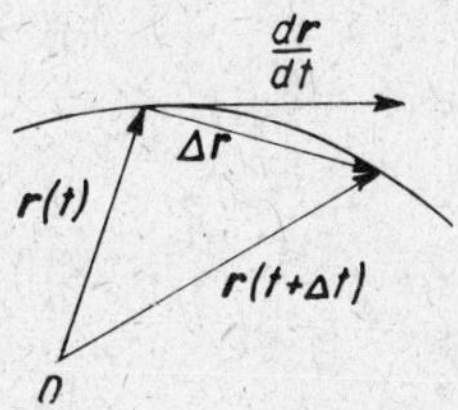

Abb. 4.24

Deutet man t als Zeit, dann beschreibt $\mathbf{r}(t)$ die *Bahnkurve* eines Massenpunktes. Zerlegt man $\mathbf{r}(t)$ nach den Basisvektoren $\mathbf{i}, \mathbf{j}, \mathbf{k}$ eines rechtwinkligen kartesischen Koordinatensystems, dann gilt

$$\mathbf{r}(t) = x(t)\,\mathbf{i} + y(t)\,\mathbf{j} + z(t)\,\mathbf{k},$$

wobei die Komponenten $x(t)$, $y(t)$, $z(t)$ Funktionen von t sind. Eine Parameterdarstellung der Raumkurve (Hodograph) bzw. der Bahnkurve erhält man durch

$$x = x(t), \quad y = y(t), \quad z = z(t).$$

Grenzwerte und Stetigkeit. Ist $\mathbf{a}^{(n)} = a_1^{(n)}\mathbf{e}_1 + a_2^{(n)}\mathbf{e}_2 + a_3^{(n)}\mathbf{e}_3$ ($\mathbf{e}_1, \mathbf{e}_2, \mathbf{e}_3$ Basis) eine Folge von Vektoren, dann heißt $\mathbf{a} = a_1\mathbf{e}_1 + a_2\mathbf{e}_2 + a_3\mathbf{e}_3$ Grenzwert dieser Folge (in Zeichen $\lim\limits_{n\to\infty} \mathbf{a}^{(n)} = \mathbf{a}$) genau dann, wenn $\lim\limits_{n\to\infty} |\mathbf{a}^{(n)} - \mathbf{a}| = 0$ gilt. Das ist gleichbedeutend mit $\lim\limits_{n\to\infty} a_i^{(n)} = a_i$, $i = 1, 2, 3$ (Berechnung geschieht komponentenweise).

Der Vektor $\mathbf{a} = a_1\mathbf{e}_1 + a_2\mathbf{e}_2 + a_3\mathbf{e}_3$ heißt Grenzwert der Vektorfunktion $\mathbf{r}(t) = r_1(t)\,\mathbf{e}_1 + r_2(t)\,\mathbf{e}_2 + r_3(t)\,\mathbf{e}_3$ für $t \to t_0$ (in Zeichen $\lim\limits_{t\to t_0} \mathbf{r}(t) = \mathbf{a}$) genau dann, wenn $\lim\limits_{t\to t_0} |\mathbf{r}(t) - \mathbf{a}| = 0$ gilt. Das ist gleichbedeutend mit $\lim_{t \to t_0} r_i(t) = a_i$, $i = 1, 2, 3$. Speziell heißt $\mathbf{r}(t)$ in t_0 stetig genau dann, wenn $\lim_{t \to t_0} \mathbf{r}(t) = \mathbf{r}(t_0)$ ist, was äquivalent ist mit der Stetigkeit der Komponenten $r_i(t)$ in t_0.

Differentiation einer Vektorfunktion nach *t*.

Existiert der Grenzwert

$$\frac{d\mathbf{r}}{dt} \overset{\text{def}}{=} \lim_{\Delta t \to 0} \frac{\mathbf{r}(t + \Delta t) - \mathbf{r}(t)}{\Delta t} = \lim_{\Delta t \to 0} \frac{\Delta \mathbf{r}}{\Delta t},$$

dann heißt $\frac{d\mathbf{r}}{dt}$ die erste Ableitung von $\mathbf{r}(t)$ im Punkt t (Abb. 4.24). Man schreibt auch $\mathbf{r}'(t)$ oder $\dot{\mathbf{r}}(t)$ in kartesischen Koordinaten gilt

$$\mathbf{r}'(t) = x'(t)\,\mathbf{i} + y'(t)\,\mathbf{j} + z'(t)\,\mathbf{k}.$$

Der Vektor $\mathbf{r}'(t)$ hat die Richtung der Tangente an den Hodographen im Punkt $\mathbf{r}(t)$ im Sinne wachsender Parameterwerte t. Die Länge von $\mathbf{r}'(t)$ hängt von der Wahl des Parameters t ab. Hat t die Bedeutung der Bogenlänge, dann gilt $\left|\frac{d\mathbf{r}}{dt}\right| = 1$.

Deutet man t als Zeit und $\mathbf{r}(t)$ als Bahnkurve eines Massenpunktes, dann ist $\mathbf{r}'(t)$ der *Geschwindigkeitsvektor*, $|\mathbf{r}'(t)|$ ist gleich der Geschwindigkeit.

Differentiationsregeln. Es gilt:

$$\frac{d}{dt}(\mathbf{r}_1 + \mathbf{r}_2) = \frac{d\mathbf{r}_1}{dt} + \frac{d\mathbf{r}_2}{dt},$$

$$\frac{d}{dt}(\varphi\mathbf{r}) = \frac{d\varphi}{dt}\mathbf{r} + \varphi\frac{d\mathbf{r}}{dt} \quad (\varphi(t) \text{ skalare Funktion von } t),$$

$$\frac{d}{dt}(\mathbf{r}_1\mathbf{r}_2) = \frac{d\mathbf{r}_1}{dt}\mathbf{r}_2 + \mathbf{r}_1\frac{d\mathbf{r}_2}{dt},$$

$$\frac{d}{dt}(\mathbf{r}_1 \times \mathbf{r}_2) = \frac{d\mathbf{r}_1}{dt} \times \mathbf{r}_2 + \mathbf{r}_1 \times \frac{d\mathbf{r}_2}{dt} \quad \text{(die Faktoren dürfen nicht vertauscht werden)},$$

$$\frac{d}{dt}\mathbf{r}(\varphi(t)) = \frac{d\mathbf{r}}{d\varphi}\,\frac{d\varphi}{dt}.$$

Ist $\mathbf{r}(t)$ stets ein Einheitsvektor, dann liegt der Hodograph auf der Einheitskugel, und die Tangente steht senkrecht auf dem Radiusvektor, also $\mathbf{r}\frac{d\mathbf{r}}{dt} = 0$.

Höhere Ableitungen. Faßt man $\mathbf{r}'(t)$ bei variablem t wieder als Vektorfunktion auf, dann bezeichnen wir die Ableitung von $\mathbf{r}'(t)$ mit $\frac{d^2\mathbf{r}}{dt^2}$ oder $\mathbf{r}''(t)$ bzw. $\ddot{\mathbf{r}}(t)$.

In kartesischen Koordinaten gilt

$$\mathbf{r}''(t) = x''(t)\,\mathbf{i} + y''(t)\,\mathbf{j} + z''(t)\,\mathbf{k}.$$

Beschreibt $\mathbf{r}(t)$ die Bewegung eines Massenpunktes, dann ist $\mathbf{r}''(t)$ der *Beschleunigungsvektor*, $|\mathbf{r}''(t)|$ ist gleich der Beschleunigung. Analog werden dritte, vierte, ..., n-te Ableitungen erklärt. Die *Taylorentwicklung* lautet

$$\mathbf{r}(t + h) = \mathbf{r}(t) + \frac{h}{1!}\mathbf{r}'(t) + \frac{h^2}{2!}\mathbf{r}''(t) + \ldots + \frac{h^n}{n!}\mathbf{r}^{(n)}(t) + R_{n+1}.$$

Das ist nichts anderes als eine vektorielle Zusammenfassung der Taylorentwicklungen für die Funktionen $x(t+h)$, $y(t+h)$, $z(t+h)$. Das Restglied besitzt die Gestalt

$$R_{n+1} = \frac{h^{n+1}}{(n+1)!}\left[x^{(n+1)}(t+\vartheta_1 h)\,\mathbf{i} + y^{(n+1)}(t+\vartheta_2 h)\,\mathbf{j} + z^{(n+1)}(t+\vartheta_3 h)\,\mathbf{k}\right],$$

wobei die ϑ_i relle Zahlen sind mit $0 < \vartheta_i < 1$.

Das *Differential* der Funktion $\mathbf{r}(t)$ wird definiert durch

$$\mathrm{d}\mathbf{r} = \frac{\mathrm{d}\mathbf{r}}{\mathrm{d}t}\,\mathrm{d}t.$$

Vektorfunktionen einer skalaren Variablen finden Anwendung in der Kurventheorie und in der Punktmechanik.

4.2.2.2. Felder

Skalare Felder. Wird jedem Punkt P des Raumes eine skalare Größe U zugeordnet, dann liegt ein *skalares Feld* $U(P)$ vor (z. B. Temperaturfeld, Dichte in einem inhomogenen Medium, elektrische Spannung, Potential eines Kraftfeldes). Hat P die kartesischen Koordinaten (x, y, z), dann schreibt man auch $U = U(x, y, z)$ oder $U = U(\mathbf{r})$ mit dem Radiusvektor $\mathbf{r} = \overrightarrow{OP} = x\mathbf{i} + y\mathbf{j} + z\mathbf{k}$.

Spezielle Felder: a) Ebenes Feld

$$U = U(x, y)\ ^{1)}$$

(U hängt nicht von z ab).

b) Zentralsymmetrisches Feld

$$U = U\left(\sqrt{x^2 + y^2 + z^2}\right)$$

(U hängt nur vom Abstand des Punktes vom Koordinatenursprung ab).

c) Axialsymmetrisches Feld

$$U = U\left(\sqrt{x^2 + y^2}\right)$$

(U hängt nur vom Abstand des Punktes von der z-Achse ab).

Den Verlauf skalarer Felder kann man durch die *Niveauflächen* veranschaulichen. Das sind die Flächen im Raum, auf denen U konstante Werte besitzt. Ihre Gleichung lautet $U(x, y, z) = \text{const.}$ In einem zentralsymmetrischen Feld sind alle Oberflächen von Kugeln um den Koordinatenursprung Niveauflächen. In einem axialsymmetrischen Feld bilden die Oberflächen von Kreiszylindern um die z-Achse Niveauflächen. In einem ebenen skalaren Feld bezeichnet man als *Niveaulinien* die Kurven, auf denen U konstant bleibt. Die Gleichung lautet $U(x, y) = \text{const.}$ Auf Zeichnungen ist es üblich, nur die Niveaulinien einzuzeichnen, die gewissen gleichmäßig aufeinanderfolgenden U-Werten entsprechen (z. B. $U = 5, 10, 15, 20, \ldots$, Abb. 4.25). Je enger diese so gezeichneten Niveaulinien liegen, um so stärker ist das Wachstum von U. Man denke hierbei an die Höhenlinien auf geographischen Karten.

In speziellen Fällen können Niveaulinien in Punkte und Niveauflächen in Punkte oder Linien entarten.

Beispiele (Abb. 4.26): a) $U = xy$, b) $U = \dfrac{y}{x^2}$, c) $U = \varrho^2$, d) $U = \dfrac{1}{\varrho}$, $\varrho = \sqrt{x^2 + y^2}$.

Vektorfelder. Wird jedem Punkt P des Raumes ein Vektor $\mathbf{v}$ zugeordnet, dann spricht man von einem *Vektorfeld* $\mathbf{v}(P)$ (z. B. Geschwindigkeitsfeld der Teilchen einer strömenden Flüssigkeit, Kraftfeld der Sonne, Feld der elektrischen Feldstärke, Feld der magnetischen Feldstärke; Abb. 4.27).

---

1) Dieses Feld ist im gesamten Raum erklärt. Mitunter betrachtet man die Funktion $U(x, y)$ nur in der x,y-Ebene.

Abb. 4.25

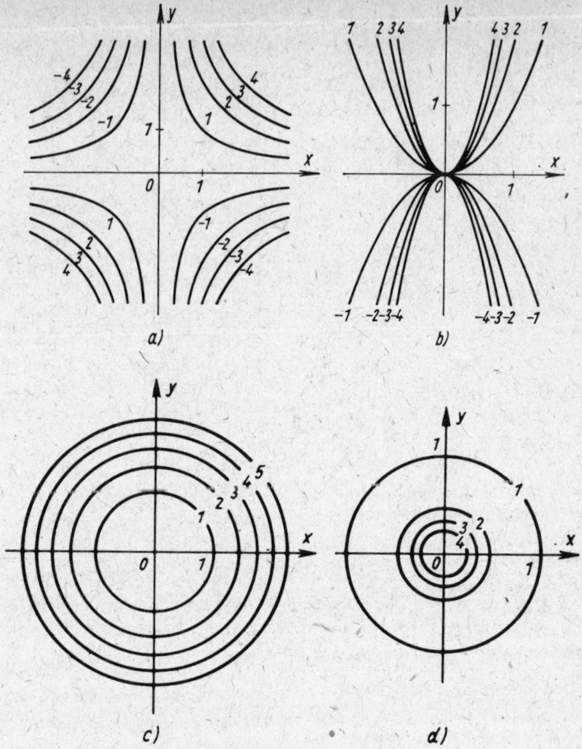

Abb. 4.27

Abb. 4.26 a – d

Analog wie bei skalaren Feldern schreibt man in kartesischen Koordinaten auch $\mathbf{v} = \mathbf{v}(x, y, z)$ oder $\mathbf{v} = \mathbf{v}(\mathbf{r})$ ($\mathbf{r}$ Radiusvektor). In kartesischen Koordinaten gilt folgende Zerlegung

$$\mathbf{v}(x, y, z) = v_x(x, y, z)\,\mathbf{i} + v_y(x, y, z)\,\mathbf{j} + v_z(x, y, z)\,\mathbf{k}.$$

Die Komponenten v_x, v_y, v_z bilden drei skalare Felder und legen $\mathbf{v}(\mathbf{r})$ eindeutig fest.

Spezielle Felder: a) Ebenes Vektorfeld

$$\mathbf{v} = \mathbf{v}(x, y), \qquad v_z = 0\ ^{1)}$$

($\mathbf{v}$ hängt nicht von z ab; die Vektoren $\mathbf{v}(x, y)$ liegen in der x,y-Ebene oder parallel zu dieser Ebene; Abb. 4.28).

b) Zentralsymmetrisches Vektorfeld

$$\mathbf{v} = \bar{\varphi}(r)\,\mathbf{r}, \qquad r = \sqrt{x^2 + y^2 + z^2},$$

$$\mathbf{r} = x\mathbf{i} + y\mathbf{j} + z\mathbf{k}.$$

(Betrachtet man eine feste Kugel um den Koordinatenursprung vom Radius r, dann besitzt $\mathbf{v}(\mathbf{r})$ in jedem Oberflächenpunkt die gleiche Länge und ist parallel bzw. antiparallel zur Flächennormalen; Abb. 4.29.)

---

[1]) Dieses Vektorfeld ist im gesamten Raum erklärt. Mitunter betrachtet man es nur in der x,y-Ebene.

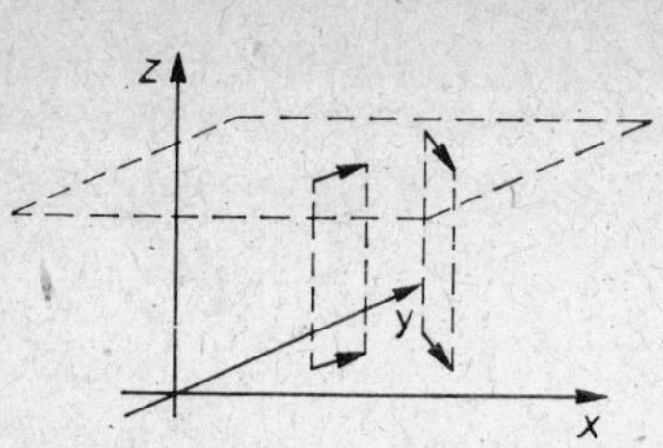

Abb. 4.28

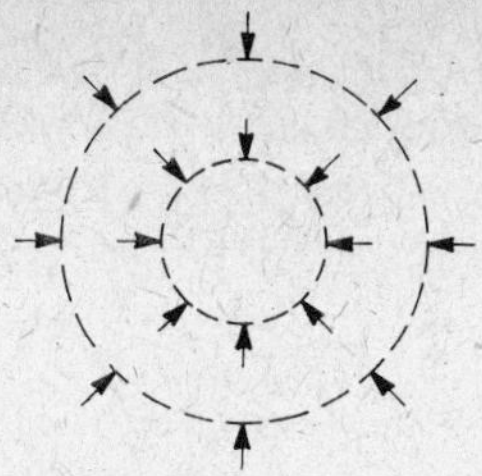

Abb. 4.29

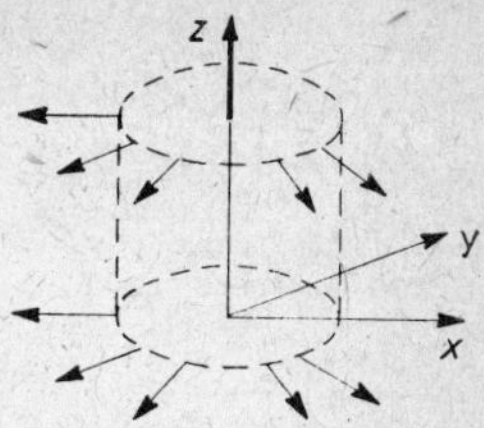

Abb. 4.30

c) Axialsymmetrisches Vektorfeld

$$\mathbf{v} = \bar{\varphi}(\varrho)\,\mathbf{r}^*, \qquad \varrho = \sqrt{x^2 + y^2},$$

$$\mathbf{r}^* = x\mathbf{i} + y\mathbf{j}.$$

(Betrachtet man einen festen Kreiszylinder um die z-Achse vom Radius ϱ, dann hat $\mathbf{v}$ in jedem Oberflächenpunkt die gleiche Länge und ist parallel bzw. antiparallel zur Flächennormalen; Abb. 4.30.)

Ein wichtiges Beispiel für ein zentralsymmetrisches Feld bildet das Kraftfeld der Sonne (γ Gravitationskonstante, m_{Erde} Masse der Erde)

$$\mathbf{K} = -\gamma \frac{m_{\text{Erde}} m_{\text{Sonne}}}{r^3} \mathbf{r}.$$

Zur Veranschaulichung von Vektorfeldern benutzt man die *Feldlinien*. Das sind Kurven, bei denen in jedem Punkt der Feldvektor $\mathbf{v}(P)$ Tangentenvektor ist (Abb. 4.27). Durch jeden Punkt P des Feldes geht eine Feldlinie. Außer in den Punkten, in denen das Feld $\mathbf{v}(P)$ nicht definiert ist oder $\mathbf{v}(P) = \mathbf{o}$ gilt, schneiden die Feldlinien einander nicht. Im zentralsymmetrischen Feld sind alle Geraden durch den Koordinatenursprung Feldlinien; im axialsymmetrischen Feld sind alle Geraden Feldlinien, die die z-Achse senkrecht schneiden. In kartesischen Koordinaten lautet die Differentialgleichung der Feldlinien

$$\frac{dx}{dt} = v_x(x(t), y(t), z(t)), \quad \frac{dy}{dt} = v_y, \quad \frac{dz}{dt} = v_z;$$

dabei ist t der Parameter der Feldlinien. Für ein ebenes Feld entfällt die dritte Gleichung. Sucht man die Feldlinien in der Form $y = y(x)$, dann entsteht

$$\frac{dy}{dx} = \frac{v_y(x, y)}{v_x(x, y)}.$$

Zylinderkoordinaten. Bei axialsymmetrischen Problemen empfiehlt sich häufig die Benutzung von Zylinderkoordinaten ϱ, φ, z (vgl. 2.6.5.2.2.), die mit rechtwinkligen kartesischen Koordinaten in folgender Weise zusammenhängen

$$x = \varrho \cos \varphi, \quad y = \varrho \sin \varphi, \quad z = z.$$

Die Koordinatenlinien sind:

$\varphi, z = \text{const}$, ϱ beliebig (Geraden durch die z-Achse parallel zur x,y-Ebene),
$z, \varrho = \text{const}$, φ beliebig (Kreise um die z-Achse parallel zur x,y-Ebene),
$\varrho, \varphi = \text{const}$, z beliebig (Geraden parallel zur z-Achse).

Jedem Punkt P ordnet man drei Einheitsvektoren $\mathbf{e}_\varrho$, $\mathbf{e}_\varphi$, $\mathbf{e}_z$ zu, die Tangentenvektoren an die Koordinatenlinien sind und in Richtung wachsender Parameterwerte weisen. Diese Einheitsvektoren $\mathbf{e}_\varrho$, $\mathbf{e}_\varphi$, $\mathbf{e}_z$ ändern sich im Gegensatz zu den Basisvektoren $\mathbf{i}, \mathbf{j}, \mathbf{k}$ eines rechtwinkligen kartesischen Koordinatensystems von Punkt zu Punkt. Sie stehen aber stets senkrecht aufeinander und bilden ein rechtshändiges System (Abb. 4.31).

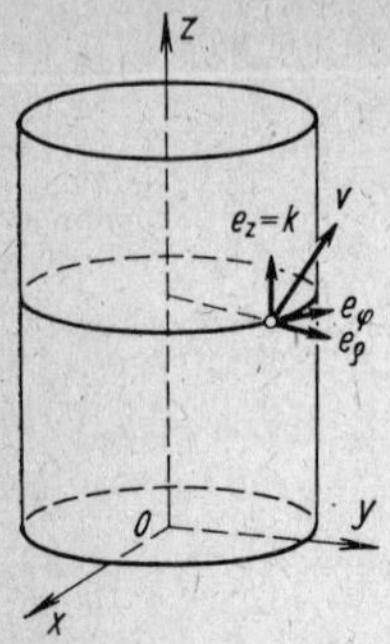

Abb. 4.31

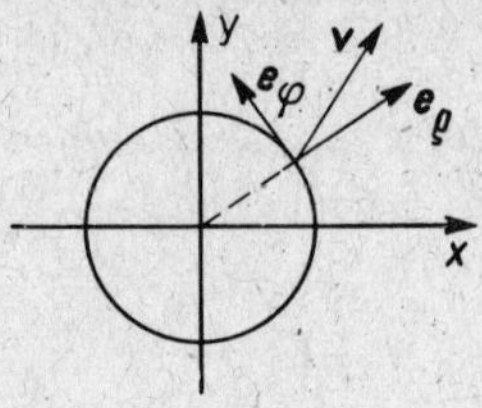

Abb. 4.32

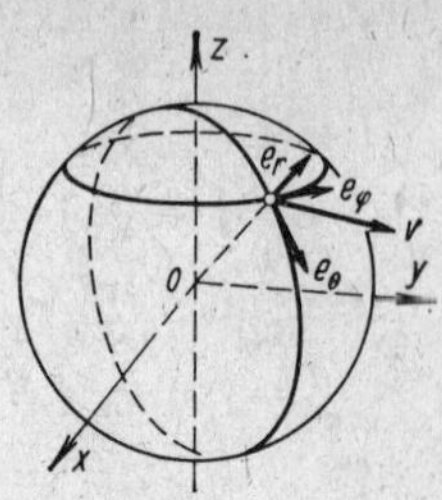

Abb. 4.33

Zerlegt man $\mathbf{v}(P)$ nach den im Punkt P vorhandenen Einheitsvektoren $\mathbf{e}_\varrho$, $\mathbf{e}_\varphi$, $\mathbf{e}_z$, dann entsteht

$$\mathbf{v}(P) = v_\varrho(P)\,\mathbf{e}_\varrho + v_\varphi(P)\,\mathbf{e}_\varphi + v_z(P)\,\mathbf{e}_z.$$

Die v_ϱ, v_φ, v_z heißen die Zylinderkoordinaten von $\mathbf{v}(P)$ im Punkt P im Gegensatz zu den kartesischen Koordinaten v_x, v_y, v_z, die sich aus der Zerlegung

$$\mathbf{v}(P) = v_x(P)\,\mathbf{i} + v_y(P)\,\mathbf{j} + v_z(P)\,\mathbf{k}$$

ergeben. Man schreibt auch $v_\varrho(\varrho, \varphi, z)$, $v_\varphi(\varrho, \varphi, z)$, $v_z(\varrho, \varphi, z)$.

a) Darstellung der kartesischen Koordinaten durch Zylinderkoordinaten

$$v_x = v_\varrho \cos\varphi - v_\varphi \sin\varphi, \quad v_y = v_\varrho \sin\varphi + v_\varphi \cos\varphi, \quad v_z = v_z.$$

b) Darstellung der Zylinderkoordinaten durch kartesische Koordinaten

$$v_\varrho = v_x \cos\varphi + v_y \sin\varphi, \quad v_\varphi = -v_x \sin\varphi + v_y \cos\varphi, \quad v_z = v_z.$$

Das axialsymmetrische Feld besitzt in Zylinderkoordinaten die Gestalt

$$\mathbf{v} = \bar{\varphi}(\varrho)\,\mathbf{e}_\varrho.$$

Liegt ein ebenes Feld $\mathbf{v}(x, y)$ vor, dann hat man überall lediglich $v_z = 0$ zu setzen. Insbesondere gilt (Abb. 4.32)

$$\mathbf{v} = v_\varrho(\varrho, \varphi)\,\mathbf{e}_\varrho + v_\varphi(\varrho, \varphi)\,\mathbf{e}_\varphi.$$

Kugelkoordinaten. Bei zentralsymmetrischen Problemen empfiehlt sich häufig die Benutzung von Kugelkoordinaten θ, φ, r. (Vgl. 2.6.5.2.), deren Zusammenhang mit kartesischen Koordinaten gegeben wird durch

$$x = r\cos\varphi\sin\theta, \quad y = r\sin\varphi\sin\theta, \quad z = r\cos\theta.$$

Die Koordinatenlinien sind:

φ, r = const, θ beliebig (Längenkreise),
r, θ = const, φ beliebig (Breitenkreise),
θ, φ = const, r beliebig (Geraden durch den Koordinatenursprung).

Wie im Fall der Zylinderkoordinaten ordnet man jedem Punkt P drei Einheitsvektoren $\mathbf{e}_\theta$, $\mathbf{e}_\varphi$, $\mathbf{e}_r$ zu, die Tangentenvektoren an die Koordinatenlinien sind im Sinne wachsender Parameterwerte (Abb. 4.33). Zerlegt man $\mathbf{v}(P)$ gemäß

$$\mathbf{v}(P) = v_\theta(P)\,\mathbf{e}_\theta + v_\varphi(P)\,\mathbf{e}_\varphi + v_r(P)\,\mathbf{e}_r,$$

dann heißen die v_θ, v_φ, v_r Kugelkoordinaten von $\mathbf{v}(P)$.

a) Darstellung der kartesischen Koordinaten durch Kugelkoordinaten

$$v_x = v_r \sin\theta \cos\varphi - v_\varphi \sin\varphi + v_\theta \cos\theta \cos\varphi,$$

$$v_y = v_r \sin\theta \sin\varphi + v_\varphi \cos\varphi + v_\theta \cos\theta \sin\varphi,$$

$$v_z = v_r \cos\theta - v_\theta \sin\theta.$$

b) Darstellung der Kugelkoordinaten durch kartesische Koordinaten

$$v_\theta = v_x \cos\theta \cos\varphi + v_y \cos\theta \sin\varphi - v_z \sin\theta,$$

$$v_\varphi = -v_x \sin\varphi + v_y \cos\varphi,$$

$$v_r = v_x \sin\theta \cos\varphi + v_y \sin\theta \sin\varphi + v_z \cos\theta.$$

Die Einheitsvektoren $\mathbf{e}_\theta$, $\mathbf{e}_\varphi$, $\mathbf{e}_r$ stehen senkrecht aufeinander und bilden ein rechtshändiges System. Ein zentralsymmetrisches Feld besitzt die Darstellung

$$\mathbf{v} = \bar{\varphi}(r)\, r\mathbf{e}_r.$$

4.2.2.3. Gradient eines skalaren Feldes

Richtungsableitung und Gradient. Es sei $\mathbf{n}$ ein Einheitsvektor und $U(\mathbf{r})$ ein skalares Feld. Wir legen durch den Endpunkt von $\mathbf{r}$ in Richtung von $\mathbf{n}$ eine Gerade (Abb. 4.34). Alle Punkte der Geraden haben Radiusvektoren der Gestalt $\mathbf{r} + t\mathbf{n}$, t reell. Betrachten wir $U(\mathbf{r})$ lediglich auf dieser Geraden, dann entsteht die Funktion $f(t) = U(\mathbf{r} + t\mathbf{n})$. Die Ableitung $f'(0)$ heißt dann Ableitung von $U(\mathbf{r})$ im Punkt $\mathbf{r}$ in Richtung von $\mathbf{n}$, kurz Richtungsableitung $\dfrac{\partial U(\mathbf{r})}{\partial \mathbf{n}}$. Die Definition als Grenzwert lautet somit

$$\frac{\partial U}{\partial \mathbf{n}}(\mathbf{r}) = \lim_{\Delta t \to 0} \frac{U(\mathbf{r} + \Delta t\mathbf{n}) - U(\mathbf{r})}{\Delta t} = f'(0).$$

Beziehen wir $\mathbf{r}, \mathbf{n}$ auf kartesische Koordinaten, $\mathbf{r} = x\mathbf{i} + y\mathbf{j} + z\mathbf{k}$, $\mathbf{n} = n_x\mathbf{i} + n_y\mathbf{j} + n_z\mathbf{k}$, dann gilt

$$\frac{\partial U(\mathbf{r})}{\partial \mathbf{n}} = n_x \frac{\partial U(\mathbf{r})}{\partial x} + n_y \frac{\partial U(\mathbf{r})}{\partial y} + n_z \frac{\partial U(\mathbf{r})}{\partial z}.$$

Erklären wir den Vektor

$$\mathbf{grad}\, U = \frac{\partial U}{\partial x}\mathbf{i} + \frac{\partial U}{\partial y}\mathbf{j} + \frac{\partial U}{\partial z}\mathbf{k},$$

dann ist

$$\frac{\partial U(\mathbf{r})}{\partial \mathbf{n}} = \mathbf{n}\, \mathbf{grad}\, U;$$

grad U heißt der *Gradient* von U. Häufig schreibt man auch $\dfrac{\partial U}{\partial \mathbf{r}}$ oder ∇U. Das totale Differential der Funktion $U(\mathbf{r})$ erhält mit Hilfe von **grad** U die Gestalt

$$\mathrm{d}U = \frac{\partial U}{\partial x}\mathrm{d}x + \frac{\partial U}{\partial y}\mathrm{d}y + \frac{\partial U}{\partial z}\mathrm{d}z = (\mathbf{grad}\, U)\, \mathrm{d}\mathbf{r}.$$

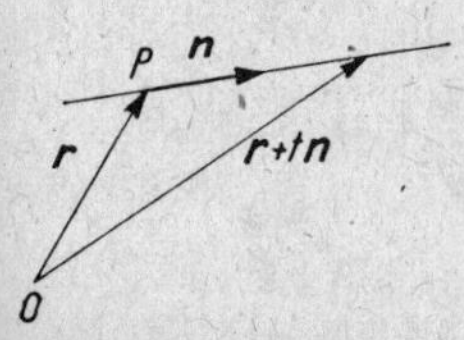

Abb. 4.34

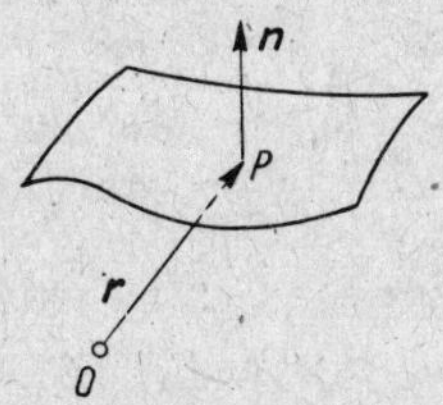

Abb. 4.35

Deutung des Gradienten. Wir betrachten als Beispiel für $U(\mathbf{r})$ ein Temperaturfeld $T(\mathbf{r})$. Die Niveauflächen sind Flächen konstanter Temperatur; **n** sei ein Einheitsvektor, der im Punkt P auf der Niveaufläche senkrecht steht und in die Richtung wachsender T-Werte weist (Normalenvektor) (Abb. 4.35). Der Gradient **grad** T im Punkt P besitzt dann die Richtung von **n**, und seine Länge ist gleich der Normalenableitung $\frac{\partial T(\mathbf{r})}{\partial \mathbf{n}}$. Dadurch ist **grad** T unabhängig von einem speziellen Koordinatensystem erklärt (invariante Definition). Je stärker T wächst, um so größer ist $|\mathbf{grad}\, T|$. In Punkten, in denen T ein Maximum oder Minimum besitzt, gilt **grad** $T = \mathbf{o}$. Der Gradient läßt sich auch invariant durch die Volumenableitung eines skalaren Feldes definieren (vgl. 4.2.2.5.). Gradienten spielen eine wichtige Rolle in der Potentialtheorie (vgl. 4.2.2.4.).

Koordinatendarstellung:

$$\mathbf{grad}\, U = \frac{\partial U}{\partial x}\mathbf{i} + \frac{\partial U}{\partial y}\mathbf{j} + \frac{\partial U}{\partial z}\mathbf{k} \qquad \text{(kartesische Koordinaten),}$$

$$\mathbf{grad}\, U = \frac{\partial U}{\partial \varrho}\mathbf{e}_\varrho + \frac{1}{\varrho}\frac{\partial U}{\partial \varphi}\mathbf{e}_\varphi + \frac{\partial U}{\partial z}\mathbf{e}_z \qquad \text{(Zylinderkoordinaten),}$$

$$\mathbf{grad}\, U = \frac{1}{r}\frac{\partial U}{\partial \theta}\mathbf{e}_\theta + \frac{1}{r\sin\theta}\frac{\partial U}{\partial \varphi}\mathbf{e}_\varphi + \frac{\partial U}{\partial r}\mathbf{e}_r \qquad \text{(Kugelkoordinaten).}$$

Rechenregeln. Bezeichnet c eine Konstante, dann gilt:

$$\mathbf{grad}\, c = \mathbf{o}, \quad \mathbf{grad}\, cU = c\,\mathbf{grad}\, U, \quad \mathbf{grad}\,(U_1 + U_2) = \mathbf{grad}\, U_1 + \mathbf{grad}\, U_2,$$

$$\mathbf{grad}\,(U_1 U_2) = U_1\,\mathbf{grad}\, U_2 + U_2\,\mathbf{grad}\, U_1, \quad \mathbf{grad}\,\varphi(U) = \frac{d\varphi}{dU}\,\mathbf{grad}\, U,$$

$$\mathbf{grad}\,(\mathbf{v}_1\mathbf{v}_2) = (\mathbf{v}_1\,\mathbf{grad})\,\mathbf{v}_2 + (\mathbf{v}_2\,\mathbf{grad})\,\mathbf{v}_1 + \mathbf{v}_1 \times \mathbf{rot}\,\mathbf{v}_2 + \mathbf{v}_2 \times \mathbf{rot}\,\mathbf{v}_1,$$

$$\mathbf{grad}\,(\mathbf{c}\mathbf{r}) = \mathbf{c} \quad (\mathbf{c} = \text{const}).$$

Die Ausdrücke **rot v** und (**u grad**) **v** werden in 4.2.2.7. und in 4.2.2.8. erklärt. Zur Gewinnung dieser Rechenregeln vergleiche man 4.2.2.9. Hängt U nur von $r = |\mathbf{r}|$ ab, dann gilt

$\mathbf{grad}\, U(r) = U'(r)\,\frac{\mathbf{r}}{r}$ (zentralsymmetrisches Feld), speziell ist $\mathbf{grad}\, r = \frac{\mathbf{r}}{r}$ (ein Feld von Einheitsvektoren).

Nach dem Taylorschen Lehrsatz gilt in erster Näherung

$$U(\mathbf{r} + \mathbf{a}) = U(\mathbf{r}) + \mathbf{a}(\mathbf{grad}\, U(\mathbf{r})) + \dots .$$

4.2.2.4. Kurvenintegral und Potential im Vektorfeld

Kurvenintegral. Gegeben sei ein Vektorfeld $\mathbf{K}(P)$ und eine Kurve $\widehat{AB}$ (A Anfangspunkt, B Endpunkt). Das Kurvenintegral (Linienintegral) $\int\limits_{\widehat{AB}} \mathbf{K}\, d\mathbf{r}$ wird folgendermaßen erklärt (Abb. 4.36):

1. Man zerlege $\widehat{AB}$ durch Teilpunkte $P_0 = A, P_1, P_2, \dots, P_{n-1}, P_n = B$. Diese Zerlegung bezeichnen wir durch Z_n.

2. Die Vektoren $\Delta\mathbf{r}_i = \overrightarrow{P_{i-1}P_i}$ bilden einen Polygonzug, der die Kurve $\widehat{AB}$ approximiert. Als Feinheit $\Delta(Z_n)$ der Zerlegung Z_n bezeichnen wir die größte der Zahlen $|\Delta\mathbf{r}_1|, |\Delta\mathbf{r}_2|, \dots, |\Delta\mathbf{r}_n|$.

3. Auf jedem Kurvenstück $\widehat{P_{i-1}P_i}$ wählen wir einen Zwischenpunkt $\tilde{P}_i$ und bilden die Zwischensumme

$$S_{Z_n} = \sum_{i=1}^{n} \mathbf{K}(\tilde{P}_i)\,\Delta\mathbf{r}_i .$$

4. Gibt es dann eine Zahl I, so daß zu beliebig vorgegebenem $\varepsilon > 0$ ein $\delta(\varepsilon) > 0$ existiert mit

$$|S_{Z_n} - I| < \varepsilon$$

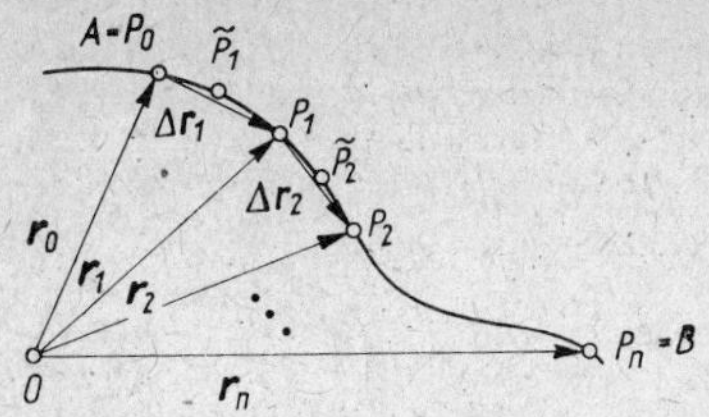

Abb. 4.36

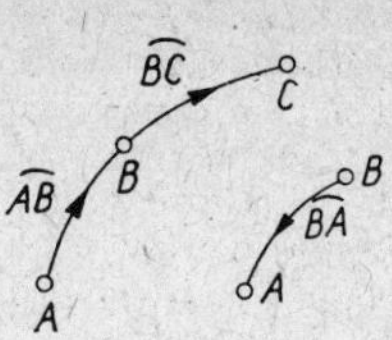

Abb. 4.37

für alle möglichen Zwischensummen Z_n mit $\Delta(Z_n) < \delta(\varepsilon)$, dann sagen wir, daß das Kurvenintegral existiert und definieren $I \overset{\text{def}}{=} \int\limits_{\widehat{AB}} \mathbf{K}\,\mathrm{d}\mathbf{r}$.

Das Kurvenintegral läßt sich somit durch Zwischensummen beliebig genau approximieren, wenn nur die Zerlegung der Kurve hinreichend fein ist. Betrachtet man eine feste Folge von Zerlegungen $Z_1, Z_2, Z_3, \ldots$ mit $\lim\limits_{n\to\infty} \Delta(Z_n) = 0$, dann gilt

$$I = \lim_{n\to\infty} S_{Z_n} = \lim_{n\to\infty} \sum_{i=1}^{n} \mathbf{K}(\tilde{P}_i)\,\Delta\mathbf{r}_i,$$

falls das Kurvenintegral existiert.

Kartesische Koordinaten. Wählt man ein kartesisches Koordinatensystem mit $\mathbf{r} = x\mathbf{i} + y\mathbf{j} + z\mathbf{k}$, $\mathrm{d}\mathbf{r} = \mathrm{d}x\mathbf{i} + \mathrm{d}y\mathbf{j} + \mathrm{d}z\mathbf{k}$ und $\mathbf{K}(x, y, z) = K_x\mathbf{i} + K_y\mathbf{j} + K_z\,\mathbf{k}$, dann schreibt man auch

$$\int\limits_{\widehat{AB}} \mathbf{K}\,\mathrm{d}\mathbf{r} \overset{\text{def}}{=} \int\limits_{\widehat{AB}} K_x\,\mathrm{d}x + K_y\,\mathrm{d}y + K_z\,\mathrm{d}z.$$

Besitzt die Kurve $\widehat{AB}$ die Parameterdarstellung $x = x(t)$, $y = y(t)$, $z = z(t)$, wobei der Parameter t die Werte $t_A \leqq t \leqq t_B$ durchläuft (t_A, t_B entsprechen A, B), dann läßt sich das Kurvenintegral auf ein gewöhnliches Integral zurückführen durch

$$\int\limits_{\widehat{AB}} \mathbf{K}\,\mathrm{d}\mathbf{r} = \int\limits_{t_A}^{t_B} \left[K_x(x(t), y(t), z(t))\,\frac{\mathrm{d}x}{\mathrm{d}t} + K_y\,\frac{\mathrm{d}y}{\mathrm{d}t} + K_z\,\frac{\mathrm{d}z}{\mathrm{d}t}\right]\mathrm{d}t.$$

Das Kurvenintegral existiert speziell, wenn die Ableitungen $x'(t)$, $y'(t)$, $z'(t)$ stetig sind (stetige Tangente der Kurve) und die Funktionen $K_x(x(t), y(t), z(t))$, $K_y(x(t), y(t), z(t))$, $K_z(x(t), y(t), z(t))$ stetig sind (Stetigkeit des Vektorfeldes $\mathbf{K}(P)$ längs der Kurve $\widehat{AB}$).

Rechenregeln (Abb. 4.37):

$$\int\limits_{\widehat{ABC}} \mathbf{K}(\mathbf{r})\,\mathrm{d}\mathbf{r} = \int\limits_{\widehat{AB}} \mathbf{K}(\mathbf{r})\,\mathrm{d}\mathbf{r} + \int\limits_{\widehat{BC}} \mathbf{K}(\mathbf{r})\,\mathrm{d}\mathbf{r},$$

$$\int\limits_{\widehat{AB}} \mathbf{K}(\mathbf{r})\,\mathrm{d}\mathbf{r} = -\int\limits_{\widehat{BA}} \mathbf{K}(\mathbf{r})\,\mathrm{d}\mathbf{r},$$

$$\int\limits_{\widehat{AB}} (\mathbf{K}_1(\mathbf{r}) + \mathbf{K}_2(\mathbf{r}))\,\mathrm{d}\mathbf{r} = \int\limits_{\widehat{AB}} \mathbf{K}_1(\mathbf{r})\,\mathrm{d}\mathbf{r} + \int\limits_{\widehat{AB}} \mathbf{K}_2(\mathbf{r})\,\mathrm{d}\mathbf{r},$$

$$\int\limits_{\widehat{AB}} c\mathbf{K}(\mathbf{r})\,\mathrm{d}\mathbf{r} = c\int\limits_{\widehat{AB}} \mathbf{K}(\mathbf{r})\,\mathrm{d}\mathbf{r} \quad (c = \text{const}).$$

Ein Kurvenintegral über eine geschlossene Kurve wird durch $\oint \mathbf{K}\,\mathrm{d}\mathbf{r}$ bezeichnet.

Mechanische Deutung. Ist $\mathbf{K}(P)$ ein Kraftfeld, dann bedeutet $\int\limits_{\widehat{AB}} \mathbf{K}\,\mathrm{d}\mathbf{r}$ die Arbeit, die die Kraft leistet bei der Verschiebung eines Massenpunktes von A nach B längs der Kurve $\widehat{AB}$.

Wegunabhängigkeit. Betrachtet man zwei verschiedene Kurven C_1, C_2, die die Punkte A und B miteinander verbinden (Abb. 4.38), dann werden die entsprechenden Kurvenintegrale im allgemeinen Fall verschiedene Werte besitzen. Ein Vektorfeld $\mathbf{K}(P)$ heißt *konservativ* in einem Gebiet G genau

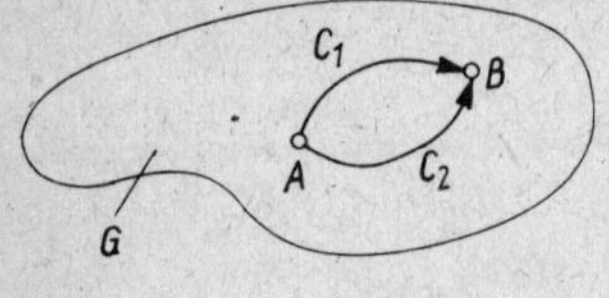

Abb. 4.38

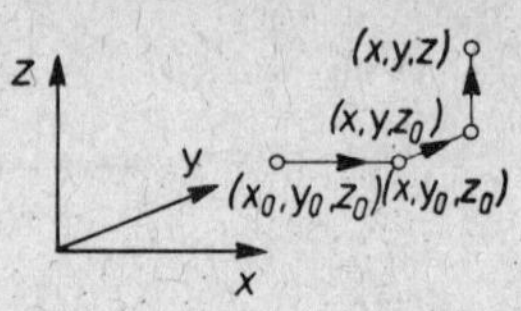

Abb. 4.39

dann, wenn die Kurvenintegrale in G nur vom Anfangspunkt A und Endpunkt B abhängen (äquivalent dazu: Kurvenintegrale über geschlossene Kurven sind stets null). Ist $\mathbf{K}(P)$ speziell ein Kraftfeld, dann bedeutet das, daß die geleistete Arbeit unabhängig vom Weg ist und nur vom Anfangspunkt und Endpunkt der durchlaufenen Kurve abhängt. Besitzen die Komponenten K_x, K_y, K_z stetige partielle Ableitungen erster Ordnung in einem einfach zusammenhängenden Gebiet G, dann ist $\mathbf{K}(P)$ in G genau dann konservativ, wenn (s. 4.2.2.7.)

$$\mathbf{rot}\,\mathbf{K} = \mathbf{o}$$

oder gleichbedeutend damit

$$\frac{\partial K_x}{\partial y} = \frac{\partial K_y}{\partial x}, \quad \frac{\partial K_y}{\partial z} = \frac{\partial K_z}{\partial y}, \quad \frac{\partial K_z}{\partial x} = \frac{\partial K_x}{\partial z}$$

gilt. Diese Bedingungen heißen die *Integrabilitätsbedingungen.*

Potential. Existiert zu einem Vektorfeld $\mathbf{K}(P)$ eine Funktion $U(P)$ mit $\mathbf{K} = -\mathbf{grad}\, U$, also in kartesischen Koordinaten

$$K_x = -\frac{\partial U}{\partial x}, \quad K_y = -\frac{\partial U}{\partial y}, \quad K_z = -\frac{\partial U}{\partial z},$$

dann heißt $U(P)$ *Potential* von $\mathbf{K}(P)$.[1])

In diesem Fall gilt $\mathbf{K}\,\mathrm{d}\mathbf{r} = -(\mathbf{grad}\, U)\,\mathrm{d}\mathbf{r} = -\mathrm{d}U$, also

$$\int\limits_{\widehat{AB}} \mathbf{K}\,\mathrm{d}\mathbf{r} = -\int\limits_{\widehat{AB}} \mathrm{d}U = U(A) - U(B).$$

Hat das Feld $\mathbf{K}(P)$ ein Potential, dann ist es konservativ. Umgekehrt besitzt jedes konservative Vektorfeld ein Potential

$$U(P) = U(P_0) - \int\limits_{\widehat{P_0P}} \mathbf{K}\,\mathrm{d}\mathbf{r}.$$

Dabei ist P_0 ein fester Punkt, und das Integral darf über eine beliebige Kurve erstreckt werden, die P_0 mit P verbindet. Der Wert $U(P_0)$ kann vorgegeben werden. In kartesischen Koordinaten wählt man häufig einen Polygonzug, der parallel zu den Koordinatenachsen verläuft (Abb. 4.39). Dann ist

$$U(x, y, z) = U(x_0, y_0, z_0) - \int\limits_{x_0}^{x} K_x(\xi, y_0, z_0)\,\mathrm{d}\xi - \int\limits_{y_0}^{y} K_y(x, \eta, z_0)\,\mathrm{d}\eta - \int\limits_{z_0}^{z} K_z(x, y, \zeta)\,\mathrm{d}\zeta.$$

Das Potential $U(P)$ in einem Gebiet ist stets nur bis auf eine additive Konstante bestimmt.

---

[1]) Mitunter wird $-U$ als Potential bezeichnet.

Beispiele:

a) Schwerefeld der Erde:

$$\mathbf{K} = -g\mathbf{k}, \qquad U = gz.$$

b) Kraftfeld der Sonne, die sich in $\mathbf{r} = \mathbf{o}$ befindet

$$\mathbf{K} = -\frac{m_{\text{Sonne}} m_{\text{Erde}}}{r^2} \frac{\mathbf{r}}{r},$$

$$U = \frac{\gamma m_{\text{Sonne}} m_{\text{Erde}}}{r}.$$

c) Elektrische Feldstärke einer Ladung Q, die sich in $\mathbf{r} = \mathbf{o}$ befindet:

$$\mathbf{E} = \frac{Q}{4\pi\varepsilon_0 r^2} \frac{\mathbf{r}}{r}, \qquad -U = \frac{Q}{4\pi\varepsilon_0 r}.$$

Dabei bedeuten: γ Gravitationskonstante, g Schwerebeschleunigung, m_{Sonne} Masse der Sonne, ε_0 Dielektrizitätskonstante. Im elektrischen Feld heißt $-U$ die Spannung.

4.2.2.5. Oberflächenintegrale in Vektorfeldern

Orientierte Flächen. Gegeben sei ein ebenes Flächenstück Σ, das von einer geschlossenen, orientierten Kurve C berandet wird (Abb. 4.40). Der Normalenvektor $\mathbf{n}$ ist ein Einheitsvektor, der senkrecht auf Σ steht und so orientiert ist, daß er von C entgegen dem Uhrzeigersinn umlaufen wird. Die Seite des Flächenstücks, auf der sich $\mathbf{n}$ befindet, heißt die positive Seite. Jedem orientierten ebenen Flächenstück kann man einen Vektor $\mathbf{S}$ zuordnen, der die gleiche Richtung wie $\mathbf{n}$ besitzt und dessen Länge gleich dem Flächeninhalt S ist. Liegt ein kartesisches Koordinatensystem vor, dann bezeichnen wir mit Σ_{xy}, Σ_{yz}, Σ_{zx} die Projektionen von Σ auf die x,y-Ebene, y,z-Ebene, z,x-Ebene. Die zugehörigen Flächeninhalte seien S_{xy}, S_{yz}, S_{zx}. Dann gilt

$$\mathbf{S} = S\mathbf{n} = S_{yz}\mathbf{i} + S_{zx}\mathbf{j} + S_{xy}\mathbf{k}.$$

Liegt ein gekrümmtes Flächenstück vor (Abb. 4.41), dann kann man dieses orientieren, indem man eine Seite als positiv auszeichnet. Unter dem Normalenvektor $\mathbf{n}$ im Punkt P verstehen wir einen Einheitsvektor, der im Punkt P auf Σ senkrecht steht, und dessen Spitze auf der positiven Seite von Σ liegt. Die Randkurve von Σ wird so orientiert, daß sie die Normalenvektoren entgegen dem Uhrzeigersinn umläuft.

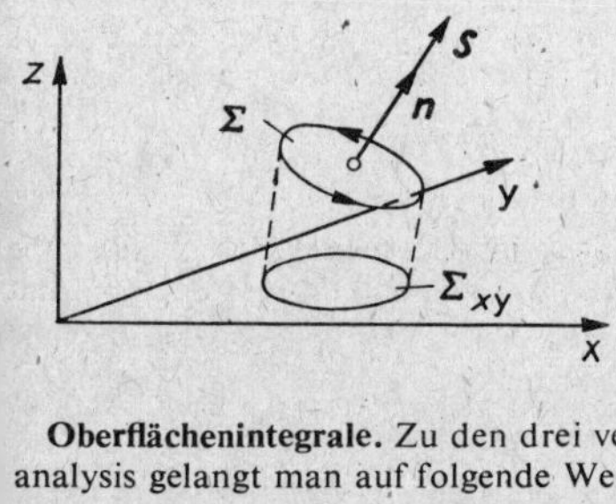

Abb. 4.40

Abb. 4.41

Oberflächenintegrale. Zu den drei verschiedenen Arten von Oberflächenintegralen in der Vektoranalysis gelangt man auf folgende Weise:

1. Man zerlegt das (gekrümmte) Flächenstück Σ in n Teilstücke Σ_i (Abb. 4.42) mit den Flächeninhalten ΔS_i. Diese Zerlegung bezeichnen wir mit Z_n. Unter der Feinheit der Zerlegung $\Delta(Z_n)$ verstehen wir die größte der Zahlen $\Delta S_1, \ldots, \Delta S_n$.

2. In jedem Teilstück wählen wir einen Zwischenpunkt $\tilde{P}_i$, errichten in $\tilde{P}_i$ den Normalenvektor $\mathbf{n}_i$ und erklären den Vektor $\Delta\mathbf{S}_i = \Delta S_i \cdot \mathbf{n}$ (Richtung $\mathbf{n}$, Länge ΔS_i).

3. Bei vorgegebener Funktion $U(P)$ oder vorgegebenem Vektorfeld $\mathbf{v}(P)$ bilden wir folgende Zwischensummen

$$\mathbf{S}_{Z_n}^{(1)} = \sum_{i=1}^{n} U(\tilde{P}_i)\,\Delta\mathbf{S}_i, \quad \mathbf{S}_{Z_n}^{(2)} = \sum_{i=1}^{n} \mathbf{v}(\tilde{P}_i)\,\Delta\mathbf{S}_i, \quad \mathbf{S}_{Z_n}^{(3)} = \sum_{i=1}^{n} \mathbf{v}(\tilde{P}_i) \times \Delta\mathbf{S}_i.$$

Dann definieren wir:

a) Fluß eines skalaren Feldes:

$$\mathbf{I}^{(1)} = \iint_{\Sigma} U\,\mathrm{d}\mathbf{S} \overset{\text{def}}{=} \lim_{\Delta S_i \to 0} \sum_{i=1}^{n} U(\tilde{P}_i)\,\Delta\mathbf{S}_i;$$

b) Skalarer Fluß eines Vektorfeldes:

$$I^{(2)} = \iint_{\Sigma} \mathbf{v}\,\mathrm{d}\mathbf{S} \overset{\text{def}}{=} \lim_{\Delta S_i \to 0} \sum_{i=1}^{n} \mathbf{v}(\tilde{P}_i)\,\Delta\mathbf{S}_i;$$

c) Vektorfluß eines Vektorfeldes:

$$\mathbf{I}^{(3)} = \iint_{\Sigma} \mathbf{v} \times \mathrm{d}\mathbf{S} \overset{\text{def}}{=} \lim_{\Delta S_i \to 0} \sum_{i=1}^{n} \mathbf{v}(\tilde{P}_i) \times \Delta\mathbf{S}_i.$$

Diese Grenzwerte sind dabei folgendermaßen zu verstehen: Zu beliebig vorgegebenem $\varepsilon > 0$ existiert ein $\delta(\varepsilon) > 0$ mit

$$\left|\mathbf{I}^{(1)} - \mathbf{S}_{Z_n}^{(1)}\right| < \varepsilon$$

für alle möglichen Zwischensummen $\mathbf{S}_{Z_n}^{(1)}$, die $\Delta(Z_n) < \delta(\varepsilon)$ genügen (analog für $\mathbf{I}^{(2)}$, $\mathbf{I}^{(3)}$). Die Integrale lassen sich also durch Zwischensummen beliebig genau approximieren, wenn nur die Zerlegung der Fläche hinreichend fein ist. Speziell gilt für eine feste Zerlegungsfolge $Z_1, Z_2, Z_3, \ldots$ mit $\lim_{n\to\infty} \Delta(Z_n) = 0$ stets

$$\mathbf{I}^{(1)} = \lim_{n\to\infty} \mathbf{S}_{Z_n}^{(1)} = \lim_{n\to\infty} \sum_{i=1}^{n} U(\tilde{P}_i)\,\Delta\mathbf{S}_i,$$

falls das Integral existiert (analog für $\mathbf{I}^{(2)}$, $\mathbf{I}^{(3)}$).

Integrale über geschlossene Flächen bezeichnet man durch

$$\oiint U\,\mathrm{d}\mathbf{S}, \quad \oiint \mathbf{v}\,\mathrm{d}\mathbf{S}, \quad \oiint \mathbf{v} \times \mathrm{d}\mathbf{S}.$$

Dabei sollen die Normalenvektoren $\mathbf{n}$ nach außen zeigen.

Kartesische Koordinaten. Liegt die Fläche in der Form $z = z(x, y)$ vor (Abb. 4.43), dann kann man die Oberflächenintegrale berechnen, indem man setzt

$$\mathrm{d}\mathbf{S} = -\frac{\partial z(x, y)}{\partial x}\,\mathbf{i} - \frac{\partial z(x, y)}{\partial y}\,\mathbf{j} + \mathbf{k}.$$

Dieser Vektor hat die Richtung des Normalenvektors $\mathbf{n}$ im Punkt $P(x, y, z(x, y))$. Seine Länge ist näherungsweise gleich dem Flächeninhalt des Teilstücks, dessen Projektion auf die x,y-Ebene

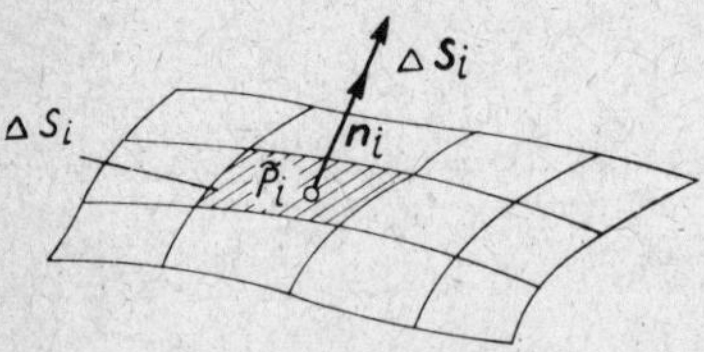

Abb. 4.42

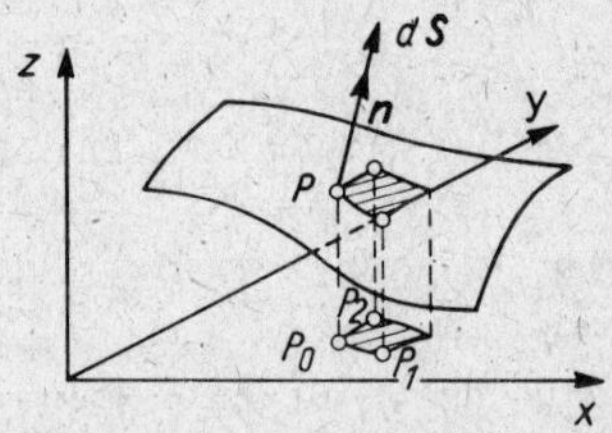

Abb. 4.43

dem Rechteck entspricht, das von $P_0(x, y)$, $P_1(x + \mathrm{d}x, y)$, $P_2(x, y + \mathrm{d}y)$ aufgespannt wird $\left(|\mathrm{d}\mathbf{S}| = \mathrm{d}S = \sqrt{1 + \left(\frac{\partial z}{\partial x}\right)^2 + \left(\frac{\partial z}{\partial y}\right)^2}\,\mathrm{d}x\,\mathrm{d}y\right)$:

a) $$\iint\limits_{\Sigma} U\,\mathrm{d}\mathbf{S} = \iint\limits_{\Sigma_{xy}} \left[-U(x, y, z(x, y))\frac{\partial z(x, y)}{\partial x}\mathbf{i} - U\frac{\partial z}{\partial y}\mathbf{j} + U\mathbf{k}\right]\mathrm{d}x\,\mathrm{d}y;$$

b) $$\iint\limits_{\Sigma} \mathbf{v}\,\mathrm{d}\mathbf{S} = \iint\limits_{\Sigma_{xy}} \left[-v_x(x, y, z(x, y))\frac{\partial z(x, y)}{\partial x} - v_y\frac{\partial z}{\partial y} + v_z\right]\mathrm{d}x\,\mathrm{d}y;$$

c) $$\iint\limits_{\Sigma} \mathbf{v} \times \mathrm{d}\mathbf{S} = \iint\limits_{\Sigma_{xy}} \left[\left(v_y + v_z\frac{\partial z}{\partial y}\right)\mathbf{i} - \left(v_x + v_z\frac{\partial z}{\partial x}\right)\mathbf{j} + \left(v_y\frac{\partial z}{\partial x} - v_x\frac{\partial z}{\partial y}\right)\mathbf{k}\right]\mathrm{d}x\,\mathrm{d}y.$$

Die Doppelintegrale sind dabei über die Projektion Σ_{xy} der Fläche Σ auf die x,y-Ebene zu erstrecken; z ist im Integranden jeweils durch $z(x, y)$ zu ersetzen.

Die Oberflächenintegrale existieren speziell, wenn $z(x, y)$, $\frac{\partial z(x, y)}{\partial x}$, $\frac{\partial z(x, y)}{\partial y}$ stetig sind (stetige Tangentialebene) und die Funktionen $U(x, y, z(x, y))$, $v_x(x, y, z(x, y))$, $v_y(x, y, z(x, y))$, $v_z(x, y, z(x, y)$ stetig sind (Stetigkeit von $U(P)$, $\mathbf{v}(P)$ auf der Fläche).

Allgemeine Parameterdarstellung. Besitzt die Fläche Σ die Parameterdarstellung

$$x = x(u, v), \qquad y = y(u, v), \qquad z = z(u, v),$$

dann kann man die Oberflächenintegrale berechnen, indem man

$$\mathrm{d}\mathbf{S} = \left(\frac{\partial \mathbf{r}}{\partial u} \times \frac{\partial \mathbf{r}}{\partial v}\right)\mathrm{d}u\,\mathrm{d}v \text{ [1]}$$

setzt und die entstehenden Doppelintegrale über den Bereich der u,v-Ebene erstreckt, den die Parameter u, v durchlaufen. Dabei ist

$$\frac{\partial \mathbf{r}}{\partial u} = \frac{\partial x}{\partial u}\mathbf{i} + \frac{\partial y}{\partial u}\mathbf{j} + \frac{\partial z}{\partial u}\mathbf{k}, \qquad \frac{\partial \mathbf{r}}{\partial v} = \frac{\partial x}{\partial v}\mathbf{i} + \frac{\partial y}{\partial v}\mathbf{j} + \frac{\partial z}{\partial v}\mathbf{k}.$$

Daraus entsteht:

a) $$\iint\limits_{\Sigma} U\,\mathrm{d}\mathbf{S} = \iint \left[U\left(\frac{\partial y}{\partial u}\frac{\partial z}{\partial v} - \frac{\partial y}{\partial v}\frac{\partial z}{\partial u}\right)\mathbf{i} + U\left(\frac{\partial z}{\partial u}\frac{\partial x}{\partial v} - \frac{\partial z}{\partial v}\frac{\partial x}{\partial u}\right)\mathbf{j} + U\left(\frac{\partial x}{\partial u}\frac{\partial y}{\partial v} - \frac{\partial x}{\partial v}\frac{\partial y}{\partial u}\right)\mathbf{k}\right]\mathrm{d}u\,\mathrm{d}v;$$

b) $$\iint\limits_{\Sigma} v\,\mathrm{d}\mathbf{S} = \iint \left[v_x\left(\frac{\partial y}{\partial u}\frac{\partial z}{\partial v} - \frac{\partial y}{\partial v}\frac{\partial z}{\partial u}\right) + v_y\left(\frac{\partial z}{\partial u}\frac{\partial x}{\partial v} - \frac{\partial z}{\partial v}\frac{\partial x}{\partial u}\right) + v_z\left(\frac{\partial x}{\partial u}\frac{\partial y}{\partial v} - \frac{\partial x}{\partial v}\frac{\partial y}{\partial u}\right)\right]\mathrm{d}u\,\mathrm{d}v.$$

Eine analoge Formel ergibt sich für c) durch Berechnung von $\mathbf{v} \times \mathrm{d}\mathbf{S}$. In den Integranden hat man jeweils $U = U(x(u, v), y(u, v), z(u, v))$ zu setzen (analog für v_x, v_y, v_z).

---

[1]) Die anschauliche Deutung von dS findet man in 4.3.3.2.

Volumenableitung. Unter der *Volumenableitung* eines skalaren Feldes $U(P)$ oder eines Vektorfeldes $\mathbf{v}(P)$ im Punkt P versteht man Größen dreier Typen, die man auf folgende Weise gewinnt:

1. Der Punkt P wird durch eine geschlossene Fläche Σ eingehüllt mit dem eingeschlossenen Volumen V.
2. Man berechnet das Integral über die Fläche

$$\Sigma \left(\oiint_{\Sigma} U\,d\mathbf{S}, \quad \oiint_{\Sigma} \mathbf{v}\,d\mathbf{S} \quad \text{oder} \quad \oiint_{\Sigma} \mathbf{v} \times d\mathbf{S} \right).$$

3. Man bestimmt den Grenzwert des Quotienten aus diesem Integral und dem Volumen V für den Fall, daß V gegen null strebt (Σ zieht sich auf den Punkt P zusammen). Speziell gilt

$$\mathbf{grad}\ U = \lim_{V \to 0} \frac{\oiint_{\Sigma} U\,d\mathbf{S}}{V}$$

(vgl. 4.2.2.3.). Die Volumenableitungen eines Vektorfeldes führen auf die Begriffe *Divergenz* (vgl. 4.2.2.6.) und *Rotation* (vgl. 4.2.2.7.).

4.2.2.6. Divergenz eines Vektorfeldes

Divergenz und skalarer Fluß. Als *Divergenz* $\operatorname{div} \mathbf{u}$ des Vektorfeldes $\mathbf{u}(P)$ bezeichnet man die folgende Volumenableitung des Feldes im Punkt P:

$$\operatorname{div} \mathbf{u}(P) = \lim_{V \to 0} \frac{\oiint_{\Sigma} \mathbf{u}\,d\mathbf{S}}{V}.$$

Variiert P, dann bildet $\operatorname{div} \mathbf{u}$ ein skalares Feld. Man schreibt auch $\frac{\partial \mathbf{u}}{\partial \mathbf{r}}$ oder $\nabla \mathbf{u}$. Die Größe $\oiint_{\Sigma} \mathbf{u}\,d\mathbf{S}$ ist der skalare Fluß des Feldes durch die geschlossene Fläche Σ, die den Punkt P umhüllt und das Gebiet G mit dem Volumen V umschließt (Abb. 4.44). Die Normalenvektoren $\mathbf{n}$ sollen nach außen zeigen.

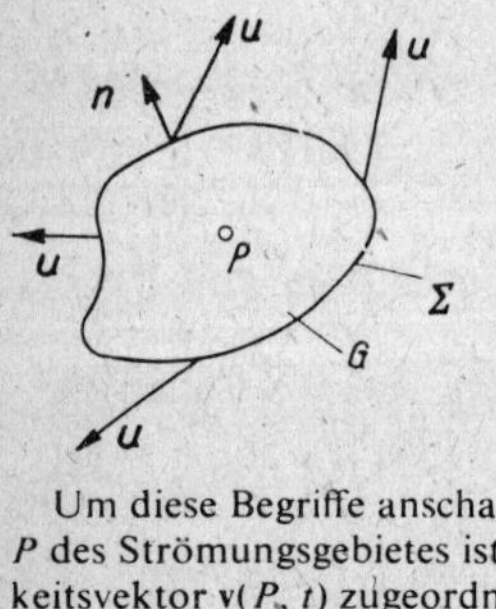

Abb. 4.44

Um diese Begriffe anschaulich zu deuten, betrachten wir eine strömende Flüssigkeit. Jedem Punkt P des Strömungsgebietes ist in diesem Fall zum Zeitpunkt t die Dichte $\varrho(P, t)$ und der Geschwindigkeitsvektor $\mathbf{v}(P, t)$ zugeordnet. Der skalare Fluß des Vektorfeldes $\mathbf{u} = \varrho\mathbf{v}$ (Stromdichte) besitzt dann die Bedeutung

$$\oiint_{\Sigma} \varrho\mathbf{v}\,d\mathbf{S} = \lim_{\Delta t \to 0} \frac{\Delta m}{\Delta t}.$$

Dabei ist Δm gleich der Masse, die im Zeitraum von t bis $t + \Delta t$ durch Σ strömt; Δm ist positiv, wenn mehr Masse aus dem von Σ umschlossenen Gebiet herausströmt als hineinströmt (im Gebiet G befinden sich Quellen). Diese Massenströmung wird durch Dichteänderungen der strömenden Flüssigkeit in G hervorgerufen. Der Begriff der Divergenz gestattet es, das Verhalten des skalaren Flusses zu lokalisieren. In unserem Beispiel gilt

$$\operatorname{div} \varrho(P, t)\,\mathbf{v}(P, t) = -\frac{\partial \varrho(P, t)}{\partial t}.$$

Diese Gleichung beschreibt das Gesetz von der Erhaltung der Masse und heißt *Kontinuitätsgleichung*.

Allgemein ist div **u** ein Maß für die Quellen des Feldes **u**(P). Gilt div **u** = 0 in einem Gebiet G, dann heißt das Vektorfeld **u**(P) in diesem Gebiet quellenfrei. Befinden sich z. B. im Vakuum elektrische Ladungen mit der Ladungsdichte ϱ, dann genügt die von diesen Ladungen hervorgerufene elektrische Feldstärke **E** der Gleichung

$$\varepsilon_0 \operatorname{div} \mathbf{E}(P) = \varrho(P)$$

(ε_0 Dielektrizitätskonstante); div **E** = 0 in einem Gebiet G bedeutet also, daß sich in G keine Ladungen befinden (die Ladungen sind die Quellen von **E**).

Koordinatendarstellung:

$$\operatorname{div} \mathbf{u} = \frac{\partial u_x}{\partial x} + \frac{\partial u_y}{\partial y} + \frac{\partial u_z}{\partial z} \quad \text{(kartesische Koordinaten)},$$

$$\operatorname{div} \mathbf{u} = \frac{1}{\varrho} \frac{\partial(\varrho u_\varrho)}{\partial \varrho} + \frac{1}{\varrho} \frac{\partial u_\varphi}{\partial \varphi} + \frac{\partial u_z}{\partial z} \quad \text{(Zylinderkoordinaten)},$$

$$\operatorname{div} \mathbf{u} = \frac{1}{r^2} \frac{\partial(r^2 u_r)}{\partial r} + \frac{1}{r \sin\theta} \frac{\partial u_\varphi}{\partial \varphi} + \frac{1}{r \sin\theta} \frac{\partial(\sin\theta\, u_\theta)}{\partial \theta} \quad \text{(Kugelkoordinaten)}.$$

Rechenregeln:

$$\operatorname{div} \mathbf{c} = 0, \quad \operatorname{div} c\mathbf{u} = c \operatorname{div} \mathbf{u}, \quad \operatorname{div}(\mathbf{u}_1 + \mathbf{u}_2) = \operatorname{div} \mathbf{u}_1 + \operatorname{div} \mathbf{u}_2,$$

$$\operatorname{div}(U\mathbf{u}) = U \operatorname{div} \mathbf{u} + \mathbf{u} \operatorname{\mathbf{grad}} U \quad \left(\text{speziell } \operatorname{div} r\mathbf{c} = \frac{\mathbf{rc}}{r}\right),$$

$$\operatorname{div}(\mathbf{u}_1 \times \mathbf{u}_2) = \mathbf{u}_2 \operatorname{\mathbf{rot}} \mathbf{u}_1 - \mathbf{u}_1 \operatorname{\mathbf{rot}} \mathbf{u}_2 .$$

Dabei gilt **c**, c = const. In einem zentralsymmetrischen Feld ist $\operatorname{div} \bar{\varphi}(r)\, \mathbf{r} = 3\bar{\varphi}'(r) + r\bar{\varphi}'(r)$, div **r** = 3. Zur Gewinnung dieser Rechenregeln vergleiche man 4.2.2.9.

4.2.2.7. Rotation eines Vektorfeldes

Rotation und Zirkulation. Als *Rotation* **rot u** des Vektorfeldes **u**(P) bezeichnet man die folgende Volumenableitung des Feldes im Punkt P:

$$\operatorname{\mathbf{rot}} \mathbf{u}(P) = -\lim_{V \to 0} \frac{\oiint\limits_{\Sigma} \mathbf{u} \times d\mathbf{S}}{V}.$$

Variiert P, dann bildet **rot u** ein Vektorfeld. Man schreibt auch $\frac{\partial}{\partial \mathbf{r}} \times \mathbf{u}$ oder $\nabla \times \mathbf{u}$ bzw. **curl u**.

Um **rot u** anschaulich zu deuten, führen wir durch $\Gamma = \oint\limits_C \mathbf{u}\, d\mathbf{r}$ den Begriff der *Zirkulation* eines Vektorfeldes längs der geschlossenen Kurve C ein. In einem konservativen Vektorfeld (vgl. 4.2.2.4) gilt stets $\Gamma = 0$. Ist C dagegen eine geschlossene Feldlinie (Abb. 4.45), dann gilt $\Gamma \neq 0$. In einem

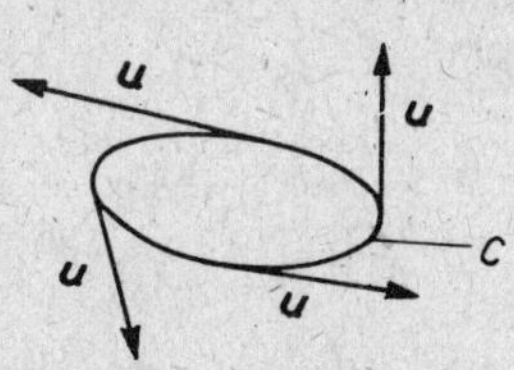

Abb. 4.45

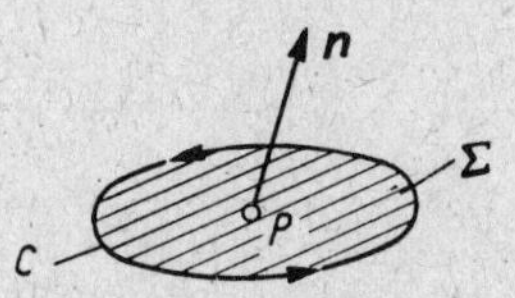

Abb. 4.46

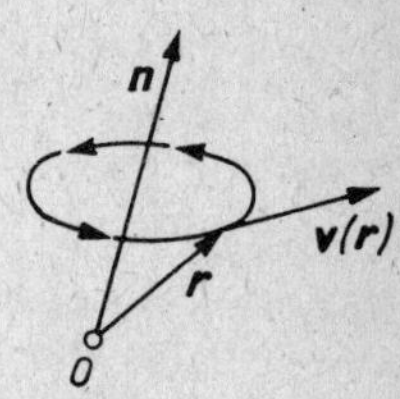

Abb. 4.47

konservativen Vektorfeld können folglich keine geschlossenen Feldlinien auftreten. Γ ist ein Maß für die Wirbelhaftigkeit des Feldes; **rot u** gestattet es nun in folgender Weise diese Wirbel zu lokalisieren (Abb. 4.46): 1. Man gebe sich im Punkt P den Einheitsvektor **n** vor. 2. Durch P lege man ein kleines Flächenstück Σ mit dem Flächeninhalt S und der Randkurve C, die **n** entgegen dem Uhrzeigersinn umlaufe, **n** sei der Normalenvektor in P. 3. Man lasse S gegen null streben (C und Σ ziehen sich auf P zusammen). Dann gilt

$$\mathbf{n}\,\mathbf{rot}\,\mathbf{u} = \lim_{S\to 0} \frac{\oint\limits_C \mathbf{u}\,d\mathbf{r}}{S}.$$

Dabei ist **n rot u** die Projektion von **rot u**(P) auf die Richtung von **n**. Ist speziell **v** ein Geschwindigkeitsfeld der Form

$$\mathbf{v}(\mathbf{r}) = \omega(\mathbf{n} \times \mathbf{r})$$

(Rotation aller Punkte des Raumes mit konstanter Winkelgeschwindigkeit ω um eine Achse in Richtung des Einheitsvektors **n**; Abb. 4.47), dann gilt

$$\mathbf{rot}\,\mathbf{v}(\mathbf{r}) = 2\omega\mathbf{n},$$

rot v hat also in jedem Punkt die Richtung der Drehachse, und die Länge dieses Vektors **rot v** ist gleich der doppelten Winkelgeschwindigkeit. In einem beliebigen Geschwindigkeitsfeld bedeutet **rot v**(P) = **o**, daß im Punkt P lokal betrachtet keine Rotationsbewegung vorhanden ist. Gilt allgemein **rot u** $\equiv$ **o** in einem Gebiet G des Raumes, dann heißt das Vektorfeld **u** in G wirbelfrei. Als *Wirbellinien* bezeichnet man die Feldlinien des Vektorfeldes **rot u**.

Koordinatendarstellung:

$$\mathbf{rot}\,\mathbf{u} = \left(\frac{\partial u_z}{\partial y} - \frac{\partial u_y}{\partial z}\right)\mathbf{i} + \left(\frac{\partial u_x}{\partial z} - \frac{\partial u_z}{\partial x}\right)\mathbf{j}$$

$$+ \left(\frac{\partial u_y}{\partial x} - \frac{\partial u_x}{\partial y}\right)\mathbf{k} = \begin{vmatrix} \mathbf{i} & \mathbf{j} & \mathbf{k} \\ \dfrac{\partial}{\partial x} & \dfrac{\partial}{\partial y} & \dfrac{\partial}{\partial z} \\ u_x & u_y & u_z \end{vmatrix} \quad \text{(kartesische Koordinaten);}$$

$$\mathbf{rot}\,\mathbf{u} = \left(\frac{1}{\varrho}\frac{\partial u_z}{\partial \varphi} - \frac{\partial u_\varphi}{\partial z}\right)\mathbf{e}_\varrho + \left(\frac{\partial u_\varrho}{\partial z} - \frac{\partial u_z}{\partial \varrho}\right)\mathbf{e}_\varphi$$

$$+ \left(\frac{1}{\varrho}\frac{\partial(\varrho u_\varphi)}{\partial \varrho} - \frac{1}{\varrho}\frac{\partial u_\varrho}{\partial \varphi}\right)\mathbf{e}_z \quad \text{(Zylinderkoordinaten);}$$

$$\mathbf{rot}\,\mathbf{u} = \left(\frac{1}{r\sin\theta}\frac{\partial u_r}{\partial \varphi} - \frac{1}{r}\frac{\partial(r u_\varphi)}{\partial r}\right)\mathbf{e}_\theta$$

$$+ \left(\frac{1}{r}\frac{\partial(r u_\theta)}{\partial r} - \frac{1}{r}\frac{\partial u_r}{\partial \theta}\right)\mathbf{e}_\varphi$$

$$+ \frac{1}{r\sin\theta}\left(\frac{\partial(\sin\theta\, u_\varphi)}{\partial\theta} - \frac{\partial u_\theta}{\partial\varphi}\right)\mathbf{e}_r \quad \text{(Kugelkoordinaten).}$$

Rechenregeln:

$$\mathbf{rot}\,\mathbf{c} = \mathbf{o}, \quad \mathbf{rot}\,c\mathbf{u} = c\,\mathbf{rot}\,\mathbf{u}, \quad \mathbf{rot}\,(\mathbf{u}_1 + \mathbf{u}_2) = \mathbf{rot}\,\mathbf{u}_1 + \mathbf{rot}\,\mathbf{u}_2,$$

$$\mathbf{rot}\,(U\mathbf{u}) = U\,\mathbf{rot}\,\mathbf{u} + (\mathbf{grad}\,U) \times \mathbf{u},$$

$$\mathbf{rot}\,(\mathbf{u}_1 \times \mathbf{u}_2) = (\mathbf{u}_2\,\mathbf{grad})\,\mathbf{u}_1 - (\mathbf{u}_1\,\mathbf{grad})\,\mathbf{u}_2 + \mathbf{u}_1\,\mathrm{div}\,\mathbf{u}_2 - \mathbf{u}_2\,\mathrm{div}\,\mathbf{u}_1.$$

Dabei ist **c**, c = const. Zur Gewinnung dieser Regeln vergleiche man 4.2.2.9. Zur Definition von (**u grad**) **v** vgl. 4.2.2.8.

4.2.2.8. Laplaceoperator und Vektorgradient

Laplaceoperator eines skalaren Feldes. Es sei $U(P)$ ein skalares Feld, dann erklärt man den *Laplace-operator* ΔU durch

$$\Delta U(P) = \operatorname{div} \mathbf{grad}\, U(P).$$

Die Koordinatendarstellung lautet:

$$\Delta U = \frac{\partial^2 U}{\partial x^2} + \frac{\partial^2 U}{\partial y^2} + \frac{\partial^2 U}{\partial z^2} \quad \text{(kartesische Koordinaten).}$$

$$\Delta U = \frac{1}{\varrho}\frac{\partial}{\partial \varrho}\left(\varrho \frac{\partial U}{\partial \varrho}\right) + \frac{1}{\varrho^2}\frac{\partial^2 U}{\partial \varphi^2} + \frac{\partial^2 U}{\partial z^2} \quad \text{(Zylinderkoordinaten),}$$

$$\Delta U = \frac{\partial^2 U}{\partial r^2} + \frac{2}{r}\frac{\partial U}{\partial r} + \frac{1}{r^2 \sin^2\theta}\frac{\partial^2 U}{\partial \varphi^2} + \frac{1}{r^2}\frac{\partial^2 U}{\partial \theta^2} + \frac{1}{r^2}\cot\theta \frac{\partial U}{\partial \theta} \quad \text{(Kugelkoordinaten).}$$

Die Differentialgleichung $\Delta U = 0$ heißt *Laplacesche Differentialgleichung* und ist von großer Bedeutung für viele Probleme der mathematischen Physik.

Laplaceoperator eines Vektorfeldes. Es sei $\mathbf{v}(P)$ ein Vektorfeld; dann definiert man $\Delta \mathbf{v}$ durch

$$\Delta \mathbf{v}(P) = \mathbf{grad} \operatorname{div} \mathbf{v}(P) - \mathbf{rot}\,\mathbf{rot}\,\mathbf{v}(P). \tag{4.7}$$

In kartesischen Koordinaten gilt

$$\begin{aligned}\Delta \mathbf{v} &= (\Delta v_x)\,\mathbf{i} + (\Delta v_y)\,\mathbf{j} + (\Delta v_z)\,\mathbf{k}\\ &= \left(\frac{\partial^2 v_x}{\partial x^2} + \frac{\partial^2 v_x}{\partial y^2} + \frac{\partial^2 v_x}{\partial z^2}\right)\mathbf{i}\\ &+ \left(\frac{\partial^2 v_y}{\partial x^2} + \frac{\partial^2 v_y}{\partial y^2} + \frac{\partial^2 v_y}{\partial z^2}\right)\mathbf{j}\\ &+ \left(\frac{\partial^2 v_z}{\partial x^2} + \frac{\partial^2 v_z}{\partial y^2} + \frac{\partial^2 v_z}{\partial z^2}\right)\mathbf{k}.\end{aligned}$$

In anderen Koordinatensystemen besitzt $\Delta \mathbf{v}$ nicht eine so einfache Gestalt. Man benutze dann (4.7) und die entsprechenden Ausdrücke für **grad** U, div **u**, **rot u** (vgl. 4.2.2.3., 4.2.2.6., 4.2.2.7.).

Vektorgradient. Es sei $\mathbf{v}(P)$ ein Vektorfeld und **a** ein Vektor. Man definiert

$$(\mathbf{a}\,\mathbf{grad})\,\mathbf{v} \overset{\text{def}}{=} \lim_{\Delta t \to 0} \frac{\mathbf{v}(\mathbf{r} + \Delta t\mathbf{a}) - \mathbf{v}(\mathbf{r})}{\Delta t}.$$

Ist **n** ein Einheitsvektor, dann ist (**n grad**) **v** gleich der Richtungsableitung $\frac{\partial \mathbf{v}(\mathbf{r})}{\partial \mathbf{n}}$ des Vektorfeldes (vgl. 4.2.2.3.). In kartesischen Koordinaten gilt

$$(\mathbf{a}\,\mathbf{grad})\,\mathbf{v} = (\mathbf{a}\,\mathbf{grad}\,v_x)\,\mathbf{i} + (\mathbf{a}\,\mathbf{grad}\,v_y)\,\mathbf{j} + (\mathbf{a}\,\mathbf{grad}\,v_z)\,\mathbf{k}$$

(vgl. (4.2.2.1.)). Allgemein hat man die Formel

$$\begin{aligned}2(\mathbf{a}\,\mathbf{grad})\,\mathbf{v} &= \mathbf{rot}\,(\mathbf{v} \times \mathbf{a}) + \mathbf{grad}\,(\mathbf{a}\mathbf{v}) + \mathbf{a} \operatorname{div} \mathbf{v}\\ &\quad - \mathbf{v} \operatorname{div} \mathbf{a} - \mathbf{a} \times \mathbf{rot}\,\mathbf{v} - \mathbf{v} \times \mathbf{rot}\,\mathbf{a}.\end{aligned}$$

Die Änderung des Vektorfeldes wird in erster Näherung beschrieben durch

$$\mathbf{v}(\mathbf{r}) = \mathbf{v}(\mathbf{r}_0) + ((\mathbf{r} - \mathbf{r}_0)\,\mathbf{grad})\,\mathbf{v}\,(\mathbf{r}_0) + \dots.$$

Unter dem *Vektorgradienten* versteht man die Dyade $\Phi = \mathbf{grad} \cdot \mathbf{v}$ (vgl. 4.2.2.12.).

4.2.2.9. Berechnung zusammengesetzter Ausdrücke (Nablakalkül)

Nablaoperator. Benutzt man kartesische Koordinaten, dann lassen sich mit Hilfe des formalen Operators

$$\nabla = \frac{\partial}{\partial x}\mathbf{i} + \frac{\partial}{\partial y}\mathbf{j} + \frac{\partial}{\partial z}\mathbf{k},$$

den man als *Nablaoperator* bezeichnet, alle von uns bisher eingeführten Ausdrücke durch formale Multiplikation mit ∇ in folgender Weise schreiben:

$$\mathbf{grad}\, U = \frac{\partial U}{\partial x}\mathbf{i} + \frac{\partial U}{\partial y}\mathbf{j} + \frac{\partial U}{\partial z}\mathbf{k} = \nabla U,$$

$$\operatorname{div}\mathbf{u} = \frac{\partial u_x}{\partial x} + \frac{\partial u_y}{\partial y} + \frac{\partial u_z}{\partial z} = \nabla \mathbf{u},$$

$$\mathbf{rot}\,\mathbf{u} = \begin{vmatrix} \mathbf{i} & \mathbf{j} & \mathbf{k} \\ \frac{\partial}{\partial x} & \frac{\partial}{\partial y} & \frac{\partial}{\partial z} \\ u_x & u_y & u_z \end{vmatrix} = \nabla \times \mathbf{u},$$

$$\Delta U = \frac{\partial^2 U}{\partial x^2} + \frac{\partial^2 U}{\partial y^2} + \frac{\partial^2 U}{\partial z^2} = \nabla(\nabla U),$$

$$\Delta\mathbf{u} = (\Delta u_x)\,\mathbf{i} + (\Delta u_y)\,\mathbf{j} + (\Delta u_z)\mathbf{k} = (\nabla\nabla)\,\mathbf{u},$$

$$(\mathbf{a}\,\mathbf{grad})\mathbf{u} = (\mathbf{a}\,\mathbf{grad}\, u_x)\,\mathbf{i} + (\mathbf{a}\,\mathbf{grad}\, u_y)\,\mathbf{j} + (\mathbf{a}\,\mathbf{grad}\, u_z)\mathbf{k} = (\mathbf{a}\nabla)\mathbf{u}.^{1)}$$

Nablakalkül. Um zusammengesetzte Ausdrücke der Form **grad** (UV), div $(U\mathbf{u})$, **rot** $(\mathbf{u} \times \mathbf{v})$ usf. zu berechnen, kann man folgende formale Regeln benutzen:

1. Man schreibe den Ausdruck als formales Produkt mit ∇.
2. Linearkombinationen werden formal ausmultipliziert:

$$\nabla(C_1 X + C_2 Y) = C_1 \nabla X + C_2 \nabla Y \quad (C_i = \text{const}).$$

Dabei können X, Y Funktionen oder Vektoren sein, die C_i sind skalare Konstanten.

3. Ein Produkt der Form $\nabla(XY)$ schreibe man folgendermaßen:

$$\nabla(XY) = \nabla(\overset{\downarrow}{X}Y) + \nabla(X\overset{\downarrow}{Y}), \tag{4.8}$$

analog

$$\nabla(XYZ) = \nabla(\overset{\downarrow}{X}YZ) + \nabla(X\overset{\downarrow}{Y}Z) + \nabla(XY\overset{\downarrow}{Z}).$$

Dabei ist es gleichgültig, ob X, Y Funktionen oder Vektoren sind. Konstanten oder konstante Vektoren erhalten keinen Pfeil.

4. Man forme die Ausdrücke $\nabla(\overset{\downarrow}{X}Y)$, $\nabla(X\overset{\downarrow}{Y})$ usf. streng nach den Regeln der Vektoralgebra so um, daß nur noch Größen mit Pfeil rechts von ∇ stehen. Dabei behandle man ∇ als Vektor.
5. Abschließend schreibe man die formalen Produkte mit ∇ wieder als Ausdrücke der Vektoranalysis, z. B.

$$U(\nabla \overset{\downarrow}{V}) = U(\mathbf{grad}\, V), \quad \mathbf{u} \times (\nabla \times \overset{\downarrow}{\mathbf{v}}) = \mathbf{u} \times \mathbf{rot}\,\mathbf{v} \text{ usf.}$$

Die Pfeile entfallen dabei. Dieser formale Kalkül berücksichtigt, daß ∇ einerseits ein Vektor und andererseits ein Differentialoperator ist. Hinter (4.8) verbirgt sich die Produktregel der Differentialrechnung. Der Pfeil bezeichnet jeweils den Faktor, der differenziert wird.

---

[1]) Man beachte $\mathbf{u} = u_x\mathbf{i} + u_y\mathbf{j} + u_z\mathbf{k}$.

Beispiele:

a) ∇ angewandt auf eine Linearkombination (c_i = const):

1. $$\textbf{grad}\,(c_1 U_1 + c_2 U_2) = \nabla(c_1 U_1 + c_2 U_2) = c_1 \nabla U_1 + c_2 \nabla U_2; \\ = c_1\,\textbf{grad}\,U_1 + c_2\,\textbf{grad}\,U_2$$

2. $$\operatorname{div}(c_1\mathbf{u}_1 + c_2\mathbf{u}_2) = \nabla(c_1\mathbf{u}_1 + c_2\mathbf{u}_2) = c_1\nabla\mathbf{u}_1 + c_2\nabla\mathbf{u}_2 \\ = c_1 \operatorname{div}\mathbf{u}_1 + c_2 \operatorname{div}\mathbf{u}_2;$$

3. $$\textbf{rot}\,(c_1\mathbf{u}_1 + c_2\mathbf{u}_2) = \nabla \times (c_1\mathbf{u}_1 + c_2\mathbf{u}_2) = c_1(\nabla \times \mathbf{u}_1) + c_2(\nabla \times \mathbf{u}_2) \\ = c_1\,\textbf{rot}\,\mathbf{u}_1 + c_2\,\textbf{rot}\,\mathbf{u}_2.$$

b) ∇ angewandt auf ein zweifaches Produkt:

1. $$\textbf{grad}\,(UV) = \nabla(UV) = \nabla(\overset{\downarrow}{U}V) + \nabla(U\overset{\downarrow}{V}) \\ = V(\nabla\overset{\downarrow}{U}) + U(\nabla\overset{\downarrow}{V}) = V\,\textbf{grad}\,U + U\,\textbf{grad}\,V;$$

2. $$\operatorname{div}(U\mathbf{u}) = \nabla(U\mathbf{u}) = \nabla(\overset{\downarrow}{U}\mathbf{u}) + \nabla(U\overset{\downarrow}{\mathbf{u}}) = \mathbf{u}(\nabla\overset{\downarrow}{U}) + U(\nabla\overset{\downarrow}{\mathbf{u}}) \\ = \mathbf{u}\,\textbf{grad}\,U + U\operatorname{div}\mathbf{u};$$

3. $$\operatorname{div}(\mathbf{u}_1 \times \mathbf{u}_2) = \nabla(\mathbf{u}_1 \times \mathbf{u}_2) = \nabla(\overset{\downarrow}{\mathbf{u}}_1 \times \mathbf{u}_2) + \nabla(\mathbf{u}_1 \times \overset{\downarrow}{\mathbf{u}}_2) \\ = \mathbf{u}_2(\nabla \times \mathbf{u}_1) - \mathbf{u}_1(\nabla \times \mathbf{u}_2) = \mathbf{u}_2\,\textbf{rot}\,\mathbf{u}_1 - \mathbf{u}_1\,\textbf{rot}\,\mathbf{u}_2;$$

4. $$\textbf{grad}\,(\mathbf{u}_1\mathbf{u}_2) = \nabla(\mathbf{u}_1\mathbf{u}_2) = \nabla(\overset{\downarrow}{\mathbf{u}}_1\mathbf{u}_2) + \nabla(\mathbf{u}_1\overset{\downarrow}{\mathbf{u}}_2) \\ = (\mathbf{u}_2\nabla)\overset{\downarrow}{\mathbf{u}}_1 + \mathbf{u}_2 \times (\nabla \times \overset{\downarrow}{\mathbf{u}}_1) + (\mathbf{u}_1\nabla)\mathbf{u}_2 + \mathbf{u}_1 \times (\nabla \times \overset{\downarrow}{\mathbf{u}}_2) \\ = (\mathbf{u}_2\,\textbf{grad})\,\mathbf{u}_1 + \mathbf{u}_2 \times \textbf{rot}\,\mathbf{u}_1 + (\mathbf{u}_1\,\textbf{grad})\,\mathbf{u}_2 + \mathbf{u}_1 \times \textbf{rot}\,\mathbf{u}_2.$$

Man beachte dabei den Entwicklungssatz (s. 4.2.1.3.)

$$\mathbf{b}(\mathbf{ac}) = (\mathbf{ab})\,\mathbf{c} + \mathbf{a} \times (\mathbf{b} \times \mathbf{c}).$$

c) Zweifache Anwendung von ∇:

1. $\operatorname{div}\textbf{rot}\,\mathbf{u} = \nabla(\nabla \times \mathbf{u}) = 0$ für jedes Feld (formal wegen $\mathbf{a}(\mathbf{a} \times \mathbf{u}) = 0$);

2. $\textbf{rot grad}\,U = \nabla \times (\nabla U) = \mathbf{o}$ für jedes Feld (formal $\mathbf{a} \times \mathbf{a}U = \mathbf{o}$);

3. $\textbf{rot rot}\,\mathbf{u} = \nabla \times (\nabla \times \mathbf{u}) = \nabla(\nabla\mathbf{u}) - (\nabla\nabla)\,\mathbf{u} = \textbf{grad}\operatorname{div}\mathbf{u} - \Delta\mathbf{u}.$

Man benutze den Entwicklungssatz (s. 4.2.1.3.)

Häufig benutzt man anstelle von ∇ das Symbol $\dfrac{\partial}{\partial \mathbf{r}}$. Zur Berechnung von Integralen vgl. 4.2.2.10.

4.2.2.10. Integralsätze

Verwandlung eines Volumenintegrals in ein Oberflächenintegral. Es sei G ein räumliches Gebiet mit der geschlossenen Randfläche ∂G; der Normalenvektor $\mathbf{n}$ von ∂G zeige nach außen (Abb. 4.48). Dann gilt

$$\iiint_G \frac{\partial u(x, y, z)}{\partial x}\,\mathrm{d}x\,\mathrm{d}y\,\mathrm{d}z = \oint\!\!\oint_{\partial G} u \cos(n, x)\,\mathrm{d}S \tag{4.9}$$

(analog für y, z). Dabei ist $\cos(n, x) = \mathbf{ni}$ (Kosinus des Winkels zwischen der Geraden n in Richtung des Normalenvektors und der x-Achse). (4.9) gilt unter sehr allgemeinen Voraussetzungen: u muß in G stetig sein und stetige beschränkte erste partielle Ableitungen haben; die Randfläche ∂G besitze bis auf endlich viele Ecken und Kanten sich stetig ändernde Tangentialebenen, wobei die inneren Öffnungswinkel der Ecken und Kanten größer als null sind. Aus (4.9) ergeben sich u.a. folgende Formeln ($\mathrm{d}V = \mathrm{d}x\,\mathrm{d}y\,\mathrm{d}z$):

a) Partielle Integration:

$$\iiint_G \frac{\partial u}{\partial x} v \,\mathrm{d}V = \oiint_{\partial G} uv \cos(n, x) \,\mathrm{d}S - \iiint_G u \frac{\partial v}{\partial x} \,\mathrm{d}V$$

(analog für y und z);

b) Satz von Gauß:

$$\iiint_G \left(\frac{\partial u_x}{\partial x} + \frac{\partial u_y}{\partial y} + \frac{\partial u_z}{\partial z}\right) \mathrm{d}V = \oiint_{\partial G} (u_x \cos(n, x) + u_y \cos(n, y) + u_z \cos(n, z)) \,\mathrm{d}S,$$

vektoriell:

$$\iiint_G \operatorname{div} \mathbf{u} \,\mathrm{d}V = \oiint_{\partial G} \mathbf{u} \,\mathrm{d}\mathbf{S};$$

c) 1. Greensche Formel (einmalige partielle Integration):

$$\iiint_G \left(\frac{\partial^2 U_1}{\partial x^2} + \frac{\partial^2 U_1}{\partial y^2} + \frac{\partial^2 U_1}{\partial z^2}\right) U_2 \,\mathrm{d}V$$

$$= \oiint_{\partial G} \left(\frac{\partial U_1}{\partial x} \cos(n, x) + \frac{\partial U_1}{\partial y} \cos(n, y) + \frac{\partial U_1}{\partial z} \cos(n, z)\right) U_2 \,\mathrm{d}S$$

$$- \iiint_G \left(\frac{\partial U_1}{\partial x}\frac{\partial U_2}{\partial x} + \frac{\partial U_1}{\partial y}\frac{\partial U_2}{\partial y} + \frac{\partial U_1}{\partial z}\frac{\partial U_2}{\partial z}\right) \mathrm{d}V,$$

vektoriell:

$$\iiint_G (\Delta U_1)\, U_2 \,\mathrm{d}V = \oiint_{\partial G} U_2(\mathbf{grad}\, U_1) \,\mathrm{d}\mathbf{S} - \iiint_G \mathbf{grad}\, U_1 \,\mathbf{grad}\, U_2 \,\mathrm{d}V,$$

speziell ($U_2 \equiv 1$):

$$\iiint_G (\Delta U_1) \,\mathrm{d}V = \oiint_{\partial G} (\mathbf{grad}\, U_1) \,\mathrm{d}\mathbf{S} = \iint_{\partial G} \frac{\partial U_1}{\partial n} \,\mathrm{d}S,$$

$\left(\frac{\partial U}{\partial n} = (\mathbf{grad}\, U)\,\mathbf{n} = \frac{\partial U}{\partial x} \cos(n, x) + \frac{\partial U}{\partial y} \cos(n, y) + \frac{\partial U}{\partial z} \cos(n, z) \text{ heißt die Normalenableitung}\right)$;

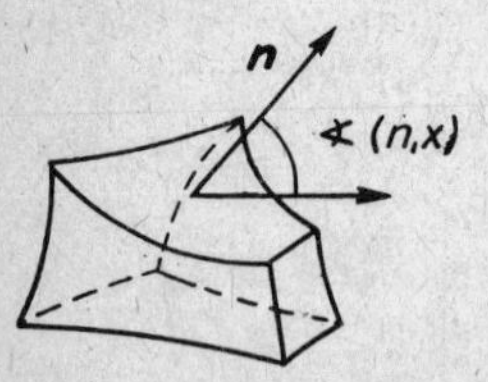

Abb. 4.48

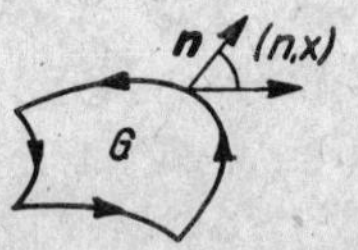

Abb. 4.49

d) 2. Greensche Formel (zweimalige partielle Integration):

$$\iiint_G [(\Delta U_1)\, U_2 - U_1\, \Delta U_2]\, \mathrm{d}V = \iint_{\partial G} \left(\frac{\partial U_1}{\partial n}\, U_2 - U_1 \frac{\partial U_2}{\partial n}\right) \mathrm{d}S.$$

Im *Nablakalkül* kann man alle diese Formeln gewinnen, indem man für (4.9) formal schreibt:

$$\iiint_G \mathrm{d}V \left(\frac{\partial}{\partial x}\,\mathbf{i} + \frac{\partial}{\partial y}\,\mathbf{j} + \frac{\partial}{\partial z}\,\mathbf{k}\right) = \oiint \mathrm{d}S(\cos(n, x)\,\mathbf{i} + \cos(n, y)\,\mathbf{j} + \cos(n, z)\,\mathbf{k}),$$

kurz

$$\iiint_G \mathrm{d}V \nabla = \oiint \mathrm{d}\mathbf{S}. \tag{4.10}$$

Beispiele:

1. $$\iiint_G \mathrm{d}V\, \mathbf{grad}\, U \equiv \iiint_G \mathrm{d}V\, \nabla U = \oiint_{\partial G} \mathrm{d}\mathbf{S}\, U;$$

2. $$\iiint_G \mathrm{d}V\, \mathrm{div}\, \mathbf{u} \equiv \iiint_G \mathrm{d}V\, \nabla\mathbf{u} = \oiint_{\partial G} \mathrm{d}\mathbf{S}\, \mathbf{u};$$

3. $$\iiint_G \mathrm{d}V\, \mathbf{rot}\, \mathbf{u} \equiv \iiint_G \mathrm{d}V (\nabla \times \mathbf{u}) = \oiint_{\partial G} \mathrm{d}\mathbf{S} \times \mathbf{u};$$

4. $$\iiint_G \mathrm{d}V\, \Delta U \equiv \iiint_G \mathrm{d}V\, \nabla(\nabla U) = \oiint_{\partial G} \mathrm{d}\mathbf{S}\, \nabla U = \oiint_{\partial G} \partial\mathbf{S}\, \mathbf{grad}\, U;$$

5. $$\iiint_G \mathrm{d}V\, \nabla(U_2\, \nabla U_1) \equiv \iiint_G \mathrm{d}V [(\nabla U_2)(\nabla U_1) + U_2\, \Delta U_1]$$
$$= \oiint_{\partial G} \mathrm{d}\mathbf{S}\, U_2\, \nabla U_1 = \oiint_{\partial G} \mathrm{d}\mathbf{S}\, (\mathbf{grad}\, U_1)\, U_2 \quad \text{(1. Greensche Formel);}$$

6. $$\iiint_G \mathrm{d}V\, \nabla(U_2\, \nabla U_1 - U_1\, \nabla U_2) \equiv \iiint_G ((\Delta U_1)\, U_2 - U_1\, \Delta U_2)\, \mathrm{d}V$$
$$= \oiint_{\partial G} \mathrm{d}\mathbf{S}(U_2\, \nabla U_1 - U_1\, \nabla U_2) \quad \text{(2. Greensche Formel).}$$

Verwandlung eines Gebietsintegrals in ein Kurvenintegral. Es sei G ein ebenes Gebiet mit der Randkurve ∂G, die so orientiert ist, daß G zur Linken liegt; dann gilt analog zu (4.9):

$$\iint_G \frac{\partial u(x, y)}{\partial x}\, \mathrm{d}x\, \mathrm{d}y = \oint_{\partial G} u \cos(n, x)\, \mathrm{d}s \tag{4.11}$$

(analog für y). Dabei ist $\cos(n, x)$ der Kosinus des Winkels zwischen der Geraden n in Richtung der Außennormalen $\mathbf{n}$ und der x-Achse (Abb. 4.49); $\mathrm{d}s$ ist das Differential der Bogenlänge. Der Satz gilt unter sehr allgemeinen Voraussetzungen: u muß in G stetig sein und stetige, beschränkte erste partielle Ableitungen haben; die Randkurve ∂G besitze bis auf endlich viele Ecken eine sich stetig ändernde Tangente, wobei die Innenwinkel der Ecken größer als null sind. Aus (4.11) folgt

$$\iint_G \left(\frac{\partial u}{\partial x} - \frac{\partial v}{\partial y}\right) \mathrm{d}x\, \mathrm{d}y = \oint u\, \mathrm{d}y + v\, \mathrm{d}x \tag{4.12}$$

(vgl. 3.1.13.).

Verwandlung eines Oberflächenintegrals in ein Kurvenintegral. Es sei Σ ein Flächenstück mit der Randkurve $\partial\Sigma$, die wie in Abb. 4.41 orientiert ist. Dann gilt

$$\iint_{\Sigma} \left(\frac{\partial u}{\partial z} \cos(n, y) - \frac{\partial u}{\partial y} \cos(n, z) \right) \mathrm{d}S = \oint_{\partial\Sigma} u \, \mathrm{d}x \tag{4.13}$$

(analoge Formeln durch zyklische Vertauschung von x, y, z). Dabei ist $\cos(n, y) = \mathbf{nj}$, $\cos(n, z) = \mathbf{nk}$ (Kosinus des Winkels zwischen der Geraden n in Richtung des Normalenvektors und der y-Achse bzw. z-Achse).[1]) Aus (4.13) folgt unmittelbar

$$\iint_{\Sigma} \mathbf{rot\, u}\, \mathrm{d}\mathbf{S} = \oint_{\partial\Sigma} \mathbf{u}\, \mathrm{d}\mathbf{r} \quad \text{(Satz von Stokes)}.$$

Im *Nablakalkül* ergibt sich (4.13) formal zu

$$\iint_{\Sigma} \mathrm{d}\mathbf{S} \times \nabla = \oint \mathrm{d}\mathbf{r}. \tag{4.14}$$

Beispiele:

1. $$\iint_{\Sigma} \mathbf{rot\, u}\, \mathrm{d}\mathbf{S} \equiv \iint_{\Sigma} \mathrm{d}\mathbf{S}(\nabla \times \mathbf{u}) = \iint_{\Sigma} (\mathrm{d}\mathbf{S} \times \nabla)\, \mathbf{u} = \oint \mathrm{d}\mathbf{r}\, \mathbf{u};$$

2. $$\iint_{\Sigma} \mathrm{d}\mathbf{S} \times \mathbf{grad}\, U \equiv \iint_{\Sigma} \mathrm{d}\mathbf{S} \times \nabla U = \oint_{\partial\Sigma} \mathrm{d}\mathbf{r}\, U.$$

4.2.2.11. Bestimmung eines Vektorfeldes aus seinen Quellen und Wirbeln

Wirbelfreie Felder. Ein Vektorfeld $\mathbf{E}$ ist genau dann in einem einfach zusammenhängenden Gebiet G *wirbelfrei*, also $\mathbf{rot\, E} = \mathbf{o}$, wenn in G eine Funktion U existiert mit $\mathbf{E} = -\mathbf{grad}\, U$ (U Potential des Feldes, vgl. 4.2.2.4.).

Quellenfreie Felder. Ein Vektorfeld $\mathbf{H}$ ist genau dann in einem einfach zusammenhängenden Gebiet G *quellenfrei* (solenoidal), also $\operatorname{div} \mathbf{H} = 0$, wenn in G ein Vektorfeld $\mathbf{A}$ existiert mit $\mathbf{H} = \mathbf{rot\, A}$ ($\mathbf{A}$ Vektorpotential des Feldes).

Quellen und Wirbel. Gesucht wird ein Vektorfeld $\mathbf{v}(\mathbf{r})$ in einem beschränkten Gebiet G mit vorgegebenen Quellen $\varrho(\mathbf{r})$ und Wirbeln $\mathbf{j}(\mathbf{r})$, also

$$G\colon \operatorname{div} \mathbf{v} = \varrho(\mathbf{r}), \quad \mathbf{rot\, v} = \mathbf{j}(\mathbf{r}).$$

Diese Aufgabe ist eindeutig lösbar, wenn man noch längs des Randes ∂G die Werte $\mathbf{vn}$ vorgibt ($\mathbf{n}$ Normalenvektor), d. h.

$$\partial G\colon \mathbf{vn} = f(\mathbf{r}).$$

Allerdings müssen noch folgende Nebenbedingungen erfüllt sein:

$$\operatorname{div} \mathbf{j} = 0, \quad \iiint_G \varrho \, \mathrm{d}V = \oint\!\!\oint_{\partial G} f \, \mathrm{d}S.$$

Vorauszusetzen ist: ϱ, j_x, j_y, j_z besitzen in G stetige und beschränkte erste partielle Ableitungen; der Rand ∂G ist hinreichend glatt. Die Lösung wird folgendermaßen konstruiert:

1. Man sucht ein Feld $\mathbf{v}_1$ der Form

$$\operatorname{div} \mathbf{v}_1 = \varrho, \quad \mathbf{rot\, v}_1 = \mathbf{o}.$$

Der Ansatz $\mathbf{v}_1 = -\mathbf{grad}\, U$ führt auf $-\Delta U = \varrho$ mit der speziellen Lösung

$$U(\mathbf{r}) = \frac{1}{4\pi} \iiint_G \frac{\varrho(\mathbf{r}')\, \mathrm{d}x'\, \mathrm{d}y'\, \mathrm{d}z'}{|\mathbf{r} - \mathbf{r}'|}$$

[1]) Für genaue Voraussetzungen vgl. [5], Bd. III, S. 567.

Dabei ist $\mathbf{r} = x\mathbf{i} + y\mathbf{j} + z\mathbf{k}$, $\mathbf{r}' = x'\mathbf{i} + y'\mathbf{j} + z'\mathbf{k}$, $|\mathbf{r} - \mathbf{r}'| = \sqrt{(x - x')^2 + (y - y')^2 + (z - z')^2}$. Deutet man ϱ als Massendichte, dann ist $U(\mathbf{r})$ das Potential dieser Massenbelegung und $\mathbf{v}_1 = -\mathbf{grad}\, U$ die zugehörige Kraft. Deutet man ϱ als Ladungsdichte einer Ladungsverteilung im Vakuum, dann ist $\frac{U}{\varepsilon_0}$ (ε_0 Dielektrizitätskonstante) das durch ϱ hervorgerufene elektrische Potential, und $\mathbf{E} = -\mathbf{grad}\frac{U}{\varepsilon_0} \equiv \frac{\mathbf{v}_1}{\varepsilon_0}$ ist die zugehörige elektrische Feldstärke.

2. Man sucht ein Feld $\mathbf{v}_2$ der Form

$$\operatorname{div} \mathbf{v}_2 = 0, \quad \mathbf{rot}\, \mathbf{v}_2 = \mathbf{j}.$$

Der Ansatz $\mathbf{v}_2 = \mathbf{rot}\, \mathbf{A}$ führt auf $-\Delta\mathbf{A} = \mathbf{j}$ mit $\operatorname{div} \mathbf{A} = 0$. Eine spezielle Lösung ist

$$\mathbf{A}(\mathbf{r}) = \frac{1}{4\pi} \iiint_G \frac{\mathbf{j}(\mathbf{r}')\, dx'\, dy'\, dz'}{|\mathbf{r} - \mathbf{r}'|}. \tag{4.15}$$

Deutet man $\mathbf{j}$ als Vektor der Ladungsstromdichte, dann ist $\mathbf{v}_2 = \mathbf{rot}\, \mathbf{A}$ das Feld der magnetischen Feldstärke. (4.15) gilt unter der Voraussetzung, daß $\mathbf{j}$ in einem kleinen Randstreifen von G verschwindet. Ist das nicht der Fall, dann muß man $\mathbf{j}$ auf ein G umfassendes Gebiet G_1 fortsetzen mit a) $\mathbf{jn}$ stetig auf ∂G, b) $\mathbf{jn} = 0$ auf ∂G_1, c) $\operatorname{div} \mathbf{j} = 0$ im Streifen $G_1 - G$[1]). In (4.15) ist dann über G_1 zu integrieren.

3. Man sucht ein Feld $\mathbf{v}_3$ der Form

$$G\colon \operatorname{div} \mathbf{v}_3 = 0; \quad \partial G\colon \mathbf{v}_3\mathbf{n} = f^*(P) \overset{\text{def}}{=} f - \mathbf{v}_1\mathbf{n} - \mathbf{v}_2\mathbf{n}.$$
$$\mathbf{rot}\, \mathbf{v}_3 = \mathbf{o}.$$

Der Ansatz $\mathbf{v}_3 = \mathbf{grad}\, \psi$ führt auf die zweite Randwertaufgabe der Potentialtheorie

$$G\colon \Delta\psi = 0, \quad \partial G\colon \frac{\partial\psi}{\partial\mathbf{n}} \equiv \mathbf{n}\, \mathbf{grad}\, \psi = f^*.$$

Das eingangs gesuchte Feld $\mathbf{v}$ ergibt sich dann zu $\mathbf{v} = \mathbf{v}_1 + \mathbf{v}_2 + \mathbf{v}_3$.

4.2.2.12. Dyaden

Dyaden finden z. B. in der Elastizitätstheorie Anwendung. Man bezeichnet sie häufig auch als Tensoren (Dehnungstensor, Spannungstensor). Den allgemeinen Tensorbegriff findet man in 8.3.1.1.

Lineare Vektorfunktionen. Unter einer linearen Vektorfunktion $\Phi\mathbf{v}$ versteht man eine Abbildung, die jedem Vektor $\mathbf{v}$ einen neuen Vektor $\mathbf{v}' = \Phi\mathbf{v}$ zuordnet; dabei gilt

$$\Phi(c\mathbf{v}) = c\Phi\mathbf{v}, \quad \Phi(\mathbf{v}_1 + \mathbf{v}_2) = \Phi\mathbf{v}_1 + \Phi\mathbf{v}_2.$$

Betrachtet man eine Drehung des gesamten Raumes um eine Achse, die die Richtung des Einheitsvektors $\mathbf{n}$ besitzt, mit dem Drehwinkel φ (Abb. 4.50), dann gilt in erster Näherung (φ oder $|\mathbf{r}|$ klein):

$$\mathbf{r}' = \mathbf{r} + \varphi\mathbf{n} \times \mathbf{r} + \dots$$

Dabei ist $\Phi\mathbf{r} = \varphi\mathbf{n} \times \mathbf{r}$ eine lineare Vektorfunktion (*infinitesimale Drehung*). Jede lineare Vektorfunktion läßt sich in der Form

$$\Phi\mathbf{v} = \sum_{i=1}^{n} \mathbf{a}_i\, (\mathbf{b}_i\mathbf{v}) \tag{4.16}$$

[1]) Diese Fortsetzung kann man durch den Ansatz $\mathbf{j} = \mathbf{grad}\, V$ erreichen. Für V ergibt sich dann folgende zweite Randwertaufgabe der Potentialtheorie:

$$G_1 - G\colon \quad \Delta V = 0, \quad \partial G_1\colon \frac{\partial V}{\partial\mathbf{n}} = 0, \quad \partial G\colon \frac{\partial V}{\partial\mathbf{n}} = \mathbf{jn}.$$

Abb. 4.50

darstellen mit festen Vektoren $\mathbf{a}_i$, $\mathbf{b}_i$. Sind $\mathbf{e}_1$, $\mathbf{e}_2$, $\mathbf{e}_3$ drei linear unabhängige Vektoren, dann versteht man unter den *Koordinaten* der linearen Vektorfunktion $\Phi\mathbf{v}$ bezüglich dieser Basis die neun Zahlen

$$a_i^j = \mathbf{e}^j\Phi\mathbf{e}_i, \quad i, j = 1, 2, 3$$

($\mathbf{e}^1, \mathbf{e}^2, \mathbf{e}^3$ reziproke Grundvektoren; vgl. 4.2.1.3.). Mittels der Koordinaten kann man $\Phi\mathbf{v}$ darstellen in der Form

$$\Phi\mathbf{v} = \Phi\left(\sum_{i=1}^{3} v^i\mathbf{e}_i\right) = \sum_{j=1}^{3}\left(\sum_{i=1}^{3} v^i a_i^j\right)\mathbf{e}_j. \tag{4.17}$$

Für die Konstruktion spezieller linearer Vektorfunktionen gibt es drei Möglichkeiten: a) invariante (vom Koordinatensystem unabhängige) Konstruktion durch geometrische oder physikalische Größen (z. B. infinitesimale Drehung (4.16), Dehnungstensor, Spannungstensor); b) man gibt sich in einem festen Koordinatensystem mit den Basisvektoren $\mathbf{e}_1$, $\mathbf{e}_2$, $\mathbf{e}_3$ neun Zahlen a_i^j vor und definiert $\Phi\mathbf{v}$ durch (4.17); beim Übergang zu einem anderen Koordinatensystem transformieren sich die a_i^j wie ein einfach kovarianter und einfach kontravarianter Tensor zweiter Stufe (vgl. 8.3.1.1.); c) in jedem Koordinatensystem sind neun Zahlen a_i^j vorgegeben, die das Transformationsverhalten wie in b) besitzen; dann kann $\Phi\mathbf{v}$ wiederum durch (4.17) konstruiert werden.

Dyaden. Um mit linearen Vektorfunktionen bequem rechnen zu können, erklärt man formal ein *dyadisches Produkt* $\mathbf{a}\cdot\mathbf{b}$ zwischen den Vektoren $\mathbf{a}$ und $\mathbf{b}$ mit den beiden distributiven Eigenschaften:

$$(a_1\mathbf{a}_1 + a_2\mathbf{a}_2)\cdot\mathbf{b} = a_1(\mathbf{a}_1\cdot\mathbf{b}) + a_2(\mathbf{a}_2\cdot\mathbf{b}),$$
$$\mathbf{a}\cdot(b_1\mathbf{b}_1 + b_2\mathbf{b}_2) = b_1(\mathbf{a}\cdot\mathbf{b}_1) + b_2(\mathbf{a}\cdot\mathbf{b}_2).$$

Die Faktoren dürfen in $\mathbf{a}\cdot\mathbf{b}$ nicht vertauscht werden. Ferner definiert man formal

$$(\mathbf{a}\cdot\mathbf{b})\,\mathbf{c} = \mathbf{a}(\mathbf{bc})^{1)}, \qquad \mathbf{c}(\mathbf{a}\cdot\mathbf{b}) = (\mathbf{ca})\,\mathbf{b}, \tag{4.18}$$

$$(\mathbf{a}\cdot\mathbf{b})^* = (\mathbf{b}\cdot\mathbf{a}), \tag{4.19}$$

$$(\mathbf{a}\cdot\mathbf{b})\times\mathbf{c} = \mathbf{a}\cdot(\mathbf{b}\times\mathbf{c}), \qquad \mathbf{c}\times(\mathbf{a}\cdot\mathbf{b}) = (\mathbf{c}\times\mathbf{a})\cdot\mathbf{b}, \tag{4.20}$$

$$(\mathbf{a}\cdot\mathbf{b})(\mathbf{c}\cdot\mathbf{d}) = (\mathbf{bc})(\mathbf{a}\cdot\mathbf{d}). \tag{4.21}$$

Unter einer *Dyade* Φ versteht man eine endliche Summe dyadischer Produkte

$$\Phi = \sum_{i=1}^{n} \mathbf{a}_i\cdot\mathbf{b}_i.$$

Jeder Dyade Φ kann man durch

$$\Phi\mathbf{v} = \sum_{i=1}^{n} \mathbf{a}_i(\mathbf{b}_i\mathbf{v})$$

eine lineare Vektorfunktion zuordnen (vgl. (4.18)). Zwei Dyaden Φ, Ψ werden als gleich angesehen, wenn $\Phi\mathbf{v} = \Psi\mathbf{v}$ für alle Vektoren $\mathbf{v}$ gilt. Unter $\mathbf{v}\Phi$ verstehen wir die lineare Vektorfunktion

$$\mathbf{v}\Phi = \sum_{i=1}^{n} (\mathbf{va}_i)\,\mathbf{b}_i.$$

---

[1]) (bc) ist das skalare Produkt (vgl. 4.2.1.3.). Multiplikation des formalen dyadischen Produkts $\mathbf{a}\cdot\mathbf{b}$ mit einem Vektor ergibt also einen Vektor.

Definiert man durch

$$\Phi^* = \sum_{i=1}^{n} (\mathbf{a}_i \cdot \mathbf{b}_i)^* = \sum_{i=1}^{n} (\mathbf{b}_i \cdot \mathbf{a}_i)$$

die zu Φ konjugierte Dyade Φ^*, dann kann man schreiben $\mathbf{v}\Phi = \Phi^*\mathbf{v}$. Es ist stets $\Phi^{**} = \Phi$. Der Dyade

$$\mathbf{c} \times \Phi = \sum_{i=1}^{n} \mathbf{c} \times (\mathbf{a}_i \cdot \mathbf{b}_i) = \sum_{i=1}^{n} (\mathbf{c} \times \mathbf{a}_i) \cdot \mathbf{b}_i$$

(vgl. (4.20)) ist die lineare Vektorfunktion

$$(\mathbf{c} \times \Phi)\,\mathbf{v} = \sum_{i=1}^{n} (\mathbf{c} \times \mathbf{a}_i)\,(\mathbf{b}_i\mathbf{v})$$

zugeordnet. Ist

$$\Psi = \sum_{j=1}^{n} \mathbf{c}_j \cdot \mathbf{d}_j$$

eine weitere Dyade, dann entspricht dem Produkt

$$\Phi\Psi = \sum_{i,j=1}^{n} (\mathbf{a}_i \cdot \mathbf{b}_i)\,(\mathbf{c}_j \cdot \mathbf{d}_j) = \sum_{i,j=1}^{n} (\mathbf{b}_i\mathbf{c}_j)\,(\mathbf{a}_i \cdot \mathbf{d}_j)$$

(vgl. (4.21)) die lineare Vektorfunktion

$$(\Phi\Psi)\,\mathbf{v} = \sum_{j,j=1}^{n} \mathbf{a}_i(\mathbf{b}_i\mathbf{c}_j)\,(\mathbf{d}_j\mathbf{v}).$$

Es gilt stets

$$(\Phi\Psi)\,\mathbf{v} = \Phi(\Psi\mathbf{v}).$$

Koordinatendarstellung von Dyaden. Besitzen die Vektoren $\mathbf{a}_k$, $\mathbf{b}_k$ in $\Phi = \sum_{k=1}^{n} \mathbf{a}_k \cdot \mathbf{b}_k$ bezogen auf ein kartesisches Koordinatensystem die Darstellung

$$\mathbf{a}_k = (a_k)_x\,\mathbf{i} + (a_k)_y\,\mathbf{j} + (a_k)_z\,\mathbf{k}, \quad \mathbf{b}_k = (b_k)_x\,\mathbf{i} + (b_k)_y\,\mathbf{j} + (b_k)_z\,\mathbf{k},$$

dann entsteht nach formaler Multiplikation und Zusammenfassung gleicher Glieder ein Ausdruck der Form

$$\begin{aligned} \Phi = {} & a_{xx}\mathbf{i} \cdot \mathbf{i} + a_{xy}\mathbf{i} \cdot \mathbf{j} + a_{xz}\mathbf{i} \cdot \mathbf{k} \\ & + a_{yx}\mathbf{j} \cdot \mathbf{i} + a_{yy}\mathbf{j} \cdot \mathbf{j} + a_{yz}\mathbf{j} \cdot \mathbf{k} \\ & + a_{zx}\mathbf{k} \cdot \mathbf{i} + a_{zy}\mathbf{k} \cdot \mathbf{j} + a_{zz}\mathbf{k} \cdot \mathbf{k}. \end{aligned} \tag{4.22}$$

Die neun Zahlen $a_{xx}, a_{xy}, \ldots, a_{zz}$ heißen die *kartesischen Koordinaten* der Dyade Φ. Gilt allgemeiner

$$\mathbf{a}_k = \sum_{j=1}^{3} (a_k)^j\,\mathbf{e}_j, \quad \mathbf{b}_k = \sum_{i=1}^{3} (b_k)_i\,\mathbf{e}^i,$$

dann entsteht nach formaler Multiplikation und Zusammenfassung entsprechender Glieder

$$\Phi = \sum_{i,j=1}^{3} a^j_i \mathbf{e}_j \cdot \mathbf{e}^i.$$

Die zugehörige lineare Vektorfunktion ist

$$\Phi\mathbf{v} = \sum_{i,j=1}^{3} a^j_i \mathbf{e}_j(\mathbf{e}^i\mathbf{v}) = \sum_{j=1}^{3} \left(\sum_{i=1}^{3} v^i a^j_i \right) \mathbf{e}_j.$$

Die a^j_i heißen die *Koordinaten* von Φ bezogen auf die Basisvektoren $\mathbf{e}_1$, $\mathbf{e}_2$, $\mathbf{e}_3$. Sie stimmen mit den Koordinaten der linearen Vektorfunktion $\Phi\mathbf{v}$ überein. Im Spezialfall kartesischer Koordinaten

($\mathbf{e}_1 = \mathbf{e}^1 = \mathbf{i}$, $\mathbf{e}_2 = \mathbf{e}^2 = \mathbf{j}$, $\mathbf{e}_3 = \mathbf{e}^3 = \mathbf{k}$) gilt $a_1^1 = a_{xx}$, $a_2^1 = a_{xy}$, $a_3^1 = a_{xz}$ usf. Unter der *Spur* von Φ versteht man die Zahl

$$\mathrm{Sp}\,\Phi = a_1^1 + a_2^2 + a_3^3 = a_{xx} + a_{yy} + a_{zz},$$

die unabhängig vom speziellen Koordinatensystem ist (Invariante).

Symmetrische und antisymmetrische Dyaden. Eine Dyade Φ heißt *symmetrisch*, wenn $\Phi = \Phi^*$ gilt; Φ heißt *antisymmetrisch*, wenn $\Phi = -\Phi^*$ gilt. In kartesischen Koordinaten (vgl. (4.22)) bedeutet Symmetrie $a_{xy} = a_{yx}$, $a_{xz} = a_{zx}$, $a_{yz} = a_{zy}$; Antisymmetrie bedeutet $a_{xx} = a_{yy} = a_{zz} = 0$, $a_{xy} = -a_{yx}$, $a_{xz} = -a_{zx}$, $a_{yz} = -a_{zy}$ (vgl. 8.3.1.3. (8.46)). Jede Dyade Φ läßt sich in der Form

$$\Phi = \Phi_s + \Phi_a$$

darstellen. Dabei ist $\Phi_s = \frac{1}{2}(\Phi + \Phi^*)$ eine symmetrische Dyade und $\Phi_a = \frac{1}{2}(\Phi - \Phi^*)$ ist eine antisymmetrische Dyade. Um symmetrische Dyaden geometrisch zu deuten, ordnen wir jeder symmetrischen Dyade die Gleichung $2F \equiv \mathbf{r}\Phi\mathbf{r} = 1$ zu, in kartesischen Koordinaten

$$a_{xx}x^2 + a_{yy}y^2 + a_{zz}z^2 + 2a_{xy}xy + 2a_{xz}xz + 2a_{yz}yz = 1.$$

Das ist die Gleichung einer Fläche 2. Ordnung (Ellipsoid, Hyperboloid, Zylinderfläche) mit dem Mittelpunkt in $x = 0$, $y = 0$, $z = 0$. Diese Fläche heißt *Tensorfläche.* Durch eine Drehung des Koordinatensystems in die Hauptachsen der Tensorfläche erhält deren Gleichung die einfache Gestalt

$$\lambda_1 x^2 + \lambda_2 y^2 + \lambda_3 z^2 = 1.$$

In diesem kartesischen Koordinatensystem besitzt Φ die Form

$$\Phi = \lambda_1 \mathbf{i}\cdot\mathbf{i} + \lambda_2 \mathbf{j}\cdot\mathbf{j} + \lambda_3 \mathbf{k}\cdot\mathbf{k}.$$

Gilt $\lambda_1, \lambda_2, \lambda_3 > 0$ (Tensorfläche ist ein Ellipsoid), dann entsteht für die dazugehörige lineare Vektorfunktion

$$\Phi\mathbf{r} = \lambda_1 x\mathbf{i} + \lambda_2 y\mathbf{j} + \lambda_3 z\mathbf{k}.$$

Der Vektor $\Phi\mathbf{r}$ entsteht somit aus $\mathbf{r} = x\mathbf{i} + y\mathbf{j} + z\mathbf{k}$ durch eine Dehnung in Richtung der drei Koordinatenachsen, die mit den Hauptachsen übereinstimmen. Die *Eigenwerte* λ_i bestimmen sich als Lösungen der Gleichung dritten Grades in λ:

$$\begin{vmatrix} a_{xx}-\lambda & a_{xy} & a_{xz} \\ a_{xy} & a_{yy}-\lambda & a_{zy} \\ a_{xz} & a_{zy} & a_{zz}-\lambda \end{vmatrix} = 0.$$

Die Hauptachsenrichtungen $\mathbf{h}_i$ der Mittelpunktfläche genügen $\Phi\mathbf{h}_i = \lambda_i\mathbf{h}_i$.

Um antisymmetrische Dyaden geometrisch zu deuten, schreiben wir eine beliebige antisymmetrische Dyade in kartesischen Koordinaten in der Form

$$\begin{aligned} \Phi = {} & 0\mathbf{i}\cdot\mathbf{i} - a_z\mathbf{i}\cdot\mathbf{j} + a_y\mathbf{i}\cdot\mathbf{k} \\ & + a_z\mathbf{j}\cdot\mathbf{i} + 0\mathbf{j}\cdot\mathbf{j} - a_x\mathbf{j}\cdot\mathbf{k} \\ & - a_y\mathbf{k}\cdot\mathbf{i} + a_x\mathbf{k}\cdot\mathbf{j} + 0\mathbf{k}\cdot\mathbf{k}. \end{aligned}$$

Die zugehörige lineare Vektorfunktion $\Phi\mathbf{r}$ hat die Gestalt

$$\Phi\mathbf{r} = \mathbf{a}\times\mathbf{r} = \begin{vmatrix} \mathbf{i} & \mathbf{j} & \mathbf{k} \\ a_x & a_y & a_z \\ x & y & z \end{vmatrix}.$$

Setzt man $\mathbf{a} = \varphi\mathbf{n}$, dann ist das eine infinitesimale Drehung.

Vektorgradient. In 4.2.2.8. wurde (**a grad**) **u** erklärt. Als *Vektorgradient* Φ bezeichnet man eine Dyade, für die bei festem Vektor **a** gilt:

$$\Phi \mathbf{u} = (\mathbf{a}\ \mathbf{grad})\ \mathbf{u}\,.$$

Man schreibt $\Phi = \mathbf{grad} \cdot \mathbf{u}$. In kartesischen Koordinaten gilt ($\mathbf{u} = u_x\mathbf{i} + u_y\mathbf{j} + u_z\mathbf{k}$)

$$\begin{aligned}\mathbf{grad} \cdot \mathbf{u} = {} & \frac{\partial u_x}{\partial x}\,\mathbf{i}\cdot\mathbf{i} + \frac{\partial u_y}{\partial x}\,\mathbf{i}\cdot\mathbf{j} + \frac{\partial u_z}{\partial x}\,\mathbf{i}\cdot\mathbf{k} \\ & + \frac{\partial u_x}{\partial y}\,\mathbf{j}\cdot\mathbf{i} + \frac{\partial u_y}{\partial y}\,\mathbf{j}\cdot\mathbf{j} + \frac{\partial u_z}{\partial y}\,\mathbf{j}\cdot\mathbf{k} \\ & + \frac{\partial u_x}{\partial z}\,\mathbf{k}\cdot\mathbf{i} + \frac{\partial u_y}{\partial z}\,\mathbf{k}\cdot\mathbf{j} + \frac{\partial u_z}{\partial z}\,\mathbf{k}\cdot\mathbf{k}.\end{aligned}$$

Da die Koordinaten $\dfrac{\partial u_x(P)}{\partial x}, \ldots$ dieser Dyade vom Punkt P abhängen, liegt in jedem Punkt P eine andere Dyade vor (*Dyadenfeld*). Für (**a grad**) **u** ergibt sich

$$\begin{aligned}(\mathbf{a}\ \mathbf{grad})\ \mathbf{u} &= \mathbf{a}\ (\mathbf{grad} \cdot \mathbf{u}) \\ &= \left(a_x \frac{\partial u_x}{\partial x} + a_y \frac{\partial u_x}{\partial y} + a_z \frac{\partial u_x}{\partial z}\right)\mathbf{i} \\ &\quad + \left(a_x \frac{\partial u_y}{\partial x} + a_y \frac{\partial u_y}{\partial y} + a_z \frac{\partial u_y}{\partial z}\right) \\ &\quad + \left(a_x \frac{\partial u_z}{\partial x} + a_y \frac{\partial u_z}{\partial y} + a_z \frac{\partial u_z}{\partial z}\right)\mathbf{k}.\end{aligned} \tag{4.23}$$

Die zu $\Phi = \mathbf{grad} \cdot \mathbf{u}$ gehörigen Dyaden Φ_s, Φ_a ($\Phi = \Phi_s + \Phi_a$) haben die Gestalt

$$\begin{aligned}\Phi_s = {} & \frac{\partial u_x}{\partial x}\,\mathbf{i}\cdot\mathbf{i} + \frac{1}{2}\left(\frac{\partial u_y}{\partial x} + \frac{\partial u_x}{\partial y}\right)\mathbf{i}\cdot\mathbf{j} + \frac{1}{2}\left(\frac{\partial u_z}{\partial x} + \frac{\partial u_x}{\partial z}\right)\mathbf{i}\cdot\mathbf{k} \\ & + \frac{1}{2}\left(\frac{\partial u_y}{\partial x} + \frac{\partial u_x}{\partial y}\right)\mathbf{j}\cdot\mathbf{i} + \frac{\partial u_y}{\partial y}\,\mathbf{j}\cdot\mathbf{j} + \frac{1}{2}\left(\frac{\partial u_z}{\partial y} + \frac{\partial u_y}{\partial z}\right)\mathbf{j}\cdot\mathbf{k} \\ & + \frac{1}{2}\left(\frac{\partial u_z}{\partial x} + \frac{\partial u_x}{\partial z}\right)\mathbf{k}\cdot\mathbf{i} + \frac{1}{2}\left(\frac{\partial u_z}{\partial y} + \frac{\partial u_y}{\partial z}\right)\mathbf{k}\cdot\mathbf{j} + \frac{\partial u_z}{\partial z}\,\mathbf{k}\cdot\mathbf{k},\end{aligned}$$

$$\begin{aligned}\Phi_a = {} & \frac{1}{2}\left(\frac{\partial u_y}{\partial x} - \frac{\partial u_x}{\partial y}\right)\mathbf{i}\cdot\mathbf{j} + \frac{1}{2}\left(\frac{\partial u_z}{\partial x} - \frac{\partial u_x}{\partial z}\right)\mathbf{i}\cdot\mathbf{k} \\ & - \frac{1}{2}\left(\frac{\partial u_y}{\partial x} - \frac{\partial u_x}{\partial y}\right)\mathbf{j}\cdot\mathbf{i} + \frac{1}{2}\left(\frac{\partial u_z}{\partial y} - \frac{\partial u_y}{\partial z}\right)\mathbf{j}\cdot\mathbf{k} \\ & - \frac{1}{2}\left(\frac{\partial u_z}{\partial x} - \frac{\partial u_x}{\partial z}\right)\mathbf{k}\cdot\mathbf{i} - \frac{1}{2}\left(\frac{\partial u_z}{\partial y} - \frac{\partial u_y}{\partial z}\right)\mathbf{k}\cdot\mathbf{j}.\end{aligned}$$

Mittels dieser Dyaden kann man in erster Näherung die Änderung eines Vektorfeldes beschreiben durch

$$\begin{aligned}\mathbf{u}(\mathbf{r}) &= \mathbf{u}(\mathbf{r}_0) + ((\mathbf{r} - \mathbf{r}_0)\ \mathbf{grad})\ \mathbf{u}(\mathbf{r}_0) + \ldots \\ &= \mathbf{u}(\mathbf{r}_0) + (\mathbf{r} - \mathbf{r}_0)\,\Phi_s + (\mathbf{r} - \mathbf{r}_0)\,\Phi_a + \ldots,\end{aligned} \tag{4.24}$$

Φ_s, Φ_a sind an der Stelle $\mathbf{r}_0$ zu nehmen. Ferner gilt $(\mathbf{r} - \mathbf{r}_0)\,\Phi_a = \frac{1}{2}\,\mathbf{rot}\ \mathbf{u}(\mathbf{r}_0) \times (\mathbf{r} - \mathbf{r}_0)$.

Mechanische Deutung. Bei der Verformung eines elastischen Mediums gehe der Punkt P mit dem Radiusvektor **r** in $\mathbf{r}' = \mathbf{r} + \mathbf{u}(\mathbf{r})$ über (**u**(**r**) *Verschiebungsvektor*). Untersucht man **u**(**r**) in einer kleinen Umgebung von $\mathbf{r}_0$, dann beinhaltet (4.24), daß sich die Verzerrung zusammensetzt aus einer Translation ($\mathbf{u}(\mathbf{r}_0)$), einer Dehnung ($(\mathbf{r} - \mathbf{r}_0)\,\Phi_s$) und einer infinitesimalen Drehung ($(\mathbf{r} - \mathbf{r}_0)\,\Phi_a$), wobei die Drehachse die Richtung von $\mathbf{rot}\,\mathbf{u}(\mathbf{r}_0)$ besitzt und der Drehwinkel die Größe $\frac{1}{2}\,|\mathbf{rot}\,\mathbf{u}(\mathbf{r}_0)|$ hat. Φ_s heißt *Verzerrungstensor*. Daneben spielt der *Spannungstensor* Ψ eine wichtige Rolle. Gegeben sei ein unter Spannungskräften stehendes elastisches Medium. Löst man ein gewisses Volumenstück V

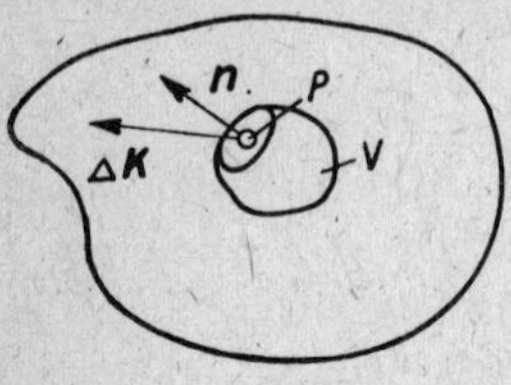

Abb. 4.51

heraus (Abb. 4.51), dann muß man zur Aufrechterhaltung des Gleichgewichts von V in jedem kleinen Oberflächenelement ΔS von V mit dem Außennormalenvektor $\mathbf{n}(P)$ eine Kraft der Größe

$$\Delta\mathbf{K} = (\Psi\mathbf{n})\,\Delta S \equiv \Psi\,\Delta\mathbf{S}$$

anbringen. Die Dyade Ψ (Spannungstensor) ist symmetrisch und hängt vom Oberflächenpunkt P ab. Die Oberflächenkräfte, die auf V wirken, sind somit gleich $\oiint \Psi\,d\mathbf{S}$. Abb. 4.51 beschreibt Zugkräfte.

Divergenz und Rotation. Analog zu 4.2.2.6., 4.2.2.7. werden für Dyaden Divergenz und Rotation durch

$$\mathrm{Div}\,\Phi = \lim_{V\to 0} \frac{\oiint d\mathbf{S}\,\Phi}{V},$$

$$\mathrm{Rot}\,\Phi = \lim_{V\to 0} \frac{\oiint d\mathbf{S} \times \Phi}{V}$$

definiert. Besitzt Φ in kartesischen Koordinaten die Darstellung (4.22), dann gilt

$$\begin{aligned}\mathrm{Div}\,\Phi = {} & \left(\frac{\partial a_{xx}}{\partial x} + \frac{\partial a_{yx}}{\partial y} + \frac{\partial a_{zx}}{\partial z}\right)\mathbf{i} \\ & + \left(\frac{\partial a_{xy}}{\partial x} + \frac{\partial a_{yy}}{\partial y} + \frac{\partial a_{zy}}{\partial z}\right)\mathbf{j} \\ & + \left(\frac{\partial a_{xz}}{\partial x} + \frac{\partial a_{yz}}{\partial y} + \frac{\partial a_{zz}}{\partial z}\right)\mathbf{k},\end{aligned}$$

$$\begin{aligned}\mathrm{Rot}\,\Phi = {} & \left(\frac{\partial a_{zx}}{\partial y} - \frac{\partial a_{yx}}{\partial z}\right)\mathbf{i}\cdot\mathbf{i} + \left(\frac{\partial a_{zy}}{\partial y} - \frac{\partial a_{yy}}{\partial z}\right)\mathbf{i}\cdot\mathbf{j} + \left(\frac{\partial a_{zz}}{\partial y} - \frac{\partial a_{yz}}{\partial z}\right)\mathbf{i}\cdot\mathbf{k} \\ & + \left(\frac{\partial a_{xx}}{\partial z} - \frac{\partial a_{zx}}{\partial x}\right)\mathbf{j}\cdot\mathbf{i} + \left(\frac{\partial a_{xy}}{\partial z} - \frac{\partial a_{zy}}{\partial x}\right)\mathbf{j}\cdot\mathbf{j} + \left(\frac{\partial a_{xz}}{\partial z} - \frac{\partial a_{zz}}{\partial x}\right)\mathbf{j}\cdot\mathbf{k} \\ & + \left(\frac{\partial a_{yx}}{\partial x} - \frac{\partial a_{xx}}{\partial y}\right)\mathbf{k}\cdot\mathbf{i} + \left(\frac{\partial a_{yy}}{\partial x} - \frac{\partial a_{xy}}{\partial y}\right)\mathbf{k}\cdot\mathbf{j} + \left(\frac{\partial a_{yz}}{\partial x} - \frac{\partial a_{xz}}{\partial y}\right)\mathbf{k}\cdot\mathbf{k}.\end{aligned}$$

Stellt man Φ in der Form $\Phi = \mathbf{a}_1\cdot\mathbf{i} + \mathbf{a}_2\cdot\mathbf{j} + \mathbf{a}_3\cdot\mathbf{k}$ dar, dann gilt kurz

$$\mathrm{Div}\,\Phi = (\mathrm{div}\,\mathbf{a}_1)\,\mathbf{i} + (\mathrm{div}\,\mathbf{a}_2)\,\mathbf{j} + (\mathrm{div}\,\mathbf{a}_3)\,\mathbf{k},$$

$$\mathrm{Rot}\,\Phi = (\mathbf{rot}\,\mathbf{a}_1)\cdot\mathbf{i} + (\mathbf{rot}\,\mathbf{a}_2)\cdot\mathbf{j} + (\mathbf{rot}\,\mathbf{a}_3)\cdot\mathbf{k}.$$

Nablakalkül für Dyaden. Mit Hilfe des ∇-Operators (vgl. 4.2.2.9.) kann man formal schreiben

$$\mathbf{grad} \cdot \mathbf{u} = \nabla \cdot \mathbf{u}, \qquad \operatorname{Div} \Phi = \nabla \Phi \qquad \operatorname{Rot} \Phi = \nabla \times \Phi$$

Die Formeln (4.10) und (4.14) gelten auch für Dyaden.

Beispiele:

1. $$\iiint\limits_G \operatorname{Div} \Phi \, dV = \iiint\limits_G dV(\nabla \Phi) = \oiint\limits_{\partial G} d\mathbf{S} \Phi \quad \text{(Satz von Gauß)},$$

2. $$\iiint\limits_G \operatorname{Rot} \Phi \, dV = \iiint\limits_G dV(\nabla \times \Phi) = \oiint\limits_{\partial G} d\mathbf{S} \times \Phi,$$

3. $$\iint\limits_\Sigma d\mathbf{S} \operatorname{Rot} \Phi = \iint\limits_\Sigma d\mathbf{S}(\nabla \times \Phi) = \iint\limits_\Sigma (d\mathbf{S} \times \nabla) \Phi = \iint\limits_{\partial\Sigma} d\mathbf{r} \Phi \quad \text{(Satz von Stokes)}.$$

4.3. Differentialgeometrie

Die Differentialgeometrie untersucht die Eigenschaften von Kurven und Flächen mit den Methoden der Differentialrechnung. Um das Verhalten in der Umgebung eines Punktes zu studieren (lokales Verhalten, z. B. Tangente, Krümmung), benutzt man wesentlich die Taylorentwicklung, wobei stillschweigend vorausgesetzt wird, daß alle in den Gleichungen vorkommenden Ableitungen stetig sind. Daneben interessiert das häufig schwieriger zu untersuchende Verhalten im Großen (globales Verhalten, z. B. Kurvenlänge, Winkelsumme im Dreieck auf einer Fläche, geodätische Linien). Differentialgeometrische Eigenschaften müssen unabhängig vom gewählten Koordinatensystem sein.

4.3.1. Ebene Kurven

4.3.1.1. Definitionsmöglichkeiten für ebene Kurven

Gleichung einer ebenen Kurve. Eine ebene Kurve läßt sich u. a. auf eine der folgenden Arten definieren:

Kartesische Koordinaten

explizit: $y = y(x)$, (4.25)

implizit: $F(x, y) = 0$, (4.26)

Parameterform: $x = x(t), \quad y = y(t)$ (4.27)

Polarkoordinaten $\varrho = \varrho(\varphi)$. (4.28)

Beispiele (Abb. 4.52): a) $y = \sin x$, b) $x = t^2$, $y = t^3$, c) $\varrho = a|\varphi|$, $a > 0$. Die *positive Richtung* der Kurve wird durchlaufen, wenn die x (vgl. (4.25)), t (vgl. (4.27)), φ (vgl. (4.28)) wachsen.

Umrechnung von der impliziten zur expliziten Form. Ist (x_0, y_0) ein Kurvenpunkt, also $F(x_0, y_0) = 0$ mit $F_y(x_0, y_0) \neq 0$, dann kann man $F(x, y) = 0$ in einer kleinen Umgebung von (x_0, y_0) eindeutig nach y auflösen, wobei $y = y(x)$ entsteht (vgl. 3.1.6.4.).

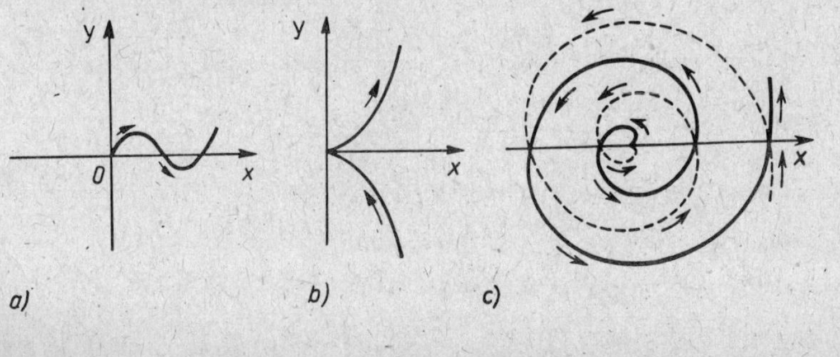

Abb. 4.52a–c

Ferner gilt

$$y'(x) = -\frac{F_x(x, y(x))}{F_y(x, y(x))}, \quad y'' = \frac{-F_y^2 F_{xx} + 2F_xF_yF_{xy} - F_x^2 F_{yy}}{F_y^3}. \tag{4.29}$$

Ist statt dessen $F_x(x_0, y_0) \neq 0$, dann kann man $F(x, y) = 0$ in der Form $x = x(y)$ auflösen; in (4.29) vertausche man x mit y. Im Fall $F_x(x_0, y_0) = F_y(x_0, y_0) = 0$ liegt in (x_0, y_0) ein *singulärer Punkt* vor (vgl. 4.3.1.3.).

Umrechnung von der Parameterform zur expliziten Form. Die Ableitungen von $x(t)$, $y(t)$ werden mit $\dot{x}(t)$, $\dot{y}(t)$ bezeichnet, Ist $\dot{x}(t_0) \neq 0$, dann kann man die Gleichung $x = x(t)$ in einer kleinen Umgebung von t_0 nach t auflösen $(t = t(x))$ und erhält die explizite Form $y = f(x) = y(t(x))$. Es gilt

$$y' = \frac{\dot{y}(t)}{\dot{x}(t)}, \quad y'' = \frac{\dot{x}\ddot{y} - \dot{y}\ddot{x}}{\dot{x}^3}. \tag{4.30}$$

Ist statt dessen $\dot{y}(t_0) \neq 0$, dann kann man $y = y(t)$ nach t auflösen $(t = t(y))$ und erhält $x = g(y) = x(t(y))$; in (4.30) vertausche man x mit y. Für $\dot{x}(t_0) = \dot{y}(t_0) = 0$ liegt in t_0 ein *singulärer Punkt* vor (vgl. 4.3.1.3.).

4.3.1.2. Lokale Elemente einer ebenen Kurve

Tangente und Normale. Die *Tangente* im Kurvenpunkt P_0 wird definiert als Grenzlage der Sekante durch P_0 und einen benachbarten Kurvenpunkt P_1, wenn P_1 gegen P_0 strebt (Abb. 4.53a). Die Normale ist eine Gerade, die senkrecht auf der Tangente steht. Die Orientierung wird wie in Abb. 4.53 b gewählt, d. h. die positive Tangentenrichtung zeigt in die positive Kurvenrichtung, und die positive

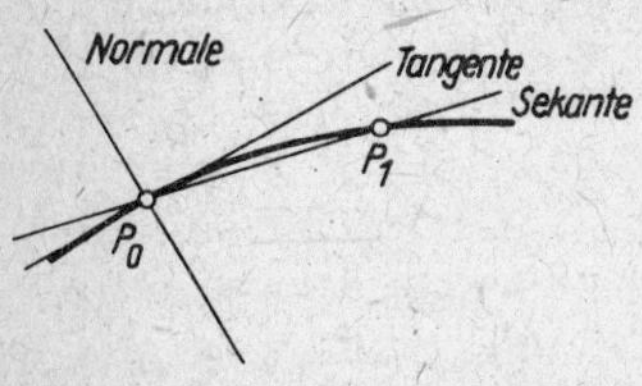

Abb. 4.53 a

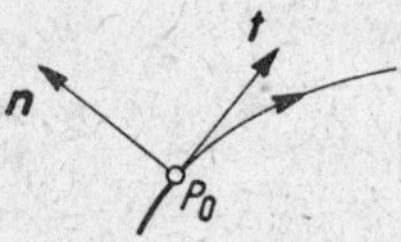

Abb. 4.53 b

Normalenrichtung geht aus der positiven Tangentenrichtung durch eine Drehung um 90° entgegen dem Uhrzeigersinn hervor. Der *Tangentenvektor* **t** (*Normalenvektor* **n**) ist ein Einheitsvektor in positiver Tangentenrichtung (Normalenrichtung):

$$\mathbf{t} = \frac{\mathbf{i} + y'(x_0)\mathbf{j}}{\sqrt{1 + y'^2(x_0)}}; \qquad \mathbf{n} = \frac{-y'(x_0)\mathbf{i} + \mathbf{j}}{\sqrt{1 + y'^2(x_0)}}.$$

Gleichungsform der Kurve	Tangentengleichung im Punkt (x_0, y_0)	Normalengleichung im Punkt (x_0, y_0)
(4.25)	$y - y_0 = y'_0(x - x_0)$	$-y'_0(y - y_0) = x - x_0$
(4.26)	$-(F_y)_0(y - y_0) = (F_x)_0(x - x_0)$	$(F_x)_0(y - y_0) = (F_y)_0(x - x_0)$
(4.27)	$\dot{x}_0(y - y_0) = \dot{y}_0(x - x_0)$	$-\dot{y}_0(y - y_0) = \dot{x}_0(x - x_0)$

Dabei ist $y'_0 = y'(x_0)$, $\dot{y}_0 = \dot{y}(t_0)$, $(F_y)_0 = F_y(x_0, y_0)$ usf. (vgl. (4.29), (4.30)).

Beispiele: 1. $y = \sin x$, $y' = \cos x$, Tangentengleichung in (x_0, y_0): $y - \sin x_0 = \cos x_0(x - x_0)$; speziell $x_0 = y_0 = 0$: $y = x$.

2. $F(x, y) \equiv x^2 + y^2 - 25 = 0$ (Kreis vom Radius 5), $F_x = 2x$, $F_y = 2y$, Tangentengleichung in (x_0, y_0): $2x_0(x - x_0) + 2y_0(y - y_0) = 0$, wegen $x_0^2 + y_0^2 = 25$ gilt $xx_0 + yy_0 = 25$; speziell $x_0 = 3$, $y_0 = 4$: $3x + 4y = 25$.

3. $x = t^2$, $y = t^3$, $\dot{x} = 2t$, $\dot{y} = 3t^2$, Tangentengleichung in $x_0 = t_0^2$, $y_0 = t_0^3$: $3t_0^2(x - x_0) - 2t_0(y - y_0) = 0$, also $y = \frac{3t_0}{2}x - \frac{1}{2}t_0^3$ für $t_0 \neq 0$.

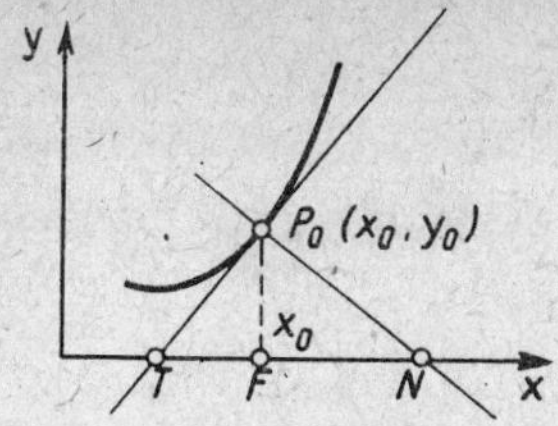

Abb. 4.54

Abb. 4.55

Für ebene Kurven haben sich folgende Bezeichnungen eingebürgert (Abb. 4.54):

$P_0T = \left|\dfrac{y_0}{y_0'}\sqrt{1+y_0'^2}\right|$ (*Tangentenabschnitt*), $P_0N = \left|y_0\sqrt{1+y_0'^2}\right|$ (*Normalenabschnitt*), $TF = \left|\dfrac{y_0}{y_0'}\right|$ (*Subtangente*), $FN = |y_0 y_0'|$ (*Subnormale*).

Der Winkel φ zwischen zwei Kurven $y = y_1(x)$ und $y = y_2(x)$ im Punkt (x_0, y_0) ist gleich dem Winkel zwischen den positiven Tangentenrichtungen (gemessen entgegen dem Uhrzeigersinn)

$$\tan\varphi = \frac{y_2'(x_0) - y_1'(x_0)}{1 + y_1'(x_0)\,y_2'(x_0)} = \frac{\dot{x}_1(t_0)\,\dot{y}_2(\bar{t}_0) - \dot{x}_2(\bar{t}_0)\,\dot{y}_1(t_0)}{\dot{x}_1(t_0)\,\dot{x}_2(\bar{t}_0) + \dot{y}_1(t_0)\,\dot{y}_2(\bar{t}_0)}.$$

Bogenlänge. Die *Länge einer Kurve* $y = y(x)$ $(x = x(t), y = y(t))$ zwischen den Punkten $P_1(x_1, y_1)$, $P_2(x_2, y_2)$ (Abb. 4.55) wird berechnet durch

$$s = \int_{x_1}^{x_2} \sqrt{1 + y'^2(x)}\,dx = \int_{t_1}^{t_2} \sqrt{\dot{x}^2(t) + \dot{y}^2(t)}\,dt.$$

Dabei ist $x_i = x(t_i)$, $y_i = y(t_i)$. Als *Differential* der *Bogenlänge* bezeichnet man

$$ds = \sqrt{1 + y'^2(x)}\,dx = \sqrt{\dot{x}^2(t) + \dot{y}^2(t)}\,dt.$$

Dieses Differential ist in erster Näherung gleich dem Abstand zwischen P_1 und P_2, wenn sich diese Punkte nur wenig voneinander unterscheiden. Für eine Kurve $\varrho = \varrho(\varphi)$ in Polarkoordinaten ist

$$s = \int_{\varphi_1}^{\varphi_2} ds = \int_{\varphi_1}^{\varphi_2} \sqrt{\varrho^2 + \dot{\varrho}^2}\,d\varphi.$$

Krümmung. Bezeichnet man mit $\alpha(P)$ den Winkel zwischen der positiven x-Achse und der positiven Tangentenrichtung im Punkt P (gemessen entgegen dem Uhrzeigersinn), dann wird die *Krümmung K* der Kurve im Punkt P_0 definiert durch den Grenzwert

$$K = \lim_{P_0 \to P_1} \frac{\alpha(P_1) - \alpha(P_0)}{\widehat{P_0P_1}}$$

($\widehat{P_0P_1}$ Bogenlänge zwischen P_0 und P_1: $\widehat{P_0P_1} > 0$, wenn P_1 im Sinne der positiven Richtung auf P_0 folgt, sonst $\widehat{P_0P_1} < 0$; Abb. 4.56). Für eine Gerade gilt $K \equiv 0$. Je größer $|K|$ ist, um so stärker ist die Kurve gekrümmt. Über das Vorzeichen von K gibt Abb. 4.57 Auskunft.

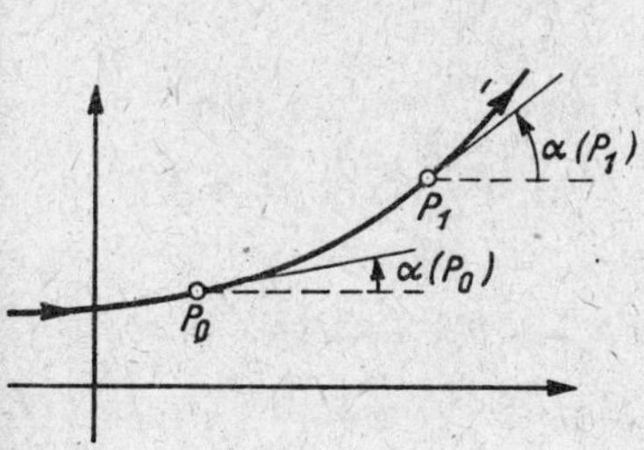

Abb. 4.56

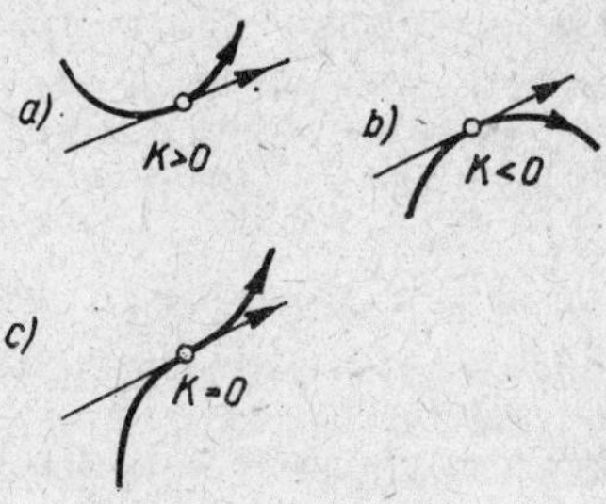

Abb. 4.57

Tabelle 4.1

Gleichungsform der Kurve	Krümmung K der Kurve im Punkt P
(4.25)	$K = \dfrac{y''(x)}{(1 + y'^2)^{3/2}}$
(4.26)	$K = \dfrac{-F_y^2 F_{xx} + 2F_xF_yF_{xy} - F_x^2F_{yy}}{(F_x^2 + F_y^2)^{3/2}}$
(4.27)	$K = \dfrac{\dot{x}\ddot{y} - \dot{y}\ddot{x}}{(\dot{x}^2 + \dot{y}^2)^{3/2}}$
(4.28)	$K = \dfrac{\varrho^2 + 2\varrho'^2 - \varrho\varrho''}{(\varrho^2 + \varrho'^2)^{3/2}}$

Beispiele:

1. $y = \cosh x, \quad K = \dfrac{1}{\cosh^2 x}$,

2. $x = t^2, \; y = t^3, \quad K = \dfrac{6}{t(4 + 9t^2)^{3/2}}$,

3. $y^2 - x^2 - a^2 = 0, \quad K = \dfrac{a^2}{(x^2 + y^2)^{3/2}}$,

4. $\varrho = a\varphi, \quad K = \dfrac{1}{a}\,\dfrac{\varphi^2 + 2}{(\varphi^2 + 1)^{3/2}}$,

5. $y^2 + x^2 = a^2, \quad K = \dfrac{1}{a}$.

Krümmungskreis und Krümmungsmittelpunkt. Als Krümmungskreis der Kurve im Punkt P_0 bezeichnet man die Grenzlage des Kreises durch drei Punkte P_0, P_1, P_2 (Abb. 4.58), wenn P_1, P_2 gegen P_0 streben. Der Radius dieses Kreises heißt *Krümmungsradius* R. Es gilt $R = \dfrac{1}{K}$ (K Krümmung). Der Mittelpunkt (ξ, η) des Krümmungskreises wird als *Krümmungsmittelpunkt* bezeichnet.

Tabelle 4.2

Gleichungsform der Kurve	Koordinaten ξ, η des Krümmungsmittelpunktes
(4.25)	$\xi = x - \dfrac{y'(1 + y'^2)}{y''}$, $\quad \eta = y + \dfrac{(1 + y'^2)}{y''}$;
(4.26)	$\xi = x - \dfrac{F_x(F_x^2 + F_y^2)}{F_y^2F_{xx} - 2F_xF_yF_{xy} + F_x^2F_{yy}}$, $\quad \eta = y - \dfrac{F_y(F_x^2 + F_y^2)}{F_y^2F_{xx} - 2F_xF_yF_{xy} + F_x^2F_{yy}}$;
(4.27)	$\xi = x - \dfrac{\dot{y}(\dot{x}^2 + \dot{y}^2)}{\dot{x}\ddot{y} - \dot{y}\ddot{x}}$, $\quad \eta = y + \dfrac{\dot{x}(\dot{x}^2 + \dot{y}^2)}{\dot{x}\ddot{y} - \dot{y}\ddot{x}}$;
(4.28)	$\xi = \varrho\cos\varphi - \dfrac{(\varrho^2 + \varrho'^2)(\varrho\cos\varphi + \varrho'\sin\varphi)}{\varrho^2 + 2\varrho'^2 - \varrho\varrho''}$, $\quad \eta = \varrho\sin\varphi - \dfrac{(\varrho^2 + \varrho'^2)(\varrho\sin\varphi - \varrho'\cos\varphi)}{\varrho^2 + 2\varrho'^2 - \varrho\varrho''}$.

4.3.1.3. Ausgezeichnete Punkte

Wendepunkte. Ein Punkt P heißt *Wendepunkt* der Kurve, wenn die Tangente in P die Kurve durchsetzt (Abb. 4.57c), d. h. analytisch: a) $K = 0$, b) K wechselt in P das Vorzeichen. Um die Punkte mit $K = 0$ zu bestimmen, muß man nach Tab. 4.1 folgende Gleichungen lösen:

$$y = y(x)\colon K_1 \overset{\text{def}}{=} y''(x) = 0;$$

$$F(x, y) = 0\colon K_1 \overset{\text{def}}{=} F_{xx}F_y^2 - 2F_xF_yF_{xy} + F_{yy}F_x^2 = 0, \quad F(x, y) = 0, \quad F_x^2 + F_y^2 \neq 0;$$

$$x = x(t), \quad y = y(t)\colon K_1 \overset{\text{def}}{=} \dot{x}\ddot{y} - \dot{y}\ddot{x} = 0, \quad \dot{x}^2 + \dot{y}^2 \neq 0;$$

$$\varrho = \varrho(\varphi)\colon K_1 \overset{\text{def}}{=} \varrho^2 + 2\varrho'^2 - \varrho\varrho'' = 0, \quad \varrho^2 + \varrho'^2 \neq 0.$$

Anschließend ist noch zu prüfen, ob K_1 beim Durchlaufen dieser Punkte das Vorzeichen wechselt.

Beispiele: 1. $y = \dfrac{1}{1 + x^2}$; $y'' = -\dfrac{2(1 - 3x^2)}{(1 + x^2)^3} = 0$, $x_{1,2} = \pm \dfrac{1}{\sqrt{3}}$; es existieren also zwei Wendepunkte.

2. $F \equiv x^2 - y^2 - a^2 = 0$ (Hyberpel) $F_x = 2x$, $F_y = -2y$, $F_{xy} = 0$, $F_{xx} = -F_{yy} = 2$, $K_1 \equiv 8x^2 - 8y^2 = 0$. Die Gleichungen $x^2 - y^2 - a^2 = 0$, $8x^2 - 8y^2 = 0$ widersprechen einander für $a \neq 0$; die Hyperbel besitzt also keine Wendepunkte.

3. $x = a\left(t - \dfrac{1}{2}\sin t\right)$, $y = a\left(1 - \dfrac{1}{2}\cos t\right)$ („verkürzte Zykloide"); $\dot{x} = a\left(1 - \dfrac{1}{2}\cos t\right)$, $\dot{y} = \dfrac{a}{2}\sin t$, $\ddot{x} = \dfrac{a}{2}\sin t$, $\ddot{y} = \dfrac{a}{2}\cos t$, $K_1 \equiv \dfrac{a^2}{4}(2\cos t - 1) = 0$; Wendepunkte $t_k = \pm\dfrac{\pi}{3} + 2k\pi$, $k = 0, \pm 1, \pm 2, \ldots$

4. $\varrho = \dfrac{1}{\sqrt{\varphi}}$, $K_1 \equiv \dfrac{1}{\varphi} + \dfrac{1}{2\varphi^3} - \dfrac{3}{4\varphi^3} = \dfrac{1}{4\varphi^3}(4\varphi^2 - 1) = 0$, $\varphi = \dfrac{1}{2}$ Wendepunkt.

Scheitelpunkte. Kurvenpunkte, in denen die Krümmung K ein Maximum oder Minimum besitzt, heißen *Scheitelpunkte*, z. B. besitzt die Ellipse (Abb. 4.59) in A, B, C, D Scheitelpunkte.

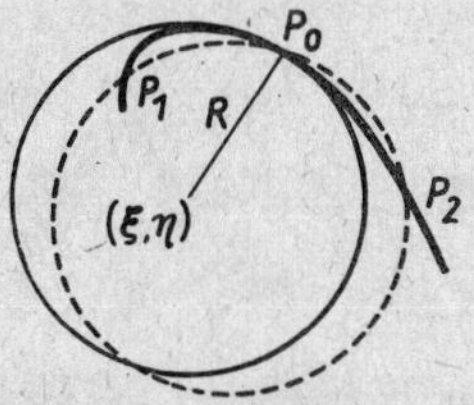

Abb. 4.58

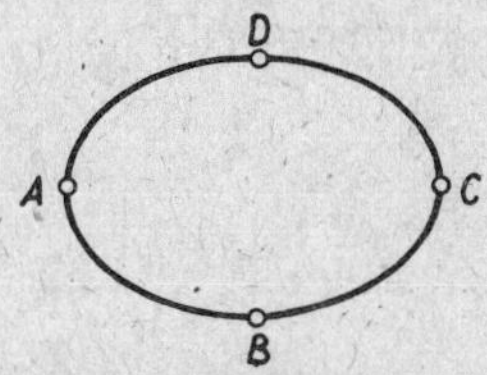

Abb. 4.59

Singuläre Punkte bei Kurven in Parametergestalt. Liegt die Kurve in der Form $x = x(t)$, $y = y(t)$ vor und gilt $\dot{x}(t_0) = \dot{y}(t_0) = 0$, dann ist nach 4.3.1.1. in der Umgebung von t_0 eine Auflösung in der Form $y = y(x)$ oder $x = x(y)$ nicht ohne weiteres möglich. Das Verhalten in der Umgebung von t_0 untersucht man dann durch Taylorentwicklung ($x_0 = x(t_0)$, $y_0 = y(t_0)$):

$$x = x_0 + \frac{1}{2!}\ddot{x}(t_0)(t - t_0)^2 + \frac{1}{3!}\dddot{x}(t_0)(t - t_0)^3 + \ldots,$$

$$y = y_0 + \frac{1}{2!}\ddot{y}(t_0)(t - t_0)^2 + \frac{1}{3!}\dddot{y}(t)(t - t_0)^3 + \ldots$$

Beispiele: 1. $x = x_0 + (t - t_0)^2 + \ldots$, $y = y_0 + (t - t_0)^3 + \ldots$ (Rückkehrpunkt; Abb. 4.60a).

2. $x = x_0 + (t - t_0)^2 + \ldots$, $y = y_0 + (t - t_0)^4 - (t - t_0)^5 + \ldots$ (Rückkehrpunkt; Abb. 4.60b).

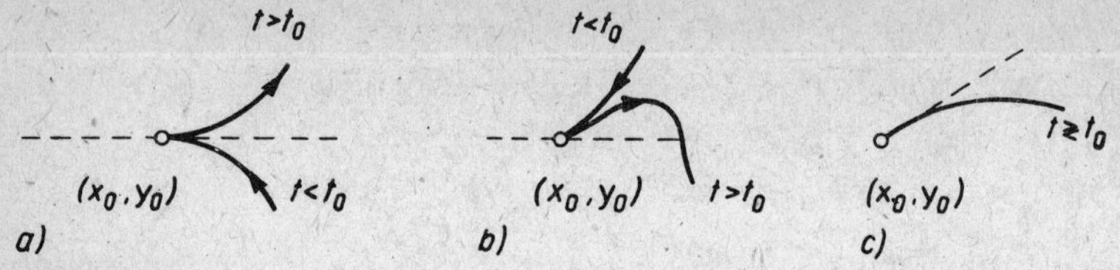

Abb. 4.60

3. $x = x_0 + (t - t_0)^2 + (t - t_0)^4, \quad y = y_0 + (t - t_0)^2 - (t - t_0)^4$

(Kurve endet in (x_0, y_0); Abb. 4.60c). Den Anstieg der Tangente erhält man durch den Grenzwert $\lim\limits_{t \to t_0} \dfrac{y(t) - y_0}{x(t) - x_0}$. Für die Untersuchung empfiehlt es sich häufig, neue Variable durch $\tau = t - t_0$, $\xi = x - x_0$, $\eta = y - y_0$ einzuführen.

Singuläre Punkte bei Kurven in impliziter Form. Liegt die Kurve in der Form $F(x, y) = 0$ vor und gilt $F(x_0, y_0) = F_x(x_0, y_0) = F_y(x_0, y_0) = 0$, dann ist nach 4.3.1.1. in der Umgebung des Kurvenpunktes (x_0, y_0) eine Auflösung in der Form $y = y(x)$ oder $x = x(y)$ nicht ohne weiteres möglich. In diesem Fall führt man in der Umgebung von (x_0, y_0) die Taylorentwicklung durch; in zweiter Ordnung gilt

$$F \equiv a(y - y_0)^2 + 2b(x - x_0)(y - y_0) + c(x - x_0)^2 + \ldots = 0$$

$$(a = F_{yy}(x_0, y_0),\ b = F_{xy}(x_0, y_0),\ c = F_{xx}(x_0, y_0),\ \Delta = ac - b^2).$$

Sind nicht alle Koeffizienten a, b, c gleich null, dann gibt die Auflösung der quadratischen Gleichung die Tangentengleichungen an die Kurve im Punkt (x_0, y_0).

Fall 1. $a \neq 0$. Die Tangentengleichungen lauten

$$y - y_0 = \left(-b \pm \sqrt{-\Delta}\right) \frac{x - x_0}{a} \equiv k(x - x_0).$$

Gilt $\Delta > 0$, dann ist $y = y_0$, $x = x_0$ die einzige Lösung ((x_0, y_0) isolierter Kurvenpunkt; Abb. 4.61a). Im Fall $\Delta < 0$ gehen durch (x_0, y_0) zwei Kurvenzweige mit den Tangentenanstiegen k ((x_0, y_0) Doppelpunkt; Abb. 4.61b). Ist $\Delta = 0$, dann führe man durch $x - x_0 = \xi \cos \alpha$

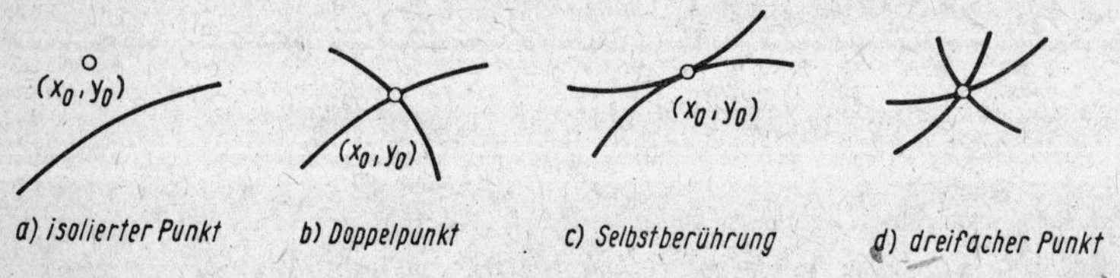

Abb. 4.61

$- \eta \sin \alpha$, $y - y_0 = \xi \sin \alpha + \eta \cos \alpha$, $\tan \alpha = -\dfrac{b}{a}$ ein neues Koordinatensystem ein (Verschiebung des Ursprungs in den Punkt (x_0, y_0), Drehung um den Winkel α). Damit entsteht $F \equiv (a + c)\eta^2 + \ldots = 0$. Durch Berücksichtigung der Glieder höherer Ordnung diskutiere man diese Gleichung. Es können auftreten: isolierter Punkt (Beispiel 2, S. 593), Rückkehrpunkt (Beispiel 3), Selbstberührung (Abb. 4.61c, Beispiel 4).

Fall 2. $a = 0$, $c \neq 0$ (Zurückführung auf Fall 1 durch Vertauschung von x und y.)

Fall 3. $a = 0$, $c = 0$, $b \neq 0$. Es liegen zwei Kurvenzweige vor mit den Tangenten $y = y_0$, $x = x_0$ (Doppelpunkt). Durch die Koordinatentransformation $(x - x_0) = \eta - \xi$, $(y - y_0) = \eta + \xi$ entsteht $F = 2b(\eta^2 - \xi^2) + \ldots = 0$ (Fall 1).

Sind alle Koeffizienten a, b, c gleich null, dann müssen die Glieder dritter oder n-ter Ordnung in der Taylorentwicklung diskutiert werden. Es können in diesem Fall n-fache Punkte auftreten (Abb. 4.61d).

Beispiele: 1. $F(x, y) \equiv (x^2 + y^2)^2 - 2(x^2 - y^2) = 0$ (Lemniskate); $F_x = 4x(x^2 + y^2 - 1)$, $F_y = 4y(x^2 + y^2 + 1)$. Das System $F_x = F_y = 0$ liefert die drei Lösungen (0, 0), (1, 0), (−1, 0), doch nur (0, 0) genügt $F = 0$. Wegen $a \equiv F_{yy}(0, 0) = 4$, $b = 0$, $c = -4$, $\Delta = ac - b^2 = -16 < 0$ liegt in (0, 0) ein Doppelpunkt vor mit den beiden Tangenten $y = \pm x$.

2. $F(x, y) \equiv y^2 + x^4 = 0$; die Kurve besteht nur aus dem isolierten Punkt (0, 0).

3. $F(x, y) \equiv y^2 - x^3 = 0$; $y = \pm\sqrt{x^3}$; die Kurve ist nur für $x > 0$ erklärt, in (0, 0) befindet sich ein Rückkehrpunkt mit horizontaler Tangente.

4. $F(x, y) \equiv y^2 - x^4 = 0$; $y = \pm x^2$; die beiden Kurvenzweige berühren sich in (0, 0) (Selbstberührung).

Singuläre Punkte bei Kurven in Polarkoordinaten. Es liege $\varrho = f(\varphi)$ vor. Gilt $\lim f(\varphi) = 0$ für $\varphi \to +\infty$ oder $\varphi \to -\infty$, dann ist $\varrho = 0$ ein asymptotischer Punkt (die Kurve windet sich unendlich oft um diesen Punkt herum; Abb. 4.62). Beispiel $\varrho = a\,e^{\varphi}$, $\lim\limits_{\varphi \to -\infty} a\,e^{\varphi} = 0$ (logarithmische Spirale).

Abb. 4.62

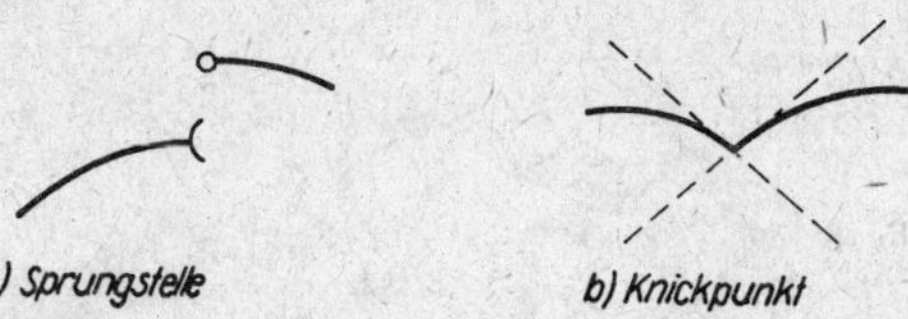

Abb. 4.63

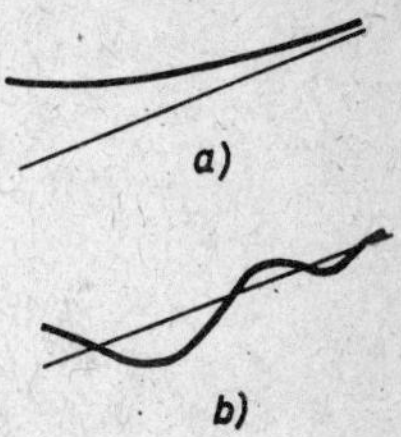

Abb. 4.64

Sprungstellen und Knickstellen. Die durch $y = f(x)$ gegebene Kurve besitzt in $x = x_0$ eine Sprungstelle (Abb. 4.63a), wenn $f(x)$ dort einen Sprung besitzt. Eine Sprungstelle der ersten Ableitung äußert sich darin, daß die Kurve sprunghaft ihre Richtung ändert (Knickstelle; Abb. 4.63b).

Beispiele: 1. $f(x) = 0$ für $x < 0$, $f(x) = 1$ für $x \geqq 0$ (Sprungstelle in $x = 0$).

2. $f = |x|$, $f' = -1$ für $x < 0$, $f' = +1$ für $x > 0$ (Knickstelle in $x = 0$).

Allgemein bezeichnet man alle Punkte, die das in Abb. 4.60, Abb. 4.61, Abb. 4.62, Abb. 4.63 skizzierte Verhalten besitzen (unabhängig von der Form der Parameterdarstellung) als *singuläre Kurvenpunkte*. Man beachte dabei, daß sich in der Parameterform i. allg. keine Doppelpunkte feststellen lassen, da dem Doppelpunkt verschiedene Parameterwerte entsprechen. Man muß in diesem Fall zur impliziten Form übergehen.

4.3.1.4. Asymptoten

Nähert sich eine Kurve bei immer größer werdender Entfernung vom Koordinatenursprung unbegrenzt einer Geraden (Abb. 4.64), dann heißt diese Gerade Asymptote der Kurve.

Parameterform. Ist die Kurve in der Parameterform $x = x(t)$, $y = y(t)$ gegeben, so ermittelt man zur Bestimmung der Asymptoten die Werte $t = t_i$, für die $x(t) \to \pm\infty$ oder $y(t) \to \pm\infty$ gilt bei $t \to t_i \pm 0$.

1. $x(t) \to \infty$, aber $y(t) \to a \neq \infty$; die Gerade $y = a$ ist eine horizontale Asymptote.

2. $y(t) \to \infty$, aber $x(t) \to a \neq \infty$; die Gerade $x = a$ ist eine vertikale Asymptote.

3. $y(t) \to \infty$, $x(t) \to \infty$; man berechnet die beiden Grenzwerte

$$k = \lim_{t \to t_i} \frac{y(t)}{x(t)}, \qquad b = \lim_{t \to t_i} (y(t) - kx(t)).$$

Falls beide Grenzwerte existieren, hat die Kurve die Asymptote $y = kx + b$.

Explizite Form. Hat die Kurve die Gestalt $y = y(x)$, dann wähle man $x = t$, $y = y(t)$ als Parameterdarstellung. Die vertikalen Asymptoten $x = a$ ergeben sich aus $y(x) \to \pm\infty$ für $x \to a + 0$ oder $x \to a - 0$. Zur Bestimmung der horizontalen und geneigten Asymptoten $y = kx + b$ für $x \to +\infty$ berechnet man die Grenzwerte $k = \lim\limits_{x\to+\infty} \frac{y(x)}{x}$, $b = \lim\limits_{x\to+\infty} (y(x) - kx)$, falls diese existieren (analog für $x \to -\infty$).

Beispiel: $x = \frac{m}{\cos t}$, $y = n(\tan t - t)$; $m, n > 0$,

$$t_1 = \frac{\pi}{2},\quad t_2 = -\frac{\pi}{2}, \ldots;\quad \lim_{t\to t_1\pm 0} x(t) = \lim_{t\to t_1\pm 0} y(t) = \pm\infty,$$

$$k = \lim_{t\to t_1} \frac{n}{m}(\sin t - t\cos t) = \frac{n}{m};$$

$$b = \lim_{t\to t_1}\left[n(\tan t - t) - \frac{n}{m}\cdot\frac{m}{\cos t}\right] = n\lim_{t\to t_1}\frac{\sin t - t\cos t - 1}{\cos t}$$

$$= n\lim_{t\to t_1}\frac{\cos t - \cos t + t\sin t}{-\sin t} = -nt_1 = -n\frac{\pi}{2};$$

Asymptote $y = \frac{n}{m}x - n\frac{\pi}{2}$; analog erhält man für t_2 die Asymptote $y = \frac{n}{m}x - n\frac{\pi}{2}$ usf.

Algebraische Kurve. Die Kurve liege in der Form $F(x, y) = 0$ vor, wobei $F(x, y)$ ein Polynom in x und y sei (m höchste Potenz in x).

1. Horizontale Asymptote $y = a$. Man setze $x = \frac{1}{\xi}$ und beseitige durch Multiplikation mit ξ^m die Nenner. Besitzt dann die entstehende Gleichung $G(\xi, y) = 0$ die (nichtisolierte) Lösung $y = a$, $\xi = 0$, dann ist $y = a$ eine horizontale Asymptote.

2. Vertikale Asymptote $x = a$. Um diese zu erhalten, vertausche man in 1. die Rollen von x und y.

3. Geneigte Asymptote $y = kx + b$. Man setze $y = kx + b$ in $F(x, y) = 0$ ein und ordne das so gewonnene Polynom nach fallenden Potenzen von x

$$F(x, kx + b) = f_1(k, b)\, x^n + f_2(k, b)\, x^{n-1} + \ldots$$

Besitzen die Gleichungen $f_1(k, b) = 0$, $f_2(k, b) = 0$ eine Lösung, dann ist $y = kx + b$ eine geneigte Asymptote.

Beispiele: 1. $F(x, y) \equiv x^2(y - 1) + 2x - 1 = 0$; $x = \frac{1}{\xi}$, $\frac{1}{\xi^2}(y - 1) + \frac{2}{\xi} - 1 = 0$, $(y - 1) + 2\xi - \xi^2 = 0$. Für $\xi \to \pm 0$, also $x \to \pm\infty$ gilt $y \to 1$; $y = 1$ ist horizontale Asymptote.

2. $F(x, y) \equiv x^2(y - 1) + 2x - 1 = 0$; $y = \frac{1}{\xi}$, $x^2\left(\frac{1}{\xi} - 1\right) + 2x - 1 = 0$, $x^2(1 - \xi) + 2x\xi - \xi = 0$, $x = \left(-\xi \pm \sqrt{\xi}\right)\frac{1}{1 - \xi}$. Für $\xi \to +0$, also $y \to +\infty$ gilt $x \to -0$. $x = 0$ ist (einseitige) vertikale Asymptote.

3. $x^3 + y^3 - 3axy = 0$ (kartesisches Blatt). $F(x, kx + b) = (1 + k^3)\, x^3 + 3(k^2 b - ka)\, x^2 + \ldots$ $1 + k^3 = 0$ und $k^2 b - ka = 0$ liefern das Lösungssystem $k = -1$, $b = -a$; die Gleichung der Asymptote ist $y = -x - a$.

4.3.1.5. Evolute und Evolvente

Evolute. Die *Evolute* einer gegebenen Kurve ist eine Kurve, die aus den Krümmungsmittelpunkten der ersteren besteht. Sie ist zugleich Einhüllende (Enveloppe) der Normalen dieser Kurve. Eine Parameterform der Evolute $\xi = \xi(x)$, $\eta = \eta(x)$ oder $\xi = \xi(t)$, $\eta = \eta(t)$ erhält man aus Tab. 4.2, indem man dort $y = y(x)$ oder $x = x(t)$, $y = y(t)$ setzt.

Beispiel: Man bestimme die Evolute der Parabel $y = x^2$. Nach Tab. 4.2 ist

$$\xi = x - \frac{2x(1+4x^2)}{2} = -4x^3, \qquad \eta = x^2 + \frac{1+4x^2}{2} = \frac{1+6x^2}{2}.$$

Setzt man $x = t$, $\xi = x$, $\eta = y$, dann lautet die Gleichung der Evolute in Parameterform $x = -4t^3$, $y = \frac{1+6t^2}{2}$ oder nach Elimination von t: $y = \frac{1}{2} + 3\left(\frac{x}{4}\right)^{2/3}$.

Evolvente. Ist die Kurve Γ_2 Evolute von Γ_1, dann heißt Γ_1 *Evolvente* (Involute) von Γ_2. Jede Normale MC der Evolvente ist Tangente an die Evolute. Die Bogenlänge $\widehat{CC_1}$ der Evolute ist gleich dem Zuwachs des Krümmungsradius der Evolvente (Abb. 4.65) $\widehat{CC_1} = M_1C_1 - MC$. Auf Grund dieser Eigenschaften kann man die Evolvente Γ_1 als die „Abwickelkurve" der Kurve Γ_2 auffassen,

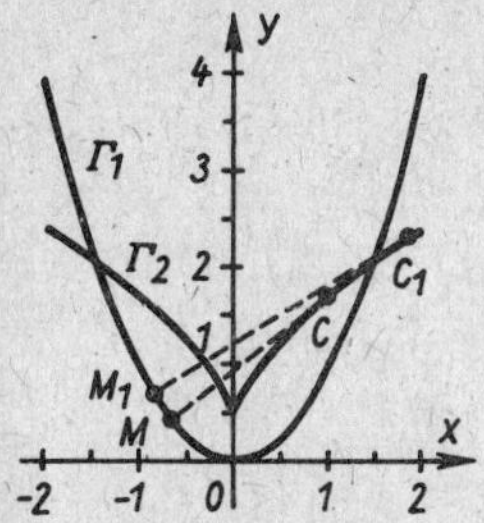

Abb. 4.65

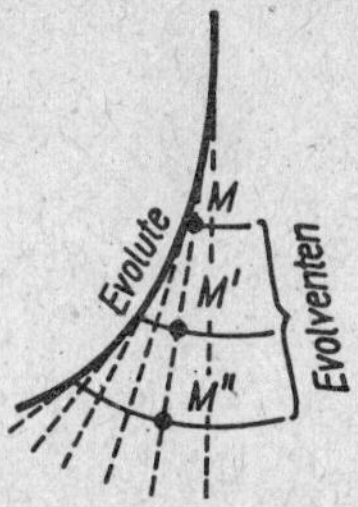

Abb. 4.66

Abb. 4.67

die man aus Γ_2 durch Abwickeln eines gespannten Fadens erhält. Einer gegebenen Evolute entspricht eine Schar von Evolventen, die jeweils durch die ursprüngliche Länge des freien gespannten Fadenendes bestimmt werden (Abb. 4.66). Zur Bestimmung der Evolvente erhält man aus Tab. 4.2 ein System von gewöhnlichen Differentialgleichungen.

4.3.1.6. Einhüllende einer Kurvenschar

Unter der *Einhüllenden* (*Enveloppe*) einer Kurvenschar versteht man eine Kurve, die in jedem ihrer Punkte eine Kurve der vorgegebenen Schar berührt. Die beiden Geraden in Abb. 4.67 bilden die Einhüllende der Kreisschar. Liegt die Kurvenschar in der Form $F(x, y, c) = 0$ vor, dann erhält man die Einhüllende durch Elimination von c aus den beiden Gleichungen

$$F(x, y, c) = 0, \qquad \frac{\partial F}{\partial c}(x, y, c) = 0.$$

Dabei muß $F_{cc} \neq 0$ und $F_xF_{cy} - F_yF_{cx} \neq 0$ gelten.

Beispiel (Abb. 4.67): $F \equiv (x-c)^2 + y^2 - r^2 = 0$ (Kreisschar), $F_c = -2(x-c) = 0$. Elimination von c aus beiden Gleichungen ergibt $y^2 - r^2 = 0$, $y = \pm r$, d. h. zwei Geraden. Es ist $F_{cc} = 2 \neq 0$.

4.3.2. Raumkurven

4.3.2.1. Definitionsmöglichkeiten für Raumkurven

Eine Raumkurve liegt im allgemeinen in der Parameterform

$$x = x(t), \quad y = y(t), \quad z = z(t) \tag{4.31}$$

vor. Bezeichnet man mit $\mathbf{r} = x\mathbf{i} + y\mathbf{j} + z\mathbf{k}$ den Radiusvektor eines Punktes $P(x, y, z)$, dann kann man (4.31) in der Vektorform

$$\mathbf{r} = \mathbf{r}(t), \quad \mathbf{r}(t) = x(t)\,\mathbf{i} + y(t)\,\mathbf{j} + z(t)\,\mathbf{k} \tag{4.32}$$

schreiben. Die Ableitungen nach t werden durch Punkte bezeichnet, z. B. ist $\dot{x}(t)$ die erste Ableitung von $x(t)$ nach t. Wir schreiben $\frac{d\mathbf{r}}{dt} \equiv \dot{\mathbf{r}}(t) = \dot{x}(t)\mathbf{i} + \dot{y}(t)\mathbf{j} + \dot{z}(t)\mathbf{k}$. Die *positive Richtung* der Raumkurve wird bei wachsenden Parameterwerten t durchlaufen. Mitunter ist eine Raumkurve auch durch $F(x, y, z) = 0$, $G(x, y, z) = 0$ als Schnitt zweier Flächen gegeben.

4.3.2.2. Lokale Elemente einer Raumkurve

Bogenlänge. Die *Bogenlänge* zwischen zwei Punkten P_0, P der Raumkurve, die den Parameterwerten t_0, t entsprechen, ist gleich

$$s = \int_{t_0}^{t} ds, \quad ds = \sqrt{(\dot{x}(t))^2 + (\dot{y}(t))^2 + (\dot{z}(t))^2}\, dt = \sqrt{\left(\frac{d\mathbf{r}}{dt}\right)^2}\, dt. \tag{4.33}$$

Hält man P_0 fest, dann kann man s als neuen Kurvenparameter einführen (natürlicher Parameter); s ist positiv, wenn P auf P_0 folgt (im Sinne der durch t gegebenen positiven Richtung). Dann entsteht $x = x(s)$, $y = y(s)$, $z = z(s)$ oder $\mathbf{r} = \mathbf{r}(s)$.

Taylorentwicklung. In der Umgebung des Punktes P_1 mit der Bogenlänge $s_1 = \widehat{P_0P_1}$ gilt

$$\mathbf{r}(s) = \mathbf{r}(s_1) + \frac{d\mathbf{r}(s_1)}{ds}(s - s_1) + \frac{1}{2!}\frac{d^2\mathbf{r}(s_1)}{ds^2}(s - s_1)^2 + \frac{1}{3!}\frac{d^3\mathbf{r}(s_1)}{ds^3}(s - s_1)^3 + \dots \tag{4.34}$$

Das ist die vektorielle Zusammenfassung von drei Gleichungen der Form

$$x(s) = x(s_1) + \frac{dx(s_1)}{ds}(s - s_1) + \frac{1}{2!}\frac{d^2x(s_1)}{ds^2}(s - s_1)^2 + \frac{1}{3!}\frac{d^3x(s_1)}{ds^3}(s - s_1)^3 + \dots,$$

analog für $y(s)$, $z(s)$. Ersetzt man s durch t, dann gelten entsprechende Formeln für $\mathbf{r}(t)$.

Tangente. Der Einheitsvektor $\mathbf{t} = \frac{d\mathbf{r}(s_1)}{ds}$ hat die Richtung der Tangente im Punkt P_1 und weist in die positive Kurvenrichtung.

Hauptnormale und Krümmung. Der zu $\frac{d^2\mathbf{r}(s_1)}{ds^2}$ gehörige Einheitsvektor $\mathbf{n}$ wird als *Hauptnormalenvektor* der Kurve im Punkt P_1 bezeichnet. Es gilt

$$\frac{d^2\mathbf{r}(s_1)}{ds^2} = k\mathbf{n}, \quad k = \sqrt{\left(\frac{d^2x(s_1)}{ds^2}\right)^2 + \left(\frac{d^2y(s_1)}{ds^2}\right)^2 + \left(\frac{d^2z(s_1)}{ds^2}\right)^2};$$

k heißt die *Krümmung* der Kurve im Punkt P_1. Es ist stets $k \geqq 0$; $\varrho = \frac{1}{k}$ heißt *Krümmungsradius*.

Bei ebenen Kurven gilt $k = |K|$ (vgl. 4.3.1.2.). Ist die Krümmung in allen Kurvenpunkten gleich null ($k \equiv 0$), dann handelt es sich bei der Raumkurve um eine Gerade.

Begleitendes Dreibein. Der *Tangentenvektor* $\mathbf{t}$ steht senkrecht auf dem *Hauptnormalenvektor* $\mathbf{n}$. Ergänzt man $\mathbf{t}$ und $\mathbf{n}$ durch den auf ihnen senkrecht stehenden Einheitsvektor $\mathbf{b} = \mathbf{t} \times \mathbf{n}$ (*Binormalenvektor*) zu einem rechtshändigen System von Einheitsvektoren, dann heißen $\mathbf{t}, \mathbf{n}, \mathbf{b}$ das *begleitende Dreibein* der Raumkurve (Abb. 4.68). Nach (4.34) liegt die Kurve in zweiter Näherung in der von $\mathbf{t}$ und $\mathbf{n}$ aufgespannten Ebene (*Schmiegebene*); $\mathbf{n}$ und $\mathbf{b}$ spannen die *Normalebene*, $\mathbf{t}$ und $\mathbf{b}$ die *rektifizierende Ebene* auf.

Windung. Die *Windung* w der Raumkurve im Punkt P_1 wird durch

$$w = \varrho^2 \left(\frac{d\mathbf{r}(s_1)}{ds}\ \frac{d^2\mathbf{r}(s_1)}{ds^2}\ \frac{d^3\mathbf{r}(s_1)}{ds^3}\right) = \left.\frac{\begin{vmatrix} x' & y' & z' \\ x'' & y'' & z'' \\ x''' & y''' & z''' \end{vmatrix}}{(x''^2 + y''^2 + z''^2)}\right|_{s=s_1}$$

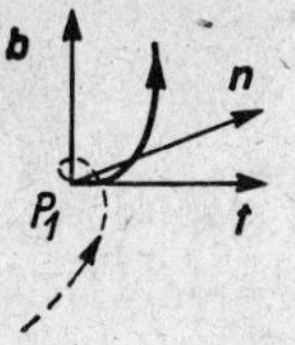

Abb. 4.68

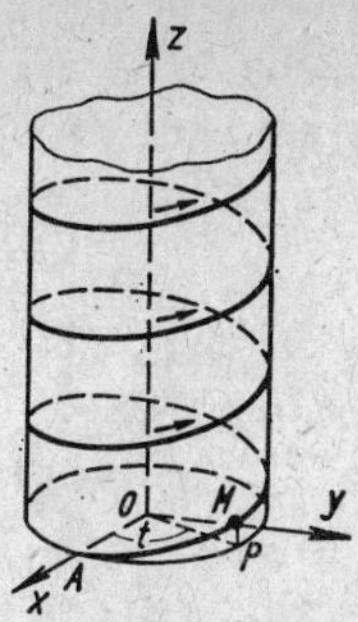

Abb. 4.69

definiert (x' erste Ableitung nach s usf.). Ist die Windung in allen Kurvenpunkten gleich null ($w \equiv 0$), dann handelt es sich um eine ebene Kurve. Gilt $w = 0$ in einem festen Punkt P_1, dann ist nach (4.34) die Kurve in der Umgebung von P_1 in dritter Näherung eben. Das Vorzeichen von w gibt Auskunft über den *Windungssinn* der Kurve; $w > 0$ bedeutet, daß sich für einen Beobachter, der auf der durch $\mathbf{t}, \mathbf{n}$ aufgespannten Schmiegebene in Richtung von $\mathbf{b}$ steht, die Kurve entgegen dem Uhrzeigersinn nach oben windet (Rechtsschraube, Abb. 4.68), $w < 0$ entspricht einer Linksschraube.

Allgemeine Parameterform. Liegt die Kurve in der Form (4.31) vor, dann gilt

$$k^2 = \frac{1}{\varrho^2} = \frac{\dot{\mathfrak{r}}^2\ddot{\mathfrak{r}}^2 - (\dot{\mathfrak{r}}\ddot{\mathfrak{r}})^2}{(\dot{\mathfrak{r}}^2)^3} = \frac{(\dot{x}^2 + \dot{y}^2 + \dot{z}^2)(\ddot{x}^2 + \ddot{y}^2 + \ddot{z}^2) - (\dot{x}\ddot{x} + \dot{y}\ddot{y} + \dot{z}\ddot{z})^2}{(\dot{x}^2 + \dot{y}^2 + \dot{z}^2)^3}, \quad (4.35)$$

$$w = \varrho^2 \frac{(\dot{\mathfrak{r}}\,\ddot{\mathfrak{r}}\,\dddot{\mathfrak{r}})}{(\dot{\mathfrak{r}}^2)^3} = \varrho^2 \frac{\begin{vmatrix} \dot{x} & \dot{y} & \dot{z} \\ \ddot{x} & \ddot{y} & \ddot{z} \\ \dddot{x} & \dddot{y} & \dddot{z} \end{vmatrix}}{(\dot{x}^2 + \dot{y}^2 + \dot{z}^2)^3}.$$

Beispiel: Man berechne Krümmung und Windung der *Schraubenlinie* $x = a \cos t$, $y = a \sin t$, $z = bt$, $a > 0$ ($b > 0$ Rechtsschraube, Abb. 4.69; $b < 0$ Linksschraube). Wir ersetzen den Parameter t durch die Bogenlänge

$$s = \int_0^t \sqrt{\dot{x}^2 + \dot{y}^2 + \dot{z}^2}\, \mathrm{d}t = t\sqrt{a^2 + b^2};$$

dann gilt

$$x = a \cos \frac{s}{\sqrt{a^2 + b^2}}, \quad y = a \sin \frac{s}{\sqrt{a^2 + b^2}}, \quad z = \frac{bs}{\sqrt{a^2 + b^2}},$$

also

$$k = \frac{1}{\varrho} = \sqrt{\left(\frac{\mathrm{d}^2x}{\mathrm{d}s^2}\right)^2 + \left(\frac{\mathrm{d}^2y}{\mathrm{d}s^2}\right)^2 + \left(\frac{\mathrm{d}^2z}{\mathrm{d}s^2}\right)^2} = \frac{a}{a^2 + b^2}.$$

Die Krümmung k ist somit konstant. Für die Windung ergibt sich nach (4.35)

$$w = \left(\frac{a^2 + b^2}{a}\right)^2 \frac{\begin{vmatrix} -a \sin t & a \cos t & b \\ -a \cos t & -a \sin t & 0 \\ a \sin t & -a \cos t & 0 \end{vmatrix}}{[(-a \sin t)^2 + (a \cos t)^2 + b^2]^3} = \frac{b}{a^2 + b^2}.$$

Die Windung ist ebenfalls konstant.

4.3.2.3. Hauptsatz der Kurventheorie

Frenetsche Formeln. Für die Ableitungen der Vektoren **t**, **n**, **b** des begleitenden Dreibeins gelten die sogenannten *Frenetschen Ableitungsformeln*

$$\frac{d\mathbf{t}}{ds} = k\mathbf{n}, \quad \frac{d\mathbf{n}}{ds} = -k\mathbf{t} + w\mathbf{b}, \quad \frac{d\mathbf{b}}{ds} = -w\mathbf{b}. \tag{4.36}$$

Der *Hauptsatz der Kurventheorie* besagt: Gibt man sich im Intervall $0 \leqq s \leqq a$ zwei stetige Funktionen $k(s) > 0$, $w(s)$ vor, dann existiert, abgesehen von der räumlichen Lage, genau ein Kurvenstück $\mathbf{r} = \mathbf{r}(s)$, $0 \leqq s \leqq a$, das s als Bogenlänge besitzt und dessen Krümmung (Windung) mit $k(s)$ ($w(s)$) übereinstimmt.

Die Konstruktion von $\mathbf{r}(s)$ geschieht folgendermaßen: a) (4.36) beinhaltet ein System von neun gewöhnlichen Differentialgleichungen für die jeweils drei Komponenten von **t**, **n**, **b**. Durch Vorgabe von $\mathbf{t}(0)$, $\mathbf{n}(0)$, $\mathbf{b}(0)$ (Vorgabe des begleitenden Dreibeins im Punkt $s = 0$) ist die Lösung von (4.36) $\mathbf{t}(s)$, $\mathbf{n}(s)$, $\mathbf{b}(s)$ eindeutig festgelegt.

b) Gibt man ferner $\mathbf{r}(0)$ vor (Anfangspunkt $s = 0$ der Kurve), dann ergibt sich $\mathbf{r}(s)$ durch

$$\mathbf{r}(s) = \mathbf{r}(0) + \int_0^s \mathbf{t}(s)\, ds.$$

4.3.3. Flächen

4.3.3.1. Definitionsmöglichkeiten für Flächen

Gleichung einer Fläche. Eine Fläche im dreidimensionalen Raum kann man folgendermaßen definieren:

explizit; $\quad z = z(x, y),$ (4.37)

implizit; $\quad F(x, y, z) = 0,$ (4.38)

Parameterform; $\quad x = x(u, v), \quad y = y(u, v), \quad z = z(u, v),$ (4.39)

Vektorform; $\quad \mathbf{r} = \mathbf{r}(u, v).$ (4.40)

Dabei ist (4.40) die vektorielle Zusammenfassung von (4.39), wobei $\mathbf{r} = x\mathbf{i} + y\mathbf{j} + z\mathbf{k}$ den Radiusvektor des Flächenpunktes $P(x, y, z)$ bedeutet; $\mathbf{r}(u, v) = x(u, v)\,\mathbf{i} + y(u, v)\,\mathbf{j} + z(u, v)\,\mathbf{k}$.

Beispiel: Die Gleichung einer Kugel vom Radius R mit dem Mittelpunkt $P(0, 0, 0)$ lautet

$$F(x, y, z) \equiv x^2 + y^2 + z^2 - R^2 = 0,$$

in Parameterform ($0 \leqq u \leqq 2\pi$, $0 \leqq v \leqq \pi$)

$$x = R \cos u \sin v, \quad y = R \sin u \sin v, \quad z = R \cos v,$$

in Vektorform

$$\mathbf{r} = (R \cos u \sin v)\,\mathbf{i} + (R \sin u \sin v)\,\mathbf{j} + (R \cos v)\,\mathbf{k}.$$

Krummlinige Koordinaten. Hält man in (4.39) den Parameter v fest ($v = v_i$), dann entsteht die Gleichung einer Kurve auf der Fläche, die man die Koordinatenlinie $v = v_i$ nennt (Abb. 4.70). Analog ergeben sich bei festem u ($u = u_i$) die Koordinatenlinien $u = u_i$. Diese Koordinatenlinien überdecken im allgemeinen lückenlos die Fläche. Einem Flächenpunkt P_2, der Schnittpunkt der Koordinatenlinien $u = u_2$, $v = v_2$ ist, werden die Koordinaten (u_2, v_2) zugeordnet. Die Koordinatenlinien orientiert man in Richtung wachsender Parameterwerte. Die Parameter u, v auf der Kugel haben die Bedeutung: u geographische Breite, v geographische Länge. Die Linien $u = \text{const}$ bzw. $v = \text{const}$ sind die Breitenkreise bzw. Längenkreise.

Tensorfelder auf der Fläche. Wir setzen $u^1 = u$, $u^2 = v$. Sind auf der Fläche zwei Funktionen $a_\alpha(u^1, u^2)$, $\alpha = 1, 2$, gegeben, die sich beim Übergang vom u^α-System zu einem u'^α-System auf der Fläche gemäß

$$a'_\alpha(u'^1, u'^2) = \frac{\partial u^\gamma}{\partial u'^\alpha} a_\gamma(u^1, u^2) \tag{4.41}$$

transformieren, dann nennen wir $a_\alpha(u^1, u^2)$ ein *einfach kovariantes Tensorfeld* auf der Fläche. In (4.41) wird (wie in dem gesamten Abschnitt 4.3.) die *Einsteinsche Summenkonvention* in der Form angewandt, daß über gleiche obere und untere kleine griechische Indizes von 1 bis 2 summiert wird (vgl. 8.3.1.1.). Die $2k + 2l$ Funktionen $a^{\beta_1 \dots \beta_l}_{\alpha_1 \dots \alpha_k}(u^1, u^2)$ bilden ein *k-fach kovariantes* und *l-fach kontravariantes Tensorfeld* auf der Fläche, wenn sie sich beim Übergang vom u^α-System zu einem u'^α-System nach

$$a'^{\beta_1 \dots \beta_l}_{\alpha_1 \dots \alpha_k}(u'^1, u'^2) = \frac{\partial u^{\gamma_1}}{\partial u'^{\alpha_1}} \frac{\partial u^{\gamma_2}}{\partial u'^{\alpha_2}} \dots \frac{\partial u^{\gamma_k}}{\partial u'^{\alpha_k}} \frac{\partial u'^{\beta_1}}{\partial u^{\delta_1}} \dots \frac{\partial u'^{\beta_l}}{\partial u^{\delta_l}} a^{\delta_1 \dots \delta_l}_{\gamma_1 \dots \gamma_k}(u^1, u^2)$$

transformieren. Die in 8.3. angegebenen Regeln für das Rechnen mit Tensoren gelten ohne Änderung.

4.3.3.2. Tangentialebene und Flächennormale

Begleitendes Dreibein. Ist die Fläche auf krummlinige Koordinaten u, v bezogen, dann sind die Tangentenvektoren an die Koordinatenlinien $v = v_0$ bzw. $u = u_0$ im Punkt $P_0(u_0, v_0)$

$$\mathbf{r}_u(u_0, v_0) = \frac{\partial x(u_0, v_0)}{\partial u}\mathbf{i} + \frac{\partial y(u_0, v_0)}{\partial u}\mathbf{j} + \frac{\partial z(u_0, v_0)}{\partial u}\mathbf{k},$$

$$\mathbf{r}_v(u_0, v_0) = \frac{\partial x(u_0, v_0)}{\partial v}\mathbf{i} + \frac{\partial y(u_0, v_0)}{\partial v}\mathbf{j} + \frac{\partial z(u_0, v_0)}{\partial v}\mathbf{k}.$$

Die Vektoren $\mathbf{e}_1(P_0) = \mathbf{r}_u(u_0, v_0)$, $\mathbf{e}_2(P_0) = \mathbf{r}_v(u_0, v_0)$ spannen die *Tangentialebene* im Punkt P_0 auf (Abb. 4.71). Die Tangentialebene der Fläche im Punkt P_0 ist die Ebene, in der die Tangenten

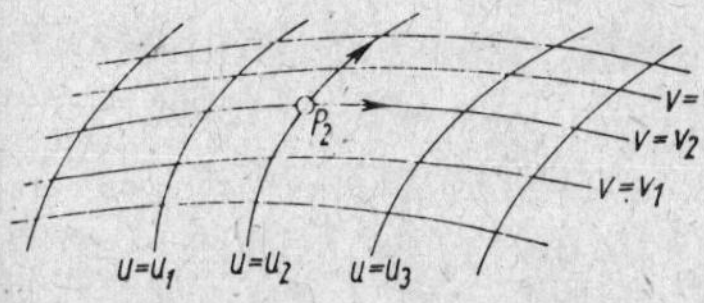

Abb. 4.70

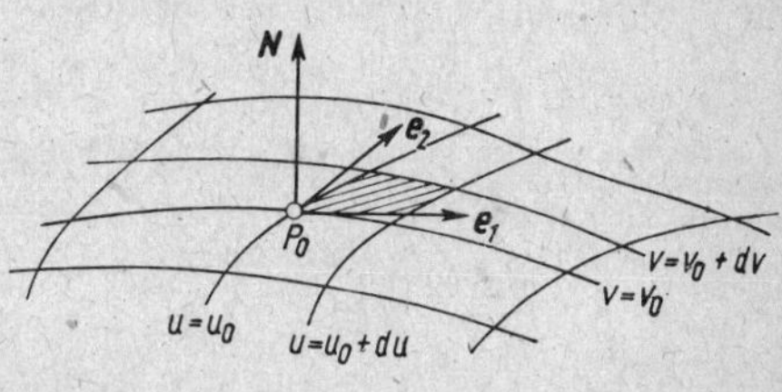

Abb. 4.71

aller durch P_0 gehenden Flächenkurven liegen. Der *Normalenvektor* $\mathbf{N}$ im Punkt P_0 ist ein Einheitsvektor, der senkrecht auf der Tangentialebene steht, und zwar so, daß $\mathbf{e}_1$, $\mathbf{e}_2$, $\mathbf{N}$ ein rechtshändiges System bilden. Es gilt

$$\mathbf{N} = \frac{\mathbf{r}_u \times \mathbf{r}_v}{|\mathbf{r}_u \times \mathbf{r}_v|}.$$

Die vom Flächenpunkt abhängigen Vektoren $\mathbf{e}_1$, $\mathbf{e}_2$, $\mathbf{N}$ heißen das *begleitende Dreibein*. Der Vektor

$$d\mathbf{S} = (\mathbf{r}_u(u_0, v_0) \times \mathbf{r}_v(u_0, v_0))\, du\, dv$$

hat die Richtung von $\mathbf{N}$ (du, $dv > 0$). Seine Länge $dS = |\mathbf{r}_u \times \mathbf{r}_v|du\, dv$ ist näherungsweise gleich dem Flächeninhalt des von den Punkten (u_0, v_0), $(u_0 + du, v_0)$, $(u_0, v_0 + dv)$ aufgespannten krummlinigen Parallelogramms (Abb. 4.71).

Gleichung von Tangentialebene und Flächennormale:

Gleichungsform der Fläche	Gleichung der Tangentialebene im Punkt $P_0(x_0, y_0, z_0)$ $a(x - x_0) + b(y - y_0) + c(z - z_0) = 0$	Parametergleichung der Flächennormalen im Punkt $P_0(x_0, y_0, z_0)$ $x - x_0 = at,\quad y - y_0 = bt,\quad z - z_0 = ct$
(4.37)	$a = \dfrac{\partial z(x_0, y_0)}{\partial x},\quad b = \dfrac{\partial z(x_0, y_0)}{\partial y},\quad c = -1$	
(4.38)	$a = \dfrac{\partial F(x_0, y_0, z_0)}{\partial x},\quad b = \dfrac{\partial F(x_0, y_0, z_0)}{\partial y},\quad c = \dfrac{\partial F(x_0, y_0, z_0)}{\partial z}$	
(4.39)	$a = \begin{vmatrix} \left(\frac{\partial y}{\partial u}\right)_0 & \left(\frac{\partial z}{\partial u}\right)_0 \\ \left(\frac{\partial y}{\partial v}\right)_0 & \left(\frac{\partial z}{\partial v}\right)_0 \end{vmatrix},\quad b = \begin{vmatrix} \left(\frac{\partial z}{\partial u}\right)_0 & \left(\frac{\partial x}{\partial u}\right)_0 \\ \left(\frac{\partial z}{\partial v}\right)_0 & \left(\frac{\partial x}{\partial v}\right)_0 \end{vmatrix},\quad c = \begin{vmatrix} \left(\frac{\partial x}{\partial u}\right)_0 & \left(\frac{\partial y}{\partial u}\right)_0 \\ \left(\frac{\partial x}{\partial v}\right)_0 & \left(\frac{\partial y}{\partial v}\right)_0 \end{vmatrix}$	
(4.40)	$(\mathbf{r} - \mathbf{r}_0)\,\mathbf{N}(P_0) = 0$	$\mathbf{r} = \mathbf{r}_0 + t\mathbf{N}(P_0)$

$\mathbf{r}$ ist der Radiusvektor des veränderlichen Punktes $P(x, y, z)$ der Tangentialebene (Flächennormale). Der feste Punkt P_0 hat die krummlinigen Koordinaten (u_0, v_0); $\left(\dfrac{\partial x}{\partial u}\right)_0 = \dfrac{\partial x}{\partial u}(u_0, v_0)$ usf.

Beispiel: Für die Kugel $F \equiv x^2 + y^2 + z^2 - R^2 = 0$ besitzt die Tangentialebene im Punkt $P_0(x_0, y_0, z_0)$ die Gleichung

$$2x_0(x - x_0) + 2y_0(y - y_0) + 2z_0(z - z_0) = 0 \quad \text{oder} \quad x_0x + y_0y + z_0z = R^2.$$

Die Gleichung der Flächennormalen in P_0 lautet

$$x = \tau x_0, \quad y = \tau y_0, \quad z = \tau z_0, \quad -\infty < \tau < \infty, \quad \tau = 2t + 1.$$

Singuläre Flächenpunkte. Ist in einem Punkt $P_0(x_0, y_0, z_0)$ der Fläche $F(x, y, z) = 0$ die Bedingung $\dfrac{\partial F}{\partial x} = \dfrac{\partial F}{\partial y} = \dfrac{\partial F}{\partial z} = 0$ erfüllt, dann heißt P_0 ein *singulärer Punkt* (Kegelpunkt). Durch Taylorentwicklung von $F(x, y, z)$ in der Umgebung von (x_0, y_0, z_0) ergibt sich, daß die Tangenten aller durch P_0 gehenden Flächenkurven nicht in einer Ebene liegen, sondern einen Kegel zweiter Ordnung bilden mit der Gleichung

$$\left(\frac{\partial^2 F}{\partial x^2}\right)_0 (x - x_0)^2 + \left(\frac{\partial^2 F}{\partial y^2}\right)_0 (y - y_0)^2 + \left(\frac{\partial^2 F}{\partial z^2}\right)_0 (z - z_0)^2$$
$$+ 2\left(\frac{\partial^2 F}{\partial x\,\partial y}\right)_0 (x - x_0)(y - y_0) + 2\left(\frac{\partial^2 F}{\partial y\,\partial z}\right)_0 (y - y_0)(z - z_0)$$
$$+ 2\left(\frac{\partial^2 F}{\partial z\,\partial x}\right)_0 (z - z_0)(x - x_0) = 0.$$

Dabei ist

$$\left(\frac{\partial^2 F}{\partial x^2}\right)_0 = \frac{\partial^2 F}{\partial x^2}(x_0, y_0, z_0)$$

usf. Verschwinden alle diese partiellen Ableitungen zweiter Ordnung, dann liegt ein Kegel dritter oder höherer Ordnung vor.

4.3.3.3. Metrische Eigenschaften von Flächen

Erste Fundamentalform. Die Fläche liege in der Form $\mathbf{r} = \mathbf{r}(u, v)$ vor. Gilt $u = u(t)$, $v = v(t)$, dann stellt $\mathbf{r} = \mathbf{r}(t)$ mit $\mathbf{r}(t) = \mathbf{r}(u(t), v(t))$ eine Kurve auf der Fläche dar. Es ist

$$\frac{d\mathbf{r}}{dt} = \mathbf{r}_u \frac{du}{dt} + \mathbf{r}_v \frac{dv}{dt}.$$

Das Differential der Bogenlänge ergibt sich nach (4.33) zu

$$ds^2 = (d\mathbf{r})^2 = E\,du^2 + 2F\,du\,dv + G\,dv^2 \tag{4.42}$$

mit

$$E = \mathbf{r}_u^2 = \left(\frac{\partial x}{\partial u}\right)^2 + \left(\frac{\partial y}{\partial u}\right)^2 + \left(\frac{\partial z}{\partial u}\right)^2,$$

$$G = \mathbf{r}_v^2 = \left(\frac{\partial x}{\partial v}\right)^2 + \left(\frac{\partial y}{\partial v}\right)^2 + \left(\frac{\partial z}{\partial v}\right)^2,$$

$$F = \mathbf{r}_u\mathbf{r}_v = \frac{\partial x}{\partial u}\frac{\partial x}{\partial v} + \frac{\partial y}{\partial u}\frac{\partial y}{\partial v} + \frac{\partial z}{\partial u}\frac{\partial z}{\partial v}.$$

Ist die Fläche in der Form $z = z(x, y)$ gegeben, dann gilt

$$E = 1 + \left(\frac{\partial z}{\partial x}\right)^2, \quad F = \frac{\partial z}{\partial x}\frac{\partial z}{\partial y}, \quad G = 1 + \left(\frac{\partial z}{\partial y}\right)^2.$$

(4.42) bezeichnet man als die *erste Fundamentalform* der Fläche. Setzt man $u^1 = u$, $u^2 = v$, $g_{11} = E$, $g_{12} = g_{21} = F$, $g_{22} = G$, dann kann man mit der in 4.3.3.1. vereinbarten Einsteinschen Summenkonvention schreiben

$$ds^2 = g_{\alpha\beta}\,du^\alpha\,du^\beta.$$

Beim Übergang zu einem anderen krummlinigen u'^α-Koordinatensystem auf der Fläche gilt $ds^2 = g'_{\alpha\beta}\,du'^\alpha\,du'^\beta$ mit

$$g'_{\alpha\beta} = \frac{\partial u^\gamma}{\partial u'^\alpha}\frac{\partial u^\delta}{\partial u'^\beta} g_{\gamma\delta}.$$

Die $g_{\alpha\beta}$ bilden somit die Koordinaten eines zweifach kovarianten Tensorfeldes (*metrischer Tensor*) (vgl. (4.41)). Ferner setzt man $g = \det g_{\alpha\beta} = EG - F^2$, $g^{11} = \dfrac{G}{g}$, $g^{12} = g^{21} = \dfrac{-F}{g}$, $g^{22} = \dfrac{E}{g}$. Es gilt $g^{\alpha\beta} g_{\beta\gamma} = \delta^\alpha_\gamma$ (vgl. 8.3.1.3.). Beim Übergang von u^α-System zu einem u'^α-System transformieren sich $g^{\alpha\beta}$ bzw. g wie

$$g'^{\alpha\beta} = \frac{\partial u'^\alpha}{\partial u^\gamma}\frac{\partial u'^\beta}{\partial u^\delta} g^{\gamma\delta}$$

(zweifach kontravariantes Tensorfeld) bzw.

$$g' = \left(\frac{\partial(u^1, u^2)}{\partial(u'^1, u'^2)}\right)^2 g$$

mit der Funktionaldeterminante

$$\frac{\partial(u^1, u^2)}{\partial(u'^1, u'^2)} = \frac{\partial u^1}{\partial u'^1}\frac{\partial u^2}{\partial u'^2} - \frac{\partial u^2}{\partial u'^1}\frac{\partial u^1}{\partial u'^2}.$$

Um krummlinigen Koordinatensystemen auf der Fläche eine *Orientierung* $\eta = \pm 1$ zuzuordnen, zeichnet man ein festes u_0^α-System als positiv aus ($\eta = +1$) und erklärt η für ein beliebiges u^α-System durch das Vorzeichen der Funktionaldeterminante $\eta = \operatorname{sgn} \frac{\partial(u^1, u^2)}{\partial(u_0^1, u_0^2)}$. Dann transformieren sich die *Levi-Civita-Tensoren*

$$E^{\alpha\beta} \stackrel{\text{def}}{=} \frac{\eta}{\sqrt{g}} \varepsilon^{\alpha\beta} \quad \text{bzw.} \quad E_{\alpha\beta} \stackrel{\text{def}}{=} \eta \sqrt{g}\, \varepsilon^{\alpha\beta}$$

mit $\varepsilon^{11} = \varepsilon^{22} = 0$, $\varepsilon^{12} = -\varepsilon^{21} = 1$ wie $g^{\alpha\beta}$ bzw. $g_{\alpha\beta}$.

Beispiel: Für die Kugel $\mathbf{r} = R(\cos u \sin v\mathbf{i} + \sin u \sin v\mathbf{j} + \cos v\mathbf{k})$ ist $E = R^2 \sin^2 v$, $F = 0$, $G = R^2$, also $\mathrm{d}s^2 = R^2(\sin^2 v\, \mathrm{d}u^2 + \mathrm{d}v^2)$.

Die erste Fundamentalform beinhaltet alle metrischen Eigenschaften der Fläche.

Bogenlänge. Die Bogenlänge einer Kurve $\mathbf{r} = \mathbf{r}(u(t), v(t))$ auf der Fläche zwischen den Punkten mit den Parameterwerten t_0 und t ist gleich

$$s = \int_{t_0}^{t} \mathrm{d}s = \int_{t_0}^{t} \sqrt{E\left(\frac{\mathrm{d}u}{\mathrm{d}t}\right)^2 + 2F\frac{\mathrm{d}u}{\mathrm{d}t}\frac{\mathrm{d}v}{\mathrm{d}t} + G\left(\frac{\mathrm{d}v}{\mathrm{d}t}\right)^2}\, \mathrm{d}t.$$

Flächeninhalt. Das Flächenstück, das entsteht, wenn die Parameter u, v ein Gebiet D der u,v-Ebene durchlaufen, besitzt den Flächeninhalt

$$\iint \mathrm{d}S = \iint_D \sqrt{EG - F^2}\, \mathrm{d}u\, \mathrm{d}v.$$

Winkel zwischen zwei Flächenkurven. Sind $\mathbf{r} = \mathbf{r}(u_1(t), v_1(t))$ und $\mathbf{r} = \mathbf{r}(u_2(t), v_2(t))$ zwei Kurven auf der Fläche $\mathbf{r} = \mathbf{r}(u, v)$, die sich im Punkt P schneiden, dann ergibt sich der Schnittwinkel α (Winkel zwischen den positiven Tangentenrichtungen in P) zu

$$\cos\alpha = \frac{E\dot{u}_1\dot{u}_2 + F(\dot{u}_1\dot{v}_2 + \dot{v}_1\dot{u}_2) + G\dot{v}_1\dot{v}_2}{\sqrt{E\dot{u}_1^2 + 2F\dot{u}_1\dot{v}_1 + G\dot{v}_1^2}\sqrt{E\dot{u}_2^2 + 2F\dot{u}_2\dot{v}_2 + G\dot{v}_2^2}}.$$

Dabei sind $\dot{u}_1$ bzw. $\dot{u}_2$ die ersten Ableitungen von $u_1(t)$ bzw. $u_2(t)$ in den P entsprechenden Parameterwerten usf.

Abbildungen zwischen zwei Flächen. Es mögen zwei Flächen S_1 und S_2 vorliegen, $S_1: \mathbf{r} = \mathbf{r}_1(u, v)$, $S_2: \mathbf{r} = \mathbf{r}_2(u, v)$, wobei beide Flächen (evtl. nach Änderung der Parameter) auf die gleichen Parameter u, v bezogen sind. Ordnet man dem Punkt P_1 von S_1 mit dem Radiusvektor $\mathbf{r}_1(u, v)$ den Punkt P_2 von S_2 mit dem Radiusvektor $\mathbf{r}_2(u, v)$ zu, dann entsteht eine eineindeutige Abbildung zwischen den beiden Flächen. Diese Abbildung heißt *längentreu*, wenn die Länge eines beliebigen Kurvenstücks ungeändert bleibt. Eine *winkeltreue* (*konforme*) Abbildung liegt vor, wenn die Winkel zwischen zwei beliebigen sich schneidenden Kurven ungeändert bleiben. Schließlich heißt die Abbildung *flächentreu*, wenn die Flächeninhalte beliebiger Flächenstücke ungeändert bleiben.

Abbildung	Notwendige und hinreichende Bedingung an die erste Fundamentalform
längentreu	$E_1 = E_2,\quad F_1 = F_2,\quad G_1 = G_2$
winkeltreu (konform)	$E_1 = \lambda E_2,\quad F_1 = \lambda F_2,\quad G_1 = \lambda G_2,\quad \lambda(u, v) > 0$
flächentreu	$E_1G_1 - F_1^2 = E_2G_2 - F_2^2$

E_i, F_i, G_i sind die Koeffizienten der ersten Fundamentalform von S_i, $i = 1, 2$, bezogen auf die gleichen Parameter u, v. Die angegebenen Beziehungen müssen in jedem Flächenpunkt gelten. Jede längentreue Abbildung ist konform und flächentreu. Jede flächentreue und konforme Abbildung ist längentreu.

4.3.3.4. Krümmungseigenschaften von Flächen

Zweite Fundamentalform. Den Ausdruck

$$-d\mathbf{N}\,d\mathbf{r} = L\,du^2 + 2M\,du\,dv + N\,dv^2$$

bezeichnet man als *zweite Fundamentalform.* Sie enthält die Krümmungseigenschaften der Fläche. Es gilt

$$L = \mathbf{r}_{uu}\mathbf{N} = \frac{l}{\sqrt{EG - F^2}}, \quad N = \mathbf{r}_{vv}\mathbf{N} = \frac{n}{\sqrt{EG - F^2}}, \quad M = \mathbf{r}_{uv}\mathbf{N} = \frac{m}{\sqrt{EG - F^2}}$$

mit

$$l = \begin{vmatrix} \frac{\partial^2 x}{\partial u^2} & \frac{\partial^2 y}{\partial u^2} & \frac{\partial^2 z}{\partial u^2} \\ \frac{\partial x}{\partial u} & \frac{\partial y}{\partial u} & \frac{\partial z}{\partial u} \\ \frac{\partial x}{\partial v} & \frac{\partial y}{\partial v} & \frac{\partial z}{\partial v} \end{vmatrix}, \quad m = \begin{vmatrix} \frac{\partial^2 x}{\partial u\,\partial v} & \frac{\partial^2 y}{\partial u\,\partial v} & \frac{\partial^2 z}{\partial u\,\partial v} \\ \frac{\partial x}{\partial u} & \frac{\partial y}{\partial u} & \frac{\partial z}{\partial u} \\ \frac{\partial x}{\partial v} & \frac{\partial y}{\partial v} & \frac{\partial z}{\partial v} \end{vmatrix}, \quad n = \begin{vmatrix} \frac{\partial^2 x}{\partial v^2} & \frac{\partial^2 y}{\partial v^2} & \frac{\partial^2 z}{\partial v^2} \\ \frac{\partial x}{\partial u} & \frac{\partial y}{\partial u} & \frac{\partial z}{\partial u} \\ \frac{\partial x}{\partial v} & \frac{\partial y}{\partial v} & \frac{\partial z}{\partial v} \end{vmatrix}.$$

Setzt man $u^1 = u$, $u^2 = v$ und $b_{11} = L$, $b_{12} = b_{21} = M$, $b_{22} = N$, dann kann man schreiben

$$-d\mathbf{N}\,d\mathbf{r} = b_{\alpha\beta}\,du^\alpha\,du^\beta.$$

Beim Übergang vom u^α-System zu einem u'^α-System gilt $-d\mathbf{N}\,d\mathbf{r} = b'_{\alpha\beta}\,du'^\alpha\,du'^\beta$ mit

$$b'_{\alpha\beta} = \varepsilon \frac{\partial u^\gamma}{\partial u'^\alpha} \frac{\partial u^\delta}{\partial u'^\beta} b_{\gamma\delta},$$

wobei ε das Vorzeichen der Funktionaldeterminante ist: $\varepsilon = \operatorname{sgn} \frac{\partial(u'^1, u'^2)}{\partial(u^1, u^2)}$. Folglich bilden die $b_{\alpha\beta}$ die Koordinaten eines zweifach kovarianten Pseudotensors. Ferner erklärt man $b = \det b_{\alpha\beta} = LN - M^2$; b transformiert sich nach dem gleichen Transformationsgesetz wie g (vgl. 4.3.3.3.).

Hauptkrümmungen. Zu einem festen Flächenpunkt P_0 kann man stets ein kartesisches x, y, z-System wählen, dessen Ursprung in P_0 liegt und dessen x,y-Ebene mit der Tangentialebene durch P_0 übereinstimmt (Abb. 4.72). In diesem x,y,z-System besitzt die Fläche (in einer Umgebung von

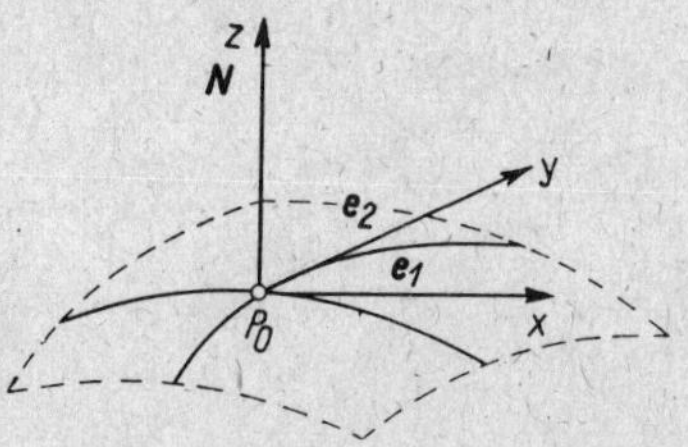

Abb. 4.72

Abb. 4.73

P_0) die Darstellung $z = z(x, y)$ mit $z(0,0) = \frac{\partial z(0,0)}{\partial x} = \frac{\partial z(0,0)}{\partial y} = 0$. Das zugehörige begleitende Dreibein im Punkt P_0 besteht aus den drei Einheitsvektoren $\mathbf{e}_1$, $\mathbf{e}_2$, $\mathbf{N} = \mathbf{e}_1 \times \mathbf{e}_2$, die in Richtung der Koordinatenachsen weisen. Die Taylorentwicklung in einer Umgebung von P_0 lautet

$$z = \frac{1}{2} \frac{\partial^2 z(0,0)}{\partial x^2} x^2 + \frac{\partial^2 z(0,0)}{\partial x\,\partial y} xy + \frac{1}{2} \frac{\partial^2 z(0,0)}{\partial y^2} y^2 + \dots$$

Durch eine Drehung des kartesischen Koordinatensystems um die z-Achse kann man

$$z = \tfrac{1}{2}(k_1x^2 + k_2y^2) + \dots \tag{4.43}$$

erreichen. Man definiert: k_1, k_2 *Hauptkrümmungen*, $R_1 = \frac{1}{k_1}$, $R_2 = \frac{1}{k_2}$ *Hauptkrümmungsradien*, $K = k_1k_2$ *Gaußsche Krümmung*, $H = \frac{1}{2}(k_1 + k_2)$ *mittlere Krümmung im Punkt* P_0.

Beispiel: Bei einer Kugel vom Radius R gilt $R_1 = R_2 = R$, $K = \frac{1}{R^2}$, $H = \frac{1}{R}$.

In dem *ausgezeichneten Koordinatensystem*, in dem (4.43) gilt, haben beide Fundamentalformen im Punkt P_0 die einfache Gestalt

$$(\mathrm{d}\mathbf{r})^2 = \mathrm{d}x^2 + \mathrm{d}y^2,$$

$$-\mathrm{d}\mathbf{N}\,\mathrm{d}\mathbf{r} = k_1\,\mathrm{d}x^2 + k_2\,\mathrm{d}y^2.$$

In einem beliebigen u^α-System gilt

$$K = \frac{b}{g} = \frac{LN - M^2}{EG - F^2},$$

$$H = \frac{1}{2}g^{\alpha\beta}b_{\alpha\beta} = \frac{LG - 2FM + EN}{2(EG - F^2)}.$$

Die Hauptkrümmungen k_1, k_2 sind die Lösungen der quadratischen Gleichung

$$k^2 - 2Hk + K = 0.$$

Ein wesentlicher Vorteil der Anwendung der Tensorrechnung in der Differentialgeometrie besteht darin, daß man bei Kenntnis der Größen in einem besonders geeigneten Koordinatensystem und bei Kenntnis ihres Transformationsverhaltens die Ausdrücke in einem beliebigen u^α-System sofort aufschreiben kann. Die Hauptkrümmungen ändern lediglich bei Orientierungswechsel ihr Vorzeichen (Pseudoskalar), folglich bleibt K bei Übergang zu einem beliebigen u^α-System ungeändert (Skalar). Um den Ausdruck für K im u^α-System zu finden, hat man lediglich einen Skalar zu konstruieren, der im ausgezeichneten Koordinatensystem mit k_1k_2 übereinstimmt. Das leistet $\frac{b}{g}$. Analog muß man für H einen Pseudoskalar konstruieren.

Klassifikation von Flächenpunkten. (4.43) beinhaltet eine Darstellung der Fläche in der Umgebung von P_0 (im ausgezeichneten Koordinatensystem). Dadurch ergibt sich für P_0 eine Klassifizierung.

Bezeichnung des Punktes p_0	analytische Definition	Verhalten der Fläche in Umgebung von P_0 in zweiter Ordnung wie
elliptischer Punkt	$K = k_1k_2 > 0$ (d. h. $LN - M^2 > 0$)	Ellipsoid
Nabelpunkt	$K = k_1k_2 > 0,\ k_1 = k_2$	Kugel
hyperbolischer Punkt	$K = k_1k_2 < 0$ (d. h. $LN - M^2 < 0$)	einschaliges Hyperboloid
parabolischer Punkt	$K = k_1k_2 = 0$ (d. h. $LN - M^2 = 0$)	
	a) $k_1^2 + k_2^2 \neq 0$	Zylinder
	b) $k_1 = k_2 = 0$	Ebene

Man erkennt dieses Verhalten, indem man in (4.43) $z = \text{const}$ setzt. Flächen mit $H \equiv 0$ heißen *Minimalflächen*. Flächen mit $K = \text{const}$ nennt man Flächen konstanter Krümmung. Die einfachsten Beispiele hierzu sind: $K > 0$ Kugel, $K < 0$ Pseudosphäre (Rotationsfläche der Traktrix, Abb. 4.73).

Eine Fläche nennt man *Regelfläche*, wenn man sie durch Bewegung einer Geraden im Raum erzeugen kann (z. B. Kegel, Zylinder, einschaliges Hyperboloid, hyperbolisches Paraboloid). Läßt sich die Regelfläche sogar in eine Ebene abwickeln, dann spricht man von einer *abwickelbaren Fläche* (z. B. Kegel, Zylinder). In allen Punkten einer abwickelbaren Fläche gilt $K = 0$, also $LN - M^2 = 0$.

Normalschnitte. Schneidet man eine Fläche mit einer Ebene, die die Flächennormale im Punkt P_0 enthält, dann heißt die entstehende Kurve ein *Normalschnitt*. Es gibt stets zwei aufeinander senkrecht stehende Richtungen, in denen die Krümmung der entsprechenden Normalschnitte im Punkt P_0 gleich den Hauptkrümmungen k_1 bzw. k_2 ist. Diese Richtungen entsprechen den Achsenrichtungen des ausgezeichneten Koordinatensystems (Abb. 4.72) und heißen *Hauptkrümmungsrichtungen*. Bildet die Tangente des Normalschnitts in P_0 mit der $\mathbf{e}_1$-Achse den Winkel α, dann ist die vorzeichenbehaftete Krümmung k_N des Normalschnitts in P_0 gleich

$$k_N = k_1 \cos^2 \alpha + k_2 \sin^2 \alpha \quad (\textit{Satz von Euler}).$$

Sind $\mathbf{e}_1 = \mathbf{r}_u$, $\mathbf{e}_2 = \mathbf{r}_v$ die Vektoren des begleitenden Dreibeins im Punkt P_0 in der zu P_0 gehörigen Tangentialebene, dann ergibt sich die zur Richtung $\lambda\mathbf{e}_1 + \mu\mathbf{e}_2$ gehörige Normalschnittkrümmung auch durch

$$k_N = \frac{b_{\alpha\beta}\lambda^\alpha\lambda^\beta}{g_{\alpha\beta}\lambda^\alpha\lambda^\beta} = \frac{L\lambda^2 + 2M\lambda\mu + N\mu^2}{E\lambda^2 + 2F\lambda\mu + G\mu^2}$$

mit $\lambda^1 = \lambda$, $\lambda^2 = \mu$. Die Hauptkrümmungsrichtungen $\lambda\mathbf{e}_1 + \mu\mathbf{e}_2$ erhält man durch Bestimmung der λ, μ aus der Gleichung $E^{\alpha\beta} g_{\alpha\sigma} b_{\beta\mu} \lambda^\sigma \lambda^\mu = 0$ oder ausgeschrieben

$$\lambda^2(FN - GM) + \lambda\mu(EN - GL) + \mu^2(EM - FL) = 0. \tag{4.44}$$

Für die Hauptkrümmungsrichtungen nimmt k_N das Maximum bzw. Minimum an, und die entsprechenden Werte von k_N sind gleich den Hauptkrümmungen k_1, k_2.

Krümmungslinien sind Kurven $\mathbf{r} = \mathbf{r}(u(t), v(t))$, deren Tangentenrichtung in jedem Punkt mit einer der Hauptkrümmungsrichtungen übereinstimmt. Ihre Differentialgleichung erhält man aus (4.44), indem man dort $\lambda = \mathrm{d}u/\mathrm{d}t$ und $\mu = \mathrm{d}v/\mathrm{d}t$ setzt.

Flächenschnitte. Schneidet eine Ebene die Fläche im Punkt P_0, dann gilt für die Krümmung $k \geqq 0$ der Schnittkurve C in P_0

$$k = k_N/\cos\gamma \quad (\textit{Satz von Meusnier}).$$

γ ist der Winkel zwischen dem Hauptnormalenvektor von C und der Flächennormalen in P_0; k_N entspricht dem Normalschnitt, der die gleiche Tangente wie C besitzt.

Krümmung beliebiger Flächenkurven. Es sei $\mathbf{r} = \mathbf{r}(u(t), v(t))$ eine beliebige Kurve auf der Fläche. Die Krümmung der Kurve im Punkt P_0 ist gleich der Krümmung des Flächenschnittes in P_0, der entsteht, indem man die Fläche mit der Schmiegebene der Kurve in P_0 zum Schnitt bringt. Die Schmiegebene wird von dem Tangentenvektor und dem Hauptnormalenvektor aufgespannt. Bei Kenntnis der Hauptkrümmungen in einem Punkt beherrscht man folglich auch die Krümmung aller durch P_0 hindurchgehenden Flächenkurven.

4.3.3.5. Hauptsatz der Flächentheorie

Ableitungsformeln von Gauß und Weingarten. Die Änderung des begleitenden Dreibeins (vgl. 4.3.3.2.) wird beschrieben durch die sogenannten *Ableitungsformeln*

$$\mathbf{r}_{u^\alpha u^\beta} \equiv \frac{\partial \mathbf{e}_\alpha}{\partial u^\beta} = \Gamma^\sigma_{\alpha\beta}\mathbf{e}_\sigma + b_{\alpha\beta}\mathbf{N} \quad (\textit{Gauß}),$$

$$\frac{\partial \mathbf{N}}{\partial u^\alpha} = -g^{\sigma\gamma} b_{\gamma\alpha} \mathbf{e}_\sigma \qquad (\textit{Weingarten}).$$

Alle Indizes durchlaufen die Werte 1 und 2. Über gleiche obere und untere Indizes wird von 1 bis 2 summiert. Die *Christoffelsymbole* $\Gamma^{\delta}_{\alpha\beta}$ werden (s. auch 8.3.1.3., (8.48)) durch

$$\Gamma^{\sigma}_{\alpha\beta} = \frac{1}{2}\, g^{\sigma\delta} \left(\frac{\partial g_{\alpha\delta}}{\partial u^{\beta}} + \frac{\partial g_{\beta\delta}}{\partial u^{\alpha}} - \frac{\partial g_{\alpha\beta}}{\partial u^{\delta}} \right)$$

erklärt. Sie besitzen keinen Tensorcharakter. Die Ableitungsformeln stellen ein System von 18 partiellen Differentialgleichungen erster Ordnung für die jeweils drei Komponenten von $\mathbf{e}_1$, $\mathbf{e}_2$, $\mathbf{N}$ dar.

Integrabilitätsbedingungen. Aus $\dfrac{\partial^2 \mathbf{e}_\alpha}{\partial u^\beta \partial u^\gamma} = \dfrac{\partial^2 \mathbf{e}_\alpha}{\partial u^\gamma \partial u^\beta}$, $\dfrac{\partial^2 \mathbf{N}}{\partial u^\alpha \partial u^\beta} = \dfrac{\partial^2 \mathbf{N}}{\partial u^\beta \partial u^\alpha}$ ergeben sich die sogenannten *Integrabilitätsbedingungen*

$$\begin{aligned} &\frac{\partial b_{11}}{\partial u^2} - \frac{\partial b_{12}}{\partial u^1} - \Gamma^1_{12} b_{11} + (\Gamma^1_{11} - \Gamma^2_{12})\, b_{12} + \Gamma^2_{11} b_{22} = 0, \\ &\frac{\partial b_{12}}{\partial u^2} - \frac{\partial b_{22}}{\partial u^1} - \Gamma^1_{22} b_{11} + (\Gamma^1_{12} - \Gamma^2_{22})\, b_{12} + \Gamma^2_{12} b_{22} = 0 \end{aligned} \tag{4.45}$$

(*Gleichungen von Mainardi-Codazzi*),

$$b \equiv b_{11} b_{22} - b_{12}^2 = R_{12\,12} \tag{4.46}$$

(*Theorema egregium von Gauß*).

Dabei ist $R_{\alpha\beta\gamma\delta} = R_{\dot\alpha\beta.\dot\gamma.}{}^{\nu}\, g_{\nu\delta}$ der *Riemannsche Krümmungstensor* (vgl. 8.3.2.3.)

$$R_{\dot\alpha\beta.\dot\gamma.}{}^{\nu} = \frac{\partial \Gamma^{\nu}_{\alpha\gamma}}{\partial x^{\beta}} + \Gamma^{\nu}_{\beta\sigma} \Gamma^{\sigma}_{\alpha\gamma} - \frac{\partial \Gamma^{\nu}_{\beta\gamma}}{\partial x^{\alpha}} - \Gamma^{\nu}_{\alpha\sigma} \Gamma^{\sigma}_{\beta\gamma}.$$

Das Theorema egregium kann wegen $K = b/g$ in der Form $K = \dfrac{R_{12\,12}}{g}$ geschrieben werden. Daraus folgt, daß sich die Gaußsche Krümmung K allein durch die Koeffizienten E, F, G der ersten Fundamentalform sowie durch deren erste und zweite Ableitungen ausdrücken läßt. Folglich kann K allein durch Messungen auf der Fläche ohne Berücksichtigung des umgebenden Raums bestimmt werden (Eigenschaft der inneren Flächengeometrie). Bei längentreuen Abbildungen muß K in entsprechenden Punkten gleich sein. Da für eine Kugel (Ebene) $K = 1/R^2$ $(K = 0)$ gilt, kann eine Kugel niemals auf eine Ebene längentreu abgebildet werden.

Hauptsatz. Gibt man sich die Funktionen

$$g_{11}(u^1, u^2) \equiv E(u, v), \quad g_{12}(u^1, u^2) = g_{21} \equiv F(u, v), \quad g_{22}(u^1, u^2) \equiv G(u, v)$$

(zweimal stetig differenzierbar) und

$$b_{11}(u^1, u^2) \equiv L(u, v), \quad b_{12}(u^1, u^2) = b_{21} \equiv M(u, v), \quad b_{22}(u^1, u^2) \equiv N(u, v)$$

(einmal stetig differenzierbar) vor, so daß diese den Integrabilitätsbedingungen (4.45), (4.46) genügen und außerdem für beliebige reelle Zahlen λ, μ mit $\lambda^2 + \mu^2 \neq 0$ stets $E\lambda^2 + 2F\lambda\mu + G\mu^2 > 0$ ist, dann gibt es eine Fläche $\mathbf{r} = \mathbf{r}(u, v)$ (dreimal stetig differenzierbar), deren Koeffizienten der ersten und zweiten Fundamentalform gerade mit den vorgegebenen Funktionen übereinstimmen. Die Fläche ist bis auf Translationen und Drehungen eindeutig bestimmt.

Die Konstruktion dieser Fläche geschieht folgendermaßen: 1. Aus den Ableitungsformeln von Gauß und Weingarten erhält man eindeutig das begleitende Dreibein $\mathbf{e}_1$, $\mathbf{e}_2$, $\mathbf{N}$, wenn man dieses in einem festen Punkt $P_0\,(u_0, v_0)$ vorgibt. 2. Wegen $\partial\mathbf{r}/\partial u^\alpha = \mathbf{e}_\alpha$ kann dann $\mathbf{r}(u, v)$ berechnet werden; $\mathbf{r}(u, v)$ ist eindeutig festgelegt, wenn man fordert, daß die Fläche durch P_0 geht.

4.3.3.6. Geodätische Linien auf Flächen

Geodätische Linien. Eine Flächenkurve heißt *geodätische Linie*, wenn in jedem Punkt die Hauptnormale der Kurve und die Flächennormale parallel bzw. antiparallel sind. Die kürzeste Verbindungslinie zwischen zwei Punkten auf der Fläche ist stets Teil einer geodätischen Linie. In der

Ebene sind genau die Geraden geodätische Linien. Auf der Kugel bilden die Großkreise (z. B. Längenkreise und Äquator) geodätische Linien. Die geodätischen Linien entsprechen somit auf gekrümmten Flächen den Geraden der Ebene. Die geodätischen Linien $\mathbf{r} = \mathbf{r}(s) \equiv \mathbf{r}(u(s), v(s))$ (s Bogenlänge) genügen den Differentialgleichungen

$$\frac{d^2u^\alpha}{ds^2} + \Gamma^\alpha_{\beta\gamma} \frac{du^\beta}{ds} \frac{du^\gamma}{ds} = 0, \quad \alpha = 1, 2,$$

und umgekehrt stellen die Lösungen dieser Differentialgleichungen stets geodätische Linien dar. (Wegen $\Gamma^\alpha_{\beta\gamma}$ vgl. 4.3.3.5.) Liegt die Fläche in der Form $z = z(x, y)$ vor, dann lautet die Differentialgleichung der geodätischen Linien $y = y(x)$, $z = z(x, y(x))$

$$\left(1 + \left(\frac{\partial z}{\partial x}\right)^2 + \left(\frac{\partial z}{\partial y}\right)^2\right) \frac{d^2y}{dx^2} = \frac{\partial z}{\partial x} \frac{\partial^2 z}{\partial y^2} \left(\frac{dy}{dx}\right)^3$$
$$+ \left(2 \frac{\partial z}{\partial x} \frac{\partial^2 z}{\partial x \partial y} - \frac{\partial z}{\partial y} \frac{\partial^2 z}{\partial y^2}\right) \left(\frac{dy}{dx}\right)^2 + \left(\frac{\partial z}{\partial x} \frac{\partial^2 z}{\partial x^2} - 2 \frac{\partial z}{\partial y} \frac{\partial^2 z}{\partial x \partial y}\right) \frac{dy}{dx} - \frac{\partial z}{\partial y} \frac{\partial^2 z}{\partial x^2}.$$

Geodätische Krümmung. Für eine Flächenkurve $\mathbf{r} = \mathbf{r}(s) \equiv \mathbf{r}(u(s), v(s))$ (s Bogenlänge) existiert stets eine Zerlegung der Form

$$\frac{d^2\mathbf{r}}{ds^2} = k_N \mathbf{N} + k_g \left(\mathbf{N} \times \frac{d\mathbf{r}}{ds}\right),$$

$$k_N = \mathbf{N} \frac{d^2\mathbf{r}}{ds^2}, \quad k_g = \left(\mathbf{N} \times \frac{d\mathbf{r}}{ds}\right) \frac{d^2\mathbf{r}}{ds^2}.$$

Ist die Kurve ein Normalschnitt durch P_0, dann gilt $k_g = 0$ in P_0, und k_N ist gleich der Normalschnittkrümmung; allgemein ist k_N in P_0 gleich der Normalschnittkrümmung des Normalschnitts durch P_0 mit der gleichen Tangente wie $\mathbf{r}(s)$; k_g heißt geodätische Krümmung. Eine Flächenkurve ist genau dann geodätische Linie, wenn $k_g \equiv 0$ gilt.

Es sei S ein Flächenstück, das durch eine einfache geschlossene Kurve ∂S mit der geodätischen Krümmung k_g und der Bogenlänge s berandet wird (Abb. 4.74); dann ist

$$\oint_{\partial S} k_g \, ds + \iint_S K \, dS = 2\pi$$

(*Satz von Gauß-Bonnet*). $\iint_S K \, dS$ heißt die *Gesamtkrümmung* des Flächenstücks (curvatura integra). Die Gesamtkrümmung jeder geschlossenen Fläche, die sich eineindeutig und in beiden Richtungen

Abb. 4.74

stetig auf eine Kugeloberfläche abbilden läßt, ist stets gleich 4π. Für geschlossene Flächen, die sich in der gleichen Weise auf eine Torusfläche abbilden lassen, ist die Gesamtkrümmung gleich null.

4.4. Fourierreihen, Fourierintegrale und Laplacetransformation

4.4.1. Fourierreihen

4.4.1.1. Allgemeine Betrachtungen

Bei vielen Problemen der Physik und Mathematik ist es erforderlich, eine periodische Funktion der Periode 2π in eine Reihe nach trigonometrischen Funktionen zu entwickeln:

$$f(x) = \frac{a_0}{2} + \sum_{k=1}^{\infty} (a_k \cos kx + b_k \sin kx). \tag{4.47}$$

Eine Reihe der Form (4.47) heißt eine *Fourierreihe*, und die Entwicklung einer Funktion in ihre Fourierreihe bezeichnet man als *harmonische Analyse*. In praktischen Anwendungen bricht man oft nach endlich vielen Gliedern ab und hat dann eine Approximation der Funktion durch ein trigonometrisches Polynom. Betrachtet man den Hilbertraum $L^2(-\pi, \pi)$ (vgl. 8.1.1.4.), so ist das Funktionensystem $\frac{1}{\sqrt{2\pi}}$, $\frac{1}{\sqrt{\pi}}\cos x$, $\frac{1}{\sqrt{\pi}}\sin x$, $\frac{1}{\sqrt{\pi}}\cos 2x$, $\frac{1}{\sqrt{\pi}}\sin 2x$, $\frac{1}{\sqrt{\pi}}\cos 3x$, $\frac{1}{\sqrt{\pi}}\sin 3x$, ... ein *vollständiges Orthonormalsystem*. Daraus folgt, daß bei Approximation einer Funktion $f(x) \in L^2(-\pi, \pi)$ durch ein trigonometrisches Polynom

$$s_n(x) = \frac{\alpha_0}{2} + \sum_{k=1}^{n} (\alpha_k \cos kx + \beta_k \sin kx)$$

der mittlere quadratische Fehler $\delta^2 = \int_{-\pi}^{\pi} (f(x) - s_n(x))^2 \, dx$ genau dann minimal wird, wenn man für α_k, β_k die sogenannten *Fourierkoeffizienten* der Funktion $f(x)$ nimmt, die sich gemäß (4.48) bestimmen:

$$\left.\begin{aligned} a_k &= \frac{1}{\pi} \int_{-\pi}^{\pi} f(x) \cos kx \, dx, \quad k = 0, 1, 2, \ldots \\ b_k &= \frac{1}{\pi} \int_{-\pi}^{\pi} f(x) \sin kx \, dx, \quad k = 1, 2, \ldots \end{aligned}\right\} \tag{4.48}$$

Es folgt weiterhin, daß für jede Funktion $f(x) \in L^2(-\pi, \pi)$ $s_n(x) = \frac{a_0}{2} + \sum_{k=1}^{n} (a_k \cos kx + b_k \sin kx)$ mit a_k und b_k aus (4.48) im quadratischen Mittel gegen f konvergiert:

$$\lim_{n \to \infty} \int_{-\pi}^{\pi} (f(x) - s_n(x))^2 \, dx = 0.$$

Für viele Fragen ist es von Interesse, wann die Fourierreihe im üblichen Sinne, d. h. punktweise konvergiert und inwieweit sie $f(x)$ darstellt. Auf diese Fragestellung gibt der Satz von Dirichlet eine weitgehende Anwort:

Satz von Dirichlet: $f(x)$ genüge in $(-\pi, \pi)$ den sogenannten Dirichletschen Bedingungen: a) Das Intervall $(-\pi, \pi)$ läßt sich in endlich viele Teilintervalle zerlegen, in denen $f(x)$ stetig und monoton ist. b) Ist x_0 eine Unstetigkeitsstelle von $f(x)$, so existieren $f(x_0 + 0)$ und $f(x_0 - 0)$. Dann konvergiert die Fourierreihe von $f(x)$, und es gilt:

$$\lim_{n \to \infty} \left[\frac{a_0}{2} + \sum_{k=1}^{n} (a_k \cos kx + b_k \sin kx)\right] = \left\{\begin{array}{ll} f(x), & \text{falls } f \text{ in } x \text{ stetig,} \\ \dfrac{f(x+0) + f(x-0)}{2} & \text{sonst} \end{array}\right\}.$$

Denkt man sich $f(x)$ außerhalb $(-\pi, \pi)$ periodisch mit der Periode 2π fortgesetzt, so gilt die Aussage des Dirichletschen Satzes für alle x.

Hat die zu entwickelnde Funktion die Periode $2l$, so betrachtet man das Intervall $(-l, l)$. Die Fourierkoeffizienten sind dann

$$\left.\begin{aligned} a_k &= \frac{1}{l} \int_{-l}^{+l} f(x) \cos \frac{k\pi x}{l} \, dx, \quad k = 0, 1, 2, \ldots \\ b_k &= \frac{1}{l} \int_{-l}^{+l} f(x) \sin \frac{k\pi x}{l} \, dx, \quad k = 1, 2, \ldots \end{aligned}\right\} \tag{4.49}$$

und die Fourierreihe von $f(x)$ hat dann die Gestalt

$$\frac{a_0}{2} + \sum_{k=1}^{\infty} \left(a_k \cos \frac{k\pi x}{l} + b_k \sin \frac{k\pi x}{l} \right).$$

Alle oben gemachten Aussagen bleiben gültig.

Eine Fourierreihe $s(x) = \frac{a_0}{2} + \sum_{k=1}^{\infty} (a_k \cos kx + b_k \sin kx)$ kann auch in einer der folgenden Formen geschrieben werden:

$$s(x) = \frac{a_0}{2} + \sum_{k=1}^{\infty} A_k \sin (kx + \varphi_k), \quad A_k = \sqrt{a_k^2 + b_k^2}, \quad \tan \varphi_k = \frac{a_k}{b_k}$$

bzw.

$$s(x) = \sum_{k=-\infty}^{\infty} c_k \mathrm{e}^{\mathrm{i}kx}, \quad c_k = \frac{1}{2\pi} \int_{-\pi}^{\pi} f(x) \mathrm{e}^{-\mathrm{i}kx} \, \mathrm{d}x = \begin{Bmatrix} \frac{a_0}{2}; & k = 0 \\ \frac{1}{2}(a_k - \mathrm{i}b_k); & k > 0 \\ \frac{1}{2}(a_{-k} + \mathrm{i}b_{-k}); & k < 0 \end{Bmatrix}.$$

Symmetrien: Ist $f(x)$ in $(-\pi, \pi)$ eine gerade Funktion, d. h. $f(x) = f(-x)$, so gilt für die Fourierkoeffizienten

$$a_k = \frac{2}{\pi} \int_0^{\pi} f(x) \cos kx \, \mathrm{d}x, \quad b_k = 0. \tag{4.50}$$

Die Fourierreihe von $f(x)$ hat dann die Form

$$\frac{a_0}{2} + \sum_{k=1}^{\infty} a_k \cos kx. \tag{4.51}$$

Ist $f(x)$ eine ungerade Funktion, d. h. $f(x) = -f(-x)$, so gilt für die Fourierkoeffizienten

$$a_k = 0, \quad b_k = \frac{2}{\pi} \int_0^{\pi} f(x) \sin kx \, \mathrm{d}x. \tag{4.52}$$

Die Fourierreihe von $f(x)$ hat dann die Form

$$\sum_{k=1}^{\infty} b_k \sin kx. \tag{4.53}$$

Entwicklung im Intervall $(0, \pi)$: Ist $f(x)$ in $(0, \pi)$ gegeben und genügt dort den Dirichletschen Bedingungen, so läßt sie sich sowohl in eine Kosinusreihe der Form (4.51) als auch in eine Sinusreihe der Form (4.53) entwickeln. Dabei berechnen sich im ersten Fall die Koeffizienten gemäß (4.50) und im zweiten gemäß (4.52). Beide Reihen liefern im Innern von $(0, \pi)$ die Funktion $f(x)$ an ihren Stetigkeitspunkten und den Wert $\frac{f(x+0) + f(x-0)}{2}$ an den Unstetigkeitspunkten. Sie stellen jedoch außerhalb $(0, \pi)$ verschiedene Funktionen dar. Die Kosinusreihe liefert diejenige Funktion, die sich aus $f(x)$ durch gerade Fortsetzung in das Nachbarintervall $(-\pi, 0)$ und durch periodische Fortsetzung mit der Periode 2π außerhalb $(-\pi, \pi)$ ergibt. Die Sinusreihe liefert diejenige Funktion, die sich aus $f(x)$ durch ungerade Fortsetzung in $(-\pi, 0)$ und durch periodische Fortsetzung mit der

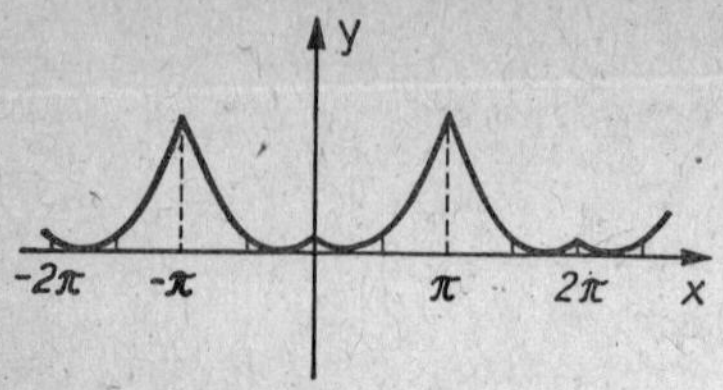

a) Kosinusentwicklung

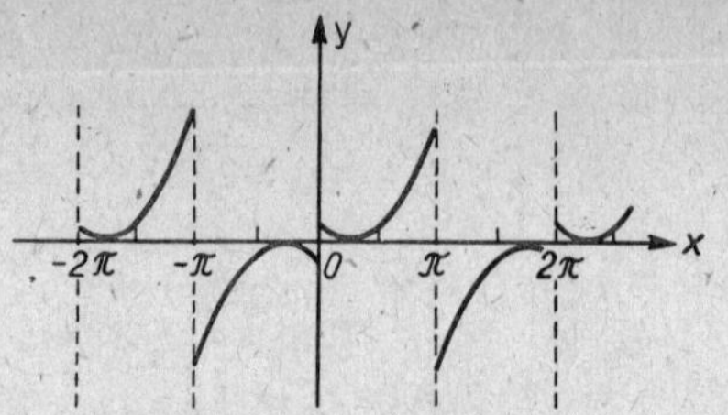

b) Sinusentwicklung

Abb. 4.75.

Periode 2π außerhalb $(-\pi, \pi)$ ergibt (Abb. 4.75). Ist $f(x)$ in $(0, l)$ gegeben, so hat man anstelle von (4.50) bzw. (4.52)

$$a_k = \frac{2}{l} \int_0^l f(x) \cos \frac{k\pi x}{l}\, \mathrm{d}x, \quad b_k = 0$$

bzw.

$$a_k = 0, \quad b_k = \frac{2}{l} \int_0^l f(x) \sin \frac{k\pi x}{l}\, \mathrm{d}x.$$

Die Reihen (4.51) bzw. (4.53) gehen dann über in $\frac{a_0}{2} + \sum_{k=1}^{\infty} a_k \cos \frac{k\pi x}{l}$ bzw. $\sum_{k=1}^{\infty} b_k \sin \frac{k\pi x}{l}$. Die in Abb. 4.75 zum Ausdruck kommenden Überlegungen gelten unverändert.

4.4.1.2. Tabelle einiger Fourierentwicklungen

Nachstehend sind die Fourierentwicklungen einiger einfacher Funktionen angeführt, die in einem bestimmten Intervall gegeben sind und weiterhin periodisch fortgesetzt werden. Einigen Entwicklungen ist die graphische Darstellung des Kurvenverlaufs beigegeben. Die Entwicklungen beziehen sich auf das Intervall $(-\pi, \pi)$ bzw. $(0, \pi)$. Die Entwicklung allgemeinerer periodischer Funktionen läßt sich oft durch Maßstabsänderungen der x- und y-Achse auf die in den Tabellen angeführten zurückführen. Es sei z. B. $y = x + 1$ für $0 < x < 2T$ mit der Periode $2T$ (Abb. 4.76). Durch die Variablensubstitution $Y = \frac{(y - T - 1)\pi}{T}$ und $X = \frac{(x - T)\pi}{T}$ gelangt man zur Funktion 1. der Tabelle, d. h. $Y = X$ in $-\pi < X < \pi$, Periode 2π. Nach Tabelle 4.3. Nr. 1, erhält man

$$Y = 2\left(\frac{\sin X}{1} - \frac{\sin 2X}{2} + \frac{\sin 3X}{3} - \ldots\right).$$

Durch Einsetzen obiger Substitutionen und Berücksichtigung der Additionstheoreme erhält man hieraus die gesuchte Entwicklung:

$$y = (T + 1) - \frac{2T}{\pi}\left(\sin \frac{\pi x}{T} + \frac{1}{2} \sin \frac{2\pi x}{T} + \frac{1}{3} \sin \frac{3\pi x}{T} + \ldots\right).$$

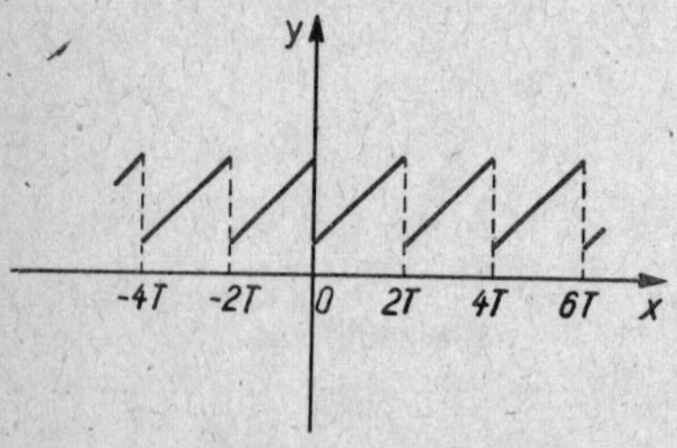

Abb. 4.76. $y = x + 1$ für $0 < x < 2T$ (Periode $2T$)

Tabelle 4.3

1. $y = x$ für $-\pi < x < \pi$; $y = 2\left(\frac{\sin x}{1} - \frac{\sin 2x}{2} + \frac{\sin 3x}{3} - \ldots\right)$

Für die Argumente $\pm k\pi$ liefert die Reihe nach dem Dirichletschen Satz den Wert 0.

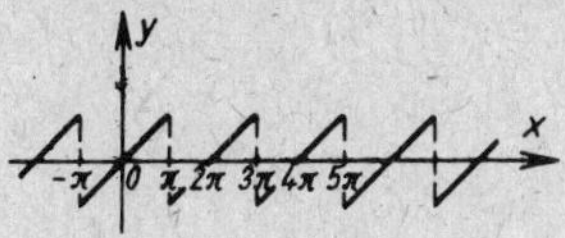

2. $y = |x|$ für $-\pi \leqq x \leqq \pi$; $y = \frac{\pi}{2} - \frac{4}{\pi}\left(\cos x + \frac{\cos 3x}{3^2} + \frac{\cos 5x}{5^2} + \frac{\cos 7x}{7^2} + \ldots\right)$

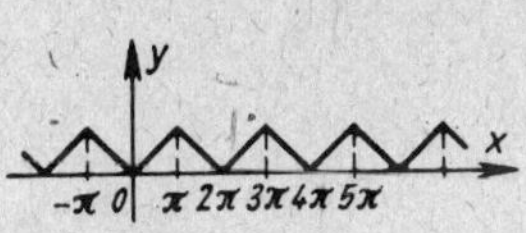

3. $y = x$ für $0 < x < 2\pi$, $y = \pi - 2\left(\frac{\sin x}{1} + \frac{\sin 2x}{2} + \frac{\sin 3x}{3} + \ldots\right)$

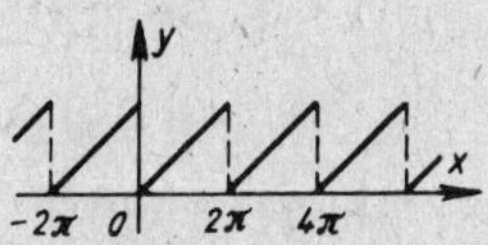

4.
$$y = \begin{cases} x & \text{für } -\frac{\pi}{2} \leqq x \leqq \frac{\pi}{2} \\ \pi - x & \text{für } \frac{\pi}{2} \leqq x \leqq \pi \\ -(\pi + x) & \text{für } -\pi \leqq x \leqq -\frac{\pi}{2} \end{cases} \qquad y = \frac{4}{\pi}\left(\sin x - \frac{\sin 3x}{3^2} + \frac{\sin 5x}{5^2} - \ldots\right)$$

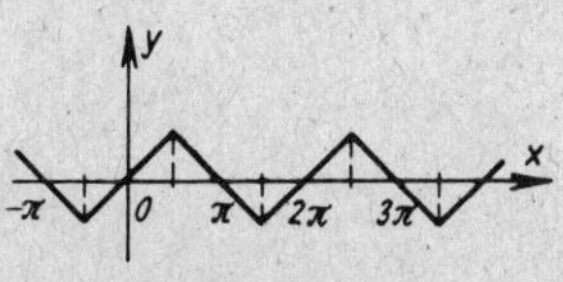

5. $y = \begin{cases} -a & \text{für } -\pi < x < 0 \\ a & \text{für } 0 < x < \pi \end{cases}$ $y = \frac{4a}{\pi}\left(\sin x + \frac{\sin 3x}{3} + \frac{\sin 5x}{5} + \ldots\right)$

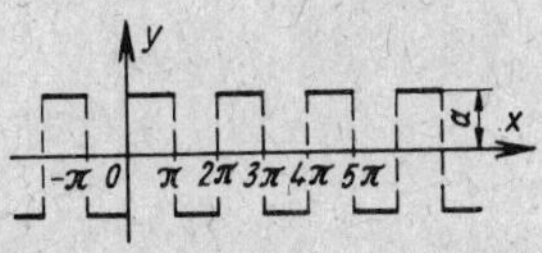

6. $y = \begin{cases} c_1 & \text{für} \quad -\pi < x < 0 \\ c_2 & \text{für} \quad 0 < x < \pi \end{cases}$

$$y = \frac{c_1 + c_2}{2} - 2\,\frac{c_1 - c_2}{\pi}\left(\sin x + \frac{\sin 3x}{3} + \frac{\sin 5x}{5} + \ldots\right)$$

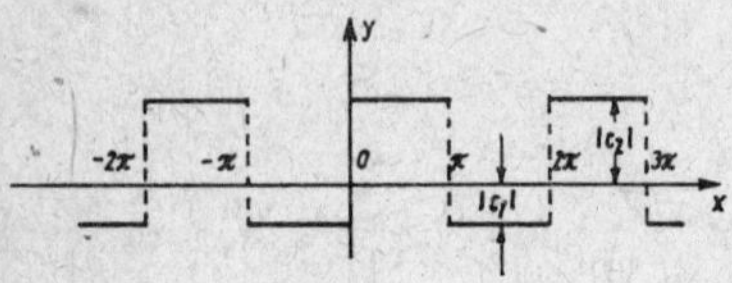

7. $y = \begin{cases} 0 & \text{für} \quad -\pi < x < -\pi + \alpha, \quad -\alpha < x < \alpha, \quad \pi - \alpha < x < \pi \\ a & \text{für} \quad \alpha < x < \pi - \alpha \\ -a & \text{für} \quad -\pi + \alpha < x < -\alpha \end{cases}$

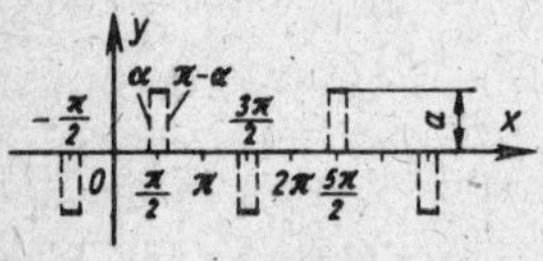

$$0 < \alpha < \frac{\pi}{2}$$

$$y = \frac{4a}{\pi}\left(\cos\alpha \sin x + \frac{1}{3}\cos 3\alpha \sin 3x + \frac{1}{5}\cos 5\alpha \sin 5x + \ldots\right)$$

8. $$y = \begin{cases} \dfrac{ax}{\alpha} & \text{für} \quad -\alpha \leqq x \leqq \alpha \\ a & \text{für} \quad \alpha \leqq x \leqq \pi - \alpha \\ -a & \text{für} \quad -\pi + \alpha \leqq x \leqq -\alpha \\ \dfrac{a(\pi - x)}{\alpha} & \text{für} \quad \pi - \alpha \leqq x \leqq \pi \\ -\dfrac{a(x + \pi)}{\alpha} & \text{für} \quad -\pi \leqq x \leqq -\pi + \alpha \end{cases}$$

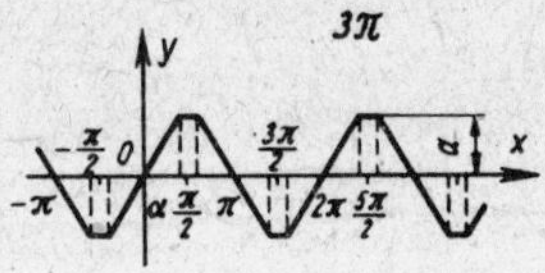

$$y = \frac{4a}{\pi\alpha}\left(\sin\alpha \sin x + \frac{1}{3^2}\sin 3\alpha \sin 3x + \frac{1}{5^2}\sin 5\alpha \sin 5x + \ldots\right)$$

Insbesondere gilt für $\alpha = \dfrac{\pi}{3}$:

$$y = \frac{6a\sqrt{3}}{\pi^2}\left(\sin x - \frac{1}{5^2}\sin 5x + \frac{1}{7^2}\sin 7x - \frac{1}{11^2}\sin 11x + \ldots\right)$$

9. $y = x^2 \quad \text{für} \quad -\pi \leqq x \leqq \pi$

$$y = \frac{\pi^2}{3} - 4\left(\cos x - \frac{\cos 2x}{2^2} + \frac{\cos 3x}{3^2} - \ldots\right)$$

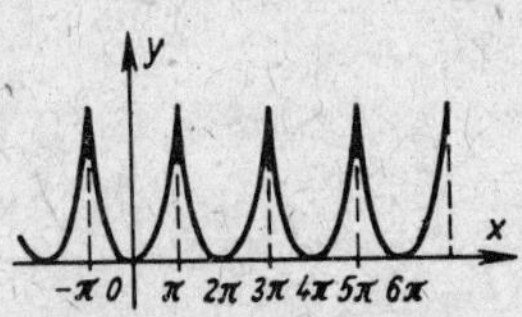

10. $y = \begin{cases} -x^2 & \text{für} \quad -\pi < x \leqq 0 \\ x^2 & \text{für} \quad 0 \leqq x < \pi \end{cases}$

$$y = 2\pi\left(\sin x - \frac{\sin 2x}{2} + \frac{\sin 3x}{3} - \ldots\right) - \frac{8}{\pi}\left(\frac{\sin x}{1^3} + \frac{\sin 3x}{3^3} + \frac{\sin 5x}{5^3} + \ldots\right)$$

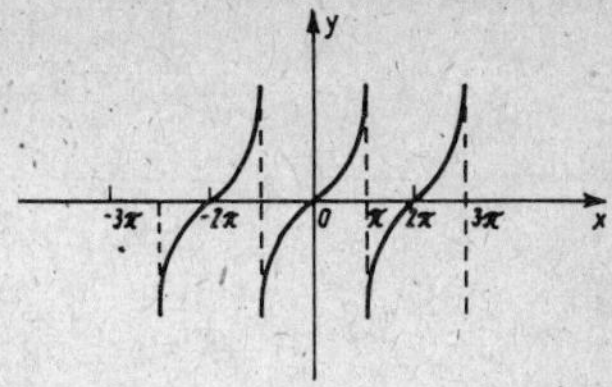

11. $y = x(\pi - x)$ für $0 \leqq x \leqq \pi$, gerade Fortsetzung in $(-\pi, 0)$

$$y = \frac{\pi^2}{6} - \left(\frac{\cos 2x}{1^2} + \frac{\cos 4x}{2^2} + \frac{\cos 6x}{3^2} + \ldots\right)$$

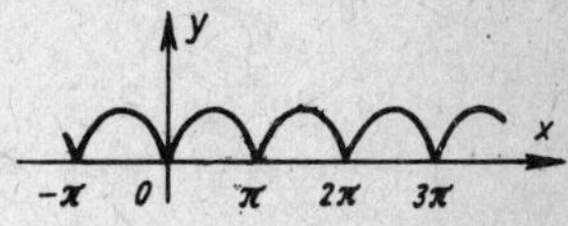

12. $y = x(\pi - x)$ für $0 \leqq x \leqq \pi$, ungerade Fortsetzung in $(-\pi, 0)$

$$y = \frac{8}{\pi}\left(\sin x + \frac{\sin 3x}{3^3} + \frac{\sin 5x}{5^3} + \ldots\right)$$

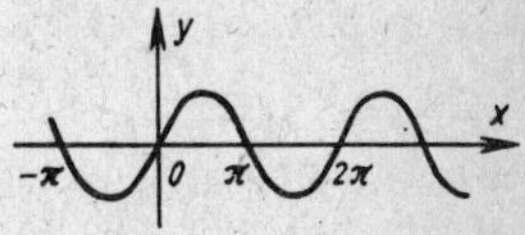

13. $y = Ax^2 + Bx + C$ für $-\pi < x < \pi$

$$y = \frac{A\pi^2}{3} + C + 4A\sum_{k=1}^{\infty}(-1)^k\frac{\cos kx}{k^2} - 2B\sum_{k=1}^{\infty}(-1)^k\frac{\sin kx}{k}$$

14. $y = |\sin x|$ für $-\pi \leqq x \leqq \pi$,

$$y = \frac{2}{\pi} - \frac{4}{\pi}\left(\frac{\cos 2x}{1\cdot 3} + \frac{\cos 4x}{3\cdot 5} + \frac{\cos 6x}{5\cdot 7} + \ldots\right)$$

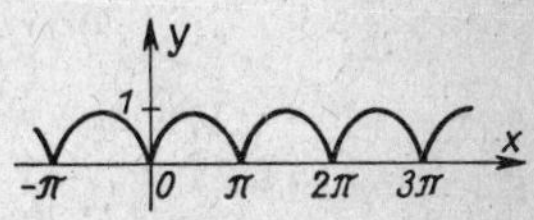

15. $y = \cos x$ für $0 < x < \pi$, ungerade Fortsetzung in $(-\pi, 0)$

$$y = \frac{4}{\pi}\left(\frac{2\sin 2x}{1\cdot 3} + \frac{4\sin 4x}{3\cdot 5} + \frac{6\sin 6x}{5\cdot 7} + \ldots\right)$$

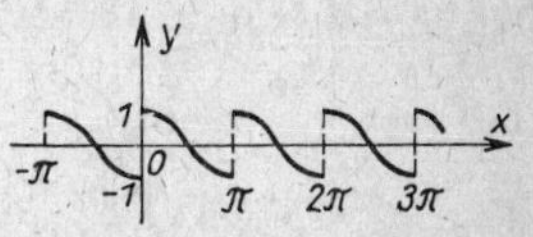

16. $y = \begin{cases} 0 & \text{für} \quad -\pi \leqq x \leqq 0 \\ \sin x & \text{für} \quad 0 \leqq x \leqq \pi \end{cases}$

$$y = \frac{1}{\pi} + \frac{1}{2}\sin x - \frac{2}{\pi}\left(\frac{\cos 2x}{1\cdot 3} + \frac{\cos 4x}{3\cdot 5} + \frac{\cos 6x}{5\cdot 7} + \ldots\right)$$

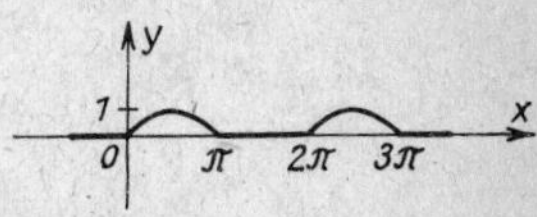

17. $y = \cos ux$ für $-\pi \leqq x \leqq \pi$, u beliebig reell, aber nicht ganz.

$$y = \frac{2u\sin u\pi}{\pi}\left(\frac{1}{2u^2} - \frac{\cos x}{u^2 - 1} + \frac{\cos 2x}{u^2 - 4} - \frac{\cos 3x}{u^2 - 9} + \ldots\right)$$

18. $y = \sin ux$ für $-\pi < x < \pi$, u beliebig reell, aber nicht ganz.

$$y = \frac{2\sin u\pi}{\pi}\left(-\frac{\sin x}{u^2 - 1} + \frac{2\sin 2x}{u^2 - 4} - \frac{3\sin 3x}{u^2 - 9} + \ldots\right)$$

19. $y = x \cos x$ für $-\pi < x < \pi$

$$y = -\frac{1}{2}\sin x + \frac{4 \sin 2x}{2^2 - 1} - \frac{6 \sin 3x}{3^2 - 1} + \frac{8 \sin 4x}{4^2 - 1} - \dots$$

20. $y = x \sin x$ für $-\pi \leqq x \leqq \pi$

$$y = 1 - \frac{1}{2}\cos x - 2\left(\frac{\cos 2x}{2^2 - 1} - \frac{\cos 3x}{3^2 - 1} + \frac{\cos 4x}{4^2 - 1} - \dots\right)$$

21. $y = \cosh ux$ für $-\pi \leqq x \leqq \pi$

$$y = \frac{2u \sinh u\pi}{\pi}\left(\frac{1}{2u^2} - \frac{\cos x}{u^2 + 1^2} + \frac{\cos 2x}{u^2 + 2^2} - \frac{\cos 3x}{u^2 + 3^2} + \dots\right)$$

22. $y = \sinh ux$ für $-\pi < x < \pi$

$$y = \frac{2 \sinh u\pi}{\pi}\left(\frac{\sin x}{u^2 + 1^2} - \frac{2 \sin 2x}{u^2 + 2^2} + \frac{3 \sin 3x}{u^2 + 3^2} - \dots\right)$$

23. $y = e^{ax}$ für $-\pi < x < \pi$, $a \neq 0$

$$y = \frac{2}{\pi}\sinh a\pi\left(\frac{1}{2a} + \sum_{k=1}^{\infty}\frac{(-1)^k}{a^2 + k^2}(a \cos kx - k \sin kx)\right)$$

Bei den folgenden Beispielen hat man weniger das Problem im Auge, eine gegebene Funktion in eine Fourierreihe zu entwickeln, als vielmehr die umgekehrte Frage, gegen welche Funktionen gewisse einfache trigonometrische Reihen konvergieren.

24. $$\sum_{k=1}^{\infty}\frac{\cos kx}{k} = -\ln\left(2 \sin\frac{x}{2}\right), \quad 0 < x < 2\pi$$

25. $$\sum_{k=1}^{\infty}\frac{\sin kx}{k} = \frac{\pi - x}{2}, \quad 0 < x < 2\pi$$

26. $$\sum_{k=1}^{\infty}\frac{\cos kx}{k^2} = \frac{3x^2 - 6\pi x + 2\pi^2}{12}, \quad 0 \leqq x \leqq 2\pi$$

27. $$\sum_{k=1}^{\infty}\frac{\sin kx}{k^2} = -\int_0^x \ln\left(2 \sin\frac{z}{2}\right) dz, \quad 0 \leqq x \leqq 2\pi$$

28. $$\sum_{k=1}^{\infty}\frac{\cos kx}{k^3} = \int_0^x dz \int_0^z \ln\left(2 \sin\frac{t}{2}\right) dt + \sum_{k=1}^{\infty}\frac{1}{k^3}, \quad 0 \leqq x \leqq 2\pi$$

$$\left(\sum_{k=1}^{\infty}\frac{1}{k^3} = \frac{\pi^3}{25{,}79436\dots} = 1{,}20206\dots\right)$$

29. $$\sum_{k=1}^{\infty}\frac{\sin kx}{k^3} = \frac{x^3 - 3\pi x^2 + 2\pi^2 x}{12}, \quad 0 \leqq x \leqq 2\pi$$

30. $$\sum_{k=1}^{\infty}(-1)^{k+1}\frac{\cos kx}{k} = \ln\left(2 \cos\frac{x}{2}\right), \quad -\pi < x < \pi$$

31. $$\sum_{k=1}^{\infty}(-1)^{k+1}\frac{\sin kx}{k} = \frac{x}{2}, \quad -\pi < x < \pi$$

32. $\sum_{k=1}^{\infty} (-1)^{k+1} \frac{\cos kx}{k^2} = \frac{\pi^2 - 3x^2}{12}, \quad -\pi \leqq x \leqq \pi$

33. $\sum_{k=1}^{\infty} (-1)^{k+1} \frac{\sin kx}{k^2} = \int_0^x \ln\left(2\cos\frac{z}{2}\right) dz, \quad -\pi \leqq x \leqq \pi$

34. $\sum_{k=1}^{\infty} (-1)^{k+1} \frac{\cos kx}{k^3} = \sum_{k=1}^{\infty} (-1)^{k+1} \cdot \frac{1}{k^3} - \int_0^x dz \int_0^z \ln\left(2\cos\frac{t}{2}\right) dt, \quad -\pi \leqq x \leqq \pi$

35. $\sum_{k=1}^{\infty} (-1)^{k+1} \frac{\sin kx}{k^3} = \frac{\pi^2 x - x^3}{12}, \quad -\pi \leqq x \leqq \pi$

36. $\sum_{k=0}^{\infty} \frac{\cos(2k+1)x}{2k+1} = -\frac{1}{2}\ln\left(\tan\frac{x}{2}\right), \quad 0 < x < \pi$

37. $\sum_{k=0}^{\infty} \frac{\sin(2k+1)x}{2k+1} = \frac{\pi}{4}, \quad 0 < x < \pi$

38. $\sum_{k=0}^{\infty} \frac{\cos(2k+1)x}{(2k+1)^2} = \frac{\pi^2 - 2\pi x}{8}, \quad 0 \leqq x \leqq \pi$

39. $\sum_{k=0}^{\infty} \frac{\sin(2k+1)x}{(2k+1)^2} = -\frac{1}{2}\int_0^x \ln\left(\tan\frac{z}{2}\right) dz, \quad 0 \leqq x \leqq \pi$

40. $\sum_{k=0}^{\infty} \frac{\cos(2k+1)x}{(2k+1)^3} = \frac{1}{2}\int_0^x dz \int_0^z \ln\left(\tan\frac{t}{2}\right) dt + \sum_{k=0}^{\infty} \frac{1}{(2k+1)^3}, \quad 0 \leqq x \leqq \pi$

41. $\sum_{k=0}^{\infty} \frac{\sin(2k+1)x}{(2k+1)^3} = \frac{\pi^2 x - \pi x^2}{8}, \quad 0 \leqq x \leqq \pi$

42. $\sum_{k=0}^{\infty} (-1)^k \frac{\cos(2k+1)x}{2k+1} = \frac{\pi}{4}, \quad -\frac{\pi}{2} < x < \frac{\pi}{2}$

43. $\sum_{k=0}^{\infty} (-1)^k \frac{\sin(2k+1)x}{2k+1} = -\frac{1}{2}\ln\left[\tan\left(\frac{\pi}{4} - \frac{x}{2}\right)\right], \quad -\frac{\pi}{2} < x < \frac{\pi}{2}$

44. $\sum_{k=0}^{\infty} (-1)^k \frac{\cos(2k+1)x}{(2k+1)^2} = -\frac{1}{2}\int_0^{\frac{\pi}{2}-x} \ln\left(\tan\frac{z}{2}\right) dz, \quad -\frac{\pi}{2} \leqq x \leqq \frac{\pi}{2}$

45. $\sum_{k=0}^{\infty} (-1)^k \frac{\sin(2k+1)x}{(2k+1)^2} = \frac{\pi x}{4}, \quad -\frac{\pi}{2} \leqq x \leqq \frac{\pi}{2}$

46. $\sum_{k=0}^{\infty} (-1)^k \frac{\cos(2k+1)x}{(2k+1)^3} = \frac{\pi^3 - 4\pi x^2}{32}, \quad -\frac{\pi}{2} \leqq x \leqq \frac{\pi}{2}$

47. $\sum_{k=0}^{\infty} (-1)^k \frac{\sin(2k+1)x}{(2k+1)^3} = \frac{1}{2}\int_0^{\frac{\pi}{2}-x} dz \int_0^z \ln\left(\tan\frac{t}{2}\right) dt + \sum_{k=0}^{\infty} \frac{1}{(2k+1)^3}, \quad -\frac{\pi}{2} \leqq x \leqq \frac{\pi}{2}$

4.4.1.3. Numerische harmonische Analyse

Ist eine Funktion $f(x)$ im Intervall $0 \leqq x < L$ nur auf einem diskreten System von Punkten $x_k = \frac{kL}{N}$ $(k = 0, 1, \ldots, N-1)$ bekannt, so läßt sich die Aufgabe, diese Funktion näherungsweise durch ein trigonometrisches Polynom darzustellen, auf folgende Weise lösen:

Das Funktionensystem

$$g_l(x_k) = \exp(il\alpha_k), \quad k, l = 0, 1, \ldots, N-1,$$

mit $\alpha_k = \frac{2\pi x_k}{L}$ bildet ein orthonormiertes System bezüglich des Skalarprodukts

$$(f \cdot g) = \frac{1}{N} \sum_{k=0}^{N-1} f(x_k)\, \bar{g}(x_k). \tag{4.54}$$

Hieraus folgt, daß das trigonometrische Polynom

$$T_N(x) = \sum_{l=0}^{N-1} c_l g_l(x) = \sum_{l=0}^{N-1} c_l \exp\left(\frac{2\pi i l x}{L}\right), \tag{4.55}$$

wobei

$$c_l = \frac{1}{N} \sum_{j=0}^{N-1} f(x_j) \exp\left(-2\pi i \frac{lj}{N}\right) \tag{4.56}$$

gesetzt ist, an den Stellen x_k die Werte $f(x_k)$ annimmt. Das heißt, dieses Polynom liefert die Lösung der Aufgabe der trigonometrischen Interpolation. Hierbei liefert der betreffende Abschnitt dieses Polynoms, im Vergleich zu ähnlichen Polynomen mit anderen Koeffizienten, die beste Approximation von $f(x)$ im Sinne der Metrik (4.54).

Wegen $\exp\left(2\pi i l \frac{k}{N}\right) = \exp\left[-2\pi i(N-l)\frac{k}{N}\right]$ folgt aus Formel (4.56)

$$c_l = \bar{c}_{N-l} \quad (l = 1, 2, \ldots, p-1),$$

wobei $p = \left[\frac{N+1}{2}\right]$ ist, während c_0 (und bei geradem N auch c_p) reell ist. Setzt man daher $a_k = c_k + c_{N-k}$, $b_k = i(c_k - c_{N-k})$, $1 \leqq k \leqq p-1$, und $a_0 = 2c_0$, bei geradem N hingegen $a_p = 2c_p$, so nimmt die Formel (4.55) die Form

$$T_N = \frac{a_0}{2} + \sum_{l=0}^{p-1}\left(a_l \cos\left(2\pi \frac{lx}{L}\right) + b_l \sin\left(2\pi \frac{lx}{L}\right)\right) + \frac{a_p}{2} \cos \frac{2\pi p x}{L} \tag{4.57}$$

an. Das letzte Glied ergibt sich nur bei geradem N. Hierbei dienen zur Berechnung der a_l und b_l die Formeln

$$a_l = \frac{2}{N} \sum_{k=0}^{N-1} f(x_k) \cos\left(2\pi \frac{kl}{N}\right), \quad b_l = \frac{2}{N} \sum_{k=0}^{N-1} f(x_k) \sin\left(2\pi \frac{kl}{N}\right), \quad l = 0, 1, \ldots, p. \tag{4.58}$$

Der Interpolationsfehler $f(x) - T_N(x)$ hängt außer von den Stützstellen wesentlich vom Vorhandensein von Gliedern höherer Ordnung in der Entwicklung der Funktion $f(x)$ in eine unendliche Fourierreihe ab.

Für $N = p \cdot q$ kann man zur Berechnung der Koeffizienten c_l die Formeln

$$c_{r,m} = \frac{1}{p} \sum_{j=0}^{p-1} f(x_{m+jq}) \exp\left(-2\pi i \frac{jr}{p}\right),$$

$$c_l = \frac{1}{q} \sum_{m=0}^{q-1} c_{r,m} \exp\left(-2\pi i \frac{lm}{N}\right),$$

$$0 \leqq r < p, \quad 0 \leqq m < q, \quad 0 \leqq l = r + mp < N \tag{4.59}$$

anwenden. Die $c_{r,m}$ sind Fourierkoeffizienten von q Funktionen, die durch p Werte gegeben sind und an den Stellen x_{m+jq} ($j = 0, 1, \ldots, p-1$) mit $f(x)$ übereinstimmen. An Hand dieser Größen berechnet man die endgültigen Werte der c_l. Zerlegt man p in Faktoren, so lassen sich die Formeln (4.59) zur rekursiven Berechnung der $c_{r,m}$ verwenden. Dieses Berechnungsverfahren, mit dessen Hilfe sich der Rechenaufwand erheblich herabsetzen läßt, führt die Bezeichnung *schnelle Fouriertransformation*. Besonders effektiv wird dieses Verfahren für $N = 2^s$. In diesem Falle vereinfachen sich die Formeln (4.59) zu

$$\left.\begin{aligned} c_{j,k}^{r-1} &= \frac{1}{2}\left(c_{j,k}^r + \exp(-\mathrm{i}j\alpha_r)\, c_{j,k+q}^r\right) \\ c_{j+p,k}^{r-1} &= \frac{1}{2}\left(c_{j,k}^r - \exp(-\mathrm{i}j\alpha_r)\, c_{j,k+q}^r\right) \end{aligned}\right\} \begin{aligned} 0 &\leqq k < q \\ 0 &\leqq j < p \end{aligned} \qquad (4.60)$$

mit $q = 2^{r-1}$, $p = 2^{s-r}$, $\alpha_r = \pi/p$.

Beginnt man mit $r = s$, setzt man $c_{0,k}^s = f(x_k)$ und geht man rekursiv nach (4.60) von r zu $r-1$ über, so erhält man schließlich mit den Werten $c_{j,0}^0$ die gesuchten Koeffizienten c_j.

Die hierbei verwendeten Werte $\exp(-\mathrm{i}j\alpha_r)$ werden ebenfalls rekursiv berechnet:

bei geradem j:

$$\exp(-\mathrm{i}j\alpha_r) = \exp\left(-\mathrm{i}\frac{j}{2}\alpha_{r+1}\right),$$

bei ungeradem j:

$$\exp(-\mathrm{i}j\alpha_r) = \frac{\exp\left(-\mathrm{i}\frac{j+1}{2}\alpha_{r+1}\right) + \exp\left(-\mathrm{i}\frac{j-1}{2}\alpha_{r+1}\right)}{2\cos\alpha_r},$$

$$\cos\alpha_r = \sqrt{\frac{1+\cos\alpha_{r+1}}{2}}.$$

Die Berechnungen nach den Formeln (4.60) erfordern etwa $N \operatorname{ld} N$ Rechenoperationen statt N^2 nach den Formeln (4.56).

Bei reellen Fourierkoeffizienten a_j und b_j lassen sich die Formeln (4.60) auf die folgende Form bringen:

$$\begin{aligned} a_{j,k}^{r-1} &= \frac{1}{2}\left(a_{j,k}^r + \cos j\alpha_r \cdot a_{j,k+q}^r - \sin j\alpha_r \cdot b_{j,k+q}^r\right), \\ a_{p-j,k}^{r-1} &= \frac{1}{2}\left(a_{j,k}^r - \cos j\alpha_r \cdot a_{j,k+q}^r + \sin j\alpha_r \cdot b_{j,k+q}^r\right), \end{aligned} \qquad 0 \leqq j \leqq \frac{p}{2},$$

$$\begin{aligned} b_{j,k}^{r-1} &= \frac{1}{2}\left(b_{j,k}^r + \sin j\alpha_r \cdot a_{j,k+q}^r + \cos j\alpha_r \cdot b_{j,k+q}^r\right), \\ b_{p-j,k}^{r-1} &= \frac{1}{2}\left(-b_{j,k}^r + \sin j\alpha_r \cdot a_{j,k+q}^r + \cos j\alpha_r \cdot b_{j,k+q}^r\right). \end{aligned} \qquad 0 \leqq k \leqq q-1, \qquad (4.61)$$

Ebenso wie bei den Formeln (4.60) ist auch hier $q = 2^{r-1}$, $p = 2^{s-r}$, $\alpha_r = \pi/p$. Die Rekursion beginnt mit $r = s$, $a_{0,k}^s = 2f(x_k)$, $b_{0,k}^s = 0$. Hierbei ist stets $b_{0,k}^r = b_{p/2,k}^r = 0$. Für Sinus und Kosinus gelten die Formeln

bei geradem j:

$$\cos j\alpha_r = \cos\frac{j}{2}\alpha_{r+1}, \qquad \sin j\alpha_r = \sin\frac{j}{2}\alpha_{r+1},$$

bei ungeradem j:

$$\cos j\alpha_r = \frac{\cos \frac{j+1}{2}\alpha_{r+1} + \cos \frac{j-1}{2}\alpha_{r+1}}{2\cos\alpha_r},$$

$$\sin j\alpha_r = \frac{\sin \frac{j+1}{2}\alpha_{r+1} + \sin \frac{j-1}{2}\alpha_{r+1}}{2\cos\alpha_r}.$$

Wegen $\cos \alpha_r$ siehe oben.

Neben $N = 2^s$ tritt in der Praxis der Fall $N = 3 \cdot 2^s$ häufig auf. Hierbei kann man die Formeln (4.59) anwenden, wobei man $p = 2^s$, $q = 3$ setzt, während zur Berechnung der $c_{r,m}$ $(m = 0, 1, 2)$ dreimal die Formeln (4.60) anzuwenden sind.

Da die Formeln (4.55) für $x = x_j$ den Formeln (4.56) völlig analog sind, läßt sich das Verfahren der schnellen Fouriertransformation erfolgreich anwenden, wenn es darum geht, die Werte des trigonometrischen Polynoms $T_N(x)$ mit bekannten Koeffizienten an den Stellen $x_j = \frac{jL}{N}$ $(0 \leqq j < N)$ zu berechnen.

4.4.2. Fourierintegrale

4.4.2.1. Allgemeine Betrachtungen

Eine nichtperiodische Funktion $f(x)$ kann nicht in eine Fourierreihe entwickelt werden. Man erhält jedoch unter gewissen Voraussetzungen aus der Entwicklung in eine Fourierreihe in $(-l, l)$ durch den Grenzübergang $l \to \infty$ die Entwicklung von f in ein sogenanntes *Fourierintegral*. $f(x)$ genüge in jedem endlichen Teilintervall den *Dirichletschen Bedingungen* (vgl. 4.4.1.1.) und sei absolut integrierbar, d. h. $\int_{-\infty}^{\infty} |f(x)|\,\mathrm{d}x < \infty$. Dann gilt für alle x:

$$f(x) = \int_0^\infty (a(y)\cos xy + b(y)\sin xy)\,\mathrm{d}y \tag{4.62}$$

mit

$$\left.\begin{aligned} a(y) &= \frac{1}{\pi}\int_{-\infty}^{\infty} f(u)\cos yu\,\mathrm{d}u,\\ b(y) &= \frac{1}{\pi}\int_{-\infty}^{\infty} f(u)\sin yu\,\mathrm{d}u. \end{aligned}\right\} \tag{4.63}$$

Die rechte Seite von (4.62) heißt das Fourierintegral von $f(x)$, die gemäß (4.63) berechneten „Koeffizienten" erinnern in ihrer Struktur an Fourierkoeffizienten. An den Unstetigkeitspunkten von $f(x)$ wird dabei $f(x) = \frac{1}{2}(f(x+0) + f(x-0))$ gesetzt.

Während die Entwicklung in eine Fourierreihe eine Darstellung einer periodischen Funktion (mit der Periode $2l$) in Form einer Summe harmonischer Schwingungen mit den Frequenzen $y_n = n\frac{\pi}{l}$ $(n = 1, 2, \ldots)$ vermittelt, stellt das Fourierintegral die Funktion $f(x)$ gleichsam als Summe unendlich vieler Schwingungen mit stetig variierender Frequenz y dar; man sagt, daß das Fourierintegral eine Entwicklung der Funktion in ein *kontinuierliches Spektrum* liefert.

Ein wichtiges hinreichendes Kriterium für die Konvergenz des Fourierintegrals ist das *Kriterium von Dirichlet-Jordan*: Hat $f(x)$ in jedem endlichen Teilintervall höchstens endlich viele Sprungstellen, ist f ferner in jedem endlichen Teilintervall von beschränkter Schwankung und gilt $\int_{-\infty}^{\infty} |f(x)|\,\mathrm{d}x < \infty$, so ist

$$\int_0^\infty (a(y)\cos xy + b(y)\sin xy)\,\mathrm{d}y = \begin{cases} f(x) \text{ an den Stetigkeitsstellen von } f,\\ \frac{1}{2}(f(x+0) + f(x-0)) \text{ an den Sprungstellen.} \end{cases}$$

Dabei bestimmen sich $a(y)$, $b(y)$ gemäß (4.63). Das Fourierintegral kann auch folgendermaßen geschrieben werden

$$f(x) = \frac{1}{\pi} \int_0^\infty dy \int_{-\infty}^{\infty} f(u) \cos y(u - x)\, du$$

oder in komplexer Form:

$$f(x) = \frac{1}{2\pi} \int_{-\infty}^{\infty} dy \int_{-\infty}^{\infty} f(u)\, e^{iy(u-x)}\, du. \tag{4.64}$$

In (4.64) ist das äußere Integral im Sinne des Hauptwerts zu verstehen. Die Formel (4.64) kann als Superposition der beiden folgenden Formeln aufgefaßt werden:

$$F(y) = \frac{1}{\sqrt{2\pi}} \int_{-\infty}^{\infty} f(x)\, e^{iyx}\, dx, \tag{4.65}$$

$$f(x) = \frac{1}{\sqrt{2\pi}} \int_{-\infty}^{\infty} F(y)\, e^{-ixy}\, dy \tag{4.66}$$

Die Funktion $F(y)$, die gemäß (4.65) der Funktion $f(x)$ zugeordnet ist, heißt die *Fouriertransformierte* von $f(x)$, der Übergang von f zu F wird als *Fouriertransformation* bezeichnet. Ist die Fouriertransformierte $F(y)$ gegeben, so gewinnt man durch die sogenannte inverse Fouriertransformation (4.66) wieder $f(x)$. Im allgemeinen ist F auch für reelles f komplex. Die Ausgangsfunktion $f(x)$ kann auch eine komplexwertige Funktion des reellen Arguments x sein. Die Fouriertransformierte existiert, wenn $f(x)$ den oben angegebenen Bedingungen für die Gültigkeit der Fourierschen Formel genügt. Dabei ist das Integral in (4.65) im allgemeinen im Sinne des Hauptwerts aufzufassen. Die Fouriertransformation (4.65) läßt sich aus der Fourierkosinustransformation und der Fouriersinustransformation zusammensetzen. Die Fourierkosinustransformation und ihre Inverse werden durch das Formelpaar

$$\left.\begin{aligned} F_c(y) &= \sqrt{\frac{2}{\pi}} \int_0^\infty f(x) \cos xy\, dx, \\ f(x) &= \sqrt{\frac{2}{\pi}} \int_0^\infty F_c(y) \cos xy\, dy \end{aligned}\right\} \tag{4.67}$$

definiert, entsprechend die Fouriersinustransformation und ihre Inverse durch

$$\left.\begin{aligned} F_s(y) &= \sqrt{\frac{2}{\pi}} \int_0^\infty f(x) \sin xy\, dx, \\ f(x) &= \sqrt{\frac{2}{\pi}} \int_0^\infty F_s(y) \sin xy\, dy. \end{aligned}\right\} \tag{4.68}$$

Es gilt: Für eine gerade Funktion $f(x)$ ist $F(y) = F_c(y)$ (für $y < 0$ wird $F_c(y)$ gerade fortgesetzt); für ungerades $f(x)$ ist $F(y) = iF_s(y)$ (für $y < 0$ wird $F_s(y)$ ungerade fortgesetzt). Im allgemeinen

Fall zerlegt man $f(x)$ in die Summe einer geraden und einer ungeraden Funktion: $f(x) = g(x) + h(x)$ mit $g(x) = \frac{1}{2}(f(x) + f(-x))$ und $h(x) = \frac{1}{2}(f(x) - f(-x))$. Daraus folgt dann $F(y) = G_c(y) + iH_s(y)$. Dabei ist $G_c(y)$ die Kosinustransformierte von $g(x)$, $H_s(y)$ die Sinustransformierte von $h(x)$. Man kann sich also im Prinzip auf Kosinus- und Sinustransformierte beschränken.

Eigenschaften der Fouriertransformierten:

1. Ist $f(x)$ im Intervall $(-\infty, \infty)$ absolut integrierbar, so ist die Funktion $F(y) = \frac{1}{\sqrt{2\pi}} \int\limits_{-\infty}^{\infty} f(x)\, e^{ixy}\, dx$ in $-\infty < y < \infty$ stetig und strebt für $y \to \pm\infty$ gegen null.

2. Ist für eine natürliche Zahl n die Funktion $x^n f(x)$ im Intervall $(-\infty, \infty)$ absolut integrierbar, dann ist $F(y)$ n-mal differenzierbar, und die Ableitungen $F'(y), \ldots, F^{(n)}(y)$ streben sämtlich für $y \to \pm\infty$ gegen null.

3. Streben $f(x)$ und die ersten $n - 1$ Ableitungen für $x \to \pm\infty$ gegen null und ist die n-te Ableitung $f^{(n)}(x)$ im Intervall $(-\infty, \infty)$ absolut integrierbar, so ist $\lim\limits_{y \to \pm\infty} y^n F(y) = 0$.

Die mannigfachen Anwendungen der Fouriertransformation in der Wahrscheinlichkeitsrechnung (Theorie der charakteristischen Funktionen), bei der Lösung von Randwertproblemen, bei der Auflösung singulärer Integralgleichungen (Wiener-Hopf-Technik) sowie in der Elektrotechnik und anderen technischen Anwendungsgebieten beruhen zu einem großem Teil auf den folgenden Sätzen:

Faltungssatz: Die Fouriertransformierte des Faltungsprodukts zweier Funktionen $\left((f * g)(x) = \int\limits_{-\infty}^{\infty} f(y)\, g(x-y)\, dy\right)$ ist bis auf $\sqrt{2\pi}$ gleich dem Produkt der Fouriertransformierten der einzelnen Faktoren:

$$\frac{1}{\sqrt{2\pi}} \int\limits_{-\infty}^{\infty} (f * g)(x)\, e^{ixy}\, dx = \sqrt{2\pi}\, F(y) \cdot G(y).$$

Grenzwertsätze: Ist $\lim\limits_{n \to \infty} f_n(x) = f(x)$, so ist auch $\lim\limits_{n \to \infty} F_n(y) = F(y)$ (F_n, F sind die Fouriertransformierten von f_n bzw. f). Wichtiger ist die Umkehrung: Konvergieren die Fouriertransformierten $F_n(y)$ gewisser Funktionen $f_n(x)$ gegen eine stetige Funktion $F(y)$, so existiert eine Funktion $f(x)$ mit $\lim\limits_{n \to \infty} f_n(x) = f(x)$, und $F(y)$ ist die Fouriertransformierte von $f(x)$.

Differentiationssatz: Die Operation der Ableitung spiegelt sich im Bildbereich der Fouriertransformation im wesentlichen als Multiplikation mit der unabhängigen Variablen wider, d. h. genauer: Ist $G(y)$ die Fouriertransformierte von $f'(x)$, so gilt $G(y) = -iyF(y)$, wobei $F(y)$ die Fouriertransformierte von f ist.

Fouriertransformation im R^n:

Wir betrachten die Menge $\mathfrak{S}(R^n)$ der sogenannten langsam wachsenden Funktionen des R^n:

$$\mathfrak{S}(R^n) = \left\{ f \in C^\infty(R^n);\ \sup_{x \in R^n} |x^\beta D^\alpha f(x)| < \infty \right\};$$

$$\beta = (\beta_1, \ldots, \beta_n), \qquad \alpha = (\alpha_1, \ldots, \alpha_n),$$

$$x^\beta = x_1^{\beta_1} \cdot \ldots \cdot x_n^{\beta_n}, \qquad D^\alpha f = \frac{\partial^{|\alpha|} f}{\partial x_1^{\alpha_1} \ldots \partial x_n^{\alpha_n}}, \qquad |\alpha| = \sum_{i=1}^{n} \alpha_i.$$

Für $f(x) \in \mathfrak{S}(R^n)$ wird die Fouriertransformierte $F(y)$ $(y = (y_1, y_2, \ldots y_n))$ definiert durch

$$F(y) = \frac{1}{(\sqrt{2\pi})^n} \int\limits_{R^n} f(x)\, e^{i\langle x, y\rangle}\, dx \quad \text{mit} \quad \langle x, y\rangle = \sum_{i=1}^{n} x_i y_i.$$

Es gelten analoge Sätze wie die oben für den R^1 genannten.

4.4.2.2. Tabelle von Fouriertransformierten

Die nicht allgemein bekannten in der Tabelle vorkommenden Abkürzungen werden am Schluß der Tabelle erklärt.

Fourierkosinustransformierte:

$f(x)$	$F(y) = \sqrt{\frac{2}{\pi}} \int\limits_0^\infty f(x) \cos(xy)\, dx$
$1, \quad 0 < x < a$ $0, \quad x > a$	$\sqrt{\frac{2}{\pi}} \frac{\sin(ay)}{y}$
$x, \quad 0 < x < 1$ $2 - x, \quad 1 < x < 2$ $0, \quad x > 2$	$4\sqrt{\frac{2}{\pi}} \left(\cos y \sin^2 \frac{y}{2}\right) y^{-2}$
$0, \quad 0 < x < a$ $\frac{1}{x}, \quad x > a$	$-\sqrt{\frac{2}{\pi}} \operatorname{Ci}(ay)$
$\frac{1}{\sqrt{x}}$	$\frac{1}{\sqrt{y}}$
$\frac{1}{\sqrt{x}}, \quad 0 < x < a$ $0, \quad x > a$	$\frac{2C(ay)}{\sqrt{y}}$
$0, \quad 0 < x < a$ $\frac{1}{\sqrt{x}}, \quad x > a$	$\frac{1 - 2C(ay)}{\sqrt{y}}$
$(a + x)^{-1}, \quad a > 0$	$\sqrt{\frac{2}{\pi}} [-\operatorname{si}(ay) \sin(ay) - \operatorname{Ci}(ay) \cos(ay)]$
$(a - x)^{-1}, \quad a > 0$	$\sqrt{\frac{2}{\pi}} \left[\cos(ay) \operatorname{Ci}(ay) + \sin(ay) \left(\frac{\pi}{2} + \operatorname{Si}(ay)\right)\right]$
$(a^2 + x^2)^{-1}$	$\sqrt{\frac{\pi}{2}} \frac{e^{-ay}}{a}$
$(a^2 - x^2)^{-1}$	$\sqrt{\frac{\pi}{2}} \frac{\sin(ay)}{y}$
$\frac{b}{b^2 + (a - x)^2} + \frac{b}{b^2 + (a + x)^2}$	$\sqrt{2\pi}\, e^{-by} \cos(ay)$

$f(x)$	$F(y) = \sqrt{\frac{2}{\pi}} \int\limits_0^\infty f(x) \cos(xy)\,dx$
$\frac{a+x}{b^2+(a+x)^2} + \frac{a-x}{b^2+(a-x)^2}$	$\sqrt{2\pi}\, e^{-by} \sin(ay)$
$(a^2+x^2)^{-\frac{1}{2}}$	$\sqrt{\frac{2}{\pi}} K_0(ay)$
$(a^2-x^2)^{-\frac{1}{2}},\quad 0 < x < a$ $0,\quad x > a$	$\sqrt{\frac{\pi}{2}} J_0(ay)$
$x^{-\nu},\quad 0 < \operatorname{Re}\nu < 1$	$\sqrt{\frac{2}{\pi}} \sin\left(\frac{\pi\nu}{2}\right) \Gamma(1-\nu)\, y^{\nu-1}$
e^{-ax}	$\sqrt{\frac{2}{\pi}} \frac{a}{a^2+y^2}$
$\frac{e^{-bx}-e^{-ax}}{x}$	$\frac{1}{\sqrt{2\pi}} \ln\left(\frac{a^2+y^2}{b^2+y^2}\right)$
$\sqrt{x}\, e^{-ax}$	$\frac{\sqrt{2}}{2} (a^2+y^2)^{-\frac{3}{4}} \cos\left(\frac{3}{2} \arctan\left(\frac{y}{a}\right)\right)$
$\frac{e^{-ax}}{\sqrt{x}}$	$\left(\frac{a+(a^2+y^2)^{\frac{1}{2}}}{a^2+y^2}\right)^{\frac{1}{2}}$
$x^n e^{-ax}$	$\sqrt{\frac{2}{\pi}} n!\, a^{n+1} (a^2+y^2)^{-(n+1)} \cdot \sum\limits_{0 \leq 2m \leq n+1} (-1)^m \binom{n+1}{2m} \left(\frac{y}{a}\right)^{2m}$
$x^{\nu-1} e^{-ax}$	$\sqrt{\frac{2}{\pi}} \Gamma(\nu) (a^2+y^2)^{-\frac{\nu}{2}} \cos\left(\nu \arctan \frac{y}{a}\right)$
$\frac{1}{x}\left(\frac{1}{2} - \frac{1}{x} + \frac{1}{e^x-1}\right)$	$-\frac{1}{\sqrt{2\pi}} \ln(1-e^{-2\pi y})$
e^{-ax^2}	$\frac{\sqrt{2}}{2} a^{-\frac{1}{2}} e^{-\frac{y^2}{4a}}$
$x^{-\frac{1}{2}} e^{-\frac{a}{x}}$	$\frac{1}{\sqrt{y}} e^{-\sqrt{2ay}} (\cos\sqrt{2ay} - \sin\sqrt{2ay})$
$x^{-\frac{3}{2}} e^{-\frac{a}{x}}$	$\sqrt{\frac{2}{a}} e^{-\sqrt{2ay}} \cos\sqrt{2ay}$

$f(x)$	$F(y) = \sqrt{\frac{2}{\pi}} \int_0^\infty f(x) \cos(xy)\, dx$
$\ln x, \quad 0 < x < 1$ $0, \quad x > 1$	$-\sqrt{\frac{2}{\pi}} \frac{\mathrm{Si}(y)}{y}$
$\frac{\ln x}{\sqrt{x}}$	$-\frac{1}{\sqrt{y}} \left(C + \frac{\pi}{2} + \ln 4y \right)$
$(x^2 - a^2)^{-1} \ln \left(\frac{x}{a} \right)$	$\sqrt{\frac{\pi}{2}} \cdot \frac{1}{a} (\sin(ay) \mathrm{Ci}(ay) - \cos(ay) \mathrm{si}(ay))$
$(x^2 - a^2)^{-1} \ln(bx)$	$\sqrt{\frac{\pi}{2}} \cdot \frac{1}{a} \{\sin(ay) [\mathrm{Ci}(ay) - \ln(ab)] - \cos(ay) \mathrm{si}(ay)\}$
$\frac{1}{x} \ln(1 + x)$	$\frac{1}{\sqrt{2\pi}} \left[\left(\mathrm{Ci}\left(\frac{y}{2}\right) \right)^2 + \left(\mathrm{si}\left(\frac{y}{2}\right) \right)^2 \right]$
$\ln \left\| \frac{a + x}{b - x} \right\|$	$\sqrt{\frac{2}{\pi}} \cdot \frac{1}{y} \left\{ \frac{\pi}{2} [\cos(by) - \cos(ay)] + \cos(by) \mathrm{Si}(by) + \cos(ay) \mathrm{Si}(ay) - \sin(ay) \mathrm{Ci}(ay) - \sin(by) \mathrm{Ci}(by) \right\}$
$e^{-ax} \ln x$	$-\sqrt{\frac{2}{\pi}} \frac{1}{a^2 + y^2} \left[aC + \frac{a}{2} \ln(a^2 + y^2) + y \arctan\left(\frac{y}{a}\right) \right]$
$\ln \left(\frac{a^2 + x^2}{b^2 + x^2} \right)$	$\frac{\sqrt{2\pi}}{y} (e^{-by} - e^{-ay})$
$\ln \left\| \frac{a^2 + x^2}{b^2 - x^2} \right\|$	$\frac{\sqrt{2\pi}}{y} (\cos(by) - e^{-ay})$
$\frac{1}{x} \ln \left(\frac{a + x}{a - x} \right)^2$	$-2\sqrt{2\pi}\, \mathrm{si}(ay)$
$\frac{\ln(a^2 + x^2)}{\sqrt{a^2 + x^2}}$	$-\sqrt{\frac{2}{\pi}} \left[\left(C + \ln\left(\frac{2y}{a}\right) \right) K_0(ay) \right]$
$\ln \left(1 + \frac{a^2}{x^2} \right)$	$\sqrt{2\pi}\, \frac{1 - e^{-ay}}{y}$
$\ln \left\| 1 - \frac{a^2}{x^2} \right\|$	$\sqrt{2\pi}\, \frac{1 - \cos(ay)}{y}$

$f(x)$	$F(y) = \sqrt{\frac{2}{\pi}} \int_0^\infty f(x) \cos(xy)\, dx$
$\frac{\sin(ax)}{x}$	$\sqrt{\frac{\pi}{2}}, \quad y < a$ $\frac{1}{2}\sqrt{\frac{\pi}{2}}, \quad y = a$ $0, \quad y > a$
$\frac{x \sin(ax)}{x^2 + b^2}$	$\sqrt{\frac{\pi}{2}}\, e^{-ab} \cosh(by), \quad y < a$ $-\sqrt{\frac{\pi}{2}}\, e^{-by} \sinh(ab), \quad y > a$
$\frac{\sin(ax)}{x(x^2 + b^2)}$	$\sqrt{\frac{\pi}{2}}\, b^{-2} (1 - e^{-ab} \cosh(by)), \quad y < a$ $\sqrt{\frac{\pi}{2}}\, b^{-2} e^{-by} \sinh(ab), \quad y > a$
$e^{-bx} \sin(ax)$	$\frac{1}{\sqrt{2\pi}} \left[\frac{a + y}{b^2 + (a + y)^2} + \frac{a - y}{b^2 + (a - y)^2} \right]$
$\frac{e^{-x} \sin x}{x}$	$\frac{1}{\sqrt{2\pi}} \arctan\left(\frac{2}{y^2}\right)$
$\frac{\sin^2(ax)}{x}$	$\frac{1}{2\sqrt{2\pi}} \ln\left\| 1 - 4\frac{a^2}{y^2} \right\|$
$\frac{\sin(ax)\sin(bx)}{x}$	$\frac{1}{\sqrt{2\pi}} \ln\left\| \frac{(a + b)^2 - y^2}{(a - b)^2 - y^2} \right\|$
$\frac{\sin^2(ax)}{x^2}$	$\sqrt{\frac{\pi}{2}}\left(a - \frac{1}{2}y\right), \quad y < 2a$ $0, \quad y > 2a$.
$\frac{\sin^3(ax)}{x^2}$	$\frac{1}{4\sqrt{2\pi}} \{(y + 3a) \ln(y + 3a)$ $+ (y - 3a) \ln\|y - 3a\| - (y + a) \ln(y + a)$ $- (y - a) \ln\|y - a\|\}$

$f(x)$	$F(y) = \sqrt{\frac{2}{\pi}} \int\limits_0^\infty f(x) \cos(xy)\,\mathrm{d}x$
$\frac{\sin^3(ax)}{x^3}$	$\frac{1}{4}\sqrt{\frac{\pi}{2}}(3a^2 - y^2), \quad 0 < y < a$ $\frac{1}{2}\sqrt{\frac{\pi}{2}}y^2, \quad y = a$ $\frac{1}{8}\sqrt{\frac{\pi}{2}}(3a - y)^2, \quad a < y < 3a$ $0, \quad y > 3a$
$\frac{1 - \cos(ax)}{x}$	$\frac{1}{\sqrt{2\pi}} \ln \left\| 1 - \frac{a^2}{y^2} \right\|$
$\frac{1 - \cos(ax)}{x^2}$	$\sqrt{\frac{\pi}{2}}(a - y), \quad y < a$ $0, \quad y > a$
$\frac{\cos(ax)}{b^2 + x^2}$	$\sqrt{\frac{\pi}{2}} \frac{e^{-ab}\cosh(by)}{b}, \quad y < a$ $\sqrt{\frac{\pi}{2}} \frac{e^{-by}\cosh(ab)}{b}, \quad y > a$
$e^{-bx}\cos(ax)$	$\frac{b}{\sqrt{2\pi}}\left[\frac{1}{b^2 + (a - y)^2} + \frac{1}{b^2 + (a + y)^2}\right]$
$e^{-bx^2}\cos(ax)$	$\frac{1}{\sqrt{2b}} e^{-\frac{a^2 + y^2}{4b}} \cosh\left(\frac{ay}{2b}\right)$
$\frac{x}{b^2 + x^2}\tan(ax)$	$\sqrt{2\pi}\cosh(by)(1 + e^{2ab})^{-1}$
$\frac{x}{b^2 + x^2}\cot(ax)$	$\sqrt{2\pi}\cosh(by)(e^{2ab} - 1)^{-1}$
$\sin(ax^2)$	$\frac{1}{2\sqrt{a}}\left(\cos\left(\frac{y^2}{4a}\right) - \sin\left(\frac{y^2}{4a}\right)\right)$
$\sin[a(1 - x^2)]$	$-\frac{1}{\sqrt{2a}}\cos\left(a + \frac{\pi}{4} + \frac{y^2}{4a}\right)$
$\frac{\sin(ax^2)}{x^2}$	$\sqrt{\frac{\pi}{2}}\, y\left[S\left(\frac{y^2}{4a}\right) - C\left(\frac{y^2}{4a}\right)\right] + \sqrt{2a}\sin\left(\frac{\pi}{4} + \frac{y^2}{4a}\right)$

$f(x)$	$F(y) = \sqrt{\frac{2}{\pi}} \int\limits_0^\infty f(x) \cos(xy)\, dx$
$\frac{\sin(ax^2)}{x}$	$\sqrt{\frac{\pi}{2}} \left\{ \frac{1}{2} - \left[C\left(\frac{y^2}{4a}\right) \right]^2 - \left[S\left(\frac{y^2}{4a}\right) \right]^2 \right\}$
$e^{-ax^2} \sin(bx^2)$	$\frac{1}{\sqrt{2}} (a^2 + b^2)^{-\frac{1}{4}} e^{-\frac{1}{4} ay^2(a^2+b^2)^{-1}}$ $\times \sin\left[\frac{1}{2} \arctan\left(\frac{b}{a}\right) - \frac{by^2}{4(a^2 + b^2)} \right]$
$\cos(ax^2)$	$\frac{1}{2\sqrt{a}} \left[\cos\left(\frac{y^2}{4a}\right) + \sin\left(\frac{y^2}{4a}\right) \right]$
$\cos[a(1 - x^2)]$	$\frac{1}{\sqrt{2a}} \sin\left(a + \frac{\pi}{4} + \frac{y^2}{4a}\right)$
$e^{-ax^2} \cos(bx^2)$	$\frac{1}{\sqrt{2}} (a^2 + b^2)^{-\frac{1}{4}} e^{-\frac{1}{4} ay^2(a^2+y^2)^{-1}}$ $\times \cos\left[\frac{by^2}{4(a^2 + b^2)} - \frac{1}{2} \arctan\left(\frac{b}{a}\right) \right]$
$\frac{1}{x} \sin\left(\frac{a}{x}\right)$	$\sqrt{\frac{\pi}{2}} J_0(2\sqrt{ay})$
$\frac{1}{\sqrt{x}} \sin\left(\frac{a}{x}\right)$	$\frac{1}{2\sqrt{y}} \left[\sin(2\sqrt{ay}) + \cos(2\sqrt{ay}) - e^{-2\sqrt{ay}} \right]$
$\left(\frac{1}{\sqrt{x}}\right)^3 \sin\left(\frac{a}{x}\right)$	$\frac{1}{2\sqrt{a}} \left[\sin(2\sqrt{ay}) + \cos(2\sqrt{ay}) + e^{-2\sqrt{ay}} \right]$
$\frac{1}{\sqrt{x}} \cos\left(\frac{a}{x}\right)$	$\frac{1}{2\sqrt{y}} \left[\cos(2\sqrt{ay}) - \sin(2\sqrt{ay}) + e^{-2\sqrt{ay}} \right]$
$\left(\frac{1}{\sqrt{x}}\right)^3 \cos\left(\frac{a}{x}\right)$	$\frac{1}{2\sqrt{a}} \left[\cos(2\sqrt{ay}) - \sin(2\sqrt{ay}) + e^{-2\sqrt{ay}} \right]$
$\frac{1}{\sqrt{x}} \sin(a\sqrt{x})$	$\frac{2}{\sqrt{y}} \left[C\left(\frac{a^2}{4y}\right) \sin\left(\frac{a^2}{4y}\right) - S\left(\frac{a^2}{4y}\right) \cos\left(\frac{a^2}{4y}\right) \right]$
$e^{-bx} \sin(a\sqrt{x})$	$\frac{a}{\sqrt{2}} (b^2 + a^2)^{\frac{3}{4}} e^{-\frac{1}{4} a^2b(b^2+y^2)^{-1}}$ $\times \cos\left[\frac{a^2y}{4(b^2 + y^2)} - \frac{3}{2} \arctan\left(\frac{y}{b}\right) \right]$

$f(x)$	$F(y) = \sqrt{\frac{2}{\pi}} \int_0^\infty f(x) \cos(xy)\,dx$
$\frac{\sin(a\sqrt{x})}{x}$	$\sqrt{2\pi}\left[S\left(\frac{a^2}{4y}\right) + C\left(\frac{a^2}{4y}\right)\right]$
$\frac{1}{\sqrt{x}} \cos(a\sqrt{x})$	$\sqrt{\frac{2}{y}} \sin\left(\frac{\pi}{4} + \frac{a^2}{4y}\right)$
$\frac{e^{-ax}}{\sqrt{x}} \cos(b\sqrt{x})$	$\sqrt{2}(a^2 + y^2)^{-\frac{1}{4}} e^{-\frac{1}{4}ab^2(a^2+b^2)^{-1}} \times \cos\left[\frac{b^2 y}{4(a^2 + y^2)} - \frac{1}{2}\arctan\left(\frac{y}{a}\right)\right]$
$e^{-a\sqrt{x}} \cos(a\sqrt{x})$	$a\sqrt{2}(2y)^{-\frac{3}{2}} e^{-\frac{a^2}{2y}}$
$\frac{e^{-a\sqrt{x}}}{\sqrt{x}}[\cos(a\sqrt{x}) - \sin(a\sqrt{x})]$	$\frac{1}{\sqrt{y}} e^{-\frac{a^2}{2y}}$

Fouriersinustransformierte:

$f(x)$	$F(y) = \sqrt{\frac{2}{\pi}} \int_0^\infty f(x) \sin(xy)\,dx$
$1,\quad 0 < x < a$ $0,\quad x > a$	$\sqrt{\frac{2}{\pi}} \frac{1 - \cos(ay)}{y}$
$x,\quad 0 < x < 1$ $2 - x,\quad 1 < x < 2$ $0,\quad x > 2$	$4\sqrt{\frac{2}{\pi}} y^{-2} \sin y \sin^2\left(\frac{y}{2}\right)$
$\frac{1}{x}$	$\sqrt{\frac{\pi}{2}}$
$\frac{1}{x},\quad 0 < x < a$ $0,\quad x > a$	$\sqrt{\frac{2}{\pi}} \operatorname{Si}(ay)$
$0,\quad 0 < x < a$ $\frac{1}{x},\quad x > a$	$-\sqrt{\frac{2}{\pi}} \operatorname{si}(ay)$

$f(x)$	$F(y) = \sqrt{\frac{2}{\pi}} \int\limits_0^\infty f(x) \sin(xy)\, dx$
$\frac{1}{\sqrt{x}}$	$\frac{1}{\sqrt{y}}$
$\frac{1}{\sqrt{x}}, \quad 0 < x < a$ $0, \quad x > a$	$\frac{2S(ay)}{\sqrt{y}}$
$0, \quad 0 < x < a$ $\frac{1}{\sqrt{x}}, \quad x > a$	$\frac{1 - 2S(ay)}{\sqrt{y}}$
$\left(\frac{1}{\sqrt{x}}\right)^3$	$2\sqrt{y}$
$(a + x)^{-1} \quad (a > 0)$	$\sqrt{\frac{2}{\pi}}\, [\sin(ay)\, \mathrm{Ci}(ay) - \cos(ay)\, \mathrm{si}(ay)]$
$(a - x)^{-1} \quad (a > 0)$	$\sqrt{\frac{2}{\pi}} \left[\sin(ay)\, \mathrm{Ci}(ay) - \cos(ay) \left(\frac{\pi}{2} + \mathrm{Si}(ay)\right)\right]$
$\frac{x}{a^2 + x^2}$	$\sqrt{\frac{\pi}{2}}\, e^{-ay}$
$(a^2 - x^2)^{-1}$	$\sqrt{\frac{2}{\pi}}\, \frac{1}{a}\, [\sin(ay)\, \mathrm{Ci}(ay) - \cos(ay)\, \mathrm{Si}(ay)]$
$\frac{b}{b^2 + (a - x)^2} - \frac{b}{b^2 + (a + x)^2}$	$\sqrt{2\pi}\, e^{-by} \sin(ay)$
$\frac{a + x}{b^2 + (a + x)^2} - \frac{a - x}{b^2 + (a - x)^2}$	$\sqrt{2\pi}\, e^{-by} \cos(ay)$
$\frac{x}{a^2 - x^2}$	$-\sqrt{\frac{\pi}{2}} \cos(ay)$
$\frac{1}{x(a^2 - x^2)}$	$\sqrt{\frac{\pi}{2}}\, \frac{1 - \cos(ay)}{a^2}$
$\frac{1}{x(a^2 + x^2)}$	$\sqrt{\frac{\pi}{2}}\, \frac{1 - e^{-ay}}{a^2}$
$x^{-\nu}, \quad 0 < \mathrm{Re}\, \nu < 2$	$\sqrt{\frac{2}{\pi}} \cos\left(\frac{\pi\nu}{2}\right) \Gamma(1 - \nu)\, y^{\nu - 1}$

$f(x)$	$F(y) = \sqrt{\frac{2}{\pi}} \int\limits_0^\infty f(x) \sin(xy)\, dx$
e^{-ax}	$\sqrt{\frac{2}{\pi}} \frac{y}{a^2 + y^2}$
$\frac{e^{-ax}}{x}$	$\sqrt{\frac{2}{\pi}} \arctan\left(\frac{y}{a}\right)$
$\frac{e^{-ax} - e^{-bx}}{x^2}$	$\sqrt{\frac{2}{\pi}} \left[\frac{1}{2} y \ln\left(\frac{b^2 + y^2}{a^2 + y^2}\right) + b \arctan\left(\frac{y}{b}\right) - a \arctan\left(\frac{y}{a}\right)\right]$
$\sqrt{x}\, e^{-ax}$	$\frac{\sqrt{2}}{2} (a^2 + y^2)^{-\frac{3}{4}} \sin\left[\frac{3}{2} \arctan\left(\frac{y}{a}\right)\right]$
$\frac{e^{-ax}}{\sqrt{x}}$	$\left(\frac{(a^2 + y^2)^{\frac{1}{2}} - a}{a^2 + y^2}\right)^{\frac{1}{2}}$
$x^n e^{-ax}$	$\sqrt{\frac{2}{\pi}}\, n!\, a^{n+1} (a^2 + y^2)^{-(n+1)} \cdot \sum\limits_{m=0}^{[\frac{1}{2}n]} (-1)^m \binom{n+1}{2m+1} \left(\frac{y}{a}\right)^{2m+1}$
$x^{\nu-1} e^{-ax}$	$\sqrt{\frac{2}{\pi}}\, \Gamma(\nu) (a^2 + y^2)^{-\frac{1}{2}\nu} \sin\left[\nu \arctan\left(\frac{y}{a}\right)\right]$
$e^{-\frac{1}{2}x}(1 - e^{-x})^{-1}$	$-\frac{1}{\sqrt{2\pi}} \tanh(\pi y)$
$x\, e^{-ax^2}$	$\sqrt{\frac{2}{a}} \frac{y}{4a} e^{-\frac{y^2}{4a}}$
$x^{-\frac{1}{2}} e^{-\frac{a}{x}}$	$\frac{1}{\sqrt{y}} e^{-\sqrt{2ay}} [\cos\sqrt{2ay} + \sin\sqrt{2ay}]$
$x^{-\frac{3}{2}} e^{-\frac{a}{x}}$	$\sqrt{\frac{2}{a}} e^{-\sqrt{2ay}} \sin\sqrt{2ay}$
$\ln x, \quad 0 < x < 1$ $0, \quad x > 1$	$\sqrt{\frac{2}{\pi}} \frac{\mathrm{Ci}(y) - C - \ln y}{y}$

$f(x)$	$F(y) = \sqrt{\frac{2}{\pi}} \int\limits_0^\infty f(x) \sin(xy)\,dx$
$\frac{\ln x}{x}$	$-\sqrt{\frac{\pi}{2}}(C + \ln y)$
$\frac{\ln x}{\sqrt{x}}$	$\frac{1}{\sqrt{y}}\left[\frac{\pi}{2} - C - \ln 4y\right]$
$x(x^2 - a^2)^{-1} \ln(bx)$	$\sqrt{\frac{\pi}{2}}[\cos(ay)(\ln(ab) - \mathrm{Ci}(ay)) - \sin(ay)\,\mathrm{si}(ay)]$
$x(x^2 - a^2)^{-1} \ln\left(\frac{x}{a}\right)$	$-\sqrt{\frac{\pi}{2}}[\cos(ay)\,\mathrm{Ci}(ay) + \sin(ay)\,\mathrm{si}(ay)]$
$e^{-ax} \ln x$	$\sqrt{\frac{2}{\pi}}\frac{1}{a^2 + y^2}\left[a \arctan\left(\frac{y}{a}\right) - Cy - \frac{1}{2} y \ln(a^2 + y^2)\right]$
$\ln\left\|\frac{a + x}{b - x}\right\|$	$\sqrt{\frac{2}{\pi}} \cdot \frac{1}{y}\Big\{\ln\left(\frac{a}{b}\right) + \cos(by)\,\mathrm{Ci}(by) - \cos(ay)\,\mathrm{Ci}(ay)$ $+ \sin(by)\,\mathrm{Si}(by) - \sin(ay)\,\mathrm{Si}(ay)$ $+ \frac{\pi}{2}[\sin(by) + \sin(ay)]\Big\}$
$\ln\left\|\frac{a + x}{a - x}\right\|$	$\frac{\sqrt{2\pi}}{y}\sin(ay)$
$\frac{1}{x^2}\ln\left(\frac{a + x}{a - x}\right)^2$	$\frac{2\sqrt{2\pi}}{a}[1 - \cos(ay) - ay\,\mathrm{si}(ay)]$
$\ln\left(\frac{a^2 + x^2 + x}{a^2 + x^2 - x}\right)$	$\frac{2\sqrt{2\pi}}{y} e^{-y\sqrt{a^2 - \frac{1}{4}}} \sin\left(\frac{y}{2}\right)$
$\ln\left\|1 - \frac{a^2}{x^2}\right\|$	$\frac{2}{y}\sqrt{\frac{2}{\pi}}[C + \ln(ay) - \cos(ay)\,\mathrm{Ci}(ay) - \sin(ay)\,\mathrm{Si}(ay)]$
$\ln\left(\frac{a^2 + (b + x)^2}{a^2 + (b - x)^2}\right)$	$\frac{2\sqrt{2\pi}}{y} e^{-ay} \sin(by)$
$\frac{1}{x}\ln\|1 - a^2x^2\|$	$-\sqrt{2\pi}\,\mathrm{Ci}\left(\frac{y}{a}\right)$
$\frac{1}{x}\ln\left\|1 - \frac{a^2}{x^2}\right\|$	$\sqrt{2\pi}[C + \ln(ay) - \mathrm{Ci}(ay)]$

$f(x)$	$F(y) = \sqrt{\frac{2}{\pi}} \int\limits_0^\infty f(x) \sin(xy)\, dx$
$\frac{\sin(ax)}{x}$	$\frac{1}{\sqrt{2\pi}} \ln \left\lvert \frac{y+a}{y-a} \right\rvert$
$\frac{\sin(ax)}{x^2}$	$\sqrt{\frac{\pi}{2}}\, y, \quad 0 < y < a$ $\sqrt{\frac{\pi}{2}}\, a, \quad y > a$
$\frac{\sin(\pi x)}{1 - x^2}$	$\sqrt{\frac{2}{\pi}} \sin y, \quad 0 \leqq y \leqq \pi$ $0, \quad y \geqq \pi$
$\frac{\sin(ax)}{b^2 + x^2}$	$\sqrt{\frac{\pi}{2}} \frac{e^{-ab}}{b} \sinh(by), \quad 0 < y < a$ $\sqrt{\frac{\pi}{2}} \frac{e^{-by}}{b} \sinh(ab), \quad y > a$
$e^{-bx} \sin(ax)$	$\frac{1}{\sqrt{2\pi}}\, b \left[\frac{1}{b^2 + (a-y)^2} - \frac{1}{b^2 + (a+y)^2} \right]$
$\frac{e^{-bx} \sin(ax)}{x}$	$\frac{1}{4} \sqrt{\frac{2}{\pi}} \ln \left(\frac{b^2 + (y+a)^2}{b^2 + (y-a)^2} \right)$
$e^{-bx^2} \sin(ax)$	$\frac{1}{\sqrt{2b}}\, e^{-\frac{1}{4} \frac{a^2 + y^2}{b}} \sinh\left(\frac{ay}{2b}\right)$
$\frac{\sin^2(ax)}{x}$	$\frac{1}{4}\sqrt{2\pi}, \quad 0 < y < 2a$ $\frac{1}{8}\sqrt{2\pi}, \quad y = 2a$ $0, \quad y > 2a$
$\frac{\sin(ax)\sin(bx)}{x}$	$0, \quad 0 < y < a - b$ $\frac{1}{4}\sqrt{2\pi}, \quad a - b < y < a + b$ $0, \quad y > a + b$

$f(x)$	$F(y) = \sqrt{\frac{2}{\pi}} \int\limits_0^\infty f(x) \sin(xy)\,dx$
$\frac{\sin^2(ax)}{x^2}$	$\frac{1}{4}\sqrt{\frac{2}{\pi}}\left[(y+2a)\ln(y+2a) + (y-2a)\ln\|y-2a\| - \frac{1}{2} y \ln y\right]$
$\frac{\sin^2(ax)}{x^3}$	$\frac{1}{4}\sqrt{2\pi}\, y\left(2a - \frac{y}{2}\right), \quad 0 < y < 2a$ $\sqrt{\frac{\pi}{2}}\, a^2, \quad y > 2a$
$\frac{\cos(ax)}{x}$	$0, \quad 0 < y < a$ $\frac{1}{4}\sqrt{2\pi}, \quad y = a$ $\sqrt{\frac{\pi}{2}}, \quad y > a$
$\frac{x\cos(ax)}{b^2+x^2}$	$-\sqrt{\frac{\pi}{2}}\, e^{-ab}\sinh(by), \quad 0 < y < a$ $\sqrt{\frac{\pi}{2}}\, e^{-by}\cosh(ab), \quad y > a$
$\sin(ax^2)$	$\frac{1}{\sqrt{a}}\left[\cos\left(\frac{y^2}{4a}\right) C\left(\frac{y^2}{4a}\right) + \sin\left(\frac{y^2}{4a}\right) S\left(\frac{y^2}{4a}\right)\right]$
$\frac{\sin(ax^2)}{x}$	$\sqrt{\frac{\pi}{2}}\left[C\left(\frac{y^2}{4a}\right) - S\left(\frac{y^2}{4a}\right)\right]$
$\cos(ax^2)$	$\frac{1}{\sqrt{a}}\left[\sin\left(\frac{y^2}{4a}\right) C\left(\frac{y^2}{4a}\right) - \cos\left(\frac{y^2}{4a}\right) S\left(\frac{y^2}{4a}\right)\right]$
$\frac{\cos(ax^2)}{x}$	$\sqrt{\frac{\pi}{2}}\left[C\left(\frac{y^2}{4a}\right) + S\left(\frac{y^2}{4a}\right)\right]$
$e^{-a\sqrt{x}}\sin(a\sqrt{x})$	$\frac{a}{2y\sqrt{y}}\, e^{-\frac{a^2}{2y}}$

Exponentielle Fouriertransformation:

Sie kann in den meisten Fällen nach dem in 4.4.2.1. angegebenen Verfahren aus Fourierkosinus- und Fouriersinustransformation zusammengesetzt werden.

$f(x)$	$F(y) = \frac{1}{\sqrt{2\pi}} \int_{-\infty}^{\infty} f(x)\, e^{ixy}\, dx$
$A, \quad a \leqq x \leqq b$ $0, \quad$ sonst.	$\frac{iA}{y\sqrt{2\pi}} (e^{iay} - e^{iby})$
$x^n, \quad 0 \leqq x \leqq b$ $0, \quad$ sonst $(n = 1, 2, 3, \ldots)$	$\frac{1}{\sqrt{2\pi}} \left[n!\,(-iy)^{-(n+1)} - e^{iby} \cdot \sum_{m=0}^{n} \frac{n!}{m!} (-iy)^{m-n-1}\, b^m \right]$
$\frac{1}{(a + ix)^{\nu}}, \quad \operatorname{Re} \nu > 0$	$\frac{\sqrt{2\pi}}{\Gamma(\nu)} y^{\nu-1} e^{-ay}, \quad y > 0$ $0, \quad y < 0$
$\frac{1}{(a - ix)^{\nu}}, \quad \operatorname{Re} \nu > 0$	$0, \quad y > 0$ $\frac{\sqrt{2\pi}}{\Gamma(\nu)} (-y)^{\nu-1} e^{ay}, \quad y < 0$

Definition einiger in der Tabelle vorkommender Symbole:

C: Eulersche Konstante (C = 0,577215...)

$$\Gamma(z) = \int_0^{\infty} e^{-t}\, t^{z-1}\, dt, \quad \operatorname{Re} z > 0 \quad \text{(Gamma-Funktion)},$$

$$J_\nu(z) = \sum_{n=0}^{\infty} \frac{(-1)^n (\frac{1}{2} z)^{\nu+2n}}{n!\, \Gamma(\nu + n + 1)} \quad \text{(Bessel-Funktionen)},$$

$$K_\nu(z) = \tfrac{1}{2} \pi (\sin (\pi \nu))^{-1} [I_{-\nu}(z) - I_\nu(z)] \quad \text{mit}$$

$$I_\nu(z) = e^{-\frac{1}{2} i\pi\nu} J_\nu\left(z\, e^{\frac{1}{2} i\pi}\right) \quad \text{(modifizierte Bessel-Funktionen)},$$

$$\left.\begin{aligned} C(x) &= \frac{1}{\sqrt{2\pi}} \int_0^x \frac{\cos t}{\sqrt{t}}\, dt \\ S(x) &= \frac{1}{\sqrt{2\pi}} \int_0^x \frac{\sin t}{\sqrt{t}}\, dt \end{aligned}\right\} \quad \text{(Fresnel-Integrale)},$$

$$\left.\begin{aligned} \operatorname{Si}(x) &= \int_0^x \frac{\sin t}{t}\, dt \\ \operatorname{si}(x) &= -\int_x^{\infty} \frac{\sin t}{t}\, dt = \operatorname{Si}(x) - \frac{\pi}{2} \end{aligned}\right\} \quad \text{(Integralsinus)},$$

$$\operatorname{Ci}(x) = -\int_x^{\infty} \frac{\cos t}{t}\, dt \quad \text{(Integralkosinus)}.$$

4.4.3. Laplacetransformation

4.4.3.1. Allgemeine Betrachtungen

Die *Laplace-Transformation* ist eine Integraltransformation, die mit der Fouriertransformation eng zusammenhängt und ähnliche Eigenschaften aufweist. Sie wird in den technischen Wissenschaften sehr ausgiebig angewandt, besonders in der Elektrotechnik und technischen Kybernetik. Eine komplexwertige Funktion $f(t)$ der reellen Variablen t heißt transformierbar (bzw. dem Originalbereich der Laplace-Transformation angehörend), wenn sie für $t \geqq 0$ definiert und über $(0, \infty)$ integrierbar ist und ferner einer exponentiellen Wachstumsbeschränkung unterliegt:

$$|f(t)| \leqq K\,\mathrm{e}^{ct}. \tag{4.77}$$

Ist s eine kompexe Veränderliche, so bezeichnet man die Funktion

$$F(s) = \int_0^\infty \mathrm{e}^{-st} f(t)\,\mathrm{d}t \tag{4.78}$$

als *Laplace-Transformierte* von $f(t)$ und schreibt $F(s) = \mathscr{L}\{f(t)\}$. Das Integral (4.78) konvergiert absolut für $\operatorname{Re} s > c$, wobei c die Konstante aus (4.77) ist. Die Bildfunktion $F(s)$ ist also in der Halbebene $\operatorname{Re} s > c$ erklärt. Es läßt sich zeigen, daß $F(s)$ in dieser Halbebene eine analytische Funktion von s ist, die für $\operatorname{Re} s \to \infty$ gegen 0 strebt und in einer Halbebene $\operatorname{Re} s \geqq c_0$ mit $c_0 > c$ beschränkt bleibt.

Die folgenden neun Sätze sind die Grundlage für die breite Anwendbarkeit der Laplace-Transformation. Die Namen der Sätze richten sich nach den Operationen, die an den Originalfunktionen ausgeführt worden sind.

1. **Additionssatz** (*Linearität der Transformation*):

$$\mathscr{L}\{a_1 f_1(t) + a_2 f_2(t)\} = a_1 \mathscr{L}\{f_1(t)\} + a_2 \mathscr{L}\{f_2(t)\}.$$

2. **Faltungssatz:** $\mathscr{L}\left\{\int_0^t f_1(t-\tau) f_2(\tau)\,\mathrm{d}\tau\right\} = \mathscr{L}\{f_1(t)\}\cdot\mathscr{L}\{f_2(t)\}$, d. h. dem Faltungsprodukt im Originalbereich entspricht das gewöhnliche Produkt im Bildbereich.

3. **Integrationssatz:** $\mathscr{L}\left\{\int_0^t f(\tau)\,\mathrm{d}\tau\right\} = \frac{1}{s} F(s)$; $F(s) = \mathscr{L}\{f\}$. Der Integration im Originalbereich entspricht also die Division durch die unabhängige Variable im Bildbereich.

4. **Differentiationssatz:**

$$\mathscr{L}\{f^{(n)}(t)\} = s^n F(s) - s^{n-1} f_0 - \dots - s f_0^{(n-2)} - f_0^{(n-1)}$$

wobei $f_0^{(\nu)} = \lim\limits_{t \to +0} \frac{\mathrm{d}^\nu f(t)}{\mathrm{d}t^\nu}$ ist. Dieser Satz ist eine der wesentlichen Grundlagen für die in 4.4.3.2. beschriebenen Anwendungen auf Anfangswertprobleme gewöhnlicher Differentialgleichungen.

5. **Verschiebungssatz:** $\mathscr{L}\{f(t-b)\} = \mathrm{e}^{-bs}\mathscr{L}\{f(t)\}$.

6. **Ähnlichkeitssatz:** Für $a > 0$ gilt: $\mathscr{L}\{f(at)\} = \frac{1}{a} F\left(\frac{s}{a}\right)$.

7. **Dämpfungssatz:** $\mathscr{L}\{\mathrm{e}^{-\alpha t} f(t)\} = F(s + \alpha)$.

8. **Multiplikationssatz:** $\mathscr{L}\{t^n f(t)\} = (-1)^n F^{(n)}(s)$.

9. **Divisionssatz:** Falls $\frac{1}{t} f(t)$ transformierbar ist, so gilt $\mathscr{L}\left\{\frac{1}{t} f(t)\right\} = \int_s^\infty F(q)\,\mathrm{d}q$.

Beispiele zur Berechnung von Laplace-Transformierten:

$\mathscr{L}\{1\} = \int\limits_0^\infty e^{-st}\, dt = \frac{1}{s}$. Um hieraus $\mathscr{L}\{t^n\}$ zu erhalten, berücksichtigen wir, daß $\frac{d^n}{ds^n}\left(\frac{1}{s}\right)$ $= (-1)^n \frac{n!}{s^{n+1}}$ ist. Dann ergibt der Multiplikationssatz $\mathscr{L}\{t^n\} = \frac{n!}{s^{n+1}}$. Hieraus erhält man weiter nach dem Dämpfungssatz $\mathscr{L}\{e^{-\alpha t} t^n\} = \frac{n!}{(s+\alpha)^{n+1}}$.

Diese Beispiele zeigen, daß man oft ohne explizite Berechnung des Laplaceintegrals die Transformierten findet unter alleiniger Anwendung der Sätze 1.–9.

Zum Problem der Rücktransformation:

Die Urbildfunktion ist durch die Bildfunktion eindeutig bestimmt. Es gilt der folgende allgemeine Satz über die Umkehrung der Laplace-Transformation (komplexe Umkehrformel): Ist $F(s)$ in $\operatorname{Re} s \geqq c$ analytisch, gilt ferner $\lim\limits_{|s|\to\infty} F(s) = 0$ gleichmäßig bezüglich $\arg s$ und $\int\limits_{c-i\infty}^{c+i\infty} |F(s)|\,|ds| < \infty$, so ist $F(s)$ Laplace-Transformierte der Funktion

$$f(t) = \frac{1}{2\pi i} \int\limits_{c-i\infty}^{c+i\infty} e^{st} F(s)\, ds.$$

Von besonderer Bedeutung für die Anwendungen ist die Rücktransformation gebrochen-rationaler Funktionen in s. Man zerlegt eine solche Funktion in Partialbrüche und kann sich dann nach dem Additionssatz auf die Rücktransformation der Partialbrüche beschränken. Die Originalfunktionen der Partialbrüche entnimmt man Tabellen, z. B. in 4.4.3.3.

Beispiel: Gesucht ist die Originalfunktion von $F(s) = \frac{1}{s(s+a)}$; $a \neq 0$. $\frac{1}{s(s+a)} = \frac{1}{as} - \frac{1}{a(s+a)}$.

Die Originalfunktion ergibt sich aus dem Additionssatz und Tabelle in 4.4.3.3. zu $f(t) = \frac{1}{a}(1 - e^{-at})$.

4.4.3.2. Anwendung der Laplacetransformation auf Anfangswertprobleme bei gewöhnlichen Differentialgleichungen

Der große Vorteil bei der Lösung von Anfangswertproblemen bei gewöhnlichen Differentialgleichungen mittels Laplace-Transformation besteht darin, daß man die gesuchte spezielle Lösung direkt erhält und nicht erst die allgemeine Lösung den gegebenen Anfangswerten anpassen muß.

Gegeben sei eine lineare Differentialgleichung n-ter Ordnung mit konstanten Koeffizienten ($a_n \neq 0$, $n > 0$) $a_n y^{(n)}(t) + a_{n-1} y^{(n-1)}(t) + \ldots + a_1 y'(t) + a_0 y(t) = f(t)$ und den Anfangswerten $y(0) = y_0$, $y'(0) = y'_0, \ldots, y^{(n-1)}(0) = y_0^{(n-1)}$. Die Anwendung der Laplace-Transformation auf die Differentialgleichung führt unter Berücksichtigung des Differentiationssatzes und der Anfangswerte im Bildbereich zu einer Gleichung der Form $Q(s)\,Y(s) = F(s) + s^{n-1} a_n y_0 + s^{n-2}(a_{n-1} y_0 + a_n y'_0) + \ldots + (a_1 y_0 + a_2 y'_0 + \ldots + a_n y_0^{(n-1)})$. Dabei ist $Y(s) = \mathscr{L}\{y(t)\}$ die Bildfunktion der gesuchten Lösung und $F(s) = \mathscr{L}\{f(t)\}$ die der rechten Seite. $Q(s) = a_n s^n + a_{n-1} s^{n-1} + \ldots + a_1 s + a_0$ ist das charakteristische Polynom der Differentialgleichung. Daraus ergibt sich

$$Y(s) = F(s)\frac{1}{Q(s)} + \frac{P(s)}{Q(s)}$$

mit

$$P(s) = s^{n-1} a_n y_0 + \ldots + (a_1 y_0 + \ldots + a_n y_0^{(n-1)}).$$

Sind $y_1(t)$ und $y_2(t)$ die Originalfunktionen von $1/Q(s)$ und $P(s)/Q(s)$ (die man durch Partialbruchzerlegung erhalten kann), so ergibt sich für die gesuchte Lösung nach dem Faltungssatz

$$y(t) = \int\limits_0^t f(t-\tau)\, y_1(\tau)\, d\tau + y_2(t).$$

Dabei braucht $F(s)$ nicht ausgerechnet zu werden. Ganz analog kann man auch Differentialgleichungssysteme mit konstanten Koeffizienten lösen. Ist

$$\begin{aligned} y_1'(t) + a_{11}y_1(t) + \dots + a_{1n}y_n(t) &= f_1(t) \\ \vdots \qquad\qquad & \quad \vdots \\ y_n'(t) + a_{n1}y_1(t) + \dots + a_{nn}y_n(t) &= f_n(t) \end{aligned}$$

mit den Anfangswerten $y_1(0), \dots, y_n(0)$ vorgegeben, so geht dieses System durch Laplace-Transformation in das folgende System von n linearen algebraischen Gleichungen für die n gesuchten Bildfunktionen $Y_1(s), \dots, Y_n(s)$ über:

$$\begin{aligned} (s + a_{11})\,Y_1(s) + a_{12}Y_2(s) + \dots + a_{1n}Y_n(s) &= F_1(s) + y_1(0) \\ a_{21}Y_1(s) + (s + a_{22})\,Y_2(s) + \dots + a_{2n}Y_n(s) &= F_2(s) + y_2(0) \\ \vdots \qquad\qquad & \quad \vdots \\ a_{n1}Y_1(s) + a_{n2}Y_2(s) + \dots + (a_{nn} + s)\,Y_n(s) &= F_n(s) + y_n(0). \end{aligned}$$

Die Lösungen $Y_1(s), \dots, Y_n(s)$ dieses Systems müssen dann zurücktransformiert werden, um die Lösungen $y_1(t), \dots, y_n(t)$ des vorgelegten Anfangswertproblems zu erhalten.

Beispiele: 1. $y'(t) + 2y(t) = 2[(t + 1)\,e^{t^2} + (1 + 2t)]$, $y(0) = 1$. Laplace-Transformation ergibt $sY(s) - 1 + 2Y(s) = \mathscr{L}\{f(t)\}$, wobei mit $f(t)$ die rechte Seite bezeichnet wurde. $Y(s) = \dfrac{1}{s+2} + \dfrac{\mathscr{L}\{f\}}{s+2}$. Daraus ergibt sich nach Tabelle in 4.4.3.3. und dem Faltungssatz

$$y(t) = e^{-2t} + 2\int_0^t e^{-2(t-\tau)}[(\tau + 1)\,e^{\tau^2} + (1 + 2\tau)]\,d\tau.$$

Die Auswertung des Integrals liefert schließlich

$$y(t) = e^{t^2} + 2t.$$

2. $y^{(4)}(t) + 2y'''(t) + 2y''(t) + 2y'(t) + y(t) = 0$ mit $y(0) = y'(0) = 0$, $y''(0) = -2$, $y'''(0) = 4$. Die Laplace-Transformation ergibt $(s^4 + 2s^3 + 2s^2 + 2s + 1)\,Y(s) = -2s$. Das charakteristische Polynom hat die Nullstellen -1 (Doppelwurzel) und $\pm i$. Also ergibt sich

$$Y(s) = \frac{-2s}{(s^2 + 1)(s + 1)^2}.$$

Für die Partialbruchzerlegung hat man den Ansatz

$$\frac{-2s}{(s^2 + 1)(s + 1)^2} = \frac{A}{s + 1} + \frac{B}{(s + 1)^2} + \frac{Cs + D}{s^2 + 1}.$$

Koeffizientenvergleich liefert $A = 0$, $B = 1$, $C = -1$, $D = 0$, d. h.

$$Y(s) = \frac{1}{(s + 1)^2} - \frac{1}{s^2 + 1}.$$

Hierfür ergibt Tabelle 4.4.3.3. $y(t) = t\,e^{-t} - \sin t$.

3. Zu lösen sei das Anfangswertproblem für folgendes System:

$$\begin{aligned} y_1'(t) + y_2(t) &= e^t; \qquad y_1(0) = 1; \\ y_2'(t) - y_1(t) &= -e^t; \qquad y_2(0) = 1. \end{aligned}$$

Hier ist es wegen der einfachen Gestalt der rechten Seiten günstig, sie mitzutransformieren:

$$\begin{aligned} sY_1(s) + Y_2(s) &= \frac{1}{s - 1} + 1, \\ sY_2(s) - Y_1(s) &= -\frac{1}{s - 1} + 1 \end{aligned}$$

bzw.

$$sY_1(s) + Y_2(s) = \frac{s}{s-1},$$

$$sY_2(s) - Y_1(s) = \frac{s-2}{s-1}.$$

Hieraus ergibt sich:

$$Y_1(s) = \frac{s^2 - s + 2}{(s-1)(s^2+1)}; \qquad Y_2(s) = \frac{s}{s^2+1};$$

$$\frac{s^2 - s + 2}{(s-1)(s^2+1)} = \frac{A}{s-1} + \frac{Bs + C}{s^2+1};$$

Koeffizientenvergleich ergibt: $A = 1$, $B = 0$, $C = -1$, d. h.

$$Y_1(s) = \frac{1}{s-1} - \frac{1}{s^2+1}.$$

Die Tabelle ergibt $y_1(t) = e^t - \sin t$. Für $y_2(t)$ entnimmt man sofort der Tabelle: $y_2(t) = \cos t$.

4.4.3.3. Tabelle zur Rücktransformation gebrochen-rationaler Bildfunktionen

Die Tabelle ist nach dem Grad der Nennerfunktionen geordnet. Sie ist bis zum Grad 3 vollständig und enthält noch einige Funktionen mit Nennern höheren Grades.

$\mathscr{L}\{f(t)\}$	$f(t)$	$\mathscr{L}\{f(t)\}$	$f(t)$
$\frac{1}{s}$	1	$\frac{1}{s^2 - \alpha^2}$	$\frac{1}{\alpha} \sinh(\alpha t)$
$\frac{1}{s + \alpha}$	$e^{-\alpha t}$	$\frac{s}{s^2 - \alpha^2}$	$\cosh(\alpha t)$
$\frac{1}{s^2}$	t	$\frac{1}{s^2 + \alpha^2}$	$\frac{1}{\alpha} \sin(\alpha t)$
$\frac{1}{s(s + \alpha)}$	$\frac{1}{\alpha}(1 - e^{-\alpha t})$	$\frac{s}{s^2 + \alpha^2}$	$\cos \alpha t$
$\frac{1}{(s + \alpha)(s + \beta)}$	$\frac{1}{\beta - \alpha}(e^{-\alpha t} - e^{-\beta t})$	$\frac{1}{(s + \beta)^2 + \alpha^2}$	$\frac{1}{\alpha} e^{-\beta t} \sin \alpha t$
$\frac{s}{(s + \alpha)(s + \beta)}$	$\frac{1}{\alpha - \beta}(\alpha e^{-\alpha t} - \beta e^{-\beta t})$	$\frac{s}{(s + \beta)^2 + \alpha^2}$	$e^{-\beta t}\left(\cos \alpha t - \frac{\beta}{\alpha} \sin \alpha t\right)$
$\frac{1}{(s + \alpha)^2}$	$t\, e^{-\alpha t}$	$\frac{1}{s^3}$	$\frac{1}{2} t^2$
$\frac{s}{(s + \alpha)^2}$	$e^{-\alpha t}(1 - \alpha t)$	$\frac{1}{s^2(s + \alpha)}$	$\frac{1}{\alpha^2}(e^{-\alpha t} + \alpha t - 1)$

$\mathscr{L}\{f(t)\}$	$f(t)$
$\frac{1}{s(s+\alpha)(s+\beta)}$	$\frac{1}{\alpha\beta(\alpha-\beta)}[(\alpha-\beta)+\beta\,e^{-\alpha t}-\alpha\,e^{-\beta t}]$
$\frac{1}{s(s+\alpha)^2}$	$\frac{1}{\alpha^2}(1-e^{-\alpha t}-\alpha t\,e^{-\alpha t})$
$\frac{1}{(s+\alpha)(s+\beta)(s+\gamma)}$	$\frac{1}{(\alpha-\beta)(\beta-\gamma)(\gamma-\alpha)}$ $\times[(\gamma-\beta)\,e^{-\alpha t}+(\alpha-\gamma)\,e^{-\beta t}+(\beta-\alpha)\,e^{-\gamma t}]$
$\frac{s}{(s+\alpha)(s+\beta)(s+\gamma)}$	$\frac{1}{(\alpha-\beta)(\beta-\gamma)(\gamma-\alpha)}$ $\times[\alpha(\beta-\gamma)\,e^{-\alpha t}+\beta(\gamma-\alpha)\,e^{-\beta t}+\gamma(\alpha-\beta)\,e^{-\gamma t}]$
$\frac{s^2}{(s+\alpha)(s+\beta)(s+\gamma)}$	$\frac{1}{(\alpha-\beta)(\beta-\gamma)(\gamma-\alpha)}$ $\times[-\alpha^2(\beta-\gamma)\,e^{-\alpha t}-\beta^2(\gamma-\alpha)\,e^{-\beta t}-\gamma^2(\alpha-\beta)\,e^{-\gamma t}]$
$\frac{1}{(s+\alpha)(s+\beta)^2}$	$\frac{1}{(\beta-\alpha)^2}(e^{-\alpha t}-e^{-\beta t}-(\beta-\alpha)\,t\,e^{-\beta t})$
$\frac{s}{(s+\alpha)(s+\beta)^2}$	$\frac{1}{(\beta-\alpha)^2}$ $\times\{-\alpha\,e^{-\alpha t}+[\alpha+\beta t(\beta-\alpha)]\,e^{-\beta t}\}$
$\frac{s^2}{(s+\alpha)(s+\beta)^2}$	$\frac{1}{(\beta-\alpha)^2}$ $\times[\alpha^2\,e^{-\alpha t}+\beta(\beta-2\alpha-\beta^2 t+\alpha\beta t)\,e^{-\beta t}]$
$\frac{1}{(s+\alpha)^3}$	$\frac{t^2}{2}\,e^{-\alpha t}$
$\frac{s}{(s+\alpha)^3}$	$e^{-\alpha t}t\left(1-\frac{\alpha}{2}t\right)$
$\frac{s^2}{(s+\alpha)^3}$	$e^{-\alpha t}\left(1-2\alpha t+\frac{\alpha^2}{2}t^2\right)$
$\frac{1}{s[(s+\beta)^2+\alpha^2]}$	$\frac{1}{\alpha^2+\beta^2}\left[1-e^{-\beta t}\left(\cos\alpha t+\frac{\beta}{\alpha}\sin\alpha t\right)\right]$
$\frac{1}{s(s^2+\alpha^2)}$	$\frac{1}{\alpha^2}(1-\cos\alpha t)$

$\mathscr{L}\{f(t)\}$	$f(t)$
$\frac{1}{(s+\alpha)(s^2+\beta^2)}$	$\frac{1}{\alpha^2+\beta^2}\left[e^{-\alpha t}+\frac{\alpha}{\beta}\sin\beta t-\cos\beta t\right]$
$\frac{s}{(s+\alpha)(s^2+\beta^2)}$	$\frac{1}{\alpha^2+\beta^2}[-\alpha\, e^{-\alpha t}+\alpha\cos\beta t+\beta\sin\beta t]$
$\frac{s^2}{(s+\alpha)(s^2+\beta^2)}$	$\frac{1}{\alpha^2+\beta^2}(\alpha^2 e^{-\alpha t}-\alpha\beta\sin\beta t+\beta^2\cos\beta t)$
$\frac{1}{(s+\alpha)[(s+\beta)^2+\gamma^2]}$	$\frac{1}{(\beta-\alpha)^2+\gamma^2}\left[e^{-\alpha t}-e^{-\beta t}\cos\gamma t+\frac{\alpha-\beta}{\gamma}e^{-\beta t}\sin\gamma t\right]$
$\frac{s}{(s+\alpha)[(s+\beta)^2+\gamma^2]}$	$\frac{1}{(\beta-\alpha)^2+\gamma^2}\left[-\alpha\, e^{-\alpha t}+\alpha\, e^{-\beta t}\cos\gamma t-\frac{\alpha\beta-\beta^2-\gamma^2}{\gamma}e^{-\beta t}\sin\gamma t\right]$
$\frac{s^2}{(s+\alpha)[(s+\beta)^2+\gamma^2]}$	$\frac{1}{(\beta-\alpha)^2+\gamma^2}\left[\alpha^2 e^{-\alpha t}+((\alpha-\beta)^2+\gamma^2-\alpha^2)\,e^{-\beta t}\cos\gamma t-\left(\alpha\gamma+\beta\left(\gamma-\frac{(\alpha-\beta)\,\beta}{\gamma}\right)\right)e^{-\beta t}\sin\gamma t\right]$
$\frac{1}{s^4}$	$\frac{1}{6}t^3$
$\frac{1}{s^3(s+\alpha)}$	$\frac{1}{\alpha^3}-\frac{1}{\alpha^2}t+\frac{1}{2\alpha}t^2-\frac{1}{\alpha^3}e^{-\alpha t}$
$\frac{1}{s^2(s+\alpha)(s+\beta)}$	$-\frac{\alpha+\beta}{\alpha^2\beta^2}+\frac{1}{\alpha\beta}t+\frac{1}{\alpha^2(\beta-\alpha)}e^{-\alpha t}+\frac{1}{\beta^2(\alpha-\beta)}e^{-\beta t}$
$\frac{1}{s^2(s+\alpha)^2}$	$\frac{1}{\alpha^2}t(1+e^{-\alpha t})+\frac{2}{\alpha^3}(e^{-\alpha t}-1)$
$\frac{1}{(s+\alpha)^2(s+\beta)^2}$	$\frac{1}{(\alpha-\beta)^2}\left[e^{-\alpha t}\left(t+\frac{2}{\alpha-\beta}\right)+e^{-\beta t}\left(t-\frac{2}{\alpha-\beta}\right)\right]$
$\frac{1}{(s+\alpha)^4}$	$\frac{1}{6}t^3 e^{-\alpha t}$
$\frac{s}{(s+\alpha)^4}$	$\frac{1}{2}t^2 e^{-\alpha t}-\frac{\alpha}{6}t^3 e^{-\alpha t}$
$\frac{1}{(s^2+\alpha^2)(s^2+\beta^2)}$	$\frac{1}{\beta^2-\alpha^2}\left[\frac{1}{\alpha}\sin\alpha t-\frac{1}{\beta}\sin\beta t\right]$

$\mathscr{L}\{f(t)\}$	$f(t)$
$\frac{s}{(s^2+\alpha^2)(s^2+\beta^2)}$	$\frac{1}{\beta^2-\alpha^2}[\cos\alpha t - \cos\beta t]$
$\frac{s^2}{(s^2+\alpha^2)(s^2+\beta^2)}$	$\frac{1}{\beta^2-\alpha^2}[-\alpha\sin\alpha t + \beta\sin\beta t]$
$\frac{s^3}{(s^2+\alpha^2)(s^2+\beta^2)}$	$\frac{1}{\beta^2-\alpha^2}[-\alpha^2\cos\alpha t + \beta^2\cos\beta t]$
$\frac{1}{(s^2-\alpha^2)(s^2-\beta^2)}$	$\frac{1}{\beta^2-\alpha^2}\left(\frac{1}{\beta}\sinh\beta t - \frac{1}{\alpha}\sinh\alpha t\right)$
$\frac{s}{(s^2-\alpha^2)(s^2-\beta^2)}$	$\frac{1}{\beta^2-\alpha^2}(\cosh\beta t - \cosh\alpha t)$
$\frac{s^2}{(s^2-\alpha^2)(s^2-\beta^2)}$	$\frac{1}{\beta^2-\alpha^2}(\beta\sinh\beta t - \alpha\sinh\alpha t)$
$\frac{s^3}{(s^2-\alpha^2)(s^2-\beta^2)}$	$\frac{1}{\beta^2-\alpha^2}(\beta^2\cosh\beta t - \alpha^2\sinh\alpha t)$
$\frac{1}{(s^2+\alpha^2)^2}$	$\frac{1}{2\alpha^2}\left(\frac{1}{\alpha}\sin\alpha t - t\cos\alpha t\right)$
$\frac{s}{(s^2+\alpha^2)^2}$	$\frac{1}{2\alpha}t\sin\alpha t$
$\frac{s^2}{(s^2+\alpha^2)^2}$	$\frac{1}{2\alpha}(\sin\alpha t + \alpha t\cos\alpha t)$
$\frac{s^3}{(s^2+\alpha^2)^2}$	$\frac{1}{2}(2\cos\alpha t - \alpha t\sin\alpha t)$
$\frac{1}{(s^2-\alpha^2)^2}$	$\frac{1}{2\alpha^2}\left(t\cosh\alpha t - \frac{1}{\alpha}\sinh\alpha t\right)$
$\frac{s}{(s^2-\alpha^2)^2}$	$\frac{1}{2\alpha}t\sinh\alpha t$
$\frac{s^2}{(s^2-\alpha^2)^2}$	$\frac{1}{2\alpha}(\sinh\alpha t + \alpha t\cosh\alpha t)$
$\frac{s^3}{(s^2-\alpha^2)^2}$	$\frac{1}{2}(2\cosh\alpha t + \alpha t\sinh\alpha t)$

$\mathscr{L}\{f(t)\}$	$f(t)$
$\frac{1}{s^2(s^2+\alpha^2)}$	$\frac{1}{\alpha^2}\left(t-\frac{1}{\alpha}\sin\alpha t\right)$
$\frac{1}{s^2(s^2-\alpha^2)}$	$\frac{1}{\alpha^2}\left(\frac{1}{\alpha}\sinh\alpha t-t\right)$
$\frac{1}{s^4+\alpha^4}$	$\frac{1}{\sqrt{2}\,\alpha^3}\left(\cosh\frac{\alpha}{\sqrt{2}}t\sin\frac{\alpha}{\sqrt{2}}t-\sinh\frac{\alpha}{\sqrt{2}}t\cos\frac{\alpha}{\sqrt{2}}t\right)$
$\frac{s}{s^4+\alpha^4}$	$\frac{1}{\alpha^2}\sin\frac{\alpha}{\sqrt{2}}t\sinh\frac{\alpha}{\sqrt{2}}t$
$\frac{s^2}{s^4+\alpha^4}$	$\frac{1}{\sqrt{2}\,\alpha}\left(\cos\frac{\alpha}{\sqrt{2}}t\sinh\frac{\alpha}{\sqrt{2}}t+\sin\frac{\alpha}{\sqrt{2}}t\cosh\frac{\alpha}{\sqrt{2}}t\right)$
$\frac{s^3}{s^4+\alpha^4}$	$\cos\frac{\alpha}{\sqrt{2}}t\cosh\frac{\alpha}{\sqrt{2}}t$
$\frac{1}{s^4-\alpha^4}$	$\frac{1}{2\alpha^3}(\sinh\alpha t-\sin\alpha t)$
$\frac{s}{s^4-\alpha^4}$	$\frac{1}{2\alpha^2}(\cosh\alpha t-\cos\alpha t)$
$\frac{s^2}{s^4-\alpha^4}$	$\frac{1}{2\alpha}(\sinh\alpha t+\sin\alpha t)$
$\frac{s^3}{s^4-\alpha^4}$	$\frac{1}{2}(\cosh\alpha t+\cos\alpha t)$
$\frac{1}{s^2(s^2+\alpha^2)}$	$\frac{1}{\alpha^2}\left(t-\frac{1}{\alpha}\sin\alpha t\right)$
$\frac{1}{s^2(s^2-\alpha^2)}$	$\frac{1}{\alpha^2}\left(\frac{1}{\alpha}\sinh\alpha t-t\right)$
$\frac{1}{s^n}$	$\frac{1}{(n-1)!}t^{n-1}$
$\frac{1}{(s+\alpha)^n}$	$\frac{1}{(n-1)!}t^{n-1}\,e^{-\alpha t}$

$\mathscr{L}\{f(t)\}$	$f(t)$
$\frac{1}{s(s+\alpha)^n}$	$\frac{1}{\alpha^n}\left[1-\sum_{k=0}^{n-1}\frac{(\alpha t)^k}{k!}e^{-\alpha t}\right]$
$\frac{1}{s(\alpha s+1)\dots(\alpha s+n)}$	$\frac{1}{n!}\left(1-e^{-\frac{t}{\alpha}}\right)^n$

4.4.3.4. Laplace-Transformierte einiger nichtrationaler stetiger Funktionen

Im folgenden bezeichnet γ die Konstante $\gamma = e^C$. C ist die Eulersche Konstante

$$C = \lim_{n\to\infty}\left(\sum_{\nu=1}^{n}\frac{1}{\nu} - \ln n\right) = 0{,}577215\ldots.$$

$\mathscr{L}\{f(t)\}$	$f(t)$
$\frac{\ln s}{s}$	$-\ln \gamma t$
$-\frac{\ln \gamma s}{s}$	$\ln t$
$-\sqrt{\frac{\pi}{s}}\ln 4\gamma s$	$\frac{\ln t}{\sqrt{t}}$
$\frac{\ln s}{s^{n+1}}$	$\frac{t^n}{n!}\left[1+\frac{1}{2}+\ldots+\frac{1}{n}-\ln \gamma t\right]$
$\frac{1}{s^{n+1}}\left[\sum_{\nu=1}^{n}\frac{1}{\nu}-\ln \gamma s\right]$	$\frac{t^n}{n!}\ln t$
$\frac{(\ln s)^2}{s}$	$(\ln \gamma t)^2-\frac{\pi^2}{6}$
$\frac{(\ln \gamma s)^2}{s}$	$(\ln t)^2-\frac{\pi^2}{6}$
$\frac{1}{s^\alpha \ln s}$	$\int_\alpha^\infty \frac{t^{u-1}}{\Gamma(u)}\,du$ (auch für $\alpha = 0$)
$\ln\frac{s+\alpha}{s-\alpha}$	$\frac{2}{t}\sinh \alpha t$
$\ln\frac{s-\alpha}{s-\beta}$	$\frac{1}{t}(e^{\beta t}-e^{\alpha t})$

$\mathscr{L}\{f(t)\}$	$f(t)$
$\ln \frac{s^2 + \alpha^2}{s^2 + \beta^2}$	$\frac{2}{t}(\cos \beta t - \cos \alpha t)$
$\frac{1}{\sqrt{s}}$	$\frac{1}{\sqrt{\pi t}}$
$\frac{1}{s\sqrt{s}}$	$2\sqrt{\frac{t}{\pi}}$
$\frac{s + \alpha}{s\sqrt{s}}$	$\frac{1 + 2\alpha t}{\sqrt{\pi t}}$
$\sqrt{s - \alpha} - \sqrt{s - \beta}$	$\frac{1}{2t\sqrt{\pi t}}(e^{\beta t} - e^{\alpha t})$
$\sqrt{\sqrt{s^2 + \alpha^2} - s}$	$\frac{\sin \alpha t}{t\sqrt{2\pi t}}$
$\sqrt{\frac{\sqrt{s^2 + \alpha^2} - s}{s^2 + \alpha^2}}$	$\sqrt{\frac{2}{\pi t}} \sin \alpha t$
$\sqrt{\frac{\sqrt{s^2 + \alpha^2} + s}{s^2 + \alpha^2}}$	$\sqrt{\frac{2}{\pi t}} \cos \alpha t$
$\sqrt{\frac{\sqrt{s^2 - \alpha^2} - s}{s^2 - \alpha^2}}$	$\sqrt{\frac{2}{\pi t}} \sinh \alpha t$
$\sqrt{\frac{\sqrt{s^2 - \alpha^2} + s}{s^2 - \alpha^2}}$	$\sqrt{\frac{2}{\pi t}} \cosh \alpha t$
$\frac{1}{\sqrt{s}} \sin \frac{\alpha}{s}$	$\frac{\sinh \sqrt{2\alpha t} \sin \sqrt{2\alpha t}}{\sqrt{\pi t}}$
$\frac{1}{s\sqrt{s}} \sin \frac{\alpha}{s}$	$\frac{\cosh \sqrt{2\alpha t} \sin \sqrt{2\alpha t}}{\sqrt{\alpha\pi}}$
$\frac{1}{\sqrt{s}} \cos \frac{\alpha}{s}$	$\frac{\cosh \sqrt{2\alpha t} \cos \sqrt{2\alpha t}}{\sqrt{\pi t}}$
$\frac{1}{s\sqrt{s}} \cos \frac{\alpha}{s}$	$\frac{\sinh \sqrt{2\alpha t} \cos \sqrt{2\alpha t}}{\sqrt{\alpha\pi}}$
$\frac{1}{\sqrt{s}} \sinh \frac{\alpha}{s}$	$\frac{\cosh 2\sqrt{\alpha t} - \cos 2\sqrt{\alpha t}}{2\sqrt{\pi t}}$

$\mathcal{L}\{f(t)\}$	$f(t)$
$\frac{1}{s\sqrt{s}} \sinh \frac{\alpha}{s}$	$\frac{\sinh 2\sqrt{\alpha t} - \sin 2\sqrt{\alpha t}}{2\sqrt{\alpha\pi}}$
$\frac{1}{\sqrt{s}} \cosh \frac{\alpha}{s}$	$\frac{\cosh 2\sqrt{\alpha t} + \cos 2\sqrt{\alpha t}}{2\sqrt{\pi t}}$
$\frac{1}{s\sqrt{s}} \cosh \frac{\alpha}{s}$	$\frac{\sinh 2\sqrt{\alpha t} + \sin 2\sqrt{\alpha t}}{2\sqrt{\alpha\pi}}$
$\frac{1}{s^z}$ (Re $z > 0$)	$\frac{t^{z-1}}{\Gamma(z)}$
$\frac{1}{\sqrt{s}} e^{\frac{1}{s}}$	$\frac{\cosh 2\sqrt{t}}{\sqrt{\pi t}}$
$\frac{1}{s\sqrt{s}} e^{\frac{1}{s}}$	$\frac{\sinh 2\sqrt{t}}{\sqrt{\pi}}$
$\arctan \frac{\alpha}{s}$	$\frac{\sin \alpha t}{t}$
$\frac{\sin\left(\beta + \arctan \frac{\alpha}{s}\right)}{\sqrt{s^2 + \alpha^2}}$	$\sin(\alpha t + \beta)$
$\frac{\cos\left(\beta + \arctan \frac{\alpha}{s}\right)}{\sqrt{s^2 + \alpha^2}}$	$\cos(\alpha t + \beta)$

4.4.3.5. Laplace-Transformierte einiger stückweise stetiger Funktionen

Im folgenden ist $[t]$ die größte natürliche Zahl n mit $n \leqq t$. Dementsprechend ist $f([t]) = f(n)$ für $n \leqq t < n + 1$; $n = 0, 1, 2, \dots$

$\mathcal{L}\{f(t)\}$	$f(t)$
$\frac{1}{s(e^s - 1)}$	$[t]$
$\frac{1}{s(e^{\alpha s} - 1)}$	$\left[\frac{t}{\alpha}\right]$
$\frac{1}{(1 - e^{-s})\, s}$	$[t] + 1$

$\mathscr{L}\{f(t)\}$	$f(t)$
$\dfrac{1}{(1 - e^{-\alpha s})\, s}$	$\left[\dfrac{t}{\alpha}\right] + 1$
$\dfrac{1}{s(e^s - \alpha)} \quad (\alpha \neq 1)$	$\dfrac{\alpha^{[t]} - 1}{\alpha - 1}$
$\dfrac{e^s - 1}{s(e^s - \alpha)}$	$\alpha^{[t]}$
$\dfrac{e^s - 1}{s(e^s - \alpha)^2}$	$[t]\, \alpha^{[t]-1}$
$\dfrac{e^s - 1}{s(e^s - \alpha)^3}$	$\dfrac{1}{2}\, [t]\, ([t] - 1)\, \alpha^{[t]-2}$
$\dfrac{e^s - 1}{s(e^s - \alpha)(e^s - \beta)}$	$\dfrac{\alpha^{[t]} - \beta^{[t]}}{\alpha - \beta}$
$\dfrac{e^s + 1}{s(e^s - 1)^2}$	$[t]^2$
$\dfrac{(e^s - 1)(e^s + \alpha)}{s(e^s - \alpha)^3}$	$[t]^2\, \alpha^{[t]-1}$
$\dfrac{(e^s - 1) \sin \beta}{s(e^{2s} - 2e^s \cos \beta + 1)}$	$\sin \beta [t]$
$\dfrac{(e^s - 1)(e^s - \cos \beta)}{s(e^{2s} - 2e^s \cos \beta + 1)}$	$\cos \beta [t]$
$\dfrac{(e^s - 1)\, \alpha \sin \beta}{s(e^{2s} - 2\alpha e^s \cos \beta + \alpha^2)}$	$\alpha^{[t]} \sin \beta [t]$
$\dfrac{(e^s - 1)(e^s - \alpha \cos \beta)}{s(e^{2s} - 2\alpha e^s \cos \beta + \alpha^2)}$	$\alpha^{[t]} \cos \beta [t]$
$\dfrac{e^{-\alpha s}}{s}$	$\begin{cases} 0 & \text{für } 0 < t < \alpha \\ 1 & \text{für } \alpha < t \end{cases}$ 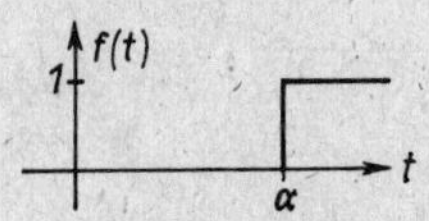
$\dfrac{1 - e^{-\alpha s}}{s}$	$\begin{cases} 1 & \text{für } 0 < t < \alpha \\ 0 & \text{für } \alpha < t \end{cases}$ 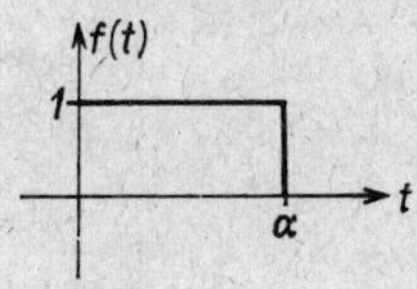

$\mathscr{L}\{f(t)\}$	$f(t)$	
$\dfrac{e^{-\alpha s} - e^{-\beta s}}{s}$	$\begin{cases} 0 & \text{für } 0 < t < \alpha \\ 1 & \text{für } \alpha < t < \beta \\ 0 & \text{für } \beta < t \end{cases}$	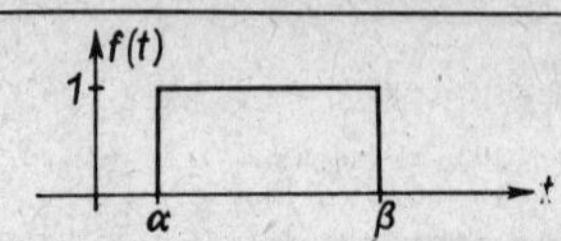
$\dfrac{(1 - e^{-\alpha s})^2}{s}$	$\begin{cases} 1 & \text{für } 0 < t < \alpha \\ -1 & \text{für } \alpha < t < 2\alpha \\ 0 & \text{für } 2\alpha < t \end{cases}$	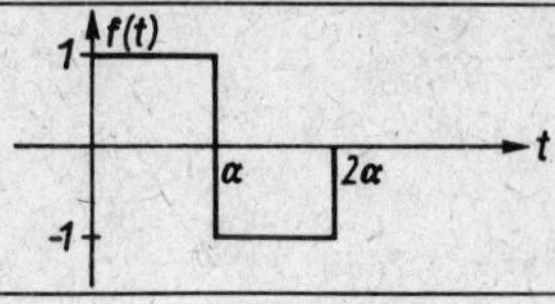
$\dfrac{(e^{-\alpha s} - e^{-\beta s})^2}{s}$	$\begin{cases} 0 & \text{für } 0 < t < 2\alpha \\ 1 & \text{für } 2\alpha < t < \alpha + \beta \\ -1 & \text{für } \alpha + \beta < t < 2\beta \\ 0 & \text{für } 2\beta < t \end{cases}$	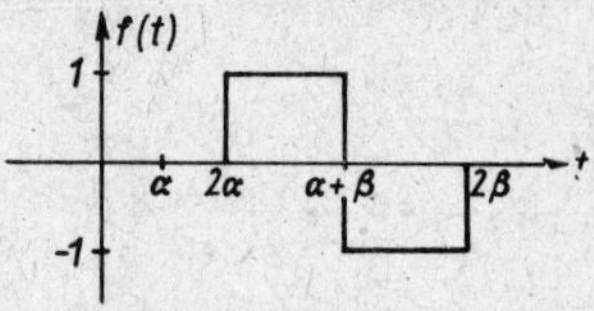
$\dfrac{(1 - e^{-\alpha s})^2}{s^2}$	$\begin{cases} t & \text{für } 0 < t < \alpha \\ 2\alpha - t & \text{für } \alpha < t < 2\alpha \\ 0 & \text{für } 2\alpha < t \end{cases}$	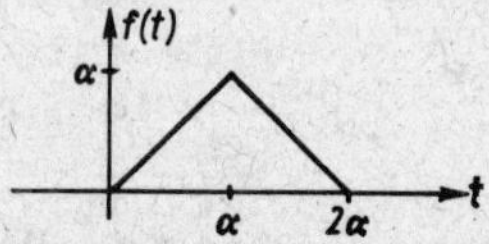
$\dfrac{(e^{-\alpha s} - e^{-\beta s})^2}{s^2}$	$\begin{cases} 0 & \text{für } 0 < t < 2\alpha \\ t - 2\alpha & \text{für } 2\alpha < t < \alpha + \beta \\ 2\beta - t & \text{für } \alpha + \beta < t < 2\beta \\ 0 & \text{für } 2\beta < t \end{cases}$	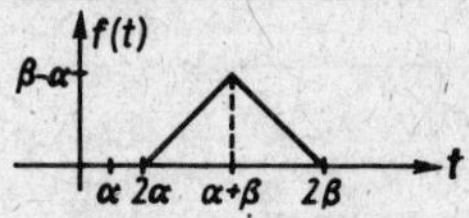
$\dfrac{\beta e^{-\alpha s}}{s(s + \beta)}$	$\begin{cases} 0 & \text{für } 0 < t < \alpha \\ 1 - e^{-\beta(t-\alpha)} & \text{für } \alpha < t \end{cases}$	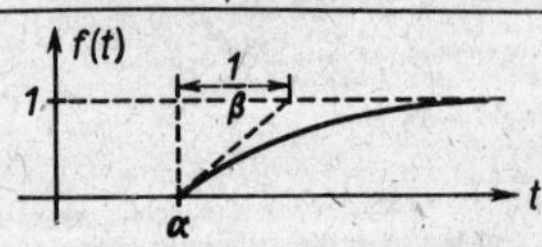
$\dfrac{e^{-\alpha s}}{s + \beta}$	$\begin{cases} 0 & \text{für } 0 < t < \alpha \\ e^{-\beta(t-\alpha)} & \text{für } \alpha < t \end{cases}$	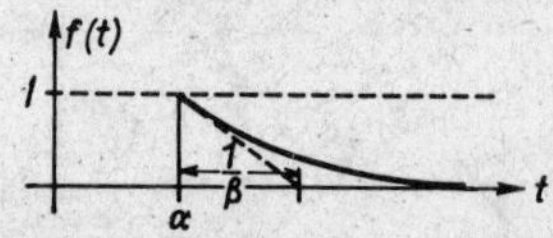
$\dfrac{1 - e^{-\alpha s}}{s^2}$	$\begin{cases} t & \text{für } 0 < t < \alpha \\ \alpha & \text{für } \alpha < t \end{cases}$	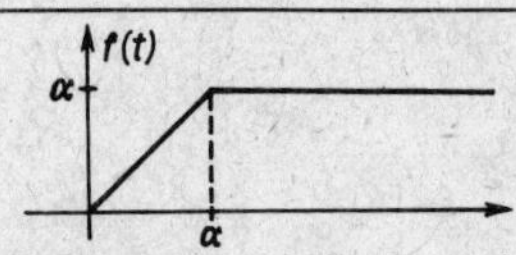
$\dfrac{e^{-\alpha s} - e^{-\beta s}}{s^2}$	$\begin{cases} 0 & \text{für } 0 < t < \alpha \\ t - \alpha & \text{für } \alpha < t < \beta \\ \beta - \alpha & \text{für } \beta < t \end{cases}$	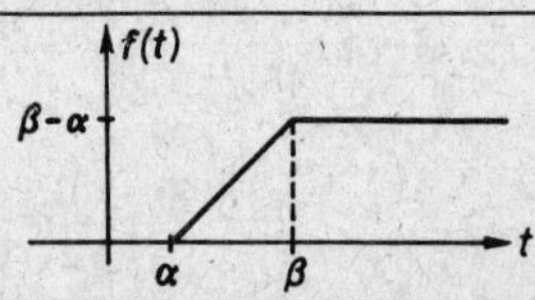

$\mathscr{L}\{f(t)\}$	$f(t)$	
$\dfrac{1}{s(1+e^{-\alpha s})}$	$\begin{cases} 1 & \text{für } 2n\alpha < t < (2n+1)\alpha \\ 0 & \text{für } (2n+1)\alpha < t < (2n+2)\alpha \end{cases}$ $n = 0, 1, 2, \ldots$	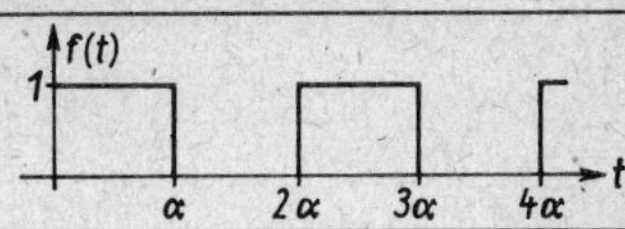
$\dfrac{1}{s(1+e^{\alpha s})}$	$\begin{cases} 0 & \text{für } 2n\alpha < t < (2n+1)\alpha \\ 1 & \text{für } (2n+1)\alpha < t < (2n+2)\alpha \end{cases}$ $n = 0, 1, 2, \ldots$	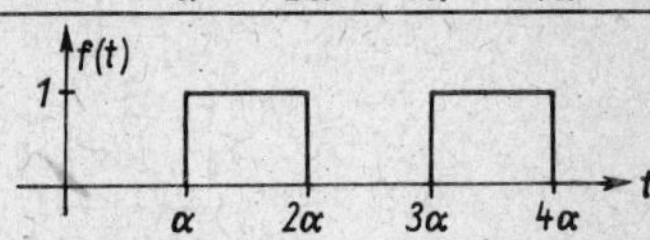
$\dfrac{1-e^{-\alpha s}}{s(1+e^{-\alpha s})}$	$\begin{cases} 1 & \text{für } 2n\alpha < t < (2n+1)\alpha \\ -1 & \text{für } (2n+1)\alpha < t < (2n+2)\alpha \end{cases}$ $n = 0, 1, 2, \ldots$	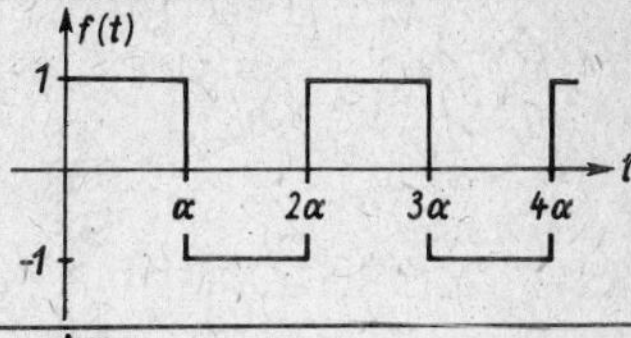
$\dfrac{e^{-\alpha s}-1}{s(1+e^{-\alpha s})}$	$\begin{cases} -1 & \text{für } 2n\alpha < t < (2n+1)\alpha \\ 1 & \text{für } (2n+1)\alpha < t < (2n+2)\alpha \end{cases}$ $n = 0, 1, 2, \ldots$	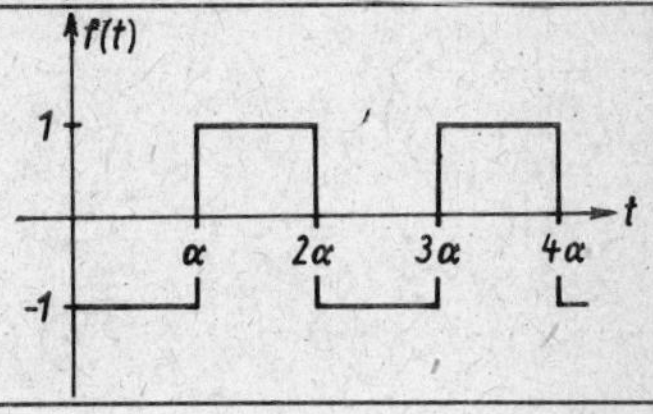
$\dfrac{1-e^{-\alpha s}}{s(1+e^{\alpha s})}$	$\begin{cases} 0 & \text{für } 0 < t < \alpha \\ 1 & \text{für } (2n+1)\alpha < t < (2n+2)\alpha \\ -1 & \text{für } (2n+2)\alpha < t < (2n+3)\alpha \end{cases}$ $n = 0, 1, 2, \ldots$	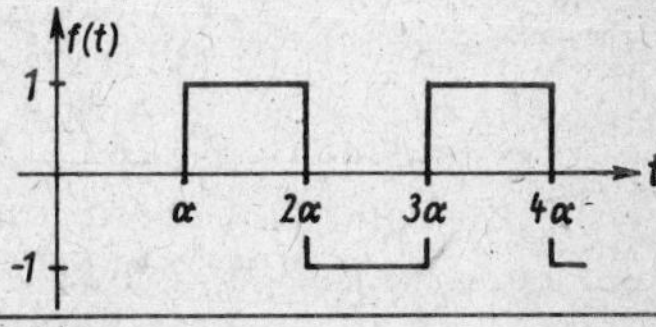
$\dfrac{1-e^{-\alpha s}}{s(e^{\alpha s}+e^{-\alpha s})}$	$\begin{cases} 0 & \text{für } 2n\alpha < t < (2n+1)\alpha \\ 1 & \text{für } (4n+1)\alpha < t < (4n+2)\alpha \\ -1 & \text{für } (4n+3)\alpha < t < (4n+4)\alpha \end{cases}$ $n = 0, 1, 2, \ldots$	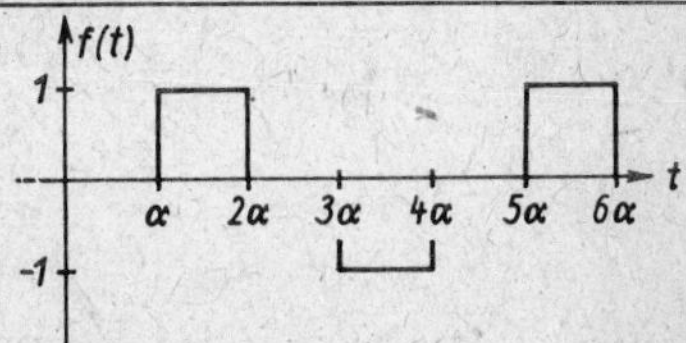
$\dfrac{1-e^{-\frac{\alpha}{\nu}s}}{s(1-e^{-\alpha s})}$	$\begin{cases} 1 & \text{für } n\alpha < t < \left(n+\frac{1}{\nu}\right)\alpha \\ 0 & \text{für } \left(n+\frac{1}{\nu}\right)\alpha < t < (n+1)\alpha \end{cases}$ $\nu > 1; \quad n = 0, 1, 2, \ldots$	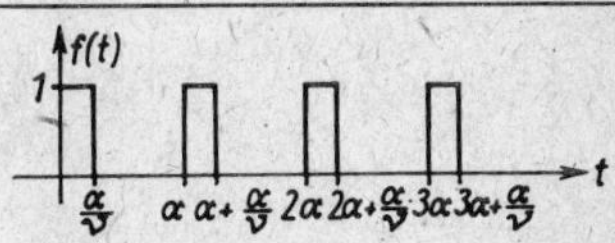
$\dfrac{1-e^{-\alpha s}}{s^2(1+e^{-\alpha s})}$	$\begin{cases} \dfrac{t}{\alpha} - 2n & \text{für } 2n\alpha < t < (2n+1)\alpha \\ -\dfrac{t}{\alpha} + 2(n+1) & \text{für } (2n+1)\alpha < t < (2n+2)\alpha \end{cases}$ $n = 0, 1, 2, \ldots$	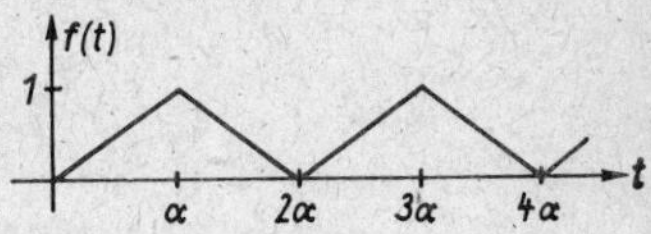

$\mathscr{L}\{f(t)\}$	$f(t)$	
$\dfrac{(1-e^{-\alpha s})^2}{\alpha s^2(1-e^{-4\alpha s})}$	$\begin{cases} \dfrac{t}{\alpha}-4n & \text{für } 4n\alpha < t < (4n+1)\alpha \\ -\dfrac{t}{\alpha}+4n+2 & \text{für } (4n+1)\alpha < t < (4n+2)\alpha \\ 0 & \text{für } (4n+2)\alpha < t < (4n+4)\alpha \end{cases}$ $n = 0, 1, 2, \ldots$	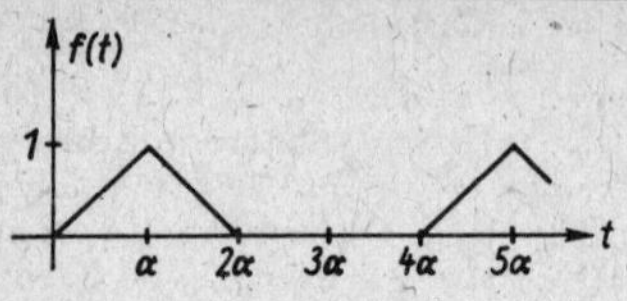
$\dfrac{\alpha s+1-e^{\alpha s}}{\alpha s^2(1-e^{\alpha s})}$	$\dfrac{t}{\alpha}-n$ für $n\alpha < t < (n+1)\alpha$ $n = 0, 1, 2, \ldots$	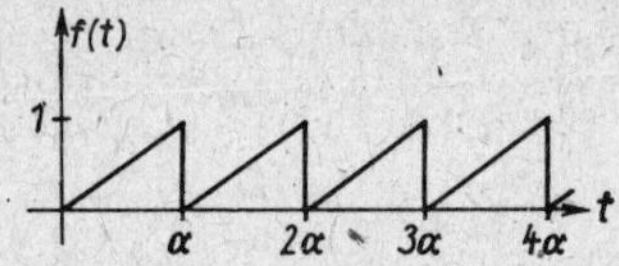
$\dfrac{1-(1+\alpha s)e^{-\alpha s}}{\alpha s^2(1-e^{-2\alpha s})}$	$\begin{cases} \dfrac{t}{\alpha}-2n & \text{für } 2n\alpha < t < (2n+1)\alpha \\ 0 & \text{für } (2n+1)\alpha < t < (2n+2)\alpha \end{cases}$ $n = 0, 1, 2, \ldots$	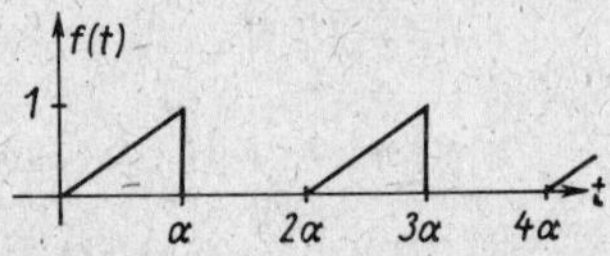
$\dfrac{2-\alpha s-(2+\alpha s)e^{-\alpha s}}{\alpha s^2(1-e^{-\alpha s})}$	$\dfrac{2t}{\alpha}-(2n+1)$ für $n\alpha < t < (n+1)\alpha$ $n = 0, 1, 2, \ldots$	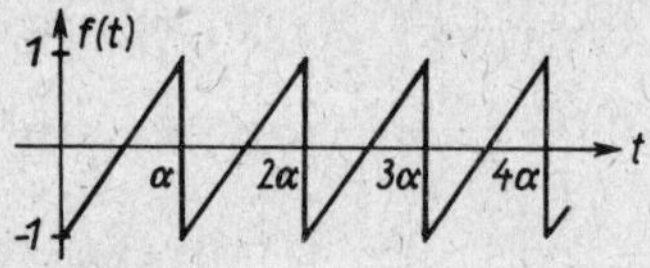
$\dfrac{2(1-e^{-\alpha s})}{\alpha s^2(1+e^{-\alpha s})}-\dfrac{1}{s}$	$\begin{cases} \dfrac{2t}{\alpha}-(4n+1) & \text{für } 2n\alpha < t < (2n+1)\alpha \\ -\dfrac{2t}{\alpha}+4n+3 & \text{für } (2n+1)\alpha < t < (2n+2)\alpha \end{cases}$ $n = 0, 1, 2, \ldots$	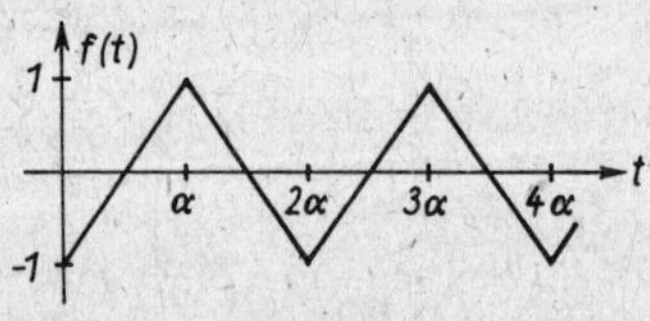
$\dfrac{\nu(\nu-1)+\nu e^{-\alpha s}-\nu^2 e^{-\frac{\alpha s}{\nu}}}{(\nu-1)\,\alpha s^2(1-e^{-\alpha s})}$	$\begin{cases} \dfrac{\nu t}{\alpha}-n & \text{für } n\alpha < t < \left(n+\dfrac{1}{\nu}\right)\alpha \\ -\dfrac{\nu}{\alpha(\nu-1)}t+\dfrac{\nu(n+1)}{\nu-1} & \text{für } \left(n+\dfrac{1}{\nu}\right)\alpha < t < (n+1)\alpha \end{cases}$ $\nu > 1;\quad n = 0, 1, 2, \ldots$	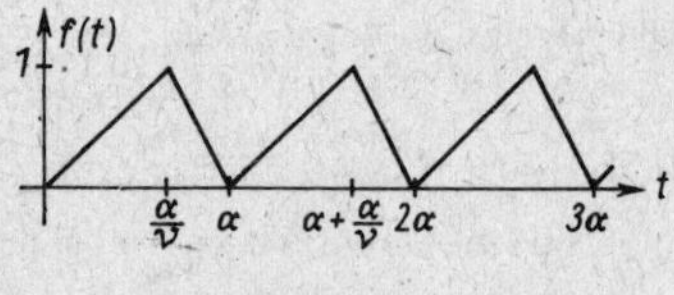
$\dfrac{\nu-(\nu+\alpha s)e^{-\frac{\alpha s}{\nu}}}{\alpha s^2(1-e^{-\alpha s})}$	$\begin{cases} \dfrac{\nu}{\alpha}t-\nu n & \text{für } n\alpha < t < \left(n+\dfrac{1}{\nu}\right)\alpha \\ 0 & \text{für } \left(n+\dfrac{1}{\nu}\right)\alpha < t < (n+1)\alpha \end{cases}$ $\nu > 1;\quad n = 0, 1, 2, \ldots$	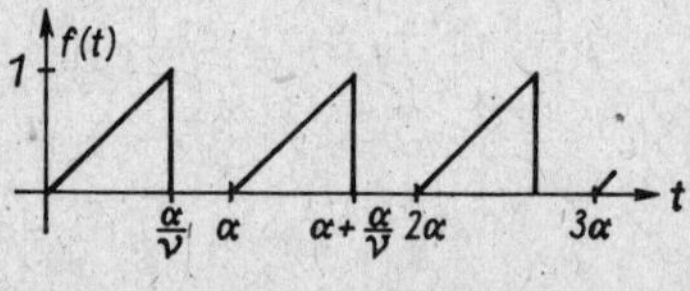

4.4.4. Z-Transformation

4.4.4.1. Allgemeine Betrachtungen

Von einer Funktion $f(t)$ $(0 \leqq t < \infty)$ ist in der Technik oft nicht der gesamte Verlauf bekannt oder von Interesse, sondern nur ihre Werte an diskreten Punkten t_n $(0 \leqq n < \infty)$. Man hat also anstelle einer Funktion $f(t)$ eine Zahlenfolge $\{f_n\} = \{f(t_n)\}$ zu betrachten. Solche Folgen erhält man z. B. durch die diskrete Abtastung eines kontinuierlichen Signals oder durch die Messung einer Größe an diskreten Zeitpunkten.

Die *Z-Transformation* ordnet einer Zahlenfolge $\{f_n\}$ eine Funktion $F(z)$ der komplexen Variablen z zu. Das Ziel ist dabei – wie etwa bei der Laplace-Transformation (vgl. 4.3.3.) – gewisse Operationen, die man im Bereich der Folgen schwer beherrscht, in relativ einfache Operationen für die Bildfunktionen zu transformieren.

Eine komplexwertige Zahlenfolge $\{f_n\}$ heißt Z-transformierbar, wenn es Zahlen $K > 0$ und $s \geqq 0$ gibt, so daß für $n \geqq n_0 \geqq 0$ gilt

$$|f_n| \leqq K\,e^{sn}. \tag{4.79}$$

Die *Z-Transformierte* ist dann durch

$$F(z) = \sum_{n=0}^{\infty} f_n z^{-n} \tag{4.80}$$

definiert. Man schreibt $F(z) = \mathscr{Z}\{f_n\}$. (4.80) ist eine Laurentreihe (vgl. 3.4.7.4.). Daraus folgt, daß $F(z)$ außerhalb eines gewissen Kreises $|z| = |z_0|$ absolut konvergiert und dort regulär ist. $F(z)$ ist durch die Folge $\{f_n\}$ eindeutig definiert und umgekehrt.

Die Anwendungen der Z-Transformation beruhen auf den folgenden Sätzen, die zumeist zu entsprechenden Sätzen für die Laplace-Transformation analog sind.

1. **Additionssatz** (*Linearität der Transformation*):

$$\mathscr{Z}\{af_n + bg_n\} = a\mathscr{Z}\{f_n\} + b\mathscr{Z}\{g_n\}.$$

2. **Faltungssatz:** $\mathscr{Z}\left\{\sum_{k=0}^{n} f_k g_{n-k}\right\} = \mathscr{Z}\{f_n\} \cdot \mathscr{Z}\{g_n\}$, d. h. dem Faltungsprodukt im Originalbereich entspricht das gewöhnliche Produkt im Bildbereich.

3. **Summationssatz:** $\mathscr{Z}\left\{\sum_{k=0}^{n-1} f_k\right\} = \dfrac{\mathscr{Z}\{f_n\}}{z-1}$.

Der Bildung der Partialsummen einer Folge im Originalbereich entspricht im Bildbereich die Division durch $z - 1$.

4. **Differenzensatz:** $\mathscr{Z}\{\Delta^k f_n\} = (z-1)^k \mathscr{Z}\{f_n\} - z\sum_{i=0}^{k-1} (z-1)^{k-i-1} \Delta^i f_0$. Dabei sind die k-ten Differenzen folgendermaßen rekursiv definiert (vgl. 7.1.2.6.):

$$\Delta^0 f_n = f_n; \quad \Delta^k f_n = \Delta^{k-1} f_{n+1} - \Delta^{k-1} f_n.$$

In den folgenden fünf Sätzen ist für $\mathscr{Z}\{f_n\}$ stets $F(z)$ geschrieben.

5. **Verschiebungssatz:** Ist k eine feste natürliche Zahl, so gilt

$$\mathscr{Z}\{f_{n-k}\} = z^{-k}F(z),$$

$$\mathscr{Z}\{f_{n+k}\} = z^k \left(F(z) - \sum_{j=0}^{k-1} f_j z^{-j}\right).$$

6. **Ähnlichkeitssatz:** Ist $\lambda \neq 0$ eine komplexe Zahl, so gilt

$$\mathscr{Z}\{\lambda^n f_n\} = F\left(\frac{z}{\lambda}\right).$$

7. **Multiplikationssatz:** $\mathscr{Z}\{nf_n\} = -z\frac{\mathrm{d}}{\mathrm{d}z}F(z)$.

8. **Divisionssatz:** $\mathscr{Z}\left\{\frac{f_n}{n}\right\} = \int\limits_z^\infty \frac{F(\xi)}{\xi}\,\mathrm{d}\xi$.

9. **Indextransformation in der Originalfolge:** Ist i eine feste natürliche Zahl und definiert man eine Folge $\{g_m\}_{0\leq m<\infty}$ gemäß $g_m = \begin{cases} f_n, & m = ni \\ 0, & m \neq ni \end{cases}$, $n = 0, 1, 2, \ldots$, so gilt
$\mathscr{Z}\{g_m\} = F(z^i)$.

Beispiele zur Berechnung von Z-Transformierten:

1. $\mathscr{Z}\{1\} = \sum\limits_{n=0}^{\infty} z^{-n} = \frac{z}{z-1}$. Hieraus erhält man nach dem Multiplikationssatz $\mathscr{Z}\{n\} = -z\frac{\mathrm{d}}{\mathrm{d}z}\left(\frac{z}{z-1}\right) = \frac{z}{(z-1)^2}$. Durch fortgesetzte Anwendung des Multiplikationssatzes kann man schließlich $\mathscr{Z}\{n^i\}$ finden.

2. $f_n = \begin{cases} 1, & n = ik \\ 0, & n \neq ik \end{cases}$. Dann liefert Satz 9 zusammen mit dem bekannten Ergebnis $\mathscr{Z}\{1\} = \frac{z}{z-1}$: $\mathscr{Z}\{f_n\} = \frac{z^i}{z^i - 1}$.

3. $\mathscr{Z}\{\mathrm{e}^{\alpha n}\} = \sum\limits_{n=0}^{\infty} \mathrm{e}^{\alpha n} z^{-n} = \frac{z}{z - \mathrm{e}^\alpha}$. Es ist $\sin \beta n = \frac{1}{2\mathrm{i}}(\mathrm{e}^{\mathrm{i}\beta n} - \mathrm{e}^{-\mathrm{i}\beta n})$. Also gilt nach dem Additionssatz

$$\mathscr{Z}\{\sin \beta n\} = \frac{1}{2\mathrm{i}}\left(\frac{z}{z - \mathrm{e}^{\mathrm{i}\beta}} - \frac{z}{z - \mathrm{e}^{-\mathrm{i}\beta}}\right) = \frac{z \sin \beta}{z^2 - 2z\cos\beta + 1}.$$

Die Beispiele zeigen, daß man oft nicht die Reihe (4.80) ausrechnen muß, sondern die Z-Transformierte aus bereits bekannten Transformierten unter alleiniger Anwendung der Sätze 1–9 erhalten kann.

Zum Problem der Rücktransformation: Die Berechnung der Laurentkoeffizienten einer regulären Funktion (vgl. 3.4.7.4.) liefert folgende allgemeine Umkehrformel für die Z-Transformation: $F(z)$ sei eine im Gebiet $|z| > \varrho$ reguläre Funktion. Dann existiert eine Folge $\{f_n\}$ mit $\mathscr{Z}\{f_n\} = F(z)$, und es gilt

$$f_n = \frac{1}{2\pi\mathrm{i}} \oint\limits_{\mathfrak{C}} F(z)\, z^{n-1}\,\mathrm{d}z, \quad n = 0, 1, 2, \ldots \tag{4.81}$$

Dabei kann für den Integrationsweg $\mathfrak{C}$ ein Kreis $|z| = R$ mit $R > \varrho$ gewählt werden. In dem wichtigen Spezialfall einer gebrochen-rationalen Funktion $F(z) = \frac{P(z)}{Q(z)} = \frac{a_0 z^r + a_1 z^{r-1} + \ldots + a_{r-1}z + a_r}{z^s + b_1 z^{s-1} + \ldots + b_{s-1}z + b_s}$ gilt $f_n = \sum\limits_{i=1}^{k} \operatorname*{Res}\limits_{z_i}(F(z)\,z^{n-1})$. Dabei sind $z_1, z_2, \ldots, z_k$ die verschiedenen Nullstellen des Nenners $Q(z)$, und $\operatorname*{Res}\limits_{z_i}(F(z)\,z^{n-1})$ bezeichnet das Residuum der Funktion $F(z)\,z^{n-1}$ an $z = z_i$ (vgl. 3.4.8.).

Beispiel: $F(z) = \frac{z(z+1)}{(z-1)^3} \cdot z_1 = z_2 = z_3 = 1$.

$$f_n = \operatorname*{Res}_{z=1} \frac{z(z+1)}{(z-1)^3} z^{n-1} = \frac{1}{(3-1)!} \lim_{z\to 1} \frac{\mathrm{d}^2}{\mathrm{d}z^2}\left((z-1)^3 \frac{z(z+1)\,z^{n-1}}{(z-1)^3}\right)$$

$$= \frac{1}{2}(n(n+1) + n(n-1)) = n^2.$$

In vielen Fällen kann man die Berechnung mittels (4.81) umgehen, wenn man Tabellen von Z-Transformierten (s. 4.4.4.3.) im Zusammenhang mit den Sätzen 1–9 benutzt.

Beispiel: $F(z) = \frac{3z - 8}{z^2 - 5z + 6}$. Partialbruchzerlegung ergibt $\frac{3z - 8}{z^2 - 5z + 6} = \frac{1}{z - 3} + \frac{2}{z - 2}$. Mittels Tabelle in 4.4.4.3. und dem Additionssatz erhält man $f_n = 3^{n-1} + 2 \cdot 2^{n-1} = 3^{n-1} + 2^n$.

4.4.4.2. Anwendung der Z-Transformation zur Lösung linearer Differenzengleichungen

Es sei eine lineare Differenzengleichung k-ter Ordnung

$$f_{n+k} + a_1 f_{n+k-1} + \ldots + a_k f_n = g_n \tag{4.82}$$

mit den Anfangsbedingungen $f_0 = h_0,\ f_1 = h_1, \ldots, f_{k-1} = h_{k-1}$ gegeben (die h_j sind gegebene Zahlen). Die Z-Transformierte der gesuchten Folge $\{f_n\}$ sei $F(z)$, die der gegebenen rechten Seite $G(z)$. Z-Transformation von (4.82) unter Anwendung des Verschiebungssatzes liefert

$$Q(z)\,F(z) = G(z) + \sum_{j=0}^{k-1} h_j z^{k-j} + a_1 \sum_{j=0}^{k-2} h_j z^{k-1-j} + \ldots + a_{k-1} z h_0$$

mit $Q(z) = z^k + a_1 z^{k-1} + \ldots + a_k$. Die Lösung im Bildbereich lautet demnach $F(z) = G(z) \cdot \frac{1}{Q(z)} + \frac{P(z)}{Q(z)}$ mit $P(z) = \sum_{j=0}^{k-1} h_j z^{k-j} + a_1 \sum_{j=0}^{k-2} h_j z^{k-1-j} + \ldots + a_{k-1} z h_0$. Sind $\{\varphi_n\}$ bzw. $\{\psi_n\}$ die Originalfolgen von $\frac{1}{Q(z)}$ bzw. $\frac{P(z)}{Q(z)}$, so gilt für die gesuchte Lösung nach dem Additions- und dem Faltungssatz $f_n = \sum_{\nu=0}^{n} g_\nu \varphi_{n-\nu} + \psi_n$; die Transformation von $\{g_n\}$ braucht also gar nicht ausgeführt zu werden. $\frac{P(z)}{Q(z)}$ ist eine gebrochen-rationale Funktion, deren Rücktransformation nach dem oben Bemerkten ohne prinzipielle Schwierigkeiten bewerkstelligt werden kann.

Beispiel 1: Wir betrachten die homogene Differenzengleichung

$$f_{n+5} - 2f_{n+3} + 2f_{n+2} - 3f_{n+1} + 2f_n = 0$$

mit den Anfangsbedingungen

$$f_0 = 0,\ f_1 = 0,\ f_2 = 9,\ f_3 = -2,\ f_4 = 23.$$

Es ist $F(z) = \frac{P(z)}{Q(z)}$ mit $P(z) = 9z^3 - 2z^2 + 5z$ und $Q(z) = z^5 - 2z^3 + 2z^2 - 3z + 2 = (z-1)^2 (z+2)(z^2+1)$. Mittels Partialbruchzerlegung erhält man:

$$\frac{P(z)}{Q(z)} = z \frac{9z^2 - 2z + 5}{(z-1)^2 (z+2)(z^2+1)} = \frac{2z}{(z-1)^2} + \frac{z}{z+2} - \frac{z^2}{z^2+1}.$$

Damit ergibt sich mittels Tabelle in 4.4.4.3.

$$f_n = 2n + (-1)^n 2^n - \cos \frac{\pi}{2} n.$$

Beispiel 2: Gegeben sei die inhomogene Differenzengleichung $f_{n+2} - 4f_{n+1} + 3f_n = 1$; $f_0 = 0$, $f_1 = 1$. Es ist $F(z) = \mathscr{Z}\{1\} \cdot \frac{1}{z^2 - 4z + 3} + \frac{z}{z^2 - 4z + 3}$. Durch Partialbruchzerlegung findet man $\frac{1}{z^2 - 4z + 3} = -\frac{1}{2} \frac{1}{z-1} + \frac{1}{2} \frac{1}{z-3}$. Die Tabelle und der Faltungssatz liefern die Lösung

$$f_n = \sum_{j=0}^{n-1} \left(-\frac{1}{2} + \frac{1}{2} \cdot 3^j\right) \cdot 1 + \left(-\frac{1}{2} + \frac{1}{2} \cdot 3^n\right)$$

$$= -\frac{1}{2}(n+1) + \frac{1}{2}(3^n + 3^{n-1} + \ldots + 1) = \frac{1}{2}\left[\frac{3^{n+1} - 1}{2} - (n+1)\right].$$

4.4.4.3. Tabelle von Z-Transformierten

f_n	$\mathscr{Z}\{f_n\} = F(z)$	f_n	$\mathscr{Z}\{f_n\} = F(z)$
1	$\frac{z}{z-1}$	$n^k a^n$	$\frac{a^{k+1} N_k\left(\frac{z}{a}\right)}{(z-a)^{k+1}}$
$(-1)^n$	$\frac{z}{z+1}$	$\binom{n}{m} a^n;\quad n \geqq m-1$	$\frac{a^m z}{(z-a)^{m+1}}$
n	$\frac{z}{(z-1)^2}$	$\frac{1}{n};\quad n \geqq 1$	$\ln \frac{z}{z-1}$
n^2	$\frac{z(z+1)}{(z-1)^3}$	$\frac{(-1)^{n-1}}{n};\quad n \geqq 1$	$\ln\left(1+\frac{1}{z}\right)$
n^k	$\frac{N_k(z)}{(z-1)^{k+1}}$ [1]	$\frac{a^{n-1}}{n};\quad n \geqq 1$	$\frac{1}{a} \ln \frac{z}{z-a}$
$(-1)^n n^k$	$\frac{(-1)^{k+1} N_k(-z)}{(z+1)^{k+1}}$	$\frac{a^n}{n!}$	$e^{\frac{a}{z}}$
$\binom{n}{m};\quad n \geqq m-1$	$\frac{z}{(z-1)^{m+1}}$	$\frac{n+1}{n!} a^n$	$\left(1+\frac{a}{z}\right) e^{\frac{a}{z}}$
$(-1)^n \binom{n}{m};\quad n \geqq m-1$	$\frac{(-1)^m z}{(z+1)^{m+1}}$	$\frac{(-1)^n}{(2n+1)!}$	$\sqrt{z} \sin \frac{1}{\sqrt{z}}$
$\binom{n+k}{m};\quad k \leqq m$	$\frac{z^{k+1}}{(z+1)^{m+1}}$	$\frac{(-1)^n}{(2n)!}$	$\cos \frac{1}{\sqrt{z}}$
a^n	$\frac{z}{z-a}$	$\frac{1}{(2n+1)!}$	$\sqrt{z} \sinh \frac{1}{\sqrt{z}}$
$a^{n-1};\quad n \geqq 1$	$\frac{1}{z-a}$	$\frac{1}{(2n)!}$	$\cosh \frac{1}{\sqrt{z}}$
$(-1)^n a^n$	$\frac{z}{z+a}$	$\frac{a^n}{(2n+1)!}$	$\sqrt{\frac{z}{a}} \sinh \sqrt{\frac{a}{z}}$
$1-a^n$	$\frac{z(1-a)}{(z-1)(z-a)}$	$\frac{a^n}{(2n)!}$	$\cosh \sqrt{\frac{a}{z}}$
na^n	$\frac{za}{(z-a)^2}$	$e^{\alpha n}$	$\frac{z}{z-e^{\alpha}}$

[1]) Die Polynome $N_k(z)$ können folgendermaßen rekursiv berechnet werden:

$$N_1(z) = z; \qquad N_{k+1}(z) = (k+1)\, z N_k(z) - (z^2 - z) \frac{\mathrm{d}}{\mathrm{d}z} N_k(z).$$

f_n	$\mathcal{Z}\{f_n\}$
$\sinh \alpha n$	$\dfrac{z \sinh \alpha}{z^2 - 2z \cosh \alpha + 1}$
$\cosh \alpha n$	$\dfrac{z(z - \cosh \alpha)}{z^2 - 2z \cosh \alpha + 1}$
$\sinh (\alpha n + \varphi)$	$\dfrac{z(z \sinh \varphi + \sinh (\alpha - \varphi))}{z^2 - 2z \cosh \alpha + 1}$
$\cosh (\alpha n + \varphi)$	$\dfrac{z(z \cosh \varphi - \cosh (\alpha - \varphi))}{z^2 - 2z \cosh \alpha + 1}$
$a^n \sinh \alpha n$	$\dfrac{za \sinh \alpha}{z^2 - 2za \cosh \alpha + a^2}$
$a^n \cosh \alpha n$	$\dfrac{z(z - a \cosh \alpha)}{z^2 - 2za \cosh \alpha + a^2}$
$n \sinh \alpha n$	$\dfrac{z(z^2 - 1) \sinh \alpha}{(z^2 - 2z \cosh \alpha + 1)^2}$
$n \cosh \alpha n$	$\dfrac{z((z^2 + 1) \cosh \alpha - 2z)}{(z^2 - 2z \cosh \alpha + 1)^2}$
$\sin \beta n$	$\dfrac{z \sin \beta}{z^2 - 2z \cos \beta + 1}$
$\cos \beta n$	$\dfrac{z(z - \cos \beta)}{z^2 - 2z \cos \beta + 1}$
$\sin (\beta n + \varphi)$	$\dfrac{z(z \sin \varphi + \sin (\beta - \varphi))}{z^2 - 2z \cos \beta + 1}$
$\cos (\beta n + \varphi)$	$\dfrac{z(z \cos \varphi - \cos (\beta - \varphi))}{z^2 - 2z \cos \beta + 1}$
$e^{\alpha n} \sin \beta n$	$\dfrac{z e^{\alpha} \sin \beta}{z^2 - 2z e^{\alpha} \cos \beta + e^{2\alpha}}$
$e^{\alpha n} \cos \beta n$	$\dfrac{z(z - e^{\alpha} \cos \beta)}{z^2 - 2z e^{\alpha} \cos \beta + e^{2\alpha}}$
$(-1)^n e^{\alpha n} \sin \beta n$	$\dfrac{-z e^{\alpha} \sin \beta}{z^2 + 2e^{\alpha} \cos \beta + e^{2\alpha}}$

f_n	$\mathfrak{Z}\{f_n\}$
$(-1)^n e^{\alpha n} \cos \beta n$	$\dfrac{z(z + e^{\alpha} \cos \beta)}{z^2 + 2e^{\alpha} \cos \beta + e^{2\alpha}}$
$n \sin \beta n$	$\dfrac{z(z^2 - 1) \sin \beta}{(z^2 - 2z \cos \beta + 1)^2}$
$n \cos \beta n$	$\dfrac{z((z^2 + 1) \cos \beta - 2z)}{(z^2 - 2z \cos \beta + 1)^2}$
$\dfrac{\cos \beta n}{n}; \quad n \geqq 1$	$\ln \left(\dfrac{z}{\sqrt{z^2 - 2z \cos \beta + 1}} \right)$
$\dfrac{\sin \beta n}{n}; \quad n \geqq 1$	$\arctan \dfrac{\sin \beta}{z - \cos \beta}$
$(-1)^{n-1} \dfrac{\cos \beta n}{n}; \quad n \geqq 1$	$\ln \left(\dfrac{\sqrt{z^2 + 2z \cos \beta + 1}}{z} \right)$
$(-1)^{n-1} \dfrac{\sin \beta n}{n}; \quad n \geqq 1$	$\arctan \dfrac{\sin \beta}{z + \cos \beta}$
$\dfrac{\cos \beta n}{n!}$	$\cos \dfrac{\sin \beta}{z} \, e^{\frac{\cos \beta}{z}}$
$\dfrac{\sin \beta n}{n!}$	$\sin \dfrac{\sin \beta}{z} \, e^{\frac{\cos \beta}{z}}$

Anmerkung: Eine Ungleichung $n \geqq \nu$ auf der linken Seite der Tabelle bedeutet, daß bei Bildung der Z-Transformierten die Summation bei ν beginnt; z. B. $\mathfrak{Z}\{a^{n-1}\} = \sum_{n=1}^{\infty} a^{n-1} z^{-n}$.

5. WAHRSCHEINLICHKEITSRECHNUNG UND MATHEMATISCHE STATISTIK

5.1. Wahrscheinlichkeitsrechnung

5.1.1. Zufällige Ereignisse und ihre Wahrscheinlichkeiten

5.1.1.1. Zufällige Ereignisse

Viele Vorgänge in der Natur, der Technik, der Ökonomie und anderen Bereichen unterliegen dem Zufall, d. h. es ist nicht möglich vorherzusagen, welchen Ausgang der Vorgang nimmt. Es zeigt sich jedoch, daß man auch über solche Vorgänge quantitative Aussagen machen kann, wenn man nur eine genügende Anzahl davon unter gleichbleibenden Bedingungen beobachtet hat. So kann man beispielsweise beim Werfen einer Münze nicht vorhersagen, ob Kopf oder Wappen nach oben weisen wird. Wirft man eine Münze jedoch sehr oft, so beobachtet man, daß sich der Quotient aus der Anzahl der „Kopf"-Würfe und der Gesamtzahl der Würfe wenig von $\frac{1}{2}$ unterscheidet und immer geringfügiger von $\frac{1}{2}$ abweicht, je mehr Würfe man macht.

Die Wahrscheinlichkeitsrechnung liefert mathematische Modelle für derartige zufällige Erscheinungen in der objektiven Realität. Da viele reale Vorgänge zufälligen Einflüssen unterliegen, hat sie für den Naturwissenschaftler und Techniker, in zunehmendem Maße aber auch für den Gesellschaftswissenschaftler Bedeutung.

Ein *zufälliges Experiment* oder ein *Versuch* ist ein Vorgang, bei dem verschiedene Ausgänge möglich sind, so daß man vorher nicht sagen kann, welcher Ausgang eintreten wird. Ein Versuch ist ferner dadurch gekennzeichnet, daß er im Prinzip beliebig oft wiederholbar ist. Von besonderer Bedeutung ist die Menge der möglichen einander ausschließenden Ausgänge eines Versuchs. *Die möglichen einander ausschließenden Ausgänge eines Versuchs heißen seine elementaren Ereignisse.* Die Menge der elementaren Ereignisse wird mit E bezeichnet.

Beispiele: 1) Versuch: „Einmaliges Werfen eines Spielwürfels". Die möglichen einander ausschließenden Ausgänge dieses Versuchs sind das Fallen einer der Zahlen 1, 2, 3, 4, 5, 6. Es gibt also sechs Elementarereignisse $e_1, e_2, e_3, e_4, e_5, e_6$, wobei e_i bedeutet: „Es fällt die Zahl i".

2) Versuch: „Gleichzeitiges Werfen zweier Spielwürfel". Die Menge E der Elementarereignisse besteht hier aus 36 Elementen $e_{11}, e_{12}, \ldots, e_{66}$, wobei e_{ij} bedeutet: „Es fällt beim ersten Würfel i, beim zweiten j".

3) Versuch: „Ermittlung der Lebensdauer einer Glühlampe". Die elementaren Ereignisse sind hier alle möglichen positiven reellen Zahlen, die Menge E besteht demnach aus der positiven reellen Halbachse.

Außer den Elementarereignissen interessieren oft Ereignisse komplexerer Natur, z. B. beim Würfeln das Ereignis „Es fällt eine gerade Zahl" oder bei der Lebensdauerprüfung einer Glühlampe das Ereignis „Die Lebensdauer ist $\geqq 3000$ Stunden". Ein mathematisches Modell für den allgemeinen Begriff eines Ereignisses liefert folgende

Definition: Es sei ein gewisser Versuch vorgegeben, E sei die Menge seiner elementaren Ereignisse. *Jede Teilmenge $A \subseteqq E$ heißt ein Ereignis. Ein Ereignis A tritt genau dann ein, wenn eins der Elementarereignisse, aus denen A besteht, eintritt.*

Beispiele: Bei obigem Beispiel 1) kann die Teilmenge $A = \{e_2, e_4, e_6\}$ von E interpretiert werden als das Ereignis „Es fällt eine gerade Zahl". Das Ereignis „Es fällt eine gerade Zahl" tritt beim Würfeln genau dann ein, wenn eins der Elementarereignisse eintritt, die in der Teilmenge A enthalten sind. Bei obigem Beispiel 2) kann die Teilmenge $A = \{e_{46}, e_{64}, e_{55}, e_{56}, e_{65}, e_{66}\}$ von E interpretiert werden als das Ereignis „Die geworfene Augensumme ist $\geqq 10$". Im Beispiel 3) kann $A = (3000, \infty)$ interpretiert werden als das Ereignis „Die Glühlampe brennt länger als 3000 Stunden".

Auch die uneigentlichen Teilmengen von E, nämlich E selbst und die leere Menge $\emptyset$, werden entsprechend der allgemeinen Definition als Ereignisse interpretiert. Da E aus allen elementaren Ereignissen besteht und bei jedem Versuch genau eines der Elementarereignisse eintritt, tritt also E immer ein. *E heißt das sichere Ereignis.* $\emptyset$ enthält keine Elementarereignisse, tritt also niemals ein. *$\emptyset$ heißt das unmögliche Ereignis.*

$A_1, A_2, \ldots, A_n$ seien Ereignisse, d. h. Teilmengen einer festen Menge E von Elementarereignissen. Dann ist die Vereinigung $A_1 \cup A_2 \cup \ldots \cup A_n$ wieder ein Ereignis, denn es ist wieder eine Teilmenge von E. $A_1 \cup A_2 \cup \ldots \cup A_n$ tritt genau dann ein, wenn wenigstens eins der Ereignisse $A_1, A_2, \ldots, A_n$ eintritt. Man nennt das Ereignis $A_1 \cup A_2 \cup \ldots \cup A_n$ *die Summe der Ereignisse* $A_1, \ldots, A_n$.

Ebenso ist auch der Durchschnitt $A_1 \cap A_2 \cap \ldots \cap A_n$ der A_i wieder ein Ereignis. $A_1 \cap A_2 \cap \ldots \cap A_n$ tritt genau dann ein, wenn alle A_i gleichzeitig eintreten. $A_1 \cap A_2 \cap \ldots \cap A_n$ heißt *das Produkt der Ereignisse* $A_1, A_2, \ldots, A_n$. Man bezeichnet es auch oft mit $A_1 A_2 \ldots A_n$.

Beispiele: 1) Bei einer Lebensdauerprüfung sei A_1 das Ereignis „Die Lebensdauer liegt zwischen 0 und t_1", A_2 das Ereignis „Die Lebensdauer ist $\geqq t_1$, aber $< t_2$"; dann ist $A_1 \cup A_2$ das Ereignis „Die Lebensdauer liegt zwischen 0 und t_2".

2) Ist beim gleichzeitigen Werfen zweier Würfel A_1 das Ereignis „Augensumme $\geqq 11$, A_2 das Ereignis „Pasch", so ist $A_1 \cap A_2$ das Ereignis „Es fallen zwei Sechsen".

3) Beim Würfeln sei A_1 das Ereignis „Die geworfene Augenzahl ist $\leqq 2$", A_2 das Ereignis „Die geworfene Augenzahl ist $\geqq 5$". Dann ist $A_1 \cap A_2$ das unmögliche Ereignis: $A_1 \cap A_2 = \emptyset$.

Definition: Zwei Ereignisse A_1 und A_2 heißen *unvereinbar* (konträr), wenn $A_1 \cap A_2 = \emptyset$ ist, wenn A_1 und A_2 also nicht gleichzeitig eintreten können.

Ist A ein Ereignis, so ist auch die Komplementmenge $\bar{A} = E \setminus A$ eine Teilmenge von E, d. h. ein Ereignis. $\bar{A}$ tritt genau dann ein, wenn A nicht eintritt. $\bar{A}$ heißt *das zu A komplementäre Ereignis* oder kurz *Komplement von A*. A und $\bar{A}$ sind stets unvereinbare Ereignisse: $A \cap \bar{A} = \emptyset$.

Beispiel: Ist bei einer Messung A das Ereignis „Die Meßgröße ist $\geqq \alpha$", so ist $\bar{A}$ das Ereignis „Die Meßgröße ist $< \alpha$".

Für die Operationen mit zufälligen Ereignissen (Summe, Produkt, Komplement) gelten die Formeln der elementaren Mengenlehre:

$$A \cup B = B \cup A; \quad A \cap B = B \cap A \quad \text{(Kommutativgesetze);}$$

$$(A \cup B) \cup C = A \cup (B \cup C); \quad (A \cap B) \cap C = A \cap (C \cap B) \quad \text{(Assoziativgesetze);}$$

$$\left.\begin{aligned} (A \cup B) \cap C &= (A \cap C) \cup (B \cap C) \\ (A \cap B) \cup C &= (A \cup C) \cap (B \cup C) \end{aligned}\right\} \quad \text{(Distributivgesetze);}$$

$$\left.\begin{aligned} \overline{A \cup B} &= \bar{A} \cap \bar{B} \\ \overline{A \cap B} &= \bar{A} \cup \bar{B} \end{aligned}\right\} \quad \text{(Formeln von de Morgan);}$$

$$A \cup \bar{A} = E; \quad A \cap \bar{A} = \emptyset.$$

Um die Wahrscheinlichkeitsrechnung aufzubauen, muß man den Ereignissen Wahrscheinlichkeiten zuordnen, die eine quantitative Abschätzung für die Möglichkeit ihres Eintretens liefern. Wenn E überabzählbar ist (wie z. B. beim Versuch „Lebensdauerprüfung einer Glühlampe"), kann man beweisen, daß man nicht mehr allen Teilmengen von E in vernünftiger Weise eine Wahrscheinlichkeit zuordnen kann. Man muß sich auf eine gewisse Klasse von Ereignissen beschränken. Von dieser Klasse wird verlangt, daß sie eine σ-Algebra bildet (vgl. 8.2.1.). Die Ereignisse dieser Klasse heißen die *zufälligen Ereignisse*. Sie sind der Gegenstand der Wahrscheinlichkeitstheorie. Ist E endlich, so stimmt diese Klasse mit der Klasse aller Ereignisse überein. Ist E beispielsweise die reelle Achse, so kann man als Klasse der zufälligen Ereignisse die Klasse der Borelschen Mengen wählen. Es zeigt sich, daß man die Klasse der zufälligen Ereignisse stets so wählen kann, daß einerseits keine mathematischen Schwierigkeiten bei der Einführung der Wahrscheinlichkeit auftreten, andererseits alle in der Praxis interessierenden Ereignisse in der gewählten Klasse sind, d. h. also zufällige Ereignisse im mathematischen Sinne sind. Für den Naturwissenschaftler und Ingenieur genügt es deshalb i. allg. zu wissen, daß alle ihn interessierenden zufälligen Ereignisse auch zufällige Ereignisse im Sinne der mathematischen Theorie sind, so daß die im folgenden dargestellte Axiomatik der Wahrscheinlichkeitsrechnung auf sie anwendbar ist.

5.1.1.2. Die Axiome der Wahrscheinlichkeitsrechnung

Ein Versuch werde n-mal wiederholt. Von einem interessierenden zufälligen Ereignis A werde dabei gezählt, wie oft es eintritt. Es möge m-mal eintreten. Der Quotient $\frac{m}{n} \overset{\text{def}}{=} H_n(A)$ heißt *die relative Häufigkeit* des zufälligen Ereignisses A in n Versuchen. Es gilt $0 \leqq H_n(A) \leqq 1$. Die Erfahrung zeigt, daß $H_n(A)$ bei wachsendem n immer weniger schwankt, sich sozusagen einem festen Wert immer mehr nähert. Man hat versucht, den Begriff der Wahrscheinlichkeit eines zufälligen Ereignisses als Grenzwert der relativen Häufigkeiten zu definieren. Das führte jedoch zu erkenntnistheoretischen und mathematischen Schwierigkeiten, die nicht überwunden werden konnten. In der modernen Theorie versucht man nicht, den Begriff der Wahrscheinlichkeit zu definieren, sondern man betrachtet ihn als einen Grundbegriff, der gewissen Axiomen genügt. Die Formulierung der Axiome, die von Kolmogorow stammt, lehnt sich an die folgenden Eigenschaften der relativen Häufigkeiten an, die man als Erfahrungstatsachen betrachten kann:

1. Für große n schwankt $H_n(A)$ immer weniger um einen gewissen Wert.
2. $H_n(E) = 1$.
3. $H_n(A \cup B) = H_n(A) + H_n(B)$, falls A und B unvereinbar sind.

Die *Kolmogorowschen Axiome* der Wahrscheinlichkeitstheorie lauten:

1. Jedem zufälligen Ereignis A ist eine reelle Zahl $P(A)$ mit $0 \leqq P(A) \leqq 1$ zugeordnet, welche man die Wahrscheinlichkeit von A nennt.

2. Die Wahrscheinlichkeit des sicheren Ereignisses ist 1: $P(E) = 1$.

3. (*Additionsaxiom*) Sind $A_1, A_2, A_3, \ldots$ zufällige Ereignisse, die *paarweise unvereinbar* sind, d. h. $A_i \cap A_j = \emptyset$ für $i \neq j$, so gilt

$$P(\bigcup_i A_i) = \sum_i P(A_i). \tag{5.1}$$

Für endlich viele *paarweise unvereinbare* Ereignisse $A_1, A_2, \ldots, A_n$ liefert das Additionsaxiom die Beziehung

$$P(A_1 \cup A_2 \cup \ldots \cup A_n) = P(A_1) + P(A_2) + \ldots + P(A_n),$$

insbesondere folgt

$$1 = P(E) = P(E \cup \emptyset) = P(E) + P(\emptyset) = 1 + P(\emptyset),$$

woraus $P(\emptyset) = 0$ folgt, d. h.: Die Wahrscheinlichkeit des unmöglichen Ereignisses ist null. Aus (5.1) folgt ferner $P(A \cup \bar{A}) = P(A) + P(\bar{A})$, da A und $\bar{A}$ unvereinbar sind. Wegen $A \cup \bar{A} = E$ und Axiom 2. erhält man:

$$P(\bar{A}) = 1 - P(A). \tag{5.2}$$

Für *beliebige*, also nicht notwendig paarweise unvereinbare zufällige Ereignisse $A_1, A_2, \ldots, A_n$ gilt

$$P(A_1 \cup A_2 \cup \ldots \cup A_n) \leqq \sum_{i=1}^{n} P(A_i). \tag{5.3}$$

Die wirkliche Bestimmung der Wahrscheinlichkeit eines zufälligen Ereignisses ist mittels der Theorie oft nicht möglich. Man muß dann das betreffende Ereignis genügend oft beobachten und die relative Häufigkeit als einen Näherungswert für die Wahrscheinlichkeit nehmen. So gibt es z. B. keine mathematische oder biologische Theorie, die a priori die Wahrscheinlichkeit $P(A)$ des zufälligen Ereignisses „Zwillingsgeburt" zu berechnen gestattet. Man muß zur Bestimmung von $P(A)$ eine große Anzahl von Geburten, etwa 10000, statistisch auswerten und zählen, wie oft das Ereignis eintrat. Die entsprechende relative Häufigkeit kann dann ungefähr als die Wahrscheinlichkeit $P(A)$

angesehen werden. Die Bestimmung von $P(A)$ über die relative Häufigkeit wird manchmal als „statistische Definition“ der Wahrscheinlichkeit bezeichnet. Es handelt sich hier jedoch nicht um eine Definition, sondern um eine Schätzung (vgl. 5.2.2.).

Die *Anwendbarkeit* der Wahrscheinlichkeitsrechnung in der Praxis beruht in vielen Fällen auf folgender *Erfahrungstatsache*: In seinem praktischen Verhalten geht der Mensch davon aus, daß ein zufälliges Ereignis mit sehr kleiner Wahrscheinlichkeit bei einmaligem Durchführen des Versuchs nicht eintritt. Zum Beispiel steigt jeder vertrauensvoll in die Eisenbahn, obwohl die Wahrscheinlichkeit zu verunglücken nicht 0 ist. Sie ist jedoch sehr klein. Die genannte Erfahrungstatsache liegt z. B. der statistischen Testtheorie (vgl. 5.2.3.) zugrunde.

5.1.1.3. Wahrscheinlichkeiten im klassischen Fall

Ist der Versuch so beschaffen, daß er nur *endlich viele Elementarereignisse* hat, die zudem alle *gleichmöglich* sind, so sagt man, es handelt sich um den klassischen Fall. Für Versuche dieses Typs hat bereits Laplace die Wahrscheinlichkeitstheorie entwickelt. Beispiele solcher Versuche sind etwa der Münzenwurf (zwei gleichmögliche Elementarereignisse) oder das Würfeln mit einem ungefälschten Würfel (sechs gleichmögliche Elementarereignisse). Aus den Axiomen folgt im klassischen Fall für die Wahrscheinlichkeit $P(A)$ eines Ereignisses A:

$$P(A) = \frac{\text{Anzahl der für } A \text{ günstigen Elementarereignisse}}{\text{Anzahl aller möglichen Elementarereignisse}}. \tag{5.4}$$

Dabei bezeichnet man als die für A günstigen Elementarereignisse diejenigen, deren Eintreten zum Eintreten von A führt, m. a. W. diejenigen, aus denen A (als Teilmenge von E aufgefaßt) besteht. Laplace benutzte (5.4) zur Definition der Wahrscheinlichkeit. Er erfaßte damit nur den klassischen Fall. Die Formel (5.4) würde z. B. bei einem gefälschten Würfel versagen.

Beispiele: 1) Es werde mit einem echten Würfel einmal gewürfelt. A sei das Ereignis „Es fällt eine gerade Zahl“. Für A günstig sind die Elementarereignisse e_2, e_4, e_6. Es gibt 6 mögliche Elementarereignisse. Also ist $P(A) = \frac{3}{6} = \frac{1}{2}$.

2) Es werde mit zwei Spielwürfeln gleichzeitig gewürfelt. Es möge ein Gewinn ausgezahlt werden, wenn die geworfene Augensumme $\geqq 10$ ist. Wie groß ist die Wahrscheinlichkeit eines Gewinns? Es gibt 36 Elementarereignisse (vgl. 5.1.1.1.). Günstig für A sind die Elementarereignisse $e_{46}, e_{64}, e_{55}, e_{56}, e_{65}, e_{66}$. Dabei bedeutet e_{ij}: Es fällt beim ersten Würfel i, beim zweiten j. $P(A) = \frac{6}{36} = \frac{1}{6}$.

Oft benutzt man im klassischen Fall Formeln der Kombinatorik, beispielsweise um die Anzahlen aller möglichen Elementarereignisse zu berechnen.

Beispiel: Es werde ein Lotto-Spiel „k aus n“ gespielt (z. B. Tele-Lotto: 5 aus 35). Gefragt ist nach der Wahrscheinlichkeit, bei einem Spiel einen Hauptgewinn, d. h. k Richtige zu haben. Es gibt ein günstiges Elementarereignis, nämlich der Tip, der von der Lotterie als Gewinntip gezogen wurde. Die Anzahl aller möglichen Elementarereignisse (aller möglichen Tips) ist gleich der Anzahl der möglichen Auswahlen von k Zahlen aus n Zahlen ohne Berücksichtigung der Anordnung und ohne Wiederholung, also $\binom{n}{k}$. Somit ist die Wahrscheinlichkeit eines Hauptgewinns gleich $\frac{1}{\binom{n}{k}}$. Die Wahrscheinlichkeit eines Fünfers im Tele-Lotto ist demnach $\frac{1}{\binom{35}{5}} = \frac{1}{324632}$.

5.1.1.4. Bedingte Wahrscheinlichkeiten

Die Wahrscheinlichkeit eines zufälligen Ereignisses A ändert sich im allgemeinen, wenn bereits bekannt ist, daß ein anderes zufälliges Ereignis B eingetreten ist. Die Wahrscheinlichkeit von A unter der Bedingung, daß B mit $P(B) \neq 0$ bereits eingetreten ist, wird mit $P(A/B)$ bezeichnet und heißt *die bedingte Wahrscheinlichkeit von A unter der Bedingung B.*

Beispiele: 1) Es werde mit zwei Würfeln gleichzeitig gewürfelt. A sei das Ereignis „Augensumme $\geqq 10$". B sei das Ereignis „Augensumme gerade". Weiß man, daß B eingetreten ist, so gibt es für A noch 18 mögliche Elementarereignisse (z. B. ist e_{11} möglich, e_{12} aber nicht). Günstig für A sind $e_{46}, e_{64}, e_{55}, e_{66}$. Also ist $P(A/B) = \frac{4}{18} = \frac{2}{9}$.

2) Es seien zwei Urnen vorhanden. In der ersten sind 5 weiße und 5 schwarze Kugeln, in der zweiten eine weiße und 9 schwarze. Der Versuch bestehe darin, daß blindlings eine Urne und daraus blindlings eine Kugel gezogen wird. B sei das Ereignis „Die gezogene Kugel ist weiß". A_i seien die Ereignisse „Die Kugel wurde der i-ten Urne entnommen" $(i = 1, 2)$. Dann ist $P(B/A_1) = \frac{5}{10} = \frac{1}{2}$ $P(B/A_2) = \frac{1}{10}$.

Allgemein definiert man die bedingte Wahrscheinlichkeit durch folgende Beziehungen:

$$P(A/B) = \frac{P(A \cap B)}{P(B)}; \quad P(B) \neq 0, \tag{5.5}$$

$$P(B/A) = \frac{P(A \cap B)}{P(A)}; \quad P(A) \neq 0. \tag{5.6}$$

Wird dies nach $P(A \cap B)$ aufgelöst, erhält man die sogenannte *Multiplikationsregel der Wahrscheinlichkeitsrechnung*:

$$P(A \cap B) = P(B)\,P(A/B) = P(A)\,P(B/A). \tag{5.7}$$

In Worten: Die Wahrscheinlichkeit des Produktes zweier zufälliger Ereignisse ist gleich dem Produkt der Wahrscheinlichkeit des einen Ereignisses mit der bedingten Wahrscheinlichkeit des anderen unter der Bedingung, daß das erste eingetreten ist.

Definition: Zwei zufällige Ereignisse A und B heißen *voneinander unabhängig*, wenn das Eintreten des einen die Wahrscheinlichkeit für das Eintreten des anderen in keiner Weise beeinflußt, d. h. wenn

$$P(A/B) = P(A) \tag{5.8}$$

ist.

Die Multiplikationsregel lautet dann nach (5.7)

$$P(A \cap B) = P(A)\,P(B), \tag{5.9}$$

d. h., *die Wahrscheinlichkeit für das Produkt zweier unabhängiger Ereignisse ist gleich dem Produkt ihrer Wahrscheinlichkeiten.* Da (5.9) und (5.8) völlig gleichwertig sind, wird häufig auch (5.9) zur Definition des Begriffs „Unabhängigkeit zweier zufälliger Ereignisse" benutzt.

In der Praxis begründet man die Unabhängigkeit zweier zufälliger Ereignisse nicht durch Nachprüfen von (5.8) oder (5.9), sondern mittels spezieller statistischer Tests und manchmal auch durch inhaltliche Überlegungen. So kann man z. B. annehmen, daß die Geburt eines Knaben bei einer Mutter nicht die Wahrscheinlichkeit einer Knabengeburt (oder Mädchengeburt) bei einer anderen Mutter beeinflußt. Man wird also diese zufälligen Ereignisse als unabhängig ansehen.

Definition: n zufällige Ereignisse $A_1, A_2, \ldots, A_n$ heißen *insgesamt unabhängig*, wenn für jedes m und jedes m-Tupel $i_1, \ldots, i_m$ mit $1 \leqq i_1 < \ldots < i_m \leqq n$ gilt

$$P(A_{i_1} \cap A_{i_2} \cap \ldots \cap A_{i_m}) = P(A_{i_1})\,P(A_{i_2}) \ldots P(A_{i_m}).$$

Definition: n zufällige Ereignisse $A_1, A_2, \ldots, A_n$ heißen *paarweise unabhängig*, wenn bei beliebigen i, j, $i \neq j$, A_i und A_j unabhängig sind.

Aus der Unabhängigkeit insgesamt folgt die paarweise Unabhängigkeit, *aber nicht umgekehrt.*

5.1.1.5. Satz von der totalen Wahrscheinlichkeit. Bayessche Formel

Es werde angenommen, daß das sichere Ereignis E sich darstellen läßt als Summe von n paarweise unvereinbaren zufälligen Ereignissen, d. h. $E = A_1 \cup A_2 \cup \ldots \cup A_n$ mit $A_i \cap A_j = \emptyset$ für $i \neq j$. Für ein beliebiges zufälliges Ereignis B gilt dann $B = (A_1 \cap B) \cup (A_2 \cap B) \cup \ldots \cup (A_n \cap B)$. Nach dem Additionsaxiom folgt hieraus $P(B) = \sum_{i=1}^{n} P(B \cap A_i)$. Verwendet man hier (5.7), so folgt

$$P(B) = \sum_{i=1}^{n} P(A_i)\, P(B/A_i) \tag{5.10}$$

Das ist der *Satz von der totalen Wahrscheinlichkeit.*

Beispiel: Gegeben seien:

drei Urnen vom Typ I: 2 weiße und 6 schwarze Kugeln,

eine Urne vom Typ II: 1 weiße und 8 schwarze Kugeln.

Es werde auf gut Glück eine Urne und hieraus eine Kugel gezogen. B sei das Ereignis „Die gezogene Kugel ist weiß". Gesucht ist $P(B)$. A_1 sei das Ereignis „Eine Urne vom Typ I wird gewählt" und A_2 das Ereignis „Eine Urne vom Typ II wird gewählt". Dann ist $B = BA_1 \dot{\cup} BA_2$ mit $A_1 \cap A_2 = \emptyset$. Also $P(B) = P(A_1)\, P(B/A_1) + P(A_2)\, P(B/A_2)$, $P(A_1) = \frac{3}{4}$, $P(A_2) = \frac{1}{4}$ (vier mögliche Urnen, davon sind 3 für A_1 und eine für A_2 günstig), $P(B/A_1) = \frac{2}{8} = \frac{1}{4}$, $P(B/A_2) = \frac{1}{9}$, $P(B) = \frac{3}{4} \cdot \frac{1}{4} + \frac{1}{4} \cdot \frac{1}{9} \approx 0{,}215$.

Die Voraussetzungen des Satzes von der totalen Wahrscheinlichkeit seien erfüllt. Dann kann auch nach der Wahrscheinlichkeit von A_i gefragt werden unter der Bedingung, daß B eingetreten ist (*Wahrscheinlichkeit a posteriori*). Es gilt

$$P(A_i/B) = \frac{P(A_i)\, P(B/A_i)}{\sum_{j=1}^{n} P(A_j)\, P(B/A_j)} \tag{5.11}$$

Das ist die *Formel von Bayes*.

Beispiel: Es liege dasselbe Experiment vor wie im obigen Beispiel. Es sei eine weiße Kugel gezogen worden. Wie groß ist die Wahrscheinlichkeit, daß sie aus einer Urne vom Typ I stammt?

$$P(A_1/B) = \frac{P(A_1)\, P(B/A_1)}{P(A_1)\, P(B/A_1) + P(A_2)\, P(B/A_2)} = \frac{3/4 \cdot 1/4}{3/4 \cdot 1/4 + 1/4 \cdot 1/9} \approx 0{,}871\,.$$

5.1.2. Zufallsgrößen

Eine reelle Variable, die je nach dem Ausgang eines Versuchs, also in Abhängigkeit vom Zufall, verschiedene Werte annimmt, heißt eine Zufallsgröße.

Beispiele: 1) Der zufällige Fehler einer Messung.

2) Die Länge eines zufällig von einem Baum ausgewählten Blattes.

3) Die Anzahl der Atome, die in einer bestimmten Zeit in einer radioaktiven Substanz zerfallen.

4) Die Zahl der Fadenrisse an einem Spinnaggregat pro Schicht.

5) Die Lebensdauer einer zufällig aus einem Posten von Glühlampen ausgewählten Glühlampe.

Definition: X sei eine Zufallsgröße. Als Verteilungsfunktion $F(x)$ der Zufallsgröße X bezeichnet man die Funktion

$$F(x) = P(X < x)\,. \tag{5.12}$$

Der Wert der Verteilungsfunktion an der Stelle x_0 ist also gleich der Wahrscheinlichkeit dafür, daß die Zufallsgröße einen Wert annimmt, der kleiner als x_0 ist. Eine Zufallsgröße wird durch ihre Verteilungsfunktion wahrscheinlichkeitstheoretisch vollständig charakterisiert. Sie ist also als gegeben zu betrachten, wenn ihre Verteilungsfunktion gegeben ist. Mit Hilfe der Verteilungsfunktion kann sofort die Wahrscheinlichkeit dafür angegeben werden, daß die Zufallsgröße in ein vorgegebenes halboffenes Intervall fällt:

$$P(a \leqq X < b) = F(b) - F(a) \tag{5.13}$$

Die Verteilungsfunktion einer beliebigen Zufallsgröße hat folgende charakteristische Eigenschaften:

1) $\lim\limits_{x \to +\infty} F(x) = 1, \quad \lim\limits_{x \to -\infty} F(x) = 0;$

2) $F(x)$ ist monoton nicht abnehmend, d. h. für $x_1 < x_2$ gilt $F(x_1) \leqq F(x_2)$;

3) $F(x)$ ist linksseitig stetig.

Für die Praxis sind zwei Typen von Zufallsgrößen von besonderer Bedeutung, die *diskreten* und die *stetigen Zufallsgrößen.*

5.1.2.1. Diskrete Zufallsgrößen

Definition: Eine Zufallsgröße X heißt diskret, wenn sie nur endlich oder abzählbar unendlich viele Werte annehmen kann. Sie wird also charakterisiert durch die Werte $x_1, x_2, \ldots$, die sie annehmen kann, und die Wahrscheinlichkeiten $p_i = P(X = x_i)$, mit denen sie diese Werte annimmt. Die p_i müssen die Bedingung $\sum\limits_i p_i = 1$ erfüllen. Die eindeutige Abbildung der Menge der x_i auf die Menge der p_i wird als *Wahrscheinlichkeitsfunktion* der diskreten Zufallsgröße bezeichnet. Für die Verteilungsfunktion einer diskreten Zufallsgröße gilt

$$F(x) = \sum_{x_i < x} p_i. \tag{5.14}$$

(Summiert wird über alle die i, für welche die zugehörigen $x_i < x$ sind.) $F(x)$ ist also eine Treppenfunktion mit den x_i als Sprungstellen und den p_i als Sprunghöhen (Abb. 5.1).

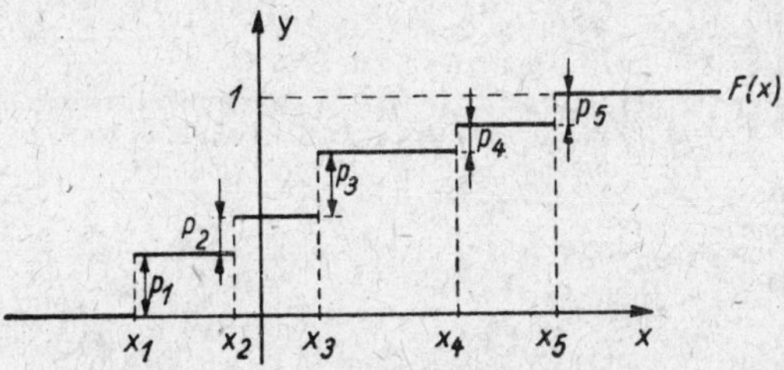

Abb. 5.1. Beispiel einer Verteilungsfunktion einer diskreten Zufallsgröße bei fünf möglichen Werten

5.1.2.1.1. Indikator eines Ereignisses. A sei ein zufälliges Ereignis mit $P(A) = p$. Die Zufallsgröße X mit

$$X = \begin{cases} 1, & \text{falls } A \text{ eintritt} \\ 0, & \text{falls } A \text{ nicht eintritt} \end{cases}$$

heißt *Indikator* von A. Die möglichen Werte sind 0 und 1, die zugehörigen Wahrscheinlichkeiten $p_0 = P(X = 0) = 1 - p$ und $p_1 = P(X = 1) = p$.

5.1.2.1.2. Binomialverteilung. Ein gewisser Versuch werde n mal wiederholt. Dabei mögen die Einzelversuche dieser Serie voneinander unabhängig sein. In jedem der Versuche möge ein gewisses Ereignis A eintreten können oder nicht, und die Wahrscheinlichkeit für das Eintreten von A im Einzelversuch sei unabhängig von der Nummer des Versuchs gleich p. $X^{(n)}$ sei die Anzahl des Eintretens von A in einer solchen Serie von n Versuchen. Offenbar sind die möglichen Werte der Zufallsgröße $X^{(n)}$ die Zahlen 0, 1, 2, ..., n. Für die Wahrscheinlichkeiten $p_k^{(n)} = P(X^{(n)} = k)$ gilt:

$$p_k^{(n)} = \binom{n}{k} p^k q^{n-k}, \quad q = 1 - p, \quad (k = 0, 1, \ldots, n). \tag{5.15}$$

Definition: Eine Zufallsgröße heißt *binomialverteilt mit den Parametern n* und p, wenn sie die möglichen Werte 0, 1, ..., n mit den Wahrscheinlichkeiten $p_k^{(n)}$ aus (5.15) annimmt. Die Parameter n und p legen die Binomialverteilung vollständig fest. Abb. 5.2 zeigt die „Polygone" von Binomial-

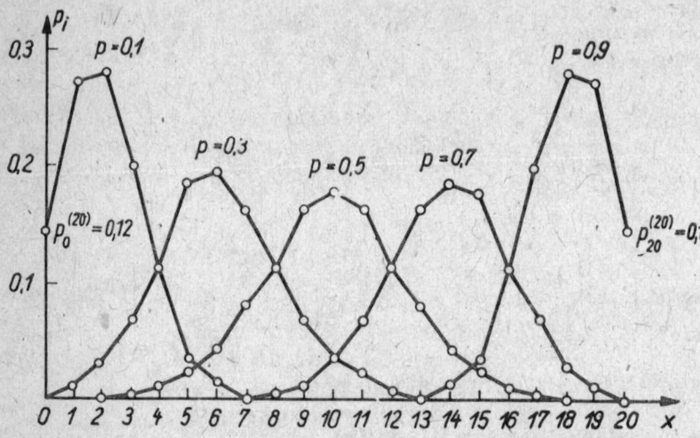

Abb. 5.2. Binomialverteilung für $n = 20$ und $p = 0,1, 0,3, 0,5, 0,7, 0,9$

verteilungen für $n = 20$ und verschiedene p. Dabei sind auf der Ordinate die jeweiligen $p_k^{(n)}$ aufgetragen und durch Streckenzüge verbunden.

Die $p_k^{(n)}$ können, bei $p_0^{(n)}$ beginnend, durch folgende Rekursionsformel leicht berechnet werden:

$$\frac{p_k^{(n)}}{p_{k-1}^{(n)}} = 1 + \frac{(n+1)p - k}{kq} \tag{5.16}$$

Beispiele für die Anwendung der Binomialverteilung: 1) Die Wahrscheinlichkeit einer Knabengeburt ist 0,515. Wie groß ist die Wahrscheinlichkeit dafür, daß unter 10 zufällig aus der Geburtenstatistik ausgewählten Geburten genau sechs Knabengeburten sind? Die Voraussetzung der Unabhängigkeit kann als erfüllt angesehen werden. Folglich gilt für die gesuchte Wahrscheinlichkeit

$$P(A) = p_6^{(10)} = \binom{10}{6} (0{,}515)^6 (0{,}485)^4 = 0{,}2168.$$

2) In einer Urne seien N Kugeln, davon M weiße. Es werde n-mal eine Kugel gezogen und nach der Ziehung jeweils wieder zurückgelegt. Die Wahrscheinlichkeit dafür, k-mal eine weiße Kugel zu ziehen (die Ziehungsergebnisse werden jeweils notiert), ergibt sich offenbar aus dem Binomialgesetz (5.15), sie ist also gleich

$$\binom{n}{k} \left(\frac{M}{N}\right)^k \left(1 - \frac{M}{N}\right)^{n-k}, \quad (k = 0, 1, \ldots, n). \tag{5.17}$$

Das Binomialgesetz beschreibt ganz allgemein das Auftreten eines qualitativen Merkmals in einer *Stichprobe vom Umfang n mit Zurücklegen.*

3) Die Wahrscheinlichkeit dafür, ein fehlerhaftes Stück eines Erzeugnisses zu erhalten, sei gleich 0,01. Wie groß ist die Wahrscheinlichkeit dafür, daß unter hundert Stück höchstens drei fehlerhafte auftreten? Nach dem Binomialgesetz und dem Additionssatz gilt:

$$P(A) = \binom{100}{0} (0{,}01)^0 (0{,}99)^{100} + \binom{100}{1} (0{,}01)^1 (0{,}99)^{99} + \binom{100}{2} (0{,}01)^2 (0{,}99)^{98}$$
$$+ \binom{100}{3} (0{,}01)^3 (0{,}99)^{97} = 0{,}9816.$$

5.1.2.1.3. Hypergeometrische Verteilung. In einer Urne seien insgesamt N Kugeln, davon M weiße, $N - M$ schwarze. Es werden nacheinander *ohne Zurücklegen* (oder gleichzeitig, was auf dasselbe hinausläuft) n Kugeln gezogen. Dann ist die Wahrscheinlichkeit dafür, daß unter diesen n Kugeln k weiße sind, gleich

$$P_k(N, M, n) = \frac{\binom{M}{k}\binom{N-M}{n-k}}{\binom{N}{n}}; \quad (k = 0, 1, \ldots, n). \tag{5.18}$$

Definition: Eine Zufallsgröße heißt *hypergeometrisch verteilt*, wenn sie die möglichen Werte $0, 1, \ldots, n$ mit den Wahrscheinlichkeiten $P_k(N, M, n)$ aus (5.18) annimmt. M, N, n heißen die Parameter der Verteilung.

Die hypergeometrische Verteilung beschreibt also das Auftreten eines qualitativen Merkmals in einer *Stichprobe ohne Zurücklegen.* Ist N sehr groß gegenüber n, so ist es ohne wesentlichen Einfluß, ob man zurücklegt oder nicht, und (5.18) kann näherungsweise durch die Binomialverteilung (5.17) ersetzt werden.

5.1.2.1.4. Poissonverteilung

Definition: Eine Zufallsgröße heißt *poissonverteilt*, wenn sie die abzählbar unendlich vielen möglichen Werte 0, 1, 2, ... mit den Wahrscheinlichkeiten

$$p_k = \frac{\lambda^k}{k!} e^{-\lambda}, \quad (k = 0, 1, \ldots) \tag{5.19}$$

annimmt. λ heißt der Parameter der Verteilung.

Beispiel: Es mögen 100000 km mit einem Auto gefahren werden. X sei die Anzahl der Reifenpannen auf dieser Strecke. Dann kann X als poissonverteilt angenommen werden mit geeignetem λ, d. h. die Wahrscheinlichkeit für drei Reifenpannen ist z. B. $\frac{\lambda^3}{3!} e^{-\lambda}$.

Die Poissonverteilung kann als gute Näherung für die Binomialverteilung benutzt werden, wenn n groß und p klein ist. Als λ muß man dann np nehmen.

Beispiel: Wir betrachten das Beispiel 3) für die Anwendungen der Binomialverteilung. Es ist $n = 100$, $p = 0{,}01$. Also ist $\lambda = 100 \cdot 0{,}01 = 1$,

$$P(A) \approx \frac{1^0}{0!} e^{-1} + \frac{1^1}{1!} e^{-1} + \frac{1^2}{2!} e^{-1} + \frac{1^3}{3!} e^{-1} = \frac{1}{e}\left(1 + 1 + \frac{1}{2} + \frac{1}{6}\right) = 0{,}9810,$$

was eine gute Übereinstimmung mit dem exakten Wert ergibt, sich aber wesentlich schneller ausrechnen läßt.

Die Poissonverteilung ist für verschiedene λ tabelliert (Tab. 1.1.2.8.). Aus diesen Tabellen erhält man einen guten Überblick über den Verlauf der Verteilung für verschiedene λ.

5.1.2.2. Stetige Zufallsgrößen

Definition: Eine Zufallsgröße heißt stetig, wenn sich ihre Verteilungsfunktion in folgender Weise darstellen läßt:

$$F(x) = \int_{-\infty}^{x} f(t)\, dt. \tag{5.20}$$

Die Funktion $f(x)$ heißt die *Dichte der Verteilung.*

Wegen $\lim_{x \to +\infty} F(x) = 1$ muß für die Dichte gelten:

$$\int_{-\infty}^{\infty} f(x)\, dx = 1. \tag{5.21}$$

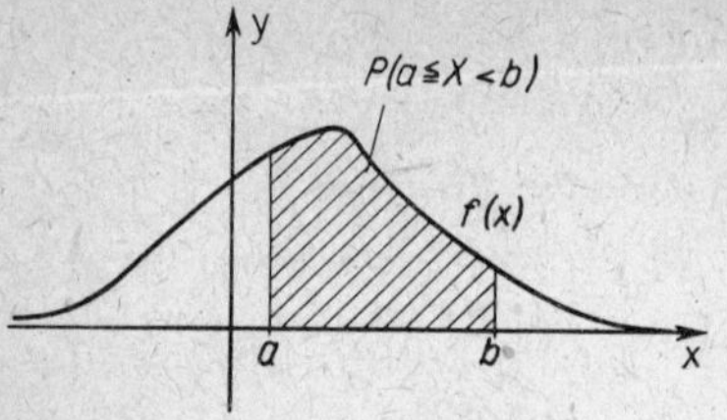

Abb. 5.3. Geometrische Deutung von $P(a \leqq X < b)$ bei stetigem X

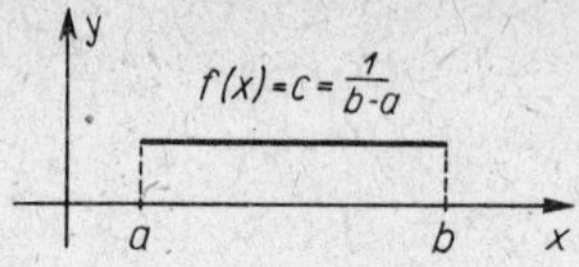

Abb. 5.4. Gleichverteilung in (a, b)

Bei gegebener Dichte erhält man die Wahrscheinlichkeit dafür, daß die Zufallsgröße in ein vorgegebenes Intervall fällt, sofort aus (5.13) und (5.20) (Abb. 5.3):

$$P(a \leqq X < b) = \int_a^b f(x)\,dx \tag{5.22}$$

Die Wahrscheinlichkeit $P(X = a)$, d. h. die Wahrscheinlichkeit dafür, daß eine stetige Zufallsgröße eine vorgegebene reelle Zahl annimmt, ist stets 0. Man sieht hieraus: Es ist zwar $P(\emptyset) = 0$, *aber umgekehrt folgt aus* $P(A) = 0$ *nicht, daß* A *das unmögliche Ereignis ist.*

5.1.2.2.1. Gleichverteilung. Eine Zufallsgröße heißt in $[a, b]$ gleichverteilt, wenn ihre Dichte in $[a, b]$ konstant und sonst 0 ist (Abb. 5.4). Wegen $\int_{-\infty}^{\infty} f(x)\,dx = 1$ muß $f(x) = \frac{1}{b-a}$ sein.

5.1.2.2.2. Normalverteilung (Gaußverteilung). Eine Zufallsgröße heißt normalverteilt, wenn sie eine Dichte folgender Gestalt hat:

$$f(x) = \frac{1}{\sqrt{2\pi}\,\sigma}\, e^{-\frac{1}{2}\frac{(x-a)^2}{\sigma^2}}; \tag{5.23}$$

a und σ heißen die Parameter der Verteilung.

Die Funktion (5.23) stellt eine glockenförmige Kurve dar. In a liegt sowohl das Maximum als auch das Symmetriezentrum; σ ist der Abstand von diesem Zentrum zu den Wendepunkten. Ist σ klein, so ist die Kurve hoch und spitz, ist σ groß, so ist sie breit und flach. Abb. 5.5 zeigt Normalverteilungen für $a = 0$ und verschiedene σ. (Zur wahrscheinlichkeitstheoretischen Deutung von a und σ vgl. 5.1.3.)

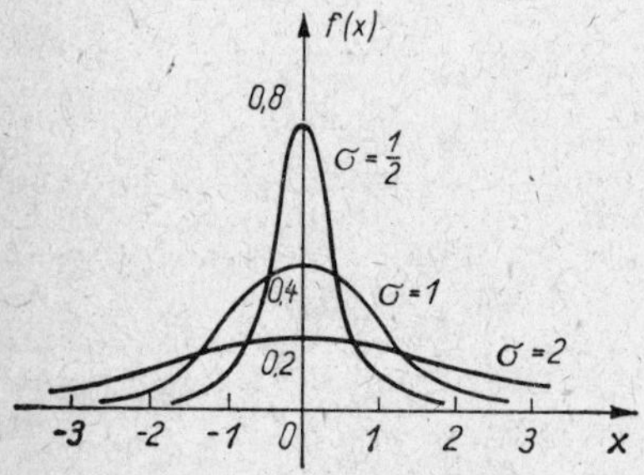

Abb. 5.5. Normalverteilungsdichten für $a = 0$ und verschiedene σ

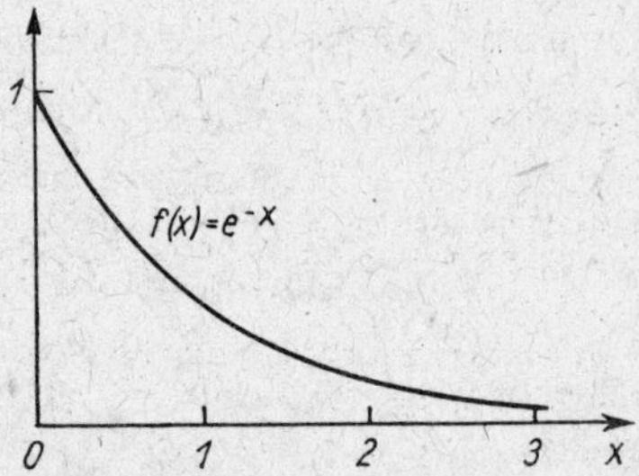

Abb. 5.6. Dichte der Exponentialverteilung für $\lambda = 1$

Ist X normalverteilt mit den Parametern a und σ, so sagt man, X ist nach $N(a, \sigma)$ normalverteilt, man schreibt auch dafür $X \in N(a, \sigma)$. Die Funktion $\varphi(x) = \frac{1}{\sqrt{2\pi}} e^{-\frac{1}{2}x^2}$ $(a = 0, \sigma = 1)$ heißt die normierte und zentrierte Normalverteilung. $\varphi(x)$ und die zugehörige Verteilung $\Phi(x) = \int_{-\infty}^{x} \varphi(t)\,dt$ sind tabelliert (Tab. 1.1.2.9.1, 1.1.2.9.2). $\Phi(x)$ wird auch oft als *Gaußsches Fehlerintegral* bezeichnet. $\left(\text{Tab. 1.1.2.9.2 gibt } \Phi_0(x) = \frac{1}{\sqrt{2\pi}} \int_0^x e^{-\frac{1}{2}t^2}\,dt, \text{ es ist } \Phi(x) = \Phi_0(x) + \frac{1}{2}\right)$. Die überragende Bedeutung der Normalverteilung in Theorie und Anwendungen beruht in starkem Maße auf dem *zentralen Grenzwertsatz*. (Vgl. 5.1.5; dort werden auch Beispiele für normalverteilte Zufallsgrößen angegeben.)

5.1.2.2.3. Exponentialverteilung. Eine Zufallsgröße heißt exponentialverteilt, wenn sie folgende Dichte hat:

$$f(x) = \begin{Bmatrix} \lambda\, e^{-\lambda x} & \text{für} \quad x \geqq 0 \\ 0 & \text{für} \quad x < 0 \end{Bmatrix}.$$

λ heißt der Parameter der Verteilung. Er ist stets größer als 0.

Beispiel: Die Lebensdauer von Glühlampen kann in guter Näherung als exponentialverteilt angesehen werden. Abb. 5.6 zeigt die Dichte einer Exponentialverteilung mit $\lambda = 1$.

5.1.2.2.4. Weibull-Verteilung. Eine Zufallsgröße heißt Weibull-verteilt mit den Parametern p und γ $(p \geqq 0, \gamma > 0)$, wenn sie eine Dichte der Form

$$f(x) = \begin{cases} \gamma p x^{p-1}\, e^{-\gamma x^p}; & x \geqq 0 \\ 0; & x < 0 \end{cases}$$

besitzt. Als Spezialfall ergibt sich für $p = 1$ die Exponentialverteilung mit dem Parameter $\lambda = \gamma$.

In der Statistik werden weitere Beispiele stetiger Verteilungen betrachtet: χ^2-Verteilung, t-Verteilung, Z-Verteilung u. a. (vgl. 5.2.1.).

5.1.3. Die Momente einer Verteilung

Diskreter Fall: X sei eine diskrete Zufallsgröße mit den möglichen Werten $x_1, x_2, \ldots$ und $p_k = P(X = x_k)$.

Definition: Die Zahl $\alpha_i \overset{\text{def}}{=} \sum_k x_k^i p_k$ heißt, falls die Reihe absolut konvergiert, das *i-te Moment* der Zufallsgröße X (bzw. ihrer Verteilung), $(i = 1, 2, \ldots)$.

Definition: Die Zahl $\mu_i \overset{\text{def}}{=} \sum_k (x_k - \alpha_1)^i\, p_k$ heißt das *i-te zentrale Moment* von X.

Von besonderer Bedeutung sind das erste Moment α_1 und das zweite zentrale Moment μ_2.

Erwartungswert: $\alpha_1 \overset{\text{def}}{=} \sum_k x_k p_k$ heißt der Erwartungswert von X; er wird mit EX bezeichnet (oft auch mit MX). Der Erwartungswert ist ein Maß für das Zentrum der Verteilung in folgendem Sinne: Deutet man die p_k als Massen, die in den Punkten x_k der reellen Achse befestigt sind, so ist EX gerade der Schwerpunkt dieses Systems auf der reellen Achse. Für den Erwartungswert gelten folgende Aussagen:

1) Der Erwartungswert einer Konstanten a (die man als diskrete Zufallsgröße ansehen kann mit einem möglichen Wert a, den sie mit Wahrscheinlichkeit 1 annimmt) ist gleich dieser Konstanten:

$$Ea = a. \tag{5.24}$$

2) Der Erwartungswert einer Summe ist gleich der Summe der Erwartungswerte:

$$E(X_1 + X_2) = EX_1 + EX_2. \tag{5.25}$$

Beispiele: 1) Binomialverteilung mit den Parametern n, p:

$$EX = \sum_{k=0}^{n} k \binom{n}{k} p^k q^{n-k} = np. \tag{5.26}$$

2) Hypergeometrische Verteilung mit den Parametern N, M, n:

$$EX = \sum_{k=0}^{n} k \frac{\binom{M}{k}\binom{N-M}{n-k}}{\binom{N}{n}} = n\frac{M}{N}. \tag{5.27}$$

3) Poissonverteilung mit dem Parameter λ:

$$EX = \sum_{k=0}^{\infty} k \frac{\lambda^k}{k!} e^{-\lambda} = \lambda. \tag{5.28}$$

Der Parameter hat also in diesem Fall direkt die Bedeutung des Erwartungswertes.

Varianz: Das zweite zentrale Moment heißt die Varianz (oder Dispersion) von X und wird mit DX bezeichnet. Es ist also

$$DX \overset{\text{def}}{=} \sum_{k} (x_k - EX)^2 p_k = E(X - EX)^2. \tag{5.29}$$

Für die Berechnung ist oft folgende Formel nützlich:

$$DX = EX^2 - (EX)^2. \tag{5.30}$$

Die Wurzel aus der Varianz heißt *Streuung* oder *Standardabweichung* und wird mit σ bezeichnet:

$$\sigma \overset{\text{def}}{=} \sqrt{DX} \tag{5.31}$$

σ bzw. DX ist ein Maß für die Streuung der Verteilung um den Erwartungswert. Abb. 5.7 zeigt je eine diskrete Verteilung mit kleiner und großer Streuung.

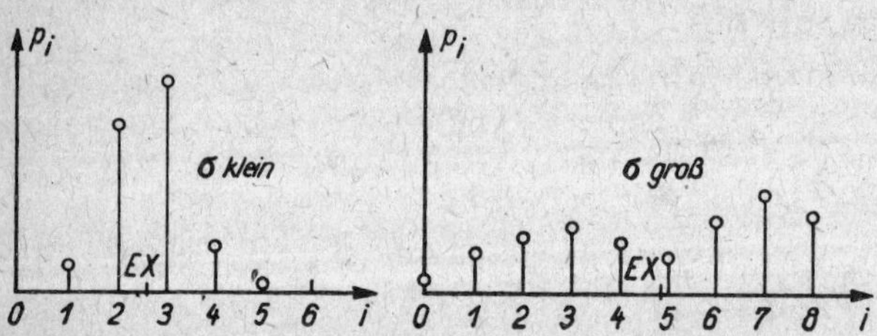

Abb. 5.7. Der Fall kleiner und großer Streuung bei diskreten Zufallsgrößen

Die Varianz einer Konstanten ist 0. Über die Varianz einer Summe läßt sich nur etwas aussagen, wenn die Summanden unabhängige Zufallsgrößen sind (vgl. 5.1.4.).

Beispiele: 1) Binomialverteilung:

$$DX = \sum_{k=0}^{n} (k - np)^2 \binom{n}{k} p^k q^{n-k} = npq, \tag{5.32}$$

$$\sigma = \sqrt{npq}. \tag{5.33}$$

2) Hypergeometrische Verteilung:

$$DX = \frac{N-n}{N-1} n \frac{M}{N}\left(1 - \frac{M}{N}\right).$$

3) Poissonverteilung: $DX = \lambda$, $\sigma = \sqrt{\lambda}$.

Stetiger Fall: X sei eine stetige Zufallsgröße mit der Dichte $f(x)$. Dann heißt $\alpha_i \stackrel{\text{def}}{=} \int_{-\infty}^{\infty} x^i f(x)\,\mathrm{d}x$, falls das Integral absolut konvergiert, das *i-te Moment* von X $(i = 1, 2, \ldots)$.

$\mu_i \stackrel{\text{def}}{=} \int_{-\infty}^{\infty} (x - \alpha_1)^i f(x)\,\mathrm{d}x$ heißt das *i-te zentrale Moment* von X.

Erwartungswert:

$$\alpha_1 = EX = \int_{-\infty}^{\infty} x f(x)\,\mathrm{d}x \tag{5.34}$$

heißt der Erwartungswert von X. EX läßt sich als Schwerpunkt derjenigen Massenverteilung deuten, die gerade durch die „Massendichte" $f(x)$ beschrieben wird. Auch im stetigen Fall gilt (5.25).

Beispiele: 1) Gleichverteilung in $[a, b]$:

$$EX = \int_a^b x \frac{1}{b - a}\,\mathrm{d}x = \frac{b + a}{2}.$$

2) Normalverteilung $N(a, \sigma)$:

$$EX = \int_{-\infty}^{\infty} x \frac{1}{\sqrt{2\pi}\,\sigma} \mathrm{e}^{-\frac{1}{2}\frac{(x-a)^2}{\sigma^2}}\,\mathrm{d}x = a.$$

Der Parameter a hat also gerade die Bedeutung des Erwartungswertes.

3) Exponentialverteilung: $EX = \int_0^{\infty} x\lambda\,\mathrm{e}^{-\lambda x}\,\mathrm{d}x = \frac{1}{\lambda}$.

Varianz: $\mu_2 \stackrel{\text{def}}{=} DX = \int_{-\infty}^{\infty} (x - EX)^2 f(x)\,\mathrm{d}x$ heißt die Varianz von X. $\sigma \stackrel{\text{def}}{=} \sqrt{DX}$ heißt die Streuung oder Standardabweichung von X. Es gilt

$$DX = E(X - EX)^2 = EX^2 - (EX)^2. \tag{5.35}$$

Die anschauliche Bedeutung ist dieselbe wie im diskreten Fall.

Beispiele: 1) Gleichverteilung in $[a, b]$:

$$DX = \int_a^b \left(x - \left(\frac{a + b}{2}\right)\right)^2 \frac{1}{b - a}\,\mathrm{d}x = \frac{(b - a)^2}{12}.$$

2) Normalverteilung $N(a, \sigma)$:

$$DX = \int_{-\infty}^{\infty} (x - a)^2 \frac{1}{\sqrt{2\pi}\,\sigma} \mathrm{e}^{-\frac{1}{2}\frac{(x-a)^2}{\sigma^2}}\,\mathrm{d}x = \sigma^2.$$

Der Parameter σ hat hier die Bedeutung der Streuung. Eine Normalverteilung ist also durch Angabe des Erwartungswertes und der Streuung vollständig festgelegt.

3) Exponentialverteilung: $DX = \frac{1}{\lambda^2}$.

Allgemeine Definition der Momente: Zur allgemeinen Definition der Momente benötigt man den Begriff des Stieltjes-Integrals (vgl. 8.2.5.). X sei eine beliebige Zufallsgröße mit der Verteilungsfunktion $F(x)$.

Dann sind

$$\alpha_l = \int_{-\infty}^{\infty} x^l \, \mathrm{d}F(x) \quad \text{die Momente,} \tag{5.36}$$

$$\mu_l = \int_{-\infty}^{\infty} (x - \alpha_1)^l \, \mathrm{d}F(x) \quad \text{die zentralen Momente.} \tag{5.37}$$

(Sie existieren jeweils, falls absolute Konvergenz vorliegt.) Entsprechend ist

$$EX = \int_{-\infty}^{\infty} x \, \mathrm{d}F(x) \quad \text{der Erwartungswert} \tag{5.38}$$

und

$$DX = \int_{-\infty}^{\infty} (x - EX)^2 \, \mathrm{d}F(x) \quad \text{die Varianz von } X. \tag{5.39}$$

Im Falle diskreter oder stetiger Zufallsgrößen führen die Formeln (5.36)–(5.39) auf die bereits bekannten.

5.1.4. Zufallsvektoren

Definition: Ein n-tupel $(X_1, X_2, \ldots, X_n)$ von Zufallsgrößen heißt ein n-dimensionaler Zufallsvektor.

Ein solcher Zufallsvektor kann durch seine *n-dimensionale Verteilungsfunktion* charakterisiert werden:

$$F(x_1, \ldots, x_n) = P(X_1 < x_1, X_2 < x_2, \ldots, X_n < x_n). \tag{5.40}$$

$F(x_1, \ldots, x_n)$ wird auch oft kurz als Verteilung des Vektors $(X_1, \ldots, X_n)$ oder als gemeinsame Verteilung der Größen $X_1, \ldots, X_n$ bezeichnet. Betrachtet man die Größen $X_1, X_2, \ldots, X_n$ als Koordinaten eines Punktes im n-dimensionalen euklidischen Raum, so hängt die Lage des Punktes $(X_1, X_2, \ldots, X_n)$ vom Zufall ab. $F(x_1, \ldots, x_n)$ ist dann gerade die Wahrscheinlichkeit dafür, daß der Punkt in das halboffene Parallelepiped $X_1 < x_1, \ldots, X_n < x_n$ mit zu den Koordinatenachsen parallelen Kanten fällt. Für die Wahrscheinlichkeit, daß der Punkt $(X_1, \ldots, X_n)$ in das Parallelepiped $a_i \leqq X_i < b_i$ $(i = 1, 2, \ldots, n)$, fällt, ergibt sich daraus:

$$P(a_1 \leqq X_1 < b_1, \ldots, a_n \leqq X_n < b_n) = F(b_1, \ldots, b_n) - \sum_{i=1}^{n} p_i + \sum_{i<j} p_{ij} - \ldots + (-1)^n F(a_1, \ldots, a_n) \tag{5.41}$$

mit $p_{ij\ldots k} = F(c_1, \ldots, c_n)$, wobei $c_i = a_i$, $c_j = a_j, \ldots, c_k = a_k$, alle übrigen $c_s = b_s$ sind. So ergibt (5.41) speziell für einen zweidimensionalen Zufallsvektor:

$$P(a_1 \leqq X_1 < b_1, a_2 \leqq X_2 < b_2) = F(b_1, b_2) - F(b_1, a_2) - F(a_1, b_2) + F(a_1, a_2).$$

Eine n-dimensionale Verteilungsfunktion hat folgende charakteristische Eigenschaften:

1) $\lim\limits_{\substack{x_1 \to +\infty \\ \vdots \\ x_n \to +\infty}} F(x_1, \ldots, x_n) = 1$, $\lim\limits_{x_j \to -\infty} F(x_1, \ldots, x_n) = 0$.
2) $F(x_1, \ldots, x_n)$ ist in jeder Variablen monoton nicht abnehmend.
3) $F(x_1, \ldots, x_n)$ ist in jeder Variablen linksseitig stetig.
4) Für beliebige $a_i \leqq b_i$ $(i = 1, \ldots, n)$ ist die rechte Seite von (5.41) nichtnegativ.

In der Praxis sind wiederum zwei Typen mehrdimensionaler Zufallsgrößen von besonderer Bedeutung, die *diskreten* und die *stetigen*.

5.1.4.1. Diskrete Zufallsvektoren

Definition: Ein Zufallsvektor $(X_1, \ldots, X_n)$ heißt diskret, wenn alle seine Komponenten diskrete Zufallsvariable sind. Sind $x_k^{(j)}$ $(j = 1, 2, \ldots)$ die möglichen Werte der k-ten Komponente, so ist die Wahrscheinlichkeitsfunktion $p_{i_1 \ldots i_n}$ des Vektors $(X_1, \ldots, X_n)$ folgendermaßen definiert:

$$p_{i_1 \ldots i_n} = P\left(X_1 = x_1^{(i_1)}, X_2 = x_2^{(i_2)}, \ldots, X_n = x_n^{(i_n)}\right).$$

Für die Verteilungsfunktion gilt in Analogie zu (5.14)

$$F(x_1, \ldots, x_n) = \sum_{\substack{x_1^{(i_1)} < x_1 \\ \vdots \\ x_n^{(i_n)} < x_n}} p_{i_1 \ldots i_n}. \tag{5.42}$$

Summiert wird über alle i_1, für die $x_1^{(i_1)}$ kleiner als x_1 ist usw.

Beispiel: *Polynomialverteilung*: Bei einem Versuch möge stets eins der paarweise unvereinbaren Ereignisse $A_1, \ldots, A_k$ eintreten. Es sei $p_i = P(A_i)$; wegen $A_1 \cup \ldots \cup A_k = E$ und $A_i \cap A_j = \emptyset$ für $i \neq j$ folgt $\sum_{i=1}^{k} p_i = 1$. Der Versuch werde n-mal durchgeführt, wobei die einzelnen Versuche dieser Serie unabhängig seien. X_i sei die Anzahl des Eintretens von A_i $(i = 1, \ldots, k)$ in diesen n Versuchen. Dann kann jede der Zufallsgrößen X_i nur die endlich vielen Werte $0, 1, \ldots, n$ annehmen. $(X_1, \ldots, X_k)$ ist also ein diskreter Zufallsvektor. Für seine Wahrscheinlichkeitsfunktion gilt:

$$p_{i_1, i_2, \ldots i_k} = P(X_1 = i_1, X_2 = i_2, \ldots, X_k = i_k) = \frac{n!}{i_1! \ldots i_k!} p_1^{i_1} \ldots p_k^{i_k}$$

mit $\quad i_1 + i_2 + \ldots + i_k = n.$ (5.43)

Ein Zufallsvektor mit der Wahrscheinlichkeitsfunktion (5.43) heißt polynomialverteilt.

5.1.4.2. Stetige Zufallsvektoren

Definition: Ein Zufallsvektor heißt stetig, wenn für seine Verteilungsfunktion gilt:

$$F(x_1, \ldots, x_n) = \int_{-\infty}^{x_1} \ldots \int_{-\infty}^{x_n} f(t_1, \ldots, t_n)\, \mathrm{d}t_1 \ldots \mathrm{d}t_n;$$

$f(x_1, \ldots, x_n)$ heißt die *Verteilungsdichte* des Vektors $(X_1, \ldots, X_n)$ oder auch die *gemeinsame Dichte* der Größen $X_1, \ldots, X_n$. Die Wahrscheinlichkeit dafür, daß der stetige Zufallsvektor $(X_1, \ldots, X_n)$ in ein Gebiet **G** des n-dimensionalen Raumes fällt, läßt sich mittels der Dichte folgendermaßen schreiben:

$$P((X_1, \ldots, X_n) \in \mathbf{G}) = \int \ldots \int_{\mathbf{G}} f(x_1, \ldots, x_n)\, \mathrm{d}x_1 \ldots \mathrm{d}x_n. \tag{5.44}$$

Die Dichte muß demnach die Bedingung

$$\int_{-\infty}^{\infty} \ldots \int_{-\infty}^{\infty} f(x_1, \ldots, x_n)\, \mathrm{d}x_1 \ldots \mathrm{d}x_n = 1 \tag{5.45}$$

erfüllen.

Beispiele: 1) *Gleichverteilung*:

Definition: $(X_1, \ldots, X_n)$ heißt in einem Gebiet **G** gleichverteilt, wenn er eine Dichte hat, die in **G** konstant und außerhalb **G** null ist. Wegen (5.45) muß die Konstante $\frac{1}{V(\mathbf{G})}$ sein, wobei $V(\mathbf{G})$ das Volumen des Gebietes **G** ist.

2) *Normalverteilung*:

Definition: Der Vektor $(X_1, \ldots, X_n)$ heißt normalverteilt, wenn er eine Dichte folgender Art besitzt:

$$f(x_1, \ldots, x_n) = C\, \mathrm{e}^{-Q(x_1, \ldots, x_n)}. \tag{5.46}$$

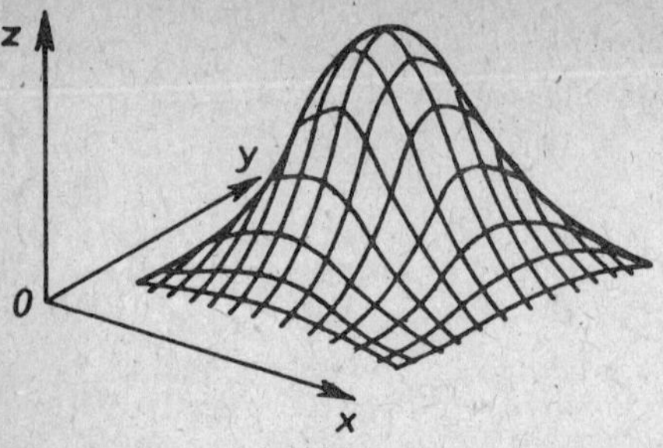

Abb. 5.8. Dichte der zweidimensionalen Normalverteilung $z = f(x_1, x_2)$

Dabei ist Q eine *positiv definite* quadratische Form von $x_1 - a_1, \ldots, x_n - a_n$, a_i sind Konstanten, C läßt sich aus der Bedingung (5.45) berechnen. Im Fall $n = 2$ kann die Dichte der Normalverteilung auf folgende Form gebracht werden (Abb. 5.8):

$$f(x_1, x_2) = \frac{1}{2\pi\sigma_1\sigma_2\sqrt{1-\varrho^2}}\, e^{-\frac{1}{2(1-\varrho^2)}\left[\frac{(x_1-a_1)^2}{\sigma_1^2} - 2\varrho\frac{(x_1-a_1)(x_2-a_2)}{\sigma_1\sigma_2} + \frac{(x_2-a_2)^2}{\sigma_2^2}\right]} \tag{5.47}$$

Zur Bedeutung der eingehenden Parameter s. u. unter 5.1.4.4. „Momente einer mehrdimensionalen Zufallsgröße".

5.1.4.3. Randverteilungen

$F(x_1, \ldots, x_n)$ sei die Verteilungsfunktion des Zufallsvektors $(X_1, \ldots, X_n)$. $1 \leqq i_1 < i_2 < \ldots < i_k \leqq n$ seien Indizes. Dann heißt $P\left(X_{i_1} < x_{i_1}, \ldots, X_{i_k} < x_{i_k}\right) = F(c_1, \ldots, c_n)$ mit $c_{i_1} = x_{i_1}, \ldots, c_{i_k} = x_{i_k}$, alle übrigen $c_j = +\infty$, eine *k-dimensionale Randverteilung* von $F(x_1, \ldots, x_n)$. Sie ist gerade die Verteilungsfunktion des k-dimensionalen Zufallsvektors $\left(X_{i_1}, \ldots, X_{i_k}\right)$. Speziell erhält man für $k = 1$ die Verteilungen der einzelnen Komponenten:

$$F(+\infty, +\infty, \ldots, x_i, +\infty, \ldots, +\infty) = P(X_i < x_i) \overset{\text{def}}{=} F_i(x_i).$$

Im diskreten Fall bekommt man die Wahrscheinlichkeitsfunktion der k-dimensionalen Randverteilungen durch Summation über die Indizes, deren Nummern von $i_1, \ldots, i_k$ verschieden sind; im stetigen Fall erhält man die Randverteilungsdichte durch Integration über die Variablen, deren Nummern von $i_1, \ldots, i_k$ verschieden sind.

Beispiele: 1) Gegeben sei eine zweidimensionale diskrete Zufallsgröße (X_1, X_2) mit der Wahrscheinlichkeitsfunktion $p_{ik} = P(X_1 = x_1^{(i)}, X_2 = x_2^{(k)})$. Dann erhält man die Wahrscheinlichkeitsfunktion der einzelnen Komponenten als Randverteilungen:

$$P(X_1 = x_1^{(i)}) = \sum_k p_{ik}, \quad P(X_2 = x_2^{(k)}) = \sum_i p_{ik}.$$

2) Gegeben sei eine dreidimensionale stetige Zufallsgröße mit der Dichte $f(x_1, x_2, x_3)$. Dann erhält man etwa die Dichte des Vektors (X_1, X_2) als zweidimensionale Randverteilung:

$$g(x_1, x_2) = \int_{-\infty}^{\infty} f(x_1, x_2, x_3)\, dx_3.$$

Ebenso erhält man die Dichte der dritten Komponenten als Randverteilung:

$$h(x_3) = \int_{-\infty}^{\infty}\int_{-\infty}^{\infty} f(x_1, x_2, x_3)\, dx_1\, dx_2.$$

Insgesamt gibt es $\binom{n}{k}$ k-dimensionale Randverteilungen.

5.1.4.4. Momente einer mehrdimensionalen Zufallsgröße

Von Interesse sind besonders die ersten und zweiten Momente. Ist $(X_1, \ldots, X_n)$ diskret, so heißen die Zahlen

$$\alpha_j = \sum_{i_1, \ldots, i_n} x_j^{(i_j)} p_{i_1 \ldots i_n} \quad (j = 1, \ldots, n) \tag{5.48}$$

die ersten Momente von $(X_1, \ldots, X_n)$. Im stetigen Fall werden die ersten Momente durch

$$\alpha_j = \int_{-\infty}^{\infty} \ldots \int_{-\infty}^{\infty} x_j f(x_1, \ldots, x_n) \, dx_1 \ldots dx_n \quad (j = 1, \ldots, n) \tag{5.49}$$

definiert. Die α_j sind gerade die Erwartungswerte der einzelnen Komponenten: $\alpha_j = EX_j$.

Die zweiten Momente α_{jk} und die zweiten zentralen Momente μ_{jk} sind folgendermaßen definiert:

diskreter Fall:

$$\alpha_{jk} = \sum_{i_1, \ldots, i_n} x_j^{(i_j)} x_k^{(i_k)} p_{i_1 \ldots i_n}, \tag{5.50}$$

$$\mu_{jk} = \sum_{i_1, \ldots, i_n} \left(x_j^{(i_j)} - \alpha_j\right) \left(x_k^{(i_k)} - \alpha_k\right) p_{i_1 \ldots i_n}; \tag{5.51}$$

stetiger Fall:

$$\alpha_{jk} = \int_{-\infty}^{\infty} \ldots \int_{-\infty}^{\infty} x_j x_k f(x_1, \ldots, x_n) \, dx_1 \ldots dx_n, \tag{5.52}$$

$$\mu_{jk} = \int_{-\infty}^{\infty} \ldots \int_{-\infty}^{\infty} (x_j - \alpha_j)(x_k - \alpha_k) f(x_1, \ldots, x_n) \, dx_1 \ldots dx_n. \tag{5.53}$$

Man sagt, *die entsprechenden Momente existieren*, wenn die rechten Seiten in (5.48)–(5.53) *absolut konvergieren*. Es gilt:

$$\alpha_{jk} = E(X_j X_k),$$

$$\mu_{jk} = E[(X_j - EX_j)(X_k - EX_k)] = E(X_j X_k) - EX_j EX_k = \alpha_{jk} - \alpha_j \alpha_k.$$

Mit Hlife des n-dimensionalen Stieltjes-Integrals lassen sich die Definitionen der Momente einheitlich fassen und für beliebige Zufallsvektoren verallgemeinern:

$$\alpha_j = \int_{-\infty}^{\infty} \ldots \int_{-\infty}^{\infty} x_j \, dF(x_1, \ldots, x_n), \quad \alpha_{jk} = \int_{-\infty}^{\infty} \ldots \int_{-\infty}^{\infty} x_j x_k \, dF(x_1, \ldots, x_n),$$

$$\mu_{jk} = \int_{-\infty}^{\infty} \ldots \int_{-\infty}^{\infty} (x_j - \alpha_j)(x_k - \alpha_k) \, dF(x_1, \ldots, x_n).$$

Die μ_{jj} sind gerade die Varianzen der einzelnen Komponenten:

$$\mu_{jj} = DX_j = \sigma_j^2.$$

Definition: $\operatorname{cov}(X_j, X_k) \stackrel{\text{def}}{=} \mu_{jk}$ heißt die *Kovarianz* der Zufallsgrößen X_j, X_k. Die Matrix $(\mu_{jk})_{\substack{j=1,\ldots,n \\ k=1,\ldots,n}}$ heißt die *Kovarianzmatrix*.

Definition:

$$\varrho_{jk} \stackrel{\text{def}}{=} \frac{\operatorname{cov}(X_j, X_k)}{\sqrt{DX_j DX_k}} = \frac{\operatorname{cov}(X_j, X_k)}{\sigma_j \sigma_k} \tag{5.54}$$

heißt der *Korrelationskoeffizient* von X_j und X_k. Er liegt zwischen -1 und $+1$.

Definition: Zwei Zufallsgrößen X und Y heißen *nicht korreliert* oder *unkorreliert*, wenn ihr Korrelationskoeffizient bzw. ihre Kovarianz gleich null ist.

Beispiel: In der Formel (5.47) für die Dichte einer zweidimensionalen Normalverteilung haben die auftretenden Parameter folgende Bedeutung: $a_1 = EX_1$, $a_2 = EX_2$, $\sigma_1 = \sqrt{DX_1}$, $\sigma_2 = \sqrt{DX_2}$ und $\varrho = \dfrac{\operatorname{cov}(X_1, X_2)}{\sqrt{DX_1 DX_2}}$ (Korrelationskoeffizient von X_1 und X_2).

Im Falle der n-dimensionalen Normalverteilung gilt gemäß (5.46) für die Dichte

$$f(x_1, \ldots, x_n) = C \, e^{-\frac{1}{2} \sum_{ij} b_{ij}(x_i - a_i)(x_j - a_j)},$$

wobei die b_{ij} so beschaffen sind, daß die Form positiv definit ist. In diesem Falle haben die Parameter a_i und b_{ij} folgende Bedeutung:

$$a_i = EX_i, \quad b_{ij} = \frac{\Delta_{ij}}{\Delta} \quad \text{mit} \quad \Delta = \det(\Delta_{ij}).$$

(Δ_{ij}) ist die Matrix der algebraischen Komplemente der Kovarianzmatrix. Eine n-dimensionale Normalverteilung ist also genauso wie im eindimensionalen Fall durch Vorgabe der ersten und zweiten Momente vollständig bestimmt.

5.1.4.5. Bedingte Verteilungen

$(X, Y,)$ sei ein zweidimensionaler Zufallsvektor. $F(x, y)$ sei seine Verteilungsfunktion.

Definition:

$$F(x/y) \stackrel{\text{def}}{=} \lim_{h \to 0} \frac{P(X < x,\, y \leqq Y < y + h)}{P(y \leqq Y < y + h)} \tag{5.55}$$

heißt die *bedingte Verteilung* von X unter der Bedingung, daß Y den Wert y annimmt. Analog ist $F(y/x)$ definiert.

Im diskreten Fall ergibt sich für die bedingte Wahrscheinlichkeitsfunktion:

$$\left.\begin{aligned} P(X = x^{(i)}/Y = y^{(k)}) &= \frac{p_{ik}}{\sum\limits_i p_{ik}} \\ P(Y = y^{(k)}/X = x^{(i)}) &= \frac{p_{ik}}{\sum\limits_k p_{ik}} \end{aligned}\right\} \tag{5.56}$$

Im stetigen Fall erhält man die bedingten Dichten

$$f(x/y) = \frac{f(x, y)}{\int\limits_{-\infty}^{\infty} f(x, y)\,\mathrm{d}x}, \quad f(y/x) = \frac{f(x, y)}{\int\limits_{-\infty}^{\infty} f(x, y)\,\mathrm{d}y}. \tag{5.57}$$

Im Nenner von (5.56) und (5.57) stehen also gerade die Randverteilungen der Komponenten, die die Bedingung definieren.

5.1.4.6. Unabhängigkeit von Zufallsgrößen

Analog (5.9) heißen n Zufallsgrößen $X_1, \ldots, X_n$ unabhängig, wenn gilt

$$F(x_1, \ldots, x_n) = F_1(x_1) \cdot \ldots \cdot F_n(x_n), \tag{5.58}$$

wobei $F_i(x_i)$ die Verteilungsfunktion der i-ten Komponente X_i ist (eindimensionale Randverteilung). Während man i. allg. über die gemeinsame Verteilung nichts aussagen kann, wenn man die Verteilungen der einzelnen Komponenten kennt, ist im Fall der Unabhängigkeit $F(x_1, \ldots, x_n)$ durch die Verteilung der einzelnen Komponenten vollständig bestimmt.

Beispiel: Es werde auf eine Zielscheibe geschossen. Die vertikale Abweichung X und die horizontale Abweichung Y (jeweils vom Zentrum) können als normalverteilt angenommen werden: $X \in N(0, \sigma_1)$, $Y \in N(0, \sigma_2)$. Man kann annehmen, daß X und Y unabhängig sind. Dann gilt für die Dichte des Vektors (X, Y), der den Einschußpunkt markiert,

$$\begin{aligned} f(x, y) = f_1(x) f_2(y) &= \frac{1}{\sqrt{2\pi}\,\sigma_1} \mathrm{e}^{-\frac{1}{2}\left(\frac{x}{\sigma_1}\right)^2} \cdot \frac{1}{\sqrt{2\pi}\,\sigma_2} \mathrm{e}^{-\frac{1}{2}\left(\frac{y}{\sigma_2}\right)^2} \\ &= \frac{1}{2\pi\sigma_1\sigma_2} \mathrm{e}^{-\frac{1}{2}\left[\left(\frac{x}{\sigma_1}\right)^2 + \left(\frac{y}{\sigma_2}\right)^2\right]}. \end{aligned}$$

(X, Y) ist also normalverteilt mit den Parametern: $a_1 = a_2 = 0, \sigma_1, \sigma_2, \varrho = 0$.

Anmerkung: Die Unabhängigkeit wird in den praktischen Anwendungen nicht durch Nachprüfen von (5.58) begründet, sondern durch inhaltliche Überlegungen bzw. statistische Tests. (5.58) wird dann als Folgerung angesehen, wie auch das Beispiel zeigt.

Für unabhängige Zufallsgrößen gelten einige sehr wichtige und häufig benutzte Sätze über Erwartungswert und Varianz.

Satz: Sind X und Y unabhängig, so gilt

$$E(XY) = EXEY. \tag{5.59}$$

Hieraus und aus der Definition der Kovarianz folgt sofort der folgende

Satz: Aus der Unabhängigkeit von X und Y folgt die Unkorreliertheit von X und Y.

Die Umkehrung dieses Satzes gilt i. allg. nicht. *Nur im Fall der Normalverteilung folgt aus der Unkorreliertheit stets auch die Unabhängigkeit*, wie man sofort sieht, wenn man in (5.47) $\varrho = 0$ setzt und die Funktionalgleichung der e-Funktion anwendet.

Für die Varianz gilt folgender

Satz: Die Varianz einer Summe unabhängiger Zufallsgrößen ist gleich der Summe der Varianzen d. h. $D(X_1 + \ldots + X_n) = DX_1 + \ldots + DX_n$, *falls* $X_1, \ldots, X_n$ *unabhängig* sind.

5.1.4.7. Theoretische Regressionskenngrößen

Für viele Erscheinungen in Natur und Technik sind stochastische Abhängigkeiten typisch. Eine stochastische Abhängigkeit zwischen zwei Zufallsgrößen liegt i. allg. dann vor, wenn es einige zufällige Faktoren gibt, die beide beeinflussen, und einige, die nur auf die eine oder die andere wirken. Ist also $X = f(U_1, \ldots, U_m, V_1, \ldots, V_j)$ und $Y = g(U_1, \ldots, U_m, W_1, \ldots, W_k)$, so sind X und Y stochastisch abhängig. Innerhalb der Regressionstheorie ist folgendes Problem von besonderer Bedeutung: Die Vorhersage einer uns interessierenden Zufallsgröße Y, wenn die anderen Zufallsgrößen, von denen Y stochastisch abhängt, feste Werte angenommen haben.

5.1.4.7.1. Regressionslinien. Die durch $\bar{y}(x) = E(Y/X = x)$ und $\bar{x}(y) = E(X/Y = y)$ in der x,y-Ebene definierten Kurven heißen die Regressionslinien von Y bezüglich X bzw. von X bezüglich Y. Dabei ist $E(Y/X = x)$ der bedingte Erwartungswert von Y unter der Bedingung, daß X den Wert x angenommen hat. Im Fall stetiger X und Y gilt:

$$E(Y/X = x) = \int_{-\infty}^{\infty} yf(y/x)\,\mathrm{d}y; \qquad E(X/Y = y) = \int_{-\infty}^{\infty} xf(x/y)\,\mathrm{d}x.$$

Dabei sind $f(x/y)$ bzw. $f(y/x)$ die bedingten Dichten. Die Regressionslinien haben folgende Bedeutung: *Die bestmögliche Vorhersage für Y bei realisiertem Wert x_0 von X ist $\bar{y}(x_0)$*. Dabei bedeutet „bestmöglich", daß für beliebige Funktion $u(X)$ gilt: $E(Y - u(X))^2 \geqq E(Y - \bar{y}(X))^2$. Man kann das auch so ausdrücken: Die Regressionsfunktion $\bar{y}(x)$ ist die Funktion, welche den mittleren quadratischen Fehler der Vorhersagewerte von Y aufgrund der Werte von X minimiert. Entsprechend kann $\bar{x}(y)$ interpretiert werden.

5.1.4.7.2. Regressionsgeraden. X und Y heißen *linear korreliert*, wenn die Regressionslinien Geraden sind. Diese „Regressionsgeraden" haben dann folgende Gleichungen:

$$\text{Regression von } Y \text{ bezügl. } X\text{: } y = \mu_Y + \beta_{Y/X}(x - \mu_X), \tag{5.60}$$

$$\text{Regression von } X \text{ bezügl. } Y\text{: } x = \mu_X + \beta_{X/Y}(y - \mu_Y); \tag{5.61}$$

$\beta_{Y/X}$ und $\beta_{X/Y}$ heißen die (theoretischen) *Regressionskoeffizienten.* Sie berechnen sich folgendermaßen:

$$\beta_{Y/X} = \frac{\sigma_Y}{\sigma_X} \cdot \varrho; \qquad \beta_{X/Y} = \frac{\sigma_X}{\sigma_Y} \cdot \varrho. \tag{5.62}$$

Dabei ist ϱ der *Korrelationskoeffizient* von X und Y:

$$\varrho = \frac{\operatorname{cov}(X, Y)}{\sigma_X \sigma_Y} \overset{\text{def}}{=} \frac{\mu_{XY}}{\sigma_X \sigma_Y} \tag{5.63}$$

und $\sigma_X = \sqrt{DX}$; $\sigma_Y = \sqrt{DY}$. Die in (5.60), (5.61) ferner eingehenden Parameter μ_X und μ_Y sind die Erwartungswerte von X bzw. Y: $\mu_X = EX$, $\mu_Y = EY$.

Auch im Falle, daß X und Y nicht linear korreliert sind, kann man aus den Formeln (5.60), (5.61) zwei Geradengleichungen unter Benutzung von (5.62), (5.63) aufstellen. Sie heißen auch in diesem Falle Regressionsgeraden und sind lineare Approximationen der wahren Regressionslinien.

5.1.4.8. Funktionen von Zufallsgrößen

Gegeben sei der stetige Zufallsvektor (X, Y); $f(x, y)$ sei seine Dichte. Gesucht ist die Verteilung der Zufallsgrößen $X + Y, X \cdot Y, \frac{X}{Y}$.

Summe: $X + Y$ ist auch eine stetige Zufallsgröße und hat die Dichte

$$f(z) = \int_{-\infty}^{\infty} f(x, z - x)\,dx.$$

Sind X und Y unabhängig, so daß also $f(x, y) = f_1(x) f_2(y)$ gilt, so ist

$$f(z) = \int_{-\infty}^{\infty} f_1(x) f_2(z - x)\,dx. \tag{5.64}$$

Die Dichte der Summe ist also hier gerade *die Faltung* der Dichten der einzelnen Summanden.

Beispiel: (X, Y) sei normalverteilt, $f(x, y)$ werde also durch (5.47) gegeben. Dann ergibt sich für die Dichte von $X + Y$:

$$f(z) = \frac{1}{\sqrt{2\pi(\sigma_1^2 + 2\varrho\sigma_1\sigma_2 + \sigma_2^2)}}\, e^{-\frac{1}{2}\frac{(z-(a_1+a_2))^2}{\sigma_1^2 + 2\varrho\sigma_1\sigma_2 + \sigma_2^2}}$$

$Z = X + Y$ ist also wieder normalverteilt mit den Parametern $a_1 + a_2$, $\sqrt{\sigma_1^2 + 2\varrho\sigma_1\sigma_2 + \sigma_2^2}$. Es gilt im Falle der Unabhängigkeit auch die Umkehrung: Wenn die Summe zweier unabhängiger Zufallsgrößen normalverteilt ist, so sind auch die einzelnen Summanden normalverteilt.

Produkt: Mit (X, Y) ist auch $Z = X \cdot Y$ eine stetige Zufallsgröße, und für die Dichte gilt

$$f(z) = \int_{-\infty}^{\infty} f\left(x, \frac{z}{x}\right) \frac{1}{|x|}\,dx.$$

Quotient: Mit (X, Y) ist auch der Quotient $\frac{X}{Y}$ stetig mit folgender Dichtefunktion

$$f(z) = \int_{0}^{\infty} x f(zx, x)\,dx - \int_{-\infty}^{0} x f(zx, x)\,dx.$$

5.1.5. Grenzwertsätze

5.1.5.1. Gesetze der großen Zahl

Definition: Eine Folge $\{X_n\}$ von Zufallsgrößen heißt *konvergent in Wahrscheinlichkeit* gegen die Zufallsgröße X, wenn für beliebiges $\varepsilon > 0$ gilt: $\lim\limits_{n\to\infty} P(|X_n - X| < \varepsilon) = 1$.

Definition: Man sagt, eine Folge $X_1, X_2, \ldots$ von Zufallsgrößen ist dem *schwachen Gesetz der großen Zahl* unterworfen, wenn für beliebiges $\varepsilon > 0$ gilt

$$\lim_{n\to\infty} P\left(\left|\frac{1}{n}\sum_{k=1}^{n} X_k - \frac{1}{n}\sum_{k=1}^{n} EX_k\right| < \varepsilon\right) = 1, \tag{5.65}$$

m. a. W., wenn $Z_n = \frac{1}{n}\sum_{k=1}^{n} X_k - \frac{1}{n}\sum_{k=1}^{n} EX_k$ „in Wahrscheinlichkeit“ gegen 0 konvergiert.

Wichtig für die Herleitung schwacher Gesetze der großen Zahl ist die *Tschebyscheffsche Ungleichung*: Es sei X eine Zufallsgröße, die eine endliche Varianz besitzt. Dann gilt für jedes $\varepsilon > 0$

$$P(|X - EX| \geqq \varepsilon) \leqq \frac{DX}{\varepsilon^2}. \tag{5.66}$$

Satz von Tschebyscheff: Ist $X_1, X_2, \ldots$ eine Folge paarweise unabhängiger Zufallsgrößen, deren Varianzen gleichmäßig beschränkt sind, d. h. $DX_k \leqq C \, \forall k$, so ist diese Folge dem schwachen Gesetz der großen Zahl unterworfen.

Folgerungen: 1) Satz von Bernoulli: Es sei M die Anzahl des Eintretens eines Ereignisses A in n unabhängigen Versuchen. In jedem dieser Versuche habe A die Wahrscheinlichkeit p. Dann strebt die relative Häufigkeit $H_n(A) \overset{\text{def}}{=} \frac{M}{n}$ „in Wahrscheinlichkeit" gegen p, d. h.

$$\lim_{n\to\infty} P(|H_n(A) - p| < \varepsilon) = 1 \tag{5.67}$$

für beliebiges $\varepsilon > 0$. In der Tat ist $M = X_1 + \ldots + X_n$ mit

$$X_i = \begin{cases} 0, & \text{falls } A \text{ im } i\text{-ten Versuch nicht eintritt} \\ 1, & \text{falls } A \text{ im } i\text{-ten Versuch eintritt} \end{cases}$$

$EX_i = p$, $DX_i = pq \leqq \frac{1}{4}$, und (5.67) ist eine direkte Folgerung aus dem Satz von Tschebyscheff.

2) Ist $X_1, X_2, \ldots$ eine Folge paarweise unabhängiger Zufallsgrößen mit $EX_1 = EX_2 = \ldots = a$ und $DX_k \leqq C \, \forall k$, so gilt für beliebiges $\varepsilon > 0$

$$\lim_{n\to\infty} P\left(\left|\frac{1}{n}\sum_{k=1}^{n} X_k - a\right| < \varepsilon\right) = 1. \tag{5.68}$$

(5.68) ist die theoretische Grundlage für die Regel des arithmetischen Mittels bei Messungen. Soll eine unbekannte Größe a gemessen werden, so wird wegen der zufälligen Fehler der Meßvorgang n-mal wiederholt, wobei die Einzelmessungen unabhängig voneinander sind. Die k-te Messung kann durch eine Zufallsgröße X_k beschrieben werden. Wenn in dem Meßprozeß kein systematischer Fehler steckt, ist $EX_k = a \, \forall k$. Dann wird nach (5.68) durch Bildung des arithmetischen Mittels der Meßwerte für hinreichend große n mit einer Wahrscheinlichkeit, die beliebig nahe bei eins liegt, ein Wert erhalten, welcher der gesuchten Größe a beliebig nahe kommt.

Definition: Eine Folge $\{X_n\}$ von Zufallsgrößen heißt *fast sicher konvergent* gegen die Zufallsgröße X, falls $P\left(\lim_{n\to\infty} X_n = X\right) = 1$ ist.

Definition: Man sagt, eine Folge von Zufallsgrößen $X_1, X_2, \ldots$ ist dem *starken Gesetz der großen Zahl* unterworfen, wenn gilt

$$P\left(\lim_{n\to\infty}\left(\frac{1}{n}\sum_{k=1}^{n} X_k - \frac{1}{n}\sum_{k=1}^{n} EX_k\right) = 0\right) = 1, \tag{5.69}$$

m. a. W., wenn $\frac{1}{n}\sum_{k=1}^{n} X_k - \frac{1}{n}\sum_{k=1}^{n} EX_k$ „fast sicher" gegen 0 konvergiert.

Satz von Kolmogorow: Genügt die Folge $\{X_n\}$ voneinander unabhängiger Zufallsgrößen der Bedingung $\sum_{n=1}^{\infty} \frac{DX_n}{n^2} < \infty$, so ist sie dem starken Gesetz der großen Zahl unterworfen.

Es gilt auch ein zum Satz von Bernoulli analoges starkes Gesetz für die relative Häufigkeit (Satz von Borel).

Über den Zusammenhang zwischen starken und schwachen Gesetzen kann man folgendes sagen: Ist eine Folge $\{X_n\}$ von Zufallsgrößen dem starken Gesetz der großen Zahl unterworfen, so auch dem schwachen, aber nicht umgekehrt.

5.1.5.2. Der Grenzwertsatz von Moivre-Laplace

5.1.5.2.1. Lokaler Grenzwertsatz: Ist die Wahrscheinlichkeit für das Auftreten eines Ereignisses A in n unabhängigen Versuchen konstant und gleich p $(0 < p < 1)$, so genügt die Wahrscheinlichkeit $p_k^{(n)} = \binom{n}{k} p^k q^{n-k}$ dafür, daß in diesen Versuchen das Ereignis A genau k-mal eintritt, der Beziehung

$$\lim_{n\to\infty} \frac{p_k^{(n)}}{\left(1/(\sqrt{2\pi}\sqrt{npq})\right) e^{-(1/2)x^2}} = 1 \qquad (5.70)$$

mit $x = \dfrac{k - np}{\sqrt{npq}}$.

Mit anderen Worten: Eine binomialverteilte Zufallsgröße ist asymptotisch normalverteilt mit den Parametern $a = np$ und $\sigma = \sqrt{npq}$.

Anwendungsbeispiel: Die Wahrscheinlichkeit für das Auftreten eines fehlerhaften Teils in einer Produktion sei 0,005. Wie groß ist die Wahrscheinlichkeit dafür, unter 10000 Teilen 40 fehlerhafte zu haben? Es ist also $p_k^{(n)}$ für $n = 10000$, $k = 40$, $p = 0{,}005$ zu bestimmen. Nach (5.70) ist $p_k^{(n)} \approx \dfrac{1}{\sqrt{2\pi}\sqrt{npq}} e^{-\frac{1}{2}\frac{(k-np)^2}{npq}}$. Es ist $\sqrt{npq} = 7{,}05$, $\dfrac{k - np}{\sqrt{npq}} = -1{,}42$. Also ist $p_k^{(n)} \approx \dfrac{1}{7{,}05} \dfrac{1}{\sqrt{2\pi}} e^{-\frac{1}{2}(1{,}42)^2}$. $\varphi(x) = \dfrac{1}{\sqrt{2\pi}} e^{-\frac{1}{2}x^2}$ ist tabelliert (1.1.2.9.1), man entnimmt der Tabelle $\varphi(1{,}42) = 0{,}1456$. Also $p_k^{(n)} \approx \dfrac{0{,}1456}{7{,}05} \approx 0{,}0206$. Der exakte Wert ist 0,0197.

5.1.5.2.2. Integralgrenzwertsatz: X sei eine binomialverteilte Zufallsgröße mit den Parametern n und p. (X kann also gedeutet werden als Anzahl des Eintretens eines Ereignisses A in n unabhängigen Versuchen mit $P(A) = p$ im Einzelversuch.) Dann gilt gleichmäßig bezüglich a und b $(-\infty \leqq a < b \leqq +\infty)$:

$$\lim_{n\to\infty} P\left(a \leqq \frac{X - np}{\sqrt{npq}} < b\right) = \frac{1}{\sqrt{2\pi}} \int_a^b e^{-\frac{x^2}{2}} dx = \Phi_0(b) - \Phi_0(a). \qquad (5.71)$$

Anwendungsbeispiel: Es liege dieselbe Situation vor wie im vorigen Anwendungsbeispiel. Gefragt ist nach der Wahrscheinlichkeit dafür, daß in einer Kiste mit 10000 Teilen nicht mehr als 70 fehlerhafte sind. Es ist

$$\begin{aligned} P(X \leqq 70) &= P\left(\frac{0 - np}{\sqrt{npq}} \leqq \frac{X - np}{\sqrt{npq}} \leqq \frac{70 - np}{\sqrt{npq}}\right) \\ &= P\left(\frac{-50}{\sqrt{49{,}75}} \leqq \frac{X - np}{\sqrt{npq}} \leqq \frac{20}{\sqrt{49{,}75}}\right) \\ &= P\left(-7{,}09 \leqq \frac{X - np}{\sqrt{npq}} \leqq 2{,}84\right) \approx \frac{1}{\sqrt{2\pi}} \int_{-7{,}09}^{2{,}84} e^{-\frac{1}{2}x^2} dx \\ &= \Phi_0(2{,}84) - \Phi_0(-7{,}09). \end{aligned}$$

Wegen $\Phi_0(-x) = -\Phi_0(x)$ gilt:

$$P(X \leqq 70) = \Phi_0(2{,}84) + \Phi_0(7{,}09).$$

Aus der Tabelle für Φ_0 entnimmt man: $\Phi_0(2{,}84) = 0{,}4977$. $\Phi_0(7{,}09)$ steht nicht mehr in der Tabelle, es unterscheidet sich nur äußerst wenig von 0,5. Also $P(X \leqq 70) \approx 0{,}9977$.

5.1.5.3. Der zentrale Grenzwertsatz

$\{X_n\}$ sei eine Folge *unabhängiger* Zufallsgrößen. Es sei

$$Z_n = \frac{\sum_{i=1}^{n} (X_i - EX_i)}{\sqrt{\sum_{i=1}^{n} DX_i}}. \tag{5.72}$$

Die Z_n heißen die *normierten* und *zentrierten* Summen. ($DZ_n = 1$, $EZ_n = 0$). $\Phi_n(x)$ seien die Verteilungsfunktionen von Z_n, $F_k(x)$ die von X_k. Ferner werde $C_n^2 = \sum_{i=1}^{n} DX_i$ gesetzt. Notwendig und hinreichend dafür, daß

$$\lim_{n\to\infty} \Phi_n(x) = \frac{1}{\sqrt{2\pi}} \int_{-\infty}^{x} e^{-\frac{1}{2}t^2}\, dt \tag{5.73}$$

gilt, ist die folgende Bedingung („*Lindebergsche Bedingung*"):

$$\lim_{n\to\infty} \frac{1}{C_n^2} \sum_{k=1}^{n} \int_{|x-EX_k| > \varepsilon C_n} (x - EX_k)^2\, dF_k(x) = 0. \tag{5.74}$$

Anmerkung: Die Lindebergsche Bedingung ist insbesondere erfüllt, wenn alle X_k dieselbe Verteilung haben ($F_k(x) = F(x)\ \forall k$) und diese endliche erste und zweite Momente besitzt.

Anschaulich bedeutet die Lindebergsche Bedingung, daß die einzelnen Summanden $\frac{X_i - EX_i}{C_n}$, aus denen sich Z_n gemäß (5.72) zusammensetzt, gleichmäßig klein sind. Die Deutung des zentralen Grenzwertsatzes besteht dann in folgendem: Kann eine Zufallsgröße als Summe einer großen Anzahl voneinander unabhängiger Summanden aufgefaßt werden, von denen jeder zur Summe nur einen unbedeutenden Beitrag liefert, so ist diese Zufallsgröße annähernd normalverteilt.

Beispiele: 1) Es werde eine Messung ausgeführt, X sei der zufällige Meßfehler. Dann entsteht X durch additive Überlagerung einer großen Anzahl voneinander unabhängiger fehlerverursachender Faktoren; jeder einzelne dieser Faktoren hat auf den Fehler einen geringen Einfluß. Also kann für X eine Normalverteilung angenommen werden.

2) X sei die Länge eines Birkenblattes, welches zufällig aus einer gewissen Menge gepflückter Blätter ausgewählt wird. Dann ist X eine Zufallsgröße, die sich durch Überlagerung vieler kleiner, voneinander unabhängiger Faktoren ergibt. Für X kann demnach eine Normalverteilung angenommen werden.

Statistische Tests stützen diese Annahmen (vgl. 5.2.3.).

5.2. Mathematische Statistik

5.2.1. Stichproben

Die Probleme der mathematischen Statistik bestehen darin, aufgrund von Kenntnissen über gewisse Eigenschaften einer Teilmenge von Elementen, die einer gewissen Gesamtmenge entnommen sind, etwas über die entsprechenden Eigenschaften der Gesamtmenge auszusagen. Diese Gesamtmenge heißt die *Grundgesamtheit*. An der Grundgesamtheit interessiert ein gewisses Merkmal, welches zufallsbedingt ist und quantitativer oder qualitativer Natur sein kann.

Beispiele: 1) Ein Automat produziert Wellen. Die Menge aller unter bestimmten gleichbleibenden Produktionsbedingungen produzierten Wellen bildet die Grundgesamtheit. Ein interessierendes Merkmal wäre etwa der Durchmesser. Dieses Merkmal ist quantitativer Natur.

2) Eine Fließstrecke produziert Jagdpatronen. Die Menge aller unter gewissen gleichbleibenden Bedingungen produzierten Patronen bildet die Grundgesamtheit. Ein interessierendes Merkmal wäre die Eigenschaft einer Patrone, zu funktionieren oder zu versagen. Dies ist ein qualitatives Merkmal.

Das interessierende Merkmal einer Grundgesamtheit kann mathematisch durch eine Zufallsgröße X modelliert werden. Im quantitativen Fall ist X das Merkmal selbst, bei einem qualitativen Merkmal etwa vom Typ „gut – schlecht" kann man z. B. definieren

$$X = \begin{Bmatrix} 0, & \text{falls „gut"} \\ 1, & \text{falls „schlecht"} \end{Bmatrix}.$$

Unter einer *Stichprobenentnahme vom Umfang n* versteht man eine zufällige Auswahl von n Objekten aus der Grundgesamtheit, wobei die Auswahl der einzelnen Objekte *unabhängig voneinander* geschieht. Das Ergebnis der Stichprobenentnahme, die *Stichprobe vom Umfang n, ist dann ein n-tupel* $(x_1, \ldots, x_n)$ *von Merkmalswerten.*

Beispiel: (0, 0, 0, 1, 0, 0, 0, 0, 0, 0) ist eine Stichprobe vom Umfang 10 aus einem Posten Patronen. Es waren also hier neun gute und eine schlechte Patrone vorhanden.

Die Tatsache, daß man viele Stichproben vom Umfang n machen kann und in Abhängigkeit vom Zufall verschiedene n-tupel von Merkmalswerten bekommt, führt zu folgender, für das theoretische Verständnis der mathematischen Statistik grundlegenden abstrakten Definition des Begriffs „Stichprobe".

Definition: Es liege eine Grundgesamtheit vor, in der das interessierende Merkmal X die Verteilung $F(x)$ habe. Ein n-dimensionaler Zufallsvektor $(X_1, \ldots, X_n)$, in dem die X_i *unabhängig voneinander sind und alle die gleiche Verteilung* $F(x)$ *haben* (das $F(x)$ der Grundgesamtheit), heißt eine *mathematische Stichprobe* vom Umfang n. Jede Realisierung $(x_1, \ldots, x_n)$ von $(X_1, \ldots, X_n)$ ist eine konkrete Stichprobe.

Anmerkung: Ist keine Verwechslung zu befürchten, so läßt man den Zusatz „mathematisch" bzw. „konkret" weg.

5.2.1.1. Histogramm und empirische Verteilungsfunktion

Es sei eine Stichprobe $(x_1, \ldots, x_n)$, eine sogenannte *Urliste*, aus einer Grundgesamtheit mit dem Merkmal X vorgelegt. Die Verteilung von X sei nicht bekannt. Um bei einem quantitativen Merkmal eine erste Vorstellung von dieser Verteilung zu erhalten, konstruiert man das sogenannte *Histogramm*: Man führt eine Zerlegung der reellen Achse in endlich viele aneinander grenzende Intervalle $\Delta_1, \ldots, \Delta_k$ (genannt: Klassen) durch. Dann wird abgezählt, wieviele Zahlen der Stichprobe in Δ_j liegen $(1 \leqq j \leqq k)$. Diese Anzahlen seien m_j, sie heißen die Klassenhäufigkeiten. Über Δ_j wird ein Rechteck der Höhe $\frac{m_j}{n}$ gezeichnet (relative Klassenhäufigkeiten). Das so entstehende Stufenbild heißt das Histogramm der Stichprobe.

Beispiel: Es wurde aus der laufenden Fertigung eines Automaten eine Stichprobe von 350 Wellen entnommen. Das interessierende Merkmal X sei die Abweichung des Durchmessers vom Nennmaß. Tabelle 5.1 gibt die entsprechende Häufigkeitsverteilung; Abb. 5.9 zeigt das zugehörige Histogramm.

Ein auch bei qualitativen Merkmalen gangbarer Weg, um sich eine Vorstellung von der Verteilung von X zu machen, ist die Konstruktion der *empirischen Verteilungsfunktion*: Es wird bei vorgegebener reeller Zahl x gezählt, wieviele Zahlen der Stichprobe kleiner als x sind. Diese Anzahl sei $m_n(x)$.

Definition: Die Funktion $w_n(x) = \frac{m_n(x)}{n}$ heißt die empirische Verteilungsfunktion der Stichprobe $x_1, \ldots, x_n$). Sie ist eine Treppenfunktion.

Beispiel: Bei einem Fütterungsversuch an 10 Tieren seien folgende Gewichtszunahmen (in kg) registriert worden: 2,0; 2,8; 2,3; 3,4; 2,9; 2,8; 3,0; 3,2; 3,0; 2,8. Abb. 5.10 zeigt die zugehörige empirische Verteilungsfunktion.

Tabelle 5.1: Häufigkeitsverteilung der Abweichungen vom Nennmaß von 350 Wellen aus der Produktion eines Automaten

i	Δ_i (in mm)	m_i	$\frac{m_i}{n}$
1	von −0,230 bis −0,210	3	0,009
2	von −0,210 bis −0,190	8	0,023
3	von −0,190 bis −0,170	19	0,054
4	von −0,170 bis −0,150	37	0,106
5	von −0,150 bis −0,130	53	0,151
6	von −0,130 bis −0,110	60	0,171
7	von −0,110 bis −0,090	64	0,183
8	von −0,090 bis −0,070	49	0,140
9	von −0,070 bis −0,050	31	0,088
10	von −0,050 bis −0,030	17	0,049
11	von −0,030 bis −0,010	7	0,020
12	von −0,010 bis +0,010	2	0,006
	Insgesamt	350	1,000

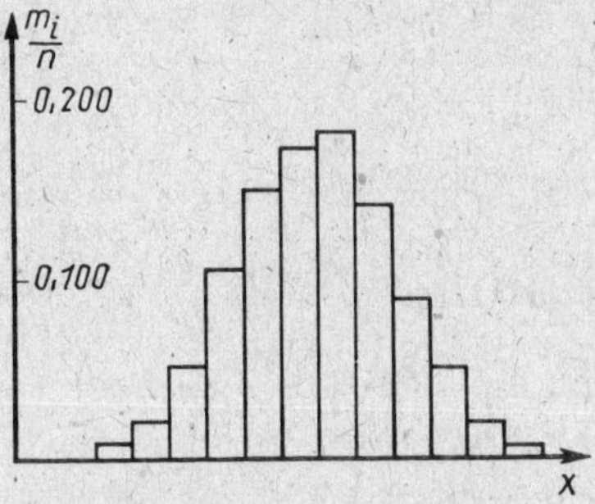

Abb. 5.9. Histogramm der Verteilung von 350 Wellen

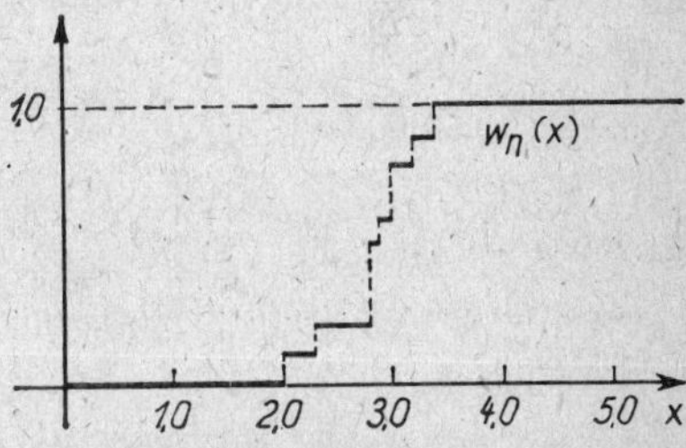

Abb. 5.10. Beispiel einer empirischen Verteilungsfunktion

In welchem Sinne $w_n(x)$ als Näherung für die wahre Verteilung $F(x)$ angesehen werden kann, erkennt man, wenn man zur mathematischen Stichprobe $(X_1, \ldots, X_n)$ übergeht. $M_n(x)$ ist die Anzahl der $X_1, \ldots, X_n$, die kleiner als x sind, und $W_n(x) = \dfrac{M_n(x)}{n}$ sind dann Zufallsgrößen. Es sei

$$D_n = \sup_{x \in R^1} |W_n(x) - F(x)|. \tag{5.75}$$

Dann gilt der sogenannte

Hauptsatz *der mathematischen Statistik* (Satz von Gliwenko): Für $n \to \infty$ konvergieren die D_n fast sicher gegen 0, m. a. W.: Für $n \to \infty$ konvergiert die Folge $W_n(x)$ der empirischen Verteilungsfunktionen fast sicher gleichmäßig gegen die Verteilungsfunktion $F(x)$ des Merkmals X in der Grundgesamtheit.

5.2.1.2. Stichprobenfunktionen

Definition: Vorgelegt sei eine mathematische Stichprobe $(X_1, \ldots, X_n)$. Eine Funktion $Z_n = Z(X_1, \ldots, X_n)$ heißt eine *Stichprobenfunktion*. Sie ist selbst eine Zufallsgröße.

Beispiele: 1) $\bar{X} = \dfrac{1}{n} \sum_{i=1}^{n} X_i$. Die Realisierung $\bar{x} = \dfrac{1}{n} \sum_{i=1}^{n} x_i$ bei einer konkreten Stichprobe heißt das *empirische Mittel* der Stichprobe $(x_1, \ldots, x_n)$.

2) $S^2 = \frac{1}{n-1} \sum_{i=1}^{n} (X_i - \bar{X})^2$. Die Realisierung $s^2 = \frac{1}{n-1} \sum_{i=1}^{n} (x_i - \bar{x})^2$ bezeichnet man als *empirische Varianz* der Stichprobe $(x_1, \ldots, x_n)$.

Die Frage nach der Verteilung einer Stichprobenfunktion ist ein Grundproblem der mathematischen Statistik.

Im Fall einer *kleinen Stichprobe* (n relativ klein) interessiert die Verteilung der Stichprobenfunktion Z_n.

Im Fall einer *großen Stichprobe* (n groß) genügt die Kenntnis der asymptotischen Verteilung von Z_n, d. h. die Kenntnis der Grenzverteilung von Z_n für $n \to \infty$.

Anmerkung: Ein allgemeines Kriterium, welches zu entscheiden gestattet, wann eine Stichprobe als klein oder groß anzusehen ist, gibt es nicht. Während die Verteilung der einen Stichprobenfunktion bereits für $n = 30$ mit sehr guter Näherung durch die asymptotische Verteilung ersetzt werden kann, ist eine solche Näherung bei einer anderen Stichprobenfunktion möglicherweise für $n = 100$ noch nicht erlaubt.

Beispiele: 1) Das Merkmal X sei normalverteilt nach $N(a, \sigma)$. Dann ist $\bar{X}$ normalverteilt nach $N\left(a, \frac{\sigma}{\sqrt{n}}\right)$.

2) Es sei $DX < \infty$. Dann ist $\bar{X}$ asymptotisch normalverteilt nach $N\left(EX, \sqrt{\frac{DX}{n}}\right)$.

Dieses Beispiel zeigt, daß zur Bestimmung asymptotischer Verteilungen nur äußerst geringe Voraussetzungen nötig sind, die praktisch immer erfüllt sind. Zur Berechnung der exakten Verteilung einer Stichprobenfunktion benötigt man i. allg. Kenntnisse über die Verteilung des Merkmals X der Grundgesamtheit, wie Beispiel 1) zeigt.

5.2.1.3. Einige für die Statistik wichtige Verteilungen

χ^2-Verteilung: $X_1, \ldots, X_n$ seien unabhängige Zufallsgrößen mit $X_i \in N(a, \sigma)\ \forall i$. $(X_1, \ldots, X_n)$ kann also aufgefaßt werden als Stichprobe vom Umfang n aus einer Grundgesamtheit, in der das Merkmal X nach $N(a, \sigma)$ verteilt ist. Wir betrachten die Stichprobenfunktion $\chi^2 = \frac{1}{\sigma^2} \sum_{i=1}^{n} (X_i - a)^2$. Die Verteilung dieser Größe heißt die χ^2-Verteilung mit n Freiheitsgraden. Tab. 5.2 gibt die Verteilungsdichten für χ^2 und einige mit χ^2 eng zusammenhängende Stichprobenfunktionen.

Tabelle 5.2: Einige mit χ^2 zusammenhängende Verteilungen

Größe	Verteilungsdichte für $x \geqq 0$
$\chi^2 = \frac{1}{\sigma^2} \sum_{i=1}^{n} (X_i - a)^2$	$\dfrac{x^{(n/2)-1}\, e^{-x/2}}{2^{n/2}\, \Gamma\left(\frac{n}{2}\right)}$
$\frac{1}{n} \chi^2 = \frac{1}{n\sigma^2} \sum_{i=1}^{n} (X_i - a)^2$	$\dfrac{\left(\frac{n}{2}\right)^{n/2}}{\Gamma(n/2)}\, x^{\frac{n}{2}-1}\, e^{-\frac{nx}{2}}$
$\chi = \sqrt{\frac{1}{\sigma^2} \sum_{i=1}^{n} (X_i - a)^2}$	$\dfrac{2}{2^{n/2}\Gamma(n/2)}\, x^{n-1}\, e^{-\frac{x^2}{2}}$
$\zeta = \frac{\chi}{\sqrt{n}} = \sqrt{\frac{1}{n\sigma^2} \sum_{i=1}^{n} (X_i - a)^2}$	$\dfrac{\sqrt{2n}}{\Gamma(n/2)} \left(\dfrac{x\sqrt{n}}{\sqrt{2}}\right)^{n-1} e^{-\frac{nx^2}{2}}$

t-Verteilung (*Student-Verteilung*): Es sei $T = \frac{X}{Y}$ mit unabhängigen X und Y. X sei nach $N(0, 1)$ verteilt und $Y = \frac{\chi}{\sqrt{n}}$ (n Freiheitsgrade). Dann heißt die Verteilung von T die *t-Verteilung* bzw. *Student-Verteilung* mit n Freiheitsgraden. Sie hat die Dichte

$$f(x) = \frac{\Gamma\left(\frac{n+1}{2}\right)}{\sqrt{\pi n}\,\Gamma\left(\frac{n}{2}\right)} \left(1 + \frac{x^2}{n}\right)^{-\frac{n+1}{2}}. \tag{5.76}$$

χ^2- und t-Verteilung sind tabelliert. χ^2 bis $n = 30$, da $\sqrt{2\chi^2}$ asymptotisch nach $N(\sqrt{2n-1}, 1)$ verteilt ist und diese Näherung ab $n = 30$ bereits hinreichend genau ist (Tab. 1.1.2.10./1.1.2.11.).

F- und Z-Verteilung: Es seien X_i ($i = 1, \ldots, n_1$) und Y_j ($j = 1, \ldots, n_2$) unabhängige Zufallsgrößen und alle nach $N(0, \sigma)$ verteilt.

$$F = \frac{\frac{1}{n_1 - 1} \sum_{i=1}^{n_1} (X_i - \bar{X})^2}{\frac{1}{n_2 - 1} \sum_{j=1}^{n_2} (Y_j - \bar{Y})^2} = \frac{S_X^2}{S_Y^2}. \tag{5.77}$$

Man setzt $r_1 = n_1 - 1$, $r_2 = n_2 - 1$. Die Verteilung von F heißt die *Snedecorsche F-Verteilung mit dem Freiheitsgrad* (r_1, r_2) (Tab. 1.1.2.13.).

$Z = \log\sqrt{F}$. Die Verteilung von Z heißt die *Fishersche Z-Verteilung mit dem Freiheitsgrad* (r_1, r_2) (Tab. 1.1.2.12.).

5.2.2. Schätzung von Parametern

Problemstellung: Eine Fließstrecke fertigt Gewehrmunition. Die Wahrscheinlichkeit dafür, daß eine beliebig herausgegriffene Patrone schlecht ist, sei p. Um p exakt zu ermitteln, müßte man alle Patronen verschießen, was kein sinnvolles Prüfverfahren darstellt. Um p wenigstens annähernd zu ermitteln (zu schätzen), wird eine Stichprobe entnommen. Das Merkmal X ist qualitativ; wir definieren

$$X = \begin{Bmatrix} 0, & \text{falls Patrone gut} \\ 1, & \text{falls Patrone schlecht} \end{Bmatrix}.$$

Es ist dann $EX = 0 \cdot (1 - p) + 1 \cdot p = p$; es geht also darum, EX aus der Stichprobe zu schätzen. Wir betrachten die Stichprobenfunktion $\bar{X} = \frac{1}{n} \sum_{i=1}^{n} X_i$, die hier gerade die Bedeutung der *relativen Häufigkeit* schlechter Patronen in der Stichprobe vom Umfang n hat. Wird die Stichprobe realisiert, so ist $\bar{x} = \frac{1}{n} \sum_{i=1}^{n} x_i$ nach dem Gesetz der großen Zahl ein Näherungswert für das unbekannte p.

Allgemein bedeutet das Problem, einen unbekannten Parameter γ (der irgendwie mit der Grundgesamtheit zusammenhängt; z. B. $\gamma = EX$) aus einer Stichprobe zu schätzen, folgendes: Es ist eine Stichprobenfunktion anzugeben, deren Realisierungen in irgendeinem Sinne als Näherung von γ angesehen werden können. Eine solche Stichprobenfunktion heißt eine *Punktschätzung* von γ.

5.2.2.1. Eigenschaften von Punktschätzungen

Definition: Eine Schätzung $\Gamma(X_1, \ldots, X_n)$ des Parameters γ heißt *konsistent*, wenn $\Gamma(X_1, \ldots, X_n)$ in Wahrscheinlichkeit gegen den Parameter γ konvergiert, d. h., wenn für beliebiges $\varepsilon > 0$ $\lim_{n \to \infty} P(|\Gamma(X_1, \ldots, X_n) - \gamma| \leqq \varepsilon) = 1$ gilt.

Beispiele: 1) $\bar{X}$ ist eine konsistente Schätzung für EX.

2) S^2 ist eine konsistente Schätzung für $DX = \sigma^2$.

Definition: Eine Schätzung heißt *erwartungstreu*, wenn ihr Erwartungswert gleich dem zu schätzenden Parameter ist.

Beispiele: 1) $E\bar{X} = \frac{1}{n} \sum_{i=1}^{n} EX_i = \frac{1}{n} \sum_{i=1}^{n} EX = EX$; $\bar{X}$ ist eine erwartungstreue Schätzung von EX.

2) $ES^2 = \frac{1}{n-1} \sum_{i=1}^{n} E(X_i - \bar{X})^2 = \sigma^2$; S^2 ist eine erwartungstreue Schätzung von σ^2.

Definition: Eine Schätzung $\Gamma = \Gamma(X_1, \ldots, X_n)$ des Parameters γ heißt *asymptotisch erwartungstreu*, wenn $\lim_{n\to\infty} E\Gamma = \gamma$.

Jede erwartungstreue Schätzung ist natürlich asymptotisch erwartungstreu, da Erwartungstreue ja $E\Gamma = \gamma\ \forall n$ bedeutet.

Beispiel: Manchmal wird als Schätzung für σ^2 auch $S^{*2} = \frac{1}{n} \sum_{i=1}^{n} (X_i - \bar{X})^2$ benutzt. Es ist $ES^{*2} = \frac{n-1}{n} \sigma^2$. Diese Schätzung ist also nicht erwartungstreu. Sie ist aber asymptotisch erwartungstreu, denn $\lim_{n\to\infty} ES^{*2} = \sigma^2$.

Definition: Eine Schätzung Γ_1 von γ heißt *wirksamer* als eine weitere Schätzung Γ_2 von γ, wenn $E(\Gamma_1 - \gamma)^2 \leqq E(\Gamma_2 - \gamma)^2$ ist. Sind beide Schätzungen erwartungstreu, so bedeutet das $D\Gamma_1 \leqq D\Gamma_2$. Unter ziemlich allgemeinen Bedingungen kann man für die Varianzen der Schätzungen ein und desselben Parameters eine positive untere Schranke angeben.

Definition: Eine Schätzung, deren Varianz diesen minimalen Wert wirklich annimmt, heißt *effiziente* oder *wirksamste* Schätzung. Sie ist eine beste Schätzung in dem Sinne, daß sie die in der Stichprobe vorhandene Information am besten ausnutzt.

Anmerkung: In vielen Fällen existieren wirksamste Schätzungen nicht.

5.2.2.2. Methoden zur Gewinnung von Schätzungen

5.2.2.2.1. Momentenmethode. Für Parameter, die sich in bekannter Weise aus den Momenten zusammensetzen, gewinnt man Schätzungen, indem man die Momente durch die sogenannten empirischen Momente ersetzt. Als empirisches k-tes Moment bezeichnet man die Stichprobenfunktion $\frac{1}{n} \sum_{i=1}^{n} X_i^k$. Als empirisches zentrales Moment der Ordnung k bezeichnet man die Stichprobenfunktion $\frac{1}{n-1} \sum_{i=1}^{n} (X_i - \bar{X})^k$.

Beispiele: 1) Der Erwartungswert ist das erste Moment. Also liefert die Momentenmethode als Schätzung von EX die Größe $\bar{X} = \frac{1}{n} \sum_{i=1}^{n} X_i$.

2) Die Varianz ist das zweite zentrale Moment. Die Momentenmethode liefert als Schätzung für $DX = \sigma^2$ die Größe $S^2 = \frac{1}{n-1} \sum_{i=1}^{n} (X_i - \bar{X})^2$.

3) Für die Kovarianz liefert die Momentenmethode die Schätzung

$$M_{XY} = \frac{1}{n-1} \sum_{i=1}^{n} (X_i - \bar{X})(Y_i - \bar{Y}). \tag{5.78}$$

4) Für den Korrelationskoeffizienten erhält man nach der Momentenmethode die Schätzung

$$R = \frac{\sum_{i=1}^{n} (X_i - \bar{X})(Y_i - \bar{Y})}{\sqrt{\sum_{i=1}^{n} (X_i - \bar{X})^2 \sum_{i=1}^{n} (Y_i - \bar{Y})^2}}. \tag{5.79}$$

Anmerkung: Kovarianz und Korrelationskoeffizient kann man nur betrachten, wenn in der Grundgssamtheit zwei interessierende Merkmale X und Y auftreten. Eine Stichprobe vom Umfang n besteht dann aus einem n-tupel von Paaren: $((x_1, y_1), (x_2, y_2), \ldots, (x_n, y_n))$. Die Momentenmethode liefert in einigen Fällen Schätzungen mit geringer Wirksamkeit.

5.2.2.2.2. Maximum-Likelihood-Methode. Es sei eine Stichprobe $(x_1, \ldots, x_n)$ vom Umfang n aus einer Grundgesamtheit mit stetig verteiltem Merkmal X gegeben. Die Dichte von X enthalte einen unbekannten Parameter γ, der aus der Stichprobe geschätzt werden soll; sie habe also die Gestalt $f(x, \gamma)$.

Definition: Als *Likelihood-Funktion* bezeichnet man folgende Funktion von γ:

$$L(x_1, \ldots, x_n; \gamma) = f(x_1, \gamma) \cdot f(x_2, \gamma) \cdot \ldots \cdot f(x_n, \gamma). \tag{5.80}$$

Im Falle eines diskreten X mit den möglichen Werten $x_1, x_2, \ldots$ und den Wahrscheinlichkeiten $P(X = x_j) = p_j(\gamma)$ sei x_r der größte der möglichen x_i-Werte, der in der Stichprobe wirklich vorkommt, und $f_1, f_2, \ldots, f_r$ seien die absoluten Häufigkeiten, mit denen die Werte $x_1, \ldots, x_r$ in der Stichprobe auftreten $\left(\sum_{i=1}^{r} f_i = n\right)$.

Definition: Als *Likelihood-Funktion* bezeichnet man in diesem Falle:

$$L(x_1, \ldots, x_n; \gamma) = p_1^{f_1}(\gamma)\, p_2^{f_2}(\gamma) \ldots p_r^{f_r}(\gamma). \tag{5.81}$$

Die Maximum-Likelihood-Methode besteht darin, *als Schätzung des Parameters γ den Wert zu nehmen, für den die Likelihood-Funktion ihr Maximum erreicht.* Dieser Wert $\hat{\gamma}$ ist eine Funktion von $x_1, \ldots, x_n$: $\hat{\gamma} = \Gamma(x_1, \ldots, x_n)$.

Definition: Die zugehörige Stichprobenfunktion $\Gamma(X_1, \ldots, X_n)$ heißt eine *Maximum-Likelihood-Schätzung von γ.*

Man findet $\hat{\gamma}$ (und damit auch $\Gamma(X_1, \ldots, X_n)$), indem man die Gleichung

$$\frac{\partial L}{\partial \gamma} = 0 \tag{5.82}$$

nach γ auflöst.

Oft benutzt man statt (5.82) die Gleichung

$$\frac{\partial \ln L}{\partial \gamma} = \frac{1}{L} \frac{\partial L}{\partial \gamma} = 0. \tag{5.83}$$

Hängt die Dichte $f(x, \gamma_1, \ldots, \gamma_l)$ bzw. die Wahrscheinlichkeitsfunktion $P(X = x_k) = p_k(\gamma_1, \ldots, \gamma_l)$ von l Parametern $\gamma_1, \ldots, \gamma_l$ ab, so gewinnt man eine *Maximum-Likelihood-Schätzung des Parametersystems $\gamma_1, \ldots, \gamma_l$* durch Auflösung eines der Gleichungssysteme

$$\frac{\partial L}{\partial \gamma_i} = 0 \quad (i = 1, \ldots, l) \tag{5.84}$$

bzw.

$$\frac{\partial \ln L}{\partial \gamma_i} = 0 \quad (i = 1, \ldots, l). \tag{5.85}$$

Maximum-Likelihood-Schätzungen haben einige *günstige Eigenschaften*: Sie sind unter ziemlich allgemeinen Bedingungen *konsistent* und *asymptotisch normalverteilt* (jedoch nicht immer erwartungstreu). Sie haben *unter allen asymptotisch normalverteilten Schätzungen die größte Wirksamkeit*. Ferner gilt: *Gibt es überhaupt eine wirksamste Schätzung, so wird sie durch die Maximum-Likelihood-Methode geliefert.*

Beispiele von Maximum-Likelihood-Schätzungen:

1) Es ist die Wahrscheinlichkeit p eines Ereignisses A zu schätzen:

$$X = \begin{cases} 0, & \text{falls } A \text{ nicht eintritt} \\ 1, & \text{falls } A \text{ eintritt} \end{cases}$$

sei der Indikator des Ereignisses A (vgl. 5.1.2.). $P(X = 0) = p_0(p) = 1 - p$; $P(X = 1) = p_1(p) = p$. In n unabhängigen Beobachtungen sei A m-mal aufgetreten, d. h. $f_0 = n - m$, $f_1 = m$. Also gilt nach (5.81) $L = p^m(1 - p)^{n-m}$, $\frac{\partial \ln L}{\partial p} = \frac{m}{p} - \frac{n - m}{1 - p} = 0$. Daraus folgt $\hat{p} = \frac{m}{n} = h_n(A)$ (relative Häufigkeit von A). $H_n(A)$ ist folglich eine Maximum-Likelihood-Schätzung des unbekannten p.

2) X sei poissonverteilt mit unbekanntem Parameter λ. Wir führen eine Stichprobe durch und erhalten die Werte $x_1, \ldots, x_n$ (x_i sind ganze Zahlen). r sei die größte in der Stichprobe beobachtete Zahl, $f_0, \ldots, f_r$ seien die absoluten Häufigkeiten, mit denen die Zahlen 0, 1, 2, …, r in der Stichprobe auftreten. Es ist $p_j(\lambda) = P(X = j) = \frac{\lambda^j}{j!} e^{-\lambda}$, also nach (5.81) $L = \prod_{i=0}^{r} \left(\frac{\lambda^i}{i!} e^{-\lambda}\right)^{f_i}$. Gemäß (5.83) folgt $\frac{\partial \ln L}{\partial \lambda} = \sum_{i=0}^{r} f_i \left(\frac{i}{\lambda} - 1\right) = 0$, woraus $\hat{\lambda} = \frac{\sum_{i=0}^{r} i f_i}{\sum_{i=0}^{r} f_i} = \frac{1}{n} \sum_{k=1}^{n} x_k = \bar{x}$ folgt. $\bar{X}$ ist also eine Maximum-Likelihood-Schätzung für λ und somit eine konsistente, asymptotisch normalverteilte Schätzung des Parameters λ der Poissonverteilung.

3) X sei normalverteilt mit den unbekannten Parametern a und σ. Diese sollen aus einer Stichprobe $(x_1, \ldots, x_n)$ vom Umfang n geschätzt werden. Es ist

$$L(x_1, \ldots, x_n; a, \sigma^2) = \left(\frac{1}{\sqrt{2\pi\sigma^2}}\right)^n e^{-\frac{1}{2\sigma^2} \sum_{k=1}^{n} (x_k - a)^2},$$

$$\ln L = -\frac{n}{2} \ln 2\pi - \frac{n}{2} \ln \sigma^2 - \frac{1}{2\sigma^2} \sum_{k=1}^{n} (x_k - a)^2.$$

Nach (5.85) erhalten wir folgende Gleichungen zur Bestimmung von a und σ^2:

$$\frac{\partial \ln L}{\partial a} = \frac{1}{\sigma^2} \sum_{k=1}^{n} (x_k - a) = 0,$$

$$\frac{\partial \ln L}{\partial (\sigma^2)} = -\frac{n}{2\sigma^2} + \frac{1}{2\sigma^4} \sum_{k=1}^{n} (x_k - a)^2 = 0,$$

woraus folgt:

$$\hat{a} = \frac{1}{n} \sum_{k=1}^{n} x_k = \bar{x} \quad \text{und} \quad \hat{\sigma}^2 = \frac{1}{n} \sum_{k=1}^{n} (x_k - \bar{x})^2 = s^{*2}.$$

Also ist $(\bar{X}, S^{*2})$ eine Maximum-Likelihood-Schätzung des Parameterpaares (a, σ^2). Wir wissen bereits, daß S^{*2} nicht mehr erwartungstreu, sondern nur noch asymptotisch erwartungstreu ist.

5.2.2.3. Konfidenzschätzungen

Eine Punktschätzung liefert aus jeder vorgelegten Stichprobe einen Schätzwert des betreffenden Parameters. Das nützt noch nicht viel, wenn man nichts über die Genauigkeit und Sicherheit der Schätzung weiß. Solche Angaben liefern die Konfidenzschätzungen (Angabe von Vertrauensgrenzen).

Definition: $(X_1, \ldots, X_n)$ sei eine mathematische Stichprobe aus einer Grundgesamtheit mit dem Merkmal X, dessen Verteilung von einem Parameter γ abhängt. Ferner seien $\underline{\Gamma}(X_1, \ldots, X_n)$ und $\overline{\Gamma}(X_1, \ldots, X_n)$ zwei Stichprobenfunktionen derart, daß bei beliebigem γ

$$P(\underline{\Gamma}(X_1, \ldots, X_n) < \gamma < \overline{\Gamma}(X_1, \ldots, X_n)) = 1 - \alpha \tag{5.86}$$

ist. Dann heißt das zufällige Intervall $(\underline{\Gamma}, \overline{\Gamma})$ eine *Konfidenzschätzung* des unbekannten Parameters γ zum Konfidenzniveau $1 - \alpha$.

Liegt eine Realisierung $(x_1, \ldots, x_n)$ von $(X_1, \ldots, X_n)$ vor, d. h., wurde eine Stichprobe entnommen, so liefert die Realisierung der Konfidenzschätzung ein Intervall $(\underline{\gamma}, \bar{\gamma})$, und in einer langen Reihe von Stichproben liegt der wahre Wert in etwa $(1 - \alpha) \cdot 100\%$ der Fälle innerhalb der berechneten „Vertrauensgrenzen" $\underline{\gamma}, \bar{\gamma}$. Man kann (5.86) auch so interpretieren: Das zufällige Intervall $(\underline{\Gamma}, \bar{\Gamma})$ überdeckt den wahren Parameter mit der Wahrscheinlichkeit $1 - \alpha$, d. h., wenn man α hinreichend klein wählt, fast sicher.

5.2.2.3.1. Konfidenzschätzung einer unbekannten Wahrscheinlichkeit aus großen Stichproben. Es war $H_n(A)$ eine Punktschätzung von $p = P(A)$. $H_n(A)$ ist asymptotisch normalverteilt mit $EH_n(A) = p$, $DH_n(A) = \frac{pq}{n}$. Ist allgemein $X \in N(a, \sigma)$, so ist $\frac{X - a}{\sigma} \in N(0, 1)$, und zu vorgegebenem α läßt sich aus Tafel 1.1.2.9.2. ein z_α berechnen, so daß gilt

$$P\left(-z_\alpha < \frac{X - a}{\sigma} < z_\alpha\right) = \frac{1}{\sqrt{2\pi}} \int\limits_{-z_\alpha}^{z_\alpha} e^{-\frac{x^2}{2}}\, dx = 2\Phi_0(z_\alpha) = 1 - \alpha.$$

z_α wird also definiert durch

$$2\Phi_0(z_\alpha) = 1 - \alpha. \tag{5.87}$$

Wendet man dies auf $H_n(A)$ an, so läßt sich zu vorgegebenem α ein z_α so finden, daß

$$P\left(-z_\alpha < \frac{H_n(A) - p}{\sqrt{pq/n}} < z_\alpha\right) = P\left(\left|\frac{H_n(A) - p}{\sqrt{pq/n}}\right| < z_\alpha\right) \approx 1 - \alpha$$

ist. Aus

$$\left|\frac{H_n - p}{\sqrt{pq/n}}\right| < z_\alpha \quad \text{folgt} \quad p^2\left(1 + \frac{z_\alpha^2}{n}\right) - p\left(2H_n + \frac{z_\alpha^2}{n}\right) + H_n^2 < 0,$$

woraus man die beiden Werte $\underline{p}(H_n)$, $\bar{p}(H_n)$ berechnen kann, die eine Konfidenzschätzung für p darstellen. Das zufällige Intervall $(\underline{p}(H_n), \bar{p}(H_n))$ überdeckt p fast sicher, wenn α hinreichend klein gewählt wird.

5.2.2.3.2. Konfidenzschätzung von a bei unbekanntem σ aus einer nach $N(a, \sigma)$ normalverteilten Grundgesamtheit. Die Schätzung beruht auf der Tatsache, daß unter den gegebenen Voraussetzungen die Größe $\frac{\bar{X} - a}{S}\sqrt{n}$ einer t-Verteilung mit $m = n - 1$ Freiheitsgraden genügt. Also läßt sich anhand von Tafel 1.1.2.11. zu vorgegebenem α eine Zahl $t_{\alpha,n-1}$ aufsuchen, für die dann

$$P\left(-t_{\alpha,n-1} < \frac{\bar{X} - a}{S}\sqrt{n} < t_{\alpha,n-1}\right) = 1 - \alpha$$

bzw.

$$P\left(\bar{X} - \frac{S}{\sqrt{n}}\, t_{\alpha,n-1} < a < \bar{X} + \frac{S}{\sqrt{n}}\, t_{\alpha,n-1}\right) = 1 - \alpha$$

gilt. Also ist das zufällige Intervall $\left(\bar{X} - \frac{S}{\sqrt{n}}\, t_{\alpha,n-1}, \bar{X} + \frac{S}{\sqrt{n}}\, t_{\alpha,n-1}\right)$ eine Konfidenzschätzung von a zum Konfidenzniveau $p = 1 - \alpha$.

5.2.2.3.3. Konfidenzschätzung von σ bei unbekanntem a aus einer nach $N(a, \sigma)$ normalverteilten Grundgesamtheit. Ausgangspunkt ist die Tatsache, daß unter den angegebenen Voraussetzungen die Größe $\frac{(n - 1)\, S^2}{\sigma^2}$ einer χ^2-Verteilung mit $n - 1$ Freiheitsgraden genügt. Man bestimmt aus der Tafel 1.1.2.10. zu vorgegebenem α und $m = n - 1$ Freiheitsgraden zwei Zahlen c_1 und c_2 mit $P(\chi^2 < c_1) = 1 - P(\chi^2 > c_1) = \frac{\alpha}{2}$ und $P(\chi^2 > c_2) = \frac{\alpha}{2}$. Es ist $c_1 = \chi^2_{1-\frac{\alpha}{2}}$, $c_2 = \chi^2_{\frac{\alpha}{2}}$. Zu

$\alpha = 0{,}02$ und $m = 19$ wäre z. B. $c_1 = \chi^2_{0,99} = 7{,}6$ und $c_2 = \chi^2_{0,01} = 36{,}2$. Die Zahlen c_1, c_2 sind gerade so bestimmt, daß

$$P\left(c_1 < \frac{(n-1)\,S^2}{\sigma^2} < c_2\right) = 1 - \alpha$$

bzw.

$$P\left(\frac{(n-1)\,S^2}{c_2} < \sigma^2 < \frac{(n-1)\,S^2}{c_1}\right) = 1 - \alpha$$

ist. Also ist

$$\left(\frac{(n-1)\,S^2}{c_2},\ \frac{(n-1)\,S^2}{c_1}\right)$$

eine Konfidenzschätzung von σ^2, und

$$\left(\frac{\sqrt{n-1}\,S}{\sqrt{c_2}},\ \frac{\sqrt{n-1}\,S}{\sqrt{c_1}}\right)$$

ist eine Konfidenzschätzung von σ zum Konfidenzniveau $1 - \alpha$.

5.2.2.3.4. Konfidenzintervalle asymptotisch normalverteilter Schätzungen. Ist Γ eine asymptotisch normalverteilte Punktschätzung von γ, so bestimmt man z_α gemäß (5.87), und es gilt dann mit diesem z_α:

$$P\left(-z_\alpha < \frac{\Gamma - \gamma}{\sqrt{D(\Gamma)}} < z_\alpha\right) \approx 1 - \alpha,$$

woraus sich eine Konfidenzschätzung für γ zum Konfidenzniveau $1 - \alpha$ ergibt. Der in 5.2.2.3.1. betrachtete Fall war eine konkrete Anwendung dieser allgemeinen Überlegung.

5.2.3. Prüfen von Hypothesen (Tests)

5.2.3.1. Problemstellung

Zwei Werke A und B mögen Draht herstellen. X sei die Zerreißfestigkeit des Drahtes aus dem Werk A, Y entsprechend die des Drahtes von B. X und Y können als normalverteilt und unabhängig angesehen werden. Aufgrund langjähriger Beobachtungen seien σ_X und σ_Y bekannt. Es wurde nun von je 50 Rollen Draht entnommen und geprüft. Dabei ergaben sich folgende mittlere Zereißfestigkeiten: $\bar{x} = 120{,}8$ kp/mm² (Werk A) und $\bar{y} = 128{,}2$ kp/mm² (Werk B). Es soll geprüft werden, ob diese Abweichung noch als zufällig zu betrachten ist oder ob sie wesentlich (signifikant) ist. Wir stellen die Hypothese auf, sie sei zufällig, d. h., die wahren mittleren Zerreißfestigkeiten stimmen überein. Die Hypothese H_0 (Nullhypothese) soll also lauten: $EX = EY$. Unter dieser Hypothese ist die Größe

$$Z = \frac{\bar{X} - \bar{Y}}{\sqrt{D(\bar{X} - \bar{Y})}} = \frac{\bar{X} - \bar{Y}}{\sqrt{\sigma_X^2/n + \sigma_Y^2/n}}$$

nach $N(0, 1)$ verteilt. Wir können also zu vorgegebenem α (α heißt die *Irrtumswahrscheinlichkeit* oder auch das *Signifikanzniveau*) ein z_α aus der Tabelle 1.1.2.9.2 bestimmen, so daß

$$P(|Z| > z_\alpha) = 1 - 2\Phi_0(z_\alpha) = \alpha$$

ist. Die konkrete Stichprobe ergibt für die „Testgröße" Z einen Wert z. Ist $|z| > z_\alpha$, so sagt man: z liegt im kritischen Bereich. *Es ist dann bei einmaligem Durchführen des Versuchs ein Ereignis eingetreten, welches die kleine Wahrscheinlichkeit α hat.* Nach der in 5.1.1.2. beschriebenen Erfahrungstatsache ist man deshalb veranlaßt, die Hypothese $EX = EY$ zu verwerfen. Man sagt, der beobachtete Unterschied ist signifikant. Liegt das berechnete z nicht im kritischen Bereich (d. h. ist $|z| \leqq z_\alpha$), so kann man nur aussagen, daß die aufgestellte Hypothese dem Beobachtungsmaterial nicht widerspricht. Im eingangs betrachteten konkreten Beispiel war $\sigma_X = 8{,}0\,\text{kp/mm}^2$ und $\sigma_Y = 9{,}4\,\text{kp/mm}^2$. Daraus folgt

$$\sqrt{D(\bar{X} - \bar{Y})} = \sqrt{\frac{8^2}{50} + \frac{(9{,}4)^2}{50}} = 1{,}75\,\text{kp/mm}^2.$$

Wir wählen als Irrtumswahrscheinlichkeit $\alpha = 0{,}05$. Dann ist $z_\alpha = 1{,}96$. Es ist

$$z = \frac{\bar{x} - \bar{y}}{1{,}75} = -\frac{7{,}4}{1{,}75} = -4{,}23, \quad |z| > z_\alpha = 1{,}96;$$

also liegt das berechnete z im kritischen Bereich. Die Hypothese $EX = EY$ muß also verworfen werden, d. h., der Qualitätsunterschied zwischen den Werken A und B ist wesentlich, er kann nicht mehr aus der Zufälligkeit der Stichproben heraus erklärt werden.

5.2.3.2. Allgemeine Theorie

Es soll anhand von Stichprobenmaterial eine Hypothese H_0 getestet werden. H_0 kann z. B. eine Hypothese über die Gleichheit gewisser Verteilungsparameter, über die Gleichheit von Verteilungsgesetzen, über die Unkorreliertheit zweier Zufallsgrößen u. a. m. sein. Man benötigt für den Test einer solchen Hypothese eine Testgröße T; diese ist eine geeignet gewählte und dem Problem angemessene Stichprobenfunktion. Zu vorgegebenem Signifikanzniveau α (meist wählt man $\alpha = 0{,}05$ bzw. 0,02 bzw. 0,01) wird nun ein Bereich **B**, der sogenannte kritische Bereich, so ermittelt, daß

$$P(T \in \mathbf{B} \mid H_0 \text{ wahr}) \leqq \alpha \tag{5.88}$$

gilt. **B** läßt sich praktisch ermitteln, wenn die Verteilung der Testgröße T (oder wenigstens die asymptotische Verteilung) bekannt ist. Das Testverfahren besteht in folgendem: *Es wird eine Stichprobe durchgeführt. Diese ergibt einen speziellen Wert t der Testgröße T. Ist $t \in \mathbf{B}$, d. h., ist ein Ereignis eingetreten, welches die (sehr kleine) Wahrscheinlichkeit α hat, so wird die Hypothese H_0 abgelehnt.* Liegt t nicht in **B**, so kann man nur schließen, daß die Beobachtungsergebnisse der gemachten Hypothese nicht widersprechen.

Je kleiner α ist, desto kleiner ist die Wahrscheinlichkeit dafür, daß die Hypothese H_0 verworfen wird, obwohl sie wahr ist, oder wie man auch sagt, daß ein *Fehler erster Art* begangen wird.

Die Fehlentscheidung, daß die Hypothese H_0 nicht abgelehnt wird, obwohl sie falsch ist, bezeichnet man als *Fehler zweiter Art*. Ist α vorgegeben, so läßt sich der kritische Bereich **B** gemäß (5.88) i. allg. auf unendlich viele verschiedene Arten wählen. Man wählt ihn so, daß die Wahrscheinlichkeit, einen Fehler zweiter Art zu begehen, möglichst klein wird. Die kritischen Bereiche der im folgenden behandelten Tests sind nach diesem Gesichtspunkt gewählt.

5.2.3.3. *t*-Test

Der t-Test dient zum Vergleich zweier Mittelwerte aus *normalverteilten Grundgesamtheiten*, wenn die Streuungen σ_X und σ_Y zwar nicht bekannt sind, man aber begründet annehmen kann, daß sie gleich sind. Die zu prüfende Hypothese H_0 lautet also $EX = EY$. $(X_1, \ldots, X_{n_1})$, $(Y_1, \ldots, Y_{n_2})$ seien unabhängige zufällige Stichproben aus den beiden Grundgesamtheiten; sie können durchaus verschiedenen Umfang besitzen. Als Testgröße benutzt man die Größe

$$T = \frac{\bar{X} - \bar{Y}}{\sqrt{(n_1 - 1)\,S_X^2 + (n_2 - 1)\,S_Y^2}} \sqrt{\frac{n_1 n_2 (n_1 + n_2 - 2)}{n_1 + n_2}}. \tag{5.89}$$

Unter den angegebenen Voraussetzungen (Normalverteiltheit von X und Y und Gleichheit der Streuungen) und unter der Annahme, daß H_0 wahr ist, genügt T einer Studentschen t-Verteilung mit $k = n_1 + n_2 - 2$ Freiheitsgraden. Der kritische Bereich des Tests kann deshalb folgendermaßen festgelegt werden: Zum Signifikanzniveau α bestimmt man aus Tafel 1.1.2.11. $t_{\alpha,k}$ mit $k = n_1 + n_2 - 2$. *Erfüllt die nach* (5.89) *berechnete Realisierung t die Ungleichung $|t| > t_{\alpha,k}$, so wird die Hypothese H_0 verworfen.*

Der t-Test ist gegenüber der Voraussetzung „Normalverteiltheit" nicht sehr empfindlich. Man kann ihn anwenden, wenn die Häufigkeitsverteilungen der beiden Stichproben nicht mehrgipflig und nicht allzu schief sind. Die Voraussetzung $\sigma_X = \sigma_Y$ kann in vielen Fällen inhaltlich begründet werden; man kann die Hypothese $\sigma_X = \sigma_Y$ auch durch den F-Test prüfen (s. u.).

Beispiel: Zwei verschiedene Futterzusammensetzungen waren auf ihren Einfluß auf die Gewichtszunahme bei Schweinen zu prüfen. Es wurde je zehn Tieren das eine bzw. das andere Futter verabreicht ($n_1 = n_2 = 10$). X sei die Gewichtszunahme bei der einen Futterzusammensetzung, Y die bei der anderen. X und Y können als normalverteilt angenommen werden (zentraler Grenzwertsatz). Ferner kann man $\sigma_X = \sigma_Y$ annehmen, denn die Streuung in der Gewichtszunahme resultiert aus den spezifischen Eigenschaften der einzelnen Tiere, welche unabhängig von der Fütterung wirken. Die Voraussetzungen für einen t-Test sind somit erfüllt. Es ergaben sich folgende empirischen Mittel: $\bar{x} = 112{,}1$ kg, $\bar{y} = 100{,}2$ kg. Die emprischen Varianzen waren $s_X^2 = 211$, $s_Y^2 = 86$. Nach (5.89) ergibt sich

$$t = \frac{112{,}1 - 100{,}2}{\sqrt{9 \cdot 211 + 9 \cdot 86}} \cdot \sqrt{\frac{10 \cdot 10(10 + 10 - 2)}{10 + 10}} = 2{,}2.$$

Zu $\alpha = 0{,}05$ und $k = 10 + 10 - 2 = 18$ ergibt sich aus Tafel 1.1.2.11. $t_{0,05;18} = 2{,}101$. Es ist $|t| > t_{\alpha,k}$. H_0 wird also verworfen. Mit einer Irrtumswahrscheinlichkeit von 0,05 kann also gesagt werden, daß das eine Futtermittel besser ist als das andere.

5.2.3.4. F-Test

Hypothesen über Streuungen sind in der Technik von großer Bedeutung, da σ^2 ein Maß für solche Kennziffern wie Genauigkeit von Maschinen, Fehler von Meßgeräten, Genauigkeit technologischer Prozesse usw. ist. *Der F-Test dient zur Prüfung der Hypothese $\sigma_X = \sigma_Y$ unter der Voraussetzung, daß X und Y normalverteilt sind.* Man entnimmt jeder Grundgesamtheit eine Stichprobe vom Umfang n_1 bzw. n_2. Als Testgröße benutzt man den Quotienten der empirischen Varianzen; $F = \frac{S_X^2}{S_Y^2}$ bzw. $F = \frac{S_Y^2}{S_X^2}$ (man wählt jeweils die größere Varianz als Zähler). F genügt einer F-Verteilung mit (m_1, m_2) Freiheitsgraden ($m_1 = n_1 - 1$; $m_2 = n_2 - 1$). Der kritische Bereich wird folgendermaßen gewählt: Zum Signifikanzniveau α entnimmt man der Tafel 1.1.2.13. für $p = \frac{\alpha}{2}$ und entsprechende Freiheitsgrade m_1, m_2 den Wert $F_{p;\,m_1,m_2}$. Ist das aus der Stichprobe berechnete f größer als dieser kritische Wert, so muß die Hypothese mit der Irrtumswahrscheinlichkeit α (aufgrund der Konstruktion der Tafel sind nur $\alpha = 0{,}10$ und $\alpha = 0{,}02$ möglich, was für die Praxis ausreicht) abgelehnt werden.

Beispiel: Mit zwei Meßgeräten X und Y werden 10 bzw. 20 Messungen durchgeführt. Es ergaben sich folgende empirische Varianzen:

$$s_X^2 = 12{,}2\,\mu\text{m}; \quad s_Y^2 = 8{,}0\,\mu\text{m}. \quad f = \frac{s_X^2}{s_Y^2} = \frac{12{,}2}{8{,}0} = 1{,}525.$$

Zum Konfidenzniveau $\alpha = 0{,}10$ entnimmt man der Tafel 1.1.2.13. $F_{0,05;\,9,19} = 2{,}42$. Da das berechnete f kleiner als der kritische Wert ist, ist der Unterschied zwischen s_X und s_Y nicht signifikant, d. h., die Hypothese, daß beide Meßgeräte gleich genau sind, widerspricht dem Beobachtungsmaterial nicht.

5.2.3.5. Wilcoxon-Test

Der Wilcoxon-Test dient zum Prüfen der Hypothese, ob zwei Stichproben ein und derselben Grundgesamtheit entstammen, m. a. W., es wird die Hypothese $H_0: F_X(x) \equiv F_Y(x)$ mittels je einer Stichprobe $(x_1, \ldots, x_{n_1})$ aus X und $(y_1, \ldots, y_{n_2})$ aus Y getestet. Es werden bezüglich der Verteilungen von X und Y keine Voraussetzungen gemacht. Testverfahren, die nichts über die Verteilung in den Grundgesamtheiten voraussetzen, heißen *parameterfreie Verfahren* im Gegensatz zu den bisher behandelten parametrischen Tests, in denen Normalverteiltheit von X und Y vorausgesetzt wurde. Die Werte $x_1, \ldots, x_{n_1}$ und $y_1, \ldots, y_{n_2}$ beider Stichproben werden gemeinsam ihrer Größe nach geordnet. Als Beispiel ergebe sich für $n_1 = 4$ und $n_2 = 5$ folgende Reihenfolge $y_5 x_3 x_4 y_1 y_2 x_2 y_4 y_3 x_1$. Betrachtet man ein Wertpaar (x_i, y_j), so sagt man, die beiden Werte bilden eine Inversion, wenn $y_j < x_i$ ist. In unserem Beispiel bildet x_3 und x_4 je eine Inversion mit y_5, x_2 bildet drei Inversionen (mit y_2, y_1, y_5) und x_1 bildet fünf Inversionen (mit allen y_j). Als Testgröße wird die *Gesamtzahl U der Inversionen* herangezogen. Ist die Hypothese wahr, so darf U von seinem Erwartungswert $EU = \frac{n_1 n_2}{2}$ nicht allzu stark abweichen. Man lehnt demnach die Hypothese ab, wenn $\left|u - \frac{n_1 n_2}{2}\right|$ größer als ein gewisser kritischer Wert u_α ist. u_α entnimmt man zu vorgegebenem Signifikanzniveau α der Tafel 1.1.2.14. Für größere n_1 und n_2, für die u_α nicht mehr der Tafel 1.1.2.14. entnommen werden kann, gilt

$$u_\alpha = z_\alpha \sqrt{\frac{n_1 n_2 (n_1 + n_2 + 1)}{12}},$$

wobei z_α gemäß (5.87) aus Tafel 1.1.2.9.2. ermittelt wird.

Beispiel: Aus zwei Chargen einer gewissen Produktion wurden je 12 Teile entnommen und ein gewisses Merkmal gemessen. Es ist die Hypothese zu prüfen, daß das Merkmal in beiden Chargen die gleiche Verteilung hat, m. a W. daß der Produktionsprozeß sich von Charge zu Charge nicht wesentlich geändert hat. Tab. 5.3 zeigt die Meßergebnisse

Tabelle 5.3. Meßergebnisse an zwei Chargen eines Produktionsprozesses

	Nummer des Teils											
	1	2	3	4	5	6	7	8	9	10	11	12
Charge I (X)	0,8	1,9	3,0	3,5	3,8	2,5	1,7	0,9	1,0	2,3	3,3	3,4
Charge II (Y)	3,1	2,7	1,8	4,0	0,2	1,1	3,6	2,1	1,4	4,7	2,8	1,6

Der Größe nach geordnet ergibt sich: 0,2(y); 0,8(x); 0,9(x); 1,0(x); 1,1(y); 1,4(y); 1,6(y); 1,7(x); 1,8(y); 1,9(x); 2,1(y); 2,3(x); 2,5(x); 2,7(y); 2,8(y); 3,0(x); 3,1(y); 3,3(x); 3,4(x); 3,5(x); 3,6(y); 3,8(x); 4,0(y); 4,7(y). Die Anzahl der Inversionen ist $u = 1 + 1 + 1 + 4 + 5 + 6 + 6 + 8 + 9 + 9 + 9 + 10 = 69$. $\left|u - \frac{n_1 n_2}{2}\right| = |69 - 72| = 3$. Zu $\alpha = 0{,}05$ ergibt Tafel 1.1.2.14. $u_\alpha = 35{,}0$. Die Hypothese H_0: $F_X(x) \equiv F_Y(x)$ ist also nicht abzulehnen.

5.2.3.6. χ^2-Anpassungstest

Mit den bisher behandelten Tests konnte man prüfen, ob gewisse Unterschiede, die am Beobachtungsmaterial zweier Stichproben auftraten, wesentlich (signifikant) oder zufällig sind. Wir betrachten nun Tests, welche die Hypothese nachprüfen, ob eine betrachtete Zufallsgröße X einem vorgegebenen Verteilungsgesetz $F_0(x)$ genügt. Sie heißen *Anpassungstests*. Die Hypothese H_0 beim χ^2-Anpassungstest lautet demnach $F_X(x) \equiv F_0(x)$, wobei $F_X(x)$ die Verteilungsfunktion von X und $F_0(x)$ eine vorgegebene (die hypothetische) Verteilung ist. Es werde zunächst der Fall betrachtet, daß $F_0(x)$ vollständig festliegt, d. h. keine unbekannten Parameter mehr enthält. Man teilt dann den Wertebereich der Zufallsgröße X in endlich viele disjunkte Mengen (sogenannte Klassen) $\Delta_1, \ldots, \Delta_k$ ein. Bei stetigem X sind die Δ_i Intervalle, bei diskretem X Gruppen möglicher Werte von X. Es seien nun p_i die „theoretischen Wahrscheinlichkeiten" dafür, daß X in Δ_i fällt, d. h. die Wahrscheinlichkeit von $X \in \Delta_i$ unter der Bedingung, daß die Hypothese H_0 wahr ist. Ist $\Delta_i = [a_i, b_i)$, so gilt für p_i:

$$p_i = F_0(b_i) - F_0(a_i). \tag{5.90}$$

Es wird nun aus X eine Stichprobe $(X_1, \ldots, X_n)$ vom Umfang n entnommen. M_i sei die Anzahl der Stichprobenwerte in Δ_i, $i = 1, \ldots, k$. Es gilt dann $\sum_{i=1}^{k} p_i = 1$; $\sum_{i=1}^{k} M_i = n$. Die Klasseneinteilung ist natürlich weitgehend willkürlich. Man muß nur darauf achten, daß für die Randklassen $np_i \geqq 1$, für die übrigen $np_i \geqq 5$ ist. Ist das nicht erfüllt, müssen Klassen zusammengelegt werden. Ist die Klasseneinteilung nach diesen Erfordernissen vorgenommen, so ist die Testgröße

$$\chi^2 = \sum_{i=1}^{k} \frac{(M_i - np_i)^2}{np_i} = \sum_{i=1}^{k} \frac{M_i^2}{np_i} - n \tag{5.91}$$

unter der Voraussetzung, daß H_0 wahr ist, asymptotisch χ^2-verteilt mit $m = k - 1$ Freiheitsgraden. Da χ^2 ein Maß für die Abweichung der wahren Verteilung von der hypothetischen ist, wird man die Hypothese ablehnen, wenn der aus einer konkreten Stichprobe gemäß (5.91) berechnete Wert einen gewissen kritischen Wert überschreitet. Diesen kritischen Wert χ_α^2 findet man zu vorgegebenem Signifikanzniveau α und $m = k - 1$ Freiheitsgraden aus Tafel 1.1.2.10. Ist also $\chi^2 \geqq \chi_\alpha^2$, so wird H_0 verworfen. Für $n > 30$ findet man χ_α^2 nicht mehr aus Tafel 1.1.2.10., sondern nach der Formel $\chi_\alpha^2 = \frac{1}{2}\left(\sqrt{2m - 1} + z_{2\alpha}\right)^2$, wobei $z_{2\alpha}$ gemäß $2\Phi_0(z_{2\alpha}) = 1 - 2\alpha$ aus Tafel 1.1.2.9.2. zu berechnen ist.

Beispiel: Bei der für die Lotto-Ziehung verwendeten Apparatur wird man verlangen, daß für die 90 möglichen Werte eine Gleichverteilung vorliegt. Um dies zu testen, wurden fünf Kugeln in das Gerät gelegt und $n = 100$ Testziehungen je einer Kugel durchgeführt. $F_0(x)$ wird gemäß der Annahme einer Gleichverteilung der fünf möglichen Werte von X (X = Nummer der gezogenen Kugel) durch folgende Wahrscheinlichkeitsfunktion definiert: $p_i = \frac{1}{5}$ für $i = 1, \ldots, 5$. Die Klassen sind hier die möglichen Werte selbst. Tab. 5.4 gibt die Ziehungsergebnisse m_i und die für die Berechnung von χ^2 nötigen Daten.

Tabelle 5.4: Ziehungsergebnisse bei 100 Lotto-Testziehungen

i	Anzahl m_i der Ziehungen, in denen i gezogen wurde	np_i	$m_i - np_i$	$\frac{(m_i - np_i)^2}{np_i}$
1	18	20	−2	0,20
2	19	20	−1	0,05
3	21	20	1	0,05
4	26	20	6	1,80
5	16	20	−4	0,80
Σ	100	100	0	2,90

Zu $\alpha = 0{,}05$ und $m = 5 - 1 = 4$ Freiheitsgraden entnimmt man der Tafel 1.1.2.10. $\chi_\alpha^2 = 9{,}5$. Da das berechnete $\chi^2 = 2{,}9$ kleiner als χ_α^2 ist, bietet das Ziehungsergebnis keinen Anlaß, an der Gleichverteilung zu zweifeln.

5.2.3.7. Der Fall zusätzlicher Parameter

Meist ist die hypothetische Verteilung $F_0(x)$ nicht eindeutig festgelegt, sondern die Hypothese sagt nur, daß $F_0(x)$ aus einer bestimmten Menge von Verteilungsfunktionen $F(x; \vartheta_1, \ldots, \vartheta_r)$ stammt, die von r Parametern abhängen. Zum Beispiel könnte die Hypothese lauten: X ist normalverteilt (hier hat man zwei Parameter a und σ) oder: X ist poissonverteilt (hier ist ein Parameter λ vorhanden). Man geht in diesem Fall folgendermaßen vor: Man verschafft sich aus der Stichprobe *Maximum-Likelihood-Schätzungen* $\hat{\vartheta}_1, \ldots, \hat{\vartheta}_r$ der Parameter und nimmt $F_0(x) = F(x; \hat{\vartheta}_1, \ldots, \hat{\vartheta}_r)$. Nun werden p_i nach (5.90) und χ^2 nach (5.91) berechnet. *Sind r Parameter geschätzt, so hat man nur noch $m = k - r - 1$ Freiheitsgrade.* Ansonsten bleibt der Test derselbe.

Beispiel: Mit einem Meßgerät wurden 200 Messungen an verschiedenen Längennormalen vorgenommen und der zufällige Meßfehler in μm notiert. Die reelle Achse wurde in $k = 9$ Intervalle eingeteilt. Tab. 5.5 gibt die Häufigkeiten der entsprechenden Intervalle. Die gebrochenen Werte

Tabelle 5.5: Häufigkeitsverteilung der zufälligen Meßfehler aus 200 Messungen

Nummer	Intervall	Häufigkeit m_i
1	unter −15 μm	6
2	−15 bis −10 μm	$11^1/_2$
3	−10 bis −5 μm	$15^1/_2$
4	−5 bis 0 μm	22
5	0 bis 5 μm	$47^1/_2$
6	5 bis 10 μm	42
7	10 bis 15 μm	28
8	15 bis 20 μm	17
9	über 20 μm	$10^1/_2$

der m_i resultieren daraus, daß man üblicherweise Werte, die auf eine Klassengrenze fallen, zur Hälfte der einen und zur Hälfte der anderen Klasse zurechnet. Es soll die Hypothese H_0 getestet werden, daß der zufällige Meßfehler X normalverteilt ist. Die hypothetische Verteilung hat also die Dichte

$$f(x; a, \sigma) = \frac{1}{\sqrt{2\pi}\,\sigma}\, e^{-\frac{1}{2}\left(\frac{x-a}{\sigma}\right)^2},$$

welche die beiden unbekannten Parameter a und σ enthält. Aus der Stichprobe der 200 Meßfehler wurden Maximum-Likelihood-Schätzungen für a und σ berechnet. Sie ergaben $\bar{x} = 4{,}60\ \mu\text{m}$; $s^{*2} = 95{,}2\ \mu\text{m}^2$. Also hat die für den Test zu benutzende Verteilungsfunktion $F_0(x)$ die Dichte

$$f_0(x) = \frac{1}{\sqrt{2\pi \cdot 95{,}2}}\, e^{-\frac{1}{2}\frac{(x-4{,}6)^2}{95{,}2}}.$$

Daraus kann man nun die p_i mittels der Tafel 1.1.2.9.2. berechnen. Es ergibt sich z. B.

$$p_1 = P(X < -15) = P\left(\frac{X - 4{,}6}{\sqrt{95{,}2}} < \frac{-15 - 4{,}6}{\sqrt{95{,}2}}\right)$$

$$= P\left(\frac{X - 4{,}6}{\sqrt{95{,}2}} < -2{,}00\right) = \frac{1}{2} - \Phi_0(2{,}00) = \frac{1}{2} - 0{,}4772 = 0{,}0228.$$

$$p_2 = P(-15 < X < -10) = P\left(-2{,}00 < \frac{X - 4{,}6}{\sqrt{95{,}2}} < -1{,}49\right)$$

$$= \Phi(-1{,}49) - \Phi(-2{,}00) = \Phi_0(2{,}00) - \Phi_0(1{,}49) = 0{,}4772 - 0{,}4319 = 0{,}0453.$$

Tab. 5.6 enthält die weiteren p_i und alle für die Berechnung von χ^2 erforderlichen Daten.

Tabelle 5.6: Berechnungstabelle für χ^2

i	m_i	p_i	np_i	$\frac{(m_i - np_i)^2}{np_i}$
1	6	0,0228	4,56	0,45
2	$11^1/_2$	0,0453	9,06	0,66
3	$15^1/_2$	0,0954	19,08	0,67
4	22	0,1557	31,14	2,68
5	$47^1/_2$	0,1968	39,36	1,68
6	42	0,1928	38,56	0,31
7	28	0,1466	29,32	0,06
8	17	0,0864	17,28	0,00
9	$10^1/_2$	0,0582	11,64	0,11
Σ	200	1,0000	200,00	6,62

$\chi^2 = 6{,}62$. Da zwei Parameter geschätzt wurden, haben wir jetzt $9 - 2 - 1 = 6$ Freiheitsgrade. Zu $\alpha = 0{,}05$ und $m = 6$ entnimmt man der Tafel 1.1.2.10. $\chi^2_\alpha = 12{,}6$. Da das berechnete χ^2 kleiner ist, widerspricht die Hypothese der Normalverteiltheit des zufälligen Meßfehlers des entsprechenden Geräts dem Beobachtungsmaterial nicht.

5.2.3.8. Der Anpassungstest von Kolmogorow-Smirnow

Dieser Test benutzt direkt die empirische Verteilungsfunktion von X. Zugrunde liegt die Stichprobenfunktion $D_n = \sup\limits_{-\infty<x<\infty} |W_n(x) - F_0(x)|$ (vgl. (5.75)), wobei $W_n(x)$ die empirische Verteilungsfunktion ist und $F_0(x)$ die hypothetische Verteilung. Es gilt:

$$\lim_{n\to\infty} P\left(D_n < \frac{\lambda}{\sqrt{n}}\right) = Q(\lambda) \quad \text{mit} \quad Q(\lambda) = \sum_{k=-\infty}^{\infty} (-1)^k \, e^{-2k^2\lambda^2}.$$

Die Testgröße $\sqrt{n}\, D_n$ ist also asymptotisch nach $Q(\lambda)$ verteilt. Man entnimmt nun zum Signifikanzniveau α aus Tafel 1.1.2.15. einen solchen Wert λ_0, der $Q(\lambda_0) = 1 - \alpha$ erfüllt. Ist $\sqrt{n}\, D_n \geqq \lambda_0$, so wird die Hypothese H_0, daß X nach $F_0(x)$ verteilt ist, verworfen. Der Kolmogorow-Smirnow-Test ist i. allg. nicht anwendbar, wenn in $F_0(x)$ Schätzungen von Parametern eingehen, die aus derselben Stichprobe geschätzt wurden, aus der man $W_n(x)$ berechnet hat.

5.2.4. Korrelation und Regression

5.2.4.1. Schätzung von Korrelations- und Regressionskenngrößen aus Stichproben

Bei einem Zufallsvektor (X, Y) ergibt eine Stichprobe (vom Umfang n) n Paare (x_1, y_1), (x_2, y_2), …, (x_n, y_n) von Merkmalswerten. Man spricht in diesem Fall von einer verbundenen Stichprobe im Gegensatz zu unabhängigen Stichproben, wo völlig unabhängig voneinander n_1 x-Werte und n_2 y-Werte beobachtet werden. Es sollen für die Regressionsgeraden (5.60), (5.61) Schätzungen angegeben werden, genauer gesagt, die theoretischen Regressionskenngrößen (5.62), (5.63) sollen aus einer Stichprobe geschätzt werden. Aus den Stichprobenfunktionen in 5.2.2.2., insbesondere (5.78), (5.79) ergeben sich folgende Schätzungen: Für μ_X: $\bar{x} = \frac{1}{n}\sum\limits_{i=1}^{n} x_i$; für μ_Y: $\bar{y} = \frac{1}{n}\sum\limits_{i=1}^{n} y_i$; für σ_X^2: $s_X^2 = \frac{1}{n-1}\sum\limits_{i=1}^{n}(x_i - \bar{x})^2$; für σ_Y^2: $s_Y^2 = \frac{1}{n-1}\sum\limits_{i=1}^{n}(y_i - \bar{y})^2$. Für die Kovarianz erhält man als Schätzung die sogenannte empirische Kovarianz $m_{XY} = \frac{1}{n-1}\sum\limits_{i=1}^{n}(x_i - \bar{x})(y_i - \bar{y})$. Hieraus bekommt man Schätzungen für die theoretischen Korrelations- und Regressionskenngrößen, indem man in (5.62), (5.63) die theoretischen Größen durch ihre Schätzungen (empirische Größen) ersetzt. Es ergibt sich:

$$r = \frac{m_{XY}}{s_X s_Y} = \frac{\sum\limits_{i=1}^{n}(x_i - \bar{x})(y_i - \bar{y})}{\sqrt{\sum\limits_{i=1}^{n}(x_i - \bar{x})^2 \sum\limits_{i=1}^{n}(y_i - \bar{y})^2}}; \tag{5.92}$$

r heißt der *empirische Korrelationskoeffizient*. Ebenso ergeben sich die *empirischen Regressionskoeffizienten*:

$$b_{Y|X} = r\frac{s_Y}{s_X} = \frac{m_{XY}}{s_X^2}; \quad b_{X|Y} = r\frac{s_X}{s_Y} = \frac{m_{XY}}{s_Y^2}. \tag{5.93}$$

Hieraus bekommt man die empirischen Regressionsgeraden:

$$y = \bar{y} + b_{Y|X}(x - \bar{x}),$$

$$x = \bar{x} + b_{X|Y}(y - \bar{y}).$$

Bei annähernd linear korreliertem X und Y kann man mit diesen Regressionsgeraden bestmögliche Voraussagen von Y bei gegebenem Wert von X bzw. bestmögliche Voraussagen von X bei gegebenem Wert von Y machen. Die Frage, ob annähernd lineare Korrelation zwischen X und Y vorliegt, kann nur manchmal theoretisch entschieden werden. Das geht z. B., wenn bekannt ist, daß (X, Y) normalverteilt ist. Dann sind die Regressionslinien Geraden, d. h., es liegt exakt lineare Koorelation vor. Im allgemeinen bildet man sich folgendermaßen ein Urteil: Jeder Stichprobenwert (x_i, y_i) repräsentiert einen Punkt in der x,y-Ebene, so daß die gesamte Stichprobe eine Punkteschar in der Ebene ergibt. Abb. 5.11 zeigt drei Beispiele solcher Punktescharen. In Abb. (a) wäre $\bar{y}(x)$ (vgl. 5.1.5.7.) eine nach unten geöffnete parabelförmige Kurve; hier wäre die Annahme linearer Korrelation falsch. In (b) würde sich $\bar{y}(x)$ annähernd als Gerade ergeben. Hier kann also annähernd lineare Korrelation angenommen werden. Bei (c) wird man Unkorreliertheit vermuten.

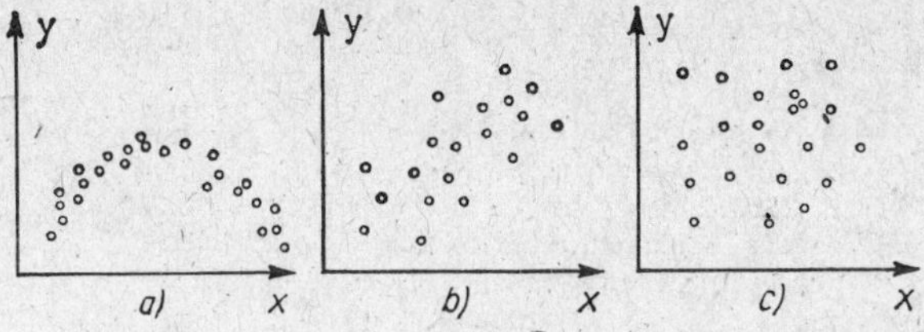

Abb. 5.11. Verschiedene Fälle stochastischer Abhängigkeit

Unter der Voraussetzung annähernd linearer Korrelation ist r ein Maß für die Stärke des Zusammenhangs zwischen X und Y. $|r|$ nahe eins bedeutet einen sehr engen Zusammenhang, während $|r|$ nahe null einen sehr schwachen oder keinen Zusammenhang anzeigt.

5.2.4.2. Prüfen der Hypothese $\varrho = 0$ im Falle normalverteilter Grundgesamtheiten

Eine wichtige Frage bei Korrelationsuntersuchungen ist die, ob tatsächlich eine von null verschiedene Korrelation vorliegt oder nicht, d. h. ob der beobachtete Wert r signifikant oder rein zufällig von null verschieden ist. Man hat also die Hypothese $\varrho = 0$ zu prüfen. Man geht dazu von der konkreten Schätzung r gemäß (5.92) zur entsprechenden Stichprobenfunktion R gemäß (5.79) über. *Unter der Voraussetzung, daß X* und *Y normalverteilt sind, ist R asymptotisch nach* $N(\varrho, \sigma_R)$ verteilt mit $\sigma_R \approx s_r = \dfrac{1 - r^2}{\sqrt{n}}$. Also kann der kritische Bereich folgendermaßen festgelegt werden: Zu α berechnet man aus Tafel 1.1.2.9.2. nach Formel (5.87) z_α. Gilt $|r| > z_\alpha \cdot s_r$ für das aus der Stichprobe berechnete r, so wird die Hypothese $\varrho = 0$ abgelehnt. Dieser Test eignet sich für große Stichproben. Für kleine Stichproben kann man einen Test aufgrund der Tatsache aufbauen, daß unter den angegebenen Voraussetzungen die Größe $\dfrac{R}{\sqrt{1 - R^2}} \sqrt{n - 2}$ einer Studentschen t-Verteilung mit $n - 2$ Freiheitsgraden genügt.

5.2.4.3. Ein allgemeines Regressionsproblem

Eine Zufallsgröße Y hänge von k Variablen $x_1, \ldots, x_k$ ab. Y sei normalverteilt mit von x_j unabhängiger Streuung σ und mit dem Erwartungswert

$$EY = \bar{y} = \alpha + \beta_1 x_1 + \beta_2 x_2 + \ldots + \beta_k x_k. \tag{5.94}$$

Man sagt, die x_j bestimmen Y nur im Mittel.

Beispiel: In der Technik hat man häufig Zufallsgrößen folgenden Typs:

$$Y = \alpha + \beta_1 t + \beta_2 t^2 + \ldots + \beta_k t^k + Z(t) \quad \text{mit} \quad Z(t) \in N(0, \sigma).$$

t ist die Zeit. Setzt man $x_j = t^j$ $(j = 1, \ldots, k)$, so erkennt man, daß Y eine Zufallsgröße der oben beschriebenen Art ist.

Das Problem besteht darin, mittels einer Serie von n unabhängigen Beobachtungen $(y_i, x_{1i}, \ldots, x_{ki})$, $(i = 1, \ldots, n)$, *die unbekannten Parameter* $\alpha, \beta_1, \ldots, \beta_k$ *aus* (5.94) *zu schätzen.* Die einzelnen Beobachtungen genügen (5.94) nicht exakt; es tritt ein Fehler δ_i auf:

$$y_i = \alpha + \beta_1 x_{1i} + \ldots + \beta_k x_{ki} + \delta_i. \tag{5.95}$$

Bezüglich der δ_i wird folgendes vorausgesetzt:

1) Die δ_i sind alle unabhängig voneinander.

2) $\delta_i \in N(0, \sigma)\ \forall i$.

Dann gilt für die gemeinsame Dichte des Vektors $(\delta_1, \ldots, \delta_n)$:

$$f(\delta_1, \ldots, \delta_n) = \left(\frac{1}{\sqrt{2\pi}\,\sigma}\right)^n e^{-\frac{1}{2\sigma^2}\sum_{i=1}^{n} \delta_i^2}. \tag{5.96}$$

Nach (5.96) erhalten wir die Likelihood-Funktion zur Schätzung von $\alpha, \beta_1, \ldots, \beta_k$, indem wir δ_i nach (5.95) ersetzen:

$$L = \left(\frac{1}{\sqrt{2\pi}\,\sigma}\right)^n e^{-\frac{1}{2\sigma^2}\sum_{i=1}^{n} (y_i - \alpha - \beta_1 x_{1i} - \ldots - \beta_k x_{ki})^2}. \tag{5.97}$$

Die Maximum-Likelihood-Gleichungen

$$\frac{\partial L}{\partial \alpha} = 0, \quad \frac{\partial L}{\partial \beta_j} = 0 \quad (j = 1, \ldots, k) \tag{5.98}$$

liefern Schätzungen $\hat{\alpha}, \hat{\beta}_j$, *die genau mit den nach der Methode der kleinsten Quadrate berechneten Werten für die unbekannten Parameter* α, β_j *übereinstimmen.* Zum Beispiel ergibt sich im eindimensionalen Fall ((5.95) hat dann die Form $y_i = \alpha + \beta x_i + \delta_i$):

$$\hat{\alpha} = \bar{y} - \hat{\beta}\,\bar{x} \quad \text{mit} \quad \hat{\beta} = \frac{\frac{1}{n}\sum_{i=1}^{n} x_i y_i - \bar{x}\bar{y}}{\frac{1}{n}\sum_{i=1}^{n} x_i^2 - \bar{x}^2}.$$

Bezüglich der technischen Durchführung der Berechnung von $\hat{\alpha}$ und $\hat{\beta}_j$ kann deshalb auf 7.1.5.1. verwiesen werden.

6. LINEARE OPTIMIERUNG

6.1. Aufgabenstellung der linearen Optimierung und Simplexalgorithmus

6.1.1. Allgemeine Problemstellung, geometrische Deutung und Lösung von Aufgaben mit zwei Variablen

Unter *linearer Optimierung*[1]) versteht man die Ermittlung des Minimums oder Maximums einer linearen Funktion endlich vieler Variabler, wobei die Variablen endlich vielen linearen *Nebenbedingungen* genügen müssen. Die Nebenbedingungen (auch: „Restriktionen") haben die Gestalt von linearen Gleichungen oder linearen Ungleichungen.

Ein lineares Optimierungsproblem läßt sich letztlich stets in folgende Form bringen, die wir mit LOP bezeichnen: Gesucht sind solche Werte der n reellen Variablen $x_1, x_2, \ldots, x_n$, für die die sogenannte *Zielfunktion*

$$Q(\mathbf{x}) = p_1x_1 + p_2x_2 + \ldots + p_nx_n$$

ihren Minimalwert annimmt, wenn alle Punkte betrachtet werden, deren Koordinaten die Nebenbedingungen

$$\begin{aligned} &a_{11}x_1 + a_{12}x_2 + \ldots + a_{1n}x_n = b_1, \\ &a_{21}x_1 + a_{22}x_2 + \ldots + a_{2n}x_n = b_2, \\ &\ldots\ldots\ldots\ldots\ldots\ldots\ldots\ldots\ldots \\ &a_{m1}x_1 + a_{m2}x_2 + \ldots + a_{mn}x_n = b_m, \\ &x_1 \geqq 0, x_2 \geqq 0, \ldots, x_n \geqq 0 \end{aligned}$$

erfüllen. Die Koeffizienten a_{ij}, b_i, p_j $(i = 1, 2, \ldots, m,\ j = 1, 2, \ldots, n)$ sind dabei reelle Zahlen. O. B. d. A. kann

$$b_1 \geqq 0, b_2 \geqq 0, \ldots, b_m \geqq 0$$

vorausgesetzt werden. (Anderenfalls werden die entsprechenden Gleichungen mit -1 multipliziert.) Ein Übergang von $Q(\mathbf{x})$ zu $Q(\mathbf{x}) +$ const ändert nichts bezüglich der Minimalstelle. In Matrizenschreibweise (s. 2.4.4.2.) mit $\mathbf{x} \in R^n$, der (m,n)-Matrix $\mathbf{A} = (a_{ij})$, $\mathbf{p} = (p_1, p_2, \ldots, p_n)^{\mathrm{T}}$, $\mathbf{b} = (b_1, \ldots, b_m)^{\mathrm{T}} \geqq \mathbf{o}$ [2]) läßt sich die lineare Optimierungsaufgabe so formulieren:

$$\begin{aligned} \mathbf{Ax} &= \mathbf{b} \\ \mathbf{x} &\geqq \mathbf{o} \\ Q(\mathbf{x}) &= \mathbf{p}^{\mathrm{T}}\mathbf{x} = \text{Min!}. \end{aligned}$$

Ist das Maximum einer Zielfunktion gesucht, $G(\mathbf{x}) = p_1x_1 + \ldots + p_nx_n = \text{Max!}$, so ist das gleichbedeutend mit $Q(\mathbf{x}) = -G(\mathbf{x}) = (-p_1)\,x_1 + \ldots + (-p_n)\,x_n = \text{Min!}$. Treten Ungleichungen als Nebenbedingungen auf, z. B. $a_{i1}x_1 + \ldots + a_{in}x_n \leqq b_i$, so kann man durch Hinzunehmen einer neuen Variablen y, einer sogenannten *Schlupfvariablen*, zur Gleichung $a_{i1}x_1 + \ldots + a_{in}x_n + y = b_i$ übergehen. Auch für die neue Variable y gilt $y \geqq 0$. In der Zielfunktion ordnen wir der Schlupfvariablen den Koeffizienten 0 zu. Liegt für eine Variable x_j die Nichtnegativitätsbedingung $x_j \geqq 0$ nicht vor, so können z. B. unter den Nebenbedingungen $x'_j \geqq 0$ und $x''_j \geqq 0$ die neuen Variablen x'_j und x''_j eingeführt werden, indem überall $x_j = x'_j - x''_j$ eingesetzt wird. Im folgenden wollen wir deshalb im wesentlichen nur lineare Optimierungsprobleme betrachten, in denen die Nebenbedingungen durch Gleichungen mit nichtnegativen Absolutgliedern gegeben sind, für alle Variablen die Nicht-

---

[1]) Früher auch als „lineare Programmierung" bezeichnet.

[2]) Ist $\mathbf{x} = (x_1, \ldots, x_n)^{\mathrm{T}}$, $\mathbf{y} = (y_1, \ldots, y_n)^{\mathrm{T}}$, so bedeutet $\mathbf{x} \geqq \mathbf{y}$: $x_1 \geqq y_1, \ldots, x_n \geqq y_n$. $\mathbf{x} \geqq \mathbf{o}$ heißt also $x_1 \geqq 0, \ldots, x_n \geqq 0$.

negativitätsbedingung vorliegt und die Zielfunktion zu minimieren ist. Diese Probleme wollen wir mit LOP bezeichnen.

Ein $\mathbf{x} = (x_1, \ldots, x_n)^T$, das allen Nebenbedingungen genügt, heißt *zulässiger Punkt*. Die Menge aller zulässigen Punkte heißt *zulässiger Bereich*. Ändert sich durch Weglassen einer Nebenbedingung der zulässige Bereich nicht, so heißt diese Nebenbedingung *überflüssig*.

Geometrische Deutung und Lösung von Aufgaben mit zwei Variablen: Bei Problemen mit zwei Variablen kann man darauf verzichten, von Ungleichungen durch Einführen von Schlupfvariablen zu Gleichungen überzugehen. Eine lineare Ungleichung $a_1x_1 + a_2x_2 \leqq b$ läßt sich unmittelbar geometrisch interpretieren: Alle Punkte, die dieser Ungleichung genügen, liegen auf der Geraden $a_1x_1 + a_2x_2 = b$ und in einer der beiden Halbebenen, in die diese Gerade die Ebene teilt. Die andere Halbebene, die durch die Ungleichung ausgeschlossen wird, werden wir in den folgenden Skizzen schraffieren. Ein System von Ungleichungen wird dargestellt, indem alle Ungleichungen einzeln auf diese Weise behandelt werden. Der Teil der Ebene, der am Ende noch unschraffiert ist, bildet dann den zulässigen Bereich.

Beispiel:

$$\begin{aligned}
&\text{I} && x_1 + 2x_2 \leqq 12, \\
&\text{II} && x_1 \leqq 8, \\
&\text{III} && x_1 + x_2 \geqq 3, \\
&\text{IV} && x_1 \geqq 0, \\
&\text{V} && x_2 \geqq 0, \\
&Q(\mathbf{x}) = x_1 + 2{,}5x_2 = \text{Min!}
\end{aligned} \tag{6.1}$$

Um die Punkte zu erhalten, die die Nebenbedingung I von (6.1) erfüllen, ersetzen wir in I das Ungleichheitszeichen durch das Gleichheitszeichen und zeichnen in die x_1,x_2-Ebene die Gerade $x_1 + 2x_2 = 12$. Um diese Gerade zu zeichnen, können wir z. B. erst $x_1 = 0$ und dann $x_2 = 0$ setzen und die Schnittpunkte der Geraden mit den Koordinatenachsen bestimmen. In unserem Beispiel schneidet die Gerade die x_2-Achse bei 6 und die x_1-Achse bei 12. Um die Halbebene der die Ungleichung I erfüllenden Punkte zu finden, nehmen wir beispielsweise einen beliebigen Punkt, der nicht auf der Geraden liegt, und prüfen, ob er der Nebenbedingung genügt oder nicht. Erfüllt er sie, so ist die gesamte Halbebene zulässig, in der er liegt (bezüglich dieser Nebenbedingung). Anderenfalls ist die Halbebene unzulässig und wird in der Skizze schraffiert.

Ebenso verfahren wir mit der Nebenbedingung II und schließen wieder Punkte aus, die für den zulässigen Bereich nicht in Frage kommen. Abb. 6.1 zeigt die dann entstandene geometrische Darstellung. Anschließend verfahren wir in derselben Weise mit den Nebenbedingungen III, IV und V. Alle Punkte der Ebene, die nicht durch eine Nebenbedingung ausgeschlossen wurden, bilden den zulässigen Bereich. Wegen der Nichtnegativitätsbedingungen liegt dieser stets im ersten Quadranten der Ebene. Abb. 6.2 zeigt den zulässigen Bereich für unser Beispiel.

Darstellung der Zielfunktion durch Niveaulinien: Alle Punkte, in denen die Zielfunktion den Wert 17 annimmt, liegen auf der Geraden $x_1 + 2{,}5x_2 = 17$, der zu 17 gehörenden Niveaulinie $Q = 17$ (in Abb. 6.2 punktiert eingezeichnet). Alle zu irgendwelchen anderen Werten gehörenden Niveaulinien sind ebenfalls Geraden, und zwar parallel zu $Q = 17$. Verschiebt man die Gerade $Q = 17$ in die eine Richtung parallel, so nehmen die zu den Niveaulinien gehörenden Werte ab; bei Parallelverschiebung in die andere Richtung nehmen sie zu. In jedem Punkt des zulässigen Bereiches nimmt die Zielfunktion den Wert an, der zu der Niveaulinie gehört, auf der der Punkt liegt.

Ermittlung eines Optimalpunktes: Die Richtung, in der man verschieben muß, um zu kleineren Zielfunktionswerten zu kommen, kann man durch Einzeichnen einer weiteren Niveaulinie erkennen, etwa von $Q = 15$. Nun überstreicht man durch Parallelverschiebung in Richtung kleinerer Zielfunktionswerte den zulässigen Bereich solange, bis die parallele Gerade mit dem zulässigen Bereich gerade noch einen Punkt (bzw. eine seiner Seiten) gemeinsam hat. Im Beispiel ist das der Punkt P, dieser liegt auf der Niveaulinie zum Wert 3 (vgl. Abb. 6.2). Alle anderen zulässigen Punkte

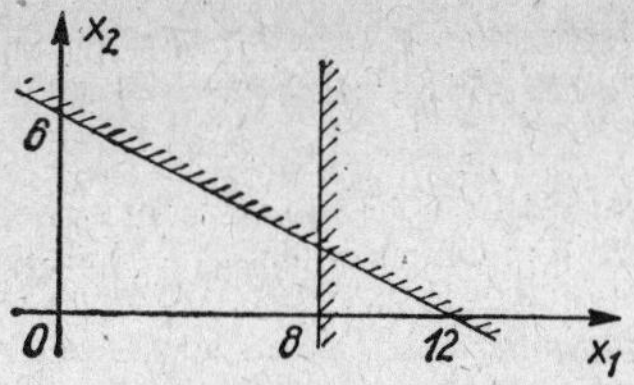

Abb. 6.1. Graphische Darstellung von Ungleichungen

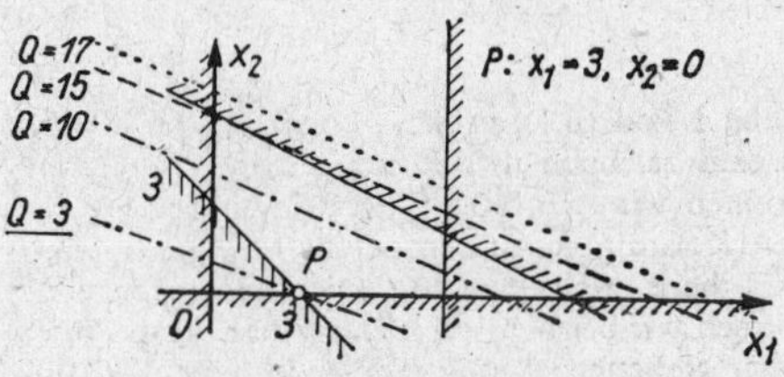

Abb. 6.2. Graphische Lösung einer Optimierungsaufgabe

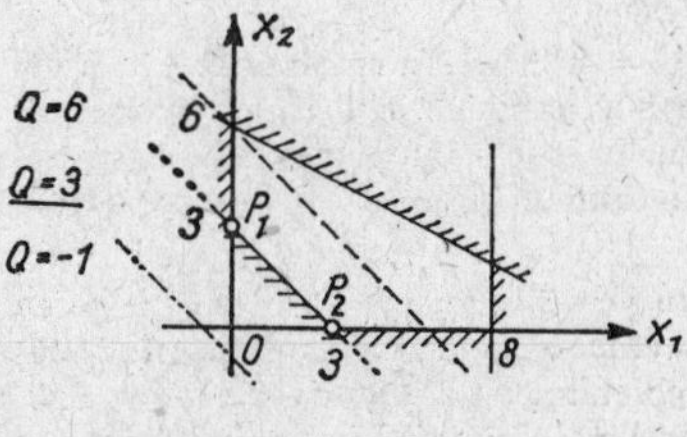

Abb. 6.3. Alle Punkte einer Strecke sind optimal

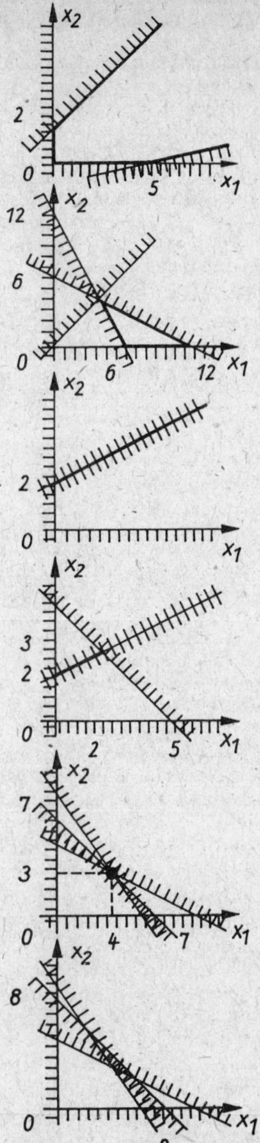

zulässiger Bereich: unbeschränkt

zwei Nebenbedingungen überflüssig

zulässiger Bereich: Strahl

zulässiger Bereich: Strecke

zulässiger Bereich: Punkt (4; 3)

zulässiger Bereich: leer

Abb. 6.4. Zulässige Bereiche in der linearen Optimierung

liegen auf Niveaulinien zu größeren Werten. Alle Punkte, die auf Niveaulinien zu kleineren Werten liegen, sind unzulässig. Somit ist P der gesuchte Optimalpunkt.

Wir bemerken, daß der Optimalpunkt ein Eckpunkt des zulässigen Bereichs ist. In P liegt kein relatives Minimum der Zielfunktion vor (da diese überhaupt keine relativen Extrema hat), P kann also nicht mit den Methoden der Differentialrechnung ermittelt werden.

Alle Optimierungsaufgaben mit nur zwei Variablen lassen sich mit der am Beispiel erläuterten *graphischen Methode* lösen.

Satz: Die Menge aller Optimallösungen einer linearen Optimierungsaufgabe ist konvex.

Zur Erläuterung betrachten wir den zulässigen Bereich des Beispiels (6.1) mit der Zielfunktion $Q(\mathbf{x}) = x_1 + x_2 = \text{Min!}$, siehe Abb. 6.3. Das Minimum wird in den beiden Eckpunkten P_1 und P_2 sowie auf der ganzen Strecke zwischen ihnen angenommen.

Zulässige Bereiche mit bestimmten Besonderheiten ergeben die Beispiele in Abb. 6.4. Entsprechende Besonderheiten können sich natürlich auch bei Optimierungsaufgaben mit mehr als zwei Variablen ergeben.

Der zulässige Bereich bei Aufgaben im R^n: In Verallgemeinerung zum zweidimensionalen Fall kann der zulässige Bereich im R^n als Durchschnitt endlich vieler Halbräume aufgefaßt werden. Er bildet eine sogenannte *polyedrische Menge*. Ist der zulässige Bereich beschränkt und nicht leer, so ist er ein *konvexes Polyeder*, die lineare Optimierungsaufgabe ist dann stets lösbar, der Optimalwert der Zielfunktion wird in mindestens einer Ecke des Polyeders angenommen. Ist der zulässige Bereich leer (es gibt keinen Punkt, der gleichzeitig allen Nebenbedingungen genügt), so ist die Optimierungsaufgabe unlösbar. Ist der zulässige Bereich nicht beschränkt – vgl. erstes Beispiel in Abb. 6.4 –, so kann die Optimierungsaufgabe lösbar oder unlösbar sein. Besitzt die Aufgabe Lösungen, so ist darunter auch wieder mindestens ein Eckpunkt.

Ein Punkt heißt *Eckpunkt* des zulässigen Bereichs im R^n, wenn er zulässig und ein Schnittpunkt von n linear unabhängigen Hyperebenen ist. (Jede lineare Gleichung stellt eine Hyperebene dar. Jeder linearen Ungleichung wird die Randhyperebene des Halbraums zugeordnet, die man erhält, wenn man das Ungleichheitszeichen durch das Gleichheitszeichen ersetzt.) Ein Eckpunkt heißt *entartet*, wenn er Schnittpunkt von mehr als n Hyperebenen ist. Ein Eckpunkt $\mathbf{x}$ läßt sich nicht als echte konvexe Linearkombination von zwei anderen Punkten des zulässigen Bereichs darstellen $\left(\mathbf{x} \neq \lambda \overset{1}{\mathbf{x}} + (1 - \lambda) \overset{2}{\mathbf{x}}\right.$ für alle zulässigen $\overset{1}{\mathbf{x}} \neq \overset{2}{\mathbf{x}}$ und alle λ mit $\left.0 < \lambda < 1\right)$. Jeder zulässige Bereich hat nur endlich viele Ecken. Wird der zulässige Bereich durch n Ungleichungen $x_j \geqq 0, j = 1, \ldots, n$, und m Gleichungen gebildet, so kann er höchstens $\binom{n+m}{n}$ Ecken haben.

Ist der zulässige Bereich ein Polyeder, stellt die konvexe Hülle der Eckpunkte gerade den zulässigen Bereich dar. Jeder zulässige Punkt $\mathbf{x}$ besitzt dann mindestens eine Darstellung

$$\mathbf{x} = \sum_{i=1}^{k} \lambda_i \overset{i}{\mathbf{x}} \quad \text{mit} \quad \sum_{i=1}^{k} \lambda_i = 1, \quad \lambda_i \geqq 0 \quad \text{für} \quad i = 1, \ldots, k;$$

dabei sind die $\overset{1}{\mathbf{x}}, \ldots, \overset{k}{\mathbf{x}}$ die Ecken des Polyeders. Allgemein gilt folgender

Satz: Hat eine polyedrische Menge mindestens einen Eckpunkt, so besitzt jeder Punkt der Menge mindestens eine Darstellung

$$\mathbf{x} = \sum_{i=1}^{k} \lambda_i \overset{i}{\mathbf{x}} + \sum_{i=1}^{h} \mu_i \overset{i}{\mathbf{r}}$$

mit

$$\sum_{i=1}^{k} \lambda_i = 1, \quad \lambda_i \geqq 0 \quad \text{für} \quad i = 1, \ldots, k, \quad \mu_i \geqq 0 \quad \text{für} \quad i = 1, \ldots, h;$$

dabei sind die $\overset{i}{\mathbf{x}}$ die Ecken und die $\overset{i}{\mathbf{r}}$ die Richtungsvektoren der unbeschränkten Kantenstrahlen der polyedrischen Menge.

Bemerkung: Der zulässige Bereich beim Typ LOP hat, falls er nicht leer ist, stets mindestens eine Ecke.

6.1.2. Kanonische Form, Darstellung einer Ecke im Simplextableau

Der Grundalgorithmus zur Lösung linearer Optimierungsaufgaben ist der noch zu erläuternde Simplexalgorithmus (vgl. 6.1.3.). Dieser kann sofort angewendet werden, falls die Optimierungsaufgabe in spezieller Gestalt, der *kanonischen Form*, vorliegt. Später wird beschrieben werden, wie jede lineare Optimierungsaufgabe mit nichtleerem zulässigen Bereich in diese Form überführt werden kann (6.1.4.).

Bei der in 6.1.1. als Grundtyp herausgearbeiteten Aufgabe LOP

$$\begin{aligned} a_{11}x_1 + \ldots + a_{1n}x_n &= b_1, \\ \vdots \qquad\qquad & \quad \vdots \\ a_{m1}x_1 + \ldots + a_{mn}x_n &= b_m, \\ x_1 \geqq 0, \ \ldots, x_n &\geqq 0, \\ Q(\mathbf{x}) = p_1x_1 + \ldots + p_nx_n &= \text{Min!} \end{aligned} \tag{6.2}$$

liegen die Gleichungen in kanonischer Form vor, wenn jeder Gleichung i eine Variable x_{λ_i} zugeordnet ist mit folgender Eigenschaft: Der Koeffizient $a_{i\lambda_i}$ der Variablen in dieser Gleichung ist 1, in allen anderen Gleichungen j (also für $j \neq i$) hat die Variable den Koeffizienten $a_{j\lambda_i} = 0$. Gilt noch $b_1 \geqq 0, \ldots, b_m \geqq 0$, so spricht man von einer *zulässigen kanonischen Form*. Die ausgezeichneten Variablen heißen *Basisvariable*. Im folgenden Beispiel für eine zulässige kanonische Form kennzeichnen wir sie durch Unterstreichen:

$$\begin{aligned} 3x_1 + \underline{x_2} + 2x_3 \qquad\qquad &= 5, \\ -x_1 \qquad + 3x_3 \qquad + \underline{x_5} &= 9, \\ x_1 \qquad - 4x_3 + \underline{x_4} \qquad &= 1. \end{aligned}$$

Hier ist $\lambda_1 = 2$, $\lambda_2 = 5$, $\lambda_3 = 4$. Bei manchen Aufgaben sind sogar mehrere solche Zuordnungen möglich.

Liegen die Gleichungen in kanonischer Form vor, so kann die Zielfunktion leicht auf die *Nichtbasisvariablen* umgerechnet werden. Lautet die Zielfunktion zum Beispiel

$$x_1 + 13x_2 + 2x_3 + 17x_4 + 3x_5 = Q,$$

so subtrahiert man hiervon das 13fache der ersten Gleichung (da dort x_2 ausgezeichnet ist und x_2 in der Zielfunktion den Koeffizienten 13 hat), dann das 3fache der zweiten Gleichung und dann noch das 17fache der dritten Gleichung. Man erhält $Q(\mathbf{x}) = -52x_1 + 35x_3 + 109$, die auf die Nichtbasisvariablen umgerechnete Zielfunktion. Diese bildet zusammen mit den Gleichungen in kanonischer Form und den Vorzeichenbedingungen das *LOP in kanonischer Form*

$$\begin{aligned} 3x_1 + \underline{x_2} + 2x_3 \qquad\qquad &= 5, \\ -x_1 \qquad + 3x_3 \qquad + \underline{x_5} &= 9, \\ x_1 \qquad - 4x_3 + \underline{x_4} \qquad &= 1, \\ x_1 \geqq 0, \ x_2 \geqq 0, \ \ldots, \ x_5 &\geqq 0, \\ Q = -52x_1 + 35x_3 + 109 \quad &= \text{Min!}. \end{aligned} \tag{6.3}$$

Der Wert, den Q annimmt, wenn man die Nichtbasisvariablen gleich null setzt (hier $Q = 109$), erhält die Bezeichnung Q_0.

6.1.2.1. Simplextableau

Ein LOP in kanonischer Form kann in einer Tabelle folgender Art gespeichert werden: Die linke Randspalte enthält die Indizes der Basisvariablen, die obere Randzeile die der Nichtbasisvariablen. Im Kreuzungspunkt der zu λ_i gehörenden Zeile mit der zu λ_{m+j} gehörenden Spalte steht der Koeffizient $a_{i\lambda_{m+j}}$ der Nichtbasisvariablen $x_{\lambda_{m+j}}$ in der Gleichung i, in der die Basisvariable x_{λ_i} ausgezeichnet ist. Entsprechend werden rechts die Absolutglieder der Gleichungen und unten die Koeffizienten der auf Nichtbasisvariable umgerechneten Zielfunktion notiert. Daß im rechten unteren Feld der Wert $-Q_0$ notiert wird, ist günstig für die Abwicklung des Simplexverfahrens.

allgemein:

	λ_{m+1}	...	λ_n	
λ_1	$a_{1\lambda_{m+1}}$	...	$a_{1\lambda_n}$	b_1
$\vdots$	$\vdots$		$\vdots$	$\vdots$
λ_m	$a_{m\lambda_{m+1}}$	...	$a_{m\lambda_n}$	b_m
	$p_{\lambda_{m+1}}$	...	p_{λ_n}	$-Q_0$

im Beispiel (6.3)

	1	3	
2	3	2	5
5	−1	3	9
4	1	−4	1
	−52	35	−109

Der kanonischen Form des LOP bzw. dem entsprechenden Simplextableau wird der Punkt $x_{\lambda_1} = b_1, x_{\lambda_2} = b_2, \ldots, x_{\lambda_m} = b_m, x_{\lambda_{m+1}} = \ldots = x_{\lambda_n} = 0$ zugeordnet. Die Koordinaten dieses Punktes erfüllen n linear unabhängige Nebenbedingungen des LOP mit dem Gleichheitszeichen: die m Gleichungen und die $n - m$ Ungleichungen $x_i \geqq 0$ für die Nichtbasisvariablen. Sind außerdem die b_i alle $\geqq 0$ (zulässige kanonische Form), so ist der Punkt zulässig und somit Eckpunkt (vgl. 6.1.1.). Im Beispiel entsteht der Punkt $x_1 = 0$, $x_2 = 5$, $x_3 = 0$, $x_4 = 1$, $x_5 = 9$. Vergleicht man (6.3) mit dem nur zwei Variable enthaltenden, also in der Ebene graphisch darstellbaren Problem (Abb. 6.5)

$$\begin{aligned} 3x_1 + 2x_3 &\leqq 5, \\ -x_1 + 3x_3 &\leqq 9, \\ x_1 - 4x_3 &\leqq 1, \\ x_1 \geqq 0, \quad x_3 &\geqq 0, \\ Q = -52x_1 + 35x_3 &+ 109, \end{aligned}$$

indem man x_2, x_5, x_4 als dort eingeführte Schlupfvariable auffaßt, so erkennt man, daß der dargestellte Eckpunkt der Koordinatenursprung der graphischen Darstellung ist. Auch allgemein läßt sich der durch ein Simplextableau dargestellte Eckpunkt stets als Koordinatenursprung im Raum der Nichtbasisvariablen deuten.

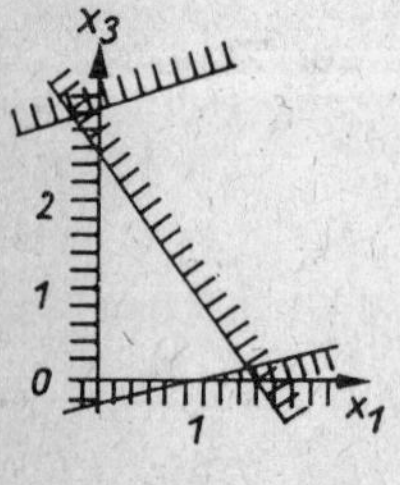

Abb. 6.5. Zulässiger Bereich zur obenstehenden Aufgabe

6.1.2.2. Eckpunkteigenschaft und Rolle der Basisinversen

Der durch das LOP in kanonischer Form erzeugte Eckpunkt hatte folgende Eigenschaften:

- $n - m$ Koordinaten haben den Wert 0 (Nichtbasisvariable).
- m Koordinaten haben Werte $\geqq 0$ (Basisvariable).
- Die zu den Basisvariablen gehörigen Spaltenvektoren im Gleichungssystem sind linear unabhängig, bilden also eine Basis des R^m. (Die aus diesen Spaltenvektoren gebildete reguläre Matrix heißt *Basismatrix*.)

Ist die Anzahl der linear unabhängigen Gleichungen unter den Nebenbedingungen eines LOP im R^n gleich m, so gilt allgemein (also auch, wenn das LOP nicht in kanonischer Form vorliegt): Diese drei Bedingungen zusammen sind notwendig und hinreichend dafür, daß ein Punkt Eckpunkt des zulässigen Bereichs ist.

Ist ein Eckpunkt bekannt, so läßt sich stets eine dazu passende kanonische Form des LOP ermitteln, indem man die Koeffizientenmatrix und die Spalte „rechte Seiten" von links mit der inversen Basismatrix multipliziert. Bei dieser Umformung des Gleichungssystems ändert sich der zulässige Bereich nicht.

Im Beispiel (6.3) ist auch $x_1 = 1$, $x_2 = 2$, $x_3 = 0$, $x_4 = 0$, $x_5 = 10$ nach obigem Kriterium ein Eckpunkt, da die zu den Basisvariablen x_1, x_2, x_5 gehörenden Spalten in (6.3) eine reguläre Matrix bilden und somit linear unabhängig sind:

$$\text{Basismatrix:}\quad \begin{pmatrix} 3 & 1 & 0 \\ -1 & 0 & 1 \\ 1 & 0 & 0 \end{pmatrix}; \quad \begin{pmatrix} 3 & 1 & 0 \\ -1 & 0 & 1 \\ 1 & 0 & 0 \end{pmatrix}^{-1} = \begin{pmatrix} 0 & 0 & 1 \\ 1 & 0 & -3 \\ 0 & 1 & 1 \end{pmatrix}.$$

Ermitteln einer zum Eckpunkt passenden kanonischen Form:

$$\begin{pmatrix} 0 & 0 & 1 \\ 1 & 0 & -3 \\ 0 & 1 & 1 \end{pmatrix} \left(\begin{array}{ccccc:c} 3 & 1 & 2 & 0 & 0 & 5 \\ -1 & 0 & 3 & 0 & 1 & 9 \\ 1 & 0 & -4 & 1 & 0 & 1 \end{array}\right) = \left(\begin{array}{ccccc:c} 1 & 0 & -4 & 1 & 0 & 1 \\ 0 & 1 & 14 & -3 & 0 & 2 \\ 0 & 0 & -1 & 1 & 1 & 10 \end{array}\right).$$

Mit der sich ergebenden kanonischen Form der Gleichungen

$$\begin{aligned} \underline{x_1} \qquad - 4x_3 + x_4 \qquad &= 1, \\ \underline{x_2} + 14x_3 - 3x_4 \qquad &= 2, \\ - x_3 + x_4 + \underline{x_5} &= 10, \end{aligned}$$

aus der man die Ecke sofort ablesen kann, müßte nun noch die Zielfunktion auf die neuen Nichtbasisvariablen x_3, x_4 umgerechnet werden, um eine kanonische Form des LOP zu erhalten.

6.1.2.3. Eckpunkte und Basislösungen

Einen Eckpunkt einschließlich der Einteilung der Variablen in Basisvariable und Nichtbasisvariable bezeichnet man als (zulässige) *Basislösung*. Hat ein Eckpunkt m positive Koordinaten (m Anzahl der linear unabhängigen Gleichungen unter den Nebenbedingungen), so müssen die entsprechenden Variablen als Basisvariable gewählt werden; zum Eckpunkt gehört dann genau eine Basislösung. Hat er weniger als m positive Koordinaten (entarteter Eckpunkt), so gehören zu ihm eventuell mehrere Basislösungen.

Jedoch kann man von der Basislösung stets eindeutig auf den Eckpunkt schließen.

6.1.3. Simplexalgorithmus zur Optimierung bei gegebenem Anfangstableau

Da das Optimum eines LOP in einer Ecke des zulässigen Bereichs angenommen wird, genügt es, den Wert der Zielfunktion in Eckpunkten zu betrachten.

Dem gegebenen zulässigen Simplextableau entspricht eine Basislösung, also ein Eckpunkt. Ein Test sondert die Fälle aus, wo dieser als Optimum zu erkennen ist. In den anderen Fällen führt der Algorithmus entweder zur Entscheidung, daß die Aufgabe unlösbar ist (da die Zielfunktion über dem zulässigen Bereich beliebig kleine Werte annehmen kann), oder auf eine neue Basislösung, für die der Wert der Zielfunktion nicht schlechter ist als für die erste. Von dieser aus wird das Verfahren wiederholt. Im allgemeinen gelangt man nach endlich vielen Schritten zum Optimum. Sind entartete Eckpunkte vorhanden, kann es in sehr seltenen Ausnahmefällen passieren, daß man immer wieder einen Zyklus von Basislösungen durchläuft, die alle zur gleichen entarteten Ecke gehören. Wir werden diesen Sonderfall zunächst nicht beachten, er wird in 6.1.5. geklärt.

6.1.3.1. Minimaltest

Zum zulässigen Simplextableau gehört ein Optimalpunkt, wenn alle Zielfunktionskoeffizienten nichtnegativ sind:

$$p_{\lambda_{m+1}} \geqq 0, \ldots, p_{\lambda_n} \geqq 0.$$

Der Minimalwert der Zielfunktion ist dann Q_0.[1]) (Man sieht diesen Test ein, wenn man bedenkt, daß alle Variablen in der Zielfunktion $Q = p_{\lambda_{m+1}} x_{\lambda_{m+1}} + \ldots + p_{\lambda_n} x_{\lambda_n} + Q_0$ nur nichtnegative Werte annehmen dürfen.)

Das Kriterium ist hinreichend, aber nur für nichtentartete Ecken auch notwendig. Verschärfung: Sind alle Zielfunktionskoeffizienten positiv, ist der zum Tableau gehörige Eckpunkt der einzige Optimalpunkt.

6.1.3.2. Übergang zu einem neuen Tableau, falls der Minimaltest nicht erfüllt war

Es wird von einer zulässigen Basislösung zu einer benachbarten zulässigen Basislösung übergegangen, d. h. einer solchen, bei der die Menge der Basisvariablen und die Menge der Nichtbasisvariablen in jeweils einem Element verändert ist. Im nichtentarteten Fall entspricht dem geometrisch der Übergang von einer Ecke längs einer Kante des zulässigen Bereichs zum Eckpunkt am anderen Ende dieser Kante. Man nennt diesen Schritt auch *Simplexschritt* oder *Basisaustauschschritt*.

1) *Auswahl einer Pivotspalte*: Unter den $p_j < 0$ im Tableau wird ein beliebiges $p_{j^*} < 0$ ausgewählt, die entsprechende Spalte heißt *Pivotspalte*. Es wird empfohlen, als p_{j^*} ein minimales p_j zu wählen.

2) *Auswahl einer Pivotzeile*: Gilt $a_{ij^*} \leqq 0$ für alle Elemente der Pivotspalte, so existiert kein Minimum (die Zielfunktion ist über dem zulässigen Bereich nicht nach unten beschränkt). Tritt dieser Fall nicht ein, so wird für alle positiven a_{ij^*} der Quotient $b_i : a_{ij^*}$ gebildet. Eine Zeile i, in der dieser minimal ausfällt, wird als *Pivotzeile* i^* gewählt:

$$\underset{a_{ij^*}>0}{\text{Minimum}} \frac{b_i}{a_{ij^*}} = \frac{b_{i^*}}{a_{i^*j^*}};$$

$a_{i^*j^*}$, das gemeinsame Element von Pivotspalte und Pivotzeile, heißt *Pivotelement*.

3) *Austauschschritt mit Pivotelement* $a_{i^*j^*}$: Die nachstehende Vorschrift bildet am Tableau folgende Umrechnung der kanonischen Form nach: Die bisherige Auszeichnung der Variablen x_{i^*} wird aufgehoben, in der entsprechenden Gleichung wird durch den Koeffizienten von x_{j^*} dividiert und x_{j^*} ausgezeichnet – x_{j^*} muß entsprechend in den anderen Gleichungen und der Zielfunktion eliminiert werden. Es wird also die bisherige Basisvariable x_{i^*} zur Nichtbasisvariablen und gleichzeitig die bisherige Nichtbasisvariable x_{j^*} zur Basisvariablen. Ist w irgendein Wert im Tableau, so sei $\hat{w}$ der im neuen Tableau an derselben Stelle stehende Wert:

	… j … j^* …				… $\hat{j}$ … $\hat{j}^*$ …	
⋮	⋮ ⋮	⋮		⋮	⋮ ⋮	⋮
i	… a_{ij} … a_{ij^*} …	b_i		$\hat{i}$	… $\hat{a}_{ij}$ … $\hat{a}_{ij^*}$ …	$\hat{b}_i$
⋮	⋮ ⋮	⋮	→	⋮	⋮ ⋮	⋮
i^*	… a_{i^*j} … $\boxed{a_{i^*j^*}}$ …	b_{i^*}		$\hat{i}^*$	… $\hat{a}_{i^*j}$ … $\hat{a}_{i^*j^*}$ …	$\hat{b}_{i^*}$
⋮	⋮ ⋮	⋮		⋮	⋮ ⋮	⋮
	… p_j … p_{j^*} …	$-Q_0$			… $\hat{p}_j$ … $\hat{p}_{j^*}$ …	$-\hat{Q}_0$

a) $\hat{i}^* = j^*$; $\hat{i} = i$ für alle $i \neq i^*$,
$\hat{j}^* = i^*$; $\hat{j} = j$ für alle $j \neq j^*$;

[1]) Analog ist $p_{\lambda_{m+1}} \leqq 0, \ldots, p_{\lambda_n} \leqq 0$ ein Maximaltest; man kann auch die folgenden Schritte des Algorithmus auf die Maximierung der Zielfunktion umschreiben. Wir erinnern daran, daß man durch Multiplikation der Zielfunktion mit -1 aber leicht von einer Maximierung zu einer Minimierung übergehen kann.

b) $\hat{a}_{i^*j^*} = \dfrac{1}{a_{i^*j^*}}$;

c) $\hat{a}_{i^*j} = a_{i^*j} \cdot \hat{a}_{i^*j^*}$ für alle $j \neq j^*$; $\hat{b}_{i^*} = b_{i^*} \cdot \hat{a}_{i^*j^*}$;

$\hat{a}_{ij^*} = -a_{ij^*} \cdot \hat{a}_{i^*j^*}$ für alle $i \neq i^*$; $\hat{p}_{j^*} = -p_{j^*} \cdot \hat{a}_{i^*j^*}$.

Die Elemente der rechten Spalte und der untersten Zeile werden also nach demselben Prinzip wie die im Hauptteil des Tableaus umgerechnet. Das wird auch in d) und e) so sein.

d) $\hat{a}_{ij} = a_{ij} - \hat{a}_{i^*j} \cdot a_{ij^*}$ für alle $i \neq i^*$ und $j \neq j^*$;

$\hat{p}_j = p_j - \hat{a}_{i^*j} \cdot p_{j^*}$ für alle $j \neq j^*$.

Für die Handrechnung empfehlen wir, d) spaltenweise für jede Spalte $j \neq j^*$ abzuarbeiten. Man merkt sich dann:

(neue Spalte) = (alte Spalte) − (das, was in der neuen Spalte nach c) schon steht) × (Pivotspalte)

„Das, was in der neuen Spalte nach c) schon steht" ist bei der Umrechnung jeder Spalte j ein für die Spalte einheitlicher Wert: $\hat{a}_{i^*j}$ (dieser wird nicht nochmals verändert!).

e) $\hat{b}_i = b_i - \hat{b}_{i^*} \cdot a_{ij^*}$ für alle $i \neq i^*$;

$(-\hat{Q}_0) = (-Q_0) - \hat{b}_{i^*} \cdot p_{j^*}$.

Die rechte Spalte des Schemas wird also wie eine normale Nichtpivotspalte umgerechnet, auch die unter d) formulierte Merkregel für das Umrechnen einer solchen Spalte bleibt unverändert. Der für die Spalte einheitliche Wert, der nach c) schon dasteht, ist hier das $\hat{b}_{i^*}$.

Es muß sich stets $\hat{\mathbf{b}} \geqq \mathbf{0}$ und $(-\hat{Q}_0) \geqq (-Q_0)$ ergeben. Es kann vorkommen, daß ein $\hat{p}_j < 0$ ist, obwohl $p_j \geqq 0$ war.

Beispiel:

$$\begin{aligned}
2x_1 \quad - x_3 + 3x_4 \qquad\qquad\qquad + \underline{x_8} &= 1,\\
\underline{x_2} \qquad + 3x_4 \qquad\qquad\qquad &= 2,\\
2x_1 \qquad\qquad\qquad + \underline{x_7} \qquad &= 6,\\
x_3 \qquad\qquad + \underline{x_6} \qquad\qquad &= 6,\\
-2x_1 \quad + x_3 - 3x_4 + \underline{x_5} \qquad\qquad\qquad &= 2,
\end{aligned} \tag{6.4}$$

$x_1 \geqq 0, \ldots, x_8 \geqq 0,$

$Q = 4x_1 - 6x_3 + 9x_4 + 66 = \text{Min!}$

Das LOP liegt in kanonischer Form vor. Wir können deshalb mit dem Simplexalgorithmus beginnen und schreiben zuerst das entsprechende Simplextableau auf:

	1	3	4	
8	2	−1	3	1
2	0	0	3	2
7	2	0	0	6
6	0	1	0	6
5	−2	[1]	−3	2
	4	−6	9	−66

1) Wahl der Pivotspalte: Es gibt nur einen negativen Zielfunktionskoeffizienten (−6). Folglich ist $j^* = 3$ (die Pivotspalte ist $(-1, 0, 0, 1, 1)^T$).

2) Die Pivotspalte enthält positive Elemente ($a_{63} = 1$, $a_{53} = 1$). Wahl der Pivotzeile: Wir bilden $\text{Min}\,(6:1,\ 2:1) = 2 \left(= \frac{b_5}{a_{53}}\right)$. Folglich ist $i^* = 5$. Das Pivotelement ist $a_{53} = 1$. Es wird durch Einrahmen markiert.

3) Austauschschritt:

a) In der linken Spalte des neuen Tableaus wird dort 3 eingetragen, wo im ersten Tableau 5 steht. In der obersten Zeile wird dort 5 eingetragen, wo im ersten Tableau 3 steht. Die anderen Indizes werden wieder an derselben Stelle notiert.

b) Den Platz von $a_{53} = 1$ nimmt im neuen Tableau $\hat{a}_{53} = 1 : a_{53} = 1 : 1 = 1$ ein.

c) Im neuen Tableau tritt an die Stelle der Pivotspalte, ausgenommen das Pivotelement, die Spalte:

— (das, was in der neuen Spalte nach b) schon steht) × (Pivotspalte, außer Pivotelement),

also

$$\begin{aligned}
\hat{a}_{83} &= -1 \cdot (-1) = 1,\\
\hat{a}_{23} &= -1 \cdot 0 = 0,\\
\hat{a}_{73} &= -1 \cdot 0 = 0,\\
\hat{a}_{63} &= -1 \cdot 1 = -1,\\
\hat{p}_3 &= -1 \cdot (-6) = 6.
\end{aligned}$$

Im neuen Tableau tritt an die Stelle der Pivotzeile, ausgenommen das Pivotelement, die Zeile:

(das, was in der neuen Zeile nach b) schon steht) × (Pivotzeile, außer Pivotelement),

also

$$\hat{a}_{51} = 1 \cdot (-2) = -2, \ldots, b_5 = 1 \cdot 2 = 2.$$

Wir erhalten bis jetzt folgende Eintragungen im neuen Tableau:

	1	5	4	
8		1		
2		0		
7		0		
6		−1		
3	−2	1	−3	2
		6		

d) Für die unter 1 stehende Spalte ($j = 1$) haben wir im neuen Tableau (außer dem Element −2, was nach c) schon dasteht) einzutragen:

$$\begin{pmatrix} \hat{a}_{81} \\ \hat{a}_{21} \\ \hat{a}_{71} \\ \hat{a}_{61} \\ - \\ \hat{p}_1 \end{pmatrix} = \begin{pmatrix} a_{81} \\ a_{21} \\ a_{71} \\ a_{61} \\ - \\ p_1 \end{pmatrix} - (-\hat{a}_{51}) \begin{pmatrix} a_{83} \\ a_{23} \\ a_{73} \\ a_{63} \\ - \\ p_3 \end{pmatrix}; \qquad \begin{aligned}
\hat{a}_{81} &= 2 - (-2) \cdot (-1) = 0,\\
\hat{a}_{21} &= 0 - (-2) \cdot 0 = 0,\\
\hat{a}_{71} &= 2 - (-2) \cdot 0 = 2,\\
\hat{a}_{61} &= 0 - (-2) \cdot 1 = 2,\\
\\
\hat{p}_1 &= 4 - (-2) \cdot (-6) = -8.
\end{aligned}$$

Wird die Umrechnung noch für die restlichen beiden Spalten vorgenommen, erhalten wir das vollständige Tableau:

	1	5	4		
8	0	1	0	3	
2	0	0	**3**	2	2 : 3
7	2	0	0	6	
6	2	−1	3	4	4 : 3
3	−2	1	−3	2	
	−8	6	−9	−54	

Bis der Minimaltest erfüllt ist, sind weitere Austauschschritte erforderlich, die auf die folgenden Tableaus führen:

	1	5	2		
8	0	1	0	3	
4	0	0	1/3	2/3	
7	2	0	0	6	6 : 2
6	**2**	−1	−1	2	2 : 2
3	−2	1	1	4	
	−8	6	3	−48	

	6	5	2		
8	0	1	0	3	
4	0	0	**1/3**	2/3	(2/3) : (1/3)
7	−1	1	1	4	4 : 1
1	1/2	−1/2	−1/2	1	
3	1	0	0	6	
	4	2	−1	−40	

	6	5	4	
8	0	1	0	3
2	0	0	3	2
7	−1	1	−3	2
1	1/2	−1/2	3/2	2
3	1	0	0	6
	4	2	3	−38

Im letzten Tableau sind alle Zielfunktionskoeffizienten nichtnegativ (sogar positiv). Am Punkt $x_1 = 2$, $x_2 = 2$, $x_3 = 6$, $x_4 = 0$, $x_5 = 0$, $x_6 = 0$, $x_7 = 2$, $x_8 = 3$ nimmt somit die Zielfunktion ihr Minimum $Q_0 = -(-38) = 38$ an. (Den Variablen, deren Index in der obersten Zeile steht, wird in der Basislösung der Wert 0 zugeordnet; sie sind Nichtbasisvariable. Den Variablen, deren Index in der linken Spalte steht, wird der entsprechende Wert, der in der gleichen Zeile ganz rechts steht, zugeordnet; sie sind Basisvariable.)

6.1.4. Gewinnung einer Anfangsecke

6.1.4.1. Methode der künstlichen Variablen

Zur Optimierung mit dem Simplexalgorithmus muß ein Simplextableau gegeben sein, das einer zulässigen Basislösung entspricht. Es liege nun zunächst ein LOP mit n Variablen vor, das noch nicht kanonische Form hat [vgl. (6.2)]. Durch Einführen einer künstlichen Variablen x_{n+i} in jeder

Gleichung i und einer anderen Zielfunktion G kommen wir von (6.2) zu folgendem Hilfsproblem, für das stets eine Lösung existiert:

$$\begin{aligned} a_{11}x_1 + \ldots + a_{1n}x_n + x_{n+1} \quad & = b_1, \\ \vdots \qquad\quad \vdots \qquad \ddots \quad & \quad \vdots \\ a_{m1}x_1 + \ldots + a_{mn}x_n \qquad + x_{n+m} & = b_m, \\ (x_1 \geqq 0, \ldots, x_n \geqq 0, x_{n+1} \geqq 0, \ldots, x_{n+m} \geqq 0) & \\ G(\mathbf{x}) = \qquad x_{n+1} + \ldots + x_{n+m} & = \text{Min!} \end{aligned} \tag{6.5}$$

Hat die ursprüngliche Aufgabe (6.2) einen zulässigen Punkt, so ergänzen wir diesen durch $x_{n+1} = 0, \ldots, x_{n+m} = 0$ zu einem zulässigen $\bar{\mathbf{x}}$ von (6.5). Da $G(\mathbf{x}) \geqq 0$ für alle zulässigen Punkte von (6.5) gilt, ist $\bar{\mathbf{x}}$ mit $G(\bar{\mathbf{x}}) = 0$ Optimalpunkt des Hilfsproblems.

Umkehrung: Ist ein $\bar{\bar{\mathbf{x}}}$ mit $G(\bar{\bar{\mathbf{x}}}) > 0$ Optimalpunkt des Hilfsproblems, hat die ursprüngliche Aufgabe (6.2) keinen zulässigen Punkt und ist deshalb unlösbar.

6.1.4.2. Lösung des Hilfsproblems

Die Gleichungen in (6.5) haben bereits kanonische Form. Alle künstlichen Variablen werden als Basisvariable und alle anderen als Nichtbasisvariable gewählt. Die Umrechnung der Zielfunktion $G(\mathbf{x})$ auf die Nichtbasisvariablen [vgl. (6.2)] führt auf

$$G(\mathbf{x}) = \left(-\sum_{i=1}^{m} a_{i1}\right) x_1 + \ldots + \left(-\sum_{i=1}^{m} a_{in}\right) x_n + \left(\sum_{i=1}^{m} b_i\right). \tag{6.6}$$

Somit ist

	$1 \quad \ldots \quad n$	
$n+1$	$a_{11} \quad \ldots \quad a_{1n}$	b_1
$\vdots$	$\vdots \qquad\quad \vdots$	$\vdots$
$n+m$	$a_{m1} \quad \ldots \quad a_{mn}$	b_m
	$-\sum_{i=1}^{m} a_{i1} \ldots -\sum_{i=1}^{m} a_{in}$	$-\sum_{i=1}^{m} b_i$

ein zulässiges Simplextableau für (6.5). Hiervon ausgehend kann eine Optimallösung des Hilfsproblems mit dem Simplexalgorithmus ermittelt werden. Sobald eine künstliche Variable Nichtbasisvariable wird, darf dabei die dafür entstehende Spalte weggelassen werden.

6.1.4.3. Übergang vom Optimaltableau des Hilfsproblems zu einem Anfangstableau der ursprünglichen Aufgabe

Im Optimaltableau des Hilfsproblems werden alle Spalten gestrichen, in denen die zugehörigen Nichtbasisvariablen künstliche Variablen sind.

Fall I: Der Optimalwert der Zielfunktion $G(\mathbf{x})$ ist positiv (die im Tableau rechts unten stehende Zahl also negativ). Dann ist der zulässige Bereich der ursprünglichen Aufgabe leer, die ursprüngliche Aufgabe unlösbar.

Fall II: Der Optimalwert der Zielfunktion $G(\mathbf{x})$ ist 0.

Fall IIa: Unter den Basisvariablen ist keine künstliche Variable. Die durch das Tableau dargestellte Basislösung ist dann zulässige Basislösung der ursprünglichen Aufgabe. Es muß nur noch die Zielfunktion $Q(\mathbf{x})$ der ursprünglichen Aufgabe auf die Nichtbasisvariablen umgerechnet und in das Tableau als neue Zielfunktionszeile eingetragen werden (für die formale Durchführung s. 6.1.7.4.2., Fall I).

Fall IIb: Unter den Basisvariablen befindet sich noch mindestens eine künstliche Variable. Es wird dann solange das folgende Verfahren angewendet, bis Fall IIa eintritt: Ist kein Koeffizient in der zur künstlichen Basisvariablen gehörenden Zeile $\neq 0$, wird die Zeile im Tableau gestrichen[1]). Anderenfalls wird irgendein Koeffizient $\neq 0$ in dieser Zeile als Pivotelement gewählt, der Austauschschritt des Simplexalgorithmus durchgeführt und die zur künstlichen Nichtbasisvariablen gehörige Spalte gestrichen.

Beispiel:

$$\begin{aligned}
3x_1 \qquad + 2x_3 \qquad - x_5 &= 12, \\
x_1 - x_2 + x_3 \qquad\qquad &= \ 5, \\
x_1 \qquad + x_3 + x_4 \qquad &= \ 6, \\
(x_1 \geqq 0, \ldots, x_5 \geqq 0) & \\
Q = 2x_1 + x_2 - x_3 + 3x_4 - x_5 &= \text{Min!}
\end{aligned} \tag{6.7}$$

Anfangstableau für das zugehörige Hilfsproblem mit $G(\mathbf{x}) = x_6 + x_7 + x_8$:

	1	2	3	4	5	
6	$\boxed{3}$	0	2	0	−1	12
7	1	−1	1	0	0	5
8	1	0	1	1	0	6
	−5	1	−4	−1	1	−23

Lösung des Hilfsproblems:

	6	2	3	4	5	
1	1/3	0	2/3	0	−1/3	4
7		−1	1/3	0	1/3	1
8		0	1/3	$\boxed{1}$	1/3	2
		1	−2/3	−1	−2/3	−3

	2	3	8	5	
1	0	2/3		−1/3	4
7	−1	1/3		$\boxed{1/3}$	1
4	0	1/3	1	1/3	2
	1	−1/3		−1/3	−1

	2	3	7	
1	−1	1		5
5	−3	1	3	3
4	1	0		1
	0	0		0

Es tritt Fall IIa ein. Die auf x_2, x_3 umgerechnete Zielfunktion von (6.7) ist $Q(\mathbf{x}) = -3x_2 - 2x_3 + 10$, also ist

	2	3	
1	−1	1	5
5	−3	1	3
4	1	0	1
	−3	−2	−10

ein zulässiges Anfangstableau für (6.7).

6.1.5. Der Entartungsfall und seine Behandlung im Simplexalgorithmus

Wie in 6.1.3. erwähnt, stößt die Anwendung des Simplexalgorithmus eventuell auf Schwierigkeiten, wenn die zum Simplextableau gehörende Ecke entartet und mehrere Basislösungen besitzt. In diesem Fall ist ein b_i im Tableau gleich null. Häufig muß dann gerade die Zeile mit $b_i = 0$ als

---

[1]) Dieser Fall tritt $(m - r)$-mal ein, wenn m die Zeilenzahl und r der Rang von A ist.

Pivotzeile gewählt werden; der Zielfunktionswert ändert sich beim Basiswechsel nicht. Theoretisch (bei praktischen Beispielen kaum!) kann es dann passieren, daß man nach einigen Basisaustauschschritten wieder zum gleichen Tableau und somit nie zum Optimum kommt.

Führt der Simplexalgorithmus einige Male hintereinander[1]) immer wieder auf entartete Tableaus, ohne daß sich der Zielfunktionswert ändert, wird er durch einen Zusatz ergänzt, der das Auftreten solcher Zyklen verhindert. Das Zusatzverfahren kann geometrisch als vorübergehendes Anbringen kleiner Veränderungen an den rechten Seiten der Nebenbedingungen gedeutet werden, wodurch die Randhyperebenen des zulässigen Bereichs so verschoben werden, daß keine entarteten Ecken mehr auftreten.

6.1.5.1. Definition der lexikographischen Ordnung zwischen Vektoren

Ein Vektor $\mathbf{x} = (x_1, \ldots, x_k)^T$ heißt *lexikographisch kleiner* als ein Vektor $\mathbf{y} = (y_1, \ldots, y_k)^T$, in Zeichen $\mathbf{x} \prec \mathbf{y}$, wenn es ein j mit $x_1 = y_1, \ldots, x_{j-1} = y_{j-1}, x_j < y_j$ gibt. Man schreibt dann auch $\mathbf{y} \succ \mathbf{x}$.[2])

Beispiel: $\mathbf{y} \succ \mathbf{o}$ bedeutet, daß die erste Komponente von $\mathbf{y}$, die verschieden von 0 ist, positiv ist (die weiteren Komponenten können dann beliebig sein).

6.1.5.2. Zusatz zum Simplextableau

Jede rechte Seite b_i wird durch m weitere Zahlen zu einem Vektor $(b_i, b_{i1}, \ldots, b_{im})^T$ ergänzt, und zwar so, daß die Vektoren $(b_{i1}, \ldots, b_{im})^T \succ \mathbf{o}$ und linear unabhängig sind. Zum Beispiel ist diese Bedingung erfüllt, wenn man jeweils $b_{ii} = 1$ und $b_{ik} = 0$ für $i \neq k$ setzt. Ferner wird $-Q_0$ durch beliebige Zahlen (zum Beispiel lauter Nullen) zu einem Vektor $(-Q_0, -Q_1, \ldots, -Q_m)^T$ ergänzt.

	$\lambda_{m+1} \ldots \lambda_n$		
λ_1	$a_{1\lambda_{m+1}} \ldots a_{1\lambda_n}$	b_1	$b_{11} \ldots b_{1m}$
$\vdots$	$\vdots \quad \vdots$	$\vdots$	$\vdots \quad \vdots$
λ_m	$a_{m\lambda_{m+1}} \ldots a_{m\lambda_n}$	b_m	$b_{m1} \ldots b_{mm}$
	$p_{\lambda_{m+1}} \ldots p_{\lambda_n}$	$-Q_0$	$-Q_1 \ldots -Q_m$

6.1.5.3. Zusätze zum Simplexalgorithmus (vgl. 6.1.3.)

2) Die für alle i mit $a_{ij^*} > 0$ gebildeten Quotienten $\frac{b_i}{a_{ij^*}}$ werden zu Quotientenvektoren $\left(\frac{b_i}{a_{ij^*}}, \frac{b_{i1}}{a_{ij^*}}, \ldots, \frac{b_{im}}{a_{ij^*}}\right)^T$; unter diesen wird der lexikographisch kleinste bestimmt $\to i^*$.

3c) $\hat{b}_{i^*k} = b_{i^*k} \cdot \hat{a}_{i^*j^*}$ für alle k.

3f) $\hat{b}_{ik} = b_{ik} - \hat{b}_{i^*k} \cdot a_{ij^*}$ für alle $i \neq i^*$ und alle k;

$(-\hat{Q}_k) = (-Q_k) - \hat{b}_{i^*k} \cdot p_{j^*}$ für alle k.

Es muß sich stets $(\hat{b}_i, \hat{b}_{i1}, \ldots, \hat{b}_{im})^T \succ \mathbf{o}$ ergeben, auch die lineare Unabhängigkeit dieser Vektoren ist gewährleistet. Ferner gilt $(-\hat{Q}_0, -\hat{Q}_1, \ldots, -\hat{Q}_m)^T \succ (-Q_0, -Q_1, \ldots, -Q_m)^T$ – dadurch ist gesichert, daß man bei weiterer Rechnung nie wieder auf ein schon einmal betrachtetes Tableau stößt.

Dieser erweiterte Simplexalgorithmus kann generell verwendet werden. Meist wird man jedoch die Zusätze wieder weglassen, sobald $b_i > 0$ für alle i gilt.

---

[1]) Es werden dafür Zahlen zwischen 7 und 50 empfohlen.

[2]) Auch die Anordnung zweier Wörter im Lexikon richtet sich nach den ersten Buchstaben, in denen sie sich unterscheiden.

Beispiel: Das folgende Tableau stellt eines der mühsam konstruierten Beispiele vor, bei dem die Möglichkeit besteht, nach einigen Austauschschritten wieder zu diesem selben Tableau zu gelangen:

	3	4	5	6	
1	1	−1	−1	3	0
2	2	−1	−1/2	1	0
	−1	−1	−3	8	2

Man kann hier nacheinander $i^* \mid j^*$ wie folgt wählen: $1 \mid 3$, $2 \mid 4$, $3 \mid 5$, $4 \mid 6$, $5 \mid 1$, $6 \mid 2$. Das sich dann ergebende Tableau ist identisch mit dem obenstehenden. Wählt man nun wieder $j^* = 3$, wendet aber den Simplexalgorithmus mit lexikographischer Erweiterung an,

	3	4	5	6			
1	1	−1	−1	3	0	1	0
2	[2]	−1	−1/2	1	0	0	1
	−1	−1	−3	8	2	0	0

so ist der für $i = 1$ entstehende Vektor $(0, 1, 0)^T$ lexikographisch größer als der für $i = 2$ entstehende $(0, 0, 1/2)^T$, somit muß $i^* = 2$ gewählt werden, und es entsteht als neues Tableau

	2	4	5	6			
1	−1/2	−1/2	−3/4	5/2	0	1	−1/2
3	1/2	−1/2	−1/4	1/2	0	0	1/2
	1/2	−3/2	−13/4	17/2	2	0	1/2

Bei diesem Tableau führt der Algorithmus nun zwangsläufig zu der Erkenntnis, daß die Aufgabe nicht lösbar ist, da die Zielfunktion über dem zulässigen Bereich nicht nach unten beschränkt ist.

6.1.6. Dualität in der linearen Optimierung

6.1.6.1. Dualitätssätze

Jeder linearen Optimierungsaufgabe läßt sich genau eine „duale" lineare Optimierungsaufgabe zuordnen; der Zusammenhang wird durch folgendes Bildungsgesetz gegeben:

gegebene („primale") *Aufgabe*	*duale Aufgabe*
$\mathbf{A}_{11}\overset{1}{\mathbf{x}} + \mathbf{A}_{12}\overset{2}{\mathbf{x}} \geqq \overset{1}{\mathbf{b}}$,	$\mathbf{A}_{11}^T\overset{1}{\mathbf{u}} + \mathbf{A}_{21}^T\overset{2}{\mathbf{u}} \leqq \overset{1}{\mathbf{p}}$,
$\mathbf{A}_{21}\overset{1}{\mathbf{x}} + \mathbf{A}_{22}\overset{2}{\mathbf{x}} = \overset{2}{\mathbf{b}}$,	$\mathbf{A}_{12}^T\overset{1}{\mathbf{u}} + \mathbf{A}_{22}^T\overset{2}{\mathbf{u}} = \overset{2}{\mathbf{p}}$,
$\overset{1}{\mathbf{x}} \geqq 0$, $\overset{2}{\mathbf{x}}$ beliebig	$\overset{1}{\mathbf{u}} \geqq 0$, $\overset{2}{\mathbf{u}}$ beliebig
$Q(\mathbf{x}) = \overset{1}{\mathbf{p}}{}^T\overset{1}{\mathbf{x}} + \overset{2}{\mathbf{p}}{}^T\overset{2}{\mathbf{x}} = \text{Min!}$	$G(\mathbf{u}) = \overset{1}{\mathbf{b}}{}^T\overset{1}{\mathbf{u}} + \overset{2}{\mathbf{b}}{}^T\overset{2}{\mathbf{u}} = \text{Max!}$

Dabei wurden die Variablenvektoren $\mathbf{x}$ bzw. $\mathbf{u}$ in zwei Teilvektoren aufgespalten und entsprechend auch die Vektoren der rechten Seiten und der Zielfunktionskoeffizienten. Die Koeffizientenmatrix besteht aus vier Teilmatrizen.

Insbesondere sind in der einen Aufgabe genau so viele Variable vorzeichenbeschränkt, wie die andere Ungleichungen als Nebenbedingungen hat.

Wichtige Spezialfälle:

primale Aufgabe	duale Aufgabe	Bemerkungen
$\mathbf{Ax} \geqq \mathbf{b},\ \mathbf{x} \geqq \mathbf{o}$, $Q(\mathbf{x}) = \mathbf{p}^T\mathbf{x} = \text{Min!}$	$\mathbf{A}^T\mathbf{u} \leqq \mathbf{p},\ \mathbf{u} \geqq \mathbf{o}$, $G(\mathbf{u}) = \mathbf{b}^T\mathbf{u} = \text{Max!}$	Falls $\mathbf{p} \geqq \mathbf{o}$ ist, läßt sich in der dualen Aufgabe durch Verwendung der Schlupfvariablen sofort ein Anfangstableau finden.
$\mathbf{Ax} \geqq \mathbf{b}$, $\mathbf{x}$ beliebig, $Q(\mathbf{x}) = \mathbf{p}^T\mathbf{x} = \text{Min!}$	$\mathbf{A}^T\mathbf{u} = \mathbf{b},\ \mathbf{u} \geqq \mathbf{o}$, $-G(\mathbf{u}) = -\mathbf{b}^T\mathbf{u} = \text{Min!}$	Während die primale Aufgabe ohne Vorzeichenbeschränkungen vorliegt, hat die duale sofort die Form LOP.

Dualitätssätze:

Zweimaliges Dualisieren führt zur gegebenen Aufgabe zurück. Ist bei einer Aufgabe der zulässige Bereich leer, so ist er es entweder bei der anderen auch, oder die Zielfunktion ist nicht beschränkt nach unten (bei Minimierung) bzw. nach oben (bei Maximierung). Ist eine Aufgabe lösbar, so ist es auch die andere; die Optimalwerte der Zielfunktionen sind dann gleich.

Besitzt die primale Aufgabe einen zulässigen Punkt $\mathbf{x}$ und die duale Aufgabe einen zulässigen Punkt $\mathbf{u}$, so sind beide Aufgaben lösbar, und es gilt $G(\mathbf{u}) \leqq G_{\max} = Q_{\min} \leqq Q(\mathbf{x})$.

Folgerung: Gilt für zwei zulässige Lösungen $G(\mathbf{u}) = Q(\mathbf{x})$, so sind $\mathbf{u}$ und $\mathbf{x}$ Optimallösungen.

Satz vom komplementären Schlupf: Sind $\mathbf{x}$ und $\mathbf{u}$ zulässig in der primalen bzw. dualen Aufgabe, so ist folgende Bedingung notwendig und hinreichend dafür, daß sie Optimallösungen sind:

$$\overset{1}{\mathbf{u}}{}^T\left(\mathbf{A}_{11}\overset{1}{\mathbf{x}} + \mathbf{A}_{12}\overset{2}{\mathbf{x}} - \overset{1}{\mathbf{b}}\right) = 0 \quad \text{und} \quad \overset{1}{\mathbf{x}}{}^T\left(\mathbf{A}_{11}^T\overset{1}{\mathbf{u}} + \mathbf{A}_{21}^T\overset{2}{\mathbf{u}} - \overset{1}{\mathbf{p}}\right) = 0.$$

Das bedeutet, daß am Optimum niemals zugleich die i-te Komponente des Lösungsvektors der einen Aufgabe positiv und die i-te Ungleichung der anderen Aufgabe mit dem strengen Ungleichheitszeichen erfüllt sein kann („der Schlupf in dieser Ungleichung $\neq 0$ sein kann").

Folgerung: Ist eine nichtentartete Optimallösung $\mathbf{u}$ der dualen Aufgabe bekannt, so bilden $\mathbf{A}_{21}\overset{1}{\mathbf{x}} + \mathbf{A}_{22}\overset{2}{\mathbf{x}} = \overset{2}{\mathbf{b}}$, die zu den $\overset{1}{u}_i > 0$ gehörenden Zeilen von $\mathbf{A}_{11}\overset{1}{\mathbf{x}} + \mathbf{A}_{12}\overset{2}{\mathbf{x}} = \overset{1}{\mathbf{b}}$ und die Bedingungen $\overset{1}{x}_i = 0$ für diejenigen i, für die $\mathbf{u}$ die entsprechende Ungleichung in $\mathbf{A}_{11}^T\overset{1}{\mathbf{u}} + \mathbf{A}_{21}^T\overset{2}{\mathbf{u}} \leqq \overset{1}{\mathbf{p}}$ mit $<$ erfüllt, ein lineares Gleichungssystem zur Berechnung einer Optimallösung der primalen Aufgabe.

Schattenpreise: Liegen zwei Aufgaben entsprechend dem ersten der obigen „wichtigen Spezialfälle" vor, so heißt für jedes i der Optimalwert x_i Schattenpreis für eine Einheit der durch die i-te Ungleichung der dualen Aufgabe beschränkten Ressource. Seine Größe gibt an, um wieviel der Optimalwert von G steigen würde, wenn man die Schranke p_i für diese Ressource um eine Einheit erhöht. Er stimmt mit dem Zielfunktionskoeffizienten der i-ten Schlupfvariablen in der optimalen kanonischen Form der dualen Aufgabe überein, so daß man ihn also auch ohne Betrachtung der primalen Aufgabe ermitteln kann.

6.1.6.2. Dualer Simplexalgorithmus

Der duale Simplexalgorithmus bildet die Rechnungen am Tableau der gegebenen Aufgabe nach, die bei Anwendung des Simplexalgorithmus auf die duale Aufgabe durchzuführen wären.

Dual-zulässige Simplextableaus: Das zur kanonischen Form eines LOP gehörige Simplextableau (vgl. 6.1.2.) heißt *dual-zulässig*, wenn $p_k \geqq 0$ für alle Zielfunktionskoeffizienten, also für $k = m + 1, \ldots, n$ gilt. Geometrisch entspricht ihm ein Schnittpunkt von n Randhyperebenen des zulässigen Bereichs (der aber nicht notwendig ein zulässiger Punkt ist).

Der duale Simplexalgorithmus erzeugt eine Folge dual-zulässiger Tableaus, bis ein zulässiges Tableau erreicht wird. Nach dem Minimaltest des Simplexalgorithmus ist dann ein Optimum gefunden. Geometrisch läuft man also von außen (über unzulässige Schnittpunkte) auf eine optimale Ecke des zulässigen Bereichs zu.

Minimaltest beim dualen Simplexalgorithmus: Zum dual-zulässigen Simplextableau gehört ein Optimalpunkt, wenn alle rechten Seiten nichtnegativ sind: $b_1 \geqq 0, \ldots, b_m \geqq 0$.

Übergang zu einem neuen Tableau, falls der Minimaltest nicht erfüllt ist:

1) *Auswahl einer Pivotzeile*: Unter den $b_i < 0$ im Tableau wird ein beliebiges $b_{i*} < 0$ ausgewählt; die entsprechende Zeile heißt Pivotzeile. Es wird empfohlen, als b_{i*} ein minimales b_i zu wählen.

2) *Auswahl einer Pivotspalte*: Gilt $a_{i*j} \geqq 0$ für alle Elemente der Pivotzeile, so existiert kein Minimum (der zulässige Bereich ist dann leer). Tritt dieser Fall nicht ein, so wird für alle negativen a_{i*j} der Quotient $p_j : |a_{i*j}|$ gebildet. Eine Spalte j, wo dieser minimal ausfällt, wird als Pivotspalte j^* gewählt.

$$\underset{a_{i*j}<0}{\text{Minimum}} \frac{p_j}{|a_{i*j}|} = \frac{p_{j*}}{|a_{i*j*}|}.$$

3) *Austauschschritt*: wie beim Simplexalgorithmus (6.1.3.).

Entartung: Ein dual-zulässiges Tableau heißt dual-entartet, falls ein $p_j = 0$ ist.

6.1.7. Revidierte Algorithmen, nachträgliche Aufgabenänderung

6.1.7.1. Revidierter Simplexalgorithmus

Wir setzen zunächst voraus, daß das LOP bereits kanonische Form hat (anderenfalls s. 6.1.7.3.) und die Variablen so umnumeriert wurden, daß $x_{n-m+1}, \ldots, x_n$ die Basisvariablen sind:

$$\begin{aligned}
&\alpha_{11}x_1 + \ldots + \alpha_{1,n-m}x_{n-m} + x_{n-m+1} &&= \beta_1,\\
&\vdots \qquad\qquad\qquad \vdots \qquad\qquad\quad \ddots && \vdots\\
&\alpha_{m1}x_1 + \ldots + \alpha_{m,n-m}x_{n-m} \qquad\qquad + x_n &&= \beta_m,\\
&x_j \geqq 0 \quad \text{für} \quad j = 1, \ldots, n,\\
&Q(\mathbf{x}) = \pi_1 x_1 + \ldots + \pi_{n-m}x_{n-m} \qquad + \gamma_0 &&= \text{Min!}
\end{aligned} \tag{6.8}$$

Dieses LOP wird in folgender *Grundtabelle* dargestellt:

	$1 \ldots n-m$	$n-m+1 \ldots n$	
$n-m+1$	$\alpha_{11} \ldots \alpha_{1,n-m}$	$1 \quad 0 \quad \ldots 0$	β_1
		$0 \ \ddots \ \ddots \ \vdots$	
$\vdots$	$\vdots \qquad \vdots$	$\vdots \ \ddots \ \ddots \ \vdots$	$\vdots$
		$\vdots \ \ddots \ \ddots \ 0$	
n	$\alpha_{m1} \ldots \alpha_{m,n-m}$	$0 \ldots 0 \quad 1$	β_m
	$\pi_1 \ldots \pi_{n-m}$	$0 \ldots 0$	$-\gamma_0$

(6.9)

Bezeichnungen: $\boldsymbol{\beta} = (\beta_1, \ldots, \beta_m)^T$, $\boldsymbol{\alpha}_j = (\alpha_{1j}, \ldots, \alpha_{mj})^T$ für $j = 1, \ldots, n-m$,

$\boldsymbol{\alpha}_j = (0, \ldots, 0, 1, 0, \ldots, 0)^T$ mit 1 an k-ter Stelle für $j = n-m+k$, $k = 1, \ldots, m$.

Revidiertes Simplextableau: Im Algorithmus tritt das folgende revidierte Simplextableau an die Stelle des Simplextableaus:

	$1 \ldots n-m$	$n-m+1 \ldots n$	
λ_1		$a_{1,n-m+1} \ldots a_{1n}$	b_1
$\vdots$		$\vdots \qquad \vdots$	$\vdots$
λ_m		$a_{m,n-m+1} \ldots a_{mn}$	b_m
	$p_1 \ldots p_{n-m}$	$p_{n-m+1} \ldots p_n$	$-Q_0$

(6.10)

Bezeichnungen:

$$\mathbf{A} = \begin{pmatrix} a_{1,n-m+1} & \ldots & a_{1n} \\ \vdots & & \vdots \\ a_{m,n-m+1} & \ldots & a_{mn} \end{pmatrix}, \quad \mathbf{b} = \begin{pmatrix} b_1 \\ \vdots \\ b_m \end{pmatrix}, \quad \boldsymbol{\pi} = \begin{pmatrix} \pi_{\lambda_1} \\ \vdots \\ \pi_{\lambda_m} \end{pmatrix}, \quad \mathbf{p} = \begin{pmatrix} p_{n-m+1} \\ \vdots \\ p_n \end{pmatrix}.$$

Eine erste Zahlenbelegung des revidierten Simplextableaus erhält man, indem man in allen durch Buchstaben gekennzeichneten Feldern die entsprechenden Daten der Grundtabelle einträgt.

Dieses revidierte Simplextableau hat dann folgende Eigenschaften:

- Die linke Spalte gibt die Indizes der Basisvariablen an.
- **b** enthält die Werte der Basisvariablen am Schnittpunkt, der durch das Tableau dargestellt wird (bei $\mathbf{b} \geqq \mathbf{o}$: Eckpunkt).
- Q_0 ist der Wert der Zielfunktion an diesem Schnittpunkt.
- $p_1, \ldots, p_n$ sind die Koeffizienten der auf die Nichtbasisvariablen umgerechneten Zielfunktion.
- Die Spalten von **A** sind die Spalten in der kanonischen Form, die zu den Variablen $x_{n-m+1}, \ldots, x_n$ gehören.
- **A** ist gleichzeitig die inverse Basismatrix.

Alle diese Eigenschaften bleiben beim Übergang zu einem neuen revidierten Simplextableau nach dem unten angegebenen Algorithmus erhalten.

Minimaltest: Zum zulässigen revidierten Simplextableau gehört ein Optimalpunkt, wenn alle Zielfunktionskoeffizienten nichtnegativ sind:

$$p_1 \geqq 0, \ldots, p_n \geqq 0.$$

Der Minimalwert der Zielfunktion ist dann Q_0.

Übergang zu einem neuen Tableau, falls der Minimaltest nicht erfüllt war: (Der revidierte Simplexalgorithmus führt zu genau denselben Eckenübergängen wie der Simplexalgorithmus, es wird lediglich die Organisation der Umrechnung verändert. Es werden nur die Werte des Simplextableaus erzeugt, die zur Bestimmung eines Pivotelements benötigt werden. Anschließend wird der Austauschschritt nur für diejenigen Werte ausgeführt, die im revidierten Simplextableau stehen. Grundlage des Verfahrens ist die Tatsache, daß bei Kenntnis der inversen Basismatrix die kanonische Form bei Bedarf vollständig berechnet werden kann, vgl. 6.1.2.).

1) *Auswahl einer Pivotspalte*: Unter den $p_j < 0$ im Tableau wird ein beliebiges $p_{j^*} < 0$ ausgewählt. Ist $j^* \geqq n - m + 1$, so ist die entsprechende Spalte der kanonischen Form bekannt. Anderenfalls berechnen wir sie nach $(a_{1j^*}, \ldots, a_{mj^*})^T = \mathbf{A}\alpha_{j^*}$ und tragen sie in das vorhandene Tableau ein. In jedem Fall ist die zu j^* gehörige Spalte die Pivotspalte.

2) *Auswahl einer Pivotzeile*: wie beim Simplexalgorithmus (vgl. 6.1.3.).

3) *Austauschschritt mit Pivotelement* $a_{i^*j^*}$: Die Beschreibung wird einfacher als beim nicht revidierten Algorithmus, da die Indizierung der Spalten fest bleibt; die entsprechende obere Randzeile des Tableaus bleibt unverändert. Es bezeichne $\hat{w}$ die Größe im neuen Tableau, die an die Stelle von w tritt.

a) $\hat{\lambda}_i = \lambda_i$ für alle $i \neq i^*$; $\hat{\lambda}_{i^*} = j^*$;

b) $\hat{a}_{i^*j} = a_{i^*j} : a_{i^*j^*}$ für alle $j = (n - m + 1), \ldots, n$; $\hat{b}_{i^*} = b_{i^*} : a_{i^*j^*}$;

c) $\hat{a}_{ij} = a_{ij} - \hat{a}_{i^*j} a_{ij^*}$ für alle $i \neq i^*$ und alle $j = (n - m + 1), \ldots, n$;

$\hat{p}_j = p_j - \hat{a}_{i^*j} p_{j^*}$ für alle $j = (n - m + 1), \ldots, n$.[1]

Gilt $(n - m + 1) \leqq j^*$, bedeutet das hier aber keine Ausnahme von den in b) und c) angegebenen Formeln.

d) $\hat{b}_i = b_i - \hat{b}_{i^*} a_{ij^*}$ für alle $i \neq i^*$; $(-\hat{Q}_0) = (-Q_0) - \hat{b}_{i^*} p_{j^*}$.

Die rechte Seite wird also ebenso berechnet wie die Spalten in c).

e) $\hat{p}_j = \pi_j + \hat{\mathbf{p}}^T \alpha_j$ für alle $j = 1, \ldots, n - m$.

(Der Vektor $\hat{\mathbf{p}}$ ist im Ergebnis von c) bereits bekannt.)

---

[1]) Vergleiche dazu den in 6.1.3. bei Punkt 3d) des Simplexalgorithmus gegebenen Hinweis.

Es muß sich stets $\hat{\mathbf{b}} \geqq \mathbf{o}$ und $(-\hat{Q}_0) \geqq (-Q_0)$ ergeben. Es kann vorkommen, daß ein $\hat{p}_j < 0$ ist, obwohl $p_j \geqq 0$ war. Die Zielfunktionskoeffizienten der neuen Basisvariablen müssen 0 werden; man kann sie auch gleich so setzen.

Für den Fall der Entartung gilt alles, was beim Simplexalgorithmus dazu ausgeführt ist.

Vorteile des revidierten Simplexverfahrens: Beim Simplexalgorithmus können die Rundungsfehler von Tableau zu Tableau unkontrolliert anwachsen, da ja die fehlerbehafteten Daten eines Tableaus allein den Übergang zum nächsten Tableau bestimmen. Dagegen werden beim revidierten Verfahren immer wieder gewisse π_j, $\boldsymbol{\alpha}_j$ der Grundtabelle mit verwendet. Zusätzlich können nach einer gewissen größeren Anzahl von Schritten alle Daten „aufgefrischt" werden (Beseitigung der Rundungsfehler), indem die aus der Grundtabelle entnommene Basismatrix (gebildet aus den $\boldsymbol{\alpha}_j$ für die Basisvariablen x_{λ_j} in der Reihenfolge des revidierten Tableaus) tatsächlich invertiert wird – so entsteht ein aufgefrischtes $\mathbf{A}$. Mit diesem kann ein aufgefrischtes $\mathbf{b} = \mathbf{A}\boldsymbol{\beta}$, ein aufgefrischtes $\mathbf{p}^{\mathrm{T}} = -\boldsymbol{\pi}^{\mathrm{T}}\mathbf{A}$ und $-Q_0 = -\gamma_0 - \boldsymbol{\pi}^{\mathrm{T}}\mathbf{b}$ berechnet werden. Die übrigen p_j, $j = 1, \ldots, m$, werden nach $p_j = \pi_j + \mathbf{p}^{\mathrm{T}}\boldsymbol{\alpha}_j$ aus dem aufgefrischten $\mathbf{p}$ und Daten der Grundtabelle berechnet. Auf diese Weise ist das gesamte revidierte Tableau unmittelbar aus den Daten der Grundtabelle berechenbar, wenn nur die Indizes der Basisvariablen gegeben sind!

Ferner führt der revidierte Algorithmus zur Senkung des Rechenaufwandes gegenüber dem Simplexverfahren, falls die Anzahl der Variablen mindestens dreimal so groß wie die Anzahl der Gleichungen ist und viele Koeffizienten gleich null sind.

Beispiel: Am Beispiel braucht die Umnumerierung der Variablen nicht vorgenommen zu werden. Man muß „$j = 1, \ldots, (n - m)$" bzw. „$j = (n - m + 1), \ldots, n$" im Algorithmus dann als „j im vorderen Teil" bzw. „j im hinteren Teil des Tableaus" denken.

Wir verwenden wieder das Beispiel 6.1.4., das in 6.1.3. bereits mit dem Simplexalgorithmus berechnet wurde. Als Grundtabelle ergibt sich:

	1	3	4	8	2	7	6	5	
8	2	−1	3	1	0	0	0	0	1
2	0	0	3	0	1	0	0	0	2
7	2	0	0	0	0	1	0	0	6
6	0	1	0	0	0	0	1	0	6
5	−2	1	−3	0	0	0	0	1	2
	4	−6	9	0	0	0	0	0	−66

Daraus erhalten wir das erste revidierte Simplextableau, ermitteln nach 1) $j^* = 3$, berechnen $(a_{13}, \ldots, a_{53})^{\mathrm{T}} = \mathbf{A}\boldsymbol{\alpha}_3$ und tragen diesen Spaltenvektor (bei praktischer Durchführung natürlich gleich in dasselbe Schema!) ein:

	1	3	4	8	2	7	6	5	
8				1	0	0	0	0	1
2				0	1	0	0	0	2
7				0	0	1	0	0	6
6				0	0	0	1	0	6
5				0	0	0	0	1	2
	4	−6	9	0	0	0	0	0	−66

erstes Tableau

$j^* = 3$ ⟶

	1	3	4	8	2	7	6	5	
8		−1		1	0	0	0	0	1
2		0		0	1	0	0	0	2
7		0		0	0	1	0	0	6
6		1		0	0	0	1	0	6
5		[1]		0	0	0	0	1	2
	4	−6	9	0	0	0	0	0	−66

erstes Tableau mit eingetragener Pivotspalte

Nach 2) ermitteln wir $b_4 : a_{43} = 6 : 1 = 6$, $b_5 : a_{53} = 2 : 1 = 2$, also $i^* = 5$. Somit ist die eingerahmte 1 das Pivotelement. Nach 3) ergibt sich als nächstes Tableau

zweites Tableau

	1	5	4	8	2	7	6	3	
8				1	0	0	0	1	3
2				0	1	0	0	0	2
7				0	0	1	0	0	6
6				0	0	0	1	−1	4
3				0	0	0	0	1	2
	−8	0	−9	0	0	0	0	6	−54

Es stellt die gleiche Ecke dar, die nach dem ersten Simplexschritt in 6.1.3. erhalten wurde. Nach weiteren drei revidierten Simplexschritten wird ein revidiertes Simplextableau für eine Ecke erreicht, bei dem der Minimaltest erfüllt ist (ebenso wie nach drei Simplexschritten ein optimales Simplextableau in derselben Ecke erreicht wurde).

6.1.7.2. Revidierter dualer Simplexalgorithmus

Einer gegebenen kanonischen Form des LOP wird wie in 6.1.7.1. eine Grundtabelle und ein revidiertes Simplextableau zugeordnet. Wir verwenden die gleichen Bezeichnungen wie in 6.1.7.1. Ist $(\pi_1, \ldots, \pi_{n-m})^T \geqq \mathbf{o}$, so kann (bei beliebigen Vorzeichen der β_i) der duale Simplexalgorithmus verwendet werden, da eine dual-zulässige kanonische Form vorliegt. Auch diesen kann man (mit denselben Vorteilen wie in 6.1.7.1. angegeben) in revidierter Form durchführen.

Minimaltest für den revidierten dualen Simplexalgorithmus: Wie beim dualen Simplexalgorithmus.

Übergang zu einem neuen revidierten Simplextableau, falls der Minimaltest nicht erfüllt ist:

1) *Auswahl einer Pivotzeile*: Unter den $b_i < 0$ im Tableau wird ein beliebiges $b_{i^*} < 0$ ausgewählt (z. B. das kleinste b_i). Dann werden die fehlenden Elemente dieser Pivotzeile i^* berechnet und noch in das Tableau eingetragen:

$$a_{i^*j} = (a_{i^*, n-m+1}, \ldots, a_{i^*n})\, \tilde{\alpha}_j \quad \text{für } j = 1, \ldots, n-m.$$

2) *Auswahl einer Pivotspalte*: Wie beim dualen Simplexalgorithmus wird j^* bestimmt. Ist $j^* \geqq n - m + 1$, so ist die entsprechende Spalte der kanonischen Form schon bekannt. Anderenfalls wird sie nach $(a_{1j^*}, \ldots, a_{mj^*})^T = \mathbf{A}\alpha_{j^*}$ berechnet und in das vorhandene Tableau eingetragen.

3) *Austauschschritt mit Pivotelement* $a_{i^*j^*}$: Wie beim revidierten Simplexalgorithmus.

6.1.7.3. Gewinnung einer Anfangsecke

Hat das gegebene LOP noch nicht kanonische Form, so kann diese wie in 6.1.4.1. durch Lösen des Hilfsproblems (6.5) erhalten werden. Auch zur Lösung dieses Hilfsproblems kann der revidierte Simplexalgorithmus verwendet werden, allerdings dürfen die zu den künstlichen Variablen gehörenden Spalten hier nicht gestrichen werden. Hat man ein optimales revidiertes Simplextableau für das Hilfsproblem mit $Q_0 = 0$ gefunden, kann die ursprüngliche Zielfunktion wie in 6.1.7.4.2. angegeben als „neue Zielfunktion" des Hilfsproblems aufgefaßt und eingearbeitet werden.[1]) Anschließend wird mit dem revidierten Simplexalgorithmus weitergerechnet mit der Zusatzbedingung, daß die Spalten zu den künstlichen Variablen nie als Pivotspalten gewählt werden (der Minimaltest bezieht sich entsprechend auch nur auf die anderen Spalten).

[1]) Bei $Q_0 > 0$ am Optimum des Hilfsproblems ist der zulässige Bereich der ursprünglichen Aufgabe leer, diese also unlösbar.

Entsprechend gibt es auch Verfahren zur Erzeugung eines ersten dual-zulässigen revidierten Tableaus. Der revidierte duale Algorithmus wird (wie der duale) aber meist nur benutzt, wenn ein solches unmittelbar gegeben ist oder aus einem optimalen revidierten Tableau durch Abänderungen hervorgeht (6.1.7.4.3., 6.1.7.4.4.).

6.1.7.4. Abänderung der Aufgabe nach erfolgter Optimierung

6.1.7.4.1. Allgemeine Problemstellung. Ein LOP (o. B. d. A. in kanonischer Form) mit den Bezeichnungen (6.8) des Abschnittes 6.1.7.1. wurde gelöst. Es soll nun eine etwas veränderte Aufgabenstellung bearbeitet werden, ohne die veränderte Aufgabe von Anfang an neu zu lösen.

Fall I: Es wurde ein optimales Simplextableau erhalten:

	λ_{m+1} ... λ_n	
λ_1	$a_{1\lambda_{m+1}}$ ... $a_{1\lambda_n}$	b_1
$\vdots$	$\vdots$ $\vdots$	$\vdots$
λ_m	$a_{m\lambda_{m+1}}$ ... $a_{m\lambda_m}$	b_m
	$p_{\lambda_{m+1}}$ ... p_{λ_n}	$-Q_0$

Fall II: Es wurde ausgehend von einer Grundtabelle (6.9) ein optimales (!) revidiertes Simplextableau (6.10) erhalten.

In beiden Fällen verwenden wir auch die im Anschluß an (6.9) und (6.10) eingeführten Bezeichnungen.

Liegt Fall I vor, so kann **A** bei Bedarf erzeugt werden: Es ist die Spalte $(a_{1,n-m+k}, \ldots, a_{m,n-m+k})^T = (0, \ldots, 0, 1, 0, \ldots, 0)^T$ mit einer 1 an der r-ten Stelle, falls $n - m + k = \lambda_r$ Index einer Basisvariablen im Optimaltableau Fall II ist. Für die $n - m + k = \lambda_{m+s}$, die Index einer Nichtbasisvariablen sind, ist die Spalte unter λ_{m+s} aus dem Optimaltableau zu entnehmen.

6.1.7.4.2. Verwendung einer anderen Zielfunktion. Es ist (6.8) mit der neuen Zielfunktion $\tilde{Q}(\mathbf{x}) = \tilde{\pi}_1 x_1 + \ldots + \tilde{\pi}_n x_n + \tilde{\gamma}_0$ anstelle von $Q(\mathbf{x})$ zu lösen, dabei sei o. B. d. A.[1]) $\tilde{\pi}_{n-m+1} = \ldots = \tilde{\pi}_n = 0$.

Fall I: Für alle Nichtbasisindizes j im Optimaltableau wird p_j durch

$$\tilde{\pi}_j - (\tilde{\pi}_{\lambda_1}, \ldots, \pi_{\lambda_m}) (a_{1j}, \ldots, a_{mj})^T$$

ersetzt. Ferner wird $(-Q_0)$ durch $-\gamma_0 - (\tilde{\pi}_{\lambda_1}, \ldots, \tilde{\pi}_{\lambda_m})\,\mathbf{b}$ ersetzt. Dann kann mit dem Simplexalgorithmus weitergerechnet werden.

Fall II: Neben $(-Q_0)$ wie im Fall I wird p_j für alle Nichtbasisindizes j durch $\tilde{\pi}_j - (\tilde{\pi}_{\lambda_1}, \ldots, \tilde{\pi}_{\lambda_m})\,\mathbf{A}\alpha j$ ersetzt. Ferner sind in der Grundtabelle die Werte $\pi_1, \ldots, \pi_{n-m}, -\gamma_0$ durch die Werte $\tilde{\pi}_1, \ldots, \tilde{\pi}_{n-m}, -\tilde{\gamma}_0$ zu ersetzen.

Es kann dann mit dem revidierten Simplexverfahren weitergerechnet werden.

6.1.7.4.3. Verwendung anderer rechter Seiten. Es ist (6.8) mit den neuen rechten Seiten $\tilde{\beta}_1, \ldots, \tilde{\beta}_m$ anstelle von $\beta_1, \ldots, \beta_m$ zu lösen.

Fall I: Der Vektor **b** im Optimaltableau ist durch $\mathbf{A}(\tilde{\beta}_1, \ldots, \tilde{\beta}_m)^T$ zu ersetzen, der Wert $(-Q_0)$ durch $-\gamma_0 - \boldsymbol{\pi}^T\mathbf{A}(\tilde{\beta}_1, \ldots, \tilde{\beta}_m)^T$. Anschließend kann mit dem dualen Simplexalgorithmus weitergerechnet werden.

Fall II: Zusätzlich zum Fall I ist hier noch die Grundtabelle durch Eintragen von $\tilde{\beta}_1, \ldots, \tilde{\beta}_m$ anstelle von $\beta_1, \ldots, \beta_m$ zu verändern. Es kann dann mit dem revidierten dualen Simplexalgorithmus weitergerechnet werden (obwohl die Grundtabelle meist keine dual-zulässige kanonische Form hat!).

[1]) Eventuelle Anteile von $x_{n-m+1}, \ldots, x_n$ in der Zielfunktion können mit Hilfe der Nebenbedingungen leicht auf die $x_1, \ldots, x_{n-m}$ umgerechnet werden.

6.1.7.4.4. Berücksichtigung einer weiteren Ungleichung als Nebenbedingung. Zu (6.8) kommt noch die Nebenbedingung

$$\alpha_{m+1,1}x_1 + \dots + \alpha_{m+1,n}x_n \leqq \beta_{m+1}$$

hinzu, die durch Einführen der Schlupfvariablen x_{n+1} in

$$\alpha_{m+1,1}x_1 + \dots + \alpha_{m+1,n}x_n + x_{n+1} = \beta_{m+1}$$

übergeht.

Fall I: In das Optimaltableau wird über der Zielfunktionszeile noch eine neue Zeile

$$n+1 \mid a_{m+1,\lambda_{m+1}} \dots a_{m+1,\lambda_n} \mid b_{m+1}$$

eingefügt mit

$$a_{m+1,j} = \alpha_{m+1,j} - (\alpha_{m+1,\lambda_1}, \dots, \alpha_{m+1,\lambda_m})\,(a_{1j}, \dots, a_{mj})^{\mathrm{T}}$$

für alle Nichtbasisindizes j des Optimaltableaus und

$$b_{m+1} = \beta_{m+1} - (\alpha_{m+1,\lambda_1}, \dots, \alpha_{m+1,\lambda_m})\,\mathbf{b}.$$

Anschließend kann mit dem dualen Simplexalgorithmus weitergearbeitet werden.

Fall II: Wir geben die neue Grundtabelle und das neue revidierte Tableau an, die aus (6.9) und (6.10) entstehen:

	1	$\dots\ n-m$	$n-m+1$	$\dots\ n$	$n+1$	
$n-m+1$	α_{11}	$\dots\ \alpha_{1,n-m}$	$1 \quad 0$	$\dots\ 0$	0	β_1
			$0 \quad \ddots$	$\vdots$	$\vdots$	
$\vdots$	$\vdots$	$\vdots$	$\vdots \quad \ddots$			$\vdots$
			$\vdots$	$\ddots \quad 0$	0	
n	α_{m1}	$\dots\ \alpha_{m,n-m}$	$0\ \dots$	$0 \quad 1$	0	β_m
$n+1$	$\tilde{\alpha}_{m+1,1}$	$\dots\ \tilde{\alpha}_{m+1,n-m}$	$0\ \dots$	$0 \quad 0$	1	$\tilde{\beta}_{m+1}$
	π_1	$\dots\ \pi_{n-m}$	$0\ \dots$	0	0	$-\gamma_0$

Dabei ist

$$\tilde{\alpha}_{m+1,k} = \alpha_{m+1,k} - (\alpha_{m+1,n-m+1}, \dots, \alpha_{m+1,n})\,\boldsymbol{\alpha}_k \quad \text{für alle } k = 1, \dots, n-m$$

und

$$\tilde{\beta}_{m+1} = \beta_{m+1} - (\alpha_{m+1,n-m+1}, \dots, \alpha_{m+1,n})\,\boldsymbol{\beta}$$

zu setzen.

	$1\ \dots\ n-m$	$n-m+1$	$\dots\ n$	$n+1$	
λ_1		$a_{1,n-m+1}$	$\dots\ a_{1n}$	0	b_1
$\vdots$		$\vdots$	$\vdots$	$\vdots$	$\vdots$
λ_m		$a_{m,n-m+1}$	$\dots\ a_{mn}$	0	b_m
$n+1$		$a_{m+1,n-m+1}$	$\dots\ a_{m+1,n}$	1	b_{m+1}
	$p_1 \dots p_{n-m}$	p_{n-m+1}	$\dots\ p_n$	0	$-Q_0$

Zusätzlich zu den Werten nach Formeln wie im Fall I treten hier eventuell noch Werte $a_{m+1,j}$ auf, wobei j Index einer Basisvariablen ist. Diese sind 0 zu setzen.

Anschließend kann mit dem revidierten dualen Simplexalgorithmus weitergerechnet werden.

6.1.7.4.5. Einführung einer weiteren Variablen. Zum Modell (6.8) kommt eine weitere Variable x_0 mit den Koeffizienten α_{i0} in den Nebenbedingungen $i = 1, \dots, m$ und π_0 in der Zielfunktion hinzu.

Fall I: Das optimale Simplextableau wird um eine neue Spalte in der Mitte erweitert:

$$\begin{matrix} 0 \\ \mathbf{a} \\ p_0 \end{matrix} \quad \text{mit} \quad \mathbf{a} = \begin{pmatrix} a_{10} \\ \vdots \\ a_{m0} \end{pmatrix} = \mathbf{A} \begin{pmatrix} \alpha_{10} \\ \vdots \\ \alpha_{m0} \end{pmatrix}, \qquad p_0 = \pi_0 - \boldsymbol{\pi}\mathbf{A} \begin{pmatrix} x_{10} \\ \vdots \\ x_{m0} \end{pmatrix}$$

Anschließend kann mit dem Simplexalgorithmus weitergerechnet werden.

Fall II: In die Grundtabelle (Eintragungen hier klar) und das optimale revidierte Simplextableau wird vor der 1. Koeffizientenspalte eine weitere mit dem Index 0 eingefügt. Der entsprechende Wert p_0 im revidierten Tableau wird wie in Fall I ermittelt. Anschließend kann mit dem revidierten Simplexalgorithmus weitergerechnet werden.

6.1.8. Dekomposition großer Optimierungsaufgaben

Das Lösen großer Optimierungsaufgaben läßt sich häufig auf mehrfaches Lösen kleinerer Aufgaben (mit insgesamt geringerem Rechenaufwand) zurückführen.

Typ der LOP, die für eine Dekomposition nach Dantzig-Wolfe geeignet sind: Die Nebenbedingungen müssen (eventuell nach Umordnen von Zeilen und Umnumerieren von Variablen) folgende Gestalt haben:

$$\begin{aligned} \mathbf{A}_{01}\mathbf{x}_1 + \mathbf{A}_{02}\mathbf{x}_2 + \dots + \mathbf{A}_{0k}\mathbf{x}_k &= \mathbf{b}_0, \\ \mathbf{A}_{11}\mathbf{x}_1 \qquad\qquad\qquad\qquad &= \mathbf{b}_1, \\ \mathbf{A}_{22}\mathbf{x}_2 \qquad\qquad &= \mathbf{b}_2, \\ &\;\vdots \\ \mathbf{A}_{kk}\mathbf{x}_k &= \mathbf{b}_k, \end{aligned}$$

$\mathbf{x}_1, \mathbf{x}_2, \dots, \mathbf{x}_k$: Teilvektoren des Variablenvektors $\mathbf{x}$.

In Anwendungen sind oft $\mathbf{A}_{ii}\mathbf{x}_i = \mathbf{b}_i$ innerbetriebliche Nebenbedingungen für die Produktion $\mathbf{x}_i$ der Betriebe $i = 1, \dots, k$, während die erste Matrixgleichung Nebenbedingungen darstellt, die für alle Betriebe gemeinsam bestehen (gemeinsame Rohstoffe, gegenseitige Lieferungen).

6.2. Transportproblem und Transportalgorithmus

6.2.1. Das lineare Transportproblem

Die linearen Transportprobleme bilden eine spezielle Klasse linearer Optimierungsaufgaben. Es wird der kostengünstigste Transport eines einheitlichen Transportgutes von m Lagern $i = 1, \dots, m$ zu n Verbrauchern $j = 1, \dots, n$ ermittelt. Bezieht der Verbraucher j eine Einheit des Transportgutes (auf direktem Wege) vom Lager i, so entstehen die Kosten p_{ij}. Es wird vorausgesetzt, daß die Transportkosten proportional der transportierten Menge sind, d. h., der entsprechende Transport von k Einheiten des Transportgutes verursacht dann die Kosten $k \cdot p_{ij}$. Ferner wird vorausgesetzt:

$$\sum_{i=1}^{m} b_i = \sum_{j=1}^{n} a_j, \tag{6.11}$$

wobei b_i die Menge des Transportgutes ist, die am Lager i zur Verfügung steht, und a_j der Bedarf des Verbrauchers j ist.

Bemerkung: Ist $\sum_{i=1}^{m} b_i > \sum_{j=1}^{n} a_j$, so verbleibt die Menge $\sum_{i=1}^{m} b_i - \sum_{j=1}^{n} a_j$ in den Lagern. Um diesen Fall zu behandeln, führen wir einen *fiktiven* Verbraucher $n + 1$ mit dem Bedarf $\sum_{i=1}^{m} b_i - \sum_{j=1}^{n} a_j$ ein und wählen die Transportkosten $p_{i,n+1}$ für alle i gleich null. Die Mengen $x_{i,n+1}$ können wir dann als die Mengen auffassen, die an den Lagern i bleiben. Ist $\sum_{i=1}^{m} b_i < \sum_{j=1}^{n} a_j$, kann der Bedarf nicht gedeckt werden. In diesem Fall müssen die Nebenbedingungen so abgeändert werden, bis eine Versorgung möglich ist.

Mit x_{ij} wollen wir die Menge bezeichnen, die von i nach j geliefert wird. Unter der Voraussetzung (6.11) haben wir das lineare Optimierungsproblem

$$\begin{aligned}
&\sum_{i=1}^{m} x_{ij} = a_j \quad \text{für} \quad j = 1, \dots, n,\\
&\sum_{j=1}^{n} x_{ij} = b_i \quad \text{für} \quad i = 1, \dots, m,\\
&x_{ij} \geqq 0 \quad \text{für} \quad i = 1, \dots, m \quad \text{und} \quad j = 1, \dots, n,\\
&K = \sum_{i=1}^{m} \sum_{j=1}^{n} p_{ij} x_{ij} = \text{Min!}
\end{aligned} \tag{6.12}$$

zu lösen.

Ein Transportproblem können wir durch die *Transporttabelle* und die *Kostentabelle* charakterisieren:

$$\begin{array}{c|c}
 & a_1 \dots a_n \\ \hline
b_1 & \\
\vdots & \\
b_m &
\end{array}
\qquad
\boxed{\begin{array}{ccc}
p_{11} & \dots & p_{1n} \\
\vdots & & \vdots \\
p_{m1} & \dots & p_{mn}
\end{array}}$$

Einen *zulässigen Transportplan* wollen wir durch die Transporttabelle

$$\begin{array}{c|ccc}
 & a_1 & \dots & a_n \\ \hline
b_1 & \bar{x}_{11} & \dots & \bar{x}_{1n} \\
\vdots & \vdots & & \vdots \\
b_m & \bar{x}_{m1} & \dots & \bar{x}_{mn}
\end{array}$$

darstellen. Die Zeilensummen müssen gerade die b_i, die Spaltensummen die a_j sein, und alle $\bar{x}_{ij}$ müssen nichtnegativ sein.

Beispiel:

	20	5	10	10	5
15					
15					
20					

5	6	3	5	9
6	4	7	3	5
2	5	3	1	8

Wir erhalten damit das folgende lineare Optimierungsproblem:

$$\begin{aligned}
&x_{11} + x_{12} + x_{13} + x_{14} + x_{15} &&= 15,\\
&x_{21} + x_{22} + x_{23} + x_{24} + x_{25} &&= 15,\\
&x_{31} + x_{32} + x_{33} + x_{34} + x_{35} &&= 20,\\
&x_{11} + x_{21} + x_{31} &&= 20,\\
&x_{12} + x_{22} + x_{32} &&= 5,\\
&x_{13} + x_{23} + x_{33} &&= 10,\\
&x_{14} + x_{24} + x_{34} &&= 10,\\
&x_{15} + x_{25} + x_{35} &&= 5.\\
&x_{ij} \geqq 0 \quad \text{für} \quad i, j = 1, 2, 3, 4, 5.
\end{aligned}$$

$$\begin{aligned} K = \; & 5x_{11} + 6x_{12} + 3x_{13} + 5x_{14} + 9x_{15} \\ & + 6x_{21} + 4x_{22} + 7x_{23} + 3x_{24} + 5x_{25} \\ & + 2x_{31} + 5x_{32} + 3x_{33} + x_{34} + 8x_{35} = \text{Min!} \end{aligned}$$

Die Gleichungen in den Nebenbedingungen haben bei Transportaufgaben eine besondere Struktur. Die Lösung solcher Aufgaben erfolgt zweckmäßig mit einer besonderen Variante des Simplexalgorithmus, dem sogenannten *Transportalgorithmus* (vgl. 6.2.3.).

Alle Transportprobleme besitzen eine optimale Lösung.

Ganzzahligkeitssatz: Sind alle a_j und b_i des Transportproblems ganzzahlig, so haben auch die Variablen x_{ij} in allen Basislösungen (also auch in jeder optimalen Basislösung) ganzzahlige Werte.

Bemerkung: Aus (6.11) folgt für jede beliebige Nebenbedingung, daß sie von selbst erfüllt sein muß, wenn alle übrigen Nebenbedingungen erfüllt sind. Der Rang der Koeffizientenmatrix ist $n + m - 1$.

6.2.2. Gewinnung einer Anfangslösung

Wir schreiben die Tabelle

$$\begin{array}{c|c} & a_1 \ldots a_n \\ \hline b_1 & \\ \vdots & \\ b_m & \end{array}$$

auf.

1) Es wird ein Feld (i^*, j^*) ausgewählt.

2) An die Stelle (i^*, j^*) wird $\bar{x}_{i^*j^*} = \text{Min}\,\{b_{i^*}, a_{j^*}\}$ eingetragen.[1]

$$\begin{array}{c|c} & a_1 \ldots a_{j^*} \ldots a_n \\ \hline b_1 & \\ \vdots & \\ b_{i^*} & \bar{x}_{i^*j^*} \\ \vdots & \\ b_m & \end{array}$$

a) $b_{i^*} < a_{j^*}$: Die restlichen Felder der Zeile i^* werden gestrichen. (Die gesamte Menge des Lagers i^* wird nach j^* ausgeliefert.) a_{j^*} wird durch $(a_{j^*} - b_{i^*})$ ersetzt, b_{i^*} durch 0.

b) $b_{i^*} \geqq a_{j^*}$: Die restlichen Felder der Spalte j^* werden gestrichen. (Der Verbraucher j^* hat bereits seine gesamte Menge erhalten.) b_{i^*} wird durch $(b_{i^*} - a_{j^*})$ ersetzt, a_{j^*} durch 0. Sonderfall: Besteht das Tableau aus nur einer Spalte, so ist nicht diese, sondern die Zeile i^* zu streichen.

3) Die verbleibende Tabelle enthält eine Zeile bzw. eine Spalte weniger als die vorhergehende.

Dieses Verfahren wird immer wieder angewendet, bis die Tabelle kein freies Feld mehr enthält. Nach endlich vielen solchen Schritten können wir allen Feldern der Ausgangstabelle entweder ein gestrichenes Feld zuordnen oder ein Feld, in dem eine Zahl $\bar{x}_{ij}$ eingetragen ist. Wir haben damit eine Basislösung gefunden: *Genau die Variablen x_{ij}, die zu gestrichenen Feldern gehören, werden Nichtbasisvariable. Die anderen werden zu Basisvariablen, und ihnen ordnen wir die Werte $\bar{x}_{ij}$ zu.*

---

[1] Bei $\text{Min}\,\{b_{i^*}, a_{j^*}\} = 0$ wird diese 0 eingetragen. Zwischen dem Eintragen einer 0 und keiner Eintragung ist zu unterscheiden!

In jeder Zeile und in jeder Spalte steht dann mindestens eine Basisvariable (eventuell mit dem Wert 0, dann liegt Entartung vor).

Im allgemeinen wählt man immer ein Feld (i^*, j^*), zu dem minimale Transportkosten gehören $\left(\min\limits_{i,j} p_{ij} = p_{i^*j^*}\right)$, um möglichst eine günstige Anfangsbasislösung zu finden.

Wählt man immer das linke obere Feld, heißt das Auswahlverfahren *Nordwesteckenregel.*

Auffinden einer Anfangslösung für das Beispiel

I) Anwendung der Nordwesteckenregel: In das linke obere Feld wird Min {15, 20} = 15 eingetragen, und der Rest der Zeile wird gestrichen.

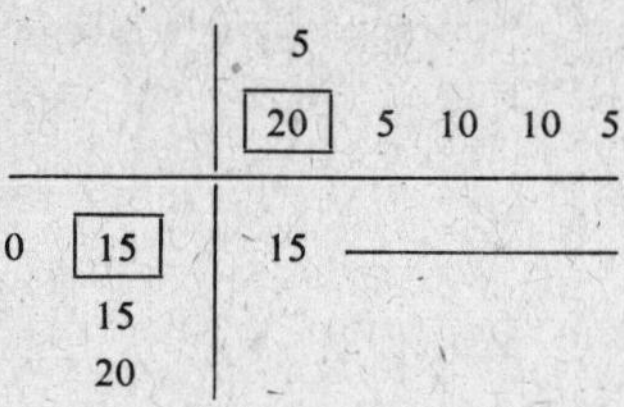

In das linke obere Feld der verbleibenden Tabelle wird Min {5, 15} = 5 eingetragen und der Rest der Spalte gestrichen.

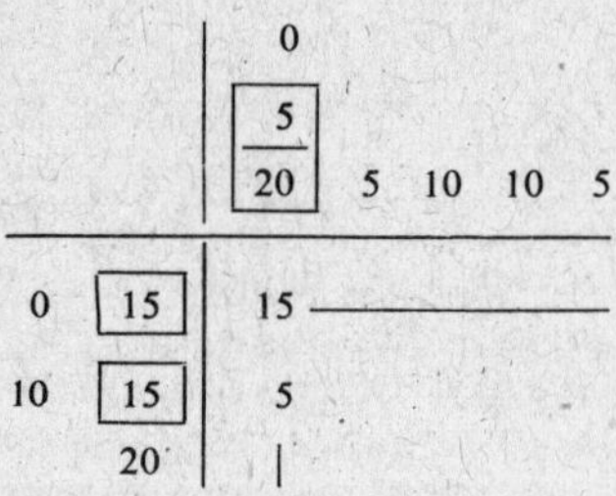

Am Ende erhalten wir die Tabelle

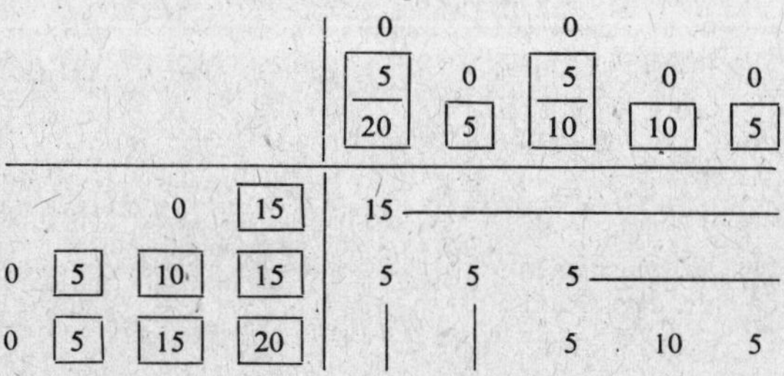

Ihr entspricht die Basislösung $x_{11} = 15$, $x_{21} = 5$, $x_{22} = 5$, $x_{23} = 5$, $x_{33} = 5$, $x_{34} = 10$, $x_{35} = 5$ (Basisvariable); die restlichen Variablen sind Nichtbasisvariable und haben in der Basislösung den Wert 0.

II) $\min\limits_{i,j} p_{ij} = 1 = p_{34}$: In das Feld (3, 4) wird Min {20, 10} = 10 eingetragen und die restliche Spalte gestrichen. $\min\limits_{j \neq 4} p_{ij} = 2 = p_{31}$: In das Feld (3, 1) wird Min {10, 20} = 10 eingetragen und die restliche dritte Zeile gestrichen. $\operatorname{Min}_{\substack{i \neq 3 \\ j \neq 4}} p_{ij} = 3 = p_{13}$: In das Feld (1, 3) wird Min $\{15, 10\} = 10$ eingetragen und der Rest der dritten Spalte gestrichen. Verfahren wir so weiter, erhalten wir die Tabelle:

				0				
				5				
				10	0	0	0	0
				20	5	10	10	5
	0	5	15	5		10		—
0	5	10	15	5	5			5
	0	10	20	10	—	—	10	—

6.2.3. Transportalgorithmus

Es liege eine Transporttabelle zur Anfangslösung $x_{ij} = \bar{x}_{ij}$ für die Basisvariablen, $x_{ij} = 0$ für die Nichtbasisvariablen vor (die Felder zu den Nichtbasisvariablen bleiben leer). Ferner benötigen wir die Kostentabelle mit den gegebenen p_{ij}. Wir nehmen nachstehend stets auf das Beispiel aus 6.2.1. Bezug.

Ermitteln von Simplexmultiplikatoren: Wir schreiben die Kostentabelle ab, lassen aber die den Nichtbasisvariablen entsprechenden Felder frei. In der rechten Randspalte wollen wir die Werte der Unbekannten $u_1, \ldots, u_m$, in der unteren Randzeile Werte der Unbekannten $v_1, \ldots, v_n$ eintragen (vgl. Bild 6.6). Diese $n + m$ Unbekannten sollen das lineare Gleichungssystem $u_i + v_j = p_{ij}$

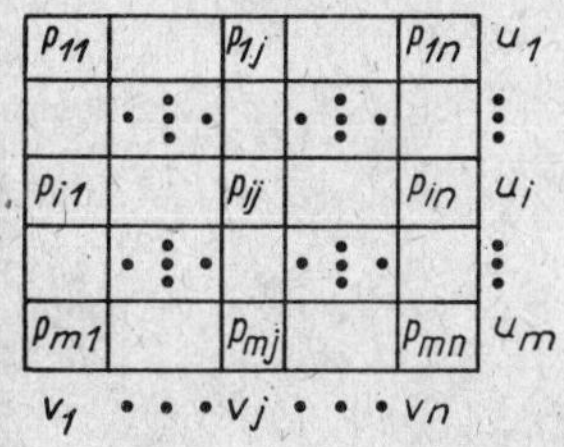

Abb. 6.6. Ermitteln der Simplexmultiplikatoren

für alle Indexpaare (i, j) der Basisvariablen erfüllen. Man kann beweisen, daß dieses System für alle Basislösungen Dreiecksgestalt[1]) mit dem Rang $n + m - 1$ hat und sich somit auf folgende Weise stets lösen läßt:

- Im ersten Schritt wird $v_n = 0$ gesetzt.
- Wurde im k-ten Schritt der Wert einer Unbekannten ermittelt, so gibt es stets eine noch nicht bestimmte Unbekannte im System, die im $(k + 1)$-ten Schritt eindeutig aus einer Gleichung $u_i + v_j = p_{ij}$ bestimmt werden kann, weil der Wert der anderen Unbekannten in dieser Gleichung schon bekannt ist. (Das gilt so lange, bis alle Unbekannten bestimmt sind.)

---

[1]) Vgl. 2.4.4.3.3.

Welche Unbekannte im $(k+1)$-ten Schritt bestimmt werden kann, sieht man durch Probieren. Die u_i und v_j heißen wegen ihrer Stellung in der allgemeinen Theorie der Simplexalgorithmen auch „Simplexmultiplikatoren". Zuweilen werden sie auch „Potentiale" und der Transportalgorithmus „Potentialmethode" genannt.

Beispiel:

5					u_1
6	4	7			u_2
		3	1	8	u_3
v_1	v_2	v_3	v_4	v_5	

$$v_5 = 0 \to u_3 = 8 \quad \text{wegen} \quad u_3 + v_5 = p_{35} = 8$$
$$\to v_4 = -7 \quad \text{wegen} \quad u_3 + v_4 = p_{34} = 1$$
$$\to v_3 = -5 \quad \text{wegen} \quad u_3 + v_3 = 3$$
$$\to u_2 = 12 \to v_2 = -8 \to v_1 = -6 \to u_1 = 11.$$

Ermitteln der Pivotspalte: Die Simplexmultiplikatoren dienen dazu, ein Nichtbasis-(i, j) zu ermitteln, das beim Austauschschritt in die Basis kommt (das entspricht dem Ermitteln der Pivotspalte beim Simplexalgorithmus). Wir tragen im Schema zur Ermittlung der Simplexmultiplikatoren an den freien Stellen die Werte

$$p'_{ij} = p_{ij} - u_i - v_j \qquad ,$$

ein (die Koeffizienten der auf die Nichtbasisvariablen umgerechneten Zielfunktion). Sind alle $p'_{ij} \geqq 0$, so ist die Basislösung optimal (Minimaltest!). Anderenfalls wählen wir ein beliebiges $p'_{\alpha\beta} < 0$ aus, meist wählt man das minimale. Der Index (α, β) kennzeichnet eine Nichtbasisvariable $x_{\alpha\beta}$, die in die Basis kommen soll. Wir kennzeichnen das entsprechende Feld in der Transporttabelle durch ein +.

Beispiel:

p_{ij}:

5	6	3	5	9
6	4	7	3	5
2	5	3	1	8

,

5					11
6	4	7			12
		3	1	8	8
−6	−8	−5	−7	0	

→

5	3	−3	1	−2
6	4	7	−2	−7
0	5	3	1	8

minimales Element $-7 \to (\alpha, \beta) = (2, 5)$.

Ermitteln der Pivotzeile: Außer dem Feld (α, β) der Transporttabelle versehen wir weitere, aber nun nur durch Zahlen besetzte Felder so mit Marken − und +, so daß in jeder Zeile und jeder Spalte der Transporttabelle die Anzahl der + gleich der Anzahl der − ist. Das ist immer eindeutig möglich mit höchstens einem + und einem − in jeder Zeile und Spalte.

Beispiel:

15				
5	5	5		+
		5	10	5

→

15				
5	5	5^-		+
		5^+	10	5^-

(Das + im Feld (2, 5) wurde gesetzt. Entsprechend muß in der letzten Spalte ein − gesetzt werden, das geht nur im Feld (3, 5). Entsprechend muß in der letzten Zeile ein + gesetzt werden. An die 10 kann man es nicht setzen, weil man in dieser Spalte dann kein − setzen könnte, usw.)

Anschließend bestimmen wir das Minimum M aller mit − markierten Elemente und wählen ein (!) Feld (γ, δ) aus, wo es angenommen wird. In unserem Beispiel mit $M = 5$ kann $(\gamma, \delta) = (2, 3)$

gewählt werden. (γ, δ) bezeichnet eine Basisvariable, die in die Nichtbasis kommen soll, entspricht also dem Index der Pivotzeile beim Simplexalgorithmus.

Austauschschritt (Übergang zu einer neuen Transporttabelle):

a) Im Feld (α, β) der neuen Tabelle wird M eingetragen.

b) Im Feld (γ, δ) der neuen Tabelle wird nichts eingetragen.

c) In den übrigen mit − bzw. mit + markierten Feldern wird M von der vorhandenen Zahl subtrahiert bzw. zu ihr addiert. Das Ergebnis wird in das entsprechende Feld der neuen Tabelle eingetragen.

d) Die nichtmarkierten Zahlen werden in die neue Transporttabelle übernommen. Die übrigen Felder der neuen Tabelle bleiben leer.

Beispiel:

15				
5	5	5^-		+
		5^+	10	5^-

→

15				
5	5			5
		10	10	0

So entsteht eine neue Transporttabelle, von der ausgehend das gesamte Verfahren wiederholt wird. Abgesehen vom theoretisch möglichen geschlossenen Zyklus bei Entartung ist nach endlich vielen Schritten der Minimaltest erfüllt.

Beispiel: Bild 6.7 gibt den Rechengang für das Beispiel aus 6.2.1. wieder. Die erste Transporttabelle entstand in 6.2.2. mit der Nordwesteckenregel. Die Erzeugung der ersten Hilfstabelle und der zweiten Transporttabelle wurde vorstehend genau beschrieben. Entsprechend wird dann weiter abwechselnd eine neue Hilfstabelle und eine neue Transporttabelle erzeugt, bis nach vier Austauschschritten das Optimum erreicht ist.

	20	5	10	10	5
15	15				
15	5	5	5^-		+
20			5^+	10	5^-

5	3	−3	1	−2	11
6	4	7	−2	−7	12
0	5	3	1	8	8
−6	−8	−5	−7	0	

↓

15				
5^-	5			5^+
+		10	10	0^-

5	3	4	8	5	4
6	4	7	5	5	5
−7	−2	3	1	8	8
1	−1	2	0	0	

↓

15^-		+		
5	5			5
0^+		10^-	10	

5	3	−3	1	5	4
6	4	0	−2	5	5
2	5	3	1	7	1
1	−1	2	0	0	

↓

5		10		
5^-	5		+	5
10^+			10^-	

5	3	3	1	5	4
6	4	3	−2	5	5
2	5	3	1	7	1
1	−1	−1	0	0	

↓

5		10		
	5		5	5
15			5	

5	1	3	1	3	6
2	4	5	3	5	5
2	3	3	1	5	3
−1	−1	−3	−2	0	

$K_{opt} = 150$

Abb. 6.7. Lösung des Beispiels aus 6.2.1.

Man beachte: Die vorletzte Transporttabelle ist gerade die, die mit dem verbesserten Verfahren zur Erzeugung einer Anfangslösung in 6.2.2. ermittelt wurde, von ihr aus ist in diesem Beispiel also nur ein Austauschschritt erforderlich gegenüber vier bei Benutzung der Nordwesteckenregel.

Verhalten bei Entartung: Wie beim Simplexalgorithmus wird man erst dann besondere Verfahren zum Verhindern eines Zyklus anwenden, wenn M bei mehreren Schritten hintereinander 0 war.

Liegt eine entartete Transporttabelle vor (erkenntlich an einer eingetragenen 0), so modifiziert man das a_m zu $a_m + n\varepsilon$ und alle b_j zu $b_j + \varepsilon$ mit sehr klein gedachtem $\varepsilon > 0$ und korrigiert die $\bar{x}_{ij}$ der Basisvariablen so, daß eine Basislösung für die neuen a_i und b_j entsteht. Das ist stets eindeutig möglich (ähnlich wie bei der Ermittlung der Simplexmultiplikatoren):

15				
5	5			5
		10	10	0

	$20 + \varepsilon$	$5 + \varepsilon$	$10 + \varepsilon$	$10 + \varepsilon$	$5 + \varepsilon$
15					
15					
$20 + 5\varepsilon$					

$15 + 2\varepsilon$				
$5 - \varepsilon$	$5 + \varepsilon$			$5 - 2\varepsilon$
		$10 + \varepsilon$	$10 + \varepsilon$	3ε

Wird auf diese Weise ein $\bar{x}_{kl}$ negativ, so muß es ein (schon vor der Veränderung) positives $\bar{x}_{kr}$ in der gleichen Zeile und ein positives $\bar{x}_{sl}$ in der gleichen Spalte geben. Das Feld (s, r) ist dann stets frei, man trägt + ein und führt einen Austauschschritt durch. So kann man alle negativen Werte beseitigen.[1]) Anschließend rechnet man mit dem Transportalgorithmus weiter, es tritt dann nie mehr Entartung ein. Durch $\varepsilon \to 0$ in der Optimallösung erhält man eine Optimallösung der ursprünglichen Aufgabe.

6.3. Typische Anwendungen der linearen Optimierung

Die folgenden Abschnitte stellen wichtige Problemklassen durch ein Demonstrationsbeispiel vor, an dem charakteristische Eigenschaften der Problemklasse deutlich werden.

6.3.1. Kapazitätsauslastung

Beispiel: Es sind 4 Erzeugnisse A_i in Stückzahlen zwischen a_i und b_i zu produzieren, $i = 1, \ldots, 4$. Die Selbstkosten pro Stück betragen p_i. Jedes Stück A_i erfordert a_{ij} Minuten Bearbeitungszeit auf jeder (!) der Maschinen M_j, $j = 1, 2, 3$, deren Auslastung jeweils insgesamt zwischen n_j und m_j Minuten liegen soll. Gesucht ist der selbstkostenminimale Produktionsplan.
Variable x_i: Anzahl der zu produzierenden Erzeugnisse vom Typ A_i.

Modell:
$$a_{1j}x_1 + a_{2j}x_2 + a_{3j}x_3 \leqq m_j \quad \text{für} \quad j = 1, 2, 3,$$
$$a_{1j}x_1 + a_{2j}x_2 + a_{3j}x_3 \geqq n_j \quad \text{für} \quad j = 1, 2, 3,$$
$$x_i \leqq b_i,\ x_i \geqq a_i,\ x_i \geqq 0 \quad \text{für} \quad i = 1, 2, 3, 4,$$
$$Q(\mathbf{x}) = p_1x_1 + p_2x_2 + p_3x_3 = \text{Min!}$$

---

[1]) Häufig genügt schon die generelle Ersetzung von ε durch $-\varepsilon$.

Variante: Bedeutet p_i den Gewinn pro Stück, so sucht man $Q(\mathbf{x}) = \text{Max}!$.

Bemerkungen: Bei größeren Stückzahlen kann die Ganzzahligkeitsforderung vernachlässigt werden, bei Rechnung in Mengen- oder Volumeneinheiten entfällt diese Schwierigkeit meist von selbst. Tritt wirklich der oben dargestellte allgemeine Fall ein, empfiehlt sich bei größeren Beispielen die Anwendung spezieller Simplexalgorithmen für „beidseitig beschränkte Probleme". Meist ist jedoch für viele j $n_j = 0$ oder $m_j = \infty$ (Ungleichung überflüssig) und für einige i $a_i = 0$ oder $b_i = \infty$ (Ungleichung identisch mit Vorzeichenbedingung bzw. überflüssig) – dann haben die in 6.1. dargelegten Lösungsverfahren die gleiche Effektivität.

Andere Beispiele:

A_i	M_j
Qualifizierungskaderarten	qualifizierende Institutionen
landwirtschaftliche Kulturen	Arbeitskräfte, Maschinen
Nutztierarten	Arbeitskräfte, Ställe, Futter

6.3.2. Mischung

Beispiel: Aus 3 Rohmetallen M_i mit Dichte a_{i1}, Kohlenstoffgehalt a_{i2} und Phosphorgehalt a_{i3}, die in Mengen zwischen a'_i und b'_i verbraucht werden können und p_i Mark pro kg kosten, ist eine Legierung zu schmelzen. Diese soll eine Dichte zwischen n_1 und m_1, einen Kohlenstoffgehalt zwischen n_2 und m_2 bzw. Phosphorgehalt zwischen n_3 und m_3 haben, in einer Menge von c kg produziert werden und möglichst billig sein.

Variable x_i: (eingesetzte Menge von M_i) : c.

Modell: wie in 6.3.1. mit $a_i = a'_i/c$, $b_i = b'_i/c$.

Bemerkungen: Alle betrachteten Eigenschaften müssen sich bei Mischung annähernd so verhalten, daß jede Eigenschaft des Gemischs das entsprechend den Anteilen x_i gewichtete Mittel der Rohstoffeigenschaften ist (Vorsicht z. B. bei Schmelzpunkten, Siedegrenzen, Festigkeiten!). Vgl. ferner die Bemerkungen in 6.3.1.

Andere Beispiele:

M_i	a_{ij}
Futtermittel	Nährstoffgehalte, Schadstoffanteile
Heizgas	Heizwert, Schwefelgehalt, Staubanteil
Rübensorten	Blattertrag, Körperertrag

6.3.3. Aufteilung, Planaufschlüsselung, Zuordnung

Beispiel: m Produkte P_j sind in Mengen von a_j zu produzieren. Es stehen n Maschinen M_i bereit mit jeweils b_i Minuten Maschinenzeit. Jede Einheit des Produktes P_j kann wahlweise (!) auf einer beliebigen Maschine M_i fertiggestellt werden, das beansprucht c_{ij} Minuten und kostet p_{ij} Mark. Gesucht ist die kostengünstigste Aufteilung der Produktion auf die Maschinen.

Variable x_{ij}: Menge von P_j, die auf M_i produziert wird.

Modell:

$$\sum_{i=1}^{n} x_{ij} = a_j \quad \text{für } j = 1, \dots, m; \qquad \sum_{j=1}^{m} c_{ij}x_{ij} \leqq b_i \quad \text{für } i = 1, \dots, n;$$

$$x_{ij} \geqq 0 \quad \text{für alle } (i, j); \qquad Q(\mathbf{x}) = \sum_{i=1}^{n} \sum_{j=1}^{m} p_{ij}x_{ij} = \text{Min!}$$

Das Modell ist eine Verallgemeinerung des Transportmodells. Es kann mit dem Simplexalgorithmus gelöst werden.

Variante: Es ist die Gesamtlaufzeit der Maschinen (somit die Arbeitszeit der sie bedienenden Kräfte) zu minimieren.

Modell wie oben, aber mit Zielfunktion $\sum_{i=1}^{n} \sum_{j=1}^{m} c_{ij}x_{ij} = \text{Min!}$.

Andere Beispiele:

P_j	M_i	c_{ij}	p_{ij}	
landwirtschaftliche Kulturen	Ackerflächen	$= 1$	Ertrag in Geld	Max!
Betriebe	Energieträger	$= 1$	Ausnutzungsgrad	Max!
Produkte	Betriebe	Aufwand	Gewinn	Max!
Auslieferung im Quartal j	Produktion im Quartal i	$= 1$	Produktionskosten + Lagerkosten	Min!

Bemerkungen: Bei $c_{ij} = 1$ kann der Transportalgorithmus angewendet werden, nachdem $\sum a_j = \sum b_i$ durch Einführen eines fiktiven P_{m+1} erzeugt wurde. Gelegentlich müssen bestimmte Aufteilungen ausgeschlossen werden (z. B. bei der Planaufschlüsselung kann nichts im 2. Quartal ausgeliefert werden, was im 3. Quartal produziert wird) – das geschieht durch $p_{ij} = \infty$ für die entsprechenden Felder.

Bei $n = m$, $a_j = 1$, $b_i = 1$, $c_{ij} = 1$, $x_{ij} \in \{0, 1\}$ für alle i und j entsteht als Spezialfall das *Zuordnungsproblem* (mit ... $= b_i$):

Beispiele:

P_j	M_i	p_{ij}	
n Erzeugnisse	n Betriebe	Produktionskosten	Min!
n zu errichtende Betriebe	n Standorte	Erschließungskosten	Min!
n zusammenzustellende Züge	n Gleise	Rangierbewegungen	Min!
n Planstellen	n Kader	Produktivität	Max!
n Tätigkeiten	n Arbeitskräfte	Zeitaufwand	Min!

Die Lösung kann mit dem Transportalgorithmus (von Anfang an mit der Modifizierung gegen Entartung!) erfolgen, der nach dem Ganzzahligkeitssatz 6.2.1. eine Zuordnung $x_{ij} \in \{0, 1\}$ liefert. Günstiger ist oft die Ungarische Methode (s. 9.6.2.).

6.3.4. Zuschnitt, Schichtplanung, Überdeckung

Beispiel 1: Für Stangenmaterial einheitlicher Länge l gibt es Zuschnittvarianten Z_i, $i = 1, \ldots, 6$. Gefordert werden a_j Teile T_j der Länge l_j, $j = 1, 2, 3, 4$. Bei jeder Zuschnittvariante Z_i entstehen k_{ij} Teile T_j. (Dabei ist $k_{i1}l_1 + k_{i2}l_2 + k_{i3}l_3 + k_{i4}l_4 \leqq l$. Das ist eine Bedingung zwischen Konstanten, die zur Definition der „Zuschnittvariante" gehört, keine Nebenbedingung der Optimierung.) Die geforderten Teile sollen unter Verwendung möglichst weniger Stangen erhalten werden.

Variable: x_i sei die Anzahl der gemäß Z_i zerschnittenen Stangen.

Modell:

$$k_{1j}x_1 + k_{2j}x_2 + k_{3j}x_3 + k_{4j}x_4 + k_{5j}x_5 + k_{6j}x_6 \geqq a_j \quad \text{für} \quad j = 1, \ldots, 4;$$

$$x_i \geqq 0 \quad \text{für} \quad i = 1, \ldots, 6,$$

$$Q(\mathbf{x}) = x_1 + x_2 + x_3 + x_4 + x_5 + x_6 = \text{Min!}$$

Bemerkungen: Durch Einführen der Schlupfvariablen und Multiplikation der Gleichungen mit -1 entsteht sofort eine dual-zulässige kanonische Form; es ist also der duale oder revidierte duale

Simplexalgorithmus zweckmäßig. Vor allem bei kleineren Stückzahlen muß eigentlich ganzzahlig optimiert werden – selbst hier kann aber mit Aufrunden einer nichtganzzahligen Optimallösung gearbeitet werden, falls Lagerplatz für wenige Teile jeder Länge bis zur nächsten Bedarfsanforderung vorhanden ist.

Weitere Beispiele:

Rohmaterial	T_j
Spanplatten	kleinere Spanplatten
auf L-Meter-Rollen gewickeltes Gewebe oder Blech der Breite l	L-Meter-Gewebebahnen bzw. -Blechstreifen der Breiten l_j

Auch die Schichtplanung für Bibliotheken, Fahrkartenschalter usw. läßt sich so modellieren: Z_i sind die am Tag denkbaren Arbeitszeitpläne (Schichten); T_j sind gewisse Tageszeiten; es ist $k_{ij} = 1$, falls Z_i zur Tageszeit T_j Anwesenheit vorsieht, sonst $k_{ij} = 0$; a_j Anzahl der zur Zeit T_j benötigten Kräfte; x_i Besetzung der Schicht Z_i.

Im Spezialfall $a_j = 1$, $k_{ij} \in \{0, 1\}$ entstehen *Überdeckungsprobleme*, die allerdings stets Methoden der ganzzahligen linearen Optimierung erfordern:

Beispiel 2: Für den Bau von Wasserwerken kommen 6 Standorte Z_i in Frage. Jedes Wasserwerk Z_i würde einige von 4 Orten T_j versorgen können ($k_{ij} = 1$) oder nicht versorgen können ($k_{ij} = 0$). Mit der Errichtung möglichst weniger Wasserwerke soll jeder der Orte T_j mindestens einmal „überdeckt" werden.

Variable: $x_i = 1$, falls auf Z_i Werk gebaut wird, $x_i = 0$ sonst.

Modell: wie das Zuschnittmodell, aber mit $a_1 = a_2 = a_3 = a_4 = 1$ und der zusätzlichen Nebenbedingung „$x_i = 0$ oder 1" für $i = 1, \ldots, 6$.

Varianten des Beispiels: Die Kosten zum Bau von Z_i seien p_i. Gesucht ist die billigste Überdeckung aller Orte. Zielfunktion dann:

$$p_1x_1 + p_2x_2 + p_3x_3 + p_4x_4 + p_5x_5 + p_6x_6 = \text{Min!}$$

Es kann auch n-fache Überdeckung gefordert werden $\rightarrow a_i = n$.

Weitere Beispiele:

Z_i	T_j
Phasen einer Verkehrsregelung	freizugebende Verkehrsströme
Bewerber für eine Expedition	zu sichernde Kenntnisse (Medizin, Funken, Fremdsprachen ...)
Primimplikanten in der Schaltalgebra (10.4.2.)	Fundamentalkonjunktionen der betrachteten Schaltfunktion

6.4. Parametrische lineare Optimierung

6.4.1. Aufgabenstellung

In 6.1.7.4. wurden Methoden dargelegt, nach erfolgter Optimierung noch leicht abgeänderte Aufgaben unter Benutzung der vorliegenden Optimallösung zu behandeln. Will man dagegen von vornherein und systematisch eine ganze Schar ähnlicher Optimierungsaufgaben lösen, kommt man zur *parametrischen Optimierung*: Alle Koeffizienten der Nebenbedingungen und der Zielfunktion hängen von einem oder von mehreren Parametern ab. Praktikable Verfahren liegen für den Fall vor, daß nur die Koeffizienten der Zielfunktion linear von einem Parameter abhängen (6.4.2.). Der Fall, daß nur die Absolutglieder der Nebenbedingungen linear von einem Parameter abhängen, kann durch Dualisierung der Aufgabe (6.1.6.1.) oder des Algorithmus darauf zurückgeführt werden. Eine geschlossene Theorie, die jedoch auf sehr aufwendige Rechnungen führt, gibt es auch für den Fall, daß die Koeffizienten der Zielfunktion von mehreren Parametern linear abhängen (durch Dualisierung betrachtet man analog parameterabhängige Absolutglieder der Nebenbedingungen). Das Entsprechende gilt, wenn sowohl Zielfunktionskoeffizienten als auch Absolutglieder der Nebenbedingungen linear parameterabhängig sind.

Für Fälle, in denen Koeffizienten der Variablen in den Nebenbedingungen parameterabhängig sind, gibt es noch keine allgemein ausgearbeiteten Verfahren.

6.4.2. Lösungsverfahren für den Typ „einparametrische Zielfunktion"

Aufgabe: Das *PLOP* (parametrisches LOP)

$$\begin{aligned} a_{11}x_1 + \dots + a_{1n}x_n &= b_1, \\ \vdots \qquad\qquad & \quad \vdots \\ a_{m1}x_1 + \dots + a_{mn}x_n &= b_m, \\ (x_1 \geqq 0, \dots, x_n \geqq 0)& \end{aligned}$$

$$Q = (p_1 + q_1 t)\,x_1 + \dots + (p_n + q_n t)\,x_n = \text{Min!}$$

soll für alle t, $-\infty < t < \infty$, untersucht werden.

(Andere Typen linearer Optimierungsaufgaben mit einparametrischer Zielfunktion werden wie in 6.1.1. beschrieben auf diesen Typ zurückgeführt.)

Geometrische Deutung im Falle von 2 Variablen (vgl. 6.1.1.): Für alle Werte von t haben die Aufgaben

$$\begin{aligned} a_{11}x_1 + a_{12}x_2 &\leqq b_1 \\ \vdots \qquad\qquad & \quad \vdots \\ a_{m1}x_1 + a_{m2}x_2 &\leqq b_m \\ (x_1 \geqq 0, x_2 \geqq 0)& \end{aligned}$$

$$Q = (p_1 + q_1 t)\,x_1 + (p_2 + q_2 t)\,x_2 = \text{Min!}$$

den gleichen zulässigen Bereich. Mit der Veränderung von t „dreht" sich die Niveaulinienrichtung allmählich. In Abb. 6.8 haben wir fünf Phasen dieser „Drehung" dargestellt. Man sieht, daß

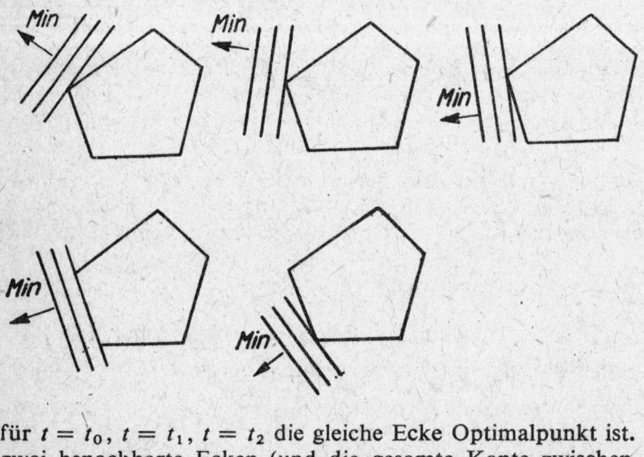

Abb. 6.8. Änderung der Niveaulinienrichtung bei Parameterveränderung

für $t = t_0$, $t = t_1$, $t = t_2$ die gleiche Ecke Optimalpunkt ist. Für einen gewissen Wert $t = t_3$ sind zwei benachbarte Ecken (und die gesamte Kante zwischen ihnen) optimal. Für etwas größeres $t = t_4$ ist dann allein die neue Ecke Optimalpunkt usw.

Satz: Ist eine Ecke des PLOP Optimum für $t = t_0$, so existiert ein gewisses Intervall $\underline{t} \leqq t \leqq \overline{t}$ mit der Eigenschaft, daß für die von t abhängige Zielfunktion in diesem Intervall diese Ecke optimal ist, während sie für t außerhalb dieses Intervalls nicht mehr optimal ist.

(Die Möglichkeiten $\underline{t} = -\infty$, $\overline{t} = \infty$, $\underline{t} = \overline{t}$ sind dabei mit einbegriffen.)

Das Intervall heißt dann *Stabilitätsbereich* der Ecke. Sind E_1 und E_2 zwei Ecken und t' liegt im Inneren der beiden Stabilitätsbereiche, so sind die Stabilitätsbereiche identisch. Nicht identische Stabilitätsbereiche haben höchstens einen Punkt gemeinsam.

Satz: Das PLOP habe für mindestens einen Parameterwert eine optimale Lösung. Dann gibt es im Intervall $-\infty \leqq t \leqq \infty$ endlich viele *charakteristische Werte* $t_0 < t_1 < t_2 < \ldots < t_r$ mit folgenden Eigenschaften:

a) für $t < t_0$ existiert keine Lösung des PLOP (dieses Intervall kann leer sein, $t_0 = -\infty$),

b) $t_i \leqq t \leqq t_{i+1}$ ist für jedes $i = 0, 1, \ldots, r-1$ Stabilitätsbereich mindestens einer Ecke des PLOP, $t_i \leqq t \leqq t_i$ kann für gewisse $i = 0, 1, \ldots, r$ Stabilitätsbereich einer Ecke sein,

c) für $t > t_r$ existiert keine Lösung des PLOP (dieses Intervall kann leer sein, $t_r = \infty$).

Faßt man den Optimalwert der Zielfunktion für jedes mit festgehaltenem t-Wert gelöste PLOP als Funktion dieses t auf, entsteht die *Optimalwertfunktion* $Q_0(t)$.

Satz: Die Optimalwertfunktion ist stetig, konkav und stückweise linear über dem Intervall der t, für die das LOP lösbar ist. Die Knickstellen sind genau die charakteristischen Werte $t_1, t_2, \ldots, t_{r-1}$.

Lösungsverfahren: Der Grundgedanke des Verfahrens besteht in der Lösung des PLOP für festgehalten gedachte t-Werte und sukzessive Veränderung der t-Werte über die charakteristischen Werte t_i hinweg.

Wir betrachten das PLOP in der kanonischen Form, die wie in 6.1.4. beschrieben erhalten werden kann. Die für die Zielfunktion vorgesehene Zeile des Simplextableaus (vgl. 6.1.2.) wird in zwei Zeilen geteilt, eine für die p_j, eine für die q_j. Entsprechend ist $-Q_0 = -Q_{0p} - Q_{0q}t$. Die beiden Zeilen werden beim Basisaustausch einzeln wie eine normale Zielfunktionszeile transformiert.

$$\begin{array}{c|ccc|c}
\vdots & \vdots & & \vdots & \vdots \\
\lambda_n & a_{\lambda_n\lambda_{m+1}} & \ldots & a_{\lambda_m\lambda_n} & b_{\lambda_m} \\
\hline
 & p_{\lambda_{m+1}} & \ldots & p_{\lambda_n} & -Q_{0p} \\
\hdashline
 & q_{\lambda_{m+1}} & \ldots & q_{\lambda_n} & -Q_{0q}
\end{array}$$

(Die Buchstaben bezeichnen jetzt die Zahlen im jeweiligen Tableau; das sind im allgemeinen nicht die des PLOP in der ursprünglich gegebenen Form.)

Kennt man keinen t-Wert, für den das PLOP lösbar ist, kann man folgendermaßen vorgehen: Zuerst suchen wir ein Optimum für beliebig große t. (Das bedeutet, wir brauchen als Elemente der „Steuerzeile" für die Pivotspaltenauswahl nur die q_j, falls diese $\neq 0$ sind, und die p_j allein dort, wo $q_j = 0$ ist. Auf diese Weise führen wir Simplexschritte aus, solange dies möglich ist. Dann können zwei Fälle eintreten:

Fall I: Alle q_j im erhaltenen Tableau sind $\geqq 0$, und dort, wo $q_j = 0$ ist, ist stets $p_j \geqq 0$. Dann haben wir ein Optimaltableau erhalten zu einer Ecke, deren Stabilitätsbereich bis $t_r = +\infty$ reicht.

Wir verfahren dann weiter, wie unter „Bestimmung der linken Grenze eines Stabilitätsbereichs" beschrieben (s.u.).

Fall II: Fall I tritt nicht ein, d. h., daß bei einem negativen Element der Steuerzeile alle a_{ij} der entsprechenden Spalte im Tableau $\leqq 0$ sind.

Wir betrachten dann (unabhängig von den p_j und q_j) alle Spalten mit der Eigenschaft, daß $a_{ij} \leqq 0$ für sämtliche Elemente der Spalte j gilt. Die entsprechende Indexmenge sei J.

Wir bestimmen t' als größtes t, für das

$$p_j + q_j t \geqq 0 \quad \text{für alle} \quad j \in J$$

gilt. Gibt es kein solches t'. so hat das PLOP für kein t eine optimale Lösung.

Wir verwenden $p_j + q_j t'$ als neue Steuerzeile und wenden den Simplexalgorithmus an. Führt er zu einer optimalen Ecke, so ist $t' = t_r$ die rechte Grenze ihres Stabilitätsbereichs, und wir verfahren dann weiter wie unter „Bestimmung der linken Grenze eines Stabilitätsbereichs" beschrieben. Führt der Simplexalgorithmus nicht zu einer optimalen Ecke, dann deshalb, weil bezüglich der neuen Steuerzeile wieder der Fall II eingetreten ist. Wir wiederholen dann die ganze Überlegung, erhalten ein t'' usw. Nach endlich vielen Schritten erhalten wir t_r oder erkennen die Unlösbarkeit der Aufgabe.

Bestimmung der linken Grenze eines Stabilitätsbereichs: Wir kennen die rechte Grenze $t_{\nu+1}$ eines Stabilitätsbereichs und ein Optimaltableau einer zugehörigen Ecke E.

Wir denken uns dann ein t^* gewählt, das geringfügig kleiner als $t_{\nu+1}$ ist (bei $t_{\nu+1} = \infty$ sei t^* eine hinreichend große positive Zahl). Es gibt dann zwei Möglichkeiten: Entweder ist das Tableau noch optimal für t^*, dann ist t^* ein innerer Punkt des Stabilitätsbereiches von E; wir setzen $E = E^*$. Oder das Tableau ist nicht mehr optimal für t^*, dann ist $t_{\nu+1}$ die linke Grenze des Stabilitätsbereiches von E. Wir berechnen dann ein Optimaltableau zu t^* mit Hilfe des Simplexalgorithmus. Existiert kein Optimum, so ist $t_{\nu+1} = t_0$ und das PLOP für kleinere Parameterwerte als $t_{\nu+1}$ nicht lösbar. Existiert eine optimale Ecke, so nennen wir diese E^*, und t^* ist innerer Punkt von deren Stabilitätsbereich.

Im Optimaltableau zu E^* bestimmen wir das kleinste t, für das alle $p_j + q_j t \geqq 0$ bleiben (das kann $-\infty$ sein). Der erhaltene Wert ist t_ν.

Durch fortgesetzte Anwendung dieser Methode erhalten wir die Lösung des PLOP für alle t, für die sie existiert.

Anmerkung 1: Das Verfahren vereinfacht sich, wenn man einen Parameterwert kennt, für den das PLOP lösbar ist. Zunächst bestimmt man ein zugehöriges Optimaltableau nach dem Simplexalgorithmus. Danach kommt man mit dem Teil „Bestimmung der linken Grenze eines Stabilitätsbereichs" zu allen links davon liegenden charakteristischen Werten und mit dem Analogon „Bestimmung der rechten Grenze eines Stabilitätsbereichs"[1]) zu allen rechts davon liegenden charakteristischen Werten.

Anmerkung 2: Ist eine obere Grenze $t_{\max}$ gegeben, oberhalb derer das PLOP nicht interessiert, so wendet man den Simplexalgorithmus mit der zu $t_{\max}$ gehörigen Zielfunktion an. Erhält man ein Optimum, so verwendet man $t_{\max}$ als $t_{\nu+1}$ und setzt bei „Bestimmung der linken Grenze eines Stabilitätsbereichs" ein. Kommt man nicht zum Optimum, so rechnet man wie in „Fall II" weiter.

Anmerkung 3: Ist eine untere Grenze $t_{\min}$ gegeben, unterhalb derer das PLOP nicht interessiert, bricht man ab, sobald charakteristische Werte t_ν oder die Werte $t', t'', \ldots$ im Fall II den Wert $t_{\min}$ unterschreiten.

Anmerkung 4: Die Entartung von Ecken spielt dieselbe Rolle wie bei der Lösung einer nichtparametrischen linearen Optimierungsaufgabe; wir sind im vorstehenden Algorithmus nicht speziell darauf eingegangen.

Beispiel:

$$\begin{aligned} \underline{x_4} - x_5 + x_6 &= 1, \\ \underline{x_1} \qquad - x_5 + 2x_6 &= 3, \\ \underline{x_2} + x_3 \qquad + x_6 &= 2, \\ (x_1 \geqq 0, \ldots, x_6 \geqq 0) & \end{aligned}$$

$$Q = (-3 - 3t)\,x_3 + (1 - t)\,x_5 + (1 + 3t)\,x_6 = \text{Min!}$$

Wir erkennen sofort eine Anfangsecke, bilden das entsprechende Tableau und die Steuerzeile für große t. Das Tableau ist nicht optimal für beliebig große t, da in der Spalte $j = 3$ (außerdem auch in der Spalte $j = 5$) ein negativer Steuerkoeffizient steht.

---

[1]) Im Optimaltableau zu E^* ist hier das größte t zu ermitteln, für das alle $p_j + q_j t \geqq 0$ bleiben.

Wir wählen die Spalte $j = 3$ als Pivotspalte und berechnen das nächste Tableau. Noch immer ist ein Steuerkoeffizient, der für $j = 5$, negativ. Wir können aber auch die Spalte $j = 5$ nicht als Pivotspalte wählen; es tritt Fall II ein. Es ist $J = \{5\}$; wir bestimmen das größte t, so daß $p_5 + q_5 t = 1 - t \geqq 0$ ist $\rightarrow t' = 1$. Wir bilden die Steuerzeile mit $t' = 1$ und erkennen die Optimalität des Tableaus. Es ist also $t_r = 1$. Für Werte t^*, die etwas kleiner als 1 sind, bleibt das Tableau optimal. Wir bestimmen das kleinste t, für das alle $p_j + q_j t \geqq 0$ bleiben:

$$\left.\begin{array}{l} 3 + 3t \geqq 0 \rightarrow t \geqq -1 \\ 1 - t \geqq 0 \rightarrow t \leqq 1 \\ 4 + 6t \geqq 0 \rightarrow t \geqq -2/3 \end{array}\right\} t_{r-1} = -2/3.$$

Wir tragen die neue Steuerzeile für $t = -2/3$ ein. Für ein t^*, das etwas kleiner als $-2/3$ ist, ist das Tableau nicht mehr optimal, da der Steuerkoeffizient für $j = 6$ negativ wird.

Wir wählen die Spalte $j = 6$ als Pivotspalte usw. Der Fortgang des Algorithmus ist den Tableaus zu entnehmen. Das 4. Tableau ist für ein t^*, das etwas kleiner als -1 ist, nicht optimal, es gehört zu einer Ecke, deren Stabilitätsbereich nur aus $t = -1$ besteht.

	3	5	6	
4	0	−1	1	1
1	0	−1	2	3
2	[1]	0	1	2
	−3	1	1	0
	−3	−1	3	0
$t \rightarrow \infty$	<0	<0	>0	

→

	2	5	6	
4	0	−1	[1]	1
1	0	−1	2	3
3	1	0	1	2
	3	1	4	6
	3	−1	6	6
$t \rightarrow \infty$	>0	<0	>0	
$t = 1$	6	0	10	12
$t = -2/3$	1	5/3	0	2

→

	2	5	4	
6	0	−1	1	1
1	0	1	−2	1
3	[1]	1	−1	1
	3	5	−4	2
	3	5	−6	0
$t = -2/3$	1	5/3	0	2
$t = -1$	0	0	2	2

→

	3	5	4	
6	0	−1	1	1
1	0	1	−2	1
2	1	[1]	−1	1
	−3	2	−1	−1
	−3	2	−3	−3
$t = -1$	0	0	2	2

→

	3	2	4	
6	1	1	0	2
1	−1	−1	−1	0
5	1	1	−1	1
	−5	−2	1	−3
	−5	−2	−1	−5
$t = -1$	0	0	2	2
$t \rightarrow -\infty$	>0	>0	>0	

Ergebnis:

Für $1 < t < \infty$ existiert kein Optimum.

Für $-2/3 \leqq t \leqq 1$ ist das zweite Tableau optimal, $Q_0(t) = -6 - 6t$.

Für $-1 \leqq t \leqq -2/3$ ist das dritte Tableau optimal, $Q_0(t) = -2$.

Für $-\infty < t \leqq -1$ ist das fünfte Tableau optimal, $Q_0(t) = 3 + 5t$.

Beispiel: Die Aufgabenstellung ist dem linken Tableau zu entnehmen. Es ist $t' = 1/4$, aber $t_r = t'' = 0$. Das zweite Tableau ist für alle $t \leqq 0$ optimal.

	3	4	
1	1	-20	2
2	[1/10]	-1	1/10
	-2	20	0
	1	-80	0
$t \to \infty$	>0	<0	
$t = 1/4$	$-7/4$	0	0

	2	4	
1	-10	-10	1
3	10	-10	1
	20	0	2
	-10	-70	-1
$t = 1/4$	7/4	$-70/4$	7/4
$t = 0$	20	0	2
$t \to -\infty$	>0	>0	

Beispiel: Die Aufgabenstellung ist dem linken Tableau zu entnehmen. Es liegt der Fall $t_r = \infty$ vor.

	3	4	
1	0	1	1
2	[1]	1	1
	1	2	0
	1	1/2	0
$t \to \infty$	>0	>0	
$t = -1$	0	3/2	0

	2	4	
1	0	1	1
3	1	1	1
	-1	1	-1
	-1	$-1/2$	-1
$t = -1$	0	3/2	0
$t \to -\infty$	>0	>0	

7. NUMERIK UND RECHENTECHNIK

7.1. Numerische Mathematik

Eine wichtige Aufgabe der numerischen Mathematik ist die Aufstellung von Rechenvorschriften (Algorithmen), mit deren Hilfe unter Verwendung vorher bekannter Hilfsmittel (Tabellen, Tischrechenmaschinen, Analogrechner, Digitalrechner usw.) Eingangsdaten (Input) in gewünschte Ausgangsdaten (Output) transformiert werden.

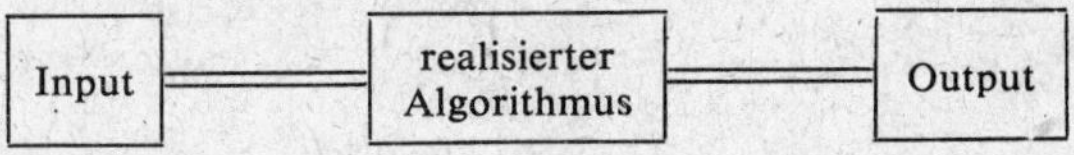

Dazu sind auf der Grundlage theoretischer Beziehungen spezifische, anwendungsorientierte Überlegungen anzustellen.

Beispiel: Es ist die kleinere Wurzel von $x^2 - 20x + 1 = 0$ zu berechnen. Das theoretische Ergebnis $x = 10 - \sqrt{99}$ ist als Grundlage der Berechnung aber nicht geeignet, wenn die Rechnung mit einer festen Ziffernzahl (etwa 3) durchgeführt werden muß: $10{,}0 - 09{,}9 = 00{,}1$. Verwendet man dagegen den äquivalenten Ausdruck $10 - \sqrt{99} = \left(10 + \sqrt{99}\right)^{-1}$, so erhält man einen brauchbaren Algorithmus, denn jetzt ist $(10{,}0 + 09{,}9)^{-1} = 19{,}9^{-1} = 0{,}05$.

Einige Regeln

1. Mathematisch elegante Lösungsverfahren sind als numerische Algorithmen häufig unbrauchbar. Ein Algorithmus kann dann als numerisch günstig angesehen werden, wenn die Verdichtung der im Input enthaltenen Information möglichst spät erfolgt.

2. Algorithmen sollen möglichst variabel sein, wobei die Kenntnis der Variabilitätsgrenzen des Inputs unerläßlich ist.

3. Ein Verfahren kann erst als Algorithmus verwendet werden, wenn es vollkommen schematisiert ist. Das bedeutet, daß an jeder Stelle eindeutig festgelegt sein muß, welcher nächste Schritt auszuführen ist.

4. Ein Algorithmus soll weitestgehend iterativ aufgebaut sein. Ein iterativer Algorithmus besteht aus relativ wenigen Teilstücken, die mit wechselnden Werten mehrmals durchlaufen werden.

5. Ein numerischer Algorithmus muß finit sein, d. h. in endlich vielen Schritten beendet werden können. Infinite mathematische Modelle (Folgen, Reihen, ...) sind demnach stets in endliche Modelle zu überführen.

6. Ein numerischer Algorithmus kann nur die Operationen enthalten, die auf der Rechenanlage realisierbar (bzw. mit dem Rechner vereinbart) sind. Das sind die vier Grundrechenarten und speziell festgelegte Standardfunktionen ($|a|$, $\sum a_i b_i$, $\max(a_j)$, $\sin x$, ...).

7.1.1. Fehler und ihre Erfassung

Werden physikalische Größen oder relle Zahlen numerisch realisiert (d. h. durch einen endlichen p-adischen Bruch dargestellt), so hat man es im allgemeinen mit fehlerbehafteten Zahlen zu tun.

Wir bezeichnen in Übereinstimmung mit dem allgemeinen Gebrauch in der Mathematik den theoretischen bzw. exakten Wert einer Größe ebenso wie die Größe selbst mit $x, y, z, \ldots, a, b, c, d, \ldots$ usw. Durch überstrichene Buchstaben kennzeichnen wir die zugehörigen fehlerbehafteten Werte, d. h. die Zahlen, mit denen wir tatsächlich rechnen. Es bezeichnet $\delta(x) \overset{\text{def}}{=} \bar{x} - x$ den wahren Fehler,

$\underline{\delta}(x)$ bzw. $\bar{\delta}(x)$ seine untere bzw. obere Schranke, $\Delta(x) \overset{\text{def}}{=} \max(|\underline{\delta}(x)|, |\bar{\delta}(x)|)$ den maximalen Fehlerbetrag und $\varrho(x) \overset{\text{def}}{=} \dfrac{\delta(x)}{x}$ den relativen (wahren) Fehler von x. Demzufolge hat man:

$$x = \bar{x} - \delta(x); \quad \underline{\delta}(x) \leqq \delta(x) \leqq \bar{\delta}(x); \quad |x - \bar{x}| \leqq \Delta(x).$$

Die Durchführung einer numerischen Berechnung hat wie jede Informationsverarbeitung erst dann Sinn, wenn man möglichst genaue Angaben darüber machen kann, mit welchen Fehlern man im Output zu rechnen hat, wenn der Input mit gewissen bekannten Fehlern behaftet ist und ein bestimmter Algorithmus in Verbindung mit bestimmten Hilfsmitteln verwendet wird.

Eingangsfehler	⇒	Fehler im Algorithmus (Verfahrensfehler, Rundungs-, Abbruch-, Maschinenfehler, ...)	⇒	Ausgangsfehler

Die Untersuchung des Ausgangsfehlers ist ein sehr komplexes Problem. Betrachten wir einen einzelnen Rechenschritt der Form $x := g(a_1, a_2, \ldots, a_N)$, in welchem nach der Vorschrift g aus den N Eingangsdaten a_j eine Ausgangsgröße berechnet werden soll, so kann man den wahren Fehler $\delta(x) = \bar{x} - x$ günstig in folgende drei Anteile zerlegen:

$$\delta(x) = \delta_v(x) + \delta_e(x) + \delta_z(x).$$

Verfahrensfehler (*Abbruchsfehler*):

$$\delta_v(x) \overset{\text{def}}{=} \bar{g}(a_1, a_2, \ldots, a_N) - g(a_1, a_2, \ldots, a_N).$$

Er ist ein Maß für die Abweichung des numerischen Modells vom exakten und kann auch auftreten, wenn die Eingangsdaten exakt sind (z. B. ganze Zahlen).

Eingangsbedingter Fehler:

$$\delta_e(x) \overset{\text{def}}{=} \bar{g}(\bar{a}_1, \bar{a}_2, \ldots, \bar{a}_N) - \bar{g}(a_1, a_2, \ldots, a_N).$$

Er ist ein Maß für die Fortpflanzung der Eingangsfehler bei der Rechnung.

Zusatzfehler, *zufälliger Fehler*:

$$\delta_z(x) \overset{\text{def}}{=} \bar{x} - \bar{g}(\bar{a}_1, \bar{a}_2, \ldots, \bar{a}_N).$$

Er ist ein Maß für die während der realen Ausführung der Operation durch Rundung, Stellenverlust, Störungen oder Übertragungsmängel hinzukommenden Fehler.

Die Angabe oder wenigstens möglichst genaue Abschätzung des **Verfahrensfehlers** ist Bestandteil jeder numerischen Methode und vollkommen unabhängig von der numerischen Realisierung.

Den **eingangsbedingten Fehler** kann man erfassen oder abschätzen, wenn der Algorithmus einfach ist und gewissen Zusatzbedingungen genügt (vgl. 2.1.2.). Für kompliziertere Aufgaben versagen diese einfachen und direkten Methoden zur Untersuchung der Fehlerfortpflanzung. Es ist zu beachten, daß dieser Fehleranteil nicht von der Realisierung unabhängig ist. Die Stellenzahl der Arithmetik, die Kodierung, Fest- bzw. Gleitkomma, verdrahtete Spezialoperationen mit doppelter Genauigkeit u. ä. haben einen unmittelbaren Einfluß auf die Fehlerfortpflanzung. In drei Richtungen liegen bisher wesentliche Ergebnisse vor:

- statistische Untersuchungen über Fehlerakkumulation,
- deterministische Analyse der Fehlerfortpflanzung bei gebräuchlichen Methoden nach Wilkinson (vgl. [7.2]),
- **Intervallarithmetik.** Im Gegensatz zum bisherigen wird bei der Intervallarithmetik das exakte Modell

$$x := g(a_1, a_2, \ldots, a_N)$$

durch einen Algorithmus ersetzt, der reelle Intervalle als Eingangsgrößen verwendet und ein reelles Intervall als Output liefert:

$$\bar{\bar{x}} := \bar{\bar{g}}(\bar{\bar{a}}_1, \bar{\bar{a}}_2, \dots, \bar{\bar{a}}_N)$$

mit

$$\bar{\bar{a}}_i := [A_i \leqq a_i \leqq B_i], \qquad \bar{\bar{x}} := [X_1 \leqq x \leqq X_2].$$

Es wird somit stets mit Intervallen direkt gerechnet, so daß eine gesonderte Fehleruntersuchung entfällt. Es gibt bisher schon eine ganze Reihe von Algorithmen mit Intervallarithmetik. Da diese Arithmetik alle Fälle erfassen muß, sind die Output-Intervalle häufig recht groß, so daß die Punktarithmetik mit genauerer Fehlerverfolgung doch sicherere Ergebnisse bringt. (Zur Intervallarithmetik vgl. [7.1].)

Die Größe des **Zusatzfehlers** hängt in erster Linie von der rechentechnischen Realisierung ab. Hauptursachen für große zufällige Fehler sind

- Abbruchs- und Rundungsverfahren der Maschine,
- *Auslöschung führender Stellen* bei Subtraktion: Werden zwei fehlerbehaftete Zahlen gleicher Größenordnung subtrahiert, dann kann die Differenz unter Umständen eine reine Zufallszahl werden. Geht diese Zahl dann in weitere Rechnungen ein, so entstehen extrem große Zufallsfehler

$$3.141\,56\underline{13} - 3{,}141\,55\underline{24} = 0{,}00000\underline{89},$$

- technische Ausstattung der Maschine,
- Stellenverlust durch Zahlbereichsüberschreitung (z. B. bei Division durch kleine Zahlen).

Ein numerischer Algorithmus besteht aus einer ganzen Reihe von Einzeloperationen, die teilweise noch sehr oft wiederholt durchlaufen werden. Dabei treten die Ausgangsfehler jedes Schrittes als Eingangsfehler der nächsten Operation auf, eine genaue Fehleranalyse wird weit schwieriger, und man begnügt sich häufig mit Abschätzungen.

Ein numerisches Verfahren heißt *stabil*, wenn das Verhältnis von Output- und Inputfehler unter allen Umständen unterhalb einer festen Schranke bleibt.

7.1.2. Numerische Verfahren

7.1.2.1. Lösung linearer Gleichungssysteme

Wir betrachten das inhomogene lineare Gleichungssystem

$$\mathbf{Ax} = \mathbf{b}, \quad \text{d. h.} \quad \begin{aligned} a_{11}x_1 + a_{12}x_2 + \dots + a_{1n}x_n &= b_1, \\ a_{21}x_1 + a_{22}x_2 + \dots + a_{2n}x_n &= b_2, \\ \dots\dots\dots\dots\dots\dots\dots\dots\dots \\ a_{n1}x_1 + a_{n2}x_2 + \dots + a_{nn}x_n &= b_n, \end{aligned}$$

das unter der Voraussetzung $\det \mathbf{A} \neq 0$ für jede rechte Seite eine eindeutig bestimmte Lösung $\mathbf{x}^T = (x_1, x_2, \dots, x_n)$ (vgl. 2.4.4.3.2.) besitzt. Zur rechnerischen Bestimmung dieses Lösungsvektors gibt es zwei Typen von Verfahren: die Berechnung durch Elimination und die Berechnung einer Näherung durch Iteration.

7.1.2.1.1. Direkte Methoden (Gaußsche Elimination)

(1) **Das einfache Gauß-Verfahren:** Das bekannte Eliminationsverfahren (vgl. 2.4.4.3.3.) besteht nach der Umformung in einen Algorithmus aus zwei zyklisch gestalteten Teilprozeduren.

Transformation von **A** *auf Dreiecksgestalt:*

1. Setze $k = 1$.
2. Prüfe, ob $a_{kk} \neq 0$ ist.

3. Wenn ja, dann wird die k-te Zeile *Arbeitszeile* und a_{kk} *Pivotelement*. Wenn nicht, so vertauschen wir die k-te mit einer l-ten Zeile ($l > k$), in welcher $a_{lk} \neq 0$ ist.

4. Für $i = k + 1, k + 2, \ldots, n$ berechnen wir neue Matrixelemente, die wir wie die alten bezeichnen wollen, nach folgender Vorschrift: Bilde $q_i = -\frac{a_{ik}}{a_{kk}}$;

$$a_{ij} := 0 \quad \text{für} \quad j = k,$$

$$a_{ij} := a_{ij} + q_i a_{kj} \quad \text{für} \quad j \neq k,$$

und analog bilden wir neue rechte Seiten nach

$$b_i := b_i + q_i b_k.$$

5. Wir erhöhen k um eins, d. h. $k := k + 1$, und beginnen erneut mit dem 2. Schritt, sofern k noch kleiner als $n - 1$ ist. Anderenfalls sind wir fertig und haben eine obere Dreiecksmatrix erhalten

$$\mathbf{A}' = \begin{pmatrix} a'_{11} & a'_{12} & \ldots & a'_{1n} \\ 0 & a'_{22} & \ldots & a'_{2n} \\ \cdots & \cdots & \cdots & \cdots \\ 0 & 0 & \ldots & a'_{nn} \end{pmatrix}.$$

Berechnung des Lösungsvektors $\mathbf{x}^{\mathrm{T}} = (x_1, x_2, \ldots, x_n)$:

1. Berechne $x_n = \frac{b'_n}{a'_{nn}}$.
2. Berechne für $i = (n - 1), (n - 2), \ldots, 1$

$$x_i = \frac{1}{a'_{ii}} \left(b'_i - \sum_{j=1}^{n-i} a'_{ii+j} x_{i+j} \right).$$

(2) **Verfahren von Gauß-Jordan:** Wir modifizieren das einfache Gauß-Verfahren, indem wir im 4. Schritt den Zeilenindex i von 1 bis $k - 1$ und von $k + 1$ bis n laufen lassen. Das hat zur Folge, daß nunmehr *alle* Elemente der k-ten Spalte mit Ausnahme des Pivotelementes zu null werden. Statt der oberen Dreiecksmatrix erhalten wir jetzt im Endergebnis der Matrixtransformation eine Diagonalmatrix

$$\mathbf{A}' = \begin{pmatrix} a'_{11} & & 0 \\ & \ddots & \\ 0 & & a'_{nn} \end{pmatrix}.$$

Damit vereinfacht sich die Berechnung des Lösungsvektors wesentlich:

$$\mathbf{x}^{\mathrm{T}} = (b'_1/a'_{11}, \ldots, b'_n/a'_{nn}).$$

Insgesamt werden in diesem Verfahren jedoch mehr Operationen ausgeführt als im einfachen Gauß-Verfahren.

Von entscheidender Bedeutung für die Genauigkeit der Rechnung sind die bei der Berechnung der q_i notwendigen Divisionen durch a_{kk}. Deshalb ist vom numerischen Standpunkt die Bedingung des zweiten Schrittes für die Auswahl des Pivotelementes zu schwach, und man arbeitet mit *Pivotisierung*:

Durch Zeilen- und Spaltenvertauschung (letztere muß „gemerkt" und bei der Bildung des Lösungsvektors rückgängig gemacht werden) wird immer *das* Element zum Pivot-Element gemacht, das unter allen Elementen, die keiner früheren Arbeitszeile angehören, den größten Betrag hat.

Beispiel: Gauß-Jordan mit Totalpivotisierung (Tab. 7.1):

Tabelle 7.1

i	A			b_i	s_i	q_i	S_i
1	-1	$\frac{3}{2}$	1	$\frac{9}{2}$	-6	$\frac{1}{2}$	
2	$\underline{2}$	1	0	-1	-2	Pivot	
3	-1	-1	$\frac{7}{4}$	$\frac{7}{2}$	$-\frac{13}{4}$	$\frac{1}{2}$	
1	0	$\underline{2}$	1	4	-7	Pivot	0
2	$\underline{2}$	1	0	-1	-2	$-\frac{1}{2}$	0
3	0	$-\frac{1}{2}$	$\frac{7}{4}$	3	$-\frac{17}{4}$	$\frac{1}{4}$	0
1	0	$\underline{2}$	1	4	-7	$-\frac{1}{2}$	0
2	$\underline{2}$	0	$-\frac{1}{2}$	-3	$\frac{3}{2}$	$\frac{1}{4}$	0
3	0	0	$\underline{2}$	4	-6	Pivot	0
1	0	$\underline{2}$	0	2	-4		0
2	$\underline{2}$	0	0	-2	0		0
3	0	0	$\underline{2}$	4	-6		0
$x^T = (-1, 1, 2)$							

Spalten s_i und S_i zur Kontrolle:

$$s_i := \left(-\sum_{k=1}^{n+1} a_{ik}\right); \quad S_i = \sum_{k=1}^{n+1} a'_{ik} + s_i \equiv 0; \quad a_{i,n+1} \overset{\text{def}}{=} b_i .$$

(3) **Der verkettete Algorithmus (Verfahren von Gauß-Banachiewicz):** Zu einem sehr übersichtlichen und kompakten Rechenschema kommt man, wenn man die einzelnen Schritte des Gauß'schen Eliminationsverfahrens so anordnet, daß immer mit genau den Zahlen gearbeitet wird, die danach nicht mehr gebraucht werden und somit „überschrieben" werden können.

Rechenschema mit Beispiel (Abb. 7.1 und Tab. 7.2):

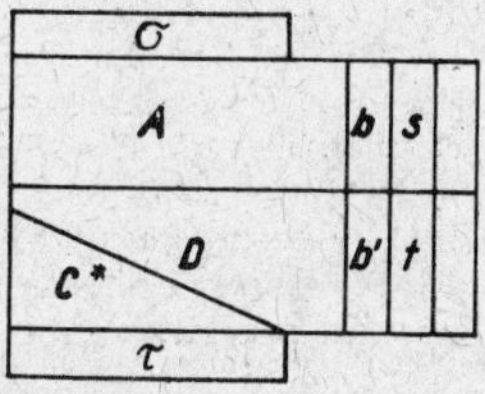

Abb. 7.1

$$s_i \overset{\text{def}}{=} -\sum_{j=1}^{n} a_{ij} - b_i,$$

$$\sigma_k \overset{\text{def}}{=} -\sum_{j=1}^{n} a_{ik}; \qquad \sigma \overset{\text{def}}{=} -\sum_{i=1}^{n} b_i,$$

$$d_{ik} \overset{\text{def}}{=} a_{ik} - \sum_{l=1}^{i-1} c_{il} d_{lk}; \qquad d_{1k} \overset{\text{def}}{=} a_{1k},$$

$$b'_i \overset{\text{def}}{=} b_i - \sum_{l=1}^{i-1} c_{il} b'_l,$$

$$t_i \overset{\text{def}}{=} s_i - \sum_{l=1}^{i-1} c_{il} t_l,$$

$$c_{i1} \overset{\text{def}}{=} \frac{a_{i1}}{d_{11}},$$

$$c_{ik} \overset{\text{def}}{=} \frac{1}{d_{kk}} \left(a_{ik} - \sum_{l=1}^{k-1} c_{il} d_{lk} \right),$$

$$\tau_k \overset{\text{def}}{=} \frac{1}{d_{kk}} \left(\sigma_k - \sum_{l=1}^{k-1} \tau_l d_{lk} \right).$$

Tabelle 7.2

σ_1 −2	σ_2 1	σ_3 −7	σ_4 7	σ −30	−31 / −31 K_1
a_{11} 2	a_{12} 3	a_{13} −1	a_{14} 0	20	−24
a_{21} −6	a_{22} −5	a_{23} 0	a_{24} 2	−45	54
a_{31} 2	a_{32} −5	a_{33} 6	a_{34} −6	−3	6
a_{41} 4	a_{42} 6	a_{43} 2	a_{44} −3	58	−67
2	3	−1	0	20	−24
−3	4	−3	2	15	−18
1	−2	1	−2	7	−6
2	0	4	5	−10	5
τ_1 −1	τ_2 1	τ_3 −5	τ_4 −1	K_3: 0	K_4: 0
K_2: −1	−1	−1	−1		
x = 1	7	3	−2		

Rechenbeispiel:

$$d_{24} = 2 - 0 \cdot (-3) = 2; \qquad c_{42} = \frac{1}{4}(6 - 2 \cdot 3) = 0,$$

$$\tau_4 = \frac{1}{5}(7 - (0 + 2 + 10)) = -1.$$

Kontrollen:

$$K_1\colon \sum \sigma_k + \sigma = \sum s_i; \qquad K_2\colon \sum_i c_{ik} + \tau_k = -1 \quad \text{für alle } k;$$

$$K_3\colon \sum \tau_k b'_k - \sigma = 0; \qquad K_4\colon \sum \tau_k t_k - \sum s_k = 0.$$

(4) Matrixinvertierung

Zu jeder regulären Matrix $\mathbf{A}$ gibt es eine Matrix $\mathbf{A}^{-1}$, für die $\mathbf{AA}^{-1} = \mathbf{A}^{-1}\mathbf{A} = \mathbf{E}$ die Einheitsmatrix ist. Man nennt sie die inverse Matrix zu $\mathbf{A}$ (vgl. 2.4.4.2.4.).

Immer, wenn mehrere Gleichungen mit gleicher Matrix, aber verschiedenen rechten Seiten zu lösen sind, empfiehlt sich die Berechnung der Inversen, denn der Lösungsvektor $\mathbf{x} = \mathbf{A}^{-1}\mathbf{b}$ ist durch einfache Matrizenmultiplikation zu berechnen.

Dazu löst man nach einem beliebigen Verfahren nacheinander die n Gleichungssysteme $\mathbf{Ay}^{(k)} = \mathbf{e}^{(k)}$ mit den rechten Seiten $\mathbf{e}^{(1)\mathrm{T}} = (1, 0, \ldots, 0)$, $\mathbf{e}^{(2)\mathrm{T}} = (0, 1, 0, \ldots, 0), \ldots, \mathbf{e}^{(n)\mathrm{T}} = (0, 0, \ldots, 1)$ und setzt die Inverse aus den Lösungsvektoren $\mathbf{y}^{(k)}$ $(k = 1, 2, \ldots, n)$ als Spaltenvektoren zusammen.

Beispiel: Gauß-Jordan mit Zeilenpivotisierung (Tab. 7.3):

Tabelle 7.3

i	**A**			**E**			q		
1	$\boxed{1}$	$\frac{1}{2}$	$\frac{1}{3}$	1	0	0	Pivot	−6	–
2	$\frac{1}{2}$	$\frac{1}{3}$	$\frac{1}{4}$	0	1	0	$-\frac{1}{2}$	–	–
3	$\frac{1}{3}$	$\frac{1}{4}$	$\frac{1}{5}$	0	0	1	$-\frac{1}{3}$	–	–
2	0	$\boxed{\frac{1}{12}}$	$\frac{1}{12}$	$-\frac{1}{2}$	1	0	–	Pivot	−15
3	0	$\frac{1}{12}$	$\frac{4}{45}$	$-\frac{1}{3}$	0	1	–	−1	–
1	1	0	$-\frac{1}{6}$	4	−6	0			30
3	0	0	$\boxed{\frac{1}{180}}$	$\frac{1}{6}$	−1	1			Pivot
1	1	0	0	9	−36	30	$k = 1$	$k = 2$	$k = 3$
2	0	1	0	−36	192	−180			
3	0	0	1	30	−180	180			
	E			$\mathbf{A}^{-1}$					

7.1.2.1.2. Iterative Methoden. Es ist auf mannigfache Weise möglich, die Vektorgleichung $\mathbf{Ax} - \mathbf{b} = 0$ auf die Gestalt $\mathbf{x} = \mathbf{Mx} + \mathbf{c}$ zu bringen, indem man geeignete äquivalente Umformungen ausführt. In dieser Form ist die Lösung $\mathbf{x}$ als *Fixpunkt* (vgl. 8.1.3) der affinen Transformation $\mathbf{Tx} \overset{\text{def}}{=} \mathbf{Mx} + \mathbf{c}$ dargestellt, den man durch Iteration bestimmt.

Die durch

$$\begin{cases} \mathbf{x}^{(m+1)} = \mathbf{M}\mathbf{x}^{(m)} + \mathbf{c}; \qquad m = 0, 1, \ldots, \\ \mathbf{x}^{(0)} \text{ ein fest gegebener } \textit{Startvektor}, \end{cases}$$

definierte Vektorfolge $[\mathbf{x}^{(m)}]_1^\infty$ konvergiert gegen den Lösungsvektor $\mathbf{x}$, wenn die Matrix $\mathbf{M}$ regulär ist und $\|\mathbf{M}\| \leqq p < 1$ für eine beliebige Matrixnorm gilt. Dabei gilt die Abschätzung

$$\|\mathbf{x}^{(m)} - \mathbf{x}\| \leqq \frac{p^m}{1-p} \|\mathbf{x}^{(1)} - \mathbf{x}^{(0)}\|.$$

(1) **Gesamtschrittverfahren (Jacobi-Verfahren).** Ist $\mathbf{A} = \mathbf{L} + \mathbf{D} + \mathbf{R}$ mit den Teilmatrizen

$$\mathbf{L} = \begin{pmatrix} 0 & & & & \\ a_{21} & 0 & & & 0 \\ a_{31} & a_{32} & 0 & & \\ \vdots & & & \ddots & \\ a_{n1} & a_{n2} & \ldots & a_{nn-1} & 0 \end{pmatrix}; \quad \mathbf{D} = \begin{pmatrix} a_{11} & & & 0 \\ & a_{22} & & \\ & & \ddots & \\ 0 & & & a_{nn} \end{pmatrix}; \quad \mathbf{R} = \begin{pmatrix} 0 & a_{12} & \ldots\ldots & a_{1n} \\ & 0 & a_{23} \ldots & a_{2n} \\ & & \ddots & \vdots \\ & & & a_{n-1n} \\ 0 & & & 0 \end{pmatrix},$$

dann ist in diesem Verfahren $\mathbf{M} = \mathbf{M}_J \stackrel{\text{def}}{=} -\mathbf{D}^{-1}(\mathbf{L} + \mathbf{R})$ und $\mathbf{c} \stackrel{\text{def}}{=} \mathbf{D}^{-1}\mathbf{b}$.

Damit lautet die Iterationsvorschrift

$$\mathbf{D}\mathbf{x}^{(m+1)} = -(\mathbf{L} + \mathbf{R})\,\mathbf{x}^{(m)} + \mathbf{b},$$

$\mathbf{x}^{(0)}$ gegeben. Konvergenz für $\|\mathbf{D}^{-1}(\mathbf{L} + \mathbf{R})\| < 1$, d. h. $\|\mathbf{L} + \mathbf{R}\| < \|\mathbf{D}\|$. Wählen wir als Norm die *Zeilensummennorm* $\|\mathbf{M}\| \stackrel{\text{def}}{=} \max_i \sum_{j=1}^{n} |m_{ij}|$, so erhalten wir das wichtige Ergebnis:

Das Jacobi-Verfahren konvergiert unter der Voraussetzung

$$\sum_{\substack{i \neq j \\ j=1}}^{n} |a_{ij}| < |a_{ii}|, \qquad i = 1, 2, \ldots, n,$$

die man die Bedingung der *Diagonaldominanz* oder das *Zeilensummenkriterium* nennt.

(2) **Einzelschrittverfahren (Gauß-Seidel-Verfahren)**

$$\mathbf{M} = \mathbf{M}_G \stackrel{\text{def}}{=} -(\mathbf{L} + \mathbf{D})^{-1}\,\mathbf{R}.$$

Iterationsvorschrift:

$$(\mathbf{L} + \mathbf{D})\,\mathbf{x}^{(m+1)} = -\mathbf{R}\mathbf{x}^{(m)} + \mathbf{b}, \quad \mathbf{x}^{(0)} \text{ gegeben.}$$

Das bedeutet ausgeschrieben:

$$\sum_{j=1}^{i} a_{ij}x_j^{(m+1)} = b_i - \sum_{j=i+1}^{n} a_{ij}x_j^{(m)},$$

also

$$x_i^{(m+1)} = -\frac{1}{a_{ii}}\left(\sum_{j=i+1}^{n} a_{ij}x_j^{(m)} + \sum_{j=1}^{i-1} a_{ij}x_j^{(m+1)} - b_i\right)$$

für $i = 1, 2, \ldots, n$.

Rechenschema und Beispiel: Gauß-Seidel-Iteration (Tab. 7.4).

Tabelle 7.4

	Matrix **A**				$-\mathbf{b}$
	24	−2	2	1	−54
	−1	21	2	−1	61
	1	2	28	−2	−28
	0	1	−2	20	45
m	$x_1^{(m)}$	$x_2^{(m)}$	$x_3^{(m)}$	$x_4^{(m)}$	
0	0	0	1	0	–
1	2,250	−2,7976	1,1195	−1,9982	1
2	2,00683	−3,01097	1,00067	−1,99938	1
3	1,99900	−3,00008	1,00009	−1,99999	1
4	1,99999	−3,00001	1,00000	−2,00000	1
5	2,00000	−3,00000	1,00000	−2,00000	1
6	wird nicht mehr ausgeführt!				

Konvergenz bei $\|(\mathbf{L} + \mathbf{D})^{-1} \cdot \mathbf{R}\| < 1$.
Hinreichende Bedingungen hierfür sind z. B.

a) **A** ist symmetrisch und definit;

b) $\sum_{\substack{j=1 \\ i \neq j}}^{n} |a_{ij}| < |a_{ii}|$ für alle i (Diagonaldominanz s. o.).

7.1.2.2. Lineare Eigenwertaufgaben

Es gibt prinzipiell sehr viele Möglichkeiten zur Berechnung der Eigenwerte λ_j und der zugehörigen Eigenvektoren $\mathbf{x}_j$ einer Matrix **A**, die durch die Beziehung $\mathbf{A}\mathbf{x}_j = \lambda_j \mathbf{x}_j$ definiert und verknüpft sind (vgl. 2.4.4.5.). Man wird demnach bei der Auswahl nicht nur allgemein numerische Gesichtspunkte (vgl. 7.1.3.1.) berücksichtigen, sondern die Methode sehr weitgehend dem angestrebten Ziel und der Besonderheit der Matrix anpassen können.

Wir stellen einige Methoden unter der zusätzlichen *Voraussetzung der Symmetrie von* **A** (d. h. $\mathbf{A}^{\mathrm{T}} = \mathbf{A}$) dar, um Schreibarbeit zu sparen.

7.1.2.2.1. Direkte Methoden. Ziel der direkten Methoden ist die *gleichzeitige* Bestimmung aller Eigenwerte und gegebenenfalls auch Eigenvektoren nach einem einheitlichen Verfahren. Deshalb kann man von der **numerischen Hauptachsentransformation** sprechen, denn bekanntlich (vgl. 2.4.4.5.3.,2.) sind die Eigenvektoren $\mathbf{x}_j$ gerade die Spaltenvektoren der Transformationsmatrix **X** und die Eigenwerte λ_j die Diagonalelemente der Diagonalmatrix **D** in der Transformation $\mathbf{X}^{\mathrm{T}}\mathbf{A}\mathbf{X} = \mathbf{D}$.

(1) Lösung der Säkulargleichung

Die Eigenwerte λ_j sind die Nullstellen des Polynoms $P_{\mathbf{A}}(\lambda) = \det(\mathbf{A} - \lambda\mathbf{E})$, dessen Koeffizienten man nach verschiedenen Verfahren aus den Elementen der Matrix berechnen kann. Zur numerischen Berechnung der Lösungen einer ganzrationalen Gleichung $P(\lambda) = 0$ vergleiche man 7.1.2.3.

Die Eigenvektoren zu jedem Eigenwert ergeben sich als Lösungsvektoren des linearen Gleichungssystems $\mathbf{A}\mathbf{x} = \lambda_i \mathbf{x}$, und man findet entsprechende Methoden unter 7.1.2.1.

Es sei jedoch ausdrücklich darauf hingewiesen, daß diese Methode das *Prinzip des direkten Zugriffs* verletzt (vgl. 7.1.3.1.) und heute mehr und mehr zurückgedrängt wird.

(2) **Das Jacobi-Verfahren.** Wir betrachten spezielle Matrizen:

$$\mathbf{T}_{pq} = \begin{pmatrix} 1 & 0 \ldots & 0 & \ldots & 0 & \ldots & 0 \\ 0 & 1 \ldots & 0 & \ldots & 0 & \ldots & 0 \\ \vdots & \vdots \ddots & \vdots & & \vdots & & \vdots \\ 0 & 0 \ldots & \cos\varphi & \ldots & \sin\varphi & \ldots & 0 \\ 0 & 0 \ldots & 0 & 1 \ldots & 0 & \ldots & 0 \\ \vdots & \vdots & \vdots & \ddots & \vdots & & \vdots \\ 0 & 0 \ldots & 0 & \ldots 1 & 0 & \ldots & 0 \\ 0 & 0 \ldots & -\sin\varphi & \ldots & \cos\varphi & \ldots & 0 \\ \vdots & \vdots & \vdots & & \vdots & 1 \ddots & \vdots \\ 0 & 0 \ldots & 0 & \ldots & 0 & & 1 \end{pmatrix} \begin{matrix} \\ \\ \\ - p\text{-te Zeile} \\ \\ \\ \\ - q\text{-te Zeile} \\ \\ \\ \end{matrix}$$

p-te Spalte, q-te Spalte

die sogenannten *elementaren Jacobi-Rotationen.* Man kann den Winkel φ im Intervall $\left(-\frac{\pi}{4}, \frac{\pi}{4}\right)$ immer so bestimmen, daß in der transformierten Matrix $\mathbf{A}' = \mathbf{T}_{pq}^{\mathrm{T}}\mathbf{A}\mathbf{T}_{pq}$ die Elemente $a'_{pq} = a'_{qp}$ gleich null werden, denn in $\mathbf{A}'' = \mathbf{T}_{pq}^{\mathrm{T}}\mathbf{A}$ sind offenbar nur die p-te und q-te Zeile geändert:

$$a''_{pj} = a_{pj}\cos\varphi - a_{qj}\sin\varphi,$$

$$a''_{qj} = a_{pj}\sin\varphi + a_{qj}\cos\varphi, \qquad a''_{ij} = a_{ij} \quad \text{für} \quad i \neq p, q.$$

In $\mathbf{A}' = \mathbf{A}''\mathbf{T}_{pq}$ wiederum ist nur die p-te und die q-te Spalte gegenüber $\mathbf{A}'$ geändert:

$$a'_{ip} = a''_{ip}\cos\varphi - a''_{iq}\sin\varphi,$$

$$a'_{iq} = a''_{ip}\sin\varphi + a''_{iq}\cos\varphi, \qquad a'_{ij} = a''_{ij} \quad \text{für} \quad j \neq p, q.$$

Wenn man beides zusammensetzt, ergeben sich für die Elemente an den Kreuzungsstellen der p-ten und q-ten Zeilen und Spalten:

$$a''_{pp} = a_{pp}\cos^2\varphi - 2a_{pq}\cos\varphi\sin\varphi + a_{qq}\sin^2\varphi,$$

$$a'_{qq} = a_{pp}\sin^2\varphi + 2a_{pq}\cos\varphi\sin\varphi + a_{qq}\cos^2\varphi,$$

$$a'_{pq} = a'_{qp} = (a_{pp} - a_{qq})\cos\varphi\sin\varphi + a_{pq}(\cos^2\varphi - \sin^2\varphi).$$

Die Elemente a'_{pq} und a'_{qp} werden also sicher null, wenn

$$\cot 2\varphi = \frac{a_{qq} - a_{pp}}{2a_{pq}} \quad \text{und} \quad -\frac{\pi}{4} < \varphi < \frac{\pi}{4}$$

gewählt wird (vgl. 2.5.2.1.). Der Gedanke des Verfahrens besteht darin, die Transformationsmatrix $\mathbf{X}$ als Produkt solcher spezieller Matrizen wenigstens näherungsweise zu berechnen.

Wendet man auf $\mathbf{A}'$ erneut eine elementare Jacobi-Rotation an, dann werden zwei andere Elemente zu null, die vorher in $\mathbf{A}'$ erzeugte Null wird aber dabei i. allg. wieder zerstört.

Das Jacobi-Verfahren besteht nun in Folgendem:

1. Auswahl des *Pivots* $a_{pq}^{(k)}$ aus der Matrix $\mathbf{A}^{(k)}$.
2. Berechnung von $\mathbf{A}^{(k+1)} = \mathbf{T}_{pq}^{\mathrm{T}}\mathbf{A}^{(k)}\mathbf{T}_{pq}$ $(k = 0, 1, \ldots)$.
3. Abbruch bei $\sum_{\substack{i \neq j \\ 1}}^{n} |a_{ij}^{(k^*)}|^2 < \varepsilon$, denn dann hat $\mathbf{A}^{(k^*)}$ innerhalb der durch $\varepsilon > 0$ bestimmten Genauigkeit Diagonalgestalt, die Diagonalelemente sind Näherungen der Eigenwerte, und die Spalten der Produktmatrix aus allen verwendeten T_{pq} sind Näherungen der Eigenvektoren.

Die Konvergenz des Verfahrens hängt sehr wesentlich von der Reihenfolge der Pivots im Prozeß ab. Sie ist bewiesen für das

a) **Klassische Jacobi-Verfahren:** Auswahl des Pivots als betragsgrößtes Außendiagonalelement,

$$a_{pq}^{(k)} \doteq \max_{i \neq j} |a_{ij}^{(k)}|;$$

b) **Zyklische Jacobi-Verfahren:** Auswahl des Pivots nach einer vorher festgelegten Reihenfolge, etwa zeilen- oder spaltenweise. Das Verfahren ist für Automatenrechnung zugeschnitten.

7.1.2.2.2. Iterative Methoden. Hierunter faßt man alle die Verfahren, deren Ziel die gezielte Berechnung *einzelner* Eigenwerte oder -vektoren ist.

(1) **Einfache Vektoriteration (Potenzmethode, v.-Mises-Verfahren)** zur Berechnung des betragsgrößten Eigenwertes

Wenn die Matrix $\mathbf{A}$ einen *einfachen* dominanten Eigenwert λ_1 besitzt

$$(|\lambda_1| > |\lambda_2| \geqq |\lambda_3| \geqq \ldots \geqq |\lambda_n|),$$

dann konvergiert die durch

$$\mathbf{x}^{(m+1)} = \mathbf{A}\mathbf{x}^{(m)} = \mathbf{A}^{m+1}\mathbf{x}^{(0)}, \qquad \mathbf{x}^{(0)} \text{ gegeben},$$

definierte Vektorfolge asymptotisch gegen einen zu λ_1 gehörigen Eigenvektor $\mathbf{y}_1$, $\mathbf{x}^{(m)} \sim \lambda_1^m c\mathbf{y}_1$, wenn der Startvektor $\mathbf{x}^{(0)}$ eine Komponente in Richtung des Eigenvektors $\mathbf{y}_1$ besitzt. Die Berechnung des Eigenwertes erfolgt nach den Beziehungen $\lambda_1 = \lim_{m\to\infty} \frac{x_i^{(m+1)}}{x_i^{(m)}}$ oder besser $\lambda_1 = \lim_{m\to\infty} R(\mathbf{x}^{(m)})$.
In der zweiten Formel bezeichnet $R(\mathbf{x})$ den *Rayleigh-Quotienten* $R(\mathbf{x}) \overset{\text{def}}{=} \mathbf{x}^T\mathbf{A}\mathbf{x}/\mathbf{x}^T\mathbf{x}$.

Einen Eigenvektor kann man nach der asymptotischen Formel von oben nur bei ständiger Normierung errechnen. Man bestimmt einen Einheitsvektor in $\mathbf{y}_1$-Richtung:

$$\frac{y_{i1}}{|\mathbf{y}_1|} = \lim_{m\to\infty} \frac{x_i^{(m)}}{|\mathbf{x}^{(m)}|}, \qquad i = 1, 2, \ldots, n.$$

Ohne diese Normierung ist das Verfahren numerisch instabil.

Den *betragskleinsten* Eigenwert kann man auf analogem Wege ermitteln, wenn man beachtet, daß er der Kehrwert des dominanten Eigenwertes von $\mathbf{A}^{-1}$ ist (inverse Vektoriteration).

(2) **Die gebrochene Iteration von Wielandt**

Diese Methode wird immer dann anzuwenden sein, wenn ein *einzelner* Eigenwert nebst zugehörigem Eigenvektor zu bestimmen ist. Voraussetzung ist die Kenntnis einer so guten Näherung $\bar{\lambda}_k$ des gesuchten λ_k, daß $|\lambda_k - \bar{\lambda}_k|$ klein ist im Vergleich zu $|\lambda_j - \bar{\lambda}_k|$, $j \neq k$, und daß die Eigenwerte entsprechend weit getrennt liegen.

Die Matrix $\mathbf{B}(\bar{\lambda}_k) \overset{\text{def}}{=} \mathbf{A} - \bar{\lambda}_k\mathbf{E}$ hat den Eigenwert $\mu_k \overset{\text{def}}{=} (\lambda_k - \bar{\lambda}_k)$ zum Eigenvektor $\mathbf{x}_k$ von $\mathbf{A}$, denn $\mathbf{B}(\bar{\lambda}_k)\,\mathbf{x}_k = \mathbf{A}\mathbf{x}_k - \bar{\lambda}_k\mathbf{x}_k = \lambda_k\mathbf{x}_k - \bar{\lambda}_k\mathbf{x}_k = (\lambda_k - \bar{\lambda}_k)\,\mathbf{x}_k$.

Dann ist aber μ_k^{-1} der dominante Eigenwert von $\mathbf{B}^{-1}(\bar{\lambda}_k)$, und es gilt für einen hinreichend allgemeinen Startvektor $\mathbf{x}^{(0)}$ und

$$\mathbf{x}^{(m+1)} = \mathbf{B}^{-1}\mathbf{x}^{(m)} \quad \text{oder} \quad \mathbf{B}\mathbf{x}^{(m+1)} = \mathbf{x}^{(m)},$$

$$(\mu_k)^{-1} = \lim_{m\to\infty} R(\mathbf{x}^{(m)}), \qquad \lambda_k = \bar{\lambda}_k + \lim_{m\to\infty} (R(\mathbf{x}^{(m)}))^{-1}.$$

Darüberhinaus konvergiert $\frac{1}{|\mathbf{x}^{(m)}|} \cdot x_i^{(m)}$ wieder gegen die Komponenten des normierten Eigenvektors $\frac{\mathbf{y}_k}{|\mathbf{y}_k|}$.

7.1.2.3. Nichtlineare Gleichungen

Es seien $y = f(x)$ eine in $a \leqq x \leqq b$ definierte und stetige Funktion und $a \leqq x_1 < x_2 \leqq b$ zwei Zahlen, für die $f(x_1)$ und $f(x_2)$ entgegengesetztes Vorzeichen haben; dann gibt es mindestens ein x_N zwischen x_1 und x_2 mit $f(x_N) = 0$. Ein solcher Wert aus dem Definitionsbereich von $f(x)$ heißt *Nullstelle* oder *Wurzel* der Funktion, ihre Bestimmung erfolgt durch Lösen der Gleichung $f(x) = 0$.

(1) **Iterationsverfahren**

Eine nichtlineare Gleichung $f(x) = 0$ läßt sich durch äquivalente Umformung auf mannigfache Weise auf die Form $g(x) = h(x)$ bringen.

Beispiel:

$$x^2 - \log x - 2 = 0; \qquad f(x) = x^2 - \log x - 2,$$

$$\Leftrightarrow x^2 - 2 = \log x; \qquad g(x) = x^2 - 2, \quad h(x) = \log x,$$

$$\Leftrightarrow \quad x = e^{x^2-2}; \qquad g(x) = x, \quad h(x) = e^{x^2-2},$$

$$\Leftrightarrow e^{x^2} = x\,e^2; \qquad g(x) = e^{x^2}, \quad h(x) = x\,e^2$$

usw. Die Konstruktion einer konvergenten Zahlenfolge $[x^{(m)}]_{m=0}^{\infty}$ nach der Vorschrift $g(x^{(m+1)}) = h(x^{(m)})$ bei gegebenem $x^{(0)}$ heißt dann **Iterationsverfahren** zur Berechnung einer Nullstelle x_N.

Wegen der vorausgesetzten Stetigkeit ist der Grenzwert einer solchen Folge Nullstelle, denn ist $\lim\limits_{m\to\infty} x^{(m)} = r$, dann ist auch $\lim\limits_{m\to\infty} x^{(m+1)} = r$, und wegen der Stetigkeit von g und h gilt $g(r) = h(r)$, d. h. $r = x_N$.

Hinreichend für die Konvergenz ist:

$g'(x)$ und $h'(x)$ sind in einer Umgebung von x_N stetig. $x^{(0)}$ liegt in dieser Umgebung, und es gilt dort $|g'(x)| > |h'(x)|$.

Beispiel: $x^2 - \log x - 2 = 0$,

$$\log x = x^2 - 2, \quad \text{also} \quad g(x) = \log x, \quad h(x) = x^2 - 2.$$

Mit einer Skizze finden wir $x^{(0)} = 0{,}15$.

$$g'(x) = 1/x, \quad h'(x) = 2x.$$

$1/x > 2x$ für $x < 1/2 \cdot \sqrt{2} = 0{,}707$. Demnach konvergiert das Verfahren.

Tabelle 7.5

m	x_m	$x_m^2 - 2$	$\lvert x_{m+1} - x_m\rvert$	$\lvert x_m - x_N\rvert$
0	0,15	−1,9775		0,0120652
1	0,138	−1,980956	0,012	0,0000652
2	0,1379373	−1,9809733	0,0000627	0,0000025
3	0,1379349	−1,9809740	0,0000024	0,0000001
4	0,1379348	−1,9809740	0,0000001	0,0000000
5	wird nicht mehr ausgeführt, weil das Verfahren „steht". Die letzte Spalte kennt man in praxi nicht und wählt deshalb die Differenz zweier benachbarter Iterationen als Konvergenzanzeige.			

Durch geeignete Wahl von Ausdrücken $g(x)$ und $h(x)$ kann man eine Reihe von allgemeinen und gut konvergierenden Verfahren gewinnen:

Newtonsches Verfahren:

$$g(x) \overset{\text{def}}{=} x, \quad h(x) \overset{\text{def}}{=} x - \frac{f(x)}{f'(x)}.$$

Konvergenz liegt vor, wenn $|h'(x)| = \left|\frac{f''f}{f'^2}\right| < 1$ in einer Umgebung von x_N gilt. Falls x_N einfache Wurzel ist, gilt $f'(x_N) \neq 0$ und $h'(x_N) = 0$. Für den Startwert $x^{(0)}$ muß also $|f''(x^{(0)}) \cdot f(x^{(0)})| < |f'(x^{(0)})|^2$ gelten. Die Iterationsfolge wird nach der Vorschrift

$$x^{(m+1)} = x^{(m)} - \frac{f(x^{(m)})}{f'(x^{(m)})}, \quad f'(x^{(m)}) \neq 0$$

gebildet.

Sekanten-Verfahren (Regula falsi):

$$x^{(m+1)} = x^{(m)} - \frac{f(x^{(m)})}{s_m}, \qquad m = 1, 2, \ldots,$$

$$s_m = \frac{f(x^{(m)}) - f(x^{(m-1)})}{x^{(m)} - x^{(m-1)}}.$$

Dabei sind $x^{(0)}$ und $x^{(1)}$ zwei gegebene Zahlen, so daß $f(x^{(0)}) \cdot f(x^{(1)}) < 0$ (d. h. entgegengesetztes Vorzeichen).

Einfache Iteration:

Ist $g(x) = x$, dann haben wir $x^{(m+1)} = h(x^{(m)})$, Konvergenz bei $|h'(x)| < 1$. Liegt $x^{(m)}$ bereits in guter Nachbarschaft von x_N so kann man für den Fehler $e^{(m)} = x_N - x^{(m)}$ in guter Näherung die Beziehung $e^{(m)} \approx h'(x_N)\, e^{(m-1)} \approx (h'(x_N))^m (x_N - x^{(0)})$ angeben.

Beispiel: **Quadratwurzeliteration.**

$x_N = \sqrt{a}$, d. h. x_N ist Wurzel von $x^2 - a = 0$, $a > 0$.

$$\Leftrightarrow 2x = x + \frac{a}{x} \Rightarrow x^{(m+1)} = \frac{1}{2}\left(x^{(m)} + \frac{a}{x^{(m)}}\right).$$

$$h(x) = \frac{1}{2}(x + a/x), \quad h'(x) = \frac{1}{2}\left(1 - \frac{a}{x^2}\right).$$

$|h'(x)| < 1$ bedeutet $-1 < a/x^2 < 3$, woraus als einzige Bedingung $(x^{(0)})^2 > a/3$ folgt.

(2) Berechnung der Wurzeln ganzrationaler Funktionen

Ist $P_n(x) \equiv a_0 + a_1x + a_2x^2 + \ldots + a_nx^n$, $a_n \neq 0$, alle a_i reell, so besitzt die nichtlineare Gleichung (vgl. 2.4.2.4.)

$$P_n(x) = 0$$

genau n Nullstellen $x_{N1}, x_{N2}, \ldots, x_{Nn}$. Von diesen können einige oder alle reell sein, es können mehrere Nullstellen zusammenfallen (mehrfache Nullstellen), und es kann eine gerade Anzahl von ihnen komplex sein, wobei mit einer Zahl z auch die konjugierte $\bar{z}$ Nullstelle ist. Demnach hat ein Polynom ungeraden Grades immer mindestens eine reelle Nullstelle.

Ist eine Nullstelle x_N bekannt, dann kann man $P_n(x)$ durch den Linearfaktor $(x - x_N)$ ohne Rest dividieren, kann also zur Berechnung der weiteren Wurzeln den Grad des Polynoms ständig verkleinern.

Die Berechnung der Funktionswerte und der Ableitungen geschieht ebenso wie die genannte Abspaltung eines Linearfaktors mit dem **Horner-Schema** (7.1.3.3.).

Man kann natürlich alle unter (1) dargestellten Verfahren, teilweise mit geeigneten Modifikationen, auch auf Polynome anwenden. Darüberhinaus existiert aber eine Vielzahl spezieller Methoden, die man in Analogie zu den Eigenwertproblemen in direkte und iterative Methoden einteilen kann, je nachdem, ob alle oder gezielt einzelne Wurzeln berechnet werden. (Literatur: [7.9], [7.10.])

Das Graeffe-Verfahren (als Beispiel eines direkten Verfahrens): Der Einfachheit wegen nehmen wir an, daß das Polynom

$$P_n^{(j)}(x) = a_0^{(j)}(x - x_1^{(j)})(x - x_2^{(j)}) \ldots (x - x_n^{(j)})$$
$$= a_0^{(j)}x^n + a_1^{(j)}x^{n-1} + \ldots + a_n^{(j)}$$

nur reelle und einfache Wurzeln $|x_1^{(j)}| > |x_2^{(j)}| > \ldots > |x_n^{(j)}|$ hat.

Nach folgendem Schema bestimmen wir ein neues Polynom $P_n^{(j+1)}(x)$ (Tab. 7.6):

Tabelle 7.6

$P^{(j)}$:			$a_0^{(j)}$	$a_1^{(j)}$	$a_2^{(j)}$	$a_3^{(j)}$ ...
			$(a_0^{(j)})^2$	$(a_1^{(j)})^2$	$(a_2^{(j)})^2$	$(a_3^{(j)})^2$ ...
	$-$			$-2a_0^{(j)}a_2^{(j)}$	$-2a_1^{(j)}a_3^{(j)}$	$-2a_2^{(j)}a_4^{(j)}$ ...
	$+$				$+2a_0^{(j)}a_4^{(j)}$	$+2a_1^{(j)}a_5^{(j)}$ ...
	$-$					$-2a_0^{(j)}a_6^{(j)}$ ...
$+$	$\vdots$		....	....	....	
$P^{(j+1)}$:			$a_0^{(j+1)}$	$a_1^{(j+1)}$	$a_2^{(j+1)}$	$a_3^{(j+1)}$ ...

Für die Wurzeln dieses neuen Polynoms gilt dann

$$\frac{|x_k^{(j+1)}|}{|x_{k-1}^{(j+1)}|} \leqq \frac{|x_k^{(j)}|}{|x_{k-1}^{(j)}|}, \qquad k = 2, 3, \ldots, n,$$

das heißt, sie sind weiter auseinandergerückt. Außerdem ist $|x_k^{(j)}| = |x_k^{(j-1)}|^2$.

Man kann zeigen, daß unter den gemachten Voraussetzungen der Prozeß nach endlich vielen Schritten mit einem Polynom $P_n^{(M)}(x)$ dadurch praktisch abbricht, daß *alle* doppelten Produkte im Schema 7.6 innerhalb der mitgeführten Stellenzahl bis auf Rundungsfehler gleich null werden.

Dann haben wir

$$a_1^{(M)} = a_0^{(M)} x_1^{(M)},$$

$$a_2^{(M)} = a_0^{(M)} x_1^{(M)} x_2^{(M)},$$

$$\ldots\ldots\ldots\ldots\ldots\ldots\ldots\ldots$$

$$a_n^{(M)} = a_0^{(M)} x_1^{(M)} x_2^{(M)} \ldots x_n^{(M)},$$

woraus die $x_k^{(M)}$ und damit rückwärts leicht durch Radizieren die Beträge der Wurzeln des Ausgangspolynoms errechnet werden können. Das Vorzeichen kann dann durch einfache Zusatzüberlegungen oder durch Probieren bestimmt werden.

Das Verfahren läßt sich modifizieren und auf Polynome mit mehrfachen reellen, wie auch auf Polynome mit komplexen Nullstellen anwenden.

Das Bernoulli-Verfahren (als Beispiel eines iterativen Verfahrens): Das Polynom $P_n(x)$ habe die Nullstellen x_j mit $0 < |x_1| < |x_2| \leqq |x_3| \leqq \ldots \leqq |x_n|$; die beiden betragskleinsten Wurzeln sollen reell und einfach sein. Dann konvergieren die q- und q'-Spalte des folgenden Schemas gegen $1/x_1$ bzw. $1/x_2$. Ausgangspunkt des Schemas sind die Taylor-Koeffizienten c_k der rationalen Funktion $(P_n(x))^{-1}$ bei Entwicklung um den Nullpunkt.

j	c_j	q_j	e_j	q'_j
0	c_0			
1	c_1	q_1	e_1	
2	c_2	q_2	e_2	q'_2
...	...	...	...	...

$$q_j = \frac{c_j}{c_{j-1}},$$

$$e_j = q_{j+1} - q_j,$$

$$q'_j = q_j \frac{e_j}{e_{j-1}}.$$

Beispiel: Bernoulli-Verfahren (Tab. 7.7):

$$x^3 - 13x^2 + 32x - 20 = 0$$

$$(x_1 = 1, x_2 = 2, x_3 = 10).$$

Tabelle 7.7

j	c_j	q_j	e_j	q'_j
0	−0,0500			
1	−0,0800	1,6000	−0,4063	
2	−0,0955	1,1937	−0,1127	0,3293
3	−0,1033	1,0817	−0,0826	0,7972
4	−0,1032	0,9991	+0,0550	−0,6659
5	−0,1089	1,0551	−0,0450	−0,8622
6	−0,1100	1,0101	−0,0051	0,1143
7	−0,1106	1,0050	−0,0025	0,5014
8	−0,1108	1,0025	−0,0013	0,4976
9	−0,1111	1,0012	−0,0006	0,4948
10	−0,1111	1,0006	...	...
	...	...		

Bem.: Die Rechnung wurde 6stellig durchgeführt. Rundung auf vier Stellen nach dem Komma aus drucktechnischen Gründen. Entsprechend der Verkopplung von Quotienten und Differenzen ist die Bildung von q'_j recht instabil. Die Konvergenz gegen 1/2 geht bei Fortsetzung der Rechnung numerisch vollständig verloren.

7.1.2.4. Nichtlineare Gleichungssysteme

Sind $f_1(\mathbf{x}), f_2(\mathbf{x}), \ldots, f_n(\mathbf{x})$ stetige Funktionen von n unabhängigen Variablen $\mathbf{x} = (x_1, x_2, \ldots, x_n)$ über einen gemeinsamen Definitionsbereich $\mathbf{D} \subseteqq \mathbf{R}^n$ gegeben und gibt es einen Vektor $\mathbf{x}_N \in \mathbf{D}$, für den $f_j(\mathbf{x}_N) = 0$ für alle j gilt, so heißt $\mathbf{x}_N$ *Lösungsvektor* des nichtlinearen Gleichungssystems $\mathbf{f}(\mathbf{x}) = 0$.

$$(\mathbf{f}(\mathbf{x}))^{\mathrm{T}} = (f_1(\mathbf{x}), f_2(\mathbf{x}), \ldots, f_n(\mathbf{x})).$$

Die Aufgabe, einen solchen Lösungsvektor zu bestimmen, ist demzufolge eine Verallgemeinerung der Aufgaben von Abschnitt 7.1.2.1. und 7.1.2.3. Deshalb leiten sich auch die beiden Hauptmethoden aus den entsprechenden Grundverfahren her.

(1) Linearisierung

Man ersetzt die nichtlineare Abbildung $\mathbf{f}(\mathbf{x})$ durch eine geeignete lineare Abbildung $\mathbf{L}(\mathbf{x}) = \mathbf{A}\mathbf{x} + \mathbf{b}$ ($\mathbf{A}$ eine (n,n)-Matrix). Unter gewissen Bedingungen ist dann die Lösung $\mathbf{x}_L$ von $\mathbf{L}(\mathbf{x}) = \mathbf{o}$ eine geeignete Näherung von $\mathbf{x}_N$.

Methode von Newton-Kantorowitsch (Linearisierung durch Taylorentwicklung): $\mathbf{x}^{(0)}$ sei eine Näherung von $\mathbf{x}_N$, und die $f_j(\mathbf{x})$ seien mindestens einmal stetig differenzierbar in $\mathbf{D}$, dann gilt (vgl. 3.1.6.2.)

$$\mathbf{f}(\mathbf{x}) = \mathbf{f}(\mathbf{x}^{(0)}) + \left.\frac{\partial(f_1, f_2, \ldots, f_n)}{\partial(x_1, x_2, \ldots, x_n)}\right|_{\mathbf{x}^{(0)}} \cdot (\mathbf{x} - \mathbf{x}^{(0)}) + \mathbf{R}(\mathbf{x}).$$

Wir lassen nunmehr das Fehlerglied $\mathbf{R}(\mathbf{x})$ weg und verwenden als Linearisierung

$$\mathbf{L}(\mathbf{x}) \overset{\text{def}}{=} \mathbf{A}(\mathbf{x} - \mathbf{x}^{(0)}) + \mathbf{f}(\mathbf{x}^{(0)}).$$

Dabei ist $\mathbf{A}$ die *Jacobische Matrix* $\left.\frac{\partial(f_1, f_2, \ldots, f_n)}{\partial(x_1, x_2, \ldots, x_n)}\right|_{\mathbf{x} = \mathbf{x}^{(0)}}$, die regulär ist, wenn $\mathbf{y} = \mathbf{f}(\mathbf{x})$ in einer Umgebung von $\mathbf{x}^{(0)}$ eindeutig auflösbar ist (vgl. 3.1.6.4.). Das Verfahren verläuft demnach so:

1. Auswahl einer Näherung $\mathbf{x}^{(0)}$ von $\mathbf{x}_N$.
2. Berechnung der Matrix $\mathbf{A}(\mathbf{x}^{(0)})$.

3. Lösung $\mathbf{z}^{(1)}$ von $\mathbf{A}(\mathbf{x}^{(0)})\,\mathbf{z} + \mathbf{f}(\mathbf{x}^{(0)}) = \mathbf{o}$ liefert nach $\mathbf{x}^{(1)} = \mathbf{x}^{(0)} + \mathbf{z}^{(1)}$ eine neue Näherung, für die der Prozeß wiederholt wird, bis sich $\mathbf{z}^{(j)}$ innerhalb der Fehlergrenzen nicht mehr ändert.

Genauere Untersuchungen über Startvektor und Konvergenzverhalten findet man in der Literatur ([7.12]).

Beispiel: Methode von Newton-Kantorowitsch für zwei nichtlineare Gleichungen (Tab. 7.8):

Tabelle 7.8

$f_1(x, y) = 2 - x^2 - y^2$ / $f_2(x, y) = 1 - x^2 + y^2$	$-f_{1x} = 2x$ / $-f_{2x} = 2x$	$-f_{1y} = 2y$ / $-f_{2y} = -2y$	$z_1^{(j)}$ / $z_2^{(j)}$	$x^{(j-1)}$ / $y^{(j-1)}$
$j = 1$				Start
0	2	2	0,25	1
1	2	−2	−0,25	1
$j = 2$				
−0,125	2,5	1,5	−0,025	1,25
0	2,5	−1,5	−0,04167	0,75
$j = 3$				
−0,0024	2,45	1,4167	−0,0003	1,2247
0,0011	2,45	−1,4167	−0,0012	0,7071

Exakt: $x = \sqrt{\frac{3}{2}}, \quad y = \sqrt{\frac{1}{2}}$

(2) Iterationsverfahren

Äquivalente Umformung von $\mathbf{f}(\mathbf{x}) = \mathbf{o}$ auf die Form $\mathbf{x} = \mathbf{g}(\mathbf{x})$ läßt $\mathbf{x}$ als Fixpunkt der Abbildung $\mathbf{g}(\mathbf{x})$ über $\mathbf{D}$ erkennen, den man durch Iteration zu bestimmen sucht:

$$\mathbf{x}^{(m+1)} = \mathbf{g}(\mathbf{x}^{(m)}), \qquad \mathbf{x}^{(0)} \text{ gegeben.}$$

Über die Konvergenz der so konstruierten Vektorfolge $[\mathbf{x}^{(m)}]_0^\infty$ gegen die Lösung $\mathbf{x}_N$ gilt folgender Satz.

Satz: $\mathbf{R}$ sei der n-dimensionale Quader

$$\mathbf{R} = \{\mathbf{x};\ a_k \leqq x_k \leqq b_k,\ 1 \leqq k \leqq n,\ \mathbf{x} \in \mathbf{R}^n\},$$

und $\mathbf{g}(\mathbf{x})$ sei auf $\mathbf{R}$ definiert und erfülle folgende Bedingungen:

a) $\mathbf{y} = \mathbf{g}(\mathbf{x})$ sei für alle $\mathbf{x} \in \mathbf{R}$ ebenfalls ein Punkt aus $\mathbf{R}$.

b) Es existiert eine reelle Konstante L mit $0 < L < 1$, *so daß* $||\mathbf{g}(\mathbf{x}) - \mathbf{g}(\mathbf{z})|| \leqq L||\mathbf{x} - \mathbf{z}||$ für alle $\mathbf{x}, \mathbf{z} \in \mathbf{R}$, $\left(||\mathbf{x}|| \overset{\text{def}}{=} \left(\sum_{i=1}^{n} x_i^2\right)^{\frac{1}{2}}\right)$.

Dann gilt:

1) Die Gleichung $\mathbf{x} = \mathbf{g}(\mathbf{x})$ besitzt in $\mathbf{R}$ *genau eine Lösung* $\mathbf{x}_N$.

2) Die oben definierte Iterationsfolge *konvergiert* für jeden Startvektor $\mathbf{x}^{(0)} \in \mathbf{R}$ gegen $\mathbf{x}_N$.

3) Es gilt

$$||\mathbf{x}^{(m)} - \mathbf{x}_N|| \leqq \frac{L^m}{1 - L}\,||\mathbf{x}^{(1)} - \mathbf{x}^{(0)}||.$$

Dieser wichtige Satz ist eine Spezialisierung des Banachschen Fixpunktsatzes (vgl. 8.1.3.1.).

7.1.2.5. Approximation

Eine große Zahl spezieller Approximationsaufgaben läßt sich als Spezialfall eines *allgemeinen Approximationsproblems* auffassen und behandeln.

Es sei $\mathbf{V}$ ein *halbnormierter Raum* mit der Halbnorm $p(f)$ (vgl. 8.1.1.2.), dessen Elemente Funktionen $f(x), g(x), \ldots$ sind, die über einem gemeinsamen Definitionsbereich $\mathbf{M}$ definiert sind.

Es sei ferner $f(x) \in \mathbf{V}$ ein festes Element und $\mathbf{G} \subseteq \mathbf{V}$ eine Teilmenge von $\mathbf{V}$.

Dann lautet das allgemeine Approximationsproblem

$$\mathrm{AP}(f, \mathbf{G}, p(f)):$$

Gesucht ist eine Funktion $\hat{g}(x) \in \mathbf{G}$, so daß

$$D(f, \mathbf{G}, p(f)) \stackrel{\text{def}}{=} \inf_{g \in \mathbf{G}} \{p(f - g)\} = p(f - \hat{g}).$$

$\hat{g}(x)$ heißt dann eine zu $\mathrm{AP}(f, \mathbf{G}, p(f))$ gehörige *Bestapproximation*, die Zahl $D(f, \mathbf{G}, p)$ nennt man *Defekt*.

Vom praktischen Standpunkt aus handelt es sich dabei immer darum, eine numerisch nicht erfaßbare Funktion f durch eine berechenbare Funktion $\hat{g} \in \mathbf{G}$ *möglichst genau* zu ersetzen, und es spielt in diesem Zusammenhang keine Rolle, ob $D(f, \mathbf{G}, p) = 0$ über $\mathbf{G}$ erreicht werden kann, wenn nur für eine vorgegebene reelle Zahl $\varepsilon > 0$ durch geeignete Wahl von $\mathbf{G}$ der Defekt kleiner als ε ausfällt.

Bei der Lösung von $\mathrm{AP}(f, \mathbf{G}, p)$ sind im einzelnen die folgenden Fragen zu beantworten:

a) *Existiert* eine Bestapproximation $\hat{g}$?
b) Ist $\hat{g}$ *eindeutig* bestimmt?
c) Wie kann $\hat{g}$ oder gegebenenfalls eine geeignete Approximation *berechnet* werden?

7.1.2.5.1. Das lineare Approximationsproblem im Hilbertraum. $\mathbf{V}$ sei ein Hilbertraum mit dem Skalarprodukt (f, g) und der *Norm* $p(f) \stackrel{\text{def}}{=} \|f\| = \sqrt{(f,f)}$, ferner sei $\mathbf{G}_n \subseteq \mathbf{V}$ ein *n-dimensionaler Teilraum* mit der gleichen Norm (bezüglich der Begriffe vgl. 8.1.1.4.).

Satz: $\mathrm{AP}(f, \mathbf{G}_n, \|\ \|)$ hat eine eindeutig bestimmte Lösung $\hat{g}$, für die $(\hat{g} - f, h) = 0$ für alle $h \in \mathbf{G}_n$ gilt. Ist $[h_1, h_2, \ldots, h_n]$ eine Basis von $\mathbf{G}_n$, dann ist

$$\hat{g} = \sum_{k=1}^{n} c_k^{(n)} h_k$$

mit

$$\sum_{k=1}^{n} c_k^{(n)}(h_k, h_j) = (f, h_j), \qquad j = 1, 2, \ldots, n,$$

und

$$\|f - \hat{g}\|^2 = (f - \hat{g}, f - \hat{g}) = \|f\|^2 - \sum_{k=1}^{n} c_k^{(n)}(h_k, f).$$

Die Matrix des linearen Gleichungssystems zur Berechnung der Entwicklungskoeffizienten $c_k^{(n)}$ ist die sogenannte *Gramsche Matrix* der *Basis* $[h_j]$, die wir mit $\mathbf{A}_n(h_j)$ bezeichnen wollen. Ihre Elemente sind $a_{ij} = (h_i, h_j)$. Die Matrix ist *hermitesch* und *positiv semidefinit*, sie ist sogar *definit*, wenn die h_j linear unabhängig sind.

Folgende speziellen AP ordnen sich dieser Theorie unter.

(1) **Harmonische Analyse, Fourierentwicklung:**

$$\mathbf{V} = \mathbf{L}_2(-\pi, \pi); \quad \mathbf{G}_{2m} = [\sin jx, \cos jx]_{j=0}^{m}$$

(siehe 4.4.1.).

(2) **Methode der kleinsten Quadrate:**

$\mathbf{V} = \mathbf{L}_2(a, b)$; $\mathbf{G}_{n+1} = \mathbf{P}_n = \{$Menge aller Polynome von höchstens n-tem Grad mit reellen Koeffizienten$\}$.

AP(f, $\mathbf{G}_{n+1}$, $\|\cdot\|$):

Bestimme ein Polynom

$$\hat{P}_n(x) = \hat{a}_0 + \hat{a}_1 x + \hat{a}_2 x^2 + \dots + \hat{a}_n x^n,$$

so daß

$$\int_a^b (f(x) - \hat{P}_n(x))^2 \,\mathrm{d}x \leqq \int_a^b (f(x) - P_n(x))^2 \,\mathrm{d}x$$

für alle Polynome P_n aus $\mathbf{G}_{n+1}$ ist.

In dieser Form tritt als natürliche Basis von $\mathbf{P}_n$ die Folge $h_j = x^{j-1}$ $(j = 1, 2, \dots, n+1)$ der Potenzfunktionen auf, und die Koeffizienten des *Minimalpolynoms* bestimmen sich nach unserem Satz aus dem Gleichungssystem

$$\sum_{k=0}^{n} \hat{a}_k \int_a^b x^{k+j-2} \,\mathrm{d}x = \int_a^b x^{j-1} \cdot f(x) \,\mathrm{d}x, \quad (j = 1, 2, \dots, n+1),$$

$$\sum_{k=0}^{n} \hat{a}_k \frac{1}{k+j-1} (b^{k+j-1} - a^{k+j-1}) = \int_a^b x^{j-1} \cdot f(x) \,\mathrm{d}x.$$

Wir weisen darauf hin, daß dieses System i. allg. schlechte Kondition hat und sich nur mit mäßiger Genauigkeit lösen läßt. Ist z. B. $a = 0$ und $b = 1$, dann handelt es sich gerade um die *Hilbertmatrix*

$$\mathbf{H}_n = \begin{pmatrix} 1/1 & 1/2 & 1/3 & \dots & 1/n \\ 1/2 & 1/3 & \dots & & 1/n+1 \\ \dots & \dots & \dots & \dots & \dots \\ 1/n & 1/n+1 & \dots & & 1/2n-1 \end{pmatrix},$$

deren Norm mit wachsendem n über alle Grenzen wächst.

Das Gleichungssystem wird besonders einfach, wenn als Basis $[h_1, h_2, \dots, h_n]$ von $\mathbf{P}_n$ **orthogonale Polynome** gewählt werden. Das sind Polynome $Q_i(x)$ mit der Eigenschaft

$$\int_a^b Q_i(x) Q_j(x) \,\mathrm{d}x = 0 \quad \text{für} \quad i \neq j.$$

(Gilt außerdem $\int_a^b Q_i^2(x) \,\mathrm{d}x = 1$, $i = 0, 1, \dots, n$, dann sprechen wir von einem *Orthonormalsystem.*)

Für das Intervall $[a, b] = [-1, 1]$ sind diese Polynome bestens bekannt und heißen

Legendre-Polynome $P_n(x)$

Definition:

$$P_n(x) \overset{\text{def}}{=} \frac{1}{2^n n!} \frac{\mathrm{d}^n}{\mathrm{d}x^n} (x^2 - 1)^n, \qquad P_0(x) \equiv 1.$$

Orthogonalität:

$$\int_{-1}^{1} (P_n(x))^2 \,\mathrm{d}x = \frac{2}{2n+1}; \qquad \int_{-1}^{1} P_n(x) \cdot P_m(x) \,\mathrm{d}x = 0 \quad \text{für} \quad m \neq n.$$

Rekursion:

$$(n+1) P_{n+1}(x) = (2n+1) x P_n(x) - n P_{n-1}(x).$$

Nullstellen: $P_n(x)$ hat in $[-1, 1]$ genau n getrennte reelle Nullstellen.

Weitere Orthogonalitätsbeziehungen:

$$\int_{-1}^{1} x^k \cdot P_n(x) \,\mathrm{d}x = 0, \qquad k = 0, 1, \dots, n-1,$$

$$\int_{-1}^{1} x^n \cdot P_n(x) \,\mathrm{d}x = \frac{2^{n+1}(n!)^2}{(2n+1)!}.$$

Suchen wir über $[-1, 1]$ die Bestapproximation $\hat{P}_n(x)$ nunmehr als Linearkombination der Legendre-Polynome in der Form $\hat{P}_n(x) = \sum_{k=0}^{n} c_k^{(n)} P_k(x)$, dann reduziert sich das Gleichungssystem wegen der Orthogonalitätsbeziehungen auf die expliziten Gleichungen

$$c_k^{(n)} \equiv c_k = \frac{2k+1}{2} \int_{-1}^{1} f(x) \cdot P_k(x) \, dx.$$

$$D^2(f, \mathbf{P}_n, \|\cdot\|) = \|f\|^2 - \sum_{k=0}^{n} \frac{2k+1}{2} (f, P_k)^2$$

$$= \int_{-1}^{1} f^2(x) \, dx - \sum_{k=0}^{n} \left[\int_{-1}^{1} f(x) \cdot P_k(x) \, dx \right]^2 \cdot \frac{2k+1}{2}.$$

Beispiel: Gesucht ist die Parabel, welche die Funktion $y = \sin t$ im Intervall $[0, \pi]$ im quadratischen Mittel am besten approximiert.

1. Transformation des Intervalls: $x \overset{\text{def}}{=} (2t/\pi) - 1$,

$$y = \sin \left[\frac{\pi}{2} (x+1) \right], \quad -1 \leqq x \leqq 1.$$

2. Legendre-Polynome: $P_0(x) = 1$, $P_1(x) = x$,

$$P_2(x) = \tfrac{1}{2} (3x \cdot x - 1) = \tfrac{1}{2} (3x^2 - 1).$$

3. Entwicklungskoeffizienten:

$$c_0 = \frac{1}{2} \int_{-1}^{1} \sin \left(\frac{\pi}{2} (x+1) \right) dx = \frac{2}{\pi},$$

$$c_1 = \frac{3}{2} \int_{-1}^{1} \sin \left(\frac{\pi}{2} (x+1) \right) \cdot x \, dx = 0,$$

$$c_2 = \frac{5}{2} \int_{-1}^{1} \sin \left(\frac{\pi}{2} (x+1) \right) (3x^2 - 1) \frac{1}{2} \, dx = \frac{10}{\pi} \left(1 - \frac{12}{\pi^2} \right).$$

4. Approximation

$$\hat{P}_2(x) = \frac{2}{\pi} + \frac{10}{\pi} \left(1 - \frac{12}{\pi^2} \right) \frac{1}{2} (3x^2 - 1),$$

$$\hat{P}_2(t) = \frac{2}{\pi} + \frac{10}{\pi} \left(1 - \frac{12}{\pi^2} \right) \left(\frac{6}{\pi^2} \left(t - \frac{\pi}{2} \right)^2 - \frac{1}{2} \right).$$

(3) Entwicklung nach verallgemeinerten Orthogonalpolynomen

$$\mathbf{V} = \mathbf{L}_2([a, b]; q(x)); \ \mathbf{G}_{n+1} = \mathbf{P}_n.$$

In diesem Raum ist das Skalarprodukt mit einer nichtnegativen Gewichtsfunktion $q(x)$ gebildet:

$$(u, v) \overset{\text{def}}{=} \int_a^b u(x) \, v(x) \cdot q(x) \, dx.$$

Für spezielle Gewichtsfunktionen und das normierte Intervall $[-1, 1]$ sind die zugehörigen Orthogonalpolynome ebenfalls bekannt, wie z. B. für $q(x) = \frac{1}{\sqrt{1-x^2}}$ die

Tschebyscheff-Polynome $T_n(x)$

Definition:

$$T_n(x) \overset{\text{def}}{=} \cos(n \arccos x), \quad -1 \leqq x \leqq 1.$$

Orthogonalität:

$$\int_{-1}^{1} \frac{T_m(x) \cdot T_n(x)}{\sqrt{1-x^2}} \, dx = \begin{cases} 0 & \text{für } m \neq n, \\ \frac{\pi}{2} & \text{für } m = n \neq 0, \\ \pi & \text{für } m = n = 0. \end{cases}$$

Rekursion:

$$T_{n+1}(x) = 2xT_n(x) - T_{n-1}(x), \quad T_0(x) \equiv 1, \quad \text{für } n = 0, 1, \ldots$$

Nullstellen:

$$T_n(x_k) = 0 \quad \text{für} \quad x_k = \cos((2k+1)\pi/2n), \quad k = 0, 1, \ldots, n-1,$$

d. h. genau n reelle getrennte Nullstellen in $[-1, 1]$.

Extremstellen:

$$|T_n(x)| \leqq 1, \quad -1 \leqq x \leqq 1,$$

$$T_n(x_l) = (-1)^l \quad \text{für} \quad x_l = \cos(l\pi/n), \quad l = 0, \ldots, n,$$

d. h. genau $n+1$ reelle Extremstellen im Intervall.

Die *Entwicklung nach T-Polynomen* kann man praktisch auch so realisieren, daß man von einer in $[-1, 1]$ konvergenten Taylorentwicklung ausgeht und die Potenzen von x durch die T-Polynome ausdrückt. So hat man etwa

$$1 = T_0(x); \quad x = T_1(x); \quad x^2 = \tfrac{1}{2}(T_0(x) + T_2(x));$$

$$x^3 = \tfrac{1}{4}(3T_1(x) + T_3(x)) \quad \text{usw.}$$

Beispiel:

$$e^x = 1 + x + 0{,}5x^2 + 0{,}16667x^3 + 0{,}04167x^4 + R_5(x)$$

$$= P_4(x) + R_5(x).$$

Entwicklung nach T-Polynomen lautet

$$P_4(x) = 1{,}2656T_0 + 1{,}1250T_1 + 0{,}2708T_2 + 0{,}0417T_3 + 0{,}0052T_4.$$

An diesem Beispiel wollen wir uns eine wichtige Eigenschaft der T-Entwicklung verdeutlichen:

Sucht man nur eine Entwicklung 3. Ordnung, so liefert nach unseren allgemeinen Sätzen (vgl. 7.1.2.5.2.)

$$P_3(x) = 1{,}2656T_0 + 1{,}1250T_1 + 0{,}2708T_2 + 0{,}0147T_3$$

das optimale Ergebnis einer solchen Entwicklung. Würde man die Taylorentwicklung zugrunde legen und hier einfach den Term 4. Ordnung weglassen, so hätte man einen um den Faktor 8 größeren Fehler erhalten.

7.1.2.5.2. Tschebyscheff-Approximation. Wir betrachten den Raum $\mathbf{V} = \mathbf{C}([a, b])$ der auf dem gemeinsamen Definitionsintervall $[a, b]$ definierten und stetigen Funktionen und stellen das $\mathrm{AP}(f, \mathbf{G}, p)$ mit der Halbnorm $p(f) \overset{\text{def}}{=} \sup_{x \in \mathbf{B}} |f(x)|$, $\mathbf{B}$ eine Teilmenge von $[a, b]$.

Als Funktionensystem $\mathbf{G}$ nimmt man gewöhnlich wieder $\mathbf{P}_n$.

(1) **Gleichmäßige Approximation**

Wählen wir speziell $\mathbf{B} = [a, b]$, so wird

$$p(f) = \sup_{x \in [a, b]} \{|f(x)|\} = \max_{x \in [a, b]} |f(x)| = \|f\|_{\mathbf{C}(a, b)}$$

eine *Norm* und $\mathbf{V}$ ein *Banachraum* (vgl. 8.1.1.3.).

Ist $\mathbf{G}_{n+1} = \mathbf{P}_n = \{P_n(x) = a_0 + a_1 x + \ldots + a_n x^n,\ a_i \text{ reell}\}$, dann gelten die folgenden Aussagen:

1. $\mathrm{AP}(f, \mathbf{G}_{n+1}, \|\cdot\|_{\mathbf{C}})$ besitzt eine *eindeutig* bestimmte Bestapproximation, d. h. es gibt genau ein Polynom $\hat{P}_n(x) \in \mathbf{P}_n$ mit

$$D(f, \mathbf{G}_{n+1}, \|\ \|_{\mathbf{C}}) = \|f - \hat{P}_n(x)\|_{\mathbf{C}} = \max_{x \in [a, b]} |f(x) - P_n(x)|$$

$$\leqq \max_{x \in [a, b]} |f(x) - P_n(x)| = \|f - P_n\|_{\mathbf{C}} \quad \text{für alle} \quad P_n \in \mathbf{P}_n.$$

2. **Alternantensatz von Tschebyscheff:** Es existiert stets eine Menge von $n + 2$ Punkten

$$a \leqq x_0 < x_1 < \ldots < x_{n+1} \leqq b$$

und ein eindeutig bestimmtes Polynom $\tilde{P}_n(x)$, so daß gilt:

$$|f(x_j) - \tilde{P}_n(x_j)| = D(f, \mathbf{G}_{n+1}, \|\ \|_{\mathbf{C}})$$

und

$$(f(x_j) - \tilde{P}_n(x_j)) + (f(x_{j+1}) - \tilde{P}_n(x_{j+1})) = 0 \quad \text{für} \quad j = 0, 1, \ldots, n.$$

Es gilt dann: $\tilde{P}_n(x) \equiv \hat{P}_n(x)$.

3. **Approximationssatz von Weierstraß:** Zu jeder in $[a, b]$ stetigen Funktion $f(x)$ und jeder reellen Zahl $\varepsilon > 0$ läßt sich ein Polynom $P(x)$ angeben, so daß $\|P(x) - f(x)\|_{\mathbf{C}(a, b)} < \varepsilon$ ist. (Die Menge der Polynome liegt im Banachraum $\mathbf{C}(a, b)$ *dicht*!)

4. In jeder Entwicklung nach T-Polynomen (vgl. 7.1.2.5.1.) $\sum_{j=0}^{\infty} a_j T_j(x)$ ist jede Partialsumme $S_n(x) = \sum_{j=0}^{n} a_j T_j(x)$ Minimalpolynom von $S_{n+1}(x)$ bezüglich $\mathbf{P}_n$, d. h. aus

$$\max_{x \in [a, b]} |S_{n+1}(x) - \hat{P}_n(x)| \leqq \max_{x \in [a, b]} |S_{n+1}(x) - P_n(x)|$$

für alle $P_n(x) \in \mathbf{P}_n$ folgt $\hat{P}_n(x) = S_n(x)$.

Zur praktischen Bestimmung des Minimalpolynoms $\hat{P}_n$ wird vor allem auf die Eigenschaften 2. und 4. Bezug genommen.

Das Austauschverfahren nach Remez (Remez-Algorithmus): Ausgehend von einer Menge $\mathbf{M}^{(0)} = [x_j^{(0)}]_{j=0}^{n+1}$, $a \leqq x_0^{(0)} < x_1^{(0)} < \ldots < x_{n+1}^{(0)} \leqq b$ als Näherung einer Alternantenmenge wird das nach 2. zugehörige $\tilde{P}_n^{(0)}(x)$ einschließlich des Defektes bestimmt.

Durch gezielten Austausch *einzelner* (*vereinfachter Remez-Algorithmus*) oder *aller* (*allgemeiner R.-A.*) Elemente von $\mathbf{M}^{(0)}$ gelangt man unter *Defekterhöhung* zu einer neuen Menge $\mathbf{M}^{(1)}$, mit der man analog verfährt usw. Das Verfahren ist beendet, wenn keine Defekterhöhung innerhalb der Stellenzahl mehr möglich ist.

Beispiel: $y(x) = e^x$, $n = 1$, Alternante hat 3 Punkte.

$$\mathbf{M}^{(0)}: \; -1 \quad 0 \quad 1, \qquad \tilde{P}_1^{(0)}(x) = a^{(0)}x + b^{(0)},$$
$$y(x_j^{(0)}): \; 0{,}368 \quad 1{,}000 \quad 2{,}718$$

$$a^{(0)}(-1) + b^{(0)} + D^{(0)} = 0{,}368,$$
$$a^{(0)}(0) \quad + b^{(0)} - D^{(0)} = 1{,}000,$$
$$a^{(0)}(1) \quad + b^{(0)} + D^{(0)} = 2{,}718.$$

Auflösung des Gleichungssystems liefert bei vierstelliger Rechnung $\tilde{P}^{(0)}(x) = 1{,}175x + 1{,}272$, $D^{(0)} = 0{,}272$. Es ist $\max\limits_{x_k = -1 + k \cdot 0{,}1} |\tilde{P}^{(0)}(x) - e^x| = 0{,}286$ für $x_k = 0{,}2$. Deshalb tauschen wir in $\mathbf{M}^{(0)}$ $x_2^{(0)} = 0$ gegen 0,2 aus:

$$\mathbf{M}^{(1)}: \; -1 \quad 0{,}2 \quad 1, \qquad \tilde{P}_1^{(1)}(x) = a^{(1)}x + b^{(1)},$$
$$y(x_j^{(1)}): \; 0{,}368 \quad 1{,}221 \quad 2{,}718$$

Nach Lösung des entsprechenden Gleichungssystems bekommt man jetzt

$$\tilde{P}_1^{(1)}(x) = 1{,}175x + 1{,}264, \quad D^{(1)} = 0{,}278.$$

Sucht man mit einer Schrittweite von 0,01 in der Nähe von 0,2 das Maximum des Fehlers $|\tilde{P}_1^{(1)}(x) - e^x|$, dann findet man es zu 0,279 für $x = 0{,}16$:

$$\mathbf{M}^{(2)}: \quad -1 \quad 0{,}16 \quad 1.$$

Das führt aber bei unserer Stellenzahl zum gleichen Polynom. Wir müssen damit $\tilde{P}_1^{(1)}(x)$ innerhalb unserer Genauigkeit als Bestapproximation 1. Grades von e^x ansehen.

Teleskopmethode (angenäherte gleichmäßige Approximation): Ist $f(x) \in \mathbf{C}(a, b)$ und $\sum\limits_{k=1}^{\infty} c_k F_k(x)$ eine gleichmäßig gegen $f(x)$ konvergierende Funktionenreihe, dann wählt man $S_n(x) \overset{\text{def}}{=} \sum\limits_{k=1}^{n} c_k F_k(x)$ als Näherung für die Bestapproximation $\hat{P}_n(x)$.

$||S_n - \hat{P}_n||_{\mathbf{C}(a,b)}$ wird dabei minimal, wenn es sich um die Entwicklung von f nach den T-Polynomen handelt (vgl. 4., S. 753).

(2) Diskrete Tschebyscheff-Approximation

Sind $x_1 < x_2 < \dots < x_N$ N Stützstellen, so bilden wir die *diskrete Tschebyscheff-Norm* $||f||_T^N \overset{\text{def}}{=} \max\limits_{x_i} |f(x_i)|$.

Wir betrachten dann $\mathrm{AP}(f, G_{n+1}, ||\;||_T^N)$ i. allg. wieder mit $\mathbf{G}_{n+1} = \mathbf{P}_n$.

Für $N > n + 1$ gelten hier ganz analoge Aussagen wie im Falle der stetigen Tschebyscheff-Approximation.

Für $n + 1 \geqq N$ handelt es sich um das Interpolationsproblem (7.1.2.6.), dessen Minimalpolynom dann *Interpolationspolynom* heißt. Es ist für $n + 1 = N$ eindeutig bestimmt, für $n \geqq N$ nicht mehr. Die numerische Behandlung geschieht über ein lineares Optimierungsproblem (vgl. 6.1.).

7.1.2.6. Interpolation

7.1.2.6.1. Interpolationspolynome. In einem Intervall $[a, b]$ seien $n + 1$ *Stützstellen* $a \leqq x_0 < x_1 < x_2 < \dots < x_n \leqq b$ gegeben. Ferner mögen (etwa als Funktionswerte einer Funktion $f(x)$ an den Stützstellen) $n + 1$ reelle Zahlen y_i $(i = 0, 1, \dots, n)$ gegeben sein. Dann lautet das

Interpolationsproblem: Gesucht ist ein Polynom $I_n(x)$ von höchstens n-tem Grad, so daß $I_n(x_i) = y_i$ für $0 \leqq i \leqq n$ gilt.

Sind alle x_i paarweise verschieden, so gibt es immer *genau ein* solches Interpolationspolynom. Das eindeutig bestimmte Polynom kann in verschiedener Form dargestellt werden.

Die **Form von Lagrange**

$$I_n(x) = \sum_{i=0}^{n} y_i L_i(x),$$

$$L_i(x) = \frac{(x - x_0) \dots (x - x_{i-1})(x - x_{i+1}) \dots (x - x_n)}{(x_i - x_0) \dots (x_i - x_{i-1})(x_i - x_{i+1}) \dots (x_i - x_n)}.$$

Beweis: Als Produkte von n Linearfaktoren sind die L_i Polynome vom Grade n; I_n kann also *höchstens* den Grad n haben. Außerdem sieht man sofort, daß $L_i(x_i) = 1$, $L_i(x_j) = 0$ für $i \neq j$, also $I_n(x_i) = y_i$ ist.

Die **Form von Newton**

$$I_n(x) = \sum_{j=0}^{n} c_j N_j(x),$$

$$N_0(x) = 1, \quad N_j(x) = (x - x_0)(x - x_1) \dots (x - x_{j-1}), \quad j = 1, 2, \dots, n;$$

$$c_j = [x_0 x_1 \dots x_j] = [x_j x_{j-1} \dots x_0],$$

die ***j*-te Steigung:**

$$[x_0 x_1 \dots x_j] \overset{\text{def}}{=} \frac{1}{x_j - x_0} ([x_1 x_2 \dots x_j] - [x_0 x_1 \dots x_{j-1}])$$

$$[x_j] \overset{\text{def}}{=} y_j \quad (j = 0, 1, \dots, n)$$

Beispiel: Aufstellung des Interpolationspolynoms (zur Berechnung der Steigung vgl. Steigungsschema, s. u.).

i	x_i	y_i	$[x_i x_{i+1}]$	$[x_i x_{i+1} x_{i+2}]$	$[x_i x_{i+1} x_{i+2} x_{i+3}]$
0	4	(1)			
			$\frac{1}{2} \cdot 2 =$ (1)		
1	6	3		($\frac{3}{8}$)	
			$\frac{5}{2}$		$\frac{1}{6} \cdot \frac{4}{8} =$ ($\frac{1}{12}$)
2	8	8		$\frac{7}{8}$	
			6		
3	10	20			

Newton:

$$I_3(x) = 1 + 1(x - 4) + \frac{3}{8}(x - 4)(x - 6) + \frac{1}{12}(x - 4)(x - 6)(x - 8)$$

$$= (1/24)(2x^3 - 27x^2 + 142x - 240)$$

Lagrange:

$$I_3(x) = 1 \frac{(x - 6)(x - 8)(x - 10)}{(4 - 6)(4 - 8)(4 - 10)} + 3 \frac{(x - 4)(x - 8)(x - 10)}{(6 - 4)(6 - 8)(6 - 10)}$$

$$+ 8 \frac{(x - 4)(x - 6)(x - 10)}{(8 - 4)(8 - 6)(8 - 10)} + 20 \frac{(x - 4)(x - 6)(x - 8)}{(10 - 4)(10 - 6)(10 - 8)}$$

$$= -\frac{1}{48}(x - 6)(x - 8)(x - 10) + \frac{3}{16}(x - 4)(x - 8)(x - 10)$$

$$- \frac{1}{2}(x - 4)(x - 6)(x - 10) + \frac{5}{12}(x - 4)(x - 6)(x - 8)$$

$$I_3(x) = \frac{1}{24}(2x^3 - 27x^2 + 142x - 240).$$

Man wendet Interpolation in der Hauptsache dort an, wo man eine bestimmte Funktion $y = f(x)$, von der nur diskrete Werte bekannt sind, durch ein Polynom annähert, für das gerade $f(x_i) = I_n(x_i)$, $i = 0, 1, \dots, n$, erfüllt ist, um weitere Werte zwischen den Stützstellen (*Interpolation*) oder auch außerhalb des Stützintervalls (*Extrapolation*) zu berechnen.

Ist die zu interpolierende Funktion $f(x)$ im Intervall hinreichend oft differenzierbar, dann läßt sich der *Interpolationsfehler* zu

$$f(x) - I_n(x) = \frac{f^{(n+1)}(\xi)}{(n+1)!} (x - x_0)(x - x_1) \dots (x - x_n)$$

angeben, wo ξ eine gewisse Zahl zwischen a und b bezeichnet, die von x abhängt.

Zur Bestimmung der Newtonschen Form verwendet man, wie schon im Beispiel dargestellt, das **Steigungsschema**

i	x_i	$[x_i]$	$[x_i x_{i+1}]$	$[x_i x_{i+1} x_{i+2}]$	$[x_i x_{i+1} x_{i+2} x_{i+3}]$
0	x_0	$\boxed{y_0}$			
			$\boxed{\frac{y_1 - y_0}{x_1 - x_0}}$		
1	x_1	y_1		$\boxed{\frac{[x_1 x_2] - [x_0 x_1]}{x_2 - x_0}}$	
			$\frac{y_2 - y_1}{x_2 - x_1}$		$\boxed{\frac{[x_1 x_2 x_3] - [x_0 x_1 x_2]}{x_3 - x_0}}$
2	x_2	y_2		$\frac{[x_2 x_3] - [x_1 x_2]}{x_3 - x_1}$	
			$\frac{y_3 - y_2}{x_3 - x_2}$		$\frac{[x_2 x_3 x_4] - [x_1 x_2 x_3]}{x_4 - x_1}$
3	x_3	y_3		$\frac{[x_3 x_4] - [x_2 x_3]}{x_4 - x_2}$	
			...		...
...	...	...		...	

Die Koeffizienten c_j des Newton-Polynoms sind dann die Zahlen in der oberen absteigenden Linie (umrandet).

Häufig verwendet man *äquidistante Stützstellen* $x_0 = a$, $x_1 = x_0 + h$, $x_2 = x_0 + 2h, \dots, x_n = x_0 + nh = b$ (d. h. $h = (b - a)/n$). In diesem Falle vereinfachen sich die Steigungen, wie man leicht einsieht, zu

$$[x_k x_{k+1} \dots x_{k+n}] = \frac{1}{n!\, h^n} \Delta^n y_k .$$

Die **aufsteigenden Differenzen** $\Delta^n y_k$ definiert man induktiv:

$$\Delta^n y_k \stackrel{\text{def}}{=} \Delta(\Delta^{n-1} y_k), \qquad n = 1, 2, \dots, k,$$

und

$$\Delta^0 y_k \stackrel{\text{def}}{=} y_k .$$

Jetzt braucht man zur Aufstellung des Newtonschen Polynoms nur noch das einfacher zu berechnende *Differenzenschema.*

Die Formel selbst lautet

$$I_n(x) = y_0 + \frac{1}{h} \Delta y_0 (x - x_0) + \frac{1}{2!\, h^2} \Delta^2 y_0 (x - x_0)(x - x_1) + \dots$$

$$+ \frac{1}{n!\, h^n} \Delta^n y_0 (x - x_0)(x - x_1) \dots (x - x_{n-1}) .$$

Setzen wir $x = x_0 + th$, wobei t nun eine reelle Zahl zwischen null und n sein kann, dann lautet die Formel

$$I_n(x) = y_0 + t\Delta y_0 + \frac{t(t-1)}{2!}\Delta^2 y_0 + \ldots$$

$$+ \frac{t(t-1)(t-2)\ldots(t-n+1)}{n!}\Delta^n y_0 = \sum_{k=0}^{n} \binom{t}{k} \Delta^k y_0 .$$

Den Umgang und das Rechnen mit Differenzen kann man durch die Einführung von Operatoren sehr weitgehend formalisieren.

Die wichtigsten Operatoren und Formeln

Identität:

$$I y_k \overset{\text{def}}{=} y_k .$$

Verschiebung:

$$E y_k \overset{\text{def}}{=} y_{k+1} = y_k + h,$$

$$E^p y_k \overset{\text{def}}{=} y_{k+p} = y_k + ph, \quad p \text{ reell.}$$

Differenzen:

$$\Delta y_k \overset{\text{def}}{=} y_{k+1} - y_k$$ **Vorwärtsdifferenzen,**

$$\nabla y_k \overset{\text{def}}{=} y_k - y_{k-1}$$ **Rückwärtsdifferenzen,**

$$\delta y_k \overset{\text{def}}{=} E^{1/2} y_k - E^{-1/2} y_k = y_{k+(1/2)} - y_{k-(1/2)}$$ **zentrale Differenzen.**

Mittelwert:

$$\mu y_k \overset{\text{def}}{=} (1/2)(y_{k+(1/2)} + y_{k-(1/2)}) = \frac{1}{2}(E^{1/2} + E^{-1/2})\, y_k .$$

Rechenregeln:

$$E = I + \Delta = (I - \nabla)^{-1} = \left(\frac{1}{2}\delta + \mu\right)^2,$$

$$E^n = (I + \Delta)^n = \sum_{j=0}^{n} \binom{n}{j} \Delta^j,$$

$$\Delta^n = (E - I)^n = \sum_{j=0}^{n} \binom{n}{j} (-1)^{n-j} E^j,$$

$$\Delta E = E\Delta, \quad \nabla E = E\nabla = \Delta \quad \text{u. a.}$$

Solche Formeln sind so zu verstehen, daß man bei Anwendung der links und rechts stehenden Operatoren auf Funktionswerte y_k bzw. f_k eine Identität erhält. Dabei bedeutet f_k den Funktionswert $f(x_k)$. Sie erlauben ein weitgehend formales Rechnen (Potenzgesetze, Binomischer Satz usw.).

Tabelle der wichtigsten Formen des Interpolationspolynoms bei äquidistanten Stützstellen.

Tabelle 7.9

Newton (äquidistante Stützstellen):

$$f(x) = f_0 + \binom{t}{1} \Delta f_0 + \binom{t}{2} \Delta^2 f_0 + \dots + \binom{t}{n} \Delta^n f_0 + \binom{t}{n+1} h^{n+1} f^{(n+1)}(\xi); \qquad x = x_0 + th,$$

$$f(x) = f_n - \binom{s}{1} \nabla f_n + \binom{s}{2} \nabla^2 f_n - \dots + (-1)^n \binom{s}{n} \nabla^n f_n + (-1)^{n+1} \binom{s}{n+1} h^{n+1} f^{(n+1)}(\xi) \qquad x = x_n - sh.$$

Gauß I:

$$f(x) = f_i + \binom{t}{1} \delta f_{i+\frac{1}{2}} + \binom{t}{2} \delta^2 f_i + \binom{t+1}{3} \delta^3 f_{i+\frac{1}{2}} + \binom{t+1}{4} \delta^4 f_i + \dots + \binom{t+A_n}{n+1} h^{n+1} f^{(n+1)}(\xi)$$

$$x = x_i + th.$$

Gauß II:

$$f(x) = f_i + \binom{t}{1} \delta f_{i-\frac{1}{2}} + \binom{t+1}{2} \delta^2 f_i + \binom{t+1}{3} \delta^3 f_{i-\frac{1}{2}} + \binom{t+2}{4} \delta^4 f_i + \dots + \binom{t+B_n}{n+1} h^{n+1} f^{(n+1)}(\xi).$$

$A_n = B_n = n/2$, falls n gerade, $A_n = (n-1)/2$ und $B_n = (n+1)/2$ für ungerades n.

Bessel:

$$f(x) = f_i + \delta f_{i+\frac{1}{2}} + \binom{t}{2} \left(\mu \delta^2 f_{i+\frac{1}{2}} + \frac{t-(1/2)}{3} \delta^3 f_{i+\frac{1}{2}}\right) + \binom{t+1}{4} \left(\mu \delta^4 f_{i+\frac{1}{2}} + \frac{t-(1/2)}{5} \delta^5 f_{i+\frac{1}{2}}\right) + \dots$$

$$+ \binom{t+r-1}{2r} \left(\mu \delta^{2r} f_{i+\frac{1}{2}} + \frac{t-(1/2)}{2r+1} \delta^{2r+1} f_{i+\frac{1}{2}}\right) + \binom{t+r}{n+1} h^{n+1} f^{(n+1)}(\xi). \qquad (n = 2r - 1)$$

$$\left(\mu \delta^k f_{i+\frac{1}{2}} := \frac{1}{2} (\delta^k f_i + \delta^k f_{i+1})\right), \qquad x = x_i + th.$$

Everett:

$$f(x) = s f_i + \binom{s+1}{3} \delta^2 f_i + \binom{s+2}{5} \delta^4 f_i + \dots + t f_{i+1} + \binom{t+1}{3} \delta^2 f_{i+1} + \binom{t+2}{5} \delta^4 f_{i+1} + \dots$$

$$+ \binom{t+r}{n+1} h^{n+1} f^{(n+1)}(\xi)$$

$$(n = 2r + 1, \ s = 1 - t), \qquad x = x_i + th.$$

Stirling:

$$f(x) = f_i + \binom{t}{1} \left(\mu \delta f_i + \frac{t}{2} \delta^2 f_i\right) + \binom{t+1}{3} \left(\mu \delta^3 f_i + \frac{t}{4} \delta^4 f_i\right) + \dots + \text{Restglied}$$

$$\left(\mu \delta^k f_i \overset{\text{def}}{=} \frac{1}{2} \left(\delta^k f_{i-\frac{1}{2}} + \delta^k f_{i+\frac{1}{2}}\right)\right), \qquad x = x_i + th.$$

(Diese Formel ergibt sich als arithmetisches Mittel der beiden Formeln von Gauß. So bestimmt man auch das Restglied!)

7.1.2.6.2. Spline-Interpolation. Interpolation über große Intervalle, das heißt mit relativ vielen Stützstellen, bringt zusätzliche Schwierigkeiten. Einerseits ist die Genauigkeit bei großen Entfernungen der Stützstellen sehr klein, andererseits schwingen Interpolationspolynome hoher Ordnung vor allem zum Intervallende hin beträchtlich, was den Verlauf doch wesentlich verfälscht. Das wird besonders wichtig bei anschließender Differentiation. Teilweise Abhilfe schaffen hier

- die *stückweise Interpolation* niederer Ordnung: man interpoliert stets nur über wenige Stützstellen des Intervalls und setzt die Interpolationspolynome zusammen. An den Nahtstellen treten dabei Unstetigkeiten mindestens in der ersten Ableitung auf.
- die Verwendung von *Interpolationsformeln mit Ableitungen.*

Von zunehmender Bedeutung ist die **Spline-Interpolation.**

Gegeben sind wie früher $n + 1$ Stützstellen. Die interpolierende Funktion von $f(x)$ in $[a, b]$ wird jetzt aber nicht unter den Polynomen $P_n(x)$ gesucht, sondern unter den sogenannten **Spline-Funktionen** vom Grad k, $S_k(x)$.

Es sei K_n ein System von Stützstellen $a = x_0 < x_1 < \ldots < x_n = b$, die man jetzt **Knoten** nennt; dann heißt $S_k(x)$ Spline-Funktion vom Grad $k \geqq 0$ über K_n, wenn gilt:

a) $S_k(x) \in C^{k-1}([a, b])$;

b) $S_k(x)$ ist für $x \in [x_{j-1}, x_j]$ $(j = 1, 2, \ldots, n)$ ein Polynom höchstens vom Grade k.

Die Menge der Spline-Funktionen über K_n bezeichnen wir mit $S_k(K_n)$.

Eine Spline-Funktion $\hat{S}_k(x) \in S_k(K_n)$ heißt **interpolierende Spline-Funktion**, wenn $\hat{S}_k(x_j) = y_j = f(x_j)$ für $j = 0, 1, \ldots, n$ gilt.

In den Anwendungen genügt es häufig, $k = 3$ zu wählen und die sogenannte **kubische Spline-Interpolation** anzuwenden:

$$h_j \overset{\text{def}}{=} x_j - x_{j-1}, \quad \hat{S}_3(x) \overset{\text{def}}{=} s(x), \quad s_j^{(i)} \overset{\text{def}}{=} s^{(i)}(x_j),$$

$$i = 0, 1, 2; \quad j = 0, 1, \ldots, n.$$

Da $s(x)$ über jedem Teilintervall ein Polynom 3. Grades ist, gilt für $x \in [x_{j-1}, x_j]$

$$s''(x) = -s''_{j-1} \frac{x - x_j}{h_j} + s''_j \frac{x - x_{j-1}}{h_j}$$

und demnach

$$s(x) = -s''_{j-1} \frac{(x - x_j)^3}{6h_j} + s''_j \frac{(x - x_{j-1})^3}{6h_j} + c_{j1}x + c_{j0}.$$

Hier sind die s''_j, c_{j1}, c_{j0} für $j = 1, 2, \ldots, n$ unbekannt. Letztere werden durch die Forderung $s(x_j) = y_j$ der Interpolation eliminiert:

$$s(x) = -s''_{j-1} \frac{(x - x_j)^3}{6h_j} + s''_j \frac{(x - x_{j-1})^3}{6h_j} + \left(\frac{y_j}{h_j} - \frac{s''_j h_j}{6}\right)(x - x_{j-1})$$
$$- \left(\frac{y_{j-1}}{h_j} - \frac{s''_{j-1} h_j}{6}\right)(x - x_j). \qquad (*)$$

Differenziert man diese Funktion und beachtet, daß $s'(x)$ im ganzen Intervall, also insbesondere an den Knoten stetig sein soll, dann ergibt sich endgültig das Gleichungssystem

$$s''_{j-1} \frac{h_j}{6} + s''_j \frac{h_j + h_{j+1}}{3} + s''_{j+1} \frac{h_{j+1}}{6}$$
$$= \frac{y_{j+1} - y_j}{h_{j+1}} - \frac{y_j - y_{j-1}}{h_j}, \quad j = 1, 2, \ldots, n - 1, \qquad (**)$$

für die $n + 1$ Unbekannten $s''_0, s''_1 \ldots, s''_n$.

Zur eindeutigen Bestimmung kommen je nach Verwendung noch zwei Gleichungen hinzu:

Normalfall (N):

$$s'_0 = y'_0 = f'(x_0), \quad s'_n = y'_n = f'(x_n).$$

Periodischer Fall (P) (d. h. $f(x + (x_n - x_0)) = f(x)$):

$$s''_0 = s''_n, \quad s''_1 = s''_{n+1}.$$

Vorgegebene Randglättung (R):

$$s''_0 = \lambda s''_1, \quad \mu s''_{n-1} = s''_n.$$

Das Gleichungssystem (**) ist in den genannten Fällen in nachfolgender Weise abzuändern und zu ergänzen.

Fall (N): Es kommen zwei Gleichungen hinzu.

$$s_0'' \frac{h_1}{3} + s_1'' \frac{h_1}{6} = \frac{y_1 - y_0}{h_1} - y_0',$$

$$s_{n-1}'' \frac{h_n}{6} + s_n'' \frac{h_n}{3} = -\frac{y_n - y_{n-1}}{h_n} + y_n'.$$

Fall (P): Die erste Gleichung wird ersetzt durch

$$s_1'' \frac{h_1 + h_2}{3} + s_2'' \frac{h_2}{6} + s_n'' \frac{h_1}{6} = \frac{y_2 - y_1}{h_2} - \frac{y_1 - y_0}{h_1},$$

und hinzu kommt die neue Gleichung

$$s_1'' \frac{h_1}{6} + s_{n-1}'' \frac{h_n}{6} + s_n'' \frac{h_n + h_1}{3} = \frac{y_1 - y_n}{h_1} - \frac{y_n - y_{n-1}}{h_n}.$$

Fall (R): Die erste und letzte Gleichung werden ersetzt:

$$s_1'' \frac{(1 + \lambda/2)\, h_1 + h_2}{3} + s_2'' \frac{h_2}{6} = \frac{y_2 - y_1}{h_2} - \frac{y_1 - y_0}{h_1},$$

$$s_{n-2}'' \frac{h_{n-1}}{6} + s_{n-1}'' \frac{h_{n-1} + (1 + \mu/2)\, h_n}{3} = \frac{y_n - y_{n-1}}{h_n} - \frac{y_{n-1} - y_{n-2}}{h_{n-1}}.$$

Das System enthält damit nur noch die $n - 1$ Unbekannten $s_1'', \dots, s_{n-1}''$.

Beispiel: Spline-Interpolation von $f(x) = \sin x$, $n = 4$.

j	x_j	y_j	h_j	$y_j - y_{j-1}$
0	0	0		
			$\pi/2$	1
1	$\pi/2$	1		
			$\pi/2$	-1
2	π	0		
			$\pi/2$	-1
3	$3\pi/2$	-1		
			$\pi/2$	1
4	2π	0		

Es handelt sich um den periodischen Fall und wir verwenden (**) und Fall (P).

$$\text{(P)}: \quad s_1''\pi/3 + s_2''\pi/12 + s_4''\pi/12 = -1 \cdot 2/\pi - 1 \cdot 2/\pi = -4/\pi,$$

$$(**): \begin{cases} s_1''\pi/12 + s_2''\pi/3 + s_3''\pi/12 = -2/\pi + 2/\pi = 0, \\ s_2''\pi/12 + s_3''\pi/3 + s_4''\pi/12 = 2/\pi + 2/\pi = 4/\pi, \end{cases}$$

$$\text{(P)}: \quad s_1''\pi/12 + s_3''\pi/12 + s_4''\pi/3 = 2/\pi - 2/\pi = 0.$$

Die Gleichungsmatrix ist symmetrisch. Man bekommt leicht

$$s_1'' = -12/\pi^2, \quad s_2'' = 0, \quad s_3'' = 12/\pi^2, \quad s_4'' = s_0'' = 0.$$

Die Spline-Funktion ergibt sich dann aus (*).

$$s(x) = \begin{cases} (-4/\pi^3)\, x^3 + (3/\pi)\, x, & 0 \leqq x \leqq \pi/2, \\ (4/\pi^3)\,(x - \pi)^3 - (3/\pi)\,(x - \pi), & \pi/2 \leqq x \leqq \pi, \\ (4/\pi^3)\,(x - \pi)^3 - (3/\pi)\,(x - \pi), & \pi \leqq x \leqq 3\pi/2, \\ (4/\pi^3)\,(x - 2\pi)^3 + (3/\pi)\,(x - 2\pi), & 3\pi/2 \leqq x \leqq 2\pi. \end{cases}$$

Es ist wichtig, daß die interpolierende Spline-Funktion neben den bisher genannten Eigenschaften noch zwei Extremaleigenschaften hat.

1) Unter allen interpolierenden, über $[a, b]$ zweimal stetig differenzierbaren Funktionen $\varphi(x)$ macht genau die interpolierende Spline-Funktion vom Grade 3 das Funktional $J(\varphi) \overset{\text{def}}{=} \int_{x_0}^{x_n} (\varphi''(x))^2\, dx$ zum Minimum. Anders geschrieben heißt das

$$\int_a^b (s''(x))^2\, dx \leqq \int_a^b (\varphi''(x))^2\, dx$$

für alle Funktionen $\varphi(x)$ aus $C^2([a, b])$ und der Eigenschaft $\varphi(x_j) = y_j$.

2) Für alle $S(x) \in S_3(K_n^*)$ und $f(x) \in C^2([a, b])$ mit $f(x_j) = y_j$ gilt

$$\int_a^b (f(x) - s(x))^2\, dx \leqq \int_a^b (f(x) - S(x))^2\, dx$$

mit dem Gleichheitszeichen *genau* für die interpolierende Spline-Funktion $S(x) = s(x)$.

Die Eigenschaft 1. besagt im wesentlichen, daß die Gesamtkrümmung der interpolierenden Kurve minimal wird – eine Eigenschaft, die ein durch die Knoten gelegtes elastisches Lineal (engl. *spline*) ebenfalls annähernd realisiert. Damit hat man ein mechanisches Modell für die Spline-Interpolation.

7.1.2.7. Numerische Quadratur

Hierunter versteht man die (näherungsweise) zahlenmäßige Berechnung des Wertes eines eindimensionalen bestimmten Integrals $\int_a^b f(x)\, dx$ aus der Kenntnis einzelner Funktionswerte des Integranden und gewisser allgemeiner Eigenschaften desselben. Wir setzen dabei $f(x)$ stets als (stückweise) stetig voraus.

Mittelwertsformeln. Der Mittelwertsatz der Integralrechnung (3.1.7.2.)

$$\int_a^b f(x)\, dx = (b - a)\, m, \quad \min_{[a, b]} f(x) \leqq m \leqq \max_{[a, b]} f(x),$$

legt folgendes allgemeine Prinzip nahe:

In $[a, b]$ seien $n + 1$ Stützstellen $a = x_0 < x_1 < \ldots < x_n = b$ gegeben, an denen die Werte des Integranden bekannt sein sollen: $y_k = f(x_k)$, $k = 0, 1, \ldots, n$.

Ist dann $M(y_0, y_1, \ldots, y_n)$ irgendein aus $y_0, y_1, \ldots, y_n$ gebildeter Mittelwert, so gilt

$$\min_{k=0\ldots n} y_k \leqq M(y_0, \ldots, y_n) \leqq \max_{k=0\ldots n} y_k,$$

und wir setzen $m \approx M$, so daß wir eine **Mittelwertsformel**

$$\int_a^b f(x)\, dx = (b - a)\, M(y_0, y_1, \ldots, y_n) + R_n[f] \overset{\text{def}}{=} J_n[f] + R_n[f]$$

erhalten. Eine solche Formel sollte für praktische Zwecke einige Forderungen erfüllen:

(a) M ist linear, d. h.

$$M(ay_0 + bz_0, ay_1 + bz_1, \ldots, ay_n + bz_n) = aM(y_0, y_1, \ldots, y_n) + bM(z_0, z_1, \ldots, z_n).$$

Dann ist nämlich

$$\int_a^b (af(x) + bg(x))\, dx = aJ_n[f] + bJ_n[g] + aR_n[f] + bR_n[g]$$
$$= a \int_a^b f(x)\, dx + b \int_a^b g(x)\, dx.$$

(b) Für eine geeignete, fest vorgegebene Funktionenfamilie $[h_k(x)]_{k=0}^{\infty}$ ist $R_n[h_k] = 0$, $k \leq n$, d. h. die Mittelwertsformel ist für diese Familie exakt.

Beide Forderungen können gleichzeitig erfüllt werden, indem das *gewichtete arithmetische Mittel* verwendet wird. Wir betrachten deshalb jetzt nur noch

$$M(y_0, y_1, \dots, y_n) \stackrel{\text{def}}{=} \frac{1}{\sum\limits_{i=0}^{n} p_i} \sum_{i=0}^{n} p_i y_i, \quad p_i > 0.$$

Auch nach dieser Festlegung in der Form bleiben noch Freiheiten, nämlich die *Zahl der Stützstellen*, die *Lage der Stützstellen*, und die *Wahl der Gewichte*. Wir haben damit die Möglichkeit, den *Integrationsfehler* $R_n[f]$ in verschiedener Weise möglichst klein zu machen.

Eine ganze Familie von Mittelwertsformeln mit Restgliedangabe entsteht bei Integration des Lagrangeschen Interpolationspolynoms $I_n(x)$ anstelle von $f(x)$.

$$\int_a^b f(x)\,dx = \sum_{i=0}^{n} y_i \int_a^b L_i(x)\,dx + \int_a^b \frac{f^{(n+1)}(\xi)}{(n+1)!}(x - x_0)\dots(x - x_n)\,dx.$$

Bei äquidistanten Stützstellen heißen die Formeln **Newton-Cotes-Formeln** (Tab. 7.10):

$$\int_a^b f(x)\,dx = \frac{n \cdot h}{P_n} \sum_{j=0}^{n} f(a + jh)\,p_{jn} + R_n[f], \quad P_n = \sum_{j=0}^{n} p_{jn},$$

$$h = (b - a)/n, \quad a = x_0, \quad b = x_n.$$

Tabelle 7.10

n	P_n	p_{0n}	p_{1n}	p_{2n}	p_{3n}	p_{4n}	p_{5n}	p_{6n}	$R_n[f]$
1	2	1	1						$-\frac{h^3}{12}f''(\xi)$
2	6	1	4	1					$-\frac{h^5}{90}f^{(4)}(\xi)$
3	8	1	3	3	1				$-\frac{3h^5}{80}f^{(4)}(\xi)$
4	90	7	32	12	32	7			$-\frac{8h^7}{945}f^{(6)}(\xi)$
5	288	19	75	50	50	75	19		$-\frac{275\,h^7}{12096}f^{(6)}(\xi)$
6	840	41	216	27	272	27	216	41	$-\frac{9h^9}{1400}f^{(8)}(\xi)$
7	17280	751	3577	1323	2989	2989	1323	3577	
							$p_{7n} = 751$		$-\frac{8183h^9}{518400}f^{(8)}(\xi)$

Namen: $n = 1$: Trapez-Regel
$n = 2$: Simpsonsche (Keplersche) Regel
$n = 3$: Newtonsche 3/8-Regel; $x_0 < \xi < x_n$.

Bemerkungen:

(a) Der durch die Erhöhung der Ordnung erzielte Genauigkeitsgewinn wird teilweise durch die parallele Erhöhung des Verfahrensfehlers praktisch wieder aufgehoben, so daß auch bei langen

Intervallen eine Erhöhung der Ordnung über $n = 7$ nicht verwendet wird. Man wird die Integration vielmehr mit Formeln niederer Ordnung jeweils über Teilintervalle vornehmen. Als Beispiel nennen wir die *Simpsonsche Regel*:

$$x_j = a + jh, \quad j = 0, 1, \ldots, 2N, \quad h = (b - a)/2N,$$

$$\int_a^b f(x)\,dx = \frac{h}{3}(y_0 + 4y_1 + 2y_2 + 4y_3 + \ldots + 4y_{2N-1} + y_{2N}) - \frac{h^5}{90} f^4(\xi), \quad a < \xi < b.$$

(b) Es fällt auf, daß die Formeln für $n = 2k$ und $n = 2k + 1$ jeweils von gleicher Fehlerordnung sind. Sie werden deswegen unter Ausnutzung der um eins unterschiedenen Stützstellenzahl häufig kombiniert verwendet.

Beispiel: **Tabellierung einer Funktion** ($y = f(x) = \log x$) (Tab. 7.11):

Tabelle 7.11

i	x_i	$y_i = \frac{1}{x_i}$	p_i	$\frac{h}{3} \sum_{i=0}^{n} p_i y_i$	p_i	$\frac{h}{3} \sum p_i y_i$	p_i	$\frac{3}{8} h \sum p_i y_i$
0	1,0	1,000000	1				1	
1	1,1	0,909091	4		−1	0,095311	3	
2	1,2	0,833333	1 1	0,182321	−4		3	
3	1,3	0,769231	4		1 −1		1	0,262363
4	1,4	0,714286	1 1	0,336471	4			
5	1,5	0,666667	4		1 1	0,405462		
6	1,6	0,625000	1 1	0,470002	4			
7	1,7	0,588235	4		1 1	0,530624		
8	1,8	0,555556	1 1	0,587781	4			
9	1,9	0,526316	4		1	0,641847		
10	2,0	0,500000	1	0,693138				

Entsprechend ihrer Herleitung sind die Newton-Cotes-Formeln dadurch ausgezeichnet, daß sie jeweils ein Polynom vom Grade n exakt integrieren. Man kann umgekehrt zeigen, daß durch diese Forderung die Gewichte p_{jn} eindeutig bestimmt sind.

Allgemein heißen Integrationsformeln, bei denen $R_n[x^m] = 0$ für $0 \leqq m \leqq p$ und $R_n[x^{p+1}] \neq 0$ gilt, *Formeln vom Grade p*.

Werden die Stützstellen nicht von vornherein vorgegeben, wohl aber ihre Anzahl, so kann man versuchen, die Gewichte *und* die Stützstellen so zu bestimmen, daß die Formel von möglichst hohem Grad wird. Das führt auf die sogenannte

Gauß-Quadratur. Wenn $q(x)$ eine positive Gewichtsfunktion ist, dann kann man stets Koeffizienten A_{in} und Stützstellen x_{in} $(i = 1, 2, \ldots, n)$ so bestimmen, daß gilt

$$\int_a^b f(x) \cdot q(x)\,dx = \sum_{i=1}^{n} A_{in} f(x_{in}) + \frac{f^{(2n)}(\xi)}{(2n)!} \int_a^b (\Pi_n(x))^2 \cdot q(x)\,dx;$$

$$\Pi_n(x) = (x - x_{1n})(x - x_{2n}) \ldots (x - x_{nn}),$$

$$a \leqq x_{1n} < x_{2n} < \ldots < x_{nn} \leqq b, \quad a < \xi < b.$$

Diese *Formel ist demnach vom Grade* $2n - 1$.

(a) Die Stützstellen x_{in} sind die Nullstellen des Polynoms vom Grade n aus der Familie $[P_m(x)]_{m=0}^{\infty}$ der bezüglich $q(x)$ orthogonalen Polynome (vgl. 7.1.2.5.1.)

$$\int_a^b P_i(x) \cdot P_j(x) \cdot q(x)\,dx = 0 \quad \text{für} \quad i \neq j.$$

(b) Die Gewichte A_{in} sind wie früher die (bewichtet) integrierten zugehörigen Lagrange-Polynome,

$$A_{in} = \int_a^b L_{in}(x) \cdot q(x)\,dx.$$

Spezialfälle (o. B. d. A. setzen wir $a = -1$, $b = 1$):

Gauß-Legendre (Tab. 7.12):

$q(x) \equiv 1$, $P_m(x)$ die *Legendre-Polynome* (vgl. 7.1.2.5.1.),

$$A_{in} = \frac{2(1 - x_{in}^2)}{n^2(P_{n-1}(x_{in}))^2}, \qquad \int_{-1}^{1} (\Pi_n(x))^2\,dx = \frac{2^{2n+1}(n!)^4}{(2n+1)((2n)!)^2}.$$

Tabelle 7.12

n	i	x_{in}	A_{in}
1	1	0	2
2	1 2	0,577 350 3 0,577 350 3	1 1
3	1 2 3	0,774 596 7 0 0,774 596 7	0,555 555 6 0,888 888 9 0,555 555 6
4	1 2 3 4	0,861 136 3 0,339 981 0 0,339 981 0 0,861 136 3	0,347 854 8 0,652 145 2 0,652 145 2 0,347 854 8
5	1 2 3 4 5	0,906 179 8 0,538 469 3 0 0,538 469 3 0,906 179 8	0,236 926 9 0,478 628 7 0,568 888 9 0,478 628 7 0,236 926 9
6	1 2 3 4 5 6	0,932 470 0 0,661 209 4 0,238 619 2 0,238 619 2 0,661 209 4 0,932 470 0	0,171 324 5 0,360 761 6 0,467 913 9 0,467 913 9 0,360 761 6 0,171 324 5

Beispiel: Gauß-Legendre-Quadratur:

$$\int_0^{\pi/2} \sin t\,dt = J, \quad n = 2.$$

Transformation auf das Intervall $[-1, 1]$ vermöge

$$t = \frac{\pi}{4}(x+1), \quad dt = \frac{\pi}{4}\,dx, \quad J = \frac{\pi}{4}\int_{-1}^{1} \sin\frac{\pi}{4}(x+1)\,dx.$$

$$2P_2(x) = 3xP_1(x) - P_0(x) = 3x \cdot x - 1,$$

$$P_2(x) = \frac{3}{2}x^2 - \frac{1}{2}.$$

$$x_{12} = -\sqrt{\frac{1}{3}}, \quad x_{22} = \sqrt{\frac{1}{3}}; \quad A_{12} = \frac{2(1-1/3)}{4 \cdot 1/3} = A_{22} = 1.$$

$$\sin\frac{\pi}{4}\left(1 - \sqrt{1/3}\right) \doteq 0{,}32589,$$

$$\sin\frac{\pi}{4}\left(1 + \sqrt{1/3}\right) \doteq 0{,}94541,$$

$$J = \frac{\pi}{4}(0{,}32589 + 0{,}94541) + \frac{2^5 \cdot 2^4 \cdot \pi^5}{5 \cdot 24^3 \cdot 4^5} \sin\frac{\pi}{4}(\xi + 1)$$

$$= 0{,}99848 + \frac{\pi^5}{4^5 \cdot 3^3 \cdot 5} \sin\tau, \quad 0 < \tau < \pi/2.$$

Der tatsächliche Fehler beträgt $-0{,}00152$. Das ist ein für eine Formel mit *zwei Stützstellen* bemerkenswert gutes Ergebnis – ein Hinweis auf die Bedeutung solcher Integrationsmethoden.

Gauß-Tschebyscheff:

$$q(x) = 1/\sqrt{(1-x^2)},$$

$P_m(x)$ sind die Tschebyscheff-Polynome (vgl. 7.1.2.5.1.) $T_m(x)$.

$$A_{in} = \pi/n \;\forall i; \quad x_{in} = \cos\left((2i-1)\,\pi/2n\right),$$

$$\int_{-1}^{1} \frac{(\Pi_n(x))^2}{\sqrt{1-x^2}}\,dx = \frac{2\pi}{2^{2n}}.$$

Beispiel: $\int_{-1}^{1} \left(x^4/\sqrt{1-x^2}\right)dx.$

Wählen wir $n = 3$, dann ist $2n - 1 = 5$, und das Ergebnis muß exakt sein.

$$T_3(x) = 2xT_2(x) - T_1(x) = 2x(2x^2 - 1) - x = 4x^3 - 3x.$$

$$x_{13} = 0, \quad x_{23} = -\frac{1}{2}\sqrt{3}, \quad x_{33} = \frac{1}{2}\sqrt{3};$$

$$\int_{-1}^{1} \left(x^4/\sqrt{1-x^2}\right)dx = \frac{\pi}{3}\left(0 + \frac{9}{16} + \frac{9}{16}\right) = \frac{3\pi}{8},$$

das bekannte exakte Ergebnis!

Gauß-Quadratur ist immer dann sehr günstig anzuwenden, wenn die Funktion analytisch oder hinreichend dicht tabelliert vorliegt. In anderen Fällen muß man doch zu den ungenaueren, aber einfacheren Newton-Cotes-Formeln greifen.

Romberg-Integration (Extrapolationsmethode). Die Linearität der Mittelwertsformeln ermöglicht zusammen mit der Exaktheit der Formeln für bestimmte Polynome die Gewinnung verbesserter Integralwerte durch Linearkombination.

$$\int_0^l f(x)\,dx = J_0^l[f] + R_0^l[f]$$

sei eine lineare Integrationsregel vom Grade $(n-1)$, d. h. $R_0^l[x^k] = 0$, $0 \leqq k \leqq n-1$, aber $R_0^l[x^n] \neq 0$. Dann ist

$$\int_0^l f(x)\,dx = p \cdot J_0^l[f] + q(J_0^{l/2}[f] + J_{l/2}^l[f]) + \hat{R}[f]$$

eine Formel vom Grade n (d. h. $\hat{R}[x^n] = 0$), sofern $p = -1/(2^n - 1)$ und $q = 2^n/(2^n - 1)$ gesetzt wird. Der Beweisgedanke ist für viele Extrapolationsmethoden so wichtig, daß er dargestellt werden soll:

Es ist $R_0^l[x^n] = c \cdot l^{n+1}$, wobei c eine nicht von der Länge l des Integrationsintervalls abhängende Konstante bezeichnet. Dann ist aber offenbar $\hat{R}[x^n] = p \cdot cl^{n+1} + q \cdot 2c(l/2)^{n+1} = cl^{n+1}(p + q/2^n)$. Die Klammer wird aber für die angegebene Wahl von p und q gleich null.

Für die praktische Anwendung rechnet man im allgemeinen nicht die Formeln um, sondern operiert mit den Zahlenwerten nach einem einprägsamen Schema!

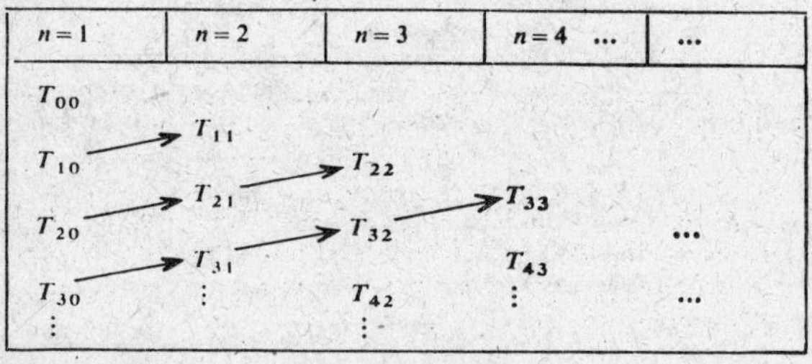

Der einfachste Fall liegt vor, wenn wir bei $n = 1$ von der Trapezregel ausgehen

$$T_{i0} \overset{\text{def}}{=} \frac{h_i}{2}\left(\sum_{j=1}^{2^i-1} 2f(a + jh_i) + f(a) + f(b)\right),$$

$$h_i = (b-a)/2^i, \quad i = 0, 1, \ldots,$$

also

$$T_{00} = \frac{(b-a)}{2}(f(a) + f(b)),$$

$$T_{10} = \frac{(b-a)}{4}(f(a) + 2f(a + (b-a)/2) + f(b))$$

und so weiter.

Danach können wir jeweils die Werte T_{ik}, $k > 0$, in der im Schema durch Pfeile angedeuteten Reihenfolge errechnen:

$$T_{ik} \overset{\text{def}}{=} \frac{2^{2k}T_{ik-1} - T_{i-1,k-1}}{2^{2k} - 1}, \quad k = 1, 2, \ldots.$$

Man kann zeigen, daß sowohl die Spalten als auch die Schrägreihen gegen den Integralwert konvergieren. Das Schema läßt sich leicht programmieren. Da die Fehler auch bei diesem Verfahren mit zunehmender Ordnung anwachsen, geht man höchstens bis $k = 7$ und läßt dann notfalls i so lange laufen, bis ein „*Nest*" gleicher Zahlen im Schema anzeigt, daß das Verfahren innerhalb der Rechengenauigkeit das Ergebnis geliefert hat.

Beispiel: $\int_1^2 (e^x/x)\,dx = 3{,}059\,116.$

3,2				
	3,06			
3,09		3,059 1		
	3,059		3,059 11	„*Nest*“
3,07		3,059 11		3,059 116
	3,059 1		3,059 116	
3,06		3,059 116		
	3,059 11		3,059 116	
3,06		3,059 117		
	3,059 116			
3,059				

7.1.2.8. Näherungsweise Differentiation

Die näherungsweise Bestimmung der Ableitungen einer Funktion muß stets *mit besonderer Sorgfalt* durchgeführt werden, da bekanntlich die Differentiation im Gegensatz zur Integration eine „aufrauhende“ Wirkung hat. Das soll besagen, daß die Glattheitseigenschaften sich bei der Ableitung i. allg. verschlechtern.

Beispiel: $f(x) = \varepsilon \sin(x/\varepsilon^2)$. Für diese Funktion gilt $|f(x)| \leqq \varepsilon$, aber $-1/\varepsilon \leqq f'(x) \leqq 1/\varepsilon$. Wählt man hier ε sehr klein, aber positiv, dann schwankt auch $f(x)$ nur in einem sehr schmalen Bereich, wohingegen die Ableitung enorm große Beträge annimmt (Abb. 7.2).

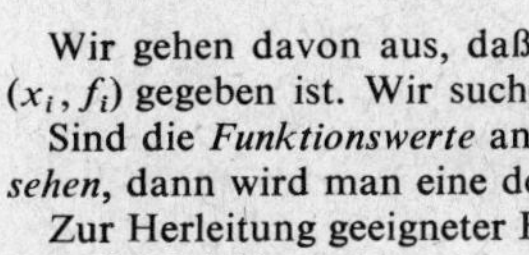

Abb. 7.2

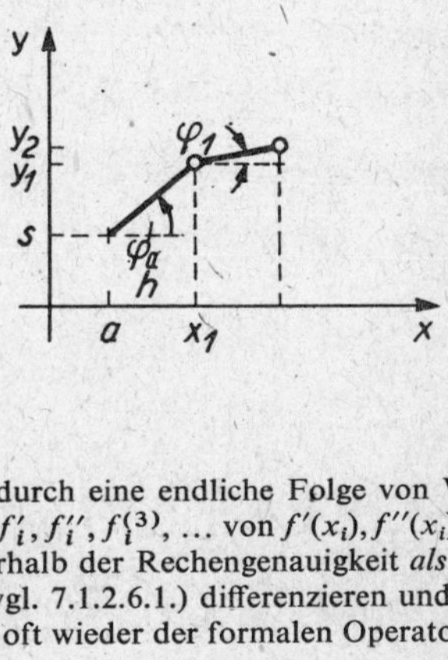

Abb. 7.3

Numerische Differentiation

Wir gehen davon aus, daß uns eine Funktion $f(x)$ durch eine endliche Folge von Wertepaaren (x_i, f_i) gegeben ist. Wir suchen dann Näherungswerte $f'_i, f''_i, f_i^{(3)}, \ldots$ von $f'(x_i), f''(x_i), f^{(3)}(x_i), \ldots$ Sind die *Funktionswerte* an den Gitterstellen x_i innerhalb der Rechengenauigkeit *als exakt anzusehen*, dann wird man eine der *Interpolationsformeln* (vgl. 7.1.2.6.1.) differenzieren und verwenden. Zur Herleitung geeigneter Formeln bedient man sich oft wieder der formalen Operatorenmethode (vgl. 7.1.2.6.1.).

Definition: $Df_i \overset{\text{def}}{=} \left.\frac{df}{dx}\right|_{x=x_i}$. Die *grundlegende Formel* lautet: $e^{hD} = E$, $hD = \log E = \log(I + \Delta)$

$$= 2\log\left(\left(I + \frac{\delta^2}{4}\right)^{1/2} + \frac{\delta}{2}\right).$$

Beispiel:

$$f''(x_i) = D^2 f_i = \frac{1}{h^2}(\log(1+\Delta))^2 f_i$$

$$= \frac{1}{h^2}\left(\Delta - \frac{1}{2}\Delta^2 + \frac{1}{3}\Delta^3 - \frac{1}{4}\Delta^4 + - \ldots\right)^2 f_i$$

$$= \frac{1}{h^2}\left(\Delta^2 - \Delta^3 + \frac{11}{12}\Delta^4 - \frac{5}{6}\Delta^5 + \ldots\right) f_i.$$

Als Formeln der numerischen Differentiation verwenden wir dann eine endliche Partialsumme dieser Entwicklung:

$$f_i'' = \frac{1}{h^2}\left(\Delta^2 f_i - \Delta^3 f_i + \frac{11}{12}\Delta^4 f_i\right).$$

Tabelle einiger wichtiger Differentiationsformeln

Tabelle 7.13

Formel $(y_j) = y(jh),\ y'_j \approx y'(jh)\ \ldots)$	
$y'_0 = \frac{1}{2h}(-y_{-1} + y_1) +$	$-\frac{1}{6}h^2 y'''_0 - \ldots$
$y'_0 = \frac{1}{12h}(y_{-2} - 8y_{-1} + 8y_1 - y_{+2}) +$	$+\frac{1}{30}h^4 y^{(5)}_0 + \ldots$
$y'_0 = \frac{1}{h}(-y_0 + y_1) +$	$-\frac{1}{2}h y''_0 - \ldots$
$y'_0 = \frac{1}{2h}(-3y_0 + 4y_1 - y_2) +$	$+\frac{1}{3}h^2 y'''_0 + \ldots$
$y'_0 = \frac{1}{12h}(-3y_{-1} - 10y_0 + 18y_1 - 6y_2 + y_3) +$	$-\frac{1}{20}h^4 y^{(5)}_0 + \ldots$
$y''_0 = \frac{1}{h^2}(y_{-1} - 2y_0 + y_1) +$	$-\frac{1}{12}h^2 y^{(4)}_0 + \ldots$
$y''_0 = \frac{1}{12h^2}(-y_{-2} + 16y_{-1} - 30y_0 + 16y_1 - y_2) +$	$+\frac{1}{90}h^4 y^{(6)}_0 + \ldots$
$y''_0 = \frac{1}{h^2}(2y_0 - 5y_1 + 4y_2 - y_3) +$	$+\frac{11}{12}h^2 y^{(4)}_0 + \ldots$
$y''_0 = \frac{1}{12h^2}(11y_{-1} - 20y_0 + 6y_1 + 4y_2 - y_3) +$	$+\frac{1}{12}h^3 y^{(5)}_0 + \ldots$
$y''_0 = \frac{1}{180h^2}(-13y_{-2} + 228y_{-1} - 420y_0 + 200y_1 + 15y_2 - 12y_3 + 2y_4) +$	$-\frac{1}{90}h^5 y^{(7)}_0 + \ldots$
$y'''_0 = \frac{1}{2h^3}(-y_{-2} + 2y_{-1} - 2y_1 + y_2) +$	$-\frac{1}{4}h^2 y^{(5)}_0 + \ldots$
$y'''_0 = \frac{1}{2h^3}(-3y_{-1} + 10y_0 - 12y_1 + 6y_2 - y_3) +$	$+\frac{1}{4}h^2 y^{(5)}_0 + \ldots$

Sind die *Funktionswerte als Meßwerte* gegeben und ist eine Aussage über den Verlauf von Ableitungen verlangt, dann ist *numerische Ausgleichung* mit anschließender Differentiation (vgl. 7.1.5.) sachgemäß!

7.1.2.9. Differentialgleichungen

7.1.2.9.1. Anfangswertprobleme bei gewöhnlichen Differentialgleichungen. Es gibt zwar eine große Zahl spezieller Differentialgleichungen, die man in geschlossener Form integrieren kann; dennoch sind die meisten Differentialgleichungsprobleme nur numerisch zu lösen. Am einfachsten ist die auch leicht grafisch realisierbare Methode des

Euler-Cauchyschen Polygonzuges:

Problem:

$$y'(x) = f(x, y(x)), \quad y(a) = s.$$

Diskretisierung (Abb. 7.3):

$$x_i = a + ih, \quad i = 0, 1, \ldots, N,$$

$$y'(a) = f(a, s) \quad = \tan \varphi_a,$$

$$y_1 := s + hy'(a) = s + hf(x_0, y(x_0)),$$

$$y_1' \quad := f(x_1, y_1) = \tan \varphi_1,$$

$$y_2 := y_1 + hy_1' = y_1 + hf(x_1, y_1),$$

$$\ldots,$$

$$y_i' \quad := f(x_i, y_i) = \tan \varphi_i,$$

$$y_{i+1} := y_i + hf(x_i, y_i), \quad i = 0, 1, \ldots, N-1.$$

Beispiel: $y' = xy^{1/3}$, $y(1) = 1$.

Exakte Lösung: $y(x) = ((x^2 + 2)/3)^{3/2}$.

x_i	$h = 0{,}10$	$h = 0{,}01$	exakt
1	1,00	1,00	1,00
2	2,72	2,82	2,83
3	6,71	6,99	7,02
4	14,08	14,63	14,70
5	25,96	26,89	27,00

Allgemeine Begriffe

Lokaler Abbruchsfehler – heißt der Fehler, den man macht, wenn man in einem Schritt von x_j nach x_{j+1} die Differentialgleichung durch einen finiten Ausdruck ersetzt.

Bei der Eulerschen Methode ist exakt

$$y(x_{j+1}) = y(x_j) + hy'(x_j) + \frac{1}{2} h^2 y''(\xi), \quad x_j \leqq \xi \leqq x_{j+1},$$

d. h.

$$y(x_{j+1}) = y(x_j) + h \cdot f(x_j, y(x_j)) + \frac{1}{2} y''(\xi) h^2.$$

Die finite Näherung war $y_{j+1} := y_j + hf(x_j, y_j)$, so daß

$$E_j = \frac{1}{2} h^2 y''(\xi), \quad x_j \leqq \xi \leqq x_{j+1},$$

der lokale Abbruchsfehler ist.

Abbruchsfehler – heißt der durch i. allg. komplizierte Kumulation der lokalen Abbruchsfehler für irgend ein festes j entstehende Fehler $y(x_j) - y_j$. (Im Sinne von 7.1.1. ist das der Verfahrensfehler $\delta_v(x_j)$.)

Rundungsfehler – heißt der bei der tatsächlichen Durchführung der Berechnungen durch Abbruch und Rundung bzw. durch die Fortpflanzung von Rundungsfehlern zum Abbruchsfehler hinzukommende Fehleranteil.

Einschrittverfahren

Ersetzt man in der Formel des Euler-Cauchyschen Polygonzuges $f(x_j, y_j)$ durch einen allgemeineren Ausdruck $\hat{f}(x_j, y_j)$, so entsteht die Formel eines allgemeinen Einschrittverfahrens:

$$y_{j+1} := y_j + h\hat{f}(x_j, y_j); \quad y_0 := s; \quad j = 0, 1, \ldots$$

An die Stelle der Differentialgleichung tritt eine nichtlineare **Differenzengleichung.**

Die wichtigsten Einschrittverfahren sind die

Verfahren vom Runge-Kutta-Typ

Hier wird $\hat{f}(x_j, y_j)$ als gewichtetes Mittel der Werte der Funktion $f(x, y)$ an geeigneten Stellen $x = \xi_k$, $y = \eta_k$ so gebildet, daß ein lokaler Abbruchsfehler von höherer Ordnung in h entsteht.

Tabelle der Formeln vom Runge-Kutta-Typ (Tab. 7.14).

Tabelle 7.14

Abbruchs-Fehlerordnung	Formel	Hilfsgrößen	Name
h^3	$\hat{f} := \frac{1}{2}(K_1 + K_2)$	$K_1 = f(x_i, y_i)$, $K_2 = f(x_i + h, y_i + hK_1)$	Verbess. Polygonzug
	$\hat{f} := f\left(x_i + \frac{h}{2},\ y_i + \frac{h}{2} K_1\right)$	K_1 wie oben	
h^4	$\hat{f} := \frac{1}{6}(K_1 + 4K_2 + K_3)$	K_1 wie oben, $K_2 = f\left(x_i + \frac{h}{2},\ y_i + \frac{h}{2} K_1\right)$, $K_3 = f(x_i + h,\ y_i + 2hK_2 - hK_1)$	Formeln von Heun
	$\hat{f} := \frac{1}{4} K_1 + \frac{3}{4} K_3$	K_1 wie oben, $K_2 = f\left(x_i + \frac{h}{3},\ y_i + \frac{h}{3} K_1\right)$, $K_3 = f\left(x_i + \frac{2h}{3},\ y_i + \frac{2h}{3} K_2\right)$	
h^5	$\hat{f} := \frac{1}{6}(K_1 + 2K_2 + 2K_3 + K_4)$	K_1 wie oben, $K_2 = f\left(x_i + \frac{h}{2},\ y_i + \frac{h}{2} K_1\right)$, $K_3 = f\left(x_i + \frac{h}{2},\ y_i + \frac{h}{2} K_2\right)$, $K_4 = f(x_i + h,\ y_i + hK_3)$	Formel von Runge-Kutta

Die Kenntnis der lokalen Fehlerordnung hat keinen praktischen Wert für die Abschätzung des tatsächlichen Abbruchs- oder gar Rundungsfehlers. Allgemeine Fehlerabschätzungen anderer Art sind ebenfalls meistens zu grob. Deshalb wird zur Fehlerabschätzung, zur Steuerung der Rechnung oder gegebenenfalls zur *Schrittweitensteuerung* (darunter versteht man die häufig sehr vorteilhafte Veränderung der Schrittweite h in Abhängigkeit von der erzielten Genauigkeit von Punkt zu Punkt) auch heute noch das **Prinzip von Runge** mit Erfolg verwendet:

Das Verfahren habe die Fehlerordnung k. Den an der Stelle x mit der Schrittweite l berechneten Näherungswert von $y(x)$ nennen wir jetzt $Y(x, l)$. An der Stelle $x = x_0 + 2n \cdot h$ ist dann

$$y(x) - Y(x, h) \approx A \cdot 2n \cdot h^{k+1} = A(x - x_0)\, h^k,$$

$$y(x) - Y(x, 2h) \approx A \cdot n \cdot (2h)^{k+1} = A(x - x_0)\, 2^k h^k,$$

d. h.

$$Y(x, 2h) - Y(x, h) \approx A(x - x_0)(1 - 2^k)\, h^k$$

und damit

$$y(x) - Y(x, h) \approx \frac{Y(x, h) - Y(x, 2h)}{2^k - 1}.$$

Damit ist der Fehler bei der Schrittweite h ausgedrückt durch die Näherungswerte bei Schrittweite h und $2h$.

Einschrittverfahren verwenden zur Berechnung des nächsten Wertes y_{j+1} stets nur Informationen aus dem Intervall $[y_j, y_{j+1}]$ und sind deshalb immer dann sachgemäß, wenn erste Werte berechnet werden (Startprozedur) und bzw. oder wenn wenig über die Stetigkeitseigenschaften der Lösung bekannt ist. Sind die Lösungskurven aber hinreichend glatt und kennt man einige Startwerte, dann kann angenommen werden, daß die Genauigkeit der Lösungsapproximation dadurch gesteigert werden kann, daß man die $k > 1$ *vorhergehenden* Werte mit verwendet.

Mehrschrittverfahren ersetzen eine Differentialgleichung

$$y'(x) - f(x, y(x)) = 0, \quad y(a) = s$$

bei fester Schrittweite h durch eine *Differenzengleichung k-ter Ordnung*:

$$\sum_{j=0}^{k} a_j^{(k)} y_{n+j} - h \sum_{j=0}^{k} b_j^{(k)} f(x_{n+j}, y_{n+j}) = 0,$$

$a_k^{(k)} \neq 0$, $(a_0^{(k)})^2 + (b_0^{(k)})^2 \neq 0$, $n = 0, 1, 2, \ldots$, $y_0 := s$, $y_1, \ldots, y_{k-1}$ sind gegebene Werte (Startprozedur!).

Jedes Verfahren dieser Art ist durch zwei Polynome

$$\varrho_k(z) \stackrel{\text{def}}{=} a_k^{(k)} z^k + a_{k-1}^{(k)} z^{k-1} + \ldots + a_0^{(k)},$$

$$\sigma_k(z) \stackrel{\text{def}}{=} b_k^{(k)} z^k + b_{k-1}^{(k)} z^{k-1} + \ldots + b_0^{(k)}$$

eindeutig bestimmt, und wir sprechen deshalb von $(\varrho,\sigma)_k$-Verfahren. Ist Grad $\sigma_k <$ Grad ϱ_k, dann sprechen wir von einem *expliziten* (oder *offenen*) Verfahren, wohingegen Grad $\sigma_k =$ Grad ϱ_k ein *implizites* (*geschlossenes*) Verfahren charakterisiert.

Tabelle der wichtigsten (ϱ,σ)-Verfahren (Tab. 7.15, S. 772).

Bemerkung: Vielfach werden die Formeln unter Verwendung von Differenzen geschrieben. Eine Umrechnung ist mit den Operatorformeln (vgl. 7.1.2.1.6.) leicht durchzuführen

$$\left(y_{n+j} = E^j y_n,\ E^j = \sum_{r=0}^{j} \binom{j}{r} \Delta^r,\ \Delta^r = \Delta(\Delta^{r-1})\right).$$

Bei den *expliziten* Formeln wird der $(n + k)$-te Wert *direkt* aus den k vorhergehenden Werten $y_{n+k-1}, y_{n+k-2}, \ldots, y_n$ berechnet.

Tabelle 7.15

$\varrho(z) =$	$\sigma(z) =$	Koeffizientenbestimmung
Adams-Bashforth ($k = 1, 2, \ldots$), explizites Verfahren		
$z^k - z^{k-1}$	$z^{k-1} \sum_{j=0}^{k-1} c_i \left(1 - \frac{1}{z}\right)^j$	$\sum_{j=0}^{\infty} c_j t^j = -\frac{t}{(1-t)\log(1-t)}$
Spezialfall $k = 1$: Cauchy-Eulerscher Polygonzug		
Adams-Moulton ($k = 1, 2, \ldots$), implizites Verfahren		
$z^k - z^{k-1}$	$z^k \sum_{j=0}^{k} d_j \left(1 - \frac{1}{z}\right)^j$	$\sum_{j=0}^{\infty} d_j t^j = -\frac{t}{\log(1-t)}$
Spezialfall $k = 1$: $\sigma(z) = \frac{1}{2}(1 + z)$ – Trapezregel		
Nyström ($k = 2, 3, \ldots$), explizites Verfahren		
$z^k - z^{k-2}$	$z^{k-1} \sum_{j=0}^{k-1} f_j \left(1 - \frac{1}{z}\right)^j$	$\sum_{j=0}^{\infty} f_j t^j = -\frac{t(2-t)}{(1-t)\log(1-t)}$
Spezialfall $k = 2$: $\sigma(z) = 2z$ – Mittelpunktsregel		
Henrici-Milne ($k = 2, 3, \ldots$), implizites Verfahren		
$z^k - z^{k-2}$	$z^k \sum_{j=0}^{k} g_j \left(1 - \frac{1}{z}\right)^j$	$\sum_{j=0}^{\infty} g_j t^j = -\frac{t(2-t)}{\log(1-t)}$
Spezialfall $k = 2$: $\sigma(z) = \frac{1}{3}(z^2 + 4z + 1)$ – Milne-Methode		

Implizite Formeln enthalten den zu berechnenden Wert y_{n+k} im linearen *und* nichtlinearen Teil der Formel, d. h.

$$a_k^{(k)} y_{n+k} = F(y_{n+k}, y_{n+k-1}, \ldots, y_n; h).$$

Häufig erfolgt eine iterative Berechnung von y_{n+k}:

$$y_{n+k} \stackrel{\text{def}}{=} \lim_{j\to\infty} y_{k+n}^{(j)}$$

mit

$$y_{n+k}^{(j)} = \frac{1}{a_k^{(k)}} F(y_{n+k}^{(j-1)}, y_{n+k-1}, \ldots, y_n; h),$$

$y_{n+k}^{(0)}$ als Startwert der Iteration gegeben, $j = 1, 2, \ldots$

Man kann aber auch in einem sog. **Prädiktor-Korrektor-Verfahren** zwei Formeln gleicher Fehlerordnung so koppeln, daß mit der *expliziten* Prädiktorformel eine Näherung berechnet und in die rechte Seite der *impliziten* Korrektorformel eingesetzt wird, so daß dieselbe einen verbesserten Wert liefert.

Beispiel:

Adams-Bashforth: $k = 4$:

$$y_{n+k} = y_{n+k-1} + \frac{h}{24}(55f(x_{n+k-1}, y_{n+k-1}) - 59f(x_{n+k-2}, y_{n+k-2}) + 37f(x_{n+k-3}, y_{n+k-3}) - 9f(x_{n+k-4}, y_{n+k-4})).$$

Adams-Moulton: $k = 3$:

$$y_{n+k} = y_{n+k-1} + \frac{h}{24}(9f(x_{n+k}, y_{n+k}) + 19f(x_{n+k-1}, y_{n+k-1}) - 5f(x_{n+k-2}, y_{n+k-2}) + f(x_{n+k-3}, y_{n+k-3})).$$

Beide Formeln haben gleiche Fehlerordnung!

Konvergenzaussagen

Man nennt ein Näherungsverfahren **konvergent von der Ordnung** $p > 0$, wenn für alle $x_n \in [a, b]$

$$\lim_{h \to 0} \frac{1}{h^p} |y_n - y(x_n)| = K < \infty$$

gilt.

Ein *Einschrittverfahren* ist genau dann *konvergent*, wenn

(a) $\hat{f}(x, y, h)$ für $x_0 \leqq x \leqq x_N, \quad -\infty < y < \infty, \quad 0 \leqq h \leqq h_0,$

als Funktion der drei Variablen *stetig* ist.

(b) $\hat{f}(x, y, 0) = f(x, y)$ für $x_0 \leqq x \leqq x_N, \quad -\infty < y < \infty;$

(c) $|\hat{f}(x, y, h) - \hat{f}(x, z, h)| \leqq L|y - z|$ für $x_0 \leqq x \leqq x_N,$

$-\infty < y < \infty, \quad 0 \leqq h \leqq h_0.$

Von diesen drei Bedingungen ist vor allem die *Konsistenzbedingung* (a) und (b) wesentlich, weil (c) bei den hier betrachteten Verfahren meist automatisch erfüllt ist, wenn die DGl. eine eindeutige Lösung besitzt.

Ein $(\varrho,\sigma)_k$-*Verfahren konvergiert* genau dann in $[a, b]$ *gleichmäßig* $\left(\lim\limits_{h \to 0} \max\limits_{x_n \in [a, b]} |y_n - y(x_n)| = 0\right)$, wenn

(a) die verwendete *Startprozedur konvergiert*,

(b) alle Wurzeln des Polynoms $\varrho(z)$ im Inneren oder auf dem Rande des Einheitskreises liegen ($|z_i| \leqq 1$), wobei die Wurzeln z_k mit $|z_k| = 1$ einfache Wurzeln sind (*Wurzelbedingung*);

(c) die *Konsistenzbedingung*

$$\varrho(1) = 0 \quad \text{und} \quad \varrho'(1) = \sigma(1)$$

erfüllt ist.

7.1.2.9.2. Randwertprobleme bei gewöhnlichen Differentialgleichungen (vgl. 3.3.1.7.). Wir beschränken uns auf lineare Randwertaufgaben der Form

$$L[y] \stackrel{\text{def}}{=} \sum_{i=0}^{n} f_i(x)\, y^{(i)}(x) = r(x),$$

$$R_i[y] \stackrel{\text{def}}{=} \sum_{j=0}^{n-1} (a_{ij} y^{(j)}(a) + b_{ij} y^{(j)}(b)) = c_i, \quad i = 1, \dots, n.$$

$f_i(x)$, $r(x)$ sind stetig auf $[a, b]$, $f_n(x) \neq 0$.

Jede Lösung läßt sich als Linearkombination

$$y(x) = y_0(x) + \sum_{i=1}^{n} d_i y_i(x)$$

darstellen, wobei die Funktionen $y_i(x)$ linear unabhängige Lösungen der homogenen Gleichung $L[y] = 0$ (*Fundamentalsystem*) sind und $y_0(x)$ eine spezielle Lösung der inhomogenen Gleichung $L[y] = r$ bezeichnet. Sind diese Funktionen gegeben, dann berechnen sich die Koeffizienten d_i aus dem linearen Gleichungssystem

$$\sum_{j=1}^{n} d_j R_i[y_j] = c_i - R_i[y_0], \quad i = 1, 2, \dots, n.$$

Auf diesem Satz beruht die viel verwendete

Methode der Zurückführung auf Anfangswertprobleme

Durch geeignete Vorgabe von Anfangswerten A_{ij} bestimmt man aus $L[y_j] = 0$ und $y_j^{(i)}(a) = A_{ij}$ $(i = 1, 2, \ldots, n-1; j = 1, 2, \ldots, n)$ ein Fundamentalsystem. Enthält das System der Randbedingungen wenigstens eine *getrennte Randbedingung* $R_i[y] = \sum_{j=0}^{n-1} a_{ij} y^{(j)}(a) = c_i$, dann kann leicht auch y_0 als Lösung eines Anfangswertproblems berechnet werden.

Beispiel: Zurückführung auf AWP:

$$L[y] = y'' + (1 + x^2)\,y, \quad r(x) = -1;$$

RB: $$y(-1) = y(1) = 0, \quad -1 \leqq x \leqq 1.$$

$$y(x) = y_1(x) + d y_2(x) \quad \text{(Ansatz)}.$$

$$L[y_1] = -1; \quad y_1(-1) = 0, \quad y_1 \text{ erfüllt die erste RB und}$$

$$y_1'(-1) = 0, \quad \text{genügt der inhomogenen Gl.}$$

$$L[y_2] = 0; \quad y_2(-1) = 0,$$

$$y_2'(-1) = 1.$$

Wegen $y(1) = y_1(1) + d y_2(1) = 0$ ist $d = -y_1(1)/y_2(1)$.

Die zweite wichtige Klasse von Methoden sind die

Ansatzmethoden.

M sei die Lösungsmenge der DGl. über einem festen Grundbereich **G** von Funktionen, d. h.

$$\mathbf{M} = \{y(x);\ y \in \mathbf{G} \text{ und } L[y] = r\}$$

und

$$\mathbf{N} = \{y(x);\ y \in \mathbf{G} \text{ und } R_i[y] = c_i\}$$

sei die Lösungsmenge der Randgleichungen; dann ist die Lösungsmenge **L** des Randwertproblems als Durchschnitt dieser beiden Mengen charakterisiert: $\mathbf{L} = \mathbf{M} \cap \mathbf{N}$.

$\mathbf{M}_p \subseteqq \mathbf{M}$ sei eine Menge von Funktionen aus **M**, die durch p Parameter $C_1, C_2, \ldots, C_p$ bestimmt wird:

$$\mathbf{M}_p = \{y;\ y \in \mathbf{M}, y(x) = \psi(x, C_1, \ldots, C_p)\}$$

und analog

$$\mathbf{N}_p = \{y;\ y \in \mathbf{N}, y(x) = \Phi(x, C_1, \ldots, C_p)\};$$

dann gilt sicher

$$\text{für } y \in \mathbf{N}_p\text{: } L[y] = r + \varepsilon(x, C_1, \ldots, C_p) \quad \text{und}$$

$$\text{für } y \in \mathbf{M}_p\text{: } R_i[y] = c_i + \delta_i(x, C_1, \ldots, C_p).$$

Fordert man jetzt, daß diejenige Funktion als Näherung für die Lösung der Randwertaufgabe genommen werden soll, die

(1) $\varepsilon(x, C_1, \ldots, C_p)$ in irgendeinem Sinne möglichst klein werden läßt, dann handelt es sich um eine **Gebietsmethode;**

(2) $\delta_i(x, C_1, \ldots, C_p)$ in einem gewissen Sinne minimal über $\mathbf{M}_p$ macht, so sprechen wir von einer **Randmethode.**

Solche Ansatzmethoden kann man sowohl für gewöhnliche als auch für partielle DGln. durchführen. Im vorliegenden Fall der gewöhnlichen DGln. werden nahezu ausschließlich Gebietsmethoden angewendet.

Besonders wichtig ist der *lineare Fall.* Als Parametermenge $\mathbf{N}_p$ wird hierbei die Menge aller Linearkombinationen der Form $\Phi(x, C_1, \ldots, C_p) = w_0 + \sum_{j=1}^{p} C_j w_j(x)$ genommen. Dabei genügt w_0 den inhomogenen Randbedingungen $R_i[w_0] = c_i$, während die linear unabhängigen $w_j(x)$ den homogenen Bedingungen $R_i[w_j] = 0$ genügen.

Übersicht über die wichtigsten Gebietsmethoden:

Tabelle 7.16

Name	Minimalitätsforderung an $\varepsilon(x; C_1, C_2, \ldots, C_p)$
Fehlerquadratmethode	
–kontinuierlich	$\int_a^b \varepsilon^2 \, dx \to \text{Min!}$
–diskret	$\sum_{i=1}^{n} (\varepsilon(x_i))^2 \to \text{Min!}; \quad x_1 \ldots x_n$, $n > p$, fest aus $[a, b]$.
Galerkin-Verfahren (Orthogonalisierungs-Methode)	$\int_a^b \varepsilon \cdot v_j(x) \, dx = 0$ für $j = 1, 2, \ldots, p$. $[v_j(x)]_1^p$ ist ein linear unabhängiges System von stetigen Funktionen.
Methode der Teilgebiete	$t_1 < t_2 < \ldots < t_{p+1} \in [a, b]$, $\int_{t_i}^{t_{i+1}} \varepsilon(x, C_1, \ldots, C_p) \, dx = 0$ für $i = 1, 2, \ldots, p$.
Kollokationsmethode	$t_1 < t_2 < \ldots < t_p \in [a, b]$. (Kollokationspunkte) $\varepsilon(t_i; C_1, C_2, \ldots, C_p) = 0$ für $i = 1, 2, \ldots, p$.

7.1.2.9.3. *Differenzenverfahren zur Lösung der Randwertaufgaben für die ebene Poisson-Gleichung.* Eine Darstellung der Theorie und Praxis der Differenzenverfahren für partielle Differentialgleichungsprobleme ist im Rahmen dieses Handbuches unmöglich. Deshalb sollen die Probleme und Grundgedanken ihrer Behandlung an einem konkreten Beispiel dargestellt werden.

Problem: Es sei Ω ein Gebiet der (x,y)-Ebene mit dem Rand Γ. Gesucht ist eine Funktion $u(x, y)$, die in Ω der Poissonschen Gleichung genügt:

$$\Delta u = u_{xx} + u_{yy} = g(x, y).$$

Die wichtigsten Randwertaufgaben sind bekanntlich

1) $u(x, y)|_{(x, y) \in \Gamma} = \varphi(x, y)$ – 1. Randwertaufgabe, Dirichletproblem.

2) $\frac{\partial u}{\partial n}(x, y)|_{(x, y) \in \Gamma} = \psi(x, y)$ – 2. Randwertaufgabe, Neumannsches Problem.

3) $a \cdot u(x, y) + b \frac{\partial u}{\partial n}(x, y) = \chi(x, y)$
für (x, y) auf Γ. – 3. Randwertaufgabe.

Differenzenverfahren

Man betrachtet nicht das Kontinuum der (x,y)-Ebene, sondern eine abzählbare Menge diskreter Punkte $P_{ij} = (x_i, y_j)$, die *Gitterpunkt*, die in ihrer Gesamtheit als diskretes Analogon der Ebene das *Gitter* bilden (Gitterformen s. Abb. 7.4.).

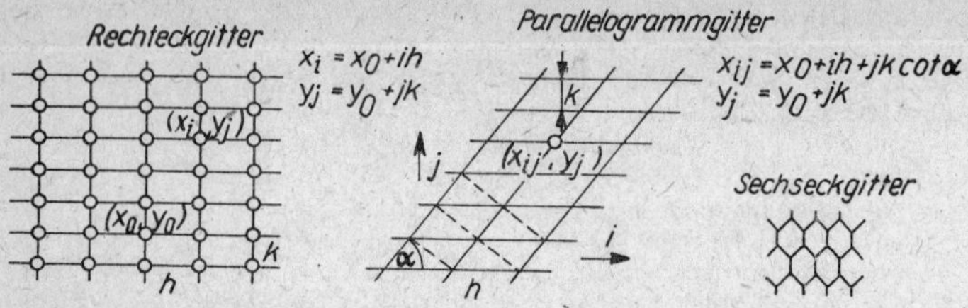

Abb. 7.4

Diskretisierung der Aufgabe

(1) *Das Gebiet*: Legt man das Gebiet Ω in das Gitter, dann fallen Gitterpunkte ins Innere, andere liegen außerhalb. Ein diskretisiertes „Gebiet" Ω^* gewinnt man entweder, indem man die dem Rand innen oder außen (das hängt auch von der gestellten Aufgabe ab!) nächst benachbarten Gitterpunkte

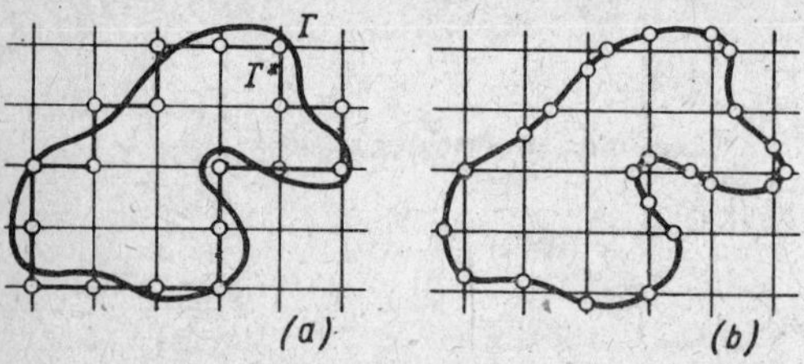

Abb. 7.5

als „Randpunkte" wählt. In diesem Falle besteht $\bar{\Omega}^*$ nur aus Gitterpunkten (Abb. 7.5a). Die zweite Möglichkeit besteht darin, daß man die Schnittpunkte von Γ mit den Gittergeraden als *irreguläre Randpunkte* hinzunimmt (Abb. 7.5b).

(2) *Die Gleichung*: Die in der betrachteten Differentialgleichung vorkommenden Ableitungen werden in jedem Gitterpunkt $P_{ij} = (x_i, y_j)$ durch geeignete *Differenzenquotienten* ersetzt, wobei der lokale Abbruchsfehler bekannt sein muß (vgl. 7.1.2.9.1.). So etwa

$$\left.\frac{\partial u}{\partial x}\right|_{i,j} = \frac{1}{2h}(-u_{i-1,j} + u_{i+1,j}) + 0(h^2).$$

Diese finiten Ausdrücke nennt man auch *Moleküle* und schreibt sie in der Form übersichtlicher Strukturformeln.

5-Punkte-Moleküle für den Laplace-Operator (Quadratisches Gitter):

$$\Delta u|_{i,j} = \frac{1}{h^2}\begin{bmatrix} & 1 & \\ 1 & -4 & 1 \\ & 1 & \end{bmatrix} + 0(h^2),$$

$$\Delta u|_{i,j} = \frac{1}{2h^2}\begin{bmatrix} 1 & & 1 \\ & -4 & \\ 1 & & 1 \end{bmatrix} + 0(h^2)$$

(3) *Randbedingungen*: Ist das Gebiet Ω so geartet, daß in einem genügend einfachen Gitter bei entsprechend gewählter Lage der Rand Γ nur aus Gittergeraden besteht, dann sind die Randwerte in den Gitter-Randpunkten gegeben und werden in die entsprechenden Moleküle eingesetzt, wenn diese solche Punkte erfassen. (Beispiel: Rechtecke in Rechtecks- oder Quadratgittern.)

Dirichletproblem

Je nachdem, ob Ω^* nur *reguläre* oder auch *irreguläre* Gitterpunkte (s. o.) enthält, werden die gegebenen Randinformationen auf zwei Wegen verarbeitet.

(a) Bestimmung von „Randwerten" in den regulären Randpunkten durch *Interpolation* aus den gegebenen Werten auf Γ. Dann liegt aber der oben dargestellte einfache Fall vor (Abb. 7.6a).

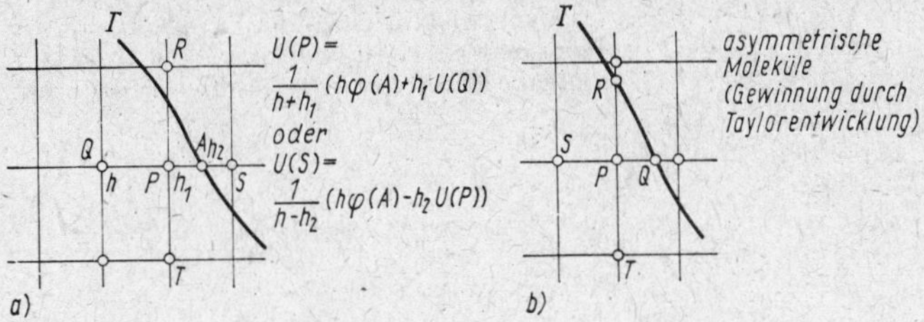

Abb. 7.6

(b) Direkte Erfassung der gegebenen Randwerte in den irregulären Punkten und Verwendung *asymmetrischer Moleküle* in Randnähe (Abb. 7.6b).

Beispiel: Poisson-Gleichung im Rechteck

$$\Omega = \{(x, y);\ \ 0 \leqq x \leqq 4h;\ \ 0 \leqq y \leqq 3h\},$$

Gitter: $(x_i, y_j) = (ih, jh)$,

$$\Omega^* = \{(ih, jh);\ 0 \leqq i \leqq 4,\ 0 \leqq j \leqq 3\}, \quad \text{regulärer Rand.}$$

$$\Delta u(x, y) = f(x, y), \quad u|_\Gamma = \varphi \ \ (1.\ \text{RWA}).$$

Unter Verwendung des ersten der beiden angegebenen Moleküle für Δ hat man

$$U_{i-1,j} + U_{i+1,j} + U_{i,j-1} + U_{i,j+1} - 4U_{ij} = h^2 f_{ij}$$

als *diskretes Analogon der Poisson-Gleichung*. (Mit $U_{i,j}$ bezeichnen wir hier die Näherung für $u(x_i, y_j) = u_{i,j}$.) Schreiben wir alle *die* Gleichungen auf, für die das „Zentralelement" $U_{i,j}$ zu einem *inneren* Punkt gehört (d. h. $1 \leqq i \leqq 3$, $1 \leqq j \leqq 2$), so haben wir

$$\underline{U_{0,1}} + U_{2,1} + \underline{U_{1,0}} + U_{1,2} - 4U_{1,1} = h^2 f_{1,1},$$

$$U_{1,1} + U_{3,1} + \underline{U_{2,0}} + U_{2,2} - 4U_{2,1} = h^2 f_{2,1},$$

$$U_{2,1} + \underline{U_{4,1}} + \underline{U_{3,0}} + U_{3,2} - 4U_{3,1} = h^2 f_{3,1},$$

$$\underline{U_{0,2}} + U_{2,2} + U_{1,1} + \underline{U_{1,3}} - 4U_{1,2} = h^2 f_{1,2},$$

$$U_{1,2} + U_{3,2} + U_{2,1} + \underline{U_{2,3}} - 4U_{2,2} = h^2 f_{2,2},$$

$$U_{2,2} + \underline{U_{4,2}} + U_{3,1} + \underline{U_{3,3}} - 4U_{3,2} = h^2 f_{3,2}.$$

Die markierten Werte sind gegebene Randwerte und können auf die rechte Seite gebracht werden. Dann entsteht endgültig das folgende lineare Gleichungssystem als *diskretes Analogon des gestellten Problems*

$$\begin{pmatrix} -4 & 1 & 0 & 1 & 0 & 0 \\ 1 & -4 & 1 & 0 & 1 & 0 \\ 0 & 1 & -4 & 0 & 0 & 1 \\ 1 & 0 & 0 & -4 & 1 & 0 \\ 0 & 1 & 0 & 1 & -4 & 1 \\ 0 & 0 & 1 & 0 & 1 & -4 \end{pmatrix} \cdot \begin{pmatrix} U_{11} \\ U_{21} \\ U_{31} \\ U_{12} \\ U_{22} \\ U_{32} \end{pmatrix} = \begin{pmatrix} h^2 f_{11} - U_{01} - U_{10} \\ h^2 f_{21} - U_{20} \\ h^2 f_{31} - U_{41} - U_{30} \\ h^2 f_{12} - U_{02} - U_{13} \\ h^2 f_{22} - U_{23} \\ h^2 f_{32} - U_{42} - U_{33} \end{pmatrix}.$$

Die Matrix dieses Systems zeigt bereits alle charakteristischen Merkmale der Matrizen, die bei Differenzenverfahren auftreten und für die numerische Behandlung von Bedeutung sind:

- Es handelt sich i. allg. um sehr große Matrizen.
- Die Matrizen weisen Symmetrien auf und haben Blockstruktur.
- Die Matrizen sind *dünn besetzt*, d. h. sie enthalten viele Nullen.

Die Behandlung der linearen Gleichungssysteme mit solchen Matrizen geschieht vorteilhaft mit Iterationsverfahren (vgl. 7.1.2.1.2.) obwohl gerade in jüngster Zeit auch eine Reihe von speziellen direkten Verfahren angegeben worden sind, die die Blockstruktur ausnutzen. Diese sind dann numerisch häufig besonders günstig, haben aber naturgemäß den Nachteil geringerer Universalität.

Beachte: Die Reihenfolge, in welcher die Gitterpunkte bei der Aufstellung des Gleichungssystems durchlaufen werden, ändert die Gestalt der Gleichungsmatrix und hat damit entscheidenden Einfluß auf die Kondition und die Konvergenz eines Iterationsverfahrens.

7.1.3. Realisierung numerischer Modelle in digitalen Rechenanlagen

Ein numerisches Verfahren ist noch kein programmierbarer *Algorithmus*, der aus *einzelnen, in eindeutiger Folge ablaufenden Operationen* besteht, *einen definierten Anfang* sowie ein *nach endlich vielen Schritten erreichbares Ende* besitzt und damit von einer Maschine prinzipiell realisiert werden kann.

7.1.3.1. Kriterien für die Auswahl eines Verfahrens

Zur Behandlung eines vorgelegten Problems liegen im allgemeinen eine ganze Reihe von Methoden vor.

Die Auswahl einer *bestimmten Methode zur numerischen Lösung* der Aufgabe und ihre endgültige Umformung in einen programmierbaren Algorithmus stellt immer den Versuch einer Optimierung dar, wobei als Nebenbedingungen gewisse festliegende Voraussetzungen V_i und zusätzlich gestellte Forderungen F_j auftreten, von denen wir die wichtigsten zusammenstellen wollen:

Voraussetzungen:

V_1 – Problemstellung und allgemeine Lösungsvoraussetzungen.

V_2 – Zusatzinformationen über den *Input* des Problems
(z. B. Zahlbereich, spezielle Matrixtypen, Art des Zahlenmaterials u. a.).

V_3 – Allgemeine Maschinenstruktur
(z. B. Speicherkapazität, Zugriffszeit, Rechenwerk, Standardfunktionen, Programmiersprache u. a.).

V_4 – Zahldarstellung, Arithmetik, Rundung, Genauigkeit spezieller Operationen u. ä.

...

Forderungen:

F_1 – Spezielle Anforderung an den *Output* (z. B. ganzzahlige Lösungen, Genauigkeitsforderung, Ausgabe bestimmter Zwischenergebnisse, Druckbild u. a.).

F_2 – Grad der Universalität. (Soll ein Einzelproblem behandelt werden oder wird ein hinsichtlich des Inputs weitestgehend universelles software-Programm verlangt?)
F_3 – Kosten- (Rechenzeit-) Minimierung
F_4 – Speicherbegrenzungen
...

Diese Bedingungen widersprechen sich teilweise, so daß ein gewisses Optimum angestrebt wird. Dafür können einige **Erfahrungsregeln** aufgestellt werden.

- Ein Grundprinzip der Verfahrenswahl ist das *Prinzip des direkten Zugriffs*: Man wähle möglichst eine Methode, die *genau das gestellte* Problem löst und nicht über ein problemfremdes Zwischenglied führt. Klassisches Beispiel: Eigenwerte nicht als Nullstellen des charakteristischen Polynoms berechnen! (vgl. 7.1.2.2.).
- „Mathematisch elegante“ Lösungen sind häufig hinsichtlich Fehlerfortpflanzung und Stabilität undurchsichtig und numerisch ungünstig.
- Theoretische Konvergenz braucht bei der numerischen Realisierung keine Entsprechung zu finden. Andererseits können auch theoretisch divergente Verfahren numerisch brauchbar sein.
- Zusatzinformationen über Input, Zwischenergebnisse oder Output sollen möglichst vollständig ausgenutzt werden und zur Senkung der Fehler beitragen (z.B. Symmetrien, Zahlbereich, Größenordnung, Vorzeichen, Nullen usw.).
- Als wichtigste, aber allein durch geschickte Programmorganisation vollkommen zu vermeidende Ursachen extremer Rundungsfehlerkumulation sind die Bildung von Differenzen (Auslöschung führender Stellen) und die Division durch Zahlen unbekannter Größenordnung (Überschreiten des Zahlbereiches) zu vermeiden.

7.1.3.2. Methoden der Steuerung

Jeder praktisch vorkommende Algorithmus liegt nicht von vornherein vollkommen fest. Der tatsächliche Ablauf wird mit Hilfe von im betrachteten Schritt berechneten Steuergrößen X_n festgelegt. Als Steuergrößen treten entweder gerade vorliegende Zwischenergebnisse auf, oder es werden spezielle Größen gebildet (z. B. Normen von Vektoren oder Matrizen, Exponenten, Schrittzahlen, Speicheradressen, spezielle Speicherinhalte u. ä.).

Die Antwort auf Testfragen bezüglich X_n *steuert den Prozeß.*

Tabelle wichtiger Testfragen

Tabelle 7.17

Testfragen	Bemerkungen
$X_n < a$? (a feste Zahl)	Man benötigt a-priori-Abschätzungen zur Bestimmung von a. Ist $a = \varepsilon$ bei Abbruchssteuerung von Iterationen, so darf ε **nicht beliebig klein** gewählt werden, da sonst Rundungsfehler den Abbruch verhindern oder verfälschen können!
$\lVert X_n - X_{n-1} \rVert < \varepsilon$?	Vorsicht! Bei Differenzenbildung besteht Gefahr der Auslöschung!
$X_n = a$?	Test nur bei ganzzahliger Rechnung verwenden!
$X_n < A_n$? (A_n berechnete Konstante)	A-posteriori-Abschätzungen zur Bestimmung von A_n werden benötigt.
$X_n < X_{n-1}$?	Verwendung als Test der numerischen Monotonie, bei theoretischer Monotonie als Abbruchstest.
Rechenzeit > T (T fest)	„Notbremse“ bei Ausbleiben des gesteuerten Abbruchs.

7.1.3.3. Darstellung von Funktionen

Das Rechenwerk einer digitalen Rechenanlage ist in der Regel nur in der Lage, die vier Grundrechenarten und elementare logische Operationen, in Sonderfällen noch gewisse spezielle Operationen wie die Bildung von Skalarprodukten oder die Bestimmung der Quadratwurzel auszuführen (fest verdrahtet, *hard-ware*). Funktionswerte elementarer Funktionen, das Maximum oder Minimum von n Zahlen, der Betrag, der größte ganzzahlige Teil oder das Vorzeichen einer Zahl u. ä. werden mittels universell einsetzbarer Unterprogramme bestimmt (Standardfunktionen, *soft-ware*).

Hauptmethoden der Funktionsdarstellung

(1) **Polynome – das Horner-Schema:** Ein reelles Polynom ist in einer EDVA durch einen Vektor charakterisiert:

$$P_n(x) = a_0 + a_1x + \ldots + a_nx^n \Leftrightarrow (a_0, a_1, \ldots, a_n; n).$$

Mit dem *vollständigen Hornerschema* können bei Eingabe eines Wertes $x = x_0$ für die Variable alle für Polynome wesentlichen Operationen ausgeführt werden:

$$\begin{array}{c|cccccc}
 & a_n & a_{n-1} & a_{n-2} & \ldots & a_1 & a_0 \\
x = x_0 & - & x_0a_n^{(1)} & x_0a_{n-1}^{(1)} & \ldots & x_0a_2^{(1)} & x_0a_1^{(1)} \\
\hline
 & a_n^{(1)} & a_{n-1}^{(1)} & a_{n-2}^{(1)} & \ldots & a_1^{(1)} & \boxed{a_0^{(1)}} \\
x = x_0 & - & x_0a_n^{(2)} & x_0a_{n-1}^{(2)} & \ldots & x_0a_2^{(2)} & \\
\hline
 & a_n^{(2)} & a_{n-1}^{(2)} & a_{n-2}^{(2)} & \ldots & \boxed{a_1^{(2)}} & \\
x = x_0 & - & x_0a_n^{(3)} & \ldots & & & \\
\hline
 & a_n^{(3)} & \ldots & & & & \\
 & \ldots & & & & & \\
x = x_0 & \boxed{a_n^{(n+1)}} & & & & &
\end{array}$$

Beispiel: $x_0 = -1$

$$P(x) = 2x^4 + x^3 - x + 1$$

$$\begin{array}{c|ccccc}
 & 2 & 1 & 0 & -1 & 1 \\
x = -1 & - & -2 & 1 & -1 & 2 \\
\hline
 & 2 & -1 & 1 & -2 & \boxed{3} \\
x = -1 & - & -2 & 3 & -4 & \\
\hline
 & 2 & -3 & 4 & \boxed{-6} & \\
x = -1 & - & -2 & 5 & & \\
\hline
 & 2 & -5 & \boxed{9} & & \\
x = -1 & - & -2 & & & \\
\hline
 & 2 & \boxed{-7} & & & \\
 & - & & & & \\
x = -1 & \boxed{2} & & & &
\end{array}$$

$$\boxed{\textit{Vorschrift}: a_k^{(j)} := a_k^{(j-1)} + x_0a_{k+1}^{(j)}}$$

$$j = 1, 2, \ldots, n + 1; \quad a_k^{(0)} \stackrel{\text{def}}{=} a_k; \quad k = n, n-1, \ldots, j-1; \quad a_{n+1}^{(j)} \stackrel{\text{def}}{=} 0.$$

(a) *Abspalten eines Linearfaktors*

$$P_n(x) : (x - x_0) = a_n^{(1)}x^{n-1} + a_{n-1}^{(1)}x^{n-2} + \ldots + a_1^{(1)} + \frac{a_0^{(1)}}{(x - x_0)}.$$

Beispiel:

$$(2x^4 + x^3 - x + 1) : (x + 1) = 2x^3 - x^2 + x - 2 + \frac{3}{(x + 1)}.$$

(b) *Funktionswert an der Stelle* $x = x_0$

$$P_n(x_0) = a_0^{(1)}; \quad 2(-1)^4 + (-1)^3 - (-1) + 1 = 3.$$

(c) *Werte der Ableitungen an der Stelle* $x = x_0$

$$\begin{aligned}
P_n'(x_0) &= a_1^{(2)}, \\
P_n''(x_0) &= 2!\, a_2^{(3)}, \\
&\;\vdots \\
P_n^{(n)}(x) &= n!\, a_n^{(n+1)} = n!\, a_n.
\end{aligned}$$

(d) *Taylor-Entwicklung an der Stelle* $x = x_0$

$$P_n(x) = a_0^{(1)} + a_1^{(2)}(x - x_0) + \ldots + a_n^{(n+1)}(x - x_0)^n .$$

Beispiel: $2x^4 + x^3 - x + 1 = 3 - 6(x + 1) + 9(x + 1)^2 - 7(x + 1)^3 + 2(x + 1)^4$.

(2) **Reihendarstellung:** Reihenentwicklungen zur Darstellung von Konstanten oder Funktionen sind allgemein bekannt (vgl. 3.1.14.2. und 3.1.14.5.). Vom numerischen Standpunkt ist die Frage der Konvergenz von Reihen von untergeordneter Bedeutung. *Numerisch brauchbar* ist eine Reihenentwicklung, wenn der Abbruchsfehler nach möglichst wenigen Schritten so klein ist, daß das numerische Ergebnis in der Stellenzahl der Maschine genau ist (dabei kann die Reihe selbst sogar divergieren!). Die hier verlangte Universalität der Darstellung bedeutet, daß für den gesamten Definitionsbereich der dargestellten Funktion die Funktionswerte mit Maschinengenauigkeit erzeugt werden müssen. Das erreicht man in den seltensten Fällen durch *eine* Entwicklung.

Zu den *rasch konvergierenden Reihen* gehören die Taylorentwicklungen von e^x, $\sin x$, $\cos x$, $\sinh x$ u. a.

$$\sin x = \sum_{j=0}^{\infty} -(1)^j x^{2j+1}/(2j + 1)! .$$

Es handelt sich um eine alternierende Reihe, und damit ist der Abbruchsfehler $R_n(x)$ dem Betrage nach nicht größer als der erste vernachlässigte Summand.

Um $y = \sin x$ für alle x bis auf 8 Stellen zu berechnen, braucht man wegen der Periodizität und der Monotonie in $0 \leqq x \leqq \frac{\pi}{2}$ nur den Abbruchsfehler bei $x = \frac{\pi}{2}$ zu studieren:

$$\left| R_{2j}\left(\frac{\pi}{2}\right)\right| \leqq \left(\frac{\pi}{2}\right)^{2j+1} \bigg/ (2j + 1)! .$$

Es ist $\left(\frac{\pi}{2}\right)^{15} \bigg/ 15! < 8 \cdot 10^{-10}$, und damit haben wir $j = 7$ als Antwort.

Beachte! Die Fehlerschätzung nach dem Satz über alternierende Reihen *kann numerisch falsch* werden, weil sich die Rundungsfehler nicht alternierend verhalten!

Konvergenzbeschleunigung (Beispiele)

(1) *Euler-Transformation*: Mit $Ey_n \overset{\text{def}}{=} y_{n+1}$ ist $(1 + E)^{-1} = \sum_{i=0}^{\infty} (-1)^i \Delta^i/2^{i+1}$ (vgl. 7.1.2.6.1.), d. h.

$$y_0 - y_1 + y_2 - y_3 + \ldots = \tfrac{1}{2} y_0 - \tfrac{1}{4} \Delta y_0 + \tfrac{1}{8} \Delta^2 y_0 - + \ldots$$

$$\arctan x = x - \tfrac{1}{3} x^3 + \ldots$$

$$\Rightarrow \pi/4 = 1 - 1/3 + 1/5 - 1/7 + \ldots$$

Diese Reihe konvergiert sehr langsam (für 4-stellige Genauigkeit werden theoretisch ca. 10000 Glieder benötigt, praktisch überdecken die Rundungsfehler dann schon längst das Ergebnis!). Unter Anwendung der obigen Transformation (nach Abspaltung der führenden Glieder) erhält man rasch ein genaues Ergebnis.

$$1 - 1/3 + 1/5 - \ldots - 1/19 = 0{,}76046$$

	y_k	Δy	$\Delta^2 y$	$\Delta^3 y$	$\Delta^4 y$
1/21	0,04762				
		−414			
1/23	0,04348		66		
		−348		−14	
1/25	0,04000		52		2
		−296		−12	
1/27	0,03704		40		
		−256			
1/29	0,03448				

$$1/21 - 1/23 + 1/25 - 1/27 + 1/29$$
$$= 0{,}02381 + 0{,}00104 + 0{,}00008 + 0{,}00001$$
$$= 0{,}02494,$$
$$\pi/4 = 0{,}76046 + 0{,}02494 = 0{,}7854 .$$

(2) *Ausnutzung spezieller Eigenschaften*

a) Additionstheoreme: $\pi/4 = 2 \arctan \frac{1}{5} + \arctan \frac{1}{7} + 2 \arctan \frac{1}{8}$.

b) Spezielle Umformungen: Mit $(1 + x)/(1 - x) \overset{\text{def}}{=} p^2/(p^2 - 1)$ wird aus

$$\frac{1}{2} \log \frac{1 + x}{1 - x} = x + \frac{1}{3} x^3 + \frac{1}{5} x^5 + \dots,$$

$$\log p = \frac{1}{2} \log (p - 1) + \log (p + 1) + \left[\frac{1}{2p^2 - 1} + \frac{1}{3(2p^2 - 1)^3} + \dots \right].$$

Ist $p > 2$ Primzahl, dann ist $(p + 1)$ gerade, und $\log p$ ist die Summe der Logarithmen *kleinerer* ganzer Zahlen und einer *schnell konvergenten Reihe*.

Beispiel:

$$\log 3 = \frac{3}{2} \log 2 + (1/17 + 1/(3 \cdot 17^3) + \dots).$$

(3) *Abspalte-Methode*: Man sucht eine Zerlegung der gegebenen langsam konvergenten Reihe nach dem Schema:

(Schwach konvergente Reihe) = (Reihe mit bekannter Summe) + (Schnell konvergente Reihe)

$$\sum_{n=1}^{\infty} \frac{1}{n^2 + 1} = \sum_{n=1}^{\infty} \frac{1}{n^2} - \sum_{n=1}^{\infty} \frac{1}{n^2(n^2 + 1)} = \frac{\pi^2}{6} - \sum_{n=1}^{\infty} \frac{1}{n^2(n^2 + 1)}.$$

7.1.4. Nomografie und Rechenstäbe

Überall dort, wo physikalisch-technische Parameter in vielfältigen Verknüpfungen und Abhängigkeiten auftreten, wo aus den Zahlenwerten einiger Größen eine oder mehrere andere Größen schnell bestimmt werden sollen, ohne daß allzugroße Anforderungen an die Genauigkeit gestellt werden, haben nomografische Hilfsmittel, zu denen man auch Rechenstäbe, -scheiben oder -walzen zählen kann, auch heute noch ein wichtiges Anwendungsfeld.

7.1.4.1. Beziehungen zwischen zwei Variablen – Funktionsleitern (Funktionsskalen)

Auf einer Strecke $\overline{MN}$ sei ein *Anfangspunkt* A festgelegt, von dem aus längs $\overline{MN}$ eine Einheitsstrecke $\overline{AE} = e$ in einer festgelegten Richtung abgetragen wird. Für $a \leqq x \leqq b$ sei $y = f(x)$ eine monotone Funktion. Trägt man von A aus die orientierte Strecke $m_x = e_x \cdot f(x)$ mit dem Endpunkt P_x ab (der Index x soll nur an den Namen der unabhängigen Variablen erinnern), so erhält man eine *eineindeutige* und wesentlich durch die gegebene Funktion $f(x)$ bestimmte Zuordnung zwischen den Zahlen x und den Punkten P_x des *Skalenträgers* $\overline{MN}$.

Werden für eine geeignet gewählte äquidistante Folge von Argumenten $x = x_i = a + ih$ die Punkte P_{xi} markiert und *mit den Argumenten* x_i bezeichnet, so erhält man eine **Funktionsleiter** (oder **-skale**).

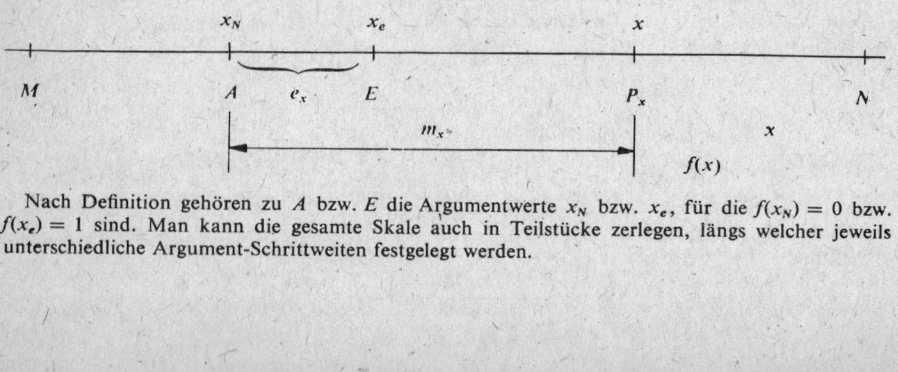

Nach Definition gehören zu A bzw. E die Argumentwerte x_N bzw. x_e, für die $f(x_N) = 0$ bzw. $f(x_e) = 1$ sind. Man kann die gesamte Skale auch in Teilstücke zerlegen, längs welcher jeweils unterschiedliche Argument-Schrittweiten festgelegt werden.

Beispiel: $f(x) = x^2, \quad 0 \leqq x \leqq 6.$

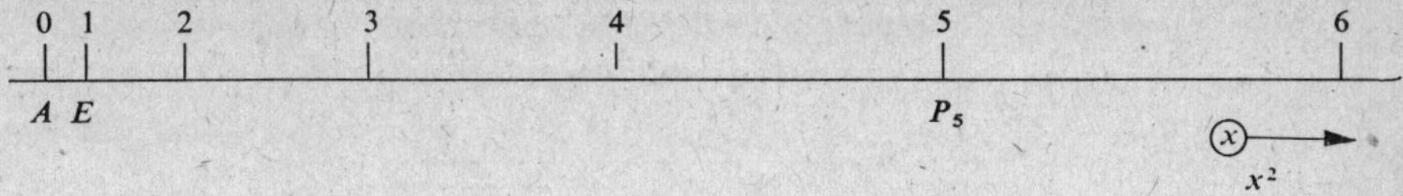

Unter Verwendung der Funktionsleitern werden Kurven als Bilder gegebener Funktionen „*gerade gestreckt*“ (Abb. 7.7).

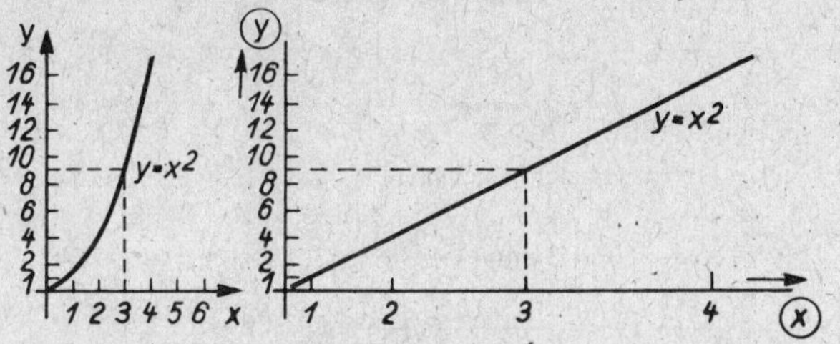

Abb. 7.7

Um diesen Vorteil der Darstellung von Funktionen bei der Erfassung und Verarbeitung physikalisch-technischen Zahlenmaterials praktisch wirksam werden zu lassen, gibt es eine große Sammlung vorgedruckter *Funktionspapiere*!

7.1.4.2. Rechenstäbe

Ordnet man drei Funktionsleitern so nebeneinander an, daß eine von ihnen relativ zu den beiden anderen verschoben werden kann, so ist unter Anwendung der Addition der Strecken die Darstellung bestimmter funktionaler Beziehungen *zwischen drei Variablen* möglich (Abb. 7.8a):

$$m_z = m_x + m_y,$$

$$\leftrightarrow e_z h(z) = e_x f(x) + e_y g(y)$$

$$\leftrightarrow \quad h(z) = \frac{e_x}{e_z} f(x) + \frac{e_y}{e_z} g(y)$$

$$\leftrightarrow \quad \underline{\underline{h(z) = a \cdot f(x) + b \cdot g(y)}}$$

Jede Gleichung $F(x, y, z) = 0$, die sich auf die Form dieser **Schlüsselgleichung** bringen läßt (a, b sind reelle Zahlen und $f(x)$ bzw. $g(y)$ arithmetische Ausdrücke in x bzw. y), ist auf einem Rechenstab realisierbar.

Beispiel: Ein Rechenstab für den Gesamtwiderstand zweier parallel liegender Widerstände (Abb. 7.8b).

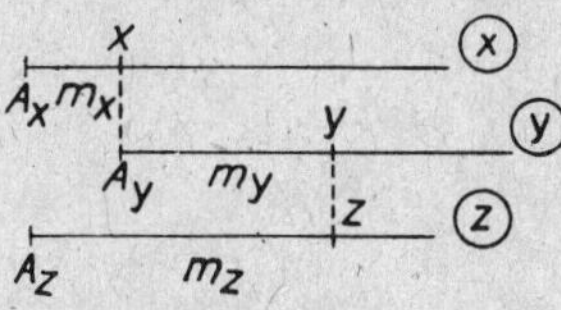

Abb. 7.8 a

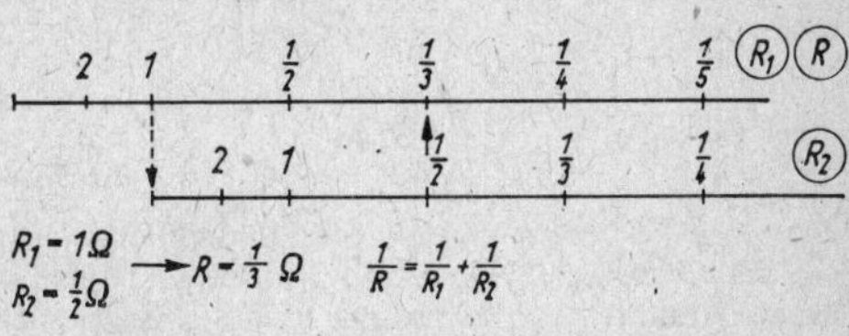

Abb. 7.8 b

Der logarithmische Rechenstab (Abb. 7.9). Die Skalen B, R, C sind auf einer *Zunge* angebracht und somit gemeinsam gegen alle anderen Skalen verschiebbar angeordnet. Die Zuordnung der *Koten* (*Teilpunkte*) wird durch einen über allen Skalen verschiebbar angeordneten *Läufer* ermöglicht, auch wenn die verwendeten Skalen nicht unmittelbar benachbart liegen.

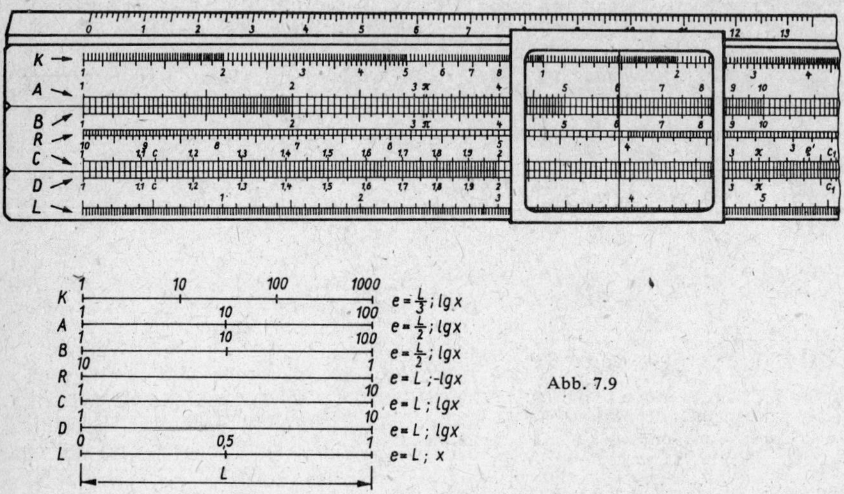

Abb. 7.9

Beispiele: Was kann man *mit einer Zungeneinstellung* jeweils mit den drei angegebenen Skalen berechnen?

$$(D) - (C) - (A) \qquad L \lg x + L \lg y = \frac{L}{2} \lg z,$$

$$\lg x + \lg y = \frac{1}{2} \lg z,$$

$$\lg (xy) = \lg \sqrt{z} \rightarrow z = x^2 y^2;$$

$$(A) - (R) - (K) \qquad \frac{L}{2} \lg x - L \lg y = \frac{L}{3} \lg z,$$

$$\lg y^{-1} \sqrt{x} = \lg \sqrt[3]{z} \rightarrow z = \sqrt{x^3} \cdot y^{-3};$$

$$(B) - (L) - (R) \qquad \frac{L}{2} \lg x + L y = L \lg \frac{1}{z},$$

$$\lg \sqrt{x} + y = -\lg z \rightarrow z = \frac{1}{\sqrt{x} \cdot 10^y}$$

usw.

Die ohnehin große Vielfalt der Möglichkeiten kann noch beträchtlich vergrößert werden, wenn man Mehrfacheinstellungen berücksichtigt.

Daraus und aus der einfachen Handhabung erklärt sich die große Verbreitung dieses bei aller prinzipiellen Einfachheit zuverlässigen und genauen Rechenstabes.

7.1.4.3. Fluchtlinien- und Netztafeln

Um eine Funktion $z = f(x, y)$ *ohne* technische Hilfsmittel mit nomografischen Mitteln in der Ebene darzustellen, gibt es zwei zueinander duale Möglichkeiten.

(1) **Fluchtlinientafeln.** Man ordnet den Punkten dreier *Trägerkurven* die drei Variablen zu und betrachtet die drei Werte x, y und z als korrespondierend, wenn die ihnen auf den Trägern entsprechenden Punkte P_x, P_y, P_z *auf einer Geraden liegen*, die man *Fluchtlinie* nennt.

Zu einer speziellen Trägeranordnung gehört demnach immer eine spezielle Form der durch das Nomogramm dargestellten Beziehung $F(x, y, z) = 0$. Sie wird wiederum als *Schlüsselgleichung* bezeichnet (Abb. 7.10).

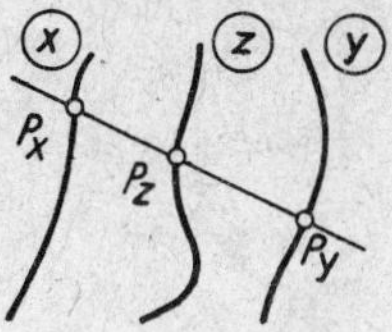

Abb. 7.10

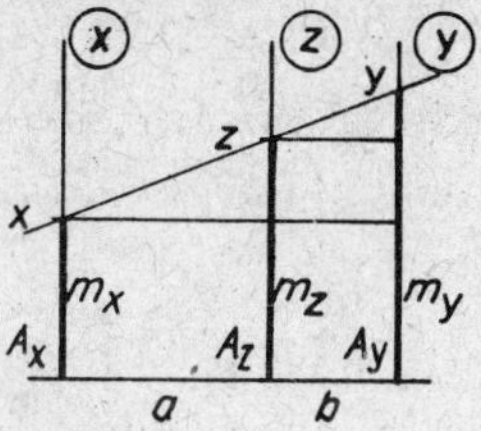

Abb. 7.11

Hauptformen der Fluchtlinientafel mit geradlinigem Träger

$$(m_z - m_x) : a = (m_y - m_z) : b \qquad \text{(Abb. 7.11)},$$

$$bm_z - bm_x = am_y - am_z,$$

$$m_z = \frac{am_y + bm_x}{a + b},$$

$$e_z h(z) = \frac{a}{a+b} e_y g(y) + \frac{b}{a+b} e_x f(x),$$

$$\boxed{h(z) = \frac{a}{a+b} g(y) + \frac{b}{a+b} f(x).}$$

(Dieses Nomogramm ist demnach praktisch dem Rechenstab äquivalent.)

$$m_x : m_z = m_y : (p \cdot e_z - m_z) \quad \text{(Abb. 7.12)},$$

$$\frac{p \cdot e_z - h(z) \cdot e_z}{e_z \cdot h(z)} = \frac{e_y \cdot g(y)}{e_x \cdot f(x)}, \text{ also mit } \alpha := \frac{e_y}{e_x}$$

$$\frac{p}{h(z)} - 1 = \alpha \cdot \frac{g(y)}{f(x)},$$

$$\boxed{h(z) = p \cdot \frac{f(x)}{f(x) + \alpha \cdot g(y)}.}$$

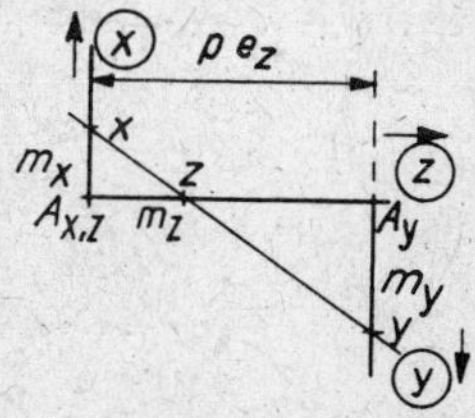

Abb. 7.12

$$\frac{1}{2} m_x \cdot m_y = \frac{1}{2} \sin\alpha \cdot m_x m_z + \frac{1}{2} \sin\beta \cdot m_y m_z$$

$$\frac{1}{m_z} = \frac{\sin\alpha}{m_y} + \frac{\sin\beta}{m_x}, \quad \text{(Abb. 7.13)},$$

$$\boxed{\frac{1}{h(z)} = c \frac{\sin\alpha}{g(y)} + d \frac{\sin\beta}{f(x)}.}$$

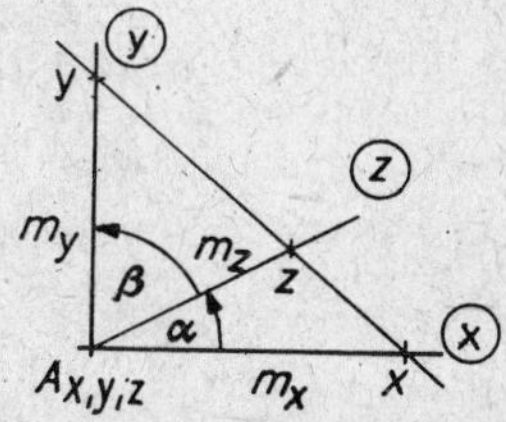

Abb. 7.13

(2) **Netztafeln.** In einem ebenen kartesischen u,v-Koordinatensystem werden drei *Kurvenscharen* mit den *Scharparametern* x, y, z betrachtet. Drei Werte x, y, z werden *dann* als vermöge einer Beziehung $F(x, y, z) = 0$ miteinander korrespondierend angesehen, wenn sich die ihnen entsprechenden Kurven der Scharen *in einem Punkte schneiden.*

Auch hier gehört zu jeder Netztafel-Form eine entsprechende Schlüsselgleichung.

Beispiele mit zwei achsenparallelen Scharen:

$m_y : m_z + m_x : m_z \cot\alpha = 1$ (Abb. 7.14),

$m_y + m_x \tan\alpha = m_z,$

$$\boxed{h(z) = c \cdot g(y) + d \cdot \tan\alpha \cdot f(x).}$$

(Auch diese Tafelform ist somit dem Rechenstab äquivalent!).

$m_z : m_x = g(y)$ (Abb. 7.15),

$$\boxed{h(z) = f(x) \cdot g(y)}$$

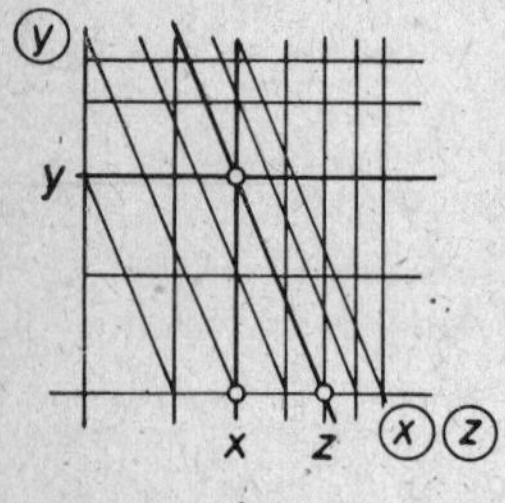

Abb. 7.14

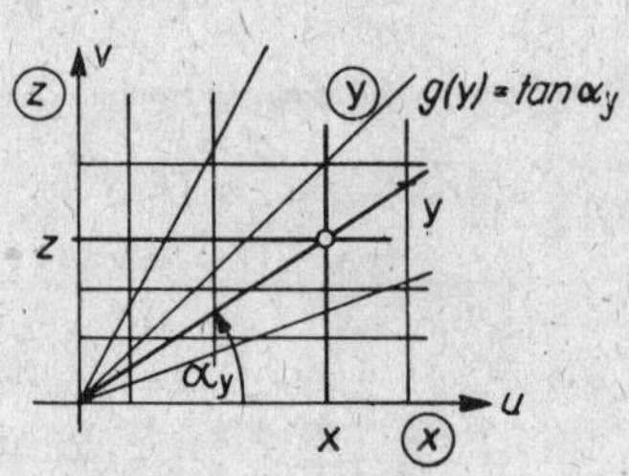

Abb. 7.15

Wie schon bei den Funktionsleitern arbeitet man in der Praxis auch bei den Netztafeln mit vorgedruckten *Funktionspapieren.*

7.1.5. Verarbeitung empirischen Zahlenmaterials

Beispiel: Bei einer festen Spannung von 1 V wird die Stromstärke I in Abhängigkeit von der Widerstandserhöhung ΔR von $R_0 = 1\,\Omega$ aus gemessen.

ΔR	0	0,2	0,5	1,0	1,5	2,0	2,5	3,0	3,5
I	1	0,833	0,667	0,540	0,400	0,333	0,286	0,250	0,222

Wie lautet eine möglichst einfache Funktion $I = I(\Delta R)$, die den Zusammenhang möglichst gut wiedergibt?

Da die Zahlen als gemessene Werte stets mit zufälligen Fehlern behaftet sind, kann man nicht erwarten, daß eine interpolierende Funktion (vgl. 7.1.2.6.1.) die Aufgabe sachgemäß löst! Vielmehr wird die Kurve irgendwie zwischen den gemessenen Punkten verlaufen, so daß ein gewisses, von vornherein willkürliches Maß für die Abweichungen minimal wird.

Das ist die Grundaufgabe der **Ausgleichung von Meßergebnissen,** der **Aufstellung empirischer Formeln.**

Gegeben sei eine Menge $\mathbf{F}(a_1, a_2, \ldots, a_n)$ von Funktionen $f(x; a_1, \ldots, a_n)$ und eine Menge von Paaren reeller Zahlen $(x_i, y_i)_{i=1}^N$, $N > n$. Gesucht ist diejenige Funktion $\hat{f}(x; \hat{a}_1, \ldots, \hat{a}_n) \in \mathbf{F}$, für welche $\varrho(\bar{f}(x_i) - y_i) \leqq \varrho(f(x_i) - y_i)$ für alle $f \in \mathbf{F}$. Dabei ist ϱ ein gewisses Gesamtmaß der Abweichungen $e_i \stackrel{\text{def}}{=} f(x_i) - y_i$ und beschreibt damit das *Ausgleichsprinzip.*

Beachte: Wir beschäftigen uns nur mit der Lösung *dieses* Problems. Die Begründung für die Anwendung dieses oder jenes Ausgleichsprinzips wird durch die Statistik gegeben (vgl. 5.2.2.2.2.).

7.1.5.1. Methode der kleinsten Quadrate

Dieses Ausgleichsprinzip wurde von C. F. Gauß ausgearbeitet und in der irdischen und astronomischen Vermessung mit großem Erfolg angewandt. Das Ausgleichsprinzip lautet hier:

$$\varrho(f(x_i) - y_i) \stackrel{\text{def}}{=} \sum_{i=1}^{N} (f(x_i) - y_i)^2 \to \text{Min!}$$

Setzt man für die Fehler e_i Normalverteilung voraus, dann läßt sich dieses Prinzip als das statistisch sachgemäße nachweisen (Maximum-Likelihood-Methode vgl. 5.2.2.).

Zur Vereinfachung setzen wir voraus, daß die Parameter a_i $(i = 1, 2, \ldots, n)$ in f linear vorkommen, d. h.

$$f(x; a_1, a_2, \ldots, a_n) = a_1 f_1(x) + a_2 f_2(x) + \ldots + a_n f_n(x).$$

Dann ist

$$\frac{\partial \varrho}{\partial a_j} = 2 \sum_{i=1}^{N} \left(\sum_{k=1}^{n} a_k f_k(x_i) - y_i \right) \cdot f_j(x_i),$$

und die notwendige Bedingung für ein Extremum von ϱ ist

$$\sum_{k=1}^{n} a_k \sum_{i=1}^{N} f_k(x_i) \cdot f_j(x_i) = \sum_{i=1}^{N} y_i f_j(x_i), \quad j = 1, \ldots, n.$$

Mit der Gaußschen Summenschreibweise $\sum_{i=1}^{N} f(x_i) \stackrel{\text{def}}{=} [f(x)]$ erhalten diese *Normalgleichungen* die Gestalt

$$\sum_{k=1}^{n} a_k [f_k(x) f_j(x)] = [y f_j(x)], \quad j = 1, 2, \ldots, n.$$

Spezialfall: $f_k(x) = x^{k-1}$ $(k = 1, 2, \ldots, n)$ führt auf *Ausgleichspolynome.* Die Normalgleichungen lauten jetzt

$$\sum_{k=1}^{n} a_k [x^{k+j-2}] = [y x^{j-1}] \quad (j = 1, 2, \ldots, n).$$

In der praktischen Anwendung kommt es nun darauf an, daß man die Zahl der Parameter so niedrig wie möglich hält. Darum wird man zunächst prüfen, ob die Meßpunkte z. B. anschaulich in der Nähe einer Konstanten, einer Geraden $y = ax + b$, einer Parabel usw. liegen, und macht dann den entsprechenden Ansatz.

7.1.5.1.1. Ausgleichung direkter Beobachtungen. Weiß man, daß es sich bei den Meßwerten y_i um Werte einer theoretisch konstanten Größe handelt, oder entnimmt man einer grafischen Darstellung die entsprechende Vermutung, so gilt es, diese Konstante näherungsweise durch Ausgleichung der Meßwerte zu berechnen. Wir nennen diese Konstante $\bar{y}$ den *Mittelwert* der Messungen und erhalten nach 7.1.5.1. die einzige Normalgleichung

$$N \cdot \bar{y} = \sum_{i=1}^{N} y_i, \qquad \bar{y} = \frac{1}{N} \sum_{i=1}^{N} y_i = \frac{1}{N} [y].$$

Wir sehen: *Das arithmetische Mittel der Beobachtungen gleicht dieselben nach der Methode der kleinsten Quadrate aus.*

Bezeichnen $v_i := \bar{y} - y_i$ die *wahrscheinlichen Fehler*, so wird $[vv] = \text{Min.}$ für $\bar{y} = \frac{1}{N}[y]$, und es ist $[v] = 0$.

Die Größe $m \stackrel{\text{def}}{=} \sqrt{\frac{[vv]}{N-1}}$ nennt man *mittleren Fehler der Beobachtung* y_i, $m_y \stackrel{\text{def}}{=} m/\sqrt{N}$ heißt *mittlerer Fehler des Mittels* und wird bei Angabe von Meßgrößen in der Form $y = \bar{y} \pm m_y$ verwendet.

7.1.5.1.2. Ausgleichung durch Geraden $y = ax + b$. Notwendig und hinreichend dafür, daß die Meßpunkte $M_i(x_i, y_i)$ auf einer solchen Geraden liegen, ist die Proportionalität der ersten Differenzen von x und y, d. h. $\Delta y_i/\Delta x_i = \text{const}$.

Ist dies annähernd der Fall, dann kann man eine solche Gerade als sinnvolle Ausgleichskurve ansehen.

Die Koeffizienten genügen nach 7.1.5.1. den beiden Normalgleichungen

$$b \cdot N + a[x] = [y],$$

$$b[x] + a[x^2] = [xy].$$

$$b = \frac{[y]\,[x^2] - [xy]\,[x]}{N[x^2] - ([x])^2}, \quad a = \frac{N \cdot [xy] - [y]\,[x]}{N \cdot [x^2] - ([x])^2}.$$

(Cramersche Regel, vgl. 2.4.4.3.3.).

Beispiel:

x	y	Δy	$\Delta y/\Delta x$
0,5	0,62		
		1,02	2,04
1,0	1,64		
		2,06	<u>2,06</u>
2,0	3,70		
		1,32	<u>2,64</u>
2,5	5,02		
		1,02	2,04
3,0	6,04		

Der 3. Meßwert fällt deutlich aus dem Rahmen einer linear erscheinenden Abhängigkeit, was auf einen gesetzmäßigen Zusatzeffekt, häufiger aber auf einen zusätzlichen Ablesefehler hindeutet. Kann der letzte Fall mit Sicherheit angenommen werden, dann läßt man den Wert heraus, sonst muß man ihn mit berücksichtigen. Ausgleichung durch eine Gerade liefert hier $b = -0{,}501$, $a = 2{,}085$, also $\hat{y} = 2{,}085x - 0{,}501$.

Linearisierung. Genügen die Meßdaten *annähernd* einer Gleichung der Form $a_1 \cdot f(x) + b_1 \cdot g(y) = 0$, dann kann durch die Transformation $X := f(x)$, $Y := g(y)$ eine lineare Beziehung erzeugt werden und die Ausgleichung erfolgen. (Man vergleiche auch mit dem Prozeß der Geradstreckung in Kap. 7.1.4.1.).

Beispiel (Einführungsbeispiel von 7.1.5.):

Trägt man die Meßpunkte in ein Koordinatensystem ein, erhält man eine hyperbelähnliche Kurve und kann vermuten, daß die Beziehung $y = 1/(a + bx)$ gilt. Mit $X := x$ und $Y := \dfrac{1}{y}$ erhalten wir die linearisierte Form $Y = a + bX$.

7.1.5.1.3. Ausgleichsparabel $\hat{y} = ax^2 + bx + c$

Charakteristikum: $\dfrac{\Delta(\Delta y_i/\Delta x_i)}{x_{i+2} - x_i} = \text{const}$, d. h., die zweiten Steigungen sind konstant.

Normalgleichungen:

$$c \cdot N + b[x] + a[x^2] = [y],$$

$$c[x] + b[x^2] + a[x^3] = [xy],$$

$$c[x^2] + b[x^3] + a[x^4] = [x^2y].$$

Beispiel:

x	y	$Y = y - 68$ Y	ΔY	$\Delta Y/\Delta x$	$\Delta(\Delta Y/\Delta x) : (x_{i+2} - x_i)$
−2	35	−33			
			15	7,5	
0	50	−18			−0,3
			18	6	
3	68	0			−1
			2	2	
4	70	2			−0,3
			6	3	
6	76	8			−0,06
			8	8/3	
9	84	16			

Bei diesem Verhalten der zweiten Steigungen kann man den Ansatz einer Parabel noch rechtfertigen. Das System ist

$$\begin{aligned} 6c + 20b + 146a &= -25, \\ 20c + 146b + 1028a &= 266, \\ 146c + 1028b + 8210a &= 1484. \end{aligned}$$

Lösung: $\hat{Y} = -18{,}4 + 6{,}5x - 0{,}30x^2$, $\hat{y} = 49{,}6 + 6{,}5x - 0{,}30x^2$.

7.1.5.2. Weitere Ausgleichsprinzipien

(1) **Verfahren der ausgewählten Punkte.** Wir stellen zunächst die Meßpunkte grafisch dar und bestimmen anschaulich eine geeignete empirische Formel

$$y = f(x; a_1, \ldots, a_n) \in \mathbf{F}(a_1, \ldots, a_n).$$

Zur Berechnung der Parameter zeichnen wir eine glatte Kurve Γ, die sich den Punkten M_i möglichst gut anpaßt und die die qualitativen Merkmale der grafischen Darstellung einer Funktion aus $\mathbf{F}$ aufweist.

Dann wählen wir auf Γ n Punkte N_j $(j = 1, \ldots, n)$ und berechnen die Parameter $\hat{a}_1, \hat{a}_2, \ldots, \hat{a}_n$ von $\hat{y} = \hat{f}(x)$ aus dem Gleichungssystem

$$\hat{f}(x_j; \hat{a}_1, \hat{a}_2, \ldots, \hat{a}_n) = y_j \quad (j = 1, 2, \ldots, n).$$

Das Verfahren ist zwar anschaulich, aber auch sehr grob und berücksichtigt in keiner Weise die statistische Fehlerverteilung (läßt sich also nicht statistisch begründen).

(2) Beim **Mittelungsverfahren** teilen wir (ebenfalls unter Einsatz der Anschauung) die Meßpunkte M_i $(i = 1, \ldots, N)$ in n Gruppen $\mathbf{M}_j = \{M_{i_1}, M_{i_2}, \ldots, M_{i_j}\}$, $j = 1, 2, \ldots, n$, ein. Zur Bestimmung der Parameter fordern wir jetzt

$$E_j = \sum_{k=1}^{j} e_{i_k} = \sum_{k=1}^{j} (f(x_{i_k}; a_1, a_2, \ldots, a_n) - y_{i_k}) = 0 \quad \text{für} \quad j = 1, 2, \ldots, n.$$

Beispiel (vgl. Beispiel in 7.1.5.1.3.): Ansatz: $f(x; a, b, c) = ax^2 + bx + c$.

x	y	x^2	e	
−2	35	4	$4a - 2b + c - 35$	M_1
0	50	0	$c - 50$	M_2
3	68	9	$9a + 3b + c - 68$	M_3
4	70	16	$16a + 4b + c - 70$	M_4
6	76	36	$36a + 6b + c - 76$	M_5
9	84	81	$81a + 9b + c - 84$	M_6

Gruppen: $\mathbf{M}_1 = \{M_1, M_2, M_3\}$; $\mathbf{M}_2 = \{M_4\}$; $\mathbf{M}_3 = \{M_5, M_6\}$.

Gleichungssystem:

$$13a + b + 3c = 153,$$
$$16a + 4b + c = 70,$$
$$117a + 15b + 2c = 160,$$

Lösung:

$$\hat{f} = 50{,}1 + 6{,}0x - 0{,}26x^2,$$

(vgl. 7.1.5.1.3.).

Empirische Formeln sind noch keine Naturgesetze, können aber wichtige Vorstufen für die Entdeckung von auch theoretisch begründeten funktionalen Beziehungen zwischen physikalischen Größen sein. Ein fast klassisches Beispiel hierfür ist die Entdeckung des Planckschen Strahlungsgesetzes auf der Grundlage dreier empirischer Formeln.

7.2. Rechentechnik und Datenverarbeitung

7.2.1. Elektronische Datenverarbeitungsanlagen (EDVA)

7.2.1.1. Einführende Bemerkungen

Die in den letzten Jahrzehnten entwickelten elektronischen Datenverarbeitungsanlagen fanden in letzter Zeit eine immer größere Verbreitung und werden auf den verschiedensten Gebieten zur Informationsverarbeitung eingesetzt. Hierzu gehören verschiedenartige Berechnungsarbeiten sowohl im wissenschaftlich-technischen als auch im ökonomischen Bereich, Informationsverarbeitungsprobleme, die mit der Organisation der Speicherung großer Datenmengen und mit dem Zugriff zu diesen Daten verknüpft sind, und schließlich auch Aufgaben der automatischen Steuerung, die eine Entscheidungsfindung bei kontinuierlich eingehenden Informationsströmen gestatten. In diesem Abschnitt werden in aller Kürze einige allgemeine Informationen über die Arbeitsweise der EDVA und die damit zusammenhängenden Begriffe vermittelt.

Jede EDVA weist die folgenden Hauptbestandteile auf:

1) *Ein- und Ausgabegeräte* (periphere Geräte), die die Kommunikation der EDVA mit einem äußeren Medium vermitteln.

2) *Speicher*, in denen die Eingangsinformation sowie die Zwischen- und Endergebnisse gespeichert werden.

3) *Rechenwerke* (*Prozessoren*), die die elementaren Operationen der Informationsverarbeitung vollziehen.

4) *Steuerwerke*, die den Prozeß der Informationsverarbeitung kontrollieren.

5) Das *Operationssystem*, d. h. ein System von Programmen (vgl. 7.2.1.5.), die die Zusammenarbeit der einzelnen Teile der EDVA während des Einsatzes bewirken.

Rechenwerk, Steuerwerk und Hauptspeicher einer EDVA pflegt man zur *Zentraleinheit* zusammenzufassen.

7.2.1.2. Die Informationsdarstellung und der Speicher der EDVA

Jede Information wird in einer EDVA in verschlüsselter Form durch sog. bits dargestellt, d. h. durch Elemente, die nur einen der beiden Werte 0 oder 1 annehmen können. Die gebräuchlichsten Formen der Informationsdarstellung sind die alphanumerische und die numerische. Die alphanumerische verwendet *Zeichen*, die das Alphabet der betreffenden EDVA bilden. Jedes Zeichen besteht aus einer festgelegten Anzahl bits, die ein sog. *Byte* bilden. Die gebräuchlichsten Byte-Längen sind 8 bzw. 16 bits.

Zahlen, die in eine EDVA eingegeben bzw. aus dieser ausgegeben werden, werden gewöhnlich im Dezimalsystem mit dem Vorzeichen + oder − dargestellt, wobei zur Trennung des gebrochenen Teils vom ganzen der Dezimalpunkt dient. Darüber hinaus ist zur Erweiterung des darstellbaren Zahlenbereichs die Verwendung eines Faktors $10^{\pm n}$ erlaubt, wobei n eine ganze positive Zahl ist. Ein solcher Faktor wird in einer bestimmten vereinbarten Form dargestellt, am häufigsten wohl in der Gestalt E $\pm$ n. Die Zahl 0,000045 läßt sich beispielsweise durch 45E-6 oder 4.5E-5 wiedergeben. Die auf diese Weise dargestellten Zahlen lassen sich genauso wie alle anderen alphanumerischen Informationen verschlüsseln. Die hierfür benötigten Zeichen sind stets im betreffenden Alphabet enthalten.

Im Innern einer EDVA jedoch, und zwar sowohl zur Ausführung der Operationen als auch zur Speicherung, werden die Zahlen im Dualsystem kodiert (vgl. 2.1.1.), wobei für jede Zahl im allgemeinen stets die gleiche Anzahl von bits zur Verfügung steht, die ein *Maschinenwort* bilden. In verschiedenen EDVA wird das sog. Dualdezimalsystem der Verschlüsselung verwendet, wobei die Zahl im Dezimalsystem, jede Dezimalziffer hingegen im Dualsystem unter Verwendung von je 4 bits im Maschinenwort dargestellt wird. Es sind zwei Formen der internen Zahlendarstellung üblich – mit festem bzw. gleitendem Komma (Dezimalpunkt). Bei der Festkommadarstellung entspricht jedes bit einer bestimmten Dualstelle (bzw. jede dualverschlüsselte Dezimalziffer steht an einer bestimmten Dezimalstelle), d. h., ihr Wert 0 oder 1 wird mit einer bestimmten Potenz der Zahl 2 (bzw. ihr Wert 0, 1, ..., 9 wird mit einer bestimmten Potenz der Zahl 10) multipliziert. Am häufigsten wird eine Kodierung verwendet, bei der die höchste Dualstelle (bzw. Dezimalstelle) der -1. Potenz von 2 (bzw. 10) entspricht, d. h., alle dargestellten Zahlen sind kleiner als 1. Es ist aber auch üblich, der niedrigsten Stelle die nullte Potenz der jeweiligen Grundzahl (2 oder 10) zuzuweisen. Dann sind alle dargestellten Zahlen ganz.

Bei der Gleitkommadarstellung werden die Zahlen in der Form $m \cdot a^p$ wiedergegeben, wobei m die *Mantisse*, a die *Basis* oder *Grundzahl* des jeweils verwendeten Zahlensystems (2, 8, 10 oder 16)[1]) und p der vorzeichenbehaftete ganzzahlige *Exponent* ist. Man bezeichnet diese Darstellung als *halblogarithmisch*. Das Maschinenwort enthält, auf bestimmte bits verteilt, die Mantisse und den Exponenten mit ihren Vorzeichen.

Das Maschinenwort besteht aus einer ganzen Zahl Bytes.

Die in die EDVA eingegebene Information wird im *Speicher* untergebracht. Dieser besteht aus Elementen, die zweier physikalischer Zustände fähig und daher geeignet sind, die Bitwerte zu speichern. Die Gesamtheit der Elemente, die zur Speicherung eines Maschinenwortes bestimmt sind, bildet eine Speicherzelle. Sämtliche Speicherzellen sind fortlaufend numeriert oder, wie man sagt, mit Adressen versehen[2]).

Bei der Arbeit einer EDVA erfolgt ein laufender Austausch von Informationen zwischen den einzelnen Teilen der EDVA, ständig ein Eintragen bzw. Entnehmen des Inhalts verschiedener Speicherzellen. Die Zeit, die man benötigt, um eine Information aus dem Speicher abzurufen, die sog. *Zugriffszeit*, sowie der Umfang des Speichers sind die wichtigsten Faktoren, die die Leistungsfähigkeit einer EDVA bestimmen. Eine Verringerung der Zugriffszeit zieht in der Regel eine Verteuerung des Speichers nach sich. Wird eine große Speicherkapazität benötigt, so pflegt man dem Speicher eine hierarchische Struktur zu geben, wobei dieser aus mehreren Niveaustufen mit verschiedenen Zugriffszeiten besteht. Im Laufe des Arbeitsprozesses kann die Information je nach Bedarf von einer auf eine andere Niveaustufe übertragen werden. Hierbei unterscheidet man zwischen internen oder zentralen und externen oder peripheren Speichern. Das Steuerwerk besitzt einen direkten Zugriff (über die Adresse) nur zu einer beliebigen Zelle des Zentralspeichers. Informationen, die in den peripheren Speichern aufbewahrt werden, sind nur nach ihrer Übertragung in den Zentralspeicher zugänglich. Der Austausch zwischen dem zentralen und den peripheren Speichern erfolgt nur für eine Gruppe hintereinander angeordneter Speicherzellen, die einen sog. *Block* bilden.

Die gebräuchlichsten peripheren Speicher sind *Magnetbänder*, *Magnetplatten* und *Magnettrommeln*.

7.2.1.3. Übertragungskanäle

Die Eingabe der Informationen in eine EDVA und die Ausgabe der Verarbeitungsergebnisse erfolgt mit Hilfe *peripherer Geräte*.

---

[1]) Die Darstellung einer Zahl im Dualsystem läßt sich auch z. B. als Darstellung im Sedezimal- bzw. Oktalsystem auffassen, wobei je 4 bzw. je 3 bits zu einer Sedezimal- bzw. Oktalziffer vereinigt werden, und umgekehrt.

[2]) In manchen EDVA werden sämtliche Bytes fortlaufend numeriert, d. h. adressiert. Das ist z. B. bei Maschinen mit variabler Wortlänge immer der Fall. In diesem Falle gilt als Adresse eines Wortes die Adresse seines ersten Byte.

Die zur Eingabe bestimmten Informationen müssen vorher in verschlüsselter Form auf einen *Datenträger* übertragen werden, der für die peripheren Geräte der EDVA lesbar ist. Als Datenträger dieser Art können Lochstreifen, Lochkarten, Magnetbänder, Magnetplatten oder Magnetkarten dienen. Zur Übertragung der Daten zwischen den peripheren Geräten und der EDVA sowie zwischen dem Zentralspeicher und den peripheren Speichern dienen die *Übertragungskanäle*. Während der Übertragung über einen Kanal können einfachste Verarbeitungsoperationen an den Daten vorgenommen werden, z. B. eine Umkodierung. Die Übertragung von den peripheren Geräten und den peripheren Speichern erfolgt erheblich langsamer als die Arbeit der Zentraleinheit. Daher pflegt man diese Übertragung mit der Arbeit der Zentraleinheit folgendermaßen zu koordinieren: Wird eine Informationsübertragung für die in Bearbeitung befindliche Aufgabe benötigt, so wird die Arbeit der Zentraleinheit unterbrochen und der entsprechende Kanal eingeschaltet. Die Zentraleinheit kann parallel hierzu die Bearbeitung irgendeiner anderen Aufgabe vornehmen. Es ist lediglich erforderlich, daß den einzelnen Aufgaben verschiedene Speicherbereiche zugeordnet werden und daß diese Bereiche gegen Überschreiben geschützt sind, d. h., keine Aufgabe soll die Möglichkeit haben, die Daten oder das Programm zu zerstören, die sich in einem einer anderen Aufgabe zugewiesenen Bereich befinden. Nach erfolgter Übertragung wird die Arbeit wieder abgebrochen, und die Zentraleinheit kann zur Bearbeitung der ursprünglichen Aufgabe zurückkehren. Eine solche Arbeitsweise bezeichnet man als *Multiprogrammverarbeitung*.

7.2.1.4. Das Programm

Um irgendeine Informationsverarbeitungsaufgabe numerischer, logischer oder anderer Art ausführen zu können, muß ein entsprechender *Algorithmus* der Verarbeitung vorgegeben sein. Die Beschreibung eines solchen Algorithmus in einer für die EDVA akzeptablen Form bezeichnet man als *Programm*.

Die Arbeit der *Zentraleinheit* einer EDVA besteht aus einer sukzessiven Ausführung verschiedener elementarer Operationen. Für jede solche Operation bestehen die Ausgangsdaten aus einem oder zwei *Operanden*. Zur Zwischenspeicherung der Operanden, ihrer Adressen und anderer Hilfsinformationen verwendet man *Register*. Diese sind einfachste Speicher vom Umfang eines oder zweier Maschinenworte. Das Register, in dem das Ergebnis einer elementaren Operation zwischengespeichert wird, heißt *Akkumulator*.

Zur Lösung einer Aufgabe auf einer EDVA muß der Lösungsalgorithmus letztlich in elementare Operationen aufgegliedert werden. Die Beschreibung einer elementaren Operation heißt *Befehl*. Zu den Bestandteilen einer elementaren Operation gehören solche Angaben wie etwa „woher ist ein Operand zu entnehmen?" (Adresse), „welche Operation ist auszuführen?", „wohin ist das Ergebnis zu befördern?".

Das System der in einer Maschine ausführbaren elementaren Operationen und die Art ihrer Beschreibung bildet das *Befehlssystem* einer EDVA. Das gegenwärtig gebräuchlichste Befehlssystem ist das Einadreßsystem, bei dem ein Befehl aus dem *Adressenteil* und dem *Operationscode* besteht. Der eine Operand ist der Inhalt des Akkumulators, während der Adressenteil entweder das Auffinden des zweiten Operanden gestattet oder angibt, wohin das Ergebnis der Operation zu transportieren ist. Der Operationscode kennzeichnet die auszuführende Operation und die Art der Verwendung des Adressenteils.

Der Adressenteil eines Befehls kann eine verschiedenartige Struktur aufweisen. Häufig müssen immer wieder die gleichen Befehle verwendet werden, in denen die Adressen der Operanden (bzw. der Ergebnisse) variabel sein können. In solchen Fällen wird die Adresse aus einer konstanten und einer variablen Komponente gebildet. Die variable Komponente wird in irgendeinem Hilfsregister gespeichert. Im Befehl werden dann die konstante Adressenkomponente und die Adresse (Nummer) des betreffenden Hilfsregisters angegeben. Mitunter wird die sog. *indirekte Adressierung* angewandt, bei der die Adresse des Operanden in irgendeiner durch den Adressenteil des Befehls bestimmten Speicherzelle gebildet wird.

Neben den einfachen Befehlen werden häufig Befehle einer komplizierteren Struktur verwendet, die verdichtete Operationen, z. B. Austauschoperationen, beschreiben. Solche Befehle bezeichnet man als *Makrobefehle* oder kurz als *Makros*. Ihrer Struktur nach ersetzen die Makrobefehle gewisse wohldefinierte Folgen elementarer Befehle.

Die Gesamtheit aller Befehle, die den Lösungsprozeß der Aufgabe beschreiben, bildet das *Objektprogramm* (*Maschinenprogramm*). Das Programm selbst ist eine Abart der Ausgangsinformationen der Aufgabe und wird in den Speicher der EDVA eingegeben. In einem Maschinenwort werden für gewöhnlich ein oder zwei Befehle untergebracht. Makrobefehle beanspruchen im allgemeinen mehrere Maschinenworte.

7.2.1.5. Das Programmieren

Das Niederschreiben des Algorithmus einer Aufgabe in Gestalt eines Objektprogramms ist eine komplizierte und aufwendige Arbeit, die man gewöhnlich der EDVA überträgt. Als Ausgangsinformation für diese Aufgabe dient eine genaue Beschreibung des Algorithmus, die man als *Ursprungsprogramm* bezeichnet. Soll eine derartige Beschreibung für die Maschine verständlich sein, so muß sie in irgendeiner *Programmiersprache* (algorithmischen Sprache) abgefaßt sein. Gegenwärtig existiert eine Vielzahl solcher Programmiersprachen, unter denen wohl FORTRAN, ALGOL 60 und PL/1 die gebräuchlichsten sind.

Der Text des Ursprungsprogramms in einer algorithmischen Sprache besteht aus einzelnen Sätzen, die man *Anweisungen* nennt.

Die Struktur einer jeden algorithmischen Sprache muß gewissen formalen Forderungen genügen, die die *Syntax* der betreffenden Sprache ausmachen. Den inhaltlichen Sinn der sprachlichen Formen beschreibt die *Semantik* der Sprache. Die Gesamtheit der sprachlichen Mittel, die in einer bestimmten EDVA einsetzbar sind, bildet das *Programmiersystem.* Jede algorithmische Sprache muß eine exakte, vollständige und eindeutig verständliche Beschreibung der betreffenden Algorithmen gewährleisten.

Die Aufstellung eines Ursprungsprogramms (die Programmierung) besteht gewöhnlich aus mehreren Phasen. In der ersten Phase wird die Gesamtstruktur des Algorithmus untersucht; er wird in seine Bestandteile zerlegt, und es erfolgt eine grobe, nichtformalisierte Beschreibung dieser aufeinanderfolgenden Teile. Die wichtigsten Teilstrukturen, aus denen jeder Algorithmus aufgebaut werden kann, sind

1) sukzessives Abarbeiten aufeinanderfolgender Anweisungen;
2) Iterationsschleifen (mehrfaches Durchlaufen derselben Anweisungskette);
3) bedingte Anweisungen;
4) Verzweigungen[1]).

Bei 2) bis 4) muß die EDVA entscheiden (mit „ja“ oder „nein“), ob eine Bedingung erfüllt ist. Daraus ergibt sich bei 2) entweder das Zurückspringen auf einen früheren Programmpunkt oder das Weiterlaufen des Programms, bei 3) die Entscheidung zwischen zwei parallel laufenden verschiedenen Programmteilen und bei 4) die Entscheidung zwischen zwei oder mehreren verschiedenen längeren Programmabschnitten. Die beschriebenen Teilstrukturen können auch iterativ oder rekursiv angewandt werden.

In der nächsten Phase werden die einzelnen Elemente des Algorithmus, wie sie in der ersten Phase entstanden sind, detailliert. Es wird ihr innerer Aufbau geklärt usw. Dabei werden die gleichen Hauptstrukturen benutzt wie in der ersten Phase. Die endgültige Beschreibung (das Ursprungsprogramm) besteht dann bereits aus den elementaren Anweisungen der vollständig formalisierten Programmiersprache und darf keine syntaktischen Fehler aufweisen.

Im Rahmen der Programmierung wird auch die Struktur der Daten erarbeitet. Dies gilt sowohl für die Ausgangsdaten als auch für die Zwischenergebnisse und die Endergebnisse. Hierbei kann es sich als notwendig erweisen, Besonderheiten der zur Anwendung kommenden EDVA zu berücksichtigen, vor allem den Umfang und die Struktur des Speichers. Abgesehen von dieser Ausnahme ist das Ursprungsprogramm im wesentlichen vom Typ der jeweiligen EDVA unabhängig, für die die betreffende algorithmische Sprache implementiert ist.

Zu Beginn einer Programmierung erscheint es oft zweckmäßig, das Programm in einzelne *Bausteine* oder *Moduln* zu zerlegen, d. h. in einzelne Teile, die unabhängig voneinander programmiert werden können. Die „Modulprogrammierung“ ist dann besonders effektiv, wenn man es mit mehreren thematisch verwandten Programmen zu tun hat, die gleichartige Bestandteile aufweisen. Die im

---

[1]) Eine Verzweigung läßt sich als Folge von bedingten Anweisungen darstellen, jedoch läßt sich dies bei Anwendung der Verzweigungsstruktur häufig erheblich vereinfachen.

voraus programmierten Bausteine lassen sich dann in verschiedene Programme einbauen. Die Informationsübertragung von einem Baustein zum anderen erfolgt gewöhnlich über einen peripheren Speicher, obwohl in manchen Programmiersprachen auch andere Möglichkeiten einer solchen Übertragung vorgesehen sein können.

Manche Programmteile, die den gleichen Algorithmus wiederholt realisieren, werden zweckmäßig als *Unterprogramme* oder *Prozeduren* geschrieben. Unterprogramme werden unabhängig vom Hauptprogramm programmiert und werden in der EDVA getrennt von diesem gespeichert. Wird im Hauptprogramm der betreffende Algorithmus benötigt, so wird das zugehörige Unterprogramm *aufgerufen* und abgearbeitet, wonach die EDVA wieder zur Abarbeitung des Hauptprogramms zurückkehrt. Beim Aufruf des Unterprogramms wird die erforderliche Information aus dem Hauptprogramm in das Unterprogramm in Gestalt von Parametern übergeben, von denen das Unterprogramm abhängt.

Die Gewinnung des Objektprogramms aus dem Ursprungsprogramm ist eine der Aufgaben, die ebenfalls von der EDVA selbst gelöst werden. Programme, die diese Arbeit leisten, nennt man *Übersetzer* oder *Compiler*. Sie gehören zur sogenannten mathematischen Ausstattung der EDVA (vgl. 7.2.1.7.).

In vielen Fällen erfolgt die Übersetzung des Ursprungsprogramms aus der Urpsrungs- oder Quellensprache in die Maschinensprache, die als Zielsprache gilt, nicht unmittelbar, sondern über eine *Zwischensprache*, einen sogenannten *Assemblercode*. Dieser ist dann der eigentlichen Maschinensprache bereits weitgehend ähnlich, allerdings treten in dieser anstellte der echten Adressen noch *relative* oder *symbolische Adressen* auf. Darüber hinaus ist eine gewisse Steuerinformation enthalten. Das endgültige Objektprogramm wird dann mit Hilfe eines weiteren Übersetzungsprogramms, des *Assemblers*, gewonnen, der einen Teil des Monitorsystems bildet (vgl. 7.2.1.7.).

7.2.1.6. Die Steuerung der EDVA

Die Arbeit einer EDVA läuft im wesentlichen völlig automatisch ab. Die Funktion des Menschen, des Operateurs, reduziert sich auf das Ingangsetzen der EDVA, auf das Auswechseln der äußeren Datenträger, d. h. der Lochkartenstöße, der Magnetbänder oder Magnetplatten und auf Reaktionen auf Anfragen der EDVA (hauptsächlich auf die Vorbereitung der jeweils benötigten Anlagenteile) über das Steuerpult.

Die häufigsten gegenwärtig gebräuchlichen Systeme der Arbeitsorganisation einer EDVA sind die sogenannten *Multiprogrammverarbeitung* und das Timesharing[1]).

Bei der Multiprogrammverarbeitung werden in die EDVA mehrere Aufgaben eingegeben (geladen), die dann je nach den Möglichkeiten parallel oder sukzessiv abgearbeitet werden. Während der Übertragungsvorgänge in einem Programm erfolgen Unterbrechungen des laufenden Programms, die dann eine Verarbeitung eines anderen Programms gestatten.

Beim Timesharing-Prinzip sind mehrere Anwender über eine Datenfernübertragung (sog. Terminals) mit der EDVA verbunden. Sie werden nacheinander automatisch in die Arbeit der EDVA einbezogen. Bei der Eingabe der Informationen (der Daten und des Programms) über die Datenfernübertragung hat der Benutzer die Möglichkeit, der Anlage Anweisungen zu geben und auf deren Antworten zu reagieren, wodurch ein Dialogbetrieb realisiert wird. Die Abarbeitungszeit eines Programms ist im Mittel gering gegenüber der Zeit, die für die Datenübertragung und die Reaktion auf die Anfragen der Anlage benötigt wird. Daher ist die EDVA in der Lage, mehrere Anwender gleichzeitig zu bedienen.

Neben der Wechselwirkung mit dem äußeren Medium sowie der Organisation des Arbeitsablaufs gewährleistet das Steuerwerk die Arbeit der Zentraleinheit, indem es die Operationscodes und die Adressen der fälligen Befehle entschlüsselt und die Auswahl der Befehle trifft, die in der Zentraleinheit anliegen. Alle diese Funktionen werden sowohl durch entsprechende Teilaggregate der Anlage als auch durch spezielle Programme realisiert, die zu dem sogenannten *Operationssystem* (*Betriebssystem*) als integralem Bestandteil der EDVA gehören.

---

[1]) Die Arbeit von EDV-Anlagen, die sich auf die automatische Steuerung von Produktionsprozessen bezieht (z. B. Prozeßrechner) wird hier nicht behandelt.

7.2.1.7. Die mathematische Ausstattung (Programmbibliothek) einer EDVA

Die Gesamtheit der Programme, die bei der Arbeit einer EDVA verwendet werden, bildet deren *mathematische Ausstattung*. Gewöhnlich wird diese sogenannte *Programmbibliothek* in einem speziellen Teil und einen allgemeinen Teil gegliedert. Zum speziellen Teil der Programmbibliothek gehören z. B. die Programme der Anwender, die zur Lösung gewisser konkreter Probleme bestimmt sind. Den allgemeinen Teil bilden das Operationssystem, das System der Unterprogramme allgemeinen Charakters und eine Reihe anderer Programme, die die Funktion der EDVA gewährleisten.

Das Operationssystem wird gewöhnlich in den *Supervisor* und *Monitor* unterteilt (diese Termini werden nicht immer einheitlich gebraucht). Die Hauptfunktion des Supervisors besteht in der Steuerung der Abarbeitung der Aufgaben und läuft im wesentlichen darauf hinaus, die Kapazität der Anlage, vor allem der Zentraleinheit und des Hauptspeichers, den einzelnen Aufgaben bei ihrer Lösung dynamisch zuzuweisen. Das Monitorsystem hingegen realisiert die Steuerung im Bereich einer einzelnen Aufgabe, gewährleistet dabei die Kompilierung von Programmteilen, die in verschiedenen Programmiersprachen abgefaßt sind, ihre Eingabe und Verknüpfung, die Wechselwirkung der Anlage mit den peripheren Speichern usw.

Bei der Formulierung einer Aufgabe für die EDVA muß der Anwender außer dem Programm seiner Aufgabe auch verschiedene Anweisungen für das Operationssystem mitliefern, die die benötigte Rechenkapazität, die verwendeten Programmiersprachen usw. betreffen. Diese Hinweise können in einer besonderen *Steuersprache* geschrieben werden.

Einen wichtigen Teil der mathematischen Ausstattung bildet das *System zur Steuerung der Daten*, das gewöhnlich als ein Teil des Operationssystems aufgefaßt wird. Bei der Arbeit einer EDVA werden im Zentralspeicher und den Außenspeichern große Datenmengen gespeichert. die zu verschiedenen Aufgaben gehören. Dazu gehören auch die Programme, mit deren Hilfe die Aufgaben gelöst werden. Mit Hilfe der Programmiersprachen und der Steuersprache werden diese Datenmengen in sinngemäße Einheiten (*Records* und *Files*, d. h. Aufzeichnungseinheiten und Dateien) unterteilt, die durch die ihnen gegebenen Namen identifiziert werden können. Im Speicher der EDVA werden die Datenmengen blockweise untergebracht, wobei die Blöcke durch Adressen gekennzeichnet sind. Das Datensteuersystem muß gewährleisten, daß neu anfallende Records und Files in freien Blöcken der Speicher untergebracht und bei Bedarf abgerufen werden können.

7.2.1.8. Realisierung der Arbeit auf einer EDVA

Hat man die Absicht, irgendwelche Aufgaben mit Hilfe einer EDVA zu lösen, so muß man sich vorerst mit den Möglichkeiten der vorgesehenen EDVA vertraut machen. Hat man dann festgestellt, nach welchem Schema die Realisierung der Aufgaben erfolgt und welche Struktur die Ein- und Ausgabedaten haben müssen, so kann man mit der Niederschrift des Programms in irgendeiner algorithmischen Sprache beginnen. Dabei sind die Besonderheiten der Implimentation dieser Sprache für die betreffende Anlage zu berücksichtigen. Danach muß das Programm „eingefahren" werden, d. h., es müssen mögliche Fehler beseitigt werden, wozu das Programm an irgendeiner kleineren gleichgestalteten Aufgabe (*Testaufgabe*) erprobt wird. Diese Aufgaben sollen so beschaffen sein, daß man sie leicht manuell nachrechnen kann. Das Einfahren des Programms geschieht gewöhnlich in zwei Phasen: In der ersten sucht man nach technischen und syntaktischen oder auch Flüchtigkeitsfehlern. In der zweiten Phase sucht man nach Fehlern des Algorithmus sowie nach Möglichkeiten, diesen zu verbessern. Dabei ist unbedingt zu beachten, daß es bei umfangreichen Programmen äußerst schwierig ist, während des Einfahrens die Beseitigung sämtlicher Fehler zu gewährleisten. Es ist daher zweckmäßig, einzelne Teile des Programms getrennt einzufahren und dann nacheinander diese Teile miteinander zu verbinden.

Ist das Programm endgültig eingefahren, so wird der endgültige Text in einem Außenspeicher aufgezeichnet. Steht die Lösung vieler Varianten mit verschiedenen Daten nach demselben Programm bevor, so wird das Objektprogramm gespeichert, um eine wiederholte Compilierung zu vermeiden.

Nimmt eine Aufgabe viel Zeit in Anspruch, so sind im Programm gewisse *Stützstellen* vorzusehen, d. h. das Abspeichern von Zwischenergebnissen in einem Außenspeicher. Eine solche Aufzeichnung muß gewährleisten, daß die Aufgabe bei der letzten derartigen Aufzeichnung fortgesetzt werden kann, falls eine Havarie in der Arbeit der EDVA eingetreten ist.

7.2.2. Analogrechner

7.2.2.1. Prinzip der Analogierechentechnik

Das Prinzip der Analogierechentechnik beruht auf der Realisierung mathematischer Modelle mit technischen Mitteln, wobei die mathematischen Objekte durch Maßzahlen physikalischer Größen und die mathematischen Operationen mittels physikalischer Gesetze dargestellt bzw. erzeugt werden. Es gibt mechanische, pneumatische, hydraulische und elektronische Analogierechner. Es wurden auch Versuche mit optischen Analogierechnern unternommen. Wir beschränken uns hier auf elektronische Analogierechner. Tabelle 7.18 zeigt die charakteristischen Unterschiede zum Digitalrechner.

Tabelle 7.18

Merkmale	digital	analog	elektronisch analog
Informations-darstellung	Zeichenreihen	Maßzahlen physikalischer Größen	elektrische Potentiale
Operationen über der Informationsmenge	Algorithmen	geeignet gewählte physikalische Gesetze	Gesetze aus der Theorie der Elektrizität
Genauigkeit	theoretisch unbeschränkt	vom Prinzip her beschränkt	pro Rechenelement 2‰ … 2%
Anwendungs-möglichkeit	universell	spezielle Probleme	Systeme gewöhnlicher Differentialgleichungen
Programmierung	Lösungs- und Verarbeitungs-algorithmen	Problemgleichungen	Differentialgleichungen
numerischer Bereich	sehr groß	klein	für abhängige Variable: $-1 \leqq y \leqq 1$
Ausgabe der Ergebnisse	Zeichenreihen (Tabellen, Text) oder Kurven	Kurven, einzelne Meßwerte, Tabellen (bei Verwendung von Digitalvoltmeter mit Drucker)	geschriebene Kurven, Kurven auf Oszillographen, einzelne Meßwerte, Tabellen

7.2.2.2. Rechenelemente eines Analogrechners

Analogrechner sind nach dem Baukastenprinzip aufgebaut, sie enthalten Rechenverstärker, die meistens als austauschbare Einsteckbausteine konstruiert sind. Die Zusammenschaltung der Rechenverstärker erfolgt auf einem Programmierfeld durch Stecker und Schnüre. Bei anspruchsvolleren Rechnern ist das Programmierfeld auswechselbar. Aus den Rechenverstärkern (Gleichspannungsverstärker: $U_a = -sU_e$, U_e Eingangsspannung, U_a Ausgangsspannung, $s > 10^5$) werden durch Beschaltung mit Eingangs- und Rückführungsnetzwerken *Rechenelemente*, die gewisse Operationen bewirken. Das wichtigste Rechenelement, der *Integrierer*, enthält darüber hinaus noch zwei Schalter (Relais), die durch zwei Steuerspannungen p_r, p_s betätigt werden. Dadurch kann dieses Rechenelement in drei Zustände versetzt werden: 1. „*Rückstellen*", $p_r = L$ (d. h. p_r liegt an), in diesem Zustand ist der Ausgang y des Rechenelementes gleich dem negativen Eingang y_0 an der Anfangswertbuchse (Anfangswertaufschaltung). 2. „*Rechnen*", $p_r = p_s = 0$. Der Integrierer führt eine Integration aus (vgl. Tab. 7.19). 3. „*Unterbrechen*", $p_s = L$. Der Integrator speichert den am Ausgang anliegenden Spannungswert, d. h., dieser bleibt in diesem Zustand konstant, unabhängig davon, was an den Eingängen geschieht.

Tabelle 7.19

Name	Schaltsymbol	Funktion	Bemerkung
Potentiometer geerdet		$y = ax$	a reelle Zahl, $0 \leqq a \leqq 1$. Potentiometereinstellung ist abhängig vom nachfolgenden Belastungswiderstand.
offen	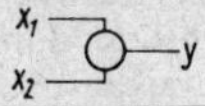	$y = x_2 + a(x_1 - x_2)$	
Summierer	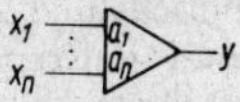	$y = -\sum_{i=1}^{n} a_i x_i$	a_i meistens ganzzahlig, z. B. $a_i \in \{1, 10\}$. Konstante Eingangswiderstände.
Inverter		$y = -x$	
Integrierer, zentralgesteuert	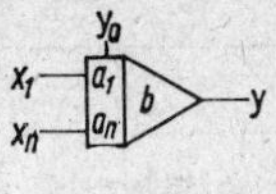	$y = -y_0 - b \int_0^t \sum_{i=1}^{n} a_i x_i \,\mathrm{d}\tau$ oder: $y' = -b \sum_{i=1}^{n} a_i x_i$, $y(0) = -y_0$	a_i, b meistens ganzzahlig, z. B. $a_i, b \in \{1, 10\}$ Konstante Eingangswiderstände. y_0 konstant.
	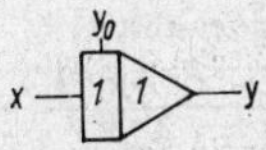	$y' = -x$, $y(0) = -y_0$	Häufig vorkommender Spezialfall
freisteuerbar	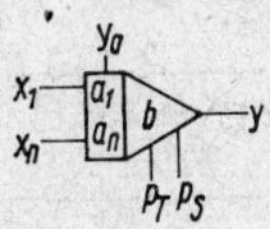	$y = -y_0 - b \int_{t_1}^{t_2} \sum_{i=1}^{n} a_i x_i \,\mathrm{d}\tau$	$0 \leqq t_1 < t_2 \leqq t_e$, $p_r = \begin{cases} L & \text{für } t < t_1 \\ 0 & \text{für } t \geqq t_1 \end{cases}$ $p_s = \begin{cases} 0 & \text{für } t < t_2 \\ L & \text{für } t \geqq t_2 \end{cases}$
Multiplizierer (Parabelmultiplizierer)	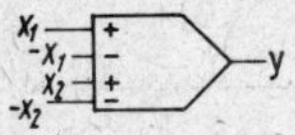	$y = x_1 x_2$	Es werden stets die beiden Funktionen vorzeichenrichtig multipliziert, die auf den mit + bezeichneten Eingängen liegen.
Funktionsgenerator	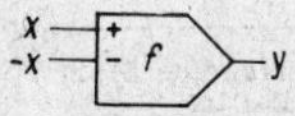	$y = f(x)$	f stetige reelle Funktion, stückweise linear oder konstant (Approximation durch Polygonzug).
Komparator (Relais mit Differenzenverstärker)	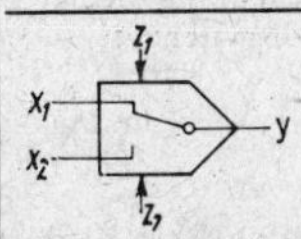	$z_1 > z_2$: $y = x_1$ $z_1 < z_2$: $y = x_2$ $z_1 = z_2$: instabil	x_1 und x_2 können auch Steuerspannungen sein.
offener Verstärker	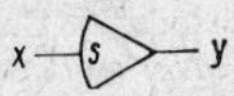	$y = -sx$	$s > 10^5$, Verwendung für Sonderzwecke.
konstante Funktionen		$y = 1$	Die konstanten Funktionen sind als Buchsen auf dem Programmierfeld vorhanden. Man unterscheide zwischen Rechenspannung +1 und Steuerspannung L.
		$y = -1$	
		$y = 0$	
		$p = 0$	
		$p = L$	

Im Falle $p_r = p_s = L$ befindet sich der Integrierer im Zustand „Rückstellen" (Vorrangschaltung). Die Integrierer werden normalerweise zentral gesteuert, d. h. die Steuerspannungen p_r und p_s werden im Rechner für diese Integrierer gleichzeitig geschaltet. Die Zeitrechnung beginnt ($t = 0$) mit dem Übergang vom Zustand „Rückstellen" zum Zustand „Rechnen" und endet ($t = t_e$) mit dem Übergang vom Zustand „Rechnen" in den Zustand „Unterbrechen" oder „Rückstellen". Die Umschaltung der Zustände kann vom Bedienpult, von einer Uhr oder einem anderen Zeitgeber oder auch vom Programm her erfolgen. Man unterscheidet zwei Betriebsarten:

1. einmaliges Rechnen: „Rückstellen" – „Rechnen" – „Unterbrechen"
2. repetierendes Rechnen: Mit einem Startsignal beginnender ständiger Wechsel der Zustände „Rückstellen" und „Rechnen" bis ein Haltesignal erfolgt.

Außer den zentralgesteuerten Integrierern sind bei größeren Rechnern noch *freisteuerbare Integrierer* vorhanden, bei denen die Steuerspannungen p_r und p_s individuell programmierbar sind. Die Tabelle 7.19 gibt eine Übersicht über die Rechenelemente eines Analogrechners.

7.2.2.3. Prinzipielle Programmierung gewöhnlicher Differentialgleichungssysteme

Auf dem Analogrechner können stückweise stetige reelle Funktionen einer Variablen t auf einem Intervall $0 \leqq t \leqq t_e$ als zeitlich veränderliche Potentiale dargestellt und erzeugt werden. Diese Funktionen treten dabei als Lösungen von Anfangswertproblemen gewöhnlicher Differentialgleichungen auf. Die Differentialgleichungen werden programmiert und die Anfangswerte als konstante Funktionen eingegeben. Wir vernachlässigen in diesem Abschnitt die technisch bedingten Einschränkungen (Beschränkung auf Intervall $[-1, 1]$, Beschränkung der Potentiometerwerte auf $0 \leqq a \leqq 1$) und betrachten die *qualitative Programmierung* (Aufstellung des *Koppelplanes*).

Koppelplan für eine gewöhnliche explizite Differentialgleichung (vgl. 3.3.1.1.): Wir betrachten als Beispiel $y''' = f(y, y', y'', t)$, $y(0) = a_1$, $y'(0) = a_2$, $y''(0) = a_3$, a_1, a_2, a_3 positive reelle Zahlen.

Erster Schritt: Aufstellung einer Kette von drei Integrierern (entsprechend der Ordnung der Differentialgleichung) (Abb. 7.16); man beachte die Vorzeichenumkehr bei der Integration und die der einzugebenden Anfangswerte.

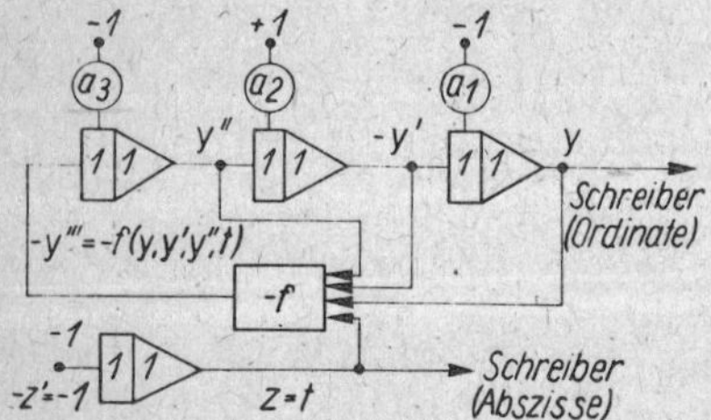

Abb. 7.16

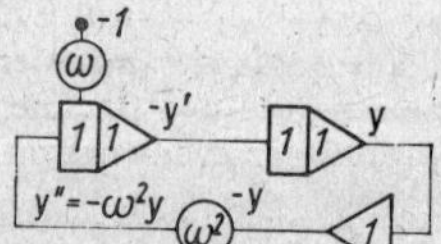

Abb. 7.17

Zweiter Schritt: Erzeugung der Funktion $z = t$ als Lösung von $z' = 1$, $z(0) = 0$.

Dritter Schritt: Herstellen von $f(y, y', y'', t)$ mittels der Rechenelemente des Rechners. Ausschreiben des Ergebnisses $y = y(t)$.

Beispiel 1: $y'' = -\omega^2 y$, $y(0) = 0$, $y'(0) = -\omega$, $\omega > 0$. Koppelplan: Abb. 7.17. (Die Ausgänge auf dem Schreiber und die Erzeugung von t sind nicht angegeben, vgl. Beispiel 1 in 7.2.2.4.)

Beispiel 2: $y_1'' = -ty_1' + y_2$, $y_2'' = -y_1 \cdot y_2 + a_1 e^{-a_2 \cdot t}$, $y_1'(0) = y_1(0) = 0$, $y_2'(0) = -a_3$, $y_2(0) = a_4$, $a_i > 0$, gesuchte Lösung für $0 \leqq t \leqq t_e$.

Koppelplan: Abb. 7.18. Die Hilfsfunktion $z_2 = e^{-a_2 \cdot t}$ erhält man als Lösung des Anfangswertproblems $z_2' = -a_2 \cdot z_2$, $z_2(0) = 1$. Bei einem Mehrkanalschreiber kann y_1 und y_2 gleichzeitig ausgeschrieben werden, im anderen Fall wird die Rechnung zweimal ausgeführt und y_1 und y_2 nacheinander ausgeschrieben.

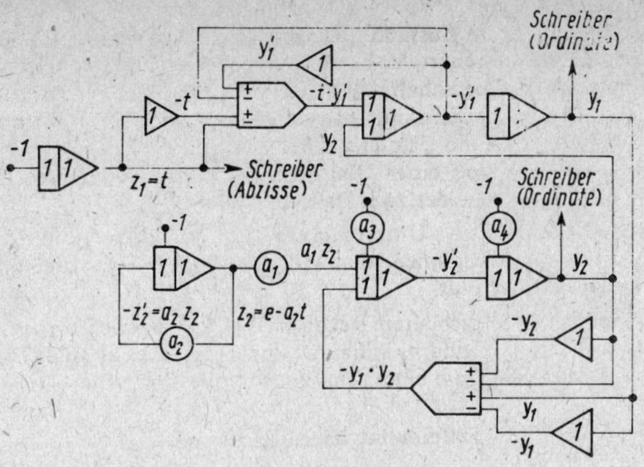

Abb. 7.18

7.2.2.4. Quantitative Programmierung

An den Ausgängen der Rechenverstärker dürfen nur Funktionen auftreten, deren Wert zwischen -1 und 1 liegen. Außerdem ist es in den meisten Fällen erforderlich, das Intervall $0 \leqq t \leqq t_e$ der unabhängigen Problemvariablen auf ein auf dem Rechner (und den entsprechenden Ausgabegeräten) realisierbares Zeitintervall $0 \leqq T \leqq T_e$ abzubilden. Das geschieht durch homogene lineare Transformationen.

1. Normierung der Funktionen: Da alle betrachteten Funktionen auf einem abgeschlossenen Intervall stückweise stetig sind, sind sie auch beschränkt. Daher existiert zu jeder auf dem Rechner darstellbaren Funktion $x(t)$ eine obere Schranke ihres Betrages, die mit x^* bezeichnet werde:

$$\forall t (t \in [0, t_e] \rightarrow |x(t)| \leqq x^*).$$

Damit gilt: $-1 \leqq x(t)/x^* \leqq 1$, und $x(t)/x^*$ ist darstellbar. Die Ausgänge von Invertoren und Multiplizierern brauchen nicht normiert zu werden, da sich deren Normierung aus den Eingängen ergibt. Wählt man als Schranken die oberen Grenzen, so erhält man eine optimale Transformation, bei der die Verstärker (eventuell mit Ausnahme der Multiplizierer) voll ausgesteuert sind.

2. Transformation der unabhängigen Variablen: Durch die Transformation $T = \lambda t$ wird das Intervall $0 \leqq t \leqq t_e$ auf das Intervall $0 \leqq T \leqq T_e$ mit $T_e = \lambda t_e$ abgebildet. Damit werden aus den normierten Problemfunktionen (normierte Problemvariablen) Maschinenvariable: $X(T) = x(1/\lambda \cdot T)/x^*$. Da die Integration auf dem Rechner nur über die Variable T (real ablaufende Zeit) erfolgen kann, ergibt sich folgende Transformation für die Integration:

$$\sigma = \lambda \cdot \tau: \quad \tau = 0 \rightarrow \sigma = 0, \quad \tau = t \rightarrow \sigma = \lambda t = T; \quad d\tau = 1/\lambda \cdot d\sigma:$$

$$\int_0^t (x(\tau)/x^*)\, d\tau = \int_0^T \left(x(1/\lambda \cdot \sigma)/x^* \cdot \frac{1}{\lambda} \right) d\sigma = \frac{1}{\lambda} \int_0^T (x(1/\lambda \cdot \sigma)/x^*)\, d\sigma.$$

Bei $\lambda > 1$ spricht man von einer Dehnung des Problemintervalls, bei $0 < \lambda < 1$ von einer Raffung und bei $\lambda = 1$ von einer Echtzeitprogrammierung. Durch diese Transformationen entsteht aus dem

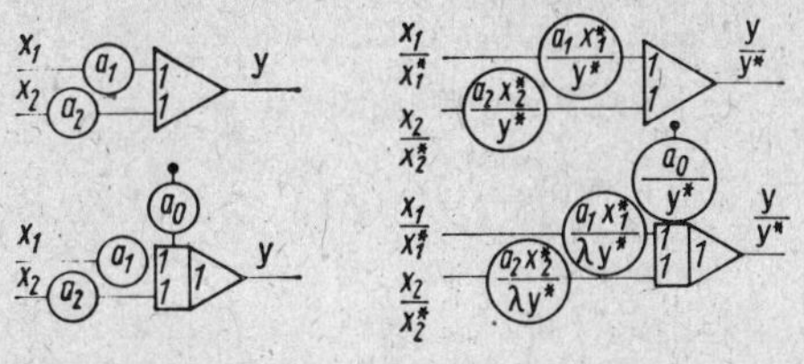

Abb. 7.19

Koppelplan der *normierte Koppelplan* oder die *Rechenschaltung*. Abb. 7.19 zeigt den Übergang vom Koppelplan zum normierten Koppelplan bei einem Summierer und einem Integrierer gemäß den Gleichungen:

Koppelplan | normierter Koppelplan

$$y = -a_1x_1 - a_2x_2 \qquad y/y^* = -(a_1x_1^*/y^*)(x_1/x_1^*) - (a_2x_2^*/y^*)(x_2/x_2^*),$$

$$y = -y_0 - \int_0^t (a_1x_1 + a_2x_2)\,d\tau \qquad y/y^* = -\frac{y_0}{y^*} - \int_0^T \left(\frac{a_1x_1^*}{\lambda y^*}\cdot\frac{x_1}{x_1^*} + \frac{a_2x_2^*}{\lambda y^*}\cdot\frac{x_2}{x_2^*}\right) d\sigma.$$

Beispiel 1: Normierung des Koppelplanes von Beispiel 1 aus 7.2.2.3.: Bei diesem einfachen Beispiel ergibt sich sofort als Lösung: $y = -\sin(\omega t)$, $y' = -\omega\cos(\omega, t)$, also $y^* = 1$ und $y'^* = \omega$. Anfangswerte der normierten Funktionen: $y(0) = 0$, $y'(0)/y'^* = -1$. Beachtet man noch, daß man die Konstanten a und b der Integrierer nicht notwendig beide 1 wählen muß, so ergibt sich als normierter Koppelplan Abb. 7.20. Man erkennt, daß die Schaltung in Abb. 7.17 nur für $0 < \omega \leqq 1$ (wegen des Anfansgwertpotentiometers) verwendbar ist, während der normierte Koppelplan ohne größeren Aufwand für $0 \leqq \frac{\omega}{\lambda ab} \leqq 1$ bei geeigneter Wahl von a, b und λ einen wesentlich größeren Bereich für ω gestattet. Am Ausgang des Inverters erhält man übrigens die Funktion $\sin(\omega t)$ und am Ausgang des ersten Integrators die Funktion $\cos(\omega t)$ (Schaltung eines Sinusgenerators). Die Schaltung ist optimal, alle Verstärker werden voll ausgesteuert.

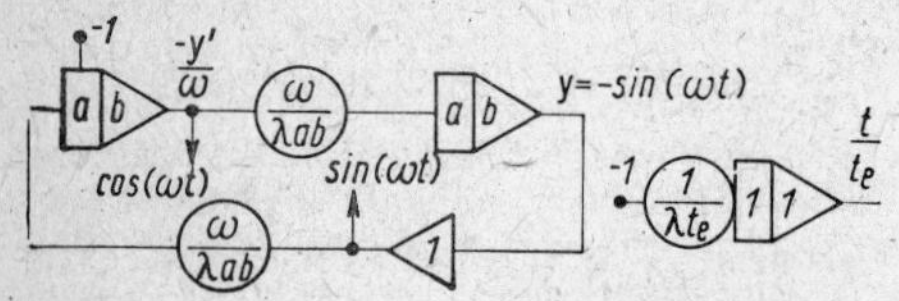

Abb. 7.20

Beispiel 2. Normierung des Koppelplanes von Beispiel 2 aus 7.2.2.3. Man findet unmittelbar $t^* = t_e$ und $z_2^* = 1$. Die anderen Schranken werden geschätzt. Mit den Schätzwerten führt man einen Probelauf durch. Übersteuert ein Verstärker, so ist die Schranke für den Ausgang des Verstärkers zu klein gewählt, ist er nicht ausgesteuert, so ist die Schranke zu groß gewählt. Abb. 7.21 zeigt den normierten Koppelplan.

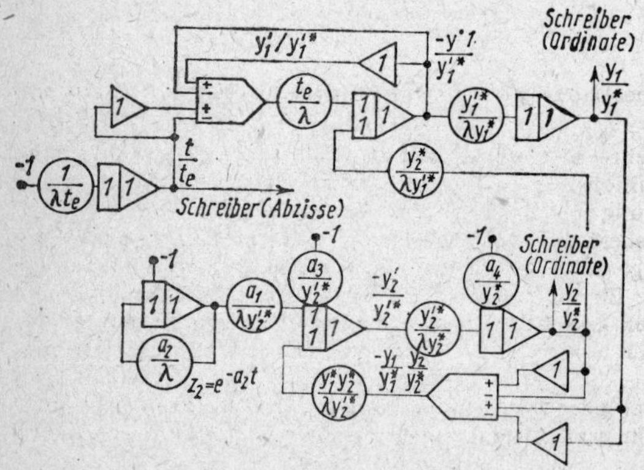

Abb. 7.21

7.2.3. Elektronische Taschenrechner

7.2.3.1. Nichtprogrammierbare Taschenrechner

7.2.3.1.1. Zahleneingabe und -anzeige

Die Zahleneingabe erfolgt bei elektronischen Taschenrechnern mit Hilfe der Zifferntasten [0], [1], ..., [9], der Dezimalpunkttaste [·], der Vorzeichenwechseltaste [+/−] oder [CHS] (engl.: change sign = Wechsel des Vorzeichens) und der Exponenteneingabetaste [EE] oder [EEX] oder [EXP] (engl.: enter exponent = Eingabe des Exponenten). Zahlen können in normaler Dezimalschreibweise oder in halblogarithmischer Darstellung ein- oder ausgegeben werden. Dabei sind in der Regel maximal zehn Stellen für die Dezimalzahl bzw. für die Mantisse und maximal zwei Stellen für den Exponenten zulässig. Meist werden nur Zahlen aus den Intervallen $[-b; -a]$ und $[a; b]$ mit $a = 10^{-99}$ und $b = 9{,}999999999 \cdot 10^{99}$ sowie die Zahl 0 akzeptiert. Zahlen mit einem Betrag kleiner (größer) als a (b) führen zu Unterlauf (Überlauf). Viele Taschenrechner „blockieren" in diesen Fällen, d. h. nehmen keine weiteren Befehle mehr an. Einige Rechnertypen interpretieren Unterlauf als die Zahl 0.

Für die Zahlenanzeige können drei Formate eingestellt werden:

- *Standardformat*: Falls die ersten zehn Stellen einer Dezimalzahl in die Anzeige „hineinpassen", werden diese angezeigt.
- *Exponentialformat*: Von der halblogarithmischen Darstellung $m \cdot 10^e$ ($1 \leqq |m| < 10$, $0 \leqq |e| \leqq 99$, e ganz) werden die Mantisse m und der Exponent e angezeigt.
- *Technisches Format*: Das ist ein modifiziertes Exponentialformat. Es gilt $1 \leqq |m| < 1000$, und e ist stets durch 3 teilbar.

Das Ein- und Ausschalten der Anzeigeformate geschieht von Rechner zu Rechner mit anders bezeichneten Tasten. Bei vielen Taschenrechnern kann mit Hilfe der [Fix]-Taste (eng.: fix = festsetzen) oder mit Hilfe der [DSP]-Taste (engl.: display = auslegen), gefolgt von einer Zifferntaste, eingestellt werden, wieviel Nachkommastellen ausgewiesen werden sollen. Dann wird die letzte Stelle gerundet angezeigt. Das beeinflußt jedoch nicht die interne Rechengenauigkeit. Intern verarbeiten Taschenrechner oft mehr Stellen als sie maximal anzeigen können, um in langen Rechnungen dem „Aufschaukeln" von Rundungsfehlern entgegenzuwirken. Es gibt auch Taschenrechner, denen interne Rundung befohlen werden kann.

Löschung von Zahleneingaben (Eintastfehler) erfolgt mit Hilfe von Tasten [C] (einmal betätigt) oder [CE] (engl.: clear entry = Reinigung der Eintragung). Alle Rechenregister (s. u.) werden dagegen mit Hilfe der Tasten [C] (zweimal betätigt) oder [CLR] (engl.: clear = reinigen) gelöscht.

7.2.3.1.2. Rechenoperationen

Zur Standardausrüstung wissenschaftlich-technischer Taschenrechner mit einstelligen Operationen gehören die Funktionen: $1/x$, x^2, $\sqrt{x}$, $\lg x$, 10^x, $\ln x$, e^x, $\sin x$, $\cos x$, $\tan x$, $\arcsin x$, $\arccos x$ und $\arctan x$. Einfachste Taschenrechner weisen nur eine Teilmenge davon auf. Nach Eingabe des Arguments x (aus dem Definitionsbereich) wird der Funktionswert durch Betätigung einer entsprechend bezeichneten Taste (häufig aber auch mehrerer Tasten) berechnet und angezeigt. Für Argumente außerhalb des Definitionsbereichs erfolgt dagegen eine Fehleranzeige (besonderes Zeichen in der Anzeige, blinkende Anzeige o. ä.). Bei relativ vielen Taschenrechnern können die Funktionswertberechnungen insbesondere für die trigonometrischen Funktionen (aber zum Teil auch für andere Funktionen) nicht für den gesamten Definitionsbereich, sondern nur für ein bestimmtes Teilintervall davon vorgenommen werden. Einzelheiten sind den jeweiligen Bedienungsanleitungen zu entnehmen.

Viele Taschenrechner weisen eine Doppel- oder gar Mehrfachbelegung der Tasten auf. In solchen Fällen ist *vor* der Funktionstaste eine von gegebenenfalls mehreren Vorwahltasten zu betätigen.

Gebräuchliche Bezeichnungen für Vorwahltasten sind [F], [f], [f^{-1}], [g], [h], [INV] (engl.: invert = umkehren) und [2nd] (von engl.: second = zweite (Funktion)).

Die Tastenbezeichnungen und die Anzahl der Tasten für den Aufruf der Funktionswerte der oben genannten Funktionen sind sehr unterschiedlich. So wird z. B. arcsin x nach Eingabe des Arguments x mit [$\sin^{-1} x$] oder [f] [$\sin x$] oder [F] [$\sin x$] oder [arc] [$\sin x$] oder [INV] [$\sin x$] oder [INV] [2nd] [$\sin x$] ermittelt. Viele Taschenrechner erlauben, bei den trigonometrischen Funktionen für das Argument und bei den zyklometrischen Funktionen für den Funktionswert die Winkelmaße Altgrad, Bogenmaß oder Neugrad (meist mit Hilfe der Tasten [Deg], [Rad], [Grd]) einzustellen. Oft erscheint dann ein Hinweis in der Anzeige, der an das eingestellte Winkelmaß erinnert (das Nichtbeachten eines eingestellten Winkelmaßes ist eine sehr häufige Fehlerquelle).

Mit sehr leistungsfähigen Taschenrechnern sind weitere einstellige Operationen möglich: Einheitenumrechnungen, Winkelmaßumwandlungen (Altgrad ↔ Bogenmaß, Neugrad ↔ Bogenmaß, Altgrad ↔ Neugrad, dezimalgeteilter Altgrad ↔ Altgrad-Minuten-Sekunden), Hyperbelfunktionen (sinh x, cosh x, tanh x), Areafunktionen (arsinh x, arcosh x, artanh x), $x!$ für natürliche x oder gar Γ-Funktion sowie Dichte- und Verteilungsfunktionen wichtiger Zufallsgrößen (z. B. Normal-, χ^2-, t- und F-Verteilung). Bei komfortablen programmierbaren Taschenrechnern sind ferner Befehle zur Berechnung der Betrags-, der Signum-, der Ganzzahl- und der Bruchteilfunktion vorhanden.

Die zweistelligen Operationen $y + x$, $y - x$, $y \cdot x$, $y : x$, y^x und $\sqrt[y]{x}$ bilden bei wissenschaftlich-technischen Taschenrechnern die Grundausstattung. Mit einfachen Taschenrechnern sind nur die vier Grundrechenarten möglich. Die Reihenfolge, in der die Operanden y und x und die Operationsbefehle einzugeben sind, hängt von der Logik[1]) des Taschenrechners ab (s. 7.2.3.1.3.). Die ersten vier Operationsbefehle werden mit entsprechend bezeichneten Tasten erteilt. In allen Fällen bezeichnet y den zuerst und x den zuletzt eingegebenen Operanden. Beim Potenzieren und Radizieren gilt das in gleicher Weise, doch ist zu beachten, daß es Taschenrechner gibt, die anstelle der oben genannten Tastenbezeichnungen die Tasten [x^y] und [$\sqrt[x]{y}$] oder nur eine der Tasten [y^x] oder [x^y] aufweisen. Gegebenenfalls sind also Exponent und Basis bzw. Wurzelexponent und Radikand in umgekehrter Reihenfolge einzugeben. Fehlt eine Taste für das Radizieren, so hat man für diese Operation die Beziehung $\sqrt[y]{x} = x^{1/y}$ bzw. $\sqrt[x]{y} = y^{1/x}$ anzuwenden. Das Radizieren erfolgt also durch Kombination der [y^x]- und der [$1/x$]-Taste bzw. der [x^y]-und der [$1/x$]-Taste.

Weitere bei vielen Taschenrechnern mögliche zweistellige Operationen sind Koordinatenumwandlungen (ebene kartesische Koordinaten ↔ ebene Polarkoordinaten), Berechnung von Kombinationen und Variationen, Addition und Subtraktion von Winkeln im Altgrad-Minuten-Sekunden-Format und die Konstantenautomatik. Auf die Befehle, mit denen diese Operationen ausgelöst werden, kann hier aus Platzgründen nicht eingegangen werden. Zur Konstantenautomatik sei lediglich angemerkt, daß sich Taschenrechner darin unterscheiden, auf welche zweistelligen Operationen die Konstantenrechnung angewendet und welcher Operand (der zuerst oder der zuletzt eingegebene) als Konstante verwendet wird. Details sind den Bedienungsanleitungen zu entnehmen.

7.2.3.1.3. Rechenregister und Logik

Jeder Taschenrechner hat zwei Rechenregister X und Y. Das X-Register ist identisch mit dem Anzeigeregister. In ihm werden die Argumente und die Funktionswerte bei den einstelligen Operationen gespeichert. Es gibt allerdings auch einige (ältere) Taschenrechner, die für bestimmte ein-

---

[1]) Die Reihenfolge der zu drückenden Tasten wird durch die Syntax (s. 2.4.1.) der Eingabesprache bestimmt. Die Interpretation erfolgt durch Schaltungen (s. 10.4.1.), die mit Hilfe aussagenlogischer Sätze konstruiert werden; deshalb spricht man von der Logik des Taschenrechners.

stellige Operationen auch das Y-Register beanspruchen. Bei den zweistelligen Operationen wird der zuerst eingegebene Operand im Y-Register und der zuletzt eingegebene Operand im X-Register gespeichert. Moderne Taschenrechner weisen darüber hinaus weitere (15 und mehr) Register auf. Diese Register werden zur kurzzeitigen Speicherung von Operanden bei zusammengesetzten Rechnungen verwendet. Im Verlaufe solcher Rechnungen finden automatisch Verschiebungen der Inhalte der Rechenregister „nach oben" und „nach unten" statt. Das geschieht in der Weise, daß sich Operanden für einstellige Operationen im Moment der Erteilung des fraglichen Befehls im X-Register und entsprechend Operanden für zweistellige Operationen im X- und im Y-Register befinden. Die Gesamtheit der Rechenregister heißt Stack (Stapel oder Keller). Die internen Verschiebungen im Stack sind für den Nutzer in der Regel ohne Belang. Es ist aber wichtig zu wissen, wieviele Rechenregister der verwendete Taschenrechner hat, weil er nur entsprechend viele Operanden gleichzeitig speichern kann. Erforderlichenfalls sind arithmetische Terme „von innen her" zu berechnen (vgl. 2.4.1.1.).

Man unterscheidet Taschenrechner mit arithmetischer Logik, algebraischer Logik und umgekehrter polnischer Notation (vgl. Fußnote S. 802). Auf erstere gehen wir aus Platzgründen und auch deshalb nicht ein, weil sie bei Taschenrechnern selten angewandt wird. Bei algebraischer Logik ist zwischen *gewöhnlicher algebraischer Logik* und *algebraischer Logik mit Hierarchie* (auch *algebraisches Operationssystem* genannt) zu unterscheiden. Gewöhnliche algebraische Logik ist durch sog. Kurzwegtechnik gekennzeichnet. Charakteristisch dafür ist, daß zweistellige Operationen (nach Eingabe des ersten Operanden, des Operationsbefehls und des zweiten Operanden) nicht nur bei Erteilung des [=]-Befehls oder (falls es sich um eine Operation innerhalb von Klammern handelt) des [)]-Befehls ausgeführt werden, sondern auch bei Erteilung irgendeines weiteren Befehls für eine zweistellige Operation. Das algebraische Operationssystem arbeitet mit einer modifizierten Kurzwegtechnik: Im Unterschied zur gewöhnlichen algebraischen Logik wird die Kurzwegtechnik nur wirksam, wenn der zweite Operationsbefehl nicht hierarchisch höher steht als der erste, d. h. wenn die zuletzt angewiesene Operation nicht von höherer Stufe ist. Mit Hilfe von Klammern kann bei gewöhnlicher algebraischer Logik die Kurzwegtechnik und beim algebraischen Operationssystem die modifizierte Kurzwegtechnik unterdrückt werden. Deshalb steigt die Leistungsfähigkeit solcher Taschenrechner mit der Anzahl der Klammern, die geschachtelt werden dürfen. Hier sei noch ausdrücklich darauf hingewiesen, daß bei gewöhnlicher algebraischer Logik oft statt der abgekürzt geschriebenen arithmetischen Ausdrücke (bei denen manche Klammern weggelassen werden), die vollständig geklammerten arithmetischen Ausdrücke (s. 2.4.1.1.) verwendet werden müssen.

Soll z. B. der Term $\sqrt[a]{[(b + c \cdot d^e) : f] - g}$ durch Eingabe der Operanden in der Reihenfolge ihres Auftretens berechnet werden, so ist dazu folgende Befehlsfolge erforderlich:

1) gewöhnliche algebraische Logik

a [$\sqrt[y]{x}$] [(] [(] [(] b [+] [(] c [×] [(] d [y^x] e [)] [)] [)] [÷]

f [)] [−] g [)] [=]

2) algebraisches Operationssystem

a [$\sqrt[y]{x}$] [(] [(] b [+] c [×] d [y^x] e [)] [÷] f [−] g [=]

Man beachte, daß die letzte schließende Klammer nicht gesetzt zu werden braucht.

Umgekehrte polnische Notation ist eine klammerfreie Notation arithmetischer Ausdrücke: Die *Operanden* werden *der Reihe nach* und die *Operationsbefehle so früh wie möglich* (d. h. sobald die Operanden bereitstehen) aufgeschrieben. Die umgekehrte polnische Notation für obiges Beispiel lautet $a\ b\ c\ d\ e\ y^x \cdot + f : g - \sqrt[y]{x}$. Taschenrechner mit dieser Logik weisen deshalb weder Klammertasten [(] und [)] noch die [=]-Taste auf. Berechnungen mit diesen Taschenrechnern erfordern die Eingabe der Operanden und der Operationsbefehle in der angegebenen Weise, jedoch ist zusätzlich eine [↑]-Taste zu betätigen, wenn nach einer Operandeneingabe kein Operationsbefehl folgt. Im Beispiel lautet die Befehlsfolge:

a [↑] b [↑] c [↑] d [↑] e [y^x] [×] [+] f [÷] g [−] [$\sqrt[y]{x}$].

Je mehr Klammern bei algebraischer Logik geschachtelt und je mehr [↑]-Befehle bei umgekehrter polnischer Notation ohne dazwischengeschalteten Operationsbefehl aufeinander folgen dürfen, um so mehr Rechenregister hat ein Taschenrechner, um so leistungsfähiger ist er also. Wie bereits bemerkt, müssen deshalb gelegentlich Terme „von innen her" berechnet werden. Das ist in obigem Beispiel der Fall, wenn bei gewöhnlicher algebraischer Logik weniger als fünf Klammern geschachtelt oder bei umgekehrter polnische Notation weniger als vier [↑]-Befehle aufeinander folgen dürfen.

7.2.3.1.4. Datenspeicher

Einfache Taschenrechner weisen meist einen Datenspeicher mit nur einem Register auf. Komfortablere Rechner haben Datenspeicher mit mehreren Registern. Der Datenspeicher programmierbarer Taschenrechner besteht aus bis zu einigen Hundert Registern. In jedem Register kann (langzeitig) eine Zahl gespeichert und bei Bedarf aus diesem Register auch (beliebig oft) wieder aufgerufen werden. Ist nur ein Datenspeicherregister vorhanden, so erfolgt das Speichern einer im X-Register befindlichen Zahl durch Betätigung einer mit [M] oder [X → M] (von engl.: memory = Gedächtnis) bezeichneten Taste. Das Speichern kann jederzeit unabhängig von gerade durchgeführten Berechnungen erfolgen. Der Aufruf einer gespeicherten Zahl aus dem Datenspeicherregister in das X-Register erfolgt entsprechend durch Betätigung der [M]-Taste oder der [M → X]-Taste. Der Befehl zum Speichern lautet oft auch [STO] (engl.: storage = lagern), der Befehl zum Aufrufen auch [RCL] (engl.: recall = Rückruf). Häufig kann der Inhalt des X-Registers (man schreibt dafür $\langle X \rangle$) mit Hilfe von Befehlen wie [X ↔ M] oder [Exc] (engl.: exchange = vertauschen, auswechseln) auch mit dem Inhalt des Datenspeicherregisters (man schreibt dafür $\langle M \rangle$) ausgetauscht werden. Durch das Speichern einer Zahl im Datenspeicherregister, in dem zuvor bereits eine Zahl gespeichert war, wird die ursprünglich gespeicherte Zahl „überschrieben". Überschreiben mit der Zahl 0 bezeichnet man als Löschen. Oft existiert ein besonderer Befehl zum Löschen des Datenspeicherregisters: [CM] (engl.: clear memory = Löschen des Gedächtnisses). Mit vielen Taschenrechnern ist sog. Datenspeicherregister-Arithmetik möglich. Darunter versteht man folgende Operationen:

Befehl	Wirkung
[M+] oder [X → M] [+] oder [SUM] oder [STO] [+]	$\langle M \rangle := \langle M \rangle + \langle X \rangle$
[M−] oder [X → M] [−] oder [INV] [SUM] oder [STO] [−]	$\langle M \rangle := \langle M \rangle - \langle X \rangle$
[M×] oder [X → M] [×] oder [Prd] oder [STO] [×]	$\langle M \rangle := \langle M \rangle \cdot \langle X \rangle$
[M÷] oder [X → M] [÷] oder [INV] [Prd] oder [STO] [÷]	$\langle M \rangle := \langle M \rangle : \langle X \rangle$

(engl.: sum = Summe, invert sum = Differenz, product = Produkt, invert product = Quotient).

Ist mehr als ein Datenspeicherregister vorhanden, so haben die Register Adressen. Das sind je nach Anzahl der Register ein-, zwei- oder dreistellige natürliche Zahlen. Diese Zahlen sind obigen Befehlen nachzustellen, damit der Rechner angewiesen wird, mit welchem Register die befohlene Operation ausgeführt werden soll. Bezeichnen wir die Adressen der Datenspeicherregister allgemein mit $p, q, \ldots$ und ihre Inhalte mit $\langle p \rangle, \langle q \rangle, \ldots$, so sind folgende Operationen von Bedeutung (der Kürze wegen geben wir nur eine von den obigen Tastenbezeichnungen an):

Befehl	Wirkung
[STO] p	$\langle p \rangle := \langle X \rangle$
[RCL] q	$\langle X \rangle := \langle q \rangle$
[Exc] r	$\langle X \rangle := \langle r \rangle$ und $\langle r \rangle := \langle X \rangle$
[SUM] s	$\langle s \rangle := \langle s \rangle + \langle X \rangle$
[INV] [SUM] t	$\langle t \rangle := \langle t \rangle - \langle X \rangle$
[Prd] u	$\langle u \rangle := \langle u \rangle \cdot \langle X \rangle$
[INV] [Prd] v	$\langle v \rangle := \langle v \rangle : \langle X \rangle$

Bei programmierbaren Taschenrechnern ist darüber hinaus die sog. indirekte Adressierung der Datenspeicherregister möglich: Die tatsächliche Adresse q wird in einem Datenspeicherregister mit der Adresse p gespeichert ($\langle p \rangle = q$). Stellt man dann obigen Befehlen den Befehl [Ind] (engl.: indirect = indirekt) nach, so sind folgende Operationen bedeutungsvoll (wir geben wieder nur eine von den obigen Tastenbezeichnungen an):

Befehl	Wirkung
[STO] [Ind] p	$\langle q \rangle := \langle X \rangle$
[RCL] [Ind] p	$\langle X \rangle := \langle q \rangle$
[Exc] [Ind] p	$\langle X \rangle := \langle q \rangle$ und $\langle q \rangle := \langle X \rangle$
[SUM] [Ind] p	$\langle q \rangle := \langle q \rangle + \langle X \rangle$
[INV] [SUM] [Ind] p	$\langle q \rangle := \langle q \rangle - \langle X \rangle$
[Prd] [Ind] p	$\langle q \rangle := \langle q \rangle \cdot \langle X \rangle$
[INV] [Prd] [Ind] p	$\langle q \rangle := \langle q \rangle : \langle X \rangle$
1 [SUM] p [1])	$\langle p \rangle := \langle p \rangle + 1$
1 [INV] [SUM] p [1])	$\langle p \rangle := \langle p \rangle - 1$

Diese Operationen finden besonders in zyklischen Programmsegmenten (s. u.) Anwendung.

Für das Folgende vereinbaren wir noch, daß $\rangle a \langle$ die Adresse desjenigen Datenspeicherregisters bedeuten soll, in dem die Zahl a gespeichert oder aus dem sie aufgerufen werden soll.

[1]) Für dieses Inkrementieren bzw. Dekrementieren (engl.: increment = Zunahme, decrement = Abnahme) existieren bei sehr leistungsfähigen Taschenrechnern besondere, anders als oben bezeichnete Befehle.

7.2.3.2. Programmierbare Taschenrechner

7.2.3.2.1. Einführung

Programmierbare Taschenrechner unterscheiden sich von gewöhnlichen Taschenrechnern äußerlich lediglich dadurch, daß sie einige Tasten aufweisen, mit denen Programmierbefehle erteilt werden können und die es bei gewöhnlichen Taschenrechnern nicht gibt. Mit diesen Taschenrechnern kann ebenso manuell gerechnet werden wie mit allen anderen. Außer der Betriebsart manuelles Rechnen gibt es bei jedem programmierbaren Taschenrechner die Betriebsarten Programmeingabe und Programmabarbeitung. In der Betriebsart Programmeingabe können Programme in den Rechner eingetastet werden. Dazu brauchen lediglich die Tasten in genau der gleichen Reihenfolge gedrückt zu werden, wie sie im Programm aufgeschrieben sind. Wird diese Betriebsart dann wieder ausgeschaltet, so ist der Rechner für das programmierte Rechnen vorbereitet. Unabhängig davon, welches Programm gespeichert worden ist, können dann auch noch beliebige Berechnungen über die Tastatur vorgenommen werden. Soll ein gespeichertes Programm abgearbeitet werden, so müssen gegebenenfalls zunächst die Anfangswerte der Rechnung entsprechend der festgelegten Datenspeicher-Organisation (s. u.) eingegeben werden. Danach kann die Programmabarbeitung gestartet werden. Das geschieht gewöhnlich mit der [R/S]-Taste (engl.: run = in Betrieb sein, stop = anhalten). Häufig wird die Programmabarbeitung aber auch mittels Programmadreßtasten (s. u.) gestartet. Während der Programmabarbeitung bleibt die Anzeige bis auf ein kleines Zeichen, das diese Betriebsart signalisiert, völlig dunkel. Es wird erst wieder wie gewöhnlich eine Zahl angezeigt, wenn der Taschenrechner – durch das Programm gesteuert – in die Betriebsart manuelles Rechnen umgeschaltet wird. Die angezeigte Zahl ist ein Zwischenergebnis oder das Endergebnis der Rechnung. Welcher dieser beiden Fälle vorliegt, geht aus den Instruktionen zur Programmsteuerung (s. u.) hervor. Programme sind oft auch so geschrieben, daß Anfangswerte von Rechnungen gegebenenfalls bereits mit Hilfe der Programme eingegeben werden.

Das Einschalten der Betriebsarten geschieht von Rechner zu Rechner auf unterschiedliche Weise. Bestimmte Taschenrechner weisen einen Schalter mit den Stellungen LOAD und RUN auf (engl.: load = laden). In der Stellung LOAD ist die Betriebsart Programmeingabe eingeschaltet, in der Stellung RUN die Betriebsart manuelles Rechnen. Im letzten Fall kann die Programmabarbeitung mit der [R/S]-Taste gestartet werden. Andere Rechner werden mit einer Taste [LRN] (engl.: learn = lernen) bei einmaliger Betätigung in die Betriebsart Programmeingabe und bei erneuter Betätigung in die Betriebsart manuelles Rechnen geschaltet. Die Programmabarbeitung wird wie oben gestartet. Die [R/S]-Taste kann bei den meisten Taschenrechnern auch zur Unterbrechung der Programmabarbeitung verwendet werden.

Die Leistungsfähigkeit programmierbarer Taschenrechner hängt wesentlich ab von
- der Kapazität des Programmspeichers,
- der Anzahl und der Art der möglichen Sprungbefehle,
- der Anzahl der Unterprogramme, die geschachtelt werden dürfen,
- der Flexibilität der Adressierung der Daten- und der Programmspeicherregister,
- dem vorhandenen Zubehör (Moduln (Bausteine), Magnetkarten, Drucker, Zusatzspeicher u.a.),
- dem Test- und Korrekturkomfort.

7.2.3.2.2. Programmierung

Ein Programm ist eine Folge von Befehlen. Als Befehl bezeichnet man jede Instruktion, die dem Rechner durch Betätigung einer Taste (in Sonderfällen auch mehrerer Tasten) erteilt wird. Bei der Abarbeitung eines Programms betätigt der Taschenrechner gewissermaßen selbst die Tasten in einer ganz bestimmten Reihenfolge. Die Erarbeitung von Programmen heißt Programmierung. Sie besteht aus mehreren Arbeitsetappen:

– *Programmvorbereitung*

Dazu gehören die genaue Formulierung der Aufgabe, die Auswahl eines geeigneten numerischen Verfahrens (direkt oder iterativ) zur Lösung der Aufgabe und die Festlegung von Instruktionen zur Programmsteuerung. Letzteres bedeutet, daß im Detail fixiert wird, wie Anfangsdaten eingegeben und auf welche Weise Zwischen- und Endresultate abgefordert werden sollen. Diese Instruktionen sind später unbedingter Bestandteil der Dokumentation.

– *Programmablaufplanung*

Die Realisierung jedes numerischen Verfahrens erfordert ein System von Anweisungen, bei dem nach Ausführung jeder Anweisung eindeutig feststeht, welche Anweisung als nächste auszuführen ist oder ob das Verfahren abgebrochen werden kann. Ein solches System heißt Algorithmus. Programmablaufpläne sind spezielle Darstellungen von Algorithmen. Aus ihnen geht die Art und die Reihenfolge der Anweisungen für jeden theoretisch möglichen Fall hervor, der bei der Bearbeitung des betrachteten Problemtyps (durch unterschiedliche Eingangswerte) eintreten kann.

– *Datenspeicher-Organisation*

Programme müssen dem Rechner Informationen darüber geben, in welchen Datenspeicherregistern Operanden gespeichert sind und wo Zwischenergebnisse aufbewahrt werden sollen. Deshalb ist vor dem Schreiben von Programmen eine Tabelle über die Belegung der Datenspeicherregister anzulegen. Häufig muß der Rechner sogar neben den eigentlichen Berechnungen die Adressen der Operanden ermitteln. Das geschieht mit Hilfe der Speicher-Abbildungsfunktion. Sind z. B. die Elemente a_{ik} einer oberen Dreiecksmatrix der Ordnung n zeilenweise in den Datenspeicherregistern mit den Adressen 11, 12, ... gespeichert, so lautet die Speicher-Abbildungsfunktion

$$\rangle a_{ik}\langle = (i-1)\left(n-\frac{i}{2}\right) + 10 + k.$$

– *Übersetzung in die Taschenrechnersprache*

Die Formulierung des Algorithmus, der durch den Programmablaufplan dargestellt wird, in Gestalt geeigneter Befehlsfolgen aus der Befehlsliste eines Taschenrechners bezeichnet man als Übersetzung in die Taschenrechnersprache. Diese Routinearbeit verlangt genaue Kenntnis der Bedeutung aller Befehle aus der Befehlsliste. Sie muß die Instruktionen zur Programmsteuerung und die Datenspeicher-Organisation berücksichtigen. Die Notation von Programmen geschieht durch Aufschreiben der Tastenbezeichnungen (in der Reihenfolge, in der die Anweisungen laut Programmablaufplan durch die entsprechenden Befehle realisiert werden sollen).

– *Programmeingabe und Programmtests*

Nach erfolgter Übersetzung des Programmablaufplanes in die Taschenrechnersprache wird das handschriftlich vorliegende Programm in der Betriebsart Programmeingabe Schritt für Schritt durch Betätigung der Tasten, deren Bezeichnungen im Programm der Reihe nach aufgeschrieben sind, eingetastet. Dann wird der Rechner wieder in die Betriebsart manuelles Rechnen geschaltet und mit einfachen Testaufgaben, für die Ergebnisse (und möglichst auch Zwischenergebnisse) bekannt sind, getestet. Dabei müssen solche Testaufgaben verwendet werden, bei deren Lösung jeder Programmteil wenigstens einmal zu durchlaufen ist. Leistungsfähige Taschenrechner signalisieren syntaktische Fehler und Fehler infolge unerlaubter Operationen (z. B. Funktionaufruf für ein Argument außerhalb des Definitionsbereiches, Überlauf oder nicht vorhandene Adresse).

– *Fehlersuche in Programmen*

Mit Hilfe von [SST]-Befehlen (engl.: single step = Einzelschritt) in der Betriebsart Programmeingabe können die gespeicherten Befehle anhand ihres Codes (s. u.) Schritt für Schritt vorwärts mit den Befehlen des handschriftlichen Programms verglichen werden. Entsprechend ist mit [BST]-Befehlen (engl.: back step = Rückwärtsschritt) ein schrittweises Überprüfen rückwärts möglich. Bei gewissen Taschenrechnern können Programme mit Hilfe von [SST]-Befehlen in der Betriebsart manuelles Rechnen auch schrittweise abgearbeitet werden. Dann ist es möglich, die angezeigten Zwischenergebnisse mit den bekannten zu vergleichen und dadurch auf Fehlerstellen zu schließen. Besonders häufig treten Fehler bei bedingten Programmsprüngen auf. Oft sind Adressenangaben oder -berechnungen fehlerhaft, insbesondere bei indirekter Adressierung (s. u.) innerhalb von Zyklen. Diese Stellen sind deshalb besonders kritisch zu überprüfen.

– *Programmkorrektur*

Bei einfachen programmierbaren Taschenrechnern muß zur Korrektur von Fehlern das gesamte Programm ab der Stelle, in der der Fehler auftritt, erneut eingetastet werden. Rechner mit höherem Komfort weisen besondere Befehle auf, mit denen fehlerhafte Befehle gelöscht oder durch richtige ersetzt und fehlende Befehle eingefügt werden können, ohne daß nachfolgende Befehle erneut eingegeben werden müssen.

– *Programmdokumentation*

Man versteht darunter eine ausführliche Beschreibung all dessen, was zur problemlosen Handhabung von Programmen benötigt wird. Dazu gehören die Instruktionen zur Programmsteuerung, Angaben zur Datenspeicher-Organisation, zur Rechenzeit bei Testaufgaben und selbstverständlich auch zu den Aufgabentypen, die mit dem Programm gelöst werden können.

7.2.3.2.3. Programmspeicher und Befehlscodes

Der Arbeitsspeicher programmierbarer Taschenrechner setzt sich aus dem Datenspeicher und dem Programmspeicher zusammen. Ebenso wie der Datenspeicher besteht auch der Programmspeicher aus Registern mit bestimmten Adressen. In jedem Programmspeicherregister kann ein Befehl gespeichert werden. Je mehr Register der Programmspeicher eines programmierbaren Taschenrechners hat, um so umfangreichere Programme kann er also aufnehmen. Es gibt Taschenrechner mit einer Kapazität des Programmspeichers von einigen Hundert Registern. Mit Hilfe von Speichererweiterungsmoduln kann die Kapazität bei einigen Rechnern auf über 2000 Register erweitert werden. Bei manchen Taschenrechnern ist es möglich, den Arbeitsspeicher willkürlich in Daten- und Programmspeicher aufzuteilen und so die Kapazität den Erfordernissen bestimmter Programme optimal anzupassen. Auf diese Weise lassen sich lange Programme, die wenig Datenspeicherkapazität erfordern, ebenso unterbringen wir kurze Programme, für die viele Datenspeicherregister benötigt werden. Die Adressen der Programmspeicherregister sind zwei-, drei- oder vierstellige natürliche Zahlen. Wird der Rechner in die Betriebsart Programmeingabe geschaltet und ein Programm eingetastet, so werden die Befehle fortlaufend in den Registern mit den z. B. dreistelligen Adressen 000, 001, ... in Form ihrer Codes gespeichert. Dabei ist 00, 01, ..., 09 der Code für die Ziffern 0, 1, ..., 9, während sich der Code für die Erstbelegung der anderen Tasten aus der Zeile-Spalte-Konvention herleitet, wonach die erste Stelle die Zeile und die zweite Stelle die Spalte angibt, in der sich die Taste befindet. Die Codierung der Zweitbelegung der Tasten ist bei den einzelnen Rechnertypen unterschiedlich, teils gibt es auch Sondercodes.

7.2.3.2.4. Adressierung

Einfache programmierbare Taschenrechner können lediglich unverzweigte Programme aufnehmen. Mit leistungsfähigeren lassen sich auch verzweigte (insbesondere zyklische) Programme abarbeiten. Taschenrechner, die höchsten Ansprüchen genügen, erlauben vier verschiedene Formen der Angabe von Sprungadressen, nämlich die absolute, die indirekte, die symbolische und die relative Adressierung. Von absoluter Adressierung eines Programmteils spricht man, wenn (bei einem Sprungbefehl) die Programmspeicherregister-Adresse des ersten Befehls dieses Programmteils angegeben wird. Wenn die Programmspeicherregister-Adresse des ersten Befehls des Programmteils dagegen in einem Datenspeicherregister gespeichert und indirekt über dieses Register angegeben wird, hat man es mit indirekter Programmspeicherregister-Adressierung zu tun. Als symbolische Adressierung bezeichnet man folgende: Zu adressierende Programmteile werden mit sog. Marken (oder Labels) versehen. Das sind Befehle, die lediglich zur Markierung bestimmter Stellen in Programmen dienen. Das Anbringen von Marken geschieht, indem in den beiden Registern des Programmspeichers, die vor der zu markierenden Stelle liegen, der Befehl [Lbl] (engl.: label = Etikett) und ein beliebiger anderer gespeichert werden. Der Befehl [Lbl] veranlaßt den Rechner bei der Programmabarbeitung, den nachfolgenden Befehl nicht auszuführen, sondern ihn als Marke zu betrachten. Als Adresse wird bei dieser Adressierungsart die verwendete Marke angegeben. Von besonderer Bedeutung sind bei symbolischer Adressierung sog. Programmadreßmarken [A], [B], [C], ... Das sind spezielle Marken. Programmteile, die mit diesen markiert sind, lassen sich besonders einfach über die Tastatur starten. Die relative Adressierung ist vornehmlich bei komfortablen Taschenrechnern mit umgekehrter polnischer Notation möglich. Nach den Befehlen [GTO] [(i)] (engl.: go to = gehe zu, (*i*) bezeichnet den Inhalt eines speziellen Datenspeicherregisters) wird um die im *i*-Register enthaltene Zahl von Zeilen im Programm zurückgesprungen, wenn $(i) < 0$ ist. Auf eine Wertung der einzelnen Adressierungen müssen wir aus Platzgründen verzichten.

7.2.3.2.5. *Sprungbefehle*

Man unterscheidet Befehle für unbedingte und Befehle für bedingte Sprünge. Von ersteren nennen wir die Befehle [GTO], [SBR] bzw. [GSB] (engl.: subroutine = Unterprogramm bzw. go to subroutine = gehe zum Unterprogramm) und [RTN] (engl.: return = zurückgehen). Wird nach dem Befehl [GTO] eine absolute, indirekte oder symbolische Adresse angegeben, so wird dadurch bei der Programmabarbeitung ein Sprung zur angegebenen Adresse veranlaßt. Diese Anweisung findet hauptsächlich im rückführenden Zweig von Programmzyklen Anwendung. Mit den Befehlen [SBR] bzw. [GSB], ebenfalls mit nachgestellter absoluter, indirekter oder symbolischer Adresse, werden Unterprogramme (s. 7.2.1.5.) aufgerufen. Selbstverständlich müssen verschiedene Unterprogramme bei symbolischer Adressierung auch verschieden markiert werden. Jedes Unterprogramm endet mit einem Befehl [RTN]. Dieser Befehl bewirkt – wenn das Unterprogramm vom Rahmenprogramm aufgerufen wurde –, daß ein Sprung unmittelbar nach der Stelle erfolgt, an der der Unterprogrammaufruf erfolgte. Bei einem Unterprogrammaufruf über die Tastatur wirkt er dagegen wie der Stopbefehl [R/S]. Vor dem Aufruf von Unterprogrammen ist dafür zu sorgen, daß erforderlichenfalls die aktuellen Parameter in den entsprechenden Datenspeicherregistern zur Verfügung gestellt werden. Die Anzahl der Unterprogramme, die geschachtelt werden dürfen, ist von Taschenrechner zu Taschenrechner unterschiedlich. Mit einfachsten Taschenrechnern ist keine Unterprogrammtechnik möglich, leistungsfähige Taschenrechner erlauben die Programmierung mehrerer Unterprogrammebenen (sechs und mehr).

Bei den Befehlen für bedingte Verzweigungen ist zwischen Relationstests und Flagtests zu unterscheiden. Im ersten Fall überprüft der Rechner, ob eine bestimmte Relation zwischen zwei Zahlen a und b erfüllt ist. Bei erfüllter Relation springt er zu der Adresse, die nach dem Befehl für den Relationstest angegeben worden ist. Andernfalls setzt er die Berechnungen mit den Befehlen fort, die im Programm auf den Testbefehl (einschließlich Sprungadresse) folgen. Die Sprungadressen können absolut, indirekt, symbolisch oder relativ angegeben werden. Die getesteten Relationen sind $a = b$, $a \neq b$, $a > b$, $a \geqq b$, $a \leqq b$ oder $a < b$ oder nur eine Teilmenge davon. Rechner mit geringem Testkomfort gestatten nur, Relationen der Form $a = 0$, $a \neq 0$, $a > 0$, $a \geqq 0$, $a < 0$ (oder wiederum nur eine Teilmenge davon) zu testen. Dann müssen obige Relationen auf diese zurückgeführt werden. Das erfordert zusätzlichen Programmieraufwand. In der Regel ist dann auch die Adressierung nicht so flexibel wie oben beschrieben. Sehr leistungsfähige Taschenrechner verfügen über Befehle, die eine Kombination aus einem Zählbefehl und einem Befehl für einen Relationstest sind. Sie dienen der Programmierung von Induktionsschleifen.

Flags sind interne Schalter, die geöffnet oder geschlossen sein können. Das Setzen oder Rücksetzen von Flags entspricht dem Schließen oder Öffnen dieser Schalter. Flagtests überprüfen den Zustand der Schalter. Die Anzahl der Flags, mit denen gearbeitet werden kann, ist rechnerabhängig. Die Flags werden mit Nummern 0, 1, 2, ... unterschieden. Bei erfülltem Flagtest wird ebenso wie bei den Relationstests zur angegebenen absoluten, indirekten, symbolischen oder relativen Adresse gesprungen. Bei nichterfülltem Flagtest wird die Rechnung mit den Befehlen fortgesetzt, die auf den Flagtest folgen. Flags finden vielfältige Anwendung in Programmen. Eine ist z. B. folgende: Ein Programm sei so geschrieben, daß eine bestimmte Stelle auf zwei verschiedenen Wegen erreicht werden kann. Wird in dem einen Weg ein Flag mit der Nummer n gesetzt und in dem anderen zurückgesetzt, so kann an dieser Stelle durch einen Flagtest festgestellt werden, welcher Weg in einer aktuellen Situation tatsächlich durchlaufen worden ist. Dadurch kann der Rechner in Abhängigkeit von vorherigen Rechnungen ab dieser Stelle weiterrechnen. Die Befehle für die bedingten Sprünge geben dem Rechner also die Möglichkeit zu den verschiedensten logischen Entscheidungen.

7.2.3.2.6. Hardware und Software

Zu den Spitzenerzeugnissen unter den Taschenrechnern gibt es vielfältiges Zubehör: An erster Stelle sind Magnetkarten zu nennen. Auf diesen externen Speichern können sowohl Daten als auch Programme dauerhaft gespeichert werden. Bei Bedarf lassen sich die gespeicherten Informationen wieder in den Arbeitsspeicher einlesen. Dadurch entfällt das fehleranfällige Eintasten. Einige Taschenrechner verwenden als externes Speichermedium Magnetbandkassetten. Mit den Magnetkarten bzw. Magnetbandkassetten kann man sich ganze Programmbibliotheken zusammenstellen. Zu den solcherart gespeicherten Programmen hat man ohne großen Aufwand schnellen Zugriff. Ferner existieren zu einigen Rechnern viele Moduln mit fertigen Programmen aus den verschiedensten Anwendungsbereichen. Durch das Einstecken jedes Moduls sind diese Rechner für die Abarbeitung aller darin gespeicherten Programme vorbereitet, so daß jegliche Programmierarbeit entfällt. Außerdem können die in den Moduln gespeicherten Programme als Unterprogramme für Programme im Programmspeicher aufgerufen werden. Auf diese Weise kann also indirekt die Programmspeicherkapazität erweitert werden. Modernste Taschenrechner verfügen über Speichererweiterungsmoduln, mit denen die Kapazität des Arbeitsspeichers bedeutend erweitert werden kann. Solche leistungsfähigen Systeme unterscheiden sich nur noch wenig von Kleinstcomputern. Einige Taschenrechner lassen sich an Thermodrucker anschließen. Dann können nicht nur Zwischen- und Endergebnisse sowie alphanumerische Nachrichten gedruckt, sondern auch Programme mühelos dokumentiert werden. Es gibt sogar Taschenrechner mit alphanumerischer Anzeige und Tastatur. Mit diesen ist bereits in bescheidenem Maße Dialogverkehr möglich.

LITERATUR

Allgemeine Werke

[1] *Eisenreich; Sube:* Wörterbuch der Mathematik. Engl.-Dt.-Frz.-Russ. Bd. I/II. Berlin 1982.
[1a] Enzyklopädie der Elementarmathematik, Bd. I–V (Übers. a. d. Russ.), 8., 7., 4., 2., 1. Aufl. Berlin 1971 bis 1981.
[2] *Fichtenholz:* Differential- und Integralrechnung, Bd. I–III (Übers. a. d. Russ.). 12., 10., 11. Aufl. Berlin 1981–1982.
[3] *Günther; Beyer; Gottwald; Wünsch:* Grundkurs Analysis, Teil I–IV. Leipzig 1972–1974.
[4] Kleine Enzyklopädie Mathematik. 13. Aufl. Leipzig 1986.
[5] *v. Mangoldt; Knopp; Lösch:* Einführung in die höhere Mathematik, Bd. 1–4. 16., 15., 15., 3. Aufl. Leipzig 1978–1981.
[6] *Margenau; Murphy:* Die Mathematik für Physik und Chemie, Bd. I und II (Übers. a. d. Amer.). Leipzig 1965–1966.
[7] Mathematik für Ingenieure, Naturwissenschaftler, Ökonomen und Landwirte, Bd. 1–23. Leipzig 1974–1985.
[8] Mathematik für Ingenieur- und Fachschulen. Bd. I–II. 7. Aufl. Leipzig 1984.
[9] *Smirnow:* Lehrgang der höheren Mathematik, Bd. I–V (Übers. a. d. Russ.). 14.–9. Aufl. Berlin 1979 bis 1982.
[10] *Triebel:* Analysis und mathematische Physik. 2. Aufl. Leipzig 1984.

1.1. Tabellen

[1.1] *Emde:* Tafeln elementarer Funktionen. 3. Aufl. Leipzig 1959.
[1.2] *Gröbner; Hofreiter:* Integraltafeln, Teil I, II. 4., 3. Aufl. Wien 1965, 1961.
[1.3] *Hayashi; Keiichi:* Tafeln der Besselschen Theta-, Kugel- u. a. Funktionen. Berlin 1930.
[1.4] *Hodgeman:* Standard Mathematical Tables. Cleveland 1964.
[1.5] *Jahnke; Emde; Lösch:* Tafeln höherer Funktionen. 7. Aufl. Stuttgart 1966.
[1.6] *Lösch:* Siebenstellige Tafeln der elementaren transzendenten Funktionen. Berlin-Göttingen-Heidelberg 1954.
[1.7] *Meyer zur Capellen:* Integraltafeln, Sammlung unbestimmter Integrale elementarer Funktionen. Berlin-Göttingen-Heidelberg 1950.
[1.8] *Müller:* Fünfstellige Logarithmen- und andere mathematische Tafeln. 17. Aufl. Leipzig 1974.
[1.9] *Müller; Neumann; Storm:* Tafeln der mathematischen Statistik. 3. Aufl. Leipzig 1979.
[1.10] *Ryshik; Gradstein:* Summen-, Produkt- und Integraltafeln (Übers. a. d. Russ.). 2. Aufl. Berlin 1963.
[1.11] *Schüler:* Acht- und neunstellige Tabelle zu den elliptischen Funktionen, dargestellt mittels des Jacobischen Parameters *q*. Berlin-Göttingen-Heidelberg 1955.
[1.12] *Schütte:* Index mathematischer Tafelwerke und Tabellen. 2. Aufl. München 1966.
[1.13] Siebenstellige logarithmische und trigonometrische Tafeln. 4. Aufl. Leipzig 1963.
[1.14] *Wittke:* Zehnziffrige Fundamentalwerte für Sinus, Kosinus, Tangens, Kotangens neuer Teilung. München 1956.

1.2. Bilder elementarer Funktionen

[1.15] *Loria:* Spezielle algebraische und transzendente ebene Kurven (Theorie und Geschichte), Bd. I, II. 2. Aufl. Leipzig-Berlin 1911.

2. Elementarmathematik

[2.1] *Lenz:* Grundlagen der Elementarmathematik. 3. Aufl. Berlin 1975.

2.2. Kombinatorik

[2.2] *Flachsmeyer:* Kombinatorik. 3. Aufl. Berlin 1972.
[2.3] *v. Mangoldt; Knopp:* Einführung in die höhere Mathematik, Bd. I. 16. Aufl. Leipzig 1979.
[2.4] *Sieber; Sebastian; Zeidler:* Grundlagen der Mathematik, Abbildungen, Funktionen, Folgen. 7. Aufl. Leipzig 1986.

2.4. Algebra

[2.5] *Borewitsch:* Determinanten und Matrizen (Übers. a. d. Russ.). Leipzig 1972.
[2.6] *Boseck:* Einführung in die Theorie der linearen Vektorräume. 5. Aufl. Berlin 1984.
[2.7] *Brehmer; Belkner:* Einführung in die analytische Geometrie und lineare Algebra. 4. Aufl. Berlin 1974.
[2.8] *Flachsmeyer; Prohaska:* Algebra. 4. Aufl. Berlin 1980.
[2.9] *Gantmacher:* Matrizenrechnung, Teil I u. II (Übers. a. d. Russ.). 3. Aufl. Berlin 1970 u. 1971.
[2.10] *Keller:* Analytische Geometrie und lineare Algebra. 3. Aufl. Berlin 1968.
[2.11] *Kowalski:* Lineare Algebra. Berlin 1965.
[2.12] *Kuroš:* Vorlesungen über allgemeine Algebra (Übers. a. d. Russ.). Leipzig 1964.
[2.13] *Manteuffel; Seiffart; Vetters:* Lineare Algebra. 6. Aufl. Leipzig 1987.

[2.14] *Rédei:* Algebra (Übers. a. d. Ung.). Leipzig 1959.
[2.15] *Smirnow:* Lehrgang der höheren Mathematik, Teil III/1 (Übers. a. d. Russ.). 10. Aufl. Berlin 1981.
[2.16] *v. d. Waerden:* Algebra, Bd. I, II. 8., 5. Aufl. Berlin 1971, 1967.
[2.17] *Zurmühl:* Matrizen. 4. Aufl. Berlin-Göttingen-Heidelberg 1964.

2.6. Geometrie

[2.18] *Böhm:* Geometrie, Bd. I, II. 3. Aufl. Berlin 1979, 1980.
[2.19] *Efimow:* Höhere Geometrie (Übers. a. d. Russ.). T. I, 2. Aufl., T. II. Berlin 1972, 1970.
[2.20] Enzyklopädie der Elementarmathematik, Bd. IV, V (Übers. a. d. Russ.). 2., 1. Aufl. Berlin 1981, 1971.
[2.21] *Hajos:* Einführung in die Geometrie (Übers. a. d. Ung.). Leipzig 1970.
[2.22] *Keller:* Analytische Geometrie und lineare Algebra. 3. Aufl. Berlin 1968.
[2.23] *Klein:* Höhere Geometrie. Berlin 1926.
[2.24] *Klotzek:* Geometrie. Berlin 1971.
[2.25] *Kowalski:* Einführung in die analytische Geometrie. 4. Aufl. Berlin 1953.
[2.26] *Pickert:* Analytische Geometrie. 7. Aufl. Leipzig 1977.
[2.27] *Schröder:* Darstellende Geometrie. 4. Aufl. Berlin 1980.
[2.28] *Sperner:* Einführung in die analytische Geometrie und Algebra, Teil I, II. 7., 5. Aufl. Berlin-Göttingen-Heidelberg 1969, 1963.

3.1. Differential- und Integralrechnung

[3.1] Analysis für Ingenieur- und Fachschulen. 11. Aufl. Leipzig 1974.
[3.2] *Courant:* Vorlesungen über Differential- und Integralrechnung, Bd. I, II. 4. Aufl. Berlin-Göttingen-Heidelberg 1971–1972.
[3.3] *Fichtenholz:* Differential- und Integralrechnung, Bd. I–III (Übers. a. d. Russ.). 12., 10., 11. Aufl. Berlin 1981–1982.
[3.4] *Günther; Beyer; Gottwald; Wünsch:* Grundkurs Analysis, Teil 1, 2. Aufl., Teil 2. Leipzig 1976, 1973.
[3.5] *Harbarth; Riedrich; Schirotzek:* Differentialrechnung für Funktionen mit mehreren Variablen. 5. Aufl. Leipzig 1986.
[3.6] *Knopp:* Theorie und Anwendungen der unendlichen Reihen. 5. Aufl. Berlin-Göttingen-Heidelberg 1964.
[3.7] *Körber; Pforr:* Integralrechnung für Funktionen mit mehreren Variablen. 6. Aufl. Leipzig 1987.
[3.8] *Krein; Uschakowa:* Vorkurs zur Analysis (Übers. a. d. Russ.). Leipzig 1966.
[3.9] *Kuntzmann:* Unendliche Reihen. Berlin 1971.
[3.10] *Lense:* Reihenentwicklungen in der mathematischen Physik. 2. Aufl. Berlin 1947.
[3.11] *v. Mangoldt; Knopp:* Einführung in die höhere Mathematik, Bd. II, III. 15., 15. Aufl. Leipzig 1978, 1981.
[3.12] *Ostrowski:* Vorlesungen über Differential- und Integralrechnung, Bd. I, II, III. 3., 3., 2. Aufl. Basel-Stuttgart 1965, 1968, 1967.
[3.13] *Pforr; Schirotzek:* Differential- und Integralrechnung für Funktionen mit einer Variablen. 6. Aufl. Leipzig 1986.
[3.14] *Schell:* Unendliche Reihen. 5. Aufl. Leipzig 1985.
[3.15] *Smirnow:* Lehrgang der höheren Mathematik, Bd. I, II (Übers. a. d. Russ.). 14., 15. Aufl. Berlin 1982, 1981.

3.2. Variationsrechnung und optimale Prozesse

[3.16] *Bieß; Erfurth; Zeidler:* Optimale Prozesse und Systeme. 2. Aufl. Leipzig 1980.
[3.17] *Boltjanski:* Mathematische Methoden der optimalen Steuerung (Übers. a. d. Russ.). Leipzig 1971.
[3.18] *Courant; Hilbert:* Methoden der Mathematischen Physik, Bd. I, II. 3., 2. Aufl. Berlin-Heidelberg-New York 1968.
[3.19] *Goebel:* Variationsrechnung in Banachräumen (Beiträge zur Analysis 2). Berlin 1971.
[3.20] *Klötzler:* Mehrdimensionale Variationsrechnung. 2. Aufl. Berlin 1971.
[3.21] *Miller:* Variationsrechnung. Leipzig 1959.
[3.22] *Pontrjagin; Boltjanski; Gamkrelidse; Mistschenko:* Mathematische Theorie der optimalen Prozesse (Übers. a. d. Russ.). Berlin 1964.

3.3. Differentialgleichungen

[3.23a] *Arnold:* Gewöhnliche Differentialgleichungen (Übers. a. d. Russ.). Berlin 1979.
[3.23] *Bräuning:* Gewöhnliche Differentialgleichungen. 4. Aufl. Leipzig 1975.
[3.24] *Courant, Hilbert:* Methoden der mathematischen Physik, Bd. I, II. 3., 2. Aufl. Berlin-Heidelberg-New York 1968.
[3.25] *Goering:* Elementare Methoden zur Lösung von Differentialgleichungsproblemen. 3. Aufl. Berlin 1978.
[3.26] *Golubew:* Differentialgleichungen im Komplexen (Übers. a. d. Russ.). Berlin 1958.
[3.27] *Günther; Beyer; Gottwald; Wünsch:* Grundkurs Analysis, Bd. 4. Leipzig 1974.
[3.28] *Haak; Wendland:* Vorlesungen über partielle und Pfaffsche Differentialgleichungen. Basel-Stuttgart 1969.
[3.29] *Kamke:* Differentialgleichungen, Teil I und II. 6., 5. Aufl. Leipzig 1969, 1965.
[3.30] *Kamke:* Differentialgleichungen, Lösungsmethoden und Lösungen, Tl. I, II. 8., 5. Aufl. Leipzig 1967/65.
[3.31] *Kneschke:* Differentialgleichungen und Randwertprobleme, Bd. I–III. 3., 2., 2. Aufl. Leipzig 1965/61/68.
[3.32] *Kuntzmann:* Systeme von Differentialgleichungen. Berlin 1970.
[3.33] *Meinhold; Wagner:* Partielle Differentialgleichungen. 5. Aufl. Leipzig 1986.
[3.33a] *Michlin:* Partielle Differentialgleichungen in der mathematischen Physik (Übers. a. d. Russ.). Berlin 1978.
[3.34] *Pontrjagin:* Gewöhnliche Differentialgleichungen (Übers. a. d. Russ.). Berlin 1965.
[3.35] *Smirnow:* Lehrgang der höheren Mathematik, Teil II. 15. Aufl. Berlin 1981.
[3.36] *Stepanow:* Lehrbuch der Differentialgleichungen (Übers. a. d. Russ.). 5. Aufl. Berlin 1982.
[3.37] *Wenzel:* Gewöhnliche Differentialgleichungen, Teil 1, 5. Aufl., Teil 2. 4. Aufl. Leipzig 1987.
[3.38] *Wladimirow:* Gleichungen der mathematischen Physik (Übers. a. d. Russ.). Berlin 1972.

3.4. Funktionentheorie

[3.39] *Behnke; Sommer:* Theorie der analytischen Funktionen einer komplexen Veränderlichen. 3. Aufl. Berlin-Göttingen-Heidelberg 1976.
[3.40] *Carathéodory:* Funktionentheorie, Bd. I, II. Basel 1961.
[3.41] *Greuel; Kadner:* Komplexe Funktionen und konforme Abbildungen. 2. Aufl. Leipzig 1982.
[3.42] *Hurwitz; Courant:* Vorlesungen über allgemeine Funktionentheorie und elliptische Funktionen. Berlin 1964.
[3.43] *Knopp:* Funktionentheorie, Teil I, II. 13., 7. Aufl. Berlin 1976, 1971.
[3.44] *Lawrentiew; Schabat:* Methoden der komplexen Funktionentheorie (Übers. a. d. Russ.). Berlin 1967.
[3.45] *Lense:* Kugelfunktionen. 2. Aufl. Leipzig 1954.
[3.46] *Nevanlinna:* Einführung in die Funktionentheorie. Stuttgart 1965.
[3.47] *Nevanlinna:* Uniformisierung. 2. Aufl. Berlin-Göttingen-Heidelberg 1967.
[3.48] *Priwalow:* Einführung in die Funktionentheorie, Teil I–III (Übers. a. d. Russ.). 4., 3., 3. Aufl. Leipzig 1970, 1969, 1970.
[3.49] *Rühs:* Funktionentheorie. 4. Aufl. Berlin 1982.

4.1. Mengen, Relationen, Funktionen

[4.1] *Alexandroff:* Einführung in die Mengenlehre und die allgemeine Topologie (Übers. a. d. Russ.). Berlin 1982.
[4.2] *Asser:* Einführung in die mathematische Logik, Teil I, II, III. 6., 2., 1. Aufl. Leipzig 1982, 1975, 1981.
[4.3] *Asser:* Grundbegriffe der Mathematik. Mengen, Abbildungen, natürliche Zahlen. 4. Aufl. Berlin 1980.
[4.4] *Hasse:* Grundbegriffe der Mengenlehre und Logik. 9. Aufl. Leipzig 1987.
[4.5] *Kamke:* Mengenlehre. 4. Aufl. Berlin 1962.
[4.6] *Nowikow:* Grundzüge der mathematischen Logik (Übers. a. d. Russ.). Berlin 1973.
[4.7] *Sieber; Sebastian; Zeidler:* Grundlagen der Mathematik, Abbildungen, Funktionen, Folgen. 7. Aufl. Leipzig 1986.
[4.8] *Wisliceny:* Grundbegriffe der Mathematik. Rationale, reelle und komplexe Zahlen. 4. Aufl. Berlin 1982.

4.2. Vektorrechnung

[4.9] *Brehmer; Haar:* Differentialformen und Vektoranalysis. Berlin 1972.
[4.10] *Cunningham:* Vektoren (Übers. a. d. Engl.). Berlin 1972.
[4.11] *Eisenreich:* Vorlesungen über Vektor- und Tensorrechnung. Leipzig 1971.
[4.12] *Fock:* Theorie von Raum, Zeit und Gravitation (Übers. a. d. Russ.). Berlin 1960.
[4.13] *Kästner:* Vektoren, Tensoren, Spinoren. 2. Aufl. Berlin 1964.
[4.14] *Reichardt:* Vorlesungen über Vektor- und Tensorrechnung. 2. Aufl. Berlin 1968.
[4.15] *Schmutzer:* Relativistische Physik. Leipzig 1968.
[4.16] *Wunsch:* Feldtheorie. Berlin 1971.

4.3. Differentialgeometrie

[4.17] *Blaschke; Reichardt:* Einführung in die Differentialgeometrie. 2. Aufl. Berlin-Göttingen-Heidelberg 1960.
[4.18] *Kreyszig:* Differentialgeometrie. 2. Aufl. Leipzig 1968.
[4.19] *Laugwitz:* Differentialgeometrie. 3. Aufl. Stuttgart 1977.
[4.20] *v. Mangoldt; Knopp:* Einführung in die höhere Mathematik, Bd. II. 15. Aufl. Leipzig 1978.
[4.21] *Raschewski:* Riemannsche Geometrie und Tensoranalysis (Übers. a. d. Russ.). Berlin 1959.
[4.22] *Schöne:* Differentialgeometrie. 3. Aufl. Leipzig 1985.
[4.23] *Strubecker:* Differentialgeometrie, Bd. I–III. Berlin 1955.

4.4. Fourierreihen, Fourierintegrale und Laplacetransformation

[4.24] *Berg:* Einführung in die Operatorenrechnung, I, II. Berlin 1972, 1974.
[4.25] *Courant; Hilbert:* Methoden der mathematischen Physik. 3., 2. Aufl. Berlin-Heidelberg-New York 1968.
[4.26] *Doetsch:* Einführung in die Theorie und Anwendung der Laplace-Transformation. 3. Aufl. Basel-Stuttgart 1976.
[4.27] *Doetsch:* Handbuch der Laplace-Transformation, Bd. 1–3. Basel-Stuttgart 1951, 1955, 1956.
[4.28] *Doetsch:* Anleitung zum praktischen Gebrauch der Laplace-Transformation und der Z-Transformation. 3. Aufl. München 1967.
[4.29] *Erdélyi; Magnus; Oberhettinger; Tricomi:* Tables of integral transforms. New York-Toronto-London 1954.
[4.30] *Magnus; Oberhettinger:* Formeln und Sätze für die speziellen Funktionen der mathematischen Physik. 3. Aufl. Berlin-Göttingen-Heidelberg 1966.
[4.31] *Oberhettinger:* Tabellen zur Fourier-Transformation. Berlin-Göttingen-Heidelberg 1957.
[4.32] *Sieber; Sebastian:* Spezielle Funktionen. 2. Aufl. Leipzig 1980.
[4.33] *Smirnow:* Lehrgang der höheren Mathematik, Bd. II (Übers. a. d. Russ.). 15. Aufl. Berlin 1981.
[4.34] *Stopp:* Operatorenrechnung. 3. Aufl. Leipzig 1984.
[4.35] *Tolstow:* Fourierreihen (Übers. a. d. Russ.). Berlin 1955.
[4.36] *Voelker; Doetsch:* Die zweidimensionale Laplace-Transformation. Basel 1950.
[4.37] *Wagner:* Operatorenrechnung und Laplacesche Transformation nebst Anwendungen in Physik und Technik. Leipzig 1950.

5. Wahrscheinlichkeitsrechnung und mathematische Statistik

[5.1] *Beyer:* Wahrscheinlichkeitsrechnung und mathematische Statistik. 4. Aufl. Leipzig 1985.
[5.2] *Borowkow:* Wahrscheinlichkeitstheorie. Eine Einführung (Übers. a. d. Russ.). Berlin 1976.
[5.3] *Fabian:* Statistische Methoden (Übers. a. d. Tschech.). 2. Aufl. Berlin 1970.

[5.4] *Fisz:* Wahrscheinlichkeitsrechnung und mathematische Statistik (Übers. a. d. Poln.). 10. Aufl. Berlin 1980.
[5.5] *Freudenthal:* Wahrscheinlichkeit und Statistik (Übers. a. d. Holländ.). 3. Aufl. München 1975.
[5.6] *Gnedenko; Chintschin:* Elementare Einführung in die Wahrscheinlichkeitsrechnung (Übers. a. d. Russ.). 12. Aufl. Berlin 1982.
[5.7] *Gnedenko:* Lehrbuch der Wahrscheinlichkeitsrechnung (Übers. a. d. Russ.). 8. Aufl. Berlin 1980.
[5.8] *Hristow:* Grundlagen der Wahrscheinlichkeitsrechnung, mathematischen Statistik und Methode der kleinsten Quadrate. Berlin 1961.
[5.9] *Hultsch:* Ausgleichsrechnung mit Anwendungen in der Physik unter besonderer Berücksichtigung der Meßtechnik. 2. Aufl. Leipzig 1971.
[5.10] *Jaglom:* Einführung in die Theorie der stationären Zufallsfunktionen (Übers. a. d. Russ.). Berlin 1959.
[5.11] *Jahn; Vahle:* Die Faktoranalyse und ihre Anwendungen. Berlin 1970.
[5.12] *Kolmogorow:* Grundbegriffe der Wahrscheinlichkeitsrechnung. Berlin 1933.
[5.13] *Lahres:* Einführung in die diskreten Markoff-Prozesse und ihre Anwendungen. Leipzig 1964.
[5.14] *Linder:* Statistische Methoden für Naturwissenschaftler, Mediziner und Ingenieure. 4. Aufl. Basel-Stuttgart 1976.
[5.15] *Linnik:* Methode der kleinsten Quadrate in moderner Darstellung (Übers. a. d. Russ.). Berlin 1961.
[5.16] *Müller:* Lexikon Stochastik. 3. Aufl. Berlin 1979.
[5.17] *Poser:* Nachrichtentechnik und Wahrscheinlichkeitsrechnung. Berlin 1965.
[5.18] *Pugatschow:* Grundlagen der Statistik (Übers. a. d. Russ.). Berlin 1964.
[5.19] *Rasch:* Einführung in die mathematische Statistik. I, II. 2., 1. Aufl. Berlin 1978, 1976.
[5.20] *Rényi:* Wahrscheinlichkeitsrechnung mit einem Anhang über Informationstheorie (Übers. a. d. Ung.). 6. Aufl. Berlin 1979.
[5.21] *Rosanow:* Wahrscheinlichkeitstheorie (Übers. a. d. Russ.). Berlin 1970.
[5.22] *Schmetterer:* Einführung in die mathematische Statistik. 2. Aufl. Wien-New York 1966.
[5.23] *Smirnow; Dunin-Barkowski:* Mathematische Statistik in der Technik (Übers. a. d. Russ.). Berlin 1963.
[5.24] *Storm:* Wahrscheinlichkeitsrechnung, mathematische Statistik und statistische Qualitätskontrolle. 7. Aufl. Leipzig 1979.
[5.25] *v. d. Waerden:* Mathematische Statistik. 3. Aufl. Berlin-Heidelberg-New York 1971.
[5.26] *Weber:* Einführung in die Faktoranalyse. Leipzig 1974.
[5.27] *Weber:* Grundriß der biologischen Statistik für Naturwissenschaftler, Landwirte und Mediziner. 7. Aufl. Jena 1972.
[5.28] *Winkler:* Vorlesungen zur Mathematischen Statistik. Leipzig 1983.

6. Lineare Optimierung

[6.1] *Berge; Ghouila-Houri:* Programme, Spiele, Transportnetze (Übers. a. d. Franz.). 2. Aufl. Leipzig 1969.
[6.2] *Judin; Golstein:* Lineare Optimierung I, II (Übers. a. d. Russ.). Berlin 1968, 1970.
[6.3] *Kornai:* Mathematische Methoden bei der Planung ökonomischer Struktur (Übers. a. d. Ung.). Berlin 1967.
[6.4] *Krekó:* Lehrbuch der linearen Optimierung (Übers. a. d. Ung.). 6. Aufl. Berlin 1973.
[6.5] *Nožička; Guddat; Hollatz:* Theorie der linearen Optimierung. Berlin 1972.
[6.6] *Nožička; Guddat; Hollatz; Bank:* Theorie der linearen parametrischen Optimierung. Berlin 1974.
[6.7] Operationsforschung in der sozialistischen Wirtschaft. Berlin 1969.
[6.8] *Piehler:* Einführung in die lineare Optimierung. 4. Aufl. Leipzig 1970.
[6.9] *Seiffart; Manteuffel:* Lineare Optimierung. 3. Aufl. Leipzig 1985.
[6.10] *Vogel:* Lineares Optimieren. 2. Aufl. Leipzig 1970.

7.1. Numerische Mathematik

[7.1] *Beresin; Shidkow:* Numerische Methoden, Bd. 1, 2 (Übers. a. d. Russ.). Berlin 1970, 1971.
[7.2] *Collatz:* Numerische Behandlung von Differentialgleichungen. 2. Aufl. Berlin-Göttingen-Heidelberg 1955.
[7.3] *Demidowitsch; Maron; Schuwalowa:* Numerische Methoden der Analysis (Übers. a. d. Russ.). Berlin 1968.
[7.4] *Faddejew; Faddejewa:* Numerische Methoden der linearen Algebra (Übers. a. d. Russ.). 3. Aufl. Berlin 1973.
[7.5] *Gastinel:* Lineare numerische Analysis (Übers. a. d. Franz.). Berlin 1972.
[7.6] *Isaakson; Keller:* Analyse numerischer Verfahren (Übers. a. d. Engl.). Leipzig 1972.
[7.7] *Obreschkoff:* Verteilung und Berechnung der Nullstellen reeller Polynome. Berlin 1963.
[7.8] *Oelschlägel; Matthäus:* Numerische Methoden. 2. Aufl. Leipzig 1985.
[7.9] *Schwarz; Rutishauser; Stiefel:* Numerik symmetrischer Matrizen. Leipzig 1969.
[7.10] *Smith:* Numerische Lösung von partiellen Differentialgleichungen (Übers. a. d. Engl.). Berlin 1971.
[7.11] *Zurmühl:* Matrizen und ihre technischen Anwendungen. 4. Aufl. Berlin-Göttingen-Heidelberg 1964.
[7.12] *Zurmühl:* Praktische Mathematik für Ingenieure und Physiker. 5. Aufl. Berlin-Göttingen-Heidelberg 1965.

7.2. Rechentechnik

[7.13] *Adler; Jenke:* Einführung in die Programmierung von digitalen Rechenanlagen. Leipzig 1985.
[7.14] *Adler; Neidhold:* Elektronische Analog- und Hybridrechner. Berlin 1974.
[7.15] *Kerner:* Numerische Mathematik mit Kleinstrechnern. Berlin 1985.
[7.16] *Kreul:* Programmierbare Taschenrechner. 2. Aufl. Leipzig 1982.
[7.17] *Schnabel; Bräuning; Heinold:* Informationsverarbeitung für Ingenieure. Berlin 1982.
[7.18] *Schwarz; Meyer; Eckhard:* Mikrorechner. 3. Aufl. Berlin 1984.
[7.19] *Sieber; Leidhold:* Einführung in die Datenverarbeitung. Berlin 1978.

REGISTER [1])

[1]) Die Sachwörter aus dem Ergänzungsband sind mit einem E vor der Seitenzahl gekennzeichnet.

Fortsetzung von Seite XII (Inhalt des Ergänzungsbandes):